实用表面工程手册

主　编　潘继民

副主编　孙玉福　刘新红　肖树龙

参　编　陈志民　付建伟　陈加福　郑晓莉　李松杰　王成铎　王瑞娟　刘胜新
夏　静　黄智泉　徐丽娟　徐　锟　李孔斋　向　嵩　潘星宇　陈凤玲
宋月鹏　李立碑　王金荣　陈　伟　陈慧敏　孙为云　霍方方　翟德铭
陈　光　李书珍　王朋旭　王鸿杰　李　恒　禹润缜　吴奇隆　冯　丽
李晓迪　李宇佳　马超宁　孙华为　赵　丹　杨　娟　刘　峰　高　玉
顾振华　韩庆礼　胡中华　张冠宇　柳洪洁　马庆波　孟　迪　张亚荣
陈　永　孙志鹏　王乐军　王　宁　吴珊珊　魏晓龙　颜新奇　杨　晗
姚　宇　贠东海　张金凤　张　锐　李立凤　李　威　鞠文彬　靳先芳
蒋佳国　邓　晶　高见峰　弓雪原　李　响　李　菁　戴　玮　李　鹏
李杏娥　庞秋香　秦亚伟　毛　磊　王志刚　杜铁磊　严咏志　张素红

审　定　汪大经

机 械 工 业 出 版 社

本手册是一部表面工程技术的综合性工具书。其主要内容包括表面工程技术概述、表面预处理技术、化学转化膜技术、电镀技术、化学镀和热浸镀技术、涂料及涂装技术、热喷涂及堆焊技术、热处理表面工程技术、气相沉积技术、其他表面工程技术，共10篇53章。本手册全面系统地介绍了各种表面工程技术的方法种类、应用特点、工艺规范、基本设备、检验手段、污染控制等方面内容，层次结构合理，图表丰富齐全，查阅快捷方便，具有极强的实用性。

本手册可供表面工程技术人员、质量检验和生产管理人员使用，也可供再制造工程技术人员、相关专业的在校师生、设计人员及科研人员参考。

图书在版编目（CIP）数据

实用表面工程手册/潘继民主编．—北京：机械工业出版社，2018.8（2024.11重印）

ISBN 978-7-111-60265-1

Ⅰ.①实…　Ⅱ.①潘…　Ⅲ.①金属表面处理-手册　Ⅳ.①TG17-62

中国版本图书馆CIP数据核字（2018）第134473号

机械工业出版社（北京市百万庄大街22号　邮政编码100037）
策划编辑：陈保华　　　　责任编辑：陈保华　王彦青
责任校对：刘志文　王　延　封面设计：马精明
责任印制：邓　博
北京盛通数码印刷有限公司印刷
2024年11月第1版第10次印刷
184mm×260mm·70.75印张·2插页·1741千字
标准书号：ISBN 978-7-111-60265-1
定价：239.00元

前　言

表面工程涉及多种学科领域，是一门多学科交叉的新兴边缘学科。表面工程是经表面预处理后通过表面涂覆、表面改性或多种表面技术复合处理，改变固体金属表面或非金属表面的形态、化学成分、组织结构和应力状况，以获得所需要表面性能的系统工程。表面工程技术是现代工业发展的关键技术，是先进制造技术的重要组成部分，是维修与再制造的基本手段，是提高零件表面的耐磨性、耐蚀性、耐热性及抗疲劳强度等力学性能的重要方法。表面工程对节能、节材、保护环境、支持社会可持续发展发挥着重要作用。表面工程技术已成为从事制造业产品设计、生产、维修、再制造工程技术人员的必备知识。

本手册具有以下特点：

（1）内容全面　本手册的主要内容包括表面工程技术概述、表面预处理技术、化学转化膜技术、电镀技术、化学镀和热浸镀技术、涂料及涂装技术、热喷涂及堆焊技术、热处理表面工程技术、气相沉积技术、其他表面工程技术，共10篇53章。

（2）取材新颖　在编写过程中，我们全面查阅和收集了与表面工程技术相关的现行的国家标准与行业标准及近些年的技术资料，并进行了精心的归纳整理，使本手册反映了当代表面工程的新技术、新工艺、新成果、新应用。

（3）实用性强　本手册是一部表面工程技术的综合性工具书，全面系统地介绍了各种表面工程技术的方法种类、应用特点、工艺规范、基本设备、检验手段、污染控制等方面内容，层次结构合理，图表丰富齐全，查阅快捷方便，具有极强的实用性。

本手册由潘继民任主编，孙玉福、刘新红、肖树龙任副主编，汪大经教授对全书进行了仔细的审阅。

本手册可供表面工程技术人员、质量检验和生产管理人员使用，也可供再制造工程技术人员、相关专业的在校师生、设计人员及科研人员参考。

在本手册编写过程中，参考了国内外同行的大量文献资料和相关标准，谨向有关人员表示衷心的感谢！由于编者水平有限，不妥和纰漏之处在所难免，敬请广大读者批评指正。同时，我们负责对书中所有内容进行技术咨询和答疑。我们的联系方式如下：

联系人：陈先生，电话：13523499166，电子邮箱：13523499166@163.com，QQ：56773139。

编　者

目　录

第3篇 化学转化膜技术

第4篇 电镀技术

第5篇 化学镀和热浸镀技术

第6篇 涂料及涂装技术

第 7 篇 热喷涂及堆焊技术

第 8 篇 热处理表面工程技术

第9篇 气相沉积技术

第 10 篇 其他表面工程技术

第 1 篇

表面工程技术概述

第1章

表面工程的内涵、功能及分类

表面工程是改善机械零件、电子电器元件等基质材料表面性能的一门科学和技术。对于机械零件，表面工程主要用于提高零件表面的耐磨性、耐蚀性、耐热性及抗疲劳强度等力学性能，以保证现代机械在高速、高温、高压、重载以及强腐蚀介质工况下可靠而持续地运行；对于电子电器元件，表面工程主要用于提高元器件表面的电、磁、声、光等特殊物理性能，以保证现代电子产品容量大、传输快、体积小、高转换率、高可靠性的特点；对于机电产品的包装及工艺品，表面工程主要用于提高表面的耐蚀性和美观性，以实现机电产品优异性能、艺术造型与绚丽外表的完美结合；对于生物医学材料，表面工程主要用于提高人造骨骼等人体植入物的耐磨性、耐蚀性，尤其是生物相容性，以保证患者的健康并提高生活质量。表面工程中的各项表面技术已应用于各类机电产品中，可以说，没有表面工程，就没有现代机电产品。表面工程是现代制造技术的重要组成部分，是维修与再制造的基本手段。表面工程对节能、节材、保护环境、支持社会可持续发展发挥着重要作用。

1.1 表面工程的内涵

表面工程，是经表面预处理后，通过表面涂覆、表面改性或多种表面技术复合处理，改变固体金属表面或非金属表面的形态、化学成分、组织结构和应力状况，以获得所需要表面性能的系统工程。表面工程的处理对象是金属或非金属的固态表面，获得所需表面性能的基本途径是改变固态表面的形态、化学成分、组织结构和应力状况。表面工程是一项系统工程，以表面和界面行为为研究对象，首先把相互依存、相互分工的零件基体与零件表面构成一个系统，同时又综合了失效分析、表面技术、涂覆层性能、涂覆层材料、预处理和后加工、表面检测技术、表面质量控制、使用寿命评估、表面施工管理、技术经济分析、三废处理和重大工程实践等多项内容。表面工程的系统性集中反映在表面技术设计中，尤其在复合表面技术和纳米表面技术发展起来之后，表面技术设计更为重要。表面工程的技术设计体系如图 1-1 所示。

表面工程技术设计的发展方向是表面工程计算机辅助设计系统的建立与应用。首先建立表面工程技术设计专家系统，解决表面技术的选择、评估与技术文件生成等问题；进一步重点建立工艺与性能的理论模型。传统的采用反复试验、修正的方法已无法达到对综合几种不同性能涂覆层复杂体系的优化设计效果，第二代表面工程技术发展起来通过理论建模分析，实现对工艺过程控制的优化，可对表面涂覆层体系的力学和摩擦学性能进行分析，使得可以在已知载荷的情况下，能给出优化的工艺和涂覆层结构体系，或者在给定涂覆层结构体系

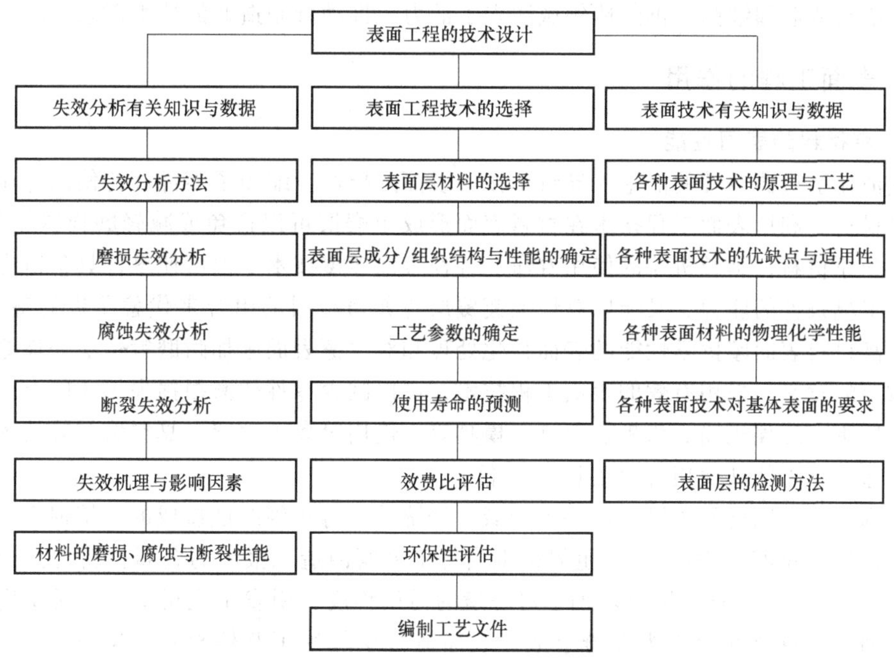

图 1-1　表面工程的技术设计体系

后，能预测表面体系的承载能力和服役寿命。

1.2　表面工程的功能及应用

1.2.1　表面工程的功能

表面工程可使零件上的局部或整个表面具备如下功能：

1）提高耐磨性、耐蚀性及抗疲劳、耐氧化、防辐射性能。

2）提高表面的自润滑性。

3）实现表面的自修复性（自适应性、自补偿性和自愈合性）。

4）实现表面的生物相容性。

5）改善表面的传热性或隔热性。

6）改善表面的导电性或绝缘性。

7）改善表面的导磁性、磁记忆性或屏蔽性。

8）改善表面的增光性、反光性或吸波性。

9）改善表面的湿润性或憎水性。

10）改善表面的黏着性或不黏性。

11）改善表面的吸油性或干磨性。

12）改善表面的摩擦性能（提高或降低摩擦因数）。

13）改善表面的装饰性或仿古性等。

表面工程的功能还可以列举很多，如减振、密封、催化等。表面工程的广泛功能和低廉的成本，给制造业和维修、再制造领域注入了活力，推动着制造业的技术创新。

1.2.2 表面工程的作用

1. 提高材料的表面性能

磨损消耗了机器运转的能量，导致了接触表面的损坏，缩短了零部件的使用寿命，损耗了大量的材料。利用表面工程技术在材料表面形成耐磨层可以避免或减轻磨损造成的破坏，节约能源和原材料，延长机器的使用寿命。各种表面镀覆技术不但可使零件具备适应恶劣环境和特殊工况条件的能力，又能以高性能镀覆层与普通材料的组合来代替昂贵的整体材料。因此，提高材料表面摩擦学性能的表面强化处理和对摩擦表面施加耐磨镀覆层处理等，就具有十分重要的意义。采用有效的表面工程技术，可以减少零件的磨损损失1/3以上。如阀门密封面、冲头、运煤机输送槽板、刀具、模具等，使用等离子涂覆、真空熔结等技术形成高耐磨复合涂层，可使其使用寿命延长4~6倍。

材料的腐蚀问题遍及国民经济各个领域。据统计，每年因腐蚀造成的直接损失大约占发达国家国民生产总值的4%以上，世界范围内每年因腐蚀造成报废的金属材料约占金属年总产量的1/3。而且，各种腐蚀也增加了对环境的污染程度；引发了飞机坠毁、桥梁坍塌、锅炉爆炸、油气管道泄漏等人为灾难事故。表面镀覆层隔绝了基体材料与空气、CO_2等的接触，延缓了大气和腐蚀性气体的腐蚀进程。保护性镀覆层是防止金属材料免受海水腐蚀普遍采用的方法，仅涂装涂层就有防锈涂装层、防生物污染的防污漆层等。对于处在海洋潮汐区和飞溅区的某些结构和装置，表面包覆蒙乃尔合金可以防止海水的腐蚀。在材料表面采取有效的防护方法，可减少腐蚀损失15%~30%。对化工装置、耐热炉件、汽车排气系统、消声器、烟囱、挡热板等零部件表面形成热浸镀铝层后，可提高表面抗硫化气氛腐蚀，热反射率可达80%以上，使其在500~900℃温度区间具有优异的耐热性能。

材料表面的化学组成、组织结构等决定着材料在服役条件下所表现出来的功能特性，因此有目的的对材料表面进行重新构造，就能够获得基体材料原本不具备的某些性能，拓展材料的用途，制造新的器件。利用表面工程技术可以在材料的表面形成功能镀覆层，使表面具有优异的物理、化学、生物特性及其相互转化的功能。

2. 制备新型材料和微电子元器件

表面工程技术不仅能够通过控制材料表面的成分、组织结构达到改善材料功能特性的目的，还可以用来制备其他成形方法难以得到的新材料和新器件。例如，表面工程技术能够进行高精度的微细加工，既可制造担当功能作用的元器件，还可以实现元器件与镀覆层的一体化，加速了现代电子产品等的小型化、轻型化进程等，减少了能耗，提高了效率。

（1）微电感元件　利用电镀、化学镀、气相沉积技术等，可得到具有优良高频特性的非晶态软磁合金薄膜，做成绝缘膜、平面线圈，构成薄膜电感等元器件等，用于高技术领域的小型电源。高频技术是实现小型化最重要和最有效的途径，频率越高，器件的小型化程度也越高。因此，具有优良高频特性的薄膜元器件能有效地减轻电源设备及整机的质量，降低能耗，节约材料。制备的微电感器件具有低的电阻、高的电感量、高品质因子、高效率、低损耗和低成本及批量化生产等优点，可用于基于微电感器件的微型化DC-DC变换器，广泛应用于手机的W-CDMA、数码照相机、掌上计算机等。

（2）分离膜　利用薄膜技术可以制备具有选择性的分离材料，分离膜材料可以是高分子或无机材料，具有高强度、高化学稳定性、良好的热稳定性和结构稳定性、易清洗、高压反冲等特点，广泛应用于海水淡化、生物制品、节水、血液处理、废水处理、超纯水制备、中草药的浓缩提纯、原材料的回收与再利用、污水及废气处理、乳品加工、气体和细菌的分离、浓缩和纯化等工业生产中。分离膜技术已成为21世纪最有发展前途的技术之一，是解决当前能源、资源、环境三大严重问题的重要手段之一。

（3）催化剂和吸收剂　利用涂覆、物理气相沉积和化学气相沉积等，能制备多种催化剂和吸收剂等，可有效地去除航天器循环系统中的 CO_2、NO_2、SO_2 等有害气体，在保证航天器密闭舱里的温度、湿度和压力等符合航天员生活需求的同时，能够有效地控制太空舱中大气的成分，创造适宜生活和工作的人造大气环境，使航天员在太空中能够很好地完成科学探测任务。

利用气相沉积等技术，可制备高性能 TiO_2 光催化剂材料，可以分解被污染物质，具有净化环境的功能。这类催化剂可以是粉状、粒状或薄膜等形状的，掺杂过渡族金属 Ag、Pt、Cu、Zn 等能有效地提高 TiO_2 光催化剂的活性，增强抗菌和灭菌作用。

（4）金刚石薄膜　利用热化学气相沉积、离子束沉积法和等离子化学气相沉积技术等，在低压或常压条件就可制得金刚石膜，其具有极高的强度（80~100GPa）、极高的击穿场强（10^6~10^7V/cm）、极大的电子饱和速度（2×10cm/s）、极低的介电常数（5.66），以及较好的绝缘性和化学稳定性，室温热导率是铜的2.7倍，在很宽的光波段范围内有高的光学透过率。金刚石薄膜的禁带宽度为5.45eV，比 Si、GaAs 等半导体材料的更宽，可以成为新一代的半导体材料。金刚石薄膜在航空航天、微电子技术、超大规模集成电路、光学、光电子等领域有良好的应用前景。

（5）类金刚石膜　利用与制备金刚石薄膜相同的表面技术，可以获得具有非晶态和微晶结构的类金刚石碳膜，这类膜有高硬度、高热导率、高绝缘性、良好的化学稳定性。在红外到紫外之间较宽的光谱范围内，都具很高的光学透过率。可用作为航天器上光学器件的保护膜和增透膜、工具的耐磨层和真空润滑层等。

（6）立方氮化硼薄膜　利用物理和化学气相沉积技术，可制备高电阻率和热导率的立方氮化硼薄膜，其硬度仅次于金刚石，而抗氧化性、耐热性和化学稳定性则明显优于金刚石，在掺杂某些杂质后可成为半导体，可应用于半导体、电路基板、光电开关。

（7）超导薄膜　利用真空蒸镀、溅射、分子束外延等技术制备的非晶态超导薄膜，经高温氧化处理后可转变为具有较高转变温度的晶态薄膜。高温超导薄膜可用于微波调制、检测器件、超高灵敏度的电磁场探测器件、超高速开关存储器件等。

（8）高功率激光膜　利用电子束蒸发、溶胶-凝胶等方法制备的在 ZrO_2 中掺杂 MgO 或 SiO_2、在 TiO_2 中掺杂 ZrO_2、在 MgF_2 中掺杂 CaF_2 或 ZnF_2 形成的高功率激光膜具有特殊的光学性质，可制备准分子激光器的重要光学元件——紫外反射镜，广泛应用于半导体、激光泵浦、激光聚变、光化学、分析化学、光谱学、医学和空间技术等领域。

（9）超微颗粒　利用气相沉积方法，可以制备颗粒尺寸范围在1~10nm内的超微颗粒，而用机械方法得到的最小颗粒尺寸为1μm。超微颗粒有明显的表面效应、小尺寸效应和量子效应等，因而表现出许多奇异的功能特性，如能显著提高许多颗粒型材料的活性和催化率，增大磁性颗粒的磁记录密度，提高化学电池、燃料电池和光化学电池的效率，增大对不同波段电磁波的吸收能力等。超微颗粒用作为药剂载体时，明显地提高了药物的效果。另外，还可以作为制备导电合成纤维、橡胶、塑料的添加剂。

（10）超微颗粒膜　气相沉积时，选用高温下互不相溶的组元制成复合靶材，可获得含有超微颗粒的复合膜新材料。调节靶材组元的比例，可以改变薄膜中颗粒的尺寸和比例，进而改变薄膜的性能。超微颗粒膜材料在电子、能源、传感器等许多方面有良好的应用前景。

（11）纳米固体材料　将气相沉积制备的小于15nm的超微颗粒在高压下压制成型，或再经过一定热处理后制成的具有超细组织的纳米固体材料（包括纳米金属材料、纳米陶瓷材料、纳米复合材料和纳米半导体材料等），其具有高的界面体积分数、宽的界面原子间距，物理性能、化学性能、力学性能等明显不同于成分相同的普通固体材料。如纳米陶瓷不仅有一定的塑性，可进行挤压和轧制，还具有优良的导热性、更高的强度等。

（12）非晶硅薄膜　以等离子体化学气相沉积等制备的非晶硅薄膜，其禁带宽度合适，在太阳辐射峰附近的光吸收系数高，可用于太阳能电池、摄像器材、位敏检测和复印机器件。

（13）微米硅　利用等离子体化学气相沉积、磁控溅射气相沉积技术制备的微米硅新材料（又称纳米晶，尺寸在10nm左右），其电子和空穴迁移率均比非晶硅高两个数量级以上，光吸收系数介于晶体硅和非晶硅之间，可取代掺氢的SiC作为非晶硅太阳电池的窗口材料，能够提高其转换效率，并有望用于异质结双极型晶体管、薄膜晶体管等。

（14）多孔硅　利用阳极氧化技术，在以氢氟酸为基的电解液中，以硅为原料可制得孔隙度达60%～90%的多孔硅新材料，其禁带宽度明显超过晶体硅。在蓝光激发的条件下，多孔硅在室温下可以发出可见光，也能产生电致发光效应。可制成频带宽、量子效率高的光检测器等。

（15）梯度功能材料　利用等离子喷涂、离子镀、离子束合成薄膜技术、化学气相沉积、电镀、电刷镀等表面工程技术可制备连续、平稳变化的非均质材料——梯度功能镀覆层，其功能特性随着镀覆层组织的连续变化而变化，可有效地解决热应力缓和等问题，获得耐热性好、强度高的新功能材料，广泛用于航空航天、核工业、生物、传感器、发动机等行业。

3. 再制造的核心

随着社会经济发展与人口、资源、环境、生态之间的矛盾日益突出，一种新的发展模式——循环经济引起了人们极大的兴趣和重视。循环经济以资源的高效利用和循环利用为核心，以减量化、再利用、资源化为原则，以低消耗、低排放、高效率作为基本特征，以资源→产品→再生资源的闭环作为循环运行过程，最终实现最优生产，最适消费，最少废弃的目标。

发展循环经济的重要手段就是再制造工程。再制造指的是将大量相似的废旧、损坏的产品回收拆卸后，按零部件的类型、材质、损坏程度等进行归类、检测，在基本不改变零部件几何外形和材质的情况下，运用高科技的除污技术与修复技术，或者利用新材料、新技术，进行专业化、批量化修复和改造，使得零部件在技术指标、安全质量、使用寿命等方面满足再次使用的要求。再制造以占产品全寿命周期费用70%～80%的使用、维修、报废阶段为研究对象，提升、改造废旧产品的性能，使废旧产品得以重新使用。再制造在产品全寿命周期中的位置如图1-2所示。

经过再制造的产品的质量和性能能够达到甚至超过新产品，可节能60%、节材70%，

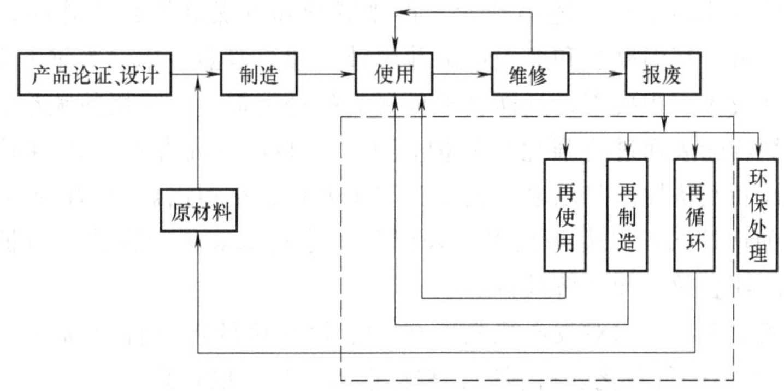

图 1-2　再制造在产品全寿命周期中的位置

而且成本只为新产品的 50%。我国每年因磨损、腐蚀造成的材料损失约占工业生产总值的 3%~5%，若采用先进的表面工程技术可减少腐蚀损失 15%~35%，减少磨损损失 1/3 左右。对零件表面进行表面强化处理，可以延长零件的使用寿命，减少零件的用量，符合减量化原则；对因磨损、腐蚀破坏零件的表面进行修复，恢复其几何外形与服役性能，达到继续使用的目的，符合再利用原则；对零件进行表面预强化与再制造修复，可以节约能源，减少开采、冶炼、制造等生产过程三废排放等对环境的污染，符合资源化原则。目前，电刷镀、热喷涂、熔覆、黏涂等表面工程技术已成为再制造工程的重要技术支撑。

（1）表面工程技术在汽车工业再制造中的应用　目前，许多汽车零部件可以通过热喷涂等表面工程技术对其表面进行预强化或修复再制造，实现再制造。

汽车再制造的关键是对发动机再制造，而发动机再制造的关键是对缸体、缸盖、曲轴和连杆等发动机的主要零部件的再制造。再制造发动机的能源消耗只为新制造发动机的一半，劳动价值为新制造的 2/3，而材料消耗仅为新制造的 20%。在性能相同的情况下，一台再制造发动机的价格仅为新发动机的 25%~50%。

目前，热喷涂、气相沉积、涂覆、电镀、表面淬火、渗碳等表面工程技术已成功地应用于隔热板、制动盘、排气管、散热器、喷油嘴、减振器连杆、发动机零件等许多汽车零部件的表面强化、表面防护或修复再制造，取得了良好的社会效益和经济效益。

（2）表面工程技术在能源工业再制造中的应用　为了保证经济的正常运行和科学技术的快速发展，必须稳定、持久地提供能源，常需要用贵金属的合金材料来制造能源工业装置。磨损、腐蚀和蠕变是导致各类电站设备失效的三种主要破坏形式，其造成了电站设备的巨大损耗，直接影响了能源的供给、导致了成本的增加。因此，采用先进的表面工程技术对失效零部件进行强化、防护和修复就显得尤为重要。

核能工业中的高速增殖炉的燃烧管和核熔合炉的第一个层壁材料是用钒或钒合金制作的，作为冷却介质的液态钠含有微量的氧，会引起钒或钒合金的腐蚀，降低燃烧装置的安全性。以化学气相沉积的方法形成钼防护层，能有效地抵御含氧物质对该装置的侵蚀。

火力发电厂燃煤锅炉的主要设备包括送风机、引风机、排粉风机等，而风机叶片是风机的心脏，也是最易发生事故的关键部件。叶轮工作时受灰尘颗粒的冲刷和撞击、烟气及水蒸气腐蚀的环境下，易损坏、寿命低，是电厂锅炉安全运行的重要隐患之一。采用热喷涂、涂覆等表面技术在叶片表面涂覆防腐、耐磨、抗微振的保护涂层，可提高其耐磨性、耐蚀性，减缓叶片的损坏，并能修复使之重复使用。

电厂锅炉四管（水冷壁管、过热器管、再热器管和省煤器管）工作在冲蚀、磨蚀和高温腐蚀的环境下，常因高温腐蚀和磨损而减薄失效，酿成泄漏、爆管等重大事故。常规的解决办法是停炉修补或大面积换管，这样会造成极大的经济损失。采用热喷涂、涂覆等表面技术能有效地对锅炉四管表面进行强化和防护处理，能够延长抗磨寿命2~4倍，显著提高了锅炉运行的可靠性和经济性。若以电厂大型锅炉1万台、小型锅炉10万台的年保有量计算，如果每年有15%的锅炉四管报废并且用于表面热喷涂技术等进行强化、防护或再制造，则会产生令人瞩目的社会效益和经济效益。

利用合适的表面工程技术对发电机转子轴颈、汽轮机的零部件（轴颈、末级叶片和隔板等）、阀门密封面等进行强化和再制造，都已取得了良好的效果。

（3）表面工程技术在石油、化工行业再制造中的应用　石油、化工行业设备中的输送管道等装置直接与酸、碱、盐等腐蚀介质相接触，长期处于腐蚀和磨损的工作环境，破坏非常严重，可以采用气相沉积、热喷涂、涂覆、电镀、化学镀等表面技术形成腐蚀防护镀层对它们进行强化、再制造。

可采用电弧喷涂30Cr13涂层或等离子喷涂陶瓷涂层对石油钻机等设备中磨损的曲轴等进行修复；可利用超声速火焰喷涂WC-12Co、等离子喷涂Al_2O_3、电弧喷涂12Cr13钢丝等来强化和修复油田使用的各类泵的柱塞、缸套、叶轮等；用热喷涂（喷焊）技术修复柱塞、炼油、盐化系统使用的大功率电动机转子轴颈等，在降低成本的同时又延长了设备的使用寿命。

工作在含有腐蚀性砂浆，含硫、氯、溴等腐蚀性离子的液体管道中的金属座球阀，常因腐蚀速度过快而过早失效，造成极大的损失。应用超声速火焰喷涂WC-Co涂层、Fe-Cr-Ni-Mo涂层或WC-Ni涂层和化学镀Ni-P镀层等，可大幅度改善球阀的耐腐蚀性和耐冲蚀性，并可对其进行修复，提高其可靠性，延长其使用寿命。

（4）表面工程技术在冶金行业再制造中的应用　冶金行业设备及零部件的特点是吨位大、体积大，有较多细长的轴类和杆类零件，以及组合件、齿轮轴零件等。长期工作在高温、高速、重载荷或腐蚀环境的工况条件下，承受着高温氧化、冷热疲劳与应力变形、钢液导致的化学腐蚀，以及拉坯、牵引等操作对其产生的摩擦与磨损，表面破坏情况复杂，消耗量非常之大。因此，不仅需要其具有优良的使用性能，还要求能够修复重新使用。

冶炼系统常见的易损零部件主要包括：热风阀、铁液灌耳轴、开式大齿轮、吊车吊钩、连铸机结晶器、连铸拉矫辊、钢坯输送辊、传动减速器涡轮等；轧钢系统易损件包括：轧辊、联轴器的滑块、辊道输送辊、轴瓦、轴套、导位板、剪刃等；冶金矿山易损件包括：破碎、研磨、搅拌、过筛等零部件等。应用热喷涂、涂覆、电刷镀等表面工程技术能对上述冶金系统零部件进行表面强化、防护与再制造，满足节能降耗、保护环境的要求。如用量很大的炉底辊、炉内辊、工艺辊、连铸辊、层流冷却输出滚道辊和大型支承辊等各种辊类的消耗与钢产量密切相关，据测算，每生产1t钢材，将消耗1.62 kg的轧辊。而且，随着钢产量的增加、钢材品种的增多，对轧机产能、轧辊压下量、轧制温度等要求越高，轧辊的工况条件也越恶劣。因此，对轧辊工作面进行表面修复再制造，提高其耐热、耐疲劳和耐磨损等性能，延长其使用寿命，是降低辊耗、提高钢材质量的有效手段，有着极其重要的意义。

利用等离子喷涂具有较高硬度、耐热性和抗热冲击性能的材料，可避免因高温下钢板表面的氧化物在炉内气氛下还原的铁黏附在炉底辊辊面上形成的积瘤，影响钢板的表面质量等问题；对输送辊采用火焰喷焊Ni基系列材料涂层，硬度可达55HRC以上，涂层与基体之间为冶金结合，能承受冲击载荷且具有较高的耐磨性和耐蚀性。

（5）表面工程技术在工程机械行业再制造中的应用　用于建筑、水利、电力、道路、矿山、港口和国防等工程建设的各类工程机械中的大部分废旧零部件主要的失效形式是磨损，而且一旦表面局部遭到损坏就会使整个零件报废，如履带车辆的四轮一带、各种轮毂、各类传动轴、衬套等。利用热喷涂、堆焊、涂覆、电刷镀等，可以再制造工程机械磨损废旧的零部件。

按2010年我国工程机械保有量为180万台，报废量达8.0万台的数据测算，2020年将达到120万台。同时，我国也是世界上的机床制造和使用大国，我国机床保有量为550万台左右，并以每年30万台的数量递增。我国每年需要大修、中修的机床约为40多万台，按照报废率为年均保有量的3%计算，每年将有16万台机床进入淘汰阶段。显然，工程机械领域的再制造市场巨大。

发动机是工程机械整机的心脏，发动机再制造是以旧发动机为毛坯，利用表面工程技术对发动机零部件进行再制造，可节约能源和材料。如发动机中的凸轮轴和连杆的再制造成本仅为新品的10%左右；对发动机曲轴等处于持续磨损的关键零件，利用热喷涂、电刷镀等表面工程技术对磨损失效的曲轴进行再制造，其成本仅为新品的30%~50%。同样，也可以采用表面工程技术对产生表面裂纹、缺角、掉块、表面凹坑、划痕等缺陷的机械零部件实施再制造，以满足工况条件的要求。

（6）表面工程技术在武器装备再制造中的应用　当今世界上，以信息技术为核心的军事战争和一体化联合作战等新的军事变革对新型装备发展等产生了深刻的影响，进而又对军事装备综合保障建设提出了全新的要求，武器装备的再制造技术、战场抢修技术和自修复技术等装备保障技术等是提高装备综合保障能力的重要手段。

装备再制造是废旧装备高技术修复、改造的产业化，以及装备维修保障的重要组成及关键技术支撑。先进的表面工程技术在装备再制造中的应用，可将旧产品利用率提高到90%，使零件的几何尺寸，质量标准，耐磨性、耐蚀性和抗疲劳性等指标达到甚至超过原型新品。

我军某主战坦克行星框架是典型的薄壁零件，其新品行星框架的设计寿命只有4000km，且损坏后难以修复。采用等离子喷涂技术对其进行了修复，再制造后的行星框架使用寿命达到了11000km，约为新品的3倍。而且，这种对薄壁零件的再制造修复，取消了坦克零件小修，改变了传统的修理保障模式。某型主战坦克发动机的新机寿命是500h，大修后只能达到400h，不但与该型坦克底盘1000h的寿命不匹配，而且大修费用居高不下。解放军装甲兵工程学院于2008年成功地对该型坦克发动机进行了再制造，再制造后的发动机经台架试验考核，服役寿命超过1000h，是大修后的2倍以上，为实现发动机与坦克底盘的相同寿命奠定了坚实的基础，取得了显著的军事、社会和经济效益。

4. 建设节能型社会和保护环境

机械装备运行过程中的磨损、腐蚀、疲劳、老化等失效现象是缩短装备使用寿命、消耗维修费用的基础性因素。机械工业每年所消耗的钢材中，有一半用于因磨损失效而需要更换的配件上。防治失效的有效途径是在机械产品制造时进行表面处理，即针对不同工况条件，选用合适的表面工程技术来提高零件表面的抗失效能力。在机械装备的运行过程中，如果再使用上表面智能自修复技术，则可起到提高装备性能、延长装备寿命、预防装备故障、减免装备维修的效果，并由此带来节约资源、节省能源、保护环境、支持社会可持续发展的巨大社会效益。

表面工程最大的优势是能够以多种方法制备出优于基体材料性能的表面膜层，该膜层厚度一般从几十微米到几毫米，仅占工件整体厚度的几百分之一到几十分之一，却使工件表面具有了比基体材料更优异的力学性能和物理、化学性能。

采用表面工程措施的费用，一般虽然只占产品价格的 5%~10%，却可以大幅度地提高产品的性能及附加值，从而获得更高的利润，采用表面工程措施的平均回报率高达 5~20 倍以上。根据英国科技开发中心的调查报告，英国主要依靠表面工程而获得的产值每年超过 50 亿~100 亿英镑，其他工业化国家的情况也基本相同。

5. 提高人民生活水平

表面工程技术不仅能改变金属表面的性能，也能改变非金属（如陶瓷、塑料、木材等）表面的性能，不仅用于机电设备，而且已进入人民生活的各个方面。表面工程技术在钟表、首饰、灯具、餐具、家具等产品上应用，可使其既经久耐用，又绚丽多彩，从而给人们带来温馨；表面工程技术在大型建筑物上的应用，使其豪华壮观，催人奋进。

装饰镀层大多采用空心阴极离子镀、磁控溅射或阴极电弧沉积技术制备。最常用的是 TiN 仿金膜层，但也可以镀出除大红颜色之外的各种颜色膜层，根据装饰以及搭配需要的镀膜色彩选择余地很大。

现代建筑采用大量幕墙玻璃，具有节能控光、调温、改变墙体结构和艺术装饰效果。高档幕墙玻璃大多采用平面磁控溅射沉积的镀膜玻璃。

幕墙玻璃上镀一种光学薄膜材料，使该玻璃对阳光中可见光部分保持较高的透射率，对红外部分有较高的反射率，对太阳光的紫外线部分有很高的吸收率。从而，在白天可保证建筑物内有足够的采光亮度；在夏天可减少通入室内的热辐射，不会使室内温度过高；通过减少紫外线的照射，可减缓室内陈设褪色，延长使用寿命，并有利于人们的身体健康。

未来的汽车玻璃也将采用磁控溅射技术制备一层能透过可见光，却不能反射红外光的薄膜。在烈日光照之下，既不影响视觉，又能降低驾驶室内的温度，使车内人员有如在树荫下的感觉，从节能的角度看，还可以大大减少空调的功耗，这种玻璃还具有防止结霜的效果。

1.3 表面工程技术的分类

表面工程以各种表面技术为基础。表面工程技术一般分为三类，即表面改性技术、表面处理技术和表面涂覆技术。随着表面工程技术的发展，又出现了综合运用上述三类技术的复合表面工程技术和纳米表面工程技术，如图 1-3 所示。

表面工程技术
- 表面改性——通过改变基质材料成分，达到改善性能的目的，不附加膜层
- 表面处理——不改变表面材质成分，只改变基质材料的组织结构及应力，达到改善性能的目的，不附加膜层
- 表面涂覆——在基质材料表面上制备涂覆层，涂覆层的材料成分、组织，应力按照需要制备
- 复合表面工程技术——综合运用多种表面工程技术，通过发挥各表面工程技术的协同效应达到改善表面性能的目的
- 纳米表面工程技术——以传统表面工程技术为基础，通过引入纳米材料、纳米技术达到进一步提升表面性能的目的

图 1-3　表面工程技术的分类

1.3.1　表面改性

表面改性是指通过改变基质表面的化学成分以达到改善表面结构和性能的目的的一类表面工程技术。这一类表面工程技术包括化学热处理、离子注入、转化膜技术，如图 1-4 所示。

1.3.2　表面处理

表面处理是不改变基质材料的化学成分，只通过改变表面的组织结构达到改善表面性能的目的的一类表面工程技术。这一类表面工程技术包括表面淬火热处理、表面变形处理以及新发展的表面纳米化加工技术等，如图 1-5 所示。

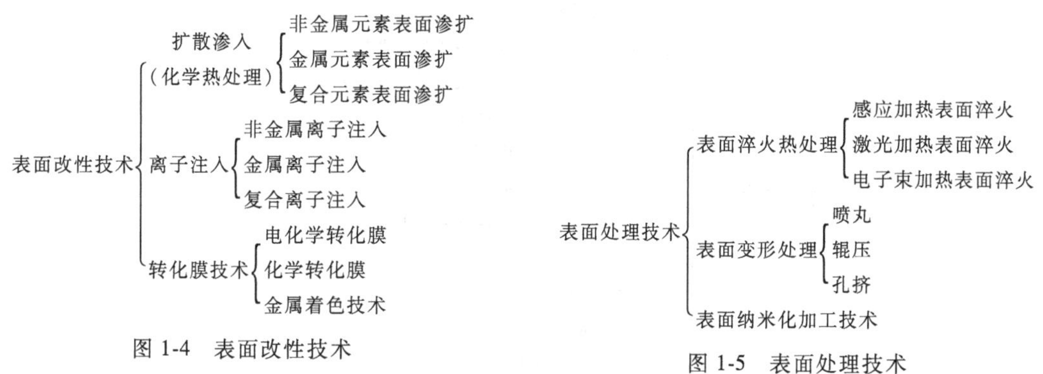

图 1-4　表面改性技术

图 1-5　表面处理技术

1.3.3　表面涂覆

表面涂覆是在基质表面上形成一种膜层，涂覆层的化学成分、组织结构可以和基质材料完全不同，它以满足表面性能、涂覆层与基质材料的结合强度能适应工况要求、经济性好、环保性好为准则。涂覆层的厚度可以是几毫米，也可以是几微米。通常在基质零件表面预留加工余量，以实现表面具有工况需要的涂覆层厚度。表面涂覆和表面改性、表面处理相比，由于它的约束条件少，技术类型和材料的选择空间很大，因而属于此类的表面工程技术非常多，应用最为广泛。表面涂覆类的表面工程技术包括电镀、电刷镀、化学镀、物理气相沉积、化学气相沉积、热喷涂、堆焊、激光束或电子束表面熔覆、热浸镀、黏涂、涂装等。其中，有的表面涂覆技术又分为许多分支，如图 1-6 所示。

在工程应用中，常有无膜、薄膜与厚膜之分。表面改性和表面处理均可归为无膜。薄膜与厚膜属于表面涂覆技术中膜层尺寸的划分问题。目前有两种划分方法，一种是以膜的厚度来界定，另一种以膜的功能来划分。有的学者提出，小于 25μm 的涂覆层为薄膜，大于 25μm 的涂覆层为厚膜。鉴于 25μm 既不是涂覆层性能的质变点，也不是工艺技术的适应点，本书作者支持按功能进行分类的提法，即把各种保护性涂覆层（如耐磨层、耐蚀层、耐氧化层、热障层、抗辐射层等）称为厚膜，把特殊物理性能的涂覆层（如光学膜、微电子膜、信息存储膜等）称为薄膜。

1.3.4　复合表面工程技术

复合表面工程技术是对上述三类表面工程技术的综合运用。复合表面工程技术是在一种

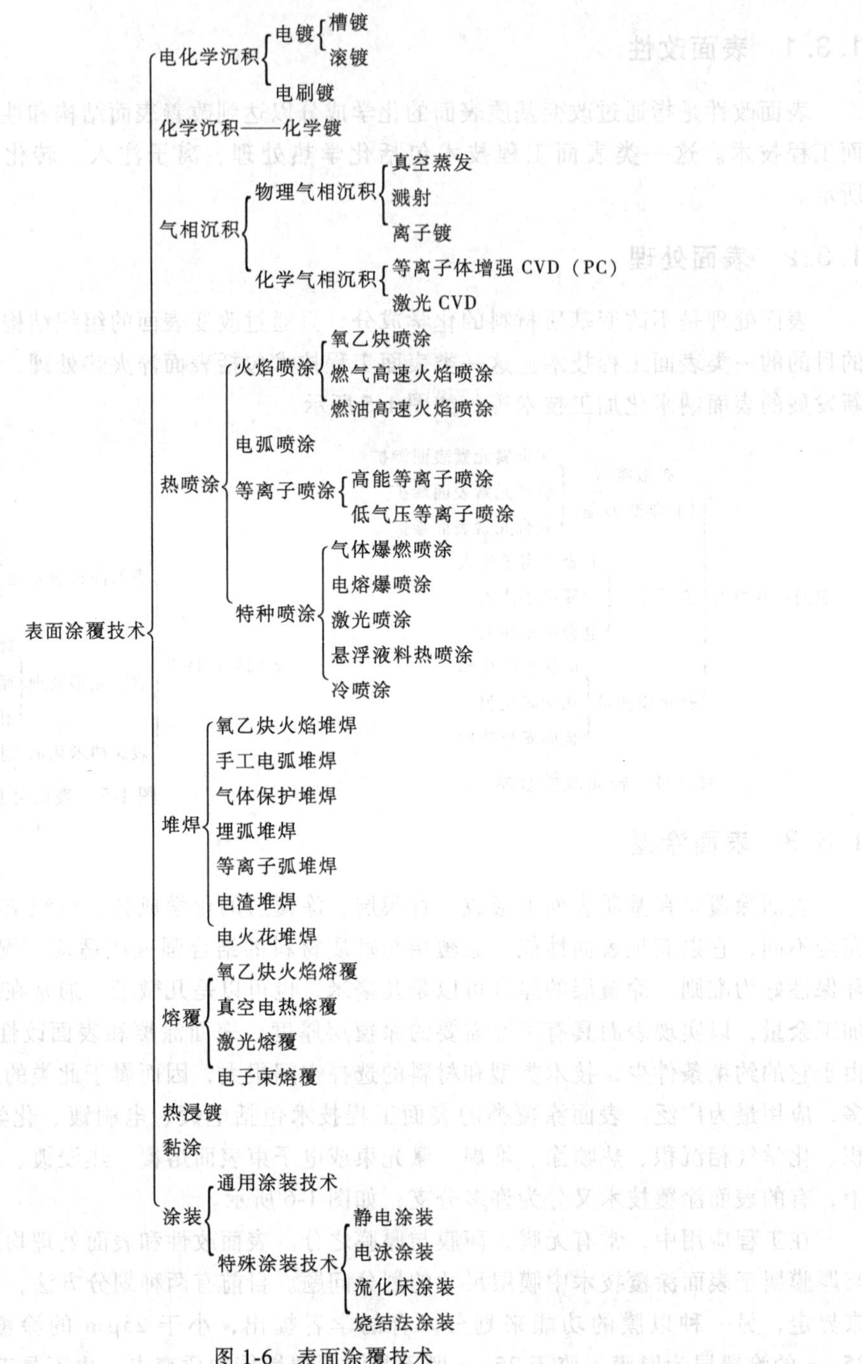

图 1-6　表面涂覆技术

基质材料表面上采用了两种或多种表面工程技术，用以克服单一表面工程技术的局限性，发挥多种表面工程技术间的协同效应，从而使基质材料的表面性能、质量、经济性达到优化。

1.3.5　纳米表面工程技术

纳米表面工程技术是充分利用纳米材料、纳米结构的优异性能，将纳米材料、纳米技术与表面工程技术交叉、复合、综合，在基质材料表面制备出含纳米颗粒的复合涂层或具有纳米结构的表层。纳米表面工程技术能赋予表面新的服役性能，使零件设计时的选材发生重要变化，并为表面工程技术的复合开辟了新的途径。

1.4　表面工程技术的发展趋势

（1）深入开展表面工程基础理论与表面测试技术的研究　材料的磨损、腐蚀、疲劳失效及表面功能失效均发生在表面、界面；表面改性、表面涂覆原理、机理、过程、特性也都与表面密切相关；随着表面科学与表面检测评价技术的进步，研究手段不断更新，研究内容也不断深化。

1）腐蚀与防护方面：应用交流阻抗计算机在线测量、电化学腐蚀测试、表面分析新技术研究腐蚀过程，缓蚀机理，氧化钝化膜的形成、破坏及涂膜层的失效机制等。

2）摩擦学方面：应用现代表面分析技术，从原子水平上研究摩擦、磨损和润滑机理——纳米摩擦学；研究摩擦磨损表面化学效应——研究表面改性、表面涂（膜）摩擦学工业应用等。

3）功能薄膜技术方面：针对金刚石、类金刚石、催化等新型功能薄膜的技术开发，研究表面模型、膜生长机制、界面设计及膜层、结合材料、基体之间的相互作用。

（2）发展复合技术　单一表面技术由于其本身的局限性，已不能完全满足产品制造高性能、多功能的要求，而两种或多种表面技术的复合取得了很好的效果，如热喷涂与激光重熔复合，化学热处理与电镀的复合，表面强化与喷丸强化复合，热喷涂、电沉积与有机涂装复合等，因此开发不同材料、不同工艺的复合技术已成为当今表面工程领域研究的一个重要方面。

（3）传统表面处理产业引入高新技术　随着科学技术的进步，国内外传统表面处理产业不断吸收机械、电子、光学、信息工程、自动化、计算机，新材料等领域的先进技术，如采用自动化、智能化设备大大减轻工人的劳动强度，逐步实现无人操作；引入激光、电子束、离子束等新技术，发展高能束表面处理工艺；采用高性能有机聚合物及超微粒金属、陶瓷粉末材料制备涂层等。为此，传统表面处理产业产生了质的飞跃。

（4）表面工程领域中的清洁生产　长期以来世界各国对传统表面处理工艺的三废（废水、废气、废渣）处理技术进行了大量研究，已经开发出效果较好的多种处理技术，但这毕竟只是消极、被动的补救措施，不是治本之道，将末端处理变为全过程控制和预防，即开发从设计到制造及运行全过程的无环境污染、能源节约和再生的清洁生产技术，已成为当今表面工程技术发展的必然趋势，如开发无毒、无三废排放工艺，快速低温工艺，无公害物理气相沉积技术，无公害、无毒有机涂层工艺技术等。

第 2 章

表面工程技术方法和设计选用原则

2.1 常用表面工程技术方法

常用表面工程技术方法及主要技术特征见表 2-1。

表 2-1 常用表面工程技术方法及主要技术特征

种类	工艺方法	基体温度及状况	镀覆层形成方式	镀覆(渗)层厚度	可镀覆(渗)材料	可提高的性能	备注
电化学沉积	有槽电镀	常温～100℃，基体无变形	液相原子在基体表面结晶形成外加覆层	视要求所定，一般不大于 100μm	可析出(或还原)的金属、合金、化合物	耐磨、耐蚀、耐热、减摩等	—
	电刷镀						可野外操作
	特种电镀						流镀、摩擦镀、脉冲镀等
	化学镀						无电解
转化膜	磷化	一般常温，对基体无影响	基体参与反应形成的化合物层	5～20μm	化合物、氧化物	耐磨、装饰、耐蚀(大气腐蚀、底漆层)	—
	氧化			<10μm			
	阳极氧化			数十至数百微米			
	铬酸盐转化			数微米			
热喷涂	火焰喷涂	<250℃，基体变形较小	涂层颗粒与基体机械咬合	<2.5mm	合金固溶体和化合物、陶瓷与金属复合材料	耐磨、耐蚀、耐热	结合强度与喷涂材料等有关
	等离子喷涂			3～4mm		耐磨、耐蚀、抗高温氧化、热障	
	电弧喷涂			3～4mm		耐磨、耐蚀、装饰	
	其他喷涂			<1mm		耐磨、耐蚀、耐热	超声速、爆炸、低压等离子喷涂等
	火焰塑料喷涂	<150℃，基体变形较小		3～5mm	有机塑料涂层	耐蚀、装饰	无孔隙
熔覆	激光熔覆	基体热影响区小	涂层与基体冶金结合	<1mm	固溶体、化合物、复合材料	耐磨、耐蚀、抗疲劳	稀释小
	电子束熔覆					耐磨、耐蚀、耐热	
	等离子熔覆	基体变形较小				耐磨、耐蚀、抗高温氧化	
	感应熔覆	基体变形与尺寸有关				耐磨、耐蚀、耐热	熔覆速度快、成本低

（续）

种类	工艺方法	基体温度及状况	镀覆层形成方式	镀覆（渗）层厚度	可镀覆（渗）材料	可提高的性能	备注
熔覆	真空熔结	基体变形较小	涂层与基体冶金结合	<1mm	固溶体、化合物、复合材料	耐磨、耐蚀、耐热	低真空
	堆焊	方法不同，基体热影响区大小、变形不同		厚度可调，最大可达12mm	冶金结晶组织、联生结晶、柱状晶	耐磨、耐蚀、耐热	有埋弧、等离子、CO_2气体保护堆焊等
气相沉积	真空镀	高于常温	基体表面气相凝结外形成加成膜	≤10μm	有别于基体的金属、化合物	耐蚀、润滑、装饰、光、电等	基本无污染
	溅射镀	高于常温			金属、合金、几乎所有的无机物	耐磨、耐蚀、耐热、光、电、磁等特殊功能性质	
	离子镀	150～550℃		≈10μm	金属、非金属、化合物		
	化学气相沉积	900～1100℃	气态物质在基体表面化学反应形成外加成膜	≤100μm			
	等离子体增强化学气相沉积	基片温度可大幅度降低					
	离子注入	基体温度与工艺条件有关，一般是冷过程	离子进入基体形成离子注入层，无明确界面	注入层≈1μm	过饱和固溶体、金属、化合物		
化学热处理	渗碳及碳氮共渗	800～1050℃	渗层与基体扩散结合	1～2mm	马氏体+碳化物	高硬度、耐磨、抗疲劳	—
	渗氮及氮碳共渗	350～570℃		<0.6mm	氮化物	高硬度、耐磨、耐蚀、抗疲劳	—
	渗硼及其多元渗	离子渗硼：700～850℃		淬火后：0.02～0.2mm	硼化物	高硬度、耐磨、耐蚀、抗氧化	—
	渗Cr及其多元渗	≈1000℃		10～20μm	铬的碳化物	耐磨、耐蚀、抗氧化	—
	渗金属（V、Al、Zn、Ti等）及其多元渗	900～1100℃		0.01～0.4mm	铁素体+化合物	耐磨、耐蚀、抗氧化	厚度、性能等与渗层成分、工艺等有关
	渗硫及复合处理	150～250℃		0.1～0.3mm	多孔硫化铁	减摩	—
表面淬火	火焰加热	有变形、氧化、脱碳	相变形成淬透层	2～6mm	细小针状马氏体	高硬度、耐磨、抗疲劳	—
	感应加热	变形小		1～10mm			淬透层深度与频率有关
	激光加热	变形很小		<1mm	极细马氏体	耐磨、抗疲劳，硬度高于高频淬火	—
	电子束加热						—
表面强化	喷丸	无变形	受压应力形成加工硬化层	—	细碎化晶粒、高密度位错	高硬度、高疲劳强度	—
	滚压、挤压			—			—

（续）

种类	工艺方法	基体温度及状况	镀覆层形成方式	镀覆（渗）层厚度	可镀覆（渗）材料	可提高的性能	备注
涂敷	表面黏涂	无变形	胶黏剂与基体表面物理、机械结合	—	胶黏材料固化反应物	耐磨、耐蚀、耐热、减摩	化学胶黏
热浸镀	镀锌及锌合金	460~550℃	液态金属在基体表面黏附、反应形成外加覆层	35~100μm	锌及锌合金	耐蚀	—
	镀铝及铝合金	730~750℃		10~200μm	铝及铝合金	耐蚀、抗高温氧化	—
	镀锡及锡合金	250~300℃		2~20μm	锡及锡合金	耐蚀、可焊	—
	镀铅及铅合金	340~360℃		≈10μm	铅及铅合金	耐大气、汽油、药品腐蚀，可焊	—

2.2 表面工程技术设计

根据服役条件、技术要求等，设计合适的表面结构、表面层材质、表面制备工艺等。根据产品性质、生产规模等，合理设计表面工程车间、表面工程生产线等。从产品的技术水平、市场需求、生产成本、销售模式等出发，精确分析、计算表面工程产品的技术、经济可行性和效益。

从不同的视角出发，目前大致有两类关于表面工程体系的划分方法，见表2-2和表2-3。

表2-2 表面工程的体系之一

表面工程	表面工程基础理论	表面失效分析
		表面摩擦与磨损
		表面腐蚀与防护
		表面结合与复合
	表面工程技术	化学转化膜技术
		表面改性技术
		表面镀覆层技术
		表面薄膜技术
		表面化学黏涂技术
		复合表面技术
		摩擦化学膜技术
		表面机械强化技术
	表面加工技术	表面预处理加工
		表面层的机械加工
		表面层的特种加工
	表面质量检测与控制	表面几何特性及检测
		表面力学特性及检测
		表面物理特性、化学特性及检测
		表面分析技术
	表面工程技术设计	表面层结构设计
		表面层工艺设计
		表面层材料设计
		表面工程车间设计及表面工程车
		表面工程技术经济分析

表 2-3 表面工程的体系之二

<table>
<tr><td rowspan="24">表面工程</td><td rowspan="11">表面科学</td><td rowspan="2">一般基础理论</td><td>表面物理</td></tr>
<tr><td>表面化学</td></tr>
<tr><td rowspan="9">专用基础理论</td><td>腐蚀与防护</td></tr>
<tr><td>镀覆层的形成机制</td></tr>
<tr><td>镀覆层附着力</td></tr>
<tr><td>电化学</td></tr>
<tr><td>膜科学</td></tr>
<tr><td>感光化学、发光材料</td></tr>
<tr><td>化学催化及酶催化</td></tr>
<tr><td>半导体理论</td></tr>
<tr><td>其他新技术</td></tr>
<tr><td colspan="2" rowspan="5">表面工程技术</td><td>电化学方法</td></tr>
<tr><td>化学方法</td></tr>
<tr><td>热加工方法</td></tr>
<tr><td>真空技术</td></tr>
<tr><td>其他表面技术</td></tr>
<tr><td colspan="2" rowspan="7">表面工程应用</td><td>表面强化</td></tr>
<tr><td>表面防护</td></tr>
<tr><td>表面改性</td></tr>
<tr><td>半导体材料、大规模集成电路</td></tr>
<tr><td>新型功能材料</td></tr>
<tr><td>指令膜及涂装</td></tr>
<tr><td>生物防护、伪装等特种涂料</td></tr>
</table>

2.3 表面工程技术的选用原则

尽管表面工程技术有很多种类，而且各有不同的工艺，但却都可以达到改善或提高某一特定性能的目的，如耐磨损或耐腐蚀等。45 钢轴类零件经调质处理后虽然具有较好的综合力学性能，但因不能承受较强烈的磨损以致难以正常服役，使用化学热处理、电镀、电刷镀、化学镀、热喷涂、真空蒸镀等都可以获得表面耐磨镀覆层或渗层，从而大大延长其使用寿命。如何在众多表面工程技术中选择一种或多种复合的技术对零件进行表面处理，使其获得优良的性能指标，满足服役条件对零件的要求，并且具有突出的性价比、对环境的友好性等，是表面工程工作者首先要面对的重要问题。

利用表面工程技术制造或再制造零件时，必须同时满足零件表面使用性能和尺寸精度的要求。因此，在设计和选择表面工程技术时，需要从以下可能影响零件镀覆层性能、使用寿命、加工成本等方面综合考虑。

2.3.1 适应性

适应性是指表面工程技术与零件本身及加工工艺、工作环境是否匹配、合适。也就是说，选择的表面技术是否可以适应工作环境、满足性能要求，这就需要对诸多因素作详细的分析和甄别。

（1）零件的属性和特点　化学组成、热处理状态、组织形态、晶体结构、应力状态等；硬度、延展性、脆性敏感性、热膨胀性等；零件加工精度、几何尺寸有无突变处、有无不通孔与凹槽、是否为薄壁及细长杆件等。

(2) 零件的服役条件　载荷的性质和大小、摩擦磨损形式和润滑情况、腐蚀介质和条件、环境温度、压力与湿度、辐射物质和强度、相对运动速度等。

(3) 零件的性能要求　耐磨、减摩、耐蚀、抗氧化、抗蠕变、抗疲劳、化学稳定性以及热、电、磁、光学性质等。

(4) 零件的制造工艺和条件　铸造、烧结、电铸等；常态、真空、超声、磁场等。

(5) 零件制造（或再制造）的工艺流程　表面工程技术在整个零件制造（或再制造）中的工艺位置、与前后工序的衔接关系及可能的影响（前道工序→表面技术、表面技术→后道工序），完成最终产品需采取的工艺措施。

(6) 零件的受损情况　失效的形式（磨损、腐蚀、疲劳等）、损坏的部位、程度（磨损面积及磨损量；腐蚀面积、腐蚀产物及腐蚀量、裂纹形式及裂纹尺寸、拉伤长度及深度等）。

(7) 表面工程技术的比较与选择　了解以上情况后，可以根据表面工程技术的特征选择合适的表面处理工艺，做好技术准备工作。

2.3.2 耐久性

耐久性是指在一定的工作条件下，零件的使用寿命。使用表面工程技术的目的是要通过一定的手段或方法，减轻工作环境对零件的破坏（磨损、腐蚀、疲劳等），延长其服役寿命。对零件表面进行强化、防护处理后，需要对表面处理前后的零件寿命进行比较、评价，以确定在特定环境下不同表面工程技术耐久性的差别，以便优化选择合适的表面技术工艺方法。因此，高耐久性是选择表面工程技术的重要原则之一。

实际工作时，常以耐久性系数（K）或相对耐磨性（ε）等来衡量经表面处理过零件的效果，并以此来评价零件的耐久性。一般情况下可用 K 来评价耐久性，而对因磨损失效的零件，则多用 ε 作为评价指标。

1. 耐久性系数 K

耐久性系数就是零件处理后与未经处理的使用寿命比，即

$$K=\frac{T_{\mathrm{T}}}{T_{\mathrm{H}}} \tag{2-1}$$

式中，T_{T}和 T_{H}分别表示采用表面处理技术的零件使用寿命与未使用表面处理技术的零件使用寿命；若考察对象是修复后的零件，T_{T}和 T_{H}则可分别表示修复后零件与新品零件的使用寿命。显然，K 越大，零件应用表面工程技术的效果越明显，耐久性越好。

2. 相对耐磨性 ε

相对耐磨性就是零件未经处理和处理后的磨损量之比，即

$$\varepsilon=\frac{W_{\mathrm{H}}}{W_{\mathrm{T}}} \tag{2-2}$$

式中，W_{T}和 W_{H}分别表示经表面强化零件与未经表面强化零件的磨损量（或磨损体积）。显然，ε 越大，经表面强化零件的使用寿命越长。

可以通过相关的标准和方法，以及模拟试验、加速试验、台架试验、装机试验等对零件的磨损、腐蚀、疲劳、氧化等情况进行检测、分析，得出零件的使用寿命。再在实际的工况条件

下对零件的耐久性进行考察、评估，最终确定能有效延长零件使用寿命的最佳表面工程技术。

2.3.3 经济性

经济性是指要以低成本、高耐久性的表面工程技术对零件进行表面强化、表面防护。也就是说，要在满足零件各项技术要求的前提下，尽可能地选择高性价比的表面工程技术。通常，以是否满足式（2-3）来衡量所选用的表面工程技术的技术经济性：

$$C_{T} \leqslant KC_{H} \tag{2-3}$$

式中，C_T和C_H分别表示经表面强化零件与未经表面强化零件的成本，K为耐久性系数。若以零件使用表面工程技术与否的寿命来表示，则式（2-3）可表示为

$$\frac{C_T}{C_H} \leqslant \frac{T_T}{T_H} \tag{2-4}$$

显然，$\frac{C_T}{C_H}$越小、$\frac{T_T}{T_H}$越大，则选择的表面工程技术的技术经济性越好。

2.4 表面工程技术的设计与选择

2.4.1 转化膜、电镀和化学镀技术的设计与选择

转化膜、电镀和化学镀的膜层材料设计与选择见表2-4和表2-5。

表2-4　不同转化膜、电镀和化学镀方法的工艺特点及主要应用范围

镀敷方法		特　点	应用范围
电镀	槽镀	历史悠久，使用广泛。在镀槽中施镀，需要有厂房、镀槽及辅具，以及供电、化验、废水处理等配套设备。可电沉积各种单金属、合金及复合镀层，可镀敷较厚镀层，工艺成熟，质量稳定，适合批量生产。工件受镀槽尺寸限制，对非电镀部位需加以保护	制备各种耐蚀、耐磨、装饰及功能镀层，修复零件
	电刷镀	不用镀槽，用包有涤棉包套的镀笔（刷）浸满镀液在工件表面涂抹形成镀层。设备简单，工艺灵便，镀层种类多，电流密度大，镀积速度快，工件尺寸不受限制，适于对工件进行现场不解体修复	修复零件，制备各种耐磨、耐蚀及功能镀层
	流镀	用强制手段使电解液高速流过阴、阳极的窄小空间（1～10mm），从而沉积出镀层。需根据具体工件制作专用设备、夹具或自动控制装置，适于外形简单或规则工件，电流密度大。生产率高，易于实现机械化或自动化作业	如轴类零件、型材、活塞杆、印制电路、缸套等镀敷镍、铁、铜、锌、铬、金等
	电铸	用电化学方法将金属沉积在芯模上，后将两者分离，制作出与芯模逆反形状的制品的工艺。芯模可用低熔点金属、蜡、石膏等，电铸金属常用铜、镍、铁等	制作复制品，冲压模、塑料挤出模、吹塑模、玻璃模，橡胶模及金属箔、网
	脉冲电镀	用脉冲电流施镀。脉冲电流有方波、锯齿波等，其导通时间短，峰值电流大，可改善深镀能力和分散能力，降低孔隙，提高镀层质量，提高电流效率，需要大电流脉冲电源	制备金、银、镍等镀层
化学镀		在固体表面催化作用下通过水溶液中还原剂与金属离子在界面的氧化还原反应产生金属沉积的连续过程。不用外电源，设备简单，镀层致密，孔隙低，可在复杂表面上沉积出均匀的镀层，容易制取非晶态镀层和特殊功能镀层，可在非金属基材上沉积；沉积速度慢，常需维持较高操作温度，镀液稳定性低、寿命较短，生产维护较难	制备各种耐蚀、耐磨、减摩及功能镀层。可自催化沉积Ni、Co、Pd、Cu、Au、Ag等十几种单金属镀层和多种合金镀层

（续）

镀敷方法			特　点	应用范围
复合镀			在电镀或化学镀溶液中加入非水溶性固体微粒，并使其与基质金属共沉积。微粒可以是无机粒子（碳化物、氧化物、金刚石、石墨等），也可以是金属粉末。其镀敷材料广泛，可沿用原来镀敷设备、镀液和阳极等，施镀不需高温，镀层具有基质金属和微粒的综合性能；复合镀在某些工艺实施及镀层厚度均匀性、微粒含量等控制上尚存在一定困难	制备各种高性能的耐蚀、耐蚀-装饰、耐磨、减摩及功能复合镀层，制备金刚石与镍共沉积的切削工具
非金属镀敷			用槽镀、电刷镀或化学镀等方法可在多种非金属基体上镀敷不同金属镀层。首先要使非金属基体金属化，其工艺过程较长，一般包括粗化、敏化、活化、化学镀（及电镀）等步骤，不同基体与金属镀层的结合力差别较大，装饰性塑料电镀要求为8~15N/cm	在塑料、玻璃、陶瓷等基体上镀铜、镍、铬、金、银等镀层，用于日用品装饰、家电、电子器件等
机械镀			不用电，通过滚筒转动在加热或在某些介质促进下，靠镀件与介质的滚动摩擦，将粉末状金属微粒"冷铆"到工件表面。分冷镀和热镀，无氢脆，成本低，适于大量生产，冷镀锌层厚度在2~50μm	制备锌、锌铝和复合锌等耐蚀镀层，用于标准件、小型铁零件、水管接头等
表面转化	氧化处理	铝及铝合金	有化学氧化和电化学阳极氧化。化学氧化处理液多以铬酸（盐）法为主，其设备简单，不受工件大小限制，氧化膜厚0.5~4μm，质地软，吸附能力好；阳极氧化处理有硫酸法、铬酸法、草酸法、磷酸法、硬质法和瓷质法等，膜厚5~20μm，膜硬，耐蚀、耐热、绝缘及吸附能力更好。硬质法硬度可达400~1500HV，熔点可达2050℃	硫酸法：涂装底层、装饰与防护层；草酸法：电器绝缘、日用品装饰；硬质法：耐磨、耐热、绝缘，如活塞、气缸、轴承等
		钢铁等	钢铁氧化以化学法为主，处理液分碱性和酸性，按膜颜色分发蓝和发黑，多在含氧化剂的浓碱中进行，形成厚度0.6~1.5μm以Fe_3O_4为主的膜，后经皂化、填充或封闭处理；镁合金、锌合金的氧化多在重铬酸盐中进行，铜合金氧化多在碱性溶液中进行	钢铁氧化可提高耐蚀与润滑性；镁合金氧化用于装饰及涂装底层，铜合金氧化用于装饰及电器仪表
	磷化处理	钢铁	分高、中、低温工艺，漆前磷化用锌或碱金属磷酸盐，防锈磷化用锌、锰或铁的磷酸盐，冷变形前磷化用锌或锰磷酸盐，耐磨磷化用锰磷酸盐，后处理有皂化、填充或封闭等，膜多孔，吸附力好	钢铁防护层，涂装，塑性加工和滑动摩擦副中的减摩，硅钢片绝缘
		锌、铝	锌材磷化常用锌系磷化液；铝及铝合金磷化常用锌系和铬磷酸系溶液（Alodine法），其耐蚀性好，应用广泛	锌磷化用于热镀锌、热浸锌等；铝磷化用于塑性变形加工及耐蚀
	钝化处理	铜、锌及其合金	铜及铜合金常用铬酸法、重铬酸盐法、钛酸盐法等进行钝化处理；锌及锌合金的钝化常用作电镀锌及锌基合金的后处理，以铬酸盐法为最普遍，按色彩分为彩色、白色、黑色及草绿色钝化，一般需做老化后处理	铜钝化用于防护及装饰；锌钝化用于耐蚀、涂装或装饰
		不锈钢等	不锈钢钝化用硝酸或硝酸加重铬酸钠，保持原色；镉镀层钝化可参照锌钝化；银钝化可用铬酸盐或有机物钝化液，电化学钝化防变色效果好	不锈钢钝化可提高耐蚀性；银钝化用于防变色
	着色处理	不锈钢	常用彩色法与黑色法，处理液多为铬酸（盐）-硫酸体系或其派生液，彩色法可得到蓝、蓝灰、黄、紫、绿等颜色，主要取决于膜厚	改善外观，装饰，仿贵金属，仿金属古器，用在灯具、工艺品、日用五金制品等
		铜等	铜及铜合金在硫化钾、硫代硫酸钠、亚磷酸钠，硝酸铜等不同溶液中可得到多种颜色；镍、银及银合金、锌及锌合金等都可进行化学着色；铝及铝合金可进行电解着色	

表2-5　不同金属及合金基体材料镀覆层的应用与选择

应用目的		镀覆层			
		铁基合金基材	铝及铝合金基材	铜及铜合金基材	钛及钛合金基材
耐腐蚀	常温大气中	镀锌、镉、双层镀镍、镀乳白铬	硫酸阳极氧化并封闭	镀锌、铬、镉	—
	500℃以下的热大气中	镀镍、黄铜、乳白铬、镍镉扩散镀层	—	—	—
	油中	氧化（发蓝）	—	钝化	—

（续）

应用目的		镀覆层			
		铁基合金基材	铝及铝合金基材	铜及铜合金基材	钛及钛合金基材
耐腐蚀	60℃以上水中	镀镉	—	—	—
	海水和海雾中	镀镉、锌镍合金	—	—	—
	低氢脆、阻滞吸氢脆裂	镀镉钛、松孔镀镉	—	—	阳极氧化
	减轻和预防接触腐蚀	—	—	镀镉、锌	阳极氧化
	防缝隙腐蚀	—	—	—	镀钯、铜、银
	防热盐应力腐蚀	—	—	—	化学镀镍
防气体污染		—	—	—	阳极氧化
防着火		—	—	—	镀铜、镍、钝化
氧气系统防护		镀锡、锡铋合金	—	镀锡、锡铋合金	—
防护装饰		复合镀层铜镍铬、青铜铬、镍铬、铜镍、镍封铬	—	—	—
装饰		—	瓷质阳极氧化、缎面或纱面阳极氧化	镀镍、镍铬	—
染色		—	硫酸阳极氧化后着色	—	—
油漆的底层		磷化	化学氧化、铬酸或硫酸阳极氧化	—	—
耐磨		镀硬铬、松孔铬、化学镀镍	硬质阳极氧化、镀硬铬或化学镀镍	化学镀镍、镀硬铬	镀硬铬
减少摩擦		镀硬铬、铅锡合金、铅铟合金、银	—	镀铅、铅锡合金、铅铟合金	—
插拔耐磨		—	—	镀银后镀硬金、镀银后镀钯、镀铑	—
保持较高抗疲劳性能		—	铬酸阳极氧化、化学氧化或硫酸、硼酸复合阳极氧化	—	—
防黏结、防烧伤		镀银、铜、磷化	—	镀锡后镀金	—
绝缘		磷化	草酸或硬质阳极氧化	—	—
导电		镀铜、银、金	镀铜、锡或化学氧化	镀银、金	—
电磁屏蔽		—	化学镀镍	—	—
反射热		镀金	—	—	—
消光		—	黑色阳极氧化或喷砂后阳极氧化	黑色氧化，镀黑镍、黑铬	—
粘接		—	磷酸、铬酸或薄层硫酸阳极氧化	—	—
便于橡胶黏结		镀黄铜	—	—	—
便于钎焊		镀铜、锡、镍、银、铅锡合金	化学镀镍或铜	镀锡、银、铅锡合金、锡铋合金，化学镀锡	—
防渗碳、防渗氮		镀锡、镍	—	—	—
识别标志		镀黑铬、黑镍、黑色磷化、氧化	硫酸阳极氧化后着色	—	—

2.4.2 涂装技术的设计与选择

各种涂装方法及其适应性见表2-6，各种涂料的优缺点见表2-7。

表2-6 各种涂装方法及其适应性

涂装方法	操作方式	适用的涂料	适用范围	作业效率	设备投资	特征
刷涂	使用刷子	挥发慢黏度较高的涂料，如调和漆、磁漆、沥青漆等	一般适用于低级涂装	低	最小	一般
空气喷涂	压缩空气雾化喷涂	挥发较快的涂料，各种黏度的涂料经调正后均可使用	均适用	高	中	膜厚较均匀
高压无气喷涂	涂料经高压雾化后的喷涂	挥发性较慢，固体分含量较高的涂料	适用于大中型工件，不适合高级装饰性涂装	高	中	能涂厚膜，但不易均匀
静电喷涂	涂料经静电及空气辅助雾化或高速离心雾化	挥发较快的涂料，一般适合于中涂层及各类面漆	非导电表面不适用	高	大	省漆，膜厚均匀，表面质量好
淋涂	将涂料淋到被涂物上	挥发快，触变性小的涂料	适用于中小型形状简单的物体	高	中	省漆，膜厚不均，表面质量差
浸涂	将被涂物浸入涂料	挥发性慢、塑性流动的涂料，如沥青漆、水性漆等	适用于中小型形状简单的物体	高	中	省漆，膜厚不均，表面质量差
电泳涂装	将被涂物浸入水性漆中，接通直流电涂装	电泳涂料	各种形状均可，不适合特大型工件	高	大	省涂料，膜厚均匀，表面质量好
粉末涂装	靠静电或流化法涂布粉末涂料	各种粉末涂料	形状较简单的中小型工件	中	中	无稀料，能涂厚膜
转动涂漆	将被涂物装入盛有涂料的容器中转动或滚动容器涂装	挥发快、黏度低、流动性好的涂料	形状复杂的小件	中	中	省漆，涂布均匀

表2-7 各种涂料的优缺点

涂料产品类型	代表性成膜物质	优点	缺点
油脂涂料	天然植物油、清油（熟油）、合成干性油	耐候性良好，可内用与外用，涂刷性能好，价廉	干燥慢，力学性能不理想，水膨胀性大，不能打磨抛光
天然树脂涂料	松香及其衍生物、虫胶、乳酪素动物胶、大漆及其衍生物	干燥快，短油的坚硬易打磨，长油的柔韧性、耐候性好	短油的耐候性差，长油的不能打磨抛光
酚醛树脂涂料	纯酚醛树脂、改性酚醛树脂、二甲苯树脂	干燥快，涂膜坚硬，耐水，耐化学腐蚀，能绝缘	颜色易泛黄变深，故很少制成白色漆，涂膜较脆
沥青涂料	天然沥青、煤焦沥青、石油沥青	耐水，耐酸，耐碱、绝缘，价廉	颜色深，无浅色白色漆，对日光不稳定，耐溶剂性差

（续）

涂料产品类型	代表性成膜物质	优点	缺点
醇酸树脂涂料	甘油（或季戊四醇等）醇酸树脂和各种油改性醇酸树脂等	涂膜光亮，施工性能好，耐候性优良，附着力较好	涂膜较软，耐碱性，耐水性差
氨基树脂涂料	脲（或三聚氰胺）甲醛树脂和各种改性醇酸树脂等	硬度高，光泽亮，不泛黄，耐热、耐碱，附着力良好，涂膜丰富	须加温固化，烘烤过度涂膜发脆，不适用于木质物面
硝基纤维素涂料	硝化纤维素和改性硝化纤维素	干燥迅速，耐油，坚韧耐磨，耐候性良好	易燃，清漆不耐紫外线，不能在60℃以上使用，固体分低，施工层次多
纤维素涂料	醋酸纤维、苄基纤维、乙基纤维、醋丁纤维、羟甲基纤维等	耐候性好，色浅，个别品种耐碱、耐热	附着力较差，耐潮性差，价格高
过氯乙烯树脂涂料	过氯乙烯及改性过氯乙烯树脂	耐候性好，耐化学腐蚀，耐水，耐油，耐燃	附着力差，打磨抛光性较差，不耐 70℃以上温度，固体分低
乙烯树脂涂料	VAGH，聚乙烯醇缩丁醛树脂、氯乙烯-偏氯乙烯共聚物、聚苯乙烯、氯化聚丙烯、石油树脂等	柔韧性优良，色浅，耐化学腐蚀性优良	固体分低，高温时易碳化，清漆不耐晒
丙烯酸树脂涂料	丙烯酸树脂、丙烯酸共聚物等	涂膜色浅，耐热、耐候性优良、耐化学药品	耐溶剂性差，固体分低
聚酯树脂涂料	饱和聚酯和不饱和聚酯	固体分高，柔韧性好，耐热，耐磨，耐化学药品	不饱和聚酯干性不易掌握，对金属附着力差，施工方法复杂
环氧树脂涂料	环氧树脂、脂肪族聚烯烃环氧树脂、改性环氧树脂	附着力强，耐碱，耐油，涂膜坚韧，绝缘性良好，耐化学腐蚀性优异	室外暴晒易粉化，保光性差，色泽较深，涂膜外观较差
聚氨酯涂料	加成物、预聚物、缩二脲及异氰脲酸酯多异氰酸酯（芳香族与脂肪族）	耐磨性强，耐水，耐溶剂，耐油，耐化学腐蚀，绝缘性良好	喷涂时遇潮易起泡，户外涂膜易泛黄，但脂肪族聚氨酯例外
有机硅涂料	元素有机聚合物涂料含有机硅、有机钛、有机铝、有机磷等	耐高温，耐大气，耐老化，不变色，绝缘性优良	耐汽油性差，个别品种涂膜较脆，附着力较差
氯化橡胶涂料	橡胶涂料含天然橡胶及其衍生物，如氯化橡胶，合成橡胶及其衍生物，如氯磺化聚乙烯橡胶	耐酸碱腐蚀，耐水，耐磨	易变色，清漆不耐晒，施工性能不大好
其他涂料	以上 16 类以外的成膜物质，如无机高聚物，聚酰亚胺树脂等	—	—
辅助材料	溶剂和稀释剂，如松香水、二甲苯、防潮剂、催干剂、脱漆剂、固化剂、表面处理剂等	—	—

2.4.3　热喷涂技术的设计与选择

不同热喷涂方法的技术特性比较见表 2-8，热喷涂涂层材料的应用见表 2-9。

表 2-8 不同热喷涂方法的技术特性比较

热喷涂方法		热源	喷涂力源	火焰温度/℃	喷涂粒子飞行速度/(m/s)	喷涂材料		喷涂量/(kg/h)	喷涂层结合强度/MPa	涂层孔隙率(%)	基体受热温度/℃	设备投资
						形状	种类					
火焰喷涂	丝材火焰喷涂	燃烧火焰	压缩空气等	3000	80~120	线材	金属、复合材料	2.5~3.0(金属)	10~20(金属)	5~20(金属)	均小于250	低
	陶瓷棒火焰喷涂	燃烧火焰	压缩空气等	3000	150~240	棒材	陶瓷	0.5~1.0	5~10	2~8	均小于250	低
	粉末火焰喷涂	燃烧火焰	燃烧火焰	3000	30~130	粉末	金属、陶瓷、复合材料	1.5~2.5(陶瓷)、3.5~10(金属)	10~20(金属)	5~20(金属)	均小于250	低
	爆炸喷涂	燃烧火焰	热压力波	3000~4000	700~1200	粉末	陶瓷、金属、复合材料	1~3	70(陶瓷) >100(金属)	<1	均小于250	高
	超声速火焰喷涂	燃烧火焰	焰流	略低于等离子	500~1000	粉末	金属、陶瓷、硬质合金	20~30	>70(WC-Co)	<1(金属)	均小于250	较高
电弧喷涂	电弧喷涂	电弧	压缩空气	4000	100~200	丝材	金属丝、粉芯丝	10~35	10~30	5~15	<250	低
	高速电弧喷涂	电弧	压缩空气	4000~5000	200~400	丝材	金属丝、粉芯丝	10~38	20~60	<2	<250	中
等离子弧喷涂	等离子弧喷涂	等离子弧焰流	等离子焰流	6000~12000	200~350	粉末	金属、陶瓷、复合材料	3.5~10(金属)、6.0~7.5(陶瓷)	30~60(金属)	3~6(金属)	均小于250	中
	低压等离子弧喷涂	等离子弧焰流	等离子焰流	—	200~350	粉末	MCrAlY等合金、碳化物	5~5.5	>80	<1	均小于250	高
	超声速等离子弧喷涂	等离子弧焰流	等离子焰流	18000	3600(电弧速度)	粉末 丝材	金属、合金、陶瓷	55(ZrO_2)、25(Al)	40~80	<1	均小于250	高
特种喷涂	激光喷涂	激光	—	—	—	粉末	低熔点到高熔点的各种材料	—	良好	较低	<250	高
	丝材爆炸喷涂	电容放电能源	放电爆炸波	—	400~600	丝材	金属	—	30~60	2.0~2.5	<250	高
喷熔(熔结)	火焰喷熔	燃烧火焰	—	3000	—	粉末	金属、陶瓷复合材料	—	200~300	0	≈1050	低
	低真空熔结	电热源	—	—	—	粉末	金属、陶瓷复合材料	—	200~300	0	≈1050	中

表 2-9　热喷涂涂层材料的应用

涂层材料	应用目的							特性及应用说明	最高使用温度/℃
	耐蚀保护	耐氧化保护	耐磨保护	滑动摩擦层	过渡结合层	修复层	其他		
Zn	▲							适于电弧喷涂，广泛用于防大气腐蚀，常温下耐淡水腐蚀，耐碱性介质腐蚀优于铝，结合性好	250
Al	▲							适于电弧喷涂，广泛用于防大气腐蚀，耐酸性介质腐蚀优于锌	400
富锌的铝合金	▲							综合 Al 及 Zn 的各自特性形成的高效耐蚀涂层	
Sn	▲							和铝粉混合，形成铝化物，可用于腐蚀保护	
Ni	▲				▲			密封后可作耐蚀层	≈500
常温尼龙	▲							适于火焰喷涂，常温下耐酸、碱介质	
高温塑料：聚苯硫醚、聚醚砜、聚醚酮	▲							工作温度-140~200℃，耐酸及碱腐蚀	350
Al-Mg	▲								200
Pb	▲							防辐射材料	200
合金钢	▲		▲			▲		—	500
Mo			▲	▲	▲			—	320
硼化物：TiB_2、ZrB_2			▲					—	①
碳化物：TiC、Cr_3C_2、NbC、TaC、WC			▲					—	400TiC 500WC
碳化物：WC-TiC、TaC-NbC			▲					—	
碳化物：Cr_3C_2-NiCr、WC-Co			▲					WC-Co（12%~20%）硬度>60HRC、热硬性好	800 500
氧化物：Al_2O_3、TiO_2、Cr_2O_3、ZrO_2			▲				绝热层	Al_2O_3 封孔后抗高温氧化，1000℃下使用，900~1000HV，TiO_2 孔隙少，结合好，耐蚀，500℃下使用，600~700HV	①
氧化物：Al_2O_3-TiO_2、Al_2O_3-MgO、Cr_2O_3-TiO_2			▲				绝热层	$Al_2O_3$96%-$TiO_2$2.3%，500℃下使用，硬度900~1000HV，Al_2O_3-$TiO_2$13%耐滑动摩擦，500℃下使用，800~950HV，MgO-$Al_2O_3$71%耐磨，耐热，电绝缘性好	①
氧化物：ZrO_2-MgO、ZrO_2-CaO、ZrO_2-SiO_2		▲	▲				绝热层	ZrO_2-MgO 8%（或 24%）耐热冲击，绝缘性好 ZrO_2-CaO 4%（或 7%，31%）隔热，耐热冲击，CaO 比 Y_2O_3 便宜，可用作发动机燃烧室	①
氧化物：ZrO_2-Y_2O_3		▲					绝热层	ZrO_2-Y_2O_3 4%（或 6%，8%，12%，20%）耐热、隔热性最高，耐热冲击性优良，Y_2O_3 含量越多线膨胀系数越大	
用 Al_2O_3 或 Cr_2O_3 增强的 Co 基合金		▲	▲					—	≈1000
Co-Mo-Si 合金			▲	▲				用作耐磨合金	≈1000
MCrAlY（M = Fe、Co、Ni）	▲	▲					绝热层	—	≈1000

（续）

涂层材料	应用目的							特性及应用说明	最高使用温度/℃
	耐蚀保护	耐氧化保护	耐磨保护	滑动摩擦层	过渡结合层	修复层	其他		
NiAl、NiCr		▲			▲	▲		镍铝、镍铬、镍及钴包 WC 可用于 500～850℃下的磨粒磨损，Ni-Cr(80%～20%)耐热腐蚀	950
弥散有钒、铬、钼或钨的硼化物、碳化物或硅化物的铁基、钴基或镍基硬质合金			▲					—	800
Ni-Cr-Al+Y_2O_3		▲						抗高温氧化	
镍包氧化铝、镍包碳化铬		▲						工作温度 800～900℃，抗热冲击	
黄铜、青铜				▲				轴承材料	<200
Ni-石墨				▲			磨合涂层	镍包石墨为磨合涂层，润滑性好，可作发动机可动密封件	500
Cu-石墨				▲				铜包石墨润滑性好，导电性较高，可作电解头及低摩擦系数材料	
镍包二硫化钼				▲				减摩材料，润滑性良好，用于500℃以上动密封处	
自黏结镍基合金				▲	▲			自润滑、自黏结镍基合金属减摩材料，润滑性好	
自黏结铜基合金等				▲				自润滑、黏结铜基合金与包覆聚酯，聚酰胺等属减摩材料	

注：表中的百分数为质量分数。

① 使用温度的最大极限取决于基体材料，而不取决于涂层。

2.4.4 堆焊技术的设计与选择

常用堆焊方法的主要特点见表 2-10，堆焊材料的应用与选择见表 2-11。

表 2-10 常用堆焊方法的主要特点

序号	堆焊方法	运用特点
1	手工电弧堆焊	应用广泛，设备简单通用，机动灵活、易购制特种焊接材料。缺点是生产效率低、劳动条件差、稀释率较高、易产生操作失误。主要工艺特点如下： ① 采用小电流(偏小 10%～15%)以降低稀释率，快速焊，小摆动，窄焊道 ② 预热，一般材料，预热温度为 100～300℃(按碳当量选)，对淬硬倾向大耐磨合金，合金含量大于10%，预热温度为 300～550℃ ③ 防止变形，用专用夹具
2	氧-乙炔焰堆焊	氧-乙炔火焰温度较低(3050～3100℃)；火焰加热面积大；稀释率低(1%～10%)；堆焊层厚度较小(1mm 左右)；因 WC 在氧-乙块焰中不熔化，尤其适于 WC 粉芯丝堆焊。缺点是：堆焊效率低，工件输入大，变形大。工艺特点如下： ① 焊前工件清洁处理，焊时工件平放 ② 堆焊时用还原焰，令焊丝与熔化区在还原焰中，防止氧化 ③ 先用碳化焰将工件表面加热至半熔化温度呈“出汗”态，再添入堆焊材料，勿令母材完全熔化形成熔池 ④ 单层堆焊一般焊层厚 2～3mm

（续）

序号	堆焊方法		运用特点
3	埋弧堆焊	单丝	方法简便，常用，堆焊层平整，质量稳定，但熔深大，效率低，稀释率高（≈ 50%）
		多丝	有双丝、三丝或多丝，将几根丝并列在电源的一个电极上，并同时向熔池推进，电弧周期性地从一根焊丝移到另一焊丝，熔深浅，焊道宽，效率高
		带极	焊接材料为带状（宽 40~100mm、厚 0.4~0.7mm），电弧在带极局部燃烧，并在带极宽度上来回移动，稀释率低（3%~9%），主要用于容器内衬的不锈钢防腐堆焊
		串联电弧	母材不接电极，电弧在两条自动送进的焊丝之间燃烧，能量大部分用于熔化焊丝，稀释率低
		焊接参数	堆焊电流 $I=(85\sim110)d$，d 为焊丝直径；焊丝伸出长度一般为 20~50mm； 电弧电压应与电流匹配；　电源极性，直流电源时宜反接； 焊丝直径一般为 2.5~5mm；　堆焊速度适中
4	等离子弧堆焊		电弧在焊嘴的机械压缩作用下，能量密度提高，弧柱中心温度达 24000~50000K。可堆焊难熔材料，稀释率小于 8%，设备复杂，成本高。工艺特点如下： ① 离子气流量一般取 300~500L/h ② 堆焊电流适用即可，不可太大或太小 ③ 送粉气流量和送粉量，通常送粉气流量为 400~600L/h，送粉量为 1000~6000g/min ④ 喷嘴端面与工件距离一般为 5~10mm
5	气体保护焊	CO_2 气体保护焊	① CO_2 气体保护堆焊为熔化极堆焊，其堆焊成本低，堆焊效率比手工堆焊高 3 倍以上 ② 保护气为 CO_2 或 CO_2、Ar、O_2 的混合气 ③ 焊丝可实芯，也可粉芯丝 ④ 焊丝直径，可为细丝（$\phi\leqslant1.2$mm），粗丝（$\phi=1.2\sim1.6$mm），细丝为小电流，短路过渡，粗丝为大电流，喷射过渡 ⑤ 施焊方式，半自动，可现场作业 ⑥ 电源，平特性电源，等速送丝，直流反接
		钨极氩弧堆焊	① 堆焊电流稳定，焊层形状易控制，常用于堆焊形状比较复杂、质量要求高的工件 ② 手工钨极氩弧堆焊设备可与焊接用设备通用 ③ 直流正接
6	电渣堆焊		这种方法是利用熔化态焊剂的电阻热熔化堆焊材料和基体金属。堆焊材料可以是焊丝、焊带、粉芯焊带、板带等，也可将粉末由送粉器送入熔池。堆焊过程中无电弧，稀释率低，用平特性电源
7	碳弧堆焊		将需要堆焊的材料用黏结剂制成合适的形状，放于工件表面，然后用碳弧熔化堆焊金属。这种方法堆焊合金含量可以很高，但堆焊效率低，劳动条件差
8	激光堆焊		将合金粉用热喷涂方式喷涂于工件表面，再用激光来进行重熔，将喷涂层的机械结合变为冶金结合，可以堆焊一些结构精密的工件

表 2-11　堆焊材料的应用与选择

工作条件		典型产品	堆焊金属	堆焊材料举例	其他用途、说明
金属间磨损	常温	轴类和车轮磨损面	低合金珠光体钢	焊条：D107（10Mn3Si），硬度≥22HRC；D127（20Mn4Si），硬度≥28HRC，D122（20Cr1.5Mn），硬度≥22HRC；D132（30Cr2Mo），硬度≥30HRC 焊丝：H30CrMnSi	堆焊或修复低、中碳及低合金钢磨损面，抗冲击，易加工
		齿轮	合金马氏体钢	焊条：D172（40Cr2Mo），硬度≥50HRC；D217（40Cr9Mo3V），硬度≥50HRC	挖泥斗，铧犁等
		轴瓦	铜基合金	焊条：T237（A18Mn2），硬度为 120~160HBW；T227（Sn8P<0.3）等 焊丝：9-2 铝锰青铜丝、HS221、HS222 等	轴衬、滑道、化工设备内衬等
		冲模、剪刀	合金马氏体钢	焊条：D322（50Cr5W9Mo2V），硬度≥50HRC；D327（50Cr5W9Mo2V）	修耐磨性较高零件
		低压阀门密封面	铜基合金	焊条：T237、T227 焊丝：HS221、HS222、HS224	—
		冷轧辊	低合金马氏体钢	焊条：打底（40Cr4NiMnMo），表层（60Cr6NiMo）	—

（续）

工作条件		典型产品	堆焊金属	堆焊材料举例	其他用途、说明
金属间磨损	中温	阀门密封面	高铬不锈钢、铬锰钢	焊条：D502 或 D507（12Cr13）硬度≥40HRC D512 或 517(20Cr13)，硬度≥45HRC	小于 450℃的阀门及轴搅拌机桨、输送叶片
	高温	热锻模	热模具钢	焊条：D397(50CrMnMo)，硬度≥40HRC	$w(C)\leqslant0.6\%$
		热拉伸模、热冲头、热剪刀等	热模具钢	焊条：D337(3Cr2W8)，硬度≥48HRC 药芯焊丝：(3Cr2W8)	—
			钴基堆焊合金	焊条：D802（Cr30W5），硬度为 40～45HRC；D812（Cr30W8），硬度为 44～50HRC；D822(C3Cr30W17)，硬度≥53HRC 焊丝：HS111 硬度为 40～45HRC；HS112 硬度为 45～50HRC；HS113 硬度为 55～60HRC	高温高压阀门、高压泵轴套筒、内衬套筒牙轮钻头轴承等
		刀具	高速钢	焊条：D307(W18Cr4V)硬度≥55HRC	刃口
		热轧辊	热模具钢	药芯焊丝：3Cr2W8	—
			铬镍奥氏体钢	焊丝：H10Cr20Ni10Mn6	—
		阀门密封面	铬镍奥氏体钢	焊条：D547（Cr18Ni8）硬度为 270～320HBW；D547Mo，硬度≥37HRC；D557（Cr18Ni8Si7），硬度≥37HRC	570℃以下高压阀门 600℃以下高压阀门
			镍基堆焊合金	Ni-Cr-B-Si、Ni-Cr-Fe-Si-B(粉末)	—
			钴基堆焊合金	焊条：D802（Cr30W5），硬度为 40～45HRC，D812（Cr30W8），硬度为 44～50HRC；铸丝：HS111 硬度为 40～45HRC；HS112 硬度为 45～50HRC：钴基堆焊合金粉	热剪切刃口、热锻模、热轧辊孔型等
磨粒磨损	常温高应力	推土机刃板、矿山料车、铲斗齿	合金马氏体钢	焊条：D207（Cr3Mn2），硬度≥50HRC；D212(5Cr2Mo2)，硬度≥50HRC；D217A，硬度≥50HRC	推土机刀片、螺旋桨等高强耐磨件
			合金铸铁	焊条：D608（C3Cr4Mo4），硬度≥55HRC；D642（C3Cr27），硬度≥45HRC；D667（C3Cr30Ni14Si4Mn），硬度≥48HRC；D678（C2W9B），硬度≥50HRC；铁基堆焊合金粉末	矿山冶金、农业等机械受矿石、泥沙磨粒与冲击磨损零件
		泥浆泵、混凝土搅拌机叶片、螺旋输送机	合金铸铁		
			碳化钨	焊条：D707(C2W45MnSi)，硬度≥60HRC；管装粒状碳化钨	耐岩石等强烈磨损
		水轮机叶片	合金马氏体钢	焊条：D217A(Cr2Mo1)，硬度≥50HRC	—
		石油牙轮钻头、钻杆接头	碳化钨	焊条：D707D717(C3W60CrMnNiSiMo)，硬度≥60HRC 焊丝+粒状碳化钨；合金粉+粒状碳化钨	混凝土搅拌叶片、风机叶片等
	高温	高炉料钟、推焦机推杆	合金铸铁	焊条：D642（C3Cr30），硬度≥45HRC；D667，硬度≥48HRC 焊丝：HS101，HS103 等；铁基堆焊合金粉	—
金属间磨损+磨粒磨损		压路机链轮	低合金珠光体钢	焊条：D107，硬度≥22HRC；D112，硬度≥22HRC	—
			合金马氏体钢	焊条：D207，D217，硬度≥50HRC	—
		排污阀	铁基或镍基合金	合金粉	—
冲击磨损+磨料磨损		颚式破碎机齿板、挖掘机	合金马氏体钢	焊条：D207、D217、硬度≥50HRC	—
			锰奥氏体钢	焊条：D256，硬度≥170HBW，D266，硬度≥170HBW	破碎机、高锰钢轨、推土机等抗冲击磨损件
冲击磨损	常温	铁道道岔、履带板	锰奥氏体钢		
	高温	热剪板机、热锯	铬锰奥氏体钢	焊条：D276（2Mnl2Crl3），硬度≥20HRC；D266，硬度≥170HBW	D276 可用于水轮机叶片、抓斗、破碎刃

（续）

工作条件		典型产品	堆焊金属	堆焊材料举例	其他用途、说明
耐腐蚀	低温水	船舶螺旋桨、水泵活塞	铜基合金	焊条：T227，w（Sn）= 7.9% ~ 9%；T237，w（Al）= 7% ~ 9%	T227 用于轴衬、船舶推进器
	低温海水	海水管道	铜基合金	焊条：T307（Cu70Ni30）	—
	中温水	原子锅炉压力容器	铬镍奥氏体钢	丝、带：00Cr25Ni11、00Cr20Ni10	核电站压力容器内壁耐蚀层（第 2 层）
	高温腐蚀	内燃机排气阀	钴基、镍基堆焊合金	焊条：D802、D812、D822 铸丝：HS111、HS112、HS113；钴基、镍基堆焊合金粉	HS113 用于锅炉旋转叶片、粉碎机刃口
		抗硫阀门	钴基堆焊合金	钴基堆焊合金粉和丝	—
	高温氧化	炉子元件	铁铬铝镍基合金	0Cr25Al5 焊条和焊丝 Ni80Cr20 丝、带、粉	—
耐气蚀	常温	水轮机叶片	铬锰奥氏体钢 合金马氏体钢	焊条：D276、D277 焊条：D217A、D642、0Cr13Ni4、0Cr13Ni6	—

2.4.5　化学热处理技术的设计与选择

常用化学热处理方法及用途见表 2-12。

表 2-12　常用化学热处理方法及用途

处理方法	渗入元素	用　　途
渗碳	C	提高硬度、耐磨性及疲劳强度
渗氮	N	提高硬度、耐磨性、疲劳强度及耐腐蚀性
碳氮共渗	C、N	提高硬度、耐磨性及疲劳强度
氮碳共渗	N、C	提高疲劳硬度、耐磨性、抗擦伤、咬合能力及耐腐蚀性
渗硫	S	减摩，提高抗咬合能力
硫氮共渗	S、N	减摩，提高抗咬合能力、耐磨性及抗疲劳性
硫氰共渗	S、C、N	减摩，提高抗咬合能力、耐磨性及抗疲劳性
渗硼	B	提高硬度、耐磨性及耐腐蚀性
渗硅	Si	提高耐腐蚀性、耐热性
渗铝	Al	提高抗氧化及抗含硫介质的腐蚀性
渗铬	Cr	提高抗氧化、耐腐蚀及耐磨性
铬铝共渗	Cr、Al	提高抗含硫介质腐蚀、抗高温氧化和抗疲劳性
硼硅共渗	B、Si	提高硬度和热稳定性
铬硅共渗	Cr、Si	提高耐磨性、耐腐蚀性和抗氧化性

2.4.6　气相沉积技术的设计与选择

不同气相沉积工艺的特点和应用见表 2-13。

表 2-13　不同气相沉积工艺的特点和应用

项目		蒸发镀膜	溅射镀膜	离子镀膜	化学气相沉积	等离子增强化学气相沉积	离子注入
沉积工艺	薄膜材料气化方式	热蒸发	离子溅射	蒸发、溅射并电离	液、气相化合物蒸气、反应气体	液、气相化合物蒸气、反应气体	—

（续）

	项目	蒸发镀膜	溅射镀膜	离子镀膜	化学气相沉积	等离子增强化学气相沉积	离子注入
沉积工艺	粒子激活方式	加热	离子动量传递、加热	等离子体激发、加热	加热、化学自由能	等离子体、加热、化学自由能	等离子体、高电压加速
	沉积粒子及能量/eV	原子或分子：0.1 左右	主要为原子：1~40	原子、离子为千分之几至百分之百；几至数百	原子：0.1 左右	原子和千分之几离子；几至千	几十至几百或上千
	工作压力/Pa	2×10^{-2}	≤3	≤10	常压或 10~数百	10 至数百	10^{-4}左右
	基体温度/℃	零下至数百	零下至数百	零下至数百	150~2000	150~800	零下至数百
	薄膜沉积率/(nm/s)	10~75000	2.5~1500	10~25000	50~25000	25 至数千	—
薄膜特点	表面粗糙度	好	好	好	好	一般	同基体
	密度	一般	高	高	高	高	—
	膜-基体界面	突变界面	突变界面	准扩散界面	扩散界面	准扩散界面	注入层-基体无界面
	附着	一般	良好	很好	很好	很好	注入层无剥落问题
主要用途	电学	电阻、电容、连线	电阻、电容、连线、绝缘层、钝化层、扩散源	连线、绝缘层、接点、电极、导电膜	绝缘膜、钝化膜、连线	绝缘膜、钝化膜、连线	半导体掺杂、芯片制作
	光学	透射膜、减反射膜、滤光片、掩膜、镀镜、集成光学、电致发光	透射膜、减反射膜、滤光片、镀镜、光盘、电致发光、建筑玻璃	透射膜、减反射膜、镀镜、光盘、电致发光	—	—	—
	磁学	磁带	磁带、磁头、磁盘	磁带、磁盘、磁头	—	—	—
	耐腐蚀	镀 Al、Ni、Cu、Au 膜	材料、零件上镀 Al、Ti、Ni、Au、TiN、TiC、Al_2O_3、Fe-Ni-Cr-P-B 等非晶膜	材料、零件上镀 Al、Zn、Cd、Ta、Ti、TiN 膜，防潮，防酸、碱，海洋气候	可镀多种金属及化合物防腐蚀膜	镀 TiN、W、Mo、Ni、Cr 防腐蚀膜	Cr^+、Mo^+、Ti^+ 等注入航空轴承，Ta^+、Mo^+、W^+ 等注入不锈钢；或通过注入形成非晶态合金
	耐热	—	燃气轮机叶片等镀 Co-Cr-Al-Y、Ni/ZrO_2+Y 等膜	Pt、Al、Cr、Ti、Al_2O_3、Fe-Cr-Al-Y、Co-Cr-Al-Y 等膜	—	—	Ti^+、B^+ 注入烧油锅炉喷嘴，Ba^+、Ca^+ 等注入 Ti 及 Ti 合金，Y^+ 注入 Inconel 合金

（续）

项目		蒸发镀膜	溅射镀膜	离子镀膜	化学气相沉积	等离子增强化学气相沉积	离子注入
主要用途	耐磨	—	机械零件、刀具、模具上镀 TiN、TiC、TaN、BN、Al_2O_3、WC 等膜	机械零件、刀具、模具上镀 TiN、TiC、BN、TiAlN、Al_2O_3、HfN、WC、Cr 等膜	TiC、TiN、Al_2O_3、BN、金刚石	TiC、TiN、金刚石、BN	N^+ 等注入模具（冲模、拉丝模、玻璃模、塑料模等）、刀具（丝锥、钻头、铣刀、齿轮刀具等）、工具及轧辊、喷嘴、叶片、人工关节等机件
	润滑	Ag、Au、Pb 膜	MoS_2、Ag、Au、C、Pb、Pb-Sn、聚四氟乙烯等膜	MoS_2、Ag、Au、C、Pb、Sn、In、聚四氟乙烯等膜	—	—	—
	装饰	金属、塑料、玻璃上镀多种金属膜	金属、塑料、玻璃、陶瓷镀多种金属及化合物膜	塑料、金属、玻璃上镀多种金属、化合物膜	—	—	—
	能源	太阳电池、建筑玻璃	太阳电池、建筑玻璃、透明导电、抗辐照等膜	太阳电池、建筑玻璃、反应堆、聚变反应容器等膜	太阳电池	太阳电池	光电器件探测器等

第 2 篇

表面预处理技术

第3章 表面预处理的分类及选择

3.1 表面预处理的目的

表面预处理通常指金属及部分非金属材料在涂装、电镀或化学镀、防锈封存、表面改性、表面膜转换等施工前表面的预处理。

表面预处理的目的：

1）良好的预处理是后续工序得以顺利进行的条件。预处理不好，涂装、电镀等工序难以进行，有时甚至无法施工。

2）良好的底层还可充分保证防护层的装饰效果，否则防护层质量再好，也不能发挥出应有的作用。因此表面调整及净化是表面处理中不可缺少的工序，是保证防护层质量的重要一环。

3）增加防护层的附着力，延长其使用寿命，减少引起金属腐蚀及非金属破坏的因素，以便充分发挥防护层的作用。

3.2 表面预处理的分类

表面调整及净化分类方法很多，按处理性质不同分为：脱脂、除锈或除腐蚀产物、表面精整、磷化、氧化等。

（1）脱脂　可分为溶剂法、碱液法、电解法、超声波法、高压蒸汽法等。

（2）除锈或除腐蚀产物　有机械法、酸洗法、火焰法、电火花法等。

（3）表面精整　分磨光和抛光等。

（4）磷化和氧化　按被处理的材质不同，可分为金属和非金属的预处理。金属有钢铁、铜、铅、锌等。非金属有塑料、皮革等。按预处理方式又可分为浸渍处理、淋涂处理、滚筒处理等。

在一般情况下，脱脂、除锈是分工序进行的，在特殊情况下，有时也采用综合处理法，即脱脂除锈一步法或脱脂、除锈和磷化一步法，需要时还可采用脱脂、除锈、磷化和钝化一步完成的四合一处理工艺。

3.3 表面预处理方法的选择

在表面处理过程中，表面调整及净化的方法并不完全一样，应根据不同情况选择其处理方法：

（1）材质　材质不同处理过程有差异，非金属表面只需脱脂；钢铁一般需脱脂、除锈，必要时加磷化处理；铝材则采用脱脂、弱腐蚀和氧化处理。

（2）材料或工件的表面状态　预处理中的脱脂是共同的，除锈则视表面状态而定，工件表面无锈，则不需进行除锈处理。

（3）后续工序和工件外观　电镀、涂装、金属防锈封存等后续工序对预处理的表面质量要求是不同的，其中电镀要求最高，采用化学脱脂不能满足要求，所以在化学脱脂后应再进行电解脱脂，涂装要求次之，防锈封存既要求脱脂，又要防止金属腐蚀，而且更注重后者，因此对脱脂要求较低。就外观而言，装饰性要求高的工件，在表面处理中需进行精整（如装饰性电镀），而涂装则不需要。

（4）生产条件　条件允许时采用电解除锈法可加快除锈速度，提高生产效率。在生产场地狭小，产量较低，资金不足等情况下，采用脱脂、除锈及磷化分步处理有困难时，也可考虑脱脂、除锈一步法等综合处理工艺。

第4章 清洗

4.1 碱液清洗

4.1.1 碱液清洗的目的

碱液清洗又称化学脱脂，就是利用碱与油脂起化学反应除去工件表面上的油污，目的是增强表面防护层的附着力，保证涂层不脱落、不起泡、不产生裂纹，保证防锈封存、表面改性、转化膜质量，是后续工序顺利进行必不可少的工序。

碱液清洗随着清洗液配方的改进和操作方法的改善，使其具有脱脂能力强、操作简便、安全可靠，并可实现机械化或自动化等特点，因此在表面处理行业得到广泛的应用。

碱液清洗的目的是脱脂，油污的主要成分为各种动植物油脂和矿物油，它们按其性质不同可分为皂化油和非皂化油两大类。

(1) 皂化油　能与碱反应生成肥皂的油脂，如各种动植物油脂，其成分为甘油三脂肪酸酯。与碱发生如下反应：

$$(C_{17}N_{35}COO)_3C_3H_5+3NaOH \xrightarrow{加热} 3C_{17}H_{35}COONa+C_3H_5(OH)_3$$

甘油三脂肪酸酯　　氢氧化钠　　肥皂　　甘油

油脂不溶于水，生成肥皂后能溶于水而从被处理的表面上除去。

(2) 非皂化油　不与碱起化学反应的矿物油，如润滑油、凡士林等。但可加入表面活性物质如硅酸钠，特别是表面活性剂如OP乳化剂等使非皂化油转化为乳化液而除去。

4.1.2 碱液清洗溶液

配制碱液清洗溶液常用的材料有以下几种：

(1) 氢氧化钠（NaOH）　又称烧碱，主要与动植物油起皂化作用，但需加热，对有色金属有腐蚀作用，其水洗性也不好（即不易用水洗清）。

(2) 碳酸钠（Na_2CO_3）　又称纯碱，能起皂化和软化水作用，能维持溶液一定的碱度，碱性及对有色金属的腐蚀性均比氢氧化钠低，其水洗性也较差。

(3) 磷酸三钠（Na_3PO_3）　它具有良好的缓冲作用，质量分数为0.5%磷酸三钠水溶液的pH值为11.8。磷酸三钠具有一定的表面活性，可乳化和分散油污，对金属有缓蚀作用。该材料也可用其他磷酸盐如磷酸二氢钠、三聚磷酸钠、焦磷酸钠等代替。

(4) 硅酸钠（Na_2SiO_3） 俗称水玻璃或泡花碱。由 Na_2O 和 SiO_2 结合而成，水玻璃的通式为：$mNa_2O \cdot nSiO_2$，其中 m/n 为模数，模数改变时，水玻璃的性质也改变，n 越高，模数越低，碱性越强，脱脂时常用模数为 1∶1~1∶3 的水玻璃。水玻璃具有表面活性，能乳化和分散矿物油，对金属有缓蚀作用。

脱脂液中，碱性盐，尤其是氢氧化钠的浓度不宜过高，否则肥皂的溶解度和形成的乳化液稳定性均下降，并对有色金属产生腐蚀，因此对于不同的处理工艺，不同的材质应选择不同的材料与配比。

4.1.3 碱液清洗工艺

1. 工艺方法分类及主要特点

碱液清洗工艺按其操作方式不同分为浸渍法、淋涂法和滚筒法三种。

(1) 浸渍法 即将工件沉浸于规定浓度和温度的碱洗液中，直至去净油污，这是目前应用较为普遍的脱脂方法，此法又可分为普通浸渍法、电解法和超声波法等。

1）普通浸渍法：将工件置于一定温度和浓度的碱洗液中，依靠碱液的皂化、乳化等作用将油污去除。本法设备简单、操作方便，最适用于形状复杂的工件。浸渍法分固定式和通过式两种，固定式槽内设搅拌系统，通过工件自身移动，其设备如图 4-1 所示，均可提高脱脂效率。

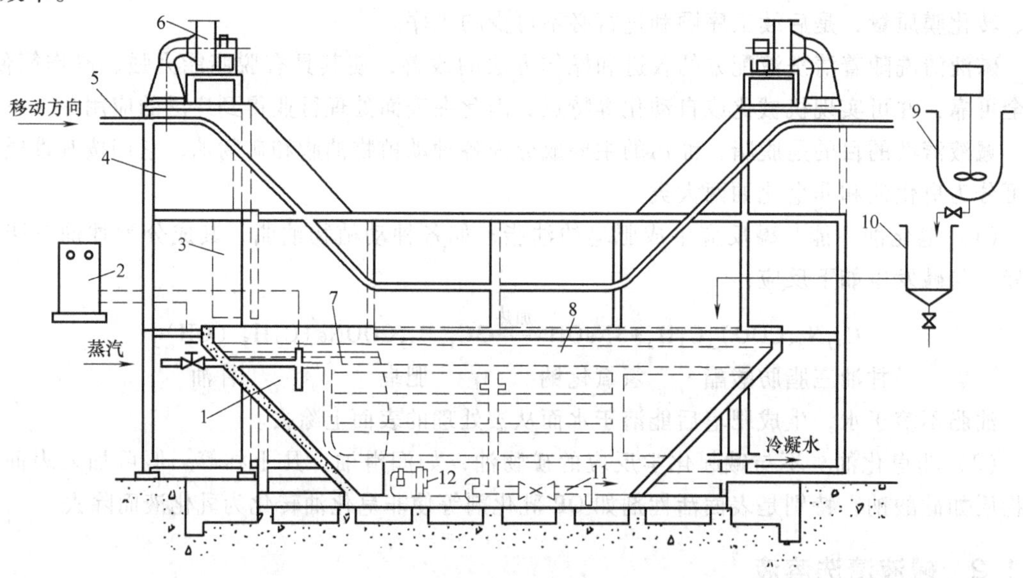

图 4-1 通过式浸渍设备

1—主槽 2—仪表控制柜 3—工件 4—槽罩 5—悬挂输送机 6—通风装置 7—加热装置 8—溢流槽 9—配料装置 10—沉淀槽 11—放水管 12—排渣孔

2）电解法：又称电化学脱脂，就是在浸于碱洗液的工件上通以直流电，增加化学脱脂作用。化学脱脂的机理是：阴极上析出的氢与阳极上析出的氧，对金属表面的溶液进行搅动，从而促进油污脱离表面。同时金属表面的溶液不断得到更换，加速了皂化与乳化作用。电极上所析出的气体，把附着于工件上的油膜薄层破坏，小气泡从油滴附近的电极上脱离而滞留于油滴的表面上，并停留在油与溶液的交界面上，由于新的气泡不断析出，小气泡不断变大，因此油滴在气泡的影响下脱离至金属表面而被气泡带到溶液表面上来。

脱脂时提高电流密度和溶液温度场有利于提高脱脂速度。采用阴极脱脂时，脱脂效率高，但析出的氢气会渗到金属内部引起金属的氢脆，还可能引起表面上的保护层如镀层产生小泡。采用阳极脱脂效率不如阴极，但不产生氢脆，因此必要时可以采取先阴极后阳极交换进行脱脂。

电解脱脂效果好，较适合于要求较高的场合，为了提高其脱脂效率，一般电解脱脂是放在化学脱脂之后进行。

3）超声波法：即利用超声波发生器产生的超声波增加碱液的脱脂能力。

（2）淋涂清洗法　直接将碱液喷射于工件表面脱脂的方法。碱液浓度可低于浸渍法，喷射压力为150~200kPa，本法脱脂效率高，但仅适合于外形较简单的工件。如汽车、拖拉机及大批量轻工产品的零件涂漆前的脱脂。

（3）滚筒清洗法　将零件放入浸于碱洗液的滚筒中，利用碱液和滚筒转动时，零件之间产生的相互摩擦将油污去除，本法操作简单，适用于小型外形简单的零件脱脂。

普通碱液清洗工艺见表4-1，电解碱液清洗工艺见表4-2。

表4-1　普通碱液清洗工艺

工艺号		1	2	3	4	5	6	7	8	9	10	11
组分质量浓度/(g/L)	$NaOH$	50~100	—	25~30	—	8~12	—	1~10	—	1~2	—	15
	Na_3PO_4	10~35	—	25~30	30~35	40~60	40~50	—	15~30	5~8	30	—
	Na_2CO_3	10~40	—	—	30~35	—	40~50	20~30	15~30	—	30	22.5
	Na_2SiO_3	10~30	30~40	5~10	—	25~30	20~30	20~30	10~20	3~4	—	—
	OP-乳化剂	—	2~4	—	—	—	—	—	—	—	—	—
	613乳化剂	—	—	—	15~20	—	—	—	—	—	—	—
	表面活性剂	—	—	—	—	—	—	适量	—	余量	—	—
	润湿剂	—	—	—	—	—	—	—	—	—	0.7	0.7
工艺条件	温度/℃	90	70~80	≈80	60~90	60~70	70~80	50~60	60~80	—	80~100	80~100
	时间/min	3~15	5~10	10~20	10~15	3~15	3~5	除净为止	除净为止	—	—	—
适用范围		钢铁材料		铜及铜合金		铝及铝合金		锌及锌合金		钢铁材料封存	镁及镁合金	

表4-2　电解碱液清洗工艺

项目		基体							
		钢铁		铜及铜合金		锌及锌合金		铝及铝合金	镁及镁合金
		工艺号							
		1	2	3	4①	5	6②	7	8
组分质量浓度/(g/L)	$NaOH$	10~30	40~60	10~15	—	—	0~5	10	—
	Na_2CO_3	—	60	20~30	20~40	5~10	0~20	—	25~30
	Na_3PO_4	—	15~30	50~70	20~40	10~20	20~30	—	20~25
	Na_2SiO_3	30~50	3~5	10~15	3~5	5~10	—	40	—
	质量分数为40%的直链烷基磺酸钠	—	—	—	—	—	—	5	—
	$Na_3P_3O_{10}$（三聚磷酸钠）	—	—	—	—	—	—	40	—
工艺条件	温度/℃	80	70~80	70~90	70~80	40~50	40~70	—	80~90
	电流密度/(A/dm^2)	10	2~5	3~8	2~5	5~7	5~10	—	1~5
	阴极脱脂时间/min	1	—	5~8	—	—	—	—	—
	阳极脱脂时间/min	0.2~0.5	5~10	0.3~0.5	—	—	—	—	—

① 铝、镁、锌合金也适用。

② 铝合金也适用，溶液中应加适量缓蚀剂和较多的表面活性剂。

2. 清洗工艺方法的选择

选择方法的依据为：

(1) 对脱脂质量的要求　相对来说，电镀工艺对脱脂要求最高，通常采用化学脱脂和电解脱脂相结合的两级脱脂，涂装、表面转化膜等处理要求次之，一般采用化学脱脂法，防锈封存虽然也是采用化学法，但脱脂碱液的配方差别较大，很注重金属的防腐蚀。

(2) 工件的形状及大小　中大型且外形较复杂的工件，如汽车车身，宜采用浸渍与淋涂相结合的方法。中大型且外形又比较简单的工件，宜采用淋涂法。小型成批的工件宜采用滚筒法，如小型的垫圈、螺帽等工件的脱脂。精密工件则可采用超声波法以提高脱脂质量和效率。

(3) 生产条件　目前在大中型汽车及机械工厂内，多采用浸喷结合的流水作业，既保证脱脂质量，又提高生产率。

(4) 经济性　一般来讲，用人工操作的浸渍法化学脱脂，设备简单，一次性投资少。而电化学法，流水作业的浸渍法及淋涂法和超声波法等，则设备较复杂，一次性投资较大。但是脱脂的整体经济效益则是由多方面因素决定的，因此选择清洗方法时应进行综合考虑，不过在工业中应用最多的还是化学脱脂，批量大者采用机械化流水作业，批量小者采用人工操作。

4.2　溶剂清洗

4.2.1　溶剂清洗的目的

溶剂清洗又称溶剂脱脂，有机溶剂脱脂，这是应用较为普遍的一种脱脂方法。其目的也是去除金属或非金属表面油污，使后续工序得以顺利施工，并增强防护层的结合力和抗腐蚀能力。

与碱液清洗比较，溶剂清洗具有以下特点：

(1) 脱脂效果好　有机溶剂脱脂是物理溶解作用，既可溶解皂化油又可溶解非皂化油，并且溶解能力强，对于那些用碱液难以除净的高黏度、高熔点的矿物油，也具有很好的效果。

(2) 对黑色金属和有色金属均无腐蚀作用　使用时不受材质限制，一种溶剂可以清洗多种金属，适应性比较强。

(3) 可在常温下进行清洗，节省能源　用过的溶剂可回收利用，降低生产成本。并且清洗设备简单、操作方便、易于推广应用，但是溶剂价格较高、大多数是易燃品，不安全，有些品种毒性较大，因此应用范围又受到一定的限制。

溶剂清洗，就其脱脂机理和脱脂效果而言，可用于金属、非金属、涂装、电镀和防锈封存等所有预处理的脱脂，限于种种原因，目前它在表面处理各行业中的应用规模是有差别的。

(1) 金属防锈脱脂　溶剂脱脂应用比较普遍，因为防锈封存的产品或零件比较精密，不允许再次生锈，所以要求预处理工艺既脱脂又防锈，此时采用溶剂脱脂最合适。但是随着水剂清洗工艺的推广应用，溶剂脱脂范围在日益缩小，目前许多轴承厂采用了以水代油的清洗工艺。

（2）涂装前脱脂 采用有机溶剂脱脂，无论是擦洗还是浸洗，洗后工件表面均残留一层油膜，表面不亲水，既影响后工序的施工，也影响涂层附着力，因此溶剂脱脂只适合于要求不太高的涂装。要求获得高质量的涂膜时，应采用溶剂蒸气脱脂法，或在溶剂脱脂后再增加一道碱液清洗，才能达到彻底脱脂的目的。

（3）在电镀和表面改性等施工中 溶剂脱脂多用于除去碱液难以清除的油污，然后再进行化学脱脂和电化学脱脂。

4.2.2 溶剂清洗材料

清洗用溶剂，一般要求对油污的溶解能力强，挥发性适中，无特殊气味，不刺激皮肤，不易着火，毒性小，对金属无腐蚀性，使用方便且价格较低。实际上很难找到这种理想的溶剂，在生产中只有根据具体情况来选择合适的溶剂。常用的脱脂溶剂有：

（1）石油溶剂 石油溶剂对油污的溶解能力比较强，挥发性较低，无特殊气味。毒性低，价格适中，因此应用比较广泛。不足之处是易于着火，长期接触这些溶剂也有害于身体，使用时应加强通风。

（2）芳烃溶剂 常用的品种有苯、甲苯、二甲苯和重质苯等。对油污的溶解能力比石油溶剂强，但对人体影响比较大，在生产中很少应用。

（3）卤代烃 如二氯乙烷、三氯乙烯、四氯乙烯、四氯化碳和三氟三氯乙烷等。以三氯乙烯和四氯化碳应用最多，它们的溶解能力强，蒸气密度大，不燃烧，可加热清洗，但毒性较大，适合于在封闭型的脱脂机中使用。

4.2.3 溶剂清洗工艺

溶剂清洗一般可采用擦洗、浸洗、超声波清洗 、喷射清洗和蒸气清洗等方法。

（1）擦洗 用棉纱或旧布蘸溶剂擦除工件表面油污。该方法简单，不需要专用设备，操作方便。但劳动强度大、劳动保护差，脱脂效果不好，只适用于生产条件较差、脱脂要求不高的场合。

（2）浸洗 将工件沉浸于有机溶剂中脱脂。该方法设备简单，操作方便，室温下施工，适合于中小型工件的脱脂清洗。为去除工件表面油污，可将工件依次浸入两个或三个以上的有机溶剂槽中，并用毛刷刷洗。最后一个槽中应盛有不断更换的完全洁净的溶剂。为了加快脱脂速度和提高清洗效果，还可采用溶剂超声波清洗法。

（3）超声波清洗 超声波清洗是一种新的清洗方法，操作简单，清洗速度快，质量好，所以被广泛用于科研和生产部门。

超声波是指频率高于16kHz的高频声波，常用频率范围为16~24kHz。当它照射到液体上时，瞬间交替产生正、负压力并反复进行。当产生负压时，溶液中生成真空空穴，溶剂的蒸气或溶解于溶剂（液）中的气体进入其中形成气泡，气泡形成的下一瞬间，由于正压力的压缩作用，气泡被破坏而分散，这种形成空穴的现象称气蚀，而气泡破裂的一瞬间所产生的冲击波，形成冲刷工件表面油污的冲击力。气泡破裂时，瞬间的温度极高，压力极大。超声波的脱脂作用，主要是利用冲击波对油污层的冲刷破坏，以及由于气蚀引起的激烈的局部搅拌。同时，超声波反射引起的声压对液体也有搅拌作用。此外，超声波在液体中还具有加速溶解和乳化作用等，因此，对于那些采用常规清洗法难以达到清洗要求，以及几何形状比较复杂的零件的清洗，超声波清洗效果会更好。

最常见的超声波清洗装置见图4-2。

(4) 喷射清洗　与碱脱脂方法类似，但应用较少。

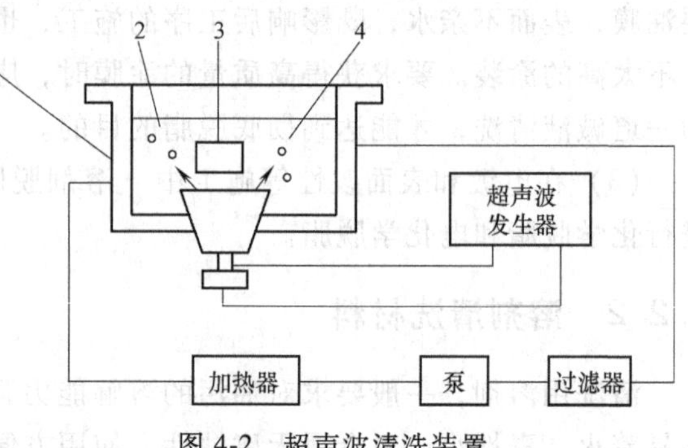

图4-2　超声波清洗装置

1—清洗槽　2—清洗液　3—工件　4—气穴（空化泡）

(5) 蒸气清洗　清洗介质多为卤代烃，如三氯乙烯、三氟三氯乙烷、三氯乙烷、四氯乙烯和四氯化碳等，其中三氯乙烯应用最广泛。三氯乙烯溶解力强，不易燃烧，沸点低，易液化，蒸气密度大，但有一定毒性，因此适合于在封闭的脱脂机中进行蒸气清洗或气相脱脂。其装置分三部分：底部为有加热装置的三氯乙烯溶液的液相区，中部是蒸气区并挂有被处理的工件，上部是装有冷却管的自由区。加热三氯乙烯至沸点（87℃）而气化，当碰到冷的工件时，冷凝成液滴溶解工件上的油污而滴下，以达到脱脂的目的，当工件与蒸气的温度达到平衡时，蒸气不再冷凝，脱脂过程结束。蒸气清洗装置见图4-3。

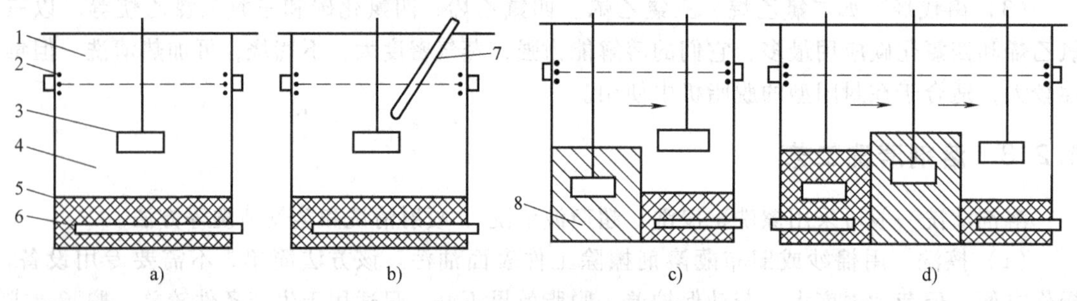

图4-3　蒸气清洗装置

a）单一蒸气清洗　b）淋涂蒸气清洗　c）热溶剂蒸气清洗　d）沸腾溶剂+热溶剂蒸气清洗

1—自由区　2—冷凝管　3—工件　4—蒸气区　5—沸腾溶剂　6—加热管　7—淋涂管　8—热溶剂

蒸气清洗时，混入清洗液中的油污不宜太多，一般应低于30%（质量分数）。

1）单一蒸气清洗如图4-3a所示，工件单纯在蒸气区经受蒸气冷凝作用清洗。该方法适用于清洗形状简单、质量大、断面厚的工件和黏附力较小的油污。

2）淋涂蒸气清洗如图4-3b所示，工件在蒸气区中受溶剂淋涂后，停留至蒸气在其表面不再冷凝为止。该方法适用于清洗形状较复杂，如带沟槽和不通孔的工件，能清洗黏附力较强的油污。

3）热溶剂蒸气清洗如图4-3c所示，工件通过蒸气区进入热溶剂中浸洗后，升至蒸气区停留至蒸气在其表面不再冷凝为止。该方法适用于清洗形状复杂、断面薄的工件的表面灰尘、油污等。

4）沸腾溶剂+热溶剂蒸气清洗如图4-3d所示，工件进入沸腾溶剂中，被强烈的沸腾作用刷脱脂污和铁屑等，转入热溶液中除去残留物和降温，再升至蒸气区中，以蒸气冷凝做最终清洗。该方法适用于大批量、形状复杂或易重叠的工件，能除去黏附牢的重油污。

4.3 水剂清洗

4.3.1 水剂清洗的特点

水剂清洗是以水溶液（碱液除外），如乳化液、表面活性剂溶液、清洗剂或金属清洗剂作为清洗液去除待处理表面油污的清洗方法。过去金属防锈封存、部分涂装、电镀和金属氧化等预处理采用汽油等有机溶剂脱脂。众所周知，有机溶剂属易燃易爆、并有一定毒性的危险品，同时挥发性大，材料消耗多，生产成本高。而水剂清洗液不燃烧、不挥发、无毒、不污染空气、生产安全、对人体无害、同时脱脂效果好、用量少、价格低和有利于降低生产成本。因此水剂清洗在表面处理中的应用日益广泛，特别是防锈行业，以水代油是其表面处理的方向。

4.3.2 水剂清洗材料

1. 水剂清洗液的组分

水剂清洗液的主要组分为表面活性剂，可以是单一的品种，为了获得更好的脱脂效果，多数情况下，采用多种表面活性剂混合，必要时加入其他助剂，制成清洗剂、去污剂或金属清洗剂。

水剂清洗脱脂机理与碱液和有机溶剂不同，主要靠表面活性剂（又称界面活性剂）发挥作用。表面活性剂，是指加入水中浓度即使很低，也能显著降低水的表面张力（或界面张力），并具有渗透、润湿、发泡、乳化、去污等特殊性能的一类物质。就其分子结构而言，它们具有一个共同的特点，一端为极性基亲水，另一端为非极性基亲油，其结构可示意为一极性端，故称为两亲分子。这种分子溶入水中，极易吸附在水的表面或界面，降低水的表面张力或界面张力而产生渗透、润湿、乳化等作用。当将有油污的工件放入表面活性剂溶液中时，由于表面活性剂的上述作用，首先使油污渗透、润湿，并与固体表面剥离，然后被乳化而分散在水中，以达到脱脂目的。所以表面活性剂的脱脂，是降低水的表面或界面张力而产生的渗透、润湿、乳化和分散等综合作用的结果。

2. 表面活性剂的特点及应用

表面活性剂的特点及应用见表4-3。常用的表面活性剂见表4-4。

表4-3 表面活性剂的特点及应用

表面活性剂类型	主要特点	应用范围
阴离子型	良好的渗透、润湿、分散、乳化性能，去污性强、泡沫高、呈中性，除磺酸盐外，其他品种不耐酸，除肥皂外，其他品种有良好的耐硬水性，价格较低	用作渗透剂、润湿剂、乳化剂、去污剂等，去污剂用量最大
阳离子型	有良好的渗透、润湿乳化、分散、去污能力、泡沫较高，具有杀菌能力。对金属有缓蚀作用，对织物有匀染、抗静电作用，价格较高	用作杀菌剂、柔软剂、匀染剂、缓蚀剂、抗静电剂、很少用于去污，多用在化妆品，不宜与阴离子表面活性剂混用，否则产生沉淀

表 4-4 常用的表面活性剂

名称	商品名称或商品牌号	类型	主要用途
脂肪醇聚氧乙烯醚	664 净洗剂	N	乳化、润湿、分散
烷基酚聚氧乙烯醚	OP-10	N	乳化、增溶、分散
失水山梨醇单油酸酯	司木-80	N	乳化、助溶
聚氧乙烯失水山梨醇油酸酯	吐温-80	N	乳化、润湿、分散
聚氧乙烯聚丙烯醚	消泡剂 7010	N	消泡
十二烷基磺酸钠	—	A	乳化、发泡
十二烷基二乙醇胺	清洗剂 6501	N	乳化、润湿
三乙醇胺油酸皂	清洗剂 664、741	C	乳化、防锈
月桂醇聚氧乙烯醚	平平加 O-20	N	乳化、分散、洗涤

注：N 为非离子型；A 为阴离子型；C 为阳离子型。

4.3.3 水剂清洗工艺

水剂清洗方法与碱液清洗类似，同样可采用浸渍、淋涂清洗，甚至滚洗等方法。既可手工擦洗或间断式的机械操作，又可实现机械化的连续生产方式。采用淋涂清洗工艺时，应选用低泡或无泡清洗剂，因为普通清洗剂泡沫多，在连续淋涂清洗过程中泡沫会逐渐增多，有碍于生产和操作。

第5章

化学除锈

5.1 化学除锈的目的

狭义来讲，除锈是指清除铁锈、氧化皮；广义而言，除锈是指清除各种金属的腐蚀产物。化学除锈是指用酸与金属表面上的锈蚀、氧化皮及腐蚀产物起化学反应使其溶解而除去的方法。

除锈方法有多种，如化学法、手工法、喷砂、喷丸或抛丸、高压水（砂）法等。相比较而言，化学除锈具有除锈速度快、生产效率高、不受工件形状限制、除锈彻底、劳动强度低、操作方便、可实现机械化生产等优点，所以在表面处理行业得到广泛的应用。

化学除锈的内容包括以下三个层次的含义：

1）除锈。钢铁在常温或在大气中的腐蚀产物习惯上称为锈蚀。锈蚀很脆，易与酸起化学反应而被除去。

2）除氧化皮。氧化皮是钢铁热加工过程中的腐蚀产物，比较坚硬，与酸反应比较慢，在较长时间内方可除去。

3）除其他金属的腐蚀产物。如铜、铝、锌、锡等金属的腐蚀产物，它们多为氧化物，易与酸起化学反应而除去。

涂装、电镀、金属喷涂、表面改性等在施工前，如金属表面有锈及氧化腐蚀产物，均需清除掉。电镀前，黑色金属即使无锈蚀也需在进镀槽前进行弱腐蚀处理，有色金属则需去除腐蚀产物。

5.2 化学除锈工艺

5.2.1 普通钢铁化学除锈工艺

普通钢铁化学除锈工艺见表5-1。

5.2.2 不锈钢和耐热钢化学除锈工艺

热处理后的不锈钢和耐热钢表面常附有一层致密的氧化皮，为有效去除氧化皮，除锈工序为：松动氧化皮→浸蚀→清除浸蚀残渣。不锈钢和耐热钢松动氧化皮工艺见表5-2，不锈钢和耐热钢浸蚀工艺见表5-3，不锈钢和耐热钢清除浸蚀残渣工艺见表5-4。

表 5-1　普通钢铁化学除锈工艺

类型		一般碳钢、低合金钢件	经热处理后有厚氧化皮的钢件	有氧化皮的低碳钢件	有黑皮的钢铁件		铸铁	合金钢		光亮浸蚀
								预浸	浸蚀	
组分质量浓度/(g/L)	硫酸(H_2SO_4,密度为 $1.84g/cm^3$)	100~220	200mL/L	120~150	—	200~250	75%(质量分数)	230	—	600~800
	盐酸(HCl,密度为 $1.19g/cm^3$)	100~200	480mL/L	—	150~200	—		270	450	5~15
	硝酸(HNO_3,密度为 $1.41g/cm^3$)	—	—	—	—	—	—	—	50	400~600
	氢氟酸(HF,40%)	—	—	—	—	—	25%(质量分数)	—	—	—
	六次甲基四胺	—	—	—	1~3	—	—	—	—	—
	硫脲	—	—	—	—	2~3	—	—	—	—
	若丁	0~0.5	—	0.3~0.5	—	—	—	—	—	—
	磺化煤焦油	—	—	—	—	—	—	10mL/L	10mL/L	—
工艺条件	温度/℃	40~60	室温	50~75	30~40	30~50	室温	50~60	30~50	≤50
	时间/min	5~20	≤60	≤60	至氧化皮除尽			1	0.1	3~10s

表 5-2　不锈钢和耐热钢松动氧化皮工艺

工艺号		1	2	3
组分质量浓度/(g/L)	硝酸(HNO_3,密度为 $1.41g/cm^3$)	100~150	—	—
	氢氧化钠(NaOH)	—	600~800	600~800
	硝酸钠($NaNO_3$)	—	250~350	—
工艺条件	温度/℃	室温	100~140	140~150
	阳极电流密度/(A/dm^2)	—	—	5~10
	时间/min	30~60	30~60	8~12

表 5-3　不锈钢和耐热钢浸蚀工艺

工艺号		1	2	3	4	5	6
组分质量浓度/(g/L)	硫酸(H_2SO_4,密度为 $1.84g/cm^3$)	—	40~60	250~300	—	80~100	—
	盐酸(HCl,密度为 $1.18g/cm^3$)	300~500	130~150	120~150	—	—	60
	硝酸(HNO_3,密度为 $1.41g/cm^3$)	—	—	—	250~300	60~90	130~150
	氢氟酸(HF,质量分数为 37%)	—	—	—	50~60	20~50	2~5
	缓蚀剂	适量	适量	—	—	适量	适量
工艺条件	温度/℃						
	时间/min	20~40	30~40	30~60	20~50	20~40	20~40
适用范围		对基体腐蚀缓慢,常用于预浸蚀		浸蚀效率高	对氧化皮有很强的溶解能力,对基体腐蚀小	用于精密零件的浸蚀	用于氧化皮较厚的不锈钢和耐热钢的浸蚀
		适用于马氏体不锈钢			适用于奥氏体不锈钢		

表 5-4 不锈钢和耐热钢清除浸蚀残渣工艺

工艺号		1	2	3	4
组分质量浓度/(g/L)	硝酸(HNO_3,密度为 1.41g/cm³)	40~60	—	—	—
	过氧化氢(H_2O_2,质量分数为 30%)	15~25	—	—	—
	氢氧化钠(NaOH)	—	—	—	50~100
	铬酐(CrO_2)	—	100~150	70~100	—
	硫酸(H_2SO_4,密度为 1.84g/cm³)	—	40~60	20~40	—
	氯化钠(NaCl)	—	4~6	1~2	—
工艺条件	温度/℃	室温	室温	室温	70~90
	阳极电流密度/(A/dm²)	—	—	—	2~5
	时间/min	0.5~1	5~10	2~10	5~15

5.2.3 铜及铜合金化学除锈工艺

铜及铜合金化学除锈工艺见表 5-5。

表 5-5 铜及铜合金化学除锈工艺

工艺号		1	2	3	4	5	6
组分质量浓度/(g/L)	硫酸(H_2SO_4)	1 体积份	700~850	600~800	—	10~20	100
	盐酸(HCl)	0.02 体积份	2~3	—	—	—	—
	硝酸(HNO_3)	1 体积份	100~150	300~400	10%~15%	—	—
	磷酸(H_3PO_4)	—	—	—	50%~60%	—	—
	铬酐(CrO_3)	—	—	—	—	100~200	—
	醋酸(HAC)	—	—	—	25%~40%	—	—
	氯化钠(NaCl)	—	—	3~5	—	—	—
	重铬酸钾($K_2Cr_2O_7$)	—	—	—	—	—	50
工艺条件	温度/℃	30	≤45	≤45	20~60	40~50	40~50
适用范围		一般铜合金	铜、黄铜	铜、黄铜、低锡青铜、磷青铜等	铜、黄铜、铜-锌-镍合金	铜、铍青铜	薄壁钢材及合金

注：表中%均为质量分数。

5.2.4 铝及铝合金化学除锈工艺

铝及铝合金化学除锈工艺见表 5-6。

表 5-6 铝及铝合金化学除锈工艺

工艺号		纯铝或含钢量高的铝合金件			含镁量高的铝合金	5	6	7
		1	2	3	4			
质量分数(%)	硫酸(H_2SO_4)	—	—	—	—	350g/L	—	—
	硝酸(HNO_3)	50	10~30	15	—	—	400~800g/L	75
	氢氟酸(HF)	—	1~3	—	—	—	—	25
	铬酐(CrO_3)	—	—	—	—	65g/L	—	—
	氢氧化钠(NaOH)	—	—	—	50~200g/L	—	—	—
	水(H_2O)	—	63~89	—	—	—	—	—
工艺条件	温度/℃	—	室温	80~90	60~80	60~70	室温	室温
	时间/min	—	0.1~0.3	2~3	0.1~2	0.5~2	3~5	0.1~0.5

注：1. 工艺 3 浸蚀后再用质量分数为 50%的硫酸浸 5~10s。
2. 工艺 4 用于铝及含铜、镍、锰、硅等合金零件的浸蚀，但由于使用这些配方易过腐蚀，精度要求高的零件应采用配方 5，用此配方浸蚀不会减少零件的尺寸。
3. 含铜、硅、镍、锰的铝合金零件经浸蚀后，用工艺 6 出光。
4. 硅的质量分数<10%的铝合金采用工艺 6 出光。硅的质量分数>10%的铝合金最好采用质量分数为 50%的 HNO_3 和 50%的 HF 混合溶液出光。

5.2.5 镁及镁合金化学除锈工艺

镁及镁合金化学除锈工艺见表5-7。

表5-7 镁及镁合金化学除锈工艺

	工艺号	1	2	3	4	5	6	7	8	9
组分质量浓度/(g/L)	铬酐(CrO_3)	150~250	—	80~100	—	—	120	180	180	60
	硝酸(HNO_3,质量分数为65%)	—	15~30mL/L	—	—	—	110mL/L	—	—	90mL/L
	硝酸钠($NaNO_3$)	—	—	5~8	—	—	—	—	—	—
	硝酸铁[$Fe(NO_3)_3 \cdot 9H_2O$]	—	—	—	—	—	—	—	40	—
	氟化钾(KF)	—	—	—	—	—	—	—	3.5	—
	氢氟酸(HF,质量分数为40%)	—	—	—	—	80~120mL/L	—	—	—	—
	氢氧化钠(NaOH)	—	—	—	350~400	—	—	—	—	—
工艺条件	温度/℃	室温	室温	40~50	70~80	室温	室温	16~93	16~38	室温
	时间/min	8~12	1~2	2~15	1~15	数秒	0.5~2	2~10	0.5~3	0.3~1
适用范围		一般镁及镁合金浸蚀或去除旧氧化膜	铸造毛坯	消除变形镁合金表面润滑剂的燃烧残渣	去除旧氧化膜	含硅的镁合金	含铝高的镁合金	适用于精密零件	适用于一般零件	一般镁合金化学镀镍前的浸蚀

注：1. 工艺4除去旧氧化膜后，还需用质量分数为5%~15%的铬酐溶液中和。
2. 浸蚀后的零件，应迅速进行氧化处理或镀前浸金属处理，否则极易发生腐蚀。
3. 在工艺2溶液中浸蚀时，反应极为激烈，必须严格控制溶液的浓度、温度和浸蚀时间；硝酸含量不得超过30mL/L，否则容易引起零件尺寸超差和起火。
4. 浸蚀用挂具、盛具，最好用镁合金或铝镁合金制造，并用绝缘材料隔离挂具与零件以免电化学腐蚀。

5.2.6 锌、镉及其合金化学除锈工艺

锌、镉及其合金化学除锈工艺见表5-8。

表5-8 锌、镉及其合金化学除锈工艺

	工艺号	一般浸蚀		光亮浸蚀					
		1	2	3	4	5	6	7	8
组分质量浓度/(g/L)	硫酸(H_2SO_4)	50~100	—	2~4	—	2~4mL/L	—	—	—
	硝酸(HNO_3)	—	—	—	10~20	60~100mL/L	—	—	—
	铬酐(CrO_3)	—	—	100~150	—	200~250	240~600	200~300	250
	盐酸(HCl,质量分数为37%)	—	—	—	—	—	94mL/L	—	100mL/L
	硫酸钠(Na_2SO_4)	—	—	—	—	—	—	15~30	—
	氢氧化钠(NaOH)	—	50~100	—	—	—	—	—	—
工艺条件	温度/℃	室温	60~70	室温	室温	室温	室温		室温
	时间/min	<1	<1	0.5~1	<1	0.5~1			0.2~0.5
适用范围		锌、镉	锌	锌、镉	锌、镉	锌、镉	锌	锌	锌、镉

注：1. 工艺6零件浸渍1min并清洗，若表面有不鲜明的黄铜色泽，可在质量分数为10%~20%的铬酐溶液中，于室温下浸渍1min去除。
2. 工艺7浸蚀后的黄膜在纯碱或8g/L的硫酸溶液中去除。

5.3 脱脂除锈二合一工艺

脱脂除锈二合一工艺见表5-9。

表5-9 脱脂除锈二合一工艺

工 艺 号		1	2	3	4	5
质量分数（%）	H_2SO_4	15~20	16~23	15~17	18~28	46~59
	HCl	—	—	—	30~42	—
	硫脲	0.1	1~1.5	—	—	—
	6501-AS	2.9	—	—	—	—
	OP-10	0.3	—	0.01~0.2	—	—
	海鸥洗涤剂	—	4.8~6.5	—	—	—
	MC洗涤剂	—	—	1~6	—	—
	PA51-L	—	—	—	4~5	—
	PA51-M	—	—	—	—	4~5
	水	余量	余量	余量	余量	余量
工艺条件	温度/℃	65~70	70~90	60~70	常温	45~60
	时间/min	8	10~20	4~6	10~30	7~9

第6章

表面机械整平

6.1 机械整平的目的

机械整平就是借助机械力除去金属及非金属表面上的腐蚀产物、油污、旧漆膜及各种杂物，以获得洁净的表面，从而有利于后续工序的施工，并保证防护层的牢固附着和质量，延长产品的使用寿命的加工方法。

与化学清理法相比，机械整平具有以下特点：

1）适应性强。机械整平既可除去钢铁表面的油污、铁锈，又可除去用化学法较难清理的氧化皮、焊渣和铸件表面的型砂以及其他金属表面的腐蚀产物，并且清理比较彻底，可保证预处理质量。

2）清理效果比较好。机械整平对于清除用化学法难以除净的油污，如各种防锈油、防锈脂、压延油等更能显示其优越性。

3）可使表面粗化增加涂膜附着力。

4）机械整平不使用酸、碱或有机溶剂。特别适用于不宜采用化学法处理的铸件清理。因为铸件多细孔，渗入孔内的残余酸、碱不易冲洗干净，也难以完全中和。不使用酸、碱和有机溶剂，既不腐蚀基体金属，也不腐蚀设备。此外，机械整平所需设备比较简单，操作比较方便，所以机械整平在表面处理中占有十分重要的地位。不足之处是本法较适合于构造简单的零部件，构造较复杂的零部件内部难以施工。劳动条件较差。

机械整平，其工作内容按清理目的的不同，可分为除锈，除氧化皮，除腐蚀物，除型砂、泥土，除旧漆膜，脱脂，粗化表面。非金属主要用于清除塑料表面的污垢，并使之粗化。依其底材不同，其内容稍有差异。

在表面处理行业采用机械清理最广泛的部门是大型造船厂、重型机械厂、汽车厂等，主要用于清除热轧厚钢板上的氧化皮、铸造件的型砂。

6.2 机械整平工艺

6.2.1 喷砂

1. 喷砂的目的

1）除去铸件表面的新砂、锻件或热处理后工件表面的氧化皮。

2）除去工件表面的锈蚀、积炭、焊渣与飞溅、漆层及其他干燥的油类物质。

3）提高工件表面的粗糙程度，以提高涂料或其他涂层的附着力。

4）使工件表面呈漫反射的消光状态。

5）除去工件表面的飞边或其他方向性伤痕。

6）对工件表面施加压应力，提高工件的抗疲劳强度。

2. 喷砂的种类

喷砂有干喷砂、湿喷砂两种。干喷砂设备简单，操作简单，但加工面比较粗糙，粉尘污染严重。湿喷砂对环境污染较小，加工精度高，油污重时工件应先脱脂。

干喷砂用的磨料包括钢砂、氧化铝、石英砂、碳化硅等，最常用的是石英砂，使用前应烘干。应根据工件的材质、表面状态和加工要求，选用不同粒度的磨料。各种喷砂磨料的比较见表6-1。

表6-1　各种喷砂磨料的比较

磨料	相对成本	可用次数	硬度HV
石英砂	—	1	≈400
铁熔渣	1	1	≈500
钢熔渣	2	≤10	≈500
冷硬铁丸	8	10~100	300~600
可锻铸铁丸	13	>100	≈400
钢丸	24	>500	400~500
小段钢丝	24	>500	≈400

湿喷砂用的磨料和干喷砂相同，可将磨料和水混合成砂浆，磨料的体积通常占砂浆体积的20%~35%。加工时需不断搅拌防止磨料沉淀，用压缩空气将砂浆经喷嘴喷至工件表面。也可将砂子与水分别放在桶里，流入喷嘴前混合后再喷到工件表面。

3. 喷砂工艺

喷砂的效果与喷吹距离、喷吹角度、压力、喷嘴大小和形状、磨料尺寸、磨料与水混合比例等因素有关。磨料粒度细小，可产生柔和无光平滑的表面。磨料粒度粗大，可产生粗糙灰暗的表面，用于消除面积较大、伤痕较深的表面缺陷。

小颗粒钢丸可使铝表面产生浅灰色，大颗粒钢丸不改变铝表面的自然色泽。用碳化硅微粒使铝表面产生浅灰色，用粉末二氧化硅可使铝表面产生蓝色。

用压缩空气将钢铁丸或玻璃丸喷到工件表面上，以除去氧化皮及其他缺陷的工艺过程叫喷丸。也可将钢铁丸输送至高速旋转的圆盘上，利用离心力的作用，使高速抛出的钢丸撞击工件表面，达到加工的目的，这种工艺过程叫抛丸。这两种工艺都能使工件表面产生压应力。对于铝合金工件，喷丸、抛丸加工后，应在170℃以下使用，防止压应力自动消退。

喷砂所用磨料的尺寸及使用的压缩空气压力依据工件材料选择，见表6-2。

表6-2　喷砂所用砂粒尺寸及压缩空气压力

砂子直径/mm	压缩空气压力/MPa	适用范围
>1.5~2.0	≈0.3	铸钢件和大型铸铁件
>1.0~1.5	≈0.3	中小型铸铁件
>0.7~1.0	≈0.3	有色金属
>0.7~0.8	≈0.3	清理氧化皮

（续）

砂子直径/mm	压缩空气压力/MPa	适 用 范 围
>2.5~3.5	0.3~0.5	厚度在 3mm 以上的大型零件
>1.0~2.0	0.2~0.4	中等铸件和厚度 3mm 以下的零件
>0.5~1.0	0.15~0.25	小型薄壁黄铜零件
≤0.5	0.10~0.15	厚度在 1mm 以下的板材，铝制零件等

6.2.2 磨光

磨光是用磨光轮或磨光带对工件表面进行加工，去掉工件表面的飞边、氧化皮、锈蚀等表面缺陷，提高工件的平整度。常用的精整磨料有刚玉、石灰岩屑、大理石屑、氧化铝、碳化硅、砂、铁粉及锌丸、木质球、坚果壳、玉米芯、锯木、碎皮革及碎毛毡等，各种磨料的特性见表 6-3，磨料的粒度选用见表 6-4。

表 6-3 各种磨料的特性

名称	成分	矿物硬度(莫氏硬度 1 级)	韧性	外观
天然金刚石	C	10	脆	无色、透明
人造金刚石	C	9~10	脆	无色、透明
立方氮化硼	BN	9	脆	—
碳化硅	SiC	9.2	脆	绿色或黑色
碳化硼	BC	9.0	脆	黑色
刚玉	Al_2O_3	9.0	较韧	洁白至灰暗
硅藻土	SiO_2	6~7	韧	白色至灰红色
石英砂	SiO_2	7	韧	白色至黄色
铁丹	Fe_2O_3	6~7	韧	黄色至黑红色
石灰	CaO	5~6	韧	白色
氧化铬	Cr_2O_3	—	韧	—

表 6-4 磨料的粒度选用

分类	粒度/mm(目)	用 途
粗磨	1.60~0.90 (12~20)	磨削量大，除去厚的旧镀层、严重的锈蚀等
	0.800~0.450 (24~40)	磨削量大，除氧化皮、锈蚀、毛刺、磨光很粗表面
中磨	0.355~0.180 (50~80)	磨削量中等，磨去粗磨后的磨痕
	0.154~0.100 (100~150)	磨削量较小，为精磨做准备
精磨	0.080~0.063 (180~240)	磨削量小，可得到比较平滑的表面
	0.056~0.040 (280~360)	磨削量很小，为镜面抛光做准备

选择适宜的磨料/工件之比（体积比），对决定表面磨光质量和生产效率有很重要的作用。比值过低则表面磨光质量不好，比值过高则效率低。磨光时的磨料/工件比的选择见表 6-5，由该表查出材料、形状等各种因素的单个比值，然后相加，即得到所要求的磨料/工件的比值。例如，铜合金工件、形状复杂，要达到抛光表面，进行功能电镀，起装饰作用，单个质量为 150g，从而查表 6-5 得：2+3+3+2+1+2＝13，即磨料与工件的体积比为 13。

表 6-5 磨料与工件比的选择

材料	钢、铁	铜、锌	铝
形状	简单	较复杂	复杂
光饰要求	去刀痕、飞边	去氧化皮、倒角	抛光
工件使用要求	装饰	结构件	受力件
工件电镀的种类	防护性	功能性	装饰性
单个工件质量/g	30~120	>120~240	>240
磨料与工件的体积比	1	2	3

磨光的主要设备为磨光机，分为磨光轮磨光机和磨光带磨光机。

常用磨光轮磨光机结构如图 6-1 所示。磨光轮是用单片的棉布、特种纸、毛毡、呢绒或皮革等材料，以圆片叠在一起，外面包上皮革再经压粘或缝合而成，有软轮和硬轮之分。材料硬、形状简单的零件选用硬轮磨光，材料软、形状复杂的零件选用软轮磨光，磨光轮上应粘接适宜的磨料。

磨光带磨光机结构如图 6-2 所示。磨光带是由安装在电动机轴上的接触轮带动，另一从动轮使其具有一定的张力，以便对零件进行磨光。磨光带由衬底、黏结剂和磨料三部分组成。衬底可用 1~3 层不同类型的纸、布制成，黏结剂一般用合成树脂，也可用骨胶或皮胶，磨料则按要求而选定。

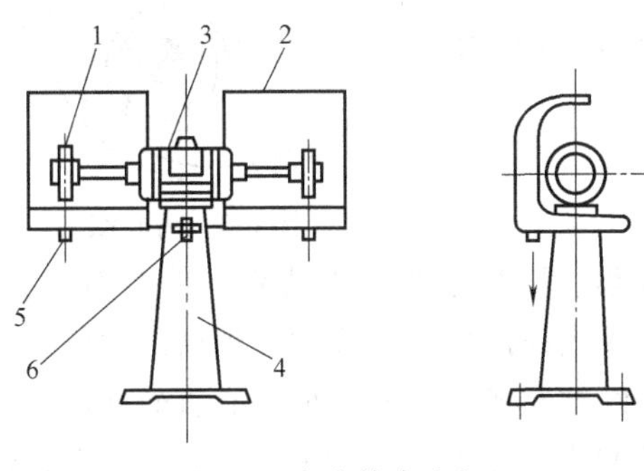

图 6-1 磨光轮磨光机

1—磨光轮 2—电动机 3—罩子 4—机座 5—开关 6—排水口

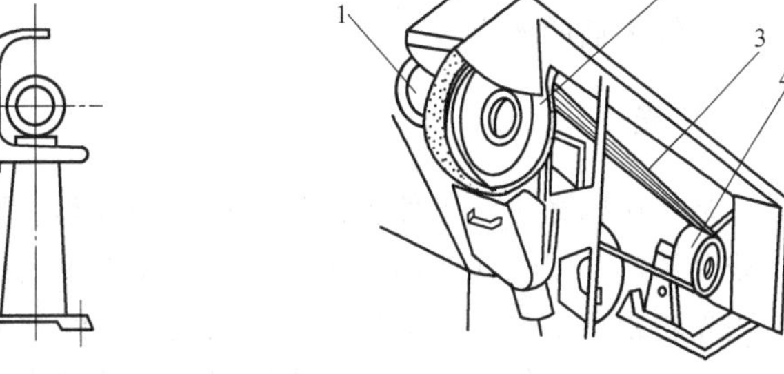

图 6-2 磨光带磨光机

1—电源 2—接触轮 3—磨光带 4—从动轮

与磨光轮相比，磨光带磨削面积大，使用寿命长；带子松紧可调节，能磨光各种零件，并可进行湿加工。

6.2.3 滚光

滚光是将工件放入盛有磨料和滚光溶液的滚筒中，借助滚筒的旋转，使工件与磨料、工件与工件相互摩擦达到清理工件表面的目的。滚光可以除去工件表面的油污和氧化皮，使工件表面光泽。滚光可以全部或部分代替磨光、抛光，但只适用于大批量表面粗糙度要求不高的工件。

滚光常用的磨料有铁屑、石英砂、铁砂、皮革碎块、浮石、陶瓷片等。磨料尺寸一般应小于或等于工件孔直径的 1/3。

滚光时，如工件表面有大量的油污和锈蚀，应先进行脱脂和活化。当油污较少时，可加入碳酸钠、肥皂、皂荚粉等少量碱性物质或乳化剂一起进行滚光。工件表面有锈时可加入稀硫酸或稀盐酸，常用酸性滚光工艺见表 6-6。当工件在酸性介质中滚光结束后，应立即将酸性液冲洗干净。

表 6-6 酸性滚光工艺

类型		钢铁零件		铜及铜合金	锌及锌合金
组分质量浓度/(g/L)	硫酸	15~25mL/L	20~40mL/L	5~10mL/L	0.5~1mL/L
	皂荚粉	3~10	—	2~3	2~5
	六次甲基四胺	—	2~4	—	—
	OP 乳化剂	—	2~4	—	—
工艺条件	滚筒转速/(r/min)	40~65	40~65	40~65	30~40
	时间/h	1~3	1~1.5	2~3	2~3

滚光包括普通滚光、离心滚光、离心盘光饰、振动光饰、旋转光饰等类型。

(1) 普通滚光　普通滚光是将零件与磨削介质放入滚筒中做低速旋转，靠零件与磨料之间的相对运动进行光饰的处理过程。主要设备为旋转的滚筒，滚筒的转速一般为 20~45r/min，

(2) 离心滚光　离心滚光操作如图 6-3 所示。它是在一个转塔内的周围安放一些装有零件和磨料介质的转筒，转塔高速旋转，而转筒以较低的速度反方向旋转。转塔旋转可产生 0.98N 的离心力，从而使转筒中的装载物压在一起，转筒的旋转使磨料介质对零件产生滑动磨削，而起到去飞边或光饰表面的效果。

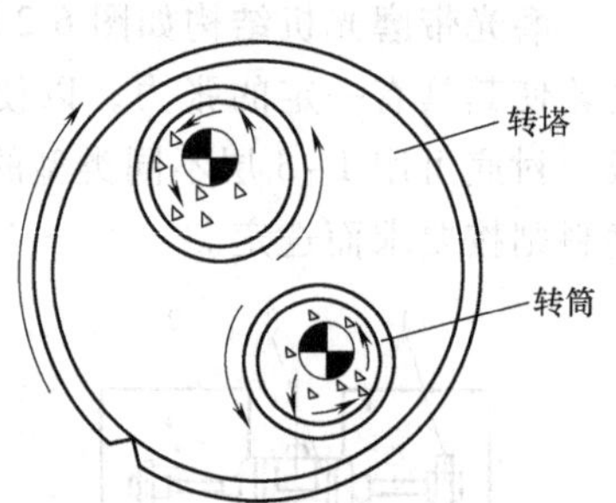

图 6-3　离心滚光

6.2.4 刷光

刷光是使用刷光轮对工件表面进行加工的过程。刷光主要用于清除工件表面的氧化皮、锈蚀、残余油污、浸蚀残渣和飞边，也用于在工件表面产生有规律的、细密的丝纹，起装饰作用。刷光轮常用金属丝、动物毛、天然或人造纤维制成。金属丝形状有直丝和波纹丝，波纹丝比直丝弹性大、使用寿命长。不同材料工件刷光所用金属丝直径见表 6-7。刷光轮直径为 130~150mm 时，转速一般为 1500~1800r/min。刷光基体金属时采用质量分数为 3%~5% 的碳酸钠或磷酸三钠稀溶液、肥皂水、石灰水等刷光液。

表 6-7　金属刷光丝的选择

工件材料	刷光轮金属丝材料	金属丝直径/mm
铸铁、钢、青铜	钢	0.05~0.40
镍、铜	钢	0.15~0.25
锌、锡、铜、黄铜镀层	黄铜、铜	0.15~0.20
银和银镀层	黄　铜	0.10~0.15
金和金镀层	黄　铜	0.07~0.10

6.2.5 机械抛光

机械抛光通常在电镀后进行，也可用于电镀前对基体表面进行预加工。机械抛光用有抛光膏的抛光轮对工件表面进行加工，以降低制品的表面粗糙度值，使制品获得装饰性外观。

机械抛光分为粗抛光、中抛光与精抛光。粗抛光是用硬轮对经过或未经过磨光的表面进行抛光，有一定的磨削作用，能除去粗的磨痕。中抛光是用较硬的抛光轮对经过粗抛光的表

面做进一步的加工，能除去粗抛光留下的划痕，产生中等光亮的表面。精抛光是用软轮抛光获得镜面光亮的表面，磨削作用很小。

机械抛光时，抛光轮上应涂抛光膏或抛光液。常用抛光膏的类型与用途见表6-8，常用抛光膏的配方见表6-9和表6-10。抛光时的线速度比磨光时大些，抛光轮的线速度与转速见表6-11。

表6-8 常用抛光膏的类型与用途

类型	特点	用途
白抛光膏	用氧化钙、少量氧化镁及黏结剂制成，粒度小而不锐利，长期存放易风化变质	抛光较软的金属（铝、铜等）和塑料，也用于精抛
红抛光膏	用氧化铁、氧化铝和黏结剂制成，硬度中等	抛光一般钢铁零件，对铝、铜零件做粗抛
绿抛光膏	用氧化铬、氧化铝和黏结剂制成，硬而锐利，磨削能力强	抛光硬质合金钢、镀铬层、不锈钢

表6-9 白抛光膏的配方

编号	配方（质量分数，%）						
	硬脂酸	石蜡	动物油	植物油	硬化油	米糠油	抛光用石灰
1	15.32	6.46	1.87	3.35	—	—	73.00
2	13.28	4.01	—	—	1.95	6.45	74.31
3	12.2	4.7	—	—	2.4	5.8	74.9

表6-10 绿抛光膏的配方

编号	配方（质量分数，%）						
	三压硬脂酸	二压硬脂酸	脂肪酸	油酸	氧化铬	氧化铝	白泥
1	14.8	11.8	6	0.7	66.7	—	—
2	14.8	11.8	6	0.7	39.7	—	27
3	18.2	12.1	2.3	1.5	43.8	22.1	—
4	18.2	12.1	2.3	1.5	24.4	15.4	26.1

表6-11 抛光轮的线速度与转速

材料类型	抛光轮线速度/(m/s)	抛光轮直径/mm			
		300	350	400	500
		抛光轮转速/(r/min)			
复杂形状钢件	20~25	1592	1364	1194	955
简单形状钢件，铸铁、镍、铬	30~35	2228	1910	1671	1337
铜及铜合金、银	20~30	1910	1637	1432	1146
锌、铅、锡、铝及铝合金	18~25	1592	1364	1194	955

6.2.6 其他机械光饰

（1）离心盘光饰　它是在固定不动的圆柱筒下部装有一高速旋转（≈10m/s）的碗形盘，零件和磨料介质放入筒内，由于盘的旋转，使装载物沿筒壁向上运动，其后靠零件的自重，而从筒的中心滑落到离心盘中部，如此反复使装载物呈圆筒形运动，从而对零件产生磨削光饰作用。

（2）振动光饰　将零件放入装在弹簧上的筒形或碗形的开口容器内，通过某种装置使容器产生上下与左右振动，从而使零件与磨料介质相互摩擦而达到光饰的目的。振动光饰的两个参数是振动频率和振动幅度。振动频率的范围是 15～50Hz，振动幅度的范围是 2～10mm。

（3）旋转光饰　旋转光饰的原理如图 6-4 所示，它是将零件固定在一转轴上，并浸入盛有磨料泥浆的旋转筒内，零件表面由于受到快速运动泥浆的磨削作用而达到表面光饰加工的目的。

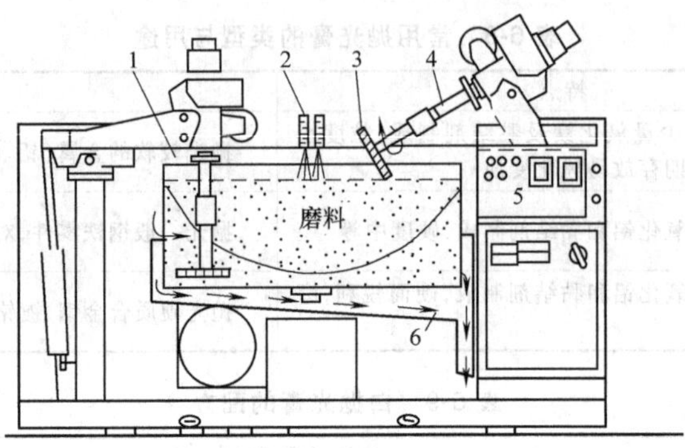

图 6-4　旋转光饰的原理

1—旋转筒　2—水、化学促进剂入口　3—零件　4—转轴　5—控制台　6—排水槽

第7章 表面电解抛光和化学抛光

7.1 表面电解抛光

7.1.1 表面电解抛光的特点

电解抛光是在特定的溶液中进行阳极电解，整平金属并使之产生光泽的加工过程，电解抛光时零件表面形成钝化膜溶解下来的金属离子通过这层膜而扩散。零件表面的凸起点比凹下点的电流密度高，溶解速度快，从而使表面得到整平。不过零件表面被整平并不一定同时具有光亮的外观，所以还应注意选择合适的操作条件。

与机械抛光相比，电解抛光具有以下特点：

1）电化学抛光是电化学溶解作用，表面不会形成硬化的变形层，只会形成一层氧化膜。

2）对基材有一定的选择性。如多相合金，铸件以及深的划伤难以被抛光平整。

3）对于形状复杂或小零件比机械抛光易于施工。

4）生产效率高，操作方法也容易掌握。

电解抛光可提高零件表面的反光性能和耐蚀性，可降低零件的粗糙度值和摩擦因数，可提高硅钢片的磁导率 10%~15%。电解抛光需要电解液、电解槽和直流电源。

7.1.2 表面电解抛光工艺

1. 钢铁电解抛光

钢铁电解抛光工艺见表 7-1。

表 7-1 钢铁电解抛光工艺

材料		碳素钢、低合金钢、不锈钢	碳素钢、合金钢、铸铁	不含铬的钢	碳素钢和含锰、镍的模具钢
质量分数(%)	磷酸(H_2PO_4,质量分数为 85%)	65~80	66~70	58	60~62
	硫酸(H_2SO_4,质量分数为 98%)	15~20	—	31	18~22
	铬酐(CrO_3)	5~6	12~14	—	—
	葡萄糖($C_6H_{12}O_6$)	—	—	2	—
	草酸($H_2C_2O_4 \cdot 2H_2O$)	—	—	—	10~15
	硫脲[$CS(NH_2)_2$]	—	—	—	8~12
	乙二胺四乙酸二钠($EDTANa_2 \cdot 2H_2O$)	—	—	—	1
	水(H_2O)	15~24	16~22	9	0~3

（续）

材料		碳素钢、低合金钢、不锈钢	碳素钢、合金钢、铸铁	不含铬的钢	碳素钢和含锰、镍的模具钢
工艺条件	溶液密度/(g/cm^3)	1.70~1.74	1.70~1.74	—	1.6~1.7
	温度/℃	60~90	55~65	60~70	室温
	电流密度/(A/dm^2)	20~60	20~50	2.7~6.5	10~25
	电压/V		10~20	7~8.5	
	时间/min	1~5	4~5	10	10~30

注：用铅做阴极。

2. 不锈钢电解抛光

不锈钢电解抛光工艺见表 7-2。

表 7-2　不锈钢电解抛光工艺

工　艺　号		1	2	3	4
质量分数(%)	磷酸(H_3PO_4,质量分数为 85%)	50~60	40~45	11	560mL/L
	硫酸(H_2SO_4,质量分数为 98%)	20~30	34~37	36	400mL/L
	铬酐(CrO_3)	—	3~4	10	50g/L
	甘油($C_3H_8O_3$)	—	—	25	—
	明胶	—	—	—	7~8g/L
	水(H_2O)	15~20	17~20	18	
工艺条件	溶液密度/(g/cm^3)	1.64~1.75	1.65	>1.46	1.76~1.82
	温度/℃	50~60	70~80	40~80	55~65
	电流密度/(A/dm^2)	20~100	40~70	10~30	20~50
	电压/V	6~8	—	—	10~20
	时间/min	10	5~15	3~10	4~5
适用范围		适用于奥氏体不锈钢	适用于马氏体不锈钢,也可用于镍、铝	适用于不锈钢,溶液寿命长	适用于不锈钢,溶液寿命较长,抛光质量较好

3. 铜及铜合金电解抛光

铜及铜合金电解抛光工艺见表 7-3。

表 7-3　铜及铜合金电解抛光工艺

工　艺　号		1	2	3	4	5	6
质量分数(%)	磷酸(H_3PO_4,质量分数为 85%)	70	76.5	42	67	47	35
	硫酸(H_2SO_4,质量分数为 98%)	—	—	—	10	20	—
	乳酸($C_3H_6O_3$,质量分数为 88%)	—	1.5	—	—	—	—
	铬酐(CrO_3)	—	—	60g/L	—	—	—
	乙醇(C_2H_5OH)	—	—	—	—	—	62
	水(H_2O)	30	22	20	30	40	—
工艺条件	密度/(g/cm^3)	1.55~1.60	—	1.60~1.62	—	—	—
	温度/℃	20~40	18~30	20~40	20	20	20
	电流密度/(A/dm^2)	8~25	15~50	30~50	10	10	2~7
	电压/V	—	—	—	2.0~2.2	2.0~2.2	2~5
	时间/min	20~50	5~8	1~3	15	15	10~15
适用范围		纯铜、黄铜、铝青铜、锡青铜、磷青铜以及质量分数低于3%的铍、铁硅或钴的青铜	纯铜及多种铜合金	纯铜、黄铜	纯铜、锡的质量分数低于6%的铜合金	锡的质量分数大于6%的铜合金	铅的质量分数达3%的铜合金

4. 铝及铝合金碱性溶液电解抛光

铝及铝合金碱性溶液电解抛光工艺见表7-4。

表7-4　铝及铝合金碱性溶液电解抛光工艺

工　艺　号		1	2	3
组分质量浓度/(g/L)	$Na_3PO_4 \cdot 12H_2O$	130~150	—	—
	碳酸钠	350~380	—	—
	NaOH	3~5	12	12
	EDTA	—	10	25~40
工艺条件	pH值	11~12	—	—
	电压 U/V	12~25	正向15，负向10，电流换向频率1Hz	7
	阳极电流密度/(A/dm²)	8~12	—	20
	温度/℃	94~98	40	45~50
	时间/min	6~10	—	—
适用范围		纯铝和LT66等	—	工业纯铝

注：1. 工艺1以不锈钢板或普通钢板作为阳极。溶液需搅拌或移动阳极。

2. 工艺2、3抛光后，零件表面反射率达到约90%，铝材损耗为0.01~0.02g/cm²。

5. 铝及铝合金磷酸基溶液电解抛光

铝及铝合金磷酸基溶液电解抛光工艺见表7-5。

表7-5　铝及铝合金磷酸基溶液电解抛光工艺

工　艺　号		1	2	3	4	5	6	7	8①
质量分数(%)	磷酸(H_3PO_4，质量分数为85%)	86~88	60	60~70	43	36	400mL	600mL	75
	硫酸(H_2SO_4，质量分数为98%)	—	—	30~50	43	36	60mL	400mL	7
	铬酐(CrO_3)	12~14	20	6~8	3	4	—	—	—
	乙二醇($C_2H_6O_2$)	—	—	—	—	—	400mL	—	—
	甘油($C_3H_8O_3$)	—	—	—	—	—	—	10mL	15
	氢氟酸(HF，质量分数为40%)	—	—	—	—	—	—	—	3
	水(H_2O)	达到密度值	20	4~7	11	24	140mL	—	—
工艺条件	密度/(g/cm³)	1.70~1.72		1.65~1.70					
	温度/℃	70~80	60~65	60~80	70~80	70~90	85~95	70~80	室温
	电流密度/(A/dm²)	15~20	40	15~75	30~50	20~40	15~25	20~30	≥8
	电压/V	12~15			12~15	12~15			12~15
	时间/min	1~3	3	5~10	2~5	2~5	5~7	3~5	5~10
适用范围		适于纯Al、Al-Mg、Al-Mg-Si合金	适于化学成分(质量分数)为Cu3%、Mg1.5%、Ni1%、Fe1%的合金	适于纯Al、Al-Mg、Al-Mn、Al-Cu合金	适于纯Al、Al-Cu合金	适于纯Al、Al-Mg、Al-Mn合金	适于纯Al及多种铝合金	适于纯Al及多种铝合金	适于含Si的铝压铸件

① 抛光后先在质量分数为5%的NaOH溶液中，于室温下浸5min后再水洗，以防光亮度降低。

6. 钛及钛合金电解抛光

钛及钛合金电解抛光工艺见表7-6。

表 7-6 钛及钛合金电解抛光工艺

工艺号		1	2	3	4	5	6	7	8	9
质量分数(%)	磷酸(H_3PO_4,质量分数为85%)	75~80	60~80	—	—	—	—	—	70~80g/L	—
	氢氟酸(HF,质量分数为48%)	15~20	10~15	10~18	20~25	6	20~30	100mL/L	170~200g/L	50~55g/L
	硫酸(H_2SO_4,质量分数为98%)	—	—	80~85	40~50	—	50~65	—	—	950~960g/L
	铬酐(CrO_3)	—	—	—	—	—	—	400g/L	450~500g/l	—
	甲醇(CH_3OH)	—	5~30	—	—	—	—	—	—	—
	氟化氢铵(NH_4HF_2)	—	—	—	—	—	—	—	—	185~190g/L
	氨基磺酸(HNH_2SO_3)	—	—	—	—	—	—	—	—	65~70g/L
	氟钛酸钾(K_2TiF_6)	—	—	—	—	—	—	—	—	18~20g/L
	乙二醇($C_2H_6O_2$)	—	—	—	22~28	88	—	—	—	—
	乙醇胺(C_2H_7NO)	—	—	—	1~2		—	—	—	—
	硝酸(HNO_3)	—	—	—	—	—	7~16	—	—	—
	草酸钛钾	—	—	—	—		—	—	2.5~5	—
工艺条件	温度/℃	15~20	15~20	15~20	40~65	25~40	20~40	15~20	10~60	25~50
	电流密度/(A/dm^2)	50~100	50~100	50~100	100~140	8~10	80~100	20~50	20~60	40~60
	电压/V	6	8~17	5~6	8~13		8~15	3~7		8~10
	时间/min				2~3	数分钟	0.5~1	数分钟	3~5	数分钟

注:1. 工艺2溶液不加水，而用甲醇代之，以降低对基材的浸蚀。

2. 工艺1、3、4溶液成分含量为体积分数。

7. 镍及镍合金电解抛光

镍及镍合金电解抛光工艺见表7-7。

表 7-7 镍及镍合金电解抛光工艺

工艺号		1	2	3	4
组分质量浓度/(g/L)	磷酸(H_3PO_4)	150mL/L	—	—	750mL/L
	铬酐(CrO_3)	250	72~75	60	900
	硫酸(H_2SO_4)	105mL/L	2~3mL/L	—	—
	甘油($C_3H_8O_3$)	—	2~3	—	—
	柠檬酸($C_6H_5O_7 \cdot H_2O$)	—	—	40mL/L	—
	柠檬酸铵[$(NH_4)_2HC_6H_5O_7$]	—	—	—	60
	水(H_2O)	余量	18~25mL/L	30mL/L	20mL/L
工艺条件	溶液密度/(g/dm^3)		1.62~165	1.60~1.62	
	温度/℃	10~30	20~30	35~40	20~25
	时间/min	1~2	1~3	1~3	1~2
	阳极电流密度/(A/dm^2)	30~40	30~40	30~40	15~20

注:1. 工艺1、工艺2适合于镍镀层和镍基体的抛光。

2. 工艺3适合于镍基体的抛光。

3. 工艺4适合于镍和镍铁合金的抛光。

8. 通用电解液电解抛光

通用电解液电解抛光的工艺见表7-8。该方法适用于多种金属同时进行电解抛光，但抛光质量与专用电解液相比较差。

表 7-8　通用电解液电解抛光的工艺

<table>
<tr><th>工艺号</th><th colspan="2">电解液成分和含量</th><th>温度/℃</th><th>电流密度/(A/dm^2)</th><th>电压/V</th><th>时间/min</th><th colspan="3">说　明</th></tr>
<tr><td rowspan="10">1</td><td>磷酸(H_3PO_4)</td><td>328g/L</td><td rowspan="10">94</td><td rowspan="10">5~70</td><td rowspan="10">—</td><td rowspan="10">数分钟</td><td colspan="3">不同金属的电流密度与抛光时间为</td></tr>
<tr><td>铬酐(CrO_3)</td><td>372g/L</td><td colspan="2">金属电流密度/(A/dm^2)</td><td>抛光时间/min</td></tr>
<tr><td>硫酸(H_2SO_4)</td><td>25g/L</td><td>钢</td><td>17~40</td><td>2~4</td></tr>
<tr><td rowspan="2">硼酸(H_3BO_3)</td><td rowspan="2">8.3g/L</td><td>铁</td><td>10~15</td><td>3.0~3.5</td></tr>
<tr><td>轻合金</td><td>12~40</td><td>2</td></tr>
<tr><td>氢氟酸(HF)</td><td>33g/L</td><td>青铜</td><td>18~24</td><td>2.0~2.5</td></tr>
<tr><td rowspan="2">柠檬酸($C_6H_8O_7 \cdot H_2O$)</td><td rowspan="2">12g/L</td><td>铜</td><td>5~15</td><td>1.5</td></tr>
<tr><td>铅</td><td>30~70</td><td>6</td></tr>
<tr><td rowspan="2">邻苯二甲酸酐($C_8H_4O_3$)</td><td rowspan="2">4.3g/L</td><td>锌</td><td>20~24</td><td>2.0~2.5</td></tr>
<tr><td>锡</td><td>7~9</td><td>1.5~3.0</td></tr>
<tr><td rowspan="2">2</td><td>磷酸(H_3PO_4,质量分数为98%)</td><td>86%~88%①</td><td rowspan="2">30~100</td><td rowspan="2">2~100</td><td rowspan="2">—</td><td rowspan="2">数分钟</td><td colspan="3" rowspan="2">可抛光钢铁、铜、黄铜、青铜、镍、铝、硬铝</td></tr>
<tr><td>铬酐(CrO_3)</td><td>12%~14%①</td></tr>
<tr><td rowspan="5">3</td><td>乙醇</td><td>144mL</td><td rowspan="5">20</td><td rowspan="5">5~30</td><td rowspan="5">15~25</td><td rowspan="5">—</td><td colspan="3" rowspan="5">可用下列任一方法对铝及铝合金、钴、镍、锡、钛、锌电抛光
1)抛光 1min 后热水洗,如此反复数次
2)上下迅速移动阳极,持续3~6min</td></tr>
<tr><td>三氯化铝($AlCl_3$)</td><td>10g</td></tr>
<tr><td>氯化锌($ZnCl_2$)</td><td>45g</td></tr>
<tr><td>丁醇($C_4H_{10}O$)</td><td>16mL</td></tr>
<tr><td>水</td><td>32mL</td></tr>
<tr><td rowspan="2">4</td><td>硝酸(HNO_3,质量分数为65%)</td><td>100mL</td><td rowspan="2">20</td><td rowspan="2">100~200</td><td rowspan="2">40~50</td><td rowspan="2">0.5~1</td><td colspan="3" rowspan="2">可抛光铝、铜及铜合金、钢铁、镍及镍合金、锌、铟。使用时应冷却,溶液有爆炸危险。若有浸蚀现象,可降低电流密度</td></tr>
<tr><td>甲醇(CH_3OH)</td><td>200mL</td></tr>
</table>

① 质量分数。

7.2　表面化学抛光

7.2.1　表面化学抛光的目的

化学抛光在合适的介质中，仅仅利用化学方法对零件进行抛光的过程称为化学抛光。化学抛光不需要直流电源，可抛光复杂形状和各种尺寸的零件，生产效率高。但是介质使用寿命比较短，抛光质量不及电解抛光，化学抛光主要用来对零件作装饰性加工。

7.2.2　表面化学抛光工艺

1. 钢铁化学抛光

钢铁化学抛光工艺见表 7-9。

2. 不锈钢化学抛光

不锈钢化学抛光工艺见表 7-10。

3. 铜及铜合金化学抛光

铜及铜合金化学抛光工艺见表 7-11。

表 7-9 钢铁化学抛光工艺

工艺号		1	2	3	4	5
组分质量浓度/(g/L)	硝酸(HNO_3,质量分数为 65%)	130~140	—	—	—	100mL/L
	硫酸(H_2SO_4,质量分数为 98%)	100~110	—	0.5	0~10 体积份	300mL/L
	磷酸(H_3PO_4,质量分数为 85%)	—	—	—	—	600mL/L
	缩合磷酸(含 P_2O_5,质量分数为 72%~75%)	—	—	—	90~100 体积份	—
	盐酸(HCl,质量分数为 37%)	50~60	—	—	—	—
	过氧化氢(H_2O_2,质量分数为 30%)	—	70~80	230	—	—
	氟化氢铵(NH_4HF_2)	—	20	50	—	—
	尿素[$CO(NH_2)_2$]	—	20	20	—	—
	苯甲酸(C_6H_5COOH)	—	1~1.5	—	—	—
	铬酐(CrO_3)	—	—	—	—	5~10
	酸性橙黄染料	5~10	—	—	—	—
	OP-10 乳化剂	2	0.05	0.2	—	—
工艺条件	pH 值	—	1.1	2	—	—
	温度/℃	70~75	15~30	15~40	180~250	120~140
	时间/min	2~5	0.5~2	0.5~2	数秒至数分	<10
适用范围		铁素体钢	低碳钢、中碳钢		高碳钢	低碳钢、中碳钢、合金钢

表 7-10 不锈钢化学抛光工艺

工艺号		1	2	3	4	5	6
组分质量浓度/(g/L)	硫酸(H_2SO_4,质量分数为 98%)	100~110	—	—	—	260~270	—
	硝酸(HNO_3,质量分数为 65%)	60~65	45~55mL/L	132	65	70~80	—
	盐酸(HCl,质量分数为 37%)	40~50	45~55mL/L	60	—	30~40	—
	磷酸(H_3PO_4,质量分数为 85%)	—	150mL/L	—	250	—	—
	草酸($H_2C_2O_4 \cdot 2H_2O$)	—	—	—	—	—	180~200
	氢氟酸(HF,质量分数为 40%)	—	—	25	—	—	—
	聚乙二醇(相对分子质量>6000)	—	35	—	40	—	—
	酸性橙黄染料	5~10	—	—	—	5~10	—
	OP-10 乳化剂	2~3mL/L	—	—	—	2~3mL/L	5~10mL/L
	磺基水杨酸($C_7H_6O_6S \cdot 2H_2O$)	—	3.5	—	—	—	—
	烟酸($C_6H_5O_2N$)	—	3.5~4	—	—	—	—
	六次甲基四胺($C_6H_{12}N_4$)	—	—	2	—	—	—
	三乙醇胺($C_6H_{15}NO_3$)	—	—	—	10	—	—
	苯并咪唑($C_{10}H_6N_2$)	—	—	—	3	—	—
	聚丙烯酰胺	—	—	—	2~10	—	—
	乙醇(C_2H_5OH)	—	—	—	—	—	6~10
	硫脲[$CS(NH_2)_2$]	—	—	—	—	—	10~15
工艺条件	温度/℃	70~85	90~95	<40	80~90	55~65	50~60
	时间/min	2~5	1~3	3~10	3~5	5~6	3~5
适用范围		奥氏体不锈钢		较粗糙的奥氏体不锈钢零件	表面粗糙度较低的奥氏体不锈钢零件	低含碳量铬不锈钢	抛光效果好

表 7-11　铜及铜合金化学抛光工艺

工艺号		1	2	3	4
组分质量浓度/(g/L)	硫酸(H_2SO_4,质量分数为98%)	260~280mL/L	—	—	—
	硝酸(HNO_3,质量分数为65%)	40~50mL/L	10	6~8	6%~30%(质量分数)
	磷酸(H_3PO_4,质量分数为85%)	—	54	40~50	70%~94%(质量分数)
	冰醋酸(HAC)	—	30	35~45	—
	铬酐(CrO_3)	180~200	—	—	—
	盐酸(HCl)	3mL/L	—	—	—
工艺条件	温度/℃	20~40	55~65	40~60	25~45
	时间/min	0.5~3	3~5	3~10	1~2

注：工艺1适用于精密部件；工艺2适用于铜及黄铜部件；工艺3适用于铜及黄铜部件，当温度降至20℃时，可用于抛光白铜部件；工艺4适用于铜铁组合体。

4. 铝及铝合金磷酸基溶液化学抛光

铝及铝合金磷酸基溶液化学抛光工艺见表7-12。

表 7-12　铝及铝合金磷酸基溶液化学抛光工艺

工艺号		1	2	3	4	5	6	7
组分质量浓度/(g/L)	磷酸(H_3PO_4,质量分数为85%)	800	805	850	700	750	500	440
	硫酸(H_2SO_4,质量分数为98%)	100	—	—	—	—	400	60
	硝酸(HNO_3,质量分数为65%)	60	35	50	100	70	100	48
	冰乙酸(CH_3COOH)	—	—	100	—	—	—	—
	氢氟酸(HF,质量分数为38%)	—	—	—	—	40	—	—
	柠檬酸($C_6H_8O_7 \cdot H_2O$)	—	—	—	200	—	—	—
	硫酸铜($CuSO_4 \cdot 5H_2O$)	—	—	—	—	—	—	0.2
	硫酸铵[$(NH_4)_2SO_4$]	—	—	—	—	—	—	44
	尿素[$CO(NH_2)_2$]	30	—	—	—	—	—	31
工艺条件	温度/℃	90~110	≈80	80~100	80~90	80~90	100~115	100~120
	时间/min	1~2	0.5~5	2~5	3~5	0.5	数分钟	2~3
适用范围		纯铝,锌的质量分数小于8%、铜的质量分数小于4%的铝锰锌合金和铝铜镁合金					铝的质量分数大于99.5%的纯铝,抛光能力差	

5. 铝及铝合金非磷酸基溶液化学抛光

铝及铝合金非磷酸基溶液化学抛光工艺见表7-13。

表 7-13　铝及铝合金非磷酸基溶液化学抛光工艺

工艺号		1		2		3		4	
组分质量浓度/(g/L)		氢氧化钠	280	氢氧化钠	500	硝酸	130	硝酸	25~50
		硝酸钠	230	硝酸钠	300	氟化氢钠	160	氟化氢铵	60
		亚硝酸钠	170	氟化钾	30	硝酸铅	0.5	铬酐	6
		磷酸钠	110	磷酸钠	20	—		乙二醇	6
		硝酸铜	0.15	—		—		—	
工艺条件	温度/℃	130~140		110~120		45~65		93~98	
	时间/min	0.5~2.0		0.5~1.0		0.25~0.5		4~5	

第 3 篇

化学转化膜技术

第8章 化学转化膜概述

随着工业技术的飞速发展，表面处理已成为材料防护及装饰的重要手段。钢铁通常通过电镀惰性金属层获得最佳表面保护，而铝合金、镁合金等金属材料，在大气中表面往往有层氧化膜，电镀金属层在其表面附着力不佳，难以达到最好的保护效果。但是，其表面却很容易得到性能优异的化学转化膜。因此，在铝合金、镁合金等金属材料表面处理技术中，化学转化膜技术比电镀技术更具有应用价值。金属表面化学转化膜一般应用在大气环境中，集防腐、装饰、表面强化于一体。

8.1 化学转化膜的定义

利用化学或电化学的方法，在被保护金属自身表面生成一层结构致密的氧化膜保护层，使内层金属与工作环境介质隔绝而得到保护的方法称为化学转化膜法。化学转化膜的生成必须有基体金属的直接参与，因而膜与基体金属的结合强度较高。

化学转化膜是金属或镀层金属表层原子与水溶液介质中的阴离子相互反应，在金属表面形成含有自身成分附着性好的化合物膜。成膜的典型反应式如下：

$$mM+nA^{z-}\rightarrow M_mA_n+nze$$

式中 M——与介质反应的金属或镀层金属；

A^{z-}——介质中价态为 z 的阴离子。

转化膜是表层的基底金属直接与介质阴离子反应，形成的基底金属化合物（M_mA_n）。可见，化学转化膜实际上是一种受控的金属腐蚀过程。上述反应式中，电子可视为反应产物，转化膜的形成可以是金属与介质界面间的化学反应，也可以是施加外电源进行的电化学反应。前者为化学法，后者为电化学法（阳极氧化）。化学法时反应式产生的电子将传递给介质中的氧化剂。电化学法时所产生的电子将传递给与外电源相接的阳极，以阳极电流形式脱离反应体系。实际上，化学转化膜形膜过程相当复杂，存在着伴生或二次反应，因此得到的转化膜的实际组成往往也不是按上式反应生成典型的化合物膜。例如，钢铁件在磷酸盐溶液中进行磷化处理时，所得到磷化膜的主要组成是二次反应生成的产物，即锌和锰的磷酸盐。尽管如此，考虑到化学转化膜形成过程的复杂性，以及二次反应产物也是金属基底自身转化的诱导才生成的，所以一般不再严格进行区分，都称为化学转化膜。

8.2 化学转化膜的分类

化学转化膜技术有很多分类。

1）按其形成机理可分为化学转化膜和电化学转化膜。

2）按成膜时所用的介质，可分为氧化物膜、磷酸盐膜、铬酸盐膜、草酸盐膜等。

3）按其用途可分为功能性膜，如耐磨膜、减摩膜、润滑膜、电绝缘膜、冷成形加工膜、涂层基底膜及防护性膜、装饰性膜等。

4）以化学方法形成的膜有：磷化膜、铬酸盐钝化膜、草酸盐膜、化学氧化膜等。

这些方法广泛用于处理钢铁、铝、锌等金属材料。化学方法成膜不需采用电源设备，只需将工件浸渍在一定的处理液中，在规定的温度下处理数分钟即可形成转化膜层。以电化学方法也可在金属表面上形成转化膜，即以工件作为阳极，在一定的电解液中进行电解处理而形成氧化层，称为阳极氧化膜。

8.3 化学转化膜的处理方法及适用范围

化学转化膜常用的处理方法有：浸渍法、阳极化法、淋涂法、刷涂法等。化学转化膜常用方法、特点及适用范围见表 8-1，各种金属的化学转化膜如图 8-1 所示。在工业上应用的还有辊涂法、蒸气法（如 ACP 蒸气磷化法）、三氯乙烯综合处理法（简称 TFS 法），以及研磨与化学转化膜相结合的喷射法等。

表 8-1 化学转化膜常用方法、特点及适用范围

方法	特　点	适 用 范 围
浸渍法	工艺简单易控制，由预处理、转化处理、后处理等多种工序组合而成，投资与生产成本较低，生产效率较低，不易自动化	可处理各类零件，尤其适用于几何形状复杂的零件，常用于铝合金的化学氧化、钢铁氧化或磷化、锌材钝化等
阳极化法	阳极氧化膜比一般化学氧化膜性能更优越，需外加电源设备，电解磷化可加速成膜过程	适用于铝、镁、钛及其合金阳极氧化处理，可获得各种性能的化学转化膜
喷淋法	易实现机械化或自动化作业，生产效率高，转化处理周期短，成本低，但设备投资大	适用于几何形状简单、表面腐蚀程度较轻的大批零件
刷涂法	无需专用处理设备，投资最省，工艺灵活简便，生产效率低，转化膜性能差，膜层质量不易保证	适用于大尺寸工件局部处理，或小批零件，以及转化膜局部修补

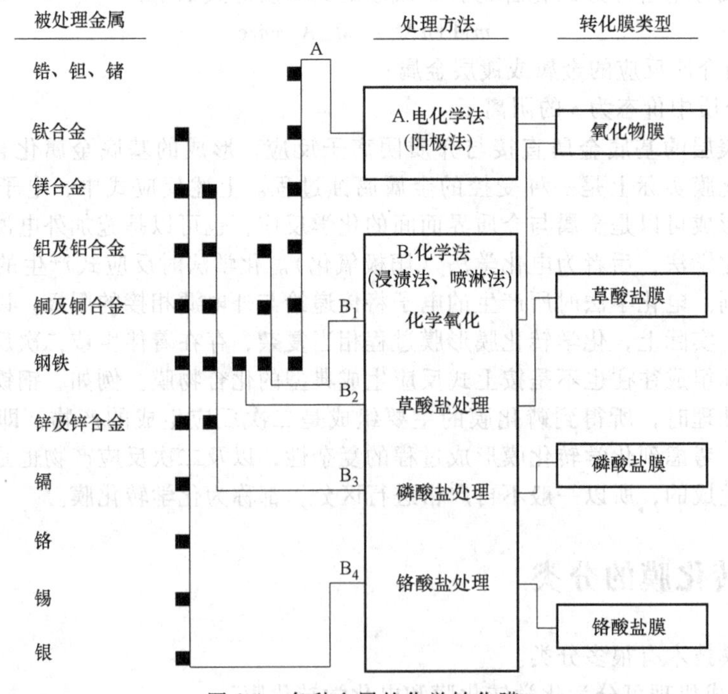

图 8-1 各种金属的化学转化膜

8.4　化学转化膜的防护性能及用途

化学转化膜作为金属制品的防护层，其防护功能主要是依靠将化学性质活泼的金属单质转化为化学性质不活泼的金属化合物，降低金属本身的表面化学活性，并提高它在介质中的热力学稳定性，如氧化物、铬酸盐、磷酸盐等，提高金属在环境中的热力学稳定性。对于质地较软的金属，如铝合金、镁合金等，化学转化膜还为金属提供一层较硬的外衣，以提高基体金属的耐磨性。除此以外，也依靠表面上的转化产物对环境介质的隔离作用。转化膜在金属表面的形成和存在，可以使金属本体和腐蚀介质隔离开来，免遭腐蚀介质的直接接触而腐蚀。

化学转化膜的防护性能及功效主要决定于以下因素：

1）受转化处理的金属性质及其表面组织结构。

2）化学转化膜的种类、膜的成分和组织结构。

3）化学转化膜本身的性能，如与基体金属的结合力、在介质中的热力学稳定性等。

4）化学转化膜所要接触的环境介质及条件。

由于化学转化膜的致密性和韧性相对较差，所以其防护性能不及金属镀层等其他防护层。因此，金属在进行化学转化处理之后，如果防护功能要求高的，则还需要作其他的防护处理。最普通的就是在转化膜上再喷涂各种有机涂料，与其他的防护措施联合使用，以提高防护效果。

化学转化膜已广泛应用于机械制造、仪器仪表工业、家用电器行业、国防工业及航空航天工业，作为防腐蚀和其他功能的覆盖层，有时和其他的防护措施联合使用，主要用于金属的防腐、耐磨。转化膜还具有良好的涂漆性，可用于有机涂层的底层。在冷加工方面，转化膜层可以起润滑作用并减少磨损，使工件能够承受较高的负荷。多孔的转化膜，可以吸附有机染料或无机染料，染成各种颜色，而且有许多化学转化膜本身就显示不同的颜色，因此转化膜不但可以防护、耐磨、润滑，还可以着色装饰。转化膜的用途主要体现在以下几个方面：

（1）防腐蚀　防腐蚀型的化学转化膜主要用于以下两种情况：一是对工件有一般的防锈要求，如涂防锈油等，转化膜作为底层，很薄时即可应用；二是对工件有较高的耐蚀性要求，工件又不受挠曲、冲击等外力作用，转化膜要求均匀致密，且以厚者为佳。大部分的机器设备都是在大气环境条件下工作的，因此受大气的侵蚀很严重，特别是在南方，许多金属工件，特别是钢铁材料及其工件，锌、镁、铝等有色金属制品都很快腐蚀生锈，表面变质、变色而破坏。有许多金属表面经化学转化后，提高了抗大气腐蚀的性能，起到良好的保护作用。例如，钢铁工件经氧化处理发黑或发蓝后，表面变得又黑又亮，不但可以耐一般的大气腐蚀，还可以对抗手汗、暂时性的雨淋等环境作用，如枪炮身、许多紧固性的工件、机器外壳都是通过化学氧化处理进行防护的。又如，铝合金建筑型材经过阳极氧化处理后，可大大提高其耐蚀性，表面不易受腐蚀而变色，能长期保持其表面的光亮度及所具有的色泽。锌合金制成的工件或各种工件的镀锌层，经过铬酸盐转化生成钝化膜后，其表面的抗大气腐蚀性能得以增强，同样能较长时间保持其表面色泽及完整。如果金属制品只要求一般的防锈，则化学转化膜可以薄些并涂些防锈油即可解决问题。而对于有较高的防腐要求，又不能受挠曲、冲击等外力作用的工件，转化膜的厚度应适当增加，并且要求膜层均匀致密。

（2）耐磨减摩　既耐蚀又耐磨的用途化学转化膜除了能耐大气等环境介质的侵蚀，也具有一定的耐磨性，而且有些化学转化膜特别耐磨。此类耐磨型的化学转化膜被广泛应用于金属与金属面互相摩擦的部位，如铝合金的硬质阳极氧化膜，其硬度、耐磨性与镀硬铬差不多。另外金属上的磷酸盐膜有很小的摩擦因数，可以减小金属之间的摩擦力。同时，这类磷酸盐膜还有良好的吸油性能，吸油后可以在金属的接触面上产生一层缓冲层，也阻隔了腐蚀介质的侵蚀，从化学和机械等方面保护了工件的金属基体，从而减少了工件的磨蚀。

（3）绝缘功能　具有绝缘功能的化学转化膜大多是电的不良导体，很早以前就已经有利用磷酸盐膜做硅钢片绝缘层的例子，这种绝缘功能膜的特点就是占空系数小，而且耐热性好，在冲裁加工时可以减少模具的磨损，阳极氧化膜可以作为铝导线的耐高温绝缘层。铝制成的电线经阳极氧化后，既可以提高它的耐大气及湿气的性能，又可以提高它的外表绝缘性，具有防护绝缘的双重功能。用溶胶-凝胶法制得的膜层，目前多数是功能性的。在工程或机械的结构设计中，必须考虑到两种不同金属的工件接触时，产生电偶腐蚀的可能性，化学转化膜的应用可避免电偶腐蚀的发生，可以将两种金属绝缘。

（4）塑性加工中的作用　先将金属材料表面进行磷酸盐处理成膜，然后再进行塑性加工。在金属的冷作加工中，化学转化膜有十分广泛的用途，如进行钢管、钢丝的冷拉伸。采用这种方法对钢材进行拉拔加工时，可以减少拉拔力，延长拉拔模具的寿命，减少拉拔的次数。因为它可以同时起润滑和减摩的作用，从而允许工件在较高负荷的情况下工作。

（5）防护底层的应用　化学转化膜用作金属制品的防护目的时，大多数情况是同其他防护层联合组成多元的防护层系统，也有人称之为综合防护或联合防护。在这种多元防护系统中化学转化膜主要是作为防护底层，其作用一方面是使表面的防护层与金属基体有良好的结合，另一方面又可以在表面防护层局部损坏或被腐蚀介质蚀穿时保护着金属的基体免遭介质对金属基体的直接腐蚀，防止发生于表面防护层底下的金属腐蚀扩展。例如，以前的铝合金建筑型材主要是通过阳极氧化处理，使其表面产生阳极膜，达到既耐蚀又美观的目的。近年来人们生活水平的提高已不满足于这样的简单处理，在阳极氧化处理后，在阳极膜的表面上喷涂固体粉末涂料，使铝合金型材组成了多元的防护装饰系统，进一步提高了铝型材的性能与质量，深受广大用户的欢迎。化学转化膜作为多元防护系统的底层时，主要是作为涂装的底层，如日用电器的铁壳，都是先进行磷化，使其生成一层耐蚀性良好，又对涂料有高附着力的磷化膜底层，然后再喷涂有色的固体粉末涂料或喷漆涂装。作为涂装底层的化学转化膜，要求膜层致密，质地均匀，晶粒细小，膜层的厚度适中。化学转化膜在某些特定的情况下，也可用作金属镀层的底层。例如，钛和铝及铝合金在电镀上的困难是表面极易钝化，因而导致镀层同基材的结合力差，容易脱层或者镀不上，而采用有适当膜孔结构的化学转化膜作底层，则可使镀层同基材牢固地结合。采用化学转化膜作底层是电镀易钝金属时采用的有效方法之一。

（6）装饰用途　化学转化膜随着膜的组成成分不同，将显现出不同的颜色，有些构成转化膜的化合物是有颜色的，因此是有色转化膜。有些膜层是无色透明的，但在光的干涉下，不同厚度的膜也可显示不同的颜色，因此化学转化膜依靠它自身的装饰外观，用在各种金属制品的外观装饰上，特别是在日用工业制品上得到了广泛的应用。此外，有些化学转化膜虽然不能自身显色，但膜上有多孔性，能够吸附不同颜色的无机或有机染料，也可以使产品通过转化膜的染色而达到装饰的目的。

第 9 章 阳极氧化膜

9.1 阳极氧化膜概述

铝及铝合金的阳极氧化就是将工件挂在阳极上，将其浸在硫酸溶液中，在电流的作用下在基体金属表面生成一层附着性非常好的氧化膜的加工工艺。

氧化膜是在铝的表面形成的，但用来产生氧化层的酸对膜层又有溶解作用。这层氧化膜即为氧化铝，膜呈孔状结构如图 9-1 所示。当氧化膜的成膜速度与溶解速度达到动态平衡时，氧化层的厚度就不会再增加。图 9-1 中氧化膜孔隙晶格结构的孔像尺寸或晶格尺寸取决于溶液的组成溶液温度和使用的电流密度。由于这些因素的变化，而产生不同氧化膜。例如，比较浓的硫酸和较高的操作温度，所产生的氧化膜结构比较疏松，易于染色。反之，较低浓度的硫酸和较低操作温度，可产生比较致密的氧化层，膜层比较坚硬，耐蚀耐磨。

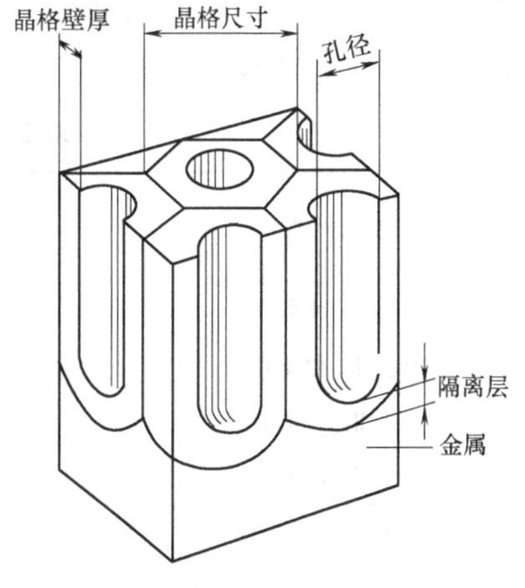

图 9-1 氧化膜孔隙晶格结构

阳极氧化多应用于以下几个方面。

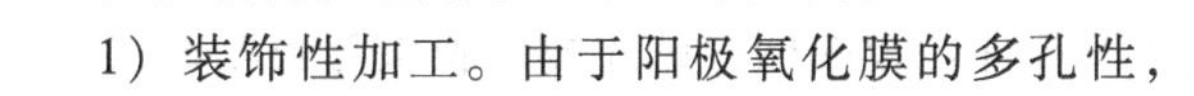

1）装饰性加工。由于阳极氧化膜的多孔性，对染料有极好的吸附性能，因此可对铝材进行氧化着色。又由于氧化膜有透明、坚硬的特点，对铝表面施以抛光、丝纹、砂面、刷白处理，氧化后可获得光亮、半光亮、亚光或瓷白的效果，具有极佳的装饰性能。

2）防护性加工。在只需耐蚀的场合，采用铬酸阳极氧化，工件可获得优良的耐蚀性，满足航空、航海及特殊机械工件需要。

3）建筑用铝型材氧化。铝型材经化学精饰、硫酸阳极氧化、电解着色后，具有较好的装饰、防护性能，被广泛应用于现代豪华建筑的门、窗及室内装璜。

4）满足特殊需要的氧化加工。采用不同的氧化工艺可获得特硬、高阻抗、高孔隙率的氧化膜，以满足耐磨、高电阻、吸油润滑等特殊工件要求。

阳极氧化是在金属和合金上产生一层厚而且稳定的氧化物膜层的电解工艺。这种膜层可用于提高涂料在金属上的附着力，作为染色的前提条件或作为一种钝化处理。为了获得耐磨和耐蚀膜层，必须对阳极氧化膜进行封孔。这可以通过水和碱性金属物沉积来完成，还可通过在热水中煮沸、蒸气处理、重铬酸盐封孔和涂料封孔等来完成。阳极氧化膜层不适合于单独作为铸造镁合金最终使用的表面处理膜层，但是它们能为腐蚀保护体系提供极好的涂装基底。

将铝及铝合金置于适当的电解液中作为阳极进行通电处理，此处理过程称为阳极氧化。经过阳极氧化铝表面能生成厚度为几个至几百微米的氧化膜。这层氧化膜的表面是多孔蜂窝状的，比起铝合金的天然氧化膜，其耐蚀性、耐磨性和装饰性都有明显的改善和提高。采用不同的电解液和工艺，就能得到不同性质的阳极氧化膜。

9.2 阳极氧化膜的表面要求

氧化膜应该均匀地覆盖工件表面的所有地方，无擦伤及其他无规则的损害，除了电连接点以外，膜层无缺损处。对于相同的合金来说，同一槽处理的工件，以及不同槽相同工艺处理的工件，其膜层的性质和颜色要基本一致。不同的镁合金可以是不同的颜色。

经过阳极氧化处理，随着氧化膜的生成，工件的尺寸是增加的。各种阳极氧化膜的典型厚度和变化范围见表 9-1。超出表中厚度范围最大值的氧化膜，与厚度在此范围之内的氧化膜相比，并没有更大的优点。

表 9-1 阳极氧化每面增加的尺寸

阳极氧化类型	每面增加的尺寸/μm	
	范围	典型值
类型Ⅰ,种类 A	2.5~7.6	5.1
类型Ⅰ,种类 C	2.5~12.7	7.6
类型Ⅱ,种类 A	33~73	38
类型Ⅱ,种类 D	23~41	30

注：典型值是用 AZ31B 镁合金测定的。

如果工件的尺寸是可变的或形状不规则，则氧化膜的厚度不便测量。也可以用测量膜重的方法确定阳极氧化膜的质量，这时先应该用各种合金的标准试片做出膜重与膜厚的关系曲线，然后找出工件不同膜重下对应的膜厚。

9.3 阳极氧化工艺

阳极氧化处理的工艺流程：工件→机械抛光→水洗→化学脱脂→水洗→酸洗除膜→水洗→电解抛光→水洗→弱活化→水洗→阳极氧化→水洗→硬化处理→水洗→封闭→水洗→干燥→检验。

阳极氧化所得的膜层结构较疏松，硬度不高，耐磨性及耐蚀性都不够高。可以通过钝化处理（封闭处理）进一步提高膜层的硬度，增强其耐磨性和耐蚀性。封闭处理有化学加温封闭处理、电解法处理及有机涂料处理等。

（1）化学加温封闭　阳极氧化膜加温化学封闭工艺见表 9-2。

（2）电解封闭法　阳极氧化膜电解封闭工艺见表 9-3。

表 9-2 阳极氧化膜加温化学封闭工艺

溶液配方及工艺条件		参数
组分质量浓度/(g/L)	重铬酸钾($K_2Cr_2O_7$)	15
	氢氧化钠(NaOH)	3
溶液 pH 值		6.5~7.5
溶液温度/℃		65~80
封闭时间/min		2~3

表 9-3 电解封闭工艺

工艺号		1	2	3
组分质量浓度/(g/L)	铬酐(CrO_3)	230~270	240~260	200~300
	硫酸(H_2SO_4)	2~3	—	—
	磷酸(H_3PO_4)	—	2.5~2.6	—
	二氧化硒(SeO_2)	—	—	2~3
工艺条件	阳极电流密度/(A/dm^2)	0.2~0.3	0.2~0.4	0.3~0.5
	阴极材料	铅、不锈钢	铅、不锈钢	铅、不锈钢
	溶液温度/℃	30~40	35~40	40~50
	通电时间/min	3~6	3~5	5~6

9.4 阳极氧化设备

1. 槽

铬酸法一般采用软钢或合金钢槽。其他溶液通常采用衬铅的钢或不锈钢槽。槽子必须容易排水，并应向出口处倾斜以便排水和清洗。如果槽壁作为阴极，工件与槽壁及槽底间必须保持足够的距离。过滤设备也有槽。

2. 温度控制装置

温度控制装置在阳极氧化中最为重要，溶液温度的变化应保持在±20℃以内。通常溶液必须冷却，即使操作温度高于室温，由于氧化膜的电阻大，局部仍会发生高温。一般用冷水在冷却管中循环冷却已经足够，但在硬阳极氧化时常需制冷系统。在一般阳极氧化中，如果有良好的搅拌设备且槽子又小，可采用流动冷水的水套。如果用冷却管，它们必须用铅制，且应沿槽壁安放装置而不能直接搁在槽底。

槽子也可在同样情况下加热，即用热水或蒸汽在槽内通过旋管或水套加热。如果有可能采用温度控制比较适宜。

3. 搅拌和排气系统

电解液通常采用空气搅拌，这与电镀中的情况一样，且所用空气必须纯洁（除脱脂等）。此外也可采用阳极棒移动的机械搅拌法。

铬酸和硫酸溶液都需像电镀铬中所用的装置一样要安装排气设备，铬酸槽液所需的排除装置是由法律规定的。虽然如此，一般所需的排气量比用于较浓镀铬溶液的来得少。

4. 阴极

槽壁时常用作阴极，可是这种方法由于槽壁腐蚀而并不推荐使用。而且，某些影响电解液寿命的重要电解反应常依赖于阳-阴极间要维持适当的面积比例。大槽需要用好几个分开来的阴极，这样还能使槽子更加容易清洁。在实际使用硫酸槽时，如果以槽壁作阴极则有穿孔的危险。

阴极材料在铬酸溶液中都采用不锈钢，在硫酸溶液中则采用铅，在草酸法中采用碳、铅、铁或钢。当然，在交流法中不需要阴极，工件都作为电极，并轮流变成阴极和阳极而交替地被阳极氧化。

5. 溶液的控制系统

一般认为下列几个因素是用于阳极氧化溶液的常规控制：

1）蒸发损失。

2）水雾损失。

3）工件取出时所引起的损失。

4）由于溶解的铝和杂质与溶液发生中和的损失。

5）由于电解反应（阴极和阳极的）的损失，以及由于污物引起的化学副反应的损失，带入清洗溶液等。

槽的控制与电镀中的相似，它包括：恢复槽内原来液面，补充蒸发所引起的损失，测定pH值或对溶液中的含酸量进行定量分析，测定含铬量和氯化物、有机杂质等。除了溶液的控制外，可以在阳极氧化过的工件上进行物理和机械试验，这包括膜的厚度、孔隙度、耐蚀性、耐磨性、柔韧性、反射率等的控制。这些试验和阳极氧化溶液的分析方法将在以后叙述，且它们彼此间经常要互相补充，因所需要的特有性质多少决定于其余的槽液成分和操作条件。

所有的槽子、管道、阀门、泵等其他有可能接触槽液的设备，都应该采取表9-4规定的材料或结构方式。

表 9-4 槽子等设备的材料要求

分类		可以使用的材料	避免使用的材料
类型Ⅰ，种类A和类型Ⅱ，种类A工艺	阳极氧化槽	钢	镀锌钢、黄铜
	阀	钢或纯铜	青铜、锡、锌
	氟化氢盐-重铬酸盐槽	槽子衬聚乙烯或类似的惰性材料	橡胶、所有易氧化的材料
	夹具	镁或镁合金	—
	导电杆	纯铜	
类型Ⅰ，种类C和类型Ⅱ，种类D工艺	槽子	未衬钢槽或衬人造橡胶、乙烯基材料槽	纯铜、镍、铅、铬、锌、铝、蒙乃尔铜-镍合金
	挂具	镁、镁合金或铝合金5052、5056	—

（1）处理槽　每一个工件在处理期间必须单独悬挂，不允许互相接触。

（2）加热和冷却设备　为了保证阳极氧化处理时，温度在规定的范围之内并保持恒定，有必要安装加热和冷却设备，这可以用泵将槽液抽出，在槽外用热交换器将槽液温度调整到额定值，然后再循环回到槽中，也可以在槽中安装蛇形管通冷水、热水、蒸汽、制冷剂等一切可以用来加热或冷却的介质。

（3）运动工件的润滑　润滑油、脂等润滑剂不能用于阀、泵及其他运动工件的润滑。因为这些润滑剂会污染槽液，或导致槽液化学成分的改变。

（4）挂具　阳极氧化处理的挂具应该使用表9-4规定的材料，挂具的溶液-空气界面部分必须用乙烯绝缘带缠绕，防止挂具腐蚀、烧断。镁合金挂具重复使用时，必须用质量分数为20%的铬酸溶液脱模处理。如果使用前用锉刀除去挂具触点的氧化膜，则可以不进行退膜处理。如果使用铝制挂具，通常不用清理触点。

9.5 氟化物阳极氧化

氟化物阳极氧化处理，本质上是一个阳极氧化处理，然后用后处理工艺将阳极氧化膜腐蚀脱去，再作转化膜处理，以获得保护作用。氟化物阳极氧化和脱膜工艺，可以用于所有镁合金和所有的加工形式。工艺中的阳极氧化处理适用于除去合金喷砂、抛丸清理后表面留下的铸造砂，阳极氧化处理可以除去工件表面的杂质。采用氟化物阳极氧化处理，喷砂、抛丸清理后的酸性腐蚀可以省去。

要进行阳极氧化处理的工件不需要采用常规方法清洗，铸件表面疏松的砂粒可以用敲击和刷的方法除去。工件浸入阳极氧化处理溶液前，必须用有机溶剂除去厚的油脂层。镁合金必须悬挂在阳极氧化溶液中处理。工件要成对固定在槽中，分别与电源两极连好，并与槽绝缘。工件必须悬挂在液面 23cm 以下，连接工件两极排列的面积要大致相等。所有浸入槽液液面下的夹具必须采用镁合金，如 AZ31、AZ63A、AZ91 或 EZ33A。因为膜层在相对高的电压下形成，同时溶液具有极好的极化特性，所以溶液在阳极氧化成膜期间具有强烈的清洁镁表面的作用，进一步除去镁合金表面微量的外来物质、石墨、腐蚀产物和其他非金属膜。保持良好的电连接是这步操作的关键。为了维持一定的电流密度，处理电压要不断提高，电压一直上升到极限值（120V），然后保持在最高电压，直到阳极氧化处理完成。开始时电流很大，但随着镁合金表面杂质的除去和该区域形成的氟化镁膜层的破裂，电流迅速下降，这时可以认定处理已经完成。如果处理的电量已经达到额定值，保持电压直到处理时间达到 10~15min，或电流下降到低于 0.5A/dm^2，然后将工件取出，用流动热水洗，吹热风快速干燥。阳极氧化处理产生厚度小于 2.5μm 的薄氟化镁膜层。膜的厚度本身不能测量，但工件接近尺寸极限时，处理会导致不可预计的尺寸损失，引起装配困难。这种氟化物膜，将在后续工艺或其他铬酸盐处理中脱去。

9.5.1 氟化物阳极氧化处理工艺

氟化物阳极氧化工艺见表 9-5。

表 9-5 氟化物阳极氧化工艺

溶液	组成		时间/min	温度/℃	最小电流密度/(A/dm^2)	电压/V	槽材料
	材料	质量浓度/(g/L)					
阳极氧化	酸性氟化铵(NH_4HF_2)	143~285	10~15	16~30	0.5	0~120(AC)	钢、陶瓷衬橡胶或衬乙烯基材料
铬酸	铬酸(CrO_3)	71~143	1~15	88~99	—	—	衬铅钢槽、不锈钢、1100 铝
重铬酸盐-硝酸	重铬酸钠($Na_2Cr_2O_7 \cdot 2H_2O$) 硝酸（密度为 1.42g/cm^3）	71~143 199~250mL/L	2~30	16~32	—	—	钢、陶瓷衬人造橡胶或衬乙烯基材料
重铬酸盐	重铬酸钠($Na_2Cr_2O_7 \cdot 2H_2O$)	97.5~112.5	40~60	沸腾	—	—	钢

注：重铬酸盐-硝酸处理的时间应足够腐蚀工件表面 50.8μm 的深度。

9.5.2 氟化物阳极氧化后处理

(1) 铬酸溶液腐蚀　工件用氟化物阳极氧化处理之后，应在铬酸腐蚀溶液中煮沸 1~15min，脱去工件表面的氟化镁膜层，然后用流动冷水清洗。

(2) 重铬酸盐处理　经过脱膜和清洗的工件应该浸入酸性氟化物溶液，室温下处理 5min。工件经过清洗后，浸入沸腾的重铬酸盐溶液中处理 30min。经过这样处理后工件应该用流动的冷水清洗并浸热水、沥干或用热空气干燥。

镁合金阳极氧化产生的氟化物膜不能直接进行常温重铬酸盐溶液处理。这是因为在常温下镁合金的氟化物膜被铬酸盐膜取代非常缓慢。只有氟化物阳极氧化膜已用沸腾的铬酸溶液除去后才能进行重铬酸盐溶液处理。在铬酸处理之后，被取代的氟化物阳极氧化膜表面会留下细微触摸不到的粉状物或污迹。这个没有关系，它不会影响最后有机涂层与基体的结合力。如果污迹太多，可以用软布逐步刷去或擦去。最佳的处理是重铬酸盐转化膜取代所有氟化物膜，否则疏松的氟化物膜会被其表面吸附的潮气腐蚀。

9.5.3 氟化物阳极氧化处理的常见问题与对策

1) 在处理过程中如果电流总是趋于下降，且下降到低于额定值，即使电压达到 120V 也这样，应该检查溶液是否太稀，是否镶嵌、铆接或附加有其他金属材料，槽液液面下的挂具是否是镁合金，或其合金牌号是否正确，或工件是否严重污染。在极少数情况下，它可能是工件进行过太猛烈的喷丸处理或铸件还含有部分焊剂所致。在最后的污染物、铁件除去以后，阳极氧化处理电流应该可以恢复到正常值。

2) 铸件处理时间太短，膜层发白或呈浅灰色，工件表面有些区域还没有发生反应。

3) 槽液如果连续使用，在每一批次处理之后必须用木质的或塑料的棍棒搅拌，使槽液上层与下层均匀混合。这是因为槽液上层消耗较小，并且温度较高。也可以采用更有利的空气连续搅拌，空气搅拌的空气流量不能太大，否则会产生大的电解电流，导致发热增加，仅仅是涓涓细流的槽液循环是可以的。

4) 合金铸造后表面不可能不含有一点铸造砂，有砂的部分一般更黑。如果铸件阳极氧化处理后，表面一些区域还有铸造砂或污染物，可以用金属丝或硬毛刷等机械方法将其除去，然后再进行短时间的氟化物阳极氧化处理。

5) 浓厚的膜层说明溶液引入了氟离子以外的酸根。不能将外来物质、有机物、盐或其他酸根引入槽液中。工件如果发生点蚀，说明槽液中可能含有氧离子。

6) 工件涂装以后一般不能进行阳极氧化处理，除非已将涂层大部分除去。有机涂层在处理过程中会与槽液反应而软化，镍和铜的电镀层会在阳极氧化过程中除去。除非采用了预防措施，否则这些杂质的引入会导致槽液效能的下降或丧失。

7) 阳极氧化处理后如果工件有腐蚀，说明槽液温度太高，工作电压可能太高或槽液中氟化氢铵的含量太低。氟化氢铵的含量不能低于正常值的 10%，更高的含量虽然无害，但会造成浪费。

8) 如果电压太低或处理时间太短，将得到非常薄的半透明膜层。在机械加工面或锻件的表面，这样薄的膜层可以接受。

9) 有空腔或凹角的工件，凹陷处聚积气体会使局部发黑。在这种情况下要将工件翻转几次，确保槽液充满工件的所有空腔或凹角。

9.6　瓷质阳极氧化

瓷质阳极氧化是合金在草酸、柠檬酸和硼酸的钛盐、锆盐或钍盐溶液中阳极氧化，溶液中盐类金属的氢氧化物进入氧化膜孔隙中，从而使制品表面显示出与不透明而致密的搪瓷或具有特殊光泽的相似塑料外观的处理过程。瓷质阳极氧化工艺及膜层性能见表 9-6。

表 9-6　瓷质阳极氧化工艺及膜层性能

工艺号	组分质量浓度/(g/L)		温度/℃	电流密度/(A/dm^2)	直流电压/V	处理时间/min	膜的物理性能		
							膜厚/μm	颜色	硬度HV
1	草酸钛钾 $TiO(KC_2O_4)_2 \cdot 2H_2O$	40	55~60	开始 3 → 终了 1	115~125	30~40	10~16	灰色	4000~5000
	硼酸 H_3BO_3	8							
	草酸 $C_2H_2O_4$	1.2							
	柠檬酸 $C_6H_8O_7 \cdot H_2O$	1							
2	铬酐 CrO_3	30	45~50	0.3~1	60~115	40~60	11~15	灰色	4000~5000
	硼酸 H_3BO_3	2							
3	硫酸锆 $Zr(SO_4)_2 \cdot 4H_2O$ 按氧化锆计	5%	34~36	1.5~2.0	16~20	40~60	15~25	白色	4000~4500
	硫酸 H_2SO_4(密度为 1840kg/m^3)	75%							
4	铬酸 CrO_3	30	45~60	1.0~2.0	120	60	12~20	暗灰	4500~5000
	草酸 $C_2H_2O_4 \cdot 2H_2O$	0.5~1.0							
	柠檬酸 $C_6H_8O_7 \cdot H_2O$	3							
	硼酸 H_3BO_3	1.5~2.0							
5	铬酐	100	40~45	1~1.2	30	30	—	—	—

注：1. 强度及延伸率变化值“+”表示增加，“-”表示减少。
2. 工艺 2 溶液配制是先将钛盐溶解在 50~60℃ 纯水中，后加其他材料。
3. 工艺 3 制品浸入及取出是带电进行。

瓷质阳极氧化处理工艺流程与常规硫酸阳极氧化基本一致，不同的是瓷质阳极氧化是在高的直流电压（115~125V）和较高的溶液温度（50~60℃），电解液经常搅拌、pH 值调节为 1.6~2 的条件下进行的。

9.7　普通钢铁的阳极氧化

9.7.1　普通钢铁的阳极氧化概述

钢铁是目前世界上用量最大、用途最广的金属材料。由于钢铁材料表面电位为负、化学性能活泼，很容易和氧结合生成氧化物，所以钢铁材料制成的各种产品很容易在各种工作环境中遭到腐蚀。因此，绝大多数的钢铁产品都必须进行各种防护处理。而主要的防护方法是采用表面覆盖层遮盖表面。金属覆盖层主要有电镀层、化学镀层、衬镀层、浸镀层、喷涂层等。

非金属覆盖则主要是覆盖各种有机涂料。虽然钢铁容易氧化，但生成的氧化膜质量很差，耐磨性、耐蚀性也不好，因此利用转化膜作为钢铁防护方法的制品不多，尤其是应用阳极氧化法更少。但如果有特殊需要，也可进行阳极氧化处理，以满足钢铁类产品的多样化需求。

9.7.2 普通钢铁工件的阳极氧化工艺流程

普通钢铁工件的阳极氧化工艺流程：普通钢铁工件→抛光→脱脂→清洗→酸活化→清洗→中和→清洗→阳极氧化→水洗→干燥→涂油（或蜡）→检验。

9.7.3 普通钢铁工件的阳极氧化前处理

1）普通钢铁工件的表面抛光。经过机械加工或整平的工件，如果其表面仍未达到技术要求的粗糙度值时，可以用机械抛光、化学抛光甚至电解抛光等方法，使表面达到设计要求的程度。

2）脱脂。普通钢铁工件经过机加工及机械抛光，表面上黏附有各种油污必须清除干净。油污厚重的应先用有机溶剂脱脂，再用化学脱脂；若表面油污较少的，可以直接用化学脱脂或电解脱脂。化学脱脂工艺见表9-7。

表9-7 化学脱脂工艺

溶液配方及工艺条件		变化范围
组分质量浓度/(g/L)	硅酸钠(Na_2SiO_3)	3~10
	碳酸钠($Na_2CO_3 \cdot 10H_2O$)	20~60
	氢氧化钠(NaOH)	10~60
	磷酸钠($Na_3PO_4 \cdot 12H_2O$)	20~60
工艺条件	溶解温度/℃	60~85
	脱脂时间/min	5~25

3）酸洗活化。钢铁工件表面有氧化皮或锈迹时要用酸液活化，以便除掉表面的氧化物。可以采用化学活化，也可以用电解活化，有氢脆危险的工件不能采用酸活化或阴极电解活化，最好用吹砂的方法除氧化皮、除锈。酸活化的溶液通常为80~150mL/L的硫酸或盐酸，在室温下浸泡1~5min，除去氧化皮为止。

4）碱液中和酸活化后水洗干净，但可能还有极少的残留酸在表面，因此还必须中和。中和是在30~100g/L碳酸钠的稀碱溶液中浸渍5~10s，然后用水清洗干净，并进入阳极氧化槽中，通电流进行处理。

9.7.4 普通钢铁阳极氧化处理

普通钢铁阳极氧化工艺见表9-8。

表9-8 普通钢铁阳极氧化工艺

溶液配方及工艺条件		数值或变化范围
组分质量浓度/(g/L)	氢氧化钠(NaOH)	37.5
	亚砷酸(H_3AsO_3)	37.5
	氰化钠	7.5
工艺条件	电流密度/(A/dm^2)	0.2
	氧化时间/min	2~4
	膜层颜色	蓝色

9.7.5 普通钢铁在铜盐电解液中的阳极氧化

（1）阳极氧化工艺流程　普通钢铁在铜盐电解液中阳极氧化，所得到的氧化膜不但耐蚀，而且还可以根据不同的工艺得到不同颜色的膜层，使普通钢铁产品具有不同外观的装饰效果。

其阳极氧化工艺流程：普通钢铁工件→脱脂→热水洗→冷水洗→酸活化→水洗→电解抛光→水洗→弱活化→水洗→阳极氧化→水洗→干燥→检验。

（2）阳极氧化前处理　前处理工艺包括如下步骤：

1）脱脂。脱脂要彻底。油污厚重的应先用有机溶剂脱脂，再用化学脱脂。若表面油污较少，则可以直接用化学脱脂或电解脱脂。总之，要根据表面的油污附着情况，采用有效的方法。

2）酸洗除锈。钢铁表面很容易生锈，一般都有氧化膜或新旧锈迹，因此要用酸液除锈。可以根据表面的锈层厚度选择酸的浓度及处理时间，一般的表面锈可在80~200mL/L的硫酸或盐酸中室温下浸1~5min即可。

3）电解抛光。表面抛光可用机械抛光、化学抛光及电解抛光等方法。为了得到光滑均匀的膜层，应采用电解抛光，电解抛光工艺见表9-9。

表9-9　电解抛光工艺

溶液配方及工艺条件		数值或变化范围
组分(质量分数)	硫酸(H_2SO_4,质量分数为98%)	10%~20%
	磷酸(H_3PO_4,质量分数为85%)	60%~65%
	水(H_2O)	余量
工艺条件	电流密度/(A/dm^2)	15~90
	处理时间/min	8~15

（3）阳极氧化溶液配方及工艺　钢铁在铜盐电解液阳极氧化工艺见表9-10。

表9-10　钢铁在铜盐电解液阳极氧化工艺

溶液配方及工艺条件		数值或变化范围
组分浓度/(mol/L)	硫酸铜($CuSO_4 \cdot 5H_2O$)	0.15
	络合剂	0.45
	稳定剂	1.5
工艺条件	处理时间/min	根据需要而定
	溶液pH值	13~13.5
	电流密度/(A/dm^2)	10~20
	溶液温度/℃	20~30

（4）影响氧化膜层质量的主要因素　影响氧化膜层质量的主要因素如下：

1）处理时间的影响。同一种电解液在pH值相同、溶液温度为室温、电流密度为$10A/dm^2$的操作条件下，阳极氧化的时间不同，得到的膜层的颜色也不同。时间由短至长，所得到的膜层色泽依次为紫红、紫蓝、蓝、黄绿、黄、橙黄、蓝色。因此，可根据需要选择处理时间，以得到需要色泽的氧化膜。

2）溶液pH值的影响。在溶液温度为室温、电流密度为$10A/dm^2$的情况下，溶液的pH值不同所得膜层的色泽也不同。pH值低于12时，膜层无色；pH值≈12时，膜层为棕黑色；pH值为12.5时，可以得到多种颜色的膜，但色泽不均匀；只有pH值为13时，才能得到均匀色泽的膜层。

9.8 不锈钢的阳极氧化

9.8.1 不锈钢的阳极氧化概述

不锈钢是由铁、铬镍、钛等金属元素成分组成的，其表面很容易生成一层薄的氧化膜。这层膜随着所含的合金元素量不同，加工工艺不同，以及时间的长短不同，厚度也不同。这层氧化膜具有一定的耐蚀性、耐磨性及和谐的色泽，使其在工艺上用途很广。

近年来随着人民生活水平的提高，生活用品及建筑采用不锈钢的越来越多。但是不锈钢也并非完全耐蚀，在一般的大气条件下和含氧介质中比较耐蚀，但在特殊的环境介质中还会遭受浸蚀。不锈钢表面的自然膜有一定的防护能力，但由于膜层太薄，在加工及搬运过程中很容易被破坏，反而会加速本体金属的腐蚀。

为了提高不锈钢制品的耐蚀性和装饰性，可以对其进行化学转化膜处理和阳极氧化处理，使其表面生成致密、厚度均匀而有一定色泽的膜层。

9.8.2 不锈钢阳极氧化工艺流程

不锈钢阳极氧化处理的工艺流程：不锈钢工件→机械抛光→水洗→化学脱脂→水洗→酸洗除膜→水洗→电解抛光→水洗→弱活化→水洗→阳极氧化→水洗→硬化处理→水洗→封闭→水洗→干燥→检验。

9.8.3 不锈钢阳极氧化前处理

(1) 化学脱脂　不锈钢工件经机械加工、机械抛光后，表面残留有油脂。如果油污严重，可以先用有机溶剂浸洗除去大部分的油脂。如附着的油脂较少，或经溶剂初步脱脂后，可用化学碱液浸泡脱脂。碱液脱脂工艺见表 9-11。

表 9-11　碱液脱脂工艺

溶液配方及工艺条件		数值或变化范围
组分质量浓度/(g/L)	氢氧化钠($NaOH$)	20~50
	碳酸钠(Na_2CO_3)	20~40
	磷酸钠($Na_3PO_4 \cdot 12H_2O$)	50~70
	硅酸钠(Na_2SiO_3)	15~45
工艺条件	脱脂温度/℃	40~50
	处理时间/min	油污除尽为止

(2) 酸洗除膜　酸洗除膜介绍如下：

1) 普通不锈钢薄膜的清除。普通不锈钢工件在氧化膜比较薄的情况下，可用表 9-12 给出的不锈钢氧化膜清除工艺除膜。

2) 厚氧化膜的清除。在不锈钢表面氧化膜较厚的情况下，可以先进行预浸泡处理，然后再用酸浸泡去除氧化膜。预浸泡主要是先把氧化膜浸松，既可以用碱液进行，也可以用酸液进行。

对膜层更厚、更难清除的不锈钢氧化皮，可以先用碱液浸煮，使氧化皮松动，然后再用酸洗进一步清除。碱液的组成（质量分数）为 60%~90%氢氧化钠、25%~35%硝酸钠和 5%

表 9-12 不锈钢氧化膜清除工艺

工艺号		1	2	3	4
组分质量浓度/(g/L)	浓硝酸	200~250	100	4%(质量分数)	—
	浓盐酸	—	—	36%(质量分数)	—
	柠檬酸钠	—	—	—	10%(质量分数)
	氯化钠	15~25	—	—	—
	氟化钠	15~25	4	—	—
工艺条件	溶液温度/℃	室温	60~70	35~40	30~50
	除膜时间/min	15~90	退尽为止	3~6	3~10
	适用范围	普通不锈钢	普通不锈钢	热处理后的氧化膜	不锈钢产品存放期的膜

氯化钠。工件在450~500℃的碱液中处理8~25min，使铬的氧化物与碱发生反应，成为易溶于水的铬酸钠。其反应如下：

$$Cr_2O_3+2NaOH \longrightarrow 2NaCrO_2+H_2O$$

$$2NaCrO_2+3NaNO_3+2NaOH \longrightarrow 2Na_2CrO_4+3NaNO_2+H_2O$$

从反应式中可以看到，生成的亚铬酸钠与硝酸钠作用时生成易溶于水的铬酸钠。而铁的氧化物和尖晶石型氧化物，可与碱液中的硝酸盐作用，使铁的氧化物结构发生改变，变成疏松的 Fe_2O_3，容易在酸液中除去。其反应如下：

$$2FeO+NaNO_3 \longrightarrow Fe_2O_3+NaNO_2$$

$$2Fe_3O_4+NaNO_3 \longrightarrow 3Fe_2O_3+NaNO_2$$

$$2(FeO \cdot Cr_2O_3)+NaNO_3 \longrightarrow Fe_2O_3+2Cr_2O_3+NaNO_2$$

不锈钢的氧化皮在碱液处理过程中，部分溶解、部分松动后剥落，并以沉渣的形式沉入槽底。部分未脱落的氧化皮可用组成（质量分数）为10%~18%盐酸、15%硝酸钠及2.5%氯化钠的混合水溶液活化直至清除干净。

若用组成（质量分数）为2%硫酸、15%硝酸钠及2.5%氯化钠的混合水溶液活化也可以取得同样的除膜效果，但温度要在70~80℃，浸渍时间约为3~5min。对于12Cr13、Y10Cr17等不锈钢的处理，溶液温度以50~60℃为宜。

厚的不锈钢氧化膜，先用体积比为6~8份硫酸、2~4份盐酸、100份水的混合酸液进行预浸泡，使氧化膜变得疏松易脱。然后再用体积比为20份盐酸、5份硝酸、5份磷酸、70份水的混合酸溶液进行酸洗浸洗。这样可以直接得到有光泽的不锈钢裸露面。

3）常温无毒害清洗不锈钢氧化膜。一些传统的清除不锈钢氧化膜的配方及工艺多是采用硝酸、氢氟酸、铬酸、亚硝酸等有毒、有害化学剂。除膜后的废液不好处理，设备腐蚀严重，要采取有效的防护措施。利用下述的无毒害常温清除剂可减轻存在的有关问题。常温无毒害不锈钢氧化膜清除工艺见表9-13。

4）电解法清除氧化膜。在化学除锈、机械喷射及机械抛磨等方法都不能完全清除氧化膜的情况下，选用电解法可以解决问题。电解法除膜工艺见表9-14。

（3）电解抛光 不锈钢表面经过各种方法清除旧氧化膜后，可检查其表面的光洁度是否达到要求。如果不够光亮平滑，可以进行电解抛光。采用磷酸-硫酸型混合液进行电解抛光，可获得平整光亮的表面。电解抛光工艺见表9-15。

表 9-13　常温无毒害不锈钢氧化膜清除工艺

溶液配方及工艺条件		数值或变化范围
组分体积浓度/(mL/L)	硫酸(H_2SO_4)	190~240
	盐酸(HCl)	280~330
	过氧化氢(H_2O_2)	230~280
	乙醇(C_2H_5OH)	110~130
	乌洛托品[$(CH_2)_6N_4$]	适量
工艺条件	溶液温度/℃	20~35
	处理时间/min	除尽为止

表 9-14　电解法除膜工艺

工　艺　号		1	2	3①
组分含量	硫酸	100mL/L	2~3g/L	40%
	磷酸	800mL/L	—	48%
	硫酸钙(含铬)	100g/L	200~250g/L	—
	非离子型表面活性剂	—	—	1%
	复合添加剂	—	—	0.2%
	H_2O	100mL/L	余量	余量
工艺条件	溶液温度/℃	70~75	30~50	50~80
	阳极电流密度/(A/dm^2)	70~75	40~50	40~100
	电压/V	—	—	12~14
	阴极材料	铅板	铅板	铅板
	时间/min	5~10	3~10	1~3
	适用范围	普通不锈钢	Cr18Ni10Ti 奥氏体不锈钢	不锈钢表面带油及氧化膜

① 含量为质量分数。

表 9-15　电解抛光工艺

溶液配方及工艺条件		数值或变化范围
组分质量分数	硫酸(H_2SO_4,密度为 $1.84g/cm^3$)	15%~20%
	磷酸(H_3PO_4,密度为 $1.70g/cm^3$)	63%~67%
	水(H_2O)	13%~22%
工艺条件	溶液温度/℃	45~55
	电流密度/(A/dm^2)	15~45
	处理时间/min	5~10

(4) 弱活化　不锈钢经除旧膜及抛光后的表面很易重新生成氧化膜，因此在阳极氧化处理前作弱活化处理以便除去表面的氧化物，使表面活化，弱活化用化学溶液活化。

9.8.4　不锈钢阳极氧化处理

(1) 不锈钢阳极氧化溶液配方及工艺　不锈钢阳极氧化工艺见表 9-16。

(2) 操作注意事项

1) 工艺 1 若开始从 $8A/dm^2$ 的电流密度冲击活化，则得到黑色无光的膜层。

2) 工艺 2 中重铬酸钠可用重铬酸钾代替，操作时需用铝丝装挂工件。操作时开始用 2V 电压，然后逐步升至 4V 电压，以保证电流的恒定，处理终止前 5min 左右可使电压恒定不变。

3) 工艺 3 的阳极氧化膜色泽与溶液温度有关。温度低膜的颜色较浅，温度升高则颜色加深，最佳温度为 80~85℃。氧化时间对膜层颜色也有影响，5min 前无色，5min 后便开始

表 9-16 不锈钢阳极氧化工艺

工艺号		1	2	3
组分质量浓度/(g/L)	重铬酸钠($Na_2Cr_2O_7 \cdot 2H_2O$)	60	20~40	—
	硫酸(H_2SO_4)	300~450	—	25%(体积分数)
	硫酸锰($MnSO_4$)	—	10~20	—
	硫酸铵[$(NH_4)_2SO_4$]	—	20~50	—
	铬酐(CrO_3)	—	—	60~250
	硼酸(H_3BO_3)	—	10~20	—
工艺条件	溶液 pH 值	—	3~4	—
	溶液温度/℃	70~90	25~35	70~90
	阳极电流密度/(A/dm^2)	0.05~0.1	0.15~0.3	0.03~0.10
	处理时间/min	10~40	10~20	20~30
膜层颜色		黑色	黑色	多种色泽

上色，以后随时间延长颜色加深，到 20min 后颜色基本稳定。硫酸对铬酐的浓度比例对颜色也有很大影响，若铬酐浓度高则膜层呈金黄色，铬酐浓度更高则变为紫红色。电流密度也有影响，阳极电流密度为 0.03A/dm^2时，所得的膜层为玫瑰色，若用 0.05A/dm^2时膜层则为金色。

9.8.5 不锈钢阳极氧化后处理

不锈钢阳极氧化所得的膜层结构较疏松，硬度不高，耐磨性及耐蚀性都不够高。可以通过钝化处理（封闭处理）进一步提高膜层的硬度，增强其耐磨性和耐蚀性。封闭处理有化学加温封闭处理、电解法处理及有机涂料处理等。

（1）化学加温封闭 不锈钢阳极氧化膜加温化学封闭工艺见表 9-17。

表 9-17 不锈钢阳极氧化膜加温化学封闭工艺

溶液配方及工艺条件		数值或变化范围
组分质量浓度/(g/L)	重铬酸钾(K_2CrO_7)	15
	氢氧化钠(NaOH)	3
工艺条件	溶液 pH 值	6.5~7.5
	溶液温度/℃	65~80
	封闭时间/min	2~3

（2）电解封闭法处理

1）溶液配方及工艺。不锈钢阳极氧化膜电解封闭工艺见表 9-18。

表 9-18 不锈钢阳极氧化膜电解封闭工艺

工艺号		1	2	3
组分质量浓度/(g/L)	铬酐(CrO_3)	230~270	240~260	200~300
	硫酸(H_2SO_4)	2~3	—	—
	磷酸(H_3PO_4)	—	2.5~2.6	—
	二氧化硒(SeO_2)	—	—	2~3
工艺条件	阳极电流密度/(A/dm^2)	0.2~0.3	0.2~0.4	0.3~0.5
	阴极材料	铅、不锈钢	铅、不锈钢	铅、不锈钢
	溶液温度/℃	30~40	35~40	40~50
	通电时间/min	3~6	3~5	5~6

2）封闭工艺的影响。

① 封闭溶液成分的影响。溶液中的硫酸、磷酸、二氧化硒是作为促进剂用的，主要是稳定膜层的色彩，效果不错。

② 封闭时间的影响。封闭时间同样会影响封闭膜的质量，封闭时间太短，达不到封闭质量的要求，膜层质量差。封闭时间过长，颜色会随时间改变，而且浪费能源及时间，一般封闭时间控制在3~5min。

③ 溶液温度的影响。溶液的温度高，封闭的速度快，封闭的效果也很好，但是颜色也变深，颜色不好控制。如果要求装饰性能好的，应注意控制封闭溶液的温度。但温度太低时，封闭膜的质量不好，效果差。

④ 电流密度的影响。电流密度对封闭膜的质量有一定的影响，电流密度高，封闭的速度快，效果也较好，但会使膜层的颜色变深，如果对色泽有要求而不能改变时，电流密度不能高，控制在0.2~0.5A/dm^{2}较合适。

9.9 铝及铝合金的阳极氧化

9.9.1 铝及铝合金阳极氧化机理

铝的阳极氧化实际上就是水的电解，其原理如图9-2所示。

阳极氧化一开始，工件表面立即生成一层致密的具有很高绝缘性的氧化铝膜，厚度为0.01~0.1μm，称为阻挡层。随着氧化膜的生成，电解液对膜的溶解作用也就开始了。由于膜不均匀，膜薄的地方首先被电压击穿，局部发热，氧化膜加速溶解，形成了孔隙，即生成多孔层。电解液通过孔隙到达工件表面，使电解反应连续不断进行。于是氧化膜的生成，又伴随着氧化膜的溶解，反复进行。部分氧化膜在电解液中溶解将有助于氧化膜的继续生成。因为氧化膜的电绝缘性将阻止电流的通过，而使氧化膜的生成停止。可以通过阳极氧化的电压-时间曲线来说明氧化膜的生成规律，如图9-3所示。

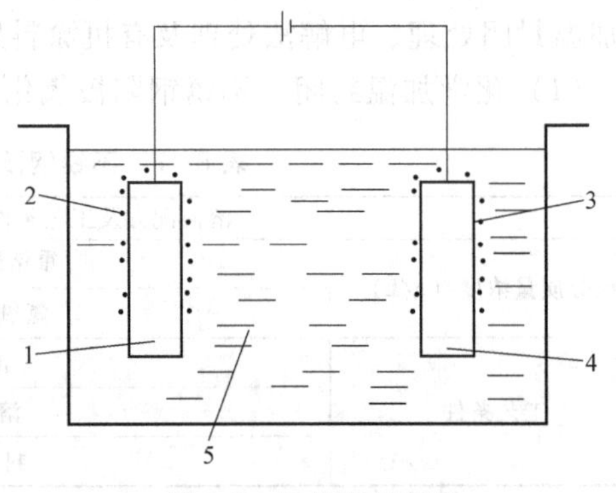

图9-2 铝的阳极氧化

1—铝阳极 2—产生氧气 3—释放氢气 4—阴极 5—氧化电解液

膜的溶解与电解质的性质、反应生成物的结构、电流、电压、溶液温度及通电时间等因素有关。

9.9.2 铝及铝合金阳极氧化膜的结构

自1923年阳极氧化工艺问世以来，许多研究者都对其形成机理和组成结构进行了研究。用电子显微镜观察表明，多孔膜为细胞状结构，其形状在膜的形成过程中会发生变化。观察结果证明，采用铬酸、磷酸、草酸和硫酸得到的阳极氧化膜结构完全相同。

氧化物细胞状结构的大小在决定氧化膜的多孔性和其他性质时都非常重要。受阳极氧化

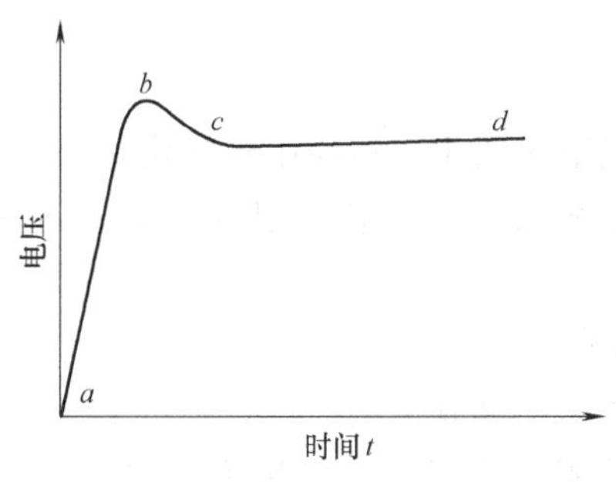

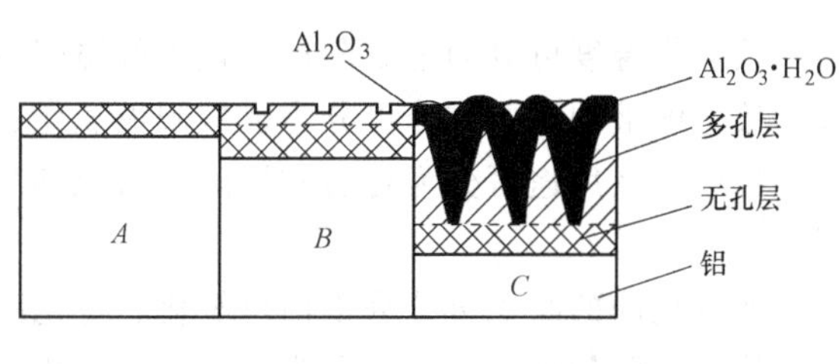

图 9-3　阳极氧化特性曲线与氧化膜生成过程

条件的影响，细胞大小可以表示为

$$C = 2WE + P$$

式中　C——细胞尺寸（0.1nm）；

W——壁厚（0.1nm/V）；

E——形成电压（V）；

P——孔隙直径（0.1nm），≈33nm。

不同氧化膜中细胞或孔隙数目见表 9-19。

表 9-19　不同氧化膜中细胞或孔隙数目

电解液	硫酸 15%(质量分数),10℃			草酸 2%(质量分数),24℃			铬酸 3%(质量分数),49℃			磷酸 4%(质量分数),24℃		
电压/V	15	20	30	20	40	60	20	40	60	20	40	60
每平方厘米孔隙数/10^3	772	518	277	357	116	58	228	81	42	188	72	42

图 9-4 所示为铝及铝合金阳极氧化膜的多孔蜂窝结构，在其膜层上，微孔垂直于表面，其结构单元的尺寸、孔径、壁厚和阻挡层厚等参数均可由电解液成分和工艺参数控制。

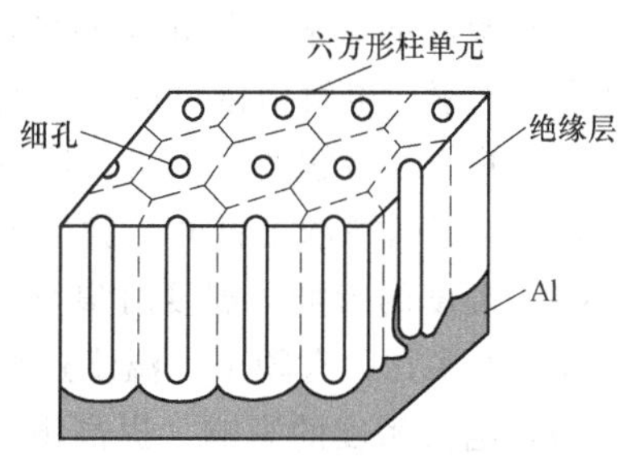

图 9-4　铝及铝合金阳极氧化膜层结构

另外，阳极氧化膜分为两层，内层靠近基体的是一层厚度仅有 0.01~0.05μm 的纯氧化铝（Al_2O_3）薄膜，硬度较高，能阻挡外界侵蚀；外层为多孔的氧化膜层，由带有一定结晶水的氧化铝（Al_2O_3）组成，硬度较低。

铝阳极氧化膜硬度与其他材料的硬度比较见表 9-20。

表 9-20　铝阳极氧化膜硬度与其他材料的硬度比较

材　料	硬度 HV	材　料	硬度 HV
刚玉	20000	工具钢	3600
纯铝氧化膜	15000	2618 铝合金氧化膜	9300
淬火后工具钢	11000	w(Cr)为 7%的铬钢	3200
淬火后再回火(300℃)工具钢	6400	2618 铝合金	3500
工业纯铝氧化膜	6000	工业纯铝板	3000

9.9.3 铝及铝合金阳极氧化的分类

1）按操作温度可分为常温阳极氧化和低温阳极氧化。

2）按电解液的主要成分可分为硫酸阳极氧化、草酸阳极氧化、铬酸阳极氧化等。

3）按性能及用途可分为普通常用阳极氧化和特种阳极氧化，如硬质阳极氧化、瓷质阳极氧化。

4）按氧化膜的颜色可分为银白色氧化、有色膜氧化等。

5）按氧化膜的成膜速度可分为普通阳极氧化法、快速阳极氧化法。

6）按氧化膜的功能可分为耐磨膜层阳极化、耐腐蚀膜层阳极化、胶接膜层阳极化、绝缘膜层阳极化、瓷质膜层阳极化、装饰膜层阳极化等。

9.9.4 铝及铝合金常用的阳极氧化电解液

铝及铝合金的阳极氧化可在硫酸、铬酸盐、锰酸盐、硅酸盐、碳酸盐、磷酸盐、硼酸、硼酸盐、酒石酸盐、草酸、草酸盐及其他有机酸盐的电解液中进行。

9.9.5 各种因素对氧化膜性能的影响

（1）铝合金成分的影响　铝合金的化学成分，不仅对膜层的抗蚀能力有影响，而且对膜层厚度、外观颜色影响较大。在相同情况下纯铝得到的氧化膜比合金的氧化膜厚，色泽好。硅铝合金较难氧化，膜层发暗。含铜量高的硬铝也难氧化，并且产生黑色。

（2）杂质的影响　杂质主要是 Al^{3+} 和 Cl^-、F^-、NO_3^-。

1）Al^{3+} 的影响。适当的 Al^{3+} 对氧化膜形成有好处，但含量不能过高，否则电阻太大。

2）Cl^-、F^-、NO_3^- 的影响。这些杂质存在时，氧化膜的孔隙增加形成粗糙而疏松的表面，因而生产中一定注意用水的质量，防止这些有害阴离子带入氧化槽。

（3）硫酸的影响　氧化膜的形成包括溶解与生成两个过程，膜的生成速度取决于这两个过程的比率。电解液浓度的变化对膜在电解过程中的溶解产生很大的影响。当硫酸浓度过高时，膜的化学溶解速度加快，所以膜层薄，不密实，防护性能下降，但氧化膜孔隙率大，便于着色。当硫酸浓度低时，膜生成速度快，密实孔隙小，吸附能力差，防护性能高。

（4）温度的影响　温度对氧化膜质量影响较大。温度越高氧化膜溶解速度越快，膜层薄，且疏松多孔，有粉末。温度过低，膜层密实，硬度高而脆，氧化时间长。

（5）电流密度的影响　提高电流密度可以加大膜的生长速度，但电流密度过高会使工件表面过热，局部溶液温度升高，加速氧化膜溶解。电流密度过低，氧化膜生成速度慢，时间延长。

（6）时间的影响　试验表明，在60min以内得到一定厚度的氧化膜，以30~40min质量最好，但染色的工件要延长到65~75min，对于阳极氧化可取下限，铝合金时间则需延长。

为了提高阳极氧化膜的耐蚀性和耐磨性，在阳极氧化后常对膜层作封闭和填充处理。常用的方法有水合封闭、重铬酸盐封闭、水解金属盐封闭、双重封闭、低温封闭和有机物封闭法等。

9.9.6 铝及铝合金阳极氧化的工艺流程

铝合金型材（或制品）→抛光→装挂→脱脂→热水洗→冷水洗→碱蚀→热水洗→冷水

洗→酸洗出光→冷水洗→阳极氧化→冷水洗→热水洗→封闭（封孔）→热水洗→冷水洗→干燥→拆卸→检验→包装。

9.9.7 铝及铝合金阳极氧化前处理

（1）表面抛光 铝及铝合金型材或制件，视表面的光整度情况及客户或产品设计的要求进行抛光处理，如表面已经达到光洁度要求则不必再抛光。如需要抛光，可根据具体情况及生产条件进行机械抛光、电解抛光或化学抛光。

（2）脱脂 铝及铝合金制件可根据表面的油污情况选择脱脂方法，如果油污厚重，可以先用有机溶剂脱脂，然后再作化学脱脂。如果表面油污很少可直接用碱液化学脱脂。通用的碱液脱脂工艺见表9-21。

表9-21 通用的碱液脱脂工艺

碱液配方(质量分数,%)		脱脂温度/℃	处理时间/min
氢氧化钠($NaOH$)	15	45~60	3~5
碳酸钠(Na_2CO_3)	32		
磷酸钠(Na_3PO_4)	53		

（3）冷热水洗 在脱脂、碱蚀、酸洗出光等处理后都需要进行水洗，热水洗是在40~60℃的自来水槽中漂洗，冷水洗是在常温的自来水槽中清洗。

（4）碱腐蚀 铝合金制件表面经脱脂及热水、冷水洗净后，表面仍有一层旧的氧化膜，这层膜在阳极氧化前要用碱蚀清除。具体操作方法是放进40~50g/L氢氧化钠溶液中，在50~60℃下浸泡2~5min，并且要不断地搅动工件，加快除膜的速度。

（5）酸洗出光 酸洗是在除膜并清洗干净后放进质量分数为10%~30%的硝酸溶液中，在室温下浸2~5min，一方面可以清除黏附在表面的腐蚀产物，使表面显出光泽，另一方面也可以中和表面残留的碱液，所以称为酸洗出光或中和。对含硅的铝合金，在碱蚀后表面会有硅的化合物黏附在表面，不易清除，如果单纯用硝酸不能清洗干净使表面光亮时，酸液中应添加少量的氢氟酸，增加出光的效果。

9.9.8 铝及铝合金阳极氧化后处理

1. 铝及铝合金阳极氧化膜的着色

铝及铝合金在工业领域及日常生活中的应用已日益广泛，其功能性和装饰性的要求也越来越高。过去只要求耐蚀、耐用的产品，随着生活品位的提高，追求装饰作用的愿望也日益强烈，也就是对各类的铝制产品既要求耐蚀、耐用，又要美观、好看，故在生产上提出了阳极氧化着色的各种要求。例如，大型建筑物的幕墙，若为银白色，其反射光太强，会刺激人们的感官，也影响空中和地面交通，造成严重的光学污染，希望用较暗和比较柔和的古铜色或其他颜色。一些室内器皿、用具或灯饰，则希望有各种颜色，使生活多姿多彩。太阳能吸热板，则需要用黑色以利于吸热。

铝及铝合金阳极氧化膜的着色方法主要有三种类型：一种是氧化膜的吸附法着色，也就是用有机或无机染料染色；另一种是电着色，也就是在阳极氧化后及封闭之前进行电解使膜生成各种不同的颜色；第三种就是在阳极氧化时膜便产生了颜色，不需要再色，这种方法也称为自然着色。

2. 铝及铝合金阳极氧化膜的封闭

铝及铝合金阳极氧化（包括氧化后着色）生成的有色或无色膜，除极少数外，大部分的膜层是多孔的，而且孔隙率约为5%~30%。这种刚生成的膜硬度较低，耐磨性及耐蚀性差，容易吸附环境中的污物使表面弄脏。为了提高膜层的耐磨性、耐蚀性及防晒、防热、防污性能，有必要将多孔质层的孔隙加以封闭，也就是封孔处理。封闭处理的方法很多，通用的主要有如下几种。

（1）有机涂层封闭　铝及铝合金阳极氧化膜的封闭，可以应用有机物质，如透明清漆、各种树脂、干性油及熔融石蜡等，对阳极氧化膜进行浸漆处理，使这些有机物渗入膜的孔隙中固化，从而填充塞住孔隙，达到封闭的目的。这不仅可以提高耐磨性、耐蚀性及绝缘性等性能，而且还有很好的装饰效果，使铝及铝合金制件的表面更光亮，颜色色泽范围更宽，而且防污性能更好。其中最常用的是水溶性丙烯酸透明漆封孔，操作方法可选择浸渍清漆或静电喷漆，也可采用电泳涂漆等。

（2）水合封闭　铝及铝合金阳极氧化膜的水合封闭，是利用氧化膜在高温条件下与水反应生成水合氧化铝，伴随体积膨胀而收紧孔隙口，使其孔隙封闭。其主要反应式为

$$Al_2O_3+nH_2O \longrightarrow Al_2O_3 \cdot nH_2O$$

Al_2O_3 在封闭前的密度约为3.42g/cm^3，封闭后 $Al_2O_3 \cdot n\ H_2O$ 的密度为3.014g/cm^3，这里的 n 等于1或3。当 $n=1$ 时，形成一水合氧化铝 $Al_2O_3 \cdot H_2O$ 的密度小于封闭前的 Al_2O_3，故体积增大约33%；而 $n=3$ 时，形成三水合氧化铝 $Al_2O_3 \cdot 3H_2O$ 的密度更小，体积增大近100%，因此膜孔由于 Al_2O_3 体积增大而封闭。

铝及铝合金阳极氧化膜水合封闭所用的介质可以是纯热水，也可以用水蒸气。热水封闭是在95℃以上的水温下进行的，也可以用直接煮沸的方法，浸煮时间为20~30min，pH值=6.5~7.5。封孔用水必须严格控制水质，因为水中所含的硫酸根、氯离子、磷酸根等活性阴离子会使膜层的耐蚀性降低。另一方面，水中的钙离子、镁离子等阳离子又会沉积于孔内，使膜层的透明度降低，或改变膜层的色泽，故封孔应采用蒸馏水或去离子水。

（3）蒸汽封闭　蒸汽封闭在密闭的压力容器中进行，蒸汽温度为100~120℃，压力为0.1~0.3MPa，时间为20~30min，蒸汽封闭的质量要比热水好。特别是着色氧化膜不会发生流色，但是需要锅炉及压力容器，设备投资和生产成本都比热水法高，因此在一般情况下都用热水封闭。只有在着色膜的处理和要求比较严格的情况下，有条件地使用蒸汽封闭。

（4）无机盐封闭　它是利用无机盐水溶液在较高的温度下将封闭的工件浸渍，其操作方法与热水封闭相似。但是它的封闭原理除了有水合作用之外，还有无机盐溶液在膜层的孔隙中发生水解而产生沉淀对孔隙填充，因而有双重作用的效果。但这种方法封闭后的膜，其光泽及颜色都有较轻微的变化，只能用于对色泽没有严格要求的产品，所用的无机盐中有硼酸盐、硅酸盐、磷酸盐、醋酸盐和铬酸盐等多种，用得较多的是重铬酸盐和水解盐类。

1）氧化膜的常温封闭。前面所举的铝及铝合金阳极氧化膜封闭工艺都是在加热的条件下进行的。这些方法是传统工艺，实用易行，但是能耗大，操作条件较差，也容易污染环境。为克服上述种种毛病，近年来研究并开发出各种常温封闭工艺并且有了很大的发展，目前已经成为铝及铝合金阳极氧化膜封闭的主要处理手段。

常温封闭就是在室温或略高于室温的情况下进行的，在诸多的常温封闭专利配方中，都含有镍、钴、锌或钛等金属离子和氟等活性阴离子。这些成分的基本作用是：①水合作用，

由于有镍、钴等离子的加速，使得在较低的温度条件下仍能进行水合作用；②水解作用，在加速氧化铝水合作用的同时，金属离子也发生了水解生成氢氧化物沉淀，而对膜孔起填充作用；③化学转化作用，封闭剂与膜孔内一些微溶的铝离子反应生成稳定的化学转化膜，如Al-Si-O、Al-Zn-F等类型的难溶化合物而起封闭作用。这几种作用的叠加，使常温封闭的效果得到有效保障，又不必用加热等设备而消耗能源。

常温封闭溶液的主要成分是氟化镍、醋酸镍、硫酸钴等盐类，并含有一定数量的F^-，再加入少量的络合剂和表面活性剂等。现在市场出售的封闭剂都是按专利配方配好的试剂，如GKC-F、Ni-5等，可以直接稀释并按说明书使用。常用的常温封闭工艺见表9-22。

表9-22 常用的常温封闭工艺

工艺号		1	2	3	4
组分质量浓度/(g/L)	氟化镍(NiF)	1.5~2.0	—	—	—
	硫酸钴($CoSO_4$)	0.2~0.7	—	—	—
	醋酸镍[$Ni(CH_3COO)_2$]	—	3~5	—	—
	多聚磷酸钠	—	0.1~0.15	—	—
	表面活性剂	适量	—	—	—
	NF-2络合剂	—	9~16	—	—
	GCK-F封闭剂/(mL/L)	—	—	17~22	—
	NF-5封闭剂	—	—	—	1~5
	$F^-_{有效}$($F^-_{有效}=F^-_{游离}+F^-_{络合}$)	>0.5	—	—	—
	NH_4^+	<4	—	—	—
	Al^{3+}	<4	—	—	—
工艺条件	溶液pH值	5.5~7	6~7	5.5~7	—
	溶液温度/℃	30	60~70	25~45	20~45
	处理时间/min	1	30	10~20	10~20

2）重铬酸盐封闭。铝及铝合金阳极氧化膜在高温的重铬酸盐溶液中处理时，有水合封闭和填充的双重作用，也就是说，在膜中的氧化铝与水反应生成水合氧化铝的同时，还发生如下反应：

$$2Al_2O_3+3K_2Cr_2O_7+5H_2O \longrightarrow 2Al(OH)CrO_4\downarrow+2Al(OH)Cr_2O_7\downarrow+6KOH$$

这两种反应所生成的一水合氧化铝、三水合氧化铝、碱式铬酸铝和碱式重铬酸铝一起使膜层的孔隙封闭。铬酸盐封孔处理前应将工件清洗干净，否则残存在膜上的硫酸阳极氧化溶液会被带入封闭液中，而使氧化膜的颜色变淡，并影响膜的透明度。由于重铬酸盐和铬酸盐对铝及铝合金有缓蚀作用，所以用铬酸盐溶液进行封闭的氧化膜耐蚀性较好，并有所提高，可以用于以防护为目的阳极氧化膜封闭，但不适宜用于着色氧化膜的封闭。因为它使颜色改变，重铬酸盐封闭后的膜层会出现黄色。而且不利于环境保护，处理后的废液处理有困难，在注重环保的今天，已经逐步少用或不用。也有用钼酸盐进行封孔的，环保处理比较简单。

3）水解盐封闭。铝及铝合金阳极氧化膜在接近中性和加热的水解盐溶液中进行封闭时，一方面可以加速氧化膜的水合反应，使处理温度降低；另一方面，由于这些金属盐（镍、钴等）溶液在膜孔中水解、生成沉淀而把孔隙填充。例如，在以硫酸镍为水解盐的封闭液中进行处理，硫酸镍则水解生成氢氧化镍填入孔隙中，反应式为

$$NiSO_4+2H_2O \xrightarrow{水解} Ni(OH_2)\downarrow+H_2SO_4$$

在用钴盐进行水解反应封闭时，也有类似的反应及作用。常用在阳极氧化膜封闭中的水

解盐封闭工艺见表 9-23。

表 9-23 常用水解盐封闭工艺

工艺号		1	2	3	4
组分质量浓度/(g/L)	硫酸镍($NiSO_4 \cdot 7H_2O$)	3~5	4~6	—	—
	醋酸镍[$Ni(CH_3COO)_2 \cdot 3H_2O$]	—	—	5.5	—
	硫酸钴($CoSO_4 \cdot 7H_2O$)	—	0.5~0.8	—	—
	醋酸钴[$CO(CH_3COO)_2 \cdot 4H_2O$]	—	—	1.0	1~2
	醋酸钠($NaCH_3COO \cdot 3H_2O$)	3~5	4~6	—	3~4
	硼酸(H_3BO_3)	3~4	4~5	8	5~6
工艺条件	溶液 pH 值	5~6	4~6	5.5	4.5~5.5
	溶液温度/℃	70~80	80~85	沸腾	80~90
	处理时间/min	10~15	10~20	25~30	10~25

在氧化膜孔隙中生成的少量镍和钴的氢氧化物几乎无色，因此水解盐封闭不会影响氧化膜原来的色泽。而对于有机染料吸附着色的氧化膜这些氢氧化物沉淀还可以与染料分子发生反应而形成金属络合物，增加了染料的稳定性。故这种方法对着色氧化膜的封闭，特别是染料着色膜的封闭最适用。

除此之外，还有无机盐两步封孔法，它是先在镍盐或钴盐溶液中封闭处理，使膜孔吸附相当数量的镍盐水解物，清洗后一再放入铬酸盐溶液中进行第二次处理，并与铬酸盐反应生成溶解度较小的铬酸镍沉淀。既保护了膜层，又与膜孔中的残酸中和，减少了残酸的量。据称此法可使膜的耐蚀性提高 5~10 倍，适用于耐蚀性要求高的阳极氧化膜处理。

3. 不合格阳极氧化膜的退除

在电解抛光、阳极氧化、着色处理、封孔处理等工序中，由于处理不当或受到污染，使氧化膜着色不均匀，耐蚀性等不符合要求，需要除去氧化膜，以便重新进行阳极氧化和着色处理等工序，这种除去氧化膜的方法称为退膜工艺。

根据工件的具体情况，可选用表 9-24 中的方法之一进行除膜。但材料厚度小于 0.8mm 的铝材不宜返修。

表 9-24 退除阳极氧化膜工艺

工艺号	溶液组成	质量浓度/(g/L)	温度/℃	时间/min	备注
1	氢氧化钠 NaOH	5~10	50~60	膜退尽为止	适用于一般精度及表面粗糙度要求不高的零件
	磷酸三钠 Na_3PO_4	30~40			
2	磷酸 H_3PO_4	30~40mL	70~90	膜退尽为止	适用于精度较高的零件
	铬酸 CrO_3	15~20			
3	磷酸 H_3PO_4	310~340	室温	膜退尽为止	适用于除硬质阳极氧化膜以外的其他氧化膜层
	铬酸 CrO_3	40~60			

9.9.9 铝及铝合金硫酸阳极氧化

1937 年，在英国首先用硫酸阳极氧化法来对铝的表面进行电化学处理，对铝合金制品进行装饰、保护和表面硬化。

硫酸阳极氧化法是指用稀硫酸作电解液的阳极氧化处理，也可添加少量的添加剂以提高膜层的性能。硫酸阳极氧化法在生产上应用最广泛。

硫酸阳极氧化法获得的氧化膜较厚，无色透明，孔隙多，吸附性好，易于染色。其电解液成分简单，成本低，性能稳定，操作方便。火箭弹上的铝及铝合金工件大都采用硫酸阳极氧化。

1. 铝及铝合金的硫酸阳极氧化工艺

（1）铝及铝合金的硫酸阳极氧化的溶液组成及工艺规范　硫酸阳极氧化工艺具有溶液成分简单、稳定性高、操作维护容易、生产成本低等优点。硫酸阳极氧化工艺所获得的氧化膜无色透明，有很强的化学吸附活性，易于染色，并且也有良好的耐磨性和耐蚀性。铝及铝合金的硫酸阳极氧化的溶液组成及工艺规范见表 9-25。

表 9-25　铝及铝合金的硫酸阳极氧化工艺

工艺类型		直流氧化	交流氧化
组分质量浓度/(g/L)	硫酸(H_2SO_4)	150~220	130~150
	铝离子(Al^{3+})	<20	
工艺条件	温度/℃	13~26	15~25
	电压/V	12~22	18~28
	电流密度/(A/dm²)	0.8~2.5	1.5~2.5
	氧化时间/min	20~60	40~50
	阴极材料	铅板或纯铝板	
	阴阳极面积之比	1~1.5	
	搅拌条件	压缩空气搅拌	

（2）硫酸阳极氧化的其他溶液组成及工艺规范　由于硫酸阳极氧化方法的应用日益增加，所以各单位所用的溶液配方及工艺也有所不同，不过多是大同小异。表 9-26 列举了一部分硫酸阳极氧化工艺。

表 9-26　部分硫酸阳极氧化工艺

工　艺　号		1	2	3	4	5
组分质量浓度/(g/L)	硫酸(H_2SO_4,质量分数为 98%)	160~200	150~200	100~120	150~200	180~350
	草酸($H_2C_2O_4$)	—	—	—	5~6	5~15
	甘油添加剂	—	—	—	—	50~100mL/L
	铝离子浓度(Al^{3+})	<20	<20	<20	<20	<20
工艺条件	溶液温度/℃	14~25	0~7	13~25	15~28	5~30
	槽电压/V	13~22	13~22	15~24	18~25	18~25
	电流密度/(A/dm²)	0.6~2.5	0.5~2.0	1~2	0.8~1.5	4~8
	阴极材料	铝或铅	铝或铅	铝或铅	铅或铅锡	铅、铝
	阴、阳极面积比	1.5 : 1	1.5 : 1	1 : 1	1.5 : 1	1.2 : 1.0
	处理时间/min	20~60	30~60	25~60	20~60	30~60
	搅拌方式	空气	空气	空气	空气	空气
	所用电源	直流	直流	交流	直流	交流

硫酸阳极氧化槽液配制：根据电解槽容积计算所需硫酸量→在槽内先加入 3/4 容积的蒸馏水或去离子水→搅拌下缓缓加入硫酸→加水至规定容积→冷却到室温。使用试剂级或电池级硫酸，若用工业硫酸，则配制后需加过氧化氢 1mL/L 处理。

2. 硫酸阳极氧化的特点及应用范围

（1）硫酸阳极氧化的特点

1）电解液毒性小，废液处理容易，环境污染小。

2）处理成本（包括电解液成本和电解能耗）低，操作容易，槽液分析维护简单。

3）氧化膜一般为无色透明，但铝材含硅或其他重金属合金元素时氧化膜也会显颜色，颜色随氧化条件而异。当电流密度、溶液温度等电解条件改变时，氧化膜的颜色也会改变。

在高温产生灰白至乳白色不透明膜，低温与高电流密度时形成灰至黑色氧化膜。

4）氧化膜的透明度高，硫酸阳极氧化膜一般无色，透明度高。高纯度铝可以得到无色透明的氧化膜，合金元素 Si、Fe、Cu、Mn 会使透明度下降，Mg 对透明度无影响。

5）氧化膜的耐蚀性、耐磨性高，膜的硬度高，着色容易，颜色鲜艳，效果好。表 9-27 所列为硫酸浓度和氧化膜耐磨性、耐蚀性、膜厚的关系。表 9-28 所列为电流密度、时间与氧化膜耐磨性、耐蚀性的关系。

表 9-27 硫酸浓度和氧化膜耐磨性、耐蚀性、膜厚的关系

合金			1070A (L1)	1100 (L5-1)	3A21 (LF21)	4A01 (LT1)	5A02 (LF2)	6061 (LD30)	6063 (LD31)	7A01 (LB1)
硫酸质量分数（%）	5	膜厚/μm	12.9	12.8	12	11.3	12.8	12.1	12.5	12.4
	10		12.3	12	11.7	12.9	12.4	12.5	12.2	12.6
	15		12.3	12	10.6	13.4	12.5	12.7	12.3	12.2
	20		12.3	12.5	12	12.9	12.3	11.3	12.5	12.3
	25		12.4	12.3	12.4	12.8	12.3	11.8	12.2	11.8
	30		13.1	12.2	11.5	12.6	11.9	11.8	12.5	12.4
	5	耐蚀性/s	300	330	200	165	540	390	420	330
	10		300	210	180	180	360	360	270	300
	15		240	255	180	165	300	210	270	270
	20		240	180	210	180	300	180	240	270
	25		195	225	210	105	255	180	195	180
	30		165	150	135	90	195	120	165	150
	5	耐磨性/s	1193	1093	940	607	1050	670	902	878
	10		960	990	683	566	968	927	909	669
	15		1175	1108	962	604	982	650	1059	741
	20		603	617	591	360	595	563	690	358
	25		610	562	510	361	494	615	535	437
	30		440	485	573	543	543	555	537	437

表 9-28 电流密度、时间与氧化膜耐磨性、耐蚀性的关系

合金	电流密度/(A/dm²)	时间/min	平均耐蚀性/s	平均比耐蚀性/(s/μm)	平均比耐磨性/(s/μm)	合金	电流密度/(A/dm²)	时间/min	平均耐蚀性/s	平均比耐蚀性/(s/μm)	平均比耐磨性/(s/μm)
1100 (L5-1)	0.5	60	61	3.6	22.4	5A02 (LF2)	0.5	60	113	15.7	22.5
		120	90	6.3	26.1			120	98	7	17.5
	1	30	53	6.8	26.4		1	30	123	16.4	36.3
		60	193	12.6	41.3			60	346	22.9	42.3
	2	15	56	7.5	36		2	15	124	15.8	43.3
		30	185	12.2	52.4			30	321	21.2	58.5
	4	7.5	55	6.5	28.1		4	7.5	106	13.1	43.6
		15	175	11.8	62.1			15	324	19.1	59.9
3A21 (LF21)	0.5	60	73	10.3	20.6	6063 (LD31)	0.5	60	65	8.9	20.7
		120	86	6.3	27.3			120	61	4.2	29.9
	1	30	81	10.9	30.3		1	30	48	6.4	26.3
		60	181	12.4	45			60	143	5.8	53
	2	15	73	9.7	36		2	15	53	6.8	37.5
		30	198	13.4	53.6			30	148	8.8	52.8
	4	7.5	63	6.8	23		4	7.5	66	7.5	44.8
		15	183	12.3	53.2			15	161	8.6	56.6

（2）硫酸阳极氧化的应用

1）用于要求外观颜色及光亮并且有一定耐磨性的工件。

2）用于形状简单的对接焊件。

3）用于 Cu 质量分数大于 4%的铝-铜合金防护。

4）用于纯铝散热器件的防护。

5）用于建筑铝型材的装饰与防护。

6）用于工业及民用的铝及铝合金制品的装饰与防护。

3. 影响阳极氧化膜层质量的因素

（1）硫酸质量浓度的影响　硫酸的浓度高，膜的化学溶解速度加快，所生成的膜薄且软，空隙多，吸附力强，染色性能好；降低硫酸的浓度，则氧化膜生长速度较快，所生成的膜空隙率较低，硬度较高，耐磨性和反光性良好。因此，稀硫酸有利于膜的生长，而且得到的膜致密、孔隙率低，耐磨性及耐蚀性好。浓硫酸在膜生长的初期，速度比较快，但当时间一定时，膜生长速度又小于稀硫酸。而且在浓硫酸中，初期得到的氧化膜因生长速度快，膜不致密、孔隙率大，而且硬度及耐磨性差。

由此可见，应根据产品的要求选择适当的硫酸浓度，要得到硬而厚、耐磨性好的膜层，则应选用硫酸浓度的下限值；要得到吸附力好且有弹性的氧化膜，可用溶液组成配方中硫酸浓度的上限值。

各种硫酸阳极氧化膜的性能见表 9-29。

表 9-29　各种硫酸阳极氧化膜的性能

硫酸(质量分数,%)	温度/℃	时间/min	电流密度/(A/dm^2)	弯曲角/(π/180)	耐蚀性/min	氧化电压/V
30	26	10	2	13	11.75	8.8
20	30	10	2	13.5	12	9.6
10	27	10	2	14	12.75	10.7
20	20	10	1	15.5	13.5	10.1

（2）合金成分的影响　铝合金成分对膜的质量、厚度和颜色等有着十分重要的影响，一般情况下铝合金中的其他元素使膜的质量下降。对 Al-Mg 系合金，当镁的质量分数超过5%且合金结构又呈非均匀体时，必须采用适当的热处理使合金均匀化，否则会影响氧化膜的透明度；对 Al-Mg-Si 系合金，随着硅含量的增加，膜的颜色由无色透明经灰色、紫色，最后变为黑色，很难获得颜色均匀的膜层；对 Al-Cu-Mg-Mn 系合金，铜使膜层硬度下降，空隙率增加，膜层疏松，质量下降。在同样的氧化条件下，在纯铝上获得的氧化膜最厚，硬度最高，耐蚀性最好。

（3）温度的影响　电解液的温度对氧化膜的质量影响很大，当温度为 10~20℃时，所生成的氧化膜多孔，吸附性能好，并富有弹性，适宜染色，但膜的硬度较低，耐磨性较差。如果温度高于 20℃，则氧化膜变疏松并且硬度低。温度低于 10℃，氧化膜的厚度增大，硬度高，耐磨性好，但空隙率较低。因此，生产时必须严格控制电解液的温度。

（4）时间的影响　阳极氧化时间可根据电解液的质量浓度、温度、电流密度和所需要的膜厚来确定，阳极氧化时通常处理的时间为 25~60min。在相同条件下，随着时间延长，氧化膜的厚度增加，空隙增多。但达到一定厚度后，生长速度会减慢下来，到最后不再增加。若要膜层较薄则处理的时间短，若所需的膜层厚则延长处理的时间，但是膜层太厚内应力增大，容易产生裂纹而龟裂。另外，氧化时间的长短除了根据膜厚的需要外，还要考虑到溶液中硫酸的浓度、溶液的温度、阳极电流密度等参数。

（5）电流密度的影响　提高电流密度则膜层生长速度加快，氧化时间缩短，膜层化学溶解量减少，膜较硬，耐磨性好。但电流密度过高，则会因焦耳热的影响，使膜层溶解作用增加，导致膜的生长速度反而下降。其原因主要是电流密度增大时，膜孔内热效应加大，从而加速膜的溶解。在操作过程中，电流密度允许有±0.5A/dm^{2}的波动，刚氧化时应先以所需电流密度的一半值氧化30s，然后再逐步提高到所需要的电流范围内。电流密度过低，氧化时间较长，使膜层疏松，硬度降低。

在0.5A/dm^{2}的低电流密度下长时间氧化，由于化学溶解时间长，使膜层耐蚀性、耐磨性下降，因此一般电流密度控制在1.2~1.8A/dm^2。

（6）搅拌的影响　在阳极氧化的过程中会产生大量的热，致使溶液的温度升高，导致膜层的质量下降。搅拌能促使溶液对流，使温度均匀，不会造成因金属局部升温而导致氧化膜质量下降。搅拌设备有空压机和水泵。

一般来说，如果其他参数恒定，槽液温度变化会产生如下影响：

1）槽液温度在一定范围内升高，获得的氧化膜质量减小，膜变软但较光亮。

2）槽液温度较高，生成的氧化膜外层膜孔径和孔锥度趋于增大，会造成氧化膜封孔困难，也易起封孔“粉霜”。对6063铝合金建筑型材，为确保封孔质量，温度不宜大于23℃。

3）降低槽液温度，得到的氧化膜硬度高、耐磨性好，但在阳极氧化过程中维持同样电流密度所需的电解电压较高，普通膜一般采用18~22℃。

4）较高槽液温度生成的氧化膜容易染色，但难保持颜色深浅的一致性，一般染色膜的氧化温度为20~25℃。

（7）槽液温度的控制　槽液温度是阳极氧化的一个重要参数，为确保氧化膜的质量和性能恒定，一般需严格控制在选定温度±（1~2)℃范围内，控制和冷却槽液温度有以下四种方法：

1）冷冻机中的制冷剂借助热交换器冷却槽液循环系统中的槽液，装置如图9-5所示。在正常生产中槽液循环不停运行，利于槽液浓度和温度均匀，循环量一般为每小时2~4倍的槽液。

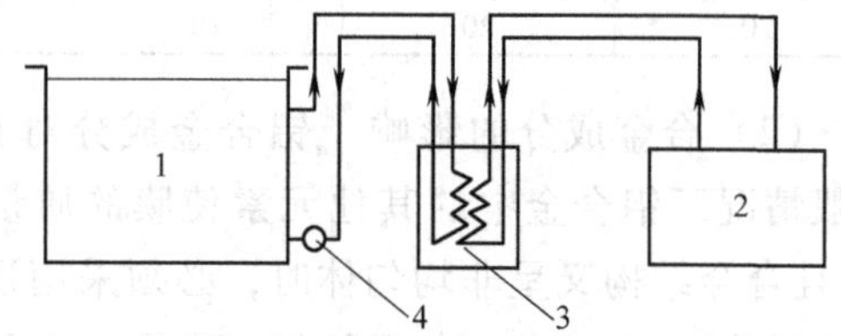

图9-5　用槽液循环系统直接冷却装置

1—阳极氧化槽　2—冷冻机　3—热交换器　4—酸泵

这种方法要一台专用的热交换器，也应注意一旦热交换器出现意外破损，槽液直接进入冷冻机会造成冷冻机严重故障。这种方法适合中小型氧化厂使用。

2）用槽液循环系统间接冷却装置，即用冷冻机冷却冷水池中的水，再用冷水借助热交换器冷却槽液循环系统中的槽液，装置如图9-6所示。

这种方法涉及两个热交换过程，从而使整个装置更加复杂和更加昂贵，但控制槽液温度比较容易，普通大型氧化厂大多采用这种方法。

3）冷冻机中的制冷剂与安装在氧化槽内的蛇形管连通直接冷却，如图9-7所示。

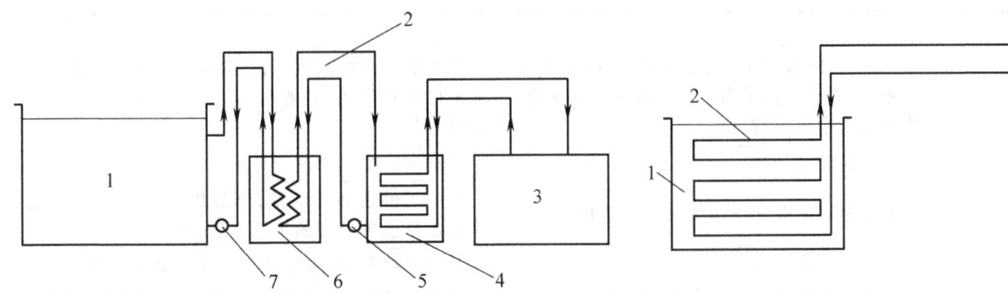

图 9-6　用槽液循环系统间接冷却装置

1—阳极氧化槽　2—不通阀　3—冷冻机　4—冷水池　5—水泵　6—热交换器　7—酸泵

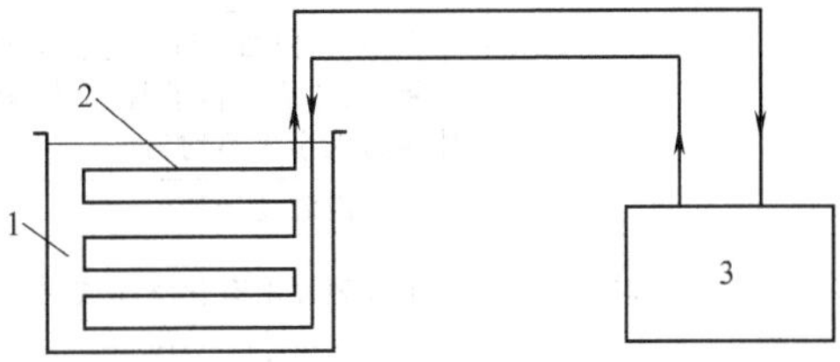

图 9-7　用蛇形管直接冷却装置

1—阳极氧化槽　2—冷却蛇形管　3—冷冻机

这种方法的优点是装置简单、冷却效率高，适宜小型硬质氧化厂对槽液冷却。但一旦蛇形管出现意外破损，制冷剂泄漏进入氧化槽液内，会对槽液产生致命污染，因此一般工厂很少采用这种冷却方法。

4）用蛇形管间接冷却装置，即用冷冻机冷却冷水池中的水，再用水泵将冷水打入氧化槽中蛇形管内冷却槽液，如图 9-8所示。

这种方法虽没有制冷剂污染槽液的危险，但因蛇形管冷却表面积有限，且占据氧化槽内相当一部分位置，所以也仅适合小型氧化厂使用。

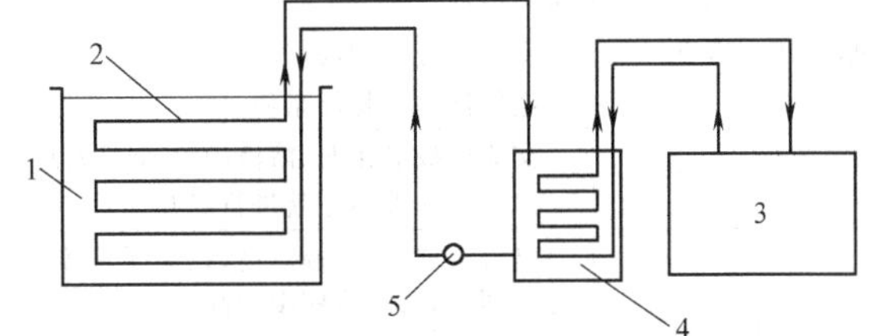

图 9-8　用蛇形管间接冷却装置

1—阳极氧化槽　2—冷却蛇形管　3—冷冻机　4—冷水池　5—水泵

4. 硫酸阳极氧化常见问题与对策

在硫酸阳极氧化处理时，经常会产生一些缺陷，常见问题与对策见表 9-30。

表 9-30　硫酸阳极氧化常见问题与对策

缺陷名称	产生原因	纠正方法
膜厚未达预定值	电流密度过低或氧化时间不足	根据膜厚与电流密度和时间的关系式，合理控制电流密度和处理时间
	辅助阴极不合适	根据空心制品内腔形状，选择适当形状、大小的辅助阴极
	电接触点太少或接触不良	增加电接触点，改进夹具
	阴极面积不足或分离阴极导电状况不一致	根据极比要求，增大阴极面积，加强检查维护，保证阴极导电良好
	导电杆脱膜不彻底	氧化后导电杆应彻底脱膜，经检查合格后才可投入使用
	电解液温度过高或局部过热	充分冷却电解液，加强搅拌和循环
	合金中铜、硅含量过高	选用正确的铝合金，严格控制合金中各元素的含量，并保证材料均匀一致
膜厚不均匀	工件装挂过于密集	合理装挂，保证工件有一定间距，防止阳极区局部过热；工件应处于匀强电场中防止边缘效应；与阴极间距尽量一致，以减少不同工件之间的膜厚差，这对于提高化学着色质量尤为重要
	电流部分不均	
	极间距离不适当	
	极比(阴/阳)过大	

（续）

缺陷名称	产生原因	纠正方法
膜厚不均匀	空心工件（如管材）腔内电解液静止或流速降低，造成腔内膜厚不均；槽内电解液搅拌能力太小或不均匀	增加腔内电解液流速，以降低温差；提高槽内电解液的搅拌能力，搅拌管合理布孔，疏通孔道，使搅拌均匀
	电解液温度升高	增加制冷量和槽液循环量
	工件表面附有化学品或油脂等杂物	加强工件表面的清洗，严禁用手或带有油脂的手套擦拭已预处理的工件表面，防止污染
	电解液中有油污	及时分离槽中的油污，或更换槽液，并查找油污来源
	辅助阴极长度不够或穿插不到位	按工件长度确定辅助阴极的长度，穿插应到位
	合金成分的影响	根据铝合金成分的不同，选择合理的处理工艺
	部分阴极导电不良	及时进行清洗，恢复所有阴极的导电能力
膜层局部腐蚀	电解液中氯离子含量太高	更换槽液
	电流上升速度太快	缓慢调整，防止电流冲击，使初始形成的膜层均匀稳定
	氧化后表面清洗不干净	加强清洗
膜层出现斑点	挤出制品冷却不均，如6063（LD31）合金制品挤出后与出料台局部接触，导致 Mg_2Si 微粒沉淀	均匀冷却
	硝酸出光不彻底	增加硝酸浓度或延长中和时间
	电解液中有悬浮杂质	过滤电解液或更换电解液
	交流阳极氧化时，溶液中含 Cu^{2+} 太高	用低电流电解槽液以除去铜离子，或更换槽液
	氧化后清洗不净就进行封孔	加强氧化后的清洗
膜层粉化或起灰	电解液浓度高、温度高，铝离子浓度高，处理时间太长，电流密度太高	合理控制阳极氧化的各工艺参数，工件间应有适当距离，以改善散热条件
	氧化后清洗不彻底	增加清洗次数，延长清洗时间
	封闭溶液污染严重	更换封闭槽液
膜层暗色	合金成分的影响	装饰材料尽量用纯铝、Al-Mg、Al-Mg-Si 或 Al-Zn-Mg 合金
	工件进槽后长时间没通电	缩短中间停留不通电时间
	氧化过程中中途断电然后又给电	供电系统完好后才生产
	电解液浓度太低	提高电解液浓度
	阳极氧化电压过高	在规定范围内控制电压
	表面预处理质量低	提高预处理的质量
膜层裂纹	阳极氧化温度太低	提高电解液温度
	进入沸水封闭槽前工件温度太冷	采用温水清洗，以避免工件表面温度急剧变化
	膜层受到强烈碰击	轻拿轻放
	干燥温度过高	干燥温度不应超过110℃
指印	手指接触未封闭处理的氧化膜	避免手指接触，应戴干净手套
气体或液体流痕	工件装挂倾斜度不够	应保持一定的倾角，一般凹槽面朝上，电解液搅拌、循环，以利于气体排出
	碱液控制不当，或碱洗后清洗水中含碱量增加，或碱洗后停留时间太长而导致碱流痕	应恰当控碱液，并使碱洗后停留时间适当
膜层耐磨性、耐蚀性降低	电解浓度过高	使用适当浓度的电解液
	电解液温度过高	冷却电解液，提高搅拌或循环强度，也可通过添加草酸的办法提高阳极氧化温度
	氧化时间太长	严格控制氧化时间，可适当提高电流密度以缩短氧化时间
	电流密度太低	选择合适的电流密度
	电解液中铝离子含量过高或过低	按工艺要求控制
	合金材料不同	采用合适的铝合金

（续）

缺陷名称	产生原因	纠正方法
电烧伤	阴阳极接触形成短路	管料内表面氧化前，应检查阴极杆是否与内壁接触（用手电检查），先循环管内电解液，后送电，以防止工件与外阴极接触
	工件电接触不良	改善接触，提高夹紧力

9.9.10　铝及铝合金草酸阳极氧化

草酸阳极氧化就是在质量分数为2%~10%的草酸溶液中，通以直流、交流或交直流叠加电流进行的铝及铝合金的阳极氧化。作为防腐蚀用途的阳极氧化膜一般多采用直流法。草酸阳极氧化可以在不同的工艺参数下，得到不同颜色的膜层，而膜的耐蚀性、耐磨性都好，膜层厚，孔隙率也小。但由于草酸电解液的电阻比硫酸、铬酸的大，阳极氧化时槽电压高，阳极氧化过程中耗电量大，而且电解易发热，需要有专门的冷却装置，故生产成本高。

草酸阳极氧化膜的耐蚀性和耐磨性比硫酸阳极氧化膜均有所提高，容易获得较厚的氧化膜，厚度为5~40μm。其装饰性也优于硫酸阳极氧化膜，且孔隙率低、绝缘性能好、富有弹性。但其成本高，需配备强制冷却装置，电解液的稳定性也不如硫酸。两种氧化膜的厚度、硬度与耐磨性比较见表9-31。

表9-31　草酸阳极氧化膜与硫酸阳极氧化膜的厚度、硬度与耐磨性比较

阳极氧化类型	工艺条件			膜厚/μm	硬度/N	耐磨性（往返移动次数）
	温度/℃	电压/V	电源			
草酸法	19	40~60	直流	35.3	105	44000
	35	30~35	直流	39	410	40000
	30	20~60	直流	14.7	149	5700
	25	40~60	交直流	5.9	52	4000
硫酸法	19	15~30	直流	14.7	38	8500

注：硬度衡量指标为划穿膜层所需的力，单位为N。

此外，草酸溶液有一定的毒性，在氧化过程中草酸在阴极上被还原并在阳极上被氧化成CO_2，电解液的稳定性比较差。故草酸阳极氧化的工艺在应用范围方面受到一定的限制，一般只在特殊情况下应用。例如，用于铝锅、铝盆、铝壶、铝饭盒、电器绝缘的保护层，近年来在建材、电器工业、造船业、日用品和机械工业也有较为广泛的应用。

1. 草酸阳极氧化工艺

（1）草酸阳极氧化工艺流程　铝及铝合金制件，上挂具→碱洗→水洗→硝酸出光→水洗→草酸阳极氧化→水洗→卸下→清洗→封闭→干燥→检验。

（2）草酸阳极氧化的工艺规范　铝及铝合金草酸阳极氧化工艺见表9-32。

（3）草酸阳极氧化溶液的配制及维护

1）溶液的配制。将要配制溶液体积3/4的纯水（用蒸馏水或去离子水）加入氧化槽中，并且加热至60~70℃，再慢慢地加入草酸等化学试剂，并搅拌直至全部均匀溶解，然后加水至所需要的体积，再搅拌至均匀。

2）溶液的维护。草酸溶液对氯化物非常敏感，氯离子含量过高，膜层会出现腐蚀斑点，一般情况下Cl^-的含量应小于0.04g/L，如果大于此值必须进行稀释，清除氯离子或者更换溶液。氯离子主要是从清洗工件的水里来的，所以清洗工件的用水要注意水质及控制带

表 9-32　铝及铝合金草酸阳极氧化工艺

工　艺　号		1	2	3	4	5
组分质量浓度/(g/L)	草酸($C_2H_2O_4 \cdot 2H_2O$)	50~70	30~50	40~50	80~85	30~40
	铬酐(CrO_3)	—	—	1	—	—
	甲酸(CH_2O_2)	—	—	—	55~60	—
工艺条件	温度/℃	25~32	15~18	20~30	12~18	20~30
	电流密度/(A/dm^2)	1~2	2~2.5	1.5~4.5	4~4.5	直流 0.5~1，交流 1~2
	电压/V	40~60	100~120	40~60	40~50	直流 25~30，交流 80~120
	氧化时间/min	30~40	90~150	30~40	12~35	20~60
	电源形式	直流	直流	直流或交流	直流或交流	交直流叠加
适用范围		淡金黄色膜，用于表面装饰	电气绝缘	一般应用	淡黄色至黄棕色装饰性快速阳极氧化	日用品表面装饰

注：氧化时工件应带电入槽，并阶梯式升压。阴极采用石墨板，阴阳极面积比为 1：(5~10)。要用压缩空气不断搅拌强制冷却的方法控制好溶液温度。

来的杂质污染。

由于铝溶解在溶液中会生成草酸铝，并直接影响到溶液的氧化能力，因此要经常分析草酸的含量并补充被消耗掉的部分。草酸的添加量可以根据电量的消耗来考虑。根据经验，每 1A·h 的电量大约耗用 0.13~0.14g 的草酸，而每 1A·h 则有 0.08~0.09g 的铝进入溶液，铝溶解后生成草酸铝。所以每溶解一份质量的铝，需要添加 5 份质量的草酸。溶液中 Al^{3+} 的含量超过 2g/L 时，则要除 Al^{3+} 或稀释溶液甚至更换溶液。

(4) 操作注意事项　草酸阳极氧化膜致密、电阻高，因此只有在高电压的情况下，才能获得较厚的氧化膜，但在电压的操作过程中又必须十分小心和注意，否则会干扰和影响成膜的质量，下面以制取绝缘用的氧化膜为例说明。

1) 铝合金制件在阳极氧化时应带电下槽，但电流密度要小，然后逐步升高电压，以防止膜层生长不均匀及局部被击穿。升电压采用梯形升压方式，即 0~60V (5min，电流密度为 2~2.5A/dm^2)→70V (5min)→90~110V (15min)→110V (60~90min)。升电压不允许超过 120V。由于草酸氧化膜致密，不易溶解，电阻高，所以只有升高电压，才能得到较厚的氧化膜。氧化后要先断电才能取制件，防止意外发生。

2) 在阳极氧化进行过程中，若发现电流突然上升或电压突然下降，可能是膜已被击穿所致，要注意温度控制及溶液搅拌。如果要绝缘效果更好，可以在氧化膜上再涂上绝缘漆。

2. 草酸阳极氧化膜的特点及应用

草酸阳极氧化一般可获得黄色到黄褐色氧化膜。这种颜色耐光性非常好，在阳光下长期暴晒也不会褪色，因此可用于室外建筑铝材的表面处理。铝合金草酸氧化膜的色调见表 9-33 和表 9-34。

表 9-33　铝合金草酸氧化膜的色调 (1)

合金	草酸 3%~5%(质量分数)	草酸 9%~10%(质量分数)	合金	草酸 3%~5%(质量分数)	草酸 9%~10%(质量分数)
1100(L5-1)	淡黄色	暗黄色	5083(LF4)	暗黄色	—
3A21(LF21)	黄褐色	—	6061(LD30)	灰黄色	—
4A01(LT1)	带绿灰色	带绿灰色	6063(LD31)	浅黄色	暗黄色
5A02(LF2)	黄色	—	7A09(LC9)	暗灰褐色	—

表 9-34　铝合金草酸氧化膜的色调（2）

合　金	氧化膜色调	合　金	氧化膜色调
1050A(L3)、1100(L5-1)	金→褐色→灰褐色	5083(LF4)	金色
3A21(LF21)	黄褐色	6061(LD30)	金色
5A02(LF2)、5056(LF5-1)	金色	6063(LD31)	金色
2A10(LD10)、2A11(LY11)、2A12(LY12)	浅褐色		

（1）草酸阳极氧化膜的特点

1）氧化膜较厚。草酸溶液对氧化膜层的溶解度小，所以膜层孔隙率低，膜厚可达5~40μm。

2）膜层色泽好。只要改变草酸阳极氧化工艺参数，可以直接获得不同颜色的膜层，如黄铜色、银白色、黄褐色等，不必染色或再电解着色。

3）膜层性能好。草酸阳极氧化膜富有弹性，其硬度、耐磨性及耐蚀性与硫酸阳极氧化膜差不多，甚至更好。

4）生产成本高。草酸阳极氧化所需的生产成本比较高，这是因为溶液中的草酸比较贵、在生产中用电量大、能耗高所致。

（2）草酸阳极氧化膜的应用　草酸阳极氧化膜的性能较好，但由于其生产成本高，操作也比较繁杂，所以很难得到推广应用。通常用量大又没有特殊要求的铝合金制品都不用这种方法。它的应用范围主要是一些有特定要求的铝合金制品，例如：

1）要求有较高绝缘性能的铝线材及仪器工件。

2）要求有较高硬度及耐磨性能的仪表件、工业工件及日用品等。

注意，厚度小于0.6mm的铝及铝合金板材和有焊接头的铝合金工艺上不适合用草酸阳极氧化法处理。

3. 草酸氧化的影响因素

（1）温度和电解液pH值的影响　温度升高，膜层减薄，如果在较高温度时，增加电解液的pH值，膜的厚度可增加，最佳的pH值在1.5~2.5，温度在25~40℃。

（2）电流和电压的影响　在草酸氧化过程中，电流和电压的增加应该缓慢，如上升太快，会造成新生成氧化膜的不均匀处电流集中，导致该处出现严重的电击穿，引起金属铝的腐蚀。生产中一旦发现电流突然上升或电压突然下降，说明产生了电击穿，应立即降低氧化电流终止氧化，等待片刻后重新开启电流，调至额定值。

（3）草酸添加量的影响　草酸添加量可根据通过的电量来估算，每安培小时约消耗草酸0.13~0.14g，每安培小时有0.08~0.09g的铝进入溶液，铝溶解后与草酸结合生成草酸铝，每质量份的溶解铝需消耗5质量份的草酸。铝含量增高，使电流密度降低。当加入5倍于铝量的草酸后，电流密度又会重新恢复。

（4）杂质的影响　草酸阳极氧化对氯离子杂质非常敏感，氯离子含量不能超过0.2g/L，否则氧化膜会发生腐蚀或烧蚀。氯离子主要来自自来水或冷却盐水。铝离子不能超过3g/L，否则氧化电压上升并容易烧蚀。如果草酸电解液中的氯离子、铝离子含量太高，应更换槽液。

4. 草酸阳极氧化膜常见问题与对策

草酸阳极氧化膜常见问题与对策见表9-35。

表 9-35　草酸阳极氧化膜常见问题与对策

膜的缺陷	产生原因	解决方法
氧化膜薄	溶液的草酸浓度低	增加草酸浓度
	溶液温度太低<10℃	调整好溶液温度
	电压低于 110V	调高电压
	氧化时间不足	增加氧化时间
膜层疏松，并且可以溶解	溶液的草酸含量太高	调整草酸浓度
	Al^{3+}质量浓度>3g/L	降低 Al^{3+}的含量
	Cl^-质量浓度>0.2g/L	减少 Cl^-的含量
	温度>21℃	降低溶液温度至 20℃下
膜层电腐蚀	电接触不良	改善接触
	电压升得太快	要逐步升高电压
	搅拌用的空气量太少	增加压缩空气量
	氧化时间过长	缩短氧化时间
膜层有腐蚀斑点	Cl^-的质量浓度大于 0.2g/L	更换溶液

9.9.11　铝及铝合金磷酸阳极氧化

磷酸阳极氧化膜很薄，一般仅为 3μm，孔隙率低，但孔径较大（30~40μm），故有很好的黏附性，是涂装和电镀的良好底层，也用于铝合金黏结表面的预处理。此外，对含铜量高的铝合金特别适合进行磷酸阳极氧化，铝及铝合金磷酸阳极氧化工艺见表 9-36。

表 9-36　铝及铝合金磷酸阳极氧化工艺

	工　艺　号	1	2	3
组分质量浓度/(g/L)	磷酸(H_3PO_4)	200	250~350	100~140
	草酸($C_2H_2O_4 \cdot 2H_2O$)	5	—	—
	十二烷基硫酸钠($NaC_{12}H_{25}SO_4$)	0.1	—	—
工艺条件	温度/℃	20~25	30~60	10~15
	电流密度/(A/dm^2)	2	1~2	
	电压/V	25	30~60	10~15
	氧化时间/min	18~20	10	18~22
	阴极材料	铅板	铅板	铅板
	电源	直流	直流	直流
适用范围		电镀底层	电镀底层	黏结表面处理

9.9.12　铝及铝合金铬酸阳极氧化

英国是最早使用铬酸氧化的国家，后来经过许多工作者的不断修改，使该方法在工业上获得广泛应用。

铬酸阳极氧化膜的厚度通常只有 2~5μm，膜层质软，弹性好，基本上不降低基体材料的疲劳强度，且能保持工件原有精度和表面粗糙度值。氧化膜外观呈不透明的灰白色或深灰色，孔隙率很低，故常不需封闭而直接使用。氧化膜的孔隙极少，吸附能力差，染色困难，其耐磨性能不如硫酸氧化膜。但是如果在同样厚度条件下，它的耐蚀性比未经封闭的硫酸氧化膜高。它可作涂装良好底层，广泛应用于橡胶黏结件。

1. 铬酸阳极氧化工艺

（1）铬酸阳极氧化工艺流程　铝及铝合金制件→机械抛光→上挂→脱脂→清洗→酸

洗→清洗→碱腐蚀→热水洗→冷水洗→出光→铬酸阳极氧化→清洗→下挂→干燥→检验。

（2）铬酸阳极氧化溶液配方及工艺　铬酸阳极氧化工艺见表9-37。

表9-37　铬酸阳极氧化工艺

工　艺　号		1	2	3	4
铬酐(CrO_3)质量浓度/(g/L)		50~60	30~35	50~55	95~100
工艺条件	pH值	<0.8	0.65~0.8	<0.8	<0.8
	温度/℃	35±2	40±2	39±2	37±2
	电流密度/(A/dm^2)	1.5~2.5	0.2~0.6	0.3~0.7	0.3~0.5
	电压/V	40~50	40	40	40
	氧化时间/min	60	60	60	35
	阴极材料	铅板或石墨	铅板或石墨	铅板或石墨	铅板或石墨
	电源	直流	直流	直流	直流
适用范围		通用型	尺寸公差小或抛光的零件	机加工件、钣金件	焊接件或做涂装底层

（3）铬酸阳极氧化方法　铬酸阳极氧化方法主要有恒电压法和BS法两种。

1）恒电压法。恒电压法始于美国，是一种强化型铬酸阳极氧化。电解液是质量分数为5%~10%的铬酸，在40V恒压电解，溶液寿命长。

2）BS法。BS法实际上是分阶段提高电解电压进行处理的方法，如图9-9所示。

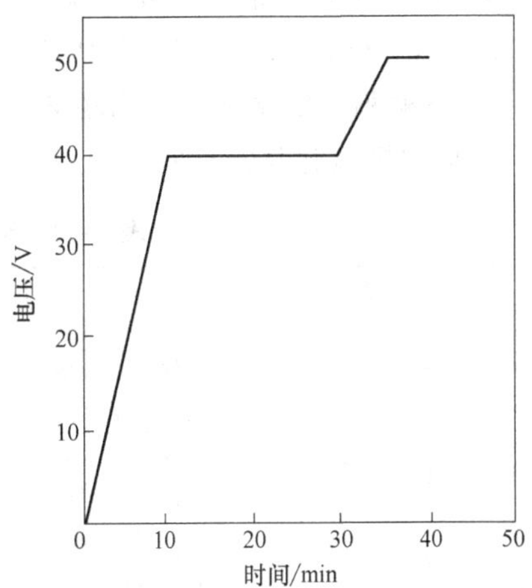

图9-9　BS分段提高电压法

首先在10min内使电压升到40V进行电解处理，然后在5min内使电压升到50V进行电解处理。这时电流密度为0.3~0.4A/dm^2，可得到2~5μm厚的氧化膜。处理铸件时，溶液温度为25~30℃，在10min内使电压升到40V，然后在此电压下电解30min。BS法操作复杂，生产中不常用。

（4）溶液的配制及维护

1）溶液的配制。首先计算槽的容积及铬酐的用量，然后往槽内加入欲配容积4/5的蒸馏水（或去离子水），将称好的铬酐缓慢加入槽中，并搅拌至铬酐完全溶解，然后加蒸馏水（或去离子水）至所需要的体积，再搅拌至均匀。溶液配制好后进行分析和试生产合格后即可使用。

2）溶液的维护。铬酸的含量过高或过低均会降低氧化能力。随着氧化过程的进行，铝不断溶入电解液内，与铬酸结合，生成铬酸铝［$Al_2(CrO_4)_3$］和碱式铬酸铝［$Al(OH)CrO_4$］。因此，游离铬酸的含量将随着加工时间延长而减少，电解液的氧化能力也随之下降。应定时往电解液内补充铬酸，也可以用测量pH值的方法来分析，调整溶液。

铬酸阳极氧化法电解液中杂质为硫酸根、氯离子和三价铬。当硫酸根含量大于0.5g/L，氯离子含量大于0.2g/L时，氧化膜外观粗糙。当硫酸根含量太多时，可加入氢氧化钡或碳酸钡生成硫酸钡沉淀，通过过滤即可去除。氯离子含量太多时，通常用稀释溶液来解决。三价铬是六价铬在阴极上还原而产生的，三价铬的积累会使氧化膜变得暗色无光。当三价铬含量多时可采用通电处理，将三价铬氧化成六价铬。其处理时阳极电流密度为0.25A/dm^2，阴极电流密度为10A/dm^2。阳极用铅板，阴极用钢板。

2. 铬酸阳极氧化膜的特点及应用

（1）铬酸阳极氧化膜的特点

1）膜层薄。铬酸阳极氧化膜的厚度比硫酸法及草酸法所得的膜层薄，只有2~5μm。

2）膜的性能。膜层质软，弹性高，致密，不用封闭也能使用。

3）膜层色泽。铬酸阳极氧化膜不透明，颜色由灰白到深灰色或彩虹色，而膜本身无孔，不能染色。

4）成本高。铬酸溶液的成本比较高，生产过程耗电量很大，由于含铬，所以废液处理比较困难，容易造成环境污染。

（2）铬酸阳极氧化膜的应用

1）适合用于铝硅合金工件的防护。

2）用于气孔率超过二级的铸件处理。

3）适用于疲劳性能要求较高的工件处理。

4）适用于蜂窝结构面板，以及需要粘接的工件处理。

5）用于形状简单的对接气焊工件防护处理。

3. 铬酸阳极氧化膜常见问题与对策

铬酸阳极氧化膜常见问题与对策见表9-38。

表9-38 铬酸阳极氧化膜常见问题与对策

故　障	原　因	解决方法
氧化膜烧蚀	工件和夹具间的导电不良	夹紧夹具及改进接触
	工件与阴极接触	防止工件与阴极意外接触
	电解电压太高	降低电压
工件被腐蚀成深坑	铬酸含量太低	调整铬酸含量
	铝合金材质不合适	更换工件材质
氧化膜薄，并有发白现象	工件和夹具间的导电不良	加紧夹具及改进接触
	氧化时间太短	保证足够的氧化处理时间
	电流密度太小	提高电流密度
氧化膜上有粉末	电解液温度太高	降低温度
	电流密度过大	降低电流密度
氧化膜发黑	工件上抛光膏未洗净	加强脱脂工艺
	铝合金材质不合适	更换工件材质

9.9.13 铝及铝合金瓷质阳极氧化

在阳极氧化电解液中加入某些物质，使其在形成氧化膜的同时被吸附在膜层中，从而获得光滑且有光泽、均匀的不透明类似瓷釉和搪瓷色泽的氧化膜，故称瓷质阳极氧化。瓷质阳极氧化又称仿釉氧化，是铝及铝合金精饰的一种方法。其处理工艺实际是一种特殊的铬酸或草酸阳极氧化法。它的氧化膜外观类似瓷釉、搪瓷或塑料，具有良好的耐蚀性，并能通过染色获得更好的装饰效果。瓷质氧化一般采用较高的电解电压（25~50V）和较高的电解液温度（48~55℃）。

瓷质阳极氧化溶液主要分为两类：

1）在草酸或硫酸电解液中添加稀有金属元素（如Ti、Zr等）盐类。在氧化过程中，主要依赖于所添加盐类的水解作用，产生发色物质沉积于整个氧化膜的孔隙中，形成似釉的膜层。

膜层质量好，硬度较高，但电解液价格高，使用周期短，且对工艺的控制要求十分严格。

2）以铬酐为基础的混合酸电解液。它具有成分简单、价格低廉、形成的膜层弹性好等优点，但是膜层硬度比较低。

1. 瓷质阳极氧化工艺

瓷质阳极氧化工艺见表9-39。

表9-39 瓷质阳极氧化工艺

工艺号		1	2	3
组分质量浓度/(g/L)	草酸钛钾[$TiO(KC_2H_4)_2 \cdot 2H_2O$]	35~45	—	—
	柠檬酸($C_6H_8O_7 \cdot 2H_2O$)	1~1.5	—	—
	草酸($C_2H_2O_4 \cdot 2H_2O$)	2~5	—	5~12
	硼酸(H_3BO_3)	—	30~35	35~40
	铬酐(CrO_3)	8~10	1~3	5~7
工艺条件	温度/℃	24~28	38~45	45~55
	电流密度/(A/dm^2)	开始2~3 终止0.6~1.2	开始2~3 终止0.1~0.6	0.5~1
	电压/V	90~110	40~80	25~40
	氧化时间/min	30~40	40~60	40~50
	阴极材料	碳棒或纯铝板	铅板、不锈钢板或纯铝板	铅板或不锈钢板
	电源	直流	直流	直流
膜厚/μm		10~16	11~15	10~16
颜色		灰白色	灰色	乳白色
适用范围		有耐磨要求的高精度零件	制作装饰表面	制作装饰表面

2. 瓷质阳极氧化的影响因素

（1）草酸　草酸含量过低，膜层变薄；草酸含量过高，会使溶液对氧化膜的溶解过快，氧化膜变得疏松，降低膜层的硬度和耐磨性。随着草酸含量的增加，膜层的色泽逐步加深，但当其质量浓度超过12g/L时，膜层的透明度重新增加，其外观类似黄色的草酸氧化膜。

（2）铬酸　随着铬酸添加量的逐步增加，膜层的透明度随之降低，并向灰色方向转化，仿瓷质效果提高。当铬酸含量在工艺控制范围内时，瓷质氧化膜的色泽最佳。铬酸质量浓度达55g/L时，效果下降，并对铝表面发生腐蚀作用。

（3）柠檬酸和硼酸　适当提高这两种酸的含量，可提高氧化膜的硬度和耐磨性，增加硼酸含量，能显著改善氧化膜的成长速度，同时膜层向乳白色转化，但当其质量浓度超过10g/L时，氧化速度反而降低，膜层像雾状透明转化。

（4）草酸钛钾　草酸钛钾含量不足时，所得氧化膜是疏松的，甚至是粉末状的。草酸钛钾含量需控制在工艺范围内，从而使膜层致密、耐磨性和耐蚀性好。

（5）铝合金成分　为获得优质的瓷质阳极氧化膜，最重要的因素之一是选择合适的铝合金材质，最合适的铝合金（合金中百分含量为质量分数）是：Al-Mg（3%~4%）、Al-Zn（5%）-Mg（1.5%~2%）、Al-Mg（0.8%）-Si（1.8%）、Al-Mg（0.8%）-Cr（0.4%）。

（6）电压　电压影响膜层的色泽。电压过低时，膜层薄而透明；电压过高时，膜层由灰色转变为深灰色，达不到装饰的目的。

（7）温度　瓷质氧化的操作温度对阳极氧化膜有很大的影响。温度升高，膜的成长速度加快。而当温度过高时，膜层的厚度反而下降，膜层表面粗糙而无光泽。

（8）氧化时间　氧化开始阶段膜层增加较快，当膜厚达到 16μm 时，膜的生成速度极其缓慢。

9.9.14　铝及铝合金硬质阳极氧化

阳极氧化的膜层按硬度分类见表 9-40。

表 9-40　阳极氧化的膜层按硬度分类

类　别	硬度 HV	类　别	硬度 HV
超硬质	>4500	普通	>1500~2500
硬质	>3500~4500	软质	≤1500
半硬质	>2500~3500	—	—

通常情况下，将厚度大于 25mm，硬度高于 3500HV 的阳极氧化称为硬质阳极氧化。硬质阳极氧化的目的是得到硬度高，耐磨性、耐蚀性更好，膜层比普通阳极氧化膜厚得多的氧化膜。硬质阳极氧化膜的最大厚度可达 300μm，故这种方法又称为厚膜阳极氧化法。

硬质阳极氧化的工艺过程及作用机理与普通阳极氧化无原则上的不同，其主要的差别是阳极氧化的电解液配方和工艺条件有所不同。实际上硬质阳极氧化膜和普通阳极氧化膜同样是由壁垒层和多孔层两层组成的蜂窝状结构，其孔径约为 12nm，与普通的硫酸法阳极氧化膜差不多。但硬质膜的孔数少而孔壁厚，故有更高的硬度和致密性。

得到硬质阳极氧化膜的方法如下：

1）降低溶液温度。降低电解液的温度就是把硫酸阳极氧化的操作温度降至 10℃以下，此时即可获得硬质膜，主要是利用了低温状态下膜的溶解速度变慢，生成的膜厚且致密。同时，在温度较低时，氧化膜表面铝的活性小、活化中心小并且散布在表面，膜层的生长相互干扰，不整齐地排列，此时成膜的结构为棱柱状，孔隙率降低而硬度提高，生长得更厚。

2）改变氧化溶液的成分。在硫酸中添加柠檬酸、酒石酸、苹果酸、氨基水杨酸、乳酸、丙二酸等有机酸，再把阳极氧化的操作温度适当提高，可提高阳极氧化膜的硬度，并能改善其工艺性能。

3）提高电流密度。一般将电流密度提高至普通阳极氧化的 2~3 倍。

4）搅拌。目的主要为了降温。硬质阳极氧化溶液的配方有很多种，其中最简单的是硫酸法，其溶液稳定，操作方便，成本较低，适用于多种铝材，但为了保持低温，需要有制冷设备，采用混酸法则可以在接近常温下操作，膜的质量也有所提高。

1．硬质阳极氧化的工艺

（1）硬质阳极氧化的工艺过程　铝及铝合金工件→化学脱脂→清洗→中和→清洗→硬质阳极氧化→清洗→封闭→干燥→检验→成品。

（2）硬质阳极氧化的工艺特点

1）溶液的冷却和搅拌。硬质阳极氧化过程中 Al_2O_3 的生成是放热反应，尤其是当电压和电流密度增加时，Al_2O_3 的生长加速，由电能而转化的热量使槽内的溶液温度迅速升高。但是硬质膜又必须在低温下才能生成，故在生产设备上必须装有强的冷却系统。通常是在槽内装盘管冷却或用换热器冷却。为使溶液的温度均匀及冷却效果好，必须不断地搅拌溶液。

2）硬质阳极氧化的温度低。硬质阳极氧化的溶液和工件温度都比较低，低温硫酸阳极氧化的操作温度一般为-5~10℃，这是获得硬而厚氧化膜的必要条件。对于混合酸阳极氧化来说，虽然可以在常温下操作，但温度也不宜过高，否则膜的溶解大，成长速度慢，对硬度和耐磨性都有影响。

3）工件的尺寸变化。由于硬质阳极氧化产生厚膜，而且膜厚达300μm，它会增大工件的尺寸。因此，对于尺寸要求严格的工件，必须设计好阳极氧化前的尺寸，以便在阳极氧化后工件符合规定的公差范围。

4）电压的控制。由于生成的膜层致密并逐渐增厚，随着膜的不断增长而电阻增大，为了保持一定的电流密度和氧化的进行，必须逐步增大电压，开始时电压较低，但终结时电压较高。所以在硬质阳极氧化过程中槽电压是变化的。

2. 硬质阳极氧化膜的特性及应用

（1）硬质阳极氧化膜的特性

1）硬度高。硬质阳极氧化膜的硬度要比普通阳极氧化膜高得多，铝合金上的硬度可达400~600HV。在纯铝上可达1500HV以上，在铝合金中，LC4合金最易获得硬质膜。

2）耐磨。硬质阳极氧化膜具有很高的硬度，膜层多孔，能吸附和贮存润滑油，因此耐磨性优越。各种材料与硬质阳极氧化膜的耐磨性比较见表9-41。7A40（LC4）铝合金硬质阳极氧化膜各种摩擦偶的摩擦性能见表9-42。

表9-41 各种材料与硬质阳极氧化膜的耐磨性比较

材料	1A85(LG1)	1100(L5-1)	5A02(LF2)	硬质镀铬层(947HV)	硬质镀铬层(1003HV)	硬质氧化膜
磨耗量/mg	632	540.8	388.2	45.6	29.1	12.3

注：表中数据为20000次回转磨耗量，磨耗轮为CS-17，压力10N。

表9-42 7A40（LC4）铝合金硬质阳极氧化膜各种摩擦偶的摩擦性能

摩擦偶	摩擦类型	膜的类型	磨损量/mg	平均摩擦因数
50钢-7A04(LC4)	滚动	常温膜	0.3/43.8	0.35
			0.1/50.9	
		低温膜	1.1/20.5	0.51
			0.8/11.0	
7A04(LC4)-7A04(LC4)	滚动	常温膜	5.2/4.9	0.44
			2.5/1.2	
		低温膜	26.4/4.3	0.44
			14.4/107.4	
			15.0/7.6	
7A04(LC4)-7A04(LC4)	干滑动	常温膜	1.2/48.6	0.10
			2.0/49.4	
		低温膜	5.1/77.8	0.13
			6.8/113.5	

注：1. 7A04（LC4）合金常温硬质阳极氧化工艺：$H_2SO_4$200g/L，$C_4H_6O_5$17g/L，$C_3H_8O_2$12mL/L，$Al_2(SO_4)_3$16g/L，3A/dm^2，12~14℃，70min。
2. 7A04（LC4）合金低温硬质阳极氧化工艺：$H_2SO_4$200g/L，-4℃，150min。
3. 干滑动摩擦条件：负荷9.8N，转速190r/min，时间30min，试样左右摆动。
4. 滚动摩擦条件：负荷157N，转速190r/min，时间30min，试样左右摆动。

3）耐热。硬质阳极氧化膜的熔点高达2050℃，热导率很低，是良好的绝热体，能在短时间内承受1500~2000℃的高温热冲击。膜层越厚，耐热冲击的时间越长，可用于铝合金活塞顶部承受燃烧室的火焰冲击。各种铝合金硬质阳极氧化膜耐直接冲击的能力见表9-43。

表 9-43 各种铝合金硬质阳极氧化膜耐直接冲击的能力

合　　金	膜层厚度/μm			
	25	51	76	127
	损坏时间/min			
6061(LD30)	0.49~0.52	0.52~0.60	0.74~0.86	0.85~0.87
2A12(LY12)	0.50~0.56	0.70~0.71	0.73~0.90	0.97~1.02
2A12(LY12)(包铝)	0.55	0.64~0.79	0.76~0.77	1.02~1.10
7A09(LC9)	0.48~0.49	0.66~0.68	0.78~0.82	0.94~0.98
Al-Si 合金	2.55	3.08	4.06	5.81
Al-Mg(质量分数为 10%)合金	2.55	3.29	5.20	3.10

4）绝缘。硬质阳极氧化膜具有很高的电绝缘性，采用较高的电解电压，增加氧化膜的厚度，氧化后用高绝缘材料封闭，都能提高氧化膜的绝缘性能。但是，膜层中的成分偏析，重金属夹杂，会降低氧化膜的电绝缘性能。铝-镁（质量分数为 3.5%）合金硬质阳极氧化膜的击穿电压见表 9-44。

表 9-44 铝-镁合金硬质阳极氧化膜的击穿电压　　（单位：V）

膜厚/μm	未封闭	沸水封闭	沸水和石蜡浸渍封闭
25	250	250	550
50	950	1200	1500
75	1250	1850	2000
100	1850	1400	2000

5）对工件疲劳性能的影响。硬质阳极氧化处理对铝合金一般力学性能影响不明显，但随着氧化膜厚度的增加，基体金属厚度会相应的减小，合金的断后伸长率有所下降，特别是疲劳强度下降得最多，下降的幅度取决于硬质氧化处理工艺和合金成分，见表 9-45。

表 9-45 硬质阳极氧化处理时各种铝合金疲劳强度下降的幅度

合金	膜层厚度/μm				
	20	60~70	71~80	100	170
2A12(LY12)	0	26%	—	—	—
7A04(LC4)	24%	50%	—	—	—
2A01(LY1)	0	—	45%	—	—
2A70(LD7)	0	—	60%	33%	—
5A02(LF2)	0	—	—	—	45%

合金疲劳强度下降的原因是因为氧化膜的裂纹和尖端应力集中所造成的。超硬铝下降的幅度最大，7A04（LC4）合金硬质阳极氧化处理后，疲劳强度可下降 50%左右。硬质阳极氧化对铝合金的高应力疲劳性能影响较大，但对铝合金低应力疲劳性能影响不大。

6）耐腐蚀。硬质阳极氧化膜的耐蚀性比普通阳极氧化膜高一些。但是，并不是膜层越厚耐蚀性越好，因为膜层太厚容易产生裂纹，同时膜层的孔隙会吸附水分和腐蚀性物质，而使其耐蚀性降低。2A02（LY2）铝合金铬酸氧化膜和硬质氧化膜的耐蚀性见表 9-46。

（2）硬质阳极氧化膜的用途　硬质阳极氧化膜的特性使这种表面技术在机械制造业、航天航空工业、国防工业和其他部门获得很多的重要用途，而且主要是用于要求耐磨、耐热、绝缘的铝合金工件上，如气缸、活塞、轴承、导轨、滚棒、飞机货舱的地板等。缺点是膜层厚度太大时，铝合金的疲劳强度下降。

表 9-46　2A02（LY2）铝合金铬酸氧化膜和硬质氧化膜的耐蚀性

处理方法	开始腐蚀时间/h	片状腐蚀面积达 50%，并有腐蚀产物堆积时间/h
铬酸阳极氧化	90	300
硫酸硬质阳极氧化	90	800
混合酸硬质阳极氧化	500	1000
混合酸硬质阳极氧化后喷丸	300	1000

（3）硬质阳极氧化适用范围

1）适用范围。要求高硬度的耐磨性工件，要求电绝缘好的工件，要经受瞬间高温的工件，要求耐气流冲刷的工件。

2）不适用范围。厚度小于 0.8mm 的板材，螺距小于 1.5mm 的螺纹件，硅含量高的压铸件，LY11 合金材料。

3. 硫酸硬质阳极氧化工艺

许多工业化硬质阳极氧化采用直流技术，最熟知的硫酸溶液直流阳极氧化工艺之一是 Glenn L. Martin 公司早期开发的 MHC 工艺，即在质量分数为 15% 的硫酸溶液中，温度为 0℃，以电流密度 2～2.5A/dm^2 直流阳极氧化。为了维持恒定的电流密度，从起始电压（20～25V）增加到 40～60V。

（1）硫酸硬质阳极氧化工艺　硫酸硬质阳极氧化工艺见表 9-47。

表 9-47　硫酸硬质阳极氧化工艺

工艺号		1	2	3	4	5
组分质量浓度/(g/L)	硫酸(H_2SO_4)	120～300	200	5～12	—	—
	苹果酸($C_4H_6O_5$)	—	—	30～50	—	—
	磺基水杨酸($C_7H_6O_6 \cdot 2H_2O$)	—	—	90～150	—	—
	草酸($C_2H_2O_4 \cdot 2H_2O$)	—	20	—	40～50	—
	丙二酸($C_3H_4O_4$)	—	—	—	30～40	—
	硫酸锰($MnSO_4 \cdot 5H_2O$)	—	—	—	3～4	—
	丙三醇	—	50	—	—	—
	蒽	—	—	—	—	10～15
	乳酸	—	—	—	—	25～35
	柠檬酸	—	—	—	—	35～45
工艺条件	温度/℃	5～15	10～15	变形铝 15～20，铸铝 15～30	10～15	5～35
	电流密度/(A/dm^2)	1.5～3	2～2.5	变形铝 5～6，铸铝 5～10	2.5～3	1.5～2.5
	电压/V	0～120	0～27		0～100	0～120
	氧化时间/min	30～120	30～50	变形铝 30～100，铸铝 30～100	60～100	30～80
	阴极材料	铅板				
	电源	直流				
	搅拌条件	压缩空气强烈搅拌				

（2）硫酸硬质阳极氧化的溶液配制及操作要点

1）硫酸电解液的配制。用纯水（蒸馏水或去离子水）先装至槽内规定容积的 2/3，然后缓慢加入计量好的硫酸，边搅拌边倒入，倒完后再加水至所需的容积，搅拌均匀后冷却待用。

硬质阳极氧化膜操作开始前，要先打开溶液的冷却装置，使溶液温度冷却至所规定的最低温度才能放入工件进行操作。

2）操作要点。将装挂好的工件放入槽中，工件与工件之间，工件与阴极之间应保持一定的距离，避免互相碰到，然后打开压缩空气搅拌，并正式通电。

开始氧化时的电流密度为 0.5A/dm^2，在 25min 内分 5~8 次逐步升高至 2.5A/dm^2，此后大约隔 5min 调整一次电压，保持电流密度至规定的上限。开始电压为 8~12V，最终电压应根据铝材的种类及要求膜层的厚度而定。氧化结束时，断电后取出工件。

在氧化过程中要经常注意电压和电流的状况，若有电流突然增大或电压突然降低的现象发生，则应立即停电，检查工件找出原因，一般来说是由于膜层溶解所造成的。检查发现膜层溶解的工件应取出来，其余的工件可以继续通电氧化。

对挂具和夹具应有一定的要求，所有挂具与工件触点均由铝、铝镁合金、铝硅合金制造，要求导电性好，其余部分则必须进行绝缘处理。

对工件的要求是表面粗糙度值应小于 0.8μm，所有的锐边、锐角均应倒圆，半径不小于 0.5mm；有螺纹的表面不得划伤，螺纹的顶部和根部应倒圆，其半径为 0.2mm。

要设计专用夹具，保证与工件进行良好电接触，并可耐高电压和电流。

对工件需进行局部阳极氧化时，应对其余部分进行绝缘保护。其方法是将配好的绝缘胶喷涂（或浸、刷）于需保护的部位，每刷一次烘干一次，共刷 2~4 次。氧化后，胶可用 50~70℃热水洗去。

4. 影响硫酸阳极氧化膜质量的因素

（1）溶液浓度　硫酸的质量分数一般控制在 10%~30%，浓度低所得膜的硬度高、耐磨性好，特别是纯铝的工件更是如此。对于含铁量较高的铝铜合金（LY12 除外），可用高浓度（200~300g/L）的硫酸溶液氧化处理。

（2）溶液温度　溶液的温度对膜层质量影响极大，一般情况下温度上升膜的硬度及耐磨性都下降，只有温度下降膜的硬度及耐磨性才能提高。温度波动应控制在±2℃为宜。

（3）阳极电流密度　阳极电流密度增大，氧化膜生长速度快，氧化时间短，膜层的硬度及耐磨性也会提高。但超过了极限电流密度时，氧化时放热增大，温度升高，特别是阳极工件的界面温度过高，膜的溶解速度加快，膜的质量下降。

（4）材料的合金成分　铝材中合金元素及杂质影响膜的均匀性及质量，如硅影响膜的颜色。Cu 质量分数 3%以上或 Si 质量分数 7.5%以上的铝合金不适合进行阳极氧化处理。但如果提高电流密度，采用交直流重叠法或脉冲电流法氧化，也可以获得成功。

5. 铝及铝合金硫酸硬质阳极氧化膜常见问题与对策

铝及铝合金硫酸硬质阳极氧化膜常见问题与对策见表 9-48。

6. 非硫酸溶液的铝及铝合金硬质阳极氧化

铝的硬质阳极氧化最常用的槽液是硫酸溶液，硫酸溶液虽然成本低，但毕竟对铝阳极氧化膜的腐蚀性较大，考虑到硬质氧化膜特殊性能的要求和扩大铝合金硬质氧化膜的品种，寻找腐蚀性较小的非硫酸电解溶液的努力始终没有停止过。

（1）以酒石酸为基础的硬质阳极氧化　日本开发过以酒石酸为基础的电解液，以 1mol/L的酒石酸、苹果酸（羟基丁二酸）或丙二酸为基础，加入 0.15~0.2mol/L 的草酸作为

表 9-48　铝及铝合金硫酸硬质阳极氧化膜常见问题与对策

膜的缺陷	产生原因	解决方法
氧化膜硬度低、不够硬	溶液温度太高	降低溶液的温度
	电流密度过大	减小阳极电流密度
	膜的厚度太厚	缩短操作时间
氧化膜薄、不够厚	氧化时间不够	延长氧化时间
	电流密度不够大	增大阳极电流密度
	氧化面积计算不准确	重新计算氧化的面积
氧化膜被击穿烧坏	合金的铜含量过高	更换铝合金材料
	工件散热不好，局部过热	加强溶液的搅拌
	挂具与工件接触不良	改善工件与挂具的接触
	氧化时通电太急、太突然	改善电流操作

硬质阳极氧化的溶液。这种槽液可在温度为40~50℃、外加电压为40~60V、维持电流密度约为5A/dm^{2}的条件下生成硬质膜而不至于粉化，膜的硬度可达到300~470HV。尽管有机酸的成本较高，但该工艺可在高于室温的条件下实现，由于冷却达到低温要求要消耗大量电能，因此从这方面来说又可降低操作成本。

(2) 以草酸为基础的有机混合酸溶液的硬质阳极氧化　单一草酸溶液进行硬质阳极氧化，有些铝合金材料成膜比较困难，或不易生成厚膜，所以在草酸溶液中有时加入某种添加剂，目的在于降低阳极氧化过程中的外加电压，同时有利于生成致密的硬质阳极氧化膜。在50g/L的草酸溶液中添加0.1g/L的氟化钙、0.5g/L的硫酸和1g/L的硫酸铬，进行硬质阳极氧化可以得到耐磨性和硬度均佳的阳极氧化膜。草酸中加入少量的硫酸也可以在温度为5~15℃得到硬质阳极氧化膜。另外，草酸与甲酸的混合电解溶液（在质量分数为5%~10%的草酸，加入体积分数为2.5%~5%的甲酸）在20~80V电压下，采用4~10A/dm^{2}的电流密度进行阳极氧化处理，可以较快地生成厚的硬质阳极氧化膜。

(3) 以磺酸为基础的硬质阳极氧化　早期，德国基于获得较致密的硬质阳极氧化膜的目标用磺酸部分代替硫酸以减轻硫酸对于氧化膜的腐蚀作用，已经在室温得到耐磨的硬质阳极氧化膜。第二次世界大战后，以磺酸为基础的槽液在美国曾经用于建筑铝型材阳极氧化的整体着色，但是由于成本等原因，整体着色后来被电解着色所替代，然而，以磺酸为基础的溶液生成比较致密的硬质阳极氧化膜仍是不争的事实。

混合酸硬质阳极氧化工艺是在硫酸或草酸溶液的基础上，添加一定量的有机酸或无机盐，如丙二酸、苹果酸、乳酸、酒石酸、甘油、磺基水杨酸、硼酸、硫酸锰等为槽液的阳极氧化工艺。该工艺可以在常温下获得较厚的硬质阳极氧化膜，而且阳极氧化膜的质量有所提高。混合酸硬质阳极氧化工艺见表9-49。

表 9-49　混合酸硬质阳极氧化工艺

工艺号		1	2	3	4	5	6
组分质量浓度/(g/L)	硫酸(H_2SO_4，质量分数为98%)	200	20%	—	160	5~12	150~240
	草酸($C_2H_2O_4$，$2H_2O$)	—	2%	35~50	15~30	—	—
	苹果酸($C_4H_6O_5$)	17	—	—	—	30~50	—
	丙二酸($C_3H_4O_4$)	—	—	25~30	—	—	—
	乳酸($C_3H_6O_3$)	—	—	—	—	—	12~24
	酒石酸($C_4H_6O_6$)	—	—	—	40~60	—	—
	磺基水杨酸($C_7H_6O_6S \cdot 2H_2O$)	—	—	—	—	90~150	—

（续）

工艺号		1	2	3	4	5	6
组分质量浓度/(g/L)	硫酸锰（$MnSO_4 \cdot 5H_2O$）	—	—	3~4	—	—	—
	硅酸钠（Na_2SiO_2）	—	—	—	—	少许	—
	硫酸铝[$Al_2(SO_4)_3 \cdot 18H_2O$]	—	—	—	—	—	8
	甘油（$C_3H_8O_7$）	12mL/L	2%	—	—	—	8~16
工艺条件	溶液温度/℃	16~18	10~15	10~30	15±2	15~30	9~20
	阳极电流密度/(A/dm²)	3~4	2~2.5	3~4	2.5~3.5	5~10	10~15
	槽电压/V	22~24	25~27	40~130			35~70
	处理时间/min		40~50	60~100		30~100	
适用范围		适用于LC4等合金	适用于LY2、LY12等合金	适用于LC4、LF3、ZL6、ZL10等合金	适用于LC4、LY12、LD7等合金	变形铝、铸造铝合金	适用于LY11、LY12、LD5、ZL13等合金

9.9.15 铝及铝合金阳极氧化的其他方法

1. 快速阳极氧化

普通阳极氧化处理方法电流密度低、电解时间长，在经济上是不合算的。要使氧化膜生长速度快，就要采用大电流密度的快速阳极氧化法。快速阳极氧化装置如图9-10所示。

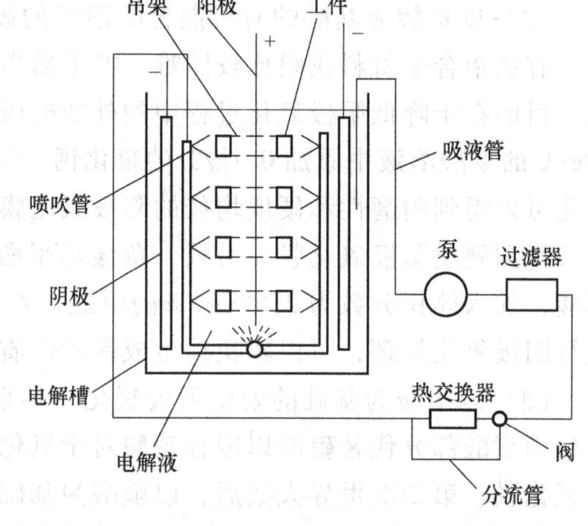

图9-10 快速阳极氧化装置

快速阳极氧化工艺条件：硫酸质量浓度为150~180g/L，添加剂质量浓度为45~85g/L，温度为15~45℃，电流密度为1.5~6.0A/dm²，加强搅拌。该工艺的特点：氧化槽液温度范围宽，电流密度范围宽，氧化速度快，可达0.5~1.8μm/min，不需专用制冷设备，成本低，氧化膜性能较好。

快速阳极氧化法与普通阳极氧化法的比较见表9-50和表9-51。该项技术发展迅速，目前已经出现膜层增长速度为10μm的快速阳极氧化技术。

表9-50 快速阳极氧化法与普通阳极氧化法电解条件的比较

氧化膜	硫酸量（质量分数，%）	温度/℃	电流密度/(A/dm²)	时间/min	膜厚/μm
普通	30	30±2	3~10	3~20	3~30
快速	30	30±2	3~10	10~100	30~200

表9-51 快速阳极氧化法与普通阳极氧化法电解速度的比较

方法	硫酸（质量分数，%）	温度/℃	电流密度/(A/dm²)	时间/min	膜厚/μm	氧化膜生长速度/(μm/min)	K值
普通	15	20±2	1	60	15	0.25	0.25
快速	30	30±2	3	15	15	1	0.33
	30	30±2	5	7	15	2.2	0.43

注：K为氧化膜生长效率，K=膜厚/(电流密度×时间)。

2. 碱性阳极氧化

碱性电解液常用的有磷酸三钠（$Na_3PO_4 \cdot 12H_2O$）和氢氧化钠等电解液。单独使用碱性溶液得到的阳极氧化膜薄，耐磨性差。但如果在碱性溶液里添加过氧化氢或某些金属盐、有机酸等，就会改变碱性阳极氧化处理条件，得到的碱性氧化膜并不比酸性氧化膜差。例如，在氢氧化钠溶液里添加过氧化氢（双氧水）能提高氧化膜的硬度、耐碱性和成长率，这主要是因为过氧化氢电离提供氧离子，促进氧化作用的缘故。

碱性阳极氧化膜有如下特点：

1）用电子衍射法观察，发现膜由非晶态物质和 γ-Al_2O_3 构成，类似于硫酸液氧化膜。

2）耐碱腐蚀性非常好，在酸性介质中也同样具有好的耐蚀性。

3）碱性阳极氧化膜是一种柔性很好的氧化膜，不容易出现裂纹，因此适合于加工成形。

4）碱性阳极氧化膜属于多孔质氧化膜，但结构不规则，表面粗糙，孔的密度小，孔径大，可以染色，且二次电解着色和染色比酸性氧化膜快，颜色也深。

3. 硝酸阳极氧化

硝酸是强氧化剂，对铝腐蚀严重，提高溶液温度可明显降低表面腐蚀程度。一般采用的处理工艺：质量分数为60%～62%的硝酸溶液，温度为20℃，电流密度为1～3A/dm^2，电解时间为1～10min。生成的氧化膜是多孔质无色透明膜，可以着色。

4. 溴酸阳极氧化

溴酸阳极氧化法是最早采用的阳极氧化法。根据铝合金种类的不同，溴酸氧化膜可以从透明黄色到青铜色。溴酸阳极氧化膜着色性不如硫酸氧化膜，且操作复杂，耗电大。由于溴酸价格较高，所以成本也高。溴酸阳极氧化法有直流电氧化法、交流电氧化法、交直流重叠氧化法三种，其中以交直流电氧化法使用较多。溴酸氧化膜的处理条件见表9-52。

表9-52　溴酸氧化膜的处理条件

项目	标准处理条件	允许误差	最佳条件
电解液	游离溴酸：2%～5%（质量分数）	±1%	游离溴酸：3%（质量分数）
铝/(g/L)	<20	—	5
溶液温度/℃	15～35	±4	28±2
电流密度/(A/dm^2)	直流+交流：直流为0.4～3.5，交流为0.8～7	±7%	直流+交流；直流为1，交流为1
时间/min	根据氧化膜厚度而定	—	6μm为25，9μm为38
电压/V	设定电压	±15%	直流为25，交流为80

注：1. 溴酸不含结晶水。
2. 交流电密度是平均单位面积上的有效值。
3. 设定电压是根据材料、电解液组成、溶液温度、处理面积来确定。

对于在含少量铬酸的溴酸溶液中处理的方法称为Eloxal法。Eloxal法的主要特征见表9-53。

表9-53　Eloxal法的主要特征

电流性质	电压/V	溴酸浓度（质量分数，%）	电流密度/(A/dm^2)	温度/℃	时间/min	氧化膜厚度/μm	色调
直流	40～60	3～5	1～2	15～20	40～60	20～30	深黄色
直流	30～35	3～5	1～5	30～35	20～30	10～20	绿色+黄色
交流	40～60	3～5	2～3.5	25～35	40～60	20～40	黄色
	30～60		2～3				
交直流重叠	40～60	3～5	1～2	20～30	15～20	10～20	黄色

5. 铝及铝合金的微弧等离子体氧化技术

微弧等离子体氧化陶瓷层制备技术是专用于 Al、Mg、Ti、Zr、Ta 等有色合金的表面处理技术，又称为微弧氧化或阳极火花沉积。铝及铝合金的微弧等离子体氧化是将铝及铝合金置于电解质的水溶液中，通过高压放电作用，使材料微孔中产生火花放电斑点，在热化学、电化学和等离子化学的共同作用下，在其表面形成一层以 α-Al_2O_3 和 γ-Al_2O_3 为主的硬质陶瓷层的方法。由于它是直接在金属表面原位生长而成的致密陶瓷氧化层，因而可改善材料自身的耐蚀、耐磨和电绝缘的特性。用这种方法得到的 Al_2O_3 膜层，通过工艺加以调整，厚度可达 10~300μm，显微硬度达 1000~2500HV，绝缘电阻大于 100MΩ，且陶瓷层与基体的结合力强。

自 1950 年以来，对微弧等离子体氧化技术机理的研究取得了重大进展。该技术的基本原理类似于阳极氧化技术，所不同的是利用微弧等离子体弧光放电增强了在阳极上发生的化学反应。普通阳极氧化处于法拉第区，如图 9-11 所示，所得膜层呈多孔结构。微弧等离子体氧化处于电火花放电区中，电压较高，所得膜层均匀致密，孔隙的相对面积较小，膜层综合性能得到提高。

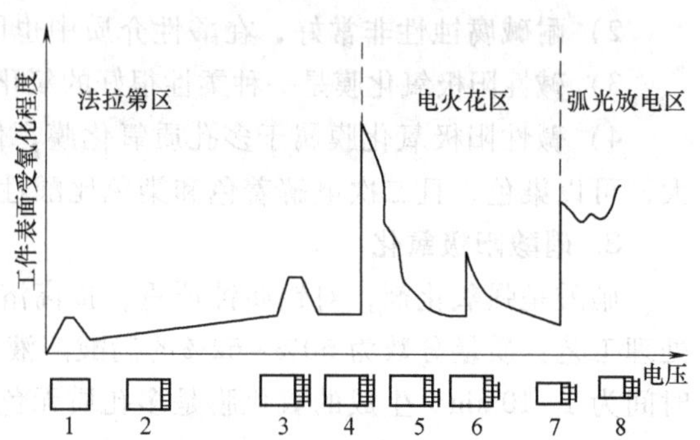

图 9-11　膜层结构与对应电压区间的关系模型

1—酸浸蚀过的表面　2—钝化膜的形成　3—局部氧化膜的形成　4—二次表面的形成　5—局部阳极 ANOF 的形成　6—富孔的 ANOF 膜　7—热处理过的 ANOF 膜　8—被破坏的 ANOF 膜（ANOF 膜为火花放电阳极氧化的德文缩写）

当阳极氧化电压超过某一值时，表面初始生成的绝缘氧化膜被击穿，产生微区弧光放电，形成瞬间的超高温（2000~8000℃）区域，在该区内氧化物或基底金属被熔融甚至气化，在与电解液的接触反应中，熔融物激冷而形成非金属陶瓷层。但当外加电压大于 700~800V 时，进入弧光放电区，样品表面出现较大的弧点，并伴随着尖锐的爆鸣声，它们会在膜表面形成一些小坑，破坏膜的性能。因此，微弧等离子体氧化的工作电压要控制在弧光放电区以下。

由电化学可知，当铝合金为阳极时，可发生如下反应：

$$Al-3e \longrightarrow Al^{3+}$$

Al^{3+} 在碱性溶液中经一段时间的积累达到一定浓度时，即可形成胶体物质，反应式为

$$Al^{3+}+3OH^- \longrightarrow Al(OH)_3$$

$$Al(OH)_3+OH^- \longrightarrow Al(OH)_4^-$$

氧化时，$Al(OH)_4^-$ 在电场力的作用下向阳极（工件）表面迁移，$Al(OH)_4^-$ 失去 OH^- 变成 $Al(OH)_3$ 而沉积在阳极的表面，最后覆盖全表面。当电流强行流过阳极表面形成这种沉积层时会产生热量，这个过程促进了 $Al(OH)_3$ 脱水转变为 Al_2O_3。这个阶段中铝通过阳极溶解进入溶液中，经由 $Al(OH)_4^- \rightarrow Al(OH)_3$ 过程后脱水，最终转变为 Al_2O_3 沉积在试样的表面形成介电性高的障碍层，即高温陶瓷层。

微弧等离子体氧化技术会将金属基体表层变为金属基体氧化物，图 9-12 所示为样品在微弧等离子体氧化处理后外形尺寸变化。

在图 9-12 中：*a* 表示陶瓷氧化膜向外生长部分，即试样尺寸增加部分；*b* 表示向基体内部氧化的深度，*a*、*b* 之间界面为样品初始表面位置；*h* 为氧化膜总厚度。使用涡流测厚仪测出氧

化膜厚度 h；用分度值为 0.001mm 的千分尺测定试样氧化前后的尺寸变化，从而计算出 a、b 的大小。

用千分尺测出 δ_1 与 δ_0（δ_1 为氧化后试样的厚度，δ_0 为氧化前试样的厚度），则 $a=\delta_1-\delta_0$；用涡流测厚仪测出 h，由 $h=a+b$ 可以求得：$b=h-a$。

对同一样品，每隔 Δt 测一次数据，每次测量均在试样上任选位置并采集多个数据，取这些数据的平均值为每个样品的测量值。虽然在测量中存在一定误差，但对分析膜层生长规律仍然有效。

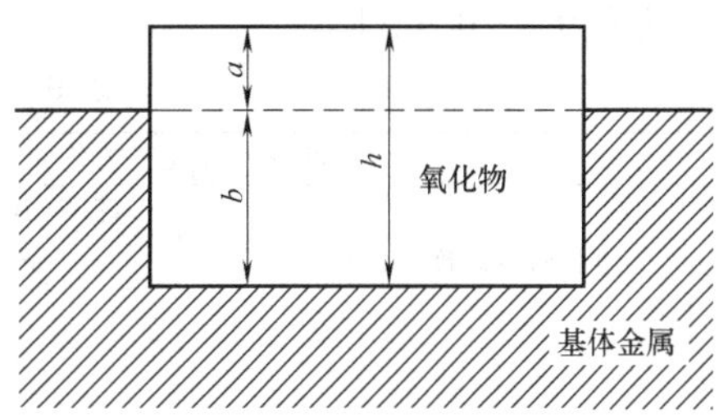

图 9-12 样品在微弧等离子体氧化处理后外形尺寸变化

微弧等离子体氧化的过程会因为电解液的成分、浓度及外加电压的高低、电流密度大小的不同，而影响弧光的产生时间、色彩和亮度等。微弧等离子体氧化过程从现象上看，可以分为三个阶段：氧化膜生成阶段、微弧等离子弧阶段及熄弧阶段（弧点减少直至熄灭阶段）。在开始时，两极间施加一定的电压，可以看到浸在电解液中的工件表面有许多微小的气泡生成，金属光泽逐渐消失，此阶段为氧化膜生成阶段。随着施加电压的升高，气泡开始增多并急剧上升至液面，当电压升至一定值达到起弧电压时，工件表面开始出现密集的、十分微小的淡黄色火花，此时进入了微弧等离子弧阶段。当电压进一步升高时，可以发现火花开始变黄变亮，且更为密集，经过一段时间后，工件表面的氧化膜逐渐增厚，微弧等离子体弧的火花逐渐变稀直至熄火，此时即为微弧等离子体氧化的最后一个阶段——熄弧阶段。

可见，在不同的时间段内，峰值电流不同，其变化也可分为三个阶段：首先是峰值电流急速下降，即为氧化膜生成阶段；第二步是电流由低谷上升，微弧等离子体弧出现，之后反应稳定进行；最后是膜层逐渐增厚，在工作电压下能继续提高时，微弧等离子体逐渐变稀直至熄灭。

9.9.16 铝及铝合金阳极氧化的应用实例

1. 铝及铝合金日常用具的常温硬质阳极氧化

珠江三角洲某铝合金日用制品厂生产的铝合金日常用具，为了提高制品的耐磨性、耐蚀性和抗污性，得到原色至深灰色金属光泽，采用了常温硬质阳极氧化工艺。其工艺流程为：铝制品→脱脂→温水洗→清洗→碱蚀→温水洗→清洗→中和出光→水洗→常温硬质阳极氧化→水洗→纯水洗→纯热水封闭→检验→产品。

（1）阳极氧化前处理 先在 150~180g/L 的硫酸中脱脂，水洗干净后，在质量分数为 5%的 NaOH 溶液中在 65℃情况下活化除膜 3min，先用热水洗再用冷水清洗干净，然后再在质量分数为 20%~30%的硝酸溶液中浸泡 1.0~1.5min，中和出光，得到光亮的铝表面。在纯水中浸 0.1~0.5min，立即进入阳极氧化槽氧化。

（2）常温硬质阳极氧化 常温硬质阳极氧化可以获得与低温阳极氧化相近的硬质氧化膜和原色至深灰色光泽。常温阳极氧化工艺见表 9-54。

（3）影响硬质阳极氧化膜的主要因素

1）溶液成分的影响。

① 铬酸浓度的影响。铬酸浓度对氧化膜的色泽有较大影响，可使膜的颜色由半透明到深灰色。铬酸能提高溶液的导电能力和氧化作用，也可以提高溶液中铜离子的含量，使允许

含量达到 0.3~0.4g/L。

表 9-54 常温阳极氧化工艺

溶液配方及工艺条件		变化范围
组分质量浓度/(g/L)	硫酸(H_2SO_4,密度为 $1.84g/cm^3$)	12~18
	草酸($H_2C_2O_4 \cdot 2H_2O$)	3~5
	铬酐(CrO_3)	0.2~0.5
工艺条件	溶液温度/℃	25~35
	槽电压(直流)/V	25~30
	阳极电流密度/(A/dm^2)	1.5~2.0
	处理时间/min	60~85

② 硫酸浓度的影响。硫酸浓度升高，膜的溶解速度增加，孔隙率也高，对要求着色或染色的制品有利，但硬度及耐磨性稍差。降低硫酸浓度以使孔隙率降低，增加膜的致密性及硬度，使膜坚硬耐磨，对要求不着色的产品合适。

③ 草酸浓度的影响。草酸的加入可以使氧化的温度适当升高，而对膜的质量影响不大，从而能在常温下得到与低温相近的硬质膜。草酸的浓度变化对氧化膜溶解作用影响不大，但会随草酸浓度的增加，影响氧化膜的颜色，并使色泽加深至草绿色。

2）电流密度的影响。提高电流密度，膜的生长速度加快，氧化时间缩短，膜层的溶解减小，膜层的硬度及耐磨性提高。但电流密度和成膜质量的关系比较复杂，电流密度太高，发热量增大，浴液温度升高又带来不利影响，因此要控制在合理的范围内。

3）溶液的温度影响。溶液的温度升高，膜的溶解速度加快，得不到优质的硬质氧化膜，所以要控制在低于 35℃ 的水平。为了控制槽液温度，可以采用水冷方式。

4）氧化时间的影响。氧化时间主要决定于对膜层厚度的要求。在一定的膜层厚度基础上，氧化时间延长，膜层增厚，但生产成本增加，生产效率降低。因此，应根据产品不同的用途及对膜层厚度的要求决定氧化时间。

（4）硬质阳极氧化膜的封闭　铝合金制品经常温硬质阳极氧化处理后，水洗除去表面的电解液，然后用 95~110℃ 的纯热水浸煮 15~30min，或者用蒸汽蒸煮 15~25min，取出自然蒸发、干燥，或用热风吹干。

2. 铸造铝合金涡旋盘的硬质阳极氧化

铸造硅铝合金由于具有流动性好、适合于制造各种形状复杂的工件以及质量轻等特点而广泛应用在汽车空调上。广州市某压缩机有限公司在新开发的冷媒为 134a 的汽车空调用涡旋压缩机上采用了高硅铸铝工件作为压缩机的运动涡旋盘，根据使用场合要求工件具有耐磨、储油等功能，但高硅铸铝不经过相应的表面处理是不可能达到这种要求的。铸造高硅铝合金经过阳极氧化处理后，则可得到多孔、高硬度的氧化膜，从而可满足工件需要耐磨、储油等功能的要求。

（1）硬质阳极氧化处理工艺流程　铸铝合金工件硬质阳极氧化工艺流程：硅铝合金工件→化学脱脂→热水洗→凉水洗→碱蚀→热水洗→凉水洗→出光→凉水洗→阳极氧化→凉水洗→热水洗→烘干

（2）硬质阳极氧化溶液配方及工艺　铸造高硅铝合金的硬质阳极氧化工艺见表 9-55。

（3）影响硬质阳极氧化膜层质量的因素

1）硅铝合金铸件材质的影响。铝合金中所含的各种合金元素对膜层的质量影响很大，特别是铜含量过高，阳极氧化过程中会产生局部过热，生成的氧化膜会被溶解，形成的膜也软而且疏松。进行硬质阳极氧化的工件铜质量分数应小于3%。

表9-55 铸造高硅铝合金的硬质阳极氧化工艺

溶液配方及工艺条件		变化范围
硫酸(H_2SO_4)(工业纯)的质量浓度/(g/L)		170~210
工艺条件	溶液温度/℃	-5~2
	阳极电流密度/(A/dm^2)	1.5~3.0
	处理时间/min	45~60
	搅拌方式	通洁净的压缩空气

2）工件热处理的影响。工件热处理的方式对膜层质量也有很大影响。同一种材质采用不同的热处理方式在同一工艺下膜的质量会截然不同。例如，A356材料工件T4处理后，氧化膜薄（30~35μm），硬度在380HV以下，但若经T6处理，则氧化膜厚（35μm以上），硬度在390HV以上。

3）溶液中硫酸浓度的影响。硫酸浓度增加，氧化膜的生长速度加快，硬度提高，但硫酸浓度进一步提高时，氧化膜的溶解速度也加快，当溶解速度快过生长速度时，会导致氧化膜质量下降。对T6处理材质为A356工件，在一定条件（温度为-3℃，电流密度为2.5A/dm^2，氧化时间为50min）下进行阳极氧化，硫酸浓度为185g/L时，膜的硬度为350HV，膜厚为20μm；硫酸浓度为230g/L时，硬度为380HV，膜厚为25μm。

4）溶液温度的影响。溶液温度在-7~-2℃范围内波动时，对氧化膜的硬度和厚度没有明显的影响，因此，通过温度来控制调节膜的硬度和厚度效果并不明显，但是在超出控制范围时会产生重要的影响。例如氧化温度过高时，则会对氧化膜的质量产生重大影响，膜的质量下降。

5）电流密度的影响。电流密度与膜的生长速度成正比，提高电流密度不仅可以加快氧化膜的生长，而且能增加其厚度，并提高膜的硬度，但是电流密度过大，会使工件产生过热现象，造成局部过热，使氧化膜溶解，并使膜层疏松、不均匀，甚至破坏。对T6热处理材质为ZL101A（A356）的工件，在工艺条件为硫酸质量浓度为210g/L、温度为-3℃、电流密度为2A/dm^2下进行阳极氧化，所得的膜硬度为385HV，膜厚为20μm。若电流密度为3A/dm^2，则所得膜的硬度为395HV，膜厚为57μm。

6）溶液中添加剂的影响。溶液中加进某些添加剂对氧化膜的厚度、硬度质量指标没有明显的提高。但是添加剂可以改善氧化工艺与膜的质量。例如，添加草酸以后可以使氧化的温度放宽，膜层均匀，光泽度好，同时也可以抑制电解液对氧化膜的溶解，使膜层致密。

7）氧化时间的影响。在一般情况下，延长氧化时间可以增加氧化膜的厚度。但若氧化时间过长，膜的溶解速度会增大，使氧化膜变薄，而且膜层疏松多孔。

3. 铝合金滑板车的阳极氧化

铝、锌、镁合金等具有良好的硬度和机械加工性能，故可以广泛用于机械产品及运动器械。阳极氧化膜应用在室外运动健身器材，如滑板车上既有一定的装饰性，又有一定的耐磨性和耐蚀性。长江三角洲某表面处理公司生产的铝与铝合金滑板车铝型材，经某大型机电公司出口，产品符合ISO标准，经国内委托某公司做CASS试验，性能符合国家标准，耐磨性经检验符合客户的要求。

（1）铝滑板车阳极氧化工艺流程　他们采用的铝滑板车进行阳极氧化的工艺流程：铝制品→机械抛光→趁热抹去抛光蜡→上挂夹具→化学脱脂→2次清洗→淋洗→晾干→热化学

抛光→清洗3次→去除旧膜→清洗2次→阳极氧化→出槽清洗3次→弱碱中和→清洗2次→沸水封闭或染色后封闭→清洗→检验→产品。

（2）阳极氧化前处理

1）机械抛光。铝合金短型材、锻造件可采用界面弹性好的麻轮进行粗抛，磨料为粒度≤55μm（260目）的SiO_2，如用黄抛光膏应少加勤添。用软布轮精抛后，可达镜面光亮，抛光的润磨料为含CaO微粉级白抛光膏。

2）酸性光亮化学抛光。化学抛光工艺决定着滑板车的外观，必须要注意铝材料的选择并严格控制工艺参数。酸性化学抛光液通常硝酸及硫酸含量较高，由于要高温操作，且工作环境较差，故应降低硝酸的含量，并添加增光剂、抑雾剂等。酸性化学抛光溶液配方及工艺条件见表9-56。

表9-56 酸性化学抛光溶液配方及工艺条件

溶液成分及工艺条件		普通铝	合金铝
组分质量分数(%)	磷酸(H_3PO_4,质量分数为85%)	75	75~85
	硫酸(H_2SO_4,质量分数为96%)	15	8~13
	硝酸(HNO_3,质量分数为60%)	5	0~6
	草酸($H_2C_2O_4\cdot 2H_2O$)	0~3	—
	复合增光剂GN	5	适量
	尿素等抑雾剂	2~3	适量
工艺条件	溶液温度/℃	90~115	90~110
	操作时间/min	1.5~3.0	1~3

3）化学脱脂。精密件用Na_3PO_4 3%~5%(质量分数)+Na_2CO_3 1%~2%(质量分数)的混合液，砂面状或亚光工件用NaOH作主脱脂剂并添加适量复合乳化增溶剂。脱脂温度为45~55℃，时间为3~4min。

（3）铝与铝合金滑板车阳极氧化　普通硫酸法阳极氧化采用质量分数为15%~20%的硫酸。对1000系列纯铝、3000系列铝锰合金和5000系列铝镁合金制作的本色耐磨产品，硫酸浓度取下限。氧化后需要着色的装饰品，则硫酸质量浓度应取190~220g/L较好。为实现2000系列铜合金、6000系列二元合金的阳极氧化，并降低冷冻机能量损耗，在中等浓度的硫酸基溶液中添加适量含镍羧酸盐。可使得工作温度上限由20℃提高至28℃；含铜合金温度取上限，电压取上限，氧化时间为25min。锌镁合金中氧化膜≥20μm，硬度为380~430HV。

（4）阳极氧化后处理　铝合金滑板车阳极氧化后在95~100℃的纯净沸水中浸煮3~8min进行封闭。如果产品要着色，则可在阳极氧化后清洗进行电解着色或染色，然后再在上述热水中封闭。

4. 铝合金型材的阳极氧化

随着人民生活水平的不断提高，铝及铝合金建筑型材及用于各种用途的铝材需求量和铝型材的品种不断增加。珠江三角洲一带生产的铝合金型材已占民用产量的大半，其中某厂阳极氧化后的型材，有原色的产品，有电解着色的品种，有电泳涂漆和固体粉末喷涂的品种。

（1）整个生产工艺流程：铝型材→上挂具→脱脂→温水洗→碱蚀除膜→热水洗→冷水洗→中和出光→水洗→阳极氧化→冷水洗→纯水洗→交流电解着色（或送电泳车间电泳或送固体粉末喷涂车间涂膜或有机物封闭）→冷水洗→纯水洗→常温封闭→水洗→干燥→成品。

（2）阳极氧化前处理　先在150~180g/L硫酸中脱脂，经水洗干净后，在4%~6%（质量分数）的 NaOH 溶液中 60~65℃下碱活化 2~3.5min 除膜，然后用热水洗，用冷水洗，干净后再在 20%~30%（质量分数）的硝酸中中和 1~2min 出光并水洗后进入氧化槽。

（3）铝型材的阳极氧化　铝型材经硝酸出光后，经水洗进入阳极氧化槽，浸在 150~180g/L 的硫酸溶液中在 25~35℃温度下进行阳极氧化，电流密度为 1.2~1.8A/dm^2，通电时间为 30~60min，根据客户对膜厚的要求定出氧化时间。

（4）阳极氧化后的处理

1）对于要求保留铝合金外观原色的产品，在阳极氧化成膜后进行水洗。水洗干净后，用 95~105℃的纯热水进行封闭，然后自然晾干或用热风吹干，即得到原色的铝合金型材产品。

2）粉末涂料封闭。需要用固体粉末涂料涂装的铝型材，经阳极氧化后，水洗干净并晾干，然后送到喷涂车间，先在表面上喷涂有色固体粉末涂料，并送入固化炉中固化，即得到表面光亮、色泽鲜艳的铝合金型材。

3）电泳漆封闭。部分经过阳极氧化后的铝合金型材，马上送到电泳涂漆车间，进入电泳漆槽，进行阴极电泳涂漆封闭，电泳成膜后经水洗后干燥，即可得到各种光亮平滑并赋予各种颜色的型材。

4）交流电解着色。需要着青古铜、古铜或黑色的装饰铝型材，在电解着色车间进行交流电解着色处理。

交流电解着色的溶液配方及工艺：经阳极氧化后的铝合金型材经水洗后，在纯水中浸泡 1~2s 后取出并放入电解着色槽中处理。交流电解着色工艺见表 9-57。

表 9-57　交流电解着色工艺

溶液配方及工艺条件		变化范围
组分质量浓度/(g/L)	硫酸(H_2SO_4)	12~16
	硫酸亚锡($SnSO_4$)	10~13
	着色稳定剂	8~12
工艺条件	交流电压(逐步升高)/V	0~12
	电流频率/Hz	50
	处理时间/min	2~3(古铜色)

5）常温封闭。经交流电解着色后的铝塑材可以得到由青古铜→古铜→黑色的色泽，取出后水洗干净放在常温封闭液中封闭。封闭工艺见表 9-58。

表 9-58　封闭工艺

溶液配方及工艺条件		变化范围
组分质量浓度/(g/L)	醋酸镍[$Ni(CH_3COO)_2$]	5~8
	氟化钠(NaF)	1~2
	表面活性剂	0.2~0.5
	添加剂	5.0~6.0
工艺条件	溶液 pH 值	5.5~6.5
	封闭时间/min	10~15

未封闭前膜层的截面，孔隙中的空洞呈疏松状态，常温封闭后膜层的断面，孔隙已基本填满、填平。

6）浸泡试验。将常温封闭的产品试样分别浸泡在质量分数为 5%的盐酸溶液和质量分数为 10%的氢氧化钠溶液中，经两个月（60 天）后取出并冲洗干净，吹干观察。产品表面的色泽无变化，也无腐蚀痕迹，表明阳极氧化的着色膜，经常温封闭后，耐蚀性良好和稳定。

7）中性盐雾试验。将常温封闭的产品试样放进 YQ-250 盐雾试验箱中，以 24h 为一个周期。连续 8h 喷雾，间隔 16h，试验温度为 25~30℃，经 28 天后取出观察，产品试样颜色无变化，也无腐蚀迹象，耐大气腐蚀的性能良好。

（5）阳极氧化的常见故障与解决办法　阳极氧化的常见问题及对策见表 9-59。

表 9-59　阳极氧化的常见问题及对策

常见故障	产生原因	处理方法
氧化膜呈彩虹色	氧化时间过短	增加氧化时间
	阳极电流密度过低	增大电流密度
	导电不良,电流局部过大	改善导电系统,使电流分布均匀
阳极氧化膜发灰	铝合金中含硅太高	优选合格的铝合金材料
	挤压铸造偏析	改进成型技术,自然人工时效处理
	装挂参差不齐,靠近阴极	改进装挂方式
氧化膜发暗不亮	挂具接触不良	改进挂具的接触
	氧化时间过长,温度过高	改进工艺条件
	Ni^{2+}与添加剂不足	按工艺要求添加
	配液水中含 Cl^-,重金属及有机杂质多	分析调整
氧化膜有黑斑或条纹	有固体状凝絮状悬浮物	进行过滤除去
	表面油污、锈迹未除干净	加强前处理工作
	杂质含量(Cu^{2+}、Fe^{2+})过多	电解或置换去除
氧化膜有泡沫或网状花纹	去膜、出光做得不好	改进操作
	除油剂中 Na_2SiO_3 过多	改进除油工艺
工件被局部电烧灼伤	接触处短路	退挂具增加截面积
	零件彼此碰到或碰阴极	改善工件之间的放置
	部分阴极板接触不良	改善阴极的电流分布
冷冻管被击穿或腐蚀	阴极板靠冷冻管太近	适当调整,用 PP 网隔开
	冷冻管防蚀不好	涂装防腐涂料
铝基体表面局部过腐蚀阻挡层被击穿	电解液中含 Cl^-、F^-太多	进行化学处理,减少 Cl^-、F^-或更换电解液
热水封闭后仍沾上手指印	热水的温度不够高,时间短	提高温度,增加封闭时间
	封闭液的 pH 不对	调整 pH 值
	阳极氧化时,温度太高	降低氧化温度
热纯水或蒸汽封闭后有水华	热水水质太硬,含矿物质	改用无离子水、蒸馏水等软水
	氧化的电解液中含 Al^{3+}高	减少电解液中的 Al^{3+}量
	电解液太脏	过滤或清除电解液的污物

9.10　镁及镁合金的阳极氧化

9.10.1　镁及镁合金的阳极氧化概述

镁合金的阳极氧化过程与铝合金有很大的不同。在镁合金阳极氧化过程中，随膜的形成，电阻不断增加，为了保持恒定电流，阳极电压随之增加，当电压增加到一定程度时，会突然下降，同时形成的膜层破裂，故镁的阳极电压-时间曲线呈锯齿形。同铝合金的阳极氧化膜相比，镁合金的这种有火花的阳极氧化产生的膜层粗糙、孔隙率高、孔洞大而不规则，膜层中有局部的烧结层。镁合金阳极氧化膜的着色、封孔也不像铝合金那样可以很方便地采用多种工艺。

9.10.2　镁合金阳极氧化膜的性质

在镁合金上制得的阳极氧化膜，其耐蚀性、耐磨性以及硬度一般都比用化学氧化法制得的要高，其缺点是膜层的脆性大，而且对于复杂的制件难以获得均匀的膜层。阳极氧化膜的结构及组成决定了膜层的性质，而不同的阳极氧化电解液及合金成分对于膜层的组成和结构又有很大的影响。

（1）微观结构和组成　由各种阳极氧化工艺制得的氧化膜的微观结构和氧化膜的组成见表9-60。

表9-60　氧化膜的制备工艺和膜层组成之间的关系

合金类型	制备工艺或电解液成分	膜层的组成和结构
各种镁合金	Dow-17法	镁合金氧化膜的微观结构类似于铝的阳极氧化膜中的Keller模型，是由垂直于基体的圆柱形空隙多孔层和阻挡层组成，膜的生长包括在膜与金属基体界面上镁化合物的形成以及膜在孔底的溶解两部分
Mg-Al合金	KOH、KF、Na_3PO_4和铬酸盐	氧化膜由镁、铝、氧组成，膜层中铝来源于电解液和基体，膜层中铝的含量随电压的升高而增加
Mg-Mn合金	KOH、KF、Na_3PO_4、$Al(OH)_3$和$KMnO_4$	氧化膜主要由镁、氧组成，膜为MgO和$MgAl_2O_4$组成的无序结构，且无序度随着铝含量的增加而增大

（2）在碱性电解液中形成的膜　锰质量分数为2%的Mg-Mn合金在碱性电解液中阳极氧化得到的膜层，其主要组成为$Mg(OH)_2$，它的结构为六方晶格（$a=0.313$nm、$c=0.475$nm），由于合金组成不同以及溶液成分不同，使得膜层中除$Mg(OH)_2$以外，还含有少量合金元素的氢氧化物、酚以及水玻璃等，见表9-61。膜层的厚度和孔隙率随合金类型和电解液组成而定，经封闭处理后其防护性能进一步提高。

表9-61　在ML5合金上碱性阳极氧化膜的成分

成分	H_2O	$Mg(OH)_2$	$Al(OH)_3$	$Mn(OH)_2$	$Cu(OH)_3$	$Zn(OH)_2$	Na_2SiO_3	C_6H_5ONa	NaOH	总量
质量分数(%)	4.25	81.51	3.61	0.08	0.10	0.04	8.62	0.05	1.00	99.26

（3）在酸性电解液中形成的膜　镁合金阳极氧化所用的酸性电解液由铬酸盐、磷酸盐和氧化物等无机盐所组成。其所生成的膜中含有这些盐的酸根，对应的镁盐在酸性介质中均相当稳定。酸性膜的组成比较复杂，大致含有磷酸镁、氟化镁以及组成未明的铬化物。膜层的孔相当多，必须在含有铬酸盐和水玻璃的溶液里进行封闭处理。这种膜的耐热性很好，在400℃的高温下受热100h，其性能、与基体金属的结合力均不受影响。用Dow-17法制得的氧化膜与HAE法相似，随终结电压的不同，可以得到三种性能不同的膜层，见表9-62。

表9-62　终结电压与膜层的性能

方法	终结电压/V	膜层类型	时间/min	膜层性质
HAE	9	软膜	15~20	膜薄、硬度低、韧性好、同基材结合好，耐蚀性差
Dow-17	40		1~2	
HAE	60	轻膜	40	同基材结合性良好、耐蚀性较高，可作涂装底层
Dow-17	60~75		2.5~5	
HAE	85	硬膜	60~75	硬度高，耐磨性和耐蚀性好，脆性大

（4）膜层硬度　镁合金经阳极氧化处理后，随着膜层厚度的增长，其硬度明显下降，见表9-63。

表 9-63 镁合金上阳极氧化膜的显微硬度与厚度之间的关系

合金牌号	阳极氧化时间/min	厚度/μm	硬度 HV
M15	10	20	365
	20	30	263
	30	50	226
	50	60	160
	60	—	149

(5) 抗氯化钠溶液的防护性能 在 WMG5-1 合金上形成的阳极氧化膜和铬酸盐钝化膜的抗氯化钠溶液的防护性能，如图 9-13 所示。

可以看出，用重铬酸盐进行封闭处理，其防护性能明显提高（曲线 4）。在实际生产中推荐使用组分（质量分数）$K_2Cr_2O_7$ 0.1% + Na_2HPO_4 0.65%的溶液。

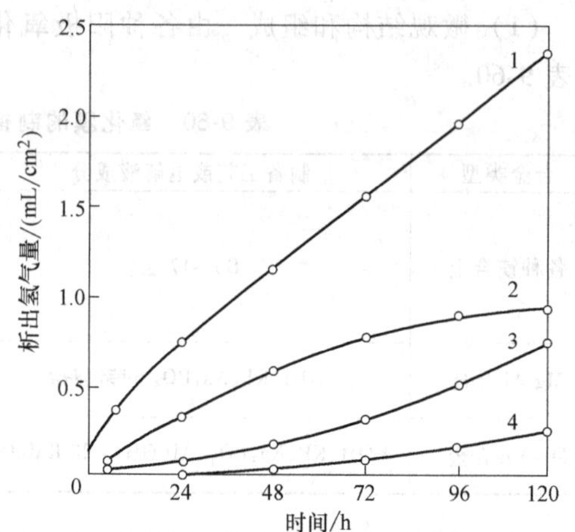

图 9-13 在质量分数为 0.5%的 NaCl 溶液中 WMG5-1 合金上产生的阳极氧化膜和铬酸盐钝化膜防护性能的比较

注：曲线 1 为未经处理的镁合金；曲线 2 为铬酸盐钝化膜；曲线 3 为阳极氧化膜；曲线 4 为阳极氧化膜并经封闭处理。

9.10.3 镁合金阳极氧化的典型方法

镁合金阳极氧化既可以在碱性溶液中进行，也可以在酸性溶液中操作。在碱性溶液中，氢氧化钠是这类阳极氧化处理液的基本成分。在只含有氢氧化钠的溶液中，镁合金是非常容易被阳极氧化而成膜的，膜的主要成分是氢氧化镁，它在碱性介质中是不溶解的。但是，这种膜层的孔隙率相当高。在阳极氧化过程中，膜层几乎随时间呈线性增长，直至达到相当高的厚度。由于这种膜层的结构疏松，它与基体结合不牢，防护性能很差，因此在所有研究提示的电解液中都添加了其他组分，以求改善膜的结构及其相应的性能。添加的组分有碳酸盐、硼酸盐、磷酸盐以及氟化物和某些有机化合物。碱性的旧极氧化处理液获得实际应用得并不多，但报道的却不少，具有代表性的为 HAE 方法，它是在氢氧化钾溶液中添加了氟化物等成分。酸性阳极氧化法以 Dow-17 法为代表。

(1) HAE 法阳极氧化工艺 HAE 法适用于各种镁合金，其溶液具有清洗作用，可省去前处理中的酸洗工序。溶液的操作温度较低，需要冷却装置，但溶液的维护及管理比较容易。

溶液的组成、工艺及形成的膜层厚度见表 9-64。

表 9-64 溶液的组成、工艺及形成的膜层厚度

<table>
<tr><th colspan="2" rowspan="2">溶液组成质量浓度/(g/L)</th><th colspan="4">工艺条件</th><th rowspan="2">膜厚/μm</th></tr>
<tr><th>温度/℃</th><th>电流密度/(A/dm²)</th><th>电压/V</th><th>时间/min</th></tr>
<tr><td>KOH</td><td>165</td><td rowspan="2">室温</td><td rowspan="2">1.9~2.1</td><td rowspan="2">AC:0~60</td><td rowspan="2">8</td><td rowspan="2">2.5~7.5</td></tr>
<tr><td>KF</td><td>35</td></tr>
<tr><td>Na₃PO₄</td><td>35</td><td>室温</td><td>1.9~2.1</td><td>AC:0~85</td><td>60</td><td>7.5~18</td></tr>
<tr><td>Al(OH)₃</td><td>35</td><td rowspan="2">60~65</td><td rowspan="2">4.3</td><td rowspan="2">AC:0~9</td><td rowspan="2">15~20</td><td rowspan="2">15~28</td></tr>
<tr><td>KMnO₄</td><td>20</td></tr>
</table>

采用该工艺时需注意以下几方面：

1）镁是化学活性很强的金属，故阳极氧化一旦开始，必须保证迅速成膜，才能使镁基体不受溶液的活化。溶液中氟化钾和氢氧化铝起促使镁合金在阳极氧化的初始阶段能够迅速成膜的作用。

2）用该工艺所得的膜层硬度很高，耐热性和耐蚀性以及与涂层的结合力均良好，但膜层较厚时容易发生破损。

3）在阳极氧化开始阶段，必须迅速升高电压，维持规定的电流密度才能获得正常的膜层。若电压不能提升，或提升后电流大幅度增加而降不下来，则表示镁合金表面并没有被氧化生成膜，而是发生了局部的电化学溶解，出现这种现象说明溶液中各组分含量不足，应加以调整。

4）高锰酸钾主要对膜层的结构和硬度有影响，使膜层致密，提高显微硬度。若膜层的硬度下降，应考虑补充高锰酸钾。当溶液中高锰酸钾的含量增加时，氧化过程的终止电压可以降低。

5）氧化后可在室温下的含 NH_4HF_2 100g/L 和 $Na_2Cr_2O_7 \cdot 2H_2O$ 20g/L 的溶液中浸渍 1~2min，进行封闭处理，中和膜层中残留的碱液，使它能与漆膜结合良好，提高膜层的防护性能。另外，也可用 200g/L 的 HF 来进行中和处理。

（2）Dow-17 法　尽管目前提出的酸性电解液比碱性的要少得多，但目前广泛采用的是属于这一类的电解液，Dow-17 法是其中有代表性的工艺。该工艺也适用于各种镁合金，与 HAE 法相类似，溶液也具有清洗作用。Dow-17 法溶液的具体组成见表 9-65。

表 9-65　Dow-17 法溶液的具体组成

溶液类型	溶液组成	用直流电时的质量浓度/(g/L)	用交流电时的质量浓度/(g/L)
溶液 A	NH_4HF_2	300	240
	$Na_2Cr_2O_7 \cdot 2H_2O$	100	100
	H_3PO_4(质量分数为 85%)	86	86
溶液 B	NH_4HF_2	270	200
	$Na_3Cr_2O_7 \cdot 2H_2O$	100	100
	Na_2HPO_4	80	80

（3）MEOI 法　北京航空航天大学材料学院钱建刚等研究的 MEOI 工艺是属于环保型的镁合金阳极氧化成膜工艺，其阳极氧化液中不含有对人体和环境有害的六价铬成分，也没有锰、磷和氟等污染环境的物质。

1）MEOI 法的溶液成分［质量浓度/(g/L)］：铝盐 50、氢氧化物 120、硼盐 130、添加剂 10。

2）MEOI 法工艺条件：电压为 65V，时间为 50min。

3）MEOI 法封闭处理工艺时的封闭处理液为 50g/L 水玻璃，处理温度为 95~100℃，处理时间为 15min。

4）影响其膜层性能的因素如下：

① 溶液成分的影响。阳极氧化溶液中加入添加剂后，阳极氧化膜的耐蚀性有了很大的提高。MEOI 工艺可在压铸镁合金 AZ91D 获得银灰色的氧化膜层，其耐蚀性和结合力接近传统的含铬工艺所形成的膜层。该工艺形成的膜层主要由 $MgAl_2O_4$ 组成，呈现不规则孔洞的粗糙膜结构特点，其孔径远大于传统的铝合金表面硫酸阳极氧化后的孔径。在氧化膜的成长过程中，阳极氧化电压和成膜剂是影响氧化膜性能的主要因素。通过成膜剂的开发和阳极氧化电压的选择可以改进镁合金阳极氧化膜的结构与性能。

② 电压的影响。不同的阳极氧化电压，形成的膜层表面结构是不同的。40V 时，开始

产生电火花，形成的膜很薄，只有 5.6~6.2μm，膜的耐蚀性很差；50V 时电火花逐渐增多，膜层厚度增加，耐蚀性有所提高；60V 时电火花很剧烈，膜层厚度增加较快，膜的结构发生了突变，形成了多孔层结构，膜的耐蚀性有较大提高；65V 时膜的结构与 60V 时相似，但膜层厚度增加较快，膜的耐蚀性明显提高。

③ 封闭影响。阳极氧化膜经封闭后，大多数的孔洞得到了堵塞，膜层的耐蚀性得到了提高。

(4) TAGNITE 法　TAGNITE 法是另一种阳极氧化法，基本上取代了早期的 HAE 和 Dow-17 技术。HAE 法和 Dow-17 法生成的表面氧化层的孔隙多、孔径大，它们的槽液分别含高锰酸盐和铬酸盐。而用 TAGNITE 法在碱性溶液中特殊波形下生成的白色硬质氧化物的膜层厚度为 3~23μm，其盐雾腐蚀试验 336h（14 天）不显示腐蚀迹象（按 ASTM B117—2011 标准试验）。TAGNITE 法对镁合金表面涂装有很好的附着性，可以作为漆膜的底层。TAGNITE 法膜的表面粗糙度虽不尽如人意，但明显优于 HAE 法和 Dow-17 法，其定量数据比后者分别高出 4 倍和 1 倍。

(5) UBE 法　针对一般的镁合金阳极氧化膜的孔洞较大、膜层疏松和密度较低等情况，日本学者做了大量的研究工作来改善它的致密性。他们发现，加入碳化物和硼化物都能提高镁阳极氧化膜的密度，在此基础上开发了新的阳极氧化工艺。这套工艺包括 UBE-5 和 UBE-2 两种方法，它们的电解液主要成分和阳极氧化处理条件见表 9-66。

表 9-66　UBE 法工艺参数

方法	电解液主要成分	电流密度/(A/dm²)	温度/℃	时间/min
UBE-5	Na_2SiO_3、碳化物、氧化物	2	30	30
UBE-2	$KAlO_2$、KOH、KF、碳化物、铬酸盐	5	30	15

用 UBE-5 处理的镁合金工件，其阳极氧化膜以 Mg_2SiO_4 为主，呈白色。用 UBE-2 法得到的膜层以 $MgAl_2O_4$ 为主，颜色为白色或淡绿色。两种方法得到的阳极氧化膜的致密性都明显高于普通的阳极氧化工艺，膜的孔洞较小、分布比较均匀。而用 UBE-5 法制得的氧化膜其耐蚀性和耐磨性都高于 UBE-2 法。

(6) Anomag 法　Anomag 法是近年来开发的一种无火花的阳极氧化，据称是目前世界上最先进的镁阳极氧化工艺技术。在一般的镁合金阳极氧化过程中，等离子体放电的火花位置发生在离工件表面 70nm 之内，这种局部的高热能冲击会对工件材料的力学性能产生不利影响，而且形成的膜层总是粗糙多孔，并伴有部分烧结的涂层，法拉第效率只有 20%左右。而 Anomag 法采用适当的电解液，避免了等离子体放电的发生，其阳极氧化和成膜过程与普通的阳极氧化过程相同，形成的膜层孔洞比普通阳极氧化的膜孔细小，且分布比较均匀，膜层与基体金属的结合强度更大。Anomag 法膜层在表面粗糙度、耐蚀性和耐磨性等方面是现有几种阳极氧化法中最好的。

Anomag 法的电解液不含铬盐等有害物质，膜的生长速度快，可达 1μm/min，它的法拉第效率较高。在镁合金 AZ91D 上生成的 5μm 厚的膜层，经过 1000h 盐雾试验可达 9 级。介电破裂电压大于 700V，横截面中间的显微硬度为 350HV（镁合金基体的硬度为 98~105HV），它的耐磨性在 CS17 Taber 磨损机上（负荷为 10N）可经历 2800~4200 次循环。

这种阳极氧化工艺解决了镁合金着色的难题，把镁的阳极氧化膜的形成与着色结合起来，一步完成了氧化和着色这两个过程。可以按照用户的要求，向用户提供各种颜色的镁合金制品。这种膜层经封孔后可单独使用，也可作为有机涂层的底层。在工件的棱角、深孔等部位，这种膜层都能很好地覆盖。Anomag 工艺操作控制简单，在工件上不会发生火花点蚀现象，还可以覆盖和抑制铸造缺陷和流线，是一种很有发展空间的新工艺。

（7） Magoxid-Coat 法　Magoxid-Coat 法是一种硬质阳极氧化工艺，电解液是弱酸性的水溶液，产生的膜层由 $MgAl_2O_4$ 和其他化合物组成，膜层厚度一般为 15～25μm，最高可达 50μm。Magoxid-Coat 膜可分三层，类似于铝的微弧氧化膜，表层是多孔陶瓷层，中间层基本无孔提供保护作用，内层是极薄的阻挡层。处理前后工件的尺寸变化很小。该膜硬度较高，耐磨性好，对基体的黏附性强，有很好的电绝缘性能。膜的介电破裂电压（击穿电压）达 600V；Mohs 抓伤试验指数为 7～8；500h 盐雾腐蚀试验后未见腐蚀；耐磨性能也接近铝的阳极氧化膜水平。通常，膜的颜色为白色，也可以在电解液中加入适当的颜料改变它的色彩，如加入黑色尖晶石就可得到深黑色的膜层，也可以进行涂漆、涂干膜润滑剂（MoS_2）或含氟高聚物（PTFE）。这种工艺成膜的均匀性很好，无论工件的几何形状如何复杂，都可适用，而且对于目前所有标准牌号的镁合金材料都能应用。

（8） Starter 法　Starter 法的电解液组成及工艺条件等见表 9-67。

（9） 镁及镁合金阳极氧化工艺对比　阳极氧化是镁及镁合金最常用的一种表面防护处理方法。镁的阳极氧化成膜效果受以下因素的影响：电解液组分及其浓度，电参数（电压、电流）类型、幅值及其控制方式，溶液温度，电解液的 pH 值以及处理时间等。其中电解液的组分是镁阳极氧化处理的决定因素，它直接关系到镁阳极氧化的成败，极大地影响镁阳极氧化成膜过程及膜层性能。至今为止，镁阳极氧化所用的电解液大致可以分为两类，一类是以含六价铬化合物为主要组分的电解液，如欧美的 Dow-17 法、Dow-9 法、GEC 法和 Cr-22 法等传统工艺及日本的 MX5、MX6 工业标准所用电解液；另一类是以磷酸或氟化物为主要组分的电解液，如 HAE 及一些美国专利申请所述的电解液。

由于六价铬化合物及氟化物对环境及人类健康有着不同程度的危害，而磷酸盐的使用又会对水资源造成较大程度的污染，为解决上述问题，顺应人类可持续发展的要求，开发无铬、无磷、无氟及无其他有毒、有害组分的绿色环保型电解液已成为镁的阳极氧化技术的一项重要而紧迫的研究内容。镁阳极氧化工艺对比情况见表 9-67。

表 9-67　镁阳极氧化工艺对比

工艺	电解液组成质量浓度/(g/L)		阳极氧化条件及其他
Starter	氢氧化物	20～300	控制温度为 0～100℃，直流电流密度为 0.002～1A/cm²；处理时间为 10～120min，获得银灰色均匀光滑膜；在温度为 80～100℃ 的 20～300g/L $Na_2Si_2O_3 \cdot 9H_2O$ 溶液中封孔 10～60min
	添加剂 M	5～100	
	添加剂 F	10～200	
美国专利	KOH	2～12	先在 pH 值为 5～8、温度为 40～100℃ 的 0.3～3.0mol/L NH_4HF_2 水溶液中预处理 15～60min；阳极氧化电流密度为 10～90mA/cm²，处理时间为 10～60min，获得灰色不均匀膜，局部特别粗糙
	KF	2～15	
	K_2SiO_3	5～30	
HAE	KOH	135～165	控制温度为 15～30℃，电压为 70～90V，电流密度为 20～25mA/cm²，恒电流通电 8～60min，获得褐色较均匀、粗糙的膜；在温度为 21～32℃ 的 20g/L $Na_2Cr_2O_7 \cdot 2H_2O$、100g/L NH_4HF_2 溶液中封孔处理 1～2min
	$Al(OH)_3$	34	
	KF	34	
	Na_3PO_4	34	
	$KMnO_4$	20	
Dow-17	NH_4HF_2	240～360	控制温度为 71～82℃，电压为 70～90V，直流电流密度为 5～50mA/cm²，恒电流通电 5～25min，得绿色均匀光滑膜；在温度为 93～100℃ 的 53g/L 硅酸盐溶液中处理 15min
	$Na_2Cr_2O_7 \cdot 2H_2O$	100	
	H_3PO_4，质量分数为 86%	90mL/L	

9.10.4 镁合金阳极氧化工艺流程

镁合金工件阳极氧化处理的工艺流程：镁合金工件→上挂→脱脂、除膜→热水洗→冷水洗→酸蚀活化→水洗→阳极氧化→水洗→封闭→干燥→检验。

9.10.5 镁及镁合金阳极氧化前处理

（1）脱脂 对于表面油污较重的镁合金，可以使用有机溶剂将表面的油污去除干净。

（2）脱脂除膜 镁合金化学活性高，在一定的条件下表面很容易形成氧化膜。一般在处理之前需要除去这层氧化膜，以提高阳极氧化膜的结合力。除膜可以采取化学或电化学的方法。由于镁合金是两性的，除膜溶液既可以是碱性的又可以是酸性的，而且在除膜的同时还能清除表面残存的油污。因此，对表面污染不太严重的镁合金，可以同时完成脱脂、除膜的任务。常用脱脂除膜工艺见表9-68。

表9-68 常用脱脂除膜工艺

工艺号		化学法			电化学法
		1	2	3	
组分质量浓度/(g/L)	铬酐(CrO_3)	180	100~150	150~200	—
	氟化钾(KF)	—	—	3~4	—
	硝酸铁[$Fe(NO_3)_3\cdot 9H_2O$]	—	—	40	—
	硝酸(HNO_3)	—	100~120	—	—
	氢氧化钠(NaOH)	—	—	—	10~12
	碳酸钠(Na_2CO_3)	—	—	—	20~30
工艺条件	槽电压/V	—	—	—	5~7
	温度/℃	30~90	20~30	20~30	80~90
	时间/min	3~10	0.5~3.0	0.5~3.0	2~5
	适用范围	精密镁合金零件	含铝高的镁合金	一般的镁合金	镁合金零件

（3）弱酸活化 由于镁合金较活泼，表面在除膜后很容易又生成氧化膜，为了保证阳极氧化膜的结合力，在阳极氧化前需要在弱酸溶液中活化，除去薄的氧化膜，活化表面。活化的工艺方法随脱脂除膜方法的不同而不同，见表9-69。

表9-69 镁及镁合金的弱酸活化工艺

适用	组分质量浓度/(g/L)			温度/℃	时间/min
	磷酸(H_3PO_4)	氟化氢铵(NH_4HF_2)	酸性氟化铵(NH_4F)		
化学除膜后	200mL/L	100	—	20~30	0.5~1.5
电解除膜后	200mL/L	—	100	20~30	0.5~1.5

9.10.6 镁及镁合金阳极氧化处理典型工艺

（1）经典工艺 镁及镁合金的阳极氧化溶液既可以是酸性的，又可以是碱性的，其经典工艺见表9-70。

（2）日本工业用镁合金阳极氧化配方及工艺 日本是使用镁合金阳极氧化处理方法较早的国家，其工业上所用的阳极氧化溶液配方及工艺已基本规范化。日本技术资料中公布的配方及工艺见表9-71。

（3）其他国家用的镁合金阳极氧化溶液配方及工艺 国外在早期对镁合金阳极氧化处

理是用含铬酸的溶液配方，后来逐步开发出以磷酸盐、高锰酸钾、可溶性硅酸盐、硫酸盐，氢氧化物、氟化物等为主的无毒处理液。这些处理液的配方及工艺见表9-72。

表9-70 镁及镁合金的阳极氧化经典工艺

工艺类型		酸性电解液	碱性电解液	
			1	2
组分质量浓度/(g/L)	氟化氢铵(NH_4HF_2)	200~250	—	—
	铬酐(CrO_3)	35~45	—	—
	氢氧化钠(NaOH)	8~12	—	—
	磷酸(H_3PO_4,质量分数为85%)	55~65mL/L	—	—
	锰酸铝钾	—	20~50	—
	磷酸三钠($Na_3PO_4 \cdot 12H_2O$)	—	40~60	—
	氟化钾(KF)	—	80~120	—
	氢氧化铝[$Al(OH)_3$]	—	40~60	—
	氢氧化钾(KOH)	—	140~180	—
	氢氧化钠(NaOH)	—	—	140~160
	水玻璃	—	—	15~18mL/L
	酚(C_6H_5OH)	—	—	3~5
工艺条件	温度/℃	70~80	<40	60~80
	电流密度/(A/dm^2)	1~3	1~5	0.5~1
	电压/V	50~95	30~85	4~6
	氧化时间/min	15~30	15~60	20~30
	电源	交流电	交流电	直流电
膜厚/μm		10~40	20~50	7~15
膜层特点		薄膜为稻黄色;厚膜为深绿色,膜层粗糙多孔	薄膜为浅绿色;厚膜为深棕色至棕黑色,膜层粗糙多孔,耐磨性较好	灰色或绿色,取决于镁合金成分;适用于镁铸锭的防护处理

表9-71 日本工业用镁合金阳极氧化配方及工艺

工艺号	标准溶液成分及质量浓度/(g/L)			工艺条件		方法的特点
1	硫酸铵		30	溶液温度为50~60℃;电流密度为0.2~1.0A/dm^2;电解时间为15~30min;水洗、干燥		适合所有的镁合金零件,并具有良好的防护性能,也适合做涂装的底层
	重铬酸钠		30			
	氨水(28%)		2.5mL/L			
2	A溶液	氢氧化钠	240	溶液温度为75~80℃;电流密度为1~2A/dm^2;电解时间为15~30min		膜的电绝缘性能好,其耐蚀性和耐磨性也好
		乙二醇或二甘醇	85mL/L			
		草酸钠	25			
	B溶液	重铬酸钠	50	溶液温度为18~23℃;浸渍中和后充分水洗、热水洗、干燥		
		酸性氟化钠	50			
3	氢氧化钾		10	A型	溶液温度为8~23℃;电流密度为1.9~2.1A/dm^2;电压为50~85V;浸渍时间为8~60min;	用作涂装底层时,在酸性氟化铵80g/L,重铬酸钠20g/L的溶液中,在20~30℃下浸渍1min中和,后水洗干净并干燥 膜层致密,硬度好,耐磨性及耐蚀性优良,适合所有镁合金
	氟化钾		35			
	磷酸钠		35			
	氢氧化铝		35	B型	溶液温度为60~65℃;电流密度为4A/dm^2;电压为5~10V;浸渍时间为15~20min	
	过锰酸钾或锰酸钾		20			
4	酸性氟化铵		240	溶液温度为70~80℃;电流密度为0.5~5A/dm^2电压为60~100V浸渍时间为4~90min;氧化后水洗、干燥		膜层硬而且致密、耐磨性及耐蚀性好,适合所有的镁合金零件防护及做涂装底膜
	重铬酸钠		100			
	磷酸		90mL/L			

表 9-72 国外镁合金阳极氧化工艺

方法名称	溶液成分及质量浓度/(g/L)		工艺条件	膜层颜色
Dow-17 法	氟化氢铵(NH_4HF_2)	225~450	溶液温度为 70~80℃;电流密度为 0.5~5.0A/dm^2;电压为 65~100V;时间为 5~25min	膜厚为 6~30μm 暗绿色复合膜
	重铬酸钠($Na_2Cr_2O_7 \cdot 2H_2O$)	50~125		
	磷酸(H_3PO_4,质量分数为 85%)	50~110mL/L		
Cr-22 法	铬酐(CrO_3)	25	溶液温度为 75~95℃;电流密度为 16mA/cm^2;交流电压为 350V	无光泽的深绿色膜
	氢氟酸(HF,质量分数为 50%)	25mL/L		
	磷酸(H_3PO_4,质量分数为 85%)	50		
	氨水(NH_4OH,质量分数为 30%)	160~180mL/L		
HAE 法	氟化钾(KF)	35	溶液温度≤20℃;电流密度为 1.5~2.5A/dm^2;交流电压和时间:薄膜为 65~70V,7~10min;厚膜为 80~90V,60~90min	膜厚为 5~40μm,棕黄色的氧化膜
	磷酸钠(Na_3PO_4)	35		
	氢氧化铝[$Al(OH)_3$]	35		
	氢氧化钾(KOH)	165		
	高锰酸钾($KMnO_4$)	20		
Sharman 法	重铬酸钾($K_2Cr_2O_7$)	25	溶液 pH 值为 5.5,温度为 23~25℃;电流密度为 0.8~2.4A/cm^2;电压密度为 1.2~3.6mV/cm^2;处理时间为 50~60min	黑色膜
	硫酸铵[$(NH_4)_2SO_4$]	25		
Manodyz 法	氢氧化钾(KOH)	250~300	溶液温度为 77~93℃;电流密度为 20~32mA/cm^2;电压为 4~8V	无光泽的白色软膜
	硅酸钠(Na_2SiO_3)	25~45		
	苯酚(C_6H_5OH)	2~5		
Flussal 法	氟化铵(NH_4F)	450	溶液温度为 20~25℃;电流密度为 48~100mA/cm^2;电压 190V(交流较好)	无光泽的白色硬膜
	磷酸氢铵[$(NH_4)_2HPO_4$]	25		

9.10.7 镁合金阳极氧化工艺示例

镁合金各种阳极氧化工艺见表 9-73。

表 9-73 镁合金各种阳极氧化工艺

配方		溶液成分	质量浓度/(g/L)	电流密度/(A/dm^2)	电压/V	温度/℃	时间/min
1	Dow-1	NaOH	240	1.1~2.2	直流或交流,4~6	70~80	15~25
		$HOCH_2CH_2OH$	70				
		$(COOH)_2$	25				
2	Flomag	NaOH	50	1.5	直流	70	40
		Na_3PO_4	3				
3		$NaBO_2 \cdot 4H_2O$	240	—	交流,0~120	20~30	2~5
		$Na_2SiO_3 \cdot 9H_2O$	67				
		C_6H_5ONa	10				
4		NaOH	140~160	0.5~1	直流,4~6	60~70	30
		水玻璃(密度为 1.397g/cm^3)	15~18mL/L				
		C_6H_5OH	3~5				
5		KOH	80	8	直流,60~70	40~50	40
		KF	300				
6		NaOH	50	2~3	直流,50	20~30	30
		Na_2CO_3	50				
7		NaOH	50	1~1.5	直流,4	70	30~50
		Na_2HPO_4	3				
8		$(NH_4)_2SO_4$	30	0.2~1.0	直流	50~60	10~30
		$Na_2Cr_2O_7 \cdot 2H_2O$	30				
		$NH_3 \cdot H_2O$(质量分数为 28%)	2.5mL/L				

（续）

配方	溶液成分		质量浓度/(g/L)	电流密度/(A/dm^2)	电压/V	温度/℃	时间/min
9		NaOH	240	1~2	直流	75~80	15~25
		HOC_2H_4OH 或	83mL/L				
		$NaBrO_3$	2.5				
10		磷酸盐	0.05~0.2mol/L	—	—	—	—
		铝酸盐	0.2~1.0mol/L				
		稳定剂	1~20				
11	第 1 步	NH_4F(pH 值为 4~8)	0.2~0.5mol/L	—	—	40~100	浸渍 15~60 水洗
	第 2 步	KOH 或 NaOH	2~12	2~90mA/cm^2	直流，>100	室温	10~40
		KF 或 NH_4HF_2 或 H_2SiF_6	2~15				
		Na_2SiO_3	5~30				
12	第 1 步	NaOH 或 KOH	5~6	40~60mA/cm^2	直流	15~20	2~3
		KF 或 NaF 或 NH_4F (pH 值为 12.5~13.0)	12~15				
	第 2 步	NaOH 或 KOH 或 LiOH	5~6	5~30mA/cm^2	直流	15~25	15~30
		KF 或 NH_4HF_2 或 H_2SiF_6	7~9				
		Na_2SiO_3 或 K_2SiO_3 (pH 值为 12~13)	10~20				
13	第 1 步	H_3BO_3	10~80	1~2	直流	15~25	15
		H_3PO_4	10~70				
		HF(pH 值为 7~9)	5~35				
	第 2 步	Na_2SiO_3	50	—	—	95	浸 15，取出后在空气中暴露 30
14		硅酸盐	50~100	1~4	直流	20~60	30
		有机酸	40~80				
		NaOH	60~120				
		磷酸盐	10~30				
		偏硼酸盐	10~40				
		氟化物	2~20				
15		NaOH 或 KOH	5~50	—	直流，150~400，以看到火花为止	20~40	1~5
		Na_2SiO_3 或 K_2SiO_3 或 H_2SiF_6	50				
		HF	5~30mL/L				
		NaF 或 KF(pH 值为 12~14)	2~20				
16		NH_4HF_2	200~250	1~3	直流，50~110	60~80	10~30
		CrO_3	35~45				
		NaOH	8~12				
		H_3PO_4(质量分数为 85%)	55~95mL/L				
17		NH_4HF_2	200	5	交流，80	70~80	40
		$Na_2Cr_2O_7$	60				
		H_3PO_4(质量分数为 85%)	60mL/L				
18		$KAl(MnO_4)_2$(以 MnO_4^{2-} 计)	50~70	2~4	交流，软膜 55、轻膜 65~67、硬膜 68~90	<30	—
		KOH	160~180				
		KF	120				
		$Al(OH)_3$	45~50				
		Na_3PO_4	40~60				
19Dow-9		$(NH_4)_2SO_4$	30	<0.1	—	48~60	10~30
		$Na_2Cr_2O_7 \cdot 2H_2O$	100				

（续）

配方	溶液成分	质量浓度/(g/L)	电流密度/(A/dm^2)	电压/V	温度/℃	时间/min
19Dow-9	$NH_3 \cdot H_2O$(pH 值为 5~6)	2.6mL/L	<0.1	—	48~60	10~30
20 Caustic	NaOH	240	—	交流,6~24;直流,6	73~80	20
	$HOCH_2CH_2CH_2OH$	83mL/L				
	$Na_2C_2O_4$	2.5				

表 9-73 说明如下：

1）配方 16 可在 ZM5、MB8 等镁合金上获得浅绿色至深绿色的阳极氧化膜，膜厚度为 10~30μm，有较高的抗蚀能力和耐磨性，也可作为涂装的良好底层，但膜层薄脆。

2）配方 19 为 Dow-9 法，对工件的尺寸影响很小，膜的耐蚀性良好，适用于含稀土元素镁合金及其他类型镁合金的氧化处理，可获得黑色膜层，故在光学仪器及电子产品上得到应用，也可用作涂装底层。该工艺不需要从外部通电，而仅是通过处理槽（钢体）和工作电位差引起的电流进行处理，所以也称电偶阳极氧化。

被处理的工件先在 HF 或酸性氟化物溶液中进行活化处理，然后下槽。工件应装夹牢固并不得与槽体相接触，以保证产生良好的电偶作用。若槽体为非金属，则可使用大面积钢板作辅助电极（阴极）；若工件表面积太大而电流密度达不到所需范围，则可使用外电源，使之达到工艺要求。

3）配方 20 为 Caustic 阳极氧化法，溶液具有清洗作用，适用于处理各种镁合金。在该溶液中含有稀土金属时，镁合金的成膜速度快，可采用低电流密度处理。氧化开始前，先将工件浸在处理液中静置 2~5min 以净化表面，然后电解。电解结束时，先切断电源，约过 2min 后再将工件取出，以增加膜的稳定性。工件经清洗后，在 20~30℃ 的组分［质量浓度/(g/L)］为 NaF 50+$Na_2Cr_2O_7 \cdot 2H_2O$ 50 的溶液中中和处理 5min。

9.11 铜及铜合金的阳极氧化

铜及铜合金的阳极氧化可获得半光泽或无光泽蓝黑色氧化膜。其氧化膜主要由黑色氧化铜所组成，膜层很薄，防护性能不高，不耐磨，不能承受弯曲和冲击，只适宜在良好条件下工作或仪表内部工件的防护和装饰。经浸油或浸漆后，防护性能有所提高。

铜及铜合金在热碱性溶液中进行阳极氧化处理时，在铜的表面上析出的氧将铜氧化成氧化亚铜，随后氧化亚铜进一步转化成氧化铜，并生成外观为黑色的膜层。当向溶液中加入钼酸盐时，膜层的颜色加深。这种方法所得的膜层黑度高，溶液成分也不易变化，在生产过程中比较容易掌握。在阳极氧化后的膜表面上出现绒毛状的残留物，可以用纱布或毛刷擦去，即得光滑表面。

铜及铜合金的阳极氧化法广泛用于光学仪器工件的处理，它既能提高表面的耐磨性和耐蚀性，又有庄重、美观的装饰效果。

9.11.1 铜及铜合金阳极氧化前处理

（1）化学脱脂　铜及铜合金工件一般采用碱性脱脂的方法，但也可用其他方法，主要是把工件表面的油污彻底清理干净，否则会影响阳极氧化物的质量。碱液脱脂工艺见表 9-74。

表 9-74　碱液脱脂工艺

溶液配方及工艺条件		变化范围
组分质量浓度/(g/L)	氢氧化钠(NaOH)	40~50
	碳酸钠(Na_2CO_3)	15~20
	磷酸钠(Na_2PO_4)	40~50
	硅酸钠(Na_2SiO_3)	5~10
工艺条件	溶液温度/℃	70~85
	处理时间/min	3~5

（2）铜工件的表面抛光　为了使工件表面更均匀、光滑，有利于氧化膜的均匀、连续生长，最好进行抛光。一般来说，用化学抛光最简单易行，用电解抛光或其他方法也可以。化学抛光工艺见表 9-75。

表 9-75　化学抛光工艺

溶液配方及工艺条件		变化范围
组分质量浓度/(g/L)	硫酸(H_2SO_4)	400~500
	硝酸(HNO_3)	40~60
	尿素[$CO(NH_2)_2$]	40~60
	明胶	1~2
工艺条件	溶液温度/℃	40~50
	抛光时间/min	1.0~1.5

（3）弱活化　铜经脱脂及抛光后，表面已露出金属，但在空气中很快会氧化生成一层很薄的氧化膜。因此在阳极氧化前应先将新生成的氧化膜除去，然后马上进入氧化槽处理。铜弱活化工艺见表 9-76。

表 9-76　铜弱活化工艺

溶液配方及工艺条件		变化范围
硝酸(HNO_3)质量浓度/(g/L)		300~400
工艺条件	溶液温度/℃	20~30
	浸渍时间/min	20~30

9.11.2　铜及铜合金阳极氧化工艺

（1）工艺流程　铜及铜合金阳极氧化工艺流程：铜及铜合金工件→化学脱脂→热水洗→冷水洗→化学抛光冷水洗→弱活化→水洗→阳极氧化→冷水洗→干燥→检验。

（2）溶液配方及工艺　铜及铜合金阳极氧化工艺见表 9-77。

表 9-77　铜及铜合金阳极氧化工艺

工　艺　号		1	2	3
组分质量浓度/(g/L)	氢氧化钠(NaOH)	150~200	150~200	400
	钼酸铵[$(NH_4)_6Mo_7O_{24}\cdot 4H_2O$]或钼酸钠($Na_2MoO_4\cdot 2H_2O$)	5~15	5~15	—
	重铬酸钾($K_2Cr_2O_7$)	—	—	50
工艺条件	温度/℃	80~90	60~70	60
	阳极电流密度/(A/dm^2)	2~3	2~3	3~5
	氧化时间/min	10~30	10~30	15
	阴极材料	不锈钢		
适用范围		铜	黄铜	青铜

按表中新配方的溶液，应用不锈钢阴极和铜阳极在80~100℃、2~3A/dm^2 的阳极电流密度下进行电解处理，等溶液呈浅蓝色后才能正常使用，否则影响效果。

工件进行阳极氧化处理时也用不锈钢做阴极，阴、阳极面积比为（5~8）：1。工件入氧化槽后先预热1~2min，接着在0.5~1.0A/dm^2 下预氧化3~6min，然后升至正常的阳极电流密度值。当析出大量气泡时，表明阳极氧化的过程已经完成。最后，工件带电出槽，并清洗干净。

对于成分或表面状态不均的黄铜工件，为了防止工件在阳极氧化处理时遭到不均匀的腐蚀，最好在阳极处理前先镀上一层2~4μm的薄铜层，再进行阳极氧化处理。

9.11.3 铜及铜合金的阴极还原转化膜

铜及铜合金除了采用阳极氧化得到有一定保护性能的阳极膜层之外，近年来人们研制开发了一种对铜进行阴极还原得到的转化膜。在特定的溶液中以适当的电流密度经过不同时间的处理可以得到不同颜色的转化膜。阴极还原转化膜处理工艺见表9-78。

表9-78 阴极还原转化膜处理工艺

工艺号		1	2
组分质量浓度/(g/L)	硫酸铜($CuSO_4 \cdot 5H_2O$)	30~60	40~50
	柠檬酸钠($Na_3C_6H_5O_7 \cdot 2H_2O$)	60~120	90~120
	氢氧化钠(NaOH)	80~120	90~120
	乳酸($C_3H_6O_3$,质量分数为88%)	80~140mL/L	90~140
	聚乙二醇	—	1~2
工艺条件	溶液温度/℃	20~35	20~35
	阴极电流密度/(A/dm^2)	5~40	20~80
	处理时间/min	2~3	1~2.5

9.12 钛及钛合金的阳极氧化

钛及钛合金质量轻而强度高，与铝合金、镁合金一样是一种能迅速生成氧化膜的活泼金属。它可用作各种电器的外壳及国防工业、航空航天工业上的各种工件。钛及钛合金在特定的溶液中进行阳极氧化处理，随着其工艺条件（主要是电压和时间）的变化，可以获得各种颜色的膜层。膜层的颜色和不锈钢一样也是由光的干涉而形成的，这种膜层的强度较高，化学性能、稳定性也较好，有较高的装饰及实用价值。

9.12.1 钛及钛合金阳极氧化工艺

（1）阳极氧化工艺流程　钛及钛合金阳极氧化工艺流程：钛及钛合金工件→表面抛光→溶剂脱脂→清洗→化学脱脂→热水洗→冷水洗→活化→水洗→活化→阳极氧化→水洗→热水封闭→水洗→吹干（或干燥）→检验→成品。

（2）阳极氧化前处理

1）在整平及机械抛光的基础上，首先用有机溶剂清除表面的油污或抛光膏，可以用浸洗、淋涂、蒸气清洗等法。

2）碱液脱脂。在有机溶剂脱脂后再用化学脱脂将油污彻底清洗干净。化学脱脂工艺见表9-79。

表 9-79 化学脱脂工艺

溶液配方及工艺条件		变化范围
组分质量浓度/(g/L)	碳酸钠(Na_2CO_3)	15~20
	磷酸钠(Na_3PO_4)	20~30
	硅酸钠(Na_2SiO_4)	10~15
	OP-10	1~3
工艺条件	溶液温度/℃	60~80
	处理时间/min	10~30

3）酸活化。脱脂后要用酸活化，除去表面的氧化膜或活化后留在表面的黑迹。酸活化工艺见表 9-80。

表 9-80 酸活化工艺

溶液配方及工艺条件		变化范围
组分体积分数(%)	盐酸(HCl)	90~95
	氢氟酸(HF)	4~5
工艺条件	溶液温度/℃	20~30
	处理时间/min	1.5~2.5

活化后进行水洗，若水洗后表面有黑迹，可以用毛刷刷洗除去。

4）表面活化。为了使钛表面得到活化，在阳极氧化前先进行活化。表面活化工艺见表 9-81。

表 9-81 表面活化工艺

溶液配方及工艺条件		变化范围
组分质量浓度/(g/L)	重铬酸钠($Na_2Cr_2O_7$)	100
	硫酸铜($CuSO_4$)	5
	氢氟酸(HF,质量分数为 52%)	50mL/L
工艺条件	溶液温度/℃	85~90
	浸渍时间/min	1~1.5

活化后经水洗进入阳极氧化槽处理。

（3）阳极氧化处理

1）钛及钛合金阳极氧化工艺见表 9-82。

表 9-82 钛及钛合金阳极氧化工艺

工 艺 号		1	2
组分质量浓度/(g/L)	磷酸(H_3PO_4,密度为 1.74g/cm^3)	50~200mL/L	—
	有机酸	20~100mL/L	—
	重铬酸钾($K_2Cr_2O_7$)	—	20~30
	硫酸锰($MnSO_4$)	—	15~20
	硫酸铵[$(NH_4)_2SO_4$]	—	20~30
工艺条件	溶液 pH 值	1~2	3.5~4.5
	溶液温度/℃	20~30	15~28
	阳极电流密度/(A/dm^2)	—	0.05~1.0
	槽电压/V	根据需要而定	3~5
	阴极材料	不锈钢	不锈钢
	阴阳极面积比	10:1	5:1
	处理时间/min	15~20	15~30
膜层颜色		本色→浅棕色→深棕色→褐色→深褐色→黑色	黑色

2）溶液的配置。先将工作体积的1/2左右的去离子水加到槽内，然后将计算量的磷酸和添加剂在不断搅拌条件下加入槽内，再用去离子水加至工作体积。

9.12.2 影响钛及钛合金阳极氧化膜的因素

（1）磷酸　它是成膜的主要成分。

（2）添加剂　它是获得彩色膜层的必要成分。

（3）温度　常温下即可正常工作，温度对膜层的颜色影响不大。

（4）电压　它是获得各种颜色膜层的重要条件，钛及钛合金阳极氧化电压与膜层颜色的关系见表9-83。

表9-83　钛及钛合金阳极氧化电压与膜层颜色的关系

电压/V	5	7	10	15	17	20	25	30	40	50	55	60	65	70	75	80	85	90
膜层颜色	灰色	褐色	茶色	紫色	群青	深蓝	浅蓝	海蓝	灰蓝	黄色	红黄	玫瑰红	金色	浅黄	粉黄	玫瑰紫	粉绿	绿色

9.12.3 钛及钛合金阳极氧化膜的常见问题与对策

钛及钛合金阳极氧化膜常见问题与对策见表9-84。

表9-84　钛及钛合金阳极氧化膜常见问题与对策

故障现象	产生原因	排除方法
局部无氧化膜	氧化前工件表面油污未除净	加强预处理
氧化膜发花	氧化前工件表面油污未除净	加强预处理
氧化膜色调不一致	电压不稳定	稳定电压

9.12.4 不合格氧化膜的退除

公差小于或等于0.012mm的精密工件和粗糙度 Ra 小于或等于0.8μm的工件上的氧化膜不允许退除，一般工件的氧化膜只能退除一次。退除溶液成分和操作条件见表9-85。

表9-85　退除溶液成分和操作条件

<table>
<tr><th colspan="2">溶液成分和操作条件</th><th>范围</th><th colspan="2">溶液成分和操作条件</th><th>范围</th></tr>
<tr><td rowspan="3">组分质量浓度/(g/L)</td><td>硝酸</td><td>50~60</td><td rowspan="3">工艺条件</td><td>温度</td><td>室温</td></tr>
<tr><td>盐酸</td><td>200~250mL/L</td><td rowspan="2">时间</td><td rowspan="2">退净为止</td></tr>
<tr><td>氟化钠</td><td>40~50</td></tr>
</table>

9.13 锌及锌合金的阳极氧化

锌很少作为单独的材料制作工件，主要是用于电镀、浸镀或喷镀在钢铁或其他金属材料上。锌合金则主要是以压铸件的形式在工业上应用。锌合金压铸件精度高、密度小、有一定的强度，在工业上主要用于受压力不大、形状较复杂的工件。锌及锌合金由于表面电位为负、化学活泼性高，易受各种环境介质腐蚀，因此用锌及锌合金制作的各种工件的表面都要进行防护处理，阳极氧化是一种有效的措施。

9.13.1　锌及锌合金阳极氧化工艺流程

锌及锌合金工件阳极氧化工艺流程：锌合金工件→抛光→脱脂→清洗→电解清洗→水洗→弱酸处理→水洗→阳极氧化→水洗→钝化→水洗→干燥→检验→产品。

9.13.2　锌及锌合金阳极氧化前处理

（1）预洗　锌合金压铸件在机械加工或抛光后表面有油污，要先用有机溶剂清洗，将工件浸入汽油、煤油或三氯乙烯等溶剂中浸洗，把大部分的油脂除干净。

（2）碱液清洗　有机溶剂脱脂后表面尚有油渍，需要进一步清洗，由于锌合金表面活性很高，在清洗时碱液的浓度不能太高，温度及浸洗的时间都要掌握好，否则会过腐蚀。清洗工艺见表9-86。

表9-86　清洗工艺

溶液配方及工艺条件		变化范围
组分质量浓度/(g/L)	无水碳酸钠	20~30
	十二水合磷酸钠	10~20
	表面活性剂	适量
工艺条件	溶液温度/℃	50~60
	浸渍时间/min	1~2

（3）电解清洗　如果化学清洗后还不够洁净，可以增加电解清洗。电解清洗有阳极清洗和阴极清洗两种。阳极清洗工艺见表9-87。

表9-87　阳极清洗工艺

溶液配方及工艺条件		变化范围
组分质量浓度/(g/L)	无水碳酸钠	5~20
	硅酸钠	10~20
	表面活性剂	适量
工艺条件	溶液温度/℃	30~50
	处理时间/s	3~30
	阳极电流密度/(A/dm^2)	3~5

（4）弱酸处理　电解清洗后的锌合金工件要进行弱酸处理，以进一步除去表面的污物，恢复光亮的表面。由于锌合金铸件的表面活性很强，所以要严格控制酸液的浓度及处理时间，最好尽可能采用大容量的处理方法。

弱酸液一般是质量分数为1%~3%的盐酸、硫酸、氢氟酸、乙酸或氨基磺酸等稀酸，也有在处理液中加入适量这些酸的盐类的。在处理过程中常会发生毛坯材料被溶解或带入预处理液的情况，为此处理液应经常进行化学分析，并根据使用的实际情况及时调整和更换。

9.13.3　锌及锌合金阳极氧化处理

锌及锌合金阳极氧化工艺见表9-88。

表 9-88 锌及锌合金阳极氧化工艺

工艺号		1	2	3	4
组分质量浓度/(g/L)	氢氧化钠(NaOH)	20	—	—	25
	重铬酸钾($K_2Cr_2O_7$)	—	60	150~250	—
	硼酸(H_3BO_3)	—	—	20~40	—
	硫酸(H_2SO_4)	—	—	4~7mL/L	—
	碳酸钠(Na_2CO_3)	—	—	—	50
工艺条件	温度/℃	40~45	15~20	15~30	15~25
	电流密度/(A/dm^2)	6~12	5	0.1~0.2	5
	氧化时间/min	7~8	10	—	1~2
	阴极	铅板	—	—	—
	阴阳极面积比	2:1	—	—	—
膜层颜色		黑色	—	绿色	白色
适用范围		锌及锌合金	锌及锌合金	钢上的镀锌层	镉

9.14 其他金属的阳极氧化

9.14.1 锡的阳极氧化

锡的阳极氧化工艺见表 9-89。

表 9-89 锡的阳极氧化工艺

工艺号		1	2
组分质量浓度/(g/L)	磷酸(H_3PO_4,密度为 $1.74g/cm^3$)	15~25mL/L	15~25mL/L
	磷酸钠(Na_3PO_4)	100	—
	磷酸二氢钠(NaH_2PO_4)	—	200
工艺条件	溶液温度/℃	65~90	80~90
	电流密度/(A/dm^2)	3~5	2V(电压)
	处理时间/min	20~35	30~60
	膜层颜色	黑色	黑色

9.14.2 镍的阳极氧化

(1) 概述 镍的密度为 $8.8g/cm^3$，熔点为 1452℃，在空气中或碱液中的化学稳定性好，不易变色。但是镍与氧接触后也很容易生成一层透明的氧化膜，这层膜易在酸液中溶解。镍在稀硝酸、醋酸及煤气中遭受腐蚀。由于镍在地球中的藏量少、产量不高，镍金属的强度不高，所以镍很少用作主体金属，而是作为各种金属的镀层起防护或装饰作用。由于镍表面生成的氧化膜很薄，耐磨性及耐蚀性不够，因此有时也需要在镀镍层表面实施阳极氧化处理，以便取得更好的防护或装饰性膜层。

(2) 镍阳极氧化前处理

1) 脱脂。镍表面在阳极氧化前可根据表面的油污情况选择脱脂的方法，可以采用溶剂脱脂、化学脱脂或电解脱脂，也可以采用两种方法结合，如先溶剂脱脂再化学脱脂或电解脱脂。在油污很少的状况下也可以不必溶剂脱脂，而直接用化学脱脂或电解脱脂。

2) 酸活化。镍表面脱脂后，其表面尚有一层氧化膜，可以用稀酸溶液去除，否则会影响阳极氧化膜的质量。酸液活化工艺见表9-90，其中包括化学活化和电解活化法。

表 9-90 镍镀层表面活化工艺

工艺号		1	2	3	4	5
组分质量浓度/(g/L)	盐酸(HCl,质量分数为37%)	100mL/L	150~170mL/L	1000mL/L	130mL/L	—
	硫酸(H_2PO_4,质量分数为98%)	150mL/L	—	—	—	700mL/L
	磷酸(H_3PO_4,质量分数为85%)	—	—	—	630mL/L	—
	三氯化铁($FeCl_3$)	—	250~300	—	—	—
	甘油[$C_3H_5(OH)_3$]	—	8	—	—	10
工艺条件	溶液温度/℃	20~30	室温	20~30	45~55	室温
	电流密度/(A/dm^2)	—	—	—	15~20	5~10
	处理时间/min	1~2	1~2	3~5	0.5~1.0	10~305

3）镍的阳极氧化溶液配方及工艺。镍的阳极氧化工艺见表9-91。

表 9-91 镍的阳极氧化工艺

工艺号		1	2
组分质量浓度/(g/L)	亚砷酸(H_3AsO_3)	30~35	—
	氢氧化钠(NaOH)	70~80	—
	氰化钠(NaCN)	1.5~2.5	—
	硫酸锌($ZnSO_4 \cdot 7H_2O$)	—	75~80
	硫酸镍铵[$NiSO_4 \cdot (NH_4)_2SO_4$]	—	60~65
	硫氰酸钠(NaSCN)	—	150~160
工艺条件	溶液温度/℃	20~30	20~30
	槽电压/V	3~4	2~4
	处理时间/min	3~6	3~5
膜层颜色		灰色	黑色

9.14.3 铬的阳极氧化

（1）概述　铬主要是作为电镀层镀在其他金属基体的表面，因此铬的阳极氧化，基本上是铬镀层的阳极氧化。铬的外观亮白，微泛蓝光，可以抛光至镜面光亮，在大气中能保持光泽而不锈蚀、不变色。铬的阳极氧化膜大多数呈现不同的颜色，因此铬的阳极氧化主要是电解着色。铬经阳极氧化后，既提高了耐磨性、耐蚀性，又能得到装饰的外观。

（2）铬阳极氧化工艺　铬阳极氧化工艺见表9-92。

表 9-92 铬阳极氧化工艺

工艺号		1	2	3	4	5
组分质量浓度/(g/L)	铬酐(CrO_3)	250~400	200~300	15~17	30~90	110~450
	硝酸钠($NaNO_3$)	—	7~12	—	—	—
	硼酸(H_3BO_3)	—	20~25	—	—	—
	氟硅酸(H_2SiF_6,质量分数为30%)	—	0.1mL/L	—	—	—
	醋酸(CH_3COOH,质量分数为36%)	5~10mL/L	—	—	—	—
	一氯醋酸($CH_2ClCOOH$)	—	—	—	—	75~265
	磷酸(H_3PO_4)	—	—	5~50	—	—
	硫酸(H_2SO_4)	—	—	0.1~0.3	0.3~0.9	—
工艺条件	溶液温度/℃	<20	18~35	10~15	50~60	15~38
	电流密度/(A/dm^2)	80~100	35~60	10~60	20~30	5~60
	处理时间/min	5~10	15~20	5~20	3~20	5~15
膜层颜色		黑色	黑色	金色	彩虹色	蓝灰色

9.14.4 锆的阳极氧化

可以用于锆阳极氧化电解液的有：硫酸、硼酸、柠檬酸和硝酸的稀溶液或者低浓度的硼酸钠（或硼酸铵）以及碳酸钠（或碳酸钾）溶液。工作电压为80~180V，所得的膜由二氧化锆ZrO_2组成。膜薄而无孔，它在大多数的电解液中只有在火花电压下才被溶解。

锆广泛用于核反应器中作为燃料工件的包套材料。

9.14.5 钽的阳极氧化

钽可以在多种水溶液中阳极氧化，例如可用硫酸、硝酸或者硫酸钠的水溶液作为电解液。所得的五氧化二钽Ta_2O_5，为非晶体或微晶体，它在这些电解液中当达到火花电压（电极表面出现闪光时的电压）可以被溶解。

钽的阳极氧化也可采用非水溶液，所得到的膜层分为两层，第一层为直接在金属上生成的Ta_2O_5，其性能与自水溶液中所得者相同；第二层的组成和结构目前尚未查明。

钽材阳极氧化主要用在电解电容器的制造上。应用烧结的钽板可以在较小的电容器尺寸下就能达到相当高的电容。

9.15 钢铁与不锈钢阳极氧化应用实例

9.15.1 不锈钢食品设备阳极氧化处理

某不锈钢设备厂生产的食品饮料不锈钢设备，在某饮料厂安装后投产，在正式生产前出于安全卫生的考虑必须用含氯杀菌清毒剂喷刷一遍，但后来发现不锈钢设备及管道的表面局部产生了黄锈，由于锈蚀的产生因而影响了饮料的质量及卫生。经试验研究后决定采用阳极氧化法对设备及管道进行防护处理，以防止了在杀菌消毒后发生锈蚀，取得了明显的效果。

（1）阳极氧化工艺流程　不锈钢设备及管道阳极氧化处理的工艺流程：不锈钢制件→脱脂→热水洗→水洗→酸浸洗→水洗→阳极氧化→水洗→封闭→水洗→热风吹干→成品。

（2）阳极氧化前处理

1）化学脱脂。不锈钢表面的油污很轻，只用较简单的碱液脱脂即可清除干净。脱脂工艺见表9-93。

表9-93　脱脂工艺

溶液配方及工艺条件		数值或变化范围
组分质量分数(%)	碳酸钠(Na_2CO_3)	3~8
	氢氧化钠(NaOH)	1~3
	水(H_2O)	余量
工艺条件	溶液温度/℃	45~60
	封闭时间/min	15~25

2）酸洗除膜。不锈钢表面有一层较薄的氧化膜，在加工过程中已有局部破损，所以必须把这层残旧的膜清除才能重新生成致密、均匀的氧化膜，保证氧化膜的质量并使其具有较高的耐蚀性。酸洗工艺见表9-94。

表 9-94　酸洗工艺

溶液配方及工艺条件		数值或变化范围
组分质量分数(%)	盐酸(HCl)	15～25
	硝酸(HNO_3)	2～5
	水(H_2O)	余量
工艺条件	溶液温度/℃	25～35
	封闭时间/min	2～10

(3) 阳极氧化工艺　食品及饮料不锈钢设备的阳极氧化处理，出于安全卫生的考虑，其溶液成分不能用有毒的铬盐、砷盐等物质，但为了保证膜的质量，采用钼盐代替铬盐。不锈钢设备的阳极氧化工艺见表 9-95。

表 9-95　不锈钢设备的阳极氧化工艺

溶液配方及工艺条件		数值或变化范围
组分质量浓度/(g/L)	硫酸(H_2SO_4)	25～35
	硝酸(HNO_3)	3～5
	钼酸钠(Na_2MoO_4)	0.1～0.5
工艺条件	阴极电流密度/(mA/cm^2)	15～30
	溶液温度/℃	25～35
	处理时间/min	20～30
	阴极材料	铅板

(4) 氧化膜的封闭　不锈钢设备经过阳极氧化处理后，经水洗干净放在常温封闭溶液中进行封闭，以便提高膜的耐蚀性。封闭溶液同样采用不含铬的钝化液，溶液配方及工艺见表 9-96。

表 9-96　溶液配方及工艺

溶液配方及工艺条件		数值或变化范围
组分质量浓度/(g/L)	硝酸(HNO_3)	10～15
	钼酸铵[$(NH_4)_2MoO_4$]	2～3
工艺条件	溶液温度/℃	25～35
	浸泡时间/min	20～30

(5) 不锈钢阳极氧化膜的耐蚀性　将经过阳极氧化处理后的不锈钢试样和未经阳极氧化处理的试样分别放在不同浓度的 NaCl 溶液中测定各自的点蚀电位，测定的结果见表 9-97。

表 9-97　阳极氧化前后不锈钢的临界点蚀电位

NaCl 浓度/(mol/L)	未经阳极氧化	经阳极氧化后
0.001	600mV	>800mV
0.005	500mV	>750mV
0.010	400mV	>700mV
0.050	300mV	>630mV

从表 9-96 中可看出，不锈钢经过含有 MoO_4^{2-} 的硫酸溶液阳极氧化处理后，由于重新生成了比较厚而且含有钼元素成分的钝化膜，其耐 Cl^- 的点蚀电位得到提高，也即提高了不锈钢膜层在含氯介质中的耐蚀性。用含氯的杀菌消毒剂处理不锈钢表面时，不容易受氯浸蚀而生锈。

9.15.2　日用工业品的阳极氧化处理

南方某热水瓶厂生产的热水瓶壳体，采用普通不锈钢制作，过去主要用化学钝化的方法处理，所得的膜层颜色变化不大，钝化膜很薄，耐磨性、耐蚀性较差。防污性能也不理想，用了一段时间后容易产生污斑，而且不易抹除。为了提高产品的质量，增强市场的竞争力，采用了阳极氧化法处理，产品的外观和质量都有了较大的改进。

（1）阳极氧化工艺流程　不锈钢热水瓶壳阳极氧化处理的工艺流程：不锈钢件→机械抛光→溶剂脱脂→清洗→化学脱脂→热水洗→冷水洗→酸洗→冷水洗→阳极氧化→水洗→封闭→水洗→干燥→检验。

（2）阳极氧化前处理　先用有机溶剂除去加工过程黏附在表面上的大部分油脂，然后再在碱液中脱脂干净。碱液脱脂工艺见表 9-98。

表 9-98　碱液脱脂工艺

溶液配方及工艺条件		数值或变化范围
组分质量浓度/(g/L)	氢氧化钠(NaOH)	35~45
	碳酸钠(Na_2CO_3)	25~30
	磷酸钠(Na_3PO_4)	60~65
	硅酸钠(Na_2SiO_3)	20~45
工艺条件	溶液温度/℃	45~55
	脱脂时间/min	10~30

（3）阳极氧化处理工艺　不锈钢阳极氧化工艺见表 9-99。

表 9-99　不锈钢阳极氧化工艺

溶液配方及工艺条件		数值或变化范围
组分质量浓度/(g/L)	硫酸(H_2SO_4)	380~420mL/L
	铬酐(CrO_3)	17~23
	硫酸锰($MnSO_4$)	2~4
	醋酸钠	8~13
	添加剂	适量
工艺条件	溶液温度/℃	40~60
	阳极电流密度/(A/dm²)	0.2~0.6
	氧化时间/min	2~4
膜层颜色		浅金黄色

（4）膜层封闭处理　阳极氧化所得的膜层较疏松、质软，必须进一步进行封闭处理，以便提高其耐磨性、耐蚀性及防污性能。封闭液的配方及工艺见表 9-100。

表 9-100　封闭液的配方及工艺

溶液配方及工艺条件		数值或变化范围
组分质量浓度/(g/L)	重铬酸钾($K_2Cr_2O_7$)	10~20
	氢氧化钠(NaOH)	2~5
工艺条件	溶液 pH 值	6.5~7.5
	溶液温度/℃	70~80
	处理时间/min	2~4

9.16　有色金属阳极氧化应用实例

9.16.1　纯钛 TA2 植入材料的阳极氧化

钛是一种优质的植入人体的金属生物材料，其生物相容性和抗生物体液活化的性能和表面的膜层关系密切。阳极氧化膜是一种成本低且效果明显的表面层。它的处理方法简单，只要通过调节电压的大小即可得到所要的膜层厚度和颜色。纯钛 TA2 植入材料在葡萄糖酸钠溶液中阳极氧化，可以获得既耐生物液腐蚀又美观的氧化膜。

（1）阳极氧化处理工艺　钛材植入人体材料阳极氧化处理的工艺流程：钛材→表面抛光（打磨）→清洗→溶剂清洗→吹干→阳极氧化→水洗→沸水封闭→干燥→成品。

（2）阳极氧化溶液配方及工艺　阳极氧化采用的电解质为葡萄糖酸钠溶液，质量为 60~110g/L，在常温（20~30℃）下，用直流稳压电源控制电压，用不同的电压处理可以得到不同厚度计色泽的阳极氧化膜。

（3）影响阳极氧化膜的主要因素

1）操作温度对膜层质量的影响。温度是影响膜层质量的重要因素，当电解液温度为 20~30℃时，阳极氧化膜的形成速度较快，质量也比较好。如果温度高于 40℃，电压及电流都不太稳定，导致膜层的均匀度和光洁度下降。这是因为温度高，膜的溶解速度快，膜层多孔、疏松、表面粗糙，因此整体膜层质量下降。

2）电压对氧化膜色泽的影响。钛材 TA2 在葡萄糖酸钠电解液中氧化时，电压对膜层的色泽产生重要的影响。膜层的颜色随控制电压的改变而变化，并规律性地变化，电压每升高 5V，膜的颜色则有较明显的变化。例如，电压为 5V 得到的膜为浅黄色，电压为 10V 则膜为金黄色，电压为 20V 则膜为紫蓝色。而且颜色随电压的变化是一种渐进的变化趋势。在低电压下氧化得到的膜的颜色还可以在不经任何处理的情况下重新在高电压下变成其他颜色，而在高电压下得到的氧化膜则不能再在低电压下被重新着色。

9.16.2　锌镀层的阳极氧化

（1）概述　锌及锌镀层的表面电位很低，化学活泼性很高，容易在各种环境介质中受到腐蚀，产生白锈，既影响产品的外观，又会进一步腐蚀直至整个表面被破坏。通常采用铬酸盐钝化的方法解决锌表面的防腐、防锈问题，但铬酸盐钝化存在着严重的环保问题，废水处理困难，增加生产成本。采用其他的化学转化膜处理效果不如铬酸盐钝化。有些产品可以采用阳极氧化的方法解决，并根据膜层的需要在氧化液中加进各种金属离子处理，从而获得不同色泽而又耐蚀的氧化面。这种阳极氧化膜比较厚，硬度比较高，耐磨性能也较强。

（2）阳极氧化工艺

1）阳极氧化前处理。锌及镀锌工件在阳极氧化前要彻底脱脂，先在质量分数为 6%~10%的氢氧化钠溶液中浸 1~2min，然后水洗干净，再在质量分数为 5%盐酸溶液中清洗 1~2min，再水洗干净才能进入阳极氧化液中处理。

2）阳极氧化溶液配方及工艺条件见表 9-101。

表 9-101　锌及镀锌层阳极氧化工艺

溶液配方及工艺条件		变化范围
组分质量浓度/(g/L)	硅酸钠(Na_2SiO_3)	150~200
	硼酸钠($Na_2B_4O_7$)	0.2mol/L
	氢氧化钠(NaOH)	5~50
	钴盐(Co^{2+})	适量
	添加剂	少量

（续）

溶液配方及工艺条件		变化范围
工艺条件	溶解温度/℃	5~15
	交流电压/V	60~120
	电流密度/(A/dm²)	20~80

3）具体操作步骤。阳极氧化采用交流电进行，电流密度为20~80A/dm²，当电压升至80V时，开始产生火花效应，几分钟后电压升至120V，火花效应更为剧烈，带彩色的玻璃状涂层形成。这时表面电阻增大，电流开始下降，在恒定电压120V下继续氧化3~7min，即可形成致密的氧化膜。

（3）阳极氧化膜的结构　阳极氧化层表面为火花效应产生的较致密的小球珠体玻璃状涂层，为非晶态结构，因此耐蚀性强，其电位值也比镀锌层的电位高。

第 10 章

化学氧化膜

10.1 钢铁的化学氧化

10.1.1 钢铁的碱性氧化

1. 碱性氧化法的成膜机理

钢铁的氧化是指材料表面的金属层转化为最稳定的氧化物 Fe_3O_4的过程，可以认为这种氧化物是铁酸 $HFeO_2$和氢氧化亚铁 $Fe(OH)_2$的反应产物。Fe_3O_4可以通过铁与 300℃以上的过热蒸汽反应得到。

从氧化膜的生成过程来看，开始时，金属铁在碱性溶液里溶解，在金属铁和溶液的接触界面处，形成了氧化铁的过饱和溶液；然后，在金属表面上的个别点生成了氧化物的晶胞，这些晶胞逐渐增长，金属铁表面形成一层连续成片的氧化膜。当氧化膜完全覆盖住金属表面之后，使溶液与金属隔绝，铁的溶解速度与氧化膜的生成速度随之降低。

氧化膜的生长速度及其厚度，取决于晶胞的形成速度与单个晶胞长大的速度之比。当晶胞形成速度很快时，金属表面上晶胞数多，各晶胞相互结合而形成一层致密的氧化膜，如图 10-1a 所示。若晶胞形成速度慢，待到晶胞相互结合的时候，晶胞已经长大。这样形成的氧化膜较厚，甚至形成疏松的氧化膜，如图 10-1b 所示。

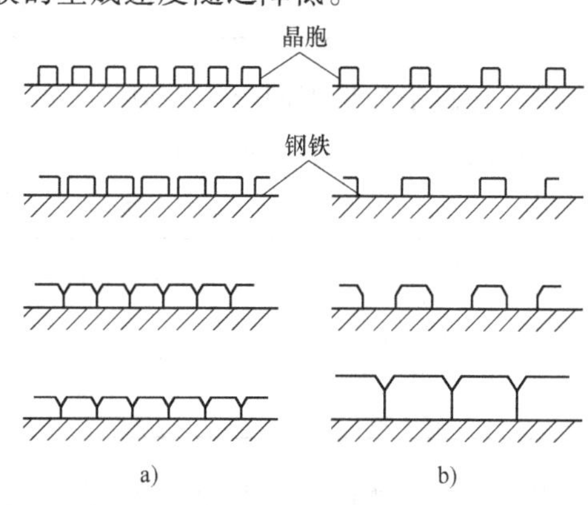

图 10-1 钢铁表面生成氧化膜示意图

a）致密的氧化膜 b）疏松的氧化膜

钢铁在这种氧化溶液中的溶解速度与它的化学成分和金相组织有关。高碳钢的氧化速度快，而低碳钢的氧化速度慢，因此，氧化低碳钢宜采用氢氧化钠含量较高的氧化溶液。

钢铁氧化工艺的特点是在处理高应力钢时不会产生氢脆。

2. 氧化膜的性质

钢铁氧化膜是由 Fe_3O_4 组成的，且不能被水化。膜的结构和防护性都随氧化膜厚度的变化而变化。很薄的膜（0.2~0.4μm）对工件的外观无影响，但也无防护作用。厚的膜（超过 2μm）是无光泽的，呈黑色或灰黑色，耐机械磨损性能差。厚度为 0.6~0.8μm 的膜有最好的防护性能和耐磨损性能。

无附加保护的钢铁氧化膜的耐蚀性低，并与操作条件有关。如果对工件进行氧化处理后，再涂覆油或蜡，则其抗盐雾性能将从几小时增加至24~150h。

如果工件稍带油脂和没有腐蚀产物，可以直接在浓碱溶液里进行氧化，否则，应该首先在有机溶剂或碱性溶液里进行脱脂，然后在加有缓蚀剂的硫酸或盐酸里进行酸洗。

钢铁的氧化溶液由添加有硝酸钠或亚硝酸钠，或同时加有这两种化合物的浓 NaOH 溶液组成。处理工艺分一步法和二步法，一步法工艺较简单，二步法可以得到较厚的氧化膜，而且在工件表面上无红色的氧化物沉积。二步法膜厚与处理时间的关系如图 10-2 所示。钢铁的碱性氧化工艺见表 10-1。

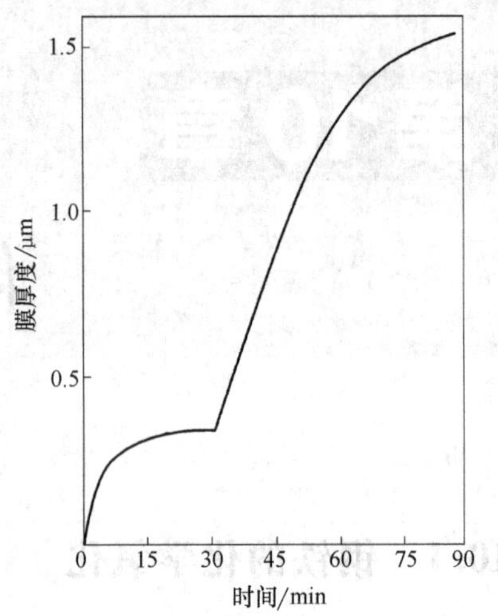

图 10-2　二步氧化法膜厚与处理时间的关系

表 10-1　钢铁的碱性氧化工艺

工艺号		一步法 1	一步法 2	二步法 3 首槽	二步法 3 末槽	二步法 4 首槽	二步法 4 末槽
组分质量浓度/(g/L)	氢氧化钠(NaOH)	550~650	600~700	500~600	700~800	550~650	700~800
	亚硝酸钠($NaNO_2$)	150~200	200~250	100~150	150~200	—	—
	重铬酸钾($K_2Cr_2O_7$)	—	25~32	—	—	—	—
	硝酸钠($NaNO_3$)	—	—	—	—	100~150	150~200
工艺条件	温度/℃	135~145	130~135	135~140	145~152	130~135	140~150
	时间/min	15~60	15	10~20	45~60	15~20	30~60

钢的含碳量如果不同应该采取不同的处理工艺，含碳量低的钢应该采用高浓度的碱液和高的处理温度，具体要求见表 10-2。

表 10-2　不同钢材的处理工艺

w(C)(%)	溶液的沸点温度/℃	处理时间/min
0.7	135~137	10~30
0.4~0.7	138~140	30~50
0.1~0.4	142~145	40~60
合金钢	142~145	60~90

当工件进入槽液时，温度应在下限，工件放入槽液后，溶液沸点会升高，适当加一些热水，这样可以防止碱液飞溅。上限温度是出槽温度。当氧化完成，溶液温度应降到100℃以下再加热。

氧化溶液的配制：先按氧化槽的容积，将称好的氢氧化钠捣碎放入2/3容积的水槽里溶解后，再将所需量的亚硝酸钠和硝酸钠慢慢加入槽里溶解，加水至指定容积，加温至工作温度，取样进行化学分析，调整，如溶液沸点比预定的温度高，加水降低操作温度，经试验合格以后，再正式进行大批量生产。

新配好的溶液里应加一些铁屑或20%（质量分数）以下的旧槽液，以增加溶液里的铁离子含量，这样得到的氧化膜均匀、结合牢固且致密。在氧化停产期间，因槽液温度降低，槽液表面会结成硬皮，再次使用前必须用铁锤捣碎表面硬皮才能加热溶液，以免溶液在加热时爆炸、飞溅。

为了提高工件的耐蚀性，要另外用油或蜡涂覆氧化过的表面。然而，对于氧化膜表面，水溶液比油更容易润湿。因此，在氧化膜干燥前，应将工件浸在稀肥皂水溶液里，以增加金属表面的润湿性。可以涂机油、锭子油、变压器油等。还可以先用重铬酸钾进行钝化处理，以进一步提高耐蚀性，或用肥皂填充处理，将氧化膜的孔隙填满。

钝化或皂化过的工件用流动水洗净，吹干或烘干，然后浸入105~110℃的锭子油里处理5~10min，取出停放10~15min，使表面残余油流掉，或用干净的抹布将表面多余的油擦掉。

（1）工艺操作与维护

1）溶液成分。氧化溶液的组分在使用中会发生变化，可以定期进行分析并按分析结果进行调整，也可以根据经验进行观察，按溶液的沸点和所得膜层的质量来判断溶液是否需要调整。当溶液的沸点过高时，表示溶液浓度过高，此时易形成红色挂灰，可以加水稀释。沸点过低时，表示浓度不够。此时膜的颜色不深或不能发蓝，应补加溶液药品，或蒸发多余的水分。NaOH的浓度过高时，氧化膜不但易出现红灰，且膜层疏松、多孔、质量差。当NaOH的浓度超过1100g/L时，氧化膜会被溶解。当NaOH的浓度过低时，氧化膜将太薄且发花，防护性能很差。NaOH的添加量，可按溶液沸点每升高1℃，每升溶液添加10~15g计算。补加时，可参照如下比例：

对于一次氧化：$NaOH : NaNO_2$(g/L比值)=(2~3)：1。

对于二次氧化：$NaOH : NaNO_2$为第一槽(2.5~3.5)：1，第二槽3.4：1。

NaOH浓度过高，氧化速度加快，膜层较致密牢固；NaOH浓度过低，氧化膜厚且疏松。

溶液中铁离子的含量过高，会影响氧化速度且膜层易出现红色挂灰。溶液中含有0.5~2g/L的铁时，膜层的质量最好。所以在氧化后，要及时捞起钢铁工件，以免这些工件中的铁溶解在溶液内，增加铁的含量。氧化溶液在使用过程中逐渐积累过多的铁将影响膜层的质量。因此应定期清除残渣，保持溶液的清洁。清涂的方法：可以在温度低于100℃时，在搅拌的情况下，按每升溶液加入甘油5~10mL。当加热至工作温度时，若溶液表面浮起大量红褐色的铁氧化物，应用网勺捞起去除这些污物。

2）氧化温度、时间与钢铁含碳量的关系。化学氧化温度、时间与钢铁含碳量有着密切的关系。通常含碳量高的钢铁可用较低的氧化温度，而且应减少氧化的时间。在化学氧化操作过程中工艺的控制见表10-3。

表10-3　氧化温度、时间与钢铁含碳量的关系

钢铁的含碳量 w(C)(%)	氧化温度/℃	氧化时间/min
0.7以上	135~138	15~20
0.4~0.7	138~142	20~24
0.1~0.4	140~145	35~60
合金钢	140~145	50~60
高速钢	135~138	30~40

（2）各种因素的影响　影响氧化膜生成的因素很多，如溶液成分的含量、温度、材料和合金成分等。

1）碱含量的影响。在溶液里，碱的含量增高时，相应地升高溶液温度，所获得的氧化膜厚度将增加。但当增加溶液中碱的含量时，氧化膜表面易出现红褐色的氢氧化铁。碱含量过高时所生成的氧化膜将被碱溶解，不能生成膜。当溶液中的碱含量低时，金属表面氧化膜薄，发花；碱含量过低时不生成氧化膜。

2）氧化剂的影响。氧化剂含量越高，生成的亚铁酸钠和铁酸钠越多，促进反应速度加快，这样生成氧化膜的速度也快，而且膜层致密牢固；相反，氧化膜疏松且厚。

3）温度的影响。氧化溶液温度增高时，相应地氧化速度加快，生成的晶胞多，使氧化膜变得致密而且薄。但温度升得过高时，氧化膜（Fe_3O_4）在碱溶液中的溶解速度同时增加，致使氧化速度变慢。因此，在氧化开始时温度不要太高，否则氧化膜（Fe_3O_4）晶粒减少，会使氧化膜变得疏松。氧化溶液的温度在进槽时应在下限，出槽时应在上限。

4）铁离子的影响。氧化溶液里的铁离子是在氧化反应过程中，从工件上逐渐溶解下来的，铁离子的含量对氧化膜的生成是有影响的。在初配槽的溶液里铁离子含量低，会生成很薄且疏松的氧化膜，膜与基体金属的结合不牢，容易擦去。

5）氧化时间与工件含碳量的关系。钢铁工件含碳量高时容易氧化，氧化时间要短。合金钢含碳量低，不易氧化，氧化时间要长。可见氧化时间的长短取决于钢铁的含碳量。

3. 氧化膜的质量检验

（1）浸油前的外观检验　钢铁氧化膜的检验，主要是用肉眼观察氧化膜的外观。钢铁的合金成分不同，其氧化膜在色泽上有所差异：碳素钢和低合金钢工件在氧化后颜色呈黑色和黑蓝色；铸钢呈暗褐色；高合金钢呈紫红色，但氧化膜应是均匀致密的。氧化膜的表面不允许有未氧化的斑点，不应有易擦去的红色挂灰和抛光膏残迹、针孔、裂纹、花斑点、机械损伤等缺陷。工件表面允许有因工件喷砂、铸造、渗碳、淬火、焊接等处理工艺不同，所引起的氧化膜色泽差异。

（2）耐蚀性检验　可以根据使用要求来进行氧化膜的耐蚀性检验，其方法如下：

1）将氧化的工件浸泡在质量分数为3%的硫酸铜溶液里，在室温下保持10s后将工件取出，用水洗净表面，不出现红色接触点为合格。

2）用酒精擦净表面，滴上硫酸铜溶液若干点，同时开动秒表计时，20s后不出现铜的红点为合格。

硫酸铜溶液的配置方法：将3g分析纯硫酸铜晶体溶于97mL蒸馏水里后，再加少量的氧化铜仔细搅拌均匀，然后将剩余的氧化铜过滤掉。

对于不合格的膜层，应在酸洗溶液里除去，并重新进行氧化处理。弹簧钢和不允许酸洗的合金钢，应用机械方法除去旧氧化膜。

4. 碱性氧化膜常见缺陷及处理方法

钢铁碱性氧化膜常见缺陷、产生原因及处理方法见表10-4。

表10-4　钢铁碱性氧化膜常见缺陷、产生原因及处理方法

氧化膜缺陷	产生原因	处理方法
氧化膜有红色挂灰	NaOH浓度过高	降低浓度
	温度过高	降低温度
	溶液中含铁量过多	除去液渣，减少铁的溶解量
表面生成白色附着物	氧化后水洗不干净	用温水洗涤工件至干净
氧化膜色泽不均，表面发花	氧化前除油不干净	氧化前要彻底除油，并清洗干净
	氧化时间不够	延长氧化时间
	碱的含量低	增加碱的含量

（续）

氧化膜缺陷	产生原因	处理方法
不生成氧化膜	氧化溶液温度过低	提高氧化溶液的温度
	氧化溶液的浓度过低	提高溶液的浓度
氧化膜表面有黄绿色挂灰	溶液温度过高	降低溶液温度
	亚硝酸钠含量过高	降低氧化剂含量
	碱浓度过低	调整碱的浓度
氧化膜附着力差	$NaNO_2$ 含量太低	适当增加 $NaNO_2$ 的含量
氧化膜在肥皂液处理后出现白点	肥皂液的水质硬，或具有腐蚀性，或氧化后清洗不干净	改善肥皂液的水质，加强氧化后的清洗

10.1.2 钢铁的酸性氧化

1. 钢铁的酸性高温氧化

钢铁采用酸性无硒高温氧化所得到的氧化膜，具有很高的附着力和较好的耐大气介质腐蚀的性能，甚至比碱性高温氧化膜强。而且生产工艺比较简单，只需进行一次性处理，方法简单易行，处理液的温度也比碱性氧化法低，时间短，从经济上考虑也比较便宜。酸性氧化法所得到的氧化膜和碱性氧化膜一样都比较薄，但是酸性氧化法所用的设备防护要求比较严格，操作过程也要考虑安全性，所以这种方法的应用比碱性氧化法少。

酸性氧化工艺见表10-5。

表10-5 酸性氧化工艺

组分质量浓度/(g/L)	数　值	工艺条件	数　值
硝酸钙	80～100	溶液温度/℃	100
过氧化锰	10～15	处理时间/min	40～50
磷酸	3～10	—	—
水	1000mL	—	—

2. 钢铁的酸性常温氧化

以上介绍的钢铁氧化工艺是传统的高温氧化成膜工艺。由于其处理温度高、能耗大、操作环境恶劣、酸或碱的消耗量大，成本相对较高。因此20世纪末开发了钢铁常温发黑工艺。这种工艺与高温氧化工艺相比，具有不受钢材种类限制、能在常温下操作、节电节能、高效且操作方便、氧化时间短、设备投资少、污染程度小、改善工作环境等优点。但同时也存在溶液尚不够稳定、膜层结合力不牢、耐蚀性不够好、对预处理要求严格等问题，尚待进一步研究或根据生产实践经验逐步加以解决。

（1）钢铁常温酸法氧化原理　钢铁常温酸法氧化的成膜过程比较复杂。据一些文献资料介绍，Se-Cu系常温氧化成膜过程中有氧化还原反应、扩散沉淀反应以及电化学反应等。它的主要反应首先是产生铜的置换，然后铜再与硒盐发生氧化还原反应，并生成一层黑色或深蓝色的硒化铜薄膜，覆盖于钢铁的表面。其主要反应如下：

首先是钢铁在溶液中促进剂的作用下，被溶液中的 Cu^{2+} 置换，表面沉积铜，同时也产生 Fe^{2+}，即 $Fe+Cu^{2+} \rightarrow Fe^{2+}+Cu$。接着反应再生成 $Cu^{2+}+Se^{2-} \rightarrow CuSe$、$Fe^{2+}+Se^{2-} \rightarrow FeSe$ 等反应，CuSe、FeSe则沉积覆盖于工件的表面，成为黑色或蓝色的膜层。其反应机理可从以下三个方面进行解释。

1）氧化还原反应机理。常温发黑实质上是钢铁表面的氧化还原反应。钢铁件浸入发黑液中立即发生以下化学反应：①工件表面的铁原子在酸的作用下溶解；②发黑液中的 Cu^{2+} 在工件表面发生置换反应，表面产生金属铜；③亚硒酸和金属铜发生氧化反应，得到黑色的硒化铜（CuSe）。

这三个反应过程进行得非常迅速，以至于不可能直接区分，最终反应的产物为黑色无机物硒化铜（CuSe），其以化学键的形式与钢基体牢固结合，形成黑色膜。

2）扩散-沉积机理。活化的钢铁表面在常温发黑液中会自发地进行铜的置换反应。处于表面的铁原子与本体失去平衡，从而引起铁原子由本体向界面扩散，扩散出来的铁原子或离子具有较高的反应活性，在界面处被亚硒酸氧化生成氧化铁，而亚硒酸则被还原为 Se^{2-}。氧化铁沉积于工件表面成为黑色膜的组成部分，而 Se^{2-} 与 Cu^{2+} 在距离钢铁表面一定的位置生成 CuSe 后，再沉积于表面成膜。

3）化学与电化学反应机理。钢铁表面在 H_2SeO_3 溶液中的发黑过程是化学和电化学反应的综合过程，它们同时进行，不可分割。当钢铁件浸入发黑液中，首先是钢铁基体与铜离子发生置换反应，置换出的铜沉积或吸附于基体表面，形成 Fe-Cu 原电池

$$Cu^{2+}+2e \longrightarrow Cu \text{ 形成阴极区}$$

$$Fe-2e \longrightarrow Fe^{2+} \text{ 形成阳极区}$$

在阴极区还伴随下列反应

$$H_2SeO_3+4H^++4e \longrightarrow Se+3H_2O$$

$$Se+Cu \longrightarrow CuSe$$

$$Se+2e \longrightarrow Se^{2-}$$

$$Se^{2-}+Cu^{2+} \longrightarrow CuSe$$

电化学和化学反应是连续并行的，其结果是形成十分稳定的 CuSe 沉积于钢铁表面，形成发黑膜。

因此，从反应中可看到，常温酸性发黑膜不是基体本身转化而成的 Fe_3O_4，而是主要由 CuSe、FeSe 等构成的，其附着力及耐磨性、耐蚀性不及碱性高温氧化膜的原因便在于此。要改善膜层的性能，只能靠控制反应速度、添加有利于增加表面结合力的活性剂等各项措施与方法。

（2）常温发黑剂的组成

1）主成膜剂。无论是硒化物系还是非硒化物系的常温发黑剂，Cu^{2+} 都是生成黑色膜的基本成分。因此，对于硒化物系常温发黑剂，可溶性铜盐和二氧化硒（或亚硒酸）为必要成分；对于非硒化物系常温发黑剂，可溶性铜盐和催化剂或黑化剂是必要成分。它们之间的组成膜反应产物是构成发黑膜的主要成分。

2）辅助成膜剂。若钢铁表面为仅由主成膜剂形成的发黑膜时，发黑膜往往疏松，性能较差。加入辅助成膜剂以后，在进行主成膜反应的同时，自发伴随辅助成膜反应，从而改变了发黑膜的组成和结构，提高了发黑膜的附着力和耐蚀性。

3）缓冲剂。发黑剂的酸度对发黑成膜的反应有很大的影响。如果 pH 值变化过大，不仅会影响发黑膜的质量，还会影响发黑溶液自身的稳定性。例如，pH 值上升过高，会导致发黑溶液水解沉淀。加入适当的 pH 缓冲剂，可维持发黑液 pH 值的基本稳定，以利于发黑工艺的正常进行。

4）稳定剂。随着发黑操作的进行，溶液中会因为铁的溶解而存在大量的 Fe^{2+}，在氧化剂的作用下生成 Fe^{3+}，从而导致处理溶液变混浊，并产生沉淀。加入稳定剂，可以阻止

Fe^{2+}向Fe^{3+}的转变，维持发黑液的稳定，延长槽液寿命。

5）速度调整剂。速度调整剂用于控制成膜反应的速度，防止产生没有附着力的疏松膜层。速度调整剂可以使发黑反应以适当的速度进行，有利于形成均匀、致密、附着力良好的膜层。

6）成膜促进剂。钢铁表面与发黑剂间发生的成膜反应，在没有成膜促进剂存在时，反应速度缓慢，发黑膜薄，黑度和均匀性差。在发黑剂中加入成膜促进剂后，可显著提高成膜速度与膜层质量。

7）表面润湿剂。钢铁表面与发黑剂的润湿性差，难以获得色泽均匀、结合力强的发黑膜。加入适当的表面润湿剂，有利于提高发黑膜的性能。

（3）常温发黑及发蓝的配方及工艺　钢铁常温发黑工艺见表10-6，钢铁常温发蓝工艺见表10-7。

表10-6　钢铁常温发黑工艺

工艺号		1	2	3
组分质量浓度/(g/L)	硫酸铜($CuSO_4 \cdot 5H_2O$)	2	4	2~2.5
	二氧化硒(SeO_2)	4	4	2.5~3.0
	磷酸二氢钾(KH_2PO_4)	3	—	—
	磷酸二氧锌[$Zn(H_2PO_4)_2$]	—	2	—
	氯化镍($NiCl_2 \cdot 6H_2O$)	2	—	—
	柠檬酸钾($K_3C_6H_5O_7 \cdot 2H_2O$)	2	—	—
	酒石酸钾钠($KNaC_4H_4O_6$)	2	—	—
	硫酸镍($NiSO_4 \cdot 7H_2O$)	—	1	—
	DPE-Ⅱ添加剂	—	1~2mL/L	—
	对苯二酚	—	—	1~1.2
	硼酸(H_3BO_3)	—	4	—
	硝酸(HNO_3)	—	—	1.5~2mL/L
	氯化钠(NaCl)	—	—	0.8~1
工艺条件	pH值	2~2.5	2.5~3.5	1~2
	温度/℃	常温	常温	常温
	时间/min	3~5	2~4	8~10

表10-7　钢铁常温发蓝工艺

工艺号		1	2
组分质量浓度/(g/L)	磷酸(H_3PO_4)	3~10	10~18
	三氧化锰(MnO_3)	11~14	—
	硝酸钙[$Ca(NO_3)_2$]	80~100	—
	硝酸钡[$Ba(NO_3)_2$]	—	70~100
	二氧化锰(MnO_2)	—	10~20
	磷酸锰铁盐(马日夫盐)	—	30~40
工艺条件	温度/℃	100	90~100
	时间/min	40~45	40~50
备注		能获得黑色氧化膜,其主要成分是磷酸钙和铁的氧化物,其耐蚀性和强度超过碱性氧化膜	膜呈深黑色、深灰色或红黑色,无光泽或微光泽,膜层致密、细致,防护性能较好

（4）钢铁常温发黑的工艺流程　钢铁常温发黑的工艺流程：钢铁工件→脱脂→水漂洗→酸洗→水漂洗→发黑→水漂洗→检查→干燥→浸油→成品。具体操作及注意事项如下：

1）常温发黑前处理。钢铁表面是否能与发黑溶液充分地接触是决定发黑膜层质量好坏的关键。常温发黑液呈酸性，所以没有脱脂去污的能力。因此钢铁工件发黑前的表面脱脂、除锈是很重要的步骤。不管采用何种脱脂、除锈方法，一定要把油、锈彻底除干净，才能保证发黑工艺的作用，生成均匀、连续、具有附着力的膜层，才能充分发挥常温发黑节能、高效的特点。

2）常温发黑处理。将钢铁工件浸入发黑溶液中且适当搅动，使钢铁工件表面全面、均匀地发黑上膜。发黑处理的时间与钢铁工件材料及发黑溶液的浓度有关。一般来说，刚均匀成膜即取出。工件从发黑溶液中取出以后要在空气中停留 1~3min，使膜层在空气中氧的作用下与表面残留的液膜继续起反应，待膜层反应稳定后，才进行彻底清洗。这对提高黑膜与基体的结合力有好处。

3）钢铁常温发黑后处理。钢铁常温发黑膜是多孔网状结构，发黑工件经过水充分清洗后，必须立即做脱水封闭处理。脱水封闭处理得当，能显著提高工件的耐蚀、防锈能力，并且能改善外观色泽。

4）常温发黑流程的具体操作。钢铁工件常温发黑的工艺流程见表 10-8。

表 10-8 钢铁常温发黑的工艺流程

序号	工序	所用材料	温度/℃	时间/min	要求	外观
1	脱脂	洗衣粉	50	8~15	油除尽	表面无油迹
2	漂洗	水	室温	1~2	除残留液	不挂水珠
3	酸洗	20%(质量分数)盐酸	室温	5~8	除氧化皮锈迹	金属光泽
4	漂洗	水	室温	1~2	除残留液	金属光泽
5	发黑	发黑液	室温	8~15	表面着色均匀	黑色
6	漂洗	水	室温	1~2	除残留液	黑色
7	检查	目视	—	—	着色均匀	黑色
8	干燥	水	90~120	1~2	表面干燥	黑色,表面略带浅黄色膜
9	浸油	机油	105~120	4~6	零件全部浸没	黑色

（5）钢铁常温发蓝的工艺及注意事项　钢铁工件常温发蓝的工艺流程：碱脱脂→水洗→酸洗除锈→水洗→常温发蓝→水冲洗→沸水冲洗→浸封闭剂→成品。

1）表面预处理。常温发蓝溶液本身不具备脱脂能力，因此，工件在发蓝前必须彻底清除其表面的油、锈，这是保证发蓝膜层质量的关键。

脱脂的方法可以根据钢铁工件表面油污程度的不同选择适当的脱脂溶液及配方，也可以采用两次脱脂、两次酸洗的工艺，以便使表面在发蓝前达到洁净，使膜层均匀、牢固。

除锈一般可采用盐酸。对于锈蚀严重、氧化皮厚的各种钢材工件，特别是角钢、工字钢及热轧钢板制作的工件，可用强酸活化。

2）常温发蓝。将经过以上预处理的钢铁工件直接浸入发蓝溶液中，并且间歇上下移动 2~3 次，待发蓝后马上取出彻底清洗并干燥。不同材质的工件在发蓝溶液中的发蓝速度是不同的，铸铁最快，中碳钢、低碳钢次之。因此，应根据钢种的不同掌握好发蓝时间。随着发蓝液使用次数的增加，溶液中的 Fe^{2+} 不断积累，药效下降。溶液的颜色由蓝色、绿色逐渐变浅，pH 值也随之上升，并伴随产生沉淀。在此情况下，应清理沉淀物，并补充新的发蓝溶液才能使用。

3）发蓝后处理。工件发蓝后要彻底清洗，热水烫干后进行封闭处理。先在质量分数为 1%的肥皂液（温度>90℃）中浸 2min，然后再用机油或脱水防锈油封闭。

4）不合格氧化膜的退除。不合格的氧化膜可以用有机溶剂或化学脱脂液脱脂干净后，再放在 100~150g/L 的盐酸或硫酸溶液中活化数秒至数十秒即可除去。

3. 常温氧化的常见缺陷及排除方法

钢铁常温氧化常见缺陷、产生原因及排除方法见表10-9。

表10-9 钢铁常温氧化常见缺陷、产生原因及排除方法

常见缺陷	产生原因	排除方法
发黑膜不均匀,有发花现象	工作脱脂、除锈不彻底	要彻底除油、锈,并冲洗干净
	工件可能重叠在一起	要翻动工件避免重叠
	发黑时间不够	适当增加氧化处理时间
工件表面膜层疏松,结合不牢固	氧化处理时间不适当	应严格执行工艺规定的处理时间
	硒的含量过高	调整溶液中硒的含量至控制量
	零件表面有油污等杂物	加强氧化发黑前的处理
氧化膜的色泽浅	发黑时间短	适当增加氧化处理时间
	溶液太稀	溶液中成分含量应增加
膜层光泽性差,有锈斑出现	封闭油中水分太多	减少油中水分,或更换无水油
	零件封闭时间太短	适当延长封闭时间
膜层的牢固性差	氧化发黑作用未完全	应在发黑后放置一定时间再用
	零件表面旧氧化物未除尽	加强发黑前酸洗
不合格的产品	在肥皂化前发现产品不合格	用质量分数为10%的稀硝酸去除发黑膜并重新发黑

10.1.3 钢铁的常温无硒氧化

前面介绍的常温氧化（发黑、发蓝）工艺都是用硒盐、铜盐的发黑剂体系。但是硒盐价格贵且有毒，使废液处理困难，且膜层性能仍然存在许多不足，因此国内外都在不断地研究和开发新的无硒常温氧化体系，企图寻找一种新的能取代硒-铜体系的溶液。目前有钼体系发黑液、铜-硫体系发黑液、锰体系发黑液、黑磷化体系发黑液等。虽然这些发黑液各有特点，但与硒-铜体系发黑液一样，同样存在发黑前处理要求严格甚至苛刻、膜层光泽差、耐蚀性不够好、发黑液不稳定等问题。常温无硒氧化发黑工艺见表10-10。

表10-10 常温无硒氧化发黑工艺

工 艺 号		1	2	3
组分质量浓度/(g/L)	硫酸铜	5~6	3~4	—
	硫代硫酸钠	7~8	—	50~70
	硫酸镍	2~3	1~2	—
	磷酸二氢锌	2~3	13~17	—
	磷钼酸铵	6~7	—	—
	冰醋酸	3~4	—	—
	柠檬酸钠	—	1~2	—
	钼酸铵	—	1~2	—
	乙二酸四乙酸二钠	2.4~3.2	—	—
	聚乙二醇800	0.02~0.04	—	—
	氯化铵	—	—	4~7
	硝酸	—	—	7~10
	磷酸	—	—	5~8
	添加剂	—	适量	—
工艺条件	溶液pH值	1.2~2.5	2.3~3	—
	溶液温度/℃	10~35	25~30	15~30
	处理时间/min	6~8	5~10	30~60

1. 钼-铜-硫体系常温发黑工艺

（1）发黑机理　一般认为钢铁表面发黑是因为发生了复杂的氧化还原反应和沉淀反应，也就是在氧化剂的作用下，钢铁表面被溶解，在铁和溶液的界面处形成氧化铁的过饱和溶液。在促进剂的作用下，在金属表面活性点上生成氧化物晶须，并逐渐生长形成一层连续的氧化膜。钼-铜-硫体系溶液发黑的机理是在氧化剂钼磷酸铵作用下，铁基体被氧化生成 FeO、Fe_3O_4、Fe^{2+}，Cu 在还原剂 $Na_2S_2O_3$ 作用下生成 CuO、CuS，Fe 在催化剂作用下生成 $FePO_4$、$Fe_3(PO_4)_2$，$Zn_3(PO_4)_2$、$Cu_3(PO_4)_2$ 参与成膜，使膜层变得更致密，黑度更深。发黑膜成分比较复杂，大约为 CuO、CuS、FeS、Mo_2S_2、$Fe_3(PO_4)_2$、$Zn_3(PO_4)_2$、$Cu_3(PO_4)_2$ 等。

（2）发黑的工艺流程　钢铁工件→脱脂→热水洗→冷水洗→酸洗除锈→冷水洗→二道冷水洗→活化→冷水洗→发黑→漂洗→中和→冷水洗→热水洗→吹干→浸油。

（3）发黑前预处理　发黑前预处理的质量对发黑膜的质量影响极大。如果表面残留有油、锈或氧化皮，就会造成工件表面不发黑或局部不发黑或发黑不均匀、颜色不深等缺陷，因此必须认真处理。

1）脱脂溶液配方及工艺：NaOH 80g/L，Na_2CO_3 50g/L，洗衣粉 3g/L，在 80℃ 下处理6~10min。

2）除锈溶液配方及工艺：HCl 300g/L，H_2SO_4 200g/L，OP-10 4g/L，十二烷基磺酸钠 0.04g/L，硫脲适量，除锈干净为止，防止过蚀。

3）活化：质量分数为 36%的盐酸，处理时间为 1~3min。

（4）发黑溶液配方及工艺　钼-铜-硫体系常温发黑工艺包括以下四个方面。

1）发黑工艺见表 10-11。

表 10-11　发黑工艺

组分质量浓度/(g/L)	硫酸铜	5~6	工艺条件	溶液 pH 值	1.5~2.5
	硫代硫酸钠	7~8			
	硫酸镍	2~3		溶液温度/℃	10~40
	磷酸二氢锌	2~3			
	磷钼酸铵	6~7		处理时间/min	6~8
	冰醋酸	3~4			
	乙二酸四乙酸二钠	2.4~3.2		—	—
	聚乙二醇 800	0.02~0.04			

2）发黑溶液的配制。按配方量配制成溶液，加入 H_2SO_4、H_3PO_4 调节酸度使 pH 值为 1.5~2.5，溶液由黄绿色浑浊逐渐变清。发黑过程中应抖动工件数次，使着色成膜均匀。

3）发黑溶液中成分的影响。溶液中硫酸铜和磷钼酸铵是发黑膜的主要组分，硫酸铜量增多，膜的颜色偏红，而磷钼酸铵量增大，则会使膜的颜色偏蓝，反应速度加快，而结合力不变。硫酸镍可以提高黑膜的致密性，但不能直接成膜。乙二胺四乙酸二钠起络合作用，若其含量过高，作用也不明显；含量过低，则会使溶液在使用与储存过程中产生沉淀。磷酸盐参与成膜，能提高膜的耐蚀性，也能使发黑液保持一定的酸度。

4）工艺对黑膜的影响。溶液的 pH 值在 1.5~2.5 范围内变化时，对发黑时间及结合力均无影响，耐摩擦次数大于 50 次；超出此范围则膜的质量下降。

溶液的温度应控制在 15~35℃，在此范围内对发黑时间及结合力均无影响，膜的耐摩擦次数大于 50 次，温度过低或过高则膜的质量下降。

发黑时间的控制对膜层质量的影响很大，时间短膜不发黑，时间过长又影响膜的颜色，且结合力下降。因此时间应控制在6~8min，此时生成的膜，耐摩擦次数大于50次，点滴31~32s，膜厚为3.5~5.0μm。

（5）发黑后处理 钢铁工件在发黑液中发黑以后，从溶液中取出，先在空气中放置1~2min，水洗后再放入质量分数为3%的碳酸钠溶液里中和，经水洗后甩干，浸入热防锈油（80~90℃）后捞起。

因此，经发黑处理的钢铁工件必须经水洗、中和、风干后进行封闭，这样得到的发黑膜的耐蚀性及光泽能满足产品质量的要求。

总的来说，这种发黑溶液及工艺在能满足膜层质量要求的同时，也具有无硒毒害、高效节能、操作简单方便、生产成本低及适用范围比较广的特点。虽然发黑的废液处理比较简便，但是溶液的使用周期短及其他问题尚要进一步解决。

2. 钼盐-铜盐常温发黑

（1）发黑机理 采用钼酸铵代替亚硒酸这种有毒化学物质与硫酸铜反应成膜，即形成钼酸盐-铜盐常温成膜发黑体系。钼酸盐氧化性较强，能提供活性氧，促进黑色氧化铜的生成，而毒性比较小。另外应适当控制加入的辅助成膜剂磷酸二氢盐的量，如果加入量太多，分解活性氧的速度太快，膜层将变得疏松，结合力也不好；如果含量太低，则发黑膜难以形成。

（2）工艺流程 钢铁工件钼酸铵-铜盐常温发黑工艺流程：钢铁工件脱脂→除锈→热水洗→冷水洗→酸活化→冷水洗→常温发黑→冷水洗→干燥→后处理→晾干→成品。

钢铁工件钼酸盐-铜盐常温发黑工艺见表10-12。

表10-12 钼酸盐-铜盐常温发黑工艺

<table>
<tr><td rowspan="6">组分质量浓度/(g/L)</td><td>硫酸铜</td><td>3~4</td><td rowspan="6">工艺条件</td><td rowspan="2">溶液pH值</td><td rowspan="2">2.5~3.0</td></tr>
<tr><td>钼酸铵</td><td>1~2</td></tr>
<tr><td>硫酸镍</td><td>1~2</td><td rowspan="2">溶液温度/℃</td><td rowspan="2">20~30</td></tr>
<tr><td>磷酸二氢锌</td><td>10~18</td></tr>
<tr><td>柠檬酸钠</td><td>1~2</td><td rowspan="2">发黑时间/min</td><td rowspan="2">5~10</td></tr>
<tr><td>添加剂</td><td>少量</td></tr>
</table>

1）溶液的配制。先在发黑槽中加入2/3体积的水，然后按配方比例称好药品，将络合剂、主盐硫酸铜、钼酸盐、磷酸二氢锌依次加入槽中溶解，再加水至规定的容积并搅拌均匀，调节pH值至2.5即可。

2）络合剂。溶液中加进一定的络合剂，可以使Cu^{2+}、Fe^{3+}形成稳定的络合物，以便提高膜层的致密性和稳定性。络合剂的种类很多，其中以柠檬酸钠比较好。它的加入不但可使膜层发黑，而且结合力也很好，比较牢固。

3）添加剂。常温发黑液中添加适量的添加剂可以改善溶液与钢铁工件表面的性能，其中主要是润湿性、乳化性和分散能力，以便使膜层分布均匀，结合力好且牢固，但又不能加得太多，种类太多及含量过多都会产生不好的效果。

4）工艺的影响。溶液的温度最好控制在20~30℃。如果温度升高，反应速度将加快，发黑也快，但温度太高将导致膜层疏松，当温度升到50℃时，钢铁表面即生成一层黑灰。因此温度不宜超过35℃，溶液的酸度也不能太高，酸度太高时钼酸盐的还原速度加快，同样也影响黑膜的结合力，使膜层附着不牢，故应控制pH值在2.5~3.5为好。

（3）钢铁工件常温发黑膜的技术指标 钢铁工件在常温发黑溶液中发黑处理后，对生成的发黑膜可进行性能测试。测试的项目主要有外观检测、膜层厚度测量、膜层结合力的牢固程度试验、膜层的耐蚀性点滴试验及浸泡试验等。钢铁常温发黑膜的检测方法、结果及标准见表 10-13。

表 10-13　钢铁常温发黑膜的检测方法、结果及标准

检测项目	检测方法	检测标准	检测结果
外观	肉眼观察	褐黑色	黑色
膜层厚度/μm	用磁性测厚仪测量	2.5~3.5	3.5
膜层的结合力	用棉球擦拭	200 次以上	400 次
耐蚀性	质量分数为 3%的硫酸铜点滴时间/s	30	>30
	质量分数为 3%的 NaCl 溶液浸泡时间/h	2	>2
	质量分数为 5%的草酸溶液浸泡时间/min	30	>30

通过对膜层性能的测试，可以判断用常温发黑溶液处理得到的钢铁工件发黑产品是否符合有关部门规定的标准，也就是产品是否合格。从测试结果看出，该工艺是钢铁在常温下进行发黑处理，稳定性较好的工艺。它与传统的碱性发黑工艺比较，有发黑温度低、时间短、速度快、无毒、无味、无气体挥发、无害等特点，能改善劳动环境及操作条件。发黑的膜层具有色泽好、结合力强、耐蚀性好等优点。溶液成分的价格比较低，属于常规用药，来源方便，各地均可购置使用，可适用于一般钢铁制品的常温发黑。选用时应根据不同的材料及其表面状况、对产品质量的要求等制定溶液配方、工艺流程，先进行小型试验，取得经验，再进行批量生产。

3. 钢铁的草酸盐氧化膜处理

钢铁工件放在含草酸盐的溶液中，表面可以生成难溶的草酸盐膜。在普通的钢材上，草酸盐膜主要作为涂装的底层，由于有较好的附着力，可以作为黏结钢材本体及涂层的中间层。在防护作用上可对钢铁起到双重的保护作用。即外表面由涂层保护，一旦涂层破损，则由草酸盐氧化膜起保护作用，直至涂层修复。钢铁的草酸盐氧化膜处理工艺见表 10-14。

表 10-14　钢铁的草酸盐氧化膜处理工艺

工　艺　号		1	2
组分质量浓度/(g/L)	草酸($H_2C_2O_4$)	35~45	15~25
	氯化钠(NaCl)	—	120~130
	醋酸锰[$Mn(CH_3COO)_2$]	4~6	—
	草酸铵[$(NH_4)_2C_2O_4$]	—	4~6
	磷酸二氢钠(NaH_2PO_4)	—	8~12
	六亚甲基四胺-二氧化硫	6.2	—
工艺条件	溶液 pH 值	1.1	1.6~1.7
	溶液温度/℃	66~77	45~55
	处理时间/min	1~5	

注：在配方 1 中，六亚甲基四胺-二氧化硫是由摩尔比为 1∶4 的六亚甲基四胺与二氧化硫在一定的温度下，经 30h 的反应而制得的。

10.1.4　钢铁氧化应用实例

1. 碱性氧化应用实例

轴挡是胶轮力车上很重要的工件，它是经过锻制、退火、粗车、精车、渗碳、磨削然后发黑等多个步骤加工而成的。发黑是生产的最后工序，目的是使轴挡在碱性气化溶液中处理后，获得具有良好耐蚀性、耐磨性的磁性氧化膜，起保护轴挡不被锈蚀的作用。

(1) 氧化发黑前脱脂去锈　氧化前处理的工艺流程：轴挡装挂→热碱液脱脂→热水清洗→两道流水清洗→酸洗→两道流水清洗。

（2）碱液脱脂液的配方及工艺 碱液脱脂工艺见表10-15。

表10-15 碱液脱脂工艺

组分质量浓度/(g/L)			工艺条件		
	烧碱	20~30		脱脂温度/℃	100以上
	纯碱	50~150		处理时间/min	15~40
	肥皂	3~5			

先将水加至3/5槽左右，加热至60~80℃，把烧碱和纯碱敲成小块加入水中，慢慢搅拌至溶解均匀，然后加热至沸腾，把切成小片状的肥皂加入，搅拌至肥皂全部溶解。将轴挡放入脱脂液中15~40min后取出。用水清洗干净，然后观察工件表面有无水珠出现。如果脱脂彻底，工件表面应被水均匀覆盖。如发现未除干净，应再脱脂至干净为止。

（3）酸洗溶液配方及工艺 酸洗工艺见表10-16。

表10-16 酸洗工艺

组分质量分数(%)			工艺条件		
	盐酸	15~20		溶液温度/℃	25~35
	尿素	0.5~0.9		酸洗时间/min	3~10
	水	余量			

先在槽内加进1/3的水，然后把酸慢慢地倒入所需要的量，不断人工搅拌均匀待用。工件进入酸洗槽浸3~10min后，取出的工件表面呈银白色。在酸洗过程中，要不停地抖动工件。如工件表面无油污，可不必经过脱脂工序，而直接进行酸洗。氧化皮较厚的要经过抛光处理。如经过抛光处理表面无油、无锈，则可以直接进行氧化发黑处理。

（4）碱性氧化（发黑）

1）氧化的工艺流程。氧化的工艺流程：1槽低温发黑→2槽中温发黑→3槽高温发黑→静水清洗。

2）碱性氧化发黑溶液配方及工艺。发黑工艺见表10-17。

表10-17 发黑工艺

槽类	溶液配方(质量分数,%)			工艺条件		零件表面颜色
	烧碱	亚硝酸钠	水	温度/℃	时间/min	
低温	30~35	8~12	余量	128~132	20~40	白色
中温	33~40	10~18	余量	144~148	20~40	浅蓝色
高温	40~45	15~20	余量	146~152	20~40	黑色或蓝黑色

① 发黑溶液的配制。用固体烧碱配方时，先将所需的水加入槽中。然后把所需要的固体烧碱敲成小块状放入铁丝网中慢慢地放入槽内，并用木棍搅拌加温使其完全溶解后，再加温到沸腾，然后加进所需的亚硝酸钠。

经过发黑后的工件色泽均匀，无红色、霉绿色等出现，无未发黑的部位才算合格。

② 操作方法：根据发黑工艺流程，由1槽（低温）到2槽再到3槽，逐槽进行氧化。每槽出槽的工件要在静水中清洗一下。并且在2槽（中温）发黑后还需改变工件之间的接触点一次，静水槽中的水可作为各发黑槽加水用。在正常发黑的情况下，每次出槽后需加一定量的水，以补充蒸发的水分。发黑槽液的污物应随时捞起清涂，每周需要清洗槽底的残渣1~3次，主要由处理工件的数量而定。

另外，发黑的温度和时间应随着钢材的成分不同而不同。一般来说是随着钢中含碳量的不同而调整，碳的含量增加，发黑的温度要求降低，时间也相应缩短，合金钢及低碳钢则恰好相反。随着合金钢的化学成分不同，发黑时间也不同，要根据具体情况而定。

3）发黑膜固定的工艺流程：发黑后工件→两道清水洗→80℃以上的热水洗→皂化→晾干或热风吹干→上油。

① 发黑工件经流水清洗后，用质量分数为1%的酚酞酒精溶液滴定后，以无玫瑰色出现为准。

② 处理液的成分及工艺。发黑膜固定处理工艺见表10-18。

表10-18 发黑膜固定处理工艺

槽类	溶液成分（质量分数，%）	工艺条件	
		温度/℃	时间/min
皂化、上油	0.5%～3%的日用肥皂水溶液，其余为12号或20号机油	90～98	3～5
		105～115	3～5

③ 皂化液的配制。先将水加热至沸腾，再把切成小片状的肥皂加入沸水中，搅拌至均匀并全部溶解，即为皂化液。

④ 工件经皂化后，表面形成一层憎水亲油的薄膜，工件上油后，色泽乌亮。

2. 钢铁常温硒-铜系发黑应用实例

某锅炉股份有限公司自1989年以来应用钢铁常温发黑工艺，先后采用了南京、重庆、成都等地多家厂商生产的钢铁常温发黑剂，部分取代原有的碱性高温发黑工艺，并应用于各种设备零配件、模具、工具等的表面发黑处理。多年来的统计结果表明，常温发黑工艺成本降低了20%～30%。而且减少污染所带来的社会效益则是采用常温发黑工艺的重要原因，从而取得了经济效益和社会效益的双重效益，但也认为尚有不少问题有待进一步改进。

（1）生产工艺流程　该公司所采用的生产工艺流程：钢铁工件涂油→漂洗→酸洗→漂洗→发黑→漂洗→检查→干燥→浸脱水防锈油→检验→成品。

常温发黑工艺与碱性高温发黑工艺比较，工艺流程中的前处理和后处理工序都基本相同，但是常温发黑的前后处理都比碱性工艺更严格和苛刻才能保证质量。也就是必须保证发黑前的脱脂、除锈要彻底干净，发黑后必须使用脱水的防锈油，否则会生锈。

（2）常温发黑（有硒）的溶液配方及工艺　该公司使用的常温发黑工艺见表10-19。

表10-19 常温发黑工艺

组分质量浓度/(g/L)	硫酸铜	1～3	工艺条件	溶液pH值	2～3
	亚硒酸	2～3			
	磷酸	2～4			
	有机酸	1～2		处理时间/min	4～6
	添加剂	10～12			
	表面活性剂	2～3			

将配制好的发黑浓溶液以1∶4的比例加入水槽，在常温下将经过严格前处理的钢铁工件浸渍4～6min，然后进行后处理。

（3）应注意的问题及解决方法　常温发黑对钢铁工件表面的清洁度要求十分严格，几乎近于苛刻，否则将不能保证黑膜的质量。因此，在前处理方面研发了脱脂能力更强的脱脂清洗剂或加入表面活性剂用于脱脂工序，并且设计了有利于彻底脱脂的工装和夹具。对于特别小的工件，采用滚筒脱脂或专门设计专用脱脂设备，同时适当延长酸洗和漂洗的时间。

发黑工艺方法：添加更有利于提高膜层结合力和耐磨性的催化剂、活性剂和络合剂，以便进一步提高黑膜的质量。通过研制综合性能好的无毒常温发黑剂，并解决发黑时容易发生沉淀的问题，使发黑溶液的维护管理更加简单方便。同时还要进一步降低发黑剂的成本，减少或不用硒化物做溶液成分。发黑后的封闭一定要在无水防锈油中进行，而且时间应控制在3~5min范围内。

3. 钢铁工件酸性氧化防锈的应用实例

南方某公司生产的普通钢管连接件大多数是作为备件存放在仓库内，以便应急使用。但是南方天气潮湿，钢件容易生锈，因此这些连接件必须在进库之前进行防锈处理。如果采用防锈油，则在使用时会影响涂装工程，若只进行涂装又难以在使用时配套。所以采用酸法氧化防锈膜进行防锈。

1）系列产品中的工件用Q345钢制成。

2）酸法氧化工艺流程：钢铁件碱法脱脂（70~80℃，15~20min）→热水洗（70~80℃，3min）→清水洗（常温，2min）→酸洗（质量分数为15%的H_2SO_4，30~40℃，3min）→清水洗（常温洗至中性）→酸法氧化→水洗→干燥→进仓。

3）钢铁酸法氧化工艺见表10-20。

表10-20　钢铁酸法氧化工艺

组分质量浓度/(g/L)			工艺条件		
	硝酸钙	80~90		溶液温度/℃	75~85
	氧化锰	10~15			
	双氧水	5~10			
	磷酸	5~10		处理时间/min	30~40
	添加剂	0.5~1			

4）膜层性能测试及结果。

① 点滴法：$CuSO_4$、NaCl、HCl混合试点液，取10个点的平均值，大于3min未出现锈蚀。

② 浸泡法：把试片放在质量分数为3%的NaCl溶液中浸泡，大于144h未见锈点出现。

③ 附着力测定：划格法达到一级。

④ 膜厚测定：10~15μm。

10.2　不锈钢的化学氧化

10.2.1　不锈钢的化学氧化概述

不锈钢比一般钢铁耐腐蚀。特别是在大气环境中，耐腐蚀是由于其表面有一层自然生成的氧化膜，这层膜虽然较致密而耐蚀，但膜层很薄，很容易在运输及加工过程中损坏，被损坏的部位就成为表面的活性点。由于电位降低，与周围未损坏的氧化膜组成了大阴极、小阳极的腐蚀电池，而且腐蚀速度快，产生了点蚀，成为表面的锈蚀源。因此加工制造完成的不锈钢制品，在进入市场或投入使用前，必须对表面进行处理，也就是去除残破不全的旧氧化膜，重新生成新的氧化膜。这样既增加不锈钢制品的美观性，又提高了不锈钢制品的耐蚀性、耐磨性。

通过化学或电化学的方法可在不锈钢表面形成一层无色透明的氧化膜层，在光的照射下，膜层对光线产生反射、折射而显示出干涉色彩。当光线的入射角一定时，干涉色彩所显现的颜色主要由表面的氧化膜厚度所决定。一般在膜层较薄时，干涉色彩主要是蓝色或棕色，膜层为中等厚度时显黄色，膜层较厚时为红色或绿色。不锈钢用这种方法处理所得的膜层虽然很薄，但它的颜色鲜艳，耐紫外线照射而不变色，耐蚀性优良，同时也具有耐磨性，并且具有很好的装饰效果，所以不锈钢产品大多用这种方法处理。

此外，不锈钢还可以用其他的化学溶液处理，但所形成的氧化膜层不是上述氧化膜，而是不锈钢表面与某些化学药品反应生成某种有色化合物，其膜层所显示的颜色则是这些化合物的真实颜色。例如化学溶液与表面的 Fe、Cr 等元素作用所生成的氧化膜成分中 Fe_3O_4 为黑色，Fe_2O_3 为红色，CrO_3 为棕红色，Cr_2O_3 为绿色，不同比例的氧化物构成各种新的颜色。通过使用不同溶液配方和工艺处理不锈钢的表面，可以获得既有一定装饰性，又耐蚀而且耐磨的氧化膜。

不锈钢表面成膜后，还需要进行后处理。因为新生的膜层都是有孔隙的、不够致密的，膜层的硬度不够，耐磨性及耐蚀性稍差，必须经过封闭处理，使膜层由多孔疏松变成闭孔致密并提高其硬度，从而提高其耐蚀性、耐磨性。因此不锈钢的氧化膜处理可分三个主要步骤：氧化前处理、化学氧化处理和氧化膜生成后的处理。

10.2.2 不锈钢化学氧化膜工艺流程

不锈钢进行氧化膜处理时的工艺流程：不锈钢制件→抛光（可用机械抛光或化学抛光）→脱脂→水洗→酸洗活化→氧化膜处理→水洗→固膜处理→清洗→封闭→水洗→干燥→成品。

10.2.3 不锈钢铬酸化学氧化膜处理

用铬酸对不锈钢进行氧化膜处理是目前应用最广泛的方法，也称为因科（INCO）法，铬酸处理工艺见表 10-21。

表 10-21 铬酸处理工艺

组分质量浓度/(g/L)	铬酐	200~400(最好 250)
	硫酸	35~700(最好 490)
工艺条件	溶液温度/℃	70~90

此溶液在 80~90℃下处理 15~17min 得到深蓝色膜，处理 18~25min 得到以紫红色为主的彩虹膜，再延长时间可得到绿色膜。

10.2.4 不锈钢酸性氧化膜处理

除前面提到的因科（INCO）法处理之外，还可以用酸液、碱液及硫化物进行处理，使不锈钢生成各种颜色的氧化膜，既提高不锈钢表面的力学性能及耐蚀性，又使制品的外表美观亮泽。不锈钢酸性氧化膜处理工艺见表 10-22。

表 10-22 不锈钢酸性氧化膜处理工艺

工艺号		1	2	3	4	5
组分质量浓度/(g/L)	硫酸(H_2SO_4)	530~560	270~300	300~350mL/L	250~300mL/L	600~650mL/L
	铬酐(CrO_3)	230~260	480~500	—	200~250	—
	重铬酸钾($K_2Cr_2O_7$)	—	—	300~500	—	—
	偏钒酸钠($NaVO_3$)	—	—	—	—	130~150
	钼酸铵[$(NH_4)_6$-$Mo_7O_{24}\cdot 4H_2O$]	—	44~45	—	—	—
工艺条件	溶液温度/℃	70~80	70~80	95~110	95~100	80~90
	处理时间/min	7~10	5~9	10~70	2~10	5~10
膜层颜色		蓝色→金黄色	蓝色→金黄色	黑色	蓝色→青色	金黄色

10.2.5 不锈钢碱性氧化膜处理

这种处理方法是在含有氧化剂和还原剂的强碱性溶液中，使不锈钢表面上原有的自然氧化膜继续增长（即处理不必除去工件表面的氧化膜，但不能有油污），随着膜厚的增加，表面的颜色也从黄→黄褐→蓝→深藏青色依次变化。不锈钢碱性氧化膜处理工艺见表10-23。

表10-23 不锈钢碱性氧化膜处理工艺

工艺号		1	2	3	4
组分质量浓度/(g/L)	氢氧化钠(NaOH)	13~15	350~400	700~800	450~550
	硝酸钠($NaNO_3$)	1~4	14~16	20~40	350~450
	磷酸钠(Na_3PO_4)	2~4	—	—	—
	氧化铅(PbO)	0.5~1.5	—	—	—
	高锰酸钾($KMnO_4$)	—	45~55	100	—
	氯化钠(NaCl)	—	20~30	—	—
	亚硫酸钠(Na_2SO_3)	—	30~40	70	—
	氯酸钾($KClO_3$)	—	—	50	—
	重铬酸钠($Na_2Cr_2O_7$)	—	—	—	200~300
	水(H_2O)	—	500	—	—
工艺条件	溶液温度/℃	105~110	115~125	120	120~140
	处理时间/min	17~25	15~25	15~25	10~30
膜层颜色		蓝色→青色	黄色→蓝色	金色→黑色	蓝色→黑色

10.2.6 不锈钢硫化物氧化膜处理

硫化物溶液处理不锈钢氧化膜的机制与上述方法不同，它是把活化后的不锈钢浸入碱性硫化物溶液中，使不锈钢表面发生硫化反应，生成黑色的硫化物膜层。这种膜层的耐蚀性较差，成膜以后需要涂上罩光涂料进行保护。硫化物溶液的配方及工艺见表10-24。

表10-24 硫化物溶液的配方及工艺

组分质量/g	氢氧化钠	300	组分体积/mL	水	604
	氯化钠	6			
	硫氰酸钠	6	工艺条件	溶液温度/℃	100~120
	硫代硫酸钠	30		处理时间/min	20~40

10.2.7 不锈钢草酸盐化学氧化膜处理

不锈钢草酸盐化学氧化膜处理工艺见表10-25。

表10-25 不锈钢草酸盐化学氧化膜处理工艺

工艺号		1	2
组分质量浓度/(g/L)	草酸($H_2C_2O_4$)	45~55	45~55
	氯化钠(NaCl)	20~30	15~25
	钼酸铵[$(NH_4)_6Mo_7O_{24}\cdot 4H_2O$]	25~35	25~35
	亚硫酸钠(Na_2SO_3)	2~4	—
	氟化钠(NaF)	10	10
	硫代硫酸钠($Na_2S_2O_3$)	—	2~4
工艺条件	溶液温度/℃	60~70	45~55
	处理时间/min	5~10	4~5
适用范围		不锈钢和镍铬钢	

10.2.8 不锈钢氧化成膜后的处理

(1) 固膜处理 不锈钢氧化膜处理所生成的是比较疏松多孔的膜层，不耐蚀，且特别不耐磨。因此必须进行化学或电解固化处理，就是通过化学或电解的方法使膜层牢固。氧化膜经固膜处理后，其硬度、耐磨性及耐蚀性均可得到很大的改善和提高。不锈钢氧化膜固化处理工艺见表 10-26。

表 10-26 不锈钢氧化膜固化处理工艺

处理方法		化学法	电解法
组分质量浓度/(g/L)	重铬酸钾($K_2Cr_2O_7$)	15	—
	氢氧化钠(NaOH)	3	—
	铬酐(CrO_3)	—	250
	硫酸(H_2SO_4)	—	2.5
工艺条件	pH 值	6.5~7.5	—
	温度/℃	60~80	室温
	阴极电流密度/(A/dm^2)	—	0.2~1.0
	时间/min	2~3	5~15

(2) 封闭处理 氧化膜经过上述溶液进行固化处理之后，膜的硬度及耐磨性有很大的改善，耐蚀性也有很大的提高，但是膜层中仍有许多小孔未完全闭合。这些孔在工件使用过程中会吸附甚至储藏油污或者腐蚀介质，这样就会降低其耐久性。而且表面很容易弄脏而影响外观，所以还要进行封闭处理把膜层中的小孔填好封闭。封闭的方法是用无水防锈油或防锈蜡浸渍处理，也可以用硅酸盐处理。硅酸盐配方及工艺条件见表 10-27。

表 10-27 硅酸盐配方及工艺条件

组分质量浓度/(g/L)	硅酸钠	10
工艺条件	溶液温度/℃	沸腾
	处理时间/min	4~6

10.2.9 影响不锈钢化学氧化膜质量的因素

1. 不锈钢工件的基体材料

不锈钢成分及含量对生成不锈钢氧化膜有一定的影响，膜层好、色泽好的不锈钢材料，其基体成分的质量分数是：Fe>50%，Cr13%~18%，Ni12%，Mn10%，Nb、Ti、Cu3%，Si2%，C0.2%。常用不锈钢中，18-8 奥氏体型不锈钢是最合适的材料，能得到较好的氧化膜质量及悦目的外观。铁素体型不锈钢因在处理溶液中可能产生腐蚀，或有腐蚀倾向，得到的膜层质量及色泽不及奥氏体型不锈钢。至于低铬高碳的马氏体型不锈钢，因其耐蚀性更差，所得的氧化膜质量更差，只能得到灰暗或黑色的膜层。

2. 不锈钢工件表面状态

工件表面加工状态对氧化膜的质量及色泽有很大影响，不锈钢经冷加工（如弯曲、拉深、深冲、冷轧等）变形后，表面晶粒的完整性受到了破坏，使形成的氧化膜层不均匀光滑、色泽紊乱。冷加工后材料的耐蚀性降低，也影响了膜层的质量及光泽。但是这些问题通过退火处理，如能恢复原来的金相显微组织，则仍可得到良好的色膜。

3. 氧化膜处理溶液

一般来说，不锈钢化学氧化膜处理溶液的寿命比较长，但在处理过程中由于 Cr^{6+} 的还原及不锈钢表面的不断溶解，溶液中的各种成分会不断发生变化，而且溶液也会逐渐老化，并且随着时间的延长，所得的氧化膜层将变得疏松而无光泽，颜色也趋向灰暗甚至是暗黑色。

溶液老化的原因主要是溶液中 Cr^{3+} 和 Fe^{3+} 的浓度增大，当 Cr^{3+} 的浓度达到 20g/L、Fe^{3+} 浓度达到 12g/L 时，溶液已严重老化，功能降低，必须进行再生或更换。

4. 挂具

制作挂具的材料的电位必须与不锈钢工件材料电位相同或相接近，而且还应具有抗溶液腐蚀的性能，如不锈钢丝或镍铬丝等。避免由于挂具材料与工件材料的电位不同产生电偶腐蚀，而影响工件的质量。

5. 氧化膜层的厚度

当氧化膜层偏薄或膜层色泽不好时，可以重新回槽处理，以便加厚膜层及加深色泽。若膜层偏厚，则需进行减薄处理。此种情况下，可在还原性介质中（如次磷酸钠、硝酸钠、亚硫酸钠、硫代硫酸钠等）完成处理。当使用亚硫酸钠作减薄处理时，亚硫酸钠的质量分数为 8%，温度为 80℃，处理时间根据减薄的要求而定。

6. 不良膜层的退除

当膜层表面有缺陷，或有沾污及色泽不均等致使产品不合格时，可以将膜层退除，重新进行氧化膜处理。退膜时要避免基体材料出现过腐蚀。不锈钢工件膜层的退除工艺见表 10-28。

表 10-28 不锈钢工件膜层的退除工艺

组分质量浓度/(g/L)			工艺条件		
组分质量浓度/(g/L)	磷酸	100～200	工艺条件	溶液温度/℃	20～30
				电压/V	12
				阳极电流密度/(A/dm²)	2～3
	光亮剂	少量		阳极材料	铅
				处理时间/min	5～15

10.2.10 不锈钢氧化膜的常见问题与对策

不锈钢氧化膜处理后，由于种种原因，经常会发现膜层表面有各种各样的缺陷，这些缺陷的出现会使产品的质量下降，甚至导致产品不合格。因此，对产生的缺陷要进行原因分析，并设法解决问题，提高产品的质量水平，减少生产过程中的浪费。不锈钢氧化膜常见问题与对策见表 10-29。

表 10-29 不锈钢氧化膜常见问题与对策

常见缺陷	产生原因	解决方法
转化膜色泽不均，发花	处理时间不够	延长处理时间
	前处理不彻底，留有污迹	加强前处理，表面要清洗干净
转化膜很薄，甚至不生成转化膜	溶液的浓度太低	增加溶液的浓度，或蒸发浓缩
	转化处理时间不够	增加处理的时间
转化膜附着力差	表面处理不彻底	表面除油、除锈要彻底
	铬酐浓度不够	补充溶液的氧化组分
膜层产生白色的点	溶液中混入氯离子产生点蚀	分析溶液中的杂质含量并且进行清除，或者更换新的处理溶液
转化膜表面有污迹	封闭质量不好，表面吸附了污物	加强封闭处理，提高封闭质量

10.2.11 不锈钢氧化膜的应用实例

某不锈钢制品厂生产厨房用具及其他用于食品饮料的用具，在机械加工成形后，对制品表面进行了氧化膜处理以便提高耐蚀性和耐磨性，同时也使不锈钢制件外观更漂亮、更赏心悦目。

1. 转化处理的工艺流程

不锈钢制品化学氧化处理的工艺流程：不锈钢制件→抛光→脱脂→清洗→活化→清洗→化学氧化→清洗→固膜→清洗→封闭→清洗→干燥→检验。

2. 化学氧化前表面处理

（1）表面机械抛光　不锈钢制品在加工制造过程中会留下许多加工痕迹，表面有局部变形及损伤，所以用机械抛光的方法将毛刺、划痕、压印等去除，以达到整平、光亮的目的。

（2）脱脂　不锈钢制品表面经过机械抛光后，表面的锈迹、氧化膜及加工痕迹被基本去除，但是留有各种加工的油污及抛光油污等，必须彻底清除，否则会影响转化成膜的质量。脱脂可以根据表面油污的程度采用不同的方法。如果油污厚重，可以先用有机溶剂脱脂，再用化学碱液脱脂。化学碱液脱脂尚不彻底时，可以用电解脱脂，或者采用化学碱液加超声波脱脂等。有机溶剂可用丙三醇先脱脂。化学碱液脱脂工艺见表 10-30。

表 10-30　化学碱液脱脂工艺

组分质量浓度/(g/L)	碳酸钠	20~30	工艺条件	溶液温度/℃	80~90
	氢氧化钠	10~15			
	磷酸钠	50~70		处理时间/min	20~40
	硅酸钠	5~10			

（3）表面活化　不锈钢制品表面经抛光及碱液脱脂后，表面很干净，活性很高，在清洗过程中马上又和水或空气中的氧作用生成一层新的氧化膜，这层膜对氧化膜处理不利。因此在进行化学氧化前要把表面重新活化，以便去除表面新生成的氧化物。活化工艺见表 10-31。

表 10-31　活化工艺

组分质量分数(%)	硫酸	10	工艺条件	溶液温度/℃	20~30
	盐酸	10		处理时间/min	2~3

3. 化学氧化

不锈钢制品表面化学氧化处理工艺见表 10-32。

表 10-32　不锈钢制品表面化学氧化处理工艺

组分质量浓度/(g/L)	硫酸	400~500	工艺条件	溶液温度/℃	55~75
	铬酐	230~280			
	钼酸盐	15~25			
	硫酸锰	3~5		处理时间/min	7~30
	硫酸锌	4~6			

4. 化学氧化后的处理

（1）氧化膜的固膜处理　固膜处理是化学氧化膜形成过程的重要步骤，因为氧化膜层中有大量的微孔，膜层疏松而质软，不论是耐磨性还是耐蚀性都较差。为了提高膜层的性能及质量，必须进行固膜处理，以便提高氧化膜的硬度、耐磨性及耐蚀性。固膜可采用化学浸渍法，也可以采用电化学处理法。一般来说，电化学处理后的膜层质量较化学法的好。电化学法固膜处理工艺见表 10-33。

表 10-33 电化学法固膜处理工艺

组分质量浓度/(g/L)	硫酸	2~3	工艺条件	阳极材料	铅板
	铬酐	240~260		阳极电流密度/(A/dm^2)	0.5~1
	水	余量		溶液温度/℃	20~30
				处理时间/min	7~13

(2) 封闭处理 不锈钢表面氧化膜经固膜处理后，膜的硬度和耐磨性有了很大提高，但是膜层表面仍有大量的微孔未填平。微孔中残留有转化液、固膜液及水洗液等，并且难以清洗干净。如果不设法清除并将微孔封闭，将来这些残液会腐蚀氧化膜甚至基体。同时微孔也可以吸附工作环境中的污物，造成表面藏污纳垢，降低氧化膜的耐蚀性和防污性，使膜层失去光泽及鲜艳的颜色，因此固膜后要马上进行封孔。氧化膜的封闭处理方法很简单，可以采用蒸汽直接加热法，也可以用热水浸煮法。这两种方法都可以将氧化膜微孔中的残留液清除干净，并使微孔收缩而紧闭。最简单而有效的方法是将不锈钢制品放在纯水中煮沸10min，然后取出干燥。

5. 不锈钢氧化膜的质量检验

不锈钢化学氧化膜的质量，根据有关规定可以从它的外观、耐磨性、耐热性、耐蚀性及耐油污性等方面进行检测。用本方法进行化学氧化膜处理的不锈钢制品，各项检测结果完全符合标准的要求，质量良好。氧化膜质量检测结果见表 10-34。

表 10-34 氧化膜质量检测结果

项 目	检测结果	检测标准
色膜外观	茶色、蓝色、金黄色、红色、绿色	目测
耐磨性	橡皮轮加压 500g,摩擦 200 次不变色	GB/T 1768—2006
耐热性	200℃加热 24h,颜色不变,无起泡、开裂	GB 1735
耐蚀性	144h 中性盐雾试验不变色	GB/T 1771—2007
耐油污	在植物油中浸 24h,颜色不变	—

10.3 铝及铝合金化学氧化

10.3.1 铝及铝合金化学氧化概述

铝及铝合金在大气环境介质中具有一定的耐蚀性，这是由于铝及铝合金表面很容易生成一层薄而较致密的氧化膜。而且这层氧化膜随着放置时间的延长而增厚，大气中的湿度越大，膜就越厚，但厚度有限，只有 5~200nm。由于这层膜是非晶的，并且使铝件失去了原有的光泽，而且膜层是多孔的和不均匀的，在加工及运输过程中很容易被破坏，且容易沾染污迹。因此，铝及铝合金制品在出厂前都必须进行氧化膜处理。

氧化膜处理铝及铝合金表面技术在航空、电子工业、电气、仪表以及日用品、轻工业品行业，特别是建筑行业中应用广泛。

化学氧化处理方法主要有水氧化法、铬酸盐法、磷酸盐-铬酸盐法、碱性铬酸盐法、磷酸锌法等。铝的铬酸盐氧化膜常用来作为铝建筑型材的涂装底层，这种氧化膜工艺成熟，耐蚀性和与涂装的附着力都很好，但有六价铬的废水排放问题。磷酸锌膜又称磷化膜，常用于汽车外壳铝板的预处理，因为磷酸锌膜经皂化处理可生成有润滑作用的金属皂，有利于铝板的冲压成形。

10.3.2 铝及铝合金化学氧化工艺流程

铝及铝合金化学氧化工艺流程：铝及铝合金工件→机械抛光（或化学抛光）→化学脱脂→清洗→中和→清洗→化学氧化→清洗→热水封闭→吹干或晾干→烘烤→成品。

化学氧化所需的设备简单、操作方便，生产处理能力高，生产率也高，因此产品的成本低，适用范围广，不受工件大小和形状限制等。由于化学氧化膜大多数是作为涂装的底层，所以对膜层质量的要求不是很高，在设计生产工艺时也是灵活多样的。

最简单的工艺流程：铝及铝合金工件→化学脱脂→水洗→化学除膜→化学抛光→水洗→化学氧化→清洗→热水封闭→干燥→成品。

10.3.3 铝及铝合金水氧化膜处理

将铝合金浸入沸水中，铝的天然氧化膜会不断增厚，最后达到 0.7~2μm。氧化膜无色或呈乳白色，氧化膜是 γ 水铝石型氧化铝，结构致密，pH 值在 3.5~9 之间，膜层非常稳定，可作为涂装的底层。超过 100℃的过热蒸汽有利于膜的生成，实际工艺为在 75~120℃的纯水中处理数分钟。为了提高膜厚，在纯水中添加氨水或三乙醇胺，可得到多孔性氧化膜。添加氨水处理的氧化膜颜色为白色，色调均匀。封闭后的氧化膜具有更高的耐蚀性。如果铝在沸腾的去离子水中处理 15min，并在水中添加三乙醇胺，则可得到耐蚀性更好的氧化膜。

10.3.4 铝及铝合金铬酸盐氧化膜处理

铬酸盐氧化处理液呈酸性或弱酸性，pH 值为 1.8 左右（金黄色）或 2.1~4.0（无色）。成膜剂为 CrO_4^{2-}，助溶剂为 F^-。铝表面首先受到腐蚀，产生氢气，氢被铬酸氧化生成水。铝表面由于有氢气产生，导致氢离子消耗，使局部 pH 值上升，溶解的铝一部分形成氧化膜，另一部分与六价铬、氟结合，在溶液中以络离子形式存在，反应式如下

$$2Al+6H^+ \longrightarrow 2Al^{3+}+3H_2$$

$$2CrO_3+3H_2 \longrightarrow Cr_2O_3(含水)+3H_2O$$

$$2Al^{3+}+6OH^- \longrightarrow Al_2O_3(含水)+3H_2O$$

总反应式为

$$2Al+2CrO_3 \longrightarrow Al_2O_3(含水)+Cr_2O_3(含水)$$

式中右边项就是铬酸盐氧化膜，氧化膜中还含有一定量的六价铬、氟离子等。因为氧化膜中含有少量的六价铬，所以氧化膜在轻微破损时，能在破损区生成新的氧化膜，起到自动修复作用。铬酸盐氧化膜的耐蚀性比天然膜高 10~100 倍，着色性也很好。膜的色调与处理试剂和处理条件有关，纯铝氧化膜透明度很高，但含有 Mn、Mg、Si 等合金元素时，氧化膜的颜色发暗。常用的铝及铝合金铬酸盐氧化溶液配方及工艺见表 10-35。

铬酸盐氧化膜的颜色变化规律是：无色→彩虹色→金黄色→黄色。膜的厚度由薄变厚，无色膜厚度最小，黄色膜厚度最大。膜的厚度越大，其抗擦伤性、耐磨性、膜的自行修复能力越强。膜的耐蚀性与膜的厚度不存在直接关系，它与膜的质量以及其他许多因素有关，但

在其他所有条件相同的情况下，厚度大的氧化膜其耐蚀性也高。

表 10-35 铝及铝合金铬酸盐氧化溶液配方及工艺

工 艺 号		1	2	3	4
组分质量浓度/(g/L)	铬酐(CrO_3)	3.4~4.0	4~6	5~10	1~2
	重铬酸钠($Na_2Cr_2O_7$)	3~3.5	—	—	—
	氟化钠(NaF)	0.5~1.0	0.5~1.5	0.5~1.5	0.2~1.0
	铁氰化钾[$K_3Fe(CN)_6$]	—	0.4~0.6	2~5	—
	硼酸(H_3BO_3)	—	—	1~2	—
	硝酸(HNO_3,密度为 1.42g/cm^3)	—	—	2~5mL/L	—
	重铬酸钾($K_2Cr_2O_7$)	—	—	—	2~4
工艺条件	溶液温度/℃	室温	30~35	20~30	50~60
	处理时间/min	2~5	20~60s	0.5~5.0	10~15

注：1. 配方 1 所得到的氧化膜较薄，约为 0.5μm，无色至深棕色，耐蚀性较好，膜层致密、孔少，可以用于不涂加涂料的防护，但使用温度不宜高于 60℃，可以应用于不适宜进行阳极氧化处理的大型铝及铝合金零部件，以及组合件的防护处理。

2. 配方 2 所得的氧化膜为彩虹色，膜层比较薄，但导电性能好，主要用于要求有一定导电性能的铝合金零件的防护处理。

3. 配方 3 所得氧化膜为金黄色至淡棕黄色，耐蚀性比较好，但是耐磨性较差，只适用于大型零件或复杂零部件的局部氧化保护。

4. 配方 4 所得的膜层呈棕黄色至彩虹色的色泽，耐蚀性较好，适用于铝合金焊缝部位的局部氧化防护。

10.3.5 铝及铝合金磷酸盐-铬酸盐氧化膜处理

用磷酸盐-铬酸盐溶液处理时，铝表面首先发生腐蚀，生成氢气，再被六价铬氧化，生成水。另外，少量的氢氧化铝与磷酸铬生成磷酸铝，进入溶液中的铝和三价铬与氟结合成为络离子。常用的磷酸盐-铬酸盐氧化工艺见表 10-36。

表 10-36 磷酸盐-铬酸盐氧化工艺

工 艺 号		1	2	3	4
组分质量浓度/(g/L)	磷酸(H_3PO_4)	50~60mL/L	40~50	20~25	50~60mL/L
	铬酐(CrO_3)	20~25	5~7	2~4	20~25
	氟化氢铵[$(NH_4)HF_2$]	3.0~3.5	—	—	3.0~3.5
	硼酸(H_3BO_3)	1.0~1.2	—	2~3	0.6~1.2
	氟化钠(NaF)	—	2~3.5	4~5	—
	磷酸氢二铵[$(NH_4)_2HPO_4$]	—	—	—	2.0~2.5
工艺条件	溶液温度/℃	30~40	15~35	20~30	30~40
	处理时间/min	3~6	10~15	15~60s	2~8

注：1. 配方 1 所得的膜层较薄，无色到浅蓝色，膜厚为 3~4μm，膜的结构较致密，耐蚀性好，适用于各种铝合金零件的防护处理。

2. 配方 2 所得膜层较薄，韧性好，耐蚀性也较好，适用于氧化后需要进行变形处理的铝及铝合金，也可以用于铸铝零件的防护，而且氧化后不需要钝化或填充封闭之类的处理。

3. 配方 3 所得的氧化膜为无色透明的薄膜，厚度为 0.3~0.5μm，导电性能好，所以又称为化学导电氧化，可用于变形的铝制电气零部件及导线的防护处理。

4. 配方 4 所得膜层颜色为无色至带红绿色的浅蓝色，膜的结构致密，厚度为 0.5~3.0μm，膜的硬度比较高，耐蚀性也好，但氧化后需要进行封闭处理。氧化后零件的尺寸无变化，不影响精度，适用于各种铝及铝合金零件的氧化防护。

以上配方中各个组分的作用是：

磷酸是生成氧化膜的主要成分，如果溶液中不含磷酸，则不能形成氧化膜。

铬酸是溶液中的氧化剂，也是形成膜层不可缺少的成分，若溶液中不含六价铬，溶解腐蚀反应就会加强，于是就难以形成氧化膜。

氟化氢铵用于提供氟离子，是溶液的活化剂，与磷酸、铬酸共同作用，生成均匀致密的氧化膜。

加入硼酸的目的，是降低溶液的氧化反应速度和改善膜层的外观，这样的氧化膜结构致密，耐蚀性更高。

磷酸氢二铵起缓冲溶液 pH 值作用，以使溶液更稳定，膜层质量更高。

当溶液各化学成分正常时，氧化溶液的温度是获得高质量氧化膜的主要因素。温度低于20℃时，溶液反应缓慢，生成的氧化膜较薄，防护能力差；温度高于40℃时，溶液反应太快，产生的氧化膜疏松，结合力不好，容易起粉。

氧化处理时间的长短，要依据溶液的氧化能力和温度来确定。新配的溶液氧化能力强，陈旧的溶液氧化能力弱。溶液的温度低和氧化能力较弱时，可以适当增加氧化时间。溶液温度高或氧化能力强时，可以适当缩短氧化时间。

阿洛丁法属于典型的磷酸盐-铬酸盐法，其溶液组成见表 10-37。阿洛丁氧化膜的膜厚为2.5~10μm，膜中含（质量分数）Cr18%~20%，Al45%，P15%~17%，F0.2%。氧化膜经低温干燥后，膜中含（质量分数）铬酸-磷酸盐 50%~55%，铝酸盐 17%~23%，水 22%~23%，氟化物（Cu、Cr 和 Al 盐）。这种工艺在室温下处理 5min，而在 50℃时处理时间为1.5min 浸渍，或 20s 淋涂。

表 10-37 阿洛丁法溶液的组成

工艺号		1	2	3	4	5	6
组分质量浓度/(g/L)	75%(质量分数)H_3PO_4	64	12	24	—	—	—
	$NaH_2PO_4 \cdot H_2O$	—	—	—	31.8	66.0	31.8
	NaF	5	3.1	5.0	5.0	—	—
	AlF_3	—	—	—	—	—	5.0
	$NaHF_2$	—	—	—	—	4.2	—
	CrO_3	10	3.6	6.8	—	—	—
	$K_2Cr_2O_7$	—	—	—	10.6	14.7	10.6
	H_2SO_4	—	—	—	—	4.8	—
	HCl	—	—	—	4.8	—	4.6

处理后再用冷水洗 10~15s，然后用质量分数为 0.05%的磷酸或铬酸在 40~50℃下脱氧处理 10~15s，干燥温度为 40~65℃，处理槽可用不锈钢制作，溶液的分析以溴甲酚绿做指示剂，用标准氢氧化钠溶液滴定。

10.3.6 铝及铝合金碱性铬酸盐氧化膜处理

常用的碱性铬酸盐溶液氧化处理工艺见表 10-38。

表 10-38 碱性铬酸盐溶液氧化处理工艺

工艺号		1	2	3
组分质量浓度/(g/L)	碳酸钠($NaCO_3$)	40~60	60	40~50
	铬酸钠($Na_2CrO_4 \cdot 4H_2O$)	10~20	20	10~20
	氢氧化钠(NaOH)	2~3	—	—
	磷酸三钠(Na_3PO_4)	—	2	—
	硅酸钠(Na_2SiO_3)	—	—	0.6~1.0
工艺条件	温度/℃	80~100	100	—
	时间/min	5~10	8~10	—

（续）

工　艺　号	1	2	3
备注	氧化膜钝化后呈金黄色，厚度为0.5~1μm，膜层较软，耐蚀性较差，适合于纯铝、铝镁、铝锰合金	钝化后呈金黄色，多孔，宜于做涂装底层，适用于纯铝、铝镁、铝硅、铝锰合金	氧化膜无色，硬度及耐蚀性略高，孔隙率及吸附性略低，封闭后可单独做防护层，适用于含重金属的铝合金

工件经过上述溶液处理之后，如果要进一步改进膜层的化学和力学性能，可以将工件放在水玻璃中进行封闭处理，即在90℃的质量分数为3%~5%的硅酸钠溶液中浸渍15min，然后洗涤并烘干。作为涂装底层的氧化膜无需封闭处理。封闭处理配方见表10-39。

表10-39　封闭处理配方

成分	质量分数(%)	成分	质量分数(%)
Na_2O	12.0	H_2O	47.5
SiO_2	30.0	Na_2O/SiO_2	1/2.5

10.3.7　铝合金压铸件表面氧化膜处理

铝合金压铸件是铝合金制造业中的重要组成部分，它由于质量轻、比强度高、容易加工成形而被广泛地应用于航空航天等国防工业，汽车、摩托车等交通运输业及船舶、潜艇等海上设备，而且可用于日常用品中的器材，如消防喷枪、活塞等工件以及外装工件。但铝合金由于加进了各种合金元素，特别是目前应用较多的高强度铸造合金中含有硅、铜、镁等元素，增加了腐蚀的敏感性，在大气环境下都可能产生晶间腐蚀而破坏。其次是表面硬度较低，容易磨损，外表的光泽也不能长久地保持，所以对不同用途的压铸铝合金制件，必须采取各种有效的防护措施，主要是对其表面进行氧化膜处理。其中在铝合金工件的表面进行化学氧化膜处理是普遍采用且有效的处理方法，它能满足铸造铝合金工件形状复杂、品种繁多及批量生产的需要。生产工艺以及设备简单易造，能与前后处理形成一条龙的流水线，而且具有生产成本低、投资少、效益高等诸多优点。

1. 氧化膜处理的工艺流程

压铸铝合金工件→化学脱脂→热水洗→冷水洗→活化→清洗→化学氧化→清洗→封闭→热水洗→干燥→检验。

2. 铝合金压铸件氧化前的处理

铝及铝合金电极电势为负，在空气中能与氧作用生成氧化膜，这层膜可以吸收油污等杂质。前处理的目的就是要除去工件表面的油污及天然的氧化膜，暴露出铝合金的金属本体，在氧化过程中能使表面与氧化液充分接触并反应，以便生成致密、均匀、连续的氧化膜。因此前处理的好坏直接影响膜层的质量。

(1) 工件表面脱脂　铝合金工件在压铸成形、机加工切削、磨平以及搬运等过程中，都会在表面沾上油污及金属粉屑、氧化物盐类等杂质，为了增强膜层与金属本体的附着力，保证化学氧化膜的成膜质量，必须将表面的污物清除干净。

脱脂的方法主要根据表面的油污程度而定。对油污较重的工件应先用有机溶剂浸泡脱脂，然后再进行化学脱脂。如果工件表面油污较轻，可以直接采用化学碱液脱脂。对一些形状复杂及有深孔的工件，要脱脂彻底有一定的难度，应观察这些部位的油污是否已经脱脂干净。有条件的单位可以采用超声波脱脂。

（2）活化出光　铝合金压铸件经碱液脱脂后，要先用热水洗，再用冷水洗，把残留的洗液清洗干净。为了保证表面的洁净，可放进 300～450mL/L 的硝酸溶液中浸泡 0.5～1.5min，这样既可以把表面的微碱中和掉，又可以去除表面的氧化物，显露出铝合金的光泽，所以又称出光。对含硅的铝合金铸件，在活化液中加入 100～150mL/L 的氢氟酸，这样可以把表面的硅化物除去。

3. 铝合金压铸件的氧化

铝合金压铸件化学氧化工艺见表 10-40。

表 10-40　铝合金压铸件化学氧化工艺

工艺号		1	2	3
组分质量浓度/(g/L)	铬酐(CrO_3)	2.5～3.5	20～25	—
	重铬酸钾($K_2Cr_2O_7$)	3.0～4.0	—	—
	氟化钠(NaF)	0.6～0.8	—	—
	磷酸(H_3PO_4)	—	50～60mL/L	—
	氟化氢铵[$(NH_4)_2HF_2$]	—	3.0～3.5	—
	硼酸(H_3BO_3)	—	1.0～1.2	—
	碳酸钠(Na_2CO_3)	—	—	45～55
	铬酸钠(Na_2CrO_4)	—	—	10～20
	氢氧化钠(NaOH)	—	—	20～30
工艺条件	溶液温度/℃	30～35	30～40	80～100
	处理时间/min	2～5	3～6	10～20
适用范围		铝镁、铝硅	各种铝合金	铝镁、铝锰

4. 铝合金压铸件氧化后的处理

铝合金压铸件化学氧化后表面生成一层氧化膜，但由于膜层多孔、疏松且质软，所以耐磨性和耐蚀性都较差，必须进行封闭处理。封闭处理溶液配方及工艺：重铬酸钾($K_2Cr_2O_7$) 45～55g/L，溶液 pH 值为 4.5～6.5，温度为 90～98℃，浸渍 15～25min。

10.3.8　铝及铝合金化学氧化膜的常见问题与对策

铝及铝合金化学氧化膜的常见问题与对策见表 10-41。

表 10-41　铝及铝合金化学氧化膜的常见问题与对策

膜层缺陷	产生原因	解决方法
由 5A02、3A21 材料制成的铝制品，表面氧化后，膜上有点亮或长条纹，或不生成氧化膜	表面有油污，上不了膜	彻底去油污并清洗干净
	有条纹是铝合金表面不均匀所致	用砂纸打磨表面后，重新进行氧化
无氧化膜或氧化膜很薄	表面预处理得不好	重新进行表面预处理
	硼酸含量太高	减少硼酸含量
膜层疏松	氟化物含量高 硼酸含量低 磷酸含量高	把溶液组分调整到合适的含量范围
铝合金铸件表面有挂灰，氧化膜质量不好	出光处理不彻底	用硝酸加氢氟酸进行表面出光处理

10.3.9 铝及铝合金化学氧化膜应用实例

1. 天花板铝合金灯栅板的氧化

珠江三角洲某灯饰厂生产铝合金灯栅板，由于铝合金灯栅长期处在大气环境中，而且当开灯时，热量散发，温度升高，加速了铝合金板片的腐蚀，很容易在表面产生白锈斑纹等，破坏了铝合金灯栅板的外观，因此必须进行防护处理。防护措施就是在铝合金灯栅表面进行化学氧化，使其生成一层无色到浅蓝色的膜层，表面显出铝合金银灰色略带浅蓝色的光泽，反光效果好，装饰性强。

（1）生产工艺流程　生产工艺流程：铝合金灯栅板→化学脱脂除膜→热水洗→冷水洗→硝酸中和出光→冷水洗→化学氧化→清洗干燥→热水烫洗→风吹干→烘干→检验→成品。

（2）化学氧化前处理　铝合金灯栅板为铝镁合金长方形片状的各种规格，厚度为0.8~2.5nm，冲压切片成形，其表面比较光滑亮泽，不需要专门抛光。可以用碱液进行一次性脱脂除旧氧化膜，碱液配方及工艺见表10-42。

表10-42　碱液配方及工艺

组分质量浓度/(g/L)	数值	工艺条件	数值
氢氧化钠	8~15	溶液温度/℃	70~85
磷酸三钠	40~60	处理时间/min	3~5
硅酸钠	5~25	—	—

在碱液中脱脂除膜后，要用热水清洗表面，把腐蚀产物及油污清洗干净，然后在稀硝酸溶液中浸泡中和出光。溶液为硝酸300~450mL/L，温度为20~30℃，浸泡时间为1.0~1.5min，至表面光亮为止。

（3）化学氧化处理　化学氧化处理工艺见表10-43。

表10-43　化学氧化处理工艺

组分质量浓度/(g/L)	数值	工艺条件	数值
铬酐	20~30	溶液温度/℃	25~36
磷酸	50~65mL/L	处理时间/min	3~7
氟化氢铵	3~4	—	—
硼酸	1~1.5	—	—

溶液配制方法：按容积计算好所需化学试剂用量，除磷酸外，其余固体先分别用少量的水溶解（硼酸要加热溶解），然后逐一加入氧化槽内，再加入磷酸，然后加水至规定的容积，充分搅拌均匀后，先用试片试行氧化，合格后再正式生产。

（4）化学氧化后处理　铝合金灯栅板经化学氧化处理后，先用水清洗表面直至干净，再放进50~60℃的热水中浸一下，然后用压缩空气吹干，再在60~70℃的温度下烘烤至干燥并检验合格。

采用此法处理后的灯栅，其表面生成了一层无色至浅蓝色的薄膜，厚度为2.5~4μm，膜层致密均匀，耐蚀性好，有光泽，反光性比较强。

2. 铝合金压铸件化学氧化应用实例

南方某消防器材厂用铝镁硅合金压力加工铸造消防队用的高压喷嘴、帆布高压软管用的管接头工件。这些工件长期处在大气及水环境介质中工作，表面很容易腐蚀生锈又不美观，因此工件要进行化学氧化处理。

（1）压铸铝合金工件氧化处理工艺流程：铝合金压铸件→碱液脱脂除膜→热水洗→冷

水冲洗→硝酸出光→清洗→化学氧化→清洗→封闭→热水烫洗→吹干→检验→产品。

（2）化学氧化前的处理　铝合金压铸件同样具有很负的电位值，在大气及含氧介质中容易生成厚度为0.01~0.02μm的氧化膜，同时在工件的机械加工过程中沾有油污。因此工件在化学氧化前一定要把油污及氧化膜彻底除尽，形成洁净活化的表面，才能得到均匀致密的氧化膜层。

1）脱脂。一般来说，铝合金压铸件的油污不算厚重，只需在碱性溶液中加热处理就可以除去。脱脂工艺见表10-44。

表10-44　脱脂工艺

组分质量浓度/(g/L)	数值	工 艺 条 件	数值
磷酸三钠	40~50	溶液温度/℃	75~85
碳酸钠	50~60	处理时间/min	4~6
硅酸钠	15~30	—	—

2）酸洗活化。铝合金压铸件表面经脱脂及清洗后，会残留有稀碱液或腐蚀产物的微粒，含硅铝合金表面还会产生挂灰及临时生成的氧化薄膜等，这些表面杂质对生成新的氧化膜都有很不利的作用。所以在工件进入化学氧化槽之前要酸洗活化，将工件再一次清洗洁净。

（3）化学氧化　经过预处理好的工件其表面的活性很高，应立即送进化学氧化槽中进行氧化处理，即可得到质量较高的氧化膜。如果工件经活化后不能马上处理，应暂时浸泡在无氧的水中，否则表面将被空气氧化，而需要重新活化。氧化是在弱酸性溶液中进行的。化学氧化时，如溶液的浓度较高，温度也高，则处理时间较短；若浓度较低，温度不太高，则处理时间相应较长。同一批产品，化学氧化处理的工艺规范应保持一致，以便保证膜层的质量、工件外观色泽的一致性。化学氧化工艺见表10-45。

表10-45　化学氧化工艺

组分质量浓度/(g/L)	数值	工 艺 条 件	数值
重铬酸钠	3.0~4.5	溶液温度/℃	25~35
铬酐	3.0~4.0	溶液 pH 值	1.3~1.8
氟化钠	0.5~0.8	处理时间/min	2.5~5

（4）化学氧化后的处理　铝合金压铸件经化学氧化后，所得的膜层较软且疏松多孔，耐蚀性及耐磨性都较差，尚需进一步做封闭处理，以便改善膜层的质量，进一步提高膜的耐磨性及耐蚀性。封闭处理一定要注意控制温度。温度低时，封孔的速度慢，效果差，得到的膜层耐蚀性差，所以温度应在90℃以上。

（5）膜层质量及其影响因素　经过化学氧化工艺处理的铝合金压铸工件，其表面呈金黄色光泽，膜层连续、均匀且色泽鲜明，试样经过盐雾腐蚀300h试验后，无明显的腐蚀斑点，并经电化学测试结果表明，氧化膜有较好的耐蚀性。这种工艺生产过程具有设备简单、投资少、成本低、收效快的特点。

10.4　镁合金的化学氧化

10.4.1　镁合金的化学氧化概述

镁合金化学氧化膜处理方法常用的有用磷酸盐做成膜剂，用铬酸盐做成膜剂，也可用草酸盐做成膜剂。但是发展较成熟且应用范围较广的是用以铬酐酸和重铬酸盐为主要成分的水溶液进行化学氧化处理。美国DOW公司开发了一系列的镁合金铬酸盐氧化膜处理工艺，对镁合金表面耐蚀性有所提高。铬氧化膜具有较好的防护效果，与涂层相结合后可在温度的较高环境中使用。但是铬酸盐处理溶液中含有六价铬离子，具有毒害性，污染环境，废液处理成本高。因此，目前也有一些新型无铬化学氧化膜处理工艺，对镁合金也有很好的防护效果，如磷酸盐、磷酸盐-高锰酸盐、多聚磷酸盐及草酸盐膜等。

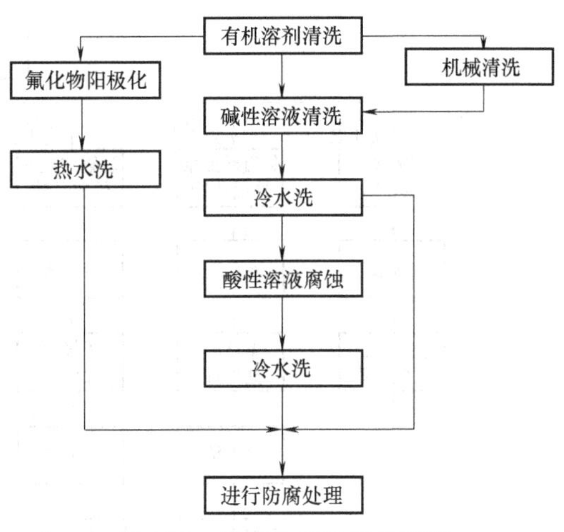

图10-3　镁合金清洗工艺流程

1. 镁合金表面处理的工艺流程

镁合金清洗工艺流程如图10-3所示。镁合金表面防腐处理工艺流程如图10-4所示。

2. 镁合金表面处理

镁合金表面预处理包括机械处理和化学预处理。镁合金的机械处理和铝合金的机械处理相同。这里主要介绍镁合金的化学预处理部分。化学预处理分有机溶剂脱脂、碱性脱脂、中性脱脂、腐蚀等。

（1）有机溶剂脱脂　镁合金工件经过铸造、压延、切削等机械加工以后，金属表面会有氧化物、油脂和其他杂质。当金属表面很脏时，必须用机械方法清理或酸洗。如果是油脂和其他粘得不牢的污物，可以采用蒸汽脱脂、超声波清洗、有机溶剂清洗、乳液清洗。在这些清洗工艺中可以选用的有机溶剂有氯代烃、汽油、石脑油、涂装稀释剂等。规定甲醇和乙醇不能作为镁合金的清洗剂。

（2）机械清洗　清理铝合金表面所使用的方法一般包括喷砂、抛丸、蒸汽冲刷、砂纸打磨、硬毛刷、研磨和初抛光。对于砂型铸造的工件，铸造后多用喷砂方法清除硬皮、溶剂和表面油污。喷砂用的砂子应经过干燥，不允许有铜、铁和其他金属及杂质。绝对禁止通过喷其他金属的砂子来对镁合金进行喷砂处理。镁合金喷砂操作以后，暴露出来的新鲜表面会极大地增加镁合金的初始腐蚀速度，要立即进行酸性腐蚀处理或氟化物阳极氧化处理。

1）新的砂铸件。新的砂铸件应该喷砂或抛丸，然后进行酸性腐蚀处理或氟化物阳极氧化处理。

2）已被污染或有腐蚀的铸件。应该除去未经初加工铸件表面的污染物和腐蚀产物。可以采用喷砂或酸性腐蚀的方法，工件尺寸如果接近其公差范围，可以采用铬酸腐蚀处理，铬酸对镁合金的腐蚀速度很慢。

3）焊接材料。在焊接工序中如果使用了焊接材料，在后续的清理工序中应该彻底除去所有残余的焊接材料。可以接触的区域，用热水和硬毛刷可以彻底除去残余焊接材料；不能接触的焊接区域，应该用高速水蒸气冲洗。然后浸入质量分数为2%~5%的重铬酸钠水溶液中，温度为82~100℃，时间为1h。取出后用自来水彻底冲洗。

（3）碱性溶液清洗　碱性溶液清洗用于镁合金Ⅰ类表面防腐处理前的清洗，这类处理一般用于镁合金工件储存或出货期间的表面防护。碱性清洗槽可使用钢材料制成，碱性清洗

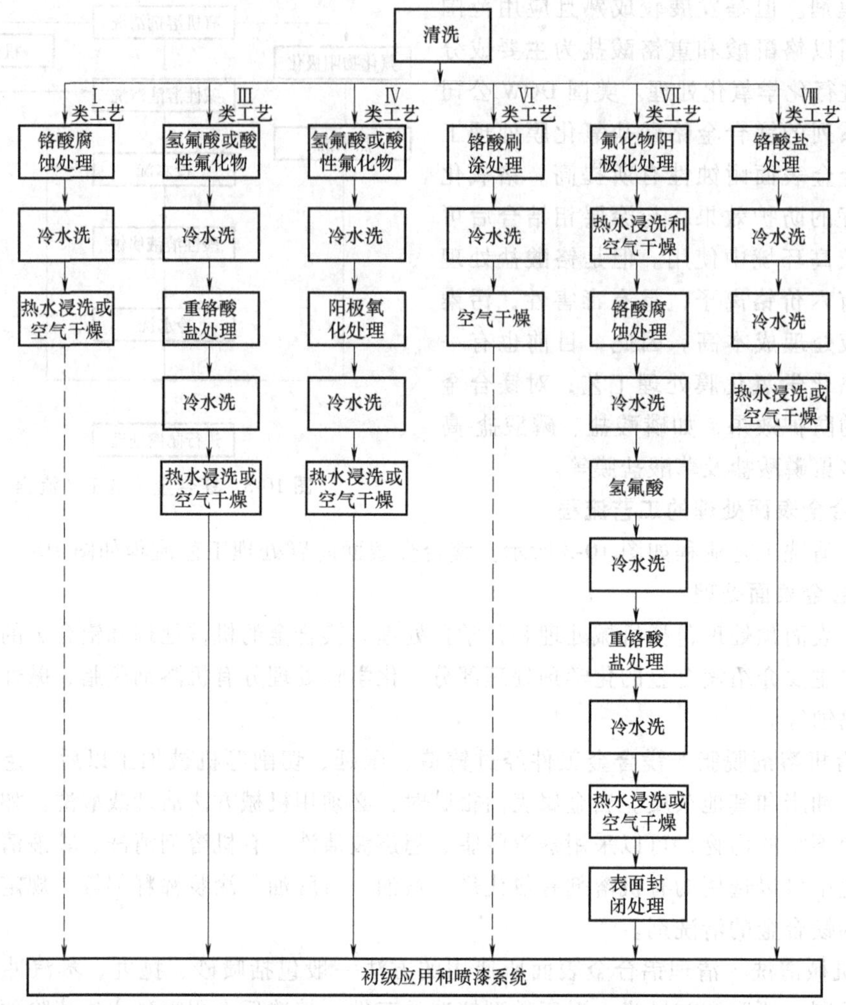

图 10-4　镁合金表面防腐处理工艺流程

剂的 pH 值要大于 8。如果工件Ⅰ类表面防腐处理的目的仅仅是储存或出货期间的防腐蚀，而工件表面又没有油脂或其他有害杂质沉积，则碱性脱脂这道工序可以省去。碱性清洗剂中，如果碱性成分如氢氧化钠超过 2%（质量分数），会腐蚀 ZK60A、ZK60B 等一些镁锂合金，导致这些合金工件的尺寸发生改变。如果这些尺寸的改变是不允许的，则碱性清洗剂中的碱性成分不能超过 2%（质量分数）。

1）碱性清洗工艺 1 和工艺 2 分别见表 10-46 和表 10-47。

表 10-46　碱性清洗工艺 1

组分质量浓度/(g/L)	数值	工艺条件	数值
磷酸三钠	50~60	溶液温度/℃	50~60
碳酸钠	50~60	处理时间/min	4~5
水玻璃	25~30	—	—

表 10-47　碱性清洗工艺 2

组分质量浓度/(g/L)	数值	工 艺 条 件	数值
氢氧化钠	60	溶液温度/℃	88～100
磷酸三钠	2.5～7.5	处理时间/min	3～10
可溶性肥皂或润湿剂	0.75	槽体材料	钢

工艺 2 可以采用简单的浸泡法，也可以采用电解法，用直流电电解，工件做阴极，电压为 6V，电流密度为 1～4A/dm^2。脱脂后，立即用冷水冲洗，直到无水泡为止。

2）石墨润滑剂的清除。镁合金工件在热成形加工过程中，黏附的石墨润滑剂必须除去。清洗工艺是在 97.5g/L 的 NaOH 水溶液中，在 88～100℃ 的温度下浸渍 10～20min。溶液的 pH 值应保持在 13 以上。如果表面的矿物油膜比较重，可以在溶液中添加 0.75g/L 的肥皂或润湿剂。清洗后用冷水彻底洗净，然后浸入铬酸-硝酸溶液中处理大约 3min。如果一遍清洗不能完全洗净，可以重复操作直到完全洗净为止。因为很难除去已经过铬酸腐蚀处理的镁合金工件表面的石墨润滑剂，所以在镁合金表面的铬酸氧化膜被完全清除之前，不能进行热加工成形。

3）化学氧化膜的清除。在进行新的化学氧化之前，镁合金工件先前应用的化学氧化膜必须完全除去。有时镁合金工件进行了Ⅰ类处理，用于储存、出货和机加工期间的表面防腐蚀。工件表面未进行机加工区域还保留了Ⅰ类处理的氧化膜，它会阻碍工件后续类型保护膜的形成，所以必须除去。如果先前的防护膜难以除去，可以浸入铬酸中进行腐蚀处理，在碱性清洗液和铬酸腐蚀液中轮流浸渍，可以彻底除去先前的保护膜。铬酸腐蚀工艺见表 10-48。

表 10-48　铬酸腐蚀工艺

铬酐质量浓度/(g/L)	80～100
温度/℃	室温
时间/min	10～15

（4）酸性溶液腐蚀　利用酸性溶液将镁合金或原材料表面的氧化膜和其他杂质腐蚀掉，使它露出基体金属表面，以便进行氧化膜处理。根据镁合金的表面状态、合金成分不同，来选用适当的酸性溶液。

1）一般性腐蚀。一般性腐蚀用于除去氧化层、旧的化学氧化膜，燃烧或摩擦粘附的润滑剂和其他不溶性固体或材料表面的杂质，必须用酸性溶液彻底清除干净。最好直接使用铬酸溶液，因为这样只溶解氧化物而不腐蚀金属本身。用其他的酸性溶液，基体金属的溶解可以深达 25μm。

2）铬酸腐蚀。因为铬酸腐蚀不会引起镁合金工件尺寸的变化，所以可以用于接近极限偏差工件的表面处理。可以用轮流浸入铬酸腐蚀液和碱性清洗液的方法除去先前的化学氧化膜。这种腐蚀用于普通工件时，在除去表面氧化物、腐蚀产物方面的效果令人满意。但用它除去砂型铸造的产物时效果不理想，也不能用它处理嵌有铜合金的工件。溶液中阴离子杂质含量不能累积超过规定值，否则会对镁合金表面产生腐蚀。这些阴离子杂质包括氯离子、硫酸根离子、氟离子。硝酸银可以用来沉淀氯离子，以延长溶液的使用寿命。但最好是废弃杂质超标的溶液，配制新溶液。酸性腐蚀工艺见表 10-49。

3）铬酸-硝酸腐蚀。铬酸-硝酸腐蚀一般不用来清除镁合金表面的氧化物或腐蚀产物，但它可以替代铬酸腐蚀，用来清除石墨润滑剂。用它来清除砂型铸造的产物也不能令人满意，同时它不能用于腐蚀嵌有铜合金的工件。如果溶液的 pH 值高于 1.7，将失去化学活性。

可以通过添加铬酸的方法，使溶液的 pH 值降到初始的 0.5~0.7 以恢复活性。大槽子可以排放 1/4 旧槽液，再用新槽液补充的方法再生。这样可以减少铬酸的使用量，并可降低腐蚀速度和使镁合金着色的深度。

表 10-49　酸性腐蚀工艺

处理类型	组成		浸渍时间/min	操作温度/℃	槽子材料	金属腐蚀量/μm
	材料	质量浓度/(g/L)				
铬酸	铬酸 CrO_3	180	1~15	88~94	钢槽衬铅、不锈钢、1100 铝材	无
铬酸-硝酸	铬酸 CrO_3 硝酸钠 $NaNO_3$	180 30	2~20	16~32	陶瓷、不锈钢、衬铅、衬人造橡胶或衬乙烯基材料	12.7
硫酸	硫酸(密度为 1.84g/cm³)	31.2mL/L	10~15s	21~32	陶瓷、衬橡胶或其他适合的槽子	50.8
硝酸-硫酸	硝酸(密度为 1.42g/cm³) 硫酸(密度为 1.84g/cm³)	19.5~78.1mL/L 7.8~15.6mL/L	10~15s	21~32	陶瓷、衬橡胶或其他适合的槽子	58.4
铬酸-硝酸-氢氟酸	铬酸 CrO_3 硝酸(密度为 1.42g/cm³) 氢氟酸(质量分数为 60%HF)	139~277 23.4mL/L 7.8mL/L	1~2	21~32	衬人造橡胶或衬乙烯基材料	12.7~25.4
磷酸	磷酸(质量分数为 85%)	900mL/L	0.5~1	21~27	陶瓷或衬铅、玻璃、橡胶	12.7
醋酸-硝酸	冰醋酸 硝酸钠 $NaNO_3$	195mL 30~45	0.5~1	21~27	3003 铝合金、陶瓷或衬橡胶槽	12.7~25.4
羟基乙酸-硝酸	羟基乙酸(质量分数为 70%) 硝酸镁 硝酸	240 202.5 30mL/L	3~4	21~27	不锈钢、陶瓷或其他适合的槽子	12.7~25.4
点焊铬酸-硫酸	铬酸 CrO_3 硫酸(密度为 1.84g/cm³)	180 0.5mL/L	3	21~32	不锈钢、1100 铝材、陶瓷或人造橡胶	7.62

注：溶液的剩余部分为水；铬酸溶液也可以在室温下操作，但处理时间要延长；铬酸-硝酸溶液的 pH 值为 0.0~1.7。

4）硫酸腐蚀。硫酸腐蚀用于清除砂型铸造镁合金的表面产物。这种腐蚀应该在所有机械加工之前进行，因为溶液对金属的溶解速度很快，容易引起工件尺寸的超差。

5）硝酸-硫酸腐蚀。也可以用硝酸、硫酸腐蚀代替硫酸腐蚀。

6）铬酸-硝酸-氢氟酸腐蚀。铬酸-硝酸-氢氟酸腐蚀溶液可以用来处理铸件，特别是压铸件，它对基体金属的腐蚀速度达 12.7μm/min。

7）磷酸腐蚀。磷酸腐蚀溶液可以用来处理所有铸件，特别是压铸件。用它清除 AZ91A 和 AZ91B 镁合金表面的铝特别有效，还可以用于一些锻造镁合金，如 HK31A 的电镀预处理。它对基体金属的腐蚀速度达 12.7μm/min。

8）醋酸-硝酸腐蚀。醋酸-硝酸腐蚀用于除去镁合金工件表面的硬壳和其他污染物，以达到最大的防护效果。这种腐蚀可以用于处理锻压镁合金和盐浴热处理镁合金铸件。铸造条件或盐浴热处理和时效条件不能用醋酸-硝酸溶液除去表面形成的灰色粉状物。镁合金铸件在这种条件下应该用铬酸-硝酸-氢氟酸溶液腐蚀。在大多数条件下，醋酸-硝酸溶液对基体金属的腐蚀速度为 12.7~25.5μm/min，对于尺寸接近公差值的工件不能使用这种溶液进行处理。

9）羟基乙酸-硝酸腐蚀。采用淋涂方式处理镁合金工件时，醋酸-硝酸溶液会产生酸雾污染环境，这时可用羟基乙酸-硝酸溶液代替。

10）点焊铬酸-硫酸腐蚀。铬酸-硫酸溶液可用于镁合金工件点焊部位的清洗。工件先浸入碱性清洗剂中清洗，用流动冷水清洗，再用弱酸性溶液中和工件表面的碱性。中和溶液的成分：体积分数为0.5%~1%的硫酸或质量分数为1%~2%的硫酸氢钠（酸性硫酸钠）。中和后，工件再浸入点焊铬酸-硫酸溶液中进行处理，这样可以得到一个低腐蚀性的点焊表面。

10.4.2　镁合金化学氧化工艺流程

1. 铬酸腐蚀处理

铬酸腐蚀是镁合金表面处理最简单、成本最低、最常用的化学处理方法。其中典型的工艺是使用由道化学公司（Dow Chemical Company）开发的Dow No.1处理剂，这种氧化膜用于贮存、出货期间的防腐，也可作为涂装的底层。

（1）铬酸腐蚀工艺　铬酸腐蚀工艺见表10-50。

表10-50　铬酸腐蚀工艺

适用范围	组成		浸渍时间/min	操作温度/℃	槽子材料	挂钩或挂篮材料
	材料	质量浓度/(g/L)				
锻造工件	重铬酸钠 $Na_2Cr_2O_7\cdot 2H_2O$	180	0.5~2 沥干5s	21~43	不锈钢或衬玻璃、陶瓷、人造橡胶或乙烯基材料	不锈钢或同种镁材
	硝酸(密度为1.42g/cm³)	187mL/L				
砂铸、金属模铸或压铸工件	重铬酸钠($Na_2Cr_2O_7\cdot 2H_2O$)	180	0.5~2 沥干5s	21~60	最好用316不锈钢、槽子用人造橡胶或乙烯基材料	316不锈钢
	硝酸(密度为1.42g/cm³)	125~187mL/L				
	钠、钾、铵的酸性氟化物($NaHF_2$、KHF_2、NH_4HF_2)	15				

注：1. 溶液的余量为水、蒸馏水或去离子水。
2. 如果使用$NaHF_2$，应先用少量的水或稀硝酸溶解再加入，因为氟化氢钠不溶于当前浓度的硝酸。

1）锻造工件处理工艺。硝酸含量最大时，浸渍时间为0.5min；硝酸含量最小时，浸渍时间为2min。浸渍时搅拌溶液，浸渍完成后，从溶液中将工件取出，在槽液上方沥干5s。这样可将工件表面的溶液充分沥干，并获得色彩较好的保护膜。然后用冷水冲洗工件，再用热水浸洗，以便干燥，或用热空气干燥。

2）砂型铸造、金属型铸造和压铸工件处理工艺。压铸件和旧的砂型铸造件在用铬酸溶液处理之后，应立即用热水浸渍15~30s。如果铬酸溶液的温度为49~60℃，则用铬酸浸渍10s就足够了。如果温度较低，则浸渍时间要延长。过长的浸渍时间会得到粉状膜；先用热水预热铸件则会使处理失败，导致无氧化膜。如果这种溶液对铸件无效，压铸件和旧的砂型铸造件可以使用锻造工件处理溶液。砂型铸造件在溶液中的处理条件按规定为室温，铬酸浸渍后按锻造工件后处理工艺执行。

3）刷涂应用。如果工件尺寸太大，则采用浸渍法会有困难。刷涂可以使用大量的新鲜处理剂。处理溶液必须在工件表面停留至少1min，然后用大量干净的冷水冲洗掉。这样形成的氧化膜，其颜色的均匀性不如浸渍法，但用于涂装底层效果好。粉状膜作为涂装底层效果不好，这是由于清洗不良，或在刷涂处理的1min期间没有用刷子来回刷，不能保证工件始终处于润湿状态而形成的氧化膜。在处理铆接工件时，要小心防止处理溶液流进铆接部位。刷涂可应用于所有类型破损区域的修复。铬酸腐蚀处理涂层适合用于预处理时，电气连接部位被屏蔽无保护膜区域的修补。

(2) 铬酸腐蚀的注意事项　铬酸腐蚀溶液在处理期间会溶去金属厚度大约15.2μm，除非工件的尺寸公差在此范围之内，否则不能采用此工艺处理。镁合金中嵌有钢铁工件时也可以采用此工艺。工件处理后的色彩、光泽、腐蚀量取决于溶液的老化程度、镁合金的成分及热处理条件。多数用于涂装底层的氧化膜为无光灰色到黄红色、彩虹色，它在放大的条件下是一种网状的小圆点可腐蚀结构。光亮、黄铜状氧化膜显示出相对平滑的表面，它在放大时仅偶尔有几个圆形的腐蚀小点。这种氧化膜作为涂装底层不能获得令人满意的效果，但它用于贮存、出货期间的防腐却很理想。这种颜色由浅到深的变化，显示出溶液中硝酸或硝酸盐的逐步累积。

(3) 铬酸腐蚀工艺的控制　铬酸腐蚀工艺的控制包括重铬酸钠的测定和硝酸的测定。

1）重铬酸钠的测定。重铬酸钠应该使用以下或其他已确认的分析方法：用吸液管吸取1mL铬酸腐蚀溶液，放在装有150mL蒸馏水的250mL的锥形瓶中，加5mL浓盐酸和5g碘化钾，反应最少2min，然后摇动锥形瓶并用标准的0.1N硫代硫酸钠溶液滴定，直到溶液的碘黄色几乎完全退去。滴加几滴淀粉指示剂，继续用0.1N硫代硫酸钠溶液滴定至溶液紫色消失。注意：碘黄色消失之前不能滴加淀粉指示剂，否则会得到不正确的分析结果，最后溶液颜色的变化是由浅绿色到蓝色。

计算：0.1N硫代硫酸钠溶液滴定的毫升数×4.976=重铬酸钠的浓度。

2）硝酸的测定。硝酸的含量应该按下列方法测定：用吸液管吸取1mL铬酸腐蚀溶液，放在装有50mL蒸馏水的250mL的烧杯中，用pH值大约为4.0的标准缓冲溶液（pH的准确值与缓冲溶液组成、浓度、测定时的温度有关）校准。搅拌并用0.1N的标准NaOH溶液滴定至pH值为4.0~4.05。

计算：0.1N NaOH溶液滴定的毫升数×6.338=硝酸（密度为1.42g/cm^3）的浓度（mL/L）。

3）铬酸腐蚀溶液的寿命。溶液的损耗会表现在工件处理后颜色变白，腐蚀变浅，金属在溶液中反应迟钝。处理工件颜色变白也可能是工件从铬酸溶液中取出后，在空气中沥干的时间太短，不要混淆这两种原因。不含铝的镁合金铬酸处理液仅能再生1次，其他镁合金铬酸处理液可以再生7次。每次到溶液运行的终点就必须再生，溶液运行的终点是其中的硝酸（密度为1.42g/cm^3）含量降至62.5mL/L。铬酸溶液各成分再生值见表10-51。

表10-51　铬酸溶液各成分再生值

运行次数	溶液的化学成分	
	$Na_2Cr_2O_7 \cdot 2H_2O$/(g/L)	硝酸(密度为1.42g/cm^3)/(mL/L)
1	180	187
2	180	164
3	180	140
4~7	180	109

如果镁合金工件铬酸腐蚀处理的目的仅仅是用于贮存、出货期间的防腐，处理溶液可以再生30~40次以后再废弃。也可以通过不断废弃部分旧槽液，补加新槽液的方法再生铬酸腐蚀溶液，这种溶液在保证处理工件质量合格的前提下，可一直使用下去。

(4) 铬酸腐蚀的常见问题及解决方法　铬酸腐蚀通常会产生以下两类问题。

1）铸件上的棕色、无附着力、粉状氧化膜。

① 工件水洗前在空气中停留时间太长。停留时间应严格按工艺要求执行。

② 酸的含量与重铬酸钠含量的比值太高。降低酸的含量（稀释槽液），或提高重铬酸钠

的含量（补加重铬酸钠）。

③ 用少量的溶液处理大量的工件，导致溶液温度太高。

④ 脱脂不彻底，工件含油部位会产生棕色粉末。

⑤ 溶液再生次数太多，导致溶液中硝酸盐累积、槽液废弃。

2）铸件上的灰色、无附着力、粉状氧化膜。

① 铸件上的灰色粉状氧化膜在用更硬的粗糙表面猛烈撞击时，甚至在研磨期间会闪光和产生火花。腐蚀溶液中加入氟化物可使灰色粉状氧化膜消除或最少化。

② 工件在溶液中浸泡时间太长，导致过处理。操作这样过处理的工件时必须格外小心，将过处理的工件从溶液中取出，用冷水彻底洗净，然后浸机油，再拆卸。如果工件在过处理时损伤太严重，可以用以下方法补救：粉状膜可以在质量分数为10%~20%的氢氟酸溶液中浸泡5~10min除去，除去粉状膜的工件即可安全运输和进行后处理。

为了获得更平滑的镁合金铬酸腐蚀表面，可在铬酸腐蚀溶液中添加浓度为30g/L的硫酸镁，这种调整的工艺只能用于贮存、出货期间的暂时防腐处理，不能用于涂装底层的氧化膜。铬酸腐蚀处理如果添加硫酸镁，则不适用于有机涂装系统。

2. 重铬酸盐处理

（1）重铬酸盐处理工艺　镁合金的重铬酸盐处理工艺见表10-52。

表10-52　镁合金的重铬酸盐处理工艺

溶液	组成		金属溶解量/μm	处理时间/min	操作温度/℃	槽子材料	挂钩和挂篮材料
	材料	质量浓度/(g/L)					
氢氟酸处理	氢氟酸（质量分数为60%）	297mL/L	2.5	0.5~5	21~32	衬铅、橡胶、人造橡胶、聚乙烯塑料	蒙乃尔铜-镍合金、316不锈钢或有乙烯基塑料涂层的钢材
酸性氟化物处理	钠、钾或铵的酸性氟化物（$NaHF_2$、KHF_2、NH_4HF_2）	30~45	2.5	≥5	21~32	衬铅、橡胶、人造橡胶	蒙乃尔铜-镍合金、316不锈钢
重铬酸盐处理	重铬酸钠（$Na_2Cr_2O_7 \cdot 2H_2O$）	120~180	—	30~45	沸腾	钢	—
	钙或镁的氟化物（CaF_2或MgF_2）	2.5					

注：溶液余量为水，用蒸馏水或离子交换水。

正常氧化膜的颜色根据合金成分的不同由无色到深棕色，AZ91C-T6和AZ92A-T6铸件的氧化膜是灰色的。这种处理不会引起明显的尺寸变化，通常用于机械加工后处理。一些铸件中包含了其他材料，如黄铜、青铜和钢等，经封闭之后才能进行处理。虽然处理溶液不会腐蚀这些不同的材料，但是这些材料与镁合金同时处理会增加镁合金的活性。铝在氢氟酸浸渍时会快速腐蚀，而氢氟酸浸渍又是本处理的重要步骤。如果嵌有铝合金或锻件含有铝铆钉，可用酸性氟化物浸渍替代氢氟酸浸渍。重铬酸盐处理工艺处理AZ3lB-H24镁合金时，必须精确控制工艺参数。铬酸盐处理为了获得最好的耐蚀效果，处理之前要采用酸性溶液腐蚀，如铬酸-硝酸腐蚀、醋酸-硝酸腐蚀、羟基乙酸-硝酸腐蚀。

1）氢氟酸处理。镁合金工件在用其他方式清洗以后，应该进行氢氟酸腐蚀处理。其作用是进一步清洗并活化镁合金表面。AZ31B合金的浸渍时间为0.5min，其他镁合金的浸渍时间应大于 5min。浸渍之后，工件必须用冷水彻底清洗。如果将少量的氟化物带入铬酸盐处理槽，将会使槽液报废，所以氢氟酸处理后的清洗至关重要。

2）酸性氟化物处理。酸性氟化物处理可用于所有包含铝合金的工件，如铝合金镶嵌物、铆钉等，代替包括预处理在内的所有氢氟酸腐蚀工艺，特别是 AZ31B 和 AZ31C 合金，用酸性氟化物处理不仅更经济，而且更安全。但是，酸性氟化物腐蚀不能除去铸件表面在喷砂和腐蚀后形成的黑色污迹，这时必须使用氢氟酸腐蚀。工件经酸性氟化物处理后，必须用冷水彻底清洗干净，也可采用由表面处理供应商提供的其他酸性氟化物处理工艺。

3）重铬酸盐处理。镁合金经过氢氟酸或氟化物处理之后，用冷水彻底洗净，然后在重铬酸盐溶液中沸煮至少 30min，根据合金成分的不同可以得到无色至深棕色的保护膜。接着用冷水清洗，浸热水，然后沥干，或用热空气干燥。工件上的水分完全干燥后，应该立即进行有机涂膜。由于 ZK60A 合金的重铬酸盐成膜速度较快，15min 的沸煮处理就相当于其他镁合金的 30min。

（2）重铬酸盐处理工艺的控制　重铬酸盐处理工艺的控制包括氢氟酸的测定、二氟化物的测定和重铬酸盐溶液的控制。

1）氢氟酸的测定。氢氟酸溶液在使用过程中消耗很慢，使用中游离 HF 的质量分数不能低于 10%，质量分数低于 10% 的 HF 溶液会剧烈腐蚀镁合金。HF 含量的分析方法：取 2mL 氢氟酸溶液，酚酞做指示剂，用 NaOH 溶液滴定。控制 HF 含量，使 1N 的 NaOH 溶液的滴定消耗量在 10~20mL 之间，这种 HF 的质量分数为 10%~20%。吸液管由 3~4mL 的玻璃吸液管涂覆石蜡校准而得，以避免 HF 腐蚀玻璃造成分析误差，试样吸取后，必须用至少 100mL 的去离子水稀释，并立即滴定。

2）二氟化物的测定。二氟化物（酸性氟化物）的分析应该用 1N 的 NaOH 溶液滴定，酚酞指示剂变为微红色为滴定终点。要将溶液的浓度控制在 100mL 的试样消耗 45~55mL 1N 的 NaOH 溶液范围之内。

3）重铬酸盐溶液的控制。重铬酸钠的分析应按铬酸腐蚀工艺中的方法进行，控制重铬酸钠的含量在 120~180g/L 范围内。重铬酸盐溶液的 pH 值必须用添加铬酸的方法谨慎控制，必须保证溶液的 pH 值在 4.1~5.2 之间。铬酸配成质量分数为 10%的水溶液，然后再适量添加。溶液的 pH 值用玻璃电极组成的 pH 计精确测定。大量处理镁合金工件时，需要严格控制工艺参数，低铝含量的镁合金应该采用 pH 值范围内的较低值，这样可以获得较好的氧化膜。

（3）重铬酸盐处理的常见问题及解决方法　重铬酸盐处理通常会出现以下两类问题。

1）不规则的大量疏松的粉状氧化膜。

① 氢氟酸溶液或酸性氟化物溶液太稀。调整溶液 HF 的含量，使其达到工艺规定的要求。

② 重铬酸盐溶液的 pH 值太低。控制 pH 值不能低于 4.1，可用 NaOH 调整。

③ 工件被氧化、被腐蚀或被焊剂污染，导致表面存在一层疏松的由灰色到黄色的自然膜。工件应用酸性腐蚀溶液处理。

④ 粉状膜也可能来自工件处理时和槽子电接触，或接触到和槽子相连的金属挂具挂篮等，应避免工件处理时与槽子、金属挂具挂篮形成电接触等。

⑤ 在重铬酸盐溶液中处理时间太长。应严格控制处理时间。

2）失败的膜层或不均匀的膜层。

① 重铬酸盐溶液的 pH 值太高。这对于先前采用氢氟酸溶液浸渍的低铝含量镁合金

(如 AZ31B) 来说，是导致氧化膜失败的重要原因。可用铬酸调整溶液的 pH 值到 4.1，频繁调整溶液是必要的。

② 溶液中重铬酸盐的浓度太低。重铬酸盐的浓度不能低于 120g/L。

③ 工件表面的油状物没有完全除净，导致有些区域有膜，有些区域无膜。清洗不彻底不是氧化膜失败的唯一原因，有时清洗彻底的工件在含有油性膜的氢氟酸溶液或重铬酸盐溶液中处理时，也会导致氧化膜失败，这些槽中油膜的累积，可能是碱性脱脂清洗水带入的，也可能来自大气或过往设备的滴入等。

④ 先前铬酸腐蚀产生的氧化膜没有完全除净，应该用铬酸腐蚀溶液和碱性脱脂溶液交替处理，除去先前的氧化膜。

⑤ 工件不适合用氟化物处理。

⑥ 不适合采用重铬酸处理的镁合金，易形成失败的膜层或不均匀膜层，这些镁合金可采用其他化学氧化膜处理。

⑦ 太长的氢氟酸浸渍时间，如 AZ31B 合金的氟化物膜不容易在正常时间内均匀除净，会产生点状氧化膜。所以对于这样的合金，氢氟酸处理的时间要控制在 0.5~1min。

⑧ 溶液在处理期间，没有始终保持沸腾状态。温度对于 AZ31B 合金的氧化膜处理格外重要，温度不能低于 93℃。

⑨ 氢氟酸浸渍后清洗不彻底。如果将氢氟酸或可溶性氟化物带入重铬酸盐溶液中累积超过溶液的 0.2%（质量分数），则无氧化膜形成。在到达此值之前会形成条纹状膜，可以在溶液中添加 0.2%（质量分数）的铬酸钙，使溶液中的氟离子生成不溶性的氟化钙而将其除去。如果采用这种方法处理，可不必将重铬酸盐溶液废弃。

3. 铬酸盐处理

和重铬酸盐处理不同，铬酸盐处理适合于所有镁合金，其氧化膜可作为涂装底层或作为防护性膜层。成膜方法可以采用浸渍或刷涂。当工件通过铬酸腐蚀处理或重铬酸盐处理，可以获得与铬酸盐处理相同的耐蚀性时，铬酸盐处理可以用这些处理替代。镁合金表面沉积的膜层有时像重铬酸盐处理，具有黑棕色到带浅红的棕色外观。铬酸盐处理不会引起工件尺寸的变化，它主要用于机械加工后的工件。

（1）铬酸盐处理工艺　镁合金铬酸盐处理工艺见表 10-53。

表 10-53　镁合金铬酸盐处理工艺

工艺号		1	2	3	4	5	6
组分质量浓度/(g/L)	重铬酸钾($K_2Cr_2O_7$)	140~160	25~35	110~170	30~60	30~50	40~55
	硫酸铵[$(NH_4)_2SO_4$]	2~4	30~35	—	25~45	—	—
	铬酐(CrO_3)	1~3	—	1~2	—	—	—
	醋酸(CH_3COOH,质量分数为 60%)	10~20mL/L	—	—	—	5~8mL/L	—
	邻苯二钾酸氢钾($C_8H_5O_4K$)	—	15~20	—	—	—	—
	硫酸镁($MgSO_4$)	—	—	40~75	10~20	—	—
	硫酸锰($MnSO_4$)	—	—	40~75	7~10	—	—
	硫酸铝钾[$KAl(SO_4)_2 \cdot 12H_2O$]	—	—	—	—	8~12	—
	硝酸(HNO_3,密度为 1.42g/mL)	—	—	—	—	—	90~100
工艺条件	温度/℃	18~32	18~32	20~30	80~100	80~100	80~100
	时间/min	18	15	30	30	20	20

w(Cr) 达到或超过 1%的镁合金可以先清洗；w(Cr) 为 3.5%或低于 3.5%的镁合金，碱性脱脂后应该使用铬酸-硝酸溶液腐蚀；w(Cr) 超过 3.5%的镁合金，如 AZ-61、AZ-81 和 AZ-91，碱性脱脂后应该使用铬酸-硝酸-氢氟酸溶液腐蚀。如果工件进行过研磨处理，应该用酸性溶液腐蚀 15~30s。如果工件是未经研磨的铸件，则应该用酸性溶液腐蚀 2~3min。工件水洗后，浸入铬酸盐溶液中 15~30s，然后用两道流动冷水洗，浸热水，沥干，或用热空气干燥，温度为 71~93℃，干燥后得到硬度增加和可溶性降低的黑棕色膜层。

w(Cr) 低于 1%的镁合金可以先清洗。碱性脱脂后应该使用铬酸-硝酸溶液腐蚀。如果工件进行过研磨处理，应该用酸性溶液腐蚀 15~30s。如果工件是未经研磨的铸件，则应该用酸性溶液腐蚀 2~3min。工件水洗后，浸入铬酸盐溶液 1 中 15~30s，后处理方法和 w(Cr) 达到或超过 1%镁合金的方法相同。

（2）铬酸盐处理的工艺控制　铬酸盐处理的工艺控制主要包括铬酸盐处理溶液的 pH 值控制和溶液寿命控制。

1）铬酸盐处理溶液的 pH 值要严格控制。铬酸盐溶液 1 的 pH 值范围为 0.2~0.6，铬酸盐溶液 2 的 pH 值范围为 0.6~1.0，通过添加铬酸盐和盐酸的方法来调整。润湿剂根据每 5g 铬酸盐加 0.034g 润湿剂的比例添加。如果溶液放置了一个星期或更长的时间，处理时槽液表面不会产生一层薄的泡沫，就应该按每升槽液 0.26g 的比例添加润湿剂，以保证槽液处理时会产生泡沫层。随意进行的铬酸盐处理的膜层，水洗后很容易用抹布擦去。

2）溶液寿命。在溶液的参数和工艺都正确的情况下，溶液可以重复添加药品长期使用，直到溶液中杂质离子增加，导致得不到合格的膜层为止。这时，药品的累计补加量大约可达到槽液原始量的 1.5 倍，并且总的处理面积可达到每升槽液 4.3m^2。

（3）铬酸盐处理的常见问题及解决方法　铬酸盐处理的常见问题主要有以下三种。

1）成膜失败（不成膜）。

① 溶液的 pH 值太高。溶液的 pH 值应该在本节中规定的范围内。

② 溶液温度太低。溶液温度应该在规定的范围内。

③ 金属脱脂和清洗不彻底。工件在进行铬酸盐处理之前应进行酸性腐蚀。

④ 使用了浓度不正确的原料酸，导致溶液中酸的浓度相对铬酸盐的浓度太低。

2）生成无附着力的粉状膜。

① 工件合金成分中 w(Cr) 低于 1%，但选择了铬酸盐溶液 1 处理。要按规定，不同的镁合金采用不同的铬酸盐溶液处理。

② 溶液的 pH 值太低。溶液的 pH 值应该在本节中规定的范围内。

③ 金属脱脂和清洗不彻底。工件进行铬酸盐处理之前应进行酸性腐蚀。

④ 使用了浓度不正确的原料酸，导致溶液中酸的浓度相对铬酸盐的浓度太高。

3）工件表面有过多的污迹。

工件在铬酸盐处理溶液中如果时间太长，表面就会产生过多的污迹，所以要按要求严格控制铬酸盐处理的时间。

4. 磷酸盐处理

（1）磷酸盐化学氧化膜处理工艺流程　镁合金工件→脱脂→水洗→酸洗除膜→水洗→活化→水洗→磷酸盐转化液处理→水洗→烘干。

（2）磷酸盐化学氧化膜处理液配方及工艺　磷酸盐处理工艺见表 10-54。

表 10-54 磷酸盐处理工艺

工艺号		1	2	3
组分质量浓度/(g/L)	磷酸二氢钾(KH_2PO_4)	13~14	—	—
	磷酸氢二钾(K_2HPO_4)	25~30	—	—
	氟氢酸钠($NaHF_2$)	3~5	—	—
	磷酸钠(Na_3PO_4)	—	100	—
	高锰酸钾($KMnO_4$)	—	10~50	—
	磷酸(H_3PO_4,密度为 $1.75g/cm^3$)	—	—	3~6mL/L
	磷酸二氢钡[$Ba(H_2PO_4)_2$]	—	—	40~70
	氟化钠(NaF)	—	—	1~2
工艺条件	溶液温度/℃	50~60	20~60	90~98
	处理时间/min	20~50	3~10	10~30

注：1. 工艺 1 溶液的 pH 值应控制在 5~7，于温度 50~60℃下浸渍 20~50min，然后取出水洗干净，放进干燥箱中烘干。

2. 工艺 2 溶液的 pH 值应控制在 3.0~3.5，于温度 20~60℃下浸渍 3~10min，然后取出水洗干净，放进去离子水中浸渍，然后干燥。

3. 工艺 3 所得的膜层耐蚀性好，又称磷化膜，膜呈深灰色，一般用作涂装的底层。

10.4.3 镁合金化学氧化膜处理应用实例

镁合金在日本、中国台湾地区的应用很广，工厂、企业在镁合金化学氧化处理工艺方面已形成了较为通用的方法。镁合金在化学氧化前的常用酸洗工艺见表 10-55。镁合金化学氧化工艺见表 10-56。

表 10-55 镁合金常用酸洗工艺

名称	溶液组分质量浓度/(g/L)		操作工艺条件
醋酸-硝酸钠法	醋酸(CH_3COOH) 硝酸钠($NaNO_3$)	200 50	20~30℃下浸渍 0.5~1.0min,用橡胶陶瓷或 3003 铝材加衬的酸洗槽
氟氢酸盐法	氟氢酸钠($NaHF_2$)	47	20℃下浸渍 5min
碱浸渍法	氢氧化钠(NaOH)	100	90~100℃下浸渍 10~20min。致密的表面状态
铬酸法	铬酐(CrO_3)	180	20~100℃下浸渍 1~15min。如果发生腐蚀,检查溶液中是否有氯化物杂质污染
铬酸-硝酸钠法	铬酐(CrO_3) 硝酸钠($NaNO_3$)	180 30	先在冷水中完全浸渍,然后在 20~30℃下浸渍 3min。浸入水中搅拌。用不锈钢、铅、橡胶加衬的槽
铬酸-硝酸-氢氟酸法	铬酐(CrO_3) 硝酸(HNO_3) 氢氟酸(HF)	280 25mL/L 8mL/L	20~30℃下浸渍 0.5~2.0min。用橡胶、乙烯树脂加衬的槽
铬酸-硫酸法	铬酐(CrO_3) 硫酸(H_2SO_4)	180 0.5mL/L	只用于点焊焊接的清洁,20~30℃下浸渍 3min,用不锈钢、橡胶或 1100 铝衬的槽
强碱溶液法	氢氧化钠(NaOH) 磷酸钠($Na_3PO_4 \cdot 12H_2O$) 润湿性表面活性剂	15~60 10 1	90~100℃下浸渍 3~10min
氢氟酸法	氢氟酸(HF)	11%(体积分数)	20~30℃下浸渍 0.5~5.0min
硫酸法	硫酸(H_2SO_4)	30mL/L	20~30℃下浸渍 10~15s,或溶蚀表面至 0.05mm
氢氟酸-硫酸法	氢氟酸(HF) 硫酸(H_2SO_4)	15%~20%(体积分数) 5%(体积分数)	20~25℃下浸渍 2~5min

表 10-56 镁合金化学氧化工艺

工艺号	溶液成分及含量	工艺条件	特点
1	重铬酸钠($Na_2Cr_2O_7$)180g/L 硝酸(HNO_3,质量分数为 60%)260mL/L	溶液温度为 20~30℃,浸渍 0.5~2.0min,经 5s 空气中晾置后水洗再干燥	未完成零件(着色过程中)的暂时防腐方法
2	氢氟酸(质量分数为 40%)250mL/L	溶液温度为 20~30℃,浸渍 0.5~5.0min 后水洗	
	氟化钠、氟化钾或氟化铵 50g/L	溶液温度为 20~30℃,浸渍约 5min,水洗	对于完成的零件而言,属于良好的防腐方法,适用于涂装底层,不适合稀土类合金使用
3	重铬酸钠 120~130g/L 氟化钾或氟化镁 2.5g/L	溶液温度为 90~100℃,浸渍 30~60min,水洗,温水中浸渍后干燥	
4	硫酸铵 30g/L 重铬酸钠 30g/L 氨水(质量分数为 28%)2.5mL/L	溶液温度为 50~60℃,电流密度为 0.2~1A/dm²,通电 15~25min,水洗,干燥	对完成的零件属于良好的防腐方法,适用于涂装底层,对所有镁合金都适用
5	氢氧化钠 240g/L 乙二醇或二甘醇 85mL/L 草酸钠 2.5g/L	溶液温度为 75~80℃,电流密度为 1~2A/dm²,时间为 15~30min,水洗,干燥	电绝缘性能好,为良好的防腐方法,而且耐磨性也好
6	重铬酸钠 50g/L 酸性氟化钠 50g/L	溶液温度为 18~23℃,浸渍中和后充分水洗,烫洗后干燥	
7	磷酸二氢锰 20~30g/L 硅氟化钠或硅氟化钾 3~4g/L 重铬酸钠或重铬酸钾 0.3g/L 硝酸钠或硝酸钾 1~2g/L	溶液温度为 80~90℃,浸渍 5~30min,水洗后干燥	未完成零件的暂时防腐方法
8	无水铬酸 180g/L 硝酸铁 40g/L 氟化钾 4g/L	溶液温度为 18~23℃,浸渍 10~60s,水洗,干燥	需要光泽表面时用,用作未完成零件的暂时防腐方法
9	酸性氟化钠 15g/L 重铬酸钠 180g/L 硫酸铝 10g/L 硝酸(质量分数为 60%)84mL/L	溶液温度为 18~23℃,浸渍 2~3min,水洗后干燥	未完成零件的暂时防腐方法
10	氢氧化钠 10g/L 锡酸铁 50g/L 醋酸钠 10g/L 焦磷酸钠 50g/L	溶液温度为 80~85℃,浸渍 10~20min,水洗。若作涂装底层用时,在 50g/L 的酸性氟化钠溶液中,在 20~30℃下浸渍 30s,进行中和处理	绝缘性好,用来防止不同金属接触时产生电偶腐蚀

10.5 铜及铜合金的化学氧化

10.5.1 铜及铜合金的化学氧化概述

铜及铜合金工件的化学氧化膜处理实质上是通过化学的方法,在铜工件的表面生成一层由不同物质组成的薄膜,厚度为 0.5~2.0μm,膜的颜色随着化学氧化液的不同而异。例如碱性溶液所得的氧化膜为以绿色为主的多彩颜色；以氧化铜为主的膜层为褐色、黑色；氧化亚铜为主的膜层为黄色、褐色、红色、紫色、黑色；以硫化铜为主的膜层为褐色、烟灰色、黑色；以硒化铜为主的膜层为褐色、黑色，以达到消光、耐蚀、装饰等目的。例如，在光学仪器中的工件一般要进行的是黑化氧化处理，在工艺品及日常用品中则采用仿金或仿古处理。

铜及铜合金工件在铬酸、重铬酸盐或其他溶液中处理后，可以在其表面上形成钝化膜，从而提高了工件在潮湿的大气环境或含硫化物的环境中的耐蚀性。

铜及铜合金表面化学氧化处理主要应用于电气、仪器仪表、电子工业，日用工业品和工艺美术品的工件或产品的防护处理和装饰处理。

1. 化学脱脂

对于未经精细加工，且粘附油污较多的铜及铜合金工件，最好事先用有机溶剂蒸汽或碱性溶液脱脂。较重的油污，如碳化的油、漆等需要先在冷的乳化剂溶液里浸泡，再喷热的乳化液清洗。用水清洗后，再进行碱性脱脂。虽然铜是在碱溶液中难溶解的金属，但高浓度的强碱溶液仍会腐蚀这类工件，产生难以除去的表面附着物，即当脱脂溶液中含有大量氢氧化钠时，高温下工件表面会生成褐色的氧化膜。反应如下

$$2Cu+4NaOH+O_2 \longrightarrow 2Na_2CuO_2+2H_2O$$

$$Na_2CuO_2+H_2O \longrightarrow CuO+2NaOH$$

因此，大量的油应当用有机溶剂（汽油或三聚乙烯）清除，而后再用氢氧化钠含量很低的碱性溶液进行补充脱脂。

对于已进行过精加工的铜及铜合金工件，一般经有机溶剂脱脂后，不再使用含氢氧化钠的碱性溶液补充脱脂。特别是对于黄铜（铜锌合金）和青铜（铜锡合金），如果采用氢氧化钠溶液脱脂，工件就会遭到腐蚀而消光。反应如下

$$Zn+2NaOH \longrightarrow Na_2ZnO_2+H_2\uparrow$$

$$Sn+2NaOH+O_2 \longrightarrow Na_2SnO_3+H_2O$$

腐蚀的结果是合金工件表面层的锌或锡溶解了，显现出粗糙的红色外观。铜合金在表面处理之前，采用阴极电解脱脂来清理表面是很有必要的。短时间阴极脱脂既无损于表面粗糙度，又可将残余油污彻底清除，并使极薄的氧化膜得以还原。事实证明，它是获得良好结合力的有效手段。铜及铜合金的化学脱脂工艺见表10-57，电解脱脂参数见表10-58。

表10-57 铜及铜合金的化学脱脂工艺

工艺号		1	2	3
组分质量浓度/(g/L)	氢氧化钠（NaOH）	10~15	—	—
	碳酸钠（Na_2CO_3）	20~30	—	10~20
	磷酸钠（$Na_3PO_4 \cdot 12H_2O$）	50~70	70~100	10~20
	硅酸钠（Na_2SiO_3）	5~10	5~10	10~20
	OP-10	—	1~3	2~3
工艺条件	溶液温度/℃	70~80	70~80	70
	处理时间	除净为止		

2. 化学抛光和电解抛光

铜和单相铜合金可以在磷酸-硝酸-醋酸或硫酸-硝酸-铬酸型溶液中进行化学抛光。铜及铜合金化学抛光工艺见表10-59。

表 10-58　铜及铜合金的电解脱脂参数

工艺号		1	2	3
组分质量浓度/(g/L)	氢氧化钠(NaOH)	10~15	—	10~20
	碳酸钠(Na_2CO_3)	20~30	30~40	20~30
	磷酸钠($Na_3PO_4 \cdot 12H_2O$)	30~40	40~50	—
	硅酸钠(Na_2SiO_3)	5~10	10~15	5~10
工艺条件	溶液温度/℃	70~80	70~80	50~80
	阴极电流密度/(A/dm²)	2~3	2~3	6~12
	槽电压/V	8~12	8~12	—
	处理时间/min	3~5	3~5	0.5

表 10-59　铜及铜合金化学抛光工艺

工艺号		1	2	3
组分体积分数/(%)	硫酸(密度为 1.84g/cm³)	250~280mL	—	—
	硝酸(密度为 1.50g/cm³)	45~50mL	10	6~8
	磷酸(密度为 1.70g/cm³)	—	54	40~50
	冰醋酸	—	30	35~45
	铬酐	180~200g	—	—
	盐酸(密度为 1.19g/cm³)	3mL	—	—
	水	670mL	6~10	5~10
工艺条件	溶液温度/℃	20~40	55~65	40~60
	处理时间/min	0.2~3	3~5	3~10

配方 1 适用于较精密的工件；配方 2 与配方 3 适用于铜和黄铜工件，当温度降至 20℃ 左右时，可用来抛光白铜工件。在使用过程中，需经常补充硝酸。抛白光时，如果二氧化氮（黄烟）析出较少，工件表面呈暗红色，可按配制量的 1/3 补充硝酸。为了防止过量的水带入槽内，工件应干燥或充分抖去积水后，再行抛光。铜及铜合金传统上采用三酸化学抛光，生产过程中会产生大量 NO_X 气体，造成大气污染，并影响操作工人的身体健康。目前研究人员开发出无黄烟化学抛光工艺，用于铜及大部分铜合金，能获得近似镜面光亮的表面。铜的无黄烟抛光工艺：采用硫酸和过氧化氢溶液，温度为 30~50℃，时间为 10~20s。主要问题是过氧化氢容易分解，槽液稳定性差。因此，一般还需要添加过氧化氢的稳定剂，以提高槽液的使用寿命，同时还可添加少量表面活性剂，以提高抛光的亮度。

铜及铜合金的电解抛光，广泛采用磷酸电解液。铜及铜合金电解抛光溶液配方及工艺参数见表 10-60。

表 10-60　铜及铜合金电解抛光溶液配方及工艺参数

工艺号		1	2	3	4	5
组分质量分数(%)	磷酸(密度为 1.70g/cm³)	1100g/L	670mL	470mL	74	41.5
	硫酸(密度为 1.84g/cm³)	—	100mL	200mL	—	—
	铬酸	—	—	—	6	—
	甘油	—	—	—	—	24.9
	乙二醇	—	—	—	—	16.6
	乳酸(质量分数为 85%)	—	—	—	—	8.3
	水	—	300mL	400mL	20	8.7
工艺条件	溶液温度/℃	20	20	20	20~40	25~30
	阳极电流密度/(A/dm²)	6~8	10	5~10	30~50	8
	处理时间/min	15~30	15	抛亮为止	1~3	几分钟
	阴极材料	铜	铜	铜	铅	铅
使用合金		黄铜、青铜等	铜、铜锡合金 [w(Sn)<6%]	高低青铜	铜、黄铜、镀铜层	黄铜、其他铜合金

在单一的磷酸溶液中，由于在阳极表面上形成了磷酸铜难溶盐的饱和溶液黏液层，故能提高抛光亮度。为了不破坏这个黏液层，需要在低温下进行搅拌。在使用过程中，溶液的密度和各组分含量将发生变化，应经常测定密度，并及时调整。配方 4 溶液中三价铬的质量浓度（以 Cr_2O_3计算）超过 30g/L 时，可以在阳极电流密度为 10A/dm^{2}和温度为 45~50℃的条件下，用大面积阳极氧化法将三价铬氧化为六价铬。不工作时，应将溶液盖严，以防溶液吸收空气中的水分而被稀释。阴极表面的铜粉应经常除去。

3. 酸蚀

铜及铜合金的活化通常是在 HNO_3、H_2SO_4、HCl 的混合酸液中进行的。当工件表面有厚的黑色氧化皮时，要进行三道连续的活化工序：先在质量分数为 10%~20%的 H_2SO_4溶液中进行疏松氧化皮的处理，溶液温度最好保持在 60℃，此温度下效果较好，其次是进行无光活化，最后进行一道光泽活化。工件在每道活化工序之后，应进行仔细的清洗，然后再转入下道工序。铜合金工件进行强活化时，要根据合金的成分，正确选用活化液中各种酸的比例。如对黄铜工件而言，其中的铜和锌在各种酸中的溶解情况是不一样的。实践结果指出，铜的溶解速度与硝酸的含量成正比，而锌的溶解速度则几乎与盐酸的含量成正比。

铜及铜合金的活化规范见表 10-61。

表 10-61 铜及铜合金的活化规范 （单位：g/L）

溶液组成及工艺条件	无光活化		光泽活化	
	铜合金	铸件	黄铜	锡青铜
HNO_3	300~330	750	500~600	1000
H_2SO_4	300~330	—	300~400	—
HCl	5	—	7	4
NaCl	3~6	20	(5~10)	—
HF	—	1000	—	—

注：加入 NaCl 时，就可以不加入 HCl。

铜及铜合金二次活化的工艺规范见表 10-62，铜合金工件先在预活化溶液中进行第一次活化；水洗后，再在光亮活化溶液中进行第二次活化。

表 10-62 铜及铜合金二次活化的工艺规范

溶液组成及工艺条件		预浸蚀				光亮浸蚀					
		1	2	3	4	1	2	3	4	5	6
组分质量浓度/(g/L)	H_2SO_4	500	150~250	200~300	—	—	700~850	600~800	—	10~20	500
	HCl	微量	—	100~120	—	—	2~3	—	—	—	3~5
	HNO_3	200~250	—	—	600~1000	600~1000	100~150	300~400	10%~15%(质量分数)	—	250~800
	H_3PO_4(质量分数)	—	—	—	—	—	—	—	50%~60%	—	—
	CrO_3	—	—	—	—	—	—	—	—	100~200	—
	HAC/(质量分数)	—	—	—	—	—	—	—	25%~40%	—	—
	NaCl	—	—	—	—	0~10	—	3~5	—	—	—

（续）

溶液组成及工艺条件		预浸蚀 1	预浸蚀 2	预浸蚀 3	预浸蚀 4	光亮浸蚀 1	光亮浸蚀 2	光亮浸蚀 3	光亮浸蚀 4	光亮浸蚀 5	光亮浸蚀 6
工艺条件	溶液温度/℃	20~30	40~50	室温	80~100	≤45	≤45	≤45	20~60	室温	≤30
	处理时间	3~5 年	几分钟			几分钟				1~3 年	
	适用合金	一般铜合金			铍青铜	铜、黄铜、铍青铜	铜、黄铜	铜 HPb-59-1、黄铜、低锡青铜、磷青铜等	铜、黄铜、铜锌镍合金	铜、铍青铜	一般铜

对于用薄壁材料加工的铜及铜合金制品，为了防止其因腐蚀而报废，通常都不使用浓度高的 HNO_3 和 HCl 进行强活化，而是采用浓度不太高的 H_2SO_4，在适当高一点的温度下活化，此时钢的氧化物能很好地溶解，而金属铜的溶解却很缓慢。有时也加入一些铬酸（或重铬酸盐），它可以把低价铜的氧化物氧化成 CuO，促使工件表面更均匀地溶解。为了达到同样的目的，也有添加硫酸铁的。但由于使用了氧化剂，所以活化后工件表面具有钝化膜，这可以通过在浓硝酸中进行快速出光来消除。

薄壁铜合金活化工艺见表 10-63。

表 10-63　薄壁铜合金活化工艺

工　艺　号		1	2	3
组分质量浓度/(g/L)	H_2SO_4	30~50	100	100
	$K_2Cr_2O_7$	150	50	—
	$Fe_2(SO_4)_3$	—	—	100
工艺条件	溶液温度/℃	40~50	40~50	40~50

10.5.2　铜及铜合金化学氧化工艺流程

铜及铜合金化学氧化工艺流程：铜合金工件→脱脂→水洗→化学氧化膜处理→水洗→钝化→水洗→烘干（或晾干）→浸油或喷透明漆→干燥→成品。

10.5.3　铜及铜合金化学氧化处理

（1）碱性氧化膜处理溶液配方及工艺　当向碱性溶液中加入不同的氧化剂（如过硫酸钾）时，在较高的温度下会发生反应析出初生态氧，它能将铜氧化成铜盐，随后铜盐水解生成氧化铜，在使用过程中由于氧化剂的不断消耗，必须及时补充调整溶液，才能保证反应的正常进行。

当用高锰酸钾做氧化剂时，除了有上述反应外，还会生成一定量的呈棕色的二氧化锰。

铜及铜合金碱性氧化膜处理工艺见表 10-64。

表 10-64　铜及铜合金碱性氧化膜处理工艺

工　艺　号		1	2	3	4	5
组分质量浓度/(g/L)	氢氧化钠(NaOH)	150~200	60~200	45~55	110~120	40~60
	过硫酸钾($K_2S_2O_8$)	—	—	5~15	30~40	10~15
	高锰酸钾($KMnO_4$)	30~50	—	—	—	—
	亚氯酸钠($NaClO_2$)	—	20~150	—	—	—
	钼酸铵[$(NH_4)_2MoO_4$]	—	—	—	—	18~25

（续）

工艺号		1	2	3	4	5
工艺条件	溶液温度/℃	80～沸腾	90～100	60～65	55～65	55～70
	处理时间/min	3～15	3～15	5～20	2～5	3～9
膜层颜色		红褐色、黑褐色	红棕色、黑色	褐色、蓝色、黑色	褐色、蓝色、黑色	深黑色

（2）硫代硫酸盐氧化膜处理溶液配方及工艺　硫代硫酸盐在酸性条件下会分解而析出硫和二氧化硫，析出的硫和铜产生反应并生成硫化铜。此外，当溶液中还有其他的盐类时，也会起反应生成各种有色的硫化物而使铜表面显现不同的色泽。硫代硫酸盐氧化膜处理工艺见表10-65。

表10-65　硫代硫酸盐氧化膜处理工艺

工艺号		1	2	3	4	5	
						A	B
组分质量浓度/(g/L)	硫代硫酸钠($Na_2S_2O_3$)	45～55	40～50	120～160	50～60	—	50
	醋酸铅[$Pb(CH_3COO)_2$]	—	—	30～40	20～30	—	12～25
	醋酸(CH_3COOH,质量分数为36%)	—	—	—	30mL/L	—	—
	硝酸铁[$Fe(NO_3)_3$]	—	7～8	—	—	—	—
	硫酸铜($CuSO_4$)	—	—	—	—	50	—
	硫酸镍铵[$NiSO_4\cdot(NH_4)_2SO_4$]	45～55	—	—	—	—	—
工艺条件	溶液温度/℃	60～70	60	55～65	45～60	82	100
	处理时间/min	3～9	3～9	—	2～6	数分钟	数分钟
膜层颜色		灰色、黑色、绿色	铁绿色	粉红色、紫色、蓝色	蓝色	按A、B顺次浸渍得褐色	

（3）硫化物氧化膜处理的溶液配方及工艺　铜及铜合金工件很容易在硫化物溶液中生成棕黑色的硫化铜。但是黄铜中的锌也会形成白色的硫化锌，所以在同一处理工艺下，黄铜的表面色泽要比纯铜的颜色浅些。处理用的硫化物溶液大多是以硫化钾为主盐的基础液再加其他的成分。在转化处理时，随着处理时间的延长，氧化膜的颜色由从黄色到棕色最后变黑的方向加深。

硫化物氧化膜处理工艺见表10-66。

表10-66　硫化物氧化膜处理工艺

工艺号		1	2	3	4	5	6	7	8
组分质量浓度/(g/L)	硫化钾(K_2S)	10～50	3.7	4～6	5～10	5～7	—	—	—
	硫化铵[$(NH_4)_2S$]	—	1.8	—	—	—	5～15	—	—
	硫化锑(Sb_2S_3)	—	1.8	—	—	—	—	12～13	—
	硫化钡(BaS)	—	—	—	—	—	—	—	4
	氯化铵(NH_4Cl)	—	—	—	1～3	—	—	—	—
	氯化钠($NaCl$)	—	—	—	—	2～4	—	—	—
	硫酸铵[$(NH_4)_2SO_4$]	—	—	15～25	—	—	—	—	—
	碳酸铵[$(NH_4)_2CO_3$]	—	—	—	—	—	—	—	2
	氢氧化铵(NH_4OH)	—	4	—	—	—	—	—	—
	氢氧化钠($NaOH$)	—	—	—	—	—	—	50	—
工艺条件	溶液温度/℃	25～80	20～30	20～30	30～40	20～40	20～30	50	20～30
	处理时间/min	3～9	3～10	—	0.5～3	—	2～9	10～20	—

注：工艺2中所得的硫化膜经反复擦拭得青铜色，擦的次数越多，颜色越深。

（4）硒盐和砷盐氧化膜处理工艺　铜的硒化物和砷化物均为黑褐色，因此在对铜及铜合金进行氧化膜处理时，均可得到黑褐色的硒化物或砷化物膜层。硒盐和砷盐氧化膜处理工艺见表 10-67。

表 10-67 硒盐和砷盐氧化膜处理工艺

工艺号		1	2
组分质量浓度/(g/L)	二氧化硒(SeO_2)	10	125
	亚砷酸(H_3AsO_3)	—	—
	硫酸铜($CuSO_4 \cdot 5H_2O$)	10	62
	硝酸(HNO_3)	3~5	—
工艺条件	溶液温度/℃	20~40	20~30
	处理时间/min	0.5~2.0	根据需要定

注：1. 工艺 1 的溶液处理时，在铜上形成杨梅红色→宝蓝色→黑色膜层，在黄铜上形成褐色→蓝黑色膜层。如果处理时间过长，则膜层会为黑灰色。
2. 工艺 2 的处理液配好后，放置 24h 后方可使用。

（5）铜及铜合金氯酸钾氧化膜处理工艺　氯酸钾属于强氧化剂，在较高温度下会分解并析出初生态的氧，有很强的氧化性，会将铜和铜合金氧化，并生成带有颜色的膜层，这是以铜的氧化物为主的化学氧化膜，颜色主要为褐色或深褐色。

铜及铜合金氯酸钾氧化膜处理工艺见表 10-68。

表 10-68 铜及铜合金氯酸钾氧化膜处理工艺

工艺号		1	2	3	4
组分质量浓度/(g/L)	氯酸钾($KClO_3$)	50~60	5~15	30~40	20~30
	碳酸铜($CuCO_3$)	100~125	—	—	—
	硫酸铜($CuSO_4 \cdot 5H_2O$)	—	35~45	150	20~30
	硫酸镍($NiSO_4 \cdot 7H_2O$)	—	—	25~30	—
	硫酸镍铵[$NiSO_4 \cdot (NH_4)_2SO_4 \cdot 6H_2O$]	—	—	—	20~30
工艺条件	溶液温度/℃	50	80	90~100	80~100
	处理时间/min	3~9	数十分钟	3~9	2~4
膜层颜色		褐色	褐色	褐色	褐色

（6）碱式碳酸铜氧化膜处理工艺　碱式碳酸铜溶液中加进氨水，铜便与溶液中的铜氨络合物起反应生成氧化铜，而黄铜中的锌则被络合溶解，当然也有部分的铜与氨形成铜氨络合物。这种方法适用于黄铜，氧化膜层的色泽为深黑色且比较光亮，而纯铜的表面只能获得呈褐色→铁灰色的膜层。但所得的膜层在干燥之前很容易擦去，因此需要在氧化膜处理后再放进 259g/L 的氢氧化钠溶液中做固化处理。由于溶液中的氨水很易挥发，在使用过程中应注意及时补充。

处理用的挂具要用铝、钢或黄铜制作，不能用纯铜，以免溶液的性能恶化。铜和铜合金碱式碳酸盐氧化膜处理工艺见表 10-69。

表 10-69 碱式碳酸盐氧化膜处理工艺

工艺号		1	2	3	4
组分质量浓度/(g/L)	碱式碳酸铜[$CuCO_3 \cdot Cu(OH)_2 \cdot H_2O$]	40~60	70~100	—	80~120
	氨水(NH_4OH，质量分数为 28%)	200~250mL/L	140~180mL/L	250mL/L	100~500mL/L
	钼酸铵[$(NH_4)_6Mo_7O_{24} \cdot 4H_2O$]	—	15~30	—	—
	碳酸铜($CuCO_3$)	—	—	200~300	—
	碳酸钠(Na_2CO_3)	—	—	180~220	—

（续）

工　艺　号		1	2	3	4
工艺条件	溶液温度/℃	20~30	25~35	30~40	20~30
	处理时间/min	5~15	8~15	2~10	8~15

10.5.4　铜及铜合金氧化膜处理中的常见问题与对策

1. 铜及铜合金氧化膜处理的常见缺陷及解决方法

1）铜及铜合金氧化膜处理后，如果在清洗氧化膜的过程中，发现有膜层脱落，不管是局部脱落或是大面积脱落，应从前处理环节找原因，考虑是否是在前处理时脱脂、除锈不彻底所致。如果是因油、锈除得不干净而影响膜层附着力使膜层脱落的，要改进前处理的工作，加强工件表面油、锈的清除力度，彻底将其清除干净。同时可以在质量分数为20%的盐酸溶液中浸渍，将不良膜层除尽，重新脱脂、除锈再做氧化膜处理。

2）铜及铜合金工件成膜以后，如果发现膜层发花或有麻点，也有可能是前处理不干净，或者氧化膜处理溶液已被油污污染，使工件成膜时沾上油污所出现的斑点。如果是氧化膜处理溶液被污染，应进行过滤，把污物清除后再用。若溶液污染严重，应将槽液废弃，换上新液。

3）铜及铜合金工件经氧化膜处理成膜后，如果发现局部没有膜层，也可能是前处理过程中局部未清洗干净，所以表面局部未进行氧化膜反应。使用挂具时，要考虑是否是因挂具与工件之间的接触不良所致，应改善挂具与工件之间的接触，挂具与工件最好用相同的材料，或用绝缘材料覆盖挂具。

2. 铜及铜合金表面不良膜层的退除

铜及铜合金表面的氧化膜不符合标准规定或客户的要求时，可将不合格的膜层退除，再重新进行氧化膜处理。铜及铜合金表面氧化膜退除溶液的组成及方法如下。

（1）硫酸溶液浸泡法　将工件放进质量分数为10%的硫酸溶液中浸泡，并翻动工件，直至不良膜层完全脱落为止。

（2）盐酸浸泡法　将工件放进浓盐酸（密度为1.19g/cm^3）溶液中浸泡，并且不断翻动工件，直至氧化膜全部退完。

（3）混合酸退除法　混合酸退膜工艺见表10-70。

表10-70　混合酸退膜工艺

组分质量浓度/(g/L)	硫酸	20~30
	铬酐	40~90
工艺条件	溶液温度/℃	20~40
	处理时间/min	直至膜退除干净

10.5.5　铜及铜合金氧化膜处理应用实例

商品市场上的各种服装、小包、手提袋、行李袋等都使用拉链封口，特别是采用黄铜拉链封口，这是由于黄铜拉链冲压加工成形比较容易，而且操作简单，使用时不易变形，经氧化膜处理后提高了耐蚀性，不易生锈。拉链在使用过程中开和封都比较灵活方便，已代替了铝材拉链及部分塑料拉链。黄铜拉链冲压成形后，必须进行氧化膜处理，以便提高它的耐磨性和耐蚀性，由于氧化膜可以有各种不同的颜色，因此又可以改善拉链的外观，提高其装饰性。以下介绍广州某拉链厂生产黄铜拉链及进行氧化膜处理的情况。

生产工艺流程：黄铜薄片条→抛光→冲压成形→碱性脱脂→冷水洗两遍→氧化膜处理→

水洗两遍→干燥→烫平→打蜡或涂透明漆→检验→产品包装。

1. 氧化膜处理前预处理

（1）黄铜薄片抛光　冲压成形前的黄铜片要先进行化学抛光，同时冲压拉链所用的模具表面的光洁度也必须很高。这样才能保证冲压出来的黄铜拉链具有很高的光洁度，才能使进行氧化膜处理后的拉链表面具有良好的金属光泽和平滑的表面。

（2）碱性化学脱脂　拉链在冲压过程中沾有一定的润滑及冷却油脂，在进行氧化膜处理前一定要将其清除干净，如果脱脂不彻底，就会影响氧化膜的质量及附着力。如果脱脂过度造成表面腐蚀，也会造成表面失光，所以要选用腐蚀性较弱、脱脂效果较好的脱脂液。也可以选用脱脂效果好的商品脱脂剂，如8080型金属清洗剂等。必要时可以用脱脂液加超声波清洗，务必要做好脱脂这道工序的工作。

（3）酸洗活化　铜拉链脱脂后，用两道水清洗干净，但仍有微量的脱脂液及氧化物残留在表面上，因此必须通过酸洗除去这些有害物质，同时也可以活化铜的表面，使氧化膜容易附着并且使膜层均匀致密，酸洗的方法是用质量分数为3%~5%的稀硫酸浸洗1~3min。

2. 化学氧化膜处理工艺

（1）氧化膜处理溶液配方及工艺　铜拉链化学氧化膜处理工艺见表10-71。

表10-71　铜拉链化学氧化膜处理工艺

组分质量浓度/(g/L)			工艺条件		
	硫酸铜	32		溶液pH值	2~3
	硫酸	5~8mL/L			
	二氧化硒	1.0		溶液温度/℃	20~30
	十二烷基硫酸钠	1.5			
	冰醋酸	12		着色时间/min	2~5
	缓蚀添加剂(自配)	5~10mL/L			

（2）化学氧化处理液的配制　将硫酸铜、硫酸、二氧化硒、十二烷基硫酸钠、冰醋酸等分别加进一定量的蒸馏水中并搅拌均匀，然后将这几种溶液混合在一起，并添加蒸馏水至所需要的体积，搅拌均匀后加进自配的缓蚀添加剂，再搅拌至均匀后，放置24~48h后使用效果才好。

（3）氧化膜处理的操作　以上配制的氧化膜处理液，用不同的方法可以得到不同色泽的氧化膜。可以根据客户对拉链色泽的要求进行不同的处理。

1）青古铜色氧化膜。将上述溶液加蒸馏水稀释一倍，在室温下浸泡3min即可得到青古铜色的膜层。

2）红古铜色氧化膜。用上述溶液不必稀释，在室温下浸泡2~3min即可得到红古铜色膜层。

3）黑褐色氧化膜。用上述溶液不必稀释，在室温下浸泡4~5min可以得到深色的褐黑色氧化膜。

（4）氧化膜处理液的维护　氧化膜处理液由于在使用过程中不断消耗，浓度会不断降低，致使溶液的pH值上升，转化处理时间将延长。所以应该不断地补充新鲜溶液，并将pH值调至控制的范围，即可继续使用。经过长时间使用后，当溶液中有少量黑色沉淀物生成而变浑浊时，不应再用，应更换新液。

3. 转化成膜后的处理

黄铜拉链经转化成膜后，应将表面冲洗干净并干燥。拉链是要经常拉动的，所以膜层很容易磨损而破坏，为了保护膜层及其色泽，一般都在膜层表面干燥后，再喷一层透明的耐磨罩光涂料，以便保护色膜并延长产品的使用寿命。选用的涂料应是附着力好、透明光亮、不与膜层反应、能在室温下固化的涂料。通用的有硝基类清漆、醇酸清漆、丙烯酸清漆及酚醛清漆等。

10.6　其他金属的化学氧化

10.6.1　锌、镉及其合金化学氧化膜处理

1. 锌的化学氧化膜处理

锌的化学氧化膜处理工艺见表 10-72。

表 10-72　锌的化学氧化膜处理工艺

工　艺　号		1	2	3	4	5
组分质量浓度/(g/L)	硫酸铜($CuSO_4 \cdot 5H_2O$)	1~3	55~65	45~55	—	—
	硫氰化钠(NaCNS)	100	—	—	100	—
	硫酸镍铵[$NiSO_4 \cdot (NH_4)_2SO_4 \cdot 6H_2O$]	—	—	—	200	5~15
	硫化镍(NiS)	90~110	—	—	—	—
	氯化铵(NH_4Cl)	—	—	—	4~6	—
	铬酐(CrO_3)	—	—	—	—	5~8
	硝酸银($AgNO_3$)	—	—	—	—	0.5~1.5
	酒石酸($H_2C_4H_4O_6$)	—	75~85	—	—	—
	酒石酸氢钾($KHC_4H_4O_6$)	—	—	45~55	—	—
	碳酸钠(Na_2CO_3)	—	—	140~160	—	—
	氨水(NH_4OH)	—	50~70	—	—	—
工艺条件	溶液温度/℃	20~30	20~30	20~30	20~30	20~30
	处理时间/s	pH 值为 5~5.5	—	1~2min	pH 值为 5~5.5	10~60

注：1. 工艺 2 用毛刷将溶液涂刷在锌表面上，待铜析出后干燥，然后抛光得到红铜色。

2. 工艺 4 溶液 pH 值控制在 5~5.5，如加入少量 Ca^{2+} 可以使膜的色泽变得鲜艳。

2. 锌合金的化学氧化膜处理

锌合金的化学氧化膜处理工艺见表 10-73。

表 10-73　锌合金的化学氧化膜处理工艺

工　艺　号		1	2	3	4	5
组分质量浓度/(g/L)	盐酸(HCl，质量分数为 37%)	150mL/L	50mL/L	—	—	—
	重铬酸钾($K_2Cr_2O_7$)	90~110	—	80~100	—	—
	硫酸(H_2SO_4)	15mL/L	—	—	—	5mL/L
	铬酐(CrO_3)	—	100~140	—	—	—
	磷酸(H_3PO_4，质量分数为 85%)	—	10mL/L	10mL/L	—	—
	硫酸铜($CuSO_4 \cdot 5H_2O$)	—	—	—	150~170	2~3
	氯酸钾($KClO_3$)	—	—	—	70~90	—
	硝酸(HNO_3)	—	—	—	—	13mL/L
工艺条件	溶液温度/℃	30~50	30~35	30~40	20~30	20~30
	处理时间/min	30~60s	3~10s	3~9	3~10	10s
膜层颜色		草绿色	草绿色	草绿色	黑色	黑色
适用范围		铜镁铝锌合金	铜镁铝锌合金	铜镁铝锌合金	铜镁铝锌合金	锰锌合金

3. 镉的化学氧化膜处理

镉和锌一样，很少单独作为结构材料或制造基体的材料，主要是用作钢铁等易腐蚀生锈的结构材料的保护镀层。因此镉的氧化膜处理，实际上是镀镉膜层的化学氧化膜处理。镉的

化学氧化膜处理工艺见表 10-74。

表 10-74 镉的化学氧化膜处理工艺

工艺号		1	2	3	4	5
组分质量浓度/(g/L)	高锰酸钾($KMnO_4$)	2~3	150~170	—	—	—
	硫酸亚铁($FeSO_4 \cdot 7H_2O$)	—	5~10	—	—	—
	硝酸镉[$Cd(NO_3)_2 \cdot 4H_2O$]	—	60~250	—	—	—
	硝酸铜[$Cu(NO_3)_2 \cdot 3H_2O$]	25~35	—	35~40	—	—
	氯酸钾($KClO_3$)	—	—	50~70	—	—
	重铬酸钾($K_2Cr_2O_7$)	—	—	—	6~6.5	—
	硝酸(HNO_3,质量分数为 65%)	—	—	—	3~3.5	—
	钼酸铵[$(NH_4)_6Mo_7O_{24} \cdot 4H_2O$]	—	—	—	—	13~17
	硝酸钾(KNO_3)	—	—	—	—	7~8
	硼酸(H_3BO_3)	—	—	—	—	7~8
工艺条件	溶液温度/℃	60~80	50~70	60~80	60~70	—
	处理时间/min	3~10	5~10	2~3	2~10	—
膜层颜色		黑色	褐色	黑色	褐色	—

注：1. 工艺 2 可以用硝酸来保持溶液的酸性。

2. 工艺 4，工件刚出现褐色就进行擦刷，然后再浸渍，这样可以加深色泽。

10.6.2 银的化学氧化膜处理

1. 银的化学氧化膜处理工艺

银的化学氧化膜处理主要用在工艺美术品颜色的需要方面，多为用硫化物处理使其生成棕黑色的硫化银光泽，以达到仿古银器的装饰效果。银的化学氧化膜处理工艺见表 10-75。

表 10-75 银的化学氧化膜处理工艺

工艺号		1	2	3	4	5	6①	7	8②		9②		10	11
									A	B	A	B		
组分质量浓度/(g/L)	硫化钾(K_2S)	2	5	—	1.5	—	7.5~10	—	25	—	—	—	—	—
	氯化铵(NH_4Cl)	6	—	5	—	—	—	—	38	—	—	—	—	—
	碳酸铵[$(NH_4)_2CO_3$]	—	10	—	—	—	—	—	—	—	—	—	—	—
	多硫化铵[$(NH_4)_2S_4$]	—	—	3	—	—	—	—	—	—	—	—	—	—
	硫化钡(BaS)	—	—	—	—	5	—	—	—	2	—	—	—	—
	三氯化铁($FeCl_3 \cdot 6H_2O$)	—	—	—	—	—	—	—	—	—	200	—	—	—
	氢氧化钠($NaOH$)	—	—	—	—	—	—	—	—	—	—	20	—	—
	硝酸铜[$Cu(NO_3)_2 \cdot 3H_2O$]	—	—	—	—	—	—	20	—	—	—	—	—	—
	氯化汞($HgCl_2$)	—	—	—	—	—	—	30	—	—	—	—	—	—
	硫酸锌($ZnSO_4 \cdot 7H_2O$)	—	—	—	—	—	—	30	—	—	—	—	—	硫酸铜 0.45
	盐酸(HCl)(质量分数为 37%)	—	—	—	—	—	—	—	—	—	—	—	300	—
	碘(I_2)	—	—	—	—	—	—	—	—	—	—	—	100	—
	乙酸铜[$Cu(C_2H_3O_2)_2 \cdot H_2O$]	—	—	—	—	—	—	—	—	—	—	—	—	0.7
工艺条件	溶液温度/℃	60~80	80	70~80	80	室温	80	室温	室温	室温	室温	室温	室温	90~100
	处理时间/min	至所需色调		2~10	至所需色调		至所需色调		各 2~3s		5s	15s	至所需色调	

（续）

<table>
<tr><td rowspan="2">工　艺　号</td><td rowspan="2">1</td><td rowspan="2">2</td><td rowspan="2">3</td><td rowspan="2">4</td><td rowspan="2">5</td><td rowspan="2">6[①]</td><td rowspan="2">7</td><td colspan="2">8[②]</td><td colspan="2">9[②]</td><td rowspan="2">10</td><td rowspan="2">11</td></tr>
<tr><td>A</td><td>B</td><td>A</td><td>B</td></tr>
<tr><td>膜层颜色</td><td colspan="2">蓝黑色</td><td>蓝黑色</td><td>蓝黑色</td><td>黄褐色</td><td>灰-黑色</td><td>灰色</td><td colspan="2">古旧银色</td><td colspan="2">棕灰-黑色</td><td>灰绿色</td><td>绿蓝色</td></tr>
</table>

① 加入氨水膜层颜色加深。
② A、B 液交替浸渍。

2. 银的化学氧化膜处理应用

（1）银器件氧化膜处理工艺流程　银器件→机械抛光→化学脱脂→清洗→电解抛光→清洗→酸活化→温水清洗→氧化膜处理→清洗→干燥→表面擦光→喷涂透明漆→产品。

（2）银器件氧化膜处理前准备　银器件氧化膜处理前准备包括机械抛光、化学脱脂、电解抛光和酸活化。

1）机械抛光。银器件在着色前，必须对表面进行抛光，使其达到一定的光亮度。由于银器件大多属于装饰品，体积比较小且形状复杂，所以应用软布轮进行机械抛光，通过抛光把旧氧化膜除干净，使表面光亮。

2）化学脱脂。机械抛光后，表面沾有许多油膏，这层油膜对后面的氧化膜处理不利，会影响膜的生长及质量，因此脱脂必须彻底干净。脱脂工艺见表 10-76。

表 10-76　脱脂工艺

<table>
<tr><td rowspan="3">组分质量浓度/(g/L)</td><td>碳酸钠</td><td>20~30</td><td rowspan="3">工艺条件</td><td>溶液温度/℃</td><td>60~70</td></tr>
<tr><td>磷酸钠</td><td>20~25</td><td>处理时间/min</td><td>2~5</td></tr>
<tr><td>OP-10 乳化剂</td><td>3~8</td><td>—</td><td>—</td></tr>
</table>

3）电解抛光。为了使银器件有更好的光亮度，经机械抛光后，可以进一步做电解抛光，既可以使平面光亮，又使其脱脂除膜更彻底。银的电解抛光大多用氰化物溶液。溶液配方及工艺见表 10-77。

表 10-77　溶液配方及工艺

<table>
<tr><td rowspan="4">组分质量浓度/(g/L)</td><td rowspan="2">氰化银</td><td rowspan="2">15~25</td><td rowspan="4">工艺条件</td><td>溶液温度/℃</td><td>20~30</td></tr>
<tr><td>阳极电流密度/(A/dm²)</td><td>1.0~1.2</td></tr>
<tr><td rowspan="2">游离氰化钾</td><td rowspan="2">15~25</td><td>槽电压/V</td><td>1.2~1.3</td></tr>
<tr><td>处理时间/min</td><td>2~4</td></tr>
</table>

4）酸活化。常温下，在质量分数为 10%~30%的硫酸溶液中浸泡 1~2min，以除去抛光后重新生成的氧化膜，酸蚀液中不能含有任何的铁器。浸渍后用温水清洗干净并进行氧化膜处理。

（3）银器件的氧化膜处理　首先在 190~210g/L 的氯化铁溶液中浸 5s，然后进行冲洗，再放在黄铜的筛网上，放进 19~21g/L 的氢氧化钠溶液活化 15s。

（4）氧化膜层的后处理　经过氧化膜处理后的银器，再经过严格的清洗后，自然风干，然后用细浮石粉轻擦表面，可以得到逼真的仿古银色膜。为了保持膜层色泽的耐久性，需要喷涂罩光漆覆盖表面。

10.6.3　镍与铍的化学氧化膜处理

镍与铍的化学氧化膜处理工艺见表 10-78。

表 10-78　镍与铍的化学氧化膜处理工艺

工艺号		1	2	3	4
组分质量浓度/(g/L)	过硫酸铵[$(NH_4)_2S_2O_8$]	239	—	—	—
	硫酸钠(Na_2SO_4)	120	—	—	—
	硫酸铁[$Fe_2(SO_4)_3$]	11	—	—	—
	硫氰化铵(NH_4CNS)	7.5	—	—	—
	硫化钡(BaS)	—	4~6	—	—
	硫化钾(K_2S)	—	—	10~15	—
	氯化铵(NH_4Cl)	—	—	1~2	—
	硫酸钾(K_2SO_4)	—	—	—	14~16
	氢氧化钠(NaOH)	—	—	—	22~23
工艺条件	溶液温度/℃	20~30	65~75	38~40	78~80
	处理时间/min	1~2	到显色为止	10~15s	至所需颜色
膜层色泽		黑色	黑色	黑色	多种色泽
适用金属材料		镍	镍	铍	铍

10.6.4　锡的化学氧化膜处理

1. 锡的化学氧化膜处理工艺

锡的化学氧化膜处理工艺见表 10-79。

表 10-79　锡的化学氧化膜处理工艺

工艺号		1	2	3	4	5
组分质量浓度/(g/L)	醋酸(CH_3COOH，质量分数为 36%)	35~45	—	—	—	—
	醋酸铜[$Cu(CH_3COOH)_2 \cdot H_2O$]	8~12	—	—	—	—
	硫酸铜($CuSO_4 \cdot 5H_2O$)	—	62~63	—	70~80	2~4
	硫酸亚铁($FeSO_4 \cdot 7H_2O$)	—	62~63	—	—	—
	硫酸(H_2SO_4，质量分数为 98%)	—	—	100mL/L	—	—
	硝酸(HNO_3)	—	—	8~10mL/L	—	5%(体积分数)
	亚砷酸(H_3AsO_3)	—	—	—	140~160	—
	氯化铵(NH_4Cl)	—	—	—	14~16	—
工艺条件	溶液温度/℃	30~40	20~25	20~30	20~30	30~50
	处理时间/min	显色为止	3~10	2~10	显色为止	显色为止
膜层颜色		青铜色	褐色	黑色	黑色	—

2. 锡制品常温氧化膜处理应用

广东某厂生产的锡制品用常温氧化膜处理工艺，得到黑色的膜层，既有较高的耐磨性、耐蚀性，又具有很好的装饰效果，氧化膜质量稳定，生产成本较低，有较好的应用价值。

(1) 锡制品氧化膜处理工艺流程：锡制品→脱脂→清洗→抛光→清洗→氧化膜处理→清洗→干燥→封闭→检验产品。

(2) 锡制品氧化膜处理前准备　锡制品在氧化膜处理前必须彻底脱脂，脱脂工艺见表 10-80。锡制品为了得到光洁的表面，采用电解抛光的方法，抛光工艺见表 10-81。

(3) 锡制品常温氧化膜处理　锡制品经过脱脂及电解抛光后，即可放进常温氧化膜处理液中浸渍。在处理过程中要不断翻动制品，使反应快速均匀，1~2min 反应即可完成，生成黑色的氧化膜。氧化膜处理工艺见表 10-82。

表 10-80 脱脂工艺

组分质量浓度/(g/L)		工艺条件	
碳酸钠	20~30	溶液温度/℃	80~90
氢氧化钠	25~30	处理时间/min	5~8

表 10-81 抛光工艺

组分体积浓度/(mL/L)	硫酸	15~25	工艺条件	电流密度/(A/dm^2)	400~700
				阴极材料	不锈钢
	氟硼酸	180~220		溶液温度/℃	20~40
				处理时间/s	3~5

表 10-82 氧化膜处理工艺

组分质量浓度/(g/L)	硝酸铜	20~30	工艺条件	溶液 pH 值	1~2
	硝酸镍	1.0~1.5			
	磷酸	10~12			
	二氧化硒	1.5~2.0		—	—
	酒石甲酸钠	0.5~1.0			
	添加剂	1.0~2.0			

(4) 锡制品氧化膜的后处理　经上述处理后的锡制品氧化膜为黑色，经清洗干净并干燥后，用脱水油或机油封闭，也可以浸涂或喷涂透明罩光漆，以便提高膜层的耐磨性及耐蚀性。

(5) 锡制品化学氧化膜的质量检验　锡制品化学氧化膜的质量经有关部门颁布的标准检验后认定。

1) 膜层颜色为深黑色。

2) 膜的耐磨性，用摩擦的方法可以达到 270 次。

3) 膜层的耐蚀性检验。用质量分数为 3%的硫酸铜溶液点滴，出现铜的时间为 15min。用质量分数为 0.175%的硫酸溶液点滴，露出基体的时间为 5min。用质量分数为 3%的氯化钠溶液浸泡，出现锈迹的时间为 3h。

10.7 无铬氧化膜处理

10.7.1 铝合金的无铬氧化处理

(1) 无铬化学氧化处理　完全无铬的化学氧化处理在 20 世纪 70 年代已有报道，当时溶液的基本成分有硼酸、氟锆酸盐和硝酸，一个典型的处理溶液实例见表 10-83。

表 10-83 典型的处理溶液

组分质量浓度/(g/L)	
K_2ZrF_6	0.4
H_3BO_3	5.0
KNO_3	10.0
HNO_3(4mol/L)	0.4mL/L

该处理溶液在 pH 值为 3~5、温度为 50~60℃的条件下操作，可以得到无色透明的无铬氧化膜，膜的质量一般小于 1mg/dm^2。为了防止铬的化合物与食品接触和铝罐工业的污染，提供令人满意的抗沾染性以及对于保护性内涂层和印刷油墨的结合力，无铬化学氧化膜应运

而生。后来迅速出现一些专利报道，使用了钛、锆或铪与氟化物的络合物。近年来工业应用的发展大体是循着钛、锆的方向，开发了许多商品化溶液成分及其相应工艺。这里介绍葡萄牙的一项试验结果：J. Trolho 对比了氟钛无铬膜与传统铬化膜的性能。无铬氧化膜性能试验是在 6060 挤压铝合金基体上进行的，检验项目是按照欧洲 Qualicoat 规范（第 6 版）进行的，丝状腐蚀试验（Lock-heed 试验）按照德国标准 DIN 65472 进行。氟钛无铬氧化膜与常规铬化膜性能试验结果对比见表 10-84。结果证明氟钛无铬氧化膜的性能除了盐雾腐蚀试验的结果稍差以外，已经可以与常规铬化膜的性能相比拟。

表 10-84　氟钛无铬氧化膜与常规铬化膜性能试验结果对比

性 能 项 目	氟钛无铬氧化膜	常规铬化膜
附着性	100% 0 级	100% 0 级
冲击试验	100%无缺陷	100%无缺陷
湿度试验(1000h)	100%无缺陷	100%无缺陷
盐雾试验(1000h)	80%<1mm	90%<1mm
丝状腐蚀试验(Lock-heed 试验)	<1mm	<1mm
室外暴露 1 年	无缺陷	无缺陷

目前工业上使用的无铬转化处理工艺大多还是基于钛、锆与氟的络合物，但是建筑和汽车工业对于耐蚀性、附着力和使用寿命的要求比铝罐工业高得多，因此还在工业检验认证之中。由于钛锆氟化物体系的具体成分未见报道，现根据国外商品 Gardobond 和 Envirox 介绍两种工业化技术体系。以 Gardobond X-4707、Envirox S、Envirox A 和 Envirox NR 四种工艺为例，说明当前无铬化学氧化膜的研究成果和工业发展水平。

1）Gardobond X-4707 工艺。这是一个专用的氟-双阳离子处理过程，溶液的主要成分是钛、锆与氟的络合物。生成膜的主要元素成分有钛、锆、铝、氧和氟，其中钛与锆元素占膜总质量的 25%~35%。膜的质量为 1~4mg/dm^2，密度为 2.89g/cm^3，膜无色或稍呈蓝色。一种钛、锆无铬氧化膜的化学成分见表 10-85。

表 10-85　一种钛、锆无铬氧化膜的化学成分

元素	质量分数(%)	元素	质量分数(%)
Ti	10~15	O	20~25
Zr	15~20	F	23~28
Al	20~25	—	—

2）Envirox 工艺。Envirox S、Envirox A、Envirox NR 三种工艺（以下简称 S、A、NR）均为无铬转化处理。S 是钛的酸性化合物体系，可浸泡，也可淋涂，限于铝及铝合金的涂装前化学氧化处理；A 是完全不含重金属的碱性体系，只适于浸泡，不适于淋涂，限于铝及铝合金涂装前化学氧化处理；S 和 A 处理之后，必须彻底清洗。NR 是新近开发的单组分无铬免洗转化处理体系，其主要成分是钛的化合物与有机高聚物，可保证优良的耐蚀性和漆膜附着性。NR 工艺过程不用水洗，反应只在干燥炉中发生。NR 方法的 pH 值为 2.3~3.0，温度为 5~30℃。NR 膜的质量是 1~2mg/dm^2，膜的颜色在几乎无色到浅黄色之间。现将三种 Envirox 工艺与传统铬酸盐处理工艺进行比较，比较结果见表 10-86。

（2）无铬氧化膜的性能　无铬化学氧化处理与常规的铬酸盐处理相比较，氧化膜的厚度一些，耐蚀性一般也相应差一些。但是无铬氧化膜比较致密而且没有裂纹，附着性与较厚的铬化膜比较显得更加好一些。因此在静电粉末喷涂或液体喷涂之后，有利于保持喷涂层的

最佳耐蚀性，也就是说对于喷涂层的总体性能，两种化学氧化处理没有差别。Envirox NR 无铬免洗化学氧化膜的性能见表 10-87。结果表明，它可以满足多方面的需求，并且已经得到相应的应用。

表 10-86　三种 Envirox 工艺与传统铬酸盐处理工艺的对比

对比项目	铬酸盐技术	Envirox A	Envirox S	Envirox NR
膜的耐蚀性	=	=	=	+
有机涂层的附着性	=	=	=	+
操作的安全性	=	+	+	+
环境保护和废水调节	=	++	++	++
工厂效率	=	+	+	++
应用范围	多种金属	铝及铝合金	铝及铝合金	铝及铝合金

注：=相当，+优于，++远优于。

表 10-87　NR 无铬免洗化学氧化膜的性能

试验方法及相应标准	试验条件及试验结果
乙酸盐雾试验(DIN 50021 ESS)	试验时间>1000h，浸润<1mm，无气泡
冷凝水交替 SO_2 气氛(DIN 50017)	试验时间>30 周期，浸润<1mm，无气泡
落锤试验(ASTM D 2794)	>0.23kgf · m
压力锅试验(E DIN 55632-1)	试验 2h 之后无气泡
附着力划格试验(ISO 2409)	0 级

注：1kgf=9.8N，下同。

10.7.2　镁合金无铬转化处理

在众多的镁合金表面处理技术中，化学氧化膜钝化+涂装的表面处理工艺具有效率高、成本低、易于实现批量生产的优点，受到广泛重视。镁合金的化学氧化钝化处理技术主要有：磷酸盐处理（磷化）、高锰酸盐处理（氧化）和氟化锆盐处理（氟化）、植酸氧化膜、稀土氧化膜等。其中铬酸盐钝化技术最为成熟，应用最为广泛。但是，因 Cr^{6+} 为易致癌物质，含 Cr 制品的生产和销售已逐渐受到限制。对于镁合金制品，对其表面进行无铬钝化处理是未来发展的必然趋势。因此，开展镁合金制品表面无铬钝化技术的研究和开发具有重要的意义。其主要难点和关键技术如下：

1）具有低成本且可室温快速成膜的药剂筛选及配方设计与优化，包括基础液配方、复合添加物、氧化剂、促进剂等添加成分的遴选。

2）工艺与钝化膜综合性能、生长过程及其外观之间的相互关系及其工艺优化，实现镁制品表面常温快速成膜。

3）无铬钝化膜的综合性能研究，建立镁制品无铬钝化膜性能的检测标准及综合评价体系，推进无铬钝化技术的发展。

4）开发镁制品无铬钝化槽液工艺稳定性与长效性的控制技术，实现处理液的工艺稳定性与长寿性。

10.7.3　锌、镉及其合金的无铬氧化膜处理

铬酸有毒，从对鱼类的毒害作用看，铬酸盐的最大允许质量浓度应为 1mg/L。当铬酸的质量浓度达到 30mg/L 时，在人体器官里就可以看到中毒的症状，最近发现六价铬有致癌作用。因此，含铬酸盐的废水必须经过无公害处理才能排放，处理费用高，许多国家正在逐步

限制，甚至完全禁止六价铬的使用。有许多研究机构从事无铬化学氧化膜的开发工作，锌、镉的无铬化学氧化膜的开发，远没有铝的无铬化学氧化膜成功。前面介绍的锌、镉的磷化膜和不含铬的阳极氧化膜都属于无铬化学氧化膜。

（1）三价铬钝化　三价铬的毒性比六价铬的毒性要小得多，废水处理也相对简单，其成膜机理也与六价铬钝化大不一样，因此把其归于无铬钝化类型中。

美国一家公司开发的三价铬钝化锌及锌合金的工艺，在美国、英国和德国取得了专利权。这种钝化溶液含有 Cr^{3+}化合物、F^-及除 HNO_3以外的其他酸，用氯酸盐或溴酸盐做氧化剂，或者用过氧化物（例如 K、Na、Ba、Zn 等的过氧化物）和 H_2O_2做氧化剂。Cr^{3+}化合物可以用硫酸铬、硝酸铬，但最好用 Cr（Ⅳ）溶液的还原产物，溶液里还加有阴离子表面活性剂，处理温度为 10~50℃。钝化之后可以上漆。其典型的工艺配方见表 10-88。

表 10-88　典型的工艺配方

组　分	数值	组　分	数值
Cr^{3+}化合物体积分数(%)	1	过氧化氢(质量分数为 35%)体积分数(%)	2
硫酸(质量分数为 96%)体积浓度(mL/L)	3	表面活性剂体积浓度/(mL/L)	2.5
氟化氢铵质量浓度/(g/L)	3.6	—	—

注：可用 7g/L 的溴酸钠代替表中的过氧化氢；可用 10g/L 的氯酸钠代替表中的过氧化氢；可用 4mL/L 的浓盐酸代替表中的硫酸。

（2）其他无铬钝化　其他无铬酸盐氧化膜大体可以分为以下几类：单宁酸型、铁或锆盐型、钼酸盐或钨酸盐型、硅酸盐型、双氧水型，也有这几类化合物并用的。

第11章

微弧氧化膜

微弧氧化工艺是在阳极氧化基础上建立起来的一种新型的金属表面处理技术。其原理是将 Al、Mg、Ti 等金属及其合金置于电解质水溶液中，通过脉冲电参数和电解液的匹配调整，在强电场的作用下在材料表面出现微区弧光放电现象，在热化学、等离子体化学和电化学共同作用下，在金属表面原位生长出一层陶瓷层，以起到改善材料表面的耐磨性、耐蚀性、耐热冲击性及绝缘性的作用。

微弧氧化突破了传统的法拉第区域进行阳极氧化的框架，将阳极氧化的电压由几十伏提高到几百伏，由小电流发展成大电流，由直流发展到交流，导致基体表面出现电晕、辉光、微弧放电、火花斑等现象，从而能对氧化层进行微等离子体的高温高压处理，使非晶结构的氧化层发生相和结构上的变化。微弧氧化工艺以其技术简单、效率高、无污染、处理工件能力强等特点，而具有广阔的应用前景。

11.1 微弧氧化膜概述

11.1.1 微弧氧化膜生长过程

微弧氧化过程一般认为分四个阶段。首先是表面生成氧化膜，然后氧化膜的某些点被击穿，接着氧化进一步向深层发展渗透，最后是氧化、熔融、凝固达到平稳，最终生成了较厚的微弧氧化膜。在镁合金微弧氧化过程中，当电压升高至某一数值时，镁合金表面微孔中产生火花放电，使表面局部温度高达 1000℃ 以上，从而使金属表面生成一层陶瓷质氧化膜。微弧氧化过程中，电压越大，时间越长，生成的氧化膜越厚。但电压最高不能超过 650V，超过此值时，氧化过程中会发出尖锐的噪鸣声，并伴随着氧化膜的大块脱落，膜层表面形成小坑，从而降低氧化膜的性能和质量。微弧氧化膜与普通氧化膜一样，有致密层和疏松层两层结构。但是微弧氧化膜的空隙小，空隙率低，膜层与基体的结合力强，且质坚硬，膜层均匀，具有更好的耐磨性和更高的耐蚀性。

11.1.2 微弧氧化陶瓷膜层的特点

（1）原位生长　生长过程发生在放电微区，开始阶段以对自然状态形成的低温氧化膜或成形过程形成的高温氧化膜进行原位结构转化及增厚生长为主。大约有 70% 的氧化层存在于铝合金基体的表层。因此，样品表面尺寸变动不大。

（2）均匀生长　由于铝、镁氧化物的绝缘特性，在相同电参数条件下，薄区总是优先被击穿而生长增厚，最终达到整个样品均匀增厚。

(3) 氧化层与基体　氧化层与基体之间存在着相当厚度的过渡区，铝合金微弧氧化陶瓷层具有明显的三层结构，即表面疏松层、中间致密层和过渡层。

(4) 电解液　通过改变工艺和在电解液中添加胶体微粒可以很方便地调整膜层的微观结构特征，获得新的微观结构，从而实现膜层的功能设计。

(5) 工序处理　微弧氧化处理工序简单，不需要真空或低温条件，前处理工序少，性价比高，适合自动化生产。整个生产过程包括清洗、氧化、清洗、封孔和烘干等几道工序；无污染，无环保排放限制；无需精确地控制溶液温度，在温度为45℃以下可得到品质良好的陶瓷层；工件氧化前后不发生尺寸变化，处理好的工件没有必要进行后续机械加工。

(6) 适应性　对材料的适应性宽。除铝合金外，还能在Zr、Ti、Mg、Ta、Nb等金属及其合金表面制备陶瓷层，尤其是用传统阳极氧化难于处理的合金，如铜含量比较高的铝合金、硅含量较高的铸造铝合金和镁合金。

(7) 效率　处理效率高，一般硬质阳极氧化获得厚度为50μm左右的膜层需1~2h，而微弧氧化只需10~30min，比较小的工件只需5~7min。

利用微弧氧化技术制备耐磨、耐热、耐蚀、耐热侵蚀涂层，还可以对铝合金、镁合金和钛合金上生成的膜层进行着色，形成各种装饰性涂层。

11.1.3　微弧氧化工艺及应用

对微弧氧化的工艺研究主要集中在基体材料成分、电解液组成、电参数等工艺因素对氧化膜的厚度、结构与性能的影响。

基体材料对微弧氧化膜厚度、孔隙度及性能的影响是很明显的。铸造铝合金中硅元素和杂质的含量较高，采用目前的微弧氧化工艺进行处理，得到的陶瓷层孔隙率较高，厚度较低。

微弧氧化的电解液可分为酸性电解液和碱性电解液，应用较多的是碱性电解液，因为在碱性电解液中，阳极反应生成的金属离子很容易转变成带负电的胶体粒子而被重新利用，其他金属离子也容易转变成带负电的胶体粒子而进入膜层，从而调整和改变膜层的微观结构。常用的碱性电解液有氢氧化钠（钾）体系、铝酸盐体系、硅酸盐体系、磷酸盐体系等。在电解液中添加不同的盐如Co盐、Ni盐、K盐等，可制得各种颜色的微弧氧化膜。

微弧氧化工艺的电参数包括电源波形、正负向比、电流密度、电压和频率等，根据电源模式（直流、交流和脉冲）和制备方式（恒流法和恒压法）的不同而不同。常用的是利用双向脉冲电源采用恒流法制备微弧氧化膜，须控制的主要电参数是电流密度、脉冲频率、正负向脉冲比。研究结果表明，在相同的氧化时间内，电流密度在一定范围内增加，陶瓷层的厚度和硬度显著增加，陶瓷层中致密层的比例则随之降低；随脉冲频率的增加，陶瓷层的厚度和硬度将降低，陶瓷层中致密层的比例则有所提高；正负向脉冲电流比越小，陶瓷层越致密。

微弧氧化工艺流程比普通的阳极氧化工艺简单，其一般的工艺流程为：工件→脱脂→去离子水漂洗→微弧氧化→清洁水漂洗→干燥→检验。

应用微弧氧化技术可根据需要制备防腐蚀膜层、耐磨性好的膜层、装饰膜层、电绝缘膜层、光学膜层以及各种功能性膜层，广泛应用于航空航天、汽车、机械、电子、纺织、医疗及装饰等工业领域。

11.1.4 微弧氧化设备

运用微弧氧化技术可以在铝、镁、钛等金属表面形成具有特殊功能的氧化膜层，提高材料的耐蚀性、表面硬度、抗氧化性能、耐磨性等。微弧氧化装置通常由电源、微弧氧化槽和冷却搅拌系统三大部分组成（见图11-1）。

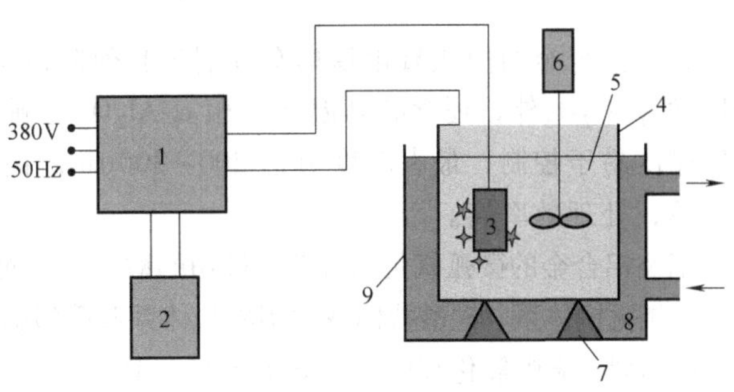

图11-1 微弧氧化装置

1—电源 2—控制系统 3—工件 4—不锈钢槽体 5—槽液 6—搅拌器 7—绝缘隔离体 8—冷却系统 9—塑料箱体

11.1.5 微弧氧化技术的特点

（1）工艺特点 虽然微弧氧化技术是由阳极氧化发展出来的，但它有着阳极氧化所不具备的特点。微弧氧化的设备简单，大多数为碱性氧化液，对环境影响小。溶液温度可以调整，变化范围较宽，工艺流程比较简单，而且处理效率高，对材料的适用性宽。但是也有不少问题需进一步解决，例如生产过程的能量消耗很大，电解液的冷却有困难，反应过程有噪声及用高压电存在安全隐患等。微弧氧化和阳极氧化工艺特点对比见表11-1。

表11-1 微弧氧化和阳极氧化工艺特点对比

工艺项目	微弧氧化	阳极氧化
电流和电压	强电流、高电压	电流小、电压低
工艺流程	除油→清洗→微弧氧化	除油→除膜→出光→阳极氧化→封闭
溶液性质	碱性	酸性也有碱性
工作温度	常温	常温、低温
生产效率	高	低
材料适用范围	适用于多种金属及合金	每个配方及工艺适用于一种金属及合金

（2）微弧氧化膜层性能的特点 微弧氧化所得到的陶瓷样膜层各方面都具有较优异的性能。通过微弧氧化所得的膜层为原位生长膜层，与基体结合紧密。膜的硬度大于300HV，绝缘电阻大于100MΩ。耐磨性、耐蚀性等都比阳极氧化膜强。微弧氧化与硬质阳极氧化膜层的性能对比见表11-2。

表11-2 微弧氧化与硬质阳极氧化膜层的性能对比

膜层性能	微弧氧化膜	硬质阳极氧化膜
膜层厚度/μm	200~300	50~80
硬度 HV	1200~2500	300~600
击穿电压/V	约2000	较低
膜的均匀性	内外表面均匀	较低易产生“尖边”缺陷
膜的孔隙率(%)	0~40	>40
柔韧性	韧性好	膜性能较脆
耐磨性	磨损率 7~10mm^3/(N·m)	差
耐蚀性(5%盐雾试验)	>1000	>300($K_2Cr_2O_7$ 封闭)
表面粗糙度 *Ra*	可加工至0.037μm	一般
抗热振性	300℃→水淬，35次无变化	一般
抗热冲击性	可承受2500℃以下热冲击	差
适用范围	适用于Mg、Al、Ti等多种金属及合金	适用于少数的金属及其合金

11.2 金属的微弧氧化

11.2.1 铝及铝合金微弧氧化膜处理

铝及铝合金的微弧氧化膜具有有别于其他阳极氧化法所得膜层的特殊结构和特性，氧化膜层除 γ-Al_2O_3外，还含有高温转变相 α-Al_2O_3（刚玉），使膜层硬度更高，耐磨性更好；陶瓷层厚度易于控制，最大厚度可达 200~300μm，提高了微弧氧化的可操作性；此外，它操作简单，处理效率高。

铝及铝合金的微弧氧化电解液由最初的酸性溶液而发展成现在广泛采用的碱性溶液，目前主要有氢氧化钠体系、硅酸盐体系、铝酸盐体系和磷酸盐体系四种。有时根据不同用途可向溶液中加入添加剂。微弧氧化膜层的性能主要受电解液的成分、酸碱度、极化形式和条件、氧化时间、电流密度以及溶液的温度等工艺参数的影响。铝及铝合金微弧氧化工艺见表 11-3。

表 11-3 铝及铝合金微弧氧化工艺

工 艺 号		1	2	3
组分质量浓度/(g/L)	氢氧化钠(NaOH)	5	—	—
	氢氧化钾(KOH)	—	2~3	—
	四硼酸钠($Na_2B_4O_7 \cdot 10H_2O$)	—	—	13
	磷酸钠($Na_3PO_4 \cdot 12H_2O$)	—	—	25
	钨酸钠($Na_2WO_4 \cdot 2H_2O$)	—	—	2
	硅酸钠(Na_2SiO_3)	—	2~30	—
工艺条件	电压/V			500~600
	电流密度/(A/dm^2)	—	12~25	正 20~200 负 10~60
	脉冲频率/Hz			425~1000
	氧化时间/min	60	25~120	10~40
	氧化膜厚度/μm	30	85~120	15~100

11.2.2 镁及镁合金微弧氧化膜处理

镁及镁合金的微弧氧化工艺与铝合金的相似，膜层也分疏松层、致密层和界面层，只不过致密层主要由立方结构的 MgO 相构成，疏松层则由立方结构 MgO 和尖晶石型 $MgAl_2O_4$及少量非晶相所组成。镁及镁合金微弧氧化工艺见表 11-4。

表 11-4 镁及镁合金微弧氧化工艺

工 艺 号		1	2
组分质量浓度/(g/L)	NaOH	5~20	—
	$NaAlO_2$	5~20	10
	H_2O_2	5~20	—
工艺条件	电流密度/(A/dm^2)	0.1~0.3	—
	氧化时间/min	10~120	120
	氧化膜厚度/μm	8~16	100

11.2.3 钛及钛合金微弧氧化膜处理

钛及钛合金微弧氧化的电解液主要为磷酸盐、硅酸盐和铝酸盐体系。钛及钛合金微弧氧化膜也由疏松层（外层）和致密层（内层）组成。内层主要由金红石型 TiO_2 相和少量锐钛矿型 TiO_2 所组成，外层则由 Al_2TiO_5、少量的金红石型 TiO_2 及非晶 SiO_2 相组成。钛及钛合金微弧氧化工艺见表 11-5。

表 11-5 钛及钛合金微弧氧化工艺

工艺号		1	2	3
组分质量浓度/(g/L)	Na_2SO_4	5	3	—
	$NaAlO_2$	3	3	—
	H_2O_2	1.5	—	—
	$Na_2B_4O_7$	—	2	—
	$2Al_2O_3 \cdot B_2O_3 \cdot 5H_2O$	—	0.25	—
	$Na_3PO_4 \cdot 12H_2O$	—	—	10~60
工艺条件	阳极电压/V	350~450	350~450	120~450
	电流密度/(A/dm²)	45~80	50~80	—
	氧化时间/min	30~300	30~300	10~100
	氧化膜厚度/μm	30~150	30~150	≈50

第12章

磷 化 膜

磷化是常用的前处理技术，原理上应属于化学转换膜处理。工程上应用主要是钢铁件表面磷化，有色金属（如铝、锌）件也可应用磷化。

12.1 磷化膜概述

12.1.1 磷化的分类

1. 按磷化处理温度分类

（1）高温型　处理温度为80~99℃，处理时间为10~20min，能耗大，磷化物沉积多，形成磷化膜厚达10~30g/m^2，较少应用。高温型磷化的溶液游离酸度与总酸度的比值为1∶(7~8)，优点是膜抗蚀力强、结合力好。缺点是加温时间长、溶液挥发量大、游离酸度不稳定、结晶粗细不均匀。

（2）中温型　处理温度为50~75℃，处理时间为5~15min，磷化膜厚为1~7g/m^2，目前应用较多。中温型磷化溶液游离酸度与总酸度比值为1∶(10~15)。中温磷化处理的优点是游离酸度稳定、易掌握、磷化时间短、生产效率高。磷化膜耐蚀性与高温磷化膜基本相同。

（3）低温型　处理温度为30~50℃，节省能源，使用方便。

（4）常温型　处理温度为10~30℃，常温磷化（除加氧化剂外，还加促进剂），能耗小但溶液配制较繁琐，膜厚为0.2~7g/m^2。常温型磷化溶液的游离酸度与总酸度比值为1∶(20~30)。常温磷化处理的优点是不需加热，药品消耗少，溶液稳定。缺点是有些配方处理时间太长。

2. 按磷化液成分分类

按磷化液成分分类可分为：锌系磷化、锌钙系磷化、铁系磷化（形成无定形磷化膜）、锰系磷化（形成耐磨磷化膜）、复合磷化（磷化液由Zn、Fe、Ca、Ni、Mn等元素组成）。

3. 按磷化处理方法分类

（1）化学磷化　将工件浸入磷化液中，依靠化学反应实现磷化，目前应用广泛。

（2）电化学磷化　在磷化液中，工件接正极，钢件接负极进行磷化。

4. 按磷化膜质量分类

（1）重量级（厚膜磷化）　膜质量为7.5g/m^{2}以上。

（2）次重量级（中膜磷化）　膜质量为4.6~7.5g/m^2。

(3) 轻量级（薄膜磷化） 膜质量为1.1~4.5g/m^2。

(4) 次轻量级（特薄膜磷化） 膜质量为0.2~1.0g/m^2。

5. 按施工方法分类

(1) 浸渍磷化 浸渍磷化应用广泛。适于高温、中温、低温磷化工艺，可处理任何形状工件。设备简单，仅需磷化槽和相应的加热设备。最好用不锈钢或橡胶衬里的槽，不锈钢加热管道应放在槽两侧。

(2) 淋涂磷化 适用于几何形状较为简单的工件。这种方法获得的磷化膜结晶致密、均匀、膜薄、耐蚀性好。适于中温、低温磷化工艺，可处理大面积工件，如汽车、电冰箱、洗衣机壳体等。特点是处理时间短、成膜反应速度快、生产效率高。

(3) 刷涂磷化 当上述两种方法无法实施时，可采用本法。刷涂磷化可在常温下操作，易刷涂，可除锈蚀，磷化处理后工件自然干燥，缓蚀性好，但磷化效果不如前两种。

12.1.2 磷化膜的主要组成

磷化膜颜色、密度、厚度、种类取决于基体材质、表面状态、磷化工艺。磷化膜分类及组成见表12-1。

表12-1 磷化膜分类及组成

分类	磷化液主要成分	磷化膜主要组成	膜层外观	单位面积上膜重/(g/m^2)
锌系	$Zn(H_2PO_4)_2$	磷酸锌[$Zn_3(PO_4)_2 \cdot 4H_2O$] 磷酸锌铁[$Zn_2Fe(PO_4)_2 \cdot 4H_2O$]	浅灰色→深灰色结晶状	1~60
锌钙系	$Zn(H_2PO_4)_2$ 和 $Ca(H_2PO_4)_2$	磷酸锌钙[$Zn_2Ca(PO_4)_2 \cdot 2H_2O$] 磷酸锌铁[$Zn_2Fe(PO_4)_2 \cdot 4H_2O$]	浅灰色→深灰色结晶状	1~15
锰系	$Mn(H_2PO_4)_2$ 和 $Fe(H_2PO_4)_2$	磷酸锰铁[$Mn_2Fe(PO_4)_2 \cdot 4H_2O$]	灰色→深灰色结晶状	1~60
锰锌系	$Mn(H_2PO_4)_2$ 和 $Zn(H_2PO_4)_2$	磷酸锌、磷酸锰、磷酸铁混合物	灰色→深灰色结晶状	1~60
铁系	$Fe(H_2PO_4)_2$	磷酸铁[$Fe_3(PO_4)_2 \cdot 8H_2O$]	深灰色结晶状	5~10

磷化膜为闪烁有光、均匀细致、灰色多孔且附着力强的结晶。在结晶的连接点上由于形成细小裂缝，造成多孔结构。结晶的大部分是磷酸锌，小部分是磷酸氢铁。锌、铁的比例取决于溶液的成分、磷化时间和磷化温度。

12.1.3 磷化膜的性质

(1) 耐蚀性 在大气、矿物油、植物油、苯、甲苯中均有很好的耐蚀性，但在酸、碱、水蒸气中耐蚀性差。当温度为200~300℃时仍具有一定的耐蚀性，当温度达到450℃时，膜层耐蚀性显著下降。

(2) 特殊性质 如增加漆膜与铁工件附着力的特性，减摩用膜的润滑性，冷加工润滑性等。

12.1.4 磷化膜的用途

磷化膜的主要用途见表12-2。

表 12-2 磷化膜的主要用途

用 途	目 的	磷化膜种类	配合处理	典型示例
耐蚀防护	用于钢铁件的耐蚀防护	锌系、锌锰系或锰系厚膜	防锈油、蜡	成批生产的螺栓、螺帽、垫圈等标准件
减轻磨损	降低摩擦系数，在高载荷下防止摩擦面间的相互咬合	锰系厚膜	润滑剂	齿轮、凸轮轴、活塞环、活塞、柴油机挺杆、花键、滚动轴承、汽缸等
工序间的防护	使除锈后的金属件在短时间内储存待用	薄膜或中厚度的膜	—	—
冷加工润滑	降低摩擦系数，改善润滑性，延长模具寿命	中厚度的磷酸锌膜	润滑剂	冷挤压、拉丝、拉管等
电绝缘	击穿电压为 27～36V（烘烤磷化膜）	中等厚度膜	涂料、酚醛树脂	电动机及变压器中的硅钢片
涂装底层	提高漆膜的附着力，避免弯曲或冲击时漆膜脱落	锌系、锌钙系或铁系薄膜	涂料	壳体、机架、管件、电器等其他需涂装防锈的制品

12.1.5 磷化膜的质量检验

磷化膜质量检验包括外观检查、耐蚀性检查、厚度和质量检查、磷化膜上涂底漆后涂层性能检查。

1. 外观检验

肉眼观察磷化膜应是均匀、连续、致密的晶体结构，呈灰色或灰黑色，表面不应有未磷化的残余空白或锈渍。由于前处理方法及效果的不同，允许出现色泽不一的磷化膜，但不允许出现褐色。

2. 耐蚀性检查

（1）浸入法 将磷化后的样板浸入质量分数为 3%的氯化钠溶液中，经 2h 后取出，表面无锈渍为合格。出现锈渍时间越长，说明磷化膜的耐蚀性越好。

（2）点滴法 室温下，将试液点滴在磷化膜上，观察其变色时间，磷化膜厚度不同，发生变色所需时间也不同。厚磷化膜所需时间>5min，中等厚度磷化膜所需时间>2min，薄磷化膜所需时间>1min。点滴法用试液配方为 0.25mol/L 的硫酸铜 40mL，质量分数为 10%的氯化钠 20mL，0.1mol/L 的盐酸 0.8mL。

3. 厚度和质量检查

（1）厚度检查 用非磁性测厚仪或用横向切片，在精度为±0.3μm 的显微镜下测量。

（2）质量检查 将样板上磷化膜刮除后称量。用精度为 0.1 mg 的分析天平称重，将质量除以样板面积即可得单位面积膜质量。

12.2 常用磷化液的基本组成

磷化液的基本组成包括以下几个方面，即主成膜剂、促进剂、络合剂。单一的磷酸盐配制的磷化液反应速度极慢，结晶粗大，含有重金属离子，不能满足工业生产的要求。

12.2.1 磷化主成膜剂

磷化成膜的过程是磷酸盐沉淀与水分子一起形成磷化晶核，晶核长大形成磷化晶粒，大量的晶粒堆集形成膜。磷化的主成膜剂包括磷酸二氮锌、磷酸二氢钠、马耳夫盐等，这类物质在磷化液中是作为磷酸盐主体而存在的，同时，它也是总酸度的主要来源。

12.2.2 磷化促进剂

在磷化液中加入促进剂，可以缩短磷化反应时间，降低处理温度，促进磷化膜结晶细腻、致密、减少 Fe^{2+}离子的积累等。促进磷化膜生长的方法，可分为三种类型：添加重金属盐（特别是铜盐和镍盐）、添加氧化剂、物理方法。

（1）铜和镍促进剂　磷化膜是在金属表面局部生成的，而金属则在局部阳极的地方溶解。阳极对阴极的比例，取决于基体金属，也受晶粒边界、杂质和金属切削加工的影响；添加极少量的铜，甚至仅仅加入质量分数为 0.002%～0.004%的可溶性铜盐，便能极大地提高反应速度，在钢上的成膜速度，可以提高 6 倍以上。显然，铜的作用是在金属表面镀出微量的金属铜，从而增加了阴极的面积。多余的铜必须除掉，否则会导致金属铜代替了我们所需要的磷化膜。

镍盐具有类似的效果，但机理可能不同。镍可促进新生态胶性不溶磷酸盐的沉淀。过多的镍不会产生有害的影响。实际上，添加镍还可以增强磷化膜的耐蚀性。

（2）氧化型促进剂　氧化或去极化促进剂，是最为重要的促进剂。它们能和氢反应，从而防止被处理金属的极化。去极化促进剂分成两类。其中一类，能进一步把溶液中的二价铁完全氧化；而另一类，则不能或不能完全把铁氧化。此类型促进剂的第二个重要作用，就是能控制溶液中的铁含量。另外，除了促进覆膜的生成和控制溶液中的铁含量之外，氧化型促进剂还具有进一步的优点，即能与新生态的氢立即反应，从而把工件的氢脆减至最小。氢脆现象往往出现在无促进剂的工艺中。

最常使用的氧化型促进剂有硝酸盐、亚硝酸盐、氧酸盐、过氧化物和硝基有机物。它们可以单独使用，也可以几个混合使用。上述的促进剂中，亚硝酸盐、氯酸盐和过氧化物，极容易氧化溶液中的二价铁：显然，强氧化剂不宜用来作为磷酸亚铁槽的促进剂，事实上，磷酸亚铁槽通常是用重金属来促进或抑制其工艺过程的。某些更强的氧化剂，可以在磷酸锰槽中产生积极的作用，而在磷酸锌系统中，它们的使用有限。

硝酸盐的促进作用是把硝酸盐单独或与其他促进剂结合起来作为促进剂，被广泛用于磷酸锌或磷酸锰槽子中。

12.3 主要磷化参数

（1）温度　温度对磷化反应影响很大。通常，温度越高，磷化层越厚，结晶越粗大；温度越低，磷化层越薄，结晶越细。但温度不宜过高，否则 Fe^{2+}易被氧化成 Fe^{3+}，加大沉淀物量，令溶液不稳定。

（2）游离酸度　游离酸指游离的磷酸，其作用是促使铁的溶解，以形成较多的晶核，使膜结晶致密。如果游离酸度过高，则与铁作用加快，会大量析出氢，界面层磷酸盐不易饱和，导致晶核形成困难，膜层结构疏松，多孔，耐蚀性下降，磷化时间延长。调整的方法是磷酸锌处理液中加入 0.5~1g/L 的 ZnO、$ZnCO_3$或 NaOH，以降低游离酸度。对磷酸锰处理液，可加 $MnCO_3$调整。游离酸度过低，磷化膜薄，甚至无膜。调整方法是在处理液中加入 1g/L 的磷酸或 6~7g/L 的固体磷酸二氢锌，即可提高游离酸度 1 点。所谓游离酸的点数，指消耗 0.1mol/L NaOH 溶液的体积（mL，以甲基橙作指示剂）。

（3）总酸度　总酸度指磷酸盐、硝酸盐和酸的总和。总酸度一般以控制在规定范围上限为好，有利于加速磷化反应，使膜层晶粒细。磷化过程中，总酸度不断下降，总酸度低，反应缓慢。总酸度过高，膜层变薄，可加水稀释。总酸度过低，膜层疏松粗糙。调整方法是：对于磷酸锌型磷化液，可加校正液补充。校正液随处理液配方不同而有所不同。校正液主要成分为磷酸二氢锌、硝酸锌及磷酸。对磷酸锰处理液，可加入磷酸锰铁盐来校正，酸度每不足 1 点，加 1g/L 磷酸锰铁盐。

12.4　钢铁的磷化处理

12.4.1　钢铁磷化基本工艺原则

涂装预处理中最基本的问题是磷化膜必须与底漆有良好的配套性，而磷化膜本身的缓蚀性是次要的。这一点是许多磷化液使用厂家最容易忽略的问题。在生产实践中，我们往往碰到厂家对磷化膜的防锈要求比较高，而对漆膜配套性几乎不关心，涂装预处理中，磷化膜的主要功能在于，作为金属基体和涂料之间的中间介质，它提供一个良好的吸附界面、将涂料牢牢地覆盖在金属表面，同时细腻、光滑的磷化膜能提供优良的涂层外观。而磷化膜的缓蚀性仅提供一个工序间的防锈作用。另外，粗、厚磷化膜会对漆膜的综合性能产生负效应。因此磷化体系与工艺的选定主要由工件材质、油锈程度、几何形状、磷化与涂料的时间间隔、底漆品种等条件决定。

一般情况下，对于有锈工件必须经过酸洗工序，而酸洗后的工件将给磷化带来诸多麻烦，如工序间生锈泛黄，残留酸液的清洗，磷化膜出现粗化等。酸洗后的工件在进行锌系、锌锰系磷化前要进行表面调整处理。如果工件磷化后没有及时涂漆，那么当存放期超过 10 天以上，都要采用中温磷化，磷化膜质量最好为 1.5~5g/m^2，此类磷化膜本身才具有较好的缓蚀性，二磷化后的工件应立即烘干或用热水烫干，如果是自然晾干，易在夹缝、焊接处形成锈蚀。

12.4.2　钢铁磷化工艺方法

（1）处理方式　工件处理方式是指工件以何种方式与槽液接触达到化学预处理的目的。它包括全浸泡式、全淋涂式、喷+浸组合式和涂刷式等。采用哪种方式主要取决于工件的几何形状、投资规模、生产量等因素。

（2）处理温度　从降低生产成本，缩短处理时间和加快生产速度的角度出发，通常选择常温、低温和中温磷化工艺。实际生产中普遍采用的是低温（25~45℃）和中温（50~70℃）两种处理工艺。

工件除有液态油污外，还有少量固态油脂，在低温下油脂很难除去，因此脱脂温度应选择中温：对一般锈蚀及有氧化皮的工件，应选择中温酸洗，方可保证在10min内彻底除掉锈蚀物及氧化皮。除非有足够的理由。一般不选择低温或不加温酸洗除锈。

（3）处理时间　处理方式、处理温度一旦选定，处理时间应根据工件的油锈程度来定，除按产品说明书外，一般原则是除尽为宜。

（4）磷化工艺流程　根据工件油污、锈蚀程度及涂装要求，分为以下三种工艺流程。

1）完全无锈工件：预脱脂→水洗→脱脂→水洗→表调→磷化→水洗→烘干。适用于各类冷轧板及加工无锈工件前处理，还可将表调剂加到脱脂槽内，减少一道工序。

2）一般油污、锈蚀、氧化皮混合的工件。脱脂→热水洗→除锈→水洗→中和→表调，磷化、水洗、烘干。这套工艺流程是目前国内应用最广泛的工艺，适合各类工件的前处理。如果磷化采用中温工艺，则可省掉表调工序。

3）重油污、重锈蚀、氧化皮混合的工件。预脱脂→水洗→脱脂→热水洗→除锈→中和→表调→磷化→水洗→烘干。

12.4.3　高温磷化

所谓高温磷化是指在80~99℃的条件下进行磷化处理，处理时间为10~15min。高温磷化得到的膜厚达10~30g/m^2，膜层耐蚀性好，结合力好，硬度较高，耐热性能也比较好，而且磷化速度快，所需时间短。缺点是溶液在高温下操作，挥发量大，成分易变化，磷化膜容易夹有沉积物，结晶也粗细不均，而且溶液及能源消耗大，生产成本高，应用已日渐减少。高温磷化工艺见表12-3。

表12-3　高温磷化工艺

工艺号		1	2	3	4	5
组分质量浓度/(g/L)	磷酸二氢锰铁盐(马日夫盐)	30~35	30~40	25~30	—	—
	磷酸二氢锌[$Zn(H_2PO_4)_2\cdot 2H_2O$]	—	—	—	28~36	30~40
	硝酸锌[$Zn(NO_3)_2\cdot 6H_2O$]	55~65	—	—	42~56	55~65
	硝酸锰[$Mn(NO_3)_2\cdot 6H_2O$]	—	15~25	—	—	—
	碳酸锰($MnCO_3$)	—	—	—	9.5~13.5	—
	硝酸(HNO_3)	—	—	2~5	—	—
工艺条件	游离酸度/点	5~8	3.5~5.0	2~4	5~6	6~9
	总酸度/点	40~60	35~50	28~35	60~80	40~58
	溶液温度/℃	90~98	94~98	97~99	92~98	90~95
	处理时间/min	15~20	15~20	25~30	10~15	8~15

注：表中的磷化溶液酸度的点数，是指用0.1mol/L NaOH溶液滴定10mL磷化溶液所消耗的NaOH的体积（mL）。当用酚酞做指示剂时，所需0.1mol/L NaOH溶液的体积（mL）称为磷化溶液总酸度的点数；当用甲基橙做指示剂时，所需的NaOH溶液体积（mL）则为磷化溶液游离酸度的点数。以下相同。

12.4.4　中温磷化

中温磷化一般是在50~75℃的温度下操作，处理时间为10~20min，膜厚为1~7g/m^2。中温磷化膜的耐蚀性接近高温磷化膜，溶液比较稳定，磷化速度也较快。中温磷化工艺见表12-4。

12.4.5　低温磷化

低温磷化一般是在35~50℃的温度下操作，处理时间为5~25min。低温磷化膜的厚度及性能介于中温磷化与常温磷化之间，能量消耗比前两种方法少，使用也较方便。低温磷化工艺见表12-5。

表 12-4 中温磷化工艺

工艺号		1	2	3	4	5
组分质量浓度/(g/L)	磷酸二氢锰铁盐(马日夫盐)	30~35	30~40	30~40	40	—
	磷酸二氢锌[$Zn(H_2PO_4)_2 \cdot 2H_2O$]	—	—	—	—	30~40
	硝酸锌[$Zn(NO_3)_2 \cdot 6H_2O$]	80~100	70~100	80~100	120	55~65
	硝酸锰[$Mn(NO_3)_2 \cdot 6H_2O$]	—	25~40	—	50	—
	亚硝酸钠($NaNO_2$)	—	—	1~2	—	—
	乙二胺四乙酸($C_{10}H_{16}O_8N_2$)	—	—	—	1~2	—
工艺条件	游离酸度/点	5~7	5~8	4~7	3~7	6~9
	总酸度/点	50~80	60~100	60~80	90~120	40~58
	溶液温度/℃	50~70	60~70	50~70	55~65	90~95
	处理时间/min	10~15	7~15	10~15	20	8~15

注：表中 4 号工艺可获得较厚的磷化膜，磷化后不需要做钝化处理。

表 12-5 低温磷化工艺

工艺号		1	2	3	4	5	6
组分质量浓度/(g/L)	氧化锌(ZnO)	5.0	6.77	6.71	6.77	6.77	3.6
	磷酸(H_3PO_4,质量分数为 85%)	11.36mL/L	10.36mL/L	10.36mL/L	10.36mL/L	10.36mL/L	9.25mL/L
	硝酸(HNO_3,质量分数为 66%)	—	7.0	7.0	7.0	7.0	2.07
	磷酸二氢锰[$Mn(H_2PO_4) \cdot 2H_2O$]	—	—	—	—	3.16	—
	硝酸镍[$Ni(NO_3)_2 \cdot 6H_2O$]	—	—	—	—	1.14	0.05
	硫酸锌($ZnSO_4$)	—	—	—	—	—	1.0
	硼氟酸钠($NaBF_4$)	—	0.3	0.3	0.3	0.3	0.1~0.15
	酒石酸	—	0.3	0.3	0.3	0.3	0.1~0.15
	碳酸钠(Na_2CO_3)	—	4.0	4.0	4.0	4.0	—
	硝基苯酚	—	0.5~1.0	—	—	—	—
	氯酸钠($NaClO_3$)	—	5	3	3	3	—
	硝基磺酸(盐)	—	—	—	0.5~1.0	0.5~1.0	—
	亚硝酸钠($NaNO_2$)	1.5~2.0	—	—	0.1~0.2	—	0.1~0.25
工艺条件	游离酸度/点	2.0~3.0	0.7~1.0				0.4~0.9
	总酸度/点	24~30	22~27				12~18
	温度/℃	25~30	35~45				15~50
	磷化时间/min	20~30	2~5				3~10

12.4.6 常温磷化

常温磷化一般是在 15~35℃的温度下操作，处理时间比较长，一般为 20~60min，膜厚为 0.5~7g/m^2。其优点是溶液温度在室温下，不需要加热设备加热，节约能源，溶液较稳定。但处理时间长，要添加氧化剂、促进剂等物质；而且膜层的耐蚀性不如前面几种磷化膜，耐热性也较差，生产率相对较低。常温磷化工艺见表 12-6。

表 12-6 常温磷化工艺

工艺号		1	2	3	4
组分质量浓度/(g/L)	磷酸二氢铁锰盐(马日夫盐)	40~65	30~40	—	—
	磷酸二氢锌[$Zn(H_2PO_4)_2 \cdot 2H_2O$]	—	—	50~70	60~70
	硝酸锌[$Zn(NO_3)_2 \cdot 6H_2O$]	50~100	140~160	80~100	60~80
	氟化钠(NaF)	3~4.5	3~5	—	3~4.5
	氧化锌(ZnO)	4~8	—	—	4~8
	亚硝酸钠($NaNO_2$)	—	—	0.3~1.0	—

（续）

工　艺　号		1	2	3	4
工艺条件	游离酸度/点	3~4	3.5~5	4~6	3~4
	总酸度/点	50~90	85~100	75~95	70~90
	溶液温度/℃	20~30	20~35	15~35	20~30
	处理时间/min	30~45	40~60	20~40	30~50

12.4.7　常温轻铁系磷化

常温轻铁系磷化工艺见表12-7。

表12-7　常温轻铁系磷化工艺

工　艺　号		1	2	3	4
组分质量浓度/(g/L)	磷酸二氢钠(NaH_2PO_4)	10	—	—	—
	磷酸(H_3PO_4)(质量分数为85%)	10	—	—	—
	草酸钠(NaC_2O_4)	4	—	—	—
	草酸($H_2C_2O_4$)	5	—	—	—
	氯酸钠($NaClO_3$)	5	—	—	—
	BH-64	—	50mL/L	—	—
	GP-5	—	—	100mL/L	—
	PI577	—	—	—	50mL/L
工艺条件	游离酸/点	3~5	—	5~7	—
	总酸度/点	10~20	—	15~20	—
	pH值	—	—	2.0~2.5	2.5~3.5
	温度/℃	>20	5~40	10~35	15~40
	时间/min	>5	2~15	5~15	6~25

12.4.8　二合一磷化

二合一磷化就是用一种两功能处理液及工艺条件，能对钢铁件同时达到除锈及磷化或磷化及钝化的目的，不必先除锈再磷化，而是将除锈和磷化在同一种处理液内同时进行。这种方法是基于钢铁工件是新加工的工件，油锈污物很少，基本已无油，只有少量的新锈、浮锈的情况下，才能取得好的效果。

12.4.9　三合一磷化

三合一磷化是在二合一磷化基础上增加一个功能，即在同一磷化槽液中综合进行脱脂、除锈、磷化，或除锈、磷化、钝化三个工序。采用同一磷化槽进行多个工序的处理工艺，可以简化工序操作，减少设备的设置，节约投资成本，减少作业区的面积，大大缩短了操作时间，提高了劳动生产率，改善了劳动条件及减少了污水的处理量，同时也提高了生产的机械化、自动化程度。三合一磷化工艺所获得的膜层均匀、细致，有一定的抗大气腐蚀性能，一般用作大型设备外壳的涂漆底层，或用作电泳涂装的底层，更有利于形成连续操作的自动生产线。

12.4.10　四合一磷化

四合一磷化就是指脱脂、除锈、磷化和钝化四个主要工序综合在一个槽中完成。这样综合可以简化工序，减少设备，缩短工时，提高生产率，对于大型机械和管道，可采用喷刷处理更为方便。四合一磷化膜大都是纯铁盐型的，故乌黑亮泽，结晶致密，膜重为4~5 g/m^2，一般只用做涂装的底层。20世纪80年代中期以来，开发的新型四合一磷化与其工艺有着本质的不同。其处理液由磷酸、促进剂、成膜剂、络合剂和表面活性剂组成，酸度很高，因而可除重油和重锈，实用性好。四合一磷化工艺见表12-8。

表12-8 四合一磷化工艺

品牌	含量/(mL/L)	工艺条件				备注
		总酸度/点	游离酸/点	温度/℃	时间/min	
PP-1磷化剂	300	—	—	常温	3~15	—
YP-1磷化剂	500	600~700	300~350	常温	3~15	膜重为2~6g/m^2，重油锈浸或刷
XH-9磷化粉	50g/L	—	—	0~40	10~20	—
GP-4磷化剂	250	250	120	常温	5~25	轻度油、锈件浸渍
	330	350	160	30~40	10~15	含油、重锈件浸渍
	500	500	250	30~40	100~15	多油、重锈或氧化皮零件的浸渍或刷涂

12.4.11 黑色磷化

黑色磷化膜结晶细致，色泽均匀，外观呈黑灰色。黑色磷化膜既不影响工件的精度，又能减少仪器内壁的漫反射，因而主要用于精密钢铸件的防护与装饰。黑色磷化工艺见表12-9。

表12-9 黑色磷化工艺

工艺号		1	2
组分质量浓度/(g/L)	马日夫盐[$xFe(H_2PO_4)_2 \cdot yZn(H_2PO_4)_2$]	2.5~35	55
	磷酸(H_3PO_4)	1~3mL/L	13.6mL/L
	硝酸钙[$Ca(NO_3)_2$]	30~50	—
	硝酸钡[$Ba(NO_3)_2$]	—	0.57
	硝酸锌[$Zn(NO_3)_2 \cdot 6H_2O$]	15~25	2.5
	亚硝酸钠($NaNO_2$)	8~12	—
	氧化钙(CaO)	—	6~7
工艺条件	游离酸/点	1~3	4.5~7.5
	总酸度/点	24~26	58~84
	温度/℃	85~95	96~98
	时间/min	30	视具体情况而定

注：1. 工艺1，工件在磷化前需在硫化钠（5~10g/L）溶液中室温下浸泡5~20s，不水洗即磷化。

2. 工艺2，需进行2~3次磷化，第一次磷化待工件表面停止冒气泡后取出，用冷水冲洗，然后在质量分数为15%的H_2SO_4溶液中室温浸渍1min，水洗后再进行第二次磷化（溶液与工艺规范不变），依次进行第三次磷化。

12.4.12 浸渍磷化

浸渍磷化就是将工件浸泡在磷化处理液中，经过一段时间后，表面即生成有一定厚度的磷化膜层。此施工方法适用于各种温度的磷化工艺，也可以处理各种形状的工件，所得的磷化膜比较均匀。浸渍法的基本设备简单，仅需磷化槽及加热设备，施工操作容易，化学磷化、电化学磷化及超声波磷化都要采用此法。

12.4.13 淋涂磷化

淋涂磷化是将磷化液直接喷在工件的表面，使其产生磷化反应，生成一定厚度的磷化膜。此法适用于化学磷化的中、低温磷化工艺，处理表面形状简单、尺寸较大的平面，例如汽车的壳体、电冰箱、文件柜等箱体的壳体，可作为涂装底层，也可应用于冷变形加工。此法处理时间短，成膜速度快，生产率高，所获得的磷化膜结晶致密、均匀，膜层较薄，耐蚀性好。

12.4.14 浸喷组合磷化

浸喷组合磷化就是工件先用浸渍磷化处理然后再进行淋涂磷化处理。此法综合了两种方法的优点来弥补两种方法的不足，使磷化膜更为均匀、致密、完整，保证了膜层的质量。

12.4.15 刷涂磷化

刷涂磷化就是用毛刷将磷化液刷涂在需磷化的工件表面，经化学反应生成磷化膜。此法可用在上述方法无法实施的场合，可以在常温下操作，磷化处理后工件自然干燥。膜层的耐蚀性好。

12.4.16 钢铁磷化后处理

钢铁磷化后处理的目的是增加磷化后膜的耐蚀性，根据工件用途进行后处理，工艺见表12-10。

表 12-10 钢铁磷化后处理工艺

工艺号		1	2	3	4	5
组分质量浓度/(g/L)	重铬酸钾($K_2Cr_2O_7$)	60~80	50~80	—	—	—
	铬酐(CrO_3)	—	—	1~3	—	—
	碳酸钠(Na_2CO_3)	4~6	—	—	—	—
	肥皂	—	—	—	30~35	—
	锭子油或防锈油	—	—	—	—	100%
工艺条件	温度/℃	80~85	70~80	70~95	80~90	105~110
	时间/min	5~10	8~12	3~5	3~5	5~10

12.5 有色金属的磷化处理

12.5.1 铝及铝合金磷化

铝及铝合金磷化有两种方法：一种是在钢铁磷化液中加入适量的氟化物进行磷化处理，但其膜层的耐蚀性远远低于阳极氧化或铬酸盐处理得到的膜层，一般不用于防护目的，只作为冷变形加工的前处理；另一种是阿洛丁法，得到的膜层附着力较强，常用于涂装底层，以提高其结合力和防护性。铝及铝合金磷化工艺见表12-11。

表 12-11 铝及铝合金磷化工艺

工艺号		1	2	3	4	5
组分质量浓度/(g/L)	铬酐(CrO_3)	12	7	10	3.6	6.8
	磷酸(H_3PO_4)	67	58	64	12	24
	氟化钠(NaF)	4~5	3~5	5	3.1	5
工艺条件	温度/℃	50	25~50	25~50	25~50	25~50
	浸液时间/min	2	10	1.5~5	1.5~5	1.5~5

12.5.2 镁及镁合金磷化

镁合金通过铬酸盐处理可以得到具有良好耐蚀性的氧化膜。而镁合金磷化处理后所得的磷化膜，其性能比不上铬酸盐膜，因此以前很少使用。近年来，世界对环境保护日益重视，铬酸盐的使用已受到各种限制，所以有越来越多的产品采用磷化处理代替铬酸盐氧化处理。镁合金磷化液成分主要以磷酸锰为主，而磷化膜的成分取决于磷化液的组成，用含氟化钠磷化液所得到的膜主要由磷酸锰等组成，而用氟硼酸钠溶液所生成的膜，则主要由磷酸镁等组成。镁及镁合金磷化工艺见表 12-12。

表 12-12 镁及镁合金磷化工艺

工艺号		1	2	3
组分质量浓度/(g/L)	磷酸二氢锰[$Mn(H_2PO_4)_2$]	25~35	—	—
	磷酸(H_3PO_4,密度为 1.75g/cm^3)	—	3~6mL/L	12~18
	磷酸二氢钡[$Ba(H_2PO_4)_2$]	—	45~70	—
	硝酸锌[$Zn(NO_3)_2\cdot 6H_2O$]	—	—	20~25
	氟硼酸钠($NaBF_4$)	—	—	13~17
	氟化钠(NaF)	0.3~0.5	1~2	—
工艺条件	溶液温度/℃	95~98	90~98	75~85
	处理时间/min	20~30	15~30	0.5~1.0

12.5.3 锌及锌合金磷化

锌及锌合金磷化工艺见表 12-13。锌及锌合金工件在磷化前要先进行活化表面。活化可采用磷酸盐溶液浸渍一下，或在表面喷涂不溶性的磷酸锌浆料，使表面增加活性点，提高表面的活性，促进晶粒的形成。

表 12-13 锌及锌合金磷化工艺

工艺号		1	2	3	4
组分质量浓度/(g/L)	磷酸锰铁盐(马日夫盐)	25~35	30~40	60~65	—
	磷酸二氢锌[$Zn(H_2PO_4)_2\cdot 2H_2O$]	—	—	—	35~45
	氧化锌(ZnO)	—	—	12~15	—
	硝酸锌[$Zn(NO_3)_2\cdot 6H_2O$]	55~65	75~100	45~55	—
	硝酸锰[$Mn(NO_3)_2\cdot 6H_2O$]	—	30~40	—	—
	磷酸(H_3PO_4,质量分数为 85%)	—	—	—	20~30
	亚硝酸钠($NaNO_2$)	1.5~2.5	—	—	—
	氟化钠(NaF)	—	—	7~9	—
工艺条件	游离酸度/点	0.5~1.4	6~9	—	12~15
	总酸度/点	38~48	80~100	—	60~75
	溶液 pH 值	—	—	3~3.2	—
	溶液温度/℃	18~25	50~70	20~30	85~95
	处理时间/min	20~30	15~20	22~30	10~15
适用范围(材料种类)		锌		锌合金	

12.5.4　钛及钛合金磷化

钛及钛合金的化学转化膜处理一般用得较多的是磷化处理。钛合金的磷化膜大多数是用作涂装的底层，可增强钛合金表面与有机涂料之间的结合力，而一般的氧化膜和涂层的结合力很差。此外，磷化膜具有很好的润滑作用，用于钛合金工件的冲压成形和拉拔加工，可取得很好的润滑及耐磨效果。钛合金磷化膜用作专门的防护层时，磷化处理后要进行封闭处理，一般是将磷化后的工件浸在全损耗系统用油或肥皂液内达到封闭的目的。钛及钛合金磷化工艺见表12-14。

表12-14　钛及钛合金磷化工艺

工　艺　号		1	2
组分质量浓度/(g/L)	磷酸钠($Na_3PO_4 \cdot 12H_2O$)	35~50	45~55
	醋酸(CH_3COOH,质量分数为36%)	50~70	—
	氟化钠(NaF)	25~40	—
	氟化钾(KF)	—	18~23
	氢氟酸(HF,质量分数为50%)	—	24~28mol/L
工艺条件	溶液温度/℃	20~30	20~30
	处理时间/min	2~9	2~3

12.5.5　镉磷化

镉磷化主要是镀镉层的磷化，其磷化处理的工艺与锌的磷化处理基本相同。镉磷化工艺见表12-15。

表12-15　镉磷化工艺

工　艺　号		1	2	3
组分质量浓度/(g/L)	磷酸锰铁(马日夫盐)	55~65	30	—
	磷酸(H_3PO_4,质量分数为85%)	—	—	20~30
	氧化锌(ZnO)	—	—	20~25
	硝酸(HNO_3)	—	—	20~30
	硝酸锌[$Zn(NO_3)_2 \cdot 6H_2O$]	45~55	60	—
	亚硝酸钠($NaNO_2$)	—	2~3	1.5~2.5
	氟化钠(NaF)	5~8	—	—
工艺条件	游离酸度/点	—	0.5~1.4	2~5
	总酸度/点	—	38~48	50~60
	溶液pH值	—	—	2.4~2.5
	溶液温度/℃	20~30	18~25	28~35
	处理时间/min	10~20	20~30	25~30

第13章

钝化膜

13.1 钝化膜概述

13.1.1 钝化的定义

所谓金属钝化是指那些本来比较活泼的金属或合金由于表面状态的变化，使原来的溶解或腐蚀速度显著减慢的一种现象。处于这种不活泼状态下的金属，称钝态金属。

由于金属表面状态的变化使阳极溶解过程的电压升高，金属的溶解速度急剧下降的作用称为钝化。可以在氧化剂存在的条件下使金属自发地钝化，也可以在外部电流作用下使金属钝化。从热力学的观点来看，已经钝化了的金属仍然具有很大的反应能力进行氧化还原反应，但是从动力学观点来看，它们的反应速度非常小。

在中性电解质溶液中，可用缓蚀剂和钝化剂保护金属。缓蚀剂可定义为添加极小量便能明显抑制腐蚀的化合物，不管它对何种电化学反应发生影响。而钝化剂则定义为通过优先抑制阳极反应而减小腐蚀速度的一种化合物。显然，缓蚀剂可能是钝化剂也可能不是钝化剂，而钝化剂均是缓蚀剂。

在中性介质中，金属被缓蚀的一种最可能机理是加进能改变阳极反应动力学的一种化合物，之后金属被钝化，从而抑制了阳极的溶解过程，这种缓蚀作用与金属表面产生钝化层的性质有关，也与进入钝态的阴极过程及阴极特性有关。

化学、电化学和机械等因素都可以引起钝化膜的破坏。

由于金属处于钝态时的腐蚀速度比它处于活化状态时的腐蚀速度要小几个数量级，所以只要金属与腐蚀介质能构成钝化体系，人们总是尽可能使金属处于钝态，采取各种措施使金属容易钝化和使得钝态稳定。而最为常用的为以下三条途径。

第一条途径，也是最主要的一条途径是冶炼能满足各种机械性能（强度、焊接、切削和各种加工性能）要求的和能够在尽可能多的腐蚀介质中自钝化的合金。各种牌号的不锈钢就是属于这种情况。但是这要使金属材料的成本费用大为增加。

第二条途径，是在腐蚀介质中添加能使金属钝化的物质，即钝化剂。这种方法主要适用于中、碱性的水溶液。在一些情况下，也可以将金属表面在加有钝化剂的溶液中处理，使其生成钝化膜后增加金属表面在空气中的耐腐蚀能力。但这只能作为其他金属表面处理方法的一种补助方法，例如，钢铁表面经过“磷化处理”生成具有保护性的磷酸盐膜后再在加有适当的钝化剂中处理，使磷酸盐膜的微孔中的金属表面钝化，增强磷酸盐膜的保护能力。

在水溶液中添加钝化剂保护金属表面时，首先要考虑整个体系是否允许使用钝化剂。有些腐蚀介质是不允许添加其他物质的。如果腐蚀系统是需要不断更换腐蚀介质的开放系统，就要不断消耗钝化剂，不仅费用过大，也容易发生钝态失稳，金属表面变成活化腐蚀状态，从而使腐蚀加剧。一些效能比较高的钝化剂本身是能够被金属还原的氧化剂。当金属表面处于活化的腐蚀状态时，这些物质的还原性使金属的阳极溶解电流密度大幅度增加，因而腐蚀速度比没有这些物质时大得多。更加值得注意的是有一些效能比较高的钝化剂，如重铬酸盐、亚硝酸盐等都是有毒或致癌的物质，在许多情况下是禁止使用的。

第三条途径，就是上面说过的用外电源提供阳极电流来使金属钝化并使其保持钝性。

总之，不论是采取哪一种措施以利用金属的钝性来降低其腐蚀速度，必要的条件是：钝化膜在金属的使用条件下是完整的。对于一定的金属材料来说，溶液中的氢离子的浓度当然是钝化膜是否稳定的重要因素。以铁为例，铁表面的钝化膜的化学组成主要是氧化铁，也还可能含有部分从钝化剂转化成的其他金属的氧化物，例如，在以重铬酸盐作为铁的钝化剂时，钝化膜中含有一些 CrO_3，但若以亚硝酸钠作为钝化剂，则钝化膜中只有氧化铁。

13.1.2 金属钝化的分类

1. 按钝化的性质分类

（1）化学钝化法　化学钝化就是直接用化学钝化液和金属材料或制品的表面接触，依靠化学反应的作用，产生钝化并获得具有一定性能的钝化膜层。化学钝化根据施工方法的不同又可分浸渍钝化、淋涂钝化和刷涂钝化；根据化学钝化液主要成分的不同又分为铬酸盐钝化、无铬钝化及有机物钝化等。

（2）电化学钝化　电化学钝化发生在电解装置中，在电解槽内放置钝化溶液，将需要钝化的工件接正极，辅助电极接负极。开通电源后，控制电流密度，发生电化学反应而使表面钝化，并且生成钝化膜。

（3）电化学阳极钝化　电化学阳极钝化又称阳极保护，是将要保护的工件或设备做阳极，辅助电极做阴极，腐蚀介质做电解质，接上外加电源后，控制阳极的电位处于钝化的区域内，使被保护的工件或设备的腐蚀电流处于最小的状态并受到保护。如果电源切断，工件或设备又恢复到活化状态，继续受到腐蚀。

2. 按钝化溶液的主要成分分类

（1）铬酸盐处理法　铬酸盐处理法就是将金属工件或镀件浸在以铬酸或重铬酸盐为主要成分的处理溶液中，使金属表面生成一层钝化膜，隔绝金属与各种腐蚀介质的接触。铬酸盐处理法的用途很广，可用在钢铁类的工件、不锈钢工件的钝化防锈上，更多的是用于镀锌层、镀铬层表面处理上，通过铬酸盐处理使镀层表面生成防锈的保护膜，以及改善美观光泽，并提高其装饰性能。但由于铬酸盐或重铬酸盐处理的钝化膜含有六价铬的成分，六价铬属于有毒、有害物质。另外钝化后的洗液或废液也含有六价铬等有害物质，造成环境污染，因此一直在探索无铬无害的钝化处理方法。

（2）无机盐的无铬钝化　无机盐的无铬钝化主要包括钼酸盐钝化、钨酸盐钝化、稀土金属盐钝化处理。

1）钼酸盐钝化。目前世界各地都在研究钼酸盐的无铬钝化，以便替代有害的铬酸盐钝化。钼酸盐的钝化处理方法有化学浸泡处理、阳极钝化处理和阴极钝化处理。英国某大学研究了钼酸盐处理过程中的电化学性质和锌表面的钼酸盐浸泡处理。结果表明，经处理后可以明显提高锌、锡等金属的耐蚀性，但效果还比不上铬酸盐钝化的质量。有人提出一种用钼酸盐/磷酸盐体系处理锌的钝化工艺，并申请了专利，钝化液内钼酸盐含量为2.9~9.8g/L，用可与钼酸盐形成杂多酸的酸（如磷酸）调节pH值，经处理后在锌的表面形成0.05~1.0μm的薄膜层并有很好的装饰效果。但该钝化膜在碱性和中性的盐雾试验中，其耐蚀性不及铬酸盐钝化膜，而在酸性的环境中其耐蚀性则比铬酸盐钝化膜好，在室外的环境试验中，两种膜的耐蚀性相差不大。

2）钨酸盐钝化。经研究试验后认为，钨酸盐的作用与钼酸盐相似，国外有人研究了锌、锡等金属在钨酸盐溶液中的阴、阳极极化特征。24h的盐雾试验表明，在锌表面形成的钝化膜中其耐蚀性比不上铬酸盐膜。另外也有研究钨酸盐钝化Sn-Zn合金的，而且做了中性盐雾试验和湿热试验，但其耐蚀性略差于铬酸盐膜和钼酸盐膜。

3）稀土金属盐钝化处理。稀土金属铈、镧和钇等的盐类被认为是铝及铝合金等在含氯介质中的缓蚀剂。国外有人用含铈的溶液对锌表面处理做了研究并认为，$CeCl_3$可以在锌表面生成一层黄色的氧化膜，能有效地降低0.1mol/L NaCl溶液中，锌表面的阴极点处氧的还原速度，即减弱了氧的去极化能力，降低了腐蚀的速度。

（3）有机物的钝化　有机物的钝化包括有机钼酸盐钝化、植酸钝化、单宁酸钝化等。

1）有机钼酸盐钝化。此法主要是利用钼酸盐与多种组分组成的复合配方，借分子间协同的缓蚀作用，以便提高表面耐蚀性，改善了单一用钼酸盐钝化的不足之处。方景礼等人利用浸渍法在镀锌层表面处理并获得了钼钒磷杂多酸转化膜$H_4PMo_{11}VO_4$，通过加速腐蚀试验，证实了膜层具有良好的耐蚀性。陈旭俊等提出了一种有机钼系钝化的新思路，即依靠有机分子内的官能团、基团和钼酸根离子间的作用及膜形成时的分子基团与金属阳离子的作用形成长链螯合结构来提高表面膜的耐蚀性。并用乙醇胺与钼酸盐合成的二乙醇胺钼酸盐对低碳钢处理后，发现膜层的耐蚀性明显高于相同条件下的钼酸钠及相应的乙醇胺及两者的混合物，缓蚀作用随分子内羟乙基的增多而增强，说明分子内的醇胺基团与钼酸根有很明显的协同缓蚀效应；低碳钢在乙醇胺钼酸盐溶液中的电化学阻抗，明显高于在钼酸钠溶液中，表明其划伤后的修复能力增强。

2）植酸钝化。植酸（$C_6H_8O_{24}P_6$）又称肌醇六磷酸酯，无毒无害，相对分子质量为660.4，存在于各种植物油和谷物类种子内易溶于水并且有较强的酸性。植酸分子中具有能同金属配合的24个氧原子、12个羟基和6个磷酸基。因此植酸是少见的金属多齿螯合剂。与金属络合时易形成多个螯合环，络合物稳定性高，即使在强酸性环境中，也能与金属离子形成稳定的络合物。经过植酸处理的金属及合金不仅能抗蚀，还能改善金属有机涂层的粘接性。一般认为以铬酸盐为基础的传统钢材表面处理方法不如用植酸处理。

工件脱脂后先在冷水中洗，然后在钝化液中浸渍10~20s再用冷水洗后吹干或烘干。植酸钝化的膜层外观白亮、均匀、细致。经质量分数为3%的氯化钠和0.005mol/L的硫酸溶液浸泡后，在潮湿环境中观察，超过70h后，试片1%的面积上出现点蚀和锈斑，说明有较好的缓蚀性能。

3）单宁酸钝化。单宁酸为多元苯酚的复杂化合物，无毒易溶于水，经水解后的溶液呈酸性，能溶解少量的基体金属锌。像其他化学转化膜工艺一样，单宁酸钝化成膜的过程也分三步，首先是金属微量溶解，然后生成膜层，最后膜的成长和溶解达到平衡。有人曾对锌镀层采用单宁酸钝化处理，取得了较好的效果。

钝化处理生成的钝化膜在质量分数为3%的NaCl溶液中浸泡168h表面并无异常的变化，其效果超过了三酸（硫酸、硝酸、磷酸）钝化处理，但盐雾试验仅通过24h，潮湿试验（35℃，湿度为95%）通过48h。

3. 按钝化处理施工方法分类

（1）浸泡钝化法　浸泡处理就是将要钝化的工件在钝化溶液中浸渍，并经过一定的时间后，工件表面即生成一层钝化膜，膜层的厚度及性能、质量等均与溶液配方及工艺有关。这种方法适用各种金属及不同形状的工件钝化处理，所得钝化膜膜层均匀，有光泽。浸渍法所需的施工设备简单，仅需钝化槽及相关的水洗设备，施工操作容易，生产成本低，被广泛应用于各个不同领域。

（2）淋涂法钝化　淋涂法钝化就是将钝化溶液直接淋涂在金属工件的表面，使其产生化学反应，生成一定厚度的钝化膜，此法适用于表面形状比较简单、尺寸较大的平板型工件，如各种大型设备难以放进钝化槽的情况，也适用于连续生产线及各种电器、家具的外壳处理。淋涂法所需设备简单、操作简便，处理时间短，钝化速度快，生产效率高，所得钝化膜均匀但厚度比较薄，适用于作涂料的底层，或氧化、磷化处理后的钝化。

（3）刷涂法钝化　刷涂法钝化是用毛刷将钝化溶液直接刷涂在金属工件的表面，经化学反应后生成钝化膜。此法多数用在大型设备，而且无法用浸渍法及淋涂法施工的场合，特别是在设备的局部维修或补修的情况。不需要专门的加工设备，操作简单灵活、施工方便。但是劳动强度大，在使用有毒的钝化液时，对操作人员的健康不利。

13.1.3　影响金属钝化的因素

金属的钝化主要受到合金成分、钝化介质、活性离子和温度等的影响。

1. 合金成分的影响

金属的钝化能力与其Flade电位有关，Flade电位越低，金属的钝化能力越强。另外，钝化能力较强的金属元素加入钝化能力较弱的金属中，一般能降低Flade电位，增加合金的钝化能力。

不同金属具有不同的钝化趋势。部分常见金属的钝化趋势按下列顺序依次减小：钛、铝、铬、钼、铁、锰、锌、铅、铜。这个顺序并不表明上述金属的耐蚀性也是依次减小，仅表示决定阳极过程由于钝化所引起的阻滞腐蚀的稳定程度，容易被氧钝化的金属称为自钝化金属，最具有代表性的金属是钛、铝、铬等，它们能在空气中或含氧的溶液中自发钝化，且当钝化膜被破坏时还可以重新恢复钝态。

合金化是使金属提高耐蚀性的有效方法。提高合金耐蚀性的合金元素通常是一些稳定性的组分元素（如贵金属或自钝化能力强的金属）。例如，铁中加入铬或铝，可抗氧化，加入少量的铜或铬则可以改善其抗大气腐蚀性能，而铬是不锈钢的基本合金化元素。一般来说，如果两种金属组成的耐蚀合金是单相固溶体合金，则在一定的介质条件下，具有较高的化学稳定性和耐蚀性。

在一定的介质条件下，合金的耐蚀性与合金元素的种类和含量有直接影响，所加入的合金元素数量必须达到某一个临界值时，才有显著的耐蚀性。例如在Fe-Cr合金中，只有当Cr的加入量超过质量分数为11.7%（换算成摩尔分数为12.5%）时，合金才会发生自钝化，其耐蚀性才有显著提高，而当铬含量低于此临界值时，它的表面难生成具有良好保护作用的完整钝化膜，耐蚀性也无法显著提高。临界组成代表了合金耐蚀性的突跃，每一种耐蚀合金都有其相应的临界组成。临界值的大小遵从塔曼定律，即固溶体耐蚀合金中耐蚀（稳定）性组分恰好等于其原子百分数的 $n/8$ 倍（n 为 1~7 的整数），当合金元素的含量达到这些临界值时，合金的耐蚀性会突然增高。合金临界组成的原因同样可以用成相膜理论和吸附理论进行解释。如成相膜理论认为，只有当耐蚀合金达到临界组成后，金属表面才能形成完整的致密钝化膜；而吸附理论则认为，当有水存在，并且高于临界组成时，氧在合金表面的化学吸附方可导致钝性，而低于临界组成时氧立即反应，生成无保护性的氧化物或其他形式。几种常见的合金元素对铁和不锈钢的钝化能力的影响见表 13-1。

表 13-1　几种常见的合金元素对铁和不锈钢的钝化能力的影响

元素	i_p	i_{pp}	φ_p	φ_{pp}	φ_b	φ_{ip}
Cr	下降	下降	下降	下降	增加	下降
Ni	下降	下降	下降	增加	增加	增加
Si	不明显	下降	不明显	下降	增加	增加
Mn	不明显	不明显	不明显	不明显	—	不明显
Mo	下降	增加	—	下降	增加	下降
V	下降	增加	不明显	不明显	增加	下降
W	不明显	下降	不明显	不明显	增加	不明显
Ti	下降	—	—	—	—	—
Nb	下降	—	—	—	—	—

2. 钝化介质的影响

金属在环境介质中发生钝化，主要是因为有相应的钝化剂的存在。钝化剂的性质与浓度对金属钝化产生很大的影响。一般钝化介质分为氧化性和非氧化性介质。不过钝化的发生不是简单地取决于钝化剂氧化性强弱，还与阴离子特性有关，例如，$K_2Cr_2O_7$没有 H_2O_2、$KMnO_4$和 $Na_2S_2O_8$的氧化能力强，但 $K_2Cr_2O_7$的致钝化性能却比它们强。对某些金属来说，可以在非氧化性介质中进行钝化，除前面提到的 Mo 和 Nb 在盐酸中、Mg 在氢氟酸中、Hg 和 Ag 在含 Cl^-溶液中可钝化外，Ni 在醋酸、草酸、柠檬酸中也可钝化。

金属在中性溶液中比在酸性溶液中更易建立钝态，这往往与阳极反应产物有关。在很多情况下，金属在中性溶液中的阳极反应产物是溶解度很小的氧化物或氢氧化物，而在强酸中的产物却是溶解度很大的盐。因此，在中性溶液中容易建立钝态。另外，在一般情况下，若降低介质的 pH 值，金属的稳定钝化范围将减小，金属的钝化能力将减弱。

当钝化剂的浓度很低时，钝化剂的理想阴极极化曲线与金属的理想阳极极化曲线的交点在活化区（见图 13-1 中的 1 点），此时金属不能建立钝态；若钝化剂的浓度或活性稍有提高，但其阴极极化曲线与金属阳极极化曲线有 3 个交点时（见图 13-1 中的 2 点），金属也不能建立稳定的钝态；只有当钝化剂的浓度和活性适中，阴极极化曲线与阳极极化曲线在稳定钝化区只有一个交点时（见图 13-1 中的 3 点），金属才能建立起稳定的钝态。使金属能建立稳定钝态的钝化剂浓度称为临界钝化浓度，铁在硝酸中建立稳定钝态时硝酸的临界钝化浓度约为 40%。当钝化剂活性很强或浓度太高时，阴极极化曲线与阳极极化曲线的交点在过钝化区，金属仍处于活化状态。铁在浓度约大于 80% 的硝酸中就属于这种状态。所以，只有当钝化剂的活性和浓度适中时，金属才能够建立起稳定的钝化态。

各种金属在不同的介质中能够发生钝化的临界浓度是不同的。应注意获得钝化的浓度与保持钝化的浓度之间的区别，例如，钢在硝酸中浓度达到 40% ~ 50% 时发生钝化，再将酸的浓度降低到 30% 时，钝态仍可保持较长时间而不受破坏。

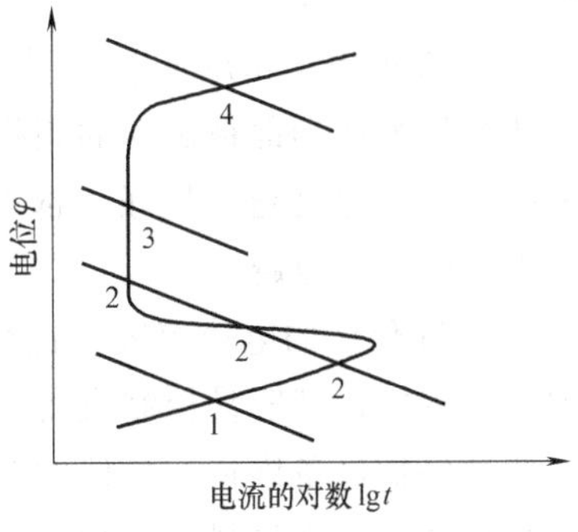

图 13-1 易钝化金属在氧化能力不同的介质中的钝化行为

13.1.4 金属钝化的应用

1. 钝化在表面处理中的应用

钝化在金属表面处理中用途十分广泛，金属或金属镀层为了提高其表面的耐蚀性及装饰性，需要进行钝化处理。这些处理可以是直接的，也可能是间接的。间接处理就是金属表面在经过化学氧化、阳极氧化、磷化等表面处理后，由于膜层尚存在有孔隙，耐蚀性、耐磨性较差，为了进一步提高表面膜层的质量，提高各种转化膜的耐蚀、耐磨性，一般来说，都需要经过钝化处理或者称封闭、封孔等处理。

2. 制造耐蚀合金上的应用

一般来说，金属未钝化前，阴极组合的增加可使金属电位向较正方向移动，加速了金属的腐蚀。但是在金属可以被钝化而且腐蚀介质组分有利于钝化的情况下，在金属中添加阴极性组分，则能促使金属转入钝化状态，起到提高金属电位的作用，使金属进入并稳定在钝化区内。例如在不锈钢中加入质量分数为 0.1%Pb 或 1%Cu，能使不锈钢在硫酸溶液中的腐蚀速度大大降低，所加入的金属元素是作为析氢反应的局部阴极，而局部阴极的高交换电流密度和低氢超电压，使得阴极极化曲线和阳极极化曲线的交点落在钝化区内。

通常在腐蚀介质中遇到的氧化剂主要是氧，氧微溶于水。它的还原反应过程是受扩散步骤控制的，在静止的被空气所包围的情况下，氧的极限扩散电流密度大约为 $100\mu A/cm^2$，如果一种活化-钝化的金属浸入到一种充气的腐蚀介质中，若它的致钝阳极电流密度 ≤ $100\mu A/cm^2$，该金属便可自发钝化。

3. 金属化工设备的阳极保护

阳极保护就是利用可钝化金属在某种溶液介质中通以外电流使金属达到钝化，以降低其腐蚀速度，并主要用在化工设备上。简单地说，将被保护的化工设备作阳极与直流电源的正极相连接，电源的负极则与辅助电极连接作为阴极，在充满腐蚀介质溶液的情况下，通以外加电流，使被保护的设备阳极极化，用恒电位仪控制，把阳极的电位控制在稳定的钝化区范围内，从而使腐蚀速度显著地降低，达到保护设备，减轻或避免腐蚀的目的，这种电化学阳极极化的方法称为阳极保护。

阳极保护特别适用于酸性的介质溶液中，它对防止强氧化性介质（如浓硫酸等）的腐蚀特别有效。但是溶液介质中的氯离子必须严格控制，含量应在很小的范围内，否则会破坏钝化，并发生点蚀。此外，阳极保护也可以用在尿素、碳酸氢氨等化肥工业的设备保护上。

在实施阳极保护时，有几个重要的参数必须掌握，而且可以通过测定阳极极化曲线确定，其中主要有三个参数。

（1）致钝电流密度 $i_{致钝}$　致钝电流密度是使设备在钝化时所需要供应的电流，一般来说致钝电流密度越小越好，特别是对大型的被保护设备更为重要。这样可使用较小容量的直流电源，消耗较小的电流即可获得满意的保护效果。可以减少投资费用，节省生产成本，特别是可以节约电能。

（2）维钝电流密度 $i_{维钝}$　当设备进入钝化状态以后，要求有极小的电流以便维持其钝化，使被溶解或局部被破坏的膜得到修补。$i_{维钝}$ 实际上表示着金属钝态下的溶解速度。所以维钝电流密度也是越小越好，越小说明钝化及防护的效果越好，在整个维持钝化的过程中消耗的维钝电流量也越少。

（3）钝化区的电位范围　钝化电位是指由致钝电位到过钝化电位的区间，钝化电位的范围越宽越好，越容易控制设备处于钝化状态。在控制过程中电位不易进入活化区或过钝化区，使被保护设备维持在最佳的钝化状态下。

几种常用钢铁材料在各种溶液介质中进行阳极保护选用的主要参数见表 13-2。各种化工设备应用阳极保护的情况及效果见表 13-3。

表 13-2　钢铁材料在某些溶液中阳极保护的主要参数

溶液介质（质量分数）	金属材料	溶液温度/℃	$i_{致钝}$ /(A/m²)	$i_{维钝}$ /(A/m²)	钝化区电位范围/mV
50% H_2SO_4	碳素钢	27	2325	31	600~1000
67% H_2SO_4	碳素钢	27	930	1.55	1000~1600
89% H_2SO_4	碳素钢	27	155	0.155	400 以上
96% H_2SO_4	碳素钢	49	1.55	0.77	800 以上
96%~100% H_2SO_4	碳素钢	93	6.2	0.46	600 以上
105% H_2SO_4	碳素钢	27	62	0.31	100 以上
76% H_2SO_4 被 Cl_2 饱和	碳素钢	50	20~50	20.1	800~1800
90% H_2SO_4 被 Cl_2 饱和	碳素钢	50	5	0.5~1.0	800 以上
96% H_2SO_4 被 Cl_2 饱和	碳素钢	50	2~3	1.5	800 以上
67% H_2SO_4	不锈钢	24	6	0.001	30~800
67% H_2SO_4	不锈钢	66	43	0.003	30~800
67% H_2SO_4	不锈钢	93	110	0.009	100~600
75% H_3PO_4	碳素钢	27	232	23	600~1600
115% H_3PO_4	不锈钢	93	1.9	0.0013	20~950
85% H_3PO_4	不锈钢	136	46.5	3.1	200~700
20% HNO_3	碳素钢	20	10000	0.07	900~1300
30% HNO_3	碳素钢	25	8000	0.2	1000~1400
40% HNO_3	碳素钢	30	3000	0.26	700~1300
50% HNO_3	碳素钢	30	1500	0.03	900~1200
80% HNO_3	不锈钢	24	0.01	0.001	—
37%甲酸	不锈钢	沸腾	100	0.1~0.2	100~500①
37%甲酸	铬锰氮钼钢	沸腾	15	0.1~0.2	100~500①
30%草酸	不锈钢	沸腾	100	0.1~0.2	100~500①
30%草酸	铬锰氮钼钢	沸腾	15	0.1~0.2	100~500①
30%乳酸	不锈钢	沸腾	15	0.1~0.2	100~500①
70%醋酸	不锈钢	沸腾	10	0.1~0.2	100~500①
20% NaOH	不锈钢	24	47	0.1	50~350
25% NH_4OH	碳素钢	室温	2.65	<0.3	800~400
60% NH_4NO_3	碳素钢	25	40	0.002	100~900
80% NH_4NO_3	碳素钢	120~130	500	0.004~0.02	200~800
LiOH（pH 值为 9.5）	不锈钢	24	0.2	0.0002	20~250

① 指对铂电极电位，其余均为对饱和甘汞电极电位。

表 13-3 化工设备应用阳极保护实例

设备材料及名称	介质成分(质量分数)及条件	保护措施	保护效果
碳素钢硫酸贮槽	89%的 H_2SO_4	—	铁离子含量由 140×10^{-6} 降低至 12×10^{-6}
碳素钢硫酸贮槽	90%~105%的 H_2SO_4，100~120℃	用镀铂电极做阴极	铁离子含量由 $(10\sim106)\times10^{-6}$ 下降至 $(2\sim4)\times10^{-6}$
废硫酸贮槽材料为碳素钢	<85%的 H_2SO_4，含有机物，27~65℃	—	保护度达85%以上
不锈钢有机磺酸中和罐	在20%的 NaOH 中加入 RSO_4H 中和	铂阴极，钝化区，电位范围只有250mV	保护前有点蚀，保护后大为减少，产品含铁量由 300×10^{-6} 下降至 16×10^{-6}
碳素钢纸浆蒸煮锅 ϕ2.5m，高12m	100g/L 的 NaOH，35g/L 的 Na_2S，温度180℃	致钝电流为4000A，维钝电流为600A	腐蚀速度由1.9mm/年降至0.26mm/年
碳素钢铁路槽车	NH_4OH、NH_4NO_3 和尿素的混合液体	哈氏合金阴极不锈钢做参比电极	保护效果十分显著
硫酸槽加热盘管材料为不锈钢盘管面积 $0.36m^2$	70%~90%的 H_2SO_4，温度为100~120℃	铂做阴极	保护前腐蚀严重，保护后表面和焊缝都很好
碳素钢三氧化硫发生器，ϕ1400mm	发烟硫酸(含游离 SO_3 约20%)，温度为300℃	阴极材料用不锈钢	原来每生产30t报废一台发生器，保护后寿命提高约7倍
碳素钢氨水贮罐	25%的氨水，2~25℃	不锈钢阴极	腐蚀速度降低300倍
黏胶人造丝厂用钛热交换器	56×10^{-6} H_2S 及 CS_2，3%的 H_2SO_4	石墨阴极	生产两年后，钛管没有减薄
碳化塔中碳素钢冷却水箱	NH_4OH、NH_4HCO_3，40~45℃	水箱表面涂环氧，阴极用碳钢、参比电极不锈钢	保护效果十分显著

13.2 钢铁的钝化

13.2.1 钢铁的铬酸盐钝化

近年来，金属的铬酸盐钝化工艺有了显著的进步，应用范围显著扩大。“铬酸盐钝化”这一术语用来指在以铬酸、铬酸盐或重铬酸盐作主要成分的溶液中处理金属或金属镀层的化学或电化学处理的工艺。这样处理的结果，在金属表面上产生由三价铬和六价铬化合物组成的防护性转化膜。

大家都很熟悉铬酸盐抑制金属腐蚀的性质。把少量这类物质加入循环水装置里，就可使金属表面钝化，因而防止腐蚀。在酸性溶液里铬酸盐是强氧化剂，会促使在金属表面上生成不溶性盐或增加天然氧化膜的厚度；铬酸的还原产物通常是不溶性的，例如三氧化二铬 Cr_2O_3；金属的铬酸盐往往是不溶性的（例如铬酸锌）；铬酸盐能参加许多复杂反应，而生成包括被处理金属的离子在内的复合物沉积，当有某些添加剂存在时更是如此。

最常见的是在锌（锌铸件、电镀及热浸锌层）和镉层（一般是电镀层）上产生铬酸盐钝化膜。不过，它们也用于其他金属，如镁、铜、铝、银、锡、镍、锆、铍及其中一些金属的合金的防护，特别是近期以来用得更多。

铬酸盐钝化膜能用于机器制造、电器、电子、电信及汽车工业的产品。在一些短缺的金属的代用方面，它们也起着重要的作用。在许多情况下可以用铬酸盐钝化的锌镀层来代替镉镀层就是一个典型的例子。钢铁的铬酸盐钝化配方及工艺见表 13-4。

表 13-4　钢铁的铬酸盐钝化配方及工艺

工　艺　号		1	2	3	4
组分质量浓度/(g/L)	铬酐(CrO_3)	3~5	—	—	1~3
	重铬酸钾($K_2Cr_2O_7$)	—	15~30	50~80	—
	磷酸(H_3PO_4)	3~5	—	—	0.5~1.5
	硝酸(HNO_3)	—	20%(质量分数)	—	—
工艺条件	溶液温度/℃	80~100	50~55	70~90	60~70
	处理时间/min	2~5	18~20	5~10	0.5~1.0
应用情况		—	防锈用	防锈用	氧化后钝化

采用金属铬酸盐钝化工艺的最重要的目的包括提高金属或金属防护层的耐蚀性，在后一种情况下可能延长在镀层金属和基体金属上出现腐蚀点的时间；使表面不容易产生裂纹；增加漆及其他有机涂层的结合力；得到彩色或装饰性效果。

可以用化学法（只要把工件浸入铬酸盐钝化溶液）或电化学法（浸入时被钝化工件为电极）来产生铬酸盐钝化膜。在这两种情况下，被处理工件都是挂在钩子上或挂具上处理，小工件一般用吊篮处理。

除了浸渍法之外，还可以采用喷涂或涂刷钝化溶液的方法。但是有些作者强调指出，实际上喷涂处理的效果不一定很好。这是因为难以保持溶液的成分一致，而且液流的冲击会对钝化膜造成机械损伤。

可以用手工钝化，也可以用自动或半自动钝化。因为可用于生产的溶液的成分伸缩性很大，所以钝化工艺可以采用自动化设备。例如，当钝化电镀工件时，可以适当地改变钝化溶液的成分，使钝化时间符合整个生产线的要求。

两种情况下常用的操作步骤：表面预处理（清洗，脱脂）→水洗→在铬酸盐钝化溶液里浸渍→流动冷水清洗→钝化膜浸亮或染色（需要时）→流动冷水清洗→干燥→涂脂、油或漆等附加防护膜。

处理轧制件、铸件和电镀件的操作步骤的差别见表 13-5。

表 13-5　铬酸盐钝化的典型工序

编号	铸造或轧制合金	编号	电镀层
1	用三氯乙烯或四氯乙烯初步脱脂	1	用酸性溶液或氰化物溶液电镀，水洗
2	用碱性溶液脱脂、水洗	2	用稀的无机酸浸渍，水洗
3	浸酸 1)铝用稀硝酸(1:1)，硝酸和氢氟酸的混合物或含磷酸、铬酸的溶液浸渍，水洗 2)锌用质量分数为 1%~5% 的无机酸或以铬酸为主的浸亮溶液浸渍，水洗 3)镁用质量分数为 10% 的硝酸或铬酸溶液浸渍，水洗 4)铜和黄铜用浸亮溶液或铬酸溶液浸渍，水洗	3	铬酸盐钝化，水洗
4	铬酸盐钝化，水洗	4	钝化膜的浸亮或染色，水洗
5	钝化膜的浸亮或染色，水洗	5	干燥
6	干燥	6	用脂膜或漆膜进行附加保护
7	用脂膜或漆膜进行附加保护	—	—
		—	—
		—	—
		—	—

下面对表面预处理、水洗、处理、浸亮与后处理、铬酸盐钝化膜的退除、溶液的分析与控制、钝化溶液的再生与废水处理工序进行详细介绍。

1. 表面预处理

铬酸盐钝化之前的表面预处理对钝化膜的质量有很大的影响。钝化之前金属表面应当仔细地清洗和脱脂，铬酸盐钝化要求除去油、脂、浮粘在表面上的灰尘和其他颗粒，然后用水清洗，使表面处于潮湿状态。钝化溶液一般脱脂能力差。

一定要用化学清洗的方法除去要钝化处理的金属表面的氧化物，化学清洗方法包括浸酸或者通常用来从金属表面除去氧化层并使金属表面活化的其他活化步骤。用铬酸盐钝化金属电镀层时，只要电镀后把工件清洗干净，刚沉积出的镀层可以立即进行钝化。

铬酸盐钝化之前偶尔先用稀酸中和，特别是当有碱性镀液残留在表面上时，则更需要先中和。除去残留的碱液是非常重要的。

在阴极脱脂、浸酸和镀锌或镀镉过程中，所处理的钢件会产生氢脆，弹簧钢氢脆尤为严重。为了减小氢脆的危害，所处理的工件要在150~200℃下退火。在这样的温度下处理过的铬酸盐钝化膜，颜色会发生变化，产生轻微裂纹，使耐蚀性降低，所以全部热处理必须在钝化前进行。但是，只要经过热处理，就必须用适当的方法活化金属表面。为了使表面活化，先把工件浸在碱性脱脂溶液里，然后按所钝化的金属选取适当的无机酸溶液进行浸渍处理，最后才浸入铬酸盐钝化溶液。

在钝化厚表皮金属时，先要用光泽酸洗溶液活化表面，再用质量分数为1%~2%的硫酸溶液浸渍，然后进行铬酸盐钝化。因为有一些类型的铬酸盐钝化膜，在用光泽酸洗溶液浸渍时产生的薄膜上很难得到均匀的膜，所以需要在硫酸溶液里预处理。在硫酸里，光泽酸洗时产生的薄膜溶解，露出适于钝化的清洁的金属表面。

2. 水洗

如同任何一种别的表面处理工艺，铬酸盐钝化时，在脱脂之后和钝化之后，用水仔细清洗是很重要的。残留在被处理表面上的钝化溶液往往很难清洗掉，并使钝化膜的耐蚀性下降。

工件在处理后，要立即用干净的水清洗，如果可能，清洗时用压缩空气搅拌。介绍最多的方法是两次冷水清洗。从最后一个清洗槽流出的水应该不带铬酸盐的浅黄色，通常建议采用两个冷水清洗槽。有些作者还建议采用三级清洗，在第三个清洗槽里添加润湿剂，同时在允许的范围内提高水温以缩短表面干燥所需要的时间。第一遍清洗要在水流不会给铬酸盐钝化膜带来机械损伤的前提下，使水的流动和交换速度尽可能快。

关于热水清洗是否有好处的问题，看法不一致。但肯定应该避免用60℃以上的热水清洗。厚的黄色或橄榄绿色的铬酸盐钝化膜更不应该用60℃以上的热水清洗。光的浅颜色膜可以用接近沸点的水清洗，但应当注意，这有可能降低钝化膜的耐蚀性。长时间清洗会把钝化膜的组分漂洗掉，所以更有可能降低膜的耐蚀性。因此，除非清洗有增加光泽等别的重要作用，在清洗水里浸渍的时间应尽可能短，有人指出，在自动线上最后清洗水的温度不应超过40℃。

一定不要用静止延时槽或在低pH值下用缓慢流动的水清洗。用中性或微碱性的水清洗对外观和耐蚀性都没有影响。一般建议在钝化之后立即用激烈搅拌的水清洗，因为这样可以使钝化膜的外观更均匀、更鲜亮。

3. 处理

(1) 铬酸盐钝化溶液　铬酸盐钝化溶液的成分取决于被钝化金属的种类、钝化膜要求具有的特性、钝化工艺流程和操作方法。

实际上，可以采用很多种差别很大的混合物和浓缩液。欧文（Lrwin）提出了铬酸盐钝化溶液的五个基本特性：

1）成膜能力。

2）着色。

3）抛光表面的能力。

4）抑制活化的能力。

5）使表面光亮的能力。

溶液的作用方式不同，上述特性中每一种能力的大小也可能不一样。例如，在重铬酸盐溶液里加各种添加剂，得到的黄色钝化膜可以有显著的变化。溶液的抛光作用好坏对钝化膜的外观及雾状轻重都有影响。

鉴于溶液成分的变化范围很大，选择落液成分时考虑的最主要因素是钝化膜的用途，同时要考虑与处理方法、被钝化金属的性质有关的其他因素。

如上所述，铬酸盐钝化溶液含有六价铬化合物及一种或多种活化剂。讨论各种金属的铬酸盐钝化时将给出具体的溶液配方。

最常用的六价铬化合物是铬酐、重铬酸钠或重铬酸钾，溶液里加有少量硫酸或硝酸。

近来，越来越多地使用活化剂来缩短钝化时间、改进钝化膜的性质和改变钝化膜的颜色。典型的活化剂有：甲酸或可溶性甲酸盐、氯化钠、三氯化铁、硝酸银、硝酸锌、醋酸和氢氟酸。

铬酸盐钝化膜的性质，甚至在某个特定的温度和处理时间内能得到一种特定的膜层，都是由下列因素决定的：六价铬的浓度、活化剂的浓度、pH 值。因此，为了得到好的处理效果，最重要的是在操作期间要经常分析调整铬酸盐钝化溶液。

(2) 铬酸盐钝化溶液的配制　要用纯度合乎要求的化学药品来配制溶液。例如，如果重铬酸钠里含有过多的硫酸盐，钝化溶液的 pH 值就不容易控制。不一定要用蒸馏水配溶液，自来水只要含氯不太高也可以用。

有一些国家有市售的浓缩液或固体浓缩物可以用来配制溶液。在这种情况下，要按卖主提供的说明书来配制溶液。正确地选择溶液的 pH 值很重要，在整个铬酸盐钝化过程中，pH 值总要保持在规定的范围内。

因为六价铬对电沉积有影响，铬酸盐钝化时一定要小心操作，不要让钝化溶液污染镀液。污染特别严重时，在规定的电流密度范围内根本电镀不出金属。因此，建议在挂具和滚筒再次使用之前，先把挂具接点和滚筒导电部分的钝化膜退掉。含有 1~2g/L 亚硫酸钠的 2%（体积比）硫酸水溶液可以用来退除钝化膜。

(3) 搅拌　锌在酸性溶液里溶解，使与锌表面接触的溶液里的氢离子消耗掉。如果工件和溶液都不搅动，氢离子靠相当缓慢的扩散过程由溶液本体得到补充，它穿过胶态膜而与锌进一步发生反应。搅拌溶液时，由于氢离子不断地补充到锌的表面，膜形成得更快。

一般来说，因为搅拌可以得到均匀的钝化膜，所以大多数钝化工艺都建议要有某种形式的搅拌。因为搅拌使锌的溶解加快，一般要尽可能地缩短钝化时间。不然的话，钝化溶液的寿命会缩短，而且会溶解掉过多的锌，并不一定都要搅拌溶液。有时，只轻轻地振动或移动浸在溶液里的挂具，效果好些。也可以用压缩空气搅拌溶液。

（4）溶液温度　一般来说，铬酸盐钝化实际上是在室温（15~30℃）下进行。低于15℃，钝化膜形成得很慢，在有些溶液里完全不能形成钝化膜。只有在自动化设备上钝化时，才有必要使钝化液的温度保持恒定。手工操作时，可以用缩短或延长钝化时间的办法来补偿温度变化带来的影响。

虽然有一些钝化溶液加温时可以得到更硬的钝化膜，但仅仅这一点好处不足以补偿随之而来的操作成本高、放出有害的酸雾而必须安装通风设备的缺点，而且在比较高的温度下产生的钝化膜结合力较差。

（5）浸渍时间　延长浸渍时间，铬酸盐钝化膜的厚度增大，颜色变深，但是较厚的膜耐磨性较差。因此薄的钝化膜比较理想，它干得快，耐磨性，尤其是尖角部位的耐磨性比较好。虽然大家都知道有的工艺浸渍3min或3min以上，但浸渍时间一般只在5~60s。铝和镁进行铬酸盐钝化时，处理时间为1~10min，在特殊情况下甚至更长。

当然，这一规律也有例外。因为浸渍时同与钝化溶液的pH值成正比，所以为了能够采用较长的处理时间，可以提高pH值，尤其是在自动化设备上可以这样做。

（6）干燥　干燥温度对铬酸盐钝化膜外观的影响比最后一道清洗水的温度的影响小。但是干燥温度不合适往往是钝化膜开裂及铬化合物转变为不溶状态的原因。严重的时候它可以使通常防护性能很高的厚钝化膜变得没有防护性能。因此，在铬酸盐钝化膜的干燥过程中避免使用高温是很重要的。虽然对干燥时允许使用的最高温度看法不一致，但大多数作者都认为在加温情况下干燥形成的钝化膜更脆、裂纹更多而且耐蚀性比较低。

可以用流速为7~10m/s的温暖但不热的空气流来进行干燥。建议使用合适的空气过滤器以便得到清洁和干燥的空气流。

应当尽快使铬酸盐钝化膜干燥，同时要尽可能仔细。这一点很重要，其原因有两个：首先，湿的铬酸盐钝化膜很容易受到机械损伤；其次，靠缓缓蒸发的办法除水，会使钝化膜的结合力不好，形成孔隙，有时甚至出现裂纹。一般来说，刚干燥的钝化膜有一定的硬度，但在以后几天里钝化膜继续变硬。钝化而不涂漆的工件，在60℃以上的温度下干燥或除氢时，会使铬酸盐钝化膜的防护价值明显地下降。奥斯特兰德尔认为已经涂漆的钝化膜受高温的影响要小得多。

4. 浸亮与后处理

为了使表面达到所要求的色泽、表面不易划伤，要将铬酸盐钝化膜浸亮，颜色较深的厚钝化膜可能也要浸亮。例如，可以用各种弱酸或弱碱溶液使锌和镉的铬酸盐钝化膜变亮。最常用的是：

1）氢氧化钠为20g/L，室温，浸渍时间为5~10s。

2）碳酸钠为15~20g/L，温度为50℃，浸渍时间为5~60s。

3）磷酸为1mL/L，室温，浸渍时间为5~30s。

浸亮后，应仔细清洗工件以除去碱迹，碱迹会降低抗指纹性能和与后面涂漆工序所用漆层的结合力。不要用热水清洗，因为热水会漂洗掉钝化膜里的颜色成分，加热也会使膜开裂，因而降低防护性能。

在浸亮和清洗过程中没有除去的浅乳色（俗称雾状），可以用无色的油、蜡和清漆掩盖。但是，应该记住，因为浸亮溶液会溶解掉一部分有色的铬酸盐钝化膜，也就会使防护性能下降。因此，除非万不得已，不要浸亮。对锌和锡上的金色和浅黄绿色的带雾的钝化膜最好不要用这种工艺。

5. 铬酸盐钝化膜的退除

把工件浸入热的铬酸溶液（200g/L）中数分钟，可以把达不到质量要求的铬酸盐钝化膜退掉，也可以用盐酸退钝化膜。在重新钝化前，工件要在碱性溶液里清洗，并经过二次水洗。

6. 溶液的分析和控制

在使用过程中，由于溶液成分的消耗和带出损失，铬酸盐钝化溶液的浓度会降低。而且，清洗过的工件表面上有水，水带入钝化液使溶液稀释。因此，为了维护溶液的成分正常，要经常分析并补加消耗了的成分。如果铬酸盐钝化溶液的体积小，其组分的浓度变化可能相当大，这时最好配新溶液。

在形成铬酸盐钝化膜时发生的反应过程中要消耗氢离子。因此，钝化溶液的 pH 值升高，这使成膜速度下降。钝化液使用过几天或几星期之后（取决于使用的强度），在一定的处理时间里产生的膜要比新配的溶液里得到的膜薄。可以延长处理时间来补偿成膜速度的下降，或者可以用适当的无机酸调 pH 值来使成膜速度恢复正常。可以用 pH 试纸来测 pH 值，因为用玻璃电极测定 pH 值需要用适当的仪器，所以不一定都能用它来测 pH 值。此外。若铬酸盐钝化溶液含有氟化物就不能使用玻璃电极了。钝化过程中六价铬的含量下降。不过，铬酸和重铬酸盐浓度的下降往往比由于钝化液带到清洗槽中而引起的钝化液总体积的减少要小。

如果尽管铬酸盐钝化溶液的 pH 值正常而钝化效果不好，应该分析六价铬的含量并计算出补充铬盐的量。可以用碘量法或者用硫酸亚铁还原并用高锰酸钾返滴亚铁离子来测定六价铬。

实际上，特别是在小的工厂里，溶液的维护仅限于测定和调正 pH 值。如果这样还不行，就要配新溶液。

在新配的溶液里产生的钝化膜质量可能不好，但处理过少量工件之后，若 pH 值在规定范围内，溶液就可以连续使用，只要溶液的基本成分没有因消耗而明显下降，钝化膜的质量不会有很大的变化。

可以用下述的一种或多种方法来监测和调正铬酸盐钝化溶液的工作情况。

1）通过所产生的钝化膜的颜色和外观来监测，凭经验操作的人员往往把这种方法当作唯一的调正方法。

2）取一定体积的铬酸盐钝化溶液作试样，加入已知量的硫酸，直至浸入钝化液的待钝化的金属片上不再能得到具有一定性质的钝化膜。然后通过换算，在实用的钝化溶液里加入适量硫酸。钝化溶液废弃之前，一般要加入二倍至三倍的硫酸。最好不要加重铬酸钠。

3）把得到的钝化膜的外观与标准样片做比较。

4）通过测定pH 值来调正，这种方法适用于酸性溶液，而且要用到电化学测试技术。由于铬酸盐有颜色并且有氧化性，试纸或其他指示剂由于其性质或颜色等方面的原因往往测定结果不准。

5）以溴甲酚绿作指示剂，用 0.1N 的氢氧化钠滴定溶液试样来测定硫酸含量。因为在中性溶液里，其他金属如锌或镉含量过高时可能发生沉淀，需要经过一定的训练才能准确地判定终点。兰福德（Langford）提供了这种测定方法的详细资料。

7. 钝化溶液的再生

由于钝化液里三价铬和被钝化的金属离子的积累，钝化膜的质量变坏。过去，钝化溶液使用一阶段之后，不得不废弃。废钝化液在排放之前必须进行处理，这不仅消耗化学药品，而且造成难处置的废渣。因此，最近关于钝化液再生的研究工作进展很快，所用的方法涉及化学法、电解法、离子交换法和电渗析等多种方法。

电渗析方法还可以连续再生钝化液，电渗析时阳极室、钝化液室、阴极室之间用阳离子交换膜隔开，阳极室和阴极室里循环流动会有金属离子络合基团的高分子化合物，而钝化液则流过中间的钝化液室，这样就可以连续除去三价铬。

8. 废水处理

因为有酸，而且铬酸又有毒，所以含铬酸盐的清洗水必须经过中和及消毒。废水里铬酸盐的含量必须低于检出限量。从对鱼类的有害作用看，铬酸盐的最大允许浓度应在1mg/L以下。当铬酸的剂量达到30mg/L时，在人体的器官里就可以看到中毒的症状。

与含氰废水的处理不同，铬酸盐的处理比较简单，因为六价铬很快就还原为三价铬，而产生的三价铬可以用石灰乳液沉淀为氢氧化铬，还原速度与pH值有关。福克（Foulke）和莱福德（Ledford）指出，在pH值为1、4和5时，用二氧化硫还原六价铬，分别需要30s、20min、1~2h。因此，还原过程中pH值要维持在2以下。由溶液变绿或者用淀粉-碘试纸可以判定反应是否完全。

克洛特和马勒认为，如果还原剂的加入量超过按化学方程式计算量的50%，还原反应进行得更迅速，也更完全，用焦亚硫酸钠来还原少量铬酸最方便，比较大的工厂最常用二氧化硫。只有处理含二价铁的酸洗废水，才应该用硫酸亚铁，因为它反正是要中和的。用离子交换法倒也可以从清洗水里除去并回收铬，也可以用逆流漂洗和离子交换法结合来实现漂洗水的循环利用。只有当铬酸盐的排放速度达到或超过50~100g/h，才能根据pH值和rH值（氧化还原电位）的测定结果来进行废水处理。

若所用铬酸盐钝化溶液的成分相同，操作条件也一样，就可以从钝化膜的外观来判断膜的质量和钝化液是否正常。如果尽管所有参数都在规定的范围内，产生的膜还是有缺陷，可能有下列原因：

1）溶液的温度不正常。温度太低（15℃以下），成膜速度太慢，甚至不能成膜，而温度在21℃以上钝化通常产生粉末状的结合不牢的膜。

2）硫酸含量不足。由于溶液的消耗，酸的浓度降低，所以在处理过程中要补加酸。

3）金属表面钝化前处理不良。

4）干燥时间太长，使金属表面上的钝化液挥发，并可能使钝化膜发生机械损伤。

5）清洗不干净，钝化液的组分残留在钝化膜表面上。

13.2.2 钢铁的草酸盐钝化

草酸是一种中强酸，其电离过程分两步进行，电离常数分别是：$K_1=5.6\times10^{-2}$和$K_2=6.4\times10^{-5}$，草酸和钢反应时，释放出氢气，产生的草酸亚铁很难溶解在水里（18℃时为35.3mg/L）。然而在有草酸铁存在的情况下，由于形成配合物，草酸亚铁的溶解度可以明显地增大，草酸及其碱金属盐或铵盐能与重金属（如 Cr^{3+}、Fe^{2+}、Fe^{3+}、Mn^{2+} 和 Mo^{6+}）形成可溶性铬盐。在草酸溶液的作用下，钢上形成的膜能改善其耐蚀性，并且可以作为涂装的底层。对于不锈钢及含铬、镍等元素的高合金钢，主要用作冷变形加工的预处理，作为润滑剂的载体。这类钢在进行草酸盐处理之前，需要采用特殊的表面清理措施。这是因为，在高合金钢表面上常存在着难以被一般酸洗溶液所溶解的氧化皮，它要用熔盐剥离法才能除去。熔盐的配方及工艺见表 13-6。

表 13-6　熔盐的配方及工艺

氢氧化钠（质量分数，%）	硝酸钾（质量分数，%）	硼砂（质量分数，%）	温度/℃	时间/min
75~82	15	3~10	480~550	10

钢材在上述熔盐中处理后，立即置入冷的流水槽中。此时已松散了的氧化皮会自动从工件表面上剥落，黏附的盐霜也一起溶去。但表面上仍会残留有在熔盐处理时由氧化皮转化成的氢氧化物，它可以进一步在如下溶液和环境中除去，溶液配方和处理工艺见表 13-7。

表 13-7　除氢氧化物溶液配方和处理工艺

硫酸（质量分数，%）	氯化钠（质量分数，%）	温度/℃	时间/min
14	1.5	60~85	10

清除了氧化皮的高合金钢在碱液中脱脂后，在如下溶液和工艺下浸渍使其表面光亮，溶液配方及处理工艺见表 13-8。

表 13-8　使高合金钢表面光亮工艺

硝酸（质量分数，%）	氢氟酸（质量分数，%）	温度/℃	时间/min
14	1.5	室温	10

再用 20%（质量分数）的硝酸溶液在室温下浸渍 5~10min。此后，工件经流动水彻底清洗便可进行草酸盐处理，使其表面均匀钝化，草酸处理工艺见表 13-9。

表 13-9　草酸处理工艺

工　艺　号		1	2
组分质量浓度/(g/L)	草酸（$H_2C_2O_4$）	45~55	18~22
	氰化钠（NaCN）	18~22	—
	氟化钠（NaF）	8~12	—
	硫代硫酸钠（$Na_2S_2O_3$）	2~4	—
	钼酸铵[$(NH_4)_2MoO_4$]	25~35	—
	磷酸二氢钠（NaH_2PO_4）	—	8~12
	氯化钠（NaCl）	—	120~130
	草酸铵[$(NH_4)_2C_2O_4$]	—	4~6
工艺条件	pH 值	—	1.6~1.7
	溶液温度/℃	45~55	30~40
	处理时间/min	5~10	3~10

高合金钢不易与草酸溶液产生反应，这是因为在合金钢表面有一层很薄的铬和镍氧化层，这一膜层在只含草酸盐的溶液中不溶解，但是在加进某些加速剂和活化剂的草酸盐的溶液中，这种钢表面就可生成并得到草酸盐膜。加速剂主要有四价硫化物，如亚硫酸钠、硫代硫酸钠、连四硫酸钠等。加速剂的含量要控制在一定的限度范围内，含量太高，溶液对合金钢表面的腐蚀强烈，以至于不能成膜。一般情况其用量约为质量分数 0.1%，质量分数为 0.01%~1.5%的草酸钛或草酸钠-钛和质量分数为 1%~4%的钼酸盐也用作加速剂。活化剂

主要是一些氯化物和溴化物，也有用其他的化合物如氟化物、氟硅酸盐、氟硼酸盐等替代，卤化物的含量相当高，其离子质量分数高达20%。但是如果溶液中铁离子的质量分数保持在1.5%~6.0%，又有质量分数为1.5%~3.0%的硫氰酸盐共存的情况下，氯化物的质量分数可降至2%。草酸盐溶液中的加速剂和活化剂可使合金钢表面去钝化并转变为活化，致使钢表面形成草酸盐膜。

钢铁材料的草酸盐膜的耐蚀性不及磷酸盐膜，所以一般不用来防腐，但在普通钢上此膜可用作涂料的底层，并能有效地保护基体不受亚硫酸的腐蚀，在不锈钢及其他含铬、镍元素的高合金钢上主要用作润滑剂的载体，减少摩擦以利于冷变形加工，加大断面收缩率，降低工具磨损，减少中间退火次数。如果提高溶液温度，对特殊钢、合金钢等也可发生上述反应，当草酸中的Fe^{2+}达到饱和时，则在钢铁表面生成由草酸亚铁组成的结晶膜层，但这样生成的膜层较软，而且结合性欠佳，这时如果在溶液中加入少量Mn、Zn、Mg、Sn、Sb等金属离子及F^-、SiF_6^{2-}、NO_3^-、Cl^-等阴离子，可起加速作用而且形成的膜层坚硬，结合性好。

钢铁的草酸盐钝化应注意以下几点：

1）钢铁的草酸盐钝化膜不能作为防腐涂层。草酸盐膜用于合金钢，即铁素体、马氏体或奥氏体的Fe-Cr-Ni合金冷加工成形，不能作为防腐涂层。草酸盐膜也能用于耐热钢、蒙乃尔型合金，也可用在Fe-Cr、Fe-Cr-Mn、Fe-Cr-Ni-Mn、Fe-Cr-Ni，含Cr12%~30%（质量分数）、Ni1.25%~22%（质量分数）、Mo1%~10%（质量分数）的Fe-Cr-Ni-Mo合金上。另外，含有Co、W、Ti、Si等的高合金钢，在冷加工时也进行草酸盐钝化。但是草酸盐钝化膜的耐蚀性低于磷酸盐、铬酸盐钝化膜。所以草酸盐膜在大规模生产上没有防腐蚀的用途。

2）钢铁草酸盐钝化前必须采用特殊的表面清理工艺。

3）不同型号的钢铁进行草酸盐钝化时要用不同的工艺。

13.2.3 钢铁的硝酸钝化

黑色金属在硝酸中有很好的耐蚀性，特别是在稀硝酸中非常耐蚀，虽然稀硝酸的氧化性差些，但是由于不锈钢含有许多易钝化元素，所以比碳钢更容易钝化。所以黑色金属尤其是不锈钢和稀硝酸接触时仍能发生钝化，腐蚀速度非常小，也不会发生氢去极化腐蚀，因此不锈钢是硝酸的生产系统及贮存、运输中大量使用的耐蚀材料。例如在硝酸、硝氨化肥生产中，大部分的设备及容器都采用不锈钢制造。根据不锈钢在硝酸中能发生钝化，生成耐蚀钝化膜的性能，大多数不同类型的不锈钢都可采用硝酸溶液钝化。不锈钢工件只要经过酸洗去除旧膜后，即可进行钝化处理。经钝化后的不锈钢表面保持其原来色泽，一般为银白或灰白色。

黑色金属硝酸钝化处理工艺见表13-10。

表13-10 黑色金属硝酸钝化处理工艺

工艺号		1	2	3	4
组分质量浓度/(g/L)	硝酸(HNO_3)	20~25	25~45	20~25	45~55
	重铬酸钠($Na_2Cr_2O_7\cdot 2H_2O$)	2~3	—	—	—
	纯水(H_2O)	余量	余量	余量	余量
工艺条件	溶液温度/℃	49~54	21~32	49~60	49~54
	处理时间/min	>20	>30	>20	>30

（续）

工 艺 号	1	2	3	4
适用的不锈钢材料及类型	适用于处理高碳/高铬级别（440系列）：Cr质量分数为12%～14%的直接铬级别（马氏体400系列）或含硫含硒量较大的耐蚀钢（如303、303Se、347Se、416、416Se）和沉淀硬化钢	适用于奥氏体200和300系列的铬镍级和Cr质量分数为17%或更高的铬级（440系列除外）耐蚀钢	适用于奥氏体200和300系列的铬镍级和Cr质量分数为17%或更高的铬级（440系列除外）耐蚀钢	适用于高碳和高铬级（440系列）以及沉淀硬化不锈钢

黑色金属在硝酸溶液中进行钝化处理之后，应用水彻底清洗干净表面的残留酸液，清洗水中的泥沙含量应限于200×10^{-6}（质量分数）。可用流动水逆流清洗，也可用淋涂水冲洗。

对所有的铁素体和马氏体不锈钢经钝化处理后，水洗干净并在空气中放置1h，然后再在重铬酸钠溶液中处理，处理溶液配方及工艺见表13-11。

表13-11 重铬酸钠处理工艺

重铬酸钠（Na_2CrO_7）（质量分数，%）	纯水（H_2O）（质量分数，%）	溶液温度/℃	处理时间/min
4～6	余量	60～71	30

经重铬酸钠溶液处理后，再用水清洗干净，然后加热干燥。

13.2.4 钢铁钝化的应用实例

1. 特种不锈钢的钝化应用

特种不锈钢PH15-5具有良好的力学性能，硬度高、耐磨性和耐蚀性好。材料中主要含有Cr、Ni、Ti、Si、V、Mn、Mo等合金元素，这些元素在材料表面处理的热加工过程中生成较厚的氧化皮膜，化学性质很稳定。工件在钝化前必须先将这种氧化皮彻底清除干净，才能在强氧化剂溶液中钝化，并获得表面均匀、致密、耐蚀性良好的钝化膜。其钝化工艺流程及操作工艺如下。

（1）钝化工艺流程　特种不锈钢的钝化工艺流程：工件→检验→有机溶剂脱脂→电解脱脂→热水洗→冷水洗→酸洗除氧化皮→冷水洗→钝化→冷水洗→封闭→冷水洗→干燥→产品。

（2）酸洗清除氧化皮　由于低温固熔时效在工件表面生成的氧化膜和在高温固熔时效工件所生成的氧化皮厚度不同，因此去除氧化皮的方法也不同。

1）低温固熔时效工件氧化皮的退除：低温固溶时效工件生成的氧化皮，一般都比较薄，退除的方法相对简单容易。工件在电解脱脂后，经热水、冷水清洗，放进500mL/L的盐酸溶液中浸泡3～5min，即可将氧化皮清除干净，并且表面不挂灰，工件基体不受腐蚀。经清洗后即可进行钝化处理。

2）高温固溶时效工件氧化皮的退除：高温固溶时效工件的氧化皮较厚，用上述方法很难清除干净，因此需要采用多个步骤才能达到完全彻底清除的目的。具体做法如下：首先疏松氧化皮，疏松氧化皮处理是在含有强氧化剂的浓碱溶液中进行，处理时氧化皮中难溶的含铬氧化物（Cr_2O_3）可以转换成易溶的铬酸盐（Na_2CrO_4），酸洗时便很容易除去。溶液配方及工艺见表13-12。

表13-12 疏松氧化皮处理工艺

组分质量浓度/(g/L)		工艺条件	
氢氧化钠	硝酸钠	操作温度/℃	处理时间/min
600~700	200~250	140~150	25~40

然后酸浸洗除氧化皮，工件表面的氧化皮经上述处理后，膜层已变得疏松。可以放进500mL/L的盐酸溶液中，在室温下浸泡3~5min，氧化皮基本可以脱落，并清除干净，但是表面可能还有灰粉覆盖，也就是表面挂灰。因此在钝化处理前还要把工件表面的灰清除干净。

最后除灰，光工件表面的挂灰很容易在含氟的酸液中溶解而除掉，从环保出发可以不用含氟物质。除灰工艺见表13-13。

表13-13 除灰工艺

组分质量浓度/(g/L)		工艺条件	
硝酸(HNO_3)	双氧水(H_2O_2)	溶液温度/℃	处理时间/s
35~50	5~15	20~30	25~60

在除灰过程中温度不能高，时间不能长，否则会造成工件的腐蚀。

（3）工件的钝化　特种不锈钢工件经去灰出光后，表面光亮洁净，经清洗干净表面的除灰残液后，在钝化溶液中钝化，钝化工艺见表13-14。

表13-14 钝化工艺

组分质量分数(%)			工艺条件	
重铬酸钠($Na_2Cr_2O_7 \cdot 2H_2O$)	浓硝酸(HNO_3)	纯水(H_2O)	溶液温度/℃	处理时间/min
2~3	20~30	余量	45~55	20~30

（4）钝化后处理　特种不锈钢钝化后，要用干净水彻底清洗，然后进行干燥并且根据使用的情况涂以防锈油、浸机油或防锈蜡等防护润滑油脂类物质，使表面更光亮、耐蚀、耐用。

2. 普通不锈钢设备钝化的应用

某厂对该厂的不锈钢制品（包括热作件及焊接件）做抛光、碱洗、酸洗、钝化等表面处理。

（1）抛光　一般的制品由于不锈钢工件本身已基本光亮，可以不用抛光，但对于具有特殊要求的需要作抛光处理。抛光方法可用机械抛光也可用电解抛光。

（2）碱洗脱脂　在油污较少的情况下用3%~7%（质量分数）的碳酸钠溶液进行浸洗或刷洗。一般来说小工件用批量浸洗，大设备用刷洗，彻底洗净油污物，再用水冲洗干净。

（3）酸洗除锈　酸洗除锈也是根据工件的具体情况进行浸洗或刷洗。对于小工件、零星件采用浸洗，浸洗工艺见表13-15。

缓蚀剂为5%（质量分数）的牛皮胶溶在95%（质量分数）的硫酸中制成。对于大型的工件及容器，由于无法浸洗，采用刷洗。刷洗液的溶液由盐酸（HCl）50%（体积分数）和50%（体积分数）的水在室温下刷洗，刷洗完后要用水冲洗干净。

表 13-15 浸洗工艺

组分体积分数(%)			工艺条件		
盐酸	硝酸(HNO_3)	水(H_2O)	溶液温度/℃	缓蚀剂(体积分数,%)	处理时间/min
30	5.0	余量	20~30	2.0	30~45

(4) 钝化处理 经酸洗后的不锈钢表面，用水冲洗干净后，要马上进行钝化处理。钝化处理溶液由40%~50%（体积分数）的硝酸（HNO_3）和40%~60%（体积分数）的水组成，在室温下浸渍25min。对大工件可用刷涂法将钝化液刷涂到工件表面。

13.3 不锈钢的钝化

13.3.1 不锈钢钝化方法分类

不锈钢酸洗后，为提高其耐蚀性进行钝化处理。经钝化后的不锈钢表面保持原色或酸洗钝化一步处理，可提高生产效率。不锈钢设备与工件酸洗、钝化处理根据操作不同有多种方法。

1）浸渍法：用于可放入酸洗槽或钝化槽的工件，不适于大设备，酸洗液可较长时间使用，生产效率较高、成本低，但大容积设备充满酸液浸渍耗液太多。

2）涂刷法：适用于大型设备内外表面及局部处理，手工操作、劳动条件差、酸液无法回收。

3）膏剂法：用于安装或检修现场，尤其用于焊接部处理，手工操作、劳动条件差、生产成本高。

4）淋涂法：用于安装现场，大型容器内壁，用液量低、费用少、速度快，但需配置喷枪及循环系统。

5）循环法：用于大型设备，如换热器、管壳处理，施工方便，酸液可回用，但需配管与泵连接循环系统。

6）电化学法：用电刷法对现场设备表面处理，技术较复杂，需直流电源或恒电位仪。

13.3.2 不锈钢钝化工艺流程

不锈钢钝化一般工艺程序为：水洗→脱脂→水洗→酸洗→水洗→钝化→水洗→检验。

不锈钢工件酸洗后再在氧化介质溶液中浸渍，在其表面所形成的一层薄的本色膜层，使酸洗后显露的结晶表面钝化，并清除了不锈钢件表面的金属杂质，使不锈钢表面具有更好的耐腐蚀和抗点蚀能力。适用于不锈钢制件和导管。不锈钢钝化工艺见表 13-16。

为提高耐蚀性可再进行封闭处理，封闭处理工艺见表 13-17。

13.3.3 不锈钢钝化后处理

所有的铁素体和马氏体不锈钢钝化处理后，水洗，在空气中放置 1h，然后在溶液里处理，后处理溶液的配方及处理工艺见表 13-18。

表 13-16 不锈钢钝化工艺

工艺号		1	2	3	4
质量分数(%)	硝酸(HNO_3)	20~25	25~45	20~25	45~55
	重铬酸钠($Na_2Cr_2O_7 \cdot 2H_2O$)	2~3	—	—	—
	纯水(H_2O)	余量	余量	余量	余量
工艺条件	溶液温度/℃	49~54	21~32	49~60	49~54
	处理时间/min	>20	>30	>20	>30
适用的不锈钢类型		适用于高碳高铬不锈钢、高硫高硒不锈钢和沉淀硬化不锈钢	适用于奥氏体不锈钢和高铬不锈钢	适用于奥氏体不锈钢和高铬不锈钢	适用于高碳高铬不锈钢和沉淀硬化不锈钢

表 13-17 封闭处理工艺

组分质量浓度/(g/L)			工艺条件				
重铬酸钠($Na_2Cr_2O_7 \cdot 2H_2O$)	钼酸钠(Na_2MoO_4)	碳酸钠(Na_2CO_3)	pH值	温度/℃	阴极电流密度/(A/dm)	时间/min	阳极处理/s
8	20	6~8	9~10	25~35	0.5~1	10	30

表 13-18 后处理溶液的配方及处理工艺

重铬酸钠(质量分数,%)	温度/℃	时间/min
4~6	60~71	30

上述溶液处理后，必须用水洗净，然后彻底干燥。

13.3.4 不锈钢钝化膜的质量检测

不锈钢钝化处理之后，表面应该均匀一致，无色，光亮度比处理之前略有下降。无过腐蚀、点蚀、黑灰或其他污迹。膜层耐蚀性可用下列方法检测：

（1）浸水试验方法　试样在去离子水中浸泡 1h，然后在空气中干燥 1h，这样交替处理最少 24h，试样表面应该无明显的生锈和腐蚀。

（2）高潮湿试验　试样暴露在潮湿箱中，(97±3)%的相对湿度和（37.8±2.8)%试样表面应该无明显的生锈和腐蚀。

（3）盐雾试验　不锈钢钝化膜必须能够经受最少 2h 的质量分数为 5%中性盐雾试验，而无明显腐蚀。

（4）硫酸铜点滴试验　测试 300 系列奥氏体镍铬不锈钢时，可以用硫酸铜点滴试验替代盐雾试验。硫酸铜试验溶液的配制：将 8g 五水硫酸铜试剂溶于 500mL 蒸馏水中，加 2~3mL 试剂浓硫酸。新配的溶液只能使用两个星期，超过两个星期的溶液要废弃重配。

将硫酸铜溶液数滴滴在不锈钢试样的表面上，通过补充试液的方法，保持液滴试样表面始终处于润湿状态 6min，然后小心将试液用水洗去，干燥。观察试样表面的液滴处，如无置换铜说明钝化膜合格，否则，钝化膜不合格。

（5）铁氰化钾-硝酸溶液点滴试验　试验溶液的配制：将 10g 化学纯铁氰化钾溶于 500mL 蒸馏水中，加 30mL 化学纯浓硝酸（质量分数为 70%），用蒸馏水稀释到 1000mL。这种试液配制后要当天使用。

滴几滴试液于不锈钢表面上，如果试液 30s 以内变成蓝黑色，说明表面有游离铁，钝化不合格。如果表面无反应，试样表面的试液可以用温水彻底洗净。如果表面有反应，试验表面的试液，可以用质量分数为10%的醋酸、质量分数为8%的草酸溶液和热水将其彻底洗净。

13.4 锌及锌合金的钝化

13.4.1 锌及锌合金铬酸盐钝化

1. 铬酸盐处理液的基本组成

铬酸盐处理工艺见表13-19，其中配方1为传统的重铬酸盐型。使用时浸渍的时间短，只有10s左右，而且对时间很敏感，形成的膜很薄，并呈干涉型的彩虹。随着时间的增长，膜的颜色由浅变深，5s时泛绿，15s时会变成棕黄。如果长时间处理会使膜层粉化易于脱落。不希望膜的颜色带黄时，可用60g/L的磷酸钠溶液漂白，漂白后变成美观的蓝白色或接近透明。如需要黑色可采用配方2。

表13-19　铬酸盐处理工艺

工　艺　号		1	2	3	4
组分质量浓度/(g/L)	重铬酸钠($Na_2Cr_2O_7$)	180~200	—	—	—
	铬酐(CrO_3)	—	15~30	150~250	50~75
	硫酸(H_2SO_4,密度为1.84g/cm^3)	8~10	—	5~25	5~10
	硝酸(HNO_3,密度为1.4g/cm^3)	—	—	0~10	—
	醋酸(HAc,密度为1.045g/cm^3)	—	70~125	0~5	—
	磷酸(H_3PO_4)	—	—	—	添加10~30变草色
	硫酸铜($CuSO_4 \cdot 5H_2O$)	—	30~50	—	—
	甲酸钠($HCOONa \cdot 2H_2O$)	—	20~30	—	—
工艺条件	溶液温度/℃	20~30	20~30	20~30	20~30
	处理时间/s	5~15	2~3min	10~30	20~60
膜层颜色		彩虹色	黑色	—	—

铬酸盐处理溶液又分为高浓度和低浓度两类。溶液中铬酸含量在80g/L以上的称为高浓度，80g/L以下的称为低浓度。高浓度铬酸溶液具有抛光作用，而低浓度溶液则没有此功能。要得到有光泽的膜层，则采用高浓度溶液处理。但溶液的成本高，污水处理困难。而低浓度铬酸盐处理溶液则成本相对较低，污染及公害程度也相对较小。表中的配方1也属于高浓度处理液，配方3为高浓度铬酸处理液，配方2和配方4属于低浓度类型的铬酸处理液。

2. 铬酸盐钝化膜质量的影响因素

(1) 铬酸盐膜层的组成　对锌镀层表面铬酸盐钝化膜进行分析，其膜的组成见表13-20。含三价铬最多，其次为水，再其次为六价铬，另外还有硫酸根、锌、钠等成分，可见铬酸盐膜主要由三价铬、六价铬和水组成，化学式表示为$Cr_2O_3CrO_3 \cdot xH_2O$，水为结晶水的形态。影响膜的耐蚀性的成分主要是六价铬和三价铬，其中六价铬起主要的影响作用。因此，要得到耐蚀性良好的钝化膜就要提高膜的六价铬含量，获得六价铬含量高的铬酸盐钝化膜。

三价铬在膜中是主要组分，不溶于水，有较高的稳定性，是构成膜层的骨架，使膜层不易溶解并得到良好的保护。三价铬化合物一般呈绿色，在膜中则显蓝色。六价铬化合物分布于膜的内部，起填充空隙的作用。六价铬化合物易溶于水，在潮湿的介质中，它能逐渐从膜

表 13-20 锌的铬酸盐钝化膜分析结果

膜的成分	各成分质量分数(%)	膜的成分	各成分质量分数(%)
三价铬(Cr^{3+})	28.20	锌(Zn)	2.17
六价铬(Cr^{6+})	8.68	碳酸钠(Na_2CO_3)	0.32
水(H_2O)	19.30	其他	余量
硫酸根(SO_4^{2-})	3.27	—	—

内渗出，溶于膜表面凝结的水中形成铬酸，具有使膜层再钝化的功能。当钝化膜受轻度损伤时，可溶性六价铬化合物会使该处得到再钝化，修复受伤的部位，防止锌镀层受到腐蚀。六价铬化合物一般是黄色或橙色，与三价铬化合物混合在一起时，则形成彩虹色。

钝化膜中三价铬和六价铬的含量比例是随各种因素变化的，因而钝化膜的色彩也随这两种化合物含量比例的不同而改变。钝化膜的色彩也成为判断钝化膜质量好坏的标志。一般来说，质量好的钝化膜其外观应有光亮的偏亮彩虹色。

(2) 空气中放置时间的影响 在空气中放置的时间变长，六价铬的含量增大，覆膜厚度增加，膜的耐蚀性也提高，空气中放置时间与膜的耐蚀性关系见表 13-21。但覆膜增厚后，有时膜的附着力下降，膜层容易在外力作用下脱落，所以膜层也不能太厚。一般情况下在低浓度铬酸溶液中久浸时，膜的附着力减弱，在铬酸盐溶液中添加 30mL/L 的冰醋酸时，膜的附着力增强，铬酸盐溶液中添加过锰酸钾时，附着力也得到改善。但是铬酸盐溶液中的金属（锌、镉等）含量增加时，膜的附着力下降。

表 13-21 空气中放置时间与膜的耐蚀性关系

空气中放置时间/s	全铬	六价铬	三价铬	盐水(质量分数为 5%)喷雾试验	
	质量浓度/(mg/dm²)			白色腐蚀时间/h	红锈出现时间/h
1	—	—	—	120	144
5	1.192	0.274	0.918	144	168
10	1.605	0.389	1.216	144	168
15	—	0.478	—	144	168
20	2.120	0.566	1.554	144	168
25	—	0.690	—	168	192
30	2.325	0.757	1.568	168	192

(3) 干燥温度与膜的耐蚀性关系 铬酸盐钝化成膜后的干燥温度对膜的耐蚀性有很大的影响作用。一般来说，应当在 60℃以下干燥较适宜，在 70℃以上干燥的膜，其耐蚀性下降，80℃以上时耐蚀性激减。这是因为在 70℃以上干燥时铬酸盐膜会出现裂纹，导致耐蚀性下降。裂纹出现的原因是铬酸盐钝化膜本身应含有一定的结晶水，当温度达到 70℃以上时，膜内的水分开始脱离膜层而蒸发，致使膜层出现裂缝。

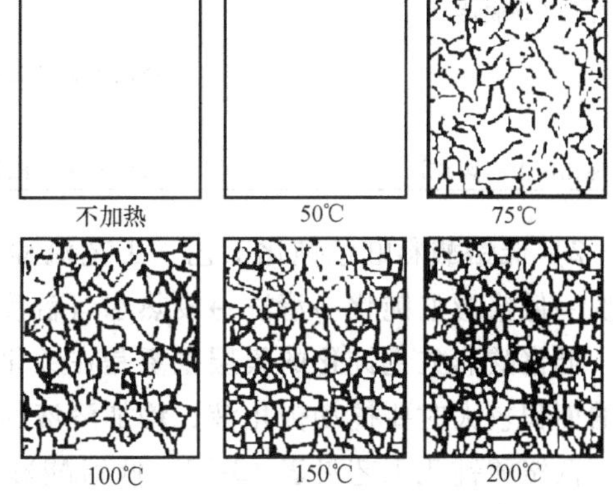

图 13-2 不同温度干燥时膜表面的网状裂纹

经铬酸盐钝化处理后，加热干燥温度为 50~200℃，然后从显微镜观察不同干燥温度下膜层表面的状态，如图 13-2 所示。从图 13-2 中可以看到，在 50℃干燥的表面没有裂纹，75℃开始有裂纹，而且随着干燥温度的增加，表面所出现的裂纹越多。

（4）时效与膜层耐蚀性的关系　铬酸盐钝化膜的耐蚀性在刚生成时比较弱，但随着放置时间的增长，膜的耐蚀性逐渐提高，同时膜层的硬度和附着力也随放置时间的增长而增大。所以膜层的耐蚀性试验应当至少在成膜干燥后，放置 2h 再进行，否则其试验的结果误差较大，但是在 60℃以下的温度干燥时，可以短时间内增大其耐蚀性。

3. 铬酸盐钝化的具体实施

锌、锌合金及镀锌层的铬酸盐钝化又分彩虹色钝化、白色钝化和黑色钝化、军绿色钝化等多种。

（1）镀锌层的铬酸盐彩虹色钝化　彩虹色钝化中又可以根据钝化液中铬的含量情况，分为高铬彩虹色钝化、低铬彩虹色钝化和超低铬彩虹色钝化等。溶液中的铬酚含量在 200~350g/L 时为高铬彩虹色钝化，高铬钝化的操作工艺有三酸法和三酸二次钝化法。

1）高铬彩虹色钝化工艺。高铬三酸钝化生成的膜色泽鲜艳，若加入 10~15g/L 的硫酸亚铁，则生成的钝化膜更厚，而附着力更强，耐蚀性也更好，但膜的颜色会变深，光泽较差。

高铬酸盐钝化的工艺已相当成熟，所得的膜层性能也很好。但生产成本高，而且污染相对严重，废水治理及环保的任务很艰巨，所以目前已用得不多，而多采用低铬酸盐钝化工艺。随着低铬钝化工艺应用日渐增多，而且不断改进和提高，低铬酸钝化也日趋完善和成熟。

高铬彩虹色钝化膜常见的故障产生原因及处理方法见表 13-22。

表 13-22　高铬彩虹色钝化膜故障及处理方法

出现故障	产生原因	处理方法
钝化膜暗淡无光	硝酸偏低	增加硝酸含量
	铬酸偏低	添加铬酸
钝化膜显红色,且色泽浅	硝酸偏高	适当补充硫酸,降低硝酸的比例
钝化膜显浅黄色	在空气中放置的时间短	延长在空气中放置的时间
	铬酸含量偏高,或硫酸含量偏低	调整钝化溶液中铬酸或硫酸的含量
钝化膜显棕褐色	铬酸偏低	添加铬酸,但要适当
	硫酸偏高	适当降低硫酸含量
钝化膜易脱落	钝化液的温度太高	降低温度
	硫酸的含量偏低	增加硫酸含量
	钝化后放置时间太长	缩短放置的时间
	镀层中夹带的添加剂过多	镀液用活性炭处理或钝化前把镀件用质量分数为 5% 的 NaOH 溶液浸洗处理，再经过清洗后才钝化
钝化膜上有斑纹迹	可能是钝化液清洗不干净	加强钝化后的清洗

2）低铬酸彩虹色钝化工艺。工艺流程：工件→镀锌→清洗→出光（或低铬白钝化）→清洗→低铬彩虹钝化→清洗→浸热水（温度为 60℃）→干燥。

低铬酸彩虹色钝化的膜层主要是在钝化液中形成的，因此不需要在空气中放置。钝化工件的面积较大时要搅动钝化液，增加溶液的流动性这样才能保证钝化膜的均匀性。

低铬酸钝化工艺见表 13-23。低铬酸彩虹色钝化溶液的铬酐浓度在 3~5g/L 内最合适，pH 值在 1~1.3 为最佳，室温的情况下处理的时间 5~8s 为最好。

表 13-23　低铬酸钝化工艺

工艺号		1	2	3	4
组分质量浓度/(g/L)	铬酐(CrO_3)	4~6	5	5	3~5
	硝酸(HNO_3)	5~8mL/L	3mL/L	3mL/L	—
	硫酸(H_2SO_4)	0.5~1mL/L	0.4mL/L	0.3mL/L	—
	硫酸锌($ZnSO_4$)	—	—	—	1~2
	高锰酸钾($KMnO_4$)	1.0	0.1	—	—
	醋酸(HAc)	—	—	5mol/L	—
工艺条件	溶液 pH 值	1.0~1.6	0.8~1.3	0.8~1.3	1~2
	溶液温度/℃	15~30	20~30	20~30	20~30
	处理时间/s	10~45	5~8	5~8	10~12

由于低铬钝化液的酸值较低，钝化液自身的化学抛光性能差。钝化前要先用 2%~3%（体积分数）的硝酸溶液出光 2~5s，根据钝化液酸度的要求，出光后可以不清洗而直接进入钝化液处理。钝化后可直接用 60~65℃的热水烫干。

3）低铬钝化常见故障及处理方法。低铬酸彩虹色钝化常见故障、产生原因及处理方法见表 13-24。

表 13-24　低铬钝化常见故障及处理方法

出现故障	产生原因	处理方法
不出现彩虹色或色泽很淡	溶液的 pH 值不在工艺范围内	调整好 pH 值至规定范围
	硫酸的含量偏低	补充硫酸或硫酸盐
	钝化时间不合适	调整钝化时间至最佳
	镀层本身的表面光亮度差	镀层表面要光亮
钝化膜不光亮	镀层原来就不光亮	镀层应先抛光或出光
	出光溶液不正常	调整好出光液
	钝化溶液 pH 值偏低	调好溶液的 pH 值
	溶液的硝酸含量偏低	补充硝酸的用量
	钝化时间过长	控制好钝化处理的时间
钝化膜易脱落或膜层易擦去	硫酸含量偏低	增加硫酸的含量
	钝化时间过长	缩短钝化的时间
	钝化液老化，pH 值偏高	补充硝酸或硫酸
	钝化液的温度偏高	适当降低溶液的温度
	清洗水的水质不良	更换清洗水至合格
	镀层夹杂有过多表面活性剂	镀液用活性炭处理好

（2）锌及锌合金的白色钝化　镀锌产品及锌合金工件要求钝化膜呈白颜色外观时，一般来说有两种处理方法，一种是在铬酸白色钝化液中一次性钝化处理而成，另一种是先用铬酸彩色钝化一次，后再经漂白处理而成。

1）一次性铬酸白色钝化工艺流程：工件→光亮镀锌→清洗两次→出光（用质量分数为 2%~3%的硝酸）→清洗→白色钝化→清洗两次→90℃以上的热水烫→甩干→干燥→产品。

2）镀锌产品一次性铬酸白色钝化工艺见表 13-25。

3）铬酸白色钝化常见故障及处理方法。铬酸白色钝化常见的故障、产生原因及处理方法见表 13-26。

4）二次性白色钝化工艺。所谓二次性白色钝化就是先用任何一种彩色钝化的溶液进行钝化，然后再在漂白溶液中浸渍漂白。浸渍漂白工艺见表 13-27。

表 13-25　一次性白色钝化工艺

工艺号			1	2	3	4
组分质量浓度/(g/L)	铬酐(CrO_3)		1~2	14~16	4~6	2~5
	硝酸(HNO_3)		10~20	—	0.5~1.0mL/L	0.5mL/L
	硫酸(H_2SO_4)		30~40	—	—	—
	氢氟酸(HF)		2~4mL/L	—	—	—
	碳酸钡($BaCO_3$)		—	0.5	1.0	1~2
	氯化铬($CrCl_3$)		微量	—	—	—
	醋酸镍[$Ni(CH_3COO)_2$]		—	—	1~3	—
工艺条件	溶液温度/℃		20~30	20~30	20~30	20~30
	处理时间/s	溶液中	2~3	15~30	3~8	14~16
		空气中	15~20	—	5~10	—

表 13-26　铬酸白色钝化常见故障及处理方法

出现故障	产生原因	处理方法
钝化膜发“雾”	钝化液老化,pH 值偏高	补充硝酸或硫酸
	铬酸偏高	加入少量硝酸
	空气中氧化时间短	钝化后延长放置时间
	钝化液温度高	降低溶液温度
	溶液中锌、三价铬或铁离子过高	稀释或更换钝化液
	氟化物不足或过量	调整适当的含量
钝化膜颜色不正常	新配溶液,三价铬离子少	加锌粉或三氯化铬
	硫酸含量偏低	调整合适的含量
	空气中放置时间不够	适当延长放置时间
钝化膜无光泽、不亮	硝酸含量低	补充硝酸含量
	镀层本身光亮度差	镀层要抛光或出光
	处理温度太高	降低处理液的温度
	铬离子含量不足	少加或不加氢氟酸
钝化膜色泽不均匀或带淡彩虹色	铬酸偏高	加入少量硝酸
	氟化物含量偏高	溶液稀释
	镀锌后清洗不干净	加强水洗,水洗后马上钝化
	清洗中含有过多的铬酸或水质太差	注意清洗水的质量,并改善
	翻动不均匀	多翻动钝化的零件
	硫酸含量偏低	添加少量硫酸

表 13-27　浸渍漂白彩色钝化膜工艺

工艺号		1	2	3
组分质量浓度/(g/L)	氢氧化钠(NaOH)	10~20	30~50	50~70
	硫化钠(Na_2S)	20~30	—	—
	硫酸钠(Na_2SO_4)		5~10	
工艺条件	溶液温度/℃	20~30	20~30	30~60
	处理时间/s	变白即止	变白即止	变白即止

二次性白色钝化的工艺流程：工件→光亮镀锌→清洗→出光→清洗→彩（虹）色钝化→清洗三次→漂白处理→清洗二次→浸热水封闭（温度为 85~100℃）→干燥→产品。

（3）锌及锌合金的黑色钝化　近年来镀锌工件流行黑色，这是由于黑色显得庄重高雅，很好的光学效果，再加上镀层的耐蚀性较高，因此被人接受。大多数应用于电子，轻工、汽车、摩托车工件及日用五金制品应用的范围还在不断地扩大。

1）锌及锌合金黑色钝化工艺流程。镀锌层黑色钝化工艺流程：工件→碱性锌酸盐镀锌

→流动冷水洗→出光（质量分数为3%的硝酸）→流动冷水洗→黑色钝化→流动冷水洗→封闭→吹干→干燥。

2）锌及锌合金黑色钝化溶液配方及工艺。锌及锌合金黑色钝化工艺见表13-28。

表13-28 锌及锌合金黑色钝化工艺

工艺号		1	2	3	4
组分质量浓度/(g/L)	铬酐(CrO_3)	6~10	15~30	15~30	—
	醋酸(CH_3COOH)	40~50	70~120mL/L	70~125	—
	硫酸铜($CuSO_4$)	—	30~50	30~50	—
	甲酸钠(HCOONa)	—	65~75	20~30	—
	硫酸(H_2SO_4)	0.5~1.0mL/L	—	—	—
	硝酸银($AgNO_3$)	0.3~0.5	—	—	—
	钼酸铵[$(NH_4)_2MoO_4$]	—	—	—	80~100
	氨水(NH_4OH)	—	—	—	30~80mL/L
工艺条件	溶液pH值	1.0~1.8	2.0~3.0	—	—
	溶液温度/℃	20~30	20~30	20~30	50~80
	处理时间/s	120~180	溶液中2~3 空气中14~16	2~3min	10min

钝化液的配制及注意事项（以配方1为例）：醋酸应在硝酸银之前加入，因为它可以抑制砖红色的Ag_2CrO_4沉淀产生；同时银盐必须缓慢地加入，避免直接快速加银盐造成瞬间局部浓度过大而产生大量的Ag_2CrO_4沉淀物。

3）溶液主要成分及工艺的影响。溶液中铬酐（CrO_3）、硝酸银（$AgNO_3$）、硫酸（H_2SO_4）、醋酸（CH_3COOH）等成分，以及溶液的pH值、钝化处理时间、钝化后处理等因素会对二次性白色钝化产生很多影响。钝化膜经清洗后应用热风吹干，然后在温度为60~70℃下烘干5~10min，温度不要太高，否则钝化膜会开裂，耐蚀性将降低。

13.4.2 锌及锌合金无铬钝化

1. 概述

随着人类环保意识的加强，各行各业中对环保要求的呼声也越来越高，甚至采取了各种措施解决工业废弃物对环境造成的破坏。在锌及锌合金钝化中，由于铬酸盐钝化存在着六价铬对环境的污染问题，所以近年来在生产中，大量使用了低铬、超低铬的钝化处理液，但是还是存在有六价铬的情况。我国在20世纪70年代开始研究并应用无铬钝化，除了无铬白钝化和黑钝化取得一定的成效之外，彩色无铬钝化仍然存在色调浅、不均匀等缺陷，仍需继续研究解决。

2. 无铬钝化溶液配方及工艺

从钝化液的成分来看，无铬钝化剂的主要成分为钼酸盐，硅酸盐、钨酸盐、稀土金属盐和钛酸盐等。锌及锌合金无铬钝化工艺见表13-29。

13.4.3 锌及锌合金钝化应用实例

1. 环保型三价铬彩色钝化应用

（1）三价铬彩色钝化工艺　三价铬彩色钝化的溶液配方及工艺、钝化液的配制方法如下。

1）钝化溶液配方及工艺。三价铬彩色钝化工艺见表13-30。

表 13-29 锌及锌合金无铬钝化工艺

工 艺 号		1	2	3	4
组分质量浓度/(g/L)	硅酸钠(Na_2SiO_3)	35~45	—	35~45	—
	硫酸(H_2SO_4)	3~8mL/L		2~5	—
	硝酸(HNO_3)	2mL/L	4~8mL/L	4.5~5.5	8~15mL/L
	磷酸(H_3PO_4)	2mL/L	8~12mL/L	—	—
	过氧化氢(H_2O_2)	40mL/L	50~80mL/L	35~45	50~80mL/L
	硫脲(H_2NCSNH_2)	6~8	—	—	—
	硫酸氧钛($TiOSO_4$)	—	3~6	—	2~5
	柠檬酸($C_6H_8O_7$)	—	3(单宁酸)	—	5~10
	六偏磷酸钠	—	6~15	—	—
	植酸($C_6H_{18}O_{24}P_6$)	—	—	4~6	—
工艺条件	溶液 pH 值	3.0	1.0~1.5	2~3	0.5~1.0
	溶液温度/℃	25~35	20~30	20~30	20~30
	钝化时间/s	90	溶液中 15 空气中 10	20~60	溶液中 8~15 空气中 5~10
膜层颜色		白色	彩色	—	白色

表 13-30 三价铬彩色钝化工艺

3095 彩色钝化浓缩液体积浓度/(mL/L)	钝化时间/s	钝化液 pH 值	烘干温度/℃	溶液温度/℃	烘干时间/min
80~120	30~70	1.6~2.2	60~80	28~45	10~15

2）钝化液的配制方法。先在 PVC 塑料槽中加进去离子水，然后加进计量好的 3095 三价铬彩色钝化浓缩液，经充分搅拌至均匀，检测钝化液的 pH 值至 1.6~2.2 范围，如不合格可用 HNO_3或 NaOH 稀溶液调至合格范围。合格后先进行试钝，观察外观颜色呈彩虹紫黄色为合格，并摸索出最佳的钝化时间后，即可投入生产。

（2）钝化操作注意事项　钝化时应严格控制溶液的 pH 值及温度，对钝化液进行维护，控制好钝化液的杂质含量，钝化后进行干燥处理。

1）溶液的 pH 值及温度控制。新配溶液所得的钝化膜，其外观为彩虹紫黄色，钝化的时间开始取下限，根据颜色的变化逐渐增加时间；钝化液的 pH 值要每 2h 检测一次。一般情况下随时间延长，pH 值不断上升，当 pH 值升至 2.2 时，钝化膜外观的颜色变差。膜层可能发雾，钝化所需的时间也长。在此情况下，可用 HNO_3调整 pH 值至应用范围内。钝化溶液的温度低则钝化时间长；钝化温度高则钝化时间短，防腐蚀能力好。但温度高，挥发大，对操作施工的环境污染大，宜采用下限温度。钝化溶液不宜用不锈钢管加热，否则会腐蚀可用钛管或石英管加热。

2）钝化溶液的维护。3095 钝化液应定期分析并添加新液，钝化液的消耗量为钝化 $1m^2$ 面积的工件，需加入 3095 浓缩液 50mL。钝化液在钝化时需用压缩空气搅拌。当钝化液快老化时，如搅拌不好会使同一挂具的工件中部分工件有发雾现象出现。

3）钝化液中杂质的含量控制。钝化液中严禁带入 Cr^{6+}和其他的金属杂质。掉入溶液中的工件要及时打捞起来，不能停留在溶液内，以免工件溶解产生杂质污染。

钝化浓缩液价格昂贵，更换钝化液会使生产成本增加，所以要进行再生处理。锌、铁杂质可用除锌、除铁剂化学方法除去，也可用特种离子交换法除去，使钝化液再生利用，以降低生产成本。经过再生处理 1~2 次后，再考虑把旧液废除。

4）钝化膜的干燥处理。镀锌件钝化后，烘干的温度一般为60~80℃，时间为10~15min；老化温度为80~100℃，时间可缩短为5~10min，否则颜色会变浅。如果烘干温度低，时间短，钝化膜层内会含较多的水分子，膜层的抗污染性差，手触摸时会留下指纹，包装后贮放在库房内钝化膜容易变色，或颜色变浅，且耐蚀性下降还会出现更严重的危害。如果工件烘干温度为80℃，时间为0.5h，使钝化膜中水分子大部分除去。尽管在潮湿的空气中也不会发生Cr^{3+}转变成Cr^{6+}的情况，Cr^{6+}检测也不会超标，所以一定要控制好烘干的温度及时间。

（3）三价铬钝化常见故障及处理方法　由于三价铬钝化膜较六价铬钝化膜透亮度好，但掩蔽能力差，抗污染的能力也差，故出现的故障也较多。其原因除了钝化液本身出现问题外，镀锌层的质量，钝化前出光的优劣也直接影响到钝化膜的外观，特别是钝化膜发雾多，影响的因素也多。因此要分别查找原因，对症下药解决问题。三价铬钝化常见问题与对策见表13-31。

表13-31　三价铬钝化常见问题与对策

<table>
<tr><th colspan="2">出现故障</th><th>产生原因</th><th>处理方法</th></tr>
<tr><td colspan="2" rowspan="3">钝化膜色浅发白</td><td>钝化时间太短或pH值太高</td><td>延长钝化时间，调整pH值</td></tr>
<tr><td>温度低于20℃</td><td>升高温度至控制范围</td></tr>
<tr><td>钝化液的浓度太低</td><td>分析溶液并调整</td></tr>
<tr><td colspan="2" rowspan="3">钝化膜发黄、发花、不连续</td><td>钝化时间太长</td><td>减少钝化时间</td></tr>
<tr><td>钝化液的pH值太高</td><td>用HNO_3调低pH值</td></tr>
<tr><td>浓缩液含量不足</td><td>分析后添加浓缩液</td></tr>
<tr><td rowspan="12">钝化膜发雾，有时为白色条状，边线黄雾，孔周边发蓝白雾</td><td rowspan="4">钝化槽本身产生的发雾原因</td><td>钝化液pH值过高或过低</td><td>用HNO_3按工艺要求调整</td></tr>
<tr><td>钝化液浓度太低</td><td>分析后添加</td></tr>
<tr><td>钝化时间太短</td><td>延长钝化时间</td></tr>
<tr><td>钝化液老化，溶液中锌、铁杂质含量超标</td><td>清除锌、铁等杂质，必要时更换钝化液</td></tr>
<tr><td rowspan="3">钝化前出光液引发的发雾</td><td>出光的时间短，HNO_3溶液的浓度低</td><td>延长出光时间，补加HNO_3</td></tr>
<tr><td>HNO_3、锌离子超标</td><td>更换出光液</td></tr>
<tr><td>工件在洗水槽中太长时间，出光后未及时钝化</td><td>缩短在水洗槽内的时间，出光水洗后马上钝化</td></tr>
<tr><td rowspan="5">镀锌槽引发的发雾</td><td>镀锌槽的光亮剂太多或太少</td><td>用霍尔槽检查后调整</td></tr>
<tr><td>镀液内的有机、无机杂质多</td><td>及时处理镀液中的杂质</td></tr>
<tr><td>镀前外理不良，有油污</td><td>加强前处理，提高清洗质量</td></tr>
<tr><td>镀层的碱液未清洗干净，出光后产生白雾</td><td>加强镀后的清洗</td></tr>
<tr><td>导电不良或断电产生朦雾</td><td>检查导电的情况</td></tr>
</table>

2. 低铬钝化应用实例

某光学仪器厂为了提高镀锌工件彩色钝化膜的耐蚀性和结合力，自制了一种镀锌低铬彩色钝化工艺，并生产了批量产品，按国家标准GB 6458中性盐雾试验测试了钝化膜的耐蚀性。钝化膜出现白锈的时间为213h，出现红锈的时间为246h，钝化膜的结合力超过普通钝化膜，满足了高品质产品质量的要求。

（1）低铬彩色钝化工艺流程　低铬彩色钝化工艺流程：工件→镀锌→水洗两次→钝化→水洗两次→封闭→水洗→浸热水→烘干→产品。

1）钝化溶液配方及工艺　镀锌层新型低铬彩色钝化工艺见表13-32。

表 13-32 镀锌层新型低铬彩色钝化工艺

组分质量浓度/(g/L)			工艺条件			
铬酐(CrO_3)	硝酸(HNO_3)	硫酸镍($NiSO_4$)	溶液 pH 值	溶液温度/℃	钝化时间/s	添加剂/(g/L)
5~7	1~2mL/L	1.0	1~2	20~30	10~30	0.8

2）封闭溶液配方及工艺。钝化后钝化膜封闭液工艺见表 13-33。

表 13-33 钝化膜封闭工艺

组分质量浓度/(g/L)					
苯甲酸	乙醇	亚硝酸钠($NaNO_2$)	添加剂(胺类)	丙三醇	水(H_2O)
30~40	300~400mL/L	20~30	10~20	60~100	余量

(2) 钝化膜质量检验　钝化后与普通低铬彩色钝化膜的结合力和耐蚀性进行对比。新型低铬彩色钝化膜与普通低铬彩色钝化膜的结合力对比见表 13-34。

表 13-34 钝化膜结合力对比

钝化膜状态	普通低铬钝化膜	新型低铬钝化膜
钝化膜未烘干	12 次擦后脱落	36 次擦后脱落
钝化膜烘干，并固化 24h	23 次擦后脱落	65 次擦后脱落

新的低铬彩色钝化膜与普通低铬彩色钝化膜耐蚀性对比试验见表 13-35。

表 13-35 钝化膜耐蚀性对比

盐雾试验	普通低铬钝化膜	新的低铬钝化膜
白锈出现时间/h	67	213
红锈出现时间/h	162	246

13.5 镀锌层钝化

镀锌层是钢铁基体最廉价的保护层，而钝化则是镀锌层所必经的处理过程。钝化可提高镀锌层的耐蚀性，改善其装饰性，提高与涂料的结合力。

13.5.1 镀锌层铬酸盐法钝化

在彩色钝化膜中，三价铬和六价铬的含量比例是随着各种因素的变化而改变的，因而钝化膜的色彩也随之发生变化。三价铬化合物多时，膜层呈偏绿色；六价铬含量高时，钝化膜则呈紫红色。在实际生产中，最希望的颜色是彩虹稍带黄绿色。

钝化膜的颜色深浅还与膜层的厚度有关。薄膜的颜色较浅，厚膜的颜色较深。而膜层厚度又与钝化时间或在空气中停留时间的长短有关。

1. 低铬一次性蓝白色钝化

低铬一次性蓝白色钝化工艺见表 13-36。

2. 超低铬蓝白色钝化

超低铬蓝白色钝化工艺见表 13-37。

3. 低铬银白色钝化

低铬银白色钝化工艺见表 13-38。

表 13-36　低铬一次性蓝白色钝化工艺

工　艺　号			1	2	3	4	5
组分质量浓度/(g/L)	铬酐		2~5	2~5	2~5	—	—
	三氯化铬		0~2	0~2	—	—	—
	硝酸		30~50	30~50	10~30	10	5
	硫酸		10~15mL/L	10~15mL/L	3~10mL/L	—	
	盐酸		—	10~15mL/L	—	—	—
	氢氟酸		2~4mL/L	—	2~4mL/L	—	—
	氟化钠		—	2~4	—	—	—
	WX-1 蓝白粉		—	—	—	2	—
	WX-8 蓝绿粉		—	—	—	—	2
工艺条件	温度		室温	室温	室温	室温	室温
	钝化时间/s	在溶液中	2~10	2~10	5~20	7~15	10~30
		在空气中	5~15	5~15	5~10	7~15	5~12

注：1. 工艺 1~工艺 3 中的铬酐虽可配制成 2g/L，但以 5g/L 较稳妥，因为在酸性较强的溶液中六价铬很容易还原成三价铬。

2. 氟化物以氢氟酸使用起来最方便，效果也较好，氟化钠、氟化钾和氟化铵等氟化物都可用。

3. 新配溶液中可少量加些三价铬化合物，有助于蓝白色膜层的出现，但以后可以不加，只要更换溶液时把老的钝化液剩下 1/4 左右即可。

4. 工艺 4 简单，实是一种超低铬钝化液，对锌层化学溶解很少，色调也较容易掌握。

5. 工艺 5 酸度更低，对镀锌层化学溶解更少，几乎可以忽略不计。该钝化液钝化出来的色泽呈蓝绿色，外观比蓝白色更佳。由于该溶液酸度低，对锌层化学溶解少，所以特别适宜于机械自动钝化。

表 13-37　超低铬蓝白色钝化工艺

工艺号		1	2	3	4	5	6	7	8	9
组分质量浓度/(g/L)	铬酐	0.5~1	1~2	2~3	0.3~1	1.6~2	1~2	1~5	2	0.5~1
	硝酸	35~40mL/L	35~40mL/L	25~30mL/L	35~40mL/L	20mL/L	—	—	30~40mL/L	7~10mL/L
	硫酸	10~15mL/L	10~20mL/L	10~15mL/L	5~15mL/L	10mL/L	10~15mL/L	10~20mL/L	15~20mL/L	3~5mL/L
	氟化钠	—	—	—	2~4	3~4	—	—	—	—
	氟化钾	—	—	2~4	—	—	—	—	—	—
	氢氟酸	2~6mL/L	2~4mL/L	—	—	—	1~3mL/L	2~4mL/L	2mL/L	—
	三氯化铬	3~5	极少量	0.5~2	—	2	—	极微量	—	0.5~0.8
	锌粉	—	—	新配槽用，0.5~1	—	—	—	—	—	—
	磷酸	—	—	—	—	—	—	0.3~0.4	—	—
工艺条件	pH 值	0.8~1.2	1.5~2	1~2	—	—	1.5~2	1.5~2	—	—
	搅拌方式	空气搅拌或抖动零件								
	温度/℃	—	室温	—	室温	—	室温	室温	室温	—
	钝化时间/s	—	2~3	5~15	2~5	—	2~10	2~3	—	—
	暴露时间/s	—	20	—	10~15	—	—	20	—	—

4. 金黄色钝化

镀锌层金黄色钝化膜的外观酷似镀黄铜，特别是小工件更像黄铜件，但它的抗变色性比黄铜好，成本又低，所以受到用户的欢迎，而且需求量在逐年提升。钝化膜成膜的机理实际上与彩色钝化膜的形成是差不多的，只是彩色钝化膜中有六价铬吸附着，而金黄色膜层不可有游离六价铬吸附。金黄色钝化工艺见表 13-39。

表 13-38 低铬银白色钝化工艺

工艺号		1	2	3	4
组分质量浓度/(g/L)	铬酐	15	2~5	8	—
	碳酸钡	0.5	1~2	0.5	—
	硝酸	—	—	0.5mL/L	—
	无水乙酸	—	—	—	5mL/L
	WX-2 银白粉	—	—	—	2
工艺条件	温度/℃	室温	80~90	80	10~40
	钝化时间/s	15~35	15	15	20~40

注：工艺 4 是超低铬银白色钝化配方，其铬酐含量不足 1g/L，钝化后可以直接烫热水，因此几乎没有废水产生。用这种钝化剂钝化出来的产品，外观银白，不带彩色。

表 13-39 金黄色钝化工艺

工艺号		1	2	3
组分体积浓度/(mL/L)	WX-7 金黄色钝化剂 A	75	—	—
	WX-7 金黄色钝化剂 B	25	—	—
	铬酐	—	3g/L	4~6g/L
	硫酸	—	0.3	—
	硝酸	—	0.7	—
	黄色钝化剂	—	—	8~10g/L
工艺条件	pH 值	—	—	1~1.5
	温度/℃	室温	室温	—
	处理时间/s	20~60	10~30	5~15

注：1. 工艺 1 中 WX-7 分 A 剂和 B 剂两种。新配槽时 A 剂加 75mL/L，B 剂加 25mL/L，以后补充时仍按 A 剂 3/4，B 剂 1/4 的量添加。

2. 工艺 2 可以自行配制。工艺 3 中“黄色钝化剂”是商品，这是一种纯黄色的钝化剂。

5. 低铬彩色钝化

低铬彩色钝化工艺见表 13-40。

表 13-40 低铬彩色钝化工艺

工艺号		1	2	3	4	5	6
组分质量浓度/(g/L)	铬酐	5	5	3	—	2~4	—
	重铬酸钠	—	—	—	3~5	—	—
	硝酸	3mL/L	3mL/L	—	0.3~0.5mL/L	—	—
	硝酸钠	—	—	3	—	—	—
	硫酸	0.4mL/L	0.3mL/L	—	0.3~0.5 mL/L	0.2~0.4 mL/L	—
	硫酸钠	—	—	1	—	—	—
	乙酸	—	5mL/L	—	—	—	—
	LP-93	—	—	—	—	—	15~20mL/L
	高锰酸钾	0.1	—	—	—	—	—
	盐酸	—	—	—	—	2~3	—
工艺条件	pH 值	0.8~1.3	0.8~1.3	1.6~1.9	1.5~1.7	1.2~1.8	0.8~1.3
	温度/℃	室温	室温	室温	室温	室温	室温
	时间(空气中)/s	5~8	5~8	10~30	30~50	5~20	5~8

6. 超低铬彩色钝化

超低铬彩色钝化工艺见表 13-41。

表 13-41 超低铬彩色钝化工艺

工艺号		1	2	3	4	5	6
组分质量浓度/(g/L)	铬酐	1.2~1.7	1.5~2	1.2~1.7	1.5~2	1~2	2
	硫酸	—	—	—	0.3~0.4 mL/L	0.3~0.5 mL/L	—
	硝酸钠	—	—	—	—	—	2
	硫酸镍	—	—	—	—	—	1
	硫酸钠	0.4~0.5	0.6	0.3~0.5	—	—	—
	硝酸	0.4~0.5 mL/L	0.7mL/L	0.4~0.5 mL/L	0.5~1 mL/L	0.4~0.5 mL/L	—
	氯化钠	0.3~0.4	0.4	0.3~0.4	—	—	—
	盐酸	—	—	—	—	0.2~0.5 mL/L	—
	乙酸	4~6mL/L	1.5mL/L	—	—	—	—
工艺条件	pH 值	1.5~2.0	1.4~1.7	1.6~2.0	1.3~1.6	1.6~2.0	1.4~2.0
	温度/℃	10~14	5~40	15~40	15~35	15~35	15~35
	时间/s	30~60	25~60	30~60	20~30	30~60	10~30

7. 军绿色彩色钝化

军绿色彩色钝化工艺见表 13-42。

表 13-42 军绿色彩色钝化工艺

工艺号		1	2	3	4	5	6
组分体积浓度/(mL/L)	铬酸	30~50g/L	—	—	—	—	—
	磷酸	10~15	—	—	—	—	—
	硝酸	5~8	—	—	—	—	—
	硫酸	5~8	—	—	—	—	—
	盐酸	5~8	—	—	—	—	—
	WX-5A	—	30	—	—	—	—
	ZG-87A	—	—	80~100	—	—	—
	UL-303	—	—	—	50~90	—	—
	LD-11	—	—	—	—	35~40	—
	军绿色钝化剂	—	—	—	—	—	10~15g/L
工艺条件	pH 值	—	—	—	—	1.3~3	1~1.5
	温度/℃	室温	15~35	15~35	20~30	18~35	—
	钝化时间/s	30~90	20~50	45~120	20~40	—	5~15
	空中搁置时间/s	30~60	10~20	5~10	10~60	—	—

注：1. 工艺 1 是过去常用的五酸配方。
2. 工艺 2 如色泽不够理想，可以加调色剂 Cl-2。
3. 工艺 3 是武汉材料保护研究所的产品。
4. 工艺 4 是日本上村工业有限公司的产品。
5. 工艺 5 是山西大学研制的产品。
6. 工艺 6 是武汉风帆电镀技术有限公司的产品。

8. 银盐黑色钝化

银盐黑色钝化工艺见表 13-43。

9. 铜盐黑色钝化

铜盐黑色钝化工艺见表 13-44。

表 13-43 银盐黑色钝化工艺

工艺号		1	2	3	4	5	6
组分质量浓度/(g/L)	CrO_3	6~10	6~8	5.5~7.5	—	5~8	6~8
	$K_2Cr_2O_7$	—	0.5~1	—	—	—	—
	$AgNO_3$	0.3~0.5	0.2~3	—	—	0.5~1.5	0.2~3
	H_2SO_4	0.5~1	0.5~0.65	—	—	—	1.0~1.3
	$K_2Cr_2O_4$	—	—	—	—	—	0.5~1
	HAc	40~50mL/L	3~30mL/L	—	—	—	3~30
	YDZ-3	—	—	25~30mL/L	—	—	—
	ZB-82A	—	—	—	80~120mL/L	—	—
	ZB-82B	—	—	—	8~12mL/L	—	—
	硫酸镍铵	—	—	—	—	10	—
工艺条件	pH 值	1.0~1.8	1~2	1~1.3	1.1~1.2	—	1~2
	钝化温度/℃	20~30	—	—	20~30	室温	—
	钝化时间/s	120~180	>30	45~60	60~120	10~60	>30

注：本表所有原料均为化学纯级。

表 13-44 铜盐黑色钝化工艺

工艺号		1	2	3
组分质量浓度/(g/L)	CrO_3(化学纯)	4~6	15~30	—
	$CuSO_4\cdot5H_2O$(化学纯)	6~8	30~50	—
	CK-846A	—	—	200mL/L
	CK-846B	—	—	200mL/L
	添加剂	3~5	—	—
	$HCOONa\cdot2H_2O$(化学纯)	—	20~30	—
	HAc(质量分数为96%,密度为$1.049g/cm^3$)	—	70~120mL/L	—
工艺条件	pH 值	1.2~1.4	2~3	2~3
	钝化温度/℃	15~30	20~30	15~30
	钝化时间/s	120~180	120~180	120~300

13.5.2 镀锌层无铬钝化

虽然低铬钝化与高铬钝化相比，六价铬的污染量要小一两个数量级，但铬毕竟还是一种有毒害的元素，于是在试验低铬钝化工艺的同时，也开展了对无铬钝化工艺的研究。从钛酸盐钝化配方中获取的蓝白色钝化膜色泽很好，其蓝色还要胜过低铬蓝白色钝化一筹；但彩色钝化膜色彩比较淡，且耐蚀性也没有铬酸盐钝化膜的好，因此该工艺未得到大规模的推广和应用。

1. 有机化合物对镀锌层的钝化处理

研究表明，某些有机化合物可用于镀锌层表面的钝化处理，能有效地提高镀锌层的耐蚀性，如单宁酸（鞣酸）就是其中的一种。单宁酸是一种多元酚的复杂化合物，可溶于水，因而可用于镀锌层的表面处理。在钝化膜的形成过程中，单宁酸提供膜中所需的羟基和羧基。单宁酸浓度高，使成膜速度快，膜层变厚，但钝化膜的耐蚀性却没有增加多少。要提高单宁酸钝化溶液的耐蚀性，还需加入一些其他物质，如添加金属盐类、有机或无机缓蚀剂等。有人认为，最有希望替代铬酸盐的是一些特别的锌螯合物，因为它们在锌层表面形成一层不溶性的有机金属化合物，因而具有极好的耐蚀性。

2. 锌层表面的钛盐钝化

镀锌层与铬酸形成钝化膜的反应是一种氧化还原反应，钛元素可以形成各种不同的氧化态，锌在钛盐溶液中也能发生氧化还原作用。钛的氧化物稳定性远高于铝及不锈钢氧化膜的稳定性，而且在机械损伤后能很快得到自修复，故它对许多活性介质是很耐腐蚀的。钛盐钝化工艺见表13-45。

表13-45　钛盐钝化工艺

工艺号		1	2	3	4
组分质量浓度/(g/L)	硫酸氧钛(质量分数为95%)	3~6	2~6	2~5	2~5
	双氧水(质量分数为30%)	50~80	50~80	50~80	50~80
	硝酸	4~8mL/L	3~6mL/L	8~15mL/L	—
	磷酸	8~12mL/L	12~20mL/L	—	10~20mL/L
	六偏磷酸钠	6~15	—	—	—
	柠檬酸	—	—	5~10	5~10
	单宁酸或聚乙烯醇	2~4或1~2	2~4	—	—
工艺条件	pH值	1.0~1.5	1.0~1.5	0.5~1.0	0.5~1.0
	温度/℃	室温	室温	室温	室温
	钝化时间/s	10~20	10~20	8~15	8~15
	空气中停留时间/s	5~15	5~15	5~10	5~10

注：1. 工艺1和工艺2是彩色钝化，工艺3和工艺4是白色钝化。

2. 工艺1可以是单宁酸，也可用聚乙烯醇，但两者不可同时使用，用单宁酸生成的膜带金黄色，类似铬酸盐钝化膜；用聚乙烯醇生成均一蓝紫色膜。

3. 工艺3和工艺4是白色钝化，具有溶液组成简单、一次能生成白色钝化膜的优点。工艺3适用于碱性无氰镀锌层和氧化物镀锌层，可获得银白色的外观；如果要使膜层带微蓝色可以在硫酸氧钛（$TiOSO_4 \cdot 2H_2O$）1~3g/L和双氧水溶液中浸渍5~20s，浸的时间切勿过长，否则会出现彩虹色。工艺4适用于氧化物镀锌层，能一次性获得微蓝色的白钝化膜。

3. 硅酸盐钝化

硅酸盐钝化工艺见表13-46。

表13-46　硅酸盐钝化工艺

工艺号		1	2	3	4
组分质量浓度/(g/L)	质量分数为40%的硅酸钠	40	40	40	40
	质量分数为98%的硫酸	5	3	3	2.5
	质量分数为38%的双氧水	40	40	40	40
	质量分数为10%的硝酸	—	5	5	5
	质量分数为30%的磷酸	—	—	—	5
	TMTUP	—	—	5	5
工艺条件	pH值	2~2.5	2~2.8	2	1.8~2

13.6　其他金属的钝化

13.6.1　镉的钝化

1. 镉的防护作用

镉的抗海洋环境性能优于锌之外，其抗潮湿性能也优于锌，并且镉的焊接、接插等电器特性也比锌好，白粉状的锈物也没有锌多，而且镀镉层比较柔软，比锌更适用做螺纹紧固件和一些精密的工件，也适用作湿热气候下工作的精密仪器、仪表和电器组件。镀镉层的渗氢性也比锌小，并且除氢的效果也比锌好，对一些高强度结构钢来说镀镉比镀锌更安全。镉的抗热水性能也比锌好，可以用于接触热水的工件及设备。因此，尽管镉有毒性，但在工业上还在发挥一定的作用。

2. 镀隔层的钝化工艺

由于锌与镉比较相似，因此两种镀层的钝化也有许多相似的地方。镉的钝化也大多采用铬酸盐法，一些镀锌层的钝化配方及工艺甚至可以直接用于镉的钝化处理。镀镉层钝化工艺见表 13-47。

表 13-47　镀镉层钝化工艺

工　艺　号		1	2	3
组分质量浓度/(g/L)	铬酐(CrO_3)	150~250	150~200	—
	重铬酸钾($K_2Cr_2O_7$)	—	—	200
	硫酸(H_2SO_4)	5~25	15~20mL/L	10mL/L
	硝酸(HNO_3)	1~10	3~5mL/L	—
	醋酸(HAc)	3~5	—	—
工艺条件	溶液温度/℃	20~30	15~30	20~30
	处理时间/s	5~15	表面光亮为止	10~15

13.6.2　铜及铜合金钝化

铜、铜合金及其镀层在大气环境中并不抗腐蚀，容易受氧化而变晦暗，并失去光泽。水分、硫、氯、二氧化碳等无机物质和有机物都可以使其产生腐蚀而变色。因此，铜及铜合金或其镀层不管是功能产品或装饰产品，特别是用于装饰时，一定要使表面钝化，以便提高其抗蚀能力，以保持其功能及外观色泽。铜及铜合金钝化最常用的方法就是铬酸盐钝化。但钝化膜不耐磨，在需要耐磨的情况下，还需要涂上有机罩光漆。

1. 铜及铜合金钝化工艺

铜及铜合金虽然比钢铁有较好的抗蚀能力，但其本身的抗蚀能力仍较差，尚不能满足使用要求。为了提高其防护性能，除可采用电镀层或涂漆保护外，对在较好介质环境中使用的工件，广泛使用酸洗钝化的办法来提高抗蚀能力。酸洗钝化的工艺特点是操作简便，生产效率较高，成本低。质量良好的钝化膜层能使工件有一定的抗蚀能力。

钝化膜的生成基本上与镀锌钝化相似。当铜及铜合金材料浸入钝化溶液中时，第一步是铜或铜合金的溶解，溶解过程消耗了工件与溶液接触面的酸，使在接触面处溶液的 pH 值升高到一定数值（pH 值=4 左右）时，形成碱式盐及水合物的析出，覆盖在金属表面上形成膜层。同时溶液中的阴离子将穿过碱性区和膜层（扩散作用）继续发生对膜和金属的溶解，而使碱性区不断地扩大，pH 值继续升高，因而使钝化膜的形成速度也加快，随时间的增长膜层也就加厚。当膜达到一定厚度以后形成保护层，使阴离子无法再穿过，此时膜的溶解与生成速度接近，膜不再增长，而发生金属的尺寸减小。

膜的生成速度及最大厚度与溶液配方和工作条件等因素有关。溶液中的铬酐或铬酸盐的浓度是主要物质，它的浓度高，氧化能力强，对金属的出光能力强，使钝化膜光亮。钝化膜的厚度和形成速度与溶液中酸度和阴离子种类有关。在仅有硫酸的钝化液中生成膜很薄，缓蚀性较差，只有在加入穿透能力较强的氯离子以后，才能得到厚度较大的膜层。溶液中的酸度即硫酸含量的影响同镀锌钝化一样，当硫酸含量太高时，膜层疏松并无法得到光亮及厚的钝化膜，含量太低时膜的生成速度较慢。温度对钝化的影响较大，温度较高时，应使硫酸的含量降低，反之则应提高其含量。合金成分也对溶液有不同的要求。

铜及铜合金钝化工艺流程：铜工件→化学脱脂→热水洗→冷水洗→预活化→冷水洗→强活化→冷水洗→出光→冷水洗→弱腐蚀→冷水洗→钝化处理→冷水洗→吹干→烘干→检验→产品。

预活化在质量分数为100%的HCl或质量分数为10%的H_2SO_4中，在室温下浸渍30s；强活化在1L的H_2SO_4、1L的HNO_3和3g的NaCl混合液中室温下浸3~5s；出光在30~90g/L的CrO_3和15~30g/L的H_2SO_4溶液中室温下浸15~30s；弱腐蚀在质量分数为10%的H_2SO_4溶液中，在室温下浸5~15s。

铜及铜合金铬酸盐钝化工艺以及电化学钝化工艺分别见表13-48和表13-49。

表13-48　铜及铜合金铬酸盐钝化工艺

工艺类别		重铬酸盐钝化		铬酸钝化		钛盐钝化	苯并三氮唑钝化
组分质量浓度/(g/L)	重铬酸钠($Na_2Cr_2O_7\cdot 2H_2O$)	100~150	—	—	—	—	—
	重铬酸钾($K_2Cr_2O_7$)	—	150	—	—	—	—
	铬酐(CrO_3)	—	—	80~100	90~150	—	—
	硫酸氧钛($TiOSO_4$)	—	—	—	—	5~10	—
	苯并三氮唑($C_6H_6N_3$)	—	—	—	—	—	0.05%~0.15%(质量分数)
	硫酸(H_2SO_4,密度为1.84g/cm^3)	5~10	10mL/L	35~50	20~30	20~30mL/L	—
	氯化钠(NaCl)	4~7	—	1~3	—	—	—
	过氧化氢(H_2O_2,质量分数为30%)	—	—	—	—	40~60mL/L	—
	硝酸(HNO_3,密度为1.42g/cm^3)	—	—	—	—	10~30mL/L	—
工艺条件	温度/℃	室温	室温	室温	室温	室温	50~60
	时间/min	3~8	2~8	15~30	2~5	20	2~3

表13-49　电化学钝化工艺

工艺号		1	2	3
组分质量浓度/(g/L)	氢氧化钠(NaOH)	150~200	350~400	—
	钼酸铵[$(NH_4)_6Mo_7O_{24}\cdot 4H_2O$]	5~15	45~50	—
	重铬酸钠($Na_2Cr_2O_7\cdot 2H_2O$)	—	—	70~80
	冰醋酸(CH_3COOH)	—	—	用于调整pH值
工艺条件	溶液pH值	—	—	2.5~3.0
	溶液温度/℃	60~70	55~60	20~30
	电流密度/(A/dm^2)	2~3	3~5	0.3~2.0
	处理时间/min	10~30	10~15	3~10
适用范围		铜、黄铜	青铜	铜合金

注：配方3在配制溶液时先溶解重铬酸钠并搅拌均匀，然后再缓慢地加入冰醋酸使溶液的pH值达到2.5~3.0在范围即可。用铅板做辅助电极。

2. 钝化处理的影响因素

（1）钝化膜的组成物质　铜及铜合金在铬酸盐溶液钝化中的主要成膜物质为铬酐及重铬酸盐，它们都是强氧化剂，而且浓度较高，氧化能力强，所得的钝化膜层光亮。

（2）钝化膜的生成速度与厚度　钝化膜的成膜速度及厚度与溶液中的酸度和阴离子的

种类有关，溶液中加进穿透能力较强的氯离子后，才能得到较厚的膜层。但是在硫酸含量太高时，膜层显得疏松、不光亮，容易脱落。而含量太低，膜的生长速度太慢，膜层也较薄，所以要控制合理的含量范围。

3. 铜合金钝化应用实例

华东地区某电镀总厂对黄铜仿金电镀产品，采用了较为有效的钝化处理方法及必要的防护措施，取得了较好的效果和经济效益。具体做法如下：

（1）化学钝化　铜及铜合金的化学钝化主要有铬酸盐钝化和BTA钝化。经过试验分析及对比后认为，BTA钝化的效果优于铬酸钝化，而且对环境的影响比较小。经BTA钝化后的色泽更接近真金色，抗色变性能也优于铬酸钝化，但是钝化后要选择质优的有机透明漆覆盖。BTA钝化工艺见表13-50。

表13-50　BTA钝化工艺

组分质量浓度/(g/L)			工艺条件	
BTA(苯并三氮唑)	镍离子(Ni^{2+})	十二烷基硫酸钠	溶液温度/℃	处理时间/s
3~5	0.05	0.01	15~60	30~120

（2）涂有机保护膜　仿金镀层用的有机涂料均含有BTA、抗光蚀剂UV-9之类的物质，能与铜生成Cu-BTA络合物。此膜起到屏蔽作用，同时抑制氧的还原，使涂膜的耐蚀性提高。抗光蚀剂可以吸收广谱范围内的紫外线，保护有机涂料的极性基团不被紫外线触发分解，并增强耐蚀性。该厂用的是一种高硬度有机涂料，它的耐水、防潮、抗变色能力十分优良，而且附着力及机械强度都很好，在仿金层上涂一层很薄的涂层即能达到在恶劣环境下长期保护的目的。

13.6.3　铝及铝合金钝化

1. 概述

铝及铝合金在大气环境中有很好的耐蚀性。这是因为铝在有氧的条件下易生成氧化膜，这层膜随着放置时间的延长而加厚，另外也和大气的湿度有关，湿度越大膜层也越厚。根据合金成分和湿度不同，膜厚为5~200nm。这种自然生成的膜很薄，容易划破并造成腐蚀。另外也影响它的外观，所以为了提高铝及铝合金的耐蚀性，必须进行表面处理。表面处理的方法有化学氧化法及阳极氧化法，而不采用直接钝化的方法。因此，铝及铝合金的钝化主要是化学氧化或阳极氧化处理后，为了使所得到的膜层更致密，耐蚀性、耐磨性和耐污性更高而进行钝化处理。

2. 铝及铝合金化学氧化后的钝化

重铬酸盐钝化工艺见表13-51。

表13-51　重铬酸盐钝化工艺

组分质量浓度/(g/L)		工艺条件	
重铬酸钾 K_2CrO_7	纯水(H_2O)	溶液温度/℃	处理时间/min
30~50	余量	90~95	5~10

钝化后在温度为80~90℃下烘干，此法适用于酸性氧化后钝化。

铬酸钝化工艺见表13-52。

表 13-52　铬酸钝化工艺

组分质量浓度/(g/L)		工艺条件	
铬酐(CrO_3)	纯水(H_2O)	溶液温度/℃	处理时间/s
20~25	余量	20~30	5~15

钝化处理后在温度为40~50℃下烘干，此法适用于碱性氧化后的钝化。

3. 铝及铝合金阳极氧化后钝化

铝及铝合金阳极氧化后钝化处理工艺见表13-53。

表 13-53　铝及铝合金阳极氧化后钝化处理工艺

工　艺　号		1	2
组分质量浓度/(g/L)	铬酸钾(K_2CrO_4)	45~55	—
	重铬酸钾($K_2Cr_2O_7$)	—	40~70
工艺条件	溶液温度/℃	75~85	85~95
	处理时间/min	18~22	13~20

13.6.4　银及银合金钝化

1. 概述

银及镀银层在潮湿、含有硫化物的环境中表面很易变色，泛黄甚至变黑，结果不但影响其外观，同时也影响其加工性能，如焊接性及导电性，对银的电子产品十分不利。因此，无论是银或镀银工件在表面进行清洗处理后，必须马上进行钝化，使其表面生成一层保护膜，以防表面被腐蚀而变色。

防止银及镀银层变色的方法很多，配方及工艺的不同，得到的保护膜性能也不同。应根据产品的性能及用途而选择方法，既要使防护的效果显著，又要操作简便，生产效率高，成本低，经济实用。目前较常用的防银变色法有化学钝化法、电化学钝化法以及有机保护膜涂覆法等。

2. 银及银镀层化学钝化

(1) 铬酸盐钝化处理　银铬酸盐钝化处理工艺流程比较复杂，它主要由成膜、去膜、中和和化学钝化四个步骤组成。前面的成膜、去膜及稀硝酸中和称为预处理，也即先使银表面浸亮，最后才是化学钝化。其工艺流程：银制品→铬酸成膜→水洗→去膜→水洗→浸稀酸→中和→水洗→化学钝化。

铬酸成膜工艺见表13-54。

表 13-54　铬酸成膜工艺

组分质量浓度/(g/L)			工艺条件		
铬酐	氯化钠(NaCl)	三氧化铬	溶液pH值	溶液温度/℃	处理时间/s
30~50	1.0~2.5	3~5	1.5~1.9	20~30	10~15

去膜（又称脱膜）主要是把前面所得到的膜退除，其工艺见表13-55。

表 13-55　去膜工艺

重铬酸钾($K_2Cr_2O_7$)质量浓度/(g/L)	硝酸(HNO_3)体积浓度/(mL/L)	溶液温度/℃	处理时间/s
10~15	5~10	20~30	10~20

银表面经去膜后，在稀硝酸溶液中浸泡，使表面的残留液中和，微量的灰分去除，使表

面洁净光亮。中和工艺见表13-56。

表13-56 中和工艺

硝酸(HNO_3)（质量分数,%）	纯水(H_2O)（质量分数,%）	溶液温度/℃	处理时间/s
10~15	余量	20~45	3~5

银表面经铬酸成膜、去膜、浸泡的处理后，表面已洁净光亮，可以进行化学钝化处理，使其生成钝化保护膜，其工艺见表13-57。

表13-57 化学钝化工艺

重铬酸钾($K_2Cr_2O_7$)质量浓度/(g/L)	硝酸(HNO_3)体积浓度/(mL/L)	溶液温度/℃	处理时间/s
10~15	10~15	0~15	20~30

（2）有机化合物处理　银或镀银层在含硫、氮活性基团的直链或杂环化合物钝化液中，与有机物作用生成一层很薄的银络合物保护膜。这层薄膜起到隔离银与腐蚀介质不发生接触和反应的作用，并达到了防止银表面变色的目的。试验结果表明，络合物保护膜的抗潮湿性和抗硫性能要比铬酸盐钝化膜好。但是抗大气环境，例如日照辐射等的性能则比铬酸盐膜差。这种络合物钝化膜适用于室内环境。有机化合物钝化工艺见表13-58。

表13-58 有机化合物钝化工艺

工艺号		1	2	3	4
组分质量浓度/(g/L)	苯并三氮唑(BTA)	2~4	0.1~0.15	2~3	—
	苯并四氮唑	—	0.1~0.15	—	—
	磺胺噻唑硫代甘醇酸	—	—	—	1~2
	1-苯基-5-硫基四氮唑	0.4~0.6	—	—	—
	碘化钾	1~3	—	1~3	2
工艺条件	溶液pH值	5~6	—	5~6	5~6
	溶液温度/℃	20~30	90~100	20~30	20~30
	处理时间/min	2~5	0.5~1.0	2~5	2~5

（3）电化学钝化　银及镀银层的电化学钝化可以在化学钝化后再进行电化学钝化，也可以在光亮镀银后直接进行。具体做法是将银或镀银工件做阴极，用不锈钢辅助电极做阳极，通过电解处理，使银表面生成更为紧密的钝化膜。这种钝化膜的抗腐蚀性能好并能保持其外观色泽，又不会改变工件的焊接性，是一种功能性与装饰性均好的钝化方法。银及银镀层电化学钝化工艺见表13-59。

表13-59 银及银镀层电化学钝化工艺

工艺号		1	2	3	4	5
组分质量浓度/(g/L)	重铬酸钾($K_2Cr_2O_7$)	25~35	8~10	45~65	—	—
	铬酸钾(K_2CrO_4)	—	—	—	6~8	—
	铬酐(CrO_3)	—	—	—	—	40
	碳酸钾(K_2CO_3)	—	6~10	—	8~10	—
	碳酸铵[$(NH_4)_2CO_3$]	—	—	—	—	60
	硝酸钾(KNO_3)	—	—	10~15	—	—
	氢氧化铝[$Al(OH)_3$]	0.5~0.8	—	—	—	—
	明胶	2~3	—	—	—	—

（续）

工艺号		1	2	3	4	5
工艺条件	溶液 pH 值	—	10~11	7~8	11~12	8~9
	溶液温度/℃	20~30	20~30	10~35	20~30	20~30
	阴极电流密度/(A/dm²)	0.1	0.5~1.0	2.0~3.5	2~5	3.5~4.0
	处理时间/min	3~10	10~50	1~3	3~5	5~10
	阳极材料	不锈钢	不锈钢	不锈钢	石墨、不锈钢	不锈钢

13.6.5 锡及锡合金钝化

1. 概述

锡及镀锡层的钝化处理是将锡制品或镀锡钢铁件浸泡在重铬酸钾或铬酸盐的溶液中进行，也可以用阴极电解处理生成钝化膜。这类钝化膜对锡表面具有一定的保护作用，对镀锡制品的钢板基底也有良好的保护作用。但是由于六价铬的毒性比较大，对生产操作的人员健康不利，也不利于环境保护。而且镀锡钢板大多数用于制造罐头食品盒或者饮料食品的包装更不能使用含六价铬的工艺生产处理。为此，各国都在研究钝化膜性能好，对人体无害、对环境污染较小的锡镀层钝化工艺。

2. 钝化工艺

（1）钝化溶液配方及工艺　锡及镀锡钢件的钼酸盐钝化工艺见表 13-60。

表 13-60　锡及镀锡钢件的钼酸盐钝化工艺

组分质量浓度/(g/L)				工艺条件	
钼酸钠(Na_2MoO_4)	无机添加剂	植酸($C_6H_{18}O_{24}P_6$)	硝酸(HNO_3)	溶液温度/℃	处理时间/s
8~12	1.0~2.0	3~8	少量	25~35	60~90

（2）钝化处理的影响因素　钝化溶液成分的影响对钝化影响很大，其中钝化溶液中的植酸与无机添加剂对钝化膜耐蚀性有较大的影响。

钝化溶液的温度和时间与钝化膜的耐蚀性有很大关系。试验结果表明随着钝化温度升高，为保证耐蚀性和外观，必须缩短钝化时间。但如果钝化时间太短，则钝化膜不连续，耐蚀性差，色泽不均匀，试样周边呈现深蓝色，中部为深紫色，钝化膜的耐蚀性也下降。因此，必须根据钝化温度选择钝化时间，一般来说温度高钝化时间可以短些，钝化温度低则钝化时间长些。例如当钝化温度为35℃时，钝化时间为60s，当钝化温度为25℃时，钝化时间为90s。

第 14 章 着色膜和染色膜

14.1 着色膜和染色膜概述

金属表面彩色化是近年来表面科学技术研究与应用最活跃的领域之一。我国从 20 世纪 70 年代后期以来相继在化学染色和电解着色等方面开展工作，虽然和工业发达的国家还有差距，但经过科技工作者的努力，在铝、铜及其合金和不锈钢的表面着色方面已积累了大量经验，并均已形成规模生产。随着装饰行业的不断发展，对彩色金属的需求量也必将越来越大，金属的表面着色技术也将得到越来越多的应用。

所谓金属表面着色是金属通过化学浸渍、电化学法和热处理法等在金属表面形成一层带有某种颜色，并且具有一定耐蚀能力的膜层。生成的化合物通常为具有相当化学稳定性的氧化物、硫化物、氢氧化物和金属盐类。这些化合物往往具有一定的颜色，同时由于生成化合物厚度的不同及结晶大小的不同等原因，对光线有反射、折射、干涉等效应而呈现不同的颜色。

常用的金属表面着色技术包括化学着色技术和电解着色技术两大类。

化学着色主要利用氧化膜表面的吸附作用，将染料或有色粒子吸附在膜层的空隙内，或利用金属表面与溶液进行了反应，生成有色粒子而沉积在金属表面，使金属呈现出所要求的色彩。这类技术对设备要求不高，操作简便，不耗电，成本低，适用于一般的室内装饰装潢产品以及美化要求和耐磨性要求不高的仪器、仪表的生产。

电解着色技术是将被着色的金属制件置于适当的电解液中，被着色制件作为一个电极，当电流通过时，金属微粒、金属氧化物或金属微粒与氧化物的混合体，便电解沉积于金属的表面，从而达到金属表面着色的目的，其实质是将金属或其合金的制品放在热碱液中进行处理。电解着色方法很多，有直流阴极电流法、交直流叠加法、脉冲氧化法、直流周期换向法等。电解着色的优点是颜色的可控性好，受制品表面状况的影响较小，而且处理温度低，有些工艺可以在室温下进行，污染程度较低。

1. 钢铁表面着色技术

钢铁是应用最广泛的金属材料之一，随着国民经济的发展，得到了越来越广泛的应用。随着科学技术的进步和人们生活水平的提高，人们已经厌倦了制品的单一颜色，渴望制品外观呈现鲜艳的各种颜色。同时，为了提高制品的耐蚀性、耐磨性，也需对钢铁表面进行彩色化处理。目前已有的着色工艺多为不锈钢着色或普通钢铁的发黑、发蓝。

钢铁表面着色处理是提高产品装饰性，改善性能，延长使用寿命的工艺手段。一般采用的方法有：仿金电镀、化学镀铜后着色真空镀、加热着色法、碱性黑色氧化着色法、阳极氧化法、常温着色法、达克罗技术等。其中应用最广泛的是碱性黑色氧化着色法。

另外，为了减轻环境对钢铁的腐蚀，常在钢铁表面镀上一层锌或锌铝合金，而对镀锌层的着色处理成为着色研究的一个热点。

（1）铁的着色　铁的着色从1929年开始研究，史洛戴斯、泼洛赛斯有过专述。远藤彦造完成磷化法，对钢坯耐蚀性有很大提高。此外，布劳宁、谭泼和卡勒等成功实现了对光学仪器中铁工件着黑色，主要使用氢氧化钠、氰化钠、亚硝酸钠混合液。

（2）不锈钢的着色　在近30年间，不锈钢的出现和大量使用推动了不锈钢工业的发展进程。不锈钢由于具有优良的性能和银光闪闪的外表而备受人们的青睐。不锈钢具有优越的耐蚀性、耐磨性、强韧性和良好的加工性，在生产生活的诸多领域得到了广泛的应用。随着不锈钢应用范围的扩大，人们对其表面色彩的要求也在不断提高。彩色不锈钢的生产和应用，近20年来已进入高潮并不断向高级化和多样化发展。

不锈钢着色膜的显色机理不同于铝合金着色膜。不锈钢不是用染料着色形成有色的表面层，而是在不锈钢表面形成无色透明的氧化膜，通过其对光干涉的结果，其色泽历久如新。不锈钢表面所着色泽主要取决于表面膜的化学成分、组织结构、表面粗糙度、膜的厚度和入射光线等因素。通常薄的氧化膜显示蓝色或棕色，中等厚度膜显示金黄色或红色，厚膜则呈绿色，最厚的膜则呈黑色。目前不锈钢着色主要采用的方法有化学着色法和电化学着色法。

彩色不锈钢主要应用于建筑行业中。长期以来，对于彩色建材的应用，主要都是采用阳极氧化的铝型材，铝材着色膜与彩色不锈钢膜相比，金属光泽差，耐蚀性、耐磨性都不如彩色不锈钢。除建筑装饰外，彩色不锈钢的需求还将继续扩大，发展前景极为可观。

（3）镀锌层的着色　镀锌染色工艺是首先在镀层上染色的工艺，出现于1952年。日本川崎元雄就钝化膜染色问题发表过研究文章，同年，日本吕戌辰首先取得有关镀锌染色法专利。1955年沃尔特和E·泼考克对钝化膜进行了研究，指出金黄色钝化膜能用有机染料染小红色、蓝色、绿色、橙色、紫色和其他中间色，其表面粗糙度与色泽深浅决定于厚度及镀层的均匀性。1958年发表的镀锌层用染料染色的文章，指出未干的钝化膜是多孔的，能稳定地吸附染料，改变表面色泽。但色泽一般偏暗，带褐色，装饰上使用价值不大。只适用于区分不同产品，能染出红色、绿色、蓝色及黑色。1959年出现了粉末状钝化材料，配制时只需加少量硝酸和水，生成的钝化膜能染出各种色彩。染色液一般含0.1~2.5g/L的染料。对于镀锌层，经钝化后，在pH值为1~3.5、温度为24~30℃条件下处理5~6s即可，色调的深浅及均匀性受钝化膜的影响，深褐色的膜只能染深色或暗色调；黄色的膜才能染出红、蓝、绿等浅色调。

锌层钝化膜是非常薄的，彩色钝化膜层的厚度一般只有0.5μm以下，白色和蓝白色钝化膜更薄，用一般方法无法检测出其真实厚度。镀锌层经彩色钝化处理后，其耐蚀性要比未经钝化处理的提高6~8倍。经钝化处理后，镀锌层外观变得丰富多彩了，有的呈彩虹色，有的呈白色或蓝白色，有的呈军绿色，有的呈金黄色，有的呈黑色，还有的呈咖啡色。这样，除了镀锌层是阳极性镀层，本身有较好的耐蚀性外，还提高了其装饰效果，从而大大地提高了镀锌层的附加值，使价格较低廉的镀锌产品扩展了使用面。

镀锌层的着色方法有铬酸盐法、硫化物法和置换法三种。铬酸盐法实际上是镀锌层的钝化处理，在锌层上形成一层铬酸盐或铬酸盐与磷酸盐的转化膜，起到保护锌层的作用。硫化物法和置换法一般不是形成保护膜层，主要是使镀锌层的表面改观。

2. 有色金属着色技术

（1）有色金属及其分类　有色金属通常指除去铁（有时也除去锰和铬）和铁基合金以外的所有金属。有色金属可分为以下四类：

1）重金属。一般指密度在4.5g/cm^3以上的金属，如铜、铅、锌等。

2）轻金属。密度小，化学性质活泼的金属，如铝、镁等。

3）贵金属。地壳中含量少，提取困难，价格较高，密度大，化学性质稳定的金属，如金、银、铂等。

4）稀有金属。如钨、锗、镧、铀等。由于稀有金属在现代工业中具有重要意义，有时也将它们从有色金属中划分出来，单独成为一类，而与黑色金属、有色金属并列，成为金属的第三大类别，但是本手册中沿用传统分类方法，将稀有金属归入有色金属一类。

（2）重要的有色金属着色技术　目前主要的有色金属着色技术包括以下几种：

1）铝的着色技术。铝在空气中很快就形成一层氧化膜。这层膜虽有一定的保护作用，但很薄，不能有效地阻挡大气的腐蚀作用，也不能染色，因此工业上一般都要把铝表面进行化学或电解氧化，使之产生一层厚而质量好的氧化膜。由于氧化膜是在基体上直接生成的，与基体结合很牢固，但氧化膜硬而脆，经受较大负荷冲击或变形时会成网状裂纹裂开，因此氧化过的工件不应再承受较大变形加工，否则就降低了氧化膜的防护能力。经过氧化的工件，氧化膜上的大量微孔可以吸附各种染料，作表面装饰用。

将铝及铝合金置于适当的电解液中作为阳极进行通电处理，此处理过程称为阳极氧化。经过阳极氧化，铝表面能生成厚度为几至几百微米的氧化膜。这层氧化膜的表面是多孔蜂窝状的，与铝合金的天然氧化膜相比，其耐蚀性、耐磨性和装饰性都有明显的改善和提高。采用不同的电解液和工艺，就能得到不同性质的阳极氧化膜。

2）其他有色金属的着色技术。指除铝、铜之外的有色着色技术，包括在金、银、铍、钴、锡、镁等金属表面着色。

3）表面仿金处理。金色自古以来就受到人们的喜爱。通过表面镀金可以达到人们对金色的需求，但由于成本较高，资源有限，而受到极大的限制。因此，成本低廉又有金色效果的仿金着色工艺在产品的装饰上受到了广泛的重视。

目前国内外仿金色一般采用镀铜合金：如铜锌合金、铜锡合金或铜的三元合金等；铝制品采用阳极氧化染成金色；非金属表面可化学镀上银层或真空蒸镀铝，再涂一层黄色透明仿金漆；不锈钢可采用化学或电化学法着上金色。近年来发展了干法电镀，如阴极溅射、离子镀等，镀出的氮化铁色泽很似18K金，耐磨性又好，且工艺过程中基本没有三废，已在一定范围得到应用。

14.2　普通钢铁的着色

1. 普通钢铁的发蓝

钢铁在大气下表面易形成一层氧化物，这层氧化物叫铁锈。自然形成的氧化膜是疏松的，并且与基体结合不牢。若在一定溶液中，用人工方法使钢铁表面生成一层紧密而连续、磁性氧化铁（Fe_3O_4）组成的氧化膜，它与基体结合较牢。随着钢铁成分的不同，氧化膜色泽也不同。例如，碳素钢和低合金钢呈黑色或蓝黑色；铸钢和含硅的特种钢呈褐色直至黑褐色。因而此工艺又称为“发黑”或“发蓝”。钢铁的这层氧化膜，色泽美观，没有氢脆，有弹性，不影响精度。在机械零件、武器、弹簧及仪器仪表等方面都广泛地在应用。此工艺在工业上已应用了几十年，是钢铁表面加工的一个重要方法。

常用的发蓝液由氧化剂（亚硝酸钠）与氢氧化钠组成，在一定的时间和一定的温度下，生成亚铁酸钠与铁酸钠，这两者再相互作用生成磁性氧化铁（Fe_3O_4），即氧化膜。发蓝处理前应按常规脱脂去锈。

此工艺分一次氧化和二次氧化两种操作方法。一次氧化操作简便；二次氧化效果好，能得到膜层较厚和耐蚀能力较高的氧化膜。

1）一次氧化。溶液成分：氢氧化钠600g/L，亚硝酸钠220g/L。温度为142~146℃，时间为10~20min。其染色质量若用质量分数为3%的中性硫酸铜溶液点滴测试，要3min才出现红色，符合一般使用要求。

2）二次氧化。

① 第一槽工艺。溶液成分：氢氧化钠600g/L，亚硝酸钠100~150g/L，硝酸钾50~100g/L。温度为140~150℃，时间30min。

② 第二槽工艺。溶液成分：氢氧化钠700~800g/L，亚硝酸钾100~150g/L，硝酸钾50~100g/L。温度为150~160℃，时间为30min。

从第一槽取出可直接放入第二槽，不用清洗。

在氧化合金钢时，温度应升到150~155℃，时间也要延长些。

氢氧化钠含量偏高，膜会出现红褐色，若再高则不能成膜；氢氧化钠含量偏低，氧化膜薄，并易发花。

氧化剂亚硝酸钠或硝酸钾含量越高，反应速度越快，膜也致密和牢固。但亚硝酸钠或亚硝酸钾含量过高，氧化膜厚而疏松。

温度升高氧化速度加快，但温度过高由于碱溶解氧化膜速度也加快，使氧化速度减慢。所以，在开始氧化时温度应在下限，氧化结束前温度应在上限。

新配槽液应加些铁屑或旧溶液，因铁离子对氧化膜的生成有影响，能使膜层紧密细致。

普通碳素钢基体碳含量高，容易氧化，时间可短些。合金钢碳含量低，不易氧化，时间要长些。

为提高氧化膜的耐蚀能力，氧化过的工件清洗后浸入质量分数为3%~5%的重铬酸钾中进行钝化处理，温度为90~95℃，时间为10~15min；或用质量分数为3%~5%的肥皂溶液进行皂化处理，温度为80~90℃，时间为3~5min。

钝化或皂化过的工件用流动的温水洗净，烘干。浸入在105~110℃的锭子油里处理5~10min，取出抹净。

3）快速发蓝。快速发蓝又称为无碱氧化法，可用于工件发黑或局部修补。溶液成分：硫酸铜2~3g/L，氯化亚铁4~6g/L，亚硒酸8~108g/L。温度为室温，时间为5~40s。溶液配好后有褐色沉淀，但并不影响使用。

2. 褐色着色法

钢铁表面着褐色的方法很麻烦，使用下列方法能生成结实的膜。

先用常规方法使表面净化，再浸入着色溶液处理。褐色着色法着色液配方见表14-1。

表 14-1　褐色着色法着色液配方

成分	硫酸铜	氯化汞	三氯化铁	硝酸	工业乙醇
组分质量浓度/(g/L)	20	5	30	150	700

工件取出后在 80℃ 温度下放置 30min，移至潮湿处，在 60℃ 下生成红锈，干燥后用钢丝刷刷平。

以上操作要重复三次，最后浸油或浸蜡即完成。

3. 蓝色着色法

常用的配方及工艺条件见表 14-2~表 14-6。

表 14-2　蓝色着色法着色液配方及工艺条件 1

组分质量/g					工艺条件	
三氯化铁	硝酸汞	盐酸	乙醇	水	温度	时间/min
57	57	57	230	230	室温	20

表 14-3　蓝色着色法着色液配方及工艺条件 2

组分质量浓度/(g/L)		工艺条件
硫代硫酸钠	乙酸铅	温度
60	15	沸腾

表 14-4　蓝色着色法着色液配方及工艺条件 3

组分质量/g			工艺条件
无水亚砷酸	盐酸	水	温度
450	3.8L	2L	室温

表 14-5　蓝色着色法着色液配方及工艺条件 4

组分质量份/份				工艺条件
氧化汞	氯酸钾	乙醇	水	温度
4	3	8	85	室温

表 14-6　蓝色着色法着色液配方及工艺条件 5

组分质量浓度/(g/L)			工艺条件	
氢氧化钠/(g/L)	无水亚砷酸/(g/L)	氰化钠/(g/L)	电流密度 D_k/(A/dm^2)	时间/min
37.5	37.5	7.5	0.2	2~4

4. 碳素钢着色法

下面的着色液都得到黑色膜。

1）常用碳素钢着色配方见表 14-7。

表 14-7　碳素钢着色配方

	配方号	1	2	3	4	5	6
组分质量/g	三氯化铁	525	438	477	583	656	750	875
	硫酸铜	150	125	134	150	150	150	150
	硝酸	220	182	200	244	220	220	367
	硝基乙烷	100	83	90	111	100	100	167
	乙醇	375	319	341	417	375	375	625
	水	17900	17900	17900	17900	17900	17900	17900

注：夏天采用表中配方 1~配方 3，冬天采用表中配方 4~配方 6。

先在工件表面薄薄涂布一层着色液，在温度为20~26℃，经过15~22h自然干燥后，表面就生成氧化铁的红锈，用刷子刷平。然后再涂第二次，经5~8h自然放置，则褐色更深。再在此溶液中煮沸30~60min，然后取出再用刷子刷平，即得到墨黑色耐蚀、耐磨的膜。

用涂布法易于区别着色与非着色处。缺点是时间长，操作麻烦，不利于连续生产。

2）其他着色配方见表14-8~表14-14。

表14-8 碳素钢着色法着色液其他着色配方1

组分质量/g				
三氯化铁	硝酸	盐酸	锑	水
5	2.5	3	2	170

注：配制方法先注入盐酸，放置4h后加入硝酸，1h后加水，再加入三氯化铁，涂布后在温度20℃左右放置3~6h，得到四氧化三铁的黑色膜。此外，若把产品在60℃温热处理液中浸渍15min刷净，可得到防锈力与前法相似的膜，可缩短时间，但最后都要涂油。

表14-9 碳素钢着色法着色液其他着色配方2

组分质量/g		
氯酸钾	硫酸铵	水
50	10	500mL

表14-10 碳素钢着色法着色液其他着色配方及工艺条件1

组分质量/g			工艺条件	
过硫酸铵	稀盐酸	水	温度/℃	时间/h
10	25	500mL	90	4~6

注：把铁槽中的处理液加热到90℃左右，工件浸入20~30min，然后擦去工件表面红褐色的氧化铁。再在质量分数为1%的氯化钠中煮沸20~30min，残留的氧化铁就完全被除去，取出水洗，用刷子刷净就行。此溶液随温度的变化，着色结果也不同。若溶液温度在90℃以上，则膜层表面粗糙，得到带红褐色的膜。要取得耐蚀性、耐热性好的膜，处理时间要短。

表14-11 碳素钢着色法着色液其他着色配方及工艺条件2

组分质量浓度/(g/L)					工艺条件
氯化钠	硫酸钠	硫酸亚铁	三氯化铁	硝酸钾	温度/℃
100	50	80	50	20	90

注：将此液先涂布在工件表面，待全部干燥后再在溶液中煮沸5~10min，水洗，反复多次，最后用钢丝刷刷平即可。该工艺适合部分氧化膜的修补。

表14-12 碳素钢着色法着色液其他着色配方及工艺条件3

组分质量浓度/(g/L)			工艺条件
硫代硫酸钠	三氯化铁	氯酸钠	温度/℃
200	170	220	80~90

注：工件要预热，用刷子涂布，干燥。反复操作，最后生成氧化铁的红锈，经过抛光即可。色调较前几种方法稍差。

表14-13 碳素钢着色法着色液其他着色配方及工艺条件4

组分质量浓度/(g/L)			工艺条件
氯化钠	硫酸钠	硫酸亚铁	温度/℃
100	40	70	90

注：表面涂布后干燥。在溶液中煮沸，开始生成的是红锈，不牢固，要除去。再生成的膜红锈越来越少，再除去，直至得到牢固的着色膜。这样反复几次，即完成。

表 14-14　碳素钢着色法着色液其他着色配方及工艺条件 5

组分质量份/份				工艺条件	
氢氧化钠	磷酸氢二钠	亚硝酸钠	氰化钠	温度/℃	时间/min
9	10	1	0.1	160	30~40

注：此溶液可着成有光泽黑色膜，若需要无光泽黑色膜时，需添加氯化钾。

14.3　不锈钢的着色

不锈钢经过各种氧化处理在表面形成的氧化膜对光的干涉，由于呈现出各种不同的干涉色彩而着色，因此氧化膜的成分改变或厚度改变都会引起色调的变化。不锈钢着色分着黑色和着彩色两大类，着黑色主要用于光学仪器的消光处理。

14.3.1　着色工艺

在不锈钢表面形成彩色的技术有很多种，大体有以下六种：化学着色法、电化学着色法、高温氧化法、有机物涂覆法、气相裂解法及离子沉积法。不锈钢着色成分及工艺见表 14-15。

表 14-15　不锈钢着色成分及工艺

膜颜色	工艺号	着色液成分	含量/(g/L)	温度/℃	时间/min	备注
黑色	1	重铬酸钾($K_2Cr_2O_7$)	300~350	95~102（镍铬不锈钢）、100~110（铬不锈钢）	5~15	着色膜为蓝色、深蓝色或藏蓝色，经抛光后为黑色，膜厚 1μm，适于海洋舰艇，高热潮湿环境下使用的零件
		硫酸(H_2SO_4)（密度为 $1.84g/cm^3$）	300~350mL/L			
	2	草酸[$(COOH)_2 \cdot 2H_2O$]	10%（质量分数）	室温	根据着色程度而定	零件经着色后，冲洗干净并烘干，用质量分数为 1%的硫代硫酸钠溶液浸渍后即成黑色
	3	重铬酸钾($K_2Cr_2O_7$)	1 质量份	204~235 熔盐	20~30	—
		重铬酸钠($Na_2Cr_2O_7 \cdot 2H_2O$)	1 质量份			
	4	重铬酸钠[$Na_2Cr_2O_7 \cdot 2H_2O$]	按实际调整用量	198~204	20~30	—
仿金色	5	偏矾酸钠(Na_2VO_3)	130~150	80~90	5~10	零件需先经电解抛光后方可着色，提高着色液温度，可使着色时间缩短，铁离子和镍离子对着色有干扰
		硫酸(H_2SO_4)（密度为 $1.84g/cm^3$）	1100~1200			
	6	铬酐(CrO_3)	250~300	70~80	9~10	适于纯度较高的不锈钢，在着色液中加入钼酸铵可改善光亮性与色泽，加硫酸锰可加速反应。挂具一般为不锈钢丝
		硫酸(H_2SO_4)（密度为 $1.84g/cm^3$）	500~550			
巧克力色	7	铬酐(CrO_3)	100	100	18	以 SUS304BA 不锈钢为宜
		硫酸(H_2SO_4)（密度为 $1.84g/cm^3$）	700			
电解着各种色	8	铬酐(CrO_3)	250	75	9~10	以 SUS304BA 不锈钢为宜。着色电位在 5mV 时为青色；11mV 时为金色；16mV 时为赤色；19mV 时为绿色
		硫酸(H_2SO_4)（密度为 $1.84g/cm^3$）	500			

1. 化学着色法

（1）工艺流程　脱脂→清洗→机械抛光→脱脂→电解抛光→清洗→活化→清洗→着色→清洗→固膜→清洗→封闭→清洗→烘干。

（2）化学着色工艺　化学着色工艺见表14-16。

表14-16　化学着色工艺

着色液组成及工艺条件		工艺号			
		1	2	3	4
组分质量浓度/(g/L)	偏钒酸钠($NaVO_3$)	130~150	—	—	—
	铬酐(CrO_3)	—	100	—	250
	重铬酸钠($Na_2Cr_2O_7 \cdot 2H_2O$)	—	—	80	—
	硫酸(H_2SO_4)	1100~1200	700	600	500
工艺条件	温度/℃	80~90	100	105~110	75~85
	时间/min	5~10	18	15~22	7~13
膜层颜色		仿金色	巧克力色	黑色	蓝色→金黄色→紫红色→绿色→黄绿色

（3）其他工序的要求　其内容主要包括以下几个方面：

1）脱脂。为得到均匀的着色膜，应强化脱脂工序。通常采用有机溶剂脱脂和碱脱脂方法联合使用，将影响化学或电化学反应的不纯物清除干净，以获得干净的表面。

2）抛光。抛光对着色膜影响很大。经抛光后使工件表面平滑细致，在着色时才能容易上色。生产中多采用电解抛光，其工艺见表14-17。

表14-17　不锈钢着色膜的抛光工艺

组分体积浓度/(mL/L)	数值	工艺条件	数值
磷酸(H_3PO_4)	600	温度/℃	50~70
硫酸(H_2SO_4)	300	电流密度/(A/dm^2)	20~50
甘油[$C_3H_5(OH)_3$]	30	时间/min	4~5
水	70	—	—

3）活化。活化是在酸溶液中除去不锈钢表面薄氧化膜的过程，目的是提高膜层的附着力和色彩均匀性。活化可在质量分数为10%的硫酸或盐酸溶液中室温浸渍5~10min。

4）固化。不锈钢着色膜是疏松多孔且不耐磨的，需要进行固膜处理，其处理工艺见表14-18。

表14-18　不锈钢着色膜的固膜处理工艺

溶液组成及工艺条件		化学法	电解法
组分质量浓度/(g/L)	重铬酸钾($K_2Cr_2O_7$)	15	—
	氢氧化钠(NaOH)	3	—
	铬酐(CrO_3)	—	250
	硫酸(H_2SO_4)	—	2.5
工艺条件	pH值	6.5~7.5	—
	温度/℃	60~80	室温
	阴极电流密度/(A/dm^2)	—	0.2~1.0
	时间/min	2~3	5~15

5）封闭。经固膜处理后，着色膜的硬度、耐磨性及耐蚀性均能得到改善，但表面仍多孔而易被污染，此时可用下列方法进行封闭处理：硅酸钠（Na_2SiO_3）10g/L，沸腾5min。

2. 电解着色

（1）不锈钢电解着色工艺　不锈钢电解着色工艺见表 14-19。

表 14-19　不锈钢电解着色工艺

溶液组成及工艺条件		工艺号		
		1	2	3
组分质量浓度/(g/L)	重铬酸钠($Na_2Cr_2O_7 \cdot 2H_2O$)	60	20~40	—
	硫酸锰($MnSO_4$)	—	10~20	—
	硫酸铵[$(NH_4)_2SO_4$]	—	20~50	—
	铬酐(CrO_3)	—	—	250
	硫酸(H_2SO_4)	300~450	—	490
	硼酸(H_2BO_3)	—	10~20	—
工艺条件	pH 值	—	3~4	—
	温度/℃	70~90	≤30	—
	阳极电流密度/(A/dm^2)	0.05~0.1	0.15~0.30	55
	电压/V	—	2~4	0.2、0.4(AC 方波)
	时间/min	5~40	10~20	—
	膜层颜色	黑色	黑色	不同色彩

（2）工作注意事项　各个工艺所需注意事项如下：

1）工艺 1 应注意，若电解开始阶段以 $8A/dm^2$ 电流密度冲击，则能得到无光泽的黑色膜。

2）工艺 2 应注意，该工艺配方中重铬酸钠可由重铬酸钾取代。处理时应带电下槽、出槽。电解的初始电压用下限值，以后逐步升至上限值，以保持电流恒定，电解终止前 5min 左右应控制电压恒定。

3）工艺 3 应注意，该工艺配方以交流方波作电源，所得膜层颜色重现性好，出色范围宽，颜色种类多。研究结果表明，膜层颜色由电流密度、方波周期及通电周期数来控制。

3. 其他着色工艺

（1）热处理法　将经抛光处理后的不锈钢件在大气气氛中，在 400~450℃下进行热处理，使其表面形成数十纳米厚的金黄色氧化膜。然后室温下在 0.1~1mol/L 的盐酸或硫酸溶液中，将外表面的氧化膜溶解除去，以获得具有金属光泽的金黄色膜层。XPS 分析结果表明，经过高温处理后，不锈钢氧化膜外表面主要是铁的氧化物，而内表面主要是铬的氧化物。当用酸把外表面铁的氧化物溶解之后，就会出现钝态铬的氧化物膜。

（2）熔盐法　在重铬酸钠熔融盐（温度为 198~204℃）或重铬酸钠和重铬酸钾熔融盐（质量比为 1∶1，温度为 204~235℃）中进行 20~30min 浸渍处理。工件取出后冷却并用水冲洗干净，即可获得耐用的黑色着色膜。

（3）阳阴极钝化处理法　在组分（质量分数）为重铬酸铵 10%、硫酸铬 2%、柠檬酸铁铵 2%的溶液（室温）中，先阳极后阴极处理，处理条件分别为 $2A/dm^2$、5min 和 $3A/dm^2$。阳极处理时，硫化物等掺杂物优先溶解出去，阴极处理时表面可能生成 $Cr(OH)_3$ 等氢氧化物干涉膜。

14.3.2　化学氧化着色

不锈钢化学氧化着色工艺见表 14-20。

表 14-20　不锈钢化学氧化着色工艺

膜颜色	工艺号	配方		工艺条件		备注
		成分	质量浓度/(g/L)	温度/℃	时间/min	
黑色	1	重铬酸钾($K_2Cr_2O_7$)	300~350	镍铬不锈钢95~102，铬不锈钢100~110	5~15	一般零件氧化后为蓝色、深蓝色、藏青色，经抛光处理的零件为黑色。零件经除油清洗后，在钝态下直接浸入此液着色
		硫酸(H_2SO_4，密度为 1.84g/cm^3)	300~350mL/L			
	2	铬酐(CrO_3)	200~250	95~100	2~10	
		硫酸(H_2SO_4，密度为 1.84g/cm^3)	250~300mL/L			
	3	草酸($H_2C_2O_4$)	10%（质量分数）	室温	—	工件以草酸着色后，冲洗干净并烘干，用质量分数为 1%的硫代硫酸钠浸渍即呈黑色
彩色	4	铬酐(CrO_3)	200~400(250 最佳)	70~90	依要求颜色而定	随着色时间延长得不同色调，如 80~90℃，处理 15~17min 为深蓝色，18min 为金色，20~25min 为紫红色为主的彩虹干涉色，>25min 为绿色
		硫酸(H_2SO_4)	350~700(490 最佳)			
仿金色	5	偏钒酸钠($NaVO_3$)	130~150	80~90	5~10	每 100mL 溶液，可着色 4.5dm^2，限制铁和镍离子，提高着色温度，可缩短着色时间
		硫酸(H_2SO_4)	1100~1200			
	6	铬酐(CrO_3)	550	70	12~15	加入 20g/L 以下的 $MnSO_4$，可加快反应速度
		硫酸(H_2SO_4，密度为 1.84g/cm^3)	70mL/L			

14.3.3　低温着色

低温着色法又分为碱性化学着色法和酸性化学着色法，这里只介绍碱性化学着色法。碱性化学着色法是将不锈钢在含有氢氧化钠和氧化剂与还原剂的水溶液中进行着色。着色前不锈钢表面的氧化膜不必除去，在自然生长的氧化膜上面再生长氧化膜。随着氧化膜的增厚，表面颜色发生变化：黄色→黄褐色→蓝色→深藏青色。另一个碱性化学法是硫化法，不锈钢表面经过活化后，再浸入含有氢氧化钠和硫化物的溶液中硫化生成黑色、美观的硫化膜，但耐蚀性差，需涂罩光涂料。不锈钢碱性着色和硫化着色配方及工艺条件见表 14-21。

表 14-21　不锈钢碱性着色和硫化着色配方及工艺条件

溶液成分及工艺条件		碱性着色	硫化着色
组分/(g/L)	高锰酸钾($KMnO_4$)	50	—
	氢氧化钠(NaOH)	375	300
	氯化钠(NaCl)	25	6
	硝酸钠($NaNO_3$)	15	—
	亚硫酸钠(Na_2SO_3)	35	—
	硫氰酸钠(NaCNS)	—	60
	硫代硫酸钠($Na_2S_2O_3$)	—	30
工艺条件	温度/℃	120	100~120

14.3.4　高温着色

高温氧化着色法即回火法，有两种具体的方法：一是在空气中，在一定的高温下使不锈钢表面氧化为金黄色；二是在重铬酸盐的熔融浴中氧化得到黑色膜。例如，在重铬酸钠（$Na_2Cr_2O_7$）或重铬酸钠和重铬酸钾（$K_2Cr_2O_7$）各 1 质量份的混合物中，在 320℃时开始熔融，在 400℃时放出氧气而分解。新生的氧原子活性强，不锈钢浸入后表面被氧化成黑色无光但牢固的膜层。操作温度为 450～500℃，时间为 20～30min。

工艺流程：不锈钢→化学脱脂→清洗→化学抛光→清洗→中和→清洗→缓冲→干燥→加热氧化着色。

14.3.5 有机物涂覆着色

在不锈钢上进行涂覆着色的方法，是使用透明或不透明着色涂料涂覆在不锈钢上的方法。过去由于钢板与涂料的密着性不好而使其应用受到限制。直至 20 世纪 80 年代，随着涂覆技术的提高，钢板的涂覆已成为可能，因而涂覆不锈钢板与着色镀锌铁板、彩色铝合金板一样，在建筑材料等方面得到广泛应用。涂覆不锈钢板的重要影响因素有：不锈钢的选择、确保密着性的预处理方法、耐蚀性高的涂料的选择及涂料的正确涂覆和烘烤。用作屋顶板应采用 SUS 304 及 SUS 430 不锈钢。用于涂覆不锈钢的涂料有较长寿命的硅改性聚酯树脂或丙烯酸树脂与环氧树脂共用涂料，它们具有室外耐候性好，即具有保光、保色和耐水点腐蚀等特点。大多数在市场出售的产品，经过 2000h 的试验也没有发生起泡等异常现象，这显示出其优良的耐蚀性。

14.3.6 电化学着色

在酸性或碱性的电解质水溶液中，以不锈钢工件为阳极，铅板等为阴极进行电解着色，在工件表面形成不同厚度的氧化膜而显示不同的色彩。不锈钢电化学着色工艺见表 14-22。

表 14-22 不锈钢电化学着色工艺

膜颜色	工艺号	配方		工艺条件			备注
		成分	质量浓度 /(g/L)	电流密度 /(A/dm²)	温度 /℃	时间 /min	
彩色	1	铬酐(CrO_3)	100～450	阴极 1～3	75～95	1～15	随着时间延长，依次得到青、黄、橙、紫、蓝色的膜
		硫酸(H_2SO_4)	200～700				
	2	氢氧化钠(NaOH)	200～350	阴极 1～3	80～95	1～20	
		水(H_2O)	800～950				
黑色	3	重铬酸钾($K_2Cr_2O_7$)	20～40	电压为 2～4V，阳极 0.15～0.3	≤30	10～20	阴极材料为不锈钢板，阴阳极面积比为(3～5)：1，pH 值为 3～4
		硫酸锰($MnSO_4$)	10～20				
		硫酸铵[$(NH_4)_2SO_4$]	20～50				
		硼酸(H_3BO_3)	10～20				

14.3.7 固膜处理和封闭处理

不锈钢经着色处理后，所获得的转化膜层疏松、柔软、不耐磨，而且是多孔的，孔隙率为 20%～30%，膜层也很薄，容易被污染，无实用价值，因此还必须进行后处理。后处理主要包括固膜处理和封闭处理两个步骤。

1. 固膜处理工艺

固膜是阴极电解硬化的过程，实质上是通过电解法充填着色膜松散的表面，使之形成多孔性尖晶石型氧化膜以达到硬化的目的。在固膜液体系中工件作阴极，经过电解，氢气将转化膜细孔中的六价铬还原成三价铬，并沉淀埋入细孔中，使转化膜得到硬化，其耐磨性和耐蚀性显著增加，可提高 10 倍以上。电解固膜装置如图 14-1 所示。

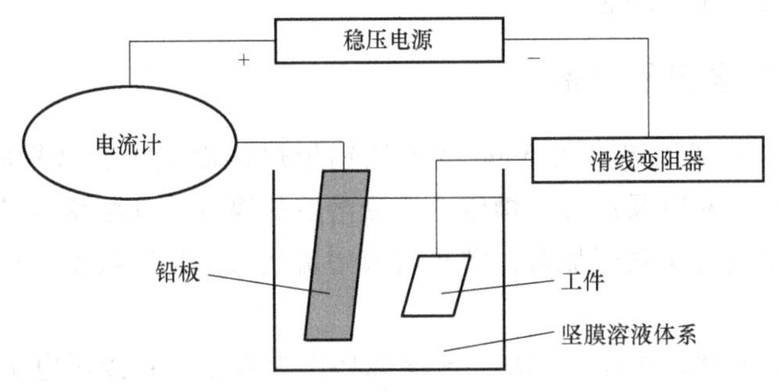

图 14-1 电解固膜装置

一般的电解固膜处理工艺见表 14-23。

表 14-23 一般的电解固膜处理工艺

成分和工艺条件		工艺号 1	2	3	4	5
组分质量浓度/(g/L)	铬酐(CrO_3)	240~260	250	200~300	250	250
	硫酸(H_2SO_4)	1~2.5	—	2~3	—	2.5
	磷酸(H_3PO_4)	—	2.5	—	—	—
	钼酸钠(Na_2MoO_4)	—	—	20~30	—	—
	三氧化硒(SeO_3)	—	—	—	2.5	2.5
工艺条件	阴极电流密度/(A/dm^2)	2.4~2.6	0.2~1.0	0.2~2.5	0.3~0.4	0.5~1.0
	温度/℃	25~40	30~40	10~40	40~45	45~55
	时间/min	2~30	10	5~15	0.5~1.5	10~15

电解固膜处理后，实质上也能使氧化膜加厚，从而使膜的颜色发生变化，处理时间越长，颜色变化越大。因此，在达到固膜的效果后，应尽量缩短固膜处理时间。固膜处理前后着色膜颜色变化见表 14-24。

表 14-24 固膜处理前后着色膜颜色变化

固膜前	茶色	蓝灰色	浅黄色	深黄色	金黄色	紫红色	紫色	蓝紫色	蓝绿色	绿色	黄绿色	橙色
固膜处理后	茶色	蓝灰色	深黄色	金黄色	紫红色	紫色	蓝紫色	蓝绿色	绿色	黄绿色	橙色	桃色

由表 14-24 可知，茶色至蓝灰色，固膜处理前后颜色基本不变。黄色由浅变深，从深黄色开始到橙色，固膜处理后比固膜处理前向后移了一种颜色，这是由于固膜增厚了着色膜导致的。为了得到所要求的颜色，对于黄色到橙色的膜应提早一种颜色出槽，固膜处理后正好达到所需要的颜色。固膜处理后，对原来的色泽有加深作用，但色泽变化在整个表面上是均匀的，所以可以在着色时控制着色电位加以纠正。

钼酸钠加入固膜溶液中，对颜色无影响，可明显提高着色层的光亮度。

2. 封闭处理

固膜处理后的着色膜仍有少量孔隙存在，对固膜处理后的着色膜要进行封闭处理。封闭处理一般是在质量分数为10%～15%的Na_2SiO_3和其他一些无机盐的沸腾溶液中浸泡5～10min。经封闭处理后的不锈钢氧化膜的色泽不变，而手痕可以完全消除，且其耐磨性、耐蚀性也大有提高，效果比较理想。

14.3.8 不锈钢化学着色设备

（1）发黑用槽　一般用厚度为5mm的不锈钢板焊接而成。但这样的发黑槽寿命不长，原因有二：一是焊缝处易渗漏；二是槽壁会遭受溶液的腐蚀，使溶液的使用寿命缩短。槽子要有密封盖，发黑完成后应立即加盖，防止溶液中硫酸大量地吸收空气中的水分，而使浓度降低，影响工效。

对于小型工件的发黑，可用3～5L的玻璃烧杯作为容器，直接用电炉加热。这样可避免腐蚀的发生，但溶液在冷却后会有结晶析出，再加热时要用水浴加热溶解结晶。在短时停止工作时，最好保温在80℃以上，或者稍冷却至80℃后倒入塑料槽中保存溶液。

对于大型工件，可采用钛板用氩弧焊的方法制成钛槽。钛槽在含氧化性很强的发黑酸性溶液中耐蚀性很好。

（2）加热设备　一般可用钛管电加热器并配以温度自动控制仪，以精确控制温度。也可以使用玻璃电加热管。

（3）挂具　挂具使用的材料必须与不锈钢的电位接近，如镍铬丝、不锈钢丝、钛材等。不能使用铜、铁材料制作挂具，因为电位相差太大，挂具很快就会被腐蚀。

14.3.9 不锈钢化学着黑色的常见问题与对策

不锈钢化学着黑色的常见问题与对策见表14-25。

表14-25　不锈钢化学着黑色常见问题与对策

常见故障	可能原因	纠正方法
在整个圆柱形零件蓝色表面上，出现棕色、紫色或无色环	车削时受热、受力不匀，引起材料表面局部晶格结构或化学组分改变，在车刀走动时尤为明显	用320号金刚砂喷砂，将发生变化的微薄表层除去，也可用电解抛光、研磨等非高热方法除去
表面产生玫瑰红、翠绿等干涉色	溶液温度过低或波动较大	溶液保温良好，在规定温度范围内进行处理
膜层颜色较浅	溶液长期暴露在空气中，溶液中硫酸吸收空气中的水分，降低了整个溶液浓度	加热蒸发多余的水分，恢复原来的溶液浓度
浅棕色不向深蓝色或黑色转变	着黑色最佳时间已经错过	退除整个膜层后重新着黑色，注意经常取出零件查看

14.4 铝及铝合金的着色和染色

14.4.1 有机染料染色

有机染料染色牢度好，上色速度快，颜色种类多，色彩较鲜艳，操作简便，可得到均匀、再现性好、色调范围宽广的各种颜色的膜，但膜的耐光保色性较差。常用有机染料染色工艺见表14-26。

表14-26　常用有机染料染色工艺

膜色别	工艺号	染料名称	质量浓度/(g/L)	工艺条件		
				温度/℃	时间/min	pH值
黑色	1	酸性毛元 ATT	10	室温	10~15	4.5~5.5
		乙酸	0.8~1.2mL/L			
		水	至1L			
	2	酸性粒子元 NBL	12~16	60~70	10~15	5~5.5
		乙酸	1.2mL/L			
		水	至1L			
	3	酸性蓝黑 10B	10	室温	5~10	4~5.5
		乙酸	1mL/L			
		水	至1L			
	4	苯胺黑	5~10	60~70	10~20	—
		水	至1L			
红色	5	直接雪利桃红 G	2~5	60~70	5~10	4.5~5.5
		水	至1L			
	6	直接耐晒桃红 G	2~5	60~70	5~10	4.5~5.5
		水	至1L			
	7	酸性大红 GR	5	室温	2~10	4.5~5.5
		乙酸	1mL/L			
		水	至1L			
	8	酸性紫红 B	4~6	15~40	15~30	4.5~5.5
		乙酸	1mL/L			
		水	至1L			
	9	活性橙红	2~5	70~80	2~15	—
		水	至1L			
	10	茜素红 S	5~10	60~70	10~20	4.5~5.5
		乙酸	1mL/L			
		水	至1L			
蓝色	11	直接耐晒蓝	3~5	15~30	15~20	4.5~5.5
		水	至1L			
	12	直接耐晒翠蓝	3~5	60~70	1~3	4.5~5.5
		水	至1L			
	13	JB 湖蓝	3~5	室温	1~3	5~5.5
		水	至1L			
	14	活性橙蓝	5	室温	1~5	4.5~5.5
		水	至1L			
	15	酸性蓝	2~5	60~70	2~15	4.5~5.5
		乙酸	0.5mL/L			
		水	至1L			
金黄色	16	茶素黄 R(或 GG)	0.3	70~80	1~3	4.5~5.5
		茜素红 S	0.5			
		乙酸	1mL/L			
		水	至1L			
	17	活性艳橙	0.5	70~80	5~15	4~5
		水	至1L			
	18	活性嫩黄 X-6G	1~2	25~35	2~5	—
		水	至1L			
	19	铅黄 GLW	2~5	室温	2~5	5~5.5
		水	至1L			

（续）

膜色别	工艺号	染料名称	质量浓度/(g/L)	工艺条件		
				温度/℃	时间/min	pH值
金黄色	20	溶蒽素金黄-IGK①	0.035	室温	1~3	4.5~5.5
		溶蒽素橘黄-IRK	0.1			
		水	至1L			
绿色	21	酸性绿	5	70~80	15~20	—
		乙酸	1mL/L			
		水	至1L			
	22	直接耐晒翠绿	3~5	15~25	15~20	—
		水	至1L			
	23	酸性墨绿	2~5	70~80	5~15	—
		乙酸	1mL/L			
		水	至1L			

① 此液染色后一定要在显色液中进行显色处理，显色工艺有两种：一种工艺的溶液配方为高锰酸钾 4~7g/L、硫酸 20g/L，温度为室温；另一种工艺的溶液配方为亚硝酸钠 10g/L，硫酸 20g/L，温度为室温。

14.4.2 无机染料染色

无机染料色泽鲜艳度较差，难以染成较深色泽，但耐晒，保色性能较好，在建材方面有一定应用。无机盐浸渍着色工艺见表 14-27。染色过程：阳极氧化后的工件经彻底清洗，先在溶液Ⅰ中浸渍，清洗后放入溶液Ⅱ中浸渍。如果颜色欠深，清洗后可进行重复处理。染色后清洗干净，用热水封闭或在 60~80℃下烘干，再进行喷漆或浸蜡处理。

表 14-27 无机盐浸渍着色工艺

膜颜色	溶液Ⅰ		工艺条件		溶液Ⅱ		工艺条件		显色的生成物
	无机盐	质量浓度/(g/L)	温度/℃	时间/min	无机盐	质量浓度/(g/L)	温度/℃	时间/min	
红棕色	硫酸铜	10~100	60~70	10~20	铁氰化钾	10~15	60~70	10~20	铁氰化铜
金色	草酸铁铵	15	55	10~15	—	—	—	—	三氧化二铁
橙黄色	硝酸银	50~100	60~70	5~10	重铬酸钾	5~10	60~70	10~15	重铬酸铅
黄色	醋酸铅	100~200	60~70	10~15	重铬酸钾	50~100	60~70	10~15	重铬酸银
青铜色	醋酸钴	50	50	2	高锰酸钾	25	50	2	氧化钴
蓝色	亚铁氰化钾	10~50	60~70	5~10	氯化铁	10~100	60~70	10~20	普鲁士蓝
黑色	醋酸钴	50~100	60~70	10~15	硫化钠	50~100	60~70	20~30	硫化钴
白色	硝酸钡	10~50	60~70	10~15	硫酸钠	10~50	60~70	30~35	硫酸钡

14.4.3 消色法着色

消色法着色是将已染色尚未进行封闭处理的铝件进行不均匀的退色处理：向铝件上喷洒消色液或蘸上消色液在表面进行无规则、快速地揩划。例如，染过黑色铝件的表面与消色液接触的部位即呈现灰黑、灰白直至白色，多次重复染色、消色处理，即可得到云彩状图案。

（1）工艺流程　按黑、黄、绿三色染色，其处理工艺流程是：机械抛光→脱脂→清洗→阳极氧化→清洗→中和→染黑色→清洗→退色→清洗→染黄色→清洗→退色→清洗→染绿色→清洗→封闭→机械光亮→成品。

（2）消色工艺　消色工艺见表 14-28。

表14-28　消色工艺

工艺号		1	2	3	4	5	6
组分质量浓度/(g/L)	铬酐(CrO_3)	250~300	200~500	—	—	—	—
	草酸($H_2C_2O_4$)	—	—	100~400	—	—	—
	硫酸镁($MgSO_4$)	—	—	—	300	—	—
	高锰酸钾($KMnO_4$)	—	—	—	—	100~500	—
	冰醋酸(CH_3COOH)	—	1~2mL/L	—	3~5mL/L	—	—
	次氯酸钠(NaClO)	—	—	—	—	—	50~200
工艺条件	时间/s	—	—	—	—	5~10	10~20

(3) 操作维护注意事项　包括以下几点：

1) 阳极氧化采用硫酸阳极氧化或三酸瓷质阳极氧化，要求氧化膜较厚，孔隙率较高。

2) 染色液浓度稍高一些，先染深色后染浅色。染色温度为40~50℃，温度过高会导致局部氧化膜封闭，造成染不上色的现象。

3) 染色后经过清洗立即进行褪色，褪色后立即浸水清洗。

14.4.4　套色染色

套色染色即在一次阳极氧化膜上获得两种或两种以上的彩色图案，一般采用漆膜掩盖法。

(1) 工艺流程　硫酸阳极氧化→清洗→第一次染色（一般是浅色)→流动冷水清洗→干燥（50~60℃）→下挂具→印字或印花（丝印或胶印)→干燥→退色→流动冷水清洗→中和→第二次染色→流动冷水清洗→揩漆→干燥→封闭。

(2) 工艺　套色染色工艺见表14-29。

表14-29　套色染色工艺

工艺号	成　　分	质量浓度/(g/L)	退色时间/min
1	磷酸三钠(Na_3PO_4)	50	5~10
2	次氯酸钠(NaClO)	10	5~10
3	硝酸(HNO_3)	300mL/L	5~10

(3) 操作注意事项　包括以下内容：

1) 第一次染色后，使用丝印法或胶印法，用透明醇酸清漆、石墨作印浆印上所需的图案。在进行退色处理时，图案上的清漆就成为防染隔离层，保护下面图案的色彩。再染色清洗后，就得到双色图案花样。

2) 阳极氧化后的工件放置不得超过2h（冬天可延长至6h)。

3) 不能用手摸，应戴手套操作。

14.4.5　色浆印色

色浆印色是把色浆丝印在铝阳极氧化膜上的染色工艺。这种方法可印饰多种色彩，不需消色和涂漆，大大降低原料消耗，降低了生产成本。色浆配方见表14-30。

表14-30　色浆配方

成　　分	质量分数(%)	成　　分	质量分数(%)
浆基A(羧甲基纤维素30g/L)	50	色基	30
浆基B(海藻酸钠40g/L)	15	山梨醇	4
六偏磷酸钠	0.6	甲醛	0.4

14.4.6 自然发色法

自然发色法是指某些特定成分（含硅、铬、锰等）的铝合金，在进行阳极氧化的同时，得到有颜色的氧化膜的方法，又称为合金发色法，其工艺见表 14-31。

表 14-31 自然发色法工艺

工艺号	配方：成分	配方：质量浓度/(g/L)	工艺条件：电流密度(DC)/(A/dm²)	工艺条件：电压/V	工艺条件：温度/℃	厚度/μm	颜色
1	磺基水杨酸	62~68	1.3~3.2	35~65	15~35	18~25	青铜色
	硫酸	5.6~6					
	铝离子	1.5~1.9					
2	磺基水杨酸	15%(质量分数)	2~3	45~70	20	20~30	青铜色
	硫酸	0.5%(质量分数)					
3	磺基钛酸	60~70	2~4	40~70	20	20~30	青铜色、茶色
	硫酸	2.5					
4	草酸	5	5.2	20~35	20~22	15~25	红棕色
	草酸铁	5~80					
	硫酸	0.5~4.5					
5	磺基水杨酸	5%(质量分数)	1.3~3	30~70	20	20~30	青铜色
	马来酸	1%(质量分数)					
	硫酸	0.5					
6	酚磺酸	90	2.5	40~60	20~30	20~30	琥珀色
	硫酸	6					
7	钼酸铵	20	1~10	40~80	15~35	保持峰值电压至所需色泽	金黄色、褐色、黑色
	硫酸	5					
8	酒石酸	50~300	1~3	—	15~50	20	青铜色
	草酸	5~30					
	硫酸	0.7~2					

常用合金在自然发色处理时的色调见表 14-32。

表 14-32 常用合金在自然发色处理时的色调

合金系	典型合金	阳极氧化处理：硫酸法	阳极氧化处理：草酸法
纯铝系	1050	银白色	金色、黄褐色
	1100		
Al-Cu 系	2017	灰白色	浅褐色、灰红色
	2014		
Al-Mn 系	3303	银白色、浅黄色	黄褐色
	3304		
Al-Si 系	4043	灰色、灰黑色	灰黄色、灰黄黑色
Al-Mg 系	5005	银白色、浅黄色	金黄色
	5052		
	5083		
Al-Mg-Si 系	6061	银白色、浅黄色	金黄色
	6083		
Al-Mn 系	7072	银白色	—

14.4.7 交流电解着色

交流电解着色是指将经过阳极氧化处理之后的铝件，再次浸在含有重金属盐的溶液中进行电解处理，使金属离子被还原沉积在氧化膜孔隙的底部而着色的方法。可根据所用的盐类不同而得到不同的色调。电解着色盐的种类和氧化膜色调见表14-33。交流电解着色方法很多，工艺见表14-34。

表14-33 电解着色盐的种类和氧化膜色调

金属盐的种类	膜色调	金属盐的种类	膜色调
镍盐	青铜色	铝酸盐	金黄色
铅盐	茶褐色	铜盐	粉红色至红褐色至黑色
钴盐	青铜色	铁盐	蓝绿色至褐色
银盐	鲜黄绿色	亚硒酸盐	黄土色
锡盐	橄榄色至青铜色至黑色	锌盐	褐色

表14-34 交流电解着色法工艺

工艺号	配方		工艺条件				颜色
	成分	质量浓度/(g/L)	电压,电流密度	pH值	时间/min	温度/℃	
1	硫酸镍	25	10~17V，0.2~0.4A/dm^2	4.4	2~15	20	青铜色→黑色
	硫酸镁	20					
	硫酸铵	15					
	硼酸	25					
2	硫酸亚锡	5~10	10~25V，0.1~0.4A/dm^2	—	1~5	室温	古铜色
	硫酸镍	30~80					
	硫酸铜	1~3					
	硼酸	5~50					
	EDTA	5~20					
3	硫酸亚锡	10	8~16V	1~1.5	2.5	20	浅黄→深古铜
	硫酸	10~15					
	稳定剂	适量					
4	硫酸钴	25	17V	4~4.5	13	20	黑色
	硫酸铵	15					
	硼酸	25					
5	硝酸银	0.5	10V	1	3	20	金绿色
	硫酸	5					
6	硫酸亚锡	15	4~6V，0.1~1.5A/dm^2	1.3	1~8	20	红褐色→黑色
	硫酸铜	7.5					
	硫酸	10					
	柠檬酸	6					
7	亚硒酸钠	0.5	8V	2	3	20	浅黄色
	硫酸	10					
8	硫酸镍	50	8~15V	4.2	1~15	20	青铜色→黑色
	硫酸钴	50					
	硼酸	40					
	磺基水杨酸	10					

（续）

工艺号	配方		工艺条件				颜色
	成分	质量浓度/(g/L)	电压,电流密度	pH值	时间/min	温度/℃	
9	盐酸金	1.5	10~12V,0.5A/dm²	4.5	1~5	20	粉红色→淡紫色
	甘氨酸	15					
10	硫酸铜	35	10V	1~1.3	5~20	20	赤紫色
	硫酸镁	20					
	硫酸	5					
11	硫酸亚锡	20	6~9V	1~2	5~10	20	青铜色
	硫酸	10					
	硼酸	10					
12	硫酸镍铵	40	15V	4~4.5	5	室温	青铜色
	硼酸	25					
13	草酸铵	20	20V	5.5~5.7	1	20	褐色
	草酸钠	20					
	醋酸钴	4					

电解着色的管理如图 14-2 所示。

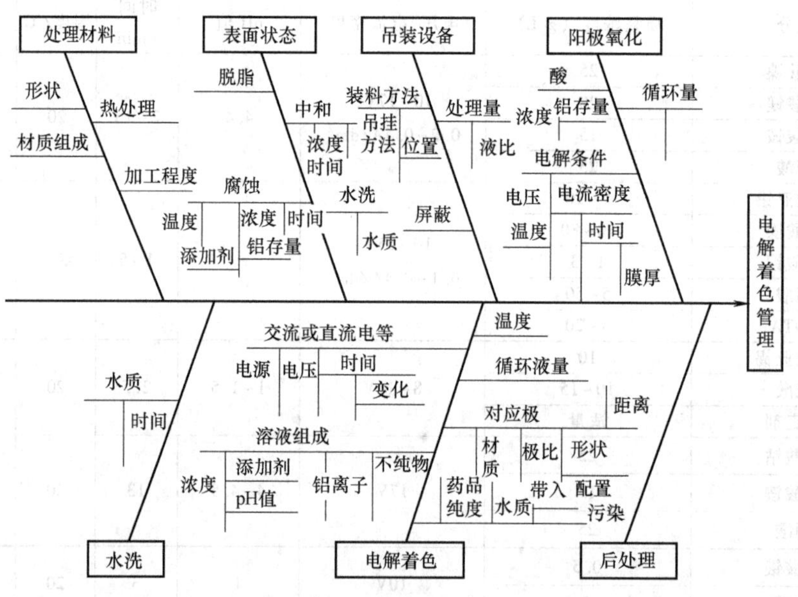

图 14-2 电解着色的管理

14.4.8 铝直接化学着色

铝直接化学着色工艺见表 14-35。

表 14-35 铝直接化学着色工艺

颜色	工艺号	配方		工艺条件		备注
		成分	质量浓度/(g/L)	温度/℃	时间/min	
黑色	1	钼酸铵[$(NH_4)_2MoO_4$]	15	82	—	也适于铝合金
		氯化铵(NH_4Cl)	30			

（续）

颜色	工艺号	配方 成分	配方 质量浓度/(g/L)	工艺条件 温度/℃	工艺条件 时间/min	备注
黑色	1	硼酸(H_3BO_3)	8	82	—	也适于铝合金
		硝酸钾(KNO_3)	8			
	2	高锰酸钾($KMnO_4$)	5~10	80~90	5~15	—
		硝酸(HNO_3)	2~4mL/L			
		硝酸铜[$Cu(NO_3)_2 \cdot 3H_2O$]	20~25			
	3	铬酐(CrO_3)	10	70~80	20~30	—
		碳酸钾(K_2CO_3)	25			
		硫酸铜($CuSO_4 \cdot 5H_2O$)	25			
		铬酸钠(Na_2CrO_4)	25			
蓝色	4	氯化铁($FeCl_3$)	5	66	—	—
		铁氰化钾[$K_3Fe(CN)_6$]	5			
红色	5	亚硒酸(H_2SeO_3)	10~30	50~60	10~20	红色为析出的硒
		碳酸钠(Na_2CO_3)	10~30			
灰色	6	碳酸钾(K_2CO_3)	25	80~100	30~50	若加入少量明矾，膜生成较快
		碳酸钠(Na_2CO_3)	25			
		铬酸钾(K_2CrO_4)	10			
	7	氟化锌(ZnF_2)	6	60~70	10~20	因析出锌而呈灰色
		钼酸钠(Na_2MoO_4)	4			

14.4.9 铝合金直接化学着色

铝合金直接化学着色工艺见表14-36。

表14-36 铝合金直接化学着色工艺

膜色调	配方及工艺条件			备注
白至白褐色	组分质量浓度/(g/L)	碳酸钠(Na_2CO_3)	0.5~2.6	适用合金：Al-Si合金、Al-Mg合金、Al-Zn合金、Al-Ni合金、Al-Cu-Si合金、Al-Cu-Mg合金
		重铬酸钠($Na_2Cr_2O_7 \cdot 2H_2O$)	0.1~1.0	
	工艺条件	温度/℃	80~100	
		时间/min	10~20	
随合金不同呈不同颜色	组分质量浓度/(g/L)	碳酸钠(Na_2CO_3)	46	此法称MBV法，合金着色色调如下 Al-Mn合金：黄褐色 Al-Mn-Mg-Si合金：灰绿色 Al-Si合金：常绿黄褐色
		铬酸钠(Na_2CrO_4)	14	MBV法2min，在4g/L的$KMnO_4$溶液中染色 Al-Mn合金：红褐色 Al-Mn-Mg-Si合金：暗褐色 Al-Si合金：红铜色
	工艺条件	温度/℃	90~95	MBV法10min，在4g/L的$KMnO_4$溶液中染色 Al-Mn合金：红褐色 Al-Mn-Mg-Si合金：暗黄褐色 Al-Si合金：暗黄褐色
		时间/min	20~25	MBV法80min，在硝酸铜25g/L，高锰酸钾10g/L，硝酸（质量分数为65%）0.4mL/L，80℃的溶液中浸2min Al-Mn合金、Al-Si合金、Al-Mn-Mg-Si合金：浓黑色

（续）

膜色调	配方及工艺条件			备注
黄色等	组分质量/g	硝酸钾(KNO_3)	25	可着黄色、青铜色、黄褐色、红色等
		硫酸镍($NiSO_4 \cdot 7H_2O$)	10	
		氟硅酸钠(Na_2SiF_6)	5	
		质量分数为10%钼酸钠溶液(Na_2MoO_4)	1mL	
		水(H_2O)	4L	
	工艺条件	温度/℃	60~70	

14.4.10 铝合金木纹着色

铝合金（6063A）型材可通过电化学处理得到木纹图样，耐磨性、耐蚀性较好，广泛用于建筑、家具、柜台、汽车等。工艺流程为：预处理→水洗→形成转化膜→清洗→形成木纹→清洗→阳极氧化→清洗→着色→水封闭，各工序工艺见表14-37。

表14-37 铝合金木纹着色工艺

工序	配方		工艺条件				备注
	成分	质量浓度/(g/L)	电流密度/(A/dm²)	温度/℃	时间/min	阴极	
形成壁垒型膜	磷酸钠(Na_3PO_4)	23~27	2~2.5	20~25	<5	不锈钢	电源采用硅整流器，两极间距300mm，时间小于5min，否则氧化膜会破裂
	磷酸(H_3PO_4)	6~9					
形成木纹	磷酸钠(Na_3PO_4)	23~27	3~3.5	20~25	<40	铝板	木纹形状可通过改变吊具、工具来得到。电解时间越长木纹痕迹越深，但不能超过40min，否则会露出基体
	磷酸(H_3PO_4)	6~9					
	硝酸钠($NaNO_3$)	3~5					
阳极氧化	硫酸(H_2SO_4)	150~190	2~2.5		<10	铅板	超过10min氧化膜不耐蚀
着色	草酸铵[$(NH_4)_2C_2O_4$]	23~27		45~50	2~15	—	色系为淡黄色、黄色、棕黄色、深棕色及纯铜色

14.4.11 国外铝及铝合金一步电解着色

一步电解着色法是指一些合金在特定的电解液中进行阳极氧化处理，得到着色氧化膜的方法。这些电解液是以磺基水杨酸、马来酸或草酸等为主的有机酸。在以草酸为主的电解液中添加硫酸、铬酸等可形成黄色至红色的氧化膜；在以磺基水杨酸、氨基磺酸为主的电解液中添加无机酸等，可生成青铜色至黑色以及橄榄色的氧化膜。

国外铝及铝合金一步电解着色法工艺见表14-38。

表14-38 国外铝及铝合金一步电解着色法工艺

着色方法	配方		工艺条件			膜厚/μm	膜颜色
	成分	质量浓度/(g/L)	电流密度/(A/dm²)	电压/V	温度/℃		
雷诺法	硫酸	0.5~45	5.2	20~35	20~22	15~25	红棕色
	草酸	5~饱和					
	草酸铁	5~80					

（续）

着色方法	配方 成分	质量浓度 /(g/L)	工艺条件 电流密度 /(A/dm^2)	电压/V	温度/℃	膜厚 /μm	膜颜色
尼古考拉法	硫酸或草酸	10%①	2.5~5	—	>10	50~130	褐色
	添加二羧酸	10%①					
斯米顿法	酚磺酸	90	2.5	40~60	20~30	20~30	琥珀色
	硫酸	6					
卡尔考拉法	磺基水杨酸	62~68	1.3~3.2	35~65	15~35	18~25	青铜色
	硫酸	5.6~6					
	铝离子	1.5~1.9					
	磺基水杨酸	15%①	2~3	45~70	20	20~30	青铜色
	硫酸	0.5%①					
D-300 法	磺基钛酸	60~70	2~4	40~70	20	20~30	青铜色
	硫酸	2.5					
弗罗克赛尔法	磺基水杨酸	5%①	1.3~3.0	30~70	20	20~30	青铜色
	马来酸	1%①					
	硫酸	0.5%①					
	钼酸铵	20	1~10	40~80	15~35	保持峰值电压至所需色泽	金黄色 褐色 黑色
	硫酸	5					

① 质量分数。

14.4.12 国内铝及铝合金一步电解着色

国内铝及铝合金一步电解着色工艺见表 14-39。

表 14-39 国内铝及铝合金一步电解着色工艺

工艺号	配方 成分	质量浓度 /(g/L)	工艺条件 电流密度 /(A/dm^2)	温度 /℃	时间 /min	膜颜色	备注
1	草酸($H_2C_2O_4 \cdot 2H_2O$)	0.5%~10%①	4~5 直流	15±1	5~30	黄-红	—
	硫酸(H_2SO_4)	0.05%~1%①					
2	甲酚磺酸	0.5%~40%①	30~65V，2~2.5	—	20~40	蓝-黑	—
	磺基水杨酸	0.5%~5%①					
	硫酸(H_2SO_4)	0.05%~3%①					
3	氨基磺酸(H_2NSO_2OH)	1~100	1~2	18~22	—	橄榄	—
	硫酸(H_2SO_4)	0.1~10					
4	苯磺酸	0.5%~2.5%①	0.5~10	—	—	金	—
	铬酸(H_2CrO_4)	0.5%~15%①					
	硫酸(H_2SO_4)	0.2%~10%①					
5	硫酸铜($CuSO_4 \cdot 5H_2O$)	10	0.15~0.4 直流	—	—	浅红-黑	用氨水调至 pH 值为 8.2
	柠檬酸($C_6H_8O_7 \cdot H_2O$)	15					
6	草酸($H_2C_2O_4 \cdot 2H_2O$)	1%①	2 直流	20	60	黄	—
	硝酸铁[$Fe(NO_3)_3$]	0.05%①					
7	硫酸镍($NiSO_4 \cdot 7H_2O$)	90~100	0.7~1.5	20~35	—	琥珀-黑	—
	硼酸(H_3BO_3)	45~55					
	硫酸铵[$(NH_4)_2SO_4$]	25~35					

① 质量分数。

14.4.13 封孔处理

对阳极氧化或电解着色生成的氧化膜进行处理，将其多孔质层加以封闭，从而提高氧化膜的耐蚀、防污染、电绝缘等性能的过程叫封孔处理。封孔方法很多，有水合封孔（沸水封孔、常压蒸汽封孔和高压蒸汽封孔）和有机涂层封孔（电泳涂装、浸渍涂装、静电涂装）等。目前常用的是沸水封孔法和电泳涂装封孔法。有机涂层封孔法除了具有封孔作用外，还能使铝材表面美观、耐磨且有防止擦伤的效果。

1. 水合封孔

水合封孔包括沸水封孔和蒸汽封孔。沸水封孔又包括纯沸水封孔和无机盐溶液封孔，而蒸汽封孔也包括常压蒸汽封孔和高压蒸汽封孔。水合封孔的反应机理基本相同，即在高温下，氧化膜与水发生水合反应生成含水微米体氧化铝 $Al_2O_3 \cdot H_2O$ 晶体。

由于 $Al_2O_3 \cdot H_2O$ 晶体的密度比氧化膜 Al_2O_3 密度小，体积增大约 33%，堵塞了氧化膜针孔，使外界有害物质不能浸入，从而提高了氧化膜的耐蚀性、防污染性及电绝缘性。封孔处理后的氧化膜断面如图 14-3 所示。

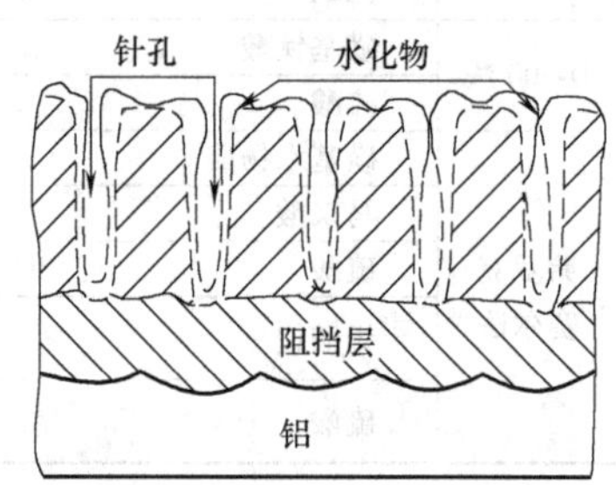

图 14-3 封孔处理后的氧化膜断面

在水合封孔中，根据日本的工业标准，将滴碱试验与 ASTM 标准污染法进行对比，认为蒸汽封孔比沸水封孔效果好，详见表 14-40 和表 14-41。但是蒸汽封孔需要用密闭大型高压釜，给连续流水生产带来困难。沸水封孔之所以强调用纯水，是因为普通水中的 Cl^-、SO_4^{2-}、PO_4^{3-}、Cu^{2+} 等离子对封孔有害，会降低氧化膜的耐蚀性，因此必须加以限制。封孔处理浴中的不纯物允许量见表 14-42。

表 14-40 加压水蒸气封孔和沸水封孔的比较

合金		6063-T5			
膜厚/μm		10		20	
试验方法		JIS(日本)滴碱试验/(s/μm)	ASTM 污染法/级	JIS(日本)滴碱试验/(s/μm)	ASTM 污染法/级
蒸汽	0.2MPa,20min	5.3	5	5.7	5
	0.2MPa,30min	5.8	5	5.9	4
	0.2MPa,45min	7.3	5	4.7	5
	0.4MPa,20min	8.5	5	5.7	4
	0.4MPa,30min	9.6	4	5.7	4
	0.4MPa,45min	10.2	4	5.8	4
脱盐沸水	20min	3.7	5	4.0	4
	30min	4.1	5	4.4	4~5
	45min	3.8	5	4.6	4~5
	60min	4.3	5	4.7	4
不处理		2.3	1	3.5	1

注：电解液质量分数为 16.4% 的 H_2SO_4，工艺条件为直流 $1A/dm^2$，20℃，45min（膜厚 10μm）或 100min（膜厚 20μm）。

表 14-41 ASTM 标准污染法判别标准级别

判别标准级别/级	着色情况	封孔效果
5	不着色	最好
4	着色极微	良好
3	有点着色	稍好
2	着色	不良
1	着色深	最差

表 14-42　封孔处理浴中的不纯物允许量

不纯物	SO_4^{2-}	Cl^-	SiO_3^{2-}	PO_4^{3-}	F^-	HO_3^-
允许量/(mg/kg)	<250	<100	<10	<5	<5	<50

在进行水合封孔处理时，一般采用去离子水（脱盐的纯水）效果较好。在沸水封孔过程中加入某些化学药剂，如氨、无水碳酸钠和三乙醇胺等能强化封孔效果。水合封孔处理的工艺条件见表 14-43。添加剂对沸水封孔制品耐蚀性的影响及其与加压蒸汽封孔处理的比较详见表 14-44。从表 14-44 中可知，就滴碱试验而言，加压水蒸气封孔和添加氨、无水碳酸钠、三乙醇胺等添加剂封孔处理，效果比单纯沸水封孔提高 1~3 倍。经封孔的氧化膜比不进行封孔处理的氧化膜，其滴碱性能提高了 1.6 倍，防污染性能则提高了 4 级。

表 14-43　水合封孔处理的工艺条件

封孔方法	工艺条件	
	JIS 标准	最佳值
加压蒸汽	压力 0.294~0.588MPa，时间 10min 以上	压力 0.392~0.490MPa，时间 20~30min
沸纯水	温度 95℃以上，时间 10min 以上	温度 95℃以上，时间 20~30min

表 14-44　水合封孔处理对耐蚀性的影响

处理方法	处理条件					氧化膜厚/μm	耐蚀性	
	pH 值		质量分数或压力	温度/℃	时间/min		滴碱试验(K2)	卡斯试验(L2)
	前	后						
加压水蒸气	—	—	0.4MPa	—	20	6.1	64	9
					60	9.2	97	10
沸纯水	—	5.9	—	98	20	6.1	28	9
					60	9.2	40	9
沸纯水加氨中和[中和条件：20℃、3min；氨水（质量分数为 25%）0.5%（体积分数）；pH 值：前为 11.2，后为 10.5]	—	7.7	—	98	30	6.1	63	10
						9.2	94	10
沸纯水加无水碳酸钠	9.6	8.3	0.002%	98	30	5.9	47	9
						9.0	70	9
沸纯水加氨	11	9.7	0.5%（体积分数）	98	30	6.1	92	10
						9.1	101	10
沸纯水加三乙醇胺	10.3	9.4	0.5%（体积分数）	98	30	6.1	92	10
						9.2	115	10

除用加压蒸汽和 100℃纯水封孔处理以外，也可添加无机盐，在高温水溶液中进行封孔，处理工艺见表 14-45。

表 14-45　添加无机盐的封孔处理工艺

处理方法	处理液	pH 值	温度/℃	时间/min	特点
蒸汽法	加压蒸汽(0.2~0.5MPa)	—	—	15~30	耐蚀性最佳
沸纯水法	纯水	6~9	90~100	15~30	适用于大型制品
乙酸镍法	乙酸镍 5~5.8g/L，乙酸钴 1g/L，硼酸 8g/L	5~8	70~90	15~20	有机染料着色制品的封孔；稳定性良好
重铬酸盐法	重铬酸 15g/L，碳酸钠 4g/L	6.5~7.5	90~95	2~10	适合于 2000 系合金，金黄色氧化膜

（续）

处理方法	处理液	pH值	温度/℃	时间/min	特点
硅酸钠法	硅酸钠 5%[①]，Na_2O : SiO_2 = 1 : 3.3	8~9	90~100	20~30	耐碱性良好
重铬酸钾法	重铬酸钾 10%[①]	6.5~7.5	90以上	10~20	—
磷酸盐法	磷酸氢二铵 0.02g/L，硫酸 0.02mL/L	5~7	90以上	15~25	适用于大型制品
乙酸盐法	乙酸镍 4~5g/L，硫酸 0.7~2.0g/L	5.6~6.0	93~100	20	—
钼酸盐法	钼酸钠或钼酸铵 0.1%~2%[①]	6~8	90以上	30	—
乙酸镍法	乙酸镍 5g/L，硼酸 5g/L	5.5~6	75~80	65	—

① 质量分数。

2. 有机涂层封孔

铝材阳极氧化，着色后涂覆有机涂料，不仅对氧化膜多孔质起封孔作用，而且还有装饰效果。为使铝材保持原色并使涂装容易，一般采用水溶性丙烯酸透明涂料进行封孔。

目前，最常用的涂装方法有电泳涂装、浸渍涂装以及静电涂装。

14.5 铜及铜合金的着色

14.5.1 铜单质的着色

铜单质着色工艺见表14-46。

表14-46 铜单质着色工艺

膜颜色	工艺号	配方		工艺条件		备注
		成分	质量浓度/(g/L)	温度/℃	时间/min	
黑色或蓝色	1	硫化钾(K_2S)	10~50	<80	数分钟	用加入适量 Na_2CO_3 的水溶解 K_2S，使溶液呈微碱性，调节浓度和温度，控制铜层呈黑色的速度。若该速度过快，黑色膜发脆，且结合不好
	2	氢氧化钠($NaOH$)	50~100	100	5~10	—
		次氯酸钠($NaClO$)	5~饱和			
	3	亚硫酸钠(Na_2SO_3)	124	95~100	1~3	—
		醋酸铅[$Pb(CH_3COO)_2 \cdot 3H_2O$]	38			
蓝黑色	4	硫代硫酸钠($Na_2S_2O_3 \cdot 5H_2O$)	160	60	至所需颜色	浸渍颜色变化过程：红→紫红→紫→蓝→蓝黑→灰黑
		醋酸铅[$Pb(CH_3COO)_2 \cdot 3H_2O$]	40			
蓝色	5	硫酸铜($CuSO_4 \cdot 5H_2O$)	130	室温	—	浸渍后放置一定的时间
		氯化铵(NH_4Cl)	13			
		氨水(NH_4OH，质量分数为28%)	30mL/L			
		醋酸(CH_3COOH，质量分数为30%)	10mL/L			
	6	氯酸钾($KClO_3$)	100	室温	数分钟	—
		硝酸铵(NH_4NO_3)	100			
		硝酸铜[$Cu(NO_3)_2 \cdot 3H_2O$]	1			

（续）

膜颜色	工艺号	配方		工艺条件		备注
		成分	质量浓度/(g/L)	温度/℃	时间/min	
褐色	7	硫酸铜($CuSO_4 \cdot 5H_2O$)	6	95~100	5~15	—
		醋酸铜[$Cu(CH_3COO)_2 \cdot H_2O$]	4			
		明矾[$AlK(SO_4)_2 \cdot 2H_2O$]	1			
	8	硫酸铜($CuSO_4 \cdot 5H_2O$)	30	80	数十分钟	—
		氯酸钾($KClO_3$)	10			
古青铜色	9	硫化钾(K_2S)	10~50	室温~70	—	工件放入溶液中，至铜层呈紫红色取出冲洗，用干刷刷后即呈巧克力似的古青铜色
古铜色	10	碱式碳酸铜[$CuCO_3 \cdot Cu(OH)_2 \cdot H_2O$]	40~120	15~25	5~15	让铜件在溶液中先形成一层棕褐色或灰黑色的膜，然后用软填料擦光或滚光，使零件凸出部分膜层薄一些或露出铜的本色，而凹穴部分相对厚些，这样在一个制品上呈现深浅不同的色调，就得到了类似古铜的色泽
		氨水(NH_4OH，质量分数为28%)	200mL/L			
	11	氢氧化钠(NaOH)	45~55	60~65	10~15	
		过硫酸钾($K_2S_2O_8$)	5~15			
金黄色	12	硫化钡(BaS)	0.25	室温	—	—
		硫化钠(Na_2S)	0.6			
		硫化钾(K_2S)	0.75			
	13	硫化钾(K_2S)	3	室温	—	—
绿色	14	盐酸(HCl，密度为$1.19g/cm^3$)	330mL/L	100	10~12	—
		醋酸铜[$Cu(CH_3COO)_2 \cdot H_2O$]	400			
		碳酸铜($CuCO_3$)	130			
		亚砷酸(H_3AsO_3)	65			
		氯化铵(NH_4Cl)	400			
	15	氯化钙($CaCl_2$)	32	100	数分钟	—
		硝酸铜[$Cu(NO_3)_2 \cdot 3H_2O$]	32			
		氯化铵(NH_4Cl)	32			
红色	16	亚硫酸钠(Na_2SO_3)	100	160	数分钟	表面氧化铜很快剥落，底层成为红色
		氯化铵(NH_4Cl)	30			
	17	硫酸铜($CuSO_4 \cdot 5H_2O$)	25	50	5~10	—
		氯化钠(NaCl)	200			
仿金色	18	硫代硫酸钠($Na_2S_2O_3$)	120	60~70	数秒钟	如时间过长，颜色将会由金黄转为浅红，紫色，蓝色至暗灰色
		醋酸铅[$Pb(CH_3COO)_2$]	40			

14.5.2　铜合金的着色

铜合金着色工艺见表14-47。

表 14-47　铜合金着色工艺

膜颜色	工艺号	配方 成分	配方 质量浓度/(g/L)	工艺条件 温度/℃	工艺条件 时间/min	备注
黑色	1	硫酸铜($CuSO_4 \cdot 5H_2O$)	25	80~90	数分钟	若加 16g/L 的氢氧化钾,可在室温下着色
		氨水(NH_4OH,质量分数为 28%)	少量			
	2	碳酸铜($CuCO_3$)	400	80	数分钟	—
		氨水(NH_4OH,质量分数为 28%)	350mL/L			
	3	亚砷酸(H_3AsO_3)	125	室温	—	溶液配制后放置 24h 再用
		硫酸铜($CuSO_4 \cdot 5H_2O$)	62			
橄榄绿	4	硫酸镍铵[$NiSO_4 \cdot (NH_4)_2SO_4 \cdot 6H_2O$]	50	60~70	2~3	硫代硫酸钠要经常补充
		硫代硫酸钠($Na_2S_2O_3 \cdot 5H_2O$)	50			
古绿色	5	氯化钙($CaCl_2$)	125	40	—	涂布后放置
		氯化铵(NH_4Cl)	125			
	6	氯化铵(NH_4Cl)	12.5	100	数分钟	—
		硫酸铜($CuSO_4 \cdot 5H_2O$)	75			
灰绿色	7	硫化锑(Sb_2S_3)	12.5	70	数分钟	—
		氢氧化钠(NaOH)	35			
		氨水(NH_4OH,质量分数为 28%)	2.5			
褐色	8	硫化钡(BaS)	12.5	50	数分钟	—
淡绿褐色	9	硫化钾(K_2S)	12.5	82	数分钟	—
红色	10	硝酸铁[$Fe(NO_3)_3 \cdot 9H_2O$]	2	75	数分钟	—
		亚硫酸钠(Na_2SO_3)	2			
巧克力色	11	硫酸铜($CuSO_4 \cdot 5H_2O$)	25	100	数分钟	—
		硫酸镍铵[$NiSO_4 \cdot (NH_4)SO_4 \cdot 6H_2O$]	25			
		氯酸钾($KClO_3$)	25			
蓝色	12	亚硫酸钠(Na_2SO_3)	6.25	75	数分钟	—
		硝酸铁[$Fe(NO_3)_3 \cdot 9H_2O$]	50			
	13	氢氧化钠(NaOH)	25	60~75	数分钟	—
		碳酸铜($CuCO_3$)	50			

14.5.3　铜及铜合金的电解着色

铜及铜合金电解着色工艺见表 14-48。

表 14-48　铜及铜合金电解着色工艺

方法	配方 成分	配方 质量浓度/(g/L)	工艺条件 电压/V	工艺条件 电流密度/(A/dm²)	工艺条件 对极	工艺条件 温度/℃	工艺条件 时间/min	备注
阳极电解氧化法	氢氧化钠(NaOH)	100~120	2~6	0.5	钢	铜 80~90 黄铜 60~70	20~30	—
阴极电解还原法	三氧化二砷(As_2O_3)	119	2.2~4	0.32~2.2	钢	20~40	—	铜阴极颜色随时间的延长依次得到紫红色、淡黄色,金黄色、橙黄色、粉红色、草绿色等
	氢氧化钠(NaOH)	119						
	氰化钠(NaCN)	3.7						
	硫酸铜($CuSO_4 \cdot 5H_2O$)	30~60	0.05~0.35	—	钢	室温	—	
	氢氧化钠(NaOH)	80~120						
	柠檬酸钠($Na_3C_6H_5O_7 \cdot 2H_2O$)	60~120						
	乳酸($C_3H_6O_3$)	80~140mL/L						

14.6　镍及镍合金的着色和染色

14.6.1　镍及镍合金的着色

镍及镍合金着色工艺见表 14-49。

表 14-49　镍及镍合金着色工艺

膜颜色	配方		工艺条件					备注
	成分	质量浓度/(g/L)	电压/V	电流密度/(A/dm^2)	温度/℃	时间/min	pH 值	
黑色	硫酸镍铵[$NiSO_4 \cdot (NH_4)_2SO_4 \cdot 6H_2O$]	62.5	2~4	0.5	室温	3~5	—	3~5min 为黑色膜，若电镀时间长，得普通镍色调
	硫酸锌($ZnSO_4 \cdot 7H_2O$)	78						
	硫氰酸钠(NaCNS)	156						
灰色	亚砷酸(H_3AsO_3)	32	3~4	—	室温	5	—	—
	氢氧化钠(NaOH)	75						
	氰化钠(NaCN)	2						
蓝黑色	硫酸镍($NiSO_4 \cdot 7H_2O$)	25g	—	—	—	—	—	先用 100mL 盐酸溶解亚砷酸，然后依次加入其他药品，采用阴极电解
	硫酸铜($CuSO_4 \cdot 5H_2O$)	6g						
	盐酸(HCl，密度为 1.19g/cm^3)	2000mL						
	亚砷酸(H_3AsO_3)	200g						
褐色	加热法	—	—	—	500~600	25~45s	—	在全损耗系统用油中急冷
彩色	氯化镍($NiCl_2 \cdot 6H_2O$)	75~80	—	0.1~0.2	20~25	3~5	5~6	彩色膜的色泽随时间的变化为：黄→橙→红→棕红→褐蓝→灰黑
	氯化锌($ZnCl_2$)	30~35						
	氯化铵(NH_4Cl)	30~35						
	硫氰酸铵(NH_4CNS)	13~15						
古铜色	硫酸镍($NiSO_4 \cdot 7H_2O$)	80	—	0.1	35	60	5.5	采用滚镀，镀后在木屑中滚动，摩擦中增着色效果，干燥后需涂罩光漆
	硫酸镍铵[$NiSO_4 \cdot (NH_4)_2SO_4 \cdot 6H_2O$]	40						
	硫酸锌($ZnSO_4 \cdot 7H_2O$)	40						
	硫氰酸钾(KCNS)	20						

14.6.2　电泳法镍层的染色

电泳法镍层染色工艺见表 14-50。

表 14-50　电泳法镍层染色工艺

成分	电压/V	时间/min	阳极	涂后处理工艺条件
无色环氧系阳离子型涂饰液(不挥发成分质量分数 10%)	100	1	不锈钢	200℃，25min

14.6.3　光亮镍的染色

荧光镀镍是光亮镍的染色，用此法得到染料分子与亮镍共析的复合镀层。表面呈现荧光染料粒子（2.5~5.5μm）的颜色，在紫外光的照射下粒子能发出强烈的荧光。

染色工艺流程：镀底层→清洗→镀“荧光染料-亮镍”的复合镀层→清洗→镀薄亮镍→

清洗→烘干。镀薄层亮镍是为了加固复合镀层。光亮镍染色工艺见表 14-51。

表 14-51 光亮镍染色工艺

工艺号	配方		工艺条件		备注
	成分	质量浓度/(g/L)	电流密度/(A/dm²)	温度/℃	
1	硫酸镍($NiSO_4 \cdot 7H_2O$)	210	2~3	45~55	用机械搅拌;用不锈钢旋转阳极;采用三聚氰胺树脂系荧光染料,常用柠檬黄、橙黄及桃红等颜色
	氯化镍($NiCl_2 \cdot 6H_2O$)	48			
	硼酸(H_3BO_3)	31			
	萘二磺酸	6			
2	丁炔二醇	0.086			
	十二烷基硫酸钠	0.1~0.2			
	表面活性剂	少量			
	荧光染料	250			

14.7 锌及锌合金的着色和染色

锌及锌合金的着色方法有铬酸盐法（即钝化）、硫化物法和置换法。此外，锌合金还可用间接方法着色。

镀锌层进行铬酸盐钝化处理后，在锌层表面生成一层稳定性高、组织致密的钝化膜。钝化膜主要成分是三价铬化合物，一般呈绿色，其次是六价铬化合物，一般呈黄色或橙色，两者一起形成彩虹色。随钝化膜厚度减薄，膜的色彩发生变化：红褐色→玫瑰红色→金黄色→橄榄绿色→绿色→紫红色→浅黄色→青白色。钝化工艺有彩色钝化、白色钝化、黑色钝化及草绿色钝化。

14.7.1 锌的着色

锌着色工艺见表 14-52。

表 14-52 锌着色工艺

膜颜色	工艺号	配方		工艺条件		备注
		成分	质量浓度/(g/L)	温度/℃	时间/min	
黑色	1	铬酐(CrO_3)	5~8	室温	0~60s	因有硝酸银,配制溶液要用蒸馏水。镀锌件要用质量分数为 3% 的硝酸浸亮后,经清洗再着色
		硫酸镍铵[$NiSO_4 \cdot (NH_4)SO_4 \cdot 6H_2O$]	10			
		硝酸银($AgNO_3$)	0.5~1.5			
	2	钼酸铵[$(NH_4)_2MoO_4$]	30	30~40	10~20	要经常补充氨水
		氨水(NH_4OH,质量分数为 28%)	47mL/L			
	3	硫酸(H_2SO_4,密度为 1.84g/cm³)	168	—	—	先在稀盐酸中浸渍,再浸入着色液。生成带红色的黑膜
		氯酸钾($KClO_3$)	80			
	4	硫酸铜($CuSO_4 \cdot 5H_2O$)	45	室温	—	—
		氯化钾(KCl)	45			
	5	硝酸锰[$Mn(NO_3)_2$]	5	—	—	必须反复浸渍

（续）

膜颜色	工艺号	配方		工艺条件		备　注
		成　分	质量浓度/(g/L)	温度/℃	时间/min	
红色	6	酒石酸铜（$CuC_4H_4O_6$）	150	40	—	—
		氢氧化钠（NaOH）	200			
	7	硫酸铜（$CuSO_4 \cdot 5H_2O$）	60	—	—	用毛刷涂覆，铜析出后干燥，然后抛光得到铜的红色
		酒石酸（$C_4H_6O_6$）	80			
		氨水（NH_4OH，质量分数为28%）	60			
深红色	8	硫酸铜（$CuSO_4 \cdot 5H_2O$）	50	—	—	—
		重酒石酸钾（$KHC_4H_4O_6$）	50			
		碳酸钠（Na_2CO_3）	150			
钢盔绿色	9	铬酐（CrO_3）	50	室温	10s	适用于氯化钾镀锌层。经硝酸浸亮后在此液中着色
		氯化钠（NaCl）	30			
		硫酸铜（$CuSO_4 \cdot 5H_2O$）	30			

14.7.2　锌合金的着色

锌合金着色工艺见表14-53。

表14-53　锌合金着色工艺

膜颜色	工艺号	配方		工艺条件		备　注
		成　分	质量浓度/(g/L)	温度/℃	时间/min	
黑色	1	硫酸铜（$CuSO_4 \cdot 5H_2O$）	160	室温	数分钟	适用于Cu-Mg-Al-Zn合金
		氯酸钾（$KClO_3$）	80			
	2	铬酐（CrO_3）	150	20~25	数分钟	
		硫酸铜（$CuSO_4 \cdot 5H_2O$）	5			
	3	铬酐（CrO_3）	150	室温	10s	适用于Mg-Zn合金，用于光学仪器、枪械
		硫酸（H_2SO_4，密度为$1.84g/cm^3$）	5mL/L			
		硫酸铜（$CuSO_4 \cdot 5H_2O$）	2~3			
		硝酸（HNO_3，密度为$1.42g/cm^3$）	13mL/L			
草绿色	4	重铬酸钾（$K_2Cr_2O_7$）	100	30~50	数十秒	适用于Cu-Mg-Al-Zn合金
		硫酸（H_2SO_4，密度为$1.84g/cm^3$）	15mL/L			
		盐酸（HCl，密度为$1.19g/cm^3$）	150mL/L			
	5	铬酐（CrO_3）	120	30~35	数秒钟	
		盐酸（HCl，密度为$1.19g/cm^3$）	50mL/L			
		磷酸（H_3PO_4，密度为$1.7g/cm^3$）	10mL/L			
灰色	6	硫酸铜（$CuSO_4 \cdot 5H_2O$）	20	20~25	数分钟	适用于Cu-Mg-Al-Zr合金
		氯化铵（NH_4Cl）	30			
		氨水（NH_4OH，质量分数为28%）	50mL/L			
仿古铜色①	7	硫化钾（K_2S）	5~15	40~60	10~15s	先配制K_2S备用液，使用时取一定量溶液，按比例加入NH_4Cl，搅拌均匀即可着色
		氯化钠（NaCl）或氯化铵（NH_4Cl）	3			
	8	多硫化钾（K_2S_x）	20~25	50	30s	溶液稳定性好
		氯化铵（NH_4Cl）	50			

（续）

膜颜色	工艺号	配方 成分	质量浓度/(g/L)	工艺条件 温度/℃	时间/min	备注
仿古青铜色	9	碱式碳酸铜[$CuCO_3 \cdot Cu(OH)_2 \cdot H_2O$]	4	室温	2~15s	先用一定量氨水溶解一定量的碱式碳酸铜作备用液，放置24h以上，使用时取计量的备用液用水稀释至规定体积，搅拌均匀即可使用
		氨水(NH_4OH,质量分数为28%)	15mL/L			
	10	碱式碳酸铜[$CuCO_3 \cdot Cu(OH)_2 \cdot H_2O$]	60~120	室温	5~15s	
		氨水(NH_4OH,质量分数为28%)	150~300mL/L			

① 为锌合金间接着色方法。工艺过程是经滚光、脱脂、酸洗活化后的锌合金零件先预镀铜（氰化镀铜）或仿金处理（Cu60%，Zn40%，质量分数）作为底层，然后着色，着色时边晃动，边观察。

14.7.3 镀锌层的着色

1. 硫化物着色法

镀锌层硫化物着色工艺见表14-54。

表 14-54 镀锌层硫化物着色工艺

配方和操作条件		工艺号 1	2	3	4	5
组分质量浓度/(g/L)	硫酸镍铵	200	—	—	—	—
	硫氰酸钠	100	—	—	—	100
	氯化铵	5	—	—	—	—
	氢氧化钠	—	20	—	—	—
	硫酸镍	—	—	40	—	100
	硫酸锌	—	—	20	—	—
	硫代硫酸钠	—	—	12	—	—
	硫酸铵	—	—	20	—	—
	乙酸铅	—	—	5	—	—
	钼酸铵	—	—	—	30	—
	氨水	—	—	—	600mL/L	—
	硫酸铜	—	—	—	—	2
工艺条件	电流密度/(A/dm²)	—	6~12	—	—	—
	温度/℃	30~50	40~45	20~25	30~40	10~20
	时间/min	5~10	10	20~25	—	—
	pH值	5.0~5.5	—	—	—	5.0~5.5

2. 置换着色法

镀锌层置换着色工艺见表14-55。

表 14-55 镀锌层置换着色工艺

膜色泽	配方 成分	质量浓度/(g/L)	工艺条件
黑色	硫酸	168	先在稀盐酸中浸渍活化，再浸着色液，生成带红色的黑色膜
	氯酸钾	80	
	硝酸铜	6.25	先用刷子进行刷涂，再在40℃以下温度进行干燥，干燥后，用力进行擦拭，再将工件放在70℃恒温烘箱中加热15min，冷却后，再用刷子擦或抛光至光洁为止
	氯化铵	6.25	
	氯化铜	6.25	
	盐酸	6.25	

（续）

膜色泽	配方		工艺条件
	成分	质量浓度/(g/L)	
黑色	亚硒酸	6.5	在加热的溶液中,生成灰黑色膜层
	硫酸铜	12.5	
	硝酸	2	必须仔细浸渍,才能获得黑色膜层,暴露于空气中是氧化需要
	硝酸锰	5	
自然色	硝酸铜	38	用毛刷进行刷涂,生成碱式碳酸铜,呈青绿色沉淀
	砂糖	56	
	碳酸钠	400	
	铬明矾	30	加热至 80℃,恒温浸渍
	硫酸钠	30	
	盐酸	50	
红色	酒石酸铜	150	着色在 40℃左右的条件下进行。温度低,着色速度慢,但容易掌握;温度高,着色快,但不容易掌握,并容易生成黄褐色的膜,出现红、蓝和紫等不均匀色彩
	钠	200	
	硫酸铜	60	用毛刷涂覆,铜析出后,干燥,然后抛光得到如铜的红色
	酒石酸	80	
	氢氧化铵	60	
深红色	硫酸铜	50	先配成 A、B 两种溶液,A 剂是 45g/L 的亚硫酸钠溶液,B 剂是加少量水的乙酸铅溶液;使用时,将 A,B 两剂进行混合,混合后,加水 500mL/L,并煮沸,此法耗能大
	重酒石酸钾	50	
	碳酸钠	150	
蓝色	亚硫酸钠	45	
	乙酸铅	少量	

14.7.4 镀锌层的染色

锌镀层经过化学处理以后，产生了强烈的物理吸附或化学反应，能被溶液中的有机染料染色，其染色工艺流程一般为：钝化→清洗→漂白→清洗→染色→清洗→干燥→上漆→烘干。镀锌层的染色工艺见表 14-56。清洗用流动冷水，干燥时温度不宜太高，用热风吹或烘干上漆。选用无油氨基烘漆，温度与时间依据漆料而定。经染色后锌镀层有良好的装饰性和耐蚀性，有广泛的应用。

表 14-56 镀锌层的染色工艺

工序	配方		工艺条件		
	成分	质量浓度/(g/L)	温度/℃	时间/s	pH 值
钝化	铬酐(CrO_3)	200~250	10~30	15~30	—
	硫酸(H_2SO_4,密度为 1.84g/cm^3)	10~15mL/L			
	硝酸(HNO_3,密度为 1.42g/cm^3)	15~30mL/L			
漂白	氢氧化钠(NaOH)	10~30	10~40	至漂白	—
染色	染料	淡色 0.5~2,深色 5~10	15~80	一般 3~30 最长达 180	3.5~7

14.8 其他金属的着色和染色

14.8.1 铬的着色

铬着色工艺见表 14-57。

表 14-57 铬着色工艺

膜颜色	工艺号	配方		工艺条件			备注
		成分	质量浓度/(g/L)	温度/℃	时间/min	电流密度/(A/dm^2)	
黑色	1	铬酐(CrO_3)	250~300	18~35	15~20	35~60	溶液中不能有硫酸根;着色后涂油。黑色膜层耐蚀性、耐磨性好,广泛用于精密仪器仪表
		硝酸钠($NaNO_3$)	7~11				
		硼酸(H_3BO_3)	20~25				
		硅氟酸(H_2SiF_6,质量分数为30%)	0.1mL/L				
	2	铬酐(CrO_3)	270	—	—	4~6	—
		硫酸钡($BaSO_4$)	50				
		醋酸(CH_3COOH)	175				
		硒酸钠(Na_2SeO_4)	6				
		三价铬(Cr^{3+})	6				
	3	铬酐(CrO_3)	250~400	20~30	10~60	7~13	—
		硼酸铵[$(NH_4)_3BO_3$]	10~30				
		氢氧化钡[$Ba(OH)_2$]	2.5~3				
金色	4	铬酐(CrO_3)	15~75	10~15	—	5~60	—
		硫酸(H_2SO_4)	0.1~0.3				
		磷酸(H_3PO_4)	5~50				
蓝灰色	5	铬酐(CrO_3)	110~450	15~38	—	5~60	—
		一氯醋酸($CH_2ClCOOH$)	75~265				
彩虹色	6	铬酐(CrO_3)	30~90	50~60	—	20~30	镀层为彩虹色,结合力好。此法系镀铬与形成彩色钝化膜同时进行。若先镀铬后在此槽中形成钝化膜,则电流密度为10~20A/dm^2
		硫酸(H_2SO_4,密度为1.84g/cm^3)	0.3~0.9				
褐色	7	氮气流或空气		650	2~5	—	氮气流中加热比空气加热所得膜层结合力和颜色要好。温度不同,颜色也不同,成膜后要涂油,用于工艺美术品

14.8.2 银及银合金的着色

银及银合金着色范围较窄，主要方法是在表面形成硫化物，多用于工艺美术装饰。银及银合金的着色工艺见表 14-58。

表 14-58 银及银合金的着色工艺

膜颜色	工艺号	配方		工艺条件		备注
		成分	质量浓度/(g/L)	温度/℃	时间/min	
黄褐色	1	硫化钡(BaS)	5	室温	至所需的颜色	—
绿蓝色	2	醋酸铜[$Cu(CH_3COO)_2 \cdot H_2O$]	15g	90~100	至所需的颜色	—
		硫酸铜($CuSO_4 \cdot 5H_2O$)	1.3g			
		醋酸(CH_3COOH,质量分数为36%)	1.2mL			
		水(H_2O)	4.5L			
	3	醋酸铜[$Cu(CH_3COO)_2 \cdot H_2O$]	3g	90~100	至所需的颜色	—
		硫酸铜($CuSO_4 \cdot 5H_2O$)	2g			
		水(H_2O)	4.5L			

（续）

膜颜色	工艺号	配方：成分	配方：质量浓度/(g/L)	工艺条件：温度/℃	工艺条件：时间/min	备注
绿至灰绿色	4	盐酸（HCl，密度为1.19g/cm³）	300mL/L	室温	至所需的颜色	—
		碘（I_2）	100			
淡灰色至深灰色	5	硝酸铜[$Cu(NO_3)_2 \cdot 3H_2O$]	10	室温	至所需的颜色	—
		氯化铜（$CuCl_2$）	10			
		硫酸锌（$ZnSO_4 \cdot 7H_2O$）	30			
		氯化汞（$HgCl_2$）	15			
		氯酸钾（$KClO_3$）	25			
	6	硝酸铜[$Cu(NO_3)_2 \cdot 3H_2O$]	20	室温	至所需的颜色	—
		氯化汞（$HgCl_2$）	30			
		硫酸锌（$ZnSO_4 \cdot 7H_2O$）	30			
蓝黑色	7	硫化钠（Na_2S）	25~30	室温	10~14	电流密度为0.08~0.1A/dm²，阳极为不锈钢，黑化后涂油，用于波导管镀银的后处理
		亚硫酸钠（Na_2SO_3）	35~40			
		丙酮（C_3H_6O）	3~5mL/L			
	8	硫化钾（K_2S）	1.5	80	至所需的颜色	—
	9	硫化钾（K_2S）	2	60~80	至所需的颜色	—
		氯化铵（NH_4Cl）	6			
	10	硫化钾（K_2S）	5	80	至所需的颜色	浸渍时要摇动，必要时取出摩擦
		碳酸铵[$(NH_4)_2CO_3$]	10			
黑色	11	硫化钾碱	15	—	—	硫化钾碱可用1质量份硫黄与2质量份钾碱共溶10~20min制得
		氯化铵（NH_4Cl）	40			
	12	硝酸铵（NH_4NO_3）	30~50	室温	由着色要求而定	配制时，先将硝酸铵与硫酸混合，再加入硝酸银搅拌至完全溶解 硝酸银含量决定着色时电流密度大小，硝酸银含量为10g/L时，电流密度为0.8A/dm²；含量25g/L时，电流密度为1.7A/dm²
		硝酸银（$AgNO_3$）	10~25			
		硫酸（H_2SO_4）	5~10mL/L			
古代银	13	A液 硫化钾（K_2S）	25	室温	A中2~3s，B中2~3s	按A、B次序浸渍，若是电镀银层，要有一定的厚度
		A液 氯化铵（NH_4Cl）	38			
		B液 硫化钡（BaS）	2			
	14	硫代硫酸钠（$Na_2S_2O_3$）	5%~6%[①]	85~95	至所需的颜色	—

① 质量分数。

14.8.3 铍合金的着色

铍合金着色工艺见表14-59。

表 14-59 铍合金着色工艺

膜颜色	配方		工艺条件		备注
	成分	质量浓度/(g/L)	温度/℃	时间/min	
红色、灰绿色、褐色、蓝黑色	硫酸钾(K_2SO_4)	15	70~80	至所需的颜色	工件在温水中洗净,用刷子涂抹至所要求的颜色,然后彻底干燥,并涂上清漆
	氢氧化钠(NaOH)	22.5			
灰黑色	盐酸(HCl)	2268g	82	至上色为止	用此液将表面润湿,抹去后就成为鲜明的灰黑色
	砷(As)	113g			
黑色	硫化钾(K_2S)	10~15	38~40	10~15s	—
	氯化铵(NH_4Cl)	1~2			

14.8.4 镉的着色

镉是有光泽的灰色金属，有毒，主要用在化工、原子能工业、镶牙材料上。镀镉后经钝化处理可着彩色，其工艺同镀锌后钝化。镉着色工艺见表 14-60。

表 14-60 镉着色工艺

膜颜色	工艺号	配方		工艺条件		备注
		成分	质量浓度/(g/L)	温度/℃	时间/min	
黑色	1	硝酸铜[$Cu(NO_3)_2 \cdot 3H_2O$]	30	60~80	数分钟	—
		高锰酸钾($KMnO_4$)	2.5			
	2	氯酸钾($KClO_3$)	6	60~80	2~3	—
		氯化铜($CuCl_2$)	7			
	3	醋酸铅[$Pb(CH_3COO)_2 \cdot 3H_2O$]	1.5	60~90	3~5	—
		硫代硫酸钠($Na_2S_2O_3 \cdot 5H_2O$)	72			
	4	氯酸钾($KClO_3$)	19	60~90	2~3	也可加入氯化钠 19g/L
		硫酸铜($CuSO_4 \cdot 5H_2O$)	124			
褐色	5	高锰酸钾($KMnO_4$)	160	50~70	5~10	以硝酸保持酸度
		硝酸镉[$Cd(NO_3)_2$]	60~250			
		硫酸亚铁($FeSO_4 \cdot 7H_2O$)	5~10			
	6	重铬酸钾(K_2CrO_7)	6.2	60~70	2~10	刚开始出现褐色就进行擦刷,然后再次浸渍,使褐色加深
		硝酸(HNO_3,密度为 1.42g/cm^3)	3.1			

14.8.5 锡的着色

锡的着色有间接法和直接法两种。直接法是指在锡的表面着色；间接法是在锡的表面先镀上易着色的其他金属镀层，如铜、黄铜、锌、镉等，然后再着色，也可以镀黑镍和彩色镍。锡着色工艺见表 14-61。

表 14-61 锡着色工艺

膜颜色	工艺号	配方		工艺条件			备注
		成分	质量浓度/(g/L)	温度/℃	时间	电压/V	
黑色	1	氧化亚砷(As_2O_3)	567g	室温	—	—	使用时用水稀释成 1∶1 的溶液
		硫酸铜($CuSO_4 \cdot 5H_2O$)	280g				
		氯化铵(NH_4Cl)	57g				
		盐酸(HCl,密度为 1.19g/cm^3)	3.8L				

（续）

膜颜色	工艺号	配方 成分	质量浓度/(g/L)	工艺条件 温度/℃	时间	电压/V	备注
黑色	2	硝酸(HNO_3,密度为1.42g/cm^3)	5%(体积分数)	—	至表面发暗	—	用于锡基合金，产生古铜色表面
		硫酸铜($CuSO_4 \cdot 5H_2O$)	3				
	3	硝酸(HNO_3,密度为1.42g/cm^3)	9mL/L	室温	数十分钟	—	可得到无光泽优雅黑色膜
		硫酸(H_2SO_4,密度为1.84g/cm^3)	100mL/L				
	4	磷酸二氢钠(NaH_2PO_4)	200	90	数十分钟	2	零件为阳极
		磷酸(H_3PO_4,密度为1.7g/cm^3)	20mL/L				
	5	磷酸钠(Na_3PO_4)	100	60~90	—	电流密度为4A/dm^2	零件为阳极，可得硬而易于抛光的黑色膜
		磷酸(H_3PO_4,密度为1.7g/cm^3)	20mL/L				
	6	金属锑(Sb)	40~50g	<20	—	—	使用时用水稀释。涂布几秒钟后擦去，用干净布擦拭几次，干后涂油或树脂
		亚砷酸(H_3AsO_3)	17~20g				
		硫酸(H_2SO_4,密度为1.84g/cm^3)	6~7mL				
		硝酸(HNO_3,密度为1.42g/cm^3)	1~1.5mL				
		盐酸(HCl,密度为1.19g/cm^3)	500~600mL				
		硫黄粉(S)	50~60g				
青铜色	7	硫酸铜($CuSO_4 \cdot 5H_2O$)	50	—	—	—	溶液涂覆在零件表面。干燥后抛光，着色后涂油
		硫酸亚铁($FeSO_4 \cdot 7H_2O$)	50				
褐色	8	硫酸铜($CuSO_4 \cdot 5H_2O$)	62.5	70	数分钟	—	着色后涂油
		硫酸亚铁($FeSO_4 \cdot 7H_2O$)	62.5				

14.8.6 钛及钛合金的着色

钛及钛合金经阳极氧化处理，随着电压和时间变化可以得到各种颜色的膜层。膜层颜色与不锈钢着色一样是由光的干涉形成。

钛及钛合金的着色膜强度较高，化学稳定性较好，有较高的装饰和实用价值。

钛及钛合金黑色及彩色阳极氧化法着色工艺见表14-62，钛及钛合金阳极氧化着彩色电压与膜颜色的关系见表14-63，钛及钛合金阳极氧化着黑色时间与膜颜色的关系见表14-64。

表14-62 钛及钛合金黑色及彩色阳极氧化法着色工艺

膜颜色	配方 成分	质量浓度/(g/L)	工艺条件 温度/℃	时间/min	pH值	电流密度/(A/dm^2)	电压/V	阴极与阳极面积比	阴极材料
黑色	重铬酸钾($K_2Cr_2O_7$)	20~30	15~28	15~30	3.5~4.5(用硼酸调整)	0.05~1	初始3，终止5	(3~5):1	不锈钢
	硫酸锰($MnSO_4 \cdot 5H_2O$)	15~20							
	硫酸铵[$(NH_4)_2SO_4$]	20~30							
彩色	磷酸(H_3PO_4,密度为1.74g/cm^3)	50~200	室温	20	1~2	—	由色调而定	10:1	不锈钢
	有机酸	20~100							

表14-63 钛及钛合金阳极氧化着彩色电压与膜颜色的关系

电压/V	5	10	20	25	30	40	60	80
膜颜色	灰黄	土黄	紫	蓝	青	淡青	金黄	玫瑰红

表 14-64 钛及钛合金阳极氧化着黑色时间与膜颜色的关系

时间①/min	2~5	5~8	8~10	12~15 后
膜颜色	浅棕	深棕或褐色	深褐至浅黑	黑至深黑

① 时间自通电开始计算。

14.8.7 金的着色

1. 金的性质与用途

金是金黄色的金属，原子序数为 79，相对原子质量为 197，质软，延展性大，易抛光，可拉成较细的丝，锤成极薄的片。金的密度为 $19.3g/cm^3$，熔点为 1063℃，沸点为 2966℃，化合价为+1 和+3。金在空气中极稳定，不氧化变色。金不溶于酸，同硫化物也不起反应，仅溶于王水和氰化碱溶液中，是热和电的良导体。

金在贵金属中应用最广，如金饰物、工艺品、奖章、金币、义齿材料及电子元件等。纯金多用于装饰，但由于金的价格高，应用受到限制。

为适应不同的需要，改善金的性质，节约用金，往往用金的合金，如金-银合金、金-铂合金、金-铝合金、金-铜合金及金-铁合金等。

合金中金的含量（成色），习惯上用“K”表示。K 数与含金量、色泽的关系见表 14-65。

表 14-65 K 数与含金量、色泽的关系

K 数	24K	22K	18K	14K	12K
金的质量分数(%)	100	91.7	75	58.3	50
色泽	黄略带青	柠檬黄	金黄	玫瑰红	桃红

金的粉末在反射光中呈棕色，透光时呈绿蓝色。镀金合金时，适当调整成分，可镀得赤金、黄金、青金、白金等各种色泽。金的化合物中，$AuCl_3$为黄色，$NaAuO_2$为黄色，Au_2S_3为黑色。

2. 金的着色处理

金与金合金对着色膜的要求较高，一般采用电化学法处理。

（1）黄金色　金着金色的工艺见表 14-66。

表 14-66 金着金色的工艺

组分质量浓度/(g/L)			工艺条件		
氰化金钾	氰化银钾	氰化钾	电流密度/(A/dm^2)	生成 1μm 厚膜层所需时间/(min)	温度
6~48	0.08~0.4	10~200	0.3~0.5	0.5	室温

注：此工艺是光亮镀金，可解决金的抛光问题。

（2）红色　金着红色的工艺见表 14-67。

表 14-67 金着红色的工艺

组分质量浓度/(g/L)			工艺条件		
氰化金钾	氰化铜钾	氰化钾	电流密度/(A/dm^2)	时间/min	温度
6~15	7~15	10~100	0.3~0.5	10~15	室温

注：此法镀出的红色，深浅可通过调节铜含量来控制。

（3）桃红色　金着桃红色的工艺见表 14-68。

表 14-68　金着桃红色的工艺

组分质量浓度/(g/L)				工艺条件		
氰化金钾	氰化银钾	氰化铜钾	氰化钾	电流密度/(A/dm^2)	时间/min	温度
4~6	0.05~0.1	15~30	10~100	0.7~0.8	5~10	室温

注：因为铜含量高，镀层不够光亮，要用机械抛光。

(4) 蔷薇色　金着蔷薇色的工艺见表 14-69。

表 14-69　金着蔷薇色的工艺

组分质量浓度/(g/L)				工艺条件		
氰化金钾	亚铁氰化钾	碳酸钾	氰化钾	电流密度/(A/dm^2)	时间/min	温度/℃
4~6	28	30	39	0.1	10	80

(5) 绿色　金着绿色的工艺见表 14-70。

表 14-70　金着绿色的工艺

组分质量浓度/(g/L)			工艺条件	
氰化金钾	氰化银	氰化钾	电流密度/(A/dm^2)	温度/℃
4.1	0.7~1.5	7.5	1~2	40~50

(6) 淡红色　金着淡红色的工艺见表 14-71。

表 14-71　金着淡红色的工艺

组分质量浓度/(g/L)						工艺条件	
氯化金	氯化钯	氰化钠	氰化铜钾	磷酸三钠	氰化镍钾	电流密度/(A/dm^2)	温度/℃
0.25	3	3	0.5	60	3	0.7~0.8	55~65

注：温度高时，铜易析出。若搅拌色调会变化。

(7) 浅白色　金着浅白色的工艺见表 14-72。

表 14-72　金着浅白色的工艺

组分质量浓度/(g/L)			工艺条件	
氰化金钾	氰化镍钾	氰化钠	电流密度/(A/dm^2)	温度/℃
3.5	10	7	0.7~0.8	80

14.8.8　钴的着色

1. 钴的性质与用途

钴是有钢灰色光泽的金属，原子序数为 27，相对原子质量为 58.9。钴硬而有延展性，能被磁铁吸引，但磁性较弱。钴的熔点为 1495℃，沸点为 2900℃，化合价为+2 或+3，密度为 8.9g/cm^3。钴化学性质稳定，与镍相似，与水和空气不起反应，在稀盐酸和硫酸中能缓慢溶解，但易溶于硝酸。

钴应用于制造坚硬耐热合金钢、磁性合金、化工原料及灯丝等。

电镀一般不单纯镀钴，因为钴的价格较高，多用作改善镀层质量的辅助金属，如镀镍-钴合金、铜-钴合金等，其中钴质量分数不超过 10%。钴的化合物中，$Co_3(AsO_4)_2 \cdot 8H_2O$ 为红色，$Co_3(PO_4)_2$为紫色，$Co(OH)_2$为玫瑰色，$Co_3[Fe(CN)_8]_2$为棕红色，CoO 为褐色，Co_3O_2为黑色，CoS 为黑色，$K_3[Co(NO_2)_6]$ 为黄色，$CoSO_4$为蓝色，$Co(AlO_2)_2$为蓝色，

$Co(OH)_2$为黑色。

2. 钴的着色处理

钴的化学着色方法较少，大多是高温氧化法。

（1）红色　先把钴的表面清洗干净在600℃保持数分钟，表面就成为红色。但是一定要注意，钴的表面绝对不能有水分，即使有很少的水分，也会使红色变成灰色。

（2）黑色　在700℃红热状态中，把雾状水蒸气喷在表面，生成四氧化三钴的黑色层，其膜较厚，面结合力差。

（3）褐色　在氰化钠与黄丹混合溶液中，温度250℃，煮数分钟，表面即生成褐色膜。

14.8.9　镁合金的着色

对于镁合金的着色技术，目前国内外的研究报道极少，相关的基础理论研究则更少。但鉴于镁合金阳极氧化膜与铝合金阳极氧化膜相似，故可借鉴铝合金的氧化膜着色技术来进行研究。前面提到，在工业上应用的铝及铝合金阳极氧化膜着色技术主要有化学染色法和电解着色法。

（1）化学染色法　化学染色法使染料吸附在膜层的孔隙内，因此配置不同的染色液可以染成不同的色彩，具有良好的装饰效果，且设备简单，操作方便，但其膜的颜色耐光性较差，容易掉色。能进行化学染色的阳极氧化膜必须具备以下条件。

1）氧化膜必须有足够的厚度，具体的厚度取决于要染的色调，如深色需要较厚的膜层，而浅色则要求较薄的膜层。

2）氧化膜必须有足够的孔隙和吸附能力。

3）氧化膜应均匀，膜层本身的颜色应为无色或浅色而适于进行着色处理。因此，借鉴铝合金化学染色的经验，对镁合金进行阳极氧化后，再利用各种颜色的染色液对其进行化学染色，得到美观的表面是可行的，也将成为镁合金表面装饰性防护技术的一个重大突破。

（2）电解着色法　电解着色的氧化膜具有古朴、典雅的装饰效果，与染色法相比，氧化膜又有很好的耐晒性，故广泛应用于建筑。电解着色分两步进行：第一步合金在硫酸溶液中进行常规阳极氧化；第二步阳极氧化后的多孔性氧化膜在金属盐的着色液中电解着色。氧化膜的颜色与合金的成分、电解液和阳极氧化条件都有关。电解着色工艺着色范围窄，操作工艺严格而复杂，膜层颜色受材料成分、加工方法等因素的影响很大，因此，在应用上受到一定限制。

第 15 章 现代化学转化膜新技术

15.1 绿色磷化技术

磷化是将金属浸入磷化液，在其表面发生化学反应，形成磷酸盐转化膜的工艺过程，是通过抑制金属表面腐蚀微电池的形成来有效防止其腐蚀。磷化后金属表面微孔结构丰富，比表面积增大，显著提高涂层和基体的附着力。

15.1.1 绿色磷化的成膜机理

磷化是一种典型的局部多相反应，包含基体金属的电化学溶解反应，难溶磷酸盐结晶沉积成膜过程，氧化性促进剂的去极化作用。磷化液一般由磷酸、磷酸二氢盐、氧化性促进剂组成。当金属接触磷化溶液时，在界面发生大量析氢和微量的金属置换反应，这时扩散层氢离子浓度急剧降低，磷酸二氢根离子进一步电离，磷酸根离子和金属离子的浓度迅速达到饱和并产生沉淀，沉淀反应的结晶将沿着基体表面的活性点生长，晶体不断经过结晶→溶解→再结晶的过程，直至在被处理表面形成连续均匀的磷化膜。

15.1.2 绿色磷化工艺的优缺点

（1）工艺流程　以电泳涂装前处理为例，工艺流程为：脱脂→水洗→中和→表调→磷化→水洗→钝化→纯水洗→电泳。脱脂是清除金属表面油脂、油污。表调是使金属表面结晶活性点和表面能增加，促进磷酸盐晶体的成核和生长，促使形成的磷化膜晶粒细小密实。磷化膜含有孔隙，易发生电化学腐蚀，磷化后可采取钝化封闭处理。

（2）工艺优缺点　磷化膜耐蚀性优异。这种工艺的主要缺点是：处理液中含磷酸盐及镍、锰重金属等有害物质，处理过程产生废渣多，工艺复杂（需要表调和钝化），反应需要加热，能耗大，排放的废水如不处理对环境危害大，废水处理成本高。

15.1.3 绿色磷化的工业现状和发展方向

目前磷化技术的工业发展及研究进展主要集中在以下几点：

1）亚硝酸盐是目前磷化技术上使用最广泛、最有效的促进剂。但是亚硝酸盐有毒、易分解，因此人们正致力于无亚硝酸盐磷化工艺的开发。

2）脱脂剂一般为强碱液加入表面活性剂，磷酸盐是传统脱脂剂的主要成分。基于环保的需要，无磷无氮脱脂剂是未来发展方向。

3）表调目前普遍采用的是胶体磷酸钛表调剂。未来发展趋势是取消表调，简化工艺。如研究对弱碱性脱脂剂进行改进，使脱脂表调同时完成。

4）过去采用的钝化剂大多是铬酸盐，对环境污染很大。新型钝化封闭剂不含 Cr^{6+}、Cr^{3+}、NO^{2-}，由多种无毒无害的无机物和有机物复配而成，与磷化膜有很好的吸附作用，能显著提高有机涂层与金属基体的结合力。此外，可以通过提高磷化膜的致密性和耐蚀性，取消钝化，国内很多企业已采用这种工艺。

15.2 硅烷化技术

硅烷处理是以有机硅烷水溶液为主要成分对金属进行表面处理的过程。金属工件经硅烷处理后，表面吸附了一层类似于磷化晶体的三维网状结构的超薄有机纳米膜层，同时在界面形成结合力很强的 Si-O-Me 共价键，可将金属表面和有机涂层耦合，具有很好的附着力。

15.2.1 硅烷化的成膜机理

硅烷处理剂的主要成分是有机硅，分子式为：$R'\text{-}(CH_2)_n\text{-}Si(OR)_3$，OR 是在水中可水解基团，具有与玻璃、陶土、某些金属键合以及自聚合能力。R′是有机官能团，可以提高硅烷与涂料树脂的反应性和相容性。

正由于硅烷分子中存在两种功能团，从而在无机和有机材料界面之间架起“分子桥”，形成“无机相-硅烷链-有机相”的结合层，增加了树脂基料和无机材料间的结合力。硅烷成膜原理可分为四步：

（1）水解反应　硅烷处理剂水解形成足量的活性基团 SiOH（硅羟基）。

（2）缩聚反应　SiOH 之间脱水缩合成低聚硅氧烷（带活性硅羟基）。

（3）交联反应　低聚物中的 SiOH 与金属表面的羟基形成氢键。

（4）脱水成膜　SiOH 与金属表面的羟基进一步脱水聚合，在界面上形成 Si-O-Me 共价键，使硅烷膜紧密结合在金属表面，剩余的硅烷分子则通过 SiOH 之间的缩聚反应在金属表面形成具有 Si-O-Si 三维网状结构的硅烷膜，如图 15-1 所示。

15.2.2 硅烷化工艺的优缺点

（1）工艺流程　以电泳涂装前处理为例，工艺流程为：预脱脂→脱脂→水洗→纯水洗→硅烷处理→纯水洗→水分烘干→电泳。硅烷处理无需表调和钝化，但对金属表面和槽液清洁性要求很高，处理前的最后一道水洗必须用纯水洗。因硅烷成膜需脱水，需水分烘干处理。

（2）工艺优缺点　硅烷技术具有常温操作、无磷无渣无毒、工艺简单、成本低等磷化技术无可替代的优点，硅烷处理适用范围广，适用于多种金属底材的防护，能与各类涂料匹配。但是，硅烷技术也存在应用上的缺陷，如单独使用对金属的防护效果有限。处理过程需高温烘干，时间长，能耗大。硅烷溶液存放时间相对较短，易发生缩聚而失效，使工业上大规模应用受限。

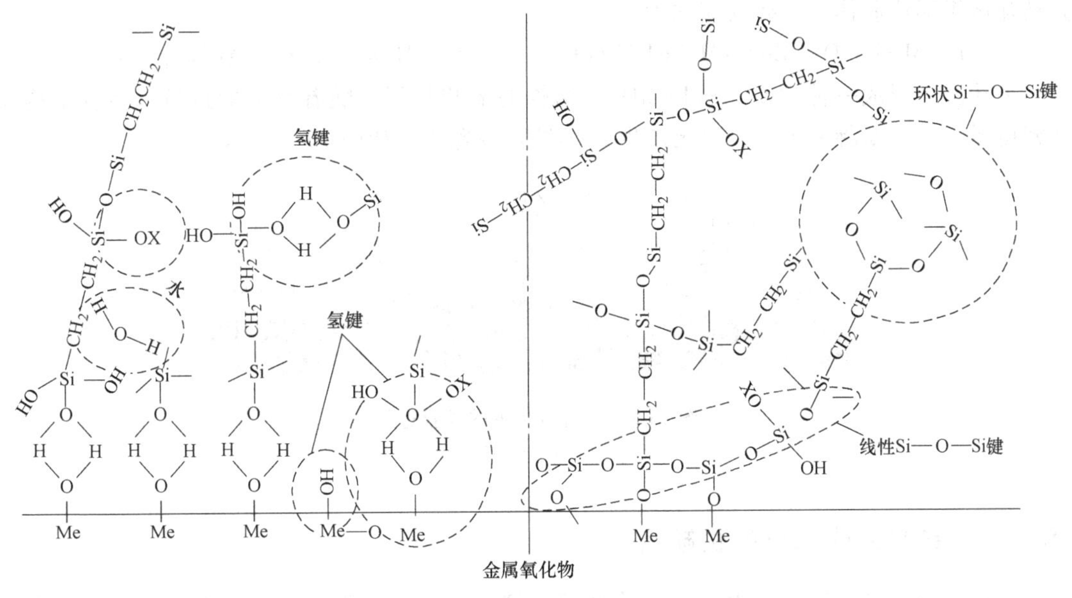

图 15-1　硅烷成膜过程

15.2.3　硅烷化的工业现状和发展方向

1）硅烷工艺与现有磷化生产线可兼容，只需增设纯水系统。目前硅烷技术在欧美一些涂装企业已开始应用，逐步取代磷化。如德国的凯密特公司和美国依科公司的硅烷表面处理技术已在欧美获得广泛认可。

2）硅烷溶液在使用前要进行水解预处理，水解预处理时间控制较困难。开发较为稳定的混合水解硅烷溶液是目前的研究热点。

3）硅烷处理的主要成膜过程是在烘干阶段，选择何种脱水方式，对成膜质量以及能否与后续电泳涂装较好匹配很重要。

4）硅烷膜是在脱水过程中成膜，这增加了前处理后密封室体的长度。发展水中成膜技术是今后研究的方向。

5）研究发现与完全浸渍成膜法相比，电沉积硅烷膜层更厚，且均匀、致密，涂层的防护性能更好。

15.3　锆盐陶化技术

锆盐陶化技术是一种以氟锆酸为基础，在清洁的金属表面形成一层纳米陶瓷膜的前处理技术。该纳米陶瓷膜由无定形氧化锆组成，结构致密、阻隔性强，与金属表面和后续的有机涂层具有良好的附着力，能显著提高金属涂层的耐蚀性。

15.3.1　锆盐陶化的成膜机理

锆盐转化膜一般采用溶胶-凝胶法。处理液以含氟锆盐为主剂，配合促进剂、调整剂，使金属表面溶解，析氢引起金属工件与溶液界面附近 pH 值升高，并在促进剂的作用下，含

氟锆盐溶解形成胶体。主要反应式为

$H_2ZrF_6+M+2H_2O \rightarrow ZrO_2+M^{2+}+4H^++6F^-+H_2$（其中 M 为 Fe、Zn、Al 等金属）

上述反应形成一种"ZrO_2-M-ZrO_2"结构的溶胶粒子，随着反应的进行，溶胶结构交联密度增大，不断凝聚沉积，直至产生 ZrO_2纳米陶瓷膜，如图 15-2 所示。

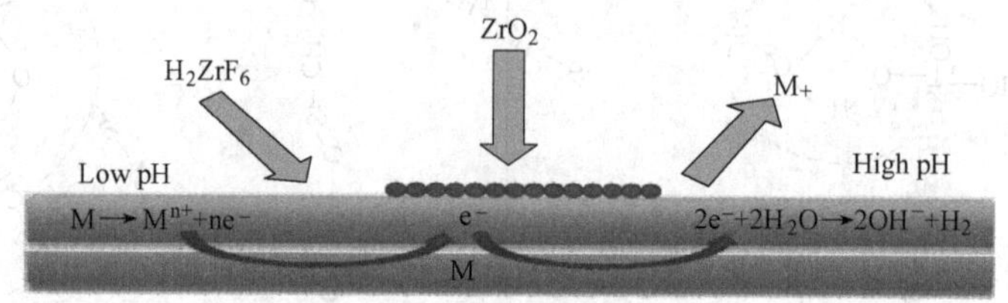

图 15-2 锆盐转化膜的成膜过程

注：M 为基材。

15.3.2 锆盐陶化工艺的优缺点

（1）典型工艺流程 以电泳涂装前处理为例，其工艺流程为：预脱脂→脱脂→水洗→纯水洗→锆盐处理→纯水洗→电泳。锆盐处理无需表调和钝化处理。因处理槽液比磷化槽液易被污染，处理前的清洗更严格，需用纯水洗。

（2）工艺的优缺点 锆盐陶化技术室温操作，处理时间短，无需表调和钝化，无重金属排放，无磷，少渣，水耗和能耗低。锆盐技术运作成本比磷化低，膜层薄（处理面积大），耐蚀性与磷化相当，膜层颜色易与底材颜色进行区分。但存在以下缺陷：体系中含氢氟酸，有危害；处理的工件比磷化处理的更易被侵蚀；膜层薄，不易遮盖底材缺陷，对底材的表面状态要求较高；适用范围比磷化技术窄。

15.3.3 锆盐陶化的工业现状和发展方向

1）锆盐技术可沿用磷化处理设备，处理前只需增加一道水洗工序，可将原表调槽更换为水洗槽。2007 年，德国汉高公司和美国 PPU 分别推出面向汽车涂装的锆系前处理材料 Tectalis 和 Zircobond，其他全球主流的前处理厂商也相继开发出相关技术。这一系列产品的开发及应用标志着锆系薄膜前处理正式成为汽车前处理的标准工艺，并将逐步取代传统磷化工艺。

2）锆盐处理槽液 pH 值要求精确控制在 3.8~4.5。当 pH 值低于 3.8 时，工件表面会出现泛黄、锈蚀现象；当 pH 值高于 4.5 时，工件表面也会出现泛黄现象，并且槽液出现浑浊。如何扩大 pH 值的应用范围，是目前该领域的研究热点。

3）锆系薄膜电阻非常小，易导致电泳漆泳透力下降，因此选用的涂料品种和电泳施工控制参数需做相应调整。如何配套使用涂料品种并进行相应的工艺改进，是广大科技工作者努力的方向。

15.4 锡酸盐转化膜技术

锡酸盐转化液成本低、污染小，膜层几乎透明，外观均匀平整，厚度通常为 1~5μm，且表面富有光泽，装饰效果较好。GONZALEZ-NUNEZ 等和霍宏伟等 L221 分别研究了镁合金 ZC71 和 AZ91 锡酸盐转化膜。结果表明，经过锡酸盐化学转化处理的镁合金表面形成厚 2~5μm 的膜层，膜层由水合锡酸镁（$MgSnO_3 \cdot H_2O$）颗粒组成，膜层耐蚀能力较基体有明显提高。通常采用的锡酸盐处理工艺为：10g/L 的 NaOH 、50g/L 的 $K_2SnO_3 \cdot 3H_2O$、10g/L 的 $NaC_2H_3O_2 \cdot 3H_2O$ 和 50 g/L 的 $Na_4P_2O_7$，溶液温度为 82℃，转化处理时间 10min。

镁合金化学转化预处理过程中酸洗溶液对镁合金表面转化膜质量有重要影响。ELSENTRIECY 等讨论了酸洗对 AZ91D 镁合金锡酸盐转化处理的影响。研究发现，用不同的酸溶液清洗，镁合金基体溶解的部位不同，所得膜层的质量也不同。金华兰等研究表明：预处理前后镁合金表面相组成基本不变，质量减少主要发生在酸洗阶段，但变化不大。膜的主要成分为 $MgSnO_3 \cdot H_2O$。

化学镀镍层作为防腐、耐磨的功能性镀层在镁合金的防护方面倍受关注，如果能将镁合金的化学转化和化学镀镍结合在一起，不但可以解决化学转化膜防护能力稍差的问题，还可解决镁合金化学镀镍前处理过程存在的一些难题和提高合金的耐蚀性。霍宏伟等采用碱性的锡酸盐对 AZ91D 镁合金进行化学转化处理，然后再化学镀镍处理，最终得到的 Ni-P 镀层在质量分数为 3.5%的 NaCl 溶液中表现出良好的耐蚀性。ELSENTRIECY 等运用恒电位仪施加阳极极化电位以改善 AZ91D 镁合金表面锡酸盐转化处理性能。研究表明，在转化处理期间，阳极极化作用会加速镁的溶解，促进膜层的形成。在-1.1V（相对于 Ag/AgCl 电极）时，试样表面膜层的均匀性得到显著改善，膜层抗腐蚀性能明显提高。

锡酸盐膜层具有良好的导电性，因而在 3C 电子产品中的应用具有特殊意义。但因膜层的性能不佳（如柔韧性、抗摩擦性和耐蚀性较差）使材料得不到有效的防护，通常还需要其他的防护措施。

15.5　钛锆盐转化膜技术

钛锆盐转化层是应罐头工业无铬涂层的需要发展起来的，该工艺由美国 Amchem Products Inc 于 20 世纪 90 年代初首先提出，随后德国 Henkel、日本 Parker 等公司开展了大量的研究。目前，这种处理工艺已部分应用于工业生产。

钛与铬性质非常相似，在几乎所有的自然环境中都不腐蚀。其极好的腐蚀阻力源于在其表面上所形成的连续稳定、结合牢固和具有保护性能的氧化膜层。含锆溶液用于铝基表面的预处理可增加涂层与基体的结合力，提高耐蚀性，同时氧化膜本身也具有一定的防腐蚀能力，Schra 等研究了铝表面的含锆氧化膜的组成和结构，Deck 也分析了非水洗钛盐处理方法所成膜的组成，发现钛、锆盐生成的转化膜是由 Al_2O_3、$Al_2O_{3n}H_2O$、$Al(OH)_3$、Zr 或 Ti 与 F 络合物等组成的混合物膜，涂层与基体的结合力强，耐腐蚀能力与铬酸盐转化膜接近，但钛锆盐高昂的价格限制了其大规模化的生产。

15.6　钼酸盐转化膜技术

钼和铬化学性质较为相近，钼酸盐广泛用作钢铁及有色金属的缓蚀剂和钝化剂，钼对铝的缓蚀作用并不十分明显，但它与其他缓蚀剂有很好的协同作用，在铝合金表面生成金黄色带蓝色的钼酸盐转化膜。

钼酸盐钝化液处理金属表面，大多数是利用单一的钝化液试剂（钼酸盐）处理金属表层，这种工艺反应时间长，所得转化膜膜层薄，且耐蚀性和耐磨性不是太好。随着钝化研究的深入，人们开始研究利用钼酸盐与多种组分复合配方，借分子间协同缓蚀作用来提高转化膜的使用性能。用钼酸盐/磷酸盐体系处理电镀锌层表面，在无添加剂的情况下可以产生与深黄色铬酸盐钝化相似的耐蚀效果，而有添加剂时则可缩短最佳钝化时间使之小于5min。

目前钼酸盐转化层与钼基的附着力及与有机涂层结合力的研究较少，然而用钼酸盐对别种转化层进行封闭处理却可以明显提高钼件的耐蚀性和耐磨性。钼酸盐与铬酸盐钝化工艺比较见表15-1。

表15-1 钼酸盐与铬酸盐钝化工艺比较

工艺	耐蚀性	机械强度	耐磨性	膜层自修复	涂层附着性	毒性	成本
铬酸盐	好	好	好	可以	好	剧毒	低
钼酸盐	一般	好	很好	无	很好	无	较高

从表5-1中可见钼酸盐钝化同铬酸盐钝化相比，在某些方面有一定的优势，但是也存在着先天的不足，仍需要改进。

15.7 锂酸盐转化膜技术

锂酸盐法是以锂酸盐作为处理液，对铝合金进行无铬表面化学转化的处理方法。铝合金在碱性溶液中一般会剧烈溶解，但当铝合金浸于含锂盐的碱性溶液中却出现异乎寻常的钝化现象。

Bucheit等对铝合金在碱性碳酸锂（pH值为11.5~13.5）溶液中形成的碳酸锂转化层进行了研究，他们认为转化层的结构是$Li_2[Al_2(OH)_6]_2 \cdot CO_3 \cdot 3H_2O$。这种膜的防护性良好，可抑制阴极反应和点蚀。但锂盐转化膜处理工艺较为繁琐，锂盐转化处理的容许范围比较小，铝合金的成分、热处理状态等都对成膜效果有较大的影响。

15.8 钒酸盐转化膜技术

近年来，有些科技工作者把钒酸盐的化合物溶液涂覆在铝合金表面上，并在钒酸盐转化膜上施涂氟树脂，所生成的涂膜可在多种环境工况下使用，并获得了极好的耐蚀性。

还有人把钒酸盐的溶液涂覆在镁合金上，所获得的转化膜为镁及镁合金提供了优异的附着力和耐蚀性。据介绍，它可以与铬酸钝化膜相媲美。冷轧钢表面钒酸盐转化膜与磷酸铁转化膜的性能对比见表15-2。

表15-2 钒酸盐转化膜与磷酸铁转化膜的性能对比

涂料	钒酸盐转化膜	磷酸铁转化膜	t(暴露)/h
聚酯粉末涂料	0.3mm划痕蠕变	4.3mm划痕蠕变	504
混合粉末涂料	2.5mm划痕蠕变	>4mm划痕蠕变	504
阴极电泳涂料	0.6mm划痕蠕变	3.2mm划痕蠕变	504
阳极电泳涂料	0.2mm划痕蠕变	6.3mm划痕蠕变	1000

1）对基材为冷轧钢的表面进行钒酸盐转化膜处理，然后再涂覆混合粉末涂料，其暴露试验的时间实际可以达到888h。

2）聚酯粉末涂料涂在磷酸铁转化膜上，要求其盐雾试验是在暴露504h后，划痕蠕变应小于4.67mm（磷化膜为4.33mm，钒化膜为0.3mm）。由表15-2中可以看出，钒化膜要优于磷酸铁转化膜。

3）混合粉末涂在钒酸盐转化膜上，实现了888h的盐雾暴露，而有机加速磷酸铁转化膜在盐雾暴露456h后失效。

4）来自高压交流电元件及系统制造厂的试验表明，钒酸盐转化膜与氯酸盐加速的磷酸铁转化膜相比，阴极电泳涂装后盐雾暴露504h，钒酸盐转化膜性能优于磷酸铁转化膜。

15.9　氟锆酸盐转化膜技术

对金属进行氟锆酸盐转化处理也有了实际应用的可能性。与铬相似，锆在水溶液中被认为形成连续的三维聚合体金属或氧化物矩阵，这些膜层可以作为基体与环境之间的屏障而起到保护作用。因此有人采用含有锆离子的有机或无机阴离子所稳定的酸性水溶液作为转化处理液，在镁合金上形成转化膜。通过干燥，一层连续的聚合体锆氧化物膜层形成在基体表面。

采用氟锆酸盐加某种金属离子，溶液pH值控制在3.5，化学转化温度为75～80℃，化学转化时间为30min。用这种工艺制出来的转化膜表面均匀、平整、呈白色。用正交试验法优选了转化液组分含量、pH值及转化时间等工艺，用点滴法和盐水浸泡法对膜层耐蚀性进行了评价，并与铬酸盐转化膜进行了比较，二者耐蚀性相当，有进一步的研究价值和较好的应用前景。

这种转化处理方法的不足之处就是处理液对硬水或前水处理液所引起的污染比较敏感，因此在转化处理之前必须用去离子水清洗。几种典型的稀土盐、氟锆酸盐转化膜配方及工艺见表15-3，氟锆酸钾浓度对膜层质量的影响见表15-4。

表15-3　典型稀土盐、氟锆酸盐转化膜配方及工艺

工艺号	配方及含量/(g/L)		工艺条件
1	$CeCl_3$	10mg/L	室温，浸渍30～180s，去离子水冲洗，热风吹干
	H_2O_2	50mL/L	
2	$Ce(NO_3)_3$	3	温度为40℃，浸渍时间为20min，去离子水冲洗，热风吹干
	$CeCl_3$	3	
	$Ce(SO_4)_2$	3	
	$La(NO_3)_3$	3	
	$Nd(NO_3)_3$	3	
3	Zr^{4+}	0.01～0.5	温度为25～60℃，pH值为2.5，浸渍，水洗，干燥
	Ca^{2+}	0.08～0.13	
	F^-	0.01～0.6	

表15-4　氟锆酸钾浓度对膜层质量的影响

氟锆酸钾/(g/L)	试验现象与结果	$CuSO_4$点滴结果/s
0	吹干后表面没有膜层生成	6
0.5	所形成膜层呈淡黄色、疏松较均匀、光泽较差	25
1	所形成膜层呈浅金黄色带蓝、致密均匀、光泽好	300

（续）

氟锆酸钾/(g/L)	试验现象与结果	$CuSO_4$ 点滴结果/s
1.5	所形成膜层呈浅金黄色带蓝、致密均匀、光泽好	298
2	所形成膜层呈浅金黄色带蓝、致密均匀、光泽好	350
2.5	所形成膜层呈深黄色偏蓝、致密略均匀、光泽好	180
3	所形成膜层偏紫有发黑现象、疏松不均匀、光泽差	100

15.10 钴酸盐转化膜技术

schrieverL2 引用三价钴的配合物溶液处理镁及镁合金，配合物的组成为 $X_3[Co(NO_2)_6]$，其中 X=Na、K、Li。用该溶液处理得到的氧化膜有三层结构：最外层是 Co_3O_4 和 Co_2O_3；最内层靠近镁基体的主要成分为镁的氧化物；中间层为镁的氧化物、CoO、Co_3O_4 和 Co_2O_3 的混合物。该转化膜封闭处理后耐蚀性较好，可耐中性盐雾试验 168h。

15.11 硅酸盐-钨酸盐转化膜技术

钨酸盐在酸性条件下具有氧化性，是一种缓蚀剂，钨酸根被还原后生成钨的化合物，其缓蚀作用属于阳极抑制型缓蚀机理，对镁合金基体起到保护作用。

硅酸盐资源丰富，无毒，价廉，不繁殖细菌，也是一种对环境友好的缓蚀剂。

硅酸盐-钨酸盐转化膜反应过程中，可观察到金属试片周围的溶液变成蓝色，并有气泡析出，表明发生了氢气的析出和钨酸根离子的还原。表明硅酸盐-钨酸盐转化膜是非晶态结构，主要成分为钨的化合物，镁、铝及锰的氧化物，形成的转化膜提高了金属的耐蚀性。SEM 照片显示膜层的微观结构呈现干枯河床状的龟裂纹，这种微观形态有利于提高转化膜与涂层的附着力。

钨酸盐可提高膜层性能，但要控制钨酸盐的量，否则过多的钨酸盐反而会影响膜层对基体的保护，结果显示 $n(WO_4^{2-}):m(SiO_3^{2-})$ 为 1：1 时膜的耐蚀性最好。

15.12 植酸转化膜技术

植酸（肌醇六磷酸醋）是从粮食等作物中提取的天然无毒有机磷酸化合物，它是一种少见的金属多齿螯合物。当其与金属络合时，易形成多个螯合环，且所形成的络合物稳定性极强。同时，该膜表面富含羟基和磷酸基等有机官能团，这对提高金属表面涂装的附着力进而提高其耐蚀性具有非常重要的意义。采用植酸对金属表面进行转化处理，其转化膜覆盖度高，无开裂现象，成膜后自腐蚀电流密度降低 6 个数量级，可以明显地提高金属的耐蚀性。这是由于植酸中的磷酸基与镁合金表面的镁离子络合形成稳定的螯合物，在表面形成了一层致密的保护膜。

植酸处理后，金属表面形成的化学膜具有网状裂纹结构，合金的电化学性和耐蚀性都有较大提高。植酸分子中的 6 个磷酸基中只有 1 个磷酸基处在 α 位，其他 5 个均在 β 位上，其中又有 4 个磷酸基共处于同一平面上。其在水溶液中发生离子反应，植酸溶液中存在 H_3O^+，当金属与溶液接触时，金属易失去电子而带正电荷；同时由于溶液中具有6个磷酸基，每个磷酸基中的氧原子都可以作为配位子与金属离子进行螯合，因此极易与呈正电性的金属离子结合，在金属表面发生化学吸附，形成植酸盐转化膜。它能有效地阻止侵蚀性阴离子进入金属表面、金属基体与腐蚀介质，从而减缓金属的腐蚀。

然而，植酸转化膜处理与磷酸盐转化膜处理一样，处理液消耗过快，pH值对其影响很大，成膜质量不易控制。金属在植酸溶液中制备植酸转化膜的过程中，植酸溶液存在一个临界pH值（pH值=8）。该条件下转化膜生长速度最快，完整性最好，致密度最高，且其耐蚀性最好；pH值高于临界值时，由于金属的溶解速度减缓，转化膜生长速度降低，其耐蚀性稍差；pH值低于临界值时，金属/溶液界面难以达到生成难溶物的条件，转化膜生长速度最低，且有裂纹，其耐蚀性最差，但仍然高于未处理试样。

因此，植酸转化膜对金属的防护可以起到一定的保护作用。植酸体系具有绿色环保、耐蚀性好、颜色可调、膜层平整及与顶层有机涂层的附着力优异等优点，是化学转化膜的一个重要研究方向。

15.13 单宁酸转化膜技术

单宁酸是一种多元苯酚的复杂化合物，水解后溶液为酸性，用单宁酸盐处理金属也能在其表面形成一层钝化膜。单宁酸盐处理工艺低毒、低污染、用量少、形成的膜色泽均匀、鲜艳，兼具装饰性与耐蚀性。

单宁酸盐体系中单宁酸本身对改善金属耐蚀性的作用并不大，需要与金属盐类、有机缓蚀剂等添加剂联合使用。国外专利中关于单宁酸钝化配方很多。有人用单宁酸对铁锰合金表面进行处理，取得了较好的效果。也有人以单宁酸溶液处理Q235碳素钢，在其表面获得了具有耐蚀性的化学转化膜，该处理方法也同样适用于铝合金。

15.14 生化膜技术

生化膜（生物化学转化膜）与植化膜有着非常相近的性质。它是利用多种生物酸在酶的作用下，与金属表面的金属离子形成一层配合物薄膜。该薄膜非常致密牢固，可有效提高基体表面的防腐蚀能力。

据某生物技术有限公司所提供的数据，生化膜的厚度为0.3~0.5μm时，其生化膜层附着力（划圈法）为1级，中性盐雾试验时间为12~24h。在生化膜涂上有机涂层后，其中性盐雾试验可达到380h无脱落。生化膜可耐高温，经过800℃以上的高温处理，30min内生化膜层无脱落。

以生化膜处理后的工件涂覆有机涂料，其涂膜的耐蚀性提高，耐高温性能也有较大的提高。

15.15 双色阳极氧化

双色阳极氧化是指在一个产品上进行阳极氧化并赋予特定区域不同的颜色。双色阳极氧化因为工艺复杂，成本较高，但通过双色之间的对比，更能体现出产品的高端、独特外观。双色阳极氧化后的铝合金汽车轮毂如图 15-3 所示。

图 15-3　双色阳极氧化后的铝合金汽车轮毂

第 4 篇

电镀技术

第16章

电镀基础知识

16.1 电镀基本知识

电镀是用电解的方法在金属或其制品的表面上沉积一种金属或合金层的过程。它是一个氧化还原过程，属于电化学领域的一个分支。通常也把化学和电化学氧化归入电镀。在进行电镀时，把被镀件与欲镀金属平板（或惰性电极）一起悬于镀槽内，直流电源的负极与被镀件连接，正极接欲镀金属平板（或惰性电极），当接通直流电源时，就会有电流流过，欲镀金属便在镀件表面上析出。要进行电镀必须具备三个必要条件：直流电源、电镀溶液和电极（阳极及阴极），电镀原理如图16-1所示。

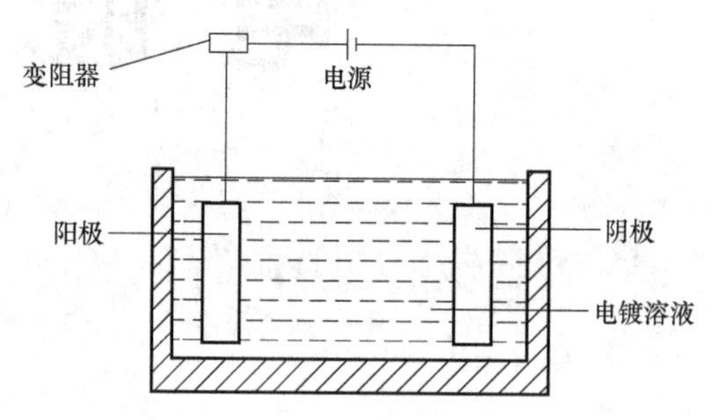

图16-1　电镀原理

电镀分为挂镀、滚镀、连续镀和刷镀等多种方式。电镀方法的选用主要与待镀件的尺寸和批量有关。挂镀适用于一般尺寸的制品，如汽车的保险杠、自行车的车把等；滚镀适用于小件，如紧固件、垫圈、销子等；连续镀适用于成批生产的线材和带材；刷镀适用于局部镀或修复工件。电镀溶液有酸性、碱性和加有络合剂的酸性及中性溶液。无论采用何种镀覆方式，与待镀制品和电镀溶液接触的镀槽、吊挂具等用具有一定程度的通用性。

16.1.1 金属镀层的种类

金属镀层按用途分为防护性镀层、装饰性镀层、修复性镀层和功能性镀层。

（1）防护性镀层　这类镀层的主要作用是防止或减轻金属工件在大气或其他环境下发生腐蚀，不仅在金属及其制品表面起到机械保护的作用，而且由于这类镀层的电位低于基体金属的电位而使其还具有电化学保护的功能。

（2）装饰性镀层　这类镀层主要是使金属及其制品外表美观，但同时也能起到防腐蚀的作用。例如在铁制品的表面镀铜、镍、铬、铜锡合金、镍铁合金、银、金等。由于这类镀层的电极电位高于基体金属的电极电位，所以这类镀层只起到机械防护作用。这类镀层一般采用多层电镀，即首先在基体上镀上“底”层，然后再镀上“表”层，有时还要镀上“中间”层。

（3）修复性镀层　这类镀层用于被磨损的工件局部或整体的加厚修复，例如镀铁、铜、铬等。对于局部修复来说，电镀是最经济的方法。

（4）功能性镀层　这类镀层主要用于满足某些有特殊力学性能、物理性能及工艺性能的要求，如提高表面导电性、磁性、耐磨性、自润滑性、焊接性等。

16.1.2　阳极镀层

阳极镀层就是当镀层与基体金属构成腐蚀微电池时，镀层作为阳极而首先溶解。这种镀层不仅能对基体起机械保护作用，而且还能起电化学保护作用。因此，为了防止金属腐蚀应尽可能选用阳极镀层。如铁上镀锌，由于锌的标准电极电位比铁负，当镀层表面有缺陷（针孔、划伤等）而露出基体时，如果有蒸气凝结于该处，则锌、铁就形成了如图16-2所示的腐蚀电偶。此时锌作为阳极而溶解，而铁作为阴极，H^+在其上放电而逸出氢气，从而保护铁不受腐蚀。这种情况下的锌镀层叫作阳极镀层。

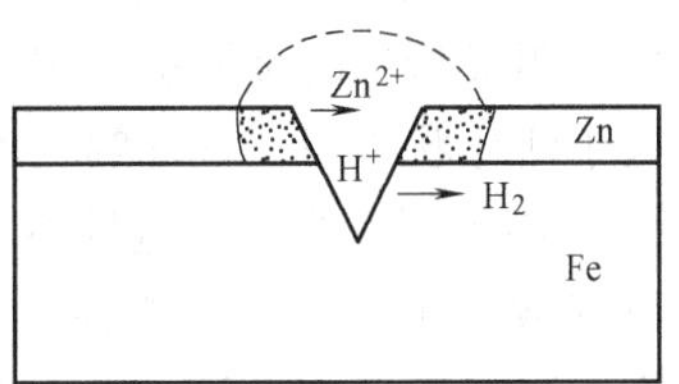

图16-2　阳极镀层

16.1.3　阴极镀层

阴极镀层是镀层与基体构成腐蚀微电池时，镀层为阴极。这种镀层只能对基体金属起机械保护作用。例如，在钢铁基体上镀锡，当镀层有缺陷时，铁锡就形成了如图16-3所示的腐蚀电偶，锡的标准电极电位比铁正，它做阴极，因腐蚀电偶作用的结果将导致铁阳极溶解，而氢在锡阴极上析出。镀层尚存，而其下面的基体却逐渐被腐蚀，最终镀层也会脱落下来。因此，只有当阴极镀层完整无缺时，才能对基体起机械保护作用，一旦镀层被损伤以后，不但保护不了基体，反而加速了基体的腐蚀。

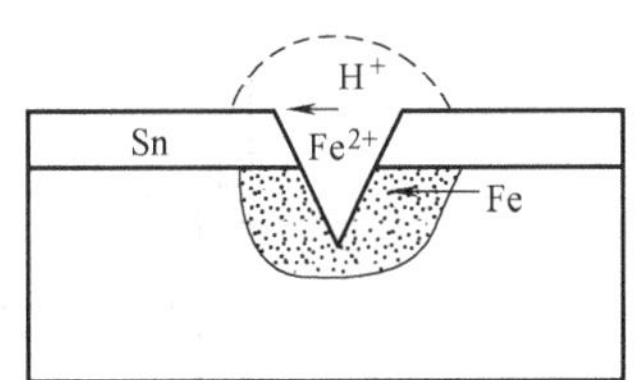

图16-3　阴极镀层

16.1.4　电镀溶液

1. 电镀溶液的组成

一般电镀溶液中包含主盐、络合剂、导电盐、缓冲剂、游离酸、阳极活化剂以及添加剂等，它们在电镀溶液中各自起着不同的作用。当电镀溶液的各组分之间达到一个适当的组合时才能得到良好的镀层。

（1）主盐　主盐是指沉积金属的盐类，包括单盐和络盐。单盐是简单金属化合物，如酸性镀铜中的$CuSO_4$；络合物电镀溶液的主盐如氰化镀锌溶液中的$Na_2Zn(CN)_4$、锌酸盐镀锌溶液中的锌酸钠，这种盐是络合物，也称络盐。

（2）络合剂　络合物电镀溶液中都必须含有与金属络合后的过量络合剂。络合剂与金属离子形成络合物，改变电镀溶液的电化学性质和金属离子沉积的电极过程，对镀层质量有很大影响，是电镀溶液的主要成分。常用的络合剂有氰化物、氢氧化钠、焦磷酸、酒石酸、氨三乙酸和柠檬酸等。

（3）导电盐　为了提高电镀溶液的导电能力，降低槽端电压，提高电流密度，常加入导电能力较强的物质，如镀镍溶液中的 Na_2SO_4 就是导电盐，导电盐不参加电极反应。导电盐不仅能提高电镀溶液的电导率，还能扩大阴极电流密度范围。

（4）缓冲剂　在弱酸或碱性电镀溶液中应加入适当的缓冲剂，使电镀溶液有自行调节pH值的能力，保持电镀溶液的稳定性。

（5）游离酸　在简单盐电解液中，常含有与主盐相对应的游离酸，根据游离酸含量，可将单盐电解液分为强酸性和弱酸性两类。

（6）阳极活化剂　在电镀过程中金属离子是不断消耗的，大多数采用可溶性阳极来补充，使在阴极析出的金属量与阳极溶解量相等，保持电镀溶液成分平衡。加入活化剂能维持阳极处于活化状态而正常溶解，不发生钝化。

（7）添加剂　为改善电镀溶液性能，提高镀层质量，往往在电镀溶液中加入少量的某些有机（或无机）物，这就是添加剂。添加剂的主要作用有细化晶粒、整平、润湿、提高光亮度、降低镀层应力等。应合理选择和使用添加剂，有的添加剂兼有几种作用，在电镀溶液中一般含有1~2种添加剂。

2. 电镀溶液中电力线的分布

当一个直流电压加在电解槽的两极上时，电镀溶液中的正负离子在电场作用下运动的轨迹称为电力线。电镀溶液中电力线的分布情况与工件、电极和电解槽形状及它们的相对位置有关，如图16-4所示。

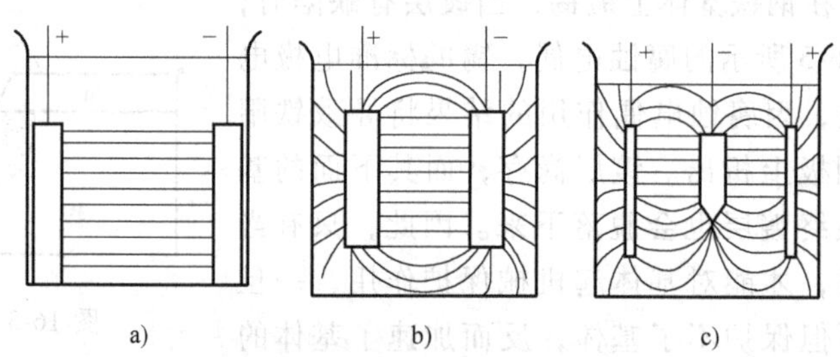

图16-4　电镀溶液中电力线分布

a）电力线完全平行　b）电力线不完全平行　c）电力线边缘效应

只有当阳极和阴极平行，且电解液完全处于两极板间时，电力线才互相平行并垂直于电极表面，此时电流在阴极表面分布均匀，如图16-4a所示。当电极平行但却悬挂在电解液中被包围时，电力线要通过多余的电解液而向电极的边缘集中，如图16-4b所示。当电极的形状复杂时，电力线的分布如图16-4c所示，在阴极的边缘和尖端电力线比较集中，电流密度较大，出现尖端效应。

16.1.5　阳极钝化

1. 阳极钝化现象

在金属表面生成致密氧化物保护层，从而阻止氧化物质与金属进一步反应的现象称为"钝化现象"。"钝化现象"在电镀生产中会经常遇到。如在镀锌时，阳极电流密度过大会在锌阳极上生成黄色钝化膜，使锌的溶解速度大大降低。又如不锈钢及镍板在酸性溶液中作为不溶性阳极，就是利用其钝化性能。除阳极电流密度过大的因素外，某些氧化剂也能使金属转化为钝化态。

部分金属的阳极极化规律如图 16-5 所示，在 *B* 点，金属溶解速度急剧减小，出现“钝化现象”。*B* 点所对应的电流密度即为临界钝化电流密度。阳极表面在 *BC* 段由活化状态转为钝化状态，钝化状态在 *CD* 段达到稳定，金属的溶解速度降到最低值，*CD* 段称为稳定钝化区。

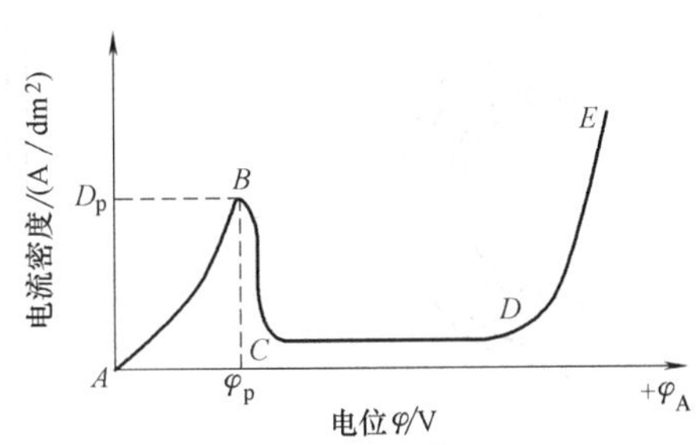

图 16-5　阳极极化规律

在电镀过程中钝化的阳极还可以再活化，恢复正常溶解。另外，镀后钝化处理是电镀中应用得最多的镀后处理工艺，特别是镀锌，几乎全都要经过钝化处理后才能投入使用。这种钝化主要是利用铬酸盐与金属容易生成钝化膜的性质，使活泼金属变成钝化状态，从而提高其耐蚀性。

2. 影响电镀过程中阳极钝化的主要因素

（1）金属本性　铬、镍、钛及钼等比较容易钝化，铜及银等不容易钝化。

（2）电镀溶液成分　络合物电镀溶液中的络合剂和某些电镀溶液中的阳极去极化剂能使阳极活化，促进阳极溶解。氰化电镀溶液中积累过多的碳酸盐及存在氧化剂会促使阳极电位变正，造成阳极钝化。氧化剂促进阳极钝化，有些有机添加剂阻止阳极溶解。

（3）酸碱性　一般酸性或碱性电镀溶液中，阳极一般不易生成难溶的物质，金属不易发生钝化。中性电镀溶液中则易生成不溶性的氧化物或氢氧化物，金属易钝化。

（4）电流密度　在不大于临界钝化电流密度的情况下，提高电流密度可以加速阳极的溶解。当电流密度等于临界值时，提高电流密度会显著地加速阳极的钝化过程。低温有利于发生阳极钝化，因为这时的临界钝化电流密度值比高温时小。

（5）搅拌　对电镀溶液进行合理的搅拌能在某种程度上延缓金属钝化。

16.1.6　仿形阳极

当阴极与阳极距离各处相等时，电流在阴极表面分布就更加均匀。在实际生产中，为了使复杂工件上电流分布均匀，常采用仿形阳极，如图 16-6 所示，使阳极和工件各处的距离相等，这样就可使电流分布均匀。

16.1.7　辅助阴极

大多数工件都会存在边缘、棱角和尖端，电镀时此处的电流密度较大，存在边缘效应，平面工件边缘的电流密度大于中间部位的电流密度。为了消除边缘效应，在生产中常采用辅助阴极，如图 16-7 所示。

采用辅助阴极后，使原来在边缘和尖端集中的电力线，大部分分布到辅助阴极上，工件受到保护。另外，在工件的尖端部位放置非金属绝缘板，屏蔽一部分电力线，从而使电流分布均匀。

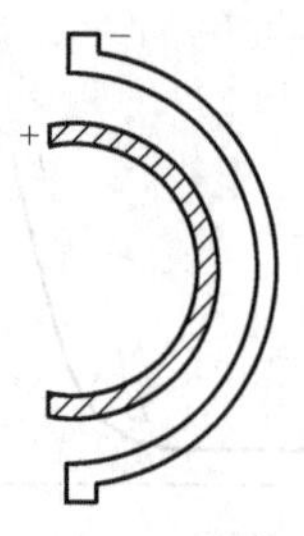

图 16-6 仿形阳极

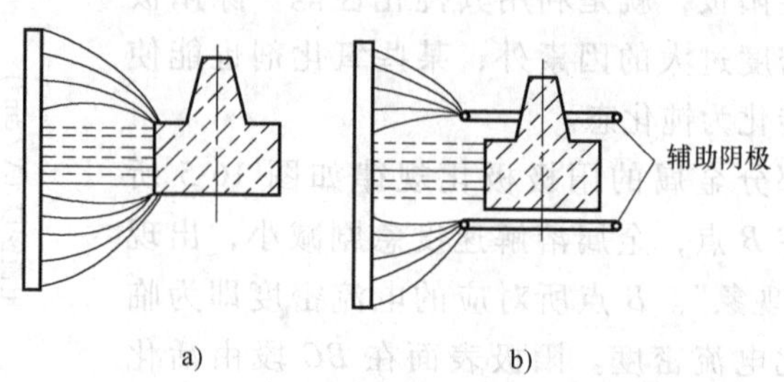

图 16-7 采用辅助阴极后的电力线分布
a）未采用辅助阴极 b）采用辅助阴极

16.2 常用电镀相关数据

各种常见介质对金属的作用、金属在25℃下水溶液中的标准电极电位、常用电镀溶液的比热容、常用电镀溶液的阴极电流效率、常见镀层的硬度、厚度为1μm镀层的单位面积质量、常用镀层的安全厚度见表16-1~表16-7。

表 16-1 各种常见介质对金属的作用

金属名称	盐酸		硝酸		硫酸		王水[1]	氢氧化钠或氢氧化钾		空气和水
	浓的	稀的	浓的	稀的	浓的	稀的		浓溶液	稀溶液	
铝	迅速溶解	迅速溶解	不溶解	溶解	溶很慢	溶很慢	迅速溶解	溶解	溶解	被覆氧化膜
铁	溶解	溶很慢	溶很慢	迅速溶解	溶很慢	溶很慢	迅速溶解	溶很慢	溶很慢	生锈
金	不溶解	不溶解	不溶解	不溶解	不溶解	不溶解	溶解	不溶解	不溶解	不变化
钢	不溶解	不溶解	不溶解	不溶解	溶解	溶很慢	溶解	不溶解	不溶解	不变化
镉	溶解	溶解	迅速溶解	迅速溶解	溶解	溶解	溶解	不溶解	不溶解	慢慢变化
铜	不溶解	不溶解	迅速溶解	迅速溶解	加热溶解	溶很慢	迅速溶解	溶很慢	不溶解	被覆氧化膜
镍	溶很慢	溶很慢	溶解	溶解	溶解	溶很慢	迅速溶解	不溶解	不溶解	几乎不变化
锡	加热溶解	溶很慢	溶解	溶很慢	加热溶解	溶很慢	迅速溶解	溶很慢	慢慢溶	几乎不变化
铂	不溶解	不溶解	不溶解	不溶解	不溶解	不溶解	迅速溶解	不溶解	不溶解	不变化
铑	不溶解	不溶解	不溶解	不溶解	溶解	不溶解	—	不溶解	不溶解	不变化
铅	溶解	溶很慢	溶解	溶很慢	溶很慢	不溶解	迅速溶解	溶很慢	溶很慢	被覆氧化膜
银	不溶解	不溶解	溶解	溶解	不溶解	溶很慢	迅速溶解	不溶解	不溶解	不变化
锌	迅速溶解	迅速溶解	溶解	溶解	溶很慢	速溶解	迅速溶解	溶解	溶解	被覆氧化膜
铬	迅速溶解	迅速溶解	不溶解	不溶解	不溶解	不溶解	迅速溶解	不溶解	不溶解	不变化

① 浓盐酸与浓硝酸的体积比为3:1。

表 16-2 金属在25℃下水溶液中的标准电极电位

电极反应	标准电极电位/V	电极反应	标准电极电位/V
$Li^+ + e \rightarrow Li$	-3.045	$Be^{2+} + 2e \rightarrow Be$	-1.70
$K^+ + e \rightarrow K$	-2.925	$Al^{3+} + 3e \rightarrow Al$	-1.56
$Ba^{2+} + 2e \rightarrow Ba$	-2.90	$Mn^{2+} + 2e \rightarrow Mn$	-1.18
$Ca^{2+} + 2e \rightarrow Ca$	-2.87	$Zn^{2+} + 2e \rightarrow Zn$	-0.763
$Na^+ + e \rightarrow Na$	-2.714	$Cr^{3+} + 3e \rightarrow Cr$	-0.74
$Mg^{2+} + 2e \rightarrow Mg$	-2.37	$Fe^{2+} + 2e \rightarrow Fe$	-0.44
$Ti^{2+} + 2e \rightarrow Ti$	-1.75	$Cd^{2+} + 2e \rightarrow Cd$	-0.403

（续）

电极反应	标准电极电位/V	电极反应	标准电极电位/V
$In^{3+}+3e \to In$	-0.35	$Pd^{2+}+2e \to Pd$	+0.83
$Ti^{+}+e \to Ti$	-0.34	$Hg^{2+}+2e \to Hg$	+0.854
$Tl^{+}+e \to Tl$	-0.336	$Pt^{4+}+4e \to Pt$	+0.86
$Co^{2+}+2e \to Co$	-0.277	$Pt^{2+}+2e \to Pt$	+1.19
$Ni^{2+}+2e \to Ni$	-0.25	$Au^{3+}+3e \to Au$	+1.50
$Sn^{2+}+2e \to Sn$	-0.136	$Au^{+}+e \to Au$	+1.68
$Pb^{2}+2e \to Pb$	-0.126	—	—
$Fe^{3+}+3e \to Fe$	-0.036	$2H_2O+2e \to H_2+2OH^-$	+0.828
$2H^{+}+2e \to H_2$	0.000	$O_2+2H_2O+4e \to 4OH^-$	+0.401
$Sn^{4+}+4e \to Sn$	+0.05	$Sn^{4+}+2e \to Sn^{2+}$	+0.15
$Sb^{3+}+3e \to Sb$	+0.20	$Cu^{2+}+e \to Cu^{+}$	+0.167
$Cu^{2+}+2e \to Cu$	+0.34	$Fe^{3+}+e \to Fe^{2+}$	+0.771
$Cu^{+}+e \to Cu$	+0.521	$2Hg^{2+}+2e \to Hg_2^{2+}$	+0.91
$Rh^{3+}+3e \to Rh$	+0.67	$Au^{3+}+2e \to Au^{+}$	+1.29
$Hg_2^{2+}+2e \to 2Hg$	+0.789	$Co^{3+}+e \to Co^{2+}$	+1.84
$Ag^{+}+e \to Ag$	+0.799	$Ag^{2+}+e \to Ag^{+}$	+1.98

表 16-3　常用电镀溶液的比热容

电镀溶液名称	比热容/[J/(g·℃)]	电镀溶液名称	比热容/[J/(g·℃)]
快速镀镍	4.1031	镀银	4.1031
镀镍	4.1449	碱性镀锡	4.1031
酸性镀铜	4.6055	酸性镀锌	4.2287
氰化镀铜	4.1449	镀铬	4.1868
镀黄铜	3.9775	电解脱脂	4.5636
镉	3.9356	弱腐蚀	4.1868

表 16-4　常用电镀溶液的阴极电流效率

电镀溶液名称	阴极电流效率(%)	电镀溶液名称	阴极电流效率(%)
普通镀铬	13	铵盐镀镉	90~98
复合镀铬	18~25	氟硼酸盐镀镉	100
自动调节镀铬	18~20	氰化镀镉	90~95
快速镀铬	18~20	氯化物镀铁	90~95
镀镍	95~98	硫酸盐镀铁	95~98
硫酸盐镀锡	90	氟硼酸盐镀铅	95
碱性镀锡	60~75	氰化镀银	95~100
硫酸盐镀锌	95~100	氰化镀金	60~80
铵盐镀锌	94~98	镀铂	30~50
锌酸盐镀锌	70~85	镀钯	90~95
氰化镀锌	60~85	镀铑	40~60
硫酸镀铜	95~100	镀铼	10~15
焦磷酸盐镀铜	95~100	硫酸盐镀铟	50~80
酒石酸盐镀铜	75	氯化物镀铟	70~95
氟硼酸盐镀铜	95~100	氟硼酸镀铟	80~90
氰化镀铜	70	镀铋	100
硫酸盐镀镉	98	氰化镀低锡青铜	60~70
氰化镀黄铜	60~70	氰化镀高锡青铜	60
镀铅锡合金	100	镀锡镍合金	100
镀锡锌合金	80~100	镀镉锡合金	70

表 16-5 常见镀层的硬度

镀层名称	制取方法		硬度 HBW
镀锌层	电镀法		50~60
	喷镀法		17~25
镀镉层	电镀法		12~60
镀锡层	电镀法		12~20
	热浸法		20~25
镀铜层	电镀法	酸性镀铜	60~80
		氰化镀铜	120~150
	喷镀法		60~100
镀黄铜层	喷镀法		60~110
镀镍层	电镀法	在热溶液中镀镍	140~160
		在酸性高的溶液中镀镍	300~350
		在光亮镀镍溶液中镀镍	500~550
镀银层	电镀法		60~140
镀铑层	电镀法		600~650
镀金层	电镀法		40~100
镀铂层	电镀法		600~650
镀铅层	电镀法		3~10
镀铁层	电镀法	在热的氯化物溶液中镀铁	80~150
		在冷的氯化物溶液中镀铁	150~200
		在硫酸溶液中镀铁	250~300
镀铬层	电镀法		400~1200(HV)

表 16-6 厚度为 1μm 镀层的单位面积质量

镀层	镀层单位面积质量		镀层	镀层单位面积质量		镀层	镀层单位面积质量	
	(mg/cm^2)	(g/dm^2)		(mg/cm^2)	(g/dm^2)		(mg/cm^2)	(g/dm^2)
铝 Al	0.27	0.027	铈 Ce	0.54	0.054	铂 Pt	2.14	0.214
锑 Sb	0.67	0.067	金 Au	1.94	0.194	铑 Rh	1.25	0.125
砷 As	0.57	0.057	铟 In	0.73	0.073	铼 Re	2.06	0.206
铋 Bi	0.98	0.098	铱 Ir	2.24	0.224	硒 Se	0.48	0.048
镉 Cd	0.87	0.087	铁 Fe	0.79	0.079	银 Ag	1.05	0.105
铬 Cr	0.71	0.071	铅 Pb	1.13	0.113	碲 Te	0.63	0.063
钴 Co	0.89	0.089	锰 Mn	0.72	0.072	铊 Tl	1.19	0.119
铜 Cu	0.89	0.089	镍 Ni	0.89	0.089	锡 Sn	0.73	0.073
镓 Ga	0.59	0.059	钯 Pd	1.20	0.12	锌 Zn	0.71	0.071

表 16-7 常用镀层的安全厚度

镀层成分	镀层安全厚度/μm	镀层成分	镀层安全厚度/μm
快速镍	130	半光亮镍	100
碱铜	130	特殊镍	5
高堆积碱铜	200	镍-钨(50)	70
碱镍	100	低应力镍	130
高堆积镍	130	半光亮铜	100
中性镍	100	低氢脆镉	100
致密快镍	130	锌	100
镍-钨合金	70	铟	100
镍-钴合金	50	铁	200
高速工具钢	200	铬	50

16.3 电镀预处理

16.3.1 钢铁工件的电镀预处理

（1）表面清理 根据实际需要选择喷砂、滚光、刷光、磨光、抛光等工艺。

（2）脱脂 根据实际需要选择有机溶剂脱脂、滚筒脱脂、擦拭脱脂、化学脱脂、电化学脱脂等。应注意的是有氢脆危险的工件不得进行阴极电解脱脂。

（3）浸蚀 根据工件表面氧化皮及锈蚀的严重程度、基材的类型等选择合适的浸蚀方法。对于有氢脆危险的工件不宜采用酸浸蚀的方法。

（4）阳极电化学脱脂 去除浸蚀后残留的挂灰。

（5）弱浸蚀 于室温下在50~100mL/L的硫酸或盐酸溶液中浸泡0.5~2min。

16.3.2 不锈钢工件的电镀预处理

（1）化学脱脂 按钢铁工件的化学脱脂规程进行。

（2）浸酸 若工件上无氧化皮，可不进行浸酸处理。

（3）喷砂 有精度要求的表面不进行喷砂。喷砂时不要使工件变粗糙或引起尺寸变化。

（4）阳极电化学脱脂。

（5）活化 不锈钢常用的活化工艺有浸渍活化、阴极活化、预镀活化。

1）浸渍活化：质量分数为98%的H_2SO_4，200~500mL/L；65~80℃；析出气体后，再持续1min以上。

2）阴极活化：质量分数为37%的HCl，50~500mL/L；室温；阴极电流密度为2A/dm^2；1~5min。

3）预镀活化：$NiCl_2 \cdot 6H_2O$，240g/L；质量分数为37%的HCl，130mL/L；阴极电流密度为5~10A/dm^2；2~4min；阳极为镍板（硫的质量分数不得超过0.01%）。

如需进行镀铬，应先进行阴极电化学脱脂，再在镀铬溶液中以10A/dm^2的电流密度进行阳极处理。如需进行镀镍，采用标准镀镍溶液可以在活化的不锈钢工件上直接镀镍，镀镍溶液的pH值在2~4之间。如需镀光亮铜和锡，应先进行氰化镀铜。

16.3.3 铝及铝合金的电镀预处理

1. 浸锌

当铝及铝合金表面清理干净后，应根据基体材料和镀层的不同要求进行浸锌、浸合金或盐酸预浸蚀，以获得附着力良好的镀层。浸锌处理是应用最广泛的方法。在操作时，将金属工件浸入锌酸盐溶液中，能清除掉表面的天然氧化膜，同时置换出一薄层致密而附着力良好的锌层。锌层的厚度和性质依浸渍条件而异，溶液温度过高，结晶粗大，厚度增加，但结合力恶化；溶液温度适当时，结晶细致，结合力良好。铝浸锌工艺条件见表16-8。

为了进一步提高基体与镀层的结合力，常采用两次浸锌。通常一次浸锌得到的锌层粗糙多孔，结合力不够好，所以在500mL/L的硝酸中将其溶解，使铝表面呈现均匀细致的活化状态。水洗后再进行第二次浸锌，所得锌层比较平滑致密。两次浸锌可在同一电镀溶液中进

表 16-8 铝浸锌工艺条件

工艺号		1	2	3	4
组分质量浓度/(g/L)	氢氧化钠(NaOH)	500	300	120	50
	氧化锌(ZnO)	100	75	20	5
	酒石酸钾钠($KNaC_4H_4O_6 \cdot 4H_2O$)	10	10	50	50
	三氯化铁($FeCl_3 \cdot 6H_2O$)	1	1	2	2
	硝酸钠($NaNO_3$)	—	—	1	1
	氟化钠(NaF)	—	1	—	—
工艺条件	溶液温度/℃	15~27	10~25	20~25	20~25
	处理时间/s	30~60	30~60	<30	<30

行，所得镀层呈米黄色为佳。

2. 浸重金属

在潮湿的腐蚀性环境中，浸锌法所得锌层与电镀层形成腐蚀电池，锌为阳极而遭受横向腐蚀，从而导致电镀层剥落。为克服这一缺点，可采用浸锌镍合金或镍、锡、铜重金属，工艺条件见表 16-9。铸铝浸重金属工艺条件见表 16-10。

表 16-9 铝及铝合金浸重金属工艺条件

重金属浸镀层		锡[①]	铁	镍	镍锌
组分质量浓度/(g/L)	锡酸钠($Na_2SnO_3 \cdot 3H_2O$)	65	—	—	—
	氯化镍($NiCl_2 \cdot 6H_2O$)饱和溶液	—	—	970~980mL/L	—
	碱式碳酸镍[$3Ni(OH)_2 \cdot 2NiCO_3 \cdot 4H_2O$]	—	—	—	至 pH3~3.5
	三氯化铁($FeCl_3 \cdot 6H_2O$)	—	20	—	—
	酒石酸钾钠($KNaC_4H_4O_6 \cdot 4H_2O$)	3	—	—	—
	氢氧化钠(NaOH)	4	—	—	—
	氢氟酸(HF,质量分数为 40%)	—	—	—	175~180mL/L
	氧化锌(ZnO)	—	—	40	60~70
	盐酸(HCl,质量分数为 37%)	—	16~17mL/L	20~22mL/L	4~5mL/L
工艺条件	溶液温度/℃	15~25	90~95	室温	室温
	处理时间/min	0.5	0.5~1.0	0.5~1.0	0.5~1.5

① 浸锡后不清洗，在氰化物溶液里预镀铜锡合金。

表 16-10 铸铝浸重金属工艺条件

重金属浸镀层		镍	镍	铜
组分质量浓度/(g/L)	氯化镍($NiCl_2 \cdot 6H_2O$)	350~520	400~500	—
	硼酸(H_3BO_3)	30~50	30~40	—
	氢氟酸(HF,质量分数为 40%)	20~30mL/L	20~40mL/L	—
	盐酸(HCl,质量分数为 37%)	5~10mL/L	—	—
	氯化铜($CuCl_2 \cdot 2H_2O$)	—	—	12
	酒石酸钾钠($KNaC_4H_4O_6 \cdot 4H_2O$)	—	—	28
	氢氧化钠(NaOH)	—	—	5
工艺条件	溶液温度	室温	室温	室温
	处理时间/min	10~15	0.5~1.5	20~30

16.3.4 镁合金的电镀预处理

镁是一种很活泼的金属，在酸性介质中，特别是在含有氯离子的体系中会受到强烈的腐蚀。因此应对镁合金进行表面保护。另外，镁及镁合金的电位很负，在空气中很快氧化，特别是在空气潮湿的环境下，能剧烈反应，并迅速形成碱性氧化膜，因此为保证镀层与基体间有较高的结合力，必须对其表面进行特殊的预处理。通常采用的方法有浸锌法和化学镀镍法。浸锌法工艺比较复杂，但是结合力高，耐蚀性也好。化学镀镍法主要用于大型或深孔内腔需电镀的镁合金工件。需要注意的是，必须使用不锈钢挂具，除接触点外都必须有良好的绝缘，而且要保持接触点上没有镀层。

镁浸锌配方及工艺条件见表16-11，预镀铜配方及工艺条件见表16-12。

表16-11　镁浸锌配方及工艺条件

组分质量浓度/(g/L)				工艺条件		
$ZnSO_4 \cdot 7H_2O$	$Na_4P_2O_7 \cdot 10H_2O$	Na_2CO_3	NaF	温度/℃	pH值	时间/min
30	120	50	5	80~85	10.2~10.4	3~10

表16-12　预镀铜配方及工艺条件

组分质量浓度/(g/L)				工艺条件		
CuCN	总NaCN	游离NaCN	酒石酸钾钠	阴极电流密度/(A/dm^2)	温度/℃	pH值
41	52.5	7.5	45	5~10降至1~2.5	54~60	9.6~10.4

16.3.5　铜及铜合金的电镀预处理

（1）表面清理　根据实际需要选择喷砂、滚光、刷光、磨光、抛光等工艺。

（2）脱脂　根据实际需要选择有机溶剂脱脂、滚筒脱脂、擦拭脱脂、化学脱脂、电化学脱脂等。

（3）浸蚀　根据工件表面氧化皮及锈蚀的严重程度、基材的类型等选择合适的浸蚀方法。

（4）弱浸蚀　除铅黄铜外，所有的铜及铜合金工件均可在质量分数为5%~10%的硫酸或质量分数为10%~20%的盐酸中于室温下进行弱浸蚀。铅黄铜则应在质量分数为2%~5%的氟硼酸或质量分数为10%~20%的硝酸溶液中于室温下进行弱浸蚀。

16.3.6　锌压铸件的电镀预处理

1）机械抛光。

2）有机溶剂脱脂。

3）阳极电化学脱脂配方及工艺条件见表16-13。

表16-13　阳极电化学脱脂配方及工艺条件

组分质量浓度/(g/L)			工艺条件	
Na_2CO_3	$Na_3PO_4 \cdot 12H_2O$	阳极电流密度/(A/dm^2)	温度/℃	时间/s
5~10	20~30	5~7	40~50	30

4）采用质量分数为0.25%~1%的硫酸、盐酸或氢氟酸，或100g/L的盐酸与10g/L的氢氟酸的混合溶液浸蚀。

5）一般的锌压铸工件都先镀氰化铜，而后镀中性镍，铜层的最低厚度为7μm，配方及工艺条件见表16-14。形状简单的锌合金压铸工件，也可以不预镀铜，而直接镀中性镍，配方及工艺条件见表16-15。

表 16-14 预镀氰化铜的配方及工艺条件

组分质量浓度/(g/L)					工艺条件			
CuCN	NaCN	酒石酸钾钠	Na_2CO_3	NaOH	阴极电流密度/(A/dm²)	温度/℃	pH 值	时间/min
20~40	8~16	20~50	20~40	3~6	1.5~6	50~55	11.5~12.5	1~3

表 16-15 镀中性镍的配方及工艺条件

组分质量浓度/(g/L)				工艺条件			
$NiSO_4 \cdot 7H_2O$	NaCl	H_3BO_3	柠檬酸钠	阴极电流密度/(A/dm²)	温度/℃	pH 值	阴极移动/(次/min)
90~100	10~15	20~30	110~130	1~1.5	50~60	7.0~7.2	25

16.3.7 钛及钛合金的电镀预处理

1）脱脂。

2）化学浸蚀，配方及工艺条件见表 16-16。

表 16-16 钛及钛合金化学浸蚀配方及工艺条件

工艺号		1	2	3	4	5
组分体积浓度/(mL/L)	氢氟酸(HF,质量分数为 60%)	1 份(体积)	25	48	—	—
	氢氟酸(HF,质量分数为 40%)	—	—	—	220	50~60
	硝酸(HNO_3,质量分数为 68%)	3 份(体积)	—	—	—	—
	盐酸(HCl,质量分数为 37%)	—	—	—	—	200~250
组分质量浓度/(g/L)	重铬酸钠($Na_2Cr_2O_7 \cdot 2H_2O$)	—	390	250	—	—
	铬酐(CrO_3)	—	—	—	135	—
	氟化钠(NaF)	—	—	—	—	45~50
工艺条件	温度/℃	室温	82~100	82~100	20~30	室温
	时间/min	至冒红烟	20	20	2~4	2~5
适用性		纯 Ti、6Al-4V、4Al-4Mn、3Al-5Cr	3Al-5Cr	纯 Ti、6Al-4V、4Al-4Mn	纯 Ti	纯 Ti、6Al-4V

3）活化，在纯钛上直接电镀的活化方法见表 16-17，在钛及钛合金上直接电镀的活化方法见表 16-18。

表 16-17 在纯钛上直接电镀的活化方法

组分体积浓度/(mL/L)			工艺条件	
HCl(质量分数为 37%)	$TiCl_3$(质量分数为 15%~20%)	活性剂 A	温度	时间
500	10~20	2g/L	室温	至表面出现灰黑色膜

注：活化剂 A 为哈尔滨工业大学研制的产品。

表 16-18 在钛及钛合金上直接电镀的活化方法

组分体积浓度/(mL/L)			工艺条件	
甲酰胺	HF(质量分数为 40%)	活化剂 B	温度	时间
500~800	100~150	3g/L	室温	至表面形成灰黑色活化膜

注：活化剂 B 为哈尔滨工业大学研制的产品。

本方法镀后不需热处理，但需注意的是一定要等到表面出现灰黑色活化膜才可进行下一步电镀。

16.3.8　镍及镍合金的电镀预处理

1）脱脂。

2）活化，工艺条件见表 16-19。

表 16-19　镍及镍合金活化工艺条件

工艺号		1	2	3	4	5	6	7	8
组分质量浓度/(g/L)	硫酸(H_2SO_4,质量分数为 98%)	660mL/L	165mL/L	—	—	50～150mL/L	150mL/L	—	—
	盐酸(HCl,质量分数为 37%)	—	—	—	30mL/L	或 100～500mL/L	—	—	150～170mL/L
	氯化镍($NiCl_2 \cdot 6H_2O$)	—	—	45	240	—	—	—	—
	磷酸(H_3PO_4,质量分数为 85%)	—	—	—	—	—	630mL/L	—	—
	硫酸镍($NiSO_4 \cdot 7H_2O$)	—	—	360	—	—	—	—	—
	硼酸(H_3BO_3)	—	—	40	—	—	—	—	—
	氨磺酸(NH_2SO_3H)	—	—	—	—	—	—	100	—
	三氯化铁($FeCl_3 \cdot 6H_2O$)	—	—	—	—	—	—	—	250～300
工艺条件	温度/℃	<30	20～25	室温	20～25	室温	45～55	室温	室温
	阳极电流密度/(A/dm^2)	10	—	2	—	—	15～20	10	—
	时间/min	1	—	10	—	0.2～1.0	—	3	—
	去镍量/μm	0	0～1.3	0～4	0～1.3	0～1.3	0～1.3	—	1.5～2.0

注：镀镍工件可选用工艺 1～7 进行活化；镍合金可选用工艺 2、3、4、8 进行活化。

3）预镀镍，镍及镍合金经活化后，通常需要进行预镀镍，配方及工艺条件见表 16-20。

表 16-20　镍及镍合金预镀镍工艺条件

组分质量浓度/(g/L)		工 艺 条 件		
HCl(质量分数为 37%)	氯化镍	温度	电流密度/(A/dm^2)	时间/min
150～300	200～250	室温	5～8	4～6

16.3.9　钨及钨合金的电镀预处理

1）表面清理。

2）活化工艺条件见表 16-21。

表 16-21　钨及钨合金活化工艺条件

工艺号		1	2	3①
溶液组成	氢氟酸(HF,质量分数 40%)体积浓度/(mL/L)	500～800	50～70	—
	氢氧化钾(KOH)质量浓度/(g/L)	—	—	300
工艺条件	温度/℃	20～27	室温	48～60
	阳极电流密度/(A/dm^2)	2～5(交流)	—	10～30
	时间/min	1～2	1～2	2～5

① 处理后尚需在 100g/L 的硫酸溶液中于 20～35℃下浸 1min。

3）预镀铬工艺条件见表 16-22。

表 16-22　钨及钨合金预镀铬工艺条件

工艺条件	温度/℃	电流密度/(A/dm^2)	时间/min
参数	60～72	15～25	1～3

4）活化，室温下在 200g/L 的盐酸中浸蚀 2～5s。

5）预镀镍配方及工艺条件见表16-23。

表16-23 钨及钨合金预镀镍配方及工艺条件

配方及工艺条件	氯化镍质量浓度/(g/L)	盐酸体积浓度/(mL/L)	温度/℃	电流密度/(A/dm^2)	时间/min
参数	240	100	20~30	8	2

16.3.10 钼及钼合金的电镀预处理

1）吹砂，用吹砂法清除工件表面的污物。

2）脱脂。

3）预镀铬工艺条件见表16-24。

表16-24 钼及钼合金预镀铬工艺条件

工艺条件	温度/℃	电流密度/(A/dm^2)	时间/min
参数	50~55	15~25	随后镀镍:1~5;不镀镍:40~60

4）预镀镍配方及工艺条件见表16-25。

表16-25 钼及钼合金预镀镍配方及工艺条件

配方及工艺条件	氯化镍质量浓度/(g/L)	盐酸体积浓度/(mL/L)	温度/℃	电流密度/(A/dm^2)	时间/min
参数	240	100	20~30	8	2

16.3.11 铅及铅合金的电镀预处理

1）脱脂。

2）电解脱脂配方及工艺条件见表16-26。

表16-26 铅及铅合金电解脱脂配方及工艺条件

配方及工艺条件	磷酸钠质量浓度/(g/L)	温度/℃	电流密度/(A/dm^2)	时 间
参数	60~90	40	3	先阴极3min,后阳极10s

3）浸蚀，可采用质量分数为42%、体积浓度为120~250mL/L的氟硼酸溶液于室温下浸蚀10~15s。

4）预镀，预镀工艺随预镀层不同而异，其工艺条件见表16-27，但是镀铁时不需要预镀。

表16-27 铅及铅合金预镀工艺条件

预镀层	铜		镍	
组分质量浓度/(g/L)	氰化亚铜(CuCN)	22.5	硫酸镍($NiSO_4 \cdot 7H_2O$)	120
	氰化钠$_{总量}$(NaCN)	34	氯化铵(NH_4Cl)	15
	氰化钠$_{游离}$(NaCN)	7.5	硼酸(H_2BO_3)	15
	碳酸钠(Na_2CO_3)15			
pH值	11~12		5.2~5.4	
温度/℃	40~50		20~30	
电流密度/(A/dm^2)	1~2(初始低)		0.5~2	

第17章 电镀单金属

17.1 电镀锌

17.1.1 镀锌工艺的选择

不同的镀锌工艺有不同的特点，要根据工件形状、材质、工艺条件、生产成本、使用要求等多方面条件来选择。

1）氰化物镀锌工艺成熟，所得镀层质量好，但是存在污染现象，需要安装抽风设备，电流效率不高（仅70%~80%），不宜镀铸铁件。

2）锌酸盐镀锌成本低，镀层经钝化处理后外观光亮鲜艳，它以较高含量的氢氧化钠完全代替氰化钠，使镀液变得无毒性，对钢铁几乎无腐蚀性。其缺点是分散能力和覆盖能力差，沉积速度慢。

3）氯化铵镀锌是氯化物镀锌溶液中应用开发最早的一种，应用面最广。氯化铵的导电性最好，对载体光亮剂的容纳量也最大，均镀能力和深镀能力好，能用于形状较复杂的工件，沉积速度快。但是这类工艺的缺点是镀液易分解，析出氨气多，对钢铁设备腐蚀严重。

4）氯化钾镀锌溶液分散性和覆盖能力好，阴极电流效率高，镀层光亮度高，适宜镀铸、锻件，其废水处理比较容易，对设备腐蚀性小，镀液也比较稳定。但是氯化钾镀锌预处理要求严格、镀层钝化膜变色和脱膜的可能性大，返修件比例较大，生产成本偏高。

5）硫酸盐镀锌具有镀液成分简单、成本低廉、可采用较大的电流密度和镀后不需进行钝化处理等优点，但是硫酸盐镀锌溶液的分散能力和覆盖能力都比较差，因此只适用于加工形状简单的工件。

17.1.2 碱性锌酸盐镀锌

碱性锌酸盐镀锌镀液组成及工艺条件见表17-1。

碱性镀锌工艺维护措施有：

1）严格控制所加化学元素的杂质含量，特别对镀层质量影响较大的铅、铁、铜的含量应严加控制。

2）定期分析锌和氢氧化钠的含量，使氢氧化钠和锌保持一定的比例。一般挂镀控制氢氧化钠：锌（质量分数）= 10：1；滚镀控制氢氧化钠：锌（质量分数）= 12：10。

3）不宜使用硫化物做净化剂，因为硫化物在碱性镀锌溶液中不是有效的净化剂，其对

Fe^{2+}去除效果差。要除去 Cu^{2+}、Pb^{2+}，只有当硫化钠加入量超过 12.5mg/L 时才有效，但硫化钠加入量大于 10mg/L 时，将对镀锌溶液产生不良影响，因此不宜使用。

表 17-1　碱性锌酸盐镀锌镀液组成及工艺条件

工艺号		1	2	3	4	5	6
组分质量浓度/(g/L)	氧化锌(ZnO)	12~20	10~15	10~12	10~15	12	7~15
	氢氧化钠(NaOH)	100~160	100~130	100~120	100~150	120	75~120
	碳酸钠(Na_2CO_3)	—	—	—	—	20	15~30
	DE 添加剂	4~5mL/L	—	—	—	—	—
	DPE-Ⅱ添加剂	—	4~6mL/L	—	—	—	—
	三乙醇胺 $N(CHC_2H_2OH)_3$	—	12~30mL/L	—	—	—	—
	混合光亮剂	0.1~0.5mL/L	—	—	—	—	—
	香豆素($C_9H_6O_2$)	0.4~0.6	—	—	—	—	—
	DE-81 添加剂	—	—	3~5mL/L	—	—	—
	ZBD-81 光亮剂	—	—	2~5mL/L	—	—	—
	BW-901	—	—	—	4~6mL/L	—	—
	CKZ-840	—	—	—	—	6~7mL/L	—
	OCA99	—	—	—	—	—	10mL/L
工艺条件	温度/℃	10~45	10~40	5~45	10~40	15~45	24~35
	阴极电流密度/(A/dm^2)	0.5~4	0.5~3	0.5~6	1~5	2~6	挂镀 2~8 滚镀 0.5~2

工艺号		7	8	9	10	11	12
组分质量浓度/(g/L)	氧化锌(ZnO)	10~12	6~9	10~15	10~12	10~13	8~14
	氢氧化钠(NaOH)	100~120	100~120	100~150	100~120	100~130	110~125
	DE 添加剂	—	—	5~6mL/L 或 DPE-Ⅲ	4~6 mL/L	4~6mL/L 或 DPE-Ⅲ	—
	DPE-Ⅱ添加剂	4~6mL/L	4~5mL/L	—	—	—	—
	ZB-80	2~4mL/L	—	—	—	—	—
	KR-7	—	1~1.5mL/L	1~1.5mL/L	—	—	—
	FL-型光亮剂	—	0.2~0.3 mL/L	—	—	—	—
	WA	—	—	—	4~6mL/L	—	—
	HEDP(60%~65%电镀级)	—	—	—	—	—	10~30 mL/L
	FO-39 添加剂	—	—	—	—	—	2~6mL/L
	W906	—	—	—	—	4~6mL/L	—
工艺条件	温度/℃	10~40	10~35	10~45	10~42	10~45	5~40
	阴极电流密度/(A/dm^2)	0.5~4	0.5~4	1~5	1~3.5	0.5~5	1~2 (阴极移动)

注：1. 混合光亮剂为三乙醇胺、乙醇胺和茴香醛的混合物，其体积比为 0.9∶1∶0.4，或质量比为 1∶1∶0.45。
2. DE-81 添加剂及 ZBD-81 光亮剂，由广州电器科学研究院研制。
3. ZB-80、DE、DPE-Ⅱ均由浙江黄岩荧光化学有限公司生产。
4. KR-7、FL-型光亮剂，由河南开封市电镀化工厂生产，KR-7 可与 DPE-Ⅱ或 DE 配合使用。
5. BW-901 添加剂、W906，由辽宁省本溪市合成化工厂生产。
6. CKZ840 生产厂同 2。
7. OCA99 为美国 VDylite 公司产品、洁锌剂 1#或其他含硫试剂不能与 OCA99 混用。
8. WA 为武汉长江化工厂产品。
9. 工艺 9 中，阴极与阳极面积比为 1∶(1.5~2)。

4）碱性镀锌使用的阳极板面积应比氰化镀锌稍大些，通常控制阳极面积：阴极面积=（1.5~2）：1。当锌含量过高而氢氧化钠含量正常时，可改用铁板或镍板代替部分锌阳极板（S_{Zn}：S_{Fe}=1：1）以降低锌含量。当锌阳极板和铁或其他不溶性阳极并用时，则应注意随着电流密度的变化，铁或其他金属也可能溶解。

5）各种添加剂和光亮剂的补加应以少加、勤加为原则，光亮剂加入量过多，容易造成镀层起泡、结合力差、发脆等。

6）碱性镀锌溶液脱脂、活化能力差，工件电镀前应加强处理。应采用阳极电解脱脂，下镀槽前用较浓的盐酸活化，彻底清洗后立即下槽。

7）有机添加剂、光亮剂的分解产物长期在镀锌溶液中不断积累，对镀层会产生不良影响。可用4~6g/L的无氰电镀专用活性炭LH-01（或LH-02）吸附处理。

8）碱性镀锌溶液杂质最高允许含量为：铅0.003~0.015g/L，铜0.025~0.03g/L，铁0.05~0.1g/L，镍0.1g/L，铬0.003~0.05g/L，硫0.01~0.075g/L。

9）重金属离子的去除可加锌粉1.5~2g/L或试剂铝粉0.5g/L进行处理。

10）严防带入Cr^{6+}，受Cr^{6+}污染时，用锌粉净化效果不佳。

11）可选用CK-778净化剂、BZ-1净化剂或洁净剂进行综合处理。

17.1.3 酸性氯化物镀锌

酸性氯化物镀锌的特点有：

1）废水处理简单（中和至pH值为8.5~9）。

2）电流效率高，节能效果显著。

3）在有机添加剂存在的前提下，有一定的整平能力，具有极好的出槽光亮度。

4）铸铁、锻铁和碳氮共渗件，在氰化物和锌酸盐镀锌溶液中几乎不能进行电镀，在此酸性镀锌溶液中则容易电镀。

5）减少了氢脆倾向。

6）酸性氯化物镀锌溶液腐蚀性强。

酸性氯化物镀锌工艺见表17-2。

表17-2 酸性氯化物镀锌工艺

工艺类型		全铵NH_4Cl	低铵		无铵
			KCl	NaCl	KCl
组分质量浓度/(g/L)	Zn	15~30	15~30	15~30	22~38
	NH_4Cl	120~180	30~45	30~45	—
	KCl	—	120~150	—	185~225
	NaCl	—	—	120	—
	H_3BO_3	—	—	—	22~38
	载体光亮剂(体积分数,%)	4	4	4	4
	主光亮剂(质量分数,%)	0.25	0.25	0.25	0.25
工艺条件	pH值	4~5	4.5~6	4.5~6	5~6
	电流密度/(A/dm^2)	2~3	1~3	2~4	2~4
	温度/℃	10~30	10~46	10~35	10~45

其中光亮剂分为两种载体（聚醇、聚胺、脂肪醇、聚乙二醇醚和含氮化合物）和主光亮剂（脂肪族、芳香族和杂环羧基化合物）。载体起润湿剂的作用，以溶解主光亮剂。

17.1.4 铵盐镀锌

(1) 工艺特点　铵盐镀锌溶液电流效率高，沉积速度快，得到的镀层结晶细致、光亮。铵盐镀锌有几种不同类型，氯化铵-氨三乙酸镀锌溶液均镀能力和深镀能力较好；氯化铵-柠檬酸镀锌溶液次之；氯化铵镀锌溶液较差。氯化铵镀锌溶液只适用于电镀几何形状较为简单的工件，氯化铵-柠檬酸和氯化铵-氨三乙酸镀锌溶液可适用于几何形状复杂的工件。铵盐镀锌溶液的缺点是对钢铁设备腐蚀严重，废水处理也较氯化钾和氯化钠困难。

(2) 工艺条件　氯化铵和氯化锌是铵盐镀锌溶液中的主要成分，氯化锌提供镀锌溶液中的 Zn^{2+}，氯化铵既是导电盐，又是配位剂和阳极去极化剂，其工艺条件见表 17-3。

表 17-3　铵盐镀锌的工艺条件

工艺号		氯化铵镀液			氯化铵-柠檬酸镀液			氯化铵-氨三乙酸镀液	
		1	2	3	4	5	6	7	8
组分质量浓度/(g/L)	氯化锌($ZnCl_2$)	30~35	15~35	30~50	30~40	40~50	40~50	30~45	18~20
	氧化锌(ZnO)	—	—	—	—	—	—	—	18~20
	氯化铵(NH_4Cl)	220~280	200~220	220~280	220~250	240~270	220~270	250~280	220~270
	硼酸(H_3BO_3)	25~30	—	—	—	—	—	—	—
	醋酸(CH_3COOH)	—	—	100mL/L	—	—	—	—	—
	柠檬酸($C_6H_8O_7 \cdot H_2O$)	—	—	—	20~30	20~30	—	—	—
	氨三乙酸[$N(CH_2COOH)_3$]	—	—	—	—	—	30~40	10~30	30~40
	聚乙二醇(相对分子质量6000以上)	1~2	—	1~2	1~2	1~2	1~1.5	1~1.5	1~1.5
	硫脲[$(NH_2)_2CS$]	1~2	—	1~2	1~2	1~2	1~1.5	1~1.5	1~2
	海鸥洗涤剂	0.5~1	—	—	—	—	0.2~0.4	0.2~0.4	0.2~0.4
	平平加	—	5~8	—	—	—	—	—	—
	六次甲基四胺[$(CH_2)_6N_4$]	—	5~10	—	—	—	—	—	—
	苄叉丙酮($C_{10}H_{10}O$)	—	0.2~0.5	—	—	—	—	—	—
工艺条件	pH值	5.6~6.0	6~7	4~5	5~6	5~6	5.8~6.2	5.4~6.2	5.8~6.2
	温度/℃	10~35	15~35	10~35	10~35	10~35	10~35	10~30	15~35
	阴极电流密度/(A/dm^2)	1~1.5	1~4	—	1~2.5	0.5~0.8	0.8~1.5	0.5~0.8	1~1.5

注：1. 工艺1、4、6、8适用于挂镀；工艺2、5、7适用于滚镀。
2. 为防止铵盐镀锌层钝化膜变色，可在各镀液中加入0.5g/L的醋酸钴。
3. 滚镀锌溶液中氯化锌含量可以高一些，以60~80g/L为宜。

17.1.5 无铵氯化物镀锌

1. 无铵氯化物镀锌工艺特点

1) 镀层结晶细致光亮。

2) 镀液整平性能好。

3) 允许使用的电流密度范围宽。

4) 电流效率高（通常大于95%）。

5) 沉积速度快及废水处理简单。

6) 钝化膜附着性能差，厚镀层脆性大。

2. 无铵氯化物镀锌工艺

无铵氯化物镀锌工艺见表 17-4。

表 17-4 无铵氯化物镀锌工艺

工 艺 号		1	2	3	4	5	6	7
组分质量浓度/(g/L)	氯化锌($ZnCl_2$)	60~80	55~75	70~100	50~100	50~70	50~70	70~80
	氯化钠(NaCl)	—	—	—	—	180~220	—	180~220
	氯化钾(KCl)	180~220	210~240	180~220	150~250	—	150~220	—
	硼酸(H_3BO_3)	25~35	25~30	20~25	20~30	30	30	20~30
	ZB-85①	15~20	—	—	—	—	—	—
	CT2A②	—	12~18mL/L	—	—	—	—	—
	BZ-11②	—	—	15~20mL/L	—	—	—	—
	101②	—	—	—	15~25mL/L	—	—	—
	YDZ-1②	—	—	—	—	18mL/L	—	—
	W②	—	—	—	—	—	—	18~22mL/L
	ZC-1 或 ZC-2②	—	—	—	—	—	18mL/L	—
工艺条件	pH 值	4.5~5.5	5.4~6.2	5~6	4.5~6.0	5	4.5~5.5	5.2~5.8
	温度/℃	10~30	5~50	室温	室温	室温	10~40	10~35
	阴极电流密度/(A/dm^2)	0.5~3.0	0.5~2	1~4	0.8~2	0.8~2	0.8~3	1~2

① 武汉材料保护研究所产品，适用于高碳钢、铸铁镀锌。

② 四川拖拉机厂产品。

3. 氯化钾（钠）镀锌常见故障及处理方法

氯化钾（钠）镀锌常见故障及处理方法见表 17-5。

表 17-5 氯化钾（钠）镀锌常见故障及处理方法

故障现象	可能产生的原因	处理方法
镀层起泡或结合力差	前处理不良	加强脱脂、酸洗工艺
	添加剂加得过多	加少量过氧化氢或电解处理
	阴极电流密度过高	降低电流密度
镀层深镀能力差	光亮剂不足	适当补充光亮剂
	pH 值过高	调整 pH 值
	金属杂质多	锌粉处理
	锌含量高,氯化物含量低	按分析补充
镀液浑浊	载体光亮剂过多	用活性炭吸附
	温度过高	降低温度
	pH 值过高	降低 pH 值
	金属杂质多	锌粉处理
镀层发黑	亚铁含量超标	用过氧化氢处理
	氯化钾或硼酸不纯	用高纯度化工原料
镀层发雾	含有铅、铜杂质	小电流电解或加锌粉过滤
	亚铁含量超标	加过氧化氢
钝化膜易脱落	镀锌后未用碳酸钠中和,未清洗干净	镀锌后用碳酸钠(20g/L)中和,应清洗干净
	钝化液温度高、时间长导致膜层过厚	纠正
	多次钝化	纠正
	钝化后未干就包装	钝化后水洗烘干包装
	钝化液中硫酸过多	调整钝化液
雾状、烧焦	光亮剂不足	适当补充光亮剂
	锌含量低、氯化物不足、硼酸少、pH 值过高	按分析结果调整
低电流密度区镀层发暗	添加剂含量偏低	补充
	重金属杂质污染	用 2g/L 的锌粉处理
	槽温过高	降温
	阴极电流密度偏低	调整

（续）

故障现象	可能产生的原因	处理方法
镀层有条纹或斑点	预处理不良或镀后处理不及时	检查纠正
	镀液有机杂质过多	镀液大处理
	氯化钾（钠）含量偏低	适量补充
	镀液 pH 值偏高	调整
镀层光亮度差	添加剂含量偏低	补充添加剂
	镀液 pH 值偏高或偏低	调整 pH 值在工艺要求范围
	镀液温度高	降温
	硼酸少	添加硼酸
镀层粗糙发灰，分散能力差	添加剂含量偏低	适量补充
	锌含量高或氯化钾含量低	调整
	镀液温度偏高	降温
	镀液有金属杂质干扰	镀液大处理或电解
	镀液中悬浮物多	过滤
阳极电流密度升高，镀层易烧焦	添加剂含量偏低	补充
	锌离子含量偏低	补充
	镀液 pH 值过高	调整
针孔、有条纹状镀层、镀层脆性大	光亮剂过多	活性炭处理
	pH 值过高	用酸调整
	润湿剂、载体光亮剂不足	适当补充
镀层光泽不均匀，有阴阳面	阳极不纯	调换阳极
	锌含量偏高	调整
	添加剂偏低或加得不均匀	补充或轻轻搅匀
电液效率低，局部无镀层	镀液成分比例失调	分析镀液成分，确保各成分在工艺范围内
	光亮剂少	增加光亮剂
	电流小	增大电流
	Cr^{M+}等杂质	分析 Cr^{M+}，如其含量超标，用连二硫酸钠处理
槽压升高	锌阳极钝化	清洗阳极后加大阳极面积
	阳极套堵塞	清洗阳极套
	导电电路的电阻大	检查导电触点

17.1.6 硫酸盐镀锌

硫酸盐镀锌液成分简单，性能稳定，电流效率高，允许使用较高电流密度，沉积速度快。但是镀液分散能力差，镀层结晶较粗。因此，硫酸盐镀锌只适用于外形简单的零件和型材。

硫酸盐镀锌工艺见表 17-6。

17.1.7 氰化物镀锌

氰化物镀锌镀液具有良好的分散能力和覆盖能力，镀层结晶光滑，操作简单，适用范围广，在生产中被长期采用。但是氰化物镀锌的电流效率仅为 70%～75%，不宜镀铸铁件，且镀液中含有剧毒的氰化物，在电镀过程中逸出的气体对工人健康危害较大，其废水在排放前必须严格处理。

表 17-6 硫酸盐镀锌工艺

工 艺 号		1	2	3
组分质量浓度/(g/L)	硫酸锌($ZnSO_4 \cdot 7H_2O$)	200	250~300	200~300
	硫酸铝[$Al_2(SO_4)_3 \cdot 18H_2O$]	20	1~2	30
	明矾[$KAl(SO_4)_2 \cdot 12H_2O$]	45~50	—	—
	硫酸钠($Na_2SO_4 \cdot 10H_2O$)	50~160	250	50~100
	2,6 或 2,7 萘二磺酸钠[$C_{10}H_6(SO_3Na)_2$]	—	2~3	—
	糊精($C_6H_{10}O_5$)	8~10	—	—
	硼酸(H_3BO_3)	—	20~25	—
	葡萄糖($C_6H_{12}O_6$)	—	2~3	—
工艺条件	温度/℃	室温	室温	室温
	阴极电流密度/(A/dm^2)	不搅拌 1~2	1~2	1~2
	pH 值	3.8~4.4	4.5~5.5	3.8~4.4
	适用范围	滚镀	线材、带材	铸件

氰化物镀锌根据含氰量分为高氰、中氰、低氰三种类型。

氰化物镀锌工艺见表 17-7。

表 17-7 氰化物镀锌工艺

工 艺 类 型		高氰	中氰	低氰	
组分质量浓度/(g/L)	氰化钠(NaCN)	80~100	40~45	10~13	7.5
	氧化锌(ZnO)	35~45	20~25	9~10	9.5
	氢氧化钠(NaOH)	70~90	70~80	75~80	75
	硫化钠(Na_2S)	0.5~2	—	—	—
	甘油($C_3H_8O_3$)	3~5	—	—	—
	S2-860①	—	5~7mL/L	—	5
	HT 光亮剂②	—	—	0.5~1mL/L	Zn-AP
工艺条件	温度/℃	—	—	—	4
	pH 值	10~35	10~35	15~32	20~43
	阴极电流密度/(A/dm^2)	1~3	1~3	1~4	0.5~5

① 江苏省江都市邰伯高蓬化工厂产品。

② 浙江黄岩荧光化学有限公司产品。

17.2 电镀铬

17.2.1 镀铬层的分类及特点

按镀层的性质及使用目的，镀铬层可分为光亮镀铬层、硬镀铬层、乳白镀铬层、双层镀铬层、松孔镀铬层、黑镀铬层。各种溶液的用途和溶液与镀层的特点见表 17-8。

表 17-8 各种溶液的用途和溶液与镀层的特点

溶液类型与种类		溶液与镀层的特点
萨金特类型	标准镀铬溶液	溶液中仅含铬酐与硫酸催化剂
	低浓度溶液	铬酐浓度仅为 100g/L,溶液带出最少
	高浓度溶液	铬酐浓度高达 400g/L,溶液成分变化小
含氟化物型	复合镀铬溶液	部分硫酸被氟化物取代,阴极电流效率高达 25%
	高催化镀铬溶液	由于氟化物浓度高,溶液可以进行滚镀
	自动调节镀铬溶液	催化剂浓度能够进行自动控制,溶液管理简单

（续）

溶液类型与种类		溶液与镀层的特点
高速类型	商品溶液	不含氟化物的条件下，阴极效率可达25%，低电流溶液不腐蚀基体
	含氟化物溶液	铬酐浓度高，含氟化物，电流效率可达40%
乳白铬类型	含碳镀铬溶液	低温下，电流效率可达30%，镀层柔软变暗后可以进行抛光
三价铬类型		使用三价铬，溶液毒性小
高硬度类型		镀层质量分数为1%~3%，在600℃下处理硬度可以达到1800HV
黑色镀铬类型		装饰，吸收太阳能
高耐蚀型	微裂纹镀铬溶液	裂纹数达到数百根/cm，可以分散集中的腐蚀电流
	微孔镀铬溶液	由于镍层中含有不导电的微粒，使得镀层中的微孔数达到数百万个/cm^2
	无裂纹镀铬溶液	选择适当的电镀条件，获得无裂纹镀层，镀层软
	多层镀铬溶液	可以减少到达底层的裂纹数
耐磨类型	松孔镀铬溶液	镀后进行阳极浸蚀，使镀层表面出现大量的孔，吸收润滑油

17.2.2 普通镀铬

采用硫酸根做催化剂的铬酸溶液作为普通镀铬溶液，其电流效率在8%~13%之间。溶液对设备的腐蚀性较小，镀层光亮，抛光性能也比较好，显微硬度为600~900HV。与复合镀铬相比，其深镀能力较差，受铁杂质的影响较小，其溶液容易维护，因而应用最广。

1. 普通镀铬工艺

普通镀铬的镀液组成及工艺条件见表17-9。

表17-9 普通镀铬的镀液组成及工艺条件

工艺号			低浓度溶液						中浓度溶液		高浓度溶液
			1	2	3	4	5	6	标准	7	8
组分质量浓度/(g/L)	CrO_3		100~150	80~120	80~120	45~55	30~50	90~100	250	150~180	320~360
	H_2SO_4(密度为1.84g/mL)		1~1.5	0.45~0.65	0.8~1.2	0.23~0.35	0.5~1.5	0.5~0.8	2.5	1.5~1.8	3.2~3.6
	KBF_4		—	0.6~0.9	—	0.35~0.45	—	—	—	—	—
	H_2SiF_4		—	—	1~1.5	—	—	1.2~2	—	—	—
	Cr^{3+}		2~5	—	—	—	0.5~1.5	—	2~5	—	2~6
工艺条件	温度/℃		45~55	—	—	55±2	55±1	55±2	45~55	—	45~55
	阴极电流密度/(A/dm^2)		20~40	—	—	44~60	50~60	30~60	15~30	—	—
	装饰铬	电流密度/(A/dm^2)	—	30~40	30~40	—	—	—	48~53	—	15~35
		温度/℃	—	55±2	55±2	—	—	—	15~30	—	48~56
	锻面铬	电流密度/(A/dm^2)	—	—	—	—	—	—	30~45	30~45	30~45
		温度/℃	—	—	—	—	—	—	58~62	58~62	58~62
	硬铬	电流密度/(A/dm^2)	—	40~60	40~60	—	—	—	50~60	30~45	—
		温度/℃	—	55±2	55±2	—	—	—	55~60	55~60	—
	乳白铬	电流密度/(A/dm^2)	—	—	—	—	—	—	25~30	25~30	—
		温度/℃	—	—	—	—	—	—	70~72	74~79	—

2. 普通镀铬的常见故障及处理方法

普通镀铬的常见故障及处理方法见表 17-10。

表 17-10　普通镀铬的常见故障及处理方法

故障现象	可能产生的原因	处理方法
光亮度差	镀液温度过低	升高镀液温度
	Cr^{3+}含量不正确	调整 Cr^{3+}含量
	金属杂质过高	用“素烧”圆筒电解①
	硫酸含量偏低	按分析补充
镀层粗糙有铬瘤	电流密度过大	降低电流密度
	各种杂质的影响	加强预处理，抛磨，过滤
	阴阳极距离太近	改善极距
	零件凸处未使用阴极保护	阴极保护
	硫酸根不足	分析补充
边缘易烧焦	电流密度过大	降低电流密度
	温度过低	提高镀液温度
	硫酸含量过高	用碳酸盐除去
乳白色镀层	电流密度过小	提高电流密度
	镀液温度过高	降低温度至规定值
镀层有彩虹色	硫酸含量过低	补充硫酸
	镀液温度过高	降低温度至规定值
	入槽电流太小	提高入槽电流
	挂具接触不良	检查接点进行修理
覆盖能力差	硫酸含量过高	用碳酸钡沉淀除去
	Cr^{3+}不足	小阳极大阴极电解
	温度过高	降低镀液温度
	镍层表面钝化	镀镍后放置时间不能过长
镀层有裂纹	硫酸含量过高	用碳酸钡沉淀
	亮镍脆性大	亮镍溶液补充糖精
	镍层镀得过厚	减小铬层厚度
	镀液温度低	提高镀液温度
表面有棕色斑点	硫酸含量过少	补充硫酸
	Cr^{3+}含量不足	小阳极大阴极电解
镀层发花或呈暗灰色	前处理不良	加强镀铬前处理
	氧离子过高	加碳酸银沉淀
	镀镍溶液中糖精含量过高	补充丁炔二醇或用活性炭处理
	温度过低	提高镀液温度
与中间层一起剥落	基底镀层本身结合力差	注意底镀层
	亮镍脆性大	亮镍槽补充糖精
	镀铬电流密度过高	降低电流密度

①“素烧”是指未施釉的生坯经一定温度热处理，使坯体具有一定强度。

17.2.3　电镀硬铬

1. 电镀硬铬工艺

电镀硬铬工艺见表 17-11。

2. 选择电镀硬铬工艺条件的原则

（1）温度和电流密度　镀铬溶液的温度与电流密度在极大程度上影响了镀铬层的光亮度、硬度、裂纹、电流效率和深镀能力，因此要获得令人满意的镀铬层必须选择合适的温度

表 17-11 电镀硬铬工艺

工艺号			1	2	3	4①	5	6	7
组分质量浓度/(g/L)	铬酐(CrO_3)		150~180	230~270	250	225~275	250~300	180~250	350~400
	硫酸(H_2SO_4)		1.5~1.8	2.3~2.7	1.25	2.5~4.0	—	1.8~2.5	1.5~2
	氟硅酸(H_2SiF_6)		—	—	4~6	—	—	—	—
	氟硅酸钾(K_2SiF_6)		—	—	—	—	20	—	—
	硫酸锶($SrSO_4$)		—	—	—	—	6~8	—	—
	硼酸(H_3BO_3)		—	—	—	—	—	—	—
	氧化镁(MgO)		—	—	—	—	—	8~10	—
	氢氧化钠(NaOH)		—	—	—	—	—	4~5	52
	柠檬酸钠($Na_3C_6H_5O_7 \cdot 2H_2O$)		—	—	—	—	—	—	3~5
	氟化钠(NaF)		—	—	—	—	—	—	2~4
	糖		—	—	—	—	—	—	0.5~2
工艺条件	耐磨铬	温度/℃	55~60	55~60	50~60	55~60	55~62	55~60	20~45
		电流密度/(A/dm^2)	30~45	50~60	50~80	30~75	40~80	40~80	30~60
	乳白铬	温度/℃	74~79	70~72	—	—	—	70~72	—
		电流密度/(A/dm^2)	25~30	25~30	—	—	—	25~30	—

① 工艺 4 是 Autotech 公司开发的 HEEF-25，其出售的开缸液 HEEF-25G 和补充液 HEEF-25R 均含有特殊的不含氟的添加剂。

和电流密度。当溶液温度高于 65℃，阴极电流密度为 15~25A/dm^2 时，可获得乳白色、无裂纹、硬度低的镀层；当溶液温度低于 33℃，阴极电流密度高达 40A/dm^2 时，可获得灰色无光、硬度高、脆性大、有网纹、边缘处出现树枝状的镀层；当溶液温度为 45~60℃，阴极电流密度为 15~50A/dm^2 时，得到的镀层光亮、硬度高、有网纹、质量好。

（2）电流密度与电流效率　镀铬溶液的阴极电流效率随温度的增加而提高，这就要求在电镀时尽可能地采用较高的电流密度，以不烧焦为上限。粗糙镀层和树枝状的镀层虽然具有高的电流效率，但实用性差，要有高的阴极电流效率，必须依靠加添加剂，加宽光亮电流密度范围。

（3）挂具　镀硬铬电流密度大，挂具通过的电流也大，所以必须有足够大的截面积以保证电流畅通。另外，阳极与阴极间应尽可能等距离。如果是在圆柱体表面镀硬铬，阳极板要拧成圆形。对那些专镀轴类的硬铬槽，把镀铬槽也设计成圆柱体形；对形状较复杂的挂具，则要制作仿形阳极与之相适应。为了不使镀件边缘处和尖角部位镀层烧焦，可在这些部位使用辅助阴极。

（4）电源　镀铬采用平滑的直流电源可得到质量好的镀层，但直流发电机组因耗能多、噪声大，在电镀行业中已逐渐被硅整流器取代。

3. 电镀硬铬后处理

（1）除氢　除氢处理可降低铬镀层的脆性并去除基体金属的氢脆。除氢要在电镀之后，在油浴、烘箱或真空中尽快进行。温度过高会使镀层变软，去氢的温度在 100~300℃之间，常用温度为 180℃。镀铬前硬度不小于 40HRC 的基体，镀后在（200±5）℃的烘箱或油浴中至少除氢 3h；镀前硬度不小于 55HRC 的基体，镀后除氢温度要降到（150±5）℃，并适当延长除氢时间。工件用油浴除氢时，为避免骤然升温使镀层开裂甚至脱落，最好先在烘箱中预热到 80℃，然后放入 80℃的油浴，再升温至除氢温度。小工件可在真空烘箱中 180℃下除氢 30min。

（2）松孔镀铬　经过改进的具有含油特性的硬铬层即松孔镀铬层，它可以减小承受重负荷的机械摩擦工件的摩擦因数，提高其使用寿命。

4. 电镀硬铬的常见故障及处理方法

电镀硬铬的常见故障及处理方法见表17-12。

表17-12 电镀硬铬的常见故障及处理方法

故障现象	可能产生的原因	处理方法
局部表面未镀上铬	镀件表面的孔眼未绝缘	孔眼中应涂绝缘漆或塞塑料管
	阳极表面铬酸铅膜过厚	用钢丝刷刷除或用碱液阴极电解除去
	挂具导电截面积过小或接触不良	正确计算导电截面积，保持触点良好
	槽底部分阳极有碰电现象	排除碰电原因
	铸件表面粗糙度值过大，采用的冲击电流太小	减小表面粗糙度值，加大冲击电流
结合力差	镀前预热时间过短	薄壁零件应预热3~10min，厚件预热5~10min
	镀液温度太低，电镀过程中添加的冷水过多，电流过大	正确维护镀液温度和电流密度，冷水应少加、勤加
	高合金钢表面钝化膜未除净	加强镀前处理
	底金属内应力大、阳极处理时间过长	提高镀液温度至(60±2)℃，阳极处理不要超过10s
镀层剥落	前处理不彻底	检查改善
	中途断电	阳极处理或小电流处理
	零件入槽未充分预热	纠正
	镀液温度和电流密度变化大	纠正
	硫酸根浓度太高	碳酸钡除去一些
镀层剥落后底部仍有铬层	镀铬过程中电流中断，再通电时未按铬上镀铬工艺进行	中间断电再镀时，应先阳极处理1~2min，再用阶梯式电流升至正常电流电镀
	液位低于镀件后再补入冷水	镀件不能露出液面，镀液挥发后应及时补充
	触点接触不良、发热	用砂纸磨清触点后拴紧，保证导电良好
零件上只析氢，不上铬	镀前酸腐蚀过度或阳极处理时间过长，造成石墨裸露	大电流冲击
	阴极电流密度小	用大电流冲击，强迫覆盖一层铬
大面积零件中心镀不上铬	冲击电流过小	提高冲击电流
	硫酸含量过高	用碳酸钡处理
	开始电镀时采用小电流的时间过长	如不能用冲击电流镀，阶梯式给电应在3~5min内升至正常电流
同一槽中一起镀的零件有的过厚，有的太薄	挂具截面积有大有小	调整挂具情况
	不同镀件面积大小悬殊	面积小的零件应增加阴极保护
	部分挂具接触不良	检查每一挂具的导电情况
镀层粗糙有铬瘤	阴极电流密度过大	纠正
	阴阳极距离太近	纠正
	凸处未使用阴极保护	阴极保护
	硫酸根不足	补充
镀层与底金属上有明显裂纹	钢在淬火时有内应力	先回火消除应力后再镀

17.2.4 松孔镀铬

获取松孔镀铬层的方法见表17-13。

表 17-13　获取松孔镀铬层的方法

机　械　法	点状松孔镀铬	沟状松孔镀铬	屏蔽松孔镀铬
基体表面通过喷砂、雕刻等变粗糙	镀硬铬：$CrO_3$250g/L，$H_2SO_4$2.5g/L；50℃，46～54A/dm^2，2～3h；镀层厚度>100μm	镀硬铬：$CrO_3$250g/L，$H_2SO_4$2.5g/L；60℃，46～62A/dm^2；镀层厚度为100～250μm	镀硬铬
镀硬铬	阳极浸蚀	阳极浸蚀	精加工
磨、镗或抛光去除25μm	磨、镗或抛光除去浸蚀时形成的疏松的残渣。镀层去除量为25～50μm	磨、镗或抛光去除25μm左右	通过塑料屏蔽的孔在精加工后的铬层表面浸蚀出点坑

17.2.5　镀黑铬

1. 镀黑铬镀层的特点

黑铬镀层是无定形的金属铬和铬的氧化物结晶，镀层较疏松，其氧化物主要以 Cr_2O_3 形式存在，黑铬镀层硬度为130～350HV。黑铬镀层具有硬度高和耐磨性及耐热性好的特点，可用在武器、光学仪器、照相机、天线杆等轻工业产品和太阳能集热器上。黑铬镀层是用不含硫酸根的浓铬酸溶液加少量添加剂镀出的，镀层中金属铬的质量分数为75%，其余为铬的氧化物。钢铁件镀黑铬前先镀铜或镍，黄铜件则要先镀镍。为了保证工件和挂具接触良好，镀黑铬的挂具用几次后要退去镀层。

2. 镀黑铬镀层工艺

镀黑铬镀层的镀液组成及工艺条件见表 17-14。

表 17-14　镀黑铬镀层的镀液组成及工艺条件

工　艺　号		1	2	3	4	5	6
组分质量浓度/(g/L)	铬酐(CrO_3)	300～320	200	280～320	200～250	200～300	250～300
	硝酸钠($NaNO_3$)	8～11	—	—	4	3.5～4.5	7～11
	硼酸(H_3BO_3)	—	—	—	—	—	20～25
	氟硅酸(H_2SiF_6)	0.1mL/L	—	—	—	1mL/L	0.1～0.2mL/L
	硝酸银($AgNO_3$)	—	—	—	1	—	—
	偏钒酸铵	—	20	—	—	—	—
	醋酸	—	6.5mL/L	—	—	—	—
	BC-1	—	—	12～15	—	—	—
	BL	—	—	—	40mL/L	—	—
	BC	—	—	—	—	40～50mL/L	—
工艺条件	pH值						3～4
	温度/℃	<35	<40	15～35	<40	<40	18～35
	电流密度/(A/dm^2)	15～30	100	25～35	20～30	20～30	35～50
	时间/min	20	15	20～30	10	10	15～20

注：BC-1是上海永生助剂厂产品；BL是广州电器科学研究院产品；BC是上海轻工业研究所产品。

3. 镀黑铬注意事项

1）镀黑铬溶液中若含有 Cl^- 会使镀层黑度下降、发花、易烧焦，由于自来水中含有 Cl^-，所以镀黑铬溶液必须要用蒸馏水或去离子水配制，溶液中少量的 Cl^- 可与硝酸银反应生成沉淀而除去。

2）镀黑铬溶液中若有少量 SO_4^{2-} 存在，会使镀层发灰并出现彩色，一般溶液中都要加碳酸钡，将硫酸根彻底除去。

3）硝酸盐可提高镀层黑度，但含量过高会使溶液分散能力降低。

4）氟硅酸能提高溶液分散能力和镀层黑度，但含量过高会使镀层产生脆性，甚至脱落。

5）最佳温度为25~30℃，温度不宜过高，温度过高会使镀层结晶疏松，黑度降低。

17.2.6　三价铬电镀

传统镀铬技术一直采用六价铬（铬酐）作为主要的电镀原料，六价铬镀层呈白色，硬度高，具有很好的装饰效果，耐磨性、耐蚀性好，而且工艺简单，维护方便。但是六价铬的毒性比较大，废物不能像氰化物一样在自然界中降解，它在生物和人体内积累，能够造成长期的危害，是一种毒性极强的致癌物质，也是严重的腐蚀介质和重污染环境物质，而且存在镀液的阴极电流效率低、工作电流密度高、电化学当量低等问题。为了取代污染严重的六价铬电镀，人们进行了许多尝试，包括低浓度镀铬、代铬锌镀层和三价铬电镀等，其中以三价铬电镀最为活跃和最有希望。三价铬镀铬的优点是毒性小，只有六价铬毒性的1%，污水处理简单，镀液可在室温下工作，深镀能力好。但是三价铬镀层略带黄色，内应力较大，镀层的最大厚度为3μm，不能用于镀硬铬，且镀液的稳定性问题尚未完全解决，目前在工业上的应用还有待进一步研究和拓宽。

三价铬镀液是以可溶性的三价铬盐为主盐，如 $CrCl_3$、$Cr_2(SO_4)_3$ 等，加入络合剂、缓冲剂、润湿剂等添加剂组成的。三价铬电镀工艺见表17-15。

表17-15　三价铬电镀工艺

工艺号		1	2	3
组分质量浓度/(g/L)	Cr^{3+}[以 $Cr_2(SO_4)_3$ 或 $CrCl_3$ 形式加入]	0.38~0.45	—	—
	甲酸根(以 HCOONa 或 $HCOONH_4$ 形式加入)	0.55~0.65	—	—
	乙酸根(以乙酸或乙酸钠形式加入)	0.15~0.25	—	—
	氯化铵(NH_4Cl)	1.5~2.5	—	26
	氯化钾(KCl)	1.0~1.2	—	—
	硼酸(H_3BO_3)	0.6~0.8	0.5	2
	Br^-	0.1~0.2	—	—
	十二烷基硫酸钠	0.05~0.2	—	—
	光亮剂721-1	0.5~1.5mL/L	—	—
	硫酸铬[$Cr_2(SO_4)_3$]	—	0.4~0.5	—
	硫酸钠(Na_2SO_4)	—	0.75~1	—
	氟化钠(NaF)	—	0.2	—
	甘油	—	1~2	—
	氯化铬($CrCl_3$)	—	—	213
	氯化钠(NaCl)	—	—	36
	二甲基甲酰胺	—	—	400
工艺条件	pH值	1.5~4	1.9~2.2	1.1~1.3
	温度/℃	10~25	25~30	25
	电流密度/(A/dm^2)	8~12	7~8	10~15
	阳极	石墨	—	石墨
	搅拌	需要	—	—

17.2.7　防护装饰性镀铬

防护装饰性镀铬的目的是提高金属制品在大气中的耐蚀性，并改善其外观，保持光泽、美观，也可用于非金属材料，如塑料制品等。

防护装饰性镀铬的特点是：①所需的镀铬层很薄，厚度仅为0.25~0.35μm；②需Cu-Ni或其他Cu合金中间镀层，才能使镀层呈现阴极镀层的性质，达到防腐的效果；③镀层平滑、光亮、美观。

目前，防护装饰性镀铬按其镀液成分分为普通镀铬、复合镀铬、自动调节镀铬、滚镀铬等；按其镀液中铬酐的浓度可分为低浓度镀铬（150~180g/L的CrO_3）、标准镀铬（250g/L的CrO_3）和高浓度镀铬（300~500g/L的CrO_3）；而按其用途分为一般防护装饰性镀铬和高耐蚀性防护装饰性镀铬。防护装饰性镀铬工艺见表17-16。

表17-16 防护装饰性镀铬工艺

工艺类型		普通镀铬溶液			铬酸-氟化物-硫酸镀铬液			四铬酸盐镀铬液	快速镀铬
		低浓度	中等浓度	高浓度	复合镀铬	自动调节镀铬	滚镀铬		
组分质量浓度/(g/L)	铬酐(CrO_3)	150~180	250~280	300~350	250	250~300	300~350	350~400	180~250
	硫酸(H_2SO_4)	1.5~1.8	2.5~2.8	3.0~3.5	1.5	—	0.3~0.6	—	1.8~2.5
	氟硅酸(H_2SiF_6)	—	—	—	5	—	3~4	—	—
	氟硅酸钾(K_2SiF_6)	—	—	—	—	20	—	—	—
	硫酸锶($SrSO_4$)	—	—	—	—	6~8	—	—	—
	氢氧化钠(NaOH)	—	—	—	—	—	—	50	—
	氧化铬(Cr_2O_3)	—	—	—	—	—	—	6	—
	硼酸(H_3BO_3)	—	—	—	—	—	—	—	8~10
	氧化镁(MgO)	—	—	—	—	—	—	—	4~5
工艺条件	温度/℃	55~60	48~53	48~55	45~55	50~60	35	20~45	55~60
	电流密度/(A/dm²)	30~50	15~30	15~35	25~40	25~40	—	20~90	30~45
镀液用途		防护装饰性铬、耐磨铬	防护装饰性铬、耐磨铬	防护装饰性铬	防护装饰性铬、耐磨铬	防护装饰性铬、耐磨铬	小零件镀铬	防护装饰性铬	—

17.2.8 镀微裂纹铬

微裂纹铬（见图17-1）有较好的耐蚀能力，比无裂纹镀铬层可靠，且效果更好。在镍层上镀装饰铬层，虽然铬的电位比镍负，应是阳极性镀层，但由于铬层在大气中会很快钝化，其钝化可接近金的电位，因此它的实际电位就比镍要正，在与镍镀层形成的微电池中，铬层将变成阴极，而底层的镍镀层成了阳极。如果铬镀层裂纹少，则阴极面积就大，裂纹处的电流密度就大，这样就使镍层腐蚀速度加快。如果铬镀层裂纹变多，就变成阴极面积减小，裂纹处的电流密度也随之减小，从而可减慢镍层的腐蚀速度。

使铬镀层产生微裂纹有两种方法：一种方法是在镀铬液中加入添加剂，如二氧化硒或有机添加剂3HC，工艺见表17-17；另一种方法是让镍镀层产生裂纹，如高应力镀镍。镀在微裂纹镍层上的铬镀层呈微裂纹状态。

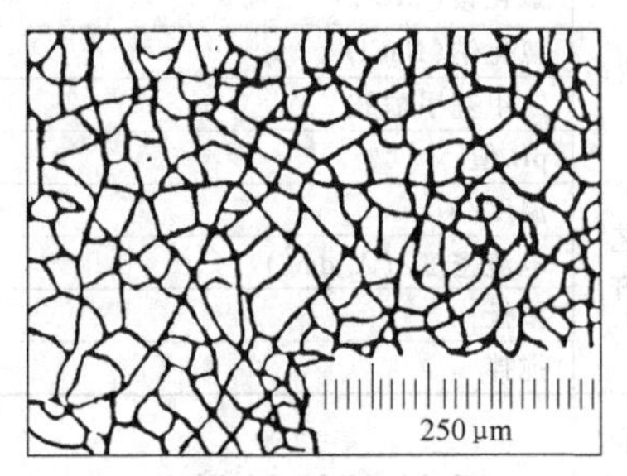

图17-1 微裂纹铬

表 17-17 镀微裂纹铬工艺

工艺号		1	2
组分质量浓度/(g/L)	铬酐(CrO_3)	230~260	230~260
	硫酸(H_2SO_4)	2.3~2.6	2.3~2.6
	二氧化硒(CeO_2)	0.0012~0.01	—
	3HC 镀铬添加剂	—	8~10mL/L
工艺条件	温度/℃	40~50	40~45
	电流密度/(A/dm^2)	18~20	18~20
	时间/h	6~8	3~4

注：3HC 为高效镀铬添加剂，除能提高电流效率外，还能产生 400~1000 条/cm 的微裂纹。

17.2.9 镀铬层的退镀

不良镀铬层的退镀工艺见表 17-18。

表 17-18 不良镀铬层的退镀工艺

基体金属或中间镀层	镀层种类	退镀液成分(质量分数,%)	工艺条件	备注
铁件上镀光亮镍	装饰性铬	盐酸 50%,水 50%,H 促进剂 15~20g/L	50~60℃	—
		NaOH 30g/L,Na_2CO_3 40g/L	10~50,6V,阳极电解	用去离子水配液
铜及铜合金或其上镀镍	装饰性铬、黑铬	盐酸 10%~15%	10~35℃	—
铁或铜合金上镀镍	装饰性铬	硫酸 60%~80%,甘油 0.5%~1.5%	10~35℃,电流密度 5~6A/dm^2	用去离子水配液
锌、铅、钛或其上镀镍	装饰性铬	Na_2CO_3 50g/L	10~35℃,电流密度 2~3A/dm^2	用去离子水配液,阴极采用普通钢板
锌	铬	NaOH 20g/L,Na_2S 30g/L	室温	—
铝及铝合金	铬	铬酐 10~30g/L	室温	—
		硫酸 80~110g/L	室温,电流密度 2~10A/dm^2	退镀液中不允许含有氯离子,阴极可采用普通钢板
压延钢	硬铬	盐酸 2 份,水 1 份,H 促进剂 15~20g/L	10~35℃	—
精密钢铁件、铸钢、铸铁、球墨铸铁	硬铬	NaOH 50g/L	10~35℃,电流密度 3~5A/dm^2	用去离子水配液
钢铁	铬	NaOH 90g/L	室温,电流密度 2A/dm^2	阴极为镀镍铁板
		NaOH 10%~20%	60~70℃,电流密度 10~20A/dm^2	阴极为镀镍铁板
		盐酸 600~700mL/L,三氯化锑 20g/L	室温	不适合于高强度钢

17.3 电镀镍

17.3.1 电镀镍的特点和用途

不同类型镀镍溶液的工艺特点及用途见表 17-19。

表 17-19 不同类型镀镍溶液的工艺特点及用途

溶液类型	工艺特点	用途
普通镀镍溶液	镀层结晶细致，韧性好，容易抛光，耐蚀性好于亮镍，操作简单，维护方便	预镀、滚镀，高浓度溶液可用于镀厚镍、电铸等
全硫酸盐镀镍溶液	价廉，对设备的腐蚀小，镀层韧性好，内应力小，可用做不溶性阳极，配方简单，控制方便，并且沉积速度很快	管、筒件内壁镀镍和预镀
全氯化物和高氯化物镀镍溶液	镀镍溶液导电性好，分散能力好，镀层细致，内应力高，硬度为230~260HV，对设备腐蚀大，主盐浓度低，可用大电流电镀	修复磨损工件、电铸和微裂纹铬底层
半光亮镍镀镍溶液	以瓦特镍为基础加入添加剂，整平性好，含硫量(质量分数)低于0.005%	多层镍的中间层或底层
光亮镍镀镍溶液	以瓦特镍为基础加入添加剂，整平性好，全光亮，镀层较脆，不应该镀厚，耐蚀性较差	用量很大的装饰性镀层
氨基磺酸盐镀镍溶液	镀镍溶液价格高，沉积速度快，内应力小，分散能力好，镀层力学性能好	电铸，特别是尺寸精度高的工件，如唱片压膜
氟硼酸盐镀镍溶液	镀镍溶液价格高，韧性好，内应力小，导电性好，阳极溶解性好，对金属杂质的敏感性低，对设备腐蚀大	电铸
焦磷酸盐型镀镍溶液	镀镍溶液为弱碱性，对设备腐蚀小	可直接在锌及锌合金铸件上电镀
缎面镍镀镍溶液	镀层含有低浊点表面活化剂或直径为0.1~1.0μm的固体颗粒	装饰
黑镍镀镍溶液	镀层含有一定量的硫和锌，黑色	光学仪器，消光
硬镍镀镍溶液	镀镍溶液含氨，镀层硬度可以达到500HV，内应力高，韧性差	耐磨镀层

17.3.2 镀无光镍

镀无光镍又称镀缎面镍或沙丁镍，是镀取漫反射的镍层。镀无光镍常用两种方法：一是在刷光或喷砂的表面上镀整平作用小的光亮镍；二是采用消光酸洗处理表面后再镀镍。消光酸洗处理表面时可用1mL硫酸、4mL水和1g重铬酸钾配成的溶液处理黄铜、纯铜、青铜和镀银表面，处理时间为10~20min，经硫酸（浓硫酸与水的体积比是1∶10）清洗之后，镀镍。镀镍最多用0.5A/dm^{2}的电流密度镀30min，否则会因镍层过厚而影响处理过的基体表面效果。

1. 悬浮法镀无光镍

利用悬浮固体的沉积，与镍封相似，将细小的不导电的硫酸钡、硫酸锶、二氧化钛、氧化铝等固体悬浮物粒子分散在半光亮或全光亮镀镍溶液里。镀镍层厚度应大于2μm，其镀液组分与工艺条件见表17-20。

表 17-20 悬浮法镀无光镍工艺

组分质量浓度/(g/L)	数值	工艺条件	数值
硫酸镍($NiSO_4 \cdot 7H_2O$)	280~320	pH值	4~5
氯化钠(NaCl)	12~16	温度/℃	50~60
硼酸(H_3BO_3)	35~45	阴极电流密度/(A/dm^2)	1~4
初级光亮剂	2~4	时间/min	10
次级光亮剂	0.2~0.4		
氧化铝(Al_2O_3)(0.01~0.5μm)	100~140		
十二烷基硫酸钠($C_{12}H_{25}SO_4Na$)	0.1~0.5		

2. 乳化液沉积法镀无光镍

利用乳化液的沉积，这种溶液采用两种添加剂：一种是D100光亮剂；另一种是M30添加剂，在25℃以下易溶，温度升高时变为直径5~60μm的乳状液滴，从而产生无光镍效果。D100光亮剂不足时，外观为暗镍，D100过多时，无光效果差。M30添加剂不足时无光效果差，镀层硬而粗糙。每小时将1/8~1/4的溶液冷却到25℃以下，连续过滤，重新加热之后回槽，可稳定乳化效果。镀槽结构如图17-2所示。

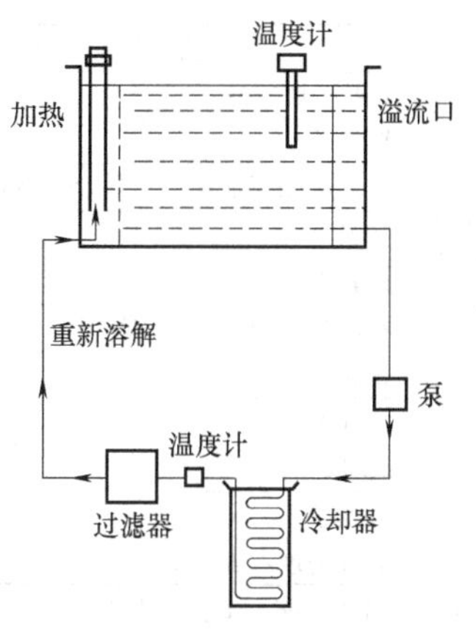

图17-2　镀槽结构

用乳化液镀无光镍的镀液组分与工艺条件见表17-21。

3. 低光泽添加剂镀无光镍

低光泽添加剂镀无光镍的镀液组成及工艺条件见表17-22。

表17-21　用乳化液镀无光镍的镀液组分与工艺条件

组分质量浓度/(g/L)	数值	工艺条件	数值
硫酸镍($NiSO_4 \cdot 7H_2O$)	220~290	温度/℃	50~60
氯化镍($NiCl_2 \cdot 6H_2O$)	40~55	pH值	4.0~5.0
硼酸(H_3BO_3)	33~40	阴极电流密度/(A/dm^2)	1.5~8
VeLous M30	2~4mL/L	阳极电流密度/(A/dm^2)	<4
VeLous D100	8~50mL/L	阴极移动速度/(m/min)	2~6
—		浊点/℃	22~28

表17-22　低光泽添加剂镀无光镍的镀液组成及工艺条件

镀液组分质量浓度/(g/L)	数值	工艺条件	数值
硫酸镍($NiSO_4 \cdot 7H_2O$)	280~350	pH值	4.4~5.1
氯化钠(NaCl)	12~15	温度/℃	50~60
硼酸(H_3BO_3)	35~40	电流密度/(A/dm^2)	3~5
ST-1	3~4mL/L	搅拌	阴极移动
ST-2	0.4~0.6mL/L	电镀时间/min	10~20

注：ST-1、ST-2由上海日用五金工业研究所生产。

17.3.3　光亮镀镍

在普通镀镍溶液中加入光亮剂，不仅可以得到光亮或半光亮镀镍层，而且减轻了操作工人繁重的体力劳动，有利于进行自动化、连续化生产。光亮与半光亮镀层的差异在于半光亮镀液中添加的光亮剂不含硫。光亮镀镍工艺见表17-23。

表17-23　光亮镀镍工艺

工　艺　号		1	2	3	4	5
组分质量浓度/(g/L)	硫酸镍(含水)($NiSO_4 \cdot 7H_2O$)	280	220	150	250	280~350
	氯化镍(含水)($NiCl_2 \cdot 6H_2O$)	40	40	—	40	45~60
	硼酸(H_3BO_3)	36	30	30	30	38~45
	氯化镁($MgCl_2$)	—	—	—	—	35~40
	烯丙基硫酸钠($C_3H_5SO_3Na$)	—	—	—	适量	—
	WDZ-96 I	—	—	—	2	—
	氯化钠(NaCl)	—	—	10	—	—
	柠檬酸钠($Na_3C_6H_5O_3 \cdot 2H_2O$)	—	—	120	—	—

（续）

工　艺　号		1	2	3	4	5
组分质量浓度/(g/L)	1,4-丁炔二醇	0.48	—	—	—	—
	糖精	1	—	1	—	—
	十二烷基硫酸钠($C_{12}H_{35}SO_4Na$)	—	0.05	—	—	0.05~0.1
	亮镍1号	—	—	—	—	3~5mL/L
	柔软剂	—	—	—	—	3~6mL/L
	苯磺酰胺($C_6H_5COSO_2NH$)	—	2	—	—	—
	光亮剂	—	2mL/L	4mL/L	—	—
	润湿剂	—	—	适量	—	—
工艺条件	pH值	4	4.5~5.5	6.8~7.5	—	4.2~4.8
	温度/℃	50	50~60	35~45	20	35~50
	电流密度/(A/dm^2)	3~6	2	1~1.5	2	1

注：1. WDZ-96 Ⅰ是武汉大学研制的，其作用是消除有机杂质对镀镍溶液整平性能的影响。
2. 采用工艺5须带电入槽，并采用3~4A/dm^2的冲击电流，时间为1~3min，然后降至正常值。

溶液在使用过程中由于种种原因，会有杂质进入，从而对电镀造成不良影响，使得镀层外观、硬度和延展性等性能恶化。光亮镀镍溶液中杂质的影响及去除方法见表17-24。

表17-24　光亮镀镍溶液中杂质的影响及去除方法

杂质	允许含量/(mg/L)	延展性	硬度	耐蚀性	其他性质	去除方法
Fe^{3+}	200	差	增大	差	粗糙、针孔、烧焦	高pH值沉淀
Cu^{2+}	10~50	差	增大	差	粗糙、针孔	小电流电解
Cr^{3+}	20~50	差	降低	稍差	粗糙、烧焦	高pH值沉淀
Cr^{6+}	5~20	非常差	降低	无变化	粗糙、针孔	高pH值沉淀
Zn^{2+}	20~40	稍差	增大	稍差	黑色条纹	小电流电解
Pb^{2+}	2~10	pH值高时差	降低	无变化	脆	小电流电解
Al^{3+}	60~100	无变化	不清	无变化	烧焦	高pH值沉淀
NO_3^-	20~50	差	不清	差	覆盖能力低	中电流电解
有机物	—	差	增大	差	针孔、脆、发雾	活性炭吸附
油质	—	差	—	差	针孔、粗糙	活性炭吸附

pH值是镀镍溶液的重要参数，必须严格控制在3.8~4.8之间。这个pH值范围不仅能使镀层的光亮范围广，深镀能力好，电流效率也能处在最佳状态。一般情况下pH值高，镀液分散能力好，阴极电流效率高，但镀层容易混入氢氧化镍等杂质，导致镀层粗糙发脆。所以只有在使用较低的电流密度时，才允许使用较高的pH值。当pH值较低时，可以适当提高电流密度，增强溶液的导电性，提高阳极电流效率，但氢气析出量会增多，阴极电流效率降低，镀层容易产生针孔。提高镍盐含量和操作温度，采用较高的电流密度即可弥补上述缺点。

亮镍镀层的常见问题与对策见表17-25。

表17-25　亮镍镀层的常见问题与对策

故障现象	可能产生的原因	处理方法
结合力不良	前处理油污或氧化膜未充分除净	加强镀前脱脂、除锈工艺
	镀液中混入铬酸氧化性杂质	用亚铁盐还原六价铬后，碱化、沉淀，过滤除去
	有机杂质过多	过氧化氢、活性炭处理
	中间断电	检查电路及电触点，各部位接触必须良好

（续）

故障现象	可能产生的原因	处理方法
零件凹处光亮度差或发黑	电流密度太低或温度太高	调整电流密度与温度
	pH 值过低	加氢氧化镍调整
	铜、锌杂质多	去除
	有机杂质多	活性炭处理
	光亮剂含量过高或过低	通电处理或加入光亮剂
镀层发脆、起泡、变形或镀铬起皮	光亮剂多	需通电处理
	有机杂质多	过氧化氢、活性炭处理
	金属杂质多	查清杂质，用相应的方法去除
	pH 值过高，而且硼酸的含量低	增加硼酸，加稀硫酸调整 pH 值
镀层发雾	脱脂不充分	加强前处理
	Ni^{2+} 浓度过低	补充硫酸镍
	存在有机杂质	活性炭处理
	十二烷基硫酸钠质量差、含量低或添加方式不当	检查十二烷基硫酸钠质量，注意溶解及添加方式以及在镀液中的含量
针孔	镀液表面张力过大	补充润湿剂
	pH 值过低	加氢氧化镍调整
	有机杂质、油污	活性炭处理
	压缩空气中含油污或搅拌不均匀	检查油水分离器、调整出气孔，使气流分布均匀
	铁杂质过高	用过氧化氢高 pH 值法沉淀除去
	硫酸镍含量过低	补充硫酸镍
	十二烷基磺酸钠少	加入十二烷基磺酸钠
	1,4-丁炔二醇或其他光亮剂的质量差	用去除有机物的方法处理后，加入合格的光亮剂
	阳极泥的影响	需改进阳极套
粗糙、毛刺	镀液中有悬浮杂质	过滤镀液
	铁杂质含量过高	用过氧化氢高 pH 值处理
	油污	活性炭处理
	pH 值过高	加稀硫酸调整
	电流密度过大	降低电流密度至正常值
镀层易烧焦	硫酸镍或硼酸的含量低	添加
	温度低	调整
	pH 值太高	调整
镀层上发生分层现象	有断电现象	检查电路、挂具，中途不应取出镀件，防止双极性电极
脆性	pH 值过高	加稀硫酸调整 pH 值
	1,4-丁炔二醇过高	补充糖精
	混入铬酸	亚铁盐还原后高 pH 值沉淀
	锌、铅等金属杂质含量过多	用化学法或电解法处理
	电流密度过高	降低电流密度至正常值
镀层亮度差	光亮剂不足	补充光亮剂
	有机杂质过多	活性炭处理
	温度过低	提高温度至正常值
	阳极面积过小	增加阳极面积
	Ni^{2+} 含量低	补充硫酸镍
	pH 值不当	调整 pH 值
	阴极电流密度过小	调整电流密度
低电流密度部分镀层发暗或发黑	混入铜、锌等金属杂质	低电流电解处理
	混入铬酸	亚铁盐还原后高 pH 值沉淀
	电流密度过低	提高电流密度至正常值
	有机杂质	活性炭处理

（续）

故障现象	可能产生的原因	处理方法
镀层有白色斑点	水质硬度高	硬水软化
	光亮剂沉淀溶解不充分	光亮剂应充分溶解后方可加入
	镀光亮铜后表面去膜不充分	用碱液去膜
镀铬后镀铬层发花或镀不上铬层	糖精太多	去除，调整
	镀镍后清洗不良	清洗
	镀后或机械抛光后放置过久	纠正
镀液的整平作用差	整平剂或发亮剂少	添加
	镍的含量低	添加
	温度低	调整温度
	电流密度小	调整电流密度
阴极电流效率很低，镀层呈灰色	硝酸根或六价铬的影响	调整

注：对于这样一个工艺流程，化学脱脂→水洗→水洗→水洗→浸盐酸（质量分数为10%）→水洗→水洗→水洗→氰化镀铜→回收→回收→水洗→水洗→浸硫酸（质量分数为5%）→光亮镍→回收→回收→水洗→水洗→水洗→镀铬→回收→回收→水洗→水洗→烫干。在氰化镀铜后，铜氧化，在氧化铜上镀镍就可能出现白点。生产中，硫酸（质量分数为5%）不断消耗，其浓度如果太低，氧化铜的去除将不彻底，光亮镀镍溶液pH值缓慢上升，就会出现这种情况。镀件浸硫酸（质量分数为5%）后带酸进入光亮镀液槽，可避免氧化铜的生成，带入的酸将弥补镀液消耗的H^+。

17.3.4 半光亮镀镍

半光亮镀镍工艺见表17-26。

表17-26 半光亮镀镍工艺

工艺号		1	2	3
组分质量浓度/(g/L)	硫酸镍($NiSO_4 \cdot 7H_2O$)	300	300	300
	氯化镍($NiCl_2 \cdot 6H_2O$)	50	35~50	—
	硼酸(H_3BO_3)	45	40	42
	氯化钠(NaCl)	—	—	18
	1,4-丁炔二醇	—	—	0.25
	乙酸	—	—	2
	E-130A①	2mL/L	—	—
	开缸剂25287②	—	10	—
	十二烷基磺酸钠($C_{12}H_{23}SO_3Na$)	0.1	—	—
工艺条件	pH值	3.5	3.8~4.2	4.2
	温度/℃	54	50~55	48
	电流密度/(A/dm²)	2~2.5	1.5	2
	搅拌方式	—	机械或空气搅拌	—

① E-130A半光亮镍添加剂是上海市轻工业研究所研制的。
② 开缸剂25287为市售的半光亮镍添加剂。

17.3.5 镀黑镍

黑镍镀层具有很好的消光性能，常用于光学仪器和设备零部件，以及一些铭牌、办公用品、照相机零件、武器以及太阳能集热板等。此外，由于仿古镀层的发展，黑镍镀层有了新的应用。黑镍镀层往往很薄（约2μm），故它的耐蚀性与耐磨性均差，常镀在暗镍或光亮镍层表面，而且镀完黑镍后还需浸油、上蜡或涂透明保护漆。

电镀黑镍的镀液有硫酸盐和氯化物两类，主要成分是镍盐、锌盐和硫氰酸盐，故严格来说，镀层可以看作镍锌合金。镀黑镍工艺见表 17-27。

表 17-27　镀黑镍工艺

工艺号		1	2	3	4
组分质量浓度/(g/L)	硫酸镍($NiSO_4 \cdot 7H_2O$)	70~100	115~125	100~120	—
	氯化镍($NiCl_2 \cdot 6H_2O$)	—	—	—	75
	硫酸锌($ZnSO_4 \cdot 7H_2O$)	40~50	20~25	22~25	—
	氯化锌($ZnCl_2$)	—	—	—	30
	氯化铵(NH_4Cl)	—	—	—	30
	硼酸(H_3BO_3)	25~35	—	20~30	—
	硫酸镍铵[$NiSO_4(NH_4)_2SO_4 \cdot 6H_2O$]	40~60	—	—	—
	硫氰酸钾(KCNS)	—	—	30~35	—
	硫氰酸钠(NaCNS)	—	—	—	15
	硫氰酸铵(NH_4CNS)	25~35	20~25	—	—
	硫酸钠($Na_2SO_4 \cdot 10H_2O$)	—	30~35	20~25	—
工艺条件	pH 值	4.5~5.5	5.0~5.8	5.8~6.2	5.0
	温度/℃	30~60	室温	18~30	室温
	电流密度/(A/dm^2)	0.1~0.4	0.1~0.3	0.1~0.15	0.15

17.3.6　多层镀镍

为进一步提高镍镀层的防护性能，常采用多层镀镍。

根据半光亮镍镀层电位较正，耐蚀性较高，亮镍镀层电位较负，耐蚀性较低的特点，可将半光亮镀层作为底镀层，在其上再镀光亮镍，组合成双层镍。此时，相对于半光亮镍镀层，光亮镍镀层是一个阳极性镀层。在腐蚀过程中，无硫的半光亮镍层为阴极，故不受腐蚀，腐蚀在光亮镍层横向发展，不穿过半光亮镍层达到基体，从而保护了基体，明显地提高了体系的耐蚀性。通常在双层镍体系中，半光亮镍镀层的厚度约占 2/3，光亮镍镀层的厚度占 1/3，双层镍之间的电位相差 120~160mV。如电位差过低，将失去电化学保护作用。

电镀三层镍体系则是在上述双层镍体系之间增加了一层硫的质量分数为 0.15% 的极薄镍镀层（0.7~1μm）。由于该镀层中硫含量高，其电位就更负，所以当光亮镍镀层存在孔隙时，这层高硫镍镀层就成为阳极，保护了半光亮镍镀层与光亮镍镀层都不受腐蚀。常用高硫镍镀层的电镀工艺见表 17-28。

表 17-28　常用高硫镍镀层的电镀工艺

工艺号		1	2	3
组分质量浓度/(g/L)	硫酸镍($NiSO_4 \cdot 7H_2O$)	300~350	300~350	280~320
	氯化镍($NiCl_2 \cdot 6H_2O$)	—	40~60	50~60
	氯化钠(NaCl)	10~12	—	—
	硼酸(H_3BO_3)	35~40	40~45	40~45
	丁炔二醇	0.3~0.5	0.3~0.5	—
	糖精	0.8~1.0	0.8~1.0	—
	苯亚磺酸钠	0.5~1.0	0.5~1.2	—
	十二烷基硫酸钠($C_{12}H_{25}SO_4Na$)	0.05~0.15	0.05~0.15	高硫镍剂 8~12mL/L
工艺条件	pH 值	2.5~3.0	2~3	4.0~4.8
	温度/℃	45~50	50~55	52~58
	电流密度/(A/dm^2)	3~4	3~5	2~6
	阴极移动速度/(次/min)	25	25	—

电镀双层镍和多层镍时，应特别注意各镍镀层间的良好结合。另外，在镀三层镍时，要严防高硫镍镀液进入半光亮镍槽中。

17.3.7 镍封

镍封可得到微孔镍层。在镀液中加入适量非金属微粒，激烈搅拌使之悬浮在溶液里，镀层中非金属微粒的夹杂量（质量分数）为2%~3%。镍封需在特殊的镀槽中进行，槽底能收集沉降下的微粒，并能被压缩空气再次吹起，以保证非金属微粒悬浮在溶液中。镍封用的镀槽结构如图17-3所示。工件入镍封槽前，先要开动压缩空气将溶液搅拌均匀，要尽量使工件表面均匀接受非金属微粒。装挂工件的挂具要牢靠，以防在电镀过程中脱落。

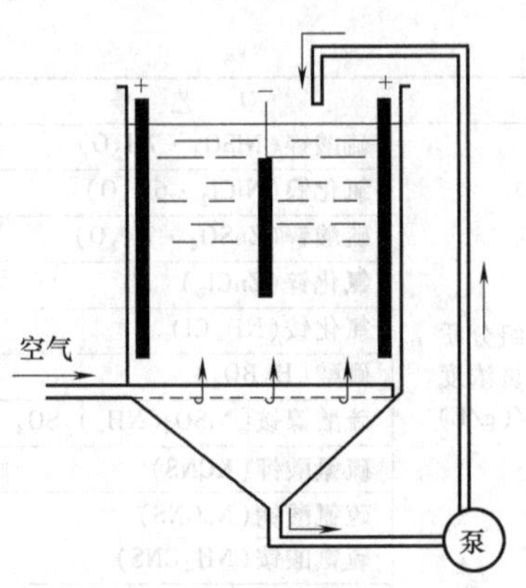

图 17-3 镍封用的镀槽结构

镍封的镀液组成及工艺条件见表17-29。

表 17-29 镍封的镀液组成及工艺条件

镀液组分质量浓度/(g/L)	数值	工艺条件	数值
硫酸镍($NiSO_4 \cdot 7H_2O$)	350~380	pH值	4.2~4.6
氯化钠(NaCl)	12~18	温度/℃	55~60
硼酸(H_3BO_3)	40~45	电流密度/(A/dm^2)	3~4
糖精($C_6H_5COSO_2NH_2$)	2.5~3	搅拌	压缩空气
1,4-丁炔二醇($C_4H_6O_2$)	0.4~0.5	电镀时间/min	3~5
聚乙二醇	0.15~0.2	—	—
氯化硅(<0.5μm)	50~70	—	—

17.3.8 影响镍层结合强度的原因及预防措施

（1）工件机加工时表面涂有胶　为机加工方便，时常把多个工件用胶粘接在一起加工，加工完后再敲开，有时在工件表面贴上不干胶做标记。由于胶是透明无色的，不易被发现，也较难除尽，结果是胶厚处无镀层沉积，胶薄处镀层爆皮。预防措施：机加工时不要用胶粘；氰化镀铜后，检查工件表面是否全被铜层所覆盖，否则重新进行必要的预处理。

（2）工件用铜丝刷洗过　由于铜比钢铁软，用铜丝刷洗工件表面污物时，铜会通过机械摩擦留在工件表面，而这层铜与工件的结合力很差，电镀时在此铜层上沉积的镀层极易在镀层应力的作用下脱落，导致镀层结合强度低。预防措施：用铜丝刷洗过的工件需先经退铜处理，然后再进行电镀。

（3）电化学抛光件上直接镀镍　在镀光亮镍前增添抛光工序，可使铜层上所获的光亮镍层更光亮，但会引起镍层掉皮。这是因为电解抛光时随着铜的不断溶解，工件表面会积聚黏度很大、导电性很低的黏性胶体物质，这层胶体物质虽然能填充工件表面凹陷部位，有利于抛光持续进行，但由于其黏度大，抛光后较难除去，常因此而引起镀层起皮。预防措施：电化学抛光后先在酸中进行除膜处理再电镀。

（4）铜、镍、铬合用一套挂具　若合用的挂具与工件接触部位的绝缘胶或绑扎带破损，在隐蔽部位常有镀铬时的铬酸溶液遗留下来，在镀铜或镀镍时释放出来的铬酸溶液会污染该部位附近的工件表面，从而严重影响到该部位镀层的结合强度。预防措施：尽量避免合用挂具，对于需继续使用的挂具要仔细检查绝缘部位，将破损修复完全，并且重复使用前要退尽表面镀上的铬层。

（5）镀暗镍时溶液中添加过氧化氢　镀暗镍溶液中加入适量过氧化氢能减少镀层针孔，但加入方法不当时会降低镍的结合强度，造成镀层爆皮。预防措施：加过氧化氢时必须把槽内的工件取出来，然后将过氧化氢充分稀释，在搅拌的情况下缓缓加入镀液中，加完后再继续搅拌 10min，并静止 30min 后方可使用。为避免溶液浑浊而使镀层工件出现毛刺，静止时间最好超过 60min。

（6）镀镍溶液被铜离子污染　镀镍溶液中的铜离子不但对镀层结合强度影响很大，而且当铜离子浓度稍高时还会出现置换铜层。铜离子通常由以下几个途径进入镀镍槽中：

1）阳极不纯。

2）工件镀铜后镀镍之前清洗不彻底而带进镀铜溶液。

3）洗刷铜杠时铜末进入溶液。

4）铜或镀铜件接触溶液时被溶解。

5）阳极挂钩接触溶液而遭到溶解。

预防措施：

1）采用较高纯度的阳极材料。

2）镀铜后加强清洗。

3）铜杠要卸下来洗刷。

4）镀铜尽可能带电入槽。

5）阳极挂钩要远离溶液。

6）用小电流处理。

7）定期采用沉淀法的用 QT 去铜剂处理溶液。

（7）镀镍溶液遭到六价铬污染　若铜、镍、铬的工艺设备都挤在一个车间内，由于镀铬的电流效率很低，在金属铬沉积的同时大量的氢离子在阴极放电，并多以氢气状态与镀液形成铬雾逸出，铬雾中存在六价铬，飘散在空气中，使镀铜、镀镍溶液遭到污染，从而影响镀镍层的结合强度。

去除六价铬的方法：将镀镍溶液加热到 50~60℃，在激烈搅拌下加入 0.2~0.5g/L 的保险粉，将溶液中的六价铬离子还原成三价铬后调整 pH 值至 6.0~6.2，使三价铬生成氢氧化铬沉淀，并趁热过滤，除去沉淀物。

17.4　电镀铜

17.4.1　氰化物镀铜

氰化物镀铜溶液中的主要成分是铜氰络合离子和游离氰化物，常用的氰化物镀铜溶液分为三类：预镀铜溶液、含酒石酸钾钠镀铜溶液及高效率氰化镀铜溶液。

第一类镀铜溶液主要用于锌压铸件的预镀，适用于较薄的预镀层，均镀能力高，电流效率低。

第二类镀铜溶液电流效率高，沉积速度快，但均镀能力差，且对杂质较敏感。

第三类镀铜溶液的性能介于第一、二类之间，在锌压铸件上不需要预镀，但镀层厚度不能太大。

总之，氰化物镀铜溶液均镀能力较好，沉积速度快，且镀液容易控制，其含毒废水的处理工艺也比较成熟，应用较广。

氰化物镀铜工艺条件见表 17-30。

表 17-30 氰化物镀铜工艺条件

工艺号		1	2	3	4	5	6	7	8	9	10
组分质量浓度/(g/L)	CuCN	8~35	30~50	35~45	30~35	20~25	20~30	30~50	50~70	120	60
	NaCN(总)	12~54	40~65	50~72	45~55	30~35	6~8 游离	40~60	65~92	135	94
	酒石酸钾钠	—	30~60	30~40	25~30	10~15	—	30~60	10~20	—	—
	硫氰酸钠(或钾)	—	—	18~20	10~15	5~8	—	—	10~20	—	—
	NaOH	2~10	10~20	8~12	15~20	5~8	—	10~20	15~20	30	42
	硫酸锰	—	—	—	—	—	—	—	0.08~0.12	—	—
	Na_2CO_3	—	—	—	—	—	—	20~30	—	15	15
工艺条件	温度/℃	18~50	50~60	50~65	55~60	45~55	40	50~60	55~65	76~82	
	阴极电流密度/(A/dm^2)	0.2~2	1~3	0.5~2	1~1.5	0.6~1	0.5~0.8	50~60	1.5~3	3~6	

注：工艺 1 用于吊镀顶镀；工艺 2 用于一般镀铜；工艺 3 用于一般镀铜或滚镀铜，当其 NaOH 质量浓度为 8~12g/L 时，电流密度为 0.5~1.5A/dm^2，此时加入醋酸铅 0.015~0.03g/L，可用于光亮滚镀镍；工艺 4 是周期换向镀铜；工艺 5 用于滚镀顶镀；工艺 6 用于锌压铸件；工艺 7 用于普通镀铜；工艺 8 用于光亮镀铜；工艺 9、10 用于厚层电镀。

1）将 NaCN 和 NaOH 用少量（约 1/3 槽液）的水溶解入槽，目的是防止 NaCN 水解产生剧毒的 HCN，用少量水是使所用 NaCN 溶液的浓度较高，有利于溶解 CuCN。

2）将 CuCN 用少量的水调成糊状，慢慢加到 NaCN 和 NaOH 的溶液中，边加入边搅拌，此反应属络合反应，反应放热，应控制加料速度，防止反应过快导致温度过高而使溶液溢出镀槽。当温度升高到 60℃时，需冷却后再添加 CuCN。

3）将混合液加水搅拌、过滤、分析、调整。定期分析并调整溶液中铜离子、游离氰化钠和氢氧化钠的含量，阳极状况和阳极面积的大小也需要定期检查，以保持阳极正常溶解。当溶液中有固体微粒存在时，应及时过滤溶液。溶液对有机杂质很敏感，会使镀层发暗或产生麻点。工件电镀前要仔细脱脂和清洗，还要防止杂质的积累或进入溶液。溶液中常见的杂质有铅（用硫化沉淀法去除）、Cr^{6+}（用还原法去除）、过量的碳酸盐（用冷却法或化学法除去）、油污（用乳化剂乳化，再用活性炭吸附过滤）。

氰化物镀铜常见故障及处理方法见表 17-31。

表 17-31 氰化物镀铜常见故障及处理方法

故障现象	可能产生的原因	处理方法
阴极大量析氢，镀层多孔	游离 NaCN 含量太高	提高 CuCN 含量
	镀液中碳酸钠含量高	用冷却法除去过量的碳酸钠
	镀液被六价铬沾污	用保险粉法处理镀液
	阴极电流密度过高	降低阴极电流密度

（续）

故障现象	可能产生的原因	处理方法
镀层呈暗红色	游离NaCN含量不足(由于氰化物不足导致的暗红色还常常使阳极和溶液发浅蓝色)	补充NaCN
	镀液被六价铬沾污	用保险粉法处理镀液
阳极钝化	游离NaCN含量不足	补充NaCN
	阳极面积太小	增大阳极面积
	镀液中碳酸盐含量高,此时阳极上产生一层灰色膜,镀液中铜含量迅速降低,镀层疏松有气孔	用化学法或冷却法除去过量的碳酸盐
镀层结合力差	镀前处理不良	加强镀前处理
	游离NaCN含量低而电流密度过大	分析并调整NaCN含量,调整电流密度
	镀液被六价铬沾污	用保险粉法处理镀液
	游离NaCN含量过高	补充CuCN
阴极上无镀层	游离NaCN含量过高	补充CuCN
	电极接反或接触不良	检查电极和接触点
	镀液中有大量六价铬	用保险粉法处理镀液

氰化物镀铜操作注意事项：

1）必须在良好的通风条件下进行操作，因为氰化物镀铜的主盐氰化亚铜和络合剂氰化物均为剧毒药品。电镀时会有剧毒气体产生，工人须戴好口罩和橡胶手套，严防中毒。

2）正常的氰化物镀铜溶液颜色为澄清的米黄色，阳极溶解正常时，其表面呈电解铜的暗红色。若镀液颜色为蓝绿色，且阳极溶解不正常，其表面为浅蓝色，则说明镀液中氰化钠严重不足。

3）工件装挂时，不得过密，不允许互相遮蔽。氰化物镀铜经常作为装饰性多层电镀Cu/Ni/C的底层。在光亮镀铜、光亮镀镍过程中，若工件有屏蔽部分，则屏蔽部分的镀层光亮度差，严重影响工件的装饰效果。

4）作为底镀层的氰化镀铜，在入槽电镀时，电流密度不要过大，取下限值为好。因为电流密度稍小时，镀层较细致，适宜作为底层。从镀层的颜色上也可以分辨电流密度的大小，当电流密度偏小时，镀层呈暗红色；电流密度偏大时，镀层则呈玫瑰红色。

17.4.2　硫酸盐镀铜

硫酸盐镀铜成分简单，溶液稳定，工作时不产生有害气体。采用合适的光亮剂可得到镜面全光亮镀层，整平性能好。一般电镀用的高铜低酸溶液均镀能力较差。在钢铁基体和锌压铸件上用硫酸盐溶液镀铜要预镀，否则得不到良好的镀层。

1. 硫酸盐镀铜工艺

硫酸盐镀铜工艺见表17-32。

2. 硫酸盐镀铜溶液的配制及维护

配制硫酸盐镀铜溶液时应先将硫酸铜用热的去离子水或蒸馏水充分溶解后加入约1/10的硫酸，以防止硫酸铜水解。再加入1~2g/L活性炭处理，过滤后加入各种添加剂，再加水至规定体积。溶液的维护有如下要求：

（1）注意光亮剂的补充　溶液中光亮剂的用量虽少，但作用明显，含量稍有变化，就能在试验的阴极样板上显示出不同现象，应时刻注意其含量变化，适量添减，做到少加勤加。其他光亮剂也可用同样的方法进行试验及补充。

表 17-32 硫酸盐镀铜工艺

	工艺号	1	2	3	4	5	6	7
组分质量浓度/(g/L)	$CuSO_4 \cdot 5H_2O$	150~200	150~220	80~120	175~250	175~250	200~250	150~220
	葡萄糖	—	—	—	—	—	30~40	—
	H_2SO_4	30~60	50~70	180~200	60~70	45~70	50~70	50~70
	125 光亮剂	—	—	—	0.2~0.8mL/L	—	—	—
	一氯醋酸	—	—	—	1.0~1.5	—	—	—
	酚磺酸	—	—	—	—	1.0~1.5	—	—
	N 添加剂	0.0003~0.0008	—	0.0005~0.0008	—	—	—	0.0002~0.0007
	M 添加剂	0.0005~0.001	—	0.0006~0.001	—	—	—	0.0003~0.001
	四氢噻唑硫酮	—	0.0005~0.001	—	—	—	—	—
	聚二硫二丙烷磺酸钠	0.016~0.02	0.01~0.02	0.016~0.02	—	—	—	0.01~0.02
	聚乙二醇(M_r=6000)	0.05~0.1	0.03~0.05	0.05~0.08	—	—	—	0.05~0.1
	十二烷基硫酸钠	0.05~0.1	0.05~0.2	—	—	—	—	0.05~0.1
	氯离子	0.02~0.08mg/L	0.02~0.08mg/L	0.02~0.08mg/L	—	—	—	0.01~0.08mg/L
工艺条件	温度/℃	10~40	10~25	10~40	10~40	20~30	20~30	10~30
	电流密度/(A/dm^2)	2~4	2~3	2~4	4~8	1~2	1~3	2~4
	阳极	w(P)=0.1%~0.3%的铜板			—	电镀铜	—	—

注：工艺 1 为宽温度全光亮镀铜；工艺 2 为常温度全光亮镀铜；工艺 3 为高分散能力光亮镀铜；工艺 5 是普通硫酸盐镀铜；工艺 7 的十二烷基硫酸钠也可改为 0.01~0.02g/L 的 AEO 乳化剂。

（2）注意杂质的影响和去除　杂质的影响和去除通常包括以下几方面：

1）Cl^-是最常见的杂质，少量的 Cl^-虽然对溶液有益，但过多的 Cl^-将使镀层粗糙，产生树枝状的条纹。处理办法可采用锌粉还原，也可用不溶性阳极电解处理。

2）有机杂质可使镀层发花或发雾，降低镀层的光亮度和整平性，通常加入过氧化氢或活性炭处理。

3）油类杂质能使镀层发光、发雾或产生针孔，严重时会使镀层起泡。一般先用乳化剂（如十二烷基硫酸钠）乳化，再用活性炭进行处理。

3. 硫酸铜及硫酸的作用

（1）硫酸铜　硫酸铜是提供铜离子的主盐，其含量为 150~200g/L。含量过低，会降低阴极电流密度和镀层的光亮度；含量过高，虽可提高阴极电流密度，但受溶解度限制，会结晶析出。有时析出在阳极上，减少了实际的阳极面积，影响了镀层质量，一般含量控制在 180~200g/L。

（2）硫酸　硫酸的作用是防止铜盐水解，减少"铜粉"，提高溶液的导电性能，它的存在降低了铜离子的有效浓度，提高了阴极极化作用，使镀层结晶细致，又能改善溶液的分散能力和阳极溶解性能，其含量一般控制在 50~70g/L。用于印制电路板电镀时，硫酸含量可提高到 200g/L。由于提高硫酸含量会使硫酸铜的溶解度降低，所以提高硫酸含量的同时，必须降低硫酸铜的含量，以防止溶液中的硫酸铜结晶析出。若溶液中硫酸含量过低，溶液中的硫酸铜会水解成氧化亚铜。

4. 添加剂

硫酸盐光亮镀铜所采用的光亮剂多为组合光亮剂，按照其作用可分为主光亮剂、整平剂和光亮剂载体，这三种物质配合使用才能获得良好的效果。

1）主光亮剂多数是聚硫有机磺酸盐，单独添加即有光亮作用，如与光亮剂载体配合使用则效果更好。光亮剂的主要作用是提高阴极电流密度并使镀层晶粒细化，其含量一般为0.01~0.02g/L。含量过高，易使镀层产生白雾，低电流密度区镀层发暗；含量过低，会使镀层光亮度下降，镀件边缘易烧焦。

2）整平剂多为巯基杂环化合物、硫脲衍生物等，其主要作用是改善镀液的整平性能，并能改善低电流密度区的光亮度。整平剂的含量范围比较窄，如果操作温度不同，其最佳含量范围也不相同。含量太低，光亮度和整平性不好；含量太高，则容易产生条纹、麻点。

3）光亮剂载体属于表面活性剂，活性剂加入镀液中后，能吸附在电极表面，降低界面张力，增强镀液对电极的润湿作用，减少针孔，还能增大阴极极化，使镀层均匀细致。单独使用表面活性剂并不能获得光亮镀层，与上述光亮剂配合使用才能显著提高光亮效果。

5. 硫酸盐镀铜常见故障及处理方法

硫酸盐镀铜常见故障及处理方法见表17-33。

表17-33　硫酸盐镀铜常见故障及处理方法

故障现象	可能产生的原因	处理方法
镀层易烧焦	铜含量过低	补充硫酸铜
	电流过大	适当降低电流
	光亮剂失调	调整光亮剂含量
	温度太低	适当提高温度
	带入氰根	加温至60℃去除
低电流区不亮	光亮剂M、N不足，氯离子含量偏高，镀液温度偏高，Cu^{+}影响	纠正
光亮度差	光亮剂含量失调	调整光亮剂含量
	有机分解产物过多	用过氧化氢、活性炭处理
	镀液温度过高	降低温度至工艺规范
镀层粗糙	电流密度过大	减小电流密度
	硫酸或添加剂含量不足	添加硫酸或添加剂
	镀液中有悬浮物	过滤
镀层有条纹	光亮剂N或四氢噻唑硫酮过多	电解或用1~5g/L的活性炭吸附
	电流密度过大	降低电流密度
	阳极材料不当	改换磷铜阳极
	阳极泥渣或悬浮物多	过滤镀液
	镀前处理不良	检查镀前处理
镀层与预镀镍之间结合不良	镀铜前的预处理不良	加强镀铜前的处理
	预镀镍溶液中有有机杂质	预镀镍溶液用活性炭处理
	预镀镍溶液中有NO_3^-	预镀镍溶液用小电流密度电解
镍层与光亮镀镍层结合不良	镀镍前的酸洗活化液浓度低	提高酸洗活化液浓度
硫酸深镀能力差	硫酸含量不足，镀液浓度不当	分析后调整
铜溶液分散能力差	硫酸含量过低	调整硫酸含量
	聚二硫二丙烷磺酸钠含量过高	用过氧化氢降低聚二硫二丙烷磺酸钠含量
	温度过高	降低温度至工艺规范
镀层有黑色或褐色条纹	溶液中含砷、锑等重金属杂质过多	可通过较大电流密度处理
镀层呈块状海绵形态	预镀时镀层厚度不够	增加预镀时镀层厚度

（续）

故障现象	可能产生的原因	处理方法
导电性不好，正常电压下电流较小	温度过低 硫酸含量不足	提高温度 补充硫酸
镀层整平性不良	光亮剂 M、N 不足，氯离子含量偏高，镀液中有杂质污染	应调整或处理镀液
镀层表面呈细麻砂状	光亮剂 M 过多，聚乙二醇偏低，SP① 含量过少，Cu^+ 影响	应调整或处理镀液

① SP 是聚二硫二丙烷磺酸钠的缩写。

17.4.3 焦磷酸盐镀铜

焦磷酸盐镀铜是目前应用较广的工艺，其镀液较稳定，分散能力及深镀能力好，镀层结晶细致均匀，易控制，电流效率高，无毒，对操作工人的健康和环境的影响较小，多用于印制电路板通孔和锌合金加厚压铸件的镀铜。钢铁工件在焦磷酸镀铜前，必须预先镀氰化铜。焦磷酸盐镀铜还存在一些缺陷，例如成本高，镀液中正磷酸盐积累过量后，电流密度上限值和电流效率将大大降低，镀液黏度将变高等，这些都限制了其使用范围。

1. 焦磷酸盐镀铜及焦磷酸盐半光亮镀铜工艺

焦磷酸盐镀铜工艺见表 17-34，焦磷酸盐半光亮镀铜工艺见表 17-35。

表 17-34 焦磷酸盐镀铜工艺

工艺号		1①	2②	3	4	5③	6	7
组分质量浓度/(g/L)	焦磷酸铜($Cu_2P_2O_7$)	70	60~100	60~70	60~70	—	70~90	50~60
	焦磷酸钾($K_4P_2O_7 \cdot 3H_2O$)	420	230~350	280~320	280~320	350	300~380	350~400
	氨水($NH_3 \cdot H_2O$)(质量分数为 25%)	3mL/L	2~5 mL/L	—	2~3 mL/L	—	—	2~3 mL/L
	柠檬酸铵[$(NH_4)_2HC_6H_5O_7$]	—	—	20~25	—	—	10~15	—
	柠檬酸钾($K_2C_6H_5O_7 \cdot H_2O$)	—	—	—	—	—	10~15	—
	氨三乙酸[$N(CH_2COOH)_3$]	—	—	—	15~30	—	—	—
	硝酸钾(KNO_3)	—	—	—	15~20	—	—	—
	硝酸铵(NH_4NO_3)	—	—	—	—	20	—	—
	酒石酸钾钠($KNaC_4H_4O_6 \cdot 4H_2O$)	—	—	—	10~20	—	—	—
	硫酸铜($CuSO_4 \cdot 5H_2O$)	—	—	—	—	90	—	—
	二氧化硒(SeO_2)	—	—	—	—	—	0.008~0.02	0.008~0.02
	2-巯基苯骈咪唑	—	—	—	—	—	0.002~0.004	—
	2-巯基苯骈噻唑	—	—	—	—	—	—	0.002~0.04
	光亮剂	适量	—	—	—	适量	—	—
	PC-Ⅰ	—	2.5mL/L	—	—	—	—	—
	PC-Ⅱ	—	0.4~1.2mL/L	—	—	—	—	—

（续）

工艺号		1①	2②	3	4	5③	6	7
工艺条件	pH 值	8.2~8.8	8.5~9.2	8.2~8.8	8.2~8.8	—	8.0~8.8	8.4~8.8
	温度/℃	50~60	55~65	30~50	30~40	—	30~50	30~40
	电流密度/(A/dm^2)	1~8	1~5	1~1.5	0.6~1.2	—	1~3	0.5~1
	搅拌	空气	空气	阴极移动	阴极移动	—	阴极移动	滚镀

① 用于印制电路板电镀，光亮剂为 M&T 公司的 PC-1（体积分数为 0.25%~0.50%）或 2，5-二巯基-4~3、4 塞唑（质量浓度为 0.5~1g/L）。

② PC-Ⅰ、PC-Ⅱ为上海轻工业高等专科学校的产品，PC-Ⅰ只在配槽或大处理后加。

③ 可添加 10mg/L 的肉桂酸或丙二酸或萘二磺酸。

表 17-35 焦磷酸盐半光亮镀铜工艺

工艺号		1	2	3	4	5
组分质量浓度/(g/L)	焦磷酸铜	—	50~60	65~70	45~75	25~33
	Cu^{2+}	25	—	25	—	—
	焦磷酸钾	—	280~320	280~300	420~550	15~35
	焦磷酸钾(总量)	370	—	—	—	—
	柠檬酸铵	20~25	—	—	—	—
	氨三乙酸	—	30~40	30~40	—	80~100
	磷酸氢二钠	—	50~60	50~60	—	—
	聚乙二醇 6000	—	—	—	—	0.5
	草酸($H_2C_2O_4 \cdot 2H_2O$)	—	—	—	20~30	—
工艺条件	pH 值	8.6~8.8	8.0~9.0	8.5~9.0	8.2~8.8	9.0~10.0
	温度/℃	40~50	室温	30~45	室温	—
	电流密度/(A/dm^2)	1.0~1.5	0.8~2.5	1.5~2.5	0.5~1.2	0.3~0.8
	镀层厚度(镀覆 150h)/mm	>2.5	—	—	—	—
	搅拌方式	空气搅拌或阴极移动				

注：工艺 1~4 对钢铁件均须先预镀铜或镀薄镍层，而工艺 5 有些单位用于预镀铜或直接镀铜。

2. 焦磷酸盐镀铜溶液的配制

溶液配制时，将焦磷酸铜加到体积为所需镀液体积 2/3 的焦磷酸钾蒸馏水溶液中，不断搅拌使其溶解，然后加入用蒸馏水溶解好的柠檬酸铵，用柠檬酸或者氢氧化钾调整 pH 值，加入 1~2mL/L 的质量分数为 30% 的过氧化氢和 3~5g/L 的活性炭，将溶液加热至 50℃ 左右，搅拌 1~1.5h，静置过滤后，加入蒸馏水至所需体积。如镀层正常，可加入光亮剂；若镀层不正常并有毛刺先不加光亮剂，可加过氧化氢 1~2mL/L（质量分数为 40% 的过氧化氢稀释 10 倍）和活性炭 3~5g，并加热至 50℃，搅拌 1~2h，静置 12h 以上后过滤。试镀，然后再加光亮剂。

3. 焦磷酸盐镀铜溶液的维护

1）分析调整溶液控制质量比（P_2O_7 : Cu）为（7~8）: 1。

2）氨水易挥发，要注意及时补加，一般每平方米溶液表面每天加氨水（质量分数为 25%）400mL。

3）宜采用激烈的搅拌措施，这样能提高电流密度并改善镀层质量。如空气搅拌、阴极移动或超声波搅拌，也可几项措施并用。

4）采用周期换向电流或间歇电流（2~8s 电镀，1~2s 停止）可以改善镀层质量，加光亮剂的溶液采用这样的电源更为必要。

5）要防止正磷酸盐的积累，低 pH 值（小于 7）、高 P 比、高温（大于 60℃），这几种情况都会促使焦磷酸盐水解生成正磷酸盐。为防止焦磷酸盐水解，可将 pH 值提高到 8.6～9.2，控制含铜量在 26g/L 以上，适当提高 P 比避免镀层粗糙，溶液可长期使用。正磷酸盐过多的没有处理方法，只能稀释或更换溶液。

6）含 0.005g/L 氰根就会对溶液有不利影响，可用 1～2mL/L 质量分数为 30%的过氧化氢处理。

7）光亮剂不可过量，否则镀层会发脆，有机光亮剂及其分解产物可用 1～2mL 过氧化氢质量分数为 30%过氧化氢和 3～5g 活性炭联合处理除去。

4. 主光亮剂

主光亮剂包括麻风宁、2-巯基苯并咪唑和促进剂。

1）麻风宁的使用效果较好，它能获得光亮镀层，起到整平作用，且能提高工艺电流密度。麻风宁也可与促进剂等一起使用。

2）2-巯基苯并咪唑是良好的光亮剂，它既有光亮作用，又有整平作用，并能提高阴极电流密度，其质量浓度为 0.002～0.005g/L。浓度低时光亮度较好，但整平性能较差；浓度高时则相反，一般采用中间值。使用前，用稀 KOH 配成 0.5g/L 的溶液备用。

3）促进剂 2-巯基苯并咪唑的质量浓度为 0.002～0.004g/L，它能获得光亮镀层，但长时间使用后有絮状沉淀。因此，使用促进剂做主光亮剂时，需定期过滤镀液。

5. 工艺条件对焦磷酸盐镀铜质量的影响

（1）温度　焦磷酸盐镀铜溶液的温度直接影响工作电流密度范围，其范围较宽，室温至 60℃都可以电镀。温度低，镀层结晶细致，溶液的分散能力较好，但电流密度范围狭窄，镀层色泽较暗。所以在普通镀铜时，一般控制在 30～40℃下操作，在快速镀铜时，常采用加温操作。

（2）pH 值　pH 值对焦磷酸盐镀铜溶液的稳定性和镀层质量有较大影响。生产中溶液的 pH 值一般控制在 8～9，这时溶液比较稳定，并可获得令人满意的镀层。pH 值过低会导致焦磷酸盐水解，造成溶液中正磷酸根的积累或产生沉淀。pH 值太高，则会使工作电流密度范围缩小，电流效率和分散能力下降，镀层变粗糙，阳极钝化。当溶液的 pH 值偏低时，可用氢氧化钾或氨水调节；若 pH 值过高，则可用焦磷酸或柠檬酸调节。

（3）电源　这类镀铜溶液的电镀电源多采用单相半波、单相全波或纯直流电源加间隙装置。试验和生产实践表明，用单相半波和单相全波电源进行电镀比三相半波和三相全波的电流密度范围宽，镀层较为细致、光亮。

（4）阳极　焦磷酸盐镀铜所使用的阳极材料既要考虑材料纯度，又应注意金属的组织结构。铜阳极应采用结晶细致的电解铜板，若经压延加工，则效果更好。

（5）电流密度　阴极电流密度一般控制在 1～3A/dm^2。电流密度过高则镀件边缘易烧焦，过低则沉积速度慢，镀层结晶粗大。

（6）阴极移动和搅拌　光亮镀铜的阴极移动速度可采用 25～30 次/min，行程为 100mm。搅拌溶液，不仅可以扩大电流密度范围，还能改善镀层的光亮度。采用空气搅拌和连续过滤镀液，效果更好。

6. 焦磷酸盐镀铜常见问题与对策

焦磷酸盐镀铜常见问题与对策见表 17-36。

表 17-36　焦磷酸盐镀铜常见问题与对策

故障现象	可能产生的原因	处理方法
镀层易烧焦	温度过低	提高镀液温度
	铜含量太低	按分析补充 $Cu_2P_2O_7$
	柠檬酸盐或硝酸盐含量太少	补充柠檬酸盐或硝酸盐
	有氰根	用过氧化氢处理
	电流密度高	调整
	$\rho(P_2O_7^{4-})/\rho(Cu^{2+})$较高	调整
	镀液被有机杂质沾污	活性炭处理
镀层粗糙，呈暗红色	有机杂质过多	用过氧化氢、活性炭处理
	有氰根	用过氧化氢处理
	金属杂质过多	溶解处理或补充柠檬酸盐
	焦磷酸钾含量太少	按分析补充焦磷酸钾
	pH 值过高，$\rho(P_2O_7^{4-})/\rho(Cu^{2+})$较低，正磷酸盐含量过高	分析调整
镀层光泽度差	镀液 pH 值太高	降低镀液 pH 值
	镀液温度太低	适当提高镀液温度
	阴极移动速度太慢	加快阴极移动速度
	金属杂质过多	电解处理或补充柠檬酸盐
镀层有细砂状针孔	pH 值太高	降低镀液 pH 值
	有机杂质过多	用过氧化氢、活性炭处理
	镀液浑浊	过滤镀液
	镀前处理不良	加强
阴极电流效率低，沉积速度慢	过氧化氢过多	加热并搅拌镀液
	焦磷酸钾含量过多	补充适量的焦磷酸铜
	六价铬沾污镀液	用保险粉处理镀液
镀层起泡、脱皮	预处理不良	加强预处理
	预镀工艺不当	检查并调整预镀工艺
	镀液中有油	用"海鸥"洗涤剂-活性炭处理
	基体金属不良	检查基体金属
镀层有毛刺	pH 值过低，电流密度过高。焦磷酸钾或铵盐少，$\rho(P_2O_7^{4-})/\rho(Cu^{2+})$较低	分析调整
	镀液中有铜粉或不溶物	应加过氧化氢或过滤
光亮范围窄	pH 值高，柠檬酸盐或铵盐少，焦磷酸钾少，$\rho(P_2O_7^{4-})/\rho(Cu^{2+})$较低	分析调整
	电源不良	检查调整或更换电源
麻点	pH 值低，阳极过多，电压低，金属含量过高	分析调整
	不溶物多	加强过滤

17.4.4　柠檬酸盐镀铜

柠檬酸盐镀铜成分简单，可在钢铁工件上直接电镀，得到的镀层孔隙率较低，均镀能力和深镀能力都比较好，且是光亮镀层。柠檬酸盐镀铜工艺见表 17-37。

表 17-37　柠檬酸盐镀铜工艺

工　艺　号		1	2	3
组分质量浓度/(g/L)	氟硼酸铜[$Cu(BF_4)_2$]	224	336	448
	铜(Cu)	120	90	60
	氟硼酸(HBF_4)	15	22.5	30
	硼酸(H_3BO_3)	15	22.5	30

（续）

工艺号		1	2	3
工艺条件	pH 值	1.2~1.7	0.5~0.7	0.2~0.6
	温度/℃	27~49	27~49	27~49
	波美度(°Be)(27℃)	21~22	29~31	27.5~39
	电流密度/(A/dm^2)	直至 5	直至 15	直至 40
	槽电压/V	3~8	3~12	3~12

注：1. 工艺 3 适于线材电镀和电铸，工艺 1 适于小零件电镀，工艺 2 是通用配方。
2. 生产中常用波美度表示溶液的浓度，由波美度可知溶液的密度及溶质的质量分数。

17.4.5 羟基亚乙基二膦酸（HEDP）镀铜

羟基亚乙基二膦酸（HEDP）镀铜镀液成分简单，可在钢铁工件上直接电镀，均镀能力好，但其污水处理困难，其镀液组成及工艺条件见表 17-38。

表 17-38 HEDP 镀铜镀液组成及工艺条件

工艺号			1	2	3
组分质量浓度/(g/L)	硫酸铜($CuSO_4 \cdot 5H_2O$)		40~60	—	10~20
	铜(Cu)		—	8~12	—
	HEDP[羟基乙叉膦二酸($C_2H_8P_2O_7$)]		180~250	80~130	50~60
	酒石酸钾($K_2C_4H_4O_6$)		5~10	6~12	—
	碳酸钾(K_2CO_3)		—	40~60	—
	硝酸钾(KNO_3)		—	—	15
	过氧化氢(H_2O_2)(质量分数 30%)		—	2~4	—
工艺条件	温度/℃		20~40	30~50	室温
	pH 值		8.5~9.5	9~10	8~9
	阴极电流密度/(A/dm^2)	静止	0.5~1	1~1.5	1.5~2.0
		搅拌	0.8~2	—	2.5~3.0

17.4.6 有机铵镀铜

有机铵镀铜工艺见表 17-39。

表 17-39 有机铵镀铜工艺

工艺号		1	2	3
组分质量浓度/(g/L)	硫酸铜($CuSO_4 \cdot 5H_2O$)	80~100	80~100	125~200
	乙二胺[$(NH_2CH_2)_2$]	120~250	80~110	—
	二乙烯三胺($NH_2C_2H_4NHC_2H_4NH_2$)	—	—	100~160mL/L
	酒石酸钾钠($KNaC_4H_4O_6 \cdot 4H_2O$)	15~20	—	—
	硫酸钠(Na_2SO_4)	—	50~60	—
	硫酸铵[$(NH_4)_2SO_4$]	—	50~60	20
	氨水或三乙醇胺	—	—	30
工艺条件	pH 值	—	—	8.0~9.5
	温度/℃	室温	室温	50~60
	电流密度/(A/dm^2)	1~2	0.5~1.5	2~6

17.4.7 氟硼酸盐镀铜

氟硼酸盐镀铜镀层的韧性好，沉积速度快，镀液易于维护，但其镀液的腐蚀性强，价格昂贵。氟硼酸盐镀铜工艺见表 17-40。

表 17-40 氟硼酸盐镀铜工艺

组分质量浓度/(g/L)	数值	工艺条件	数值
氟硼酸铜[$Cu(BF_4)_2$]	224	温度/℃	27~49
铜(Cu)	120	密度(27℃)/(g/cm^3)	1.17~1.18
氟硼酸(HBF_4)	15	电流密度/(A/dm^2)	0~5
硼酸(H_3BO_3)	15	槽电压/V	3~8
—	—	pH 值	1.2~1.7

17.4.8 镀铜层的后处理

由于铜镀层易在空气中氧化变质，所以在最终电镀时，往往需进行钝化、氧化处理，最后涂上一层有机膜进行保护。铜镀层抗变色可用铬酸盐电解或化学钝化处理。

（1）铬酸盐电解的工艺条件 70~80g/L $Na_2Cr_2O_7 \cdot 2H_2O$；冰醋酸调整 pH 值至 2.5~3，温度为室温，时间为 2~10min，电流密度为 0.1~0.2A/dm^2。

（2）化学钝化的工艺条件 80~100g/L 铬酐，25~35g/L 硫酸，1.5~2g/L 氯化钠，温度为室温，时间为 2~3min。

钝化时为防工件粘贴，工件浸入钝化液中应抖动。取出后在空气中停留片刻，以保证钝化膜的生成。钝化结束后，一定要清洗干净。对于有不通孔和弯管的工件，一定要用橡皮管接水套洗干净。否则钝化膜呈暗色，影响美观和抗变色能力。清洗干净后，应在 70℃ 以上的热水中烫干，然后再经压缩空气吹干，以确保抗变色能力。

17.4.9 不合格镀铜层的退除

1）电解法退除铜镀层的配方及操作条件见表 17-41。

表 17-41 电解法退除铜镀层的配方及操作条件

退镀液组分质量浓度/(g/L)	数值	操作条件	适用范围
硝酸钾	120~150	用硝酸调 pH 值为 5.4~5.8，室温，电流密度=5~8A/dm^2	铁上镀铜或镀铜镍复合镀层
硼酸	40~50		
硝酸铵	80~100	pH 值为 4~7 温度为 10~50℃ 电流密度=5~15A/dm^2	铁上镀铜或镀铜镍复合镀层
氨三乙酸	40~60		
六亚甲基四胺	10~30		
铬酐	250	室温，电流密度为 5~7A/dm^2。阴极同镀铬，排风	镀铜
硼酸	25		
碳酸钡(去除硫酸根用)	适量		
硝酸钾	100~150	pH 值为 7~10，温度为 15~50℃，电流密度为 5~10A/dm^2，排风	
NaCN	100	室温，电压为 6V，排风	
NaOH	50		

2）化学法退除铜镀层的配方及操作条件见表 17-42。

表 17-42 化学法退除铜镀层的配方及操作条件

退镀液组分质量浓度/(g/L)	数值	操作条件	适用范围
间硝基苯磺酸钠	70	40~50℃，退尽为止	铁上镀铜或镀铜镍复合镀层
氰化钠	70		
氨水	70mL/L		
间硝基苯磺酸钠	70	80~100℃，退尽为止，排风	
氰化钠	70		

（续）

退镀液组分质量浓度/(g/L)	数值	操作条件	适用范围
硝酸(密度为1.40g/mL)	1000mL/L	60~80℃,退尽为止,排风,零件表面不允许有水	铁上镀铜或镀铜镍复合镀层
氯化钠	40~50		
铬酐	400g/L	室温,退尽为止	铁上镀铜
硫酸	50		

17.5 电镀镉

氰化物镀镉层具有结晶细致、分散能力和覆盖能力好的优点。含有添加剂时，可获得光亮镀层，其孔隙少，耐蚀性高，但产生氢脆的倾向大，主要用于抗拉强度较低的钢的防护。不含添加剂的氰化物镀镉溶液，在较高的电流密度下，可获得疏松多孔的“松孔”镀镉层，有利于氢的逸出，容易除氢；从含有硝酸盐的氰化镀镉溶液中电镀锡可减少氢向钢基体中的渗入，这两种工艺多用于抗拉强度较高的钢的防护。

17.5.1 光亮镀镉

光亮镀镉工艺见表17-43，常见故障及处理方法见表17-44。

表17-43 光亮镀镉工艺

工艺号		1	2	3
组分质量浓度/(g/L)	氧化镉(CdO)	25~40	30~40	30~40
	氰化钠(NaCN)	120~140	140~160	100~140
	氢氧化钠(NaOH)	10~15	15~25	—
	十水合硫酸钠($Na_2SO_4 \cdot 10H_2O$)	30~50	30~50	40~60
	七水合硫酸镍($NiSO_4 \cdot 7H_2O$)	1~1.5	1~1.5	1~1.5
	糊精	8~10	—	—
	亚硫酸盐纸浆液	—	8~12	—
	磺化蓖麻油	—	—	4~10
工艺条件	温度/℃	室温	15~40	20~40
	阴极电流密度/(A/dm²)	1~2.5	1~2.5	1~2.5
	阳极	镉板	镉板	镉板

注：工艺1可以不加硫酸钠，或用硫酸铵代替，含量为30~40g/L；工艺2允许碳酸盐为15~60g/L，但不允许超过80g/L；工艺3也可用于滚镀，滚筒转速为6~12r/min。

表17-44 光亮镀镉常见故障及处理方法

故障现象	可能产生的原因	处理方法
阴极析出氢气太多,阴极电流效率低,镀层发脆,阳极为结晶状态	氰化钠与镉的含量比值过高	调整氰化钠与镉的含量比值
	有机杂质污染电镀溶液	活性炭处理
	阴极电流密度过高	调整电流密度
	溶液中游离氰化物太多	减少游离氰化物
	金属盐不足	添加金属盐
镀层颜色发暗或有斑点	重金属杂质如铅、银等影响 光亮剂不足或温度低	小电流处理(阴极电流密度为0.1~0.3A/dm²)
镀层粗糙、烧焦或不够细致光亮	氰化物或添加剂的含量不足	补充氰化物或添加剂量
	阴极电流密度过大	降低阴极电流密度
	缺少光亮剂	添加光亮剂
	电镀溶液温度太高	降低电镀溶液温度

（续）

故障现象	可能产生的原因	处理方法
镀层有光亮条纹，孔隙率高	碳酸钠的含量过高	用冷却法或加氰化钡可除去过多的碳酸盐
	有机杂质污染电镀溶液	用活性炭处理有机杂质
镀层附着力差，表面起泡	镀层处理不干净	加入亚硫酸钠 0.07g/L，充分搅拌，还原为三价铬。通电处理，阴阳极面积比为 2∶1～3∶1，使六价铬还原为三价铬碱式铬酸盐沉淀
	电镀溶液中有六价铬污染	
镀层发脆及镉脱落	溶液有杂质污染	活性炭处理：加入活性炭 3～5g/L，搅拌电镀溶液 3～5h，静置 8h 后过滤
	添加剂或镍盐过高	减少添加剂或镍盐
阳极发暗或发黑，溶解不良	氰化物的含量过低	补加氰化钠
	阳极面积太小	增大阳极面积
沉积速度慢，覆盖能力差	电镀溶液温度低，添加剂少	降低电镀溶液温度
	阴极电流密度低或接触不良	提高阴极电流密度
	氰化钠少或导电盐少	补充氰化物或添加剂量
电镀溶液的均镀能力差	氰化物的含量过低	补加氰化钠
	镉的含量过高	减少镉的含量

17.5.2 松孔镀镉、低氢脆镀镉-钛

松孔镀镉、低氢脆镀镉-钛工艺见表 17-45。

表 17-45 松孔镀镉、低氢脆镀镉-钛工艺

工 艺 号		1(松孔镀镉)	2(低氢脆镀镉-钛)
组分质量浓度/(g/L)	氧化镉(CdO)	22～40	21～26
	氰化钠(NaCN)	90～150	98～127
	氢氧化钠(NaOH)	—	15～19
	氢氧化钠(游离)(NaOH)	7～25	—
	碳酸钠(Na_2CO_3)	<60	<60
	氰化钠/氧化镉	3/1～6/1	—
	氰化钠/镉	—	4/1～5/1
	钛(Ti)	—	0.055～0.1
工艺条件	pH 值	>12	—
	温度/℃	20～30	—
	阴极电流密度/(A/dm^2)	6	冲镀 3～10(10～70℃) 电镀 1.5～3.5(15～80℃)

17.5.3 无氰镀镉

无氰镀镉工艺有 HEDP 镀镉、焦磷酸盐镀镉、三乙醇胺镀镉等。无氰镀镉工艺见表 17-46。

表 17-46 无氰镀镉工艺

工艺类型		三乙醇胺镀镉	HEDP 镀镉	焦磷酸盐镀镉	DPE 镀镉
组分质量浓度/(g/L)	$CdSO_4 \cdot 8/3H_2O$	35	—	20	—
	$CdCl_2 \cdot 5/2H_2O$	—	20～30	—	—

（续）

工艺类型		三乙醇胺镀镉	HEDP 镀镉	焦磷酸盐镀镉	DPE 镀镉
组分质量浓度/(g/L)	$Cd(CH_3COO)_2$	—	—	—	50
	$(NH_4)_2SO_4$	5	—	—	—
	CH_3COONH_4	—	—	—	40
	三乙醇胺	170	—	—	—
	氨三乙酸	30	—	—	70
	$NiSO_4 \cdot 7H_2O$	0.25~0.5	—	—	0.5~1
	$K_4P_2O_7 \cdot 3H_2O$	—	—	200	—
	乙二胺四乙酸	—	—	40	—
	乙二胺四乙酸二钠	—	—	—	30
	HEDP-DPE	—	—	—	4mL/L
	HEDP	—	110~135mL/L	—	—
	氰化胡椒醛	—	—	—	0.5~1
	平平加	0.025	—	—	—
工艺条件	pH 值	8.2~9	13~14	8.5~10.5	9.5~10
	温度/℃	室温	室温	50~60	室温
	电流密度/(A/dm²)	0.6~1	0.5~2	0.5~1.5	2~3

无氰镀镉对阳极的要求高，一般使用电解铜板，也可用镉球。使用时，阳极加套可防止阳极上挂灰污染槽液。工作完成后及时取出，并经常刷除阳极表面黑灰。阳极面积最好比阴极面积大，面积之比为 1.5~2。

17.5.4 氨羧络合剂镀镉

氨羧络合剂镀镉工艺见表 17-47。

表 17-47 氨羧络合剂镀镉工艺

工 艺 号		1	2	3	4	5
组分质量浓度/(g/L)	氯化镉($CdCl_2 \cdot 5/2H_2O$)	40~45	—	—	40~45	30~35
	硫酸镉($CdSO_4 \cdot 8/3H_2O$)	—	30~40	45~55	—	—
	氯化铵(NH_4Cl)	80~160	110~150	180~240	80~100	100~120
	氨三乙酸[$N(CH_2COOH)_3$]	100~160	50~80	50~70	70~90	110~130
	乙二胺四乙酸[$(NCH_2)_2(CH_2COOH)_4$]	—	—	20~25	15~20	35~40
	醋酸铵(CH_3COONH_4)	—	—	—	—	20
	柠檬酸($H_3C_6H_5O_7$)	—	—	—	10~15	—
	烟酸($C_3H_4N \cdot COOH$)	—	—	—	3	—
	硫酸镍($NiSO_4 \cdot 7H_2O$)	—	0.3~0.5	0.04~0.4	—	—
	硫脲(NH_2CSNH_2)	—	1.0~1.5	—	—	—
	异烟酸($C_6H_5O_2N$)	—	—	—	1	—
	桃胶	—	0.5~1.0	—	—	—
	固色粉	0.5~1.0	—	0.8~1.2	—	—
	十二烷基硫酸钠($C_{12}H_{25}SO_4Na$)	—	0.3~0.5	0.04~0.06	0.03~0.3	—
工艺条件	pH 值	7.5~8.5	5.5~6.5	6.7~7.0	6.2~6.8	6.4~6.8
	温度/℃	室温	10~35	15~30	室温	室温
	电流密度/(A/dm²)	0.3~1.2	0.5~2.0	0.5~2.0	0.5~1.2	0.5~2.0

注：工艺 5 为无氰松孔镀镉，可用于强度较高的钢的防护。

17.5.5 硫酸盐镀镉

硫酸盐镀镉也称酸性镀镉，其优点是电解液成分简单，配制方便，成本较低，电流效率可达 100 %。缺点是阴极极化小，分散能力与覆盖能力较低，只适用于形状简单的零件，以及板材、带材和线材。

硫酸盐镀镉工艺见表 17-48。

表 17-48　硫酸盐镀镉工艺

工　艺　号		1	2	3
组分质量浓度/(g/L)	硫酸镉($CdSO_4 \cdot 8/3H_2O$)	60~65	40~50	40~60
	硫酸铵[$(NH_4)_2SO_4$]	30~35	—	—
	硫酸铝[$Al_2(SO_4)_3$]	25~30	—	—
	硫酸钠($Na_2SO_4 \cdot 10H_2O$)	—	—	30~50
	硫酸(H_2SO_4)	—	45~60	40~60
	β-萘二磺酸[$C_{10}H_6(SO_3H)_2$]	—	3~5	—
	苯酚	—	—	2~3
	明胶	0.5~0.7	3~5	4~6
	OP 乳化剂	—	6~10	—
工艺条件	温度/℃	15~25	10~40	10~40
	阴极电流密度/(A/dm^2)	0.5~1	1~3	1~3

17.5.6　镉镀层的后处理

镉镀层的后处理工艺一般分为两类：一类要求钝化，应该做盐雾试验，连续喷雾 96h 镉层没有腐蚀为合格；另一类不需要钝化，但表面要进行喷漆，镉层不做盐雾试验。具体的镀镉后处理工序包括除氢、出光和钝化。

(1) 除氢　镀镉会产生氢脆，因此镀镉后要进行严格的除氢处理。对于需要除氢的工件，应根据工件材质强度级别的大小，确定除氢时间的长短。除氢温度为 (190±10)℃，除氢时间 2~3h。除氢可在带有空气循环和自动控温±5℃的电热烘箱中进行，整个过程应连续，不可中断。对于高强度结构钢，应在电镀后 4h 内进行除氢处理，时间为 23h，温度为 180~200℃。

(2) 出光　经长时间除氢后，镉镀层氧化严重，出光可以去除氧化层，露出洁净金属表面。出光工艺见表 17-49。

表 17-49　出光工艺

工　艺　号		1	2	3
镀液组分质量浓度/(g/L)	铬酐(CrO_3)	80~120	—	—
	硫酸($1.84g/cm^3$)(H_2SO_4)	3~4	—	—
	硝酸($1.42g/cm^3$)(HNO_3)	—	10~30	—
	氢氟酸(HF)	—	—	8~12mL/L
	双氧水(过氧化氢)(H_2O_2)	—	—	130~170mL/L
工艺条件	温度	室温	室温	室温
	时间/s	3~15	1~3	3~10

(3) 钝化　镀镉钝化主要是将镉层放在铬酸盐或铬酸溶液中，使镀层表面上生成一层彩虹色钝化膜，钝化膜可使镀层美观，且增加其耐蚀性，镉层还可以作为涂装的良好底层。常用的镀镉钝化工艺见表 17-50。

表 17-50　常用的镀镉钝化工艺

<table>
<tr><td colspan="3" rowspan="2">活　化</td><td colspan="7">钝　化</td></tr>
<tr><td colspan="2">工 艺 号</td><td>1</td><td>2</td><td>3</td><td>4</td><td>5</td></tr>
<tr><td>溶液组成</td><td>硫酸(H_2SO_4)（密度为 $1.84g/cm^3$）质量浓度/(g/L)</td><td>10~30</td><td rowspan="8">溶液组分质量浓度/(g/L)</td><td>铬酐(CrO_3)</td><td>3~5</td><td>40~50</td><td>15~25</td><td>180~220</td><td>100~150</td></tr>
<tr><td rowspan="9">工艺条件</td><td rowspan="7">温度</td><td rowspan="7">室温</td><td>硫酸镍($NiSO_4$)</td><td>1~2</td><td>—</td><td>—</td><td>20~30</td><td>2~4</td></tr>
<tr><td>硫酸钠(Na_2SO_4)</td><td rowspan="6">—</td><td></td><td>10~20</td><td>20~25</td><td rowspan="6">—</td></tr>
<tr><td>硫酸(H_2SO_4)</td><td>4~5</td><td>—</td><td rowspan="5">—</td></tr>
<tr><td>硝酸(HNO_3)</td><td>6~8</td><td>7~14</td></tr>
<tr><td>氧化锌(ZnO)</td><td>4~6</td><td>—</td></tr>
<tr><td>硫酸亚铁($FeSO_4$)</td><td>5~8</td><td>—</td></tr>
<tr><td>锌粉(Zn)</td><td>6~7</td><td>0.5~1</td></tr>
<tr><td rowspan="2">时间/s</td><td rowspan="2">3~10</td><td rowspan="2">工艺条件</td><td>温度</td><td>室温</td><td>室温</td><td>室温</td><td>室温</td><td>室温</td></tr>
<tr><td>时间/s</td><td>5~15</td><td>10~20</td><td>5~15</td><td>3~10</td><td>3~5</td></tr>
</table>

注：工艺 1 是低铬钝化，溶液中的硫酸镍也可用硫酸镉或硫酸钠代替，可降低含铬污水对环境的污染；工艺 2 的特点是铬酐含量中等，是较理想的一种配方，钝化前必须浸亮；工艺 3 的特点是铬酐含量少，钝化膜的耐高温性能好，钝化膜允许在 60℃ 热水中清洗，钝化前也须出光，镀层较美观，镀层损失少；工艺 4 是三酸钝化，钝化膜光亮，耐高温性较好，不需要活化、出光工序，钝化时镀层损失 2~3μm；工艺 5 适用于要求白钝化的零件。

17.6　电镀锡

金属锡具有很高的化学稳定性，常温时在空气中不发生化学反应，在淡水或海水中都很稳定。锡镀层对钢铁基体有极好的保护作用，加之锡富有光泽、无毒、不易氧化变色，具有很好的杀菌、净化、保鲜等优点，因而被广泛用来做罐头、食品容器，以及其他有关食品保藏、制造和运输的工件等。

锡导电性好，容易钎焊，多用于电子方面，但是锡镀层会产生针状单晶“晶须”，晶须会造成电路短路，因而镀锡用于精密电子电路、电子元器件等方面时应特别注意避免镀层产生“晶须”。用 1%（质量分数）的铅与锡共沉积，镀锡后用加热的方法消除镀层的内应力或在镀液中加入一些电镀添加剂，都可有效地防止“晶须”的生成。

锡镀层容易泛黄，为减轻这种现象主要采取以下措施：

1）增加中间层（阻挡层）能根除由于铜锡扩散而引起的变色，中间层可选择镍镀层、高铅及锡合金等，其中以高铅-锡合金最佳。

2）做好表面清理工作，避免针孔、砂眼中的残酸引起变色。

3）采用纯水加淋涂，对镀层变色有很好的抑制作用。

4）适量添加光亮剂。

5）所有“防变色剂”使用时必须加热至 60~80℃。

17.6.1　硫酸盐镀锡

硫酸盐镀锡具有电流效率高、沉积速度快、可以在室温下工作、原料易得、成本低廉、节约电能等优点，是最重要的镀锡工艺之一。但硫酸盐镀锡溶液本身没有脱脂能力，镀前处理要求严格，与其他酸性镀锡溶液相比，硫酸盐镀锡溶液均镀能力较好，可镀复杂工件，一般不需要辅助阳极。

1. 普通硫酸盐镀锡工艺

普通硫酸盐镀锡工艺见表17-51。

表17-51 普通硫酸盐镀锡工艺

工艺号		1	2	3	4	5	6	7	8
组分质量浓度/(g/L)	$SnSO_4$	45~55	20~30	60~100	30~40	45~55	40~50	35~48	60~100
	H_2SO_4(密度为1.84g/mL)	60~80 mL/L	40~60 mL/L	40~70 mL/L	60~109 mL/L	60~100 mL/L	50~70 mL/L	60~100 mL/L	40~70 mL/L
	酚磺酸或甲酚磺酸	40~60 mL/L	—	30~60 mL/L	20~40 mL/L	80~100 mL/L	—	80~100 mL/L	—
	苯酚或甲酚	—	20~30 mL/L	—	—	—	5~7 mL/L	6~10 mL/L	—
	β-萘酚	0.3~1.0	—	0.65~1.5	0.1~0.5	0.8~1	0.8~1	0.5~1	0.5~1.5
	天然樟脑	—	—	—	—	—	—	0.2~0.6	—
	甲醛溶液(质量分数为40%)	—	—	—	—	—	—	0.5~1	—
	硫酸钠	—	—	—	—	—	20~30	—	—
	明胶	1~3	1~2	1~3	1~3	2~3	2~3	2~3	1~3
工艺条件	温度/℃	15~30	15~30	20~30	10~25	15~30	15~30	15~30	20~30
	电流密度/(A/dm^2)	0.3~0.8	1~2	1~4	0.1~0.5	0.5~1.5	0.5~1.5	0.5~2	1~4
	阴极移动	需要	—	—	—	—	—	1~3	需要

注：工艺1、2为一般吊镀；工艺3为快速电镀；工艺4为滚镀。

2. 配制镀锡溶液时原料的纯度要求

（1）硫酸亚锡纯度要求　硫酸亚锡必须用分析纯，在使用前观察表面颜色，若有泛黄则说明二价锡已被氧化成四价锡，不可使用。因为四价锡极易水解而生成偏锡酸，会使镀液变浑浊，积累淤渣，电流效率随之下降，继续施镀所获镀层灰暗发雾，结晶粗糙、疏松。

（2）硫酸纯度要求　硫酸需用分析纯，工业级硫酸中含有对镀液有害的多种杂质，故不可使用。

（3）水质纯度要求　配制镀液时一定要用去离子水，因为自来水中含有氯、钙、镁等多种对镀液有害的离子，这些离子会吸附在镀层中，影响镀层的光亮度，严重时还会影响镀层的焊接性。

3. 硫酸亚锡镀锡溶液常见问题与对策

硫酸亚锡镀锡溶液常见问题与对策见表17-52。

表17-52 硫酸亚锡镀锡溶液常见问题与对策

故障现象	可能产生的原因	处理方法
局部无镀层	前处理不良	加强前处理
	光亮剂过量	低电流电解
镀层暗灰色	镀液中有金属杂质(铜、铁)	小电流电解处理
	Cl^-、NO_4^-过多,Sn^{4+}多	加入絮凝剂过滤
	阴极电流密度过高或过低	调整阴极电流密度
镀层粗糙,边缘更严重	阴极电流密度过高	降低阴极电流密度
	固体杂质多	过滤、加阳极袋
	主盐浓度过高	添加适量的硫酸,降低2价锡有效浓度
	酚磺酸或明胶含量不足	添加酚磺酸或明胶
镀层发雾	Sn^{4+}多	加入絮凝剂过滤
	杂质多	小电流电解处理
	光亮剂分解产物积累	用活性炭处理

（续）

故障现象	可能产生的原因	处理方法
沉积速度慢	电流密度过低,温度过低,主盐浓度低	适当提高这三项的参数值
镀层疏松多孔	锡含量不足	补充硫酸亚锡
	阴极电流密度过高	降低阴极电流密度
镀层有针孔、麻点	阴极移动慢	提高速度
	电流密度太高	降低电流密度
	光亮剂过多	小电流电解
	有机杂质多	用活性炭处理
镀液出现不溶性沉淀物	阳极钝化,泥渣多	刷洗阳极,过滤镀液
	硫酸含量不足	添加硫酸
光亮镀层中有条纹、花斑	温度过高	降低镀液温度
	有机杂质污染,胶体物过多	活性炭处理
镀层发脆、脱落	光亮剂过多	活性炭处理
	阴极电流密度过高	降低阴极电流密度
	温度过低	提高温度
镀层不够光亮	光亮剂少	添加光亮剂
	温度过高	降低温度
	Sn^{2+}含量过高	添加适量硫酸
镀层发黄	镀后清洗不净	加强镀后清洗
	电流密度过高	降低电流密度
	温度过高	冷却或停镀

4. 硫酸盐镀锡溶液的调整与工艺维护

（1）材料选择　要选用合格的硫酸亚锡，其中 Sn^{2+}的质量分数应不低于 50%，游离硫酸的质量分数应不高于 2%。$SnSO_4$镀槽需用耐酸材料，光亮镀锡的冷却管最好用铅管。

（2）溶液成分调整　镀锡溶液的主要成分是硫酸亚锡和硫酸，硫酸要坚持每天分析，正常情况下 Sn^{2+}含量相对稳定，$SnSO_4$可定期分析。若 Sn^{2+}的含量处于下限，应检查阳极溶解情况并增加阳极；变成胶体形状时，必须加入处理剂进行处理，搅拌后待沉淀下降，将澄清溶液以倾斜法取出或用虹吸法抽去沉淀。

（3）条件控制　阴极电流密度应不大于 $1A/dm^2$，否则会降低镀层耐蚀性。搅拌时可以使用较高的电流密度，并采用连续过滤。避免温度过高，严格控制酸度。停镀时不要取出锡阳极，溶液要加盖密封。

（4）杂质的影响及去除方法　硫酸盐镀锡溶液中常见的杂质有各种有机添加剂、Sn^{4+}、NO_3^-、Cl^-、Fe^{2+}、Cu^{2+}、NH^{4+}、Ni^{2+}等。其中添加剂可用 1~3g/L 的活性炭吸附除去，需重新调整成分和添加有机添加剂处理；Fe^{2+}、Cu^{2+}浓度超过 0. 01mol/L 时，镀层明显发暗、孔隙率增大，去除时可在小电流密度（$0.2A/dm^2$）下通电处理；Ni^{2+}等杂质对镀层影响不明显，一般不处理。

17. 6. 2　氟硼酸盐镀锡

氟硼酸亚锡溶解度大，可采用的电流密度范围宽，沉积速度较快，与锡酸盐镀锡相比沉积速度快 2~3 倍，而电能的消耗却只有其 10%。镀层细致、洁白而有光泽，镀液的分散能力比硫酸盐镀锡好。但是氟硼酸盐镀锡的成本比较高，如果没有现成的氟硼酸亚锡，配制镀液比较麻烦。氟硼酸盐镀锡工艺见表 17-53。

表 17-53　氟硼酸盐镀锡工艺

工艺类型			普通镀锡	光亮镀锡
组分质量浓度/(g/L)	氟硼酸亚锡[$Sn(BF_4)_2$]		100(100~400)	50(40~60)
	二价锡(Sn^{2+})		80(40~160)	20(15~25)
	游离氟硼酸(HBF_4)		100(50~250)	100(80~140)
	明胶		6(2~10)	—
	2-萘酚		1(0.5~1)	—
	甲醛(HCHO)(质量分数为37%)		—	5mL/L(3~8mL/L)
	胺-醛系光亮剂		—	26mL/L(15~30mL/L)
	OP-15		—	10(8~15)
工艺条件	温度/℃		20(15~40)	17(10~25)
	阴极电流密度/(A/dm^2)	挂镀	3.0(2.5~12.5)	2(1~10)
		滚镀	1.0	1(0.5~5)
	搅拌下的电流密度/(A/dm^2)	20℃搅拌	25	—
		40℃搅拌	45	—
	阴极移动速度/(m/min)		适宜	1.5(1~2)

注：括号内数字为适用范围。

17.6.3　锡酸盐镀锡

1. 锡酸盐镀锡工艺

锡酸盐镀锡工艺见表 17-54。

表 17-54　锡酸盐镀锡工艺

工　艺　号		1	2	3	4	5	6	7
组分质量浓度/(g/L)	$Na_2SnO_3 \cdot 3H_2O$	95~110	20~40	—	—	75~90	60~70	—
	NaOH	7.5~11.5	10~20	—	—	8~12	10~15	—
	过氧化氢	—	—	—	—	适量	适量	适量
	K_2SnO_3	—	—	95~110	195~220	—	—	190~200
	KOH	—	—	13~19	15~30	—	—	25
	醋酸钠或醋酸钾	0~20	0~20	0~20	0~20	—	—	—
工艺条件	温度/℃	60~85	70~85	65~80	70~80	70~90	80~90	90
	阴极电流密度/(A/dm^2)	0.3~3	0.2~0.6	3~10	10~20	1~1.5	150~200A/桶	6~10
	阳极电流密度/(A/dm^2)	2~4	2~4	2~4	2~4	3~4	3~4	3~4
	电压 U/V	4~8	4~12	4~6	4~6	—	—	—
	锡阳极纯度(%)	>99	>99	>99	>99	—	—	—
备注		适用于快速电镀	—	—	适用于快速电镀	—	—	—

注：工艺 2 适用于滚镀及复杂零件、小零件镀锡，挂镀时可相应提高锡酸钠含量；工艺 3 适用于挂镀，滚镀时可相应提高游离碱含量。

2. 锡酸盐镀锡溶液的配制

1）在电镀槽中加入 1/4~1/3 体积的蒸馏水或去离子水（冬季用热水，不能用硬水，因为其在碱性镀锡溶液中会产生不溶性淤渣），加入定量的固体 NaOH 或 KOH，搅拌至完全溶解。

2）把已经用水调成糊状的氧化锌边搅拌边放入电镀槽，再加水稀释至所需体积。

3）过滤后加入三乙醇胺、锌粉，搅拌均匀，再次过滤。

4）进行短时间电解，加入少量添加剂，稍加搅拌即可试镀。

3. 锡酸盐镀锡溶液的维护

（1）使用合格的锡酸盐和阳极　无论是配制还是补加时，锡酸钠的质量分数在41%以上，锡酸钾的质量分数在38%以上。合格的阳极为纯锡阳极，铝的质量分数为1%的“高速”阳极或不溶性阳极。阳极含镉多时会使阳极溶解效率显著下降，若含铅过多将污染镀层，这样的镀件不适合储装食品。

（2）严格控制游离碱的含量　要求每天分析游离碱的含量，碱度高时要使用冰醋酸溶液来降低碱度。

（3）防止 Sn^{2+} 产生　Sn^{2+} 会诱发松散、粗糙、多孔，应予以防止。电镀时要避免槽体因漏电而镀上锡，因为锡与氢氧化钠溶液反应会生成二价锡盐。当镀液中存在过量 Sn^{2+} 时，可加入0.2~0.4mL/L的过氧化氢使其氧化，然后通电处理。

（4）及时去除沉淀　用沉降的方法取上层清液后除去沉淀的泥渣，用冷冻法除去过多的碳酸钠。若出现有害金属杂质锑、铅，则可用低电流密度电解除去。使用软水或纯水更好，这样可以防止硬水产生的淤渣，并防止过多的 Cl^- 使阳极钝化膜破裂。

（5）普通故障鉴别

1）温度正常，阴极电流密度并不大，阴极析氢过多，说明锡含量低而游离碱度高。

2）阴极析氢少，镀层粗糙发暗，说明锡含量高，游离碱度低。

3）阳极发黑，大量析氢，应检查温度和电流密度，若两者都正常，则说明游离碱不足。

17.6.4 碱性镀锡

碱性镀锡镀液由锡酸盐与氢氧化物组成，分为钾盐与钠盐镀液。钾盐镀液导电性好，有较高的沉积速度，但价格较钠盐镀液的高。在碱性镀锡中，四价锡是以锡酸根 SnO_3^{2-} 阴离子形式存在于镀液中的。锡酸盐碱性镀液有较好的分散能力和覆盖能力。镀层与基体有较好的结合强度，缺点是阴极电流效率只有60%，沉积速度较慢。

碱性镀锡工艺见表17-55。

表17-55　碱性镀锡工艺

工艺号		1	2	3	4
组分质量浓度/(g/L)	锡酸钠(Na_2SnO_3)	75~90	60~70	—	100
	锡酸钾(K_2SnO_3)	—	—	190~200	—
	金属锡	—	—	—	45
	醋酸钠(CH_3COONa) 或醋酸钾(CH_3COOK)	—	—	—	0~15
	氢氧化钠(NaOH)	8~12	10~15	—	—
	氢氧化钾(KOH)	—	—	25	—
	过氧化氢(H_2O_2)	适量	—	适量	适量
工艺条件	温度/℃	70~90	80~90	90	60~80
	阴极电流密度/(A/dm²)	1~1.5	150~200A/筒	6~10	0.5~3
	阳极电流密度/(A/dm²)	3~4	3~4	3~4	0.5~3
	阳极电流效率(%)	60~75	60~65	80	60~70

17.6.5 线材连续电镀锡

由于线材产品必须连续生产并要保持数万米质量的一致性，故其设备及工艺与普通电镀有很大的区别。螺旋式线材电镀设备是目前应用最广泛的一种，其连续镀锡工艺流程为：装机→拉线→电解脱脂→水洗→酸活化→线材连续镀锡→水洗→热水洗→抛光→收线。由于该电镀工艺线材走速很快，很容易将空气卷入镀液中，同时在工作中镀液从子槽到母槽的剧烈循环会造成镀液间的撞击，以上两者都会导致泡沫过多，加速镀液的浑浊、老化。另外由于线材走速很快，需要电镀添加剂能在很高电流密度下保持镀层厚度，故其对电镀添加剂的要求较高。线材连续电镀锡工艺见表 17-56。

表 17-56 线材连续电镀锡工艺

镀液组分体积浓度/(mL/L)	数值	工艺条件	数值
甲基磺酸	70~180	温度/℃	40~50
锡	60~100g/L	搅拌	强烈、均匀
甲磺酸亚锡	50~90	电流密度/(A/dm^2)	10~100
消泡剂	1~2	—	—
亚光纯锡电镀添加剂	10~15	—	—

17.6.6 多层印制电路板生产中的电镀锡

工艺流程：上板→酸性脱脂→扫描水洗→二级逆流水洗→微蚀→扫描水洗→二级逆流水洗→镀铜预浸→镀铜→扫描水洗→镀锡预浸→镀锡→二级逆流水洗→下板。

多层印制电路板生产中的电镀锡工艺见表 17-57。

表 17-57 多层印制电路板生产中的电镀锡工艺

镀液组分体积浓度/(mL/L)	数值	工艺条件	数值
Sn^{2+}	20~30(24)	操作温度/℃	18~25(22)
H_2SO_4(质量分数为 98%)	160~185(175)	阴极电流密度/(A/dm^2)	1.3~2.0(1.7)
酸锡添加剂 A	30~60(40)	—	—
酸锡添加剂 STH	30~80(40)	—	—
酸锡添加剂 B	15~25(20)	—	—

注：括号内数字为最佳数值。

17.6.7 晶纹镀锡

在酸性或碱性镀锡镀液中镀 1~3μm 厚的锡，并在 280~350℃ 下加热，加热至锡层熔化，取出缓冷，即发现晶纹。稍加浸蚀之后，再用 0.2~0.3A/dm^2 的电流密度镀锡 5~10min。经仔细清洗，干燥后再上清漆，可作为日用品的装饰镀层。

17.7 电镀铅

17.7.1 普通镀铅

铅是一种青灰色金属，质地柔软，熔点低，铅的电位比铁正，对钢铁而言属阴极镀层。无孔隙镀铅层适用于接触硫酸的设备和工件，也用于接触 SO_2 等其他硫化物的器具。镀铅的镀液种类很多，如氟硼酸盐、氨基磺酸盐、醋酸盐、氟硅酸盐等。普通镀铅工艺见表 17-58。

表 17-58 普通镀铅工艺

工艺类型		氟硼酸盐型	醋酸盐型	工艺类型		氟硼酸盐型	醋酸盐型
组分质量浓度/(g/L)	碱式碳酸铅	130~140	—	组分质量浓度/(g/L)	醋酸	—	30~40
	氢氟酸	240~250	—		邻甲苯胺	—	1
	硼酸	100~110	—		二硫化碳	—	1
	动物胶	0.2	3	工艺条件	温度/℃	25~40	室温
	醋酸铅	—	100~300		电流密度/(A/dm²)	1~2	10

17.7.2 氟硼酸盐镀铅

氟硼酸盐镀铅工艺见表 17-59。

表 17-59 氟硼酸盐镀铅工艺

工艺号		1	2	3	4
组分质量浓度/(g/L)	HF(质量分数为 100%)	120	—	—	—
	H_3BO_3	106	13	—	—
	$2PbCO_3 \cdot Pb(OH)_2$	130~150	—	—	—
	$Pb(BF_4)_2$	—	120	200~300	200~300
	HBF_4	—	30	60~120	80~100
	木工胶	0.2	—	—	—
	动物胶	—	0.2	—	—
	桃胶	—	—	3	—
	对苯二酚	—	—	—	5~10
工艺条件	温度/℃	18~30	25~40	室温	室温
	电流密度/(A/dm²)	1~3	1~2	1~3	

注：1. 镀铅阳极必须用纯铅。
2. 工艺 2 适合于镀 25μm 以下的薄铅。

17.7.3 酒石酸盐镀铅

酒石酸盐镀铅溶液稳定，成分简单，对电镀设备无腐蚀，镀液的深镀能力和均镀能力也好，所得镀层结晶细致、无孔隙或孔隙极细小，沉积速度可达 100μm/h，厚度可达 2mm。同时由于酒石酸盐无毒，改善了劳动条件，但钢铁件镀前必须浸铜或预镀铜。酒石酸盐镀铅工艺见表 17-60。

表 17-60 酒石酸盐镀铅工艺

工艺号		1	2	3
组分质量浓度/(g/L)	氧化铅(PbO)	90~120	5~15	93
	酒石酸钾钠($NaKC_4H_4O_6 \cdot 4H_2O$)	180~200	50~200	110
	氢氧化钠(NaOH)	60~80	—	—
	氢氧化钾(KOH)	—	—	55
	EQD-4	3~5mL/L	—	—
	胶	—	—	0.5
	$EDTANa_2 \cdot H_2O$	—	20~40	—
工艺条件	温度/℃	20~75	25	30~50
	电流密度/(A/dm²)	0.5~4	1~2	1

17.7.4 氨基磺酸盐镀铅

氨基磺酸盐镀铅工艺见表 17-61。

表 17-61 氨基磺酸盐镀铅工艺

工 艺 号		1	2	3	4
组分质量浓度/(g/L)	铅(Pb^{2+}以氨基磺酸铅形式加入)	140	54	80	150
	游离氨基磺酸(NH_2SO_3H)	—	50	100	50
	十六烷基三甲基溴化铵($C_{19}H_{42}BrN$)	—	2~15	—	—
	双亚甲基双苯酚[$(CH)_2C(C_6H_5OH)_2$]	—	—	—	0.5
工艺条件	pH 值	1.5	—	—	—
	温度/℃	24~40	24~50	24~50	25~50
	电流密度/(A/dm^2)	0.5~4	0.5~4	0.5~4	3~5

17.7.5 镀铅的常见问题与对策

镀铅的常见问题与对策见表 17-62。

表 17-62 镀铅的常见问题与对策

故障现象	可能产生的原因	处理方法
镀层粗糙	胶含量或其他添加剂不足	酌情补充
	温度过高	降低温度
	游离氟硼酸不足	分析调整
	电流密度太高	降低电流密度
分散能力好,但有条纹	胶含量太多	加入活性炭,充分搅拌,静置 24h 后过滤
沉积速度慢	电流密度低	提高电流密度
	铅含量低	分析补充铅
镀层有羽毛状或树枝状结晶物	胶不足	增加胶化合物,先用水溶解后才能加入
零件表面大量析氢,电流效率低	游离氟硼酸过高	增加阳极

17.8 电镀铁

17.8.1 高温硫酸盐镀铁

高温硫酸盐镀铁工艺见表 17-63。

表 17-63 高温硫酸盐镀铁工艺

工 艺 号		1	2	3	4
组分质量浓度/(g/L)	硫酸亚铁($FeSO_4$)	180	300	320~350	—
	硫酸钠(Na_2SO_4)	100	—	—	—
	硫酸钾(K_2SO_4)	—	170	—	—
	硫酸锰($MnSO_4$)	—	2~4	—	—
	草酸(CH_3COOH)	—	2~4	—	—
	硫酸镁($MgSO_4$)	—	—	250~280	150~180
	氯化钠(NaCl)	50	—	—	—
	硫酸(H_2SO_4)	0.5~1	—	0.5~1	2~3
	甘油	—	—	—	30~50
工艺条件	pH 值	—	2.5~3.5	—	—
	温度/℃	85~95	80~90	95~100	80~90
	电流密度/(A/dm^2)	3~10	5~15	10~20	8~10

17.8.2 低温硫酸盐镀铁

低温硫酸盐镀铁工艺见表 17-64。

表 17-64 低温硫酸盐镀铁工艺

工艺号		1	2	3	4
组分质量浓度/(g/L)	硫酸亚铁($FeSO_4$)	200	150~200	110~180	180~200
	硫酸镁($MgSO_4$)	40	—	—	—
	硫酸氢钠($NaHCO_3$)	30	—	—	25~30
	硫酸铵[$(NH)_2SO_4$]	—	100~120	—	—
	氯化钠(NaCl)	—	—	40~50	20~30
工艺条件	pH 值	—	5~5.5	—	—
	温度/℃	20~25	18~25	18~25	18~25
	电流密度/(A/dm^2)	0.3~0.5	0.1~0.15	0.1~0.15	0.1~0.3

17.8.3 高温氯化物镀铁

高温氯化物镀铁工艺见表 17-65。

表 17-65 高温氯化物镀铁工艺

工艺号		1	2	3	4	5
组分质量浓度/(g/L)	氯化亚铁($FeCl_2 \cdot 4H_2O$)	700~800	500~600	400~500	400~500	300~350
	氯化钙($CaCl_2$)	—	—	—	300~500	—
	氯化铵(NH_4Cl)	—	—	—	—	60~90
	氯化钠(NaCl)	—	—	50~100	—	—
	氯化锰($MnCl_2 \cdot 4H_2O$)	—	—	—	—	150~250
	盐酸(HCl)	—	50	—	—	—
工艺条件	pH 值	3~4	0.5~3	2~3.5	0.2~0.5	1.5~2.5
	温度/℃	100~105	95~100	90~95	95~100	65~75
	电流密度/(A/dm^2)	4~5	—	—	10~20	8~12
	搅拌及循环过滤	需要	需要	需要	需要	需要

17.8.4 低温氯化物镀铁

低温氯化物镀铁镀层硬度高（45~46HRC），常用作耐磨层。其电流效率较高、沉积速度较快，但镀液稳定性差，其中二价铁容易氧化成三价铁而影响镀层质量。使用不对称交流电起镀的方法，可以在 30~50℃下镀出柔软而结合力较强的镀层。低温氯化物镀铁工艺见表 17-66。

表 17-66 低温氯化物镀铁工艺

工艺号		1	2	3
组分质量浓度/(g/L)	氯化亚铁($FeCl_2 \cdot 4H_2O$)	350~400	350~400	315~400
	氯化钙($CaCl_2$)	—	—	150
	氯化钠(NaCl)	10~20	20	—
	氯化锰($MnCl_2 \cdot 4H_2O$)	1~5	10	—
	硼酸(H_3BO_3)	5~8	1~2	—
	碘化钾(KI)	1~5	—	—
工艺条件	pH 值	1~2	1~1.5	1~1.5
	温度/℃	30~55	30~50	30~40
	电流密度/(A/dm^2)	15~20	15~30	15~30

17.8.5　硫酸亚铁-氯化亚铁镀铁

硫酸亚铁-氯化亚铁镀铁镀液的维护和控制比较困难，但它可得到较厚的硬镀层。硫酸亚铁-氯化亚铁镀铁工艺见表17-67。

表17-67　硫酸亚铁-氯化亚铁镀铁工艺

工艺号		1	2	3
组分质量浓度/(g/L)	硫酸亚铁($FeSO_4 \cdot 7H_2O$)	250	250	248
	氯化亚铁($FeCl_2 \cdot 4H_2O$)	30	42	36
	氯化铵(NH_4Cl)	7	20	20
工艺条件	pH值	4.2~6	3.5~5.5	3.5~5.5
	温度/℃	40	35~43	27~70
	电流密度/(A/dm^2)	5~10	5~10	2~10

17.8.6　氟硼酸镀铁

氟硼酸电镀液可获得细致均匀的铁镀层。该电镀液的分散能力及一次镀层能力比氯化亚铁镀液有所提高，镀层的脆性小，结合强度高，质量稳定。此外，该镀液的抗氧化性能及酸度缓冲性能也有所提高，生产中不再需要通电处理和经常调整酸度。

氟硼酸镀铁工艺见表17-68。

表17-68　氟硼酸镀铁工艺

工艺号		1	2	3
组分质量浓度/(g/L)	氯化亚铁($FeCl_2 \cdot 4H_2O$)	250~300	350~380	—
	氯化锰($MnCl_2 \cdot 4H_2O$)	50~60	—	—
	氟硼酸(HBF_4)	10~20	10~15	—
	氟硼酸亚铁[$Fe(BF_4)_2$]	—	—	280~320
	硼酸(H_3BO_3)	—	—	18~20
	十二烷基硫酸钠	—	0.02~0.04	—
	氟化钠(NaF)	—	2~2.5	—
工艺条件	pH值	2.5~3	3~4	3.2~3.6
	温度/℃	30~50	20~40	40~60
	电流密度/(A/dm^2)	10~15	10~15	5~15

17.8.7　镀铁的后处理

（1）中和　用NaOH溶液或50~100g/L的Na_2CO_3溶液在室温下处理20~30min，对于氯化物镀铁件应先用水冲洗以除去Cl^-，也可浸入皂化油中处理。

（2）浸油　清洗吹干后拆卸夹具及去除绝缘物，将工件浸入中性防锈油内，使表面均匀涂上一层防锈油。非氯化物镀铁Cl^-少、pH值较高，镀件不易生锈和腐蚀，不必进行中和，可直接清洗吹干、拆卸、交货。如不直接加工，也应浸油防锈或涂油，或可用质量分数为1%~3%的亚硝酸钠进行防锈处理。

（3）测量尺寸　镀铁层的厚度一般以单面镀层计算，镀铁层的沉积速度一般可达0.04~0.06mm/h（直径方向），是镀铬沉积速度的10倍左右，而且一次镀厚可达2~3mm。

（4）镀层退除　钢铁件上的铁镀层较难退除，目前主要采用机械加工方法退除。

（5）除氢　最重要的是除氢应连续进行，将镀件在200~230℃的烘箱内保温2~3h，烘箱温度误差为±5℃自然冷却。油槽除氢应用高燃点中性油（如六号汽油），温度为180~200℃，保温2~3h。除氢对减小镀层内应力及氢脆有利，同时通过除氢可检查镀层与基体的结合强度。

17.8.8　不同温度对铁镀层硬度的影响

不同温度对铁镀层硬度的影响见表17-69。一般在200~230℃温度下除氢，保温时间可由镀铁层厚度决定，若铁层过厚，可适当延长时间。

表17-69　不同温度对铁镀层硬度的影响

硬度	加热温度/℃						
	20~100	200	300	400	500	600	700
硬度 HV	609~677	609~677	650~841	460~549	423~480	321~370	120~160
硬度 HRC	54~57	54~57	56~63	45~51	43~46	33~38	—

17.9　电镀金

金的化学稳定性高，不溶于一般酸，只溶于王水、氰化钾和氰化钠溶液。金镀层耐蚀性强、抗变色性强、导电性良好、能耐高温、容易焊接，因而在电子仪器生产中应用广泛。在普通镀金溶液中，加入少量锑、钴等金属离子，可以获得硬度大于130HV的硬金镀层。如金的质量分数为5%的合金镀层，硬度可以达到200HV以上，金铜合金镀层的硬度可达300HV以上，且具有一定的耐磨性。

由于金合金镀层色调丰富，光泽持久，所以常用于首饰、艺术品的电镀。另外，金镀层还广泛用于通信设备、宇航工业、工业设备和精密仪器仪表等设备制造中。

17.9.1　碱性氰化物镀金

氰化物镀金工艺成熟，应用较广，其镀液具有较强的阴极极化作用，分散能力和覆盖能力好，电流效率高（接近于100%），金属杂质难以共沉积，镀层纯度高，但硬度稍低，孔隙多。镀液中添加镍、钴等金属离子，可大大提高镀层耐磨性。添加少量其他金属化合物（如添加氰化亚铜、银氰化钾或氰化钒钾），镀层可略带粉红色、浅金黄色或绿色，能满足某些特殊装饰要求。碱性氰化物镀金溶液主要用于装饰性电镀。由于镀液碱性大，且镀液配制复杂，不适于印制电路板的电镀。

碱性氰化物镀金工艺见表17-70。

表17-70　碱性氰化物镀金工艺

工艺号		1	2	3	4	5	6
组分质量浓度/(g/L)	金（以金氰化钾形式加入）	4~5	3~5	4~12	4	12	15~25
	氰化钾（总量）	15~20	15~25	30	—	90	—
	氰化钾（游离）	—	3~6	—	16	—	8~10
	氢氧化钠	—	—	—	—	—	1
	碳酸钾	15	—	30	10	—	100
	钴氰化钾	—	—	—	12	—	—
	磷酸氢二钾	—	—	30	—	—	—

（续）

工艺号		1	2	3	4	5	6
组分质量浓度/(g/L)	银氰化钾	—	—	—	—	0.3	—
	镍氰化钾	—	—	—	—	15	—
	硫代硫酸钠	—	—	—	—	20	—
工艺条件	温度/℃	60~70	60~70	50~65	70	21	55~60
	pH 值	8~9	—	12	—	—	—
	电流密度/(A/dm²)	0.05~0.1	0.2~0.3	0.1~0.5	0.2	0.5	2~4
	阳极材料	金、铂	金	金	金	—	金

注：工艺 1~3 为一般镀金；工艺 4 为镀硬金；工艺 5 为镀亮金，镀层为全光亮，稍带绿色；工艺 6 为加厚镀金。

17.9.2 酸性和中性镀金

酸性和中性镀金镀液是由金氰化钾、弱有机酸（如柠檬酸）、磷酸盐、螯合剂和光亮剂组成的。添加极微量的钴、镍和铜可以增加镀层硬度，提高耐磨性。中性镀金镀液的电流效率为 80%~90%，镀层纯度高，多用于半导体元器件电镀。由于弱有机酸（如柠檬酸）的存在，即使是在 pH 值=3 时，$KAu(CN)_2$仍然十分稳定，而且镀液可以使用较低的金离子浓度。虽然电流效率较碱性、中性镀金镀液低，但由于可以使用较高的电流密度，其沉积速度并不慢。而且镀层无孔隙，焊接性和耐蚀性好，镀液分散能力好，因此在印制电路板电镀中得到了大量应用。同时还广泛应用于钟表、首饰、工艺品、日用五金等装饰性电镀，也可用于电子元器件的电镀。酸性和中性镀金工艺见表 17-71。

表 17-71 酸性和中性镀金工艺

工艺号		1	2	3	4	5	6
组分质量浓度/(g/L)	金[以 $KAu(CN)_2$ 形式加入]	10	30	6~8	1~2	0.8~2.5	1.5
	柠檬酸($H_3C_6H_5O_7$)	—	18~20	—	—	—	—
	柠檬酸钾($K_3C_6H_5O_7$)	—	28~30	—	—	—	—
	柠檬酸铵[$(NH_4)_3C_6H_5O_7$]	100	—	—	—	—	—
	酒石酸锑钾($KSbOC_4H_4O_6 \cdot 1/2H_2O$)	0.05~0.3	—	—	—	—	—
	硫氰酸钾(KCNS)	70	—	—	—	—	—
	镍氰化钾[$K_2Ni(CN)_4$]	—	—	2~4	—	—	—
	磷酸氢二钾(K_2HPO_4)	—	—	25~30	—	—	—
	CB2G100 开缸剂 B①	—	—	—	600mL/L	—	—
	AUROFLASHZ 装饰金开缸剂 B②	—	—	—	—	600mL/L	—
	N-12 中性水金开缸剂 A③	—	—	—	—	—	60
	开缸剂 B③	—	—	—	—	—	120mL/L
工艺条件	波美度(°Be)	—	—	—	8~12	12	7~12
	pH 值	5.2~5.8	5.2~6.0	6.5~7.5	3.5~4.0	3.5~4.0	7~8
	温度/℃	30~40	60~65	—	40~60	40~60	55~65
	阴极电流密度/(A/dm²)	0.2~0.5	0.3~0.5	0.2~0.4	0.5~1.2	0.5~1.2	1~2
	阳极材料	金	铂、石墨、不锈钢	不锈钢	不锈钢或铂钛钢	铂钛钢	铂钛钢

① CB2G100 光亮酸性水金开缺剂为深圳市超拔电子化工有限公司产品。
② AUROFLASHZ 装饰金开缺剂 B 为华美电镀技术有限公司产品。
③ N-12 中性水金开缸剂 A、B 为南京南安电镀技术工程有限公司产品。

17.9.3 亚硫酸盐镀金

亚硫酸盐镀金镀液不含氰，无毒，对环境损害较小，分散能力和覆盖能力也较好，镀层光亮致密，与镍、铜、银等金属结合牢固，耐酸、抗盐雾性能好。但单独用亚硫酸盐做配位剂时，镀液不够稳定，需引进一些其他辅助配位剂，如柠檬酸盐、酒石酸盐、EDTA 等。此外还需要加入一些含氮的有机添加剂。近年来，随着有机多磷酸在电镀上的广泛应用，在亚硫酸盐镀金溶液中添加有机多磷酸能使镀液稳定，扩大 pH 值范围，改善镀层和基体金属的结合力。亚硫酸盐镀金工艺见表 17-72。

表 17-72 亚硫酸盐镀金工艺

工艺号		1	2	3	4
组分质量浓度/(g/L)	金(以亚硫酸金形式加入)	10~25	5~10	—	—
	金(以三氯化金形式加入)	—	—	10~25	25~35
	亚硫酸钠	80~140	—	—	120~150
	HEDP	35~65	—	—	—
	ATMP	60~90	—	—	—
	酒石酸锑钾	0.1~0.5	—	—	—
	亚硫酸钾	—	80~100	—	—
	钴(以乙二胺四乙酸钴形式加入)	—	0.1~0.3	—	—
	磷酸氢二钾	—	10~20	—	—
	亚硫酸铵	—	—	200~250	—
	柠檬酸钾	—	—	100~130	—
	柠檬酸三铵	—	—	—	70~90
	硫酸钴	—	—	—	0.5~1.0
工艺条件	pH 值	10~13	8~10	8~10	6.5~7.5
	温度/℃	25~40	45~55	50~60	室温
	阴极电流密度/(A/dm²)	0.1~0.4	0.5~1.0	0.08~0.5	0.2~0.3
	阳极	金板或钛上镀铂	金板	金板	金板或铂板
	阴极移动速度/(次/min)	需要或搅拌	需要	25~30	空气搅拌

17.9.4 柠檬酸盐镀金

柠檬酸盐镀金具有与碱性氰化物镀金及亚硫酸盐镀金不同的特性，在手表装饰及在电子工业印制电路板等方面均有应用。这种镀液主要是在柠檬酸及碱金属盐的缓冲溶液中加入金氰络盐制得的。镀液比较稳定，金属离子浓度较低。虽然阴极电流效率较低，但其电流密度较高，所以沉积速度很快。在适当的电流密度下，能获得无孔隙的镀层，从而提高了金镀层的耐蚀性和焊接性。镀液中添加含氮的有机物或金属镍盐，可得到更加致密、光亮的镀层，并提高其硬度和耐磨性。

柠檬酸盐镀金工艺见表 17-73。

表 17-73 柠檬酸盐镀金工艺

工艺号		1	2	3	4	5
组分质量浓度/(g/L)	氰化金钾	15~25	10~15	8~20	10~12	10~20
	柠檬酸钾	20~40	30~45	100~140	—	—
	磷酸二氢钾	—	6~10	—	—	—
	酒石酸锑钾	—	—	0.8~1.5	—	—

（续）

工 艺 号		1	2	3	4	5
组分质量浓度/(g/L)	乙二胺四乙酸钴钾	—	—	2~4	—	1~3
	柠檬酸铵	—	—	—	50~60	—
	氢氧化钾	—	—	—	—	50~60
	乙二胺二乙酸镍	—	2~4	—	—	—
	柠檬酸	8~15 mL/L	20~30 mL/L	—	—	90~120 mL/L
	浓磷酸	—	—	—	—	10~14 mL/L
	环乙烷或环乙烷二胺四乙酸	—	—	—	—	10~15 mL/L
工艺条件	温度/℃	50~60	20~50	12~35	70~80	35~45
	pH 值	4.8~5.8	3.2~4.4	3~4.5	5.4~5.8	3.5~4.5
	电流密度/(A/dm^2)	0.05~0.1	2~6	0.5~1	0.2~0.4	0.5~1.5

柠檬酸盐镀金常见问题与对策见表17-74。

表17-74 柠檬酸盐镀金常见问题与对策

故障现象	可能产生的原因	解决方法
镀层色泽不均	底金属不均匀	加强预处理
	pH 值偏高	降低 pH 值
	主盐含量偏高	添加配位剂
镀层发红	主盐含量偏低	添加主盐
	温度过高	降低温度
	阴极电流密度过大	降低阴极电流密度
	镀液中有铜杂质	回收金,更新镀液
镀层发暗、疏松	金含量过高	添加配位剂
	酒石酸锑钾少	添加酒石酸锑钾
	温度偏低	升高温度
	阴极电流密度过高	降低阴极电流密度
镀层粗糙	主盐含量偏高	稀释或添加配位剂
	配位剂含量少	添加配位剂
	温度偏高	降低温度
	阴极电流密度过高	降低阴极电流密度
结合力不良	预处理不良	加强预处理
	镍底层钝化	加强镀前活化处理
	开始时电流小	可用冲击电镀
	溶液中杂质过多	回收金,更新镀液
镀层有脆性	阴极电流密度过大	降低阴极电流密度
	有机杂质过多	活性炭处理
	pH 值高	降低 pH 值
	温度过低	升高温度

17.9.5 金的回收利用

1. 硫酸亚铁还原法

在通风良好的条件下，将镀液加热蒸发至1/3体积，在不断搅拌下按镀液体积的1.5倍加入盐酸，使之生成三氯化金沉淀。加入少量过氧化氢，搅拌直至黄色沉淀消失，加热至气泡完全消失，再加入硫酸亚铁（按 $Au:FeSO_4=1:10$ 的质量比加入）使金还原。除去上清液，洗净沉淀（沉淀为粗金），过滤后先用盐酸溶液（浓盐酸与水的体积比为 1∶1，浓盐酸的质量分数为 37%，全书同）煮沸沉淀 1h 以除去锌杂质，然后用浓硝酸煮沸 1h 除去银、铜杂质，清洗烘干，加热至 1150℃ 熔铸成金锭。也可在通风良好的条件下，于水浴中将废液浓缩到黏稠状，再用 5 倍体积的热水稀释。在不断搅拌下，加入预先用盐酸酸化的硫酸亚铁（一直加到不再析出沉淀为止），使金呈黑色粉末状沉淀。沉淀过滤后用盐酸酸化的蒸馏水洗涤数次。并将沉淀溶于王水中制成氯金酸，或将沉淀物先用盐酸后用硝酸煮沸提纯，烘干加热熔铸成锭。还原法中使用的还原剂还有硫酸亚铁铵、亚硫酸钠、亚硫酸氢钠、草酸铵等。

2. 锌粉或铝箔置换法

在通风良好的条件下，用盐酸调节镀金废液 pH 值至 1 左右，并加热至 70~80℃，边搅拌边逐次少量地加入锌粉（防止反应剧烈使溶液外溅），至溶液由褐色变成半透明黄白色，且有大量黑色金粉沉淀析出时为止。此过程保持 pH 值为 1 左右。过滤洗涤沉淀后，用浓硝酸煮沸以除去多余的锌粉及其他金属杂质，用王水化成氯化金，再用亚硫酸钠、草酸铵、硫酸亚铁还原以提纯金，可加热至 1200℃ 熔铸成锭。也可使用铝箔置换法，与锌粉置换法不同的是废液的 pH 值要先用氢氧化钠调至 11~12，再加入剪成碎片的铝箔使其反应，铝箔加入量按每克金加 1.5~2.9g 计算。

3. 分解权化物法

在通风良好的条件下，将经浓缩的镀金废液加入浓硫酸调至 pH 值为 2，搅拌下加入 2mL/L 的过氧化氢，加热煮沸至完全沉淀并结块，弃去上层清液，用蒸馏水洗涤黑色沉淀物，再加热浓硫酸（浸没沉淀物）并煮沸，弃去黑色浓硫酸液。如此反复数次，直至煮沸后的硫酸液清澈透明为止。将沉淀洗净烘干，可得黄色海绵金，然后再溶于王水后还原或熔铸成金锭。

4. 离子交换法

（1）离子交换树脂吸附　将镀金废液、废水集中于储存槽经沉淀后用耐酸泵注入高位槽中，然后注入串联的两支装有 731 离子交换树脂柱。树脂装填高度一般为 0.8m 左右，含水废液、废水流经离子交换树脂时，就被吸附而聚焦。交换终点为进出水含金浓度基本相同，即已完成交换。

（2）洗脱　使用再生剂为 HCl∶H_2O∶丙酮 = 1∶2∶8（体积比）的盐酸破坏 $Au(CN)^{2-}$ 配合离子，使金转化为 AuCl。丙酮既可破坏配合物在分解时产生的 HCN，也可溶解不溶于水的 AuCl 沉淀。洗脱温度以 30℃ 效果最好。

（3）蒸馏回收洗脱液中的 AuCl　洗脱液于水浴上加热回收丙酮（丙酮沸点为 56.59℃），AuCl 沉淀析出，并烘干。

（4）灼烧　AuCl 放入坩埚中于 500℃ 灼烧 2~3h，AuCl 脱去氯而得到粗金。

（5）粗金提纯　将粗金置于不锈钢锅中，加工业硝酸，加热至沸腾，保持 10~15min，放置过夜，弃去上清液用纯水洗净金，再对粗金进行二次提纯、烘干。一般纯度可达 99.5%。

17.9.6 粗金提纯

1. 王水溶解法

将回收的粗金分别经盐酸、硝酸煮沸处理并用蒸馏水洗干净，再用王水将粗金溶解后加热蒸发，去除其中的一氧化氮和多余的硝酸。再用盐酸酸化、蒸发稀释过滤，滤渣为氧化金沉淀和其他王水中不溶的物质，滤液用过量还原剂（如抗坏血酸）还原出纯金，洗净、烘干。经此法提纯，可得纯度为99.9%的纯金。

2. 金氰络盐提纯法

粗金用王水溶解，去除硝酸后过滤，去除沉淀物，然后于滤液中加入氨水，使金变成雷酸金沉淀。微量的铜、银杂质与氨水配合生成可溶性的铜氨配合离子、银氨配合离子等，可通过洗涤将其除去。雷酸金沉淀滤洗涤后溶于氰化钾溶液中，生成金氰化钾（为镀金溶液的主要成分）配合物直接回用于镀金槽中，或用王水分解氰化物，加还原剂将金还原为纯金再进一步提纯。此时金的纯度可提高到99.97%。

17.10 电镀银

17.10.1 预镀银

电镀银的工件一般都是铜及铜合金，也有少量钢铁工件。当钢铁工件镀银时，应先镀上一层铜或镍的预镀层。由于铜的电极电位比银的电极电位负得多，当铜工件与镀银溶液接触时，在未通电前便会发生置换反应形成一薄层银。这种置换银层与基体结合不牢固，同时还会有部分铜离子进入镀银溶液成为杂质，污染镀银溶液。为保证银镀层具有良好的结合力，工件除按常规方法脱脂和去氧化层等预处理外，在进入镀银槽前还须对工件的表面进行特殊预处理。预处理方法一般有预镀银、浸银、汞齐化等。

预镀银工艺见表17-75。

表17-75 预镀银工艺

工艺号		1	2	3	4	5	6	7
组分质量浓度/(g/L)	AgCN	1~3	2~3	1~2	3~5	1.5~5	3~8	0.7~1
	CuCN	8~18	—	—	—	—	—	—
	KCN	70~100	65~75	20~30	60~70	75~90	60~80	—
	$Cu_2(OH)_2CO_3$	—	10~15	—	—	—	—	—
	KOH	—	—	15~25	—	—	—	—
	K_2CO_3	—	—	—	5~10	—	—	10~20
	亚铁氰化钾	—	—	—	—	—	—	100~140
工艺条件	温度/℃	18~30	18~30	15~25	18~30	22~30	18~25	25~48
	阴极电流密度/(A/dm²)	1~3	0.3~0.5	0.5~1.5	0.3~0.5	1.5~3	2~6	0.3~0.6
	时间/s	—	30~60	—	60~120	—	—	180~310
	适用范围	—	钢铁件	—	非铁金属件	—	—	钢铁、非铁金属件

注：工艺1、2一般适用于钢铁零件的预镀；其余一般适用于非铁金属的预镀。预镀银时间一般控制在0.5~2min。

17.10.2 浸银

浸银工艺见表17-76。

表 17-76 浸银工艺

工艺号		1	2
组分质量浓度/(g/L)	硝酸银($AgNO_3$)	15~20	—
	银(以亚硫酸银加入)	—	0.5~0.6
	硫脲[$CS(NH_2)_2$]	200~220(饱和状态)	
	无水亚硫酸钠(Na_2SO_3)	—	100~200
工艺条件	pH 值	4(用盐酸调整)	—
	温度/℃	15~30	15~30
	时间/s	60~120	3~10

17.10.3 汞齐化

汞齐化工艺见表 17-77。

表 17-77 汞齐化工艺

工艺号		1	2	3	4	5	6	7	8
组分质量浓度/(g/L)	HgO	3~6	—	—	—	—	—	—	6~8
	$HgCl_2$	—	6~7	—	80~110	5~8	8~10	3~5	—
	$Na_2S_2O_3 \cdot 5H_2O$	—	—	—	—	230~250	—	—	—
	无水亚硫酸钠	—	—	—	—	—	—	80~100	—
	乙二胺四乙酸钠	—	—	—	—	—	—	3~5	—
	硝酸银	—	—	—	—	—	—	3~5	—
	$Hg(CN)_2$	—	—	5~10	—	—	—	—	—
	KCN	60~80	—	10~20	—	—	—	—	60~70
	NH_4Cl	—	4~6	—	—	—	12~15	—	—
	HCl	—	—	—	100~140	—	—	—	—
工艺条件	温度/℃	15~25				10~35			室温
	时间/s	3~5							

注:1. 铁和镍合金零件应预镀铜,再汞齐化。
2. 薄片黄铜件进行汞齐化处理时,可能引起力学性能强烈恶化,甚至出现裂纹而遭破坏。

17.10.4 亚氨基二磺酸铵(NS)镀银

NS 镀银溶液易于维护,覆盖能力接近氰化镀银溶液,深镀、均镀能力好,稳定性强。镀层外观好,结晶细致光亮,焊接性、耐蚀性、抗硫性、结合力等也比较好。但溶液中的氨易挥发,pH 值变化大,对 Cu^{2+} 敏感,Cu^{2+} 会使溶液变成蓝色,铁杂质的存在使光亮区缩小,镀层发脆。亚氨基二磺酸铵镀银工艺见表 17-78。

表 17-78 亚氨基二磺酸铵镀银工艺

工艺号		1	2
组分质量浓度/(g/L)	硝酸银($AgNO_3$)	40~50	30
	NS	140~180	—
	亚氨基二磺酸铵	—	40~50
	硫酸铵[$(NH_4)_2SO_4$]	120~160	80~100
	柠檬酸铵[$(NH_4)_2HC_6H_5O_7$]	—	2
	光亮剂 A	8~12	—
	光亮剂 B	4~6	—

工艺号		1	2
工艺条件	pH 值	8.0~9.5	8.5~9
	阴极电流密度/(A/dm²)	0.2~2	0.3~0.5
	温度	室温	室温
	时间/min	5~15	—

17.10.5　氰化物镀银

1. 氰化物镀银工艺

氰化物镀银工艺见表17-79。

表17-79　氰化物镀银工艺

工艺号		1	2	3
组分质量浓度/(g/L)	$KAg(CN)_2$	—	74~148	55
	$AgNO_3$	67~94	—	—
	KCN(游离)	100~130(挂镀)	90~120(挂镀)	135(挂镀)
		—	130~150(滚镀)	100~200(滚镀)
	K_2CO_3	—	—	10
	KOH	10	5~10	—
	FB-1光亮剂	10mL/L	—	—
	FB-2光亮剂	10mL/L	—	—
	光亮剂A	—	30mL/L	—
	光亮剂B	—	15mL/L	—
	56光亮剂	—	—	4mL/L
工艺条件	pH值	—	—	12
	温度/℃	20~30	20~40(挂镀)	15~25
			18~30(滚镀)	
	阴极电流密度/(A/dm²)	0.5~2(挂镀)	0.5~4(挂镀)	0.5~1.2
		0.1~0.5(滚镀)	0.5~2(滚镀)	

2. 氰化物镀银注意事项

1）普通氰化物镀银溶液连续过滤，可相应提高阴极电流密度。快速电镀需阴极移动或采用周期换向电源。镀厚银阴极电流密度视喷流压强而定，电源可采用周期换向。

2）配方中光亮剂的配制：将10份（体积）无水乙醇，2份（体积）二硫化碳和5份乙醚相互混合后，在密封容器中存放几天后方可使用。

3）使用时，按光亮剂（体积）∶溶液=1∶4配制（如溶解在旧溶液中，需用活性炭处理），溶解时，必须将溶液加热至60~70℃，边搅拌边缓慢地加入，溶解后得到黑灰色浑浊液，如无此现象，则需分析原因或在搅拌下试加10~20g/L的硝酸银，然后静置24h，过滤，将滤液存放在敞口瓶中，7~10天后即可使用。光亮剂的正常颜色是透明的淡黄色，若颜色有异常，则不能使用。

4）光亮镀银的阳极需要用纯银并套上阳极袋，溶液需要连续过滤或定期过滤。所得光亮镀银层结晶细致，提高了银镀层的抗变色能力，又不影响镀银层的导电性能和焊接性。

5）操作时最好采用带电下槽，可防止预处理时微缺陷导致的镀层结合力弱的问题。对于铸件电镀，有时在镀银过程中不可避免地会出现黑色斑点，这时应将工件取出，在干净的水中用黄铜丝刷刷去黑斑，清洗后再入槽继续电镀。一般铸件在入槽镀银10min左右都有可能出现黑斑点。

3. 氰化物镀银常见故障与对策

氰化物镀银的常见故障与对策见表17-80。

表 17-80　氰化物镀银的常见故障与对策

故障现象	可能产生的原因	解决方法
镀层结晶粗糙、发黄，阳极易钝化	银含量偏高	稀释镀液
	游离氰化物不足	补充氰化钾
	碳酸盐含量偏高	沉淀法除去
沉积速度慢，阴极电流效率低，阳极溶解快	银含量低	补充银盐
	氰化钾含量过高	减少氰化钾
镀层发暗有斑点，阳极表面出现暗灰色膜	游离氰化钾少	补充氰化钾
	有机杂质污染	活性炭处理
	银阳极不纯	更换阳极（纯度>99.98%）
镀层薄而粗糙，并呈灰白色	游离氰化钾少	补充氰化钾
	阴极电流密度高	降低阴极电流密度
	镀液温度过高	降低温度
镀层表面有黑色条纹	重金属杂质污染	以小电流电解处理
	制件表面不纯	提高基材纯度或镀一层铜
镀层起泡、脱落、结合力不良	预处理不良	加强预处理
	银含量高或氰化钾含量低	增加氰化钾含量
	阴极电流密度过高，同时温度偏低	调整温度和降低电流密度
镀层表面易变色	镀层表面清洗不良	加强镀后清洗
	银层太薄	加厚镀层
	钝化处理不良	加强钝化处理或加有机膜保护
镀层镀不厚或镀层不均匀	温度太低	升高温度
	银离子含量低	补充银盐
	镀液浓度不均匀，上淡下浓	加强阴极移动或搅拌
滚镀银时零件粗糙，镀层有橘皮状	预处理不良	加强预处理
	有置换镀层	加强预镀
	阴极电流密度太高	降低阴极电流密度
	游离氰化钾少	补充氰化钾
铜与铜合金零件镀银后有断裂	零件本身应力大	将零件回火消除应力
	酸洗时间过长或过腐蚀	调整酸洗时间
	汞齐化过度，金属晶格松溃造成	废除汞齐化，改为预镀银
几何形状复杂的零件深凹处银层有斑点	镀液覆盖能力差	用阴极移动或磁力泵连续过滤，改善镀液的覆盖能力

17.10.6 硫代硫酸盐镀银

硫代硫酸盐成分简单、配制简单、电流效率高、均镀能力好、镀层较细致、焊接性好；但镀液不稳定，允许使用的阴极电流密度范围较窄，且镀层中含有少量的硫。

1. 硫代硫酸盐镀银工艺

硫代硫酸盐镀银工艺见表 17-81。

表 17-81　硫代硫酸盐镀银工艺

工　艺　号		1	2	3
组分质量浓度/(g/L)	$AgNO_3$	45~50	40~45	50~60
	$(NH_4)_2S_2O_3$	230~260	—	—
	$Na_2S_2O_3 \cdot 5H_2O$	—	200~250	250~350
	焦亚硫酸钾		40~45	90~110
	硫酸钾	—	—	20~30
	硼酸	—	—	25~35
	NH_4Ac	20~30	20~30	—
	Na_2SO_3	80~100		
	硫代氨基脲(CH_5N_3S)	0.5~0.8	0.6~0.8	

（续）

工　艺　号		1	2	3
工艺条件	pH 值	5.0~6.0	5.0~6.0	4.2~4.8
	温度/℃	15~35	室温	10~40
	阴极电流密度/(A/dm^2)	0.1~0.3	0.1~0.3	—
	阴极面积：阳极面积	1：(2~3)	1：2	—

注：工艺 1、2 均适用于挂镀。工艺 3 为双向脉冲电镀，直流或脉冲，10min。

2. 硫代硫酸盐镀银的镀液配制

1）将计量的硫代硫酸铵溶于 1/3 总体积的蒸馏水中（或去离子水中）。

2）将计量的硝酸银和焦亚硫酸钾分别用 1/4 总体积的蒸馏水溶解，并边搅拌边将焦亚硫酸钾镀液倒入硝酸银镀液中，使之生成焦亚硫酸银混合液，有时沉淀带黄色仍可使用。

3）立即把焦亚硫酸银混合液缓慢地加到硫代硫酸铁溶液中，使银离子与硫代硫酸铁络合，生成微黄色澄清镀液。

4）配制好的镀液静置过夜，过滤后加入所需量的 SL-80 添加剂及辅助剂并补充蒸馏水至规定体积。辅助剂加入时，最好先用少量蒸馏水把它调成浆状，然后加入，以利于溶解。

3. 硫代硫酸盐镀银常见故障与对策

硫代硫酸盐镀银常见故障与对策见表 17-82。

表 17-82　硫代硫酸盐镀银常见故障与对策

故障现象	产生原因及解决方法
镀层覆着力不牢，经常抛光后脱落	镀前处理不干净，加强脱脂工序，检查汞齐化溶液是否正常
沉积速度慢，电流不大，镀层加厚困难	溶液中银含量或添加剂量低，溶液温度低。按需要适当调整
溶液浑浊，并有氨味	溶液的 pH 值或温度太高，按需要调整
溶液中有结晶析出，阳极容易钝化，在电镀时溶液浑浊	银的含量或 pH 值高，硫代硫酸钠含量低，按需要调整
镀层发黄	镀层薄或镀后钝化不良，采用加厚镀层和改善镀后钝化处理进行纠正
镀层出现条纹	亚硫酸钠含量高，按需要进行调整

17.10.7　镀银后处理

1. 化学钝化

化学钝化是用化学方法使镀层表面生成一层钝化膜，以防止银层与硫化物、卤化物反应。在铬酸处理中，主要是先去除银层表面可能形成的不良化合物（如硫化银、卤化银等），在银层上生成一层转化膜，即较疏松的黄膜，其组成大致为氯化银、铬酸银、重铬酸银等。在氨水（300~500mL/L）处理中，主要是将疏松的黄色膜溶解掉，以显出光亮的金属银的晶格。出光的目的是使镀层更为光亮。化学钝化的作用主要是使银层表面产生一层结合力较紧密的铬酸盐转化膜，其工艺见表 17-83。

表 17-83　钝化处理工艺

工　艺　号		1	2	3
组分质量浓度/(g/L)	重铬酸钾($K_2Cr_2O_7$)	7.3	—	40~60
	铬酐(CrO_3)	2.5	40	—
	硝酸(HNO_3)	13mL/L	—	—
	氧化银(Ag_2O)	—	5	—
	乙酸(CH_3COOH)	—	2mL/L	—
	氢氧化钾(KOH)	—	—	40~60

（续）

工　艺　号		1	2	3
工艺条件	温度/℃	25	室温	35~45
	时间/min	3	5	5~10

2. 电化学钝化

镀银后电化学钝化处理即在化学钝化工艺流程中，只要将化学钝化工艺改为电化学钝化工艺即可。用镀银件作为阴极通以电流进行电解钝化，使银表面结晶变细而致密并形成一层钝化膜。电化学钝化膜的防变色性能比化学钝化膜好得多，而焊接性、接触电阻和外观色泽几乎没有改变。电化学钝化工艺见表17-84。

表 17-84　电化学钝化工艺

工　艺　号		1	2	3
组分质量浓度/(g/L)	重铬酸钾($K_2Cr_2O_7$)	56~66	56	20~40
	硝酸钾(KNO_3)	10~14	12	—
	氢氧化钾(KOH)		22	22~40
	碳酸钾(K_2CO_3)	—	—	30~40
工艺条件	pH 值	5~6	8~9	—
	温度/℃	室温	30	室温
	阴极电流密度/(A/dm^2)	—	2	0.8
	阳极材料	不锈钢	铅	不锈钢
	时间/min	3~5	20	15

3. 有机化合物钝化处理

镀银后的有机化合物钝化后处理即在含硫、氮活性基团的直链或杂环化合物钝化溶液中，银与有机物作用生成一薄层透明的银配合物保护膜，以隔离银与腐蚀介质，达到防止银变色的目的。配合物保护膜的抗潮湿、抗硫性能比铬酸盐钝化膜好，但抗大气因素（如光照）的效果比铬酸盐钝化膜差一些。有机薄膜品种很多，使用时必须根据制品的要求、使用环境、制品的功能等进行选择。有机化合物钝化处理会使镀层的接触电阻增加，对电性能要求较高的工件不宜使用。有机化合物钝化工艺见表17-85。

表 17-85　有机化合物钝化工艺

组分质量浓度/(g/L)	数值	工 艺 条 件	数值
苯并三氮唑	5	pH 值	5~6
碘化钾(KI)	2	温度	室温

4. 电镀贵金属钝化处理

镀银后电镀贵金属后处理是在银镀层表面镀上一薄层贵金属或稀有金属及银基合金镀层，如镀金、钯、铑、铟及银镍、银铟、钯镍合金等，也可达到防止银镀层变色的目的。但因工艺较难控制，成本高，故一般只用于要求具有高稳定性、高耐磨性的精密电气元件。电镀贵金属钝化处理工艺见表17-86。

表 17-86　电镀贵金属钝化处理工艺

组分质量浓度/(g/L)	数值	工 艺 条 件	数值
$PbCl_2$	20	温度/℃	35~45
$Ni(NH_2SO_3)_2$	10	电流密度/(A/dm^2)	0.8~1
$NH_3 \cdot H_2O$	75~80	—	—

5. 除去银层变色锈蚀产物

除去银层变色锈蚀产物工艺见表17-87。

表17-87 除去银层变色锈蚀产物工艺

序号	成分	含量	适用范围及特点
1	硫代硫酸钠	饱和	用于要求不损伤银器的除锈蚀产物
2	硫脲	90g/L	用于严重变色
	硫酸(密度为1.84g/mL)	20g/L	—
3	硫脲	45g/L	溶液较稀，可避免损伤银器
	硫酸(密度为1.84g/mL)	10g/L	
4	硫脲	80g	粉状清洁剂，用海绵或碎布蘸着擦拭
	柠檬酸或酒石酸	100g	
	硅藻土	200g	
5	硫脲	8%①	效果好，不伤银器
	硫酸(密度为1.84g/mL)	5.1%①	
	水溶性香料	0.3%①	
	润滑剂	0.5%①	
	水	86.1%①	

① 质量分数。

6. 银的回收

废液中加 Cl^- 沉淀，使银生成氯化银白色沉淀，然后用倾泻法过滤，用纯净水洗涤沉淀至无铜离子的蓝色后再洗涤5~10次，最好用铜试剂或BCO法检测清洗液中无铜离子为止，最后将氯化银溶解在氰化钾或氰化钠中，再放入镀银槽。

17.11 电镀其他金属

17.11.1 电镀铂

铂镀层可用以制作化学分析及电解工业用的电极，还可用于精密测量仪器及高级外科医疗器械、电真空器件等的电镀。由于铂镀层具有极高的化学稳定性，因此在许多情况下它能有效地替代铂制品。

电镀铂的缺点是阴极电流效率较低，要镀厚铂层很困难。无论是磷酸盐镀液还是亚硝酸盐镀液，由于镀液温度都较高，蒸发量很大，稳定性较差，而且氨易挥发，操作条件恶劣，这些工艺在功能性镀铂上很少采用。较常用的是以氨基磺酸为配位剂、亚硝酸二氨铂为主盐的镀铂溶液，其阴极电流效率较高，镀液稳定，镀层具有低应力、无孔隙、无裂纹等特点。镀铂工艺见表17-88。

表17-88 镀铂工艺

工艺号		1	2	3
组分质量浓度/(g/L)	铂(以 H_2PtCl_6 形式存在)	4~5	—	—
	磷酸氢二铵	45~50	—	—
	磷酸氢二钠	120~240	—	—
	亚硝酸二氨铂	—	17	10~20
	硝酸铵	—	100	—
	亚硝酸钠	—	10	—
	氨水(质量分数为28%)	—	50	—
	氨基磺酸	—	—	10~100

（续）

工艺号		1	2	3
工艺条件	温度/℃	70~80	95~100	60~80
	pH 值	—	7.9	<2
	阴极电流密度/(A/dm²)	0.1~0.5	1~3	1~5
	阳极材料	铂	铂	铂

17.11.2 电镀钯

镀钯层呈光亮银灰色，在潮湿空气中具有极高的化学稳定性，可长期保持色泽不变。钯镀层较软，但比金硬，能承受弯曲扩散和摩擦。钯镀层的接触过渡电阻很低，焊接性及耐磨性良好，因此广泛应用于电子工业产品，可提高无线电元件及波导器件在工作中的耐磨性，提高滑动接触元件的接触可靠性。1~2μm 厚的镀钯扩散层就能起到防止银层变色的作用。钯可以直接镀在铜或银的抛光面上，当在其他金属上镀钯时，必须以铜或银做底层。镀钯溶液主要是二氯化四氨基钯溶液，镀液沉积速度快，且镀层较厚。镀钯工艺见表 17-89。

表 17-89 镀钯工艺

工艺号		1	2
组分质量浓度/(g/L)	二氯二氨基钯	—	20~40
	二氯化四氨钯	10~20	—
	氯化铵	10~20	20~25
	氨水	20~30	40~60
	游离氨水	2~3	4.5~6.5
工艺条件	pH 值	9	8.9~9.3
	温度/℃	15~35	18~25
	电流密度/(A/dm²)	0.25~0.5	0.25~0.5

17.11.3 电镀铑

铑镀层除用于装饰性镀层外，还广泛用于各种功能性镀层，如光学仪器工件，电接触工件，耐蚀、耐磨工件等。为了提高电子设备的可靠性，对高频及超高频器件镀银后，再镀上一层薄铑镀层，不仅可以彻底解决银层的变色问题，而且能提高接插元件的耐磨性。

常用镀铑溶液有硫酸型、磷酸型和氨基磺酸型三种。硫酸型镀铑工艺简单，镀液容易维护，阴极电流效率较高，达 40%~60%，但镀层应力大。磷酸型镀铑工艺所得镀层洁白，光泽性、耐热性好，常用于首饰产品及镀层较薄的光学仪器电镀。当镀铑层厚度较大时，可采用氨基磺酸型镀铑工艺。镀铑工艺见表 17-90。

表 17-90 镀铑工艺

工艺类型		磷酸型	硫酸型	氨基磺酸型
组分质量浓度/(g/L)	铑(以硫酸铑形式存在)	1.5~2.5	1~4	2~4
	氨基磺酸	—	—	20~30
	磷酸	16~32mL/L	—	—
	硫酸(质量分数为 85%)	—	40~80mL/L	—
	硫酸铜	—	—	600
工艺条件	温度/℃	40~50	40~50	35~55
	电流密度/(A/dm²)	1~3	0.5~1	0.5~1
	阳极材料	铂丝或板	铂丝或板	铂丝或板

17.11.4 电镀铟

镀铟工艺见表17-91。

表17-91 镀铟工艺

工艺类型		氰化物型	氟硼酸盐型	硫酸盐型
组分质量浓度/(g/L)	氯化铟	15~30	—	—
	硫酸铟	—	—	50~70
	氟硼酸钠	—	20~25	—
	氢氧化钾	30~40	—	—
	氰化钾	140~160	—	—
	硫酸钠	—	—	10~15
工艺条件	温度/℃	40~50	40~45	45~50
	电流密度/(A/dm²)	2~3	1~3	1.5~2

17.11.5 电镀铼

镀铼工艺见表17-92。

表17-92 镀铼工艺

工 艺 号		1	2
组分质量浓度/(g/L)	高铼酸钾	1	15
	柠檬酸钾	50	—
	氨水	调pH值至9.5	—
	硫酸	—	15~25mL
工艺条件	温度/℃	70	85~90
	pH值	—	0.9~1
	电流密度/(A/dm²)	8	15

17.11.6 电镀钴

电镀钴应用较少，钴和镍性质很相似，因此电镀钴和电镀镍也很相似。常见镀钴工艺见表17-93。

表17-93 镀钴工艺

工 艺 号		1	2	3
组分质量浓度/(g/L)	硫酸钴	278	300	240
	氯化钠	17	30	—
	硼酸	45	30	—
	三乙醇胺	—	—	70mL/L
工艺条件	温度/℃	40~50	35~45	35~40
	电流密度/(A/dm²)	1~3	2~4	2.5~4

17.11.7 电镀钌

钌镀层导电性能良好，是优良的电接触材料，性能与铑镀层相似，但比铑便宜。在100℃时对包括王水在内的酸均有抵御能力，可用于防止高温腐蚀，在核反应器中用来测定温度，在某些情况下可代替铂镀层。镀钌工艺见表17-94。

表 17-94 镀钌工艺

工艺号		1	2
组分质量浓度/(g/L)	钌盐	10	12
	盐酸(HCl)	调节 pH 值到 0.1	调节 pH 值到 1.3
	氯化铵(NH_4Cl)	5	10
	氨基磺酸铵[$NH_4(NH_2SO_2)_2$]	7	—
	甲酸铵	—	10
工艺条件	温度/℃	60~70	60~70
	阴极电流密度/(A/dm²)	0.75~1.0	0.5~0.75
	阳极	钛板镀铂	铂板

17.11.8 电镀铱

铱很稳定，是最耐腐蚀的金属之一，铱镀层的抗氧化性在锇与铂之间。镀铱时电流效率低，原镀层有裂纹，很多基体镀铱时要先镀底层。镀铱工艺见表 17-95。

表 17-95 镀铱工艺

工艺号		1	2
组分质量浓度/(g/L)	铱	5	—
	游离氢溴酸(HBr)	0.1	—
	氯化铱铵	—	6~8
	硫酸(H_2SO_4)	—	0.6~0.8
工艺条件	温度/℃	75	18~25
	阴极电流密度/(A/dm²)	0.15	0.1
	阴极电流效率(%)	25~30	50

17.11.9 电镀锇

碱性镀锇工艺见表 17-96。酸性镀锇工艺见表 17-97。

表 17-96 碱性镀锇工艺

工艺号		1	2
组分质量浓度/(g/L)	锇(Lr)	1~2	1~10
	氨基磺酸(HSO_3NH_2)	能够使锇溶解	相当于锇含量的 5~10 倍
	硫酸钾(K_2SO_4)	调节 pH 值为 3.5~14	—
	氢氧化钾(KOH)	—	调节 pH 值为 13~14
	缓冲剂	—	适量
工艺条件	温度/℃	75~80	60~80
	电流密度/(A/dm²)	1~2	0.4~2
	阳极	铂或钛上镀铂	铂或钛上镀铂

注：锇和硫酸钾溶液共热，到溶液变为黄色，缓冲剂用碱金属硫酸盐、碳酸盐或硼酸盐。溶液电流效率为 40%~60%，可得到 2~5μm 厚的镀层，补充时也用配好的溶液来添加。

表 17-97 酸性镀锇工艺

工艺号		1	2	3
组分质量浓度/(g/L)	氯锇酸铵	—	10	10
	氨基磺酸(HSO_3NH_2)	25	—	—
	氨基磺酸铵[$NH_4(NH_2SO_2)_2$]	10	—	—
	氯化钾(KCl)	—	6~18	15
	硫酸氢钾($KHSO_4$)	—	—	60

（续）

工 艺 号		1	2	3
工艺条件	温度/℃	70	70	70
	电流密度/(A/dm^2)	2	1	1~4
	阳极	铂或钛上镀铂	铂或钛上镀铂	铂或钛上镀铂
	pH 值	—	0.6~1.8	1.5

注：先用硫酸调节 pH 值为 0.7~1.0，再用 KOH 调至 1.5。

17.11.10 电镀锑

镀锑层呈灰色，孔隙较多，薄且亮时像铬。镀锑工艺见表 17-98。

表 17-98 镀锑工艺

组分质量浓度/(g/L)	数值	工艺条件	数值
三氧化锑(TrO_3)	50	温度/℃	21~27
柠檬酸($C_6H_8O_7$)	184	pH 值	3.5~3.7
柠檬酸钾($K_3C_6H_5O_7 \cdot 2H_2O$)	144	电流密度/(A/dm^2)	0.5~5.4

17.11.11 电镀铋

镀铋工艺见表 17-99。

表 17-99 镀铋工艺

工 艺 号		1	2
组分质量浓度/(g/L)	高氯酸铋	0.137	—
	高氯酸钠	0.137	—
	硝酸钠($NaNO_3$)	—	0.36
	$EDTANa_2$	0.137	0.136
	氯化铋	—	0.136
	氯化钠	—	0.14
工艺条件	温度/℃	室温	室温
	电流密度/(A/dm^2)	0.5~1	0.5~1
	pH 值	3~5	—

第18章

电镀合金

18.1 电镀铜锡合金

18.1.1 铜锡合金镀层的类型

（1）低锡青铜　镀层中锡的质量分数为7%～15%。锡的质量分数为7%～8%时，镀层呈红色；锡的质量分数为14%～15%时，镀层为金黄色。低锡青铜孔隙率小，抛光性和耐蚀性良好，但其硬度较低，通常可作代镍镀层。

（2）中锡青铜　镀层中锡的质量分数为15%～35%。中锡青铜镀层外观呈浅金黄色，其硬度与抗氧化能力比低锡青铜高，但由于锡含量高，镀铬易泛黄，套铬也较困难，故应用不广。

（3）高锡青铜　镀层中锡的质量分数在40%以上。高锡青铜镀层外观呈银白色，其硬度较高，在弱酸、弱碱及有机酸中很稳定，在空气中光泽稳定性也较好，一般用作代银和代铬镀层。

18.1.2 电镀铜锡合金的溶液

（1）低氰溶液　此类溶液分散能力比高氰溶液差，但沉积速度比高氰溶液快，更主要的是氰含量的降低既环保又经济。

（2）高氰溶液　此溶液分散力和覆盖能力好，镀层结晶细致，可适应各种工件的电镀，应用较广泛，但溶液中氰化物含量过多是其最大的缺点。

（3）光亮溶液　该溶液工艺可减轻抛光劳动强度，但由于光亮剂性能问题而受到一定的限制。

18.1.3 铜锡合金镀层中与锡含量有关的因素

（1）金属盐含量　镀液中铜和锡的相对含量会直接影响镀层的成分，但镀液中铜与锡的绝对含量对镀层成分的影响不大。镀液中铜的质量浓度可在15～30g/L的较大范围内变动，锡的质量浓度可在7～20g/L的较大范围内变动，只要铜与锡的比值不变，在一定条件下，合金镀层的成分就不会发生显著变化。生产中一般将铜与锡的质量比控制在2～3之间。

（2）游离氢氧化钠含量　提高游离氢氧化钠含量时，锡酸钠络合物更稳定，镀层中锡的含量就会下降，同时镀液的电流效率也降低。镀液中游离氢氧化钠的质量浓度一般控制在

6~12g/L。

(3) 游离氰化钠含量 提高游离氰化钠含量时，铜氰络离子更趋稳定，使铜的析出更加困难，镀层中铜的含量相应降低，同时电流效率也降低。生产中一般将游离氰化钠与铜的质量比控制在0.6~0.8。

(4) 温度 升高温度时，镀液的对流和扩散速度加快，使阴极区的金属离子及时得到补充，电流效率上升，镀层中锡的含量也将有所增加。生产中一般将温度控制在50~60℃。

(5) 电流密度 通常提高电流密度能使镀层中的锡含量增加，但电流效率会有所下降。工作时电流密度的大小主要视镀液温度的高低而定，一般将其控制在1~2.5A/dm^2。

18.1.4 电镀铜锡合金时常用的阳极

1. 常用阳极类型

氰化物电镀铜锡合金的阳极可以用合金阳极，有时也可以用单金属阳极。锡质量分数为6%的阳极溶解良好，但由于含锡量较低，实际生产中必须要注意对锡酸盐进行适当补充；锡质量分数为10%左右的阳极虽能溶解，但在溶解过程中表面易产生黑色泥渣，镀液逐渐变为浑浊，镀件上易产生粗糙毛刺；锡质量分数为12%~15%的阳极基本上不溶解。现在工业生产中所用的铜锡合金阳极一般为锡质量分数为10%左右的铸造可溶性阳极。

2. 不同阳极使用时需注意的问题

1）采用铸造合金阳极板时，为保证其具有良好的溶解性，必须在800℃温度下退火2h，除去表面氧化层后，方可入槽使用。

2）在采用单金属阳极板时，铜板和锡板通常按9∶1的面积比挂入镀槽中。

3）实际生产中，除了要采用适当比例的合金阳极和适当面积比的单金属阳极外，还必须采用适当的阳极电流密度。阳极电流密度过大，会使阳极发生钝化；阳极电流密度过低，将会产生二价锡，一般将阳极电流密度控制在2~4A/dm^{2}为宜。

4）无论采用哪类阳极，铜和锡的纯度都应确保质量分数为99.9%以上。

3. 阳极钝化

电镀铜锡合金时，若阳极表面出现一层淡青色或灰黑色的薄膜，甚至有时会出现槽电压上升、电流下降、电流无法增大的现象，这些都说明阳极发生了钝化。阳极发生钝化的原因主要有以下几种：

(1) 电流密度过大 当阳极电流密度大于4A/dm^{2}时，合金阳极或单金属阳极将不溶解，阳极表面大量析氧，阳极板发黑而钝化。在实际操作中，有时电流密度未变，但仍发生了阳极钝化，这主要是因为没做好阳极棒上的清洁工作，造成有部分阳极接触不良或不导电，加大了其他部分阳极的电流密度。

(2) 游离氰化钠含量不足 在合金阳极或铜阳极上，铜离子与镀液中的游离氰根作用，生成铜氰络离子。当镀液中游离氰化钠不足时，阳极表面会形成黑色或淡青色的钝化膜，使阳极的活化表面减少，从而相应地提高了阳极电流密度，造成阳极钝化。

(3) 游离氢氧化钠含量不足 在合金阳极或锡阳极中，锡离子与镀液中的游离氢氧化钠作用生成锡酸盐。当镀液中游离氢氧化钠不足时，阳极表面形成黑色偏锡酸薄膜，同样使得阳极活化表面减少，进而阳极电流密度相对提高，造成阳极钝化。

18.1.5 氰化物锡酸盐电镀铜锡合金

电镀铜锡合金镀液的组成以氰化物与锡酸盐为主，镀液稳定性和分散能力好，容易维护，镀层成分与色泽易控制。缺点是电解液毒性大，工作温度较高，对操作人员危害和环境污染较大。

1. 氰化物锡酸盐电镀铜锡合金工艺

氰化物锡酸盐电镀铜锡合金工艺见表18-1。

表18-1 氰化物锡酸盐电镀铜锡合金工艺

工艺号		低锡青铜		中锡青铜		高锡青铜	
		1	2	3	4	5	6
组分质量浓度/(g/L)	铜(以CuCN形式)	11~21	11~21	11	8	1	2
	锡(以 Na_2SnO_3 形式)	9~13	11~16	7	9	42	46
	氰化钠	35~50	—	45	65	65	27
	氰化钾	—	41~55	—	—	—	—
	氢氧化钠	8~12	8~12	22	26	95	103
	酒石酸钾钠	—	—	—	—	37	37
	十二烷基硫酸钠	0.01~0.03	0.01~0.03	—	—	—	—
	光亮剂CSNU-Ⅰ	5~6(mL/L)	5~6(mL/L)	—	—	—	—
	光亮剂CSNU-Ⅱ	10~14(mL/L)	10~14(mL/L)	—	—	—	—
工艺条件	pH值	12.5~13.5	12.5~13.5	13	13.5	13.5	13.5
	温度/℃	50~60	45~60	55	60	65	65
	电流密度/(A/dm²)	2~4	2~4	1~2	1~3	3	3
	阳极(Sn的质量分数,%)	8~12	8~12	铜板	铜板	铜板	铜板

2. 氰化物锡酸盐电镀铜锡合金镀液的维护

（1）补加锡酸钠　锡酸钠易与空气中的二氧化碳反应生成偏锡酸，要注意密闭保存，补加锡酸钠时需将锡酸钠固体药品用镀液溶解后再缓慢加入镀槽。若镀液中的游离氢氧化钠含量下降，锡酸钠不稳定容易发生水解，生成偏锡酸的白色沉淀。因此，镀液缺水时最好是边搅拌镀液边缓慢将水加入，有时也可在水中适当加入微量的氢氧化钠。

（2）补加铜离子　铜氰络离子由氰化亚铜和氰化钠络合而成，氰化亚铜不溶于水，而溶于氰化钠的水溶液，在补充铜离子时，每1质量份氰化亚铜需要1.1质量份氰化钠才能将其溶解，等计算量的氰化亚铜完全溶于氰化钠水溶液中后，方能加入槽中。

（3）补加锡离子　锡酸钠易水解，所以在补充锡酸盐时，需先将少量氢氧化钠溶解于水，加热至沸腾，在搅拌下将计算量的锡酸钠缓慢加入，然后再将余下的氢氧化钠加入，混合均匀后静置至澄清，然后把上层清液加入镀槽即可。

（4）阳极保护　为防止阳极产物影响镀层质量，可适当采用阳极套对阳极进行保护。

3. 影响氰化物锡酸盐电镀铜锡合金质量的因素

（1）主盐　提供镀层金属离子的主盐是铜盐和锡盐，在镀液中Cu离子、Sn离子含量比一定时，放电金属离子总含量的变化对镀层的合金组成影响不大。但当Cu离子、Sn离子含量比变化时，则会明显影响镀层外观色泽和组成。当氰化亚铜含量高时，镀层铜量增加，色泽偏红；当锡酸钠含量高时，镀层锡量增加，色泽偏白。实践表明，在高青铜镀液中，Cu

离子、Sn离子质量比以1∶(2.5~4)为宜；在低青铜镀液中，Cu离子、Sn离子质量比以(2~3)∶1为宜。

(2) 光亮剂　为获得光亮镀层，可适当添加光亮剂，如铅、镍、铋等金属盐类，还可以添加专用光亮剂。光亮剂不能添加过量，否则将使镀层的脆性增加。

(3) 电流密度　主要影响电流效率和镀层质量的因素是阴极电流密度。当电流密度过大时，阴极电流效率将降低，镀层锡含量有所增加，镀层粗糙，阳极易发生钝化；当电流密度过小时，镀层沉积速度变慢，镀层外观呈暗褐色。电镀低锡青铜时，电流密度一般为1.5~2.5A/dm^2；电镀高锡青铜时，电流密度可适当高一些。

(4) 温度　镀液温度对镀层组成、质量及镀液性能均有影响。若镀液温度过高，则会加速氰化物的分解，镀层组成和质量将受到影响；若镀液温度过低，则阴极电流效率下降，阳极溶解不正常，镀层光亮性变差。因此，实际生产中温度为55~65℃为宜，此时可获得外观色泽良好的镀层。

4. 镀层的起泡或脱皮

(1) 产生原因　包括以下四种：

1) 镀件预处理不良。未除净的油膜会使金属与镀液隔离，影响金属离子在阴极沉积。此时若镀层的厚度增加，或镀铬时受到高温高电流的冲击，或机械抛光时受到强冲击力等，镀层就会起泡，严重时脱皮。

2) 置换铜的影响。当镀液中含有一定量的铜杂质时，钢铁制件易在其表面置换上一层铜，这层铜与基体金属的结合不牢固。若此置换铜层未去除就进行电镀，随着厚度的增加，镀层就会产生一定应力，当应力大到一定程度时，镀层就会随着置换层一起脱离基体而起泡，严重时则大面积脱落。

3) 析氢的影响。析氢是造成镀层起泡的一个重要因素，在电解脱脂和电镀过程中，如果基体金属表面存在裂纹和微孔，就有可能会聚集一定的吸附氢。另外，在电镀铜锡合金时，游离氰化钠含量或阴极电流密度等因素控制不当时，都会使阴极表面有大量氢气析出，同时总会有一部分氢渗入或吸附在基体金属表面的裂纹和微孔处。此时若不进行处理就镀上镀层，当覆盖镀层和周围温度升高时，吸附氢要膨胀外溢，则会对镀层产生一种压力，出现起泡或脱皮现象。

4) 镀液的影响。当镀液中CN^-过量或镀液中有金属杂质时，有时也会导致铜锡合金镀层出现起泡和脱皮现象。

(2) 解决措施　采用以下措施可有效解决镀层起泡或脱皮的现象。

1) 当镀件进行电解脱脂时，钢铁基体应先采用阴极脱脂，然后进行阳极脱脂，这样可以有效减少渗氢现象的发生。非铁金属基体应采取阴极脱脂，同时增大电流密度，缩短脱脂时间，提高效率。

2) 镀液中CN^-含量过高时，此时可适当补加氰化亚铜，使两者相互络合而相应减少CN^-含量。当镀液中有金属杂质时，可用电解或加Na_2S来处理。

3) 当镀液中游离氰化钠含量太高，阴极电流密度过大时，镀件表面会大量析氢，进而引起镀层起泡或脱皮。此时要注意控制游离氰化钠含量，同时阴极电流密度也不能太大，两者要视具体情况综合调整。

5. 镀层粗糙及产生毛刺

（1）发生原因　包括以下六个方面：

1）游离氰化钠含量过低。随着游离氰化钠的减少，铜的析出更加容易，镀层中铜含量增加。当镀液中的游离氰化钠含量过低时，铜的沉积速度太快，从而造成镀层粗糙，严重时就产生毛刺。

2）铜含量过高。随着镀液中铜离子含量的增加，铜的析出更加容易。当铜的含量超过一定限度时，镀层结晶组织变粗大，严重时出现毛刺。

3）游离氢氧化钠含量不当。当镀液中的游离氢氧化钠含量太高时，锡酸根离子的离解度降低，锡的析出困难，镀层中的锡含量下降。当游离氢氧化钠含量太低时，锡酸盐易发生水解反应，生成偏锡酸沉淀物，该沉淀物悬浮于镀液中，进而造成镀件向上部位产生粗糙和毛刺。

4）电流密度过大。电流密度增大，镀层中的锡含量将有所提高，结晶细致而光亮。但当电流密度超过一定限度时，会造成阴极附近严重缺乏金属离子，在阴极尖端和凸出地方就会产生树枝状的金属镀层，从而在工件不同部位引起镀层粗糙和毛刺。

5）二价锡离子含量过多。二价锡离子在阴极析出比四价锡离子更容易，当镀液中二价锡离子过多时，会因其在阴极沉积速度太快而引起镀层粗糙和毛刺。

6）镀液浑浊。一些机械杂质和其他悬浮物会使镀液污染而变得浑浊，若此时进行电镀，这些细微颗粒状物体就会夹杂在合金镀层里，从而造成镀层粗糙，产生毛刺。

（2）预防镀层粗糙的措施　包括以下五个方面：

1）电流密度过大时，适当降低电流密度。

2）机械杂质造成镀液浑浊时，需进行过滤处理。

3）阳极溶解不正常时，应适当调整阳极面积。

4）镀液中游离的 CN^- 含量过低时，需适当补加氰化物。

5）碳酸盐累积过多时，通常可采用冷冻法去除。

（3）预防镀层产生毛刺的措施　包括以下四个方面：

1）镀液中二价锡离子含量过多时，可加入适量的过氧化氢进行处理。

2）电流密度过大时，需适当降低电流密度。

3）镀液中铜含量过高，此时应适当补加氰化物。

4）镀液中含有机械杂质时，可过滤去除。

18.1.6　焦磷酸锡酸盐电镀铜锡合金

焦磷酸锡酸盐电镀铜锡合金镀液属于低氰型镀液，铜以二价铜离子形式存在，焦磷酸根为主配位剂。该镀液的优点是可通过改变镀液中的 Cu^{2+} 和 Sn^{2+} 的比值，获得各种不同组成的合金镀液，且对环境的污染较小。其缺点是镀液中易产生铜粉，会影响镀层质量。焦磷酸锡酸盐电镀铜锡合金工艺见表 18-2。

表 18-2　焦磷酸锡酸盐电镀铜锡合金工艺

工艺号		1	2
组分质量浓度/(g/L)	焦磷酸铜	3.8~37.6	38~42
	焦磷酸亚锡	30.8~51.4	3.5~5.2
	焦磷酸钠	48~189.7	—

（续）

工　艺　号		1	2
组分质量浓度/(g/L)	焦磷酸钾	—	300~320
	草酸铵	20	—
工艺条件	温度/℃	40~60	50~60
	电流密度/(A/dm^2)	1~3	2~4

焦磷酸锡酸盐电镀铜锡合金常见的故障及处理方法见表18-3。

表18-3　焦磷酸锡酸盐电镀铜锡合金常见的故障及处理方法

故障现象	可能产生的原因	处理方法
镀层粗糙或有毛刺	溶液浑浊,有机械杂质	过滤处理
	溶液中有铜粉	加双氧水处理过滤
	电流密度过大	降低电流密度
	温度过高	降低溶液温度
镀层结合强度差	预处理不良	加强预处理工序
	预镀铜层有问题	调整预镀溶液
	中间断电时间过长	尽可能不要中间断电
	明胶过量	用活性炭处理,过滤
镀层发硬、发亮、抛光性能差	明胶过量	用活性炭处理,过滤
	酒石酸钾钠过高	稀释调整镀液
	pH值过高	降低pH值
镀层色泽偏红,含锡量低	锡酸钠含量低	补加锡酸钠
	pH值过低	提高pH值
	铜离子含量过高	减少可溶性阳极
	电流密度低	提高硝酸钾含量,提高电流密度
	镀液温度过高	降低镀液温度
	搅拌太强烈	降低搅拌速度
镀液分散能力差	焦磷酸钾含量低	补加焦磷酸钾
	铜离子含量过高	减少可溶性阳极
	明胶不足	补加明胶
	pH值低	调整pH值
	温度过低	提高镀液温度
阳极溶解不正常	酒石酸钾钠或硝酸钾含量低	补充酒石酸钾钠或硝酸钾
	阳极电流密度过大	降低阳极电流密度

18.1.7　柠檬酸盐-锡酸盐镀铜锡合金

柠檬酸盐-锡酸盐镀铜锡合金的镀液组成简单，电流效率高，但锡的质量分数仅为10%，且电流密度范围较窄，对杂质较敏感。为保证镀层的结合强度，电镀前需用柠檬酸化学浸铜处理。

柠檬酸盐-锡酸盐镀铜锡合金工艺见表18-4。

表18-4　柠檬酸盐-锡酸盐镀铜锡合金工艺

组分质量浓度/(g/L)	成分	数值	工艺条件	项目	数值
	柠檬酸($C_6H_8O_7 \cdot H_2O$)	140~180		pH值	9~10
	氢氧化钾(KOH)	100~135		温度/℃	(阴极移动)25~35 (静止镀)18~25
	铜(以碱式碳酸铜形式加入)	14~18		电流密度/(A/dm^2)	(阴极移动)0.6~1.0 (静止镀)0.4~0.6
	锡(以锡酸钾形式加入)	18~22		阴阳极面积比	1:(2~3)
	磷酸(H_3PO_4)(密度为$1.7g/cm^3$)	5~8mL/L		阳极材料	电解压延铜板

18.1.8 电镀光亮铜锡合金的常见问题与对策

光亮铜锡合金是指在一般的高氰铜锡合金镀液中加入适当的光亮剂，得到比普通镀层更加细致、平整、光亮的合金镀层。电镀光亮铜锡合金常见问题与对策见表 18-5。

表 18-5 电镀光亮铜锡合金常见问题与对策

故障现象	可能产生的原因	处理方法
镀层起泡或有脆性	金属杂质过多,如铅	电解处理
	络合剂含量过高,金属离子含量过低	补充金属盐
	光亮剂过多	活性炭处理
	电流密度大,温度过低	适当调整
镀层发暗或发雾	碳酸盐含量过高	降低含量
	电流密度低	适当调整
	镀液温度低	适当调整
	光亮剂缺少	根据霍氏槽试验结果进行补充
	二价锡含量高	双氧水处理
镀层产生条纹	游离氰含量过高	补充铜盐
	光亮剂过量	电解处理
	镀液中含有杂质	电解处理

18.1.9 不合格铜锡合金镀层的退除

不合格的铜锡合金镀层可用化学法和电解法退除，工艺见表 18-6。

① 用化学法退除时，为防止基体金属受化学腐蚀，故要防止镀件带水进入。处理温度不能超过 75℃，并且要有良好的通风设施。

② 用电解法退除时，当退除液含剧毒氰化物时，应具有良好的通风及废水处理设备。处理时温度及阳极电流密度均不能超过上限，否则基体金属腐蚀严重。

表 18-6 不合格的铜锡合金镀层退除工艺

退除方法及工艺号		化学法	电解法		
			1	2	3
组分质量浓度 /(g/L)	浓硝酸	1000mL/L	—	—	—
	氯化钠	40	—	—	—
	硝酸钾	—	100~150	—	—
	氰化钠	—	—	25~50	—
	三乙醇胺	—	—	—	60~70
	硝酸钠	—	—	—	15~20
	氢氧化钠	—	—	—	60~75
工艺条件	pH 值	—	7~10	12.5~13	—
	温度/℃	65~75	15~50	60~65	30~50
	阳极电流密度/(A/dm^2)	—	5~10	1.0~1.5	1.5~2.5
	阳极移动/(次/min)	—	20~25	—	20~25
	阳极材料	—	铁或不锈钢板	铁或不锈钢板	铁或不锈钢板
	去除速度/(μm/min)	6	1.5~2.0	1~2	0.5~1.0

18.2 电镀铜锌合金

铜锌合金一般称为黄铜，其镀层耐蚀性较高，外观色泽也较美观，在该镀层上面有时还可进行化学着色，装饰效果丰富，应用较广。铜锌合金的主要用途如下：

1）作为钢铁件上电镀锡、镍、铬等金属时的中间镀层。

2）作为装饰性镀层，常用于室内装饰品、各种家具、首饰和建筑用五金件等。

3）作为功能性镀层，例如在轮胎钢丝上电镀黄铜，可提高金属与橡胶间的黏接强度。

18.2.1 氰化物电镀铜锌合金

氰化物电镀铜锌合金镀液用氰化物同时络合铜离子与锌离子，络合后在镀液中主要以 $[Cu(CN)_3]^{2-}$ 和 $[Zn(CN)_4]^{2-}$ 的形式存在，该工艺见表18-7。

表18-7 氰化物电镀铜锌合金工艺

工艺号		白色黄铜		黄色黄铜		高铜黄铜	高速镀液
		1	2	3	4	5	6
组分质量浓度/(g/L)	氰化亚铜	14~18	16~20	53	27	53.5	75~105
	氰化锌	60~75	35~40	30	9	3.8	—
	氧化锌	—	—	—	—	—	3~9
	氰化钠	83~95	52~60	90	56	66.7	90~135
	游离氰化钠	30~38	5~6.5	7.5	17	4.5	4~19
	碳酸钠	—	35~40	30	30	30	—
	氢氧化钠	60~75	30~37	—	—	—	—
	氢氧化铵	—	—	—	—	1.0~5.0	—
	氢氧化钾	—	—	—	—	—	40~75
	硫化钠	0.4	0.20~0.25	—	—	—	—
	酒石酸钾钠	—	—	45	—	45	—
工艺条件	pH值	13	—	10.3~10.7	10.3~10.7	10.3	125
	温度/℃	27~40	20~30	43~60	35~50	35~60	75~95
	电流密度/(A/dm²)	1~4	3~5	0.5~3.5	0.5	0.5~3.2	2.5~15
	阴阳极面积比	3:1	—	2:1	2:1	—	—

氰化物电镀铜锌合金时常见故障及解决方法见表18-8。

表18-8 氰化物电镀铜锌合金时常见故障及解决方法

故障现象	产生原因	解决方法
镀层起皮、鼓泡	预处理不良	加强预处理
	电流密度过高	降低电流密度
	CN^-含量过高	补充氰化亚铜
沉积速度慢	游离CN^-过高	补充氰化亚铜
	总金属离子含量或Cu^+含量偏低	补充铜盐和锌盐
镀层色泽偏红	Cu^+含量偏高	补充氰化钾和锌盐
	游离CN^-含量过低	补充氰化钠
	pH值过低	调整pH值
	镀液温度偏高	降低镀液温度
	电流密度低	提高电流密度
镀层色泽严重发白或呈绿色	游离CN^-含量过高	补充氰化亚铜
	Zn^{2+}含量高	补充氰化亚铜
	pH值偏高	调整pH值
	镀液温度偏低	提高镀液温度
	电流密度偏高	降低电流密度
黑色条纹或呈灰色	镀液中有Fe^{2+}、Pb^{2+}等金属杂质	加0.05~0.2g/L硫化钠处理后过滤
	游离CN^-含量过量	补充氰化亚铜

（续）

故障现象	产生原因	解决方法
镀液呈蓝色	游离 CN^- 含量过低	补充氰化钠
阳极上覆有白色或绿色沉积物	游离 CN^- 含量过低	补充氰化钠
	阳极钝化	降低阳极电流密度
	碳酸盐积累过量	除去碳酸钠
	酒石酸钾钠含量过低	补充酒石酸钾钠

18.2.2 甘油-锌酸盐电镀铜锌合金

甘油-锌酸盐电镀铜锌合金工艺见表 18-9。

表 18-9 甘油-锌酸盐电镀铜锌合金工艺

工　艺　号		1	2
组分质量浓度/(g/L)	硫酸铜	25	12.5
	硫酸锌	30	30
	甘油	20	12
	氢氧化钠	120	120
工艺条件	温度/℃	20~22	20~22
	阴极电流密度/(A/dm²)	0.2~1.5	0.9~1.4
	阳极电流密度/(A/dm²)	0.5~0.8	0.5~0.8
	镀层中铜的质量分数(%)	55~70	27~33

18.2.3 酒石酸盐电镀铜锌合金

酒石酸盐电镀铜锌合金工艺见表 18-10。

表 18-10 酒石酸盐电镀铜锌合金工艺

组分质量浓度/(g/L)	数值	工艺条件	数值
硫酸铜	30	pH 值	12.4
硫酸锌	12	温度/℃	40
酒石酸钾钠	100	阴极电流密度/(A/dm²)	4
氢氧化钠	50	—	—

18.2.4 焦磷酸盐电镀铜锌合金

焦磷酸盐电镀铜锌合金工艺见表 18-11。

表 18-11 焦磷酸盐电镀铜锌合金工艺

工　艺　号		1	2	工　艺　号		1	2
组分摩尔浓度/(moL/L)	硫酸铜	0.1	0.1	工艺条件	pH 值	11.0	9.3~9.4
	硫酸锌	0.1	0.03~0.07		温度/℃	50	30
	焦磷酸钾	0.5	1.0		阴极电流密度/(A/dm²)	0.5	0.3~3
	N,N,N,N-四-2 乙二胺	0.1	—		镀层铜的质量分数(%)	70~81	55~90
	组氨酸	—	0.01		—	—	—

18.2.5 铜锌合金镀层的后处理

铜锌合金镀层在大气中很容易变色或泛点，镀后必须立即进行钝化处理或涂覆透明有机涂料，或者可两者兼用。铜锌合金镀层钝化工艺见表 18-12。需要钝化的工件先在工艺 1 中处理，然后经弱酸浸蚀，再在工艺2中钝化处理。钝化后的工件不可用热水洗，只能用压缩空气吹干。若钝化件在70~80℃条件下进行老化处理，可进一步提高耐蚀性。

表18-12 铜锌合金镀层钝化工艺

工艺号		1	2
组分质量浓度/(g/L)	铬酐	30~90	—
	重铬酸钠	—	100~150
	硫酸	15~30	5~10
	氯化钠	—	6~7
工艺条件	温度	室温	室温
	时间/s	15~30	3~8

透明有机涂料种类也很多，应选择附着力强、透明度高的涂料，如丙烯酸清漆、聚氨酯清漆、水溶性清漆、有机硅透明树脂等。固化温度一般控制在80~160℃之间。需注意的是涂覆透明有机涂料时，涂膜不宜太厚。

18.3 电镀锌镍合金

电镀锌合金由锌与其他电位较正的金属共同组成，镀层中以锌为主，其电位略低于铁的电位，对于钢铁件来说是阳极镀层。在锌镀层中加入一种或几种其他少量金属元素，得到的合金镀层具有良好的防护性和性价比，耐蚀性和热稳定性也更优良，氢脆性较低。

锌镍合金中一般以镍质量分数为8%~15%为最佳。当镍质量分数超过15%时，镀层难以钝化。电镀锌镍合金具有如下优点：

1）锌镍合金的耐蚀性和耐磨性较好，为锌的3~5倍。

2）锌镍合金镀层具有较高的焊接性与延展性，耐热温度可达200~250℃。

3）锌镍合金镀层氢脆性很低，毒性小。

4）锌镍合金镀层显微硬度较高，与基体结合良好。

5）锌镍合金镀液成分简单，便于维护和控制。

电镀锌合金主要应用在以下方面：

1）镍质量分数为10%左右的锌镍合金镀层，常应用于汽车和沿海地区露天设施等领域。该镀层具有良好的耐蚀性和低轻脆性，毒性较低，是代替有毒锡镀层的理想镀层。

2）锌钴合金耐蚀性良好，外观与铬相似，一般合金中钴的质量分数控制在0.6%~0.9%，可做装饰性镀层。若钴含量进一步提高，其耐蚀性提高幅度很小，经济效益差。

3）锌铁合金中铁的质量分数一般控制在0.3%~0.7%，可做一般防护性镀层。当锌铁合金镀层中铁的质量分数为7%~25%时，则主要应用于汽车钢板的电泳涂装底层。

18.3.1 酸性体系电镀锌镍合金

酸性体系电镀锌镍合金工艺见表18-13。

酸性体系电镀锌镍合金常见故障的原因及解决方法见表18-14。

18.3.2 碱性体系电镀锌镍合金

碱性镀液的分散能力好，可得到性能优异的镀层，对设备的腐蚀性小，镀层也比较容易进行钝化处理，生产成本低，应用广泛。碱性体系电镀锌镍合金工艺见表18-15。

表 18-13　酸性体系电镀锌镍合金工艺

工艺号		氯化物型				硫酸盐型				硫酸盐-氯化物型				
		1	2	3	4	5	6	7	8①	9	10	11①	12①	13
组分质量浓度/(g/L)	氯化锌	65~70	70~80	75~80	50	—	—	—	—	—	60~80	—	200	80
	氯化镍	120~130	100~120	75~85	50~100	—	—	—	—	10	—	—	70	80
	硫酸锌	—	—	—	—	72	70	150	100	50	—	80	—	200
	硫酸镍	—	—	—	—	70	150	130	200	90	60~80	200	25	—
	氯化铵	200~240	30~40	50~60	—	—	—	—	—	10	—	30	200	—
	氯化钾	—	190~210	200~220	—	—	—	—	—	—	—	—	—	—
	氯化钠	—	—	—	220	—	—	—	—	—	140~160	—	—	—
	硫酸铵	—	—	—	—	30	—	—	20	—	—	—	—	—
	硫酸钠	—	—	—	—	—	60	—	100	—	—	—	—	—
	硼酸	18~25	20~30	25~30	30	—	—	20~40	20	20	—	—	—	30
	乙酸钠	—	20~35	—	—	—	—	50~100	—	—	—	—	—	—
	柠檬酸	—	—	—	—	—	—	100~200	—	—	—	—	—	—
	葡萄糖酸钠	—	—	—	—	—	—	—	—	60	—	—	—	—
	柠檬酸钠	—	—	—	—	—	—	—	—	—	25~35	—	—	—
	十二烷基磺酸钠	2	—	—	—	—	—	—	—	—	—	—	—	—
	聚乙烯醇	—	—	—	—	—	—	—	—	—	—	—	—	5
	水杨酸	—	—	—	—	—	—	—	—	—	—	—	—	0.2
	2-巯基苯三唑	—	—	—	—	—	—	—	—	—	—	—	—	1
	邻甲基水杨酸	—	—	—	—	—	—	—	—	—	—	—	—	0.3
	721-3②添加剂	1~2(mL/L)	—	1~2(mL/L)	—	—	—	—	—	—	—	—	—	—
	SSA-85③添加剂	—	3~5(mL/L)	—	—	—	—	—	—	—	—	—	—	—
工艺条件	pH值	5~5.5	4.5~5	5~6	4.5	2~3	2	1~3	3	2~4	4~6	2.2	4~5	4.5
	温度/℃	20~40	25~40	30~36	40	60	50	35~45	40	20~50	20~40	50	50	25~35
	阴极电流密度/(A/dm²)	1~4	1~4	1~3	3	1~2	30	1~10	10	2~7	2~4	20	20~200	4~8
	阳极	Zn与Ni分控	Zn与Ni分控，Zn与Ni面积比为10:1	Zn与Ni分控，Zn与Ni面积比为10:1	—	Zn	Zn和Ni	不溶性	Zn和Ni	Zn和Ni	不溶性	—	Zn和Ni	—
	镀层中镍的质量分数(%)	≈13	≈13	7~9	—	—	—	—	—	—	—	—	—	—

① 适合电镀钢带或钢板，钢带快速移动。
② 721-3 添加剂，由哈尔滨工业大学生产。
③ SSA-85 添加剂，由武汉材料保护研究所研制。

表 18-14　酸性体系电镀锌镍合金常见故障的原因及解决方法

故障现象	可能产生的原因	解决方法
镀层起皮、鼓泡	脱脂除锈不彻底	加强预处理工序
镀层发暗	添加剂含量不足	补加添加剂
	金属杂质过量	电解处理
	镀液中 Zn、Ni 比例失调	分析调整
	镀液温度低	升高镀液温度
	pH 值不正常	调整 pH 值
镀件边角粗糙或烧焦	电流密度过高	降低电流密度
镀层有针孔麻点	润湿剂含量不足	添加润湿剂
	镀液中有机杂质太多	活性炭处理
镀层表面粗糙	镀液中含有固体杂质	过滤处理
	镀液温度低	升高温度
镀层脆性大	镀层镍含量过高	分析调整镀液
	镀液中有机杂质过多	活性炭处理
	镀液温度过高	降低温度
钝化膜色泽不均匀或发暗	钝化液中铬酐含量低	添加铬酐
	促进剂含量不足	补加促进剂
	钝化时间过长	缩短钝化时间
钝化膜无彩虹色	钝化液温度低	升高钝化液温度
	镀液温度过高	降低镀液温度
	钝化液成分比例失调	调整钝化液
	镀层镍含量过高	分析调整镀液成分

表 18-15　碱性体系电镀锌镍合金工艺

工　艺　号		1	2	3	4	5	6
组分质量浓度/(g/L)	氧化锌	8~12	6~8	8~14	10~15	9~11	9
	硫酸镍	10~14	—	8~12	8~16	4~9	Zn 与 Ni 质量比为 5 : 2
	氢氧化钠	100~140	80~100	80~120	80~150	100~130	120
	乙二胺	20~30	—	—	少量	—	—
	三乙醇胺	30~50	—	—	20~60	—	—
	酒石酸钾钠	—	—	—	—	10~30	—
	四乙烯五胺	—	—	—	—	6~12	—
	镍配合物/(mL/L)	ZQ20~40	8~12	NZ-918 4060	—	—	—
	香草醛	—	0.1~0.2 (g/L)	—	—	—	—
	茴香醛	—	—	—	—	0.2~0.4	—
	添加剂	ZQ-1① 8~14	ZN-11② 0.5~1.0	NZ-918③ 8~12	少许	ZN-A5③ 4~6	—
	氨水	—	—	—	15mL/L	—	—
工艺条件	电流密度/(A/dm²)	1~5	0.5~4	0.5~6	4~10	0.1~0.6	1~5
	温度/℃	15~35	20~40	10~35	室温	15~35	25~30
	阳极	锌和铁板	锌和镍板	不锈钢板	不锈钢板	锌和镍板	锌板
	镀层中镍的质量分数(%)	≈13	7~9	8~10	12~14	—	≈10

① 由哈尔滨工业大学生产。
② 由武汉材料保护研究所生产。
③ 由厦门大学生产。

18.3.3　电镀锌镍合金层的钝化

(1) 彩虹色钝化　彩虹色钝化溶液的主要成分是铬酐或铬酸盐，具有较高的毒性和强氧化作用，为保护环境，应尽量采用低浓度的溶液。彩虹色钝化工艺见表 18-16。

表 18-16 彩虹色钝化工艺

组分质量浓度/(g/L)		工艺条件		
铬酐	721-3 促进剂	pH 值	温度/℃	浸液时间/s
3~15	5~20	0.8~1.8	30~70	10~50

锌镍合金彩色钝化难以控制的原因如下：

1）铬酸含量的影响。生成钝化膜的主要成分是铬酸。当钝化液中铬酸的含量过低时，成膜速度较慢，钝化时间延长，彩色膜颜色较淡；当铬酸含量过高时，虽钝化时间可以缩短，但一般不容易控制，此时彩色膜色泽发暗，严重时为土黄色。

2）钝化液中 pH 值的影响。钝化液 pH 值对成膜有较大影响。当 pH 值过低时，合金镀层中锌溶解过快，成膜不牢固；当 pH 值过高时，形成的钝化膜比较疏松，易脱落。

3）镍含量的影响。当镀层中镍含量过高时，会出现彩色钝化不上的情况。

锌镍合金彩色钝化的优化措施如下：

1）添加促进剂可加快成膜速度，也有利于提高钝化膜的结合力。

2）适当升高钝化液温度，从而提高钝化反应速度，保证钝化工艺正常进行。但需注意钝化液温度不能太高，否则不易控制。

（2）黑色钝化　锌镍合金镀层的黑色钝化主要有两种类型：一种是以银离子为黑化剂的黑色钝化工艺；另一种是以铜离子为黑化剂的钝化工艺。前者得到的黑色钝化膜比较致密，黑度较高。后者的钝化膜外观质量不如前者，黑度也略差。锌镍合金黑色钝化工艺见表 18-17。

表 18-17 锌镍合金黑色钝化工艺

工艺号		1	2	工艺号		1	2
组分质量浓度/(g/L)	铬酐	10~20	30~50	工艺条件	温度/℃	20~25	20~25
	磷酸	6~12	—		时间/s	30~40	100~180
	醋酸	—	40~60		外观色泽	暗深黑色	真黑色
	硫酸根离子(SO_4^{2-})	10~15	5~8		钝化液寿命	长	短
	银离子(Ag^+)	0.3~0.4	0.3~0.4		耐蚀性(SST 出白锈时间)/h	120~140	10~48

（3）白色钝化　锌镍合金白色钝化工艺应用较少，锌镍合金镀层白色钝化工艺见表 18-18。

表 18-18 锌镍合金镀层白色钝化工艺

工艺号		1	2	工艺号		1	2
组分质量浓度/(g/L)	铬酐	5	5	组分质量浓度/(g/L)	硝酸	—	1(mL/L)
	三氯化铬	1	2		氟离子(F^-)	2.7	—
	钛离子(Ti^{4+})	1.2	—	工艺条件	温度/℃	50	20~50
	硫酸根离子(SO_4^{2-})	3.9	2~4		时间/s	10	—

18.3.4 不合格锌镍合金镀层的退除

锌镍合金镀层的主要成分是锌，不合格镀层的退除方法与锌镀层较一致，具体方法见表 18-19。

表 18-19　不合格锌镍合金镀层退除方法

工艺号		1	2	3	4
组分质量浓度/(g/L)	盐酸	300~500	—	—	—
	硫酸	—	180~250	—	—
	硝酸	—	—	500	—
	亚硝酸钠	—	—	—	100~200
	氢氧化钠	—	—	—	200~300
工艺条件	温度/℃	室温	室温	室温	100

18.4　电镀锌钴合金

锌钴合金镀层对钢铁基体来说是阳极镀层，具有良好的耐蚀性，同时又具有电化学保护作用。锌钴合金镀层的耐蚀性随镀层含钴量的增加而提高，但当钴的质量分数超过 1%时，其耐蚀性提高相对较慢。因此，从经济效益和维护镀液的角度考虑，通常将镀层中钴的质量分数控制在 0.5%~1%。

锌钴合金镀层主要应用于汽车配件上及其他各种标准件及紧固件上。另外，锌钴合金镀层对二氧化硫、新型甲醇混合燃料均具有良好的耐蚀性，在某些领域可代替不锈钢，从而降低成本。

18.4.1　氯化物电镀锌钴合金

氯化物电镀锌钴合金镀层中钴的质量分数一般控制在 1%以内，镀后需进行钝化处理。氯化物电镀锌钴合金工艺见表 18-20。

表 18-20　氯化物电镀锌钴合金工艺

工艺号		1	2	3	4	5	6	7	8
组分质量浓度/(g/L)	氯化锌	100	80~90	70~95	46	78	80~120	110	50~90
	氯化钴	20	5~25	—	10.4	4~16	15~25	40	5~15
	Co 添加剂	—	—	10~40	—	—	—	—	—
	氯化钾	190	180~210	200	—	—	180~200	—	180~220
	氯化钠	—	—	—	175	200	—	130	—
	硼酸	25	20~30	20~25	20	20	20~30	10	20~30
	苯甲酸钠	—	—	—	1.75	—	—	2	—
	季戊四醇	—	—	—	—	—	—	16	—
	苄叉丙酮	—	—	—	0.06	—	—	—	—
	OZ①添加剂	16	—	—	—	—	—	—	—
	A②添加剂	—	少量	少量	—	—	—	—	—
	BZ③添加剂	—	—	—	—	—	14~18	—	—
	BCZ-1A④配槽光亮剂	—	—	—	—	—	—	—	14~18(mL/L)
工艺条件	pH 值	5	5~6	4.8~5.5	5	5.0~5.5	4.5~5.5	5.2	4.5~6
	温度/℃	25	24~40	20~32	25	20~35	10~35	25	10~40
	电流密度/(A/dm²)	2.5	1~4	2~4	1.6	1~4	1~4	2.2	1~4
	镀层中钴的质量分数(%)	0.7	0.4~0.8	0.4~1.0	>1.0	>0.4~0.8	—	—	<1.0

① OZ 为苯甲基丙酮、苯甲酸钠与表面活性剂的合成物。
② A 为苯甲酸钠和苄叉丙酮的混合物。
③ BZ 为羟基羧酸盐、苯甲酸钠与一种表面活性剂的合成物。
④ BZC-1A 由广州市二轻工业研究所研制。

18.4.2 碱性锌酸盐体系电镀锌钴合金

常用碱性锌酸盐体系镀液中的主盐是硫酸钴、氧化锌和氯化钴，其中硫酸钴的含量对镀层含钴量影响很大，随着硫酸钴含量的增加，镀层含钴量明显增加。碱性锌酸盐体系电镀锌钴合金工艺见表18-21。

表18-21 碱性锌酸盐体系电镀锌钴合金工艺

工艺号		1	2	3	4	5	6
组分质量浓度/(g/L)	氧化锌	8~14	10	10	10~20	20~40	8~14
	硫酸钴	1.5~3	3.4	—	—	0.5~5	1.5~3
	氯化钴	—	—	12	—	—	—
	钴添加剂	—	—	—	2~3	—	—
	三乙醇胺	—	—	—	—	6(mL/L)	—
	氢氧化钠	80~100	120	120	90~150	160	80~140
	ZC①稳定剂	30~50	—	—	—	—	10~20
	ZCA②添加剂	6~10 (mL/L)	—	—	少量	少量	—
	有机合成物③	—	—	100	—	—	—
	铁族金属	—	0.06	—	—	—	—
工艺条件	温度/℃	10~40	10~50	10~40	24~40	20~40	10~40
	电流密度/(A/dm²)	1~4	1~4	1~4	0.5~4	0.5~3	1~4
	阳极	锌、铁混挂	锌、铁混挂	—	混挂	混挂	—
	镀层中钴的质量分数(%)	0.6~0.8	1	16.8	0.7~0.9	1.0以下	0.5~1.0

① ZC羟基酸盐。
② ZCA为环氧氯丙烷的衍生物，由哈尔滨工业大学研制。
③ 该有机合成物为1mol二乙三胺与1mol环氧乙烷的反应产物。

18.4.3 硫酸盐电镀锌钴合金

硫酸盐电镀锌钴合金工艺见表18-22。

表18-22 硫酸盐电镀锌钴合金工艺

工艺号		1	2①	3	4
组分质量浓度/(g/L)	硫酸锌	44	495	100	31
	硫酸钴	4.7	75	50	20
	硫酸铵	50	—	—	—
	硼酸	—	—	30	—
	硫酸钠	—	50	—	—
	醋酸钠	—	9	—	—
	葡萄糖酸钠	—	—	—	60
	氨水(质量分数为25%)	250(mL/L)	—	—	—
	添加剂	少量	适量	适量	适量
工艺条件	pH值	3.0~4.0	4.2	3.5	8.7
	温度/℃	20~30	50	25	30
	电流密度/(A/dm²)	1.5~3.0	30	5.5	8.5
	镀层中钴的质量分数(%)	<1.0	—	—	—

① 该工艺使用电流密度较高，可用于电镀钢板和钢带等高速电镀。

18.4.4 电镀装饰性锌钴合金

电镀装饰性锌钴合金镀层中钴的质量分数一般为15%~25%，镀层呈现铬镀层的光泽，可用于代替装饰铬镀层。镀液主要由锌盐、钴盐和配位剂组成，其工艺见表18-23。镀液中Zn^{2+}和Co^{2+}相对含量对镀层含钴量有较大影响。通常控制镀液中Zn^{2+}与Co^{2+}的质量比为1左右为宜。钴离子含量过低时，阴极电流效率和镀层含钴量均下降；钴离子含量过高时，镀层发黑。锌离子含量过高时，镀层出现斑点；锌离子含量过低时，电流效率和镀层含锌量下降。为得到含钴量高的合金镀层，可采用弱碱性镀液。

表18-23 电镀装饰性锌钴合金工艺

组分质量浓度/(g/L)			工艺条件		
硫酸锌	硫酸钴	柠檬酸	pH值	温度/℃	电流密度/(A/dm²)
10	20	50	8.0~8.5	25~35	15~25

18.4.5 锌钴合金镀层的钝化

钝化处理可进一步提高锌钴合金镀层的耐蚀性，主要有彩色、黑色、橄榄色等钝化，不同色彩的钝化膜其耐蚀性不同。含钴量低的锌钴合金镀层钝化处理工艺比较简单，与锌镀层的钝化处理相似。彩虹色钝化膜的耐蚀性是锌镀层的2倍以上，橄榄色钝化膜的耐蚀性是锌镀层的3倍以上。锌钴合金镀层钝化工艺见表18-24。

表18-24 锌钴合金镀层钝化工艺

工艺号		1	2	3	4
组分质量浓度/(g/L)	铬酐	5~8	5	5~10	20~30
	硫酸	5~6mL/L	0.5mL/L	—	70~80(乙酸)mL/L
	硝酸	3~4mL/L	3mL/L	—	—
	氯化物	—	—	6~15	10~14(甲酸钠)
	硫酸镍	—	—	1~2	—
	硫酸铜	—	—	—	20~30
	硝酸银	—	—	—	0.1~0.3
工艺条件	pH值	1.4~1.8	1.3~1.7	1.2~1.8	2~3
	温度/℃	—	20~30	20~50	20~35
	时间/s	20~30	20~30	20~30	120~180
	外观色泽	彩虹色	彩虹色	橄榄色	黑色

18.4.6 影响锌钴合金镀层中钴含量的因素

锌钴合金镀层中的钴含量对镀层的耐蚀性、外观色泽、经济成本等具有重要的影响，影响钴含量的因素主要有镀液中钴的含量、温度、电流密度和pH值等。

（1）镀液中钴的含量　随着镀液中钴的含量增加，镀层中钴含量也增加，镀层的耐蚀性也越好。但钴的质量分数超过1%时，其耐蚀性提高相对缓慢，考虑到经济因素，一般将钴的质量分数控制在0.5%~1%。

（2）温度和电流密度　镀层中的钴含量随温度的增加而增加，随电流密度的增加也略有增加。应适当调整温度和电流密度，使镀层达到预期效果。

（3）镀液pH值　当镀液pH值为5~5.2时，pH值的改变对镀层中钴含量的影响不大；但当pH值继续升高时，镀层中钴含量会逐渐增加。

18.4.7 电镀锌钴合金的常见问题与对策

（1）工件上表面出现毛刺　大多是由镀液中有悬浮状颗粒物造成的。可通过过滤镀液避免毛刺的产生。

（2）镀件尖角处出现毛刺　大多是由锌离子含量较低或氯化钾含量低造成的。通过对镀液的分析，补加所需的成分消除。

（3）工件上下表面均出现毛刺　大多是由主盐含量过高且电流密度过大，或者预处理所用的盐酸中含有钼、石蜡等杂质引起的。

18.5　电镀锌铁合金

18.5.1　酸性体系电镀锌铁合金

1. 酸性体系电镀锌铁合金工艺

常用酸性体系电镀锌铁合金的镀液主要有氯化物型、硫酸盐型和氯化物-硫酸盐型，具体工艺见表 18-25。

表 18-25　酸性体系电镀锌铁合金工艺

镀液类型与工艺号		氯化物型			硫酸盐型				氯化物-硫酸盐型	
		1	2	3	4	5	6	7	8	9
组分质量浓度/(g/L)	氯化锌	80~100	90~100	265	—	—	—	—	—	90~110
	氯化亚铁	—	—	135	—	—	—	—	—	—
	硫酸锌	—	—	—	200~300	260	115	18	5~40	—
	硫酸亚铁	8~12	9~16	—	200~300	250	170	18	—	2~4
	硫酸铁	—	—	—	—	—	—	—	200~250	—
	氯化钾	210~230	220~240	—	—	—	—	—	10~30	200~220
	硫酸钠	—	—	—	30	30	84	—	—	—
	硫酸铝	—	—	—	—	—	20	—	—	—
	醋酸钠	—	—	15	20	12	—	—	—	—
	草酸铵	—	—	—	—	—	—	68	—	—
	氯化铵	—	—	30	—	—	—	—	—	—
	硫酸铵	—	—	—	—	—	—	—	100~120	—
	柠檬酸	—	—	5	5	—	—	—	5~10	—
	聚乙二醇	1.0~1.5	1.5	—	—	—	—	—	—	—
	硫脲	0.5~1.0	—	—	—	—	—	—	—	—
	抗坏血酸	1.0~1.5	—	—	—	—	—	—	—	1~3
	稳定剂①	—	7~10	—	—	—	—	—	—	—
	添加剂	ZF② 8~10 mL/L	14~18	0.5	少许③	—	0.5③	—	—	HX-1 15~25 mL/L
工艺条件	pH 值	3.5~5.5	4~5.2	3.0	3.0	3.0	1.5~2.0	2.0	1~1.5	3.0~4.5
	温度/℃	5~40	15~38	50	40	40	55	50	室温	15~40
	电流密度/(A/dm^2)	1.0~2.5	1~5	50	25~150	50	30	1.0~2.0	20~30	1~5
	阳极(Zn 与 Fe 面积比)	10∶1	10∶1	—	锌板	锌板	锌板	锌板	—	—
	镀层中铁的质量分数(%)	0.5~1.0	0.4~0.7	—	20	20	18	14	—	0.5~0.8

① 稳定剂由哈尔滨工业大学研制。

② ZF 添加剂是成都市新都高新电镀环保工程研究所生产的。

③ 主要是萘二磺酸和甲醛的聚合物，还有苯甲酸钠、糖精、异丙基苯磺酸钠等及其混合物。

2. 酸性体系电镀锌铁合金溶液的配制

1）先将氯化锌和氯化钾用 1/3 体积的水溶解，再往每升溶液中加入锌粉 1g 及粉状活性炭 1~2g，充分搅拌 30min，静置过滤，以质量分数为 5%的盐酸溶液调 pH 值至 3.5~4。

2）用水溶解抗坏血酸和稳定剂，将其倒入以 5~10 倍水溶解的硫酸亚铁溶液中，澄清后倒入槽内。

3）用热水溶解聚乙二醇，将其和硫脲用水溶解后在搅拌下加入槽中，搅匀。

4）加入用水稀释过的添加剂，再将水补加至所需体积，电解数小时后，即可试镀。

3. 酸性体系电镀锌铁合金溶液的维护

1）补加 $ZnCl_2$和 KCl 时，过滤入槽前需用水溶解锌粉和活性炭处理。

2）阳极要用尼龙布套，停镀时必须将全部阳极取出，可以防止锌离子含量升高，稳定溶液的 pH 值，并防止亚铁氧化。

3）铁盐只在配制最初溶液时加入，以后靠阳极溶解补充，纯铁阳极要间歇式取挂，以控制铁离子含量。

4）补加添加剂时采用量少次多的方法，每千瓦时消耗量为 80~140mL/L。

5）聚乙二醇的补加量为每千瓦时加入 10~20g/L。

6）pH 值严重影响溶液中亚铁离子和镀液的正常使用，其最佳范围为 4~5。若 pH 值过高，则三价铁离子浓度上升，生成 $Fe(OH)_3$沉淀，导致镀层灰暗无光；若 pH 值过低，阳极溶解快，溶液中铁离子上升，导致合金镀层铁含量增加。

18.5.2 碱性体系电镀锌铁合金

碱性体系镀液比较稳定，容易维护，对设备腐蚀性小，其最大优点是镀层成分不随电流密度变化而变化。碱性体系电镀锌铁合金工艺见表 18-26。碱性锌酸盐电镀锌铁合金常见问题与对策见表 18-27。

表 18-26 碱性体系电镀锌铁合金工艺

工艺号		1	2	3	4	5	6
组分质量浓度/(g/L)	氧化锌	29.6~30.9	15~20	14~16	10~15	13	18~20
	硫酸亚铁	1.3~6.2	0.5~1.5	1~1.5	—	—	1.2~1.8
	氯化亚铁	—	—	—	—	1~2	—
	氯化铁	—	—	—	0.2~0.5	—	—
	氢氧化钠	100~120	160	140~160	120~180	130	100~130
	三乙醇胺	1.4~6.7	—	—	—	—	—
	配位剂	—	XTL11850	XTL①40~60	—	8~12	10~30
	添加剂	4~6mL/L	XTG4188 mL/L	—	4~6	6~10	—
	光亮剂	—	—	XTT①4~6	3~5	—	WD②6~9
工艺条件	温度/℃	20~25	10~40	15~30	40~40	15~30	5~45
	电流密度/(A/dm^2)	3~5	2	1~2.5	1~4	1~3	1~4
	阳极(Zn 与 Fe 面积比)	—	—	—	1∶5	—	—
	镀层中铁的质量分数(%)	2~3	0.2~0.7	0.2~0.7	0.2~0.5	0.4~0.8	0.4~0.6

① XTL 和 XTT 是哈尔滨工业大学产品。

② WD 是武汉大学产品。

表 18-27 碱性锌酸盐电镀锌铁合金常见问题与对策

故障现象	可能产生的原因	排除方法
镀层表面吸附小颗粒	锌阳极使用不当	换用 0 号或 1 号锌板，并加阳极套
	外界灰尘落入槽中	过滤镀液

（续）

故障现象	可能产生的原因	排除方法
镀层放置一段时间后脱皮、鼓泡	预处理不彻底	加强预处理
	镀液中 ZnO 与 NaOH 比例失调	调整 ZnO 与 NaOH 的摩尔比≥1∶10
镀层起毛刺	镀液中 ZnO 含量过高	减小锌阳极面积
锌阳极变深色、溶解慢	NaOH 含量太低、阳极钝化	补加 NaOH
镀件深凹处发黑	阴极电流密度太小	增大电流密度
	NaOH 含量偏低	增加 NaOH
	添加剂太少	补加 XLG418
镀层有条纹	配位剂太少	补加 XTL118

18.5.3 焦磷酸盐电镀锌铁合金

1. 焦磷酸盐电镀锌铁合金工艺

焦磷酸盐镀液电镀锌铁合金，镀层铁的质量分数较高，一般在 7%以上。镀层经抛光后镀铬或光亮镀层闪镀铜后镀铬，可替代氰化镀锌铜合金作为日用五金制品的防护装饰镀层，以减轻环境污染。焦磷酸盐电镀锌铁合金工艺见表 18-28。

表 18-28 焦磷酸盐电镀锌铁合金工艺

工艺号		1	2	3	4	5
组分质量浓度/(g/L)	硫酸锌	64.5	—	35~45	—	—
	焦磷酸锌	—	36~42	—	92	18~24
	三氯化铁	5	8~11	11~16	27	12~17
	焦磷酸钾	23.5	250~300	320~400	270	300~400
	磷酸氢二钠	33.5	80~100	60~70	—	60~70
	光亮剂(醛类化合物)	胡椒醛 1~1.5	洋茉莉醛 0.1~0.15	洋茉莉醛 0.007~0.01	—	0.007~0.01
工艺条件	pH 值	8.5	9~10.5	10~12	9.5	9.5~12
	温度/℃	50	55~60	42~48	60	40~50
	电流密度/(A/dm²)	1~3	1.5~2.5	1.2~1.4	2.1	1.2~1.5
	阳极(Zn 与 Fe 面积比)	—	1∶(1.5~2)	—	—	1∶(1.5~2)
	镀层中铁的质量分数(%)	6~7.4	15	24~27	25	25

2. 焦磷酸盐电镀锌铁合金溶液的配制

1）将计算量的焦磷酸钾和磷酸氢二钠溶于总体积 1/2 的温水中。

2）用温水将焦磷酸锌或硫酸锌调成糊状，在搅拌下加入 1）中所得的溶液中。

3）调整 pH 值至 11 左右，以防止在加入三氯化铁时 pH 值骤降。

4）将计算量的三氯化铁溶于水，在搅拌下慢慢加入槽中。

5）调整 pH 值至工艺范围。

6）加入光亮剂，并加水至规定体积，电解数小时后，即可试镀。

3. 焦磷酸盐电镀锌铁合金溶液的维护

1）该工艺要求电源的波动因素要小，以平滑直流为好，最好采用三相全波整流加滤波器的方式。

2）阳极采用锌、铁阳极分别悬挂。停镀时要取出锌阳极，以免产生化学置换，使溶液中金属离子比例失调。

18.5.4 锌铁合金镀层的钝化

（1）黑色钝化　锌铁合金镀层黑色钝化工艺见表18-29。

表18-29　锌铁合金镀层黑色钝化工艺

工　艺　号		1	2	3
组分质量浓度/(g/L)	铬酐	15~20	15~25	20~35
	硫酸铜	40~45	35~45	25~35
	醋酸钠	15~20	—	—
	醋酸	45~50	40~60	—
	冰醋酸	—	—	70~90mL/L
	甲酸铜	—	15~25	—
	甲酸	—	—	10~15mL/L
	XTH发黑剂	—	—	0.5~2
	XTK抗蚀剂	—	—	0.5~2.5
工艺条件	钝化液pH值	2~3	2~3	1.5~3.5
	工作温度/℃	室温	室温	0~30
	钝化时间/s	30~60	100~150	180~480

（2）彩虹色和蓝白色钝化　锌铁合金镀层彩虹色和蓝白色钝化工艺见表18-30。

表18-30　锌铁合金镀层彩虹色和蓝白色钝化工艺

工　艺　号		1	2	3	4	5
组分质量浓度/(g/L)	铬酐	1.5~2.0	5	2.0~5.0	1~2	—
	重铬酸铵	—	—	—	—	5
	三氯化铬	—	—	—	—	12
	硝酸	0.5mL/L	3~8	25~30mL/L	—	20mL/L
	硝酸锌	—	—	—	0.5~0.8	—
	硫酸	—	0.5~1.0	10~15mL/L	—	10mL/L
	硫酸钠	0.5	—	—	—	—
	氯化钠	0.2	—	—	—	—
	氯化铵	—	—	—	0.5~0.8	—
	氢氟酸	—	—	3~4mL/L	—	—
	氟化钠	—	—	—	—	2
	EDTA·2Na	—	—	—	—	3
工艺条件	pH值	0.7~1.5	1.0~1.6	—	—	—
	温度/℃	室温	室温	10~30	室温	15~35
	钝化时间/s	3~40	10~45	10~30	5~20	10~20
	钝化膜颜色	彩虹色	彩虹色	白色	白色	蓝白色

18.6 电镀锌钛合金

锌钛合金镀层的主要特点是高耐蚀性、低成本、低氢脆性。与锌镀层相比具有如下优点：

1）锌钛合金的耐蚀性是相同厚度锌镀层的2~3倍，且锌钛合金镀层的工件在200℃下除氢8h后可将氢完全除尽。

2）锌钛合金镀层的耐蚀性随镀层中钛含量的增加而提高，镀层厚度为3μm，钛的质量分数为15%的锌钛合金镀层经1000h的中性盐雾试验，表面仍未出现红锈。

3）锌钛合金镀层耐有机酸及二氧化硫腐蚀性能明显优于锌镀层。

4）锌钛合金镀层与锌合金镀层一样，可进行钝化处理。对于钛的质量分数低于1%的合金镀层，其钝化处理与镀锌钝化液基本相同，可进一步提高耐蚀性。

18.6.1 酸性体系电镀锌钛合金

酸性体系电镀锌钛合金工艺见表18-31。

表18-31 酸性体系电镀锌钛合金工艺

镀锌类型与工艺号		硫酸盐型			氯化物型
		1	2	3	4
组分质量浓度/(g/L)	硫酸锌	80~400	80~400	80~400	—
	氯化锌	—	—	—	60~400
	硫酸钛	5~80	5~80	—	—
	氯化铵	—	—	—	50~350
	硫酸铵	20~120	50~350	50~350	—
	酒石酸	20~160	2~160	—	—
	氟化钛钾	稳定剂 2~12	—	5~80	5~80
	氟化钛钠	—	—	5~80	5~80
	SO_4^{2-}与F^-的摩尔比	—	—	1:(5~30)	—
	Cl^-与F^-的摩尔比	—	—	—	1:(5~30)
工艺条件	pH值	3~4	3.4	3.4	3.0
	温度/℃	70	70	70	70
	电流密度/(A/dm^2)	2~10	2~10	2~10	2~10
	镀层钛的质量分数(%)	1.5~15	1~15	1~15	1~15

酸性体系电镀锌钛合金镀液中各成分的作用如下：

（1）主盐　在酸性镀液中，以锌的硫酸盐和氯化物为主盐提供锌离子。若锌盐含量过低，沉积速度慢，镀层结晶粗糙；锌盐含量过高，则溶解困难。以硫酸钛、氟化钛钾为主盐提供Ti^{2+}和Ti^{4+}。若钛盐含量过低，则镀层含钛量低，不能保证镀层的耐蚀性；由于钛盐溶解度有限，其含量也不易过高。另外，由于钛盐容易水解，使镀液不稳定，在镀液中可加入适量对钛离子有一定配合作用的有机酸或盐作稳定剂，以稳定镀液。酸性镀液能得到铁的质量分数为1.5%~15%的合金镀层，随镀层含钛量的增加，耐蚀性提高。当镀层钛的质量分数达到15%时，其耐蚀性最好。

（2）导电盐　镀液中以铵盐作为导电盐，可提高镀液的导电性和钛盐溶解度，从而可使钛含量较高的Zn-Ti合金具有较快的沉积速度。

（3）SO_4^{2-}与F^-的摩尔比或Cl^-与F^-的摩尔比　该比值是影响镀液中钛离子稳定性的主要因素。当酸根离子含量过低时，镀液中Ti^{4+}很不稳定，易形成铁的氢氧化物并夹杂在镀层中，使镀层粗糙、出现麻点、耐蚀性下降；当F^-含量相对过低时，虽然Ti^{4+}稳定性提高，但会使沉积速度下降，难以提高镀层的钛含量。

18.6.2 碱性体系电镀锌钛合金

在碱性镀锌镀液中加入钛盐以及稳定钛离子的辅助配位剂或稳定剂，即可得到碱性锌钛合金镀液，其工艺见表18-32。

表 18-32　碱性体系电镀锌钛合金工艺

镀液类型与工艺号		微氰型	无氰型	
		1	2	3
组分质量浓度/(g/L)	氧化锌	8~15	8~15	15~20
	氢氧化钠	100~150	100~150	120~150
	钛(以金属钛计)	0.95~1.0	0.65~0.85	1~3
	氰化钠	30	—	—
	配位剂	60~100	60~100	60~100
	光亮剂	3~6mL/L	3~6mL/L	1~2mL/L
	表面活性剂	4~6mL/L	4~6mL/L	4~6mL/L
工艺条件	温度	室温	室温	室温
	电流密度/(A/dm^2)	1~3	1~2	1~3
	镀层中钛的质量分数(%)	0.3~0.9	0.3~0.6	0.1~0.4

钛含量较低的锌钛合金镀层铬酸盐进行钝化处理比较容易，钝化工艺与镀锌层差不多，可得到彩虹色钝化膜，其工艺见表 18-33。

表 18-33　锌钛合金镀层钝化工艺

组分质量浓度/(g/L)				工艺条件	
铬酐	硫酸根	硝酸根	钛离子	温度	时间/s
5.0	0.5	5.0	0.1	室温	10~15

18.7　电镀其他锌合金

18.7.1　电镀锌锰合金

锌与锰共沉积的时候由于锰的电位比锌低，锌优先沉积。锌锰合金腐蚀产物为 $ZnCl_2 \cdot 4Zn(OH)_2$和 γ-Mn_2O_2，使其具有高耐蚀性。这是因为 γ-Mn_2O_2能够在镀层表面形成茶色的覆盖层，可有效地抑制腐蚀反应的进行，电位向正方向移动，但对于钢铁件来说仍为阳极镀层。

锌锰合金镀层是防护性镀层，耐蚀性与镀层锰含量密切相关。当镀层中锰的质量分数低于 20%时，耐蚀性与锌镀层相当；当镀层中锰的质量分数大于 20%时，耐蚀性随锰含量的增加而迅速提高；当锰的质量分数达到 50%左右时，耐蚀性不再随锰含量的增加而提高。常用锌锰合金镀层中锰的质量分数为 30%~50%。

锌锰合金镀层具有良好的涂装性，镀层与涂层结合良好，耐蚀性明显优于锌镀层涂装件。目前，电镀锌锰合金主要用于电镀钢板，电镀后再经电泳涂装，可显著提高钢板的防护性。

锌锰合金镀液一般是以柠檬酸为配位剂的硫酸盐镀液，其工艺见表 18-34。

表 18-34　锌锰合金工艺

组分质量浓度/(g/L)				工艺条件		
硫酸锌	硫酸锰	柠檬酸钠	添加剂	pH 值	温度/℃	电流密度/(A/dm^2)
50~100	40~90	180~300	0.2~1.6	5.4~5.6	40~60	10~40

18.7.2　电镀锌铬合金

锌铬合金镀层是防护性镀层，镀层中铬的质量分数一般在 1%以下，但耐蚀性却明显优于锌镀层。常用电镀锌铬合金的镀液有氯化物型、硫酸盐型和硫酸盐-氯化物型三种，其工艺见表 18-35。

表 18-35 电镀锌铬合金工艺

镀液类型与工艺号		氯化物型		硫酸盐型		硫酸盐-氯化物型		
		1	2	3	4	5	6	7
组分质量浓度/(g/L)	氯化锌	180	180	—	—	14	—	—
	氯化铬	40	35	—	—	—	20~30	215
	硫酸锌	—	—	200	158	180	300	57
	硫酸铬钾	—	—	40	—	—	—	—
	氯化钾	160	165	—	—	—	—	—
	氯化钠	—	—	—	—	—	20	29
	氯化铵	—	—	—	—	—	—	27
	氯化铝	20	22	—	—	—	—	—
	硫酸铝	—	—	16	—	20	—	—
	硫酸铝钾	—	—	12	—	—	—	—
	硫酸钠	—	—	40	60	30	—	—
	硫酸铬	—	—	—	235	20	—	—
	柠檬酸钠	—	—	—	20~30	—	—	—
	甲酸钠	—	—	—	40~60	—	—	—
	硼酸	30	25	—	—	12	—	9
	尿素	—	—	—	—	—	30	240
	光亮剂	少许	3	少许	适量	少许	5~10	38
工艺条件	pH 值	2.8~3.5	3~4	2.8~3.5	0.5~2	3.5~4.5	3.4~3.7	2.5~3
	温度/℃	室温	15~35	25~35	30	20~35	20~25	20~25
	电流密度/(A/dm^2)	1~10	2~6	1~4	10~40	1~4	4~7	1~4
	阳极	—	锌板	—	铅	—	锌	石墨
	镀层中铬的质量分数(%)	—	0.1	—	1~4	—	5~9.5	5~8

电镀锌铬合金注意事项：

(1) 电流密度　电流密度对镀层的结晶和外观有直接影响。当电流密度小于 1A/dm^2 时，镀层结晶粗糙，外观呈灰白色；当电流密度大于 10A/dm^{2}时，易出现树枝状结晶，且析氢严重，生成氢氧化物沉淀。在三种锌铬合金镀液体系中，氯化物体系的使用电流密度范围比较宽，镀液成分简单，镀层光亮。另外两种体系的阴极电流效率较高，但使用电流密度范围较窄，镀层质量稍逊于氯化物体系。

(2) 光亮剂　适当添加光亮剂有利于得到光亮、细致的锌铬合金镀层，有时候可直接使用镀锌光亮剂。

(3) pH 值　当 pH 值过高时，易生成氢氧化铬沉淀；当 pH 值过低时，电流效率低，阴极析氢严重。

(4) 镀液温度　镀液温度严重影响镀层的外观质量。当温度偏低时，镀层光亮范围窄；当温度偏高（如氯化物镀液超过 40℃）时，镀层光亮度下降，光亮区变窄。

(5) 钝化处理　钝化时使用彩虹色钝化膜，可显著提高镀层的耐蚀性。

18.7.3 电镀锌磷合金

电镀锌磷合金工艺见表 18-36。镀液中磷的质量分数为 1%左右时，得到的合金镀层耐蚀性很高，但该镀液的稳定性不好，若使用不溶性阳极，则亚磷酸容易被氧化为正磷酸；若用锌板作阳极，则镀液中的锌离子增加较快而导致镀液成分发生变化。因此，必须首先使镀液中锌盐和亚磷酸的比例保持一定。

表 18-36 电镀锌磷合金工艺

工艺号		1	2	3
组分质量浓度/(g/L)	硫酸锌	50~60	—	120~160
	氯化锌	20~30	—	8~12
	氧化锌	—	25~50	—
	亚磷酸	40~60	8	8~10
	磷酸	—	20	磷酸钠 4~8
	硫酸铝	—	20~25	—
	EDTA 二钠盐	10~20	—	—
	硼酸	—	—	20~25
	柠檬酸铵	120~150	—	—
	酒石酸	—	—	40~75
	甘氨酸	—	—	4~5
	水杨酸	乳化剂 0.05~0.1	—	0.2~0.5
	糊精	—	—	2~4
工艺条件	pH 值	1.0~1.5	—	2.0
	温度/℃	20~25	20	25~35
	电流密度/(A/dm^2)	1.0~3.0	6~20	7~20
	阳极	纯锌板	铅板	—
	镀层中磷的质量分数(%)	—	0.6~2.5	<1

18.7.4 电镀锌铁磷三元合金

电镀锌铁磷三元合金工艺见表 18-37。合金镀层中铁的质量分数为 0.1%~30%，磷的质量分数为 0.001%~1.5%，具有良好的焊接性和耐蚀性，这是由于磷的存在使镀层耐局部腐蚀和点蚀的能力有所改善。

表 18-37 电镀锌铁磷三元合金工艺

组分质量浓度/(g/L)	数值	工艺条件	数值
锌	10	pH 值	≥13
铁(以氯化铁加入)	0~3.3	温度/℃	27
氢氧化钠	130	电流密度/(A/dm^2)	3
亚磷酸钠	30	阳极材料	铁板
葡萄糖酸钠	10	镀层成分(质量分数,%)	铁 0~28.5 磷 0.3
辅助添加剂	60		
镀磷光亮剂	6mL/L	—	—

18.7.5 电镀锌镍铁三元合金

常用的电镀锌镍铁合金镀液为硫酸盐镀液，其工艺见表 18-38。合金镀层中一般含镍的质量分数为 6%~10%、铁的质量分数为 2%~5%，外观为银白色，具有良好的耐蚀性，易进行抛光。合金镀层相对钢铁是阳极镀层，可用作镀铬的底层。光亮锌镍铁合金可直接套铬。

表 18-38 电镀锌镍铁合金工艺

工艺号		1	2	3
组分质量浓度/(g/L)	硫酸锌	100	53~81	80~90
	硫酸镍	16~20	20~25	10~15

（续）

工艺号		1	2	3
组分质量浓度/(g/L)	硫酸亚铁	2~2.5	2.5~5	3~4
	焦磷酸钾	270~300	200~350	300~350
	酒石酸钾钠	15~25	15~25	10~15
	磷酸氢二钠	15~25	15~25	10~15
	1,4-丁炔二醇	0.4~0.6	0.4~0.6	—
	洋茉莉醛	—	—	0.01~0.02
工艺条件	pH值	8.2~8.5	8.5~9.3	8.5~9.0
	温度/℃	38~42	32~36	20~35
	电流密度/(A/dm²)	0.6~0.7	0.5~1	0.8~1.5

（1）主盐　镀液中要严格控制 Zn^{2+} 和 Ni^{2+} 的含量，提高镀液中 Zn^{2+} 的含量，则镀层中镍、铁含量均下降。当 Zn^{2+} 含量过低时，阴极电流效率降低，镀层发暗，且易变脆、起皮；当 Zn^{2+} 含量过高时，镀层发白，如果镀层锌的质量分数超过85%，套铬就比较困难。提高镀液中 Ni^{2+} 的含量，镀层镍、铁含量均增加。当 Ni^{2+} 含量过低，镀层色泽较差；当 Ni^{2+} 含量过高时，低电流密度区易产生黑斑，镀层易发脆。

（2）配位剂　由于 $P_2O_7^{4-}$ 对 Fe^{2+} 的配合能力较差，需加入酒石酸钾钠作为辅助配位剂。$P_2O_7^{4-}$ 对镀层组成影响不大，但当 $P_2O_7^{4-}$ 含量过高时，阳极溶解太快。

18.7.6 电镀锌铁钴三元合金

电镀锌铁钴合金主要采用焦磷酸盐镀液，其工艺见表18-39。锌铁钴合金镀层中铁的质量分数一般为7%~9%，与锌镍铁合金镀层相似，外观呈白色，与钢铁基体结合良好。

表18-39　电镀锌铁钴三元合金工艺

组分质量浓度/(g/L)	数值	工艺条件	数值
焦磷酸钾	350~400	pH值	9.0~9.5
硫酸锌	100~110	温度/℃	35~42
硫酸钴	1.0~1.5	电流密度/(A/dm²)	170~200
硫酸铁	8~12	—	—
酒石酸钾钠	20	—	—
洋茉莉醛	0.05~0.1	—	—

18.8 电镀镍铁合金

1. 电镀镍铁合金工艺

电镀镍铁合金工艺见表18-40。

表18-40　电镀镍铁合金工艺

工艺号		1	2	3	4	5	6	7
组分质量浓度/(g/L)	硫酸镍	105	180~200	45~55	200	—	150~220	135
	氯化镍	60	—	100~105	—	—	—	—
	氨基磺酸镍	—	—	—	—	369	—	—
	硫酸亚铁	10	20~25	17.5~20	20	20~25	10~15	13
	氯化钠	—	30~35	—	25	—	20~25	56
	氨基磺酸	—	—	—	—	10~20	—	—
	柠檬酸钠	—	20~25	—	—	—	—	26
	葡萄糖	—	—	—	30	—	—	—

（续）

工艺号		1	2	3	4	5	6	7
组分质量浓度/(g/L)	琥珀酸	—	—	0.2~0.4	—	—	—	—
	硼酸	45	40	27.5~30	50	30	40~45	43
	稳定剂	—	—	—	—	—	适量	—
	抗坏血酸	—	—	1.0~1.5	—	—	—	—
	硫酸羟胺	—	—	—	—	2~6	—	—
	苯亚磺酸钠	—	0.3	0.2~0.8	0.3	—	—	0.2
	十二烷基硫酸钠	—	0.05~0.1	0.05~0.1	0.3	0.05~0.1	0.1	—
	糖精	适量	3	2~4	5	—	2~4	4
	糖精钠	—	—	—	—	0.6~1	—	—
	丙酰基磺酸钠	—	—	—	—	—	—	0.2
	791光亮剂	—	4~6mL/L	—	3.8mL/L	—	—	—
	ABSB光亮剂	—	—	4~8mL/L	—	—	—	—
	精镍1号	—	—	—	—	—	2~4	—
	快光剂	—	—	—	—	—	1~3	—
工艺条件	pH值	3.3	3.0~3.5	2.5~4.5	3.5	1.0	3.2~4.2	3.2~3.8
	温度/℃	60	60~63	55~65	58~65	45	45~55	60~65
	电流密度/(A/dm^2)	2~10	2.0~2.5	2~10	3~5	25	3	2~5
	阳极(Ni与Fe面积比)	不溶性	4:1	(4~5):1	(6~8):1	不溶性	—	(8~12):1
适用范围		挂镀	挂镀	挂镀	滚镀	磁性元件	—	—

2. 电镀镍铁合金溶液的配制

1）将硫酸镍、氯化钠溶于60℃左右的热水中，过滤加入镀槽。

2）将硫酸亚铁溶于50℃左右的热水中，然后加入柠檬酸钠，溶解后加入镀槽。

3）用沸水溶解十二烷基硫酸钠并煮沸10min左右，待溶液透明后入槽。

4）加水至规定体积，加活性炭处理，过滤后，调整pH值。

5）加入其他添加剂，完成后即可试镀。

3. 电镀镍铁合金溶液中的铁离子

铁离子是镀镍溶液中经常存在的金属杂质，它的存在往往是造成镀层针孔和脆性的原因。在pH值大于4时，铁杂质还会造成镀层表面粗糙，甚至发生剥皮现象，因而在镀镍溶液中的铁离子是有害的金属杂质。在镀液中特意加入Fe^{2+}作为电镀镍铁合金镀层的主要来源，它是必不可少的成分，但是镀液中的Fe^{2+}和Fe^{3+}的相对浓度对镍铁合金镀层的性能有一定的影响，应加入络合剂或还原剂来控制镀液中Fe^{3+}的相对浓度。一般来说，镀液中Fe^{3+}浓度还应再超过Fe^{2+}和Fe^{3+}总浓度的50%，否则将会影响镀层的光亮度、韧性和阴极电流效率，甚至使镀层剥皮。

电镀镍铁合金溶液中Fe^{2+}是有用的，同时Fe^{3+}的浓度必须保持在较低的水平，镀液的pH值要维持在3~3.8的范围内，否则，镀液中的Fe^{3+}也是有害的。

影响Fe^{2+}含量的因素有：

（1）稳定剂　镀液中Fe^{2+}在空气中或电镀过程中易被氧化为Fe^{3+}，而Fe^{3+}的氢氧化物溶度积比Fe^{2+}的氢氧化物溶度积小得多，从而镀液中很容易生成$Fe(OH)_3$沉淀。因此在镀液中必须加入适宜的稳定剂，以稳定镀液中的Fe^{2+}。

（2）pH值　在简单盐镀液中，pH值对镀层的组成和阴极电流效率的影响比较大，pH值一般控制在3~3.6的范围内。镀层铁含量随着镀液pH值的升高而增加。但当pH值过高时，Fe^{2+}容易氧化为Fe^{3+}，导致镀液中形成$Fe(OH)_3$沉淀，使镀层中夹杂氢氧化铁的量增加，破坏镀层的力学性能。

(3) 温度　镀液温度一般控制在 55~68℃。镀层铁含量随着镀液温度的升高而增加。但若镀液温度过高，会加速 Fe^{2+} 的氧化；若镀液温度过低，使用电流密度范围变窄，高电流密度区容易烧焦，镀液整平能力下降。

4. 电镀镍铁合金常见的故障及处理方法

电镀镍铁合金常见的故障及处理方法见表 18-41。

表 18-41　电镀镍铁合金常见的故障及处理方法

故障现象	可能产生的原因	处理方法
镀层起泡、脱皮	预处理不良	加强预处理工序
	稳定剂含量不足	补加稳定剂
	中间断电	避免断电
镀层有针孔、毛刺	预处理不良	加强预处理工序
	镀液中有机械杂质	过滤
	十二烷基硫酸钠不足	补加十二烷基硫酸钠
	Fe^{3+} 积累过量	电解处理
镀层光亮性差	光亮剂不足	补加光亮剂
	镀液温度低	提高镀液温度
	电流密度低	提高电流密度
镀液分散能力差	pH 值偏高	降低 pH 值
	Fe^{3+} 积累过量	电解处理
	有机杂质过量	活性炭处理
	金属杂质过量	电解处理
	稳定剂含量低	补加稳定剂

5. 镍铁合金电镀挂具上镀层的退除

镍铁合金电镀时挂具上会产生电镀层，其工艺见表 18-42。

表 18-42　挂具上镀层的退除工艺

工艺号		1	2
组分质量浓度/(g/L)	氰化钠	25	—
	柠檬酸钠	30	—
	硫酸	—	400mL/L
	六次甲基四胺	—	30
工艺条件	pH 值	3	—
	温度/℃	室温	50~60
	阳极电流密度/(A/dm²)	2~5	1~2
	阳极材料	不锈钢或镍板	不锈钢或镍板

18.9　电镀镍钴合金

镀层中钴的质量分数在 15%以下时，通常作为装饰性镀层使用；镀层中钴的质量分数在 30%以下时，镍钴合金外观呈白色，硬度较高，有良好的耐磨性和化学稳定性；镀层中钴的质量分数在 30%~40%时，镀层硬度较高，但内应力也高。

当镀层中钴的质量分数超过 30%时，镀层具有磁性。特别是当钴的质量分数达到 80%时，镀层具有良好的磁性能，这种具有良好磁性能的镀层已广泛应用于计算机的磁鼓、磁盘等记忆元件上。另外，若向镀液中加入少许的次磷酸钠，还可得到镍钴磷合金，它可增加镀层的磁场强度，但必须控制添加的磷含量，若磷含量过高反而会降低磁性能。

18.9.1　电镀装饰性镍钴合金

镍钴合金溶液是在一般光亮镀镍槽中或者一般镀镍槽中，添加 5~10g/L 的硫酸钴或氯化钴配制而成。为了增加镍镀层的光泽，通常添加钴盐可得到任何比例的镍钴合金镀层。电镀装饰性镍钴合金工艺见表 18-43。

表 18-43　电镀装饰性镍钴合金工艺

工　艺　号		1	2	3	4
组分质量浓度/(g/L)	硫酸镍	200	—	200	—
	氯化镍	—	260	—	10
	硫酸钴	6	—	20	—
	氯化钴	—	14	—	—
	氯化钠	12	—	15	—
	硫酸钠	25~30	—	—	—
	硼酸	30	15	30	40
	甲酸钠	20	—	—	—
	甲醛	1	—	—	—
	Co^{2+}含量	—	—	—	1.5
	氨基磺酸镍	—	—	—	600
工艺条件	pH 值	5~6	3	5.6	4
	温度/℃	25~30	20	20~25	60
	电流密度/(A/dm^2)	1~1.2	1.6	1.8~2.5	2
	阳极	镍板	镍板	—	—

18.9.2　电镀磁性镍钴合金

电镀磁性镍钴合金工艺见表 18-44。

表 18-44　电镀磁性镍钴合金工艺

工　艺　号		1	2	3	4
组分质量浓度/(g/L)	硫酸镍	—	150~200	128	—
	氯化镍	—	200~250	—	160
	硫酸钴	120~150	—	115	—
	氯化钴	100~120	—	—	40
	硼酸	15~20	30~40	30	30~40
	氯化钾	6	—	15	—
	对甲苯磺酰胺	—	—	—	1.0~1.2
	十二烷基硫酸钠	—	—	—	0.001~0.005
工艺条件	pH 值	—	—	4~5	3~3.5
	温度/℃	—	40~45	50~60	15~25
	电流密度/(A/dm^2)	4.7	5	1~2	2
	叠加电流比(交：直)	1：3	2：3	—	—
	阳极	—	—	镍板	镍板

18.9.3　不合格镍钴合金镀层的退除

不合格镍钴合金镀层的退除方法一般分为化学法和电解法两种，退除工艺分别见表 18-45和表 18-46。

表 18-45 不合格镍钴合金镀层的化学法退除工艺

工艺号		1	2	3	4
组分质量浓度/(g/L)	间硝基苯磺酸钠	50	80	80	—
	硫酸	120	—	—	—
	硝酸	—	—	—	1000mL/L
	氯化钠	—	—	—	15
	柠檬酸钠	—	80	—	—
	柠檬酸	—	—	50	—
	乙二胺	—	40	—	—
	三乙醇胺	—	—	20mL/L	—
	硫氰酸钠	0.8	—	—	—
	乌洛托品	—	—	—	5
工艺条件	pH 值	—	7~8	8~10	—
	温度/℃	90	80	70~80	室温

表 18-46 不合格镍钴合金镀层的电解法退除工艺

组分质量浓度/(g/L)		工艺条件	
硫酸	甘油	温度/℃	阳极电流密度/(A/dm²)
1100~1200	20~25	35~40	5~7

18.10 电镀其他镍合金

18.10.1 电镀镍磷合金

1. 电镀镍磷合金的特点

镍磷合金镀层随着镀层中磷含量的增加从晶态连续地向非晶态变化。大致情况是：微细晶态（磷的质量分数为 3%左右)→微细晶态+非晶态（磷的质量分数为 5%左右)→非晶态(磷的质量分数为 7%以上)。由于镍磷合金镀层在磷的质量分数超过 7%时是非晶态，所以在物理性质和化学性质上有很多优异的性能，如光泽度好，硬度高，耐磨性好，抗蚀能力强和具有非磁性等。

（1）硬度及耐磨性　镍磷合金镀层的硬度都比较高，一般为 500HV 以上。镀液的组成及工艺条件对镀层的硬度有很大的影响。有时为了得到更高的镀层硬度，可以对镍磷合金镀层进行热处理，热处理的温度变化对镀层硬度有明显影响。当热处理温度为 400℃、时间为 1h 时，硬度达到最高值，可达到 1000HV 以上，相当于硬铬镀层的硬度。由于镀层硬度较高，耐磨性也较好，在 400℃以下热处理 1h 的镍磷合金镀层的耐磨性优于硬铬镀层。又由于它的摩擦因数小，因此可用于代替耐磨硬铬镀层，这样也有利于减少铬对环境的污染。

（2）耐蚀性　镍磷合金镀层在氯化钠、氯化铵、盐酸、硫酸、氢氟酸及一些有机酸中表现出良好的耐蚀性。随着镀层中含磷量的增加，耐蚀性提高，当磷的质量分数超过 13%时，耐蚀性有所降低。镍磷合金镀层经过热处理后，改变了非晶态结构，虽然硬度提高了，耐蚀性却有所下降。

2. 电镀镍磷合金工艺

电镀镍磷合金镀液的类型有氨基磺酸盐型、次磷酸盐型和亚磷酸型等。氨基磺酸盐镀液成本较高，应用较少。次磷酸盐为强还原剂，稳定性差。亚磷酸型稳定性高，成本较低，但必须在低 pH 值下电镀，电流效率较低。电镀镍磷合金工艺见表 18-47。

表 18-47 电镀镍磷合金工艺

工艺号		1	2	3
组分质量浓度/(g/L)	硫酸镍	240	180	100
	氯化镍	45	10	40
	次磷酸二氢钠	60	—	10~160
	亚磷酸	—	3~20	—
	磷酸	—	10~30	—
	硼酸	35	—	40
	氟化钠	30	—	—
	TK 添加剂	—	3	—
	氯化稀土	—	2	—
工艺条件	pH 值	2.0~2.8	1.0~2.5	—
	温度/℃	65~75	60~70	40~60
	阴极电流密度/(A/dm^2)	2~5	3~15	1~2
	镀层中磷的质量分数(%)	12.1	5~13	—

3. 电镀镍磷合金溶液的配制

1）称取计量的镍盐、配位剂和稳定剂放于镀槽中，加入热水，在搅拌下使其溶解。

2）称取计量的硼酸，用热水在另一容器中溶解后，用滤布滤入镀槽中。

3）在镀槽中加入计量的亚磷酸与磷酸，搅拌均匀。

4）调整溶液的 pH 值，加水至规定体积后，即可试镀。

4. 电镀镍磷合金镀液的维护

1）亚磷酸的还原速度受镀液 pH 值的影响，要获得高磷含量的镀层，一般将镀液的 pH 值严格控制在 1.5~2.5 范围内。

2）提高氯离子的含量，可提高亚磷酸的还原速度，有利于提高镀层磷含量。

3）必须加入一定浓度的配位剂与镍离子部分配合，提高镀液中亚磷酸的含量，以防止亚磷酸镍沉淀析出。但配位剂用量不宜过多，否则镍离子将全部被配合，使其析出困难，电流效率降低。

4）可采用镍阳极和不溶性阳极联合使用，其面积比为 3∶1。

5. 不合格镍磷合金镀层的退除

不合格镍磷合金镀层的退除方法可分为化学法和电解法两种，其退除工艺分别见表 18-48和表 18-49。

表 18-48 不合格镍磷合金镀层化学法退除工艺

工艺号		1	2
组分质量浓度/(g/L)	浓硝酸	1000mL/L	—
	氯化钠	20	—
	六次甲基四胺	5	—
	氢氧化钠	—	110
	乙二胺	—	120
	间硝基苯磺酸钠	—	60
	十二烷基硫酸钠	—	0.1~0.3
工艺条件	温度/℃	室温	80

表 18-49　不合格镍磷合金镀层电解法退除工艺

组分质量浓度/(g/L)		工艺条件	
铬酐	硼酸	温度/℃	阳极电流密度/(A/dm²)
250~300	25~30	30~80	3~7

18.10.2　电镀镍铬合金

1. 电镀镍铬合金工艺

电镀镍铬合金工艺见表 18-50。

表 18-50　电镀镍铬合金工艺

工艺号		1	2	3	4	5
组分质量浓度/(g/L)	氯化铬	50~120	100	30	120	—
	硫酸铬	—	—	30	—	196
	氯化镍	10~125	30	—	—	—
	硫酸镍	—	—	20	25~100	196
	硫酸	11~115mL/L	40mL/L	30mL/L	—	—
	甲酸钠	—	—	30~60	—	—
	硼酸	25~50	—	35	24~25	25
	羟基乙酸	—	50	—	—	—
	乙醇钠	—	—	5~10	—	—
	柠檬酸钠	—	80	—	50~100	—
	溴化钠	50~100	15	—	—	—
	溴化钾	—	—	—	8~16	—
	氯化铵	—	50	50	60~120	—
	添加剂	—	—	—	10~16	—
	配位剂	—	—	70	—	50
工艺条件	pH 值	1~5	2	2.5	2~4	1.3~1.4
	温度/℃	20~60	35	25	10~30	50
	电流密度/(A/dm²)	—	3	25	2~10	25~50
	镀层中铬的质量分数(%)	—	—	0.1~60	11.1	1~65

2. 电镀镍铬合金镀液中各成分的作用

(1) 导电盐　通常采用镍铬电镀体系的导电盐为碱金属和铵盐的氯化物或硫酸盐。常用的有氯化钾、氯化铵、溴化钠等，其中溴离子的存在还可以抑制 Cr^{6+} 的生成。

(2) 缓冲剂　缓冲剂的存在可以使镀液在较高的温度下操作，而且可以抑制 pH 值的升高。生产中常用硼酸作为缓冲剂。

(3) 配位剂　配位剂对主盐离子的配合程度对镀层的质量有很大影响。由于镍铬合金体系中金属离子与配位剂的配合速度比较慢，可以通过升高镀液温度、久置镀液或用电解的方法来提高配合程度。

(4) 添加剂　添加剂包括整平剂、光亮剂、表面活性剂及扩散剂等。其主要作用是稳定镀液，降低界面张力，调整镀层应力，改善镀层性能，抑制阴极析氢，提高电流效率，扩大阴极电流密度范围，加快出光速度，抑制镀液挥发等。

18.10.3　电镀镍硫合金

电镀镍硫合金工艺见表 18-51。

表 18-51　电镀镍硫合金工艺

工　艺　号		1	2	3
组分质量浓度/(g/L)	硫氰酸镍	87	—	—
	柠檬酸	126	—	—
	硫酸镍	—	27~54	—
	硫酸铵	—	23~46	—
	氯化铵	50	15	40
	氨水	200mL/L	—	—
	硫代硫酸钠	—	150~200	200
	氯化镍	—	—	47.5
工艺条件	pH 值	8	4	4
	温度/℃	30	30	30

18.11　电镀锡镍合金

18.11.1　氟化物电镀锡镍合金

氟化物电镀锡镍合金工艺见表 18-52。

表 18-52　氟化物电镀锡镍合金工艺

工　艺　号		1	2	3	4
组分质量浓度/(g/L)	氯化亚锡($SnCl_2 \cdot 2H_2O$)	50	50	50	40~50
	氯化镍($NiCl_2 \cdot 6H_2O$)	300	250	250	250~300
	氟化氢铵(NH_4HF_2)	35	40	33	50~60
	氟化钠(NaF)	28	—	20	—
	氨水(NH_4OH,质量分数为 35%)	—	35	8	—
	盐酸(HCl,质量分数为 36%)	—	—	—	8
工艺条件	pH 值	2.5	2.0~2.5	2.5	2.0~2.5
	温度/℃	65	65~75	65	60~70
	电流密度/(A/dm^2)	2.5	2~3	2.7	1.5~3

18.11.2　焦磷酸盐电镀锡镍合金

焦磷酸盐电镀锡镍合金工艺见表 18-53。

表 18-53　焦磷酸盐电镀锡镍合金工艺

工　艺　号		1	2	3	4
组分质量浓度/(g/L)	氯化亚锡($SnCl_2 \cdot 2H_2O$)	28	25~30	16	—
	焦磷酸亚锡($Sn_2P_2O_7$)	—	—	—	20
	氯化镍($NiCl_2 \cdot 6H_2O$)	30	—	70	15
	硫酸镍($NiSO_4 \cdot 7H_2O$)	—	30~35	—	—
	焦磷酸钾($K_4P_2O_7 \cdot 3H_2O$)	200	180~200	240	200
	柠檬酸($C_6H_8O_7 \cdot H_2O$)	—	15~20	—	—
	柠檬酸铵[$(NH_4)_3C_6H_5O_7$]	—	—	—	20
	氨水(NH_4OH,质量分数为 35%)	5mL/L	—	—	—
	氨基乙酸(NH_2CH_2COOH)	20	—	—	—
	盐酸羟胺($NH_2OH \cdot HCl$)	—	—	7	—
	乙二胺[$(NH_2CH_2)_2$]	—	—	5mL/L	—
	蛋氨酸($NH_2SC_4H_8COOH$)	—	—	—	5
	去极剂①	—	20~30	—	—
	光亮剂①	—	0.3~0.5mL/L	—	—

（续）

工　艺　号		1	2	3	4
工艺条件	pH 值	7.5~8.5	8.0~8.5	8.5	8.5
	温度/℃	50	45~50	50	50
	电流密度/(A/dm^2)	0.5~1.5	0.5~2	0.5~1	2

① 均由北京师范大学研制。

18.11.3　电镀黑色锡镍合金

黑色锡镍合金中镍的质量分数为 35%左右，这种镀层通常是在焦磷酸盐电镀锡镍合金的溶液中加入发黑剂形成的。该镀层具有良好的耐蚀性、耐磨性和较高的硬度。电镀黑色锡镍合金工艺见表 18-54。

表 18-54　电镀黑色锡镍合金工艺

工　艺　号		1	2	3	4
组分质量浓度/(g/L)	氯化亚锡($SnCl_2 \cdot 2H_2O$)	10	15	—	25~30
	硫酸亚锡($SnSO_4$)	—	—	25	—
	氯化镍($NiCl_2 \cdot 6H_2O$)	75	70	—	30~35
	硫酸镍($NiSO_4 \cdot 7H_2O$)	20	—	72	—
	焦磷酸钾($K_4P_2O_7 \cdot 3H_2O$)	250	280	280	180~280
	柠檬酸铵[$(NH_4)_3C_6H_5O_7$]	—	—	25	—
	蛋氨酸($NH_2SC_4H_8COOH$)	5	5	5	—
	α-氨基酸	—	—	—	5~20
	乙二胺[$(NH_2CH_2)_2$]	—	15mL/L	—	5~15mL/L
工艺条件	pH 值	8.5	9.5	9.5	7.5~9.5
	温度/℃	50	60	55~65	45~50
	电流密度/(A/dm^2)	2	3	0.5~6	0.1~2

18.11.4　电镀枪黑色锡镍合金

电镀枪黑色锡镍合金工艺见表 18-55。

表 18-55　电镀枪黑色锡镍合金工艺

工　艺　号		1	2
组分质量浓度/(g/L)	焦磷酸钾($K_4P_2O_7$)	200~250	—
	枪黑色电镀 A 盐	20~30	—
	枪黑色电镀 B 剂	20~40	—
	枪黑色稳定剂	0.2~0.4	—
	氰化钠	—	45~60
	枪黑盐 SN-1	—	45~60
工艺条件	pH 值	8.5~9.5	—
	温度/℃	40~45	68~73
	阴极电流密度/(A/dm^2)	0.1~2	—
	电压/V	—	2.5~3.5
	阳极	石墨	不锈钢
	时间/min	1~2	2~3

注：枪黑色电镀 A 盐、B 剂、稳定剂为武汉风帆电镀技术有限公司研制。

18.11.5　其他电镀锡镍合金

其他电镀锡镍合金工艺见表 18-56。

表 18-56　其他电镀锡镍合金工艺

工艺号		1	2	3	4	5	6
组分质量浓度/(g/L)	焦磷酸亚锡($Sn_2P_2O_7$)	20	—	—	16	—	—
	氧化亚锡($SnCl_2 \cdot 2H_2O$)	—	10	15	—	—	—
	氯化镍($NiCl_2 \cdot 6H_2O$)	15	75	70	70	—	—
	硫酸镍($NiSO_4 \cdot 6H_2O$)	—	20	—	—	45	150
	焦磷酸钾($K_4P_2O_7$)	200	250	280	240	—	—
	柠檬酸铵[$(NH_4)_3C_6H_5O_7$]	20	—	—	—	—	150
	蛋氨酸	5	5	5	—	—	—
	乙二胺	—	—	15mL/L	5mL/L	—	—
	盐酸羟胺($NH_2OH \cdot HCl$)	—	—	—	7	—	—
	锡酸钠(Na_2SnO_3)	—	—	—	—	40	—
	酒石酸钠($Na_2C_4H_4O_6$)	—	—	—	—	12	—
	EDTA 四钠盐	—	—	—	—	75	—
	硫酸亚锡($SnSO_4$)	—	—	—	—	—	40
	氨基磺酸钠(H_2NSO_3Na)	—	—	—	—	—	70
	间苯二酚	—	—	—	—	—	10
工艺条件	pH 值	8.5	8.5	9.5	8.5	12	4
	温度/℃	50	50	60	50	70	40
	阴极电流密度/(A/dm^2)	2	2	3	0.5~1	1.5	3~4
	阳极	镍板	镍板	镍板	锡板	石墨	镍板
外观		不锈钢色	黑色光亮	黑色光亮	—	青白色	白色带粉红

18.12　电镀锡钴合金

1. 常用电镀锡钴合金工艺

锡钴合金镀液主要有焦磷酸盐、锡酸盐、HEDP 和氟化物等。常用电镀锡钴合金工艺见表 18-57。需要注意的是，用作装饰性的代铬镀层，镀液中必须含有光亮剂才能得到光亮的外观，否则只能形成无光泽的灰白色镀层。

表 18-57　常用电镀锡钴合金工艺

工艺号		1	2	3	4	5
组分质量浓度/(g/L)	焦磷酸钾($K_4P_2O_7$)	200~300	—	—	—	150~200
	氯化亚锡($SnCl_2 \cdot 2H_2O$)	15~50	—	—	10~45	—
	锡酸钠($Na_2SnO_3 \cdot 3H_2O$)	—	60	70	—	60~70
	氯化钴($CoCl_2 \cdot 6H_2O$)	15~50	—	—	50~350	6~10
	醋酸钴[$Co(CH_3COO)_2$]	—	5	6	—	—
	氟化钽(TaF)	—	—	—	0.2~8	—
	EDTA-4Na	—	—	—	—	10~15
	酒石酸钾钠($KNaC_4H_4O_6 \cdot 4H_2O$)	—	170	180	—	15~20
	葡萄糖酸钠	—	—	40	—	—
	柠檬酸胺[$(NH_4)_3C_6H_5O_7$]	—	20	—	—	—
	十二烷基磺酸钠	—	0.02	0.05	—	—
	L-组氨酸盐酸盐	—	—	0.02	—	—
	明胶	—	—	—	—	0.1~0.2
	1,3 丙二酸	2~4mL/L	—	55~80mL/L	—	—
	1,2,4 三氮唑	0.6~1.0	—	0.5~4.5	—	—
	二氟化铵$(NH_4)_2F_2$	—	—	—	35~75mL/L	—
	氯化铵 NH_4Cl	—	—	—	70~110	—

（续）

工艺号		1	2	3	4	5
工艺条件	pH值	—	—	—	—	10~11
	温度/℃	8.5~10.0	6.8	7.5	—	50~55
		50~60	45	55	55~80	挂镀 1.5~2.0
	阴极电流密度/（A/dm^2）	0.3~1.0	0.5	0.5	0.5~4.5	滚镀150~170A/筒 滚筒转速 6~10r/min
	阳极	石墨	Pt/Ti	Pt/Ti	—	锡板
	镀层中Co的质量分数（%）	20~30	42	22	Sn-Co-Ta合金	—

2. 焦磷酸盐电镀锡钴合金镀液的配制

1）将焦磷酸钾溶于50℃的热水中。

2）将锡酸钠与酒石酸钾钠混合，用60~70℃的热水溶解，然后在不断搅拌下分5次加入到焦磷酸钾镀液中，每加完一次，必须用磷酸调节pH值，使pH值保持在10~11范围内，以防锡酸钠水解产生白色沉淀物。

3）分别将氯化钴、EDTA-4Na溶于热水，在搅拌下将两液混合，然后加入至上述焦磷酸钾镀液中。

4）再次调节pH值至10~11范围，配制好后可进行试镀。

3. 焦磷酸盐电镀锡钴合金的注意事项

1）为获得接近铬层颜色的镀层，镀液中Co^{2+}/Sn^{2+}应控制在（0.6~0.9）：1。

2）为使镀液稳定并获得较理想的合金镀层，$P_2O_7^{4-}$/（$Sn^{2+}+Co^{2+}$）的物质的量比应控制在（2~2.5）：1范围内。

3）电流密度对镀层成分的影响很大，随着电流密度的升高，镀层中的钴含量明显增加，特别是在电流密度较大时更是如此。所以为获得色泽均匀的镀层，必须对电流密度进行严格的控制，而且宜采用较低的数值。

4）镀液中的Sn^{2+}容易被氧化，因此在生产中要经常加过氧化氢进行处理。

5）防止铜元素及杂质的污染。

4. 锡钴合金电镀后的钝化处理

在半光亮镍、光亮镍上分别镀覆0.2μm厚的锡钴合金或铬层后，进行试验表明，两者的耐蚀性大体相当，只是在锡钴合金镀层表面有一层褐色膜，此褐色膜是钴的氧化物而不是基体金属的腐蚀产物。若对锡钴合金层进行钝化处理，可以改善其耐蚀性和抗变色性能。锡钴合金钝化工艺见表18-58。

表18-58 锡钴合金钝化工艺

钝化液类型及工艺号		化学钝化液		电解钝化液
		1	2	3
组分质量浓度/（g/L）	铬酐（CrO_3）	40~60	—	—
	重铬酸钾（$K_2Cr_2O_7$）	—	8~10	12~15
	乙酸（$C_2H_4O_2$，质量分数为36%）	2~5mL/L	—	—

（续）

钝化液类型及工艺号		化学钝化液		电解钝化液
		1	2	3
工艺条件	温度/℃	室温	15~30	60~90
	pH 值	—	3~5（乙酸调节）	12.5 （氢氧化钠调节）
	阴极电流密度/(A/dm^2)	—	—	0.2~0.5
	时间/s	30~60	30~120	20~40

18.13 电镀锡锌合金

18.13.1 普通电镀锡锌合金

电镀锡锌合金常用的配方是氰化物，也有少数用焦磷酸盐的。氰化物镀锡锌合金所用的原料有氰化锌、游离氰化钠、锡酸钠、氢氧化钠，可得到铜质量分数为75%~80%的锡锌合金镀层，但是氰化物的剧毒性在环境保护和操作安全方面有较多问题，所以现在已经用酸性镀液替代，即用硫酸盐型镀锡锌合金工艺。电镀锡锌合金工艺见表18-59。

表18-59 电镀锡锌合金工艺

组分质量浓度/(g/L)	数　值	工艺条件	数　值
硫酸锌	110	pH 值	4.5
硫酸锡	1.5~7	温度	室温
氯化铵	80	电流密度/(A/dm^2)	0.7~3
葡萄糖酸钠	20	阳极材料	纯锌
柠檬酸钠	30	镀层锡的质量分数(%)	10~20
光亮剂	1~15mL/L		

18.13.2 氰化物电镀锡锌合金

电镀锌质量分数为20%~25%的锡锌合金镀层常用氰化物镀液，其工艺见表18-60。该工艺中使用和镀层成分相同的锡锌合金作为阳极，阳极面积应为阴极面积的1.5~2倍。

表18-60 氰化物电镀锡锌合金工艺

工　艺　号		1	2	3	4	5
组分质量浓度/(g/L)	锡酸钠($Na_2SnO_3 \cdot 3H_2O$)	50~100	72	—	—	—
	锡酸钾(K_2SnO_3)	—	—	50~100	120	94
	氰化锌[$Zn(CN)_2$]	—	12.5	—	9	15
	氧化锌(ZnO)	3~15	—	3~15	—	—
	氰化钠(NaCN)	—	30	—	—	—
	氰化钾(KCN)	20~60	—	20~60	30	34
	氢氧化钠(NaOH)	—	10	—	—	—
	氢氧化钾(KOH)	3~14	—	4~12	6.8	11
工艺条件	温度/℃	60~75	60~70	60~75	65	65±2
	电流密度/(A/dm^2)	1~3	1~3	1~3	2~3	0.5~1.5

18.13.3 柠檬酸盐电镀锡锌合金

柠檬酸盐电镀锡锌合金工艺见表18-61。

表 18-61 柠檬酸盐电镀锡锌合金工艺

工艺号		1	2	3
组分质量浓度/(g/L)	硫酸亚锡($SnSO_4$)	30~35	25	20~30
	硫酸锌($ZnSO_4 \cdot 7H_2O$)	32~36	30~50	14~20
	柠檬酸($C_6H_8O_7 \cdot H_2O$)	100~120	—	—
	柠檬酸铵[$(NH_4)_3C_6H_5O_7$]	—	80~90	100~140
	硫酸铵[$(NH_4)_2SO_4$]	60~80	60~80	80~100
	三乙醇胺[$N(CHC_2H_2OH)_3$]	—	10	—
	添加剂	6~8mL/L①	SN-1,15~20mL/L②	—
	稳定剂③	—	—	0.03
	光亮剂③ Ⅰ	—	—	0.005~0.01
	光亮剂③ Ⅱ	—	—	0.01~0.02
工艺条件	pH 值	5.0~5.5	5~6	5.8~6.5
	温度/℃	20~30	15~25	室温
	电流密度/(A/dm^2)	2~3	1.5~3	2~3

① 由哈尔滨工业大学研制。

② 由南京航空航天大学研制。

③ 由上海自动化仪表股份有限公司研制。

18.13.4 焦磷酸盐电镀锡锌合金

焦磷酸盐电镀锡锌合金工艺见表 18-62。

表 18-62 焦磷酸盐电镀锡锌合金工艺

工艺号		1	2
组分质量浓度/(g/L)	焦磷酸亚锡($Sn_2P_2O_7$)	21	—
	锡酸钠($Na_2SnO_3 \cdot 3H_2O$)	—	50~70
	焦磷酸锌($Zn_2P_2O_7$)	37	9~12
	焦磷酸钾($K_4P_2O_7 \cdot 3H_2O$)	200	240~280
	磷酸氢二钠(Na_2HPO_4)	—	20
	明胶	1	少量
工艺条件	pH 值	9.2	10~11
	温度/℃	60	45~50
	电流密度/(A/dm^2)	0.6~1.5	1~2

18.13.5 葡萄糖酸盐电镀锡锌合金

葡萄糖酸盐电镀锡锌合金工艺见表 18-63。

表 18-63 葡萄糖酸盐电镀锡锌合金工艺

工艺号		1	2	3
组分质量浓度/(g/L)	磷酸亚锡($SnSO_4$)	27	37	—
	氯化亚锡($SnCl_2 \cdot 2H_2O$)	—	—	40
	硫酸锌($ZnSO_4 \cdot 7H_2O$)	36	22.5	40
	葡萄糖酸钠($NaC_6H_{11}O_7$)	110	110	—
	葡萄糖酸($C_6H_{12}O_7$)	—	—	150
	三乙醇胺[$N(CHC_2H_2OH)_3$]	26	75	—
	磷酸钠($Na_3PO_4 \cdot 12H_2O$)	—	—	75
	聚乙二醇烷基胺	3	—	—
	聚乙醇酚醚	—	3	—
	聚环氧乙烷基硬脂酸胺	—	—	5

（续）

工艺号		1	2	3
组分质量浓度/(g/L)	胨	0.5	—	—
	蛋白胨	—	0~1	—
	香草醛($C_8H_8O_3$)	0.04	0.04~0.06	0.4
工艺条件	pH值	6	5~6	6
	温度/℃	25	20~30	25
	电流密度/(A/dm²)	1~2	0.5~4	2

18.14 电镀其他锡合金

18.14.1 电镀锡铋合金

锡铋合金镀层具有低共熔点、高焊接性、不产生晶须、耐蚀性好、镀液分散能力强、无铅和氟污染等特点。一般情况下，锡铋合金中铋的质量分数为0.1%~75%，其中铋的质量分数为30%~53%时合金镀层综合性能较好，铋的质量分数为0.2%~2.0%的合金镀层可有效防止晶须的生成。

电镀锡铋合金工艺见表18-64。

表18-64 电镀锡铋合金工艺

工艺号		1	2	3	4
组分质量浓度/(g/L)	硫酸亚锡 $SnSO_4$(以 Sn^{2+} 计)	22.5	10	—	50~60
	硫酸铋 $Bi_2(SO_4)_3$(以 Bi^{3+} 计)	7.5	7.5	—	—
	谷氨酸	120	—	—	—
	氯化钠 NaCl	80	—	—	0.3~0.8
	烷基壬酚醚(含15mol环氧乙烷)	5	—	—	—
	丙二酸	—	120	—	—
	醋酸铵 NH_4CH_3COO	—	80	—	—
	胨	—	1	—	—
	硝酸铋 $Bi(NO_3)_3$	—	—	—	0.5~1.5
	硫酸 H_2SO_4	—	—	—	110~130
	添加剂Ⅰ①	—	—	—	0.5~0.6
	添加剂Ⅱ①	—	—	—	0.5~0.6mL/L
	甲烷磺酸亚锡 $Sn(CH_3SO_3)$	—	—	19.5	—
	甲烷磺酸铋 $Bi(CH_3SO_3)_3$	—	—	130	—
	质量分数为70%的甲烷磺酸(CH_3SO_3H)	—	—	45mL/L	—
	添加剂②	—	—	适量	—
工艺条件	pH值	3.5	6.0	—	—
	温度/℃	25	25	室温	室温
	阴极电流密度/(A/dm²)	5.0	5.0	0.2~1.9	0.5~1.0
	阳极	Sn-1	Sn-1	高纯铸铋	Sn-1装入尼龙袋
	镀层中Bi的质量分数(%)	36.5	56.2	58	0.2~20

① 河南平原光电有限公司研制。

② 南京无线电有限公司研制。

18.14.2 电镀锡银合金

锡银合金在工业生产中应用广泛，并以其优良的焊接性、耐蚀性、光亮的外观和无铅污染等优点成为主要的代锡铅合金镀层。但为了降低生产成本，一般采用低银（银的质量分数≤20%）的锡银合金镀层。

电镀锡银合金工艺见表18-65。

表18-65 电镀锡银合金工艺

工艺号		1	2	3	4	5
组分质量浓度/(g/L)	硫酸亚锡 $SnSO_4$	43	—	—	—	—
	硫酸银 Ag_2SO_4	1.6	—	—	—	—
	焦磷酸钾 $K_4P_2O_7$	264	—	99	—	—
	碘化钾 KI	249	249	3322	—	—
	三乙醇铵	60	22	—	—	—
	2-氯甲基氯化铵与水杨醛反应物	2.0	—	—	—	—
	氯化银(AgCl)	—	34	—	43	—
	柠檬酸钠($Na_3C_6H_5O_7 \cdot 2H_2O$)	—	0.4	—	—	—
	单乙醇胺与邻香草醛反应物	—	275	—	—	—
	焦磷酸锡($Sn_2P_2O_7$)	—	4	—	—	—
	焦磷酸银($Ag_4P_2O_7$)	—	—	123	—	—
	N-甲基乙醇胺与水杨醛反应物	—	—	30	—	—
	表面活性剂	—	—	30	—	—
	抗坏血酸	—	—	0.1	—	—
	硝酸银($AgNO_3$)(以Ag^+计)	—	—	10	—	—
	硫代苹果酸	—	—	—	10	—
	质量分数为50%的D-葡萄糖酸溶液	—	—	—	45mL/L	—
	甲烷磺酸锡[$Sn(CH_3SO_3)_2$]	—	—	—	80	—
	甲烷磺酸银($AgCH_3SO_3$)	—	—	—	—	30
	甲烷磺酸(CH_3SO_3H)	—	—	—	—	1
	壬酚醚(含12mL环氧乙烷)	—	—	—	—	100
工艺条件	pH值	4.5	4.5	5.0	0.7(用KOH与NH_4OH质量比为1:1来调节)	8
	温度/℃	25	25	25	25	20
	阴极电流密度/(A/dm^2)	2.0	2.0	2.0	1.0	2.0

18.14.3 电镀锡铈合金

锡铈合金镀层晶粒细小，具有强的抗氧化性和良好的焊接性。电镀锡铈合金工艺见表18-66。

表18-66 电镀锡铈合金工艺

组分质量浓度/(g/L)	数值	工艺条件	数值
硫酸亚锡	25~40	电流密度/(A/dm^2)	0.5~3.0
硫酸	80~120mL/L	温度/℃	5~35
硫酸铈	10~15	滚筒转速/(r/min)	6~8
ZF302开缸剂	35~42mL/L	镀液过滤	连续型过滤

18.14.4 电镀锡铜、锡锑、锡铟、锡钛合金

电镀锡铜、锡锑、锡铟、锡钛合金工艺见表18-67。

表18-67 电镀锡铜、锡锑、锡铟、锡钛合金工艺

工艺类型		锡铜	锡锑	锡铟	锡钛
组分质量浓度/(g/L)	硫酸亚锡(以锡计)	12.5	—	—	—
	甲烷磺酸锡(以锡计)	—	50	10	—
	甲烷磺酸锡	—	—	—	25
	甲烷磺酸钛	—	—	—	10
	硫酸铜(以铜计)	6	—	—	—
	三氯化锑	—	5	—	—
	三氯化铟(以铟计)	—	—	8	—
	硫酸铵	80	—	—	—
	柠檬酸三铵	100	—	—	—
	酒石酸	—	—	30	—
	游离甲烷磺酸	—	106	100	140
	2-氨基-4-氯苯并噻唑-*N*,*N*-二丙烷硫酸钠	0.25	—	—	—
	5-甲基-2-巯基苯并咪唑-*S*-丙烷磺酸钠	—	0.5	—	—
	5-甲基-2-巯基苯并咪唑-*S*-丁烷磺酸钠	—	—	0.5	—
	聚氧化乙烯(EO20)十二醇	2	—	—	—
	聚氧化乙烯(EO10)双酚A	—	10	—	—
	聚氧化乙烯(EO5)油醇胺	—	—	5	—
	十二烷基二甲胺乙酸甜菜碱	—	1	—	—
	壬醚(含10mol环氧乙烷和3mol环氧丙烷)	—	—	—	8
	氨水(质量分数为30%)	75mL/L	—	—	—
	对苯二酚	—	0.2	—	—
工艺条件	pH值	6.2	—	2	—
	温度/℃	25	35	30	20

18.15 电镀铅锡合金

铅和锡的标准电极电位相差很小（Pb/Pb^{2+}为-0.126V，Sn/Sn^{2+}为-0.136V），而氢过电位又高，因此可通过控制镀液中的铅锡含量比例和电流密度来实现在简单强酸性镀液中的共沉积，得到各种要求比例的铅锡合金镀层。

1）锡质量分数为5%~15%的合金镀层具有良好的防腐蚀性及润滑性，常用于钢铁制品的防腐。

2）锡质量分数为6%~20%的合金镀层减摩性能优良，常用于滑动轴承表面的电镀。

3）锡质量分数为60%~65%的合金镀层耐蚀性和焊接性优良，常用作印制电路板电镀。

4）锡质量分数为75%~90%的合金镀层具有良好的焊接性，常用于电子元器件引线的电镀。

5）若在纯锡镀中加入质量分数为1%~3%的铅，可有效防止锡须的形成。

18.15.1 普通电镀铅锡合金

电镀铅锡合金的镀液配方包括氟硼酸盐、氨基磺酸盐、氟硅酸盐和氯化物等，其中最常用的是氟硼酸盐配方。氟硼酸盐配方所得镀层质量最好，其他配方的镀液稳定性较差，镀层质量也不如氟硼酸盐的好。但氟化物具有强腐蚀性，若污水处理不当，容易对环境造成持久性的污染和破坏，所以应谨慎使用。

1. 氟硼酸盐电镀铅锡合金工艺

氟硼酸盐电镀铅锡合金工艺见表18-68。

表18-68 氟硼酸盐电镀铅锡合金工艺

工艺号		1	2	3	4
组分质量浓度/(g/L)	氟硼酸铅[$Pb(BF_4)_2$]	110~275	74~110	55~85	15~20
	氟硼酸亚锡[$Sn(BF_4)_2$]	50~70	37~74	70~90	44~62
	游离氟硼酸(HBP_4)	50~100	100~180	80~100	260~300
	硼酸(H_3BO_3)	—	—	—	30~35
	桃胶	3~5	1~3	—	—
	明胶	—	—	1.5~2	—
	蛋白胨	—	—	—	3~5
工艺条件	温度/℃	室温	18~45	室温	20~30
	阴极电流密度/(A/dm^2)	1.5~2	4~5	0.8~1.2	1~4
	阴极移动/(次/分)	—	—	—	20
	镀层中含锑量(质量分数,%)	6~10	15~25	45~55	60
	合金阳极中含锡量(质量分数,%)	6~10	pb、Sn板分别挂	50	60
适用范围		耐蚀、减摩	润滑、助焊、助粘	防海水腐蚀	印制线路板

2. 氟硼酸盐电镀铅锡合金溶液的配制

1）将一半计量的氟硼酸加到镀槽中，加水稀释至两倍并稍稍加热。

2）往上述溶液中加入碱式碳酸铜，生成氟硼酸铜，随后缓慢添加锡粉直至蓝色（铜离子）完全消失，过滤掉铜渣，得到氟硼酸亚锡。

3）将事先调成糊状的氧化铅用另一半氟硼酸溶解，再将溶液边搅拌边倒入氟硼酸亚锡溶液中，得到镀液。

4）用温水将桃胶溶解，过滤后加入镀液，即可通电试镀。

3. 氟硼酸盐电镀铅锡合金溶液的维护

1）调控铅盐、锡盐的含量比，以满足不同用途的铅锡合金镀层成分要求。

2）保证氟硼酸的质量浓度为100~200g/L，确保溶液具有良好的导电性和分散能力，镀层更细致。

3）严禁混入硫酸根离子，以免生成硫酸铅沉淀，使镀层表面粗糙，甚至起瘤、长毛刺。

4）阴阳极面积比控制在1∶2左右。

5）要固定使用一种胶，做到勤加、少加，加入后需要电解处理。

6）阳极板与镀层中的铅锡比要一致，不要有其他金属杂质。溶液不使用时，也应通以小密度电流，避免金属杂质的累积。

7）溶液应多次连续过滤，并经常过滤，还要定期使用活性炭处理。

4. 铅锡合金镀层成分与镀液中铅、锡含量关系及工艺

氟硼酸盐镀铅锡合金时，铅离子和锡离子主要来自氟硼酸盐 $Sn(BF_4)_2$ 和 $Pb(BF_4)_2$，随后 Sn^{2+}和 Pb^{2+}通过阴极放电而形成铅锡合金镀层。镀层的成分与镀液中 Sn^{2+}和 Pb^{2+}的浓度大小密切相关，两者间的关系及工艺见表 18-69。

表 18-69 镀液中 Pb、Sn 含量与镀层成分的关系及工艺

Pb、Sn 含量（质量分数，%）		组分质量浓度/(g/L)				工艺条件
锡	铅	二价锡	铅	游离氟硼酸	胨	电流密度/(A/dm^2)
0	100	0	109	100～200	5	3
5	95	4	85	100～200	5	3
7	93	6	88	100～200	5	3
10	90	8.5	90	100～200	5	3
15	85	13	80	100～200	5	3
25	75	22	65	100～200	5	3
40	60	35	44	100～200	5	3
50	50	45	35	100～200	5	3
60	40	52	30	100～200	5	3

18.15.2 柠檬酸光亮镀铅锡合金

柠檬酸体系镀液性质更稳定，对各类杂质敏感性小，维护方便，所得镀层光亮、细致、均匀，焊接性好且不产生环境污染，能满足各种条件的使用要求，抗 SO_2 腐蚀性优于银镀层。柠檬酸光亮镀铅锡合金工艺见表 18-70。

表 18-70 柠檬酸光亮镀铅锡合金工艺

工艺号		1	2	3
组分质量浓度/(g/L)	氯化亚锡($SnCl_2 \cdot 2H_2O$)	40～50	30～45	61
	醋酸铅[$Pb(CH_3COO)_2$]	2～20	5～25	29
	柠檬酸($H_3C_6H_5O_7$)	60	—	150
	柠檬酸铵($NH_4H_2C_6H_5O_7$)	—	60～90	—
	氢氧化钾(KOH)	40	—	—
	醋酸铵(CH_3COONH_4)	60	60～80	—
	硼酸(H_3BO_3)	—	25～30	—
	氯化钾(KCl)	—	20	—
	EDTA-2Na	—	—	50
组分体积浓度/(mL/L)	稳定剂	30～50	25～100	15
	BD 光亮剂	15	—	—
	YDZ-7 光亮剂	—	16	—
	YDZ-8 光亮剂	—	16	—
工艺条件	pH 值	5～6	5	5～6
	温度/℃	10～25	10～30	室温
	阴极电流密度/(A/dm^2)	0.5～2.5	1～2	1～2
	搅拌方式	阴极移动	阴极移动	阴极移动
	阳极成分(Sn/Pb)(质量分数,%)	—	(80～90)/(10～20)	6/4
	镀层成分(Sn/Pb)(质量分数,%)	—	(80～95)/(5～20)	7/3

18.15.3 不合格铅锡合金镀层的退除

不合格铅锡合金镀层的退除条件见表 18-71。

表 18-71　不合格铅锡合金镀层的退除条件

适用基体	溶液组成及工艺条件		
钢铁	硝酸钠($NaNO_3$)/(g/L)		500
	pH 值		6~10
	温度/℃		20~80
	阳极电流密度/(A/dm^2)		2~10
钢铁、铜及铜合金	氟硼酸(HBF_4,质量分数为 40%)/mL		125
	过氧化氢(H_2O_2,质量分数为 30%)/mL		38
	温度/℃		室温
铁、铜及铜合金、镍及镍合金	1	氢氧化钠(NaOH)/(g/L)	65~80
		温度/℃	室温
		电压/V	6
	2	氢氧化钠(NaOH)/(g/L)	50~60
		防染盐 S/(g/L)	70~80
		柠檬酸钠($Na_3C_4H_5O_7$)/(g/L)	15
		温度/℃	90~100
铝、不锈钢	硝酸(HNO_3,质量分数为 65%)/mL		800~1000
	温度/℃		室温
	溶解金属量/(g/L)		≤30

18.16　电镀金合金

镀金在贵金属电镀中应用较广，如首饰、工艺品、金币、钟表、金笔以及电子元件等领域均可使用金镀层作防护和装饰用。由于纯金价格昂贵且纯金镀层硬度较低，耐磨性差，因此实际生产中广泛使用金合金代替纯金镀层。金合金镀层在装饰业领域有着广泛而重要的应用，通过在镀金溶液中加入不同的金属盐，可以得到不同色泽的金合金镀层。

用作装饰品的金合金一般应具有艳丽的颜色，使装饰品更为美观，主要包括金镍合金、金铟合金、金铜合金、金银合金等。金合金镀层色泽见表 18-72。

表 18-72　金合金镀层色泽

金合金镀层种类	镀层颜色	金合金镀层种类	镀层颜色
Au-Cu	Cu 含量增加，金黄色→浅红色→红色	Au-Ag	Ag 含量增加，黄色→绿色
Au-Ni	Ni 含量增加，金黄色→浅黄色→白色	Au-Bi	Bi 含量增加，黄色→紫色
Au-Co	Co 含量增加，金黄色→橘黄色→绿色	Au-Pd	Pd 含量增加，黄色→淡黄色
Au-Cd	Cd 含量增加，黄色→绿色	—	—

18.16.1　电镀金银合金

金银合金用作装饰性镀层时，成本比含铜镀层更高，但耐久性好，同时具有可与金比拟的高硬度和高耐磨性，在电接触产品中有着广泛应用。常用的电镀金银合金工艺见表 18-73。

表 18-73　电镀金银合金工艺

类型		常规范围	18K 金
组分质量浓度/(g/L)	金氰化钾[$KAu(CN)_2$]	30~50	4
	银氰化钾[$KAg(CN)_2$]	0.5~1.5	0.8
	氰化钾(KCN 游离)	1~20	1
工艺条件	pH 值	10~11	10~11
	温度/℃	15~60	15~60
	电流密度/(A/dm^2)	1~5	3~4

18.16.2　电镀金铜合金

金铜合金的颜色可由赤金至金黄，会因铜的存在而泛红光。金铜合金镀液一般为含氰化物成分的镀液，此种镀液有利于金与铜同时络合，但氰化物浓度不宜过高，否则会阻碍铜的析出。提高电流密度能增大铜的沉积速率，有利于镀层内铜含量的增多。常用的电镀金铜合金工艺见表 18-74。

表 18-74　电镀金铜合金工艺

类型		常规范围	18K 金
组分质量浓度/(g/L)	金氰化钾[$KAu(CN)_2$]	3~10	7
	氰化亚铜(CuCN)	8~15	7
	氰化钾(KCN 游离)	1~10	1.5
工艺条件	pH 值	7~7.5	7~7.5
	温度/℃	60~80	60~80
	电流密度/(A/dm^2)	0.5~3	0.5~1

18.16.3　电镀玫瑰金

玫瑰金是指金质量分数为 85% 的金铜合金，其优点是具有高的化学稳定性、高的耐磨性和高的抗氧化褪色性。此种镀液主要由络合剂、金盐、铜盐组成，常用的电镀玫瑰金工艺见表 18-75。

表 18-75　电镀玫瑰金工艺

组分质量浓度/(g/L)	数值	工艺条件	数值
金氰化钾	3	温度/℃	75~85
氰化亚铜	8~14	pH 值	7~7.2
氰化钾(游离)	1~1.5	电流密度/(A/dm^2)	0.1~0.25
亚硫酸钠	9~14	—	—

18.17　电镀银合金

18.17.1　电镀银镉合金

银镉合金在含硫化物的环境下抗变色的能力比纯银高，因而可以在含硫化物环境中用于代替纯银镀层。在氰化镀银镀液中，加入氰化镉，即可得到银镉合金，适量的氢氧化钠可以提高分散能力，量过多会导致电流效率降低。电镀银镉合金工艺见表 18-76。

表 18-76 电镀银镉合金工艺

工艺类型		低镉	中镉
组分质量浓度/(g/L)	氰化银(AgCN)	30	15
	氰化镉[$Cd(CN)_2$]	15	30
	氰化钠(NaCN)游离	25	10
	氢氧化钠(NaOH)	15	15
	氢氧化铵(NH_4OH)	2	2
工艺条件	温度/℃	15~35	15~35
	电流密度/(A/dm^2)	0.2~1	0.5~1.5

18.17.2 电镀银锡合金

电镀银锡合金工艺见表 18-77。

表 18-77 电镀银锡合金工艺

工艺号		1	2	3
组分质量浓度/(g/L)	硝酸银(以银计)	10	40	40
	五水氯化锡(Ⅳ)(以锡计)	10	10	10
	硫代苹果酸	45	45	90
	葡萄糖酸钾	60	150	—
	柠檬酸钾	—	—	26
	三氧化砷	—	—	0.24
工艺条件	pH 值	1	1.9	3.2
	温度/℃	30	60	60
	电流密度/(A/dm^2)	1	5	1
	镀层中锡的质量分数(%)	45	25	34

18.17.3 电镀银锑合金

银锑合金镀层主要用于电接点，银锑合金镀层比较光亮，抗硫化物性能高，沉积速度比较快，硬度和减摩性比纯银镀层好，但高频性能低于纯银层。常用的电镀银锑合金工艺见表 18-78。

表 18-78 电镀银锑合金工艺

工艺号		1	2	3
组分质量浓度/(g/L)	银氰化钾	73	—	—
	硝酸银	—	38~46	46~54
	氰化钾	90	70~80	65~71
	酒石酸锑钾	3	1.17~1.56	1.7~2.5
	酒石酸钾钠	50	—	40~60
	氢氧化钾	4	—	3~5
	碳酸钾	7.5	30~40	25~30
	1,4-丁炔二醇	—	0.5~0.7	—
	2-巯基苯并噻唑	—	0.5~0.7	—
	硫代硫酸钠	—	—	1
工艺条件	温度/℃	12~32	15~25	18~20
	电流密度/(A/dm^2)	0.7	0.8~1.2	0.3~0.5
	镀层中锑的质量分数(%)	1.35~1.55	—	—

18.17.4　电镀银铅合金

银铅合金镀层硬度范围为70~115HV，比纯银镀层硬度高，减摩性能大大提高，因而银铅合金镀层可以作为抗摩镀层用于高速轴承上。电镀银铅合金工艺见表18-79。

表18-79　电镀银铅合金工艺

工　艺　号		1	2
组分质量浓度/(g/L)	氰化银	30	120
	碱式醋酸铅	4	—
	酒石酸铅	—	6
	氰化钾	22	205
	酒石酸钾钠	40	100
	氢氧化钾	0.5	10
工艺条件	温度/℃	20~30	35~50
	电流密度/(A/dm^2)	0.4	5~10
	镀层中铅的质量分数(%)	4	8

18.17.5　电镀银铜合金

银铜合金镀层结晶细致，无脆性，耐磨性及抗硫性较好。电镀银铜合金工艺见表18-80。

表18-80　电镀银铜合金工艺

工　艺　号		1	2
组分质量浓度/(g/L)	硝酸银	15	12
	硝酸铜	30	—
	碘化亚铜	—	10
	碘化钾	—	100
	奎宁酸钠	—	0.5
	焦磷酸钾	82	500
工艺条件	温度/℃	45	25
	电流密度/(A/dm^2)	1.5	0.3

18.17.6　电镀银镍合金

银镍合金镀层是一种硬银合金镀层，电镀银镍合金工艺见表18-81。

表18-81　电镀银镍合金工艺

组分质量浓度/(g/L)	数　值	工艺条件	数　值
氰化银(AgCN)	6.7	温度/℃	20
氰化镍[$Ni(CN)_2$]	1.1	电流密度/(A/dm^2)	0.2~0.8
氰化钠(NaCN)	11.8	镀层中Ag与Ni的质量比	7.2：4.6

18.17.7　电镀银钴合金

银钴合金与银镍合金相似，硬度比纯银高，电镀银钴合金工艺见表18-82。

表 18-82　电镀银钴合金工艺

组分质量浓度/(g/L)	数　值	工艺条件	数　值
银氰化钾[$KAg(CN)_2$]	30	温度/℃	15~25
钴氰化钾[$KCo(CN)_3$]	1	电流密度(A/dm^2)	0.8~1
游离氰化钾[KCN]	20	—	—
碳酸钾(K_2CO_3)	30	—	—

18.17.8　电镀银钯合金

银钯合金镀层硬度、耐磨性都比纯银高，由于使用过程中镀层稳定，也常用作电接点镀层。氯化物镀液镀银钯合金效果较好，电镀银钯合金工艺见表 18-83。

表 18-83　电镀银钯合金工艺

组分质量浓度/(g/L)	数　值	工艺条件	数　值
银(以 AgCl 形式加入)	3.8	温度/℃	70
钯(以 $PdCl_2$ 形式加入)	0.98	电流密度/(A/dm^2)	0.15
盐酸(HCl)	9.7	阳极	石墨
氯化锂(LiCl)	350~800	—	—

18.17.9　电镀银铂合金

银铂合金与银钯合金镀层相似，也可用氯化物镀液沉积银铂合金，电镀银铂合金工艺见表 18-84。

表 18-84　电镀银铂合金工艺

组分质量浓度/(g/L)	数　值	工艺条件	数　值
银(以 AgCl 形式加入)	14	温度/℃	75
铂(以 $HPtCl_4$ 形式加入)	3~16	电流密度/(A/dm^2)	0.2
氯化锂(LiCl)	500	—	—
盐酸(HCl)(质量分数 28%)	400mL/L	—	—

18.17.10　电镀银锌合金

电镀银锌合金工艺见表 18-85。

表 18-85　电镀银锌合金工艺

工艺类型		Ag-Zn 镀层	Ag-Zu-Au 镀层
组分质量浓度/(g/L)	氰化锌[$Zn(CN)_2$]	100	50
	氰化银(AgCN)	14	6
	氯化金($AuCl_3$)	—	3
	氰化钠(NaCN)	160	80
	氢氧化钠(NaOH)	100	50
工艺条件	温度/℃	20~30	—
	电流密度/(A/dm^2)	0.3	0.2
	镀层成分(质量分数,%)	—	Ag75,Au15,Zn10

18.17.11　防止银合金镀层变色的方法

通常采用化学钝化法、电化学钝化法、涂覆有机保护层和电镀贵金属等工艺来防止银合金镀层变色。

（1）化学钝化法　铬酸盐化学钝化工艺见表18-86。具体工艺过程为铬酸盐处理（成膜)→去膜→中和→化学钝化。铬酸盐钝化具有成本低、易操作、维护方便等优点，但是其防变色效果相对较差。

表18-86　铬酸盐化学钝化工艺

工艺号		1	2
组分质量浓度/(g/L)	重铬酸钾	10~15	40
	硝酸	10~15mL/L	—
	冰醋酸	—	0.2mL/L
	氧化银	—	5
工艺条件	pH值	—	4.0~4.2
	温度/℃	10~15	—
	时间/s	20~30	—

（2）电化学钝化法　电化学钝化工艺见表18-87。

表18-87　电化学钝化工艺

工艺号		1	2	3	4	5	6	7
组分质量浓度/(g/L)	铬酸钾	8~10	—	—	—	—	—	—
	重铬酸钾	—	30~40	30	8~10	—	45~67	20~27
	硝酸钾	—	—	—	—	—	10~15	—
	碳酸钾	6~8	—	90	6~10	—	—	50~60
	氢氧化铝	—	0.5~1	—	—	—	—	—
	氢氧化钾	—	—	60	—	—	—	40~50
	B.T.A(苯并三氮唑)	—	—	—	—	5	—	—
	抗坏血酸	—	—	—	—	—	—	0.5~1
	亚甲基二萘磺酸钠	—	—	—	—	—	—	0.5~1
工艺条件	pH值	9~10	5~6	—	10~11	6	7~8	—
	温度/℃	10~35	10~35	—	室温	35	10~35	10~40
	阴极电流密度/(A/dm^2)	0.5~1	0.2~0.5	0.03	0.5~1	0.05	2~3.5	0.1~0.5
	时间/min	2~5	2~5	3~6	2~5	60	1~3	1~2

注：1. 电化学钝化是将镀银件经浸亮（或未经浸亮）后，在阴极进行电解钝化，使之形成一层钝化膜，它的防变色性能比化学钝化膜好得多，而焊接性、接触电阻和外观色泽几乎没有改变。
2. 电化学钝化阳极采用不锈钢。
3. 工艺2中加入氢氧化铝胶粒（自制新鲜的），在电流作用下，电泳到银层表面上，对钝化膜孔隙起了填充作用，提高膜层的致密性，增强了抗变色能力。
4. 工艺7使用铅锑板作阳极，阴阳极面积比值 $S_{阴}:S_{阳}=2:1$。

（3）涂覆有机保护层　涂覆的有机涂层是通过屏蔽腐蚀介质来达到防止银合金层变色的效果，应用广泛。银合金层上涂覆有机涂层工艺见表18-88。

表18-88　银合金层上涂覆有机涂层工艺

类型	溶液组成及工艺条件	操作方法			
		方法	浸渍时间/min	烘干	
				温度/℃	时间/min
丙烯酸清漆	—	浸渍或喷涂	浸0.5min，取出后甩去多余的漆	120	60min或自然晾干
聚氨酯清漆	—	浸渍或喷涂	—	—	—
TX防变色剂	S组分：2~4.5g/L（加入60~300mL无水乙醇并于水浴加温至沸腾，搅拌溶解） P组分：0.1g/L，用蒸馏水加至1L pH值为4.5~5.5（用醋酸调整），温度为15~30℃	浸渍法	2~5	100~110	10~15

（续）

类型	溶液组成及工艺条件	操作方法			
		方法	浸渍时间/min	烘干	
				温度/℃	时间/min
CSA-2 防银变色封闭剂	CSA-2 为 0.5~1.0g/L 乙醇为 10~15mL/L PC 添加剂为 6~10mL/L，温度为 25~60℃	浸渍法	2~3	60~70	烘干为止
（A+B）防变色剂	A 组分：0.5~2g/L（先用 5~10mL 无水乙醇溶解） B 组分：4~15mL/L，用蒸馏水加至 1L 温度为 60~80℃；pH 值为 2.8~3.6	浸渍法	0.5~2	60~80	30
BY-2 电接触固体薄膜润滑剂	BY-2 为 2~48g 120 号汽油为 100mL 温度为 60~70℃（水浴加温）	浸渍法	1~2	70~75	20
DJB-823 电接触固体薄膜保护剂	DJB-823 为 28g 120 号汽油为 60mL 正丁醇为 40mL 温度为 60~70℃（水浴加温）	浸渍法	0.5~1	110~120	20
LP-98S 水基润滑保护剂	LP-98S 为 20%（体积分数），室温	浸渍法	1~3min，取出后沥干，再用去离子水清洗	40~60	烘干即可

注：1. BY-2 润滑剂既可防银变色，又可提高接插件表面润滑性，减少接点磨损，提高插拔力，且对接触电阻影响很小。

2. DJB-823 保护剂具有高强度的附着力，优良的润滑性和抗腐蚀性。防银变色更为突出，焊接性、电性能良好。

（4）电镀贵金属　在银合金层表面镀金、钯、铑、铟及银镍、银铟、钯镍合金等贵金属也可达到防止银合金层变色的目的，但使用贵金属成本高，应用范围小。

18.18　电镀铁基合金

铁基合金镀层主要有铁铬、铁镍、铁钨、铁碳、铁镍铬、铁镍钨等。

1）按镀层中铬含量的多少可以将镀层划分为结晶镀层（铬的质量分数小于 28%）、混晶镀层（铬的质量分数为 28%~30%）、非晶态镀层（铬的质量分数大于 30%）。铁铬合金镀层是铁基合金电镀层中耐蚀性最好的合金镀层，其中非晶态铁铬合金镀层耐蚀性又是铁铬合金镀层中最好的。

2）铁镍合金作为镀层可以代替装饰镀铬中的镍层，还可以用于电子工业中的磁性镀层。铁镍合金可以在钢铁上电镀，能够大大降低成本。

3）铁钨合金镀层耐磨性、耐热性和耐蚀性较好，硬度较低。

4）碳的质量分数为0.35%~0.75%的铁碳合金镀层显微硬度和耐蚀性高，与结构钢和铸铁基体结合力好，可用于修复磨损工件。

5）铁镍铬三元合金镀层既美观又耐腐蚀，是一种良好的防护装饰性镀层。

18.18.1　电镀铁铬合金

电镀铁铬合金工艺见表18-89。

表18-89　电镀铁铬合金工艺

工艺号		1	2
组分质量浓度/(g/L)	氯化亚铁	10~40	10
	三氯化铬	100~300	160
	甘氨酸	150~350	51
	氯化铵	100	21
	硼酸	20	12
	溴化钠	—	20
	氟化钠	—	10
	抗坏血酸	—	5
工艺条件	pH值	1~3	2
	温度/℃	30	室温
	阳极材料	石墨	石墨
	阴极电流密度/(A/dm²)	10~40	10
	镀层中铬的质量分数(%)	20~40	22~42

18.18.2　电镀铁磷合金

电镀铁磷合金工艺见表18-90。

表18-90　电镀铁磷合金工艺

组分质量浓度/(g/L)	数值	工艺条件	数值
氯化亚铁	200	pH值	1~2
磷酸	20mL/L	温度/℃	50
硼酸	20	阴极电流密度/(A/dm²)	3~10
抗坏血酸	2	阳极材料	低碳钢
		镀层中磷的质量分数(%)	10~14

18.18.3　电镀铁钨合金

电镀铁钨合金工艺见表18-91。

表18-91　电镀铁钨合金工艺

组分质量浓度/(g/L)	数值	工艺条件	数值
硫酸亚铁+硫酸铁	3	pH值	4~5.5
钨酸钠	30	温度/℃	20~60
硼酸	5	阴极电流密度/(A/dm²)	3~6
柠檬酸	66	阳极材料	钨棒、碳棒
酒石酸钾钠	100	镀层中钨的质量分数(%)	25~45
葡萄糖(光亮剂)	1	—	—
硫脲(光亮剂)	1	—	—

18.18.4 电镀铁镍铬合金

电镀铁镍铬合金工艺见表18-92。

表18-92 电镀铁镍铬合金工艺

工 艺 号		1	2
组分质量浓度/(g/L)	硫酸亚铁	40	5~20
	硫酸镍	160	8~28
	氯化镍	45	—
	三氯化铬	25	—
	硫酸铬	—	200
	硼酸	45	25
	氯化铵	—	40
	硫酸铵	—	60
	抗坏血酸	10	—
	柠檬酸	30	—
	有机添加剂	20	—
	添加剂	—	46
	光亮剂	2mL/L	12mL/L
	稳定剂	—	10
	糖精	3	—
	十二烷基硫酸钠	0.06	—
工艺条件	pH值	2.0	1.5~3
	温度/℃	30	30~50
	阴极电流密度/(A/dm²)	14	20~40
	阳极	镍板	石墨
	镀层成分(质量分数,%)	铁54,镍40,铬6	铬13~33

18.19 电镀其他合金

18.19.1 电镀铬钼合金

电镀铬钼合金镀液是在通常的镀铬溶液加入钼酸、钼酸铵或三氧化钼，阳极采用铅合金。电镀铬钼合金工艺见表18-93。

表18-93 电镀铬钼合金工艺

工 艺 号		1	2	3	4	5	6
组分质量浓度/(g/L)	铬酸酐	250	200~300	200~300	250~300	250	150
	硫酸	2.5	2~3	2~3	2.5~3	1.25	1.5
	钼酸	100	20~30	—	—	—	—
	钼酸铵	—	—	35~100	—	300	—
	钼酸钠	—	—	—	80~100	—	—
	三氧化钼	—	—	—	—	—	50
	氟化钠	—	—	—	10~12	—	—
工艺条件	温度/℃	30~60	40~60	40~60	18~25	40	40
	电流密度/(A/dm²)	30~80	35~50	35~50	5~7	4	15
	镀层中钼的质量分数(%)	—	0.5~1.5	0.5~1.5	1.4	4	0.22

18.19.2　氰化物镀镉钛合金

氰化物镀镉钛合金工艺见表 18-94。

表 18-94　氰化物镀镉钛合金工艺

工　艺　号		1	2	3
组分质量浓度/(g/L)	镉(以 CdO 形式加入)	21~24	21~26	17~22
	钛(以过钛酸盐形式加入)	40~80	50~90	50~100
	氰化钠(NaCH)	105~127	98~130	81~106
	氢氧化钠(NaOH)	11~15	15~20	14~16
	碳酸钠(Na_2CO_3)	<50	<50	<30
	NaCH：Cd(质量比)	4：1	(4~5)：1	(4~5)：1
工艺条件	温度/℃	16~27	15~30	20~25
	电流密度/(A/dm^2)	1.6~3.2	2~4	1~4
	镀层中钛的质量分数(%)	0.1~0.5	0.1~0.7	0.2~0.34

18.19.3　无氰电镀镉钛合金

无氰电镀镉钛合金工艺见表 18-95。

表 18-95　无氰电镀镉钛合金工艺

工　艺　号		1	2	3
组分质量浓度/(g/L)	氯化镉($CdCl_2 \cdot 5/2H_2O$)	35~40	35~40	35~50
	钛(以 $TiOCl_2$ 形式加入)	3~5	3~5	—
	偏钛酸(H_2TiO_3)	—	—	15~18
	氯化铵(NH_4Cl)	100~110	110~120	140~160
	乙酸铵(NH_3COONH_4)	20~30	20~30	20~40
	氨三乙酸[$N(CH_2COOH)_3$]	110~130	110~130	110~130
	乙二胺四乙酸二钠($Na_2C_{10}H_{14}N_2O_8 \cdot 2H_2O$)	35~45	35~40	35~50
	氯化镍($NiCl_2 \cdot 6H_2O$)	—	1.5~2.0	—
	硫脲[$(NH_2)_2CS$]	—	1.0~1.5	—
工艺条件	pH 值	6.4~7.0	5.8~6.4	6~7
	温度/℃	室温	室温	15~35
	电流密度/(A/dm^3)	3	1~4	0.5~3
	镀层中钛的质量分数(%)	—	—	0.1~0.7

18.19.4　电镀钯镍合金

电镀含钯质量分数为 80%的钯镍合金主要性能与硬金镀层差别不大，抗 H_2S 性能、硬度、延展性优于硬金层，成本却大大降低。通过在钯镍合金上再闪镀一层纯金或硬金能得到黄色外观，可以在电子工业和装饰工业中代替硬金镀层。电镀钯镍合金与硬金镀层性能对比见表 18-96。

表 18-96　电镀钯镍合金与硬金镀层性能对比

镀层	Pd-Ni 合金(Pd 质量分数为 80%)	硬金
外观	白色、光亮	黄色、光亮
密度/(g/cm^3)	11.3	17
显微硬度 HV	500~575	130~300

（续）

镀层	Pd-Ni 合金（Pd 质量分数为 80%）	硬金
接触电阻/Ω	2.5~8	1.5~2
钎焊性	好	较好
耐磨性	好	好
延展性	好	差

电镀钯镍镀液使用铂或石墨作不溶性阳极，通过补充盐类的方法调整镀液，镀液内钯的含量直接决定镀层内钯的含量，也可以用氨基磺酸盐镀液来得到钯镍合金镀层。电镀钯镍合金的工艺见表 18-97。

表 18-97　电镀钯镍合金的工艺

类　型		常规范围	代　金
组分质量浓度/(g/L)	氯化钯（$PdCl_2$）	10~40	10~20
	硫酸镍（$NiSO_4 \cdot 7H_2O$）	30~60	30~45
	氯化铵（NH_4Cl）	60~120	100~120
	磷酸氢二钠（Na_2HPO_4）	70~100	70~80
	氨水（NH_4OH，质量分数为 25%）	60~120mL/L	60~120mL/L
工艺条件	pH 值	6.5~8.5	7.5~8.0
	温度/℃	30~65	15~50
	电流密度/(A/dm²)	0.2~1.5	0.2~1.0
	阳极	铂或石墨	铂或石墨

18.19.5　电镀钯铁合金

主盐浓度、镀液 pH 值和脉冲电镀电流的通断比对钯铁合金镀层组成有较大影响。硫酸亚铁的浓度越高，镀层中铁含量越高。但是高的镀液 pH 值和长脉冲电镀电流的通断比会降低镀层中铁的含量。电镀钯铁合金工艺见表 18-98。

表 18-98　电镀钯铁合金工艺

工　艺　号		1	2
组分质量浓度/(g/L)	硫酸亚铁	0.01~0.2	0.01~0.1
	氯化钯	—	0.01~0.1
	硫酸铵	0.3	0.3
	$Pd(NH_3)_2Cl_2$	0.01~0.1	—
	磺基水杨酸	0.02~0.3	0.02~0.2
	磺基水杨酸：铁（摩尔比）	2：1	2：1
	氨水	调 pH 值	调 pH 值
工艺条件	pH 值	3~9	3~9
	温度/℃	20~80	60
	电流密度/(A/dm²)	0.35~35	37.5
	脉冲通断比	1：(20~100)	—

18.19.6　电镀钯钴合金

硫酸钯、卤化钯、硝酸钯、乙酸钯、磷酸钯等钯盐和硫酸钴、卤化钴、硝酸钴、亚硝酸钴、乙酸钴、磷酸钴等钴盐可以作为电镀钯钴合金镀液中的主盐，用氨水和硫酸调整镀液 pH 值，用铂或镀铂钛阳极作为阳极材料。电镀钯钴合金工艺见表 18-99。

表 18-99　电镀钯钴合金工艺

工艺号		1	2	3	4	5
组分摩尔浓度/(mol/L)	硫酸四氨钯	—	0.19	0.38	—	—
	硝酸四氨钯	—	—	—	0.38	0.38
	硫酸钴	—	0.17	—	0.06	—
	硫酸铵	—	0.38	—	—	0.3
	乙酸钴	—	—	0.35	—	0.06
	乙酸铵	—	—	0.2	—	—
	$Pd(NH_3)_2Cl_2$	0.38	—	—	—	—
	氯化钴	0.17	—	—	—	—
	EDTA	—	—	—	0.25	—
	戊二酸	—	0.3	—	—	—
	丙二酸	0.6	—	0.2	—	—
	乙酸	—	—	—	—	0.4
	氯化铵	0.38	—	—	0.38	—
工艺条件	pH 值	7~9	8~9	7~9	7~9	7~9
	温度/℃	35~65	30~45	45~65	45~65	45~60
	电流密度/(A/dm²)	0.5~7	0.1~1	0.5~5	3~7	2~6

18.19.7　电镀铱铂合金

电镀铱铂合金工艺见表 18-100。

表 18-100　电镀铱铂合金工艺

组分质量浓度/(g/L)	数值	工艺条件	数值
Na_3IrBr_6(以铱计)	10	pH 值	5
K_2PtCl_4(以铂计)	0.5~3	温度/℃	85
硼酸	40	电流密度/(A/dm²)	0.5
丙二酸	3.3	镀层中铂的质量分数(%)	20~50
尿素	5.2	—	—

18.20　仿金电镀

仿金电镀就是获得镀层颜色接近真金镀层的一种方法。常用的仿金镀层以黄铜镀液为基础，通过加入其他金属元素来改变外观色调。仿金电镀成本低，镀层色泽华丽美观，多用作装饰性镀层。

电镀仿金层后，一般通过钝化处理来防止仿金层的氧化变色和中和工件表面残留的碱。有时还可以通过涂覆一层透明而且具有一定硬度的有机膜保护钝化膜。在生产中经常应用的仿金镀液有氰化物镀液和焦磷酸盐仿金镀液两种。

18.20.1　焦磷酸盐仿金电镀

焦磷酸盐仿金电镀污染少，但是镀液成分复杂，电镀过程不易控制，不适合用于形状复杂的工件。焦磷酸盐仿金电镀工艺见表 18-101。

表 18-101 焦磷酸盐仿金电镀工艺

工艺号		1	2	3	4	5	6
组分质量浓度/(g/L)	铜离子	—	—	—	—	—	15
	锌离子	—	—	—	—	—	4
	焦磷酸铜	14~16	—	4~5	4~4.5	0.7~1.1	—
	焦磷酸锌	—	—	—	—	28~33	—
	硫酸锌	12~17	10	11.2	—	—	—
	硫酸铜	40~45	25	58.6	36.2	—	—
	氯化亚锡	4~5	—	3.9	2	—	—
	锡酸钠	—	—	—	—	5.7~6.0	—
	氯化钴	—	—	—	—	3.0	—
	焦磷酸钾	270~300	333	310	260	220~250	360
	氨三乙酸	20~30	—	30	—	—	25
	柠檬酸钾	15~20	—	—	5	—	—
	酒石酸钾钠	—	—	20	20~30	31.5	—
	氢氧化钾	15~20	—	—	8~10	—	—
	磷酸氢二铵	20~30	—	—	—	—	—
	磷酸二氢钠	—	—	—	10	—	—
	磷酸氢二钠	—	—	—	—	—	35
	碳酸钠	—	—	—	—	10.6	—
	过氧化氢	—	—	—	—	0.3~0.6mL/L	—
	甘油	—	—	—	—	8~12mL/L	—
	光亮剂Ⅱ	—	1.53	—	—	—	—
工艺条件	pH 值	8.5~9	9~10	8.8	8.5~8.8	7.0~9.0	8.7
	温度/℃	20~40	15~25	28~35	35	30~50	35~40
	电流密度/(mA/dm^2)	0.3~2.0	3.5	0.9~1.5	2.0	0.3~0.7	0.75~1.25

18.20.2 氰化仿金电镀

氰化仿金电镀镀液具有溶液稳定、易控制、所得镀层色泽鲜艳等优点，主要缺点是氰化物有剧毒。氰化仿金电镀工艺见表 18-102。

表 18-102 氰化仿金电镀工艺

工艺号		1	2	3
组分质量浓度/(g/L)	氰化亚铜	15~18	22~25	25~30
	氰化锌	7~9	8~10	1.8~2.2
	锡酸钠	4~9	—	1.8~2.2
	氢氧化钠	4~6	—	2~25
	氰化钠	5~8(游离)	10~12(游离)	40~45
	碳酸钠	8~12	1.5~20	20~25
	酒石酸钾钠	30~35	—	15~25
	柠檬酸钾	15~20	—	—
	氨水	—	0.2~0.5	—
工艺条件	pH 值	12	9.5~12	—
	温度/℃	20~40	15~25	25~35
	电流密度/(A/dm^2)	0.5~1	0.2~0.5	0.4~0.8
	时间/min	0.5~1	0.5~2	1~3

18.20.3 羟基亚乙基二膦酸仿金电镀

羟基亚乙基二膦酸（HEDP）仿金电镀工艺以羟基亚乙基二膦酸作为主配合剂，具有镀液稳定、深镀能力和均镀能力好、镀层色泽均匀、镀液中不含氰化物、操作简单等优点。羟基亚乙基二膦酸仿金电镀工艺见表18-103。

表18-103 羟基亚乙基二膦酸仿金电镀工艺

工艺号		1	2	3
组分质量浓度/(g/L)	HEDP(羟基亚乙基二膦酸)	80~100mL/L	80~100mL/L	80~100mL/L
	硫酸铜($CuSO_4 \cdot 5H_2O$)	40~50	40~50	40~50
	硫酸锌($ZnSO_4 \cdot 7H_2O$)	15~20	20~28	14~20
	锡酸钠($Na_2SnO_3 \cdot 3H_2O$)	—	—	10~15
	碳酸钠(Na_2CO_3)	—	20~30	20~30
	柠檬酸钾($K_3C_6H_5O_7$)	—	20~30	20~30
	SC添加剂	1.5mL/L	1~2mL/L	1~2mL/L
工艺条件	pH值	11~13	13~13.5	13~13.5
	温度/℃	35~45	室温	室温
	电流密度/(A/dm^2)	1.5~2	1.5~3.5	1.5~3.5
	阴阳极面积比	2:1	2:1	2:1

18.20.4 锌铜合金仿金电镀

锌铜合金仿金电镀工艺见表18-104。

表18-104 锌铜合金仿金电镀工艺

组分质量浓度/(g/L)	数值	工艺条件	数值
氰化亚铜	23~27	pH值	10±0.5
氰化锌	8~10	温度/℃	30±5
氰化钠	54~60	阴极电流密度/(A/dm^3)	0.3~0.5
碳酸钠	30	阳极	铜:锌=7:3(质量比)
氨水	0.3~1mL/L	电镀时间/min	1~2

18.20.5 仿金镀层防变色技术的钝化处理

仿金电镀后的镀件要经过多次流动水清洗和纯水清洗，并进行钝化处理来防止仿金镀层变色。钝化处理可以防止仿金镀层变色或泛点，同时还可中和工件表面滞留的碱性物质，所以必须进行钝化处理。

（1）BH-仿金电解钝化粉处理　BH-仿金电解钝化粉处理工艺见表18-105。

表18-105 BH-仿金电解钝化粉处理工艺

工艺条件		工艺条件	
BH-仿金电解钝化粉/(g/L)	50~100	pH值	12.5~14.0
阴极电流密度/(A/dm^2)	1~1.5	阳极	不锈钢
温度/℃	常温	时间/min	1~1.5

（2）重铬酸盐钝化处理　重铬酸盐钝化工艺条件为：加重铬酸钾50g/L，在10℃以下，钝化时间为30min；若温度为10~20℃，钝化时间为20min；若温度为20~30℃，钝化时间为15min。

18.20.6 仿金镀层防变色技术的涂覆有机膜处理

工件经仿金电镀的钝化处理后，为了防止仿金镀层变色，在工件表面涂覆一层透明的有机膜即为有机膜处理。常用的仿金镀层保护膜涂料，为丙烯酸类、环氧树脂类、聚氨酸类清漆及其他有机涂料。涂覆方法可采用浸涂或喷涂，其中静电喷涂效果最好。常用的仿金镀层有机膜透明涂料见表18-106。

表18-106 仿金镀层有机膜透明涂料

序号	名称	固化温度（或烘干温度）/℃	特性	产地
1	丙烯酸清漆（BO1-5和105）	—	—	上海造漆厂
2	改性丙烯酸酯类涂料（302）	25(4h) 105(1h)	硬度高，耐磨性好，膜层光亮	锦州石油化工研究所
3	水溶性丙烯酸涂料	—	—	广州华德化工厂
4	H01-5环氧醇酸烘漆	—	—	上海振华造漆厂
5	81型有机涂料	120	—	上海轻工业研究所
6	SAR-5甲基有机硅玻璃树脂	—	—	上海树脂厂
7	GTS-105有机硅透明树脂涂料	—	—	晨光化工研究院分院
8	SF-1透明硬膜缓蚀剂	—	—	浙江黄岩县向阳化工厂
9	641电镀封闭漆	—	—	广州红云化工厂
10	8351金属表面护光漆	—	—	江苏常熟洞泽化工厂
11	604环氧树脂 50%（质量分数） 丙酮 20%（质量分数） 丁醇 10%（质量分数） 二甲苯 10%（质量分数） 环乙酮 10%（质量分数）	120(2h)	—	—
12	CSA-2金属防变色剂	—	—	江苏常熟洞泽化工造漆厂
13	YH-防铜变色剂	80	水溶性，可代替钝化	浙江黄岩萤光化学厂
14	SYG铜防腐剂	180	水溶性，可代替钝化	沈阳仪器仪表工艺研究所
15	Y形仿金，仿古铜镀层专用防护涂料	—	—	苏州市电镀研究所
16	BY-2防护涂料	—	—	北京半导体器件厂
17	DJB-823电接触固体薄膜防护剂	—	—	北京邮电学院研制

第19章 特种电镀

19.1 电刷镀

19.1.1 电刷镀概述

电刷镀工作原理如图19-1所示。在施镀过程中，作为阴极的工件在机械旋转头带动下，以较高的速度旋转，镀笔上夹持的阳极外裹有层状棉花和涤纶包套，以一定的压力保持与工件表面接触而做相对运动。镀液从上方流下，由两电极之间的棉花团吸收，形成电解槽。在任一瞬间，电沉积过程只发生在工件与阳极相对的有效表面，在该表面电镀过程间歇性循环进行。

镀液是从阳极与阴极的楔状间隙由旋转阴极借“液楔”作用被带到电沉积表面，棉花团所吸收的镀液既起连接电路的作用，又作为电沉积表面镀液的即时补充。镀液与电流在电沉积表面的分布，每一瞬时都是不均匀的。由于电刷镀中的工作电流具有脉动特征，加上两电极之间相对运动所造成的间歇性循环电镀，使这种瞬态不均匀在总体上达到均衡。

19.1.2 电刷镀电源

（1）电刷镀电源的要求　电刷镀电源的要求如下：

1）具备变交流电为直流电的功能，并要求有平直或缓降的外特性，即要求负载电流在较大范围内变化时，电压的变化很小。

2）输出电压能无级调节，调节精度高，可满足各道工序和不同镀液的需要。常用电源电压可调节范围为0~30V。

3）电源的自调节作用强，输出电流能随镀笔和阳极接触面积的改变而自动调节。常用电刷镀电源的配套等级及主要用途见表19-1。

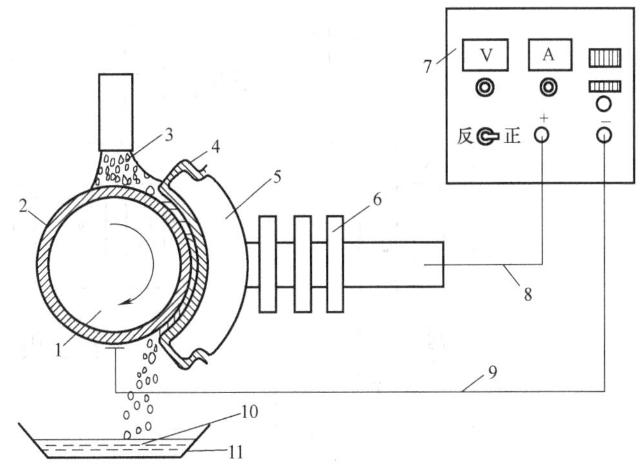

图19-1　电刷镀工作原理

1—电动机　2—工件　3—供液器　4—包套　5—阳极　6—刷镀笔　7—电源　8—正极　9—负极　10—镀液　11—盛液盘

4）电源应装有可计量电刷镀电量的装置（一般为 A·h 计或镀层厚度计），能准确地显示被刷镀工件所消耗的电量或镀层厚度，防止工件表面过分干燥起皮或被污染，保证镀层质量。

5）有过载保护装置，当超载（最大为 10%）或正负极短路时，能迅速切断主电源，保证被镀工件不受损坏。

表 19-1　常用电刷镀电源的配套等级及主要用途

配套等级	主要用途
5A　30V	电子、仪表零件，项链、戒指等首饰及小工艺品的镀金镀银等
15A　20V	中小型工艺品，电器元件，印制电路板，量具、卡规、卡尺的修复，模具的保护和光亮处理等
30A　30V	小型工件的电刷镀
60A　30V 75A　30V	中等尺寸零件的电刷镀
100A　30V 120A　30V 150A　30V	大中型零件的电刷镀
300A　50V 500A　50V	特大型工件的电刷镀

6）输出端应设有极性转换装置，以满足刷镀、活化等不同工艺的需要。

7）电源应体积小、质量轻、工作可靠、操作简单、维修方便，适应现场修理或野外修理的要求。

（2）电刷镀电源的组成　电刷镀电源一般由整流装置、安培小时计、过载保护电路及其他辅助电路组成，如图 19-2 所示。

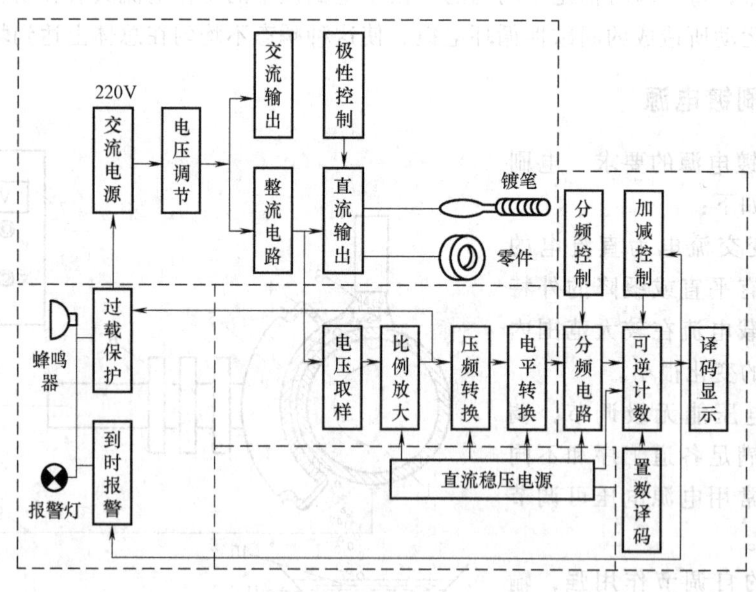

图 19-2　电刷镀电源的组成

（3）电刷镀电源规格及技术参数　常用的电刷镀电源规格及技术参数见表 19-2。

表 19-2 常用的电刷镀电源规格及技术参数

<table>
<tr><th>容量/A</th><th>输入</th><th>输出</th><th>镀层厚度监控装置/A·h</th><th>快速过流保护装置</th><th>可修复工件最大直径/mm</th><th>工作制式</th><th>规格(长×宽×高)/m</th><th>重量/kg</th></tr>
<tr><td rowspan="1">5</td><td>单相交流
220V±
10%
50Hz</td><td>直流
0~20V
0~5A
无级调节</td><td>分辨率0.0001A·h
电流大于0.5A开始计数
电流大于1A时，计数误差≤±10%</td><td>超过额定电流的10%时动作，切断主电路时间0.01s，不切断控制电路</td><td>小型工艺品、首饰等镀贵金属</td><td rowspan="4">间断：在额定电流下可连续工作2h
连续：在额定电流的50%以下可连续工作</td><td>—</td><td>—</td></tr>
<tr><td>10</td><td>单相交流
220V±10%
50Hz</td><td>直流
0~20V
0~10A
无级调节</td><td>分辨率0.001A·h
电流大于0.5A开始计数
电流大于1A时，计数误差≤±10%</td><td>超过额定电流的10%时动作，切断主电路时间0.01s，不切断控制电路</td><td>小型工件、量具、工艺品、艺术品等</td><td>0.14×
0.28×
0.32</td><td>10</td></tr>
<tr><td>30</td><td>单相交流
220V±
10%
50Hz</td><td>直流0~35V
0~30A
无级调节
交流0~35V
0~20A
(外接电流表控制)</td><td>分辨率0.001A·h
电流大于0.6A开始计数
电流大于2A时，计数误差≤±10%</td><td>超过额定电流的10%时动作，切断主电路时间0.01s，不切断控制电路</td><td>≤60</td><td>0.43×
0.33×
0.34</td><td>32</td></tr>
<tr><td>60</td><td>单相交流
220V±10%
50Hz</td><td>直流0~40V
0~60A
无级调节
交流0~40V
0~40A
(外接电流表控制)</td><td>分辨率0.001A·h
电流大于1A开始计数
电流大于2A时，计数误差≤±10%</td><td>超过额定电流的10%时动作，切断主电路时间0.02s，不切断控制电路</td><td>≤200</td><td>0.56×
0.56×
0.86</td><td>80</td></tr>
<tr><td>100</td><td>单相交流
220V±10%
50Hz</td><td>直流0~20V
0~100A
无级调节</td><td>分辨率0.001A·h
电流大于1A开始计数
电流大于2A时，计数误差≤±10%</td><td>超过额定电流的10%时动作，切断主电路时间0.02s，不切断控制电路</td><td>≤200</td><td rowspan="4">间断：在额定电流下可连续工作2h
连续：在额定电流的50%以下可连续工作</td><td>0.6×
0.45×
0.91</td><td>100</td></tr>
<tr><td>150</td><td>单相交流
220V±10%
50Hz</td><td>直流0~20V
0~150A
0~75A
无级调节</td><td>分辨率0.001A·h
电流大于2A开始计数
电流大于10A时，计数误差≤±10%</td><td>超过额定电流的10%时动作，切断主电路时间0.035s，不切断控制电路</td><td>≤250</td><td>0.495×
0.5×
0.77</td><td>100</td></tr>
<tr><td>300</td><td>三相交流
380V±10%
50Hz</td><td>直流0~20V
0~300A
无级调节</td><td>分辨率0.01A·h
电流大于10A开始计数
电流大于2A时，计数误差≤±10%</td><td>超过额定电流的10%时动作，切断主电路时间0.035s，不切断控制电路</td><td>≤250</td><td>0.74×
0.7×
1.15</td><td>200</td></tr>
<tr><td>500</td><td>三相交流
380V±10%
50Hz</td><td>恒流0~16V
0~500A
恒压0~20V
0~500A
无级调节</td><td>分辨率0.01A·h
电流大于40A开始计数
误差≤±10%</td><td>恒流精度±10%，恒压时超过额定电流的10%时动作，切断主电路时间0.035s，不切断控制电路</td><td>≤500</td><td>0.92×
0.83×
1.14</td><td>250</td></tr>
</table>

（4）使用电刷镀电源前的检查　常用的电刷镀电源面板如图 19-3 所示。

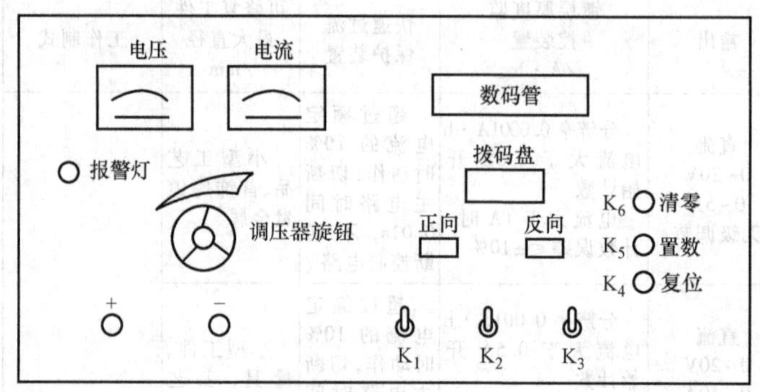

图 19-3　电刷镀电源面板

使用电刷镀电源前应进行如下检查：

1）电压调节手柄应逆时针旋到极限位置，以保证开机时电压表指示为零。

2）电源开关 K，应处于断开位置。

3）检查直流输出（或交流输出）电缆在接线柱上是否拧紧，要特别注意外电路不应有短路现象。外电路短路将造成超负荷启动，易造成内部元器件损坏。用直流输出时应注意红接线柱应通过电缆接镀笔，黑接线柱应通过电缆接工件。

4）直流输出极性控制开关 K_2 处于“正”的位置时，表示红接线柱输出为“+”，黑接线柱输出为“−”；直流输出极性控制开关 K_2 处于“反”的位置时，表示红接线柱输出为“−”，黑接线柱输出为“+”。一般情况下，直流输出极性控制开关 K_2 应拨到“正”的位置。

（5）电刷镀开始前电源的操作　按下列步骤进行：

1）打开电源开关 K_1，电源指示灯亮，电流表及电压表指示为零。

2）断开报警开关 K_3。

3）在拨码盘上拨好所需的电量。

4）按一下“清零”按钮，荧光数码管应显示出全零。

5）按一下“置数”按钮，荧光数码管显示拨码盘上的数字。

6）接通报警开关 K_3。

7）根据被镀工件的大小和镀液的种类等因素决定所用电压的大小及镀笔的型号。

8）根据刷镀工艺的要求，若被镀工件需接负极，则极性控制开关 K_2 应拨向“正”的位置；若被镀工件需接正极，则极性控制开关 K_2 应拨向“反”的位置。

9）顺时针旋动电压调节手柄，并观察电压表指针，调到所需电压。

（6）电刷镀过程中电源的操作　按下列方法进行：

1）开始刷镀后计数器便自动进行减法计数，当预置数减至零时，报警灯及蜂鸣器分别发出光、声信号。此时应停止刷镀并关断报警开关 K_3，以停止发出光和声信号。

2）若镀层厚度不够仍需继续刷镀时，装置会自动转换为加法计数，根据刷镀的时间和电流的大小，计数器记下相应的数字。刷镀结束时，拨码盘上的置数与数码管上显示出的数之和便是刷镀消耗的总电量。

3）刷镀过程中，根据刷镀工艺的需要，被镀工件的极性受极性控制开关 K_2 的控制。当极性控制开关处于“正”时，安时计进行正常计数（做减法运算或加法运算）。当极性控制开关由“正”变“反”时，安时计应停止工作，保持荧光数码管中的数不变；当极性控制开关再由“反”变“正”时，安时计继续计数。

4）刷镀中若发生电流过载现象，过载保护电路立即切断主电路，使电流表和电压表指示为零，同时报警灯及蜂鸣器分别发出光、声信号。过载保护期间计数器中的数值保持不变。此时应首先找出过载原因并加以排除，然后按一下“复位”按钮 K_4，使报警信号停止，并重新接通主电路，继续刷镀。

5）刷镀结束时，应将电压调节手柄逆时针旋到极限位置，使电流表、电压表指示归零后，再关断电源开关 K_1。

（7）电刷镀电源常见问题与对策　电刷镀电源常见问题与对策见表 19-3。

表 19-3　电刷镀电源常见问题与对策

故障现象	可能发生的原因	排除方法
电源不工作	电源熔丝烧断	更换熔丝
	JZ1 接触器触点接触不良	检查 JZ1 接触器的接线是否松动，触点吸合是否良好
数码管亮，但调节电压时，电压表没有指示	J_2 继电器触点接触不良	检查 J_2 继电器
	J_3 继电器触点切断不彻底	更换 J_3 继电器
	整流二极管开路	更换二极管
启动电源就产生过载	直流输出回路有短路	检查是否短路
	过载保护电路元、器件损坏	更换已损坏的元器件
某位数码管清不了零	该位计数单元清零线开焊	检查接线，并焊好开焊处
	该位计数单元计数器损坏	更换集成电路器件
某位数码管置不上数或不按规定置数	该位计数单元插座至拨码盘的连线断路	找出断线并焊好
	该位计数单元上的电阻开焊	焊好电阻
	集成电路器件损坏	更换损坏的器件
数码减至零时不产生报警信号	集成电路器件损坏，无全零信号输出	更换损坏的器件
	有全零信号输出时，说明到时报警晶体管损坏	更换晶体管
电流过载时不报警不保护	W_1 调整不当	重新调整 W_1
	过载保护电路器件损坏	更换损坏的器件
数码管不亮	控制变压器熔丝烧断	更换 1A 熔丝管
	稳压电源无±12V 输出	检查稳压电源板
	灯丝电压 1.5V 开路	检查 1.5V 输出
	栅极电压开路	检查槽压线路

19.1.3　电刷镀镀笔杆

常用电刷镀镀笔杆允许使用的电流值见表 19-4。

表 19-4　常用电刷镀镀笔杆允许使用的电流值

镀笔型号		允许使用的电流/A	配用电缆截面积/mm^2
ZDB-1	Ⅰ型	25	6
	Ⅱ型		
ZDB-2		50	10
ZDB-3		90	16
ZDB-4		25	6

选用的电刷镀镀笔杆应保证阳极尺寸及形状相适应，常用的阳极形状及镀笔杆型号见表19-5。

表 19-5 常用的阳极形状及镀笔杆型号

阳极形状	适合的镀笔杆型号	阳极形状	适合的镀笔杆型号
圆柱	ZDB-1号Ⅰ型、4号	带状	ZDB-1号、2号、3号
圆棒	ZDB-1号Ⅱ型、2号、4号	平板	ZDB-1号、2号、3号
半圆	ZDB-1号、2号	扁条、线状	ZDB-5号
月牙	ZDB-2号、3号	—	—

19.1.4 电刷镀溶液

1. 电刷镀溶液的分类

电刷镀溶液的分类见表19-6。

表 19-6 电刷镀溶液的分类

类别	品种	名称
表面预处理溶液	电解洗净液	1号、2号脱脂液
	活化液	1号~7号活化液、铬活化液
单质金属溶液	镍溶液	高浓度镍、特种快速镍、快速镍、细密快速镍、特殊镍、光泽镍、高厚度镍、黑镍、碱性镍、酸性镍、高温镍
	铜溶液	高浓度铜、高厚度铜、碱性铜、光泽铜、酸性铜、细密碱性铜
	铁溶液	碱性铁、中性铁、酸性铁
	钴溶液	碱性钴、酸性钴、光泽钴
	锡溶液	碱性锡、中性锡、酸性锡
	铅溶液	碱性铅、酸性铅
	镉溶液	碱性镉、酸性镉、低氢脆性镉
	锌溶液	碱性锌、中性锌、酸性锌
	铬溶液	中性铬、高效铬
	铟溶液	碱性铟、酸性铟
合金溶液	二元合金	钴镍、钨镍(50)、磷镍、铁镍、锌锡、锡铅、镍锌、镉锌、镉镍、铟铜
	三元合金	磷钴镍、锑铜锡
退镀液	剥离各种金属镀层	镍、铜、铬、镉、锌、银、金、锡
后处理液	钝化液	锌钝化液
	着色液	银、铜、锡、镉等着色液

2. 电刷镀溶液的性能和用途

常用电刷镀溶液的性能和用途见表19-7。

表 19-7 常用电刷镀溶液的性能和用途

名称	颜色	金属离子质量浓度/(g/L)	耗电系数/[(A·h)/(dm²·μm)]	安全厚度/mm	主要用途
特殊镍	深绿色	85~87	0.774	0.002	一般钢铁的底层
快速镍	蓝绿色	52	0.104	0.2	尺寸恢复层或耐磨表层
低应力镍	绿色	75	0.214	0.13	夹心层或防护层
半光亮镍	绿色	62	0.122	0.13	耐磨层、防护层或装饰
镍钨合金	深绿色	Ni80~85 W14~16	0.214	0.004	耐磨层
镍钨D	深绿色	—	0.214	0.13	耐磨层
高速铜	深蓝色	142	0.073	0.13	防渗氮层或螺母防松

（续）

名称	颜色	金属离子质量浓度/(g/L)	耗电系数/[(A·h)/(dm²·μm)]	安全厚度/mm	主要用途
碱铜	蓝紫色	64	0.079	0.13	底层、尺寸恢复层或导电层
高堆积铜	蓝紫色	99	0.079	0.5	尺寸恢复层或填坑
酸性钴	红褐色	70	0.245	0.2	装饰、夹心、减摩或导磁
快速铁	淡茶色	65~70	0.118	0.2	尺寸恢复层
碱性锌	淡黄色	95	0.02	0.13	防护层
低氢脆镉	柠檬黄色	100	0.01	0.13	防护层
酸性锡	白色	130	0.07	0.2	防氮化及划伤痕修补
碱性铜	黄棕色	65	0.04	—	减摩层
中性铬	紫蓝色	52	1.43	0.025	减摩层或工模具修复

3. 电刷镀溶液的分散能力、覆盖能力和整平能力

1）分散能力是指该镀液在阴极上各个不同部位镀出镀层厚度的均匀程度，又称为均镀能力。镀液分散能力越好，在阴极上不同部位沉积的厚度就越均匀一致，反之镀层厚度就相差较大。常用镀液的分散能力如图 19-4 所示。数值越负，表示分散能力越差，反之则越好。

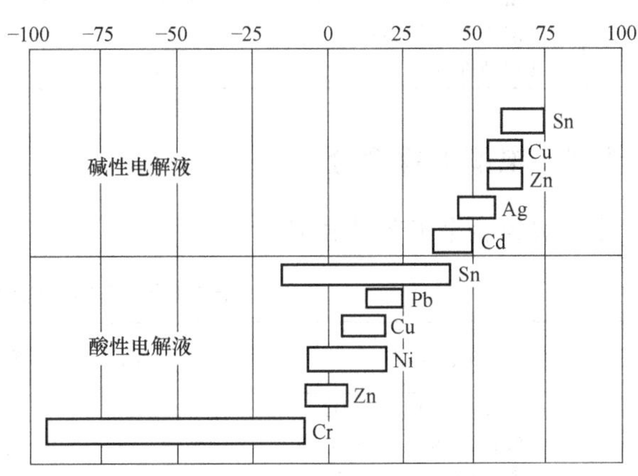

图 19-4　常用镀液的分散能力

2）覆盖能力是指电刷镀时该镀液在阴极各个不同部位有无镀层存在的能力，它只反映在阴极各个部位是否有镀层覆盖，而不涉及各部位镀层厚度是否均匀，所以不像分散能力那样具有量的概念。

3）整平能力是指镀液能在基体表面细小的凹陷部位沉积较厚镀层，而在细小的凸起部位沉积较薄镀层的能力。整平能力好的镀液，在电刷镀时就可以减少基体表面凹陷或凸起部位的微观不均匀程度。

19.1.5　电刷镀镍

电刷镀镍工艺见表 19-8。

表 19-8　电刷镀镍工艺

工艺类型		特殊镍	预镀镍	低应力镍	快速镍 1	快速镍 2	致密快速镍	半光亮镍	光亮镍
组分质量浓度/(g/L)	硫酸镍($NiSO_4 \cdot 7H_2O$)	390~400	300	360	250	250	224	300	200~220
	盐酸 HCl(质量分数为 37%)	20~22	—	—	—	—	—	—	—
	冰乙酸($C_2H_4O_2$)	68~70mL/L	30mL/L	30mL/L	—	—	—	48	70~80
	对氨基苯磺酸($NH_2C_6H_4SO_3H$)	—	—	0.1	—	—	—	—	—
	氨水($NH_3 \cdot H_2O$)(质量分数为 25%)	—	—	—	100mL/L	至 pH 值	57mL/L	—	—

（续）

工艺类型		特殊镍	预镀镍	低应力镍	快速镍		致密快速镍	半光亮镍	光亮镍
					1	2			
组分质量浓度/(g/L)	柠檬酸铵[$(NH_4)_3C_6H_5O_7$]	—	—	—	56	100	205	—	—
	乙酸铵($NH_4C_2H_3O_2$)	—	—	—	23	30	—	—	—
	氯化钠(NaCl)	—	—	—	—	—	—	20	—
	硫酸联铵($N_2H_4 \cdot H_2SO_4$)	—	—	—	—	—	—	0.1	—
	十二烷基硫酸钠($C_{12}H_{25}NaO_4S$)	—	—	0.01	—	—	—	—	—
	其他	氯化镍 14~25	氨基乙酸	乙酸钠 20	草酸铵 0.1	—	—	硫酸钠 20	—
工艺条件	pH 值	0.3	0.8~1.0	3~4	7.2~7.5	7.2~7.5	7.2~7.6	2~4	—
	镍离子浓度	82~84	69	75	52	52	47	62	42~46
	颜色	深绿色	深绿色	绿色	蓝绿色	蓝绿色	蓝绿色	绿色	绿色
	工作电压/V	10~18	8~15	10~16	8~14	8~20	6~18	4~10	5~10
	阴极、阳极相对运动速度(m/min)	5~10	10~25	6~10	6~12	10~25	10~18	10~14	5~10
	耗电系数/[A·h/(dm²·μm)]	0.774	0.42	0.214	0.104	0.09	0.113	0.122	—
	镀覆量/[(dm²·μm)/L]	955~978	776	843	584	584	528	697	472~517
	镀层安全厚度/mm	—	—	0.13	0.2	0.2	—	0.13	—
	镀层硬度 HRC	48	—	45	45	45	49	44	—

19.1.6 电刷镀镍合金

电刷镀镍合金工艺见表 19-9。

表 19-9 电刷镀镍合金工艺

工艺类型		镍钨	镍钨-D	镍钴磷		镍铁钨磷
				1	2	
组分质量浓度/(g/L)	硫酸镍($NiSO_4 \cdot 7H_2O$)	436	393	320	194	150~300
	硫酸钴($CoSO_4 \cdot 7H_2O$)	—	2	50	247	—
	钨酸钠($Na_2WO_4 \cdot 2H_2O$)	25	23	—	—	5~20
	冰乙酸($C_2H_4O_2$)	20mL/L	20mL/L	—	25mL/L	—
	柠檬酸($C_6H_8O_7 \cdot H_2O$)	36	42	—	—	—
	柠檬酸钠($Na_3C_6H_5O_7 \cdot 2H_2O$)	36	—	—	25	60~120
	硼酸(H_3BO_3)	—	31	—	25	30~60
	硫酸钠(Na_2SO_4)	20	6.5	—	—	10~30
	次磷酸钠($NaH_2PO_2 \cdot H_2O$)	—	—	—	37	1~2
	十二烷基硫酸钠($C_{12}H_{25}NaO_4S$)	0.01	0.001	—	—	—
	其他成分	—	硫酸锰 2 氯化镁 3 甲酸 35mL/L 氯化钠 5	—	硫酸铵 25	硫酸亚铁 20~80 氯化镉 0.1~0.2 $C_7H_5O_3NS$ 0.5~0.3
工艺条件	pH 值	≈2	1.4~2.4	≈1.5	5~6	2.5~3.5
	工作电压/V	10~15	10~15	8~14	8~12	6~12
	阴极、阳极相对运动速度(m/min)	4~20	4~20	4~10	12~24	14~22
	耗电系数/[A·h/(dm²·μm)]	0.214	0.214	0.181	—	—

19.1.7 电刷镀铁

电刷镀铁工艺见表 19-10。

表 19-10 电刷镀铁工艺

工艺类型		快速铁	半光亮铁	铁镍钴合金
组分质量浓度/(g/L)	硫酸亚铁($FeSO_4 \cdot 7H_2O$)	340	240~280	—
	氯化亚铁($FeCl_2 \cdot 4H_2O$)	—	—	300
	氯化镍($NiCl_2 \cdot 6H_2O$)	—	—	300
	氯化钴($CoCl_2 \cdot 6H_2O$)	3~6	—	6
	氯化铝($AlCl_3 \cdot 6H_2O$)	65	—	—
	冰醋酸(CH_3COOH)	—	30mL/L	10mL/L
	醋酸钠(CH_3COONa)	20	—	—
	氨基乙酸(H_2NCH_2COOH)	20	20	—
	氟硼酸钠($NaBF_4$)	—	—	30
	添加剂	—	0.3~0.5	0.5
工艺条件	pH 值	1.8~2	1.8~2	3~3.5
	工作电压/V	5~12	6~12	5~15
	相对运动速度/(m/min)	10~25	10~40	10~25

19.1.8 电刷镀铜

电刷镀铜工艺见表 19-11。

表 19-11 电刷镀铜工艺

工艺类型		快速铜	碱铜	高堆积铜
组分质量浓度/(g/L)	硫酸铜($CuSO_4 \cdot 5H_2O$)	40	250	—
	硝酸铜[$Cu(NO_3)_2 \cdot 3H_2O$]	430	—	—
	甲基磺酸铜[$Cu(CH_3SO_3)_2$]	—	—	322
	乙二胺[$(NH_2)_2(CH_2)_2$]	—	135mL/L	178mL/L
	氯化钠($NaCl$)	—	—	1
工艺条件	pH 值	1.2~1.5	9.5~10	8.5~9.5
	工作电压/V	4~15	6~15	8~14
	阴极、阳极相对运动速度/(m/min)	15~40	10~30	6~12

19.1.9 电刷镀锡、锌、铟、镉

电刷镀锡、锌、铟、镉工艺见表 19-12。

表 19-12 电刷镀锡、锌、铟、镉工艺

工艺类型		酸性锡	碱性锡	碱性锌	碱性铟	低氢脆镉
组分质量浓度/(g/L)	氟硼酸亚锡[$Sn(BF_4)_2$]	200	—	—	—	—
	氧化镉(CdO)	—	—	—	—	115
	硫酸锡($SnSO_4$)	—	300	—	—	—
	碳酸铟[$In(CO_3)_3$]	—	—	—	118	—
	氢氧化锌($ZnOH$)	—	—	145	—	—
	氟硼酸(HBF_4)	100~135	—	—	—	—
	明胶	3~4.5	—	—	—	—
	硼酸(H_3BO_3)	30	—	—	—	—
	β-奈酚(β-$C_{10}H_7OH$)	0.6~0.75	—	—	—	—
	醋酸钠(CH_3COONa)	—	35	—	—	—
	氢氧化钠($NaOH$)	—	20	—	—	—
	过氧化氢(H_2O_2)	—	3mL/L	—	—	—
	甲酸($HCOOH$)	—	—	15mL/L	40mL/L	28mL/L

（续）

工艺类型		酸性锡	碱性锡	碱性锌	碱性铟	低氢脆镉
组分质量浓度/(g/L)	乙二胺[$(NH_2)_2(CH_2)_2$]	—	—	200	190	165
	三乙醇胺[$N(CH_2CH_2OH)$]	—	—	60mL/L	—	—
	氯化铵(NH_4Cl)	—	—	4.3	—	—
	酒石酸($H_2C_4H_4O_6$)	—	—	—	150	—
	甲基磺酸(CH_3SO_3H)	—	—	—	—	200
	草酸铵[$(NH_4)_2CO_2COO$]	—	—	—	—	1.8
	添加剂	—	—	10mL/L	—	7mL/L
工艺条件	pH值	<0.1	9~10	7.5~8.5	9~9.5	7~7.5
	工作电压/V	6~15	8~12	6~18	10~18	10~16
	相对运动速度/(m/min)	10~40	15~25	4~10	10~20	4~10

19.1.10 低碳钢类金属的电刷镀

低碳钢类金属的电刷镀工艺见表19-13。

表19-13 低碳钢类金属的电刷镀工艺

序号	工序	工艺规范和要求
1	机械整修	—
2	电净	电净液(TGY-1)、(+),12~15V,时间5~15s,工件表面水膜能均匀摊开不呈珠状
3	水冲	彻底去除工件表面残留的电净液
4	活化	2号活化液(THY-2)、(-),6~12V,时间3~15s,工件表面呈均匀的银灰色
5	水冲	用蒸馏水(或自来水)彻底去除工件表面残留的活化液
6	过渡层	特殊镍(TDY101),无电擦拭3~5s,通电,(+),15V,阴极、阳极相对运动速度10~15m/min,过渡层厚度$\delta=2\mu m$(用安培小时计控制,下同)
7	水冲	若工作层为快速镍,则可不用水冲
8	工作层	快速镍(TDY102),无电擦拭3~5s,通电,(+),15V,阴极、阳极相对运动速度12~15m/min,至所需厚度

19.1.11 中碳钢、高碳钢类金属的电刷镀

中碳钢、高碳钢类金属的电刷镀工艺见表19-14。

表19-14 中碳钢、高碳钢类金属的电刷镀工艺

序号	工序	工艺规范和要求
1	机械整修	—
2	电净	电净液(TGY-1)、(+)①,12~15V,5~15s,工件表面水膜均匀摊开,不呈珠状
3	水冲	彻底除去工件表面残留的电净液
4	一次活化	2号活化液(THY-2),(-),6~12V②,5~10s,工件表面呈现均匀的黑灰色
5	水冲	彻底除去工件表面残留的2号活化液
6	二次活化	3号活化液(THY-3),(-)、15~20V,10~20s,工件表面呈均匀的银灰色
7	水冲	用蒸馏水(或自来水)彻底去除工件表面残留的3号活化液
8	过渡层	特殊镍(TDY101),无电擦拭3~5s,通电,(+),15V、阴极、阳极相对运动速度10~15m/min,过渡层厚度$\delta=2\mu m$
9	水冲或不冲	—
10	工作层	快速镍(TDY102),无电擦拭3~5s。通电,(+),15V,阴极、阳极相对运动速度12~15m/min,至所需厚度

① 一般中、高碳钢电净时用（+）极性，工件与电源负极相接，但抗拉强度$R_m \geq 1000MPa$的高强度钢以及易产生疲劳破坏的零部件，电净时用（-）极性。

② 新工件采用低规范，表面氧化严重时采用高规范。

19.1.12 铸钢和铸铁的电刷镀

铸钢和铸铁的电刷镀工艺见表19-15。

表19-15 铸钢和铸铁的电刷镀工艺

序号	工序	工艺规范和要求
1	机械整修	特别要注意彻底清除表面疏松组织中所吸附的油脂
2	电净	电净液(TGY-1),(+),15~20V,10~30s,工件表面水膜能均匀摊开,不呈珠状
3	水冲	彻底去除工件表面残留的电净液
4	一次活化	2号活化液(THY-2),(-),8~12V,或用1号活化液(THY-1),(-),10~12V,表面呈黑灰色
5	水冲	彻底去除工件表面残留的2号活化液(或1号活化液)
6	二次活化	3号活化液(THY-3),(-),18~20V,5~20s,工件表面呈银灰色
7	水冲	彻底去除工件表面残留的3号活化液
8	疏松组织处理	检查疏松组织是否有油脂吸附,并用棉花吸附疏松组织中的残留溶液
9	过渡层①	①特殊镍(TDY101),无电擦拭3~5s。通电,(+),15V,阴极、阳极相对运动速度为10~15m/min,过渡层厚度$\delta=2\mu m$ ②碱铜(TDY403),无电擦拭3~5s。通电,(+),8~12V,阴极、阳极相对运动速度为10~15m/min,过渡层厚度$\delta=2\mu m$ ③快速镍(TDY102),直接镀工作层,过渡层即为工作层
10	水冲或不冲	—
11	工作层	快速镍(TDY102),无电擦拭3~5s。通电,(+),15V,阴极、阳极相对运动速度为12~15m/min,至规定厚度

① 铸钢、铸铁材料过渡层选择原则为：工件的工作环境中无腐蚀性介质存在时应尽量选用特殊镍做过渡层；工件的工作环境中有腐蚀性介质存在，不推荐用酸性镀液做过渡层，而应选用碱性镀液做过渡层，如碱铜；在有腐蚀性介质存在时，过渡层也可以采用快速镍，此时过渡层和工作层为同一镀层。

19.1.13 不锈钢的电刷镀

不锈钢的电刷镀工艺见表19-16。

表19-16 不锈钢的电刷镀工艺

序号	工序	工艺规范和要求
1	机械准备	—
2	电净	电净液(TGY-1),(+),12~15V,5~15s,工件表面水膜能均匀摊开,不呈珠状
3	水冲	彻底去除工件表面残留的电净液
4	一次活化	2号活化液(THY-2),(-),10~12V,5~15s,工件表面先出现绿色,而后呈灰色
5	水冲	彻底去除工件表面残留的2号活化液
6	二次活化	1号活化液(THY-1),(-),10~12V,3~5s,工件表面呈灰色,(+),10~12V,5~10s,工件表面呈灰色
7	不用水冲	工件表面保留有少量1号活化液,将会有助于特殊镍与基体的结合
8	过渡层	特殊镍(TDY101),无电擦拭3~5s。通电,(+),15V,阴极、阳极相对运动速度为12~15m/min,过渡层厚度$\delta=2\mu m$
9	水冲或不冲	—
10	工作层	快速镍(TDY102),无电擦拭3~5s。通电,(+),15V,阴极、阳极相对运动速度为12~15m/min,至规定厚度

19.1.14 合金钢的电刷镀

合金钢的电刷镀工艺见表19-17。

表 19-17　合金钢的电刷镀工艺

序号	工序	工艺规范和要求
1	机械准备	—
2	电净	电净液(TGY-1),(+),12~15V,时间5~15s,工件表面水膜均匀摊开,不呈珠状
3	水冲	彻底去除工件表面残留的电净液
4	活化(三种方法任选一种)	(1) 1)2号活化液(THY-2),(-),10~12V,时间20~40s,活化液变成淡黄色,工件表面呈银灰色 2)1号活化液(THY-1),(-),10~12V,时间30~50s;(+),10~12V,时间10~20s,工件表面呈银灰色
		(2) 每升1号活化液(THY-1)中加40~50mL浓硫酸(密度$\rho=1.84g/cm^3$),(-),10~12V,时间10~30s;(+),10~12V,时间10~20s,工件表面呈银灰色
		(3) 铬活化液(THY-5),(-),12~15V,时间10~30s;(+),10~12V,时间10~20s,工件表面呈银灰色
5	不用水冲	—
6	过渡层①	特殊镍(TDY101),无电擦拭3~5s。通电,(+),18~20V(闪镀),15V,阴极、阳极相对运动速度为10~15m/min,过渡层厚度$\delta=2\mu m$
7	不用水冲	—
8	工作层	快速镍(TDY102),无电擦拭3~5s。通电,(+),15V,阴极、阳极相对运动速度为12~15m/min,至规定厚度

① 过渡层推荐用特殊镍。闪镀是用高电压（18~20V，甚至高于此值）冲击，当工件表面呈淡黄色后，立即将电压降至正常值。

19.1.15　铝及铝合金的电刷镀

铝及铝合金的电刷镀工艺见表19-18。

表 19-18　铝及铝合金的电刷镀工艺

序号	工序	工艺规范和要求
1	机械准备	用水砂纸蘸水打磨待镀表面,至表面无亮点
2	电净	电净液(TGY-1),(+),12~15V,时间5~10s,工件表面水膜能均匀摊开,不呈珠状
3	水冲	彻底去除工件表面残留的电净液
4	活化(两种方法任选一种)	2号活化液(THY-2),(-),10~15V,时间10~20s,工件表面呈灰色,无断续亮点
		铝活化液(THY-7),(-),10~12V,时间10~20s,工件表面呈灰色,无断续亮点
5	水冲	彻底去除工件表面残留的活化液
6	过渡层	特殊镍(TDY101),无电擦拭3~5s。通电,(+),15V,阴极、阳极相对运动速度为10~15m/min,过渡层厚度$\delta=4\mu m$
7	不用水冲	—
8	工作层	快速镍(TDY102),无电擦拭3~5s。通电,(+),15V,阴极、阳极相对运动速度为12~15m/min,至规定厚度

19.1.16　铜及铜合金的电刷镀

铜及铜合金的电刷镀工艺见表19-19。

表 19-19　铜及铜合金的电刷镀工艺

序号	工序	工艺规范和要求
1	机械整修	用水砂纸蘸水打磨待镀表面
2	电净	电净液(TGY-1),(+),12~15V,时间5~15s,工件表面水膜能均匀摊开,不呈珠状
3	水冲	彻底去除工件表面残留的电净液

（续）

序号	工序		工艺规范和要求
4	过渡层①	(1)	特殊镍(TDY101),无电擦拭 3~5s。通电,(+),15V,阴极、阳极相对运动速度为 10~15m/min,过渡层厚度 $\delta=2\mu m$
		(2)	碱铜(TDY403),无电擦拭 3~5s。通电,(+),8~10V,阴极、阳极相对运动速度为 10~15m/min,过渡层厚 $\delta=2\mu m$
		(3)	酸性锡(TDY511),无电擦拭 3~5s。通电,(+),8~12V,阴极、阳极相对运动速度为 25~30m/min,过渡层厚度 $\delta=2\mu m$
		(4)	酸性钴(TDY201),无电擦拭 3~5s。通电,(+),12~15V,阴极、阳极相对运动速度为 5~8m/min,过渡层厚度 $\delta=2\mu m$
5	工作层②		按选定镀液的工艺规范进行

① 特殊镍镀层用于承受负荷的场合；碱铜镀层用于导电的场合；酸性锡镀层用于改善钎焊性的场合；酸性钴镀层用于导磁性的场合。
② 这类材料往往过渡层和工作层为同一种镀层。

19.1.17 锌、锡、铅、镉、铟类软金属的电刷镀

锌、锡、铅、镉、铟类软金属的电刷镀工艺见表 19-20。

表 19-20 锌、锡、铅、镉、铟类软金属的电刷镀工艺

序号	工序	工艺规范和要求
1	机械准备	—
2	机械去氧化膜	用黄铜丝刷子、研磨膏或金相砂纸蘸水打磨待镀表面,彻底去除表面氧化膜
3	水冲洗	彻底去除机械去氧化膜时残留在表面的物质
4	电净(活化)	电净液(TGY-1),(+),8~10V,时间尽量短,工件表面水膜能均匀摊开即可
5	水冲	彻底去除工件表面残留的电净液
6	过渡层	选用碱性镀液(如碱铜、快速镍等)做过渡层,过渡层厚度 $\delta=2\mu m$
7	水冲	彻底去除工件表面残留的过渡层残液
8	工作层	用所选定的镀液刷镀至规定厚度

注：这类材料还包括锌铝合金、铅铸件、钎料、铅锡合金、白合金及金属互化物（如锑化铋、锑化铟等）。

19.1.18 金、银、铑、铂、铼类贵金属的电刷镀

金、银、铑、铂、铼类贵金属的电刷镀工艺见表 19-21。

表 19-21 金、银、铑、铂、铼类贵金属的电刷镀工艺

序号	工序	工艺规范和要求
1	机械整修	—
2	抛光	用金相砂纸或研磨膏抛光待镀表面
3	水冲	彻底去除机械整修、抛光工序留在表面的残留物
4	电净(活化)	电净液(TGY-1),(+),10~12V,时间 10~20s,工件表面水膜均匀摊开
5	过渡层	镀金——推荐用镍过渡层,防止金向基体扩散 镀银——推荐镀金或钯作过渡层
6	工作层	根据选用的镀液规范

19.2 非金属刷镀

非金属刷镀技术是先用某种表面处理工艺，在非金属材料表面上施加一层金属或非金属导电层，然后在其表面导电层上用电刷镀工艺刷镀所需要的金属镀层，从而达到耐磨、防

腐、装饰等目的。

非金属刷镀技术是电刷镀技术与其他表面处理技术（如化学镀）相结合的产物，是两种以上表面技术在非金属材料表面上的组合应用。非金属刷镀技术与电刷镀技术的主要不同之处在于，非金属刷镀包含了材料表面金属化（导电化）这一重要过程。

19.2.1 ABS 塑料的刷镀

ABS 塑料的刷镀工艺见表 19-22。

表 19-22 ABS 塑料的刷镀工艺

序号	工序名称		使用溶液		工艺条件	
			组分	质量浓度/(g/L)	温度/℃	时间/min
1	去应力		—	—	60~75	120~240
			丙酮	75%(质量分数)	—	30
2	脱脂		酒精	—	擦拭	
			化学脱脂液	—	40~45	30~40
3	水洗		自来水	—	—	—
4	粗化	机械	—	—	—	—
		化学	化学粗化液	—	50~60	25~40
5	水洗		自来水	—	—	—
6	中和		氢氧化钠	50~100	室温	1~3
7	水洗		自来水	—	—	—
8	敏化		敏化液	—	18~25	3
9	冲洗		自来水	—	—	—
10	活化		活化液	—	15~25	1~5
11	冲洗		去离子水	—	—	—
12	还原		甲醛(质量分数为 37%)	100mL/L	室温	10~30
			次磷酸钠	10~30	—	10~30
13	化学镀		化学镀溶液	—	—	—
14	冲洗		自来水	—	—	—
15	加厚镀层		刷镀溶液	—	—	—
16	冲洗		自来水	—	—	—
17	着色		化学或电化学着色溶液	—	—	—
18	干燥		—	—	—	—
19	抛光处理		—	—	—	—
20	保护		保护剂	—	—	—

19.2.2 聚丙烯的刷镀

聚丙烯的刷镀工艺见表 19-23。

表 19-23 聚丙烯的刷镀工艺

序号	工序名称	使用溶液		工艺条件	
		组分	质量浓度/(g/L)	温度/℃	时间/min
1	脱脂	氢氧化钠	20~30	60~80	30
		碳酸钠	20~30		
		磷酸钠	20~30		
		表面活性剂	1~2		
2	水洗	自来水	—	—	—

（续）

序号	工序名称	使用溶液		工艺条件	
		组分	质量浓度/(g/L)	温度/℃	时间/min
3	溶胀(方法1)	二甲苯	—	20	30
				40	5
				60	2
				80	0.5
	溶胀(方法2)	松节油	40mL/L	60~85	10~30
		非离子型表面活性剂	66mL/L		
4	水洗	自来水	—	—	—
5	粗化	硫酸	1004	70~80	10~30
		铬酐	至饱和(≈10)		
6	水洗	自来水	—	—	—
7	中和	氢氧化钠	50~100	室温	1~3
8	水洗	自来水	—	—	—
9	敏化	敏化液		18~25	3
10	水洗	去离子水		—	—
11	活化	活化液		15~25	1~5
12	水洗	去离子水		—	—
13	还原	甲醛(质量分数为37%)	100mL/L	室温	10~30s
14	冲洗	自来水		—	—
15	化学镀	化学镀溶液		—	—
16	冲洗	自来水		—	—
17	加厚镀层	刷镀溶液		—	—
18	冲洗	自来水		—	—
19	着色	着色溶液		—	—
20	水洗	自来水		—	—
21	干燥	—	—	—	—
22	抛光	—	—	—	—
23	保护	保护剂	—	—	—

19.2.3　聚四氟乙烯的刷镀

聚四氟乙烯的刷镀工艺见表19-24。

表19-24　聚四氟乙烯的刷镀工艺

序号	工序名称	使用溶液		工艺条件	
		组分	摩尔浓度/(mol/L)	温度/℃	时间/min
1	机械粗化	—	—	—	—
2	脱脂	化学脱脂溶液		30~45	30~40
3	水洗	自来水	—	—	—
4	吹干	—	—	—	—
5	浸蚀粗化	四氢呋喃	100mL/L	3~5	
		钠	23		
		精萘	128		
6	清洗	丙酮	—	—	—
7	敏化	敏化液	—	20~30	1~3
8	水洗	去离子水	—	—	—
9	活化	活化液	—	15~30	1~5

（续）

序号	工序名称	使用溶液		工艺条件	
		组分	摩尔浓度/(mol/L)	温度/℃	时间/min
10	水洗	去离子水	—	—	—
11	还原	甲醛(质量分数为37%)	100mL/L	室温	—
12	化学镀	铜或镍	—	—	—
13	水洗	自来水	—	—	—
14	加厚镀层	根据需要	—	—	—
15	水洗	自来水	—	—	—
16	着色	着色液	—	—	—
17	水洗	自来水	—	—	—
18	干燥	—	—	—	—
19	抛光	—	—	—	—
20	保护	保护剂	—	—	—

19.2.4 尼龙的刷镀

尼龙的刷镀工艺见表19-25。

表19-25 尼龙的刷镀工艺

序号	工序名称	使用溶液		工艺条件	
		组分	质量浓度/(g/L)	温度/℃	时间/min
1	应力 检查	正庚烷	—	—	5~15s 2~5
2	去应力	—	—	—	180
3	脱脂	化学脱脂液	—	40~45	30~40
4	水洗	自来水	—	—	—
5	机械粗化	—	—	—	—
6	化学粗化	—	—	—	—
7	水洗	自来水	—	—	—
8	中和	中和溶液	—	—	—
9	水洗	自来水	—	—	—
10	敏化	敏化液	—	18~25	3
11	水洗	自来水	—	—	—
12	活化	活化液	—	18~25	1~5
13	水洗	去离子水	—	—	—
14	还原	甲醛(质量分数为37%)或次磷酸钠	100mL/L 10~30	室温	10~30s 10~30s
15	水洗	自来水	—	—	—
16	化学镀	化学镀溶液	—	—	—
17	水洗	自来水	—	—	—
18	加厚镀层	刷镀溶液	—	—	—
19	水洗	自来水	—	—	—
20	着色	着色溶液	—	—	—
21	干燥	—	—	—	—
22	保护	保护剂	—	—	—

19.2.5 聚碳酸酯塑料的刷镀

聚碳酸酯塑料的刷镀工艺见表19-26。

表 19-26　聚碳酸酯塑料的刷镀工艺

序号	工序名称	使用溶液		工艺条件		备　注
		组分	质量浓度/(g/L)	温度/℃	时间/min	
1	检查内应力	丙酮	质量分数为70%	室温	1	浸入溶液内，室温下1min出现裂纹，则说明有应力存在
		水	质量分数为30%			
2	去应力	—	—	—	—	在烘箱内缓慢升温至110~130℃，保温2h后缓冷
3	溶胀处理	甲醇 乙醇 苯酚 乙醚	—	—	—	用左面4种溶剂的任一种浸至表面稍微发白
4	脱脂	脱脂溶液	—	40~45	30~40	—
5	水洗	自来水	—	—	—	—
6	机械粗化	—	—	—	—	喷砂或滚磨
7	水洗	自来水	—	—	—	—
8	化学粗化	氢氧化钠	600	93	2~5	可采用ABS高硫酸型粗化液
		硝酸钠	120			
		亚硝酸钠	120			
9	按ABS塑料的敏化、活化等工艺规范进行以后工序					

19.2.6　酚醛塑料的刷镀

酚醛塑料的刷镀工艺见表19-27。

表 19-27　酚醛塑料的刷镀工艺

序号	工序名称	使用溶液		工艺条件		备　注
		组分	体积浓度/(mL/L)	温度/℃	时间/min	
1	脱脂	酸性脱脂液	—	—	—	也可用碱性除油液，同时有粗化的作用
2	水洗	自来水	—	—	—	—
3	粗化　机械法	—	—			喷砂等其他方法
	粗化　化学法	1)　硫酸	30	50~60	10~30	化学粗化液1)、2)均为酸性粗化液
		2)　硫酸	1000	40~50	5~15	
		硝酸	500			
4	水洗	自来水	—	—	—	若采用碱性粗化，宜用热水洗
5	浸酸	硝酸	130	室温	1~5	此步骤只在碱液粗化后使用
6	水洗	自来水	—	—	—	—
7	敏化	敏化液	—	18~25	2	宜采用酸性
8	水洗	去离子水	—	—	—	—
9	活化	活化液	—	15~25	1~5	银氨或钯活化液
10	水洗	去离子水	—	—	—	—
11	还原	还原剂	—	—	—	根据需要选用
12	水洗	自来水	—	—	—	—
13	化学镀	化学镀液	—	—	—	根据需要选用
14	水洗	自来水	—	—	—	—
15	加层镀层	电刷镀溶液		—	—	根据需要选择
16	水洗	自来水	—	—	—	—

（续）

序号	工序名称	使用溶液		工艺条件		备注
		组分	体积浓度/(mL/L)	温度/℃	时间/min	
17	着色	化学或电化学着色溶液	—	—	—	根据制品需要
18	水洗	自来水	—	—	—	—
19	干燥	—	—	—	—	—
20	抛光	—	—	—	—	根据需要而定
21	保护	保护剂	—	—	—	根据需要而定

19.2.7 环氧塑料的刷镀

环氧塑料的刷镀工艺见表19-28。

表19-28 环氧塑料的刷镀工艺

序号	工序名称		使用溶液		工艺条件		备注
			组分	质量浓度/(g/L)	温度/℃	时间/min	
1	脱脂		脱脂溶液	—	—	—	—
2	清洗		自来水	—	—	—	—
3	粗化	机械法	—	—	—	—	喷砂或打磨
		化学法	硫酐	25mL/L	室温	3~5	—
			铬酐	75			
4	水洗		自来水	—	—	—	—
5	敏化		敏化液	—	18~25	3	根据需要选用银或钯活化液
6	水洗		去离子水	—	—	—	—
7	活化		活化液	—	—	—	根据选用类型，确定工艺规范
8	冲洗		去离子水	—	—	—	—
9	还原		还原溶液	—	—	—	根据活化液类型选用
10	水洗		自来水	—	—	—	—
11	化学镀		化学镀溶液	—	—	—	根据需要选用
12	水洗		自来水	—	—	—	—
13	以后工序同ABS塑料，加厚→冲洗→着色→水洗→干燥→抛光→保护						

19.2.8 木材的刷镀

木材的刷镀工艺见表19-29。

表19-29 木材的刷镀工艺

序号	工序名称	使用溶液	工艺条件	
			温度/℃	时间/min
1	烘干	—	—	—
2	封闭	100g ABS溶于500mL三氯甲烷中	—	—
3	干燥	—	—	—
4	敏化	敏化液	室温	15
5	水洗	去离子水	—	—
6	活化	活化液	15~25	1~5
7	冲洗	去离子水	—	—
8	还原	—	—	—

（续）

序号	工序名称	使用溶液	工艺条件	
			温度/℃	时间/min
9	冲洗	自来水	—	—
10	化学镀	—	—	—
11	水洗	自来水	—	—
12	加厚镀层	刷镀溶液	—	—
13	冲洗	自来水	—	—
14	着色	—	—	—
15	冲洗	自来水	—	—
16	干燥	—	—	—
17	抛光	—	—	—
18	保护	保护剂	—	—

19.2.9　陶瓷的刷镀

陶瓷的刷镀工艺见表19-30。

表19-30　陶瓷的刷镀工艺

序号	工序名称	使用溶液		工艺条件	
		组分	质量浓度/(g/L)	温度/℃	时间/min
1	坯件预处理	—	—	—	—
2	脱脂	有机溶剂	—	—	—
3	水洗	自来水	—	—	—
4	化学脱脂	化学脱脂液	—	—	—
5	水洗	自来水	—	—	—
6	机械粗化	使用120~180目石英砂		—	—
7	化学粗化	硫酸	180	15~30	2~40
		铬酐	50		
		氢氟酸	100		
8	水洗	自来水	—	—	—
9	中和	氢氧化钠	50	室温	—
10	水洗	自来水	—	—	—
11	酸洗	盐酸	50mL/L	20~30	1~5
12	水洗	自来水	—	—	—
13	敏化	敏化液	—	室温	3~5
14	水洗	去离子水	—	—	—
15	活化	活化液	—	15~30	3~5
16	水洗	去离子水	—	—	—
17	还原	甲醛	10%(体积分数)	15~30	1
18	水洗	自来水	—	—	—
19	化学镀铜(镍)	—	—	—	—
20	水洗	自来水	—	—	—
21	电刷镀加厚镀层	电刷镀溶液	—	根据溶液工艺条件而定	
22	水洗	自来水	—	—	—
23	着色	—	—	—	—
24	干燥	—	—	—	—
25	抛光	—	—	—	—
26	保护	保护剂	—	—	—

19.2.10 陶土制品的刷镀

陶土制品的刷镀工艺见表19-31。

表19-31 陶土制品的刷镀工艺

序号	工序名称	使用溶液		工艺条件	
		组分	体积分数(%)	温度/℃	时间/min
1	整形	—	—	—	—
2	吸水	自来水	—	—	—
3	除油	—	—	—	—
4	水洗	自来水	—	—	—
5	敏化	敏化液	—	15~30	3~5
6	水洗	自来水	—	—	—
7	活化	活化液	—	15~30	3~5
8	水洗	自来水	—	—	—
9	还原	甲醛	10	15~30	1
10	化学镀	—	—	—	—
11	水洗	自来水	—	—	—
12	电刷镀加厚镀层	电刷镀溶液	—	—	—
13	水洗	自来水	—	—	—
14	着色	—	—	—	—
15	水洗	自来水	—	—	—
16	干燥	—	—	—	—
17	抛光	—	—	—	—
18	保护	保护剂	—	—	—

19.3 流镀

以流镀机为特征的流镀，是以机械方式实现待镀工件的装夹、运转和阴极的进给运动，以保证电沉积过程中阴极和阳极的切向相对运动、镀液在沉积表面的流动和阳极沿工件轴向的往复运动。以流镀机为特征的流镀具有如下特点：

1）将传统的电镀工艺中以槽镀为基体，改为以镀件为基体，彻底淘汰了庞大的镀槽，省去了大量的镀液，解决了传统电镀工艺中因限制性大而无法解决的问题。

2）流镀机结构简单，操作方便，作业不受环境限制，可将流镀机放在机动车上流动作业，就地施镀，减轻了工人的劳动强度，提高了生产率，免除了为建镀槽而专门修建的厂房。

3）流镀工艺以镀件为基体，流镀过程半自动化，节约了大量镀槽费用和其他附属费用，去掉了一些常规电镀辅料，上镀速度快，施镀时间短，能耗低，经济效益高。

4）在施镀过程中使用的少量镀液可循环利用，基本没有污染液体排放，不会对环境造成污染。采用封闭式的流镀技术，镀液既不会飞溅、泄漏、腐蚀机器零件，也不会散发对人体有害的气体，符合环保要求。

5）一台流镀机相当于一个电镀车间，在一台流镀机上可实现对不同形状、不同大小镀件的表面镀覆。一次装夹可依次实现工件待镀表面从脱脂、活化、水洗、预镀到流镀工作层的整个工艺。

镀液流动方式的选择是阳极设计中的首要问题。在流镀中，镀液流动方式有平行流动式和径向流动式两种，如图 19-5 所示。径向流动式采用中空阳极，流镀液进入阳极腔，从阳极板上的开孔直接喷射到流镀面。以径向流动方式的流镀有时称为喷流镀或射流镀，喷孔均布于阳极板上，直径通常在 1mm 左右，孔数取决于阳极板的材料及面积。径向流动式的优点是流镀面供液状态均匀，容易达到紊流供液状态，但阳极制作复杂。平行流动式一般借助其他方式（例如喷嘴），向流镀面供送流镀液，阳极设计方便，但流速不均。

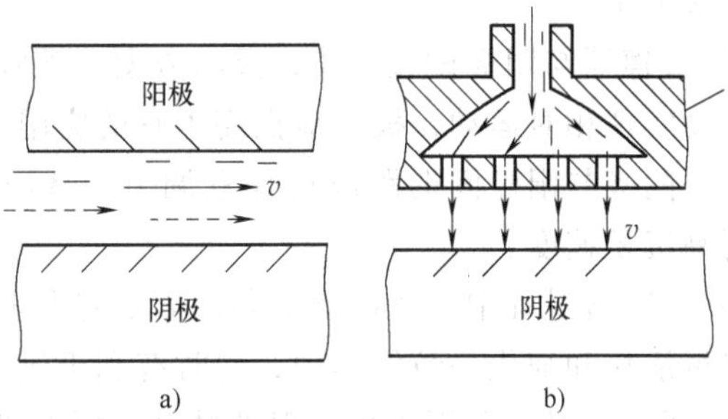

图 19-5　流镀基本方式
a）平行流动式　b）径向流动式

19.4　摩擦电喷镀

摩擦电喷镀是在综合电镀、电刷镀、流镀等多项技术优点的基础上发展起来的一种金属电沉积与机械摩擦加工同时进行的表面镀覆新技术，主要用于磨损较严重的工件快速修复尺寸、补救加工超差产品或工件的表面强化等。

19.4.1　摩擦电喷镀的工作原理

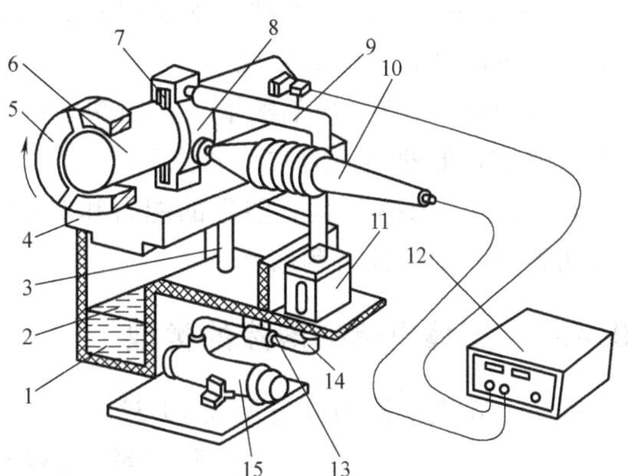

图 19-6　摩擦电喷镀的工作原理
1—工件　2—夹具　3—回液盘　4—漏管　5—过滤网　6—贮液箱　7—磁力泵　8—流量调节阀　9—出液管　10—电源　11—流量计　12—镀笔杆　13—输液管　14—阳极　15—摩擦件

摩擦电喷镀的工作原理如图 19-6 所示。

摩擦电喷镀工作时，镀液供送装置将高浓度镀液以一定流量、一定压力连续地喷射到阴、阳极之间，镀液中金属离子得到电子后在阴极（工件）表面上沉积还原形成镀层。固定在阳极上的摩擦器以一定的压力在阴极上做相对运动，对镀层进行摩擦，这样一方面在电镀过程中对镀层进行了活化作用，另一方面限制了部分晶粒在垂直方向上的过快增长，使镀层组织更加致密，晶粒更加细化，有效地改善了镀层质量，提高了镀层性能。

19.4.2　摩擦电喷镀的特点

1）专用的电源体积小，功率大，能满足喷镀过程中大电流密度的要求。工作模式可以调节，可根据实际情况采用直流脉冲工作模式、间歇脉冲工作模式或去极化工作模式。

2）使用专用的高浓度镀液，保证阴极表面始终有充足的金属离子，可降低阴极表面浓差极化，进一步提高沉积速度。

3）采用的镀液供送装置可实现镀液自动循环，流量任意调节。喷镀过程中，镀液始终以一定压力、一定流量喷射到阴极表面，这样既可散发部分电阻热，又可保证阴极表面有充足的金属离子。

4）摩擦器与阳极做成一体，灵巧方便，镀液由阳极连续地喷射到阴极表面，靠阳极或阴极移动实现相对运动，极大地提高了它的应用范围。摩擦电喷镀的阴阳极之间有一定的固定间隙，阴极与阳极间的距离可任意调节，从而尽可能减小镀液电阻，减少发热，降低能耗，提高沉积速度。

5）在喷镀过程中，摩擦器对阴极表面进行机械摩擦，可以去除镀层表面的微观凸起，起到机械活化和细化晶粒的作用，同时有利于氢气泡的析出。

6）阴、阳极之间不接触，阳极材料表面不包覆任何材料，镀液可以无阻碍地以一定的流速喷射到阴、阳极之间，向阴极提供足够的金属离子，大大提高了电流密度。

19.4.3 摩擦电喷镀过程中摩擦件的作用

1）有利于提高结晶速度及获得细晶镀层。

2）清除界面杂质及各种吸附膜和滞留的氢气泡，活化表面，使离子放电能力减弱，有利于提高表面吸附原子的浓度。

3）使界面位错等缺陷骤增，并因塑性剪切滑移形成许多微观台阶，这些缺陷台阶和拐角都是能量较低的晶体的“生长点”。

4）由于“摩擦”具有整平的能力和对接触界面的清洁作用，可使镀层结晶致密，具有较高的硬度、耐蚀性及耐磨性。

19.4.4 摩擦电喷镀溶液的类型

摩擦电喷镀溶液的分类见表19-32。

表 19-32 摩擦电喷镀溶液的分类

类　别	品　种	名　称
表面预处理溶液	电净液	0号电净液、1号电净液
	活化液	1~8号活化液、铬活化液
单金属镀液	镍镀液	高浓度镍镀液、特种快速镍镀液、快速镍镀液、致密快镍镀液、特殊镍镀液、光亮镍镀液、高堆积镍镀液、碱性镍镀液、酸性镍镀液、高温镍镀液
	铜镀液	高浓度铜镀液、高堆积铜镀液、碱性铜镀液、酸性铜镀液、致密碱铜镀液
	铁镀液	碱性铁镀液、中性铁镀液、酸性铁镀液
	钴镀液	碱性钴镀液、酸性钴镀液、光亮钴镀液
	锡镀液	碱性锡镀液、中性锡镀液、酸性锡镀液
	铅镀液	碱性铅镀液、酸性铅镀液
	铬镀液	碱性铬镀液、中性铬镀液
合金镀液	二元合金	镍钴镀液、镍钨镀液、镍磷镀液、镍铁镀液、锌镍镀液、镍镉镀液
	三元合金	钴镍磷镀液、锡锑铜镀液
退镀液	退镀各种金属镀层	镍退镀液、铜退镀液、铬退镀液

19.4.5 中碳钢和中碳合金钢的摩擦电喷镀

1）表面上较严重的锈蚀应先用钢丝刷、砂布或机加工方法去除。较厚的油污用棉纱擦净，然后用有机溶剂擦洗。

2）用电净液脱脂，工件接电源负极，工作电压为10~14V，相对运动速度为4~6m/min，时间应尽量短，至油除净为止。

3）流动冷水洗，冲洗后表面湿润性要好，不挂水珠。

4）用活化液活化，工件接正极，电压为8~12V，相对运动速度为6~8m/min，至出现黑灰色为正常。

5）流动冷水洗，冲洗后表面呈暗灰色或黑灰色。

6）用活化液活化，除去表面炭黑层。工件接电源正极，电压为18~25V，相对运动速度为6~8m/min，至表面呈银灰色。

7）用清水彻底冲洗掉炭黑物和残留液。

8）用特殊镍溶液镀底层，先不通电，用镀笔蘸取特殊镍溶液擦拭工件表面，然后在电压为18V下镀3~5s，再降至12V镀2~3μm即可。

9）流动冷水洗。

10）根据工件表面的要求，选择合适的镀液喷镀工作层。

11）流动冷水洗。

12）吹干。

19.4.6　高碳钢和高碳合金钢的摩擦电喷镀

1）去除油污和锈蚀。

2）流动冷水洗，冲洗后表面湿润性好，不挂水珠。

3）用活化液活化，工件接电源正极，电压为10~14V，相对运动速度为6~8m/min，直至表面出现黑色。

4）用清水冲洗杂物及残液。

5）用活化液除去表面的炭黑物，工件接电源正极，电压为13~25V，相对运动速度为6~8m/min。

6）用清水冲洗掉炭黑物与残液，使表面出现银灰色。

7）为了保证良好的结合强度，在镀其他溶液以前都必须用特殊镍溶液打底。先不通电，用镀笔蘸取特殊镍溶液擦拭工件表面，再在18V电压下镀3~5s，然后降至12V镀2~3μm。

8）流动冷水洗。

9）选择合适的镀液镀工作层。

10）流动冷水洗。

11）吹干。

19.4.7　铝及铝合金的摩擦电喷镀

1）用钢丝刷或浸透了刷镀溶液的砂纸打磨去掉铝及铝合金工件表面的氧化膜。

2）用脱脂棉蘸取丙酮擦拭工件表面进行脱脂。

3）用电净溶液电净脱脂，工件接电源负极，电压为10~15V，相对运动速度为4~6m/min，时间为10~30s。

4）流动冷水洗。

5）用活化液活化，工件接电源正极，电压为 10～14V，相对运动速度为 8～12m/min，时间为 10～30s。

6）流动冷水洗，保持工件表面湿润，防止出现干斑或二次氧化。

7）镀底层，工件接电源负极，电压为 10～15V，相对运动速度为 6～8m/min。

8）流动冷水洗。

9）根据工件表面需要，在底层上用合适的镀液镀工作层。

10）流动冷水洗。

11）吹干。

19.5 脉冲电镀

1. 概述

脉冲电镀是采用脉冲电源，通过控制波形、频率、工作比及平均电流密度等参数，使电沉积过程在很宽的范围内变化，从而获得具有一定特性镀层的电镀技术。

脉冲电镀时，由于有关断时间的存在，被消耗的金属离子利用这段时间扩散、补充到阴极附近，当下一个导通时间到来时，阴极附近的金属离子浓度得以恢复，所以可以使用较高的电流密度。脉冲电镀时传质过程与直流电镀时传质过程的差异，造成了峰值电流可以高于平均电流，促使晶核形成的速度远远高于晶体长大的速度，使镀层结晶细化，排列紧密，孔隙减小，电阻率低。

2. 脉冲电镀的特点

1）改善镀液的分散能力。

2）改变镀层结构，使镀层平滑、细致。

3）降低镀层孔隙率，提高镀层的耐蚀性及耐磨性。

4）降低镀层的内应力和脆性，提高镀层的韧性。

5）降低镀层中的杂质含量，有利于获得成分稳定的合金镀层。

6）对于某些镀液，即使不用光亮剂，也能获得光亮镀层。

7）增加镀层的电导率。

8）改善镀层分布，特别是改善小孔内表面的电镀效果。

9）降低浓度极差，增大电流密度，提高镀速。

10）促使有机添加剂分解，分解产物积累会污染镀液，故一般不用于含有机添加剂的镀液。

11）不能改善覆盖能力，例如，对于板厚与孔径比为 10：1 的印制电路板，用脉冲电镀不能做到板面与孔中镀层的厚度比为 1：1，而用含有机添加剂的普通电镀却可做到这一点。

12）如果工件的某些特殊部位要求有比其余部位更厚的镀层，此时如采用脉冲电镀，因镀层较均匀，则比直流镀时多镀 10%～20%的金属才能满足要求。

19.5.1 脉冲电源

1. 特点

脉冲电源分为数字脉冲电源和模拟脉冲电源。所谓数字脉冲电源，是采用微处理器及数字电路对脉冲电源中的直流波进行控制，并实现数字显示与数字调节的电源。由于与计算机技术相结合，使其控制更加方便和灵活。与传统的模拟脉冲电源相比，数字脉冲电源具有如下优点：

1）驱动波形规整，极大地改善了斩波后的输出波形，对提高电镀质量十分有利。

2）采用数字调控，直观简单。

3）波形调节范围宽，调节步进可以至 0.1ms。

4）温度漂移系数小，能长期稳定连续运行。

2. 脉冲电镀电源的选用

1）脉冲电源与镀槽的距离不能太大，如果距离太大容易使脉冲波形失真，压降过大。

2）阳极导线和阴极导线要采用多根，且一根阳极导线和一根阴极导线捆在一起，这样可以有效克服电感。

3）在考虑直流导线的直径时，用平均电流和峰值电流的均方根电流进行计算。不能用平均电流计算，因为脉冲电流更容易发热。

4）在选用挂具材料和尺寸时，要选用导电更好的材料和更大的尺寸。

19.5.2 脉冲电镀工艺

脉冲电镀时，有波形、频率、工作比、平均电流密度四个基本参数可供选择。

（1）波形　常用波形有矩形波、三角波、前锯齿波、后锯齿波、正弦波五种波形，用得最多的是矩形波。

（2）频率　频率可在几十到几千赫兹之间选择，但通常都在几百赫兹以上。

（3）工作比　电流导通时间与断开时间的比值称为工作比（也称为通断比、占空比），可在零点几到几十之间选择。

（4）平均电流密度　脉冲电镀时也可用导通时间（也称脉冲宽度）、断开时间、峰值电流（也称脉冲电流）或峰值电流密度（也称脉冲电流密度）作为电镀参数。在这种情况下，它们之间的关系可按下式进行换算：

$$f=\frac{1000}{t_{on}+t_{off}},\text{工作比}=\frac{t_{on}}{t_{off}},I_m=I_p\frac{t_{on}}{t_{on}+t_{off}},J_m=J_p\frac{t_{on}}{t_{on}+t_{off}}$$

式中　f——脉冲频率（Hz）；

t_{on}——导通时间（脉冲宽度）（ms）；

t_{off}——断开时间（ms）；

I_m——平均电流（A）；

I_p——峰值电流（脉冲电流）（A）；

J_m——平均电流密度（A/dm^2）；

J_p——峰值电流密度（A/dm^2）。

19.5.3 脉冲电镀铬

脉冲电镀铬工艺见表 19-33。

19.5.4 脉冲电镀锌

脉冲电镀锌可得到结晶细致、耐蚀性好的镀层。脉冲电镀锌可提高镀液分散能力，降低镀层脆性，减少析氢量，降低氢向基材的渗透，脉冲电镀锌还可提高钝化膜的牢固度。脉冲电镀锌工艺见表 19-34。

表 19-33 脉冲电镀铬工艺

工 艺 号		1	2	3	4
组分质量浓度/(g/L)	铬酐(CrO_3)	250	250	60	260
	硫酸(H_2SO_4)	2.5	2.5	少许	—
	氟硅酸钾($KSiF_6$)	—	2.0	—	20
	磷酸(H_3PO_3)	—	—	50	—
	钼酸铵	—	—	—	75
	硫酸锶	—	—	—	6
工艺条件	温度/℃	60	45~55	—	50~60
	频率/Hz	300	300	15~25	150~200
	通断比	1∶5	1∶2	1∶2.5	1∶1
	平均电流密度/(A/dm^2)	8~15	13	10~20	46.5

表 19-34 脉冲电镀锌工艺

工 艺 号		1	2	3
组分质量浓度/(g/L)	氧化锌	20	70	45
	氧化锌	18~22	—	—
	氯化铵	220~270	200	—
	氯化钾	—	—	220
	硼酸	—	—	25
	氨三乙酸	30~40	—	—
	硫脲	1~1.5	—	—
	聚乙二醇(M>6000)	1~1.5	—	—
	添加剂	—	6(mL/L)	15~20(mL/L)
工艺条件	pH 值	5.8~6.2	5	5.0~5.5
	温度/℃	10~35	室温	室温
	波形	矩形波	矩形波	矩形波
	频率/Hz	1000	100	1000~1500
	通断比	1∶9	1∶9	1∶1
	平均电流密度/(A/dm^2)	0.8~1.5	2	2

19.5.5 脉冲电镀镍

用脉冲电镀镍代替直流电镀镍可获得结晶细致的镍镀层，能降低镍镀层的孔隙率和内应力，提高硬度，减少杂质含量，并可采用更高的电流密度进行电镀，从而提高沉积速度。脉冲电镀镍工艺见表 19-35。

表 19-35 脉冲电镀镍工艺

工 艺 号		1	2	3
组分质量浓度/(g/L)	硫酸镍	180~240	140~210	280
	硫酸镁	20~30	30~50	60
	硫酸钠	—	80~100	60
	氯化钠	10~20	3~5	20
	硼酸	30~40	20~30	45
	十二烷基硫酸钠	—	—	0.02

（续）

工 艺 号		1	2	3
工艺条件	pH 值	5.4	5.0	4.0
	温度/℃	室温	室温	室温
	波形	矩形波	矩形波	矩形波
	频率/Hz	1000	1000	1000
	通断比	1∶9~19	1∶4	1∶2
	平均电流密度/(A/dm^2)	0.7	1	0.7

19.5.6 脉冲电镀镍铁合金

与直流电镀相比，脉冲电镀镍铁合金在稳定镀层组成、抑制氢气析出、提高电流效率等方面均具有优越性。脉冲电镀镍铁合金工艺见表 19-36。

表 19-36 脉冲电镀镍铁合金工艺

工 艺 号		1	2
组分质量浓度/(g/L)	硫酸镍	180~220	180~220
	氯化镍	25~30	—
	氯化钠	—	15~25
	硫酸亚铁	15~20	15~30
	柠檬酸钠	20~30	20~30
	硼酸	—	35~45
	糖精	3~5	—
	十二烷基硫酸钠	0.1~0.3	—
工艺条件	pH 值	2.3	2.5~3.5
	温度/℃	室温	50~65
	波形	矩形波	矩形波
	频率/Hz	100	100~300
	通断比	1∶1	9∶1
	平均电流密度/(A/dm^2)	3.5~5	2.5~6

19.5.7 脉冲电镀铂

在钛基材上脉冲镀铂可获得结晶细致、催化活性好、析氢过电位高、使用寿命长的镀铂层，其性能比直流镀铂层优良。脉冲电镀铂工艺见表 19-37。

表 19-37 脉冲电镀铂工艺

镀液组分与工艺条件	数值	镀液组分与工艺条件	数值
铂[以 $H_2Pt(NO_2)SO_4$ 形式加入]质量浓度/(g/L)	5~10	频率/Hz	10~100
pH 值(用 H_2SO_4 调节)	1.2~2.0	通断比	1∶5~9
温度/℃	50	平均电流密度/(A/dm^2)	0.5~1
电流波形	矩形	—	—

19.5.8 脉冲电镀钯

脉冲电镀钯具有比直流镀钯更好的性能，脉冲电镀钯工艺见表 19-38。

19.5.9 脉冲电镀银

在同一镀液中，脉冲电镀银层比直流电镀银层结晶更细致，硬度更高，耐磨性更佳。将银层厚度降低20%时，脉冲电镀银层仍具有与直流电镀银层相当的性能。脉冲电镀银工艺见表19-39。

表 19-38 脉冲电镀钯工艺

工艺号		1	2
组分质量浓度/(g/L)	钯(以 K_2PdCl_2 形式加入)	5	—
	氯化钯($PdCl_2$)	—	0.9~7.4
	亚硝酸钠($NaNO_2$)	14	—
	氯化钠(NaCl)	40	—
	硼酸(H_3BO_3)	25	—
	磷酸氢二钠($Na_2HPO_4 \cdot 12H_2O$)	—	100
	磷酸氢二铵[$(NH_4)_2HPO_4$]	—	20
	安息酸	—	2.5
工艺条件	pH值	4.7	6~7
	温度/℃	50	50
	电流波形	矩形	矩形
	频率/Hz	50~100	500
	通断比	1:2~3	1:300~500
	平均电流密度/(A/dm²)	1	0.4

表 19-39 脉冲电镀银工艺

工艺号		1	2	3
组分质量浓度/(g/L)	氯化银	30~40	—	—
	硝酸银	—	45~55	40~50
	氰化钾(总量)	65~80	—	—
	碳酸钾	30~40	40~70	—
	烟酸	—	90~110	—
	乙酸铵	77	—	—
	总氨量	20~25	—	—
	氨水	32mL/L	—	—
	硫酸铵	—	—	100~120
	亚氨基二磺酸铵	—	—	120~150
工艺条件	pH值	—	9.0~9.5	8.2~8.8
	温度	室温	室温	室温
	波形	矩形波	矩形波	矩形波
	通断比	1:4~9	1:9	1:9
	平均电流密度/(A/dm²)	0.2~0.6	0.4~0.6	0.3~0.5

19.5.10 酸性脉冲电镀金

在普通酸性镀金与镀硬金镀液中，选用合适的脉冲参数均可获得良好的金镀层，酸性脉冲电镀金工艺见表19-40。

19.5.11 亚硫酸盐脉冲电镀金

在普通亚硫酸盐电镀金与硬金镀液中，选用合适的脉冲参数进行脉冲电镀金也可得到良好的金镀层，亚硫酸盐脉冲电镀金工艺见表19-41。

19.5.12 脉冲换向电镀金

脉冲换向电镀又称双向脉冲电镀，它综合脉冲电镀与换向电镀的优点，采用合适的工艺参数可得到结晶更细致、内应力与孔隙率更小、厚度更均匀、耐蚀性更高的镀层。脉冲换向电镀金工艺见表19-42。

表19-40 酸性脉冲电镀金工艺

工艺号		1	2	3	4	5	6	7
组分质量浓度/(g/L)	金[$KAu(CN)_2$]	15~20	10~20	20~35	5~10	6~8	10~20	3~5
	柠檬酸铵	—	—	—	110~120	—	120	—
	柠檬酸钾	180~200	110~130	100~120	—	120	—	120~150
	硫酸钾	—	20	18~22	—	—	—	—
	柠檬酸	—	—	—	—	75	—	60~80
	酒石酸锑钾	—	—	—	0.1~0.3	0.3	0.3	—
	硫酸钴	—	—	—	—	—	—	5~10
	硫酸铟	—	—	—	—	—	—	3~5
工艺条件	pH值	5.1~6.2	4~7	5.4~6.4	5.2~5.5	4.8~5.6	5.5~5.8	3.6~4.2
	温度/℃	60~65	45~65	65	40~45	室温	45~50	25~40
	波形	矩形波	矩形波	矩形波	矩形波	矩形波	矩形波	矩形波
	频率/Hz	1000~1500	900~1000	650	1000	1000	20~40	1000
	通断比	1:5~10	1:9	1:7	1:7~15	1:5~10	1:5~10	1:1
	平均电流密度/(A/dm^2)	0.1~0.4	0.1~0.5	0.35~0.45	0.1~0.4	0.4	0.3~0.4	0.5~2

表19-41 亚硫酸盐脉冲电镀金工艺

工艺号		1	2	3	4	5
组分质量浓度/(g/L)	金[$HAuCl_4 \cdot 4H_2O$]	20	15~20	15~20	15~30	10~20
	亚硫酸铵	150	100~120	150~180	—	—
	亚硫酸钠	—	—	—	150	150~160
	柠檬酸钾	100	—	80~100	—	—
	柠檬酸铵	—	—	—	90	—
	磷酸氢二钾	—	0.1~0.3	—	—	—
	乙二胺四乙酸二钠	—	—	—	少量	2~5
	硫酸钴	—	—	0.3~0.5	0.02~0.2	0.5~1
	硫酸铜	—	—	—	—	0.1~0.2
工艺条件	pH值	9.0~9.5	8.5~9.0	8~9	6.5~7.5	8.5~9.5
	温度/℃	40~45	35~45	20~30	室温	45~50
	波形	矩形波	矩形波	矩形波	矩形波	矩形波
	频率/Hz	1000	1000	500~1000	1000	7~10
	通断比	1:9	1:8~10	1:5~15	1:9	1:1~4
	平均电流密度/(A/dm^2)	0.5	0.3~0.5	0.2~0.6	0.3~0.4	0.3~0.4

表19-42 脉冲换向电镀金工艺

组分质量浓度/(g/L)	金氰化钾[$KAu(CN)_2$]	10~15
	柠檬酸钾($K_3C_6H_5O_7 \cdot H_2O$)	40~50
	磷酸氢二钾(K_2HPO_4)	100~150
	添加剂	0.1~0.3
工艺条件	pH值	4.6~5.5
	温度/℃	40~50
	脉冲频率/Hz	1000
	峰值电流密度/(A/dm^2)	正向0.5,反向0.1
	通断比	正向1:10,反向1:5
	正向脉冲与反向脉冲导通时间比	9:2

19.6 复合电镀

通过金属电沉积的方法，将一种或数种不溶性的固体颗粒，均匀地夹杂到金属镀层中，形成一种特殊的镀层，这种电镀方法叫做复合电镀。沉积的金属或合金称为复合镀层的基质，固体颗粒称为分散剂。与普通电镀相比，复合电镀要求沉积速度快，电流效率高，固体微粒在镀液中应有足够好的悬浮状态，有利于固体颗粒均匀地共沉积。复合镀层的种类如下：

（1）耐磨镀层 常见的是Ni-SiC复合镀层，具有很好的抗高温氧化能力，耐磨性好，多用于模具、量具、发动机气缸等工件。

（2）耐蚀镀层 是为了提高材料表面的防护性和装饰性而电镀的一类复合镀层，最常见的是镍封。

（3）装饰性镀层 在光亮或半光亮镀镍镀液中加入一种特殊的固体颗粒，从而获得有柔和光泽的缎面镍层。

（4）自润滑镀层 常见的是Ni-BN镀层，金属与固体润滑微粒形成复合镀层，具有良好的干润滑特性，减摩性能好。

（5）防黏着镀层 金属与疏油材料形成的复合镀层，常用于压模制造上，可使压模与被压制的工件不会发生粘接，减少对工件的污染。

19.6.1 复合电镀用固体颗粒

1. 要求

1）固体颗粒在镀液中呈悬浮状态。

2）固体颗粒尺寸适当，一般粒度为0.1~10μm。粒度过大不易包覆在镀层中，粒度过小容易在镀液团聚结块，在镀液中分布不均。

3）固体颗粒具有亲水性，为了使微粒表面带正电荷，在镀液中应添加阳离子表面活性剂。

4）为了获得合格的复合镀层，一般情况下镀液中固体微粒的加入量在500g/L以下。

5）对大多数电沉积过程来说，微粒加入量在20~100g/L之间。

6）有机聚合物微粒的加入量通常要求比陶瓷微粒的加入量大些。

7）通过化学镀获得复合镀层时，镀液中微粒浓度可以更低一些，一般只需加入5~25g/L，就足以使化学镀复合镀层中获得与电镀层相同的微粒含量。

2. 加入方法

（1）直接加入法 直径小于40μm的固体微粒以细微粉末的形式直接加入溶液中。

（2）埋沙法 直径大于40μm，密度大于$3g/cm^3$的固体颗粒，难以通过搅拌等方法使它们在溶液中均匀地悬浮，这类颗粒可以用埋沙法把颗粒嵌入镀层中。具体做法是用大量的固体颗粒将被镀工件埋住后，使之在溶液中电镀。在基质金属电沉积的过程中，依次将紧挨着工件表面的固体颗粒包埋入镀层中。

（3）镶嵌法 用一些粒径在0.5mm以上的颗粒来制造精度较高的大型金刚石工具时，常常要用各种机械方法将金刚石颗粒按照一定图形和角度预先固定在镀件的表面上。在电镀过程中，随着基质金属的电沉积，逐渐将金刚石颗粒埋入镀层中。

（4）可溶性盐加入法　有些微粒是以可溶性盐的形式加入，然后让它们在溶液中发生反应，生成固体微粒，这种制备微粒的过程是在溶液中进行并完成的。加入溶液中的可溶性物质，有些并不是立即与溶液起反应生成固体微粒。这种可溶性物质可以在金属电沉积的同时，通过它在阴极上的还原反应，直接或间接地使可溶性物质形成不溶性固体微粒，嵌入镀层中。

（5）缠绕法　有些复合镀层，需要夹杂长达数米的纤维丝。在制备这种复合镀层时，应将纤维丝缠住镀件，并使镀件缓慢地转动，边转动，边沉积基质金属，同时纤维丝连续缠绕到镀件表面，最终被基质金属埋入镀层。

3. 常用的制备耐磨复合镀层固体颗粒

常用的制备耐磨复合镀层固体颗粒及性能见表19-43。

表19-43　常用的制备耐磨复合镀层固体颗粒及性能

名称	分子式	密度/(g/cm^3)	维氏硬度HV	熔点/℃
α-氧化铝	α-Al_2O_3	3.98	3000	2000
γ-氧化铝	γ-Al_2O_3	3.20	2000	2000
二氧化锆	ZrO_2	5.70	1150	2700
二氧化硅	SiO_2	2.2	1200	1710
二氧化钛	TiO_2	3.8~4.2	1000	1830
三氧化二铬	Cr_2O_3	5.1	2940	2000~2400
碳化硅	SiC	3.2	2500	2700
碳化铬	Cr_3C_2	6.68	1300	1895
碳化钨	WC	15.8	2400	2600~2800
金刚石	C	3.5	8000	>3500
硼化钛	TiB_2	4.5	3050~4100	2930
硼化锆	ZrB_2	6.1	1900~2700	3100

4. 常用的制备自润滑复合镀层固体颗粒

常用的制备自润滑镀层固体颗粒及性能见表19-44。

表19-44　常用的制备自润滑镀层固体颗粒及性能

名称	分子式	密度/(g/cm^3)	硬度HBW	分解温度/℃	最高正常工作温度/℃	最高瞬时工作温度/℃	热导率/[W/(m·K)]	在真空中的摩擦力
石墨	C	2	2	3400	450	600	52~396	高
二硫化钼	MoS_2	4.9~5.0	2	1098	350	700	—	可变
聚四氟乙烯	$(CF_2\text{-}CF_2)_n$	1~2.85	35HBS	727	260	350	—	低
氟化石墨	$(CF)_n$	2.34~2.68	1~2	320~420	—	—	—	—
氮化硼	BN	2.2	2	3000	700	900	15~29	低

19.6.2　复合电镀溶液的搅拌

（1）机械搅拌法　用一支或数支叶片式螺旋桨搅拌溶液，或者用一根或数根磁力搅拌棒搅拌溶液，有时也可用试样旋转进行搅拌。

（2）压缩空气搅拌法　将压缩空气经过钢管、铜管、塑料管或不锈钢管等通入溶液中，使溶液处于激烈地鼓泡沸腾状态，从而达到搅拌溶液，使固体颗粒均匀、充分悬浮于溶液中的目的。

(3) 超声波搅拌法　当超声波在溶液中传递时，它的振动会在溶液中产生负压力，撕破溶液，形成空洞，继之又受到正压力而被压缩。反复地膨胀收缩振动，产生高度分散的小气泡，形成强烈的冲击波，并将小气泡汇集到一起，上升至液面而排出。这些作用的结果是使溶液受到强烈搅拌。

(4) 溶液上流循环搅拌法　这种方法通常是利用一个高位槽产生的静压作用，将溶液从下方压入镀槽中。利用高位槽压入溶液比直接用离心泵压入溶液的压力稳定和均匀，因而溶液液流也比较平稳。从下方压入的溶液，需要经过一个多孔板之后，再进入镀槽，以保证分流均匀。

(5) 联合搅拌法　采用两种搅拌方式同时共用，可显著增强搅拌效果。

1) 密度较小或粒径较小的固体颗粒，很容易在镀液中均匀、充分地悬浮，搅拌强度不需要太大。

2) 对于粒径大或密度大的固体颗粒，需要较强烈的搅拌。

3) 随着搅拌强度的提高，液体流动的速度逐渐增大，固体颗粒在镀液中的有效浓度也逐渐增大。与此同时，搅拌强度越大，被输送到阴极表面的固体颗粒数量也越多，固体颗粒在镀层中的含量也应当相应地增大。

4) 如果搅拌强度过大，固体颗粒随液流一起运动的速度也很大。到达阴极表面的固体颗粒数量虽然很大，但是液流对电极表面的冲击力也增大，会使已经附于阴极表面上未完全被基质金属嵌合牢固的固体颗粒，在运动着的固体颗粒和镀液的冲击下，脱离阴极表面重新进入镀液中。其结果是固体颗粒在镀层中的含量反而降低。

19.6.3 电镀镍基耐磨复合镀层

电镀镍基耐磨复合镀层工艺见表19-45。

表 19-45　电镀镍基耐磨复合镀层工艺

工艺号		1	2	3	4	5	6
组分质量浓度/(g/L)	氨基磺酸镍[$Ni(NH_2SO_3)_2 \cdot 4H_2O$]	500	—	350	—	—	400
	硫酸镍($NiSO_4 \cdot 7H_2O$)	—	300	—	250	240	—
	氯化镍($NiCl_2 \cdot 6H_2O$)	15	45	7.5	15	45	5
	硼酸(H_3BO_3)	45	40	30	40	40	30
	糖精	3	—	—	—	2~3	—
	表面活性剂	—	—	—	—	0.3mL/L	1.0mL/L
工艺条件	微粒类型	SiC	SiC	Al_2O_3	金刚石	BN	ZnO_2
	微粒尺寸/μm	1~4.5	1~3	1.4~3.5	7~10	0.1~7	5
	微粒含量/(g/L)	15~200	100	150	170	50	150
	pH值	4	3.5~4	3~3.5	4.4	4	4
	温度/℃	57~70	50	50	45	40~50	45
	电流密度/(A/dm²)	20~30	5	3	10	5	3
	镀层中微粒的质量分数(%)	2.5~4	2.5~4	7	20(体积分数)	—	—

19.6.4 电镀镍-磷基耐磨复合镀层

电镀镍-磷基耐磨复合镀层工艺见表19-46。

表19-46 电镀镍-磷基耐磨复合镀层工艺

工艺号		1	2	3
组分质量浓度/(g/L)	氨基磺酸镍[$Ni(NH_2SO_3)_2 \cdot 4H_2O$]	450	—	—
	硫酸镍($NiSO_4 \cdot 7H_2O$)	—	250	250
	氯化镍($NiCl_2 \cdot 6H_2O$)	10	35	50
	柠檬酸钠($Na_3C_6H_5O_7 \cdot 2H_2O$)	—	—	10
	硼酸(H_3BO_3)	40	40	30
	次磷酸钠($NaH_2PO_2 \cdot H_2O$)	—	—	18~20
	亚磷酸(H_3PO_3)	—	20	—
	阳离子表面活性剂	—	—	适量
工艺条件	微粒类型	SiC	SiC	WC
	微粒尺寸/μm	5.5	5	2.5
	微粒含量/(g/L)	100	100	75
	pH值	1.2~1.6	2.5	1.5~1.8
	温度/℃	50	60	61~63
	电流密度/(A/dm^2)	15	3	2
	镀层中微粒的质量分数(%)	7	10.1	43.2

19.6.5 镍基自润滑复合电镀

固体润滑微粒和金属共沉积的复合电镀，具有良好的干润滑特性，摩擦因数低，减摩性能好。镍基自润滑复合镀层常以氨基磺酸盐型镀镍液为载体，常用的固体润滑微粒有MoS_2、聚四氟乙烯、石墨、氟化石墨等。

镍基自润滑复合电镀工艺见表19-47。

表19-47 镍基自润滑复合电镀工艺

工艺号		1	2	3	4	5
组分质量浓度/(g/L)	氨基磺酸镍[$Ni(NH_2SO_3)_2 \cdot 4H_2O$]	322	—	—	—	—
	硫酸镍($NiSO_4 \cdot 7H_2O$)	—	310	250	250	240
	氯化镍($NiCl_2 \cdot 6H_2O$)	30	50	45	45	45
	硼酸(H_3BO_3)	34	40	40	40	30
	亚磷酸(H_3PO_3)	—	—	—	—	1~2
工艺条件	微粒类型	MoS_2	MoS_2	h-BN	$(CF)_n$	石墨
	微粒尺寸/μm	2~30	3	<0.5	<0.5	5~15(片状)
	微粒含量/(g/L)	200	5	30	60	5
	pH值	2(5)	1~2	4.3	4.3	1.5
	温度/℃	50	20~35	50	50	55
	电流密度/(A/dm^2)	2.5	1(10)	10	10	5
	镀层中微粒的体积分数(%)	60(25)	24(12)	9	6.5	3~4(质量分数)

19.6.6 电镀铜基耐磨复合镀层

电镀铜基耐磨复合镀层工艺见表19-48。

表 19-48　电镀铜基耐磨复合镀层工艺

工艺类型		硫酸盐型	焦磷酸盐型	乙二胺型
组分质量浓度/(g/L)	硫酸铜($CuSO_4 \cdot 5H_2O$)	200	35	125
	焦磷酸盐钠($Na_2P_2O_7 \cdot 10H_2O$)	—	140	—
	酒石酸钾钠($KNaC_4H_4O_6 \cdot 4H_2O$)	—	25	—
	乙二胺[$C_2H_4(NH_2)_2$]	—	—	60
	硫酸钠($Na_2SO_4 \cdot 10H_2O$)	—	—	60
	硫酸铵[$(NH_4)_2SO_4$]	—	—	60
	磷酸氢二钠($Na_2HPO_4 \cdot 12H_2O$)	—	95	—
	硫酸(H_2SO_4)	50	—	—
工艺条件	固体微粒	工业石墨 100	C-1 石墨 100	MoS_2 100
	pH 值	—	7.8	7.8
	温度/℃	20±1	50±2	20±1
	电流密度/(A/dm^2)	5	2	2
	镀层中微粒的质量分数(%)	5	0.4	2.8

19.6.7　电镀钴基和铁基耐磨复合镀层

电镀钴基和铁基耐磨复合镀层工艺见表 19-49。

表 19-49　电镀钴基和铁基耐磨复合镀层工艺

工艺类型		$Co-Cr_3C_2$	$Co-Cr_2O_3$	$Fe-P-Al_2O_3$
组分质量浓度/(g/L)		硫酸钴 430~470	硫酸钴 500	氯化铁 400
		氯化钠 15~20	氯化钠 15	次磷酸二氢钠 1~2
		硼酸 25~35	硼酸 35	抗氧化剂(V^{2+})1.0
		碳化铬(2~4μm)500	Cr_2O_3(1~10μm)200~250	添加剂 0.5 $\alpha-Al_2O_3(W_7 \cdot W_{20})$30~80
工艺条件	pH 值	4.7	4.7	0.5~1.5
	温度/℃	50	50	30~40
	电流密度/(A/dm^2)	4	1~7	15~25

19.6.8　铬基耐磨复合电镀

尽管铬基复合镀层的硬度一般比电镀铬层低，但其耐磨性却有所提高。在六价铬溶液中较难形成复合镀层，一般须加入促进剂。铬基耐磨复合电镀工艺见表 19-50。

表 19-50　铬基耐磨复合电镀工艺

工艺号		1	2	3	4
组分质量浓度/(g/L)	铬酐(CrO_3)	250	250	250	250
	硫酸(H_2SO_4)	2.5	2.5	2.5	2.5
	铬鞣	—	—	5	—
	Cr^{3+}	2~5	—	—	—
	稀土促进剂	1.0~1.5	1.0~1.5	—	—
工艺条件	微粒类型	SiC	SiC	Al_2O_3	WC
	微粒尺寸/μm	0.5	2	7	5
	微粒含量/(g/L)	300~400	400~500	50	30~40
	温度/℃	40~50	40	50	50
	电流密度/(A/dm^2)	15~25	20	45	50
	镀层中微粒的质量分数(%)	—	1	0.1~0.3	3~4

19.6.9　金基自润滑复合电镀

镀金和镀银层有良好的导电性、导热性和较强的耐蚀性，但其硬度低，耐磨性不够。在电接触、电连接元件中，采用复合镀层代替纯金镀层，可降低电接触的摩擦因数，提高使用寿命。金基自润滑复合电镀工艺见表19-51。

表19-51　金基自润滑复合电镀工艺

工艺类型		$Au\text{-}MoS_2$	$Au\text{-}(CF)_n$
组分质量浓度/(g/L)	金[以 $KAu(CN)_2$ 形式加入]	10	5~7
	柠檬酸($H_3C_6H_5O_7$)	100	100~120
	氢氧化钾(KOH)	50	4~6
	柠檬酸铵[$(NH_4)_3C_6H_5O_7$]	—	2~3
工艺条件	微粒 MoS_2(≤1μm)或$(CF)_n$(≤0.5μm)	1.0	30~50
	pH值	5.4~5.8	5.4~5.8
	温度/℃	30~50	30~40
	电流密度/(A/dm^2)	0.1~0.5	0.06~0.13
	镀层中微粒的体积分数(%)	4.23	8~12

19.6.10　防护装饰性复合电镀

此类复合镀层应用最多，最早开发的是镍封和缎面镍两种工艺。它们通过微粒与镍的共沉积形成复合镀层，从而在后续套铬工艺中形成具有腐蚀电流分散性耐磨结构的微孔铬层，以成倍地提高Cu/Ni/Cr或Ni/Cr组合镀层的耐蚀性。近年来Zn-Al（粉）复合镀层的研发，成为机动车辆、电动机、建材部门中代替热镀锌的一种有前途的手段。此外，锌基上弥散的酚醛树脂等高分子微粒，还有$Zn\text{-}SiO_2$、$Zn\text{-}Al_2O_3$等复合镀层的耐蚀性均优于镀锌层。

防护装饰性复合电镀工艺见表19-52。

表19-52　防护装饰性复合电镀工艺

类型	组分浓度/(g/L)		pH值	温度/℃	电流密度/(A/dm^2)
$Ni\text{-}Al_2O_3$	$NiSO_4 \cdot 7H_2O$	240	3.8~4.6	45~55	2~6
	$NiCl_2 \cdot 6H_2O$	45			
	H_3BO_3	30			
	Al_2O_3(0.1~0.3μm)	10~100			
Ni-密胺树脂荧光颜料	$NiSO_4 \cdot 7H_2O$	210	4.0	45	2~5
	$NiCl_2 \cdot 6H_2O$	50			
	H_3BO_3	31			
	密胺树脂(3.5~4.5μm)	20~30			
Zn-Al	$ZnSO_4$	80	4.8~5.2	35~45	15~30
	$Zn(OH)_2$	50			
	$Al(OH)_3$	15			
	H_3BO_3	30			
	Al粉(250目)	30			

（续）

类型	组分浓度/(g/L)		pH 值	温度/℃	电流密度/(A/dm²)
Zn-Al_2O_3	$ZnCl_2$	55	5.5	25~30	2
	NH_4Cl	270			
	$H_3C_6H_5O_7$	40~90			
	聚乙二醇(相对分子质量>6000)	适量			
	硫脲	适量			
	促进剂	适量			
	Al_2O_3(1~5μm)或 SiO_2(1~3μm)	20~100			
Zn-酚醛树脂	$ZnSO_4 \cdot 7H_2O$	450	4.5~5.0	50	10~15
	NH_4Cl	15			
	H_3BO_3	30			
	非离子型或阳离子型表面活性剂	少量			
	酚醛树脂(2~3μm)	30			

第 20 章 电镀车间的工艺设计

20.1 总则

电镀车间的生产工艺，使用各种酸、碱、盐及有机添加剂，其中大部分是有害物质的溶液。生产过程中用水量较大，并散发有害废气。此外，生产运行时风机、压缩空气等设备还产生噪声，使用挂具绝缘的部分是有机涂料。为此，设计时应根据上述特点，选择工艺方法、设备布置方式、厂房形式和平面布置，同时采取废气净化、废水处理、防腐、防水、通风、减噪及防止结露等措施，使设计做到技术先进、经济合理、安全适用、确保质量，并达到提高经济效益的目的。对水质要求设施也应配备。在电镀车间内部，各种镀槽、设备及水、暖、电、风、气等管线较多，技术要求不同，且分地上、地下布置，错综复杂。为此，应做好工艺、平面布置、建筑结构、电气、给水排水、采暖通风和非标设备等专业之间的协调设计，便于施工安装和使用维护。

20.2 工艺资料的收集

工艺资料是工艺设计的重要依据之一。电镀车间设计需要收集的工艺资料包括：

1）各镀种的工艺规程及生产说明书。包括各工序的溶液成分、温度、时间、电流密度和电压等。

2）各镀种的最大件尺寸及工作量，可根据产品图样或各种产品型号、表面处理零件统计表等资料汇总。

3）对影响设计的特殊工艺要求及特殊零件，应单独收集有关资料。如某些大件的尺寸、图形及每槽装载量，特殊的直流供电要求等。若有附属的其他工艺，如喷漆、气相沉积、粉末喷涂、电泳涂、阳极化、各种化学转化膜工艺（氧化、磷化）还应收集这些工艺的有关资料，统筹考虑，合理安排。

20.3 车间位置设置

电镀车间在厂区的位置，应尽量做到：

1）电镀车间应远离精加工、装配、试验车间及金属材料仓库等厂房，并位于全年主导风向的下风侧。

2）电镀车间应远离锅炉房、喷砂室、铸工车间等厂房，并位于其上风侧，抛光室应与车间分隔。

3）电镀车间应位于自然通风良好的场所，并避免设置在低洼窝风处。

4）电镀车间宜建在单层厂房内，不宜设置在多层的底层，以避免腐蚀性气体对楼上车间的腐蚀和污染。

5）厂房天窗朝向应尽量采用南北向，避免曝晒。

6）厂房周围应有废水处理、废气净化设施及存放酸碱的场地，并适当留有厂房发展的余地。

在符合1）、2）、3）三项原则下，应考虑不同车间生产与电镀工序的衔接，如机械加工车间、热处理车间、喷漆车间、钣金冲压车间与电镀生产工序的衔接，在工艺路线上尽量缩短加工零件的往返路线。

20.4 工作制度及年时基数

20.4.1 工作制度

一般按两班制设计。在设备使用率很低的车间或工段，如学校、研究所的试制工段，可按一班制设计。全年工作日可按250天计算。

20.4.2 设备年时基数

设备年时基数为设备全年有效工作小时数，即按设备日历年时基数，扣除设备预修和事故修理损失及设备清理、槽液调配等损失的时数。电镀车间设备年时基数，一般按表20-1计算。

表20-1 设备年时基数

设备类别	各班工作时数	一班制	两班制	三班制
镀槽、干燥箱，非标设备等	8、8、7	2000	3900	5000

20.4.3 工人年时基数

工人年时基数为工人全年实际工作小时数，即在工人日历年时基数内，扣除必不可少的工时损失，如病事假、探亲假、产假等。电镀车间工人年时基数，一般按表20-2。

表20-2 工人年时基数

女工比例	全年工作日	工时损失(%)	8h工作日
<35%	250	10	1800
>35%	250	13	1740

20.5 工艺方法及设备的确定

20.5.1 工艺方法的确定

应根据产品特点尽量采用切实可行的低毒、低污染、节能先进工艺，如无毒、低毒工艺，常温，低浓度，高效率工艺等。

20.5.2　设备的确定

主要设备（脱脂、酸洗、镀槽、干燥室、除氢烘箱等）工作量较大时，应计算设备负荷率，按被处理零件面积或质量、件数进行计算以确定设备数量。设备负荷率一般不超过 80%。

一些主要设备的数量也可借助于分析相类似产品的工厂现有设备情况，按产品产量大小，用对比法加以确定。

当零件尺寸过大，或质量大于 10kg，操作较困难时，宜采用机械化装置。

当零件尺寸不大，但数量多，形状又相似时，宜采用滚镀或电镀自动生产线。

由于电镀车间劳动条件较差，当采用程序控制门式吊车自动线时，可适当降低对设备负荷率的要求。一般设备负荷率达 40%~50%时即可采用。

20.5.3　设备尺寸规格的确定

设备尺寸规格应根据最大件的尺寸来确定，并留有一定的发展余地。当零件处理量很大时，还应考虑批量生产时设备单位容积的耗电容量。

20.6　设备的选用及设计要求

1）电镀用干燥箱，可用蒸气加热或电加热鼓风，并有温度自动控制装置。

2）各种槽子所用材料，要求适用于相应的化学环境和工作温度，槽温≥90℃的槽子，应有保温层。

3）有加温或冷却要求的槽子，应有温度自动控制和指示装置。

4）一般情况下，加温槽内溶液的最大温差不应大于 8℃，特殊情况应满足工艺说明书要求，如镀铬槽液的最大温差不大于 5℃。

5）有腐蚀气体和挥发性有害气体的槽子，应配备良好的抽风装置。

6）需要搅拌的槽子，应采用机械搅拌或无油压缩空气搅拌。

7）槽液的过滤，应定期进行或连续进行。具体过滤方式在工艺标准中加以规定，采用连续过滤，所配过滤机的过滤量，每小时不得小于槽子容积的 2~3 倍。定期过滤所用移动式过滤机的过滤量，一般可采用 $6m^3/h$ 左右。

8）通电的槽子，应保证有良好的电接触，同时槽体采取相应的绝缘措施，防止漏电。电镀的挂具，除导电接触部分外，应绝缘保护。

9）当槽液温度≤100℃时，宜采用蒸气加热，当槽液温度≥100℃时，宜采用电加热。当产品的工艺要求较高时，应设有温度自动控制装置。

10）采用水套加热的槽子，在外槽高于溢水口处，应开有泄压孔。

11）塑料衬里槽、塑料槽及有防腐涂层的钢槽制造完毕后，均不得在外钢体及加强筋上再施焊，以免损坏塑料及防腐层。

12）各种槽子应有足够的强度和刚度，既要节约材料又要考虑其耐久性。

13）槽液升温时间和流动热水槽换水时间分别见表 20-3 和表 20-4。

14）加热管为铅锑合金管时，露出液面部分应采取加强措施（如包玻璃钢等），或采用钛合金管、聚四氟乙烯管以及喷涂聚三氟乙烯涂料作防腐层。

表 20-3 槽液升温时间

槽液容积/L	<300	301~1000	1001~2000	2001~5000	>5000
升温时间/h	1	2	3	4	6~8
二次升温时间/h	0.5	1	1.5	2	3~4

表 20-4 流动热水槽换水时间

槽子容积/L	<300	301~1000	1001~2000	2001~5000	5001~8000	8001~10000	10001~30000	30001~50000
更换一槽水时间/h	1	2	3	4	5	6	8	10

15）采用地沟式排风时，槽侧垂直筋与槽底支承筋，应避开槽旁集气罩的出风口，两者边缘距离 $h \geqslant 120$mm。

16）电镀用直流电源整流器，纹波系数要求不大于10%；镀硬铬电源的纹波系数要求不大于5%。贵金属电镀宜采用脉冲电源。

17）电镀生产中所用电流表和电压表的精度，要求不低于1.5级。

20.7 车间区划及设备布置

1）电镀车间宜单独设置，如设在综合性大厂房中，要与其他车间用到顶墙隔开。

2）车间区划宜尽量使生产工段的外墙面积多些，以利于自然通风，跨度较大的生产工段，两侧均宜为外墙，在个别特殊情况下，无外墙的生产工段，必须有天窗并加强机械通风。

3）酸洗间宜单独设置，如规模不大，不能单设厂房时，也可附在大厂房中，但应靠外墙并与电镀车间等其他房间用到顶墙分开。

4）抛光间宜靠近镀铬组，并用到顶墙与其他房间隔开。

5）有机溶剂（如汽油，三氯乙烷等）清洗间必须靠外墙，按防爆要求应有足够泄压面积，并靠近镀前处理工序。

6）零件库、调度室宜靠近车间大门，便于零件的收发。检验室宜靠近成品库，直流电源间宜靠近用电设备的负荷中心。冷却装置宜靠近需冷却的设备。车间试验室、资料室宜靠近工艺室。

7）蒸气入口装置由于温度较高，应设置在单独房间内，如在车间内应远离工作场地。

8）电镀车间应设置浴室、厕所、更衣室等必要的生活设施，其规模由建筑专业确定。

9）车间规模较小时（60人以下），设2~3间办公室，（如车间主任室、工艺、车间办公室、质保室）车间规模较大时（60人以上），设5~6间办公室。当电镀和其他工艺（如热处理、喷漆、阳极化等）为同一车间时，工艺室面积应适当加大。

10）设备布置要考虑到操作方便，工艺路线合理，并尽量避免溶液滴落过道及零件多次往返。

11）相邻两槽如同为酸性或碱性溶液，可合用一清洗槽，但不得影响下道工序的槽液成分。对一些高浓度镀液，例如，镀铜镀镍、镀铬镀金、银等应设回收槽，还可考虑采用淋涂、喷雾及逆流漂洗设施。

12）装卸、检验等工作台的布置，不宜与镀槽靠近以改善工作台周围的劳动条件。当某些工种的工作量较大时，可单独设置零件装卸间或生产准备间。

13）镀槽与酸槽不得背靠布置，以免产生氰氢酸中毒危险。

14）脱脂槽不宜布置在工段中央，应布置在工段靠边的端角处，以保持车间清洁。

15）干燥箱、除氢箱宜布置在干燥处，不得与水槽距离太近，除氢箱前应有足够的零件冷却面积。当除氢件较多或采用除氢油槽时，也可单设除氢间。

16）在自动线的一端或两端，应留有足够的场地供装卸挂具及堆放零件用。

17）在电加热设备和需供直流或交流电的设备旁边，均应留有电气控制设备的位置。

18）一般情况下车间设备间距及通道宽度见表20-5。

表20-5 车间设备间距及通道宽度

间距及通道类别	尺寸/m
车间主要通道	2.5~3.0
双面工作的过道(一般)	1.8~2.5
双面工作的过道(小型)	1.5~2.0
单面工作的过道(一般)	1.5~2.0
单面工作的过道(小型)	1.2~1.5
非工作面两排槽的间距(风道在地面下)	0.8~1.2
非工作面两排槽的间距(风管在地面上)	1.2~1.5
非工作槽与墙的间距(风道在地面下)	0.5~0.9(净空)
非工作面槽与墙的间距(风道在地面上)	0.9~1.2(净空)
同一排槽与槽间的距离	0.1~0.2
同一排大槽(l>2m)槽与槽的间距(无风罩)	0.1~0.8
同一排大槽(l>2m)槽与槽的间距(有风罩)	0.4~1.0
抛光机相互间距	1.2~1.5
抛光机与墙的间距	0.8~1.2

注：上述通道尺寸系净空尺寸，间距尺寸系从设备外壁算起。

20.8 厂房形式、跨度及高度

（1）厂房形式　电镀厂房的形式根据车间规模、镀槽深度、地形、地质条件及投资可能，地面可设计成地坑式，以单层为好。

（2）厂房跨度　厂房跨度应根据设备大小、数量及布置上的合理性而确定。并应考虑建筑模数制和构件标准化的要求。

（3）厂房高度　厂房高度应根据工厂所在地区的气候特征、镀槽大小、起重运输设备的要求以及跨度大小等因素确定。

一般电镀车间的跨度、高度及是否采用天窗，可按表20-6所列标准选用。

表20-6 跨度、高度、天窗标准

车间或工段名称	常用跨度/m	一般高度/m	天窗
电镀车间或工段	12、15、18、24	5~8	采用
阳极化车间或工段	12、15、18、24、27、30	6~12	采用
喷漆车间或工段	12、15、18、24、27、30	4~10	根据具体情况
喷砂间	6、7、5、9、12、15	5~8	不需要
金属喷镀间	6、7、5、9、12、15、18、24	5~8	不需要
物理气相沉积	6、7、5、9、12、15、18	5~8	不需要

由于电镀车间工种较多，有时车间内还有其他表面处理工艺，如阳极氧化喷漆、金属喷涂物理气相沉积等工艺，故设计时也需一并考虑。

20.9 人员计算

1）生产工人数按车间全年总劳动量（由全厂总劳动量中按比例分配而来）及工人年时基数计算。

2）辅助工人数按生产工人数的48%～52%计算。

3）技术人员数按生产工人数的16%～18%计算。

4）行政管理人员数按生产工人数的5%～10%计算。

20.10 车间面积及人员分类

（1）车间面积分类　车间面积按表20-7所列标准分类。

表20-7　车间面积分类标准

面积类别	具体范围
生产面积	直接生产产品和进行产品性能试验过程的工作场地。包括流水线上的检验站，生产工段上分散的检验点（难以从生产面积中区分出来的），生产中装卸零件的场地；车间内部运输及工人行走的通道。例如电镀工段、阳极化工段、酸洗间、抛光间、油封间、吹砂间和准备间等
辅助面积	不直接参与产品加工过程，为生产准备和辅助生产而工作的场地。例如车间试验室、机修钳工间、电工值班室、溶液调配间、调漆间、检验室和工艺试验室等
仓库面积	各类仓库，如零件库、化学药品库、漆料库、夹具库、工具库和杂品库等
办公室面积	各类办公室，如车间主任室、工艺室、计划调度室、经营管理室、资料室等
生活间面积	各类生活用室，如厕所、浴室、更衣室和休息室等
其他面积	除上列面积外的面积，例如楼梯间、公用过道、变电站、电源间、冷却装置间、废水处理间、通风室、废气净化间、废液处理间、水泵间、蒸气入口间、换热器间和电气控制设备间等

（2）车间人员分类　车间人员按表20-8所列标准分类。

表20-8　车间人员分类标准

人员类别	具体范围
生产工人	直接参加产品生产过程的工人，包括电镀工、氧化工、抛光工、喷漆工、酸洗工、吹砂工等
辅助工人	不直接参加产品生产过程的工人，包括电工、水暖工、机修工、夹具工、木工、检验工、吊车工、搬运工、保管工、化验工和废水处理工等
技术人员	包括工艺室主任、工艺员、检验室主任、检验技术员和车间技术主任室
行政人员	包括会计、出纳、统计、资料员、办事员、考勤员、计划员和车间助理、车间主任等

20.11 动力消耗量的计算

车间动力消耗量的计算是确定动力站规模及进车间管道的管径大小的依据。由于影响较大应进行认真计算，不应额外加大或无故减小。

1）工艺专业所统计的动力消耗量均为生产设备所需量。通风、冷却、废水处理照明和生活用电等各专业本身所需的动力消耗由各专业估算。

2）车间生产用压缩空气总消耗量为各设备平均耗气量的总和。

3）各设备平均耗气量应考虑设备荷载系数及设备用气系数。

4）车间生产用总耗水量为各设备平均耗水量的总和。各设备平均耗水量应考虑设备荷载系数及设备用水系数。

5）车间生产用蒸气总消耗量为各槽保温时耗气量及其他设备平均耗气量的总和。

其他要求：

1）车间及工段大门的宽度和高度，应考虑到室内各项设备安装、维修时进出的可能，同时应考虑零件、药品等运输车辆通过的可能。

2）为了减少零件用压缩空气吹风所发出的噪声，宜采用暖风机等其他干燥方式。如必须采用压缩空气时，应单独设置压缩空气间，并采取减噪声措施。

3）压缩空气管在进入电镀车间或厂房处应设置油水分离器，或采用无水、无油层叠式气源发生器，以保证无油水杂质影响零件表面质量。过滤器应装压力表。

4）当采用硅整流晶闸管整流器供直流电时，对电流、电压的要求应尽量接近实际需要。根据整流器特性，余量不得太大，以免影响使用。

5）电解除油、镀硬铬槽应有阴阳极转换装置。

6）在电镀车间内应有移动式酸泵、过滤器或真空加酸装置，让酸直接进入酸槽内。

7）镀铬槽所需电源必须考虑冲击电流的要求，冲击电流密度约为正常电流密度的1.5~2倍，时间为0.5~2min。

8）采用抽风地沟的车间，槽底支承高度应不小于100mm，槽沿应垫齐，使操作高度为800mm左右，以便于操作，并据此确定地坑深度。槽子垫高用的材料可用花岗岩、耐酸瓷砖、玻璃钢、浸沥青的方木或软塑料板等。

9）风机安装在室内或平台上时，为控制噪声，要求风机采取减振措施，并用砖墙到顶隔开。

第21章

电镀设备

21.1 电镀挂具

1. 挂具的作用

1）支撑和固定工件。

2）与电极相连接起导电作用，使电流均匀地传到工件上。

3）弥补由于镀液性能限制造成镀层的分布不均匀。

2. 电镀过程中对挂具的要求

1）具有良好的导电性。

2）具有足够的机械强度，并坚固耐用。

3）质量轻、面积小、装卸工件方便、装载量适当。

4）手工操作使用挂具的装载质量一般不大于3kg。

5）具有良好的绝缘层。不发生挂具与工件抢电现象。挂具绝缘层出现裂纹，要及时修复或重新绝缘处理。

6）吊钩应有足够的导电面积。

7）使用一段时间后的挂具，要及时处理，退除挂具上的镀层，以保证导电良好。

21.1.1 挂具的组成部分

电镀挂具的结构和形状通常取决于工件的几何形状、镀层的质量要求、电镀工艺方法、电镀设备大小等因素。挂具一般都是由吊钩、提杆、主杆、支杆和挂钩五个部分组成，见表21-1。这五部分可以焊接成固定形式，也可以将挂钩和支杆分开做成可调装配式。吊钩式挂具如图21-1所示。

表21-1 挂具的组成

组成	位置及作用
吊钩	吊钩的作用是使挂具悬挂在极杆上。挂钩和极杆之间应有较大的接触面，以保证挂具与极杆接触良好，从而使其导电性良好。由于吊钩要承受挂具和镀件的全部重量，故要求有足够的机械强度，并要装卸方便。吊钩与主杆通常用相同材料制作，两者可做成一体，也可分开，或通过钎焊连接，例如用钢铁材料制作的挂具，吊钩一般使用铜、黄铜，挂具与吊钩通过钎焊连接
提杆	提杆位于主杆的上部并和主杆垂直，其截面也与主杆相同。当挂具悬挂于镀槽时，提杆的位置应高于液面50mm左右，而且凡是使用提杆的挂具一般都是装挂较重的镀件，故应有承担整个挂具与镀件重量的机械强度

（续）

组成	位置及作用
主杆	主杆要支撑整个挂具和所挂镀件的重量，并要把电流传递到各支杆和镀件上去。主杆的材料一般采用 $\phi6\sim8$mm 的黄铜棒。但如在自动线上使用，或在电镀中使用空气搅拌时，主杆应粗大些
支杆	支杆承受镀件的重量，一般采用 $\phi4\sim6$mm 的黄铜棒或钢材制作
挂钩	挂钩用于悬挂或夹紧镀件。它既保证电镀过程中镀件不脱落，又保证镀件与挂具接触良好。挂钩的材料一般用钢丝或磷青铜丝。挂钩在挂具上分布的密度要适当。一般应使所挂镀件的绝大部分表面或主要表面朝向阳极，并要避免镀件之间的重叠或遮挡。中小型平板镀件之间间隔 15~30mm，杯状镀件间隔为直径的 1.5 倍

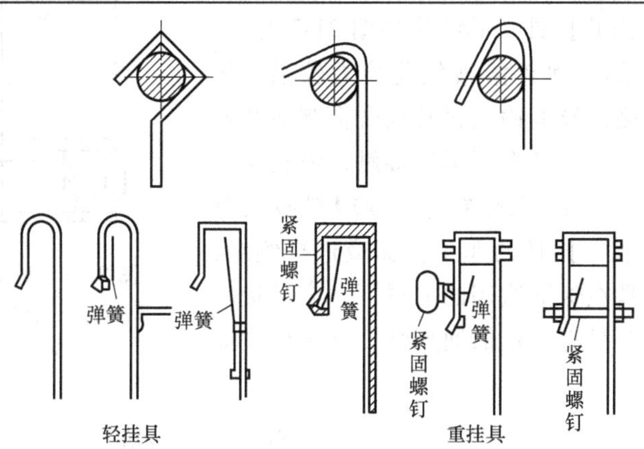

图 21-1　吊钩式挂具

21.1.2　通用挂具的形式

通用挂具一般是指应用范围比较广、可以用于多种电解液体系中、并且对工件大小没有明确限制的挂具。通用的挂具有吊篮、吊筐、弹簧及带钩的夹具，挂钩式挂具如图 21-2 所示。

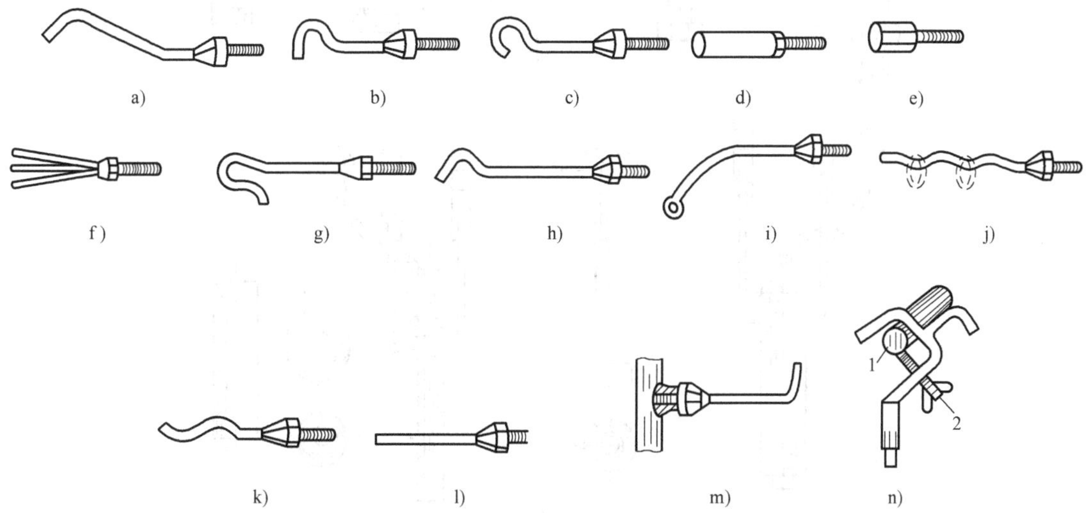

图 21-2　挂钩式挂具

a)~l) 挂具上的挂钩　m) 挂具与挂钩的紧固方法　n) 挂具卡头与极棒的紧固方法

1—阳极棒　2—翼形螺母

21.1.3 电镀专用挂具

对于几何形状比较复杂的工件，需要电镀的部位可能受到镀液扩散、覆盖不均匀的影响，为了保证电镀镀层的质量，通常采用比较复杂的挂装方式。常用的专用挂具有双极性法镀内孔挂具、镀铬专用挂具、辅助阳极及仿形阳极电镀挂具、保护阴极挂具等。

（1）双极性法镀内孔挂具　其结构如图21-3所示。

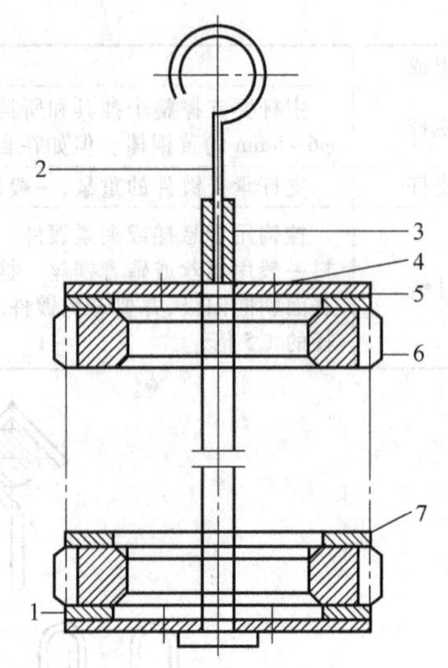

图21-3　双极性法镀内孔挂具

1—下托盘　2—挂钩　3—上有挂钩的不锈钢轴　4—小孔　5—上盖　6—工件　7—垫片

（2）镀铬专用挂具　镀铬溶液氧化能力较强，挂具结构以焊接形式连接，导电钩用铜及铜合金制造并弯成直角形。挂具与工件应尽量采用螺纹接触，内孔镀铬挂具阴阳极必须隔电，可利用绝缘块（硬塑料板或有机玻璃）代替保护阴极。挂具的非工作面应进行绝缘，减少电流的消耗。挂具在保证适用的前提下，应尽量轻便、简单、装卸方便并具有一定的通用性，常用形式如图21-4所示。

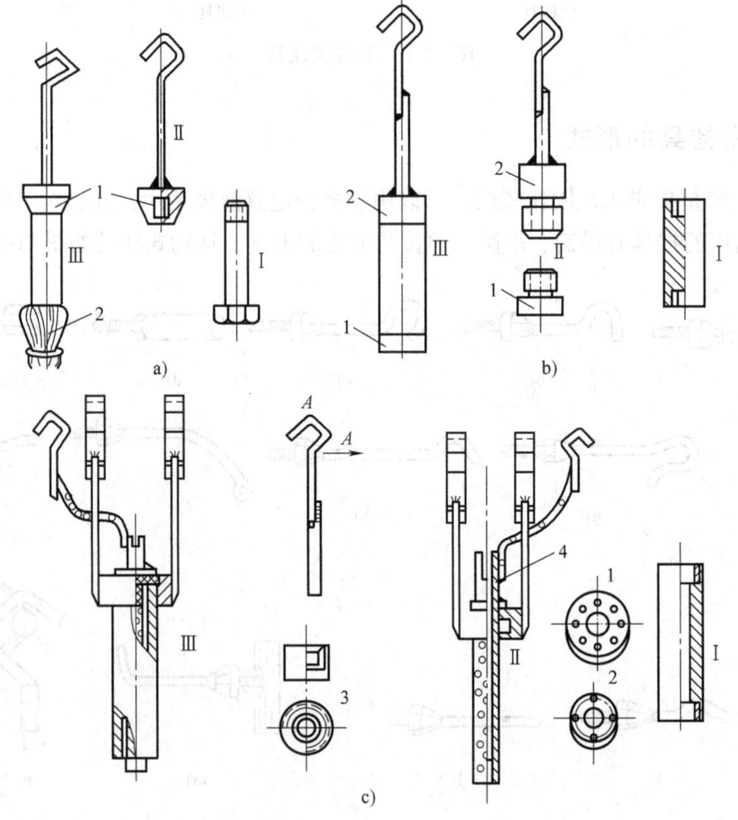

图21-4　镀铬挂具的形式

a）用于螺栓类镀铬的挂具　b）用于两端有内螺纹工件镀铬的挂具　c）大型工件内孔镀铬挂具

1、4—工件　2—聚氯乙烯胶布绝缘　3—下保护阴极　Ⅰ—工件　Ⅱ—挂具　Ⅲ—装挂状态

（3）辅助阳极及仿形阳极电镀挂具　用于保证复杂工件、深镀件镀层的质量。

（4）保护阴极挂具　此种挂具可以有效地避免有棱角、棱边、尖顶的工件的镀层产生烧焦、粗糙和脱落等缺陷。

21.1.4　挂钩式挂具

根据挂钩与镀件连接方式的不同，挂钩可分为悬挂式挂钩和夹紧式挂钩两种类型，如图21-5所示。

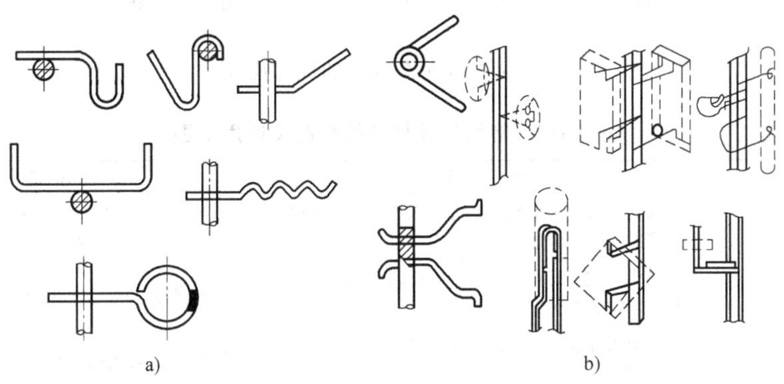

图21-5　挂钩式挂具

a）悬挂式　b）夹紧式

1）悬挂式挂钩挂在镀件的孔内或某适当部位靠重力连接，使得镀件既能活动又不至于脱落，抖动或搅拌时还能改变其接触点。电镀时使用的电流密度较低时，具有装卸方便、挂具印迹不明显等优点。

2）夹紧式挂钩利用挂钩的弹性夹住镀件的某一部位，依靠其接触压力使导电良好的电镀所用的电流密度也较大。

常用的挂钩形式如图21-6所示，挂钩必须保证工件电镀时产生的气体能顺利排出，且挂具出槽时应避免带出镀液。对于凹形或不通孔的镀件，其口部应稍向上倾斜。细长的镀件应采用纵斜挂法，并缩短下部长度。几种悬挂钩的优劣比较如图21-7所示。

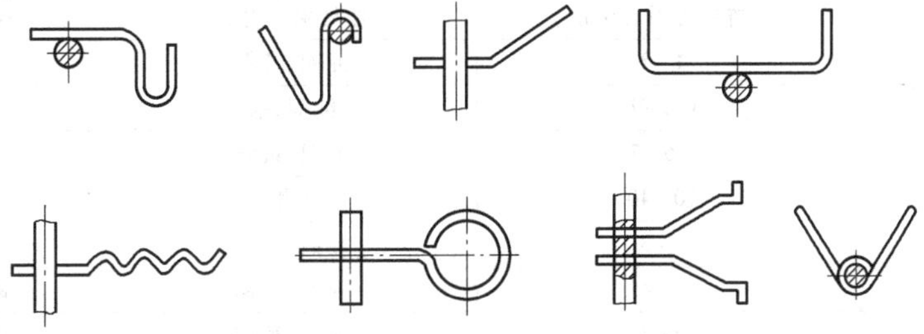

图21-6　常用的挂钩形式

21.1.5　常用的挂具材料

挂具应选择导电性良好、有足够的机械强度、不易腐蚀的材料。常用的有钢、不锈钢、铜、钛、黄铜、磷青铜、铝及铝合金等。常用挂具材料的性能及适用范围见表21-2。

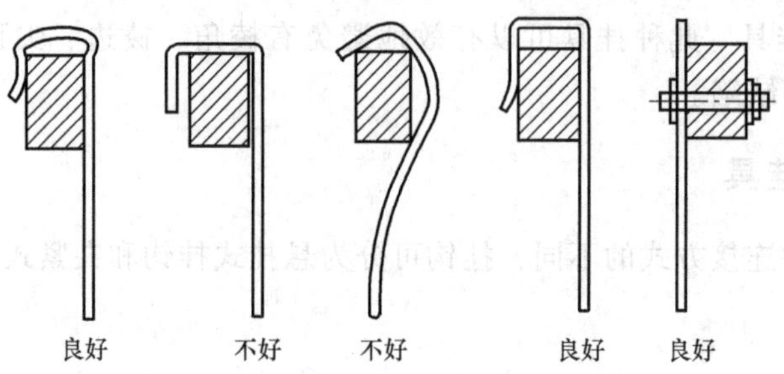

图 21-7　几种悬挂钩的优劣比较

表 21-2　常用挂具材料的性能及适用范围

材料名称	性　能	适 用 范 围
钢	资源丰富,成本较低,机械强度高;但导电性能差,容易腐蚀	电流密度小的电镀工艺、钢件磷化、氧化、酸洗等。电镀用钢挂具要用铜或黄铜吊钩
铜	导电性能好,可选择较小截面积;较易变形,成本较高	要求通过较大电流的部位使用,如吊钩等
黄铜	导电性能好,机械强度高,具有一定弹性,成本较高	作为一般电镀的主杆和支杆或吊钩
磷青铜	导电性能好,机械强度高,弹性好;但资源较缺,成本较高	用于一般挂具,作为挂具的挂钩
铝及铝合金	导电性能好,重量轻,铝合金具有弹性,资源丰富;对酸碱的化学稳定性不好	作为铝件阳极氧化挂具材料,铜件混合酸洗挂具、吊框等
钛	耐酸、耐碱,抗蚀性能好,用于铝氧化时接点不会产生绝缘层;但成本高	用于铝氧化挂具接点部位和某些特殊场合
不锈钢	耐蚀性好,镀层易于退除,有时可不绝缘;但导电性差	用于印刷电路板电镀,化学镀的筐篮等,不锈钢可用作接点材料

21.1.6　不同电镀溶液对挂具的要求

不同电镀溶液对挂具的要求见表 21-3。

表 21-3　不同电镀溶液对挂具的要求

电镀溶液种类	电流密度/(A/dm²)	挂具主杆材料	挂具支杆材料
酸性镀铜	1~8	纯铜、黄铜	黄铜、磷青铜
氰化镀铜	0.5~7	纯铜、铁	铜丝、黄铜
镀镍	0.5~7	纯铜、黄铜	铜丝、黄铜
镀铬	10~40	纯铜	纯铜
镀锡	1~3	纯铜、黄铜	磷青铜、黄铜
镀镉	1.5~5	纯铜、黄铜	磷青铜、黄铜
酸性镀锌	2~3	纯铜、黄铜	磷青铜、黄铜
镀黄铜	0.3~0.5	铁、黄铜	磷青铜、黄铜
镀金	0.1~2	黄铜	不锈钢、黄铜
镀银	0.5~2	黄铜	不锈钢、黄铜
氟硼酸镀液	1~3	铜	纯铜、黄铜
阳极氧化	0.8~2	铝	铝
碱性镀锌	2~5	纯铜、黄铜	磷青铜、黄铜

21.1.7 挂具的绝缘处理

为了减少电镀过程的电流在挂具上分布，使电流集中在工件上，增大工件电流密度，电镀时经常对挂具进行绝缘处理。绝缘处理是指除了需要和工件接触有导电要求的部位外，其他部位都用非金属材料包扎或涂覆，使其成为非导体。挂具经过绝缘处理后，在进行退镀和酸洗时可减少挂具的腐蚀，延长挂具寿命。

1. 挂具的绝缘处理方法

(1) 涂封法　涂封法也叫浸渍法，是指在绝缘漆容器中，将除去油脂和氧化膜的挂具浸入绝缘漆，使挂具金属的各个部位都涂上，然后将其从绝缘漆容器中取出，挂在空气中或烘箱中干燥。干燥以后再浸入绝缘漆容器中涂第二层漆，这样反复涂3~10层，使绝缘漆有足够的厚度，防止电镀时漏镀。常用的绝缘材料是聚乙烯防腐清漆。

(2) 包扎法　采用宽度为10~20mm、厚度为0.3~1.0mm的聚氯乙烯塑料膜带，在挂具需要绝缘的部位自下而上地进行包扎。包扎时将绝缘带拉紧并缓慢地转动挂具，缠扎第二层时压住第一层的接缝，最后用金属丝扎紧。挂钩也可用尺寸合适的聚氯乙烯塑料管套上，只留出需要和工件接触的部位。

(3) 沸腾硫化法　先将挂具表面脱脂、除锈刷洗干净，加热到250℃后立即放入硫化桶内，利用挂具的余热，使聚乙烯塑料粉在其表面黏附，随后在220~250℃下进行塑化处理，形成一层薄膜。若一次硫化后塑料薄膜厚度不够，可将挂具放回烘箱内，在加热到250℃后，重新进行硫化处理。若硫化后挂具余热不能使黏附的塑料塑化，可以在烘箱中保留片刻，再取出冷却。

2. 挂具的绝缘处理材料

绝缘处理所用的材料，要求具有化学稳定性、耐热性、耐水性、绝缘性，机械强度和结合较高、涂层可去除。常用的绝缘材料有过氯乙烯、聚乙烯、聚氯乙烯清漆等。

1) 过氯乙烯漆耐酸性、耐碱性很好，但耐热性能差，只适用于温度为80℃以下的电镀。

2) 聚氯乙烯涂层耐酸性、耐碱性、耐热性、耐磨性好，特别适用于温度较高或易受碰撞的场合。

3) 火焰喷涂聚乙烯或沸腾硫化法塑化聚乙烯，涂层性能比前两种更好，但操作复杂，且需专用设备。

4) 氯丁胶涂层既具有聚氯乙烯涂层的耐酸性、耐碱性，又不易起皮和脱落。涂后可以自然晾干，也可加温干燥，应用最广泛。

21.1.8 电镀挂具结构设计要点和常用尺寸

1. 结构设计要点

(1) 支挂钩分布要合理　支挂钩的合理分布有利于镀件之间边缘的适当屏蔽，以防该部位因电流过于集中而被镀焦，并达到使镀层均匀和有效利用空间、提高生产效率的目的。

(2) 确保阴极杆的机械强度　正确计算好挂镀件的质量及表面积，即可确定挂具主、支杆的截面积，保证能承受挂件的质量及需通过的电流强度，保证其在使用过程中不变形。

(3) 正确选择镀件悬挂位置　悬挂位置与镀层质量有着十分密切的关系，设计时应注意以下几点：

1) 镀件的尖端凸出部位不能朝向阳极。

2) 利用孔眼法既有利于悬挂牢固，又可避免装挂处出现接触印痕。

3) 避免镀件的凹入部位形成窝气。

4) 镀后还需抛光部位要朝向阳极，有利于增加镀层厚度，留下被抛层。

(4) 正确选用材料　在选用材料时要注意电性能和强度较好，并且要适应电镀的工艺方法。

2. 挂具的常用尺寸

挂具的结构和外形尺寸应保证有足够的导电截面，使挂具与镀件接触良好，导电良好，满足工艺要求，保证镀层厚度的均匀性，并使装卸工件时操作方便，生产率高。

设计挂具时应根据镀件的形状、大小和设备容量来确定挂具的外形尺寸。设计挂具外形的参考数据见表 21-4。

表 21-4　设计挂具外形的参考数据

参考条件	参考数据/mm	参考条件	参考数据/mm
挂具底部离槽底	150~200	挂具和挂具间距离	20~40
溶液面距离槽口部	100~150	挂具两侧零件与阳极距离	>50
溶液面距电镀零件	40~60	挂具装载质量	1~3kg

21.1.9　挂具制作及使用注意事项

挂具的制作工艺流程一般为拉直、下料、去毛刺、折弯、拍扁、脱脂、除锈、捆绑定型、焊接、镀前处理、镀镍。

1. 挂具制作时注意事项

1) 焊接可根据支挂钩直径，采取气焊或锡焊。采用锡焊时要选用功率稍大的烙铁，以防发生虚焊，否则既影响主、支杆之间的结合强度，又会在虚焊处留下缝隙，缝隙中渗入镀液后较难清洗掉，镀液也会因此而遭到污染。

2) 避免折变角度过小而使挂具在使用时易被折断，以有一定弧度为妥。

3) 挂具制作成形后，非接触部位需绝缘处理。

4) 挂具绝缘处理之前必须洗刷干净，提高绝缘胶与基底的结合强度。非绝缘部位绝缘时要妥善保护，防止非绝缘部位粘上绝缘物而影响使用。

2. 使用挂具时注意事项

(1) 用前清洗　清洗可以去掉挂具的污物，增强镀层的结合强度。

(2) 用前退除某些镀层　某些镀层（如锌镀层等）在前处理过程中会溶解，使用前需先经退除，否则会污染前处理液。

(3) 专具专用　为了防止挂具的绝缘漆翘起处、砂眼处、焊缝处等滞留的镀液由一个镀槽带入另一个镀槽，导致交叉污染，所有挂具必须专具专用。

3. 绿勾胶的使用

1) 浸涂前将金属挂具清除表面毛刺棱角和氧化皮，进行酸洗。

2) 用毛笔涂上绿勾胶后放入烘箱内加热至 200~220℃，保温 5min。

3）趁热将挂具快速浸入绿勾胶桶内 1~3min，再将挂具下沉 10mm 左右取出冷却滴干，然后放入烘箱加温至 170~180℃，恒温烘烤 25~30min，固化成膜外表光滑，冷却后即可使用。

4）不锈钢丝直径在 0.5~1.5mm 之间的挂钩必须先将钢丝部分放入绿勾胶中浸镀 1~3min，取出滴干，再放入温度为 170~180℃ 的烘箱内烘干 5~10min，重复 1~2 次。然后把整个挂具放入绿勾胶中浸镀 1~3min，再取出滴干，放入温度为 170~180℃ 的烘箱内烘干 25~30min，冷却后即可使用。

21.2 电镀槽

21.2.1 常用镀槽的典型结构

镀槽的主要工件包括槽体、衬里、加热装置、冷却装置、导电装置和搅拌装置等。镀槽是电镀车间储存镀液的容器，不同的电镀方式及电镀或化学转化基本都是在电镀槽中进行的。槽子尺寸的确定直接影响到车间的生产能力及技术经济指标，其长、宽、高均需能容纳下最大的镀件并适当留有余地。

常用镀槽的典型结构见表 21-5。

表 21-5 常用镀槽的典型结构

槽子名称	温度/℃	溶液	加热	冷却	风罩	排水口	溢水口	搅拌	导电杆	阴极移动	备注
冷却槽	—	—	-	-	-	+	+	±	-	-	可在槽口设喷淋管
冷去离子水槽	—	—	-	-	-	+	+	±	-	-	可在槽口设喷淋管
热水槽	50~70	—	+	-	-	+	+	±	-	-	可在槽口设喷淋管
热去离子水槽	50~70	—	+	-	-	+	+	±	-	-	可在槽口设喷淋管
化学脱脂槽	70~90	碱	+	-	+	-	-	±	-	-	—
电解脱脂槽	70~90	碱	+	-	+	-	-	±	+	-	—
碱液腐蚀槽	50	碱	+	-	+	-	-	±	-	-	—
常温酸洗槽	—	酸	-	-	+	-	-	±	-	-	—
加温酸洗槽	50~60	酸	+	-	+	-	-	±	-	-	—
常温碱性镀槽	—	碱	-	-	+	-	-	±	+	±	—
加温碱性镀槽	40~70	碱	+	-	+	-	-	±	+	±	—
常温酸性镀槽	—	酸	-	-	+	-	-	±	+	±	有些槽设连续过滤
加温酸性镀槽	40~60	酸	+	-	+	-	-	±	+	±	有些槽设连续过滤
硫酸阳极化槽	13~23	酸	-	+	+	-	-	+	+	-	可槽外冷却
铬酸阳极化槽	40	酸	+	-	+	-	-	+	+	-	—
硬阳极化槽	-2~-5	酸	-	+	+	-	-	+	+	-	可槽外冷却
草酸阳极化槽	17~25	酸	-	+	+	-	-	+	+	-	—
磷化槽	60~90	酸	+	-	+	-	-	-	-	-	大槽可设沉淀过滤装置
氧化槽	135~145	碱	+	-	+	-	-	-	-	-	—
油封槽	—	油	-	-	-	+	-	-	-	-	—
肥皂液槽	90	碱	+	-	-	-	-	-	-	-	—
弱腐蚀槽	—	酸	-	-	-	-	-	-	-	-	—
钝化槽	—	酸	-	-	-	-	-	-	-	-	—
封闭槽	99	重铬酸盐	+	-	+	-	-	±	-	-	—
开水封闭槽	100	水	+	-	+	-	-	-	-	-	—
化学镀镍槽	90~95	酸	+	-	+	-	-	-	-	-	可水套加热
镀铬槽	50~60	酸	+	-	+	±	±	-	+	-	可水套加热

注：“+”表示有此装置，“-”表示无此装置，“±”表示根据需要选择有或无此装置。

21.2.2 镀槽规格

镀槽常用的规格见表 21-6。

表 21-6 镀槽常用的规格

槽子内部尺寸（长×宽×深）/mm	槽子内部尺寸（长×宽×深）/mm	槽子内部尺寸（长×宽×深）/mm	槽子内部尺寸（长×宽×深）/mm
400×300×400	1500×500×1000	2500×500×1000	3000×800×1000
500×400×500	1500×700×1000	2500×600×1000	3000×1000×1000
600×500×800	1500×800×1000	2500×800×1000	3000×500×1200
800×600×800	2000×500×800	2500×1000×1000	3000×600×1200
1000×600×800	2000×600×800	2500×500×1200	3000×800×1200
1000×700×800	2000×800×800	2500×600×1200	3000×1000×1200
1000×800×800	2000×500×1000	2500×800×1200	4000×500×1000
1000×600×1000	2000×600×1000	2500×1000×1200	4000×600×1000
1000×700×1000	2000×800×1000	2500×500×1500	4000×800×1000
1000×800×1000	2000×1000×1000	2500×600×1500	4000×500×1500
1200×600×800	2000×500×1200	2500×800×1500	4000×600×1500
1200×800×800	2000×600×1200	2500×1000×1500	4000×800×1500
1200×600×1000	2000×800×1200	3000×500×800	4000×1000×1500
1200×800×1000	2000×1000×1200	3000×600×800	5000×800×1500
1500×500×800	2500×500×800	3000×800×800	5000×1000×1500
1500×700×800	2500×600×800	3000×500×1000	5000×800×2000
1500×800×800	2500×800×800	3000×600×1000	5000×1000×2000

21.2.3 槽体尺寸

选用槽体尺寸时，主要考虑槽内工件吊挂情况、槽内处理工件之间、工件与槽壁等的距离。

1）工件挂具之间的空隙为 30~100mm。

2）挂具与槽端部应保持 100~200mm 的间隙。

3）挂具和两侧电极间保持 100~250mm 的间隙。

4）电极与槽壁保留 50mm 的间隙。

5）挂具下部与槽底应有 100~200mm 的距离。

6）挂具最上部工件顶部距液面距离为 50~100mm。

7）液面至槽边沿为 80~150mm 的距离。

21.2.4 镀槽材料

制作槽子可用钢板、钛板、硬聚氯乙烯板、聚丙烯板、有机玻璃板等材料。用钢板焊制槽体的内部必须衬以各种防腐蚀材料，称为镀槽衬里。衬里材料有铅、铁、不锈耐酸钢、硬聚氯乙烯、聚丙烯、软聚氯乙烯、橡胶、聚苯乙烯、聚乙烯、有机玻璃、玻璃钢等。常用镀槽的典型材料见表 21-7。

表 21-7 常用镀槽的典型材料

槽子名称	温度/℃	槽身或槽衬材料											加温或冷却管材料					
		碳钢	不锈钢	玻璃钢	钛	化工陶瓷	化工搪瓷	聚丙烯	铅	橡胶	硬聚氯乙烯板	铜衬软聚氯乙烯	碳钢	不锈钢	钛	铅锑合金	聚四氟乙烯	石英玻璃
冷水槽	—	+	-	+	-	+	-	+	-	-	+	+	-	-	-	-	-	-
冷去离子水槽	—	-	+	+	-	+	-	+	-	-	+	+	-	-	-	-	-	-
热水槽	50~70	+	+	-	-	+	-	+	-	-	-	-	+	+	-	-	+	+
热去离子水槽	50~70	-	+	-	-	+	+	+	-	-	-	-	-	+	-	-	+	+
化学脱脂槽	70~90	+	+	-	-	+	-	-	-	-	-	-	+	+	-	-	+	+
电解脱脂槽	70~90	+	+	-	-	+	-	-	-	-	-	-	+	+	-	-	+	-
碱液腐蚀槽	50	+	-	-	-	+	-	+	-	-	-	+	-	-	-	-	-	-
常温酸洗槽	—	-	+	+	-	+	+	+	+	+	+	+	-	-	-	-	-	-
加温酸洗槽	50~60	-	+	-	+	+	+	+	+	-	-	-	-	+	+	+	+	+
常温碱性镀槽	—	+	+	-	-	+	-	+	-	-	+	+	-	-	-	-	-	-
加温碱性镀槽	40~70	+	+	-	-	+	-	+	-	-	-	-	+	+	-	-	+	+
常温酸性镀槽	—	-	-	+	-	+	-	+	-	+	+	+	-	-	-	-	-	-
加温酸性镀槽	40~60	-	+	-	+	+	+	-	+	-	-	-	-	+	+	+	+	+
硫酸阳极化槽	13~23	-	-	-	-	+	-	+	+	-	-	+	-	+	-	+	-	-
铬酸阳极化槽	40	-	-	-	+	+	-	+	+	-	-	+	-	-	+	+	+	-
硬阳极化槽	-2~-5	-	-	-	-	+	-	+	+	-	-	+	-	+	-	+	-	-
草酸阳极化槽	17~25	-	-	-	-	+	-	+	-	-	-	+	-	+	-	+	-	-
磷化槽	60~90	-	+	-	-	-	-	-	-	-	-	-	-	+	-	-	+	+
氧化槽	135~145	+	-	-	-	-	-	-	-	-	-	-	+	-	-	-	-	-
油封槽	—	+	-	-	-	-	-	-	-	-	+	-	-	-	-	-	-	-
肥皂液槽	90	+	-	-	-	-	-	-	-	-	-	-	+	-	-	-	-	-
弱腐蚀槽	—	-	-	+	-	+	-	+	+	+	+	+	-	-	-	-	-	-
钝化槽	—	-	-	+	-	+	-	+	+	+	+	+	-	-	-	-	-	-
封闭槽	99	-	+	-	-	-	-	-	-	-	-	-	-	+	+	-	+	+
开水封闭槽	100	-	+	-	-	-	-	-	-	-	-	-	-	+	+	-	+	+
化学镀镍槽	90~95	-	-	-	-	-	+	-	-	-	-	-	-	-	-	-	+	-
镀铬槽	50~60	-	-	-	+	-	-	-	+	-	+	-	-	-	+	+	+	+

注:“+”表示可以选用,“-”表示不可以选用。

21.2.5 常用的镀槽

1. 冷水清洗槽

工件经碱性脱脂液或黏度较大溶液处理后,要在冷水清洗槽中进行清洗,冷水清洗槽的常见结构形式如图 21-8 所示。一般冷水清洗槽设有排水孔及溢水口,便于换水与排除水面污物,进水管通常是插入槽底,洁净水从槽底进入,脏水和漂浮物从液面排出。冷水清洗槽通常是由硬聚氯乙烯塑料槽制成。

清洗带剧毒溶液工件的冷水清洗槽用钢槽衬软聚氯乙烯塑料,此时可用虹吸法排水。为了便于清洗工件出槽时再经过一次清水淋涂清洗,宜用冷水清洗,如图 21-9 所示。其特点是工件与水流方向相反,在两级清洗槽中清洗,最后一道在新鲜清水中清洗。

2. 热水清洗槽

热水清洗槽由槽体及蒸气加热管组成,如图 21-10 所示。由于热水槽容易沉积水垢,一般应适当加大排水管、溢水管的管径。加热管布置在槽体的内侧。

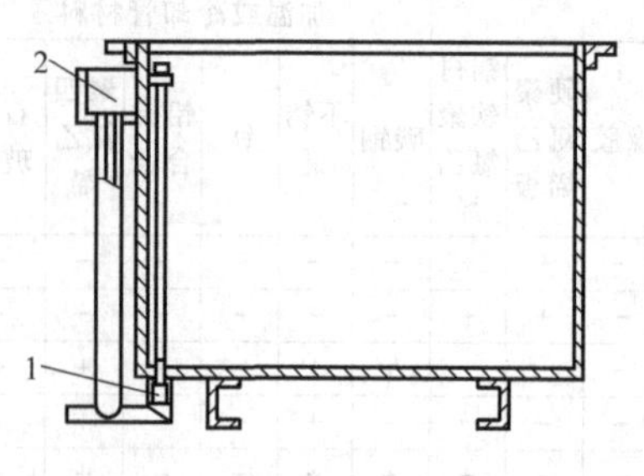

图 21-8　冷水清洗槽

1—排水口　2—溢流口

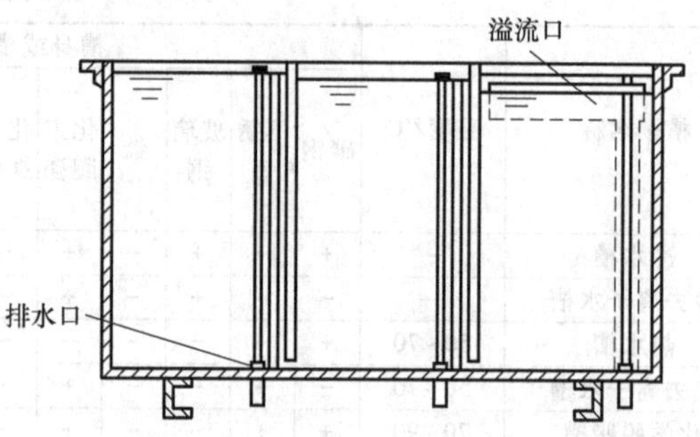

图 21-9　液面差自然排水的多联清洗槽

3. 化学及电化学脱脂槽

化学脱脂槽由钢槽体、蒸汽加热管组成。化学脱脂槽的工作温度一般为 70～80℃，需要加热装置。因为易产生有害气体，需有吸风罩。如有悬浮泡沫，可设溢流室，用循环泵脱脂。对较大的化学脱脂槽，底部宜设压缩空气搅拌管搅拌溶液，以提高溶液浓度和温度的均匀性。

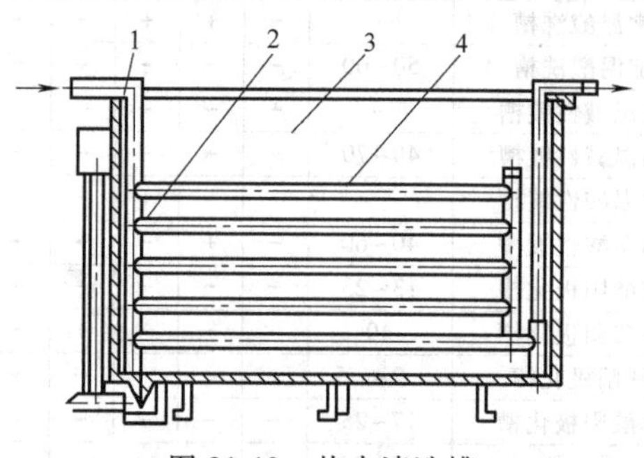

图 21-10　热水清洗槽

1—长溢流口　2—排水塞　3—槽体　4—加热管

电化学脱脂槽如图 21-11 所示。工作温度为 60～90℃。槽体材料常用碳钢板焊制，它既能与碱性溶液反应在表面生成一层耐腐蚀的钝化膜又能耐高温，加热系统也可采用普通碳钢板或管制造。为了确保绝缘，可在化学脱脂槽内衬软聚氯乙烯塑料。

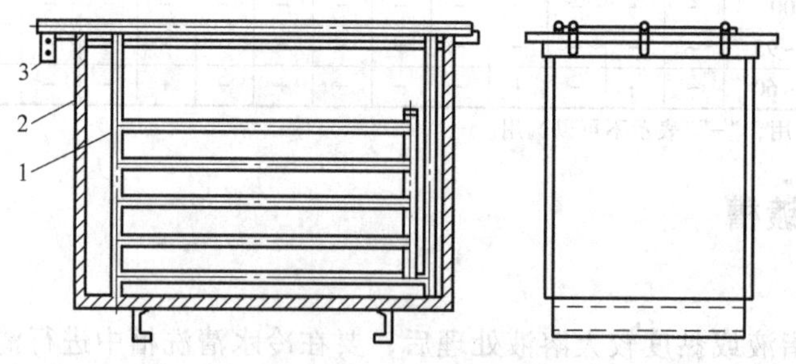

图 21-11　电化学脱脂槽

1—加热管　2—槽体　3—导电装置

4. 三氯乙烯清洗设备

当三氯乙烯被加热到沸点后，产生三氯乙烯蒸气，可以形成一定厚度的蒸气层。在三氯乙烯蒸气层中，蒸气遇到冷的工件即在其表面上凝结成液体，起溶解和冲洗油污的作用。

三氯乙烯清洗设备由浸洗槽、蒸洗槽、静置槽、加热器、冷却管、槽盖及抽风系统等组成，有的还设有储液罐，如图 21-12 所示。

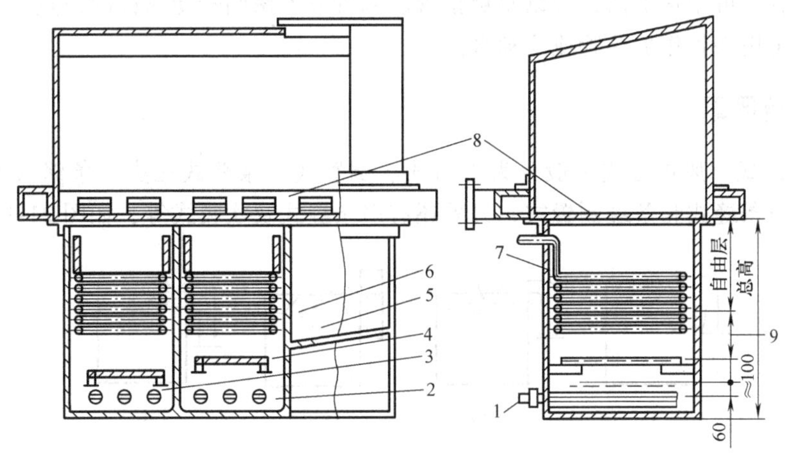

图 21-12 三氯乙烯清洗设备

1—加热器 2—蒸洗槽 3—浸洗槽 4—托板 5—静置槽 6—回收槽 7—冷却管 8—抽风罩槽盖 9—蒸气层

三氯乙烯清洗设备的技术特性见表 21-8。

表 21-8 三氯乙烯清洗设备的技术特性

项 目	技术特性
槽子尺寸/mm	360×320×800
浸洗槽加热器总功率/kW	6
蒸洗槽加热器总功率/kW	8
冷却盘管直径/mm	ϕ10(纯铜管共7圈)
温度控制/℃	≤100
自由层高度	≥60%槽宽

5. 常温酸浸蚀槽

常温酸浸蚀槽仅有一个槽体，容积500L以下的槽体通常是用硬聚氯乙烯塑料板热加工成形，500L以上的槽体则用钢槽衬聚氯乙烯塑料或聚乙烯塑料制成，温度超过60℃时用铅锑合金板衬里。常温酸浸蚀槽结构如图21-13所示。槽体的内外应涂耐腐蚀涂料（如环氧树脂）来防止酸性溶液的腐蚀。

6. 铵盐镀锌槽

对于铵盐镀锌槽，由于氯化铵对钢铁设备腐蚀严重，镀槽一般用硬聚氯乙烯塑料或钢槽衬软聚氯乙烯塑料（钢槽或钢壳本身应里外涂耐腐蚀涂料，最好是涂环氧涂料）制造。氯化铵对铜腐蚀作用后会产生铜绿，影响导电，因此导电杆最好是镀一层锡。

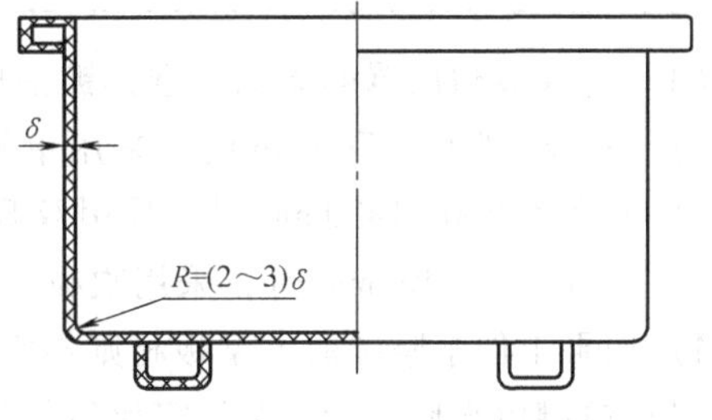

图 21-13 常温酸浸蚀槽结构

（1）升温 在不采暖地区铵盐镀锌溶液的升温可用槽侧壁蛇形管加热，也可用水套加热。

（2）降温 降温可以采用以下两种方式：

1）槽外换热器冷却。

2）冷却管降温，在槽内侧壁设置冷却管通入自来水或冷冻水，使溶液降温，冷却管通常也兼作加热管。可用化工搪瓷管以避免钢管、铜管或不锈钢管受腐蚀的缺点，钢管贴缠环氧玻璃钢，也可用铁管作加热管或冷却管。

21.2.6 镀槽风罩

（1）风罩形式　风罩形式一般分为平口式、倒置式和条缝式三类。条缝式又分下平口条缝式、上平口条缝式和条缝倒置式，另外还有多条缝式及吹吸式等，如图 21-14 所示。

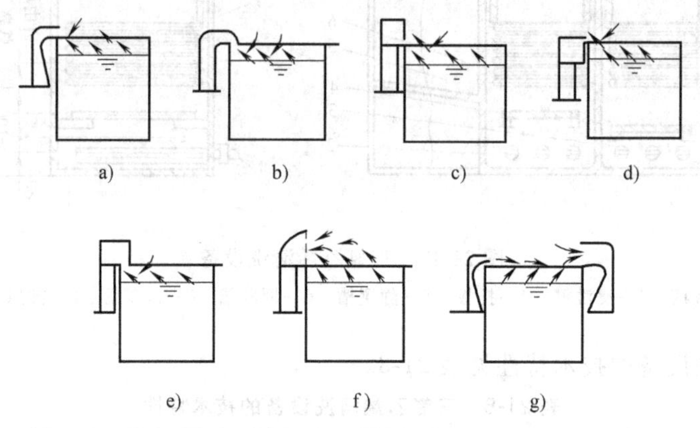

图 21-14　风罩的形式

a）平口式　b）倒置式　c）下平口条缝式　d）上平口条缝式　e）条缝倒置式　f）多条缝式　g）吹吸式

（2）各类风罩优缺点　各类型风罩优缺点比较见表 21-9。

表 21-9　各类型风罩优缺点比较

风罩类型	优　缺　点
倒置式	所需风量小，减少了槽子有效宽度及深度，操作时零件出槽易碰坏风罩边
平口式	所需风量较大，不减少槽子有效宽度及深度，操作方便
条缝倒置式	所需风量较平口式小，对槽子有效尺寸的影响小于倒置式，大于平口式，操作方便
下平口条缝式	所需风量较平口较小，不影响槽子有效尺寸，手工操作不便，适用于机械化操作的槽子
上平口条缝式	所需风量较平口式小，不影响槽子有效尺寸，手工操作方便
多条缝式	所需风量较平口式小，不影响槽子有效尺寸，适用于出槽时带出大量气体的酸洗槽单侧抽风，手工操作方便
吹吸式	需抽风及吹风两个系统，能量消耗较大，仅适用于槽宽>1400mm，即其他风罩抽风效果不佳的大槽，适用于机械化操作

（3）选择镀槽风罩的原则　选择镀槽风罩的原则如下：

1）一般槽宽小于 700mm 时，采用单侧抽风。

2）槽宽为 700~1400mm 时，采用双侧抽风。

3）槽宽大于 1400mm 时，采用吹吸式或槽上加活动盖板。

4）如果工件系竖挂的大型板材则不宜用吹吸式，因为进出槽时气流易被板材阻挡。

（4）镀槽由平底改为“V”字形后的优点　主要包括：

1）镀液中沉淀的污物易沉至底部，减少槽底污物泛起，有利于保证镀层质量。

2）过滤镀液时只要将抽液管伸至凹入深处即能将镀液抽净，减少了镀液的浪费和对环境的污染。

3）镀件掉入槽内后极容易从槽底的深处捞出来，避免了镀件长时间腐蚀而使镀液遭到污染。

第22章 镀层性能的检测

22.1 镀层检测基础知识

22.1.1 镀层性能的检测种类

镀层性能检测包括外观装饰性能检测、镀层表面物理性能检测、耐蚀性检测。

(1) 外观装饰性能检测 包括镀层表面的光亮度、平整度等性能的检测。

(2) 镀层表面物理性能检测 包括结合力试验、厚度检测、孔隙率测定、显微硬度测试、镀层内应力测试、镀层脆性测试、氢脆性测试及一些特殊要求的功能性测试，比如焊接性、导电性、绝缘性（氧化膜）等。

(3) 耐蚀性检测 包括各种耐蚀性的检测，比如各种盐雾试验、腐蚀膏试验、腐蚀气体试验、室外暴露试验、环境试验等。

镀层性能检测项目见表22-1。

表22-1 镀层性能检测项目

适用镀层类别	试验类别	试验项目
外观装饰性能检测:适合于所有镀种的最终镀层	外观	目测
		仪器检测表面粗糙度
	镀层的分布	表面光亮度
		不同部位的镀层厚度
耐蚀性检测:适合于所有组合和单一镀层	耐蚀性	中性盐雾试验
	镀层的孔隙率	加速盐雾试验
		各种约定的耐蚀性试验
		孔隙率的测定等
镀层表面物理性能检测:原则上只适合于单一镀层,或指定打底镀层的表面镀层,也可以是约定的镀层	镀层脆性	定性脆性测试(弯折法、锉刀法等)
	表面硬度	表面硬度计、显微硬度计
	延展性	杯突法等
	焊接性	流锡面积法等
	导电性	表面电阻等

22.1.2 破坏性试验和非破坏性试验

破坏性试验是指试验过程中试样会受到破坏（如试验中试样被切割、被溶解，或镀层被退除、工件被折弯等），试验完成后试样不再具有原设定的使用价值。当一种产品不宜做破坏性试验而又需要有这种破坏性试验的数据时，就需要制作替代性试片，这时需要取与被检产品相同的材料制作成方便测试的试片，让其经历与被测产品完全相同的电镀工艺流程，再对这种替代试片进行破坏性试验，从而得出需要的数据。

非破坏性试验是指试验过程不对试样构成任何破坏，试验完成后，试样的状态不发生改变，当试样是产品或零配件时，试验后不会影响其使用功能，因此适合于产品类试样的测试。当基体材料的性能不影响镀层或对测试没有影响时，也可以采用与原产品不同的基体材料。

22.1.3 镀层电子探针显微分析

利用电子探针 X 射线显微分析，可对原子序数 12~92 的元素进行所需要的分析，可以定量地计算所在镀层中组织所占的比例。电子探针分析有三种方式，包括微区全谱扫描、直线扫描和表面扫描。

(1) 微区全谱扫描　对样品表面选取一个微区，作定点的全谱扫描，进行定性或半定量的分析。并可以对其材料中所含元素的浓度做定量分析。

(2) 直线扫描　电子束沿样品表面选定的直线做所含元素浓度的扫描分析，可以对镀层的合金分布和组织的均匀性做出定量的判断。

(3) 表面扫描　电子束在样品表面做扫描，以特定元素的 X 射线信号调制阴极射线管荧光屏的亮度，给出所测定元素在镀层合金组织中浓度分布的扫描图像。

22.2 镀层外观检测

22.2.1 各种镀层的外观要求

各种镀层的外观要求见表 22-2。

表 22-2　各种镀层的外观要求

镀层种类	正常外观	允许缺陷	不允许缺陷
锌(镉)镀层(钝化)	镀层结晶均匀、细致，钝化膜完整，呈光泽彩色	轻微水迹和夹具印	粗糙、灰暗、起泡、脱落明显条纹
		驱氢后钝化膜稍变暗	钝化膜疏松，严重钝化液迹
		复杂件、大型件或过长零件的锐边、棱边及端部稍微粗糙，但不影响装配质量	局部无镀层(不通孔、通孔深处及工艺文件规定处除外)
		焊缝、搭接交界处局部稍暗	
铜镀层	镀层结晶细致呈红色或玫瑰红色，光亮镀铜有类似镜面光亮	轻微水迹和夹具印	粗糙、起泡、脱落和不明显条纹
		半光亮或光亮铜印零件表面状态和复杂程度不同，允许同一零件光泽不均匀	影响产品质量的机械损伤
		复杂大型件或过长的零件锐边、棱边处轻微粗糙，不影响装配质量和结合力的	局部无镀层(不通孔、通孔深处及工艺文件规定处除外)
镍镀层	暗镍稍带淡黄色的银白色，镀层结晶细致、均匀、光亮镍平滑，近似镜面光亮	轻微水迹和夹具印	粗糙、明显针孔、起皮、脱落和明显条纹
		形状复杂且表面状态不均匀的零件，颜色和光泽均匀	乌灰色的镀层
		复杂零件的棱边、锐边和过长零件的端部稍粗糙，经抛光能达到质量要求	局部无镀层(不通孔、通孔深处及工艺文件规定处除外)

（续）

镀层种类	正常外观	允许缺陷	不允许缺陷
黑镍镀层	结晶细致，较均匀的黑色	轻微水迹和夹具印	麻点、白点、起泡、脱落
		颜色可因零件的表面状态和复杂程度不同而不同	疏松的或机械损伤
			局部无镀层（不通孔、通孔深处及工艺文件规定处除外）
化学镍镀层	稍带浅黄色的银白色或钢灰色，结晶细致	轻微水迹	黑斑、明显针孔、起皮、脱落
		由于材料或表面状态不同，零件上有不均匀光泽	局部无镀层（不通孔、通孔深处及工艺文件规定处除外）
铬镀层	装饰铬呈略带蓝色的镜面光亮，硬铬带浅蓝的银白色到亮灰色，乳白铬呈无光泽的灰白色	轻微水迹和夹具印	粗糙、疏松、脱落
		复杂件或大型件棱边、锐边稍微粗糙；但不影响装配质量的	局部无镀层（不通孔、通孔深处及工艺文件规定处除外）
		由于材料和表面状态不同，同一零件上有稍不均匀的颜色和光泽	未洗净的明显铬痕迹或明显的黄膜
		镀铬后尚需加工的镀铬层，经过加工后能排除的缺陷，如粗糙、柱子或针孔等	
黑铬层	较均匀的无光黑色	轻微水迹浮灰和夹具印	粗糙、疏松、脱落
		由于零件的表面状态和复杂程度的差别，允许黑度稍不均匀，深凹处或遮蔽部分无镀层或镀层发黄	局部无镀层（不通孔、通孔深处及工艺文件规定处除外）
锡镀层	银白色，结晶细致均匀	轻微水迹和夹具印	粗糙、斑点、起泡、脱落和明显条纹
		由于材料和表面状态的不同，光泽和颜色稍不均匀	深灰色的镀层
		焊接件的焊缝处镀层发暗	局部无镀层（不通孔、通孔深处及工艺文件规定处除外）
银镀层	银白色，经钝化后稍带浅黄色调的银白色，结晶细致平滑	轻微水迹和夹具印	粗糙、斑点、起泡、脱落和明显条纹
		锡焊银焊的零件，在焊处有少许发黄、灰暗	
		由于材料和表面的差异，同一零件允许稍不均匀的颜色和光泽	局部无镀层（不通孔、通孔深处及工艺文件规定处除外）
金镀层	纯金为半光亮的金黄色，硬金为略带微红的浅黄色，镀层结晶细致、平滑	轻微水迹和夹具印	焦黄色、灰色、白色或晶状镀层
			发暗、发黑和烧焦
		由于材料和表面状态的差异，同一零件允许稍不均匀的颜色和光泽	起皮、起泡和脱落
			局部无镀层（不通孔、通孔深处及工艺文件规定处除外）
铝及铝合金阳极氧化膜	不同的氧化溶液和后处理方法，以及不同的基体材料，颜色有很大差别，但应符合图样要求，膜层应连续、均匀完整	轻微的水迹，在夹具与零件接触的极小部位无膜层	裂纹、烧伤及过腐蚀
			膜层擦伤、划伤及脏污
			用手指能擦掉的疏松膜及填充着色后挂灰
		由于材料和表面状态不同，深孔边沿稍有不均匀的色调和阴影	膜层色泽严重不均匀及有未着色的部位
			局部无镀层（不通孔、通孔深处及工艺文件规定处除外）
铝及铝合金的磷铬化膜	依不同的基体材料，膜层外观从浅彩云色到光亮彩云色，结晶连续、均匀、完整	焊缝及焊点处膜层发暗	发暗、粗糙、疏松及用手指或棉花能擦掉的膜层
			膜层擦伤、划伤或无氧化膜的白点
			局部无磷化膜（不通孔、通孔深处及工艺文件规定处除外）

（续）

镀层种类	正常外观	允许缺陷	不允许缺陷
钢铁零件磷化膜	浅灰色至黑灰色,结晶连续、均匀、细致	轻微的水迹、擦白、挂灰	疏松的磷化膜
		由于局部热处理、焊接和表面加工状态不同,颜色和结晶不均匀	有锈蚀和绿斑
			局部无磷化膜(不通孔、通孔深处及工艺文件规定处除外)
钢铁零件氧化(发蓝)膜	依不同基体材料,膜层呈暗褐色到蓝黑色,结晶连续、均匀、完整	轻微水迹	膜层损伤
		由于材质、热处理、焊接或加工表面状态不同,有不均匀的颜色和光泽	
		经碳氮共渗或渗氮处理的表面,呈浅红或红色	表面有红色或绿色的挂灰

22.2.2 镀层表面缺陷检测

1. 镀层表面缺陷种类

1）针孔指镀层表面似针尖样的小孔，其疏密及分布虽不相同，但在放大镜下观察时，一般其大小、形状均相似。

2）麻点指镀层表面不规则的凹孔，其形状、大小、深浅不一。

3）斑点指镀层表面的色斑、暗斑等缺陷，其特征随镀层外观色泽而异。

4）起泡指镀层表面隆起的小泡，其大小、疏密不一，且与基体分离。

5）起皮指镀层成片状脱离基体或镀层的缺陷。

6）毛刺指镀层表面凸起且有刺手感觉的缺陷，其特点是在电镀件的高电流密度区较为明显。

7）雾状指镀层表面存在的程度不一的云雾状覆盖物，多产生于光亮镀层表面。

8）阴阳面指镀层表面局部亮度不一或色泽不匀的缺陷。

9）树枝状镀层指镀层表面有粗糙、松散的树枝状或不规则突起的缺陷，一般在工件边缘和高电流密度区较突出。

10）海绵状镀层指镀层与基体结合不牢固、松散多孔的缺陷。

11）烧焦指镀层表面颜色黑暗、粗糙、松散的缺陷。

2. 镀层表面缺陷检测方法

（1）检测条件　检测镀层表面缺陷一般采用目测法。为了便于观察，防止外来因素的干扰，目测法应在外观检测工作台上或外观检测箱中进行。外观检测工作台采用自然照明时，试样应放置在无反射光的白色平台上，利用顺方向自然散射光检测。若外观检测工作台或检测箱采用人工照明时，应采用照度为300lx的近似自然光（相当于40W荧光灯500mm处的照度），下面放一张白色打印纸，进行目测。检测时，试样和人眼的距离不小于300mm。

（2）检测步骤　检测前，先用脱脂棉蘸酒精或汽油擦净试样表面的油污和污物，但不要擦伤镀层。然后将试样放在工作台或检测箱的试样架上，按检测要求进行检测。表面缺陷程度要用文字说明，必要时进行外观封样，以备日后对照检测。

（3）镀层的外观要求　各种镀层结晶应均匀、细致、平滑，颜色符合要求，其中光亮镀层要美观、光亮。所有镀层均不允许有针孔、麻点、起皮、起泡、毛刺、斑点、起瘤、剥离、阴阳面、烧焦、树枝状和海绵状镀层，以及要求有镀层的部位无镀层等缺陷。允许镀层表面有轻微水印，颜色稍不均匀以及不影响使用和装饰的轻微缺陷。

22.2.3　镀层光亮度的测定

1. 仪器法

光亮度是指发光表面在指定方向的发光强度与垂直且指定方向的平面上的正投影面积之比。对于一个漫散射面，尽管各个方向的光强和光通量不同，但各个方向的亮度都是相等的。用镀层光亮度测试仪测定镀层的光亮度。在同一条件下规定的入射角为 θ 时，镀层的光亮度 L_v 可以表示为来自试样表面的反射光束 ϕS_1，与来自基准面的反射光束 ϕS_0之比，即

$$镀层表面光亮度\ L_v(\theta)\% = \frac{\phi S_1}{\phi S_0} \times 使用基准面的光亮度$$

2. 目测法

目测光亮度经验评定法分为四级：

（1）一级　（镜面光亮）镀层表面光亮如镜，能清晰地看出面部五官和眉毛。

（2）二级　（光亮）镀层表面光亮，能看出面部五官和眉毛，但眉毛部分模糊。

（3）三级　（半光亮）镀层稍有亮度，仅能看出面部五官轮廓。

（4）四级　（无光亮）镀层基本上无光泽，看不清面部五官轮廓。

3. 样板对照法

标准光亮度样板分为四级：

（1）一级　光亮度样板经过机械加工标定表面粗糙度值为 0.04μm<Ra< 0.08μm 的铜质（或铁质）试片，再经电镀光亮镍，套铬后抛光而成。

（2）二级　光亮度样板经过机械加工标定表面粗糙度值为 0.08μm<Ra<0.16μm 的铜质（或铁质）试片，再经电镀光亮镍，套铬后抛光而成。

（3）三级　光亮度样板经过机械加工标定表面粗糙度值为 0.16μm<Ra<0.32μm 的铜质（或铁质）试片，再经电镀光亮镍，套铬后抛光而成。

（4）四级　光亮度样板经过机械加工标定表面粗糙度值为 0.32μm<Ra<0.64μm 的铜质（或铁质）试片，再经电镀光亮镍，套铬后抛光而成。

将被检测工件在规定的检测条件下，反复与标准光亮度样板比较，观察两者的反光性能，当被检镀层的反光性与某一标准光亮度样板相似时，该标准发亮样板的光亮度级别，即为被检镀层的光亮度级别。在进行镀层表面光亮度的检测过程中，有以下注意事项：

1）标准光亮度样板应妥善保存，防止保存不善而改变表面状态。

2）检测前应将标准光亮度样板用清洁软布小心擦拭，使其表面洁净，并呈现规定的反光性能，擦拭时不要损伤表面状态。

3）检测时，被测工件表面要用脱脂棉蘸酒精擦净表面油污和污物，不可损伤表面状态。

4）标准光亮度样板的使用期为一年，到期应更新。

22.3　镀层厚度的测定

22.3.1　镀层厚度的检测点

在对工件镀层的厚度进行测试时，要根据镀件形状选取合适的检测点。通常一个工件至

少取三个代表工件上的高电流密度区、低电流密度区和中间电流密度区位置的检测点，然后取这三个点的镀层厚度的算术平均值，作为所测得的镀层厚度的结果。如果要提高测试结果的精确度，就要取更多的有代表性的点，所取的点越多，精确度就越高。

判断工件不同电流密度的区域要根据电流一次分布的特点：

1）对于圆管状工件，则两端为高电流区，中部为低电流区，从中部到端部的中间区则为居中的电流区域。

2）对于平板形工件，中间的电流密度最低，而四角的电流密度最高，四边的电流密度居中。

22.3.2 化学测厚法

化学测厚法也可以称作化学溶解法，测量原理是使用相应的化学试液溶解镀层，然后用称重或化学分析的方法测定镀层厚度，用这种方法测得的厚度是平均厚度。在金属基体上做时，一定要保证基体不被浸蚀或溶解。

测量时可以用预先制作的试片，也可以用已经镀好的产品工件。如果选用样品时，要用体积或面积较小（质量在200g以内）的工件。先对工件进行称重，之后是化学溶解，然后清洗干净再称重，化学溶解法测厚所用溶液和方法见表22-3。

如果是用空白试片测量，则要先对试样进行有机和化学脱脂，并对试样先称重，再电镀，然后再称重。这时的计算则是以镀后的质量减镀前的质量，所得质量差与先镀后退的一样，是镀层的质量。

表22-3 化学溶解法测厚所用溶液和方法

镀层	溶 液	质量浓度/(g/L)	温度/℃	测量方法
锌	硫酸 盐酸	50 17	18~25	称重法
镉	硝酸铵	饱和	18~25	称重法
铜	氯化铵 过氧化氢	100 2	18~25	称重法
镍	盐酸 过氧化氢	300 2	18~25	化学分析法
铬	盐酸	盐酸原液	20~40	称重法
银	硝酸 硫酸	1份 19份	40~60	化学分析法
锡	硝酸 硫酸亚铁	200 70	18~25	称重法

（1）化学分析法　采用化学分析法的试样，在溶解完全后，取出试样用蒸馏水冲洗，但冲洗水要留在化学溶解液内，然后分析溶液中金属的质量。平均厚度的计算采用以下公式：

$$\text{平均厚度}(\mu m)=\frac{\text{分析所得镀层的重量}(g)}{\text{试样表面积}(cm^2)\times\text{镀层金属密度}(g/cm^3)}\times 10^4$$

（2）称重法　采用称重法的试样，在溶解完全后，取出试样清洗干净并经干燥和冷却后称重，可用感量为0.01mg的天平，最好是用分析天平。平均厚度的计算采用以下公式：

$$\text{平均厚度}(\mu m)=\frac{\text{含镀层试样的重量}(g)-\text{无镀层试样的重量}(g)}{\text{试样表面积}(cm^2)\times\text{镀层金属密度}(g/cm^3)}\times 10^4$$

22.3.3 电化学测厚法

电化学测厚法也叫电解测厚法或电量法，它是根据可溶性阳极在电解条件下溶解的原理，在被测镀件上取一个待测点，在这个点位安装一个小型电解槽。在通电的作用下，让镀层作为阳极溶解，当到达终点时，阳极溶解电位会有一个明显的电位跃迁而指示终点，然后通过对小型面积上溶解的金属量的计算，换算成镀层的厚度。电解法要求所采用的测试溶液对镀层没有化学溶解，且阳极电流效率为 100%。

电解法的优点是对极薄的镀层也可以有测量结果，并且可以用于多层镀层的一次性分镀层测定。同时，这种方法与基体材料无关，对是否为磁性镀层无关，对温度的敏感性不高。

22.3.4 溶解法测量镀层厚度

溶解法测量镀层厚度不是测定镀层的局部厚度，而是测定整个镀层的平均厚度，其精确度为±10%。测定时，将试样放入适当的溶液中浸泡，使镀层或基体金属溶解，然后比较溶解前后试样的质量来测定镀层质量。或者待镀层溶解完毕后，用化学分析法测定镀层的质量。根据质量、密度和试样面积，计算出试样上镀层的平均厚度。

（1）试样的准备　试样溶解前用有机溶剂或氧化镁脱脂，然后用蒸馏水洗净，再用酒精脱水并干燥，保存在干燥器中以备称重。

（2）试验溶液　溶解法测厚用溶液见表 22-4。

表 22-4　溶解法测厚用溶液

镀层	基体或中间层金属	溶液组成	质量浓度/(g/L)	温度/℃	镀层测定方法
锌	钢	硫酸(密度为 1.84g/mL) 盐酸(密度为 1.19g/mL)	50 17	18~25	称量法
镍	钢、铜及铜合金、锌合金	发烟硝酸	HNO_3≥70% (质量分数)	室温	化学分析法
镉	钢	硝酸铵	饱和溶液	18~25	称量法
银	钢、铜及铜合金	$\psi(HNO_3:H_2SO_4)=1:19$	—	40~60	化学分析法
铜及铜合金	铜	铬酐 硫酸铵	275 110	18~25	称量法
锡	铜及铜合金	醋酸铅 氢氧化钠	80 135	沸腾	称量法
铬	镍、铜及铜合金	盐酸溶液(1+1)	—	20~40	称量法
	钢	盐酸(密度为 1.19g/mL) 三氧化二锑	1000mL 20	18~25	称量法

（3）检验方法　将已称量的试样，浸入相应的溶液中溶解镀层，直至完全裸露出基体金属或中间镀层金属为止，取出试样，用蒸馏水冲洗、干燥、称量。根据试样的质量和尺寸，称量可选用感量（天平可以测量的最小总量）0.1mg 或 0.01mg 的天平。用化学分析方法时，待镀层完全溶解后，取出试样，用蒸馏水冲洗几次，冲洗水与溶解水合并，检测溶解到该溶液中的镀层质量。

（4）平均厚度的计算　镀层平均厚度的计算有称量法和化学分析法两种。

1）用称量法测定镀层质量时，镀层平均厚度可按下式计算：

$$h=\frac{m_1-m_2}{Sd}\times10^4$$

式中　h——镀层的平均厚度（μm）；

m_1——镀层未溶解时的试样质量（g）；

m_2——镀层溶解后的试样质量（g）；

S——镀层的表面积（cm^2）；

d——镀层金属密度（g/cm^3）。

2）用化学分析方法测定镀层时，镀层平均厚度可按下式计算：

$$h=\frac{m}{Sd}\times 10^4$$

式中　h——镀层的平均厚度（μm）；

m——化学分析测得的镀层质量（g）；

S——试样表面积（cm^2）；

d——镀层金属密度（g/cm^3）。

22.3.5　库仑法测量镀层厚度

库仑法又称阳极溶解法或电量法，它是使用恒定的直流电流通过适当的电解溶液，使镀层金属阳极溶解，并根据电解所消耗的电量计算镀层厚度的方法。当镀层金属完全溶解且裸露出基体金属或中间镀层金属时，电解池电压会发生跃变，从而指示测量已达到终点。根据库仑定律，以溶解镀层金属消耗的电量，溶解镀层的面积，镀层金属的电化学当量、密度以及阳极溶解的电流效率计算镀层的局部厚度。库仑法测量误差在±10%以内，镀层厚度在0.2~5μm 范围内。

库仑法所使用的电解液应具备以下性质：

1）不通电时，电解液对镀层金属无化学腐蚀作用。

2）阳极溶解电流效率为98%以上。

3）镀层金属阳极溶解完毕、基体金属裸露时，电极电位应发生明显变化。

测量不同基体或中间金属上所使用的库仑法测厚用电解液见表 22-5。

表 22-5　库仑法测厚用电解液

镀层	基体(或中间)金属	组分质量浓度/(g/L)	
锌	钢、铜、镍	氯化钠(NaCl)	100
镉	钢、铜、镍、铝	碘化钾(KI) 碘溶液(I_2)0.1mol/L	100 1mL/L
铜	钢、镍、铝	酒石酸钾钠($KNaC_4H_4O_6\cdot 4H_2O$) 硝酸铵(NH_4NO_3)	80 100
	锌	未经稀释的氟硅酸(H_2SiF_4)	最低浓度为30%(质量分数)
镍	钢、铜、铝	硝酸铵(NH_4NO_3) 硫氰酸钠(NaCNS)	30 30
铬	钢、镍、铝	无水硫酸钠(Na_2SO_4)	100
	铜	盐酸(HCl)($\rho=1.19g/cm^3$)	175mL/L
银	钢、镍	硝酸钠($NaNO_3$) 硝酸(HNO_3)($\rho=1.42g/cm^3$)	100 4mL/L
	铜	硫氰酸钾(KCNS)	180
锡	钢、铜、镍	盐酸(HCl)($\rho=1.18g/cm^3$)	175mL/L
	铝	无水硫酸钠(Na_2SO_4)	100

库仑法测厚按下式计算：

$$h = 100K\frac{QE}{S\rho}$$

式中 h——镀层厚度（μm）；

K——阳极溶解的电流效率（效率为100%，其值为100）；

Q——溶解镀层所用的电量（C），$Q = it$［i为电流（A），t为电解所耗费的时间（S）］；

E——测试条件下镀层金属的电化当量（g/C）；

S——电解去除镀层的面积（cm^2）；

ρ——镀层金属密度（g/cm^3）。

22.3.6 电位连续测定（STEP）法测量镀层厚度

STEP法的测定装置如图22-1所示，它的测定原理和库仑法相同，所不同的只是在电解池中放入参比电极。从而可以测定在电解过程中被测镀层与参比电极之间的相对电位差，并得到电位与镀层厚度的关系。

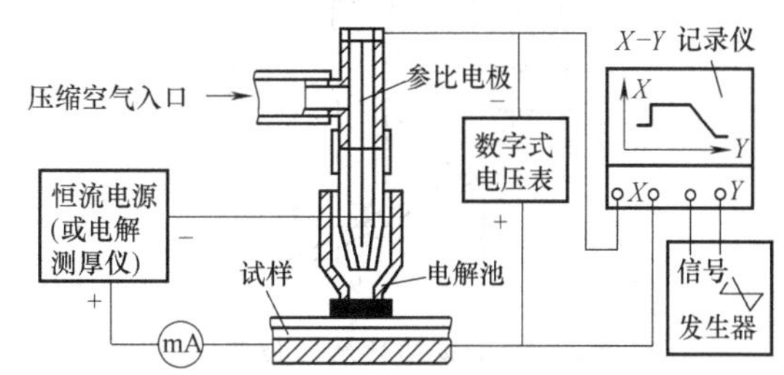

图22-1 STEP法的测定装置

22.3.7 计时液流法测定镀层厚度

（1）工作原理 在一定速度的液流（试液）作用下，使试样的局部镀层溶解。镀层完全溶解的终点，可由肉眼直接观察金属特征颜色的变化，或借助于特定的终点指示装置（显示镀层完全溶解的瞬间电位或电流的变化）来确定。金属镀层的厚度可根据试样上局部镀层溶解完毕时所消耗的时间来计算。

镀层厚度计时液流测定法适用于测量金属制品的防护——装饰性镀层和多层镀层的厚度。被测面积应不小于$30mm^2$，一般测量误差为±10%。

（2）工作装置 计时液流法测厚仪器如图22-2所示，带有活塞的分液漏斗的下端用橡胶管连接毛细管，毛细管长（120±5）mm，内径为1.5～2mm，下端外径不超过2.0mm。为取得规定的流速，应将毛细管壁先用锉刀锉平，然后用砂纸磨光。校正毛细管口径时，应把活塞全部打开，使毛细管在正常压力下，温度为18～20℃时，30s内能流出（10±0.1）mL的蒸馏水。利用玻璃管来保持液压稳定，玻璃管通过橡胶塞插到漏斗中，并使空气有可能通过小孔进入漏斗。玻璃管应位于溶液中并保持一定位置，即距毛细管下端为（250±5）mm。当溶液从漏斗内流出时，其内压力降低，因而迫使空气从小孔进入漏斗，以保证测量时压力恒定。

某些镀层在溶解过程中用肉眼观察溶解终点有困难时，可增加终点指示装置。即将一根铂丝封闭在玻璃管的一端，然后将玻璃管通过橡胶塞插入分液漏斗中，其下端与另一玻璃管取平，如图22-3所示。

（3）试验溶液 镀层厚度计时液流法测厚的试验溶液见表22-6。所用化学试剂均应为化学纯，并用蒸馏水配制溶液。

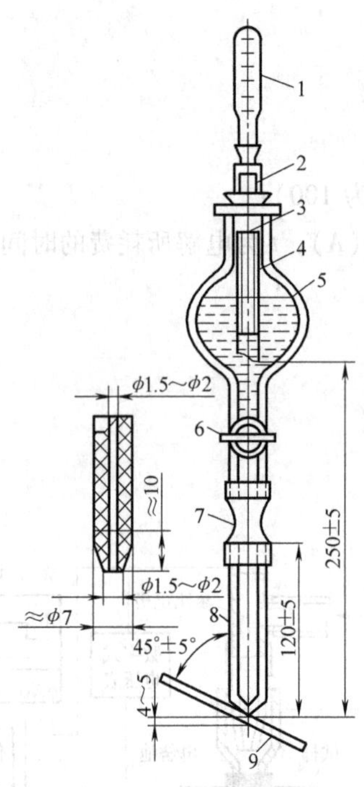

图 22-2　计时液流法测厚仪器

1—温度计　2—玻璃管上空气的小孔　3—橡胶塞　4—玻璃管　5—500～1000mL 的分液漏斗　6—活塞　7—橡胶管　8—毛细管　9—待测试样

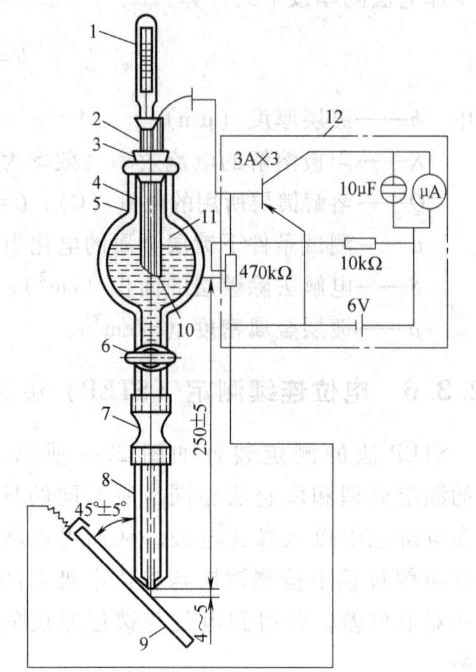

图 22-3　通电终点指示装置

1—温度计　2—玻璃管上的通气孔　3—橡皮塞　4—玻璃管　5—分液漏斗　6—活塞　7—橡胶管　8—毛细管　9—试样　10—铂丝　11—封有铂丝的玻璃管　12—放大器

表 22-6　计时液流法测厚的试验溶液

镀层	基体(或中间层)金属	组分质量浓度/(g/L)		终点特征
锌	钢	硝酸铵	70	呈玫瑰色斑点
		硫酸铜	7	
		盐酸溶液(1mol/L)	70mL/L	
镉	钢、铜及铜合金	硝酸铵	70	呈现基体金属颜色
		盐酸溶液	70mL/L	
铜	钢、锌合金	氯化铁	300	钢呈现红色斑点，锌合金呈黑色斑点
		硫酸铜	100	
镍	钢、铜及铜合金	氯化铁	300	钢呈现红色斑点，铜及铜合金露基体
		硫酸铜	100	
银	铜及铜合金	碘化钾	250	呈现基体金属
		碘	7.5	
锡	钢、铜及铜合金	氯化铁	15	呈红色斑点
		硫酸铜	30	
		盐酸	60mL/L	
低锡青铜	钢	氯化铁	150	呈现黑色斑点
		盐酸	150mL/L	
		醋酸	250mL/L	
		三氯化锑	31	

(4) 测定方法　包括如下内容：

1) 试样的准备。将试样用有机溶剂（如汽油、丙酮）脱脂，若镀后立即进行测定，可不必进行脱脂。

2）仪器的准备。测定前将试验溶液倒至分液漏斗体积的 3/4 处打开活塞，使溶液充满毛细管，用橡胶塞塞紧分液漏斗颈口。重新打开活塞，让溶液从分液漏斗中流出来，直到空气泡通过玻璃管均匀地吸入分液漏斗内，这时表明分液漏斗内压力已稳定。如果在溶液填充毛细管时，在橡胶管或毛细管内有空气泡，要在活塞打开时紧压橡胶连接管，把空气排出。将准备好的仪器固定在支架上，并使毛细管尖端与试样的被测表面距离为 4～5mm，试样被测表面与水平面之间夹角为（45±5)°。

3）测定。打开活塞，同时用秒表记录从开始到试样表面出现终点的时间，并记录溶液温度。测量多层镀层时，应分别记录每层镀层溶解所消耗的时间。在测定点附近再重复测定 2 次，取 3 次的算术平均值，然后通过计算确定镀层厚度。

4）镀层局部厚度的计算。镀层局部厚度按下式计算：

$$h=h_t t$$

式中　h——镀层局部厚度（μm）；

h_t——在一定温度下，每秒钟内试液所溶解的镀层厚度（μm/s），其数值由表 22-7 查出；

t——溶解镀层所消耗的时间（s）。

表 22-7　计时液流法测定镀层厚度时的 h_t 值　（单位：μm/s）

镀层名称 / 溶液温度/℃	锌镀层	镉镀层	铜镀层	镍镀层	银镀层	锡镀层	铜-锡合金镀层（锡质量分数 10%左右）	备　注
5	0.410	—	0.502	—	—	—	—	表中所列 h_t 数值适用于下列镀层：氰化物、硫酸盐、铵盐和锌酸盐电解液中镀出的锌镀层；氰化物电解液镀出的镉镀层；氰化物和焦磷酸盐电解液镀出的铜镀层；硫酸盐电解液镀出的镍镀层；氰化物、硫氰化物电解液镀出的银镀层；氰化物电解液镀出的铜-锡合金镀层；酸性或碱性电解液镀出的锡镀层
6	0.425	—	0.525	—	—	—	—	
7	0.440	—	0.549	—	—	—	—	
8	0.455	—	0.574	—	—	—	—	
9	0.470	—	0.600	—	—	—	—	
10	0.485	0.680	0.626	0.235	0.302	0.370	0.420	
11	0.500	0.700	0.653	0.250	0.310	0.382	0.440	
12	0.515	0.720	0.681	0.270	0.320	0.394	0.460	
13	0.530	0.745	0.710	0.290	0.330	0.406	0.480	
14	0.545	0.770	0.741	0.315	0.340	0.418	0.500	
15	0.560	0.795	0.773	0.340	0.350	0.430	0.520	
16	0.571	0.820	0.806	0.376	0.360	0.442	0.540	
17	0.589	0.845	0.840	0.424	0.370	0.455	0.560	
18	0.610	0.875	0.876	0.467	0.380	0.470	0.580	
19	0.630	0.905	0.913	0.493	0.390	0.485	0.602	
20	0.645	0.935	0.952	0.521	0.403	0.500	0.626	
21	0.670	0.965	0.993	0.546	0.413	0.515	0.647	
22	0.690	1.000	1.036	0.575	0.420	0.530	0.668	
23	0.715	1.035	1.100	0.606	0.431	0.545	0.690	
24	0.740	1.075	1.163	0.641	0.443	0.562	0.712	
25	0.752	1.115	1.223	0.671	0.450	0.580	0.732	
26	0.775	1.160	1.273	0.709	0.460	0.598	0.755	
27	0.790	1.205	1.333	0.741	0.465	0.616	0.778	
28	0.808	1.250	1.389	0.769	0.470	0.630	0.800	
29	0.824	1.300	1.429	0.800	0.475	0.652	0.823	
30	0.833	1.350	1.471	0.833	0.480	0.670	0.847	
31	0.850	1.410	1.515	0.862	—	—	0.870	
32	0.870	1.470	1.560	0.893	—	—	0.892	
33	0.883	1.530	1.610	0.923	—	—	0.915	
34	0.900	1.590	1.660	0.953	—	—	0.938	
35	0.917	1.655	1.710	0.983	—	—	0.960	
36	0.934	1.720	1.760	1.015	—	—	—	
37	0.951	1.790	1.810	1.045	—	—	—	
38	0.968	1.860	1.860	1.080	—	—	—	
39	—	—	—	—	—	—	—	
40	—	—	—	—	—	—	—	

（5）注意事项　包括以下内容：

1）计时液流法只适用于厚度小于 2μm 的镀层测厚。

2）表面最外层为镍镀层的试样时，为除掉镍表面的钝化膜，测试前要先用蘸有盐酸溶液（浓盐酸与水体积比为 1∶1）的棉花擦去镀层表面上的钝化膜，然后水洗，干燥后测试。

3）表面最外层为镀铬层的试样时，测量下一层镀层厚度时，应先用含有质量分数为 1%～2%的三氧化二锑的浓盐酸除去铬镀层。

4）对锌、锡镀层，一般应在钝化、磷化之前进行测厚。对于钝化后的试样，为除去镀层上的钝化膜，要用蘸有盐酸溶液（浓盐酸与水的体积比为 1∶8）的棉球擦拭被测试样表面。待膜层除去后，迅速清洗、干燥，然后进行厚度测定。

5）在测定过程中，需经常用蒸馏水检查从毛细管中流出试液的速度。

22.3.8　薄铬镀层计时点滴法测量镀层厚度

1）试验原理：用小滴的试验溶液在镀层局部表面上停留一定时间，然后再在原处更换新的液滴，通过记录溶解局部镀层所消耗的溶液滴数和时间来计算镀层厚度。此法只适用于测定 1.2μm 以下的薄铬镀层，测量误差为±15%。

2）试验溶液为盐酸，摩尔浓度为（11.5±0.2）mol/L。

3）为防止试液流散，测试时先用熔化的石蜡或蜡笔在试样的待测表面上画内径为 ϕ6mm 的圆圈，然后在圆圈内滴上第一滴试验溶液（0.03～0.05mL），待气泡析出时，开始计时，直至裸露出中间镀层或基体金属时为止。如果到 60s 时气泡析出尚未停止，则应停止计时，用滤纸或脱脂棉吸掉第一滴试液，再滴上第二滴试液。如此重复，直到裸露出中间镀层或基体金属为止，然后记录镀层溶解所累计的时间 t 和试验时的温度。如果不是立刻产生气体，则可用细镍丝接触小圈内表面（起催化作用），使其发生反应。薄的片状试样，应放在较厚的金属块上测定，以免因反应产生热量造成温度急剧升高。铬镀层测定终点的色泽特征见表 22-8。

表 22-8　铬镀层测定终点的色泽特征

中间镀层或基体金属	色泽特征	中间镀层或基体金属	色泽特征
铜合金及铜锡合金镀层	黄绿色或灰绿色	镀镍层	淡黄绿色
铜及镀铜层	红色或暗红色	不锈钢	淡黄绿色

4）镀层厚度按 $h=h_t t$ 计算（与计时液流法相同），h_t 值见表 22-9。

表 22-9　镀铬计时点滴测厚法的 h_t 值

温度/℃	h_t/(μm/s)	温度/℃	h_t/(μm/s)	温度/℃	h_t/(μm/s)
10	0.0161	17	0.0188	24	0.0239
11	0.0164	18	0.0198	25	0.0249
12	0.0168	19	0.0198	26	0.0264
13	0.0172	20	0.0203	27	0.0279
14	0.0176	21	0.0211	28	0.0300
15	0.0180	22	0.0218	29	0.0325
16	0.0185	23	0.0226	30	0.0351

22.3.9　轮廓仪法测量镀层厚度

轮廓仪测厚法又称触针法，它是采用镀前屏蔽或镀后溶解的方法，使基体的某一部位不存在镀层，基体和镀层之间形成一个台阶。当轮廓记录仪触针扫描通过这一台阶时，则可利用探针的运动，确定台阶的高度（即镀层厚度）。这种方法可用来测量的镀层厚度误差在±10%以内。

22.3.10　干涉显微镜法测量镀层厚度

干涉显微镜法采用与轮廓仪法相同的试样处理方法，即造成基体与镀层之间的台阶，利用多光束干涉测量仪对该台阶的高度进行测量。

干涉测量仪有一个贴于试样作平面基准板的透镜。当一束单色光在试样和上述透镜之间来回反射时，就可通过一个低倍显微镜来观察干涉条纹图像。若将基准板相对于待测试样表面稍微倾斜，就会形成一系列平行的干涉条纹线。试样表面的台阶会使干涉条纹偏移，一个条纹间距偏移相当于单色光半个波长的垂直位移，干涉条纹所移动的间距和形状可用带刻度线的目镜测微计来观察和测定。

本方法可用来测量2μm以下、具有高反射率的镀层。

22.3.11　磁性法测量镀层厚度

磁性法测量镀层厚度的工作原理是以探头对磁性基体磁通量或互感电流的探测为基准，利用其表面的非磁性镀层（或化学保护层）的厚度不同，对探头磁通量或互感电流的线性变化值来测量覆盖层的厚度。磁性法测量误差为10%，但对较薄镀层误差不会大于1.5μm。它是目前应用最广泛的一种无损测量方法。操作注意事项如下：

1）不在弯曲面上和靠近边缘或内角处测量。若要求在这些位置测量时，应该进行特别校准，并引入校正系数。

2）对每种磁性测厚仪，基体金属都要求有一个临界厚度。若基体金属厚度小于临界厚度，测量时应该用与试样材质相同的材料垫在试样下面使得读数与基体金属厚度无关。

3）在粗糙的表面上进行测量时，应该在不同点上进行多次测量，取其平均值作为镀层的平均厚度。

4）采用双极式探头的仪器时，应使探头的取向与校准时的取向一致，或将探头在相互成90°角的两个方向上进行两次测量。

5）测量时，探头要垂直放在试样表面上。

6）使用磁力型仪器测量铅和铅合金镀层厚度时，磁体探头能被镀层黏附。此时可在镀层表面涂上一层薄的油膜，以改善重现性。

7）含磷量（质量分数）8%以上的化学镀覆Ni-P合金层是非磁性镀层，但经热处理后便产生磁性，因此应在热处理前测量厚度。若要在热处理后测量，则仪器应在经过热处理的标准样品上进行校准。

8）镀层厚度小于5μm时，应进行多次测量，然后用统计方法求出其厚度。

22.3.12　涡流法测量镀层厚度

利用一个载有高频电流线圈的探头，在被测试样表面产生高频磁场，由此引起金属内部涡流，此涡流产生的磁场又反作用于探头内线圈，使其阻抗变化而工作。随着基体表面覆盖层厚度的变化，探头与基体金属表面的间距改变，反作用于探头线圈的阻抗也发生相应的改变。因此，测出探头线圈的阻抗值，就可间接反映出覆盖层的厚度。

本方法可测量非磁性金属基体上非导电镀层、非导体上单层金属镀层，非磁性基体与镀层间电导率相差较大的镀层厚度。涡流测厚除了受基体电导率、基体厚度、镀层厚度影响外，还受试样的曲率、表面粗糙度、边缘效应和加在探头上压力大小的影响。测试误差在±10%以内，厚度小于3μm的镀层测量精度偏低。

22.3.13 β射线反向散射法测量镀层厚度

β射线反向散射法，用于测量金属或非金属基体上的金属和非金属覆盖层厚度，测量误差在±10%以内，可精确测量到0.2μm。使用的β射线源不同，镀层厚度测量范围也不同，见表22-10。

表22-10 不同β射线源时不同镀层厚度的测量范围 （单位：μm）

镀层 \ β射线源	碳(C-14)	钷(Pm-147)	铊(Tl-204)	镭(Ra-D+E)	锶(Sr-900)
聚氨酯	3~35	5~50	10~50	—	—
聚丙烯	1~8	2~25	5~75	—	—
镍	0.3~4.5	0.5~5.8	2~25	3~38	9~100
锌	0.3~4.5	0.5~5.8	2~25	3~38	8~100
银	0.2~2.2	0.3~3.2	2~15	3~25	7~70
镉	0.2~3.0	0.3~4.0	2~18	3~30	8~80
锡	0.2~3.2	0.3~4.3	3~22	4~35	10~100
金	0.1~1.5	0.1~2.0	0.8~8	1.0~11	2.5~28

β射线反向散射法基本工作原理是放射性同位素释放出的β射线，在射向被测试样后，一部分进入金属的β射线被反射至探测器。被反射的β粒子的强度是被测镀层种类和厚度的函数，因此，从探测器测量由被测镀层反射的β射线强度，即可测得被测镀层的厚度。

应用β射线反向散射方法测量镀层厚度，需要镀层与基体材料在原子序数上有足够大的间隔。测量较小工件时，被测部位应保持不变，以消除试样几何形状的影响。β射线反向散射测量技术较多用于各种基体金属上贵金属的薄镀层（如金、铑等）的测量。

β测厚仪本身只是一个测量反向散射强度的比较仪器，它的厚度刻度是通过标准样品的标定得出的，如果被测试样与标准样品的镀层成分、密度、基体物质、表面曲率有差异，则要根据下式修正厚度的读数：

$$\text{实际试样镀层厚度}=\beta\text{射线仪读数}\times\frac{\text{校正用的标准覆盖层密度}}{\text{试样的覆盖层密度}}$$

22.3.14 X射线荧光测定法测量镀层厚度

利用X射线管放出X射线，激发镀层或基体金属材料，产生特征X射线，通过测量被测镀层衰减之后的特征X射线强度，来测量被测镀层的厚度。这种方法可以测量极小的面积和极薄的镀层厚度（百分之几微米），对平面的、不规则形状的工件均可测量，还可同时测量多层镀层的厚度。在测量镀层厚度的同时，测量二元合金镀层的成分，如Pb-Sn合金镀层成分。这是一种先进的镀层测厚方法，它的缺点及测量的精度影响因素与β射线反向散射法相似。

X射线荧光测厚仪法适用于测定的常见镀层/基体组合见表22-11，常见镀层的可测厚范围见表 22-12。

表 22-11　X 射线荧光测厚仪法适用于测定的常见镀层/基体组合

基体	镀层									
	Au	Ag	Pd	Sn	Pb	Zn	Cd	Cu	Ni	Cr
Ni	√	√	√	√	√	√	√	√	×	√
Cu	√	√	√	√	√	√	√	×	√	√
黄铜	√	√	√	√	√	×	√	×	√	√
青铜	√	√	√	√	√	√	√	×	√	√
Fe	√	√	√	√	√	√	√	√	√	√
Ag	√	×	√	√	√	√	√	√	√	√
陶瓷	√	√	√	√	√	√	√	√	√	√
可伐合金	√	√	√	√	√	√	√	√	√	√
塑料	√	√	√	√	√	√	√	√	√	√

注：×—不可测量；√—可测量。

表 22-12　X 射线荧光测厚仪法对常见镀层的可测定厚度范围

镀层	Au	Pd	Ni	Ag	Sn	Pb-Sn	Pb	Cd	Cu	Zn	Cr	Rh
厚度范围/μm	0~8	0~400	0~20	0~50	0~60	0~40	0~15	0~60	0~30	0~40	0~10	0~40

22.3.15　双光束显微镜法测量镀层厚度

双光束显微镜法使用的仪器主要用于测量表面粗糙度，测量透明和半透明覆盖层的厚度，特别是铝上的阳极氧化膜，测量误差通常小于 10%。

一束以 45°入射角照射到覆盖层表面的光束，一部分从覆盖层表面反射回来，另一部分穿透覆盖层并从覆盖层/基体的界面上反射回来。从显微镜的目镜中可以看到两个分离的图像，其距离与覆盖层的厚度成正比。利用这种原理可以测定透明和半透明覆盖层的厚度。

只有当镀层/基体界面上有足够的光线被反射回来，在显微镜内得到清晰的图像时，才能使用本方法。

22.3.16　称量法测定银合金电镀层厚度

（1）原理　用化学或电化学溶解银或银合金电镀层（不腐蚀基体），测出其电镀层的质量，由电镀层的质量、面积和密度计算电镀层的平均厚度。

（2）退镀溶液　使用化学或电化学方法能退去银或银合金电镀层而不腐蚀基体的方法有：

1）镍及钢基体上的银镀层可在含 90g/L 的氰化钠和 15g/L 的氢氧化钠的溶液中用钢作阴极，电压在 2~6V 之间，室温下电解退去。

2）铜及铜合金基体上的银镀层，可浸入 65℃混合酸中（浓硫酸与浓硝酸的体积比为 19∶1）溶解退去。待退镀的工件必须充分干燥，溶液应无水分。

3）锡合金基体上的银镀层可在含 30g/L 的氰化钠溶液中用钢板作阴极，电压为 4V，在室温下电解退去。

（3）操作步骤　将已知面积的试样进行脱脂、冲洗、干燥，然后称量。使用适合基体金属的退镀溶液，在银或银合金电镀层退净后，将试样在流动水中充分冲洗、干燥，并再称量。

（4）厚度计算　电镀层的平均厚度 d 按下式计算：

$$d=\frac{10m}{A\rho}$$

式中 m——试样退镀前后质量差（mg）；

A——电镀层面积（cm^2）；

ρ——电镀层密度（g/cm^3），除已知真实密度值外，ρ 采用 10.6g/cm^3。

22.3.17 金相法（仲裁法）测量镀层厚度

金相测厚法可以在显微镜下直观地用标尺测出镀层的厚度，且误差在5%以内，被定为仲裁方法。

进行镀层厚度的金相测试，首先需要正确地取样和制作镶嵌金相试片。需要注意的是在制作试片的过程中，要保证取样的代表性和试验的可靠性，由于显微镜观测的是镀层的横断面，保证镀层的断面与镜头的垂直度与测试结果的精确度有很大关系。同时，为了减少测量误差，可以在需要测试的镀层表面再镀上一层颜色与被测镀层有差别的镀层，这样在观测时容易找到目标镀层，防止误读。

（1）试验原理　金相显微镜法测定镀层厚度就是使用制备金相试样的方法得到镀层的横断面，在金相显微镜下，直接测量金属镀层或化学保护层的局部厚度和平均厚度。

（2）适用范围　金相显微镜法适用于测量2μm以上的各种金属镀层和化学保护层厚度。厚度大于8μm时，可作仲裁检验方法使用，测量误差一般为±10%。当厚度大于25μm时，可使测量误差小于5%。该方法也可测量薄镀层，精确到±0.8μm。

（3）测试仪器　使用经过校准的、带有螺旋游动测微计或目镜测微计的各种类型金相显微镜。

（4）试样准备　一般可从工件主要表面的一处或几处切取试样。镶嵌后，对横断面进行适当的研磨、抛光和浸蚀。常温下常用的浸蚀剂见表22-13。浸蚀完毕后，试样先用清水冲洗，后用酒精洗净，以热风快速吹干。化学保护层的试样（如铝氧化膜）不必浸蚀。

表22-13　常温下常用的浸蚀剂

浸蚀剂成分	含量/mL	使用和说明	被浸蚀金属
硝酸（HNO_3）（密度为1.42g/cm^3） 乙醇（C_2H_5OH）（质量分数为95%） 注意：这种混合溶液极不稳定，尤其在受热时	5 95	用于钢铁上的镍或铬镀层。这种浸蚀剂应是新配制的	钢
氯化铁（$FeCl_3 \cdot 6H_2O$） 盐酸（HCl）（密度为1.16g/cm^3） 乙醇（C_2H_5OH）（质量分数为95%）	10g 2 98	用于钢、铜、铜合金基体上的金、铅、银、镍和铜镀层	钢、铜及铜合金
硝酸（HNO_3）（密度为1.42g/cm^3） 冰醋酸（CH_3COOH）	50 50	用于确定钢和铜合金上多层镍镀层每层的厚度；鉴别组织及区分每一层镍	镍、过腐蚀的铜和铜合金
过硫酸铵[$(NH_4)_2S_2O_3$] 氢氧化铵（NH_3H_2O） （密度为0.88g/cm^3） 蒸馏水	10g 2 90	用于铜及铜合金上锡及锡合金镀层。这种浸蚀剂应是新配制的	铜及铜合金
硝酸（HNO_3）（密度为1.42g/cm^3） 氢氟酸（HF）（密度为1.14g/cm^3） 蒸馏水	5 2 93	用于铝及铝合金上的镍和铜镀层	铝及铝合金

（续）

浸蚀剂成分	含量/mL	使用和说明	被浸蚀金属
铬酐(CrO_3) 硫酸钠(Na_2SO_4) 蒸馏水	20g 1.5g 100	用于锌基合金上的镍和铜镀层,也适用于钢铁上的锌和镉镀层	锌、锌基合金和镉
氢氟酸(HF)(密度为 $1.14g/cm^3$) 蒸馏水	2 98	用于铝合金阳极化	铝及铝合金

（5）试验过程　采用螺旋游动测微计或目镜测微计的金相显微镜，在测量前和测量后至少要标定一次，标定和镀层测量都应由同一操作者完成。载物台测微计和镀层应放在视场中央，在同一位置上，每次测量值至少是三次读数的平均值。如需要测量平均厚度，则应在镶嵌试样的全部长度内测量五个点，然后取平均值。

22.3.18　选择镀层厚度测定方法的依据

1）根据所要测定镀层的厚度范围，选用不同的测厚方法。

2）根据测量的是平均厚度还是局部厚度来选择相应的方法。

3）贵金属镀层、造价高的大型工件等应选用无损测厚法。

4）注意所选用的测厚方法是否有通用性。

各种厚度测量方法的适用范围见表 22-14。

表 22-14　各种厚度测量方法的适用范围

基体材料	覆盖层种类								
	铝及铝合金	阳极氧化层	镉	铬	铜	金	铅	镍	化学镀镍
铝及铝合金	—	E	BC	BC	BC	B	BC	BCM	BC②E②
铜及铜合金	—	E	BC	C	C	B	BC	CM①	C②M①
镁及镁合金	—	—	B	B	B	B	B	BM①	B
镍	—	—	BC	BC	C	B	BC	—	—
FeNiCo 合金④	—	—	BM	M	M	BM	BCM	CM①	C②M①
非金属	BE	—	BC	BC	BC	B	BC	BCM①	BC②
银	—	—	—	B	B	B	BC	BM	B
钢(磁性)	BM	—	BCM	CM	CM	BM	BCM	CM①	C②M①
钢(非磁性)	B	—	BC	C	C	B	BC	CM①	B②C②M①
钛	—	—	B	—	B	B	B	BM①	B
锌及锌合金	—	—	B	B	C	B	B	M①	—

基体材料	覆盖层种类							
	非金属	钯	铑	银	锡	锡铅合金	釉瓷和搪瓷	锌
铝及铝合金	E	B	B	BC	BC	B③E③	E	C
铜及铜合金	BE	B	B	BC	BC	B③C③	E	C
镁及镁合金	E	B	B	B	B	B③	—	B
镍	BE	B	B	BC	BC	B③C③	—	C
FeNiCo 合金④	BM	BM	BM	BM	BM	B③C③M	—	BM
非金属	—	B	B	BC	BC	B③C③	—	BC
银	BM	BM	BM	BCM	BCM	B③C③M	M	BCM
钢(磁性)	BM	BM	BM	BCM	BCM	B③C③M	M	BCM
钢(非磁性)	BE	B	B	BC	BC	B③C③	E	BC
钛	BE	B	B	B	B	B③	—	B
锌及锌合金	BE	B	B	B	B	B③	—	—

注：B—β 射线反向散射仪；C—库仑仪；E—涡流测厚仪；M—磁性测厚仪。

① 此方法对覆盖层磁导率变化敏感。

② 此方法对覆盖层中磷或硼的含量变化敏感。

③ 此方法对合金的成分敏感。

④ Kovar 铁钴镍合金组成（质量分数）为：镍 29%，钴 17%，铁 54%。

22.4 镀层结合强度的测定

结合力是把单位表面积的电镀层从基体金属（或中间镀层）剥离所需的力，是由微观结合力和宏观结合力这两种不同性质的力组成的，即镀层结合力既有金属晶体之间的分子间力，也有基层材料与镀层之间的机械结合力。在不同的场合表现为以不同的力为主：结合力最强时，是分子间力和机械结合力都处在最佳值域时，分子间力强时，镀层有较好的结合力。有些镀层比如塑料上电镀，则主要表面为机械结合力，以机械结合力为主要结合力的镀层，其结合力往往偏低。

22.4.1 常用检验镀层结合强度的试验方法

镀层常用的结合强度试验方法主要有以下几种：摩擦抛光试验，钢球摩擦滚光剥离试验，锉刀试验，凿子试验，划线、划格试验，弯曲试验，缠绕试验，拉力试验，磨、锯试验，热振试验，深引试验，阴极试验和热循环法试验等。各种镀层常用的结合强度试验方法见表 22-15。

表 22-15 各种镀层常用的结合强度试验方法

试验方法	镀层										
	镉	锌	铜	镍	铬	镍-铬	锡	银	金	锡镍合金	塑料的镀层
摩擦抛光	√	√	√	√		√	√	√	√	√	√
钢球摩擦滚光	√	√	√	√	√	√	√	√	√	√	
剥离(焊接法)			√	√				√		√	
剥离(粘胶法)	√	√	√	√			√	√	√	√	
锉刀			√	√		√				√	√
凿子				√	√	√		√		√	
划线划格	√	√	√	√		√	√	√	√		√
弯曲和缠绕			√	√	√	√				√	√
磨锯				√	√	√				√	
拉力	√	√	√	√		√		√		√	
热振			√	√	√	√	√			√	
深引(杯突)			√	√	√	√				√	
深引(突缘帽)			√	√	√	√		√		√	
阴极处理				√	√	√					
热循环法										√	√

注："√"表示可用的试验方法。

22.4.2 电镀现场测定结合力简易试验方法

在电镀生产现场，有时需要即时了解所获得镀层的结合力情况，以便采取措施对工艺进行调整。这时可以采用简便的方法测试镀层结合力。

1）划痕法是用小刀在镀层表面纵横交错地划若干条线，要划至基体金属材料。交叉格子内的镀层如果有脱落，则表示结合力弱，需要改进电镀工艺。

2）对于可以用手或手钳折弯的工件，可以通过来回地折弯直至断裂，观察其断面有无镀层脱落，来判断镀层结合力情况。

22.4.3　摩擦试验法测量镀层结合强度

（1）摩擦抛光试验法　用一根直径为6mm、末端为光滑半球形的圆钢条作工具，在面积小于$6cm^2$的镀层表面上摩擦15s，摩擦时所施加的压力只限于擦光而不能削割镀层。随着摩擦的继续进行而出现长大的鼓泡，则说明镀层结合强度差。

（2）钢球摩擦滚光试验法　把试样放入一个内部装有直径3mm钢球的滚筒或振动滚光机内，用肥皂液作润滑剂，根据试样的复杂程度制定其转速、振动频率及试验时间。结合不良的镀层经此试验后会起泡。

22.4.4　切割试验法测量镀层结合强度

（1）锉刀试验法　将镀件固定好后，镀层表面与锉刀角度呈大约45°，用粗齿扁锉锉其锯断面，并由基体金属向镀层方向锉，镀层有揭起或脱落则视为不合格。本方法不适用于很薄的镀层及锌、镉之类的软镀层。

（2）磨锯试验　用砂轮、磨床、钢手锯等对镀件进行磨削或切割，磨锯方向从基体金属指向镀层，然后检查磨锯断面镀层的结合强度。本方法对镍、铬等硬而脆的镀层的检验特别有效。

（3）划痕试验　在镀层表面上，用一把刃口为30°锐角的硬质钢划刀划两条相距为2mm的平行线，观察划线间的镀层是否翘起或剥离。划线时应一次使划刀划破镀层，到达基体金属，本方法仅适用于薄镀层。

22.4.5　形变试验法测量镀层结合强度

（1）凿子试验　用锐利的凿子快速撞击在镀层凸出部位的背面，镀层可能会破裂或凿穿，如果镀层不与基体分离，则镀层结合强度好。本试验仅适用于厚镀层（>125μm），不适用于薄或软的镀层。

（2）弯曲试验　弯曲试验有两种方式：

1）将试样沿直径弯曲180°，用4倍的放大镜观察，检查弯曲部分镀层是否有起皮、脱落现象。

2）将试样夹在台虎钳上，然后反复弯曲或拐折直至基体和镀层一起断裂，观察断口处镀层的附着情况。必要时可用小刀挑、撬镀层，镀层不发生起皮、脱落为合格。用4倍的放大镜观察，镀层与基体之间不能有分离。

（3）缠绕试验　直径小于1mm线材试样缠绕在直径为线材试样直径3倍的金属轴上，直径大于1mm的线材试样绕在与线材试样直径相同的金属轴上，绕成10~15匝紧密靠近的线圈，以便直接观察外部镀层的结合强度。镀层没有剥落、碎裂、片状剥落现象为合格。本方法常用于检验线材与带材基体上镀层的结合强度。

（4）拉伸试验　在拉力试验机上使电镀试样承受拉伸应力直至断裂，用放大镜观察断口处镀层与基体的结合情况，无覆盖层从基体金属剥落的现象视为合格。试样的规格尺寸和其他要求按力学性能试验时拉伸试样的标准设计要求处理。拉力棒应在与工件完全相同的条件下，电镀后再进行结合强度试验。必要时，拉伸试样的材质和热处理工艺应与实际镀件相同。

(5) 深引试验　用特制的冲头将一定规格（如 70mm×30mm×1mm）的试样冲压至基体和镀层一起变形破裂，试验是在专门的压力实验机上进行的。观察破裂处镀层与基体的结合情况。

22.4.6　剥离试验法测量镀层结合强度

(1) 焊接-剥离试验　镀锡低碳钢或镀锡黄铜试片的规格为 75mm×10mm×0.5mm，在距一端 10mm 处弯成直角，将短边平面焊到试样镀层表面上，对长边施加垂直于焊接面的拉力，直至试片与试样镀层分离。若在焊接处或镀层内部发生断裂，则认为其结合强度好。本试验方法适用于检验厚度小于 125μm 的镀层。

(2) 粘接-剥离试验　在镀层上黏附一种纤维粘胶带（粘胶带的附着强度值大约是每 25mm 宽度为 8N），用一定质量的橡胶滚筒在镀层上面滚压，除去粘接面内的空气泡。间隔 10s 后，用垂直于镀层的拉力使胶带剥离，镀层无剥离现象说明结合强度好。

对于印制电路板中导体和触点上镀层的附着强度特别适用于本试验方法，而且试验面积至少应有 $30mm^2$。

22.4.7　热振试验法测量镀层结合强度

热振试验是在一定温差的环境中将试样进行温度的交变试验，通过在惰性气体中或在适当液体中加热处理易氧化的镀层和基体，检测镀层经过不同温度环境的变化后结合力的变化情况。试验时，按照表 22-16 中规定的温度把试样放在炉中加热，然后取出放入室温的水中骤冷，镀层没有鼓泡或脱落即为合格。

表 22-16　热振试验温度　（单位：℃）

基体金属	覆盖层金属		基体金属	覆盖层金属	
	铬、镍、铜、镍+铬及锡镍	锡、铅及铅锡		铬、镍、铜、镍+铬及锡镍	锡、铅及铅锡
钢	300±10	150±10	锌合金	150±10	150±10
铜及铜合金	250±10	150±10	铝及铝合金	220±10	150±10

22.4.8　热循环试验法测定塑料电镀件的镀层结合强度

塑料镀层和金属镀层相比较其热胀系数高 6 倍左右，因此，镀层对温度的任何变化都很敏感，将会在金属和塑料接口上产生应力。通过多次冷热循环试验，塑料镀件内应力越来越大，当达到极限时，便产生裂纹，可以此来定性评价镀层的结合强度。按 GB/T 12600—2005 规定，塑料件上电镀层的热循环试验步骤如下：

1) 在高温限值下暴露工件 1h。

2) 将工件返回到（20±3)℃，在此温度下保温 1h。

3) 在低温限值下暴露工件 1h。

4) 将工件返回到（20±3)℃，在此温度下保温 30min。

热循环温度限值见表 22-17。

22.4.9　阴极试验法测量镀层结合强度

将试样视为阴极，在 $10A/dm^2$ 的电流密度和 90℃下通电处理，同时放入质量分数为 5%

表 22-17 热循环温度限值

使用条件号	温度限值/℃		使用条件号	温度限值/℃	
	高温	低温		高温	低温
5	85	-40	2	75	-30
4	80	-40	1	60	-30
3	80	-30	—	—	—

的氢氧化钠溶液中。放进去 2min 开始观察，15min 后镀层不起泡表明结合强度良好。也可在质量分数为 5%的硫酸中，用 10A/dm^{2}的电流密度条件下通电，经 15min 后镀层不起泡为结合强度良好。

本试验只适用于能够透过阴极释放氢气的镀层（如镍和镍铅），不适用于铅、锌、锡、铜或镉等软镀层。

22.4.10 塑料基体上金属剥层剥离强度定量测定

在一个 75mm×100mm 的塑料板镀上厚度为（40±4）μm 的酸性铜层，接着用锋利的刀子切割铜镀层至基体，成 25mm 宽的铜条。从试样任一端剥起约 15mm 长的铜层，然后用夹具将剥离的铜层端头夹牢，用垂直于表面 90°±5°的力进行剥离，如图 22-4 所示。

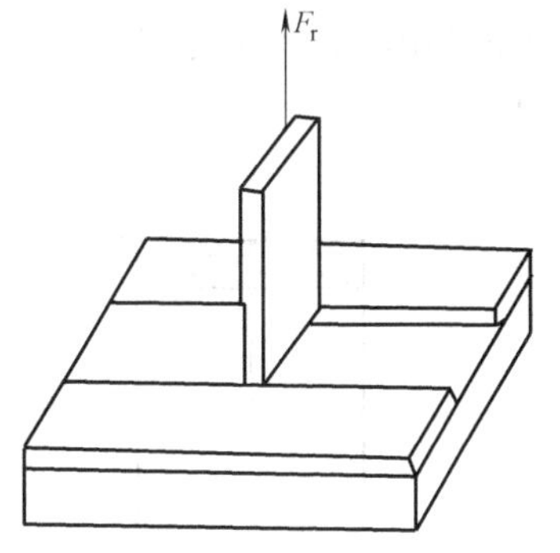

图 22-4 测定镀层剥离强度的示意图

剥离速度为 25mm/min，且不间断地记录剥离力，直到铜镀层与塑料分离为止。剥离强度可按下式计算：

$$F_r = 10F_p/h$$

式中 F_r——剥离强度（N/cm）；

F_p——剥离力（N）；

h——镀铜层厚度（cm）。

22.4.11 塑料基体镀层拉脱强度定量测定

取截面积为 1cm^{2}的铜柱（或铝柱）和预制的塑料酸性镀铜试样（铜层厚度为 30～40μm）进行黏合。在室温下加压固化 24h，然后用刀子除去铜柱周围的黏合剂，并切断四周镀层（切至塑料基体）待用。在拉力机上，用垂直于镀件表面的力进行拉脱试验，直到铜层与塑料基体分离为止，如图 22-5 所示。

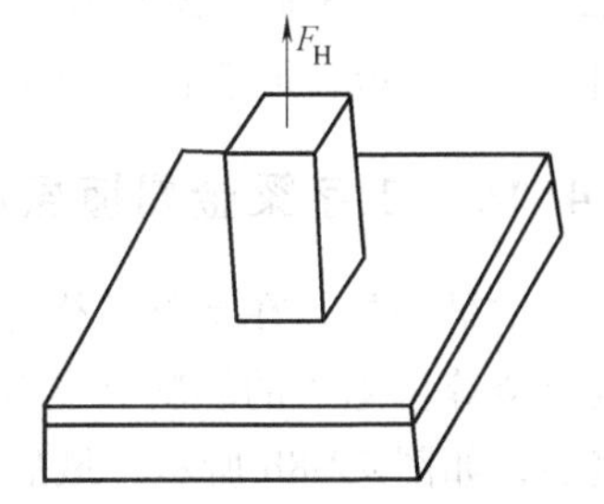

图 22-5 测定镀层拉脱强度的示意图

记下拉力值即可求得该塑料镀层的拉脱强度 F_H。拉脱强度与剥离强度之间的关系为

$$F_H = 5.5F_r/\delta^{3/4}$$

式子 F_H——拉脱强度（N/cm^2）；

F_r——剥离强度（N/cm）；

δ——被削离金属层的厚度（cm）。

22.4.12 镀层弯曲试验法测量镀层结合强度

1）将试样反复弯曲180°，弯曲方向为沿直径等于试样厚度的轴，直至试样基体金属断裂，镀层不起皮脱落即为合格。

2）将试样弯曲180°，弯曲方向为沿直径等于试样厚度的轴，然后用放大镜放大4倍检查弯曲部分，镀层不起皮脱落即为合格。

3）将试样夹在台虎钳中，反复弯曲试样，直至基体断裂，镀层不应起皮脱落。或者用放大镜放大4倍检查，镀层与基体之间不允许分离。

4）直径1mm以下的金属线材，绕在直径与线材相同的金属线上，绕成10~15匝紧密靠近的线圈，镀层不应有起皮脱落现象。

22.4.13 奥拉金属镀层结合强度测定法

（1）普通奥拉法　先在金属棒材上电镀1.5mm以上厚度的镀层，如图22-6a所示，并加工成如图22-6b所示的试样，在专用夹具上进行测试，如图22-6c所示，此法只适用于棒材。

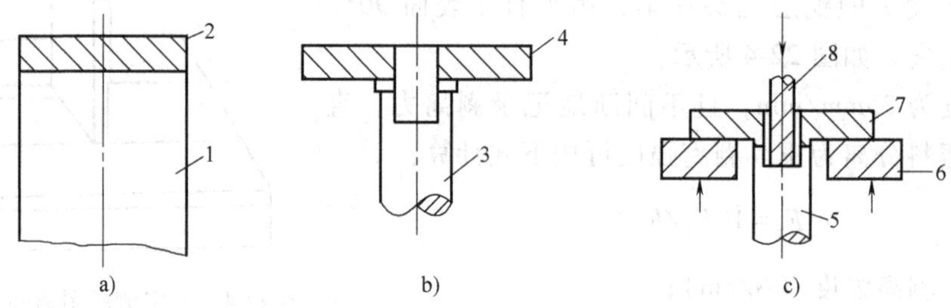

图22-6　奥拉法拉力试验

a）基材镀膜　b）制备试样　c）在夹具上测试

1、3、5—基材　2、4、7—镀层　6—支板　8—加压杆

（2）改进的奥拉法　先在厚度为3~6mm板材上电镀1.5mm以上厚度的镀层，如图22-7a所示，再加工成如图22-7b所示的测试试样，然后与加压杆、垫块和螺钉进行装配，如图22-7c所示，最后在专用夹具上进行测试，如图22-7d所示，此法只适用于板材。

22.4.14 工字梁金属镀层结合强度测定法

工字梁法先是在板材试样上按图22-8a所示加工出两个凹槽，并向槽内填充蜡制剂或低熔点合金等可除去的填料（若用蜡制剂则还需涂覆银粉使其导电），再电镀2mm以上厚度的镀层，如图22-8b所示，最后加工成工字形试样并除去填料，在专用夹具上进行测试，如图22-8c所示。

22.4.15 锥形头金属镀层结合强度测定法

首先在板材试样的两面同时电镀镀层，如图22-9a所示，再加工成锥形头试样，如图22-9b所示，然后在专用夹具上进行测试。

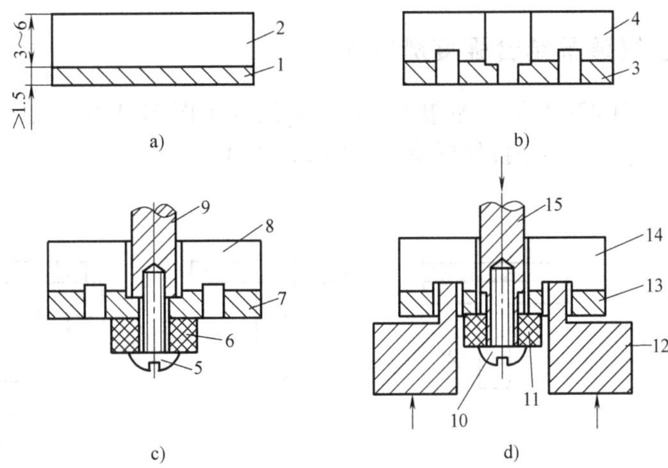

图 22-7　改进的奥拉法拉力试验

a）基材镀膜　b）加工试样　c）装配　d）测试

1、3、7、13—镀层　2、4、8、14—基材　5、10—螺钉　6、11—垫块　9、15—加压杆　12—支板

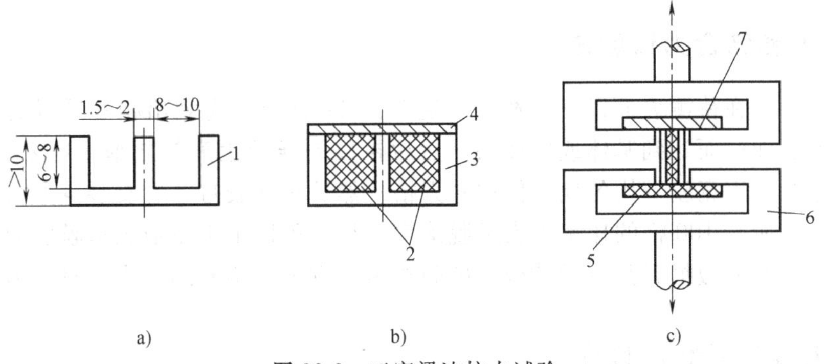

图 22-8　工字梁法拉力试验

a）加工凹槽　b）基材镀膜　c）测试

1、3、5—基材　2—填料　4、7—镀层　6—夹具

22.4.16　环形剪切金属镀层结合强度测定法

首先在棒材试样中部电镀约 2.0mm 厚的镀层，再将镀层两端面加工平整后，使镀层厚度保持在 1.5mm 左右，放入钢模中进行测试，如图 22-10 所示。

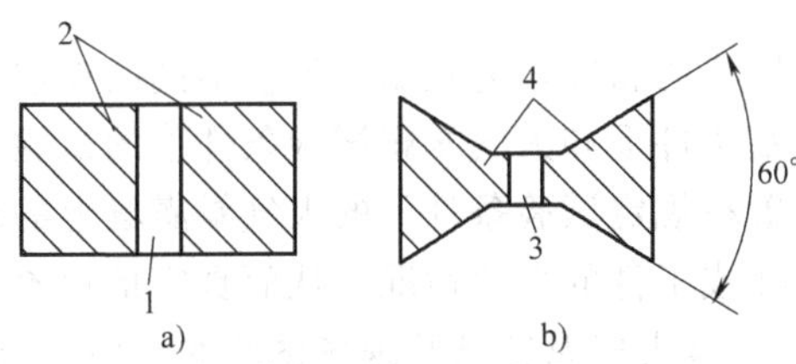

图 22-9　锥形头法拉力试验

a）基材双面镀膜　b）测试

1、3—基材　2、4—镀层

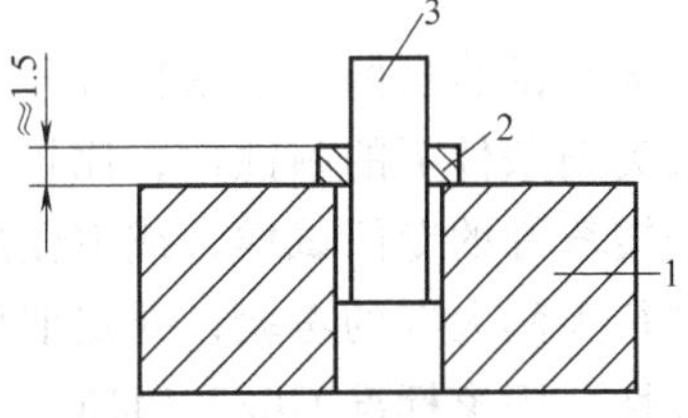

图 22-10　环形剪切法拉力试验

1—支板　2—镀层　3—基材

22.4.17 T形金属镀层结合强度测定法

将T形试样（见图22-11a）一端镀上一层厚镀层（见图22-11b），然后切去镀层下方突出的基体（见图22-11c），再作拉伸试验（见图22-11d）。

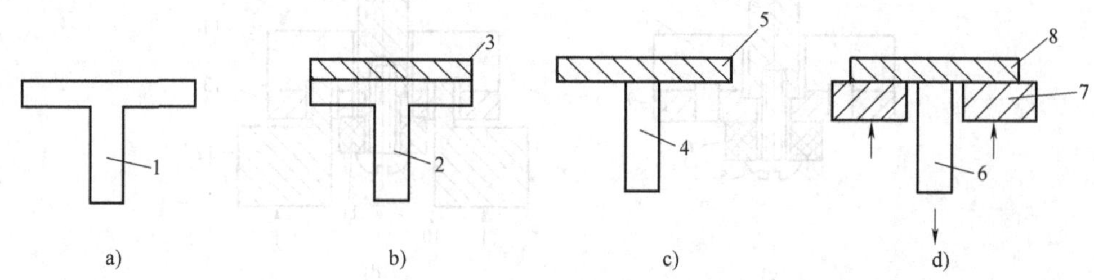

图22-11 T形试验法拉力试验
a）T形试样 b）镀膜 c）切去突出基体 d）拉伸试验
1、2、4、6—基材 3、5、8—镀层 7—支板

22.4.18 方格结合力试验法

用直尺和小刀在待测表面以一定宽度（通常是1~2mm）先划出相互平行的11条直线，深度要求划断表面层而达到基体或底镀层，然后再以同样的距离与之垂直地划11条线，构成100个小方格。用宽胶带均匀地粘住这些方格，然后拔起胶带，看有多少方格内的镀层或膜层被粘脱，按所占100格的比率来表示脱落率，从而可以半定量地表示膜层的结合力。便于进行比较，这时的数据只是一种结合力的间接表达方式，不是结合力本身的力学参数。

22.5 镀层耐蚀性的测定

评定镀层耐蚀性的试验方法有户外曝晒腐蚀试验和人工加速腐蚀试验。户外曝晒试验主要是用于鉴定户外使用的镀层性能，其试验结果通常可作为制定镀层厚度标准的依据。人工加速腐蚀试验主要是为了快速鉴定电镀层的质量，有中性盐雾试验、醋酸盐雾试验、铜盐加速醋酸盐雾试验、腐蚀膏试验、周（期）浸（润）试验、二氧化硫试验、电解腐蚀试验、硫代乙酰胺腐蚀试验、硫化氢试验、潮湿试验等。

22.5.1 户外曝晒试验法

户外曝晒试验目的在于获得各种镀层在户外环境下的腐蚀性能数据，评价不同的镀层在特殊大气类型条件下的耐蚀性，比较在给定的试验室条件下和大气暴露试验条件下的试验结果。将经镀覆好的专门试样，或镀覆好的工件，放置在规定试验条件下的大气暴露场上的暴架上，进行天然大气的考验，并定期检查、记录试样或工件的变化情况，从而真实地评价镀层的耐蚀性。国家标准 GB/T 14165—2008《金属和合金大气腐蚀试验现场试验的一般要求》详细规定了大气暴露试验的要求和方法，应严格按标准的规定进行试验。

1. 曝晒条件

户外曝晒法测定镀层耐蚀性时对曝晒条件的要求见表22-18。

表 22-18　户外曝晒法测定镀层耐蚀性时对曝晒条件的要求

大气条件	特　征
工业性大气	在工厂集中的工业区，大气被工业性介质（如 SO_2、H_2S、NH_3 及煤灰等）污染较严重
海洋性大气	靠近海边 200m 以内的地区，海洋性大气易受盐雾污染
农村大气	远离城市没有工业废气污染的乡村，空气洁净，大气中基本上没有被工业性介质及盐雾所污染
城郊大气	在城市边缘地区，大气中较轻微地被工业性介质所污染

2. 曝晒方式

（1）敞开曝晒　在框架上直接放敞开曝晒的试样，框架采用比试验镀层更耐腐蚀的材料制作，框架高度大于 0.5m，架子与水平方向成 45°角，并且朝向南方。

（2）遮挡曝晒　通常使用屋顶材料作伞形棚顶，试验在遮挡曝晒棚中进行，棚顶做成倾斜的，以便能让雨水流下，但要能完全防止雨水从棚顶漏下，且能完全或部分地遮蔽太阳光直接照射试样，棚顶高度应大于 3m。

（3）封闭曝晒　考虑到大气沉降、阳光辐射和强风直吹，但应与来自外界的空气保持流通等一些因素，通常采用百叶箱作为封闭曝晒用棚，棚顶是密封不渗透的，须有檐和雨水沟槽用于排水，同时稍稍倾斜。可以通过打开百叶箱叶片，使得箱内外大气进行交换，但是雨和雪不能进入箱内。百叶箱应放在试验场的空地上，若同一个试验站放置两个以上的百叶箱，则箱子之间的最小距离应大于箱子高度的两倍。

3. 曝晒试样

（1）试样要求　包括以下内容：

1）户外曝晒试验用的每一个试样表面积都应尽可能大，为了减少边缘效应，并且得到实际可靠的腐蚀数据，最小的试验面积都应大于 $50cm^2$。片状的试样以 50mm×100mm 的钢板（或其他金属板）为基体金属，零件试样则规格不限。板式试样最适宜的尺寸为 150mm×100mm×(1~3)mm。

2）在试样上应打上钢字或挂有刻字的塑料牌，每个试样应有不易消失的明显标记，有利于试验数据的记录和试验的下一步安排，标记号在整个暴露期间清晰耐久，并且对试样标记区域不必进行视觉评定，对试验结果不会产生影响。

3）试样在试验之前，应有专用的记录卡，记录试样的来源、编号、数量、厚度、镀层的基本性能等，并编写试验纲要（包括试验目的、要求、检查周期等）。每种试样需留 1~3 件保存于干燥器内，以供试验过程检查对比之用。

4）在任何一批试验中，试样数量的选择要根据试样的类型、评价物理性能所需的数量，以及在曝晒试验期间预计要取出检查的数量来决定。一般来说，所采用的每种试样数量不能少于三件。

（2）试样的放置　按以下要求进行：

1）一般采用比试验材料耐大气腐蚀而且不会腐蚀试样的材料制备的夹具或是挂钩来固定试样，并且试样尽量少和夹具接触，各个试样间与其他试样也尽量不产生接触。

2）试样的放置要方便取出和挂上。

3）要有防止试样跌落或是破坏的措施。

4）试样不能有覆盖，要曝晒在同样的条件下，同时各个部分都均匀充分地和空气接触。

5）试样和试样之间不能有相互遮挡的情况，也不能出现被别的物品遮掩的情况，腐蚀产物和含有腐蚀产物的水滴不得相互接触，即从一个试样落到另外一个试样上。

6）腐蚀后落下的水滴不能再溅回接触到试样表面。

7）对户外曝晒来说，试样的表面都应该倾斜一定的角度，通常按照试验要求倾斜，而且表面应该朝向南方，且不能被附近其他物体遮挡。

8）在伞形棚下或百叶箱内曝晒的试验，一般按照要求试样将倾斜45°角。

22.5.2 人工加速腐蚀试验法

（1）盐雾试验　根据所用溶液组成不同，盐雾试验可分为中性盐雾试验、醋酸盐雾试验和铜盐加速醋酸盐雾试验。

（2）腐蚀膏试验　将含有腐蚀性盐类的泥膏涂敷在待测试样上，等腐蚀膏干燥后，将试样按规定时间周期在相对湿度较高的条件下进行暴露。

（3）周期浸润腐蚀试验　周期浸润（简称周浸）试验是一种模拟半工业海洋性大气腐蚀的快速试验方法。本试验适用于锌镀层、镉镀层、装饰铬镀层，以及铝合金阳极氧化膜层等的耐蚀性试验，其加速性、模拟性和再现性等方面均优于中性盐雾试验。

（4）通常凝露条件下的二氧化硫试验　含有二氧化硫的潮湿空气能使许多金属很快产生腐蚀，其腐蚀形式类似于它们在工业大气环境下所出现的形式。因此，二氧化硫试验作为模拟和加速试样在工业区使用条件下的腐蚀过程，主要用于快速评定防护装饰性镀层耐蚀性和镀层品质。

（5）电解腐蚀试验（EC试验）　电镀试样在规定的镀液中使用一定的电位进行阳极处理（一般通电1min），然后断电让试样在镀液中停留约2min，再取出清洗，并将它浸入含有指示剂的溶液中，使指示剂与基体金属离子（锌或铁离子）产生显色反应，以检查试样的腐蚀点。

（6）硫化氢试验　本方法采用必要的空调和减压装置，直接向试验箱内通入含硫化氢气体的空气，H_2S量为$1.0\times10^{-3}\%\sim1.5\times10^{-3}\%$（体积分数），箱内温度为（25±2）℃，相对湿度为75%±5%。也可以在玻璃干燥器的底部储水，以保持干燥器内有较大的相对湿度（一般大于75%即可）。将盛有适量硫化钠的烧杯放入干燥器，再从分液漏斗向干燥器导入相应量的硫酸溶液，使其产生硫化氢气体，体积分数大约为0.3%~0.5%。

（7）硫代乙酰胺腐蚀试验（TAA试验）　将试样暴露在由硫代乙酰胺逸出的蒸气之中，并由饱和醋酸钠溶液维持具有75%的相对湿度。适用于评价银或铜防变色处理的效果和检查贵金属镀层的连续性。

（8）湿热试验　为了模拟电镀层在湿热条件下腐蚀的状况，由人工创造洁净的高温、高湿环境进行试验。

22.5.3 盐雾试验法

1. 盐雾试验法的种类

1）中性盐雾试验（NSS）是在一个能控制恒温、恒湿，能自动喷雾的启闭式密封箱中进行的、是国内外使用时间长、用途最广泛的加速腐蚀试验方法，是通过把试样放置在一定浓度盐水喷成的细雾中，保持一定的时间后考察其抗盐雾腐蚀破坏的能力。配制好的盐雾试验溶液的 pH 值应该为 6.0~7.0。

2）把 NSS 试液的 pH 值调整到 3.1~3.3 之间，就可以配制成醋酸盐雾试验（ASS）试液。通常是加入冰醋酸，然后用冰醋酸或氢氧化钠调节 pH 值。

3）铜盐加速醋酸盐雾试验（CASS）试液的 pH 值和 ASS 试液相同，所不同的仅仅是在 ASS 溶液中加入（0.6±0.02）g/L 氯化铜来加速腐蚀，同时也把试验温度提高到（50±2）℃。

2. 试样的放置

1）在试验前须把试样充分清洗，在清洗过程中不能使用任何会对镀层表面产生破坏的磨料和溶剂。

2）试样须在箱内按一定顺序排列，同时使平面的试样和垂线呈 15°~30°角，试样的表面和盐雾在箱内流动的主要方向相平行，而且要朝上。

3）在试样进行过程中，试样不能够产生碰撞或接触，也不能与试验箱发生接触，试样间的间隔应该尽量使得盐雾能够自由沉降在试样的主要表面上，同时流过试验表面的溶液不能滴在其他的试样上。

4）用来悬挂或是支撑试样的挂具必须比试样耐蚀性好，或者直接用非金属材料制备，支架上的液滴不得落在试样上。

5）在试验过程中不能把标识的地方腐蚀掉，应该采用适当的保护，例如以适当的材料涂覆。

6）试验后，试样应该在常温下干燥 0.5~1h，接着利用流动的清水缓和地清洗，除去试样表面的盐分。

3. 试验工艺

各种盐雾试验工艺见表 22-19。

表 22-19　各种盐雾试验工艺

试验方法	中性盐雾试验	醋酸盐雾试验	铜盐加速盐雾试验
盐溶液	NaCl 为(50±5)g/L	NaCl 为(50±5)g/L 用醋酸调 pH 值	NaCl 为(50±5)g/L $CuCl_2 \cdot 2H_2O$ 为(0.26±0.02)g/L 用醋酸调 pH 值
溶液 pH 值	6.5~7.2	3.2±0.1	3.2±0.1
箱内温度/℃	35±2	35±2	50±2
喷雾方式	连续喷雾	连续喷雾	连续喷雾
盐雾沉降率	(1.5±0.5)mL/(h·80cm^2)	(1.5±0.5)mL/(h·80cm^2)	(1.5±0.5)mL/(h·80cm^2)
试验周期/h	2,6,16,24,48,96,240,480,720	4,8,24,48,96,144,240,360,480,720	2,4,8,16,24,48,72,96,144,240,480,720
适用范围	适用于考核金属镀层和非金属材料的无机或有机涂层的腐蚀性能、保护性能的检验和鉴定。不宜作为镀层寿命的试验，也不能用于不同金属镀层耐大气腐蚀的比较	适用范围与中性盐雾试验相同，只是腐蚀速度快，可缩短试验周期。本方法适用于 Cu-Ni-Cr 或 Ni-Cr 装饰性镀层，也适用于铝的阳极氧化膜	本方法是对钢件和锌压铸件上装饰性 Cu-Ni-Cr 或 Ni-Cr 镀层进行加速腐蚀试验的通用方法，也适用于铝及铝合金阳极氧化层耐蚀性检验

22.5.4　腐蚀膏（CORR）试验法

1. 试验步骤

1）试验前加入的溶剂不能用有腐蚀性的或者会在表面生成保护膜的溶剂进行清洗，可以采用适当的溶剂例如乙醇、丙酮进行清洗。

2）腐蚀膏需要用干净的刷子均匀地涂覆在试样上，同时其湿膜厚度达到 0.08~0.2mm，还得在常温下而且相对湿度小于 50%的条件下干燥 1h。

3）把干燥后的试样放进温度为（38±2）℃、相对湿度为 80%~90%、不会使试样表面产生凝露的湿热箱中进行暴露，16h 为一个周期。

2. 评定方法

1）在试样腐蚀膏试验结束后把试样干燥，检查腐蚀膏中出现腐蚀点的大小和数量。为便于观察锈点，可以把试样上的腐蚀膏去掉，并在中性盐雾条件下暴露 4h，或在温度为 38℃、相对湿度为 100%的湿热箱里暴露 24h，以显示出腐蚀锈点。在某些情况下，为了检查试样外观和破坏的情况，用清水和海绵将腐蚀膏清除掉，再进行干燥检查外观光泽和开裂变化的情况。

2）锌合金或铝合金工件上的镀层用清水及海绵将腐蚀膏清除，干燥后检查镀层外观光泽、开裂及基体金属腐蚀锈点等。

22.5.5 周期浸润腐蚀试验法

周期浸润腐蚀试验用溶液、补给液组成及试验条件见表 22-20。

表 22-20 周期浸润腐蚀试验用溶液、补给液组成及试验条件

<table>
<tr><th rowspan="2">组成及条件</th><th colspan="3">试验溶液</th><th colspan="3">补给溶液</th></tr>
<tr><th colspan="2">A</th><th>B</th><th colspan="2">A</th><th>B</th></tr>
<tr><td>氯化钠的质量浓度/(g/L)</td><td colspan="2">5.0±0.5</td><td>5.0±0.5</td><td colspan="2">1</td><td>1</td></tr>
<tr><td>过硫酸钠的质量浓度/(g/L)</td><td colspan="2">0.25±0.05</td><td>0.8±0.05</td><td colspan="2">0.22</td><td>0.6</td></tr>
<tr><td>硫酸铵的质量浓度/(g/L)</td><td colspan="2">0.02</td><td>0.05</td><td colspan="2">—</td><td>—</td></tr>
<tr><td>pH 值</td><td>4.8~5.0</td><td>5.0~5.2</td><td>3.6~4.0</td><td>3~5</td><td>6~8</td><td>6~8</td></tr>
<tr><td>适用范围</td><td>锌镀层、镉镀层</td><td>装饰镀层</td><td>铝合金阳极氧化膜层</td><td>锌镀层、镉镀层</td><td>装饰镀层</td><td>铝合金阳极氧化膜层</td></tr>
<tr><td>试验条件</td><td colspan="6">指示温度为(45±1)℃[平衡时溶液的温度为(42±2)℃]
指示相对湿度为 75%±5%
浸润周期 15min(试样浸入溶液时间 1.5min)</td></tr>
</table>

注：1. 除过硫酸钠为分析纯外，其余化学试剂均为化学纯，并用蒸馏水配制。
2. 溶液的 pH 值用醋酸或冰醋酸调整。
3. 液面高度和溶液浓度由周浸试验机补给系统自动保持与补偿。

周期浸润腐蚀试验延续时间及耐蚀性质量要求见表 22-21。

22.5.6 电解腐蚀（EC）试验法

在电解液中使用一定的电位进行阳极处理电镀试样（一般通电 1min），然后断电，让试样在电解液中停留约 2min，然后取出用清水缓慢清洗，并将它浸入含有指示剂的溶液中，使指示剂与基体金属离子（锌或铁离子）产生显色反应，用来检查试样的腐蚀点。检查后，再把试样浸入电解液，按产品试验要求重复上述试验多次。电解时间由模拟的使用年限决定。

表 22-21　周期浸润腐蚀试验延续时间及耐蚀性质量要求

镀层种类	镀层厚度/μm	周期浸润试验延续时间/h	耐蚀性质量等级	腐蚀等级
锌镀层的钝化膜	>5	22	优质	镀层腐蚀等级低于三级
		5	合格	
经钝化的锌镀层	8~12	120	优质	基体腐蚀等级低于三级
		60	合格	
镉镀层的钝化膜	>5	22	优质	镀层腐蚀等级低于三级
		5	合格	
经钝化的镉镀层	8~12	120	优质	基体腐蚀等级低于三级
		60	合格	
装饰铬镀层	Cu12~18 Ni8~12 Cr0.5~2	32	优质	基体腐蚀等级低于二级
		4	合格	
硫酸阳极氧化膜层（重铬酸盐封闭）	—	96	优质	腐蚀等级低于二级
		48	合格	
硫酸阳极氧化膜层（热水封闭）	—	64	优质	腐蚀等级低于二级
		24	合格	

注：锌镀层钝化后应放置24h后（但不超过一个月）再进行周期浸润试验。

EC试验用电解液和腐蚀点显示液组成见表22-22。

表 22-22　EC试验用电解液和腐蚀点显示液组成

基体	电解液	电解条件	显示液
压铸件	硝酸钠（$NaNO_3$）为10.0g，氯化钠（NaCl）为1.3g，硝酸（HNO_3）为5.0mL，蒸馏水配至1L	试样作阳极；阴极为不溶性金属；阳极最高电流密度为0.33A/dm²；阳极相对于饱和甘汞电极的电位为+0.3V；通电周期：通1min，断2min；槽液寿命为900C/L①	冰醋酸（CH_3COOH）为2mL，喹啉（C_9H_7N）为8mL，蒸馏水配至1L
钢件			冰醋酸（CH_3COOH）为2mL，硫氰酸钾（KSCN）为3g，质量分数为30%的过氧化氢（H_2O_2）3mL，蒸馏水配至1L
钢件	硝酸钠（$NaNO_3$）为10.0g，氯化钠（NaCl）为1.3g，硝酸（HNO_3）为5.0mL。1,10盐酸二氮杂菲为1.0g，蒸馏水配至1L	槽液寿命为200C/L；其他条件同上	电解液中已加有指示剂，故不必定期把试样从电解槽中移到指示剂溶液内

① 单位为周期每升的意思。

22.5.7　湿热试验法

（1）试验设备　可采用湿热试验箱或湿热试验室。

（2）试验方法　包括恒温恒湿试验、交替变化温度湿度试验、高温高湿试验。

1）恒温恒湿试验是指温度为（40±2）℃，相对湿度为95%以上，用于模拟产品经常处于高温高湿条件下的试验。

2）交替变化温度、湿度试验：①升温从30℃升到40℃，相对湿度不小于85%，时间为1.5~2h；②高温、高湿，温度为（40±2）℃，相对湿度为95%，时间为14~15h；③降温从（40±2）℃降到（30±2）℃，相对湿度不小于85%，时间为2~3h；④低温、高湿，温度为（30±2）℃，相对湿度为95%，时间为5~6h。

3）高温、高湿试验是指温度为（55±2）℃，相对湿度大于95%，在凝露时暴露16h。关掉热源使空气循环，温度降到30℃时，试样保温5h作为1个周期。每个周期后检查试样。

（3）镀层品质评定　镀层湿热品质分为良好、合格、不合格三种。

1）色泽变暗，镀层和底层金属无腐蚀，评为良好。

2）镀层的腐蚀面积不超过镀层面积的1/3，但底层金属除边缘及棱角外无腐蚀，评为合格。

3）镀层腐蚀占总面积的1/3以上，或底层金属出现腐蚀，评为不合格。

22.5.8　阴极性镀层经耐蚀性试验后的等级评定及腐蚀率计算

1. 保护等级

（1）计算法　根据腐蚀缺陷占总面积的百分数，按下式计算保护等级：

$$R=3\times(2-\lg A)$$

式中　R——保护等级；

A——腐蚀缺陷占总面积的百分数（%）。

（2）查表法　腐蚀缺陷占总面积的百分数与保护等级的关系见表22-23。

表22-23　腐蚀缺陷占总面积的百分数与保护等级的关系

腐蚀评级	10	9	8	7	6	5	4	3	2	1	0
腐蚀缺陷占总面积的百分数(%)	无缺陷	<0.1	0.1~0.25	0.25~0.5	0.5~1.0	1.0~2.5	2.5~5	5~10	10~25	25~50	>50

2. 外观等级

1）外观等级须用多种尺度进行评定，它需要根据缺陷的面积和缺陷损失的严重程度来进行评定。

2）外观等级以保护等级为基础，但不能高于保护等级。①如果仅有基体金属的腐蚀，而没有影响镀层的其他缺陷，则外观等级与保护等级同级；②如果存在着不属于保护等级的表面缺陷，则外观等级比保护等级低1级或1级以上。

3）评定时，应根据试验要求，将覆盖层外观的损坏分为很轻微的、轻微的、中等的、严重的四个等级：①外观缺陷属轻微的，其外观等级比保护等级降一级或二级，很轻微者降一级，轻微者降二级；②外观缺陷属中等的，其外观等级比保护等级降三级或四级；③外观缺陷属严重的，其外观等级比保护等级降五级或更多。

3. 阴极性镀层加速腐蚀试验时腐蚀率计算

采用一块有机玻璃或塑料薄膜，上面划有方格（5mm×5mm），覆盖在试样镀层的主要表面上，则镀层主要表面被划分成若干方格，计算方格总数N，并把这些方格中腐蚀后的含有腐蚀点的方格数计为η，腐蚀率计算公式如下：

$$\gamma=\frac{\eta}{N}\times100\%$$

式中　N——方格总数；

η——含有腐蚀点的方格数。

4. 阴极性镀层加速腐蚀试验时腐蚀率与评定等级的关系

阴极性镀层加速腐蚀试验时腐蚀率与评定等级的关系见表22-24，腐蚀率百分数值越大，评定的等级则越低，说明镀层耐蚀性越差。反之，腐蚀率百分数越小，评定等级就越高，说明镀层耐蚀性就越好。

表 22-24　腐蚀率与评定等级的关系

腐蚀率(%)	评定等级	腐蚀率(%)	评定等级
0	10	$4<\gamma\leqslant 8$	4
$0<\gamma\leqslant 0.25$	9	$8<\gamma\leqslant 16$	3
$0.25<\gamma\leqslant 0.5$	8	$16<\gamma\leqslant 32$	2
$0.5<\gamma\leqslant 1$	7	$32<\gamma\leqslant 64$	1
$1<\gamma\leqslant 2$	6	$\gamma>64$	0
$2<\gamma\leqslant 4$	5	—	—

22.5.9　阳极性镀层经耐蚀性试验后的电镀试样外观腐蚀等级评级

（1）外观评级　对试样表面的腐蚀缺陷程度进行外观评级（以英文字母 A~I 表示）时，应根据试样表面外观的变化（包括变色、失光、覆盖层腐蚀和基体金属腐蚀等）来评定。外观评级与试样表面外观变化情况的关系见表 22-25。

表 22-25　外观评级与试样表面外观变化情况的关系

外观评级	试样表面外观变化情况
A	无变化
B	轻微到中度的变色
C	严重变色到极轻微的失光
D	轻微的失光或出现极轻微的腐蚀产物
E	严重的失光，或在试样局部表面上布有薄层的腐蚀产物或点蚀
F	有腐蚀物或点蚀，且其中之一集中分布在整个试样表面上
G	整个表面上布有厚的腐蚀产物层或点蚀，并有深的点蚀孔
H	整个表面上布有非常厚的腐蚀产物层或点蚀，并有深的点蚀孔
I	出现基体金属腐蚀

（2）腐蚀评级　根据腐蚀缺陷占总面积的百分数进行腐蚀评级。

（3）腐蚀等级　试验结果的评定应综合外观评级和腐蚀评级提出腐蚀等级报告。其表示方法是先定外观评级字母，接着写腐蚀评级数字。当基体金属出现腐蚀时，再加斜线，斜线下方写 I，例如，腐蚀等级为 D2，则表示外观评级为 D 级，腐蚀评级为 2 级；又如，腐蚀等级为 G5/I 则表示外观评级为 G 级，腐蚀评级为 5 级，I 表示有基体腐蚀。

22.6　镀层孔隙率的测定

22.6.1　贴滤纸法

1. 试液成分及测试条件

（1）测量原理　将浸有测试溶液的润湿滤纸贴于经预处理的被测试样表面，滤纸上的相应试液渗入镀层孔隙与基体金属或中间镀层作用，生成具有特征颜色的斑点并在滤纸上显示。然后以滤纸上有色斑点的多少来评定镀层的孔隙率。

（2）试验溶液　试验溶液由腐蚀剂和指示剂组成。腐蚀剂要求只与基体金属或中间镀层作用而不腐蚀表面镀层，一般采用氯化物等。指示剂则要求与被腐蚀的金属离子产生特征显色作用，常用铁氰化钾等。试液的选择应按被测试样基体金属（或中间镀层）种类及镀层性质而定，见表22-26。表中所配试剂要求化学纯，溶剂为蒸馏水。

表22-26 贴滤纸法测定镀层孔隙率的试液成分及测试条件

镀层种类	基体金属或中间镀层金属	组分质量浓度/(g/L)		粘贴滤纸时间/min	测定程序	斑点特征
铬、镍-铬、铜-镍-铬	钢	铁氰化钾	10	10	1)测定前，应将试样的待测表面用有机溶剂或氧化镁膏脱脂，再用蒸馏水洗净，然后吹干或用滤纸吸干。如在电镀后接着测定，则不必脱脂 2)将浸透试验溶液的滤纸贴到试样的待测表面上。滤纸与镀层表面之间不应有残留气泡。同时可不断向滤纸补加试验溶液，以使滤纸保持湿润，待到规定时间后，揭下印有孔隙斑点的滤纸，用蒸馏水冲洗后，放在洁净玻璃板上，干燥后观察。根据斑点特征及数目计算孔隙率	蓝色点：孔隙至钢基体 红褐色点：孔隙至铜镀层或铜基体 黄色点：孔隙至镍镀层
		氯化铵	30			
铬-镍-铬	铜及铜合金	氯化钠	60			
镍	钢	铁氰化钾	10	5		
	铜及铜合金	氯化钠	20	10		
钢-镍、镍-铜-镍	钢	铁氰化钾	10	10		
		氯化钠	20			
钢	钢	铁氰化钾	10	20		
		氯化钠	20			
锡	钢	铁氰化钾	10	5		
		亚铁氰化钾	10			
		氯化钠	60			
钢锡	钢	铁氰化钾	40	60		
		氯化钠	15			
铜、锌、银	铝	铝试剂（玫红三羧酸铵）	3.5	10		鲜红色点：孔隙至铝基体
		氯化钠	150			

2. 测定程序

1）测定前，应将试样的待测表面用有机溶剂或氧化镁膏脱脂，再用蒸馏水洗净，然后吹干或用滤纸吸干。如在电镀后接着测定，则不必脱脂。

2）将浸透试验溶液的滤纸贴到试样的待测表面上，滤纸与镀层表面之间不应有残留气泡，同时可不断向滤纸补加试验溶液，以使滤纸保持湿润，待到规定时间后，揭下印有孔隙斑点的滤纸，用蒸馏水冲洗后，放在洁净玻璃板上，干燥后观察。根据斑点特征及数目计算孔隙率。

3. 孔隙率的计算

在自然光或荧光灯下，直接观察相应镀层孔隙的有色斑点。将一块刻有平方厘米方格的有机玻璃板，放在印有孔隙痕迹的检验滤纸上，分别计算每平方厘米方格内的各种有色斑点数目，再将所得点数相加。根据滤纸与镀层表面接触的面积，计算镀层的孔隙率 q：

$$q=\frac{n}{S}$$

式中 n——孔隙斑点数（个）；

S——受检镀层面积（cm^2）；

q——镀层的孔隙率（个/cm^2）。

4. 注意事项

1）应将能显示孔隙的试纸放在洁净的玻璃板上，并向试纸滴上数滴质量分数为4%的亚铁氰化钾溶液，以除去试纸与镍镀层作用的黄色斑点，仅剩下与钢底层作用的蓝色斑点或与铜、黄铜基体作用的红褐色斑点。

2）为显示至镍镀层的孔隙，可将能显示孔隙的试纸平放到洁净的玻璃板上，并在试纸上均匀地滴加二甲基乙二醛肟的氨水溶液数滴。使滤纸上显示至镍底层的黄色斑点变为易于辨认的玫瑰色。用清水洗涤、干燥后，显示至钢和铜镀层的有色斑点的颜色消失。

3）为测定外层为铬的多层镀层的孔隙率，应在镀铬 30min 后进行。对于镀铜的钢件、铜及铜合金上的多层镀铬层，测定孔隙率时，因显示铜及铜合金底层孔隙点的斑痕不能全部印在滤纸上，计算试样上呈现的红褐色斑点数即可。

22.6.2 电图像法

电图像法测试时，对镀层的基体金属通电，使其阳极溶解。溶解下来的金属离子通过镀层上的孔隙，电泳迁移到测试纸上。由于金属离子和测试纸上的某种化学试剂发生反应，形成染色点。根据测试纸上染色点的多少来判断镀层孔隙的多少。只要选择适当的阳极溶解条件和具有特定反应的化学试剂，就可应用此方法测定孔隙率。电图像法测试原理如图 22-12 所示。

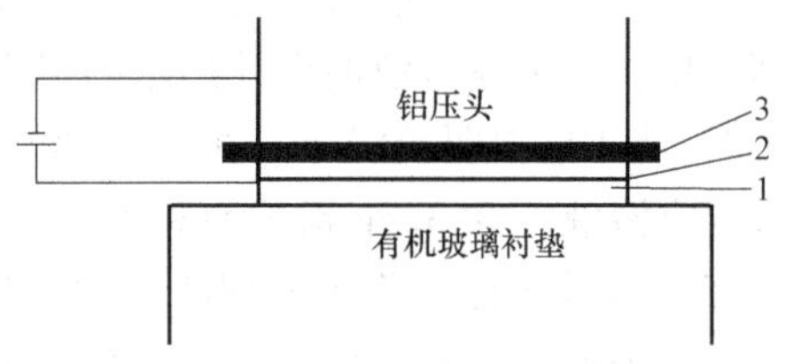

图 22-12　电图像法测试原理图
1—基底金属　2—金属镀层　3—测试纸

22.6.3 涂膏法

用有机溶剂或氧化镁膏去除试样表面的油脂，然后用蒸馏水洗净，用滤纸吸干。用毛刷或其他方法将选择好的相应试验膏剂均匀地涂覆在受检试样表面，通过泥膏中的试液渗入镀层孔隙与基体金属或中间镀层作用，生成具有特征颜色的斑点，根据涂膏层上的有色斑点的多少来评定镀层的孔隙率。膏剂用量为 0.5~1.0g/dm^2。此方法适用于钢件和铜、铝、锌及其合金件上阴极性镀层的孔隙率的检验。

试验膏剂主要由腐蚀剂、指示剂和膏泥等组成，见表 22-27。

表 22-27　涂膏法用膏剂成分

序号	基体金属	镀层	膏剂成分	斑点颜色
1	钢	所有镀层	α,α-联苯吡啶或邻菲罗啉盐酸二氧化钛	红色
2	铜及铜合金	除锌、镉以外的镀层	二苯基对二氨基脲	红棕色
			醋酸	
			过硫酸铵	
			甘油	
			二氧化钛	
			镉试剂(Ⅱ)	红色
			过硫酸铵	
			氨水	
			二氧化钛	
3	锌及锌合金	所有镀层	二苯基硫代对二氨基脲	玫瑰-淡紫色
			氢氧化钠	
			酒精	
			二氧化钛	
4	铝及铝合金	所有镀层	铝试剂	玫瑰红色
			过氧化氢	
			二氧化钛	

22.6.4 浸渍法

（1）测量原理 将试样浸于相应试液中，通过试液渗入镀层孔隙与基体金属或中间镀层作用，在镀层表面产生有色斑点，然后以镀层表面有色斑点多少来评定镀层的孔隙率。本法适用于检验钢铁、铜或铜合金和铝合金基体表面上的阴极性镀层的孔隙率。

（2）溶液成分 不同基体金属及镀层的检验溶液见表22-28。配制时所用试剂为化学纯，溶剂为蒸馏水。配制时除铝试剂为分析纯外，其他试剂均为化学纯。浸渍法测定镀层孔隙率的试液有两种：

1）将20g白明胶用500mL蒸馏水浸泡，静置使其膨胀，然后在水浴上加热至呈胶体溶液为止；另外，将10g铁氰化钾溶解于200mL蒸馏水中；将15g氯化钠溶解于另外200mL蒸馏水中。将上述溶液混合并用水稀释至1000mL，摇匀，贮存于棕色玻璃瓶中，备用。

2）将10g白明胶浸于少量蒸馏水中，待膨胀后，在水浴上加热至呈胶体状态，冷却。加入混合溶液（含3.5g铝试剂和150g氯化钠溶液），用水稀释至1000mL，摇匀，备用。

（3）检验方法 将预处理净化过的试样放入相应检验溶液中静置5min，取出并用布吸去水分，干燥后观察工件表面的有色斑点数。

（4）孔隙率的计算 按每平方厘米镀层表面上出现的斑点数，计算孔隙率。

表22-28 浸渍法用溶液成分

序号	基体金属或中间镀层金属	镀层	溶液成分		斑点特征
			试剂名称	质量浓度/(g/L)	
1	钢、铜及铜合金	铜、镍、铜-镍、镍-铬、镍-铜-镍-铬、铜-镍-铬	铁氰化钾	10	1）蓝色点：孔隙直至钢基体 2）红褐色点：孔隙直至铜基体或镀铜层 3）黄色点：孔隙直至镍镀层
			氯化钠	15	
			白明胶	20	
2	铝及铝合金	阴极性镀层	铝试剂 氯化钠 白明胶	3.5 150 10	玫瑰红色点

22.6.5 二氧化硫试验法

二氧化硫试验法测定镀层孔隙率的方法见表22-29。

表22-29 二氧化硫试验法测定镀层孔隙率的方法

基体	铜、镍及镍合金	银或有银底层
镀层	金	金
溶液	200g硫代硫酸钠溶于800g蒸馏水或去离子水中	
	1∶1硫酸溶液	
设备	试验箱为有密封盖的玻璃或有机玻璃容器，箱体积(cm^3)与溶液表面积(cm^2)之比小于50∶1。试验支架用玻璃、有机玻璃或其他惰性材料制成。试样的放置必须不妨碍气体循环。试样与箱壁的距离≥25mm，试样与液面的距离≥75mm，试样间的距离≥13mm	
测定方法	在试验箱内放入20mL溶液1，按规定放入试样；再加入50mL溶液2，立即盖好，在(23±3)℃、相对湿度86%的条件下放置(24±1)h	把盛有50~70℃热水的另一器皿放入试样箱，盖紧，至箱壁出现凝露；迅速加入200mL溶液1和50mL溶液2，在(23±3)℃、相对湿度100%的条件下放置(24±1)h
结果观察	取出试样，除去干燥的固体腐蚀物，略等几分钟后，用10倍放大镜或立体显微镜检查腐蚀点数	

注：试验要在通风柜内进行。

22.6.6　硝酸试验法

硝酸试验法测定镀层孔隙率见表22-30。

表22-30　硝酸试验法测定镀层孔隙率

基体	铜及铜合金	镍基体或镍底层
镀层	金	金
溶液	质量分数为69%～71%的硝酸(ρ为1.41～1.42g/cm^3)	
设备	与二氧化硫试验法相同,但箱体积(cm^3)与溶液表面积(cm^2)之比小于25∶1。不能用玻璃作容器和支架	
测定方法	加硝酸于试验箱内,盖严。30min后用夹具装入试样,再盖严后在(23±3)℃、相对湿度100%条件下,试验1h或2h(铜和铜基体试样为1h±10min,镍基体或有镍底层2h±10min)取出试样,在125℃烘箱中干燥(30±5)min	
结果观察	用10倍放大镜查腐蚀点数目。镍上金镀层的腐蚀产物可能是透明的,计数要仔细,对粗糙、弯曲部分尤其要注意。若在镍或镍底层上发现气泡,也应作为孔隙计算	

注：1. 试验要在通风柜内进行。
2. 用于高强度合金基体（尤其是铜的质量分数>10%）时，会有应力腐蚀造成的开裂，使缺陷明显增多，导致结果不准确。

22.7　镀层脆性的测定

镀层脆性是镀层金属组织发生改变而使镀层变脆的一种特性。电镀过程中，有机物在镀层中的夹杂和重金属离子的共沉积，会导致镀层内应力的增加，引起镀层发脆。镀层的金属结晶是一层一层生长并且每层都有可能因为电流分布或其他还原产物的介入而发生一些结晶改变，这些改变不仅增加了镀层的内应力，也减少了晶面的平滑度，表现在宏观上就使镀层的脆性增加。

镀液pH值的变化、添加剂分解产物的增加、温度的变化、电流效率的变化等，都会增加镀层的脆性。

22.7.1　弯曲法

弯曲法是将镀有镀层的试片夹在台虎钳上（为了防止钳口伤到试片，可以在钳口垫上布料等软片），然后对试片做90°弯曲，直至试片出现裂纹。注意镀层在脆性较大时，不到90°就会出现裂纹，这时要记下弯曲的角度。如果90°一次没有出现裂纹，则增加次数，并记下开始出现裂纹的次数，这些可以作为镀层脆性程度的相对比较参数。有时需要用放大镜观察裂纹状态，这里需要注意的是不要将镀层脆性与镀层结合力混为一谈。在结合力较差时，经过弯曲试验，会出现镀层脱落情况，这不一定是脆性引起的。因此，制作测试脆性的试片时，要保证镀层与基体有良好的结合力。最好对试片进行化学脱脂后，再进行超声波脱脂和电解脱脂，并进行强效的表面酸蚀和活化，再进行电镀。

22.7.2　缠绕法

缠绕法是取不同直径的圆棒，在其上用镀了镀层的铁丝或铜丝进行缠绕，通常是缠绕10圈或更多，用放大镜观察其表面镀层开裂的情况，如果某一直径没有出现开裂，就改用直径较小的圆棒来做，通过的直径越小，则镀层的脆性也就越小。

22.7.3 金属杯突试验法

所谓杯突，就是给被测试件加外力的冲头的形状是一个杯突状突起。金属杯突试验是用一个规定钢球或球状冲头，向夹紧于规定压模内的试样均匀施加压力，直到镀层开始产生裂纹为止。以试样压入的深度值作为镀层脆性的指标，杯突深度越大，脆性越小，反之则脆性越大。金属杯突试验机主要部分的尺寸如图22-13所示。

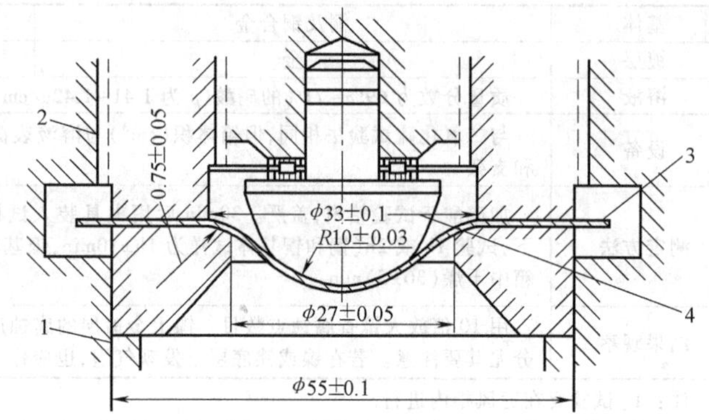

图 22-13　金属杯突试验机主要部分的尺寸

1—固定模　2—夹模　3—试样　4—冲头

1）夹模及固定模与试样的受试面互相平行，并垂直于冲头的轴线。固定模中心线与冲头压入方向应重合，其偏差应小于0.1mm。

2）冲头顶端球面与夹模及固定模两工作平面的硬度应不低于75HV。球形冲头表面粗糙度值 $Ra \leqslant 0.1\mu m$；夹模及固定模的两个工作面表面粗糙度值 $Ra \leqslant 0.4\mu m$。

3）装在工作杆上的冲头不摆动，但能自由旋转。

4）根据试样的宽度（或边长）选择相应的固定模内径与冲头直径，其相互关系及所适用的材料厚度范围见表22-31。

表 22-31　试样宽度、固定模内径与冲头直径之间的关系及所适用的材料厚度

类型	试样宽度或边长/mm	固定模内径/mm	冲头直径/mm	金属材料厚度/mm
1	70~90	27	20	≤2
2	70~90	27	14	>2~4
3	30~70	17	14	<1.5
4	20~30	11	8	<1.5
5	10~20	5	3	<1.0

5）每次试验前，需将试样测试部位与冲头接触的一面，以及冲头球面顶部均涂覆无腐蚀性的润滑油，以免影响测验结果。

6）每次试验的材料和前处理方法应一致，避免影响测试的其他因素干扰。试样在夹模与固定模之间应尽量压紧。

7）测试时，先使刻度盘对准零位，均匀地向试样施加压力，冲压速度为5~20mm/min，开始时稍快，接近终点前应掌握在下限。用5~10倍放大镜观察受试部位，至镀层开始产生裂纹时终止试验。此时刻度盘上的示值即为杯突深度。

22.7.4 静压挠曲试验法

静压挠曲试验法的原理与金属杯突试验相似。试验时，将尺寸为60mm×30mm×(1~2)mm，表面粗糙度值 $Ra = 0.8\mu m$，$Rz = 3.2\mu m$ 以上的片状试样，放在具有一定弯曲半径的弯

头上，施加压力，使试片产生裂纹，镀层开始产生裂纹时的挠度值（mm）作为衡量脆性的指标。挠度值越大，脆性越小；挠度值越小，脆性越大。

22.7.5　延迟破坏试验法

金属材料在氢和应力联合作用下产生的早期脆断现象叫氢脆，在材料的冶炼过程和工件的制造与装配过程（如电镀、焊接）中进入钢材内部的微量氢在内部残余的或外加的应力作用下导致材料脆化甚至开裂。

延迟破坏试验方法适用于超高强度钢的氢脆试验，试验过程是将三根缺口棒状试样放在持久强度试验机或蠕变试验机上，在滞后破坏范围的应力作用下，看材料脆断的时间，若三根平行试验的试样在规定的时间内均不脆断，即为合格，如图 22-14 所示。缺口根部的半径 R 直接影响试验的灵敏度，R 越小，灵敏度越高，但机械加工困难。在热处理到试样要求的抗拉强度前，还需要把试样退火进行粗加工，再精加工到规定尺寸。试样在电镀前，应消除磨削应力。消除应力的时间和温度与被镀工件相同。电镀层厚度为 12μm 左右，试验负荷为空白试样缺口抗拉强度的 75%，200h 不断裂为合格。

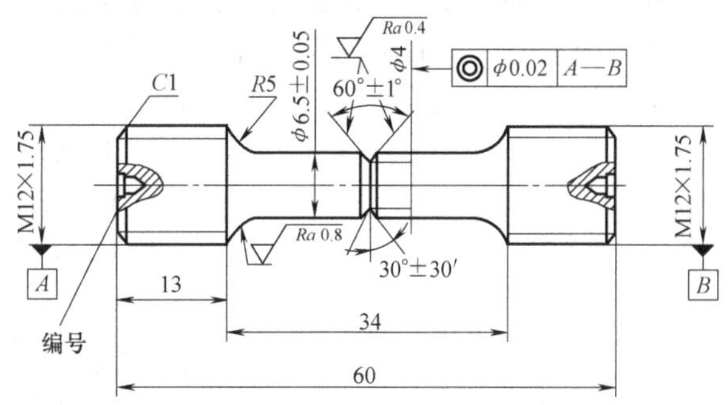

图 22-14　缺口持久试样

22.8　镀层性能的测定

镀层的性能包括硬度、内应力、延展性、氢脆性、抗拉强度、耐磨性、焊接性和光亮度等。

（1）镀层硬度　硬度是指固体对外界物体入侵的局部抵抗能力，是比较各种材料软硬的指标。镀层硬度指镀层对外力所引起的局部表面形变的抵抗强度。

（2）镀层内应力　物体由于外因（受力、湿度变化等）而变形时，在物体内各部分之间产生相互作用的内力，以抵抗这种外因的作用，并力图使物体从变形后的位置恢复到变形前的位置。

（3）镀层延展性　镀层在外力作用下能延伸成细丝而不断裂，或碾成薄片而不破裂的性质。

（4）镀层氢脆性　氢脆通常表现为应力作用下的延迟断裂现象。

（5）镀层抗拉强度　将镀层从基体材料上剥离下来，然后在拉力试验机上拉伸。

（6）镀层耐磨性　镀层工业中指镀层对摩擦机械作用的抵抗能力，实际上是镀层的硬度、附着力和内聚力综合效应的体现。在条件相同的情况下，镀层耐磨性优于金属材料，因其有弹性效应，可把能量缓冲、吸收和释放掉。

（7）镀层的焊接性　镀层焊接性是指在一定测试条件下，镀层易于被熔融焊料所润湿的特性。其特性包含两方面的意义：一是焊接的结合力，用给定时间内润湿力的大小来衡量；二是焊接所需的时间，用规定达到某种润湿程度所需的时间来衡量。因而焊接性的测试应包括这两方面的内容。

（8）镀层光亮度　光亮度是表示发光面明亮程度的，指发光表面在指定方向的发光强度与垂直于指定方向的发光面的面积之比。

22.8.1　弯曲阴极法测定镀层内应力

采用一块长而窄的金属薄片作阴极，背向阳极的一面绝缘。电镀端用夹具固定，另一端可以自由活动。电镀后，镀层中产生的内应力迫使阴极薄片朝向阳极（张应力）或背向阴极（压应力）弯曲。用读数显微镜或光学投影法可测量阴极的形变。镀层的内应力可通过电镀后阴极的形变（弯曲阴极的弯曲曲率半径 R，弯曲度 Z 或阴极下端偏移量 Z'），按下列公式分别计算：

$$\sigma=\frac{1}{6}\times\frac{Et^2}{Rd}$$

$$\sigma=\frac{3}{4}\times\frac{Et^2Z}{dL^2}$$

$$\sigma=\frac{1}{3}\times\frac{Et^2Z'}{dL^2}$$

式中　σ——镀层内应力（Pa）；
E——基体材料弹性模量（Pa）；
t——阴极基体厚度（mm）；
d——镀层厚度（mm）；
R——阴极弯曲的曲率半径（mm）；
Z'——阴极下端偏移量（mm）；
Z——阴极的弯曲度（mm）；
L——阴极的长度（mm）。

22.8.2　刚性平带法测定镀层内应力

刚性平带法是利用非金属框架夹持着基体，在基体的一面电镀，或者两个基体叠加在一起，夹在非金属框架内，两面同时电镀。电镀完毕后将基体薄片从框架中取出，基体薄片没有框架的夹持自然弯曲到平衡状态。通过仪器测量薄片的曲率半径，即可计算出镀层内应力：

$$\sigma=\frac{1}{3}\times\frac{E(t+d)^3}{Rd(2t+d)}$$

式中　σ——镀层内应力（Pa）；
E——基体材料弹性模量（Pa）；
t——基体厚度（mm）；
d——镀层厚度（mm）；
R——阴极弯曲的曲率半径（mm）。

22.8.3　应力仪法测定镀层内应力

使用一个圆金属片作阴极，压紧在装有电镀溶液的容器上。圆形金属片是用厚度为

0.25~0.6mm，直径为100mm的铜或不锈钢做成的。在圆片上面或容器侧面连接一个装有测量镀液的毛细管。当圆片接触镀液的一面进行电镀时，镀层产生的应力使圆片弯曲（张应力使圆片凹下，压应力使圆片鼓起），造成容器容积发生变化。从而导致毛细管中的液面上升或下降，据此测量应力的性质和大小。应力仪测量精度与螺旋收缩仪相同。圆片阴极不需一面绝缘，且可在镀液进行搅拌的情况下测定。

内应力可按下式计算：

$$\sigma=\frac{r^2(H_a-H_b)}{4ktd}\times10^{-3}$$

式中 σ——内应力（Pa）；

r——圆片阴极被镀面半径（mm）；

H_a、H_b——电镀后、电镀前毛细管读数（mm）；

t——阴极材料厚度（mm）；

d——镀层厚度（mm）；

k——圆片常数（m^3/N）。

通过将装好的圆片浸入密度已知的镀液中，在两个不同深度（L_1、L_2）处，测出毛细管中相应的液面高度（H_a、H_b）计算出圆片常数K：

$$K=\frac{L_2-L_1}{(H_a-H_b)\times0.036\times9.8\rho}\times10^{-6}$$

式中 K——圆片常数（m^3/N）；

L_1、L_2——圆片浸入镀液的深度（mm）；

H_a、H_b——相应于L_1、L_2时毛细管液位（mm）；

ρ——镀液密度（g/cm^3）。

22.8.4 电阻应变仪测量法测定镀层内应力

内应力的电阻应变测试法是利用电阻丝的伸缩所产生电阻值的变化来测量镀层的内应力的。将电阻材料制成的应变片粘贴到试样电镀面的背面被测部位。电镀时，镀层产生的内应力引起应变片电阻值发生微小变化，其变化值可用电阻应变仪进行测量。

具体方法是取100mm×20mm×2mm的碳素钢试片一片，表面粗糙度值$Ra\leqslant0.4\mu m$。在其表面用万能胶粘上一片由电阻丝制成的应变片，不要有气泡等空隙。然后将试片和电阻应变片的背面用绝缘漆完全绝缘起来，包括接头部位。再用电阻应变仪进行电平衡调整后，将这种试验片放进镀槽，按规定的电流密度和时间进行电镀。由于单面电镀所产生的应力会使试验片变形而导致电阻应变片也发生变形，使电阻值有所改变。取出后清洗、干燥，在电阻应变仪上测出应变量，再按以下公式计算出镀层内应力：

$$\sigma=\frac{\delta\varepsilon E}{2\delta_0}\times10^{-6}$$

式中 σ——镀层内应力（Pa）；

δ——试样厚度（mm）；

ε——应变量测定值；

E——镀层金属弹性模量（N/mm）；

δ_0——镀层厚度（mm）。

22.8.5 镀层硬度的测定

镀层硬度是指镀层对外力所引起的局部表面形变的抵抗强度。一般情况下显微硬度试验用来测试较薄的镀层，而宏观硬度试验则是测试较厚的镀层。例如锉刀试验就是一种宏观的定性试验，即用普通锉刀在镀层上锉动，以切割的程度定性地表示硬度。

测量显微硬度可采用显微硬度计。其测量原理是先要将待测磨料制成反光磨片试样，置于显微硬度计的载物台上，通过加负荷装置对四棱锥形的金刚石压头加压。负荷的大小可根据待测材料的硬度不同而增减。金刚石压头压入试样后，在试样表面上产生一个凹坑。把显微镜十字丝对准凹坑，用目镜测微器测量凹坑对角线长度。根据所加负荷及凹坑对角线长度就可计算出所测物质的显微硬度值。

在横断面上测量硬度时，对镀层厚度有一定要求。如采用维氏压头测量，镀层厚度应足以产生符合以下条件的压痕：

1）压痕的每一角与镀层的任一边的距离应至少为对角线长度的一半。

2）两条对角线的长度应相等（误差小于5%）。

3）压痕的两边应当相等（误差小于5%）。

22.8.6 延展性的测定

1. 剥下镀层

金属或其他材料（包括膜层）受到外力作用不产生裂纹所表现的弹性或塑性形变的能力称为延展性。

（1）拉伸试验　使用一定大小的试样，用普通拉力机测定镀层的断后伸长率，按下式计算：

$$D=\frac{\Delta L}{L}\times 100\%$$

式中　D——镀层的断后伸长率（%）；

ΔL——试样试验前后的长度差（mm）；

L——试样原有长度（mm）。

（2）测微计弯曲试验　本法使用测微计把镀层变成U字形（U字形的外部必须是镀层的外部），并慢慢夹紧直到镀层破裂为止。断后伸长率可按下式计算：

$$D=\frac{T}{2R-T}\times 100\%$$

式中　D——镀层的断后伸长率（%）；

T——镀层厚度（μm）；

R——测微计读数（μm）。

（3）台虎钳弯曲试验　将试片用特制夹具固定在台虎钳上，弯曲至90°，再反向弯曲90°，反复弯曲直到镀层产生裂纹为止。用弯曲次数来表征镀层延展性。

（4）液压膨胀试验　利用水压缓慢上升，造成试片变形。由试片突起膨胀而挤压出水的体积计算试片的延展性。

（5）杯突试验　根据试样的宽度选择一个规定的钢球或球状冲头，向夹紧于规定压模内的试样均匀地施加压力，记下镀层开始产生裂纹时压入的深度（mm），以此作为镀层延展性指标。杯突深度越大，镀层延展性越好，反之则脆性越大

2. 不剥下镀层

（1）三点弯曲试验　将标本放在有一定距离的两个支撑点上，在两个支撑点中点上方向标本施加向下的载荷，标本的三个接触点形成相等的两个力矩时即发生三点弯曲，标本将于中点处发生断裂。对试片需要弯曲部分（一般是中心）施以垂直方向的三点力进行试验。延展性可以由下式求得：

$$D=\frac{4TS}{l^2}\times100\%$$

式中　T——试样厚度（mm）；

S——垂直位移（mm）；

l——标准长度（跨度）（mm）。

（2）圆筒心轴试验　在心轴上放上带有镀层的细带状的试样，用让基体镀层不会产生破裂的最小心轴的直径求延展性。

（3）旋转心轴弯曲试验　在曲率逐渐变小的心轴上将镀好的试片弯曲，用镀层破裂时的曲率求延展性。

（4）圆锥心轴弯曲试验　把镀好的试片在圆锥心轴上弯曲，用 10 倍放大镜或显微镜观察裂纹来比较延展性。

22.8.7　耐磨性的测定

耐磨性几乎和材料所有性能都有关系。试验方法是将 400mm×60mm 镀好的试样牢固地固定在安装台，并与粘有砂纸、直径为 50mm、宽 12mm 的摩擦轮接触（摩擦轮与试样间的接触压力为 29.4N），以行程 30mm、每分钟 60 次往返进行均一摩擦。磨损时间和试验条件有关（具体由供求双方协商确定）。最后以磨损前后试样质量或镀层厚度差来确定磨损量。

镀层磨损的检测方法可以采用专门的摩擦试验机进行，也可以采用简便的方法进行。所谓简便的方法，就是取一块粗棉布，包在面积为 20mm×20mm，厚度为 5mm 的木片上。然后将重 1000g 的重物（如砝码）安放在上面，用拉杆来回推拉 1000 次，以不变色、无脱落色斑为合格。

1. 钢铁氧化膜的耐磨性试验

首先把试样处理成表面粗糙度值 $Ra\leqslant3.2\mu m$，接着用酒精除去油污，放在落砂试验仪上，如图 22-15 所示。将 100g 粒度为 0.5~0.7mm 的石英砂放在漏斗中，砂子经内部直径为 5~6mm、高 500mm 的玻璃管自由下落，冲击试片表面。砂落完后，擦去试样上的灰尘，并在冲击部位滴一滴用氧化铜中和过的硫酸铜溶液（5g/L），经 30s 后，将液滴用水冲洗或用脱脂棉擦去，直接目测，不得有接触铜出现。

2. 落砂试验法测量镀层耐磨性

落砂试验是检测镀层耐磨性的一种试验方法。这种方法是让有研磨作用的砂粒从一定高度落下冲击镀层或其他涂覆层的表面，直至基体材料露出为终点，记下到终点的时间，以此表示和比较镀层的耐磨性。落砂试验的装置如图 22-16 所示。

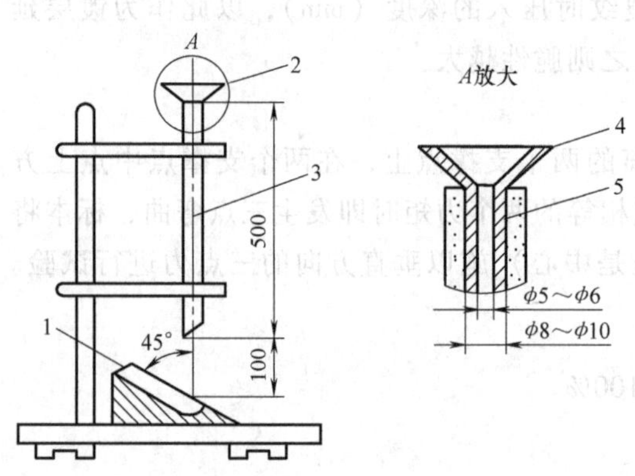

图 22-15　落砂试验仪

1—试样　2、4—漏斗　3、5—玻璃管

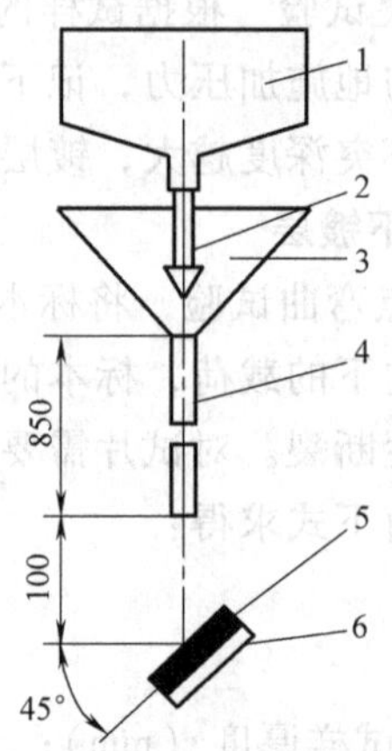

图 22-16　落砂试验的装置

1—补砂罐　2—落砂调节器　3—落砂斗

4—导砂管（20mm）　5—试片　6—托板

落砂可以采用碳化硅类粉末，粒径在 35～42 目左右。注意碳化硅粉的使用次数不能超过 400 次。从砂粒落下的出口到试片表面的距离为 1000mm，其间有一根 850mm 的玻璃导砂管，防止砂粒散落，以保证砂子落在试片表面直径为 10mm 的圆形范围内。砂子的落下速度为 450g/min，试片与砂子落下的方向呈 45°角。

22.8.8　焊接性的测定

镀层焊接性是指在一定的测试条件下，镀层易于被熔融钎料所润湿的特性，也即是镀层在采用一定的焊接工艺条件下，获得优良焊接接头的难易程度。测定镀层焊接性的方法有槽焊法、球焊法和润湿称重法等。对于一般圆导线的定量测试，球焊法比槽焊法准确。这两种测试方法都不能显示润湿力这一表示焊接性的重要指标，而润湿称重法则能全面地评价焊接性的技术指标。

（1）槽焊法　把镀层试样放到电热式焊料槽上，同时在其表面上浸渍标准助焊剂（焊料温度控制在 233～237℃），经 3s 后取出，通过观察试样表面的润湿情况以判断焊接性的优劣。

（2）球焊法　在熔融成球状的焊料上将涂敷有助焊剂的引线水平地放置（见图22-17a），焊球的大小依引线直径而定。引线下落到焊球中，焊球均匀地一分为二。从引线接触到加热块的瞬间开始（见图 22-17b）到焊球把引线整个包住时（见图 22-17c）为止，这个

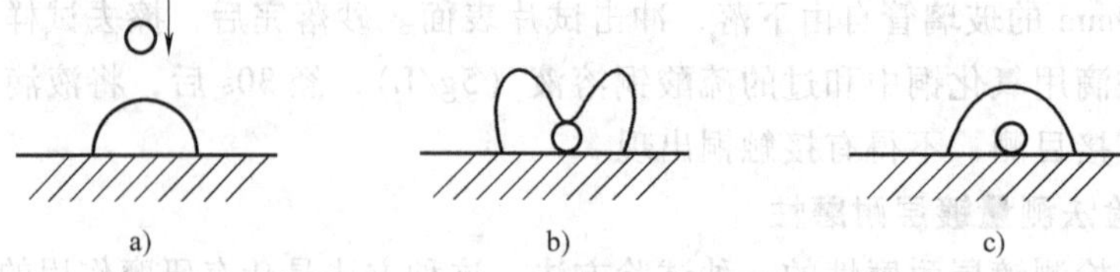

图 22-17　球焊法钎焊过程示意图

a）引线位于熔融成球状的焊料上方　b）引线接触到加热块的瞬间　c）焊球把引线包住

时间即为钎焊时间。焊接的时间从引线到达加热块表面时算起，此方法测试结果准确，操作方便。

（3）润湿称重法　当将试样浸入熔融的钎料时，试样将受到自身重力、液态钎料的浮力以及试样、钎料和助焊剂三者间界面张力的综合作用。在测定过程中，当试样的形状和浸入深度一定时，可认为重力和浮力是不变的，而界面张力将随试样温度升高及助焊剂的作用而发生变化。界面张力的这种变化反映了焊料与试样间的润湿性能。润湿称重法就是基于这一点来评定试样焊接性的。测试时，将涂有助焊剂的试样从一个灵敏的传感器上悬吊下来，浸渍到熔融焊料槽中，使试样一端插入到一定深度。这时作用在试样上的浮力和界面张力的垂直分力的合力，由传感器测定并转换成电压信号，由数字电压表显示出来。然后用打印机或记录仪将它作为时间的函数记录下来。

试验条件为：

1）钎料取 Sn60%、Pb40%（质量分数）。

2）焊剂采用质量分数为 25%的松香、质量分数为 75%的异丙醇或乙醇。

3）钎料温度控制在（235±2)℃。

4）试样浸渍到熔融焊料中的速度为（25±2）mm/s，浸渍深度为 2~5mm。

22.8.9　表面接触电阻的测定

金属镀层表面接触电阻的测试可用电桥法和伏安法。

（1）电桥法　用直流电桥法测量镀层表面接触电阻的设备如图 22-18 所示，左右两个测试接头都为铜基体，表面镀厚度为 10μm 左右的银，接触试片一端呈半圆球形，其质量满足压力要求。两个测试头的中心距离可调。绝缘定位块上制有用于安放测试头的定位孔。测量时先将两个测试头放入定位孔内，接通电源，即可从电桥上直接读出表面接触电阻值。

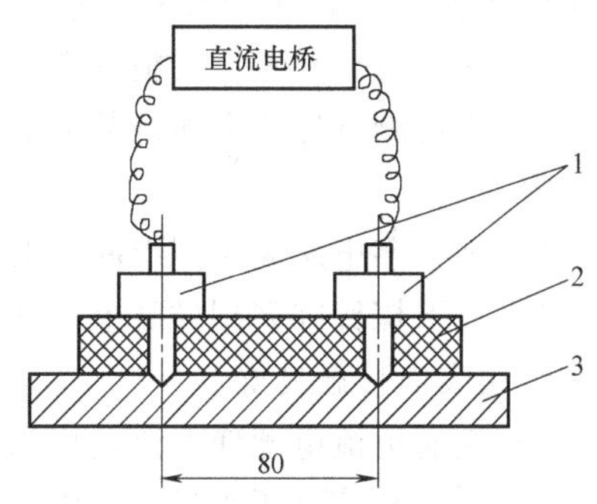

图 22-18　直流电桥法测量镀层表面接触电阻的设备

1—测试头　2—绝缘定位块　3—待测试片

（2）伏安法　图 22-19 所示为伏安法原理图，当电流 i 流经触点时，在触点两侧间引起压降（mV），根据欧姆定律就可以算出接触电阻值。另外，也可以采用十字交叉试样，利用伏安法测试镀层表面接触电阻，原理如图 22-20 所示。

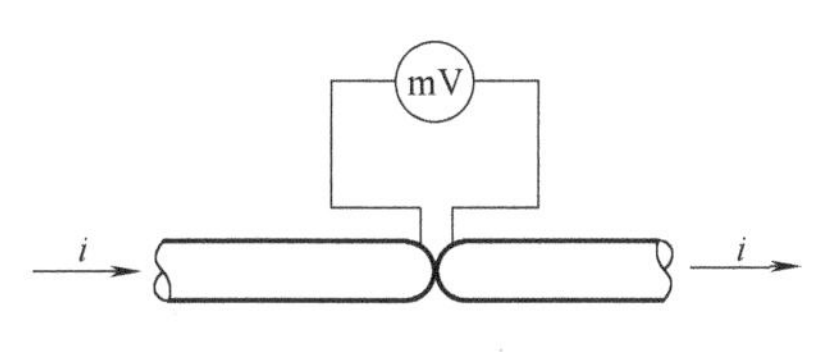

图 22-19　伏安法原理图

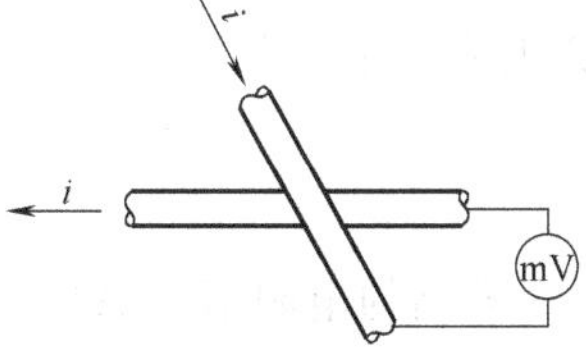

图 22-20　十字交叉法测试镀层表面接触电阻原理

一对直径相同的细长圆柱体镀上金属（例如银）镀层。由稳定电流源经高精度电流表提供稳定的电流值，用数字电压表测量两圆柱体触点处形成的电压降。为了测量作用在十字交叉试样上的压力，采用天平作为测力仪。

由于影响接触电阻的因素很多，所以镀层表面接触电阻需进行多次（n次）测量，得出n个值，然后取其平均值：

$$\overline{R}=\frac{\sum R}{n}$$

式中 $\overline{R}$——平均接触电阻（Ω）；

$\sum R$——n次测量的电阻值的和（Ω）；

n——测量次数。

22.8.10 薄层电阻的测定

（1）工作原理 让恒流电源中100mA直流电经过四探针阵列外面一对探针流过试样，用电压表测量里面一对探针之间的电位差。镀层薄层电阻R可根据测得的电位差与电流值及其他参数进行计算得出。

（2）试样制备 金电镀层薄层电阻测试专用试样置于30mm×20mm×2mm的光洁陶瓷基片上，先用真空蒸镀0.01μm厚的金层，然后进入与工件完全相同的工艺条件下电镀，厚度为2.5μm、5.0μm各一块。每个试样上金镀层面积应为30mm×20mm。

（3）测量步骤 金电镀层薄层电阻的测量步骤如下：

1）接通恒流电源，使输出为100mA±50μA，测量标准电阻（1.0Ω）两端的电压降，数字电压表应显示为100mV±50μV。

2）用测力计检查、调整每个探针的压力为2N。

3）将待测试样放在测试装置的平台上，使样品长边与探针阵列中心连线平行，交角在2°之内。

4）把数字电压表接到中间一对探针上。

5）放下探针阵列到样品上，使探针阵列中心在样品中心±2mm范围内，四探针尖端与样品镀层表面接触良好。

6）接通恒流电源使直流输出为100mA。

7）记下数值电压表显示的电位差值。

8）断开恒流源的电源。

9）升起探针阵列。

（4）结果计算 测量时，在样品中心±2mm范围内，每相隔0.1~0.2mm测取一组电流、电位差值，共测取三组，计算电位差值的算术平均值。以测得的电位差除以100mA，按下式计算出样品电阻值：

$$R=\frac{V}{100\text{mA}}$$

式中 R——样品的电阻值（Ω）；

V——中间一对探针的电位差（mV）。

金属镀层薄层电阻值R_s按下式算出：

$$R_s=R\times F$$

式中 R_s——金属镀层薄层的电阻值（Ω）；

R——样品的电阻值（Ω）；

F——修正因子，见表22-32。

表22-32　修正因子 F

厚度/μm	修正因子 F	厚度/μm	修正因子 F
2.5	4.2357	5.0	4.2357

22.9　镀层成分的测定

22.9.1　化学溶解法测定镀层成分

根据金属镀层在不同浓度的酸和碱中的反应情况，可对不同电镀层进行定性测定。测定程序如下：

1）清洗被测试样表面。用刷子轻轻刷洗，再用氧化镁粉擦洗，最后用水清洗。

2）酸浸蚀。用硝酸溶液（浓硝酸与水的体积比为1∶1）浸蚀处理试样2min。

3）成分测定。根据镀层在硝酸溶液（浓硝酸与水的体积比为1∶1）中被浸蚀的情况，分如下几种类型进行测定：

① 不被硝酸溶液（浓硝酸与水的体积比为1∶1）浸蚀的镀层有铝、铬、金或铂族金属（钯、铂、铑）。其中镀层为金黄色且不被硝酸浸蚀的为金镀层；若有白色絮状沉淀，表明是锌镀层；有黄色絮状沉淀，表明是镉镀层。

② 加入质量分数为10%的氢氧化钠溶液，用石蕊指示剂指示溶液呈碱性，如有深棕色絮状沉淀时，表明是银镀层。

③ 通过试验证实已不存在锌和镉，可在第三份溶液中加入质量分数为5%的氢氧化钠溶液，用石蕊指示剂指示溶液呈碱性，如有白色絮状沉淀，表明是铅镀层。

4）注意点。化学溶解法鉴别镀层，被浸蚀的仅仅是镀层而非基体金属，这点必须特别注意。例如，用1∶1硝酸浸蚀黄铜镀金层时，如果金镀层很薄且孔隙率大时，在几秒钟内即可出现蓝色溶液，导致鉴定错误。

22.9.2　试纸法测定镀层成分

试纸法是借助于能够鉴别金属镀层的试纸与镀层接触后产生的颜色变化来鉴别金属镀层的方法。鉴定前要先用有机溶剂除去试样表面的有机覆盖层或油污，具体方法见表22-33。

表22-33　用试纸法鉴定的各种镀层

镀层	外观	试纸的制备	鉴定步骤	注意事项
锌	灰白色	滤纸浸质量分数为5%的四氯化碳溶液，晾干备用	在试纸上加一滴环己酮，再将试纸贴在试样上，呈现樱桃红色为锌	1)若锌上有钝化膜，先要用浓硫酸擦拭除去 2)鉴别时严防带入锌杂质，也不能用手摸试样和试纸，否则会产生锌反应
铁	白色稍带微黄色	滤纸浸质量分数为5%的$K_3Fe(CN)_6$溶液，晾干备用	先用玻璃棒蘸浓盐酸（密度为1.19g/cm^3）擦拭试样表面，再贴试纸，呈现蓝色为铁	—

（续）

镀层	外观	试纸的制备	鉴定步骤	注意事项
锡	灰色	滤纸浸质量分数为5%的$(NH_4)_2MoO_4$溶液，晾干备用	先用玻璃棒蘸浓盐酸（密度为$1.19g/cm^3$）擦拭试样，再贴试纸。若出现深蓝色或浅蓝色（铜蓝），再加一滴质量分数为5%的NH_4CNS溶液，又出现红，则为锡	—
镍	银白色稍带浅黄	滤纸浸质量分数为5%丁二酮肟的乙醇溶液，晾干备用	先用玻璃棒蘸浓硝酸（密度为$1.42g/cm^3$）擦拭试样（溶液呈绿色或蓝色），再贴试纸，并加一滴氨水，显鲜红色为镍	—
铜	紫红色	滤纸浸质量分数为5%的铜试剂溶液，晾干备用	先用玻璃棒蘸浓硝酸（密度为$1.42g/cm^3$）擦拭试样（出现绿色），再贴试纸，加一滴环己酮，显棕黄色为铜	此法也可以用于鉴别其他铜合金
黄铜	亮黄色			
铬	银白色稍带浅蓝色	滤纸浸质量分数为5%的联苯胺醋酸溶液，晾干备用	先用玻璃棒蘸浓盐酸（质量分数为$1.19g/cm^3$）擦拭试样（呈绿色），加一滴质量分数为5%的Na_2O_2溶液，贴试纸，呈蓝色为铬	—
铅	灰白色	滤纸浸质量分数为3%~4%的KI溶液，晾干备用	先用玻璃棒蘸浓硝酸（密度为$1.42g/cm^3$）擦拭试样，贴试纸，呈黄色沉淀为铅	—
银	银白色	滤纸浸质量分数为5%的$Mn(NO_3)_2$或质量分数为5%的$MnSO_4$溶液，晾干备用	先用玻璃棒蘸浓硝酸（密度为$1.42g/cm^3$）擦拭试样，贴滤纸。再加一滴质量分数为40%的NaOH溶液，成黑色为银	—
		滤纸浸质量分数为5%的K_2CrO_4溶液，晾干备用	先用玻璃棒蘸1∶1硝酸擦拭试样，贴试纸，呈砖红色为银	—
金	金黄色	滤纸浸质量分数为5%的Na_2O_2溶液，晾干备用	先用玻璃棒蘸硝基盐酸轻轻擦拭试样，贴试纸，呈暗黑色为金	—
铝	亮白色	滤纸浸质量分数为1%的茜素红的酒精溶液	先用玻璃棒蘸质量分数为40%的NaOH溶液擦拭试样，贴试纸，加一滴氨水，待氨水挥发后，若呈红色为铝	因氨水与茜素红作用也呈红紫色，所以一定要待氨水挥发之后观察

22.9.3 仪器分析法测定镀层成分

采用仪器分析法，可快速、准确地测定出镀层的成分。几种常用仪器分析方法的原理和应用见表22-34。

表22-34 几种常用仪器分析方法的原理和应用

项目 \ 分析方法	发射光谱分析（AES）	X射线荧光分析（XRF）	质谱分析（MS）	原子吸收分析（AAS）
原理	用电弧或火花使原子、离子或分子的外层电子跃迁。测定电子返回基态时所放出的能量	X射线照射样品，使原子内层电子激发。激发电子迁移时放出二次射线，用分析晶体分解成光谱	样品受到电子束的轰击形成的离子，通过磁场（及电场）按不同的质荷比分离，离子电流可被检测	在火焰中解离形成的基态原子受到同种元素放射出能量的激发，测定所吸收的能量

（续）

项目＼分析方法		发射光谱分析（AES）	X射线荧光分析（XRF）	质谱分析（MS）	原子吸收分析（AAS）
仪器		发射光谱仪	X光荧光光谱仪	质谱计	原子吸收分光光度计
定性	定性基础	不同元素在不同波长位置有特征谱线	不同元素有不同的X射线荧光谱线	形成特征的分子、离子和控片分子	不同元素有不同波长位置的特性吸收
	检查极限	几十毫微克	0.01%～1%（体积分数，下同）	—	毫微克（ng）
定量	定量基础	谱线强度与原子浓度成正比	X射线强度与原子浓度成正比	峰的强度与原子浓度成正比	-lg透过率与原子浓度成正比
	定量范围（%）	(0.1×10^{-4})～高浓度	(10×10^{-4})～高浓度	(10×10^{-4})～高浓度	10^{-5}～10^{-4}
	相对误差（%）	1～10	1～5	0.1～5	1～5
	灵敏度	10^{-8}～10^{-4}	10^{-7}～10^{-6}	10^{-9}～10^{-6}	10^{-7}
样品	形态	固体、液体	固体、液体	气体、液体、固体	溶液（固体）
	需要量	mg	g	μg	数毫升
应用	用途特点	金属元素的极微量到半微量分析	金属元素常量分析	各种有机化合物	金属元素的极微量到半微量分析
	不适合对象	有机物	原子序数11以下的元素、有机物	高聚物、盐类	有机物
破坏与否		破坏	非破坏	破坏	破坏

第23章

电镀环保与污染控制

23.1 电镀废水处理

23.1.1 电镀废水的种类

1）酸碱废水：pH值小于6.5或pH值大于8.5的废水，主要来自电镀前预处理的清洗水，含有酸和碱及部分金属离子。

2）含氰废水：主要来自氰化镀液的清洗水及废镀液，有剧毒。

3）含重金属废水：含有铬、铜、锌、镍、金、银、锡、铅等离子的废水，主要来自电镀过程中的清洗工序。

23.1.2 治理电镀废水的原则

1）采用先进的清洁生产工艺，减少废水和有毒、有害污染物的排放量。

2）提倡资源回收和水的回用，对含重金属离子电镀废水应把重金属离子从废水中直接分离或转化分离出去。对电镀废水中的有毒污染物通常采用氧化或还原技术将其分解成无毒、无害的物质，或利用吸附介质将其回收利用。

3）处理的废水达到国家规定的排放标准。

23.1.3 工业废水最高允许排放的质量浓度

工业废水最高允许排放的质量浓度见表23-1。

23.1.4 电镀废水的处理工艺

1. 蒸发浓缩处理法

蒸发浓缩法是对电镀废水在常压或减压状态下加热，使溶剂水分蒸发而将废水浓缩的方法。蒸发浓缩法可分为加热蒸发法、真空蒸发法和大气蒸发浓缩法。

1）加热蒸发法是采用加热手段把水从镀液中蒸发出来，镀液被浓缩，但加热并不改变镀液的成分。

2）真空蒸发法是通过减压，降低水的沸点，使其能在低温蒸发。

3）大气蒸发浓缩法就是温度高的镀液与低温度、低湿度的空气相接触时，水会向空中蒸发，随着空气湿度的升高，镀液被冷却、浓缩。

表 23-1 工业废水最高允许排放的质量浓度

序号		有害物质或项目名称	最高允许排放的质量浓度/(mg/L)
第一类①	1	汞及其无机化合物	0.05(按 Hg 计)
	2	镉及其无机化合物	0.1(按 Cd 计)
	3	六价铬化合物	0.5(按 Cr^{6+} 计)
	4	砷及其无机化合物	0.5(按 As 计)
	5	铅及其无机化合物	1.0(按 Pb 计)
第二类②	1	pH 值	6~9
	2	悬浮物(水力排灰,洗煤水,水力冲渣,尾矿水)	500
	3	生物需氧量(5 天,20℃)	60
	4	化学耗氧量(重铬酸钾法)	100③
	5	硫化物	1
	6	挥发性酚	0.5
	7	氰化物(以游离氰根计)	0.5
	8	有机磷	0.5
	9	石油类	10
	10	铜及铜化合物	1(按 Cu 计)
	11	锌及锌化合物	5(按 Zn 计)
	12	氟的无机化合物	10(按 F 计)
	13	硝基苯类	5
	14	苯胺类	3

① 第一类，能在环境或动植物体内蓄积，对人体健康产生长远影响的有害物质含此类有害物质的“废水”在车间或车间处理设备排出口，应符合表中规定的标准，但不得用稀释方法代替必要的处理。

② 第二类，其长远影响小于第一类有害物质，在工厂排出口的水质应符合表中规定。

③ 造纸、制革、脱脂棉<300mg/L。

蒸发浓缩处理后的镀液可返回镀槽，蒸发后的水蒸气经冷凝回收后可作为清洗水或回收槽的补充水，使用合理得当可实现对废水的“零排放”。

2. 离子交换处理法

离子交换法是利用离子交换树脂对废水中阴阳离子的选择性交换作用处理废水，将废水按顺序通过充填有固体阳离子交换树脂和阴离子交换树脂的柱，阳离子与阴离子被吸附可获得纯水。用离子交换法处理镀铬清洗废水，常采用三阴柱串联全饱和纯水循环工艺流程，如图 23-1 所示。

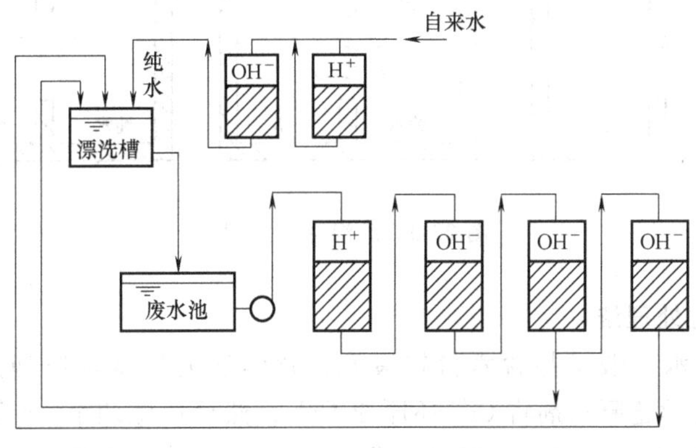

图 23-1 三阴柱串联全饱和纯水循环工艺流程

3. 活性炭处理法

活性炭法是利用活性炭的物理吸附、化学吸附及氧化还原等作用，除去废水中的有害物质。活性炭法处理电镀废水有以下优点：

1）活性炭耐酸、碱，在高温高压下不易破碎，有稳定的化学性能。

2）节省用水，清洗工件的废水用活性炭处理后不用排放，可重复做清洗水。

3）投资少、设备简单、占地面积小，可直接在镀槽边工作，操作维护方便，处理效果好。

4）处理费用低，活性炭来源广，并可再生反复使用。

5）不直接产生污泥，不易造成二次污染。

4. 电解处理法

电解法是利用通电时阴阳极发生电化学反应，阴极发生还原反应析出金属、产生氢气、阴极附近物质被还原，阳极发生氧化反应电极金属溶解、产生氧气、阳极附近的物质被氧化，使废水中的有毒物质分解、氧化还原、沉淀，从而实现净化处理的目的。电解法多用于处理含铬、含氰、含镉、含铜等电镀废水，分为直接电解法和联合化学沉淀法。

电解法处理镀铬废水工艺流程如图 23-2 所示。

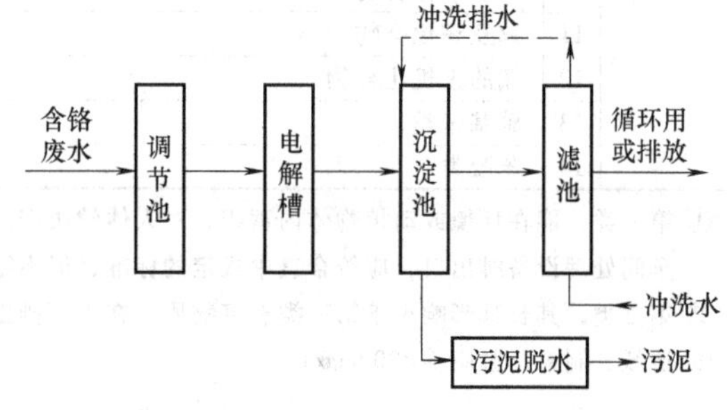

图 23-2　电解法处理镀铬废水工艺流程

5. 反渗透处理法

反渗透处理电镀废水的原理是利用半透膜对废水施加高于渗透的反压力，作为溶剂的水透过半透膜，而溶质难以透过，这样可以对废水进行浓缩，见图 23-3。实现反渗透过程必须具备两个条件：一是必须有一种高选择和高透水性的半透膜；二是操作压力必须高于溶液的渗透压力。

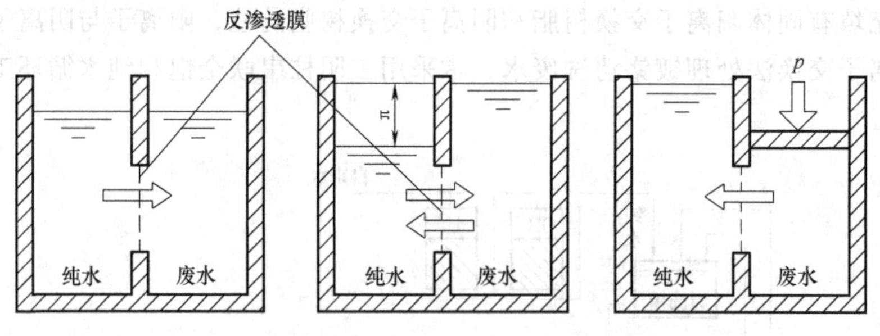

图 23-3　反渗透示意图

6. 化学还原沉淀处理法

电镀中的含铬废水一般是指含六价铬废水，化学法处理基本原理是在酸性条件（pH 值<4.2）下，利用化学还原药剂将 Cr^{6+} 还原成 Cr^{3+}，然后用碱调至 pH 值 = 8~9，使 Cr^{3+} 形成 $Cr(OH)_3$ 沉淀而被去除，使污水得到净化。化学法处理含铬废水通常分为五步：酸化、还原、碱化、沉淀分离和泥渣脱水。化学还原沉淀法处理镀铬废水工艺流程如图 23-4 所示。

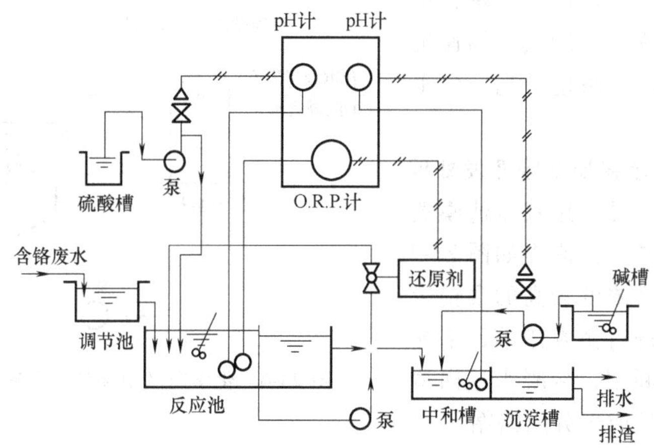

图 23-4　化学还原沉淀法处理镀铬废水工艺流程

7. 镀铬废水铁氧体处理法

铁氧体是具有铁离子、氧离子及其他金属离子所组成的氧化物晶体，镀铬废水铁氧体处理法是将废水中各种金属离子形成铁氧体晶粒而沉淀的方法。其工艺过程一般分为投加亚铁离子、调整 pH 值、充氧加热、固液分离、沉渣分离五个部分，工艺流程如图 23-5 所示。

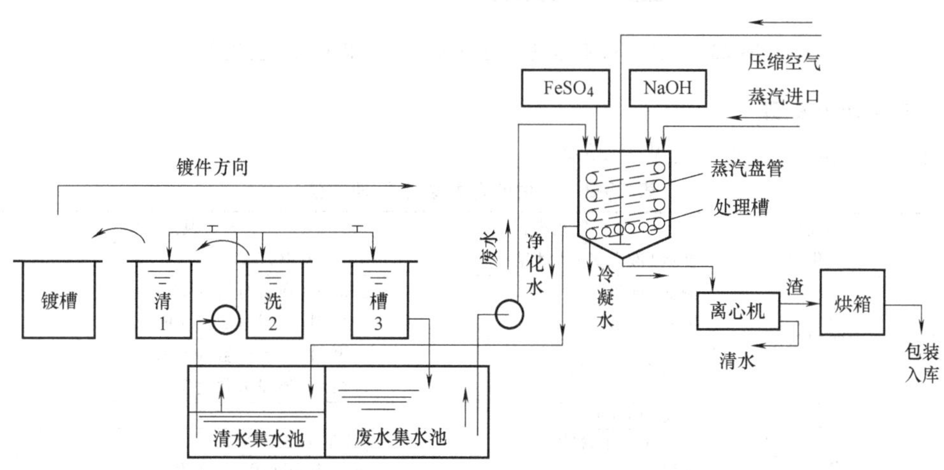

图 23-5　铁氧体法处理含铬废水工艺流程

8. 酸碱电镀废水的处理

（1）自然中和法　一般电镀车间排放出的酸、碱污水合并进入一个中和池，利用酸、碱污水自然中和（不加药剂）后排放。

（2）过滤中和法　过滤中和法就是将含酸废水流过装有石灰石、白云石或大理石等滤料的中和滤池后，酸洗废水即得到中和。

（3）化学药品中和法　当废水中含有多种金属离子时，应加入中和化学药品（如石灰石、白云石、石灰、炉灰渣、氢氧化钠、碳酸钠、氨水、SO_2等）调整 pH 值，可使废水中各种金属离子进行沉淀，出水达到排放标准。化学药品中和处理酸碱废水工艺流程如图 23-6 所示。

沉淀池的废渣部分返回反应槽，可使反应生成的沉淀物颗粒增大，加速沉降速度，同时使废渣的浓度升高，含水率下降，脱水性能好。

9. 含银电镀废水减压薄膜蒸发处理

氰化物镀银废水可采用减压薄膜蒸发法回收处理，基本工艺流程如图 23-7 所示。将第一清洗槽浓度较高的含银废水引入薄膜蒸发器进行蒸发浓缩，浓缩液返回镀银槽重复利用，冷凝水返回清洗槽，构成闭路循环或部分闭路循环。

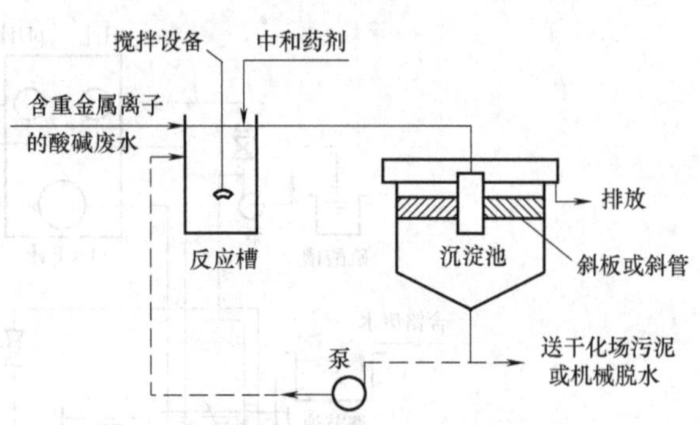

图 23-6　化学药品中和处理酸碱废水工艺流程

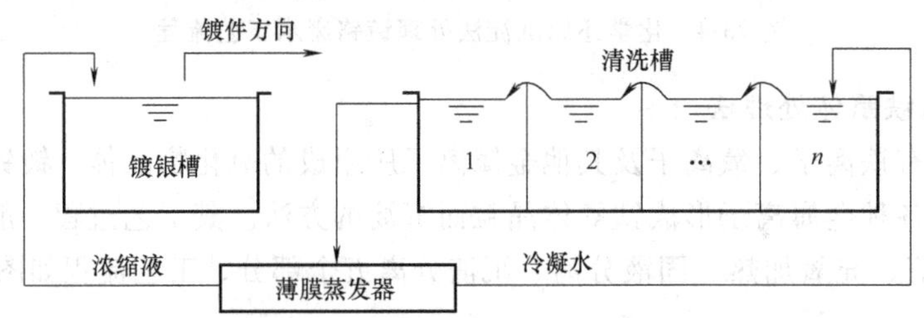

图 23-7　减压薄膜蒸发法处理氰化物镀银废水工艺流程

10. 含氰废水处理

常用的含氰废水处理方法见表 23-2。

表 23-2　常用的含氰废水处理方法

区分	方法	使用药品	说　明
氧化法	氯化法	食盐+液态氯+苛性钠	pH 值为 10.5 以上
	次氯酸盐法	钠盐 NaClO	滤渣水(质量分数为 10%)
		钠盐+钙盐	专用剂(质量分数为 70%)
		钙盐 $Ca(ClO)_2$	纯漂粉(质量分数为 60%)
			优质品(质量分数为 70%)
	过氧化氢法	氧化剂 H_2O_2	—
		过氧化氢水含物	pH 值为 5.5 以上
	臭氧法	臭氧 O_3	含氰根 10×10^{-6}以下有效
	电解法	阳极氧化食盐 1~2g/L 添加量	阳极石墨电流密度 0.1~0.2A/dm^2
回收法	浓缩法	蒸发器中浓缩	考虑回收利用
	离子交换法	阴离子交换树脂	成本高,回收利用
化学法	微生物法	氰的分解液	已经有企业采用
分解法	氧分解法	用氧夺氰分解	已有装置,我国待制
	冲击分解法	利用机械强烈冲击分解	已有装置,我国待制

23.2　电镀废气处理

23.2.1　电镀废气的来源

金属工件在电镀过程中，阴、阳两极上除金属的沉积及金属的溶解外，还有氢气和氧气的析出。有时阳极发生钝化或使用不溶性阳极，析出的氧气量更多。阴阳两极反应所析出的氢气和氧气，在镀槽中积聚成气泡，逸出时夹带有镀液的微粒，这些气泡在液面下受到一定的压力，当脱离金属表面向上浮时，速度较大，有一定的能量，升至液面仍继续向上冲，在气相中爆裂，形成带镀液的雾点飞散逸出。电镀“废气”的形成主要是由于气泡中夹带镀液微粒、气泡冲出液面时带出镀液微粒和气泡粉碎时飞散的泡沫三者所致。

23.2.2　常见酸雾的净化方法

常见酸雾的净化方法见表 23-3。

表 23-3　常见酸雾的净化方法

种　类	净化方法	净化积累
硫酸雾（气溶胶状态）	丝网式过滤法（干式）	拦截、碰撞、吸附、凝聚、静电
	碱液洗涤（湿式）	酸碱中和
	水洗涤（湿式）	利用酸雾的水溶性
盐酸雾（气态或气溶胶状态）	静电抑制（干式）	高压静电造成荷电酸雾返回液面
	覆盖法（干式）	覆盖材料抑制酸雾外溢
	碱液洗涤（湿式）	酸碱中和
	水洗涤（湿式）	利用酸雾的水溶性
硝酸雾（主要是气态）	催化还原法（干式）	催化剂作用使 NO_2 还原为 N_2
	碳质固体还原法（干式）	无催化剂作用，C 将 NO_2 还原为 N_2
	吸附法（干式） 电子束法（干式）	利用吸附材料的高吸附能力
	碱液洗涤法（湿式）	酸碱中和
	稀硝酸吸收法（湿式）	酸雾的溶解性
	硝酸矾液吸收法（湿式）	酸雾的溶解性
	氧化—吸收法（湿式）	提高氧化度，增加吸收能力
	吸收—还原法（湿式）	使 NO_2 还原为 N_2
烙酸雾（气溶胶状态）	网格式过滤法（干式）	拦截、碰撞、吸附、凝聚、静电
	挡板式过滤法（干式）	拦截、碰撞、吸附、凝聚、静电
氢氟酸雾（气态或气溶胶状态）	氧化铝吸附法（干式）	利用吸附剂的高吸附能力
	石灰石吸附法（干式）	利用吸附剂的高吸附能力
	消石灰吸附法（干式）	利用吸附剂的高吸附能力
	碱液洗涤（湿式）	酸碱中和
	水洗涤（湿式）	酸雾的水溶性
氯气（气态或气溶胶状态）	吸附法（干式）	利用吸附剂的高吸附能力
	碱液洗涤（湿式）	中和反应
	水洗涤（湿式）	利用氯气的水溶性
	酸液洗涤（湿式）	利用氯化亚铁将 Cl_2 还原成 Cl^-

23.2.3　网格式净化器铬酸雾净化法

在镀铬过程中，由于电流效率低，生产时产生大量的氢气和氧气，氢、氧气泡逸出镀液时会带出铬酸；同时由于镀液温度升高，在镀液蒸发时，会带出铬酸，形成铬酸雾污染环境。

铬雾净化器是使用抽风机将排出的铬雾减压、受到阻力而停落，并降低温度而凝聚下来与气液分离。采用铬雾净化可以将回收的铬酸直接返回应用于生产，网格式净化器净化铬酸雾的工艺流程如图 23-8 所示。

由于铬酸具有密度大且易于凝聚的特点，当铬酸气雾随气流进入净化器时，互相碰撞而聚成大颗粒的雾滴，在体积增大的净化器箱内，气液的速度降低，温度相应有所下降，加之过滤网格阻碍，气流需通过曲折狭窄的通道，更加提高了雾滴互相碰撞的机会，进而凝聚颗粒增大，由于其重力作用和吸附作用不断进行，凝结成更大的液滴，液滴沿网格降落下来进入回收器中，被净化的空气从排风机烟囱排出。

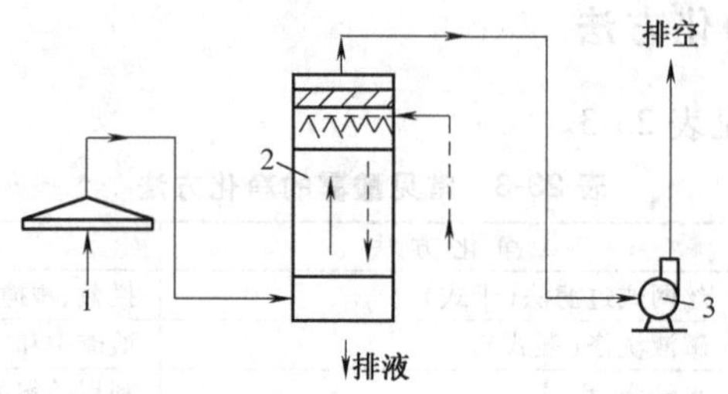

图 23-8　网格式净化器净化铬酸雾的工艺流程

1—进气　2—网格式净化器　3—风机

23.2.4　含硫酸电镀废气的净化处理

硫酸溶解度较大，且挥发性小，可采用简单的水吸收，循环水使用一段时间后硫酸浓度增加，可排出作为配制硫酸洗液或镀前活化液的硫酸稀释剂，也可采用稀苛性钠溶液作中和吸收。循环液中硫酸钠浓度高时，可结晶回收，作为某些电镀的导电盐使用。

常用丝网过滤法净化硫酸雾，其工艺流程如图 23-9 所示。工业上常用的丝网滤材有多种材质和编织方法，丝网在除雾器内的装置形式有板框式、网筒式等。

23.2.5　含盐酸电镀废气的净化处理

工业生产中常用水洗法净化盐酸雾，主要是利用氯化氢气体易溶于水的特性，水洗法净化盐酸雾的工艺流程如图 23-10 所示。含氯化氢废气进入吸收塔，与喷洒的水逆流接触而被吸收，净化后的废气直接排入大气，水则循环使用。盐酸在水中溶解，挥发性较大，当觉察出明显的挥发时，可排出作为配制盐酸酸洗或活化液的稀释剂。用稀苛性钠中和吸收，苛性钠的耗量较大，但允许循环液盐的浓度较高。吸收液可排出后结晶回收氯化钠，作为锅炉软化水磺化煤的再生剂。

23.2.6　含尘气体的处理

电镀生产中的磨光、抛光、喷砂等工序会产生大量的灰尘，随着抽风机的气流分散到空中，如果不处理，对环境污染也是十分严重的，人体长期吸收累积也会导致矽肺等病症。因此，采用这些工艺加工时，应设置必要的除尘装置。除尘方法有机械除尘、洗涤除尘和过滤除尘。

1）机械除尘是利用机械力的作用将尘粒从气流中分离出来，机械除尘装置结构比较简单，气流阻力和功率消耗较小，基建投资、维修费用和运转费用均比较小。缺点是除尘效率

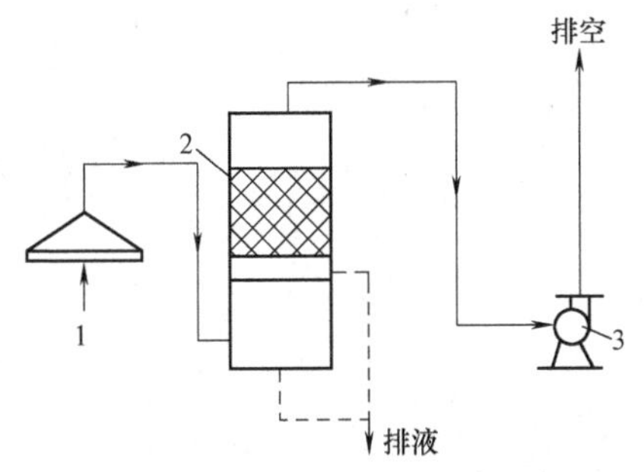

图 23-9　丝网过滤法净化硫酸雾的工艺流程

1—吸气罩　2—丝网过滤塔　3—风机

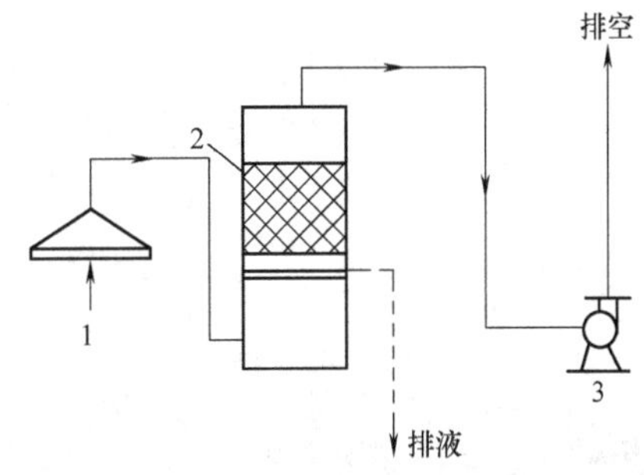

图 23-10　水洗法净化盐酸雾的工艺流程

1—进气　2—吸收塔　3—风机

不够高，微粒灰尘处理效果差。

2）洗涤除尘是用水洗涤含尘气体，使气体中的尘粒与液滴（或水膜）相碰撞而被水带走。这种方法用水量多，功率消耗大，运转费较高。常用设备有喷雾塔、填充塔、筛板塔、离心式洗涤器、喷射式洗涤器等。

3）过滤除尘方法是使含尘气体穿过过滤材料，将尘粒阻留下来。通常采用袋式的过滤器，过滤袋的材料可采用天然纤维、合成纤维或玻璃纤维，也有采用金属丝编织品（适于抛光的布）作过滤袋。过滤袋要求有一定的强度，耐热性和耐蚀性要好。使用一段时间后，袋子的孔隙由于尘粒堵塞，使气流阻力增大，影响除尘效果。必须定期或连续清理过滤袋。袋式除尘装置适用于处理含尘浓度比较低，尘粒比较微细（0.1~20μm）的气体，其除尘率可达90%以上。这种装置占地面积大、费用高、不适用于处理温度高、湿度大或腐蚀性强的含尘气体。

第5篇

化学镀和热浸镀技术

第24章 化学镀基本知识

24.1 化学镀的特点

化学镀也称无电解镀或者自催化镀，是通过溶液中适当的还原剂使金属离子在镀件表面，通过自催化作用进行还原，实现金属沉积的过程。化学镀过程实质是定向的氧化还原反应，是有电子转移、无外电源的化学沉积过程。

化学镀的特点有以下几方面：

1）表面硬度高，耐磨性好。镀后镀件的表面硬度可在550~1100HV0.1（相当于55~72HRC）的范围内任意选择。处理后的机械部件，耐磨性好，使用寿命长，一般寿命可提高3~4倍，有的可达8倍以上。

2）镀层厚度极其均匀，处理部件不受形状限制，不变形。特别适用于形状复杂、深不通孔及精度要求高的细小及大型部件的表面强化处理。

3）具有优良的耐蚀性。处理后的部件在许多酸、碱、盐、氨和海水中具有很好的耐蚀性，其耐蚀性比不锈钢优越得多。

4）处理后的部件，表面粗糙度值小，表面光亮，不需重新机械加工和抛光即可直接装机使用。

5）镀层与基体的结合力高，不易剥落，其结合力比电镀铬要高。

6）可处理的基体材料广泛。可处理的材料有各种模具合金钢、不锈钢、铜、铝、锌、钛、塑料、尼龙、玻璃、橡胶、木材等。

7）化学镀镀层根据其成分的不同，可以获得非晶态、微晶、细晶等组织结构。

8）工艺装备简单、投资低，不需要电源和电极。

9）镀液通过维护调整能反复使用。

电镀与化学镀的比较见表24-1。

表24-1 电镀与化学镀的比较

镀液与镀层的性能	电　镀	化　学　镀
镀层沉积驱动力	电能(电压)	化学能(还原剂)
镀液的组成	比较简单	相当复杂
溶液组成的变化	小(可溶性阳极)	大
受pH值影响的程度	比较小	大
受温度影响的程度	比较小	大

（续）

镀液与镀层的性能	电　镀	化　学　镀
沉积速率	采用阴极电流密度调节，沉积速率大	受温度、pH 值和基体表面活性的影响，沉积速率小
镀液寿命	长	短
镀层结晶	细	微小，非晶态
膜层厚度分布	不均匀	非常均匀
溶液管理	容易	严格
基体	导体	导体、非导体
成本	低	高

24.2　化学镀的基本原理

化学镀是利用合适的还原剂，使溶液中的金属离子有选择地在经催化剂活化的表面上还原析出成金属镀层的一种化学处理方法。

化学镀的沉积过程不是通过界面上固液两相间金属原子和离子的交换，而是液相离子M^{n+}通过液相中的还原剂 R 在金属或其他材料表面上的还原沉积。化学镀的关键是还原剂的选择和应用，最常用的还原剂是次亚磷酸盐和甲醛，近年来又逐渐采用硼氢化物、氨基硼烷和它们的衍生物等作为还原剂，以便室温操作和改变镀层性能。从本质上讲，化学镀是一个无外加电场的电化学过程。

进行化学镀应具备以下一些基本条件：

1）镀液本身不应自发发生氧化还原反应，即金属的还原反应限定在镀件的催化表面上进行，以免镀液自发分解。

2）镀件表面应具有催化活性，对于塑料、陶瓷、玻璃等不具备表面催化活性的非金属材料，在化学镀前应进行特殊的预处理，使其表面活化而具有催化作用；被还原金属也应具有催化性质，使沉积过程能自发持续进行。

3）还原剂的氧化电位应低于被还原金属的平衡电位。

4）可通过调节参数如镀液 pH 值、温度 T 等，实现自催化沉积过程的人为控制。

虽然化学镀与电镀相比，有一些不足，如所用的镀液稳定性较差，且镀液的维护、调整和再生都比较复杂，而且成本较高，但也具有更多的优势。

化学镀如果用电化学进行说明，则是金属离子 M^{n+} 被还原的阴极反应和还原剂 R 被氧化的阳极反应。

$$\text{阴极反应：} M^{n+} + ne \longrightarrow M$$

$$\text{阳极反应：} R \longrightarrow O + ne$$

式中，R 为还原剂，O 为氧化剂。

为了能使上述两反应同时进行，阳极反应的平衡电位 $\varphi_{O/R}$ 必须低于阴极反应的平衡电位 $\varphi_{M^{n+}/M}$，其平衡电位可用下面公式求出：

$$\varphi_{O/R} = \varphi^{\ominus}_{O/R} + \frac{RT}{nF}\ln\frac{[O]}{[R]}$$

$$\varphi_{M^{n+}/M} = \varphi^{\ominus}_{M^{n+}/M} + \frac{RT}{nF}\ln\ [M^{n+}]$$

式中，[O]、[R]、$[M^{n+}]$ 分别为氧化剂、还原剂及金属离子浓度；T 为温度；F 为常数。

还原剂的阳极反应通常与 pH 值的大小有关，此时阳极反应变为下式：

$$R \longrightarrow O+mH^{+}+ne$$

式中，m 为 H^+数，n 为电子数。

上式中的平衡电位应为

$$\varphi_{O/R}=\varphi_{O/R}^{\ominus}+\frac{RT}{nF}\ln\frac{[O][H^{+}]^{m}}{[R]}=\varphi_{O/R}^{\ominus}+\frac{RT}{nF}\ln\frac{[O]}{[R]}-\frac{2.3mRT}{nF}pH$$

还原剂的标准电位越低，还原剂的还原能力越强。另外，若被还原的金属离子的标准电位越高，金属离子就越容易被还原。

要想让金属离子的标准电位低，就必须用强的还原剂还原。

还原剂的有效程度可用它的标准氧化电位 $\varphi^{\ominus}$ 来判断，如次亚磷酸盐就是一个强还原剂。但也不应过分信赖 $\varphi^{\ominus}$ 值，因为在实际应用中，$\varphi^{\ominus}$ 值会由于溶液中不同的离子活度和类似其他因素的影响，而发生很大的差异，但氧化和还原电位的计算，仍有助于预先估计不同还原剂的有效程度。常用还原剂的标准氧化电位见表 24-2。

表 24-2　常用还原剂的标准氧化电位

电 极 反 应	标准电位/V
$H_3PO_2+H_2O \longrightarrow H_3PO_3+2H^{+}+2e^{-}$	$\varphi^{\ominus}=-0.499-0.06pH$
$H_2PO_2^{-}+3OH \longrightarrow HPO_3^{2-}+2H_2O+2e^{-}$	$\varphi^{\ominus}=-0.31-0.09pH$
$HCHO+H_2O \longrightarrow HCOOH+2H^{+}+2e^{-}$	$\varphi^{\ominus}=+0.056-0.06pH$
$HCHO+3OH^{-} \longrightarrow HCOO^{-}+2H_2O+2e^{-}$	$\varphi^{\ominus}=+0.19-0.09pH$
$2HCHO+4OH^{-} \longrightarrow 2HCOO^{-}+H_2+2H_2O+2e^{-}$	$\varphi^{\ominus}=+0.32-0.12pH$
$N_2H_5^{+} \longrightarrow N_2+5H^{+}+4e^{-}$	$\varphi^{\ominus}=-0.31-0.06pH$
$BH_4^{-}+8OH^{-} \longrightarrow BO_2^{-}+6H_2O+8e^{-}$	$\varphi^{\ominus}=-0.45-0.06pH$

在碱性化学镀液中，需要加入络合剂，以免金属离子产生氢氧化物沉淀。设络离子为 L^{m-}，络合反应如下：

$$M^{n+}+L^{m-} \rightleftharpoons M^{n+}L^{m-}$$

络合离子的稳定常数 K 为

$$K=[M^{n+}L^{m-}]/[M^{n+}][L^{m-}]$$

M^{n+}和 M^{n+}、L^{m-}的氧化还原反应为

$$M^{n+}+ne \longrightarrow M$$

$$M^{n+}+L^{m-}+ne \longrightarrow M+L^{m-}$$

上述两个式子的标准电极电位分别表示为 $\varphi_{M^{n+}}^{\ominus}/M$、$\varphi_{ML/M}^{\ominus}$。

$$\varphi=\varphi_{M^{n+}/M}^{\ominus}+\frac{RT}{nF}\ln[M^{n+}]=\varphi_{ML/M}^{\ominus}+\frac{RT}{nF}\ln[M^{n+}L^{m-}]/[L^{m-}]$$

$$=\varphi_{ML/M}^{\ominus}=\frac{RT}{nF}\ln K+\frac{RT}{nF}\ln[M^{n+}]$$

由此可知

$$\varphi_{ML/M}^{\ominus}=\varphi_{M^{n+}/M}^{\ominus}-\frac{RT}{nF}\ln K$$

由上式可知，在络合剂存在的情况下，其稳定常数 K 越大，金属络离子的电位越低。

但当pH值降低时，络合剂以离子形态存在。因此金属络离子稳定常数比K小，所以在pH值较低的情况下，标准电极电位的降级较小。

24.3 化学镀的应用

24.3.1 化学镀的常用材料及应用范围

最初化学镀技术仅应用于钢铁材料为主的金属材料上，以后应用范围逐步扩大，不锈钢、非铁金属、陶瓷等材料也可施镀。但是，不同基体的金属或其他材料对化学镀的适应性不一，因而镀前预处理方法不尽相同，针对不同的基体材料进行恰当的镀前预处理，是保证化学镀工艺的先决条件和步骤。也就是说，可以通过不同的镀前预处理方法，扩大化学镀技术在各种材料上的应用范围。

24.3.2 化学合金镀层的特点及应用

化学合金镀层的晶体结构不仅与镀液中的磷含量有关，还与络合剂、添加剂有关。通过对碳素钢、合金钢、工具钢、不锈钢、耐热钢、铝、镁、铜、锌、钛、玻璃、塑料、陶瓷等材料的研究表明，镀层中磷质量分数为8%时，则为非晶态结构。经过400℃左右的加热和保温，即可实现晶化处理，完成从非晶态到晶态的结构转变，镀层中生成Ni_3P化合物，从而使镀层硬度提高，一般镍磷镀层的显微硬度可达500~600HV。由于镀层具有可观的高硬度，在汽车部件轻量化的进程中，扮演了重要角色。其用于汽车零部件上的实例有：制动油缸、空调压缩机、AT变速器部件等。

24.3.3 化学复合镀层的特点及应用

化学复合镀层的耐磨性取决于分散粒子的种类、粒径、共析量、镀层本身的硬度及热处理。上述因素的控制则由具体的用途来决定。如想获得耐磨及润滑性优异的复合镀层，通常采用BN或Si_3N_4等无机氮化物或低共析量的PTFE做分散微粒。PTFE是一种具有极好化学稳定性和干润滑性能的高分子有机材料，在王水、硫酸、氢氧化钠等溶液中有极好的耐蚀性。镍磷化学镀的合金镀则具有较高的硬度和较好的基体结合性能。因此，采用化学复合镀，可以得到较好综合性能的复合镀层。另外，PTFE的复合镀层除具有自润滑特性外，还具有剥离强度高、非黏着性、拒水及抗油等复合性能。化学镀镍合金复合镀层的应用见表24-3。

表24-3 化学镀镍合金复合镀层的应用

要求特性	分散粒子	应用实例
高硬度 耐磨	金刚石	牙科用钻头、刀具、锉刀等工具及重负荷齿轮
	SiC	液压泵部件、压缩机上的凸轮环、自动装置部件（销子、凸轮定向盘、导轨），生产丝材用的滚轧系统的定向滚子
自润滑性	BN	喷射成形机的进料螺杆、喷射成形机配件（模子、夹头、衬套）
	PTFE	照相机的快门、变焦镜头部件、摄像机的滑块、熨斗底板
难剥离性 非黏着性 拒水性	PTFE	注塑模具、电动器械、医疗器械、钳、过滤器

第 25 章 化学镀单金属

25.1 化学镀镍

25.1.1 化学镀镍层的结构与性能

化学镀镍层与电镀镍层在结构与性质上因为沉积机理与镀层成分的不同，有着很大差别。前者为层状（镍磷）、柱状（镍硼）结构，为微晶或非晶，而后者为均一的金属晶体结构。表 25-1 列出了电镀镍层与化学镀镍层的主要性质差别。

表 25-1 电镀镍层与化学镀镍层的主要性质差别

结构与性能	电镀镍层	化学镀镍层
镀层晶体结构	fcc（面心立方）	随磷含量的增加由晶态经过微晶最终转变成非晶态
硬度 HV	240~500	400~1110
熔点/℃	1423	随磷含量而变，当磷质量分数为 12.4% 时最低，为 890℃
耐蚀性	优良	随磷含量而变，但均显著优于电镀镍层
耐磨性	一般，容易发生黏着磨损	具有自润滑性，耐磨性优异
磁性能	磁性	随含磷量增加磁性消失

化学镀镍层的性质是由其组成与结构决定的，而结构则受沉积条件所控制。镀液种类和工艺条件都会改变镀层中的磷含量。

25.1.2 典型化学镀镍预处理工艺

1. 低碳钢化学镀镍预处理工艺流程

低碳钢化学镀镍预处理工艺流程如图 25-1 所示。

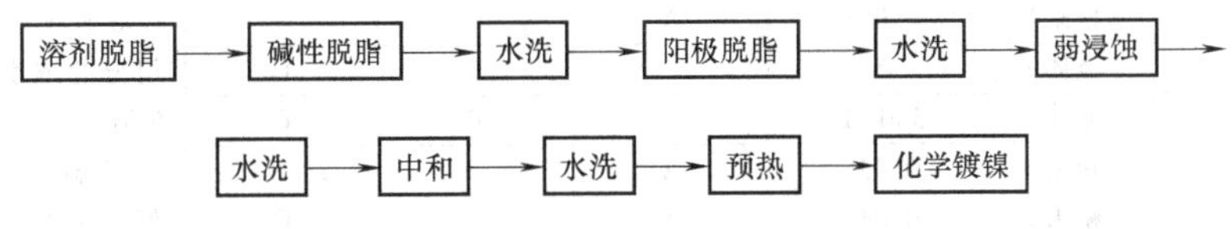

图 25-1 低碳钢化学镀镍预处理工艺流程

2. 铍铜件化学镀镍的预处理工艺流程

铍铜件化学镀镍的预处理工艺流程如图 25-2 所示。

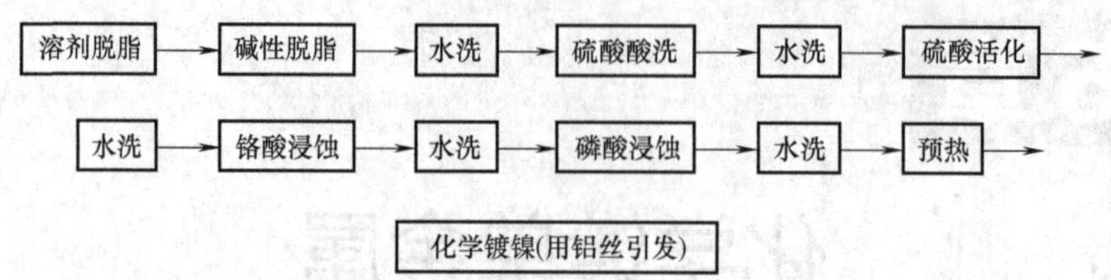

图 25-2 铍铜件化学镀镍的预处理工艺流程

3. 黄铜上的化学镀镍预处理工艺流程

黄铜上的化学镀镍预处理工艺流程如图 25-3 所示。

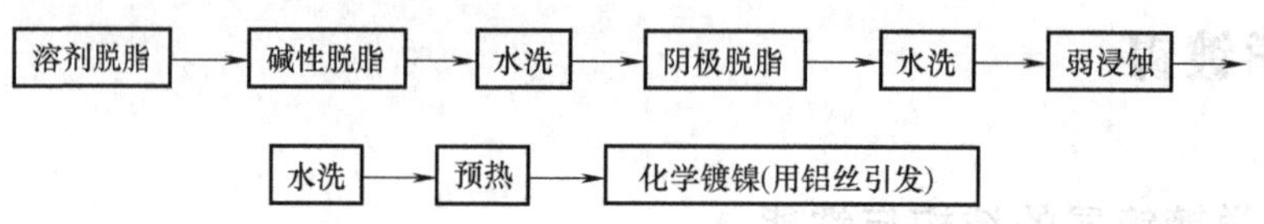

图 25-3 黄铜上的化学镀镍预处理工艺流程

4. PET 化学镀镍工艺流程

PET 化学镀镍工艺流程如图 25-4 所示。

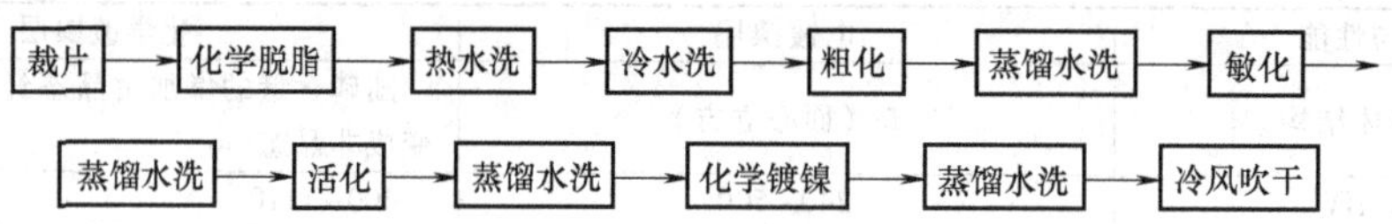

图 25-4 PET 化学镀镍工艺流程

25.1.3 化学镀镍典型工艺

1. 用于食品机械行业的化学镀镍

用于食品机械行业的化学镀镍配方见表 25-2。

表 25-2 用于食品机械行业的化学镀镍配方

组　分	性状	镀液摩尔浓度/(mol/L)	A 组分浓缩液	B 组分浓缩液	C 组分浓缩液	备　注
$NiSO_4 \cdot 6H_2O$	(粉末)	0.095	A	—	—	1)原始镀液采用 A、B 浓缩液配制，补加时采用 A、C 浓缩液补加，浓缩液中各组分的浓度为镀液浓度的 5 倍 2)温度为 75~95℃，pH 值为 4.2~5.2
$NaH_2PO_2 \cdot H_2O$	(粉末)	0.283	—	B	C	
柠檬酸	(粉末)	0.027	—	B	—	
醋酸钠	(粉末)	0.058	A	—	—	
乳酸	(液体)	5	—	B	C	
丙酸	(液体)	3mL/L	—	B	C	
苹果酸	(粉末)	0.037	A	—	—	
丁二酸	(粉末)	0.042	A	—	C	
KIO_3	(粉末)	3mg/L	—	B	—	

2. 酸性化学镀镍

酸性化学镀镍液的配方和工艺条件见表 25-3 和表 25-4。

表 25-3　酸性化学镀镍液的配方和工艺条件 1

工　艺　号		1	2	3	4	5	6	7	8	9	10
组分质量浓度/(g/L)	硫酸镍($NiSO_4 \cdot 6H_2O$)	25~30	30	20	25	25	20	23	21	34	15
	次磷酸钠($NaH_2PO_2 \cdot H_2O$)	20~25	15~25	24	20	24	24	18	24	36	14
	醋酸钠($CH_3COONa \cdot 3H_2O$)	5	15	—	—	—	—	—	—	—	13
	乳酸($C_3H_6O_3$)	—	—	25	25	—	—	20	30	5	—
	柠檬酸钠($Na_3C_6H_5O_7 \cdot 2H_2O$)	5	15	—	—	—	—	—	—	—	—
	苹果酸($C_4H_6O_5$)	—	—	—	—	24	16	—	—	10	—
	硼酸(H_3BO_3)	—	—	—	10	—	—	—	—	—	—
	丁二酸钠($C_4H_4Na_2O_4$)	—	5	—	—	16	18	12	—	15	—
	氨基乙酸[$CH_2(NH_2)COOH$]	—	5~15	—	—	—	—	—	—	—	—
	氟化钠(NaF)	—	—	—	1	—	—	—	—	—	—
	醋酸铅(Pb^{2+})	—	—	0.001	—	0.003	0.001	0.001	0.001	0.005	—
工艺条件	pH 值	4~5	3.5~5.4	4.4~4.8	4.4~5.8	5.8~6	5.2	5.2	4.5	4.8	5~6
	温度/℃	80~90	85~95	90~94	90~92	90~93	95	90	95	90	80~98
	沉积速率/(μm/h)	10	12~15	10~13	15~22	48	17	15	17	10	18
	镀层中磷含量(质量分数,%)	8~10	7~11	8~9	8~9	8~11	8~9	7~8	8~9	10~11	—
	装载量/(dm^2/L)	1	1	1	1	1	—	—	—	—	—

表 25-4　酸性化学镀镍液的配方和工艺条件 2

工艺号		1	2	3	4	5	6	7	8	9	10	11	12	13	14	15
组分质量浓度/(g/L)	氯化镍	30	—	—	30	—	30	30	—	30	16	—	—	30	—	—
	硫酸镍	—	21	20	—	15	—	—	30	—	—	80	35	—	25	20
	次磷酸钠	10	24	27	10	14	12	10	10	10	24	24	10	10	24	24
	醋酸钠	—	—	—	—	13	—	—	10	—	—	12	7	—	—	—
	羟基醋酸钠	50	—	—	10	—	—	—	—	—	—	—	—	—	—	—
	琥珀酸	—	—	16	—	—	—	—	—	—	16	—	—	—	16	—
	乳酸/(mL/L)	—	34	—	—	—	—	—	—	钠 50	—	—	—	—	—	27
	丙酸/(mL/L)	—	2.2	—	—	—	10	—	—	—	—	—	—	—	—	2
	柠檬酸钠	—	—	—	—	—	—	10	—	—	—	—	10	10	—	—
	苹果酸	—	—	—	—	—	—	—	—	—	18	—	—	—	24	—
	硼酸	4~6	4.3	4.5~5.5	4~6	5~6	4.5~5.5	4~6	4~6	4~4.5	—	8	—	—	—	—
	氯化铵	—	—	—	—	—	—	—	—	—	0.003	6	—	—	0.003	
工艺条件	pH	—	—	—	—	—	—	—	—	—	5.6	4.8~5.8	5.6~5.8	4	5.8~6	4.5~4.7
	温度/℃	88~98	95	94~98	88~98	80~98	88~98	90	90	90	100	93	85	85	90~93	90~93
	沉积速率/(μm/h)	12.7	25.4	25.4	10.1	17.8	15.3	5	25	5~8	48	17	6.4	7.6	18.3	—

3. 中温酸性化学镀镍和高沉积速率化学镀镍

中温酸性化学镀镍液的典型配方及工艺条件见表 25-5，高沉积速率化学镀镍液的典型配方及工艺条件见表25-6。

表25-5 中温酸性化学镀镍液的典型配方及工艺条件

组分及工艺条件		数值	组分及工艺条件		数值
组分摩尔浓度/(mol/L)	氯化镍	0.198~0.297	组分摩尔浓度/(mol/L)	羟基乙酸钾	0.085~0.245
	次磷酸钠	0.283~0.566	工艺条件	pH值	5~6(用氯水)
	柠檬酸钠	0.164~0.246		温度/℃	60~65

表25-6 高沉积速率化学镀镍液的典型配方及工艺条件

组分及工艺条件		数值	组分及工艺条件		数值
组分摩尔浓度/(mol/L)	硫酸镍	0.076	组分摩尔浓度/(mol/L)	丙酸	0.027
	次磷酸钠	0.227	工艺条件	pH值	4.5~4.7
	乳酸	0.259		温度/℃	90~93

4. 适合于轻金属的化学镀镍

适合于轻金属的化学镀镍液配方及工艺条件见表25-7。

表25-7 适合于轻金属的化学镀镍液配方及工艺条件

组分及工艺条件		工艺号 1	2	3
组分摩尔浓度/(mol/L)	次磷酸镍	—	0.050	—
	碱式碳酸镍	0.017	—	10g/L
	氟化钾	—	0.155	9g/L
	氟化氢铵(质量分数为70%)	0.074	—	10g/L
	柠檬酸	0.029	0.079	5g/L
	次磷酸钠	0.189L	0.005	20g/L
	铅离子	—	1mg/L	—
工艺条件	pH值	4.5~6.8	4.6~4.7	4.5~6.5g/L
	温度/℃	76~82	87	30~35g/L
	沉积速率/(μm/h)	20	23	—

5. 高稳定性长寿命的化学镀镍

高稳定性长寿命的化学镀镍液典型配方及工艺条件见表25-8。

表25-8 高稳定性长寿命的化学镀镍液典型配方及工艺条件

组分及工艺条件		工艺号 1	2	3
组分摩尔浓度/(mol/L)	硫酸镍	—	—	0.095g/L
	氯化镍	0.099	0.050	—
	次磷酸钠	0.255	0.227	0.227g/L
	琥珀酸钠	0.135	0.135	0.135g/L
	苹果酸	—	0.134	0.179g/L
	硫化铅	—	—	1.25×10^{-5}g/L
工艺条件	pH值	4.5~5.6	5.6	5.8~6.0g/L
	温度/℃	98	99	90~93g/L
	沉积速率/(μm/h)	35.6	48.3	48.3g/L

25.1.4 碱性化学镀镍

碱性化学镀镍工艺见表25-9。

表 25-9 碱性化学镀镍工艺

工艺号		1	2	3	4	5	6	7	8	9	10
组分质量浓度/(g/L)	氯化镍	—	—	—	—	—	—	45	30	25	24
	硫酸镍	10~20	33	30	25	30	33	—	—	—	—
	次磷酸钠	5~15	15	25	25	30	17	11	10	8	20
	柠檬酸钠	30~60	50	—	—	—	84	100	—	60	60
	硼酸	—	—	—	—	—	—	—	—	—	40
	焦磷酸钠	—	—	60~70	50	60	—	—	—	—	—
	乳酸	1~5 mL/L	—	—	—	—	—	—	—	—	—
	三乙醇胺	—	—	—	—	100 mL/L	—	—	—	—	—
	氯化铵	—	—	—	—	—	50	50	50	40	—
	柠檬酸铵	—	—	—	—	—	—	—	65	—	—
工艺条件	pH 值	7.5~8.5	8	10~10.5	10~11	10	9.5	8.5~10	8~10	8~9	8~9
	温度/℃	40~45	90	70~75	65~75	30~35	85	90~95	90~95	85~88	90
	沉积速度/(μm/h)	—	—	20~30	15	10	—	10	8	—	—
	镀层中磷的质量分数(%)	—	—	7~8	5	4	—	—	—	—	—

25.1.5 氨碱性化学镀镍

氨碱性化学镀镍工艺见表 25-10。

表 25-10 氨碱性化学镀镍工艺

工艺号		1	2	3	4	5	6	7	8
组分质量浓度/(g/L)	氯化镍	30	45	30	45	30	30	20	25
	次磷酸钠	10	20	10	11	10	10	15	20
	氯化铵	50	50	50	50	50	50	30	50
	柠檬酸钠	100	45	—	100	—	—	45~47	45
	柠檬酸铵	—	—	—	—	65	65	—	—
工艺条件	pH 值	8~9	8~8.5	8~10	8.5~10	8~10	8~10	8~9	8~9
	温度/℃	90	80~85	91~96	91~96	91~96	80~85	80~84	80~84
	沉积速度/(μm/h)	6	10	10.2	6.2	7.6	—	—	—

25.1.6 低温碱性化学镀镍

低温碱性化学镀镍工艺见表 25-11。

表 25-11 低温碱性化学镀镍工艺

工艺号		1	2	3	4	5	6
组分质量浓度/(g/L)	氯化镍	25	—	—	—	25	—
	硫酸镍	—	25	30	30	—	30
	焦磷酸钠	60~70	50	60	—	60~70	60
	次磷酸钠	25	25	30	30	25	30
	氯化铵	—	—	100mL/L	—	45mL/L	—
	柠檬酸钠	—	—	—	20	—	—
	三乙醇胺	—	—	—	—	—	100mL/L
工艺条件	pH 值	10~10.5	10~11	10	8.5~9.5	10~10.5	>10
	温度/℃	70~75	65~76	30~35	40~45	70~75	35~37

25.1.7 以硫酸镍为主盐的酸性化学镀镍

以硫酸镍为主盐的酸性化学镀镍工艺见表25-12。

表25-12 以硫酸镍为主盐的酸性化学镀镍工艺

工艺号		1	2	3	4	5	6	7	8	9	10
组分质量浓度/(g/L)	硫酸镍($NiSO_4 \cdot 6H_2O$)	25~30	30	20	25	25	20	23	21	34	15
	次磷酸钠($NaH_2PO_2 \cdot H_2O$)	20~25	15~25	24	20	24	24	18	24	36	14
	醋酸钠($CH_3COONa \cdot 3H_2O$)	5	15	—	—	—	—	—	—	—	13
	乳酸($C_3H_6O_3$)	—	—	25	25	—	—	20	30	5	—
	柠檬酸钠($Na_3C_6H_5O_7 \cdot 2H_2O$)	5	15	—	—	—	—	—	—	—	—
	苹果酸($C_4H_6O_5$)	—	—	—	—	24	16	—	—	10	—
	硼酸(H_3BO_3)	—	—	—	10	—	—	—	—	—	—
	丁二酸钠($C_4H_4Na_2O_4$)	—	5	—	—	16	18	12	—	15	—
	氨基乙酸[$CH_2(NH_2)COOH$]	—	5~15	—	—	—	—	—	—	—	—
	氟化钠(NaF)	—	—	—	1	—	—	—	—	—	—
	醋酸铅(Pb^{2+})	—	—	0.001	—	0.003	0.001	0.001	0.001	0.005	—
工艺条件	pH值	4~5	3.5~5.4	4.4~4.8	4.4~5.8	5.8~6	5.2	5.2	4.5	4.8	5~6
	温度/℃	80~90	85~95	90~94	90~92	90~93	95	90	95	90	80~98
	沉积速度/(μm/h)	10	12~15	10~13	15~22	48	17	15	17	10	18
	镀层中磷的质量分数(%)	8~10	7~11	8~9	8~9	8~11	8~9	7~8	8~9	10~11	—
	装载量/(dm^2/L)	1	1	1	1	1	—	—	—	—	—

25.1.8 以硫酸镍和氯化镍为主盐的酸性化学镀镍

以硫酸镍和氯化镍为主盐的酸性化学镀镍工艺见表25-13。

表25-13 以硫酸镍和氯化镍为主盐的酸性化学镀镍工艺

工艺号		1	2	3	4	5	6	7	8	9	10	11	12	13	14	15
组分质量浓度/(g/L)	氯化镍	30	—	—	30	—	30	30	—	30	16	—	—	30	—	—
	硫酸镍	—	21	20	—	15	—	—	30	—	—	80	35	—	25	20
	次磷酸钠	10	24	27	10	14	12	10	10	10	24	24	10	10	24	24
	醋酸钠	—	—	—	—	13	—	—	10	—	—	12	7	—	—	—
	羟基醋酸钠	50	—	—	10	—	—	—	—	—	—	—	—	—	—	—
	琥珀酸	—	—	16	—	—	—	—	—	—	16	—	—	—	16	—
	乳酸	—	34mL/L	—	—	—	—	—	—	钠 50mL/L	—	—	—	—	—	27mL/L
	丙酸	—	2.2mL/L	—	—	—	10mL/L	—	—	—	—	—	—	—	—	2mL/L
	柠檬酸钠	—	—	—	—	—	—	10	—	—	—	—	10	10	—	—
	苹果酸	—	—	—	—	—	—	—	—	—	18	—	—	—	24	—
	硼酸	4~6	4.3	4.5~5.5	4~6	5~6	4.5~5.5	4~6	4~6	4~4.5	—	8	—	—	—	—
	氯化铵	—	—	—	—	—	—	—	—	—	0.003	6	—	—	0.003	—
工艺条件	pH值	—	—	—	—	—	—	—	—	—	5.6	4.8~5.8	5.6~5.8	4	5.8~6	4.5~4.7
	温度/℃	88~98	95	94~98	88~98	80~98	88~98	90	90	90	100	93	85	85	90~93	90~93
	沉积速度/(μm/h)	12.7	25.4	25.4	10.1	17.8	15.3	5	25	5~8	48	17	6.4	7.6	18.3	—

25.1.9 中温酸性化学镀镍

中温酸性化学镀镍工艺见表25-14。

表25-14 中温酸性化学镀镍工艺

镀液组分与工艺条件		数值	镀液组分与工艺条件		数值
组分摩尔浓度/(mol/L)	氯化镍	0.198~0.297	组分摩尔浓度/(mol/L)	羟基乙酸钾	0.085~0.245
	次磷酸钠	0.283~0.566	工艺条件	pH值	5~6(用氯水)
	柠檬酸钠	0.164~0.246		温度/℃	60~65

25.1.10 以氨基硼烷为还原剂的化学镀镍

以氨基硼烷为还原剂的化学镀镍工艺见表25-15和表25-16。

表25-15 以氨基硼烷为还原剂的化学镀镍工艺1

工艺号		1	2	3	4	5	6	7
组分质量浓度/(g/L)	硫酸镍	50	—	—	—	25	—	30
	氯化镍	—	24~48	30	—	—	24	—
	乙酸镍	—	—	—	50	—	—	—
	二甲基氨基硼烷	3	3~4.8	—	2.5	1.5	10	3.5
	二乙基氨基硼烷	—	—	3	—	—	—	—
	柠檬酸钠	—	—	10	25	—	—	—
	琥珀酸钠	—	—	20	—	—	—	—
	乙酸钠	—	18~37	—	—	—	22	—
	焦磷酸钠	100	—	—	—	50	—	—
	亚硫基乙二酸	—	—	—	1.5mg/L	—	—	—
	乳酸(80%)	—	—	—	25mL/L	—	—	—
	其他组分	—	—	异丙醇50	十二烷基硫酸钠0.1mg/L	氨水(28%)45mL/L	十二烷基硫酸钠0.1mg/L	丙二酸二钠盐34
工艺条件	pH值	10	5.5	5~7	7	10.7	5.5	5.5
	温度/℃	25	70	65	30~40	25	60	77
	沉积速度/(μm/h)	—	7~12	7~12	—	2.5	14	17
	镀层中硼含量(%)	—	—	—	—	0.1~0.5	4~5	4~5

注：表中百分数均为质量分数。

表25-16 以氨基硼烷为还原剂的化学镀镍工艺2

工艺号		1	2	3	4	5	6	7	8
组分质量浓度/(g/L)	氯化镍	—	—	30	93	30	—	—	94
	硫酸镍	—	—	—	—	—	50	25	—
	醋酸镍	20	50	—	—	—	—	—	—
	二甲基氨基硼烷	3.0	2.5	—	37	—	3	4	9.5
	二乙基氨基硼烷	—	—	3	—	3	—	—	—
	异丙醇	—	—	50	—	50	—	—	—
	柠檬酸钠	—	25	10	—	15	—	—	—
	丁二酸钠	—	—	20	10	—	—	25	—
	醋酸钠	15	—	—	—	5	—	—	—
	乳酸(85%)	30	25	83	—	—	—	—	—
	其他组分	—	—	—	硼酸25	乙醇酸(65%)40	焦磷酸钠100	硫酸钠15	—
工艺条件	pH值(用NH_4OH调)	6.4	6~7	5~7	4.3	8.5	10	5.0	5.4
	温度/℃	70	40	65	27	30	25	60	18

注：表中百分数均为质量分数。

25.1.11 以硼氢化钠为还原剂的化学镀镍

以硼氢化钠为还原剂的化学镀镍工艺见表25-17。

表25-17 以硼氢化钠为还原剂的化学镀镍工艺

工艺号		1	2	3	4	5	6	7
组分质量浓度/(g/L)	氯化镍	20	—	30	30	30	30	30
	硫酸镍	—	20	—	—	—	—	—
	硼氢化钠	0.4	2.3	0.7~0.85	0.6	1	0.5	0.5~0.6
	氢氧化钠	90	—	40	40	40	40	40
	乙二胺	90	—	60	60	15	60	60
	酒石酸钾钠	—	40	—	—	40	—	—
	氟化钠	—	—	—	—	—	3	—
	其他组成	硫酸铊 0.4	—	—	亚硫基乙二酸 1	焦亚硫酸钾钠 2	氯化铅 0.06	—
工艺条件	pH值	14	12.5	13~14	14	14	14	14
	温度/℃	95	40~50	90~95	90~95	60	90~95	90~95
	沉积速度/(μm/h)	15~20	—	—	10	4	—	10~30

25.1.12 以肼为还原剂的化学镀镍

以肼为还原剂的化学镀镍工艺见表25-18和表25-19。

表25-18 以肼为还原剂的化学镀镍工艺1

工艺号		1	2	3	4	5	6	7	8
组分质量浓度/(g/L)	硫酸镍	—	—	—	60	29	—	—	—
	氯化镍	—	4.8	—	—	—	5	12	—
	乙酸镍	60	—	60	—	—	—	—	60
	其他组分	草酸 60	—	乙醇酸 60	羟基乙酸 60	—	—	—	—
	乙二胺四乙酸钠	—	—	25	—	—	—	—	95
	酒石酸钾钠	—	4.6	—	25	—	6	—	—
	EDTA二钠盐	25	—	—	—	—	—	—	—
	碳酸铵	—	—	30	—	—	—	1	—
	肼(联氨)	100	32	100	100	13	50	7.5	100
工艺条件	温度/℃	90	95	85~90	90	85~90	95	70~100	90
	pH值	11	10.0	10.0	11	8~10	10	10~11	11
	沉积速度/(μm/h)	12.7	—	—	12.5	2	0.2	0.1	<5

表25-19 以肼为还原剂的化学镀镍工艺2

工艺号		1	2	3	4	5	6
组分质量浓度/(g/L)	硫酸镍	—	—	—	—	0.05mol/L	—
	氯化镍	5	—	—	—	—	—
	醋酸镍	—	60	58	72	—	0.1mol/L
	肼(联氨)	30	100	125	100	0.6mol/L	2.5mol/L
	酒石酸钾钠	7	—	—	—	—	—
	乙醇酸	—	60	58	58	—	—
	EDTA钠盐	—	25	23	23	—	—
	磷酸钾氢钠	—	—	—	—	0.2mol/L	—
	磷酸钾	—	—	—	—	0.4mol/L	—
工艺条件	pH值	10	11	10.5	10.7	12NaOH调	12
	温度/℃	90	90	90	99	60~90	—

25.1.13　低温化学镀镍

低温化学镀镍液的原料配方见表25-20。

表25-20　低温化学镀镍液的原料配方

配方号		1	2	3	配方号		1	2	3
组分质量/g	硫酸镍	28	30	35	组分质量/g	氧化胺	10mL	15mL	25mL
	次亚磷酸钠	30	30	40		十二烷基磺酸钠	2	2	3
	柠檬酸钠	30	25	30		硫脲	1mg	2mg	1mg
	氯化铵	25	30	20		氢氧化钠	适量	适量	适量
	三乙醇胺	5mL	10mL	15mL		水	加至1L		

25.1.14　光亮化学镀镍

光亮化学镀镍液的原料配方见表25-21。

表25-21　光亮化学镀镍液的原料配方

配方号		1	2	3	4	5	6
组分质量/g	$NiSO_4 \cdot 6H_2O$	20	30	25	15	15	40
	$NaHPO_2 \cdot H_2O$	20	20	27	15	35	10
	甘氨酸	15	15	20	10	40	—
	丙氨酸	—	—	—	10	30	1
	氟硼酸钾	2	2	2	1	0.01	5
	水	加至1L					

25.1.15　无铵型化学镀镍

无铵型化学镀镍液原料配方见表25-22。

表25-22　无铵型化学镀镍液原料配方

配方号		1	2	3	4
组分质量/g	六水合硫酸镍	28	28	—	29
	硼氢化钠	—	—	—	23
	氯化镍	—	—	25	—
	一水合次亚磷酸钠	24	—	—	—
	三水合乙酸钠	10	—	—	—
	次亚磷酸钠	—	24	27	—
	乙酸铵	—	10	12	—
	苹果酸	—	—	1.8	—
	甘氨酸	2	—	—	—
	冰醋酸	—	—	—	5.5mL
	柠檬酸	—	—	—	4
	酒石酸	—	3	—	—
	乳酸	12mL	12mL	12mL	13mL
	丙酸	6mL	6mL	6mL	4mL
	稳定剂	1mL	1mL	1.2mL	1.4mL
	光亮剂	1.5mL	1.5mL	1.8mL	2.2mL
	水	加至1L			

25.1.16　室温非水体系化学镀镍

1. 镀液组分

1）各组分配比：主盐10~100g、络合剂2~10g、还原剂10~50g、pH值调节剂0.3~5、水加至1L。

2）主盐主要为可溶于有机溶剂的氯化镍、硫酸镍、硝酸镍、醋酸镍等。

3）络合剂为易溶于有机溶剂并可以有效地与金属离子络合的物质，如柠檬酸、聚乙二醇、乙二胺四乙酸等，可以使用一种或多种混合使用。

4）还原剂是指在反应过程中为金属离子还原成金属单质提供电子的物质，而且可以很好地溶解于有机溶剂，常用的是二氨基硼烷类化合物，最常见的是二甲基氨硼烷（DMAB）等。

5）pH值调节剂通过其浓度的变化来改变体系的酸度，以调节反应的速率和镀层质量，通常以可溶于有机溶剂且不和溶剂反应为前提条件，并可以有效地改变体系的pH值。该组分采用了碱性较强的氢氧化钾、氢氧化钠等无机强碱为pH值调节剂，并取得了较好的效果。

2. 工艺过程

1）基体的预处理。基体按常规的化学镀方法处理：抛光→脱脂→活化→预镀处理→丙酮冲洗→自然风干。

2）基体预镀。称取一定量的氯化钯，用乙醇完全溶解后制成质量浓度为0.1~1g/L的氯化钯胶体预镀液，将处理后的基体放到预镀液中预镀后取出用丙酮冲洗干净备用。

3）施镀。将处理后的基体放到镀液中，在室温条件下放置施镀，施镀温度最好为15~35℃，施镀时间为0.1~24h，取出。

4）镀层的后处理。取出施镀后的基体，视基体性质用丙酮或水将表面有机溶剂冲洗干净，自然晾干即可完成。

这里所用的药品均经脱水处理，有机溶剂需用4A的分子筛活化除水，固体药品应在真空烘箱中脱去结晶水。有机溶剂，甲醇、乙醇、丙酮、四氢呋喃、N，N-二甲基甲酰胺、二甲基亚砜等有机物既可单独使用，也可混合使用。

该工艺不仅集中了水体系中化学镀和有机体系、熔盐体系电镀镍的优点，还克服了各种因素对镀层性质的影响，是一种应用更广、效果更好、能耗更低、可以重复利用的镍薄膜制备方法，为软磁材料及软磁合金复合材料的广泛应用提供了平台。

25.1.17 高稳定性长寿命的化学镀镍

高稳定性长寿命的化学镀镍工艺见表25-23。

表25-23 高稳定性长寿命的化学镀镍工艺

工艺号		1	2	3
组分摩尔浓度/(mol/L)	硫酸镍	—	—	0.095g/L
	氯化镍	0.099	0.050	—
	次磷酸钠	0.255	0.227	0.227g/L
	琥珀酸钠	0.135	0.135	0.135g/L
	苹果酸	—	0.134	0.179g/L
	硫化铅	—	—	1.25×10^{-5}g/L
工艺条件	pH值	4.5~5.6	5.6	5.8~6.0g/L
	温度/℃	98	99	90~93g/L
	沉积速度/(μm/h)	35.6	48.3	48.3g/L

25.1.18　铝直接化学镀镍

铝基体上化学镀镍过程如图 25-5 所示。

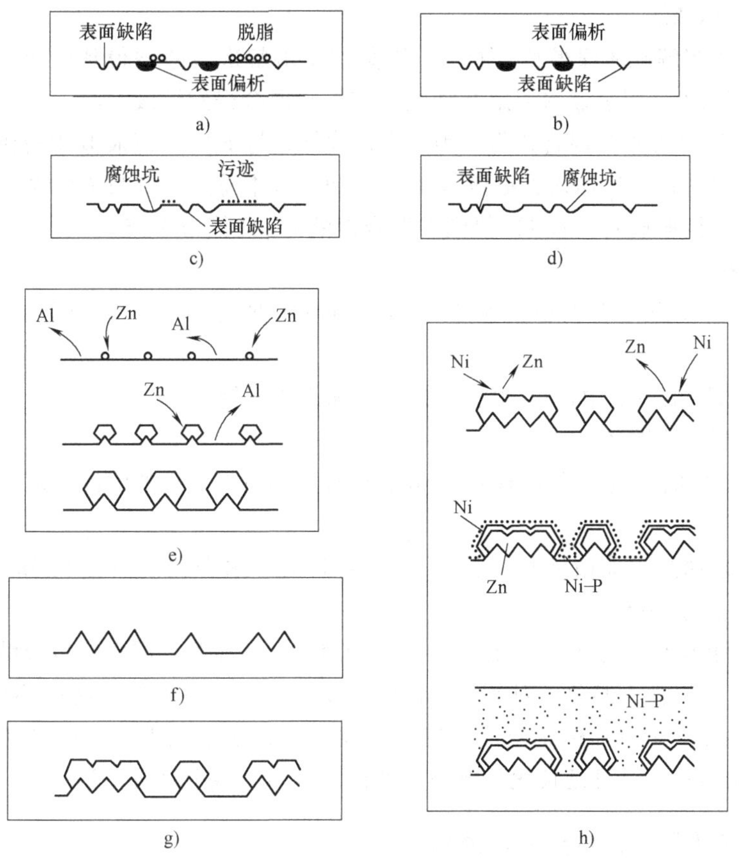

图 25-5　铝基体上化学镀镍过程

a）铝基体　b）碱脱脂　c）酸洗　d）活化　e）第一次浸锌　f）锌的剥离　g）第二次浸锌　h）化学镀镍

不经浸锌在铝表面直接化学镀镍工艺见表 25-24。

表 25-24　在铝表面直接化学镀镍工艺

组分摩尔浓度/(mol/L)			工艺条件		
$NiSO_4 \cdot 7H_2O$	HCOOH	$NaH_2PO_2 \cdot H_2O$	温度/℃	pH 值	搅拌方式
0.05	0.20	0.30	60	9	空气搅拌

25.1.19　铝直接化学镀镍、磷、硼

不经浸锌在铝表面直接化学镀镍、磷、硼工艺见表 25-25。

表 25-25　在铝表面直接化学镀镍、磷、硼工艺

组分摩尔浓度/(mol/L)				工艺条件	
$NiSO_4 \cdot 7H_2O$	HCOOH	$NaH_2PO_2 \cdot H_2O$	$NaBH_4$	温度/℃	pH 值
0.3	0.6	0.2	0.01	80±1	5.5

25.1.20 铝合金表面化学镀镍

1. 镀液配制

1）按照质量比 5：6：5：2 称取硫酸镍、次磷酸钠、柠檬酸、醋酸钠，按 1g 醋酸钠配 1mL 的比例量取冰醋酸。

2）用蒸馏水溶解硫酸镍得到镀液 A、用蒸馏水溶解次磷酸钠得到镀液 B、用蒸馏水溶解柠檬酸得到镀液 C、用蒸馏水溶解醋酸钠并与醋酸混合得到镀液 D。

3）将镀液 D 和镀液 C 混合，得到镀液 E；搅拌，将 E 加入镀液 B 中得到镀液 F。

4）将镀液 F 边搅拌边加入到镀液 A 中，控制镀液中总用水量为硫酸镍质量的 40 倍。

5）用氢氧化钠镀液使步骤 4）得到的混合镀液的 pH 值为 4~5。

2. 处理废液

1）在铝合金表面化学镀镍的废液中按照 40g/L 的比例加入氧化钙，形成亚磷酸钙沉淀。

2）向步骤 1）的溶液中按照 20g/ L 的比例加入乙酸钙。

3）过滤得到澄清镀液。

4）向步骤 3）的溶液中滴加 1mol/L 碳酸铅直至不再形成新的浑浊，之后按照 14g/L 补加硫酸镍。

5）用真空泵抽滤去除微溶物，补加 8~10g/L 的一水合次磷酸钠和 5mL/L 的柠檬酸，用醋酸调至 pH 值为 4~5。

铝合金表面化学镀镍镀液采用硫酸镍、次磷酸钠、柠檬酸、醋酸钠以及醋酸配制成的不含有铅、镉等重金属盐，避免了对环境的污染。使用该方法得到的镍磷镀层性能（如硬度、结合度、耐腐蚀性）可以和传统组成所镀的镀层一致，实现化学镀液的循环利用，让化学镀液始终保持初始状态，可延长化学镀镍液的使用寿命，减少排放污染。

25.1.21 压铸铝合金直接化学镀镍

1. 镀液配制

压铸铝合金直接化学镀镍液的原料配比见表 25-26。

表 25-26 压铸铝合金直接化学镀镍液的原料配比

配方号		1	2	3	配方号		1	2	3
组分质量/g	硫酸镍	20	25	30	组分质量/g	碘酸钾	0.02	0.035	0.05
	柠檬酸钠	15	18	20		氢氧化钠	调节 pH 值至 9~9.5		
	氯化铵	10	15	20		水	加至 1L		
	次亚磷酸钠	20	25	30		—	—		

2. 工艺过程

1）机械预处理。用例如喷砂、喷丸、刷光等机械方法，清除零件表面的氧化皮、锈蚀、残渣等。

2）脱脂清洗。用化学方法脱去产品表面油污，如利用热碱液脱脂或利用表面活性剂脱脂等。

3）弱酸洗。以盐酸或氢氟酸除锈。

4）碱浸蚀。按一般碱浸蚀的工艺条件进行，如用氢氧化钠镀液进行浸蚀，在产品表面生成硅-铝化合物，消除可能影响镀层质量的不良因素。

5）化学镀镍。采用本品镀液进行化学镀镍。镀液操作工艺：采用空气搅拌，温度为50~55℃，镀液的pH值维持在9.0~9.5，电镀时间一般为20~40min。

6）后处理。采用烘烤和热处理，用于改善镀层的附着力性能。

25.1.22　含硅、铜、镁的铝合金表面化学镀镍

1. 镀液配制

含硅、铜、镁的铝合金表面化学镀镍液的原料配方见表25-27。

表25-27　含硅、铜、镁的铝合金表面化学镀镍液的原料配方

配方号		1	2	3	配方号		1	2	3
组分质量/g	硫酸镍	30	15	25	组分质量/g	硫脲	0.01	—	—
	柠檬酸钠	25	10	—		磺酸钾	—	0.003	0.005
	羟基乙酸	—	—	20		OP-10	0.1	0.05	0.08
	次磷酸钠	30	12	—		水	加至1L		
	硼氢化钠	—	—	20					

2. 工艺过程

1）表面钝化。将含硅、铜、镁的铝合金件表面进行抛光、打磨、脱脂，然后在室温下浸入酸性镀液中钝化，时间为1~3min。

2）水冲洗。将整理钝化后的铝合金件水洗烘干，待用。

3）化学镀镍。将烘干后的铝合金件浸入镀液中进行化学镀镍。

4）水洗并干化。

钝化所用的酸性镀液是组分（质量分数）为硝酸20%~40%、氟化钠0.05%~0.2%，余量为去离子水的混合液。化学镀镍的工艺条件：温度为40~55℃，pH值为8.6~10.5，浸泡时间为3~60min。

工艺的优点：不需经过传统电镀方法中的铬酸浸渍和氢氟酸活化处理，减少了对环境的污染及降低了对操作人员的健康影响；不经过浸锌处理，简化了传统铝合金化学镀镍的工艺，降低了成本；制得的化学镀镍层，膜层均匀致密，抗冲击力强，耐蚀性好，具有良好的金属外观。

25.1.23　镁合金化学镀镍

镁合金化学镀镍工艺见表25-28。

表25-28　镁合金化学镀镍工艺

步骤		配方		工艺条件		要求
		溶液组分	质量浓度/(g/L)	温度/℃	时间/min	
1	超声波脱脂	异丙醇	—	—	6.5~10	—
2	碱性脱脂	NaOH	50	10±5	8~10	—
		$Na_3PO_3 \cdot 12H_2O$	10			—
3	水洗	—	—	—	—	—
4	铬酸浸渍	CrO_3	125	室温	45~60s	搅拌
		HNO_3(质量分数为70%)	110mL/L			

（续）

步骤		配方		工艺条件		要求
		溶液组分	质量浓度/(g/L)	温度/℃	时间/min	
5	水洗	—	—	—	—	—
6	氟活化	HF(体积分数为40%)	385mL/L	室温	10	搅拌
7	水洗	—	—	—	—	—
8	化学镀镍	$NiCO_3 \cdot 2Ni(OH)_2 \cdot 4H_2O$	10	80±2	60	搅拌，连续过滤，pH值为5.5~7.5
		HF(体积分数为40%)	12mL/L			
		$C_6H_2O_7 \cdot H_2O$（一水柠檬酸）	5			
		NH_4HF	10			
		氨水(质量分数为25%)	30mL/L			
		$NaH_2PO_3 \cdot H_2O$	20			
		硫脲	1×10^{-3}			
9	水洗	—	—	—	—	—
10	钝化	CrO_3	2.5	90~100	10~15	—
		$Na_2Cr_2O_7$	120			
11	热水洗	—	—	—	—	吹干
12	热处理	—	—	230	120	无尘，温度均匀

25.1.24 镁合金无氰镀铜化学镀镍

1. 镀液配制

镁合金无氰镀铜化学镀镍液的原料配方见表25-29。

表25-29 镁合金无氰镀铜化学镀镍液的原料配方

配方号		1	2	配方号		1	2
组分质量/g	$NiSO_4 \cdot 6H_2O$	20	—	组分质量/g	氟化锂	—	3
	醋酸镍	—	15		HF(体积分数为40%)	12mL	—
	还原剂次亚磷酸钠	—	30		NH_4HF_2	10	—
	$C_6H_8O_7 \cdot H_2O$	5	—		$NaH_2PO_2 \cdot H_2O$	20	—
	配合剂柠檬酸三钠	—	2.5		$NH_3 \cdot H_2O$	30mL	—
	乳酸	—	10		稳定剂硫脲	0.001	0.0005
	缓蚀剂氟化钾	—	5		水	加至1L	

2. 预处理

1）表面脱脂。同其他材质的脱脂方法基本相同，可采用丙酮或三氯乙烯有机溶剂超声波脱脂及碱洗除脂工艺。根据镁合金类型的不同，先取一种碱洗液工艺，清洗时间则应视镁合金表面污染程度而定。还可以采用阴极电解脱脂，电解液组分［质量浓度/(g/L)］：$Na_2CO_3 \cdot 10H_2O$为5~10、$Na_3PO_4 \cdot 12H_2O$为10~20、Na_2SiO_3为3。工艺条件：温度为60℃，电流密度为7~10A/dm^2。

2）酸洗。目的是除去工件表面的氧化物、松散附着的冷加工金属和已嵌入表面的污垢（氧化物、嵌入的砂、钝化膜和烧焦的润滑油等），使其裸露出镁合金金属基体来。

3）活化。目的在于进一步去除工件表面的氧化物和从酸洗液中带来的含铬化合物，并使镁合金表面产生一层氟化镁膜。这层含不完整的氟化镁膜能有效阻止镀液的腐蚀形成腐蚀产物使施镀困难。

4）浸锌。镁是一种非常活泼的金属，表面电位很低（-2.36V），与镍的表面电位

(-0.25V)相差较大，所以镍不易在镁表面直接沉积，在镁与镍之间添加一层锌（表面电位为-0.76V)，更有利于沉积金属镍。

3. 无氰预镀铜

无氰镀铜打底的镀液配方［质量浓度/(g/L)］焦磷酸铜20~80（优选30~60)、焦磷酸钠或焦磷酸钾60~320（或柠檬酸三钠60~250、酒石酸钾钠5~20、HEDP 60~250、乙二胺60~250中的一种或几种的复合物)、二氟化氢铵5~20（氟化钠5~20、氟化钾5~20、氟化锂5~20中的一种或几种的复合物)。用碳酸氢钠或氨水调节pH值为8.0~10。工艺条件：初始阴极电流密度为1~6A/dm^2，时间为1~5min；工作阴极电流密度为0.5~3 A/dm^2，时间为15~30min。

4. 化学镀镍

在预镀铜的镁合金表面进行化学镀镍。用质量分数为25%的氨水调节镀液的pH值为4.0~7.0。将工件浸入镀液中，施镀温度为70~98℃，施镀时间为1~4h。

5. 钝化、封孔

钝化与封孔可提高镀层在空气或含硫化合物工业大气中的防变色能力，提高镀层抗中性盐雾能力。可采用公知的钝化与封孔工艺。

25.1.25 钛合金化学镀镍

钛合金化学镀镍及镍上镀金工艺见表25-30。

表25-30 钛合金化学镀镍及镍上镀金工艺

步骤		配方		工艺条件			要求
		溶液组分	质量浓度/(g/L)	时间/min	pH值	温度/℃	
1	超声波清洗	甲乙酮	—	5~10	—	—	—
2	除氧化皮	NaOH	500	15~20	—	90	—
		$CuSO_4 \cdot 5H_2O$	100				
3	清洗	—	—	—	—	—	—
4	酸浸蚀	HNO_3(质量分数为70%)	275mL/L	20~30s	—	—	—
		HF(体积分数为40%)	225mL/L				
5	水洗	—	—	—	—	—	—
6	浸锌	$Na_2Cr_2O_7$	100	3~4	2.0±0.2	90~95	—
		HF(体积分数为40%)	—				
		$ZnSO_4 \cdot 5H_2O$	12				
7	水洗	—	—	—	—	—	—
8	退锌	HNO_3(质量分数为70%)	275mL/L	45~60s	—	—	—
		HF(体积分数为40%)	225mL/L				
9	水洗	—	—	—	—	—	—
10	二次浸锌	$Na_2Cr_2O_7$	100	5~6	—	—	—
		HF(体积分数为40%)	65mL/L				
		$ZnSO_4 \cdot 5H_2O$	12				
11	水洗	—	—	—	—	—	—
12	化学镀镍	$NiSO_4 \cdot 6H_2O$	30	75~90	4.5~5	90~98	连接搅拌和过滤
		$NaH_2PO_2 \cdot H_2O$	10				
		Na_3Cit	12.5				
		CH_3COONa	5				
		NH_2CSNH_2	0.001				

（续）

步骤		配方		工艺条件			
		溶液组分	质量浓度/(g/L)	时间/min	pH值	温度/℃	要求
13	水洗	—	—	—	—	—	—
14	热处理	—	—	60	—	150	—
15	活化	H_2SO_4	质量分数为15%	30s	—	—	—
16	水洗	—	—	—	—	—	—
17	闪镀金	$KAu(CN)_2$	3~4	2	3~4	60	Pt做阳极，0.2A/dm^2
		$H_3Cit \cdot H_2O$	45~55				
		$Na_3Cit \cdot 2H_2O$	45~55				
18	镀金	$KAu(CN)_2$	10~12	15	3.5~4.0	68~70	阴极移动，连续过滤，Pt做阳极，0.4A/dm^2
		$H_3Cit \cdot H_2O$	45~55				
		$Na_3Cit \cdot 2H_2O$	45~55				
19	热水洗	—	—	—	—	—	
20	热处理	—	—	120	—	150	

该工艺得到的镀层结合力很好，可以经受-190~150℃的热循环试验，完全适用于航天工业。

25.1.26 钛合金化学镀厚镍

1. 镀液配制

钛合金化学镀厚镍镀液的原料配方见表25-31。

表25-31 钛合金化学镀厚镍镀液的原料配方

配方号		1	2	配方号		1	2
组分质量/g	硫酸镍	25	30	组分质量/g	醋酸铅	0.002	—
	次亚磷酸钠	25	15		硫脲	—	0.002
	乙酸钠	25	40		水	加至1L	

2. 工艺过程

钛合金化学镀镍的工艺过程：化学脱脂→热、冷水洗→除膜→冷水洗→活化→冷水洗→预镀镍→冷水洗→化学镀镍→冷水洗→干燥→检查。

1）热、冷水洗需先用热水冲洗零件，以防止零件表面有残余脱脂液，然后再用冷水冲洗。

2）除膜工序经过除膜、冲洗后，零件有明亮的金属光泽。

3）零件活化后表面形成一层灰色的膜层，个别材料零件表面会形成黑色的膜层，属正常现象。

4）化学镀镍工序配制镀液采用蒸馏水，以减少杂质的影响。

5）槽液装载量按每升镀液镀1~2dm^{2}的面积计算。

6）施镀过程中，可用洁净的压缩空气搅拌槽液。

7）镀镍时要随零件镀一试样以确定膜的厚度，可采用补充添加液并延长施镀时间的方法来得到较厚的镀层。

添加液A［质量浓度/(g/L)］：硫酸镍为200、乙酸钠为2、乳酸（质量分数为85%~

90%）为 25mL/L。添加液 B［质量浓度/(g/L)］：次磷酸钠为 250、乙酸铅为 2mg/L。

分别配制 A、B 两种添加液，单独存放。

为达到较厚镍的层厚度并保证稳定的沉积速度，应在施镀进行 1.5~3.5h 后分别补充镀液，按照每升化学镀镍镀液加入 35mL A 液和 35mL B 液，在烧杯中将 A、B 添加液混合，加热至工作温度时缓慢加入槽液中。通过补充添加液，可使镀液沉积速度稳定在 14~17μm/h。

8）干燥时需用热的空气吹干。

25.1.27 铜及铜合金化学镀镍

由于铜的自身特点，要保证其表面获得均匀的、结合力良好的镀镍层，无论是各预处理镀液还是化学镀镍镀液的组成都有着一些特殊的要求。

1. 工艺流程

1）表面采用强还原剂，如二甲氨基硼烷处理的化学镀镍工艺流程如图 25-6 所示。

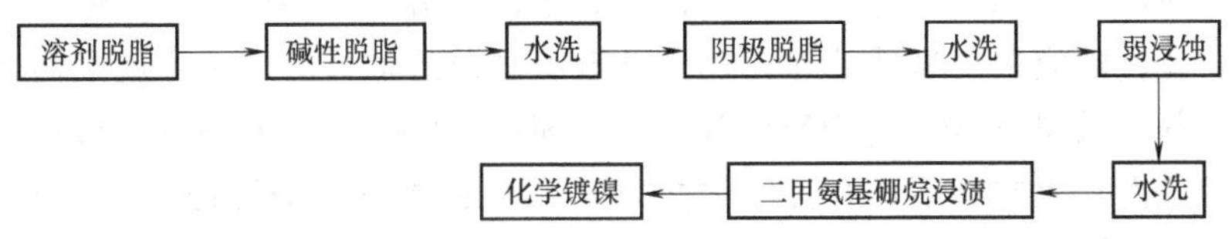

图 25-6 采用强还原剂处理的化学镀镍工艺流程

2）采用电镀镍诱导的化学镀镍工艺流程如图 25-7 所示。

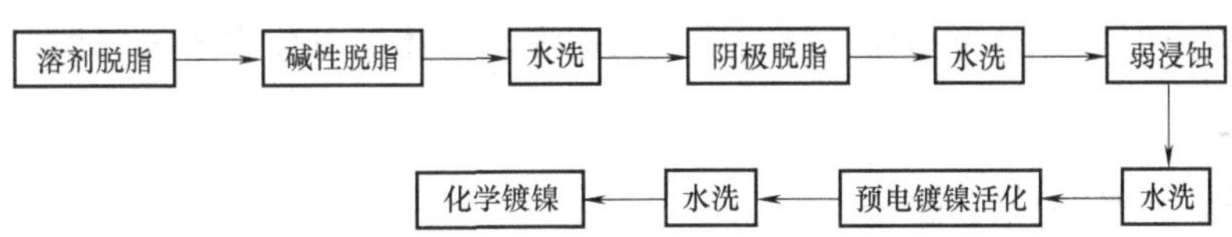

图 25-7 采用电镀镍诱导的化学镀镍工艺流程

2. 镀液配制

铜合金化学镀镍液的原料配比见表 25-32。

表 25-32 铜合金化学镀镍液的原料配方

配 方 号		1	2	3
组分质量/g	硫酸镍	20	25	30
	柠檬酸钠	15	18	20
	次亚磷酸钠	20	25	30
	碘酸钾	0.002	0.0035	0.005
	氨水	调节 pH 值至 7~9.5		
	水	加至 1L		

3. 铜合金化学镀镍的工艺过程

1）脱脂清洗。用化学方法脱去产品表面油污，可利用热碱液脱脂或利用表面活性剂脱脂。

2）弱酸洗：以盐酸镀液除锈。

3）预电镀操作条件。镀液温度为 40~55℃，电压为 2~4V，电流密度为 0.2~0.4A/dm²，时间为 1~2min。依靠外加电源而镀上一薄层镍以后，化学镀镍过程便可正常进行。

4）化学镀镍。用按表25-32配制好的镀镍液进行化学镀镍。操作条件：搅拌，镀液温度控制在50~55℃。

5）后处理。烘烤和热处理，用于改善镀层的附着力性能。

25.1.28 钼化学镀镍

钼在晶体管封装中有着广泛的应用，主要是因为钼的线胀系数和硅与Al_2O_3的线胀系数大小匹配，在晶体管封装的热胀冷缩的过程中与硅的收缩一致。然而钼片本身的钎焊性很差，而镍层具有良好的钎焊性，因此需要在钼片上用化学镀镀上一层镍。电镀镍层易起泡，且电镀的效率低，因而一般情况下不采用。

钼片上的化学镀镍工艺重点也在于其预处理工艺。钼片在机械加工后，由于表面有油污存在，因而必须先进行脱脂处理，然后用温水清洗，干燥后在1000℃氢气中退火10min以除去钼片的表面张力；在退火处理之后，将钼片移至煮沸的NaOH稀镀液中进一步脱脂；然后用盐酸或硫酸镀液对钼片进行腐蚀处理，之后用铬酸镀液去掉黑色膜。但对于钼片表面有较厚的氧化层者，则应采用喷砂处理。在化学镀镍之前的最后一道工序就是活化处理：室温下将其浸入组分（质量分数）为HNO_3 10%、H_2SO_4 12%的水镀液中3~5min即可。紧接着就可以施镀了。由于钼本身不具有自催化能力，因而必须采用诱发处理才能使镍产生沉积。一般采用在化学镀镍液中将镀件作为阴极进行3~5min的通电处理，也可以采用氯化钯活化法处理或贱金属引发处理。

镀镍后的钼片，在800~820℃氢气中退火10min。如果镀层不起皮、不起泡，且保证银铜钎料在800℃下有良好的流动性和浸润性，又能满足晶体层封装中的钎焊性，即为合格的镀层。

25.1.29 ABS塑料化学镀镍

在种类繁多的塑料中，工程塑料是目前发展很快，也是应用越来越广泛的一类材料。所谓的工程塑料必须具备如下性能：

1）在很宽的温度范围内具有优秀的强度。

2）具有长期的耐化学药品、耐热、耐气候变化等诸多性能。

3）具有优秀的绝缘性和介电性。

4）具有优良的加工性，同时能够保证尺寸的高精密性和稳定性。常用的工程塑料有尼龙、聚碳酸酯、聚缩醛树脂、聚苯氧基树脂、聚酰亚胺等。

原则上任何一种塑料都可以通过适当的预处理后进行化学镀镍。然而目前应用最为广泛的是被称为“可镀塑料”的ABS塑料。ABS塑料是由A组分（丙烯腈）、B组分（丁二烯）、S组分（苯乙烯）三元共聚而成的。其中A与S发生的是共聚，B组分是自聚成球形状态后分散在AS共聚组分中。B组分自聚后存在着大量的碳碳双键，碳碳双键容易发生氧化断键，B组分能够溶解在强氧化性的铬酸与硫酸的混合镀液中。ABS塑料之所以容易进行金属化处理就在于其中存在高度弥散的球状B组合组分。ABS塑料化学镀镍工艺流程如图25-8所示。

由于ABS塑料不耐高温，因而不应采用高温的化学镀镍液进行化学镀，一般采用以次磷酸钠为还原剂的中温和低温化学镀镍液。以硼氢化肼为还原剂的中性化学镀镍液，工作温

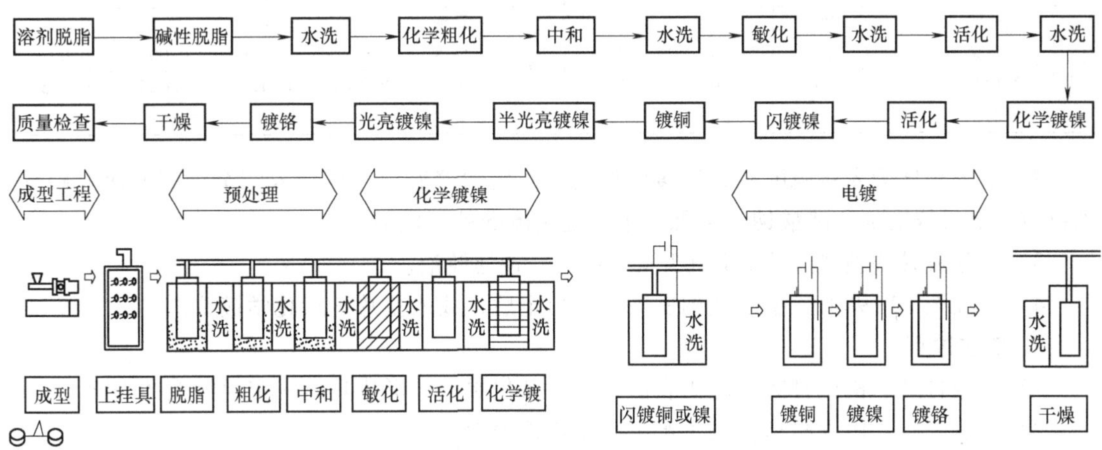

图 25-8 ABS 塑料化学镀镍工艺流程

度为 30~35℃。塑料基体化学镀镍工艺见表 25-33。

表 25-33 塑料基体化学镀镍工艺

组分质量浓度/(g/L)				工艺条件		
$NiSO_4 \cdot 6H_2O$	$N_2H_4 \cdot BH_3$	CH_3COONa	$Na_2S_2O_3$	pH 值	温度/℃	负载量/(dm^2/L)
75	1~1.5	20	0.1×10^{-3}mol/L	7.5	30~35	1~2

25.1.30 陶瓷化学镀镍

陶瓷具有高硬度、高耐蚀性、高介电性等诸多优点，因而作为功能材料用途越来越广泛，特别是纳米陶瓷的出现引起了人们高度的重视。然而，陶瓷不具有导电性、韧性、焊接性等性能，所以使用陶瓷时往往要进行表面部分或全部的金属化处理。陶瓷化学镀镍层有着广泛的用途，特别在电子行业中，如印制电路板、微型电容器、薄膜电阻、集成电路等方面。所镀的镀层是三元化学镀镍磷合金镀层，如镍钴磷、镍铁磷、镍铬磷、镍钼磷、镍钨磷等。采用的陶瓷材料含三氧化二铝 92%~98%（质量分数）。薄膜电阻的制作工艺流程是在陶瓷表面均匀镀上了这种多元合金镀层之后，采用激光束对镀层进行螺旋刻纹处理，再接上两端的导线就做成了薄膜电阻，如图 25-9 所示。

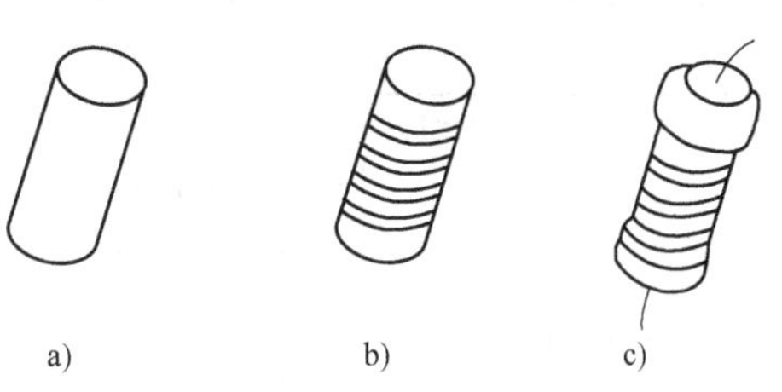

图 25-9 薄膜电阻的制作

a）原始材料 b）激光刻蚀后 c）成品

25.1.31 氮化铝陶瓷表面化学镀镍

1. 镀液配制

氮化铝陶瓷表面化学镀镍的原料配方见表 25-34。

1）准确称取所需质量的硫酸镍、次亚磷酸钠、柠檬酸钠、醋酸钠、硫脲、十二烷基硫酸钠，量取所需体积的乳酸，分别用少量去离子水充分溶解。

表 25-34　氮化铝陶瓷表面化学镀镍的原料配方

配方号		1	2	3	配方号		1	2	3
组合质量/g	硫酸镍	20	25	30	组合质量/g	乳酸	8mL	9mL	10mL
	次亚磷酸钠	20	20	25		硫脲	0.001	0.001	0.002
	柠檬酸钠	15	20	15		十二烷基硫酸钠	0.015	0.025	0.035
	醋酸钠	15	20	15		去离子水	加至1L		

2）加入顺序为先将硫酸镍镀液缓慢加入柠檬酸钠镀液中，再加入完全溶解的次亚磷酸钠镀液，最后依次加入醋酸钠、硫脲、十二烷基硫酸钠、乳酸。

3）用酸或碱调整镀液的pH值为4.0~6.0，过滤镀液。

4）加温至70~90℃，温度达到所需值并恒定后，放入基片进行化学镀镍。

2. 工艺过程

1）机械打磨。机械打磨氮化铝表面，去除氧化层，并形成具有一定粗糙度的表面。

2）清洗脱脂。用丙酮和去离子水清洗氮化铝表面。

3）粗化。用强酸或强碱镀液浸泡粗化氮化铝表面，并彻底清洗干净粗化后的氮化铝陶瓷。

4）敏化和活化。首先用氯化亚锡配制成氯化亚锡镀液，再用氯化钯配制成氯化钯镀液；用配制的氯化亚锡镀液室温下敏化经步骤1）~3）制得的氮化铝基片5~10min，再用氯化钯镀液室温下活化5~10min。

5）将制备好的化学镀镍镀液加温至70~90℃，温度恒定后放入经敏化和活化后的氮化铝基片进行化学镀镍，完成镀镍后取出氮化铝片并烘干。

25.1.32　硅化学镀镍

硅化学镀镍工艺见表25-35。

表 25-35　硅化学镀镍工艺

镀液组分与工艺条件		镀液 A	镀液 B
组分摩尔浓度/(mol/L)	$NiSO_4 \cdot 6H_2O$	0.10	0.10
	$NaH_2PO_2 \cdot H_2O$	0.15	
	$(NH_4)_2SO_4$	0.50	0.50
	乙酸钠	0.20	—
	乙醇	—	0.01
工艺条件	pH值(用氨水调)	9.0	9.0
	温度/℃	80	80

注：镀液B为用于比较的电镀液。

25.1.33　粉体化学镀镍

那些具有催化性的粉体可直接进行化学镀镍，具有导电性的粉体可以采用流动床的方法进行电镀镍，不具备催化活性及导电性的粉体必须通过赋予催化活性及化学镀起始层后才能进行电镀。通常采用的办法与塑料上的化学镀过程相似。目前常使用的方法是利用表面活性剂使胶体钯吸附在粉体表面上，然后在还原性的镀液中将钯离子还原成金属钯，这样粉体表面就具有了化学镀镍需要的催化活性。

粉体具有巨大的比表面积，所以粉体化学镀镍镀液的装载量需要特别大，这是粉体化学镀的最大难点。1g 粒径 5~10μm 的聚丙烯树脂的粉体的比表面积有时能达到 $16m^2$，在化学镀的初期反应十分剧烈，因此所用的镀液必须非常稳定。而采用间断调整补充镀液时又容易造成镀层的层状结构或导致镀液的过载分解。在连续搅拌条件下的滴注式连续补加与调整镀液的方法，可获得很好的化学镀镍层，装置如图 25-10 所示。分散微粒所采用的镀液和补加镀液及工艺见表 25-36。

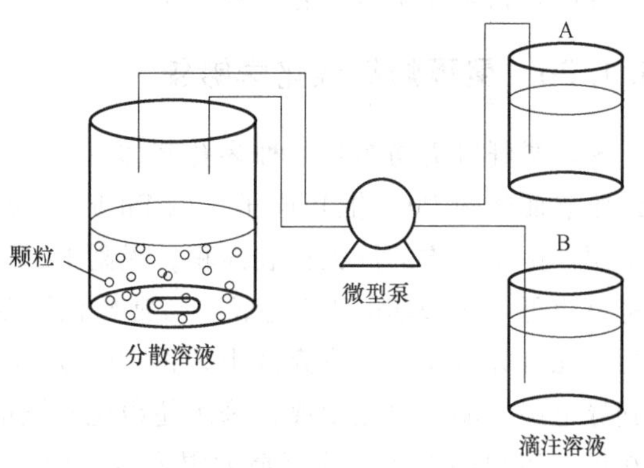

图 25-10　滴注式连续补加与调整装置

表 25-36　分散微粒所采用的镀液和补加镀液及工艺

组分摩尔浓度/(mol/L)					工艺条件				
滴注 A 液		滴注 B 液		分散溶液					
硫酸镍	络合剂	次磷酸钠	氢氧化钠	次磷酸钠	pH 值	温度/℃	滴注速度/(mL/min)	沉积时间/h	体积/mL
0.85	0.85	2.0	1.0~2.0	0.2	4~6	25~70	3	0.5~1	100~280

25.1.34　聚合物粉末化学镀镍

(1) 制备方法　分别溶解硫酸镍、柠檬酸钠、氯化铵和次亚磷酸钠。将氯化铵倒入硫酸镍镀液中，搅拌均匀后将镀液倒入柠檬酸钠镀液中。使用前加入还原剂次亚磷酸钠，最后稀释至所需体积，并用氨水调节 pH 值为 8.5~9.5。

(2) 原料配伍　各组分配比范围：硫酸镍 20~40g，亚磷酸钠 20~40g，柠檬酸钠 10~20g，氯化铵 40~50g，水加至 1L。

(3) 产品应用　主要应用于化学镀镍。首先将聚合物粉经脱脂、粗化、敏化、活化等预处理后，进行化学镀镍。施镀温度为 35~55℃，施镀时间为 1.5~2.5h。

(4) 产品特性　涉及的聚合物粉上化学镀镍组成及工艺，简单，方便，易于操作和控制，镀液稳定不易变质，制备出的磁性聚合物粉技术参数令人满意。化学镀镍包覆磁粉的密度为 $1.4g/cm^3$ 左右。从包覆前后的 SEM 图可明显看出聚合物粉包覆层致密，颗粒分散较好。经电子能谱仪测试镀层成分，镍包覆磁粉的组成（质量分数）：Ni 为 86.86%、Co 为 2.45%、P 为 5.41%。经 X 射线衍射仪测试证实磁性镀层在镀态下为晶态结构。

25.1.35　金刚石粉末化学镀镍

金刚石是自然界存在的最硬的物质，在现代高科技领域内有着广泛的应用。它与石墨同是碳的同素异构体，在室温常压下呈亚稳态，因而耐热性差，加热易石墨化和氧化。人造金刚石粉末表面存在裂纹等缺陷，因此强度不高，作为磨料在制作磨具时与基体结合剂之间润湿性较差，影响其结合强度，在工作时易脱落。因此，国外在金刚石使用前大都在其表面进行金属化。金刚石进行化学镀镍包覆后，砂轮的切削性能会提高 3~5 倍。

金刚石粉末化学镀工艺过程：粗化→酸化→活化→还原→化学镀镍。

25.1.36 聚丙烯纤维化学镀镍

聚丙烯纤维无纺布是一种多孔基体，表观面积 $20dm^2$ 的基体其真实面积远大于 $20dm^2$。在纤维表面吸附 Pd（钯）原子，以 Pd 原子为催化反应的活性中心，在纤维表面形成连续导电层。由于纤维的巨大比表面积，吸附 Pd 原子后形成足够大量的反应活性中心，使化学镀镍反应可在 2~3min 迅速完成。与常规化学镀相比较，采用超载化学镀有施镀面积大、时间短、无自分解现象、废弃液中残留 $NiSO_4 \cdot 6H_2O$ 浓度低等优点；而且对于只要求在表面得到导电层的非金属化学镀，采用超载化学镀的方法所得镀层可以满足要求；超载化学镀可以在单位体积的镀液中施镀最大限度量的面积；超载化学镀可使镀液中 $NiSO_4 \cdot 6H_2O$ 消耗迅速至极低浓度。镀后镀液可直接废弃或通过维护重复使用。在孔隙率为 80% 聚丙烯纤维无纺布上化学镀镍工艺见表 25-37。

表 25-37 聚丙烯纤维无纺布上化学镀镍工艺

组分摩尔浓度/(mol/L)					工艺条件	
$NiSO_4 \cdot 6H_2O$	$NaH_2PO_2 \cdot H_2O$	乳酸(质量分数为 80%)	丙酸	稳定剂	pH 值	温度/℃
0.095	0.283	34mL/L	3mL/L	1mL/L	4.6~4.8	84~89

25.1.37 光纤维化学镀镍

光纤维化学镀镍的目的是改变目前光纤维在连接时必须用胶黏剂的现状，因为这种连接方法在苛刻的条件下使用时，气密性、粘接强度、耐久性、耐热性往往不能满足要求。将直径 125μm 的光纤维导线端部的塑料皮剥下，露出 30mm 的纤维，采用类似 ABS 塑料电镀的前处理的方法进行处理后进行化学镀镍。镀液的稳定性不同，所镀的镍层形貌也不同。通过强度测试，良好镍镀层的结合强度可以提高到 6.37N。

25.1.38 石墨纤维化学镀镍

可以在石墨纤维表面上进行均匀、连续的化学镀镍。镀层的沉积速率主要通过 HCHO、NaOH 的浓度及稳定剂酒石酸钾钠来控制。拉伸强度测试结果表明有镀层的仅比无镀层的低一点。同时发现通过压力渗透途径可以成功地将化学镀镍的石墨纤维与铝基体结合在一起，且有均匀分布镀层的纤维和铝基体界面之间无明显的反应，阻止了 Al_4C_3 的生成。

将 10g $NiSO_4$、10g NaOH、10mL 质量分数为 36% 的 HCHO、50g 酒石酸钾钠、与水按体积比为 1∶1 的比例混合制成镀液。在这里酒石酸钾钠起稳定剂的作用。化学镀过程中需要搅拌来去除气泡，得到均一的镀层。

25.1.39 碳纤维化学镀镍

1. 镀液配制

碳纤维的化学镀镍液的原料配方见表 25-38。

1）粗化处理液的制备。在去离子水中加入氢氧化钠，搅拌均匀即可。

2）敏化处理液的制备。在去离子水中加入氯化亚锡，搅拌均匀即可。

3）活化处理液的制备。在去离子水中加入硝酸银、氢氧化钠、氨水，搅拌均匀即可。

表 25-38　碳纤维的化学镀镍液的原料配方

配方号		1	2	3	配方号		1	2	3
组分质量/g	六水合硫酸镍	28	40	20	组分质量/g	柠檬酸钠	15	30	10
	次亚磷酸钠	26	40	20		去离子水	加至 1L		
	焦磷酸钠	26	40	20					

4）还原处理液的制备。在去离子水中加入次磷酸钠，搅拌均匀即可。

5）化学镀液的制备。将各组分溶于去离子水中，搅拌均匀，添加氨水调节镀液 pH 值为 9.5~10.5，获得化学镀液。

2. 工艺过程

1）去胶。将碳纤维先用马弗炉高温灼烧去胶。去胶条件：温度为 200~500℃，时间为 5~30min。

2）脱脂。将去胶后的碳纤维加入脱脂处理液无水乙醇中，在室温、500W 功率的条件下，磁力搅拌分散反应 30~60min 后制得第一反应液，再将第一反应液进行水洗获得第一产物。水洗过程为在室温条件下，将第一反应液用去离子水稀释，在每 100mL 第一反应液中加入 800~1000mL 去离子水进行稀释，沉降 60~90min 后将上层清液去除。水洗要重复 2~3 次。

3）粗化。将第一产物加入粗化处理液中，在室温、500W 功率的条件下，磁力搅拌分散反应 20~60min 后制得第二反应液，再将第二反应液进行抽滤获得第二产物。抽滤在室温条件下进行，调节抽滤真空仪器的真空度为-0.1MPa，抽滤时间为 5~10min。

4）敏化。将第二产物加入敏化处理液中，在室温、500W 功率的条件下磁力搅拌分散反应 20~60min 后制得第三反应液，再将第三反应液进行抽滤获得第三产物。抽滤在室温条件下进行，调节抽滤真空仪器的真空度为-0.1MPa，抽滤时间为 5~10min。

5）活化。将第三产物加入活化处理液中，在室温、500W 功率的条件下，磁力搅拌分散反应 30~180min 后制得第四反应液，再将第四反应液进行抽滤获得第四产物。抽滤在室温条件下进行，调节抽滤真空仪器的真空度为-0.1MPa，抽滤时间为 5~10min。

6）还原。在室温、500W 功率的条件下，磁力搅拌分散反应 4~6min 后制得第五反应液，再将第五反应液进行抽滤获得第五产物。抽滤在室温条件下进行，调节抽滤真空仪器的真空度为-0.1MPa，抽滤时间为 5~10min。将第五产物放入干燥箱中，在 90℃ 的条件下干燥 5h 后，制得第六产物。

7）化学镀。将第六产物放入化学镀液中，在温度为 70~90℃、功率为 500W 的条件下，磁力搅拌分散反应 60~120min 后，静置 3~5min 制得第六反应液，再将第六反应液进行抽滤获得第七产物。抽滤在室温条件下进行，调节抽滤真空仪器的真空度为-0.1MPa，抽滤时间为 5~10min。将第七产物放入干燥箱中，在 90~110℃ 的条件下干燥 4~5h 后，制得第八产物（在碳纤维表面包覆一层金属镍），完成对碳纤维的化学镀镍。

3. 最优工艺

1）负载量在 6g/L 以下为好。当负载量大于 6g/L 镀层连续性不好，在与 ABS 混合 220℃ 成型后，其屏蔽性能不好。当负载量为 2g/L 时其屏蔽性能最好。

2）pH 值的影响。在 pH 值为 8 时所得到的表面较平滑。pH 值为 9 和 pH 值为 10，表面差别不大，均有结瘤状，且当 pH 值为 10 时，镀液稳定性很差。在 pH 值为 9、负载量为

2g/L 时屏蔽性能最好，pH 值为 8、负载量 2g/L 时屏蔽性能次之。

3）在化学镀过程中，较低的温度能提高其屏蔽性能。温度为 70℃时屏蔽性能最好，但此时沉积速率较低。

25.1.40 添加镱的化学镀镍

1. 镀液配制

添加镱的化学镀镍液的原料配方见表 25-39。

表 25-39 添加镱的化学镀镍液的原料配方 （单位：g）

配方号		1	2	3	4	5	6
组分质量/g	硫酸镍	30	25	35	35	30	28
	次亚磷酸钠	28	25	30	32	30	26
	乳酸	5	10	15	9	5	5
	羟基乙酸	10	10	5	6	15	10
	乙酸钠	25	20	15	25	15	25
	氯化镱	0.15	0.6	0.45	0.2	0.25	0.3
	碘化钾	0.004	0.004	0.004	0.004	0.004	0.004
	水	加至 1L					

1）把乙酸钠、乳酸和羟基乙酸一起加入水溶解。

2）把硫酸镍加水溶解。

3）把配方 2 的镀液倒入配方 1 的镀液中，然后搅拌均匀。

4）把次亚磷酸钠加适量的水溶解，然后在搅拌的状态下缓缓倒入配方 3 的镀液中并搅拌均匀。

5）把氯化镱或硝酸镱溶解并倒入配方 4 的镀液中。

6）加入碘化钾镀液。

7）加蒸馏水或去离子水至规定体积，并搅拌均匀。

8）过滤。

2. 工艺过程

先用质量分数为 5%~10%的氢氧化钠镀液或质量分数为 5%~10%的稀硫酸镀液把化学镀镍液的 pH 值调节至 4.5~6，最佳的 pH 值为 4.5~5.5，然后将镀液加温至 80~95℃，最佳恒定温度为 85~92℃，把经脱脂和活化的零件浸入镀液中，即可施镀。

镀液组成中微量添加稀土元素镱，使镀液既能高速施镀又稳定，而且得到的镀层具有优异的耐蚀性。镀层未经热处理即有较高的显微硬度，热处理后有很高的显微硬度，因此镀层的应用领域很广。

25.1.41 铁基粉末冶金制品化学镀镍

1. 镀液配制

铁基粉末冶金制品的化学镀镍液的原料配方见表 25-40。

表 25-40 铁基粉末冶金制品的化学镀镍液的原料配方

配方号		1	2	配方号		1	2
组分质量/g	$NaH_2PO_2 \cdot H_2O$	16~30	16~20	组分质量/g	Na_2CO_3	1~2.2	1~1.2
	$NaC_2H_3O_2$	2~6	2~4		$CH_3CHOHCOOH$	20~34	20~24
	$NiSO_4 \cdot 6H_2O$	21~35	21~25		水	加至 1L	

先将 $NaH_2PO_2 \cdot H_2O$ 和 $NaC_2H_3O_2$ 置于 50~85℃的 200g 温水中溶解并搅拌均匀，然后再加入 $NiSO_4 \cdot 6H_2O$ 搅拌溶解均匀后加入余量的水，最后加入 Na_2CO_3 和 $CH_3CHOHCOOH$，将化学镀液的 pH 值调节到 5~6.5，经过滤纸过滤即成。

2. 工艺过程

化学镀镍工序是将经过表面粗抛、除锈、清洗、脱脂、酸洗活化工序后的铁基粉末冶金制品，置于配制好的化学镀液中，在 90~95℃温度下浸泡 20~40min，然后经过清洗、精抛、清理工序后即可。得到的镀层为非晶态的 Ni-P 合金层。

1）粗抛。将烧结后的铁基粉末冶金制品置于振动光饰机中，用规格为 6mm 的棕刚玉块作磨料，加上 LX-18 研磨剂 100g 和缓蚀剂 50g 及淹过磨料的清水量作为研磨介质，振动研磨 20~30min。

2）去锈。将生锈的铁基粉末冶金制品在质量分数为 5%~10%的常温稀盐酸镀液中浸泡 15~30min。

3）脱脂。将烧结后浸过机械油和经过精整的铁基粉末冶金制品先在 340~380℃温度下将机械油烧除干净后置于 60~80℃温度下质量分数为 20%的碱性金属水镀液中浸泡 20min，或是将烧结后未浸油的铁基粉末冶金制品直接置于 60~80℃温度下质量分数为 20%的碱性金属水镀液中浸泡 20min。

4）酸洗活化。将铁基粉末冶金制品置于质量分数为 20%的常温盐酸中浸泡 2~3min。碱液清洗工序是把化学镀镍好的铁基粉末冶金制品置于质量分数为 10%的 Na_2CO_3 镀液中浸泡 5~10min。

5）精抛。在高速旋转的涂有 MgO 抛光膏绒布轮上对铁基粉末冶金制品镀层表面进行抛光。

6）清理。用棉布沾上轻质 $CaCO_3$ 粉末擦净精抛时残留的抛光膏。

25.1.42 用于食品机械工业的化学镀镍

用于食品机械工业的化学镀镍工艺见表 25-41。

表 25-41 用于食品机械工业的化学镀镍工艺

组分	性状	摩尔浓度/(mol/L)				备注
		镀液	A 组分浓缩液	B 组分浓缩液	C 组分浓缩液	
$NiSO_4 \cdot 6H_2O$	粉末	0.095	0.475	—	—	1)原始镀液采用 A、B 浓缩液配制，补加时采用 A、C 浓缩液补加，浓缩液中各组分的浓度为镀液浓度的 5 倍 2)温度为 75~95℃，pH 值为 4.2~5.2
$NaH_2PO_2 \cdot H_2O$	粉末	0.283	—	1.415	1.415	
柠檬酸	粉末	0.027	—	0.135	—	
醋酸钠	粉末	0.058	0.29	—	—	
乳酸	液体	5	—	25	25	
丙酸	液体	3mL/L	—	15mg/L	15mg/L	
苹果酸	粉末	0.037	A	—	—	
丁二酸	粉末	0.042	0.21	—	0.21	
KIO_3	粉末	3mg/L	—	15mg/L	—	

25.1.43 适合于轻金属的化学镀镍

适合于轻金属的化学镀镍工艺见表 25-42。

表 25-42 适合于轻金属的化学镀镍工艺

工艺号		1	2	3
镀液组分摩尔浓度/(mol/L)	次磷酸镍	—	0.050	—
	碱式碳酸镍	0.017	—	10g/L
	氟化钾	—	0.155	9g/L
	氟化氢铵(质量分数为70%)	0.074	—	10g/L
	柠檬酸	0.029	0.079	5g/L
	次磷酸钠	0.189L	0.005	20g/L
	铅离子	—	1mg/L	—
工艺条件	pH值	4.5~6.8	4.6~4.7	4.5~6.5g/L
	温度/℃	76~82	87	30~35g/L
	沉积速度/(μm/h)	20	23	—

25.1.44 一般炊具化学镀镍

1. 镀液配制

一般炊具化学镀镍液的配方见表25-43。

表 25-43 一般炊具化学镀镍液的配方

组分	硫酸镍	次磷酸钠	食用乙酸钠	食用乳酸	食用柠檬酸	食用苹果酸	食用碘酸钾	去离子水
质量/g	22	24	15	15	5	9	0.2	加至1L

1）将硫酸镍与去离子水在一个容器中混合，搅拌至完全溶解制成硫酸镍镀液。

2）将次磷酸钠与去离子水在一个容器中混合，搅拌至完全溶解制成次磷酸钠镀液。

3）将食用乙酸钠、食用乳酸、食用柠檬酸、食用苹果酸和食用碘酸钾在一个容器中混合，搅拌至完全溶解制成助剂镀液。

4）将所述硫酸镍镀液和次磷酸钠镀液在不断搅拌下依先后顺序缓缓兑入助剂镀液中制成化学镀镍镀液，即先将硫酸镍镀液缓缓兑入助剂镀液中，然后再将次磷酸钠镀液缓缓兑入助剂镀液中。

5）用质量分数为10%的食用碳酸氢铵镀液调节化学镀镍镀液的pH值为4.4~4.8，然后向化学镀镍镀液中补充去离子水，最终使该镀液体积达到1L。

2. 工艺过程

需要先将施镀的炊具镀件放入温度为60~70℃，质量分数为20%~30%的食用碳酸钠镀液中清洗，去掉其表面上的油污及杂质，然后用水冲洗干净再进行施镀。当施镀完成后，将炊具镀件从化学镀镍镀液中取出，用水冲洗干净后放入烘箱中把表面的水分烤干即可。得到的镀件镀层厚度为16μm。将合格的镀件放入质量分数为5%的氯化钠镀液中浸泡72h表面无锈点，镀层没有失光变色。

由于采用化学镀镍的方法对炊具表面进行处理，处理后的表面镀层可达到不锈钢材料的外观效果，且使炊具表面形成了镀镍金属层，因而提高了炊具表面的耐磨性和耐蚀性。使用食用型的镀镍原料对炊具表面进行镀镍处理，其镀层对人体无害，可完全取代传统的对人体有害的处理工艺。

25.1.45 铸铁炊具化学镀镍

1. 镀液配制

铸铁炊具化学镀镍液的配方见表25-44。

表 25-44　铸铁炊具化学镀镍液的配方

组分	硫酸镍	次磷酸钠	食用乙酸钠	食用乳酸	食用柠檬酸	食用苹果酸	食用碘酸钾	硼酸	钼酸铵	水
质量/g	20~25	22~26	15	15	5	9	0.2	5	0.001	加至 1L

1）将硫酸镍与去离子水在一个容器中混合，搅拌至完全溶解制成硫酸镍镀液。

2）再称取次磷酸钠与去离子水在一个容器中混合，搅拌至完全溶解制成次磷酸钠镀液。

3）将食用乙酸钠、食用乳酸、柠檬酸、食用苹果酸、食用碘酸钾、硼酸和钼酸铵在一个容器中混合，搅拌至完全溶解制成助剂镀液，以提高镀镍镀液的稳定性。

4）将硫酸镍镀液和次磷酸钠镀液在不断搅拌下依先后顺序缓缓兑入助剂镀液中制成化学镀镍镀液，用质量分数为 10% 的食用碳酸氢铵镀液调节化学镀镍镀液的 pH 值为 4.4~4.8，然后向化学镀镍镀液中补充去离子水，最终使该镀液体积达到 1L。

2. 工艺过程

需要先将施镀的铸铁炊具镀件放入温度为 60~70℃，质量分数为 20%~30% 的食用碳酸钠镀液中清洗，去掉其表面上的油污及杂质，然后水冲洗干净再进行施镀。当施镀完成后，将铸铁炊具镀件从化学镀镍镀液中取出，用水冲洗干净后放入烘箱中把表面的水分烤干即可。最后得到的镀件镀层的厚度为 16μm，硬度为 512HV。将合格的镀件放入质量分数为 5% 的氯化钠镀液中浸泡 72h，表面无锈点，镀层没有失光变色。

由于采用化学镀镍的方法对铸铁炊具表面进行处理，处理后的表面镀层可达到不锈钢材料的外观效果，且使铸铁炊具表面形成了镍-磷合金镀层，因而提高了铸铁炊具表面的耐磨性和耐蚀性。使用食用型的镀镍原料对铸铁炊具表面进行镀镍处理，其镀层对人体无害，可完全取代传统的对人体有害的处理工艺。

25.1.46　化学镀镍制备封闭蜂窝材料

通过化学镀的方法在高分子粉末上镀覆一层镍磷合金，并进行高温烧结，得到了含高分子聚合物的金属封闭蜂窝材料。SEM 和 EDS（能量色散谱）分析表明，经热处理后聚合物仍处于封闭空间里。这种材料具有低的弹性模量和高的能量吸收性能、高的衰减系数。

封闭蜂窝材料制造过程如图 25-11 所示。

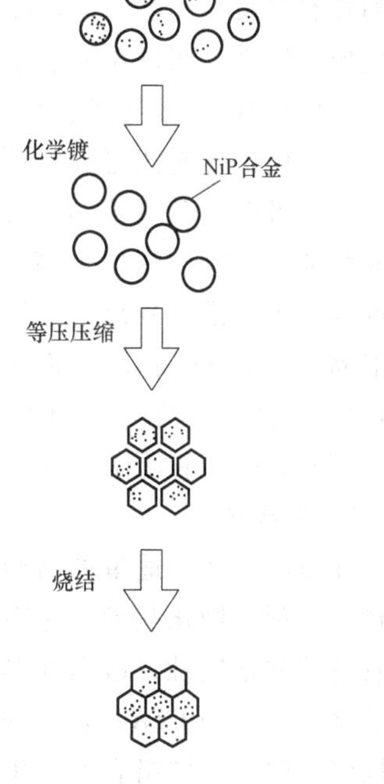

图 25-11　封闭蜂窝材料制造过程

1）在 10μm 聚苯乙烯上化学镀 0.46μm 厚的镍。

2）将聚苯乙烯粉末放置在 8mm 或 16mm 的小球内，进行 200MPa 恒压压缩。

3）进行真空 800℃ 高温烧结 1h。

25.2 化学镀铜

25.2.1 化学镀铜溶液

1. 主盐

化学镀铜液的主盐大多采用硫酸铜，在镀液中的硫酸铜摩尔浓度为0.07mol/L时，镀速达到最大值。当浓度进一步上升时，溶液的稳定性下降，随着镀液的老化，其中生成的硫酸钠的浓度增加导致溶液性能下降。也有人采用$CuCl_2$作为化学镀铜的主盐来提高镀液的使用寿命。另外，硫酸盐的积累将导致镀液黏度的上升，致使镀层质量下降。也有以氧化铜为主盐的镀液，在特殊的场合还有人采用酒石酸铜、碱式碳酸铜、硝酸铜等作为化学镀铜的主盐。

2. 还原剂

可以作为化学镀铜液的还原剂很多，有甲醛（HCHO）、次磷酸盐（NaH_2PO_2）、胺硼烷（DMAB）、硼氢化钠（$NaBH_4$）等。目前，工业上普遍采用的还原剂是还原能力强而价格便宜的甲醛，其缺点是生产过程中会产生有害的甲醛蒸气。目前开发的甲醛的替代物有乙醛酸、次磷酸钠、Co^{2+}、Fe^{2+}、二甲基胺硼烷（DMAB）等。其中，以乙醛酸为还原剂的化学镀铜具有镀层性能好、与基体结合力好且能降低环境污染等优点，但沉积速率较低，而且乙醛酸价格较高。DMAB为还原剂的化学镀铜能够在较低的pH值下反应，不会产生对环境有害的气体且具有稳定的沉铜速率，但其缺点是原料价格高，且沉积层含有硼导致镀层电阻率上升。以低价金属盐（如Co^{2+}、Fe^{2+}）为还原剂的优点是镀液pH值较低，在弱酸性或中性环境下，可以避免在高pH值的情况下对镀件造成腐蚀，但操作温度较高。次磷酸盐镀液没有毒雾溢出，没有副反应，因此没有甲醛和碱的浪费，镀液有很长的使用寿命，能得到厚1μm的镀层。在槽壁和辅助设备上无镀层沉积，可省去维护和清洗时间。

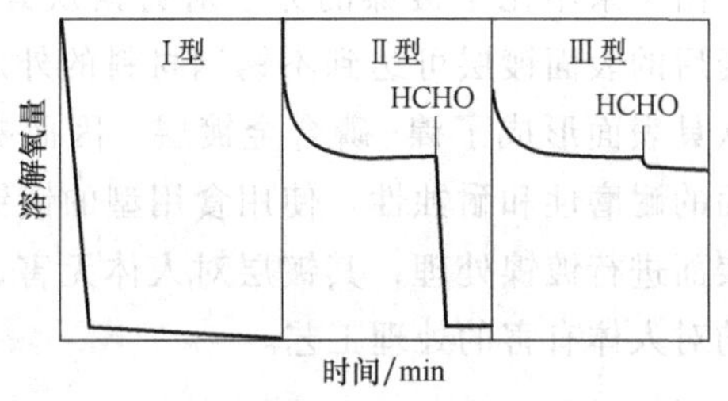

图25-12 碱性溶液中含不同络合剂时溶解氧量随时间的变化

Ⅰ型—乙二胺、四乙基二胺、三亚乙基四胺、苯胺、酒石酸盐 Ⅱ型—三乙醇胺、亚硝基氯代乙酸 Ⅲ型—EDTA、二亚乙基三乙胺五乙酸（DTPA）

3. 络合剂

在镀液中加入适量的络合剂形成稳定的络合物，有利于细化晶粒，也有利于提高沉积速率及溶液的稳定性，改善化学镀层的性能。常用的络合剂有EDTA、乙二胺、三乙醇胺等。碱性溶液中含不同络合剂时溶解氧量随时间的变化如图25-12所示。

可以看出，采用EDTA为络合剂，氧化铜（Cu_2O）生成大为减少，镀液使用寿命大大延长。常用的络合剂有酒石酸钾钠、乙二胺四乙酸四钠，还有柠檬酸、三乙醇胺等。

1）常见的Cu^+和Cu^{2+}络合剂、络离子形式及稳定常数见表25-45。

在以上络合剂中，酒石酸是最早使用、现仍被广泛使用的络合剂，特别适合于室温和低沉积速率时使用，也较易进行污水处理，但不适于高沉积速率体系。EDTA盐也是化学镀铜

表 25-45　Cu^+和 Cu^{2+}常见络合剂

中心离子	络合剂		络离子的存在形式	稳定常数
	名称	分子式		
Cu^+	氨	NH_3	$[Cu(NH_3)_2]^+$	10.8
	氰化物	NaCN	$[Cu(CN)_4]^{3-}$	30.30
	硫脲	NH_2CSNH_2	$[Cu[CSN_2H_4)_4]^+$	15.39
	乙二胺	$NH_2CH_2CH_2NH_2$	$[Cu(C_2H_8N_2)_2]^+$	10.8
	α,α-联吡啶	$(C_5H_4N)_2$	$Cu[(C_5H_4N)_2]_2^+$	14.2
	硫代硫酸盐	$Na_2S_2O_3$	$[Cu(S_2O_3)]^-$	13.84
Cu^{2+}	氨	NH_3	$[Cu(NH_3)_4]^{2+}$	13.32
	肼	N_2H_4	$[Cu(N_2H_4)]^{2+}$	6.67
	乙酰丙酮	$CH_3COCH_2COCH_3$	$Cu(CH_3COCHCOCH_3)_2$	16.34
	8-羟基喹啉-5-磺酸	$C_9H_6ONSO_3H$	$Cu(C_9H_6ONSO_3)_2$	21.87
	乳酸	$CH_3CHOHCOOH$	$Cu(CH_3CHOHCOO)_2$	4.85
	水杨酸	$C_6H_4OHCOOH$	$Cu(C_6H_4OHCOO)_2$	18.45
	酒石酸	$C_4H_6O_6$	$[Cu(C_4H_4O_6)_2]^{2-}$	6.51
	乙二胺	$NH_2CH_2CH_2NH_2$	$[Cu(C_2H_4N_2H_4)_4]^{2+}$	21.0
	α,α-联吡啶	$(C_5H_4N)_2$	$Cu[(C_5H_4N)_2]_3^{2+}$	17.08
	10-菲啰啉	$C_{12}H_8N_2$	$[Cu(C_{12}H_8N_2)_3]^{2+}$	20.94
	柠檬酸	$C_6H_8O_7$	$[Cu(C_6H_6O_7)_2]^{2-}$	14.2
	乙二胺四乙酸	$C_{10}H_{16}N_2O_8$	$CuEDTA^{2-}$	18.8

溶液广泛使用的络合剂，其污水处理比较容易，沉积速率快，但 EDTA 价格昂贵。三乙醇胺作为络合剂，可获得极快的沉积速率，但镀层外观粗糙，呈灰色。柠檬酸盐作为络合剂的沉积速率小于三乙醇胺，大于酒石酸盐类络合剂的沉积速率，但其镀液极易使表面钝化，并随 pH 值增高钝化加快，从而降低沉铜速率。可见，EDTA 和酒石酸盐适用于化学镀铜。目前化学镀铜液所使用的络合剂正向混合络合剂方向发展，如用酒石酸盐代替部分 EDTA 可降低成本，提高经济效益。

2）混合络合剂的组成应满足两个条件：①各种络合剂物质量之和应与单一络合剂配方中的物质量相等；②各种络合剂的混合比例应适当，否则对沉铜速率有较大影响。在酒石酸钾钠镀液中，即使加入少量的 EDTA，也会使沉铜速率提高。但是，当 EDTA 的添加量增加到某一数值时，沉铜速率就趋于稳定。

25.2.2　化学镀铜层的性质

化学镀铜与电镀铜性质比较见表 25-46。

表 25-46　化学镀铜与电镀铜性质比较

项　目	化学镀铜	电镀铜
铜质量分数(%)	≥99.2	≥99.9
密度/(g/cm^3)	8.8±0.1	8.92
抗拉强度/MPa	207~550	205~380
断后伸长率(%)	4~7	15~25
硬度 HV	200~380	45~70
电阻率/Ω·m	1.92×10^{-8}	1.72×10^{-8}

化学镀铜层力学性能的主要指标是延展性和韧性。化学镀铜层的延展性和韧性都比金属铜差，特别是操作不当时。

一般认为，在镀液中加入合适的稳定剂，既可以稳定镀液，又可以改善操作条件，也有利于得到力学性能良好的铜镀层。

25.2.3 以酒石酸钾钠为络合剂的化学镀铜

以酒石酸钾钠为络合剂的化学镀铜工艺见表 25-47。

表 25-47 以酒石酸钾钠为络合剂的化学镀铜工艺

工艺号		1	2	3	4	5
组分质量浓度/(g/L)	$CuSO_4 \cdot 5H_2O$	5	10	7	10	5
	$NaKC_4H_4O_6 \cdot 4H_2O$	25	50	22.5	25	22
	NaOH	7	10	4.5	15	8~15
	Na_2CO_3	—	—	2.1	—	—
	$NiCl_2 \cdot 6H_2O$	—	—	2	—	2
	HCHO	10	10	25.5	5~8	8~12
工艺条件	pH 值	12.8	12.9	12.5	12.5~13	12.5
	温度/℃	15~25	15~25	15~25	15~25	15~25
	时间/min	20~30	20~30	20~30	20~30	20~30

注：1 号配方比较稳定，主要用于非金属电镀；2 号配方不够稳定，但速率较快；3 号配方由于有少量镍盐，提高了铜层的结合力；4 号、5 号配方多用于 ABS 塑料电镀。

25.2.4 以乙二胺四乙酸（EDTA）为络合剂的化学镀铜

以乙二胺四乙酸（EDTA）为络合剂的化学镀铜工艺见表 25-48。

表 25-48 以乙二胺四乙酸（EDTA）为络合剂的化学镀铜工艺

工艺号		1	2	3	4	5	6
组分质量浓度/(g/L)	$CuSO_4 \cdot 5H_2O$	7.5	7.5	10	10	10	10
	EDTA · 2Na	15	15	20	20	20	30
	NaOH	20	5	3	15	14	7
	HCHO	40	6	6	—	5	12
	聚甲醛	—	—	—	9	—	—
	NaCN	0.5	0.02	0.1	—	—	—
工艺条件	pH 值	11~11.5	11~12	11~12	11.5~12	11~12	11~12
	温度/℃	40~60	40~60	40~60	室温	室温	室温
	时间/h	20~25	20~30	20~30	20~30	20~30	20~30

注：1~3 号镀液在 40~60℃下使用，由于加入了 NaCN，能提高铜层光亮度和可塑性，可用于镀厚铜（20~30mm），但需要时间较长（24~48h），镀液的利用率高，可用于 PCB 孔金属化。

25.2.5 双络合或多络合剂的化学镀铜

双络合或多络合剂的化学镀铜工艺见表 25-49。

表 25-49 双络合或多络合剂的化学镀铜工艺

工艺号		1	2	3
组分质量浓度/(g/L)	$CuSO_4 \cdot 5H_2O$	14	16	29
	$NaKC_4H_4O_6 \cdot 4H_2O$	16	14	142
	Na_2EDTA	20	19.5	12
	三乙醇胺	—	—	5
	Na_2CO_3	—	—	9
	NaOH	12	14.5	42
	HCHO	45	15	167
	双联吡啶	—	0.02	—
	亚铁氰化钾	—	0.01	—

（续）

工艺号		1	2	3
工艺条件	pH 值	12.5	12.5	11.5
	温度/℃	15~50	40~50	15~50

注：2号镀液含有稳定剂，稳定性较好，沉积速度较快；3号镀液沉积速度可达8~25μm/h，但镀液稳定性较差。

25.2.6 以次磷酸盐为还原剂的化学镀铜

以次磷酸盐为还原剂的化学镀铜工艺见表25-50。

表25-50 以次磷酸盐为还原剂的化学镀铜工艺

工艺号		1	2	3
组分质量浓度/(mol/L)	硫酸铜($CuSO_4 \cdot 5H_2O$)	6	0.024	0.025
	柠檬酸钠($Na_3C_6H_5O_7 \cdot 2H_2O$)	15g/L	0.052	0.1
	次磷酸钠($NaH_2PO_3 \cdot H_2O$)	28g/L	0.27	0.3
	硼酸(H_3BO_3)	30g/L	0.5	—
	硫酸镍($NiSO_4 \cdot 7H_2O$)	0.5g/L	0.002	0.1
	硫脲或2-巯基苯并噻唑	0.2mg/L	—	—
工艺条件	温度/℃	65	65	70
	pH 值	9.2	9	7.0
	镀层中镍的质量分数(%)	—	—	<10

25.2.7 以DMAB为还原剂的化学镀铜

以DMAB为还原剂的化学镀铜工艺见表25-51~表25-53。

表25-51 以DMAB为还原剂的化学镀铜工艺1

组分质量浓度/(g/L)					工艺条件			
$CuCl_2$	EDTA·2Na	$KNaC_4H_4O_6$	DMAB	聚乙二醇(相对分子质量6000，质量分数	pH值(用H_2SO_4调节)	温度/℃	电流密度/(A/dm^2)	时间min
5	5	10	1	10^{-3}%	7.0	25	0.5	5

表25-52 以DMAB为还原剂的化学镀铜工艺2

组分质量浓度/(g/L)					工艺条件			
$CuSO_4 \cdot 5H_2O$	$NiSO_4 \cdot 6H_2O$	$Na_3C_6H_5O_7 \cdot 2H_2O$	DMAB	$Pb(CH_3COO)_2 \cdot 3H_2O$	pH值	温度/℃	镀层中镍的质量分数(%)	时间/min
0.01mol/L	0.1mol/L	0.2mol/L	0.05mol/L	0.08	7.0	80	<10	10

表25-53 以DMAB为还原剂的化学镀铜工艺3

组分质量浓度/(g/L)						工艺条件		
$CuSO_4 \cdot 5H_2O$	EDTA·2Na	三乙醇	二甲氨基硼烷	1,10-邻菲啰啉	十二烷基磺酸钠	沉积速度/(μm/h)	pH值	温度/℃
4	20	50mL/L	4	22×10^{-6}	10×10^{-3}	2~3	8.7	60

25.2.8 以四丁基氢硼化铵为还原剂的化学镀铜

以四丁基氢硼化铵为还原剂的化学镀铜工艺见表25-54。

表 25-54　以四丁基氢硼化铵为还原剂的化学镀铜工艺

组分质量浓度/(g/L)					工艺条件				
$CuSO_4$·$5H_2O$	EDTA·2Na	四丁基氢硼化铵	$(NH_4)_2SO_4$	十二烷基磺酸钠	沉积速度/(μm/h)	镀层中硼的质量分数(%)	pH值(用NaOH调节)	温度/℃	时间/min
0.01mol/L	0.02mol/L	0.05mol/L	30×10^{-3}	100×10^{-3}	4	<0.1	8.0	60	30

以四丁基氢硼化铵（C_4H_9）$_4BNH_4$取代 HCHO 为还原剂的低碱性化学镀铜液，镀液稳定性良好，既不会浸蚀聚酰亚胺基材及多数正性光致抗蚀剂和陶瓷基材等 PCB 材料，也不会危及操作人员的身体健康。

25.2.9　以肼为还原剂的化学镀铜

以肼为还原剂的化学镀铜工艺见表 25-55。

表 25-55　以肼为还原剂的化学镀铜工艺

组分质量浓度/(g/L)				工艺条件			
$CuSO_4$·$5H_2O$	EDTA·4Na	水合肼	$Na_2B_4O_7$·$10H_2O$	电流密度/(A/dm²)	pH值(用 H_2SO_4 调节)	温度/℃	时间/min
5	5	20	10	0.2	7.0	25	5

25.2.10　SiC 陶瓷颗粒表面化学镀铜

1. 镀液配制

SiC 陶瓷颗粒表面化学镀铜液的原料配方见表 25-56。

表 25-56　SiC 陶瓷颗粒表面化学镀铜液的原料配方

配方号		1	2	3	配方号		1	2	3
组分质量/g	SiC 陶瓷颗粒	5	7	9	组分质量/g	乙酸	0.75mL	1.5mL	3mL
	质量分数为 70%的硝酸	20mL	—	—		硫酸铜	7.5	7.5	7.5
	质量分数为 80%的硝酸	—	20mL	—		甲醛	12.5mL	12.5mL	12.5mL
	质量分数为 90%的硝酸	—	—	20mL		EDTA·2Na	12.5	12.5	12.5
	钨粉	1	2	4		酒石酸钾钠	7	7	7
	过氧化氢	5mL	5mL	40mL		亚铁氰化钾	0.005	0.005	0.005
	无水乙醇	2mL	4mL	16mL		水	加至 1L		

2. 工艺过程

1）将 SiC 陶瓷颗粒放入质量分数大于 70%的硝酸中并加以超声波振荡，对其进行粗化处理，5min 后取出并用去离子水冲洗，得到具有清洁和粗糙表面的 SiC 陶瓷颗粒。

2）配制溶胶。将钨粉加入过氧化氢并使其充分反应，反应之后加入无水乙醇和乙酸混合均匀，过滤掉反应剩余物，得到淡黄色溶胶。所配制溶胶的量要能满足下一步骤完全浸没 SiC 陶瓷颗粒的需要。

3）把经粗化处理过的 SiC 陶瓷颗粒浸没在配制好的溶胶中，辅以超声波振荡 10~20min，使 SiC 陶瓷颗粒在溶胶中均匀分散。

4）把 3）步处理后的 SiC 陶瓷颗粒放入 300~350℃的干燥箱中干燥 2~3h，取出冷却。

5）把干燥好的 SiC 陶瓷颗粒在氢气气氛下于 760~800℃还原 2~3h，随炉冷却后取出，得到镀覆钨的 SiC 陶瓷颗粒。

6）按硫酸铜、甲醛、EDTA·2Na、酒石酸钾钠、亚铁氰化钾的配比配置镀液，pH 值用 NaOH 镀液调节至 12～13，温度为 60℃。将 5）步镀覆钨的 SiC 陶瓷颗粒倒入镀液中，装载量为 10～18g/L，辅以磁力搅拌。

7）反应完全后过滤并在 120～160℃干燥 3～5h，得到铜包裹均匀的 SiC 陶瓷颗粒。

25.2.11　硅片化学镀铜

1. 镀液配制

硅片化学镀铜液的原料配方见表 25-57。

表 25-57　硅片化学镀铜液的原料配方

组分	硫酸铜	酒石酸钾钠	甲醛	氢氧化钠	水
质量/g	1～25	5～125	2～50mL	1.4～35	加至 1L

2. 工艺过程

1）首先对硅表面进行抛光和清洗处理，然后进行刻蚀。

2）将经过抛光清洗和刻蚀处理的硅片放在含硫酸铜的氢氟酸镀液中，进行化学镀铜，时间为 5s～5min，用水冲洗。

3）最后在以酒石酸钾钠为络合剂、以甲醛为还原剂的化学镀镀液中化学镀铜，镀铜时间为 10～30min。

25.2.12　硅橡胶化学镀铜

1. 镀液配制

硅橡胶化学镀铜镀液的原料配方见表 25-58。

表 25-58　硅橡胶化学镀铜镀液的原料配方

配方号		1	2	3	配方号		1	2	3
组分质量/g	硫酸铜	18	15	20	组分质量/g	亚铁氰化钾	0.01	0.015	0.02
	甲醛	10mL	12mL	14mL		氢氧化钠	16	16	16
	乙二胺四乙酸二钠	15	12	16		水	加至 1L		

2. 工艺过程

1）将硅橡胶放入三碱镀液中，恒温 80℃浸泡 30～40min 脱脂，然后用去离子水水洗。

2）放入粗化镀液中粗化 2～3min，然后用去离子水洗净。

3）用敏化镀液对硅橡胶进行浸泡敏化 3～5min，要求 pH 值为 0.5～1.9，温度为 18～25℃，然后用去离子水洗净。

4）用活化镀液对硅橡胶进行浸泡活化 3～5min，温度为 18～25℃，然后用去离子水洗净。

5）放入化学镀液中进行化学镀铜，要求镀液的 pH 值为 12～13，温度为 18～30℃，施镀时间为 25～40min，即得到镀铜产品。

25.2.13　聚酯膜无钯化学镀铜

1. 镀液配制

聚酯膜无钯化学镀铜液的原料配方见表 25-59。

表 25-59　聚酯膜无钯化学镀铜液的原料配方

组分	五水合硫酸铜	酒石酸钾钠	乙二胺四乙酸二钠	氢氧化钠	甲醛	水
质量/g	16	14	19.5	14	15mL	加至 1L

2. 工艺过程

1）PET 膜脱脂。将 PET 膜放进无水乙醇或丙酮中超声波清洗 3~5min，然后在蒸馏水中超声波清洗 2~3min，取出晾干或烘干备用。

2）PET 膜负载光引发剂。所用的光引发剂为二苯甲酮（BP），将 BP 溶解在丙酮中，制得质量浓度为 0.3~1.0g/L 的 BP 镀液。负载 BP 的方式可以是直接在 PET 膜上涂上 BP 镀液，然后晾干；也可以是将 PET 膜放进 BP 镀液中常温下浸泡 3~15min，然后取出晾干。

3）紫外光引发气相接枝丙烯酸。紫外光引发接枝丙烯酸的方法为气相法，即把负载有 BP 的 PET 膜放进充有丙烯酸蒸气的反应装置中，在紫外光照射下引发接枝丙烯酸。丙烯酸蒸气是通过将高纯氮气向丙烯酸镀液鼓泡的方式产生。

4）活化。将紫外光引发气相接枝丙烯酸后的 PET 膜放进蒸馏水中超声波清洗 2~3min，然后放进 pH 值为 11.50~12.00 的氨水镀液中常温浸泡 10~20s，再放进质量浓度为 0.5~1.0g/L 的 $AgNO_3$镀液中常温浸泡 10~30s，最后放进蒸馏水中常温浸泡 2~5s。

5）化学镀铜。将活化后的 PET 膜放进化学镀铜液中进行化学镀铜。化学镀铜液的使用温度为 40~50℃，使用 pH 值为 12~13，化学镀铜的时间为 2~10min。

这种方法不需要使用等离子处理设备，工艺简单，并且用 $AgNO_3$来代替 $PdCl_2$作为化学镀铜的催化剂，有利于降低成本。

25.2.14　镁及镁合金表面化学镀铜

1. 镀液配制

镁及镁合金表面化学镀铜镀液的原料配方见表 25-60。

表 25-60　镁及镁合金表面化学镀铜镀液的原料配方

	配方号	1	2	3	4	5	6	7	8	9	10
组分质量/g	五水硫酸铜	15	12	6	6	7	30	20	10	10	10
	次亚磷酸钠	—	35	—	—	—	—	20	—	—	—
	二甲胺硼烷	—	—	3	—	—	—	—	0.5	—	—
	甲醛	40	—	—	—	—	60	—	—	—	—
	氢氧化钠或氢氧化钾	10	—	—	—	—	20	—	—	—	—
	乙二胺四乙酸钠	—	—	15	25	20	—	—	25	40	15
	四丁基氢硼化铵	—	—	—	15	—	—	—	—	8	—
	水合肼	—	—	—	—	20	—	—	—	—	25
	十二烷基磺酸钠	—	—	—	0.1	—	—	—	—	0.2	—
	硼酸	—	40	—	—	—	—	60	—	—	—
	柠檬酸钠	—	20	—	—	—	—	30	—	—	—
	硫酸镍	—	0.02	—	—	—	—	0.6	—	—	—
	硫酸铵	—	—	—	0.02	—	—	—	—	0.01	—
	硫脲	—	0.0002	—	—	—	—	0.0001	—	—	—
	酒石酸钾钠	40	—	10	—	—	20	—	5	—	—
	碳酸钠	5	—	—	—	—	3	—	—	—	—
	硼酸钠	—	—	—	—	10	—	—	—	—	10
	氢氧化钠	—	—	—	适量	—	—	—	—	适量	—
	硫酸	—	—	—	—	适量	—	—	—	—	适量
	水	加至 1L									

（续）

配方号		11	12	13	14	15	16	17	18	19	20
组分质量/g	五水硫酸铜	4	7	4	4	4	10	17	8	6	6
	次亚磷酸钠	—	56	—	—	—	—	45	—	—	—
	二甲胺硼烷	—	—	6	—	—	—	—	1.5	—	—
	甲醛	10	—	—	—	—	20	—	—	—	—
	氢氧化钠或氢氧化钾	4	—	—	—	—	8	—	—	—	—
	乙二胺四乙酸钠	—	—	4	10	25	—	—	8	15	18
	四丁基氢硼化铵	—	—	—	25	—	—	—	—	20	—
	水合肼	—	—	—	—	15	—	—	—	—	18
	十二烷基磺酸钠	—	—	—	0.05	—	—	—	—	0.08	—
	硼酸	—	20	—	—	—	—	25	—	—	—
	柠檬酸钠	—	10	—	—	—	—	25	—	—	—
	硫酸镍	—	0.002	—	—	—	—	0.08	—	—	—
	硫酸铵	—	—	—	0.04	—	—	—	—	0.03	—
	硫脲	—	0.0003	—	—	—	—	0.0002	—	—	—
	酒石酸钾钠	60	—	15	—	—	30	—	7	—	—
	碳酸钠	6	—	—	—	—	5	—	—	—	—
	硼酸钠	—	—	—	—	10	—	—	—	—	10
	氢氧化钠	—	—	—	适量	—	—	—	—	适量	—
	硫酸	—	—	—	—	适量	—	—	—	—	适量
	水	加至1L									

配方号		21	22	23	24	25	26	27	28	29	30
组分质量/g	五水硫酸铜	20	12	4~10	9	9	27	12	11	7	7
	次亚磷酸钠	—	35	—	—	—	—	48	—	—	—
	二甲胺硼烷	—	—	5	—	—	—	—	2	—	—
	甲醛	50	—	—	—	—	25	—	—	—	—
	氢氧化钠或氢氧化钾	13	—	—	—	—	11	—	—	—	—
	乙二胺四乙酸钠	—	—	20	—	22	—	—	11	—	18
	四丁基氢硼化铵	—	—	—	13	—	—	—	—	12	—
	水合肼	—	—	—	—	19	—	—	—	—	19
	十二烷基磺酸钠	—	—	—	0.15	—	—	—	—	0.15	—
	硼酸	—	40	—	—	—	—	50	—	—	—
	柠檬酸钠	—	20	—	—	—	—	25	—	—	—
	硫酸镍	—	0.02	—	—	—	—	0.04	—	—	—
	硫酸铵	—	—	—	0.02	—	—	—	—	0.02	—
	硫脲	—	0.0002	—	—	—	—	0.0001	—	—	—
	酒石酸钾钠	38	—	13	—	—	27	—	9	—	—
	碳酸钠	6	—	—	—	—	5	—	—	—	—
	硼酸钠	—	—	—	—	10	—	—	—	—	10
	氢氧化钠	—	—	—	适量	—	—	—	—	适量	—
	硫酸	—	—	—	—	适量	—	—	—	—	适量
	水	加至1L									

2. 工艺过程

1）脱脂。将镁或镁合金放入脱脂剂中，在常温下浸泡30min，擦洗镁或镁合金表面，再用清水彻底冲洗，以保证彻底去除镁或镁合金表面的油脂和灰尘。

2）酸洗和碱洗。将镁或镁合金放入酸洗液中浸泡1~4min，以去除镁或镁合金表面的氧化物和杂质，直到镁合金表面露出金属光泽。取出镁或镁合金，快速用清水彻底清洗镁或镁合金表面。然后将镁或镁合金放入碱洗液中在常温下浸泡0.5~5min后取出，用清水清洗干净，放入烘干箱中烘干。

3）涂膜。涂膜的方式可以采取喷涂、刷涂或浸涂的方法。涂膜用的涂膜剂应是具有很好的耐水、耐磨、耐高温、抗化学腐蚀且与基体金属附着良好的绝缘涂料，如有机硅耐热漆、有机钛耐热涂料（WT61-1、WT61-2）、水玻璃基涂料（JN-801硅酸盐无机涂料）、有机硅树脂（SF-7406三防清漆等）、硅烷偶联剂（KH-550）等。这里采用浸涂的方法，将镁或镁合金垂直浸入涂膜剂中，在温度为15~40℃的条件下对经酸洗、碱洗并彻底烘干的镁或镁合金进行第一次涂膜，镁或镁合金表面在8~30min内基本达到表面干燥，此时将镁或镁合金放入烘干箱内，将温度缓慢升高到150~300℃，在此温度下将镁或镁合金静置1~3h，使镁或镁合金表面的涂膜最终达到实干。再重复1~3次上述步骤，使镁或镁合金表面能覆盖致密的涂膜。

4）敏化。将镁或镁合金放入敏化液中敏化8~12min，取出，擦干表面过多的镀液。

5）活化。将镁或镁合金放入活化液中浸泡处理2~30min。活化的目的是在镁合金表面植入对还原剂的氧化和氧化剂的还原具有催化活性的金属粒子。如果金属粒子的浓度不够，后续化学镀的速度会非常缓慢甚至失败，因而活化液中硝酸银的浓度不能太低，而且应适量加一点还原剂，使镁或镁合金在短时间内表面覆盖银膜。

6）化学镀铜。将镁或镁合金清洗后放入镀液中，35~50min后镁或镁合金表面得到一层光亮的铜层。所得镀层色泽鲜艳，厚度均匀。

25.2.15 青铜树脂工艺品化学镀铜

1. 镀液配制

青铜树脂工艺品化学镀液的原料配方见表25-61。

表25-61 青铜树脂工艺品化学镀液的原料配方

组分	硫酸铜	EDTA·2Na	甲醛	三乙醇胺	酒石酸钾钠	氢氧化钠	硫代二苷酸	氯化钯	氯化镍	水
质量/g	30	12	150	5	140	50	0.01	1	2	加至1L

1）把硫酸铜倒入镀槽，倒入适量的水溶解，然后把酒石酸钾钠和EDTA·2Na盐用适量的水加热溶解。

2）将以上两种铜盐镀液和络合剂镀液共同搅拌混合，在混合镀液中加入氢氧化钠镀液，调整pH值到11.5，温度保持在20℃。

3）加入三乙醇胺和硫代二苷酸，混合均匀后再加入蒸馏水至规定的体积，甲醛是最常见的还原剂，甲醛只有在碱性条件下（pH值为11~13）才具有还原能力，所以不进行化学镀时，先不要放入甲醛镀液。以上化学电镀液准备完毕后，可把用不饱和聚酯树脂制作的各种工艺品放入电镀槽，放入渡槽前要进行粗化处理。

2. 工艺过程

1）粗化。质量分数30%的硫酸，温度为30~40℃，工艺品浸泡15~30min，然后清水洗净。

2）敏化。每升水用40g的氯化亚锡，每升水加40mL的盐酸，工艺品放在其中10min，敏化后拿出清洗。

3）活化。将氯化钯镀液1g溶解于100mL盐酸和200mL蒸馏水中，温度为50℃，把经过敏化的艺术品放入活化液中活化5min。活化液使用时温度过低用水浴加温。

4）还原。用氯化钯活化后，用体积浓度为100mL/L的甲醛质量分数为37%的水溶液清洗，室温下浸泡30~60s，然后树脂工艺品进入电镀槽，电镀4h后达到一定厚度取出，用高速纤维布轮抛光，然后进行仿青铜效果处理。

25.2.16 稀土镍基贮氢合金粉化学镀铜

1. 镀液配制

稀土镍基贮氢合金粉的化学镀铜液的原料配方见表25-62。

表25-62 稀土镍基贮氢合金粉的化学镀铜液的原料配方

配方号		1	2	3	4	5
组分质量/g	$CuSO_4 \cdot 5H_2O$	7.85	15.8	31.5	15.8	21.48
	硫酸	3mL	4mL	6mL	4mL	5mL
	柠檬酸	10	12	15	—	20
	酒石酸或乳酸或苹果酸	—	—	—	12	—
	富镧稀土	0.8	1.5	2	1.5	2
	水	加至1L				

2. 工艺过程

在室温下边搅拌边将待镀铜的稀土镍基贮氢合金粉倒入化学镀铜液中，继续搅拌15~80min，停止搅拌后过滤、洗涤、烘干。

在该工艺中，待镀铜的稀土镍基贮氢合金粉的平均粒度应为40~150μm，合金粉的质量与化学镀铜液的体积比为（1~80g）：1L。投料完毕后继续搅拌的时间为15~80min，但以20~60min为宜，在此时间范围的10min内不会影响镀后贮氢合金粉的质量。搅拌的速度使合金粉在化学镀铜液中分布均匀为宜，但以50~120r/min为更佳。用本领域普通技术人员均知的方法，如布氏漏斗法进行过滤，用水洗涤2~10次后再用酒精洗涤，于30~60℃烘干。低于30℃烘干，烘干的速度太慢。

25.2.17 硬质合金钢制件表面化学镀铜

1. 镀液配制

硬质合金钢制件表面化学镀铜液的原料配方见表25-63。

表25-63 硬质合金钢制件表面化学镀铜液的原料配方

组分	$CuSO_4 \cdot 5H_2O$	乙二胺四乙酸二钠	酒石酸钾钠	亚铁氰化钾	过氧化氢	氢氧化钠	甲醛	去离子水
质量/g	5	10	5	1	0.2mL	10	10mL	加至1L

2. 工艺过程

1）采用碱洗液，对硬质合金钢制件实施脱脂，脱脂时间为5~15min。

2）采用酸洗活化液对经脱脂的硬质合金钢制件实施活化处理，时间为10min。

3）将配制好的镀铜液置入容器内，在温水浴中隔水加热至15~45℃，并保温0~5min。若室温为15~45℃，则可以不加热。

4）将硬质合金钢制件放入镀铜液中，采用通常的化学镀方法实施镀铜处理时间为10~

40min。施镀完成后取出工件并用去离子水冲洗，用吹风机吹干后包裹备用。

25.2.18 化学镀铜工艺的常见问题与对策

1. 化学镀铜的缺陷

（1）镀层有孔隙、空洞、不连续　产生孔隙、空洞、不连续镀层的原因很多：①可能是化学镀铜预处理存在问题，粗化不均匀，粗化过度或不足都可能使活化后基体表面没有均匀的贵金属催化颗粒存在；②活化液也可能出现过度消耗或失效的情况，应检查活化液的有效性；③化学镀铜镀液本身的失调和工艺条件的失当也会引起上述故障，如铜离子浓度或甲醛浓度下降、稳定剂和络合剂浓度过高、温度和 pH 值低等都会使沉铜速率下降而使镀层不连续；④化学镀铜的副反应放出氢气，如果氢气泡不及时从镀层表面离开，也会引起孔隙，这可以通过改进挂具设计和搅拌来解决。

此外，还有一些不属于化学镀铜工艺本身的原因，如镀层在腐蚀气氛中使部分表面氧化、粗化液的残余酸从有缺陷的基体中渗出后腐蚀镀层等。

（2）镀层的结合力不好　化学镀铜层与基体结合力不好的主要原因是预处理问题，即粗化不足或粗化过度。要注意检查粗化液的浓度、粗化温度和粗化时间。

（3）化学镀铜层的韧性差　化学镀铜层韧性差主要是氢脆、化学镀层原材料质量问题、金属离子稳定剂所引起等。如果化学镀铜副反应产物氢气杂质大量在沉积层内，也会使镀层的物理性能变差。

2. 化学镀铜缺陷的产生原因及排除方法

常见的化学镀铜故障产生原因及排除方法见表 25-64。

表 25-64　常见的化学镀铜故障产生原因及排除方法

缺　陷	原　因	排除方法
粗化后镀件表面局部或全部不能被水浸润	在成形加工过程中表面被硅油、矿物油或从塑料本体中渗出单晶所污染	成形加工过程中不允许用脱模油
	粗化液温度太低，粗化时间短	提高粗化液的温度，延长时间
	搅拌不均匀	加强搅拌
	粗化液失效	更换粗化液
	塑料件的材料有变化	改变粗化液配方和工艺条件
粗化后表面发黄、发脆、粗糙过度等	粗化液温度过高，时间太长	降低粗化温度或缩短粗化时间
	粗化液中硫酸高于正常浓度	调整粗化溶液
	粗化前使用的有机溶剂浓度高、温度高、时间长	调整溶剂成分、正确掌握溶剂处理工艺条件
	机械粗化过度	改变机械粗化方法
活化后表面不变色	敏化液失效	调整敏化液
	温度低于 10℃	加温到 18～25℃
	活化液温度低于 10℃或已失效	调整活化液或提高温度
在某些部位上无镀层	材料错误	检查原材料
	外侧公差区被刻蚀	检查温度分析粗化液
	粗化迁移	改进清洗检查中和液
	在清水中 Cr^{3+} 含量太高	更换或稀释刻蚀液
	活化不良	检查工艺操作（pH 值、温度、浓度）
	解胶（加速）不良	检查溶液，必要时更换
	化学镀液不正常	检查溶液温度、pH 值、金属及还原剂含量、稳定剂含量

（续）

缺　　陷	原　　因	排 除 方 法
在化学镀后零件上起泡	零件表面脏污	重新脱脂
	注塑模条件不良	检查注塑模条件
	粗化不良	粗化条件及工艺
	过蚀	选择粗化时间和温度
	活化不良	检查、调整或更换活化液
	海绵状化学镀层	检查化学镀液，降低化学镀的沉积速率
化学镀液易分解	镀件清洗不良，有铬、银或钯等金属离子带入化学镀液	加强镀件的清洗
	化学镀液中有沉积物产生	过滤溶液
	配制化学镀液的药品不纯	用化学试剂配制
	温度过高	降温
	化学镀液中的 pH 值过高	降低 pH 值
	稳定剂浓度低	加稳定剂
	负载量过大	减少负载量
	补加药品不成比例	按分析补加药品

25.3　化学镀锡

25.3.1　利用歧化反应化学镀锡

1. 工作原理

利用 Sn^{2+} 氧化在 Sn 表面的自催化作用，可以进行化学镀锡。其原理是利用 Sn^{2+} 的歧化反应，自身氧化还原，即 Sn^{2+} 氧化成 Sn^{4+}，放出 2 个电子，再为 Sn^{2+} 吸收还原沉积出锡，即

$$Sn^{2+}(\text{呈络合态}) \longrightarrow Sn^{4+}+2e$$

$$Sn^{2+}(\text{呈络合态})+2e \longrightarrow Sn$$

总反应为
$$2Sn^{2+}(\text{呈络合态}) \longrightarrow Sn^{4+}+Sn$$

这样的化学镀反应是由 OH^- 自催化反应所支配的，即活性物质是 OH^-，它在歧化反应中起了重要作用。但是，具有 OH^- 的锡酸盐，当其全部 OH 结合完了时，歧化反应就会停止。整个歧化反应受 OH^- 支配，又会受到 Sn^{2+} 氧化成 Sn^{4+} 的浓度影响。随着化学镀锡反应的进行，Sn^{4+} 的浓度不断增加，当其浓度超过 0.5mol/L 时，溶液就不稳定了。因此，在碱性溶液中可通过向镀液中吹氮气的方法来防止 Sn^{2+} 的过度氧化；当溶液中 Sn^{4+} 浓度超过 1mol/L 时，还可向溶液中加 $BaCl_2$，使多余的 Sn^{4+} 生成 $BaSn(OH)_6 \cdot nH_2O$ 沉淀，从而使镀液再生，并延长镀液使用寿命。

实践证明，在铜上进行化学镀锡，能大大提高其钎焊性，这对于印制电路板的制作非常有意义。但是，这种化学镀锡层在使用中会长出“须状结晶”而导致电路短路，因此为避免这一现象的发生，可以在碱性溶液的锡表面置换镀铅，即

$$Sn+PbEDTA^{2-}+3OH^- \longrightarrow Pb+Sn(OH)^-+EDTA^{4-}$$

2. 工艺

利用歧化反应的化学镀锡工艺见表 25-65。

表 25-65 利用歧化反应的化学镀锡工艺

工艺号		1	2	3
组分质量浓度/(g/L)	氯化亚锡($SnCl_2 \cdot 2H_2O$)	75	68	—
	氢氧化钠(NaOH)	100	—	—
	氢氧化钾(KOH)	—	218	—
	柠檬酸钠($Na_3C_6H_5O_7$)	233	—	—
	柠檬酸钾($K_3C_6H_5O_7$)	—	148	—
	氟硼酸锡[$Sn(BF_4)_2$]	—	—	29
	硫脲[$(NH_2)_2CS$]	—	—	114
	乙二胺四乙酸二钠(Na_2EDTA)	—	—	17
	氟硼酸(HBF_4)	—	—	53
工艺条件	温度/℃	75	80	80
	析出速度/(μm/h)	2.7	4.6	—

3. 四价锡离子（Sn^{4+}）的去除

利用歧化反应的化学镀锡液中会蓄积一定量的四价锡（Sn^{4+}），但其蓄积浓度有一定限度，达到一定量（0.2mol/L）后就必须将多余的四价锡去除，否则，溶液将不能继续使用。因为四价锡超过 0.2mol/L 后，镀层会生成凹陷小坑，并且由于四价锡分散结晶造成溶液不稳定。除去四价锡一般选择碱土类金属离子（M^{2+}代表）的氯化物。

25.3.2 烷基磺酸化学镀锡

烷基磺酸化学镀锡采用预浸、化学镀两步法镀锡，镀层光亮，施镀 20min，镀层厚度可达 2.5μm，且无须晶生长。烷基磺酸化学镀锡液及其方法适宜于 PCB 版、IC 引线架、连接器等无铅可焊性镀层的需求。

1. 镀液配制

烷基磺酸化学镀锡液的原料配方见表 25-66。

表 25-66 烷基磺酸化学镀锡液的原料配方

配方号		1	2	3	4	5	6
组分质量/g	甲烷磺酸亚锡	5	15	15	—	—	—
	甲烷磺酸	100	100	140	—	—	—
	硫脲	100	100	120	—	—	—
	柠檬酸	—	5	10	—	—	—
	次磷酸钠	100	100	100	—	—	—
	聚乙二醇	5	5	5	—	—	2
	甲酚磺酸	—	—	5	—	—	—
	2-羟基丁基-1-磺酸银	—	—	10	—	—	—
	间苯二酚	10	—	—	—	—	4
	对苯二酚	—	5	—	—	—	—
	羟基甲烷磺酸银	—	10	—	—	—	—
	乙烷磺酸铋	25	—	—	—	—	—
	丁炔二醇	2	—	—	—	1.5	—
	乙炔二醇	—	1	—	—	—	—
	羟基丙烷吡啶嗡盐	—	—	1	—	—	1.5
	乙烷磺酸亚锡	—	—	—	40	—	—
	丙烷磺酸	—	—	—	250	—	—
	丙烷基硫脲	—	—	—	250	—	—
	富马酸	—	—	—	20	—	—

（续）

配　方　号		1	2	3	4	5	6
组分质量/g	甲醛	—	—	—	150	—	—
	聚氧乙烯烷基胺	—	—	—	10	—	2
	聚氧乙烯山梨糖醇酯	—	—	—	10	—	—
	苯酚磺酸	—	—	—	25	—	—
	丙烷磺酸镍	—	—	—	30	—	—
	丙烷磺酸吡啶嗡盐	—	—	—	3	—	—
	2-丙烷磺酸亚锡	—	—	—	—	30	—
	2-羟基乙基-1 磺酸	—	—	—	—	200	—
	1,2-亚乙基硫脲	—	—	—	—	100	—
	酒石酸	—	—	—	—	100	—
	氨基硼烷	—	—	—	—	50	—
	聚氧乙烯烷基芳基醚	—	—	—	—	5	—
	聚乙烯亚胺	—	—	—	—	5	—
	抗坏血酸	—	—	—	—	7	—
	均苯三酸	—	—	—	—	2	—
	2-丙烷磺酸铜	—	—	—	—	10	—
	2-羟基乙基 1-磺酸亚锡	—	—	—	—	—	20
	羟基甲烷磺酸	—	—	—	—	—	120
	硫代甲酰胺	—	—	—	—	—	100
	葡萄糖酸	—	—	—	—	—	50
	次磷酸胺	—	—	—	—	—	90
	聚氯乙烯壬酚醚	—	—	—	—	—	2
	邻苯二酚	—	—	—	—	—	4
	2-丙烷磺酸锆	—	—	—	—	—	50
	水	加至 1L					

2. 工艺过程

1）将铜或铜合金待镀工件进行预处理，预处理包括脱脂、酸洗、微蚀和预镀。

2）将经预处理的铜或铜合金工件放入烷基磺酸化学镀锡液中进行镀锡，镀锡操作时化学镀锡浴槽温度为 50~65℃，镀液 pH 值为 1.0~2.5，时间为 15~30min。

3）镀锡后进行中和和防变色处理。

预镀处理是在化学镀锡之前进行的，在铜或铜合金工件上置换一层薄而均匀的锡层，然后在该层上化学镀锡能提高镀层的结合力。

25.3.3　低温化学镀锡

1. 镀液配制

低温化学镀锡液原料配方见表 25-67。

表 25-67　低温化学镀锡液原料配方

配　方　号		1	2	3	4	5
A 溶液组分质量/g	硫酸亚锡	20	45	30	40	30
	浓硫酸（质量分数为 98%）	20mL	50mL	30mL	45mL	30mL
	聚乙二醇 6000	0.05	0.25	0.1	0.2	0.15
	三乙醇胺	0.1	0.4	0.2	0.3	0.25
	平平加 O	0.02	—	0.01	0.005	0.01
	去离子水或蒸馏水	加至 1L				

（续）

配方号		1	2	3	4	5
B溶液组分质量/g	硫脲	50	20	40	100	20
	浓硫酸(质量分数为98%)	40mL	20mL	30mL	50mL	20mL
	去离子水或蒸馏水	加至1L				

（1）A镀液制备　将浓硫酸缓慢加入部分去离子水或蒸馏水中，然后依次将硫酸亚锡、聚乙二醇6000、三乙醇胺、平平加O加入，充分溶解后用去离子水或蒸馏水配至规定体积。

（2）B镀液制备　将浓硫酸缓慢加入部分去离子水或蒸馏水中，然后加入硫脲，充分溶解后用去离子水或蒸馏水，配制镀液至规定体积。

2. 工艺过程

将施镀材料铜或铜合金先在A镀液中浸泡30~180s，再在B镀液中浸泡60~300s，即可完全施镀。A镀液、B镀液工作温度为10~35℃。

低温化学镀锡液采用A、B两组镀液进行施镀，实现了低温（10~35℃）镀锡的可能。施镀材料在A镀液中通过分子间力、静电作用和氢键的作用，多层吸附Sn^{2+}（或Sn^{4+}），在B镀液中通过硫脲及其衍生物降低铜的氧化还原电位，使吸附的锡离子通过近距离置换反应还原成锡，这样使镀锡在低温下就可快速进行。在A镀液中由于不发生化学反应，所以镀液可长时间保存，即使是在空气中有少量Sn^{2+}被氧化成Sn^{4+}，Sn^{4+}也可在B镀液中还原成金属锡。由于Sn^{4+}较易还原成锡，所以A镀液也不必加入抗氧化剂。锡盐的水解反应属吸热反应，由于施镀温度低，适当的酸度就可抑制锡盐的水解，不必另加络合剂。在B镀液中没有或只有少量的Sn^{2+}或Sn^{4+}，有适量的酸存在就不会发生水解，镀液也可长期保存。在A、B两组镀液中均未加入还原剂、络合剂、抗氧化剂，其他添加剂的量也较少，所以废镀液的处理要容易得多。

25.3.4 以$TiCl_3$为还原剂的化学镀锡

化学镀锡工艺可以在钢铁、镍、铜、ABS、聚丙烯等材料上施镀。当然，这些材料在镀前要进行必要的预处理，才能进行化学镀。以$TiCl_3$为还原剂的化学镀锡工艺见表25-68。

表25-68　以$TiCl_3$为还原剂的化学镀锡工艺

工艺号		1	2	3
组分质量浓度/(g/L)	氯化亚锡($SnCl_2 \cdot 2H_2O$)	7.6	15.2	15.2
	柠檬酸钠($Na_3C_6H_5O_7 \cdot 5H_2O$)	102	102	72
	EDTA·2Na·$2H_2O$	15	30	34
	乙酸钠(CH_3COONa)	9.8	—	—
	氨基三乙酸[$N(CH_2COOH)_3$]	—	40	19
	三氯化钛($TiCl_3$)	4.5	6	6
	苯磺酸	0.32	—	—
工艺条件	pH值	8~9(用氨水调节)	9(用氨水调节)	7(用质量分数为20%的Na_2CO_3溶液调节)
	温度/℃	70~90	80	60

镀液配制过程如下：

1）将氯化亚锡和各种络合剂分别加热溶解。

2）将锡盐镀液和各络合剂镀液配合，并搅拌均匀。

3）将计算量的深紫色片状结晶三氯化钛溶于水（或溶于质量分数为20%的盐酸镀液），然后加入步骤2）配好的溶液中，并搅拌均匀。

4）用氨水或质量分数为20%的 Na_2CO_3 调节 pH 值至规定值。

5）加水稀释至规定体积。

三氯化钛镀液长时间放置会生成 H_2TiO_3 沉积物，所以应现用现配。为避免生成 H_2TiO_3 沉积物，可将此镀液溶于质量分数为20%的盐酸中。

沉积速率随温度上升而加快。当 pH 值小于 6 时，几乎不能析出锡；当 pH 值大于 8 时，镀液就会分解，所以 pH 值应控制在 6.5~7.5。在此区间，沉积速率随 pH 值升高而提高。

一般用质量分数为20%的碳酸钠溶液调整 pH 值，如果用氨水调整 pH 值，则会降低化学镀锡的催化活性。

25.3.5　半光亮无铅化学镀锡

1）半光亮无铅化学镀锡液原料配方见表25-69。

表25-69　半光亮无铅化学镀锡液原料配方

配方号		1	2	3	配方号		1	2	3
组分质量/g	硫酸亚锡	15	20	30	组分质量/g	次磷酸钠	80	80	100
	硫酸	50mL	40mL	30mL		明胶	0.3	0.3	0.5
	乙二胺四乙酸	3	3	5		苯甲醛	0.5mL	1mL	1mL
	硫脲	80	100	120					
	柠檬酸	10	20	25		水	加至1L		

2）化学镀锡液的工艺条件。镀液温度为80~90℃，pH 值为0.8~2，化学镀时间为3h，镀液装载量为0.8~1.5dm²/L，机械搅拌速度控制在50~100r/min。

3）工艺特点如下：

① 在铜及铜合金基体上实现了锡的连续自催化沉积，沉积速度快，可以获得不同厚度的半光亮银白色的锡铜合金化学镀层。

② 明胶和苯甲醛的加入，明显提高了化学镀锡层的平整度，晶粒细化明显，孔隙率低。配制好的化学镀锡液室温下及生产过程中均为透明状，无白色絮状物质析出。镀液组成简单，易于控制，工艺参数范围宽。

③ 镀液稳定，使用寿命长，批次生产稳定性高。1L 化学镀液能够镀覆表面积 12~13dm²，厚度为3~5μm。

④ 化学镀层为半光亮、银白色，含有少量的铜，化学镀锡层厚度在5~7μm 时，即可满足钎焊性要求。

⑤ 化学镀层和铜基体结合牢固，无起皮、脱落及剥离。经钝化处理后，在空气中放置3个月后镀层外观无变色。

⑥ 镀液的均镀和深镀能力强，在深孔件、不通孔件以及一些难处理的小型电子元器件、印制电路板等产品的表面强化处理中应用前景广阔。

25.3.6　铜及铜合金化学镀锡

铜及铜合金化学镀锡液的原料配方见表25-70。

表 25-70 铜及铜合金化学镀锡液的原料配方

配方号		1	2	3	4	5	6	7
组分质量/g	甲磺酸锡	77.2	50	—	77	—	77	77
	甲磺酸银	2.01	1	—	—	—	—	2.01
	对甲酚磺酸银	—	—	—	—	—	1.3	—
	对氨基苯磺酸	—	—	—	—	—	—	48
	甲磺酸	144	144	—	—	—	144	144
	乙磺酸	—	—	—	—	—	—	—
	2-羟基乙磺酸	—	63	230	—	—	—	—
	2-羟基乙磺酸锡	—	—	84	—	—	—	—
	2-羟基乙磺酸银	—	—	1.2	—	—	—	—
	2-羟基丙磺酸锡	—	—	—	—	100	—	—
	2-羟基丙磺酸银	—	—	—	1.3	5	—	—
	2-羟基丙磺酸	—	—	—	210	—	—	—
	酒石酸	—	—	—	120	—	—	—
	柠檬酸	153	153	195	—	153	—	—
	乳酸	—	—	75	—	—	—	—
	对甲酚磺酸	94	—	—	94	—	94	—
	葡萄糖酸	—	—	—	—	—	145	—
	磺基水杨酸	—	—	—	—	62	—	56
	β-环糊精	15	5	15	15	15	15	20
	氨基苯酚	—	—	—	—	—	—	60
	硫脲	76	45	98	76	76	76	76
	3-羟基丙磺酸	—	—	—	—	210	—	—
	1,3-二甲基硫脲	60	—	—	—	—	—	—
	甲基胍	—	—	—	—	26	—	—
	2,4,6-三硫缩三脲	—	—	102	—	—	—	—
	2,4,6-三氯苯甲醛	—	—	—	—	4	—	—
	2,2-二硫吡啶	—	—	—	30	—	—	—
	2,2-二硫苯胺	—	—	—	—	—	52	—
	2,2-二硫缩二脲	—	—	—	—	—	—	35
	次亚磷酸钠	45	—	45	45	—	45	60
	麝香草酚	—	—	—	20	—	—	—
	抗败血酸	—	—	24	—	24	24	—
	苯甲醛	—	—	4	4	—	—	9
	次亚磷酸	—	30	—	—	44	—	—
	对苯二酸	15	5	—	—	—	—	—
	α-吡啶甲酸	—	3	—	—	—	4	—
	氯化十六烷基吡啶	—	—	10	—	—	—	—
	溴化十六烷基吡啶	—	5	—	—	—	—	—
	氯化十六烷基三甲铵	—	—	—	—	10	10	—
	咪唑	5	—	—	—	—	—	—
	辛基酚聚氧乙烯醚(OP-10 乳化剂)	7	—	—	7	—	—	7
	去离子水	加至 1L						

铜及铜合金化学镀锡液主要应用于敷铜或铜合金的电路板，也适用于其他铜材的镀锡防腐等。

铜及铜合金只需经 4~8min 化学镀锡处理，就可简便、快捷地在其表面获得光亮、平整、不会产生锡须的、具有一定厚度的锡层。铜及铜合金化学镀锡液不仅适用于敷铜或铜合金的电路板（PCB），也适用于其他电子元件，黄铜、红铜等铜合金（Cu 的质量分数大于

70%）的化学镀锡，各种铜线材、气缸活塞、活塞环等镀锡，铜材料的镀锡防腐等。

25.3.7　锡的连续自催化沉积化学镀

1. 特点

1）在铜基上可实现锡的连续自催化沉积，沉积速度快，可以获得不同厚度的银白色、半光亮的锡铜合金化学镀层。

2）镀层表面平整度提高，明胶和苯甲醛在化学镀液中的加入，晶粒细化明显，孔隙率降低。

3）镀液配方简单，易于控制，工艺参数范围宽。

4）镀液稳定，使用寿命长，批次生产稳定性高。

5）沉积厚度为3~5μm，1L化学镀锡液的镀覆面积为12~13dm^2。

6）化学镀层为半光亮、银白色，厚度在5~7μm时，可以满足钎焊性要求。

7）化学镀层和铜基体结合牢固，无起皮、脱落及剥离。

8）化学镀层经钝化处理后，抗变化能力强。

9）镀液的均镀和深镀能力强，在深孔件、不通孔件、一些难处理的小型电子元器件及印制电路板等产品的表面强化处理中应用前景广阔。

2. 原料配方

锡的连续自催化沉积化学镀液的原料配方见表25-71。

表25-71　锡的连续自催化沉积化学镀液的原料配方

配方号		1	2	3	配方号		1	2	3
组分质量/g	氯化亚锡	30	20	15	组分质量/g	次磷酸三钠	—	80	80
	盐酸	40mL	50mL	60mL		次磷酸钠	100	—	—
	乙二胺四乙酸二钠	5	3	3		明胶	0.5	0.3	0.3
	硫脲	120	100	80		苯甲醛	1mL	1mL	0.5mL
	柠檬酸	—	20	15		水	加至1L		
	柠檬酸三钠	30	—	—					

3. 制备方法

1）将乙二胺四乙酸二钠用蒸馏水溶解，形成A液。

2）在盐酸中加入氯化亚锡，搅拌使之溶解形成B液。

3）将B液在搅拌下加入A液中，形成C液。

4）用蒸馏水溶解硫脲，在搅拌下加入C液中，形成D液。

5）用蒸馏水溶解柠檬酸三钠，在搅拌下加入D液中，形成E液。

6）用蒸馏水溶解明胶至透明溶液，过滤后加入E液中。

7）将苯甲醛加入E液中。用盐酸或氨水调整E液的pH值，定容、过滤后获得化学镀锡液。

25.4　化学镀银

25.4.1　化学置换镀银

1. 镀液配制

化学置换镀银液的原料配方见表25-72。

表 25-72 化学置换镀银液的原料配方

配方号		1	2	3	4	5
组分质量/g	硝酸银	30	20	12	25	15
	乙二胺	50mL	40mL	20mL	45mL	35mL
	镀银添加剂	15mL	12mL	8mL	10mL	8mL
	蒸馏水	加至1L				

2. 工艺过程

1）将硝酸银、乙二胺、镀银添加剂按下列组成配制成镀液：硝酸银 12~30g/L、乙二胺 20~50mL/L、镀银添加剂 8~15mL/L。

2）取 100L 镀液置于 3m×0.2m×0.2m 的镀槽中，镀液温度维持在 20~40℃范围内。

3）将欲施镀的直径为 0.2~0.6mm 的铁基线材进行脱脂、酸洗、水洗、吹干，然后使其进入镀槽中并以 0.5~3m/min 的速度在镀液中运行。

4）施镀线材从镀液中被牵引出来后，进行抛光。

5）施镀过程中，适时补加硝酸银，以使 Ag^+ 浓度不低于 6g/L。每施镀 100kg 线材，补加镀银添加剂 8~10mL/L。镀液呈浑浊状态后，停止施镀，更换镀液。

采用本镀银液添加剂进行镀银，不需要使用氰化物与还原剂（如葡萄糖），能对铁基线材连续施镀，利于工业生产。

25.4.2 微碱性化学镀银

微碱性化学镀银液原料配方见表 25-73。

表 25-73 微碱性化学镀银液原料配方

配方号		1	2	3	4	5	6	7
组分质量/g	硝酸银	0.6	—	6	10	—	1	—
	三乙烯四胺	20	—	—	—	—	—	—
	甘氨酸	10	—	—	—	—	—	—
	柠檬酸	5	—	—	—	—	—	—
	Ag^+,即$[Ag(NH_3)_2]^+$	—	2	—	—	—	—	—
	EDTA	—	30	—	—	—	—	—
	硝酸铵	—	40	—	—	—	—	—
	乳酸	—	2	—	—	—	—	—
	DTPA	—	—	40	—	—	—	—
	柠檬酸三铵	—	—	30	—	—	—	—
	碳酸铵	—	—	—	40	—	—	—
	磺基水杨酸	—	—	—	40	—	—	—
	丙氨酸	—	—	—	40	—	60	—
	硫酸银	—	—	—	—	3	—	—
	硫酸铵	—	—	—	—	20	—	50
	亚氨二磺酸	—	—	—	—	30	—	—
	柠檬酸铵	—	—	—	—	2	—	—
	磷酸铵	—	—	—	—	—	20	—
	邻苯二甲酸	—	—	—	—	—	10	—
	氨磺酸银	—	—	—	—	—	—	8
	氨磺酸	—	—	—	—	—	—	30
	酒石酸	—	—	—	—	—	—	20
	去离子水	加至1L						

在化学镀工艺中，用氨水调节镀液的 pH 值为 7.8~10.2，采用该镀银液在 40~70℃下对工件施镀约 0.5~5min 即可。

镀液不含硝酸、无咬蚀铜线或侧蚀问题。镀液不含缓蚀剂与渗透剂，为全络合剂系统，所得银层为纯银层。纯银层具有优良的导电性和防变色性，有很低的高频损耗和低的接触电阻，其焊接时焊缝内没有气孔，焊接强度高。镀液的 pH 值为 8~10，呈微碱性，不会攻击绿漆，施镀时间可达 1~5min，可以保证不通孔内全镀上银，同时又不会咬蚀铜线或发生侧蚀。

25.4.3 有机纤维化学镀银

1. 镀液配制

有机纤维的化学镀银液原料配方见表 25-74。

表 25-74 有机纤维的化学镀银液原料配方

配方号		1	2	3	4	5	6
镀银液组分质量/g	$AgNO_3$	25	35	25	35	30	20
	NH_3H_2O	15mL	17mL	15mL	25mL	15mL	10mL
还原剂组分质量/g	$C_6H_{12}O_6$	45	45	25	45	35	10
水	加至 1L						

2. 预处理工艺

1）将原料缠绕成所需要的匝数，浸入丙酮镀液中，放到超声波清洗器中清洗 5~15min，然后取出晾干。

2）分别用浓度为 0.1~0.5mol/mL 的硝酸溶液和浓度为 0.05~0.40mol/mL 的盐酸溶液进行表面活化处理，时间为 30~180min，然后取出，用去离子水清洗，烘干。

3）放入敏化剂（浓度为 10~30g/L 的 $SnCl_2$溶液）中敏化 10~480min，取出用去离子水洗净，烘干。

4）放入催化剂（浓度为 0.05~0.25g/L 的 $PaCl_2$溶液）中催化 10~480min，取出用去离子水洗净，烘干。

3. 工艺过程

将经过预处理的原料放入镀池中，取适量的镀银液和还原液倒入镀池中，并将原料淹没。镀池的温度控制在 20~45℃，并需要不断搅动原料使镀层均匀。镀膜结束后将产品取出，用清水清洗干净，晾干或烘干即可。

具体的镀膜过程为：$AgNO_3$和 $NH_3 \cdot H_2O$ 作用形成稳定的络银离子，当遇到还原性较强的基团或离子时，Ag 被还原出来，在活泼的原料纤维表面吸附、沉积，当实现连续覆盖并具有一定厚度时，即可得到所需产品。

25.4.4 凹凸棒土纳米纤维表面化学镀银

在凹凸棒土粉体表面镀覆一层化学镀银层，制得银包覆化凹凸棒土粉体，此一维超细金属化粉体在形成导电材料、磁屏蔽材料、导磁材料、电真空材料时，可以通过棒搭桥形成网状结构，与球形纳米粉体、不规则纳米粉体相比，可以以少量的成分，获得同样性能的导电体或磁、电屏蔽体，极大地减少了纳米粉体的消耗量。

1. 镀液配制

凹凸棒土纳米纤维表面化学镀银液原料配方见表 25-75。

表 25-75 凹凸棒土纳米纤维表面化学镀银液原料配方

配方号		1	2	3	4	5	6	7	8
组分质量/g	硝酸银	5	10	15	22	32	40	25	7
	质量分数为 25%的氨水	10mL	20mL	70mL	60mL	50mL	100mL	90mL	30mL
	葡萄糖	50	18	1	25	8	40	35	10
	无水乙醇	110mL	60mL	20mL	150mL	200mL	70mL	50mL	100mL
	水	加至 1L							

2. 工艺过程

1）酸化提纯。将凹凸棒土的原土以 1g∶50mL 的比例，加到质量分数为 1%～20%的盐酸中进行浸泡，机械搅拌 8h，离心分离，用去离子水清洗后备用。

2）浸泡吸附。将酸化后所得的凹凸棒土以 1g∶80mL 的比例，加到质量浓度为 1～10g/L 的 $AgNO_3$溶液中浸泡吸附，室温环境下机械搅拌 3h，离心分离，用去离子水清洗后备用。

3）还原活化。将经过氧化液浸泡吸附后的凹凸棒土以 1g∶80mL 的比例，加到质量分数为 1%～15%的甲醛镀液中，用 1mol/L 的 NaOH 调节 pH 值为 10～12，室温条件下机械搅拌 2h，离心分离，用去离子水清洗后备用。

4）化学镀银。将经过上述还原活化处理的凹凸棒土以 1g∶500mL 的比例，加入到化学镀银镀液中，在 30℃水浴中机械搅拌 40min，施镀结束后离心分离，用去离子水清洗，在 105℃真空条件下干燥 2h 后可得到超细银粉。

25.4.5 非金属材料表面自组装化学镀银

1. 溶液配方

非金属材料表面自组装化学镀银液的原料配方见表 25-76 和表 25-77。

表 25-76 溶液 1 的配方

组分	$AgNO_3$	水	NaOH
含量（质量份）	0.01～0.09	5～8	0.1～0.5

表 25-77 溶液 2 的配方

组分	葡萄糖	水	酒石酸	乙醇
含量（质量份）	0.02～0.08	8～13	0.02～0.08	1～2（体积份）

2. 镀液的制备

1）溶液 1 的制备。将 $AgNO_3$溶于水中，在搅拌下滴加氨水，直至析出的 Ag_2O 沉淀完全溶解；然后，加入 NaOH，溶液再次变黑，继续滴加氨水至完全澄清。

2）溶液 2 的制备。将葡萄糖与酒石酸溶于 5～8 质量份水中，冷却后加入乙醇和 3～5 质量份水。

3）溶液 1 与溶液 2 按 1∶1 的体积比混合，即得所需化学镀镀液。

25.4.6 玻璃化学镀银

由于在洁净玻璃上组装了带巯基的单分子层，然后在单分子层上镀银，所镀的银层是通过化学键结合在玻璃基体上的，故具有提高镀层质量，使镀银层牢固的优点。在玻璃基体上组装的带巯基的单分子层十分均匀，从而使镀层也能均匀。此外，由于可以将待镀玻璃置于镀液中处理，这就能在玻璃基体的内、外表面上镀银，且可对不规则玻璃基体镀银。

用扫描电子显微镜对经巯基-丙基-三甲氧基硅烷单分子层自组装修饰后的玻璃片镀银表面进行观察，将组装有巯基-丙基-三甲氧基硅烷的玻璃片置于200℃的恒温炉中，恒温处理2h后使用双面胶带进行粘贴，再用橡胶反复摩擦胶带，然后撕去双面胶带，再用扫描电子显微镜观察，发现经过单分子层自组装修饰的玻璃镀银，通过Ag-S化学键将玻璃和银层结合起来，因此镀层比较牢固。

1. 溶液配方

玻璃化学镀银液的原料配比见表25-78和表25-79。

表25-78　溶液1的配方

组分	硝酸银	水	氢氧化钠	氨
含量(质量份)	0.05~5	100~200	0.01~0.5	1~10(体积份)

表25-79　溶液2的配方

组分	葡萄糖	水	酒石酸	乙醇
含量(质量份)	0.05~10	100~500	1~20	10~200(体积份)

2. 镀件的预处理

玻璃片先经水、丙酮洗涤，再用洗液浸泡30min；取出玻璃片，依次用自来水、去离子水、双蒸水洗涤，干燥；然后将上述玻璃片依次用苯、丙酮、双蒸水回流抽提各2h，取出干燥；最后用质量浓度为2g/L的$SnCl_2 \cdot 2H_2O$水溶液敏化5min，再用双蒸水洗涤并干燥。

3. 镀液的配制

1）溶液1的配制。将硝酸银溶于600mL水中，并滴加氨水，要求不断搅拌，直至析出的氧化银沉淀完全溶解；加入氢氧化钠后，溶液再次变黑，继续滴加氨水至完全清澈，得到溶液1。

2）溶液2（还原液）的配制。先将葡萄糖与酒石酸溶于水中，煮沸10min，冷却后加入乙醇和剩余的水，得到溶液2。

3）将玻璃片置于镀槽中，再将溶液1和溶液2以1∶1的体积比混合，于25℃的环境条件下实施镀银。

25.5　化学镀铅

化学镀铅工艺见表25-80。

表25-80　化学镀铅工艺

镀液组分与工艺条件		数值	镀液组分与工艺条件		数值
组分质量浓度/(g/L)	氯化铅($PbCl_2$)	11~22	工艺条件	pH值	9
	乙二胺四乙酸二钠(Na_2EDTA)	30~60			
	柠檬酸钠($Na_2C_6H_5O_7 \cdot 2H_2O$)	71~142		温度/℃	60
	氨基三乙酸[$N(CH_2COOH)_3$]	38			
	三氯化钛($TiCl_3$)(质量分数为25%)	4.6~7.7		沉积速度/(μm/h)	3.2

25.6 化学镀金

25.6.1 硼氢化钾化学镀金和二甲基胺硼烷（DMAB）化学镀金

硼氢化钾化学镀金和DMAB化学镀金工艺见表25-81。由表25-81可知，这种化学镀金液是很简单的，在不存在杂质时该镀液是稳定的，所析出的金是纯粹的软金，只有质量分数为0.0001%的硼，适合于半导体接头处镀金。

表25-81 硼氢化钾化学镀金和DMAB化学镀金工艺

工艺类型		含硼氢化钾	含DMAB
组分质量浓度/(g/L)	$KAu(CN)_2$	6	6
	KCN	13	1.3
	KOH	12	46
	KBH_4	22	—
	DMAB	—	24
工艺条件	温度/℃	75	85
	镀速/(μm/h)	0.7	0.4

25.6.2 在镍层上化学镀金

直接在镍层上化学镀金是不可行的，一般先在镍层上置换一层薄薄的金，然后进行化学镀。应用较多的是在DMAB液中加入第二种还原剂肼，可以实现直接在镍上化学镀金，以DMAB为还原剂的化学镀金工艺见表25-82。

表25-82 以DMAB为还原剂的化学镀金工艺

镀液组分与工艺条件		数值	镀液组分与工艺条件		数值
组分质量浓度/(g/L)	$KAu(CN)_2$	15	组分质量浓度/(g/L)	K_2CO_3	63
	KCN	0.33		醋酸铅	15
	DMAB	3	工艺条件	温度/℃	80
	N_2H_4	8		镀速(基体)/(μm/h)	2.6
	KOH	46		镀速(金)/(μm/h)	2.6

25.6.3 硫代硫酸盐与硫脲镀金

一价金的硫代硫酸盐与硫脲组合的镀液，是非氰化物镀液中较稳定的一种，镀液中基本无析氢现象，pH值接近于7。硫代硫酸盐化学镀金工艺见表25-83。

表25-83 硫代硫酸盐化学镀金工艺

工艺号		1	2
组分摩尔浓度/(mol/L)	$KAuCl_4$	0.01	0.0125
	$Na_2S_2O_3$	0.08	0.1
	Na_2SO_3	0.4	0.1
	$Na_2B_4O_7$	0.1	—
	NH_4Cl	—	0.05
	硫脲	0.1	—
	L-苹果酸钠	—	0.25

（续）

工　艺　号		1	2
工艺条件	pH 值	9.0	6.0
	温度/℃	80	60
	镀速/(μm/h)	1.2~2.3	1.5~2.0

该镀液中由于存在过剩的硫代硫酸钠，它会与仅有的三价金盐 $KAuCl_4$ 反应生成一价金的硫代硫酸络合离子 Au $(S_2O_3)_2^{3-}$。另外，镀液中亚硫酸钠的存在，可以防止硫代硫酸离子的分解。该镀液除了含有硫脲外，尚有诱导体甲基硫脲和乙基硫脲等有效物质，可以采用硫脲与甲基硫代尿素比为 3∶1（质量比）的配方，获得良好的镀层。

25.6.4　次磷酸化学镀金

次磷酸化学镀金的工艺过程如下：

1）用 300mL 蒸馏水溶解所需的氯化铵、柠檬酸钠、次磷酸钠、氯化镍，搅拌均匀，同时用 100mL 蒸馏水溶解氯化金，搅拌均匀。

2）在 1）步制得的 300mL 氯化铵等的混合液中边搅拌边加入 100mL 氯化金溶液。

3）将 2）步制得的溶液用蒸馏水稀释至 1000mL。

4）用氨水或柠檬酸调节溶液的 pH 值至 5~6，最后将所得的镀液装入棕色试剂瓶中避光保存。

5）镀金前，应先将印制电路板或铜线用中性洗涤剂与蒸馏水清洗干净，然后将镀件放入 90℃ 的蒸馏水中预热 10min。对用于音响传输的铜线纯度应达到 99.99%（质量分数）。镀金前，可用棉线绑在铜线的一端，在铜线的另一端将铜线从护套中抽出，在镀好金后，再将铜线装入护套中。

6）将镀金液倒入烧杯中，并将其放入 90℃ 的恒温水浴中加热，待镀金液温度到 90℃ 时即可将铜线或印制电路板放入其中进行镀制。5~10h 后镀金即告完成。镀制时每隔 0.5h 对镀液进行一次搅拌，以使镀层均匀。

7）镀后取出镀件，用蒸馏水漂洗多次，烘干即可。镀液可倒回瓶中保存。

注意，操作应在有良好通风场所进行，以防止中毒。

25.7　化学镀铂族金属

25.7.1　以次磷酸盐为还原剂的化学镀钯

以次磷酸盐为还原剂的化学镀钯工艺见表 25-84。

表 25-84　以次磷酸盐为还原剂的化学镀钯工艺

工　艺　号		1	2	3	4	5	6
组分质量浓度/(g/L)	氯化钯($PdCl_2$)	1.8	10.0	2	4	8.9~9.8	1.8
	乙二胺($C_2H_8N_2$)	4.8	25.6	—	—	—	—
	次磷酸钠($NaH_2PO_2 \cdot H_2O$)	6.4	4.1	10	10.6~21.2	5.3	6.36
	硫代二甘醇酸	30mg/L	—	—	—	—	—
	乙二胺四乙酸二钠(Na_2EDTA)	—	19	—	—	—	—

（续）

工　艺　号		1	2	3	4	5	6
组分质量浓度/(g/L)	盐酸（HCl 质量分数为 38%）	—	—	4mL/L	—	—	—
	氨水（$NH_3 \cdot H_2O$ 质量分数为 25%）	—	—	160mL/L	10~20	8	质量分数 28% 200mL/L
	氯化铵（NH_4Cl）	—	—	27	—	—	—
	硫代硫酸钠（$Na_2S_2O_3 \cdot 5H_2O$）	—	—	—	0.037~0.045	—	—
	焦磷酸钠（$Na_4P_2O_7 \cdot 10H_2O$）	—	—	—	—	49.1~53.5	—
	氟化铵（NH_4F）	—	—	—	—	11.1~14.8	—
	硫代乙二醇酸	—	—	—	—	—	0.02
	pH 值	6~8	4.1	9.8	8~10	10.4	8.9~9
工艺条件	温度/℃	50	71	50~60	40~50	45~50	40
	沉积速度/(μm/h)	—	—	2.5	2~3	—	1.1

25.7.2　以亚磷酸盐为还原剂的化学镀钯

以亚磷酸钠为还原剂的化学镀钯工艺见表 25-85。

表 25-85　以亚磷酸钠为还原剂的化学镀钯工艺

镀液组分与工艺条件		数值	镀液组分与工艺条件		数值
组分质量浓度/(g/L)	氯化钯（$PdCl_2$）	1.8	组分质量浓度/(g/L)	硫代二甘酸钠	0.03
	乙二胺（$C_2H_8N_2$）	4.8	工艺条件	pH 值	6~8
	亚磷酸钠（Na_3PO_3）	3.3		温度/℃	50

25.7.3　以肼为还原剂的化学镀钯

肼（N_2H_4）是一种无色、在空气中强烈发烟的液体，能凝成结晶，其熔点为-40℃，是一种强还原剂。肼在室温下比较稳定，能与水和醇类以任何比例混合。由于肼的蒸气对眼睛、呼吸系统有刺激作用，所以操作时要注意安全。肼作为还原剂与次磷酸钠作为还原剂相比较，化学镀钯析出速率要快些，但其镀液稳定性稍差，因为 Pd 的催化活性会使肼分解，所以以肼为化学镀钯还原剂时，应该现用现配。

以肼为还原剂的化学镀钯工艺见表 25-86。

表 25-86　以肼为还原剂的化学镀钯工艺

工　艺　号		1	2（滚镀）	3	4	5
组分质量浓度/(g/L)	氯化钯（$PdCl_2$）	4	—	5	—	3.6
	氨水（$NH_3 \cdot H_2O$）（质量分数为 27%）	350	280	100	350	560
	EDTA 二钠（$C_{10}H_{14}O_8N_2Na_2$）	34	8	20	34	76
	肼（N_2H_4）	0.3	32	0.3	0.3	32
	氯化四氨合钯 $Pd(NH_3)_4Cl_2$	—	7.5	—	5.4	—
	碳酸钠（Na_2CO_3）	—	—	—	30	—
	硫脲（H_2NCSNH_2）	—	—	—	0.006	—
工艺条件	温度/℃	80	35	80	80	50
	析出速度/(μm/h)	25	1	15	2.5	1.8

25.7.4　以三甲胺为还原剂的化学镀钯

三甲胺（TMAB）有一定的稳定性，加水溶解较慢，所以需要在中性或微酸性镀液中使用，以三甲胺为还原剂的化学镀钯工艺见表25-87。

表25-87　以三甲胺为还原剂的化学镀钯工艺

镀液组分与工艺条件		数值	镀液组分与工艺条件		数值
组分质量浓度/(g/L)	氯化钯($PdCl_2$)	1.8	组分质量浓度/(g/L)	三甲胺[$(CH_3)_3NH$]	3.6
	乙二胺($C_2H_8N_2$)	4.8	工艺条件	pH值	7
	硫代二甘醇酸	0.05		温度/℃	50

25.7.5　以甲醛为还原剂的化学镀钯

以甲醛为还原剂的化学镀钯工艺见表25-88。

表25-88　以甲醛为还原剂的化学镀钯工艺

镀液组分与工艺条件		数值	镀液组分与工艺条件		数值
组分质量浓度/(g/L)	氯化钯($PdCl_2$)	1.78	组分质量浓度/(g/L)	糖精($C_7H_5O_3NS$)	0.4
	甲酸(HCOOH)	18	工艺条件	温度/℃	50
	硝酸(HNO_3)	63		pH值	1~1.5
	甲醛(HCHO)	660		析出速率/(μm/h)	9

25.7.6　化学镀铂

化学镀铂工艺见表25-89。

表25-89　化学镀铂工艺

工艺号		1	2	3
组分质量浓度/(g/L)	氢氧化铂[$Pt(OH)_4$]	10	—	—
	氢氧化铂二钠[$Na_2Pt(OH)_6$]	—	10	—
	二硝基二氨合铂[$Pt(NH_3)_2(NO_3)_2$]	—	—	2
	肼(N_2H_4)	0.1~1	1	—
	水合肼($N_2H_4 \cdot H_2O$)	—	—	2mL/L
	乙二胺($C_2H_8N_2$)	0.5~4.5	10	—
	氢氧化钠(NaOH)	—	5	—
	氨水($NH_3 \cdot H_2O$)	—	—	20mL/L
工艺条件	pH值	10	10	11
	温度/℃	25~35	35	60

25.7.7　化学镀铑

化学镀铑工艺见表25-90。

表25-90　化学镀铑工艺

工艺号		1	2
组分质量浓度/(g/L)	铑盐(Na_3RhCl_6)	0.5~1	1.9~7.7
	水合肼($N_2H_4 \cdot H_2O$)	0.5~2	—
	肼(N_2H_4)	—	1~6
	氢氧化钾(KOH)	0.5~2	—
	氨水($NH_3 \cdot H_2O$)(质量分数为25%)	1~4	18~70
工艺条件	温度/℃	50~90	—

25.7.8 化学镀钌

钌是铂族金属中最便宜的金属，其价格仅为金的 1/6。钌有很高的耐蚀性和耐热性，但其质地较脆，易成粉末。且钌一旦成为粉末，其耐蚀性将大大降低，并生成二氧化钌，这一特性限制了它的应用。

化学镀钌工艺见表 25-91。

表 25-91 化学镀钌工艺

工 艺 号		1	2	3	4
组分质量浓度/(g/L)	氯化钌($RuCl_2 \cdot 3H_2O$)	5.2	5.2	—	—
	$K_2[Ru(NO_2)Cl_5]$	—	—	7.6	—
	$Ru[(NO_2)(NH_3)_5]Cl_3$	—	—	—	6.4
	亚硝酸钠($NaNO_2$)	5	5	—	—
	盐酸羟胺	—	2	2	3
	氨水($NH_3 \cdot H_2O$)	40	40	40	—
	浓度为 0.1mol/L 的 NaOH+浓度为 0.1mol/L 的 Na_2CO_3	—	—	—	60
工艺条件	温度/℃	60~85	60~90	60~90	65~90

第 26 章 化学镀合金

26.1 化学镀镍基合金

26.1.1 化学镀 Ni-Fe-P 合金

化学镀 Ni-Fe-P 合金工艺见表 26-1。

表 26-1 化学镀 Ni-Fe-P 合金工艺

工 艺 号		1	2	3	4	5	6
组分质量浓度/(g/L)	$NiCl_2 \cdot 6H_2O$	—	133	—	50	—	—
	$NiSO_4 \cdot 7H_2O$	30	—	35	—	14	20
	$FeSO_4 \cdot 7H_2O$	—	—	—	—	14	15
	$(NH_4)Fe(SO_4)_2$	15	5.7	50	—	—	—
	$FeCl_2 \cdot 4H_2O$	—	—	—	27	—	—
	酒石酸钾钠($KNaC_4H_4O_6$)	6	23~81	75	75	—	60
	柠檬酸钠($Na_3C_6H_5O_7 \cdot H_2O$)	—	—	—	—	44~73	—
	H_3BO_3	—	—	—	—	31	5
	$NaH_2PO_2 \cdot H_2O$	30	9.96	25	25	21	18~48
	$NH_3 \cdot H_2O$	—	126	58	58	NaOH	—
	主络合剂	45	—	—	—	—	—
	添加剂	4(硫脲衍生物)	—	—	—	—	2($C_{12}H_{22}O_{11}$)
工艺条件	pH 值	11	8.5~11	9.2	9.2~11	10	12
	温度/℃	90	75	20~30	75	90	75
	镀速/(μm/h)	>20	6	—	9	—	—
	Fe 的质量分数(%)	14.8	25	—	20	—	—
	P 的质量分数(%)	5.19	0.5~1	—	0.3~0.5	—	—

26.1.2 化学镀 Ni-Cu-P 合金

化学镀 Ni-Cu-P 合金工艺见表 26-2。

表 26-2 化学镀 Ni-Cu-P 合金工艺

工 艺 号		1	2	3	4	5
组分质量浓度/(g/L)	$NiCl_2 \cdot 6H_2O$	—	—	20	—	—
	$NiSO_4 \cdot 7H_2O$	27	25.8	—	43	25
	$CuCl_2 \cdot 2H_2O$	—	—	1	—	—
	$CuSO_4 \cdot 5H_2O$	1.25	2.85	—	1	适量
	$NaH_2PO_2 \cdot H_2O$	21.2	21.2	20	25	30

（续）

工艺号		1	2	3	4	5
组分质量浓度/(g/L)	柠檬酸钠($Na_3C_6H_5O_7 \cdot H_2O$)	51.6	51.6	50	40	35
	NH_4Cl	—	—	40	—	—
	NH_4Ac 或 NaAc	—	—	—	35	5
	稳定剂(Na_2MoO_4)	—	—	—	—	5×10^{-4}%
工艺条件	pH 值	10 用 NaOH 调	10 用 NaOH 调	8.9~9.1	6.5~8.5	5~5.3
	温度/℃	80±1	80±1	90	70~90	87
	镀速/(μm/h)	—	—	12	—	10
	Cu 的质量分数(%)	27.3	61.8	22	6~8	26%（摩尔分数）
	P 的质量分数(%)	7.6	3.8	5~7	8~12	—
	Ni 的质量分数(%)	65.1	34.4	—	—	—

26.1.3 化学镀 Ni-Co-P 合金

化学镀 Ni-Co-P 合金工艺见表 26-3。

表 26-3 化学镀 Ni-Co-P 合金工艺

工艺号		1	2	3	4	5
组分质量浓度/(g/L)	$NiCl_2 \cdot 6H_2O$	30	25	—	—	—
	$NiSO_4 \cdot 7H_2O$	—	—	14	14	18
	$CoCl_2 \cdot 7H_2O$	30	—	—	—	—
	$CoSO_4 \cdot 7H_2O$	—	35	14	14	30
	$NaH_2PO_2 \cdot H_2O$	20	20	20	20	20
	柠檬酸钠($Na_3C_6H_5O_7 \cdot H_2O$)	100	—	—	60	80
	酒石酸钾钠($KNaC_4H_4P_6$)	—	200	140	—	—
	H_3BO_3	—	—	—	30	—
	NH_4Cl	50	50	—	—	50
	$(NH_4)_2SO_4$	—	—	65	—	—
工艺条件	pH(用 $NH_3 \cdot H_2O$ 调)值	8.5	8~10	9.0	7.0	9.3
	温度/℃	90	80	90	90	88~90
	镀速/(μm/h)	14	—	20	7	—
	Co 的质量分数(%)	23	40	40	65	—
	P 的质量分数(%)	7.0	4	2	8	7

26.1.4 化学镀 Ni-Sn-P 合金

化学镀 Ni-Sn-P 合金工艺见表 26-4。

表 26-4 化学镀 Ni-Sn-P 合金工艺

工艺号		1	2	3	4	5
组分质量浓度/(g/L)	$NiCl_2 \cdot 6H_2O$	—	24	45	—	45
	$NiSO_4 \cdot 7H_2O$	20~30	—	—	35	—
	$SnCl_2$	—	6	—	—	—
	$SnCl_4$	15~25	—	26	—	26
	$Na_2SnO_3 \cdot 3H_2O$	—	—	—	3.5	—
	$NaH_2PO_2 \cdot H_2O$	25~40	—	60	10	60
	H_3PO_2	—	13.2	—	—	—
	柠檬酸钠($Na_3C_6H_5O_7 \cdot H_2O$)	15~20	62	—	85	90
	酒石酸钾钠	5~10	—	—	—	—

（续）

工艺号		1	2	3	4	5
组分质量浓度/(g/L)	乳酸	25~40	—	90	—	—
	NH_4Cl	—	—	—	50	—
	$NH_3 \cdot H_2O$	—	—	—	60	—
工艺条件	pH 值	4.5~5.5	10	4.5	8.9~9.2	4.5
	温度/℃	85~92	90	90	98	90
	镀速/(μm/h)	15	—	6	—	—
	Sn 的质量分数(%)	2.3	4.9	3	2	17
	P 的质量分数(%)	11.9	4	11	—	10

26.1.5 化学镀 Ni-Mo-P 合金

化学镀 Ni-Mo-P 合金工艺见表 26-5。

表 26-5 化学镀 Ni-Mo-P 合金工艺

工艺号		1	2	3	4	5
组分质量浓度/(g/L)	$NiCl_2 \cdot 6H_2O$	—	—	5~15	—	—
	$NiSO_4 \cdot 7H_2O$	25	35	—	25~30	20~30
	$Na_2MoO_4 \cdot 2H_2O$	0.58~0.73	0.06	—	0.22~0.90	0.22~0.90
	$(NH_4)_2MoO_4 \cdot 2H_2O$	—	—	0.1~0.2	—	—
	$NaH_2PO_2 \cdot H_2O$	20	10	20	15~35	18~30
	柠檬酸钠($Na_3C_6H_5O_7 \cdot H_2O$)	—	85	45	25~50	25~60
	NH_4Cl	—	50	30	—	—
	NaAc	15	—	—	—	—
	$NH_3 \cdot H_2O$(质量分数为 25%)	—	60mL	调 pH	—	—
	添加剂	—	—	—	5~20	10~25
	稳定剂 Pb^{2+}	1	—	—	—	—
工艺条件	pH 值	9.0	8.5~9.5	8.2	4~6.5	7~9
	温度/℃	88±2	98	85~95	85~95	80~90
	镀速/(μm/h)	4~6	—	3~9	—	—
	Mo 的质量分数(%)	9.5	6	3~10	—	—

26.1.6 化学镀 Ni-W-P 合金

在化学镀镍-磷合金镀液中加入钨酸盐等物质，在一定工艺条件下可沉积出 Ni-W-P 三元合金。化学镀 Ni-W-P 合金工艺见表 26-6。

表 26-6 化学镀 Ni-W-P 合金工艺

工艺号		1	2	3	4	5	6
组分质量浓度/(g/L)	$NiSO_4 \cdot 7H_2O$	26	28	3.5	7.5	20	8.4
	$Na_2WO_4 \cdot 2H_2O$	60	34	26	7	10~40	33
	$NaH_2PO_2 \cdot H_2O$	20	11	10	7	20	10.6
	柠檬酸钠($Na_3C_6H_5O_7 \cdot H_2O$)	100	—	85	20	35	26
	柠檬酸铵[$(NH_4)_3C_6H_5O_7$]	—	49	—	—	—	—
	NH_4Cl	—	—	50	—	—	—
	$(NH_4)_2SO_4$	30	—	—	24	30	—
	稳定剂 Hg^{2+} 或硫脲	$(1~2)\times10^{-6}$	—	—	—	2×10^{-6}	—
工艺条件	pH 值(用氨水或 NaOH 调)	9	10	8.8~9.2	9.0	7	8
	温度/℃	90	90±1	98	90	90	90±1
	镀速/(μm/h)	11	—	—	4~5	>10	5~9

Ni-W-P 合金镀层的耐磨性优于 Ni-P 合金。当 Ni-W-P 合金镀层中磷含量变化不大时，耐磨性受钨含量影响很大，随钨含量提高而增加，见表 26-7。

表 26-7 不同钨含量 Ni-W-P 镀层的耐磨性

试样质量分数(%)	W5.1-P12.05	W4.2-P12.7	W3.5-P12.26	W3.0-P13.00	W2.0-P13.00	Ni9.8(Ni-P)
耐磨性/mg	195	155	133	124	119	103

26.1.7 化学镀 Ni-Cr-P 合金

化学镀 Ni-Cr-P 合金工艺见表 26-8。

表 26-8 化学镀 Ni-Cr-P 合金工艺

工艺号		1	2	3	4
组分质量浓度/(g/L)	$NiCl_2 \cdot 6H_2O$	—	12	30	10~15
	$NiSO_4 \cdot 7H_2O$	15	—	—	—
	$CrCl_3 \cdot 6H_2O$	10.7	6.4	100	15~20
	$NaH_2PO_2 \cdot H_2O$	42.4	42	30	10~20
	柠檬酸($C_6H_8O_7 \cdot H_2O$)	34	29	80	—
	三乙醇胺 $N(C_2H_5OH)_3$	—	30	—	80~100mL/L
	$C_3H_6O_3$	18	—	—	—
	NaF	—	—	—	2~5
	NaAc	20	8	35	—
	H_3BO_3	—	—	50	—
工艺条件	pH 值	4.6	7~9	7.0~7.7	12.5~13.5
	温度/℃	85	70~90	84~88	85~88
	磷的质量分数(%)	11	—	—	—

26.1.8 化学镀 Ni-Zn-P 合金

化学镀 Ni-Zn-P 合金工艺见表 26-9，其中工艺 4 是化学镀 Ni-Zn-Re-P 四元合金工艺。

表 26-9 化学镀 Ni-Zn-P 合金工艺

工艺号		1	2	3	4
组分质量浓度/(g/L)	$NiCl_2 \cdot 6H_2O$	—	—	7	—
	$NiSO_4 \cdot 7H_2O$	35	37	—	30
	$ZnSO_4 \cdot 7H_2O$	15	7.5	1.5	1.5
	$KReO_4 \cdot 7H_2O$	—	—	—	1.5
	$NaH_2PO_2 \cdot H_2O$	10	10	10	10
	柠檬酸钠($Na_2C_6H_5O_7$)	85	85	20	90
	NH_4Cl	50	50	—	50
	$NH_3 \cdot H_2O$	60mL/L	—	—	60mL/L
工艺条件	pH 值	8.8~9.2	9.0	8.2	8.2~9.0
	温度/℃	98	98	98	98
	锌的质量分数(%)	15	12	7	7, Re33, Ni55

26.1.9 化学镀 Ni-Re-P 合金

化学镀 Ni-Re-P 合金工艺见表 26-10。

表 26-10　化学镀 Ni-Re-P 合金工艺

工　艺　号		1	2	3	4
组分质量浓度/(g/L)	$NiSO_4 \cdot 7H_2O$	19.7	20	20	20
	铼酸铵(NH_4ReO_4)	0.86	0.134	1.34	8.1
	$NaH_2PO_2 \cdot H_2O$	10.6	10.6	10.6	10.6
	柠檬酸钠($Na_3C_6H_5O_7 \cdot 2H_2O$)	117.6	117.6	117.6	117.6
工艺条件	pH 值	9.0	9.0	9.0	9.0
	温度/℃	90	90	90	90
	镀层成分(质量分数,%)	Re37.1 P10.0	Re24.2 P9.5	Re48.9 P5.1	Re72.2 P26.5

26.1.10　化学镀 Ni-Pd-P 合金

Ni-Pd-P 合金镀层通常用来作为催化反应的催化剂，化学镀 Ni-Pd-P 合金工艺见表 26-11。

表 26-11　化学镀 Ni-Pd-P 合金工艺

组分摩尔浓度/(mol/L)						工艺条件	
$NiSO_4$	$PdCl_2$	NaH_2PO_2	$Na_3C_6H_5O_7$	$(NH_4)_2SO_4$	硫二甘醇酸	温度/℃	pH 值（用氨水调）
0.100	0.001	0.100	0.300	0.500	10mg/L	50±2	10

26.1.11　化学镀 Ni-P-B 合金

化学镀 Ni-P-B 合金工艺见表 26-12，由于镀液中加入了硼烷，使合金镀层中的磷含量有所降低。

表 26-12　化学镀 Ni-P-B 合金工艺

工　艺　号		1	2	3
组分质量浓度/(g/L)	$NiCl_2 \cdot 6H_2O$	24	—	—
	$NiSO_4 \cdot 6H_2O$	—	84.3	30
	$NaH_2PO_2 \cdot H_2O$	26.5	16	20
	$NaBH_4$	—	0.567	0.2~1.0
	二甲基氨基硼烷$(CH_3)_2NHBH_3$	0.59~2.94	—	—
	乙醇酸	30.4	—	—
	添加剂①	—	—	10mL/L
	醋酸钠($CH_3COONa \cdot 3H_2O$)	—	10	—
	甲酸(HCOOH)	—	27.6	20mL/L
工艺条件	pH 值	5.5±0.2	—	5.5~6.0
	温度/℃	70±1	80±1	70~82
	镀层成分(质量分数,%)	B0.28~0.70 P8~12	—	—

① 添加剂为苯磺酸钠和氯化钾，含量为 0.6~0.8mg/L。

26.1.12　化学镀 Ni-Fe-B 合金

Ni-Fe-B 合金镀层具有优良的电磁性能，可以作磁记录元件和电子器件上的防扩散及腐蚀阻挡层。化学镀 Ni-Fe-B 合金工艺见表 26-13。

表 26-13 化学镀 Ni-Fe-B 合金工艺

工艺号		1	2	3
组分质量浓度/(g/L)	$NiCl_2 \cdot 6H_2O$	30	30	10
	$FeSO_4 \cdot 7H_2O$	10	30	3
	$NaBH_4$	1	—	—
	二甲氨基硼烷[$(CH_3)_2NHBH_3$]	—	3	2
	柠檬酸钠	—	100	21
	酒石酸钾钠	40	60	—
	氨基乙酸	—	—	4
	乙二胺	15	—	—
	NaOH	40	—	—
工艺条件	pH 值	—	8~9	8
	温度/℃	60	60	70
	镀速/(μm/h)	3	—	—

26.1.13 化学镀 Ni-Sn-B 合金

化学镀 Ni-Sn-B 合金工艺见表 26-14。

表 26-14 化学镀 Ni-Sn-B 合金工艺

工艺号		1	2	3
组分质量浓度/(g/L)	$NiCl_2 \cdot 6H_2O$	25	10~30	50~60
	$SnCl_2 \cdot 2H_2O$	—	5~12	—
	$SnCl_4$	8~30	—	—
	Na_2SnO_3	—	—	20~30
	$NaBH_4$	—	0.6~1.6	1.6~2.0
	二甲氨基硼烷	3	—	—
	柠檬酸钠	52	—	—
	NH_4Cl	27	—	—
	乙二胺($NH_2CH_2CH_2NH_2$)	—	80~170	70~80
	NaOH	—	30~45	15~30
工艺条件	pH 值	7.0	—	14
	温度/℃	90	90~95	95
	镀速/(μm/h)	—	12~14	20~36
	Sn 的质量分数(%)	—	5~10	15

26.1.14 化学镀 Ni-Co-B 合金

化学镀 Ni-Co-B 合金工艺见表 26-15。

表 26-15 化学镀 Ni-Co-B 合金工艺

工艺号		1	2	3	4
组分质量浓度/(g/L)	$NiCl_2 \cdot 6H_2O$	10	20	15	45
	$CoCl_2 \cdot 6H_2O$	45	20	15	5
	$NaBH_4$	1	0.5	—	—
	二甲氨基硼烷[$(CH_3)_2NHBH_3$]	—	—	—	1
	二乙氨基硼烷[$(C_2H_5)_2NHBH_3$]	—	—	3.5	—
	溴代四乙胺	45	—	—	—
	NH_4Cl	12	5	5	—
	NaAc	—	—	20	—
	$Na_4B_4O_7$	—	2.5	—	—
	$NH_3 \cdot H_2O$(质量分数为 25%)	160mL/L	160mL/L	—	160mL/L

（续）

工　艺　号		1	2	3	4
工艺条件	pH 值	—	—	5	—
	温度/℃	40~45	30~45	70	25~35

26.1.15　化学镀 Ni-Mo-B 和 Ni-W-B 合金

化学镀 Ni-Mo-B 和 Ni-W-B 合金工艺见表 26-16。

表 26-16　化学镀 Ni-Mo-B 和 Ni-W-B 合金工艺

工艺类型		1Ni-Mo-B	2Ni-Mo-B	3Ni-W-B	4Ni-W-B
组分质量浓度/(g/L)	$NiCl_2 \cdot 6H_2O$	30	30	30	30
	$Na_2MoO_4 \cdot 2H_2O$	0.242~6.05	6.2	40	5~30
	K_2WO_4	—	—	1	1
	$NaBH_4$	0.6~1.4	1	15	30
	乙二胺($NH_2CH_2CH_2NH_2$)	50~70	60	—	—
	酒石酸钾钠	—	—	40	40
	$K_2S_2O_5$	—	—	—	2~4
	NaOH	50	40	40	40
	稳定剂	微量	—	—	—
工艺条件	pH 值	>13	—	—	13~14
	温度/℃	86±1	90	90	90~95
	镀速/(μm/h)	—	—	6	—
	镀层成分(质量分数,%)	—	Mo7.6,B6.6~7	W7,B3	—

26.2　化学镀钴基合金

26.2.1　化学镀 Co-Ni-P 合金

化学镀 Co-Ni-P 合金工艺见表 26-17。

表 26-17　化学镀 Co-Ni-P 合金工艺

工　艺　号		1	2	3	4	5
组分质量浓度/(g/L)	$CoSO_4 \cdot 7H_2O$	23	16.9	—	—	30
	$NiSO_4 \cdot 6H_2O$	9	11.2	—	—	39
	Co+Ni	—	—	14	7.5	—
	$NaH_2PO_2 \cdot H_2O$	22	21.2	—	25	50
	柠檬酸钠($Na_3C_6H_5O_7 \cdot 2H_2O$)	55	—	—	44	180
	酒石酸钾钠	—	—	106	—	—
	苹果酸钠	—	72	—	—	50
	丁二酸钠	—	81	—	—	—
	丙二酸钠	—	44	—	—	—
	$(NH_4)_2SO_4$	—	13.2	—	60	—
	H_3BO_3	30	—	—	—	—
	$NH_3 \cdot H_2O$	调 pH 值		用 NaOH 调 pH 值	调 pH 值	
	$N_2H_4 \cdot H_2O$	—	—	68	—	—
	添加剂	$Co_2O_3$0.4	—	—	2.6mL/L	—

（续）

工艺号		1	2	3	4	5
工艺条件	pH 值	8.5	8.6~9.3	12	9.0~9.5	10
	温度/℃	78	75~85	90	85	30

26.2.2 化学镀 Co-Fe-P 合金

钴-磷合金镀液中加入一定量的铁盐和络合剂，在适宜的条件下就可沉积出 Co-Fe-P 合金镀层。该合金镀层也具有较好的电磁性，镀层的矫顽力与合金中的铁含量有密切关系，通常随镀层中铁含量增加，矫顽力明显下降。由于合金镀液中有二价铁离子的存在，容易被氧化，从而使镀液的稳定性较差。有关化学镀 Co-Fe-P 合金的研究资料较少，一种化学镀 Co-Fe-P 镀液组成及工艺条件如下：

$CoSO_4 \cdot 7H_2O$ 为 25g/L，$FeSO_4 \cdot 7H_2O$ 为 5~20g/L，$NaH_2PO_2 \cdot H_2O$ 为 40g/L，柠檬酸钠为 30g/L，$(NH_4)_2SO_4$为 40g/L，pH 值为 8.1，工作温度为（80±1）℃，沉积速率为 10μm/h。

26.2.3 化学镀 Co-Zn-P 合金

化学镀 Co-Zn-P 合金工艺见表 26-18。

表 26-18 化学镀 Co-Zn-P 合金工艺

工艺号		1	2
组分质量浓度/(g/L)	$CoCl_2 \cdot 6H_2O$	7.5	—
	$CoSO_4 \cdot 7H_2O$	—	2.8
	$ZnCl_2$	1	—
	$ZnSO_4$	—	1.6~3.2
	$NaH_2PO_2 \cdot H_2O$	3.5	2
	柠檬酸或柠檬酸钠($Na_3C_6H_5O_7 \cdot 2H_2O$)	20	(9.0)
	NH_4Cl	12.5	—
	H_3BO_3	—	3.2
	KCNS	0~0.02	—
工艺条件	pH 值	8.2	8.5~10(NaOH 调)
	温度/℃	80	92

26.2.4 化学镀 Co-W-P 合金

化学镀 Co-W-P 合金工艺见表 26-19。

表 26-19 化学镀 Co-W-P 合金工艺

工艺号		1	2	3	4	5
组分质量浓度/(g/L)	$CoCl_2 \cdot 6H_2O$	—	—	—	—	30
	$CoSO_4 \cdot 7H_2O$	14	14	14	14	—
	$Na_2WO_4 \cdot 2H_2O$	10~50	10~50	10~50	10~50	30
	$NaH_2PO_2 \cdot H_2O$	21	21	21	21	20
	柠檬酸钠($Na_3C_5H_5O_7 \cdot 2H_2O$)	59	—	60	—	60
	酒石酸钾钠	—	140	—	140	—
	$(NH_4)_2SO_4$	66	66	—	—	—
	NH_4Cl	—	—	—	—	50
	H_3BO_3	—	—	30	31	—
	$NH_3 \cdot H_2O$(质量分数为 25%)	—	—	—	—	60mL/L

（续）

工艺号		1	2	3	4	5
工艺条件	pH 值	8~10	8~10	8~10	8~10	8.9
	温度/℃	90~95	90~95	80~90	80~90	95

26.2.5　化学镀 Co-Mo-P、Co-Cu-P 和 Co-Re-P 合金

化学镀 Co-Mo-P、Co-Cu-P 和 Co-Re-P 合金工艺见表 26-20。

表 26-20　化学镀 Co-Mo-P、Co-Cu-P 和 Co-Re-P 合金工艺

工艺类型		Co-Mo-P	Co-Mo-P	Co-Cu-P	Co-Re-P
组分质量浓度/(g/L)	$CoCl_2 \cdot 6H_2O$	—	20~30	—	30
	$CoSO_4 \cdot 7H_2O$	22	—	20	—
	$(NH_4)_2MoO_4$	—	0.04~0.4	—	—
	Na_2MoO_4	0.2~0.6	—	—	—
	$CuSO_4$	—	—	0.5~1.2	—
	$KReO_4$	—	—	—	0.8
	$NaH_2PO_2 \cdot H_2O$	21	15~20	20	20
	柠檬酸钠($Na_3C_6H_5O_7 \cdot 2H_2O$)	—	80~100	50	80
	酒石酸钾钠($NaKC_4H_4O_6$)	106	—	—	—
	NH_4Cl	—	40~50	40	50
	$(NH_4)_2SO_4$	77	—	—	—
	$NH_3 \cdot H_2O$(质量分数为 25%)	—	—	35	60
工艺条件	pH 值	9.5	9.0~9.5	8.9~9.1	8~9
	温度/℃	80	85~90	90	95
	沉积速度/(μm/h)	—	5	5	—
	镀层成分(质量分数,%)	—	Mo1,P3	Cu23,P2~3	Re30,P2

26.3　化学镀铁基合金

26.3.1　化学镀 Fe-P 合金

以二价铁盐为主盐、次磷酸盐为还原剂、酒石酸盐为络合剂的碱性镀液中，可以沉积出 Fe-P 合金镀层。其镀液组成及工艺条件如下：$Fe(NH_4)_2(SO_4)_2$ 为 10g/L，$KNaC_4H_4O_6$ 为 50~70g/L，$NaH_2PO_2 \cdot H_2O$ 为 40~60g/L，pH 值为 12（以 NaOH 调），添加剂少量，工作温度为 80℃。以铜片为基体，与铝片构成金属偶。在以上工艺条件下，可得到镀液稳定、沉积速率较快、镀层质量较好的 Fe-P 合金镀层。

硫酸亚铁铵是镀液的主盐，当二价铁离子浓度较低时，沉积速率较低；二价铁离子浓度增大，则沉积速率逐渐增加。

次磷酸钠为还原剂，也提供了合金镀层中的磷成分。当还原剂浓度较低时，由于还原能力较弱，沉积速率缓慢；随着还原剂浓度的提高，沉积速率加快；当浓度超过 60g/L 时，沉积速率反而有所下降，且镀液稳定性降低。

酒石酸钾钠是铁离子的络合剂，当其镀液含量为 50~70g/L 时，沉积速率较高。若含量较低，镀液稳定性差，沉积速率也不高；含量太高，又会阻碍金属离子的还原，从而使沉积

速率下降。

镀液的 pH 值是化学沉积过程能否顺利进行的关键。当 pH 值低于 8 时，不能发生沉积反应；随着 pH 值的增加，沉积反应加快，但镀液的稳定性下降。

26.3.2 化学镀 Fe-Sn-B 合金

以亚铁盐和锡酸盐为主盐、硼氢化钾为还原剂的镀液，在碱性镀液中可沉积出 Fe-Sn-B 合金镀层。其镀液组成及工艺条件如下：$FeSO_4 \cdot 7H_2O$ 为 20g/L，$Na_2SnO_3 \cdot 3H_2O$ 为 7g/L，KBH_4 为 2g/L，$KNaC_4H_4O_6 \cdot 4H_2O$ 为 90g/L，NaOH 为 20g/L，工作温度为 40℃。施加 Cu-Al 电偶，以增加化学镀效应。

合金镀层的耐蚀性：表现在碱性镀液中耐蚀性很好，优于不锈钢，但在酸性镀液中不好。合金镀层成分存在偏析，但宏观表面比较均匀，没有孔隙等缺点，镀层在硼氢化钾浓度为 8~20g/L 范围内呈非晶态，其相应的 B（体积分数）为 12.1%~27.6%。

26.3.3 化学镀 Fe-Ni-P-B 合金

在硫酸亚铁、硫酸镍、次磷酸钠、硼氢化钾和酒石酸钾钠等的镀液中，可沉积出 Fe-Ni-P-B 合金镀层。其镀液组成及工艺条件如下：$FeSO_4$ 为 15g/L，$NiSO_4$ 为 7.5g/L，$NaH_2PO_2 \cdot H_2O$ 为 33g/L，KBH_4 为 1.4g/L，$KNaC_4H_4O_6$ 为 60g/L，H_3BO_3 为 5g/L，$C_{12}H_{22}O_{11}$ 为 2g/L，pH 值为 11（用 $NH_3 \cdot H_2O$ 调），工作温度为 78℃。

26.3.4 化学镀 Fe-W-Mo-B 合金

化学镀 Fe-W-Mo-B 合金镀层的镀液组成及工艺如下：$FeSO_4 \cdot 7H_2O$ 为 20g/L，$KNaC_4H_4O_6 \cdot 4H_2O$ 为 90g/L，$Na_2MoO_4 \cdot 2H_2O$ 为 40g/L，$Na_2WO_4 \cdot 2H_2O$ 为 40g/L，NaOH 为 20g/L，KBH_4 为 6~12g/L，工作温度为 60℃，镀层厚度为 1~3μm。化学镀过程中施加 Cu-Al 金属偶，产生电沉积作用，以便增强化学镀效应。

Fe-W-Mo-B 合金镀层的表面形貌平滑、光亮、结晶致密均匀、无宏观裂纹和空洞。在 B 含量（体积分数）为 9.8%~27.3%范围合金镀层为非晶态，其晶化过程分两步进行：退火温度低于 400℃的晶化相为 α-Fe，Fe_3B 和（Mo，W）$_2$B；较高温度析出 Fe_2B，（Mo，W）B 和 Fe_2（Mo，W）相。

26.4 化学镀锡基合金

26.4.1 化学镀 Sn-Pb 合金

以 $TiCl_3$ 为还原剂的化学镀锡-铅合金工艺见表 26-21。

26.4.2 化学镀 Sn-Bi 合金

在含有 Sn^{2+} 和 Bi^{2+} 的可溶性盐、络合剂、还原剂和有机酸或无机酸等组成的镀液中可沉积出 Sn-Bi 合金镀层，化学镀 Sn-Bi 合金工艺见表 26-22。

表 26-21　以 $TiCl_3$ 为还原剂的化学镀锡-铅合金工艺

组分质量浓度/(g/L)		工艺条件	
氯化亚锡($SnCl_2 \cdot 2H_2O$)	16	pH 值	7
氯化铅($PbCl_2$)	0.27	温度/℃	60
乙二胺四乙酸二钠($Na_2EDTA \cdot 2H_2O$)	25	—	—
柠檬酸钠($Na_3C_6H_5O_7 \cdot 2H_2O$)	70	—	—
氨三乙酸[$N(CH_2COOH)_3$]	19	—	—
三氯化钛($TiCl_3$)	6	—	—

表 26-22　化学镀 Sn-Bi 合金工艺

工艺号		1	2	3	4	5
组分质量浓度/(g/L)	$Sn(CH_3SO_3)_2$(以 Sn^{2+} 计)	50	30	—	40	30
	对苯酚磺酸锡(以 Sn^{2+} 计)	—	—	40	—	—
	$Bi(CH_3SO_3)_2$(以 Sn^{2+} 计)	8	12	—	5	—
	$BiCl_3$	—	—	3	—	—
	Bi_2O_3	—	—	—	—	15
	2-羟基-1-磺酸	—	75	—	—	—
	硫脲	120	100	75	—	—
	丙烯基硫脲	—	—	—	105	—
	乙基硫脲	—	—	—	—	95
	二乙三胺五乙酸	—	—	—	30	—
	甲烷磺酸	—	—	—	80	—
	丁烷磺酸	—	—	—	—	80
	二甲基硫脲	—	—	—	120	120
	EDTA	30	—	—	—	—
	NTA	—	20	—	—	—
	H_3PO_3	30	—	30	—	—
	$NaH_2PO_2 \cdot H_2O$	—	20	—	—	—
	$Ca(H_2PO_2)_2$	—	—	—	30	30
	聚氧乙烯二丁基萘酚	—	—	—	15	—
	聚氧乙烯-亚麻酸铵	—	—	—	—	12
	十四烷基二甲胺乙酸甜菜碱	6	8	7	—	—
工艺条件	工作温度/℃	50~70	50~70	50~70	—	—
	pH 值(NaOH 调)	—	—	—	2	2

26.4.3　化学镀 Sn-In 和 Sn-Sb 合金

化学镀 Sn-In 和 Sn-Sb 合金工艺见表 26-23。

表 26-23　化学镀 Sn-In 和 Sn-Sb 合金工艺

工艺号		1	2	3	4
组分质量浓度/(g/L)	$Sn(CH_3SO_3)_2$(以 Sn^{2+} 计)	—	—	20	—
	乙烷磺酸锡(以 Sn^{2+} 计)	30	—	—	—
	1-羟丙基-2-磺酸锡(以 Sn^{2+} 计)	—	15	—	—
	对苯酚磺酸锡(以 Sn^{2+} 计)	—	—	—	8
	In_2O_3(以 In^{3+} 计)	20	—	—	—
	$In(CH_3SO_3)_3$(以 In^{3+} 计)	—	50	—	—
	酒石酸锑(以 Sb^{3+} 计)	—	—	20	50
	乙烷磺酸	70	70	—	—
	2-萘酚磺酸	—	—	55	—

（续）

工 艺 号		1	2	3	4
组分质量浓度/(g/L)	酒石酸	—	—	50	—
	二甲苯磺酸	—	—	—	80
	乙酸	—	—	—	15
	丙烯基硫脲	150	—	—	—
	硫脲	—	150	—	—
	2-苯基硫脲	—	—	140	140
	盐酸肼	65	—	—	—
	KH_2PO_2	—	65	55	55
	聚氧乙烯衍生物	15	10	10	10
工艺条件	pH值(NaOH调)	2	2	2	2
	工作温度/℃	65	65	65	65

26.5 化学镀 Cr-P 合金

化学镀 Cr-P 合金工艺见表 26-24。

表 26-24 化学镀 Cr-P 合金工艺

组分质量浓度/(g/L)	氟化铬	15
	硫酸亚铁	
	次磷酸钠	7.5
	柠檬酸钠	7.5
	酒石酸钾钠	—
	氯化铬	1
工艺条件	pH值	8~10
	工作温度/℃	70~98

26.6 化学镀 Ag-W 合金

以 $AgNO_3$ 和 Na_2WO_4 为主盐、水合肼（$N_2H_2 \cdot H_2O$）为还原剂、氨和醋酸为络合剂的镀液中，在一定的工艺条件下就可得到 Ag-W 合金的薄镀层。其镀液组成及工艺条件如下：$AgNO_3$ 为 0.03mol/L，Na_2WO_4 为 0.006~0.03mol/L，$N_2H_2 \cdot H_2O$ 为 0.1mol/L，CH3COOH 为 0.5mol/L，$NH_3 \cdot H_2O$ 为 1.22mol/L，添加剂微量，pH 值为 10.0~10.6，工作温度为室温。

在硅上可以沉积出 Ag-W 合金薄膜，其厚度可达 20~300nm，膜中含 W 的体积分数大于 3.2%。该膜具有很高的反射率和在空气中的高温稳定性（200℃），膜厚为 200nm 时，还具有良好的光学和机械特性。Ag-W 合金膜 200nm 的电阻率为 2μΩ · cm，膜厚小于 120nm 时，其电阻率为 10~20μΩ · cm。该合金膜可以大量用在微电子器件上。

26.7 化学镀贵金属与硼合金

贵金属主要包括金、银、铟以及铜（贵金属是指电极电位较正金属而言），它们和硼形成的合金都具有良好的焊接性，在电子工业上得到大量应用。化学镀贵金属与硼合金工艺见

表 26-25。

表 26-25 化学镀贵金属与硼合金工艺

工艺类型		Au-B	Ag-B	In-B
组分质量浓度/(g/L)	$KAu(CN)_2$	5.8	—	—
	$NaAg(CN)_2$	—	1.83	—
	硫酸铟[$In_2(SO_4)_3$]	—	—	3.6
	KBH_4	21.6	—	—
	$NaBH_4$	—	—	2
	二甲氨基硼烷(DMAB)	—	2	—
	KCN	13	—	—
	NaCN	—	1	—
	乙二胺四乙酸二钠(EDTA·2Na)	—	—	7
	三乙醇胺[$N(CH_2CH_2OH)_3$]	—	—	3~4.5
	KOH	11.2	—	—
	NaOH	—	0.75	—
	$NH_3 \cdot H_2O$(质量分数 28%)	—	—	—
	硫脲[$CS(NH_2)_2$]	—	0~0.25	—
工艺条件	pH 值	—	—	9.5
	工作温度/℃	75	55~65	80
	沉积速度/(μm/h)	0.7	2.5~6.0	—

第27章 复合化学镀

27.1 复合化学镀的基本知识

按照粒子与镀层的关系，复合化学镀可以分成四种类型，如图27-1所示。

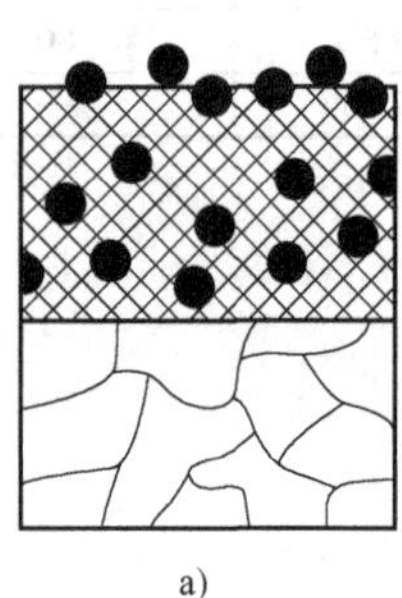
a)

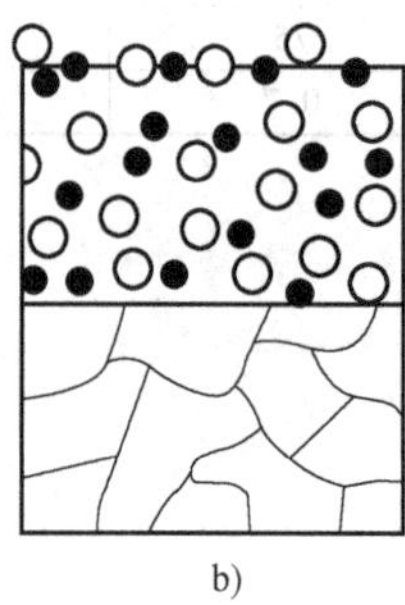
b)

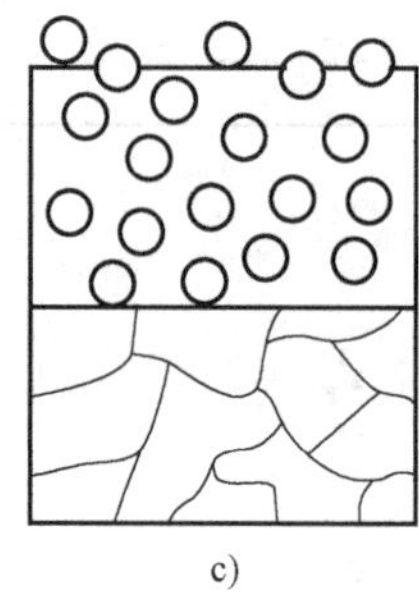
c)

d)

图27-1 四种类型的复合化学镀

a）粒子在镍基合金中发生共沉积形成的镀层 b）在单金属镀层中存在两种复合粒子

c）粒子在单金属中沉积形成的镀层 d）镀层粒子经热扩散后形成均相合金镀层

按用途，可将其分为三类：耐磨镀层、自润滑镀层及脱模性镀层。

耐磨的复合镍基镀层主要应用在气缸壁、模具、仪表、压辊、轴承及其他方面。在这类镀层中主要分散的是一些高硬度的粒子，利用粒子自身的硬度及其共沉积所引起的镀层金属的结晶细化来提高其耐磨性。

自润滑镀层主要用在活塞环、活塞头、气缸壁、轴承等方面。这类镀层中所分散的往往是一些固体润滑剂。

脱模性镀层能够提高模具表面的脱模性。

常用的复合化学镀镍基合金粒子的分类见表27-1。

表27-1 常用的复合化学镀镍基合金粒子的分类

粒子作用类型	粒子种类
自润滑	CaF_2、$(CF)_n$、MoS_2、PTFE、石墨等
耐磨	Al_2O_3、Cr_2O_3、TiO_2、ZrO_2、SiC、Cr_3O_2、B_4C、金刚石、BN等
脱模性	CaF_2、$(CF)_n$、MoS_2、PTFE、石墨等

27.2 耐磨复合化学镀

27.2.1 复合化学镀 Ni-P/SiC

Ni-P/SiC 镀层保持了 Ni-P 非晶态化学镀层所具有的良好耐蚀性和其他优良特性，而且添加 SiC 微粒后，其硬度和耐磨性均有了进一步提高，能够很好地提高机械零件的耐磨性，延长其使用寿命。

复合化学镀 Ni-P/SiC 工艺见表 27-2。

表 27-2 复合化学镀 Ni-P/SiC 工艺

组分质量浓度/(g/L)							工艺条件	
硫酸镍	次磷酸钠	醋酸铵	Pb^{2+}	乳酸	丙酸	SiC	pH 值	温度/℃
21	24	12	1~2mg/L	32	2~3	8	4.2~4.5	88~90

配制化学镀 Ni-P/SiC 镀液时，将镀液加热至 70℃以上，再将焙烧过的 SiC 粉末投到溶液中，搅拌均匀。

27.2.2 复合化学镀 Ni-P/Al_2O_3

复合化学镀 Ni-P/Al_2O_3 工艺见表 27-3。

表 27-3 复合化学镀 Ni-P/Al_2O_3 工艺

组分体积浓度/(mL/L)					工艺条件	
硫酸镍	次磷酸钠	乳酸	丙酸	KIO_3	pH 值	温度/℃
20g/L	24g/L	20	5	2mg/L	4.5	80

27.2.3 复合化学镀 Ni-P/Si_3N_4

Si_3N_4 具有硬度高、抗振性强、化学稳定性好、耐磨性好和自润滑性良好等特点，是一种良好的可以提高镀层硬度的复合粒子。复合化学镀 Ni-P/Si_3N_4 工艺见表 27-4。

表 27-4 复合化学镀 Ni-P/Si_3N_4 工艺

组分质量浓度/(g/L)							工艺条件	
硫酸镍	次磷酸钠	乳酸	醋酸钠	柠檬酸	硫脲	Si_3N_4	pH 值	温度/℃
20~30	20~30	20	16	15	1mg/L	2~20	4.5~5.5	85~95

Ni-P/Si_3N_4 复合镀层的厚度与孔隙率及耐盐雾性能的关系见表 27-5。

表 27-5 Ni-P/Si_3N_4 复合镀层的厚度与孔隙率及耐盐雾性能的关系

镀层厚度/μm	孔隙率/(个/cm^2)	出现锈蚀时间/h	锈点数/(个/cm^2)	耐蚀等级
5	6.0	2	严重腐蚀	0
10	14	24	0.58	1
15	0	46	0.33	6
20	0	54	0.25	8
25	0	未出现锈蚀	0	10

27.3 自润滑复合化学镀

27.3.1 复合化学镀 Ni-P/(CF)$_n$

化学镀 Ni-P/(CF)$_n$ 复合镀层具有很好的自润滑性能、较低的摩擦因数，耐摩擦性能良好，在常温尤其在高温下可防止与钢等因摩擦引起的黏接。该镀层还具有很高的耐蚀性，其耐蚀性为纯镍的 5 倍，为 Ni-P 镀层的 3 倍。

由于氟化石墨微粒是一种疏水微粒，因而在加入镀液前必先润湿，润湿一般用不同种类和不同含量的阴离子表面活性剂及非离子表面活性剂。由于氟化石墨微粒表面吸附了该类型的离子表面活性剂和非离子表面活性剂后，在高温下就具有了良好的润湿性和分散性，这样在稳定剂的作用下，镀液的各种性能就比较好。

复合化学镀 Ni-P/(CF)$_n$ 工艺见表 27-6。

表 27-6 复合化学镀 Ni-P/(CF)$_n$ 工艺

组分质量浓度/(g/L)					
硫酸镍	次磷酸钠	醋酸钠	α-羟基酸	α-氨基酸	
30	22	15	25mL/L	10	
组分质量浓度/(g/L)				工艺条件	
氟化石墨(1μm)	阳离子表面活性剂	非离子表面活性剂	稳定剂 MoO_2	pH 值	温度/℃
40	0.25	2.5mL/L	1mg/L	5.0	90

27.3.2 复合化学镀 Ni-Cu-P/PTFE

化学镀 Ni-Cu-P 三元合金镀层，不但具有良好的耐蚀性，而且还在电磁性方面有着很大的潜力，主要可用于卫星接收的反射装置。如果再在该镀层中加入一种具有一定化学稳定性的有机物 PTFE，利用其具有的自润滑特性，那么所得镀层的质量将会得到更好的改善。复合化学镀 Ni-Cu-P/PTFE 工艺见表 27-7。

表 27-7 复合化学镀 Ni-Cu-P/PTFE 工艺

组分质量浓度/(g/L)							工艺条件	
硫酸镍	硫酸铜	次磷酸钠	柠檬酸钠	PTFE	表面活性剂	稳定剂	pH 值	温度/℃
30~45	5~10	25~30	30~50	0~50	5~10	微量	4.8~5.4	70~95

27.3.3 复合化学镀 Ni-P/CaF$_2$

复合化学镀 Ni-P/CaF$_2$ 工艺见表 27-8。

表 27-8 复合化学镀 Ni-P/CaF$_2$ 工艺

组分质量浓度/(g/L)						工艺条件	
硫酸镍	次磷酸钠	硼酸	乳酸	氟化钙	KIO_3	pH 值	温度/℃
20~30	20~30	10~20	15~25mL/L	30~45	25mg/L	4.5~5.0	85±2

先将以上镀液加热至 70℃，调整镀液的 pH 值。搅拌速度的大小对镀覆很重要：搅拌速度过大，会形成液流对镀件的冲刷，使得已经吸附在镀件表面的微粒又被冲下来；搅拌速度太小，微粒的悬浮度小，镀液中与镀件发生碰撞产生物理吸附的微粒就很少，镀层中的微粒含量减少。最佳的搅拌速度将会使镀液的微粒悬浮度为 80%。在最佳搅拌速度之下加入 CaF$_2$ 微粒，微粒含量越大，镀层中的微粒含量就越大。因为镀液中微粒含量越大，悬浮于

镀液中的微粒量就越多，单位时间 Ni-P 合金捕获微粒产生共沉积的概率就越大。

27.3.4　复合化学镀 Ni-Cu-P/Al_2O_3

复合化学镀 Ni-Cu-P/Al_2O_3 工艺见表 27-9。

表 27-9　复合化学镀 Ni-Cu-P/Al_2O_3 工艺

组分质量浓度/(g/L)					工艺条件	
硫酸镍	硫酸铜	次磷酸钠	柠檬酸钠	Al_2O_3	pH 值	温度/℃
30~40	10~15	25~30	20~30	0~40	4.6~5.4	80~90

27.4　其他复合化学镀

27.4.1　复合化学镀 Ni-P/TiN

为了降低工件的疲劳破坏，提高其耐磨性，科研人员开发出了化学镀 Ni-P/TiN 复合镀层，复合化学镀 Ni-P/TiN 工艺见表 27-10。

表 27-10　复合化学镀 Ni-P/TiN 工艺

组分摩尔浓度/(mol/L)				工艺条件		
硫酸镍	次磷酸钠	络合剂的组合	硝酸铅	pH 值	温度/℃	粒子量/(g/L)
0.1	0.3	各 0.1	2mg/L	5.5	80	10

注：络合剂组合为①苹果酸钠+琥珀酸钠；②甘氨酸+柠檬酸钠；③柠檬酸钠+醋酸钠。

27.4.2　制备磁电复合材料的化学镀

制备磁电复合材料的化学镀液原料配比见表 27-11。

表 27-11　制备磁电复合材料的化学镀液原料配比

工　艺　号		1	2	3	4	5	6
组分质量/g	硫酸镍	10	30	—	—	—	—
	硫酸钴	—	—	10	20	10	20
	硫酸亚铁	—	—	10	20	10	20
	次亚磷酸钠	—	—	—	—	10	30
	硼氢化钠	—	—	0.5	2	—	—
	联氨	20mL	50mL	—	—	—	—
	酒石酸钾钠	20	40	100	150	100	150
	水	加至 1L					

其工艺过程如下：

1）将具有压电效应的压电陶瓷切片，切成所需尺寸，并进行化学镀预处理。化学镀预处理是首先将样品放入 0.4~0.65 mol/L 的氢氟酸溶液中粗化 2~6min，取出后用蒸馏水冲洗；将样品放入 0.08~0.15mo1/L 的氯化亚锡溶液中，在室温下敏化 5~30min，取出后蒸馏水冲洗；将样品放入 0. 001~0. 005 mol/L 的氯化钯溶液中，在室温下活化 5~30min，取出后蒸馏水冲洗；最后将样品置入 0.2~0.4mo1/L 的亚磷酸钠溶液中还原 15~60s。

2）将预处理好的压电陶瓷片放入配制好的化学镀液中进行化学镀，直到化学镀层达到所需厚度。化学镀工艺参数：pH 值为 9~12. 5，温度为 75~95℃。

3）将样品取出，再置入 150~170℃ 的硅油中，在电场为 30~50kV/cm 的条件下极化 10~30min，然后随油冷却至室温，即得到磁电复合材料。

第28章

化学镀车间设计与设备

28.1 化学镀车间设计与设备基础知识

28.1.1 化学镀车间设计的特点

化学镀在车间设计上与电镀大同小异，只是在化学镀车间设计上要考虑到在化学镀镍槽附近应留有充分的空间，其原因是化学镀属于亚稳态体系，一旦分解就会造成大量损失，因而往往设置一个备用镀槽。另外，化学镀槽都需要做保温处理，并需要一定的空间。在主镀槽侧往往还设置净化与再生槽，镀槽附近需放置自动检测设备、补加所需要的浓缩液等。对于化学镀镍来说，在采用不锈钢镀槽的时候有时还采用双槽系统，即一个镀槽在进行化学镀，一个镀槽在硝酸溶液中进行镀槽壁上的化学镀镍层的退镀及不锈钢槽体的钝化。同时化学镀反应要析出大量的氢气，高温下镀液会迅速挥发，因而要留有一定的空间来设置抽风装置。图 28-1 所示为化学镀镍车间平面示意图。

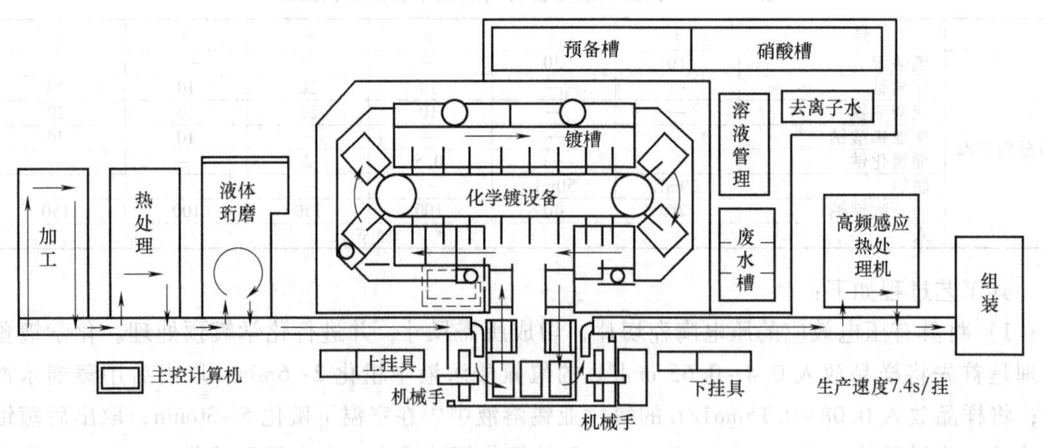

图 28-1 化学镀镍车间平面示意图

28.1.2 化学镀槽液 pH 值的自动控制

化学镀槽液 pH 值控制是通过玻璃电极和参比电极将溶液中的氢离子浓度转换成电势来

实现的。用于测量溶液中 pH 值的玻璃电极，其敏感膜是一个玻璃球泡，玻璃膜表面在水溶液中形成水化凝胶层，仅对氢离子敏感，而不受其他离子的干扰。在实际测量中要使 pH 值与电极电位产生联系，就要涉及使用变换器——电极。用来提供电位标准的电极称为参比电极。当测量与 pH 值对应的电极电位时，总是以另一个电极为标准，并与之组成测量电池。常用参比电极为甘汞电极和 Ag-AgCl 电极。测量仪器的原理如图 28-2 所示。

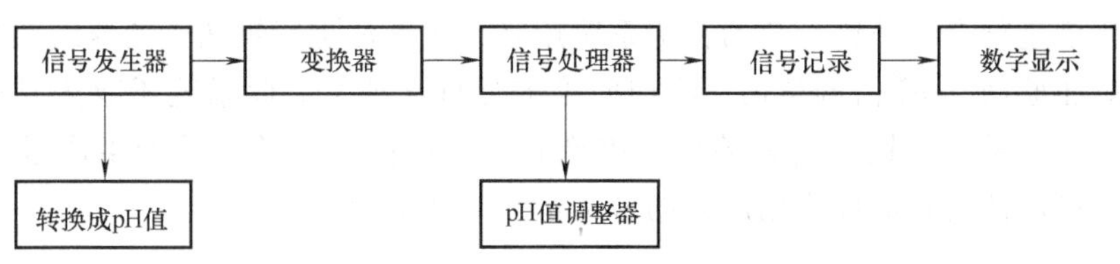

图 28-2 测量仪器的原理

（1）信号发生器 溶液中产生分析信号，信号源就是溶液中氢离子的浓度，把此信号输入到变换器。

（2）变换器 负责将分析信号变换成毫伏电信号并放大。

（3）信号处理器 当输入的信号（与 pH 值相对应）偏离指定的 pH 值时，就通知 pH 值调整器进行 pH 值调整（实际是控制加酸、加碱的电磁阀）。

（4）数字显示 可以采用表头、记录仪、数字显示器等显示。

28.1.3 液位的自动控制

由于化学镀槽温度高，溶液蒸发较快，所以控制溶液体积是十分必要的。通过液位传感器可实现液面控制，控制过程是：当液面达到某一个位置时发出一个信号给控制计算机，由计算机控制电磁阀门的启动或停止，从而自动将液面保持在某一规定范围内。

目前市场上供应给电镀及废水处理用的液面控制仪，基本上可以用于化学镀镍车间，不过对传感器的测头会提出耐酸碱及耐热（100℃）等特定的要求。

28.1.4 溶液温度的自动控制

为了提高镀层质量和节约能源，应对热水槽、化学镀槽、中和槽、除油槽等槽液温度进行自动控制。实现槽液温度控制的仪器十分简单，传感器使用热电偶，通过温度指示控制仪来控制加热器及冷却水阀门，但是想要做到准确控制不太容易。因为热电偶、温度指示控制仪、加热器启动（停止）、冷却水开关，需要一定的调整试验后才能达到预期效果，不管提高槽液温度还是降低槽液温度都需要一段时间，即时间常数，所以即使及时启、停加热器也不可能立即提高或降低槽液温度。因此，必须调试好时间常数，即当温度接近上限时，应提早关闭加热器或打开冷却水阀；当温度接近下限时，应提前启动加热器或关闭冷却水阀。

28.1.5 溶液成分的自动检测与控制

液面、温度、pH 值的自动检测与控制是比较容易实现的，而实现溶液成分的自动检测与控制是比较困难的。电化学分析方法及光谱分析技术的突飞猛进，使镀液成分的自动检测分析得以实现。如用离子选择电极法及原子吸收光谱技术，可以对溶液中的Ni^{2+}、Na^{+}进行自动分析，并根据分析结果进行补给。

由于化学镀过程中金属离子不断减少，而金属离子的补充不能像电镀时那样由阳极的溶解来补给，另外还原剂及添加剂等的不断消耗，还需要及时补充，所以对化学镀液成分进行连续自动补给是十分必要的。图 28-3 所示的自动补给系统是由检测部分和补给部分组成的。检测部分包括自动采样、自动分析记录，能将分析结果迅速反馈给补给部分，并自动计算出补给量，对镀槽进行自动补给。自动补给系统用吸光光度法进行镍离子的连续定量分析，根据分析结果对还原剂、pH 值调整剂、添加剂等进行自动补给。此系统还能从成分的分析结果和补给液的消耗量，对镀液蓄积的反应副产物、亚磷酸盐、硫酸盐的生成量进行自动计算。操作人员可以按蓄积的反应副产物的含量进行必要的处理。

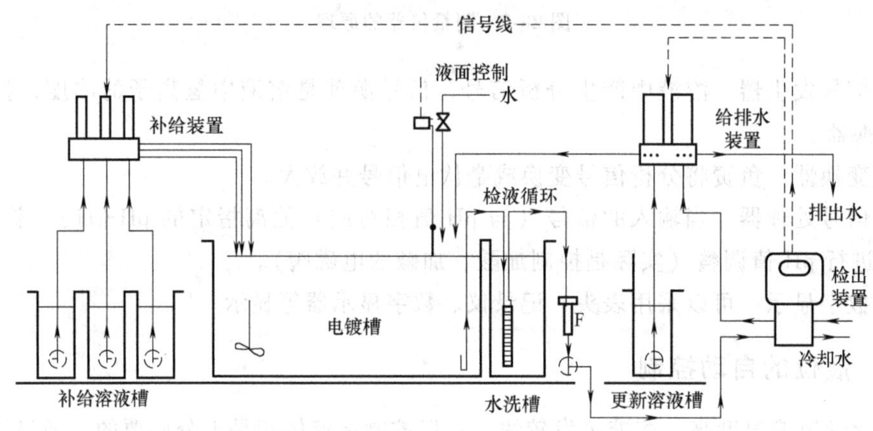

图 28-3　自动补给系统示意图

28.2　镀液加热设备

28.2.1　镀液升温及保温热量的计算

加热镀液所需要的热量包括镀液升温所需热量、工件进出槽时带出的热量，以及液面、槽壁所散发的热量。

镀液升温每小时所需的热量 Q_1 可由下式近似计算：

$$Q_1=\left[\frac{v_1 d_1 c_1 (t_2-t_1)}{h}+v_1 q_1\right]\beta$$

式中　Q_1——镀液升温每小时所需的热量（kJ/h）；

v_1——镀槽工作体积（L）；

d_1——溶液密度（kg/L）；

c_1——溶液比热容［kJ/(kg·℃)］，对于水及一般溶液，可取 $d_1c_1=4.18$；

t_2——工作温度（℃）；

t_1——起始温度（℃）；

h——升温所需的时间（h）；

q_1——单位体积溶液每小时散热平均值［kJ/(L·h)］；

β——附加热损失系数，有保温层的槽取 1.1~1.15，无保温层的槽取 1.15~1.3。

保温时每小时所需的热量 Q_2 主要包括零件进槽时加热所需的热量，由下式计算：

$$Q_2=[w_2c_2(t_2-t_1)+v_1q_1]\beta$$

式中　Q_2——保温时每小时所需的热量（kJ/h）；

w_2——单位时间放入槽内零件质量（包括挂具和吊兰）（kg/h）；

c_2——工件比热容［kJ/(kg·℃)］，钢铁取 0.5；

t_1——零件入槽前的温度（℃）；

t_2——槽液的温度（℃）；

v_1——零件体积（L）；

q_1——保温时单位体积每小时耗热量［kJ/(h·L)］。

28.2.2　镀液的加热

1. 煤气加热

用煤气加热产生热水，再用换热器加热镀液，或者直接用煤气加热镀液，其煤气消耗量可按下式估算：

$$V_g=\frac{Q}{\Delta H_g\eta}$$

式中　V_g——煤气消耗量（m^3/h）；

Q——溶液升温或保温时所需热量（kJ/h）；

ΔH_g——煤气的发热值（kJ/m^3），对于城市煤气，可取 13376kJ/m^3；

η——效率，取 0.25~0.3，直接用煤气将 100L 镀液在 1h 内从 20℃加热到 90℃，效率取 0.25，所需要的煤气为

$$V_g=\frac{Q}{\Delta H_g\eta}=\frac{31060}{13376\times0.25}m^3/h=9.3m^3/h$$

2. 电加热

电加热成本较高，且局部温度高，容易引起镀液不稳定，故采用电加热时应加强对镀液的搅拌。一般采用电热管直接插入镀液加热。所采用的电热管外壁最好选用石英玻璃或 95 玻璃，可防止镍层在其表面沉积。现在有一种聚四氟乙烯电加热管，是一种新型的耐腐蚀电加热器，它具有优异的耐蚀性和抗老化性及较好的挠曲性能，不易烧毁，使用寿命较长，且可制成各种形状，适合无蒸汽的工厂使用。

电加热功率的计算：

$$N=\frac{Q}{3594.8\times0.81}$$

式中　N——电加热功率（kW·h）；

Q——溶液升温或工作时所需热量（kJ/h）；

3594.8——热功当量［kJ/(kW·h)］；

0.81——效率。

例如，用电热管直接将100L镀液在1h内从20℃加热到90℃所需的电功率为

$$N=\frac{Q}{3594.8\times0.81}=\frac{31060}{3594.8\times0.81}\text{kW}\cdot\text{h}=10.7\text{kW}\cdot\text{h}$$

3. 蒸汽加热

蒸汽加热时蒸汽的表压一般为0.2~0.3MPa。常用加热方式有蒸汽加热和管式换热器加热。蒸汽加热一般采用金属管作为换热器。但在化学镀镍时，金属管上易沉积镍层，因此必须对换热器进行钝化或进行阳极保护。如果采用聚四氟乙烯换热器则可以避免这个问题，但换热效率稍低，一次性投资较高。化学镀镍采用蒸汽直接冷凝式加热的方法，已在一些工厂使用中取得了较好的效果。一方面其加热效率高，接近100%；另一方面，不用换热器，投资少。由于工作温度高，镀液的蒸发量大于冷凝水的增加量，不用担心溶液体积增加、镀液稀释的问题。因此适合有蒸汽的工厂使用。其缺点是噪声较大，应采用减压的方法或设置消声器来降低噪声。

根据镀液升温所需的热量或镀液保温所需要的热量，再根据蒸汽的凝结热，可计算镀液升温或保温每小时需要消耗的蒸汽量：

$$W=\frac{Q}{\Delta H_c}$$

式中 W——蒸汽消耗量（kg/h）；

Q——加热或保温所用的热量，为蒸汽的凝结热，蒸汽压力为0.3MPa时，$\Delta H_c=2133\text{kJ/kg}$。

以下以100L化学镀镍溶液为例，计算1h内从20℃加热到90℃所需的热量和蒸汽的数量。

已知 $V_1=100\text{L}$，$d_1c_1=4.18$，$t_2=90$，$t_1=20$，$q_1=18$，β 取1.15，代入镀液升温计算公式中得

$$\begin{aligned}Q&=[100\times4.18\times(90-20)/1+100\times8]\times1.15\text{kJ/h}\\&=(29260+1800)\times1.15\text{kJ/h}\\&=357195\text{kJ/h}\end{aligned}$$

计算所需要的蒸汽量为

$$W=\frac{Q}{\Delta H_c}=(31060/2133)\text{kg/h}=14.6\text{kg/h}$$

即要将100L镀液在1h内由20℃加热到90℃需要蒸汽为14.6kg。

4. 柴油加热

柴油加热方式与煤气加热方式相同。柴油消耗量可按下式估算：

$$W_d=\frac{Q}{\Delta H_d\eta}$$

式中 W_d——柴油消耗量（kg/h）；

Q——溶液升温或工作时所需热量（kJ/h）；

ΔH_d——柴油的发热值（kJ/kg），取42100kJ/kg；

η——效率，取0.25~0.3。

5. 热水加热

在一般加热器中，理论上都应通入水蒸气，然而许多工作者却认为热水比水蒸气更有效。用热水加热成本也最低。当水温很高时，在热交换器效率也很高的条件下，镀液有时甚至会达沸腾状态。

28.3　循环过滤系统

28.3.1　化学镀用泵

化学镀所用泵的结构与类型与普通电镀所用的泵相同。然而对泵体内与溶液接触的部分却有着严格的要求，要求耐高温、耐镀液和质量分数为 50% 硝酸的腐蚀，内衬的材料对化学镀镍溶液具有惰性，避免镀层在泵体内的沉积。对于过滤机所用的泵，要求循环过滤时每小时的流量应达到镀液体积的 6 倍以上，一般为 6~10 倍。

泵体的材料可用不锈钢和塑料。流量较小的泵可优先选用塑料泵，其中以聚丙烯和氟塑料为佳。目前国内大多数化学镀镍所用的泵为塑料泵，塑料的种类主要是氯化聚氯乙烯（CPVC）。该类泵的流量极限是 200L/min。若要求流量为 200~500L/min，泵中的转子就要考虑使用更坚硬的塑料，而泵体仍可使用易于注塑的 CPVC 材料。当流量超过 400L/min，塑料材料不能满足压力上的要求时，要采用不锈钢作为泵体材料。然而无论哪种不锈钢都会被镀上镀层，因而必须每天周期性地用硝酸清理。

化学镀镍常用的泵有直接机械转动式的泵和排污泵。

28.3.2　过滤器

在化学镀系统中常采用筒式过滤器和袋式过滤器。这两类过滤器均带有外循环泵，在镀槽外面用固定的 CPVC 或聚丙烯腔缠绕的滤筒，能除去大于 5μm 的颗粒杂质。筒式过滤器由基体和滤芯组成。滤芯有硬质微孔材料滤芯、纸质滤芯、线绕式管状滤芯等，目前以线绕式管状滤芯为常用，过滤精度可达到 1μm。化学镀镍要求滤径为 1~3μm。对于泵镀液应达到 0.2~0.5μm，壳体一般由塑料制造，以 PP 塑料为佳。化学镀镍槽液的过滤速率，每小时应不低于 10 次。对于一般生产，一个 1μm 过滤器就足够了，但对于严格要求或厚的镀层则要求亚微米级过滤器。

28.3.3　循环过滤系统搅拌

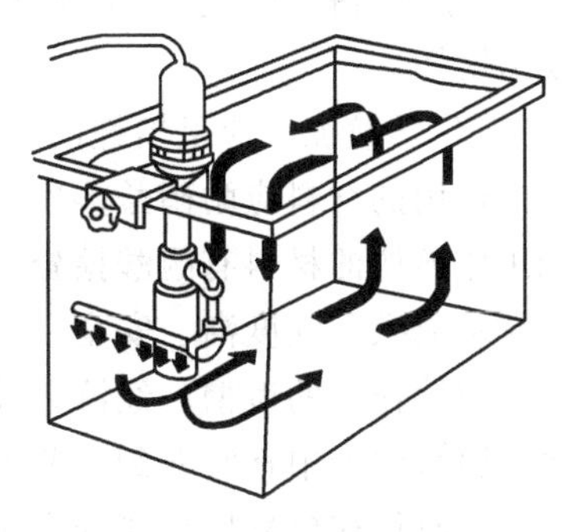

图 28-4　循环过滤系统搅拌示意图

化学镀时对镀液进行搅拌会使镀液稳定，有利于得到均匀的镀层。浸入或电加热管周围和槽壁处的镀液应加快流动，槽底的固体颗粒被搅动后容易被过滤泵吸走，工件上的气泡可以通过搅拌来消除。通常的搅拌方式有空气搅拌和机械搅拌。为了防止机油污染镀液和工件，常采用无油空气来进行搅拌。循环过滤系统也可以起到搅拌作用，但由于滤芯造成的压力降，使搅拌效果不好，因此可专门安装一台高流量泵来对镀液进行搅拌。图 28-4 所示为循环过滤系统搅拌示意图。

在泵顶上安装一个有磁性转子的搅拌器套筒的方法一般应用于实验室中，而不用于生产中。磁性转子上涂覆聚四氟乙烯能延长泵膜的寿命，同时也能减小微粒引起的问题。泵里面的粒子倾向于进入泵的尾部，造成阻塞转子或塞满泵或两种情况都发生的问题，对于应用中的实际情况，应按需要进行合理修改。镀槽风罩盖除酸蚀时要盖上外，施镀时也应盖上，以免镀液蒸发的气体散发到车间，经由风管导入大气。抽风机在施镀过程中最好不要使用，否则会加速镀液水分蒸发，在冬天还会使槽液温度降低加快。

28.4 化学镀镍槽

28.4.1 化学镀镍槽的设计

化学镀镍槽与电镀槽的不同之处在于它不需要外接电源。在工作状态下，化学镀镍层易沉积在镀槽内壁和辅助设备上，因此应配备相关的镀层退除设备。另外，化学镀镍的工作温度远远高于电镀镍，因此对制造镀槽的材料有特殊要求。

镀槽虽然可以做成各种形状，如圆柱形、钟形、方形等，但方形槽因其制造容易、操作方便而得到普遍应用。选择化学镀槽尺寸，应当考虑被镀零件的大小、被镀零件的数量、沉积速率、夹具的类型和尺寸、要求的镀层厚度、滚筒或吊兰的类型和尺寸、生产时间、槽液的装载量、槽内附属设备（如搅拌、过滤、加热设备）的类型和尺寸等各种因素。

选择合适的镀槽尺寸很重要，如果镀槽体积过大，则一方面会因为装载量过小而使镀液不够稳定，另一方面会因为加热和生产率低而使生产成本过高；如果镀槽体积过小，一方面生产量太小，另一方面装载量过大，镀液同样不稳定，且镀液搅拌对流困难，无法使新鲜镀液到达被镀零件的各部分，从而使镀层均匀度下降。根据实践经验，在化学镀镍槽的体积设计时，可以使用公式 $V/A=10$，其中 V 为镀液的体积（cm^3），A 为被镀部件的表面积（cm^2）。

28.4.2 化学镀槽的材料

镀槽材料的选用通常要考虑以下因素：

1）化学镀镍的温度通常高达 85~95℃，因此选用的材料必须能在此温度下长期工作。

2）化学镀镍能在一些有催化活性的材料表面沉积，因此选用的材料必须对化学镀镍反应表现出惰性。

3）对化学镀镍反应呈惰性的材料在长期使用时，上面仍可能有镍的沉积，要用硝酸退除，因此选用的材料应耐硝酸多次长期浸泡。

能用作镀槽的材料有耐酸搪瓷、陶瓷、玻璃，大型镀槽也可用不锈钢板焊成。不锈钢槽体制造技术成熟、强度高、安全、使用寿命长，能耐硝酸腐蚀，且能被硝酸钝化，适合用作大容量和连续作业的镀槽。经济条件许可，也可采用工业纯钛槽。

化学镀镍生产中常常遇到一些细小的零件，例如：薄膜电阻、垫片、IC 集成块、螺钉、纽扣等，此时往往要采用滚镀的方法进行操作。对于那些尺寸非常小的工件，人们开发出了专门用于小型件的镀槽、挂具、过滤棒、超小型滚镀机。

容量在50L以内的小型镀槽的结构材料可选用玻璃、陶瓷和搪瓷。这些材料的表面光滑，不易沉积镍镀层，且耐高温及硝酸腐蚀。此类材料强度较低，易破碎，不适用于氟化物含量高的镀液。当采用玻璃镀槽时，由于镀镍层不容易沉积到玻璃壁上，因而可以精确地控制镀层的厚度，但是所用的应该是石英玻璃，而且要防止在玻璃表面造成划痕，也不允许在玻璃中采用含氟的镀液。一旦玻璃槽壁上有镍沉积出来时，应尽快用浓硝酸进行溶解。

对于200L以内的中型镀槽来说，槽体可采用如下材料制作：聚丙烯、耐酸搪瓷、聚四氟乙烯、不锈钢。当采用塑料制备镀槽时，不允许塑料中添加增塑剂、充填剂等，而且槽体在使用前，应在50~60℃的苏打水中长时间浸泡，以溶出小分子物质。对于不锈钢镀槽，使用前应在质量分数大于50%的硝酸溶液中，室温条件下浸泡一周左右，使不锈钢表面生成钝化膜，在使用过程中最好进行阳极保护，如图28-5所示。每次使用后也应使用浓硝酸进行沉积层的退镀及钝化处理。也有人采用在不锈钢镀槽内衬一层聚丙烯薄膜来防止镀层沉积在镀槽上。工厂常常采用蒸汽对镀液进行加热，蒸汽水套加热槽有两种形式，如图28-6和图28-7所示。

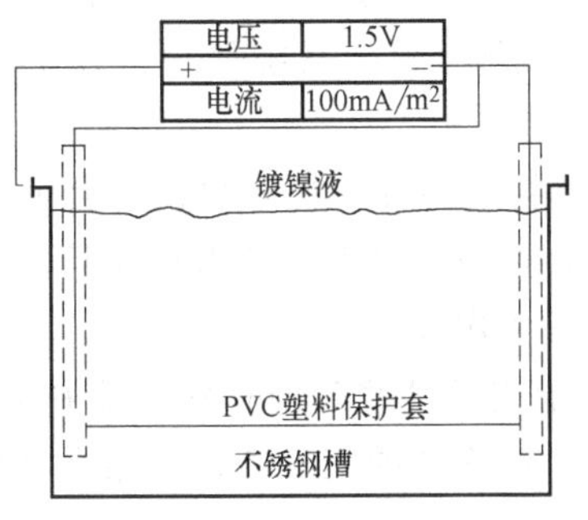

图28-5　阳极保护示意图

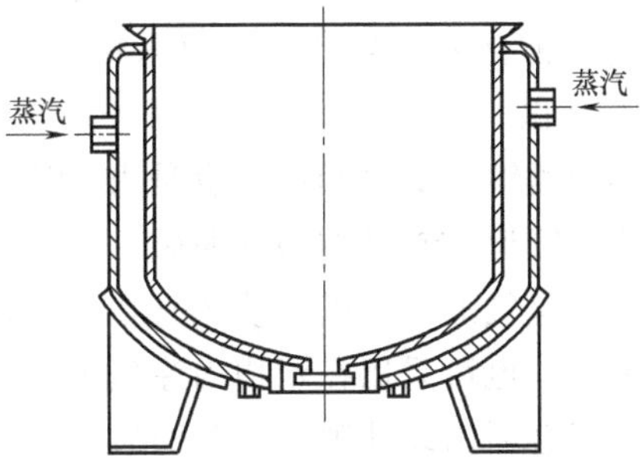

图28-6　化学镀镍槽

28.4.3　聚丙烯化学镀槽

聚丙烯塑料（PP）是近年来发展较快的一种高分子材料。它具有加工容易、耐热、化学惰性较高、强度较大等优点，是一种较理想的槽体材料。聚丙烯塑料熔点为164~170℃，具有很好的耐热变形性，可耐100℃以上的温度；易燃，在槽液很少或无槽液时使用浸入式电热器时，镀槽可能会熔化，严重时会燃烧起来；耐低温性能也较差，在-10℃以下脆性增加。但PP塑料在100℃以下时能耐非强氧化性的无机酸、碱和盐溶液的腐蚀。由于它是非极性有机物，因此长期接触极性有机溶剂，如醇、酮、醛不会发生溶胀，但它对紫外线较敏感，易老化。消除应力后的天然聚丙烯对镀液是惰性的，而且通过氮气焊接技术，可以可靠地加工成各种形式的槽子，且成本低、性能好，因而常被用作化学镀镍槽的制作材料。因材料的固有特性，镀槽寿命有限。通常在大的聚丙烯化学镀镍槽外设置一个较大的支持槽以备安全，也

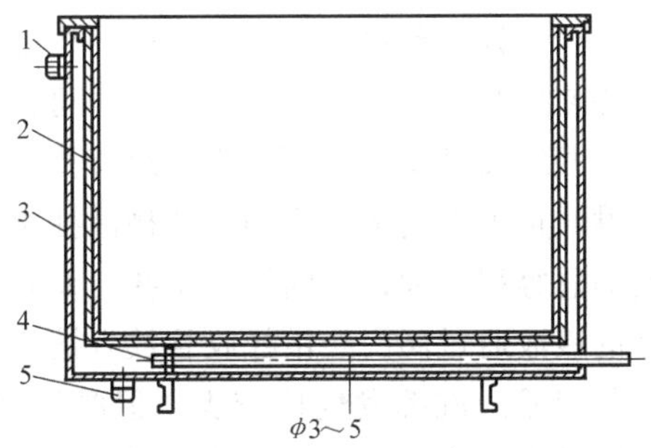

图28-7　水套蒸汽喷管加热槽
1—溢流口　2—衬里　3—水套
4—蒸汽喷管　5—排水口

就是将聚丙烯作为大镀槽的衬里。这种镀槽的寿命与焊缝、聚丙烯自身的寿命及清洗镀槽剥离镍层用的强氧化性物质的浓度有直接关系。

化学镀镍槽还可以采用氯化聚氯乙烯（CPVC）作为槽体，CPVC与聚丙烯（PP）相比，具有惰性强、不易被氧化、不易燃烧、安全等优点，但比聚丙烯价格贵、材质硬、不易于加工或是焊接，因而一般不用作镀槽材料。用钢结构为外壳，内衬为6~10mm的PP塑料和玻璃钢是理想的镀槽。

28.4.4 不锈钢化学镀槽

不锈钢的使用寿命长且材料容易获得，加工技术成熟，常作为镀槽的材料。在室温下，将镀槽内壁浸入质量分数为50%的硝酸中数小时即可使镀槽内壁钝化，这种方法为化学钝化法。在持续监控的条件下，给镀槽通以$10mA/dm^2$的阳极电流，这种钝化法在通电一段时间后，对焊缝处以及高电流密度区会有一定的影响，而且在操作过程中，如果零件与槽壁相接触，会使接触的槽壁镀上化学镀镍层，同时在零件上的化学镀镍层，会在镀槽的阳极极化下溶解。不锈钢镀槽一次性投资费用高，除定期用50%（质量分数）的硝酸进行钝化外，生产时还要采用$1mA/dm^2$的阳极电流进行阳极系统保护，以防止镍在槽壁上沉积。

不锈钢镀槽的衬套通常也是由CPVC或PP制成。厚衬套可靠，但很贵；衬套太薄，又易被槽中管道或夹具的振动撕破，在镀槽上沉积上镀层，造成不必要的浪费；而且薄衬套有时会成为氢气的半透膜，使氢气在槽与衬套之间富集而发生爆炸。

另外，也可采用在钢槽内涂覆聚四氟乙烯、环氧树脂或是某些陶瓷材料等涂料的方法，这种涂层会因出现孔隙、划痕而破裂，需要经常检查内衬或涂料的完整性，以除去沉积在壁上的化学镀镍微粒，达到延长寿命的目的。

28.4.5 双槽操作

当今在许多新设备上所采用的一个处理化学镀镍零件的有效方法就是使用双槽操作，即在一槽使用时，另一槽在清理，这样可使全部槽液至少一天一次被1μm或更细的过滤器所过滤。两组镀槽交替使用，当一组镀槽使用以后，用泵将镀液从槽中抽出，通过冷却器进入中间槽，再由中间槽将冷却了的槽液抽出，通过过滤器进入调整槽。调整槽的大小应比一组镀槽的总容积稍大，中间槽可小些。调整槽最好置于比镀槽略高的角钢架上，这样可以使再生好的镀液通过阀门经由橡胶管放入镀槽，也可置于地面，用泵将再生好的镀液抽入镀槽。采用稀硝酸清洗挥发气体较少，但酸蚀时间长，采用两组镀槽交替使用正是为了保证有充裕的时间进行酸蚀。每组镀槽都装置一台抽风机，在镀槽用硝酸清洗时使用。硝酸在退除镀层时会产生有毒的氮氧化物气体，且硝酸溶液气味较大，在补充硝酸时更需有抽风装置。

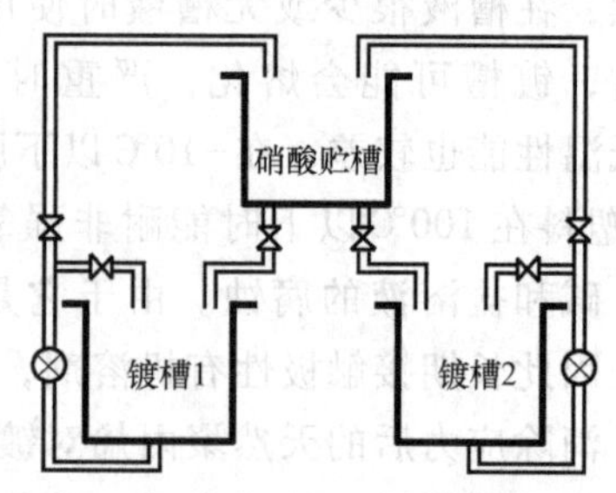

图28-8 双槽系统示意图

即使在稳定的化学镀镍液中，经长期使用后仍会在槽内和辅助设备上沉积上镍镀层。因此，需配备一个贮藏稀硝酸的贮槽对镍镀层进行定期退除。双槽系统示意图如图 28-8 所示。这两个相同装置的镀槽，交替使用，即当镀槽 1 在进行化学镀镍时，镀槽 2 里装有质量分数为 50%的硝酸退除溶液，用于去除留下的任何残镍。镀槽 1 和镀槽 2 每天轮换使用。轮换时，必须先用泵将硝酸抽到贮槽中，贮槽置于镀槽 1 的上方，然后依靠重力将硝酸送入任何一个镀槽中。用硝酸退除镀层后的镀槽要用清水彻底清洗，最后再加一些氨水进去。每个镀槽都安装了抽风系统。在退镀的过程中槽口上要加盖。盖可用木质的，其底面衬以耐酸橡胶或包以塑料布。槽口加盖后再盖上风罩盖，避免硝酸气体挥发污染车间。

第29章

化学镀环保与污染控制

29.1 化学镀废水来源及特性

化学镀会带来重金属污染，通常将汞、铅、锡、铬和砷称为重金属的“五毒”，虽然砷并不是金属，但其危害特性与重金属是相似的。重金属对人的危害特点有：

1）重金属不能被降解而消除掉，只能从一种形态转化为另一形态。因此，对重金属的回收和利用是很重要的。

2）重金属摄入人体一般不发生器官性损伤，而是通过化合、置换、络合、氧化还原协同等化学的或生物化学反应，影响代谢过程或酶系统，所以毒性潜伏期较长，往往需要较长时间才显示出对健康的病变。

29.1.1 预处理废水

在预处理工序中，所产生的污水主要是酸碱和油污废水。酸、碱废水中大都是酸用得较多些，而碱用得少，因此废液多显酸性。酸性水的排放，不仅污染了水系，且腐蚀城市下水道的管线。另外，废水中存在的油污也影响水质，影响生化需氧量（BOD）和化学需氧量（COD）。生化需氧量（BOD）是指在大气条件下，微生物分解有机物质的生物化学过程中所需要的溶解氧量，以 mg/L 表示。化学需氧量（COD）是指在一定条件下，用一定的强氧化剂处理水样时所消耗的氧化剂量，以 mg/L 表示。目前，虽然在城市中化学镀厂数量已大为减少，但同样需要认真处理、回收或排放。

29.1.2 镀层漂洗水

化学镀工艺过程的漂洗水中主要含有重金属离子，如镍、铜、锡、铬、金、银、铅、钯等阳离子，以及氰、氟等阴离子；络合剂如丁二酸、乳酸、柠檬酸、酒石酸、苹果酸、甘氨酸等脂肪族羧酸及其取代衍生物；还原剂有甲醛、次磷酸盐及硼烷等；还有稳定剂、加速剂和缓冲剂等。因此，废液的成分十分复杂，这给处理带来很大困难。

29.1.3 化学镀后处理废液

化学镀后处理产生的废液，包括漂洗之后的钝化、不良镀层的退除以及其他特殊的后处理液等。后处理过程中同样会产生大量的重金属离子和有机物废水，如钝化漂洗水常含有大量六价铬和三价铬的酸性废水。根据不同工艺废水中污染物的类型和浓度的差异，通常采用不同的工艺对废液进行处理。在化学镀工艺中常会碰到不良镀层的退除，以及挂具上镀层的退除，不同镀层的退除方法使用的化学药剂也不尽相同。因此，往往会产生各种不同的退镀废水，其污染物组分也较复杂，一般来说，常含有各种重金属离子和各种有机物，以及酸、碱、盐等物质。某些不合格的镀层也可能用氰化物退除，目前虽已较少使用，但也需要认真对待。总之，这类镀后处理的废水比较复杂多变，且废水量也不够稳定，一般都与混合废水或酸、碱废水合并后才去处理。

29.1.4　槽液

经过较长期的化学镀、钝化和退镀等工序后，所用槽液会积累许多其他金属离子及有机物，或由于某些络合剂和添加剂的破坏，也可能是某些有效成分比例的失调等原因，而会影响化学镀层的质量及钝化层的质量。为了控制这些槽液中的杂质在工艺允许范围内，有时需要将化学镀液废弃一部分，补充部分新溶液，也有的将这些失效的槽液全部弃去。这些废弃的槽液往往含有大量的重金属离子和有机物，还积累了许多杂质，如果不将废液和清洗液经过认真处理，将会严重污染环境。

29.1.5　化学镀废水及危害物质的排放标准

废水综合排放标准见表29-1。化学镀液中含有危害物质的毒性及排放允许含量见表29-2。

表29-1　废水综合排放标准

第一类污染物最高允许质量浓度/(mg/L)		第二类污染物最高允许质量浓度/(mg/L)		
污染物	浓度	污染物	新扩建工厂	现有工厂
总汞	0.05	pH值	6~9	6~9
烷基汞	不得检出	BOD	30	60
总镉	0.1	COD	100	150
总铬	1.5	硫化物	1.0	1.0
Cr^{6+}	0.5	氨氮	15	25
总砷	0.5	氟化物	10	15
总铅	1.0	磷酸盐	0.5	1.0
总镍	1.0	甲醛	1.0	2.0

表29-2　化学镀液中含有危害物质的毒性及排放允许含量

有害物质	有害物毒性	排放指标/(mg/L)
镍	人体微量元素,但并非所需元素。过量吸收中毒症状:皮炎,呼吸器官障碍及呼吸道炎症,现已确认是致癌物质	1.0(二级)
铜	过量吸收会在人体肝脏中大量积累,会产生“肝痘”的铜代谢疾病,有严重危害性	1.0(二级)
钴	人每日约摄入0.3mg,过量摄入会危害心脏和甲状腺,并对许多酶有抑制作用,从而对新陈代谢产生不利影响,有致变作用,危害人体健康	1.0
铅	对人体神经系统、血液和血管有毒害作用,并对卟啉转变、血红素合成的酶促过程有抑制作用,引起慢性中毒后出现贫血、高血压、生殖能力和智能减退;急性中毒更严重,引起腹绞痛和伸肌麻痹等症状,也是致癌物	1.0
铬	六价铬是致癌物质,慢性危害发生口角糜烂、腹泻腹痛和消化道机能紊乱等病症。严重危害人体健康和污染环境。近几年国外普遍倾向严格控制,应控制在0.1mg/L内	0.5

（续）

有害物质	有害物毒性	排放指标/(mg/L)
镉	镉在人体内积蓄而造成肾脏、胰腺和甲状腺损害，进而导致骨软化、身体萎缩、骨骼严重畸形，疼痛难忍，卧床不起，最后死亡，即“痛痛病”	0.1
汞	汞进入人体后，通过食物逐级富集危害人体，损害脑细胞，即得了“水俣病”。汞通过微生物作用可转变为甲基汞，中毒后成为严重神经官能症，损害视觉和听觉，行走和站立困难等	0.05
锌	锌是人体必需的微量元素，但过量可引起发育不良、新陈代谢失调和腹泻等症状，一般毒性较弱，但有机锌盐的毒性却很强，可引起对机体的致变作用	4.0
银	含银高的饮用水对人体有致毒作用，可引起沉着病，使皮肤、眼睛和黏膜色素沉着，呈浅蓝带灰色	—
硝酸盐	饮水中超过 45mg/L 时，能引起小儿高铁血红蛋白症	（以 N 计）10
氰	氰是剧毒物质，微量即致人死	0.5
氟	少量氟对人有利，可防龋齿病。高浓度氟对人有害，可引起牙珐琅质病变等	1.0~1.5
有机物	通常在环境条件下可降解成为二氧化碳和水等。但有些卤素有机物能在食物链或生物圈中积累成为有害物质（如二噁英等）和卤化碳氢化合物等，引起严重健康问题	COD100 BOD60

上述化学镀废液中的有害物是对环境污染的主要方面，各种废液不仅含有污染物的种类不同，而且污染物的浓度也各异。这些差异就决定了化学镀废液处理上的多样性及工艺上的特殊性。

29.2 废水处理方法及选择

29.2.1 化学法处理废水

利用化学反应使废水中污染物的性质或形态发生改变，将废水中的污染物除去，如中和法、氧化还原法和化学沉淀法等。

（1）氧化法　主要用于含氰废水处理。通过投放一定量的氧化剂，使氰化物氧化分解为无毒的二氧化碳和氮气。

（2）还原法　主要用于含铬和含汞废水的处理，含铬废水一般先用还原剂，如硫酸亚铁、铁屑等将六价铬还原为低毒的三价铬，再调 pH 值，使生成氢氧化铬沉淀。含汞废水用铁屑、锌粒等做还原剂，使两价汞还原为金属汞，再过滤去除之。

（3）氧化还原法　通过加入适量的化学药剂与废水中的污染物发生氧化还原反应，将废水中的有害物转化为无毒物的方法。

（4）化学沉淀法　向废水中加入适量的化学药剂，使其与水中的污染物发生互换反应，生成难溶的碱或盐类。通常多用于重金属离子的去除，如去除汞、锡、铅、铜、镍、锌等重金属离子。在废水中大都加入过量的沉淀剂，如消石灰或氢氧化钠等。有时也需加入硫化钠等，生成硫化物沉淀。该法是使废水中重金属成分能达标排放的最有效的处理技术。

（5）中和法　主要用于处理酸碱废水，根据废水的酸碱性加入适量的碱或酸，使之进行中和反应，将废水的 pH 值控制在处理要求范围内。在酸碱废水的处理中，常采用以废治废的方法。

（6）中和沉淀法　可用于酸碱废水的治理或作为其他处理方法的预处理手段。该法多用在含有酸性废水和其他重金属离子的混合废水，加入过量的碱性废液中，既可利用中和反应，又可将重金属离子沉淀出去。中和沉淀法的装置非常简单，可采用两个投药箱、一个中和槽和一套固液分离装置。中和后的清水经处理可回用，废渣可综合利用或固化填埋。

29.2.2　物理法处理废水

物理法处理废水的基本原理是利用物理作用使悬浮污染物与废水分离，在处理过程中污染物质的性质不发生根本的变化，如采用沉淀、过滤、气浮、离心分离、吸附等。

（1）离心分离法　是将废水通入到离心分离器中，利用离心力分离将污水中的悬浮微粒分离出去的方法。

（2）气浮法　是利用高度分散的微小气泡做载体，去黏附废水中的悬浮物，使其随气泡浮到水面，从水中除去。主要处理对象是乳化油及疏水性细小悬浮固体。

（3）吸附法　吸附可分为交换吸附、物理吸附和化学吸附。交换吸附是指通常所说的离子交换；物理吸附是最常见的一种，由分子引力引起；化学吸附的作用力是化学键力，吸附剂与被吸附物之间发生了电子转移，即氧化还原反应。通常吸附是利用液-固两相间的物质转移过程，将有害物吸附在界面上，而去除之。常用活性炭、活化煤和吸附树脂做吸附剂，多用于吸附微量有机化合物，如添加剂等。

29.2.3　生物法处理废水

利用微生物作用，使废水中有机物得到氧化分解，即为生物处理法。主要用来去除废水中的溶解性有机物和胶体有机物，废水中的许多有机物都能在微生物的作用下氧化分解为水和二氧化碳以及无机盐类，但这种方法相对比较复杂，较为麻烦，且需要周期较长，在处理化学镀废水中较少应用。

29.2.4　物理化学法处理废水

物理化学法包括反渗透法、电解法、电渗析法、膜分离法和离子交换法等。

（1）反渗透法　反渗透过程是渗透过程的逆过程，即溶液从浓溶液向稀溶液中流动，反渗透过程的推动力是压力差。反渗透膜是关键组成部分，其最重要的基本性能有三个，即脱盐率、透水率和膜寿命。

（2）电解法　电解质溶液在直流电的作用下，在电极上发生电化学反应，称为电解法。该法处理废水的作用有氧化反应、还原反应、气浮作用、凝聚作用等。

电解法的主要优点是在电解回收的同时，发生电解氧化和电解还原等负反应，使有害物质分解，能够生成新的无害物质。为达到经济目的，一方面回收金属，另一方面分解有害物质。但缺点是：由于电解是电极反应，受到电极大小的限制，电能消耗也比较大。该法可用于处理含铬废水、含氰废水等。

（3）电渗析法　电渗析是在电场作用下使溶液中离子通过膜进行传递的过程，其应用的膜称为离子交换膜。阳离子交换膜只允许阳离子透过，阴离子交换膜只允许阴离子透过，在直流电场作用下，由于离子交换膜的选择透过性，使淡水中的盐溶液逐渐淡化，而盐溶液逐渐浓缩，以此来实现脱盐的目的。该法的主要优点是效率高，耗电量小。

（4）膜分离法　利用半透膜或离子交换膜的特性，在外加动力的条件下，使废水中的溶解物和水分离浓缩，以净化废水，由于膜分离法成本较高，所以多用于回收价值较高的废水。膜分离法的膜相当于固体物质过滤法中的滤纸或滤布。当过滤操作的滤膜上的孔径要比进行分离的粒子的粒孔径小时，才能达到分离的目的。反渗透法就广义而言属于膜分离法。

（5）离子交换法　水中离子态污染物与不溶于水的离子化合物（离子交换剂）发生的离子交换反应，称为离子交换。它是一种特殊的吸附过程，通常是可逆性化学吸附，其反应可表示为

$$RH+M^+ \rightleftharpoons RM+H^+$$

式中　R——离子交换剂；

M——交换离子；

RM——与 M 交换后的离子交换剂。

离子交换树脂因相对离子的种类不同而有不同的选择性，一般来说，离子价数越高，就越容易吸附。

阳离子交换树脂时，其交换顺序是：Cr^{3+}，$Al^{3+}>Ba^{2+}>Pb^{2+}>Ca^{2+}>Ni^{2+}>Cu^{2+}>Zn^{2+}>Ag^+>K^+>NH_4^+>Na^+$。

阴离子交换树脂时，其交换顺序是：$PO_4^{3-}>SO^{2-}>NO_3^->CrO_4^{2-}>CN^->Cl^->CH_3COO^->F^-$。

常用的离子交换剂，有离子交换树脂和磺化煤等。离子交换树脂是人工合成的高分子化合物，它可分为含有氧化还原基团的氧化还原树脂、含有酸性基团的阳离子交换树脂、含有碱性基团的阴离子交换树脂及两性树脂等。

29.2.5　选择废水处理方法的原则

废水处理方法的选择应根据废水的水量、水质及排放要求，经过技术优选和经济效益比较来决定。力求做到经济合理、技术先进、安全使用、确保处理质量。化学镀废水中存在各种污染物和有毒物质，对于各种不同污染物可以采用不同的处理方法，实质上是选择一个合理的废水处理流程，通常是将几种不同的处理方法组合成一个处理流程。

29.3　化学镀镍废水的处理和利用

29.3.1　概述

1）镀镍液中存在着一定量的镍的络合物，而且这些络合物大都是外轨型的，对镍具有较强的络合特性，如柠檬酸镍、酒石酸镍、苹果酸镍等。

2）镀液中存在着具有还原特性的次磷酸盐及亚磷酸盐。

3）镀液中存在着大量的 pH 值缓冲剂，如丁二酸、醋酸等，还有光亮剂和稳定剂等。

在化学镀镍液中，由于有络合剂和还原剂的存在，必然也会有 COD 成分的形成，所以要特别注意废弃液和清洗水的处理。例如，以次磷酸钠做还原剂的化学镀镍溶液中，由于镍的还原反应，消耗的次磷酸盐变为亚磷酸盐，所以在工艺操作过程中，要补充镍盐和次磷酸盐。同时在溶液中，反应生成物的亚磷酸盐和硫酸盐逐步积累，会使镀镍液老化，从而可能导致化学镀镍液部分或全部报废，需要处理。另外，在化学镀镍过程中使用的清洗水，也需要处理。

化学镀镍液的废水大致有两个来源，即镀镍废液（或老化液）和镀镍清洗液。由于废水中成分较为复杂，杂质较多，因而化学镀镍废水的处理是一项较为困难的工作，任何单一的方法都不易很好地达到处理目的。

29.3.2　离子交换法处理和利用镀镍废水

利用离子交换法处理、回收贵金属或分离重金属，是一种有效和可行的方法，现已在生产上得到应用。但由于化学镀镍废液中含有大量络合剂和钠离子，也给处理带来较多困难。目前，还没有发现一种交换树脂在选择吸附镍离子的同时，而不吸附钠离子的。已有资料报道，采用阳-阴离子交换树脂处理含镍废水（镍含量为 840mg/L），镍可以得到完全回收，而回收水又可再用于漂洗槽。

离子交换法回收的镍离子溶液质量高，可作为化学镀镍槽的补充溶液，且消耗药剂较少，具有十分显著的优点。但缺点是处理能力较小，离子交换树脂的选择较难，投资费用较大，工艺操作也较复杂，例如：正确选择交换树脂的类型，树脂的再生，优选工艺参数（如流动床树脂的填装，流速和流量的控制以及洗脱和再生的控制）等，必须掌握好每一个工艺环节，才能得到满意的结果。

离子交换法处理废液的流程如图 29-1 所示。

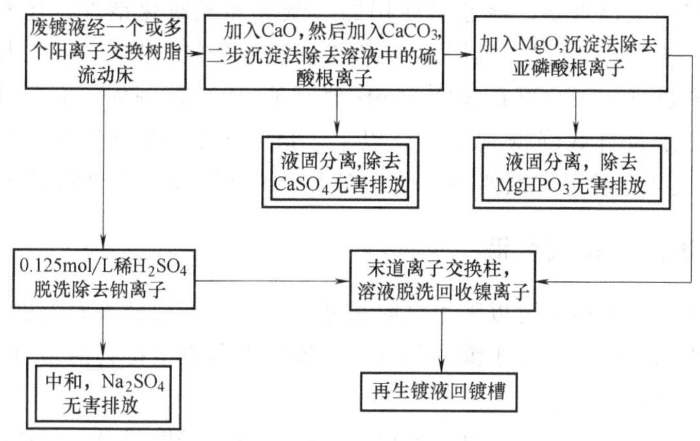

图 29-1　离子交换法处理废液的流程

29.3.3　催化还原法处理报废的化学镀镍液

在准备报废的镀镍液中，趁热加入适量［质量分数为 $(1\sim4)\times10^{-4}\%$］的氯化钯溶液，人为地诱导化学镀镍废液进行自发分解。反应生成黑色镍微粒，镍含量约为 90%（质量分数），沉降分离后可回收利用。此方法处理的废液镍离子含量降低为原来的几十分之一，后续化学沉淀处理和废渣处理较容易，但费用较高。

类似的诱导自发分解镀液的方法还有升高废液 pH 值和温度，滴加少量还原剂硼氢化钠溶液等，以触发废镀液的分解反应，经过沉降后，可大大降低废液中镍离子含量。

目前在国外市场上，还出现了几种回收化学镀液中金属的商品，如具有极高表面积（$260m^2/g$）的碳微粒和纤维素等，经过特殊的表面催化活性处理后，使表面活性大大提高。

当碳微粒或纤维素与热的废液混合接触时，镍离子迅速被吸附而沉积，经液、固分离后，镍即可回收利用，而碳微粒可重新使用，废液中镍离子浓度可降至0.5mg/L。

催化还原法的优点是能有效地回收大量镍资源，使废液中镍含量降低为原来的几十分之一，也有利于环境保护。

29.3.4 化学沉淀分离法处理报废的化学镀镍液

将废弃的化学镀镍液投入适宜的沉淀剂，通常是投入石灰乳或氢氧化钠，使废液的pH值升高至11~12，即可使沉淀剂与废液中的有害物质进行反应，生成不溶性物而沉淀下来，从而去掉废水中的有害污染物。此时，废液中绝大部分镍离子和其他重金属离子以及污染物就会发生沉淀反应。然后再加入适量的高分子絮凝剂，会加速不溶物的沉降过程。

在沉淀反应过程中，选择加入适宜和适量的氧化剂，以除去废液中的有机物，这将有利于镍离子的沉淀反应，且会降低废水的化学耗氧量（COD）。采用离心过滤或板框过滤，可使固液分离。滤液经过调整达到排放标准后，可以排放，但很难达到回收使用的目的。

由于废液中都含有较多的络合剂和缓冲剂，采用投碱量以升高pH值的方法需要较大量的碱投入，也难以达到进一步有效地降低镍离子含量。最好是在预先分离或氧化分解了废液中的络合剂及缓冲剂之后，再进行化学沉淀分离，这样效果更好。

如何选用沉淀剂也很重要，除通常使用的石灰乳和氢氧化钠外，还有硫酸铝、硫酸亚铁、硫化钠和硫化亚铁等无机物，以及不溶性淀粉黄原酸酯（ISX）和二烷基二硫代氨基甲酸盐（DTC）等有机物。DTC可在较宽的pH值（3~10）范围内，有效地沉淀镍离子，能使废液中的镍离子质量分数降低到$10^{-4}\%$以下。ISX可在pH值为3~11时吸附沉淀中约50mg的镍离子。上述两种沉淀剂使用方便，但由于价格较高，主要用于处理低浓度的废水。

29.3.5 电解法处理镀镍废液

化学镀镍废液中的镍离子可以采用电解法处理，镍可在阴极表面上进行电解沉积。电解用的阴极由不锈钢网做成，以便于镍的回收。但实际在阴极上得到的是电镀镍-磷合金镀层，该法适于单一化学镀镍废液的处理。

将废弃的化学镀镍液用泵打入电解槽内，可用过氧化铅做阳极，不锈钢板做阴极，进行电解。废液中的有机物由于阳极氧化而被分解。镍则以金属镍或氢氧化镍的形式在阴极上析出，经电解后，上面的清液可以排放或回收利用。

29.3.6 转移利用法处理化学镀镍废液

在电镀镍磷合金镀液中，为了获得合金中磷的沉积一般要加入亚磷酸钠，而这正是化学镀镍液中的副产物。一般条件下，苹果酸根作为络合剂的化学镀镍废液的组成见表29-3。

表29-3 化学镀镍废液的组成

组成	镍离子	次磷酸根	亚磷酸根	苹果酸根	硫酸根
质量浓度/(g/L)	6	52	95	46	39

向废弃的化学镀镍液中，添加适量的硫酸镍以及氯化钠，便可以将化学镀镍废液转化成镍-磷合金电镀液，从而继续使用。一般电镀液在使用中的消耗速度比较慢，而槽容量较大

的化学镀镍的生产线所废弃的化学镀镍液，并不能全部被电镀镍磷消耗掉。另外，电镀镍磷合金镀层存在着边缘效应等，导致镀层厚度不均匀，因而只能将那些形状简单、对镀层厚度均匀性要求不高的工件，进行电镀镍磷合金。

在化学镀镍试验操作中，如果在化学镀镍的同时，将工件通以微小的阴极电流，不锈钢镀槽通以阳极电流，不仅能够获得厚度均匀的镍磷合金镀层，还能够提高次磷酸利用效率，且不锈钢镀槽处于钝化状态，避免了镀层在镀槽上的沉积。

29.3.7 氯气氧化法处理镀镍废液

当化学镀镍废液中的镍及大部分的有机酸根都被沉淀法去除之后，要想达到废水排放标准，还需要进行更深一步的处理，以降低废水中的 COD 值以及镍离子的浓度。在不同的 pH 值内，氯气通入溶液后，与水反应存在的状态是不同的，当 pH 值小于 2 时，氯气是以 Cl^- 的形式存在的；当 pH 值为 4~6 时，以 HClO 形式存在；当 pH 值大于 9 时，主要存在形式是 ClO^-。当以 HClO 或 ClO^-形式存在时，具有很强的氧化能力，这种氧化能力与温度有关，还与催化剂（铜离子）的存在有关。当镀液中含有铜离子时，废液可以得到深度的处理，有机酸可以最终氧化成 CO 和水，次磷酸与亚磷酸可以氧化成正磷酸，而正磷酸根就很容易与钙离子发生沉淀反应。

当与镍络合的有机酸根被氧化后，pH 值大于 8 时，经过滤后的废液中已检查不出镍离子的存在。在此 pH 值条件下，硫酸根和亚磷酸根也能够与钙生成溶解度很低的沉淀物。但沉淀物的结晶生长过程与操作条件密切相关，因而要注意沉淀的条件以满足废水净化的要求。

以苹果酸为络合剂用氯气氧化法处理化学镀镍废水的流程如图 29-2 所示，该工艺也可以处理以其他的有机酸为络合剂的化学镀镍废水。

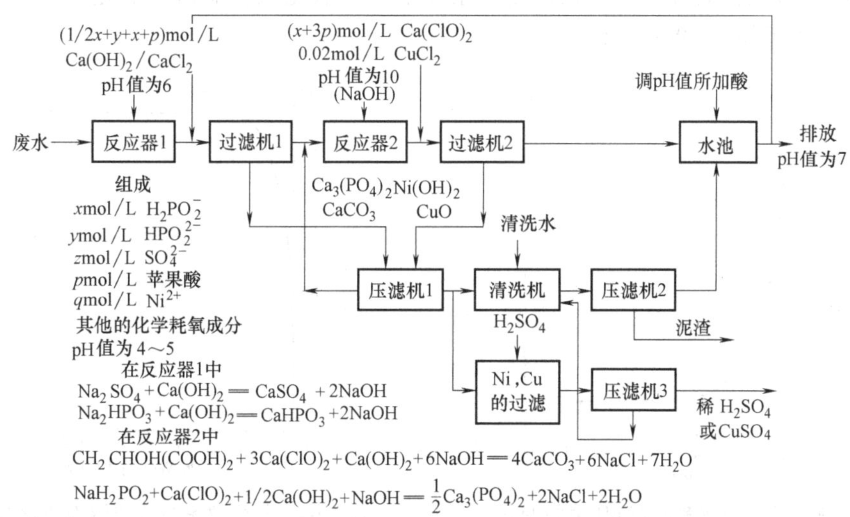

图 29-2 用氯气氧化法处理化学镀镍废水的流程

经过这种方法处理的废水，COD 值可以很容易达到 100mg/L 以下，由于已经检测不到镍离子的存在，因而可以直接排放。化学镀镍废水用这种方法处理的效果十分显著。

29.3.8 镀镍废液中的次磷酸盐和亚磷酸盐的去除

化学镀镍废液中总含有较大量的次磷酸盐和反应产物亚磷酸盐，通常采用以下方法处理。

（1）次磷酸盐的去除　采用一般的氧化钙沉淀法，不能彻底去除次磷酸盐，这是因为次磷酸钙的溶解度较大，见表 29-4。

在去除重金属离子时，往往要加入氧化钙，在这种情况下溶液的 pH 值不可避免地要上升。此时，如果溶液具有合适的温度，次磷酸根就可以将溶液中的镍以及其他的金属离子还原，自身被氧化成亚磷酸根，然后去除亚磷酸根就比较容易了。

表 29-4　镀液中各种钙盐的溶解度

药剂	溶解温度/℃	溶解量/g	药剂	溶解温度/℃	溶解量/g
硫酸钙	20	0.298	苹果酸氢钙	45	8.514
	100	0.1619		57	32.236
次磷酸钙	常温	16.7	苹果酸钙	18	0.921
亚磷酸钙	常温	难溶		25	0.8552
亚磷酸氢钙	常温	可溶	酒石酸钙	18	0.0185
磷酸钙	常温	0.0025		25	0.0294
柠檬酸钙	18	0.0849			

（2）亚磷酸根的去除　亚磷酸钙的溶解度见表 29-4。当溶液为中性附近时，亚磷酸钙的溶解度急剧下降，可以认为当 pH 值大于 5 以上时，镀液中的亚磷酸钙的去除率在 95%以上，如图 29-3 所示。亚磷酸根去除还可加入 MgO，在 60℃ 以下沉淀成亚磷酸氢镁（$MgHPO_2 \cdot H_2O$），降低温度即可沉淀下来。

（3）未被去除的亚磷酸离子采用如下办法去除

1）采用钨酸钠作为催化剂，在催化的条件下用过氧化氢将亚磷酸氧化，氧化效率与钨酸钠添加量的关系如图 29-4 所示。

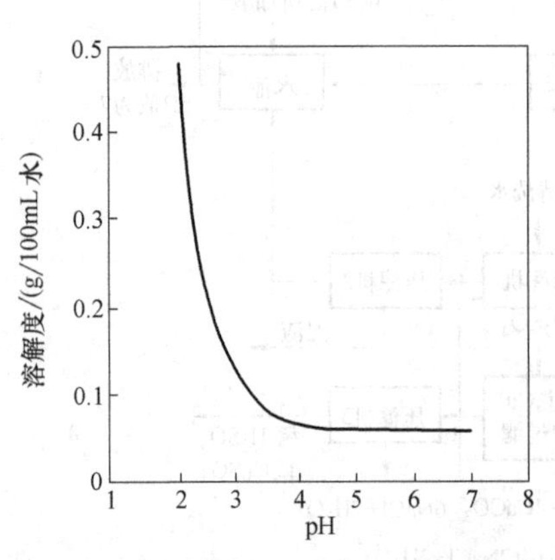

图 29-3　亚磷酸钙的溶解度随 pH 值的变化

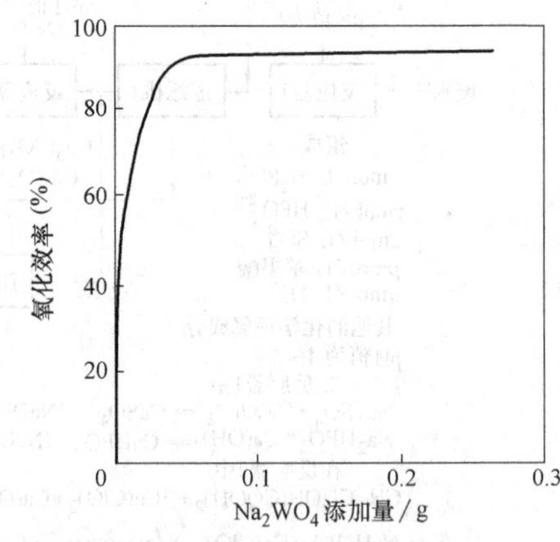

图 29-4　氧化效率与钨酸钠添加量的关系

注：质量分数为 35%的过氧化氢 20mL，温度为 95℃，pH 值为 20。

2）对于采用方法 1）仍未去除的亚磷酸根离子可采用阳极氧化法，即电化学氧化法，将其氧化成磷酸。采用这种方法时，应注意事先必须将镀液中的重金属离子除掉，以防氧化效率降低。

（4）磷酸根离子的去除　在含有磷酸根的废液中加入氧化钙，调 pH 值大于 9.5，磷酸钙的溶解度很小，生成的沉淀很容易被除掉。去除后废液中的磷含量可以降低至 2~7mg/L，这已达到了废水排放的标准。

29.3.9　镀镍液中有机酸的去除

化学镀镍液中大都含有各种各样的络合剂，如果废液中含有苹果酸、酒石酸和柠檬酸等，可采用氧化钙使镀液的 pH 值升高，使这些酸根生成相应的钙盐沉淀去除。

（1）苹果酸根的去除　由于苹果酸钙的溶解度比较大，除了采用钙盐沉淀法之外，还要采用进一步提高 pH 值的办法，使镀液中的沉淀量增大，促进苹果酸根的去除。

（2）酒石酸根的去除　酒石酸钙的溶解度较小，在 pH 值为 8 左右时，质量分数为 95%的酒石酸根可以被除去。

（3）柠檬酸根的去除　与酒石酸根一样，柠檬酸钙的溶解度也很小，在 pH 值等于 8 附近时，将有质量分数为 98%的柠檬酸根都可以被除掉。

29.3.10　化学镀镍废液处理方法比较

化学镀镍废液处理方法比较见表 29-5。

表 29-5　化学镀镍废液处理方法比较

处理方法	除镍原理	能耗	投资	处理费	废渣体积	废渣排放量	适用范围
电解沉淀	电还原沉积	中等	中等	中等	很小	很少	高络合镍浓度，小流量
催化还原沉淀	化学还原沉淀	低	中等	低	小	少	高络合镍浓度，小流量
氢氧化物沉淀	选择沉淀	高	高	中等	大	多	低浓度，大流量
硫化物沉淀	选择沉淀	高	很高	高	大	很多	低浓度，大流量
黄原酸盐沉淀	选择沉淀	中等	中等	很高	大	中等	Ni^{2+}的浓度<10mg/L
硫代氨基甲酸盐沉淀	选择沉淀	中等	中等	高	大	中等	Ni^{2+}的浓度<50mg/L
离子交换法	吸附分离	低	中等	高	很大	较多	低浓度，大流量
电渗析法	离子选择透过性分离	低	中等	中等	小	很少	清洗废水，回收镍
反渗透法	选择透过性分离	高	高	中等	小	少	清洗废水，回收镍

29.4　化学镀铜废液的处理和利用

29.4.1　酒石酸盐化学镀铜废液的处理

酒石酸盐化学镀铜废液的处理方法的工序为：多级清洗，热分解，电解，离子交换（也可不用），其工艺流程如图 29-5 所示，WK 为 H 型阳离子交换树脂柱，WA 为 OH 型阴离子交换树脂柱。

酒石酸盐化学镀铜液中铜离子的浓度一般比较低（1.5~4.0g/L），经过第一清洗槽后，其浓度可降至原始浓度的 1/10 以下。将此液以间歇法经常取出，放入热分解槽。若在其中加入极少量的催化还原剂，如氯化钯（$PdCl_2$）和氯化锡（$SnCl_2$）等，铜离子可在常温下被还原为金属铜粉末，而沉淀的铜本身就成为催化剂而进行还原。氯化锡和氯化钯是化学镀预处理的敏化剂和催化剂的主要成分，所以只要将它的第一槽液取出部分加进去即可。

废液的 pH 值为 10~11 时，进行热分解，要使铜含量达到 1mg/L 以下是困难的，至少也有 10mg/L 的残留量，仍不能直接排放。此时，可用氢氧化钠将该液的 pH 值调整到 13 以上，或继续进行电解处理，直至铜含量达到规定值 1mg/L 以下。是加入氢氧化钠后再使用硫酸进行中和，还是采用电解方法在热分解后进行电解，要进行比较判断才能决定。若从环境保护考虑，还是采用后者较好。这是因为采用电解法不但能除去铜离子，同时还能使酒石酸盐分解，COD 值也下降。分解的程度由采用的工艺条件而异，pH 值低时，效率较好，加入少量的酸处理废液即可。

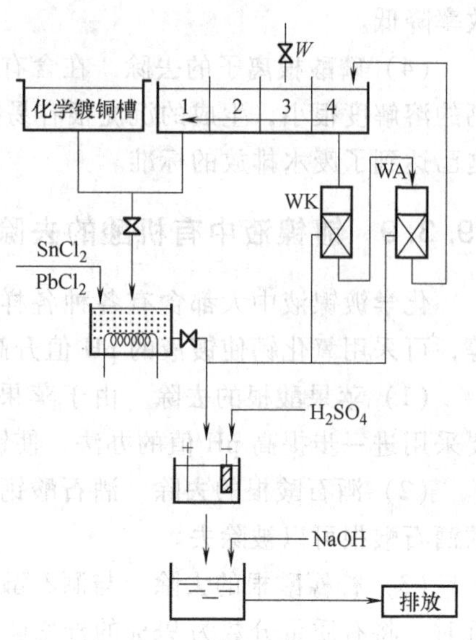

图 29-5 酒石酸盐化学镀铜废液的回收工艺流程

如果不进行电解处理，而直接用碱将溶液的 pH 值调整到 13 以上，再加入催化剂，可在常温下使镀铜液分解，而铜被沉淀下来，使铜离子的浓度达到 1mg/L 以下，但酒石酸盐却不会分解，且 COD 值较高，此时也不易直接排放，可用硫酸调 pH 值至规定标准范围。

另一方面，若 pH 值不经调整，即使加入催化剂也难以使铜离子浓度分解到规定值以下，所以要将铜的残留液进行电解。用过氧化铅作为不溶性阳极，阴极用不锈钢，经过电解，铜在阴极沉积，于是铜会完全去掉，而酒石酸盐也会分解。之后，只要加入一定量的废硫酸，使 pH 值降低，就可降低 COD 值，达到排放标准。

在工艺流程中，最后清洗槽采用离子交换处理，可达到更佳的效果。但如果多设几级清洗槽，也可不采用离子交换处理。如果是塑料电镀工艺，由于带出量比较多，最好还是再采用离子交换法处理为好。

29.4.2 碱性刻蚀液的处理

铜液的处理电路板经碱性刻蚀后，产生大量含铜清洗废水，流出的水呈碱性，含有较稳定的铜氨络合物。在废水中加入硫化钠化合物，破坏了络合物，而生成沉淀下来。加碱调 pH 值至 11，加混凝剂如聚丙烯酰胺等，产生絮沉。经搅拌后，再加无机絮凝剂（聚合氯化铝），使之形成较大的矾花，产生共聚沉淀。2h 后，清液中就能有效地去除铜离子，外排的废水中 Cu^{2+}浓度小于 0.5mg/L。

29.5 化学镀废液中其他有害物的处理和利用

29.5.1 含钴废水的处理和利用

在化学镀钴和化学镀钴基合金溶液中，其废液或清洗水中含有一定量的钴。处理含钴废水可采用化学沉淀法、活性炭吸附法、离子交换法、电渗析法和反渗透法等。化学沉淀法比较简单，如果是弱酸性含钴废水（若是碱性废水，加入酸即可），可将石灰加入到含钴的废水中，进行中和反应，然后加入絮凝剂，如硫酸铝或聚丙烯酰胺，沉淀后过滤即可。根据废水特性，可采用连续操作或间断操作的处理设备，用 pH 计控制进行酸碱中和。此方法的缺点是损失了钴盐和酸碱药剂，另外，处理液盐含量过大，不能重复使用。

也可采用离子交换法和反渗透法，工艺比较复杂，费用较高，但处理水可以回用。

29.5.2　隔膜电解法防止粗化液老化

在塑料电镀工艺中，塑料一般要采用粗化处理工序，通常使用的是高铬酸溶液，含铬酸量为 250~400g/L、硫酸量为 200~300mL/L。为了防止粗化液老化，可采用隔膜电解法。

以素烧筒为隔膜材料，在阴极室的筒内加入硫酸溶液或粗化液，阳极室内加入老化的粗化液，以铅为电极进行隔膜电解。粗化液在粗化槽和电解槽阴极室之间进行循环，也可间断地将一部分粗化液进行间歇式处理。图 29-6 所示为隔膜电解氧化的原理图。

在阳极室的阳极上，三价铬被氧化生成铬酸，其结果是阳极液的铬酸浓度增加。由于电泳作用，硫酸根 SO_4^{2-} 也由阴极室迁移过来，所以硫酸浓度也增加。另一方面在素烧筒内的阴极室内铬酸被还原。在阴极液中尽管没有投加铬酸，但由于浓度扩散作用，阳极室的铬酸也会迁移过来，并立即被还原成三价铬，所以在电解进行的同时，阴极液中的硫酸铬浓度增加。随着硫酸铬浓度升高，阴极液的黏度增加，变成胶体状，会堵塞隔膜的孔隙，所以阴极液必须经常更换。试验装置如图 29-7 所示。工艺条件如下：电解槽由聚氯乙烯材料做成；阳极室为 1000mL；阴极室为 400mL；隔膜为陶瓷膜；阳极是 PbO_2 电极；电流密度为 8A/dm^2；阴极液是粗化液。

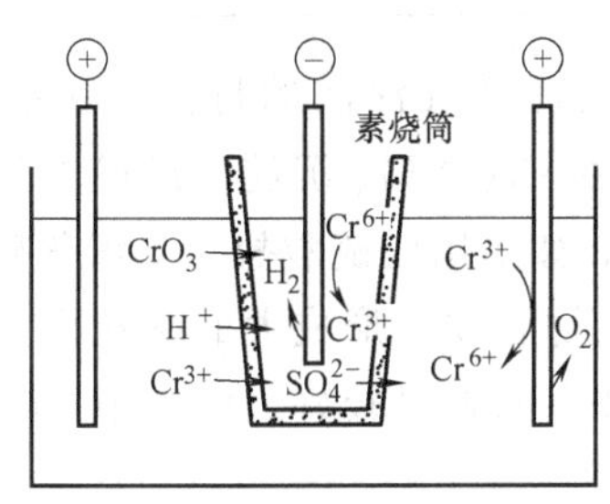

图 29-6　隔膜电解氧化的原理图

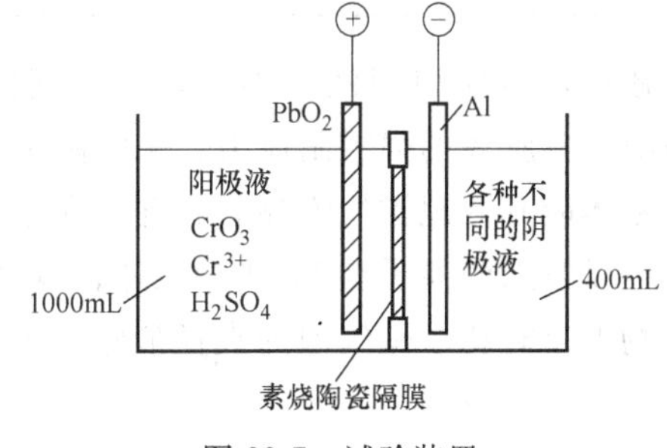

图 29-7　试验装置

阴极液一般采用第一清洗水或将槽液稀释后的溶液。若阴极液的 pH 值较高时，则电解还原作用很难进行。当粗化液中有铜离子和镍离子共存时，也可用这种隔膜电解法来去除阳离子。

29.5.3　还原-沉淀法处理含铬废水

还原-沉淀法比较简单实用，使用面比较广。其原理是：先用还原剂将六价铬还原成三价铬离子，然后投加沉淀剂反应生成沉淀，使固液分离即可。采用的还原剂有硫酸亚铁、亚硫酸钠、亚硫酸氢钠和二氧化硫等。投加的沉淀剂有石灰、碳酸钠或氢氧化钠，将 pH 值调整到 7.5~9.0，使三价铬成为氢氧化铬沉淀。氢氧化铬的溶度积很小，这样就可以达到排放水标准进行排放。再通过固液分离装置，进行污泥脱水。

还原沉淀法处理含铬废水的工艺见表 29-6。

表 29-6 还原沉淀法处理含铬废水的工艺

还原剂名称	投药质量比理论值	质量比实际值	出水 Cr^{6+} 质量浓度/(mg/L)	水质 Cr^{3+} 质量浓度/(mg/L)	说明
$FeSO_4 \cdot 7H_2O$	Cr^{6+} : $FeSO_4 \cdot 7H_2O$=1 : 16	1 : (25~32)	<0.5	<1.0	六价铬浓度高，比例可降低
$NaHSO_3$	Cr^{6+} : $NaHSO_3$ =1 : 3.16	1 : (4~8)	<0.5	<1.0	若用焦亚硫酸钠，含量近 70%(质量分数)左右
Na_2SO_3	Cr^{6+} : Na_2SO_3 =1 : 3.64	1 : 6	<0.5	<1.0	亚硫酸钠含量仅 60%~70%(质量分数)
SO_2	Cr^{6+} : SO_2 =1 : 1.85	—	<0.5	<1.0	是气体，需用钢瓶装
$N_2H_4 \cdot H_2O$	Cr^{6+} : $N_2H_4 \cdot H_2O$ =1 : 0.72	1 : 1.5	<0.5	<1.0	—

若废水处理池装有氧化还原电位计的，实际投药量可根据氧化还原电位计的指示来控制。氧化还原电位计与六价铬浓度之间的关系见表 29-7。

表 29-7 氧化还原电位计与六价铬浓度之间的关系

氧化还原电位计/mV	Cr^{6+} 质量浓度/(mg/L)	氧化还原电位计/mV	Cr^{6+} 质量浓度/(mg/L)
590	40	330	1
570	10	300	0
540	5	—	—

还可采用新型固液分离手段——气浮法。硫酸亚铁还原气浮法的特点，主要是利用 $Fe(OH)_3$ 凝胶体的强吸附能力，来吸附废水中的氢氧化物 $Cr(OH)_3$ 沉淀，形成共絮体，这种共絮体能有效地被气泡黏着，并浮在上面，以去除之。如果用亚硫酸盐、二氧化硫为还原剂，可以投加阴离子型 PAM 凝聚体，以聚集金属氢氧化物胶粒，形成大的矾花而上浮。氢氧化物上浮时要求微气泡的直径最好小于 50μm，这样分离的效果较好。废水中 Cr^{6+} 含量对气浮效果也有影响。

气浮法固液分离技术适应性强，可处理塑料电镀的粗化液，也可处理含铬钝化液和混合废水。不仅可去除重金属氢氧化物，也可以同时去除其他悬浮物、乳化油、表面活性剂等，并可连续处理，管理方便，便于操作自动化。

29.5.4 离子交换法处理含金废液

化学镀金常以 $KAu(CN)_2$ 络合阴离子的形式存在。由于金是比较贵重的金属，为了更好地回收得到纯金，可以采用离子交换法，使用阴离子交换树脂进行处理。其工作原理如下：

$$RCl+KAu(CN)_2 = RAu(CN)_2+KCl$$

由于 $Au(CN)_2^-$ 络合阴离子的交换电位较高，当采用丙酮-盐酸溶液再生，可以获得较满意的结果，洗脱率可达 95%以上。其反应式如下：

$$KAu(CN)_2+2HCl = KCl+AuCl+2HCN$$

$$CH_3\overset{\overset{O}{\|}}{C}CH_3 + HCN \longrightarrow CH_3-\underset{\underset{CN}{|}}{\overset{\overset{OH}{|}}{C}}-CH_3$$

在洗脱过程中，络合阴离子 $Au(CN)_2^-$ 被 HCl 破坏生成 AuCl 和 HCN，HCN 与丙酮作用，而 AuCl 不溶于水，却溶于丙酮。因此，可被丙酮从交换树脂上洗脱下来。将洗脱液用水浴加热，再经过蒸馏回收丙酮后，此时 AuCl 即沉淀析出。再将 AuCl 烘干，并在 500℃下灼烧 2~3h，即得到黄金，反应式如下：

$$2AuCl \longrightarrow 2Au + Cl_2\uparrow \text{（在 500℃条件下）}$$

采用凝胶型强碱性阴离子交换树脂 717，其对金的交换容量为 170~190g/L；树脂 711 为 160~180g/L。处理后出水不进行回用，经破氰处理后即可排放。

为了提高回收黄金的纯度，可用浓硝酸对黄金进行煮沸提纯，每次煮 1h，然后用去离子水清洗，至洗出水呈中性为止，过滤、烘干、灼烧后，即可得到纯度为 99.5%的黄金。如再经王水溶解，用二氧化硫或维生素 C 等还原剂提纯，则可获得纯度为 99.9%的黄金。

29.5.5　从含银废水中回收银

从含银废水中处理和回收银的方法，有化学沉淀法、离子交换法和电解法等。通常多采用电解法处理和回收，即将含银的回收槽或废水引入到电解槽中，通过电解在阴极沉积回收金属银。图 29-8 所示为化学镀银废水处理流程，电解槽阳极为石墨，阴极采用不锈钢板，电压一般为 5~10V，电流密度为 0.3~0.5A/dm^3，电流效率可达 30%~75%。电解回收的银经过一段时间的电解后，可以从阴极上脱落下来，纯度可达到 99%。这种电解槽通常设在化学镀银槽的旁边或后面的回收槽旁，回收液引入电解槽进行电解回收银，电解后的出水返回到回收槽。循环进行电解，可以将带出液中 95%以上的银进行回收。回收槽后面的清洗采用逆流清洗。

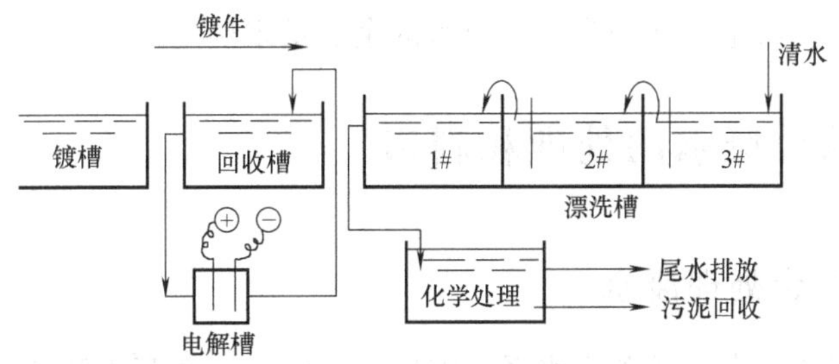

图 29-8　化学镀银废水处理流程

采用沉淀转换法可以回收银盐。该法是根据氯化银和硫化银溶度积及溶解度的不同，加入过量的硫化钠，使银转化为硫化银沉淀。然后加入硝酸，银转化为硝酸银，硫以单体析出，经浓缩和结晶，即得到固体硝酸银。

29.5.6　含氰废水的处理

含氰废水处理方法有化学氧化法、电解法、离子交换法、膜分离法、活性炭吸附法及臭氧法等。目前我国大多采用化学氧化法，即碱性氯化法。

碱性氯化法是在碱性条件下破氰的，通常是采用次氯酸钠、漂白粉和液氯等做氧化剂，将氰化物进行氧化破坏。以次氯酸钠破氰为例，基本原理是利用次氯酸根的氧化作用，其反应式如下：

$$CN^- + ClO^- + H_2O \longrightarrow CNCl + 2OH^-$$

$$CNCl + 2OH^- \longrightarrow CNO^- + Cl^- + H_2O$$

由上式可看出，在酸性条件下，剧毒的 CNCl 不易转化为微毒的 CNO^-。因此，必须先将废水的 pH 值调整到 11 以上，然后再进一步氧化，才能生成二氧化碳和氮气。

$$2CNO^- + 3ClO^- + H_2O \longrightarrow 2CO_2\uparrow + N_2\uparrow + 3Cl^- + 2OH^-$$

图 29-9 所示为一级连续氧化处理含氰废水处理流程。

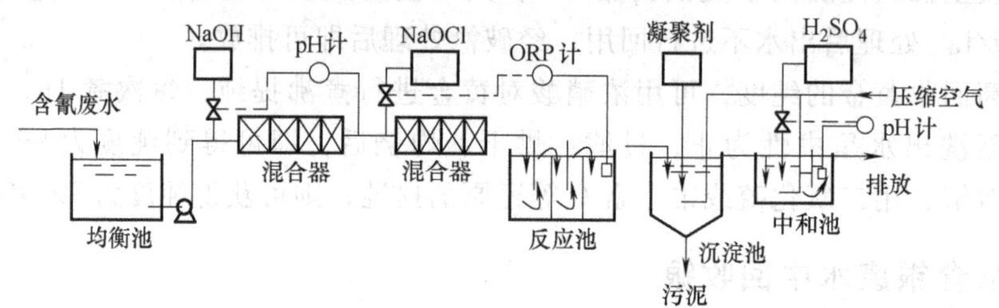

图 29-9　一级连续氧化处理含氰废水处理流程

含氰废水流入均衡池，经均衡浓度后，用泵打入管状混合器，并在混合器前投加碱液，投碱量由 pH 计控制，使废水的 pH 值控制在 11~12。在进入第二个混合器之前投加次氯酸钠溶液，投加量可由氧化还原电位计控制，一般控制氧化还原电位为 300mV。投药后的废水经过反应池，使其停留一段时间进行反应。然后进入加入了高分子絮凝剂的沉淀池，以加速重金属氢氧化物的沉降，并间歇地将废泥排出。沉淀池排出的水 pH 值比较高，不能直接排放，需进一步在中和池中调节，达到 pH 值为 6.5~8.5 时再排放或回用。还可以将沉淀池改用气浮法，使固液分离，则效果更好。如果没有条件使用 pH 计和氧化还原电位计进行控制的，也可人为控制投药量，并经常测定出水的余氯量来确定。

29.6　化学镀综合废水的处理和利用

29.6.1　化学法综合处理废水

通常可把化学镀的废水分成若干水系，如铬系废水、氰系废水和酸碱混合废水等。化学法综合处理废水必须考虑各项废水的特性。化学法综合处理废水工艺流程如图 29-10 所示。

含六价铬废水用酸性废液调节 pH 值，使六价铬还原为三价铬。含氰废水用碱性废液调节 pH 值后，用完全氧化法破坏氰化物。这两股水处理后可以互相自然中和，也可同其他废水合并后，进行中和沉淀。沉淀物经过固液分离、浓缩、脱水后，可综合利用。

化学法综合处理混合废水的关键是 pH 值和氧化还原电位计的控制。如果采用 pH 计和氧化还原电位计的自动控制系统，即可精确控制 pH 值和氧化还原电位值，可以较好地处理含 Cr^{6+} 废水和含氰废水。但要注意使用电极的维护，每天要用清水冲洗，并用标准溶液进行校正；每周用质量分数为 5%的 HCl 清洗一两次；经常检查电极玻璃泡是否有沾污或损坏，

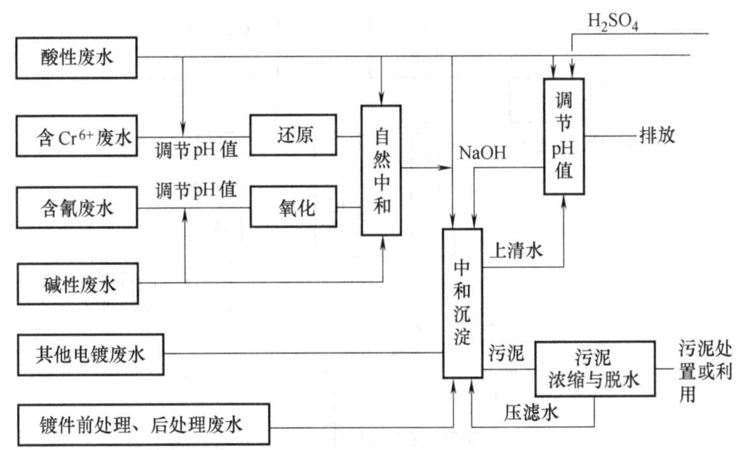

图 29-10　化学法综合处理废水工艺流程

如果发现有问题，应及时更换或处理，否则会导致自控失常，而严重影响废水处理质量。另外，还要注意投加的药剂浓度不能太高，投加的速度不能太快。

混合废水连续处理和自动控制系统是近几年发展起来的，打破了传统的在池内调节的方式，实现了管道式自动连续调节 pH 值，还配有自动控制、调节、显示、记录和检测等仪表，达到了混合废水处理全自动化。图 29-11 所示为废水处理自动控制原理。

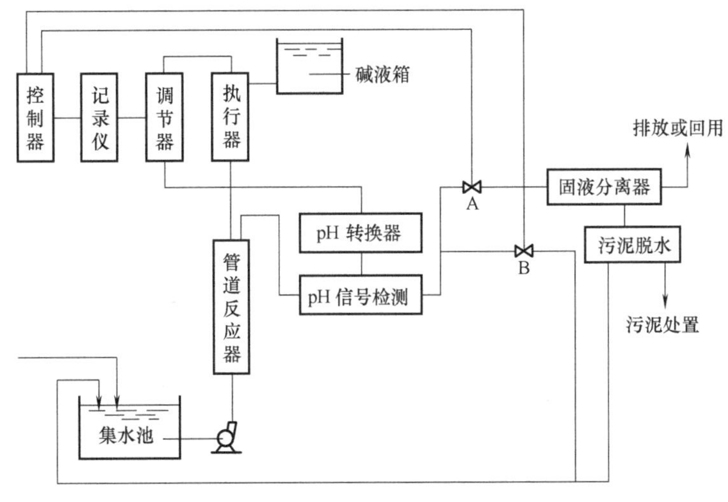

图 29-11　废水处理自动控制原理

29.6.2　离子交换法进行综合处理和利用废水

对于含有镍、铜、铁、锌等金属离子和氰的混合废水，而不含铬时，可采用三床离子交换法处理，其工艺流程如图 29-12 所示。当废水通过强酸性阳离子交换树脂柱时，各种金属离子被吸附，然后用酸再生。当通过弱碱性阴离子交换树脂柱时，将各种络合阴离子吸附，然后用碱再生。废水再通过强碱性阴离子交换树脂柱时，又将氰根和其他阴离子吸附，用碱再生。

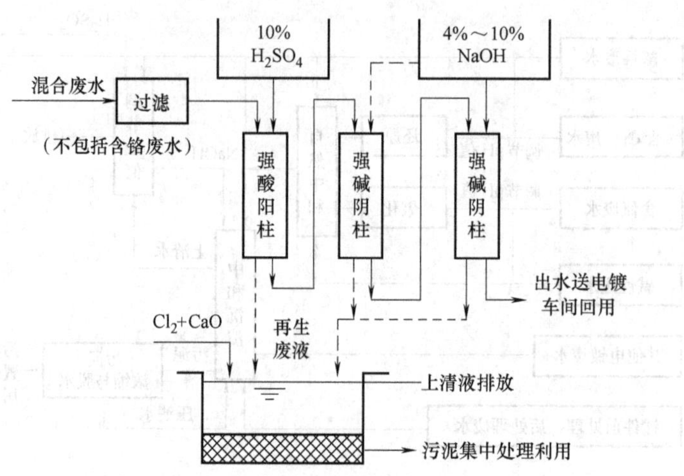

图 29-12　三床离子交换树脂法处理混合废水工艺流程

将阳离子交换树脂柱和阴离子交换树脂柱的洗脱液进行中和，再用氧化剂氯气氧化破坏氰化物，使用石灰将重金属沉淀下来，再生的洗脱液处理后即可排放。经离子交换法处理后的出水就可以回用了。若混合废水中也不含氰化物，则可省掉弱碱性阴离子交换树脂柱，三床可改为两床，仅用强酸性阳离子交换树脂柱和强碱性阴离子交换树脂柱即可。

第30章 热浸镀

将被镀金属材料浸于熔点较低的其他液态金属或合金中进行镀层的方法称为热浸镀。此法的基本特征是在基体金属与镀层金属之间有合金层形成。因此，热浸镀层是由合金层与镀层金属构成的复合镀层。被镀金属材料一般为钢、铸铁及不锈钢等。用于镀层的低熔点金属有锌、铝、铅、锡及它们的合金等。

热浸镀工艺可概括为三个过程，即钢材表面的预处理、热浸镀和后处理。预处理是将钢材表面的油污、氧化膜等清除干净，使之成为适于镀层的新鲜活化的表面。热浸镀是将钢材浸入熔融的镀层金属中，在钢表面形成一层厚度均匀并与钢基体结合牢固的金属镀层。后处理包括化学处理、机械平整及涂油等工序。

按预处理方式的不同，将热浸镀工艺划分为氢还原法和熔剂法两大类。前者主要用于钢带，后者多用于钢丝、钢管及钢结构件。

30.1 氢还原法热浸镀

氢还原法是将钢材经脱脂后，用氢气在高温下将钢材表面的氧化铁还原成活性铁，然后热浸镀的方法。这是现代连续热浸镀钢带采用最普通的一种工艺，主要用于钢带热浸镀锌铝及锌铝合金。

钢带连续热浸镀锌生产线主要有四种，其生产特征见表30-1，生产线流程如图30-1所示。

表30-1 四种主要钢带连续热浸镀锌生产线生产特征

序号	生产线类别	原料钢带	钢带的前处理方式	特征
1	改进的Sendzimir生产线(无氧化炉生产线)	未经退火	用煤气或天然气直接加热无氧化炉，调整空气过剩系数，使钢带免受氧化，将钢带上的油污挥发与分解 钢带在无氧化炉中加热到550~650℃ 还原退火炉用辐射管间接加热，炉内通入低H_2的保护气体	炉子的长度比原始的Sendzimir生产线大大缩短 机组速度提高，最高可达180m/min 镀层的附着性改善
Ⅱ	U.S.Steel生产线(美钢联法)	未经退火	钢带先经电解脱脂、水洗、烘干后，进入还原退火炉经辐射管加热到退火温度720~750℃，退火后冷却到480℃进入锌锅	生产线较长 钢带的调质范围广
Ⅲ	Wheeling生产线(Cook Norteman法)	退火后	钢带经碱洗脱脂后水洗，酸洗除去氧化皮后水洗，涂水溶剂，烘干后浸入锌锅 水溶剂为$NH_4Cl+ZnCl_2$的40%(质量分数)水溶液，温度为50~70℃	生产线较短 机组速度低 有废酸处理问题

（续）

序号	生产线类别	原料钢带	钢带的前处理方式	特　征
Ⅳ	Selas 生产线	退火后	钢带碱洗脱脂后水洗，酸洗除氧化皮后水洗 无氧化炉预热与还原钢带表面氧化膜	生产线短 机组速度低 有废酸处理问题

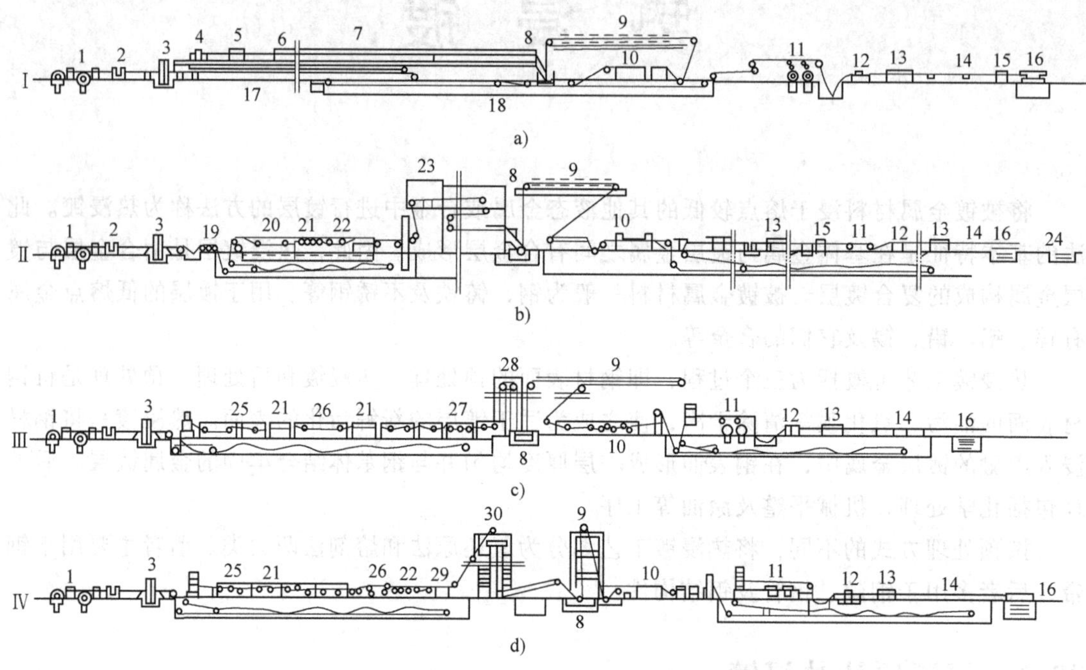

图 30-1　四种主要钢带连续热浸镀锌生产线流程

a）改进的 Sendzimir 生产线　b）U. S. Steel 生产线　c）Wheeling 生产线　d）Selas 生产线

1—开卷机　2—剪切机　3—焊机　4—张力调节器　5、30—无氧化炉　6—还原炉　7—冷却段　8—镀锅　9—冷却带　10—化学处理　11—卷取机　12—拉矫机　13—平整机　14—废料槽　15—涂油机　16—平台　17—入口活套　18—出口活套　19—切边机　20—电解脱脂　21—刷洗机　22—热水槽　23—退火炉　24—称量机　25—碱洗槽　26—酸洗槽　27—熔剂槽　28—预热炉　29—干燥设备

改进的 Sendzimir 生产线是应用最多的工艺，改进的 Sendzimir 生产线热浸镀锌工艺见表 30-2。

表 30-2　改进的 Sendzimir 生产线热浸镀锌工艺

无氧化炉	还原退火炉	冷却段	镀锌锅
1）炉膛温度：1150~1250℃ 2）钢带温度：550~650℃ 3）天然气消耗量：（15~28）×$10^2$$m^3$/t 4）过剩空气系数：0.95~0.97 5）废气温度：750~950℃ 6）热耗量：830~920kJ/kg	1）炉膛温度：850~950℃ 2）钢带温度：720~750℃ 3）天然气消耗量：（16~25）×$10^2$$m^3$/t 4）辐射管过剩空气系数：1.05~1.3 5）热耗量：540~830kJ/kg 6）保护气体：15%~25%（质量分数）H_2-N_2 7）露点：-40℃ 8）含氧量：小于 5mL/kL	1）冷却段末端温度：320~450℃ 2）钢带温度：440~530℃ 3）保护气体：15%~25%（质量分数）H_2-N_2 4）露点：-40℃ 5）含氧量：小于 5mL/kL	1）锌液温度：450~460℃ 2）浸锌时间：4~8s 3）锌液中铝的质量分数：0.10%~0.15%

30.2 熔剂法热浸镀

熔剂浸渍法预处理，是热浸镀工艺最常用的方法，多用于钢丝、钢管及钢结构件。其工艺流程为：钢件→脱脂→水洗→酸洗→水洗→熔剂处理→烘干→热浸镀→后处理→检验→成品。

脱脂除尽钢件表面的油污，用酸洗、有机溶剂或加热脱脂。

（1）酸洗　除去钢件表面的锈迹、氧化皮或腐蚀产物等，用硫酸、盐酸、磷酸等酸液，添加适量的缓蚀剂。

（2）熔剂处理　将脱脂除锈后的钢件浸入熔融熔剂或水溶剂中，使其表面黏附一层熔剂膜。熔剂处理的作用：彻底清除钢材表面残留的铁盐与新产生的氧化物；降低熔融金属表面张力、增大其对钢材表面的浸润性；除去熔融金属氧化物的残渣，防止它们黏附于钢材表面。

熔剂处理按熔剂的性质又分为湿法和干法。

湿法是钢材热浸镀前，先穿过覆盖在金属浴表面的熔融状熔剂层进行熔剂处理，随后浸入金属浴中热浸镀，这种工艺又称一浴法；干法是将水溶剂与金属浴分开放置，钢材净化后先浸入水溶剂中，表面黏附一层液膜，经烘干再浸入金属浴中热浸镀，这种工艺又称二浴法。热浸镀法常用的熔剂配方及工艺见表30-3。

表30-3　热浸镀法常用的熔剂配方及工艺

镀层金属	熔剂配方与工艺条件/(质量分数,%)	
	湿　法	干　法
锌	1) NH_4Cl	1) $ZnCl_2 \cdot 3NH_4Cl$ 10%水溶液
锌	2) $ZnCl_2 \cdot 3NH_4Cl$ 复盐 350～450℃熔盐状态	2) $ZnCl_2$(600g/L)+NH_4Cl(80g/L) 70～80℃浸1～2min
铝	1) NaCl 40%+KCl 40%+Na_3AlF_6 12%+AlF_3 8%	1) K_2ZrO_6 的饱和水溶液
铝	2) NaCl 35%+KCl 35%+$ZnCl_2$ 20%+Na_3AlF_6 10% 660～700℃熔融状态	2) $Na_2B_4O_7$ 5%+NH_4Cl 1%水溶液 80～90℃浸23min
铅	$ZnCl_2$ 90%+$SnCl_2$ 10% 330～350℃熔融状态	$ZnCl_2$ 90%+NH_4Cl 10%饱和水溶液 70～80℃浸13min
锡	$ZnCl_2$ 95%+NH_4Cl 5% 230～250℃熔融状态	$ZnCl_2$ 90%+NH_4Cl 10%饱和水溶液 80～100℃浸13min

30.3 热浸镀锌

30.3.1 钢带热浸镀锌

钢带热浸镀锌主要采用连续生产线，该生产线无氧化炉，采用天然气或煤气火焰直接加热钢带，烧去油污（加热到550～650℃）或将油污分解挥发，钢带表面有极轻微氧化，再在钢带加热到750℃还原气氛（用低H_2含量的N_2+H_2混合气）炉中，还原钢带表面氧化物和退火，冷却到320～450℃，然后在450～460℃锌浴中热浸镀锌。

30.3.2 钢管热浸镀锌

钢管主要采用熔剂预处理的热浸镀锌法和用氢还原的连续热浸镀锌森吉米尔法。在采用氯化铵和氯化锌复合盐的水溶液进行熔剂处理并取出烘干后，再在450~460℃的锌浴中热浸镀锌，镀锌时间按钢管不同直径在20~50s之间。热浸镀后管内壁用过热蒸气喷吹，管外壁用压缩空气喷吹，再空冷、水冷，最后钝化处理。用熔剂预处理的热浸镀锌，因钢管仅在锌浴温度中短暂保温，对其力学性能影响甚微。

森吉米尔法钢管热浸镀锌的工艺流程为：微氧化预热→还原→冷却→热浸镀锌→镀层检测→冷却→镀后处理。因钢管在预热还原炉内被加热到720~760℃的高温同时被退火，晶粒长大对其力学性能有一定影响。

30.3.3 钢丝热浸镀锌

热浸镀锌钢丝分一般用途的低碳钢丝和特殊用途的中高碳钢丝。钢丝的热浸镀锌通常采用熔剂法，很少采用氢还原法。低碳和中高碳钢丝的热浸镀锌工艺过程稍有不同，其工艺流程如图30-2所示。

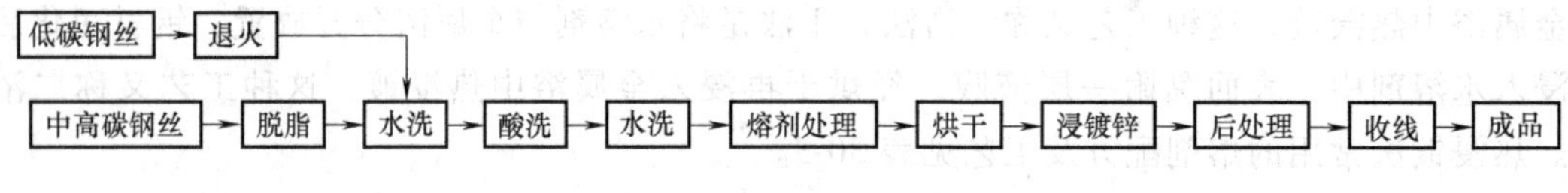

图30-2 钢丝热浸镀锌工艺流程

1. 低碳钢丝的脱脂

低碳钢丝的脱脂工艺见表30-4。

表30-4 低碳钢丝的脱脂工艺

退火炉类别	工艺参数
井式退火炉	间歇式，装料量：1.5~2t，炉温：750℃，保温时间：2h，随炉冷却到室温
隧道式退火炉	半连续式，炉温：800~1200℃，保温时间：20~30min，随炉逐渐冷却到室温
连续退火炉	连续式，钢丝运行速度：30m/min，钢丝加热温度：800~900℃（Ac_3 点以上），时间：0.5~1.5min

2. 中碳钢丝脱脂

中碳钢丝脱脂有四种方式，各种方式的工艺见表30-5。

表30-5 中碳钢丝脱脂工艺

脱脂方式	工艺参数
熔融铅法	钢丝通过熔融铅槽，铅液温度：350~400℃，通过时间：30~60s
燃气烧去法	钢丝通过孔型砖式加热炉，加热温度：200~300℃，通过时间：1min
化学碱洗法	钢丝通过碱洗槽，碱洗液配方：NaOH 30~50g/L+Na_2CO_3 20~30g/L+$Na_3PO_4 \cdot 12H_2O$ 50~70g/L+Na_2SiO_3 10~15g/L，温度：80~100℃，除尽为止
电化学脱脂法	钢丝通过电解槽，电解液配方：NaOH 15~20g/L+Na_2CO_3 20~30g/L+$Na_3PO_4 \cdot 12H_2O$ 50~70g/L+Na_2SiO_3 5~10g/L，温度：70~90℃，电流密度：10~15A/dm^2

3. 酸洗

由于盐酸对氧化铁皮的溶解能力比硫酸强，通常采用盐酸进行酸洗除锈。盐酸浓度取

10%~20%（质量分数）。也可用硫酸进行电解酸洗，效果更好。钢丝酸洗方式及工艺见表30-6。

表30-6 钢丝酸洗方式及工艺

酸洗方式	钢丝酸洗的工艺技术条件
化学酸洗	盐酸质量分数:10%~20%,酸洗时间:15~30s,决定于钢丝表面氧化皮的厚度,室温
电解酸洗	硫酸浓度:100~150g/L,室温,电流密度:3~10A/dm^2

4. 熔剂处理

熔剂处理分为干法与湿法。熔剂的作用在于：

1）防止酸洗后钢的活性表面被重新氧化。

2）浸镀时由于熔剂挥发和分解产生的气体，可驱赶锌液表面的浮渣，不致黏附于钢丝表面。

3）降低表面张力，提高锌液的浸润性，而起助镀作用，故又称助镀剂。

在此两种方法中，由于湿法不能在锌液中加铝，目前大部分被淘汰，而采用干法。熔剂成分与工艺见表30-7。

表30-7 熔剂成分与工艺

方法	熔剂成分与工艺条件	特征
湿法	将NH_4Cl撒于锌液表面,它与锌液反应形成$ZnCl_2$-NH_4Cl覆盖层	不能加铝,不能预热钢丝,锌渣多
干法	$ZnCl_2 \cdot 3NH_4Cl$的10%(质量分数)水溶液,温度:80℃,浸涂时间:1min	锌中可加铝,钢丝被预热到70℃以上,产生的锌渣少 锌层质量好
	NH_4Cl水溶液,密度:1.01~1.02g/cm^3,其中含铁量<90g/L;温度:70~80℃,时间:1min	
	$ZnCl_2$: NH_4Cl=3 : 2(质量比)水溶液,密度:1.05~1.07g/cm^3,温度:75~85℃,时间:1min	

5. 热浸镀工艺条件及锌层的擦拭

钢丝热浸镀锌时，锌液中可加少量铝（干法），以减薄合金层的厚度。锌液温度控制在445~465℃。温度过低，则锌层粗糙且厚；温度过高，则使合金层长厚，而缠绕性变坏。镀锌时间决定于钢丝的直径。粗丝的浸镀时间可稍长一些。一般浸锌时间范围为0.5~1.5min。

镀锌后钢丝从锌锅中引出的方式有两种：垂直引出与倾斜引出，见表30-8。

表30-8 钢丝引出方式、擦拭方法及镀层特征

引出方式	擦拭方法及镀层特征
垂直引出	钢丝表面锌层厚度取决于锌液在钢丝表面的附着力和重力作用的大小。当引出速度较高时,附着力大于重力,则锌层厚度大且均匀,镀层重可达300g/m^2以上。多用于生产厚镀层钢丝 擦拭方式:木炭颗粒内渗入牛油或全损耗系统用油,木炭层厚约为300mm
倾斜引出	钢丝与锌液成35°角引出,锌层的均匀性差,锌层较薄,镀层重为200g/m^2以下 擦拭方式:用石棉绳缠绕的钢丝夹或用孔板

30.3.4 钢结构件热浸镀锌

钢结构件种类繁多，形状复杂。因此，其热浸镀锌的工艺只能采用熔剂法。钢结构件热浸镀锌的工艺见表30-9。

表 30-9　钢结构件热浸镀锌的工艺

工　艺	技　术　参　数
酸洗	酸洗液：HCl 10%～20%（质量分数），缓蚀剂：若丁 1～2g/L，浸润剂：OP-10 1～2g/L；温度：室温（冬季应加热到 35℃），时间：1～3h
熔剂处理	熔剂：氯化锌铵水溶液（NH_4Cl 与 $ZnCl_2$ 的摩尔比为 5∶1），质量分数：25%～30%；密度：1.20～1.25g/cm^3，温度：60～70℃，时间：0.5～1.0min
烘干	热风温度：80～120℃，时间：5～20min
镀锌	锌液温度：460～480℃，浸镀时间：1.5～25min，浸镀速度：0.5m/min，提升速度：1～2m/min
水冷	冷却水温度：50～60℃，冷却时间：1～3min
钝化处理	钝化液组分：CrO_3 3～4g/L，温度：室温，时间：0.5～1min

30.3.5　可锻铸钢件热浸镀锌

各种管道的弯头、三通和阀门等玛钢件一般要求热浸镀锌。玛钢件通常为钢或铁的铸件。因此，其镀锌的前处理和镀锌工艺稍有不同。可锻铸钢件的前处理，通常是先喷丸，以除去表面黏附的型砂。然后，放入酸洗滚筒中进行滚动酸洗。滚筒浸于地面下的酸洗槽中。当滚动一定时间后，排出酸洗液，再通入冷水进行滚动水洗。将洗净的可锻铸钢件通过漏斗放入熔剂处理转筒中。此转筒浸于熔剂槽内，用螺旋推进器从出口端排出，并自动进入烘干转筒。从此转筒的出风口处送入热风。烘干后的可锻铸钢件由推进器推出，并立即落入筐篮中准备镀锌。

将装有可锻铸钢件的筐篮吊入锌锅中镀锌。在浸锌前及出锌锅前均应预先扒除锌液面上的面渣。吊出锌锅后，应立即放在离心机转盘上，开动离心机，靠离心力的作用甩掉可锻铸钢件表面及内部残留的多余的锌液，然后进行水冷。可锻铸钢件热浸镀锌前处理装置如图 30-3 所示，工艺见表 30-10。

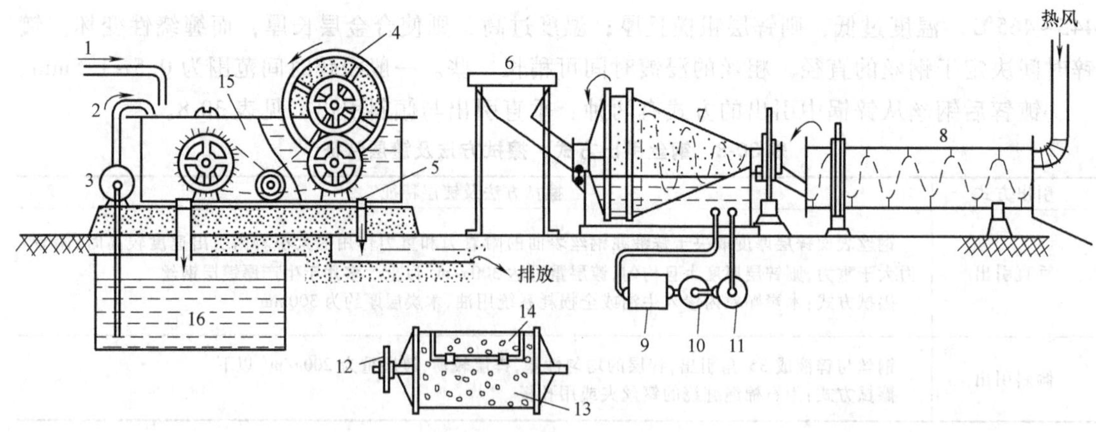

图 30-3　可锻铸钢件热浸镀锌前处理装置

1—水管　2—酸洗液　3—酸泵　4—滚筒　5—塞子　6—漏斗　7—熔剂滚筒　8—烘干筒　9—热交换器　10—过滤器　11—熔剂泵　12—齿轮　13—孔眼　14—滚筒盖　15—酸洗槽　16—地下酸槽

表 30-10　可锻铸钢件热浸镀锌工艺

工　序	技　术　参　数
酸洗	酸洗液(体积分数):HF 1.8%+HCl 3.5%+缓蚀剂 2%+水,酸洗温度:室温,时间:30min
熔剂处理	熔剂组成:NH_4Cl 水溶液,熔剂密度:1.014~1.028g/cm^3,熔剂中铁浓度<90g/L,熔剂温度>70℃,处理时间:1~5min
烘干	烘干条件:热风吹干,热风温度:120~150℃,烘干时间:10min 以下
镀锌	锌液温度:450~470℃,浸镀时间:2~5min

30.4　热浸镀铝

钢材热浸镀铝层具有优良的耐腐蚀和抗高温氧化性能，对光、热有良好的反射性。它在各种大气与多种介质条件下的耐蚀性和抗高温氧化性能，均优于热浸镀锌钢材，在汽车工业、建筑和机械行业都具有广阔的应用市场。

按热浸镀铝处理方式和镀层的组织结构，可分为浸渍型热浸镀铝和扩散型热浸镀铝两类。

30.4.1　熔剂法钢丝热浸镀铝

经脱脂和除氧化膜的钢丝浸入熔剂槽中涂以熔剂，经烘干后随即浸入铝锅中镀铝。其工艺过程与钢丝热浸镀锌相同。所用熔剂为水溶液型熔剂。例如，质量分数 4%的 K_2ZrF_6 水溶液，温度为 50~80℃（美国链和电缆公司法）。也有采用质量分数 5% $Na_2B_4O_7$ 和质量分数 1% NH_4Cl 水溶液的。图 30-4 所示为美国链和电缆公司钢丝热浸镀铝生产线示意图。

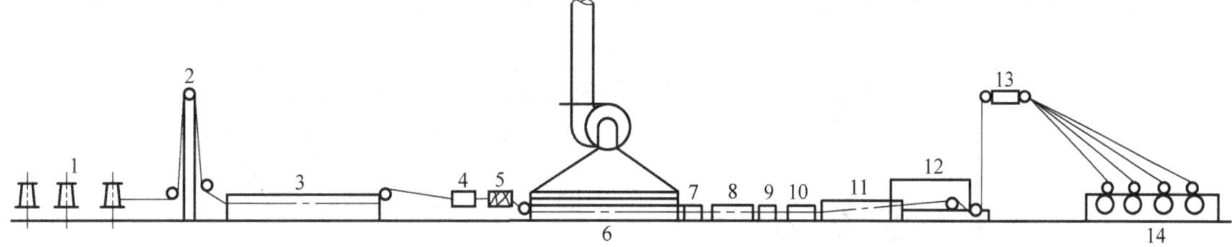

图 30-4　熔剂法钢丝热浸镀铝生产线

1—钢丝放线架　2—活套塔　3—铅预热锅　4、7、9、13—水洗槽　5—矫直机
6—酸洗槽　8—电解酸洗槽　10—熔剂槽　11—烘干板　12—镀铝锅　14—卷取机

30.4.2　氢还原法钢丝热浸镀铝

与钢丝采用 Sendzimir 法热浸镀锌线相似。钢丝从放线架引出后进入氧化炉，在此被加热到 450~500℃，烧去表面油污及拉拔润滑剂，并同时将表面氧化成蓝色氧化膜，随即进入还原退火炉，由炉管辐射加热到 730~830℃，同时通入含氢保护气体，还原后缓冷到 700℃在密封状态下进入铝锅中镀铝。为防止钢丝拉断而造成绞丝现象，在还原炉内每根钢丝均单独通一根加热管。钢丝绕过铝锅中的压辊转向并垂直引出，经氮气环形气刀擦拭，再经空气冷却和水冷后进入收线架卷取。

为保证镀铝钢丝的缠绕性能，所用镀铝用合金为含硅质量分数 3%~4%的铝硅合金。

钢丝高速热浸镀铝流程如图 30-5 所示。

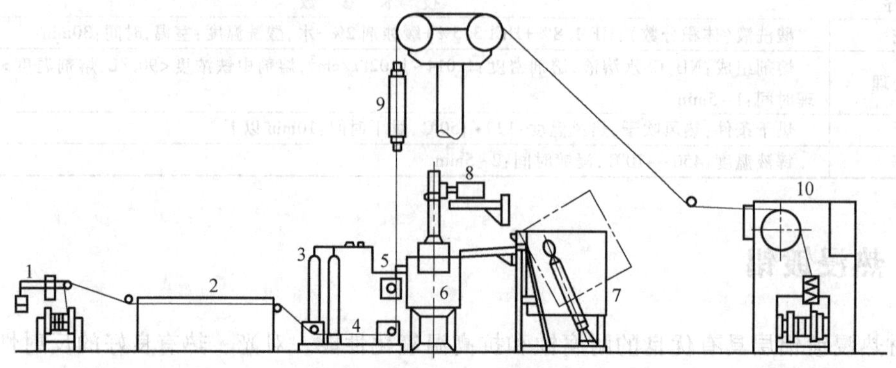

图 30-5 钢丝高速热浸镀铝流程

1—放线架 2—脱脂器 3—氢气瓶 4—还原炉 5—镀铝嘴 6—铝锅 7—化铝炉 8—升降电动机 9—冷却器 10—卷取机

30.4.3 改进的 Sendzimir 法钢带热浸镀铝

改进的 Sendzimir 法钢带热浸镀铝生产线的预热炉采用燃料（煤气或天然气）与空气的比率在 0.9~0.95，使燃料不完全燃烧，炉内气氛控制在微氧化条件件，钢带表面的油污靠挥发与分解除掉，同时钢带被快速加热到 650~830℃（炉膛温度达 1250℃），分解的碳与废气中的 H_2O 和 CO_2 反应而除去。钢带在预热炉内运行时间控制在 30s 以下，以减少表面的氧化。随后进入还原退火炉，在此炉内被辐射加热管间接加热到 800~850℃（炉膛温度约为

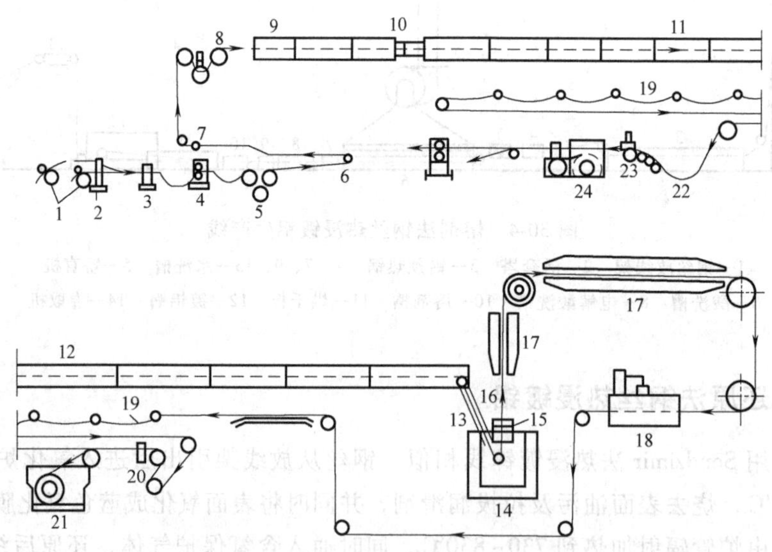

图 30-6 改进的 Sendzimir 法钢带热浸镀铝生产线

1—开卷机 2—双剪切机 3—焊机 4—切边机 5—牵引架 6、19—活套车 7—转向辊 8—张力架 9—无氧化预热炉 10—高温计 11—还原退火炉 12—冷却段 13—炉鼻 14—铝锅 15—气刀 16—空气冷却 17—风冷 18—铬酸盐处理槽 20—剪切机 21—卷取机 22—活套坑 23—测厚仪 24—飞剪

950℃)，进行退火并被通入的保护气体中的 H_2 还原，在炉内的冷却段冷至 680~700℃后在密封条件下通过炉鼻进入铝锅中镀铝。改进的 Sendzimir 法钢带热浸镀铝生产线如图 30-6 所示。

30.4.4　美钢联法钢带连续热浸镀铝

美钢联法钢带连续热浸镀铝工艺中，钢带前处理的脱脂部分采用电解清洗法除去钢带表面的轧制油和乳化液等污物，同时进行刷洗、水洗与烘干随即进入还原退火炉。以后的过程与前述改进的 Sendzimir 相同。图 30-7 所示为钢带美钢联法连续热浸镀铝生产线。

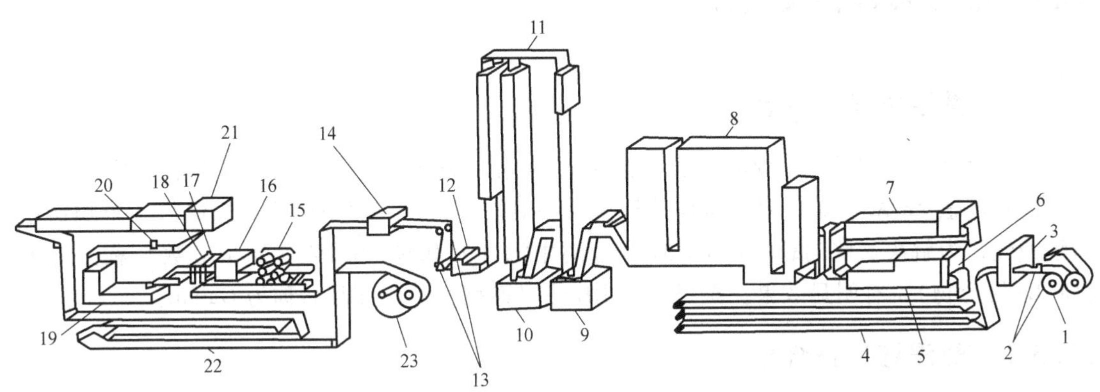

图 30-7　钢带美钢联法连续热浸镀铝生产线

1—开卷机　2、17—板厚测定仪　3—焊机　4—入口活套　5—前处理　6—超声波探伤仪　7—电解槽　8—退火炉　9—铝锅　10—锌锅　11—冷却段　12—水洗槽　13—镀层厚度测定仪　14—合金化度测定仪　15—光整机　16—拉弯矫直机　18—针孔检测仪　19—后处理　20—打印仪　21—辊涂机　22—出口活套　23—张力卷取机

30.4.5　钢管与钢件的热浸镀铝

通常采用熔剂法预处理的热浸镀铝，根据钢件的使用条件和性能要求，可分别采用浸渍型热浸镀铝或扩散型热浸镀铝生产工艺，其相应的工艺流程为：

① 浸渍型热浸镀铝：脱脂→除锈→熔剂处理→热浸镀铝→校正→清理→检验。

② 扩散型热浸镀铝：脱脂→除锈→熔剂处理→热浸镀铝→校正→清理→检验→扩散处理→校正→清理→检验。

1）熔剂处理可采用熔融盐法（湿法）或水溶液法（干法）。熔融盐法处理效果好，同时防止铝液表面高温氧化，但熔盐易挥发，有的有毒气、污染环境，只适于镀铝炉前通风好的场合。水溶液法，设备简单、成本低，国内采用较多。

2）一般热浸镀温度为 730~780℃，碳钢件取下限，合金钢、铸铁取上限。碳钢热浸镀时间见表 30-11，中高合金钢、铸铁件热浸镀时间增加 20%~30%。

3）扩散处理：一般扩散温度为 850~930℃，保温时间为 3~5h。使热浸镀层全部形成 Fe-Al 合金层和扩散层，降低镀铝层的脆性，增加与基体的结合力。

表 30-11　碳钢热浸镀时间

钢管与钢件壁厚/mm	热浸铝时间/min	
	浸渍型热浸镀铝层	扩散型热浸镀铝层
>1.0~1.5	0.5~1	2~4
>1.5~2.5	1~2	4~6
>2.5~4.0	2~3	6~8
>4.0~6.0	3~4	8~10
>6.0	4~5	10~12

30.5　热浸镀锌铝及铝锌合金

30.5.1　热浸镀锌铝合金

热浸镀 Zn-5%Al 合金（Zn-Al 合金的最低共晶点为 382℃，其中铝的质量分数为 5%）时，这种熔融 Zn-Al 合金，对钢基体的浸润性一般较差，其镀层中往往有漏镀点，影响镀层的耐蚀性，为解决这些问题，在 Zn-Al 合金浴中添加 0.03%~0.1%（质量分数）稀土元素（Ce-La 混合物），有明显效果。Zn-5%A1-RE 热浸镀钢板，其商品名称为 Galfan。

30.5.2　热浸镀铝锌合金

在热浸镀时，Al-Zn 浴与钢件会发生激烈反应而形成较厚的 Fe-Al-Zn 合金层，该合金化合物硬脆，不利于变形加工。为了遏制合金层增加，降低合金层的厚度，可在 Al-Zn 浴中添加适量的 Si，效果较好，相应合金层的变形加工性能大大提高。加入 Si 元素后组成的热浸镀浴为 55%A1-43.5%Zn-1.5%Si（质量分数），其热浸镀产品的商品名称为 Galvalume。

30.6　热浸镀锡和热浸镀铅

30.6.1　热浸镀锡

热浸镀锡钢板（俗称马口铁）是开发最早的热浸镀技术。由于锡资源短缺，且热浸镀锡层较厚，耗锡量较大，近年来，热浸镀锡钢板已逐步被镀层薄且均匀的电镀锡取代，仅在一些电器、无线电工程及要求厚镀锡层的地方使用。

钢材热浸镀锡的工艺流程为：钢材→酸洗→水洗→熔剂处理→热浸锡→浸油处理→空冷→脱脂及抛光→分选→成品。

热浸镀锡的温度在 260~290℃之间。浸油温度为 230~240℃之间，浸油的作用是防止锡氧化和使锡在所镀钢板上保持熔融状态，便于镀辊压延镀锡层，使其均匀。

热浸镀锡层的最大特点是具有优良的焊接性，很容易将镀锡件锡焊在一起。

30.6.2　热浸镀铅

铅是化学稳定性很高、熔点较低的金属。由于液态铅对铁不浸润，不能形成纯铅的镀层，必须在铅浴中添加一定量的 Sn 或 Sb，方能浸润钢材表面形成合金镀层。热浸镀铅实际上是热浸镀 Pb-Sn 或 Pb-Sn-Sb 合金。

一般在铅浴中添加锡量在 15%（质量分数）以上，热浸镀时，钢材表面先形成 $FeSn_2$ 底层和 Pb-Sn 合金表层的双层结构镀层。热浸镀铅的工艺流程与镀锡相似，其热浸温度比镀锡高（320~360℃）。铅蒸气和化合物有毒，使用时务必注意防护。钢材热浸镀铅（铅-锡合金）层，具有优异的耐化学药品和耐汽油腐蚀性，耐盐雾腐蚀性也优于热浸镀锌、热浸镀锡等镀层。热浸镀铅钢板的涂装性良好，还具有良好的焊接性，特别是其钎焊性尤为突出。

钢带连续热浸镀铅生产线流程如图 30-8 所示，工艺见表 30-12。

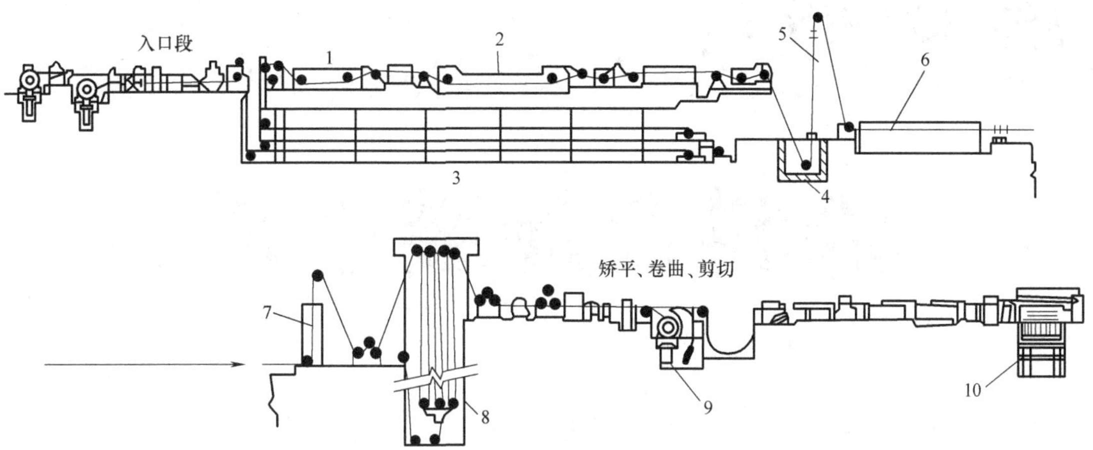

图 30-8 钢带连续热浸镀铅生产线流程

1—脱脂槽 2—酸洗槽 3—活套车 4—铅锅 5—冷却段 6—净化段 7—擦拭塔 8—活套塔 9—卷取机 10—堆垛机

表 30-12 钢带连续热浸镀铅工艺

工序	配方（质量分数）	技术参数
脱脂	金属脱脂剂（3%~5%水溶液）	30~35℃，时间>60s 后刷洗
酸洗	H_2SO_4（10%~15%）或 HCl（5%~10%）添加 1%~2%缓蚀剂	70℃，时间>40s（H_2SO_4）；40℃，>60s（HCl）
熔剂	$ZnCl_2$-NH_4Cl 水溶液（20%）	常温，1~2min
覆盖剂	$ZnCl_2$-NH_4Cl（摩尔比为 1∶3）或 $ZnCl_2$-0.5%~1%$SnCl_2$	350~360℃覆盖于铅液表面
镀铅	Pb-10%~25% Sn 或 Pb-10% Sn-5% Sb	360~375℃，10~30s

第 6 篇

涂料及涂装技术

第31章

涂料的基础知识

31.1 概述

随着人们生活水平的提高，以及各个行业对产品外观质量要求的进一步升级，涂装方法作为一种最有效、最经济的改善途径越来越受行业人士的青睐，伴随着涂装材料（涂料）的应用也越来越广泛。

涂料，是树脂、油料、溶剂、颜料及助剂等组成的一种能牢固地涂覆在物体表面，起保护、装饰、标志和其他特殊作用的有机高分子材料化学混合物。涂料可以根据不同的涂装方式，以有机溶剂或水溶性液态（也可以是粉末状固态）的形式被涂装在物体（被涂工件）表面，并迅速干结呈膜层结构。

从综合属性上讲，涂料被定义为是一种能均匀涂覆，并可以牢固地附着在被涂工件体表面上的，可以起到装饰、保护及其他特殊作用，或同时具有几种功能作用的成膜物质。

31.2 涂料的组成

涂料是由成膜物质、分散介质（溶剂）、颜料和填料及助剂组成的复杂的多相分散体系（见图 31-1），经适当的涂装工艺转变成具有一定力学性能的涂层，发挥保护、装饰的功能。涂料的各种组分在形成涂层过程中发挥其作用。

在某些与涂料有关的资料中，也把涂料的组成分为三个部分：主要成膜物质、次要成膜物质和辅助成膜物质。

1）主要成膜物质包括（半）干性油、天然树脂、合成树脂等，它是涂料中不可缺少的成分，涂膜的性质也主要由它所决定，故又称之为基料。其中合成树脂的品种多、工业生产规模大、性能好，是现代涂料工业的基础。这些合成树脂包括：酚醛树脂、环氧树脂、醇酸树脂、丙烯酸树脂、氨基树脂、聚氨酯树脂、聚酯树脂、乙烯基树脂、氟碳树脂及氯化烯基树脂等。由这些树脂配成的涂料，在防腐蚀保护和耐候性方面各有侧重，并有低档、中档及高档之分，以满足国民经济各领域产品的涂装要求。

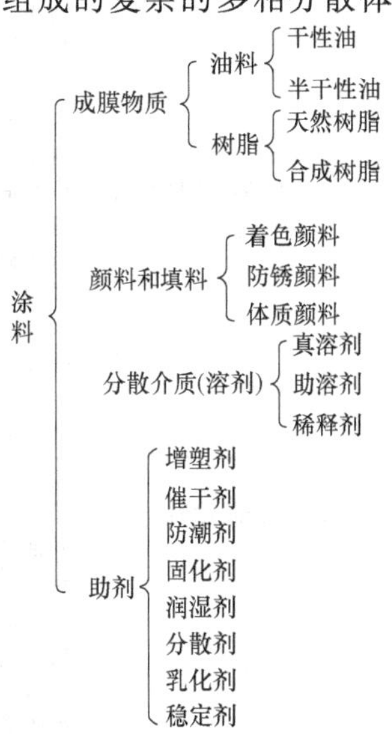

图 31-1　涂料组成分类

2）次要成膜物质包括颜料和填料、功能性材料添加剂，它自身没有形成完整涂膜的能力，但能与主要成膜物质一起参与成膜，赋予涂膜色彩或某种功能，也能改变涂膜的物理力学性能。颜料和填料包括防锈颜料、着色颜料和体质颜料三大类。

3）辅助成膜物质包括稀释剂和助剂。稀释剂由溶剂、非溶剂和助溶剂组成。溶剂直接影响到涂料的稳定性、施工性和涂膜质量：①选用的溶剂应该赋予涂料适当的黏度，使之与涂料施工方式相适应；②应保持溶剂在一定的挥发速度下与涂膜的干燥性相适宜，使之形成理想的膜层，避免出现发白、失光、桔纹、针孔等涂膜缺陷；③应增加涂料对物体表面的润湿性，赋予涂膜良好的附着力。

31.3 涂料的分类和命名

31.3.1 涂料的分类

1. 第一种分类方法

以涂料产品的用途为主线，并辅以主要成膜物的分类方法。将涂料产品划分为三个主要类别：建筑涂料、工业涂料和通用涂料及辅助材料，第一种分类方法见表 31-1。

表 31-1 涂料的第一种分类方法（GB/T 2705—2003）

主要产品类型			主要成膜物类型
建筑涂料	墙面涂料	合成树脂乳液内墙涂料 合成树脂乳液外墙涂料 溶剂型外墙涂料 其他墙面涂料	丙烯酸酯类及其改性共聚乳液；醋酸乙烯及其改性共聚乳液；聚氨酯、氟碳等树脂；无机黏合剂等
	防水涂料	溶剂型树脂防水涂料 聚合物乳液防水涂料 其他防水涂料	EVA、丙烯酸酯类乳液；聚氨酯、沥青、PVC 胶泥或油膏、聚丁二烯等树脂
	地坪涂料	水泥基等非木质地面用涂料	聚氨酯、环氧等树脂
	功能性建筑涂料	防火涂料 防霉(藻)涂料 保温隔热涂料 其他功能性建筑涂料	聚氨酯、环氧、丙烯酸酯类、乙烯类、氟碳等树脂
工业涂料	汽车涂料(含摩托车涂料)	汽车底漆(电泳漆) 汽车中涂漆 汽车面漆 汽车罩光漆 汽车修补漆 其他汽车专用漆	丙烯酸酯类、聚酯、聚氨酯、醇酸、环氧、氨基、硝基、PVC 等树脂
	木器涂料	溶剂型木器涂料 水性木器涂料 光固化木器涂料 其他木器涂料	聚酯、聚氨酯、丙烯酸酯类、醇酸、硝基、氨基、酚醛、虫胶等树脂
	铁路、公路涂料	铁路车辆涂料 道路标志涂料 其他铁路、公路设施用涂料	丙烯酸酯类、聚氨酯、环氧、醇酸、乙烯类等树脂
	轻工涂料	自行车涂料 家用电器涂料 仪器、仪表涂料 塑料涂料 纸张涂料 其他轻工专用涂料	聚氨酯、聚酯、醇酸、丙烯酸酯类、环氧、酚醛、氨基、乙烯等等树脂

（续）

主要产品类型			主要成膜物类型
工业涂料	船舶涂料	船壳及上层建筑物漆 船底防锈漆 船底防污漆 水线漆 甲板漆 其他船舶漆	聚氨酯、醇酸、丙烯酸酯类、环氧、乙烯类、酚醛、氯化橡胶、沥青等树脂
工业涂料	防腐涂料	桥梁涂料 集装箱涂料 专用埋地管道及设施涂料 耐高温涂料 其他防腐涂料	聚氨酯、丙烯酸酯类、环氧、醇酸、酚醛、氯化橡胶、乙烯类、沥青、有机硅、氟碳等树脂
工业涂料	其他专用涂料	卷材涂料 绝缘涂料 机床、农机、工程机械等涂料 航空、航天涂料 军用器械涂料 电子元器件涂料 以上未涵盖的其他专用涂料	聚酯、聚氨酯、环氧、丙烯酸酯类、醇酸、乙烯类、氨基、有机硅、氟碳、酚醛、硝基等树脂
通用涂料及辅助材料	调合漆 清漆 磁漆 底漆 腻子 稀释剂 防潮剂 催干剂 脱漆剂 固化剂 其他通用涂料及辅助材料	以上未涵盖的无明确应用领域的涂料产品	改性油脂；天然树脂；酚醛、沥青、醇酸等树脂

注：主要成膜物类型中树脂类型包括水性、溶剂型、无溶剂型、固体粉末等。

2. 第二种分类方法

除建筑涂料外，主要以涂料产品的主要成膜物为主线，并适当辅以产品主要用途的分类方法。将涂料产品划分为两个主要类别：建筑涂料、其他涂料及辅助材料。

1）建筑涂料的分类方法见表 31-2。

表 31-2　建筑涂料的分类方法（GB/T 2705—2003）

主要产品类型			主要成膜物类型
建筑涂料	墙面涂料	合成树脂乳液内墙涂料	丙烯酸酯类及其改性共聚乳液；醋酸乙烯及其改性共聚乳液；聚氨酯、氟碳等树脂；无机黏合剂等
		合成树脂乳液外墙涂料	
		溶剂型外墙涂料	
		其他墙面涂料	
	防水涂料	溶剂型树脂防水涂料	EVA、丙烯酸酯类乳液；聚氨酯、沥青、PVC 胶泥或油膏、聚丁二烯等树脂
		聚合物乳液防水涂料	
		其他防水涂料	
	地坪涂料	水泥基等非木质地面用涂料	聚氨酯、环氧等树脂
	功能性建筑涂料	防火涂料	聚氨酯、环氧、丙烯酸酯类、乙烯类、氟碳等树脂
		防霉（藻）涂料	
		保温隔热涂料	
		其他功能性建筑涂料	

注：主要成膜物类型中树脂类型包括水性、溶剂型、无溶剂型等。

2）其他涂料的分类方法见表 31-3。

表 31-3 其他涂料的分类方法（GB/T 2705—2003）

主要成膜物类型		主要产品类型
油脂漆类	天然植物油、动物油（脂）、合成油等	清油、厚漆、调合漆、防锈漆、其他油脂漆
天然树脂[①]漆类	松香、虫胶、乳酪素、动物胶及其衍生物等	清漆、调合漆、磁漆、底漆、绝缘漆、生漆、其他天然树脂漆
酚醛树脂漆类	酚醛树脂、改性酚醛树脂等	清漆、调合漆、磁漆、底漆、绝缘漆、船舶漆、防锈漆、耐热漆、黑板漆、防腐漆、其他酚醛树脂漆
沥青漆类	天然沥青、（煤）焦油沥青、石油沥青等	清漆、磁漆、底漆、绝缘漆、防污漆、船舶漆、耐酸漆、防腐漆、锅炉漆、其他沥青漆
醇酸树脂漆类	甘油醇酸树脂、季戊四醇醇酸树脂、其他醇类的醇酸树脂、改性醇酸树脂等	清漆、调合漆、磁漆、底漆、绝缘漆、船舶漆、防锈漆、汽车漆、木器漆、其他醇酸树脂漆
氨基树脂漆类	三聚氰胺甲醛树脂、脲（甲）醛树脂及其改性树脂等	清漆、磁漆、绝缘漆、美术漆、闪光漆、汽车漆、其他氨基树脂漆
硝基漆类	硝基纤维素（酯）等	清漆、磁漆、铅笔漆、木器漆、汽车修补漆、其他硝基漆
过氯乙烯树脂漆类	过氯乙烯树脂等	清漆、磁漆、机床漆、防腐漆、可剥漆、胶液、其他过氯乙烯树脂漆
烯类树脂漆类	聚二乙烯乙炔树脂、聚多烯树脂、氯乙烯醋酸乙烯共聚物、聚乙烯醇缩醛树脂、聚苯乙烯树脂、含氟树脂、氯化聚丙烯树脂、石油树脂等	聚乙烯醇缩醛树脂漆、氯化聚烯烃树脂漆、其他烯类树脂漆
丙烯酸酯类树脂漆类	热塑性丙烯酸酯类树脂、热固性丙烯酸酯类树脂等	清漆、透明漆、磁漆、汽车漆、工程机械漆、摩托车漆、家电漆、塑料漆、标志漆、电泳漆、乳胶漆、木器漆、汽车修补漆、粉末涂料、船舶漆、绝缘漆、其他丙烯酸酯类树脂漆
聚酯树脂漆类	饱和聚酯树脂、不饱和聚酯树脂等	粉末涂料、卷材涂料、木器漆、防锈漆、绝缘漆、其他聚酯树脂漆
环氧树脂漆类	环氧树脂、环氧酯、改性环氧树脂等	底漆、电泳漆、光固化漆、船舶漆、绝缘漆、划线漆、罐头漆、粉末涂料、其他环氧树脂漆
聚氨酯树脂漆类	聚氨（基甲酸）酯树脂等	清漆、磁漆、木器漆、汽车漆、防腐漆、飞机蒙皮漆、车皮漆、船舶漆、绝缘漆、其他聚氨酯树脂漆
元素有机漆类	有机硅、氟碳树脂等	耐热漆、绝缘漆、电阻漆、防腐漆、其他元素有机漆
橡胶漆类	氯化橡胶、环化橡胶、氯丁橡胶、氯化氯丁橡胶、丁苯橡胶、氯磺化聚乙烯橡胶等	清漆、磁漆、底漆、船舶漆、防腐漆、防火漆、划线漆、可剥漆、其他橡胶漆
其他成膜物类涂料	无机高分子材料、聚酰亚胺树脂、二甲苯树脂等以上未包括的主要成膜材料	

注：主要成膜物类型中树脂类型包括水性、溶剂型、无溶剂型、固体粉末等。

① 包括直接来自天然资源的物质及其经过加工处理后的物质。

3）辅助材料的分类方法见表 31-4。

表 31-4 辅助材料的分类方法（GB/T 2705—2003）

主 要 品 种	主 要 品 种
稀释剂	脱漆剂
防潮剂	固化剂
催干剂	其他辅助材料

31.3.2　涂料的命名

1. 命名原则

涂料全名一般是由颜色或颜料名称加上成膜物质名称，再加上基本名称（特性或专业用途）而组成。对于不含颜料的清漆，其全名一般是由成膜物质名称加上基本名称而组成。

2. 颜色名称

颜色名称通常由红、黄、蓝、白、黑、绿、紫、棕、灰等颜色，有时再加上深、中、浅（淡）等词构成。若颜料对漆膜性能起显著作用，则可用颜料的名称代替颜色的名称，例如铁红、锌黄、红丹等。

3. 成膜物质名称

成膜物质名称可做适当简化，例如聚氨基甲酸酯简化成聚氨酯；环氧树脂简化成环氧；硝酸纤维素（酯）简化为硝基等。漆基中含有多种成膜物质时，选取起主要作用的一种成膜物质命名。必要时也可选取两种或三种成膜物质命名，主要成膜物质名称在前，次要成膜物质名称在后，例如红环氧硝基磁漆。

4. 基本名称

基本名称表示涂料的基本品种、特性和专业用途，例如清漆、磁漆、底漆、锤纹漆、罐头漆、甲板漆、汽车修补漆等，涂料的基本名称见表 31-5。

表 31-5　涂料的基本名称（GB/T 2705—2003）

基本名称	基本名称
清油	铅笔漆
清漆	罐头漆
厚漆	木器漆
调合漆	家用电器涂料
磁漆	自行车涂料
粉末涂料	玩具涂料
底漆	塑料涂料
腻子	（浸渍）绝缘漆
大漆	（覆盖）绝缘漆
电泳漆	抗弧（磁）漆、互感器漆
乳胶漆	（粘合）绝缘漆
水溶（性）漆	漆包线漆
透明漆	硅钢片漆
斑纹漆、裂纹漆、桔纹漆	电容器漆
锤纹漆	电阻漆、电位器漆
皱纹漆	半导体漆
金属漆、闪光漆	电缆漆
防污漆	可剥漆
水线漆	卷材涂料
甲板漆、甲板防滑漆	光固化涂料
船壳漆	保温隔热涂料
船底防锈漆	机床漆
饮水舱漆	工程机械用漆
油舱漆	农机用漆

（续）

基本名称	基本名称
压载舱漆	发电、输配电设备用漆
化学品舱漆	内墙涂料
车间(预涂)底漆	外墙涂料
耐酸漆、耐碱漆	防水涂料
防腐漆	地板漆、地坪漆
防锈漆	锅炉漆
耐油漆	烟囱漆
耐水漆	黑板漆
防火涂料	标志漆、路标漆、马路划线漆
防霉(藻)涂料	汽车底漆、汽车中涂漆、汽车面漆、汽车罩光漆
耐热(高温)涂料	汽车修补漆
示温涂料	集装箱涂料
涂布漆	铁路车辆涂料
桥梁漆、输电塔漆及其他(大型露天)钢结构漆	胶液
航空、航天用漆	其他未列出的基本名称

5. 插入语

在成膜物质名称和基本名称之间，必要时可插入适当词语来标明专业用途和特性等，例如白硝基球台磁漆、绿硝基外用磁漆等。

6. 烘烤干燥漆

需烘烤干燥的漆，名称中（成膜物质名称和基本名称之间）应有“烘干”字样，例如银灰氨基烘干磁漆、铁红环氧聚酯酚醛烘干绝缘漆。如名称中无“烘干”词，则表明该漆是自然干燥，或自然干燥、烘烤干燥均可。

7. 双（多）组分涂料

凡双（多）组分的涂料，在名称后应增加（双组分）或（三组分）等字样，例如聚氨酯木器漆（双组分）。

31.4 常用涂料的特性及应用范围

31.4.1 常用涂料的特性

1. 油脂涂料

（1）概述　以植物油（如桐油、亚麻油、豆油和蓖麻油等）和动物油（如鱼油等）为成膜物的涂料产品。使用时需加催干剂，在空气中干燥。

（2）种类　主要有清油、厚漆、油性调合漆、油性防锈漆四大类，共有 20 多个品种。

（3）优点　具有一定的耐候性，可内用与外用，单组分，施工方便，涂刷性能好，渗透性强，价格低廉。

（4）缺点　干燥缓慢，涂膜软，不能打磨抛光，不耐酸碱溶剂和水，浸水膨胀。

2. 天然树脂涂料

（1）概述　以植物油和天然树脂（主要是松香衍生物、虫胶、大漆等）经熬炼后制得的漆料，再加入溶剂、催干剂与颜料和填料配制成的涂料产品。可自干或低温烘干。

（2）种类　有清漆、磁漆、底漆和腻子等四大类，共有60多个品种。

（3）优点　某些（如大漆）具有特殊的耐久性、保光性、耐磨性、耐蚀性。干燥快，短油的坚硬易打磨，长油的柔韧性好。单组分，施工方便，价格低廉。

（4）缺点　短油树脂耐候性差，长油树脂不能打磨抛光，耐久性差。大漆施工操作复杂，毒性大。除大漆外，其他品种耐蚀性不佳。

3. 酚醛树脂涂料

（1）概述　以酚醛树脂为主要成膜物质的涂料，可自干或烘干。

（2）种类　有醇溶性、油溶性、松香改性、丁醇改性、水溶性酚醛树脂等五大类，100多个品种。

（3）优点　干燥性好，耐磨，涂膜坚硬光亮，耐水、耐化学腐蚀性好，有一定的绝缘能力，单组分，施工方便。

（4）缺点　涂膜硬脆，颜色易泛黄变深，故很少制白漆，耐候性差。

4. 沥青涂料

（1）概述　以各种沥青为主要成膜物质的涂料，可自干或烘干。

（2）种类　有纯沥青、沥青树脂、沥青油脂涂料等三大类，共有50多个品种。天然沥青、石油沥青，属脂肪烃类，耐候性能较好，煤焦沥青属芳香烃类，耐腐蚀性能较好。

（3）优点　抗水、耐潮、耐化学药品性好、耐酸碱、有良好的电绝缘性、成本低。煤焦沥青可与环氧树脂拼用，制成耐水等防腐性能优异的环氧沥青防腐涂料。

（4）缺点　受温度影响大，冬天硬脆、夏天软黏，对强溶剂不稳定，贮存稳定性差。颜色深，有毒，只能制成深色漆。

5. 醇酸树脂涂料

（1）概述　涂料用各种醇酸树脂是由各种多元醇、多元酸和油类（干性油、半干性油、不干性油）缩聚反应制得，可自干或低温烘干。

（2）种类　可按不同酸、醇、油类型进行分类。按其用途和形态分为：通用、外用、底漆和防锈漆、快干、绝缘、桔皮、水溶性醇酸树脂涂料七大类，共有100多个品种。

（3）优点　涂膜丰满光亮、耐候性优良、施工方便，可采取多种施工方式，附着力较好。价格较为低廉。可与多种类型的树脂拼用，制成性能优异的防腐涂料。如氯化橡胶醇酸涂料。

（4）缺点　涂膜较软，不宜打磨，耐碱性、耐水性欠佳，贮存稳定性不佳，易出现结皮等现象。干燥时间长，实干时间久。防腐性能一般，在严酷腐蚀环境中，易起泡、脱落、变色。

6. 氨基树脂涂料

（1）概述　此类涂料是氨基树脂和醇酸树脂配合而成的一类涂料，兼具两者的优异性能，烘干为主。

（2）种类　根据氨基树脂和醇酸树脂的比例分为高、中、低氨基树脂涂料，60多个品种。

（3）优点　硬度高、保色、保光、耐候、涂膜光泽好、不泛黄、耐大气、盐雾和溶剂性好，耐热、色浅，可做白漆，耐化学腐蚀优于醇酸树脂。

（4）缺点　韧性差，干燥时一般需烘烤，一般不单独使用。

7. 硝基纤维素涂料

（1）概述　此类涂料是以硝化棉为主并加有增塑剂和树脂（如甘油松香、醇酸或氨基）等配制的涂料。自干或烘干，自干为主。

（2）种类　有近 70 个品种。

（3）优点　干燥快，涂膜坚硬，装饰性好，并具有一定的耐蚀性。

（4）缺点　易燃，清漆不耐紫外线，不能超过 60℃使用，固体分低，施工层次多，价格高。溶剂含量高，且毒性大。

8. 纤维素涂料

（1）概述　此类涂料是指除硝化棉以外的其他纤维素为主要成膜物质的涂料。

（2）种类　有醋酸丁酯纤维素、乙基纤维素、苄基纤维素等品种。

（3）优点　干燥快、色浅好、光泽好、耐候性好，保色性和韧性较好，且具有良好的丰满度，个别品种耐碱、耐热。

（4）缺点　附着力较差、耐潮湿性和耐溶剂性差，价格高。固体含量低，需多次涂装。

（5）主要用途　飞机蒙皮、纸张织物涂料。

9. 过氯乙烯涂料

（1）概述　此类涂料是以过氯乙烯为主要成膜物质的涂料。

（2）优点　干燥快、施工方便，可采用多种施工方式，耐候性好、耐化学品腐蚀、耐油、耐寒、耐热。

（3）缺点　附着力差，耐热性、耐溶剂性差，硬度低、打磨抛光性差，固体分低，硬干时间长。

10. 乙烯树脂涂料

（1）概述　用烯类单体聚合或共聚的高分子量树脂所制成的涂料，溶剂挥发干燥。

（2）种类　可分为氯乙烯-醋酸乙烯、醋酸乙烯共聚物、氯乙烯-偏二氯乙烯、含氯树脂、聚乙烯缩丁醛、高氯乙烯聚丙烯树脂等多种涂料，共有 50 多个品种。

（3）优点　耐冲击、耐汽油、耐化学腐蚀性优良，耐磨，色浅，不泛黄，柔韧性好。干燥好，有些品种可与其他树脂拼用制成高性能涂料，含氟树脂涂料耐候性能优良。

（4）缺点　固体分低，需强溶剂、污染环境，高温时易炭化，清漆不耐晒，附着力不佳。干燥后，需较长时间才能形成坚硬的涂膜。

11. 丙烯酸树脂涂料

（1）概述　此类涂料树脂多是丙烯酸单体与苯乙烯共聚树脂聚合制成。可作单组分涂料，溶剂挥发，也可与其他树脂固化和烘干。

（2）种类　可分为热塑型和热固型丙烯酸涂料及丙烯酸树脂乳胶涂料三大类。

（3）优点　涂膜色浅，耐碱性、耐候性、耐热性、耐腐蚀性好，附着力好，极好的装饰性。与聚氨酯等制成双组分涂料，耐候性能优异。

（4）缺点　单组分涂料耐溶剂性差，固体分低，耐湿热性能不佳，成本高。双组分涂料价格高，对底材处理要求高。

12. 聚酯树脂涂料

（1）概述　是以聚酯为主要成膜物质的涂料。

（2）种类　包括饱和聚酯和不饱和聚酯两大类。

（3）优点　固体分高，涂膜光泽，柔韧性好，硬度高，耐磨、耐热、耐化学品性能强。

（4）缺点　不饱和聚酯涂料多组分包装，使用不方便。涂膜须打磨、打蜡、抛光等保养，施工方法复杂，附着力不佳。

13. 环氧树脂涂料

（1）概述　此类涂料以环氧树脂为主要成膜物质。双酚A型环氧涂料最为常用，与聚酰胺等固化剂固化成膜，也有烘烤类型，可与多种树脂拼用。

（2）种类　包括双酚A型、F型、环氧酯等类型。

（3）优点　附着力强，力学性能好，抗化学药品性优良，耐碱、耐油，具有较好的热稳定性和电绝缘性。可制成高固体分涂料。

（4）缺点　耐候性差，室外曝晒易粉化，保光性差，涂膜外观较差，双组分包装，使用不方便。

14. 聚氨酯涂料

（1）概述　此类涂料是指分子中含有多氨基甲酸酯键的涂料。可自干或烘干。

（2）种类　具有单组分聚氨酯油、单组分湿固化、单组分封闭型、双组分催化型、双组分羟基固化型等种类，共有近60个品种。

（3）优点　耐磨、装饰性好、附着力强、耐化学药品性好，某些品种可在潮湿条件下固化，绝缘性好。制成的面漆耐候性能优异。

（4）缺点　生产、贮存、施工等条件苛刻，有时层间附着力不佳，芳香族产品户外使用易泛黄，价格高，底材处理要求高。

15. 元素有机涂料

（1）概述　此类涂料是以各种元素有机化合物为主要成膜物质的涂料，需高温烘烤成膜。

（2）种类　主要指有机硅树脂涂料，已有近40个品种。

（3）优点　很好的耐高温、抗氧化性、绝缘和耐化学药品的性能，耐候性强，耐潮。

（4）缺点　固化温度高，时间长，耐汽油性差，个别品种涂膜较脆，附着力较差，价格高。

16. 橡胶涂料

（1）概述　此类涂料是以天然橡胶衍生物或合成橡胶为主要成膜物质的涂料。其中有单组分溶剂挥发型涂料，也有双组分固化型涂料。

（2）种类　主要类别有聚硫橡胶、氯磺化聚乙烯橡胶、氯化橡胶、氯丁橡胶、丁基橡胶、丁腈橡胶涂料等品种。

（3）优点　氯化橡胶涂料，施工方便、干燥快、耐酸碱腐蚀，韧性、耐磨性、耐老化性、耐水性能好。聚硫橡胶，耐溶剂和耐油性能极佳，氯磺化聚乙烯，耐各种氧化剂、涂膜柔软。品种不同，性能优点各异。

（4）缺点　氯化橡胶等单组分溶剂挥发型涂料，固体含量低、光泽不佳，清漆不耐曝晒，易变色，耐溶剂性差，不耐油。双组分涂料，贮存稳定性差，制造工艺复杂，有的需要炼胶。

17. 其他类涂料

这是指上述16类成膜物质以外的其他成膜物形成的涂料。

（1）概述　有些可自干，有些需要烘干。

（2）种类　主要品种有：无机富锌涂料、聚酰亚胺涂料、无机硅酸盐涂料、环烷酸铜防虫涂料等。

（3）优点　无机富锌涂料，涂膜坚固耐磨、耐久性好，耐水、耐油、耐溶剂、耐高温、耐候性好。无机硅酸盐涂料，耐高温、防火性能好。环烷酸铜防虫涂料，防止木材生霉和海生物附着。

（4）缺点　价格高，多组分包装，使用不便，施工要求高。形成膜厚较薄，需多次涂装，柔韧性差，不能在寒冷及潮湿的条件下施工。属特种涂料，对底材要求高。

18. 涂料的性能比较

不同品种的涂料产品，具有不同的机械物理性能以及不同的防护装饰功能，针对各种底材涂装后的使用条件，应选用可达到防护性能要求的涂料品种。表31-6列出了各类涂料的详细性能对比，以便于使用者对涂料产品的功能有更充分的了解。

表31-6　各类涂料使用性能等级比较

涂料类别	物理性能								耐蚀性									
	附着力	柔韧性	耐冲击性	硬度	耐磨性	光泽	耐电位	最高使用温度/℃	室外耐候性	耐水	耐盐雾	耐酒精溶剂	耐汽油	耐烃类溶剂	耐酯类、酮类溶剂	耐碱	耐无机酸	耐有机酸
油脂涂料	3	1	1	5	5	4	3	80	2	4	2	4	3	4	5	5	4	3
天然树脂涂料	3	3	3	1	5	2	4	93	4	4	4	4	3	4	5	4	4	4
酚醛树脂涂料	1	3	2	1	1	3	1	170	3	1	2	1	2	1	4	5	3	4
沥青涂料	2	2	2	3	1	2	3	93	4	1	1	5	4	5	5	3	3	1
醇酸树脂涂料	1	1	1	3	3	2	3	93	2	3	3	4	3	3	5	5	4	5
氨基树脂涂料	2	2	1	1	2	1	2	120	1	3	2	3	1	1	4	3	3	5
硝基纤维素涂料	2	2	1	2	4	2	3	70	3	3	3	3	3	4	5	5	2	5
纤维素涂料	3	2	3	3	1	2	3	80	2	3	2	3	3	4	5	5	4	5
过氯乙烯涂料	3	2	3	3	4	3	3	65	1	2	2	1	2	4	5	1	2	5
乙烯涂料	2	2	2	3	2	3	1	65	2	2	2	4	1	3	5	1	1	1
丙烯酸涂料	2	1	2	2	4	1	2	180	1	2	2	5	3	4	5	3	3	5
聚酯涂料	4	2	2	2	3	1	3	93	1	3	2	3	2	1	5	5	1	5
环氧树脂涂料	1	2	1	2	2	4	2	170	5	1	2	1	1	1	2	1	3	2
聚氨酯涂料	1	2	1	1	1	2	1	150	4	1	2	1	1	1	4	2	3	1
元素有机涂料	1	3	1	3	4	4	1	280	1	2	2	4	4	2	3	3	5	1
氯化橡胶涂料	1	2	1	3	3	2	1	93	1	1	1	1	1	2	3	1	3	1

注：1. 此表仅作为大类涂料参考，不尽代表具体每一品种、品牌性能。

2. 数字代号：1——优良；2——良好；3——中等；4——较差；5——很差。

3. 无机酸不包括硝酸、磷酸及全部氧化性酸。

4. 有机酸不包括醋酸。

从表31-6可得到不同种类涂料产品性能的优、缺点和各自的用途，以及它们各项使用性能的优劣等级比较，对于正确选择涂料品种提供有益的指导。

但如何获得完好的涂装效果，在选择涂料品种时，还应考虑以下几个问题：

1）根据被涂工件的材质进行选择。

2）根据使用用途，即不同的涂饰目的选择涂料。

3）根据涂料的配套性选择。

4）根据施工条件来选择。

5）根据费效比来选择。

31.4.2　常用涂料的应用范围

明确了解不同种类涂料的优、缺点，对于选择涂料有一定的指导意义。同时，更应通过涂料产品说明书和其他技术资料对具体涂料的性能及其优缺点有更充分的认识和了解。

（1）油脂涂料的应用范围　属低级涂料，可对质量要求不高的建筑物、木材、砖石、钢铁等表面的单独涂饰或作打底涂料。

（2）天然树脂涂料的应用范围　广泛用于低档木器家具、一般建筑、金属制品的涂装。

（3）酚醛树脂涂料的应用范围　广泛用于木器家具、建筑、机械、电动机、船舶和化工防腐蚀等。

（4）沥青涂料的应用范围　广泛用于自行车、缝纫机等金属制品和需耐水防潮的木器、建筑、钢铁表面。

（5）醇酸树脂涂料的应用范围　广泛用于汽车、玩具、机器部件、金属工业产品以及户内外建筑和家具用品作面漆。

（6）氨基树脂涂料的应用范围　适用于涂装汽车、电冰箱、机具等钢质器具。有清漆、绝缘漆、烘漆、锤纹漆等品种，一般作高档装饰性涂料。

（7）硝基纤维素涂料的应用范围　汽车、家具、乐器、文具、玩具、皮革织物和塑料等涂装。有清漆、磁漆、快干漆等品种。

（8）纤维素涂料的应用范围　飞机蒙皮、纸张织物涂料。

（9）过氯乙烯涂料的应用范围　适用于化学防腐及外用、机床阻燃，电动机防霉以及飞机、汽车和其他工业品的表面涂装。

（10）乙烯树脂涂料的应用范围　用于防腐、包装、纸张、织物及建筑工程等，广泛用于各种化工防腐、仪器仪表的内外表面。

（11）丙烯酸树脂涂料的应用范围　适用于航空、汽车、机械、仪表、家用电器等内外表面的涂装，特别用作面漆时，用途广泛。

（12）聚酯树脂涂料的应用范围　饱和聚酯主要用作漆包线涂料；不饱和聚酯，用于涂装高级木器、电视机、收音机外壳。

（13）环氧树脂涂料的应用范围　以其优异的防腐性能，被广泛用于工业制品、车辆、飞机、船舶、电器仪表、石化设备和各种油罐与管线的内防腐。

（14）聚氨酯涂料的应用范围　用于各种化工防腐蚀、海上设备、飞机、车辆、仪表等的涂装。广泛用于外防腐面漆的涂装。

（15）元素有机涂料的应用范围　用于制造耐高温涂料、耐候涂料。

（16）橡胶涂料的应用范围　用于船舶、水闸和耐化学药品涂料。如氯磺化聚乙烯涂料，用于篷布、内燃机发火线圈和水泥、织物、塑料等的涂装。丁基橡胶可做化学切割不锈钢的防腐蚀涂层。丁腈橡胶用于涂覆食品包装纸防水、防油等。

（17）其他种类涂料（如无机富锌类）的应用范围　无机富锌涂料，广泛用于各种钢结构防腐，特别是作钢材的底漆等；环烷酸铜防虫涂料，适用于木船、织物及木板涂装。无机硅酸盐涂料用作防火、耐高温涂层。

31.5 其他常用涂装材料

31.5.1 底漆

底漆是直接涂装与基材表面的膜层，或者在涂层系统中处于中间层或者面层下面的膜层。

根据涂装要求，底漆必须对基材具有良好的保护性能，并具有较强的机械强度和附着力，使之作为被涂表面与其他膜层之间的媒介层，能够牢固结合并形成坚固的覆盖层。同时，底漆必须具备很高的防锈能力及很强的填充物面的能力。

根据涂装的要求和使用目的，不同使用条件下使用的底漆种类不同。各类树脂品种都有其对应的底漆，其中最为常用的是：沥青底漆、醇酸底漆、酚醛底漆、环氧底漆、乙烯类底漆、氯化橡胶底漆、聚氨酯底漆、环氧沥青底漆等。

底漆的涂装方法可以根据涂装的施工方法加以选择，其中最为常用的是刷涂和喷涂工艺。采用刷涂的方法涂装底漆，可以增加涂层的附着力，尤其适用于边角等形状复杂部位的施工；高压喷涂可以一次性涂装较高膜厚的防腐涂膜，被广泛应用于需大面积施工的条件。

涂装底漆时的注意事项：

1）涂装底漆时应根据被涂物的材质选择合适的底漆，具体可见表31-7。选择底漆的原则是：①铝、镁等轻金属及其合金不允许用含有铁红和红丹防锈颜料的涂料；②木材制品、皮革纸张、纺织物和热塑性塑料不能选择高温烘烤成膜的涂料，需采用自干型涂料；③水泥表面需选用耐碱性能良好的底漆；④塑料皮革选用的底漆的柔韧性需满足使用要求。

表31-7 不同被涂物常用底漆的品种

被涂物 基材		底漆品种
木材		醇酸类、油性类、虫胶类、氨基类、聚酯类、聚氨酯类、硝基类、乙烯类、丙烯酸类等底漆
水泥		油性类、醇酸类、酚醛类、乙烯类、有机硅类、水性无机类、丙烯酸酯类、苯丙乳液、乙丙乳液、氯偏乳液等底漆
塑料		氯化聚烯烃类、丙烯酸酯类、醇酸类、聚氨酯类、聚乙烯醇缩丁醛类等底漆
橡胶		丙烯酸酯类、聚氨酯类、醇酸类、氯化橡胶类等底漆
金属	黑色金属（铁、铸铁、钢）	环氧类、沥青类、聚氨酯类、酚醛类、乙烯类、氯化橡胶类、醇酸类、油性类、磷化底漆类、无机富锌类等底漆
	铝及铝镁合金	锌黄或钙黄等作颜填料的醇酸类、酚醛类、环氧类、丙烯酸类、磷化底漆等
	锌	锌黄或钙黄等作颜填料的醇酸类、酚醛类、环氧类、磷化底漆等
	镉	锌黄酚醛类、环氧类底漆
	铜及铜合金	氨基类、醇酸类、环氧类、磷化底漆等
	铬	铁红醇酸类、环氧类底漆
	钛	钙黄氯醋-氯化橡胶底漆
	铅	铁红醇酸类、环氧类底漆
	锡	铁红醇酸类、环氧类、磷化底漆等

2）在不同的使用环境下，选用满足其使用目的的底漆品种见表31-8。

3）基材的前处理应严格按照有关标准进行。

表 31-8　不同使用环境下常用的底漆品种

环境条件	代号	底漆品种
一般	Y	油性类、酯胶类、酚醛类、醇酸类、沥青类等底漆
恶劣	E	酚醛类、环氧类、沥青类、丙烯酸类、硝基类等底漆
海洋	H	沥青类、酚醛类、氯化橡胶类、环氧类、乙烯类、聚氨酯类、富锌类底漆
特殊	T	环氧类、聚氨酯类、环氧沥青类、酚醛类、氯化橡胶类、有机硅类、氯化聚烯烃类

4）底漆应涂布均匀、完整，且不应有漏涂和流挂等现象出现。

5）底漆在使用前应充分搅拌，确保底漆中的颜料和填料混合均匀，避免产生沉淀；同时在使用时也要定期进行搅拌。

6）应按照技术条件规定的干燥时间和最佳涂装间隔进行下道涂料的施工。

7）底漆的稀释剂的加入含量不能超过总量的 5%（质量分数）。同时应严格按照相应的图章操作要点和规程进行操作。

8）在选择中间膜层和面漆时，应严格按照涂料的配套原则，避免出现“咬底”现象。

31.5.2　腻子

对于表面质量要求较高的装饰性涂层，要求表面平整、光亮，以便修饰涂层，这之中就需要刮涂腻子。

腻子，又称填泥，是一种采用少量漆基、大量填料及适量的着色颜料配制而成的厚浆状涂料，是涂料粉刷前用于平整物体表面的必不可少的一种材料。腻子常常涂施于底漆上或直接涂施于物体上，用以清除被涂物表面上高低不平的缺陷，以提高物体的表面质量，便于进行下一步的加工工艺或处理。腻子的种类很多，根据不同的情况应当选择合适的品种。腻子有自干和烘干两种类型，同时与相应的底漆和面漆进行配套。例如在金属表面修补中，常用含少量溶剂的树脂加入填料调配获得性能较好的腻子。

在涂装腻子的过程中，应注意以下几点：

1）在选择腻子时，应与底漆有良好的机械强度和较好的附着性，以及良好的施工性能，使得其具有良好的刮涂性和填平性，同时应具备适宜的干燥性、较小的收缩以及耐打磨等特点。

2）针对木器、混凝土等材料使用情况，在腻子调配时多采用石膏粉、树脂、助剂和水等混合。先用树脂和溶剂将熟石膏粉调匀成厚浆状，再将水慢慢加入。腻子越用越硬时应当加入新调配的腻子混合使用或者使用催干剂调整，切不可单独加水来调稀腻子。

3）在调配腻子时，对防腐性能要求较高的填补坑穴，一般不用水作调节剂而直接在底漆中加入一定比例的碳酸钙或者云母等填料，混合均匀。

4）一般刮腻子的步骤是先填上腻子摊满后，再收刮平整，要用力按刮板，使刮板与物面倾斜 50°~60°，遇到曲面施工时，可用胶皮制的刮板代替硬质刮板使用。

刮涂时，最好来回刮一两次，但不可往返的次数太多，防止在刮涂油性腻子时会将腻子中的油分挤出来，封闭在腻子表面，影响其干燥。

5）腻子层在烘干前应有较长的干燥时间，然后再逐渐升温，以防烘得过急而起泡。

6）用水调制的腻子在使用过程中，用毛巾蘸水浸湿，覆盖在腻子表面，防止腻子中易挥发物质的挥发而造成的干燥结皮。冬季剩余的腻子须放在温暖的地方，以防腻子冻结。

31.5.3 中层涂料

由于许多工件常使用电泳底漆、中层涂料和面漆的三涂体系。中层涂料可以改善底漆与面漆的亲和性。中层涂料的孔隙与底漆互相补充，阻止透过面漆的水分渗透到材料表面涂层底部。中层涂料还对表面有填平补齐作用。中层涂料应具有的品质特性见表 31-9。

表 31-9 中层涂料应具有的品质特性

品　质	效　果
耐崩裂性	防止飞石划伤漆膜
	剥离面积和达到底材(电泳涂膜,钢板)最小化
底涂层被覆性	提高面漆外观,覆盖电泳涂膜(底材)粗糙,给予平滑性、丰满度
提高面漆的遮盖性	颜色同色化(提高面漆的遮盖力),减低面漆的涂膜厚度
提高耐候性	防止中涂和面漆层的剥离
	防止透过面漆涂膜的紫外线引起底漆粉化
提高层间的附着力	电泳涂膜与中涂和中涂与面漆之间的附着性;电泳涂膜(环氧树脂)与中涂(三聚氰胺/聚氨酯树脂)和中涂与面漆(丙烯酸和三聚氰胺树脂)的附着

中层涂料的基本构成见表 31-10。

表 31-10 中层涂料的基本构成

涂料组成		基本构成
树脂	无油醇酸树脂、三聚氰胺改性的聚氨酯树脂	无油醇酸树脂与三聚氰胺树脂比率大致为(60%～80%)：(20%～40%)
颜料	着色颜料	钛白粉、氧化铁、炭黑等
	体质颜料	滑石粉、硫酸钡、高岭土等(与树脂的比率为1%以下)
溶剂	芳香族系 酯系 乙二醇系 其他	提高涂装作业性 防止重复涂膜厚部的流挂、气泡、针孔等提高外观装饰性

中涂涂装一般都采用手工喷漆和杯式自动静电涂装相结合的方法。在涂中涂涂料之前应检查底涂层的表面质量和清洁度，且都应符合工艺要求：

1）中间涂层的打磨应有规律，打磨的方向应一致，不应乱打磨，应用 400～800 号水砂纸进行湿打磨。

2）应选用与底漆、面漆配套性好的涂料，严格遵守所选用涂装方法（如手工空气喷涂法、手工静电喷涂法和高转速杯式自动静电涂装法等）的操作规范与要求。

3）所选用的中间层涂料与底漆、面漆的配套性要好，未打磨的中涂涂膜与面漆涂膜之间也应有良好的结合力。中涂涂膜的强度应与面漆相仿，烘干温度与面漆的烘干温度相同或者略高一点。

中涂涂料的发展方向：①中涂涂料向水性涂料、高固体分涂料和粉末涂料方向发展；②省掉中涂涂装的工艺，将中涂的功能（作用）转化给电泳涂料和底色漆。

面漆是在多层涂装时涂于最上层的色漆或者清漆，是涂装的最终涂层。因此对所用材料有较高的要求，不仅要有很好的色度和亮度，更要求具有很好的耐污染、耐老化、防潮、防霉性好，还要有不污染环境、安全无毒、无火灾危险、施工方便、涂膜干燥快、保光保色好、透气性好等特点。同时，面漆必须具有必要的外观和颜色，起到为被涂物穿着“外衣”

的作用。为了获得较高的光泽性、丰满度和装饰性能，有些高档面漆施工需要经过多道工序。涂膜的外观等级分为四级，因此可按照不同的涂装对象和质量要求选择合理的工艺过程已达到规定的性能和良好的涂层质量，涂膜的外观等级与相对应的涂装工艺见表31-11。在实际使用时，为了达到相应的涂膜外观要求，面漆的涂料类型可分为：厚漆、调合漆、磁漆以及清漆等。

表31-11　涂膜的外观等级与相对应的涂装工艺

等级	代号	涂装类别	质量要求与特征	工艺过程	涂装对象
一级	Ⅰ	高级精饰要求的制品涂覆	涂膜表面丰满、光亮(无光、半光涂料除外)、平整、光滑，色泽一致，美观、几何形状修饰精细。基本无机械杂质和缺陷，美术涂覆应纹理清晰、分布均匀、特征突出，具有强烈的美术效果	表面处理→涂装底漆→底漆局部或全部填刮腻子→打磨→涂装3~9层面漆→打蜡→抛光→修饰	高级轿车、汽车，仪器、仪表，自行车、家具、家用电器等
二级	Ⅱ	装饰性较高的制品涂覆	涂膜基本平整、光滑。色泽一致，几何形状修饰较好，机械杂质较少，无显著的修整痕迹和缺陷，无影响防护性能的弊病，美术涂覆还应纹理清晰，分布较均匀，具有美术特点	表面处理→涂装底漆→底漆局部填刮腻子→打磨→涂装3~5层面漆→修饰	公共汽车、各种机器、机床、发动机、电器及轻工器材等
三级	Ⅲ	装饰性要求一般的制品涂覆	涂膜完整、色泽无显著的差异。表面允许有少量细小的机械杂质、修整痕迹及其他缺陷。无影响防护性能的弊病。美术涂覆还应具有美术特点	表面处理→涂装底漆→底漆局部填刮腻子→打磨→涂装2~3层面漆	室内建筑、塑料、橡胶、零件、某些电器电动机、船壳等
四有	Ⅳ	无装饰性要求的制品涂覆	涂膜完整。允许有不影响防护性能的缺陷	表面处理→涂装底漆→涂装中间层涂料→涂装1~2层面漆	各种建筑物、一般设备、管道、船舶、桥梁等

涂装面漆时，应注意以下事项：

1）选择面漆时，应注意使其与底漆或者中间层涂料具有良好的配套性和较强的附着力。其基本原则是：面漆的溶剂系统比底漆或者中间层的溶剂系统极性弱，以防止“咬底”现象的发生。同时，面漆应在底漆实干后在最佳的时间间隔内进行涂装，以获得较高质量的膜层。

2）涂装面漆一般采用空气喷涂、高压无空气喷涂、静电喷涂、电泳涂装、手工刷涂以及搓涂等涂装工艺。

3）在进行高质量涂膜的表面涂装时，涂装及烘干或者干燥的场所应当选择干净无尘的环境，并且应在具有空调，可调温、调湿、除尘的专用喷漆室或者操作间进行施工，以确保获得光亮如镜、无颗粒杂质、具有良好展平性能的面漆。

4）面漆应该根据不同的施工方法调整其黏度。

5）在户外涂装时，面漆应具有良好的耐候性。常用的面漆有丙烯酸、聚氨酯、氨基树脂、含卤聚合物、醇酸等类型的涂料。

6）每一道面漆涂装后，都应具备一定的干燥时间和涂装间隔，以防止溶剂未挥发干净残留在涂膜中引起桔皮、起泡等涂装缺陷。

7）使用热塑性面漆（例如硝基涂料）时，为达到高级装饰的性能要求和消除面漆层外表的橘皮、颗粒等缺陷，获得光亮如镜的膜层，可采用溶剂咬平和再流平技术。其工艺过程为：喷完最后一道面漆，先经过干燥处理，再用400号、500号水砂纸打磨，擦拭干净后，喷涂一道溶解能力强、挥发速度较慢的溶剂（或用该溶剂调配成极稀的同一面漆），晾干展开。采用该种技术不仅能获得平整光滑的漆面，而且能显著地减轻抛光工作量。

8）涂装面漆完成以后，必须进行彻底的干燥或烘干处理，即被涂物必须有足够的时间干透，被涂物才能够被投入使用。

9）对于一些家具、轿车等高装饰性涂膜，为了增强涂膜的光泽和保护性能，常常涂装完最后一道面漆以后抛光上蜡。

31.5.4 涂料溶剂及助剂

1. 涂料溶剂

（1）涂料用溶剂概述　涂料中使用的溶剂是挥发性的有机液体，可以降低成膜物质的黏度，便于施工并得到均匀连续的保护涂膜。施工后，成膜物质中的溶剂应全部蒸发除去而无残余物。涂料用溶剂一般为混合溶剂，由三大部分组成，即真溶剂、助溶剂和稀释剂。

1）可完全溶解涂料树脂的，可以是单组分或多组分的液体称为真溶剂。

2）本身没有溶解成膜物质的能力，但若以适当的比例与某种溶剂一起使用，不会引起有害的影响，有些反而能增强溶解能力的溶剂称为助溶剂。

3）有些加入尽管不能溶解涂料中的成膜物质，但可降低涂料黏度和成本的，叫稀释剂或冲淡剂。它是用来溶解、稀释涂料，使其达到涂装黏度的溶剂。

从溶剂的溶解力、挥发率、安全性和经济效果各方面考虑，用混合溶剂作稀释剂往往是比较合适的。涂料施工中大多是用混合溶剂作稀释剂。总之，这些不影响溶解效果，但能降低涂料黏度的溶剂系统，可与涂料相互共存，统称为溶剂。

（2）溶剂的作用　无论在制漆中，还是在涂装时，选择溶剂都十分重要，它直接影响涂料性能、施工性能和涂膜的质量。溶剂在涂料中的作用有：①溶解树脂；②使组成成膜物的组分均一化；③改善颜料和填料的润湿性，减少颜料的漂浮；④延长涂料的存放时间；⑤在生产中调整操作黏度，用溶剂来优化涂料，减少问题的发生，在涂装作业时选择溶剂不当，会影响干燥效果和施工性能，会产生白斑、针孔、失光、桔皮等漆膜弊病，严重时会造成胶凝、分层、沉淀等现象，致使其报废；⑥改善涂料的流动性和增加涂料的光泽；⑦在涂刷时，可以帮助被涂表面与涂料之间的润湿；⑧当涂刷垂直物体表面时，可校正涂料的流挂性及物理干燥性；⑨减少刷痕、气孔、接缝及涂料的浑浊。

同时，各种溶剂的溶解力及挥发率等因素对于制成的漆在生产、贮存、施工及漆膜光泽、附着力、表面状态等多方面性能都有极大影响。

（3）分类　溶剂分为以下几类：

1）按化学结构分类有：烃类溶剂（烷烃、烯烃、环烷烃、芳香烃）；醇、酯、酮、醚类溶剂；卤代烃溶剂；含氮化合物溶剂以及缩醛类、呋喃类、酸类、含硫化合物等溶剂。

2）按溶剂的沸点分类：低沸点溶剂（常压下沸点为100℃以下），中沸点溶剂（沸点为100~150℃），高沸点溶剂（沸点为150℃以上）。

3）按溶剂的极性分类：极性溶剂（指酮、酯等具有极性和较大的介电常数以及偶极矩大的溶剂），非极性溶剂（指烃类等无极性功能基团、介电常数、偶极矩小的溶剂）。

4）按溶剂的溶解能力分类：①溶剂，指能单独溶解溶质，一般不包含助溶剂和稀释剂的溶剂；②助溶剂，如醇类对硝化纤维素的溶解；③稀释剂，例如甲苯、二甲苯、庚烷等烃类都可作为硝化纤维素的稀释剂。

5）按氢键强弱和形式分类，溶剂主要分为 3 种类型：①弱氢键溶剂，主要包括烃类和氯代烃类溶剂。烃类溶剂又分为脂肪烃和芳香烃。商业上脂肪烃溶剂是直链脂肪烃、异构脂肪烃、环烷烃以及少量芳烃的混合物。优点是价格低廉，芳烃较脂肪烃贵，但能溶解许多树脂。②氢键接受型溶剂，主要指酮和酯类。酮类溶剂较酯类溶剂便宜，但酯类溶剂较酮类溶剂气味芳香。③氢键授受型溶剂，主要为醇类溶剂，常用的有甲醇、乙醇、异丙醇、正丁醇、异丁醇等。

（4）溶剂的使用　溶剂可以是单组分的，更多地配制成混合溶剂，需考虑它们的溶解能力、沸点、挥发速率、易燃点和闪点、颜色及夹杂物、气味和毒性、耐腐性、价格等因素。表 31-12 为不同品种涂料所用溶剂系统。

表 31-12　不同品种涂料所用溶剂系统

涂料品种	溶剂系统
油脂涂料	松节油、20 号溶剂汽油、苯类溶剂
天然树脂涂料	松节油、200 号溶剂汽油
酚醛树脂涂料	200 号溶剂汽油、煤油、松节油、二甲苯、X-6[松香水(70)：二甲苯(30)]
沥青涂料	重质苯、二甲苯、200 号煤焦溶剂
醇酸树脂涂料	200 号溶剂汽油、二甲苯、松节油、X-6[松香水(70)：二甲苯(30)]
氨基树脂涂料	200 号溶剂汽油、酯类、X-4[松香水(90)：丁醇(10)]、X-4[二甲苯(50)：丁醇(50)]、X-4[二甲苯(90)：丁醇(10)]
硝基纤维素涂料	X-1 硝基漆稀释剂[乙酸丁酯(50)：乙醇(10)：丁醇(20)：甲苯(20)] (强溶解力型)[乙酸丁酯(29.8)：乙酸乙酯(21.2)：丁醇(7.7)：甲苯或苯(41)] X-2 硝基漆稀释剂[乙酸丁酯(10)：乙基溶纤剂(8)：丙酮(7)：丁醇(15)：乙醇(10)：甲苯(50)] [乙酸丁酯(18)：乙酸乙酯(9)：丙酮(3)：丁醇(10)：乙醇(10)：甲苯(50)] 硝基漆稀释剂(刷用型)[乙基溶纤剂(30)：丁醇(20)：二甲苯(50)] 硝基漆稀释剂(供刷漆修补用)[乙基溶纤剂(20)：丁醇(30)：二甲苯(50)]
纤维素涂料	丙酮、乙酸乙酯、乙二醇单甲醚、二丙酮醇、甲乙酮、乙醇、乙基纤维素稀释剂[乙酸乙酯(10)：丙酮(10)：乙醇(20)：甲苯(60)]
过氯乙烯涂料	X-3 过氯乙烯稀释剂[乙酸丁酯(12)：丙酮(26)：甲苯(62)]或[乙酸丁酯(30)：丙酮(30)：二甲苯(40)] 过氯乙烯稀释剂[乙酸丁酯(30)：丙酮(60)：二甲苯(10)] 过氯乙烯稀释剂[二甲苯(85)：丙酮(15)]
乙烯树脂涂料	二甲苯、乙酸酯、X-3 过氯乙烯稀释剂(见过氯乙烯涂料)，其中聚乙酸乙烯树脂溶于甲醇、乙醇、苯、二甲苯
丙烯酸树脂涂料	乙酸丁酯、二甲苯、丁醇、酮的混合溶剂 丙烯酸稀释剂[乙酸丁酯(20)：二甲苯(60)：环己酮(20)] X-5 丙烯酸稀释剂[二甲苯(70)：丁醇(30)]
聚酯树脂涂料	甲苯、二甲苯、芳烃类混合溶剂
环氧树脂涂料	环己酮、丙酮、酯等 环氧树脂稀释剂[甲苯(80)：丁醇(20)] [二甲苯(70)：丁醇(30)] [丁酮(20)：乙基溶纤剂(30)：甲苯(50)]
聚氨酯涂料	甲苯、二甲苯、环己酮混合溶剂 X-10 聚氨酯稀释剂[二甲苯(60)：乙酸丁酯(25)：环己酮(15)]
有机硅涂料	芳烃类、酯类、高沸点芳烃混合溶剂
氯化橡胶涂料	二甲苯、200 号煤焦溶剂、高沸点芳烃溶剂

由表31-12可以看到，多种涂料所选用的是混合溶剂，这是因为单一溶剂一般得不到较好的溶解性能、经济效果和施工性能。

混合溶剂的配制原则是：

1）配成的溶剂对涂料应具有良好的溶解能力，能与被稀释涂料完全混溶，不应产生胶凝、分层、沉淀等现象。

2）混合溶剂中的有机溶剂应无水分、沉渣和油类，溶液应是均一颜色。

3）混合溶剂挥发速度应均匀，形成的涂膜平整光洁，无针孔、白斑、桔皮等弊病。

4）要考虑溶剂毒性对人体的危害作用，尽量选用毒性小的溶剂，如苯类有致癌性的溶剂少用或不用。

5）要考虑经济效益，价格便宜，真溶剂和助溶剂的比例适宜，一般比例在（3：2）~（2：3）之间。

（5）施涂常用溶剂时的注意事项　由于不同溶剂具有不同的特性，因此使用时要注意以下几点：

1）苯：毒性较大，极易燃烧，与氧化剂接触反应剧烈，易产生和积聚静电。

2）醋酸乙酯：易燃，与氧化剂接触可引起燃烧。

3）乙醇：易燃，与氧化剂反应剧烈。

4）甲苯：有毒，遇明火、高温能燃烧，易产生和积聚静电。

5）三氯乙烯：对铝、镁合金有一定的腐蚀作用，毒性小，去污能力强。

6）醋酸丁酯：毒性小，溶解力次于醋酸乙酯，挥发速度中等。

7）正丁醇：味难闻，有一定毒性，与氧化剂接触能引起燃烧。

8）乙醇单丁醚：挥发慢，可防止漆膜泛白、结皮。

9）二氯乙烷：非易燃品，蒸气对人体毒害大。

10）二甲苯：有毒，遇明火、高温能燃烧，易产生和积聚静电。

11）丙酮：易燃，挥发极快，手触极冷，有毒。

12）环已酮：遇明火、高温、氧化剂有燃烧危险。

13）松香水：遇明火、高温、氧化剂有起火危险，遇硝酸会立即起火。

（6）溶剂的选择　由于溶剂的种类和涂料的种类都很多，不同情况下需要选择的溶剂也有所不同，因此在实际生产时应当合理的选择溶剂的种类。其主要步骤如下：

1）通过溶解参数值选择能溶解树脂的溶剂或混合溶剂。

2）建立溶剂或混合溶剂的挥发轮廓图。

3）优化溶剂或混合溶剂以满足树脂的溶解性和涂料的其他性能。

4）试验证实所选择的溶剂或混合溶剂。

通过上述步骤的调整和进一步改善，最终得到能满足涂料各方面性能的混合溶剂。

随着涂料工业的发展，人们的环保意识日益增强。无溶剂和高固体分涂料品种不断产生，大大降低了有毒有害溶剂挥发对环境的影响。同时绿色涂料已广泛应用在建筑室内涂装工程，许多涂料的溶剂只是洁净的水，选用这些水性涂料，施工简便，对人体毒害极小，受到大众的欢迎。因此，无溶剂涂料、高固体分涂料、水性涂料将是今后涂料行业的发展热点和应用重点。

2. 涂料助剂

涂料助剂对涂料的生产制造、使用性能有着明显的影响，虽然在涂料配方中只占总量的很少比例（一般其含量在千分之几水平或更少），但应用得当则能显著改善涂料的性能和被涂物的表面质量，在涂料的生产过程、贮存过程和施工过程中，都离不开它。合理正确选用助剂可降低成本，提高经济效益。

涂料助剂的种类繁多，采用不同的分类标准可将其分为不同类别：

1）根据助剂对涂料体系中基料或颜料表面性能的影响，将涂料助剂分为表面活性助剂和非表面活性助剂两类。

2）根据助剂对涂料和涂膜所起作用可以分为以下四种类型：①对涂料生产过程发生作用的助剂，如润湿分散剂（溶剂型涂料常用的润湿分散剂见表31-13）、消泡剂（其主要品种见表31-14）、乳化剂（常用乳化剂的成分、性能与用途见表31-15）和引发剂；②对涂料贮存过程发生作用的助剂，如防沉淀剂（其主要品种及特性见表31-16）等；③对涂料施工成膜过程发生作用的助剂，如流平剂、固化剂、防流挂剂等；④对涂膜性能发生作用的助剂，如成膜助剂、增塑剂、消光剂、阻燃剂、防静电剂、防霉杀菌剂等。

表31-13 溶剂型涂料常用的润湿分散剂

商品名称	组成	制造公司	离子型	状态	有效成分（质量分数，%）	主要用途
Anti-Terra-V	长链多氨基酰胺和高分子酸酯的盐	德国BYK公司	电中性	清彻浅褐色液体	49~51	主要用于面漆，适合于所有的无机和有机颜料的润湿分散，对环氧和聚氨酯高固体分涂料有非常好的润湿分散作用 按颜料量计：有机颜料使用量为1.0%~5.0%（质量分数，下同），无机颜料为0.2%~2.0%；总漆量为0.1%~1.0%
Anti-Terra-P	长链多氨基酰胺磷酸盐	BYK公司	阳离子型	清彻浅褐色液体	39~41	对氧化铁、铬系颜料、镉系颜料、重晶石粉、碳酸钙等颜料在醇酸、氨基、氯化橡胶改性醇酸中使用具有良好的润湿分散作用，同时具有防沉淀作用 按颜料量计：有机颜料为1.0%~1.5%；无机颜料为0.2%~2.0%；总漆量为0.1%~1.5%
Anti-Terra-203	离分子聚羧酸的盐	BYK公司	电中性	浅褐色液体	49~52	用于双组分涂料中不影响使用寿命。用于底漆中，在铬酸锌漆中加入2%有极好的防沉淀、防流挂性，可以和膨润土混用，为膨润土量的30%~50%。在漆中使用，按颜料使用量计，无机颜料量为0.5%~1.5%
BYK-P-104 BYK-P-104S	高分子不饱和的聚羧酸	BYK公司	阴离子型	浅褐色液体	49~51	可在大多数涂料中应用，在钛白和着色颜料同时使用时可防浮色、发花并防止碱性颜料碳酸钙的沉淀。P-104S含有机硅树脂，有良好的流平性；无机颜料使用量为0.5%~2.5%；总漆量为0.1%~1.0%
CP-88	磷酸酯盐	—	阴离子型	棕褐色黏稠液体	—	适用于多种涂料多数颜料的润湿分散作用，具有良好的防沉淀效果 无机颜料用量为0.3%~0.8%，总漆量为0.2%~0.5%
PD-85	脂肪酰二乙醇胺	—	非离子型	黏稠液体	—	对铁蓝、炭黑具有较好的润湿分散效果，使用量为颜料量的0.5%~1%

（续）

商品名称	组成	制造公司	离子型	状态	有效成分（质量分数，%）	主要用途
TC-1	三异硬脂酰基钛酸异丙酯	—	偶联剂单烷氧基型	棕色液体	100	对铁红、中铬黄、钛白等有一定的分散效果，用量为颜料量的0.5%~1.0%
Texaphor-963	聚羧酸和胺的衍生物的盐	德国Henkel公司	电中性盐	清彻的棕色液体	—	对钛白、立德粉、氧化铬绿、氧化铁等无机颜料及甲苯胺红、汉沙黄、酞菁蓝、绿等有机颜料及高岭土、沉淀硫酸钡、重晶石粉等具有较好的润湿分散性。用量为颜料量的0.1%~2.0%

表31-14　消泡剂的主要品种

商品名称	组成	特点	主要用途
SPA-102	醚酯化合物有机磷酸盐的复配物	不产生缩孔、无不良副作用	可用于乳胶涂料
SPA-202	硅、酯、乳化剂等的复合型	用量少、效率高、消泡持久性强、无不良副作用、可改善涂刷性	可用于苯丙、乙丙、纯丙等各种乳液和乳胶涂料，也可用于聚乙烯醇内外墙涂料
201甲基硅油	聚甲基硅醚	无色透明液体	可用于溶剂型涂料及水性涂料的消泡剂、润湿剂，用量为总漆量的0.1%~0.5%（质量分数）

表31-15　常用乳化剂的成分、性能与用途

商品名	成分	性能与用途
乳化剂EL	聚氧乙烯蓖麻油	棕黄色膏状物，pH值为7，可用于各种乳液的制备，用量为单体量的0.5%~6%（质量分数，下同）
SAS	烯烃磺酸钠 $R-SO_3Na$ $R=C_{16}H_{33}$ 阴离子表面活性剂	微黄色透明液体，水溶性好，活性物为28%±1%
AES	脂肪醇聚氧乙烯醚磺酸钠 $RO(CH_2CH_2O)_3-SO_3Na$ $R=C_{12}-C_{14}$ 阴离子表面活性剂	浅黄色黏稠液体，易溶于水，多与非离子型乳化剂并用，pH值为7~9.5，活性物为30%~70%
LAS	烷基苯磺酸钠 $R-C_6H_4-SO_3Na$（对位） $R=C_{12}H_{35}$ 阴离子型	白色浆状物，溶于水，pH值为7~9，活性物为40%
S-60（Span-60）	失水山梨醇硬脂酸酯 非离子型表面活性剂 $C_{17}H_{35}-C(=O)-O-$（失水山梨醇环，含OH、OH、CH_2OH）	棕黄色蜡状物，溶于热油和多种有机溶剂，不溶于水，无毒，无味，用量为总量的1%~6%
OP-10	聚氧乙烯烷（芳）基酚醚 $R-C_6H_4-O-(CH_2CH_2O)_{10}H$ 非离子型表面活性剂	浅黄色黏稠物，可溶于水，可与各类表面活性剂混用，pH值为6~7.5，为树脂聚合乳化剂
OS	聚氧乙烯烷基酚醚二元脂肪酸酯 阴离子型表面活性剂	黄色透明液体，用于乳胶漆，用量为1%~6%

表 31-16　防沉淀剂的主要品种及特性

商　品　名	成　　分	性能与用途
TF4604A 和 TF4604B 有机膨润土	有机膨润土	灰白色粉末,可用于各种色漆及底漆,具有触变、防沉作用。用量为总漆量的 0.1%~1.0%(质量分数,下同) 动力黏度: TF4604A 为 300Pa·s TF4604B 为 500Pa·s
TF4611 有机膨润土	有机膨润土	灰白色粉末,可用于各种溶剂型漆,具有触变、防沉作用。用量为总漆量的 0.1%~1.0% 动力黏度为 1200Pa·s
801 有机膨润土	有机膨润土	灰白色粉末,可用于各种溶剂型涂料,具有触变、防沉作用。用量为总漆量的 0.1%~1.0%
881 有机膨润土	有机膨润土	白色或灰白色粉末,可用于各种溶剂型涂料,具有触变、防沉作用,用量为颜填料量的 1%~5%
B2P 膨润土	有机膨润土	浅灰白色粉末,用于各种溶剂型涂料,具有触变、防沉作用,用量为 0.1%~1.0%
膨通 40	H 型有机蒙脱土	白色粉末,可用于各种溶剂型涂料,具有触变、防沉作用,用量为总漆量的 0.1%~1.0%
GT100 超细氧化硅气凝胶	气相二氧化硅	流动性白色粉末,可用于环氧、环氧沥青等厚浆型涂料的增稠、防沉、触变,用量为总漆量的 2%~3%
GP-88 防沉剂	磷酸酯	为棕色黏稠液体,适用于溶剂型涂料,可用于无机颜料润湿、分散、防沉。用量为颜填料量的 0.6%~1.2%
硬脂酸锌	硬脂酸锌	为白色粉末,可用于溶剂型涂料的润湿防沉和平光剂
硬脂酸铝	硬脂酸铝	为白色粉末,可用作润湿防沉剂和消光剂
防沉剂 201	聚乙烯蜡	为半透明白色流动糊状物,用于油性漆各种溶剂型的气干、烘干涂料,特别适用于浸渍涂装,用量为总量的 1.0%~5.0%

作为涂料助剂，一般应具有如下性能特点：

1）与涂料的相溶性好，因此要求涂料助剂应具有与树脂等尽量接近的结构。

2）涂料助剂的挥发性要低，稳定性要好。

3）涂料助剂本身应尽量无毒、无味、无臭、无色或浅色，不至于影响涂料的使用效果。

31.5.5　涂装辅助材料

在涂装作业过程中，常常用到一些辅助材料（流平剂、防潮剂、抛光材料以及防锈蜡等），例如解决漆面产生桔皮或缩孔的流平剂，在加入挥发型涂料中的防止涂层在潮湿气候中施工产生发白的防潮剂，用于涂装后处理使用的抛光材料，以及作为保护漆膜的薄弱环节和外部漆膜不受储存、运输过程中的腐蚀介质侵蚀而使用的内腔防锈蜡、车底防锈蜡、面漆保护蜡等。在施工过程中，有些情况下还常常要用到打磨砂纸（布）及擦除待涂漆表面的灰尘的黏性擦布。这些材料称为涂装辅助材料。

在涂装过程中，为消除漆面弊病，常使用砂纸进行打磨，选用的砂纸砂粒的粗细对涂装前底材的打磨质量影响很大，因此在实际使用时应当慎重选择。

一般打磨底漆应选用 240~480 号的砂纸，打磨中间涂层应选用 360~600 号的砂纸，而面漆修饰的打磨（抛光之前打磨）应选用 800~1000 号的砂纸。砂纸和砂布的型号及用途见表 31-17。

表 31-17 砂纸和砂布的型号及用途

<table>
<tr><th rowspan="2">区分</th><th colspan="4">标号(粒度)</th><th colspan="4">用途①</th><th rowspan="2">对打磨过的涂装面粗糙度 Ra/μm</th></tr>
<tr><th>国产</th><th>日本 JIS</th><th>英 美</th><th>μm②</th><th colspan="2">木工涂装</th><th colspan="2">金属涂装</th></tr>
<tr><td>超微细目</td><td>600
500
400</td><td>600
500
400</td><td>—
—
1010</td><td>28
34
40</td><td rowspan="3">湿打磨面漆层(C)(A)</td><td rowspan="3">干打磨(G)(A)</td><td rowspan="2">水打磨</td><td>面漆层(C)(A)</td><td>2.5
—
4</td></tr>
<tr><td>超极细目</td><td>360
320
280
240</td><td>360
320
280
240</td><td>—
910
810
710</td><td>48
57
67
80</td><td>中间涂层(C)(A)</td><td>5
7
9
12</td></tr>
<tr><td>极细目</td><td>220
180</td><td>220
180</td><td>610
510</td><td>105
125</td><td colspan="2">腻子层(C)(A)</td><td>18
25</td></tr>
<tr><td>细目</td><td>150
120
100</td><td>150
120
100</td><td>410
310
210</td><td>149
177
210</td><td rowspan="4">手工磨光底板(G)(F)</td><td rowspan="4">机械磨光底板(G)(A)</td><td colspan="2" rowspan="4">干打磨腻子层(E)
打磨除锈(E)</td><td rowspan="4"></td></tr>
<tr><td>中目</td><td>80
60</td><td>80
60</td><td>0
1/2</td><td>297
420</td></tr>
<tr><td>粗目</td><td>50
40</td><td>50
40</td><td>0
1/2</td><td>约 545
约 740</td></tr>
<tr><td>极粗目</td><td>36
30</td><td>36
30</td><td>1 1/2
2 1/2</td><td>840
1000</td></tr>
</table>

① 所用磨料代号：(G)——拓榴石；(A)——氧化铝；(C)——碳化硅；(E)——金刚石；(F)——火石。

② 为平均粒径。

31.6 特种涂料

特种涂料是指具有除防护性和装饰性之外特殊功能的专用涂料。特种涂料品种众多，就其主要功能可分为六大类：力学功能、光学功能、电磁功能、热功能、化学功能及生物功能。

1. 润滑涂料

(1) 组成 润滑涂料主要由基料、固体润滑剂、金属物质和其他添加剂组成。

1) 基料的选择需要具备耐高低温、耐腐蚀和耐辐射的性能。基料的种类有无机质、有机质和金属基料三种。有机质基料如聚氨酯、环氧、丙烯酸等；无机质基料有硅酸盐、硼酸盐、磷酸盐等；金属基料有 Cu、Ag、Pb、Ni、Sn 等。

2) 固体润滑剂是润滑涂料的关键成分，包括有机物（PTFE、尼龙、酞菁化合物）、无机物（石墨、二硫化钼、高温用 LaF_3 和 CaF_2）、软金属及其化合物（如 Ag、Au、Al 等）。

3) 添加剂主要用于提高耐磨性或大幅度地降低摩擦因数，主要有软质金属及其氧化物等。

润滑涂料的作用机理是通过降低材料的剪切强度，或者增加材料的流动能力，或者结合两者同时变化，来降低材料的摩擦因数。

(2) 种类 润滑涂料的种类分为金属型、有机型和无机型三种。

一般来说，在 200℃ 以下使用的有机型润滑涂料可按照涂料的常规方法施工和干燥成膜；其他类型的润滑涂料（金属型和无机型）可采用离子溅射、热喷涂、电沉积和等离子体喷涂等方法进行施工。

由于润滑涂料能够显著降低材料的摩擦因数，赋予材料良好的润滑性能，润滑涂料在机械装备上得到广泛的应用，同时由于其干净简便的优点在纺织和食品机械中也被很好的应用。

2. 发光涂料

发光涂料主要有基料、发光材料、涂料助剂及溶剂配制而成。

1）为了保证发光涂料能够获得良好的发光性能和发光亮度，基料要求具备无色、透明的特点，可采用丙烯酸树脂、氨基树脂、聚氨酯等涂料树脂。

2）发光材料的实质为微细的粉状物质，有硫化锌系、硅酸盐系和碱土铝酸盐系等三种。这些材料用 Eu^{2+} 稀土掺杂可以赋予其良好的长余辉发光性能。

3）为了避免破坏发光粉的发光特性，发光涂料助剂不得含有重金属，采用的助剂是分散剂和防沉剂。分散剂来提高发光粉的分散效率，可以获得微细粒度的发光粉。防沉剂的作用是提高发光粉的储存稳定性能（发光粉的密度为 3.6~4.1g/cm^3，密度较大，易沉降）。

一般来说，发光涂料的干膜厚度至少在 150μm 以上，且在涂装时应先涂白漆底涂层，以提高反光强度，并且在发光涂层表面罩一道清漆保护发光涂层。为了提高发光涂料的余辉亮度、发光时间及涂层的表面光泽度与耐久性，涂装施工时应有一定的涂层厚度和相对应的配套体系。

发光涂料的应用领域包括：建筑通道、建筑外部轮廓、楼梯、开关、交通标志、消防器材与设施的标志及广告标识等。

3. 导电涂料和导静电涂料

（1）导电涂料　导电涂料包括无机类和有机类两种，无机类如 Ag、Cu、Ni、Au、石墨、氧化锡、氧化铟等；有机类有聚乙炔、酞菁铜、TCNQ · TTF 电荷转移络合物等。导电涂料常用于非导电性底材表面传导电流，以防止底材遭到雷击。涂料中导电材料的加入含量一定要根据实际情况合理调节。涂层中导电材料的加入量超过临界颜料的体积浓度，造成涂膜疏松多气孔，导电性下降；涂层中导电材料加入量过少，涂层中导电材料颗粒不能保持彼此接触，导电性能也不高。导电涂料可用于消除电子元件表面电荷，以及防止玻璃表面的结冰和起雾。

（2）导静电涂料　导静电涂料一般添加有季铵盐抗静电剂或导电材料组成。导静电涂料是利用抗静电剂的吸湿性而在表面形成水分子吸附膜，依靠增加表面电荷向空气中的传导来防止表面静电积累。导静电涂料不适宜在干燥的环境下使用。在工业和日常生活中，由于静电积累而产生火花或灰尘吸附的现象非常普遍，因此导静电涂料的应用非常广泛。

4. 示温涂料

示温涂料是指利用涂层颜色变化来指示物体表面温度及温度分布的专用涂料。在一定的条件和氛围中，示温涂料被加热到一定温度，就出现某一颜色变化，由此可确定该涂料所指示的温度。

与温度计或热电偶等测温工具来指示温度相比，利用示温涂料来指示温度具有以下优势：

1）特别适合于温度计无法测量或难于测量的场合，可用于飞机、炮弹、高压电路、电子元件、轴承套、机器设备的高温部件、高温高压设备。

2）测温简单、快速、方便、经济又正确，尤其适用于大面积温度测量。

3）多变色示温涂料能够显示出物体表面的温度分布，对设备设计、材料选择和结构改进等有指导意义。

4）用不可逆示温涂料来指示极限温度，是较为简便的超温报警和超温记载的方法。

示温涂料的变色范围，单变色可达 40~1350℃；多变色可达 55~1600℃。示温材料在航空、电子工业和石化企业有着广泛的应用。示温涂料的颜色变化，主要是依靠所添加变色颜料的受热变色来实现的。

示温涂料的变色过程有可逆和不可逆两种情况：

1）可逆变色的示温涂料可重复使用。可逆变色原理有三种情况：晶型转变、pH 值变化及失去结晶水。

2）不可逆变色的示温涂料只能使用一次。不可逆变色的原理有以下五种情况：升华、热分解、氧化、固相反应和熔融。

外界因素对变色温度的影响主要有升温速度、压力、环境介质、光照、湿度、涂膜厚度等几种情况：

1）升温速度快，变色温度偏高；恒温时间长，使变色温度降低。

2）压力则对升华、热分解等变色过程影响大。

3）环境中高浓度的反应性气体，将对变色物质发生作用，干扰变色过程。

4）光照容易使有机物分解而变色。

5）湿度对脱结晶水的变色过程影响大，湿度高时，结晶水不易脱去；干燥的环境则使水合困难，颜色难以复原。

6）涂膜太厚也使变色温度增高，一般以 20~40μm 为宜。

5. 隔热保温涂料

保温涂料由黏结剂、纤维材料、轻质保温骨料、填料、助剂等部分组成。

1）黏结剂分为无机黏结剂和有机黏结剂两种类型：①无机黏结剂可以是水玻璃、磷酸盐、硅溶胶（高温）、高铝水泥（中温）、水泥（常温）或石膏（常温）等，统称硅酸盐、复合硅酸盐或稀土复合硅酸盐等。无机黏结剂保温涂层较脆，碰撞易碎裂，但耐高温，使用温度范围广；②有机黏结剂可以是丙烯酸乳液、有机硅改性丙烯酸乳液、氟碳树脂乳液、聚醋酸乙烯乳液、醋酸乙烯-乙烯共聚乳液、聚乙烯醇等，合成树脂乳液的黏结作用及与基底的附着力强。有机黏结剂保温涂层的弹性好，但耐高温性较差。

2）纤维材料相互之间应该有着复杂的联结、交叉和搭接形式，存在着微小的间隙，这种间隙可以构成了好的保温、隔热和吸声功能。同时，纤维材料应具有较强的亲水性，易于被分散或者着色处理。常用的纤维材料有矿物棉、聚丙烯纤维、硅酸铝纤维和海泡石等。

3）轻质保温骨料主要有聚苯乙烯泡沫、膨胀珍珠岩、真空玻璃微珠。①聚苯乙烯泡沫价格低廉、质轻，具有良好的保温、隔热、吸声作用。发泡聚苯乙烯是轻质保温骨料中最轻的，是配制轻质保温涂料的首选，能使保温涂料的导热系数控制得较低。②膨胀珍珠岩是一种质轻、高效能的保温材料，具备化学稳定性好、耐腐蚀等优点，且无毒、无味、不燃，但膨胀珍珠岩的微孔结构在外力作用下容易被破坏。③真空玻璃微珠具有如图 31-2 所示结构的气相微孔分布涂层，这样的真空玻璃微珠显著地减少了热辐射、热对流和热传导率，绝热

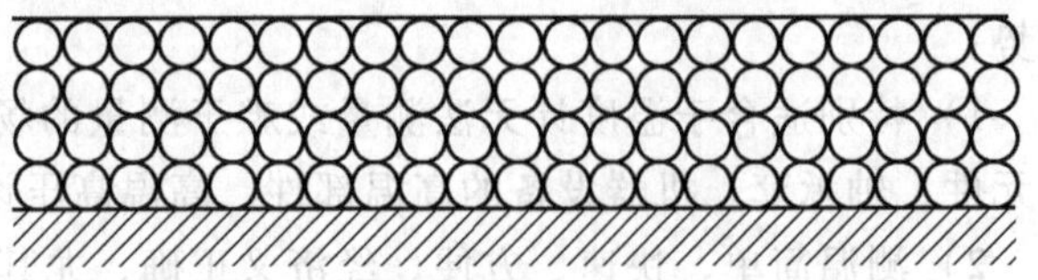

图 31-2 真空玻璃微珠的保温涂层结构

效率更高，保温性优异。

常用保温骨料的主要物理性质见表 31-18。

表 31-18　常用保温骨料的主要物理性质

材料名称	外观状态	结构特点	表观密度 /(kg/m³)	常温导热系数 /[W/(m·K)]
膨胀珍珠岩	松散颗粒	内部呈气泡状,多孔结构	80~100	0.03~0.04
膨胀蛭石	松散颗粒	细薄的叠层结构,其间充满微细孔隙	80	0.047
发泡聚苯乙烯	松散颗粒	蜂窝状微细闭孔结构	20	0.03~0.05
矿岩棉	絮状纤维	纤维平均直径 = 7μm	150	0.07
真空玻璃微珠	微细珠粒	约 100μm,粒度分布均匀	—	—

膨胀珍珠岩、膨胀蛭石、矿岩棉等材料疏松多孔，亲水吸附强，保温涂层的吸湿性及渗水性强，这会大大降低材料的保温隔热性，在保温隔热层的上面还需有致密防水层。

由于轻质保温骨料颗粒较粗，在单独使用时会聚集成疏松而孔隙很大的涂膜，甚至不能使涂膜呈连续状态，且由于其附着力低，易产生针眼孔隙和积尘污染等现象。为了提高涂膜的附着强度，常常用 200~325 目的粉状填料充填保温骨料之间的孔隙而使涂膜致密、表面平整。

4）常用的粉状填料有滑石粉、轻质碳酸钙、粉煤灰、漂珠等，其中漂珠由于中空，有较好的保温性。

5）助剂主要有分散剂、增稠剂和发泡剂等。其中分散剂可以是阴离子表面活性剂、多聚磷酸盐等。增稠剂可以是膨润土及各类纤维素，如甲基纤维素、羧甲基纤维素、羟乙基纤维素等。

保温涂料配方组成大致如下（均为质量分数）：黏结剂 5%~20%，轻质保温骨料 30%~40%，纤维材料 10%~30%，填料 5%~10%，助剂及其他 1%~5%。

6. 防污涂料

船舶在低速航行或停泊时，海洋生物很容易附着在船舶底部，海洋生物大量附着时，船体表面阻力大大增加，也使船舶质量大幅度增加，燃料耗量增加，航速下降。海洋生物附着还会破坏防锈涂层，加速船体钢板的腐蚀。海洋生物的繁殖速度很快，一旦在船体上定居，数量会急剧增加，造成对船舶的严重危害，并降低航运经济效益。

防污涂料由树脂、防污剂、颜料和填料、助剂和溶剂组成。

防污涂料是防止船舶底部海洋生物附着的专用涂料。在使用过程中，毒性的防污剂会逐渐地向外渗出，表面形成一层毒性液膜，有效地防止海洋生物附着。一般防污涂料的毒料有氧化亚铜、有机锡等，在专门选择的树脂中，毒料在很长时间内受控释放，使渗出率与海洋生物致死浓度相同，同时可以具有 3~5 年的防护期。

根据防污涂料中毒料在海水中的释放机理，防污涂料可分为 4 种类型：接触型、扩散型、溶解型和自抛光型等。

（1）接触型防污涂料　接触型防污涂料是以水不溶性的乙烯基、丙烯酸树脂作基料，添加高浓度的氧化亚铜作毒料和可溶性渗出助剂，通过涂层中毒料彼此接触相互溶解后，使得涂层形成蜂窝状结构，使涂层内部的毒料能不断地溶解渗出。这类防污涂料的防污期为 3 年以上。

（2）扩散型防污涂料　扩散型防污涂料以乙烯基树脂或氯化橡胶作基料，配以有机锡毒料、树脂与毒料形成固溶体，使得毒料以分子状态均匀分布于涂膜中，并通过表面的毒料分子与海水接触溶入海水后，涂膜内部高浓度毒料分子向表面低浓度区域扩散迁移，保证表面有足够的毒料分子来维持其渗出率。这类防污涂料的表面总是光滑的，防污期为1~2年。

(3) 溶解型防污涂料　溶解型防污涂料是以松香、沥青作基料和氧化亚铜作毒料。松香等基料微溶于海水而不断地暴露出新鲜的涂膜表面，使毒料能不断地与海水接触而溶解，形成毒性液膜。添加沥青的颜料和填料可用于调节松香的溶解速度，控制渗出率。这类防污涂料属传统型，防污期为1年以上。

(4) 自抛光型防污涂料　自抛光型涂料树脂是由有机锡丙烯酸盐单体与丙烯酯共聚形成的，表层树脂通过水解作用而释放出有机锡毒料，水解后的链分子变成水溶性，能从涂膜中分离出来，暴露出新的活性表面，并产生自抛光作用。自抛光型防污涂层具有良好的重涂性能，可根据防污期来确定涂层厚度，防污期可高达4年以上，在大型船舶上有良好的应用。

(5) 绿色防污涂料　由于上述几种涂料中的毒料对生态环境造成破坏，出现了采用无毒材料或在环境中能快速分解的毒料配制而成的绿色防污涂料。例如，采用硅酸钠作基料的涂料，使得表面液化层为碱性，海洋生物无法生存，达到防污的效果。

7. 阻燃涂料

阻燃涂料的防火阻燃作用是从以下几个方面来实现的：

1) 利用熔融覆盖层来隔绝空气。

2) 利用成炭和发泡剂形成的膨胀与炭化层来阻挡热量传导。

3) 利用含卤素的有机物来阻止燃烧的连锁反应。

4) 改变热分解反应历程，阻止放热量大的完全燃烧反应的发生。

5) 利用分解出的惰性气体（如 NH_3、H_2O、CO_2、HCl、HBr）来稀释可燃性气体。

6) 利用吸热反应来降低受热温度（如氢氧化铝在200~300℃吸热脱水）。

阻燃涂料按组成及防火机理分为膨胀型和非膨胀型两大类。

(1) 膨胀型　膨胀型阻燃涂料由难燃性或不燃性树脂、难燃剂、成炭剂、脱水成炭催化剂、发泡剂、颜料、填料和纤维增强剂组成。膨胀型涂料的涂层在火焰高温灼烧时，以几十倍的膨胀比例形成泡沫炭化层，并形成有效的隔热屏蔽层，阻止高温向底材的传递，其阻燃效果优于非阻燃型涂料。

(2) 非膨胀型　非膨胀型阻燃涂料又分无机型和有机型两种。

无机型非膨胀阻燃涂料由硅酸盐、硅溶胶或磷酸盐与耐火性填料组成，具有不燃性。有机型非膨胀阻燃涂料是一种难燃性涂料，主要由自熄性树脂、有机磷树脂、三氧化二锑难燃剂、氯化石蜡及硼酸盐难燃剂等配制而成。

阻燃涂料的发展方向是新型钢结构阻燃涂料、水性饰面型阻燃涂料及无机膨胀型阻燃涂料。

31.7　涂料的检测

31.7.1　涂料性能的检测

1. 产品的取样

涂料在购进入库之前，应对其进行相应的检查和验收，以避免在涂装过程中可能产生的质量事故，以致造成生产延误和一系列的经济损失。

涂料产品的检验取样极为重要，试验结果要具有代表性。其结果的可靠程度与取样的正确与否有一定的关系。GB 3186—2006 规定了具体的抽样方法，取样后由检验部门进行试验。

2. 涂料外观检测

（1）目测涂料状态　观察涂料是否具有结皮、胶凝、分层、沉淀等情况。

1）结皮，这是由于醇酸等类型涂料氧化、固化形成的。观察结皮的程度，如有结皮，则沿容器内壁分离除去。结皮层已无法使用，下层涂料可继续使用，使用时搅拌均匀。

除去结皮的涂料要尽快用完，避免由于放置一段时间，结皮的再次产生，甚至报废。

2）胶凝，在色漆和清漆中会出现胶凝现象，可搅拌或加溶剂搅拌，用时过滤。若不能分散成正常状态，则涂料报废。

3）分层，涂料经长期存放，可能会出现分层现象，溶剂和树脂浮于上层，颜料沉淀在下层。

其检测方法：可用一棒形物，插向涂料桶，若可插至底，说明沉淀是松散的，可混匀再使用。

采用搅拌器使涂料样品充分混匀，混匀时的技巧是，先倒出部分上层溶剂，搅拌下层颜料、填料和树脂液，待初步分散均匀后，再把倒出的溶剂倒回，继续搅拌均匀，用时过滤。

4）沉淀，若上述方法中无法插到桶底，说明沉淀时间过久，已干硬。可先把可流动部分倒出，用刮铲从容器底部铲起沉淀，研碎后，再把流动介质倒回原先桶中，充分混合。如按此法操作仍无法混合，仍有干结沉淀，涂料只能报废。

有条件的使用者，可按照 GB/T 6753.3 测定涂料的贮存稳定性。

（2）颜色　检测色漆的颜色，通常是用肉眼观察，可与生产厂家提供的标准色板进行比较，色漆应符合指定的色差范围。

有条件的使用者，可按照 GB/T 1722 测定清漆、清油及稀释剂的颜色，用铁钴比色计目视比色进行测定。

（3）外观　通过目测涂料有无分层、发浑、变稠、胶化、返粗及严重沉降现象。涂料的沉降结块性也是评价涂料贮存稳定性的手段，可用如图 31-3 所示的测力仪，来测定沉降程度。试验时，将试样罐放在测力仪平台上，平台以 15mm/min 的速度向上缓慢移动，仪器探头逐渐压入沉淀物中，记录仪就记录下探头在插入沉淀物时的阻力和深度，以此判断沉淀物的软硬度和厚度。根据探头穿透力的大小，可确定沉淀物被重新搅起分散的能力，其对应关系见表 31-19。该测力仪还可以用来测定在一定时间内的沉降量，由记录仪记录下沉积量与时间的关系。

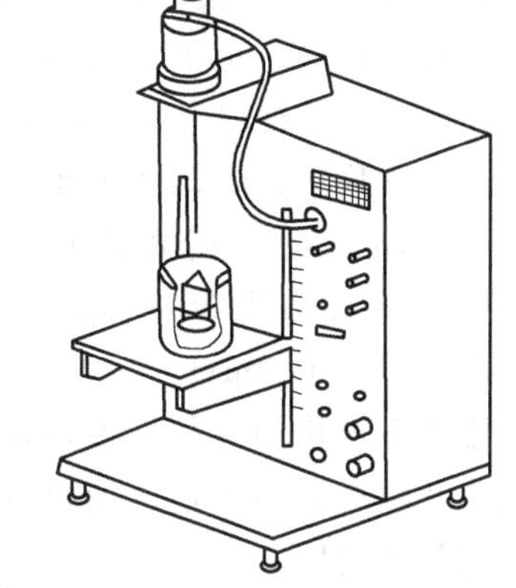

图 31-3　测力仪

表 31-19　涂料沉淀物特性参数

穿透力/N	沉淀物特性	穿透力/N	沉淀物特性
≤1	很软、易重新分散	4~6	硬、再分散困难
1~2	软、分散性好	>6	很硬、不能再分散
2~4	较硬、可以再分散		

3. 涂料黏度的测定

涂料的黏度又叫涂料的稠度，是指流体本身存在的黏着力而产生流体内部阻碍其相对流动的一种特性，即液体流动的阻力。

通过测定黏度，可以观察涂料贮存一段时间后的聚合度，按照不同施工要求，用适合的稀释剂调整黏度，以达到刷涂、有气、无气喷涂所需的不同黏度指标。

这项指标主要用于控制涂料的稠度，合乎使用要求，其直接影响施工性能、涂膜的流平性、流挂性。

GB/T 1723 规定了 3 种测定黏度的方法，包括涂-1、涂-4 黏度杯及落球黏度计测定涂料黏度的方法，其中最常用的测定方法是涂-4 黏度杯测定法。

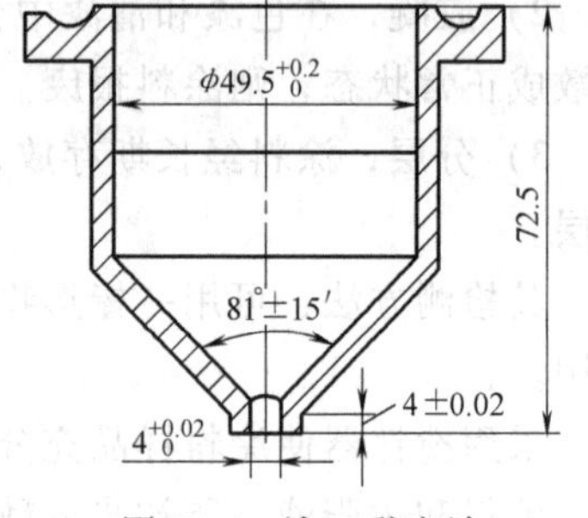

图 31-4　涂-4 黏度计

涂-4 黏度计如图 31-4 所示。黏度计的清洁处理及试样准备同涂-1 黏度计测试法。通过调整水平螺钉使黏度计处于水平位置，在黏度计漏嘴下面放置 150mL 的搪瓷杯，用手堵住漏孔，将试样倒满黏度计中，用玻璃棒将气泡和多余的试样刮入凹槽，然后松开手指，让试样流出，同时立即开动秒表。当试样流液（丝）刚中断时停止秒表，试样从黏度计流出的全部时间（s）即为试样的条件黏度。测试时，试样的温度为（23±1）℃或（25±1）℃，两次测定值之差不应大于平均值的 3%。

4. 涂料细度的测定

涂料的细度，是表示涂料中所含颜料在涂料中分散的均匀程度，以 μm 表示。涂料细度的优劣直接影响涂膜的光泽、透水性及贮存稳定性。细度的测定按 GB/T 1724，采用刮板细度计。

基本方法：取几滴涂料滴在沟槽的最深端，持刮刀与平板垂直，自深槽部位向浅槽部位快速拉过（≤3s），使涂料样充满平板沟槽，在 5s 以内，与沟槽表面呈 15°~30°。视线角对光观察显露颗粒，记下相应的刻度线，在读数以上的相邻分度线内，不得超过三个颗粒。

细度读数法如图 31-5 所示。

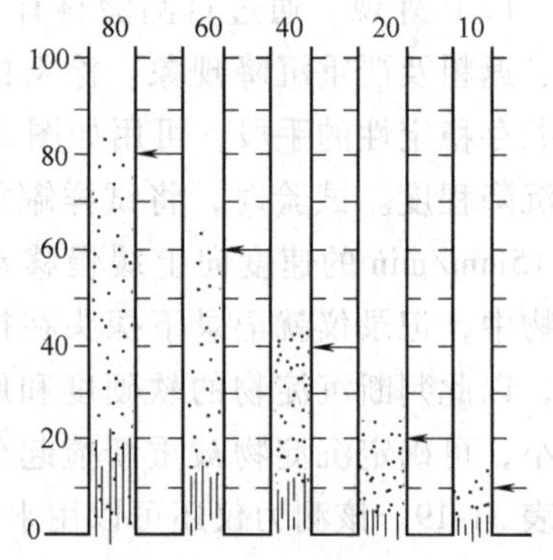

图 31-5　细度读数法

各类涂料的细度要求如下：高装饰面漆为 15~20μm，平光面漆为 30~40μm，半光面漆为 20~30μm，防锈底漆不大于 50μm。

细度不合格的产品，很多是颜料研磨不细，外界杂质进入及颜料返粗等情况所造成。可返厂再经过滤、研磨，或降级使用。

5. 涂料固体含量的测定

涂料的固体合量，也称涂料的固体分，指涂料组分中不挥发成分的含量。涂料固体分直接影响涂膜的丰满度和经济效益。其固体分越高，在涂装时成膜厚度就越高，可节约大量的稀释剂、涂装道数，从而节约涂装经费，缩短施工时间，具有较大的经济效益。测定常用溶剂型涂料固体含量的方法按照 GB/T 1725—2007。

测定方法：将涂料称量后在一定温度下放入烘箱保温，干燥后称量。剩余物质量与试样质量的比值，即为固体分（以百分数表示）。

操作注意事项：

1）称量用平底器皿需先恒重，不能有溶剂和水。涂料均匀流平分布在器皿底部，不能过多或过少，一般称取2g左右，黏度较低的取样4g左右。

2）红外灯温度较高，升温速度快，测定过程短，但温度难以控制；烘箱法测定时，可采用比红外灯较低的温度，对因温度高而易分解的产品采用烘箱法为宜。

不同品种涂料测固体分时的烘干规范温度见表31-20。

表31-20　涂料固体含量测定烘干规范温度

涂　　料	烘干温度/℃
热塑性挥发性涂料	80±2
缩醛胶	100±2
油性涂料、沥青涂料、各种合成树脂涂料及乳胶涂料	120±2
聚酯类、大漆	150±2
水性烘漆	160±2
聚酯涂料、包线涂料	200±2
有机硅涂料	在1~2h内升至180℃，再于180℃±2℃下保温

3）在规定温度烘干后，取出在室温中冷却，干燥要实干，称量一次；再次放入烘箱半小时后，再称量时，前后质量基本无变化（质量差不大于0.01g为止）即可。

4）箱中温度分布均匀，并可同时进行较多数量的平行试验，有条件一般采用烘箱加热。

5）计算方法：固体含量（X）%按公式 $X=\dfrac{W_1-W}{G}\times100\%$ 计算。W 指的是溶剂质量，单位为g；W_1 为烘干后试样和容器质量，单位为g；G 为加入试样的质量，单位为g。

试验结果应取两次平行试验的平均值，且其相对误差不大于3%。

6）各类涂料产品的固体含量及兑稀到施工黏度时的稀释率，见表31-21。

表31-21　各类涂料产品的固体含量及稀释率

涂料品种	固体分(%)	稀释率(%)	涂料品种	固体分(%)	稀释率(%)
油性涂料	60~70	10~15	有机硅树脂涂料	50~60	20~50
醇酸树脂涂料	55~65	10~15	硝基纤维素涂料	20~40	80~120
氨基树脂涂料	55~65	10~20	过氯乙烯涂料	20~35	80~120
环氧树脂涂料	50~60	20~50	热塑性丙烯酸涂料	10~40	150~200
聚氨酯涂料	50~60	20~50			

6. 涂料结皮性的测定

结皮性可分两个方面来测定：一是涂料在密闭桶内的结皮情况；二是在开桶后使用过程中的结皮速度。对于某些涂料来说，在敞桶的情况下，结皮现象不可能完全防止，但涂装操作者应注意如何使结皮生成速度及其性质控制在允许的范围内，以尽量减少损失。

1）密闭试验可用带有螺旋顶盖的玻璃瓶，装入容积2/3的试样，旋紧顶盖，倒放在暗处，可定期检查直到结皮生成为止。试验时，最好与已知结皮性质的样品作比较。

2）敞罐试验样品装入贮罐深度的一半，敞盖并时常观察，直到结皮为止。试验时最好也用已知性质的样品同时敞盖存放，以便在不同阶段比较这两者的结皮情况。

7. 涂料灰分的测定

工厂实用分析方法为灼烧法，先将试样在电炉上焙烧至完全炭化后，再放入高温炉中灼烧转化为灰分，然后冷却并称量。所用到的仪器设备有天平（感量为 0.0001g）、瓷坩埚(50mL)、电炉或电热板、马弗炉（800℃以上）、坩埚夹、玻璃干燥器（硅胶干燥剂）。测定方法如下：

1）取瓷坩埚在马弗炉中灼烧后，放在干燥器中冷却，称量直至恒重，备用。

2）精确称取 5~10g 试样置于坩埚内，将坩埚先在电炉上焙烧，焙烧时不能自燃或溢出，达到完全炭化后，放入马弗炉中灼烧。

3）马弗炉温度分别由 200℃、400℃、600℃依序加温至 800℃，并在 800℃恒温灼烧 2h，直到残渣完全烧为灰烬。

4）切断电源，使炉内温度慢慢下降，至 200℃左右时，用坩埚夹取出坩埚，放入干燥器中。

5）冷却至室温后，称重，再移入马弗炉中灼烧，冷却并称重，重复操作，直至恒重（全部称量精确至 0.0001g）。

31.7.2 涂料施工性能的检测

涂装过程中的质量检测也直接影响到涂装质量的优劣。涂装过程中的质量检测，对于控制涂装质量、节约涂装经费，以此得到高品质的涂装产品具有十分重要的意义。

1. 检测方法

按标准制备的涂料样板，要进行有关涂膜性能的一系列检测工作，如测附着力、柔韧性、冲击强度等；因此，所成涂膜的干膜厚度不应太厚，在 15~30μm 之间为准，否则影响其他项目的测试性能。

各类涂料测定试验时涂膜厚度的规定见表 31-22。

表 31-22 各类涂料测定试验时涂膜厚度的规定

涂料名称	厚度/μm
清油、丙烯酸清漆	13±3
酯胶、酚醛、醇酸等清漆	15±3
沥青、环氧、氨基、过氯乙烯、硝基、有机硅等清漆	20±3
多品种磁漆、底漆、调合漆	23±3
丙烯酸磁漆、底漆	18±3
乙烯磷化底漆	10±3
厚漆	35±5
腻子	500±20
防腐漆单一涂膜的耐酸耐碱性及防锈漆的耐盐水、耐磨性（均涂二道）	45±5
单一涂膜耐湿热性	23±3
防腐漆配套涂膜的耐酸、耐碱性	70±10
磨光性	30±5

2. 涂料使用量的测定

涂料的使用量，指在单位面积底板上制成一定厚度的涂膜时所需的涂料量，以 g/m^2 表示，也叫用漆量。

(1) 刷涂法　其基本原理：涂装前漆刷及盛有试样容器重，减去涂装后漆刷及剩余试样容器重，此差值除以涂装面积即可得到涂料使用量。

其计算方法按下式计算：

$$X=\frac{W_1-W_2}{S}\times10^4$$

式中　W_1——涂装前漆刷及盛有试样容器重（g）；

W_2——涂装后漆刷及盛剩余试样容器重（g）；

S——涂装面积（cm^2）。

（2）喷涂方法　其基本原理：称量喷涂前后试板的质量差值，再除以喷涂涂料的面积即可得到涂料使用量。

其计算方法按下式计算：

$$X=\frac{B-A}{C}\times10^4$$

式中　B——涂装后板重（g）；

A——涂装前板重（g）；

C——涂装面积（cm^2）。

计算出涂料的使用量，再确定预涂装物体的表面积，计算共需涂装的道数，就可估计工程所需购买涂料的质量，注意应考虑施工过程中的损耗。

其计算公式为：涂料总量(kg)=涂装物表面积(m^2)×涂料使用量(kg/m^2·道)×涂装道数×损耗系数。

其中损耗参数>1，在1.1~2.0之间，与被涂物形状、采用涂装方法、施工气候条件等有很大关系。

3. 涂料遮盖力的测定

遮盖力是指色漆均匀地涂在物体表面上，遮盖住被涂基体表面底色的能力。多采用黑白格试验，以单位面积遮盖底色的最小涂料用量表示（g/m^2）。

涂料的遮盖力与颜料颗粒的大小和它在涂料中的分散性能有密切联系。不同种类涂料由于颜色深浅、颗粒粗细、密度、折射率等不同因素，其遮盖力也不同。

（1）刷涂法　刷涂法是采用标准规定黏度的涂料，用漆刷将涂料均匀地涂刷于黑白格玻璃板上（10cm×20cm），在散射光下或在规定的光源设备内，至刚好看不见黑白格为止，用减量法求得黑白格板面积的涂料用量，计算出涂料的遮盖力。

（2）喷涂法　喷涂法是用喷枪将适当黏度的涂料喷涂于黑白格玻璃板上，目测至看不见黑色，待涂膜干膜后，剥下称其质量，计算出涂料的遮盖力（以干膜计）。

4. 涂料厚度的测定

涂膜厚度分别有湿膜厚度和干膜厚度。湿膜厚度用于施工现场对涂膜厚度的直接控制和调整，干膜厚度则用于质量监控与验收。

涂膜厚度是涂料施工过程中很重要的一项控制指标。涂装产品根据其用途和使用环境状况，对涂膜厚度有直接的要求。涂膜的各项性能也必须以厚度作为条件参数，即涂膜性能只有在同等厚度下才有可比性。

在涂装工程中，涂膜厚度是控制涂装质量的重要手段之一，以测量干膜厚度来确保工程涂装质量的方法叫膜厚管理。

合理地控制涂层的厚度，这与涂装过程中出现的各种因素有关，如施工方式、施工时的不挥发分，底材的表面处理及吸附能力，以及稀释剂的挥发速度等。

涂膜厚度的控制，有两种方法：

（1）湿膜厚度的测定　湿膜厚度用带有深浅依次变化锯齿的金属板或圆盘，垂直压在湿膜表面，直接读取首先沾有湿膜的锯齿刻度。

湿膜厚度未达到规定要求时，应补涂一道或局部修补重涂。

（2）干膜厚度的测定　常用的有杠杆千分尺和磁性测厚仪测定两种方法，随着涂料检测水平的提高，一般多采用磁性测厚仪法。

磁性测厚仪法的操作内容：将探头放在样板上，使之与被测涂膜完全吸合，随着指针（数字式旋钮）测定膜厚值的不断变化，当磁芯跳开，表针（数字式旋钮）数字稳定时，即可读出涂膜厚度值，以 μm 表示。

5. 涂料流平性能的测定

涂料的流平性又称为展平性或匀饰性等，是衡量涂料装饰性能的一项重要指标。

1）一种经验方法是：刷涂时自刷子离开样板的同时，开动秒表，测定刷子划过的刷痕消失和形成完全平滑涂膜表面所需时间，以 min 表示。喷涂同上法，观察涂膜表面达到均匀、光滑、无皱状态所需时间。

2）另一种经验方法是将涂料试样调至施工黏度，涂刷在已有底漆的样板上，使之平滑均匀，然后在涂膜中部用刷子纵向抹一刷痕，观察多少时间刷痕消失，涂膜又恢复成平滑表面。

其评级标准一般按照涂膜达到均匀平滑表面的时间来评级：不超过 10min 者为良好，10~15min 为合格，经 15min 尚未均匀者为不合格（非装饰性涂层可不作此要求）。

对流平性能的评价与涂料的品种和黏度有极大的关系，黏度大的涂料一般流平性能不如低黏度涂料。随着科技的发展，近年来，许多新型流平助剂逐步得到应用，如聚丙烯酸酯类流平剂，只需加入 0.2%~1.0%的用量，就能大大提高涂膜的整体流变性和流平性。

6. 涂料防流挂性能的测定

由于被涂布在垂直表面上的涂料流动不恰当，使涂膜产生不均一的条纹和流痕就是流挂现象，它反映在施工时，防流挂性能就是涂料一次可成的最大湿膜厚度。

涂料的流挂性能是测定厚浆（厚膜型）涂料最重要的指标。

GB/T 9264 规定了测定色漆相对流挂性能的方法。

测定涂料流挂性能的操作内容：①首先，将玻璃板放在底座适宜位置上，并将刮涂器置于试板面顶端，刻度朝向操作者；②将足量充分搅匀的样品均匀倒在刮涂器前面的开口处；③两手握住刮涂器两端，使其平稳连续地从上到下进行刮拉，同时应保持平直而无起伏，在 2~3s 内完成这一操作；④将刮完涂膜的试板立即垂直放置；⑤观察读数时，检查流挂情况，若该条厚度涂膜不流到下一个厚度条膜内时，即分界线清晰时，此条膜的厚度为不流挂的湿度厚度，以 μm 计。

防流挂性能的测定可用于判断一次成膜涂料的干膜厚度和用量。

7. 涂膜干燥时间的测定

涂膜干燥时间是指涂料是以一定厚度涂装在物体表面上，经过物理性挥发或化学性氧化聚合作用，或采用添加固化剂，烘干或光固化等方法，而形成固体薄膜的过程所需要的时间，以 h 或 min 表示。

涂膜的干燥时间取决于涂料本身的化学性能和物理性能，通常可分为表面干燥和实际干燥两个阶段。

1）表面干燥。一定厚度的湿膜，表面从液态变为固态但其下仍为液态，其干燥时间，称表干时间。

2）实际干燥。从施涂好的一定厚度的液态涂膜形成固态涂膜，其干燥时间，称为实干时间。

涂膜、腻子膜干燥时间的测定方法可参照国家标准 GB/T 1728—1979 的具体内容。

（1）表干时间的测定　主要有吹棉球法和指触法，这种测试主要凭测试者的经验。

1）在涂膜表面轻轻放一棉球，用嘴轻吹棉球，如能吹走且涂膜表面不留有棉丝，即认为表干，此法为吹棉球法。

2）指触法是以手指轻触涂膜表面，如感到有些发黏，但不粘手指，也无漆粘在手指上，即认为表干。

（2）测定实干的方法　有压滤纸法、压棉球法、刀片法等。

1）压滤纸法是在涂膜表面放一滤纸，再压上干燥试验器（200g 的砝码），30s 后移去砝码。然后将试板翻转，滤纸能自由落下，且纤维不粘在涂膜上，或者用手指在背面轻敲几下，若有 1~2 根纤维黏附但也能轻轻掸掉，认为涂膜实干，从涂料涂刷到此时的时间即为所要测定的实干时间。

2）压棉球法是在涂膜上放一个脱脂棉球，于棉球上再轻轻放上干燥试验器，同时开动秒表，经 30s 后，将干燥试验器和棉球拿掉，样板转动 5min，观察涂膜无棉球的痕迹及失光现象，涂膜上若留有 1~2 根棉丝，用棉球能轻轻掸掉，均认为涂膜已实际干燥，从涂料涂刷到此时的时间即为所要测定的实干时间。

8. 涂料打磨性的测定

打磨性一般以砂纸打磨时的沾砂性或打磨平整的难易程度来判断。

由于在涂装作业过程中，总是需要对工件进行局部的打磨修整，对于在旧涂膜表面涂装或腻子表面，还需要进行彻底的整体打磨。

打磨是涂装过程中必不可少的一道工序，打磨的难易程度直接影响到施工效率。

若沾砂严重，打磨时感觉发腻，就不太容易打磨平整，打磨性就差。

通常来说，硬涂膜有较好的打磨性，软涂膜的打磨性很差。

9. 涂料重涂性的测定

重涂性是指在规定间隔时间内，第二道涂层对其底层有无出现咬底、渗色、不干和结合力差等问题。

因此，复合涂层体系或多道涂覆时，重涂性就表现为一项非常重要的施工性能。当然，重涂性是可以通过对施工工艺条件的调整来改善的。

31.8　涂料的选用

31.8.1　涂料的选择原则

正确选择涂料品种，直接关系到涂层防护效果。如何选定涂料，与下列因素有关：

（1）使用环境　是陆上建筑（一般腐蚀、轻度腐蚀、重度腐蚀），还是海上建筑。

（2）使用条件　常温下使用、高温下使用；地面管道、地下管道；接触何种介质。

（3）使用年限　各种钢结构有其一定的使用年限。

（4）维修方便程度　有的可以经常维修，很方便；有的在高空、高温、海洋中，维修一次花的辅助费用很大，一般性投资高一点，平常维修费用低，全寿命周期费用相对比较低。

（5）经济性　氯化橡胶底漆是红丹、铝粉铁红底漆价格的几倍，因此对于一般防腐结构，能用红丹、铝粉铁红等底漆解决问题的，就选用低价涂料，做到物尽其用，使其功能充分发挥。该用氯化橡胶系涂料的，成本高，使用年限长，全寿命周期费用并不高，就可以作经济技术分析后决定。

1. 涂料的选用原则

选择涂料，既要满足产品涂装的质量要求，又要考虑经济效益。涂料选择原则有以下几点：

1）必须满足被涂产品的使用环境要求。

2）必须适应涂装产品材质的要求。

3）必须适应涂料的涂装特点。

4）必须与涂装前表面预处理方法相适应。

5）必须与干燥方法相结合。

6）必须与涂料的配套性一致。

7）必须兼顾经济效益。

2. 涂料的选用方法

选择涂料，为了满足各种产品涂装时对涂料性能的要求，同时体现艺术及装饰的美感、与环境的协调性及经济效益。涂料的选用方法如下：

（1）满足涂装产品的使用环境条件和涂层质量要求　涂装产品有多种多样的使用环境条件和涂层质量要求。例如，室内室外，陆地天空，沿海地区，海上、干热带或湿热带，地下工程，化工防腐等，还有高保护性与一般装饰性，高装饰性与一般保护性，高保护、高装置性等要求。

选择适用涂料的性能和用途，必须满足各种涂装后的适用环境条件和对涂层的质量要求。各类涂料的涂层适用的环境条件见表31-23。

表31-23　各类涂料的涂层适用的环境条件

环境条件	油性漆	沥青漆	酚醛漆	醇酸漆	氨基漆	硝基漆	过氯乙烯	环氧漆	丙烯酸	聚氨酯	有机硅
在一般大气条件下使用，对防腐和装饰性要求不高	✓		✓								
在一般大气条件下使用，但要求耐候性好				✓	✓	✓	✓		✓	✓①	
在一般大气条件下使用，但要求防潮、防水性好		✓	✓				✓	✓	✓	✓	
在湿热条件下使用，要求有三防性（防湿热、防盐雾、防霉）			✓		✓		✓	✓	✓	✓	✓
在化工大气条件下使用，或要求耐化学性较好		✓	✓				✓	✓		✓	
在高温条件下使用											✓

① 脂肪族。

（2）掌握涂料的性能及用途　涂料品种繁多，性能及用途不同，必须熟悉和掌握不同类别品种涂料所具有的多种多样的性能和用途，才能正确合理地进行选择，涂料应具有的质量指标见表31-24。

表31-24　各类涂料的涂层性能对比

涂料＼涂层性能	耐盐雾	耐酸性	耐碱性	耐汽油性	耐水性	附着力	柔韧性	耐磨性	硬度	抗冲击	最高使用温度/℃	耐候性	保光性	保色性	装饰性
酚醛	5	3	2	4	5	5	3	4	3	3	120～177	3	2	1	2
沥青	5	3	4	1	5	5	5	2	3	5	70～93	2	—	—	2
醇酸	5	1	1	3	2	5	5	3	3	4	93～100	4	4	3	4
氨基	4	2	3	4	3	5	4	4	5	4	100～150	5	4	4	5
硝基	5	3	1	3	3	2	2	2	4	2	65～82	3	3	5	4
过氯乙烯	5	5	5	4	5	2	5	2	4	3	60	4	4	4	3
丙烯酸	5	2	3	3	4	4	5	2	4	5	180	5	5	5	5
环氧	5	3	4	5	4	5	3	4	5	4	150～200	2	2	2	3
聚氨酯	5	3	4	5	5	5	5	5	4	4	150	4	5	4	5
聚酯	5	3	1	5	3	3	3	3	5	2	93	4	3	5	5
有机硅	5	3	4	2	5	2	2	2	3	3	200～500	4	5	5	4
粉末涂料　环氧	5	3	4	5	5	5	5	5	5	5	138～173	3	2	2	2
粉末涂料　聚酯　热塑性	3	1	1	5	3	—	2	4	5	3	93	4	3	5	4
粉末涂料　聚酯　热固性	5	3	1	5	—	—	5	—	5	5	232	4	4	5	4
粉末涂料　丙烯酸	5	2	3	4	5	4	4	4	4	4	121～173	5	5	5	5
粉末涂料　尼龙-12	4	1	3	5	3	4	4	5	4	5	82	3	3	4	2
粉末涂料　聚乙烯	3	3	4	1	5	4	5	2	2	3	54	3	3	4	3
粉末涂料　聚四氟乙烯	5	5	5	5	5	4	3	5	4	5	260	3	4	3	3

注：5—优；4—好；3—较好；2—一般；1—差。

（3）根据涂料产品的材质来选择　不同的材料由于腐蚀机理和本身的抗腐蚀性能的差异，设计的涂层体系也是不一样的，而且由于各种材质的表面物理性质、化学性质的差别，对涂料的适应性就不一样，施工要求也不同：①不能把钢铁表面的涂层体系照抄硬搬到铸铁或轻金属甚至是塑料表面上去；②对木材来说，由于多孔性，涂料易渗透而被吸收、失光，必须预涂封闭剂；③对某些塑料表面，易被涂料中溶剂溶胀，甚至溶解浸蚀，也会造成涂膜失光。但绝大多数塑料存在的问题是附着力太差，必须选用专用塑料底漆或采取其他工艺措施。

各类涂料与不同材质的适应性见表31-25。

表31-25　各类涂料与不同材质的适应性

涂料＼涂层性能	钢铁	轻金属	塑料	木材	皮革	玻璃	织物
油脂漆	5	4	3	4	3	2	3
醇酸树脂漆	5	4	4	5	5	4	5
氨基树脂漆	5	4	4	4	2	4	4
硝基漆	5	4	4	5	5	4	5
酚醛树脂漆	5	5	4	4	2	4	4
环氧树脂漆	5	5	4	4	3	5	—
氯化橡胶漆	5	3	3	5	4	1	4
丙烯酸酯漆	4	5	4	4	4	1	4
氯醋共聚树脂漆	5	4	4	4	5	4	5

（续）

涂层性能 / 涂料	钢铁	轻金属	塑料	木材	皮革	玻璃	织物
偏氯乙烯漆	4	4	5	4	5	—	5
有机硅漆	5	5	4	3	3	5	5
呋喃树脂漆	5	3	5	5	3	3	3
聚氨酯漆	5	5	5	5	5	5	5
醋丁纤维素漆	4	4	4	4	1	2	3
乙基纤维素漆	4	4	5	3	5	3	5

注：5—最好；1—最差。

（4）选择的涂料应满足施工条件的要求　应根据现有装备情况选用适宜涂料。通常，在设施简陋的情况下，一般选用自干涂料和快干涂料；在生产量大幅度提高时，可配合设备改造选用高品质的烘漆等。每一种涂料都有其相适宜的涂装方法（见表 31-26），实际操作时要注意其方法的选用。

表 31-26　各类涂料适宜的涂装方法及其干燥条件

涂料	涂装方法	干燥条件
油性漆	刷涂	自干,24h
酚醛漆	刷涂;浸涂,喷涂,高压无气喷涂	自干,18h
沥青漆	浇涂;刷涂,喷涂,热喷涂	自干及低温烘干(100℃,≤1h)
醇酸漆	喷涂,高压无气喷涂,刷涂,浸涂	自干(18~24h)及低温烘干(≤100℃,≤2h)
氨基漆	喷涂,浇涂,浸涂	烘干 90~150℃,1~2h
硝基漆	喷涂,热喷涂,高压无气喷涂;浸涂,静电喷涂	自干,1h
过氯乙烯漆	喷涂,热喷涂,高压无气喷涂;浸涂,静电喷涂	自干,3h
丙烯酸漆	喷涂,热喷涂,高压无气喷涂;浇涂,滚涂	自干 1h 及烘干(140℃)
胺固化环氧漆	喷涂;刷涂	自干,12h
环氧酯漆	喷涂;刷涂	自干(24h)及烘干
环氧酚醛漆	喷涂;刷涂,浸涂	烘干,180℃,1h
聚氨酯漆	喷涂;刷涂,浸涂	自干(24h)
有机硅漆	喷涂;刷涂,浸涂	自干及烘干
电泳漆	电泳涂装	烘干,160~180℃,1h
粉末涂料	静电喷涂,流化床涂覆	烘烤

注：“;”以前为最适宜的涂装方法。

（5）根据经济性来选择涂料　经济性主要从涂料成本、施工费用和涂层使用寿命几方面综合考虑。总的原则是不要功能过剩，单涂层能满足要求的，就不采用复涂层，这可降低费用；使用期限长的，应选用高性能涂料，减少维护费用。优先选用省资源、省能源和低污染涂料，这从绿色会计学角度来看，也包含着一笔巨大财富，同时能够得到直接的经济效益。

（6）复合涂层各涂料应配套使用　由于单一涂层往往不能同时满足各项性能要求，故产品的防护和装饰一般都按复合涂层体系来进行设计。为了保证层间结合力和防止复合涂层出现缺陷，各层涂料必须配套使用，具体要求如下：

1）同漆基的涂料，配套性良好；不同漆基的涂料，配套性往往不好，一般需改性来提高两者之间的结合力。

2）涂膜硬度和强度相一致的涂料，配套性较好。如果下层涂膜硬度太软，易发生起皱、脱落。

3）强溶剂性面漆对耐溶剂性差的底层易产生“咬底”；若增加这类底层的颜料和填料

分，则可能避免咬底现象。

4）各层涂膜的涂料干燥方式也应相一致，避免某一层涂膜交联过度导致性能劣化。由于底漆侧重于防护作用，面漆侧重于装饰作用，故这两种涂料采用不同的基料配制。底漆、面漆之间的配套性见表 31-27。

表 31-27　底漆、面漆之间的配套性

底漆＼面漆	油基漆	酚醛漆	沥青漆	醇酸漆	氨基漆	硝基漆	过氯乙烯漆	丙烯酸漆	环氧漆	聚氨酯漆	有机硅漆
油基漆	✓	✓		✓							
酚醛漆		✓	✓	✓	✓	✓	✓				
沥青漆			✓								
醇酸漆		✓	✓	✓	✓	✓	✓		✓		
氨基漆					✓						
硝基漆						✓				✓	
过氯乙烯漆							✓	✓		✓	
丙烯酸漆						✓	✓	✓			
环氧漆		✓	✓	✓	✓	✓	✓	✓	✓	✓	
聚氨酯漆										✓	

31.8.2　涂料的配套性

所谓涂料的配套性就是涂装底材和涂料以及各层涂料品种之间的适应性。涂料的配套设计就是按照施工要求，选择最合适的涂装材料和涂装系统，保证实施最佳涂料配套的系统工程。

1. 涂料配套设计的主要内容

1）涂料和底材（被涂工件）之间的配套。基材不同的被涂工件，必须选择不同的涂料品种（应特别注意铝材等基体涂料的选择）。

2）各涂层之间涂料品种的配套。也就是底漆、腻子、中间层、面漆之间的配套性。

3）涂料与施工方法之间的配套。例如：水性电泳涂料只能采用电泳涂装，粉末涂料只能采用流化床或静电粉末涂装等方法。此外，在决定涂装方法的时候，还必须考虑涂膜的干燥固化成膜方式。

4）涂料与辅助材料之间的配套。涂料的辅助材料虽然不是成膜物质，但对于涂料施工、固化成膜过程和涂层性能都有很大影响，是涂料的主要组成部分。良好的配套性可改善涂料的施工性能和涂膜的使用性能，防止涂膜弊病的产生，提高涂装质量。每类涂料品种均有特定的稀释剂、分散剂、催干剂等，配套设计时要考虑辅助材料的品种和用量。

2. 涂料配套设计的原则

涂料的配套主要指底漆与面漆的配套：①考虑层间附着力及底面漆应有很好的结合力；②考虑面漆不能咬起底漆，这与漆料中所含溶剂的强弱有关。

溶剂由强至弱可排列为：酮醚→酮→酯→醇→芳香烃→脂肪烃。因此，涂料也可按其所含溶剂的强弱进行排列，如图 31-6 所示。

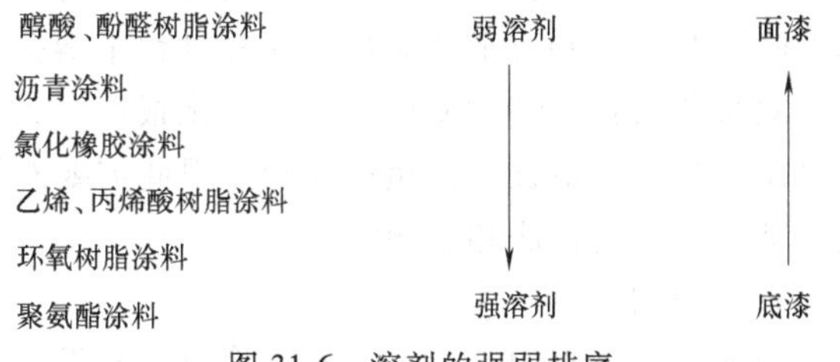

图 31-6　溶剂的强弱排序

在涂料配套设计时应注意以下原则：

1）具有同类溶剂的涂料可以互相配套。

2）按干燥方式配套：双组分固化型涂料和氧化型涂料作底漆时，氧化型涂料和挥发型涂料作面漆。

3）按所用溶剂的强弱从里到外由强到弱排列配套：由强溶剂组成的涂料可以适应由弱溶剂组成的涂料在其表面涂装。但是底漆、面漆所用溶剂的强弱反差不能太大，以免产生底漆、面漆之间结合不牢或层间脱离现象，影响涂装质量。

4）对于下硬上软的涂层，底漆用强溶剂的涂料，如环氧、聚氨酯类高性能涂料；面漆用弱溶剂涂料，如氯化橡胶、沥青、醇酸、酚醛等低性能涂料。这种配套方式不会产生咬底现象。

3. 涂料配套设计的方法

在涂装工艺上还可采取下列措施增加底漆、面漆的界面附着力。其具体要求是：

1）湿碰湿。如在环氧涂层上涂漆时，应在其涂装后还未完全干燥的1~2天内进行。

2）增加中间层。氯化橡胶涂料是一种优良的中间层涂料。

3）保持一定的粗糙度，如沥青表面和环氧涂料涂装7天以后，必须先经过打毛处理才能进行涂装。

在对涂料进行配套设计时，可参照表31-28进行操作。

表31-28 涂料的配套设计

底漆＼面漆	油改性漆	酚醛树脂漆	氯化橡胶涂料	乙烯树脂涂料	丙烯酸树脂漆	烯丙基醚漆	沥青漆	环氧沥青漆	环氧树脂漆	漆酚漆	有机硅树脂漆	无机涂料	合成树脂乳液
油改性漆	☆	○	△	△	△	○	×	×	×	×	×	×	△
酚醛树脂漆	○	☆	△	△	△	○	△	×	×	×	×	×	×
氯化橡胶涂料	○	○	☆	☆	☆	○	△	△	△	×	×	×	×
乙烯树脂涂料	○	○	○	☆	☆	○	△	△	△	×	×	×	×
丙烯酸树脂漆	○	○	○	☆	☆	○	△	△	△	×	×	×	×
烯丙基醚漆	○	△	△	△	△	☆	×	×	×	×	×	×	△
沥青漆	×	△	△	△	△	×	☆	△	△	△	×	×	×
环氧沥青漆	△	○	○	○	○	△	○	☆	☆	△	△	×	△
环氧树脂漆	△	○	☆	☆	☆	○	○	☆	☆	○	○	×	○
漆酚漆	×	×	△	△	△	×	×	△	○	☆	△	×	△
有机硅树脂漆	△	△	×	×	×	×	×	△	○	△	☆	×	☆
无机涂料	×	×	○	○	○	△	×	☆	☆	○	○	☆	△
合成树脂乳液	△	△	×	×	×	△	△	△	△	×	×	×	☆

注：☆代表优良，○代表良好，△代表可以，×代表不可以。

31.8.3 涂料的用量估算

当涂料调至施工黏度时，如果长时间放置，颜料会絮凝沉降，造成涂膜色泽不一致或光泽下降。对于一些快干性涂料，放置过程中溶剂大量挥发使黏度上升，导致喷涂雾化不良；对于双组分涂料，超过使用时间会胶化报废。为了避免这些现象的发生，待调稀的涂料量以当班用完为宜，最长不得超过3天。因此需要对涂料用量进行估算。常用的涂料用量估算方法有计算法、统计法和实测法。

1. 计算法

根据各层涂膜的厚度、密度、涂料不挥发分和涂料利用率等参数，可按下式求得各层涂膜的涂料单位面积消耗量：

$$q_c=\frac{\delta\rho_F}{eS_0}$$

式中　q_c——各层涂膜单位面积原漆消耗量（g/m^2）；

δ——涂膜厚度（μm）；

ρ_F——涂膜密度（g/cm^3）；

S_0——原漆固体分（%）；

e——各种涂装方法的涂料利用率（%）。

对于涂料是清漆的情况，涂膜的密度应参考表31-29的树脂密度取近似值。

表31-29　常用涂料的基料的密度

树　　脂	密度/(g/cm^3)	树　　脂	密度/(g/cm^3)
油脂	0.95	醇酸树脂	1.0
氨基树脂	1.25	环氧树脂	1.2
酚醛树脂	1.2	聚氨酯	1.2
硝基纤维素	1.7	氯化橡胶	1.7
乙烯基树脂	1.2	丙烯酸树脂	1.2
沥青	1.0	有机硅树脂	1.1
无机硅酸盐	2.7		

2. 统计法

根据原生产工艺的年度消耗量，或生产线的月度或年度材料消耗记录资料，除以月度或年度生产任务，得到单位消耗量。再乘上待设计的年生产纲领，就可以得到原材料的年需求量。如果和原生产工艺比较，新设计的工艺比较先进，原材料利用率往往比较高，年需求量应乘以系数k：

$$k=e_0/e$$

式中　e_0——原生产工艺材料利用率（%）；

e——新工艺的材料利用率（%）。

如果用已建成的类似工艺生产线的数据计算，得到的结果相对比较客观、准确。

3. 实测法

例如对于一定面积的工件，经涂装处理以后，求得单位消耗量。常常由于涂覆面积有限，再加上零部件的尺寸、形状对涂料利用率影响很大，使得实测的结果和前面方法得到结果有一定偏离，仅作为参考。

第32章

涂装方法及设备

32.1 涂装方法

32.1.1 涂装方法的分类

国内外常用的涂装方法有刷涂、辊涂、浸涂、淋涂、空气喷涂、高压无气喷涂、电泳涂装、刮涂、静电喷涂、粉末涂装等。根据涂装方法使用的工具和其机械化程度，常用的涂装方法及工具和设备见表32-1。

表32-1 常用的涂装方法及工具和设备

分　类	涂装方法	所用的主要工具和设备
手工工具涂装	刷涂	各种刷子
	揩涂	棉布包的棉花团
	辊涂	滚筒刷子
	刮涂	刮刀
机动工具涂装	空气喷涂	各种喷枪、空压机、输漆装置
	高压(或低压)无气喷涂	无气喷涂装置
	热喷涂	油漆加热装置,其他与上述两者相同
	轻鼓涂装	滚筒
器械装备涂装	抽涂(又称挤压涂装)	抽涂机
	滚筒涂装(辊涂)	辊涂机
	离心涂装	离心涂装机
	浸涂	浸涂设备
	流涂	流涂设备
	幕式涂装	幕式涂装机
	静电喷涂:手提式或固定式	静电喷枪、高压静电发生器
	自动涂装:门式或机械手式	自动涂装机或机械手
	电泳涂装:阳极或阴极	电泳涂装设备
	化学涂装	化学泳涂设备
	粉末涂装:热溶融法、静电涂装法和黏附法	各种粉末涂装设备

32.1.2 涂装方法的选择

涂装方法的选择是否合理，关系到工件的涂装质量、生产批量、涂装的经济性等技术经济效益问题。如选择不当，即使有了性能和质量优良的涂料、良好的涂装环境条件、完善适宜的设备工具、技艺高超的涂装队伍、现代化的组织管理也不可能达到产品涂装预期目的，甚至会造成工期的延误及原材料、财力、物力、能源的损失和不必要的浪费等。

选择涂装方法需要考虑的因素很多，应根据产品涂装的使用环境条件，涂膜质量要求，涂料的性能、用途和涂装特点，涂膜层次，涂膜厚度，涂装产品的基材（材质）、形状和尺寸，涂装前表面状况及前处理方法，涂装必备的设备及工具（包括现有设备工具和需要添置的设备工具），涂装产品的批量，涂料干燥方法及设备条件，涂装环境条件和环保设施，组织机构，涂装技术水平等进行合理选择。

1. 工件的材质、规格、大小及形状

1）从工件材质考虑，主要有金属、塑料和木材等。材质不同、表面状况及预处理方法不同，与之配套的涂料品种也不同，应采用不同的涂装方法。对静电喷涂来说，要求表面有一定的导电性，塑料和木材需经特殊处理才能采用该涂装方法。对电泳涂装来说，仅适合于金属，并且不同金属不能同时进行电泳涂装，而塑料与木材不能采用这种涂装方法。

2）从工件尺寸考虑，对于小件大批量生产应采取静电喷涂。若用空气喷涂，涂料利用率很低。

3）从工件形状看，对于有缝隙、拐角等死角部位的复杂形状的工件，不宜采用空气喷涂和静电喷涂，可用高压喷涂或电泳涂装，而平面物体可采用帘幕涂或辊涂。

2. 被涂工件使用的环境条件

为了满足工件的涂装目的，就需要选择能够满足产品涂膜质量要求的优良涂料品种，并根据涂料的涂装特点，进而选择相适应的涂装方法。例如轿车等高装饰产品涂装，可采用多涂层体系，底漆一般可采用电泳涂装法，中涂、面漆可以采用空气喷涂或静电喷涂。又如大批量的工业产品涂装，可采用浸、辊、流、空气喷涂等涂装方法，还可以采用自动涂装生产线的电泳、静电及粉末涂装方法。总之，被涂工件的使用环境要求与涂装方法的选择密切相关。

3. 涂装设备与工具

选择涂装方法时，既要充分考虑涂装方法所必需的设备、工具，也要考虑工厂的现有设备与工具情况，如既能保证产品的涂装质量、批量要求、一定的经济效益的前提下，又能符合选用涂料的涂装方法时，就可以采用本单位现有设备与工具的涂装方法。这样既能取得高的涂装质量、高的生产效率和经济效益，又能节能、减少环境污染和改善劳动条件。

4. 经济效益

在能保证涂装产品质量、生产批量的前提下，尽量采用经济效益高的涂装方法：①能采用自干型涂料的，就不要选用烘干型涂料；②能采用淋涂、刷涂、浸涂的，就不要采用喷涂工艺。

5. 涂装环境及技术力量

涂装环境条件（施工场地和涂装配套设施），操作者的技术水平条件，对涂层的形成、涂装质量有很大影响。如涂装高保护、高装饰的产品，既要有高素质的人员操作，同时又要有相适应的环境条件保证，如适宜的温度和湿度、良好的送排风的喷漆室、洁净的烘干设备等，才能有效地保证涂装质量。因此，进行涂装操作时，既要选择性能优良的涂料和正确的涂装方法，也要具备与其相适应的涂装环境条件和操作的技术水平，以及现代化的管理方法，才能获得性能良好的涂膜，达到产品涂装的质量要求。

6. 涂层的配套

在现代涂装生产中，要求单层涂装的很少（粉末涂装除外，因一次涂覆能形成较厚涂层）。在选择涂装方法时，要考虑多涂层的配套涂装，使涂装产品既具有较高的装饰性，又满足防腐性能的要求。例如轿车涂层多选用金属闪光漆，在喷涂金属底色时，如采用静电喷涂，片状铝粉材料在静电场作用下呈垂直状态，与空气喷涂时铝片呈水平状态的颜色不同，从车辆的修补角度考虑，最后一道金属底色漆不允许采用静电喷涂，以免影响涂装质量。

32.1.3 刷涂

1. 概述

刷涂法是一种使用最早和最简单的涂装方法，适用涂料的品种多。其操作是手工用毛刷蘸上或由供给泵供给涂料，按一定的操作方法，将涂料刷涂在被涂工件表面上，经干燥形成涂膜。

（1）优点　设备简单，工具简单；适应性强，适用于涂刷各种形状的被涂工件，适用涂料的品种多，几乎所有的涂料都可以采用刷涂法进行施工。

（2）缺点　由于所用设备及工具纯属手工操作，劳动强度大，生产效率低，涂膜质量不高，涂膜的外观、刷涂效率和涂料的使用量在很大程度上取决于操作者的素质。

适用于要求装饰性不高的各种形状和大小的工件涂装，如机械设备、船舶、车辆、木器、家具、建筑工程等。

2. 刷涂工具

漆刷是刷涂的主要工具，其种类繁多，施工时可按施工对象确定使用的漆刷的尺寸和形状。按漆刷原毛可分为硬毛刷和软毛刷两类，硬毛刷多是由猪鬃或马鬃制作的，软毛刷多是由羊毛制作，也有用狸毛、狼毛制作的。按漆刷的形状分为扁形刷、板刷、歪柄刷、排笔刷、棕丝刷、扁形排笔刷、圆形刷等，如图 32-1 所示，常用漆刷的构造及特点见表 32-2。漆刷的选用原则见表 32-3。

表 32-2　常用漆刷的构造及特点

漆刷种类	构　造	特　点
扁形刷	由木柄、刷毛和薄铁卡箍构成。按刷毛宽度分为 25mm、38mm、50mm、75mm 等多种规格	适应性强，最常用，可用于刷涂多种涂料
圆形刷	由圆形木柄、刷毛和薄铁卡箍构成，刷毛多采用猪鬃制作，其规格以刷毛的直径表示	配合扁形刷使用，用于刷涂形状复杂的部位
板刷	由薄板刷柄、刷毛、薄铁卡箍构成，分硬毛和软毛两种，刷毛采用猪鬃或羊毛制作，刷毛较薄	可代替扁形刷使用，适用于涂装质量要求较高的场合
扁形排笔刷	由木质笔杆、刷毛和薄铁卡箍构成，刷毛采用羊毛或猪鬃制作，按刷毛的不同规格有 2~12mm 多个品种	用于描绘线条和图案
歪柄刷	由歪木柄、刷毛、薄铁卡箍构成，刷毛呈扁形，歪木柄通常偏歪 45°，木柄较长	配合扁形刷使用，用于刷涂扁形刷不易刷涂的部位
排笔刷	将刷毛黏结固定在竹管口子一端，形状似毛笔，然后将一定数量的单个竹管刷串扎成不同规格的排笔刷。排笔刷采用羊毛制作，常见的有 4 管、6 管、8 管、10 管、12 管等几种规格	适用于建筑行业刷涂大面积墙面

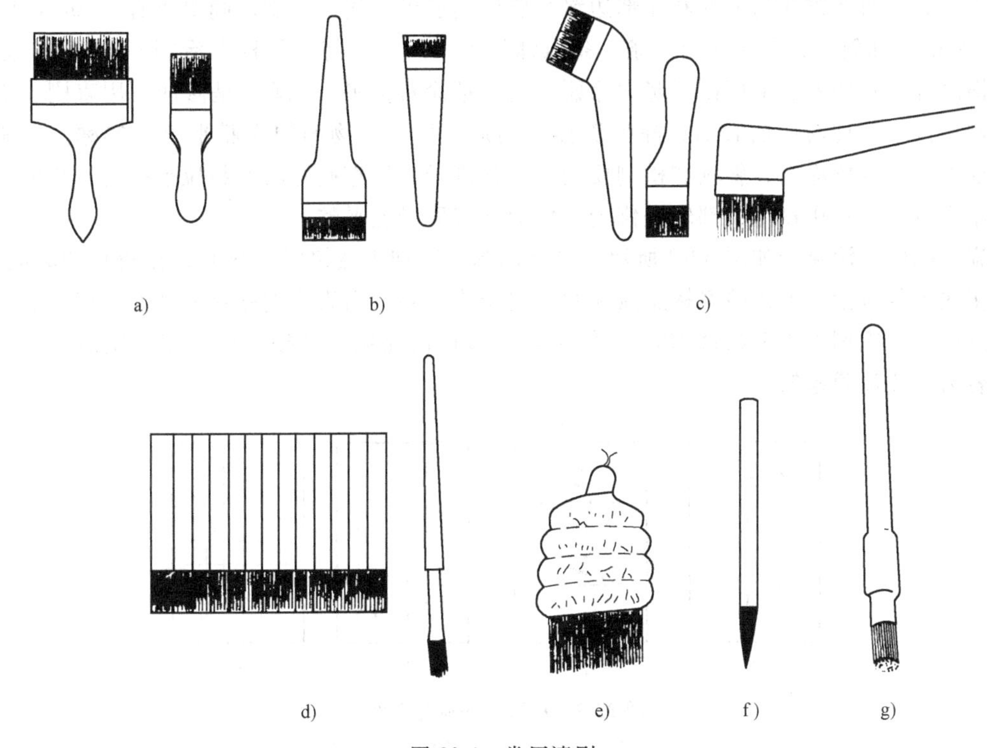

图 32-1　常用漆刷

a）扁形刷　b）板刷　c）歪柄刷　d）排笔刷　e）棕丝刷　f）扁形排笔刷　g）圆形刷

表 32-3　漆刷的选用原则

选用原则	选择内容
注意漆刷的质量	刷毛前端要整齐
	刷毛黏结牢固，不掉毛
适应涂料的特性	黏度高的涂料可选用硬毛刷，如扁形硬毛刷、歪柄硬毛刷
	黏度低的涂料，如清漆，可选用刷毛较薄的硬毛或软毛板刷
	水性涂料需选用含涂料好的软毛刷，如羊毛板刷和排笔刷
适应被涂物的状况	一般被涂物的平面或曲面部位，可按照涂料特性选用扁形刷、板刷或排笔刷
	被涂物表面面积大的选用刷毛宽的漆刷，面积小的选用刷毛窄的漆刷
	被涂物的隐蔽部位或操作者不易移动站立位置时，可选用长歪柄刷
	表面粗糙的被涂物，如铸件，可选用圆形刷，因圆形刷含漆量多，易使涂料浸润粗糙的表面，并渗入孔穴
	描绘线条和图案可选用扁形笔刷

3. 刷涂方法

（1）刷涂的基本方法　刷涂操作时，刷涂的基本原则是先内后外，先左后右，先上后下，先难后易，先边角后大面，以免遗漏。向内开启的门和窗，刷涂时先里后外；向外开启的门和窗，刷涂时先外后里。相邻两遍刷涂的间隔时间，必须能保证上一道涂层干燥成膜。刷涂时要保证涂层均匀，厚薄要适当，过薄易露底，过厚易起皱。垂直表面最后一次刷涂时，应由上向下进行；水平表面最后一次刷涂时，应顺光线照射的方向进行；木材面最后一次刷涂时，应顺木纹方向进行。刷涂时要掌握四大要求：开、横、竖、理，按照顺序依次进行。“开”是直刷，是指用刷子将涂料一条一条摊铺于被涂物面上，在表面从上至下直刷几个长条，起刷时在被涂物上部和左部边缘都要留出适当距离，两刷之间要留有 5~6cm 间隔；“横”是横刷和斜刷，是指涂料一条一条摊铺好后，用刷子将涂料横向涂刷开；“竖”是指在经横涂好涂料的物面上用刷子竖向涂刷，就是把涂料抹平；“理”是修饰，用直刷、横刷和竖刷，按顺序理匀涂层表面，除掉流挂和刷痕，使整个物面的涂膜平整、匀称。开刷以后，要不蘸或少蘸涂料，斜刷和横刷要用力拉开刷子，将直刷好的涂料拉平拉匀。理刷时则不需用力过大，只用刷毛尖部轻轻修理，使涂膜表面光亮平整。

扁形刷的刷涂路线如图 32-2 所示。刷涂油基涂料和天然树脂涂料时，在较短的时间内，可以多次重复刷涂。但是酚醛树脂漆和醇酸树脂漆除外，因为这类漆料流平性不好，刷涂也不宜过厚，一次刷涂不要超过 40nm。如果需要多层次涂刷，必须在前一层干实后进行。否则，容易造成涂膜起皱。

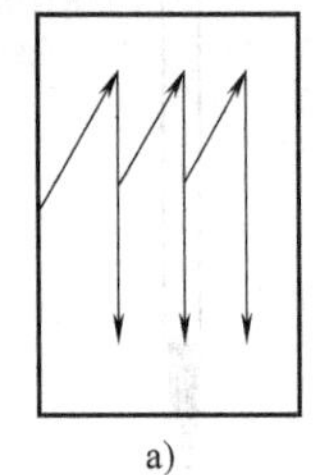
a)

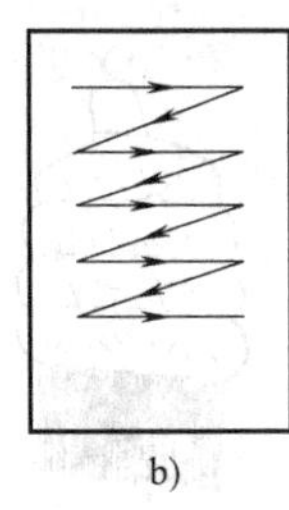
b)

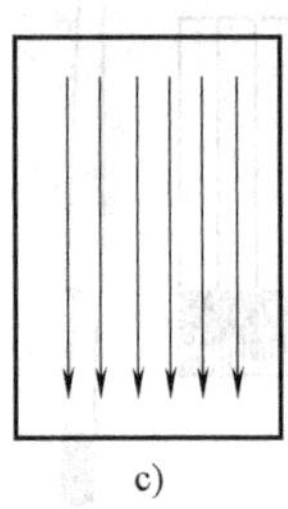
c)

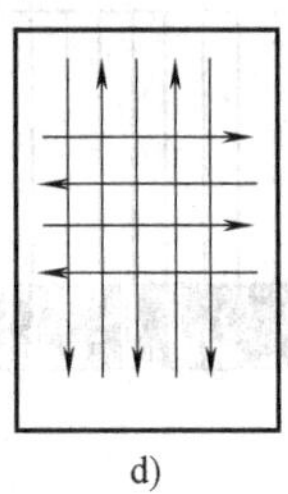
d)

图 32-2　扁形刷的刷涂路线

a）开刷　b）横刷　c）竖刷　d）理刷

用排笔刷进行刷涂时经常使用的排笔刷是 8~16 管。操作者要与工件侧斜一定的角度，保持刷涂时光线充足。起刷不要从工件的边缘开始，笔刷应与工件的上端与左端留有 5~6cm 距离，可以防止边缘部位产生流挂和堆积。起刷和收刷要准、稳，动作要轻快，手腕不能僵直。运刷时，要从上到下、从左到右，逐渐倾斜，一般为 30°~60°。刷涂过程中，刷毛上的涂料将逐渐减少，握刷的手要相应稍加用力。刷涂水平面，要从左到右。刷涂垂直面，要从上到下。刷涂较大面积的平面，要均匀用力，一刷到底，中途不得停刷，快到下部或右部边缘时，笔刷要轻轻提起，然后返回笔刷，刷涂上部或左部边缘。刷涂烘干型涂料，溶剂的挥发速度慢，涂膜在烘干过程中能够流平，可以往返回刷几次，对刷涂质量影响不大。刷涂挥发性涂料时，涂膜表干很快，涂料的流平性较差，笔刷不能往返次数过多，最多只能 1~2 次。否则，容易产生咬底、渗色、刷痕等。刷涂过程中，每两刷之间的搭接处不可重叠过多，一般为刷涂幅面宽度的 1/5~1/4 即可。排笔刷的刷涂路线如图 32-3 所示。

工件全部刷涂后，要仔细检查一遍，是否有漏涂之处。对于内表面的漏涂处，可以进行局部补刷。外表面的漏涂处，则要将表面重复刷涂一遍。如果仍采用局部补刷，涂膜表面的光泽将会不一致，或者出现明显的刷纹。刷涂时形成的流挂，在涂膜干燥前，应及时进行修饰。轻微的少量流挂，可以在溶剂基本挥发后，用手指尖蘸少量溶剂进行揉擦。排笔刷在刷涂中难免掉毛，可采用小刀尖及时挑出。刷涂中出现的其他毛病应及时修饰后，再进行干燥。

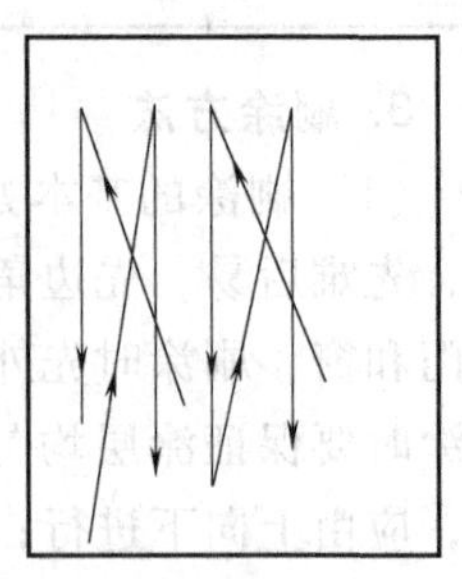

图 32-3　排笔刷的刷涂路线

（2）刷涂的步骤　刷涂前先将漆刷沾上涂料，需使涂料浸满全刷毛的 1/2，漆刷黏附涂料后，应在涂料桶边沿内侧轻拍一下，以便理顺刷毛，并去掉黏附过多的涂料。刷涂通常按涂布、抹平、修整三个步骤进行，如图32-4所示，涂布是将漆刷刷毛所含的涂料，涂布在漆刷所及范围内的被涂物表面，漆刷运行轨迹可根据所用涂料在被涂物表面流平情况，保留一定的间隙；抹平是将已涂布在被涂物表面的涂料展开抹平，将所有保留的间隔面都覆盖上涂料，不使露底；修整是按一定方向刷涂均匀，消除刷痕与漆膜厚薄不均的现象。

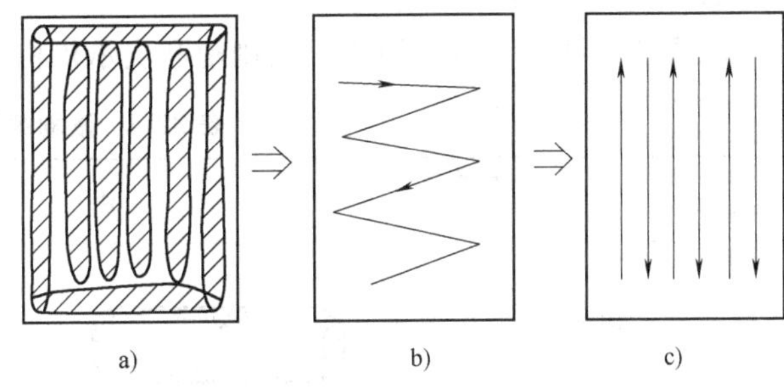

图32-4　刷涂步骤
a）涂布　b）抹平　c）修整

刷涂硝基纤维涂料等快干涂料时，只能采用一步完成的方法，不能按照涂布、抹平、修整三个步骤进行。由于快干涂料干燥速度快，不能反复刷涂，必须在将涂料涂布在被涂物表面的同时，尽可能快地将涂料抹平、修整好漆膜，漆刷运行宜采用平行轨迹，并重叠漆刷1/3的宽度，如图32-5所示。

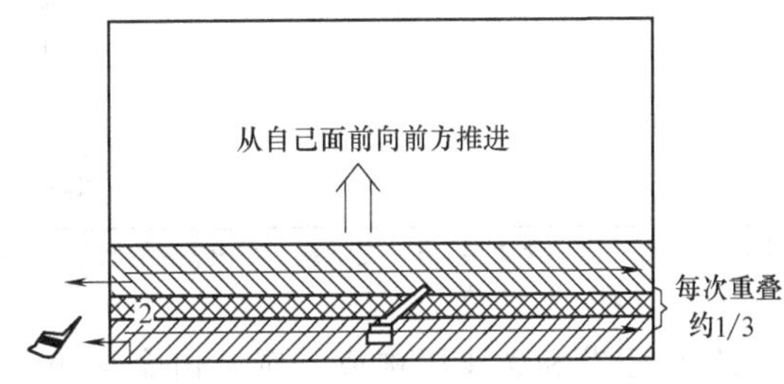

图32-5　快干涂料刷涂方法

刷涂时应注意以下事项：

1）刷涂时漆刷沾涂料、涂布、抹平、修整这几个操作步骤应该是连贯的，不应该有停顿的间隙。熟练的操作者可以将涂布、抹平、修整三个步骤融合为连续的一步完成。

2）涂布、抹平、修整三个步骤应纵横交替的刷涂，但被涂物的垂直面，最后一个步骤应沿着垂直方向进行竖刷。木质被涂物最后一个步骤应与木纹同一方向刷涂。

3）在进行涂布和抹平操作时，漆刷要求处于垂直状态，并用力将刷毛大部分贴附在被涂物表面，但在修整时漆刷应向运行的方向倾斜，用刷毛的前端轻轻刷涂修整，以便达到满意的修整效果。

4）漆刷每次的涂料黏附量最好基本保持一致。

5）仰面刷涂时，漆刷黏附涂料要少一点，刷涂时用力不要太重，漆刷运行不要太快，以免涂料掉落。

6）刷涂面积较大的被涂物时，通常应先从左上角开始刷涂，每沾一次涂料后按照涂布、抹平、修整三个步骤完成一块刷涂面积后，再沾涂料刷涂下一块刷涂面积。

32.1.4　滚刷涂

1. 概述

滚刷涂方法是指将圆柱形滚刷蘸附涂料后，借助滚刷在被涂物表面滚动进行涂装。大面积涂装时，滚刷涂可以代替刷涂，其涂刷效率比刷涂的效率高一倍，但在涂刷窄小的被涂物及棱角、圆孔等形状复杂的部位时，利用滚刷涂就比较困难。滚刷涂广泛用于船舶、桥梁、各种大型机械和建筑的涂装。

2. 滚刷涂工具

滚刷涂的主要工具是滚刷，由刷辊和支承机构两部分组成，见表 32-4。

表 32-4　滚刷的构造

种类 / 构造	a 型	b 型
刷辊		
支承机构		

注：1—辊芯，2—含漆层，3—支承座，4—弹簧钢胀箍，5—刷辊固定机构，5a—螺栓式，5b—开口梢式，6—弹簧，7—支承杆，8—手柄。

刷辊由辊芯和含漆层构成。辊芯由金属板、塑料板或纤维板制成，起托附含漆层的作用。含漆层分为纤维含漆层和海绵含漆层两类，贴附在辊芯的外表面。

特殊型滚刷主要适用于被涂物形状复杂的部位，其刷辊不是一个规则的圆筒形，如用于管道、边沿部位、棱角部位等各种复杂形状的需要呈特殊形状的涂刷，如图 32-6 所示。

压送式滚刷是借助压送泵向刷辊自动供给涂料的，其构造如图 32-7 所示。与通用型滚刷相似，只是支承杆与刷辊的辊芯成为涂料输送通道，涂料经压送泵增压后由输送管道输出，再经支承杆与辊芯的内腔输送给含漆层，因此，这种滚刷必需配备专用的涂料压送装置。这种滚刷适用于建筑、桥梁、船舶等大型被涂物涂漆。由于压送式滚刷自动供给涂料，故可以实现在高处、远距离作业和连续涂漆作业。压送式滚刷涂料输出量可以调整，能确保

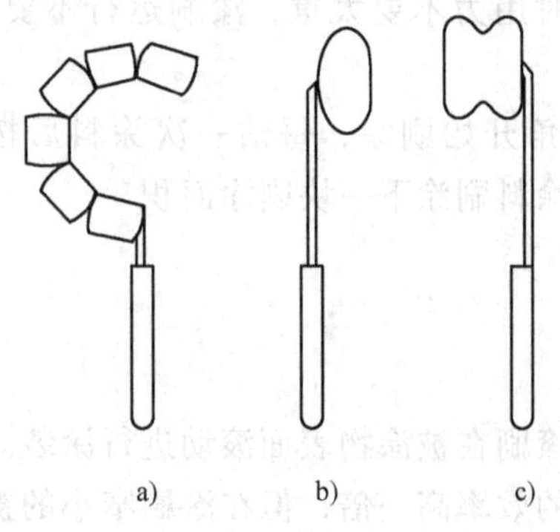

图 32-6　特殊型滚刷

a）管道滚刷　b）边沿滚刷　c）棱角滚刷

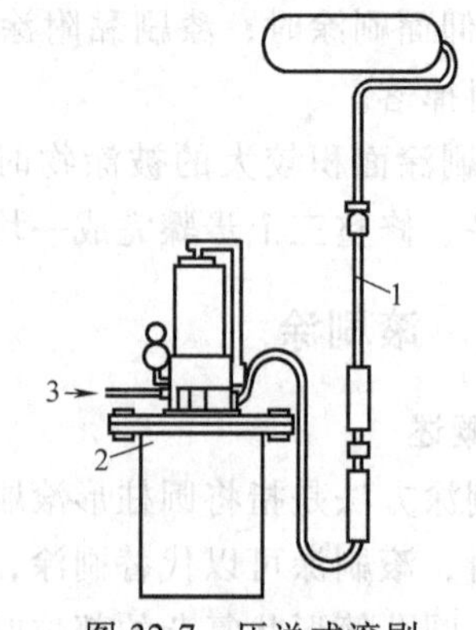

图 32-7　压送式滚刷

1—滚刷　2—柱塞式涂料压送泵　3—压缩空气

均衡供给涂料，漆膜厚度均匀，可以减少漆膜产生流挂及其他缺陷。压送式滚刷比通用型滚刷重，在涂漆作业过程中，要经常转移涂料输送管路，不适宜小面积涂漆。

3. 滚刷涂方法

滚刷涂的一般操作步骤如下：

1）首先在滚刷涂料盘（见图32-8）内注入涂料，然后滚刷在盘内滚动沾上涂料，并反复滚动使之均匀地蘸附涂料。

2）滚刷涂时，初期压附用力要轻，随后逐渐加大压附用力，使刷辊所蘸附的涂料均匀地转移附着在被涂物的表面。

3）滚刷涂漆刷辊通常应按W（或M）形轨迹运行，如图32-9a所示，滚动轨迹纵横交错，相互重叠，使涂层厚度均匀。滚刷涂快干型涂料或被涂物表面涂料浸渗强的场合，刷辊应按直线平行轨迹运行，如图32-9b所示。

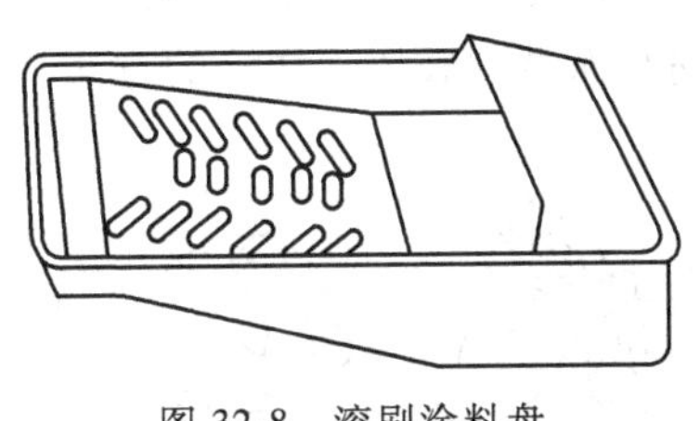

图32-8 滚刷涂料盘

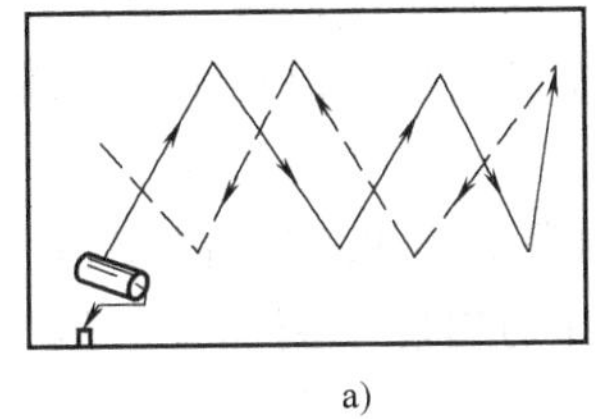

a)

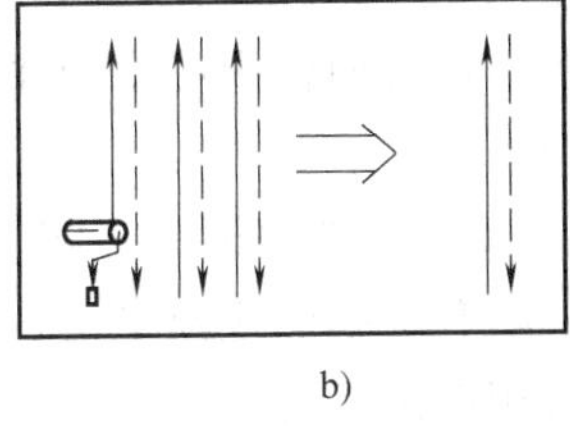

b)

图32-9 刷辊运行轨迹

a）W（或M）形轨迹 b）直线平行轨迹

4）应根据涂料的特性与被涂物的状况，选用合适的滚刷。滚刷使用后，应刮除残附的涂料，然后用相应的稀释剂清洗干净，可以在干燥的布上辊涂几次，晾干后妥善保存。晾干时尽量不要压迫绒毛，保存处要通风，以防发霉。长期不用的滚刷应将涂料从涂料罐中倒出，并用相应的稀释剂清洗干净。

32.1.5 搓涂

1. 概述

搓涂是利用蘸取涂料的纱团反复划圈进行涂装的方法。

（1）优点 因为挥发性涂膜干燥后仍可被溶剂溶解，因此在已涂过的表面进行擦拭的时候，涂膜的高处被擦平，低处被填平，结果使获得的涂膜平整、光滑、结实。

（2）缺点 此方法没有专门的工具，全靠手工操作，施工者的经验与手法较为重要，而且需要多次涂装，劳动效率低、施工周期长、劳动强度大。

搓涂方法是一种较为常用的手工操作涂装方法，最适用于虫胶清漆、硝基清漆等挥发型清漆的涂装。

2. 搓涂工具

搓涂没有专门的工具，所用的材料是由棉球、纱布、脱脂棉、回丝、竹丝等做成的适于抓握的漆擦，对操作者经验手法要求较高，且效率低。

用漆擦搓涂常用在涂装建筑涂料上，它是用泡沫材料上包有羔羊毛或马海毛的擦子进行涂饰。选用时要根据对涂料的吸附能力、搓涂后涂膜的平整度、搓涂面积的大小和形状选用适宜规格的漆擦。搓涂管状物可选用手套形漆擦。搓涂门窗框、挂镜线等细木饰件，选用

25mm×50mm 左右的漆擦。搓涂大面积可选用 100mm×200mm 左右的漆擦。漆擦的绒毛长度有 6mm、12mm、30mm 等多种规格，根据搓涂物面的粗糙程度和涂料类型选用。漆擦也可使用加长手柄，适用于高远处物体表面的涂装。

3. 搓涂方法

搓涂时，将蘸有漆液的棉球在被涂饰面上做有规律的运动，反复进行揩擦。蘸在棉球上的漆液在来回揩擦时，可轻微地溶解原来已形成的漆膜，而揩去漆膜上凸起的部分及颗粒等。涂料还可以填补漆膜上的凹坑，并加厚原来的漆膜。每搓涂一次就对已形成的漆膜溶平修饰和加厚一次。可见，只有主要成膜物质是热塑性树脂的挥发性涂料才适用于搓涂，只有挥发性的快干漆才能揩得快、干得快，在短时间内可以连续搓涂很多遍。在搓涂热塑性树脂时，由于摩擦发热，可使漆膜软化，在一定压力下可整平凸起的漆膜，但要避免搓涂时棉花团直起直落，防止破坏漆膜。硝基漆膜虽然可以溶平修饰，但应避免溶剂溶解过度，以防揩穿原漆膜。因此，在搓涂时，应该不断地移动、揩擦，不能让棉花团在一个地方停留，以免因溶解作用而使棉花团与漆膜黏连，拿开棉花团时使漆膜揭起而遭到破坏。搓涂的方法、技巧如下：

（1）涂料的稀释　开始用稀释的虫胶或硝基清漆，随着涂膜的逐渐平滑，稀释的程度不断加大，最后仅用溶剂即可。

（2）蘸料　蘸取涂料时，用手指挤压棉球，以刚能渗出涂料为好，如果蘸取的涂料过多，就会出现流平性差和流淌的痕迹，手握漆擦的方式如图 32-10 所示。

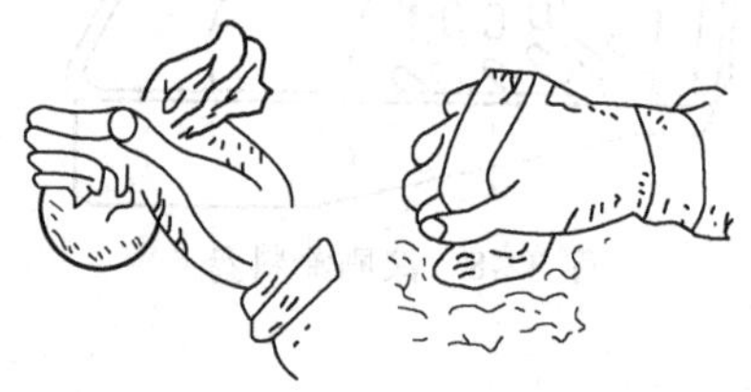

图 32-10　手握漆擦的方式

（3）搓涂　搓涂的方式有四种，即圈涂、横涂、直涂和直角涂，如图 32-11 所示。用棉球的搓涂顺序如图 32-12 所示。

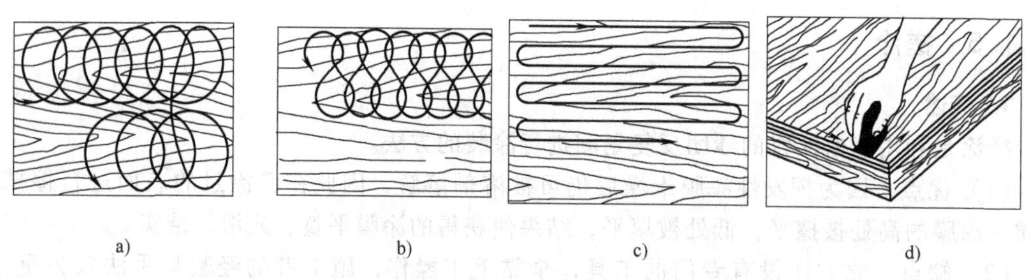

a)　b)　c)　d)

图 32-11　搓涂的方式

a）圈涂　b）横涂　c）直涂　d）直角涂

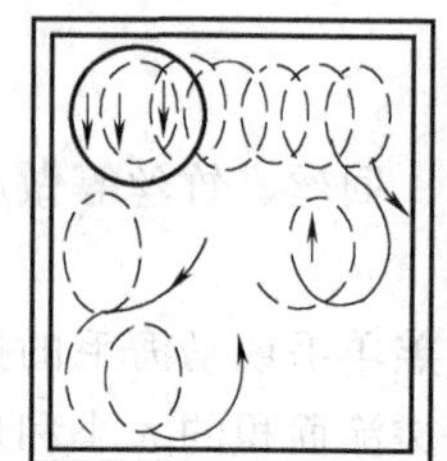
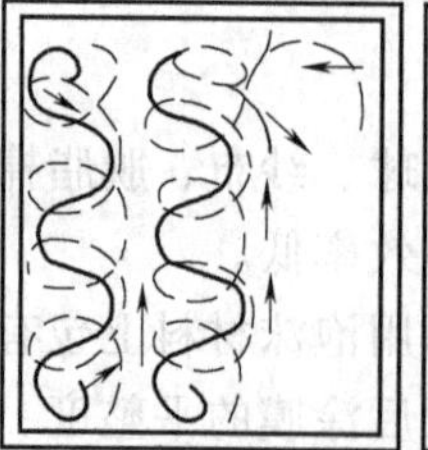

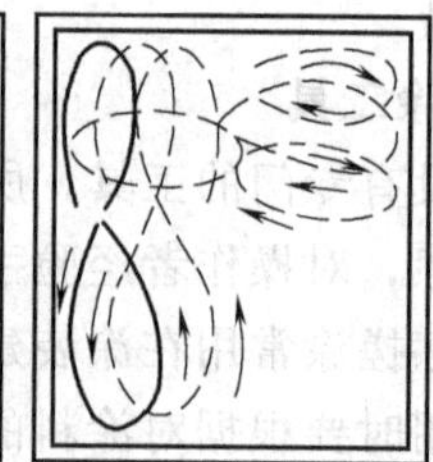

图 32-12　用棉球的搓涂顺序

圈涂时大拇指起推按棉球的作用，中指、食指起拉压棉球的作用。在搓涂时漆擦做圆形或椭圆形的匀速运动，有规律有顺序地从表面的一端擦到另一端。运动形式有顺时针和逆时针两种，逆时针采用较多。圈涂操作可使涂料充分、均匀地填塞进被涂物表面缝隙中，并使涂层逐渐加厚，减少表面的不平整。搓涂时手捏棉球不应过紧，用力要均匀，动作要轻快，棉球初接触表面或离开表面时，应呈滑动的姿势，不应直上直下的垂直按压。

横涂是用棉球在物面上做与木纹等纹理垂直或倾斜的移动，有八字形和蛇形两种方式，如图 32-13 所示。八字形是在涂饰面上擦出连续的相互重叠一半的八字，蛇形横涂是在涂饰面上做规则的曲线形搓涂，各曲线重叠 1/3 面积。横涂有利于涂料的均匀涂布和对下层的碾平和压实，消除圈涂痕迹，提高物面的平整度。

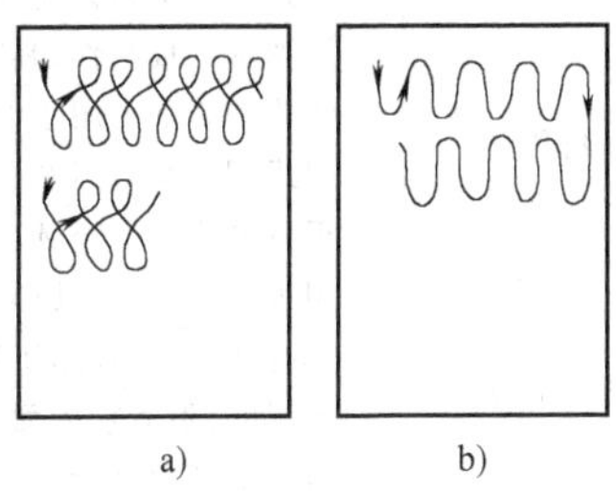

图 32-13　横涂的方式
a）八字形　b）蛇形

直涂时棉球在物面上做长短不等的直线运动，目的是消除圈涂、横涂的痕迹，使涂层更加平整、坚实、光滑。

直角搓涂是用捏成圆锥体的棉球在物面的四角做直角形搓涂，利用棉球前部的锥体，使涂料均匀地进行角落涂装。

搓涂方法的优点是涂膜平整、光滑、结实，但要经过几十次涂装，费工费时，劳动强度大。

（4）用力方式　搓涂时，用力要均匀，手腕需灵活。一般开始稍微用力，到最后要进行轻轻地擦拭。

（5）干燥时间　如果在擦拭过程中发现涂膜已软化，可放置一段时间使涂膜干燥。干燥的程度以手指触摸不黏手为宜。

32.1.6　刮涂

1. 概述

刮涂法刮涂是采用刮刀对黏稠涂料进行厚膜涂装的一种涂装方法。主要用于刮涂腻子，修饰被涂工件凹凸不平的表面，并修整被涂工件的造型缺陷。

刮涂的主要特点：①对被涂工件表面不平整部位的填充性好；②涂膜质量差，且打磨工作量大。

刮涂方法主要适用于各种涂装工件的底层涂装，如刮涂腻子、填孔、底漆等，也可用于刮涂油性清漆和硝基清漆。

2. 刮涂工具

刮涂是手工操作，主要工具是刮刀、腻子盘以及必要的打磨工具。

（1）刮刀　刮刀从材质上分为金属和非金属两大类，有钢制刮刀、橡胶刮刀、木制刮刀、牛角刮刀以及塑料和有机玻璃刮刀等，如图 32-14 所示，其中较为常用的是钢

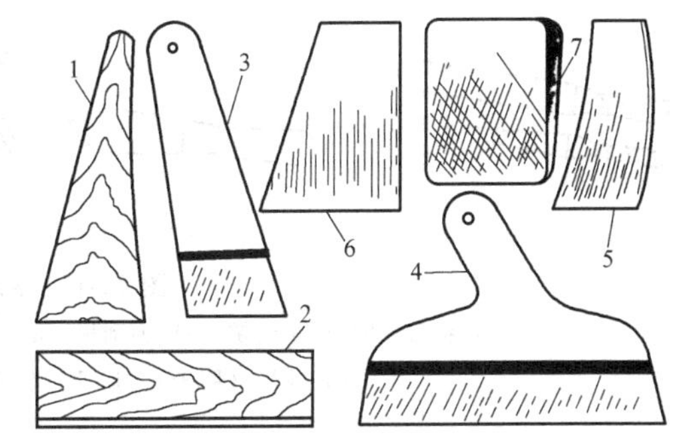

图 32-14　常用刮刀类型
1、2—木制刮刀　3、4—钢制刮刀　5—牛角刮刀
6—塑料刮刀　7—橡胶刮刀

制刮刀。各类刮刀的特点见表 32-5。

表 32-5　各类刮刀的特点

刮刀种类	特　点
木制刮刀	用柏木和枫木之类的木材制作，制作容易，具有合适的弹性
	竖式木制刮刀刃宽为 10~150mm，刃宽大的用于一般刮涂，刃宽小的用于修整腻子层的缺陷
	横式木制刮刀刃宽通常超过 150mm，刮刀高度不超过 100mm，用于刮涂大的平面和圆曲面
钢制刮刀	用弹簧钢板制作，具有较强的韧性和耐磨性，常用的钢板厚度为 0.5~1mm
	竖式钢制刮刀用于调拌腻子、小面积刮涂和涂刮修整表面凹凸不平的缺陷
	横式钢制刮刀刃宽可达 400mm 以上，用于大面积刮涂
	刃口的边角要磨圆，刃口适当打磨不能太锋利，也不能太钝
牛角刮刀	用水牛角制成，其形状与竖式木制刮刀近似
	具有弹性，适宜用于对腻子层进行修整补平和填补针眼
	不耐磨，不适宜大面积刮涂或刮涂粗糙的表面
	刃口要磨薄，应呈 20°~30°，且刃口要磨平直
塑料刮刀	用硬质聚氯乙烯塑料板制成，常用板厚为 3mm，可制成各种不同刃宽的规格
	刃口要磨成一定角度，刃口要磨平直
	适宜大面积刮涂，尤其适宜刮涂稠度小的腻子
橡胶刮刀	用耐溶剂、耐油的橡胶板制作，常用的橡胶板厚为 4~10mm，可制成各种刃宽的规格
	刃口不能磨得太高，以免刮涂时强度不够
	有很高的弹性，适宜刮涂形状复杂的被涂物表面
	强度低，不适宜填坑补平

刮刀有各种型号和规格，按照被涂物表面的形状、大小以及涂料的类型可进行选择，如图 32-15 所示。尺状刮刀或宽度大的刮刀用于对大平面或大坑穴的刮涂，薄而窄的刮刀用于对边角或缝隙及小洞穴的修补。刮刀选择得当与否，直接关系到刮腻子的速度、质量及腻子的用量。

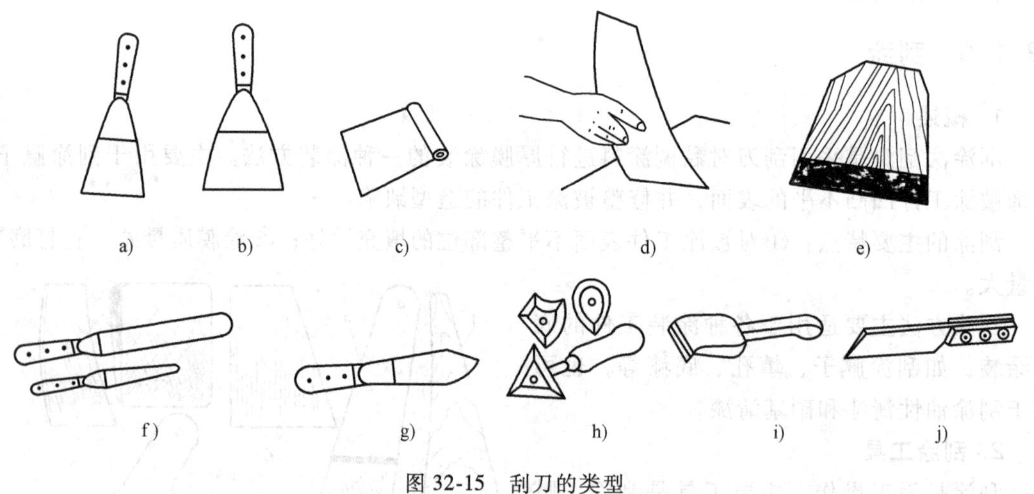

图 32-15　刮刀的类型

a）铲刀　b）腻子刮铲　c）钢刮板　d）牛角刮刀　e）橡皮刮板　f）调料刀
g）油炭（腻子）刀　h）斜面刮刀　i）刮刀　j）剁刀

（2）腻子盘　腻子盘分为调腻盘和托腻盘两种。

1）调腻盘，用于调整腻子稠度。腻子的稠度常因运输、存放等因素发生变化而达不到刮涂要求，需要添加稀释剂进行调整。调腻盘也可用于自调腻子，一般用 2~3mm 厚的钢板制作，常用规格为500mm×400mm×50mm，可根据实际需要调整大小，边沿应向外倾斜20°~30°，对底盘要求平整光滑。

2）托腻盘，是用来盛装待刮的腻子，常用 1.5~2mm 厚的钢板制作，常用规格为250mm×180mm×35mm，可根据实际需要调整大小，托腻盘不宜过大，边沿应向外倾斜 20°~30°，对底盘要求平整光滑。

刮涂时若是高空作业或腻子用量少，可采用木制的托腻板。托腻板的形状多种多样，如图 32-16 所示。

（3）打磨工具　包括以下几种：

1）砂布。腻子层的打磨采用砂布或砂纸。将腻子层磨平用 1.5~2.5 号砂布或 150~220 号砂纸粗磨；将腻子层打磨光滑用 1~100 号砂布或 220~360 号砂纸细磨。

2）垫板。木制的平板，打磨时可以将砂布（或砂纸）卡附在垫板的一面，主要用于平面磨平腻子层，且磨高不磨低。小的垫板用砂布将垫板裹紧即可，大的垫板应设置卡紧固定砂布的机构，如图 32-17 所示。

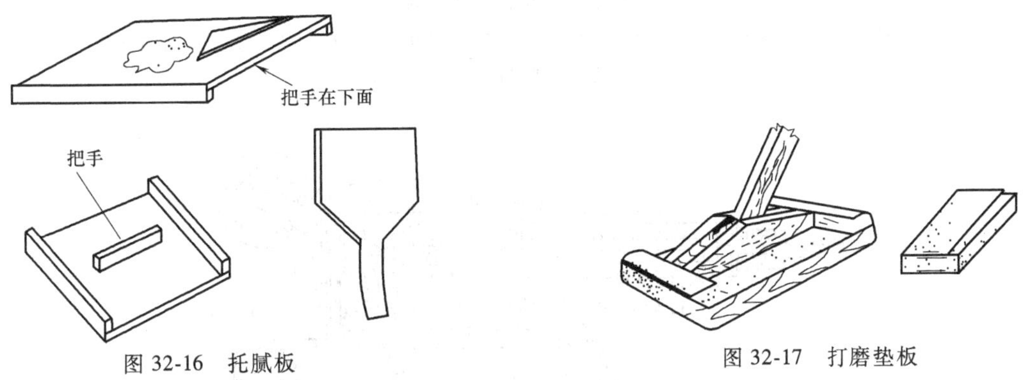

图 32-16　托腻板

图 32-17　打磨垫板

3）打磨机。打磨机有电动和气动两种。电动打磨机只需接通电源即可使用，不需另外配置辅助设施，但质量大，湿磨时有漏电危险，其构造如图 32-18 所示；气动打磨机质量轻、效率高，使用方便安全，应用较广泛，其构造（F66 型）如图 32-19 所示。

3. 刮涂方法

（1）刮涂次数　腻子要多次刮涂，腻子层才牢固结实。一次刮涂过厚，腻子层容易开裂脱落，且干燥慢，故不能一次刮涂腻子层达到预定的厚度，为保证刮涂质量，一般不少于刮涂三次，即通常所说的头道、二道、末道刮涂，其各自的要求是不相同的。刮涂头道腻子要求腻子层与被涂物表面牢固黏结。刮涂时要使腻子浸润被涂物表面，渗透填实微孔，对个别大的陷坑需先用填坑腻子填实。刮二道腻子是将被涂物表面粗糙不平的缺陷完全覆盖。二道腻子的稠度应比头道腻子高，刮涂时应尽量使腻子层表面平整，允许稍有针眼，但不应有气泡。刮末道腻子要求腻子层表面光滑，填实针眼。刮涂时用力要均衡，尽量使腻子层表面光滑，不出现明显的粗糙面，所用腻子稠度低于二道腻子。

（2）腻子稠度的调整　腻子稠度与刮涂效果有密切关系，稠度适当才能浸润底层又能确保必要的厚度。由于稀释剂挥发，通常腻子稠度会随着使用时间延长而增大。在刮涂前如发现腻子的稠度不符合刮涂要求，应调整后再用。

（3）刮涂操作步骤　刮涂操作通常分为抹涂、刮平、修整三个步骤，但要根据刮涂的

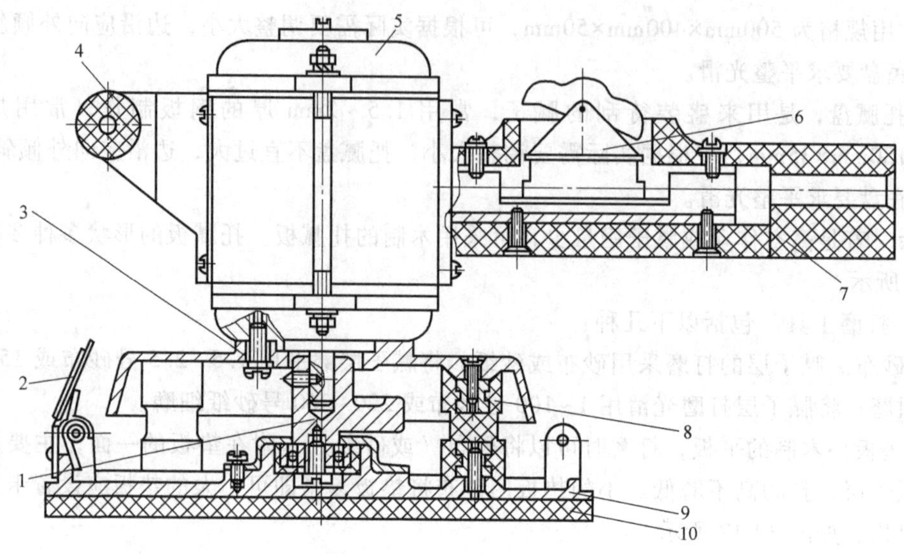

图 32-18 电动打磨机构造

1—偏心轴 2—弹簧夹子 3—中座 4—扶手 5—微型电动机 6—电器开关 7—绝缘手把 8—橡胶柱 9—底座 10—磨垫

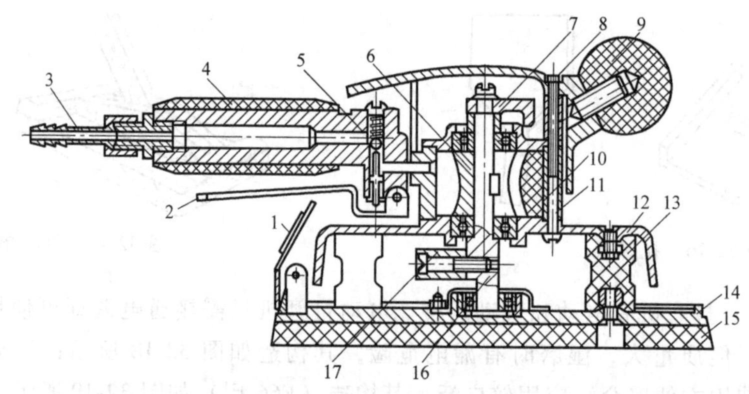

图 32-19 气动打磨机构造

1—弹簧夹子 2—开关手柄 3—气管接头 4—手把 5—单向阀 6—叶片 7—上平衡块 8—上盖 9—扶手 10—转子 11—缸体 12—中间座 13—橡胶柱 14—底座 15—磨垫 16—偏心轴 17—下平衡块

要求灵活运用。刮涂干燥速度慢的腻子可明显地分为三个步骤，与干燥速度快的腻子刮涂时运用三个步骤是有区别的，干燥速度快，刮涂时抹涂、刮平、修整三个步骤应该连续一步完成。

抹涂是用刮刀将腻子抹涂在被涂物表面。抹涂时先用刮刀从托腻盘中挖取腻子，然后将刮刀的刃口贴附在被涂物的表面，运行初期应稍向前倾斜刮刀，使其与被涂物表面呈 80°夹角，随着刮刀运行移动，刮刀上黏附的腻子逐渐减少，在移动过程中要逐渐加大刮刀向前倾斜的程度，直至夹角约为 30°时，将刮刀黏附的腻子完全抹涂在被涂物表面。

刮平是将抹涂在被涂物表面的腻子层刮涂平整，消除抹涂时留下的明显痕迹。刮平时先应将刮刀上残留的腻子去掉，然后用力将刮刀向前倾斜贴附在腻子层上，并按照抹涂时刮刀的运行轨迹向前刮，随着刮刀的运行移动，刮刀上黏附的腻子会逐渐增多，刮刀的倾斜程度也应逐渐增大，直至夹角呈90°时把多余的腻子刮下来。

修整是基本刮涂平腻子层后，用刮刀稍微水平地轻轻挤压，对个别不平整的缺陷、接缝痕迹、边沿缺损等进行修整。修整时用力不要过大，以防损坏整个腻子层，刮刀应向前倾斜，或用少许腻子填补，或用刮刀挤刮。

32.1.7 浸涂

1. 概述

浸涂法的主要操作是将工件浸没于涂料中，经过一定时间后取出，除去其上的过量涂料，通过烘干室烘干或自然干燥成膜。浸涂的方法很多，有传统的手工浸涂法，以及现代的传动浸涂法、离心浸涂法、回转浸涂法、真空浸涂法等自动浸涂的方法。

浸涂的主要特点：①由于其涂装设备简单，生产效率高，且材料消耗低，操作简单，应用范围广，广泛应用于小型的五金零件及结构比较复杂的器材或电气绝缘件等；②易产生流挂，并且被涂工件上、下部涂膜存在厚度差，涂膜质量不高。

浸涂的应用范围有：

1）手工浸涂适用于对装饰性要求不高且批量小的涂装，如小五金、钢质管架、薄片件、小型铸件、电气绝缘件等。

2）自动浸涂适用于大批量流水生产、涂装工件表面要求不高的各种较小型的金属件，以及要求防腐的大型工件，或作为底层涂装，如机械、化工、农机、交通、船舶、电器等。

3）对于存在深槽、不通孔等能积存涂料且余料不易去除的工件不适合用浸涂的方法。

2. 浸涂设备

浸涂设备通常包括浸涂槽，去余漆装置，搅拌装置，涂料加热冷却装置，通风装置，计量、过滤与防火装置，此外还需要配置输送悬挂装置和贮漆罐，图32-20所示为通过式浸涂设备，图32-21所示为间歇式浸涂设备。

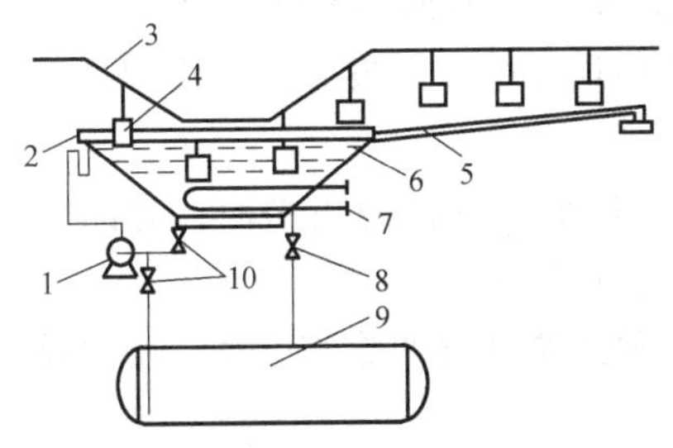

图32-20 通过式浸涂设备

1—循环搅拌泵 2—槽边通风装置 3—悬挂输送机 4—被涂物 5—滴漆盘 6—浸涂槽 7—加热装置 8—放漆阀 9—贮漆罐 10—阀门

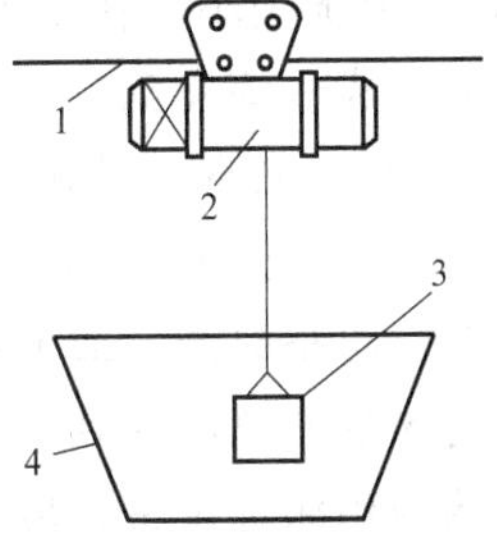

图32-21 间歇式浸涂设备

1—传送装置 2—电动葫芦 3—被涂物 4—浸涂槽

一些采用浸涂的生产线，工件由传送链送入涂料槽，浸过涂料后，顺着传送链上升段被提出，随后进入充满溶剂蒸气的隧洞，滴落剩余的涂料并形成涂层。为防止溶剂蒸气侵入车间，在设备两端进出口都装有空气幕。

3. 浸涂方法

浸涂的主要工艺参数见表32-6。

表 32-6 浸涂的主要工艺参数

工艺参数	一次浸涂涂层厚度/μm	涂料黏度(涂-4杯,20℃)/s	涂料温度/℃
数值	≈30	20~30	20~30

浸涂最合适的涂层厚度是30μm左右，厚度的控制是通过控制涂料载度实现的，随载度的变化而增减。涂料载度影响涂料的流动性，载度低在被涂物表面流动性好，对去余漆有利，如果载度过低则会导致涂层过薄；反之，涂料载度过高在被涂物表面流动性差，不易流平，流痕严重，漆膜不平整，对去余漆不利。因此，浸涂时应确定合适的涂料载度，并严格控制。

涂料载度与温度关系密切，涂料载度随涂料温度变化而变化，因此对浸涂槽的涂料温度必须严格控制，使其保持稳定。如果所用涂料的常温载度过高，则需适当提高温度，达到合适的载度，以利于浸涂。

32.1.8 淋涂

1. 概述

淋涂就是液体涂料通过淋涂机头的刀缝形成流体薄膜（涂幕），然后让被涂板式部件从涂幕中穿过而被涂饰的一种方法。涂装时，工件被不断输送进入涂幕，多余的涂料被下部的漆槽收集并重新利用。

与浸涂方法一样，淋涂也是采用过量的涂料润湿、黏附、覆盖被涂物的表面，并借助涂料自身的重力流平，然后去余漆成膜。

淋涂工艺的特点有：

1）是涂饰效率最高的一种涂饰方法。

2）涂饰质量最好，其涂层厚度的均匀性、表面平整光滑度基本上没有缺陷，是任何涂饰方法都不可及的。

3）涂料损失小。在整个涂饰过程中，涂料基本是在封闭的循环系统中运行，几乎没有涂料的固体成分挥发到空气中去；涂料中的溶剂也要在烘道中才挥发，可以集中处理。

4）有利于实现机械化与自动化。

5）淋涂工艺的缺点是适用范围小。淋涂只适宜涂饰板式部件的正平面，对部件的周边很难涂饰，对整只产品或形状较复杂的零部件则无法进行涂饰。

尽管淋涂的范围受到一定限制，但由于淋涂是一种又快又好的涂饰方法，所以是现代板式家具的理想涂饰设备，应用相当普遍。

2. 淋涂设备

淋涂设备主要是淋涂机，操作方法如下：

1）将调配好的涂料放进贮漆箱中，并盖紧箱盖。

2）起动输漆泵，使涂料经输漆管道进入滤漆器，再由滤器进入淋涂机头，便从机头底部刀缝中流出形成连续的涂幕，不断地倾泻到回料槽中，进行循环运转。

3）将要淋涂的板式部件放到产品输送带上，随输送带从漆幕中穿过，淋涂一层均匀的涂层。

在实际操作时，如果需要的涂层较薄，便将输送带的速度调大，反之则调小直到达到工艺要求为止。

3. 淋涂方法

淋涂的主要工艺参数见表32-7。

表32-7　淋涂的主要工艺参数

工艺参数	数　值	工艺参数	数　值
涂料黏度/s	30~100(涂-4杯)	泵压式喷淋压力/MPa	0.15~0.35
涂料温度/℃	20~25	喷淋时间/min	1~2
自重式喷淋喷嘴/mm	7~10	滞留时间/min	8~20
泵压式喷淋喷嘴/mm	1.5~2.5		

32.1.9　辊涂

1. 概述

辊涂方法有手工辊涂和自动辊涂两种方法。

（1）手工辊涂　用带有手柄的长绒辊筒，蘸浸涂料并涂到产品表面上，涂层经干燥成膜，多使用自干型涂料。

（2）自动辊涂　采用由多辊子组成的辊涂机进行辊涂施工的。涂装时，将调配好的涂料通过涂漆辊涂到被涂工件上，经干燥形成涂膜。

辊涂方法的主要特点：①手工辊涂法的优点是涂膜较均匀、质量较好，无流挂等缺陷；其缺点是边角不易辊到，需用刷子手工补涂；②由于自动辊涂法能使用较高黏度的涂料，污染小，又能进行自动化生产，涂装效率高，一次辊涂涂层可达到要求厚度，涂装过程中不产生漆雾，适用于平面状的被涂工件。

辊涂方法的工艺要求：①供料方式应当与涂料消耗量相适应；②经常检查涂膜厚度，并及时进行调整；③为了获得满意的涂覆效果，必须选用适当的周速比（涂覆辊/支持辊）；④合理选择、使用橡胶辊。

辊涂方法的应用范围：①手工辊涂法主要用于室内建筑的墙面涂装；②自动辊涂法广泛应用于金属板、胶合板、人造革、纸张、塑料薄膜及布与纸的涂装，特别适用于大批量连续涂装生产的金属平板或卷材工件的涂装。

2. 辊涂设备

辊涂方法中的主要设备是辊涂机。辊涂机主要由涂覆机构与转向支撑机构组成，金属卷材正面与背面同时涂装用的辊涂机构造如图32-22所示。

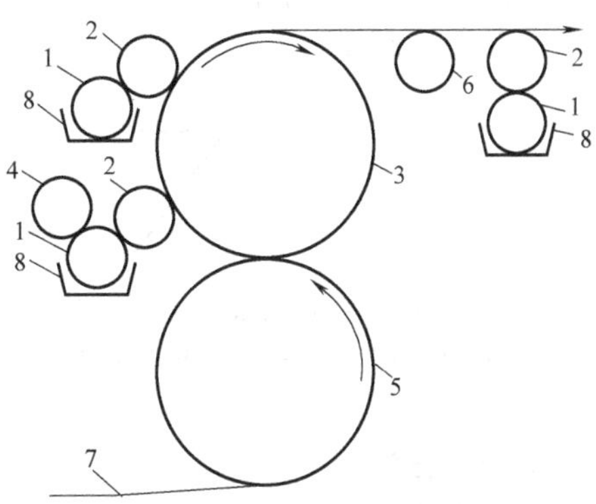

图32-22　金属卷材正面与背面同时涂装用的辊涂机构造
1—取料辊　2—涂覆辊　3—支持辊　4—调节辊　5—转向辊　6—顶托辊　7—卷材　8—涂料盘

辊涂机根据其运行的方式分为同向辊涂机和逆向辊涂机两种。

（1）同向辊涂机　是指涂敷辊的转动方向与被涂卷材（或板材）的移动方向相同的辊涂机。同向辊涂机适用于涂装速度小于100m/min的薄膜型涂装工艺。图32-23所示为卷材辊涂用的同向辊涂机，图32-24所示为板材辊涂用的顶部供料同向辊涂机。

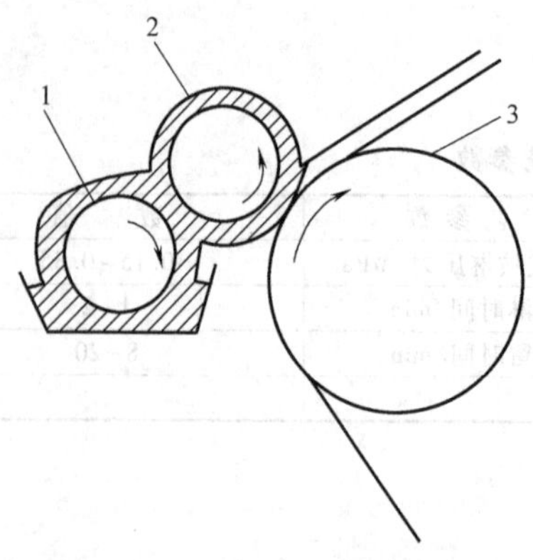

图 32-23　卷材辊涂用的同向辊涂机

1—取料辊　2—涂敷辊　3—支持辊

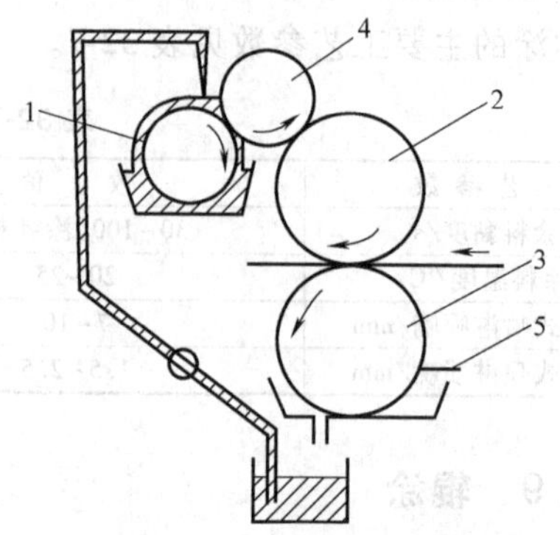

图 32-24　板材辊涂用的顶部供料同向辊涂机

1—取料辊　2—涂敷辊　3—支持辊　4—调节辊　5—刮板

（2）逆向辊涂机　是指涂敷辊的转动方向与被涂卷材（或板材）的移动方向相反的辊涂机。逆向辊涂机可使用高黏度涂料，适用于涂装速度大于 100m/min 的厚膜涂装工艺。

卷材逆向辊涂机有两种形式：

1）图 32-25 所示为卷材辊涂逆向辊涂机，其辊涂机的涂敷辊与支持辊为逆向转动，但取料辊与涂敷辊是同向转动。这种辊涂机与同向辊涂机比较，适宜采用较高黏度涂料进行比较厚的涂膜涂装。通过调整取料辊与涂敷辊之间的间隙，可以调整涂膜的厚度（可获得的涂膜厚度为 5~100μm）。

2）图 32-26 所示为卷材辊涂全逆向辊涂机，调节辊与取料辊、取料辊与涂敷辊、涂敷辊与支持辊都是逆向转动。这种辊涂机适用于高黏度触变性强的涂料和进行厚膜涂装，借助调整调节辊与取料辊之间的间隙，可获得厚度为 50~500μm 的涂膜。

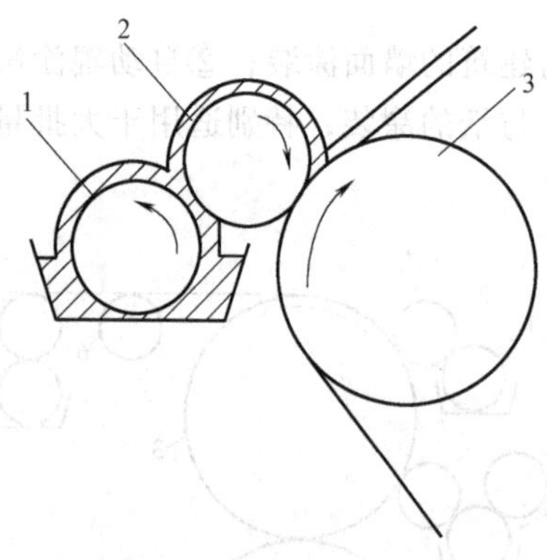

图 32-25　卷材辊涂逆向辊涂机

1—取料辊　2—涂敷辊　3—支持辊

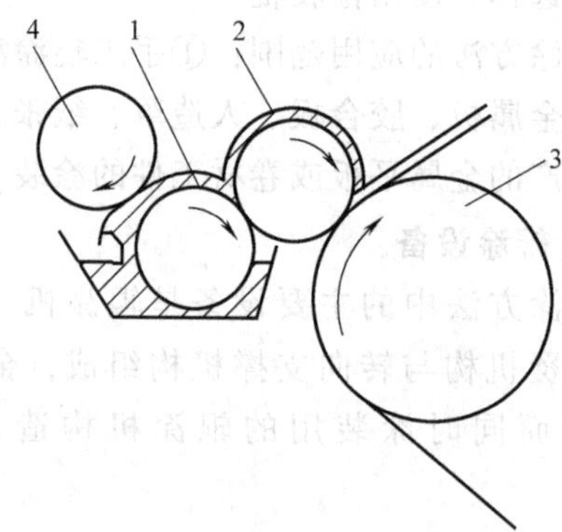

图 32-26　卷材辊涂全逆向辊涂机

1—取料辊　2—涂敷辊　3—支持辊　4—压涂辊

3. 辊涂方法

辊涂过程包括预处理工艺（清洗、磷化、封闭、漂洗等工序）、涂层工艺和烘烤工艺。辊涂操作注意事项如下：

1）涂料辊和进料辊的线速度应保持一致，以避免涂料辊与被涂物表面之间产生滑动，使涂层不均匀，甚至无法进行涂饰。

2）辊涂机可涂饰 20～250s（涂-4 杯）黏度的涂料，最适宜涂饰黏度为 100s 左右的涂料。

3）为了使得涂料辊与进料辊有足够的进给力及压力，使涂料能在被涂面上很好地展开并形成均匀的涂层，辊涂时应调整好涂料辊与进料辊之间的宽度，并使其宽度小于被涂板式部件厚度 2～3mm。

4）使用具有挥发性溶剂的涂料时，要求涂料溶剂的挥发速度不宜过快，否则一方面会影响涂层的流平性，另一方面易使涂料在涂料辊上胶凝，影响涂装效率。

32.1.10　转鼓涂

1. 概述

转鼓涂方法是将被涂物与涂料置入密闭的鼓形容器中，借助转鼓转动使被涂物相互摩擦，将涂料均匀地涂敷在被涂物表面的一种涂装方法。转鼓涂适用于批量多的小件，如小五金等。

2. 转鼓涂设备

转鼓是转鼓涂的主要设备，过去多为圆筒形和六角筒形，现在都采用翻滚效果更好的八角筒形和八角锥形，如图 32-27 所示。

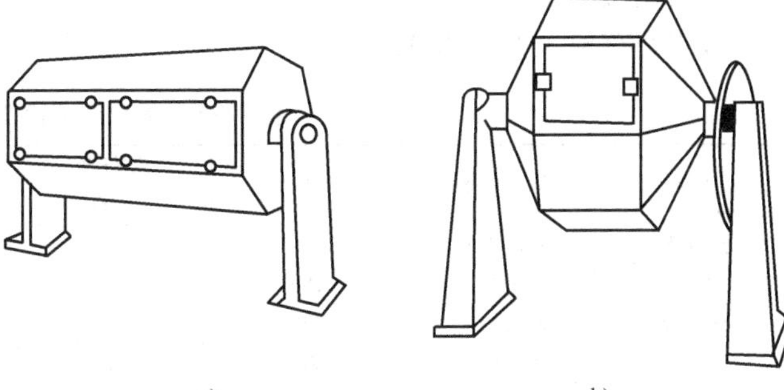

图 32-27　转鼓涂设备

a）八角筒形转鼓　b）八角锥形转鼓

32.1.11　帘幕涂

1. 概述

帘幕涂是涂料呈连续帘幕垂直流落、覆盖在被涂物表面的涂装方法。

帘幕涂方法的工作原理：涂料通过淋漆刀形成像窗帘那样的宽而薄的漆幕，且由于淋漆刀悬挂在被涂物输送带的上方，漆幕垂直于被涂物的表面。将被淋涂的工件放在传送带上，以一定的速度沿着水平方向前进，并从垂直的漆帘幕下穿过，此时漆幕就覆盖在被涂的工件上，这样获得涂层的方法就是帘幕涂。

帘幕涂的特点如下：

1）涂装效率高。帘幕涂通常都采用机械自动化生产方式，由快速输送机构输送被涂物，涂敷速度快。

2）涂膜厚度均匀稳定。由于涂料帘幕的厚度、流落的速度、被涂物的输送速度、涂布量等涂装条件都实行严格的控制，在连续生产过程中，能确保涂膜厚度均匀稳定。

3）涂料利用率高。帘幕涂的余漆通过收集装置返回涂料槽，也不产生漆雾飞溅，仅在涂料循环系统有少许溶剂挥发。

4）操作方便。所有工艺条件的调整都通过控制机构实施，容易管理。设备清洗也较简便，只需起动循环泵，使清洗溶剂沿着管路循环，即可将设备清洗干净。

5）不适应多品种小批量生产。为使涂料正常地循环，涂料的循环量不能少于规定的最少循环量，通常规定的最少循环量为 10L。因此更换涂料时，至少也要从涂料槽内排出相当于规定的最少循环量的涂料。更换涂料还需耗费清洗溶剂，所以多品种小批量生产不经济合算。

6）不适宜立体状的被涂物。帘幕涂时，相平行的垂直面是不可能同时涂装的，因此，像箱形之类的被涂物不适宜帘幕涂。

7）薄膜型涂装困难。为使涂料帘幕稳定、不断流，必须确保帘幕有一定厚度，因此，帘幕涂装要获得膜厚30μm以下的涂膜比较困难。

2. 帘幕涂设备

常用的帘幕涂设备为帘幕涂装机。帘幕涂装机是由帘幕头和附有加热冷却装置的涂料贮存罐、涂料接收器、输送涂料的循环泵等循环系统和输送带等组成，其结构如图32-28所示。

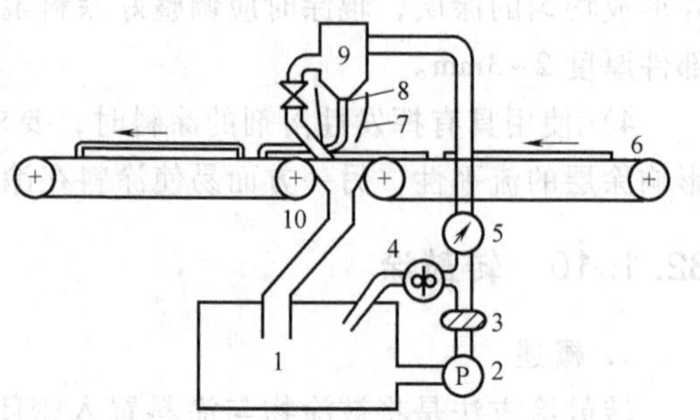

图32-28 帘幕涂设备结构

1—涂料贮存罐 2—循环泵 3—过滤器 4—调节阀 5—压力表 6—输送带 7—防风玻璃 8—狭缝 9—帘幕头 10—涂料接收器

3. 帘幕涂工艺

常用帘幕涂工艺见表32-8。

表32-8 常用帘幕涂工艺

底材	涂料品种	黏度/s	涂布量/(g/m²)	狭缝宽度/mm	溢流阀开度(刻度)	输送速度/(m/min)
胶合板	氨基烘漆	32	70	0.5	2.5	110
木板	聚酯	150	190	0.6	4.0	70
石膏板	乳胶涂料	70	115	0.7	3.5	80
皮革	硝基涂料	20	80	0.6	4.0	70
金属	硝基清漆	25	70~100	0.6	4.0	70~90

帘幕涂工艺参数总体上可以按以下程序进行调整：根据涂层质量要求选定涂料品种→依涂膜厚度及材质确定涂料黏度→确定狭缝宽度→适当提高涂料压力、保证帘幕不断开→调节输送机速度、使之有适宜的涂布量。

32.1.12 空气喷涂

1. 概述

空气喷涂法最初是为解决硝基漆类快干型涂料的涂装而开发的，它是一种通过压缩空气的气流使涂料雾化，在气流带动下喷涂到被涂工件表面进行涂装的方法。

空气喷涂的主要特点：①优点是适用于各种涂料和各种被涂工件，应用范围广，且操作简便，涂装效率高（大约是刷涂法的8~10倍），涂膜质量好，易得到均匀美观的涂膜；②缺点是涂料消耗大，且涂料利用率低，漆雾飞散多，环境污染较严重。

空气喷涂方法简单，能进行大批量自动流水线生产，适用于各种形状、各种大小及不同材质工件涂装，如电器、仪器仪表、玩具、纸张、钟表、机械、化工、船舶、车辆等，应用十分广泛。在合成树脂涂料的施工中普遍使用。

空气喷涂的工作原理是用压缩空气从空气帽的中心孔喷出，在涂料喷嘴前端形成负压区，使得涂料容器中的涂料从涂料喷嘴中喷出，然后进入高速压缩空气流，通过涂料与压缩空气的相互扩散，将涂料分散并以漆雾状飞向被涂物并附着在其表面，集聚成连续的漆膜的涂装方法。

空气喷涂喷枪枪头的工作原理如图 32-29 所示。

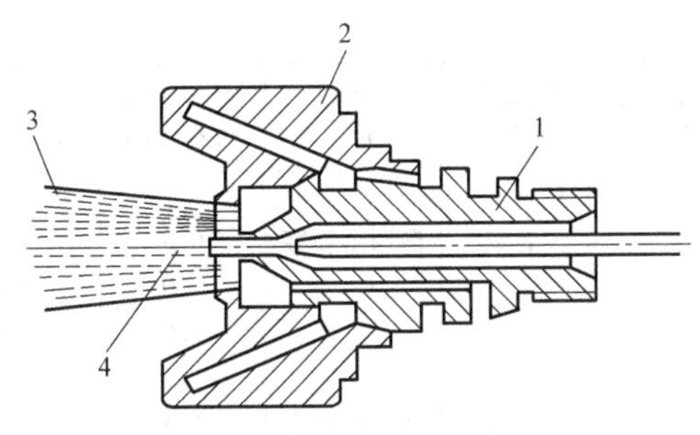

图 32-29　空气喷涂喷枪枪头的工作原理

1—涂料喷嘴　2—空气帽　3—空气喷射　4—负压区

2. 空气喷涂设备

喷枪是空气喷涂法的主要工具，其种类、结构及操作极大地影响涂装质量。喷枪是使涂料和压缩空气混合后，将涂料雾化和喷射到基底表面的一种工具。喷枪的种类繁多，按涂料供给的方式来区分，主要有吸上式、重力式和压送式三种类型，如图 32-30 所示。

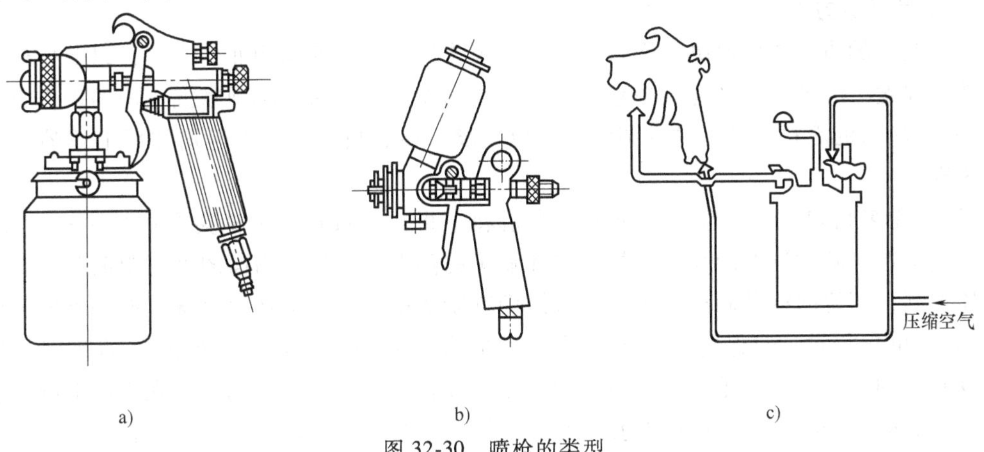

图 32-30　喷枪的类型

a）吸上式　b）重力式　c）压送式

空气喷涂时常用喷枪的特点和型号见表 32-9。

表 32-9　空气喷涂喷枪的特点和型号

涂料供给方式	按被涂物区分	喷雾方式	涂料喷嘴口径/mm	空气用量/(L/min)	涂料喷出量/(L/min)	喷雾图形幅宽/mm	试验条件
重力式	小型	圆形喷雾	(0.5)	40 以下	10 以下	15 以下	喷涂空气压力为 0.3MPa，喷涂距离为 200mm，喷枪移动速度为 0.05m/s 以上
			0.6	45	15	15	
			(0.7)	50	20	20	
			0.8	60	30	25	
			1.0	70	50	30	
吸上式、重力式	小型	椭圆形喷雾	0.8	160	45	60	喷涂空气压力为 0.3MPa，喷涂距离为 200mm，喷枪移动速度为 0.05m/s 以上
			1.0	170	50	80	
			1.2	175	80	100	
			1.3	180	90	110	
			1.5	190	100	130	
			1.6	200	120	140	
	大型	椭圆形喷雾	1.3	280	120	150	喷涂空气压力为 0.35MPa，喷涂距离为 250mm，喷枪移动速度为 0.1m/s 以上
			1.5	300	140	160	
			1.6	310	160	170	
			1.8	320	180	180	
			2.0	330	200	200	
			(2.2)	330	210	210	
			2.5	340	230	230	

（续）

涂料供给方式	按被涂物区分	喷雾方式	涂料喷嘴口径/mm	空气用量/(L/min)	涂料喷出量/(L/min)	喷雾图形幅宽/mm	试验条件
压送式	小型	椭圆形喷雾	(0.7)	180	140	140	喷涂空气压力为 0.35MPa，喷涂距离为 200mm，喷枪移动速度为 0.1m/s 以上
			0.8	200	150	150	
			1.0	290	200	170	
	大型	椭圆形喷雾	1.0	350	250	200	喷涂空气压力为 0.35MPa，喷涂距离为 250mm，喷枪移动速度为 0.15m/s 以上
			1.2	450	350	240	
			1.3	480	400	260	
			1.5	500	520	300	
			1.6	520	600	320	

注：尽量不选用括号内规格。

3. 空气喷涂方法

喷涂施工的质量主要取决于涂料的黏度、工作压力、喷嘴与物面的距离，以及操作者的技术熟练程度。为了获得光滑、平整、均匀一致的涂层，喷涂时必须掌握正确的操作方法。

1）喷涂前的涂料选择，黏度调整，喷枪喷嘴口径、喷距、压力等均按照上述喷枪使用方法为准。

2）用无名指和小指轻轻拢住枪柄，食指和中指扣住扳机，枪柄夹在虎口中；喷涂时，眼跟着喷枪走，随时注意涂膜形成的状况和喷头的落点。喷枪与物面的喷射距离和垂直角度由身体控制，喷枪的移动同样要用身体来协助臂膀的移动，不可移动手腕，但手腕要灵活。

3）喷枪运行时，应保持喷枪与被涂物面成直角并平行运行。喷枪的移动速度一般在30~60cm/s 内调整，并要求尽量保持匀速运动。喷枪距离被涂物面的距离在 20~30cm 之间。

4）操作时，每一喷涂幅度的边缘应当在前面已经喷好的幅度边缘上重复 1/3~1/2，且搭界的宽度应保持一致。如果搭界宽度多变，膜厚将不均匀，可能产生条纹和斑痕。

5）为了获得更均匀的涂层和更好的防腐蚀效果，在喷涂第二道时，应与前道涂膜纵横交叉，即若第一道采用横向喷涂，第二道就应采用纵向喷涂。

6）每次喷涂时，应在喷枪移动时开启喷枪扳机，同样也应在喷枪移动时关闭喷枪扳机，这样可以避免造成在工件表面过多的涂料堆积而流挂。

32.1.13 高压无气喷涂

1. 概述

高压无气喷涂简称无气喷涂，是一种不需要借助压缩空气喷出，而是借助施加高压的方法使涂料在喷出时雾化的工艺。

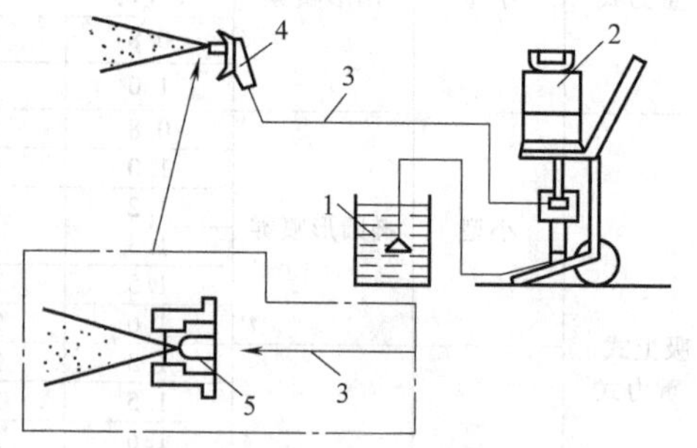

图 32-31 高压无气喷涂的原理

1—涂料容器 2—高压泵 3—高压涂料输送管 4—喷枪 5—喷嘴

高压无气喷涂的原理如图 32-31 所示，它是利用高压泵将涂料加压到 11~25MPa，使涂料从喷嘴中喷出，并以高达 100m/s 的速度与空气发生激烈的高速冲撞，使涂料破碎成微粒，在涂料粒子的速度未衰减前，涂料粒子继续向前与空气不断地多次冲撞，涂料粒子不断地被破碎、雾化，并最终喷涂在被涂物上。在喷涂过程中它是借助高压泵，使涂料增压，而压缩空气不直接与涂料接触，因此被增压的高压涂料中不混有压缩空气，故称为高压无气喷涂。

高压无气喷涂是基于提高涂装作业效率、减少涂料损失和减少对大气污染的目的提出的，有着较为普遍的应用。

高压无气喷涂的特点有：

1）无气喷涂的涂装效率比刷涂高10倍以上，比空气喷涂高3倍以上，可达到400～1000m^2/h。

2）无气喷涂避免了压缩空气中的灰尘、油滴和水分等对涂料所造成的弊病，可以保证喷涂的质量。

3）由于雾化涂料中不混有压缩空气，因此避免了在缝隙、拐角等死角部位因气流反弹对雾化涂料的沉积造成不良影响。

4）雾化涂料分散少，涂料喷涂黏度较高，稀释剂用量减少，减少了对环境的污染。

5）对防锈处理后的粗糙表面、凹处、缝隙等喷涂，喷涂质量较好。

6）高压无气喷涂的喷枪不具有涂料喷出量和喷雾图形幅宽调节机构，调节时只能更换喷嘴，所以在喷涂作业过程中不能调节喷出量和喷雾图形幅宽。

7）涂膜的外观质量比空气喷涂差，对于装饰要求较高的薄层喷涂不宜使用。

8）无气喷涂的涂料喷出压力太高，操作不当易产生人员安全事故。

2. 高压无气喷涂设备

高压无气喷涂设备主要包括：动力源、高压泵、蓄压过滤器、输漆管、涂料容器、喷枪等。无气喷涂的设备组成如图32-32所示。

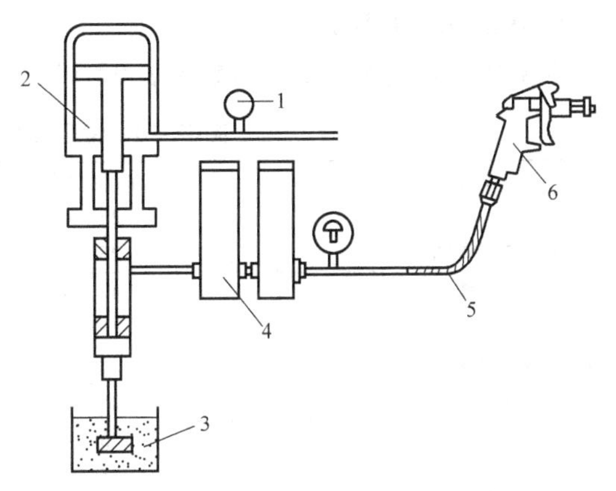

图32-32　无气喷涂的设备组成

1—动力源　2—高压泵　3—涂料容器　4—蓄压过滤器　5—输漆管　6—喷枪

涂料加压用高压泵动力源有压缩空气、油压和电源三种。目前，主要以压缩空气动力源为主，其具有操作简单、方便安全的优点。压缩空气动力源的装置包括空气压缩机、输气管、阀门和油水分离器等组件。以油压作动力的油压高压泵和电源作动力的电动高压泵相对气动高压泵发展较晚。油压动力源装置包括油压泵、油槽和过滤器等；电动动力源装置则由电源线路及相关的控制装置组成。

涂料喷嘴是喷枪的重要部件，喷嘴孔的几何形状和表面粗糙度会直接影响涂料的雾化、喷流图样和涂膜质量。涂料的雾化效果与喷出量、喷雾图形的形状与幅宽都是由涂料喷嘴的几何形状、孔径大小与加工精度决定的。

涂料喷嘴可分为标准型喷嘴（见图32-33）、圆形喷嘴（见图32-34）、自清型喷嘴（见图32-35）和可调喷嘴（见图32-36）。

标准型喷嘴使用最为普遍；圆形喷嘴主要用于喷涂管道内壁及其他狭窄部位；自清型喷嘴可以通过调节换向机构，清除掉堵塞物；可调喷嘴可以通过调节塞，在不停喷涂工作的情

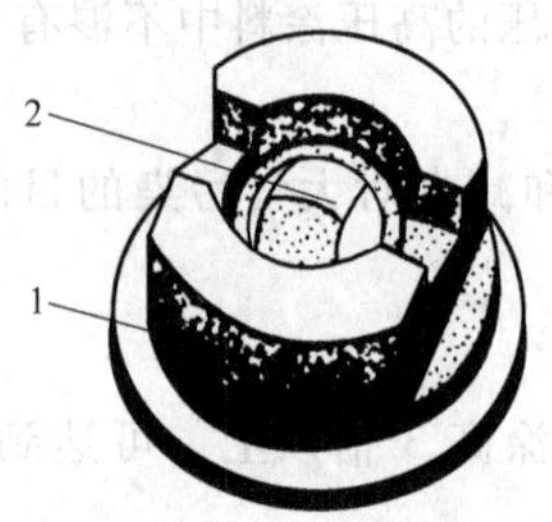

图 32-33　标准型喷嘴

1—喷嘴　2—橄榄型开口

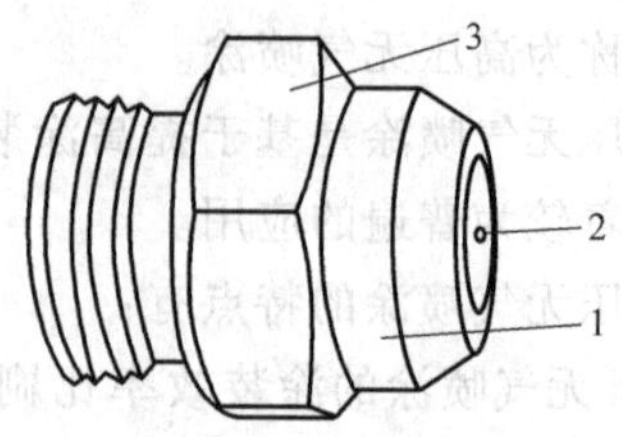

图 32-34　圆形喷嘴

1—喷嘴　2—圆形开口　3—紧固螺母

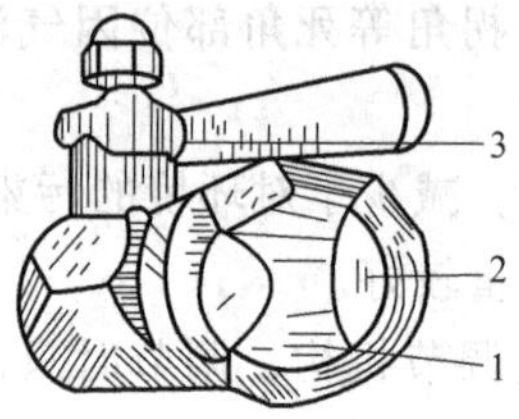

图 32-35　自清型喷嘴

1—喷嘴　2—喷嘴开口　3—换向反冲阀

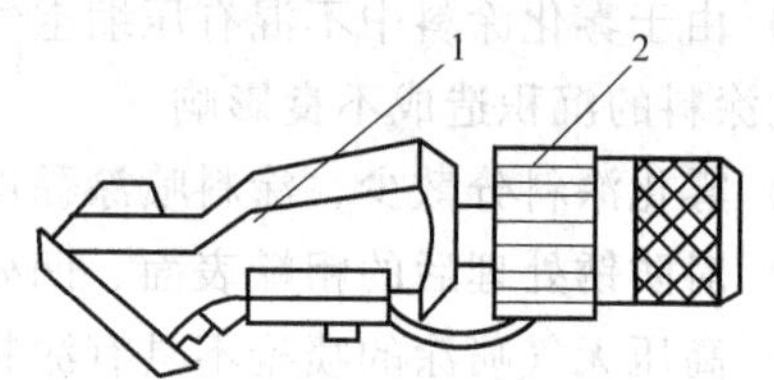

图 32-36　可调喷嘴

1—喷嘴　2—调节阀

况下，根据喷涂要求，调节喷涂物的喷出量和喷雾图形幅宽。

3. 高压无气喷涂方法

常见高压无气喷涂工艺参数见表 32-10。

表 32-10　常见高压无气喷涂工艺参数

常用涂料名称	涂料黏度/s	喷嘴口径/mm	喷涂压力/MPa
硝基漆	25~35	0.25~0.33	8~10
热塑性丙烯酸树脂漆	25~35	0.25~0.33	8~10
合成树脂调合漆	40~50	0.65~1.8	10~11
醇酸树脂漆	30~40	0.33~0.45	9~11
热固性丙烯酸树脂漆	25~35	0.27~0.33	10~12
氨基醇酸烘干漆	25~35	0.27~0.33	10~12
环氧树脂漆	35~40	0.45~0.77	12~13
乳胶漆	35~40	0.45~0.77	12~13
环氧沥清漆	40~50	0.65~1.8	15~18

高压无气喷涂施工方法如下：

（1）正确的喷涂姿势　正确的喷涂姿势可以使喷涂操作得心应手。操作时，应注意身体、喷枪和软管三者之间的位置协调。操作者站立喷涂时，双脚略宽于肩，一手握软管，一手握喷枪进行操作，如图 32-37 所示。

（2）正确的喷枪操作方式　用手握喷枪时，食指和中指扣住扳机，但不能太紧，如图 32-38 所示。喷涂时，枪身应与喷涂表面保持垂直，喷枪的运行轨迹应与喷涂表面保持平行，这样才能保证涂层厚度均匀一致。操作时，若只用手腕带动喷枪运动，则会产生大量飞漆，且在工件与喷枪成垂直方向的位置落漆较多，而不垂直的其他位置落漆较少。因此，操作者的手腕、肘部和肩部喷涂时都需同时运动，只是手腕和前臂运动会造成喷枪作弧形运动，使喷枪运行与施涂表面不平行，图 32-39 所示为无气喷涂时的喷枪操作技巧。喷拐角时，喷枪应对准拐角的中心，以确保两侧得到均匀的涂层，拐角处的喷涂方法如图 32-40 所示。

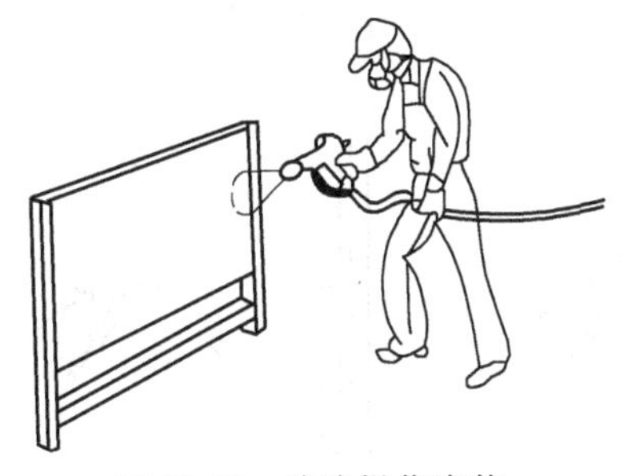

图 32-37　喷涂操作姿势

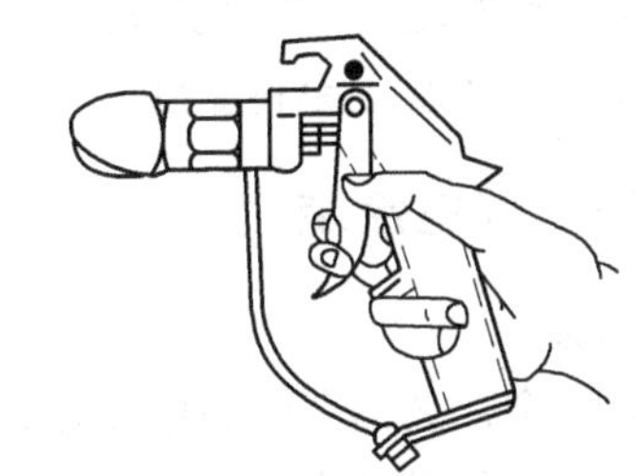

图 32-38　喷枪手握方法

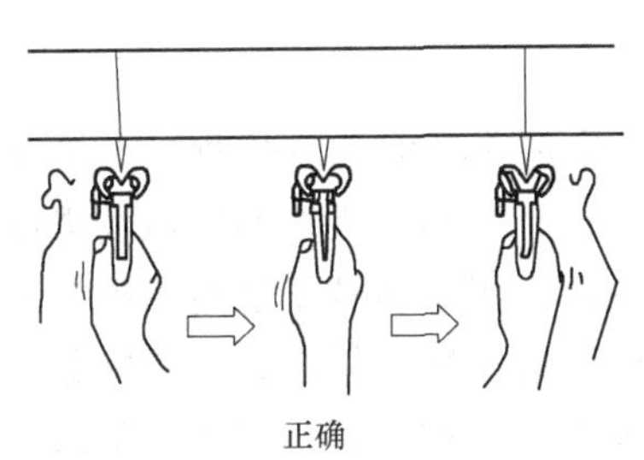

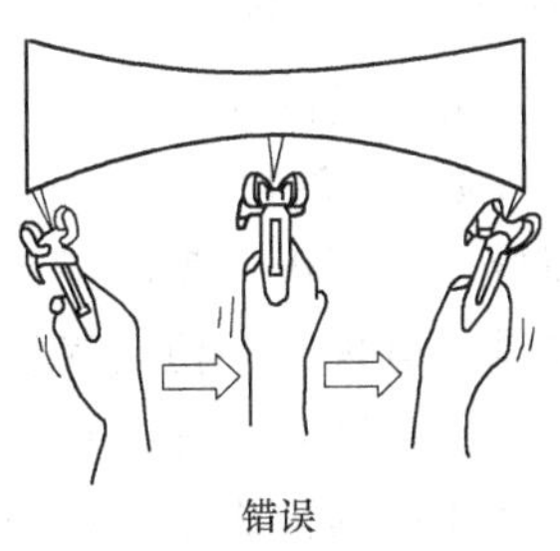

图 32-39　无气喷涂时的喷枪操作技巧

（3）喷枪与工件表面间的距离　喷涂时，整个喷涂过程应保持距离不变，一般为 25~40cm。喷涂距离过近，易形成反弹或过喷；距离过远，易使漆雾不能完全并均匀地落到工件表面上，造成喷漆率下降。

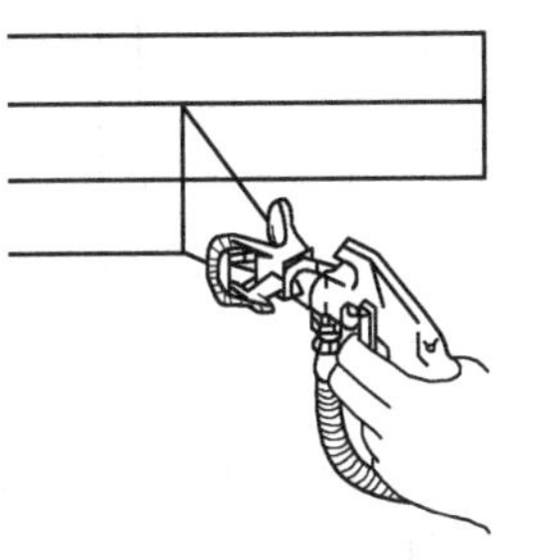

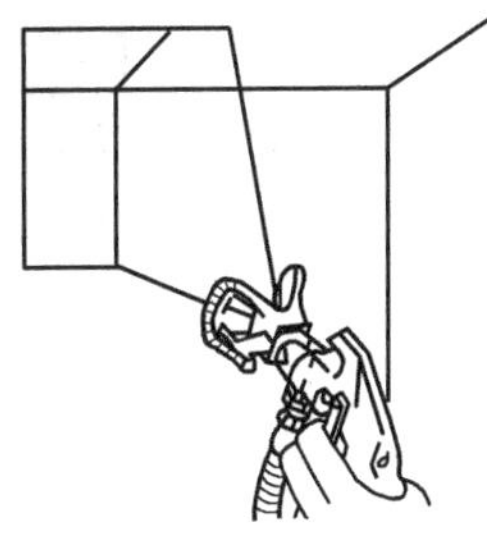

图 32-40　拐角处的喷涂方法

（4）喷枪的移动速度　在喷涂时，为了保持涂料的合适流出量，喷枪需保持一个合理的移动速度。喷枪移动速度过慢，涂料流出量增大，涂膜会出现桔皮或流挂现象；相反，喷枪的移动速度过快，则会造成施涂表面的喷漆率过低，此时应适当降低喷枪的移动速度。

（5）正确的喷嘴孔径和喷幅宽度　在喷涂过程中，相同的喷幅宽度，孔径越大，成膜越厚；相同的喷嘴孔径，喷幅宽度越大，成膜越薄，如图 32-41 所示。

（6）喷雾图形的正确搭接　为了在工件上形成均匀的涂层，喷涂时，每一次喷涂行程喷枪的喷涂位置均需要一定的搭接。由于无气喷涂压力大，且喷涂扇面内的流量及压力比较均匀，因而喷雾图形内涂膜的厚度比较均匀，其间的搭接量在保证搭接的基础上也可以小一些，以减少漏喷现象。

为了达到节约涂料和防止涂料在行程两端堆积的目的，每次喷涂行程时，应先移动喷枪后开动扳机，结束时应先关扳机，然后停止移动。获得高质量的喷雾图形是无气喷涂的难点，通常主要通过以下三方面达到对喷涂图形的控制：①选择合适的孔径和开口角度的涂料喷嘴，以获得所需压涂料流量和喷雾角度；②调整液压；③改变涂料黏度。

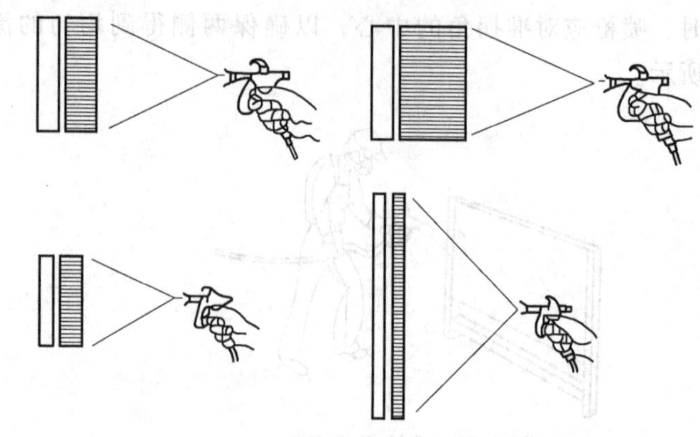

图 32-41　喷嘴孔径、喷幅宽度与成膜厚度关系图

32.1.14　静电涂装

1. 概述

静电喷涂，又称高频静电喷涂，是一种利用高压静电场实现对工件喷涂的加工方法。静电喷涂具有喷涂效率高、涂层均匀、污染少等优点，是生产中应用最为普遍的涂装工艺之一。

静电喷涂的原理如图 32-42 所示。静电喷涂是在喷枪（或喷盘）与喷涂工件之间形成高压静电场，通常喷枪口为阴极，喷涂工件为阳极，当两电极之间的电场强度足够高时，喷枪口处的空气产生电晕放电现象，使空气发生电离。当涂料粒子通过喷枪口带上电荷，成为带电粒子，在通过电晕放电区时，进一步与被电离的空气相结合，不断雾化，然后在高压静电场的作用下，向极性相反的被涂工件运动，吸附于工件表面，形成均匀涂层。

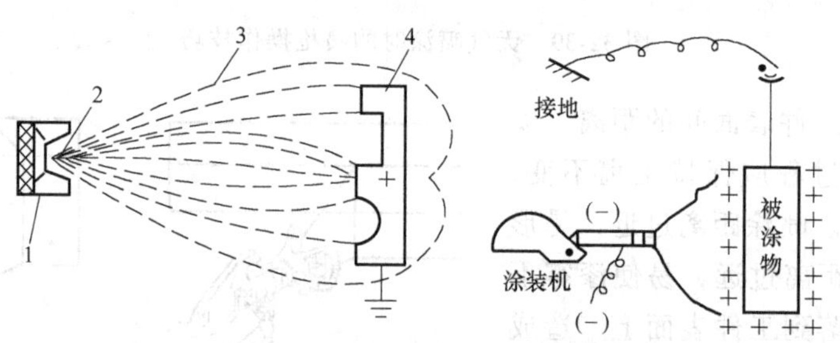

图 32-42　静电喷涂的原理

1—静电喷枪　2—负高压电极　3—电力线　4—被涂工件

静电喷涂时，电场强度不能过高，若超过电场强度极限时，喷枪口与被涂工件之间的空气层完全电离并被击穿而形成电火花，易发生火灾的危险，因此，静电喷涂时，应选择合适的电场强度，实际生产中的电场强度常为 60～100kV。

静电喷涂是一种适用面广的喷涂加工方法，广泛地应用于汽车、仪器仪表、电器、农机、家电产品、日用五金、钢制家具、门窗、燃气机等工业领域，静电喷涂具有的特点如下：

（1）涂料利用率高　相对于一般空气喷涂时涂料 30%～60%的利用率，静电喷涂涂料粒子受电场作用力被吸附于工件表面，显著减少了涂料粒子的飞散与回弹，涂料利用率显著提高，高速旋杯静电喷涂涂料的利用率达到 90%。

（2）涂装产品质量好　通过对喷枪的配置及喷涂参数的调节，可使涂料雾化充分，获得均匀、平整、光滑、丰满的涂层，达到提高涂膜外观装饰性的目的。

(3) 生产效率高　静电喷涂适于大批量的自动化生产，可实现多支喷枪同时喷涂，生产效率比空气喷涂提高1~3倍。

(4) 被涂工件质量要求高　静电喷涂要求被涂工件必须是电导体，所以主要适用于对导电性能好的金属材料的喷涂；对非导体材料，如塑料、木材、橡胶、玻璃等，需要经过表面预处理后才能使用静电喷涂。

(5) 涂料质量要求高　静电喷涂对涂料的电性能有一定的要求，并易受环境温度和湿度的影响，所以为满足静电喷涂的要求，需要调整涂料至合适的成分。

(6) 涂层质量易受影响　静电喷涂涂层的均匀程度受工件大小和外形影响较大，复杂形状的工件因受电场屏蔽或电力线分布不均匀的影响，喷涂质量难以保证。

(7) 需要安全保护　静电喷涂存在高压电火花放电引起火灾的危险，因此，在静电喷涂室中需要设置安全灭火装置。

2. 静电涂装对涂料的要求

(1) 涂料黏度　黏度越高，雾化性能越差，但从质量角度考虑，为了增强漆膜的光泽和丰满度，最好采用固体含量高的涂料，也可以采用加热方式来使用黏度稍高一些的涂料。

(2) 涂料的电性能　根据静电喷涂的原理，涂料粒子在电场中携带电荷的能力必然与涂料的电性有关系，其中最主要的参数就是涂料的介电常数。一般来说，普通涂料的极性很低，阻抗往往大于100MΩ，为了使涂料能够适应静电喷涂，必须用介电常数较高的稀释剂、溶剂或者专用稀释剂来调整涂料的阻抗，使之在5~50MΩ之间。调整阻抗时，还必须兼顾涂料的流平性，即配以高沸点溶剂，控制溶剂的挥发速率，达到较好的流平目的。

3. 静电涂装的常用涂料及涂装方式

静电涂装的常用涂料及涂装方式见表32-11。

表32-11　静电涂装的常用涂料及涂装方式

涂料名称		施工电阻/MΩ	施工黏度/s	涂装方式
氨基烘漆	清漆	5~15	16~24	各种静电喷涂方式
	色漆	8~20	18~24	
沥青漆		20~50	20~28	固定旋杯式静电喷涂
醇酸树脂漆		8~20	18~25	各种静电喷涂方式
硝基漆		10~20	15~20	手提式静电喷涂
过氯乙烯树脂漆		10~20	16~23	手提式静电喷涂
丙烯酸树脂漆		10~20	16~24	各种静电喷涂方式
环氧树脂漆		10~20	18~24	各种静电喷涂方式

4. 静电涂装的溶剂及其极性

常用静电涂装的溶剂及其极性见表32-12。

表32-12　常用静电涂装的溶剂及其极性

高极性	中极性	低极性	非极性
甲醇	丁醇	甲基戊醇	甲苯
乙醇	醋酸甲基戊醇	乳酸乙酯	二甲苯
异丙醇	乙二醇乙醚		白醇
双丙酮醇	乙二醇丁醚		正乙烷
丙酮	醋酸乙二醇乙酯		200号溶剂汽油
丁酮			
醋酸乙酯			

5. 静电涂装设备

手提式静电喷涂设备如图 32-43 所示，旋杯式静电喷涂设备如图 32-44 所示。

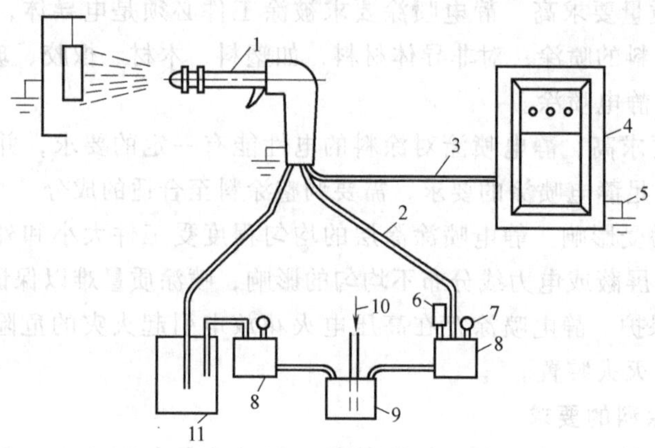

图 32-43　手提式静电喷涂设备

1—手提式静电喷枪　2—压缩空气管　3—高压电缆　4—高压静电发生器　5—接地　6—空气开关　7—压力表　8—贮气罐　9—油水分离器　10—压缩空气　11—压力供料装置

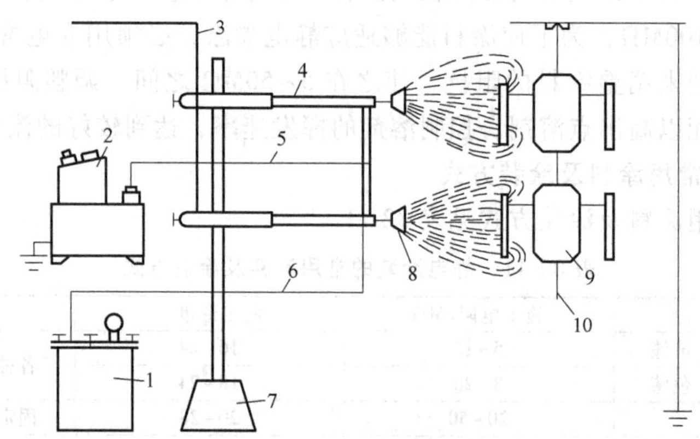

图 32-44　旋杯式静电喷涂设备

1—压力供料罐　2—高压静电发生器　3—压缩空气管　4—旋杯枪杆　5—高压电缆　6—输料管　7—枪架机构　8—旋杯枪　9—被涂件　10—旋转挂具

6. 静电喷涂方法

（1）手提式静电喷涂　手提静电喷枪由枪手柄、扳机、针阀、喷嘴及电路、气路、漆路等组成。它既是涂料雾化器又是放电极，其功能不仅使涂料均匀分散和充分雾化，而且还要涂料微滴充分带电。与手提式静电喷枪配合的静电喷涂室为封端式，适合间歇生产。

手提式静电喷涂适用于中小批量或外形复杂的工件，以及自动喷涂补漆之用。

（2）旋杯静电喷涂　旋杯静电喷涂的工艺参数见表 32-13。

（3）转盘式静电喷涂　转盘式静电雾化器是一个高速旋转的转盘，其直径大于旋杯式，为 $\phi 200 \sim \phi 640$mm，因此涂料雾化作用好。它是水平旋转的，由于其离心力与静电力作用方向一致，不像旋杯式雾化器的离心力与静电力呈 90°夹角，因而转盘式的雾化作用是叠加的，消除了喷涂图形中空环形的严重缺陷，明显地改善了喷涂质量。

表 32-13　旋杯静电喷涂的工艺参数

工 艺 参 数	数　　值	工 艺 参 数	数　　值
工作电压/V	60~90	旋杯转速/(r/min)	1000~30000
工作电流/μA	≤250	喷枪与工件间距/mm	250~300
涂料电阻率/MΩ · cm	5~50	两支喷枪间距/m	≥1
喷涂量/(mL/min)	30~200	工件传送速度/(m/min)	1~2.5

转盘由往复升降机构驱动，可上下移动，以便工件上沉积多层细密的、厚度均匀的涂层。除往复升降机构外，其喷涂设备比旋杯式增加了一个 Ω 形静电喷涂室。

转盘式静电喷涂特别适用于大中型工件的装饰性喷涂，对小型工件可将吊具稍加改进，上下多挂几件，既能提高涂装质量，又能提高生产率。

（4）粉末静电涂装　粉末静电涂装工艺流程为：预处理→粉末静电涂装→熔融流平→交联固化→冷却→检验。粉末静电涂装的工艺参数见表 32-14。

表 32-14　粉末静电涂装的工艺参数

工 艺 参 数	数　　值	工 艺 参 数	数　　值
静电电压/kV	60~90	喷枪口与工件距离/mm	150~300
静电电流/μA	10~20	悬挂链速率/(m/min)	4.7~5.5
流速压力/MPa	0.30~0.55	喷粉量/(g/min)	70~1000
雾化压力/MPa	0.30~0.45	粉末粒度/目	80~200
供气压力/MPa	0.70	粉末电阻率/Ω · cm	108~1015
文丘里管喉径/mm	≤8		

32.1.15　电泳涂装

1. 概述

电泳涂装是将具有导电性的被涂工件浸渍在装满用水稀释的、浓度比较低的电泳涂料槽中作为阳极（或阴极），在槽中另设置与其相对应的阴极（或阳极），并在两极间通入直流电，即可在被涂工件表面上析出均一涂膜的涂装方法。

电泳涂装是一种特殊的涂膜形成方法，仅适用于电泳涂装专用的水性涂料（简称电泳涂料）。电泳涂装是汽车涂装近二三十年来最普及的涂底漆涂装方法之一。

根据被涂工件的极性和电泳涂料的种类，电泳涂装可分为阳极电泳（被涂工件是阳极，涂料是阴离子型）和阴极电泳（被涂工件是阴极，涂料是阳离子型）两种涂装法。

电泳涂装的主要特点：①电泳涂装法的涂料利用率高，涂膜均匀，外观好，泳透力好，生产效率高，适用于流水线涂装作业，涂膜的附着力好，涂膜质量高，耐蚀性好，且环境污染小；②该种方法的设备复杂，投资费用高，涂装管理复杂，生产中不能进行调色和换色。

电泳涂装法适用于大批量流水线生产防腐性能要求高的工件涂装，如汽车、机械产品、化工设备、飞机、船舶、电动机等。

2. 电泳涂装设备

电泳涂装设备由电泳槽、备用槽、循环过滤系统、超滤系统、极液循环系统、换热系统、直流电源、涂料补加装置、冲洗系统及控制柜等组成，其结构如图 32-45 所示。

（1）电泳槽　电泳槽有两种形式，对于连续通过式采用船形槽，间歇步进式采用矩形槽。电泳槽的尺寸应根据工件大小来确定，一些电泳槽的参考尺寸见图 32-46 和表 32-15。

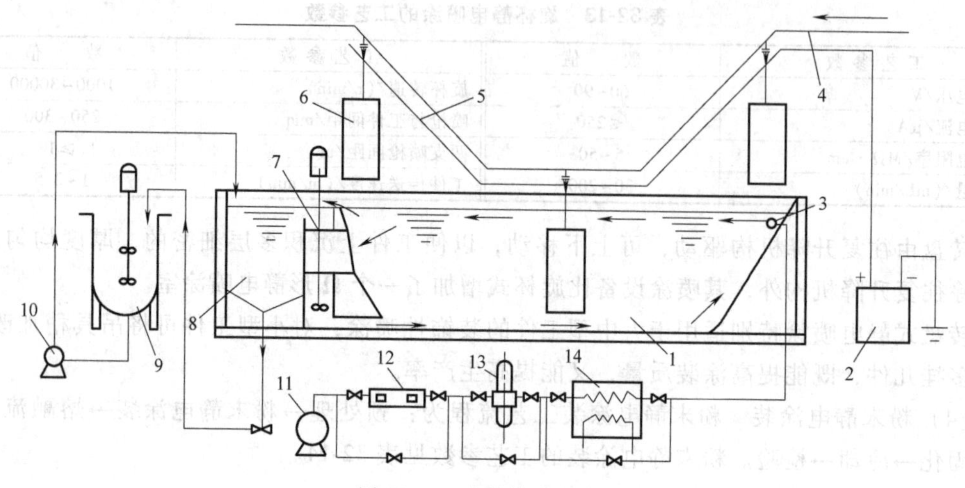

图 32-45 电泳涂装设备

1—主槽 2—直流电源 3—喷嘴 4—输送链 5—供电机构 6—工件 7—搅拌器 8—溢流槽 9—涂料补充槽 10—泵 11—循环泵 12—磁性过滤器 13—过滤器 14—热交换器

同时应配套溢流槽，用于控制主槽液面高度并排除液面泡沫。

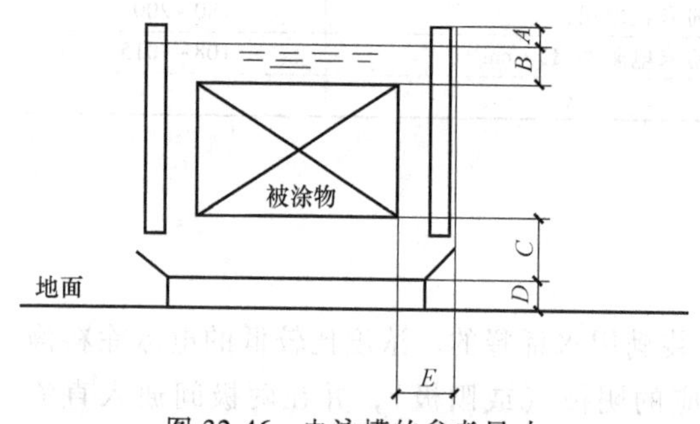

图 32-46 电泳槽的参考尺寸

表 32-15 典型电泳槽的尺寸

（单位：mm）

项目	*A*	*B*	*C*	*D*	*E*
汽车车身	200～250	250～300	450～500	250～300	500～550
建材	150～200	200～250	400～450	250～300	450～500
家用电器	125～150	150～200	400～450	200～250	350～400
零部件	125～150	125～150	375～400	150～200	300～350

备用车用于主槽清理、维修时存放槽液使用。

（2）循环搅拌系统 循环系统的作用是保证整个电泳槽内溶液组成均匀和具有良好的分散稳定性，防止漆料沉淀，另外用于过滤杂质、热交换及排除工件界面因电解产生的气泡。通常采取过滤循环、过滤热交换循环和超滤循环的配合，实现以上诸功能。电泳循环搅拌机过滤系统原理如图 32-47所示。

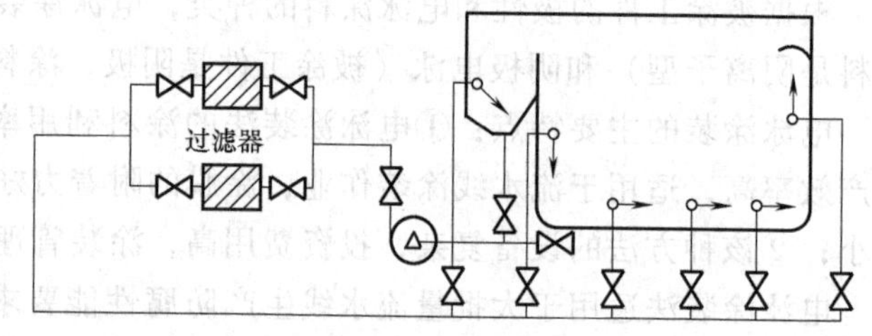

图 32-47 电泳循环搅拌机过滤系统原理

在实际操作时，应使得槽底和循环管流速在 0.4m/s 以上，液面流速在 0.2m/s 以上，同时保持槽液循环次数为 4～6 次/h。

（3）电极装置 电极装置的作用是使工件之间在电泳漆液内形成电场，使漆液中的涂料离子移向工件表面而形成涂层。根据电极使用条件的不同，可分为极板、隔膜以及辅助电极三种。

1）极板电极，一般以数块连续设置在主槽两侧，其数量以极板面积与工件面积之比来决定，阳极电泳极板面积：工件面积=(0.5~2)：1，阴极电泳极板面积：工件面积=1：(4~6)。

材料根据电泳涂料的种类有不同的选择，阳极电泳极板可采用普通钢板或不锈钢板制作，而阴极电泳极板可采用不锈钢、石墨板或钛合金板制作。

2）隔膜电极的作用是调节电泳漆液的 pH 值，同时具有极板电极的效果。

3）辅助电极一般用于特殊结构的工件。

（4）供电装置及接地方式　直流电源有整流器供给，且为了保持安全，一般采用工件接地的方式。电泳涂装有阴极接地和阳极接地两种。阳极接地又可分为电极（阳极）接地和槽体接地两种方式，如图 32-48 所示。

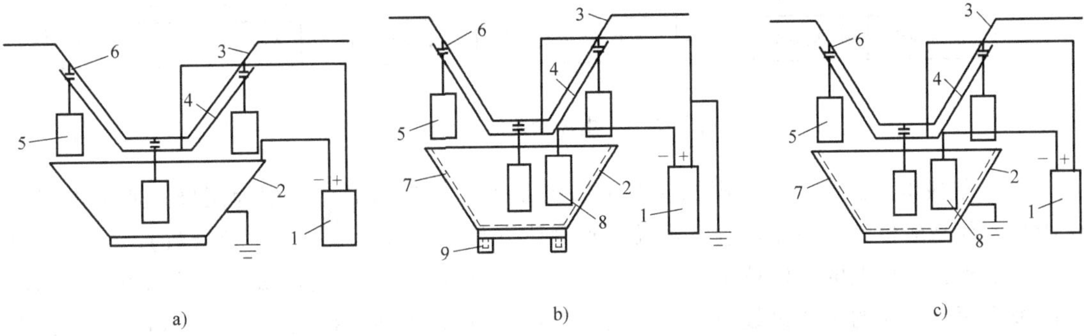

图 32-48　电泳接地方式

a）阴极接地　b）电极（阳极）接地　c）槽体接地

1—直流电源　2—电泳槽　3—输送链　4—导电机构　5—工件　6—绝缘质　7—绝缘衬里　8—隔膜电极　9—绝缘垫板

（5）涂料补给装置　补给装置由补漆槽、过滤器、电动搅拌器及输液泵等组成，通过管道、阀门等方式与电泳槽相连接。其工作模式是在加料时，先将电泳槽内的电泳漆液（约占补充涂料量的 50%）泵入补漆槽内，再将高浓度的电泳原漆输入补漆槽内，开动搅拌器，连续搅拌 20~30min 使其充分预稀释后，通过过滤器用泵徐徐输入电泳槽内。

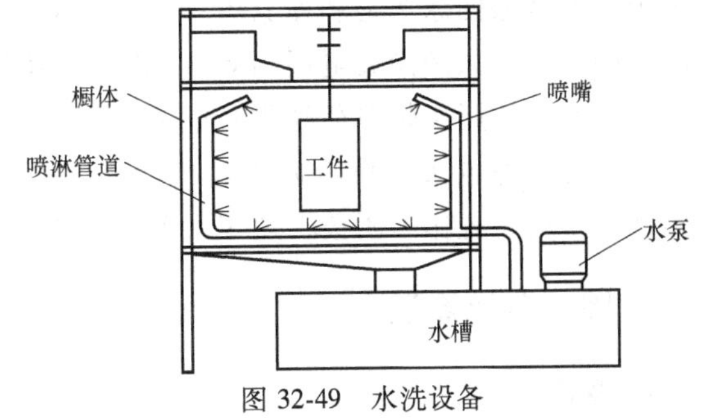

图 32-49　水洗设备

（6）冲洗系统　电泳涂装前的水洗设备如图 32-49 所示。

电泳涂装后的水洗装置有喷射式和浸渍式两种。喷射式多级循环清洗系统如图 32-50 所示。

实际使用时，喷射的压力一般不大于 0.1MPa，喷嘴可采用莲蓬头形或螺旋形喷嘴，且应保持喷嘴与工件之间的距离为 250~300mm，喷嘴之间的距离为 200~250mm 为宜。

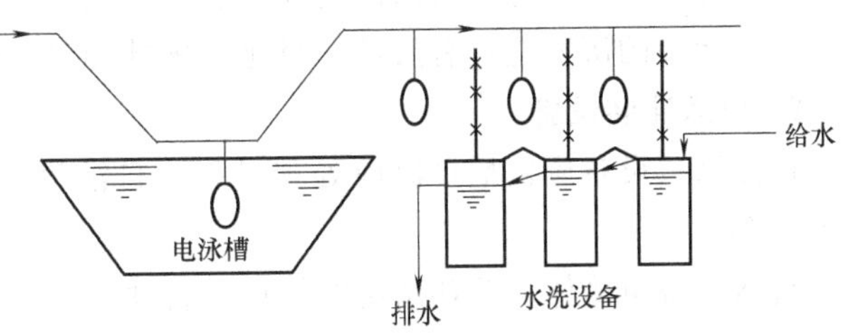

图 32-50　喷射式多级循环清洗系统

（7）超滤系统　电泳超滤系统是维护电泳槽液稳定，提高涂装质量，降低环境污染的极为重要的环节。超滤装置主要由预滤器、超滤器、循环泵以及超滤液贮存输送装置等组成。

1）预滤器的作用是预先将电泳漆液中的机械杂质清除，以防止机械粒子进入超滤器，划伤半透膜。

2）超滤器是整个超滤系统的关键部件。根据半透膜载体的形式，超滤器可分为板式、管式及中空纤维式等多种形式。

3. 电泳涂装方法

电泳涂装的工艺流程如图32-51所示。

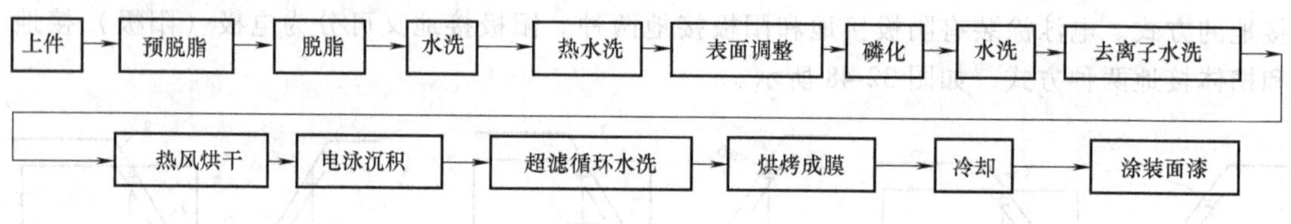

图32-51　电泳涂装的工艺流程

（1）阳极电泳涂装　阳极电泳涂装的特点是工件作为阳极，漆槽为阴极，所用水溶性树脂是一种高酸价的羧酸盐。它经水稀释到固体含量为10%～15%（质量分数）。在电泳槽中，经电离，带负电的胶体粒子与颜料粒子在电场作用下一起移向阳极，并放出电子，沉积于阳极表面。具体的工艺参数为：施工电压为40～80V，极间距控制在100～150mm，极比为0.5～2.0，pH值为7～9，时间为2～3min，槽液温度为20～30℃，槽液电导率$<5\times10^3\mu s/cm$，膜厚约为20μm。

（2）阴极电泳涂装　阴极电泳涂装是在20世纪70年代发展起来的涂装工艺。这里工件为阴极，所用阴极电泳涂料中基料主要由非水溶性环氧树脂所组成，少量为丙烯酸树脂。这些树脂用有机或无机酸中和成水溶性状态。阴极电泳漆具有优良的耐碱性和耐蚀性，并有超过阳极电泳漆的泳透力和库仑效率，具有良好的稳定性。阴极电泳涂装工艺过程与阳极电泳涂装的相似，只是涂装电压为60～120V，pH值为5.5～6.5。

根据涂料树脂所带电荷种类及电泳时所采用的电源种类划分，除上述阳极电泳和阴极电泳外，还有脉冲电泳（采用脉冲电流，适于任何阳极和阴极电泳涂料）和喷射电泳（工件是阳极，喷射装置作为阴极，适于大型长型工件、漂浮工件及小批量生产的产品）。

32.1.16　自泳涂装

1. 概述

自泳涂装，又称自沉积涂装。自泳涂装的原理是在被涂金属与乳液界面区域创造一定的条件使得界面乳液脱稳，从而使乳胶粒和颜料沉积于金属表面。

自泳涂装的沉积过程有酸蚀、氧化、破乳和自沉积四个过程。

2. 自泳涂装设备

自泳涂装设备应包括自泳前处理设备、自泳设备、自泳后处理（清洗）设备和自泳漆烘干室等。

自泳设备由槽体、循环系统等组成。自泳槽体的结构和设计与电泳槽的结构、设计、制作工艺相仿。

3. 自泳涂装方法

典型自泳涂装的工作流程如图 32-52 所示。

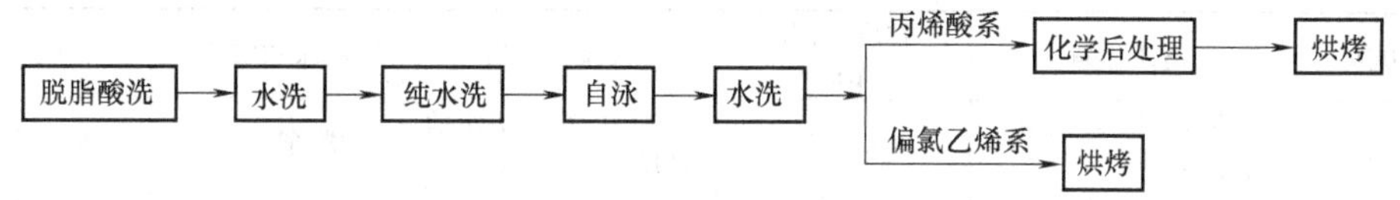

图 32-52　典型自泳涂装的工作流程

32.1.17　粉末涂装

1. 概述

粉末涂装是以固体树脂粉末为成膜物质的一种涂覆工艺，它的涂装对象是粉末涂料。近十五年来，全世界的粉末涂装工业以每年两位数的增长率稳定地飞速发展。对粉末涂装技术的需求日益增长的原因在于：粉末涂层具有优异的性能、易于施涂、节约能源，其广泛用于汽车和家用电器行业，在经济效益和环境保护方面的社会效益显著。

粉末涂装法适用于各种形状的对涂装表面保护、装饰性能要求较高的中小型产品的大批量流水生产，如仪器仪表、钟表、机械、轻工、电器、车辆、航空等。

2. 粉末涂装设备

粉末涂装设备主要包括静电发生器、静电粉末喷枪、喷粉室、流化供粉装置及粉末回收装置，如图 32-53 所示。

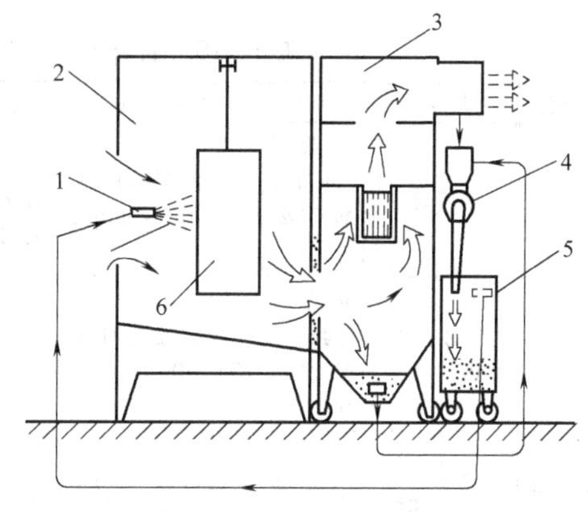

图 32-53　粉末涂装设备

1—喷粉枪　2—喷粉室　3—回收器　4—粉筛　5—供粉桶及粉泵　6—工件

3. 粉末涂装方法

已获得工业应用的粉末涂料的施工方法有：火焰喷涂法（融射法）、流化床法、静电粉末喷涂法、静电流化床法、静电粉末振荡法、粉末电泳涂装法等，其特性和原理见表 32-16。

表 32-16　粉末涂装的特性和原理

序号	涂装方法	粉末输送方式	粉末附着方式	涂装过程和原理
1	火焰喷涂法	压缩空气	熔融附着	涂料粉末通过火焰喷嘴的高温区熔融或半熔融喷射到预热基底表面
2	流化床法	空气吹动	工件预热	压缩空气通过透气板使粉槽内的涂料粉末处于流化状态，将预热的工件浸入，使涂料附着
3	静电粉末喷涂法	压缩空气	静电引力	利用电晕放电原理使雾化的粉末涂料在高压电场的作用下荷负电并吸附于荷正电的基底表面
4	静电流化床法	空气吹动	静电引力	用气流使粉末涂料呈流化状态并带负电，放入带正电的工件，涂料被吸引吸附，再加热熔融固化
5	静电粉末振荡法	机械、静电振荡	静电引力	高压静电场作用下靠阴极电栅的弹性振荡使粉末粒子充分带电和克服惯性，沿电场引力吸附到被涂物表面
6	粉末电泳涂装法	液体化	电泳	将粉末涂料分散到加有表面活性剂的液体介质中，用电泳的方法涂覆

不同粉末涂装方法比较见表32-17。

表32-17 不同粉末涂装方法比较

涂装方法	适用涂料	粒度范围/μm	被涂物性质	被涂物实例	生产规模
火焰喷涂法	聚乙烯、聚酰胺、氯化聚醚	100~200	除易燃物以外的材质，不能过大	槽、管	小批量生产
流化床法	聚乙烯、聚酰胺、氯化聚醚、环氧树脂	50~300	小型、耐热、厚薄均一	电子部件、钢球	可实现自动化大批量生产
静电粉末喷涂法	聚乙烯、聚酰胺、氯化聚醚、环氧树脂、聚酯、聚氯乙烯、丙烯酸酯	150以下	材质导电，不能过大，避免形状复杂	汽车、家电、铁架	可实现自动化大批量生产
静电流化床法	聚乙烯、聚酰胺、环氧树脂等	150以下	小型、线状、带状，导电	线材、卷材	可实现自动化大批量生产
静电粉末振荡法	聚乙烯、聚酰胺、环氧树脂等	150以下	材质导电，不能过大，避免形状复杂	线材、卷材	可实现自动化大批量生产
粉末电泳涂装法	环氧树脂、丙烯酸酯	200以下	小型，可涂装形状复杂的工件	家电、电子部件	可实现自动化大批量生产

不同的粉末涂料施工方法的常见工艺及特点见表32-18。

表32-18 各种粉末涂料施工方法的常见工艺及特点

涂装方法	预热	后加热	膜厚控制	涂装效率	涂装速度	所需设备	优点	缺点
火焰喷涂法	不需要	一般不用，热固型多数需要加热	难以精确控制，膜厚100~500μm	中等，未附着的喷雾不能再生	$0.2\sim0.5m^2/min$	熔融喷射机、粉末箱、燃气瓶	可现场施工、设备较便宜	难以对复杂形状工件涂装，内壁无法施工
流化床法	必须预热	可无需后加热，但加热改善外观	薄膜控制困难，150~500μm	良好	浸入时间5~20s	预热炉、流动浸渍槽	一次涂装，适合小型工件自动化生产	必须预热，不适于薄板、大型和复杂工件
静电粉末喷涂法	不需要，厚涂层时可用	必须后加热	精度高，预热后可得厚涂层	良好，未附着的喷雾可回收	在60μm1~$3m^2/min$	静电粉末涂装机、高压静电发生器、烘干室	热容量大或小的均可涂装，适于大批量	烘干温度高，设备复杂
静电流化床法	不需要，厚涂层时可用	必须后加热	上下膜厚差别大40~200μm	良好	通过时间2~10s	静电流动浸渍槽、高压静电发生器、烘干室	适于线状、带状物体自动化连续生产	不适于大型工件，不易涂饰均匀
静电粉末振荡法	不需要，厚涂层时可用	必须后加热	40~100μm	良好	通过时间5~15s	静电振荡涂装机、高压静电发生器、烘干室	涂覆效率高，无需回收装置	设备复杂，对材质要求高
粉末电泳涂装法	不需要	必须后加热	可精确控制30~200μm	较高	5~60s成膜	电泳浸渍槽、传动装置、烘干室	涂覆效率高，适于水性粉末涂料	需液体化过程

32.1.18 电磁刷涂装和电场云涂装

1. 电磁刷涂装

电磁刷是由一个完整的磁刷台和一个上面载附待涂材料的磁鼓所组成。当静电场开通时，随着待涂底材通过电磁刷，其上被涂以粉末，使底材多次通过电磁刷，可获得较厚的涂层。该工艺不适宜用来直接涂装铁磁性底材，但这种底材可通过引入转移步骤来涂装，即用一转移圆鼓使粉末经加热或带静电后再转移到磁性底材上。

2. 电场云涂装

电场云涂装是采用空气将粉末涂料吹送到两个垂直方向排列的电极之间，使粉末涂料带电，使通过电极之间的工件吸附着粉末涂料而完成涂装过程。该技术的带电方式与电晕放电荷电和摩擦荷电不同，是在电场中使粉末带电的方法。其特点是使用低电压，电容量高，均匀施加电压。因此，它比静电喷枪的喷涂效率高，涂着的粉末致密，可获得薄而平整的优良涂层表面。

32.1.19　汽车涂装

1. 汽车车身涂装

汽车涂层分为 10 组，其中 TQ1 为载货汽车车身涂层，TQ2 为轿车车身涂层。对 TQ2 来说，属高级装饰性涂层（高级轿车用）和优质装饰保护性涂层（中级轿车用），而 TQ1 有优质装饰保护性涂层和一般装饰保护性涂层两个等级。汽车车身涂层的主要质量指标见表 32-19，其他还有相应的耐水、耐油和耐化学药品性的要求。

表 32-19　汽车车身涂层的主要质量指标

涂层分组、等级		TQ2(甲)	TQ2(乙)	TQ1(甲)	TQ1(乙)
应用		高级轿车车身	中级轿车车身	货车、吉普车车身、客车车厢	货车、吉普车车身、客车车厢
耐候性(天然暴晒)		2 年失光≤30%	2 年失光≤30%	2 年失光≤30%	2 年失光≤60%
耐盐雾性/h		700	700	700	240
涂层厚度/mm	底漆	≥20	≥20	≥15	≥15
	中漆	40~50	≥30	—	—
	面漆	50~80	≥40	≥40	≥40
外观		平整光滑，无颗粒，光亮如镜，光泽度大于 90	光滑平整无颗粒，允许极轻微桔皮，光泽度大于 90	光滑平整无颗粒，允许极轻微桔皮，光泽度大于 90(平光小于 30)	光滑平整无颗粒，允许极轻微桔皮，光泽度大于 90(平光小于 30)
力学性能	抗冲击性/N·cm	≥196	≥294	≥294	≥392
	弹性/mm	≤10	≤5	≤5	≤3
	硬度	≥0.6	≥0.5	≥0.5	≥0.4
	附着力/级	1	1	1	1

从涂层厚度来看，汽车涂层属复合涂层。高级轿车车身一般采用 4C4B 或 5C5B 涂层体系，C 表示 coat（涂层），B 表示 bake（烘干），即分别涂底漆、中涂漆、面漆和罩光清漆共 4~5 次，分别烘干 4~5 次；一般轿车车身采用 3C3B 涂层体系，分别涂装并烘干底漆、中涂和面漆；载货汽车、吉普车车身和覆盖件及客车车厢采取 2C2B 涂层体系，即分别涂装并烘干底漆与面漆。对于厚度 40μm 的面漆，通常采用湿碰湿工艺喷两道。对于厚度 50μm 的中涂层，可采取喷一道涂层烘干、打磨再喷涂、烘干、打磨工艺，使之表面有足够的平整度；也可采用湿碰湿工艺方式。

湿碰湿工艺是多层涂装中经常采用的工艺，即在喷涂第一道涂层后，不直接烘干，只是晾干 5min 左右，使表面达到表干，接着喷涂第二道涂层甚至第三道涂层，晾干 5~10min 后一并烘干的工艺。该工艺可增强涂层间的结合力，节省能源并大大缩短工时，提高生产效率。目前湿碰湿工艺不仅用于面漆与中涂，还用于电泳底漆和水性中涂层。从涂料上看，湿碰湿工艺仅适用于缩合聚合型热固性烘漆，如环氧树脂、氨基树脂和丙烯酸树脂涂料等，不适用于氧化聚合型涂料，如醇酸树脂涂料等。

为使汽车涂层耐盐雾性达到700h以上的防腐蚀要求，对于大批量的流水线生产方式，底漆一般采用阴极电泳涂料。

对耐盐雾性在240h左右的载货汽车涂层，可采用成本较低的聚丁二烯阳极电泳底漆；小批量生产时可采用环氧酯型溶剂性底漆。

轿车涂层要求涂层光亮如镜，镜像清晰，鲜映性在0.8以上，这就要求在涂面漆之前，表面应有较高的平整度。为实现该目的，轿车涂层必须有1~2道中间涂层。中间涂层本身的功能是保护底漆涂层和腻子层（防止被面漆咬起），增加底漆与面漆的结合力，消除底层的粗糙度（对10μm的粗糙度有效），提高涂层装饰性，增加涂层厚度，提高整个涂层的耐水性和装饰性（丰满度、光泽、鲜映性）。为此，中间涂层应与底漆和面漆有良好的配套性，并应具有良好的打磨性。能满足这几方面性能的中涂主要是溶剂型或水性的聚酯、聚氨酯、氨基醇酸、热固性丙烯酸或环氧氨基树脂。

中间涂层按其功能可分为通用底漆（又称底漆二道浆、二道浆）、腻子二道浆（又称喷用腻子）、封底漆等。通用底漆既有底漆性能，又具有一定的填平能力（二道浆的功能），含颜料较底漆多，比腻子少，一般用来填平涂过底漆或刮过腻子表面的划纹或针孔等缺陷。腻子二道浆兼有腻子和二道浆的作用。另外，封底漆这一中间涂料还可消除底涂层对面漆的吸收性，提高面漆的光泽度和丰满度。

汽车涂层的耐候性和外观装饰性要求很高，能满足该条件的涂料主要有氨基烘漆、丙烯酸烘漆和双组分脂肪族聚氨酯面漆三大类。在流水线生产时，因用涂料量大，宜采用烘漆；小批量或修补作业时，宜采用双组分涂料，免去固化设备的投资并减少固化能耗。

（1）轿车车身涂装　轿车车身涂装工艺见表32-20。

表32-20　轿车车身涂装工艺（4C4B珠光色）

序号	工艺名称	工艺条件	备　注
1	上线	—	工件无锈、无机械缺陷
2	脱脂	pH值为9.6~10,50~52℃,68s	喷淋
3	脱脂	pH值为9.6~10,50~52℃,68s	喷淋或浸
4	水洗	42s,0.2MPa,40~50℃	喷淋
5	水洗	常温,42s	喷淋
6	表调	pH值为7.2~7.5,153s	喷淋
7	磷化	锌系中低温磷化3~5min	喷—浸
8	水洗	自来水,常温	喷—浸
9	钝化	2.5min,常温	喷—浸
10	水洗	循环去离子水,1.5min	喷—浸
11	水洗	去离子水,1.5min	喷—浸
12	阴极电泳	20μm或80~85μm	浸
13		175~180℃,20min	
14	烘干 打磨	400号砂纸	根据需要
15	中涂	55μm,湿碰湿	
16	中涂烘干	140℃,20min	
17	湿打磨	400~800号水砂纸	根据需要

（续）

序号	工艺名称	工 艺 条 件	备　注
18	头道面漆	闪光底色，20~30μm，湿碰湿	
19	罩光清漆	85μm	
20	烘干	140℃，20min	
21	湿打磨	800~1000 号砂纸	根据需要
22	罩光清漆	30~35μm	
23	烘干	140℃，20min	

（2）货车车身涂装　货车车身涂装工艺见表 32-21。

表 32-21　货车车身涂装工艺

工序	工艺名称及作业内容	设备与工具	材料	备注
1	上件：将无锈白件挂于悬挂链上	悬挂链、升降台、挂具	—	
2	手工擦净厚油污、少量锈	抹布、水基清洗剂、刷子	—	
3	喷预脱脂：压力为 0.1~0.2MPa，60~70℃，60s	喷淋槽，油水分离器	300 号脱脂剂，CQ-252 低泡清洗剂	每周换一次
4	喷-半浸脱脂：压力为 0.1~0.15MPa，60~70℃，2.5~3.5min	浸渍槽	300 号脱脂剂，CQ-252 低泡清洗剂	两月换一次
5	喷-半浸水洗：0.1~0.15MPa，2.5min	—	自来水	
6	喷水洗：0.1~0.15MPa，30min	—	自来水	每周换一次
7	喷-半浸磷化：0.1~0.12MPa，30~35℃，2.5min	循环除渣系统	3 号磷化剂/CL431 低渣磷化剂	磷化膜 1.6~2.4g/m²
8	喷-半浸水洗：0.15MPa，2.5min	—	自来水	
9	喷水洗，0.15MPa，30s	—	自来水/钝化剂	
10	喷循环去离子水：0.1MPa，30s	—	循环去离子水	每周换一次
11	喷新鲜去离子水：0.08~0.1MPa，20s	去离子水装置	新鲜去离子水	
12	吹积水	压缩空气	—	
13	热风吹干	干燥室	—	
14	强制冷却、上电极	冷却室	—	
15	阴极电泳：8603 黑色电泳涂料	160t 槽/140t 槽，阳极液系统	阴极电泳涂料	每小时循环 2~6 次
16	电泳后冲洗：①槽上超滤液冲洗；②循环超滤液冲洗；③新鲜超滤液冲洗；④循环去离子水冲洗；⑤新鲜去离子水冲洗	超滤系统去离子水装置	—	
17	吹水珠或滴干、卸电极	—	—	
18	烘干：180℃，30min	辐射加对流式烘道	—	
19	冷却，转入地面链	—	—	
20	喷 PVC 车底涂料	—	PVC 抗石击涂料	
21	内表喷隔热阻尼胶	—	阻尼涂料	
22	烘干	烘道	—	
23	强制冷却	冷却室	—	
24	打磨、擦净	320~400 号水砂纸	黏性抹布	
25	湿碰湿喷面层涂料	水旋喷涂室，自动静电喷涂，手工补涂	氨基热固化涂料，废涂料凝聚剂	
26	晾干：5~10min	—	—	
27	烘干：100~110℃，40min	对流烘道	—	
28	强制冷却	冷却室	—	
29	检查	—	—	
30	车内腔体内部喷蜡	—	防锈蜡	
31	总装	—	—	

（3）客车车身涂装　客车、旅游车车厢的涂装特点：一是生产量较小，二是车身体积庞大，生产方式采用往复间歇式生产。客车涂层采用 TQ1（甲）载货汽车涂层组的条件，装饰性较载货汽车高，一般采用三涂层体系（即底漆、中涂、腻子和面漆），而面漆均为多色涂装。运输采取地轨和运转车人工推动小车或地面链牵引小车来实现。前者用于往复间歇式生产，后者用于间歇流水线生产。

客车车厢的涂装工艺与载货汽车车身的流水线工艺有很大区别，客车预处理和涂底漆都是在单独的工位中进行，如在预处理车间或焊接车间，对骨架、外壁板涂底漆后在焊接或在组装过程中对骨架涂底漆，再焊装涂好底漆的外壁板，然后修补焊接破坏的底漆。涂装车间的任务主要是涂中涂层和面漆。

客车车厢体积庞大，涂单色很难看，因此涂面漆需要按套色工艺进行。

客车由于产量小，涂装装备和设施较差，一般采用自干性或快干性的挥发性涂料或双组分涂料，如硝基涂料、热塑性丙烯酸涂料、醇酸涂料、双组分环氧底漆和双组分聚氨酯面漆等。有中温烘干室时也可采用氨基烘漆。客车车厢涂装工艺见表 32-22。

表 32-22　客车车厢涂装工艺

工序类型	工艺名称及作业内容	设备与工具	材料	备注
薄板	1）除油除锈二合一处理：常温，10～15min	浸渍槽	二合一处理剂	
	2）水洗：常温，1min	水洗槽	自来水	溢流
	3）水洗：常温，1min	水洗槽	自来水	
	4）磷化：25～35℃，10～15min	浸渍槽	常温磷化剂	
	5）水洗：常温，1min	水洗槽	自来水	溢流
	6）干燥：晾干或 110℃ 热风吹干，或热水烫干	—	—	晾干需防锈封闭处理
骨架	1）除锈	—	砂布、钢丝刷	
	2）吹灰，抹净	—	抹布，溶剂	
	3）喷底漆	空气喷涂设备	双包装环氧底漆	可用环氧带锈涂料
	4）干燥，自干或 80℃ 强制干燥	低温烘干室	—	
车厢组装	1）薄板件涂底漆	空气喷涂	双包装环氧涂料	
	2）干燥：自干或强制干燥	—	—	
	3）焊装	—	—	
	4）清理焊渣、铁锈	—	钢丝刷，砂布	
	5）焊接处底漆修补，送入涂装车间	刷子	环氧带锈涂料	
涂装	1）检查验收	—	—	
	2）底漆打磨，吹灰抹净，并用溶剂抹布擦净	—	240 号水砂纸，抹布、溶剂	
	3）刮腻子	刮刀	不饱和聚酯腻子	
	4）打磨，水洗	—	240～320 号水砂纸	
	5）干燥：晾干或烘干（80～100℃）	低温烘干室	—	
	6）车身内表面壁板和顶盖喷隔声隔热涂料（2～3mm 厚）	喷枪	聚氨酯发泡隔声材料	
	7）喷两道浆或封底漆	水旋喷涂室	丙烯酸封底漆	
	8）自干或强制干燥（60℃）	低温烘干室	—	
	9）打磨，水洗净	—	360～400 号水砂纸	

（续）

工序类型	工艺名称及作业内容	设备与工具	材料	备注
涂装	10）烘干（80~100℃）	低温烘干室	—	
	11）喷第一道面漆（外表和内表显露部位）	水旋喷涂室	双包装脂肪族聚氨酯	
	12）强制干燥（80℃）	低温烘干室	—	
	13）屏蔽	—	纸和胶带	
	14）喷第二道面漆进行套色	喷涂室	热塑性丙烯酸或聚氨酯面漆	
	15）自干	—	—	
	16）去掉胶带和屏蔽纸	—	—	
	17）检查合格，送内饰	—	—	

2. 汽车车架涂装

车架由 4~6mm 厚的热轧钢板经冲压成形，铆接或焊接组装而成。它处于车子底部，常与泥水接触，要求涂层具有较好的防腐蚀性能。

由于车架材料为热轧钢板，上线之前应单独酸洗除掉氧化皮，送入涂装车间的车架应无氧化皮和锈蚀。早期车架均采取浸涂溶剂性沥青涂料，现已改用浸涂溶剂型丙烯酸或丙烯酸水性涂料，有些采用阳极电泳涂装。该涂装工艺安全、低污染，采用锌盐磷化处理后，涂层的耐盐雾性可达 400h。

车架等汽车零部件由于结构复杂，常有较厚油污，脱脂前最好采用热水高压预喷洗，脱脂采用碱性清洗剂高压喷洗，预处理可采用全淋涂方式，汽车车架的涂装工艺见表 32-23。

表 32-23　汽车车架的涂装工艺

工序	电泳涂装工艺	浸水性涂料工艺	浸溶剂型涂料工艺
1	上件，电动葫芦双轨运输链	上件，电动葫芦双轨运输链	上件，电动葫芦双轨运输链
2	预脱脂：50~60℃热水，高压喷洗 1min	预脱脂：50~60℃热水，高压喷洗 1min	—
3	脱脂：碱度 8~12 点，60℃，喷 2min	脱脂：碱度 8~12 点，60℃，喷 2min	脱脂：60℃，喷洗 2min
4	水洗：50~60℃，喷洗 45s	水洗：50~60℃，喷洗 45s	水洗：60℃热水喷洗 30s
5	水洗：常温水，喷洗 45s	水洗：常温水，喷洗 45s	水洗：60℃热水喷洗 30s
6	磷化：锌盐，55℃，喷 1min	磷化：锌盐，55℃，喷 1min	干燥：热风强制干燥
7	水洗：常温自来水，喷洗 45s	水洗：常温自来水，喷洗 45s	冷却：压缩空气强制冷却
8	水洗：常温自来水，喷洗 45s	水洗：常温自来水，喷洗 45s	—
9	水洗：循环去离子水，喷洗 12s	水洗：循环去离子水，喷洗 12s	—
10	新鲜去离子水喷洗 12s	新鲜去离子水喷洗 12s	—
11	阳极电泳涂装：采用黑色聚丁二烯丙烯酸电泳涂料，浸入后通电，电泳时间 2.5min 控制参数：固体含量、温度、电压、pH 值、电导率、MEQ 等 也可采取阴极电泳涂装	浸水性涂料：黑色丙烯酸水性浸漆，控制固体含量、pH、温度、黏度、助溶剂	浸涂：溶剂型黑色沥青涂料，18~20℃，黏度 22~24s，需控温恒定黏度，防火措施
12	电泳涂装后冲洗：超滤液冲洗→新鲜超滤液冲洗→循环去离子水冲洗→新鲜去离子水冲洗	沥青涂料：10min	沥青涂料：10min
13	吹干水珠	—	—
14	烘干：160~180℃，16min	烘干：160℃，20min	烘干：180~200℃，30min

3. 汽车车轮涂装

车轮的材质依汽车类型而异，载重货车的车轮一般由 4~6mm 热轧钢板卷压焊接而成；

轿车和轻型车的车轮由冷轧钢板卷压焊接而成，有些是用铝合金材料制造的。车轮经常受到泥水的激烈冲刷侵蚀，因此车轮的防护性能要求比较高。车轮由于暴露在汽车两侧，对于轿车等高档汽车，车轮涂层外观具有较高要求，同时防护要求更高。因此，轿车车轮多采用厚膜阴极电泳涂层，有些采用粉末喷涂；载重车一般采用一次阴极电泳底漆或喷涂底、面漆；铝合金车轮需经化学氧化后再喷涂金属闪光漆。

铁质车轮在涂装前可采用铁系、锌系或锌钙系磷化，车轮的外形相对比较简单，可采取全淋涂预处理工艺方式。钢圈在成形后残留的润滑油，经焊接时高温老化作用，较难洗脱，若采用阴极电泳涂装，应强化脱脂工艺。

汽车车轮涂装工艺见表 32-24。

表 32-24　汽车车轮涂装工艺

工序	厚膜阴极电泳漆工艺	粉末静电喷涂工艺	浸(淋)涂工艺	浸涂工艺
1	上件：挂具上下挂两个，轻型悬链	上件：挂具上下挂两个，轻型悬链	上件：普通悬链	上件：普通悬链
2	预脱脂：TB30 点，80℃，0.25MPa	预脱脂：TB30 点，80℃，0.25MPa	预脱脂：60℃，0.1～0.2MPa 喷	预脱脂：60℃，0.1～0.2MPa 喷
3	脱脂：TB20 点，80℃，0.25～0.5MPa 喷	脱脂：TB20 点，80℃，0.25～0.5MPa 喷	脱脂：60℃，0.1～0.2MPa 喷	脱脂：60℃，0.1～0.2MPa 喷
4	水洗：50～55℃，0.17MPa	水洗：50～55℃，0.17MPa	水洗：55℃ 热水，0.15MPa 喷	水洗：55℃ 热水，0.15MPa 喷
5	水洗：室温，0.17MPa	水洗：室温，0.17MPa	水洗：常温自来水：0.1～0.5MPa	水洗：常温自来水：0.1～0.15MPa
6	表面调整：室温，0.03～0.07MPa	表面调整：室温，0.03～0.07MPa	表面调整：草酸溶液(热轧钢材)	表面调整：草酸溶液(热轧钢材)
7	磷化：锌盐，60℃，0.03～0.07MPa	磷化：锌盐，60℃，0.07MPa	磷化：锌盐，60℃，0.07MPa	磷化：锌盐，60℃，0.07MPa
8	水洗：室温自来水，0.17MPa	水洗：室温自来水，0.17MPa	水洗：自来水，0.1～0.15MPa	水洗：自来水，0.1～0.15MPa
9	水洗：室温，0.07～0.17MPa	水洗：室温，0.07～0.17MPa	水洗：自来水，0.07～0.1MPa	水洗：自来水，0.07～0.1MPa
10	循环去离子水洗：0.07MPa	循环去离子水洗：0.07MPa	去离子水洗：0.07MPa	去离子水洗：0.07MPa
11	新鲜去离子水洗：0.07～0.12MPa	烘干：80～100℃热风干燥	干燥：热风干燥	干燥：热风干燥
12	滴干区	—	冷却，强制冷却	冷却，强制冷却
13	阴极电泳(干膜厚 30～35μm)；厚膜阴极电泳涂料，控制固体含量、pH 值、电导率、温度、MEQ、电压、带电入槽	粉末静电喷涂：环氧粉末涂料，干膜厚度 40～70μm	浸(淋)涂水性底漆：控制温度、黏度、pH 值、助溶剂、固体含量、干膜厚 25μm	浸涂溶剂型涂料：沥青涂料或环氧底漆，控制固体含量、温度、黏度
14	电泳涂装后冲洗：三次超滤液冲洗，两次去离子水冲洗	—	滴干：8min	滴干：8～10min
15	吹干：压缩空气吹干水珠	—	强制闪干：空气对流闪干 2.5min	—
16	烘干：180℃，15～20min	烘干：200℃，20min	烘干：200℃，15min	烘干：200℃，30min
17	冷却：强制冷却	冷却：强制冷却，检查	强制冷却	强制冷却
18	喷金属底色漆：静电喷涂设备，丙烯酸金属底色漆，干膜厚度 20μm	—	喷水性面漆：(干膜厚 25μm)，空气辅助静电喷涂聚酯面漆	浸涂沥青清漆或环氧酯面漆
19	闪干：3min	—	闪干：3min	滴干：10min
20	喷清漆：静电喷涂设备，丙烯酸，干膜厚度 30μm	—	烘干：150℃，15min	烘干：200℃，40min

（续）

工序	厚膜阴极电泳漆工艺	粉末静电喷涂工艺	浸（淋）涂工艺	浸涂工艺
21	闪干：5~8min	—	强制冷却，检查	强制冷却，检查
22	烘干：135℃，20~30min	—	—	—
备注	强制冷却，检查 此为轿车车轮涂装工艺，4~6mm 冷轧钢板卷压，焊接，应喷涂金属色涂料	粉末喷涂采取铁盐磷化便有良好效果，省去表调工序，脱脂，水洗工序还可以大大简化	热轧钢板锌盐磷化前采取草酸稀液表调	该工艺的环保安全性、技术经济性最差，可采取 3~4步铁盐磷化工艺

4. 汽车车桥涂装

车桥和传动轴涂装工艺如下：上件→热碱脱脂（50~60℃，1~1.5min）→热水洗（50~60℃，0.5min）→热水洗（50~60℃，0.5min）→热风吹干（100~110℃吹干并冷却）→喷涂氯化橡胶厚膜底盘漆〔黏度 18~20s（涂-4 杯黏度计，25℃），干膜厚度不小于 35μm→烘干（80~100℃，10~15min）→下线检查（涂膜应完整，没有露底现象，涂膜表干应不黏手，允许在装配过程中进一步干燥）。

5. 汽车车门锁涂装

汽车车门锁的涂装工艺见表 32-25，汽车车门锁涂层性能见表 32-26。

表 32-25　汽车车门锁的涂装工艺

工艺参数	浸渍时间/s	甩干		预热		固化	
		离心转速/（r/min）	甩干时间	温度/℃	时间/min	温度/℃	时间/min
数值	30	240~280	视装入量而定	80~100	10~15	280~310	15~18

表 32-26　汽车车门锁涂层性能

涂层	检测项目	技术要求	测试结果	备注
底漆层	外观	呈浅银灰色、颗粒细小、均匀	符合要求	未加封闭涂层前
	厚度/μm	6~8	符合要求	2 涂 2 烘
	涂覆量/（mg/dm²）	200~240	符合要求	2 涂 2 烘
	附着力/级	≥3.5	4.0	2 涂 2 烘
	耐盐雾腐蚀性能/h	≥480	680	2 涂 2 烘
	耐湿热性能	240h 内不得出现红锈	符合要求	2 涂 2 烘
	耐水性能	240h 内涂层不得从基体剥落或露底	符合要求	2 涂 2 烘
面漆层	外观	平整、光滑	符合要求	
	厚度/μm	≥30	符合要求	

6. 汽车车身中涂涂装

汽车车身的中涂涂装大多采用溶剂型涂料和水性涂料，其工艺流程分别如图 32-54 和图 32-55 所示。

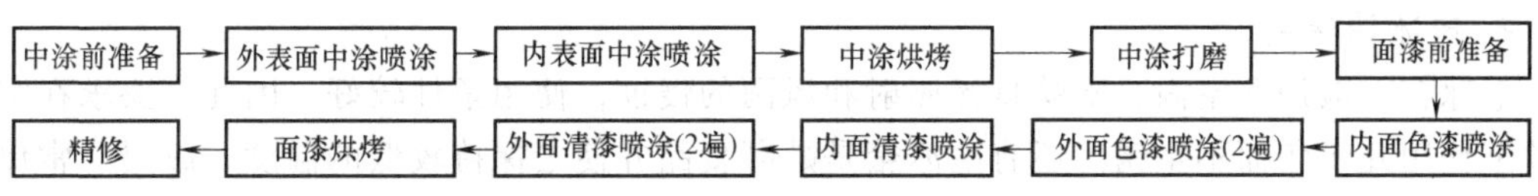

图 32-54　汽车车身中涂溶剂型涂料涂装工艺流程

32.1.20　家用电器涂装

家用电器绝大部分在室内使用，因而对涂层的耐候性要求较低，但随着人们生活质量的提

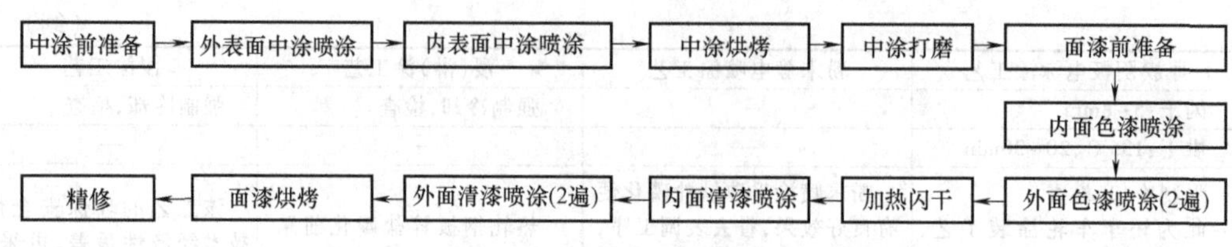

图 32-55 汽车车身中涂水性涂料涂装工艺流程

高，对家用电器涂层的外观要求越来越高、越来越多样化，例如冰箱、洗衣机、冰柜等家用电器经常接触碱、盐和酸性物质等，要求涂层耐蚀性高。家电产量大，适用于流水线生产。

1. 洗衣机涂装

（1）涂料的选择 一般采用氨基醇酸烘漆或丙烯酸磁漆为面漆，底漆采用环氧底漆或水性电泳漆。对盖板和脚等需要特别耐腐蚀的部位，可采用磷化底漆和富锌漆涂装系统，或用镀锌钢板。还可采用聚酯粉末涂料或丙烯酸粉末涂料。

（2）洗衣机的涂装工艺 涂装前金属表面预处理工艺见表 32-27，涂装工艺见表 32-28。

表 32-27 涂装前金属表面预处理工艺

序号	工艺过程	处理作用	处理剂
1	碱液冲洗	脱脂	601 洗涤剂 10g/L
2	“二合一”处理	脱脂去锈	硫酸、601 洗涤剂
3	热水浸洗	—	水
4	冷水冲洗	—	水
5	磷化	提高附着力及耐蚀性	薄膜型磷酸锌系
6	冷水浸洗	—	水
7	冷水冲洗	—	水
8	冷水浸洗	—	去离子水

表 32-28 涂装工艺

序号	工艺过程	涂料	方法
1	表面预处理	薄膜型磷酸锌系	—
2	电泳涂底漆	环氧水性电泳漆	直流阳极定电压电泳
3	二次冲洗	—	—
4	烘干	—	桥式远红外烘道
5	打磨	—	—
6	静电喷面漆	胺基烘漆	圆盘式静电喷漆机
7	第二次静电喷面漆	胺基烘漆	圆盘式静电喷漆机
8	补漆	胺基烘漆	手工
9	烘干	—	远红外烘道

2. 电冰箱涂装

电冰箱一般用于室内，不受日光照射和风雨的侵蚀，使用条件较好。因此，要求在室内条件下使用几十年而不生锈。还有电冰箱是贮藏食品并使之保持较低的温度，故要经常保持一种清洁感。电冰箱典型涂装工艺见表 32-29 和表 32-30。

表 32-29 电冰箱典型涂装工艺（1）

序号	工艺过程	涂料	方法
1	脱脂	—	—
2	磷化	薄膜型磷酸锌系	—

（续）

序号	工 艺 过 程	涂　　料	方　　法
3	干燥	—	70℃
4	涂底漆	环氧酯底漆	静电喷涂或手工喷涂
5	烘干	—	120℃，1h
6	涂面漆	热固性丙烯酸面漆	静电喷涂或手工喷涂
7	放置	—	5~10min
8	烘干	—	160℃，20min

表 32-30　电冰箱典型涂装工艺（2）

序号	工 艺 过 程	涂　　料	方　　法
1	脱脂	—	—
2	磷化	薄膜型磷酸锌系	—
3	干燥	—	70℃
4	喷涂粉末涂料	丙烯酸或聚酯粉末	静电喷涂
5	烘干	—	170~180℃，20min

32.1.21　农用机械和农用车涂装

1. 农用机械涂装

农用机械涂装工艺见表 32-31。

表 32-31　农用机械涂装工艺

工艺组别	大批量流水线生产方式		小批量间歇式生产方式	
	1	2	3	4
涂装表面预处理	1）脱脂除锈二合一（浸） 2）水洗（喷，温度同除锈工序） 3）中和：质量分数 5% Na_2CO_3 溶液（浸） 4）水洗（喷） 5）锌盐磷化（喷或浸） 6）水洗（喷） 7）水洗（喷） 8）滴干（或压缩空气吹）	1）预脱脂（喷） 2）脱脂（浸） 3）水洗 4）酸洗（浸，活化和除锈） 5）水洗 6）中和浸 Na_2CO_3 溶液 7）水洗 8）去离子水洗（浸-喷）	1）手工清理油污和浮锈 2）吹掉灰尘	1）手工清理油污和浮锈 2）吹掉灰尘 3）喷一道磷化底漆 4）自干 1h
涂底漆	9）阳极电泳（聚丁二烯） 10）电泳后 3~4 段冲洗 11）滴干水珠 12）烘干（160～170℃，20~30min） 13）冷却	9）浸自泳涂料（丙烯酸或偏氯乙烯） 10）水洗 11）铬酸封闭 12）滴干 13）烘干：160℃，30min 14）冷却	3）喷涂双包装环氧带锈涂料 4）自干 10~24h	5）喷一道过氯乙烯底漆 6）间隔 2h 7）再喷一道过氯乙烯底漆 8）自干 3h
涂面漆	14）湿碰湿喷两道氨基烘漆 15）晾干 8~10min 16）烘干：130~140℃，30min 17）冷却 18）检查	15）湿碰湿两道氨基烘漆 16）晾干 8~10min 17）烘干：130~140℃，30min 18）冷却 19）检查	5）喷一道醇酸面漆 6）自干 10~14h 7）再喷一道醇酸面漆 8）自干 16~24h 9）检查	9）喷 3~4 道过氯乙烯面漆，喷涂间隔 2~3h 10）检查

2. 农用车车身及零部件涂装

农用车车身及其部件涂装工艺见表 32-32。

表 32-32　农用车车身及其部件涂装工艺

工序名称	处理方式	工序内容	工艺参数		备　注
			温度/℃	时间/min	
检查	目视	检查进入涂装车间的待涂件质量;应无严重黄锈,表面平整,无焊接飞溅物	—	—	—
预擦洗	手工擦洗	手工预擦洗不易除掉的污物,如油泥、拉延油等	常温或 70	视情况定	如果待涂件表面清洁,可不设本工序
预清洗	喷	初步清洗掉表面的灰尘、重油及金属铁屑	70	2.5	—
预脱脂	喷	进一步清洗掉表面的油污	45~55	2	—
脱脂	喷	彻底清洗掉表面的油污	45~55	2	—
水洗	喷	清洗掉表面的残余脱脂液	常温	1	—
二合一	浸	去除表面上的浮锈及轻微油污	50~60	7	根据待涂件表面锈蚀程度,可不设本工序
水洗	浸	(浸入即出)清洗掉表面的残酸	常温	1	—
中和	喷	去除工件夹缝内残酸	常温	1	—
水洗	喷	清洗掉表面的残留物	常温	1	—
表调	喷	活化、调整金属基体的表面,以形成疏密均匀的磷化膜	常温	1	—
磷化处理(低温)	浸喷	使工件表面形成结晶均匀致密的银灰色或浅灰色磷化膜	35~45	4	—
水洗(浸入即出)	浸喷	清洗掉表面的残余磷化液	常温	1	—
水洗	喷	用下道工序的循环去离子水清洗	常温	1	—
循环去离子水洗	喷	用下道工序的去离子水清洗	常温	1	—
新鲜去离子水洗	喷	用新鲜去离子水清洗	常温	50s	—
吹积水		用洁净压缩空气吹净表面积水	常温	4	—
阳极电泳底漆	浸	在计量好电压及时间下,形成电泳膜	24±4	3~3.5	—
槽上水洗	喷	用 UF 液或去离子水清洗掉浮漆	常温	10s	—
一次 UF 水洗	喷	用循环 UF 液冲洗	常温	1	—
新鲜 UF 水洗	喷	用新鲜 UF 水洗冲洗	常温	1	—
循环去离子水洗	喷	用循环去离子水洗冲洗	常温	1	—
新鲜去离子水洗	喷	用新鲜去离子水冲洗	常温	1	—
晾干	—	自然晾干涂面的水滴	常温	4	—
烘干	热风对流	在 175~180℃下烘干 20min,自然冷却	175~180	25	20min 为车身保温时间
水洗	喷	清洗掉表面的残留物	常温	1	—
表调	喷	活化、调整金属基体的表面,以形成疏密均匀的磷化膜	常温	1	—
磷化处理(低温)	浸喷	使工件表面形成结晶均匀致密的银灰色或浅灰色磷化膜	35~45	4	—
水洗(浸入即出)	浸喷	清洗掉表面的残余磷化液	常温	1	—
水洗	喷	用下道工序的循环去离子水清洗	常温	1	—

（续）

工序名称	处理方式	工序内容	工艺参数		备注
			温度/℃	时间/min	
循环去离子水洗	喷	用下道工序的去离子水清洗	常温	1	—
新鲜去离子水洗	喷	用新鲜去离子水清洗	常温	50s	—
吹积水	—	用洁净压缩空气吹净表面积水	常温	4	—
阳极电泳底漆	浸	在计量好电压及时间下，形成电泳膜	24±4	3~3.5	—
槽上水洗	喷	用 UF 液或去离子水清洗掉浮漆	常温	10s	—
一次 UF 水洗	喷	用循环 UF 液冲洗	常温	1	—
新鲜 UF 水洗	喷	用新鲜 UF 水洗冲洗	常温	1	—
循环去离子水洗	喷	用循环去离子水洗冲洗	常温	1	—
新鲜去离子水洗	喷	用新鲜去离子水冲洗	常温	1	—
晾干	—	自然晾干涂面的水滴	常温	4	—
烘干	热风对流	在 175~180℃ 下烘干 20min，自然冷却	175~180	25	20min 为车身保温时间
检查	目测法	技术检查：表面质量、干燥程度、膜厚	常温	—	干燥程度用溶剂擦拭法，膜厚用测厚仪
喷涂面漆	手工	采用湿碰湿工艺喷涂面漆； 手工喷涂车身内表面；手工喷涂第一道面漆或底色漆；晾干；手工喷涂第二道面漆或底色漆	18~28	3~5	本喷涂面漆工艺适用于金属闪光和珠光色面漆，一次喷涂干面漆涂膜厚度达(40±5)μm
流平	—	使湿涂膜均匀流平	常温	8	—
烘干	热风对流	在 135~140℃ 下烘干 20min，自然冷却	140	25	20min 为车身保温时间
检查	目测有关仪器	最终检查：100% 检查涂层的外观质量、膜厚、干燥程度。合格品发往总装；不合格送往返修或小修补漆	—	—	涂层的外观质量包括光泽度、桔皮及存在的外观缺陷

3. 农用车车厢及其部件涂装

车厢的使用条件决定了其涂层属于防护装饰性涂层。目前生产企业大都采用电泳底漆，以防使用过程中夹缝淌黄锈，涂装标准一般比车身低一档。农用车车厢及其部件涂装工艺见表 32-33。

表 32-33 农用车车厢及其部件涂装工艺

工序名称	处理方式	工序内容	工艺参数		备注
			温度/℃	时间/min	
喷涂面漆	手工	采用湿碰湿工艺喷涂面漆： 手工喷涂车身内表面；手工喷涂第一道面漆或底色漆；晾干；手工喷涂第二道面漆或底色漆	18~28	3~5	本喷涂面漆工艺适用于金属闪光和珠光色面漆，一次喷涂干面漆涂膜厚度达(40±5)mm
流平	—	使湿涂膜均匀流平	常温	8	
烘干	热风对流	在 135~140℃ 下烘干 20min，自然冷却	140	25	20min 为车身保温时间
检查	目测有关仪器	最终检查：100% 检查涂层的外观质量、膜厚、干燥程度。合格品发往总装；不合格送往返修或小修补漆	—	—	涂层的外观质量包括光泽度、橘皮及存在的外观缺陷

4. 农用车车架及各种托架的防腐蚀涂层的涂装

车架、脚踏板、挡泥板及各种托架等零部件都是车下部件，经常与泥水接触，使用条件苛刻，要求涂层有较好的耐蚀性，即具有优良的耐盐雾性、耐水性和机械强度。车架、脚踏板、挡泥板及各种托架等零部件一般由热轧钢材制造而成，其表面有氧化皮及黄锈，涂装前应除去。

工艺流程：上挂→抛丸处理→清理浮尘→浸涂+流平→去余漆→烘干→检查→下挂。

32.1.22 工程机械涂装

工程机械是指起重机、塔吊、挖土机等机械，有些是由载货汽车二类底盘改装的。

1. 对工程机械涂装的基本要求

1）工程机械的驾驶室等在汽车厂按照要求的颜色涂装，涂装工艺按汽车驾驶室涂装工艺。其他组装的部件则按工程机械涂装通用技术条件进行涂装。

2）工程机械大都较大、较重，涂装多采用自干或低温干燥工艺。

3）齿轮箱体和箱盖、轴承盖的未加工内壁，以及经常浸在油中的零件的未加工表面，应涂耐油涂料。

4）多颜色涂装。具体标准应按表 32-34 所列颜色进行涂装。

表 32-34 工程机械的颜色要求

序号	机械部位名称	颜　色
1	移动式机械的底盘，固定式机械的基础架	黑色
2	操作机构的手柄、按钮、开关、手轮	醒目的颜色
3	铲斗齿、踏板、走台、铲斗、配重铁	黑色或同机身色
4	货叉、吊钩、卷筒、车轮轮网	黑色
5	指示器上表示极限位置的刻度、裸露的转动零件，例如飞轮传动带、齿轮等的轮辐、制动钢带外表面、保险装置的手把和开关、油嘴、油塞、注油器、消防设备及其放置位置	红色

5）工程机械的涂膜外观质量指标应满足表 32-35 中的规定。

表 32-35 工程机械涂膜外观质量标准

序号	项　目	检查标准		检查方法	检查频率
		外表面	内表面		
1	涂膜颜色	与涂膜样板相同		对比	逐件检查
2	涂膜厚度	>40μm	—	电磁测厚仪	每批抽查 1 件
3	脏物、油污	不得有	不得有	目测	逐件检查
4	气孔、褶皱、鼓泡	不得有	不严重		
5	流挂	不明显	不严重		
6	涂料溅落	不得有	—		
7	非涂装处沾有涂料	不得有	不严重		
8	裂缝、剥落、漏涂	不得有			
9	多种色相接处	界限应清晰	—		

注：1. 外表面包括：从外面直接看到的内外表面和频繁开启部分的内表面。

2. 脏物包括：泥砂、酸碱废液等。

2. 工程机械的涂装工艺

工程机械的涂装工艺可分为整机涂装与不涂装。

（1）整机涂装的工艺流程　其基本流程：整机调试合格后清洗→干燥（自干或烘干）→局部刮腻子、打磨→吹风、清洗→吹水、烘干→屏蔽→上线、轮胎保护→水旋喷漆室（双工位）→热风干燥（双工位）→强冷→下线→整理精饰→检查。

整机涂装生产工艺参数见表 32-36。

表 32-36　整机涂装生产工艺参数

序号	工序名称	工艺参数		工艺手段
		时间/min	温度/℃	
1	泥沙清洗、自干或烘干	20	—	试车后清洗，可自干或烘干
2	局部刮腻子、打磨	20	—	局部刮腻子，手工气动或电动打磨
3	清洗	15	—	人工
4	吹水	5	—	人工
5	水分烘干	20	60~70	液化气加热，热风循环
6	屏蔽	20	—	人工
7	上线	10	—	上线后，屏蔽轮胎
8	喷漆、流平	2×20	—	双工位，手工喷涂
9	烘干	2×20	60~70	液化气加热，热风循环
10	强冷	20	—	吹风，自动
11	下线	10	—	去屏蔽
12	整理精饰	20	—	人工

（2）整机不涂装　涂装时只需对零部件的表面涂装质量要求达到整机涂层的要求即可。

32.1.23　机床涂装

机床包括金属切削机床、锻压机械、木工机械、纺织机械、印刷机械等，其部件大多是铸铁件或铸钢件，故其涂装工艺也基本类似。

（1）机床涂装的特点　其主要内容如下：

1）由于机床规格多，外形不一，因此其涂装不能搞自动化，一般以手工操作为主。

2）机床涂装一般在机床加工完成以后，其加工面有一定的精度要求，不能加热烘烤，只能选用自干性涂料。

3）由于机床部件多为铸件，平整度较差，多用腻子来填平，因此腻子刮涂和打磨占有较大的工作量。

（2）机床涂装用涂料的选择原则　其主要内容如下：

1）选用的涂料应为自干型或双组分冷固化型涂料。

2）形成的涂膜要具有优异的防护性能，特别是耐机油、耐润滑油、耐切削液的性能。

3）选用的底漆、腻子、二道底漆、面漆及稀释剂要配套，以保证各涂层间融合性好，使底漆、腻子、面漆构成一个整体，避免层间剥落、开裂。

4）面漆要具有良好的外观装饰性能，涂膜质量应满足要求。

（3）机床涂装工艺示例　机床的涂装包括机床零部件（含薄钢板件及铸件）涂装和成品机床涂装。

1）机床零部件典型涂装工艺见表 32-37。

2）机床成品涂装工艺见表 32-38。

表 32-37 机床零部件典型涂装工艺

工序号	工序名称	工序内容	材料与工具		施工黏度(15~25℃,相对湿度70%以下,涂-4黏度计)/s		干燥时间(15~25℃,相对湿度70%以下)/h	质量要求
			材料	工具	刷	喷		
1	清理除锈	将工件表面的铁锈、毛刺、突起、飞边等彻底清理	钢丸、石英砂等	抛丸或喷砂等设备	—	—	—	1. 表面无锈迹、型砂、铁屑等 2. 表面平整,呈钢灰色
2	清洗	吹去表面的砂粒、锈尘等,并用汽油擦洗干净	工业汽油、压缩空气	—	—	—	—	1. 表面清洁 2. 无锈迹、砂粒
3	检查	按工序1~2的质量要求检查	—	—	—	—	—	—
4	涂底漆	内外表面刷(喷)涂两道底漆	过氯乙烯铁红底漆	喷枪、毛刷	25~30	18~25	0.5~1	1. 刷(喷)涂均匀,无流挂 2. 无漏涂
5	检查	按工序4质量要求检查	—	—	—	—	—	—
6	转下道工序	—	—	—	—	—	—	—
7	清洗	用汽油擦净工件内外表面的油污、铁屑等	工业汽油	毛刷	—	—	—	内外表面无油污、脏物等
8	涂覆底漆	外表面涂覆底漆	过氯乙烯铁红底漆	喷枪、毛刷	25~30	18~25	0.5~1	刷涂均匀,不得沾污已加工表面
9	填补缺陷	较大缺陷时先进行填补	聚酯腻子等	刮板铲刀	—	—	2~4	基本填平缺陷
10	刮第一道腻子	全面刮腻子,找平表面①	过氯乙烯腻子	刮板铲刀	—	—	4~6	1. 刮涂平均厚度不超过1mm 2. 铲去腻子飞刺
11	刮第二道腻子	继续全面刮涂,找平表面	过氯乙烯腻子	刮板铲刀	—	—	3~4	刮涂平均厚度不超过0.8mm
12	打磨	打磨腻子层	$1\frac{1}{2}$~$2\frac{1}{2}$号砂布	磨腻子机	—	—		表面平整
13	刮第三道腻子	用较稀腻子继续全面刮涂	过氯乙烯腻子	刮板铲刀	—	—	1~2	1. 刮涂平均厚度不超过0.3mm 2. 基本找平表面
14	打磨	磨平腻子层	$1\frac{1}{2}$~$2\frac{1}{2}$号砂布或220~240水砂纸	磨腻子机	—	—		1. 表面平整、光滑 2. 边角整齐 3. 保持工件几何形状
15	喷漆	全面喷(刷)涂1~2道二道底漆或面漆	过氯乙烯、二道底漆或面漆	喷枪		15~18	—	1. 喷漆前腻子层表面清洁、干燥 2. 喷(刷)涂均匀、无流挂、粗糙
16	内腔涂漆	刷涂1~2道内腔漆	过氯乙烯或醇酸磁漆	刷子	30~40		过氯乙烯漆2 醇酸漆24	1. 刷涂均匀,颜色一致 2. 无流挂

（续）

工序号	工序名称	工 序 内 容	材料与工具		施工黏度(15~25℃,相对湿度70%以下,涂-4黏度计)/s		干燥时间(15~25℃,相对湿度70%以下)/h	质 量 要 求
			材料	工具	刷	喷		
17	清理	清理非涂漆表面的漆皮及腻子污物	—	铲刀	—	—	—	表面清洁,外露加工面及孔内无漆皮、腻子等污物
18	检查	—	—	—	—	—	—	1. 涂膜平整、光滑、色泽均匀一致 2. 无明显道痕、划痕 3. 涂膜无流挂、无起泡
19	转装配	—	—	—	—	—	—	—

① 根据零部件不同情况，可以增加或减少刮涂次数，以刮平工件为准。

表 32-38　机床成品涂装工艺

工序号	工序名称	工 序 内 容	材料与工具		施工黏度(15~25℃,相对湿度70%以下,涂-4黏度计)/s		干燥时间(15~25℃,相对湿度70%以下)/h	质 量 要 求
			材料	工具	刷	喷		
1	清洗	用压缩空气及汽油清除和擦洗干净铁屑、油污等脏物	压缩空气、汽油、棉纱	毛刷	—	—	—	外表面无油污、铁屑等脏物
2	检查	按工序1质量要求	—	—	—	—	—	—
3	修铲涂层及补刷底漆	将碰坏处涂层修铲成一定坡度,并用砂布打磨,若有金属外露应补刷底漆	过氯乙烯底漆	铲刀 毛刷	25~30	—	0.5~1	不能漏铲、漏刷底漆
4	找补腻子	用腻子找补涂层修铲缺陷处,可分几次,以平整为原则	过氯乙烯腻子	各式刮板	—	—	2~4	1. 每次找补不宜过厚 2. 填平缺陷
5	打磨	打磨找补腻子处	2号砂布或240~280号水砂纸	—	—	—	—	磨平,并擦去浮粉
6	涂油包纸	非涂漆面脱脂、包纸或盖专用防护罩	黄油、旧报纸	专用防护罩等	—	—	—	涂漆面不得沾有黄油
7	第一次喷漆	全面喷漆1道二道底漆或面漆	过氯乙烯二道底漆或面漆	喷枪	—	15~17	0.5~1	1. 喷漆前表面应清洁和干燥 2. 喷涂应均匀,无流挂
8	找补	用腻子找补涂层缺陷处	过氯乙烯腻子	刮板	—	—	1~2	找补齐全
9	干磨或湿磨	磨平找补处	1号砂布或220~240号水砂纸	—	—	—	—	表面平整、光滑
10	第二次喷漆	全面喷涂面漆	过氯乙烯面漆	喷具	—	13~14	0.5~1	1. 喷漆前表面应清洁和干燥 2. 喷涂应均匀,无流挂

（续）

工序号	工序名称	工序内容	材料与工具		施工黏度（15~25℃，相对湿度70%以下，涂-4黏度计）/s		干燥时间（15~25℃，相对湿度70%以下）/h	质量要求
			材料	工具	刷	喷		
11	干磨或湿磨	打磨全部涂漆	1号砂布或240~280号水砂纸	—	—	—	—	表面平整、光滑
12	总喷漆	全面喷涂面漆	过氯乙烯面漆	喷枪	—	13~14	2~4	1. 喷涂应均匀，无流挂 2. 每次喷涂需待前次涂膜表干后进行 3. 每次喷涂不宜过厚
13	检查	—	—	—	—	—	—	1. 涂层平整光滑，颜色、光泽均匀一致 2. 涂膜无流挂、起泡、粗粒，无明显橘皮、道痕 3. 结合面漆层界线分明，边角线条清楚、整齐
14	清理	清理非涂漆面的涂油、包纸及漆皮	棉纱	铲刀	—	—	—	清理干净
15	内腔涂漆	刷涂内腔漆	过氯乙烯漆 醇酸磁漆	毛刷	—	25~30	过氯乙烯漆 2 醇酸磁漆 24	1. 涂刷应均匀，不得流挂 2. 颜色一致
16	标志涂漆	—	—	毛刷 毛笔	—	—	—	清晰、醒目
17	总检查	—	—	—	—	—	—	1. 按工序13检查 2. 不同颜色涂漆，不得相互沾染
18	装箱	—	—	—	—	—	—	涂漆完毕，24h以后方可装箱

32.1.24 塑料涂装

1. ABS塑料涂装

ABS塑料涂装工艺为：60℃退火处理2h（或丙酮1份、水3份，室温浸15~20min）→汽油或醇擦洗→清洗脱脂→水洗→去离子水洗→干燥→静电除尘→空气喷涂→闪干3min→空气喷涂→闪干5min→60℃强制干燥30min→冷却→检查。选用各色热塑性丙烯酸、金属底色漆、清漆等，施工黏度12s。

2. PVC塑料门窗涂装

PVC塑料门窗的涂装工艺为：清洗脱脂→水洗→去离子水洗→干燥→擦附着力促进剂→空气喷涂→闪干3min→空气喷涂→闪干5min→60℃强制干燥30min→冷却→贴膜→包装。

PVC塑料的热变形温度为55~75℃，烘干温度不宜超过80℃。擦促进剂是为了提高涂料对底材的润湿性，改善涂层结合力。

3. 手机塑料外壳涂装

手机塑料外壳都采用ABS和PC/ABS，少量使用PPO塑料。手机塑料外壳表面要求有优美的外观装饰性，并要有良好的耐磨抗划伤性，因此手机塑料由底漆和面漆构成。底漆给予其特殊的装饰效果，如闪光或珠光效果，面漆赋予其高光泽、高硬度及耐磨性。

对于双包装聚氨酯面漆的耐磨性只有 200 次，有机硅改性丙烯酸约 800 次，而光固化涂料可达 2500~3600 次。因此手机塑料适宜采用光固化清漆。

涂装工艺过程为：脱脂清洗→干燥→喷涂金属底色漆→干燥→喷涂 UV 清漆→光固化。常用的塑料涂装工艺见表 32-39。

表 32-39　常用的塑料涂装工艺

工序＼材质	ABS	热塑性聚烯烃(TPO)	SMC
1	脱脂:60℃中性清洗剂喷洗	脱脂:碱性清洗剂,60℃喷 30s	打磨:除脱模剂,300~400 号水砂纸
2	水洗(喷)	水喷洗,30s	水洗
3	水洗(喷)	水喷洗,30s	干燥
4	干燥:60℃热风	干燥:60℃热风,5min	除尘:依情况采用离子化空气
5	冷却	表调:专用表面活性剂溶液喷洒,保留 30s	喷涂:底漆和面漆
6	除尘:离子化压缩空气	马上擦干,离子化空气除尘	干燥:自干或强制干燥
7	喷涂料,空气喷涂	喷附着力促进剂,(溶剂或水性)	检查
8	干燥:60~80℃,15~30min	闪干 5~10min	—
9	冷却	喷底漆,中涂,面漆等	—
10	检查	强制干燥:60℃×30min	—
11	—	冷却	—
注	喷涂料时,应防止涂料强溶剂对材质表层产生过度溶胀,可先薄喷一道打底	底漆、中涂、面漆都喷时,每一层都应强制干燥后再喷下一层	打磨是去除脱模剂的有效办法,并可增加涂膜的附着力

32.1.25　木材涂装

木质材料有整木、胶合板、木屑板、纤维板、木纹装饰板等，这样的木制品必须采用涂装方法来进行美化和保护。木器涂饰的特点有两方面：

1）木器以涂透明涂层为主，对底材的整理要求高而复杂。

2）木材材质的不均匀性，造成涂料吸收的不一致，使表面颜色产生差异。

1. 木器涂装涂料的选用

（1）常用木制品涂料种类　主要有以下几种：

1）聚氨酯涂料，木制品常用的聚氨酯有三种，即双包装聚氨酯、潮气固化聚氨酯和聚氨酯油（后两种是单包装的）。双包装聚氨酯涂料是高档木器用的高级涂料，是木制品用得最多的涂料，人们常说的“聚酯涂料”实际上就是此类涂料。使用该种涂料形成的涂膜丰满光亮、坚硬耐磨抗划伤，耐水、耐化学性好。聚氨酯油同醇酸涂料一样，通过氧化聚合形成涂膜，涂膜硬度高而坚韧；湿固化聚氨酯则通过空气中的水汽固化成膜（涂膜硬度较低但柔韧性好），湿度越高固化越快，空气较干燥时，则长期发黏不干。单包装的湿固化聚氨酯和聚氨酯油形成的涂膜都有良好的耐磨性，主要用于地板涂料。

2）硝基纤维素涂料干燥很快，又称快干硝基纤维素涂料，表干约 15min，干透约

90min。涂膜硬，打磨性好，但丰满度差。硝基纤维素涂料用丙烯酸树脂改性可改善硝基纤维素涂料的一些性能，见表32-40，在木器上也有一定的使用。

表32-40 硝基纤维素涂料和丙烯酸硝基纤维素涂料的比较

涂料	干燥性	透明度	泛黄性	光泽	附着力	白化	价格
硝基纤维素涂料	快	—	—	—	—	—	便宜
丙烯酸硝基纤维素涂料	—	高	少	好	好	难形成	—

3）氨基醇酸涂料。该涂膜光亮丰满、硬度高、孔收缩少，早期曾用作家具的优良清漆，但催化剂加多时涂膜变脆甚至产生裂纹。

4）不饱和聚酯，为双包装涂料，多为腻子和中涂，有良好的干燥性、填充性和打磨性。

5）彩色裂纹涂料是具有美术花纹的新型高档家具涂料，表面具有浮雕状压纹效果，色彩相间；光亮度适中，涂饰工艺简单，不需要打底、抛光；干燥快，每道涂层间隔时间1h，涂面漆后2h实干。

6）油性涂料、调合漆、醇酸涂料仅限于一般木制品的涂覆，且往往是色漆，对底材进行少数几步打磨、刮腻子工序便涂饰，装饰性一般。

（2）木器涂料的选用要求　主要内容如下：

1）首先要考虑涂料的健康安全性。

2）室内木制品表面，在日常生活和工作中，经常受到擦拭摩擦和硬物划伤作用，使涂膜磨损、破坏，影响外观装饰性及使用寿命，尤其是地板涂料，应有优良的耐磨抗划伤性。

3）木材容易吸水膨胀，使木制品变形、开裂，甚至霉变腐烂，木制品表面应该有良好的涂膜隔离和保护性能。

4）木制品受热易开裂、变形，所用涂料不能烘烤，最多在60℃进行强制干燥，因而木器涂料应有很好的常温干燥性能。

5）家具、餐桌等木制品还应考虑其使用和清洁过程，即涂层要有抗污、耐热水，耐洗涤剂等特性。

2. 普通木器涂装工艺

普通木器涂饰一般采用调合漆、酚醛清漆、醇酸清漆、天然树脂漆等，对普通实用性家具进行涂饰，涂漆工艺过程如下：底材整理，腻子填补，干12h后180号砂纸干打磨→搓涂填孔（润粉）→刷涂头道虫胶漆（封闭漆），240号砂纸干打磨→刷二道虫胶漆（中涂）→矫正颜色不均匀部位（或拼色），400号砂纸干打磨→搓涂虫胶清漆→刷涂清漆（赋予光亮平整度）。

3. 中级木器涂装工艺

中级木器涂饰是指木器有一定的装饰要求，可选用硝基纤维素清漆、聚氨酯涂料、丙烯酸涂料、不饱和聚酯涂料或光固化涂料。

中级木器涂饰效果分别为木纹、亚光、高光（抛光）。其涂饰效果纹理清晰、色调均匀一致、色彩鲜明、光滑平整或光亮如镜，且涂层有很好的耐磨、防护性能。

（1）硝基纤维素清漆透明涂层涂饰工艺　其主要流程如下：木制品经底材整理以后，着色，干10h→矫正颜色不均匀部位（同上着色剂），干10h→涂封闭底漆（稀硝基清漆液，稀释剂质量分数为清漆的70%，涂布量0.08kg/m^2），干2h→润粉填孔，干12h→涂打磨底漆（透明腻子、二道漆或中涂，稀释剂质量分数为清漆的40%，涂布量0.12kg/m^2），干2h，再涂二次，干燥。

（2）聚氨酯清漆透明涂层涂饰工艺 其工艺与硝基清漆工艺相同，仅在罩光时用聚氨酯清漆刷涂3~4道，干后，湿打磨、抛光。

（3）硝基纤维素面漆涂饰工艺 其主要工序如下：涂底漆（用油性类封闭底漆按0.08kg/m^{2}涂覆，干24h）→180号砂纸打磨→刮腻子填孔，干24h→180号砂纸打磨，第三、四道工序重复进行，直到满意为止→涂两道中涂，干12h→400号水砂纸湿打磨→涂两道面漆，用400号水砂纸局部修整，再用硝基纤维素涂料修整涂饰，干24h→600~800号水砂纸湿打磨，抛光。

（4）丙烯酸清漆透明涂层涂饰工艺 在罩光时用丙烯酸清漆喷涂两道，干打磨，再喷涂两道，湿打磨，抛光。

（5）不饱和聚酯清漆透明涂层涂饰工艺 在罩光时用不饱和聚酯清漆辊涂（或刷涂），干后，湿打磨，抛光。

（6）光固化涂料透明涂层涂饰工艺 刮涂油性腻子，干打磨，填孔（油性润粉剂），刷涂虫胶清漆，干打磨，刷涂水性润粉剂，涂两道聚氨酯中涂，调整色差，干打磨，淋涂两道光固化涂料，修正。

4. 高级木器涂装工艺

高级木器是指选材讲究、造型设计优美、加工精湛的木器制品，涂饰用涂料包括硝基清漆、聚氨酯清漆、亚光漆等。

（1）硝基清漆透明涂层涂饰工艺 其主要内容如下：

1）基础着色：木制品经底材整理以后，刷涂头道虫胶清漆封闭，180号木砂纸干打磨，搓涂虫胶清漆，搓涂水性填孔剂。

2）涂层着色：刷涂第二道虫胶清漆，剥色，刷涂第三道虫胶清漆，240号木砂纸干打磨，刷涂水色，刷涂第四道虫胶清漆，刷涂第五道虫胶清漆，调整色差（或拼色），刷涂第六道虫胶清漆，240号木砂纸干打磨。

3）罩清漆：搓涂第一道硝基清漆，400号水砂纸湿打磨，搓涂第二道硝基清漆，400号水砂纸湿打磨，搓涂第三道硝基清漆，600号水砂纸局部湿打磨修整，800号水砂纸湿打磨，抛光。

（2）聚氨酯清漆透明涂层涂饰工艺 其主要内容如下：

1）基础着色：木制品经底材整理以后，刷涂头道虫胶清漆封闭，180号木砂纸干打磨，搓涂色浆。

2）涂层着色：刷涂面色，调整色差（或拼色），刷涂头道聚氨酯清漆（刷二道），240号木砂纸干打磨。

3）罩清漆：刷涂第二道聚氨酯清漆（刷二道），240号水砂纸干打磨，刷涂第三道聚氨酯清漆（刷二道），400号水砂纸湿打磨，刷涂第四道聚氨酯清漆（刷三道），600号水砂纸局部湿打磨修整，800号水砂纸湿打磨，抛光。

（3）亚光漆涂层涂饰工艺 其主要内容如下：

1）基础着色：木制品经底材整理以后，刷涂头道虫胶清漆封闭，180号木砂纸干打磨，搓涂色浆。

2）涂层着色：刷涂面色，调整色差（或拼色），刷涂头道聚氨酯清漆（刷二道），240号木砂纸干打磨。

3）罩清漆：刷涂第二道聚氨酯清漆（刷二道），240号水砂纸干打磨，刷涂第三道聚氨酯清漆（刷二道），400号水砂纸湿打磨，刷涂第四道聚氨酯清漆（刷三道），400号水砂纸湿打磨，喷涂亚光漆，600~800号水砂纸修整。

5. 仿木纹涂装工艺

仿绘方法有笔刷仿绘法、印刷法、染色法、喷涂仿绘法；仿绘的纹理有水曲柳木纹、樟木纹、黑胡桃木纹、黄花梨木纹、核桃木纹、柚木纹及大理石纹、彩石花纹、锤纹、电木纹等。

仿木纹涂饰工艺过程如下：

1）基础着色：木制品打磨整理，刮涂头道腻子，180号木砂纸干打磨，刮涂二道腻子，干打磨，刷涂底漆，干打磨，刷涂底漆，干打磨，搓涂清漆。

2）涂层着色：涂绘花纹，刷涂清漆，调整色差，干打磨。

3）罩清漆：涂二道清漆，400号水砂纸湿打磨，刷涂二道清漆，600号水砂纸修整、抛光。

32.1.26 美术涂装

美术涂饰是以油和油性涂料为材料，运用喷花、滚花、涂饰及拉毛等手法，把图案彩绘在室内墙面、顶棚等处，作为室内装饰的一种形式。美术涂饰一般采用专门涂料、专用工具、特殊的施工工艺方法和熟练的涂饰技巧，对物品表面进行艺术感加工。通过这种简单的艺术加工还可以掩盖物体表面的某些缺陷。

1. 划线

划线分为划油线和划粉线两种，其划线方法基本相同。划线工具有粉线袋、划线刷和两端垫有5mm厚橡皮垫的直尺。

2. 写字描字

通常采用自干型涂料在被涂物表面写字描字。

3. 喷花

喷花是涂装工程中进行花纹图案涂饰的一种方法，需要用套板完成涂饰。常用的套板有纸套板、丝绢套板和铁皮套板。喷花时用喷漆枪来完成施涂，速度快、工效高、花纹图案形象端正、颜色一致。

4. 滚花

滚花涂饰是使用刻有花纹图案的橡胶辊在刷好涂料的墙面上进行滚印图案。滚花涂饰不但经济实用、施工方便，而且美观大方，常用于大平面的涂饰美化，在木质材料和金属材料方面有部分应用（金属滚花多采用机械辊涂），在室内建筑面装饰上经常使用手工滚花工艺。

5. 仿木纹

仿木纹的制作工序分画轮纹和画条纹两个步骤。

画轮纹有两种方法：一种是把它均匀刷涂在要画木纹的部位，刷后立即用橡皮等画线纹；另一种是直接用毛笔（或扁头毛笔）蘸色浆勾画出轮纹，随即用鬃刷扫毛纹。

画条纹也叫拉条，就是画轮纹旁边的条纹木纹。一种方法是可用自制的锯齿形橡胶板画条纹；另一种方法是用经过加工的排笔拉条纹，将排笔用绳子或布条捆扎成小豁口状画条纹。

6. 电木花纹

电木花纹是由涂料中的肥皂泡沫被胶皮边板压印形成的。

7. 仿石纹

石纹可分两种：一种是消色的，黑、白、灰色交错成纹；一种是彩色的，可选用各种色彩交错成纹。仿石纹的制作需在平整光滑的表面上进行。

8. 浮漆花纹

浮漆花纹的涂装工艺见表 32-41。

表 32-41　浮漆花纹的涂装工艺

序号	操作内容及注意事项
1	先将所涂底材按照涂装工艺打底磨平，并涂饰白色漆，做到表面色泽洁白，平整光滑（根据需要，也可涂装其他颜色）
2	将盛水容器放满水，用木棍搅动，以水轻微转动为宜
3	将所选各种颜色涂料加溶剂调稀，徐徐滴入盛水容器中，漆液的黏度以滴在水面后立即散开为准，待漆液散开时，选择纹形，可用嘴吹风促使纹形自然，吹风后如还不理想，可用搅拌片在侧面轻轻搅动
4	当花纹满意时，将物件的被涂面水平地从水面上轻轻浸入水中，并将水面漂浮的余漆吹至旁边，或用废纸除尽，随即将被涂物体取出，浮漆花纹在物件表面形成
5	待花纹干燥完全后，涂罩光清漆 1~2 道

9. 粘绒

粘绒涂装是将彩色短纤维或经过染色的木屑撒布黏附于物体表面，形成美丽的绒面。粘绒涂装工艺见表 32-42。

表 32-42　粘绒涂装工艺

序号	操作内容及注意事项
1	按照涂料涂装工艺对物面进行处理，批嵌腻子，并涂上与纤维颜色相同的色漆一道
2	待涂膜干燥后用 0 号砂纸轻轻打磨，并擦净、干燥
3	在与第一道相同的色漆中加入适量清漆，以增加粘结力，搅匀后涂刷。该道涂膜应涂刷得厚一些，以增加粘性
4	在涂膜粘性增大而未干燥时，粘敷纤维绒或木屑。粘敷方法有： ①用专用喷敷机将纤维绒或木屑喷撒在未干的涂膜表面 ②将纤维绒或木屑用手撒在未干的涂膜表面，再用新鬃刷整理均匀，使其粘着力良好 ③小型制品可放在纤维粉内进行滚粘
5	等涂膜干燥后用毛刷掸去浮在表面未粘着的纤维或木屑

10. 凹影花纹

凹影花纹是指通过硝基稀释剂溶解涂膜，使得涂膜中金属颜料产生物理扩散作用而形成的。凹影花纹的涂装工艺见表 32-43。

表 32-43　凹影花纹的涂装工艺

序号	工序	操作内容及注意事项
1	涂装底漆	根据面漆颜色及所需涂装效果，选择底漆的颜色，对被涂物面进行打底涂装，以保证涂层的平整、对底材的附着力以及良好的遮盖能力等性能。由于面漆采用硝基漆，底漆必须与硝基漆有良好的配套性

（续）

序号	工序	操作内容及注意事项
2	配金属漆	采用硝基透明清漆5份(或硝基清漆加适当硝基色漆调配颜色),加金属颜料(铜粉或铝粉)1份混合后充分搅拌均匀
3	涂装金属漆	按硝基漆工艺规程和操作技术条件,在物面上喷涂需要颜色的金属漆,连喷2~3道,使其遮盖性良好
4	成纹	将喷涂金属漆的物面平放,在金属漆未干前立即用竹竿帚或炊帚蘸X—1稀释剂洒在未干的涂膜上,形成许多均匀的小点。由于金属漆面上稀释剂溶解部分涂膜而形成无数的凹影闪烁的花纹
5	罩光	凹影花纹涂层干燥后,用细水磨砂纸轻轻打磨,用清洁布擦净,干燥后喷涂1~2道硝基清漆进行罩光

11. 桔皮漆

桔皮漆的涂装工艺见表32-44。

表32-44　桔皮漆的涂装工艺

序号	工序	操作内容及注意事项
1	表面处理	采用金属制品表面处理工艺
2	涂底漆	喷涂底漆一道。底漆可采用铁红醇酸底漆或环氧底漆等
3	打磨	待底漆干燥后,用砂纸轻轻打磨,去除表面颗粒等杂质,并擦净
4	预热	将工件置于60℃烘箱中预热半小时左右
5	涂桔皮漆	将预热的工件从烘箱中取出,趁热喷上一道已调整好黏度的桔皮漆,用量控制在100~140g/m² 如果一道达不到要求可分为两次涂装,第一次喷薄一点,静置20min等溶剂挥发后,再喷涂第二道 喷涂时,一定要做到涂膜均匀,因为涂膜的厚度对桔皮的形成影响较大,喷得厚,桔皮大,喷得薄,桔皮小,太厚会造成流挂,太薄难以形成桔皮 必须使用同一黏度的桔皮漆喷涂同一工件,否则会造成花纹不均匀
6	干燥	工件喷好后放置20min左右,使涂膜流平,待大部分溶剂挥发后,进入烘房烘烤。烘烤温度保持在90~110℃,烘烤时间为2~3h。一般情况下,深色漆烘烤温度高,时间短,浅色漆为防止过度泛黄,烘烤温度应低,时间相应延长

12. 橘型漆的涂装工艺

以氨基橘型烘漆为例，其涂装工艺见表32-45。

表32-45　氨基橘型烘漆涂装工艺

序号	工序	操作内容及注意事项
1	表面处理	按照金属表面处理要求进行
2	涂底漆	喷涂底漆1~2道(选择使用与氨基漆相配套的底漆品种)
3	涂头道橘型漆	将橘型漆稀释到正常的氨基漆喷涂黏度(涂-4杯20s左右),均匀地喷涂第一道
4	烘干	120℃烘干30min左右。冷却后准备喷第二道橘型漆
5	涂第二道橘型漆	根据所需橘型的花纹大小,选择适合的喷嘴,大花使用大口径喷嘴。调节控制好漆液的黏度,黏度要求达到涂-4杯35s以上。根据喷嘴大小和所需花纹大小,试喷确定最佳涂装黏度(大口径喷嘴黏度宜稍大,小口径喷嘴黏度应低一些),气压控制在0.15~0.2MPa,均匀地喷洒出橘型花纹
6	干燥	喷涂完毕,待溶剂挥发15min左右,放入120℃的烘箱中烘干45~60min

13. 锤纹漆

锤纹漆是常用的一种美术漆，它在被涂装的物体表面形成一层具有似铁锤敲打铁片所留下的锤纹花样的涂膜。常用的锤纹漆品种有氨基锤纹漆、硝基锤纹漆、过氯乙烯锤纹漆、丙烯酸聚氨酯锤纹漆、丙烯酸醇酸锤纹漆等。其中氨基锤纹漆必须通过烘烤干燥，其他几个品种均为自干型。

14. 裂纹漆

裂纹漆的品种主要有 Q15-31 各色硝基裂纹漆，其涂饰方法与一般硝基漆的涂饰方法基本相同，施工中应采用喷涂。以硝基裂纹漆为例，其涂装工艺见表 32-46。

表 32-46　硝基裂纹漆的涂装工艺

序号	工序	操作内容及注意事项
1	表面处理	按相关材料表面处理工艺执行，至平整光滑
2	涂底漆	喷涂底漆一道（选用与硝基漆配套的底漆品种）
3	涂底色漆	底漆干透后再喷一道硝基磁漆作为底色，其颜色根据与裂纹漆颜色配套性而选定，但如果使用铝粉或铜粉硝基漆作底色漆，则不易产生裂纹
4	干燥、打磨	底色干透后，用水砂纸轻轻打磨平滑，用干净的细布擦净。如底色漆未干透就涂装裂纹漆，会造成裂纹不均匀
5	裂纹漆	将裂纹漆搅匀，用硝基漆稀释剂调稀至施工黏度，过滤。用扁嘴喷枪进行喷涂，喷涂时气压控制在 0.3~0.4MPa。喷涂的涂膜厚度要做到均匀一致，只能喷涂一道，并应一枪成功，不得回枪或补枪。如果喷涂的涂膜厚薄不匀或回枪、补枪，都会造成裂纹大小不均匀的缺陷。裂纹漆喷得厚，裂纹粗大；喷得薄，裂纹细小；喷得过薄，则不会出现裂纹
6	干燥成纹	裂纹漆喷上后干燥 20min 左右，由于涂膜的收缩作用而自行开裂。在裂纹下面，露出了底色漆的颜色。如果裂纹漆与底色漆配合得协调，则可以得到美丽的花纹和色彩
7	涂罩光漆	因裂纹漆中着色颜料和体质颜料的含量较高，涂膜粉性大、附着力差，容易脱落。为了使裂纹漆坚固耐久，更加光亮美观，在裂纹漆干透后，用水砂纸蘸水打磨平滑，清洗后晾干，喷涂 2~3 道硝基清漆罩光

15. 闪光漆

闪光漆涂装工艺见表 32-47。

表 32-47　闪光漆涂装工艺

序号	工序	操作内容及要点
1	表面处理	根据被涂物材质进行相应的表面处理
2	涂底漆	按底色漆和面漆品种选择相应的配套底漆。例如，木器涂装通常使用封固底漆或者不涂底漆直接刮腻子
3	刮腻子打磨	根据工件表面平整情况和对涂装质量的要求，进行局部嵌补腻子以填补缝隙、孔洞和明显凹陷处，或进行大面整批，增加涂装物面的平整性。腻子干燥后打磨平整
4	喷涂底色漆	根据面漆品种和颜色，以及最终所需涂装效果的颜色选择使用底色漆品种和颜色。一般喷涂底色漆 1~2 道
5	喷涂闪光面漆	喷涂闪光面漆 1~2 道。喷枪口径宜选用 1.5~2.0mm，空气压缩机的压力控制在 0.3~0.5MPa。家具闪光漆一般喷涂一道，涂层干膜厚在 30μm 左右，如涂层太薄，可在涂膜表干后加喷一道。汽车金属闪光漆应采用多道喷涂，空气压力宜大，出漆量宜小。每道涂膜表干后，接着喷涂下一道。每道涂膜干膜厚 8~12μm
6	涂罩光清漆	为增强闪光漆装饰效果，可在闪光面漆干燥后，涂 1~2 道罩光清漆

32.1.27　长效耐蚀涂装

1. 长效耐腐蚀涂层的构成

长效耐腐蚀涂层由高性能的底漆、厚中涂及面漆构成复合涂层。

1）底漆采用富锌涂料，给予阴极保护作用。

2）中涂采用厚浆型涂料、云母氧化铁或玻璃鳞片涂料，给予良好的屏蔽性。

3）面漆采用耐水、耐化学性和耐候性优良的高固体分涂料。

长效耐腐蚀涂层的总厚度在 250μm 以上，最高达 2mm，在恶劣环境气氛中，使用寿命至少在20~30年，超长效耐腐蚀涂层要求达到50~100年。

2. 长效耐腐蚀涂料的种类

长效耐腐蚀涂料按施工顺序有富锌底漆、厚涂型中涂和耐候性面漆。

（1）富锌底漆　富锌底漆由大量的微细锌粉和少量基料配制而成。其基本原理是形成涂膜后，锌粉之间保持彼此接触而有导电性，在涂层破损时，靠阴极保护作用使“裸露”的基材表面免遭腐蚀。且由于在80%时，涂膜的致密性与导电性得到了很好的平衡，涂膜的屏蔽性与阴极保护作用都能发挥，赋予了最好的缓蚀性。

富锌底漆按基料分有机和无机两大类。

1）有机富锌涂料多采用环氧树脂作为基料，施工容易，对表面处理等级要求不太高，涂膜机械性能好，但耐溶剂、耐候性差，阴极保护的持续时间较短。

2）无机富锌现多用硅溶胶作为基料，形成的涂膜耐热、耐溶剂及耐候性良好，阴极保护作用持续时间长，防护性能优异。

（2）厚涂型中涂　厚涂涂料有良好的底面结合力、良好的物理性能和防护性能。其每一道涂膜厚度都在100μm以上，用作中涂，也作为二道底漆使用，封闭富锌底漆涂膜。

中途还应具有良好的耐碱性能。适宜的品种有乙烯基厚涂涂料、氯化橡胶厚涂涂料、聚氨酯厚涂涂料、环氧厚涂涂料、云母氧化铁厚涂涂料及玻璃鳞片厚涂涂料。

1）乙烯基树脂厚涂涂料也是单包装涂料，使用方便，但膜厚不超过60μm。

2）氯化橡胶厚涂涂料为单包装涂料，靠溶剂挥发成膜，一道膜厚可达70~100μm，表干30min，6h后可重涂，并有很好的层间结合力，与富锌底漆、环氧、酚醛涂膜的结合力良好，因此重涂性和配套性良好。

3）厚涂型聚氨酯或无溶剂聚氨酯涂料的A组分用低黏度的多异氰酸酯作固化剂，B组分为多元醇类物质或树脂，低温固化性比环氧树脂涂料好，其他性能与环氧树脂相当。

4）厚涂型环氧树脂涂料为无溶剂涂料，选用低分子量、低黏度的环氧树脂，用胺类固化剂、增塑剂、活性稀释剂、助剂配制而成，一道涂膜厚200μm以上。

5）玻璃鳞片厚涂涂料能有效地提高屏蔽性能，赋予涂膜良好的机械性能和耐磨性，厚度可达0.5~2mm，能作超长效耐腐蚀涂料使用。

（3）面漆　腐蚀防护涂层的面漆除了要有良好的耐候性外，还应有抗周围腐蚀介质的作用。

面漆的总厚度约60μm，普通面漆需多次涂覆，长效面漆下面应增涂一道底面漆，使总厚度达到50~60μm。

对于长效装饰性面层涂料，常常采用的方法是用有机硅改性聚氨酯或丙烯酸和常温固化氟涂料。

3. 长效防腐蚀涂料的施工

长效防腐蚀涂料的施工要注意涂料配套选择、底材表面处理、涂装环境条件、涂装间隔时间等几方面，其工艺的制定和实施可参照国际标准ISO 12944。

长效耐腐蚀涂层现场施工时，要避免在过低环境温度和过高湿度中进行。环氧涂料不宜在10℃以下施工，否则干燥太慢；聚氨酯在2℃以上时都有适宜的干燥性，相对湿度都不得超过85%。

各类长效耐腐蚀涂层体系的特征及适用场合见表32-48。

表 32-48　各类长效耐腐蚀涂层体系的特征及适用场合

涂装工艺						耐候性	腐蚀防护	耐热性	耐水性	耐酸性	耐碱性	耐溶剂性	干燥性	厚膜成膜性	施工性	成本	附着力与层间结合力	预期耐用年限/年	适用场合
预涂底漆	厚浆富锌	厚浆型底漆	环氧MIO	二道面漆或二道浆	面漆														
无机富锌(20μm)	无机富锌(72μm)	氯化橡胶200μm④	—	氯化橡胶(30μm)	氯化橡胶(30μm)	○	○	×	□	○	○	×	◎	△	◎	○	◎	8~12	①
无机富锌(20μm)	无机富锌(75μm)	—	—	厚浆乙烯(200μm)	丙烯酸(25μm)	○	◎	×	○	○	○	×	◎	○	◎	△	○	10	①
无机富锌(20μm)	无机富锌(75μm)	环氧(100μm)	—	环氧(30μm)	环氧(30μm)	△	◎	△	◎	○	◎	○	□	◎	△	×	△	10	②
环氧富锌(20μm)	环氧富锌(100μm)	环氧(100μm)	—	环氧(30μm)	聚氨酯(30μm)	◎	◎	○	◎	○	□	○	□	○	×	×	△	15	②
无机富锌(20μm)	无机富锌(75μm)	环氧×2(200μm)	—	环氧(30μm)	聚氨酯(30μm)	◎	◎	○	◎	○	□	○	□	○	×	×	△	15	②
无机富锌(20μm)	无机富锌(75μm)	环氧×2(200μm)	—	环氧(30μm)	氟树脂(25μm)	◎	◎	○	◎	◎	◎	○	○	○	×	×	△	15~20	②
无机富锌(20μm)	无机富锌(75μm)	环氧(60μm)	环氧 MIO(30μm)	环氧(30μm)	聚氨酯(30μm)	◎	◎	○	◎	○	□	○	□	○	×	×	◎	10~15	②
无机富锌(20μm)	无机富锌(75μm)	环氧沥青25μm④	—	—	—	—	◎	△	◎	◎	◎	○	□	◎	△	×	△	25	③
无机富锌(20μm)	无机富锌(75μm)	环氧×2(200μm)	环氧(30μm)	—	硅丙烯酸(25μm)	◎	◎	○	◎	○	○	○	○	○	×	×	△	15	②

注：◎（优）→□→○→△→×（劣）。

① 严重腐蚀环境中的桥梁。

② 海上大桥、钻井平台等海上设施。

③ 箱式梁内表、槽罐内表、地下设施。

④ 涂二道。

工业环境的长效耐腐蚀涂层见表 32-49。

表 32-49　工业环境的长效耐腐蚀涂层

涂装工序	实例					
	1	2	3	4	5	6
底漆(厚度/μm)	702 环氧富锌涂料(80)	707 环氧富锌涂料(70)	707 环氧富锌涂料(80)	喷镀锌(200)	702 环氧富锌涂料(20)	1891 聚氨酯底漆(80)
中涂(厚度/μm)	842 环氧 MIO 两道(100)	842 环氧 MIO 两道(80)	—	842 环氧 MIO 两道(80)	842 环氧 MIO 两道(80)	—
面漆(厚度/μm)	环氧聚酰胺面漆(120)	厚涂型氯化橡胶(70)	聚氨酯面漆(100)	聚氨酯面漆(60)	脂肪族聚氨酯面漆(80)	1892 聚氨酯面漆(100)
涂层总厚度/μm	300	220	180	340	180	180
重涂年限/年	10	5~8	5~8	5~10	—	3~5
应用场所	秦皇岛煤码头	电厂和油田钢结构	核电站核岛内壁	上海电视台发射塔	车辆厂	化工厂油罐

32.2　涂装专用环境设备

涂装作业中涂料和溶剂雾化后形成的二相悬浮物逸散到周围空气中，膜形成过程中溶剂气化蒸发到周围空气中，污染了周围空气，不仅危害操作者的身体健康，而且有引发火灾、爆炸的危险，也会降低漆膜质量。

喷漆室是为涂装作业提供专用环境的设备，其作用是：

1）在喷漆室中制造的人工环境，能够满足涂装作业对环境的温度、湿度、照度、洁净度等各因素的需求。

2）能保护操作者的安全卫生。

3）能治理涂装作业的废物排放，保护环境免遭污染。

32.2.1 喷涂室的分类和形式

1. 按涂装作业的生产性质分类

按涂装作业的生产性质可分为间歇式生产和连续式生产两大类。

（1）间歇式生产　间歇式生产的喷涂室其形式按工件放置方式有台式、悬挂式、台移动式三类。该种形式的喷涂室多用于单件或小批量工件的涂装作业，也可用多台集中于生产线旁进行小工件的大批量涂装作业。

（2）连续式生产　连续式生产的喷涂室一般为通过式，由悬挂输送机、电轨小车、地面输送机等运输机械运送工件，连续式生产的喷涂室可与涂漆前预处理设备、涂膜干燥设备、运输机械等共同组成涂装生产线、自动线。常用于大批量工作的涂装作业。

2. 按喷涂室内气流方向和抽风方式分类

按喷涂室内气流方向和抽风方式，又可分为横向抽风、纵向抽风、底部抽风和上送下抽四种，室内气流方向在水平面内与工件移动方向垂直称横向抽风，与工件移动方向平行称纵向抽风。室内气流方向在重垂面内与工件移动方向垂直称底部抽风和上送下抽风。

3. 按对污染物的处理方式

按对污染物的处理方式可分为干式和湿式两大类。

1）干式为直接捕集，直接用过滤材料或设备将漆雾收集再处理，没有二次污染，风压低，风量小，运行能耗低，但需加强防火措施。

2）湿式为间接捕集，通过液体去捕捉漆雾，再对含漆雾的废液进行处理。该种喷涂室捕集漆雾效率高、安全、干净但运行能耗高，含漆雾的水需设置专用废水处理装置。湿式喷涂室广泛使用在各种喷涂作业中。一般生产线上的喷涂室基本采用这种方式。

喷涂室的分类、工件输送方式、特点及使用范围见表32-50。

表32-50　喷涂室的分类、工件输送方式、特点及使用范围

名称	示意图	运输工具	特点	使用范围	
				工作性质	工件特征
台式		转盘	横向抽风，采用干式或水帘等方式处理漆雾	间歇	各种形状的小型工件
悬挂式	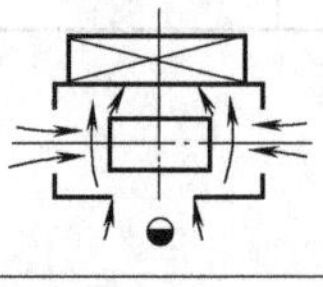	单轨、挂勾	横向抽风，采用干式或水帘等方式处理漆雾	间歇	各种形状的小型、中型工件
台移动式	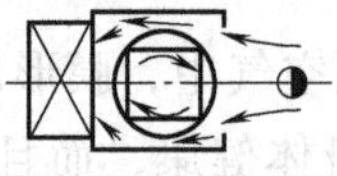	带工作台小车	横向抽风，采用干式、水帘式或其他方式处理漆雾	间歇	各种形状的小型、中型工件

（续）

名称	示　意　图	运输工具	特　　点	使用范围	
				工作性质	工件特征
敞开式		台车	底部抽风或上送下抽风，采用水洗式处理漆雾	间歇	大型工件，单件或小批生产
移动式		工件不动	喷漆室移动，单面或双面喷漆，纵向抽风	间歇	形状简单的大型重型工件，单件或小批生产
干式	—	多种形式	横向抽风，干式过滤器	间歇	喷漆量较小的各种工件，单件或小批生产
水帘式	—	悬挂输送机等	横向抽风，采用水帘式处理漆雾	连续	小型或部分中型工件成批生产
文式	—	悬挂输送机等	上送下抽风式，采用文丘里原理处理漆雾，室内空气可调	连续	复杂外形的大型工件成批流水生产
水洗式		悬挂输送机等	上部送风或横向抽风，采用喷水处理漆雾，工件连续移动	连续	各种外形的中、小型工件，成批生产
水旋式		地面输送机	上送下抽风式，采用水旋器漆雾，室内空气可调	连续	复杂外形的大型工件，漆膜质量要求高的工件，成批生产

注：本表所列为主要类型，由于送风方式，运输工具和漆雾处理方式不同组合而形成的各种派生类型，不在本表范围。实际应用中应根据实际情况选择。

32.2.2　喷涂室的特征

1. 干式喷涂室

干式喷涂室由室体、排风装置和漆雾处理装置组成，其原理如图 32-56 所示。

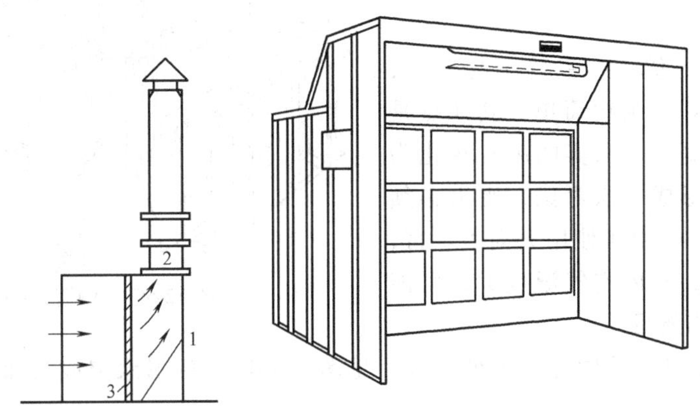

图 32-56　干式喷涂室的原理

1—室体　2—排风装置　3—漆雾处理装置

1）室体一般是钢结构件，常在其中使用混凝土来构筑过滤器的框架和排风管道。一般喷漆室的地板与车间地面平齐。

2）排风装置是由排风机和风管组成。排风机的风量大小直接影响着漆雾室内气流的方向和速度。通过排风装置把经过处理得到的清洁空气排到环境中。

3）漆雾处理装置是装在排风装置之前通过减慢流速和增加漆雾粒与折流板或过滤材料的接触机会来收集漆雾以去除空气中漆雾的装置。在使用过程中，当通风量过大或由于过滤器逐渐被漆雾堵塞而影响排风效果时，可通过调节阀调节风量，若调节无效，应更换过滤器。

常见的干式喷涂室有以下几种：

1）折流板式喷涂室。折流板式喷涂室结构如图 32-57 所示，→为空气流动方向。

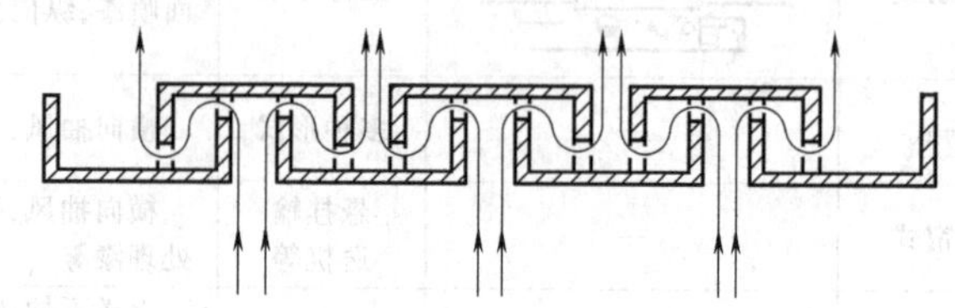

图 32-57　折流板式喷涂室结构

2）过滤网式喷涂室。即把过滤材料设置在排气孔前，利用过滤材料收集空气中的器物的装置。

3）蜂窝过滤式喷涂室。蜂窝过滤式喷漆室是一种新型的干式喷漆室，其漆雾处理装置是蜂窝形纸质漆雾过滤器，如图 32-58 所示。

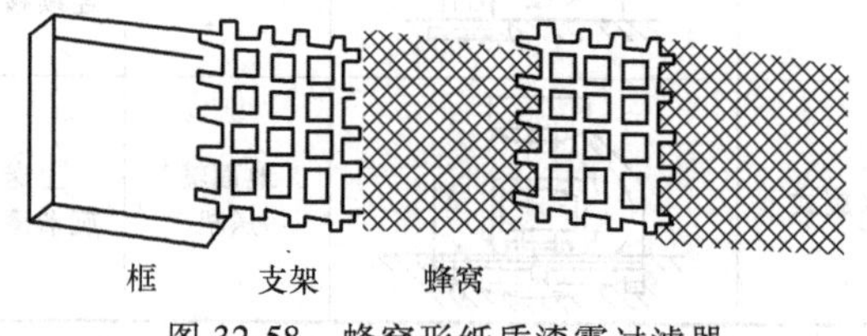

图 32-58　蜂窝形纸质漆雾过滤器

4）多层纸帘过滤式喷涂室。多层纸帘过滤式喷漆室是一种新型干式喷漆室，其漆雾处理装置使用的是多层帘式纸质过滤材料，且每层滤纸的开孔大小不一，上一层网孔与下一层网孔交错排列。

5）Ω 喷漆室。Ω 喷漆室是一种特殊的干式喷漆室。这种喷漆室是专供圆盘式静电装置用的，其示意图如图 32-59 所示。

2. 湿式喷涂室

1）水帘式喷涂室，该种喷涂室是利用流动的帘状水层来收集并带走漆雾，其原理如图 32-60 所示。

水帘喷涂室的优点：室壁不易污染，处理漆雾效果较好，结构简单。其缺点是安装水平要求较高，含漆雾的废气转化为含漆雾的废水，形成二次污染，废水必须进行再处理，另外，由于使用大面积水帘，水的蒸发面积大，室内空气湿度大，可能影响喷涂层的装饰质量。

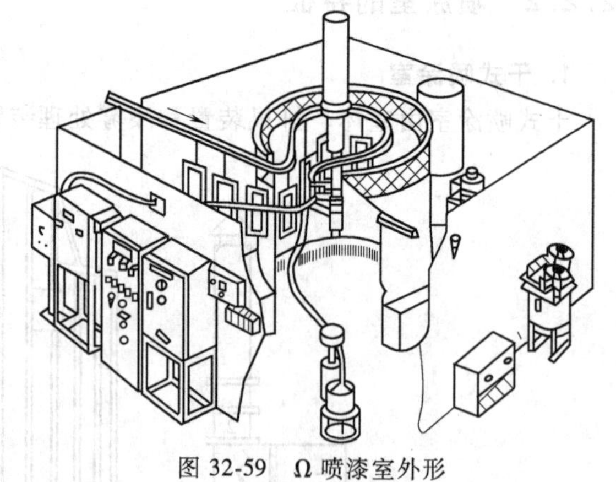

图 32-59　Ω 喷漆室外形

水帘处理漆雾的形式常常是多级水帘（见图 32-61）、蜗形水帘或与如水洗等其他形式的组合。

2）水洗式喷涂室，该种喷涂室是通过水泵—喷嘴将水雾化喷向含漆雾的空气，利用水粒子的扩散，水粒子与漆粒子的相互碰撞，相互凝聚将漆雾收集到水中，然后对水进行再处

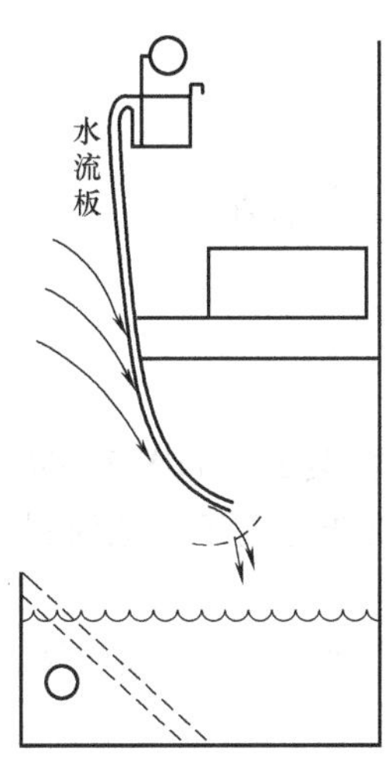

图 32-60　水帘式喷涂室

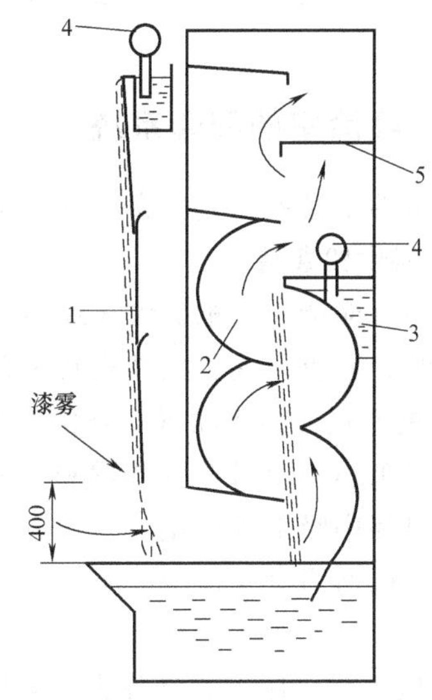

图 32-61　多级水帘过滤器的结构
1—水帘板　2—漆雾冲洗槽　3—溢流水槽
4—供水管　5—挡水板

理的装置，如图 32-62 所示。

新式喷涂室多为组合式，其组合方式大致分为三种：①多级水帘或多级水洗式喷涂室；②水帘、水洗多级组合式喷涂室；③水帘、水洗加上曲形风道式喷涂室。

3）水旋式喷涂室，该种喷涂室是在地面上采用层流技术从上向下送风防止漆雾扩散，将漆雾压向中间从下抽走，在地面下通过水旋器除去漆雾的装置，使得其效率大大提高，而且结构简单（见图 32-63），用水量较小。

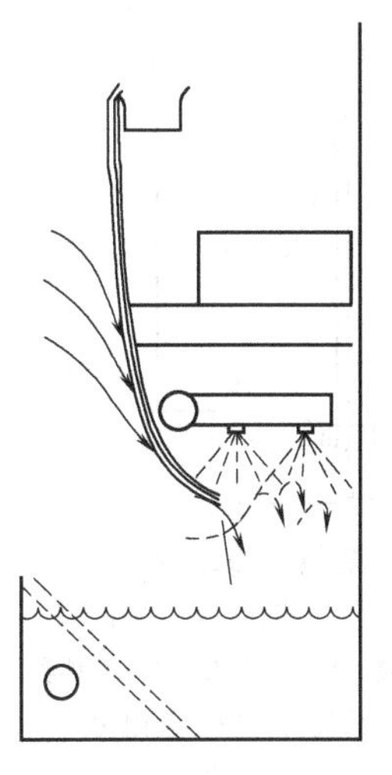

图 32-62　水洗式喷涂室

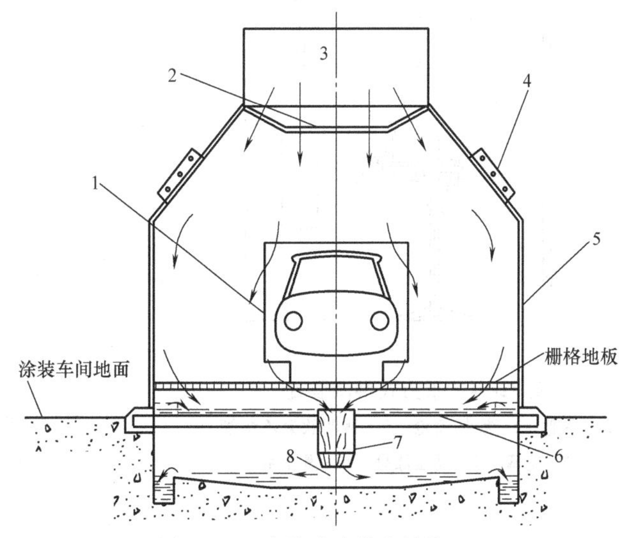

图 32-63　水旋式喷涂室结构
1—仿形端板　2—空气过滤分散顶板　3—静压室　4—照明装置
5—玻璃壁板　6—溢水底板　7—水旋器　8—挡板

水旋式喷涂室大体可分为五部分：室体、送风系统、漆雾过滤装置、抽风系统和废漆处理装置。

32.2.3 喷涂室的配套系统

喷涂室的配套系统包括涂料供给装置，供风、排风及温度控制等装置。

1. 涂料供给装置

供漆装置应能向喷枪提供连续均匀、稳定可调的液流。

供漆装置有重力式、虹吸式及压力式三种。

（1）重力式　即将漆置于高位，利用重力向低处的喷枪供漆的装置，如图 32-64 所示。

（2）虹吸式　其原理是靠喷枪内高速流动的空气流在喷嘴处产生负压，把涂料从位于下方的涂料杯中吸出且雾化。

这种喷枪所需设备很少，所以需要的投入较少，通过更换涂料杯可以方便地更换涂料颜色及品种。

（3）压力式　压力式又分为涂装增压箱与集中输调漆系统。

1）涂装增压箱。涂装增压箱是一种带盖密封的圆柱形容器。其原理是将涂料存装在容器内，通过增高和调节容器内的气压，将涂料压送到喷枪，在盖上安有减压器、压力表、安全阀、搅拌器和加漆孔等装置，如图 32-65 所示。

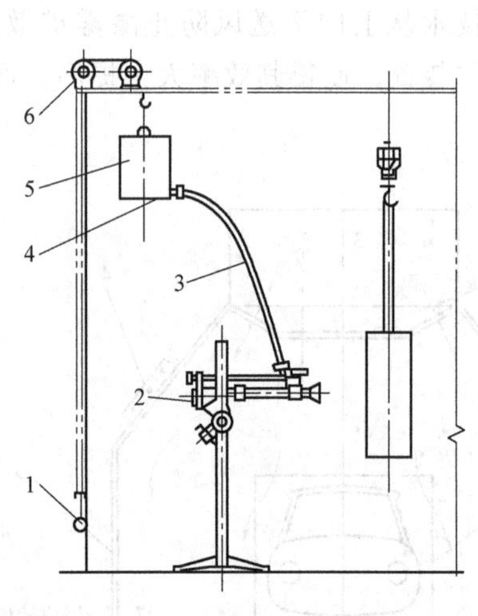

图 32-64　重力式供漆装置

1—手把　2—旋杯喷枪　3—透明软聚乙烯管　4—旋塞　5—高位漆桶　6—滑轮组

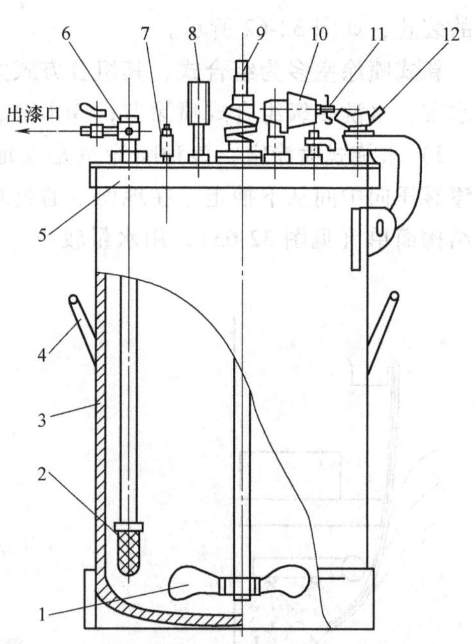

图 32-65　涂装增压箱结构

1—搅拌叶片　2—过滤网　3—罐体　4—拉手　5—盖　6—涂装间　7—安全阀　8—压力表　9—搅拌器　10—调压器　11—放气阀　12—紧固钩

采用涂装增压箱供应涂料的缺点：在补充涂料时要停喷，在现场加涂料易混入异物，易弄脏现场，有损现场的卫生和安全。

2）集中输调漆系统。集中输调漆系统就是通过压力泵将涂料从调漆室通过密封管道循环压送到工场内的多个操作工位喷涂工件的装置。

集中输调漆系统包括调漆间、调漆装置、控温装置、循环管路等部分。

集中输调漆系统的优点：

1）对涂料的黏度、颜色和温度的均一性能进行较好的控制。

2）由于整套系统内的涂料除调漆外，呈密闭状态运行，避免了外来杂物进入涂料内而影响产品质量。

3）由于系统的不断循环，减少了涂料在输漆管内沉淀，能保证涂料供给的连续性。

4）最大限度地减少现场火灾危险性。

5）对改善现场环境、安全生产、减少车间内运输等都有益。

2. 供风、排风装置

喷涂室按有无供风系统可分为无供风型喷涂室（即敞开式）和供风型喷涂室两种形式。

1）无供风型喷涂室是直接从车间内抽风，无独立的供风系统，适用于一般涂装。

2）供风型喷涂室装备有独立的供风系统，一般从喷涂室的顶部或上侧面向喷涂室内供给净化过的空调风，使喷涂室具有单独的供排风体系，不干扰涂装车间内的换气、采暖体系，适用于装饰性涂装。

喷涂室的通风装置可分为普通通风装置和带送风的通风装置两种形式。

1）普通通风装置用在不带送风装置的喷涂室中，一般由气水分离器、通风机、风管等组成。

气水分流器设置在通风装置的吸口处，用于防止清洗漆雾的水滴吸入通风管道，有挡板式和折流板式分流器两种形式，如图32-66和图32-67所示。

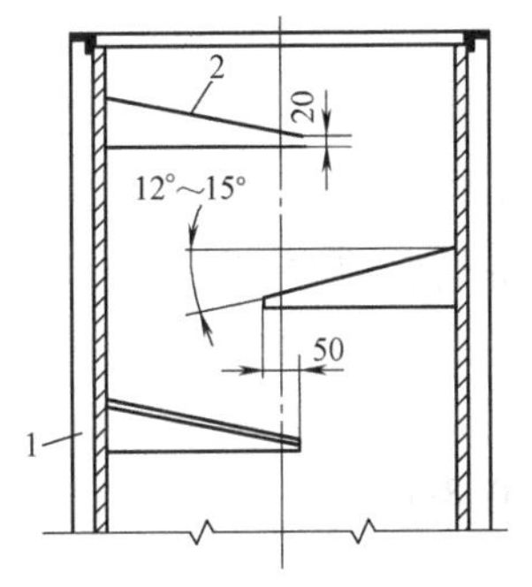

图32-66　挡板式气水分流器结构

1—分流器壳体　2—挡板

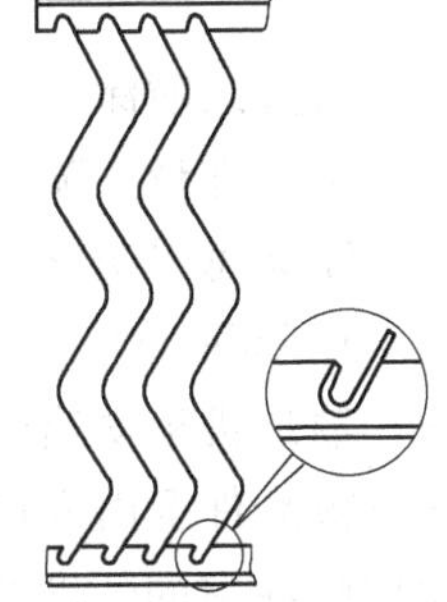

图32-67　折流板式分流器的断面

2）带送风的通风装置由抽风装置和送风装置两部分组成。抽风装置的结构和组成与上述的普通通风装置相同。送风装置的作用是将空气按一定流向送入室内，迫使漆雾按预定方向流动。喷漆室排风方式可为侧排风式和下抽风式。

3. 温度控制装置

常用的温度控制装置（空调器）的结构如图32-68所示。

32.2.4　喷涂室的选用

喷涂室的选用包括喷涂室类型、结构及规格等部分的选择。

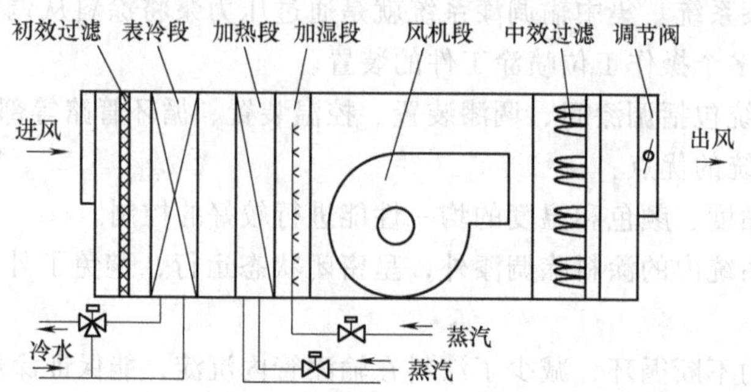

图 32-68　温度控制装置

1. 喷涂室类型的选择

喷涂室的类型是依据工装大小决定的。

2. 喷涂室结构的选择

喷涂室的结构应据送风情况不同，分为单抽风和全封闭净化送风等形式。选用哪种形式是与涂装产品要求的质量和喷涂使用的工具有直接关系的。

喷涂室内的风速由于使用不同的方式喷涂时风速不同，其具体值可在 0.3~0.6m/s 之间选择。

在选择排风扇时不仅要考虑它的功率，还应注意它产生的噪声大小。

3. 喷涂室规格的选择

（1）喷涂室的长度选择　其选择依据可分为两种方式：

1）通过式喷涂室长度按下式计算并选择：

$$L=(Ftu+2e)\times1000$$

式中　L——通过式喷涂室的长度（mm）；

F——被涂件最大喷涂面积（m^2）；

t——喷涂每平方米工件表面积所需的时间（min/m^2），对于手工喷漆，取 $t=1\sim1.5min/m^2$；

u——输送机移动速度（m/min）；

e——被涂件至出入口的距离（m），一般取 $e=0.6\sim0.8$m。

2）单向喷涂室的长度按下式计算：

$$L=e+2e_1$$

式中　L——单向喷涂室的长度（mm）；

e——被涂件的最大长度（mm）；

e_1——被涂件至两侧壁板的距离（mm），一般取 $e_1=400\sim600$mm。

若被涂工件需要回转，L 应为工件最大回转直径。

（2）喷涂室宽度的选择　可按照下式计算：

$$B=b+b_1+b_2+b_3$$

式中　B——喷涂室的宽度（mm）；

b——被涂件的最大宽度（mm），若工件要求回转，b 应为工件最大回转直径；

b_1——被涂件外沿至操作口的距离（mm），对小型台式喷涂室，$b_1=300\sim400$mm；对于横向抽风通过式喷涂室，$b_1=500\sim650$mm；对于操作者在室内喷漆的上送底抽风式喷涂室，$b_1=1200\sim1800$mm；

b_2——被涂件外沿至漆雾过滤器之间的距离（mm），一般取 $b_2=500\sim850$mm；

b_3——漆雾处理器宽度（mm），在计算室体宽度时，可先取 $b_3=1000$mm 计算，然后根据喷涂室产品尺寸选取。

（3）喷涂室高度的选择　可按照下式计算：

$$H=h+h_1+h_2$$

式中　H——喷涂室的高度（mm）；

h——吊挂后被涂件的最大高度（mm）；

h_1——被涂件底部至喷涂室地坪的距离（mm），当被涂件为板件，垂直吊挂时，底部需喷面积很小而且不需仔细喷漆，可取 $h_1=1300\sim1600$mm；若采用台车运送被涂件或固定转台时，h_1 为台车的高度或固定转台的高度；

h_2——被涂件顶部至悬挂输送机轨顶之间的距离（mm），一般取 $h_2=700\sim1500$mm；若采用台车运送被涂件或固定转台时，h_2 为被涂件顶部至室顶的距离，根据操作方便和满足气流流向的要求决定。

（4）门洞尺寸的选择　门洞尺寸（宽度和高度）计算如图 32-69 所示。

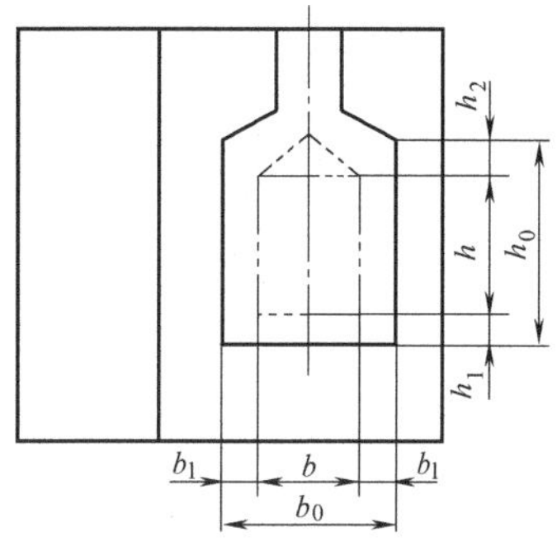

图 32-69　门洞尺寸（宽度和高度）计算

1）门洞宽度的选择按下式计算：

$$b_0=b+2b_1$$

式中　b_0——门洞的宽度（mm）；

b——被涂工件的最大宽度（mm），当被涂件对称吊挂时，b 为工件的实际最大宽度；若不对称吊挂时，b 按吊挂中心至工件外沿的最大距离的 2 倍计算；

b_1——被涂件与门洞之间的间隙（mm），一般取 $b_1=100\sim200$mm。

2）门洞高度的选择按下式计算：

$$h_0=h+h_1+h_2$$

式中　h_0——门洞的高度（mm）；

h——被涂件的最大高度（mm）；

h_1——被涂件下部至门洞底边的间隙（mm），一般取 $h_1=100\sim150$mm；

h_2——被涂件顶部至门洞上边的间隙（mm），一般取 $h_2=80\sim120$mm。

（5）喷涂室外形尺寸的选择　其主要内容如下：

总长度=喷涂作业间的长度+壁板或门的厚度（70~100mm）×2。

总高度=喷涂作业间高度+动、静压室高度（一般为 3.0m 左右）+地坑深度或漆雾捕集装置的高度（它与所选用的漆雾捕集装置类型有关）。

总宽度=喷涂作业间宽度+壁板的厚度（70~80mm）×2。

在计算其总宽度时应注意考虑灯箱和检修通道的宽度、分段排风场合的风管宽度、排风机的位置、侧排风的水幕及漆雾捕集装置的宽度。

32.2.5 喷涂室的维护

1）使用干式喷涂室时，防火安全是最重要的，所以要注意及时更换过滤材料和折流板，一旦过滤材料上粘满漆雾颗粒并阻碍空气流动时，就应进行更换，并且应将更换下来的过滤材料立即拿出喷涂室并在与外界隔离的安全地点将它妥善处理。使用折流板式漆雾处理装置时，应定期拆下折流板和排气管进行清洗，以防止火灾发生。

2）使用湿式喷涂室时充分发挥水的作用。要注意保持好水箱的水位，使喷涂室在最佳工作点运行。还要做好循环用水处理工作，应通过加凝聚剂的方法及时清除水中废漆，保持水的清洁。

3）时刻注意保持喷涂室的清洁，对沾染在室壁和其他部位上的废漆等污染物要及时清理。

第33章

涂膜的干燥

33.1 涂膜干燥固化方法

涂料的成膜过程就是涂层的固化过程，对溶剂型涂料俗称涂料的干燥。涂膜的固化方法可分为自然干燥、加热干燥和照射固化三种方式，如图 33-1 所示。

无论是采用上述哪种干燥固化方式，涂膜施工时最好是在具备下列条件的环境中进行：

1）烘干室内或自干场所要清洁无灰尘。

2）空气要流通。在自干和烘干室中空气流动有利于涂膜的干燥固化，但空气的流动速度要适度。

3）温度应符合涂料的技术要求，过高和过低都会影响干燥效率和涂膜质量。

4）一般要在前一层涂膜干燥程度适宜后再涂第二层涂料。

5）自干和烘干室中可以设置排风装置，使得涂膜中挥发出的 VOC 在局部不超过一定的浓度，以保证安全生产，提高涂膜的质量。

涂膜的干燥固化方式
- 自然干燥(常温下呈自然状态干燥，俗称自干)
- 加热干燥
  - 低温烘干
  - 中温烘干
  - 高温烘干
- 照射固化
  - 紫外线固化
  - 电子束固化

图 33-1 涂膜的三种干燥固化方式

33.1.1 自然干燥

因为是放置在大气环境中常温下干燥，所以自然干燥只适用于挥发型涂料、自干型涂料和触媒聚合型涂料。涂膜自干速度与气温、湿度和风速等有关，一般是气温高、湿度低、通风条件好自干速度快，光照对涂料的自干也有利。在湿度高、通风差和黑暗的场所，干燥就变慢。

温度高时溶剂的挥发速度就快，氧化、聚合等涂料固化反应的速度也随温度的升高而加快。因此涂料自干场所的气温增高有利于涂料的干燥。一般要求自干场所的温度在 5℃ 以上。

环境湿度大时抑制溶剂挥发，干燥慢。另外湿度高时随着溶剂的挥发被涂物表面冷却，从而使空气中的水蒸气冷凝容易造成涂层泛白。所以要求涂料自干场所的空气湿度要低，一般要求相对湿度不大于 80%。

通风有利于涂料中溶剂的挥发和溶剂蒸气的排除，并能保证自干场所的安全。阳光中的紫外线对氧化聚合型涂料的自干有促进作用。

必须指出，自然干燥并不是指被涂物在露天场所自然晾干。自然干燥同样需要采取一定的措施来确保施工符合环保、消防和劳动卫生的法规。

33.1.2　加热干燥

加热干燥可分为加热烘干和强制干燥。加热烘干指加热只能在一定温度下固化的涂料，使其完全成膜。加热烘干所常用的温度一般在120℃以上。强制干燥指加热能自然干燥的涂料，目的是缩短涂料的干燥时间提高涂层的性能。强制干燥一般采用低温固化，固化温度为60~100℃。

加热干燥时低温烘干温度为100℃以下，中温烘干温度为100~150℃，高温烘干温度为150℃以上。强制干燥一般采用低温，温度为100℃以下，最高不超过110℃。硝基涂料加热干燥的条件为60~80℃，10~30min；醇酸树脂涂料为90~110℃，30~60min；丙烯酸树脂涂料为120~140℃，20~40min；环氧粉末涂料为170~190℃，20~30min；一般水性电泳涂料为170~190℃，20~40min。必须注意的是：涂料固化要求中的“温度”指的是涂层表面温度或涂层底材的温度，而非烘干环境的温度。受热相对容易变形的塑料和木材的烘干温度一般为60~80℃，金属制品的烘干温度为80~300℃。

1. 对流式干燥

对流加热是以热空气为媒介，通过对流方式将热量传递给工件涂层以使得其干燥固化形成涂膜。这种方式的优点是加热均匀、温度控制精度高，适合于高质量的涂层、形状和结构复杂的被涂物烘干，因此是涂膜烘干的主要方式，但升温速度慢和热效率低，涂层比较容易形成针孔。

对流烘干室有很多种形式。其主要结构为室体加热系统、布风装置和温度控制系统。加热系统由电热元件、布风板、空气过滤器和循环通风机等部件组成。温度控制系统可调整循环热空气的进气量和热风温度，采用电加热时则可调节加热功率的大小。图33-2所示为对流式干燥设备。

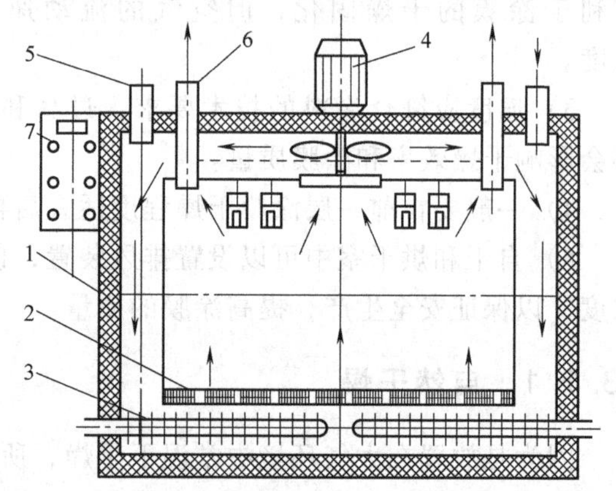

图33-2　对流式干燥设备

1—电烘箱箱体　2—电热元件　3—布风板　4—循环　5—进风管　6—排潮口　7—电控箱

2. 辐射式干燥

辐射加热通常利用的是红外线和远红外线，它们从热源辐射出来呈电磁波形式传导，辐射到物体后直接被吸收而转换成热能，使涂膜和底材同时加热。辐射加热升温速度快，热效率和烘干效率快，但对结构复杂的工件其温度均匀性不易保证。

3. 电感应干燥

电感应干燥的基本原理是利用电感应作用，使电能转变为热能。优点是加热效率高，热量是在被涂物体本身发热产生，涂层干燥由基体下开始，使涂料中的溶剂完全散逸，因而缩短了干燥时间，并使形成的涂膜更为坚固。缺点是有照射盲点，只适合形状简单的被涂物固化，照射装置的价格高，安全管理需严格。

电感应干燥的具体操作工序是将已涂覆好的金属工件放在线圈里面，线圈通交流电，电流通过线圈使其周围产生磁场，被涂工件受热，加热的温度可由电流强度的大小及工件在磁场中停留的时间来调节，一般烘干温度可达250~280℃。

33.1.3　涂膜的固化过程

烘干室中涂层的固化过程中，工件涂层的温度随时间而变化，通常分为升温、保温和冷却三个阶段。涂层固化温度曲线如图33-3所示。

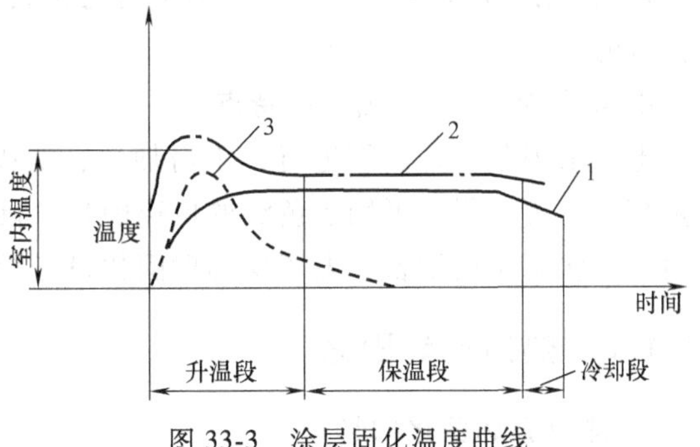

图33-3　涂层固化温度曲线

1—工作温度　2—烘干室空气温度　3—溶剂挥发率

涂层从室温升至所要求的烘干温度为升温阶段，所需时间为升温时间，一般为5~10min。涂层达到所要求的烘干温度后，恒温延续时间称为保温阶段，所需时间为保温时间。涂层温度从烘干温度开始下降，这段时间称为烘干室的冷却时间，一般指烘干室的出口段区域。

从检测方面来说，涂层的固化过程可分为3个阶段：

1）触指干燥。手指轻触涂层感到发黏，但涂料不附在手指上。

2）半硬干燥。手指轻压涂层不感到发黏，涂料不附在手指上。

3）完全干燥。手指轻压涂层也不残留指纹。

更为细致的涂层固化程度区分见表33-1。

表33-1　涂层固化程度的区分

名称	状态(干燥程度)	名称	状态(干燥程度)
触指干燥	轻触涂层,涂料不附手指	全硬干燥	强压涂层,涂料不附手指
不沾尘干燥	干燥到不沾尘的程度	打磨干燥	干燥到可打磨状态
表面干燥	干燥到无沾尘的状态	完全干燥	无缺陷的完全干燥状态
半硬干燥	轻压涂层,涂料不附手指		

33.1.4　辐射固化

辐射固化法是利用紫外线（UV）、电子束（EB）、远红外辐射，使不饱和树脂涂料被快速引发、聚合，硬化速度很快。紫外线固化技术的应用近期得到了较大的发展。

1. 紫外线（UV）固化的优点

1）涂层性能优异。UV涂料固化后的交联密度高于热烘型涂料，故涂层在硬度、耐盐雾、耐酸碱、耐磨、耐汽油等有机溶剂各方面的性能指标均较高，特别是其漆膜丰满、光泽度突出。

2）常温固化，很适合于热敏感性材料制备的工件的涂装，很少产生热变形。

3）涂装设备故障低。因为UV涂料没有紫外线辐射就不会固化，所以不会堵塞和腐蚀设备。涂覆工具和管路清洗方便，设备故障率低。

4）环境污染小。UV涂料VOC含量很低，是公认的绿色环保工艺。

5）固化速度快，效率高。使用UV涂料的效率是传统烘干型涂料的15倍。UV固化机理属自由基的链式反应，交联固化在瞬间完成，所设计生产流水线速度最高可达 100m/min，工件下线即可包装。

6）节省能源。UV 涂料靠紫外光固化，一般生产线能耗约为传统烘干型热固化涂料的 1/5。

7）固化装置简单，易维修，加上与之相关的设备总体比传统涂料设备占用空间小，设备投资低。

2. 电子束（EB）固化的特点

电子束固化在常温下进行，不需加热，能固化到深部 400~500μm。电子束辐射线由于能量高、穿透力强，可用于色漆的快速硬化，硬化时间只需几秒钟。其缺点是有照射盲点，只适合形状简单的设备。电子束辐射固化设备投资大，安全管理较为严格。

33.1.5 热风循环固化

1. 热风循环固化的特点

对流换热是流体流过固体壁面情况下所发生的热量传递。对流传热过程不仅包括流体位移所产生的对流作用，也包括分子之间的传导作用，是一个很复杂的传热现象。热风循环固化是应用对流传热的原理对工件涂层进行加热固化的方法。它利用热空气作为载热体，通过对流的方式将热量传递给工件涂层，使涂层得到固化。

热风循环固化与其他固化方法相比，有以下优点：

1）固化温度的范围较大，能满足大部分涂料固化要求。

2）烘干加热均匀，可有效保障涂层质量的一致性。

3）设备使用管理和维护比较方便。

2. 热风循环固化的适用范围

热风循环固化是工件涂层固化技术中使用最广泛的方式，它适合各种不同形状、各种尺寸和各种不同颜色涂层的固化，尤其非常适合形状复杂的工件、不同颜色的涂料涂层的固化。使用蒸汽作为热源时，适合温度在 100℃以下的涂层烘干；使用燃气、燃油或电能作为热源时，适合各种烘干温度的涂层固化。热风循环设备结构庞大，占地面积大，对防尘的要求较高。

33.2 涂膜干燥时间的确定

涂膜的干燥是一个非常复杂的物理化学过程。涂料涂覆在物体表面，随着溶剂的挥发、成膜物质的氧化或聚合逐渐失去流动性，最后形成对物体表面起到保护和装饰作用的坚韧涂膜。从涂装施工来讲，涂膜的干燥固化时间越短越好，但就涂料成膜物质的内在特性而言，因为受原材料的限制及兼顾性能等要求，往往要有一定的干燥固化时间才能保证涂膜的质量，因此如何界定干燥时间被列为涂料常规性物理检验的主要项目之一。

33.2.1 涂膜干燥阶段的划分

我国将涂膜的干燥过程分作表面干燥（简称表干）和实际干燥（简称实干）两个阶段。在规定的干燥条件下，表层成膜的时间为表干时间，全部形成固体涂膜的时间为实干时间。国际标准化组织在“漆膜干燥程度测定法”中指出涂膜干燥过程分为表面干、不粘尘干和硬干三个阶段。日本工业标准将涂膜的干燥分为指触干、半硬干和硬干三个过程。英国标准规定了硬干时间测定法，而在 ASTM 标准中则指出透干和硬干两个标准可以互换。

涂膜干燥过程中各阶段的划分及相应解释如下：

1）不沾尘干：指涂膜不黏附灰尘的表干。

2）指触干：手指接触涂膜时，无涂料黏附手指的表干。

3）表面干：将棉球轻放在涂膜上，吹动后，以涂膜表面不留有棉絮为表干。

4）初干：手指接触涂膜后，以涂膜表面未留下指痕为初干。

5）硬干：手指按压涂膜，再用软布轻轻抛光后，涂膜表面无明显的痕迹。

6）透干：将涂膜样板置于桌上，垂直用力向膜面施压并扭转 90°后涂膜表面无损伤。

7）抗压干：在规定的压力作用下，涂膜不受破坏的完全干燥固化。

33.2.2　涂膜干燥固化时间的测定方法

1. 表面干燥时间测定法

（1）吹棉球法　在涂膜表面轻轻放上一脱脂棉球，用嘴距棉球 10~15cm，沿水平方向轻吹棉球，如能吹走并且膜面不留有棉絮，即认为是表面干燥。

（2）指触法　用手指轻触涂膜表面，如感到有些发黏，但无涂料粘在手指上，即认为是表面干燥。

（3）不沾尘法　ASTM 标准规定采用脱脂棉纤维，以 25.4mm 的高度垂直落在涂膜表面，用缓慢气流能将其吹走，即认为达到不沾尘干。国际标准中推荐的玻璃球法，是把直径为 0.2mm 的玻璃珠散落在涂膜表面，经过 10s 后，置样板与水平面成 20°角并用软毛刷轻刷，如果膜面不留有玻璃珠，即认为达到不沾尘干。

2. 实际干燥时间测定法

（1）压滤纸法　在涂膜上放一片定性滤纸（光滑面接触涂膜），滤纸上再轻轻放置干燥试验器，同时开动秒表，经 30s，移去干燥试验器，将样板翻转（涂膜向下），滤纸能自由落下，或在背面用握板之手的食指轻敲几下，滤纸能自由滑下而滤纸纤维不被粘在涂膜上，即认为涂膜实际干燥。

（2）压棉球法　在涂膜表面上放一个脱脂棉球，于棉球上再轻轻放置干燥试验器，同时开动秒表，经 30s，将干燥试验器和棉球拿掉，放置 5min，观察漆膜无棉球的痕迹及失光现象，漆膜上若留有 1~2 根棉丝，用棉球能轻轻掸掉，均认为涂膜实际干燥。

（3）刀片法　用保险刀片在样板上刮除涂膜，并观察其底层及涂膜内的情况，若均无黏着现象，即认为涂膜实际干燥。该法对填料较多的涂膜的干燥程度判定更为方便。

（4）无印痕法　在标准的尼龙网上压有规定的橡胶圆板，在不同质量的圆柱形砝码作用下经过规定时间后涂膜表面应不留有丝网的印痕，称为无印痕的涂膜干燥程度。

（5）轨迹法　1970 年国外开始运用划针移动轨迹的方法来监视涂膜干燥的全过程，并以此测定涂料从流体变成固体涂膜的各阶段时间。日本采用划圆轨迹的方式，而英国、德国等欧洲各国采用直线轨迹，继而我国也已开发研制出相应的试验仪器。

33.2.3　涂膜干燥时间测定设备

（1）涂膜干燥时间试验器　根据压棉球法和压滤纸法的规定，使用干燥试验器（砝码）测定涂膜的实干时间，所用砝码的质量为 200g，底面积为 $1cm^2$。

（2）划圈轨迹式干燥时间测定仪　国产的QGZ-24型自动漆膜干燥时间测定仪和日本上岛制作所研究开发的MS-701型干燥时间测定器，均采用划针在涂膜上刻划圆轨迹的方式，涂膜上的划痕由宽渐窄，由深变浅，至最后划不出痕迹而显示实际干燥。

（3）直线式漆膜干燥时间记录仪　德国BYK公司的2710型干燥时间记录仪和国产的QGZ-A型直线式漆膜干燥时间试验器，均采取直线划痕轨迹的方式描绘涂料从流平、表干到实干的过程，并附有计时标尺，可直接读出各段干燥状态所需的时间。

（4）冲压式干燥度试验仪　德国Erichsen公司出产的415型干燥时间试验仪，是一种简单的冲压式试验仪，其测试干燥度分作2~7度。

（5）柱塞式实干时间记录仪　英国Sheen公司生产的603N型实干时间记录仪，该仪器通过装在柔软连接器上的柱塞，经10s平缓地落到涂膜表面上（柱塞的触膜端面套有尼龙量规）并自动旋转90°后升起，检查涂膜表面是否受到损坏，涂膜不受损害的起始时间即为实际干燥时间。

33.3　固化设备

在涂装过程中，固化工艺和设备占有重要的地位。预处理后的脱水干燥、涂层的加热固化、湿打磨涂层后的水分干燥等都要用到固化（或烘干）设备。如果对各种涂料的温度和烘干时间掌握不准确，就不能使涂层性能得到充分发挥。

涂层的固化在涂装过程中占比较长的时间，一般也是涂装生产线耗能的最主要工序，所以涂层的固化过程对产品的质量和成本有很大的影响。固化设备应该向高效率、低耗能、少污染的方向发展。

33.3.1　固化设备的分类及选用原则

1. 按形状分类

烘干室按工件在固化时的运行状况，可分为通过式与间歇式。

（1）通过式烘干室　通过式烘干室按外形分为直通式、桥式与矩形桥式三种，如图33-4所示。直通式烘干室热量外溢较大，设备较矮；桥式烘干室较长，空间占位较高，热量外溢较小；矩形桥式除了长度比桥式短外，其他方面与桥式差不多。

通过式烘干室可设计成多行程式，它通常与预处理设备、涂漆设备、冷却设备、机械化输送设备等一起组成涂装生产流水线。行程烘干室结构相对简单，但设备长，占地面积大。

（2）间歇式烘干室　间歇式烘干室适用于生产规模较小的情况，零件在设备中不连续运动或运动极为缓慢，一般适用于非流水式涂装作业。间歇式烘干室如图33-5所示。

2. 按加热方式分类

（1）辐射式烘干室　用辐射方式来加热被涂物，如紫外线烘干室、远红外线烘干室。

（2）对流式烘干室　用热源产生的燃烧气体或加热后的高温空气在烘干室内循环，使被涂物对流受热。对流式烘干室还可分为使用热交换器间接燃烧加热型和直接燃烧加热型两种。

3. 按用途分类

根据烘干室在涂装过程中的使用目的，以它们的用途名称进行分类。例如：底漆烘干室、脱水烘干室、腻子烘干室等。

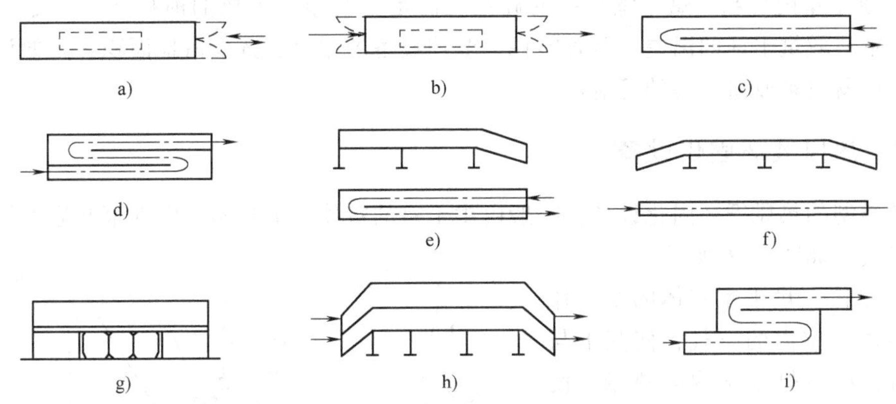

图 33-4 通过式烘干室

a）死端式 b）直通式 c）双行程直通式 d）多行程直通式 e）双行程半桥式 f）桥式 g）矩形桥式 h）双层桥式 i）多行程桥式

4. 固化设备选用原则

1）单位时间台车的数量或吊挂件的数量。

2）工件的外形尺寸，如台车或吊具的外形尺寸及工件的外形尺寸。

3）工件的间距或输送设备的线速度。

4）安置烘干室场地的限制，如屋架下弦、厂房的柱距。

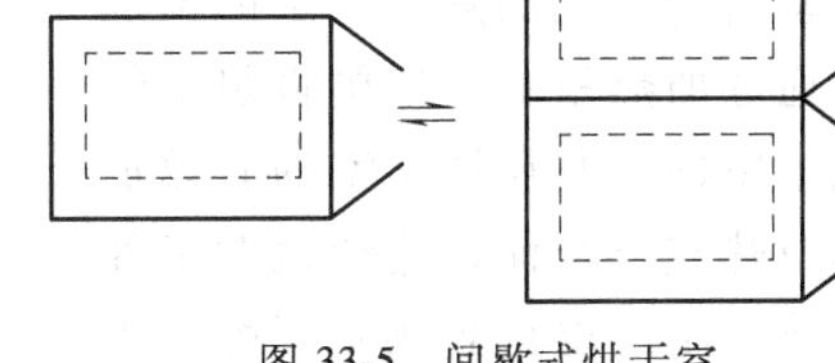

图 33-5 间歇式烘干室

5）烘干室出入口输送设备的标高及输送设备的型号。

6）单位时间工件涂装的面积和涂料中溶剂与稀释剂的内容。

7）涂料的固化技术条件、涂料固化的温度、时间要求。

8）热源的种类。

5. 烘干室选用需注意的内容

（1）热源选择 固化设备可选择热源种类较多，常用热源有天然气、柴油、电能、液化气、城市煤气、蒸汽、煤油等。热源的选择受需要涂层的质量要求、固化涂料的温度、当地的能源政策及综合经济效果等因素的限制。常用热源的使用范围见表 33-2。

表 33-2 常用热源的使用范围

热源种类	常用的固化温度/℃	适用范围	主要特点
蒸汽	<100	脱水烘干、预热、自干和低温烘干型涂料的固化	可靠的使用温度<90℃。热源的运行成本较低，系统控制简单
燃气	<220	直接燃烧适用于装饰性要求不高的涂层；间接加热适用于大多数涂料的固化	热源的运行成本较低，但系统的投资相对较高。系统控制及管理要求较高
燃油	<220	直接燃烧适用于装饰性要求不高的涂层；间接加热适用于大多数涂料的固化	热源的运行成本较低，但系统的投资相对较高。系统控制及管理要求较高
电能	<200	适用于大多数涂料的固化	运行环境清洁，控制精度高，维护保养方便。运行成本相对较高
热油	<200	适用于大多数涂料的固化	使用不普遍，运行成本较低，系统投资较高，系统控制及管理要求较高

（2）烘干室的形状　烘干室形状的确定在满足工艺布局需要的前提下，应尽可能考虑缩小烘干室有效烘干区的温差、节省能耗、节约设备的用材、减少占地面积、方便设备的安装运输及设备将来改造扩建的可能性。

33.3.2　热风循环固化设备

各种类型的热风循环固化设备，一般由烘干室的室体、加热器、空气幕及温度控制系统等部分组成，如图 33-6 所示。

（1）室体　烘干室室体的主要作用是隔绝烘干室内的空气，使其不与外界交流，维持烘干室内的热量，使室内的温度维持在一定的范围内。

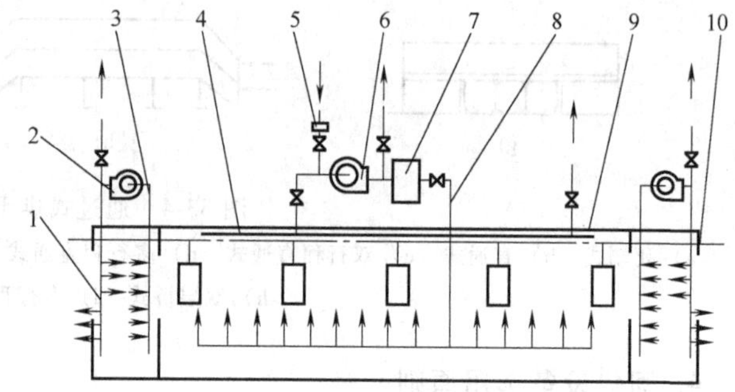

图 33-6　热风循环固化设备结构组成

1—空气幕送风管　2—空气幕风机　3—空气幕吸风管　4—循环回风管道　5—空气过滤器　6—循环风机　7—空气加热器　8—循环送风管　9—室体　10—悬挂输送机

（2）加热系统　热风循环烘干室的加热系统是加热空气的装置，一般由空气加热器、风机、调节阀、风管和空气过滤器等部件组成。它能把进入烘干室内的空气加热到一定的温度范围，通过加热系统的风机将热空气引入烘干室内，并在烘干室的有效加热区形成热空气环流，连续地对工件进行加热，使涂层得到固化干燥。为保证烘干室内的溶剂蒸气浓度处于安全范围内，烘干室需排除一部分含有溶剂蒸气的热空气，同时需吸入一部分新鲜空气予以补充。

热风循环烘干室有直接加热和间接加热两种，分别如图 33-7 和图 33-8 所示。

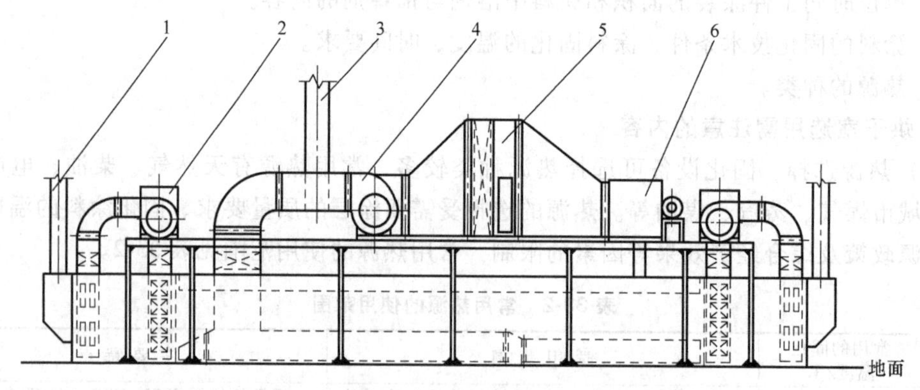

图 33-7　直接加热通过式热风循环烘干室

1—排风管　2、4—密闭式风机　3—排气分配室　5—过滤器　6—燃烧室

（3）空气幕装置　对于连续式烘干室，工件一般是连续通过，工件进出口门洞始终是敞开的。为了防止热空气从烘干室流出和外部空气流入，减小烘干室的热量损失，提高热效率，通常在烘干室进出口门洞处或单个门洞处设置空气幕装置。空气幕装置是在烘干室的工件进出口的门洞处，用风机喷射高速气流而形成的空气幕。

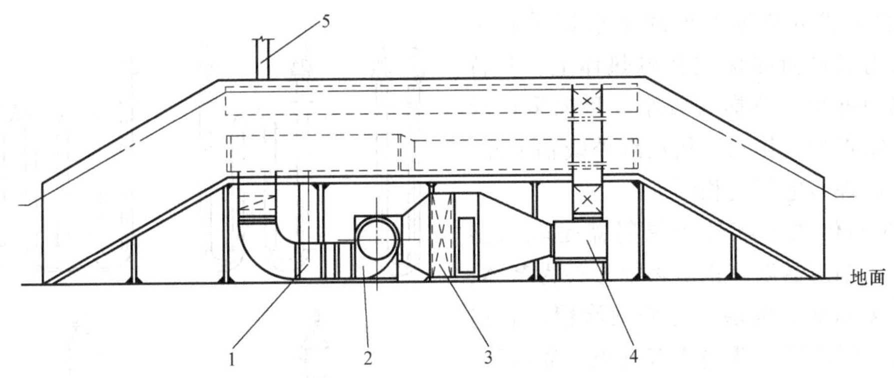

图 33-8　间接加热通过式热风循环烘干室

1—排气分配室　2—风机　3—过滤室　4—电加热器　5—排风管

（4）温度控制系统　烘道常常要根据需要调节温度。温度控制系统的目的是通过调节加热器热量输出的大小，使得热风循环烘干室内的循环空气温度稳定在一定的工作范围内。温度控制系统应设置超温报警装置，确保烘干室能够安全运行。

33.3.3　远红外线辐射固化设备

远红外线辐射固化设备一般由烘干室的室体、辐射加热器、空气幕和温度控制系统等部分组成。

（1）室体　远红外线辐射固化设备的室体结构与对流固化设备基本相同，可参照对流烘干室室体部分的内容。

（2）辐射加热器　常用的辐射加热器有电热式辐射器和燃气式辐射器。电热式辐射加热器又可分为旁热式、直热式和半导体式。

1）旁热式就是电热体的热能要经过中间介质传给远红外线辐射层，被间接加热的辐射层向外辐射远红外线。旁热式电热远红外线辐射器按外形不同可分为板式、灯泡式和管式三种，分别如图 33-9～图 33-11 所示。

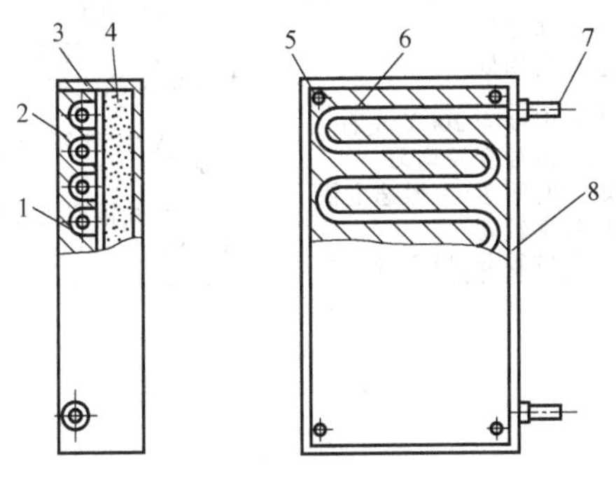

图 33-9　板式辐射器

1—远红外辐射层　2—碳化硅板　3—电阻丝板

4—保温材料　5—安装螺母　6—电阻丝

7—接丝装置　8—外壳

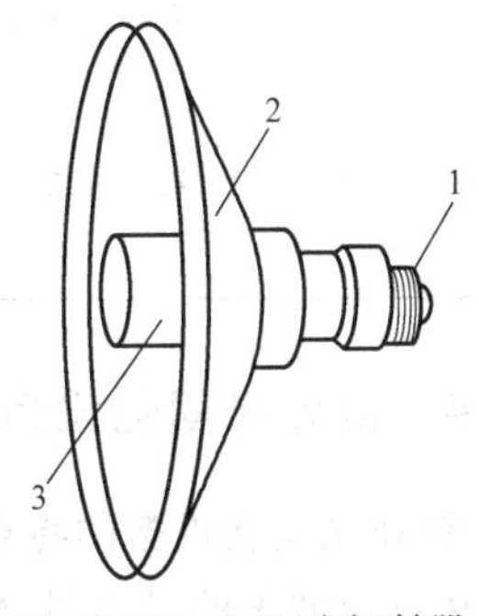

图 33-10　灯泡式辐射器

1—灯头　2—发射罩　3—辐射元件

2）直热式电热远红外线辐射器是将远红外线发射涂料直接涂覆在电热体上，其特点是加热速度快、热损失较小。目前采用较多的是电阻带型直热式电热远红外线辐射器，它的加热原理与电阻丝相同。

3）半导体式远红外线辐射器是较新型的辐射器，辐射器以高铝质陶瓷材料为基体，中间层是多晶体导电层，外表面涂覆高辐射力的远红外线涂层，两端绕有电极。通电后，在外电场作用下，辐射器能形成以空穴为多数载流子的半导体发热体。

（3）空气幕　远红外线辐射固化设备的空气幕结构和对流固化设备基本相同。

（4）温度控制系统　温度控制系统的作用是通过调节辐射器热量输出大小，使得涂层的温度稳定在一定的工作范围内。温度控制系统需设置超温报警装置，以确保烘干室安全运行。

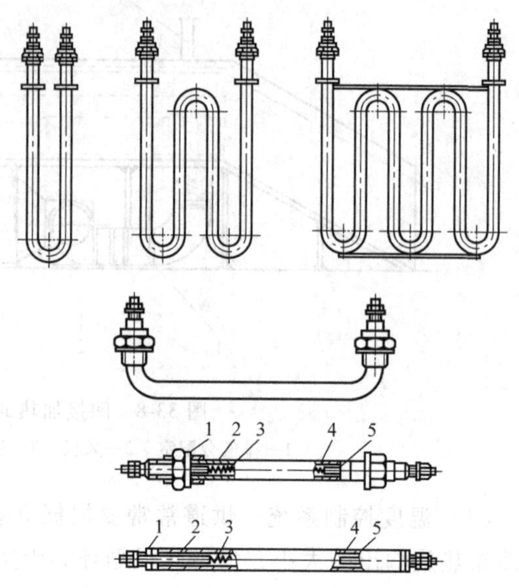

图 33-11　各种管式辐射器

1—连接螺母　2—绝缘套管　3—电阻丝
4—金属外壳　5—氧化镁粉

辐射干燥方法比较见表 33-3。

表 33-3　辐射干燥方法比较

干燥方法		干燥原理	主要特点	适用范围
辐射干燥	电能远红外线	用电能加热辐射器，使其产生不同波长的适于涂层吸收的红外线，以辐射式加热涂层	1）烘干室温度范围：红外灯泡为 120℃以下，板式或灯式碳化硅、氧化镁辐射器可达 200℃左右 2）烘干速度快、效率高 3）热惯性小，设备简单 4）涂层质量好	1）外形简单、壁厚均匀的中小型冲压工件 2）适用于各类涂料，尤其是粉末涂料的固化
	燃气红外线	用煤气或燃气加热辐射器，产生适于涂膜吸收的红外线，以辐射方式加热涂层	1）干燥温度可达 250~300℃ 2）干燥速度快 3）运行费用低	1）外形简单、壁厚均匀的中小型冲压工件 2）适用于各类涂料，尤其是粉末涂料的固化
辐射-对流干燥		辐射传热与对流传热的结合	1）干燥温度为 200℃左右 2）设备内温度较均匀 3）烘干时间短，干燥速度快 4）热效率较高 5）设备较复杂，投资费用大	1）大中型复杂形状的工件 2）各种溶剂型、油性及水性涂料

33.3.4　紫外光固化设备

1. 紫外光固化设备的特点

当用特定波长的光照射含有光敏剂的光固化涂料的涂层时，光敏剂会发生分解，产生活性游离基团，接着引发聚合反应，在短时间内使涂层固化成膜。因为通常采用波长 300~450nm 的紫外线，所以称为紫外线固化。一般生产线上使用高压水银灯和紫外线荧光灯。

1）紫外光固化设备具有以下优点：

① 紫外线固化是在常温下进行的固化，所以热容量大的物件、耐热性能差的物件均可使用。紫外线固化型涂料本质上是用紫外线固化，不必直接加热。从紫外线灯泡发射出的紫外线以外的红外线，会使固化室气氛温度和工件温度上升，这时可通过适当的措施使工件的温度控制在80℃以下。纸张、塑料和木材等均可在短时间内固化。

② 紫外光照射设备比较简单，投资和维护费用便宜。设备占地面积小，能耗低。

2）紫外光固化设备的缺点：

① 紫外光固化设备的能量效率低。紫外线灯泡的输入功率大，而输出紫外线的功率小，产生大量的热能损失。一般紫外线灯泡功率中转变为紫外线的仅占20%、可见光占10%，而红外线和热能占70%。

② 考虑光能的穿透率，仅适用于透明或半透明的光固化涂料，其他涂料不能采用这种固化装备。

③ 有照射盲点，要求被涂物形状简单，它不适合容易产生照射阴影的被涂物的固化。

④ 紫外线灯泡产生的臭氧对周围的设备会产生腐蚀，臭氧对人体呼吸系统也有不良影响，因此在设备的设计上要考虑到这一点。

⑤ 紫外线灯泡放射出强烈的紫外线，直接照射人体时会损伤皮肤，使眼睛发痛。因此，在设计紫外线照射装置时要注意这一点，同时操作者要戴防护眼镜。

2. 紫外线照射设备

紫外线照射设备由光源、反射板、灯具、电源装置、冷却装置、传感器、被涂物输送机、排气换气装置、室体壁板以及防紫外线遮挡帘组成。图33-12所示为紫外线固化装置。

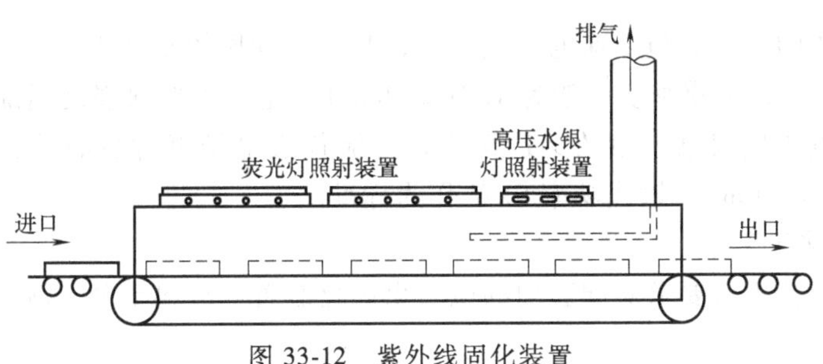

图33-12　紫外线固化装置

33.3.5　电子束固化设备

1. 电子束固化设备的特点

1）电子束固化不需引发剂，因此无残留，耐蚀性提高。

2）电子束固化是在常温下固化，因此适合不宜加热的塑料、木材、纤维和纸等被涂物的涂层固化。

3）涂层固化速度快，适合大批量生产涂层的固化。

4）不透明涂料也能吸收电子束而固化。

5）工作时有X射线和臭氧产生，须有可靠的安全保护措施。

6）电子束加速装置价格昂贵，并且不适合管件和有不通孔工件的固化。

2. 电子束固化设备

电子束照射固化处理简称EB。电子束固化是用高能量的电子束照射，使被照射涂层的分子内产生活性基团，引发聚合反应，涂层固化成膜。它由高电压发生器、加速器主体、室体和操作盘等组成，如图 33-13 所示。

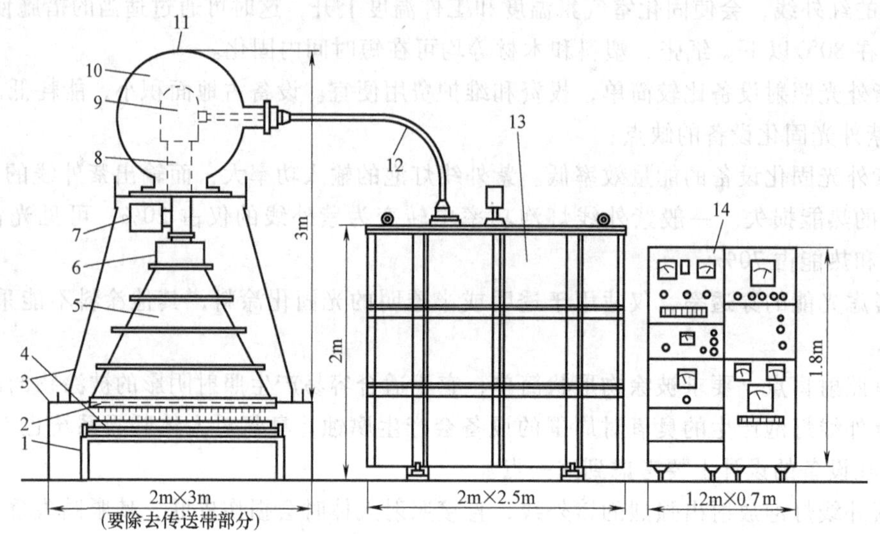

图 33-13　电子束固化装置

1—传送带　2—照射窗（薄金属箔）　3—铅屏蔽板　4—被照射物体　5—扫描器　6—扫描器磁铁　7—真空泵　8—加速管　9—电子　10—罐（填充氟里昂气体 2kg/m²）　11—加速器主体　12—高压电缆　13—高电压发生器　14—控制盘

电子线对物质的透过力与加速电压成正比，与透过物质的密度成反比。漆膜厚度一般为 10~300μm 的范围内，漆膜密度一般为 1.0~2.0kg/L。电子束照射强度用加速电压和电子束电流表示，加速电压代表电子束的穿透深度，电流代表电子束射线的量。通常以加速电压 300kV、电子束电流 30mA、输出功率 9kW 作为标准。

3. 电子束固化工艺

电子束固化工艺不仅要求对配套用的电子束固化装置和涂料十分了解，而且还要掌握其独特的工艺技术。

（1）设备的屏蔽　电子束轰击到金属上时会产生 X 射线，X 射线对人体是有害的。因此要在电子束加速器周围用水泥和铅板将其屏蔽。如果是水平传送带上的被涂物连续操作时，要将整个设备屏蔽起来；如果涂装金属卷材，用铅板将照射室围起来便可。

（2）电子束加速器的选择　电子束固化干燥涂膜的方法中电子束加速器的选择和安置方式等都是很重要的。必须根据被照射物的形状、大小、涂装系统、生产量、传送方法、涂料固化所需的电子线量等条件，探讨和决定电子束加速器的设置和所需的台数、照射窗和被涂物的距离、照射窗的配置和排列等。

（3）照射装置周围气氛的控制　电子束固化过程中，当有氧气存在时，会阻碍聚合反应的进行，使漆膜表面不能完全干燥，达到足够的硬度。电子束会氧化空气中的氧气而产生臭氧，臭氧不止对设备有腐蚀作用，对人体也有很大的危害。因此，采取在电子束照射周围充满惰性气体的方法，使氧气浓度保持在一定值以下。具体方法是用天然气或氮气、煤油、丙烷气等按一定比例与空气混合燃烧所产生的惰性气体送入照射室内置换里面的空气，从而使氧气浓度降低。

第34章

涂膜性能的检测

在现代涂装中，涂料质量、涂装施工、涂装管理是获得高质量涂层的三要素，三者相辅相成、缺一不可。涂装质量控制和管理可以分为涂料产品的质量控制及涂装施工的质量控制及管理，只有二者都能满足要求，才能达到预期的涂装目的。因此，涂料质量及涂层性能检测是涂装管理中的一个重要组成部分，采用先进的测试方法来达到科学的涂装管理是涂装工作者所必须熟悉、掌握的。

涂装质量的好坏，最终必须体现在涂膜质量的优劣上。涂装后质量检测是评判涂装质量的最终依据和确保质量的重要环节。

涂膜性能的检测，包括涂膜的力学性能（如附着力、柔韧性、冲击强度、硬度、光泽等）和具有保护功能的特殊性能（如耐候性、耐酸碱性、耐油性等）两个方面。其中力学性能是涂装质量检测中必须检测的基本常规性能，而具有保护功能的特殊性能则可根据不同使用要求选择性地进行检测。

34.1 涂膜外观的测定

涂膜外观等级分为四类，见表 34-1。

表 34-1 涂膜外观等级的分类

等级	代号	特征
一级	Ⅰ	涂膜表面丰满、光亮(无光、半光涂料除外)、平整、色泽一致、美观、几何形状修饰精细。基本无机械杂质,无修整痕迹及其他缺陷,美术涂覆还应纹理清晰、分布均匀、特征突出,具有强烈的美术效果 用于高级精饰要求的制品涂覆
二级	Ⅱ	涂膜基本平整、光滑。色泽基本一致,几何形状修饰较好,机械杂质少,无显著的修整痕迹及其他缺陷,无防护性能的疵病,美术涂覆还应纹理清晰、分布比较均匀、具有美术特点 用于装饰性要求较高的制品涂覆
三级	Ⅲ	涂膜完整、色泽无显著的差异。表面允许有少量细小的机械杂质、修整痕迹及其他缺陷。无影响防护性能的疵病,美术涂覆还应具有美术特点 用于装饰性要求一般的制品涂覆
四级	Ⅳ	涂膜完整,允许有不影响防护性能的缺陷 用于无装饰性要求的制品涂覆

涂膜外观的测定方法有目测法和光泽测定法。

（1）目测法　其方法是直接观察涂膜表面有无缺陷，如颗粒、气泡、针孔、麻点、斑点、开裂、划伤等。

（2）光泽测定法　用各种光学仪器分别测定涂膜的颜色、色泽均匀性、光亮度及平整度。

1）光泽度是指光线以一定的入射角度投射到涂膜表面，并以相应角度反射出去的光量大小。其测定原理如图 34-1 所示。

在一定的入射角下，涂膜表面粗糙，平整度差，散射光多，反射光少，光泽度就低。

2）鲜映性是指涂膜反映影像的清晰程度，以 DIO 值表示。

由于光源将图像或数码映射在涂膜表面上，并被涂膜反射至目镜中，由人眼观察被反射的图像。由于涂膜表面平整度有差别，反射图像的清晰度就有差别。鲜映性测试原理如图 34-2 所示。

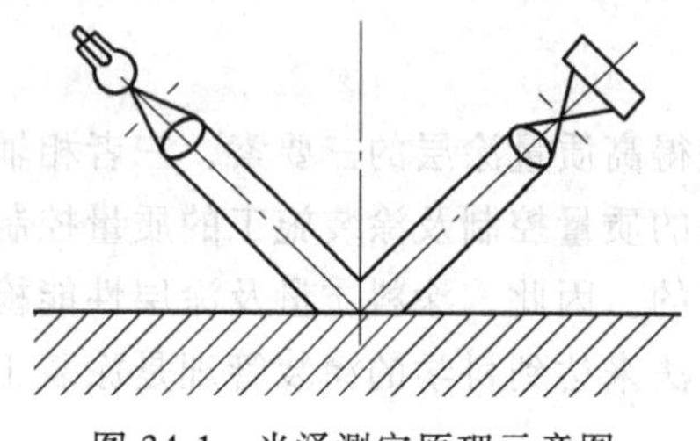

图 34-1　光泽测定原理示意图

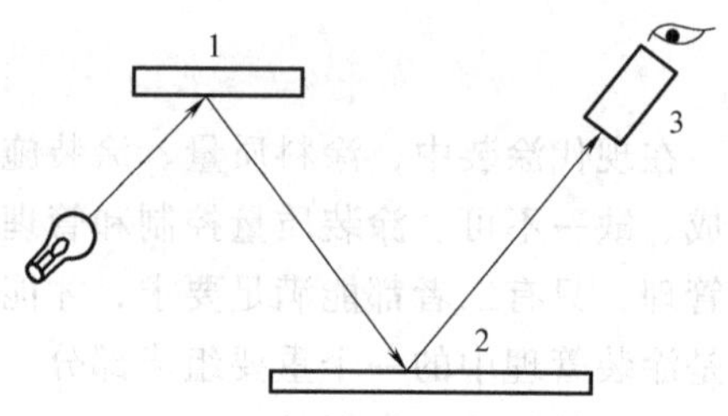

图 34-2　鲜映性测试原理

1—图像板　2—涂膜　3—目镜

数码板上有 13 排大小依次变化的数字，每排数字旁都有标注的 DOI 值，分别是 0.1、0.2、0.3、0.4、0.5、0.6、0.7、0.8、0.9、1.0、1.2、1.5、2.0 等，DOI 值越高，该排数字越小，也越难辨认。测试时能够清晰地辨认的最小那排数字，其旁边标注的 DOI 值就是该涂膜的鲜映性。

涂膜鲜映性是对高光泽涂层的平整性作进一步的等级评定，也就是说高装饰涂层需要有这方面的性能评价。

3）橘纹是类似橘皮一样的涂层表面波纹，与底材表面粗糙度、涂料流平性和施工工艺有很大关系。其测定方法是采用激光橘皮仪进行表面波纹的扫描测试。激光橘皮仪测试原理如图 34-3 所示。

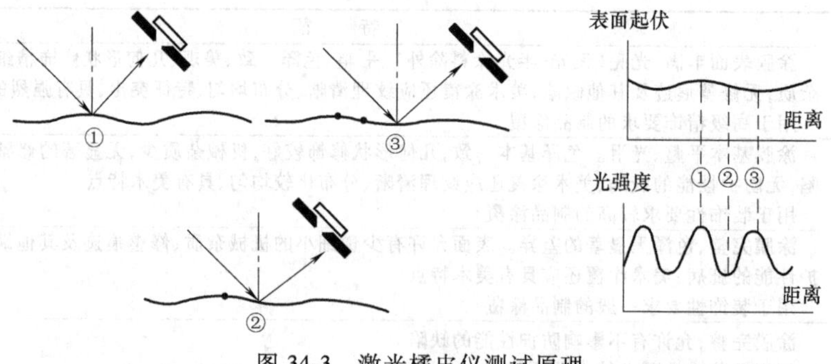

图 34-3　激光橘皮仪测试原理

激光以 60°角照射到被测表面上，在另一侧的 60°角方向通过狭缝滤波对反射光进行测量。测量时，仪器在被测表面移动 10cm 的距离，发射 1250 次激光照射进行扫描。当激光照到峰顶或峰谷时，都接收到最强反射光；照射到波斜坡上时，反射光最弱，得到的光线形态曲线与肉眼观察到的表面波纹的光学轮廓相对应，其波纹曲线的频率是粗糙度仪测得机械轮廓曲线频率的两倍。

对于长度在0.6mm以上的波纹记作长波，0.6mm以下的波纹记作短波，在一定距离内的长、短波纹数越少，橘皮程度就越轻。

短波纹主要是受底材粗糙度的影响；长波纹则主要由施工工艺所引起。

4）颜色是光刺激人的视神经在大脑中所引起的反应，因此光与颜色密切相关。

测色时必须在标准规定的光线下进行对比。

① 目测法在天然散射光或CIE标准光源下将试样与标准色板重叠1/4面积，眼睛与样板成120°~140°进行对比。也可以将试板与标准色卡（具体可参照GB/T 3181—2008）进行对比。

② 现在经常采用的方法是采取三刺激值和色坐标的色度系统用分光光度计或色差仪来测量颜色差别并以数值表示。

色差单位为NBS（National Bureau of Stand—ards Unit），以NBS为单位的色差数值与人眼感觉的颜色差别的关系见表34-2。

表34-2　色差数值与人眼感觉的颜色差别的关系

NBS单位	人眼的色差感觉	NBS单位	人眼的色差感觉
0~0.5	极轻微	3.0~6.0	严重
0.5~1.5	轻微	6.0~12.0	强烈
1.5~3.0	明显	12.0以上	极强烈

34.2　涂膜硬度的测定

涂层硬度是表示涂层机械强度的重要性能之一，其物理意义可理解为涂层被另一种更硬的物体穿入时所表现的阻力。

涂层硬度与涂料品种及涂层的固化程度有关。

涂层硬度的测试可以采用如下方法：摆杆硬度测定法、铅笔硬度测定法、压痕硬度测定法。

（1）摆杆硬度测定法　其基本原理：接触涂膜的摆杆以一定周期摆动时，涂膜越软，则摆杆的摆幅衰减越快。

根据GB/T 1730—2007中的A法，摆杆有科尼格（Konig）摆和珀萨兹（Persoz）摆两种。

1）科尼格摆在测试前，应先在标准玻璃板上，将摆杆从6°~3°的阻尼时间校正为(250±10)s。

2）珀萨兹摆则应先在标准玻璃板上，将摆杆从12°摆至4°的阻尼时间至少调整到420s。

根据GB/T 1730—2007的B法采用双摆，测试前应将从5°摆至2°的摆动时间校正到(440±6)s。

其测定结果以涂膜表面的阻尼时间与玻璃表面的阻尼时间的比值表示。

（2）铅笔硬度测定法　采用一套已知硬度的铅笔笔芯端面的锐利边缘，与涂膜成45°角划涂膜，以不能划伤涂膜的最硬铅笔硬度表示。

（3）其他硬度测定方法　主要有以下几种：

1）巴克霍尔兹硬度为压痕试验，仅对硬质涂膜比较有效。

2）克利曼硬度为划痕测试（scratch test），指在一定负荷下涂膜是否被划透，或以涂膜被划透的最小负荷表示。

3）斯华特硬度是用金属圆环在涂膜来回摆动的次数来衡量的，灵敏度差，但测试要比摆杆阻尼法快，一般用于对涂膜的粗略测定。

4）测试仪法有手动型和自动型，仲裁试验必须采用自动测试。

硬度测定通常采用摆杆法和铅笔硬度法。铅笔硬度由于测试快捷、方便，应用比较广泛。

34.3 涂膜附着力的测定

涂膜附着力是指涂膜对底材表面物理和化学作用的结合力的总和。

测定方法分直接法和间接法。

（1）直接法　主要是拉开法（GB/T 5210—2006），测量把涂膜从底材表面剥离下来时所需的拉力。

（2）间接法　一般专用划圈法和划格法来测试涂膜附着力，操作快捷方便。

1）划圈法（GB/T 1720—1979）是用划圈附着力测定仪进行测定的，并按照划痕范围内的涂膜完整程度进行评定，以级表示（见图 34-4 和图 34-5）。

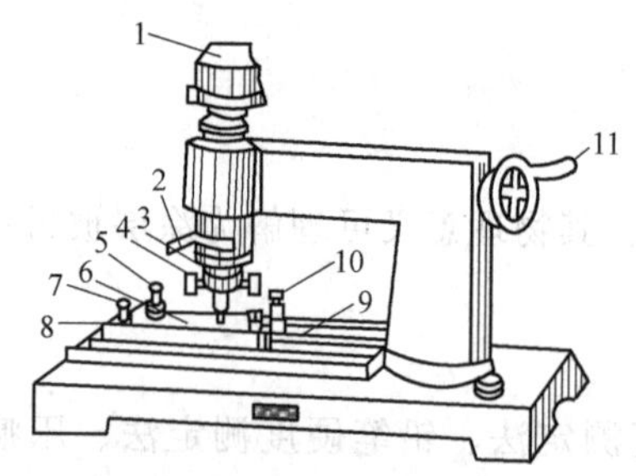

图 34-4　附着力测定仪示意图

1—荷重盘　2—升降棒　3—卡针盘　4—回转半径调整螺栓　5—固定样板调整螺栓　6—试验台　7—半截螺帽　8—固定样板调整螺栓　9—试验台丝杠　10—调整螺栓　11—摇柄

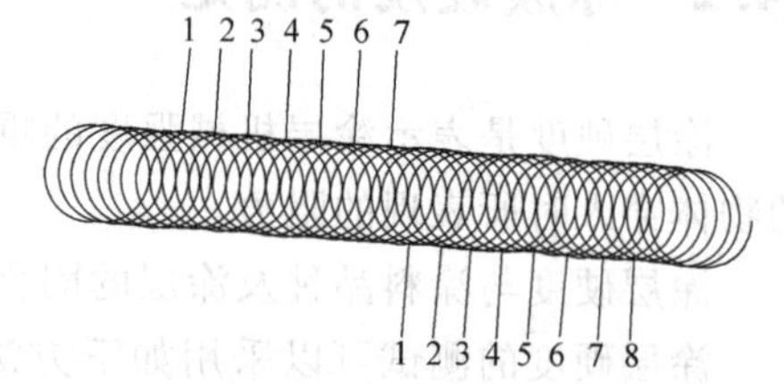

图 34-5　附着力评级图

划圈法的基本步骤是将马口铁板固定在测定仪上，为确保划透涂膜，酌情添加砝码，按顺时针方向，以 80~100r/min 的速度均匀摇动摇柄，以圆滚线划痕，标准圆长 7~8cm，取出样板，评级。操作注意事项：

① 先试着刻划几圈，划痕应刚好划透底板，若未露底板，酌情添加砝码，但不要加得过多，以免加大阻力，磨损针头。

② 测定仪的针头必须保持锐利，否则无法分清 1、2 级的分别，应在测定前先用手指触摸感觉是否锋利，或在测定十几块试板后酌情更换。

③ 评级时可从 7 级（最内层）开始评定，也可从 1 级（最外圈）评级，按顺序检查各部位的涂膜完整程度，如某一部位的格子有 70% 以上完好，则认为该部位是完好的，否则认为坏损。

2）划格法是采用高合金钢划格刀具纵横交叉切割间距 1mm 的格子进行测定的，具体内容可参照 GB/T 9286。采用切割数为 6 的评级方法见表 34-3。

表 34-3　划格附着力分级

分级	说　明	示 意 图
0	切割边缘完全平滑，无一格脱落	
1	在切口交叉处涂层有少许薄片分离，但划格区受影响明显不大于 5%	
2	切口边缘或交叉处涂层脱落明显大于 5%，但受影响明显不大于 15%	
3	涂层沿切割边缘，部分或全部以大片脱落，或在格子不同部位上，部分或全部剥落，明显大于 15%，但受影响明显不大于 35%	
4	涂层沿切割边缘，大碎片剥落，或在一些方格部分或全部出现脱落，明显大于 35%，但受影响明显不大于 65%	
5	大于第四级的严重剥落	—

34.4　涂膜柔韧性的测定

涂膜的柔韧性是指涂膜干燥后的样板在不同直径的轴棒上进行弯曲试验后，底材上的涂膜不发生开裂和剥落的性能，也叫弹性或弯曲性。

涂料被涂装在物件表面上，经常受使其变形的外力影响，例如受外界温度的剧变而引起的热胀冷缩使涂层发脆、开裂甚至剥离物件表面，因此，柔韧性的测定对保证涂装效果极为重要。

GB/T 6742—2007 规定了在标准条件下涂层绕圆柱轴弯曲时的抗开裂性能测试方法，采取的是 ISO 1519 的具体试验方法。

GB/T 1731—1993 规定了使用柔韧性测定器测定涂膜柔韧性的方法。

对于多层涂装系统，可对每一层进行分别测试或对整个体系一起测试，其中最常用的是采用柔韧性测定器测定，并以不引起涂膜破坏的最小轴棒直径表示涂膜的柔韧性。此项测试结果是涂膜弹性、塑性和附着力的综合体现，并受测试时的变形时间与速度的影响。

34.5　涂膜耐冲击性的测定

耐冲击性是测试涂层在高速负荷作用下的变形程度，它综合反映了涂膜柔韧性和对底材的结合力。

涂层耐冲击的能力与其伸长率、附着力和硬度有关。

根据 GB/T 1732—1993 规定，冲击试验器的重锤质量是 1000g，凹槽直径为 15.0mm±0.3mm，冲头进入凹槽深度为 2.0mm±0.1mm（需经校正），重锤最大滑落高度为 50cm。

基本操作内容：按标准制备的涂膜样板实干后，将涂膜朝上的试板平放在铁砧上，重锤借控制装置固定在滑筒的某一高度，按压控制钮，使重锤自由地落下冲击样板（试板受冲击部分距边缘不少于 15mm，每个冲击点的边缘相距不得少于 15mm）。

试验后的质量评定一般采用 4 倍放大镜观察，以出现裂纹和破损等现象时的最大高度为该样品的冲击强度，涂膜通过冲击的高度越高，则耐冲击性能就越好。

34.6 涂膜耐磨性的测定

耐磨性试验测试涂膜的抗机械磨损能力，是涂膜内聚能与涂膜硬度的综合体现。

实验室多采用橡胶磨轮，施加一定的载荷，以磨穿次数或在规定转数下的失重来表示。这类仪器统称为 Taber 磨耗试验仪，国产 MH-1 型磨耗仪如图 34-6 所示。

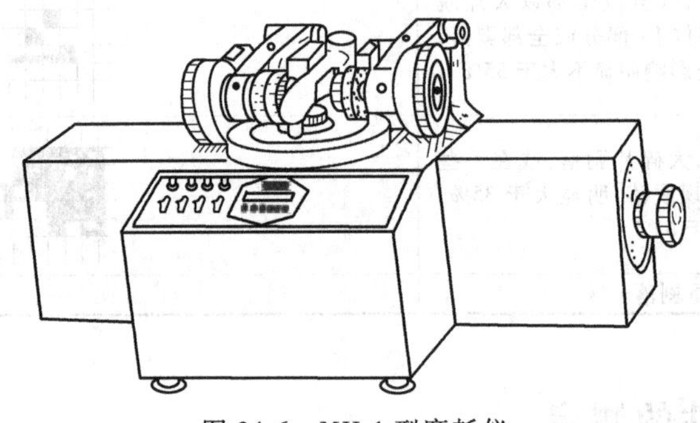

图 34-6 MH-1 型磨耗仪

生产现场采用落砂法和喷砂法模拟涂层的自然磨损来检测。

34.7 涂层检漏试验

涂层的检漏测试是涂装质量管理的一项重要内容。

在此介绍低电压、高电压漏涂检查仪的操作规程，具体内容如下：

1）首先检查涂层或衬里表面并测量膜厚。表面应干燥、无油、无灰尘和其他污物；根据涂膜种类和膜厚选择相应的漏涂检查仪器以及合适的电压。

2）对检测仪器进行接地和连接工作。

3）将敏感电极平压在涂层或衬里表面，并以不超过 0.3m/s 的速度移过表面。在漏涂检查中，要始终保持电极和涂层表面的充分接触。

4）发出声音信号时，目查涂层或衬里的漏涂、针孔或孔穴，并利用无油粉笔标示，便于后续的修理和再检查。采用高电压漏涂检测仪时，检出漏涂等弊病时会看到火花现象。

5）采用低电压漏涂检查仪时，应先润湿海绵，并使之在检查过程中始终保持润湿状态。

6）检出漏涂，及时修补处理。

34.8　涂层的保护和特殊功能的测定

涂料不仅是钢铁、木材、铝制品、混凝土等防腐蚀的重要保护手段，还具有装饰作用而且更具有保护作用和其他特殊功能，被广泛用于船舶、冶金、石油、建筑、家具、仪器仪表等各个行业。

对涂装后的质量检测，除了对涂膜机械物理性能的基本性能进行检测外，对涂料的某些特殊防护功能还应进行测定和考察，以确保涂装工程的使用效果。

检测涂层的保护和特殊功能见表 34-4。

表 34-4　检测涂层的保护和特殊功能

项　　目	采用方式	评定方法	特殊功用
涂膜耐水性测定	浸泡在蒸馏水或去离子水中	观察涂膜是否有失光、变色、起泡、脱落生锈等现象，记录浸泡时间	检验涂膜的耐水性能和抗渗透性能，防水、防锈、防腐涂料需测
涂膜耐油性测定	浸泡在航空汽油或溶剂油中	观察涂膜是否发生皱皮、起泡、剥落、变软、变色、失光等现象，记录浸泡时间	检验涂膜的耐油性能，耐油涂料需测
涂膜耐热性测定	放置于已调节温度的鼓风恒温烘箱或高温炉	达到规定时间后，检查涂膜有无起层、皱皮、鼓泡、开裂变色等现象	检验涂膜的耐热性能，耐热耐高温涂料需测
涂膜耐湿热性测定	放置于调温调湿箱，控制一定的湿度、温度	观察涂膜变色、起泡、生锈和脱落等现象，根据锈蚀状况评级，记录时间	评定涂膜耐湿耐热性，在高湿热条件下使用的涂料需测
涂膜抗污气性测定	放置于玻璃罩内，在最下层点燃煤油灯，保持 30min	观察涂膜表面状态，光滑无变化者合格，出现局部丝纹、皱纹、网纹、失光、起雾为不合格	检测涂膜在干燥过程中，对 CO、CO_2、SO_2、NO_2 等气体的抵抗性能，特殊防腐涂料需测
涂膜耐盐雾性能测定	将试板放置在盐雾箱中，以一定温度循环喷盐水，浓度为 50g/L，喷 15min，停 45min；循环操作	观察涂膜表面或中心刻划基材底部，是否出现起泡、生锈、附着力降低、划痕处腐蚀蔓延等现象，记录出现这些现象的时间	测定涂层耐盐雾的性能。用于海洋环境的涂料，如船舶涂料的检测评价需测
涂层耐冻融循环性测定	将试板先放置水中 3h；再于冷冻箱内，-18℃ 3h；再放入 50℃烘箱 3h；如此循环	检查试板经循环试验后，有无粉化、开裂、剥落、起泡等现象，并与原留样试板对比颜色变化和光泽下降程度；记录循环次数和时间	适用于建筑或特殊功用涂料的耐冻、耐温循环性能测试，水性涂料需测
防污漆样板浅海浸泡试验测定	将涂有防污漆的样板浸泡在浅海中，逐月观察	观察样板上海生物附着品种、数量、繁殖程度及样板的腐蚀状况，如锈蚀、裂纹、起泡、剥落等	适用于钢质船舶、近海工程结构用防污漆的防污性能评价
涂膜耐霉菌性测定	试板平放在培养基表面，将悬浮液喷在样板上，盖上皿盖，29~30℃恒温 14 天	观察涂膜表面霉菌、菌体、菌丝生长状况，以长霉斑点的大小进行评级	评定涂膜耐霉菌性能，防霉涂料、水性涂料需测
涂膜耐化学试剂性测定	将试板、试棒浸泡在化学试剂中，如不同浓度的硫酸、氢氧化钠溶液	观察涂膜有无剥落、起皱、起泡、生锈、变色或失光等现象，记录浸泡时间	评定涂膜耐酸、耐碱、耐盐水等性能，耐酸、碱等涂料需测
涂层耐洗刷性测定	涂层试板放置于洗刷实验机上，用其上刷子不断摩擦涂膜，循环操作	测定涂膜的光泽和颜色是否变化及涂膜损坏、露底时洗刷的次数	测定建筑涂料，特别是内墙涂料的耐湿、耐洗刷的性能
涂层耐燃性测定	将涂层按大板燃烧法、隧道燃烧法及小屋燃烧法进行试验	评价涂膜耐燃时间、火焰传播比值、阻火性能、质量损失和炭化性能等	评定饰面型防火涂料的抵抗或延缓燃烧的性质
涂层耐老化性测定	大气曝晒试验法，人工加速老化试验法（利用光源、温度、湿度等对被测试板进行老化循环试验）	评价涂膜粉化、变色、失光开裂、起泡、生锈脱落等情况，并根据破坏的程度、数量、大小进行评级	评定涂膜耐老化性能，装饰性、保护性面漆、耐候涂料需测项目

第35章 有机涂层选择原则和涂装系统工程

35.1 防腐蚀涂装系统设计程序

有机涂层的选择、防腐蚀涂装系统的设计，必须遵照下列程序和原则进行。

1. 腐蚀环境和工作条件的分析评估

分析评估待涂设备和装置的使用环境和工作运行条件及技术要求，是正确选择合适涂料品种和确定涂装系统的先决条件，是防腐蚀涂装设计中首先必须解决的问题。要充分注意以下两点：

1）被涂构件的材料种类、结构形式、施工特点和使用要求。

2）被涂构件的环境条件、损伤形式、失效机理和寿命要求。

2. 涂装系统确定

涂装系统确定，包括涂料品种的选择和配套涂装系统的成熟性与先进性，涂装前、后处理和涂装工艺方法的确定等。要特别把握以下两点：

1）严格前处理，确保涂层与基体的结合强度，以确保安全和使用可靠性。钢铸件一般在喷砂处理后，立即涂上底漆，若需磷化，则在磷化24h内涂上底漆。

2）底、中、面漆之间的匹配性良好，良好的层间附着力，第二道漆对第一道漆无咬底现象，各漆层之间应有相同或相近的热膨胀系数。

最好参照工程上已有成功使用经验的涂装系统实例和更先进的新型有机涂料的特性，选择或设计更为先进的涂装系统和厚度匹配。涂层之间的重涂适应性和厚度系列，可参见表35-1和表35-2。

表35-1 一些防腐蚀涂料间的重涂适应性

在下层的原涂装涂料	覆涂涂料									
	长暴型磷化底漆	无机富锌底漆	有机富锌底漆	油性防锈漆	醇酸树脂涂料	酚醛树脂涂料	氯化橡胶类涂料	乙烯树脂涂料	环氧树脂涂料	聚氨酯涂料
长暴型磷化底漆	×	×	×	✓	✓	✓	✓	✓	△	△
无机富锌底漆	✓	✓	✓	×	×	×	✓	✓	✓	✓
有机富锌底漆	✓	×	✓	×	×	×	✓	✓	✓	✓
油性防锈漆	×	×	×	✓	✓	✓	×	×	×	×
醇酸树脂涂料	×	×	×	✓	✓	✓	×	×	×	×
酚醛树脂涂料	×	×	×	✓	✓	✓	✓	△	△	△
氯化橡胶类涂料	×	×	×	×	✓	✓	✓	×	×	×
乙烯树脂涂料	×	×	×	×	×	×	×	✓	×	×
环氧树脂涂料	×	×	×	×	△	△	△	✓	✓	✓
聚氨酯涂料	×	×	×	×	△	△	△	✓	✓	✓

注：✓表示可以重涂；×表示不可以覆涂；△表示一定条件下可以覆涂。

表 35-2　不同用途的涂层应控制的涂膜厚度

涂层类别	应控制的总厚度/μm	涂层类别	应控制的总厚度/μm
一般性涂层	80～100	耐磨、防蚀涂层	250～300
装饰性涂层	80～100	超重防蚀涂层	300～500
防腐蚀涂层	100～150	高固体分涂层	700～1000
重防蚀涂层	150～300		

35.2　海洋与沿海设施涂装系统

海洋工程是一个庞大的工程，目前仅能涉及其中一部分，例如，海上采油平台、码头设施、港口机械。这些设施中较常采用环氧富锌涂料为底漆，环氧云铁涂料为中间漆，面漆较多采用氯化橡胶漆。若为潮湿环境，用环氧沥青防锈漆，而实际执行时却有许多不同。海洋运输船舶、各种游船、军用舰艇，常年服役在海洋上，船体结构及船上各种设施长期受到海洋环境的腐蚀。防腐蚀方法主要有两类：一类为有机涂装，另一类为电化学保护。船舶涂料作为一种特殊用途的涂料，必须满足自然环境和特定工作环境的使用要求，船舶涂料分类如图 35-1 所示。

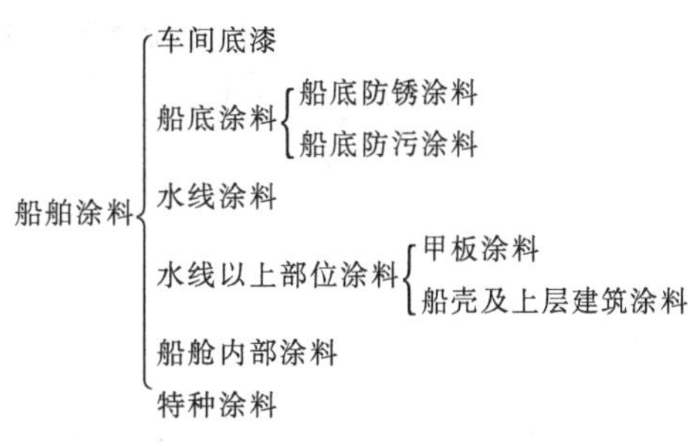

图 35-1　船舶涂料分类

（1）车间底漆　车间底漆分为有机富锌漆和无机富锌漆。

（2）船底涂料　船底防锈涂料，以煤焦沥青或沥青为漆基料，以铝粉或氧化铁红为防锈颜料。高性能长效船底防锈涂料以环氧、氯化橡胶和乙烯树脂为基料，并常以煤焦沥青改性以提高耐水性、附着力和降低成本。船底防污涂料，主要有沥青系、乙烯系、丙烯酸树脂系涂料。

（3）水线涂料　水线部分是船舶腐蚀最为严重的地方，处于空气、日光和海水相互交替暴露，有氧浓差电池腐蚀，并受到海浪冲击和码头碰撞、摩擦等，因此水线涂料应具有良好的耐干湿交替腐蚀性，并有较好的机械强度。水线涂料较常用的为氯化橡胶和乙烯类涂料。

（4）水线以上部位涂料　船壳漆主要有以下几类：酚醛涂料、醇酸涂料、氯化橡胶涂料、乙烯类涂料、丙烯酸类涂料，目前开发了有机硅改性醇酸漆，提高船壳漆的耐候性。

露天甲板漆，除了应具备一般防锈漆的性能外，还应有一定的硬度和耐磨性，以及较好的耐候性，并常加入防滑磨料，以达到防滑的目的。

海上钻探及采油等近海工程，是在腐蚀较为严酷的海洋环境中进行，工程投资高，要求使用年限较长，因此平台的腐蚀防护对平台正常安全运行是至关重要的。平台的腐蚀防护，常常有多种方法复合使用，以达到更佳的防腐效果。如选择耐蚀材料、聚氯乙烯和橡胶包覆带、包覆蒙乃尔合金、涂料及牺牲阳极的联合保护等。其中以涂料保护较为经济，施工也较为方便。

无机富锌涂料能为海上大气区的腐蚀提供良好的保护，它可单独作为海洋大气区涂料，也可在它上面涂覆其他高性能面漆和中间漆，如环氧、乙烯或氯化橡胶类漆，具有 10 年左右的防护寿命。这一结果是从世界上上千座平台的实际使用中得出的。乙烯类涂料涂装 200μm，可有 5 年左右的防护寿命。

表 35-3 列出了自动式平台和驳船的重防腐蚀涂装配套系统。表 35-4 列出了固定式平台（钻井设备、生产装置、泵站）的重防腐蚀涂装配套系统。表 35-5 为半潜式驳船的重防腐蚀涂装配套系统。表 35-6 为浮式生产设施（铺管驳船、钻井船、浮筒等）的重防腐蚀涂装配套系统。这些设施已成功应用 8 年之久，但防腐层仍然完好无损，估计使用期在 20 年以上。

表 35-7~表 35-11 列出了宁波港、石臼港煤码头机械设备和秦皇岛三期工程港口机械涂装系统，系统经实际考核均取得良好效果。

表 35-12~表 35-16 列出了海洋环境下，飞溅区及水下部件的涂装系统。

表 35-3　自动式平台和驳船的重防腐蚀涂装配套系统

涂敷位置	涂敷设施或区域	涂层系统	涂敷层数	干膜厚度/μm
外部	腿	富锌环氧	1	25~35
		煤焦油环氧	2	300
	底部	富锌环氧	1	25~35
		煤焦油环氧	2	300
		含铜防污漆	2	100
	顶部甲板和上层结构	无机富锌	1	75~125
		环氧底漆	1	30~40
		聚氨酯面漆	1	140
		无机富锌	1	75
		厚浆型环氧树脂	2	250
内部	活动泥浆	煤焦油环氧	2	300
		富锌环氧	1	75
		厚浆型环氧树脂	2	300~400
	燃油料、润滑油储罐	环氧酚醛	2	250
		厚浆型环氧树脂	2	250
		煤焦油环氧树脂	2	300
	饮水和淡水罐	环氧酚醛	2	250
		厚浆型环氧树脂	2	250
	压载舱	无机富锌	1	75~125
	热运转设备	无机富锌	1	75~125
		丙烯硅酸酯	2	40~50

表 35-4　固定式平台（钻井设备、生产装置、泵站）的重防腐蚀涂装配套系统

涂敷位置	涂敷设施或区域	涂层系统	涂敷层数	干膜厚度/μm
外部	全浸区	富锌环氧	1	25~35
		焦油环氧	2	300
		厚浆型环氧树脂	1	50
		厚浆型环氧树脂	3	300
	飞溅区	无机富锌	1	75~125
		环氧底漆	1	30~40
		玻璃纤维环氧酚醛	2	500
		无机富锌	1	75
		厚浆型环氧树脂	2~3	250~375
		玻璃鳞片聚氨酯	1	500
		缠绕或包覆层	1	2000~3000

（续）

涂敷位置	涂敷设施或区域	涂层系统	涂敷层数	干膜厚度/μm
外部	平台上部下部表面、顶部甲板上层结构	无机富锌	1	75~125
		环氧底漆	1	30~40
		聚氨酯面漆	2	140
		无机富锌	1	75
		厚浆型环氧树脂	2	250
	直升机甲板	无机富锌	1	75~125
		环氧底漆	1	30~40
		聚氨酯面漆	2	140
		无机富锌	1	75
		厚浆型环氧中间层涂料	1	125
		厚浆型环氧面漆	1~2	125~250
内部	活动泥浆槽	煤焦油环氧	2	300
		富锌环氧	1	75
		厚浆型环氧树脂	2	300~400
	燃料油 润滑油 储罐	环氧酚醛	2	250
		厚浆型环氧树脂	2	250
		煤焦油环氧	2	300
	饮水和淡水罐	环氧酚醛	2	250
		厚浆型环氧树脂	2	250
	热运转设备	无机富锌	1	75~125
		丙烯硅酸酯	2	40~50
		无机富锌	1	75
		硅酸铝酯	2	50

表 35-5　半潜式驳船的重防腐蚀涂装配套系统

涂敷位置	涂敷设施或区域	涂层系统	涂敷层数	干膜厚度/μm
外部	外部浸入水中部位（腿、浮筒）	富锌环氧	1	25~35
		煤焦油环氧	2	300
		防污面漆	2	100
	飞溅区	无机富锌	1	75~125
		环氧底漆	2	30~40
		玻璃纤维环氧酚醛	2	500
	平台上部下层表面、甲板和上层结构	无机富锌	1	75~125
		环氧底漆	1	30~40
		聚氨酯面漆	2	160
内部	活动泥浆槽	煤焦油环氧	2	300
		富锌环氧	1	75
		厚浆型环氧树脂	2	300~400
	燃料油、润滑油储罐	环氧酚醛	2	250
		厚浆型环氧树脂	2	250
		煤焦油环氧	2	300
	饮水和淡水罐	环氧酚醛	2	250
		厚浆型环氧树脂	2	250
	热运转设备	无机富锌	1	75~125
		丙烯硅酸酯	2	40~50
		无机富锌	1	75
		硅酸铝酯	2	50
	焊接站	无机富锌	1	75~125

表 35-6　浮式生产设施（铺管驳船、钻井船、浮筒等）的重防腐蚀涂装配套系统

涂敷位置	涂敷设施	涂层系统	涂敷层数	干膜厚度/μm
外部	底部与水线间船壳	富锌环氧	1	25~35
		煤焦油环氧	2	300
		防污面漆	2	100
	干舷、甲板上层结构、钻井平台	无机富锌	1	75~125
		环氧底漆	1	30~40
		聚氨酯面漆	2	160
内部	压载舱	无机富锌	1	75~125
	活动泥浆槽	煤焦油环氧	2	300
		富锌环氧	1	75
		厚浆型环氧树脂	2	300~400
	饮水和淡水罐	环氧酚醛	2	250
		厚浆型环氧树脂	2	250
	燃料油、润滑油储罐	环氧酚醛	2	250
		煤焦油环氧	2	300
		厚浆型环氧树脂	2	250
	热运转设备	无机富锌	1	75~125
		丙烯硅酸酯	2	40~50
	焊接站	无机富锌	1	75~125

表 35-7　宁波北仑港门机的重防腐蚀涂装设计系统

工序	涂料名称	标准涂装量/(kg/m²)	涂装间隔(20℃)/h	稀释剂及稀释率(%)	标准膜厚/μm
表面处理	手工或电动工具除锈达 SIS St2 级				
底漆(1)	特殊环氧底涂	0.20(刷)	16h 以上,1 个月以内	环氧稀释剂,0~5	50
底涂(2)	环氧云铁涂料	0.25(刷)	16h 以上,1 年以内	环氧稀释剂,0~10	50
中涂	氯化橡胶中涂	0.17(刷)	6h 以上	氯化橡胶稀释剂,0~10	35
面涂(1)	氯化橡胶面涂	0.15(刷)	6h 以上	氯化橡胶稀释剂,0~10	30
面涂(2)	氯化橡胶面涂	0.15(刷)	—	—	30
		Σ0.92			Σ195

表 35-8　宁波北仑港皮带输送机的重防腐蚀涂装设计系统

工序	涂料名称	标准涂装量/(kg/m²)	涂装间隔(20℃)/h	稀释剂及稀释率(%)	标准膜厚/μm
表面处理	手工或电动工具除锈达 SIS St2 级				
底漆(1)	特殊环氧底涂	0.20(刷)	16h 以上,1 个月以内	环氧稀释剂,0~5	50
底涂(2)	环氧云铁涂料	0.25(刷)	16h 以上,1 年以内	环氧稀释剂,0~10	50
中涂	环氧中涂	0.14(刷)	16h 以上,6 个月以内	环氧稀释剂,0~5	30
面涂(1)	聚氨酯-丙烯酸面涂	0.12(刷)	6h 以上,1 个月以内	聚氨酯稀释剂	30
面涂(2)	聚氨酯-丙烯酸面涂	0.12(刷)	—	10%~20%	30
		Σ0.83			Σ190

表 35-9　石臼港煤码头港口机械主要设备或部件的涂装

程序		涂料名称	颜色	干膜厚度/μm	涂装次数/次	每道涂布量/(g/m²)	涂装间隔(20℃)	涂装方案
在制造厂进行	表面处理	喷砂或抛丸 SIS Sa2.5,切割和焊接部位用电动工具清理,表面粗糙度为 35~70μm						
	底漆	702 环氧富锌底漆	灰	75	1	300	1~7d	高压无气喷涂
		842 环氧云铁底漆	灰	100	1	240	1~7d	高压无气喷涂
	中间层漆	610-3 氯化橡胶厚浆型漆	淡绿	65	1	200	16h~8 个月	高压无气喷涂

（续）

程序		涂料名称	颜色	干膜厚度/μm	涂装次数/次	每道涂布量/(g/m²)	涂装间隔(20℃)	涂装方案
在现场进行	现场修补	对航运或施工中损坏的涂层进行修补，修补前用溶剂擦去上面的油垢，并用清水洗掉灰尘等，然后按规定进行修补						
	面漆	氯化橡胶面漆	各色	30	1	130	16h～8 个月	高压无气喷涂

表 35-10　石臼港煤码头长期处于潮湿状态的设备涂装

程序	涂 料 名 称	颜色	干膜厚度/μm	每道涂布量/(g/m²)	涂装间隔(20℃)	涂装次数/次	涂装方案
第一次表面处理	喷砂 SIS Sa2.5 表面粗糙度为(35±10)μm						
预涂底漆	702 环氧富锌底漆	灰	35	150	1～7d	1	高压无气涂层
第二次表面处理	电动工具　St-3						
面漆	846-1 环氧沥青防锈漆	棕色	125	230	1～7d	1	高压无气涂层
	846-2 环氧沥青防锈漆	黑色	125	230	1～7d	1	高压无气涂层
现场修补	同表 35-9						
合计膜厚	285μm						

表 35-11　秦皇岛三期工程港口机械的涂装

程序		涂 料 名 称	颜色	干膜厚度/μm	涂装次数/次	每道涂布量/(g/m²)	涂装间隔(20℃)	涂装方案
在制造厂进行	底漆	A 组： 702 环氧富锌底漆	灰	80	1	300	1～7d	高压无气喷涂
		B 组： 德国 IP 环氧富锌底漆	灰	80	1	300	1～7d	高压无气喷涂
	中间层漆	A 组： 842 环氧云铁底漆	灰	100	1	240	1～7d	高压无气喷涂
		B 组： 德国 IP 环氧云铁底漆	灰	100	1	240	1～7d	高压无气喷涂
在现场进行	现场修补	运输和安装过程中损伤的漆膜要修补，海盐粒和灰尘用清水冲洗，然后按规定修补						
	面漆	各色环氧面漆	各色	120	1	300	1～7d	高压无气喷涂

表 35-12　海洋大气钢结构涂装系统

涂 层 体 系	涂装次数/次	厚度/μm	涂 层 体 系	涂装次数/次	厚度/μm
704 无机富锌底漆	1	20	846 环氧沥青防锈漆	1	125
701 无机富锌厚浆漆	1	70	氯化橡胶面漆	2	20
氯化橡胶中间漆	2	150	702 环氧富锌底漆	1	20
氯化橡胶面漆	1	30	V45 乙烯沥青防锈漆	2	150
704 无机富锌底漆	1	20	乙烯面漆	2	100
702 环氧富锌底漆	1	20			

表 35-13　海洋大气钢结构的涂装系统（上部结构）

涂装体系	底材调整种类	第 1 层/μm	间隔时间/h	第 2 层/μm	间隔时间/h	第 3 层/μm	间隔时间/h	第 4 层/μm	间隔时间/h	第 5 层/μm	间隔时间/h	第 6 层/μm	间隔时间/h	第 7 层/μm
1	制品喷砂	厚膜无机 ZRP75	>48	短期可剥性带锈底漆	1～12	酚醛系铬酸锌底漆 30	12h～7d	酚醛系 MIO10	>16	酚醛系 MIO10	>16	氧化橡胶系中层 30～40	24h～3 月	氯化橡胶系四层 25～30
2		热喷涂 75～125	<4	同上约 10	1～24		12h～7d		>16					

（续）

涂装体系	底材调整种类	第1层/μm	间隔时间/h	第2层/μm	间隔时间/h	第3层/μm	间隔时间/h	第4层/μm	间隔时间/h	第5层/μm	间隔时间/h	第6层/μm	间隔时间/h	第7层/μm
3 低温时	制品喷砂	厚膜无机ZRP75	>48	厚膜环氧底漆的50%稀释液	1~12	厚膜型环氧底漆60	12h~3月	厚膜型环氧底漆50	24h~3月	聚氨酯作面层30	24h~7天	聚氨酯作面层30μm	—	—
				短期可剥性带锈底漆10	1~12	厚膜型聚氨酯底漆60		24h~3月	24h~1月				—	—
4 低温时		热喷涂75~125	<4			厚膜型环氧底漆60			2h~1月				—	—
						厚膜型聚氨酯底漆60			24h~1月					
5		厚膜无机RP75	>48	短期可剥性带锈底漆10		厚膜型乙烯底漆250	>16h	厚膜型乙烯面层30	—	—	—	—	—	—
6		厚膜无机ZRP75		焦油环氧的50%稀释液		焦油环氧110	24h~10d	焦油环氧110	—	—	—	—	—	—
				焦油氨基酯的50%稀液	24h~10d	焦油氨基酯110		24h~10d	—	—	—	—	—	—
7	厚板喷砂	无机ZRP20		焦油环氧110		焦油环氧110		24h~10d	—	—	—	—	—	—
				焦油氨基酯110		24h~10d		24h~10d	—	—	—	—	—	—
8				焦油环氧110		24h~10d	—	—	—	—	—	—	—	—
				焦油氨基酯110		24h~10d	—	—	—	—	—	—	—	—
9			—	—		—	—	—	—	—	—	—	—	—

表 35-14　潮差飞溅区和水下装置涂装系统

	涂层体系	涂装次数/次	厚度/μm
飞溅区	707 无机富锌底漆	2	150
	846 环氧沥青防锈漆	3~4	350
	707 无机富锌底漆	2	150
	V45 乙烯沥青防锈漆	4~5	350
水下区	在水下区涂料保护与阴极保护联用，可大大减少电流需用量。推荐涂料如下：		
	707 无机富锌底漆	2	150
	707 无机富锌底漆	1	20
	846 环氧沥青防锈漆	3~4	350
	707 无机富锌底漆	1	20
	或 702 环氧富锌底漆	1	20
	V45 乙烯沥青防锈漆	4~5	350

表 35-15　飞溅带、潮汐带适用的涂装系统

防蚀方法	代表性实例			优　点	缺　点
	被覆材料	膜厚/mm	施工法		
耐蚀金属包覆	耐海水不锈钢	3	包覆或焊接包覆挤压包覆	耐久性优良 耐冲击性优良 现场安装容易	初始成本高 焊接难 要考虑金属电偶腐蚀 难适应复杂形状
	钛	1			
		2			
	蒙乃尔	2			
	低合金耐海水	9			

（续）

防蚀方法	代表性实例			优　　点	缺　　点
	被覆材料	膜厚/mm	施工法		
有机衬里	聚乙烯	2.5	挤压包覆或粘贴	可进行工业大生产，廉价耐久性良好	难适应复杂形状
	聚氨酯	2.5	涂装	即使是复杂的形状也可施工 耐久性优良	耐特殊涂装差（高压气喷） 耐候性差(环氧树脂)
	环氧树脂	2			
	煤焦环氧	2			
石蜡油衬里	石蜡油、胶带+FRP 保护外层	石蜡油 2-3 FRP 外层 3	卷带缠卷+外层被覆	即使复杂形状也可施工	耐冲击性差
混凝土衬里	混凝土+FRP 保护外层	覆层厚 100	模型板浇注	耐久性优良 实效好	限于现场施工 耐冲击性差

表 35-16　飞溅带、潮差带的钢结构涂装系统

涂装体系	工　　程				
	基体处理	底漆/μm	薄雾状涂层	中间层～面层	面层（合计膜厚）/μm
环氧树脂涂料	SIS Sa2.5	厚浆型无机富锌（75）	有	环氧树脂涂料（200μm×2 道）	（475）
环氧树脂+聚氨酯涂料	SIS Sa2.5	厚浆型无机富锌（75）	有	环氧树脂涂料（200μm×2 道）	聚氨酯涂料（30）（505）
环氧树脂涂料+氟树脂涂料	SIS Sa2.5	厚浆型无机富锌（75）	有	环氧树脂涂料（200μm×2 道）	氟树脂涂料（30）（505）
焦油环氧涂料	SIS Sa2.5	厚浆型无机富锌（75）	有	焦油环氧涂料（200μm×2 道）	（475）
氯化橡胶涂料	SIS Sa2.5	厚浆型无机富锌（75）	有	氯化橡胶涂料（200μm×2 道）	（475）
玻璃鳞片涂料	SIS Sa2.5	有机富锌漆（15）	无	聚酯玻璃鳞片涂料（500μm×2 道）	（1015）

35.3　钢铁桥梁涂装系统

桥梁可以分为跨海大桥、跨江、跨河大桥，由于所处环境恶劣程度、造价水平、耐久性要求不同，涂装系统有很大差异，表 35-17、表 35-18 为公路钢结构的涂装系统，表 35-19、表 35-20 为跨海大桥防护涂装系统，表 35-21、表 35-22 为长江三峡工程已完成施工或合同规定的防护体系，表 35-23、表 35-24 为日本关西国际机场连接桥涂装系统。

表 35-17　公路钢结构桥的涂装系统

环境	在厂与现场涂装间隔	工　　程		涂　　料
田园山区	6 个月	工厂涂装	预涂底漆	磷化底漆
			底漆 1 道	铅系防锈涂料
			底漆 2 道	铅系防锈涂料
		现场涂装	中层 1 道	超长油度醇酸涂料
			面漆 1 道	长油度醇酸涂料
沿海	12 个月以内	工厂涂装	预涂底漆	磷化底漆
			底漆 1 道	铅系防锈涂料
			底漆 1 道	铅系防锈涂料
		现场涂装	中层 1 道	酚醛云铁涂料
			中层 2 道	氯化橡胶涂料
			面漆	氯化橡胶涂料

表 35-18 钢结构桥梁的涂装系统

工 程	涂料名称	涂料使用量/[g/(m²·道)]	干膜厚度/(μm/道)	涂装间隔
第一次基体处理	喷砂,无机富锌底漆	200	20	—
第二次基体处理	制品喷砂	—	—	1~3个月
第一层	厚膜无机富锌	700	75	2以内
第二层	薄雾状涂层(流平罩光)	160	—	1d~3个月
第三层	厚膜环氧涂料(底漆)	500	100	1~3个月
第四层	厚膜环氧涂料(底漆)	500	100	1~7d
第五层	聚氨酯涂料(中层)	170	30	—
第六层	聚氨酯涂料(面漆)	140	30	—

表 35-19 桥的涂装系统(飞溅、潮差区)

工 程	涂料名称	涂料使用量/[g/(m²·道)]	干膜厚度/(μm/道)	涂装间隔
基体处理	第一次、第二次处理均与表35-18中相同			
第一层	环氧富锌底漆	200	20	1~3个月
第二层	超厚浆型环氧涂料	6000	2500	—

表 35-20 桥的涂装系统(海水区)

工 程	涂料名称	涂料使用量/[g/(m²·道)]	干膜厚度/(μm/道)	涂装间隔
基体处理	第一次、第二次处理均与表35-18中相同			
第一层	厚浆型无机富锌底漆	700	75	2~6个月
第二层	薄雾状涂层(流平罩)光	160	—	2以内
第三层	焦油环氧涂料	450	150	1~10d
第四层	焦油环氧涂料	450	150	1~10d

表 35-21 三峡已施工工程防护体系

名称		涂层体系	厚度/μm
西陵大桥(长1118.66m)	钢桥板面	①无机硅酸锌车间底漆(SZ-1C)	20
		②无机富锌底漆(SZ-1G)	75
	钢筋梁外壁、U形肋内外壁	①SZ-1C ②SZ-1G 无机富铝面漆(SA-1)	20 75~100 30~60
	支座灯杆护栏	①881D环氧云铁底漆(二道) ②881YM聚氨酯面漆(二道)	80 80
	主缆吊索	缠绕前涂不干性密封腻子(9501B) 缠绕后涂环氧云铁底漆(881D) 聚氨酯面漆(881YM)	—
蓬坨大桥(长340m)钢管拱主桥钢架外壁		①无机硅酸锌车间底漆(SZ-1C) ②无机富锌底漆(SZ-1G) ③环氧云铁底漆(881D) ④聚氨酯面漆(881YM)各色	350
下牢溪大桥(长286m)		六孔三柱墩结构 最大跨径160m钢管拱表面,采用热喷铝	—
黄柏河大桥(长284m)		七孔桩台式双柱墩结构,最大跨径160m钢管拱表面,采用热喷锌	—
公路防眩网护栏波形梁		热浸锌	61~85

（续）

名　　称	涂层体系	厚度/μm
码头钢管桩 ϕ800/1000mm	①氯化橡胶铝粉漆 ②氯化橡胶防腐漆	—
粉煤灰储运罐	①环氧铁红底漆 ②合成树脂调和漆为中间层面漆	—
粉煤灰输送地下管道	环氧煤焦油沥青涂料	—

表 35-22　三峡工程合同中规定的防护体系

名　　称	涂层体系	厚度/μm	备注
永久船闸人字工作门及第一闸道检修门（2.38 万 t 钢）	热喷漆，磷化底漆封闭	>160	—
	氯化橡胶面漆（二道）	>260	
电站压力输水管 14 条（共 5t）（明管内外壁，钢管内壁） 钢管外壁	无机富锌底漆	450	—
	厚浆型环氧沥青漆 无苛性钠水泥沙浆	500	
电站进水口快速工作闸门，排沙孔工作闸门（4911t）	热喷锌	120~160	总厚 300~340
	不饱和乙烯树脂封闭（一道）	30	
	环氧云铁中间漆	50	
	改性耐磨环氧面漆（二道）	100	
泄洪深孔弧形工作闸门，排漂孔弧形工作闸门（2 扇）共 10306t	热喷锌	120~160	总厚 300~400
	不饱和乙烯树脂封闭	30	
	环氧乙烯中间漆	50	
	环氧金刚砂面漆	100	
桥式起重机，桥机及吊梁结构内外表面	环氧铁红车间底漆	—	—
	环氧云铁中间漆	—	
	聚氨酯面漆	—	

表 35-23　日本关西国际机场连接桥涂装系统（海上大气区）

工程	涂料名称	涂料使用量 /[g/(m^2·道)]	干膜厚度 /(μm/道)	涂装间隔
第一次基体处理	喷砂、无机富锌底漆	200	20	—
第二次基体处理	制品喷砂	—	—	—
第一层	厚膜无机富锌	700	75	1d~3 个月
第二层	薄雾状涂层（流平罩光）	160	—	2d 以内
第三层	厚膜环氯涂料（底漆）	500	100	1d~3 个月
第四层	厚膜环氯涂料	500	100	1d~3 个月
第五层	聚氨酯涂料（中层）	170	30	1d~3 个月
第六层	聚氨酯涂料（面膜）	140	30	1~7d

表 35-24　日本关西国际机场连接桥涂装系统（飞溅、潮差区）

工程	涂料名称	涂料使用量 /[g/(m^2·道)]	干膜厚度 /(μm/道)	涂装间隔
基体处理	第一次、第二次处理均与表 35-23 中相同			
第一层	环氧富锌底漆	200	20	1d~3 个月
第二层	超厚浆型环氧涂料	6000	2500	—

35.4　铁道工业涂装系统

蒸汽机车运行时，长期处于日晒雨淋的环境中，工作条件恶劣，金属易被腐蚀，涂装是防止腐蚀的简便方法。蒸汽机车常用涂料见表 35-25，机车涂装工艺及质量要求见表 35-26。表 35-27 是日本国铁钢梁涂装工艺，编号 3 涂装系统是广岛附近一个跨海桥所使用，1983 年面漆出现剥落，原因是中间漆涂膜上沾有海盐粒子，因此，在涂装面漆时，中间漆或在工厂涂装的第一道底漆涂膜表面的盐分应不大于 $100mg/m^2$。

表 35-25　蒸汽机车常用涂料

型号和名称	特　点	适 用 范 围
F82-31 黑酚醛锅炉漆	附着力、耐水性良好，有一定的耐热性	机车身外表面
F83-31 黑酚醛烟囱漆	附着力强、干燥快，短时能耐 400℃高温而不易脱落	车身外表面
C04-4 红、白醇酸瓷漆	色彩鲜艳、干燥快、涂膜附着力和耐候性好	车轮等部件

表 35-26　机车涂装工艺及质量要求

工序名称	工 序 内 容	质 量 要 求
清理除锈	彻底清除油、锈，最后用汽油全国擦净浮锈	表面无油、无锈
涂底漆	涂两道 F83-31 黑酚醛烟囱漆，中间间隔 24h，第二道需干 48h	涂膜均匀，不得有漏涂、露底等缺陷
涂面漆	涂两道 F83-31 黑色酚醛锅炉漆，第 1 道涂后干 24h，第 2 道涂后需干 48h	涂膜均匀，不得有漏涂和露底缺陷

表 35-27　日本国铁钢梁涂装工艺

工序	涂 料 名 称	标准使用量 /(g/m^2)	膜厚 /μm	涂装间隔 (20℃)
第 1 道	厚膜无机富锌漆	喷，700	75	48h～3 个月
第 2 道	第三道涂料稀释约 50%	喷，150	约 10	1～12h
第 3 道	厚膜型环氧底漆	喷，300	60	24h～15d
第 4 道	厚膜型环氧底漆	喷，300	60	24h～15d
第 5 道	聚氨酯中间漆	喷，160	30	24h～15d
第 6 道	聚氨酯面漆	喷，140	30	—
第 1 道	厚膜型环氧富锌漆	喷，700	75	48h～3 个月
第 2 道	厚膜型环氧富锌漆	喷，300	60	24h～15d
第 3 道	厚膜型环氧富锌漆	喷，300	60	24h～15d
第 4 道	聚氨酯中间漆	喷，160	30	24h～15d
第 5 道	聚氨酯面漆	喷，140	30	—
第 1 道	厚膜型无机富锌漆	喷，700	75	48h～3 个月
第 2 道	磷化底漆	喷，130	约 10	1～12h
第 3 道	酚醛铬酸锌防锈底漆	喷，150	30	12h～7d
第 4 道	酚醛云铁中间漆	喷，300	50	16h～12 个月
第 5 道	酚醛云铁中间漆	喷，300	50	48h～12 个月
第 6 道	氯化橡胶中间漆	喷，210	35	24h～15d
第 7 道	氯化橡胶面漆	喷，150	25	—
第 1 道	无机富锌底漆	喷，200	20	48h～3 个月
第 2 道	厚膜改性环氧涂料	喷，350	90	24h～7d
第 3 道	厚膜改性环氧涂料	喷，350	90	24h～7d
第 4 道	厚膜改性环氧涂料	喷，350	90	—
第 1 道	无机富锌底漆	喷，200	20	48h～3 个月
第 2 道	焦油环氧漆	喷，300	90	24h～7d
第 3 道	焦油环氧漆	喷，300	90	24h～7d
第 4 道	焦油环氧漆	喷，300	90	

35.5　油气运输管道的防腐蚀涂装系统

1. **管道外表面防腐蚀涂层系统**

通过地下管道进行石油、天然气的输送，我国近 30 年来有了重大的发展，历经 20 世纪 70 年代、20 世纪 90 年代两次建线高潮，已铺设管线万余 km，已成为我国交通运输系统的第五大运输体系，西气东输（将新疆塔里木、青海柴达木和陕甘宁的天然气通过管道输送到长江三角洲地区，直达上海，全长 4000km，2004 年建成，年输气量最终可达 200 亿时）使我国进入第三次管线建设高潮。

腐蚀是危害运输管道安全，甚至造成管道失效的主要原因，再加上这些管道又是埋在地下的隐蔽工程，一旦管道腐蚀，引起油气泄漏，轻则造成油气损失，重则造成火灾，危害人民的生命财产安全，所以，各国都十分重视油气运输管道的防腐蚀工程。一般采用阴极保护和防腐蚀涂层系统双保护体系。防腐蚀系统的设计与选择，具体进行时应按照技术可靠、施工可行、经济合理的原则，对于各类地区防腐层的设计和选择要充分考虑以下内容：

1）沙漠、戈壁及植物根茎发达、腐蚀性强、地下水位高的地段，应采用煤焦油瓷漆、聚乙烯两层、环氧粉末等涂层（其中环氧粉末在地下水位高地段慎用）。

2）岩石（含碎石、卵石）山区、丘陵等运输条件差，倒运次数多的地区宜选用抗冲击能力强的聚乙烯两层结构涂层。

3）平原地段，宜采用环氧粉末、聚乙烯两层结构、煤焦油瓷漆（在满足当地环保要求时）等涂层，对于腐蚀性较强、无深根植物、地下水位不高、介质输送较低的地段，也可采用石油沥青。

4）聚乙烯三层结构综合性能好，适应性广，但价格较高，选用时应根据沿线条件及工程重要性，在地形复杂、维护维修费用困难地段及大型空跨越段（尤其是定向钻穿越段）应采用。

5）聚乙烯两层结构分纵向挤出和侧向挤出缠绕两种类型，从经济条件及费用因素考虑，在中小管径（DN500 以下）宜采用纵向挤出型；DN500 以上宜采用侧向挤出缠绕型。

6）对于距离较短的小口径管道在附近作业线条件不具备的条件下，可采用环氧煤沥青涂层。

7）工艺站场埋地管道防腐（尤其在与长输管线干线管径一致的情况下），应采取与干线相同的防腐层，以达到方便施工、管理，减少投资的目的。

在进行管道外防腐蚀层设计时有以下 11 个重要参数需引起设计师们重视：①持久的黏结力；②耐化学介质浸泡；③防腐层材料的电阻率一般应大于 $1\times10^{12}\Omega\cdot m$，考虑到施工过程的损伤，最好大于 $1\times10^{14}\Omega\cdot m$，且长期在水、土壤中，无明显变化；④抗阴极剥离能力强；⑤压痕硬度高，以保证在储存、运输、运行期间具有良好的抗穿透能力；⑥抗土壤应力的能力强；⑦具有一定的韧性；⑧表面硬度高、耐磨性强；⑨抗冲击力好，耐重创；⑩抗老化能力强；⑪补口、补伤较容易。

但是无论具体选择的涂层系统的类型如何，所施加的防腐涂层必须具备以下特征，方能保证在设计年限内完整有效。

1）良好的电绝缘性。以保证管道与周围环境的隔绝，防止其他杂散电流的干扰。

2）良好的稳定性。以抵御土壤环境中的水和正负离子的侵蚀而导致防腐层性能的变劣和土壤微生物、植物根茎对防腐层的侵害。

3）足够的机械强度。以避免在搬运、敷设等施工环节中对防腐层造成的机械损伤以及埋地后石块等对防腐层的缓慢穿透作用。

4）耐阴极剥离和土壤应力。即与阴极保护配合良好，并能防止由于管道热胀冷缩和土壤的滑动摩擦应力对防腐层的剥离作用。

5）良好的耐久性。因管道属于半永久性设施，投产后维修或维护较难进行，要求耐久性要好。

6）易于进行补口、补伤。目前管道防腐层材料品种较多，各种防腐层材料都具有自己本身的特性和适用条件，不存在适用于种种环境条件的万能防腐材料，对于一项具体的管道防腐工程，只有根据管道的运行条件、土壤状况、施工环境和工艺、管道设计寿命、环保要求及经济合理性等方面进行综合考虑才能选出最佳的防腐层材料。

常用石油、天然气管道外防腐蚀层涂料有沥青和合成树脂两大类，沥青类主要有石油沥青和煤焦油瓷漆两大品种，合成树脂类则有热塑性树脂的PE和PP，热固性环氧树脂、酚醛树脂常用管道外防腐蚀层，具体如图35-2所示。管道外涂层选材见表35-28。

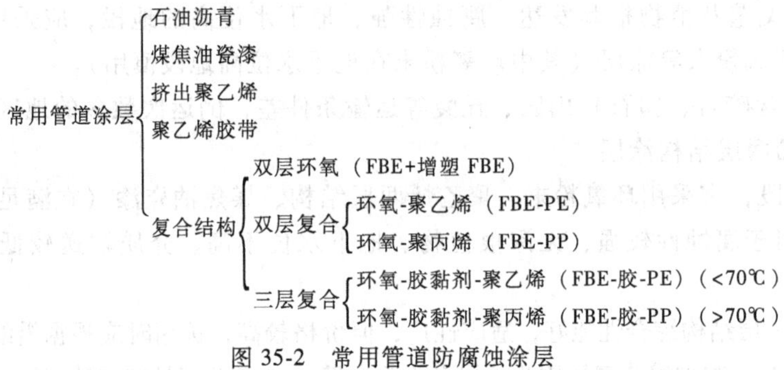

图35-2 常用管道防腐蚀涂层

表35-28 管道外涂层选材

项目	环氧粉末(FBE)	煤焦油瓷漆	聚乙烯(P) 二层结构	聚乙烯(P) 三层结构	石油沥青	环氧煤沥青
结构	单层薄膜	多层厚涂、增强缠绕	二层厚涂	三层厚涂	多层厚涂、增强缠绕	多层薄涂、增强缠绕
材料	环氧树脂粉末	底漆或瓷漆或内外包扎带	胶黏剂或聚乙烯	环氧粉末+共聚物+聚乙烯	石油沥青+玻璃布+塑料布	底漆+固漆+玻璃布
涂敷工艺	静电喷涂	热涂缠绕	挤出包覆或缠绕	静电喷涂+挤出包覆或缠绕	热涂缠绕	冷涂缠绕
国外应用/年	约30	>70	约40	约10	>50	约40
国内应用/年	约10	5	>15	4	>30	20
适用温度/℃	-30~110	A型：-13~35 B型：-8~60 C型：-3~80	≤80	≤80	-15~80	<110
除锈要求	Sa2.5	Sa2.0	Sa2.0	Sa2.5	Sa2.0	Sa2.0
涂层厚度/mm	0.3~0.5	0.3~0.5	1.8~3.7	1.8~3.7	4.0~7.0	0.3~0.6
环境污染	很小	较大	很小	很小	较大	较大
补口工艺	环氧粉末喷涂或热收缩套	煤焦油瓷漆热烤缠带或热收缩套	聚乙烯电熔套或热收缩套	聚乙烯电熔套或热收缩套	石油沥青现场浇涂或热收缩套	环氧煤沥青或热收缩套

（续）

项目	环氧粉末(FBE)	煤焦油瓷漆	聚乙烯(P)		石油沥青	环氧煤沥青
			二层结构	三层结构		
材料国产化	已通过部级鉴定,但尚未大规模应用,且质量不稳定	材料已国产化	材料已国产化	材料已国产化	国产化合格,但应注意材料指标符合标准	国产化合格,但应注意材料指标符合标准
主要优点	黏结力强,使用温度范围较宽,涂敷管可冷弯,具有极好的耐土壤应力和耐阴极剥离性能	耐石油产品、植物根茎、微生物,国内原料充足,吸水率低。使用寿命长	绝缘性能好、机械强度高、吸水率低、抗透湿性强、耐土壤应力好	综合性能优异,既有FBE的强黏结,良好的耐阴极剥离和防腐性能,又有PE良好的机械性能,抗透湿性、高度绝缘性	价格便宜,来源广泛,漏点及损伤易修复	耐土壤应力较好,耐水、耐微生物及植物根茎,可常温冷涂施工,自然固化
主要缺点	较易受冲击破坏,对吸水敏感,涂装过程要求十分严格,耐光老化性能差	机械强度较低,使用温度有限,环境污染较重	黏结力较差,失去黏结后易造成阴保屏蔽,与焊缝较高的钢管结合较差,阳光下易老化,严重损伤修复困难	造价高,涂敷工艺复杂,补口若与管体同结构,将较复杂,否则与管体不匹配,造价高	吸水率高,不耐微生物腐蚀,易被植物根茎穿透,使用过程中容易损坏或老化,耐土壤应力差	固化时间长,生产规模受限,涂层质量易受天气影响;双组分很难保证始终混合均匀,适用期短;施工中溶剂挥发,有一定环境污染;使用过程中(尤其热管道)绝缘性能下降很快,导致阴保电流很快上升
适用地区	大部分土壤环境,特别适用于定向钻穿越段及黏质土	人烟稀少的沙漠、戈壁地区和水位高、植物根基茂盛、生物活动频繁的沼泽或灌木丛生地区	大部分土壤环境,特别是机械强度要求高、土壤应力破坏作用较大的地区	各类环境,特别适用于对涂层机械性能、耐土壤应力及阻水屏障性能要求较高的苛刻环境,如碎(孵)石土壤、石方段、土壤含水量高、生物活动频繁、植物根系发达地区	对涂层性能要求不高的一般土壤环境,如沙土、黏土等	可用于规模较小、管径较小的管道工程,穿越套管及金属构件的防腐。同时对涂层机械性能要求不高,但要求耐水、微生物及植物根茎的地区
慎用或禁用环境	碎(孵)石土壤、石方段地下水位较高地区	碎(孵)石土壤、黏质土壤及环境保护要求高的地区	架空管段,另外由于其对钢管黏结较差,温差较大的地区应慎重考虑	架空管段,另外由于其防腐工艺复杂,造价高,一般土壤环境不推荐使用	碎(孵)石土壤、石方段、土壤含水量高、生物活动频繁、植物根系发达地区	多石土壤、石方段,强土壤应力地区,大规模、大口径管道工程
待解决问题	国产材料的质量及防腐涂敷线水平有待提高	涂敷厂的烟气处理要得当,减少环境污染	胶黏剂质量有待提高	国产环氧粉末质量有待提高,补口结构有待研究	—	规范市场提高涂料质量,以确保防腐工程质量

2. 管道内表面涂层系统

管道内表面涂层系统主要目的是提高防腐蚀能力和降低油气输送摩阻、提高输送能力，这里侧重介绍以减阻为目的，也兼顾防腐蚀的内表面涂层。20世纪60年代以来，内涂技术有了更快的发展，有些国家甚至规定长输大口径管道必须内涂减阻涂层，加拿大、德国修建的大口径输气管道内壁喷涂环氧基涂料，喷涂几十微米，其费用仅为 FBE 涂层的 1/6~1/3，据介绍可降低气体输送时的摩阻 7%~14%，对于大口径、长距离输气管道可产生较好的经济效益。

35.6 化工管道与储罐涂装系统

表 35-29 列出了一些化工管道外壁的重防腐蚀涂装系统。表 35-30 为管道内壁防腐蚀材料。表 35-31 列出了煤气柜防腐蚀涂装系统。表 35-32 列出了金属储罐防腐蚀用涂料。表 35-33、表 35-34 为储罐外壁和内壁涂装系统。表 35-35 为混凝土储罐内壁涂装系统。

表 35-29 一些化工管道外壁的重防腐蚀涂装系统

工序	涂料名称	标准涂装置/(kg/m²)	涂装间隔/h	稀释剂及稀释率(%)	标准膜厚/μm
表面处理	电动工具除锈按 SSPC SP-3(St3)要求除锈				
底涂中涂 面涂(1) 面涂(2)	特殊环氧底漆	0.20(刷涂)	16h 以上,1 个月以内	环氯稀释剂,0~5	50
	环氧中涂	0.14(刷涂)	16h 以上,6 个月以内	环氯稀释剂,0~5	30
	聚氨酯丙烯酸	0.12(刷涂)	16h 以上,1 个月以内	聚氨酯稀释剂,10~20	30
	面涂	—	—	聚氨酯稀释剂,10~20	30
	聚氨酯丙烯酸	0.12(刷涂)	—	—	—
	面涂	∑0.58			∑140

表 35-30 管道内壁防腐蚀材料

管道类型	对防护材料的要求	常用材料
输油、输气管	耐油、耐烃类溶剂、耐污染油质、不渗水、不透气、耐腐蚀	环氧酚醛涂料、环氧聚氨酯涂料、环氧粉末、酚醛涂料、聚氨酯涂料
化工管道(主要输送液体反应物料、酸、碱、液氨、液氯、溶剂等)	耐化学腐蚀、耐酸、耐碱、耐水、耐温度、耐溶剂	环氧沥青涂料、环氧酚醛涂料、聚氨酯环氧涂料、氯磺化聚乙烯涂料等
水管(海水管、水电站管)	耐水、耐冲击、耐盐雾、耐湿热	环氧焦油沥青涂料等
泥浆管道及输送粉末管道	耐磨、耐腐蚀	聚氨酯涂料、环氧聚氨酯涂料等
热交换管	耐热、耐水、耐腐蚀	喷铝或涂环氧耐腐蚀涂料

表 35-31 煤气柜防腐蚀涂装系统

方案	内壁	外壁	水槽底	说明
1	底漆:云铁环氧底漆 1 道 面漆:H53-31 环氧沥青 3~4 道	底漆:云铁环氧底漆 1 道 中间漆:H53-31 环氧沥青漆 3~4 道 面漆:651 铝粉氯化橡胶面漆或云铁氯化橡胶桥梁面漆 1~2 道	底漆:云铁环氧底漆 1 道 面漆:H53-31 环氧沥青 1~2 道 面层:热沥青 1 层,厚 8mm	被涂面必须喷砂处理
2	底漆:H06-4 环氧富锌底漆 1 道 中间漆:HL-901 环氧沥青漆或 846-1 环氧沥青漆 1 道 面漆:HL-902 环氧沥青漆或 846-2 环氧沥青漆 1 道	底漆:H06-4 环氧富锌底漆 1 道 中间漆:624-4 云铁氯化橡胶漆 2 道 面漆:651 铝粉氯化橡胶面漆或云铁氯化橡胶桥梁面漆 1~2 道	底漆:H06-4 环氧富锌底漆 1 道 面漆:H53-34 环氧沥青漆 1~2 道 面层:热沥青 1 层,厚 8mm	被涂面必须喷砂处理
3	底漆:L44-81 铝粉沥青底漆 1~2 道 面漆:L44-82 沥青漆 3~4 道	底漆:L44-81 铝粉沥青底漆 1~2 道 中间漆:L44-82 沥青漆 3~4道 面漆:651 铝粉氯化橡胶面漆或云铁氯化橡胶桥梁面漆 1~2 道	底漆:L44-81 铝粉沥青底漆 1~2 道 面漆:H53-44 环氧沥青漆 1~2 道 面层:热沥青 1 层,厚 8mm	被涂面必须喷砂处理

（续）

方案	内　壁	外　壁	水　槽　底	说　明
4	底漆：X06-1 磷化底漆 1 道，G06-4 过氯乙烯底漆 过渡层：G06-4/G52-31 = 1:1 1 道 面漆：G52-31 瓷漆 2 道 过渡层：G52-31/G52-2 = 1:1 1 道	底漆：X06-1 磷化底漆 1 道，G06-4 过氯乙烯底漆 面漆：G52-33 铝粉漆 4 道	全部同方案 3 水槽底漆	被涂面必须喷砂处理

表 35-32　金属储罐防腐蚀用涂料

型号和名称	主要性能	用　途
F53-31（F53-32）红丹（铁红）防锈漆	耐水性、防锈性、附着力较好，干燥快，刷涂易产生刷痕	金属储罐外壁防锈
C53-31 红丹醇酸防锈漆	附着力、防锈性较好，干燥快，可刷可喷，但耐水性较差	金属储罐外壁防锈
C04-2，C04-42 灰色醇酸瓷漆	漆膜坚韧，耐候性好	金属储罐外壁涂漆
铝粉醇酸瓷漆（分装）	耐候性好，可反射阳光中的紫外线，常温干燥，可刷，可喷	金属储罐外壁涂漆
煤气柜外壁用沥青防腐漆	膜坚硬、柔韧，附着力好，耐大气曝晒，耐 H_2S 作用	煤气柜、储槽等外壁防腐蚀，可在工业大气长期使用不粉化，抗软化渗透和龟裂性好
X52-31 各色乙烯防腐漆	耐酸、碱，防潮、防霉性能良好，施工时应底面漆配套使用	储罐内壁
G52-31 各色过氧乙烯防腐漆	耐酸、碱，耐候性良好，与 G06-4 及 G52-2 防腐漆配套使用	工业大气储罐外壁防腐蚀
H53-33 红丹环氧防锈漆（双组分）	防锈性优良，附着力强，耐水、耐油、耐碱性好，干燥快	储罐内壁防锈
H04-2 各色环氧硝基磁漆	耐候性、耐油性、耐水性好，需与环氧底漆、环氧腻子配套使用	适用湿热、海洋气候及工业大气防腐蚀
H04-5 白色环氧瓷漆（分装）	涂膜紧硬，附着力好，有良好的耐油和耐化学腐蚀性、常温干	油罐或其他储罐内壁防腐蚀
H06-13 环氧沥青底漆（双组分）	与金属及混凝土附着力良好，常温干燥应与同类面漆配套	金属或混凝土油罐外壁打底
H04-4 环氧沥青漆（双组分）	耐潮湿、防腐蚀性能优良，与环氧沥青底漆配套	金属或混凝土油罐外壁
H06-14 各色环氧底漆	附着力、耐水、耐潮湿性能好	储罐打底用
S06-1 铁红聚氨酯底漆	优良的耐油、抗腐蚀性和良好的力学性能	金属或混凝土油罐内壁耐油防腐蚀，与 S04-9 配套
S04-9 湿固化聚氨酯漆	优良的耐油、耐水、耐腐蚀性和良好的机械性能	金属或混凝土油罐内壁耐油防腐蚀
J06-1 氯化橡胶漆 J41-31 氯化橡胶漆 J43-31 氯化橡胶漆 J52-1 氯化橡胶漆	耐酸、耐碱、耐海水性能良好	储罐内壁防腐蚀
T09-13 漆酚耐氨涂料	耐氨水性能好，耐湿氯气，耐酸性能良好	氨水储罐
J52-1 氯磺化聚乙烯防化工大气腐蚀涂料	优良的耐酸、耐碱、耐候性能	化工大气储罐内外壁防腐蚀
J52-2 氯磺化聚乙烯防酸、碱盐涂料	优良的耐酸、碱、盐性能	储罐内壁防腐蚀
J52-4 氯磺化聚乙烯耐油涂料	优良的耐油、耐水、耐溶剂性能	油罐内壁防腐蚀

表 35-33　储罐外壁涂装系统

涂料名称		漆种调配	涂漆方法	涂漆道数	干燥时间/h	备注
配套一	F53-31 红丹酚醛防锈漆	搅拌均匀加入稀料调整至所需黏度	刷涂或喷涂	1~2	间隔 24	底部或顶部要多涂一道漆
	或 C53-31 红丹醇酸防锈漆面漆:铝粉醇酸瓷漆	铝粉加入清漆中,加入适量溶剂调整黏度	喷涂或刷涂	2~3	间隔 24	
配套二	H06-13 环氧沥青底漆(分装)	按规定加入固化剂,并加入适量溶剂搅拌均匀	喷涂或刷涂	2	间隔 24	注意预防渗色
	面漆:铝粉环氧沥青瓷漆(分装)	铝粉及固化剂按规定量加入漆料中,搅拌均匀	喷涂或刷涂	2	间隔 24	

表 35-34　储罐内壁涂装系统

涂装品名(配套)		漆种调配/(g/L)	涂漆方法	涂漆道数与干燥		备　注
				涂漆道数	干燥时间/h	
配套一	G51-1 铁红过氯乙烯耐氨漆	—	喷涂或刷涂	2	每道间隔 0.5~2,第 2 道干燥后才涂漆	喷最后一道清漆干 10 天后才可投入使用
	G51-1 黑过氯乙烯耐氨漆	—	喷涂	2	每道间隔 0.5~2,第 2 道干燥后才涂漆	
	过氯乙烯耐氨清漆	—	喷涂	4	每道间隔 0.5~2	
配套二	胺固化环氧树脂涂料(自配)	E44 环氧树脂:100 二丁酯:15 乙二胺:6~8 丙酮:30 石墨粉:5~6	刷涂	5~6	每道间隔 24	最后一道涂漆干 10 天后才投入使用

表 35-35　混凝土储罐内壁涂装系统

涂 料 名 称		漆种调配	涂漆方法	涂漆道数与干燥		备　注
				道数	干燥时间/h	
配套一	S06-1 铁红聚氨酯底漆(分装)	按比例调配并加入适量稀料搅拌均匀	喷涂	1~2	8~12	最后一道漆干燥 7~10d,涂膜硬干后才投入储罐
	面漆:S54-4 白色聚氨酯耐油瓷漆(分装)	按比例调配并加入适量稀料搅拌均匀	喷涂	2~3	8~12	
	湿固化聚氨酯涂料	搅拌均匀并加入适量溶剂	喷涂	3~4	8~12	
配套二	底漆:H06-13 环氧沥青漆(分装)	按比例加入固化剂及适量稀料搅拌均匀	喷涂	1~22	间隔 24	
	面漆:铝粉环氧沥青漆(分装)	按比例加入固化剂及适量稀料搅拌均匀	喷涂	约 3	间隔 24	

35.7　高温结构件的涂装系统

高温结构件主要指锅炉、加热炉、烟囱、烘箱以及飞机上发动机包套等，在设计选用这些结构件的防护涂装系统时，要把握下列原则：

1）被涂构件的工作环境、使用温度注意最高温度。

2）使用寿命要求。

3）被涂物件大小、施工环境。

4）经济分析。

一般情况下，采用有机硅树脂等。纯有机硅树脂能在 200℃ 长期工作，加入不同的耐热颜料、填料制成色漆，可使其耐热温度分别达到 300℃、400℃、500℃、700℃，见表35-36、表 35-37，锅炉常用涂料及使用范围见表 35-38，几种有机硅漆施工程序见表 35-39。

表 35-36　耐热涂料类型

<table>
<tr><th>类型</th><th>主 要 成 分</th><th>主 要 特 点</th></tr>
<tr><td rowspan="2">纯有机硅涂料</td><td rowspan="2">纯有机硅树脂,耐热颜料、填料</td><td>树脂清漆耐温 200℃</td></tr>
<tr><td>加入耐热颜料、填料可耐温 500℃,加入玻璃陶瓷材料,可在 60℃使用</td></tr>
<tr><td rowspan="3">改性有机硅涂料</td><td rowspan="3">用醇酸、丙烯酸、环氧等树脂改性有机硅树脂、耐热颜料、填料</td><td>耐温 200~400℃</td></tr>
<tr><td>可制成常温干燥涂料</td></tr>
<tr><td>可耐冷热温度骤变冲击</td></tr>
<tr><td rowspan="2">聚四氟乙烯涂料</td><td rowspan="2">聚四氟乙烯树脂,耐热颜料、填料</td><td>在 260℃长期工作</td></tr>
<tr><td>390℃开始分解</td></tr>
<tr><td rowspan="3">有机钛树脂涂料</td><td rowspan="3">钛酸丁酯树脂</td><td>耐氧化</td></tr>
<tr><td>耐温度骤变</td></tr>
<tr><td>耐温 500~600℃</td></tr>
<tr><td colspan="2">聚酰亚胺漆</td><td>320~480℃</td></tr>
<tr><td colspan="2">聚酰胺-酰亚胺漆</td><td>260~430℃</td></tr>
<tr><td colspan="2">聚联苯醚涂料</td><td>250~350℃</td></tr>
</table>

表 35-37　常用耐热或耐高温涂料品种

型号和名称	主 要 性 能	应 用 范 围
W06-1 有机硅烘干底漆	改性有机硅树脂需烘干 良好的防腐蚀能力 耐温 200℃	耐温 200℃左右的表面防腐蚀
W61-22 各色有机硅耐热漆	改性有机硅树脂可室温干燥 耐温 300℃	在 300℃工作的设备或零部件表面防腐蚀
W61-27 各色有机硅耐热漆	改性有机硅树脂可室温干燥 耐温 300~400℃	高温下工作的设备或零部件表面防腐蚀
W61-55 铝粉有机硅烘干耐热漆(分装)	改性有机硅树脂需烘干 较好的耐蚀性 耐温 500℃	高温设备表面,发动机外壳、烟囱、排气管等
W61-104 铝粉有机硅高温防腐蚀漆(分装)	良好的耐蚀性 耐温 700℃	飞机发动机零部件及高温设备表面
W04-101 有机硅憎水涂料	优异的憎水性、耐热性、抗高低温(350~600℃),抗冲击性和结合力强 烘干型 350℃以下使用	涡轮发动机整流罩外壁涂覆
F83-31 黑酚醛烟囱漆	附着力好,短时能耐 400℃高温而不易脱落 使用量为 30~100g/m^2	锅炉烟囱、蒸汽锅炉外壳、火车头等设备防腐蚀
C83-31 各色醇酸烟囱漆	耐热性较好,附着力强	烟囱表面防腐蚀
C61-1 铝粉醇酸耐热漆	耐热性较好,附着力强	锅炉、烘箱等设备表面耐热防腐蚀

表 35-38　锅炉常用涂料及使用范围

型号和名称	主 要 特 点	应 用 范 围
C060-1 铁红醇酸底漆	附着力强,干燥快,防锈性良好	黑色金属表面防锈打底
F06-1 锌黄、铁红、灰酚醛底漆	附着力强,干燥快,耐水性好,防锈性良好	锌黄:铝合金表面打底防锈 铁红、灰、钢铁表面打底防锈

（续）

型号和名称	主要特点	应用范围
H06-2 铁红、锌黄环氯酯底漆	涂膜坚硬，很好的附着力与防锈性能	锌黄：铝合金表面 铁红：黑色金属表面
C53-1 红丹醇酸防锈漆	附着力强，干燥快，防锈性优于铁红漆	大型钢结构表面打底防锈
C04-2 各色醇酸瓷漆	附着力强，干燥快，有较好的耐油性和装饰性	涂装金属表面，盛油件内表面耐油防锈涂层
C61-1 铝粉醇酸耐热漆	附着力强，干燥快，有较好的耐热性	各种金属表面耐热防腐蚀涂层
C81-31 各色醇酸烟囱漆	附着力强，干燥快，有较好的耐热性和耐候性，施工方便	烟囱表面涂覆
F83-31 黑酚醛烟囱漆	附着力强，干燥快，短时能耐受 400℃ 高温而不易脱落	烟囱、蒸汽锅等防腐蚀
L82-31 沥青锅炉漆	有很好的耐水性和一定的耐热能力	蒸汽锅炉筒内表面之涂层，防止水垢在金属表面引起锈蚀，并便于清洗

表 35-39　几种有机硅漆施工程序

型号和名称	耐温范围/℃	组　成	施工程序
W61-55 铝粉有机硅烘干耐热漆（分装）	500	有机硅树脂、铝粉 铝粉：树脂=6：94 稀料：甲苯	喷砂后在 24h 内涂漆，每道喷完后室温放置 30min 左右指干后，烘 150~170℃ 2~2.5h 可达实干
W61-27 各色有机硅耐热漆	300~400	甲基丙烯酸改性有机硅树脂，耐热颜料、填料 稀料：醋酸丁酯与二甲苯（1：1）	除油去锈后涂漆，一般喷涂两道，第一道常温下干燥后，即可喷涂第二道，不必烘烤固化
W06-1 淡红色有机硅烘干底漆	200	聚酯改性有机硅树脂，耐热颜料、填料 稀料：甲苯或二甲苯	除油、锈后涂膜，在 200℃ 烘烤 2h 固化，可与腻子或面漆配套使用
W07-1 有机硅腻子	200	聚酯改性有机硅树脂耐热颜料、填料	施工于耐高温底漆上，其厚度不应超过 0.5mm，烘烤时应逐渐升温，如 100℃、150℃、200℃ 等各保持 2h

35.8　建筑行业防腐蚀涂装系统

机械、化工、冶金、轻工、纺织等各个工业部门都有厂房建筑，电视台、微波塔、高级宾馆、普通居室也都是楼房建筑，从防腐蚀、美观装饰、使用寿命而论，千差万别，这里不可能都加以列举，但耐腐蚀涂料的选择应当根据基体材料、腐蚀介质性质、环境温度和湿度等条件确定，可参见表 35-40。防腐蚀涂料的底漆、瓷漆、清漆等，应当注意与基材的结合强度，底、中、面漆涂装系统的匹配性以及外观装潢和标志等，涂装系统实例可参见表 35-41。在厂房建筑中楼面和地面往往是酸、碱等腐蚀介质滴溅、溢流之处，表 35-42 为楼面、地面面层材料选择，综合考虑耐腐蚀性能和技术经济指标优先采用 A 类或采用 B 类材料。

现代大型或高层建筑大量采用钢铁结构，追求的是宏伟、美观、长寿命，为此，对于环境作用引起钢铁结构的腐蚀都要严格要求，例如，北京机场新航站楼、四川成都双流机场新航站楼、青岛电视塔、三峡库区输电站、北京铁路西客站等在设计之时都已将钢铁构件的防腐蚀进行了设计，标明了特定要求。例如，某大型建筑对防腐蚀要求如下：

1）所有室内钢柱、钢梁、主体钢架的外露表面。

2）所有暴露在室外的钢柱、钢梁、主体钢架的外露表面。

3）所有屋面非组合压型钢板的下表面。

4）以上结构的钢预埋件，钢连接件的外露表面都必须施加防腐蚀涂装系统。离楼板、地面 8m 以内的室内和连接桥底的主体结构承重钢柱、钢梁、压型钢板、钢楼板、主体钢构架、预埋件都必须施加防火涂装系统，详见表 35-43，这些涂装系统可以保证钢铁构件使用寿命在 30 年以上，这是一个很大的进步。20 世纪 60 年代有些钢铁结构桥梁防腐蚀涂层每年要涂刷 1 遍，改革开放后，钢铁构件防腐蚀涂层保护寿命逐步提高到 5 年、10 年、20 年甚至达到 30 年，可见进步之显著。目前正在研究更新、更耐久的涂料，例如，醇溶无机富锌涂料，可迅速干燥，干膜含锌质量分数可达 90%，远不是那种无机富锌涂料；又如含氟的聚氨酯面漆具有更高的使用温度、更优异的耐环境特性和更长的使用寿命。

表 35-40　建筑防腐蚀涂料的选择

涂料品种	耐酸性	耐碱性	耐水性	与水泥基层附着力	与钢铁基层附着力	耐候性
过氯乙烯漆	好	好	好	中	中	好
沥青漆	好	好	好	好	好	中
大漆（或称生漆）	好	差	好	好	好	差
氯化橡胶漆	好	好	好	好	好	好
环氧树脂漆	好	好	中	好	好	中
聚氨酯涂漆	好	好	好	好	好	中
氯磺化聚乙烯涂料	好	好	好	中	中	好
氯-醋共聚树脂涂料	好	好	好	好	好	好
醇酸树脂耐酸漆	中	差	差	中	好	好
酚醛树脂耐酸漆	中	差	中	差	中	差
环氧树脂沥青漆	好	好	好	好	好	差
酯胶漆	中	差	差	差	中	差

注：表中“好”是推荐使用品种，“中”是可用品种，“差”是不宜采用品种。

表 35-41　常用建筑防腐蚀涂料及其配套

涂 料 品 种	水泥砂浆、混凝土基础、木质基础	钢 铁 基 础
过氯乙烯漆	稀释的过氯乙烯清漆或过氯乙烯无光乳胶漆 1 道	喷砂除锈后即涂乙烯磷化底漆 1 道；人工除锈时，涂铁红醇酸底漆或铁红环氧底漆 1 道
	过氯乙烯底漆 1～2 道	
	过氯乙烯过渡漆（底漆：防腐漆 = 1：1）1 道	
	过氯乙烯防腐漆 2～4 道	
	室内时：过渡漆（清漆：防腐漆 = 1：1）1 道 过氯乙烯清漆 1～4 道 室外时：过氯乙烯防腐漆 1～4 道 过渡漆（清漆：防腐漆 = 1：1）0～2 道	
沥青漆	稀释的沥青漆 1～3 道	铁红醇酸底漆或红丹酚醛防锈漆 1～2 道
	沥青耐酸漆 2～3 道	
	铝粉沥青漆 0～1 道	
生漆或漆酚树脂漆	稀释的生漆（或漆酚树脂）清漆 1 道	
	底漆［漆：瓷粉或石英粉 = 1：（0.8～1）］1～2 道	
	过渡漆［漆：瓷粉或石英粉 = 1：（0.3～0.5）］1 道	
	生漆（或漆酚树脂清漆）2～3 道	
氯化橡胶	氯化橡胶底漆 1～2 道 氯化橡胶面漆 2～4 道	
环氧漆	稀释的环氧清漆 1 道	
	环氧酯底漆 1～2 道	环氧酯底漆或铁红环氧底漆 1～2 道
	环氧防腐漆 2～4 道	
	环氧清漆 1～2 道	

（续）

涂料品种	水泥砂浆、混凝土基础、木质基础	钢铁基础
环氧沥青漆	稀释的环氧沥青漆1道	
	环氧沥青底漆1道	
	环氧沥青漆2道	
聚氨基甲酸酯漆	稀释的聚氨基甲酸酯清漆1道	棕黄聚氨基甲酸酯底漆1道
	铁红聚氨基甲酸酯底漆1道	
	聚氨基甲酸酯瓷漆1~3道	
	聚氨基甲酸酯瓷漆1~3道	
氯磺化聚乙烯防腐漆	底漆1道	
	面漆4~6道	
氯乙烯醋酸乙烯共聚树脂漆	底漆1道	
	面漆4~6道	
醇酸耐酸漆	铁红聚氨基甲酸酯底漆1~2道	铁红醇酸底漆或硼钡酚醛防锈底漆1~2道
	面漆2道	
酚醛耐酸漆	底漆1~2道（木质基层可不涂底漆）	硼钡酚醛防锈底漆或铁红酚醛漆或环氧铁红底漆1~2道
	面漆2~3道	
酯胶漆	底漆1~2道	硼钡酚醛防锈底漆1~2道
	面漆2道	

表 35-42　楼面、地面面层材料选择

介质名称		类别	块材面层									整体面层							
			块材				灰缝												
			花岗石	耐酸瓷砖	耐酸陶板	聚合物浸渍混凝土	沥青胶泥	水玻璃胶泥	硫磺胶泥或硫磺砂浆	树脂胶泥	水泥砂浆	沥青砂浆	水玻璃混凝土	树脂砂浆	树脂玻璃钢	树脂稀胶泥	软聚氯乙烯板	密实混凝土	水磨石
硫酸>70%，硝酸>40%，铬酸>25%		Ⅰ	A	A	B	—	—	A	—	—	—	—	A	—	—	—	—	—	—
		Ⅱ	B	A	A	—	—	A	—	—	—	—	A	—	—	—	—	—	—
硫酸 50%~70%，硝酸 10%~40%，盐酸>20%，铬酸≤25%		Ⅰ	A	A	B	—	—	A	B	A	—	—	A	B	—	—	—	—	—
		Ⅱ	B	A	A	—	—	A	B	B	—	—	A	A	B	—	B	—	—
硫酸<50%，硝酸<10%，盐酸≤20%		Ⅰ	A	A	B	—	B	B	A	A	—	—	B	A	B	—	—	—	—
		Ⅱ	B	A	A	—	A	B	A	B	—	B	B	B	A	B	B	—	—
醋酸	>40%	Ⅱ	B	A	B	—	—	A	—	—	—	—	A	—	—	—	—	—	—
	≤40%作用量较多	Ⅱ	B	A	B	—	B	B	B	A	—	—	—	A	B	—	—	—	—
	≤40%作用量较少	Ⅱ	—	B	A	—	A	B	—	—	—	—	—	B	A	B	—	—	—
氢氟酸<40%		Ⅱ	—	—	—	—	—	—	—	—	—	B	—	A	B	—	A	—	—
		Ⅲ	—	—	—	—	—	—	—	—	—	A	—	B	A	B	B	—	—
脂肪酸（C_5~C_{20}）		Ⅲ	—	B	A	B	—	—	—	B	A	—	—	—	—	—	—	A	B
柠檬酸		Ⅲ	—	A	B	B	—	—	—	A	B	—	—	—	B	B	—	B	A
酸洗液（含氟酸除外）		Ⅰ	A	A	B	—	B	B	—	A	—	—	B	A	B	—	—	—	—
电镀液（含氟酸除外）		Ⅱ	B	A	A	—	B	—	—	A	—	—	—	A	B	—	—	—	—
脱铜电解液		Ⅰ	A	A	B	—	B	B	—	A	—	B	B	A	—	—	—	—	—
铜浸出液，铜、锌电解液		Ⅱ	B	A	A	—	A	B	—	—	A	B	—	B	—	—	—	—	—
锌浸出液，镍阳极液、钴电解液		Ⅲ	—	—	—	—	—	—	—	—	—	B	—	—	—	B	—	A	B
铅电解液（含硅氟酸）		Ⅲ	—	—	—	—	—	—	—	—	—	A	—	—	—	B	—	—	—
化钎、纺织印染酸性溶剂		Ⅱ	B	A	A	—	B	—	—	A	—	B	—	B	A	—	—	—	—

（续）

介质名称		类别	块材面层									整体面层							
			块材				灰缝												
			花岗石	耐酸瓷砖	耐酸陶板	聚合物浸渍混凝土	沥青胶泥	水玻璃胶泥	硫磺胶泥或硫磺砂浆	树脂胶泥	水泥砂浆	沥青砂浆	水玻璃混凝土	树脂砂浆	树脂玻璃钢	树脂稀胶泥	软聚氯乙烯板	密实混凝土	水磨石
磷酸<5%和氢氧化钠<5%的交替作用	作用量多	Ⅰ	B	A	A	—	A	—	—	B	—	B	—	B	A	—	B	—	—
	作用量少	Ⅱ	—	B	A	—	A	—	—	—	—	A	—	—	B	B	—	—	—
硫酸铵		Ⅱ	—	A	A	—	B	B	B	A	—	—	—	B	A	—	—	—	—
氢氧化钠	≥20%作用量较多	Ⅲ	—	A	B	A	B	—	—	A	—	—	—	—	B	—	—	—	—
	≥20%作用量较少,<20%	Ⅲ	—	—	B	B	B	—	—	—	B	B	—	—	—	—	—	A	B
硫酸铵母液		Ⅰ	A	A	B	—	B	—	—	A	—	—	—	A	B	—	—	—	—
		Ⅱ	—	B	A	—	A	—	—	B	—	B	—	B	A	B	—	—	—
硫酸铵		Ⅲ	—	—	—	—	—	—	—	—	—	A	—	—	—	B	—	—	—
硫酸钠		Ⅰ	A	A	—	—	B	—	—	A	—	—	—	A	—	—	—	—	—
		Ⅲ	—	—	—	—	—	—	—	—	—	B	—	—	—	B	—	A	—
硫酸钠溶剂		Ⅰ	B	A	B	—	B	B	B	A	—	—	—	A	B	—	—	—	—
		Ⅱ	—	B	A	B	A	—	—	B	—	B	—	B	A	B	—	—	—

注：百分数为质量分数，A 为优先选用，B 为可采用。

表 35-43　某大型建筑群钢结构件防腐蚀和防火涂装系统

项　　目	预处理		涂　　层	厚度/μm
	净化	喷砂		
室内钢构件防腐蚀	除油	Sa. 2. 5	无机富锌底漆(醇溶)	80
			环氧树脂封闭漆	30
			环氧云铁中间漆	100
			丙烯酸聚氨酯面漆(2 道)	60
暴露室外钢构件防腐蚀	除油	Sa. 3	热喷铝	>150
			环氧树脂封闭漆	30
			环氧云铁中间漆	50
			丙烯酸聚氨酯面漆(2 道)	60
室内外交界处钢构件防腐蚀	除油	Sa. 3	热喷铝	≥150
			无机富锌底漆(醇溶)	80
			环氧树脂封闭漆	30
			环氧云铁中间漆	100
			丙烯酸聚氨酯面漆(2 道)	60
压型钢板防腐蚀	除油	原表面	磷化底漆(醇溶)	6
			环氧云铁中间漆	100
			丙烯酸聚氨酯面漆(上表面或顶面)(2 道)	60
			丙烯酸面漆(下表面或底面)(2 道)	60
室内钢件防火	除油	Sa. 2. 5	无机富锌底漆	80
			环氧云铁中间漆	30
			防火涂料(5 道)	2. 5mm
			丙烯酸面漆(2 道)	60
室内压型钢板防火	除油	原表面	磷化底漆	6
			环氧云铁中间漆	100
			防火涂料(5 道)	2. 0mm
			丙烯酸面漆(2 道)	60

第36章

涂装车间工艺设计

36.1 涂装车间的布置设计

涂装车间的布置设计是指对厂房的平面、立面结构、内部组成、生产设备、仪表电气设置等一切有关设施进行合理安排布置，设计出既符合生产工艺要求，又经济实用、整齐美观的布局。布置的合理性直接影响建设项目的投资、投产后的操作、检修和安全，以及各项经济指标的完成情况。例如，厂房布置过于宽敞，会增加建设投资；若过于紧凑，会影响日后安装、操作、检修等工作，甚至还会导致生产事故的发生。因此，必须把车间当成一个整体，全面衡量，合理安排，切实做好车间布置工作。

36.1.1 涂装车间的分类

涂装车间一般是指现代化机械工厂中，由涂装设备、厂房及其相配套的公用设施组成的生产部门。工件可按照涂装工件的外形尺寸、质量、生产批量、涂装工艺和干燥工艺、生产流水线的组织等进行分类。按工件的外形尺寸和质量分类见表36-1，相应的涂装车间的类别与特征见表36-2，涂装车间生产流水线的组织形式见表36-3。

表36-1 工件的分类

规格和组别	质量/kg	尺寸/mm	规格和组别	质量/kg	尺寸/mm
Ⅰ特轻型、小型	5以下	250以下	Ⅱ中型	2000以下	3000以下
轻型、小型	100以下	700以下	Ⅲ大型、重型	2000以上	3000以上

表36-2 相应的涂装车间的类别与特征

产品、零件组别	Ⅰ			Ⅱ				Ⅲ			
车间(工部、工段)类别	1	2	3	1	2	3	4	1	2	3	4
生产的成批性	大量、大批、成批		成批、流水	大量、大批、成批		成批	小批、单件	大量、大批	成批	小批、单件	
运动形式	连续的	周期的、直进的	周期的、直进、往复的	连续的	周期的、直进的	直进、往复(摆动)的	直进、往复(摆动)的	周期的、直进的	直进、往复(摆动)的		产品位置固定

（续）

工艺工程											
表面准备	喷淋式						喷淋式蒸汽喷射法	喷淋式	喷淋式蒸汽喷射法	手工方法蒸汽喷射法	
涂装工艺	空气喷涂、固定式静电喷涂、浸涂、淋涂、电泳涂装	空气喷涂、浸涂、淋涂	空气喷涂、手提式静电喷涂	空气喷涂与无空气喷涂、静电喷涂、淋涂、电泳涂装	空气喷漆与无空气喷涂、浸涂、淋涂	—	空气喷涂与无空气喷涂、淋涂、手提式静电喷涂	空气喷涂与无空气喷涂、淋涂	空气喷涂与无空气喷涂、淋涂、手提式静电喷涂	空气喷涂与无空气喷涂、淋涂	空气喷涂与无空气喷涂
干燥	强制干燥						强制干燥自然干燥	强制干燥		强制干燥和自然干燥	
工艺设备	通过式		通过式和尽头式	通过式			通过式和尽头式	通过式		通过式和尽头式	
起重运输设备	普通悬挂输送机、推式输送机、鳞板式输送机	周期动作的悬挂输送机、鳞板式输送机	悬挂输送机、辊道、单轨葫芦、地面输送机	连续动作悬挂输送机、推式输送机、鳞板式输送机、地面输送机	周期动作的悬挂输送机、推式输送机、鳞板式输送机、地面输送机	地面（缆式）输送机、悬挂输送机、辊道	单轨葫芦、地面输送机	步地式地面输送机、悬挂纵向拉杆式输送机	地面输送机、悬挂纵向拉杆式输送机	地面（缆式和链式）输送机	—

表 36-3 涂装车间生产流水线的组织形式

1	第一种形式Ⅰ组和Ⅱ组产品与零件连续运行，大量和大批流水生产 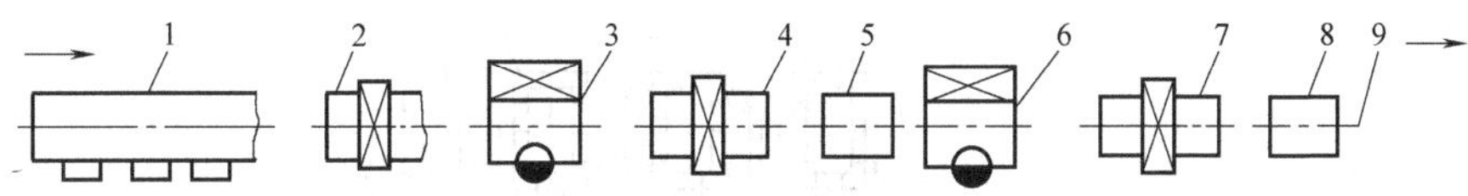 1—表面联合清洗机 2—烘干室（去水分） 3、6—喷涂室 4、7—烘干室 5、8—冷却室 9—连续动作的输送机 在输送机运动过程中，整个流水线各工位上同时完成所有各种工序，工作地固定布置在输送机一侧或两侧
2	第二种形式Ⅱ组和Ⅲ组产品与零件按规定节拍周期性向前移动的大批流水生产 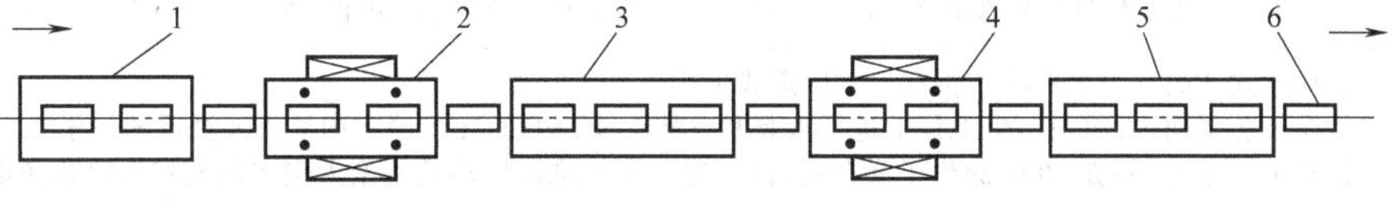 1—表面清洗室 2、4—喷涂室 3、5—烘干室 6—周期动作的小车式输送机 工作地是固定的，只是在输送机停止时，在整个流水线的长度范围内，完成工艺过程的所有工序，如果某工序的持续时间大于输送机节拍时，可将该工序分在两个或更多个工位上完成
3	第三种形式Ⅱ组和Ⅲ组产品与零件作往复直线移动（摆动式）的成批生产（如车厢涂料） 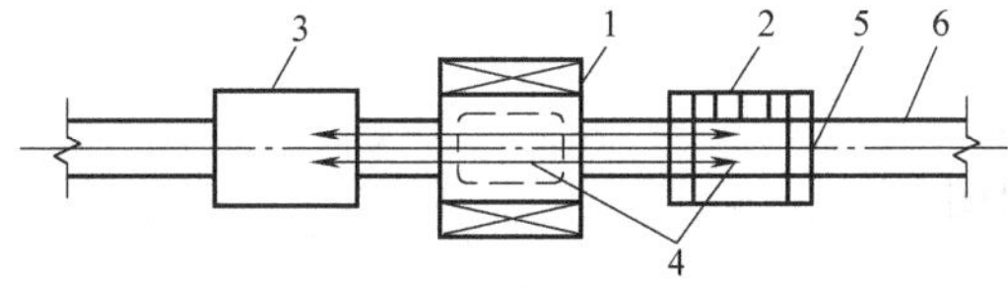 1—喷涂室 2—无过滤器的底抽风格子板 3—烘干室 4—小车 5—地下输送链 6—轨道 产品的生产节拍大大超过了任何一个工序的持续时间。在节拍时间内，同一个工人在输送机的同一位置可以完成若干工序，因而这些产品可以从一个工位到另一个工位多次往返移动（如从涂装工位到烘干工位）。产品的移动采用可换向的输送机。按这种形式，通常是在三个工位（例如表面预处理、涂装和烘干）间来回移动，同时对两个产品进行涂装。工作是由一个工人小组从一个工位走到另一个工位的方式来完成的。这样的生产组织需要制定生产线工作循环周期表

（续）

4	第四种形式Ⅰ组小型产品和零件的成批流水生产 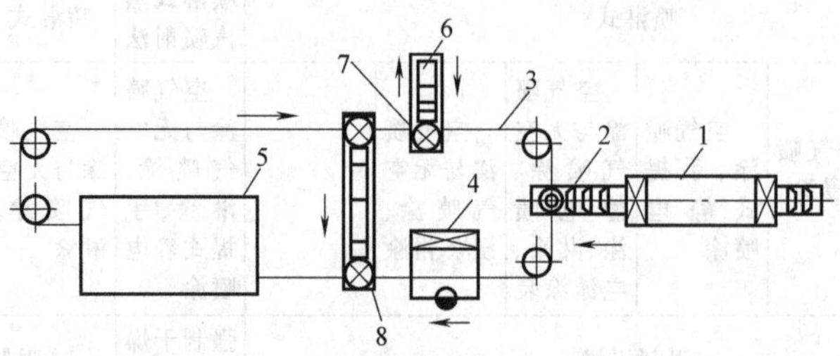 1—表面联合清洗机　2、3—悬挂式和板式输送机　4—喷涂室　5—三行程烘干室 6—带底抽风的工作台　7—风动升降机　8—轨道 在同一工位(同一喷涂室)可完成几道工序，如底漆或面漆涂装，这些工序完成后在同一个烘干室进行烘干
5	第五种形式Ⅱ组和Ⅲ组产品及零件用地下输送机往复移动的小批单件生产 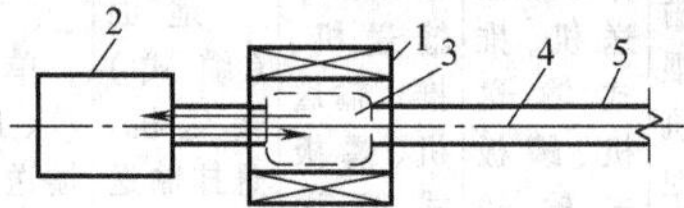 1、2—喷涂室和烘干室　3—小车　4—地下输送链　5—轨道 按照这种流水形式，产品往复直线移动可以有两种方式，第一种方式是工作时一个产品在两个工位中往复摆动(如从涂装工位到烘干工位)，采用通过式或尽头式设备，工序在涂装和烘干工位上轮流完成；第二种方式是几种产品同时涂装和烘干，这种系统可以用横向转动小车移动产品，采用的设备为尽头式
6	第六种形式Ⅱ组和Ⅲ组重型大型产品及零件，用转动小车移动的小批和单件生产 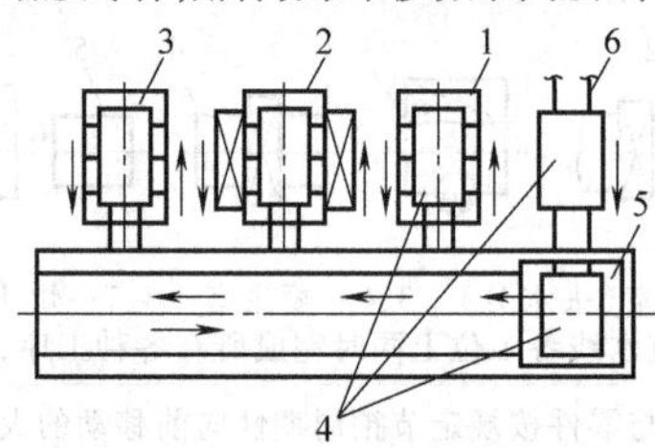 1—无过滤器的底抽风格子　2—喷涂室　3—烘干室　4—工艺小车　5—转运小车　6—轨道
7	第七种形式Ⅱ组和Ⅲ组产品小批和单件固定式生产 产品在工艺周期内，放在一个工位上进行涂装和自然干燥(例如，在喷涂室内或在底抽风的格子板上)。也可采用涂装和烘干方案(例如，在喷涂烘干联合室内)。对于那些难以搬动的重型大型产品及零件涂装和烘干时，位置固定较为合适

36.1.2 涂装车间的设计依据和原则

1. 依据

1）厂区总平面图。

2）生产工艺流程图。

3）设备一览表。

4）物料贮存运输要求。

5）配电、试验、仪器、仪表控制、生活办公要求。

6）有关布置方面的一些规范资料。

7）车间定员表。

2. 原则

1）根据产量大小、产品特点、上下加工工序之间的关系和运输距离等因素，涂装工作的布点应尽可能集中，以节省投资，方便管理，提高工艺和机械化水平。

2）工艺设计应掌握先进、合理、经济、可靠的原则，努力推广采用节能、低污染和无污染型的涂装技术和装备，使新的涂装车间在各项技术、经济指标方面都具有较先进的水平。

3）应根据当地的能源情况选用供应充足、最经济的能源，并在工艺和设备设计中从节能的角度全面衡量各种设施，保证各种余热达到充分的综合利用。

4）选用涂料时，应首先考虑满足涂层质量要求，如果忽视质量，一味追求经济效果，则会失去竞争能力；在保证质量的前提下，优先选用低温快干涂料，以节省能源。

5）新设计的涂装车间操作工位环境应符合劳动保护条例和涂装工艺要求，并应具备涂装三废的防止措施。

6）车间中所采取的劳动保护、防腐、防火、防毒、防爆及安全卫生等措施要符合要求。

7）本车间与其他车间在总平面图上的位置合理，力求使它们之间输送管线最短，联系最方便。

8）在新设计场合要考虑到发展改造的可能性，涂装设备应有较高的适应性。

9）考虑建厂地区的气象、地址、水文等条件。

36.1.3　涂装车间工艺设计的阶段与程序

涂装工程设计系统如图 36-1 所示。该系统包含两个方面的内容：设计阶段的划分，设计程序及涂装工艺设计与相关各专业的关系，即使是单独的涂装车间项目也存在这种工作上的配合关系。

36.1.4　涂装车间各设计阶段的主要内容

1. 设计前期工作阶段

设计前期工作包括规划方案、项目建议书和可行性研究报告。涂装工艺设计人员在本阶段的工作内容如下：

1）收集设计原始资料：产品生产纲领，被涂工件产品资料，涂装技术条件、标准，涂装车间现状及存在的问题（工艺、设备、人员、厂房、定额、环保和能耗等），工厂可供涂装车间使用的水、电、燃气和蒸汽等公用动力设置情况。

2）与总图及其他专业反复协商，大致确定涂装车间的总图位置。

3）初步划分涂装工序在全厂生产工艺中的组织形式。

4）选定基本的工艺流程。

5）主要标准生产设备的选用及非标准设备的估算。

6）涂装车间工艺区划图或工艺平面布置图。

7）概略提出土建、公用、动力资料及总图经济设计数据，其中投资、面积、设备、人员四大指标不可缺少。

8）配合项目总设计师编制设计文件。

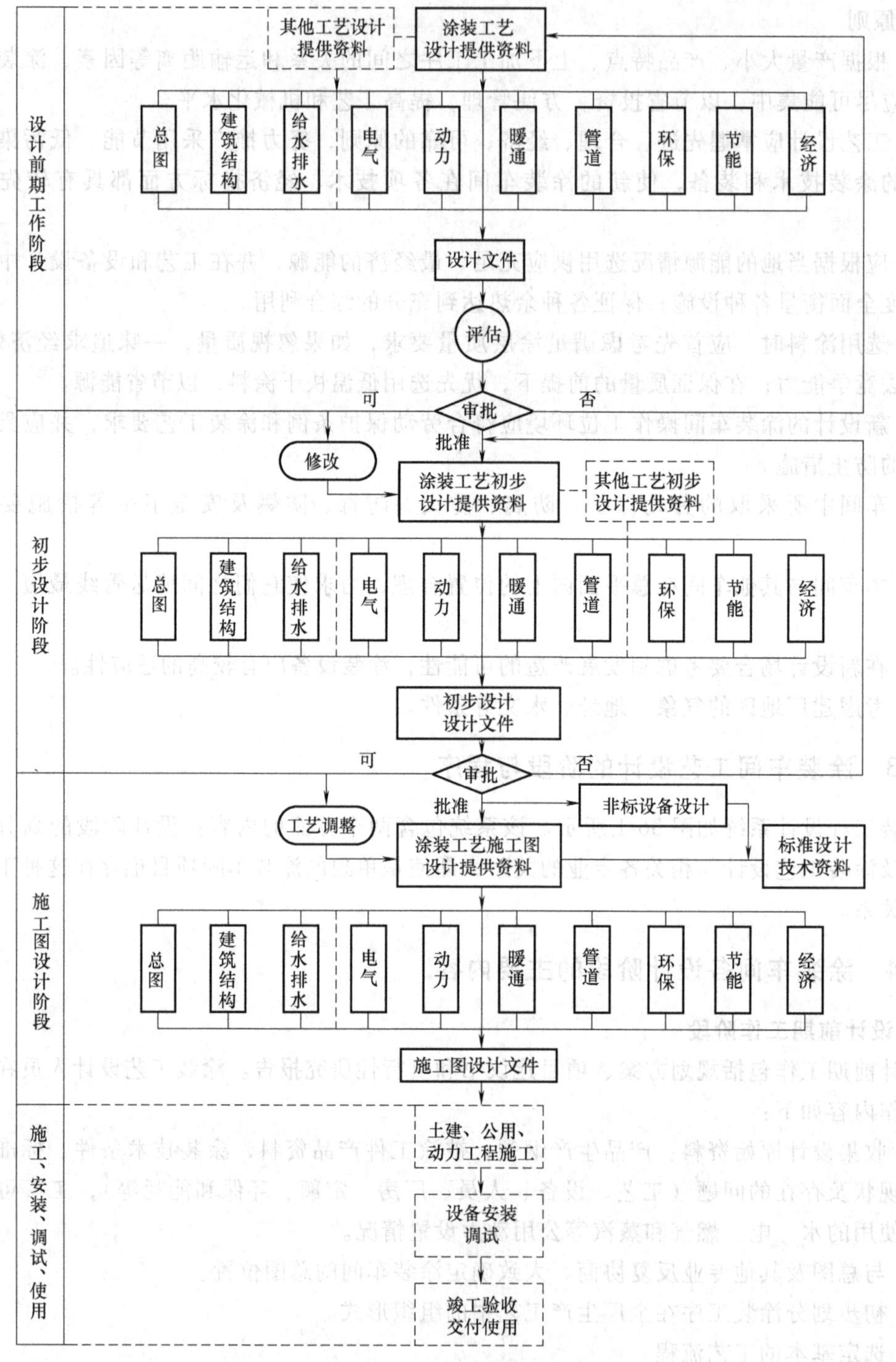

图 36-1　涂装工程设计系统

9）在国内外有关厂家中，调研未落实的工艺及设备问题。

10）配合有关部门编制《环境影响报告书》。

2. 初步设计阶段

1）以有关部门审批的前期工作设计文件和总设计师制定的设计要则为依据，分析、落实、补充所收集的原始资料，弄清基本限制条件。

2）确认产品生产纲领及生产性质，对被涂工件的代表产品图样详细分析。

3）落实涂装车间的总图位置。

4）与有关部门和相关专业共同商定涂装作业的组织形式，以及与其他专业的工艺关系。

5）选择、制定工艺流程，复杂工件需编制工艺过程卡。

6）标准设备的选用及非标设备的计算，编制设备概算明细表。

7）绘制工艺平面布置图，进行多方案比较，并确定最佳方案。

8）为总图、经济、土建、公用和动力等有关专业提出设计资料和设计要求，并配合协调、解决设计中的矛盾和问题。

9）编写工艺设计说明书。

10）在施工图设计之前，提出非标设计任务书。

3. 施工图设计阶段

1）根据各有关部门的审查意见，修改初步设计。

2）落实标准设备及非标设备的安装位置尺寸及基础资料等。

3）绘制工艺安装图，编写施工安装说明。

4）提出土建、公用、动力专业施工图设计时所需资料及工艺的要求，并配合解决有关矛盾及问题。

5）根据土建、公用、动力的设计情况，进行管道汇总，并绘制管道汇总图。

另外，在土建、公用、动力工程施工过程中，工艺人员要配合解决有关基础、预留等问题。设备安装调试时，应配合解决有关工艺问题。

36.1.5　涂装车间工艺设计的生产纲领

为确定工件通过各车间的路线，应编制专门的明细表（设计中称为车间分工表）。涂装车间生产纲领计算明细见表 36-4，涂装车间（工段）年产纲领计算明细见表 36-5。编制这样的明细表，必须有全套图样和材料表，根据详细的车间分工表，按照格式编制进入本涂装车间需涂装的工件和部件的一览表等。

表 36-4　涂装车间生产纲领计算明细

<table>
<tr><th rowspan="2">产品(部件)名称</th><th rowspan="2">型号及技术规格</th><th rowspan="2">年产纲领产品(部件)产量</th><th colspan="2">质量/t</th><th colspan="2">涂装面积/m²</th></tr>
<tr><th>每台产品</th><th>年产纲领</th><th>每台产品</th><th>年产纲领</th></tr>
<tr><td>—</td><td>—</td><td>—</td><td>—</td><td>—</td><td>—</td><td>—</td></tr>
</table>

表 36-5　涂装车间（工段）年产纲领计算明细

<table>
<tr><th rowspan="3">零件图号</th><th rowspan="3">零件或部件名称</th><th rowspan="3">工艺组编号</th><th colspan="4">零件(部件)特征</th><th colspan="3">每台产品</th><th colspan="6">年产纲领</th><th colspan="4">挂具或小车配套数</th></tr>
<tr><th rowspan="2">材料</th><th rowspan="2">外形尺寸/mm</th><th rowspan="2">质量/kg</th><th rowspan="2">面积/m²</th><th rowspan="2">数量/件</th><th rowspan="2">质量/kg</th><th rowspan="2">面积/m²</th><th colspan="2">数量(件)</th><th colspan="2">质量/t</th><th colspan="2">涂装面积/m²</th><th colspan="2">第一工段（喷漆）</th><th colspan="2">第二工段（浸漆）</th></tr>
<tr><th>基本纲领</th><th>合计（包括备件）</th><th>基本纲领</th><th>合计（包括备件）</th><th>基本纲领</th><th>合计（包括备件）</th><th>每挂具上的零件数</th><th>全年挂具数</th><th>每挂具上的零件数</th><th>全年挂具数</th></tr>
<tr><td>—</td><td>—</td><td>—</td><td>—</td><td>—</td><td>—</td><td>—</td><td>—</td><td>—</td><td>—</td><td>—</td><td>—</td><td>—</td><td>—</td><td>—</td><td>—</td><td>—</td><td>—</td><td>—</td><td>—</td></tr>
</table>

36.1.6　涂装车间的工作制度和年时基数

涂装车间一般采用两班制生产，若车间设备负荷不高，则采用一班制，若大批量生产，则可组织三班制。工人公称年时基数见表 36-6，设备公称年时基数见表 36-7。

表 36-6 工人公称年时基数

工作环境	每周工作日/天	全年工作日/天	每年工作时间/h				公称年时基数/h			
			第一班	第二班	第三班		第一班	第二班	第三班	
					间断性生产	连续性生产			间断性生产	连续性生产
涂装车间	5	254	8	8	6.6	8	2032	2032	1651	2032

表 36-7 设备公称年时基数

设备类型	工作性质	每周工作日/天	全年工作日/天	每班工作时间/h			设备年时基数/h		
				第一班	第二班	第三班	一班制	二班制	三班制
一般涂装及预处理设备	间断	5	254	8	8	6.5	1990	3860	5310
		5	254	6	6	6	1490	2930	4340
涂装流水线及涂装自动线	间断	5	254	8	8	6.5	1950	3820	5260
	短期连续	5	254	8	8	8	—		5610

36.1.7 涂装车间总平面设计

1. 原则

1）尽可能将涂装车间设置在独立的建筑物内。厂房周围有可用的辅助面积以便于防火，便于供排气装置和循环水池等附属设施的布置。

2）在多跨联合厂房内，涂装车间（工段）应设置在边跨，在多层厂房内应尽量考虑布置在最高层和底层，不宜布置在中间层。

3）与铸造车间、锅炉房、煤场应尽量拉开距离，且不要布置在这些场所主导风向的下风向，以减少粉尘对涂膜质量的影响。

4）应尽量避开生活区或办公楼，尽量避免噪声和有毒气体对人们工作生活产生严重影响。

5）应将涂装车间布置在工厂除 3）所述场所外主导风向的下风向，以防止有害气体影响其他车间。

6）上下工序相互连贯的车间（如焊接、装配等），应选择最短距离，以减少运输量。

2. 涂装车间平面布置方案

1）直通管廊长条布置。

2）T 形、L 形厂房平面如图 36-2 所示。

3）复杂车间的平面布置，即直线形、T 形和 L 形组合。

36.1.8 涂装车间厂房

1. 基本组成部分

1）生产设施包括生产工段、原料和产品仓库、配漆室、控制等。

2）辅助设施包括通风、配电、机修、化验室等。

3）生活行政设施包括车间办公室、更衣室、浴室、休息室及厕所等。

4）车间通道人流、货流和安全通道等。

5）近期的发展余地即考虑近期的发展需增加的部分设备。

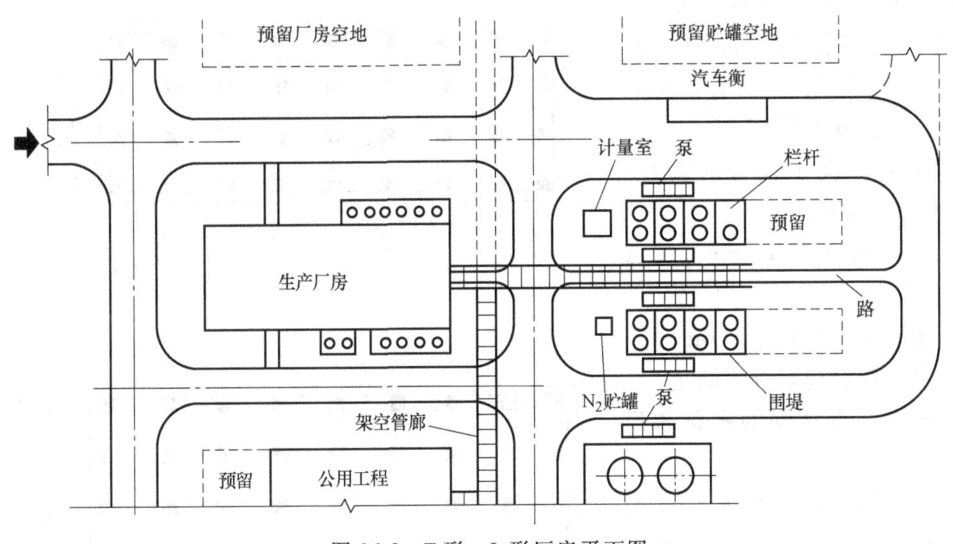

图 36-2　T形、L形厂房平面图

2. 整体布置

根据生产规模和生产特点及厂区面积、厂区地形、地质等条件，考虑厂房的整体布置，采用分离式或集中式，即将车间各工段及辅助房间分散在单独的厂房内或集中合并在一个厂房内。

一般来说，凡生产规模较大，车间各工段生产特点有显著差异（如防火等级等），厂区面积较大、山区等情况下，可适当考虑分离式。

对于生产规模较小，车间各工段联系频繁，生产特点无显著差异，厂区面积较小，厂区地势平坦的情况，可适当采用集中式。

3. 平面布置

化工厂厂房的平面布置是根据生产工艺条件（包括工艺流程、生产特点、生产规模等）及建筑本身的可能性与合理性（包括建筑形式、结构方案、施工条件和经济条件等）综合考虑的。

厂房的平面设计应力求简单，这会给设备布置带来更多的可变性和灵活性，同时给建筑的定型化创造有利条件。

4. 立面布置

化工厂厂房的立面形式有单层与多层之分，或单层与多层相结合的形式。多层厂房占地少但造价高，而单层厂房占地多但造价低。

厂房的立面形式主要根据生产工艺特点抉择，另外也要满足建筑上采光、通风等各方面的要求。厂房立面也同平面一样，应力求简单，要充分利用建筑物的空间，遵守经济合理及便于施工的原则。

5. 涂装车间厂房平面设计的注意事项

1）厂房平面设计应力求简单。

2）确定柱网布置既要根据设备布置的要求，又要尽可能满足建筑模数的要求。

3）多层厂房宽度不要超过24m，单层厂房宽度不要超过30m。常见工业厂房的柱网示意图如图36-3所示。

4）厂房的立面布置有单层、多层或单层与多层结合的形式，根据生产工艺特点选择。常见厂房的剖面形式如图 36-4 所示。

5）高度取决于设备的高度、安装位置与安装条件。

6）一般高度为 4～6m，最低不得低于 3.2m。

7）净空高不得低于 2.6m。

8）尽量符合建筑模数要求。

6. 涂装厂房柱网的布置和厂房宽度

一般多层厂房采用 6m×6m 的柱网。如果柱网的跨度因生产及设备要求必须加大时，一般不适宜超过 12m。

多层厂房的总宽度由于受到自然采光和通风的限制，一般不应超过 24m。单层厂房的总宽度，一般不超过 30m。

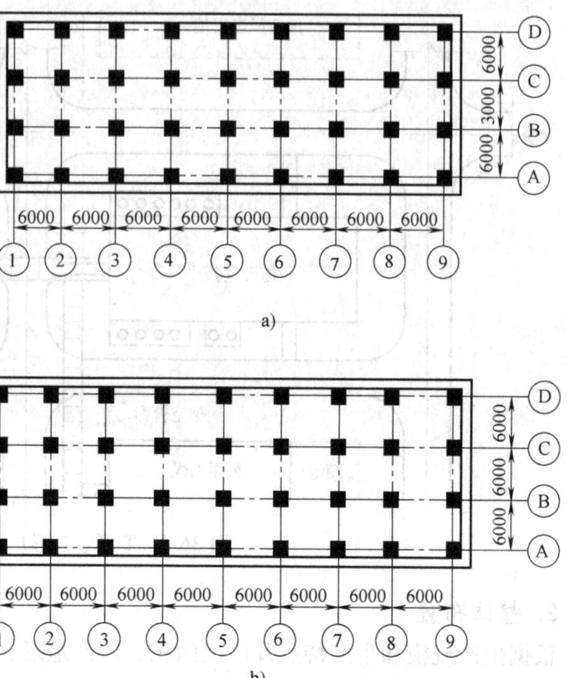

图 36-3 常见工业厂房的柱网示意图

a）内廊式柱网 b）方格式柱网

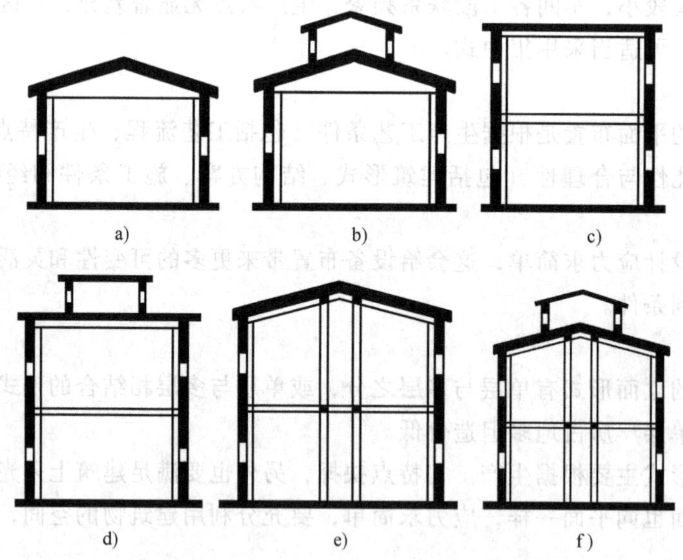

图 36-4 常见厂房的剖面形式

a）单层厂房 b）有天窗的单层厂房 c）多层厂房 d）有天窗的多层厂房

e）有内走廊的多层厂房 f）有内走廊及天窗的多层厂房

常用的厂房总跨度一般有 6m、9m、12m、16m、18m、24m、30m 等数种。主要根据工艺、设备、自然采光和通风及建筑造价来确定。

一般有机化工车间，其宽度常为2~3个柱网跨度，其长度则根据生产规模及工艺要求决定，但应注意尽量使长度符合建筑模数的要求。

7. 涂装厂房高度

厂房每层高度主要取决于设备的高度以及设备安装、起吊、检修、拆卸时所需要的高度等。由地面到顶棚凸出构件底面的高度（净空高度）不得低于2.6m。多层厂房层高多采用5.1m和6m，最低不得低于4.5m。

有高位及有毒气体的厂房中，要适当加高建筑物的层高，以利于通风散热。厂房的高度也要尽可能符合建筑模数的要求，取0.3的倍数。各层高度尽量相同，不宜过多变化。

化工厂厂房的剖面由于生产性质不同，形式不同。

36.2　涂装车间的设备布置

36.2.1　涂装设备布置的内容

1）确定各个工艺设备在车间平面和立面的位置。

2）确定某些在工艺流程图中一般不予表达的辅助设备或公用设备的位置。

3）确定供安装、操作与维修所用的通道系统的位置与尺寸。

4）在上述各项的基础上确定建筑物与场地的尺寸。

设备布置的最终结果为设备布置图。

36.2.2　涂装设备布置的要求

1. 基本要求

1）经济合理，节约投资，操作维修方便安全，设备排列简洁紧凑，整齐美观。

2）设备露天化布置。

3）生产工艺要求。

4）设备安装检修，建筑要求及其他。

5）车间辅助房间的配置。

6）安全技术和防腐蚀问题。

2. 其他要求

1）凡属十分笨重的设备或运转时能产生很大振动的设备（如压缩机、离心机、大型通风机、破碎机等），尽可能布置在厂房的底层，以减少厂房的荷载和振动。

2）有剧烈振动的机械，要有独立的基础，其操作台和基础等切勿和建筑物的柱、墙连在一起，以免影响建筑物的安全。

3）设备布置时，要考虑到建筑物的柱子、主梁及次梁的位置，必须避开柱子和主梁。

4）厂房内所有操作台，必须统一考虑，避免平台支柱零乱重复，节约厂房内结构所占用的面积，做到更合理的组织操作和交通路线。

5）厂房出入口、交通道路、楼梯位置都要精心布置，一般厂房大门宽度要比所需通过的设备宽度大0.2m左右，比满载的运输设备宽0.6~1.0m。

6）在不严重影响工艺流程顺畅的原则下，将较高的设备尽量集中布置，这样可以简化厂房体形，节约厂房体积。另外还可利用建筑上的有利条件（如利用天窗的空间）安装较高的设备。

36.2.3 厂房内涂装设备的排列

厂房内设备的排列方法如图36-5所示。

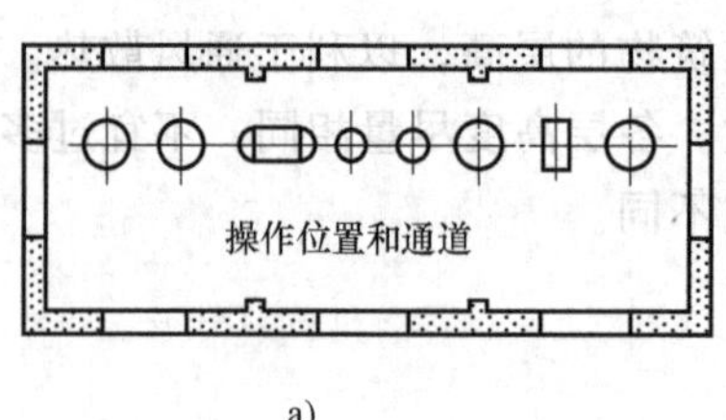

a)

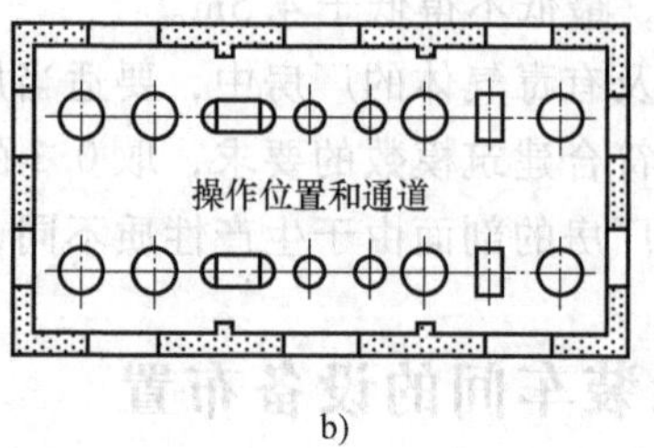

b)

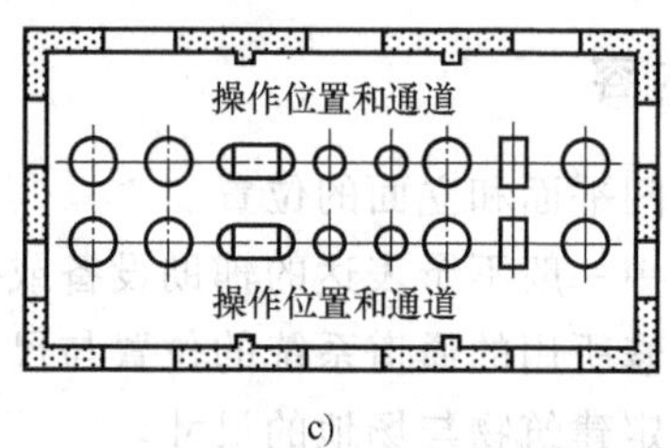

c)

图36-5 厂房内设备的排列方法

a）Ⅰ类方法 b）Ⅱ类方法 c）Ⅲ类方法

36.2.4 涂装设备及通道的平面布置

1）根据车间生产产品的纲领与产品的长度，确定机运方式与设备的初步外形尺寸，并结合厂房的具体情况布置生产线。

2）设备的合理布置应在保证车间生产流程的基础上，减少物料的周转量，便于生产与设备的维修和保养。

3）涂装车间的通道布置：通常人行通道的宽度为1.4~1.5m；小车单行通道为1~1.5m；小车双行通道为2~2.5m。

36.2.5 涂装设备的距离

设备间的安全距离见表36-8，设备的最小操作距离如图36-6所示。

表36-8 设备间的安全距离

序号	项目	净安全距离/m
1	泵与泵之间的距离	≥0.7
2	泵与墙之间的距离	≥1.2
3	泵列与泵列之间的距离（双排泵间）	≥2.0
4	计量罐与计量罐之间的距离	0.4~0.6
5	车间内贮罐（槽）与贮罐（槽）之间的距离	0.4~0.6
6	换热器与换热器之间的距离	≥1.0

（续）

序号	项　　目		净安全距离/m
7	塔与塔之间的距离		1.0~2.0
8	离心机周围通道		≥1.5
9	过滤机周围通道		1.0~1.8
10	反应器盖上传动装置离天花板的距离(如搅拌轴拆装有困难时,距离还应加大)		≥0.8
11	反应器底部距人行通道的距离		≥1.8
12	反应器卸料口距离心机的距离		≥1.0
13	起吊物品距设备最高点的距离		≥0.4
14	往复运动机械的运动部件与墙之间的距离		≥1.5
15	回转机械与墙之间的距离		≥0.8
16	回转机械与回转机械之间的距离		≥0.8
17	通廊、操作台通行部分的最小净空高度		≥2.0
18	操作台梯子的斜度	一般情况	≤450
		特殊情况	≤600
19	控制室、开关室与炉子之间的距离		≥15
20	工艺设备与通道之间的距离		≥1.0

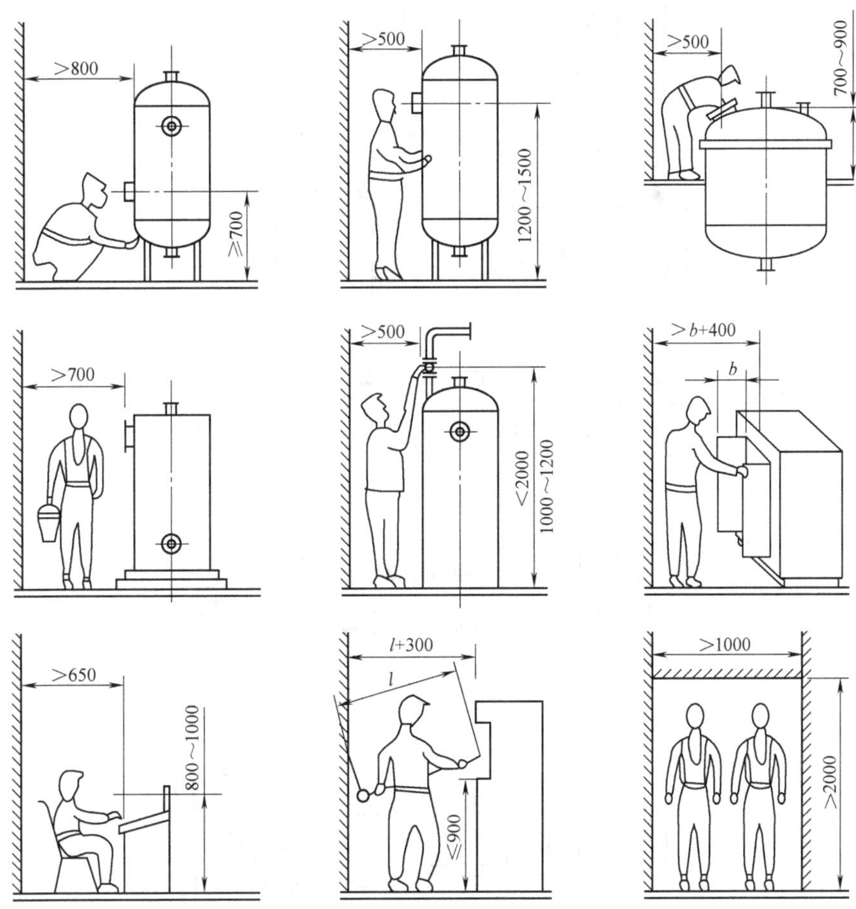

图 36-6　设备的最小操作距离

为便于管理和安全，设备与墙壁之间的距离，设备间的距离，运输通道、人行通道的宽度，都有一定的规范，必须遵照标准执行，见表 36-9。各种设备与厂房构件之间的距离如图

36-7 所示。从工位到最近的向外出口或楼梯口的距离一般不大于 75m，多层建筑物内不大于 50m。

表 36-9 设备之间及各通道宽度

通　　道	宽度/m	通　　道	宽度/m
作业区域	0.8~1	喷涂室出口与烘干室入口之间	≥2
维修与检查设备的人行通道	0.8~1	人工搬动距离	≤2.5
人行通道	1.5	打磨、抛光和补漆工位与喷涂室或浸漆槽入口的间距	≥5
能推小车的运输通道	2.5		
双车道	3.5		

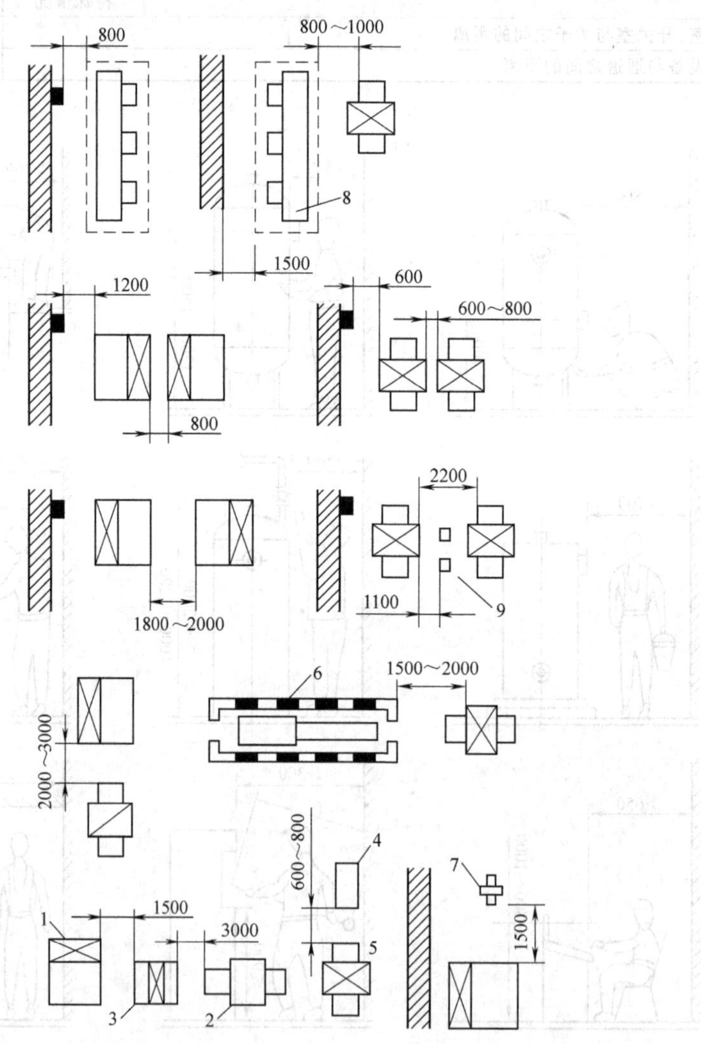

图 36-7 各种设备与厂房构件之间的距离

1—喷涂室 2—烘干室 3—静电喷涂室 4—冷却室 5—辐射烘干室 6—带沥涂料盘的浸涂槽 7—焊接装备 8—涂装预处理联合机 9—控制台

36.3　涂装车间对环境的要求

36.3.1　采光和照明

涂装作业要有适当的照度，其基准照度见表 36-10。

表 36-10　涂装作业相关基准照度

涂装类型	作业内容	照度/lx
高级装饰	手工装饰、汽车棉漆、漆膜检查	300～800
装饰性	一般产品、车辆、木器涂漆	150～300
一般	底层处理	70～150

车间照度取决于窗户采光、照明和室内物在涂装车间内设调漆间的亮度等。

车间尽可能自然采光，可设置窗户、天窗引入自然光，但要避免日光直射。在不能采用自然光的场合，可用人工照明，但整体的照明亮度必须均匀。在涂层检查、喷涂室、修补涂层等精细操作工位，还应使用局部照明。

当窗户面积为照射地面的 1/5 时，自然采光效果较好。一般建筑物表面采用较高反射率的材料，其功能是提高室内照明度。常见几种材料的反射率见表 36-11。

表 36-11　常见几种材料的反射率

材　料	反射率(%)
天花板	85
墙壁	60～70
地面	20～30

36.3.2　温度和湿度

涂装与温度、湿度的关系如图 36-8 所示。

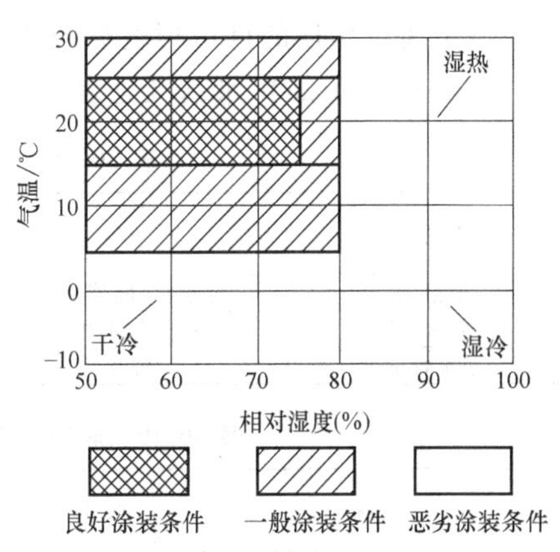

图 36-8　涂装与温度、湿度的关系

涂装车间的温度和湿度对涂料的施工性能和干燥性影响很大。应当避免在寒冷、高湿场合进行涂装。因为气温在 5℃以下，涂料干燥极慢；湿度在 85%以上易产生涂层发白现象，使涂膜性能下降。各种涂料由于挥发性、施工性能不同，对涂漆时的温度、湿度要求也不同。各类涂料涂装时适宜的温度和湿度见表 36-12。

底材表面温度较气温低时易结露，所以底材应很好干燥。底材的表面温度应比大气高 1～2℃，而且，结露时必须烘干。

表 36-12　各类涂料涂装时适宜的温度和湿度

涂料种类	气温/℃	湿度(%)	备　注
油性色漆	10～35	<85	低温不好，气温高一些好
油性清漆、磁漆	10～30	<85	气温高一些好
醇酸树脂涂料	10～30	<85	气温高一些好

（续）

涂料种类	气温/℃	湿度(%)	备注
硝基漆、虫胶漆	10~30	<75	高湿不好
多液反应型涂料	10~30	<75	低温不好
热塑性丙烯酸涂料	10~25	<70	湿度越低越好
各种烤漆	10~25	<75	中等温，湿度较好
水性乳胶涂料	10~35	<75	低温、高湿不好
水溶性烘烤磁漆	10~35	<90	温度、湿度越均匀越好

最适宜的工作条件是在20℃以下，相对湿度75%以下。必要时应设置调温、调湿、除尘装置。

36.3.3 地面

为保证涂装车间的整洁、彻底无尘化的要求，涂装车间地面涂覆耐化学药品性的塑胶涂层，以便于冲洗。由于塑胶涂层代价较高，可根据具体的地面要求来选择。涂装车间各作业点地面要求见表36-13。

表36-13 涂装车间各作业点地面要求

序号	工位	一般要求	较高要求
1	涂装预处理	小磨石	瓷砖
2	涂底漆、刮腻子、打磨	高标准水泥	小磨石
3	酸洗处理	花岗岩石板	耐酸瓷砖
4	面漆和罩光	水磨石	瓷砖
5	电泳涂装	水泥	水磨石
6	零件库	水泥	木板
7	化学品库	水泥	瓷砖

36.3.4 尘埃

涂装车间对尘埃的许可程度见表36-14。国外某汽车厂对轿车车身涂装车间各区提出含尘粒（粒径小于3μm）量基准见表36-15。

表36-14 涂装车间对尘埃的许可程度

类别	例	粒径/μm	粒数/(个/cm^3)	尘埃量/(mg/m^3)
一般涂装	建筑物、防腐涂层	<10	<600	<7.5
装饰性涂装	汽车、仪器仪表	<5	<300	<4.5
高级装饰性涂装	轿车	<3	<100	<1.5

表36-15 轿车车身涂装车间各区含尘粒量的基准①

级别	名称	区域范围	尘粒子含量限度/(万个/m^3)	正压状况②
1	超高洁净区	喷漆室内	158.6	++++
2	高洁净区	喷漆室外围	352.5	+++
		调漆间		(+)
3	洁净区	中涂、面漆前的准备区	881	++
4	一般洁净区	烘干室、前处理区等	2819.6	+
5	其他区	仓库、空调排风设备间	4229.4	0

① 气温最高不超过35℃，生产时的最低温度不低于15℃，停产时的最低温度为12℃。

② 对于正压状况，++++表示正压力很大；+++表示正压力大；++表示正压力较大；+表示有正压力；(+) 表示微正压力。

36.3.5　爆炸危险区域

房间有效空间（V'）等于车间体积（V）扣除设备占有体积。

在电源中断、排风停止、涂装管路损坏引起涂料漏淌到地面时，易燃物大量扩散到车间中，出现紧急状态。紧急状态时的危险程度可按下式计算

$$V_p = 10\sum P/C^{\circ}_{min}$$

式中　V_p——易燃易爆混合物体积（m^3）；

$\sum P$——危险状态时，散发到空间中的溶剂蒸气量总和（g）；

C°_{min}——溶剂蒸气爆炸下限（g/m^3）；

10——全系数。

若 $100V_p/V'>5\%$，那么整个房间有爆炸危险；若 $100V_p/V'<5\%$，那么以溶剂散发点为中心的半径5m范围有爆炸危险，其余区域正常。

第37章

涂装的污染控制及安全技术

37.1 涂装废水的治理

涂料工业中废水的种类很多，且含有多种有害成分。例如，表面预处理的酸洗过程中通常使用硫酸等强酸进行清洗，因此，产生的废水中含有硫酸、硫酸亚铁和其他杂质；在磷化、钝化的废水中往往带有铬、镍离子等杂质；喷涂室中的废水通常含有有机溶剂、重金属、助剂和各种尘屑；而电泳涂装的废水常含有水溶有机物与颜料等。

37.1.1 废水的治理方法

1. 凝集沉淀法

由于浑浊的废水一般都具有胶体溶液的性质，都带有负电荷，并且胶体粒子表面有扩散双电层，所以使粒子间具有同性电荷的排斥作用而稳定地漂浮在水中。

凝集沉淀法的原理就是向废水中加入絮凝剂，降低胶粒表面电位，使扩散层变薄，使胶粒的布朗运动足以克服表面双电层电位的束缚，从而使胶粒之间易于碰撞凝集成大尺寸的团絮物，且团絮物还具有强烈的吸附性，故能同时除去水中的无机物、有机质、细菌、微生物等污染物。

2. 上浮分离法

对于凝集物密度比水轻的场合适于采用上浮分离法。上浮分离法又有两种情况：一是靠自身密度差上浮，称为重力式上浮分离；二是通过加压，在凝集物上附着大量气泡而上浮，称为加压上浮分离。

1）重力式上浮分离适用于含油废水的油、水分离。分离槽容量依油的上浮速度和废水处理量所确定，通过浮油捕集装置，将油排入废油贮槽。

2）加压上浮分离对于待分离物密度与水密度相差较小的废水，则往往采用加压上浮来加快污染物的上浮速度。以 294~490kPa 的压力，将空气充入废水中至饱和，然后将其释放至常压，使溶解的空气以气泡析出，并附着在废水中的团粒上而上浮，分离速度比沉降速度高几倍，并且分离槽的有效面积较小。

3. 离子交换法

离子交换法就是采用离子交换树脂，对废水中的阴、阳离子污染物进行分离的方法。离子交换处理废水，其离子交换树脂容易受废水中的沉淀、胶质和有机物吸附、沉积而劣化。因此在处理程序上必须先经过滤塔和活性炭吸附塔进行预处理、澄清，然后用串联的阴、阳离子交换塔除去离子污染物。涂装作业过程中的六价铬就可以采用该流程完全除去，离子交换也是涂装生产所需纯水的主要制取方法。

4. 膜分离法

膜分离法主要包括超滤、反渗透和电渗析三种。

（1）超滤　超滤就是利用微孔状高分子膜，对溶液加压来实现膜分离的技术。该半透膜可截流胶体、悬浮物、蛋白质及相对分子质量在 5000 以上的高聚物，或粒径在 $1\sim10^4$nm 的颗粒。在涂装生产中主要用于电泳槽液的分离，以实现电泳后冲洗水的闭路循环。电泳涂装的超滤装置由膜组件、泵、管路和仪表组成，另配置预滤和膜冲洗系统，以保证超滤装置的长期正常运行。膜组件主要采用管式和中空纤维两种，超滤波流量为 $2\sim50L/(m^2\cdot h)$，压力为 294~588kPa，一般采用 441kPa。

（2）反渗透　反渗透就是利用半透膜，对浓度较高的溶液施加压力（大于膜渗透比）使浓溶液中的水向低浓度溶液渗透。如果膜的一侧是纯水，则通过反渗透使溶液中的水不断地渗透到纯水中，故反渗透主要用于纯水制备。

（3）电渗析　在电场作用下，通过离子交换膜对溶液中阴、阳离子选择性透过，使溶质和溶剂分离。电渗析主要用于海水淡化、产品脱盐提纯。它具有高浓缩率的特点，因而多采用浓缩回收手段来实现分离。

37.1.2　涂装产生废水的三级处理

（1）一级处理　用机械方法或简单化学方法进行预处理浮物沉淀，并中和酸碱度。

（2）二级处理　采用生物处理或添加凝集剂，使可分解、可氧化有机物经生化处理而消除；或使油物、悬浮物经破乳、凝集而分离。

（3）三级处理　采用活性炭吸附、离子交换、电渗析、反渗析和化学氧化等对难分解、难处理的有机物、无机物作深度处理，经三级处理，可使废水、废液都能达到排放标准。

对于表面预处理废液，一般经二级处理，基本上都可达到排放标准。

37.2　涂装废气的治理

37.2.1　废气的主要来源

涂料中的有机挥发性物质是造成大气污染的主要原因。而在涂装过程中的污染要比涂料制造厂严重得多。在涂料生产中，放入大气中的溶剂量不超过涂料制造时溶剂用量的 2%（质量分数），其中球磨法生产中的溶剂挥发不到 0.25%（质量分数）。然而，在涂料涂装过程中，随着涂料的种类和涂装方法的不同，损失为 20%~80%（质量分数）。例如，在有气喷涂作业中，一般液态涂料溶剂含量的 50%~70%（质量分数）在涂装过程中挥发到大气中。

涂装排出物在空气中易造成污染的，除了有机溶剂以外，还有涂料喷雾粉尘，预处理喷砂、喷丸的粉尘，酸洗、磷化处理排放的碱性、酸性烟雾，打磨过程中的尘屑及涂料中热分解相反应生成物，如三乙基胺、丙烯醛、甲醛等。涂装排放的有害废气主要集中在喷涂生产线上。喷涂室、晾干室、烘干室是废气的主要发生源。

37.2.2 涂装排出溶剂废气的特征

涂装作业场所的废气净化是防毒技术的重要组成部分。其中主要的废气排放源有三个部分：喷涂室、挥发室和烘干室，三者的排气特征如下：

(1) 喷涂室的排气特征　为了保证喷涂室内有良好的作业环境，按照喷涂室的类型不同，喷涂室的风速必须控制在0.25~1.0m/s，所以，喷涂室一般为大风量低浓度的排气（浓度约为10^{-5}~2×10^{-4}），此外，还含有因过喷而形成的涂料漆雾，涂料颗粒粒径大约为20~200μm。喷涂室排出溶剂废气的浓度，与喷涂作业的生产率和工件喷涂面积有关，连续式成批生产，排出溶剂废气浓度一般为（90~180）$\times10^{-6}$kg/m^3；而单件小批的间歇式生产，有机溶剂废气排出浓度常为（30~60）$\times10^{-6}$kg/m^3。

(2) 挥发室的排气特征　在挥发室的排出溶剂废气中，几乎不含有漆雾，只含有机溶剂蒸气，其浓度通常低于喷涂室排出的溶剂废气。

(3) 烘干室的排气特征　在烘干室排气中，包括从涂料中排出的物质和从燃料中排出的物质。前者残留在涂膜中的溶剂、增塑剂或树脂的挥发成分、热分解生成物、反应生成物。后者是燃料燃烧后的气体，其成分随燃料而异，主要是亚硫酸气体和烟气。

涂装作业中排气的发生顺序如图37-1所示。

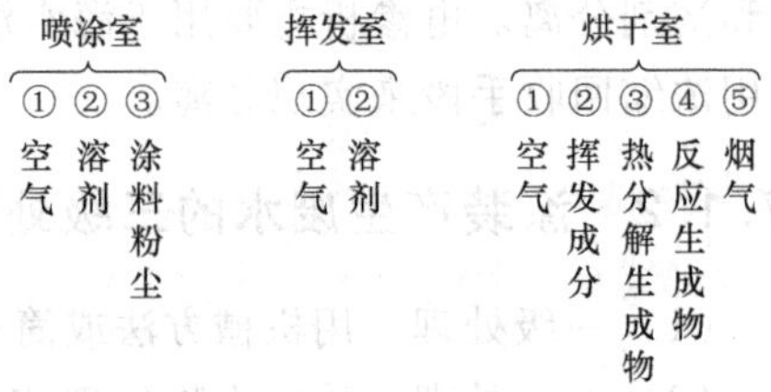

喷涂室：①空气　②溶剂　③涂料粉尘
挥发室：①空气　②溶剂
烘干室：①空气　②挥发成分　③热分解生成物　④反应生成物　⑤烟气

图37-1　涂装作业中排气的发生顺序

37.2.3 废气的治理

治理涂装废气的常用方法有活性炭吸附法、催化燃烧法和洗涤吸收法。

(1) 活性炭吸附法　活性炭吸附法是利用活性炭作为吸附剂，把气体中的有害物质成分在活性炭庞大的固相表面进行吸附浓缩，从而达到净化废气的目的。用活性炭进行废气处理时，由于活性炭磨耗和粉化程度小，对低浓度、小风量的废气治理尤为有效。

(2) 催化燃烧法　催化燃烧法是用催化剂使废气中可燃物质能在较低温度下氧化分解的净化方法。即将有机废气中的可燃物质、有机溶剂氧化成二氧化碳和水。催化燃烧是接触燃烧，没有火焰，催化剂在化学反应中只起促进反应，而本身没有变化或消耗的物质。

(3) 洗涤吸收法　洗涤吸收法与活性炭吸附法和催化燃烧法相比，具有占地面积小和一次投资费用低的优点。

37.3 涂装废渣的治理

37.3.1 涂装车间废渣的来源

工矿企业排出的固体废弃物统称为废渣。涂料制造厂的废弃物发生量约为涂料生产量的1%（质量分数），而废溶剂约为涂料的2倍，随着生产品种和花色的增多，清洗溶剂、废涂料及容器、抹布等废弃物随之增多，约为涂料生产量的2%~4%（质量分数）。涂装工厂的废弃物发生量与生产方式、涂料品种、涂装方法、被涂物的形状和大小等因素有关。涂着效率与喷涂室中捕捉废漆渣的发生量成反比，如涂着效率在30%~90%范围内时，其喷涂室的漆渣产生量与涂着效率成反比。即涂着效率高，其产生漆渣量少，反之漆渣产量大。

另外，当生产线换色、清扫时的涂料和在库中不能使用的涂料为5%~10%时，同样废溶剂发生量为5%~10%。涂装车间废渣的来源如下：

1）预处理过程中产生的沉淀物，如化学成膜时产生的沉渣。

2）清理涂料输送管道及容器时产生的和由于涂料变质产生的废涂料。

3）清理涂装设备时产生的涂料凝块。

4）水性树脂涂料产生的淤渣。

5）涂料车间废水处理过程中产生的沉渣。

预处理产生的废渣成分主要是不溶于水的金属盐类，而涂料废渣则是颜料、树脂及少量溶剂。

37.3.2　废渣排放的控制

废渣排放的控制按GB Z1—2010进行处理。为了提高产品质量、降低成本，应尽量减少废弃物的发生量。减少废弃物发生量的对策如下：

1）提高涂着效率。涂装工厂中废弃物的主要发生量是喷涂室的漆渣，而漆渣的发生量与涂着效率成反比。因此减少废弃物必须提高涂着效率。

2）将已混色的废涂料和新涂料混合后，作为要求不高的底漆等使用。

3）废溶剂可再生处理后使用，通常处理废溶剂可采用真空蒸馏和水蒸气蒸馏方法。当废溶剂中含有树脂、颜料等，可用等量水，再加入乳化剂，搅拌混合后静置，除去底部树脂、颜料等的胶冻物。上层清液用溶剂回收方法处理可得到清洁的再生溶剂。

37.3.3　废弃物的处理方法

从涂料涂装工厂排出的废弃物，按工业废弃物分类，大部分属废油类，按照废弃物处理法令，废油类严禁深埋和投入海洋处理，必须进行焚烧处理。与涂装有关的废弃物多数属于易燃物，因此适用于焚烧处理。

涂料涂装废弃物处理时，首先应根据废弃物的性质、组成，特别是发热量等设计出较好的处理方法和方案。但在实际中按每种涂料的废弃物来考虑，比较麻烦。各种废弃物的发热量见表37-1。

表37-1　各种废弃物的发热量　（单位：J/kg）

废弃物种类	废溶剂	合成树脂型的废涂料	涂料渣	油型涂料
发热量	37690200	29207600	20934000	14643800

37.4　涂装作业场所的安全卫生

37.4.1　涂装作业场所的污染源

在采用溶剂型涂料的涂装施工过程中，散发在空气中的有害物，主要是从涂漆流平、干燥各阶段所散发的有机废气，以及喷涂过程中散发的固体漆雾粒子（树脂、颜料、填料）。

1）喷涂、流平及干燥阶段涂装溶剂挥发量见表37-2。

表37-2 涂装施工中不同阶段的涂装溶剂挥发量

涂料名称	溶剂挥发量（质量分数，%）		
	喷涂阶段	流平阶段	干燥阶段
挥发型漆（过氯乙烯漆、硝基漆）	60~80	10~30（最初5min）	<10
氧化聚合型漆（醇酸漆）	30~40	40~60（其中40%在最初5min挥发）	
氨基烘漆	30	60%（在15min内挥发）	10

2）从涂装作业场所排出的废气中，污染大气环境的有害物质有三类：①可产生光化学烟雾的有机溶剂（二甲苯、甲乙酮等）；②排出的恶臭、涂料挥发物、热分解生成物及反应生成物（丙烯醛、甲醛）；③涂料粉尘。

这些排出物的种类和数量随涂料品种、使用量和使用条件而异。涂装车间排气的发生顺序如图37-2所示。

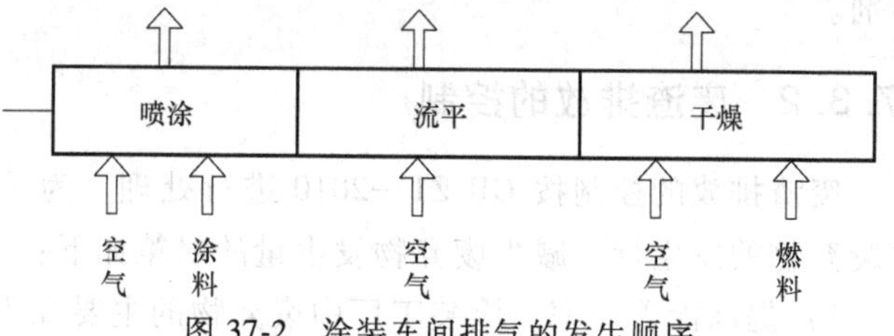

图37-2 涂装车间排气的发生顺序

37.4.2 涂装预处理作业场所的安全卫生措施

1）车间（工段）涂装预处理作业场所的区划位置应在厂区夏季最小频率风向的上风侧，并应与生产过程相衔接的钣焊、机械加工、装配车间及金属材料库、成品库等封隔。

2）车间（工段）涂装预处理作业场所可布置在单跨单层建筑物内，当不得不布置在多跨建筑物内时，应一侧近外墙，并与相毗邻的生产部门封隔。

3）采用有机溶剂进行脱脂清洗和清除旧漆的预处理作业场所，属于乙类火灾危险区域，并应有泄压面积，其大小可按照作业场所空间容积确定，每立方米空间不小于0.05~0.22m^2与相邻生产车间接筑物防火间距，建筑物防爆及消防车道等应符合《建筑设计防火规范》的规定。

4）预处理作业场所及其周围15m范围内，严禁堆积易燃、易爆和可能发生意外事故的物料和制品。

5）机械方法除锈或清除旧漆，必须设置独立的排风系统和除尘净化系统，排放至大气中的粉尘含量应不大于150mg/m^3。

6）车间（工段）预处理作业场所应设置更衣室、休息室和吸烟室，并在其附近设置（车间）浴室和事故应急冲洗用水，供水压力不高于1.76×10^5Pa，配有快开阀门和长度1.2m以上软管。空气喷涂、无气喷涂作业车间的卫生特征级别应为二级。

37.4.3 涂装作业场所的安全卫生指标

（1）温度和湿度 不同涂料由于其本身挥发性及施工性能均不同，因此涂漆时的温度、湿度要求也各不相同，一般合适的温度可在20℃以上，湿度为70%以下。几种涂料涂漆时适宜的温度、湿度见表37-3。

表 37-3　几种涂料涂漆时适宜的温度、湿度

涂料名称	温度/℃	相对湿度(%)	备　注
油性漆	15～35	<85	低温不好
油性清漆磁漆	10～30	<85	气温高好
醇酸树脂涂料	10～30	<85	气温高好
虫胶清漆	10～30	<75	过湿不好
各种贴花用漆	20	<75	中等温度、湿度为宜
水性乳胶漆	10～35	<75	低温、过湿不好
硝基漆	15～20	<70	低温、过湿不好

(2) 采光和照明　涂装作业场所为增强辨色性，应尽可能用自然采光。当窗户面积为照射面积的 1/5 以上时，可获得较好采光。

车间（工段）涂装作业场所的天然光照度最低值为 50lx，采光系数最低值为 1%；磷化膜、钝化膜和阳极氧化膜质量检测区域的室内天然光照度最低值为 100lx，采光系数最低值为 2%。

车间（工段）涂装作业场所，当采用混合照明时，最低照度为 150lx，采用一般照明时，最低照度为 50lx，磷化膜、钝化膜和阳极氧化膜质量检测区域内，当采用混合照明时为 500lx，一般照明时为 150lx。

漆膜、磷化膜的检查一般需要局部照明，但应注意荧光灯因其光流有较大周期脉动，易引起眩目，并且显色力差，一般不作为局部照明光源，涂装作业适宜的照度要求见表 37-4。

表 37-4　涂装作业适宜的照度要求

作业类别	操 作 内 容	照度/lx
精密	手工涂漆、汽车面漆、漆膜检验	300～800
较精密	一般产品、车辆、木器涂漆	150～300
普通	预处理	70～150

(3) 尘埃的允许度　涂装作业场所对尘埃应予以限制，因为尘埃量增加，会影响涂膜质量。涂装作业场所空气中的尘埃可用空气洁净度来度量，见表 37-5。

表 37-5　涂装作业场所空气洁净度

作 业 类 别	作 业 举 例	空气洁净度要求	
		洁净度等级	尘粒总数
要求较高的装饰性涂漆	家用电器外表面、医疗器械外表面	10000	≥0.5μm 尘粒总数≤350 粒/L
高装饰性涂漆	电视机塑料外壳、一般轿车	1000	≥0.5μm 尘粒总数≤35 粒/L
精饰性涂漆	高级轿车	100	≥0.5μm 尘粒总数≤3.5 粒/L

(4) 有害物质最高允许浓度　涂装作业场所空气中有害物质的最高允许浓度应遵循《涂装作业安全-涂漆工艺安全》和《涂装作业安全-涂装预处理工艺安全规程》的规定。常见有害物质的最高允许浓度见表 37-6。

(5) 有害物质的允许排放量　为保持涂装作业场所的安全卫生条件，除了控制有害物质在作业场所空气中的最高允许浓度以外，还必须控制有害物质从涂装作业场所向大气的排放。

表 37-6 常见有害物质的最高允许浓度

编号	物质名称	最高允许浓度/(mg/m^3)	编号	物质名称	最高允许浓度/(mg/m^3)
1	乙醚	500	15	环己烷	100
2	二甲苯	100	16	苯(皮)	40
3	二硫化碳(皮)	10	17	苯乙烯	40
4	甲苯二异氰酸酯	0.2	18	氧化锌	5
5	丁二烯	100	19	铅尘	0.05
6	三氧化铬、铬酸盐、重铬酸盐(换算成 CrO_3)	0.05	20	酚(皮)	5
			21	锰及锰化合物(换算成 MnO_2)	0.2
7	丙酮	400	22	氯苯	50
8	甲苯	100	23	三氯乙烯	30
9	吡啶	4	24	溶剂汽油	350
10	有机汞化物(皮)	0.005	25	乙酸乙酯	300
11	松节油	300	26	乙酸丁酯	300
12	环氧氯丙烷(皮)	1	27	丙醇	200
13	环氧乙烷	5	28	丁醇	200
14	环己酮	50	29	四氯化碳(皮)	25

37.5 涂装防毒安全技术

在涂料生产和施工过程中，使用的溶剂和某些颜料、助剂、固化剂等是严重危害作业人体的有害物质。例如，苯类、甲醇、甲醛等溶剂的蒸气挥发到一定浓度时，对人体皮肤、中枢神经、造血器官、呼吸系统等都有刺激和破坏作用。铅（烟、尘）、铬（尘）、氧化锌（烟雾）、甲苯二异氰酸酯、有机胺类固化剂、烘焦沥青、氧化亚铜、有机锡等均为有害物质，若吸入体内容易引起急性或慢性中毒，促使皮肤或呼吸系统过敏。各种有害物质均有其特性，毒性也不一，在空气中有最高允许浓度，为保证操作者身体健康，必须靠排气或换气，使空气中的溶剂等有害物质蒸气浓度低于最高允许浓度，并确保作业人员长期不受损害。

37.5.1 涂装作业中产生的有害物质及其来源

涂装生产过程中产生的有害物质主要为废水、废气、废渣，对环境造成了一定的危害。废水的来源为：

1）涂装前预处理产生的废水。对被涂件表面进行脱脂、除锈、磷化、钝化处理时，所使用的碱液、酸液、磷化液、表调液等含有有害化学物质的液体均需定期更换而产生废水；对出槽工件所进行的水洗，也会产生含有有害物质的废水。

2）涂装时产生的废水。在喷涂室中，利用水吸收捕获的漆雾，产生含涂料的废水；在腻子打磨过程中，为了防止粉尘污染，采用水打磨工艺，产生废水。

涂装施工过程中产生的废气主要是大量有机溶剂的挥发气体和飞散的漆雾。

废弃物的来源有：液体的清洗溶剂和涂料，固体的废漆渣、粉尘残渣、磷化沉渣等。

37.5.2 涂装车间有害物的产生量

涂装车间是机械工厂中对环境污染最为严重的车间。对于环境的污染，特别是对大气的污染，涂料施工远比涂料生产严重。空气喷涂时有害物的产生量见表37-7。

表37-7　空气喷涂时有害物的产生量　　（质量分数，%）

项目		涂料使用量	干燥成膜量	淤渣	循环水	通风	
						喷漆室	烘干室
涂料		100	—	—	—	—	—
成分	颜料	25	15	10	—	—	—
	树脂	25	11~14.5	10	—	—	—
	溶剂	50	—	≈10	2~5②	17~20	18
	反应气体①	—	—	—	—	—	0.5~1.0
合计		100	29~29.5	30	2~5	35.5~39.0	

① 反应气体是涂料中的树脂在烘干室中热固化时的反应生成物。
② 循环水中的溶剂量，由于溶剂的种类不同有所变化。

37.5.3　涂装车间有害物的处理

工业涂装有害物质的处理有如下两条途径：

1）改变产品的结构和施工方法，从根本上清除或减少涂装作业中有害物质的产生，如：①生产无害和低毒涂料，逐渐减少生产严重污染环境的溶剂型涂料；②开发生产水性涂料、粉末涂料、高固体分涂料、非水分散涂料和光固化涂料等，以消除和减少溶剂型涂料对大气的污染；③同时采用高效涂装工艺，提高涂料的附着效率，减少涂料的飞散；④采用高效、低毒预处理剂及工艺，取代钝化工艺及消除铬离子的污染等。

2）对涂装作业中产生的有害物质进行有效的、科学的、经济的处理。

37.5.4　涂装防毒的技术措施

（1）一般原则　《职业性接触毒物危害程度分级标准》中，把苯列为一级极度危害。对接触铅、苯作业的职工采取特殊保护措施。

（2）限制和替代含苯涂料　采用的有水性涂料、高固体分涂料和粉末涂料等替代含苯涂料。

利用抽余油配制出硝基漆、过氯乙烯漆、醇酸树脂漆和氨基树脂漆四种涂料的无苯涂料，其配方见表37-8。

表37-8　无苯涂料的配方　　（质量分数，%）

稀释剂组分	硝基漆	过氯乙烯漆	醇酸树脂漆	氨基树脂漆
乙酸乙酯	17	10	—	—
乙酸戊酯	13	8	—	—
乙醇	20	—	—	—
丙酮	—	27	—	—
抽余油	50	55	50	40
丁醇	—	—	—	20
轻油	—	—	50	40

（3）限制和替代红丹防锈漆与重金属颜料　红丹防锈漆是一种毒性较大的含铅涂料，职业危害比较严重。现将红丹漆改为铁红酚醛防锈漆，杜绝了铅的危害。

（4）制定有严重职业危害涂料的安全涂装方法　采用湿法除旧漆；含铅、锌的涂料和防污涂料，应用刷涂法；需焊接涂有含铅、锌涂料的钢板，必须在焊接处预留200mm宽的地带。

（5）必须在喷涂室进行喷涂作业　采用喷涂室，将喷涂作业密闭与外界隔离，同时配合通风排毒和净化回收。对于受生产条件或设备限制无法完全密闭的喷涂室，需要采取通风排毒措施。

(6) 隔离操作和仪表控制自动化　喷涂室内有毒气体浓度未能降低到符合 GB Z1—2010 时，可用如下两种做法达到标准：一种是将涂装设备放在隔离室内，用排风使隔离室保持负压状态；另一种是将工人操作地点放在隔离室内，而用送风处于正压状态。由于操作工人与涂装设备隔离，两者之间借助仪表控制实现自动化操作。当工人进入修理时，须注意采取防毒的临时措施。

(7) 采取个人防护措施　涂装作业在无法通风排毒的条件下，或在狭小空间进行涂装作业时，就有必要采用送风面罩和防苯口罩。送风面罩是将经净化的压缩空气送到工人呼吸道，与有毒气体隔绝。防苯口罩上两边有滤毒盒，盒内装活性炭颗粒，能滤去含苯气体。涂装作业中为防止苯和汽油与操作者皮肤长期接触，需用液体手套或防苯手套。这种手套实际是用一种水溶液涂在手上，能干燥成薄膜，而又不溶于苯等有机溶剂中。

37.6 涂装防火防爆安全技术

涂装车间应做一级防火，电器设备全部采用防爆型并配套足够的灭火设置。建筑物应有防火结构，并至少有两处以上的出口。

由危险区的范围可知，在面积大于 $500m^2$ 的涂装车间、调漆间和涂料仓库，都应有自动安全防火设备。在危险区域内，应设监测传感元件、30s 内即能启动的 CO_2 消防系统、按 5min 内蒸气充满房间设定的 CO_2 瓶数量和喷射嘴数目。

37.6.1 常用有机溶剂和稀释剂的爆炸极限

国产涂料的爆炸极限数值正在逐步实测积累数据，目前只能参考所用有机溶剂和稀释剂的爆炸极限数值。常用有机溶剂和稀释剂的爆炸极限见表 37-9。

表 37-9 常用有机溶剂和稀释剂的爆炸极限

有机物名称	应用形式	闪点/℃	爆炸极限(体积分数,%)	
			上限	下限
甲苯	溶剂、稀释剂	6~30	1.0	7
二甲苯	溶剂、稀释剂	29	1.0	7.6
乙醇	溶剂、稀释剂	9~32	2.6	19
异丙醇	溶剂、稀释剂	12	2	12
丁醇	溶剂、稀释剂	21~34	1.7	8
丙醇	溶剂、稀释剂	-20	1.6	18
乙酸乙酯	溶剂、稀释剂	-10	2.1	11.5
乙酸丙酯	溶剂、稀释剂	10	11.7	8
乙酸丁酯	溶剂、稀释剂	22	1.2	7.8
200 号溶剂	溶剂、稀释剂	19	1.0	6
汽油	溶剂、稀释剂	—	—	—

37.6.2 涂装防火安全措施及注意事项

1. 安全措施

1) 涂装车间所有结构件都应采用防火材料。

2）尽可能将涂装车间布置在厂房的一边，并用防火墙与其他车间隔开。

3）所有的门应开在离外出口最近处，而且门要朝外开，通向太平门的通道保持畅通无阻。

4）在与相邻车间有传送装置的情况下，出入口也应装防火门，其耐火强度不低于 45min。

5）每 m^3的厂房体积对应的窗户或易打开的顶盖面积不小于 0.05m^2。

6）大于 100m^2面积的涂装车间必须具备两个以上的出口（太平门）。

7）供涂装车间、调漆间和涂料库用的消防灭火用具，每 30m 应保证有下列消防工具：两个泡沫灭火器，一个 0.3~0.5m^3的沙箱，一套石棉衣和一把铁铲。

8）制定严格的管理制度，对职工不断进行安全意识教育，让职工掌握防火安全知识，会使用各种消防工具。

2. 注意事项

1）涂装车间、涂料库所用的电气设备都应是防爆型的，电源应设在防火区域以外。

2）涂装车间的所有金属设备都应接地保护，防止静电积聚和静电放电。

3）涂装车间内严禁烟火，禁止带火种进入车间，安装和维修设备需动用明火时，应采取防火措施，在确保安全的情况下才准许工作。

4）车间现场的贮漆量不应超过用量。

5）擦过溶剂和涂料的棉纱、破布等应放在专用带盖铁箱中，定期处理。

6）在涂装过程中，应尽量避免敲打、碰撞、冲击，禁止在地面上滚动涂料桶。

7）在专用喷涂室内喷漆。喷涂室应配备可燃气体浓度报警系统和 CO_2灭火系统装置，也可根据实际情况配备自动喷水系统、水喷雾系统。对于自动喷涂设备的消防保护，最新的趋势是在喷涂设备上附属配套一独立的 CO_2供给系统。

8）流平室、烘干室都应符合防火安全技术要求。

9）严禁向下水道内倒废弃的易燃溶剂和涂料。

37.7　涂装防静电安全技术

37.7.1　涂装作业中的静电危害

涂装作业场所多数属于爆炸危险性场所，特别在涂装作业中，静电喷涂和静电喷粉是利用高电压静电作为动力源，因此，对防静电的要求较高。静电的主要危害是使人体受电击、影响产品质量和引起燃烧爆炸三个方面。在涂装作业场所，静电放电时产生的火很可能引起溶剂型涂料和粉末涂料的燃烧。

涂装作业中产生静电放电的原因，主要是两电极间的空气被击穿成为通路，电极上有明显的放电集中点，在瞬间内能量集中释放在静电喷涂和静电喷粉中，产生火花放电。

涂装作业中静电危害举例见表 37-10。

37.7.2　静电测量

为防静电往往有必要测量静电，被测量的静电参数主要有电压、电流、电阻、电容和电

表 37-10 涂装作业中静电危害举例

危害原因	危害种类	危 害 内 容	危 害 举 例
静电作用	爆炸与火灾	引起可燃、易燃性液体爆炸或起火	输送汽油的设备不接地可能引起汽油着火
		引起某些粉尘爆炸或起火	静电可使树脂粉末、铝粉爆炸
		引起某些气体爆炸或起火	高速气流如氢气喷出时，可能引起爆炸
	人身伤害	使人遭受电击	静电很高时，容易发出电击
		因电击引起二次伤害	意外的电击可能引起跌倒
	妨碍生产	引起电气元件误动作	影响计算机正常工作
力学作用	妨碍生产	纤维发生缠结，吸附尘埃	影响产品质量
		使粉体吸附于设备	影响粉体的过滤和输送

量等。导体上的静电宜采用接触式仪表测量。绝缘的固体、液体和粉体上的静电宜采用非接触式仪表测量，或其他间接方法测量。常用测量静电参数的仪器仪表见表 37-11。

表 37-11 常用测量静电参数的仪器仪表

测量参数	仪器名称	仪器原理	测量范围	适用场所	特点	备注
电压	QV 型静电电压表	利用静电作用力，使张丝偏转	$10 \sim 10^4$V(但同一台仪器可调幅度较小)	实验室现场	仪器与被测对象接触，宜测取导体上电位，工频交流上可用	受空气湿度及测量系统、电容等影响，会产生一定误差
	静电电压表	利用静电感应经过直流放大指示读数	$10 \sim 10^4$V	实验室现场	体积较小，非接触式测量	—
	静电电压表	利用静电感应，变成交流信号，然后放大指示读数	$10 \sim 10^4$V	实验室现场	体积较小，非接触式测量	—
	静电电压表	用振动电容器将直流微弱信号变成交流信号后，再放大指示	$\text{mV} \sim 10^2$V	实验室	非接触式测量	一般用于较精密的低电压测量
	集电式静电电压表	利用放射性元素电离空气，改变空气绝缘电阻	$10 \sim 10^4$V	实验室现场	非接触式测量	—
高绝缘电阻	ZC31 型振动电容式超高阻计	用振动电容器将直流微弱电流变成交流信号后，放大并指示	$10^6 \sim 10^{10}\Omega$	实验室	适宜固体介质高绝缘测量	可测量 10^{10} A 的微电流
微电流	AC 型复射式检流计	利用磁场对载流线圈的作用力矩使张丝偏转	$<1.5\times10^{-9}$A	实验室	—	—
电容	QS-18A 型万能电桥	电桥原理	pF ~ F	实验室现场	携带式	仪器种类较多，可按需要选择
电荷	法拉第箱(或法拉第笼)	测取法拉第箱的电容及电位从而计算电荷	较宽	实验室	—	按 $Q = CV$ 计算

37.7.3　防静电措施

1. 人体防静电

人体带静电是很容易发生的，必须采取措施予以避免。在涂装作业场所不允许穿化纤类衣服进入涂装区或已确定为爆炸危险场所，而应当穿采用导电纤维制作的防静电工作服和导电橡胶制作的防静电鞋。

人体电容与鞋底厚度的关系见表 37-12。

表 37-12　人体电容与鞋底厚度的关系

鞋底厚度/mm	0.25	0.5	1.1	12.8	46	89	155
人体电容/pF	6800	2300	850	190	130	100	7.5

2. 涂料防静电

涂装作业场所调剂涂料时，涂料在管道中流动的静电与流速的平方值成正比，涂料在管道中的流速应加以限制。管道中烃类油料的最高流速见表 37-13。

表 37-13　管道中烃类油料的最高流速

管径/cm	1	2.5	5	10	20	40	60
最大流速/(m/g)	8	4.9	3.5	2.5	1.8	1.3	1.0

3. 正确接地防静电

接地是防静电最简单、最常用的措施，其主要目的是使物体与大地之间构成电气上的泄漏电路，将产生衣物体上的静电泄漏于大地，防止在物体上贮存静电。

此外，接地还有以下的防静电目的：

1）防止位于带电物体附近的某物体或接触某物体的另一物体，受到带电物体的静电感应。

2）阻止带电物体的地位上升，或限止由此而产生静电放电。

4. 采用静电中和防静电

静电中和是静电消失的主要途径之一。静电中和是借助电子来完成的。静电中和器就是能产生电子和离子的装置。由于产生了电子和离子，物体上的静电电荷得到相反符号电荷的中和，从而消除静电危险。静电中和器有多种类型，用于涂装作业区城内消除静电的中和器，主要为感应式中和器。

37.8　涂装防尘安全技术

37.8.1　涂装作业的粉尘来源及危害

涂装作业粉尘主要来自三个方面：

（1）机械方法除锈过程生成的粉尘　包括手工具除锈、机动工具除锈、喷砂、喷丸、抛丸、滚磨等作业方式所生成的粉尘。这类粉尘颗粒的分散度见表 37-14。

这类粉尘含游离二氧化硅的质量取决于所用磨块和磨料。国内对喷砂用含 70%（质量分数）以上的石英砂的磨料是禁用的，但含石英砂 40%～70 %（质量分数）的磨料仍有应用，为此造成石英砂粉尘浓度高。干喷砂除锈时，粉尘浓度往往达到 20～160mg/m^3。

表 37-14 机械除锈生成粉尘颗粒的分散度

机械除锈作业方式	粉尘颗粒直径/mm		
	<5	5~10	>10
手工具或机动工具除锈	≈80	≈(15~10)	≈(5~10)
喷丸或喷砂除锈	≈90	≈5	<5
抛丸除锈	≈70	≈20	≈10

(2) 涂膜经手工打磨或机械打磨产生的粉尘 这类粉尘主要是从涂膜上剥落下来的，属于有机物粉尘，粉尘粒度比较细。大件所生成的粉尘浓度远比中小件严重，但由于粒度细，在空中悬浮时间长，粉尘浓度往往达到30~90mg/m^3。

(3) 粉末涂料涂覆过程生成的粉尘 这类粉尘污染是由于喷粉室设计不良而造成粉末外逸，往往在喷粉室的操作口处最为严重。

不同颗粒直径的粉尘对人体的危害也不同，主要是在呼吸道中被阻留程度有所不同，50μm 粒径的粉尘几乎完全被阻留在鼻、鼻咽、气管和大支气管内；10~15μm 的尘粒能被阻留在上呼吸道内；5~10μm 的尘粒能达到肺泡内，而大部分也可能被阻留在呼吸道内；0.1~5μm 的尘粒主要被阻留在肺泡内而形成尘肺。

尘肺是指肺内存在吸入的粉尘并与其发生非肿瘤的组织反应。按吸入粉尘种类的不同，可分为金属灰尘尘肺、混合性尘肺和硅肺。硅肺是长期吸入含游离二氧化硅的灰尘所引起，是严重的职业病。

另外，根据烟尘本身的理化特性和作用部位的不同，可在人体内引起呼吸道、皮肤、耳、眼等处的疾病，其中最为严重而典型的危害是呼吸道炎症，主要是鼻腔疾病，常见的有肥大性鼻炎和萎缩性鼻炎。

37.8.2 涂装作业防尘安全原则

涂装作业防尘安全的一般原则，主要为两个方面：一是消除或减少粉尘源；二是防止粉尘散发到操作区，使操作者免受粉尘危害。

1. 消除和减少粉尘源

1）采用带有良好防锈油脂的钢材，经脱脂后即得具有一定清洁度的基本无锈的钢材，而不需要进行机械除锈，即无粉尘产生。

2）根据工件外形批量和条件，对工件的除锈，尽可能地采用化学除锈，避免采用机械除锈，即避免粉尘产生。

3）当确定不得不采用机械除锈时，尽可能地采用湿式作业，可很大程度地减少灰尘，甚至可能完全消除灰尘。涂装作业最为典型的用湿式作业代替干式作业的技术措施有：用湿喷砂或称水喷砂代替干喷砂；用湿磨腻子或漆膜代替干磨腻子或漆膜。

4）当已确定用喷砂机械除锈时，尽可能用真空喷砂，并应尽可能地用抛丸代替喷丸。

2. 防止粉尘散逸到操作区

1）采用密闭式设备，整体密闭或局部密闭，而又不影响操作，如小型密闭式喷砂室，操作者用带有防护手套的两只手通过手孔进入喷砂室，其余部分均系密闭，能阻隔粉尘对操作者的危害。

2）操作者佩戴防尘口罩、头盔和工作服，使机械除锈时生成的粉尘不致危害操作者。

这是在大型喷砂室或大型喷丸室内进行喷砂作业或喷丸作业时，经常采用的技术措施。

3）采用通风除尘，这是防尘综合措施中最主要和最常用的有效措施。通风有全面通风和局部通风两种方式，在防尘措施中都有应用。

37.9　涂装防噪声安全技术

37.9.1　涂装作业的噪声源

1）机械除锈用的抛丸机，其噪声级的峰值经多次实测达到 120dB（A），噪声峰值分布在中频段。噪声的形成以机械和金属撞击声为主，同时还存在空气动力噪声。

2）酸洗除锈、化学脱脂、磷化、钝化后，所用热水浸洗槽在直通蒸汽加热时的蒸汽喷射，形成的噪声级在 92~100dB（A），峰值多在中高频段。这是一种典型的蒸汽气流形成的噪声源。

3）酸洗除锈、化学脱脂、磷化、钝化各种预处理作业的处理槽一侧或两侧的通风装置，多为低压离心式风机，风压在 1000Pa 以下，风量在 3000~12000m^3/h 时，其噪声级为 90~98dB（A），峰值在中低频段。

4）喷涂用和气动式高压无气喷涂用的空压机，可为移动式或固定式，供气压力为0.5~0.8MPa，供气量分别为 3m^3/min、6m^3/min 和 10m^3/min，噪声级为 88~98dB（A），峰值在低频段。

5）喷涂、高压无气喷涂和静电喷涂所配套的中小型喷涂室的通风装置，常用低压轴流式或低压离心式风机，其风压在 1000Pa 以下，风量在 8000~24000m^3/h 时，噪声级为 86~94dB（A），峰值在中低频段。为供大型产品如载重汽车、大型机床喷涂用的大型喷涂室的通风装置，所用低压离心式风机的风量在 40000~120000m^3/h 时，其噪声级往往超过 100dB（A），峰值在中低频段。

6）粉末静电喷涂所用的喷涂室，粉末回收系统所用风机都为高压离心风机，风压在 3300~3800Pa，风量在 1300~3000m^3/h 时，其噪声级在 100~102dB（A），峰值在中低频段。

7）粉末回收装置及其风管内风速一般为 20~30m/s，形成气流噪声，并通薄壁风管振动，生成表面辐射噪声，其噪声级也往往超过 85dB（A），为不可忽视的噪声源，因此作为噪声源的辐射面较大。

8）与电泳涂漆装置配套的且供夏季降温，使电泳槽内漆液冷却的氟利昂制冷机组，也是一个噪声源，其噪声级为 90dB（A），峰值为低频段。

9）腻子涂层和涂漆层在用风动工具打磨时，因操作者手持风动打磨工具，与噪声源距离很近，受到噪声影响却在 90dB（A）以上，是危害较大的一种噪声源。

10）固定式静电喷涂设备中，喷枪的上下往复运动机构产生噪声，如当用液压式驱动时，升降装置中的液压泵及其管道、阀件，也是一项噪声源。

11）各种喷涂室和喷粉室在配套的通风装置的激烈振动下，使其围护结构的薄壁和管道路壁振动，生成表面辐射噪声。上述噪声源产生噪声级，均可能超过《工业企业生产过程噪声控制规范》规定的允许值，即 85dB（A）以上，须要进行综合治理，将以上各种噪声源生成的噪声降低到噪声卫生标准规定的允许值以下。

37.9.2 涂装作业噪声治理原则

噪声治理的主要原则是，消除或降低噪声源产生的噪声，这是最为有效的积极的治理原则，其次为在噪声传播途径中控制噪声，以及采取个人防护措施。

1）消除或降低噪声源。

2）改变噪声传播途径控制噪声。

3）采用个人防护用具控制噪声。

第 7 篇

热喷涂及堆焊技术

第38章

热 喷 涂

38.1 概述

热喷涂是一种利用热源把喷涂材料加热至熔融状态，并加速喷射沉积到基材表面上，从而形成一种堆积结构的表面覆盖层以提高基材表面性能的表面处理技术，在机械制造和维修中得到广泛应用。

金属热喷涂技术如图 38-1 所示。利用热源将熔点很低的金属熔化为液态，再用外加的压缩空气气流吹拂液态金属，使其雾化并喷射到零件表面，从而得到金属的喷涂层。最初的热喷涂装置比较笨重和原始，效率不高，但却包含了热喷涂技术的基本原理和过程。此后热喷涂技术随着喷涂热源、喷涂装置、喷涂材料、喷涂工艺的发展而不断完善，并逐步成为制造和维修领域的重要技术手段。

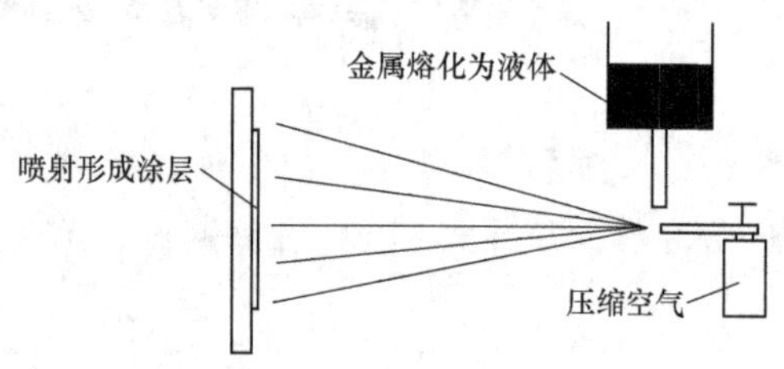

图 38-1　金属热喷涂技术

根据热喷涂过程的特点，涂层与工件基体表面之间的结合机制主要有以下几种类型：

（1）机械结合　经过粗化处理后的基体表面是凹凸不平的，当处于熔融状态的高温微粒子撞击到基体表面凸点时，发生动能的转换，使微粒子产生变形，同时粒子冷凝收缩咬住基体表面的凸点，形成机械结合。

（2）物理结合　高温、高速的喷涂材料颗粒撞击在极其干净的基体表面后，颗粒变形并与基体表面紧密接触，颗粒与表面的距离可能达到原子晶格常数范围内，这时就产生了范德华键结合力。

（3）微扩散结合力　当喷涂材料颗粒撞击到基体表面时，由于紧密的接触、变形、高温等条件，在界面上可能造成微小的扩散，增加了颗粒和基体的结合力。

（4）微焊接结合　喷涂材料属于放热性自粘复合粉时，在喷涂过程中会发生放热反应，反应产生的热量将粉末进一步加热，在高速、高热粉末的作用下，工件表面温度剧增，甚至可达到局部熔化，与喷涂材料形成微焊接结合。

一般认为涂层和基体之间以机械结合为主，同时，其他几种结合机制也不同程度地起作用，但它们受材料的成分、粒子的表面状态、温度、热物理性能的影响。

喷涂粒子在喷涂飞行过程中会发生表面反应。所生成的氧化物、氮化物的热膨胀系数会影响涂层间的结合强度。这些生成物的热膨胀系数一般小于金属，二者相差越大，涂层间结合强度越低。

38.2　热喷涂的涂层结构

38.2.1　涂层的形成与结构

尽管各种喷涂方法所用的热源、涂层质量及结合强度有所差异，但其喷涂过程、喷涂时粒子流特性、涂层成分和结构、涂层的结合机理等都基本相同。

1. 涂层的形成

热喷涂材料要经过两个过程（喷涂过程、成形过程）才能形成涂层。

（1）喷涂过程　在喷涂过程中，所喷涂材料从进入热源到形成涂层一般经过下述四个阶段，如图38-2所示。

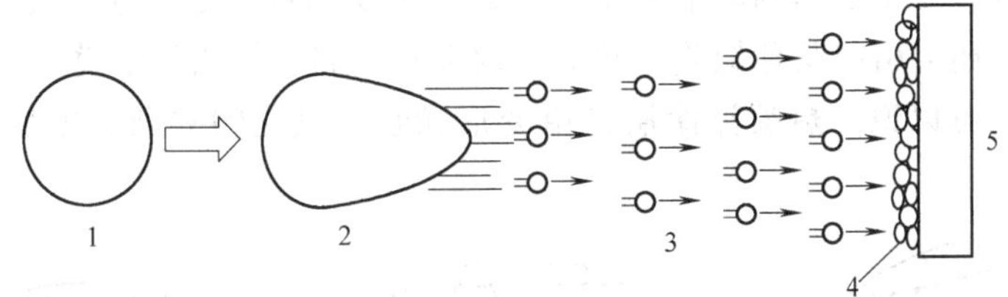

图38-2　热喷涂过程

1—喷涂材料　2—热源　3—喷涂粒子束　4—涂层　5—基体

1）喷涂材料加热熔化阶段，在粉末喷涂时喷涂粉末在热源所产生的高温区被加热到熔化状态或软化状态；在线材喷涂时线材的端部进入热源所产生温度场的高温区时很快被加热熔化，熔化的液体金属以熔滴状存在于线材端部。

2）熔滴雾化阶段，在粉末喷涂时被熔化或软化的粉末在外加压缩气流或者热源自身的射流的推动下向前喷射，并发生粉末的破碎细化和雾化过程，而在线材喷涂时，线材端部的熔滴在外加压缩气流或热源自身射流的作用下，克服表面张力脱离线材端部并雾化成细小的熔粒随射流向前喷射。

3）粒子飞行阶段，离开热源高温区的熔化态或软化态的细小粒子在气流或射流的推动作用下向前喷射，在达到基体表面之前阶段均属粒子的飞行阶段。在飞行过程中，粒子的飞行速度随着粒子离喷嘴的距离增大而发生如下变化：粒子首先被气流或射流加速，飞行速度从小变大，到达一定距离后飞行速度逐渐变小。这些具有一定温度和飞行速度的粒子到达基体表面时即进入喷涂阶段。

4）粒子喷涂阶段，到达基体表面的粒子具有一定的温度和速度，粒子的尺寸范围为几十微米至几百微米，速度高达几十至几百m/s，未碰撞前粒子温度为粒子成分所决定的熔点温度。在产生碰撞的瞬间，粒子将其动能转化为热能而传给基体，粒子在碰撞过程中发生变形，变成扁平状粒子，并在基体表面迅速凝固而形成涂层。

喷涂材料经过上述过程完成喷涂而形成基体表面的涂层。

（2）成形过程　基体表面的涂层由不断飞向基体表面的粒子撞击已形成的涂层表面而堆积成一定厚度的涂层，即在基体或已形成的涂层表面不断地发生着粒子的碰撞-变形-冷凝收缩的过程，变形的颗粒与基体或涂层之间互相交错而结合在一起，涂层的形成过程如图 38-3 所示。

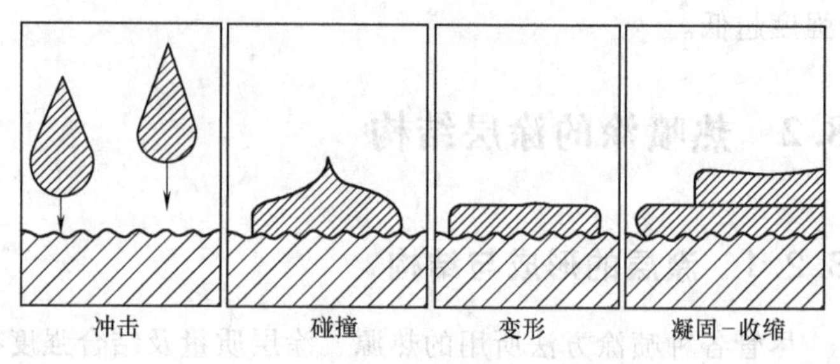

图 38-3 涂层的形成过程

2. 热喷涂层的结构

涂层是由无数变形的粒子相互交错而又波浪式堆叠在一起的层状组织结构，或者说是由熔融粒子撞击后扁平状的变形粒子组成。熔融粒子表面可能存在氧化膜，变形粒子之间不可避免地存在着氧化物夹杂；在部分粒子之间会形成小区域的熔合区（两个熔融粒子间嵌合），即粒子间的界面消失，而形成类似焊合的冶金状态，在粒子间相互熔合区域不存在氧化膜；在涂层中间也可能存在因碰撞时未达到熔融状态而没有发生变形的圆形粒子；另外，在变形粒子之间还可能存在孔洞、气孔。由于喷涂工艺不当还会引起其他缺陷。喷涂层内存在孔洞、气孔可以说是不可避免的，如图 38-4 所示。因此，可以说，热喷涂涂层是由变形颗粒、氧化物夹杂、未变形颗粒及气孔组成的。

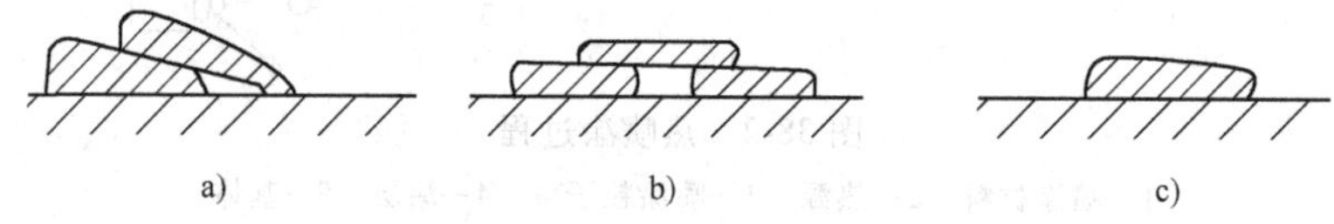

a)　　b)　　c)

图 38-4 涂层中的孔洞与气孔

a）颗粒平行到达 b）扁平颗粒之间不完全堆积 c）基材表面凹陷

对热喷涂所喷射出的喷涂材料外形进行观测，发现一个圆锥形轮廓，射流中心区域浓集，而边缘则稀疏；中心部位相当狭窄，喷涂材料高度浓集。

实际的喷涂形态如图 38-5 所示。在 C 和 D 之间的圆形或椭圆形的中心部位，沉积层最厚、最致密。在 B 与 C 之间，喷涂射流清晰，出现了带有边缘特性的涂层（B）。AB 之间的区域是极其多孔的涂层。在实际喷涂过程中，由于喷枪和基体的相对运动，所得最终涂层是上述各部位的混合物。

在喷涂过程中，粉末颗粒受到过热并以不同速度撞击到基体表面上，形成多孔的像“薄饼”的形态。通常喷涂时的过热液滴实际上呈单独的颗粒被冲击在先前已沉积涂层的基体上，并迅速被撞击成扁平状，这是急冷过程而发生的。

到达还未被润湿表面的熔滴首先扩展成薄膜。如果表面张力不起作用，薄膜继续扩展，直到成单分子厚度或直到凝固为止。倘若熔滴以高速到达，则有助于熔滴的扩展，但经短暂时间之后，表面张力会

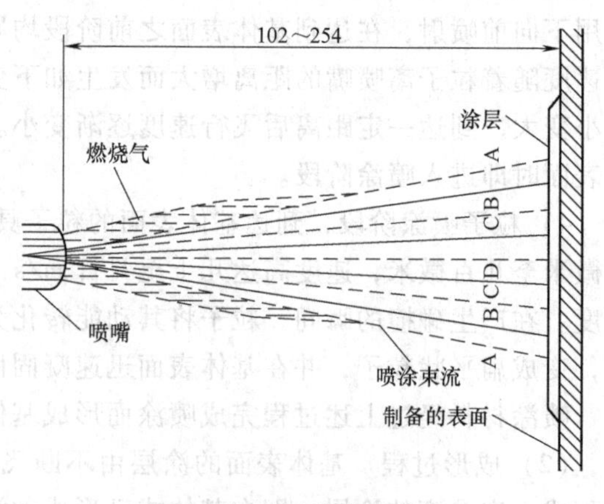

图 38-5 实际的喷涂形态

阻止这种扩展。熔滴边缘变厚，趋于破裂，形成小球形圆环，脱离中心球状液滴之后，变得比原液滴小。这种收缩作用也造成许多辐射状喷溅，如图38-6所示。

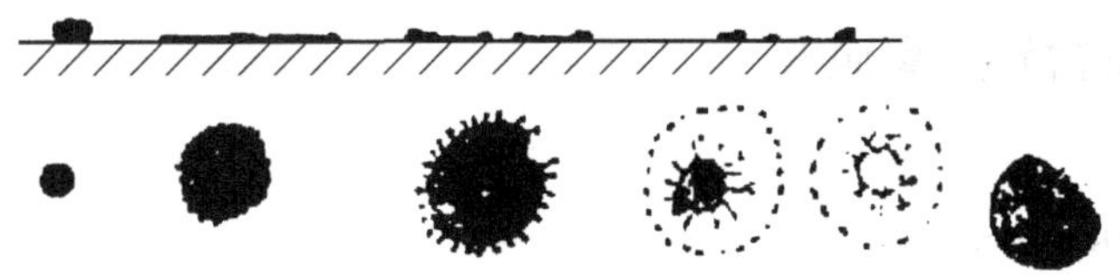

图38-6 水银在玻璃棉上喷溅的形式

涂层的形成过程表明：涂层是由无数变形粒子互相交错呈波浪式堆叠在一起而形成的层状组织结构（见图38-7）。在喷涂过程中，由于熔融的颗粒在熔化、软化、加速及飞行以及与基材表面接触过程中与周围介质间发生了化学反应，使得喷涂材料经喷涂后会出现氧化物。而且由于颗粒的陆续堆叠和部分颗粒的反弹散失，在颗粒之间不可避免地存在一部分孔隙或空洞。因此喷涂层是由变形颗粒、气孔和氧化物所组成。涂层中氧化物夹杂的含量及涂层的密度取决于热源、材料及喷涂条件。采用等离子弧高温热源、超声速喷涂以及保护气氛等可减少甚至消除涂层中的氧化物夹杂和气孔；涂层经过重熔后也可消除涂层中的氧化夹杂物和气孔，并使层状结构变成均质状结构，同时涂层与基材的结合状态也会发生变化。

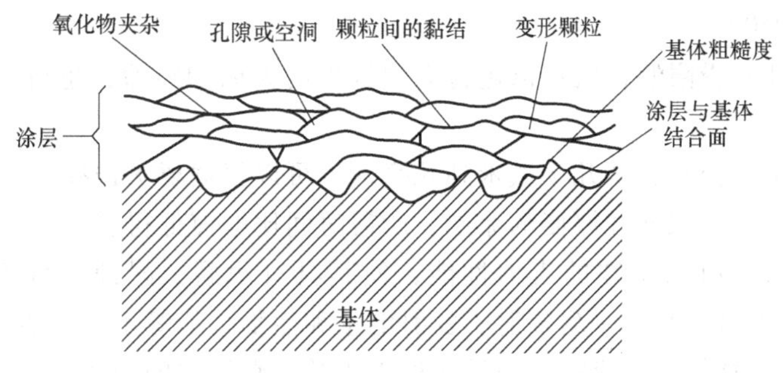

图38-7 涂层结构

38.2.2 涂层的残余应力

残余应力是热喷涂涂层本身固有的特性之一，其产生的主要原因是涂层与基体之间有着较大的温度梯度和物理特性差异。当热喷涂过程熔融态颗粒撞击基体表面，在产生变形的同时受到急冷而凝固。由于粒子冷凝收缩而产生的微观收缩应力，应力积聚造成涂层整体的残余应力。残余应力对涂层的质量和性能有着重要的影响，甚至会严重地影响涂层的使用寿命。热喷涂涂层有许多失效形式都是由残余应力引起的，如涂层的开裂、剥离、脱落等。涂层在形成过程中产生的残余应力状态如图38-8所示。

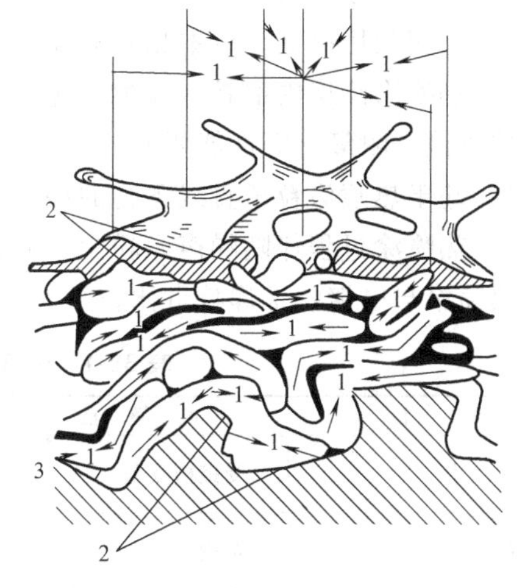

图38-8 涂层形成过程中产生残余应力

1—收缩力 2—颗粒与基体之间的结合 3—基体

残余应力是存在于无外载作用和外界约束的

自然状态物体中的自平衡内应力。在热喷涂涂层形成过程中，由于涂层和基材间热物理性能的差异及高温急冷急热等原因，在涂层中不可避免地会形成残余应力。

38.3 热喷涂的特点及应用

38.3.1 热喷涂的特点

热喷涂技术作为表面涂层的制备方法之一，与其他的表面工程技术相比，其在施工和经济方面具有以下优点：

1）热喷涂材料种类、尺寸大小和形状几乎不受限制。可制备涂层的基体几乎包括所有的固态工程材料，金属、合金、陶瓷及其他无机非金属材料、塑料、尼龙等有机高分子材料都可以作为喷涂材料。

2）喷涂方法多，选择合适的方法几乎能在任何形状固体表面进行喷涂。

3）可用于各种基材表面喷涂，金属、陶瓷、玻璃、木材、水泥、布、纸等，几乎所有固体材料都可以作喷涂处理。

4）可使基体保持较低温度，并可控制基体的受热程度，从而保证基体不变形、不变性，一般能控制<250℃。

5）基体对尺寸不受限制，既可以进行大型构件的大面积喷涂，也可以进行工件的局部喷涂。

6）涂层厚度可以控制，从几十微米到几毫米，可以根据要求选择。

7）工作效率高，制取同样厚度的涂层，所需时间比电镀低得多。

8）能赋予普通材料以特殊的表面性能，使其具有耐磨、耐蚀、耐氧化、耐高温、隔热、导电、绝缘、密封、减磨、耐辐射、发射电子和生物功能等不同性能，达到节约贵重材料、提高产品质量、降低生产成本、满足多种工程及尖端科技的需要。

热喷涂技术由于本身的局限性，存在以下不足：

1）热喷涂涂层与基体的结合强度有限，耐高应力、冲击性能差。

2）热能利用率低，成本相对较高。

3）热喷涂涂层内部具有孔隙、应力、夹杂等缺陷，与同种材料的实体相比，其力学性能、抗腐蚀、耐氧化等性能要差。

4）基于热喷涂粒子直线飞行的特性，喷涂区域存在死角问题。

5）热喷涂过程伴随噪声、粉尘、弧光辐射等，工作环境较差。

热喷涂与电镀、堆焊特点比较见表38-1。

表38-1 热喷涂与电镀、堆焊特点比较

项　　目	电　镀　法	堆　焊　法	热喷涂(焊)法
工件尺寸	受镀槽限制	无限制	手工操作无限制，否则受装置的限制
工件形状	范围广	不能用于小孔	不能用于小孔，通常用于简单形状
黏结性	较好	好	一般较低
基体	导电性	钢、铁、超合金	几乎一切固体物品

（续）

项　　目	电　镀　法	堆　焊　法	热喷涂(焊)法
涂覆材料	金属、简单合金、某些简单复合材料	钢、铁、超合金	几乎一切固体物品
涂覆厚度/mm	0.001～1	3～30	0.1～3
孔隙率	极小	通常无	无(喷焊),1%～15%(喷涂)
黏合性	良好	高	高(喷焊),一般(喷涂)
热输入	无	很高	高(喷焊),较低(喷涂)
工件表面预处理	化学清洁和腐蚀	机械清洁	喷砂
涂后处理	消除应力、去脆性	消除应力	通常不需要
公差	良好	差	相当好
可达到的表面光洁度	极差	良好	相当好
基体变形	无	大	小
基体粗糙度	很小	极大	较小
沉积速率/(kg/h)	0.25～0.5	1～70	1～10

38.3.2　热喷涂的应用

热喷涂可以制备各种类型的涂层，既可作为预防护技术应用于新品制造，又可作为维修手段用于旧件修复。尤其是采用喷涂层或喷焊层，可以大幅度提高产品的使用寿命，用经济的手段可产生显著的经济效益和社会效益，因此获得广泛应用。热喷涂涂层领域和主要类型见表38-2。

表38-2　热喷涂涂层领域和主要类型

领　　域	主要类型	涂层材料
防护涂层	阳极性防护涂层(抗大气及浸渍腐蚀喷涂层)	Zn、Al、Zn-Al合金、Al-Mg合金
	阴极性防护涂层(抗化学腐蚀涂层)	有色金属及合金,不锈钢,塑料
	抗高温氧化涂层	Ni基、Co基合金,MCrAlY合金,氧化物陶瓷
强化涂层	耐磨粒磨损及冲蚀磨损	碳化物+金属,自熔性合金,氧化物陶瓷
	耐摩擦磨损涂层	Mo或Mo+合金,有色金属及合金,自熔性合金
	在强腐蚀介质中的耐磨涂层	自熔性合金,高合金,陶瓷
特殊功能涂层	热障涂层	氧化物陶瓷
	可磨密封涂层	金属+非金属复合材料
	热辐射涂层	氧化复合材料
	导电屏蔽及防辐射涂层	金属
	固体润滑涂层	金属+非金属复合材料
	超导、压电、高温塑料等特种涂层	—

热喷涂技术主要应用于金属零部件的修复、预保护及新产品的制造，可使工件获得所需要的尺寸和表面性能，因此现已广泛使用在航空、航天、机械、电子、钢铁冶金、能源、交通、石油、化工、食品、轻纺、广播电视、兵器等几乎所有的国民经济部门，并且在高新技术领域里发挥了作用。

38.4　热喷涂的分类

热喷涂作为新型的实用工程技术，目前尚无标准的分类方法，平常接触较多的一种分类方法是按照加热喷涂材料的热源种类来分类，可分为：①火焰类，包括火焰喷涂、爆炸喷涂、超声速喷涂；②电弧类，包括电弧喷涂和等离子喷涂；③电热法，包括电爆喷涂、感应加热喷涂和电容放电喷涂；④激光类，激光喷涂。热喷涂技术的分类方法见表38-3，几种热喷涂工艺特点的比较见表38-4。

表 38-3 热喷涂技术的分类方法

<table>
<tr><th>热喷涂类别</th><th colspan="2">热喷涂工艺方法</th><th>技术特征</th></tr>
<tr><td rowspan="4">按气体燃烧热源分</td><td colspan="2">线材火焰喷涂</td><td rowspan="3">喷涂材料为线材、棒材和粉末，火焰加热熔化，压缩空气雾化了的熔滴随焰流喷射到工件表面</td></tr>
<tr><td colspan="2">棒材火焰喷涂</td></tr>
<tr><td colspan="2">粉末火焰喷涂</td></tr>
<tr><td colspan="2">高速火焰喷涂</td><td>利用可燃性气体产生高的气体压力、以5倍于声速的焰流，使熔融的液滴高速撞击工件表面</td></tr>
<tr><td rowspan="7">按气体放电热源分</td><td colspan="2">电弧喷涂</td><td>线材为熔化电极，短路形成电弧并熔化成液滴，压缩空气使之雾化成微粒并以较高速度喷向工件表面</td></tr>
<tr><td rowspan="5">等离子喷涂</td><td>大气等离子喷涂</td><td rowspan="3">在大气、真空或保护气氛条件下，等离子焰流将喷涂材料加热到熔融或高塑性状态，并高速喷向工件表面</td></tr>
<tr><td>真空等离子喷涂</td></tr>
<tr><td>可控气氛等离子喷涂</td></tr>
<tr><td>水稳等离子喷涂</td><td>以水作为等离子体工作介质，等离子射流温度高、高温区宽、输出功率与生产效率高，涂层质量好。但射流氧化性强，不宜喷涂金属</td></tr>
<tr><td>超声速等离子喷涂</td><td>焰流及粒子速度高，效率高。射流功率大，温度高。涂层结合力高，孔隙率低，硬度高</td></tr>
<tr><td colspan="2">等离子喷焊</td><td>等离子焰流同时进行喷涂和重熔</td></tr>
<tr><td rowspan="2">按电热热源分</td><td colspan="2">电容放电喷涂</td><td>利用电容放电把线材加热，然后用高压气体雾化并加速的喷涂方法</td></tr>
<tr><td colspan="2">感应加热喷涂</td><td>利用电磁感应产生的涡流加热线材，用高压气体雾化并加速的喷涂方法</td></tr>
<tr><td rowspan="2">按爆炸热源分</td><td colspan="2">燃气重复爆炸喷涂</td><td>合金粉末在氧气与乙炔气的混合气体中悬游，气体爆炸高温熔化粉末，高速射向工件表面。每爆炸喷射一次，随即有一股脉冲氮气流清洗枪管</td></tr>
<tr><td colspan="2">电热爆炸喷涂</td><td>在一定的气体介质中，对金属导体施加瞬间直流高电压，在导体内部形成高电流密度，使其短时间发生爆炸，喷涂零件表面</td></tr>
<tr><td rowspan="2">按激光热源分</td><td colspan="2">激光喷涂</td><td>高强度能量的激光束加热、熔化喷嘴前端的线材或粉末，辅助的激光加热器加热工件，高压气体雾化后使合金材料到达工件表面</td></tr>
<tr><td colspan="2">激光喷焊</td><td>高能激光束将涂层与基体表面熔化、快凝，冶金结合</td></tr>
</table>

表 38-4 几种热喷涂工艺特点的比较

热喷涂工艺	火焰喷涂	电弧喷涂	等离子喷涂	爆炸喷涂
典型涂层孔隙率(%)	10~15	10~15	1~10	1~2
典型黏结强度/MPa	7.1	10.2	30.6	61.2
优点	成本低，沉积效率高，操作简便	成本低，沉积速度高	孔隙率低，能喷涂薄壁易变形件，热能集中，热影响区小，黏结强度高	孔隙率很低、黏结强度极高
缺点	孔隙率高，黏结强度差	孔隙率高，喷涂材料仅限于导电丝材	成本高	成本极高，沉积速度慢

第39章

火焰喷涂

39.1 概述

火焰喷涂法是以氧-燃料气体火焰作为热源，将喷涂材料加热到熔化或半熔化状态，并以高速喷射到经过预处理的基体表面上，从而形成具有一定性能涂层的工艺。火焰喷涂设备简单，是发展最早的一种喷涂工艺，现在应用仍十分广泛。

火焰喷涂依据喷涂材料的外形可分为熔丝法、熔棒法和粉末法三种类型。熔丝法应用于能够形成丝材的各种金属与合金。该法也可采用填充陶瓷粉（如氧化铝）的线段状塑料管作喷涂材料（热喷涂时塑料蒸发），也称线（丝）材火焰喷涂。熔棒法以陶瓷（氧化铝、氧化铅、硅酸盐等）制成棒状作喷涂，也称为棒材火焰喷涂。而那些不易制成丝材（铝锌合金、自熔合金等）的合金粉和低熔点（低于2500℃）陶瓷粉，则以采用粉末法送入火焰为宜，称为粉末火焰喷涂。

随着社会的发展和科技的进步，现在又出现了很多种新型的火焰喷涂方法，例如爆炸火焰喷涂、超声速火焰喷涂、反应火焰喷涂等。

39.2 火焰喷涂的材料

火焰喷涂可以喷涂的材料很多，可以使用其他方法进行喷涂的材料都可以进行火焰喷涂。喷涂的材料主要包括：

1）各种金属及合金线材。如锌及锌合金线材、铝及铝合金线材、铜及铜合金线材、钼及钼合金喷涂丝等。

2）复合喷涂线材。复合喷涂线材是把两种或两种以上的材料复合而制成的喷涂线材。复合喷涂线材中大部分是增效复合喷涂线材，即在喷涂过程中不同组元相互发生热反应生成化合物，反应热与火焰热相叠加，提高了熔粒温度，从而提高了涂层的结合强度。常用的复合方法有五种：丝-丝复合法，将多种不同组分的丝铰轧成一股；丝-管复合法，将一种或多种金属丝穿入某种金属管中压轧而成；粉-管复合法，将一种或多种粉末装入某种金属管中加工成线材；粉-皮压结复合法，将粉末包覆在金属丝外；粉-胶黏剂复合法，把多种粉末用胶黏剂混合挤压成线材。

3）合金粉末。包括自熔性合金粉末，如镍基自熔性合金粉末、钴基自熔性合金粉末和铁基自熔性合金粉末，以及复合粉末，如镍-铝复合粉末。

4）陶瓷粉末。包括氧化物、碳化物、氮化物、硼化物及硅化物粉末。常用的热喷涂陶瓷粉末主要有 Al_2O_3、ZrO_2、TiO_2、WC、Cr_2O_3等。

5）塑料。塑料涂层具有美观、耐蚀的性能，若在塑料粉末中添加硬质相，还可使涂层具有一定的耐磨性。例如，聚乙烯涂层可耐 250℃高温。在常温下耐稀硫酸、稀盐酸腐蚀，具有耐浓盐酸、磷酸腐蚀的性能，而且具有绝缘性和自润滑性。常用的塑料有尼龙、环氧树脂等。

39.3 火焰喷涂的燃料

火焰喷涂常用的燃料有乙炔、氢气、液化石油气和丙烷。火焰喷涂法燃料的发展趋势是使用液体燃料，例如重油和氧作热源，粉末与燃料油混合，悬浮于燃料油中。此法与其他方法相比，粉末在火焰中有较高的浓度并分布均匀，热传导性更好。很多氧化物材料（例如氧化铝、氧化硅、富铝红柱石-$Al_6Si_2O_{13}$）宜采用火焰喷涂法进行喷涂。

39.4 火焰喷涂的工艺

火焰喷涂的工艺包括工件表面准备、预热、喷涂底层、喷涂工作层和涂后处理。

39.4.1 工件表面处理

为使喷涂粒子很好地浸润工件表面，并与微观不平的表面紧紧咬合，最终获得高结合强度的涂层，要求工件表面必须洁净、粗糙、新鲜，因此表面准备是一个十分重要的基础工序。表面处理包括表面清理和粗糙表面两个工序。

表面清理是指脱脂、去污、除锈等，使工件表面呈金属光泽。一般采用酸洗或喷砂除锈、去除氧化皮，采用有机溶剂或碱水脱脂。对于修复旧件来说，还要加热到 260~530℃，保温 3~5h，去除毛细孔内的油脂。

粗糙表面是对预喷涂表面进行加工，目的是进一步保证表面质量，提高结合强度和预留涂层厚度。粗糙表面一般采用车削、磨削、喷砂等方法。

对于由打底层和工作层构成的涂层，打底层厚度一般为 0.1~0.15mm，工作层最低厚度为 0.2mm。

39.4.2 预热

预热有利于熔粒的变形和相互咬合，提高沉积率，降低涂层的内应力，去除工件表面的水分。预热温度不宜过高，对于普通钢材，一般控制在 100~150℃为宜。可直接用喷枪预热，但要使用中性焰或轻微碳化焰，也可采用电阻炉等预热。

工件预热是安排在表面准备工艺之前还是之后对涂层的结合强度也有很大影响。条件允许时，最好将预热安排在表面准备之前，防止预热不当表面产生氧化膜导致涂层结合强度降低。

39.4.3 喷涂

工件表面处理好之后，要在尽可能短的时间内进行喷涂。为增加涂层和基材的结合强度，一般在喷涂工作之前，先喷涂一层厚度约 0.10~0.15mm 的放热型的镍包铝或铝包镍粉末作为打底层。打底层不宜超过 0.2mm，否则，不但不经济，而且结合强度下降。喷涂镍-铝复合粉末时，应使用中性焰或者是微碳化焰。另外，选用的粉末粒度以 180~250 目为宜，以避免产生大量的烟雾及其沉积导致结合强度下降。

喷涂时，要掌握和控制喷涂材料的性质、火焰的性质以及热源的功率、喷涂材料的供给速度、雾化参数、喷涂距离、喷涂角度和喷涂的移动速度等，以获得高质量的涂层。喷涂材料的供给速度除取决于热源功率和喷涂材料的性质外，供给速度还直接影响沉积效率和涂层质量。供给量过大，不仅沉积效率低，而且涂层中还会存在熔融颗粒粗大，甚至会出现一段段未熔化的丝粉或粉粒，使涂层质量变坏。若供给速度过低，则喷涂速度太低，喷涂成本增大。

火焰喷涂是依靠压缩气体对熔化材料进行雾化和对熔融颗粒加速。雾化气体的压力和流量过大，会使热源温度降低并影响热源的稳定性；压力和流量不足，则雾化的颗粒粗大和熔融颗粒飞行速度较低，影响涂层的质量。

根据喷涂热源、喷涂材料等具体情况，喷涂距离（即喷嘴和基材表面之间的直线距离）一般为 100~150mm。若喷涂距离过大，则熔粒撞击基材表面的温度和动能不够，不能产生足够的变形，而且氧化趋于严重，涂层氧化物夹杂增加，这将影响涂层的质量，而且还会导致基材表面温度过高。喷涂角度一般为 60°~90°。当喷涂角度小于 45°时，会产生所谓的“遮蔽效应”，使涂层形成许多不规则的空穴和涂层中氧化物夹杂含量增加，大大降低涂层的性能。

在沉积效率一定的条件下，一次喷涂过后，涂层厚度则主要取决于喷枪和工件的相对移动速度，火焰喷涂的每道涂层的厚度要控制在 0.1~0.15mm，因此喷枪与工件的移动速度一般为 7~18m/min。为获得厚的涂层，应进行多次喷涂。在喷涂过程中，工件温度不应超过 250℃，温度过高不仅影响结合强度，使涂层脱落，还可能引起工件变形并导致基体组织发生变化。工件温度过高时，可采用距喷涂部位一定距离、不直接朝向喷涂部位吹风的冷却方式降温，还可采用间歇式喷涂方法控制工件温度。

39.4.4　喷后处理

火焰喷涂涂层是有孔结构，在腐蚀条件下工作时，需要将空隙密封。常见的封孔剂有石蜡、酚醛树脂、环氧树脂等。密封用的石蜡是指有明显熔点的微结晶石蜡，其中美国 Metco185 密封剂具有耐盐、淡水和几乎所有酸、碱性能。酚醛树脂封孔剂适用于密封金属及陶瓷涂层的孔隙，这种封孔剂具有良好的耐热性，在 200℃ 以下可连续工作，且除强碱外，可耐大多数有机化学试剂的腐蚀。

39.5　线材火焰喷涂

1. 喷涂原理

它们都是将线材或棒材从喷枪中心孔送出，由燃料气体氧的火焰将其熔化，用压缩空气将熔化的材料雾化成微粒，并将其喷射到基体表面沉积成为涂层。其线或棒是通过喷枪内的驱动机构送线滚轮将线（或棒）连续送入。其原理图和装置连接分别如图 39-1 和图 39-2 所示。

典型的线材火焰喷涂装置是由压缩空气供给系统、氧乙炔供给系统、线材盘架及线材火焰喷枪与辅助装置等五部分组成。

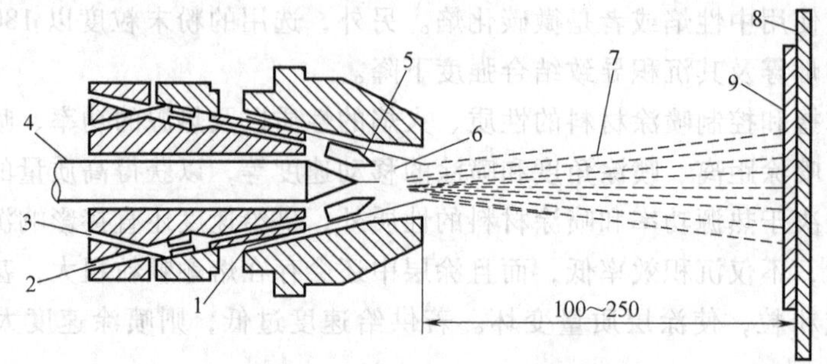

图 39-1　线材及棒材火焰喷涂原理

1—压缩空气　2—燃烧气体　3—氧气空气帽　4—线材或棒材气体喷嘴　5—火焰　6—熔融材料　7—喷涂流束　8—基材　9—涂层

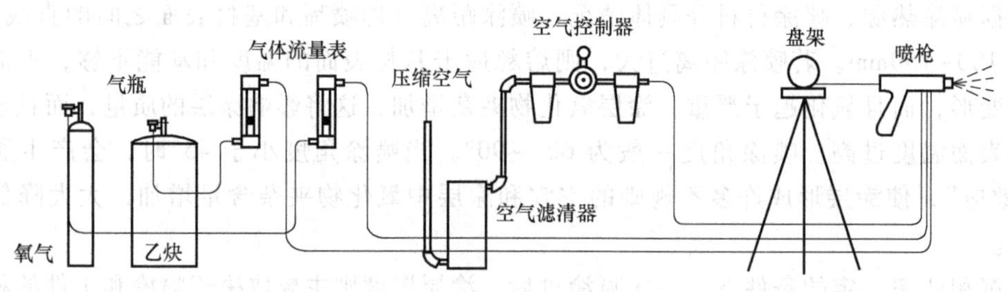

图 39-2　线材火焰喷涂装置连接

2. 熔化-雾化过程

线材端部进入火焰后被加热、熔化。线材端部的熔化状态取决于火焰和材料的性质。压缩空气使熔化的金属脱离和雾化，必须消耗的空气量是 60～90m^3/h。由于熔化金属的黏性，在气流作用下，当维持到表面张力达到最大时，熔粒才脱离，因此熔粒脱离一般是周期性的发生。从雾化区出来的粒子到离喷嘴 5～30mm距离，随同气流被加速，粒子飞行速度一般是 60～250m/s。随着离喷嘴距离和直径的增加，飞行速度降低，如图 39-3 所示。

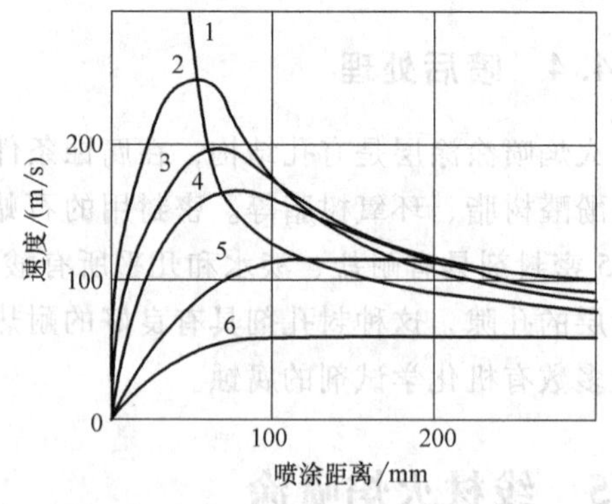

图 39-3　不同距离下的粒子飞行速度

1—气流运动的大概速度　2—极少数粒子的速度　3—直径约为 10μm 粒子速度　4—直径约为 40μm 粒子速度　5—直径约为 100μm 粒子速度　6—直径约为 200μm 粒子速度

粒子的尺寸取决于燃烧时形成的气体压力、线材输送速度、喷嘴结构及雾化空气压力。在喷涂钢和铜时，全部粒子中约 50%尺寸是 50～100μm，约 35%低于 50μm，15%在 100μm 以上，接近 400μm。喷涂锌、铝时，30%粒子尺寸是 50μm，70%小于 50μm。飞行的粒子，如钢、铜，具有球形的熔粒形状，锌、铝粒子呈不规则的形状。

3. **喷涂材料**

（1）锌丝材　锌在干燥大气、农村大气或清水中具有良好的耐蚀性。在污染的工业大气和潮湿的大气中，其耐蚀性有所降低，而在酸、碱、盐中，它不耐腐蚀。在锌中加入铝可提高涂层的耐蚀性。当铝含量为30%（质量分数）时，铝-锌合金的耐蚀性最佳。

锌涂层已广泛应用于钢铁结构件的防护，如桥梁、铁塔、水闸门、容器等。如南京长江大桥主梁上盖板采用喷锌丝涂层，再涂刷六道专门研制的耐磨漆，使用17年后检查，完好如新，预计在四五十年内基本不需要维修。目前在电视塔、钢桥的建设中已广泛采用喷涂层来达到长效防护的目的。

（2）铝丝材　对钢铁而言，纯铝与锌一样，也是一种阳极保护材料。铝涂层的特点是在工业气氛中具有较高的耐蚀性，在pH值为4~8的环境中有良好的耐蚀性，在含盐的海风中耐蚀效果较差。

铝还能够用于耐热涂层。铝除了能形成稳定的氧化膜外，在高温下，还能在铁基中扩散，与铁发生作用生成能抗高温的铁铝化合物，从而提高了钢材的耐热性。

（3）铜及铜合金　铜及铜合金具有良好的导电、导热、耐磨及耐蚀性，并有美观的表面色泽，是较早使用的喷涂材料之一。纯铜不耐海水腐蚀。纯铜涂层主要用于电器开关和电子元件的导电接点以及塑像等工艺美术品的表面装饰涂层。

黄铜有一定的耐磨性、耐蚀性，且色泽美观。黄铜涂层广泛用于修复磨损件及加工超差件，也可作为一种装饰涂层。在黄铜中加入质量分数为1%左右的锡，可提高黄铜耐海水腐蚀性能，用于与海水接触的活塞、铜套、气阀等。

铝青铜的强度一般比黄铜高1倍，铝含量为质量分数7%~11%，加入少量的Fe、Mn、M等元素可改善性能。铝青铜抗海水腐蚀能力强，又能很好地耐硫酸、硝酸的腐蚀。它主要用于泵的叶片、气闸阀门、轴瓦等零件喷涂。磷青铜材料具有比锡青铜更好的耐蚀性和耐磨性，主要用做装饰涂层。

（4）镍及镍合金　纯镍涂层主要作装饰用，要求其他功能时，主要是选用镍合金涂层，其中以镍-铬合金和蒙乃尔合金线材应用最为广泛。镍-铬合金有非常好的抗高温氧化性能，可在880~1100℃高温下使用。典型的镍-铬合金为Ni80%（质量分数）、Cr20%（质量分数）。蒙乃尔合金是耐蚀性优良的铜-镍合金，尤其耐海水和稀硫酸的腐蚀，对于非强氧化性酸的耐蚀性也较好，但是耐亚硫酸的腐蚀性较低。蒙乃尔合金与镍合金涂层的用途基本相同，主要用于耐酸蚀等易受腐蚀的机械零件。

（5）钼丝　钼耐热性好，在常温下表面形成氧化膜而钝化。钼具有优良的耐磨性，又是金属中唯一能耐热浓盐酸的金属。钼涂层中会残留一部分MoO_2杂质，能提高涂层的硬度和耐磨性。

钼具有自黏结合性能，它可以和很多金属良好结合，其中包括普通碳钢、不锈钢、铬-镍合金、蒙乃尔合金、铸铁、铝及铝合金等，但不适合于铜及铜合金。

钼涂层除用做黏结底层外，更多的是作为功能性涂层使用。440℃以上，钼与硫起反应，生成MoS_2，MoS_2是固体润滑剂。涂层又存在一定的气孔，能保存润滑油。这样既有油的润滑作用，又有MoS_2的润滑作用，可以有效地防止气缸和活塞环之间熔着咬合现象。我国已将线材喷涂应用于活塞环、变速器同步环、拨叉、压缩机环、刹车片等部件上，取得了良好的效果。

4. 涂层

(1) 涂层特征 线材火焰喷涂涂层是由大量熔化的喷涂材料微粒堆积而成的。与等离子喷涂层相比，其特征如下：

1) 涂层内部附着一定量的金属氧化物并存在一定量的孔洞。

2) 涂层的结合强度低于等离子喷涂层，高于常规的粉末火焰喷涂层。

3) 涂层的内部约有7%~15%的孔隙（喷钼涂层约3%）。

喷涂层是以碟状叠加堆集的结构，使涂层的纵向抗拉强度与法向抗拉强度有所区别。一般涂层纵向抗拉强度约是法向抗拉强度的5~10倍，但只有喷涂材料自身强度的30%~50%。喷涂层的这种结构使涂层的抗冲击能力和抗疲劳能力很差，因此大部分线材火焰喷涂层都不能用于冲击强度很大的部位。

(2) 涂层结合 在碳钢表面，线材火焰喷涂层与基体表面的结合大部分以机械啮合的结合形式存在，但在喷涂Ni/Al复合线材、钼等材料时，在碳钢预处理表面会有微区的显微冶金结合情况存在。这些材料喷涂层的结合强度远高于一般材料喷涂层的结合强度，其数值比约为3∶1，所以通过喷涂Ni/Al、Mo等放热材料为结合底层，能明显提高涂层的结合强度。

5. 线材火焰喷涂设备

典型的线材火焰喷涂设备的组成如图39-4所示，包括氧气及乙炔供给系统、压缩空气供给系统、线材盘架、气喷枪等。

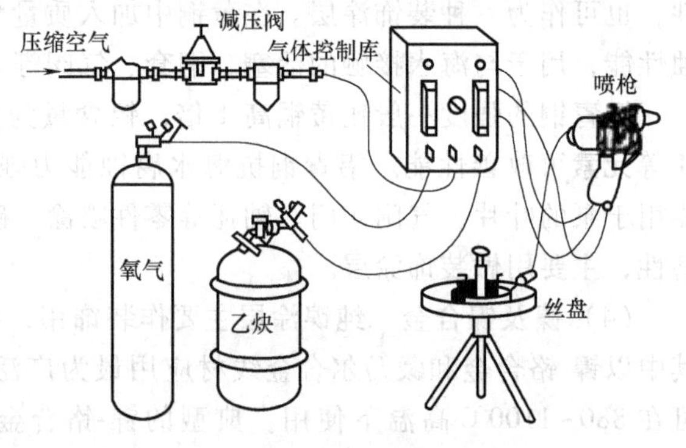

图39-4 线材火焰喷涂设备组成

(1) 喷枪 喷枪是主要的喷涂工具。从乙炔和氧气混合的原理分，喷枪分等压式喷枪和射吸式喷枪。射吸式喷枪是通过载气气流吸入乙炔气，操作方便，使用安全，为通常采用的枪型。喷枪中驱动丝材的动力分气动式和电动式。气动式又分气动涡轮式和气动马达式。为了调节丝材的送进速度并能自动稳定，喷枪有自身或附加的调速装置。调速器随采用的动力不同，有机械的、机电的、电子的、风动的等。

国内目前仅生产手持射吸式SQP-1型线材气喷枪，外形如图39-5所示。该喷枪从结构上由机动部分、混合头部分及手柄部分组成。机动部分驱动丝材并能调节送丝速度。混合头部分是控制氧气、乙炔、空气开关的重要机构。通过旋动阀杆手柄，可使三种气体按所需要的顺序配气，以达到确保点火和正常喷涂的目的。SQP-1型气喷枪分高速、低速两种规格。前者用于喷涂锌、钢等高熔点金属。

(2) 氧气及乙炔供给系统 氧气及乙炔系统由气源、压力及流量调节装置、回火保险器以及输气管道等组成。

对于火焰喷涂，供给喷枪的氧气和乙炔的压力和流量应能在规定的工作参数范围内连续调节，并能有参数指示和确保操作安全的装置。通过调节阀能方便地调节气体压力和流量，并通过串接回火保险器确保喷涂过程中的安全。

(3) 压缩空气供给系统　为了确保涂层质量，供给喷枪的压缩空气除了有压力和流量的要求外，还必须是干燥和洁净的，即无水无油，因此压缩空气供给系统应该包括空气压缩机和空气净化装置。

为了减少压缩空气中的含油量，应选用无油润滑空压机。空气净化装置主要由冷凝器（也称换热排污器）和油水分离器组成。

压缩空气如果要达到更高的净化晶位，还可再加一级岗位净化器（它是由空气净化器和空气过滤器组成）。空气净化器是通过惯性分离作用和吸潮装置再次分离空气中的水和油。

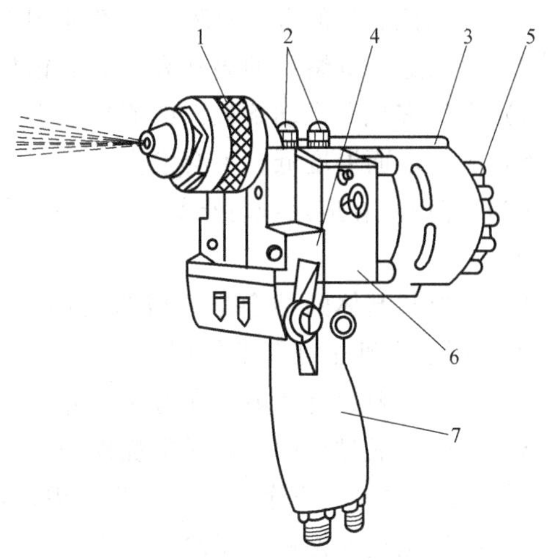

图 39-5　SQP-1 型线材气喷枪

1—混合头部分　2—送丝滚轮压帽　3—导丝管　4—阀杆旋钮　5—调速旋盘　6—机动部分　7—手柄部分

6. 线材火焰喷涂工艺

氧乙炔火焰线材喷涂的喷涂工艺依次为：工件预处理、工件预热、火焰喷涂、工件冷却、涂层检验、成品。下面就氧乙炔火焰线材喷涂中主要工艺参数的控制进行说明。

(1) 氧气、乙炔气、压缩空气的压力　在火焰丝材喷涂中，要求氧气、乙炔气按一定的比例进入喷枪的混合室。同时，要求两种气体要有足够的压力。如果混合气的压力不足，由于周围压缩空气的作用，会使火焰逐渐变短甚至熄火。若混合气的压力过大，会使火焰的高温区远离喷嘴，丝材不能在出口处熔化，从而影响涂层的质量。对于国产 SQP-1 型丝材喷涂枪，乙炔压力可控制在 0.05～0.08MPa，氧气压力则为 0.35～0.5MPa。由于此种喷枪在结构上不能调节氧气和乙炔气的流量。如果乙炔压力固定，操作者可根据丝材的熔化情况调整氧气的压力，达到理想的效果。

压缩空气能雾化丝材的熔滴并使粒子获得足够的速度。试验中发现：提高压缩空气的压力，不仅能提高粒子的速度，还可以同时提高粒子到达基材时的温度，这对提高涂层与基材的结合强度及涂层的致密度是有利的。对于国产 SQP-1 型喷枪而言，应保证压缩空气的压力不低于 0.6MPa。

(2) 喷涂距离　在丝材喷涂中，要充分利用粒子本身所携带的热量和压缩空气给予它的动能，这就要求选择合适的喷涂距离。若喷涂距离过小，虽然粒子的温度较高，但对工件的热输入量也大，容易引起基材的氧化和涂层过热，导致涂层脆化和剥落。如果喷涂距离过大，粒子的温度和速度均会下降，使涂层的结合强度和致密度都下降。根据试验，喷涂距离应选在 100～150mm 的范围，此时的粒子速度达到最大值，而粒子的温度下降较缓慢。

(3) 送丝速度　对于任何类型的喷涂丝材，在保证涂层质量的前提下，应尽量提高其进丝速度，以达到最高的喷涂效率。若进丝速度过低，涂层呈细密的颗粒状，涂层中含有较多的氧化物，涂层较脆并且难以加工。

7. 线材火焰喷涂的特点和应用

(1) 特点　线材火焰喷涂操作简便，设备运转费用低。线材火焰喷涂主要有以下特点：

1）可以固定，也可以手持操作，灵活轻便，因而获得广泛应用，尤其适合于户外施工。

2）凡能拉成丝的金属材料几乎都能用来喷涂，也可以喷涂复合丝材。

3）可以适应低熔点的锡到高熔点的钼材料的喷涂。

4）空气雾化和推动熔粒，射流较集中，沉积效率及涂层结合强度较高。

5）工件表面温度低，不会发生变形，甚至可以在纸张、织物、塑料上喷涂。

（2）应用　在应用线材火焰喷涂涂层时，应考虑涂层的如下特点，使涂层性能达到使用要求。

1）涂层与基体的结合是机械锚接形式。与母材相比，涂层更脆、更硬、耐磨性更好，但它不适用于在冲击载荷下使用。

2）涂层一般都有孔隙，在有腐蚀介质环境中使用时，涂层必须进行封闭处理。

3）涂层形成过程中，有元素烧损和氧化反应。

下面为线材火焰喷涂主要的一些应用领域。

1）在大型钢铁构件上喷涂锌、铝或锌-铝合金，制备长效防护涂层。

2）在机械零部件上喷涂不锈钢、镍-铬及有色金属等，制备防腐蚀涂层。

3）在机械零件上喷涂碳钢、铬钢、钼等，用于恢复尺寸并赋予零件表面以良好的耐磨性。

4）制备耐磨涂层。例如在活塞环、同步环上喷钼；在轴瓦上喷涂钼合金、巴氏合金等。

5）在要求抗高温氧化的零部件和容器上喷铝，再经扩散处理，制备抗高温氧化涂层。

6）在绝缘体上喷铜，制备导电涂层。

39.6　粉末火焰喷涂

粉末火焰喷涂是利用预混氧气及乙炔在喷嘴外燃烧产生的热能来加热粉末材料，依靠焰流的推力，将加热熔化的粉末喷射到预处理表面形成涂层。由于工艺操作简便以及粉末喷涂材料品种的增多，该方法的应用相当广泛。

根据燃烧火焰焰流速度及燃烧方式，粉末火焰喷涂可以分为普通火焰粉末喷涂、高速火焰喷涂和爆炸喷涂。

1. 喷涂原理

粉末火焰喷涂原理如图39-6所示。喷枪通过气阀分别引入乙炔和氧气，经混合后，从喷嘴环形孔或梅花孔喷出，产生燃烧火焰。喷枪上设有粉斗或进粉管，利用送粉气流产生的负压抽吸粉斗中的粉末，使粉末随同气流从喷嘴中心喷出进入火焰，被加热熔化或软化，焰流推动熔粒以一定速度喷到工件上。为了提高熔粒速

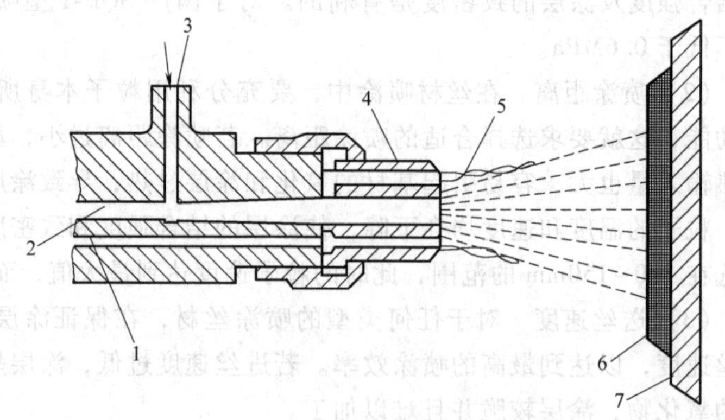

图 39-6　粉末火焰喷涂原理

1—氧乙炔混合气　2—送粉气　3—喷涂粉末　4—喷嘴
5—燃烧火焰　6—涂层　7—基体

度，有的喷枪设有压缩空气喷嘴，由压缩空气给熔粒以附加的推动力。对于与喷枪分离的送粉装置，借助压缩空气或者是惰性气体，通过软管将粉末送入喷枪。

（1）熔化过程　与线材火焰喷涂不同的是，粉末进入火焰后，每一颗粉粒都受到火焰的加热，并在焰流的推动下飞行，被喷射成一束微粒流。粉粒在被加热的过程中，都是表层向芯部熔化，熔融的表层会在表面张力的作用下趋于球状，不存在粉粒再被破碎的雾化过程，因此粉末的粒度大小决定了涂层中变形颗粒的粗细和涂层表面的粗糙度。进入火焰的粉末及随后被喷射飞行的过程中，由于处在火焰中的位置不同，被加热的程度不一样，因而有部分粉末熔融、部分粉末仅被软化还存在少数未熔的颗粒。这与线材火焰喷涂的熔化-雾化过程有较大差别，造成涂层的结合强度和致密性一般不及线材火焰喷涂。

（2）喷涂层的形成　在喷涂过程中，被加热到熔化或接近熔化状态的合金粉微粒相继以高速喷射撞击处于常温至200℃温度范围内的基材表面，形成鳞片状互相重叠的层状结构。

最先形成薄片状的合金微粒与工件表面凹凸不平处产生机械咬合。同时，当微粒撞击基材时，基材原子获得相当高的能量即活化能，与微粒原子可能发生化学反应。随后飞来的合金微粒击覆在先到的微粒表面，依照顺序堆叠嵌镶而形成一种以机械结合为主体的喷涂层。这种现象称为“抛锚效果”。

氧乙炔焰将合金粉粒熔化成半熔化后喷射于基材上，颗粒的凝固速率是极快的。由于液滴很快凝固，来不及铺开和不能填足第一层孔隙，故造成多孔结构。

（3）涂层特性　氧乙炔火焰喷涂涂层组织为层状结构，含有氧化物及气孔，并混杂有少量变形不充分的颗粒。涂层与基材的结合为典型的机械结合。涂层的气孔率和结合强度受喷涂材料、喷枪、喷涂工艺等工艺条件的影响大，气孔率可少到5%，多达20%，结合强度低者小于10MPa，高者大于30MPa。

2. 喷涂粉末

粉末是氧乙炔焰粉末喷涂技术中形成涂层的原材料。粉末质量的好坏，直接关系到涂层质量的好坏。

（1）基本要求　粉末的基本要求如下：

1）投入使用的粉末必须满足各种使用性能所要求的化学成分。

2）喷涂材料的熔点（或软化点）应低于火焰的温度。

3）用于氧乙炔焰喷涂的粉末必须具有良好的抗氧化性能。另外，对大多数金属及合金粉末来说，都应控制其氧含量，一般不能超过0.1%（质量分数）。

4）粉末的外形应是球形和近似球形的，大小适中，均匀。

（2）粉末种类　氧乙炔火焰喷涂粉末有金属粉末及合金粉末、自黏结粉末、自熔性合金粉末、复合粉末、陶瓷和塑料粉末等。

1）金属及合金粉末。氧乙炔火焰喷涂合金粉末分打底层粉（又称结合粉）和工作用粉两类。打底层粉常用镍-铝复合粉，其中包括镍包铝粉和铝包镍粉两种。工作层粉有普通工作层粉和自黏一次喷涂粉。

打底层粉处于基材与工作层之间，提供一层韧性较强的亚膜，以提高基材与涂层之间的结合强度，加强涂层的抗氧化性能。

目前最常用的打底层粉是镍-铝复合粉。它的每个颗粒都由微细的镍粉和铝粉组成。当喷涂时，镍和铝之间发生化学反应并放出大量的热量。同时，部分铝还会氧化，产生更多的热量。在此基础上，镍可扩散到基材金属中去，从而形成原子扩散结合，显著提高涂层的结合强度。镍-铝复合粉不仅具有优异的自黏结能力，而且喷涂之后涂层表面粗糙，热膨胀系数在钢材与工作层之间，因此也是一种理想的中间涂层材料。以镍-铬合金代替纯镍作粉末核心，制成铝包镍-铬合金的复合合金粉末，可使涂层具有更好的耐高温性和抗氧化性。

组成工作层的粉末应具有承担不同工况要求的能力，同时还要与打底层粉牢固结合。氧乙炔焰喷涂的工作层合金粉末有普通工作层粉和自黏一次喷涂粉两类。普通工作层合金粉末又有镍基粉末、铁基粉末、铜基粉末、钴基粉末、铝基粉末等几种。

2）自熔性合金粉末。自熔性合金是指熔点较低，熔融过程中能自行脱氧、造渣、能"润湿"基材表面而呈冶金结合的一类合金。目前，绝大多数自熔性合金都是镍基、钴基、铁基合金中添加适量的硼和硅元素而制得的。

镍基自熔性合金硬度并不很高，但具有良好的塑性、韧性、抗氧化性、急冷急热性，有一定的耐磨性和耐蚀性，易于机械加工。合金的熔点较低，工艺性能好，可用于铸铁玻璃模具、塑料和橡胶模具、化工机械和各种机械零件的修补和强化。加入一定数量的碳化钨（质量分数为25%~80%），即成为含碳化钨自熔合金粉末。碳化钨颗粒硬度可达70HRC以上，分布在涂层整体中，大大提高其耐磨性。

钴基自熔性合金是在钴-铬-钨系合金基础上添加硼、硅元素而制成的。钴是具有极好耐热性、耐蚀性和抗氧化能力的金属。一部分铬-钨与钴形成固溶体，起固溶强化作用，进一步提高钴基合金的抗氧化能力和热硬性。一部分铬-钨生成化合物，提高合金的硬度和耐磨性。

不锈钢型自熔性合金涂层具有较好的耐热性、耐磨性和耐蚀性，推荐用于矿山机械、农业机械和建筑机械磨损件的修复。铁-铬-硼-硅-（碳）系高铬铸铁型自熔性合金适用于抗磨粒磨损而不需进行机械加工的零部件。

铜基自熔性合金粉末所形成的涂层力学性能好、塑性高、易于加工、耐蚀性好、摩擦因数小，适用于各种轴瓦、轴承、机床导轨的修复等。

碳化钨型自熔性合金粉末的涂层致密、超硬、耐磨粒磨损，可用于特别严重磨损部件的修补或预防性喷熔。例如链锯导杆、粉碎机部件、喷嘴、离心机叶片、油井工具接头、风机叶片、螺旋输入器等。

3）复合粉末。凡是由两种或者两种以上性质不同的固相物质所组成的粉末称为复合粉末。组成复合粉末的成分可以是金属及合金的相互复合、金属及合金与各种非金属的相互复合、非金属与非金属的相互复合等，范围十分广泛，几乎包括所有的固体粉末在内。

复合粉末一般可分为包覆粉末和组合粉末两大类。

包覆粉末包括均匀包覆和非均匀包覆两种。均匀包覆粉末采用液相沉积、热分解等方法制造，核心颗粒被完整地包覆着，如镍包铝粉等。非均匀包覆粉末采用黏结剂法、料浆喷干法和雾化法制造，如铝包镍粉。组合粉末是两种或两种以上的粉末经过机械团聚而形成的一种复合粉末。

4）陶瓷粉末。陶瓷材料耐磨损、耐腐蚀和抗氧化。喷涂用的陶瓷粉末应采用纯度高、杂质和玻璃相少的材料。氧乙炔焰喷涂常用的陶瓷粉末只有氧化铝和氧化锆。其中，由于氧化锆的熔点高（2700~2850℃），用氧乙炔焰喷涂是十分勉强的。

5）塑料粉末。塑料一般分为热塑性塑料和热固性塑料两种。热塑性塑料即通过加热产生可塑性的塑料，如聚乙烯、尼龙、聚硫橡胶、聚乙烯醇、聚三氟乙烯等。其中应用最多的是高压法制造的聚乙烯粉末。通过加热产生硬化性的塑料称为热固性塑料，应用最广泛的是环氧树脂。

将高温塑料粉末与镍、铜、铝合金或不锈钢粉混合，用一般火焰喷涂枪进行喷涂。此法对所有基体如碳钢、不锈钢、铝、铜、镍、钴、钛及其合金以及陶瓷、塑料、布和木器都可以进行喷涂。涂层可机加工成很光亮的表面，它不仅保持了塑料原来的耐蚀性，而且还提高了塑料的强度、硬度和耐磨性。

3. 粉末火焰喷涂设备

氧乙炔火焰粉末喷涂设备的组成与线材火焰喷涂一样，也是由氧气及乙炔供给系统、压缩空气供给系统、喷枪等部分组成。气体供给系统与线材火焰喷涂完全相同，气体控制屏可以通用。所不同的是喷枪。在喷枪不需要附加压缩空气时，则不需要压缩空气供给设备。在枪外供粉的情况下，需要附加送粉装置。

喷枪是喷涂的主要工具。氧乙炔火焰粉末喷枪的种类较多，但各种形式的喷枪都是由火焰燃烧系统和粉末供给系统两部分组成，在结构上的差异和不同的特点，形成一系列枪型。下面仅介绍国内常用的两种型号的喷枪。

（1）SPH-E 型两用枪　所谓两用枪，是既可以喷涂，又可以用于自熔性合金喷焊的喷枪。SPH-E 型两用枪的外形结构如图 39-7 所示，枪内结构如图 39-8 所示。喷枪有四个控制阀：氧气控制阀（O 阀）、乙炔控制阀（A 阀）、送粉气体控制阀（T 阀）、粉末流量控制阀（P 阀）。氧气进入喷枪后，分成两路，一路经 T 阀进入送粉气喷射孔，产生射吸作用抽吸粉

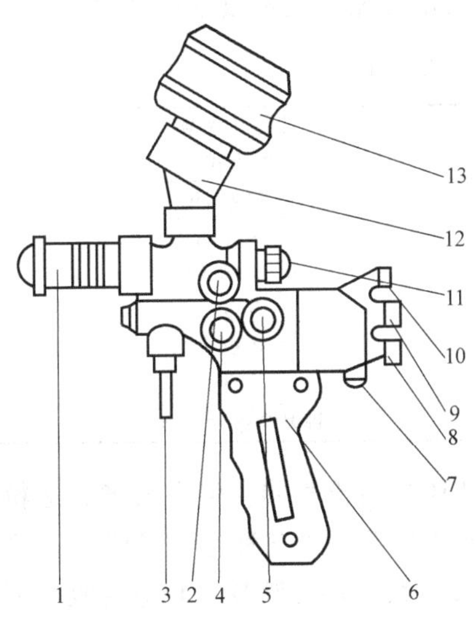

图 39-7　SPH-E 型两用枪的外形结构

1—喷嘴　2—送粉气体控制阀（T 阀）　3—支柱　4—乙炔控制阀（A 阀）　5—氧气控制阀（O 阀）　6—手柄　7—快速安全阀　8—乙炔进口　9—氧气进口　10—备用气进口　11—粉末流量控制阀（P 阀）　12—粉斗座　13—粉罐

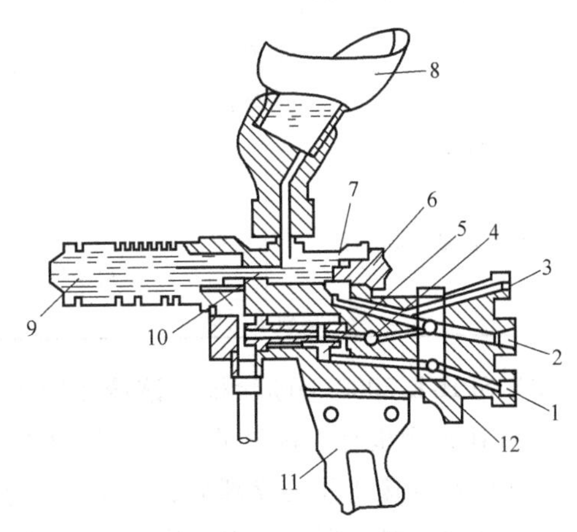

图 39-8　SPH-E 型两用枪的内部结构

1—乙炔进口　2—氧气进口　3—备用气进口　4—氧气控制阀　5—乙炔控制阀　6—粉末流量控制阀　7—送粉气体控制阀　8—粉罐　9—喷嘴　10—送粉气喷射孔　11—手柄　12—快速安全阀

末；另一路经 O 阀进入射吸室产生负压抽吸乙炔，两种气体在混合室混合后从喷嘴环孔喷出，产生燃烧火焰。P 阀和 A 阀可分别控制送粉量和乙炔流量。该枪还设置有快速安全阀和备用进气接口。在喷涂完毕后，只要向后扳动快速安全阀，就立即切断各路气体。当再次喷涂时，只要向前扳动，点火后，火焰的气体参数和送料量均不变。备用进气接口可以在需要时接入压缩空气或惰性气体，以提高粉末在火焰中的流速。

SPH-E 型两用枪使用的喷嘴有环形和梅花形两种，结构如图 39-9 所示。梅花形喷嘴有 12 个 $\phi0.8$mm 或 8 个 $\phi1$mm 的小孔，特点是火焰功率大，但速度较低，一般用于喷涂。环形喷嘴功率较小，但速度较高，不易回火，适应性宽，可用于喷涂和喷焊。

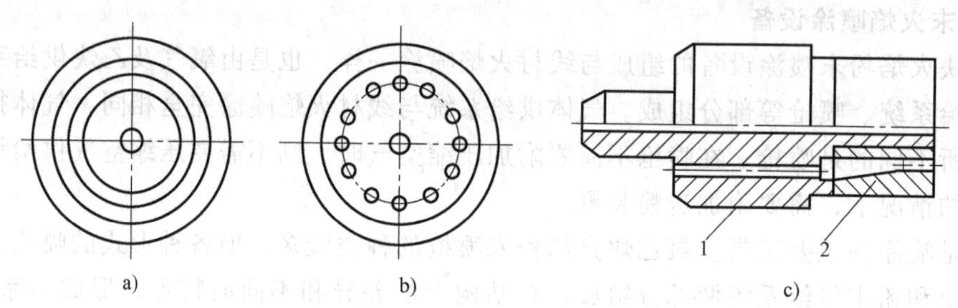

图 39-9　环形喷嘴和梅花形喷嘴

a）环形喷嘴　b）梅花形喷嘴　c）喷嘴结构

1—喷嘴体　2—喷嘴套

SPH-E 型两用枪可使用 JCG-50 型接长管，用于内孔喷涂。使用接长管时，先拆下喷枪上的喷嘴，然后在喷嘴位置装上接长管即可。SPH-E 型喷枪性能及技术数据见表 39-1。

表 39-1　SPH-E 型喷枪性能及技术数据

项　　目		性能和数据
类型		射吸式
形式		手持或固定
工作气压力/MPa	氧气 乙炔	0.5~0.6 0.07~0.08
工作气流量/(m^3/h)	氧气 乙炔 送粉气	1.2 0.95 1.3
最大送粉量/(kg/h)		镍基自熔性合金

（2）SPH-E 2000 型喷涂枪　该枪在枪体结构上和 SPH-E 型枪相同，但在喷嘴和送粉结构上比 SPH-E 型枪有更优异的性能。喷嘴系统内有三种火焰喷嘴和三种空气喷嘴，设置了压缩空气接管直接通往喷嘴部分，在空气喷嘴作用下形成气帘。环形喷嘴与相应的收敛型空气喷嘴配套使用时，形成锥形气帘，对火焰具有“压缩效应”，提高了热流密度，因而在同等功率下，粉末熔化较充分，沉积效率提高。

4. 粉末火焰喷涂工艺

氧乙炔焰粉末喷涂工艺流程为：工件表面制备、预热、喷涂结合层粉末、喷涂工作层粉末、涂层后处理。

（1）工件的预热　预热可去除工件表面的水分，防止喷涂时氧乙炔火焰产物中的水蒸气在工件表面凝结成水珠，可以减小涂层内应力，有利于粒子的变形和基体相互咬合，所以适当预热可以提高涂层与基材的结合强度，但是如果预热温度过高，在工件表面就会出现氧化层或使工件变形，所以预热温度不宜过高，一般以100~150℃为好。

对工件的预热，可以用火焰直接预热，也可以用电阻炉进行预热。当用火焰进行预热时，要使用中性火焰或轻微碳化焰。加热应均匀，防止局部过热氧化。炉内预热，温度均匀，表面不会产生水汽，对于较小工件更为适用。

（2）喷涂结合层　为了增加涂层与基材的结合强度，一般在喷涂工作层粉末之前，先在处理好的待喷面上喷上一层厚度为0.10~0.15mm的镍-铝复合粉末作为结合底层（即打底层）。常用结合层粉末有镍包铝和铝包镍两种。

在喷涂结合层时，火焰应调整为中性焰或轻微碳化焰。由于镍包铝粉末放热反应剧烈，喷涂时会产生大量烟雾。如果烟雾沉积到涂层表面，对结合强度会产生不良影响。为了减少烟雾，在喷涂镍包铝时，应选用较大的火焰功率、较大的送粉气流量及较小的送粉量进行调节，使烟雾尽量减少；并适当提高喷枪移动速度，防止局部有大量烟灰沉积。有时为了除去局部的烟灰，可用干净的钢丝刷对其打底层表面进行清理，刷去烟灰，而后再喷涂工作层。

喷涂平面时，由于工件不能运动，应靠提高喷枪的移动速度来保证与工件的相对运动速度，并应使运动方向相互交错，打乱涂层内的应力分布。

对于不需要进行喷涂的部位，为了防止沉积涂层难于清理，可用薄铁皮进行遮盖，或者涂刷涂料进行保护。经过保护的部位，粉末不能在其上沉积，即使有沉积，也便于清除。

（3）喷涂工作层　喷好结合层后，应立即喷涂工作层粉末。由于火焰粉末喷涂时工艺参数很多，各参数之间又相互影响，所以应根据喷枪的型号、工件的大小和粉末的性质等灵活地掌握火焰的性质、火焰的功率、送粉量、喷涂距离，使粉末达到较高的温度和速度，提高沉积率，减少烟雾的产生，得到高质量的涂层。

在喷涂操作时，应根据选用的粉末材料决定火焰的性质。一般金属粉末材料采用中性焰，喷涂易氧化的材料时，则选用碳化焰；而喷涂陶瓷粉末时，为了得到较高的温度，可选用氧化焰。在喷涂钢基粉末时，为了减少烟雾，也可选用氧化焰。

由于工作层粉末不具备放热反应，完全靠火焰对其加热，所以火焰的功率应选大一些。粉末从喷嘴喷出，到达火焰后被加热，使温度升高，当达到一定的距离后温度达到最高值，随后又随着飞行距离的增加温度逐渐下降。喷涂距离决定了喷涂粒子到达基材时的温度和速度，因此应根据不同的喷枪型号和功率大小选出最佳的喷涂距离，使喷涂粒子的温度和速度都达到或接近最大值，从而提高涂层的结合强度和致密度。

在喷涂过程中，应控制工件的温度不超过250℃。在喷涂小工件及厚涂层时，可采取间歇喷涂的方法，但中间间歇时间不宜过长，防止层间出现过多氧化和涂层反复膨胀。喷涂角度、工件的表面线速度及喷枪的移动速度与喷结合层时相同。

喷涂到预定厚度后，应对喷涂部位采取保温措施，防止冷却过程中涂层应力过大，导致涂层开裂。这在气温低时尤为重要。

5. 粉末火焰喷涂的特点及应用

氧乙炔火焰粉末喷涂是较普遍采用的方法，与其他热喷涂方法相比，主要有以下特点：

1）设备简单、轻便、投资少。

2）操作工艺简单，容易掌控，现场施工方便，便于普及。

3）适于机械部件的局部修复和强化，成本低，效益高。

4）涂层的气孔率较高，涂层的残余应力较小。

由于以上特点，火焰粉末喷涂方法广泛用于机械零部件和化工容器、辊筒表面制备耐蚀和耐磨涂层。在无法采用等离子喷涂的场合（如现场施工），用火焰粉末喷涂法可方便地喷涂粉末材料。对喷枪喷嘴部分作适当变动后，可用于喷涂塑料粉末。

39.7 塑料粉末火焰喷涂

1. 塑料粉末火焰喷涂原理

塑料粉末火焰喷涂原理是在特殊设计的喷枪中利用燃气（乙炔、煤气等）与助燃气（氧气、空气）燃烧产生的热量将塑料粉末加热至熔融状态及半熔融状态，在运载气体（常为压缩空气）的作用下喷向经过预处理的工件表面，液滴经流动、流平形成涂层。

塑料粉末熔点很低，一般仅为100~300℃，而火焰温度则高达2000~3000℃，为了防止塑料粉末在火焰中燃烧分解，火焰塑料粉末喷涂的关键问题是塑料粉末加热程度的控制。塑料粉末的燃烧、过熔或熔融不良都会影响喷涂层的质量和结合强度。为了控制粉末的加热程度，塑料喷涂的加热火焰一般不采用氧乙炔火焰，而采用压缩空气-丙烷火焰或氧-丙烷火焰。除此以外，还在加热火焰与塑料粉末之间添加一层用压缩空气流形成的幕帘，以保护和控制塑料粉末的加热速度。这种加热火焰、压缩空气幕帘和塑料粉末的多层结构正是塑料粉末火焰喷涂与火焰金属粉末喷涂的不同之处。

塑料粉末火焰喷涂原理如图39-10所示。用压缩空气将塑料粉末通过喷枪的中心管道喷出，在塑料粉末的外围喷出冷却用的压缩空气，以构成幕帘，在最外围则为燃烧气体形成的火焰。这样，火焰隔着压缩空气幕帘将塑料粉末加热到熔融状态，从而在工件上形成涂层。

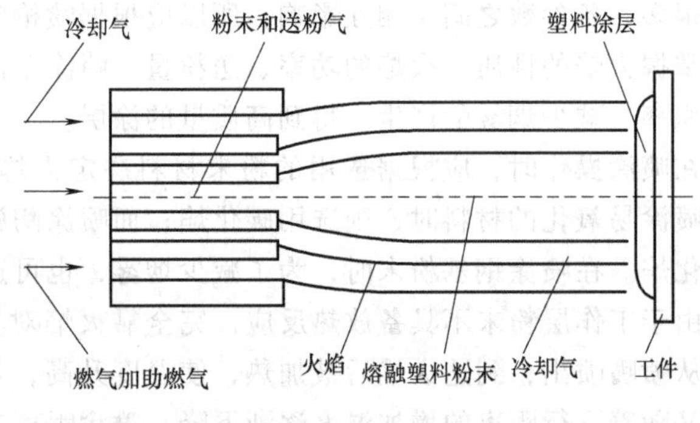

图 39-10 塑料粉末火焰喷涂原理

2. 塑料粉末火焰喷涂装置

（1）SNMI 型塑料喷涂装置 各种塑料粉末火焰喷涂装置一般都由塑料火焰喷枪、送粉器、控制部分组成。SNMI 型塑料喷涂装置的组成如图 39-11 所示。火焰喷枪以中心送粉式为主，利用燃气（乙炔、氢气、煤气等）与助燃气（氧气、空气）燃烧产生的热量将塑料粉末加热至熔融状态及半熔融状态，在运载气体（常为压缩气体）的作用下喷向工件表面形成涂层，用压力送给罐（带有振动器），送粉平稳，调节性好，可以大容量送粉。控制部分是调整和控制喷涂用各种气体的专用装置，以便获得最佳的参数，一般装有流量计、减压器和压力计、运载气体的开关，还有保证安全而设置的气动阀门机构等。

（2）SCHOR1 型塑料喷涂装置 英国的 SCHOR1 公司研制和销售的塑料喷涂枪的结构如图 39-12 所示。

从该枪的端部可以同时喷出三股射流：在中心铜管的外侧喷出冷却空气流，以冷却中心

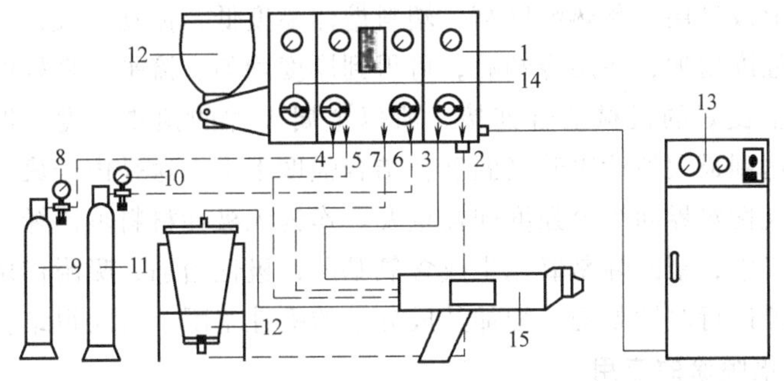

图 39-11 SNMI 型塑料喷涂装置的组成

1—控制板 2—粉末罐用空气出口 3—枪用侧空气入口 4—氧气出口 5—枪用氧气出口 6—燃气入口 7—枪用燃气入口 8—氧气表 9—氧气瓶 10—燃气表 11—燃气瓶 12—粉末罐 13—压缩空气机 14—输送气体开关 15—喷涂枪

铜管，防止塑料粉末在枪管内壁熔化黏着，进一步避免塑料粉末在火焰中燃烧劣化；在冷却空气流的外围喷射氧气-丙烷混合气体并形成喷涂火焰。

该喷涂装置通过控制调节冷却空气流量、火焰温度、在火焰中塑料粉末的飞行时间和距离等参数，使粉末适度地熔融并沉积在被喷涂表面形成高质量的塑料喷涂层。

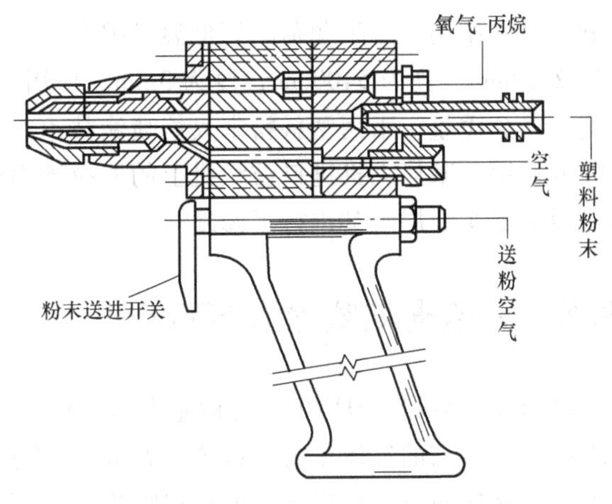

图 39-12 SCHOR1 型塑料喷涂枪

3. 塑料粉末

塑料粉末分为热塑性粉末和热固性粉末。

（1）热塑性粉末 高压、中压聚乙烯树脂都可以用于喷涂，粒度为 0.15～0.25mm，可以在预热到 120～150℃的工件上用空气-丙烷火焰喷涂。涂层的厚度为 300μm～3mm。尼龙 11、尼龙 12 被广泛地应用。市场出售的尼龙粉末接近球形，在常温下的流动性较好。若将工件预热到 200℃左右喷涂，可获得耐磨性好、表面光滑的尼龙涂层。尼龙的粉末粒度为 0.071～0.224mm，涂层厚度可达 350μm～11mm。

（2）热固性粉末 当前市场上仅有环氧树脂一种热固性粉末。该粉末由树脂、染料、添加剂、硬化剂以及其他微量添加剂组成。喷涂时为控制涂层因收缩而产生的应力，可加入 TiO_2、$CaCO_3$、SiO_2等添加物。

4. 塑料粉末火焰喷涂工艺

塑料火焰喷涂的喷涂工艺依次为：工件预处理、工件预热、火焰喷涂、工件冷却、涂层检验、成品。

塑料火焰喷涂过程中的工件表面预处理和预热是比较关键的步骤，特别是预热，对塑料涂层的成膜性能和涂层与基体的结合强度有重要影响。

塑料粉末喷涂于金属基体上的成膜过程中，通过火焰和工件本身的热量使粉末颗粒受热熔融、熔合、流平形成涂层。预热温度高，塑料熔体黏度低，流动性大，熔体充满金属表面的缝隙和凹陷处的程度增加，涂层冷却后，可得到厚度均匀、流平性良好的涂层，在涂层与金属基体界面区产生良好的机械啮合连接，所以金属工件的预热温度一般都应在 100℃ 以上。涂层结合强度达到最大值后再升高温度，结合强度下降，这是由于聚乙烯开始了裂解和解聚。塑料熔体的极性对界面结合强度同样重要。作为无极性材料聚乙烯，其在氮气中加热比较稳定，而在空气中，聚乙烯易氧化生成含氧基团，极性增加，吸附作用增强，结合强度增大。通过对聚乙烯进行改性处理，增加其成分中的极性基团，可获得结合强度高的涂层。

5. 塑料粉末火焰喷涂的应用

与其他方法相比，塑料粉末火焰喷涂具有一系列特点，如设备简单，投资少，操作方便；能涂覆的涂层厚度较大；能够对大型设备实施现场喷涂或修补各种涂层缺陷；适应性强，用途比较广，既可喷涂小工件，也可喷涂大工件，基材可以是金属，也可以是混凝土、木材等非金属材料；更换粉末颜色及品种方便等。

目前，塑料粉末火焰喷涂技术已经应用于化工、纺织、食品机械等行业，在防腐、减摩等方面发挥作用。如某葡萄酒厂低温发酵车间的 16 个发酵罐是采用不锈钢焊接的，罐体直径为 2400mm，高为 5400mm，厚为 3mm。使用后发现罐内壁出现点蚀，使酒中铁离子超标，影响了产品质量。采用塑料粉末火焰喷涂技术在罐内壁喷涂聚乙烯和环氧树脂，效果良好，已投入使用。某厂大批进口纺织机上的罗拉磨损后，采用火焰喷涂法喷涂一层耐磨性好、表面光滑的尼龙涂层对其进行了修复。

39.8 高速火焰喷涂（HVOF）

高速火焰喷涂（HVOF）又称超声速火焰喷涂，它与一般火焰喷涂相比，在设备工艺上要求提供足够高的气体压力，以产生高达 5 倍于声速的焰流（1830m/s），气体的消耗量也很大，就氧气而言，相当于一般火焰喷涂的 10 倍，故需要庞大的供气系统。高速火焰喷涂的燃气可以采用乙炔、丙烷、丙烯或氢气，也可采用液体煤气或工业酒精。HVOF 当初开发的目的是替代爆炸喷涂，它的工作效率、工作条件的可变范围比爆炸喷涂更优越，在涂层厚度和质量方面也超过了爆炸喷涂。它可获得非常致密、结合强度更高、热应力小的涂层。但它的不足之处是成本较高。高速火焰喷涂如图 39-13 所示。HVOF 最适宜喷涂碳化物基的粉

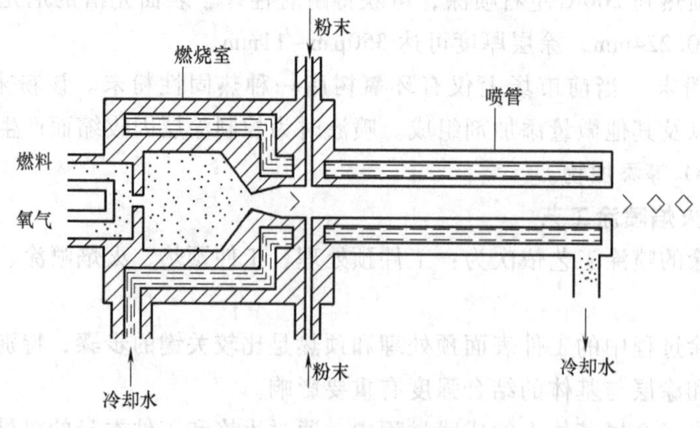

图 39-13　高速火焰喷涂

末，如 WC-Co、WC-Co-Cr 等，也可用于沉积耐蚀、耐磨合金涂层上。

39.9　爆炸火焰喷涂

爆炸喷涂时，首先将一定量的氧气和燃气（乙炔、氢、甲烷、丙烷、丙烯等）由供气口送入水冷的喷枪内腔，同时从另一个口将粉末送入与上述气体混合，通过火花塞点火，使气体爆炸产生高压及热能，将粉末加热到熔融或半熔融状态。熔融粒子被加速到 2 倍声速以上，撞击到基体并沉积形成致密的涂层。每次爆炸后氮气注入枪筒内，直到下一个爆炸过程开始。爆炸的频率为 6~8 次/s。由于爆炸喷涂有强烈的冲击波，所以有很大的噪声，在操作时要注意隔音防护。每次爆炸可形成直径约 20mm，厚度为5~10μm 的涂层。爆炸喷涂如图 39-14 所示。

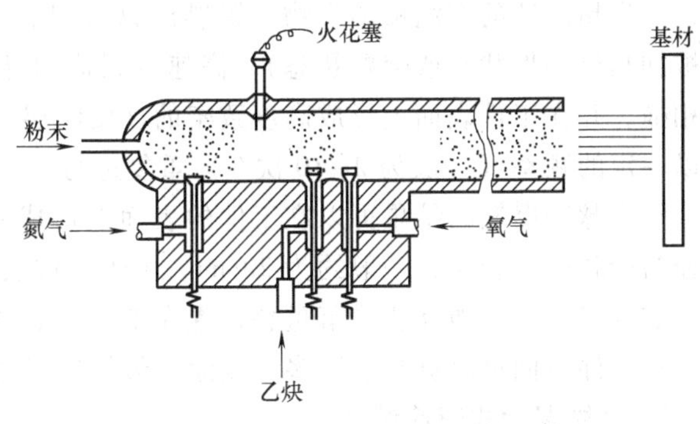

图 39-14　爆炸喷涂

1. 爆炸火焰喷涂过程

气体爆燃式喷涂技术是一种利用可燃气体混合物有方向性的爆燃，将被喷涂的粉末材料加热、加速并轰击到工件表面形成保护层的一种热喷涂技术。爆炸式喷涂广泛采用乙炔、氢气、甲烷、丙烷、丁烷、丙烯等可燃气体同空气或氧气的混合物。通常，气体混合物是在一端封闭的长管中爆燃的。爆燃式喷涂过程一般包括可燃气体混合物填充、送粉及惰性气体气垫保护、爆燃、清扫等循环往复的过程，如图 39-15 所示。

燃气（丙烷、丙烯或氢气）和氧气分别在 700kPa 压力下输入燃烧室，同时从喷枪喷管的轴向圆心处由载气（N_2或压缩空气）送入涂层粉末。燃气和氧气在燃烧室混合燃烧形成高压热气流，通过 4 个喷嘴将热气流通入长 150mm 的喷管，在喷管里形成一束高温射流，将进入射流中的粉末加热熔化并加速，射流通过喷管时受到水冷壁的压缩，在出口处燃烧的高温射流迅速膨胀，就产生了超声速火焰。其焰流速度可达 3 倍声速以上，是普通火焰喷涂焰流速度的 4~5 倍。在这样的高速气流推动下，涂层材料粒子的速度也可高达 500m/s。但这种喷枪在喷涂低熔点金属

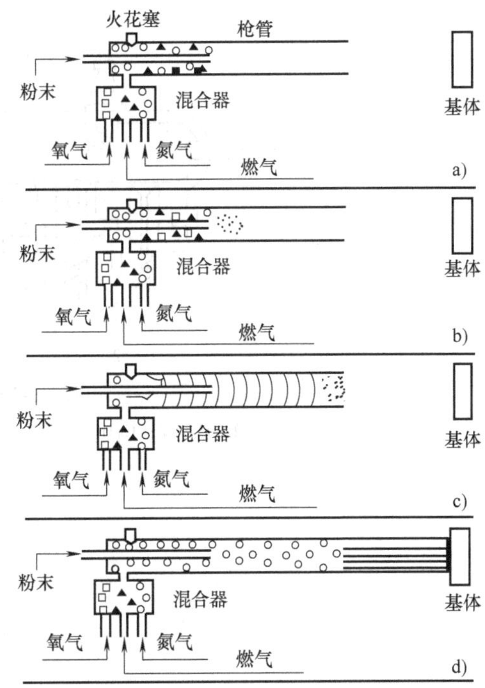

图 39-15　气体爆燃式喷涂过程
a）氧气和燃气注入爆燃室　b）送粉及气垫保护
c）爆燃　d）清扫

及细颗粒粉末时，粉末颗粒容易在喷嘴内沉积，造成堵嘴。这种方法要求粉末粒度分布均匀性高。

通过混合器往一端封闭的喷枪枪膛中注入一定量的可燃气体混合物，通入N_2或 He 等惰性气体形成气垫（气垫的作用是在可燃气体混合物和爆燃产物之间形成隔离区域，防止回火）并通过送粉器将被喷涂粉末送入枪膛中。然后借助火花塞点燃枪膛中的气体混合物。可燃气体混合物最初在枪膛中发生正常燃烧，随后转入爆炸。气体混合物由燃烧转入爆炸后，产生超声速的高温爆燃产物，爆燃产物又对粉末喷涂材料加温、加速，高温（粉末颗粒被加热至塑性状态或熔融状态）、高速（最高可达 1200m/s）的粉末颗粒飞出枪膛后与工件相撞，并在工件表面上形成高度致密的优质涂层。根据所选用的喷涂材料不同，上述过程将以一定的频率（一般为 2~10 次/s）重复进行。

每次脉冲爆燃的结果可以在工件的表面上形成一个涂层圆斑，其厚度一般为 5~20μm，直径与枪膛内径相当，一般约为 20mm。由于工件表面与喷枪之间的相对运动，各涂层圆斑以一定的步距有序地互相错落重叠，遂在工件表面形成一个完整、均匀的涂层。根据实际需要，对工件表面可以进行连续多次喷涂，最终形成高达数毫米厚的涂层。

2. 气体爆燃式喷涂装备

爆炸喷涂设备包括爆炸喷枪（见图 39-16）、氧气和乙炔供给装置等。由于操作时噪声大（约 150dB），应在隔音室内遥控操作。爆炸喷涂主要用于金属、陶瓷、氧化物及特种金属合金，被喷涂的基体材料为金属和陶瓷材料。爆炸喷涂在航空产品零件上已得到广泛应用。

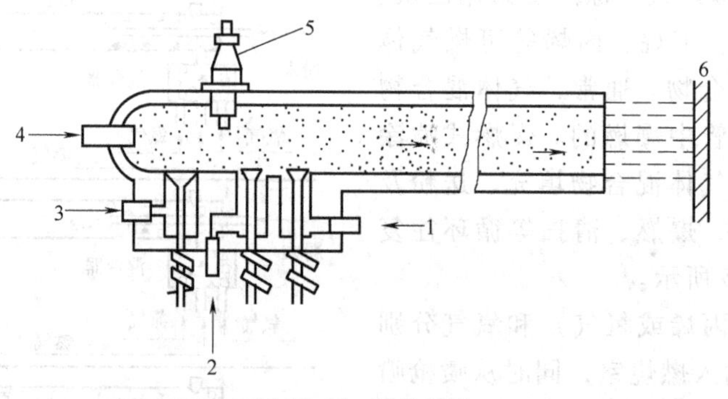

图 39-16 爆炸喷枪

1—O_2 2—C_2H_2 3—N_2 4—粉末 5—火花塞 6—工件

第40章

电弧喷涂

电弧喷涂与其他热喷涂技术相比，具有以下优点。

1. 设备简单且价格低

电弧喷涂设备很简单，最简单的设备可用一台直流电焊机作为电源，一台等速送进的送丝机构，再加一个喷枪即可。电弧喷涂设备比等离子喷涂设备简单，体积小，质量轻，设备移动容易。不需要瓶装气体，也不需要燃料，没有水冷系统。设备中唯一的易损件是喷枪中的导电嘴，但它的成本很低，消耗量也不大。并且设备对工作环境要求低，可长期可靠地在环境恶劣的现场使用。目前，为了提高喷涂效率，设计了具有平稳特性的电源，使电弧燃烧更为稳定。送丝机构改制成推丝式，或推拉丝结合式。焊丝直径已从 $\phi1.6$mm 提高到 $\phi3$mm。目前，该设备已定型且成套投产，每台价格仅为等离子喷涂设备价格的 1/4~1/3。

2. 涂层结合强度高

电弧喷涂时喷涂金属受到高温电弧的直接加热，电弧温度高达 6300K，粒子加热的程度远比火焰喷涂时高。喷涂粒子的尺寸通常又较火焰喷涂时的粒子大。粒子的热能与动能均较高。即电弧喷涂时，熔滴温度高，粒子变形量大，因此应用电弧喷涂技术，可以在不提高工件温度、不使用贵重底层材料的情况下获得高的结合强度，结合强度可达 20MPa。电弧喷涂涂层的结合强度是火焰喷涂涂层的 2.5 倍。镍-铝合金丝、铝青铜、管状丝材在电弧喷涂时呈现自黏结性能，其结合强度可达 25~50MPa。电弧喷铝时，还可在钢基材界面上产生微区的扩散结合，提高了涂层的结合强度。

3. 热效率和生产效率高

火焰喷涂时热能的利用率只有 5%~15%，而电弧喷涂热能利用率高达 60%~70%。

电弧喷涂的生产率与喷涂电流成正比，当喷涂电流为 300A 时，每小时可喷各种钢丝约 15kg、喷锌 30kg，相当于火焰喷涂的 4~5 倍。如美国某公司曾使用一台电弧喷涂设备代替以前使用的四台火焰喷涂设备，对管子和钢制电线杆用直径 3.2mm 的锌丝连续喷锌，生产效率达 80.8kg/h，材料总消耗反而降低 15%。

4. 操作简便且安全性高

电弧喷涂操作时的喷涂电压、喷涂电流、雾化空气压力三个参数经预先设置后一般不会变动，而且在 180~240mm 范围内喷涂时喷涂距离可不作调整。送丝轮和导电嘴虽然易于损坏，但是更换、维修都比较方便。电弧喷涂不需要使用氧气、乙炔等易燃气体，安全性高。

5. 喷涂质量稳定

电弧喷涂时，所有粒子均由丝材经电弧熔化、雾化而成，粒子得到充分而均匀的加热。电弧喷涂不仅移动方便，操作简单，还可以在较宽容的喷涂条件下得到可靠的涂层质量。

由于电弧喷涂具有上述诸多优点，所以其获得了迅速发展。据有关资料统计，早在20世纪末，在所有热喷涂技术中，电弧喷涂的市场比例已经上升到第三位。但是，电弧喷涂的温度较高，易导致线材的氧化与蒸发，材料烧损较严重，涂层也会发生氧化。电弧喷涂只能使用导电线材，不能用于难熔金属、陶瓷材料的喷涂，其应用范围受到限制。为了克服电弧喷涂微粒速度较低、线材易烧损、涂层易氧化等缺点，近年来，科研人员又相继开发出高速电弧喷涂、真空电弧喷涂、大功率二次雾化喷涂、逆变式电弧喷涂等新技术，它们与常规电弧喷涂的技术原理相同，只是在电弧喷涂的基础上附加了某些雾化加速系统。例如高速电弧喷涂采用拉瓦尔管加速雾化空气，有效地提高了气流速度，可显著细化涂层、提高涂层的结合强度和致密度。

40.1　电弧喷涂原理

电弧喷涂是将两根被喷涂的金属丝作为自耗性电极，利用其端部产生的电弧作为热源来熔化金属丝材，再用压缩空气穿过电弧和熔化的液滴使之雾化，以一定的速度喷向基体（零件）表面而形成连续的涂层。电弧喷涂可分为直流电弧喷涂和交流电弧喷涂，其中直流电弧喷涂操作稳定，涂层组织致密，效率高。电弧喷涂是很早就已采用的喷涂方法，随着不断完善和发展，其应用正在不断扩大，电弧喷涂技术的研究和应用在一些欧美国家得到了长足发展，成为热喷涂领域非常活跃并倍加重视的技术之一。

端部呈一定角度的两根金属丝，分别接直流电源（18~40V）的正负极，并保证两根丝之间在未接触之前的可靠绝缘。喷涂过程中，两根丝状喷涂材料用送丝装置通过送丝轮均匀、连续地送进电弧喷涂枪中的两个导电嘴内，当两金属丝材端部由于送进而互相接触时，在端部之间短路并产生电弧。电弧使金属丝熔化，在电弧点的后方由喷嘴喷射的高速空气流使熔化的金属雾化成颗粒，并在高速气流的加速下喷射到工件表面，形成电弧涂层，其工作原理如图40-1所示。

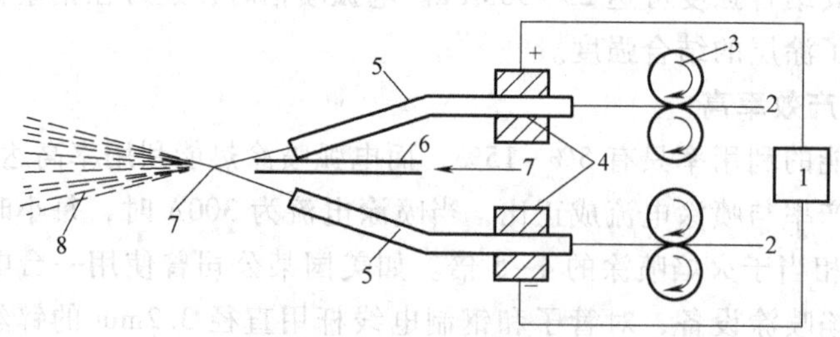

图40-1　电弧喷涂工作原理

1—直流电源　2—金属丝　3—送丝辊轮　4—导电块
5—导电带　6—空气喷嘴　7—电弧　8—喷涂射流

喷涂过程中在电弧的作用下，两电极丝的端部频繁地产生金属熔化→熔化金属脱离→熔滴雾化成微粒的过程。金属丝端部熔化过程中，极间距离频繁地发生变化，在电源电压保持恒定时，由于电流的自调节特性，电弧电流跟随发生频繁的波动。喷涂不锈钢的融化过程及其喷涂过程中的电流变化分别如图40-2和图40-3所示。

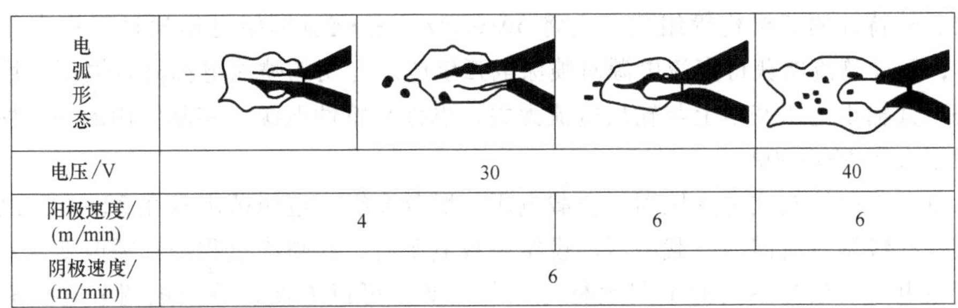

电弧形态				
电压/V	30			40
阳极速度/(m/min)	4		6	6
阴极速度/(m/min)	6			

图 40-2　喷涂不锈钢的融化过程

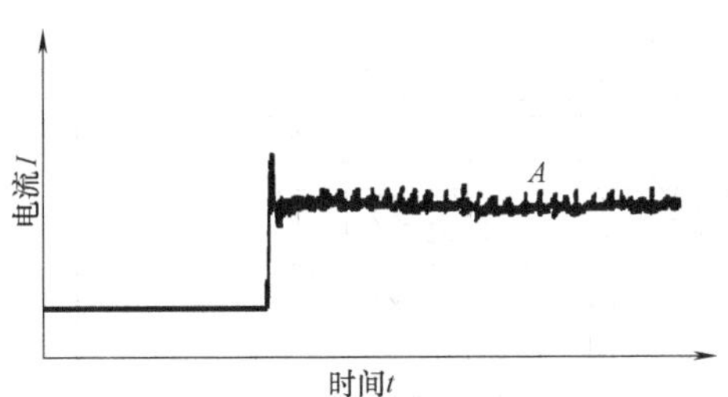

图 40-3　喷涂过程中电流的变化

40.2　电弧喷涂设备

电弧喷涂设备由电源、喷枪、送丝机构、控制装置、压缩空气供给系统、油水分离器等组成。现在很多设备都已把控制箱和电源合在一起，组成电器配电控制台。电弧喷涂设备按送丝方式的不同可分为推丝式和拉丝式，按喷枪夹持方式的不同可分为手持式和固定式。电弧喷涂设备如图 40-4 所示。

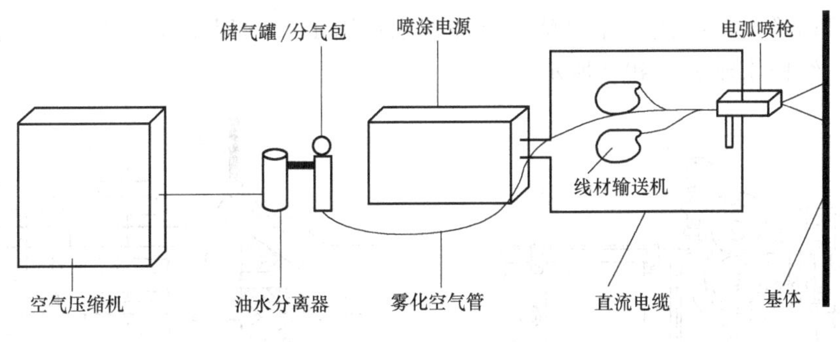

图 40-4　电弧喷涂设备

40.2.1　电源

喷涂电源是向电弧供电的系统。电弧通过吸收电能进行能量交换释放热能以满足喷涂过程丝材的熔化与沉积。电源性对电弧燃烧稳定性、喷涂过程稳定性及涂层的质量有很大影响。电弧喷涂通常采用变压器-整流器式直流电源，以硅二极管作整流器元件。直流电弧喷涂的优点是效率高，熔覆率高，喷涂时噪声小，涂层组织致密。电源主电路由降压变压器、硅整流器、外特性调节机构等组成。它将50/60Hz三相交流网络电压通过降压变压器降至50V以内，经硅整流器获得直流电源对喷涂电弧供电。专用的喷涂电源具有恒压特性，即在稳定状态下其输出电压基本上与输出电流无关，也称平特性电源。实际使用的平特性电源外特性一般不大于5V/100A。

喷涂电源采用抽头式主变压器，空载电压一般分8级，电压范围常在22~40V之间，通过抽头换档有级调节所需的空载电压。设定空载电压后，在喷涂过程中只需改变送丝速度便可调节喷涂电流。根据不同的金属丝材与工艺需要，可以方便、单独地调节电弧电压或电流。电弧喷涂电源主电路如图40-5所示。

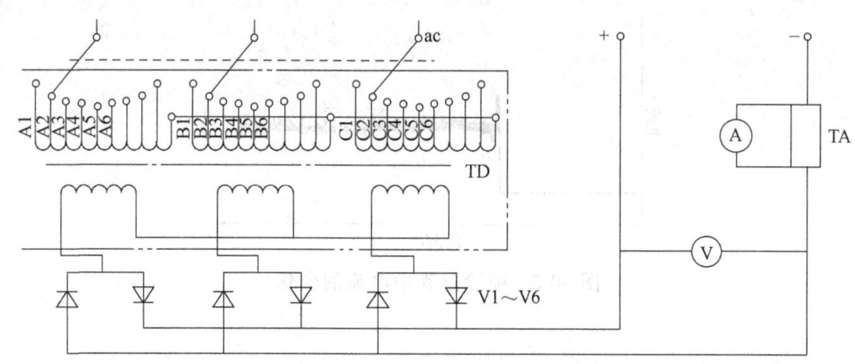

图40-5　电弧喷涂电源主电路

40.2.2　喷涂枪

喷涂枪是电弧喷涂设备中的关键组件，其基本功能是：①连续、均匀、准确地送丝，并维持电弧的连续稳定燃烧；②使金属丝材熔融和雾化；③喷射和加速熔化微粒。

喷涂枪一般由壳体、导电嘴、喷嘴、雾化气帽、遮弧罩等组成。电弧喷涂枪可分为手持式与固定式两类。手持式操作灵活，万能性强；固定式常用于喷涂生产线，其外形如图40-6所示，结构原理如图40-7所示。

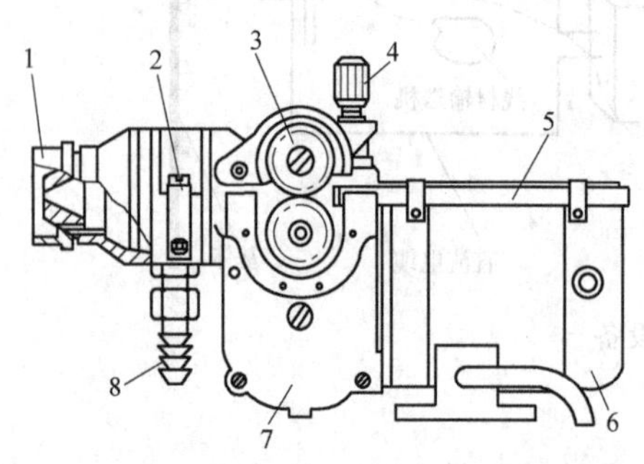

图40-6　电动固定式电弧喷枪外形

1—雾化头　2—接电块　3—送丝滚轮　4—压紧螺帽　5—导丝管　6—电动机　7—变速箱　8—压缩空气接管

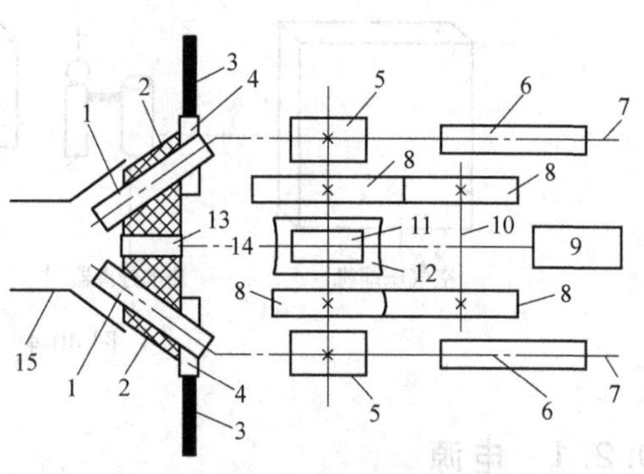

图40-7　电弧喷枪结构原理

1—导电嘴　2—绝缘块　3—电缆　4—接电块　5—送丝滚轮　6—导丝管　7—金属丝　8—齿轮　9—电动机　10—减速齿轮　11—蜗杆　12—蜗轮　13—空气喷嘴　14—压缩空气　15—弧光罩

导电嘴与喷嘴是喷涂枪的关键零件，直接影响喷涂层质量与过程稳定。喷嘴的主要作用是使通入的压缩空气流实现高速流动，以使熔滴雾化和加速。金属丝材在导电嘴中既要导电又要减少送丝阻力，导电嘴要有合适的孔径及长度。孔径过小，送丝阻力大；孔径过大，导电性能不稳定，丝材稳定居中性差，甚至在导电嘴内引发电弧产生黏连。导电嘴内壁要保持清洁，油污与氧化物会影响丝材导电性能，导电嘴受到金属丝材的正常磨损应定期更换。两导电嘴的夹角常为30°~60°。

实践表明，喷嘴的形状、出口直径和扩展角度对涂层的质量有较大的影响。目前在喷涂中常用的喷嘴形状有：收敛-扩散喷嘴、收敛-扩散-圆筒状喷嘴、收敛-圆筒状喷嘴、收敛-多段扩散喷嘴（见图40-8）以及在电弧周围形成压缩空气隧道的喷嘴等5种。

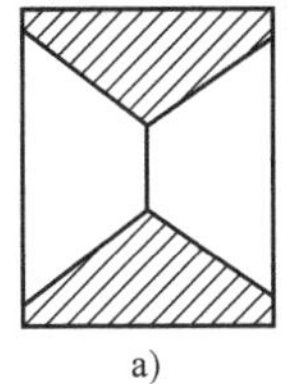
a)

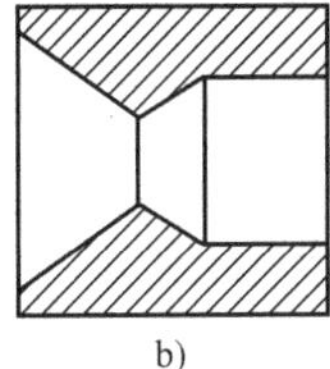
b)

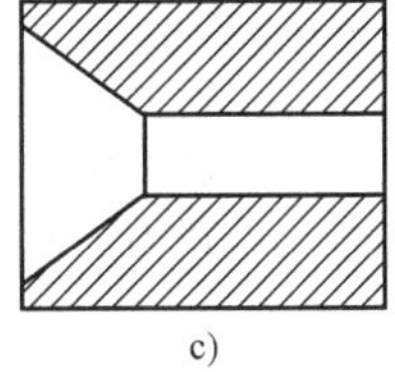
c)

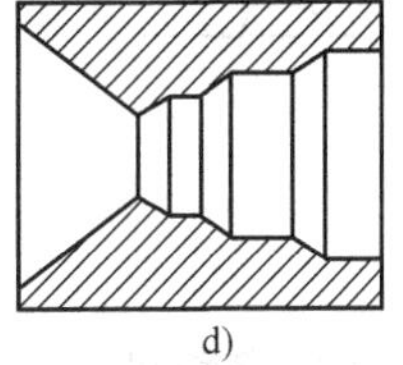
d)

图40-8 喷嘴形状

a）收敛-扩散喷嘴 b）收敛-扩散-圆筒状喷嘴 c）收敛-圆筒状喷嘴 d）收敛-多段扩散喷嘴

电弧喷涂枪的喷嘴结构可分为开放式（敞开式）喷嘴和封闭式喷嘴两种，其结构分别如图40-9、图40-10所示。

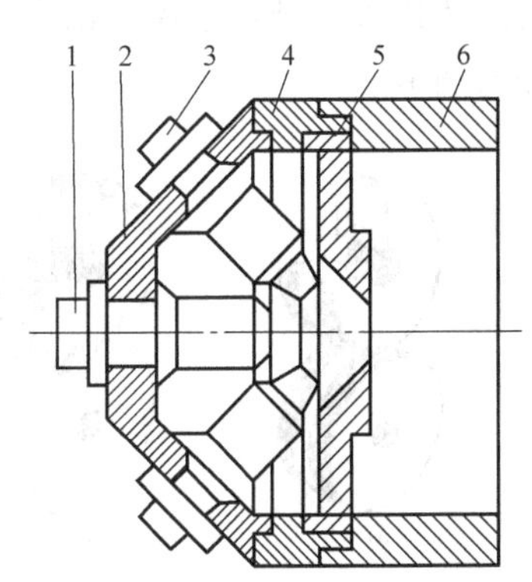

图40-9 敞开式电弧喷枪

L—空气嘴 2—后盖（绝缘电木） 3—送丝嘴 4—枪体 5—雾化喷嘴 6—电弧罩

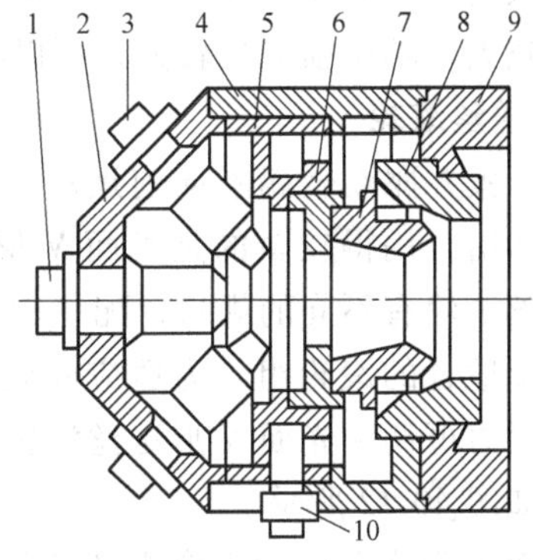

图40-10 封闭式电弧喷枪

1—空气嘴 2—后盖（绝缘电木） 3—送丝嘴 4—枪体 5—内罩 6—雾化喷嘴 7—二次雾化喷嘴 8—电弧罩 9—前罩 10—雾化气嘴

40.2.3 送丝系统

送丝系统通常由送丝机构（包括直流伺服电动机、减速器、送丝轮、压紧机构）、送丝软管、丝盘等组成。根据驱动金属丝的动力源不同，电弧喷枪的送丝装置分为电动式、空气马达式和气动涡轮式。电动式适于固定式喷枪，空气马达式适于手持式喷枪。按推动金属丝的方式不同，电弧喷枪的送丝装置分为推式、拉式及推拉式。推式是送丝机构与喷枪分开，适于手持式喷枪，由喷枪外的动力装置将金属丝推向喷枪，枪体的体积小、质量轻、操作灵活、适应性强，但涂层的均匀性受操作者影响，送丝的距离不能大于5m；拉式是由喷枪上的动力带动金属丝，这种设计送丝距离远，涂层均匀，但喷枪笨重，常常安装在导轨上进行操作，适应性较差，成本高，适用于固定喷枪，送丝机构与喷枪设计为一体，推拉式采用上述两者的综合设计，送丝采用推拉设计，但在喷枪中的拉丝机构很小，仅仅起辅助作用，推拉式设计成本高，应用并不多。送丝方式如图 40-11 所示。

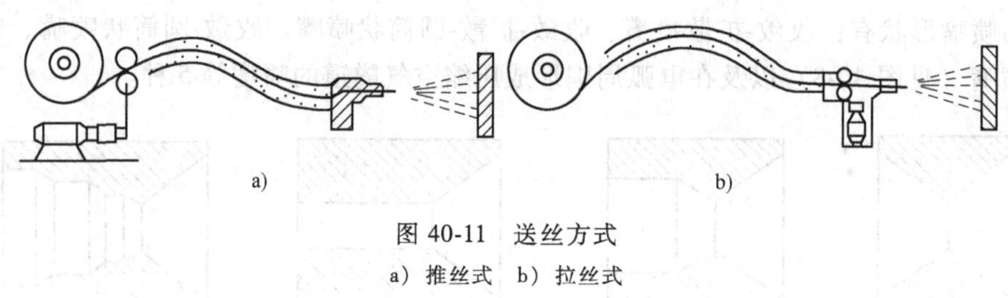

图 40-11　送丝方式
a）推丝式　b）拉丝式

1. 送丝电动机

通常用直流伺服电动机，其动作反应迅速，开、停操作方便，仅有一些采用直流永磁电动机送丝，允许在喷涂过程中随时进行开停操作，以方便喷涂施工操作，这种电动机用永久磁铁代替励磁回路，特点是力矩大，结构紧凑。

2. 减速器

多数送丝减速器是蜗轮蜗杆结构。这种结构的优点是减速比大，结构紧凑。缺点是传动摩擦力较大，功率损失也较大，所以减速箱内应保持良好的润滑。

3. 送丝滚轮

为压紧并驱动金属丝向前运动，滚轮侧面开有各种形式的凹槽，用得较多的是光面 V 形槽和带齿 V 形槽。一般送丝滚轮有不同的规格，配一定直径的喷涂丝使用，必须选配适合的滚轮组。为适应软硬质线材的送进，滚轮的压紧力可调。光面 V 形送丝滚轮和带齿 V 形槽的送丝滚轮如图 40-12 所示。

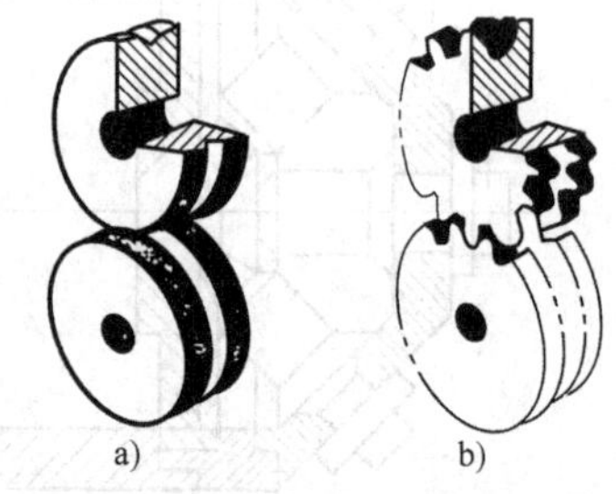

图 40-12　送丝滚轮
a）带有 V 形槽的滚轮　b）开槽带齿的滚轮

光面 V 形送丝滚轮不会损坏软的金属丝表面，适合于送进较软的线材。带齿 V 形槽的送丝滚轮，每个滚轮就是一个齿轮，并且有一环形的 V 形沟槽。该沟槽刻进两个滚轮中，但只是齿上刻去一部分。它靠沟槽上比较平的表面压住金属丝。带齿 V 形槽滚轮对金属丝有较大的摩擦力，可以避免金属丝在送进过程中打滑，而且不需使用过分的压力就能送进，特别适合于送进较硬的线材。

每组送丝滚轮的压紧力可调，对于软质材料压紧力应适当减少，较大的压紧力会使材料表面变形损伤，增加线材的行进阻力，影响电弧喷涂过程稳定。

选择适合于喷涂丝规格的滚轮很重要，当喷涂丝直径有改变时，必须更换滚轮。送丝系统工作是否可靠，直接影响电弧喷涂的生产率与涂层质量。送丝系统应具有优良的驱动性能与较小的送丝阻力。

4. 送丝软管

这是为推丝式送丝的需要而把喷枪和送丝机构连接之用的。软管的结构是由最内层的芯管、传输电流的铜线和保护外皮构成，芯管本身需能允许喷涂线材可以顺利通过。

40.2.4　控制系统

电弧喷涂设备的控制系统具体构成虽因设备而异，但均应包含压缩空气减压器、压力表、空气过滤器、油水分离器、电流表、电压表、喷涂开关、电流调节钮、电压调节钮、电路安全装置。

近年来电弧喷涂发展较快，除在大气下喷涂的设备外，又出现了真空电弧喷涂设备。国内出售的真空喷涂设备主要有上海喷涂机械厂生产的 D4-400A、D5-100、D4-400B、SCDP-3，沈阳工业大学研制的 XDPⅠ、Ⅱ等。

40.3　电弧喷涂工艺

40.3.1　电弧喷涂工艺流程

电弧喷涂的施工工艺流程应根据被喷涂表面材质的类型、喷涂层的类型、涂层的配套性、涂层的防护能力、涂层施工过程、施工条件和质量要求等因素来设计。钢筋混凝土表面电弧喷涂锌涂层的工艺流程如图 40-13 所示，钢结构表面进行电弧喷涂铝复合防腐涂层的工艺流程如图 40-14 所示。

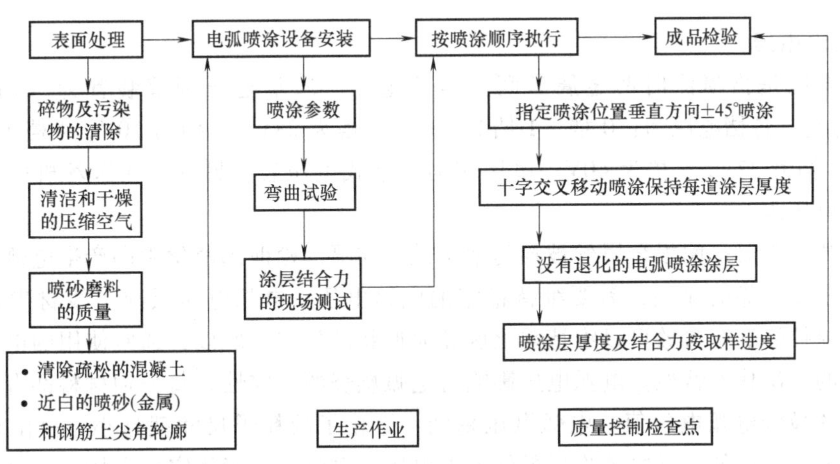

图 40-13　钢筋混凝土表面电弧喷涂锌涂层的工艺流程

40.3.2　电弧喷涂参数的选择

电弧喷涂的结合强度和喷涂层金属硬度取决于喷涂电压、喷涂电流、压缩空气的压力、喷射金属颗粒所消耗压缩空气量（风口直径）、被喷涂工件表面预处理程度、喷枪喷嘴相对工件的距离、喷枪的生产率、喷涂金属丝材的化学成分等喷涂参数。下面对影响喷涂效果的部分主要工艺参数进行介绍。

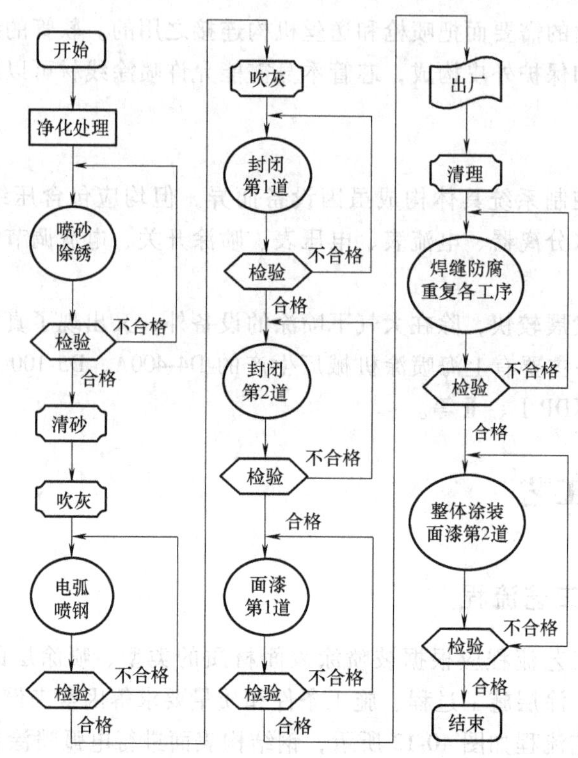

图 40-14 钢结构表面进行电弧喷涂铝复合防腐涂层的工艺流程

1. 喷涂电压

喷涂电压是指喷涂时两金属丝间的电弧电压。通常电压调节装置为八档，以 CMD-AS3000 为例，各档电压为：0 档，1 档为 23V，2 档为 28V，3 档为 30V，4 档为 32V，5 档为 35V，6 档为 37V，7 档为 40V。电压表为数字式电压表，另外，在送丝机构上，还有一块指针式电压表。

在电弧喷涂时，两根金属丝被均匀地送进，在喷涂枪前部两丝尖端产生电弧，欲得到性能稳定和质量可靠的涂层，需要维持稳定的电弧电压。电弧电压反映了线材尖端距离的量度，有效地控制这个参数可以维持雾化区几何形状的稳定，所以，通常使用的电弧设备要求具有平直的电源伏安特性。电弧电压影响着电弧燃烧的稳定性，每一种材料都有自己的电弧稳定燃烧的最低电弧电压值。电弧电压越低，熔化了的粒子尺寸就越小，范围也越窄。但是，如果电弧电压低于材料的临界最低电弧电压，电弧就不能稳定地燃烧，线材就会出现断续接触现象，伴随着电弧的间断和引燃，块状的未充分熔化的丝段出现，有时，甚至出现两根丝平行焊在一起的现象。此时电流表指数剧烈摆动，有时甚至超出电流表的量程范围。

材料的临界电弧电压值主要与材料的熔点有关，一般来说，熔点低的材料，临界电弧电压值低；反之，临界电弧电压高。临界电弧电压除了受材料熔点影响外，线材表面氧化膜的电阻率对材料的临界电弧电压值也有影响。例如，纯铝的熔点为 667℃，它的喷涂电弧电压要求在 30~32V，这个数值与熔点为 1500℃的钢丝喷涂电弧电压值相近。喷涂铝丝对电压要求较高是因为在铝丝表面氧化膜的电阻率较大，导电性差，需要高的电压值才能维持电弧的稳定。

当喷涂电压高于临界电弧电压值后，随着电弧电压的提高，线材尖端的距离增大，喷涂射流的角度增加，喷涂粒子的颗粒尺寸范围将会增大。随着电弧电压的提高，喷涂材料的元素烧损倾向增加，尤其是那些容易与氧化合的元素，元素的损失更严重。电弧电压对喷涂离子的影响如图 40-15 所示。

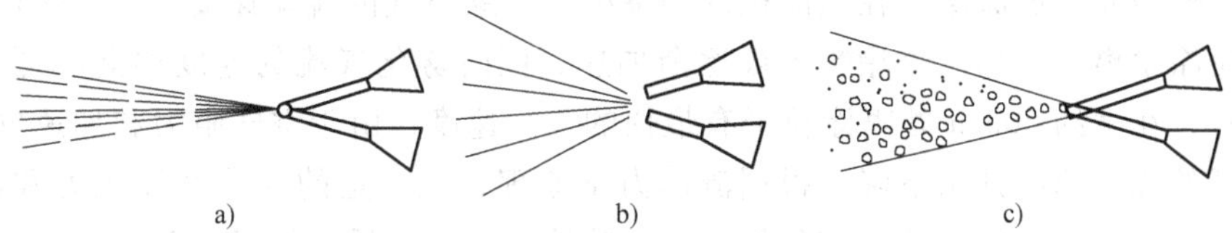

图 40-15　电弧电压对喷涂离子的影响

a）正常电弧电压　b）过高的电弧电压　c）过低的电弧电压

2. 喷涂电流

电弧喷涂设备的电流调节一般为无级调节，即 0~300A。调节旋钮在送丝机构上，以指针式电流表显示。操作时，应将电流首先调零，然后逐渐调高，直至所需电流。工作电流的大小，可以决定电弧喷涂的生产率，电流越大，送丝速度越大，生产率也就越高。

平特性的电弧喷涂设备，喷涂电流直接受到线材送进速度控制。提高线材送丝速度，线材尖端的间隙减小，由于线材的间距决定于电弧电压，电源有自动维持电弧电压稳定的特性，因此，只有增加输出功率，即增加工作电流，使线材更迅速地熔化才能维持这个衡。工作电流正比于送丝速度，也就是说工作电流是喷涂生产效率的量度。从微观角度看，电源的这个特点也很重要，如果由于某种原因，在喷涂过程中，线材送丝速度发生微小变化，电源会自动调节熔化线材所需功率。电弧喷涂的这个性质是与火焰喷涂不同的，火焰喷涂时的能量输出不会自动随着送丝量的变化而变化，这就势必影响材料的溶化程度，这是因为火焰喷涂的参数调节范围较小。

较大的工作电流可以得到高质量的涂层，但工作电流的上限往往受到电弧喷涂设备容量的限制。当工作电流低于某一数值时，电弧也不能稳定燃烧。最低工作电流值不但与材料有关，还与线材尺寸截面有关，对具体规格的线材而言，每种材料都有对应的最低工作电流值。

3. 雾化空气压力和流量

雾化空气压力很大程度上决定了喷涂粒子的雾化程度和飞行速度，并影响涂层的性能。即雾化空气压力和流量越大，粒子雾化越充分，所得的涂层也越致密。但是，过分追求更细的雾化，将导致不良后果：喷涂离子氧化程度增大。随着雾化空气压力和流量的增大，一方面气流中氧含量增多，另一方面，喷涂离子的相对表面积增加，二者综合利用，导致涂层氧化加剧。

同样的雾化空气压力，对不同的喷枪设计有不同的雾化效果，好的喷枪设计应当使雾化气流集中在熔化金属丝的尖端部位，使高速气流以剪切方式将金属熔滴变成细片状脱离电弧区，并进一步将其雾化和加速。对具体的喷涂枪而言，当喷涂某种线材时，在其他工艺参数不变的情况下，高的雾化空气压力将得到高致密的涂层。

压缩空气是最经济的雾化气源，在钢铁结构大面积防腐蚀的喷涂施工中，主要是采用压缩空气作为雾化气体。为了避免某些材料的过分氧化，有时，使用氮气作为雾化气源可得到非常致密且氧化物含量很少的涂层，涂层的力学性能也有明显改善。由于电弧喷涂时气体消耗量很大，大量使用瓶装氮气会造成经济和运输上的困难，因此限制了它的应用。

4. 喷涂距离

喷涂距离指喷涂枪与工件表面间的距离。金属丝在电弧区被熔化后经雾化空气雾化和加速，撞击到工件表面形成涂层。在喷涂枪的喷嘴处，压缩空气的流动速度最大，熔滴的速度最低，随着喷涂距离的增加，喷涂粒子被逐渐加速，同时雾化气流的速度逐渐降低。例如，在喷涂钢丝时，在大约 50mm 处喷涂粒子有最快的飞行速度，由于空气阻力和加速气流的减弱，喷涂粒子的飞行速度开始下降。根据流体力学原理，在一定的雾化气体压力和流量下，粒子的飞行速度取决于它的尺寸。熔化的金属从喷涂枪喷射出后，被雾化和加速，由于粒子的尺寸不同，它们被加速的程度不同，

在喷涂过程中，处于高度过热状态的喷涂粒子极易氧化，它们具有很大的比表面积。粒子尺寸越细小，单位体积的比表面积越大，与氧化合的机会越多。在正常喷涂距离内，喷涂粒子只需 1~2ms 时间就可达工件表面。尽管粒子在空气中的飞行时间很短，由于粒子有很大的比表面积和有充分的氧气供给，所以粒子的氧化现象往往是很严重的。对钢铁材料而言，氧化过程会给涂层带来许多不利的影响，如碳元素烧损，氧化物含量增加和孔隙率的增加等，其中碳元素的含量变化直接影响着涂层的力学性能。

5. 喷涂速率

电弧喷涂时的电弧电压和工作电流决定了电弧功率，电弧功率越大，喷涂速率越高。

40.4 超声速电弧喷涂

超声速电弧喷涂是在常规电弧喷涂的基础上，通过对喷涂枪进行改进，提高熔化粒子的雾化程度和飞行速度，从而提高涂层与基体的结合强度，并降低涂层的孔隙率。超声速电弧喷涂的气流速度为 600m/s 以上，比常规电弧方法高出 1 倍，这样就可把粒子的飞行度大幅度地提高到 350m/s，同时改善了金属液滴的雾化效果，其直径一般为普通电弧方法的 1/8~1/3，并使粒子束更加集中，故提高了沉积效率和质量。图 40-16 所示为燃烧器式超声速电弧喷涂枪。

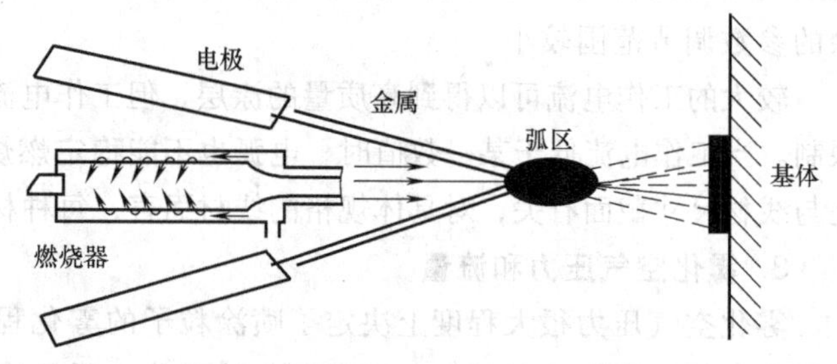

图 40-16 燃烧器式超声速电弧喷涂枪

40.5 电弧喷涂的安全防护与环保措施

40.5.1 安全防护

电弧喷涂操作时，会接触到电弧光、噪声及金属粉尘，所以必须采取安全防护措施，避

免事故发生。

在电弧喷涂时，弧光产生辐射，对于眼睛会起类似电焊时的有害作用，皮肤也常常因之而出现脱皮等症状，所以在操作时，应戴上防护眼镜，穿好白帆布工作服。

电弧喷涂时，离喷枪1m处的噪声强度为105dB(A)左右，它首先影响听觉器官，长期在这样的环境中，会引起听觉障碍，耳聋，还使人感到烦恼等。

在喷砂和喷涂期间，为了保护眼睛，必须佩戴头盔、面罩、护目镜，防止飞行砂粒的打击和红外线、紫外线的辐射。头盔、面罩、护目镜应该配备适合的滤色镜片，防止过量的红外线、紫外线和强可见光对眼睛的辐射。为了防止飞溅颗粒和烟雾损害、影响视线，护目镜上应有通气间隙。喷砂操作时，如有专用喷砂机，需佩戴护目镜，防止砂粒飞溅到眼睛，当没有专用喷砂机时，应该穿戴具有防尘面罩或头盔的防护服，防护服内提供新鲜的清洁空气。

间断的喷涂或短时间的作业，或者是在使用盔式防护面罩时，可暂不用听力保护。但当长时间喷涂时，由于喷枪发出强烈的噪声，防止操作者丧失听力。检查各工区现场配置的适当通风装置（包括普通热喷涂、喷砂、防火器材等），必须指派火灾警戒人员，并得到警戒人员检查、核准后才可开工。当不需要火灾警戒人员时，安检员必须在热喷涂作业完成0.5h后作最终检查，以扑灭暗火消除火灾隐患。

电弧喷涂安全操作规程如下：

1）在使用溶剂进行脱脂之前，必须阅读容器标牌和注意事项。

2）不得用压缩空气清刷衣物。

3）喷砂或喷涂操作所用的压缩空气，应按设备制造厂家推荐的压力标准使用。

4）用于喷砂和喷涂的压缩空气必须干净、无油、无水和污物。

5）喷砂时应穿戴喷砂工作防护服，以保护眼睛、脸部、下巴和颈部不受空气微粒的侵害。

6）喷砂现场的所有人员，都应佩戴防尘口罩、安全防护眼镜或墨镜。

7）喷砂软管应置于地上，以清除静电荷。

8）不要把喷砂枪喷嘴指向自己或其他人的任何部位。

9）喷枪应按制造厂家提出的要求使用，保持清洁，避免金属粉尘堆积。

10）在手持喷枪操作时，应戴绝缘手套。

11）密切注意设备进行的情况，熟悉应采取的预防措施。

12）工作场区应具有充分流动的空气和安全的呼吸装置，避免金属喷涂产生的烟尘及烟雾的毒害和刺激作用。

13）操作人员要穿防护衣，围绕手腕和踝骨用带子扎紧，使金属喷涂材料的粉尘与皮肤隔离。

14）在没有关掉整个系统包括切断气源、电源的情况下，不得进行清洗或修理电源、控制台和喷枪。

15）与喷涂设备连接的控制柜应保持接地电板。

16）喷涂设备本身应保证操作安全，有良好的接地和绝缘，在喷涂场所的电气设备要有保护，不准有明线，如不能避免时要配备套管。

17）对工作场地和设备要经常打扫，防止粉尘的聚集。

40.5.2 环保措施

1. 污染治理措施

(1) 废水 喷涂车间产生的脱脂、磷化、电泳清洗等废水，主要污染因子为pH值、悬浮物、化学需氧量、石油类、总磷、总镍、总铬、阴离子洗涤剂等，要求在车间内建设第一类污染物处理设施，并保证在车间排放口达标；喷漆过程水幕捕集漆雾循环水定期排污废水，主要污染物有化学需氧量、悬浮物等，应送污水处理站处理。

(2) 废气 喷涂工艺排放的废气主要有铬酸雾、硫酸雾、苯、甲苯、二甲苯等。喷涂工序的废气产生环节须有相应的治理措施。如底漆烘干房有机废气，应焚烧后排放，密封胶烘干产生有机废气，应经排气筒直接排放，中涂漆、面漆喷漆室含苯系物有机废气，应经漆雾处理装置处理后排放，流平室或急冷室有机废气，应经排气筒直接排放，中涂漆、面漆烘干房含苯系物有机废气，应焚烧后排放。

(3) 废渣 喷涂工艺产生的废渣为危险废物（磷化滤渣、废槽液、漆渣、废水处理产生的污泥等），应交由有相应资质的处置机构处理，一般固体废物外卖或交由市政环卫部门处理。汽车制造业涂装工序废漆渣产生量的清洁生产评价标准：废漆渣产生量一级标准≤20g/m^2，二级标准≤50g/m^2，三级标准≤80g/m^2。

2. 环保涂料

从涂料的发展方向看，为适应环保要求，国内外都在积极研发和利用省资源、高效率、低污染、节能源的涂料品种，即国际上流行的4E原则（Economy、Efficient、Ecology、Energy）。针对这些要求，喷涂行业涉及的各个领域开发研制了一系列的环保涂料。

(1) 光固化涂料 由对300~450nm波长紫外线敏感并能产生自由基引发聚合的光敏剂制成。主要用于木器、PVC、印制电路板、汽车等领域的喷涂。其优点有：能量利用率高达95%，固化升温很小，不会造成塑件变形，是无溶剂涂料，作业过程散发的活性稀释剂量很少，大气污染降低，设备简单，占地少，生产效率高，但不适用于形状复杂的工件喷漆。

(2) 高固体分涂料 高固体分涂料采用低黏度的聚酯、丙烯酸树脂以及高固体分的氨基树脂，施工固体质量分数可大于60%。高固体分涂料中的VOC质量分数为30%~40%甚至更低，但并不降低涂料的施工性能与成膜性能。它不仅能节省涂料生产和使用中的溶剂，降低污染，还能利用现在的施工设备，节省能源。因此，是符合喷涂行业发展趋势的环保型涂料。

(3) 粉末涂料 国内粉末涂料的粒径多为10~80μm，普遍存在涂膜固化温度高、能耗大、外观装饰性差等问题。同时，粉末粒径越小，其涂膜的外表美观性越好，但涂装施工效率就会下降。目前，日本开发了平均粒径范围为20~40μm及5~20μm的微粒子粉末涂料，其平均粒径比以往的粉末涂料细，粒径偏差小于20μm的品级齐全，解决了粉末涂料不能兼顾涂膜美观性和涂装经济性的问题。粉末粒子能在被涂凹部均匀附着，可以得到外表平滑的涂膜，并且涂膜比一般粉末涂料薄，因此涂料的使用量较少，可以降低涂装费用。其涂膜的外表质量与溶剂性涂料相同，故预期可用于便携式电话、个人计算机等信息技术设备、家用电器、办公机械、景观材料外，还可应用于要求外表涂装美观的产品。

(4) 纳米材料涂层 纳米材料涂层是在表面涂层中添加纳米材料，获得纳米复合体系涂层。纳米涂层既可以是传统材料基体，也可以是粉末颗粒或纤维。它是近年来涂装领域研究的热点之一，主要的研究集中在功能涂层上，包括传统材料表面的涂层、纤维涂层和颗粒涂层。纳米涂层性能体现在以下几个方面：①提高涂层的硬度和耐磨性，并保持较高的韧性；②提高材料的耐高温、抗氧化性；③提高基体的防腐蚀性，达到表面修饰、装饰的目的；④达到减小摩擦系数的效果，形成自润滑材料；⑤纳米材料涂层具有广泛变化的光学性能、优异的电磁性能。

（5）热熔漆　热熔漆是以聚氨酯（PUR）为基料的新型底漆。涂装时，需将漆液加热到 120~150℃，同时工件表面也需加热到 100~140℃，涂层冷却后在室温中固化成膜。它具有多种胶料的性能，是聚氨酯基料优良性能的发展，能进一步提高材料的柔韧性、耐冲击性、耐磨性等，由于对木材具有渗透作用，成膜后的热熔漆对提高木材表面强度、握钉力、防水性等效果显著。热熔漆涂装工艺对已完成处理的基材表面涂装，有着极高的生产效率。

第41章

等离子喷涂

等离子喷涂是一种材料表面强化和表面改性的技术，可以使基体表面具有耐磨、耐蚀、耐高温氧化、电绝缘、隔热、防辐射、减摩和密封等性能。等离子喷涂技术是采用由直流电驱动的等离子电弧作为热源，将陶瓷、合金、金属等材料加热到熔融或半熔融状态，并以高速喷向经过预处理的工件表面而形成附着牢固表面层的方法。由于等离子焰流的温度高、能量集中，是各种难熔材料的良好热源，粉末材料在焰流中的飞行速度也高，这就为获得结合良好、结构致密的喷涂层提供了条件。近些年发展起来的超声速等离子喷涂、低压等离子喷涂、水稳等离子喷涂技术进一步提高了等离子喷涂层的喷涂质量，扩大了等离子喷涂的应用领域。

41.1 等离子弧的基本知识

41.1.1 等离子体

气体在一定条件下会发生电离现象，通常把已电离气体的粒子与未电离前的粒子总数之比称为电离度。电离度越高，气体中的正离子和电子就越多。等离子体是物质的第四种形态，自然界的物质除了固、液、气三种形态外，还存在第四种形态等离子体、第五种形态超固体、第六种形态辐射场态。在物理学中把电离度大于0.1%的气体称为等离子体。等离子体的主要特征是中性气体发生了电离，电离后的正、负粒子数量增多且相等，其空间电荷为零，呈中性状态。

41.1.2 等离子弧

1. 等离子弧的组成

等离子喷涂是以等离子弧为热源的热喷涂。等离子弧又称压缩电弧，它是对自由电弧的弧柱进行强迫压缩，从而使能量更加集中，弧柱中气体充分电离产生的电弧，等离子电弧是由等离子弧发生装置产生的。

当在钨极和工件之间加上一个较高的电压并经过高频振荡器的激发，使气体电离形成电弧。电弧在通过特殊孔型的喷嘴时，受到了机械压缩，使截面积减小。另外，当电弧通过用水冷却的特种喷嘴内，因受到外部不断送来的冷气流及导热性很好的水冷喷嘴孔道壁的冷却作用，使电弧柱外围气体受到了强烈冷却。温度降低，导电截面缩小，产生热收缩效应，电弧进一步被压缩，造成电弧电流只能从弧柱中心通过，这时的电弧电流密度急剧增加。由于电弧内的带电粒子在弧柱内的运动自己产生磁场的电磁力，使它们之间相互吸引，也就是电磁收缩效应，结果使电弧再进一步被压缩，这样被压缩后的电弧能量将高度集中，温度也达到极高的程度（10000~20000℃），弧柱内的气体得到了高度的电离。当压缩效应的作用与电弧内部的热扩散达到平衡后，这时的电弧便变成为稳定的等离子弧。电弧发生在钨极和工件之间，高温的阳极斑点在工件上喷嘴附近最高温度可达30000℃。

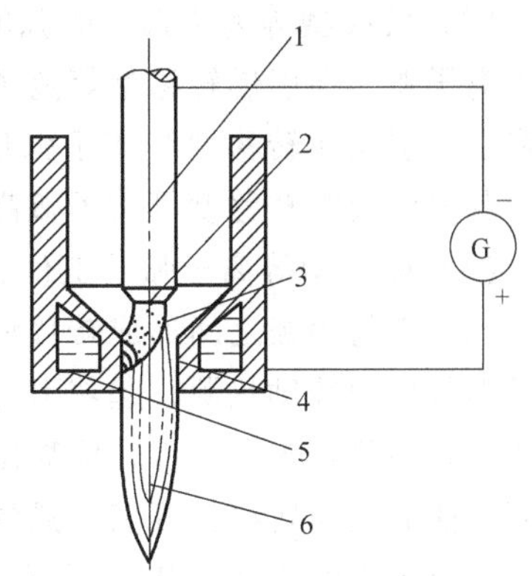

图41-1　等离子弧的组成
1—阴极　2—阴极区　3—弧柱
4—阳极区　5—阳极　6—焰流

等离子弧可划分为阴极和阴极区、弧柱区、阳极和阳极区三个部分，如图41-1所示。

（1）阴极和阴极区　等离子放电的绝大多数电子是由阴极发出的。阴极表面放电部分的总和称为阴极斑点，其电流密度高达10^3~10^6A/cm^2。阴极区是指靠近阴极电场强度很强的区域，其距阴极约为10^{-4}cm。由于大量电子从阴极逸出，造成阴极区内正负离子数的不平衡，造成阴极位降区，电位梯度达10^5~10^6V/cm的数量级。

（2）弧柱区　弧柱区是由电弧长度上均匀分布的导电气体组成。弧柱的电阻较小，电压降较小，电位梯度一般为10~50V/cm。弧柱中正负带电粒子流虽然有很大区别，但每瞬间每个单位体积中正、负带电粒子数量相等，这是由于弧柱中电子流所需要的电子可以从阴极区得到充分的补充，而使弧柱从整体上呈中性。因此，所谓等离子体即指弧柱部分。

（3）阳极和阳极区　阳极基本上仅接受弧柱区流来的电子，电子流入阳极也集中在阳极表面的阳极斑点区内。阳极区指靠近阳极斑点附近约10^{-3}~10^{-4}cm电场强度较高的区域，其电位梯度为10^{-3}~10^{-5}V/cm数量级。进入阳极区的电子带来大量的热量，使阳极温度升高。

2. 等离子弧的分类

按电源的接线方式可以将等离子弧分为非转移型等离子弧、转移型等离子弧和联合型等离子弧，如图41-2所示。

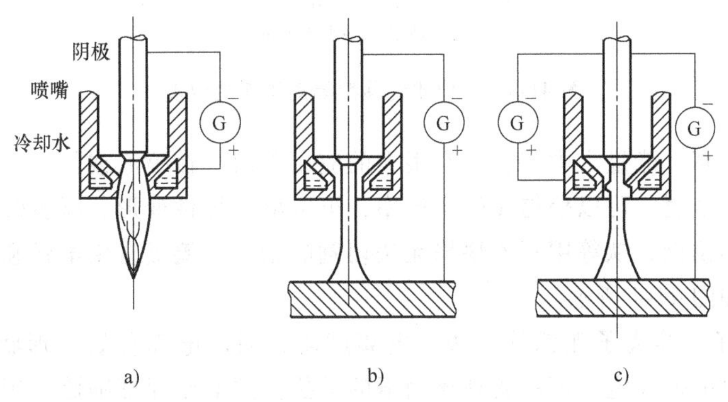

图41-2　等离子弧的形式
a）非转移型等离子弧　b）转移型等离子弧　c）联合型等离子弧

（1）非转移型等离子弧　电源的正负两极分别接在喷嘴和阴极上。等离子弧在阴极和喷嘴之间形成。工件上不接电源，等离子弧在喷嘴内部。当连续送进工作气体时，工作气体被等离子弧加热，就会形成高温等离子焰流从喷嘴内部喷射出来。非转移型等离子弧常用于喷涂、表面处理以及焊接或切割较薄的金属或非金属。

（2）转移型等离子弧　电源的正负两极分别接在工件和阴极上。在阴极和工件之间形成等离子弧。在引燃转移型等离子弧时必须先引燃非转移型等离子弧，即先将电源正极接到喷嘴上，引燃非转移型等离子弧后，将电源正极从喷嘴切换到工件上，形成转移型等离子弧。其温度较非转移型等离子弧高，能量集中，常用于切割、焊接及堆焊。

（3）联合型等离子弧　工件、喷嘴均接正极，在喷嘴与阴极之间形成非转移型等离子弧，在工件与阴极之间形成转移型等离子弧，这两种形式的电弧同时存在。一般非转移型等离子弧是作为辅助热源，起着引燃转移型等离子弧及预热金属粉末的作用；转移型等离子弧主要用来加热粉末和工件，使喷出的粉末迅速进入熔池与工件熔合。由于非转移型等离子弧的存在能够提高转移型等离子弧的稳定性，因而在很小的电流下，联合型等离子弧依然很稳定。主要用于电流在100A以下的微束等离子弧焊接。

3. 等离子弧的特点

（1）温度高且能量集中　一种非转移型等离子弧温度的测量结果（氩气流量为10L/min）如图41-3所示。由图41-3可见，在喷嘴出口处中心温度已达20000K。

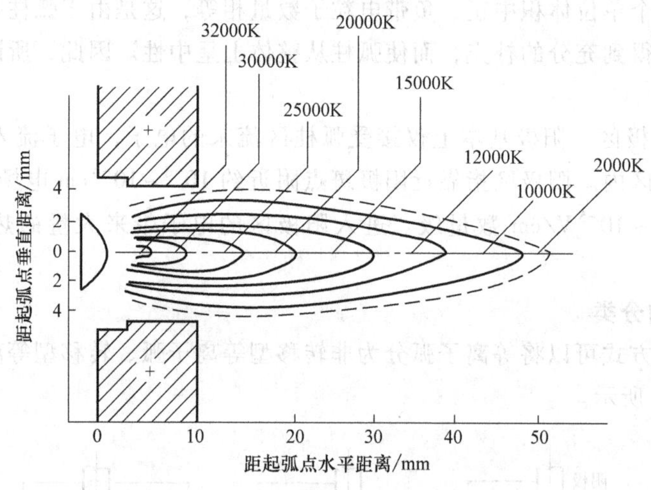

图41-3　一种非转移型等离子弧的温度

等离子弧温度高、能量集中的特点有很大的应用价值，在喷涂或焊接、堆焊时，它可以熔化任何金属或非金属，可以获得高的生产率，可以减少焊件变形，减少焊接热影响区，可以切割铜、铝、不锈钢、钛等用氧乙炔焰无法切割的金属。钨极自由电弧和转移型等离子弧的温度分布对比如图41-4所示。

（2）稳定性好　等离子弧弧柱挺拔、电离度高，因而电弧位置、形状以及电弧电压、电弧电流都比自由电弧稳定，不易受外界因素的干扰。这对于保证喷涂、焊接、堆焊、切割的质量有重要意义。

（3）调节性好　压缩型电弧可调节的因素较多，在很广的范围内稳定工作以满足各种电弧等离子工艺的要求，这是自由电弧所不能达到的。例如，变换工作气体的种类可以得到氧化、中性或还原气氛；改变喷嘴尺寸、控制气体流量、调节电参数可以控制等离子弧的刚柔性，以保证在切割和喷涂时获得焰流速度高、冲击力大的刚性弧，在堆焊时获得焰流速度较低、冲击力较小的柔性弧，在焊接时获得刚柔适中的等离子弧。此外，特定的等离子弧设备，通过调节电功率可灵活地调节焰流温度和喷射速度，以适应不同材料的需要。

(4) 焰流速度高 进入喷枪中的工作气体被加热到上万度高温，体积剧烈膨胀，因而等离子焰流自喷枪中高速喷出，具有很大的冲击力，这对切割和喷涂工艺是有利的。

图 41-5 所示为切割用的氮气等离子弧焰流速度测定结果（气体流量为 40L/min，喷嘴直径为 2.8mm，电流为 300A，电压为 252V）。由图 41-5 中看出，在距喷嘴端部 10mm 处，焰流速度可达 $(2.4\sim4.2)\times10^3$m/s。作为喷涂用的等离子弧的焰流速度要低一些。

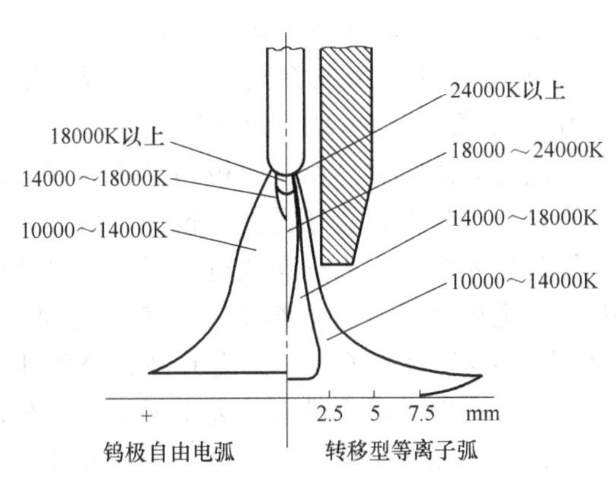

图 41-4 钨极自由电弧和转移型等离子弧的温度分布对比

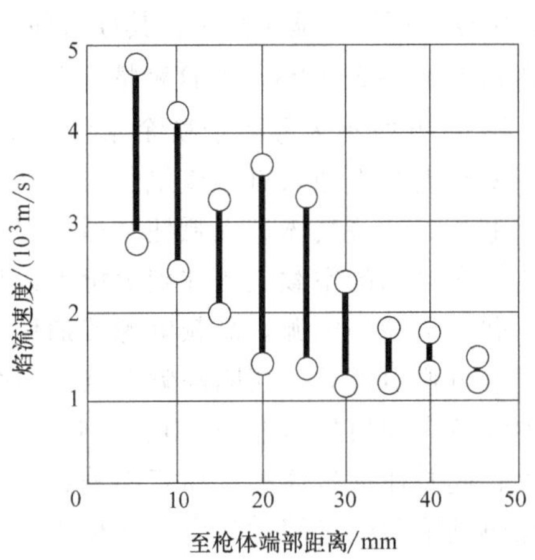

图 41-5 切割用等离子弧焰流速度

41.1.3 等离子焰流工作气体

等离子焰流工作气体除了要满足较好的起弧和维弧性能要求外还要满足以下基本要求：对阴极（通常是钨电极）和阳极（纯铜喷嘴）材料的腐蚀性要尽可能小；喷涂过程中不与被喷涂的材料发生有害反应；有足够的热焓，温度要高；价格低廉、供应方便。

常用的工作气体有氩气（Ar）、氮气（N_2）、氢气（H_2）、氦气（He）等。各种气体具有不同的热物理性能，如导热系数、热焓、密度、比热、离解度、电离度和电离能等。在等离子喷涂过程中，合适的等离子气体成分能够提高粉末的沉积效率，改善涂层的质量，延长喷嘴的使用寿命。不同工作气体等离子焰流温度、热焓等有关参数见表 41-1。

表 41-1 不同工作气体等离子焰流温度、热焓等有关参数

气体	喷枪功率/kW	电弧工作电压/V	等离子体温度/K	等离子体热焓/(1~7)/(kg/K)(kCal/kg)	热效率(%)
N_2	60	65	7600	41680(9900)	60
H_2	62	120	5400	321720(76600)	80
He	50	47	20300	214200(51000)	48
Ar	48	40	14700	19320(4600)	40

41.2 等离子喷涂的原理及特点

41.2.1 等离子喷涂的原理

等离子喷涂是采用刚性非转移型等离子弧为热源，以喷涂粉末材料为主的热喷涂方法。它借助于特定发生器（等离子喷枪）内产生的等离子体的高温、高速特性来熔融被喷涂材料，并使之高速冲击沉积在经过预处理的基体表面，以获得呈物理-机械（或呈冶金相、微冶金相）结合的涂层的一种表面处理工艺。

等离子喷涂是以等离子弧为热源的热喷涂。等离子弧是一种高能束热源，电弧在等离子喷涂枪中受到压缩，能量集中，其横截面的能量密度可提高到 $10^5 \sim 10^6 W/cm^2$，弧柱中心温度可升高到 15000~33000K。在这种情况下，弧柱中气体随着电离度的提高而成为等离子体。

图 41-6 所示为等离子喷涂原理。图中右侧是等离子发生器又叫等离子喷枪，根据工艺的需要经进气管通入氮气或氩气。也可以再通入质量分数为 5%~10% 的氢气，通高频火花引燃电弧。这些气体进入弧柱区后，将发生电离，成为等离子体。由于钨极与前枪体有一段距离故在电源的空载电压加到喷枪上以后，并不能立即产生电弧，还需在前枪体与后枪体之间并联一个高频电源。高频电源接通使钨极端部与前枪体之间产生火花放电，于是电弧便被引燃。电弧引燃后，切断高频电路。引燃的电弧在孔道中受到 3 种压缩效应（热收缩效应、磁收缩效应和机械压缩效应），电弧被压缩，产生非转移型等离子弧，温度升高，喷射速度加大，此时往前枪体的送粉管中输送粉状材料，送粉气流推动粉末进入等离子射流后，被迅速加热到熔融或半熔融状态，并被等离子射流加速，形成飞向基体的喷涂粒子束，并高速喷射在零件表面上。当撞击零件表面时熔融状态的球形粉末发生塑性变形，黏附于零件表面，各粉粒之间也依靠塑性变形而互相黏结起来，形成一定尺寸的喷涂层。

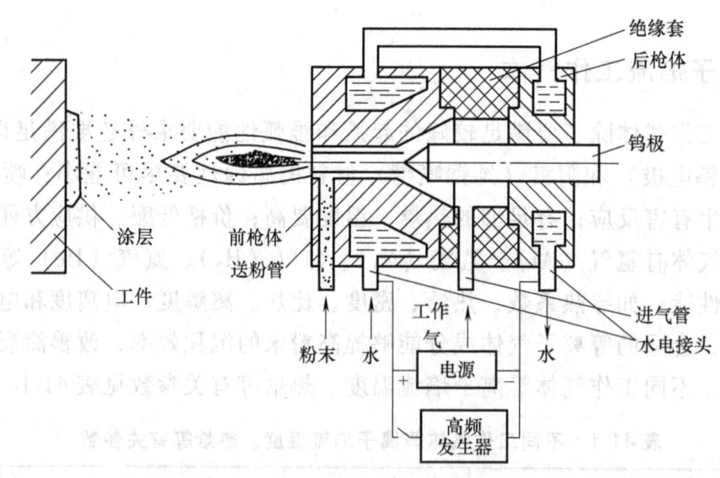

图 41-6 等离子喷涂原理

41.2.2 等离子喷涂的特点

等离子喷涂技术作为热喷涂技术中的一种，除了具有热喷涂技术的一般特点外，由于采用的热源为等离子弧。等离子弧的特点决定了等离子喷涂技术与其他喷涂方法相比所具有的特殊优势。

1. **涂层质量高**

涂层的质量与很多因素有关。在等离子喷涂中，粒子的飞行速度一般可达 200~300m/s（普通火焰喷涂粒子飞行速度一般为 40~100m/s）。最新开发的超声速等离子喷涂粒子速度可达 600m/s 以上。熔融微粒在和零件碰撞时变形充分，涂层致密、表面平整、光滑，与基体的结合强度高。等离子喷涂层与基体金属的法向结合强度通常为 30~50MPa，而氧乙炔焰喷涂一般为 10~30MPa。由于等离子喷涂时可以通过改换气体来控制气氛，因而涂层中的氧含量或氮含量可以大大减少。

2. **喷涂材料广泛**

等离子焰流最大特点之一是具有非常高的温度和能量密度。在距喷嘴 30mm 处焰流的温度还可达 5000K。在喷涂过程中各种喷涂材料（包括陶瓷和一些高熔点的难熔金属）都能够被加热到熔融或半熔融状态，因而可供等离子喷涂使用的材料非常广泛。从而也可以得到多种性能的喷涂层，如耐磨涂层，隔热涂层、抗高温氧化涂层、绝缘涂层等。就涂层的广泛性来说，氧乙炔火焰喷涂、电弧喷涂、高频感应喷涂和爆炸喷涂都不及等离子喷涂。

3. **喷涂效率高**

在等离子喷涂时，粉末粒子的熔融状态好，飞行速度高，因而喷涂材料的沉积效率较高。在采用高能等离子喷涂设备时，每小时的沉积量可高达 8kg，这在喷涂工件批量比较大的情况下，更能显示出较高的工作效率。

41.3　等离子喷涂设备

普通等离子喷涂设备主要包括电源、控制柜、喷枪、送粉装置、循环水冷却系统、气体供给系统等，它们之间的相互配置如图 41-7 所示。另外还有一些辅助设备如表面预处理装置、压缩空气及净化系统、表面清洗装置、喷砂设备、喷枪和工件机械运动系统、通风装置、除尘装置等。目前我国已能生产多种型号的成套设备。

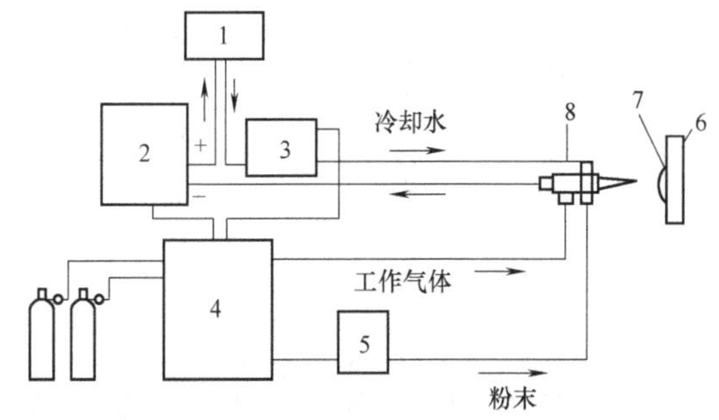

图 41-7　普通等离子喷涂装置的基本组成
1—冷却水循环水泵及热交换器　2—直流电源　3—高频发生器　4—控制装置　5—粉末供给装置　6—基体材料　7—涂层　8—喷枪

成套装置和各个分立装置的基本功能是：由直流电源向等离子喷枪的钨铈阴极和铜阳极（枪体本身）之间施以直流电压，用高频点火装置引弧，使阴极与阳极之间产生高频火花，将馈送入此区域内的等离子气体加热并离子化，形成高温等离子体，通过喷嘴的机械压缩与扩张，冷壁收缩与电磁压缩效应，形成能量高度集中于喷嘴孔径中的高温等离子气体。当其喷出喷嘴孔时，等离子体要还原成原子态或分子态气体，并释放出大量的热，形成高温、高速的等离子射流，将馈送入射流中的粉末状涂层材料熔化，然后高速撞击到待喷涂零件表面形成涂层。

普通等离子喷涂设备运行功率一般为 40~80kW，如国产的 GDP-50 型、GDP-2 型、LP-60Z 型设备。为了提高涂层结合强度和质量，国内外相继开发了高能等离子喷涂设备，其特点是等离子射流具有高温、高速、高焓值和大功率。喷枪的运行功率提高到 80kW，喷射粒子速度由 0.2~0.5Ma 提高到 1Ma 甚至更高。焓值由 2093.4kJ/kg 提高到 9211kJ/kg。涂层的结合力由小于 50MPa 提高到 50~70MPa，涂层的孔隙率下降到 10%以下。

41.3.1 喷枪

等离子喷枪也就是等离子弧发生器。它汇集水、电、气、粉于一体。等离子喷枪是等离子喷涂系统的核心部件，其结构和性能的好坏直接影响到工艺过程的稳定和涂层质量的好坏。等离子喷枪结构如图 41-8 所示。

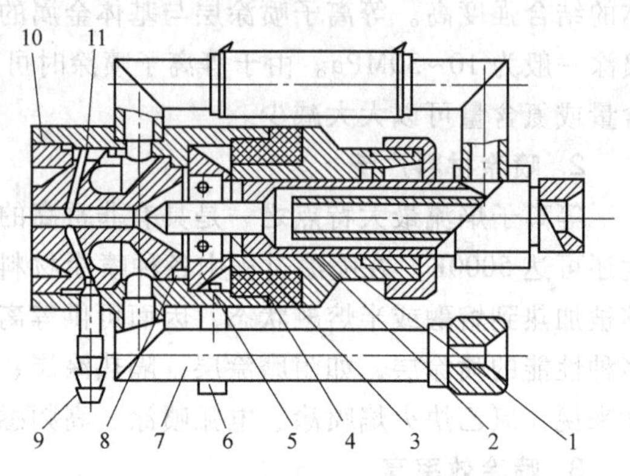

图 41-8 等离子喷枪结构

1—后枪体 2—钨极夹头 3—绝缘套 4—钨极 5—隔热均气环 6—离子气管 7—进水管 8—前枪体 9—送粉管 10—喷嘴压母 11—喷嘴

从使用性能考虑时，喷枪要能产生稳定、纯净、能量集中的等离子弧，有较高的热效率，喷嘴和电极使用寿命长；从结构性能考虑时要注意电极与喷嘴孔道必须要有很高的同心度、良好的冷却效果、可靠的绝缘性、很高的密封性、整体结构紧凑、体积小、质量轻。

由于等离子喷枪在等离子喷涂设备组成中至关重要的作用，因此，等离子喷枪的研究与开发一直十分活跃，因而类型颇多，迄今尚无一个统一的分类方法。等离子喷枪分类如图 41-9 所示。

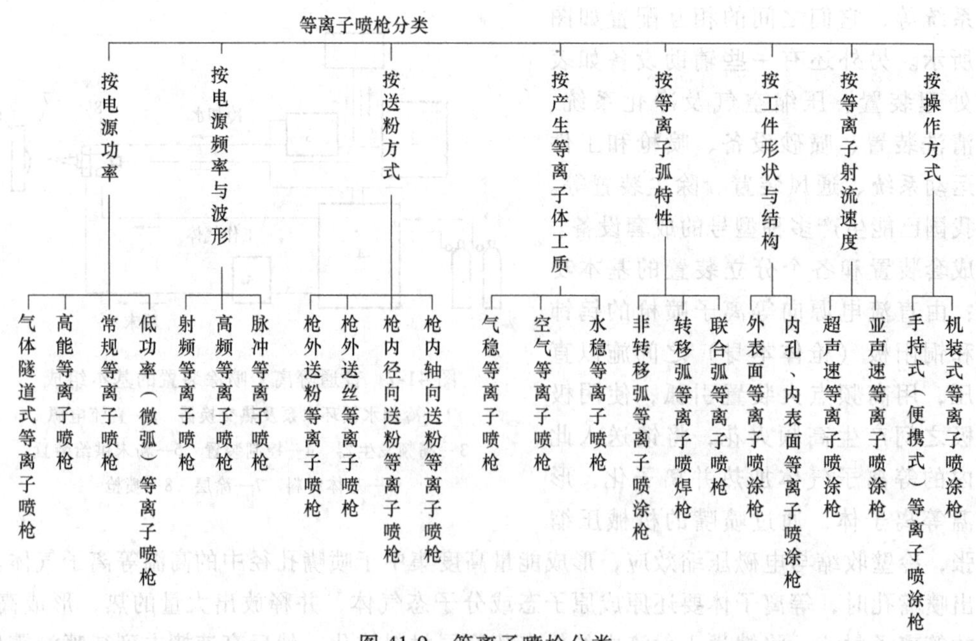

图 41-9 等离子喷枪分类

41.3.2　电源

等离子喷涂电源通常为直流弧焊电源，具有陡降外特性和较高的空载电压（空载电压一般为160~200V）。输出功率较大，一般喷涂时，功率大都在40kW左右，大功率喷涂时功率可达60~80kW甚至更高，额定输出电流一般为500~1000A，工作电压为80~100V，由于喷涂是长时间连续工作，因此在考虑额定电流时，要按100%的负载持续率考虑。输出电流有起始递增和熄弧衰减的性能，起弧时冲击电流低于100A，起始电流递增斜率一般为50~100A/s。具有良好的电流调节性能，供给等离子弧的输出电流应能在较宽的范围内连续、平滑地调节，以满足工艺上对电弧功率的要求。输出电流受电网电压、电弧电压波动影响要小。用于等离子喷涂的电源有磁放大器式硅整流电源、晶闸管整流电源和直流发电机电源三种。

电源功率的确定取决于对涂层功能的要求，涂层材料的喷涂速率及沉积效率，喷枪结构，工件的形状、大小、厚薄等因素。

新型的可移动式等离子喷涂设备已采用先进的逆变电源。逆变电源是将整流后的脉动直流电源经逆变器逆变成交流方波，再整流成无脉动的直流电，如图41-10所示。常规的整流电源的电流脉动大，特别在小功率时更为严重。脉动影响电弧的稳定性，最终影响涂层质量，而逆变电源则克服了上述问题，电流无脉动，从而提高了等离子焰流的稳定性和效率，使涂层质量提高。功率因数大、电损耗小、节能效果显著、体积小、质量轻是等离子设备电源的重要发展方向。

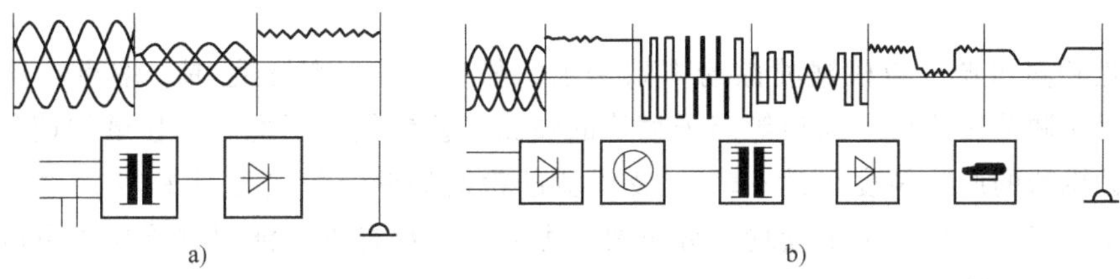

图41-10　整流电源与逆变电源

a）整流电源　b）逆变电源

41.3.3　主电路及高频引弧装置

（1）主电路　主电路指通过电弧电流的主回路，如图41-11所示。由于喷涂时所使用的工作电流较大，一般在电源的输入侧加接触器，通过起动和断开电源来控制主电路的通断，但有的设备是在电源输出侧加接触器控制主电路的通断。

（2）高频发生器　在主电路里连接的高频发生器，如图41-12所示。

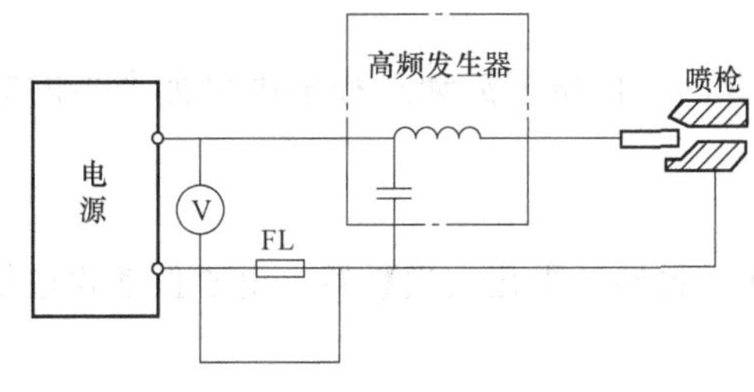

图41-11　主电路

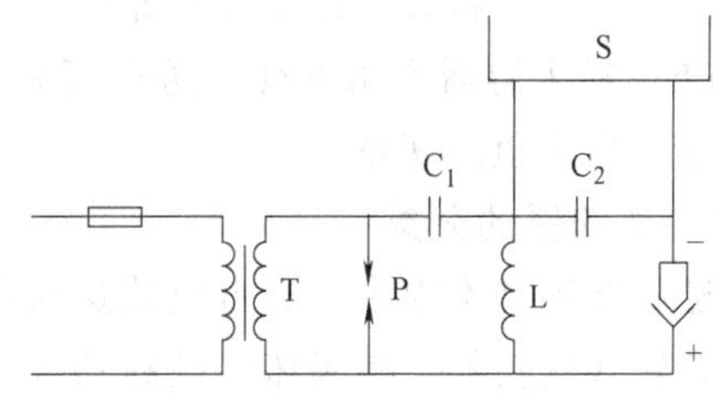

图41-12　主电路里连接的高频发生器

当主电路接通后，高频发生器接电，高漏抗变压器 T 将 220V 或 380V 交流电压升到 2500V~3500V，由 C_1、L 和火花间隙 P 形成放电回路，L、C_1和喷枪阴极与喷嘴间隙之间也形成放电回路，由于高频高压电的作用，在阴极与喷嘴之间击穿产生高频火花放电，从而引燃电弧。

41.3.4 电气控制系统

电气控制系统应能对水路、气路、电路、高频发生器、送粉器等进行控制，使各个部件的动作按喷涂工艺要求的程序进行。普通等离子喷涂工艺动作时序如图 41-13 所示。

目前的等离子喷涂系统已大多采用自动程序控制。实现自动控制的方式有继电器接触器式、矩阵顺序控制器式、PLC 可编程序控制器式、工业控制计算机式。

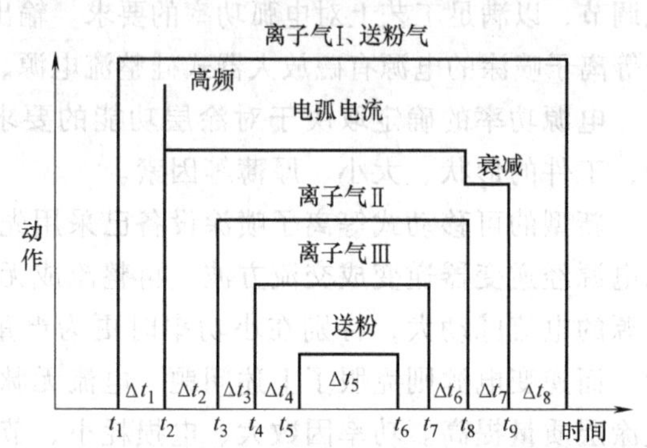

图 41-13 普通等离子喷涂工艺动作时序

41.3.5 送粉器

1. 对送粉器的要求

送粉器是用来贮存喷涂粉末和按工艺要求向喷枪输送粉末的一种装置，是等离子喷涂设备系统的重要组成之一，对送粉器的要求如下：

(1) 送粉量可调　应根据喷涂粉末致密度、松装密度、粒度范围、熔点、比热容等性能，能方便地调节送粉量，以与等离子喷枪的喷涂工艺参数相匹配。送粉量的调节精确度要高，现代送粉器的调节精度可达±2%，最新型送粉器的调节精度已达±1%，这对于提高喷涂涂层尺寸精度、减少加工余量均十分重要。尤其为新型梯度功能材料涂层组分的积分式渐变提供了有力的保证。

(2) 送粉均匀　送粉均匀稳定，没有或很少有脉动。尤其是在输送流动性差的粉末材料时，也能连续均匀地馈送。

(3) 重现性好　在连续长时间的自动化喷涂作业中，送粉速率的重现性高可为喷涂产品特别是涂层厚度重现性好提供可靠保证。

(4) 送粉气体呈惰性　送粉气体最好使用氩气，也可使用氮气，以不影响等离子射流的性质和流体力学特性为宜。

(5) 能输送粉末的粒度范围宽　现代的自动控制的送粉器能输送 2~200μm 粒度的粉末，送粉速率为每小时 0.1~18kg。对于喷涂陶瓷涂层来说，能够顺畅地馈送细粒度粉末，对提高粉末的沉积效率是十分有益的。

(6) 粉末容器透明可视　送粉管采用抗静电管，防止粉末流动过程中因可能产生的静电而导致粉末阻滞现象。

2. 送粉器的分类

送粉器的种类很多，有自重式送粉器、刮板式送粉器、雾化式送粉器、电磁振动式送粉器、鼓轮式送粉器、沸腾床式送粉器等。

(1) 刮板式送粉器　该送粉器适于粒度 200~350 目范围的各种球形粉末，通过调整漏嘴与粉盘距离以及改变粉盘转速或更换不同孔径的漏嘴来控制送粉量，该装置调节精度较高、范围宽。为了保证压力平衡，送粉器各零部件连接处均采用橡胶垫密封。该送粉器最多有三个储粉筒，可同时装三种不同的粉末材料，在喷涂过程中，可根据工艺需要随时选用其中任何一种，更换方便。

（2）电磁振动式送粉器　电磁振动式送粉器如图41-14所示，它是一种较新型的送粉器，在储粉料斗的壁上开有螺旋槽，当电磁振动器接通电源产生振动时，料斗中粉末沿螺旋槽向上源源不断地运动，并从位于料斗上部的出口流出，再由送粉气将粉末送入喷枪。送粉量决定于电磁振动器的输入电压，调节振动电压能非常精确和平滑地连续改变送粉量。这样就比较容易对送粉进行程序自动控制。其不足之处是不适用于送密度不同和颗粒度相异的混合物。

（3）鼓轮式送粉器　鼓轮式送粉器如图41-15所示，粉末由储存粉斗经漏孔流至鼓轮上。调整好漏孔的直径和距离鼓轮的间隙，使得在鼓轮不转动时，粉末不会自动流下。而当鼓轮一转动，粉末便随着鼓轮的转动方向流至出粉口。送粉量决定于鼓轮的转速，只要调节鼓轮的转速就能精确控制送粉量，而且送粉比较均匀。其最大的优点是适用于混合粉的输送，不会造成或增加不同密度和颗粒度粉末的分层，减少涂层成分的偏析。

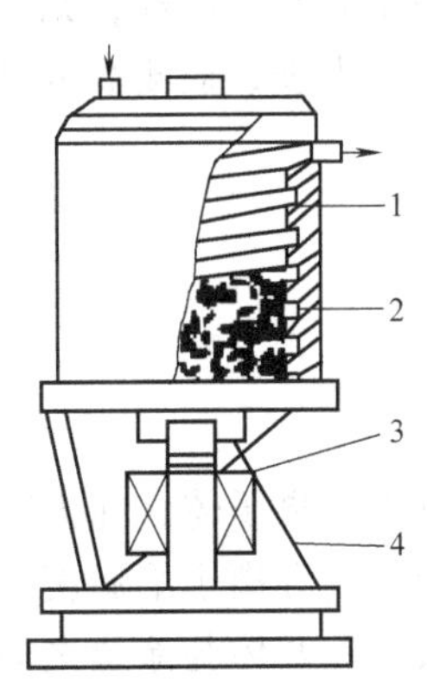

图41-14　电磁振动式送粉器

1—粉斗　2—粉末　3—振动器　4—弹簧片

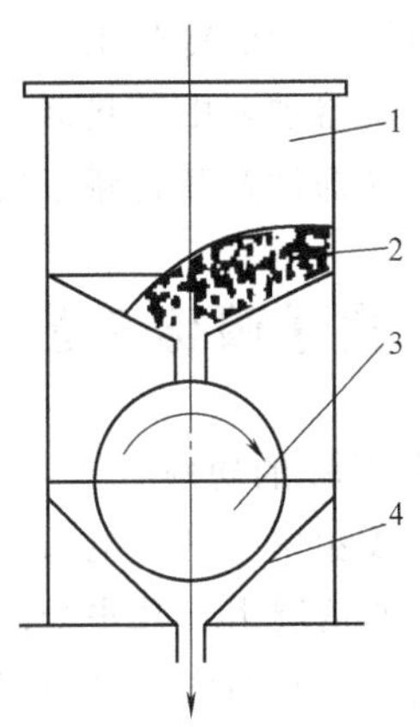

图41-15　鼓轮式送粉器

1—粉筒　2—粉末　3—鼓轮　4—漏斗

（4）沸腾床式送粉器　沸腾床式送粉器如图41-16所示，它是在粉罐上部通入送粉气，对罐内粉体施加一定气压，同时送粉气（沸腾气）通过粉罐底部安装的多孔板，从粉体下部进入粉罐，从而使气体与粉末充分混合，形成流态化的沸腾床，利用载气喷射形成的负压，将沸腾床中粉末裹吸入喷气管中，喷气管与喷枪连接，实现送粉作业。在粉罐底部还用振荡空气推动一个振动杆使底部产生振荡，促进粉末疏松下落。

41.3.6　供气和冷却水系统

（1）气控系统　等离子喷涂设备一般都用气瓶供气，常用气体主气为N_2或Ar，辅助气体为H_2或He。气瓶经调节阀减压后，以一定的压力和流量送到喷枪和送粉器。例如，对瓶装气体可先用减压阀调节到合适的压力，然后用浮子流量计通过调节阀调节流量（也有采用板孔流量调节方式）。

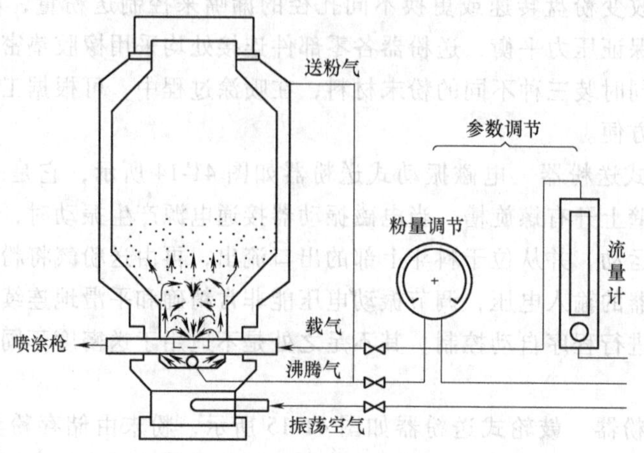

图 41-16　沸腾床式送粉器

(2) 供水系统　供水系统主要的作用是保证喷枪的强烈冷却（冷却水压不低于 0.8MPa），喷枪冷却用水可用自来水、增压自来水，也可用蒸馏水循环使用。硬度较高的自来水不能用作喷枪的冷却水。主要连接设备是增压水泵。若采用循环水冷却，则应增加热交换器。热交换器主要由散热器、储水瓶、水泵、压力调节器、压力表、遥测温度计、电磁水阀和水位计等部件及其管路组成。

41.4　等离子喷涂工艺

1. 等离子弧的功率

等离子弧功率太高，电弧温度升高，更多的气体将转变成为等离子体，在大功率、低工作气体流量的情况下，几乎全部工作气体都转变为活性等离子流，等离子焰温度也很高，这可能使一些喷涂材料气化并引起涂层成分改变，喷涂材料的蒸气在基体与涂层之间或涂层和叠层之间凝聚引起黏接不良。此外还可能使喷嘴和电极烧蚀。而电弧功率太低，则得到部分离子气体和温度较低的等离子火焰，又会引起粒子加热不足，涂层的黏接强度、硬度和沉积效率较低。

2. 等离子气体流量

等离子喷涂的工作气和送粉气体应根据所用的粉末材料选择费用最低、传给粉末的热量最大、与粉末材料反应的有害性最小的气体。

气体的选择原则主要是可用性和经济性，氮气便宜，且离子焰热焓高，传热快，利于粉末的加热和熔化，但对于易发生氮化反应的粉末或基体则不可采用。氩气电离电位较低，等离子弧稳定且易于引燃，弧焰较短，适于小件或薄件的喷涂，此外氩气还有很好的保护作用，但氩气的热焓低，价格高。

气体流量大小直接影响等离子焰流的热焓和流速，从而影响喷涂效率、涂层气孔率和结合力等。气体流量过高，则气体会从等离子射流中带走热，并使喷涂粒子的速度升高，减少了喷涂粒子在等离子火焰中的滞留时间，导致粒子达不到变形所必要的半熔化或塑性状态，结果是涂层黏接强度、密度和硬度都较差，沉积速率也会显著降低；相反，则会使电弧电压值不适当，并大大降低喷射粒子的速度。极端情况下，会引起喷涂材料过热，造成喷涂材料过度熔化或气化，引起熔融的粉末粒子在喷嘴或粉末喷口聚集，然后以较大球状沉积到涂层中，形成大的空穴。

3. 粉粒大小和供粉速度

供粉速度必须与输入功率相适应。供粉速度过大，会出现生粉（未熔化），导致喷涂效率降低；供粉速度过低，粉末氧化严重，并造成基体过热。送料位置也会影响涂层结构和喷涂效率，一般来说，粉末必须送至焰心才能使粉末获得最好的加热和最高的速度。

粉末的粒度应根据涂层的要求确定，一般来说，粗粒子粉末的涂层较粗糙，孔隙率也较大，细粒子粉末的涂层较致密。等离子喷涂的粉末粒度一般都在150目以上。

4. 喷涂距离和喷涂角

喷枪到工件的距离影响喷涂粒子和基体撞击时的速度和温度，涂层的特征和喷涂材料对喷涂距离很敏感。喷涂距离过大，粉粒的温度和速度均将下降，结合力、气孔、喷涂效率都会明显下降；喷涂距离过小，会使基体温度升高，基体和涂层氧化，影响涂层的结合。在基体温度升高允许的情况下，喷距适当小些为好。喷涂角指的是焰流轴线与被喷涂工件表面之间的角度。该角小于45°时，由于阴影效应的影响，涂层结构会恶化形成空穴，导致涂层疏松。

5. 喷枪与工件的相对运动速度

喷枪的移动速度应保证涂层平坦，不出现喷涂脊背的痕迹。也就是说，每个行程的宽度之间应充分搭叠，在满足上述要求的前提下，喷涂操作时，一般采用较高的喷枪移动速度，这样可防止产生局部热点和表面氧化。

6. 基体温度

在等离子喷涂过程中，零件的温度必须严加控制。这不仅能保证零件基体的性能不被破坏，而且有利于涂层的结合。实践证明，在喷涂过程中零件的温度升高以限制在200℃以下为宜。

较理想的喷涂工件是在喷涂前把工件预热到喷涂过程要达到的温度，然后在喷涂过程中对工件采用喷气冷却的措施，使其保持原来的温度。喷涂过程中零件温度升高的控制有三个办法：①应控制合适的喷涂距离，在喷涂自熔性合金粉末时以10~120mm为宜，喷涂陶瓷粉末时以60~80mm为宜；②采用间歇喷涂法，即将所要喷涂的总厚度分成两次或三次喷完，每次喷涂时保证零件的温度升高在限制温度之内，然后让零件冷却至低温后再喷第二次；③在喷涂过程中，对零件的合适部位用压缩空气等冷却。

41.5　大气等离子喷涂

大气等离子喷涂（PSA）是以Ar、N_2和H_2等气体作为产生等离子体的工作介质，并在大气环境下操作的热喷涂方法。因其较早出现而且应用较普遍，故又称为普通等离子喷涂、常规等离子喷涂，或直接简称等离子喷涂。

喷枪的送粉可以用送粉气从喷嘴内（内送粉）或外（外送粉）送入等离子焰流中，但目前的设备多是由送粉气流与轴向成一定角度将粉末从枪外送入的。由于送粉气会使等离子焰流温度降低以及枪体水冷等影响，一部分能量将会损失，真正用于加热粉末的能量一般只有 15%~20%。同时，送粉时粉末的粒度范围不同，也会造成粉末沉积的差异。因为较大的粒子会有一种穿过等离子焰的趋势，而较小或较轻的粒子又不能全部进入等离子焰或被蒸发掉，故粉末沉积率一般只为 50%。不过，各种粉末的沉积率有所不同，最高可达 85%。

大气等离子喷涂原理如图 41-17 所示。工作时将直流电源的负极和正极分别接到喷枪的阴极和喷嘴（阳极）上，并用高频电源使极间工作气体（氢气、氮气或它们的混合气体）电离产生电弧，所产生的电弧被工作气体吹出枪口，产生高温、高速的等离子射流；送粉气流将粉末送入射流之中被熔化、加速、喷射到基体材料上形成涂层。在喷涂过程中，送粉方式可分内送粉和外送粉两种。内送粉材料熔化所需功率比外送粉的小，但粉末在喷嘴端部易附着和堆积，外送粉则因等离子弧流的湍流作用而不易控制。

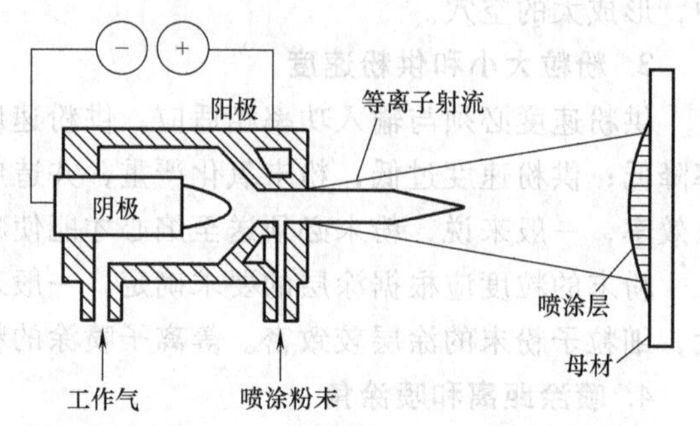

图 41-17 大气等离子喷涂原理

等离子喷涂用气的选择原则主要是考虑适用性和经济性。具体的要求是：①性能稳定，不与喷涂材料发生有害反应（一般应是惰性气体）；②热焓高（传给粉末的热量大），但又不应过高而烧蚀喷嘴（氮、氢等双原子气体在同样温度下比氩、氦等单原子气体的热焓高）；③对电极或喷嘴不发生化学作用；④成本低廉，供应方便。

等离子喷涂常用的气体主要有氮气、氢气、氩气和氦气等。

喷涂工艺参数包括电弧功率、工作气种类和流量、送粉气种类和流量、送粉量、喷涂距离和工件移动速度等。目前工业上应用的功率范围为 25~40kW。氮气等离子弧电压一般为 70~90V，等离子弧电流一般为 250~400A；而氩气等离子弧电压一般为 20~40V，等离子弧电流一般为 400~600A。对金属粉末而言，喷涂距离为 100~150mm，对陶瓷粉末喷涂距离为 50~100mm，喷嘴与工件的夹角以 10°~45°为宜。喷枪移动速度以一次喷涂厚度不超过 0.25mm 为宜。

41.6 低压等离子喷涂

低压等离子喷涂（LPPS）又称真空等离子喷涂（VPS），是将等离子喷涂工艺在低压保护性气氛中进行操作，从而获得成分不受污染、结合强度高、涂层致密的一种工艺方法，从 20 世纪 70 年代末 80 年代初开始在工业上推广应用。

低压等离子喷涂的等离子弧产生原理与普通等离子喷涂没有原则区别，但因其设备、工件和喷涂工艺操作都是在低真空或选定的低压保护气氛中进行，故其等离子射流的形态、特性和喷涂效果都与大气等离子喷涂有所不同。

低压等离子喷涂是在低压保护气氛中进行操作，从而获得成分不受污染、结合强度高、涂层致密的一种工艺方法，适用于活性金属材料和对成分要求严格的涂层，特别可用于导电、绝缘、生物、电磁等功能涂层。低压等离子喷涂的设备（见图 41-18）由真空系统、冷却和除尘系统、喷涂工作室、持枪机器人系统及其联动工件夹持系统、等离子喷涂系统、转移弧电源系统、控制系统等组成。

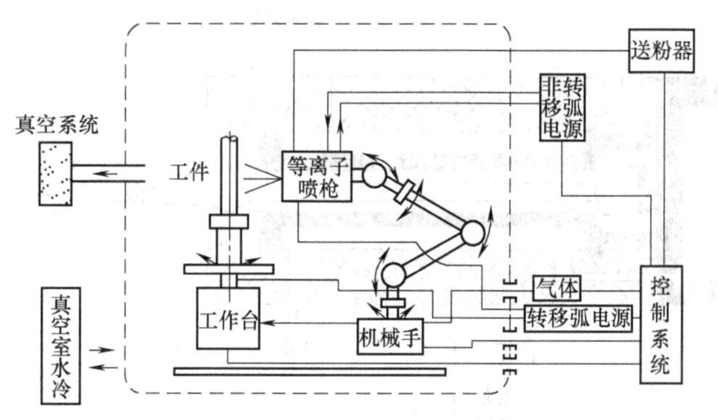

图 41-18　低压等离子喷涂装置

低压等离子喷涂的工艺过程：

工作室：抽真空$\xrightarrow{\text{至 }2.6\text{Pa}}$充氩气$\xrightarrow{\text{至 }1.3\times10^{3}\text{Pa}}$（采用正向转移弧）预热$\longrightarrow$（采用反向转移弧）电清理$\longrightarrow$继续充气$\xrightarrow[\sim2.0\times10^{4}\text{Pa}]{\text{至 }3.9\times10^{3}\text{Pa}}$涂层制备$\longrightarrow$冷却

因此，低压等离子喷涂具有以下特点：①在低压保护性气氛中工作，不受污染；②焰流速度可达 2000m/s，涂层的致密度可达 99%，比常压等离子喷涂工艺的高；③增添了电清理工序，基体表面活性提高，涂层结合强度高；④在低压下，等离子焰流变粗、变长，粉末受热更均匀，喷距的变化对涂层的质量影响小；⑤低压喷涂在罐内进行，粉尘和噪声的污染小。

41.7　超声速等离子喷涂

超声速等离子喷涂是利用超声速等离子射流对喷涂材料加热和加速以获得高质量涂层的等离子喷涂工艺技术。这种能量密度非常高的超声速等离子射流，是利用专门设计的喷枪和喷嘴，一次或多次供入较高压力和流量的工作气体，一级或多级喷嘴拉长电弧，使电弧受到强烈的压缩而产生的。高效能超声速等离子喷涂则是采用内送粉方式在低功率（80kW）和小气体流量（$6\text{m}^3/\text{h}$）条件下实现超声速等离子喷涂的技术，这是国内装甲兵工程学院突破了国外大功率（270kW）、普通气体流量（$21\text{m}^3/\text{h}$）的模式，充分利用热源和提高能量转换率而设计的高效能喷涂系统。

超声速等离子喷枪原理如图 41-19 所示。由后枪体输入的主气（氩气）和次级气（氮气或氮与氢的混合气）经气体旋流环作用，通过拉瓦尔管的二次喷嘴射出。钨极接负极，引弧时一次喷嘴接正极，在初级气中经高频引弧，正极转接二次喷嘴，即在钨极与二次喷嘴内壁间产生电弧，在旋转的次级气强烈作用下，电弧被压缩在喷嘴中心并拉长至喷嘴外缘。由于这样的作用，弧柱被拉长到 100mm 以上，形成弧电压高达 400V，在弧电流为 500A 的情况下，电弧功率达 200kW 的扩展等离子弧。这样长的拉伸电弧对等离子气体能充分加热，使得有很高的热焓值。当极高温度的等离子气体离开喷嘴后，产生超声速等离子射流，使送入的喷涂粉末被有效地加温加速、撞击工件形成涂层。

大流量气体在耐热绝缘的陶瓷材料制成的气体旋流环的作用下，开始强烈地旋涡送气，

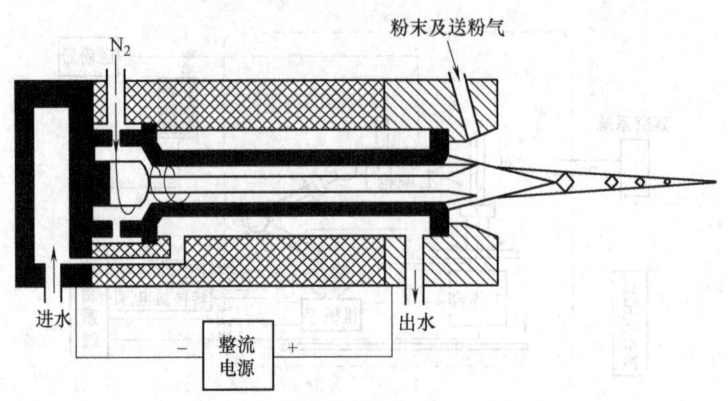

图 41-19 超声速等离子喷枪原理

旋涡气流中大部分冷气体沿着二次喷嘴壁面通过，增加了气流速度，压缩了电弧，如图 41-20 所示。强烈旋转气流还有助于使电弧阳极斑点转移，使喷嘴均匀烧损；另外，压力较高的冷气膜可增大对喷嘴的保护。除旋流气体压缩电弧外，二次喷嘴有效地强制水冷，热收缩作用使电弧进一步收缩。细长的二次喷嘴采用拉瓦尔管形，使得喷枪中高温气体进一步加速成为超声速射流。

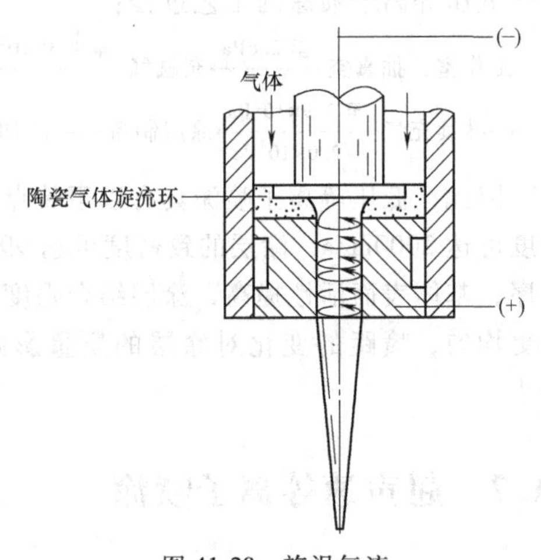

图 41-20 旋涡气流

超声速等离子喷涂的主要工艺参数是：喷涂功率（包括弧电压和弧电流）、主气和次级气流量、送粉量及喷涂距离。选择参数时主要考虑喷涂粒子的温度和速度，以保证喷涂质量和喷涂效率。

(1) 喷涂功率　总的来说，粒子的平均温度和平均速度均随喷涂功率的增大而提高。但是，当功率大于 50kW 后，速度的增加趋缓，并有逐渐下降之势，因此喷涂功率通常都在不超过 50kW 太多的范围内选取。喷涂陶瓷粉末时的电弧功率范围为 80~200kW，电弧电压为 300~400V，电弧电流为 400~500A。

(2) 送粉量　粒子温度随送粉量的增大而下降，粒子速度则在送粉量增大时先升后降，这是因为喷涂功率和送粉量之间需要有最佳匹配关系，送粉量过小和过大都不利于粒子速度的提高。送粉量选择的目标是获得最大生产效率，即在单位时间内获得最大体积的涂层。常用的送粉量一般是 3~5kg/h。

(3) 喷涂距离　喷涂不同材料时，粒子速度和温度随喷涂距离的变化规律有一些差别，故选择的喷涂距离也有所不同。对于低密度和低热导率的陶瓷材料，在喷涂距离为 60~80mm 处温度达到最高，而速度仍保持在 600m/s 以上，故此类材料的喷涂距离以选择 60~80mm 为宜。但对于高密度和高热导率的金属陶瓷或合金材料，喷涂时粒子的速度和温度均随喷涂距离的增大而单调下降，故喷涂此类材料时喷涂距离不应过大，宜在保证基体温度不过热的情况下尽量采用小距离喷涂。

(4) 气体流量　主气（Ar）流量一般为 15~30L/min，次级气（N_2或 N_2+H_2）流量为

100~200L/min。

41.8　水稳等离子喷涂

水稳等离子喷涂是一种高功率和高速等离子喷涂的方法，其特点是工作介质不用气体而用水。与气体等离子喷涂方法相比，其输出功率更大和焰流温度更高，因此很适合于高熔点氧化物陶瓷的大量喷涂。水稳等离子喷涂原理如图41-21所示。它是根据液流旋涡形成空腔的原理设计的，当一定压力的水进入喷枪后，经轴向分布且彼此绝缘的金属导流环的切向小孔进入电弧腔，形成旋涡后流出腔室，水流旋涡依附在壁上，在电弧腔中形成空腔。喷枪的前端有水冷喷嘴，并在喷嘴部装有水冷的旋转阳极。喷枪的后端中心处装有密封且前后可转动的碳棒阴极，借助于金属丝在阴阳间短路使水流电离，产生电弧。液流旋涡将弧柱和弧腔金属壁绝缘并冷却压缩电弧，即产生了电弧等离子体。当它离开喷嘴后体积迅速膨胀而产生高速等离子射流，并将喷嘴出口处送入的粉末熔化、加速、喷射到基材表面形成涂层。

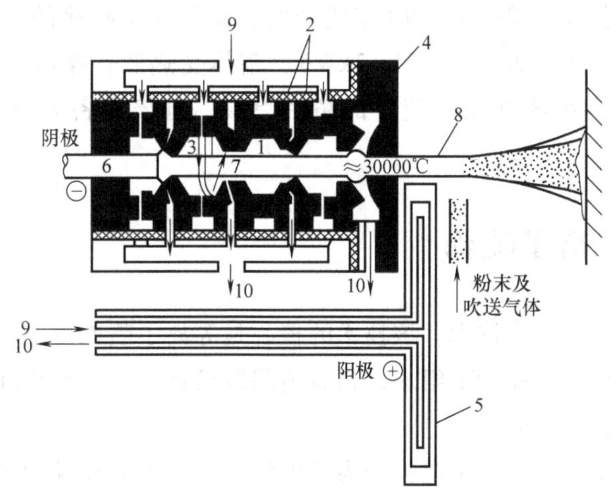

图41-21　水稳等离子喷涂原理

1—电弧腔　2—导流环　3—水流旋涡　4—喷嘴　5—旋转阳极　6—碳棒（阴极）　7—电弧　8—等离子射流　9—进水口　10—出水口

水稳等离子喷涂功率大（约为160kW）、焰流长、能量集中，故喷涂的效率高，可喷涂大颗粒的粉末（60~80μm），成本比前面介绍的气稳等离子喷涂低得多。但由于水稳等离子焰中含有30%以上的氧，呈氧化气氛，故不宜喷涂金属或炭化粉末涂料，适用于大面积氧化物陶瓷材料的喷涂。

与气稳等离子弧不同，水稳弧的弧柱长度取决于电弧腔的长度，几乎保持不变（碳棒烧损后随即送进），因而弧压是不变的。由于弧长是气稳弧的数倍，而且是将水蒸气中的氢和氧电离，因而弧压很高，可达340V，电弧电流即使只有450A，电弧功率也可达到153kW。

水稳等离子射流热焓很高，射流温度和速度都极高，因而水稳等离子喷涂可以达到很高的喷涂速率，并可使用较粗的粉末，喷涂很厚的涂层，但射流具有氧化气氛，对喷涂金属不利，主要用于喷涂陶瓷涂层。

水稳等离子喷涂总的工艺流程与普通等离子喷涂相似，喷涂前的基体表面处理和喷涂后的处理方法原则上相同，其主要区别是喷涂工艺参数的选择和控制。

喷涂前的基体进行必要的表面处理，水稳等离子喷涂主要工艺参数有以下几个方面。

1）弧电压一般为300~350V，弧电流一般为300~350A。

2）消耗水量为10L/h。

3）冷却水压力为0.6~10.3MPa。

4）阳极转速为2800r/min。

5）喷涂距离为60~400mm。

6）送粉量为4~40kg/h。

7）石墨极耗速为3~5mm/min。

41.9 微等离子喷涂

由乌克兰巴顿焊接所于20世纪90年代开发，微等离子喷涂的特点是具有层流等离子射流，发射角只有2°~6°，功率低（1~3kW），基体受热低，噪声小，故可在极薄的基体上进行喷涂，特别适宜小零件及薄壁件的精密涂层，且该设备质量轻，适合于现场的维修工作。

41.10 三阴极等离子喷涂

这是一种新的等离子喷涂技术。该技术的核心是等离子喷枪由三个平等的相互绝缘的阴极和几个被绝缘杯串联的阳极喷嘴组成，只有离阴极最近的一个绝缘环上的喷嘴作为阳极工作，且三个阴极采用分别供电。

三阴极喷枪的优点是：①由单电弧分为三电弧，降低了喷嘴及阴极过热倾向，延长了喷嘴和阴极的寿命；②三阴极各自离阳极都处于偏位置，每个阴极尖端只有一个对应阳极的弧根，从而解决了阳极弧根的周向运动及轴向运动，保持了电弧的稳定性；③采用喷枪中心送粉方法，从而使沉积效率大大提高，与常规等离子喷涂相比，可缩短一倍时间，在大批量生产或对大型工件喷涂时其优越性更突出。

41.11 溶液等离子喷涂

溶液等离子喷涂技术是采用包含纳米粒子的溶液或料浆（取代传统的粉末材料）作为等离子喷涂涂层材料，制备具有纳米结构的涂层。区别于粉末等离子喷涂技术（粉末作为涂层材料），为等离子喷涂技术提供了崭新的工艺方法。技术原理为：将具有一定黏度的纳米溶液（料浆）作为等离子喷涂涂层材料，经载气流或输送泵送入等离子弧焰中，经雾化后被等离子弧焰高温加热蒸发、反应沉积、烧结，最后在基体上形成具有纳米结构的纳米涂层。溶液等离子喷涂技术原理和工艺过程如图41-22所示。

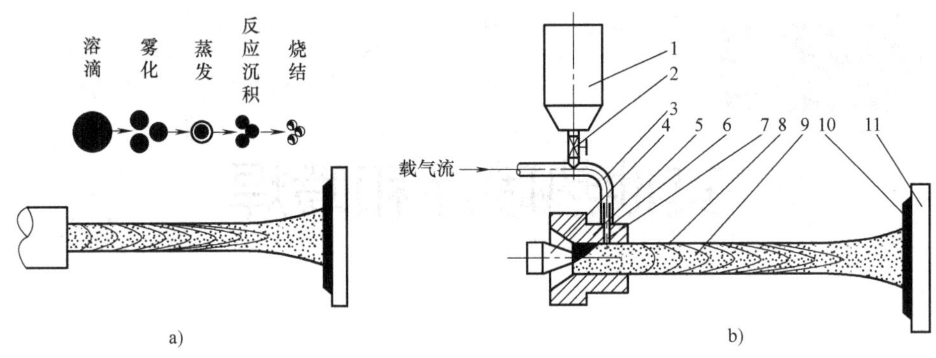

图 41-22　溶液等离子喷涂技术原理和工艺过程

a）技术原理　b）工艺过程

1—料浆（溶液）储存罐　2—调节阀　3—输送管　4—电极　5—喷嘴　6—等离子电弧　7—液滴　8—等离子弧焰　9—喷涂粒子流　10—涂层　11—基体

41.12　反应等离子喷涂

反应等离子喷涂工艺是一种独特的利用等离子体的化学过程制造复合材料、陶瓷、金属间化合物等材料的涂层方法，如 TiAl、Ti-TiC、Ti-TiN、Mo-$MoSi_2$、$MoSi_2$-SiC 等。图 41-23 所示为反应等离子喷涂成形工艺。在热等离子源中，反应物（粉末状颗粒）和反应气体进入等离子焰流中，并在喷射向基体的过程中，颗粒表面形成化合物，到达工件表面和其他材料的颗粒产生化学反应形成涂层。尽管在等离子焰流中，反应物停留时间短，温度梯度大，但在反应喷涂其间用气体和固体可以合成碳化物、硼化物以及氧化物，使产品的质量和均匀性都能达到冶金方法的水平。已证实用该种方法能合成难熔金属碳化物、硼化物、氧化物以及尺寸为 0.005~0.5μm 的微小颗粒的固体薄膜。反应等离子喷涂工艺采用的气体有甲烷、丙烯、氮气、氧气、硅烷或硼烷。

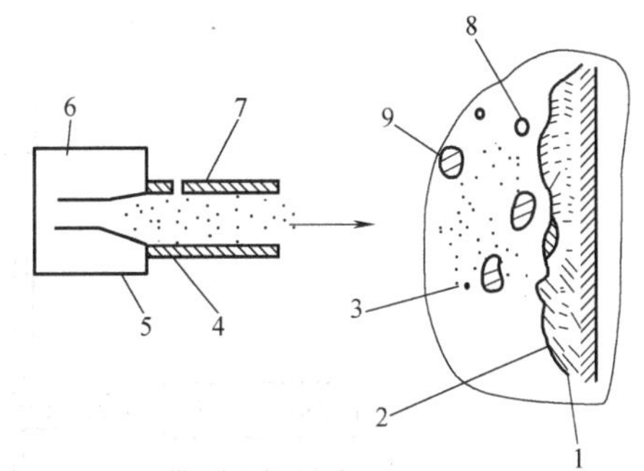

图 41-23　反应等离子喷涂成形工艺

1—反应生成的化合物涂层　2—混合物　3—离子化的颗粒　4—反应气体入口　5—粉末颗粒入口　6—等离子加热器　7—等离子反应器　8—混合物　9—金属及金属材料

第 42 章

其他热喷涂和喷焊

42.1 激光喷涂和喷焊

激光是具有高度方向性、单色性和高能量密度（$10^7 \sim 10^{12}$ W/cm^2）的一种光波，故激光可作为一种热源来制备涂层。

激光喷涂用喷嘴结构如图 42-1 所示。激光束经透镜聚集于喷嘴前沿，进入焦点的粉末或丝材迅速被激光束熔融，从环状喷嘴喷出的压缩空气，把熔融的材料雾化并喷射到基材表面形成涂层。

调节激光束的焦距使其焦点落在基体表面，就可将粉末和基材同时熔融，形成喷焊层。

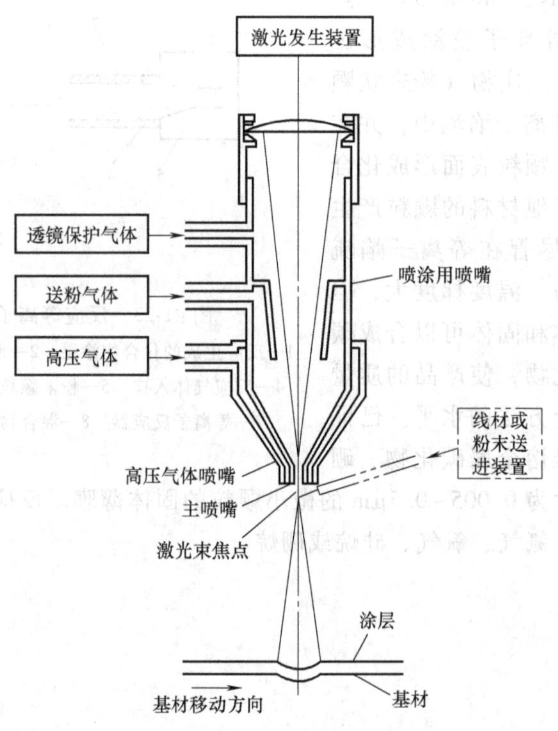

图 42-1　激光喷涂用喷嘴结构

42.2　线爆喷涂

线爆喷涂是热喷涂方法中一种比较特殊的方法。图42-2所示为线爆喷涂放电回路，当贮存在电容器的电能以高能密度的大电流通过作喷涂材料的导线放电时，一部分丝材气化爆炸，其熔融的金属液滴被喷射到工件表面上。

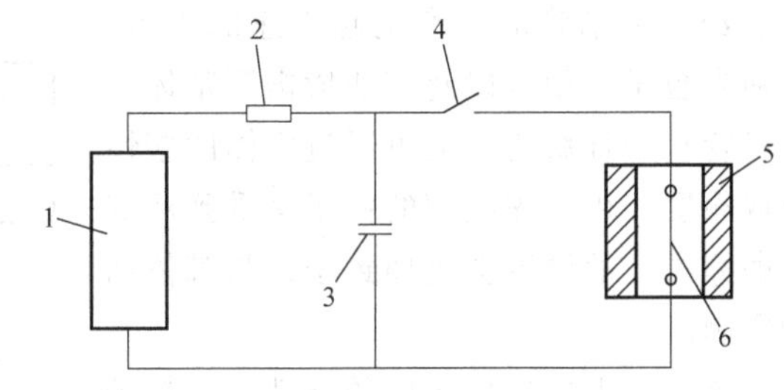

图42-2　线爆喷涂放电回路

1—充电器　2—电阻　3—电容　4—开关　5—工件　6—喷涂丝材

此方法的特点：

1）所有金属丝包括难熔的W、Mo、Ti等均能进行喷涂。

2）爆炸喷射的颗粒很细，粒度均匀，温度很高，接近沸点。

3）熔滴喷射速度高，达500~600m/s，一次放电爆炸可获得4~7μm厚的涂层，而且涂层平整、光滑、致密、结合强度高。

42.3　电热热源喷涂

高密度的大电流、高频感应电流等产生的电能可作为热源来进行喷涂。

42.3.1　脉冲放电线爆喷涂

线爆喷涂也属爆炸喷涂之一，其原理如图42-3所示。脉冲线爆喷涂的瞬间放电产生数万安培电流，使金属丝达到高温并爆炸成微小的熔粒，喷射到圆筒的内壁形成涂层。

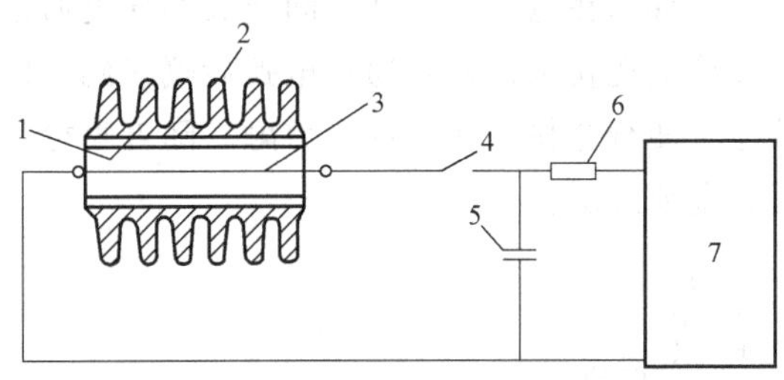

图42-3　脉冲放电线爆喷涂原理

1—涂层　2—工件（气缸）　3—金属丝　4—开关　5—电容　6—电阻　7—充电装置

一次放电爆炸可形成4~7μm厚的涂层。由于该方法射流速度可高达500m/s，故孔隙率低，且对基体的热影响较小，特别适用于小口径（<100mm）内壁喷涂难熔金属。

42.3.2　高频喷涂

高频喷涂是利用高频感应电流产生的高温熔化金属线材，使用压缩空气雾化的热喷涂方法。该方法设备庞大，效率低，是早期的喷涂方法，目前使用很少。

42.3.3 冷喷涂

冷喷涂原理如图 42-4 所示。它是利用电能把高压气体加热到一定的温度（100～160℃），经拉瓦尔管加速产生超声速的束流，去加速粉末粒子，使其以超声速撞击到基体的表面，尽管它未被熔化，但可通过固体的塑性变形形成涂层。由于先沉积的粒子又受到后沉积粒子的撞击，故涂层会更加致密，与基体结合更加牢固。

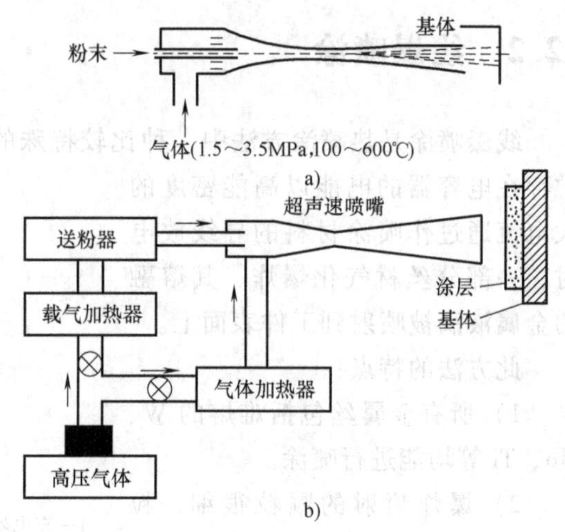

图 42-4 冷喷涂原理
a）喷枪 b）系统结构

采用该工艺形成良好涂层的条件：①粒子撞击速度要达到临界速度；②基体和被喷涂粉末粒子均有一定的塑性变形能力。几乎所有的金属和合金均可进行冷喷涂，而且由于是冷喷涂，基体温度低，热影响小，设备和运行成本低，适用于防腐、导热、电子器件和无挥发性塑料涂层的制备。

42.4 等离子喷焊

等离子喷焊是采用转移型等离子弧为主要热源，在金属表面喷焊合金粉末的方法。等离子喷焊原理如图 42-5 所示。一般采用两台整流电源，将负极并联在一起，通过电缆接至喷枪的电极，其中一台电源的正极接喷枪的喷嘴，用于产生非转移弧；另一台电源的正极接工件，用于产生转移弧。喷枪的喷嘴和电极通水冷却，采用氩气作等离子气，首先用高频火花点燃非转移弧，然后利用非转移弧在电极和工件之间造成的导电通道引燃转移弧。在建立转移弧的同时，由送粉器向喷枪输送粉末，粉末通过电弧后喷射到工件上。所以，转移弧一建立，就在工件上形成了熔池，使合金粉末在工件上熔融。随着喷枪和工件的相对移动，液态合金逐渐凝固，便形成了合金喷焊层。

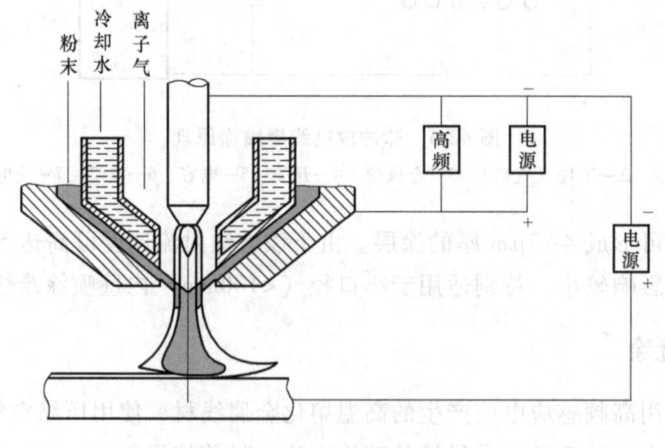

图 42-5 等离子喷焊原理

等离子喷焊包括喷涂和重熔两个过程，但这两个过程是同时进行的。在喷涂过程中，粉末通过弧柱的加热，一般以半熔化状态沉积到工件上。重熔过程是粉末在工件上的熔融过程，落入熔池的粉末立即进入转移弧的阳极区，受到高温加热而迅速熔化，并将热量传递给基材。等离子喷焊熔深较浅，使得基材对合金的冲淡率低，同氧乙炔火焰喷焊相比较，电弧对熔池的搅拌作用较强，熔池的冶金过程进行得比较充分，喷焊层气孔和夹渣少。

42.5　冷气动力喷涂

冷气动力喷涂技术是一项既经济又实用的喷涂技术，可用于材料的表面涂层制备，改善和提高材料的表面性能。如耐磨性、耐蚀性、导电性、材料的力学性能等，最终达到提高产品质量的目的。

冷气动力喷涂技术是在低温状态下实现涂层的沉积，涂层中形成的残余应力低（主要是压应力），涂层厚度可达到数毫米；对基体热影响区小，对喷涂粉末无任何热影响，无氧化，无污染；可最大限度地保持喷涂粉末材料的原始性能，制备的涂层性质基本保持原始材料的性能；为制备纳米结构涂层以及金属材料表面纳米化提供了一种重要的工艺方法。与现有涂层技术相比较，喷涂效率高，粉末利用率高（喷涂粉末可以回收），制备的涂层致密，孔隙率低，残余应力低，对基体材料热影响区小，可以制备高热传导率、高导电率的涂层以及其他功能涂层，喷涂噪声低。目前研究表明：冷气动力喷涂技术可实现 Al、Zn、Cu、Ni、Ti、Ag、Co、Fe、Nb、Cr 等金属和合金的涂层制备，同时可制备高熔点 Mo、Ta 以及高硬度的金属陶瓷 Cr_3C_2-NiCr、WC-Co 等涂层。可沉积的涂层材料包括大部分金属涂层材料、金属陶瓷涂层材料、有机涂层材料。特别适合纳米涂层材料的制备，是表面工程领域重要的工艺技术之一，是热喷涂技术的最好补充和扩展。

冷气动力喷涂是利用空气动力学原理的一项喷涂技术。利用事先预热的高压气体（He、Ar、N_2或它们的混合气体和空气等）通过喷枪拉瓦尔喷管产生高达 300～1200m/s 的高速气流，同时被喷涂的粉末材料同样由高压气体从轴向进入喷枪，与高速气体混合形成高速粒子流，在完全固态的条件下撞击基体表面，产生较大的塑性变形而沉积于基体表面形成涂层。冷气动力喷涂如图 42-6 所示。

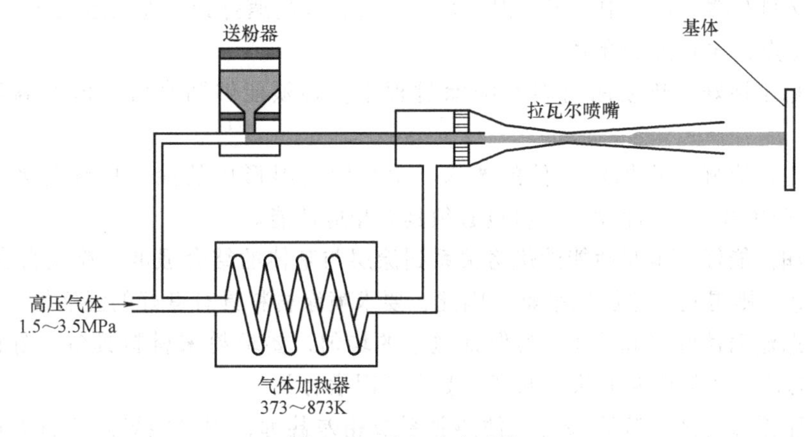

图 42-6　冷气动力喷涂

第43章

热喷涂材料

43.1 概述

43.1.1 热喷涂材料的一般要求

热喷涂材料在热喷涂过程中承受高温，并在热源中飞行，随后以高速撞击工件表面产生形变，淬冷后形成叠层。涂层在冷却收缩时会产生应力，因此热喷涂材料除了应满足使用性能的要求外，还应满足喷涂工艺性能的要求。

1）热喷涂材料应满足对热喷涂涂层使用功能特性的基本要求，如耐磨、耐蚀、自润滑、导电、绝缘等。

2）热喷涂材料在加热过程中，具有良好的化学稳定性和热稳定性，不会产生有害的化学反应及不利的晶型转变。

3）涂层材料要具有良好的物理性能，无剧毒性和无产生爆炸的可能性，与基体或过渡涂层具有良好的性能匹配和结合强度。

4）涂层材料应满足工艺与设备的要求，如线材应具有足够的强度和外观，粉末材料应具有足够的流动性等。

43.1.2 热喷涂材料的特点

热喷涂材料在喷涂过程中，经高温呈熔融状态，以高速打到工件上形成涂层。因此，必须具备下述特点，才有实用价值。

(1) 热稳定性好　热喷涂材料在喷涂过程中，必须能够耐高温，即在高温下不改变性能。

(2) 使用性能好　根据对工件的要求，由喷涂材料形成的涂层应满足各种使用要求(如耐磨性、耐蚀性等)，即喷涂材料也必须具有相应性能。

(3) 湿润性能好　湿润性能的优劣关系到涂层与基体的结合强度、涂层自身的致密度。液态流动性好，则得到的涂层也平整。因此，要求喷涂材料具有良好的湿润性。

(4) 固态流动性好（粉末）　为保证送粉的均匀，要求粉末材料具备良好的固态流动性。粉末固态流动性与粉末形状、温度、黏度等因素有关。

(5) 热胀系数合适　若涂层与工件热胀系数相差甚远，则可能导致工件在喷涂后冷却过程中引起涂层龟裂。因此，喷涂材料应与工件有相近的热胀系数。

43.1.3　热喷涂材料的分类

随着喷涂技术的不断发展，出现了多种多样的热喷涂材料，这种材料可按不同的方式进行分类。

1）按材料形状可分为喷涂用线材、粉末、棒材三大类。

2）按喷涂材料成分可分为金属、非金属、碳化物、陶瓷、自熔性合金和塑料等。

3）按喷涂材料性质可分为耐磨涂层材料、隔热涂层材料、耐蚀涂层材料、抗高温氧化涂层材料、导电或绝缘涂层材料、自润滑减摩涂层材料（如铜包石墨等）、功能性涂层材料（如微波吸收层、防 X 射线辐射层）等。

可用于热喷涂的线材、粉末和棒材材料，见表 43-1。

表 43-1　热喷涂的线材、粉末和棒材

形状	分　类	品　　种
线材	纯金属线材	Zn、Al、Cu、Ni、Mo、Sn、Ti 等
	合金线材	Zn 合金：Zn-Al；Al 合金：Al-RE；Cu 合金：Cu-Zn、Cu-Al；Ni 合金：Ni-Cr、Ni-Cr-Fe、Ni-Cu-Fe（蒙乃尔合金）；Pb 合金：Pb-Sn、Pb-Sn-Sb（巴士合金）；Fe 合金：碳钢、不锈钢、低合金钢
	复合线材	金属包金属（镍包铝、铝包镍），金属包陶瓷（金属包碳化物、氧化物等），塑料包覆（塑料包金属、陶瓷等）
粉末	纯金属粉末	Zn、Al、Fe、Cu、Ni、Co、W、Mo、Ti、Ta、Nb
	喷涂合金粉末	Fe 基合金：碳钢、不锈钢、合金钢
		Ni 基合金：Ni-Cr、NiCrFe、NiCrAl、Ni-Al、Ni-Ti
		Co 基合金：CoCrWC、CoCrMoNiFe、CoCrAlY
		Al 基合金：Al-Si、Al-Mg
		Cu 基合金：Cu-Al-Fe、Cu-Sn、Cu-Sn-P
		MCrAlY 系合金：NiCrAlY、CoCrAlY、FeCrAlY
	自熔性合金粉末	Fe 基：FeNiCrBSi
		Co 基：CoCrWB、CoCrBSi、CoCrWBNi
		Ni 基：NiBSi、NiCrBSi
	陶瓷粉末	金属氧化物：Al_2O_3、Cr_2O_3、TiO_2、ZrO_3
		金属碳化物及硼氮、硅化物：WC、TiC、Cr_3C_2、B_4C、SiC
	塑料粉末	热塑性粉末：聚乙烯、尼龙、EVA 树脂、聚苯硫醚
		热固性粉末：环氧树脂、酚醛树脂
		改性塑料粉末：加入 MoS_2、Al 粉、Cu 粉、石墨粉、石英粉、云母粉、石棉粉等填料
	复合粉末	包覆粉：镍包铝、铝包镍、镍包金属及合金、镍包陶瓷、镍包有机物
		团聚粉：金属+合金、金属+自熔性合金、WC 或 WC-CO+金属及合金、氧化物+金属及合金、氧化物+包覆粉、氧化物+氧化物
		烧结粉：碳化物+自熔性合金、WC-Co
棒材	陶瓷	Al_2O_3、TiO_2、Cr_2O_3、Al_2O_3+MgO、Al_2O_3+SiO_2、$ZrSiO_4$、ZrO_2

43.2　热喷涂材料的应用

热喷涂材料在实际应用中，往往是按照涂层材料的功能来加以选择。热喷涂工艺过程中，最重要的是要选择好所应用的涂层材料，要做好热喷涂材料的选择工作，需综合考虑材料本身的物理化学特性和材料的使用工况。热喷涂材料的功能是多种多样的，相应的热喷涂材料根据功能的不同将有不同的选择。

43.2.1 耐磨涂层材料

耐磨损是涂层一项重要的工程性质。磨损是十分复杂的，磨损工况中各因素均影响涂层的耐磨性，例如磨料的硬度、粒度、温度、速度及运动方向；工况的干、湿状态，湿态工况中的酸、碱性及浓度，工况中零件所承受的载荷等。因此，要获得良好的耐磨性，必须了解磨损工况，掌握磨损特性及其主要机制。

采用耐磨涂层的目的就是使涂层硬度高于工件硬度，即涂层的显微硬度与磨料显微硬度的比值大于0.8。

43.2.2 耐蚀涂层材料

热喷涂涂层的耐蚀原理是：①利用牺牲阳极原理，将被保护金属与电位更负的活泼金属相偶接，由于两者电极电位不同，可以构成原电池，所产生的电流便是起阴极保护作用的阴极电流；②将比基材更耐蚀的材料喷涂在基材表面，以达到保护基材的目的。

室温下，钢铁材料耐大气条件酸、碱、盐的腐蚀，应用的就是牺牲阴极原理，常用的牺牲阳极材料主要有Zn、Al、Zn-Al-Mg合金，通常采用电弧线材喷涂的方法制备。Zn、Al、Zn-Al-Mg合金涂层对钢铁进行长效的防护，不仅是阴极保护作用，涂层本身也具有良好的抗腐蚀性。另外，涂层中金属微粒表面形成的致密氧化膜也起到了防腐蚀的作用。在工业和城市大气中，钢铁材料锈蚀损耗约400~500g/(m^2·a)，相应的腐蚀深度约为0.064mm/a；与此相比，Zn的损耗是40~80g/(m^2·a)，相应的腐蚀深度约为0.01mm/a。在没有保护的情况下，碳钢的年平均腐蚀速率比Zn高5~20倍，比Al高4~100倍。在不同大气环境下，Zn、Al有良好的耐蚀性，其腐蚀速率比钢铁要低得多。

耐蚀涂层材料选择的一般原则如下：

1）对于钢铁基体材料，在存在电解质的条件下，涂层材料应具有比铁更低的电极电位，从而能对铁基体起有效的牺牲阳极的保护作用。

2）单相结构的涂层材料比多相结构的涂层材料一般具有更好的耐介质腐蚀能力。

3）涂层材料的腐蚀产物膜包括氧化膜，应致密无孔，韧性好，附着牢固，能将腐蚀介质与涂层、基体有效地隔离，起到腐蚀屏障作用。

4）除了喷焊层外，喷涂层均具有一定的气孔率，这会降低涂层的耐蚀性、抗高温氧化能力和电绝缘性能。这类情况下，必须对喷涂层进行适当的封孔处理。

43.2.3 耐高温涂层材料

金属高温结构材料既要具备足够的力学性能和适宜的加工制造性能，又需具有优良的化学稳定性。高温下使用最广泛的高温合金，在腐蚀性气体环境中发生严重的氧化和热腐蚀，成为其限制应用的主要因素。解决的途径有：一是调整合金成分和组织结构，以提高其自身的抗高温氧化与热腐蚀的能力，这方面取得了一些进展，但因为改善合金抗高温腐蚀性能的合金元素添加量受限制，当添加量稍多会显著降低合金的力学性能，反之亦然，这种矛盾尚未解决；另一途径就是在高温合金表面施加防护涂层，它既能提高合金抗高温氧化与热腐蚀性能，又可保持合金的力学性能在许可的范围之内，这方面取得了满意的进展，在工程中得到了广泛的应用。

抗高温涂层材料一般同时具备抗高温氧化、抗高温腐蚀及抗高温磨损性能。抗高温氧化涂层一般用于高于550℃的氧化腐蚀环境中，目前常用的材料有Fe基、Co基、Ni基合金。一些氧化物陶瓷同样可用于高温氧化环境中。这类涂层主要采用常压或低压等离子体喷涂，涂层的致密度至关重要。合金涂层除了抗高温氧化、腐蚀，主要用于功能陶瓷涂层的中间结合层外，同样用于磨损零件的修复，如燃气轮机的导向叶片、阀座、活塞杆、密封室、轴承、轴套等。在选择抗高温涂层材料时，应把应用工况条件、基体、涂层三者作为一个整体考虑，才能获得综合性能良好的结果。

耐高温涂层材料选择的基本原则：

1）具有足够高的熔点。涂层材料的熔点越高，可以使用的最高温度越高。

2）具有要求的热疲劳性。在冷、热交替的热疲劳条件下，基体材料和涂层材料的热胀系数、热导率等热物理性能应当匹配。

3）高温化学稳定性好。材料本身在高温下不会发生分解、升华或有害材料微观结构转变性能。

4）对高温合金的显微组织有一定要求。高温合金一般选用具有面心立方晶格的金属母相，并能被高熔点难熔金属元素的原子固溶强化，或者合金元素间发生反应，形成与母相具有共格结构的相，对母相产生析出强化作用，或者能形成高熔点的金属间化合物，对金属母相起晶界强化和弥散强化作用。

5）抗高温氧化合金应含有氧亲和力大的合金元素。与氧亲和力大的元素有铬、铝、硅、钛、钇等，它们与氧结合生成非常致密且化学性能稳定的氧化物。并且，所生成的氧化物的体积大于金属原子的体积，因而能够有效地将金属基体包覆起来，防止进一步氧化。金属氧化物的分解压越低，金属元素对氧的亲和力越大，金属氧化物膜越稳定。

43.3　喷涂用线材

43.3.1　碳钢及低合金钢线材

热喷涂用碳钢线材按含碳量可分为低碳钢、中碳钢和高碳钢，含碳质量分数可高达1.3%。低合金钢线材是在碳钢线材的基础上为改善碳钢的某些性能而设计的。碳钢及低合金钢线材喷涂广泛用于机械零部件的磨损和尺寸修复。使用碳钢或低合金钢线材喷涂，不仅价格低廉而且材料来源广泛。最常用的是85优质碳素结构钢丝和T8A碳素工具钢丝，一般采用电弧喷涂。在喷涂过程中，碳及合金元素有所烧损，易造成涂层多孔和存在氧化物夹杂等缺陷，但仍可获得具有一定硬度和耐磨性的涂层，广泛用于喷涂曲轴、柱塞、机床导轨等常温工作的机械零件滑动表面耐磨涂层及磨损部位的修复。

碳钢喷涂线材的主要用途见表43-2。

表43-2　碳钢喷涂线材的主要用途

喷涂丝碳含量(质量分数,%)	结合强度/MPa	用　　途
0.10~0.20	14~20	易切削,耐磨损,适用于喷涂轴承和铸造件
0.25~0.65	20~28	易切削,适用于喷涂轴承和其他涂层的底层
0.65~0.95	>28	可切削,适用于喷涂轴承及表面需硬化的涂层
>0.95	>28	可切削,最好研磨,适用于喷涂轴承及表面需硬化的涂层

43.3.2 不锈钢喷涂线材

不锈钢种类较多，各自都有独特的性能，需要在充分了解的基础上，选择合适的材料。根据其组织分为马氏体型不锈钢、奥氏体型不锈钢与铁素体型不锈钢三大类。另外，还有奥氏体铁素体双相不锈钢与沉淀强化不锈钢。

马氏体型不锈钢又称 Cr13 不锈钢，激冷淬火转变成马氏体而硬化。相变时体积发生约4%的体积膨胀，在采用马氏体型不锈钢堆焊时需要注意缓冷。根据其中碳含量的多少又可分成为 Cr13、12Cr13、20Cr13、30Cr13、40Cr13 等，碳含量越高，形成碳化物时将消耗基体中的铬，当铬质量分数低于 12%时，已不能发生钝化现象，不具有耐蚀性，因此，一般铬含量高。马氏体型不锈钢一般用于制备要求高硬度的表面，可以采用喷涂或堆焊。

奥氏体型不锈钢中，Cr18%-Ni8%（质量分数）为最基本的一种，常温下为奥氏体组织，常称 18-8 不锈钢（又称 SUS304）。耐蚀性与耐热性优越，易于加工。但线胀系数较大，喷涂时需要注意。18-8 系不锈钢在常温下耐一般的酸与碱，但不耐盐酸、氟酸、稀硫酸、硫酸盐溶液、氯气等的腐蚀。不锈钢在 500～800℃，特别是在 600～700℃加热时，将发生碳化物在晶界的析出，从而引起晶界腐蚀。因此，根据需要可选择将含碳质量分数降至 0.03%以下的超低碳不锈钢（SUS304L），加入了比与铬元素的亲和力更大的钛、铌、钽等的防晶界腐蚀的不锈钢（如 SUS321 或 347）。

不锈钢铬含量高，不仅耐蚀性优越，而且，抗高温氧化与耐热性也优越，因此，实际上常用作耐热钢涂层。

43.3.3 锌、铝及锌铝合金

锌丝和铝丝是最常见的，也是用量最大的纯金属喷涂丝材，主要用于对桥梁、井架、发射塔、舰船、港口、水利设施和运输管道等大型钢铁结构件进行腐蚀防护。它们对钢铁材料的保护机理主要有两个：一是具有与涂料涂装防腐机理类似的、阻挡腐蚀介质的隔离作用；二是具有通过涂层材料的有效防护，实现阴极的（即钢铁构件）保护作用。这是因为锌、铝的电极电位比钢铁要低，在有电解质时对钢铁材料呈阳极，使钢铁构件受到阴极保护而不被腐蚀。

在 Zn 中添加 Al，能提高涂层的耐蚀性。目前，国内已实现了 ZnAl 合金丝的批量生产，常见的牌号为 ZnAl15 合金丝。锡基合金中较常使用的是锡基巴氏合金（SnSbCu 合金）丝，它主要被用来修复滑动轴承的轴瓦。

在锌中加入铝可提高涂层的耐蚀性。当铝质量分数为 30%时，锌-铝合金的耐蚀性最佳。因此现在也使用锌铝合金喷涂丝，但由于加工困难，各国使用的锌铝合金喷涂丝中的含铝的质量分数一般不超过 16%。对于纯锌丝，为避免有害元素（Fe、Cu、Si 等）对涂层耐蚀性的影响，锌丝纯度应达到质量分数为 99.85%以上，因此喷涂用锌线材一般是专门制造的。

43.3.4 铜及铜合金喷涂线材

（1）性能　铜及铜合金具有良好的导电、导热、耐磨及耐蚀性，且表面光亮。常用铜及铜合金喷涂丝化学成分见表 43-3。

表 43-3　常用铜及铜合金喷涂丝化学成分

合金类别	合金成分(质量分数,%)							
	Zn	Al	Fe	Ni	Mn	Sn	P	Cu
纯铜	—	—	—	—	—	—	—	99.8
黄铜	5~12	—	—	—	—	—	—	余
	40	—	0.75	—	0.25	0.8	—	余
铝青铜	—	7~10	2~4	0.5~2	0.5~2	—	—	余
	—	8~11	3~5	0.5~2	0.5~2	—	—	余
	—	9~12	3~5	0.5~2	0.5~2	—	—	余
磷青铜	—	—	—	—	—	3.0~5.5	0.03~0.35	余
	—	—	—	—	—	5.3~7.0	0.03~0.35	余
	—	—	—	—	—	7.0~9.0	0.03~0.35	余
白铜	29.5	—	—	10	—	—	—	余
	24.5	—	—	15	—	—	—	余
	18.5	—	—	20	—	—	—	余

(2) 应用　①纯铜丝：电器开关和电子元件的导电涂层以及塑像、水泥等建筑表面的装饰涂层；②黄铜丝：修复磨损及加工超差工件，修补有铸造砂眼、气孔的黄锅铸件，也可作装饰涂层，黄铜中加质量分数为 1%左右的锡，可提高黄铜耐海水腐蚀性，称之为海军黄铜，用于耐海水接触的活塞、轴套等零件；③铝青铜丝：其强度比一般黄铜高出一倍，其抗海水腐蚀性强，且耐硫酸、盐酸腐蚀，但易溶于硝酸，还具有很好的耐蚀性、抗疲劳性与耐磨性，广泛用于水泵叶片、气闸活门、活塞、轴瓦上，也用来修复铜钢铸件及作装饰涂层；④磷青铜和白铜丝：涂层致密、色彩美丽（淡黄色和白色），主要用作装饰涂层。

43.3.5　铅及铅合金喷涂线材

铅在空气中较稳定，纯铅离子化倾向小，在常温下耐稀盐酸和体积分数低于 80%的硫酸腐蚀。纯铅喷涂层主要用于耐蚀和屏蔽射线等方面。铅属于重金属，能阻止 X 射线及其他射线穿过，具有很好的防 X 射线辐射的性能，在原子能工业中广泛用于防辐射涂层。人们熟知的焊锡丝为铅锡合金（锡的质量分数为 40%~60%，铅的质量分数为 40%~60%），它对铜、铁等很多金属均有良好的润湿作用，因此主要用于电子器件待焊表面的喷涂。巴氏合金线材为铅锡锑合金，主要用于轴瓦、轴承和要求强度不高的滑动零件等表面的喷涂。含锑和铜的铅合金丝材料的涂层具有耐磨和耐蚀等特性，但涂层较疏松，用于耐蚀时，需经封闭处理。如纯铅涂层周期地用于强酸或连续用于稀酸时，必须用亚麻油和干燥剂作密封处理。由于铅蒸气对人体危害较大，喷涂时应加强防护措施。

43.3.6　锡及锡合金喷涂线材

锡涂层具有很高的耐蚀性，常用做食品器具的保护涂层。当加入锑和钼时，合金丝摩擦因数降低，韧性好，耐蚀性和导热性都有明显提高，广泛应用于轴承、轴瓦和其他滑动摩擦部件的耐磨涂层，还能在熟石膏等材料上喷涂，制成低熔点模具。锡丝中加入砷的质量分数不能大于 0.015%。

43.3.7　镍及镍合金喷涂线材

NiCr 合金丝是最早获得应用的 Ni 基合金丝材，作为高温电阻材料，这类合金具有很好的抗高温氧化性能。早期使用的 NiCr 合金主要是 Ni80Cr20 系列，随后又出现了 Ni70Cr30 系列。非常高的铬含量使得由该种合金丝材制备的涂层，在高温环境下能发生选择性氧化，在涂层表面形成一层连续且致密的 Cr_2O_3保护膜，从而有利于阻止外界腐蚀介质的侵入和涂层内金属离子的向外扩散。NiAl 合金丝是另外一种得到广泛应用的镍基合金丝材，它主要作为电弧喷涂结合底层材料使用的合金丝材。

蒙乃尔（NiCu）合金因具有较好的耐蚀性，也是较多使用的一种 Ni 基合金材料。其耐蚀性在还原气氛中比镍好，在氧化气氛中优于铜，在许多介质中都表现出比不锈钢更突出的耐蚀性。蒙乃尔合金含镍的质量分数为 67%~70%、含铁的质量分数为 1.0%~3.0%，其余为铜。该合金不仅有优良的高温强度，而且还有优良的耐蚀性、耐磨性，尤其是能耐海水和稀硫酸的腐蚀，对于非强氧化性酸的耐蚀性也较好，在中性或碱性盐类水溶液中几乎不发生腐蚀，但耐亚硫酸气体、硫化氢及盐类的腐蚀性较低，且与铁接触时会发生腐蚀。与镍合金涂层相同，蒙乃尔合金涂层主要用于耐酸蚀、泵柱塞轴及装饰等方面。常用镍-铬合金喷涂线材成分见表 43-4。

表 43-4　常用镍-铬合金喷涂线材成分

成分(质量分数,%)						
Ni	Cr	Si	Mn	Fe	C	其他
75~79	18~20	0.5~1.5	<2.0	<1.5	<0.15	<0.5
>57	15~18	0.5~1.5	<2.5	余	<2.20	<0.5

43.3.8　钼及钼合金喷涂线材

钼与很多金属如普通碳钢、不锈钢、铸铁、蒙乃尔合金、镍及镍合金、镁及镁合金、铝及铝合金可形成牢固的结合，因此钼涂层常用做打底层。如机床导轨喷钢时常把钼作为打底涂层，以增加钢涂层与基体的结合强度。钼可以在切削光滑的工件表面上形成合金，在用 40 目或 60 目的砂布打磨过的软钢表面上喷涂钼，其强度比钼涂层本身的强度大。作为喷涂丝，钼的质量分数要达到 99.9%以上。

钼涂层除用做黏结底层外，更多的是作为功能性涂层使用的，摩擦因数很低，是一种特别耐磨的硬金属，同时又是金属之中唯一能耐热浓盐酸腐蚀的金属，所以工业上的耐磨涂层常使用钼丝喷涂，如应用于活塞环和摩擦片等零件。涂层中的钼和汽油中的硫或润滑油中的硫起反应，会形成 MoS_2涂层又存在一定的气孔，能保存润滑油。这样既有油的润滑作用，又有 MoS_2的润滑作用，可以有效地防止气缸和活塞环之间熔着咬合现象。已将线材喷钼应用于变速器同步环、活塞环、拨叉、刹车片、压缩机环、汽车传动换档同步器、铝合金气缸等部件上，取得了良好的效果。

43.3.9　镉及镉合金喷涂线材

镉比锌具有更好的防锈、防腐蚀性，对铁也有阳极保护作用，但因为镉容易挥发，并且其气体对人体会产生严重危害，所以在喷涂时需要采取严格的防护措施，因此不能像锌那样大量地用做喷涂材料，只能用在一些高级机械部件以及那些必须用镉喷涂的特殊地方，如喷气发动机喷嘴涂层等就是用镉丝喷涂的。

43.3.10 复合热喷涂线材

复合热喷涂丝材是用机械方法将两种或更多种材料复合压制成的喷涂线材。不锈钢、镍铝复合喷涂丝利用镍铝的放热反应使涂层与多种基体（母材）金属结合牢固，而且因复合了多种强化元素，改善了涂层的综合性能，涂层致密，喷涂参数易于控制；铜铝复合喷涂丝的涂层含有氧化物及铝铜化合物等，耐磨性好。

复合热喷涂丝材是目前正在扩大使用的喷涂材料，主要用于油泵转子、轴泵、气缸衬里和机械导轨表面的喷涂，也可用作碳钢和耐蚀钢磨损件的修补。

43.4 喷涂用粉末

在热喷涂材料中除了线材之外，粉末材料也是一种主要应用的原料，而且随着等离子喷涂和超声速喷涂的发展。粉末材料在喷涂材料中所占的比例越来越大。粉末材料可以分为金属及合金粉末、复合粉末、陶瓷粉末以及塑料粉末。

43.4.1 金属及合金粉末

（1）喷涂合金粉末　又称冷喷合金粉末，这种粉末不需或不能进行重熔处理。按其用途分为打底层粉末和工作层粉末。打底层粉末用来增加涂层与基体的结合强度，工作层粉末保证涂层的使用性能。放热型自黏结复合粉末是最常用的打底层粉末。工作层粉末熔点要低，具有较高的伸长率，以避免涂层开裂。常用喷涂合金粉末的性能及用途见表43-5。

表43-5 常用喷涂合金粉末的性能及用途

合金类型	粉末牌号	粒度/目	涂层硬度HV	涂层性能及用途
镍基	F111	-150~300	150	易切削,用于轴承喷涂
	F112	-150~300	200	涂层致密,用于泵轴喷涂
	F113	-150~300	250	耐磨性较好,用于活塞喷涂
	F105Fe	—	400	用于耐磨粒磨损涂层
	G101	-150~320	30~40HRC	耐磨损、耐腐蚀,用于轴承面、轴套、活塞等的喷涂
	G102	-150~320	10~20HRC	易加工,用于泵套、轴承座、轴类零件的喷涂
	LNi-02	-140~300	210~230HBW	易加工,用于轴类零件及轴承面的喷涂
	LNi-03	-140~300	30~40HRC	耐磨损、耐腐蚀,用于轴承面及轴套的喷涂
	LNi-04	-140~300	163~170HBW	易加工、耐磨蚀,用于泵套、轴承座及轴类零件的喷涂
	LNi-05	-140~300	20~30HRC	耐腐蚀,用于轴套及轴类零件的喷涂
	Ni-12	-150~320	250HBW	用于修复各种轴类零件
钴基	G-Go-11	-120~320	1000	耐磨损、耐高温、耐腐蚀,用于内燃机车进、排气阀喷涂
铁基	Fe250	-120	250HBW	易加工,用于轴承面及汽车箱体密封面的喷涂
	Fe280	-120	280HBW	硬度高、耐磨性好、抗压能力强,用于各种耐磨损件
	Fe320	-120	320HBW	
	Fe450	-120	450HBW	
	LFe-02	-140~300	320~350HBW	易加工,用于轴承及轴类零件的喷涂
	LFe-03	-140~300	220~240HBW	易加工,用于轴承零件的喷涂
	LFe-04	-140~300	300~350HBW	易加工,用于活塞、传动齿轮和轴的喷涂
	F314	-150~300	250	耐磨损,用于轴类零件的喷涂
	F316	-150~300	400	耐磨损,用于滚筒的喷涂

（续）

合金类型	粉末牌号	粒度/目	涂层硬度 HV	涂层性能及用途
铜基	F412	—	80	易切削，用于轴承的喷涂
	F411	—	150	
	Cu150	—	150	易加工，用于压力缸体、机床导轨及铝、铜件
	Cu180	—	180	
	Cu200	—	200	

（2）喷熔合金粉末　又称自熔合金粉末，因合金中加入了硼、硅等元素，合金自身具有熔剂作用。经喷熔处理（或重熔处理）的涂层是光滑、稀释率极低、结合强度高（具有钎焊接头特点的冶金结合）、致密、无气孔和夹渣的熔敷涂层。喷熔合金粉末主要有镍基、铁基和铜基三类，见表 43-6。

表 43-6　喷熔用合金粉末成分

类别	粉末牌号	化学成分（质量分数，%）						
		Ni	Cr	B	Cu	C	Fe	Al
镍基	Colmonoy 21	余	5	1.2	—	0.25	2.0	—
	Colmonoy 45	余	10	2.2	—	0.5	3.5	—
	Colmonoy 56	余	13	2.7	—	0.7	4.5	—
	Colmonoy 75	余	13	3.0	—	0.7	5.0	—
	Metco 43C	余	20	—	—	—	—	—
	Metcoloy 33	余	15	—	—	—	2.5	—
铁基	Metco 41C	12	17	(Si) 1.0	—	0.1	余	—
	Metco 42C	2	16	—	—	0.2	余	—
	Metco 42F	2	16	—	—	0.2	余	—
铜基	4,196,237	—	—	—	余	—	2	10
	U·S·P·	5	—	—	余	—	2	10

43.4.2　复合粉末

复合粉末按粉粒结构可分为包覆型和非包覆型。包覆型复合粉末是由一种或几种不同成分的材料作包覆外壳，连续或间断地包覆在数微米至数十微米的芯核材料的外表面。非包覆型复合粉末的单颗粉粒是由两种或两种以上不同成分的粉粒构成的，不同成分的粉粒之间没有芯核和外壳之分。复合粉的核心材料可以是金属、非金属、合金、氧化物、碳化物、氮化物、天然矿物、塑料等，可做复合粉末的金属有镍、钴、铜、铝、银、钼、铬等。

复合粉末在喷涂过程中产生一种放热反应，这样提高了熔化温度，延长了粉末的熔化时间，从而提高了粉末和基体的结合力。复合粉末材料能与许多材料形成牢固结合和自结合，使涂层与基材有较高的结合强度，涂层本身有较高的自身强度，涂层致密，具有抗氧化、耐蚀、耐热和耐热冲击以及不被熔化物质所浸润等性能。

依据复合粉末所形成的涂层性能，大体上可分为自黏结性复合粉末和工作涂层用复合粉末。

1. 自黏结性复合粉末

当粉粒在热喷涂火焰中飞行或在撞击基体金属表面的瞬间达到一定温度时，粉粒组元间发生化学反应，生成金属间化合物，并放出大量热量，对喷涂的基体材料表面和喷涂材料微粒熔滴进行充分加热，甚至实现微观上的冶金结合，提高涂层的结合强度，这种作用称自黏结效应。

（1）一步法自黏结性复合粉末　该类粉末是将自黏结性复合粉末与工作涂层用复合粉末融为一体，即它不仅在喷涂中具有放热反应的特性，且形成的涂层又具有工作涂层的性能，因此不必再喷涂黏结底层，从而大大简化了喷涂工艺。在喷涂时，不需要改变喷涂参数或更换喷嘴结构，操作简单，便于施工。一步法自黏结性复合粉末涂层具有结合强度高、致密性好、热胀系数低和冷却收缩率小等优点，能制备厚涂层。该类粉末材料有镍基、铁基、铜基、碳钢、不锈钢和其他元素组成的复合粉末等多种类型。

一步法自黏结性镍基粉末有镍包铝、镍-铬包铝（Ni-Cr/Al）等粉末，涂层具有良好的耐磨性和耐蚀性，另外，还有较好的韧性、抗气蚀等性能。一步法自黏结性铁基粉末是以低碳钢或高碳钢为芯核，周围包覆钼、铝粉末，涂层中具有铝、铬和铁等元素的氧化物，可视为涂层中的耐磨相，因此涂层具有良好的抗低应力磨粒磨损性能。一步法自黏结性铜基复合粉末是以铜为芯核，周围包覆铝粉而制成的，涂层具有良好的耐磨性，用于软轴承、活塞导柱、铜及铜合金零部件等方面的喷涂。

（2）镍-铝自黏结性复合粉末　镍-铝复合粉末的结构一般为包覆型，有镍包铝和铝包镍两种。当粉粒温度超过660℃时，铝转化为液态并与镍发生剧烈的化学反应，放出大量热。镍-铝复合粉末具有优良的自黏结性能。

镍包铝复合粉末涂层因含有 Ni_3Al 和 NiAl 的金属间化合物硬质相，所以涂层具有较高的硬度和良好的高温强度，在650℃仍能保持良好的抗氧化性和耐蚀性。铝包镍复合粉末涂层因涂层结构主要是镍和一些镍-铝固溶体，而 Ni_3Al 和 NiAl 含量较低，所以涂层硬度较低，但仍然是致密性和结合强度较高的中间涂层，并具有优良的耐蚀性，但是由于镍-铝复合粉末涂层中含有不同的金属间化合物和固溶体，所以在酸性、碱性和中性盐的电解质中易发生电化学腐蚀，从而降低了涂层的耐蚀性。

镍-铝复合粉末涂层除作为黏结底层外，也可作为工作涂层。该复合粉末可喷涂的基体材料有碳素钢、不锈钢、合金钢、铸铁、铸钢、镍铬合金、有色金属等，但通常不用于铅和钨等基体材料黏结底层的喷涂。

2. 工作涂层用复合粉末

工作涂层用的复合粉末除大部分自黏结性复合粉末外，还使用了较多的不具备自黏结性复合粉末，它虽不能直接喷涂于工件表面，但可喷涂在底层涂层上，形成牢固结合，获得工件所需的表面功能。

（1）耐磨用复合粉末　应用于耐磨损方面的热喷涂用复合粉末种类很多，其中尤以钴包碳化钨（Co/WC）应用最为广泛。此外，还有 Ni/WC、Ni/Al_2O_3、Ni-Cr/WC、Ni/Cr、Ni/P、Al_2O_3-TiO_2、Cr_2O_3-SiO_2-TiO_2、ZrO_2-Y_2O_3，以及镍基、铜基、铁基等自熔性合金粉末。由于这些粉末形成的强韧涂层中含有耐磨硬质相，所以大大增强了工件表面的抗磨损能力。

减摩润滑和可磨密封复合粉末采用具有低摩擦因数、低硬度并具有自润滑性能的多孔性软质材料颗粒做芯核材料，如石墨、二硫化钼、硅藻土、聚四氟乙烯等，包覆用金属常用Co、Ni、青铜、镍铬合金等。在不能加入润滑剂的地方应选用自润滑材料，用这类复合粉末制成的涂层多用于无油润滑或干摩擦、边界润滑以及无法保养的机械中。由于涂层很软，很容易被磨损偶件中的金属件将涂层磨削而形成可磨密封摩擦副。

（2）耐高温和隔热复合粉末　耐高温喷涂材料有金属、合金和陶瓷等，如钨和钼等高熔点金属、镍基和钴基合金、铝和锆的氧化物等。耐高温并隔热的复合粉末是由耐热金属或合金的复合粉末与氧化物陶瓷粉末复合而成，如 Al_2O_3、Al_2O_3-Ni、Al_2O_3-CrMo、Co-ZrO_2、MgO·ZrO_2-CoCrAlY 等。其中以 Y_2O_3·ZrO_2-CoCrAlY 粉末的涂层耐高温性能为最好，可作为在 1200~1400℃工作的耐高温隔热涂层。

耐高温和隔热用粉末材料通常都含有氧化物陶瓷，由于其热胀系数低，抗热振性能差，所以通常是先喷涂黏结底层粉末采用阶梯涂层，使涂层内金属含量由高到低变化，最后喷涂氧化物陶瓷复合粉末。金属包覆的空心玻璃或每个颗粒一面包覆另一面不包覆金属的空心玻璃也可作为低温隔热材料。

43.4.3　陶瓷粉末

陶瓷属高温无机材料，是氧化物、碳化物、硼化物、硅化物等的总称，硬度高，熔点高，脆性大。常用的陶瓷粉末有氧化物陶瓷粉末和碳化物陶瓷粉末。常用陶瓷粉末的性能及用途见表 43-7。

表 43-7　常用陶瓷粉末的性能及用途

类　型	牌　号	主要性能及用途
氧化铝及复合粉末	AF-251	耐磨粒磨损、冲蚀、纤维磨损，840~1650℃耐冲击、热胀、磨耗、绝缘、高温反射涂层
	P711	
	P7112	540℃以下耐磨粒磨损、硬面磨损、微动磨损、纤维磨损、气蚀、冲蚀、腐蚀磨损涂层
	P7113	
	P7114	
	P7115	
氧化锆粉末	CSZ	845℃以上耐高温、绝热、抗热振、高温粒子冲蚀，耐熔融金属及碱性炉渣侵蚀涂层
	MSZ	
	YSZ	1650℃高温热障涂层，845℃以上抗冲蚀涂层
氧化铬粉末	Cr_2O_3	540℃以下耐磨粒磨损、冲蚀、250℃抗腐蚀、纤维磨损、辐射涂层
氧化钛粉末	P7420	540℃以下耐黏着、腐蚀磨损、光电转换、红外辐射、抗静电涂层
	TiO_2·Cr_2O_3	540℃以下耐腐蚀磨损、抗静电涂层
	TZN	红外及远红外波辐射涂层
	TZN-2	
其他粉末	OS-1	超导涂层
	TiN	1000℃以下耐热、抗氧化、耐腐蚀、抗擦伤及彩色表面装饰保护涂层

（1）氧化物陶瓷粉末　它是使用最广泛的高温材料。氧化物陶瓷粉末涂层与其他耐热材料涂层相比，绝缘性能好，热导率低，高温强度高，特别适合作热屏蔽和电绝缘涂层。

（2）碳化物　包括碳化钨、碳化铬、碳化硅等，很少单独使用，往往采用钴包碳化钨或镍包碳化钨，以防止喷涂产生严重失碳现象。为保证涂层质量，须严格控制喷涂工艺参数，或在含碳的保护气氛中喷涂。碳化钨是一种超硬磨材料，由于温度和均匀度等因素，其组织及性能很难达到烧结碳化钨硬质合金的性能。碳化铬、碳化硅也可用做耐磨或耐热涂层。

43.4.4　塑料粉末

许多塑料的摩擦因数低，减摩性能和自润滑性能良好，耐蚀性优良，一般都能耐酸、碱、油、水及大气的腐蚀。若在塑料中添加硬质相，则涂层还具有耐磨性。塑料对介质损耗小，是良好的电绝缘材料。塑料的导热性能低，热胀系数大，比钢约大10倍，容易引起尺寸变化。

喷涂用塑料全部为粉末状，其粒径以80~100目为多，为便于喷涂过程中能顺利送粉，粉粒形状应为球形或近似于球形。

与其他喷涂材料相比，其突出的特性如下：

1）很小的密度。塑料的密度一般都在1~2g/cm^{3}之间，比钢铁材料小，作为涂层材料，其耗量要比金属材料节省。

2）良好的耐磨性、减摩性、自润滑性、电绝缘性、吸振性、吸声性和抗冲击性。许多工程塑料如聚甲醛、氯化聚醚、聚酰胺（尼龙）、聚四氟乙烯等，都具有较低的摩擦因数和自润滑性能，自然也就增强了其耐磨性。如加入各种填料，还可以进一步降低其摩擦因数，提高耐磨性，从而提高承载能力。几乎所有的塑料都具有优良的电绝缘性和耐电弧性，其性能与陶瓷、橡胶等绝缘材料相当。

3）良好的化学稳定性。大多数塑料对酸、碱和有机溶剂均具有良好的抗腐蚀性，特别是被称为塑料王的聚四氟乙烯塑料，除了能与熔融的碱金属钾、钠、锂以及三氟化氯、高温下的三氟化氧、高流速度的氟作用外，几乎可以抵抗所有化学介质（包括浓硝酸和王水）的腐蚀，其长期工作温度可达230~260℃。

另外，与金属材料相比，塑料也有许多不足之处。首先，其强度远不及大多数金属材料；耐热性也低，一般不超过250℃；塑料还有不同程度的吸湿性，膨胀收缩变形大；塑料的熔融温度范围不宽，一般在几十到一百多摄氏度，超过一定的温度范围就会分解或炭化。老化也是塑料的一大缺点，特别是在强紫外线和较高温度下容易老化。塑料的这些缺点，有的可以通过加入适当的添加剂以克服或改善。例如：加入某些金属粉末可提高其承载能力、导热性、耐磨性及光反射和耐老化能力；加入各种氧化物可提高其硬度、承载能力和耐磨性；加入金属硫化物可提高其自润滑性和耐磨性；加入天然矿物质可提高其自润滑性、导热性、耐热性和电绝缘性等。

喷涂用塑料粉末可分为热塑性树脂和热固性树脂。塑料粉末的种类甚多，用于热喷涂的常用粉末有尼龙、聚乙烯、环氧树脂等。常用塑料的种类与特点见表43-8。

表43-8 常用塑料的种类与特点

类别	品种	特点
热塑性塑料	聚乙烯、聚丙烯、聚氯乙烯、聚酰胺、聚甲醛、聚碳酸酯、聚乙醚、聚苯醚、聚酰亚胺、聚苯硫醚、聚对苯二甲酸乙二醇酯、氟塑料	受热后软化、熔融，冷却后再恢复，反复多次而基本结构不变
热固性塑料	酚醛塑料、氨基塑料、环氧塑料、聚邻苯二甲酸二丙烯酯塑料、有机硅塑料、聚氨酯塑料	可在常温或受热后，与固化剂起化学反应，固化成形，在加热时不可逆转。一般将树脂和固化剂粉末混合喷涂，并需要在130~170℃加热30min，以促进聚合，达到完全固化

将高温塑料粉末与镍、铜、铝合金或不锈钢粉混合，用一般火焰喷涂枪进行喷涂。由于金属粉末有高的导热性，能很快地加热到它们的熔化温度（1100~1650℃），而高温塑料粉末因热导率低，在火焰中只能表面软化。热固性树脂粉末喷涂法对所有基体如碳钢、不锈钢、铝、钢、镍、钴、钛及其合金以及陶瓷、塑料、布和木器都可以进行。此种涂层可机加

工成很光亮的表面，不仅保持了塑料原来的耐蚀性，而且还提高了塑料的强度、硬度和耐磨性。此涂层适用于发动机或泵轴密封面、气体压缩机或泵壳的耐磨涂层，如用做轴承表面时，均可以不要润滑。

43.5 粉末材料的制备方法

热喷涂粉末的制备方法多种多样。可用于制造金属、氧化物、金属基碳化物等粉末，粉末的结构因制造方法的特点不同而异，因此，需要根据粉末的用途合理选择制造方法。制造热喷涂粉末主要有以下五种方法：雾化法、烧结粉碎法、熔炼粉碎法、聚合制粉法与包覆。热喷涂粉末一般常用的方法，见表43-9。另外，在热喷涂应用中，还经常将两种或两种以上不同方法制备的粉末机械混合，以满足某些特殊的使用要求。

表 43-9 热喷涂粉末一般常用的方法

材　料	气雾化法	水雾化法	熔炼粉碎法	烧结粉碎法	聚合造粒法	包覆法
金属及其合金						
Al 及 Al 合金	○					
Cu 及 Cu 合金	○					
Mo				○		
W				○		
Ni-(Cr)-Al 系合金	○					
Ni-Cr 系合金	○	○				
Ni 基及 Co 基合金	○					
MCrAlY 合金	○					
自熔剂合金	○	○				
不锈钢	○	○				
Cr-Fe 合金			○			
氧化物系陶瓷						
氧化铝系陶瓷			○		○	
氧化铝-氧化钛系陶瓷			○		○	
氧化铬系陶瓷			○	○		
氧化锆系陶瓷			○		○	
碳化物及其金属陶瓷						
Cr_3C_2			○	○		○

制造金属及其合金粉末常用熔体气体雾化法或水雾化法，而制造氧化物、碳化物与高熔点金属等粉末常用熔炼粉碎或烧结粉碎的机械粉碎方法。另外，采用聚合造粒法可以将氧化物、碳化物微粒聚合为粒度适合于热喷涂的粗粉末，采用包覆法可以在粉末表面包覆一层其他成分的物质从而制备成复合粉。

43.5.1 雾化制粉化

熔体雾化制粉法一般是将原料熔化将其用高速雾化流体破碎而制备粉末的方法，根据雾化流体的种类分为气体雾化法和水雾化法。图43-1所示为雾化制粉的原理，将熔液体置于底部开有出液口的熔体锅内，使其通过底部的出口流出，通过环绕液体的高速流体射流破碎、经冷却凝固后即可获得粉体。然后经过分筛后，可以得到一定粒度范围的粉末。熔点在1600℃以下的金属和合金都可以采用这种方法制备粉末。同时，通过在保护气氛中熔化，采用氩气等惰性气体雾化可以制备表面无氧化膜的（如 Al、Ti、Zr、Nb、Ta 等）活性金属粉末。气体雾化法中，常用氮气或氩气作雾化气，有时可以用空气，也有使用煤油等燃料气体作雾化气的。

实际粉末制备过程中，涉及的主要影响因素有：雾化粉体冷却气体、熔体原料种类、熔体黏度、熔体过热温度、熔体表面张力、熔体高度、雾化介质种类、雾化介质压力、流量与流速、出口直径、介质雾化角度。

常用的金属与合金粉末都采用这种方法制备，如铝及铝合金、铜及铜合金、镍基合金、钴基合金、自熔合金、不锈钢粉末等。

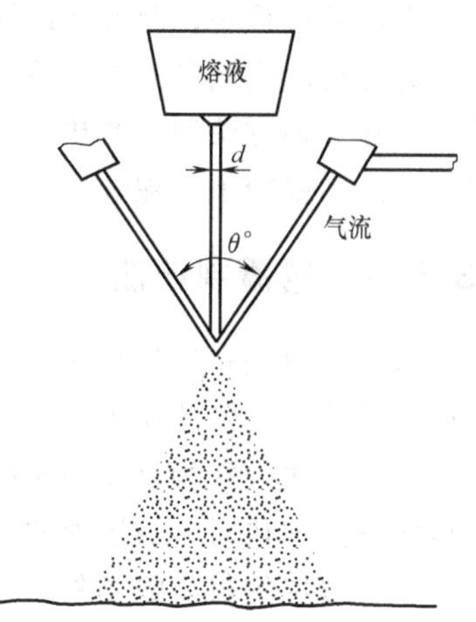

图 43-1 雾化制粉的原理

水雾化制粉使用的雾化介质为水，由于水的冷却能力比气体大得多，在雾化后形成的熔滴的表面张力产生有效作用前已经凝固，因此，较难制备成球形粉末。为此，该方法适于制备表面形状不规则的粉末。

水雾化制粉方法与气体雾化法类似，取代雾化气体而使用高压水泵加压后的高压水帘雾化熔体，随后经过脱水与干燥获得粉末。

43.5.2 烧结粉碎法

烧结粉碎法是将微细粉烧结成型后再经机械粉碎制备粉末的工艺。难熔金属钨、钼一般通过矿石湿式精炼与热分解生成其氧化物，然后再通过氢气还原制成。由此法制备的钨或钼是尺寸为亚微米至数微米的微细粉末，作为热喷涂粉末粒度太小。将这种粉末烧结粉碎后可以获得粒度适合于热喷涂用的粉末。该方法的主要特点是即使制造成铸锭后难以粉碎的材料，通过控制烧结条件可以得到容易粉碎的烧结体。另外，在制造氧化物铸锭过程中可能发生还原出现金属成分时，采用烧结粉碎法可以防止金属组分的出现。

在工业生产中，将微细粉末原料按一定要求配料混合、加压成型后，用电炉烧结。氧化物粉末直接在大气中烧结，而生产金属与碳化物等粉末时需要在氢气还原气氛或真空中进行。该方法制备的粉末由粒度细小的一次粉体烧结后的粉体构成。烧结粉碎法制备的粉末形状与熔炼粉碎法制备的粉体类似，呈现多角形或块状形貌。

该方法制造的热喷涂粉末主要有钨粉、钼粉等难熔金属粉末，钴基碳化物系金属陶瓷粉末，也可用于制造不含金属铬的氧化铬系陶瓷粉末。

43.5.3 熔炼粉碎法

熔炼粉碎法是通过将原料熔化后制成铸锭，然后通过机械破碎而获得粉末的方法，大多数氧化物与碳化物因熔点高，不可能采用雾化法制粉，而这些材料脆性大、容易被破碎，因此，常采用熔炼粉碎法制备这些材料的粉末。该方法的特点是即使是像尖晶石结构的陶瓷、部分稳定化氧化锆等多组分氧化物，经过再次熔化后也可以获得成分均匀无偏析的粉末。生产中常用电弧炉熔炼原料，冷却凝固形成的铸锭用锤击破碎，再通过粗粉碎机、中粉碎机、微粉碎机逐步粉碎细化。然后采用分筛机、湿式分级机、风力分筛机分筛为一定的粒度范围。在粉碎过程中，会混入以铁为主要成分的杂质，一般通过磁选机或化学处理方法去除。

熔炼粉碎法制备的粉末成分均匀、致密，其形状呈现粉碎粉体特有的多角形或块状形貌。采用这种方法制备的热喷涂粉末包括大部分氧化物系陶瓷粉末、碳化铬粉末、钴基碳化钨系金属陶瓷粉末、铌等。

43.5.4 包覆制粉法

包覆制粉法是通过化学、电化学或机械方法在金属或非金属颗粒表面包覆其他金属或非金属的方法，制备的粉末称为复合粉末，制备热喷涂包覆复合粉末常用的方法有加氢还原法与机械融合法。在加氢还原法中，将所要包覆的材料加入镍盐水溶液中制备成悬浊液，注入高压氢气并加热时，被还原的镍将在颗粒表面析出形成包覆层。该方法可被包覆的材料多，可形成包覆层的材料除镍外，还有铜、钴、钼等金属单体或镍铬合金。

在机械融合法中，将颗粒尺寸较大的粉末与其他种类的微粉混合后，通过较强的机械研磨，在摩擦力与压缩力的反复作用下，微粉将凝聚在大颗粒粉末的表面形成包覆层。无论是金属或是陶瓷材料，大部分材料都既可以形成包覆层也可以被包覆。

43.5.5 聚合制粉法

聚合制粉法是采用有机胶黏剂将微细原料粉末制备成料浆，通过造粒装置将微细粉末聚合在一起构成粒度适合于热喷涂的粉末。大多数碳化物、氧化物都以微细粉末的形式制成，作为热喷涂粉末太细、难以直接使用。采用该方法可以将这些微细粉末聚合成适合于热喷涂用的粒度尺寸，且粉末呈球形，流动性好。

雾化干燥制粉原理如图 43-2 所示。在原料微细粉末中加入适当的有机胶黏剂，在溶剂中搅拌混合制成料浆。料浆送入雾化干燥塔中雾化后形成球形雾滴，在干燥塔内被高温气体对流加热下落的过程中，溶剂蒸发固化后形成球形颗粒，落到干燥塔的底部。粉末经分筛后获得一定粒度范围的成品。

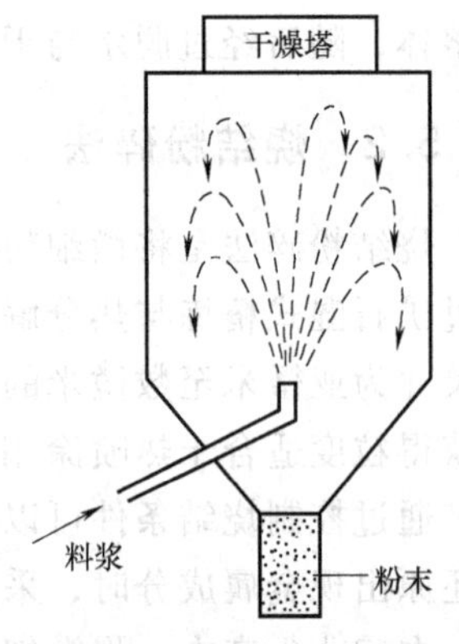

图 43-2 雾化干燥制粉原理

第 44 章

热喷涂安全与防护

做好热喷涂的安全与防护工作，关系到操作人员的人身安全、身体健康以及喷涂设备的使用寿命。热喷涂技术生产过程中不可避免地涉及高温火焰、高温电弧、紫外线辐射、噪声、金属和非金属粉尘、易燃气体、有害气体等因素，在小环境范围内涉及环境污染和人身安全健康。热喷涂技术包括的工艺方法很多，所涉及的安全技术和劳动保护问题也是多方面的，例如：电器设备、氧和乙炔系统、喷砂工作、压缩空气系统、防金属粉尘、防光辐射、防噪声、防高频电场、防放射性、防爆、防火以及防毒等。普通的安全技术和劳动保护可参照有关规定办理。热喷涂安全生产和劳动保护对热喷涂技术在国民经济各工业部门的推广应用十分重要，涉及热喷涂整个过程中设备、材料和工艺的正确使用，以及对工艺操作中各种有害物质侵害身体的必要保护。

44.1 热喷涂的危害因素

喷涂材料涉及范围广，有的材料本身虽无毒，但在高温焰流中喷涂，如温度控制不当，材料发生升华或分解，可能变成毒性材料；有的材料产生的烟雾可能危害人体健康；而与氧亲和力强的元素粉尘，在适当的温度下，会在空气中发生氧化反应甚至爆炸。将喷涂材料按其危害程度分为八类，并用符号表示如下：A 有毒；B 可能有毒；C 有放射性；D 产生高温和（或）可能起火、爆炸；E 无毒，有粉尘危害；F 可能对皮肤有影响；G 尚不了解；H 有硅肺病危害。热喷涂材料的危害性见表 44-1。

表 44-1 热喷涂材料的危害性

材料	危害程度	材料	危害程度
镍基自熔性合金	E	钛(Ti)	D
镍(Ni)	E、F	锆(Zr)	D
镍基自熔合金+碳化钨	E	钽(Ta)	E
钴基自熔性合金	E	铌(Nb)	G
钴(Co)	E	硼(B)	B
钴+碳化钨	E	硅(Si)	D
铁基自熔性合金	E	镍包铝(Ni/Al)	E
高铬不锈钢	E	镍包铝+氧化铝	E
锡基巴氏合金	E	镍包铝+氧化锆	E
钨(W)	E	氧化铝(Al_2O_3)	E
钼(Mo)	E	氧化铝+氧化钛	E
铬(Cr)	B、F	氧化铝+氧化铬	B

（续）

材　　料	危害程度	材　　料	危害程度
氧化锆(ZrO_2)	E	氧化铈(CeO_2)	E
氧化钙稳定氧化锆	E	稀土氧化物	E
氧化镁稳定氧化锆	E	氧化铀(UO_2)	C
氧化钇稳定氧化锆	G	氧化镍(NiO)	F
硅酸锆($ZrO_2 \cdot SiO_2$)	E	碳化钨(WC)	E
玻璃	H	碳化钛(TiC)	E
氧化硅(SiO_2)	H	碳化铬(Cr_2C_3)	E、F
奥氏体不锈钢	E	碳化锆(ZrC)	E
铜(Cu)	A(烟雾有毒)E	碳化铌(NbC)	G
锌黄铜	B(烟雾)E	碳化钒(VC)	E
铝黄铜	E	碳化钽(TaC)	E
铝(Al)	D、E	氮化硅(Si_3N_4)	E
锌(Zn)	A(烟雾有毒)E	氮化钛(TiN)	E
铅(Pb)	A	硼化铬(CrB)	B
锡(Sn)	E	硼化钛(TiB)	B
氧化铬(Cr_2O_3)	A、F	二硅化钼($MoSi_2$)	E
氧化钛(TiO_2)	E	二硅化三铬(Cr_3Si_2)	B
钛酸钡($BaO \cdot TiO_2$)	E	聚四氟乙烯(PTFE)	A(蒸气剧毒)E
氧化钇(Y_2O_3)	G		

停止喷涂后，在空气中暴露8h，每立方米空气中允许的有害金属及化合物的安全极限见表44-2。

表44-2　空气中有害金属及化合物安全极限

有害材料	铍(Be)	铅尘(Pb)	镉(Cd)	锰尘	铬尘(CrO_3)	氧化锌(ZnO)	石英粉尘(SiO_2)	无毒灰尘
空气中允许浓度/(mg/m^3)	0.002	0.05	0.1	0.2	0.1	5	2	10

44.1.1　概述

热喷涂技术中各工种可能遇到的有害因素见表44-3。热喷涂技术中产生有害因素的最高允许值见表44-4。

表44-3　热喷涂工种及其有害因素

工序类别	工　　种	有害因素
喷前预处理	除锈、去油、酸洗	异种气体、粉尘
	喷砂	粉尘、噪声
	镍拉毛	放电火花闪耀、刺激眼睛
热喷涂	等离子弧粉末堆焊	弧光强辐射、臭氧噪声、氮氧化物、金属粉尘及其氧化物、高频电磁场、放射性(钍钨极)
	等离子弧喷涂	
	氧-乙炔火焰粉末喷涂、线材喷涂	金属粉尘、热辐射、紫外线、红外线
粉末制造	合金粉末生产	高频、热辐射、有害气体、金属氧化物
	粉末筛粉	粉尘
	粉末包装	

表 44-4 有害因素的最高允许值

铝粉尘 /(mg/m³)	臭氧 /(mg/m³)	氮氧化物 /(mg/m³)	高频电场强度 /(V/m)	噪声 /dB	放射性气溶胶 /(×10^{16}Ci/L)
2	0.2	5	20	75~85	2

注：1. 臭氧和高频电场为参考标准。

2. 1Ci=37GBq（Ci 即居里，Bq 即贝可）。

44.1.2 易燃爆危险气体

1. 丙烷（C_3H_8）

常温常压下为无色可燃性气体，燃烧温度为 468℃，当空气中体积分数含量达 2.1%~9.5%时，易产生自爆。

2. 丙烯（C_3H_6）

常温常压下为无色可燃性气体，具有烃类特有的臭味，沸点为 47.7℃，凝固点为 185.25℃，液体密度（在沸点时）为 0.5139g/cm³。常压下 15.65℃时气体密度为 1.776×10^{-3}g/cm³，自燃点为 91.89℃，可溶于乙醇和乙醚，微溶于水。

丙烯对皮肤黏膜刺激性很小，高浓度的丙烯有麻醉作用，有窒息性。对心血管毒性比乙烯强，可引起心室性早搏、血压降低和心力衰竭。皮肤黏膜接触液态丙烯会引起冻伤，应立即用清水冲洗，冲洗时间不少于 15min，用质量分数为 1%的柯卡因或 2%的普鲁卡因点眼止痛。为防止中毒，设备管路必须严密，防止泄漏，操作现场要通风，空气中最大允许浓度为 0.1%。

3. 乙炔（C_2H_2）

乙炔是氧-乙炔火焰喷涂、喷焊和爆炸喷涂技术中最常用的可燃性气体。乙炔的是不饱和碳氢化合物，在常温常压下是一种无色气体。工业用乙炔含有硫化氢及磷化氢等杂质，故有特殊的臭味。

乙炔的主要性能有：在标准状态下，乙炔的密度为 1.17g/cm³，比空气略轻；乙炔的自燃点为 480℃，空气中着火点为 428℃；它与空气混合燃烧的火焰温度为 2350℃，与氧气混合燃烧的火焰温度为 3110~3300℃；乙炔燃烧火焰在空气中传播的最高速度为 2.37m/s，在氧气中燃烧传播的最高速度为 13.5m/s。

纯乙炔的分解爆炸取决于乙炔的压力和温度，同时与接触的介质、乙炔中的杂质等有关。当温度超过 400℃时，乙炔分子开始聚合，形成更为复杂的化合物，同时放出热量。放出的热量反过来促进聚合作用的加强和加速，当温度高于 500℃时，已聚合的乙炔就发生爆炸分解，并放出它在生成时所吸收的全部热量。乙炔的分解生成物是细颗粒固体碳和氢气。如果这种分解在密闭容器内进行，则由于温度的升高，压力急剧增大为 10~13 倍而产生爆炸。乙炔与空气或氧气混合时，极易引起爆炸。乙炔与空气混合气的自燃温度为 305℃，在这一温度时，就是在大气条件下也能发生爆炸；乙炔与氧气的混合气有很宽的爆炸范围。

含有体积分数为 7%~13%乙炔的乙炔-空气混合气和含体积分数为 30%乙炔的乙炔-氧气混合气，爆炸波的传播速度可达 300m/s，这时爆炸压力能超过 350atm（1atm=101.325kPa），个别情况下能达到 600atm。

44.1.3 有害气体及粉尘的防护

(1) 安装封闭式防护通风罩并隔离操作　这样可以有效地隔离有害因素与人体的接触。这不仅对有害物质有最好的防护效果而且对所有的有害因素都能起到防护作用。工作过程中，产生的有害因素可最大限度地控制在密封罩内，同时用抽风机经过过滤器、分离器处理，接通管道连续不断地将有害物质排除掉，这种排除也符合环保的要求。

针对不同要求和具体条件，封闭式防护通风罩又可分为两种。

1) 全封闭式防护通风罩。将工件和整个工作机构封闭在防护罩内，等于是一个封闭的工作室。控制系统等均在工作室外隔离操作。全封闭形式的防护效果最好。无论是局部或整体的，罩内空气要有一定的流速，既不影响射流正常稳定的工作状态，又使有害物质能有效地抽走。罩口的抽风速度应达到 2~3m/s。防护罩的大小、形状和结构依工件形状、大小、设备情况及操作要求等具体情况而定。为了防止在长时间工作后罩体过热，罩板和热源要有一定的距离。罩体一般用金属板做外壳，内衬石棉板或红纸板等绝热材料。排气孔置于罩体上方或侧面，不要直对电弧，以免影响电弧的稳定燃烧。

虽然全封闭式防护通风罩较好，但增加了被封入罩内设备接触粉尘的概率，容易损坏设备的精度，特别是传动部分，应采取有效的防护措施。

2) 局部封闭式防护通风罩。将工件和热源（如等离子弧等）封闭在防护通风罩内，即将工作点罩住，然后把有害物质排除掉。抽风罩处的抽气速度以 1m/s 左右较为适宜。

(2) 通风及除尘系统　通风是消除喷涂有害物质和改善劳动条件的有力措施，为操作人员创造良好的作业环境。热喷涂操作的地方一般都是在整个厂房内的局部地区，应使用局部抽风装置对喷涂区域进行抽风。通风系统中必须有除尘和气体过滤装置，防止对环境的污染。

当喷涂机械零件时，如果在机床上进行喷涂操作，吸尘罩最好能装在托架的后面，以便使它能与喷枪一起运动，将喷涂时产生的粉尘和烟雾抽吸到除尘过滤装置中，进入罩子的空气流速为 45~120m/s。喷涂毒性材料时，空气流速应达到 120m/min。

(3) 实行机械化及自动化操作　这样可使操作者远距离控制，尤其是定型产品，当热喷涂的工艺方法确定后，就可用专用设备进行机械化、自动化生产，操作者可以远距离监视和控制。有条件时，配有工业电视进行监视，更为理想。

(4) 现场工作人员应戴防尘口罩　最好是滤膜防尘口罩或使用连续气流通道式呼吸器，它由一个标准的连续气流通道呼吸器、护面罩或头盔和防尘罩组成。加强对头和脖子的保护，在护面具端部，呼吸器的最大进气量是 6.6m^3/h，进入头盔或防尘罩中的空气量是 10m^3/h。鼓送新鲜空气比压缩空气作为呼吸源要好。

(5) 定期取样化验空气　在远离喷涂点无呼吸道防护设备之处，应定期取样化验空气，在喷涂区已停止喷涂，并且呼吸道防护设备已拆去后，也应对空气进行取样化验。有害金属的浓度安全极限为：铅 0.15mg/m^3，镉 0.10mg/m^3，铬和铬酸盐 0.10mg/m^3（测量 CrO_3），O_3为 0.10×10^{-4}%，NO_2为 5×10^{-4}%。

44.1.4 有毒性物质

所有喷涂材料的微细颗粒都会损坏呼吸系统，所以对于喷涂操作者的劳动防护必须小心，应随着喷涂材料的不同而有所变化。有许多物质是有毒的，因此要求喷涂者在操作过程中要格外小心。

1. 溶剂

经等离子喷涂和电弧喷涂的电弧辐射，会迅速使氯化烃溶剂的蒸气分解成不卫生的和有毒的气体。如三氯乙烯、全氧乙烯等溶剂经弧光照射即使电弧在较远的距离也会迅速分解产生光气。这个问题可用缓慢地从溶剂清理槽中提出零件的办法来减弱。应该特别注意：在喷涂涂层前蒸气脱脂的，要待溶剂全部从零件上去除干净以后，再进行喷涂。

零件凹坑处和缝隙中应该尽量避免溶剂的液膜和液滴。在喷涂区，不能存在溶剂的蒸气。由等离子和电弧喷涂的电弧产生的紫外线辐射在空气中会产生臭氧，产生臭氧的浓度在受限制的空间内往往会超过最大允许浓度数值。

2. 镉

镉是有剧毒危害的物质，在喷涂时，要使用呼吸防护设备，如防烟雾呼吸保护器。

3. 铍

铍和它的化合物都是剧毒材料，并有潜在的危害。在室内、室外或在受限制的空间内，热喷涂包括含有铍的合金时，只有在足够强的局部抽风和管道呼吸防护装置的条件下，才能进行喷涂。在大多数有害的条件下，只有经过气体分析，证明操作者是暴露在允许的浓度范围内，才能例外。

避风系统的排气应用安全的方法处理，并且直接通向指定的区域。在所有的情况下，直接接触热喷涂操作的工作人员都必须使用局部抽风或管道呼吸防护用品来进行防护。

在使用铍的过程中，最好要请教专家的意见。

4. 铅、铅合金、钴、铬和碲

当对这类材料进行吹砂和喷涂时，主要的危害是摄取或收入这些物质以及对烟雾、微尘和蒸气的吸收。

铅、铅合金（如焊料和铅基巴比特合金）、铬合金（如不锈钢、镍-铬和氧化铬）及其它们的烟雾和微尘都是有毒和有潜在危害的。当喷涂这类金属和其他有剧毒的材料时，无论在什么地方，当烟雾和微尘的浓度超过门槛权限值时，都应该提供呼吸防护器和足够的通风装置。

44.1.5 噪声及弧光

1. 噪声

各种不同频率和强度的声振动，毫无规律地、机械地混合在一起，就成为噪声。噪声对人体的危害取决于噪声的强度、频率和作用的时间。热喷涂过程中，等离子喷涂、高速燃气喷涂所产生的噪声最大。等离子喷涂所产生的噪声可达 120dB，高速燃气喷涂所产生的噪声可达 130dB。

噪声是让人讨厌的声音，极强的噪声对人体有很多影响。主要表现为：①给人体听觉器官带来耳鸣、听力偏移下降不敏感、耳聋等症状；②使人产生神经过敏，带来情绪不安、烦恼、失眠、头痛等症状；③使人体心跳加快、心律不齐、高血压、胃功能紊乱、食欲不振等症状。热喷涂典型设备的噪声等级和允许噪声持续时间分别见表 44-5 和表 44-6。

表 44-5 热喷涂典型设备的噪声等级

热喷涂设备	喷涂条件	噪声等级/dB
电弧喷涂	喷涂钢丝 24V/200-32V/500A	111~116
粉末火焰喷涂(含高速)	氧-乙炔、氧-丙烯(丙烷)	89~130
丝(棒)材火焰喷涂	乙炔、丙烷	114~125
等离子喷涂	N_2/Ar-1000A、N_2-600A	128~134
爆炸喷涂	—	120~130
喷砂设备	—	80~90

表 44-6 允许噪声持续时间

噪声等级/dB	允许持续时间/(h/d)	噪声等级/dB	允许持续时间/(h/d)
90	8	102	1.5
92	6	105	1
95	4		
97	3	110	0.5
100	2	115	≤0.25

2. 弧光

等离子电弧温度高、热量集中。等离子弧是一个强烈的光辐射源，它可以透过一般布料而使皮肤产生灼伤。弧光辐射包括红外线辐射、紫外线辐射和可见光辐射。氩弧焊时的红外线强度、紫外线强度分别为普通电焊时的 1.5~2 倍和 5~30 倍，等离子弧的红外线强度大大强于氩弧焊，而紫外线强度达到氩弧焊的 33~50 倍之多。等离子弧压缩越大，电弧功率越大，弧光越强烈。

等离子弧光对人体的危害主要表现为对眼睛视网膜和皮肤的灼伤。紫外线的危害是由于化学作用而引起的，眼睛受到紫外线的辐射后，会立即出现剧烈的刺痒、疼痛、有砂粒感、结膜充血、肿胀流泪、视力不清等症状。长时间会引起白内障甚至失明。

弧光辐射能引起人体皮肤组织内的热作用、光化学作用或电离作用，致使皮肤组织发生急性或慢性病症。紫外线对皮肤作用后，引起皮炎，如发红、红斑、水疱、浮肿、脱皮等症状。

44.1.6 防火防爆

1. 回火爆炸

所谓回火就是喷涂时的火焰从喷嘴向喷枪内部直到乙炔管倒燃的现象。氧乙炔火焰喷涂与氧乙炔火焰焊接一样，也存在回火的问题。而且当喷涂空心工件时，工件上必须开通气孔。否则当工作喷涂加热时，内腔气体膨胀，其压强大于工件材质的强度时，会引起爆炸。特别是喷涂、喷焊薄壁空心件时，更应注意开通气孔。

以 SQP-1 型线材火焰喷枪为例，点火时将喷枪开关开启，乙炔聚集在喷嘴外圈，并单独通过混合室由喷嘴喷出，但压力、流速很低。当点火后开关处于全开位置时，氧气即从喷嘴快速射出，使乙炔管口形成负压，将乙炔吸出。氧气与乙炔按一定的比例（一般为 1∶1.25）经混合室混合后，从喷嘴喷出，使它成为熔化喷涂材料的热源。如果混合气体喷射速度小于混合气体燃烧速度，即喷射速度缓慢而燃烧速度较快时，势必使火焰倒向喷枪和胶管内而产生回火。当喷枪内混合气路部件的密封处密封不严时，也是产生回火的原因之一。由于操作上的原因，如空气供应不足、喷嘴过热、混合气体受热膨胀使内部压力增高、增大混合气体的流动阻力、喷嘴被熔化金属或固体碳微粒堵塞使混合气体难以流出等，也会造成回火。产生回火后如果处理不当，会造成燃爆危险。

2. 乙炔燃爆

在氧乙炔焰喷涂中，使用的气体是氧和乙炔，使用不当容易引起爆炸。当压缩状态的气态氧与油脂等易燃物接触时，会发生强烈的燃烧和爆炸。所以工作中接触氧气的用具不得沾染油脂。当乙炔压力为0.15MPa，气温达到500~600℃时会自行爆炸。乙炔的含量（按体积分数计算）在2.2%~81%范围内与空气形成混合气体，以及乙炔的含量（按体积分数计算）在2.8%~93%范围内与氧气形成的混合气体遇火会立刻爆炸。因此，刚装入电石的乙炔发生器，应首先将混有空气的乙炔排除方可使用。拆卸电石篮时，应特别注意避免明火，并应严防氧气倒流入乙炔发生器中。

乙炔与铜或银长期接触后，会生成乙炔铜（Cu_2C_2）和乙炔银（Ag_2C_2），它们受到剧烈振动或者加热到110~120℃时也会爆炸。所以，凡与乙炔接触的器具禁止用银或纯铜制造，只准用含铜质量分数小于70%的铜合金制造。

乙炔和氯、次氧酸盐等化合会发生燃烧和爆炸，所以禁止用四氯化碳扑灭乙炔火焰。

3. 金属粉尘燃爆

在喷涂铝、镁和某些特殊的金属涂层时，当涂层的操作空间内所含的这些金属的粉尘聚集到一定的程度时，将发生反应引起爆炸。

44.1.7　灼伤及触电

热喷涂操作均要涉及火焰，要避免安全操作间发生火焰对人体灼伤危险。对于喷焊，工件处于被加热状态，未冷却之前触摸将有灼伤危险。

等离子喷涂、电弧喷涂以及其他电器辅助装置、高频引弧装置，特别是高能、高速等离子喷涂工作电压高，不遵守操作和维修规程，或不设置安全装置，有触电的隐患。

44.1.8　放射性的产生、危害及防护

1. 放射性的产生及危害

热喷涂中，目前少数设备的喷枪采用钍-钨棒作电极。钍-钨棒含质量分数为1%~1.2%的氧化钍，这是产生放射性因素的根源。钍是一种天然放射物质，半衰期是1.39×10^{10}年，衰变过程中释放出三种射线α、β、γ，其中α射线占90%，β射线占9%，γ射线占1%。

钍对人体的影响分为外照射和内照射。在等离子弧粉末堆焊过程中使用钍-钨棒作电极时，有放射性气溶胶存在，剂量不高，离开钍-钨极10~20cm的距离时，纸和织物可将α粒子全部吸收。钍的放射性依靠贯穿所引起的照射作用极微，可不用考虑，见表44-7。但要严格重视钍粉尘进入体内后，所造成的内照射是长期危害人体的。例如打磨钍-钨电极尖端时，作业现场空气中α射线气溶胶浓度测定结果见表44-8。其平均值大大超过最大允许浓度，因此必须采用有效的防护措施，以避免造成内照射。

表44-7　α射线气溶胶浓度测定结果　（单位：10^{-5}Ci/L）

工艺方法	电极材料	样品数/个	范围	平均	国家规定最大允许浓度
等离子弧粉末堆焊	钍极	12	本底4.6	1.01	2
	铈极	2	本底	本底	本底

注：1Ci=37GBq（Ci即居里，Bq即贝可）。

表 44-8　磨尖电极时，空气中 α 射线气溶胶浓度　（单位：10^{-5}Ci/L）

电极种类	样品数/个	范围	均值
钍电极	4	0.66~15.5	7.38
铈电极	2	本底 1.26	0.63
钇-铈电极	2	本底 0.23	0.12

注：1Ci=37GBq（Ci 即居里，Bq 即贝可）。

2. 防护措施

热喷涂中放射性的防护重点是钍，主要从含有放射性电极的保管、加工、粉尘后处理及个人防护几个方面采取措施。

1）不用钍-钨电极，而改用铈-钨电极或钇-钨电极是最好的防护方法，因为钍放射性最严重。

2）打磨加工钍-钨棒时，应注意：①个人防护应戴口罩、手套和穿工作服、工作鞋等，并经常清洗，不能同其他生活物品混放，每次工作后，必须用流动水和肥皂清洗手和脸部；②打磨砂轮必须安装抽风机、排尘、过滤、分离处理等设备，经常进行湿式清扫，妥善处理粉尘，例如进行深埋等。

钍-钨棒必须集中管理，专门保管，应用铅筒或厚壁铁料制的容器储存，应有专门的存放处。

44.1.9　高频电场的产生、危害及防护

1. 高频电场的产生及危害

在热喷涂工作中，当用高频电引燃电弧或用高频电进行稳弧的工艺中都会产生高频电场。

高频电引燃电弧时，高频电场只在引燃电弧的瞬间存在，且功率小，对人体影响较小。强度若超过 110V/m，又是长期工作，则其危害较为显著。

高频电场对人体的作用是致热作用，并有可能引起中枢神经系统的某些机能障碍。轻度影响会发生周身不适、头疼、疲劳、记忆力减退等症状，个别人有脱发现象，严重者血压下降、白细胞不正常等。

国家规定高频电场强度最高允许值为 20V/m，而在 KZ-4 振荡器和焊炬附近或喷嘴周围近处，其电场强度可达到 13~38V/m，故在使用高频振荡时，一定要安装屏蔽装置。

2. 防护措施

高频发生器应安装屏蔽装置，提高设备的引弧能力，缩短引弧时间。

1）提高和保证喷枪的加工精度，以便减少使用高频火花检查电极对中的次数和时间。

2）火花间隙和钨极内缩短距离应调整在要求的范围内，尽可能减少使用高频的时间。

3）必须做到引弧后能立即切断高频电路。

4）要实现微弱高频火花瞬间引弧的方法。

44.2　安全防护与环境保护

44.2.1　通风除尘

喷涂工作间、喷砂工作间和控制操作室，采用封闭、隔离、屏蔽，强制通风除尘，通风

除尘对粉尘进行气体过滤、沉降，保证工作间小环境清洁，同时满足大气环境污染物排放标准。常用喷涂、喷砂工作间和典型通风除尘收集器。

采用强制通风系统，可有效地控制、降低有毒烟雾、气体、金属和非金属粉尘对人体的危害，减少燃爆的可能。

对于手工操作的环境，必须采用局部强制通风。通风系统的流量视喷涂工作间的大小而定，保证空气的洁净，能用于呼吸的新鲜空气置换。选用通风机的容量，应该满足喷涂工作间或喷砂工作间的空气每 10min 必须置换一次，其最小流量必须≥1500m^3/h。

经过通风机排出的混合气体，必须经除尘设备收集器处理，特别注意 Al、Mg 等活泼金属微尘有爆炸的危险，所以最合适的是采用湿式收集器。但这两种金属在水中会产生氢气，该设计要能防止氢气的堆积，保持经常清理，尽量减少残留物质。所有通风机、管路、粉尘沉降器和电动机都必须接地，接地的管路不能用来输送燃气和氧气。

44.2.2　噪声和弧光的防护

1. 噪声防护

噪声是不必的、有妨碍的声音，能延迟人的反应时间，并导致紧张、听力下降以及不安。在一定强度的噪声下一定的时间将导致生理疾病。超声速火焰喷涂、爆炸喷涂、超声速等离子喷涂是热喷涂技术中噪声最厉害的几种工艺方法，声强可高达 120dB 以上，其设备的操作人员工作时一定要采取相应的听力防护措施。

1）最为理想的防护措施是采用隔声室和机械化、自动化的隔离操作。尤其在使用大功率等离子喷涂时，更应如此。

2）采用机械化、自动化作业，实现隔离控制。

3）应当为靠近热喷涂操作场所的人员采取噪声防护措施，以使噪声水平降至允许的可承受的噪声水平。

按照国家的职业安全与健康条例来限制操作人员在噪声下的暴露时间。噪声不厉害时，可戴隔音耳罩或在耳内塞棉花，能降低噪声 10~20dB。

2. 弧光防护

喷涂工作间的窗口设有遮光玻璃镜片，以屏蔽紫外线，也可安置摄像头，采用电视屏幕监控。

44.2.3　环境保护

虽然热喷涂工作环境比较恶劣，应加强操作者自身的安全防护。但由于整个喷涂过程所产生的有害物主要是粉尘、烟雾、噪声和强光污染，若建立完整的屏蔽系统，完全可达到环境友好的效果。目前国内外该行业的专家学者正积极进行“采用热喷涂技术取代镀铬技术”的理论探讨和技术实践，在保证涂层性能不变和环境保护上均取得很大的进展。

热喷涂和预处理喷砂场地均应采用完全屏蔽的操作室进行工作，同时在屏蔽的操作室中建立通风除尘、隔声降噪及挡弧遮光设施。喷涂喷砂操作室的通风除尘均需专业化设计，根据喷涂喷砂要求采用局部抽风、移动式吸尘罩未达到最大除尘效果，抽出的粉尘和烟雾必须进行有效的沉降和过滤，从而达到环境保护要求。喷涂喷砂除尘过滤设施主要有旋风分离、布袋反吹和淋涂等除尘器，根据设计要求选用，尤其是淋涂式除尘器对有毒烟雾的收集过滤效果甚佳。对通风除尘设施应定时进行清理和保养，确保除尘效果，防止环境污染。

随着先进的热喷涂设备向高能高速方向发展的趋势，噪声和光辐射污染在人口稠密地域是不可忽视的污染因素，如等离子喷涂、超声速喷涂和燃气爆炸喷涂噪声为100~160dB，喷涂操作室要求采用吸声材料（如多孔纤维板内衬玻璃纤维、泡沫铝板等）内衬墙壁，爆炸喷涂的操作室还需采用600mm厚的空心夹墙结构和夹层防爆门进行密闭，使室外噪声降低到60dB以下。喷涂操作室的观察窗应用双层滤光有色玻璃，等离子喷焊机械装置上应有保护罩和遮弧挡板。

44.3 安全操作

44.3.1 气体的安全使用

1. 氧气瓶的使用

氧气瓶是高压容器，因此在使用时必须要严格遵守以下几点：

1）室内或室外使用氧气瓶时，必须将氧气瓶妥善安放，以防倾倒，特别在室外使用时，氧气瓶必须安放在凉棚内，以避免太阳光的强烈照射。

2）氧气瓶严禁沾染油脂，也不允许用带有油脂的手套去搬运氧气瓶，以免发生事故。

3）氧气瓶一般应该直立放置，只在个别情况下才允许卧置，但此时应该把瓶稍微搁高一些。

4）取瓶帽时，只能用手或扳手旋取，禁止用铁锤及铁器敲击。

5）使用氧气瓶时，不应该将氧气瓶的氧气全部用完，最后至少要剩下0.05MPa的氧气。

6）氧气瓶在运送时，应该避免互相碰撞，不能与可燃气体、油料以及其他任何可燃物放在一起运输，在厂内运输时可应用专用小车并固定牢靠，不能把氧气瓶放在地上滚动运输，以免发生事故。

7）冬季使用氧气瓶时，如果氧气冻结，应该用浸了热水的棉布盖上使其解冻，严禁采用明火直接加热。

2. 乙炔瓶的使用

乙炔瓶内的最高乙炔压力是1.5MPa。由于乙炔是易燃、易爆的危险气体，所以在使用时必须谨慎。除了必须遵守氧气瓶的使用要求外，还应严格遵守下列要求：

1）乙炔瓶在工作时应直立放置，因卧放时会使丙酮随乙炔流出，甚至会通过减压器而流入乙炔橡皮管和焊割炬内，这是非常危险的。

2）乙炔瓶表面的温度不应超过30~40℃，因为乙炔瓶温度过高，会降低丙酮对乙炔的溶解度，而使瓶内的乙炔压力急剧增高。

3）乙炔瓶不应遭受剧烈的振动和撞击，以免瓶内的多孔性填料下沉而形成空洞，影响乙炔的储存。

4）使用乙炔瓶时，不能将瓶内的乙炔全部用完，最后应剩下0.1MPa，并将气瓶阀关紧，防止漏气。

5）乙炔减压器与乙炔瓶的瓶阀连接必须可靠，严禁在漏气的情况下使用，否则，会形成乙炔与空气的混合气体，一触及明火就会造成爆炸事故。

3. **乙炔发生器的使用**

使用乙炔发生器应注意以下几点：

1）在露天使用乙炔发生器时，夏季应防日光曝晒，冬季应防止冻结，当乙炔发生冻结时，应当用热水或蒸汽解冻，严禁用火烤。

2）使用乙炔发生器时，桶内的水温不得超过80℃，如果超过，可用冷水淋涂发生器使其冷却降温后继续使用。

3）固定式乙炔发生器应装在专门的乙炔站内，站内应禁止一切烟火，为防止发生器产生静电火花引起爆炸，固定式乙炔发生器应具有可靠的接地线，固定式发生器和乙炔站的其他安全事项应参照有关规定执行。

4）移动式乙炔发生器距离明火作业及喷涂工作场所不得少于10m，乙炔发生器附近禁止吸烟，以免发生爆炸，乙炔发生器不得放在高压线的下面。

5）乙炔发生器内的电石渣不能存积过多，应每天清除其中的电石渣和污水，电石一次加入量不能超过发生器规定的限量，不能将电石灰加入发生器内。

6）清除电石渣时，可用清水冲洗，如果电石渣堵塞出口处，禁止用金属棒去捅，以免产生火星。

7）定期检查发生器的安全阀，如有失灵，要及时修理或更换。

8）检修乙炔发生器过程中，如需要焊接修补时，必须用清水冲洗三四次，并拆下回火保险器、储气桶，打开所有阀门后再进行焊接。

9）经常检查乙炔发生器和回火保险器内的水位，必须保持安全水位，乙炔压力表、测量水温的温度表要定期鉴定，如不合格，要及时更换。

10）在放置乙炔发生器的现场，应用大字注明“防火”“禁止吸烟”等字样。

乙炔发生器与其他厂房应有一定的距离（不少于10m），发生器屋顶要轻，门窗要向外开，通风宜良好，电器照明设备和开关需采用防爆型或者装在室外，仅使光线从窗外射入。

4. **回火保险器的使用**

回火保险器是乙炔瓶和乙炔发生器必不可少的一种重要安全装置，它可以按下列基本特征分类，见表44-9。

表44-9　回火保险器的基本特征分类

基本特征	分　类	基本特征	分　类
工作压力/MPa	低压式(0.007)	构造原理	开启式
	中压式(0.007~0.15)		闭合式
工作原理	水封式	装置的位置	集中式
	干式		岗位式

目前国内常用的有低压开启式和中压闭合式水封回火保险器以及中压冶金片干式回火保险器。使用时应遵守下列要求：

1）根据乙炔气瓶和乙炔发生器及操作条件，选用符合安全要求的回火保险器。

2）每一把喷枪必须有独立的、合格的回火保险器配用。

3）水封式回火保险器要求直立安装，与乙炔导管的连接必须严密不漏气。

4）水封式回火保险器必须设有卸压孔、防爆膜，并且要求此保险器便于检查，其中的积污易于排除和清洗。

5）使用水封式回火保险器时，任何时候都要保持回火保险器内规定的水位。

6）每班工作前都必须检查回火保险器，保证密封性良好和逆止阀动作灵敏可靠。

7）对干式回火保险器，每月应检查清洗残留在器内的烟尘和积污。

此外，为了防火，在喷涂间应该放置灭火器，以备急需。同时，对于喷涂前使用的清洗剂（汽油、乙醇），应远离喷涂间，使用时室内应该有良好的通风。喷枪使用需经常清洗，防止喷嘴积炭。枪体要常检查密封问题，防止漏气。

44.3.2 空气净化装置、喷涂及其他设备的使用

1. 空气压缩机及空气净化装置的使用

空气净化装置属于压力容器，工作压力根据使用条件和生产能力，压强可达1.2MPa。生产厂家必须持有国家劳动部门颁发的压力容器生产许可证，使用时应遵守压力容器使用规定。

1）压缩空气不得与氧气或燃气混合。

2）压缩空气的压力要经常检查，以保证机器正常工作。

3）必须严格按照生产厂家的说明书进行安装和使用。

4）气路中严禁有油、水和灰尘。

5）空气净化装置（包括水分离器和换热排污器）属压力容器，生产厂家必须持有国家劳动部门颁发的压力容器生产许可证，使用时应遵守压力容器使用规定。

2. 等离子喷涂设备的安全使用

等离子喷涂设备常采用高的电压和电流，从而伴随有电器危险。在操作者使用设备之前必须培训他们如何安全使用设备。下面是等离子喷涂设备操作时的一些注意事项：

1）在整个喷涂系统（包括电源）没有完全停止之前，不得清理与拆卸电源、控制柜或喷枪的任何部分。

2）喷涂中如遇到各种不正常现象应立即停机检查。

3）注意检查喷嘴是否有堵塞现象。

4）喷枪每次用完之后要保管好，各连接口不得磕碰。喷枪还应该定期检查、清理和更换零件，以保持喷枪的良好性能。

5）检查气体压力是否符合要求。

6）水路打开后检查喷枪是否漏水。

7）使用前注意检查喷枪上各种管路是否连接正确。

8）手动引弧时，在加入二次气（H_2、N_2）时要缓慢平稳。

9）对于内送粉的喷枪，在接送粉管时，要注意送粉管接头与喷嘴上的送粉口对正。在引弧时，送粉气路必须有气，防止烧送粉管及接头。

10）安装喷嘴时，枪体内的粉末一定要清理干净。

11）在喷枪加电后，要注意人体与喷枪的绝缘。当需要手持喷枪时，操作人员必须穿绝缘鞋，戴绝缘手套并保持手套的干燥。

12）在喷枪加电后，正负极之间电压很高，要注意不能使喷枪水电缆接头处因空气中冷凝的水、湿布或金属丝等造成的正负极之间短路。建议用绝缘套包裹水电缆接头。

13）在安装喷枪时要特别注意，喷枪的阳极和阴极与正极水电缆和负极水电缆不能接错。

14）当控制柜保护程序失灵，无法检测出有循环冷却水或工作气体时，禁止在停水或停气的情况下引弧。

3. 电弧喷涂设备的安全使用

电弧喷涂因采用电弧作为加热丝材的热源，与等离子喷涂类似，同样也涉及用电安全问题。

（1）电缆　要经常检查电缆是否磨损、开裂和损坏。对那些过分磨损或绝缘受损的电缆要立即更换。以避免裸露的电缆可能引起的致命电击。

（2）电危险　电弧喷枪的操作电压一般是低压直流电（低于 45V），但工作电流较大。线材电弧喷涂时，存在被电击的危险，操作者应当遵循电弧喷涂设备生产商提供的安全操作步骤来使用设备，用于接地保护的装置和电线应当保持良好的状态，喷涂现场的电气设备要有过载保护和接地。喷涂开始前，要对电路回路进行检查，确保整个回路处于正常状态。

4. 火焰喷涂设备的安全使用

火焰喷涂是应用最广泛的喷涂工艺方法之一，其关键部件火焰喷枪的操作注意事项如下：

1）不得将喷枪或气体管路挂在减压阀或气瓶阀门上。

2）在清洗火焰喷枪时，不允许油进入气体混合室。对与氧气或燃气接触的火焰喷枪零件或阀不能使用普通的油或脂润滑，只能使用设备制造商推荐的特种抗氧化润滑剂。

3）当完成喷涂操作后，需关闭设备或离开设备时，必须卸掉所有减压阀与管路中的气体压力。

按下列顺序操作：关闭枪阀，关闭气阀，打开枪阀，转动调节螺杆到自由状态，关闭枪阀，关闭罐阀或调节器前的支管阀。

4）如有回火现象发生，应尽快停止枪的回火，而且在重新点火之前，必须查明回火的原因。

5）应正确地安放和润滑喷枪的氧气、燃气和压缩空气阀门，这将有助于喷枪的正常工作与停止。

6）应在熟知喷枪的操作和安全注意事项的前提下，采用摩擦打火、飞行点火或电弧点火机点燃喷枪。严禁使用火柴点燃火焰喷枪。

5. 其他设施的安全使用

（1）电源　电源使用时注意事项如下：

1）当电源开关因故障而保护性跳闸时，在没有查清原因以前，切勿重新合闸，否则将会扩大故障范围。

2）平时注意电源的日常维护。

3）停机后应立即关闭电源。

4）注意输入电压应与电源相匹配（交流三相 380V）。

5）工作时请勿挡住电源进出风口。

6）电源必须可靠接地。

7）电源应安装在通风良好的地方。

（2）冷气动力喷涂送粉器　冷气动力喷涂送粉器最高压强可达4MPa，属高压容器。使用前必须经过6MPa压强试压调试，且符合国家有关压力容器标准。

送粉器使用时注意事项如下：

1）如果报警器报警，应立即关闭电源、气源，检查故障原因。

2）工作载气压力不准超过最大值。

3）根据使用情况，定期更换易损件，定期检查送粉器各零部件及管路是否完好，注意送粉器的维护与保养。

（3）喷砂机　按照制造商操作指南维护与检查喷砂机，如有需要，要修复或更换磨损部件。喷砂罐的使用压力不得超过推荐压力。保持喷砂机与喷砂作业间的管道尽可能直。急的管道弯曲会导致严重的磨损，进而导致在上述部位发生损坏与泄漏。如果必须绕过某些障碍，尽可能使用大的半径。将喷砂管储存在阴凉干燥的区域。

（4）热交换机　热交换机使用时注意事项如下：

1）冷凝器要保持干净，否则降低制冷量。

2）如水流量、压力不正常，请检查水过滤器是否堵塞。

3）环境温度到0℃时，如不使用，要将水放光，以免水系统（水泵、蒸发器水管等）因结冰而使管路破裂。

4）长期不使用，将水放光。

5）水质要达标，如等离子喷涂用的冷却水要用蒸馏水或去离子水，一要提高系统的绝缘性，二是防止系统冷却管路（特别是喷枪）内部结垢，降低冷却效果。

（5）流量计　以普通火焰喷涂系统使用的气体流量计为例，其使用注意事项如下：

1）如果有接头泄漏，则卸压，而后打开接头，清理密封面及螺纹，重新安装、加压并查漏，一定要确保无泄漏存在。

2）由于损坏的气管、破坏的气管肋或枪的气体通路或喷嘴处的杂质造成的气体管路堵塞，致使需要更大的气体压力来获得正常的气体流量时，应关闭系统，检查并修复系统后方可继续使用。

3）缓慢旋转减压阀调节螺栓，以防止气流脉冲，进而避免吹坏流量计管，接头拧得过紧会破坏接头，因此不得将减压阀及流量计处的接头拧得过紧，当接头采用合适的预紧力无法密封时，则必须更换。

（6）压缩气瓶　严格遵守国家有关压缩气瓶储存的规定，对气瓶不正确的储存、处置和使用都将带来极大的安全隐患，其规定如下：

1）夏天露天操作时，压缩气瓶应防止直接受烈日曝晒，以免引起气体膨胀发生爆炸，气瓶必须放在凉棚内或用湿布掩盖。

2）冬天如遇到瓶阀和减压器冻结时，可以用热水、蒸汽或红外灯泡给予解冻，严禁使用明火加热。

3）搬运压缩气瓶时，应将瓶口颈上的保护帽装好，使用时，应放在妥善可靠的地方，才能把瓶口颈上的保护帽取下，在扳瓶口帽时，只能用手或扳手旋下。

4）禁止用金属锤敲击气瓶各部，防止产生火星而造成事故，也不能猛拧减压表的调节螺杆，以防气流高速冲出，因局部摩擦产生高温而发生事故。

5）氧气、氮气、惰性气体及其他非可燃气体的压缩气瓶在未装减压器前，应略微打开阀门将污物吹干净，以免灰尘、垃圾进入减压器引起堵塞，造成事故。

6）氢气的使用要格外小心，当存在泄漏时，必须立即检查并通风，严禁一切可能产生明火的行为发生，解决此问题后，才能继续进行喷涂作业。

7）压缩气瓶及减压器在使用前后应妥善安放，避免撞击和振动，压缩气瓶应垂直立放，并设有支架固定，防止跌倒。

8）在减压阀上不得使用油或脂，在氧气设施上不得使用油或脂，仅有经特殊处理的防氧化的润滑剂才能够使用。

9）对每个气瓶必须使用合适的减压阀，在乙炔气瓶或乙炔汇流排上只可使用乙炔减压阀，始终使用合适尺寸的扳手将减压阀与气瓶相连接，不得强行拧入或拧得过紧。

44.3.3　使用喷枪的安全操作

1）操作者应认真阅读使用说明书，熟悉喷枪的操作。

2）喷枪使用前应检查胶管与喷枪的连接，各气管的接头处应用卡箍卡紧或用细铁丝扎紧，不允许漏气。

3）对射吸式喷枪应检查射吸能力。

检查方法如下：接上氧气管并调节到规定压力，打开喷枪总阀，用手指轻轻贴近喷枪乙炔入口处，检查是否有明显吸力，有则正常，若没有吸力，则必须进行修理直至有负压为止。

4）喷枪检查没有问题时，按照使用说明书的规定使用。

5）当喷涂工作结束后，应放掉减压器和软管中的气体。

6）清洗喷枪时，不可让油进入喷枪气体流通通道内，不可用普通的油和油脂来润滑枪，只能使用设备制造厂推荐的润滑剂。

7）当喷涂工作结束，关闭设备离开现场而又无人看管设备时，或者将喷枪拆下时，所有气体的压力应从减压调节器和软管中全部释放干净。

释放气体的程序如下：①关闭喷枪上的阀；②关闭气瓶上的阀；③打开喷枪上的阀，直到减压调节器上低压指示零为止；④拧出调节器的调喷螺杆，直到拧松为止；⑤关闭喷枪上的阀；⑥关闭容器阀或调节器前面的集合管阀门。

44.3.4　气管的使用

气管的使用要求如下：

1）新管使用前要进行清洗，用压缩空气吹出管中的滑石粉和杂物，但氧气管只能使用氧气吹，防止压缩空气中的油污污染氧气管；回火后的胶管也应按上述方法清理，并用干净水试压，达到标准规定的指标后，方可使用。

2）胶管不准通过烟道和靠近水源，不许与电缆线一起铺设在地沟和隧道里，空架时，两者距离不小于200mm，且要求乙炔管高于氧气管。

3）胶管严禁接触油脂、红热金属和承受尖刺、重物砸压。

4）氧气与乙炔胶管单根长度一般10~15m为宜，过长会增加气体流动阻力。

5）氧气、乙炔（可燃气）、空气胶管应分别符合国家标准GB/T 2550、GB/T 2551、GB/T 1186的规定，三者不可互换使用。

44.3.5 砂轮

砂轮的使用要求如下：

1）砂轮转速不应该高于制造厂家规定的转速。

2）在磨削时应戴上护目镜。

3）在机床上安装砂轮时应当仔细，砂轮应该适合芯轴，缓冲用纸应放在砂轮凸沿的两侧。

44.3.6 机械设备的防护

热喷涂技术中所用的合金粉末绝大多数是优良的耐磨材料，工作过程中很易进入机械设备里面，造成设备的严重磨损，影响其精度和寿命。尤其是机械设备中的滑动部分和传动部分，必须采取相应的防护措施，例如可用蛇形管等保护液压或机械升降系统等。

44.3.7 电气设备的防护

热喷涂过程中，会有合金粉末飞扬于空气中，这些合金粉末是良导体。当它进入电气设备后，有造成短路的危险，易引起着火或爆炸。在可能的情况下，尽量将电气设备远离现场，不能远离的应加强设备的防粉尘措施。

44.3.8 喷砂的安全操作

1）压力式喷砂机的使用、维护与保养应该遵守厂家产品说明书的规定。

2）工作中应及时打扫脚手板及结构上的砂粒，防止滑跌。

3）操作者在头盔中呼吸的空气必须经过滤，气压调节到1.2kgf/cm（1kgf=9.80665N）。

4）操作时不得将喷砂枪对着人体任何部位。

5）喷砂操作时，应给操作人员提供某种类型呼吸防护用品。

6）喷砂管应该采用高压管，使用时应尽量拉直，必须弯曲时也应使曲率半径尽量加大，以防止单边磨损。

7）禁止在气压下修理喷砂设备或更换零件，砂筒加砂时，应将筒内的压缩空气排尽，方可开启顶盖。

8）对磨损部件应该及时更换，喷砂机具、管道及接头必须安装牢固，连接可靠，做到安全不漏。工作中也应经常检查，有无漏气和管道破损情况，特别是严重磨损的管道应及时更换，防止爆裂伤人。

9）冬期施工时，操作者呼出的热气易在头盔的玻璃上结雾影响视线，可在玻璃内壁涂抹防雾剂，但不宜过厚，防雾剂中含有普通肥皂200g、乙醇300mL、甘油100mL，制作时，先将肥皂切成薄片放入酒精内加热溶解，然后趁热过滤，并加入甘油，然后再把多余的酒精加热蒸发掉，冷却后即可使用。

44.3.9 等离子喷涂和电弧喷涂的安全操作

1）对操作人员进行必要的技术培训，使其熟悉设备的使用和维护。

2）在等离子喷涂枪调整时，应尽可能缩短高频使用时间或减少使用次数，防止高频对其他电器设备的损坏，等离子喷枪应和其支持架保持足够的绝缘度。

3）若等离子喷枪或电弧喷枪是悬挂的，则挂钩应该绝缘或接地，电弧喷枪停止工作时，喷枪上的两根线材要退出。

4）与电弧喷涂设备连接的送丝装置应该很好地接地或绝缘。

5）为了防止金属粉尘的堆积，应经常清理喷枪和电源，以防止集尘造成的短路。

6）在没有切断整个系统的电源和气源的情况下，不能进行清洗或维修电源、控制柜和喷枪。

7）对电源或手持喷枪的金属外壳进行保护接零和接地。

8）在电弧喷涂操作时，会接触到电弧光、噪声及金属粉尘，所以必须采取安全防护措施，避免事故发生。

9）电弧喷涂时，离喷枪1m处的噪声强度常在105dB左右，它首先影响听觉器官，长期在这样的环境中，会引起听觉障碍、耳聋，还使人感到烦恼等，因此在操作过程中要戴上防噪声耳塞或耳罩，有条件的地方最好采用隔音室操作。

10）在电弧喷涂时，弧光产生辐射，对于眼睛会起类似电焊时的有害作用，皮肤也常常因之而出现脱皮等症状，所以在操作时，应戴上防护眼镜，穿好白帆布工作服。

44.3.10　等离子喷涂的常见问题及防护措施

（1）电弧不稳定或者灭弧　造成这种状况的主要原因为：①密封不好，有漏水现象；②两极之间距离长，不足以维持电弧；③气体流量大。

防护措施为：换垫圈，上紧螺母；调整两极之间的距离；减少气体流量。

（2）电弧不能引燃，喷枪不能工作　造成这种状况的主要原因为：①无高频火花；②两电极距离过大或者是对中性不好；③电极有氧化或者短路；④喷枪短路。

防护措施为：检查高频火花发生器的指示器间距；调整电极间距；检查喷枪。

（3）阴极棒烧毁　造成这种状况的主要原因为：①气体纯度低，致使阴极材料迅速氧化烧毁；②阴极尖端尺寸不符合图样要求。

防护措施为：提高气体纯度。

（4）喷嘴烧毁（漏水）及灭弧　造成这种状况的主要原因为：①引弧冲击电流过大，使嘴壁击穿；②冷却水的压力或流量不足使冷却效果不好；③工作电流过大。

防护措施为：①调整线路，使引微弧时冲击电流下降；②提高冷却水的流量以及压力。

44.3.11　高空喷涂的安全措施

喷涂操作在距地面2m以上的脚手架上或在没有平整的立脚处，坡度大于45°的斜面上，以及在吊篮中有振动的地方工作等均属高空作业。高空作业者即使是临时性的，也要定期进行体格检查，合格者才允许高空作业。另外，高空作业者和与之配合的助手还必须熟悉本工种的专门技术和安全技术。

高空喷涂的安全要求如下：

1）当进行高空作业时，应佩戴安全带，并将绳钩牢固地系在坚固的构件上，切勿系到活动不稳的物体上，并使用符合安全要求的梯子，对搭好的跳板及脚手架需检查是否牢固。

2）在高空喷涂时，应有与操作者配合的助手，并且注意安全。

3）电、气开关应在监护人附近，遇有危险迹象时，立即切断气源，并进行营救。

4）在高空喷涂时，气体胶管不要缠绕在身上或搭在背上工作，要防止辅助工具（如手钳、扳手等）掉落，以免砸伤下面的人员。在高空喷涂时，应有与操作者配合的助手，并且注意安全。

5）凡发现饮酒和精神不振者，不允许登高作业。

44.4 人身安全防护

在热喷涂过程中，由于工艺过程和所用喷涂材料的特殊性，会产生一些有害物质，影响专业工作人员的健康。对此只要予以足够的重视，采取相应的对策，有害物质的影响可以减少到最低限度，甚至有的可以避免。

针对热喷涂施工对操作人员可能带来的危害，下面将其涉及的一些防护对象及相关手段简述如下。

44.4.1 呼吸防护

对大多数热喷涂所常用的材料，空气连续流动管道式呼吸器都能提供足够的呼吸防护。若供给呼吸器气源失灵，操作者可以拆除供气管道，回到适于呼吸的空气中。当喷涂严重有害的材料时，空气的污染对人体产生危害。这种情况下，操作者不能取下呼吸器，使用管道呼吸器者应配有一个可呼吸的紧急备用气瓶。

喷涂和喷砂操作时，操作人员要求穿戴呼吸防护用品。由环境条件放出气体和烟雾的性质、类型、数量来决定选用呼吸防护用品。

敞开式喷砂操作中，选用带机械过滤的滤尘呼吸器，连同面罩和防尘罩一同使用，也可以选用新鲜空气滤尘呼吸器。

在密封喷砂间进行喷砂操作时，要求穿戴连续通入空气管道的滤尘呼吸器。用于呼吸器的空气应有适当的过滤器，除去压缩机空气中的有害气味、油、水雾和灰尘微粒。为保证进入呼吸器中的空气清洁干燥，应该仔细检查空气进口处的情况。必须使用油水分离器和空气净化器，否则压缩空气管道过滤器不能阻止气态污染物质（一氧化碳等）。呼吸防护用品的选择、使用与维护可参照 GB/T 18664—2002。

认真注意呼吸系统方面的劳动防护问题是特别重要的，因为它们产生的危害不是立即可以感觉到的。除呼吸的要求外，还要特别注意保持地面、工作台和喷涂间内不残留微尘。穿戴过的工作服要妥善地处理，去除金属微尘，或者干脆将穿过的工作服报废。

44.4.2 眼睛防护

喷涂与喷砂时均需要头盔、面具或护目镜等器材的保护。

（1）喷涂时的保护措施　在喷涂时，操作者必须采取防红外线与紫外线、飞行粒子的保护，应采用可保护脸部、下巴以及颈部不受红外线与紫外线辐射的头盔或面罩，而不能仅仅使用眼镜保护眼睛。同时还必须向所有临近的工作人员提供眼睛保护。在眼睛保护部分配备相应的镜片以保护红外线、紫外线及强可见光的辐射，镜片的深度应适于保护和观察。各种喷涂工艺方法需配备的遮光镜色调号见表 44-10。

表 44-10　各种喷涂工艺方法需配备的遮光镜色调号

工艺方法	遮光镜色调号
线材火焰喷涂	2~4
金属钼丝喷涂	3~6
粉末火焰喷涂(含高速火焰喷涂)	3~6
火焰喷涂放热型陶瓷粉末和棒材	4~8
等离子、电弧喷涂	9~12
等离子、电弧喷涂(设备自带防护罩)	3~6
电弧喷涂自黏结材料	2~4
火焰喷焊、重熔	4~6
等离子喷焊	9~12

(2) 喷砂时的保护措施　在喷砂时，除使用防尘的面罩和头盔以保护眼睛、面部、下巴和颈部外。同时还需要提供其他一些保护措施。护目镜种类很多，要根据工作的具体情况选择适合的眼镜。

44.4.3　皮肤防护

任何一种喷涂、喷砂操作，都要求穿戴合适的防护服。防护服的选用要随被喷涂、喷砂工件的尺寸、涂层的性质和地点不同而选择。

当在受限制的空间内进行工作时，要穿戴耐火的防护服和戴皮革手套，防护服袖口、裸关节等部分必须扎紧，保证喷涂材料和喷砂时的灰尘不要和皮肤直接接触。

在开放式环境下工作，常规的服装就足够了，然而松开的衣服领部以及未扣的口袋是有危险隐患的。注意：始终穿高靴的鞋以及可盖住鞋子的无翻边裤子。

等离子喷涂会产生强烈的紫外线，因而会导致穿透正常服装的烧伤，进行等离子喷涂作业时，需穿戴合适的衣服以防辐射，对更强的暴露，皮帽或铝防护服则是必需的。

高速火焰喷涂、电弧喷涂操作防辐射的方法和电弧焊接使用的方法相似。大多数电弧喷涂枪都装有电弧屏蔽罩，使操作者一般不会直接暴露在电弧的照射下。在这种情况下，保护眼睛的镜片可以减少到 3 号或 6 号遮光镜片。假如还有部分身体直接被弧光照射，或者喷涂特殊材料和被喷涂零件的基体材料有反射，而使弧光照射人体时，还应戴好头盔保护脸部皮肤。

第45章

堆 焊

堆焊是一种熔焊工艺，它是借助焊接手段对金属材料进行厚膜的表面改性，即在其表面熔覆一层或几层具有特定性能的材料。这些材料可以是金属或合金，也可以是陶瓷，应根据具体要求而定。因此有包覆层堆焊、耐磨层堆焊、堆积层堆焊和隔离层堆焊之分。堆焊也用于修复工作，许多表面缺陷都可以通过堆焊进行消除。

堆焊具有焊接的一般规律，原则上所有的熔焊方法都可以用于堆焊，但它有自身的特点，如它是异种金属焊接，要求尽可能低的稀释率，特别注意熔合区污染、热循环和热应力问题，要求堆焊材料与基体有尽可能好的润湿性和流平性等。堆焊材料则从普通的碳钢、低合金钢到高级合金钢、镍基合金、钴基合金、铜基合金以及碳化物、氧化物陶瓷材料。广泛应用于航天、兵器、电站、矿山、冶金、机械、化工、农机以及工模具的制造与修复领域。

45.1 火焰堆焊

火焰堆焊是用气体火焰作热源，使堆焊材料熔敷在基体表面的一种堆焊方法。常用的气体火焰是氧乙炔焰。氧乙炔焰堆焊设备由氧气瓶、氧气减压器、乙炔发生器、回火保险器、焊炬和橡胶管等组成。

火焰堆焊设备简单、成本低、移动方便，适合现场施工。但由于是手工操作，劳动强度大。若堆焊零件数量大，且形状简单，可制造一个预热、堆焊和后热工序的半自动化堆焊设备。由于火焰温度较低（约 3000℃），稀释率低（1% ~ 10%），单层堆焊厚度可小于 1.0mm，堆焊表面光滑。

45.1.1 丝（棒）材氧乙炔焰堆焊

一般使用碳化焰（氧与乙炔混合比小于 1.1）堆焊。但镍基合金用中性焰；铁基合金用 2 倍的乙炔过剩焰；高铬合金铸铁或钴基合金则采用 3 倍的乙炔过剩焰；碳化钨堆焊则视基材成分而定。

绝大多数钢制工件不用熔剂即可堆焊，但堆焊铸铁时必须用熔剂。堆焊时，采用前倾焊能降低稀释率，熔深越浅越好，并尽量用小号焊炬和焊嘴，预热和缓冷能大大减少开裂。每堆焊一层的最大厚度以 1.6mm 为宜，需要厚焊层时可多层堆焊。

45.1.2 粉末氧乙炔焰堆焊

采用装有能控制送粉速度的特别焊炬。由于许多不能制成丝（棒）状的堆焊材料可以制成粉末状，这就扩大了氧乙炔焰堆焊的使用范围。

采用中性焰或轻微碳化焰有利于降低气孔率。堆焊时，焊炬要垂直对着工件，并保持约13mm的距离。熔敷速度和喷嘴直径有关，通常在0.45~6.8kg/h范围。每一层厚度一般不超过1.6mm，最多允许堆焊三层。

45.2　电弧堆焊

电弧堆焊是目前一种主要堆焊方法，它是利用焊条或电极熔敷在基材表面的一种堆焊方法。采用的是量大面广的焊条电弧焊机，设备简单、移动灵活、成本低，几乎所有的实心和药芯焊条均能用，应用广泛。

45.2.1　常规焊条电弧堆焊

焊条电弧堆焊用的设备和焊条电弧焊一样。对堆焊层性能要求不高，且采用酸性堆焊焊条时，选用弧焊变压器，当要求较高，且采用碱性低氢型焊条时，必须选用弧焊整流器或直流弧焊发电机。堆焊时希望尽可能小的熔焊区，为此应采用小电流、低电压、慢速焊，尽可能使稀释率与合金元素的烧损率降到最小限度，采用前倾焊，并防止开裂和剥离。

焊条电弧堆焊温度高，热量集中，一般堆焊前可不预热或只需稍加预热，故生产效率比氧乙炔焰堆焊高，工件变形小，但熔深大，稀释率达15%~25%，且劳动条件差，对焊工操作技术要求较高。

常用于小型或复杂形状零件及可达性差的部位的堆焊，也广泛用于现场修复工作。

45.2.2　熔化极气体保护电弧堆焊

熔化极气体保护电弧堆焊是利用送进的可熔化堆焊材料与基体之间产生的电弧热，使堆焊金属熔敷在基材表面的一种堆焊方法。熔化极气体保护电弧堆焊设备的组成如图45-1所示。焊机一般采用平特性的直流电源，并直流反接，保护气体是从焊枪中连续喷出的，以屏蔽大气对熔化金属的浸蚀。

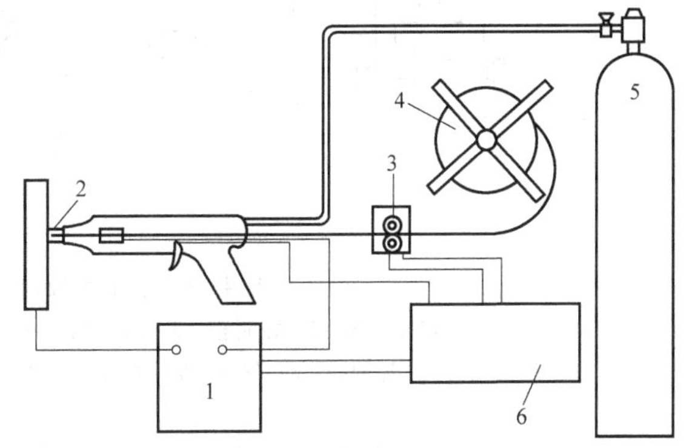

图45-1　熔化极气体保护电弧堆焊设备的组成
1—焊机　2—保护气体　3—送丝轮
4—送丝机构　5—气源　6—控制装置

常用氩气、二氧化碳或它们的混合气体作保护气。用氩气保护时，堆焊过程中合金元素不会烧损，且电弧燃烧稳定，熔滴过渡平衡，堆焊层质量高；二氧化碳气体保护电弧堆焊成本较低，但有合金元素烧损问题，电弧燃烧不稳，飞溅大，堆焊层质量不如氩气保护的好。

熔化极气体保护电弧堆焊易实现机械化和自动化，生产效率高，对焊工操作技术要求较低，熔敷速度可与单丝埋弧堆焊相当，但设备价格较高，并消耗保护气，使堆焊成本升高，适用于堆焊区域小、形状不规则的工件或小零件的堆焊。

45.2.3　自保护电弧堆焊

自保护电弧堆焊是熔化极气体保护电弧堆焊的一个变形。它采用管状焊丝，管内装的焊剂有造气剂、造渣剂和脱氧剂。由于不需要外部保护，焊丝伸出长度较长，焊丝直径也较粗（ϕ2.4mm），故熔敷速度比气体保护的快，且一般不用预热即可堆焊。自保护电弧堆焊一般用直流反接，可根据需要采取手工、半自动或自动化堆焊方式。主要堆焊铁基合金、碳化钨和钴基合金，并限于水平堆焊，不适合小零件的堆焊。

45.2.4　钨极氩弧堆焊

钨极氩弧堆焊是在氩气保护下，利用钨电极与基材间产生的电弧作为热源，使填充金属熔敷在基材表面的一种堆焊工艺。所用设备由焊接电源、控制箱、焊枪、供气系统和水冷系统等组成。手工钨极氩弧焊设备系统如图45-2所示。为了减少钨极对堆焊层的沾污，推荐用直流正接。堆焊材料有丝状、管状和铸造条状，其进给和电极的控制是分别进行的，故堆焊层形状容易控制，几乎可在任何位置堆焊，而且表面光洁、美观、堆焊层质量高。与氧乙炔焰堆焊相比钨极氩弧堆焊电弧能量较集中，一般不要求预热，且熔敷速度较快，工件吸热小、变形小，对基材性能影响小，但稀释率较大。

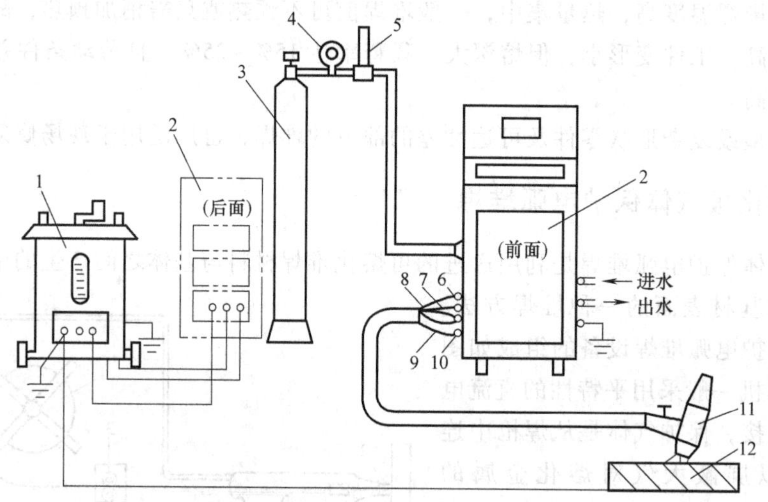

图45-2　手工钨极氩弧焊设备系统

1—焊接电源　2—控制箱　3—氩气瓶　4—减压阀　5—流量计　6—焊接电缆　7—控制线　8—气管　9—进气管　10—出水管　11—焊枪　12—工件

该工艺方法适用于堆焊面积小、质量要求高、形状复杂的工件。

45.2.5　振动电弧堆焊

振动电弧堆焊的工作原理是焊丝在送进的同时按一定频率振动，造成焊丝与工件周期性的短路、放电，使焊丝在较低电压下熔化，并稳定地堆焊到工件表面。

振动堆焊设备主要包括堆焊机床、堆焊机头、电源、电气控制柜和冷却液供给装置等。堆焊电源一般采用直流电源，而堆焊机头用以使焊丝按一定频率和振幅振动，并以一定速度送入堆焊处。按产生振动的方式不同可分为电磁式和机械式。为了防止焊丝和焊嘴熔化黏连或在焊嘴上结渣，需向焊嘴供给少量冷却液。振动堆焊以熔深小、堆焊层薄而均匀、工件变形小为特点，适用于小批量生产或修补焊。

45.3 埋弧堆焊

埋弧堆焊是用焊剂层下连续送进的可熔化焊丝和基材之间产生的电弧作热源，使填充材料熔敷在基材表面的一种堆焊方法。堆焊时焊剂部分熔化成熔渣，浮在熔池表面对堆焊层起保护作用，可以减少空气的影响，熔渣的保温作用使熔池内的冶金作用比较完全，因而堆焊层的化学成分和性能比较均匀，结合强度高，表面也光洁平直。

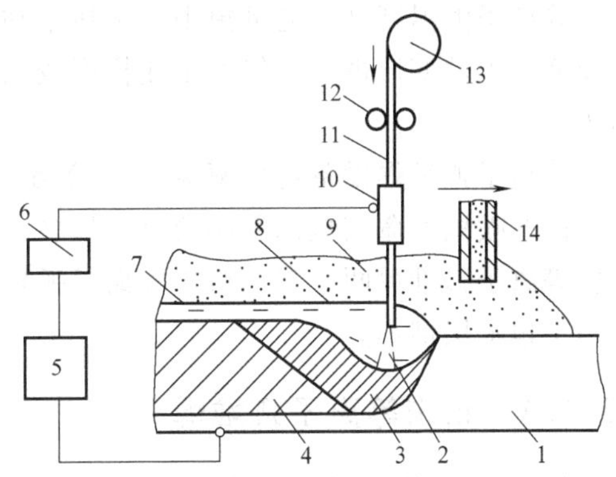

图 45-3 埋弧焊示意图

1—母材 2—电弧 3—金属熔池 4—焊缝金属 5—焊接电源 6—电控箱 7—凝固熔渣 8—熔融熔渣 9—焊剂 10—导电嘴 11—焊丝 12—焊丝送进轮 13—焊丝盘 14—焊剂输送管

埋弧堆焊设备可与埋弧焊通用，主要由电源、控制箱、焊丝送进机构、焊机行走机构及焊剂输送器等组成。埋弧堆焊通常采用大电流（300~900A）和较高的电流密度，加上焊剂和熔渣的覆盖，使热效率较高，熔敷速度快，但稀释率高。由于使用连续送进焊丝（药芯焊丝或带极），堆焊过程易实现机械化、自动化，是进行大面积堆焊的理想方法。埋弧焊示意图如图 45-3 所示。

45.3.1 单丝埋弧堆焊

单丝埋弧堆焊是目前最广泛使用的自动堆焊方法，其堆焊层平整、质量稳定、熔敷率高，劳动条件好，但稀释率高（20%~60%），生产率不够理想。为降低稀释率，可采用下坡焊、降低电流、增加电压、降低焊接速度、电弧向前吹、增大焊丝直径等措施，并且用堆焊 2~3 层来弥补。

45.3.2 多丝埋弧堆焊

为了降低稀释率和提高熔敷速度，在单丝埋弧堆焊基础上发展了多丝埋弧堆焊方法。多丝埋弧堆焊有多种形式。串列双丝双弧堆焊时，第一个电弧电流较小，后一电弧采用大电流，这样冷却较慢，可减少淬硬和开裂倾向；双丝、三丝以及多丝并列，接在电源的一个极上，同时向堆焊区送进，可加大焊接电流，提高生产率，而熔深可与单丝时一样；串联埋弧堆焊时，电弧发生在焊丝之间，因而熔深更浅。此时为了使两焊丝均匀熔化，宜采用交流电源。多丝埋弧堆焊的熔敷速度可达 11.3~37.7kg/h，稀释率下降 10%~15%。

45.3.3 带极埋弧堆焊

带极埋弧堆焊可进一步提高熔敷速度，其焊道宽而平整，熔深浅而均匀，稀释率低，最低可达 10%。一般带极厚 0.4~0.8mm，甚至可达 1.5mm。如果借助外加磁场控制电极，则可用 180mm 宽的带极进行堆焊。带极埋弧堆焊设备可用一般自动埋弧焊机改装，也可用专用的设备。如果用添加冷带极的双带埋弧堆焊，可将生产率提高 2.5 倍，而稀释率降至 5%。

45.4 等离子弧堆焊

等离子弧堆焊是利用等离子弧为热源，使填充金属熔敷在基材表面的堆焊方法。

等离子弧温度高，能量集中，传热率和热利用率高，所以熔敷速度较快，熔深浅，稀释率较低，工件变形也小。但由于热梯度较大，必须采取措施防止工件开裂，大工件堆焊时需预热。

等离子弧堆焊设备比较复杂，其价格比气体保护堆焊高得多，参数的调节匹配也较复杂，何况喷枪寿命较短，消耗的氩气量多，故成本高。等离子弧堆焊分粉末等离子弧堆焊和填丝等离子弧堆焊两大类。粉末等离子弧堆焊主要用于耐磨层堆焊，而填丝等离子弧堆焊主要用于包覆层堆焊。

45.4.1 粉末等离子弧堆焊

粉末等离子弧堆焊示意图如图 45-4 所示。这里转移弧做主热源，其电流可以控制工件的加热、熔深和稀释率，直接影响堆焊层的质量，非转移弧作二次热源，它补充转移弧的能量，并作为转移弧的导弧，其电流可以控制粉末的熔融状态，对堆焊过程的稳定性和熔敷率有较大影响，调节送粉速度和堆焊速度可以控制堆焊层的厚度，改变焊炬横向摆动幅度则可获得不同宽度的堆焊层。堆焊层的厚度通常为 0.25~6mm，且平滑整齐，不加工或稍加工即可使用。

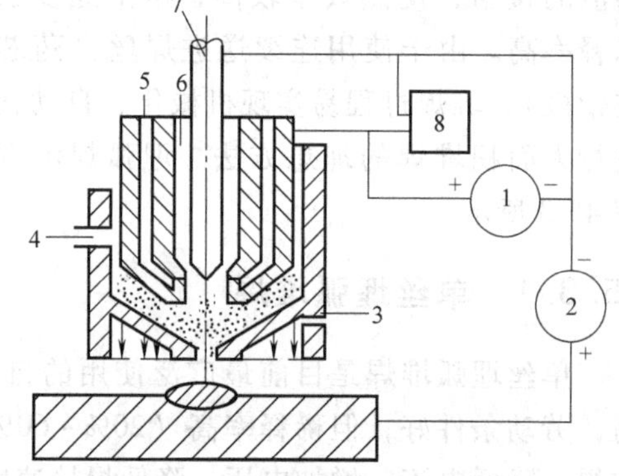

图 45-4 粉末等离子弧堆焊示意图

1—非转移弧电源 2—转移弧电源 3—保护气 4—粉末和送粉气 5—冷却水 6—离子气 7—钨极 8—高频振荡器

粉末等离子弧堆焊可用于铁基、镍基、钴基合金以及难熔合金的堆焊，碳化钨颗粒也可以直接添加到熔池中进行堆焊。适合于低熔点基材的堆焊和要求稀释率低的薄堆焊层。焊接过程完全机械化，特别适合于大批量、高效率的堆焊。

45.4.2 填丝等离子弧堆焊

填丝等离子弧堆焊按操作方式分手工堆焊和自动化堆焊两类，根据填丝是否预热又分热丝和冷丝堆焊两种。

手工填丝等离子弧堆焊设备由焊接电源、焊枪、控制电路、气路及水路等组成。自动堆焊时还需有送丝机构、焊接小车或转动夹具。冷丝堆焊时凡是能拔成丝状的材料大多以自动方式送给。冷丝堆焊在工艺和堆焊层质量上都较稳定，但生产率较低，主要用于各种阀门堆焊和小面积堆焊耐层、耐蚀层。利用附加电源预先加热焊丝的热丝等离子弧堆焊能提高焊丝的熔化速度，用双热丝则可进一步提高熔敷速度。双热丝等离子弧堆焊示意图如图 45-5 所示。预热焊丝的电源是独立于等离子弧电源的交流电源。堆焊时，调节电流值使两填丝在电阻热作用下加热到熔点，并被连续熔敷在等离子弧前面的基材上，随后等离子弧将它与基材熔焊在一起。热等离子弧堆焊的特点是稀释率低，且易控制，工件变形小，熔敷速度快，适用于大面积自动堆焊，如压力容器内壁包覆层堆焊。

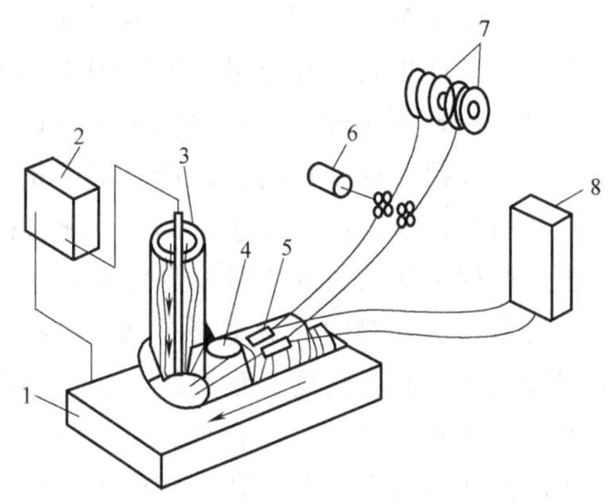

图 45-5　双热丝等离子弧堆焊示意图

1—工件　2—等离子弧电源（直流）　3—等离子弧焊枪　4—气体保护拖罩　5—焊丝预热接头　6—电动机　7—填充焊丝　8—预热电源（交流）

45.5　电渣堆焊

电渣堆焊是利用电流通过液体熔渣所产生的电阻热作为热源，使填充金属熔敷在基材表面的堆焊方法。

电渣堆焊一般用平外特性的交流电源。电渣堆焊的特点是熔敷速度快，一次可堆焊很厚的一层，可采用实心焊丝、管状焊丝、板状或带板进行堆焊，适用于堆焊厚度较大和表面形状简单的大、中型零件。

电渣堆焊设备包括电源、堆焊机头（包括送丝机构、摆动机构及上下行走机构）、电控系统以及水冷成形滑块。电渣堆焊的渣池除了有保护金属熔池不被空气污染的作用外，还对基材有较好的预热作用，故电渣堆焊时一般工件不需预热。电渣堆焊可使用多丝极或比带极埋弧堆焊更宽的板极（300mm），所得堆焊层更宽，表面平滑，熔深均匀，稀释率也较低。但电渣堆焊的缺点是熔合线附近成分变化过陡，高温使用时堆焊层易剥离。因此为了防止剥离，常采用第一层用埋弧堆焊，第二层用电渣堆焊，这样不仅生产率较高，而且能得到结合牢固的光滑表面的堆焊层。此外，由于电渣堆焊时，基材热输入较大，故焊接后进行热处理。

45.6　激光堆焊

将激光作为热源，在低于$10^5 W/cm^2$的能量密度下可以实现自熔合金粉末的堆焊。激光的能量密度较高，堆焊速度可以很快，激光能量可以精确控制和导向，因此采用激光堆焊技术可以获得精密和高质量的堆焊层。

激光堆焊设备一般由激光器、光路、送粉装置、控制系统和工作台等部分组成。国内用于堆焊的激光器一般为CO_2激光器，功率在3~5kW范围。激光堆焊工艺方法可以采用预置粉末激光重熔法，也可以采用自动送粉堆焊法，根据送粉喷嘴与激光束的相对位置，自动送粉堆焊又有侧向送粉和同轴送粉两种。

粉末预置激光重熔堆焊时，可以将合金粉末用有机黏结剂调和，然后涂覆到母材表面，预置涂层晾干后方可用激光进行重熔，以获得无气孔的堆焊层。有机黏结剂的种类很多，如异丙醇、纤维素与丙酮的混合液、松香与乙醇的混合液等。采用有机黏结剂预置合金粉末时应当考虑到增碳对堆焊层的质量可能造成影响。用有机黏结剂预置粉末的方法一般是手工操作，工序比较复杂，生产率较低，为了提高效率，近年来广泛采用热喷涂方法预置粉末，这种方法提高了堆焊效率和质量，但堆焊成本也相应提高了。

采用送粉装置实现自动送粉激光堆焊近年来得到了快速发展，它不仅提高了堆焊效率，而且使堆焊过程实现了自动化，堆焊层质量显著提高。侧向送粉的喷嘴结构简单，成本低，但粉末利用率很低，同轴送粉可以显著提高粉末利用率，只是对喷嘴提出了较高的技术要求，堆焊过程金属蒸气和飞溅容易污染光学器件。

激光堆焊所针对的母材主要是钢铁材料，近年来在铝合金、铜合金、镍基合金及钛合金上采用激光堆焊制备耐磨、耐腐蚀、抗高温涂层技术也开展了广泛研究。所堆焊的合金材料包括镍基、铁基、钴基自熔合金，以及这些自熔合金与陶瓷颗粒的复合粉末材料。激光堆焊技术在国内外的研究十分活跃，我国由于受激光器价格的制约生产中的应用仍未达到普及的程度，但随着国产激光器制造成本的不断降低，激光堆焊的应用前景将十分可观，潜在的应用领域如在刀具和钻探工具上堆焊 WC 提高耐磨性，在汽轮机和水轮机叶片上堆焊 Co-Cr-Mo 合金提高耐磨性和耐气蚀性，在模具上堆焊 Co 包 WC 和镍基合金以提高模具寿命，在轧辊及发动机的凸轮、活塞环等部件上堆焊耐磨、抗疲劳合金等。

45.7 聚焦光束粉末堆焊

聚焦光束堆焊是以聚焦了的氙灯辐射光为热源，加热堆焊材料使其熔化并熔敷在母材上形成堆焊层的方法。聚焦光束堆焊主要采用各种自熔性合金粉末为堆焊材料。它又可分为预置粉末光束重熔堆焊法和自动送粉光束堆焊法，后者在堆焊时和氧乙炔火焰、激光堆焊一样，在堆焊工艺上可以分别用一步法或二步法来获得堆焊层。

聚焦光束的能量密度较氧乙炔火焰高 1 个数量级，所以熔敷效率高一些，而且不会对熔池增碳污染堆焊金属。与等离子弧相比，聚焦光束的能量密度低一些，故熔敷效率较低，但聚焦光束属于平静热源，对堆焊熔池无机械力和电磁力的作用，故可以获得较低的稀释率，而且堆焊过程不受母材电、磁等性质的限制。由于聚焦光束的光斑较激光大一些，所以尽管聚焦光束堆焊速度不如激光堆焊快，但一次可以获得较宽的堆焊层，大面积堆焊时可以减少搭接次数，这对于减少缺陷、提高堆焊层质量是至关重要的。

一台聚焦光束堆焊设备一般由光源、聚焦系统、冷却系统、电源、控制系统及工作台组成。目前国内研制的聚焦光束加热设备的最大功率为 5kW，光斑直径为 5mm。采用送粉装置可以实现自动堆焊过程。

衡量光束堆焊层质量的主要指标包括堆焊层成形、稀释率以及堆焊层中是否存在冶金缺陷等。采用粉末预置光束重熔法堆焊时，影响光束堆焊质量的工艺因素包括光束的能量参数、堆焊速度、粉末预置层的厚度和宽度、黏结剂的加入量等，而自动送粉光束堆焊时，主要因素是光束能量参数、堆焊速度、送粉参数等。

45.7.1 预置粉末光束重熔堆焊法

该方法是用黏结剂将合金粉末预置在工件表面，然后用光束重熔形成堆焊层。此时光束的能量密度与光束扫描速度是影响堆焊层质量的重要因素，这两个参数的任意组合可以得到不同的堆焊热输入。采用过小的光束扫描速度时，堆焊金属的氧化烧损及母材的过度熔化将恶化堆焊层成形，且堆焊层被严重稀释，难以保证其设计性能。而光束扫描速度过大，堆焊热输入的降低不仅会使堆焊材料熔化不充分，堆焊层表面及内部出现孔洞，同时也导致母材表面熔化不足，降低了堆焊层与母材的结合质量。为保证堆焊层的高质量，光束扫描速度存在最佳范围。

粉末预置层的宽度会影响到堆焊层与母材的结合情况。当粉末预置层宽度大于光斑直径时，焊道边缘由于光束能量密度较低，堆焊合金粉末熔化不充分，不能在母材表面良好润湿，堆焊层易出现边缘翘曲；当粉末预置层宽度过小时，由于母材金属的过度熔化会在焊趾处产生类似咬肉的缺陷。

在热输入一定的条件下，粉末预置层的厚度在很大程度上决定了堆焊层的稀释率，进而影响堆焊层的宏观硬度及其与母材的结合质量。粉末预置层较薄时，堆焊层的稀释率较大；而粉末预置层较厚时，稀释率降低，但预涂层厚度过大会因母材熔化不足导致堆焊层与母材结合不良或未结合。在热输入一定时，极限厚度与合金粉末的熔点有关，熔点越低，则允许的粉末预置层极限厚度越大。与常规堆焊方法相比，光束粉末堆焊即使在堆焊层很薄的情况下，仍可保证较小的稀释率。

光束堆焊层的硬度与粉末预置层厚度有着密切的联系。当预涂层厚度较小时，光束堆焊层的宏观硬度均低于同种材料的热喷涂层；随着预涂厚度的增加，堆焊层的硬度逐渐达到并超过同种材料的热喷涂层；当厚度超过某一定值时，堆焊层的硬度将趋于稳定。

45.7.2　自动送粉堆焊

自动送粉光束堆焊过程中可调节的参数有光束能量参数、堆焊速度和送粉速率。光束的能量参数和堆焊速度影响堆焊热输入的大小，送粉速率与堆焊速度影响堆焊焊道单位长度的粉末质量，即线质量，而堆焊热输入和粉末线质量不仅决定了堆焊层的宽度和厚度以及堆焊稀释率和粉末利用率，而且还直接影响到堆焊层与母材的冶金结合质量，因此是自动送粉光束堆焊时两个至关重要的参数。其变化既可通过调节送粉速率，也可通过调节光束扫描速率实现。实践证明存在一个热输入与线质量相匹配的区域，只有在这个区域内才有可能获得与母材冶金结合良好的堆焊层。同样可通过调节堆焊热输入和送粉线质量，以获得较低的稀释率、较高的粉末利用率和所需的堆焊层尺寸。

45.8　摩擦堆焊

摩擦堆焊是利用堆焊材料与母材之间的相对运动所产生的摩擦热为热源，将堆焊材料转移到母材表面形成堆焊层的工艺方法。堆焊环形焊缝时，堆焊材料和堆焊件均绕几何轴线做旋转运动；在平板上堆焊直焊缝时，工件不动，堆焊材料（棒状）作旋转和直线运动。平板上堆焊直焊缝的摩擦堆焊方法更具实用价值。

摩擦堆焊示意图如图45-6所示，棒状堆焊材料旋转并与母材表面接触，依靠接触面摩擦所产生的热使结合面两侧的材料达到热塑性状态，此时施加顶锻压力实现堆焊金属与母材的连接，与此同时堆焊件沿堆焊方向直线运动，以形成连续堆焊层，堆焊层厚度范围为1.0~2.0mm。摩擦堆焊的加热过程经过初始摩擦、不稳定摩擦、稳定摩擦及热塑性层形成等阶段，持续时间取决于堆焊材料的直径、转速、摩擦正压力、堆焊材料及母材的热物理参数等。而堆焊层的质量主要取决于堆焊材料的转速、堆焊材料与母材间的横向运动速度、堆焊材料与母材间的压力。

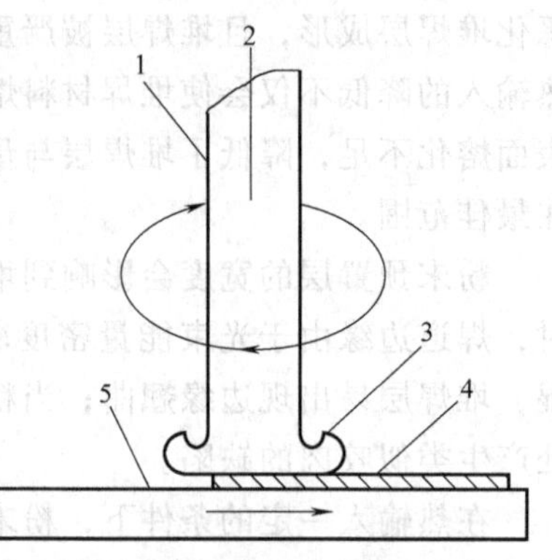

图 45-6 摩擦堆焊示意图

1—旋转的堆焊材料 2—轴向载荷
3—塑性层 4—堆焊层 5—母材

摩擦堆焊过程不产生烟尘和飞溅，能量利用率较高，是一种高效、清洁的先进堆焊方法。与常规堆焊技术相比，摩擦堆焊可以用于异种材料间的堆焊，堆焊层是由强烈的热锻造作用形成的固相组织，因而可以避免熔化堆焊时容易产生的冶金缺陷；堆焊层的成分几乎不被摩擦稀释，因而可以得到洁净、致密、晶粒细小、力学性能优良、表面平整的堆焊层，一般只需去除厚度0.1mm左右即可获得光洁的工作表面。

摩擦堆焊同样可以通过多道搭接工艺获得大面积堆焊层。在多道搭接堆焊时，相邻两焊道的搭接区易产生未焊透缺陷，选择合适的搭接量可以避免未焊透。焊道之间的良好连接不能弥补堆焊层与母材之间的未焊合，但可以改善整个堆焊层表面的连续性，当对堆焊层的耐蚀性要求高的情况下，需要将未焊透的焊道边缘部分机加工切除后方可堆焊后续焊道，这样可以保证整个堆焊层与母材间实现均匀的冶金结合。另外，堆焊材料与母材间的相对横向运动会导致连续产生的堆焊层的高温区暴露在大气中，有可能将氧化物带入堆焊层，故根据堆焊材料的情况应当采取必要的气体保护措施。

第 8 篇

热处理表面工程技术

第46章

化学热处理

46.1 概述

为使钢件表面获得高的硬度，心部又具有高的韧性，或者需使钢件表面具有某些特殊的力学或物理、化学性能，仅用表面淬火及相应的回火往往难以达到目的。若零件表面要求高的耐蚀性、耐酸性和耐热性等性能，用表面淬火或其他热处理根本不可能达到（除非选用昂贵的高级材料）。此时，运用化学热处理可以赋予钢件所需的这些性能。

化学热处理是表面合金化与热处理相结合的一种工艺。它是将金属或合金件置于一定温度的活性介质中保温，使一种或几种元素渗入工件表层，以改变成分、组织和性能的热处理工艺。通过化学热处理不仅能够实现表面强化，而且在提高表面强度、硬度、耐磨性等性能的同时，保持了心部的强韧性，使钢件具有更高的综合力学性能，提高了工件的抗氧化性、耐磨性。

1. 化学热处理的目的

1）提高金属表面的强度、硬度和耐磨性，如渗氮可使金属表面硬度达到950~1200HV；渗硼可使金属表面硬度达到1400~2000HV等，从而使工件表面具有极高的耐磨性。

2）提高材料的疲劳强度，如渗碳、渗氮、渗铬等渗层中由于相变使体积发生变化，导致表层产生很大的残余压应力，从而提高疲劳强度。

3）使金属表面具有良好的抗黏着、抗咬合的能力和降低摩擦因数，如渗硫等。

4）提高金属表面的耐蚀性，如渗氮、渗铝等。

2. 化学热处理的特点

1）渗层与基体金属之间是冶金结合，结合强度很高，渗层不易脱落或剥落。

2）由于外部原子的渗入，通常在工件表面形成压应力层，有利于提高工件的疲劳强度。

3）通过选择和控制渗入的元素及渗层深度，可使工件表面获得不同的性能，以满足各种工况条件。

4）化学热处理通常不受工件几何形状的局限，并且绝大部分化学热处理具有工件变形小、精度高、尺寸稳定性好的特点。

5）所有化学热处理均可改善工件表面的综合性能。大多在提高力学性能的同时，还能提高表面层的耐蚀、抗氧化、减摩、耐磨、耐热等性能。

6）化学热处理后的工件实际上具有（表面-心部）复合材料的特点，可大大节约贵重的金属材料，降低成本，经济效益显著。

3. 化学热处理进行的必要条件

（1）基体金属和渗入元素所组成的二元或多元相图　除了表面涂覆和离子注入等处理方法外，基体金属和渗入元素所组成的二元或多元相图是化学热处理的依据。只有当渗入元素能溶入基体金属中或与基体金属形成化合物时，才能进行相应的化学热处理。例如 $Fe-Fe_3C$ 相图中 γ-Fe 可溶解较大量的碳（C 的质量分数最大为 2.11%），所以可以进行渗碳；又如 Fe-B 相图指出，铁可以与硼形成 Fe_2B 和 FeB 化合物，因此可以渗硼，并得到相应的化合物层；再如由 Cu-Zn 相图可知，锌不仅可溶解在铜中，而且随锌含量的增加会形成一系列的化合物，试验证明铜可以渗锌，而且随锌含量增加可得到黄铜的渗层和由铜与锌所形成的一系列化合物的渗层；然而 Cu-W 相图表明，这两种元素之间既不互溶，也不形成化合物，所以即使在高温下也不能实现铜的渗钨处理。总之，相图不仅指出了化学热处理的可能性，而且可以用来预计化学热处理后表面层的组成相。

（2）渗入元素与基体金属元素的相互作用　在预测多元共渗结果时，既要考虑到共渗介质内提供各种渗入元素的物质之间的相互作用，还必须研究每一渗入元素与基体金属的相互作用及各渗入元素在基体金属内扩散时的相互作用，参与形成扩散层的各元素之间的化学亲和力将影响共渗的结果。

（3）渗入元素在介质中具有较高的化学势　为了使可能渗入的元素由介质传递到工件表面，要求渗入元素在介质内的化学势必须高于基体金属内相应元素的化学势。它们之间的化学势差是实现渗入元素传递的驱动力。在其他条件相同的情况下，该化学势差越大通常有越高的渗速。例如渗碳时要求介质中碳的化学势（或碳势）高于工件表面上碳的化学势。若前者低于后者，则会出现脱碳。介质中某元素的化学势取决于其组成和温度。工件表面上某一元素的化学势则取决于化学成分和温度。为了使渗入元素从工件表面渗入基体以形成一定厚度的渗层，同样要求工件表面上渗入元素的化学势大于基体金属内该元素的化学势，这种化学势梯度是引起该元素由表面向内部扩散的驱动力。由于渗入元素的化学势与基体金属的化学成分和温度有关，所以化学成分不同的钢渗碳能力是不同的，例如硅、硼和铝可提高钢中碳的化学势，所以硅含量较高的钢渗碳后表面碳含量和渗层厚度都较小。又如向钢中渗入硼、硅或铝时，由于这些元素由表面渗入，提高了表面碳的化学势，所以在渗入这些元素的同时将引起碳由表向里扩散，造成渗层下面碳原子的富集。

上述三个条件是实现化学热处理的必要条件，为了使某一化学热处理有应用的价值，还要求有足够大的产生渗入元素的相界面，在工件表面上进行反应和一定的扩散速率，它们是实现化学热处理的充分条件，这关系到渗速和生产率。

46.2　渗碳

渗碳是指为了增加工件表层的含碳量并获得一定的碳浓度梯度，而将工件放在渗碳介质中加热并保温，使碳原子渗入表层的化学热处理工艺。渗碳赋予工件表层具有高碳钢淬火后的硬度和耐磨性，心部则具有低碳马氏体或临界区淬火组织的强韧性，有利于提高零件的承载能力和使用寿命。渗碳是典型的化学热处理工艺。因此，渗碳工艺被广泛应用于机械制造业。目前，渗碳方法有气体渗碳、液体渗碳、固体渗碳和特殊渗碳法。

常用渗碳钢中碳的质量分数为0.1%~0.25%，渗碳温度为900~950℃，渗碳层深与渗碳温度（T，单位为K）和渗碳时间（t，单位为h）的关系通常可采用Harris公式进行近似计算：

$$\delta = 660\exp(-8287/T)\sqrt{t}$$

而渗碳工艺中碳势的测定、控制和调节，对保证渗碳质量和提高渗碳速度有着非常重要的影响。目前，碳势的测定和控制可采用露点仪、CO_2红外仪、氧探头及电阻法等。

部分渗碳钢渗碳处理前要先进行正火或调质处理，渗碳后工件则均需进行淬火和低温回火（150~200℃）处理。至于零件非渗碳表面可采用防渗镀铜层、涂料防渗法，或采用增大加工余量法进行防渗处理。

46.2.1 气体渗碳

1. 滴注式气体渗碳

气体渗碳是最常用的渗碳方法，它是向密封的炉罐中通入能够分解出碳原子的介质，形成渗碳气氛，对工件进行渗碳的工艺。气体渗碳炉内要求保持一定的正压，并装有风扇使炉内气氛均匀，以便准确地控制碳势。

气体渗碳介质及工艺方法很多，其中滴注式气体渗碳是把含碳有机液体滴入或注入气体渗碳炉炉膛内，使之受热裂解，析出活性炭原子渗入工件进行渗碳的。滴注式气体渗碳主要应用于井式炉小批量生产。

作为渗碳剂要求具有产气量大，碳当量较小，碳氧原子数比大于1，气氛中CO的含量稳定，价格低廉，货源丰富，安全性好的特点。常用有机液体渗碳剂的性能见表46-1。

表 46-1 常用有机液体渗碳剂的性能

名称	分子式	相对分子质量	密度(20℃)/(g/mL)	沸点/℃	闪点/℃	着火温度/℃	渗碳反应式	碳当量/g	碳氧摩尔比	产气量/(m^3/kg)
甲醇	CH_3OH	32	0.7924	64.5	11	463.9	$CH_3OH \rightarrow CO+2H_2$	—	1	—
乙醇	C_2H_5OH	46	0.7854	78.4	13	422.7	$C_2H_5OH \rightarrow [C]+CO+3H_2$	46	2	1.95
丙酮	CH_3COCH_3	58	0.7920	56.5	−19	539	$CH_3COCH_3 \rightarrow 2[C]+CO+3H_2$	29	3	1.54
异丙醇	$(CH_3)_2CHOH$	60	0.7863	82.4	12	399	$C_3H_7OH \rightarrow 2[C]+CO+4H_2$	30	3	1.87
乙酸甲酯	CH_3COOCH_3	74	0.9248	54.5	−11	454	$CH_3COOCH_3 \rightarrow [C]+2CO+3H_2$	74	1.5	1.56
乙酸乙酯	$CH_3COOC_2H_5$	88	0.901	77.1	−5	524	$CH_3COOC_2H_5 \rightarrow 2[C]+2CO+4H_2$	44	2	1.53
甲酸	CHOOH	46	1.2178	110.8	69	601.2	—	—	0.5	—
煤油	$C_{11}\sim C_{17}$	—	0.81~0.84	155~330	28	435	—	14.2	—	—
苯	C_6H_6	78	—	—	—	—	$C_6H_6 \rightarrow 6[C]+3H_2$	12	—	0.933
甲苯	C_7H_8	92	—	—	—	—	$C_7H_8 \rightarrow 7[C]+4H_2$	13.1	—	0.974

为了控制工件表面的含碳量，有时可向炉内同时滴入两种有机液体：一种（如甲醇、乙醇）分解后产生渗碳能力较差、还原能力较强的稀释气，在渗碳初期排除炉内空气，并保持炉内正压；另一种（如煤油、丙酮）则形成渗碳能力较强的富化气。调整两种流体的比例，可使工件表面含碳量控制在预定范围内。各种介质的具体滴入数值，应根据炉子大

小、钢材成分、所需渗层深度等因素，由试验加以确定。

滴注式气体渗碳时，炉气的碳势取决于有机液滴的组成、分解温度及滴入炉内的量。

以煤油-甲醇滴注式通用气体渗碳为例，其工艺如图46-1所示。图中 q 为按渗碳炉功率计算的渗剂滴速。

$$q=f_1P$$

式中 f_1——单位功率所需滴速，可取 $f_1=0.13\text{mL}/(\text{min}\cdot\text{kW})$；

P——渗碳炉功率（kW）。

图中 Q 为按工件有效吸碳表面积计算的渗碳剂滴速。

$$Q=f_2NS$$

式中 f_2——单位吸碳表面所需滴速，取 $f_2=1\text{mL}/(\text{min}\cdot\text{m}^2)$；

N——装炉工件数；

S——每工件的有效吸碳表面积（m^2）。

炉温在880℃以下时，用甲醇排气，迅速排除氧化性气体；炉温高于880℃后滴入煤油，迅速提高炉气碳势，既可防止炭黑出现，又加速了渗碳过程。不同渗碳温度下的强渗时间 t 可根据所要求的渗层深度确定，见表46-2。

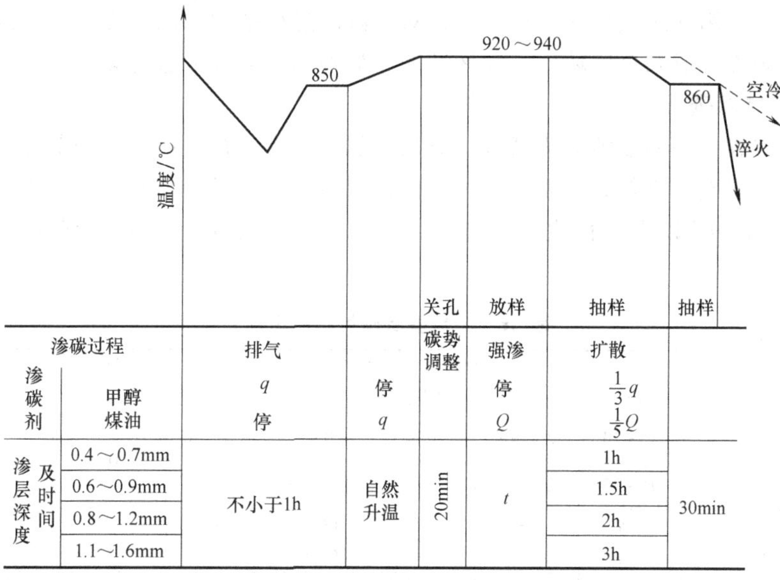

图46-1 煤油-甲醇滴注式通用气体渗碳工艺

表46-2 不同渗碳温度和渗层深度所需强渗时间

渗碳温度/℃	渗层深度/mm			
	0.4~0.7	0.6~0.9	0.8~1.2	1.1~1.6
	强渗时间/h			
920±10	40min	1.5	2.0	2.5
930±10	30min	1.0	1.5	2.0
940±10	20min	30min	1.0	1.5

图46-1所给出的扩散时间是指渗碳时的高温扩散时间，如采用降温淬火，则扩散时间应在此基础上加上降温时间及0.5h的保温时间。

2. 吸热式气氛渗碳

吸热式气氛通常是在吸热型发生器内通过不完全燃烧反应形成的气体，即以一定比例的原料气和空气混合，通过内部装有催化剂、外部加热的反应罐，经吸热反应制备的气氛，其主要成分为 CO、H_2、N_2及微量的 CO_2、H_2O、CH_4、O_2等；而原料气一般用天然气、城市煤气、丙烷、丁烷等碳氢化合物。几种常见吸热式气氛的组成见表 46-3。

表 46-3　几种常见吸热式气氛的组成

原料气	混合气（空气与原料气体积比）	炉气组分(体积分数,%)						
		CO_2	O_2	H_2O	CH_4	CO	H_2	N_2
天然气	2.5	0.3	0	0.6	0.4	20.9	40.7	余量
城市煤气	0.4~0.6	0.2	0	0.12	0~1.5	25~27	41~48	余量
丙烷	7.2	0.3	0	0.6	0.4	24.0	33.4	余量
丁烷	9.6	0.3	0	0.6	0.4	24.2	30.3	余量

吸热式气氛渗碳工艺主要用于连续式作业炉和密封式箱式炉。用吸热式气氛做载气的渗碳过程中，必须加入富化气以提高渗碳能力，而富化气可以是甲烷或丙烷。

当原料气成分稳定时，吸热式气氛中 CO 和 H_2 的含量基本恒定，这时只测定单一的 CO_2含量与 O_2 含量便可确定炉气碳势，即可用 CO_2 用红外仪、露点仪或氧探头来进行单参数测量与控制。当用连续式作业炉渗碳时，对应渗碳过程中的加热、渗碳、扩散和预冷淬火四个阶段，把炉膛分成四个区域，不同区域的碳势不同，应分区进行碳势控制。

3. 氮基气氛渗碳

氮基气氛渗碳是一种以纯氮为载气，添加碳氢化合物进行气体渗碳的节能、经济的工艺方法。氮基气氛渗碳与吸热式气氛渗碳相比能使天然气消耗量降低约 85%（体积分数），热处理成本降低约 50%以上，且生产安全、无毒、无环境污染。氮基渗碳气氛的组成见表 46-4。

表 46-4　氮基渗碳气氛的组成

序号	原料气	炉气组分(体积分数,%)					露点/℃	备　注
		CO	H_2	CH_4	CO_2	N_2		
1	N_2+甲醇+富化气	15~20	35~45	0.3	0.4	余 37~47	0	Endomix 法(美) UCAR(美) ALNAT-C 法(法)
		18~23	27~45	—	0.1~0.3	—		
2	N_2+C_3H_8（或 CH_4）	0.4	—	15	0.024	余	0	渗碳扩散 $\varphi(CH_4)=0$
		0.1	—	—	0.01	—		
3	N_2+C_3H_8+空气	4~6	8~10	0.8~1.5	0.04~0.1	≈85	-40~-20	NCC 系统(英)
	N_2+CH_4+CO_2	2~4	10~12	3~5	0.02~0.6	≈80		CAP 系统(美)
4	N_2+碳氢化合物+H_2	15~20	40~50	2~5	0.12	35~40	-6.7	—

氮基气氛渗碳时常通过调节富化气的加入量来控制炉气碳势的高低，其渗碳工艺与吸热式气氛渗碳大致相当。氮基气氛已成功地代替了吸热式气氛，省去了吸热式气体的发生装置，使滴注式气体渗碳方法可推广到连续式作业炉的大批量生产中。

4. 高压气体渗碳

提高炉内正压，有利于渗碳过程的进行，故可在 980~3920kPa 的气压下，于 950℃时向渗碳罐内通入渗碳气体，如木炭发生气等。由于高压对渗碳的促进作用，可在 5h 内得到 0.8~1.8mm 的渗碳层深度。

46.2.2 固体渗碳

1. 普通固体渗碳

普通固体渗碳是最古老的渗碳方法，它是将工件置于填充固体渗碳剂的渗箱（由低碳钢、渗铝碳钢或耐热钢铸造或焊成）内，箱盖用耐火泥密封，然后置于炉中加热来进行渗碳热处理的方法。

普通固体渗碳剂应具备活性高、强度高、体积收缩小、导热性好、密度小、灰分和有害杂质少、使用寿命长、经济性好及资源丰富等特性。常用的固体渗碳剂为木炭、焦炭或碳化硅并加入一些催渗剂，如 $BaCO_3$、Na_2CO_3、$CaCO_3$、CH_3COONa_2等，其成分见表 46-5。

表 46-5 常用固体渗碳剂

序号	渗碳剂	质量分数(%)	使用情况
1	$BaCO_3$	3~5	20CrMnTi,930℃渗碳 7h,层深 1.33mm,表面的 w(C)为 1.07% 用于低合金钢时,新旧渗碳剂质量比为 1/3,用于低碳钢,$w(BaCO_3)$应增加 15%
	木炭	95~97	
2	$BaCO_3$	15	新旧渗碳剂的质量比为 3/7,920℃渗碳,层深 1.0~1.5mm,平均渗碳速度为 0.11mm/h,表面的 w(C)= 1.0%
	$CaCO_3$	5	
	木炭	余量	
3	$BaCO_3$	3~4	可用于 18Cr2Ni4WA 和 20Cr2Ni4A 用于 12CrNi3 钢时,$w(BaCO_3)$需增至 5%~8%
	Na_2CO_3	0.3~1	
	木炭	余量	
4	$BaCO_3$	10	新旧渗碳剂的质量比为 1/1
	Na_2CO_3	3	
	$CaCO_3$	1	
	木炭	余量	
5	$BaCO_3$	10~15	新旧渗碳剂的质量比为 1/3~3/7,$w(BaCO_3)$= 5%~7%
	$CaCO_3$	3.5	
	煤的半焦炭	余量	
6	CH_3COONa	10	由于含醋酸钠(或醋酸钡),渗碳活性较高,速度较快,但容易使表面碳含量过高;因含焦炭,渗剂热强度高及抗烧损性能好
	焦炭	30~35	
	木炭	55~60	
	重油	2~3	

工件装箱时，先在箱底铺一层 25~30mm 的渗碳剂，并捣实，工件之间和箱壁之间也要留出 15~25mm 的距离并轻轻地捣实。等最上面一批工件放好后应在其上面铺一层 30~50mm 厚的渗碳剂，捣实后盖上箱盖，沿盖缝和边上都用耐火泥密封。渗碳剂可以多次使用，但同一渗碳剂连续使用三次之后，会减弱其渗碳能力。故常需在旧渗碳剂中加入 20%~30%（质量分数）新的渗碳剂。

渗碳时炉温升到 800~850℃时应保温一段时间，以使渗箱透烧，然后再继续加热到渗碳温度 900~950℃。渗碳保温时间则根据需要的渗碳层深度而定，通常取平均速度为 0.1~0.15mm/h。固体渗碳的优点是简单、实用、成本低，缺点是劳动强度大，渗剂粉尘污染环境，渗碳速度慢，生产率低，质量难以控制，故适用于单件、小批量生产。

2. 分段固体渗碳

为了简化固体渗碳后的热处理工艺，可采用如图 46-2 所示的分段固体渗碳工艺曲线进行渗碳处理。该工艺方法的特点是在正常渗碳温度（930±10)℃下保温，以取得所需渗层的下限深度，将炉温降至850℃，保温一段时间，通过扩散来适当降低表面含碳量。对于本质细晶粒钢，只要在分段降温阶段无网状渗碳体析出，就可免去正火工序，或可实现分段渗碳后直接淬火。

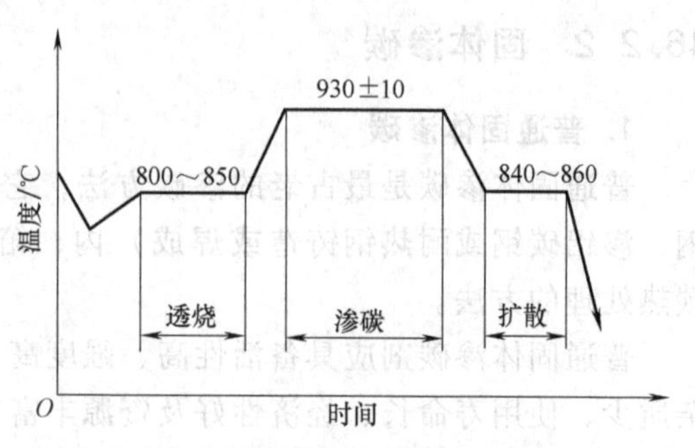

图 46-2　分段固体渗碳工艺曲线

46.2.3　膏剂渗碳

1. 普通膏剂渗碳

普通膏剂渗碳是工件涂以膏剂渗碳剂进行渗碳的工艺。它是将碳粉、碳酸盐和黄血盐等用水玻璃、机油或桃胶水溶液等调匀成膏状，涂于工件表面，所涂膏剂的厚度同所需要渗碳层的深度以及工件的形状、大小有关。一般渗层厚度为0.6～1.5mm时，膏剂的厚度为3～4mm，而渗层厚度为1.5～2.0mm时，膏剂厚度>4.5mm。涂上膏剂的工件，应在100～120℃的温度下烘干10～20min，然后放到渗碳箱内，并进行密封。随后冷炉加热到渗碳温度后保温一定时间即可得到一定厚度的渗碳层。

常用渗碳膏剂成分有以下三种：

1）w(C)=64%，$w(Na_2CO_3)$=6%，$w(CH_3COONa)$=6%，$w[K_4Fe(CN)_6]$=12%，w(面粉)=12%。利用这种膏剂渗碳，在920℃保温15min，可获得厚度为0.25～0.30mm的渗层，淬火后表面硬度为56～62HRC。

2）w(C)=30%，$w(Na_2CO_3)$=3%，$w(CH_3COONa)$=2%，w(废机油)=25%，w(柴油)=40%。用此膏剂于920～940℃保温1h渗碳，可获得厚度为1.0～1.2mm的渗层。

3）w(C)=55%，$w(Na_2CO_3)$=30%，w(草酸钠)=15%。在950℃下，1.5h渗碳后可渗层深0.6mm，2h为0.8mm，3h为1.0mm。表面w(C)为1.0%～1.2%，淬火后硬度为60HRC。

普通膏剂渗碳时间短，不致使晶粒长大，可直接淬火，比较经济，并容易实现局部渗碳。但表面含碳量及层深稳定性较差，适用于单件和小批量生产。

2. 高频加热膏剂渗碳

高频加热膏剂渗碳是将渗碳膏剂涂于工件表面，然后用高频加热进行渗碳热处理的方法。由于高频加热速度快且温度高，故可在几分钟内获得所需的渗层厚度。如在1200℃下，对含木炭膏剂加热1min，便可获得厚度为0.46mm的渗层，淬火后硬度可达62HRC。

但是也正因为渗碳速度快，带来高频加热膏剂渗碳层深度和含碳量均难以控制的问题，所以仅适用于形状简单的杆状零件的渗碳处理。

46.2.4　液体渗碳

液体渗碳是在液体介质（熔盐）中渗碳的工艺，也称盐浴渗碳。液体渗碳的盐浴由渗碳剂和中性盐组成，前者主要起渗碳作用，后者起调整盐浴密度、熔点和流动性的作用。液体渗碳按所使用液体介质不同，分为SiC液体渗碳、氰化盐液体渗碳、603液体渗碳和无毒盐浴渗碳等。

液体渗碳的特点：①加热和渗入速度快，周期短，如在900℃进行渗碳，当渗碳层深为0.9～1.0mm时，固体渗碳需8～9h，且还需大量的辅助时间，而液体渗碳仅需3～4h；②工件在盐浴中渗碳，渗层均匀，变形较小；③渗碳过程中易于控制温度和时间，易保证渗碳质量；④工件渗碳后，可以直接淬火，可减少工序，节约能源。液体渗碳的缺点是仅适用于小批量或单件生产，对于尺寸过大、过小及细长的零件难以采用液体渗碳工艺。

液体渗碳盐浴组成和使用效果见表46-6。

46.2.5　盐浴渗碳

1. 氰化盐浴渗碳

氰化盐浴渗碳是以氰化钠或氰化钾为渗碳剂的渗碳工艺。由于其产品质量好，生产效率高，故早期氰化盐浴渗碳应用较广泛。常用盐浴成分为：

$$w(NaCN)10\%\sim23\%+w(BaCl_2)0\%\sim40\%+w(KCl)0\%\sim25\%+$$
$$w(NaCl)20\%\sim40\%+w(Na_2CO_3)30\%$$

氰化盐在高温下的化学反应如下：

$$2NaCN+BaCl_2\rightarrow2NaCl+Ba(CN)_2$$
$$Ba(CN)_2\rightarrow BaCN_2+[C]$$
$$BaCN_2+Na_2CO_3\rightarrow BaO+2NaCNO$$

渗碳时应严格控制温度。对于渗层薄而变形要求较严格的工件采用850~900℃，而对于渗层较厚的工件采用90~95℃的渗碳温度。为了使盐浴温度均匀、减少热量散失和盐浴蒸发烧损，最好在盐浴的表面撒一层石墨粉。其次应保证盐浴的活性，故必须定期翻新盐浴。操作时还应防止氰盐爆炸、挥发和熔盐外溢。

由于氰盐有剧毒，对操作者的健康影响大，废盐、污气的处理也很复杂，近年来已逐渐为低氰或无氰盐浴渗碳所代替。

2. 低氰盐浴渗碳

将氰盐的质量分数控制在10%以内的低氰盐浴渗碳配方为：

$$w(NaCN)4\%\sim6\%+w(BaCl_2)80\%+w(NaCl)14\%\sim16\%$$

低氰盐浴控制较容易，渗碳速度快，工件表面碳量稳定。如20CrMnTi，20Cr钢等齿轮零件920℃渗碳3.5~4.5h，深度>1.0mm，表面最高碳的质量分数为0.83%~0.87%。

3. 603盐浴渗碳

603液体渗碳剂是上海热处理厂于1960年3月研制成功的，故命名为603。其配方为：

$$w[(NH_2)_2CO]20\%+w(Na_2CO_3)15\%+w(KCl)10\%+w(NaCl)5\%+w(C)50\%$$

603渗碳剂在高温下的化学反应如下：

$$Na_2CO_3+C\rightarrow Na_2O+2CO$$
$$3(NH_2)_2CO+Na_2CO_3\rightarrow2NaCNO+4NH_3+2CO_2$$
$$4NaCNO\rightarrow2NaCN+Na_2CO_3+CO+2[N]$$
$$2CO\rightarrow CO_2+[C]$$

603盐浴成分本身无毒，但在分解后含有少量氰根（CN），w(NaCN) 可达0.5%，故操作时仍应注意。

603盐浴渗碳的使用温度为920~940℃，在该温度下，渗碳2~3h可获得0.9~1.2mm的渗层，而且在相同温度下渗碳，603的渗碳速度及质量不低于氰化钠或黄血盐。此外，渗碳层分布较理想，自表及里深度是逐渐下降的，因此工件渗碳后的疲劳强度较用氰化盐时的高。

表 46-6 液体渗碳盐浴组成和使用效果

<table>
<tr><th rowspan="2">序号</th><th colspan="3">盐浴组分(质量分数,%)</th><th rowspan="2">主要化学反应</th><th rowspan="2">使用效果</th></tr>
<tr><th>组成物</th><th>新盐成分</th><th>盐浴控制成分</th></tr>
<tr><td rowspan="3">1</td><td>NaCN</td><td>4~6</td><td>0.9~1.5</td><td rowspan="3">$2NaCN + BaCl_2 \rightarrow 2NaCl + Ba(CN)_2$; $Ba(CN)_2 \rightarrow BaCN_2 + [C]$</td><td rowspan="3">与其他盐浴相比,该盐浴较易控制,渗碳工件表面碳含量稳定,例如:20CrMnTi、20Cr 钢,920℃渗碳 3.5~4.5h,表面最高碳的质量分数为 0.83%~0.87%</td></tr>
<tr><td>$BaCl_2$</td><td>80</td><td>68~74</td></tr>
<tr><td>NaCl</td><td>14~16</td><td>—</td></tr>
<tr><td rowspan="4">2</td><td>603 渗碳剂[1]</td><td>10</td><td>2~8(碳)</td><td rowspan="4">1) $Na_2CO_3+C \rightarrow Na_2O+2CO$
$2CO \rightleftharpoons CO_2+[C]$
2) $3(NH_2)_2CO+Na_2CO_3 \rightarrow 2NaCNO+4NH_3+2CO_2$
$4NaCNO \rightarrow 2NaCN+Na_2CO_3+CO+2[N]$
(盐浴中 NaCN 的质量分数为 0.5%~0.9%)</td><td rowspan="4">该盐浴原料无毒,在 920~940℃时,装炉量为盐浴总重的 50%~70%,20 钢渗碳试样的渗碳深度如下<table><tr><th>保温时间/h</th><th>渗层深度/mm</th></tr><tr><td>1</td><td>>0.5</td></tr><tr><td>2</td><td>>0.7</td></tr><tr><td>3</td><td>>0.9</td></tr></table></td></tr>
<tr><td>KCl</td><td>40~45</td><td>40~45</td></tr>
<tr><td>NaCl</td><td>35~40</td><td>35~40</td></tr>
<tr><td>Na_2CO_3</td><td>10</td><td>2~8</td></tr>
<tr><td rowspan="4">3</td><td>渗碳剂[2]</td><td>10</td><td>5~8(碳)</td><td rowspan="4">$Na_2CO_3+C \rightarrow Na_2O+2CO$
$2CO \rightarrow CO_2+[C]$</td><td rowspan="4">920~940℃时渗碳速度如下<table><tr><th rowspan="2">渗碳时间/h</th><th colspan="3">渗碳层深度/mm</th></tr><tr><th>20</th><th>20Cr</th><th>20CrMnTi</th></tr><tr><td>1</td><td>0.3~0.4</td><td>0.55~0.65</td><td>0.55~0.65</td></tr><tr><td>2</td><td>0.7~0.75</td><td>0.9~1.0</td><td>1.0~1.10</td></tr><tr><td>3</td><td>1.0~1.10</td><td>1.4~1.5</td><td>1.42~1.52</td></tr><tr><td>4</td><td>1.28~1.34</td><td>1.56~1.62</td><td>1.56~1.64</td></tr><tr><td>5</td><td>1.40~1.50</td><td>1.80~1.90</td><td>1.80~1.90</td></tr></table>表面碳的质量分数为 0.9%~1.0%</td></tr>
<tr><td>NaCl</td><td>40</td><td>40~50</td></tr>
<tr><td>KCl</td><td>40</td><td>33~43</td></tr>
<tr><td>Na_2CO_3</td><td>10</td><td>5~10</td></tr>
<tr><td rowspan="3">4</td><td>Na_2CO_3</td><td colspan="2">78~85</td><td rowspan="3">$2Na_2CO_3+SiC \rightarrow Na_2SiO_3+Na_2O+2CO+[C]$</td><td rowspan="3">880~900℃渗碳 30min,总渗层深为 0.15~0.20mm,共析层为 0.07~0.10mm,硬度为 72~78HRA</td></tr>
<tr><td>NaCl</td><td colspan="2">10~15</td></tr>
<tr><td>SiC
(粒度 26~50μm)</td><td colspan="2">6~8</td></tr>
</table>

① 603 渗碳剂组分(质量分数)为:NaCl5%,KCl10%,$Na_2CO_3$15%,$(NH_2)_2CO$20%,木炭粉 0.154mm(100 目)5%。

② 渗碳剂组分(质量分数)为:木炭粉 0.280~0.154mm(60~100 目)70%,NaCl30%。

4. 碳化硅盐浴渗碳

碳化硅盐浴渗碳是以碳化硅为活性物质的渗碳工艺，其渗碳介质的组成为：

$$w(Na_2CO_3)75\%+w(NaCl)15\%+w(SiC)10\%$$

在高温下盐浴中的化学反应为

$$2Na_2CO_3+SiC \rightarrow Na_2SiO_3+Na_2O+2CO+[C]$$

$$2CO \rightarrow CO_2+[C]$$

反应生成的活性炭原子渗入钢表面，而生成的 Na_2SiO_3 和 Na_2O 作为渣子浮在熔盐表面，应不断进行清除，故应经常补充碳酸钠与碳化硅以保证盐浴活性和化学成分的平衡。但纯碳化硅价格高，常用 $w(SiC)55\%$以上的金刚砂来替代，粗细应适中，通常为 355~700μm。

渗碳时，为保证质量，渗碳温度应严格控制监测，一般控制在 840~900℃。例如，在880~900℃，渗碳 30min，总层深 0.15~0.2mm，共析层 0.07~0.10mm，硬度 72~78HRA。为得到较深的渗层可添加 NH_4Cl。工件取出淬火时，最好淬入油中。

5. 无毒盐浴渗碳

无毒盐浴渗碳首先是国外开发研制的，无论在原料或在反应产物中均无氰盐或氰根，没有毒性，对人的健康及环境危害小，操作、使用较方便。碳化硅盐浴渗碳也属于无毒盐浴渗碳的一种。

这种盐浴大都用木炭粉、石墨粉、碳化硅、碳化钙等做渗碳剂，用 NaCl、KCl、Na_2CO_3、K_2CO_3等中性盐做基本盐浴。几种无毒液体渗碳盐浴的成分配比见表 46-7。

表 46-7 几种无毒液体渗碳盐浴的成分配比

序号	组分(质量分数,%)						备 注
	SiC	NaCl	KCl	Na_2CO_3	K_2CO_3	NH_4Cl	
1	—	24	37	39	—	—	外加总量 10%(质量分数)的石墨
2	—	13	19	38 ($BaCl_2$)	30 ($BaCO_3$)	—	外加总量 10%(质量分数)的石墨
3	15(木炭)	25	25	—	35	—	—
4	—	40	40	10	—	—	w(渗碳剂)为 10%[成分为 w(木炭粉)70%+w(NaCl)30%]
5	15	25	25	—	35	—	—
6	11~15	5~8	—	—	72~74	7~8	工件表面有腐蚀,工作时盐浴表面易结壳

盐浴在高温下的化学反应如下：

$$MeCO_3 \rightarrow MeO+CO_2$$

$$SiC+CO_2 \rightarrow Si+2CO$$

$$C+CO_2 \rightarrow 2CO$$

$$2CO \rightarrow CO_2+[C]$$

无毒盐浴渗碳温度若为 920~940℃，经 2~3h 可得渗碳深度：20 钢为 0.7~1.1mm，20Cr 和 20CrMnTi 钢为 0.9~1.5mm。

6. 通气盐浴渗碳

向无毒渗碳盐浴中吹入空气、一氧化碳或丙烷，可使盐浴成分和温度更加均匀并提高盐浴活性，加速渗碳过程。例如，在 $w(NaCl)24\%+w(KCl)37\%+w(Na_2CO_3)39\%$的混合盐浴

中加入总量 w(石墨)10%，使用渗碳温度为 800~900℃，且通入流量为 2L/min 的丙烷气体，渗碳速度可达 0.15~0.2mm/h，适合于薄层渗碳。

7. 超声波盐浴渗碳

向渗碳盐浴中施加 15kHz 的超声波，可促使含碳组分热分解和离子化，增大碳原子扩散系数，并能有效去除氧化膜而使工件表面净化，加入碳原子的吸附和渗入。施加 15kHz 的超声波相当于提高渗碳温度 100℃，从而使渗碳深度≥2mm 成为可能，而又能避免因提高盐浴温度使熔盐剧烈蒸发的弊病。当渗碳层厚度一定时，施加超声波可将渗碳温度降低至淬火温度，使渗碳与淬火工序得以同时进行，而且渗碳时间也可缩短一半以上。

若将 15kHz 和 45kHz 超声波并用，效果更佳。渗碳初期施加 15kHz 超声波，可增加盐浴的活性，提高表面含碳量。然后改用 45kHz 超声波，可使扩散速度显著加快，从而缩短工艺周期，并能获得较深的渗层。

8. 高温盐浴渗碳

盐浴渗碳的一般规律是渗碳温度越高，所需时间越短，而渗层越深，但盐浴烧损越剧烈，炉衬及发热体寿命越短，钢的晶粒越粗大。

如果对 20CrMn、15CrMn 等细晶粒钢，在电极式盐浴炉中进行 1100℃高温渗碳 4h，可获得 4mm 层深（而 930℃普通盐浴渗碳 4h 层深仅 1mm）。如果渗层厚度一定，提高渗碳温度，渗碳时间缩短一半，设备能力可提高一倍。为了减少工件变形，可渗碳后空冷，然后重新加热淬火。

46.2.6 真空渗碳

1. 普通真空渗碳

普通真空渗碳是在真空炉中进行的一种高温气体渗碳工艺。由于渗碳温度可提高到 1030~1050℃或更高，真空对表面又有净化作用，从而使渗碳时间缩短到一般气体渗碳的 1/3~1/2，而且能够使不锈钢等难渗碳零件成功地实现渗碳。另外真空渗碳层深均匀性好，表面质量高，劳动条件好，但真空渗碳也存在设备复杂、投资大等问题。

一段式真空渗碳工艺曲线如图 46-3 所示。当炉温达到渗碳温度后，应保温一段时间（工件有效厚度每 25mm 保温 1h 的均热时间），以使工件各部位以及炉内各工件达到同一温度。均热结束后仍保持炉温不变并连续向炉内通入甲烷或丙烷等渗碳介质进行渗碳。使用甲烷时炉内压力为 $(26\sim47)\times10^3$Pa。渗碳层深达到要求时，停止渗碳介质的供给，在真空条件下进行扩散，以平缓渗层的含量。扩散处理后即可降温淬火，或经正火后再加热淬火+低温回火。一段式真空渗碳常用于形状较简单工件的外表面渗碳。

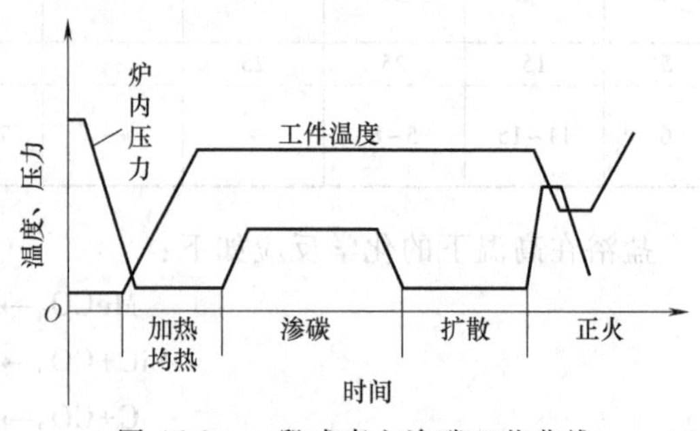

图 46-3 一段式真空渗碳工艺曲线

2. 脉冲式真空渗碳

将渗碳介质以脉冲形式送入真空炉内，即在均热结束后向炉内通入渗碳介质达到一定压力后停止渗碳介质供应，停止抽真空，保持炉内压力不变维持一定时间进行渗碳，然后抽真空使炉内废气排出和得到较高真空度（60Pa）。在这段时间内碳自工件表层向内层扩散。如此，送气、抽气交替进行，工件的渗碳、扩散不断进行，直至渗碳过程结束。脉冲式真空渗碳工艺曲线如图46-4所示。

脉冲式真空渗碳适用于复杂的工件，特别是可使工件的深凹处和小直径的不通孔内表面得到均匀的渗碳层。

3. 摆动式真空渗碳

摆动式与脉冲式真空渗碳不同之处是在每个周期的低压抽气段，并不把炉内渗碳气体全部抽出（压力维持在600Pa），在此阶段工件仍在渗碳。因而渗碳后需进行扩散处理，然后再进行淬火+低温回火。摆动式真空渗碳工艺曲线如图46-5所示。

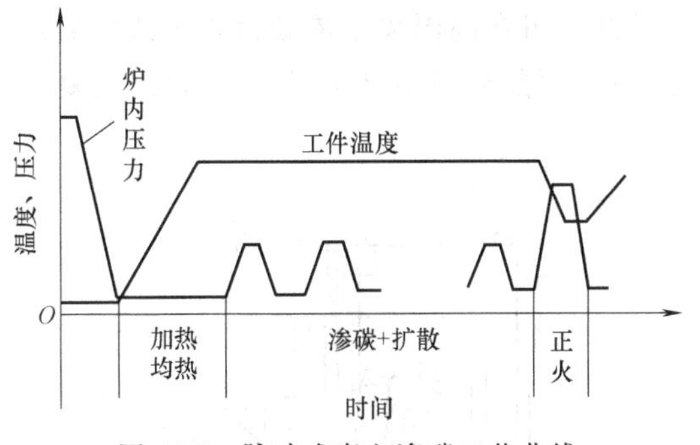

图46-4　脉冲式真空渗碳工艺曲线

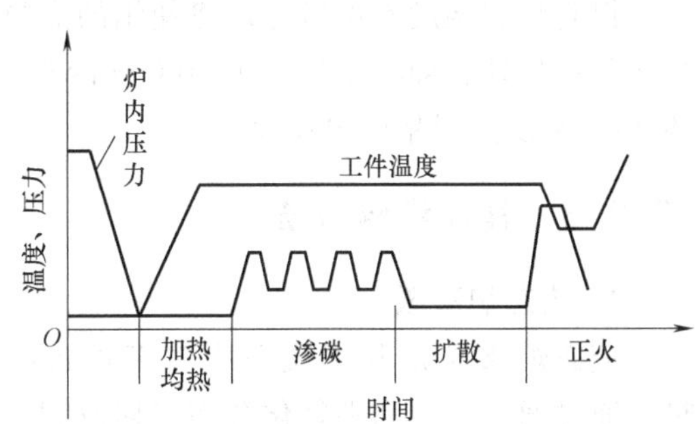

图46-5　摆动式真空渗碳工艺曲线

46.2.7　离子渗碳

1. 普通离子渗碳

普通离子渗碳也称等离子体渗碳。它是在真空状态下工件在含有碳氢化合物的气氛中加热，并在工件（阴极）和阳极之间加直流电压，产生辉光放电，形成等离子体，等离子体中的碳离子被加速轰向工件表面而进行的渗碳工艺。

普通离子渗碳通常不使用吸热型气体，而是直接通入由氩气或氮气稀释的甲烷或丙烷渗碳气体，而渗碳温度为900~950℃，并在0.13~2.6Pa的压力下进行渗碳。离子渗碳周期中包括抽真空→加热→渗碳→扩散→预冷到淬火温度，或冷却至临界点以下再重新加热到淬火温度，保温后高压气淬或淬油等阶段。

普通离子渗碳特点：

① 比普通气体渗碳的渗碳速度快，渗碳时间约为常规气体渗碳的1/2，比真空渗碳的也快。

② 能通过调整放电电流密度、气体压力等工艺参数，精确地控制渗碳层深度和表层含碳量。

③ 即使是形状复杂的工件也能获得均匀的渗层。

④ 不产生晶界氧化，表层组织得到改善，性能提高。

⑤ 工件表面光洁，变形小。

⑥ 节能，节气，运转成本低，仅为真空渗碳的63%，气体渗碳的50%。

2. 高温离子渗碳

将离子渗碳温度提高至1050℃，可进一步提高渗碳速度，易获得较深的渗碳层，缩短工艺时间，节约能源。表46-8为不同钢材高温离子渗碳的渗层厚度。

表46-8 不同钢材高温离子渗碳的渗层厚度 （单位：mm）

牌号 \ 工艺	1050℃×1h	1050℃×2h	1050℃×4h	1050℃×8h	1050℃×16h
20Cr2Ni4A	0.80	1.47	2.02	3.11	5.20
20CrNi2Mo	0.73	1.50	2.08	3.23	5.28
20CrMnTi	0.74	1.62	2.08	3.32	5.32
20CrMnMo	0.76	1.48	2.05	3.22	5.20
15CrNi3Mo	0.75	1.43	2.04	3.12	5.15
17CrNiMo6	0.82	1.52	2.13	3.18	

提高渗碳温度不可避免地将使钢的晶粒长大。因此，可在高温离子渗碳过程中或之后进行循环热处理，即将工件从1050℃气冷至临界点之下，再加热至临界点之上，如此往复循环2~3次以控制晶粒的长大。

46.2.8 其他渗碳方法

1. 流态炉渗碳

流态炉渗碳是利用流态床对工件进行加热，通过通入空气和碳氢化合物气体或利用可供碳的固体微粒如碳粉、石墨粉进行渗碳。

流态炉渗碳速度比普通气体渗碳快。950℃渗碳1h，可获得0.8~0.9mm深的渗层。这是因为流态床传热速度快，刚玉砂等对渗碳工件表面不断冲刷不仅可防止炭黑形成，使碳能更有效地传输给工件表面，且工件表面被刚玉砂撞击得以活化，从而使渗碳速度得以成倍地提高。流态炉渗碳的缺点是流态床中碳势不均匀，顶部碳势较低。

流态床渗碳炉如图46-6所示。

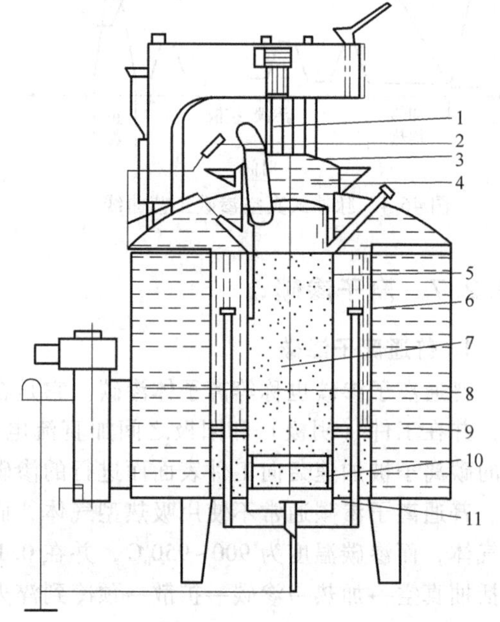

图46-6 流态床渗碳炉

1—通风口 2—点火孔 3—盖 4—砂封 5—炉罐 6—加热器 7—流化床 8—汽化器 9—绝热体 10—耐火陶粒 11—扩散板

2. 稀土催化渗碳

将稀土元素加入到渗碳介质中能显著提高渗碳速度，缩短工艺周期。而且稀土催渗可显著改善渗碳层的组织结构，易在渗碳层表面获得细小弥散分布的颗粒状碳化物，基体的奥氏体晶粒度可达11~13级，马氏体为细小板条状，从而提高渗碳零件的耐磨性和疲劳强度，延长其使用寿命。稀土元素的选用和添加量应根据渗碳钢种和渗碳工艺条件而定。

由于稀土元素的催渗作用可使渗速加快、缩短渗碳时间、节约电能外，还可将渗碳温度从常规的930℃降至860℃左右，这对获得细晶组织、减小变形是有利的。

稀土对20CrMnTi钢气体渗碳渗层深度的影响如图46-7所示。

3. 高温渗碳

渗碳是用来形成较厚处理层的处理方法，因此工艺周期较长，从几十小时到上百小时。

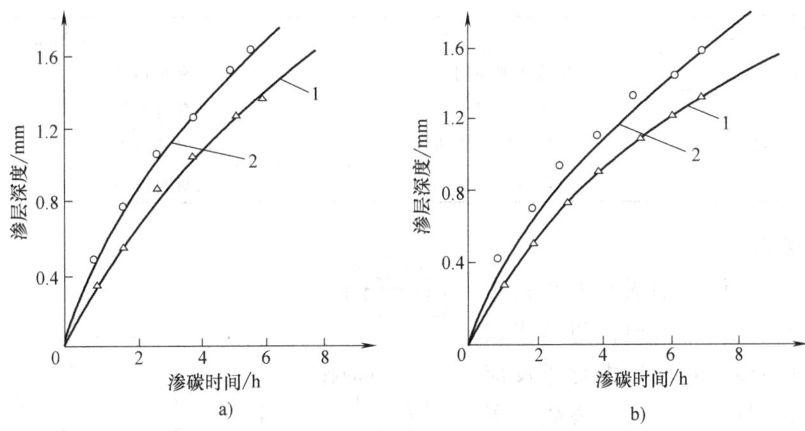

图 46-7　稀土对 20CrMnTi 钢气体渗碳渗层深度的影响

a）920℃渗碳　b）880℃渗碳

1—无稀土　2—加稀土

渗碳不仅能耗高，而且生产效率较低。提高渗碳温度可以有效地缩短渗碳处理周期。例如，把渗碳温度由 930℃提高到 1150℃可以减少 40%~50%的工艺周期。受到加热元件和耐热材料的限制，高温渗碳很难在电阻炉中实现，但真空炉低压渗碳技术为高温渗碳创造了条件。高温渗碳在日本已应用于工业规模的处理，特别适用于有效深度要求大于 0.9~1.0mm 的渗碳工件。晶粒长大和淬火变形是目前制约高温渗碳技术应用的主要障碍。美国西北大学正在发展一种新颖的将工艺与材料优化结合的计算材料设计方法以防止在快速高温渗碳（>700℃）时晶粒的快速长大。另一个研究目标是开发一类热稳定性高、使用寿命长的用于制造业各领域的表面硬化的工具钢及模具钢，从而使渗碳热处理周期缩短 50%以上。

减少淬火变形可以通过适当的预热、加热技术以及尽可能降低淬火冷却介质的冷却速度来达到。高压气淬是一种能够非常有效地减少淬火变形的技术。法国在这方面取得了很大的成功，他们所发展的技术的核心是应用淬透性比较高的中、高合金钢，以降低气淬时的压力和冷却速度，从而减少淬火变形。

4. 乙炔低压渗碳

低压渗碳或真空渗碳一般用丙烷作为渗碳介质。但是，丙烷在 600℃以上时会极快地分解成碳、氢和甲烷而不需要任何催化介质。因此丙烷气体也会在工件四周的空间分解而在热的炉腔内形成炭黑。同时，在炉内装料较多时或工件带有深不通孔时碳很难均匀地进入到工件表面。上述问题可以用脉冲丙烷气及增加丙烷气的速度来得到一定程度的缓解，但问题并未解决。

从 20 世纪 90 年代开始，科技工作者研究用乙炔替代丙烷以从根本上解决上述问题。这是因为乙炔具有高的供碳能力，但其分解只在金属表面的催化下进行。因此即使是在 10MPa 以上的压力下也可以实现在装炉量很大或零件具有深不通孔时的均匀渗碳而不产生炉内炭黑。

低压渗碳的优点见表 46-9。

表 46-9　低压渗碳的优点

技　术	经　济	环境能源
宽的处理温度范围	短的处理周期	没有热辐射
无氧化，表面光亮	高的生产率	没有有害气体
处理层均匀，重复性好	不需要表面清洁	低能源消耗
淬火变形小	处理后磨削量小	低材料损耗

5. 电解渗碳

在被处理的工件（阴极）和熔盐中的石墨（阳极）之间通以电流进行渗碳的工艺称电解渗碳。它利用电化学反应使碳原子渗入工件表层，电解渗碳装置如图 46-8 所示。

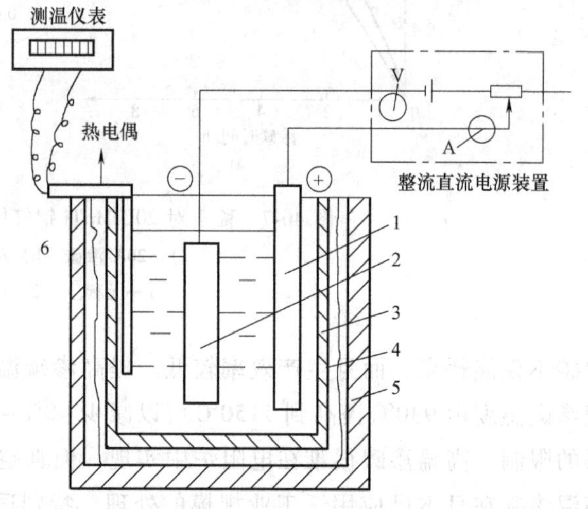

图 46-8　电解渗碳装置

1—石墨　2—工件　3—坩埚　4—加热元件　5—炉体　6—盐浴

电解渗碳与常规渗碳比较具有如下优点：无公害，设备简单，不需要废液处理装置，加热温度均匀，操作简便，适用于多品种小批量生产等。电解渗碳的缺点：工件的数量、尺寸受到盐浴炉容量大小限制，对形状复杂的工件还会由于电流密度不均而造成渗层深度和浓度不均。电解渗碳盐浴主要是碱土金属碳酸盐，加上调整熔点和稳定盐浴的溶剂。机床摩擦片电解渗碳工艺如图 46-9 所示。

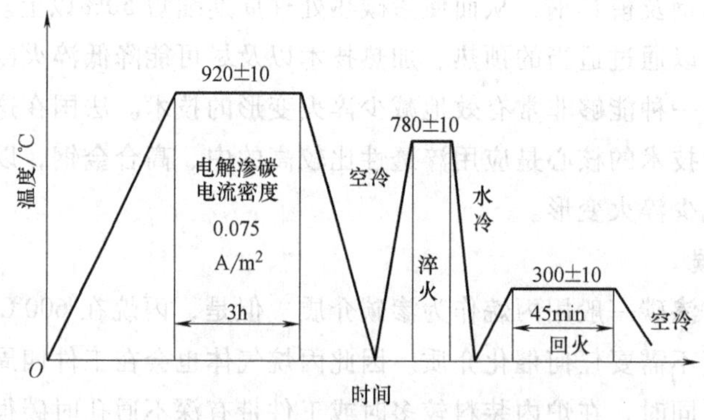

图 46-9　机床摩擦片电解渗碳工艺

46.3 渗氮

渗氮是指在低于 Ac_1 温度下，利用氨分解的活性氮原子向工件表面扩散而形成铁氮合金，从而改变钢表面的力学性能和物理、化学性质的化学热处理工艺。

钢的渗氮通常在 480~580℃进行，零件心部无组织转变，变形小；而渗氮层表面硬度高，且处于压应力状态，能显著提高钢的耐磨性与疲劳强度，改善耐蚀性和抗擦伤性，并有一定的热硬性。但渗氮速度较其他化学热处理慢，生产周期长，如渗碳获得1mm渗层只需6~9h，而气体渗氮欲获得1mm氮化层则需要40~50h，故渗氮的成本高、效率低。另外，渗氮处理一般只适用于某些特定成分的钢种，如含Cr、Mo、Al、W、V、Ti等合金元素的钢种。以耐磨与抗疲劳为目的的渗氮工件，常用w(C)为0.15%~0.45%的合金结构钢，如40Cr、38CrMoAlA、35CrMo、40CrNiMoA、18Cr2Ni4WA、18CrNiWA、20CrMnTi、30CrMnSiA等；以抗大气和雨水、水蒸气腐蚀为主要目的的工件多用于低碳钢、中碳钢，如08、08A、15、20、Q235、20Mn、30、35、45，偶尔也用高碳钢和低合金钢；渗碳模具钢、工具钢一般用高合金钢，如Cr12、Cr12MoV、3Cr2W8V、4Cr5MoVSi、4Cr5W2VSi、5CrMnMo、5CrNiMo、W18Cr4V、W6Mo5Cr4V2等；为了提高零件在腐蚀性较高的介质中工作的耐磨性，可采用各种类型的不锈钢，如40Cr13、20Cr13等。

根据Fe-N相图，渗氮存在着α、γ、γ′、ε和ξ五种相。其中α相为氮在α-Fe中的固溶体，在590℃时，N的最大溶解度约为0.1%；γ相为N在γ-Fe中的固溶体，共析点的含氮量为2.35%（质量分数），在650℃时N的最大溶解度为2.8%；γ′相是以Fe_4N为基的固溶体，面心立方点阵，含N量为5.7%~6.1%（质量分数）；在680℃以上转变为ε相它是以Fe_3N为基的固溶体，密排六方点阵；而ξ相是以Fe_2N为基的固溶体，斜方点阵，含N量为11.1%~11.35%（质量分数），在500℃以上已转变为ε相。

渗氮层通常较薄（0.2~0.7mm），一般外层为ε相与ε+γ′相，不易腐蚀，呈白亮层，内层为腐蚀较深的α+γ′相和高度弥散合金氮化物。

46.3.1 气体等温渗氮

气体等温渗氮是在氨或氨的混合气体介质中进行渗氮热处理的工艺。根据工艺参数不同，气体渗氮又分为等温渗氮、二段渗氮和三段渗氮。

等温渗氮又称为单程渗氮。它是在温度（480~510℃）和氨分解率（20%~40%）均不变的情况下进行的渗氮工艺。图46-10所示为38CrMoAlA等温渗氮工艺曲线。

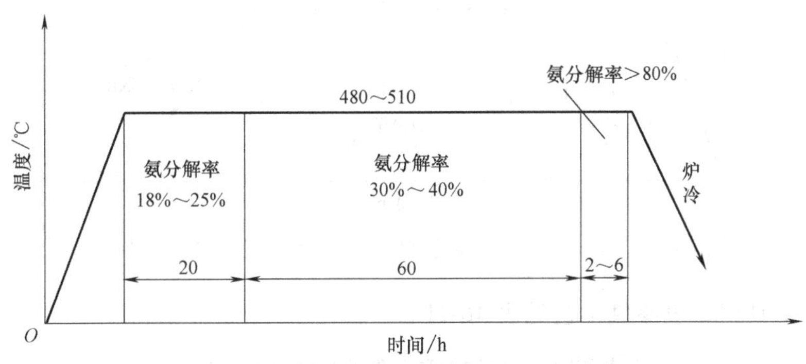

图46-10 38CrMoAlA等温渗氮工艺曲线

等温渗氮的优点是渗氮温度低，硬度高而变形小；缺点是生产周期太长，退氮不当时，脆性较大。它适用于表面硬度要求高、变形极小的工件。

结构钢和工具钢气体等温渗氮工艺条件见表46-10。

表 46-10 结构钢和工具钢气体等温渗氮工艺条件

牌　号	渗氮工艺 温度/℃	渗氮工艺 时间/h	渗氮工艺 氨分解率(%)	渗氮层深度/mm	表面层硬度 HV10	典型工件
38CrMoAlA	510±10	50	15~30	0.45~0.50	550~650	曲轴
	510±10	35	20~40	0.30~0.45	1000~1100	镗杆、活塞杆
	510±10	35~55	20~40	0.30~0.55	850~950	曲轴
	510±10	80	30~50	0.50~0.60	≥1000	镗杆、活塞杆
	535±10	35	30~50	0.45~0.55		
40CrNiMoA	520±10	25	25~35	0.35~0.55	≥68HR30N	曲轴
30Cr2Ni2WVA	500±10	35	15~30	0.25~0.30	650~750	受冲击或重载零件
30Cr2Ni2WA	500±10	55	15~30	0.45~0.50	650~750	受冲击或重载零件
30CrMnSiA	500±10	25~30	20~30	0.20~0.30	≥58HRC	
50CrVA	460±10	15~20	10~20	0.15~0.25	—	弹簧
	480±10	7~9	15~35	0.15~0.25	—	
40Cr	490±10	24	15~35	0.20~0.30	≥550	齿轮
18CrNiWA	490±10	30	25~30	0.20~0.30	≥600	轴
18Cr2Ni4A	500±10	35	15~30	0.25~0.30	650~750	轴
3Cr2W8V	535±10	12~16	25~40	0.15~0.20	1000~1100	模具
4Cr5W2VSi	560±10	55	20~45	0.45~0.55	700~750	
W18Cr4V	515±10	0.25~1.00	20~40	0.01~0.025	1100~1300	刀具

46.3.2 分段渗氮

1. 二段渗氮

二段渗氮又称为双程渗氮，它是目前应用最广泛的渗氮工艺。它首先将工件在较低的温度下氮化一段时间，以达到表面足够高的含氮量和硬度，然后再升高氮化温度，以达到足够深的氮化层。采用该工艺可比等温渗氮缩短 1/4~1/3 的时间，有效地提高了生产率，图 46-11 所示为 38CrMoAlA 钢制精密磨床主轴的二段渗氮工艺曲线。

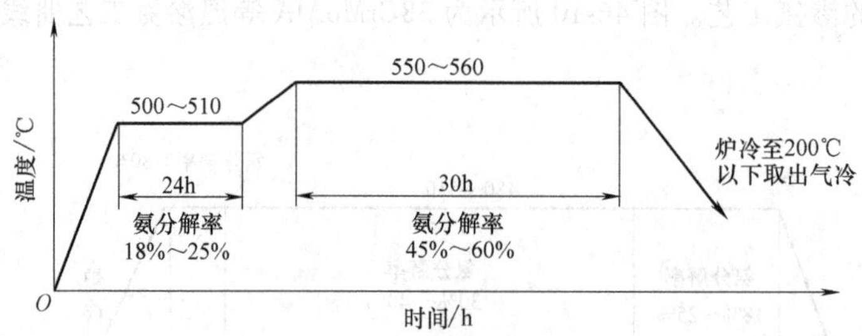

图 46-11 38CrMoAlA 钢制精密磨床主轴的二段渗氮工艺曲线

结构钢和工具钢二段渗氮工艺见表 46-11。

表 46-11 结构钢和工具钢二段渗氮工艺

牌　号	渗氮工艺 阶段	渗氮工艺 温度/℃	渗氮工艺 时间/h	渗氮工艺 氨分解率(%)	渗氮层深度/mm	表面硬度 HV10	典型工件
30CrMo	1	515±10	25	18~25	0.40~0.60	850~1000	十字销卡块
	2	550±10	45	50~60			

（续）

牌　　号	渗氮工艺				渗氮层深度/mm	表面硬度HV10	典型工件
	阶段	温度/℃	时间/h	氨分解率（%）			
38CrMoAlA	1	510±10	10~12	15~30	0.50~0.80	≥80HR30N	大齿圈螺杆
	2	550±10	48~58	35~65			
40CrNiMoA	1	520±10	20	25~35	0.40~0.70	≥83HR15N	曲轴
	2	545±10	10~15	35~50			
30Cr3WA	1	500±10	40	15~25	0.40~0.60	60~70HRC	曲轴等
	2	520±10	40	25~40			
35CrNi3WA	1	505±10	40	15~35	≥0.7	>45HRC	
	2	525±10	50	40~60			
35CrMo	1	505±10	25	18~30	0.5~0.60	650~700	
	2	520±10	25	30~50			
40Cr	1	520±10	10~15	25~35	0.50~0.70	≥50HRC	齿轮
	2	540±10	52	35~50			
15Cr11MoV 15Cr12WMoV	1	530±10	10	30~35	0.30~0.40	900~950	要求耐磨、抗疲劳、耐蚀的零件
	2	580±10	20	50~65			
Cr12、Cr12Mo Cr12MoV	1	480±10	18	14~27	≤0.20	700~800	模具
	2	530±10	22	30~60			

2. 循环二段渗氮

用计算机控制二段渗氮各阶段温度、时间和氨流量，并进行2~4周期的二段渗氮循环。生产表明，此生产工艺周期比二段渗氮法缩短了30%以上。

3. 三段渗氮

三段渗氮法是在二段法的基础上发展起来的，它是将第二段渗氮温度升到最高（600~620℃）或者与二段法相同，并在第二段结束后将温度重新降低到比第一段稍高或者相同的温度进行渗氮。图46-12所示为三段渗氮工艺曲线。

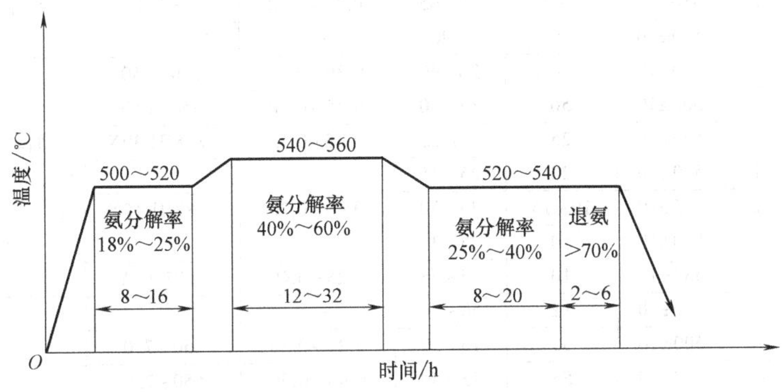

图46-12　三段渗氮工艺曲线

三段渗氮能显著缩短生产周期，约为等温渗氮的50%，从而降低生产成本。但其操作繁杂，而且三段渗氮后硬度梯度较二段的差。常用结构钢三段渗氮工艺见表46-12。

表 46-12 常用结构钢三段渗氮工艺

牌　号	渗氮工艺				渗氮层厚度 /mm	表面层硬度 HV10	典型工件
	阶段	温度 /℃	时间 /h	氨分解率 (%)			
38CrMoAl	1	510±10	8~10	15~35	0.30~0.40	>700	齿轮
	2	550±10	12~14	35~65			
	3	550±10	3	>90			
25CrNi4WA	1	520±10	10	25~35	0.25~0.40	73HRA	受冲击或重载零件
	2	550±10	10	45~65			
	3	520±10	12	50~70			

46.3.3 氨氮混合气体渗氮

将氨的体积分数为10%~30%的氨氮混合气体通入渗氮炉内，由于氮的稀释作用，氨分解后的活性氮含量降低，渗氮工件表面脆性显著降低，而硬度和层深还有所提高。它适用于渗氮后不需精磨的工件，如齿轮、弹簧、仪表零件等。

常用钢种在氨气中的渗氮工艺见表46-13。

表 46-13 常用钢种在氨气中的渗氮工艺

钢　号	渗氮工艺				渗氮层厚度 /mm	表面层硬度 HV10	典型工件
	阶段	温度 /℃	时间 /h	氨分解率 (%)			
38CrMoAlA	—	510±10	35	20~40	0.30~0.35	1000~1100	镗杆、活塞杆
	—	510±10	80	30~50	0.50~0.60	≥1000	—
	—	535±10	35	30~50	0.45~0.55	950~1100	—
	1	515±10	25	18~25	—	—	十字销、卡块、大齿圈、螺杆
	2	550±10	45	50~60	0.40~0.60	850~1000	—
	1	510±10	10~12	15~30	—	—	
	2	550±10	48~58	35~65	0.50~0.80	≥80HR30N	
	1	510±10	8~10	15~35	—	—	齿轮
	2	550±10	12~14	35~65	0.30~0.40	>700	
	3	550±10	3	>90	—	—	
40CrNiMoA	—	510±10	35~55	20~40	0.30~0.55	850~950	曲轴
	—	500±10	50	15~30	0.45~0.50	550~650	
	—	520±10	25	25~35	0.35~0.55	≥68HR30N	
	1	520±10	20	25~35	—	—	
	2	545±10	10~15	35~50	0.40~0.70	≥83HR15N	
25CrNi4WA	1	520±10	10	25~35	—	—	受冲击或重载零件
	2	550±10	10	45~65	0.25~0.40	≥73HRA	—
	3	520±10	12	50~70	—	—	—
30Cr2Ni2WVA	—	500±10	35	15~30	0.25~0.30	650~750	—
30Cr2Ni2WA	—	500±10	55	15~30	0.45~0.50	650~750	—
30CrMnSiA	—	500±10	25~30	20~30	0.20~0.30	≥58HRC	—
30Cr3WA	1	500±10	40	15~25	0.40~0.60	60~70HRC	曲轴等
	2	520±10	40	25~40			
50CrVA	—	460±10	15~20	10~20	0.15~0.25	—	弹簧
	—	480±10	7~9	15~35	0.15~0.25	—	

（续）

钢　　号	渗氮工艺				渗氮层厚度/mm	表面层硬度HV10	典型工件
	阶段	温度/℃	时间/h	氨分解率(%)			
40Cr	—	490±10	24	15~35	0.20~0.30	≥550	—
	1	520±10	10~15	25~35	—	—	—
	2	540±10	52	35~50	0.50~0.70	≥50HRC	齿轮
35CrNi3WA	1	505±10	40	15~35	≥0.7	>45HRC	曲轴
	2	525±10	50	40~60			
35CrMo	—	520±10	60~70	50~60	0.6~0.7	560~650	
	1	505±10	25	18~30	—	—	
	2	520±10	25	30~50	0.5~0.6	650~700	
18CrNiWA	—	490±10	30	25~30	0.20~0.30	≥600	轴
18Cr2Ni4A	—	500±10	35	15~30	0.25~0.30	650~750	
12Cr13	—	510±10	55	20~40	0.15~0.25	950~1050	要求耐磨，抗疲劳、耐蚀的零件
	—	550±10	48	25~40	0.25~0.30	900~950	
20Cr13	—	500±10	48	15~25	0.10~0.12	1000~1050	—
	—	550±10	50	40~45	0.25~0.35	850~950	—
15Cr11MoV 15Cr12WMoV	1	530±10	10	30~35	0.30~0.40	900~950	—
	2	580±10	20	50~65			
4Cr14Ni14W2Mo	—	510±10	35	18~23	0.04~0.06	80~85HR15N	—
	—	560±10	60	25~40	0.10~0.12	800~900	—
	—	630±10	40	50~80	0.08~0.14	≥80HR15N	—
25Cr18Ni18W2	—	550±10	55	40~55	0.15~0.22	850~1000	—
	—	600±10	24	35~50	0.12~0.16	850~950	—
4Cr14Ni2W2	—	550±10	55	40~55	0.18~0.25	900~1000	—
	—	570±10	55	45~60	0.20~0.30	800~900	—
Cr10Si2Mo	—	590±10	35~37	30~70	0.20~0.30	84HR15N	—
3Cr2W8V	—	535±10	12~16	25~40	0.15~0.20	1000~1100	模具
4Cr5W2VSi	—	560±10	55	20~45	0.45~0.55	700~750	
Cr12, Cr12Mo, Cr12MoV	1	480±10	18	14~27	≤0.20	700~800	
	2	530±10	22	30~60			
Cr18Si2Mo	—	570±10	35	30~60	0.2~0.25	≥800	要求耐磨的抗氧化零件
W18Cr4V	—	515±10	0.25~1	20~40	0.01~0.025	1100~1300	刀具

注：凡未注明硬度类型的数据均为HV10。

46.3.4　短时渗氮和可控渗氮

1. 短时渗氮

用高于传统渗氮温度进行短时渗氮，可缩短渗氮工艺的生产周期。图46-13所示为短时渗氮工艺曲线。

合金渗氮钢、各种合金钢、碳钢和铸铁零件都可用短时渗氮工艺，表面化合物层厚度为0.006~0.015mm。由于化合物层很薄，故脆性不太大，可以带着化合物层服役，使耐磨性大

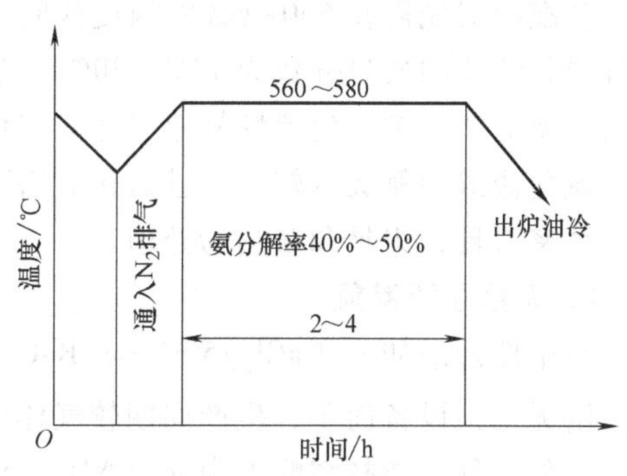

图46-13　短时渗氮工艺曲线

幅度提高。

传统的渗氮工艺常采用合金钢，而短时渗氮可在普通碳钢表面形成致密的化合物层，耐磨性相当高。若在短时渗氮时采用低压脉冲供气的方法，对于提高照相机快门零件渗氮层的均匀性或对于带有细孔、不通孔的零件的渗氮均有良好的作用。

2. 可控渗氮

为了改善渗氮层的脆性，获得无白亮层或单相γ′渗氮层，上海交通大学潘健生院士等成功研制了计算机氮势动态可控渗氮工艺。他将渗氮工艺过程分为两个不同阶段：在第一阶段，尽可能提高气相氮势，使渗层内建立起尽可能高的浓度梯度；一旦表面的氮浓度达到预先规定的设定值，立即转入第二阶段，使氮势按一定规律连续下降，使表面氮浓度不再升高也不下降。这样做既可达到控制表面氮浓度的目的，又能保持最大的浓度梯度，形成氮原子向内扩散的最有利条件。图 46-14 所示为 38CrMoAlA 钢计算机动态可控渗氮（510℃）的渗层浓度分布曲线。

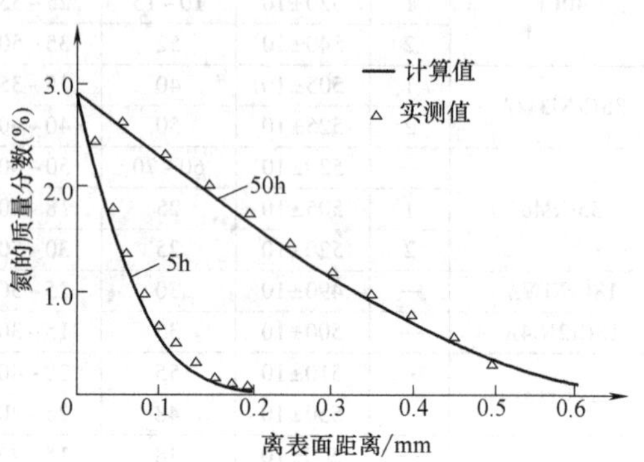

图 46-14 38CrMoAlA 钢计算机动态可控渗氮（510℃）的渗层浓度分布曲线

46.3.5 盐浴渗氮

在盐浴中进行渗氮的热处理工艺称为盐浴渗氮，所用盐浴有两类，即含氰盐浴和无氰盐浴，见表 46-14。

表 46-14 盐浴渗氮介质

盐浴类别	盐浴组分(质量分数,%)	使用说明
含氰盐浴	NaCN96.5, $Na_2CO_3$2.5, NaCNO0.5	盐浴中氰酸盐的质量分数为 15%~30%才能进行渗氮处理。盐浴有剧毒,应用受到限制
	KCN96, $K_2CO_3$0.6, KCNO0.75	
无氰盐浴	$(NH_2)_2CO$46, $Na_2CO_3$40, KCl8, NaCl6	盐浴反应产物含微量氰根,废盐必须中和处理才能作为废渣
	NaCl20, $BaCl_2$30, $CaCl_2$50, 通入氨气	熔盐无毒,但出炉工件必须用沸水清洗残盐

1. 含氰盐浴渗氮

新配盐浴先需在 560~600℃温度区间进行 12h 的时效氧化，使部分氰盐转化为氰酸盐，并且当氰酸盐的质量分数为 15%~30%时方可投入使用。盐浴渗氮温度为 500~570℃，在该区间，氰酸盐分解产生活性氮原子并向工件表面扩散，从而实现渗氮的目的。

氰化盐浴渗氮成本较高，且氰化盐浴毒性大，废盐、污气处理也很复杂。一般适用于小型、精密刀具、刃具和量具的处理。

2. 无氰盐浴渗氮

在中性盐浴如 $w(CaCl_2)$50%+$w(BaCl_2)$30%+$w(NaCl)$20%中导入氨气后渗氮，其特点是盐浴无毒，设备简单，生产周期较气体渗氮缩短 30%~50%。

另外一种无毒盐浴配方为 $w[(NH_2)_2CO]$46%+$w(Na_2CO_3)$40%+$w(KCl)$8%+$w(NaCl)$6%，原盐尽管无毒，但是中间产物有微量氰根，这一点必须引起注意。无毒盐浴渗氮适用于汽车紧固件、支撑垫的防腐渗氮。

常用钢铁材料的无氰盐浴渗氮层深度见表46-15。

表46-15　常用钢铁材料的无氰盐浴渗氮层深度

牌　　号	渗氮层深度/mm	化合物层深度/mm	牌　　号	渗氮层深度/mm	化合物层深度/mm
40Cr	0.155	0.029	38CrMoAlA	0.28~0.30	0.03
45	0.040~0.045	0.029	20	0.045	0.034
QT600-3	0.012~0.014	—			

46.3.6　离子渗氮

1. 普通离子渗氮

先将离子氮化炉抽真空后，充入纯氨或氮、氨的混合气体，并以工件为阴极，容器为阳极，通入400~1100V直流电压，让气体电离产生辉光放电。此时，氮离子在电场加速下轰击工件表面，将工件加热并在表面富集FeN，分解后渗入。通过改变气氛的组成（$N_2:H_2$ = 9/1~1/9）和渗氮温度，可严格控制白亮层的出现。

离子渗氮比普通渗氮渗速快得多，这是工件表面受N^+轰击，表面晶格严重畸变，位错密度大大增加，促进氮的扩散，而且工件表面被溅射而获得净化和活化，工件表面温度也因此升高，同时电离能提供较高浓度氮势的缘故。另外，离子渗氮时加热仅在工件表面，故工件变形小，特别适合形状复杂和细长工件的渗氮处理。

常用材料的离子渗氮工艺见表46-16。

表46-16　常用材料的离子渗氮工艺

材　　料	工艺参数			表面硬度 HV0.1	化合物层深度/μm	总渗层深度/mm
	温度/℃	时间/h	压力/Pa			
38CrMoAlA	520~550	8~15	266~532	888~1164	3~8	0.30~0.45
40Cr	520~540	6~9	266~532	650~841	5~8	0.35~0.45
42CrMo	520~540	6~8	266~532	750~900	5~8	0.35~0.40
25CrMoV	520~560	6~10	266~532	710~840	5~10	0.30~0.40
35CrMo	510~540	6~8	266~532	700~800	5~10	0.30~0.45
30SiMnMoV	520~550	6~8	266~532	780~900	5~8	0.30~0.45
3Cr2W8V	540~550	6~8	133~400	900~1000	5~8	0.20~0.90
4Cr5MoV1Si	540~550	6~8	133~400	900~1000	5~8	0.20~0.30
Cr12MoV	530~550	6~8	133~400	841~1015	5~7	0.20~0.40
W12Cr4V	530~550	0.5~1.0	106~200	1000~1200	—	0.01~0.05
45Cr14Ni14W2Mo	570~600	5~8	133~266	800~1000	—	0.06~0.12
20Cr13	520~560	6~8	266~400	857~946	—	0.10~0.15
10Cr17	550~650	5	666~800	1000~1370	—	0.10~0.18
HT250~HT450	520~550	5	266~400	500	—	0.05~0.10
QT600-3	570	8	266~400	750~900	—	0.30
合金铸铁	560	2	266~400	321~417	—	0.10
20CrMnTi	520~550	4~9	266~532	672~900	6~10	0.20~0.50
纯钛	850	4	532	1200	—	0.30~0.40
TC4	940	2	1200~1333	1385~1670	—	0.15~0.17
TA2	850	4	532	1230	—	0.35

2. 氨气预处理离子渗氮

通入离子氮化炉内的氨气，若先经硅胶脱水，再经氨加热分解装置分解，则可显著地加快渗氮过程，使工艺周期缩短 1/3~2/3。表 46-17 为氨气预处理对离子渗氮速度的影响。

表 46-17　氨气预处理对离子渗氮速度的影响

氨气预处理方法	渗层深度/mm	渗氮时间/h	硬度 HV0.2
未处理	0.30	18.0	715
用硅胶过滤一次	0.30	14.0	691
用硅胶过滤两次	0.30	12.5	681
用硅胶过滤两次+加热分解	0.30	6.0	693

3. 低温离子渗氮

根据离子渗氮温度对不同钢表面硬度影响的研究发现，对于低合金钢，从获得高的表面硬度出发，在 450~500℃ 进行低温离子渗氮效果更佳，而且由于降低了离子渗氮温度，工件变形较小，并有利于降低渗氮前工件高温回火温度，使工件心部保持较高的强度和硬度。

46.3.7　抗蚀渗氮和洁净渗氮

1. 抗蚀渗氮

抗蚀渗氮是为了使工件表层获得 15~60μm 的比较致密的 ε 相层，以提高工件对自来水、盐水、潮湿空气、弱碱溶液等介质的抗蚀能力。抗蚀渗氮通常在 550~650℃ 于纯氨（氨分解率为 20%~70%）中进行。

抗蚀渗氮工艺见表 46-18。

表 46-18　抗蚀渗氮工艺

牌　号	渗氮工艺				ε 相厚度/μm
	温度/℃	时间/h	氨分解率(%)	冷却方法	
DT	540~560	6	30~50	随炉冷至 200℃ 以下空冷，以提高磁导率	20~40
	590~610	3~4	30~60		20~40
10	590~610	6	45~70	根据要求的性能、工件的精度，分别冷至 200℃ 出炉，直接出炉空冷、油冷或水冷	40~80
10	590~610	4	40~70		15~40
20	600~620	3	50~60		17~20
30	620~650	3	40~70		20~60
40、45、50	590~610	2~3	35~55	尽可能水冷或油冷，以抑制 γ′相析出，减少渗层脆性	15~50
40Cr	690~710	20~30min	55~75		15~50

2. 洁净渗氮

洁净渗氮是利用某些化学物质如 NH_4Cl、CCl_4、NaCl 等在渗氮炉中分解产生强烈的活性气体，破坏工件表面的钝化膜，除去工件表面氧化膜和油污层，以获得洁净表面，从而加速渗氮过程的进行。其中氯化铅应用最多，它按炉罐容积加 0.4~0.5kg/m^3，再加 80 倍硅砂、氧化铝或滑石粉，放入炉罐底部。若将渗氮温度提高至 600℃，一般可使渗氮周期缩短一半，单位时间内氨消耗量可减少 50%。洁净渗氮是不锈钢、耐热钢常用的渗氮方法。

46.3.8　磁场渗氮和压力渗氮

1. 磁场渗氮

在磁场中进行气体渗氮的工艺叫作磁场渗氮。磁场可强化渗氮过程，使渗氮速度提高 2~3 倍，并可消除渗层中化合物区的脆性，提高渗氮层的耐磨性、抗擦伤性和疲劳强度。

40Cr、38CrMoAl 钢磁场渗氮，磁场强度为 2000~2400A/m，温度一般为 520~570℃，渗氮介质为氨，分解率为 40%~50%，保温 6h，渗氮结果见表 46-19。

表 46-19　磁场渗氮结果

渗氮工艺	氮化物区深度/μm	扩散层深度/mm		最大表面硬度 HV0.05
		至 HV0.05 500 处	至心部硬度处	
520℃×6h	7~14/7~14	0.09/0.13	0.3/0.3	1100/1150
550℃×6h	—	0.13/0.23	0.35/0.35	980/1250
570℃×6h	35/20	0.08/0.27	0.45/0.40	980/1200
620℃×6h	77/35	0.10/0.28	0.6/0.6	759/1050
550℃×36h	—	0.09/0.33	0.5/0.6	850/1100

注：分子是 40Cr 钢的值，分母是 38CrMoAl 钢的值。

2. 压力渗氮

此工艺方法适用于钢管或套筒内表面处理。将一定量的液氨装入用焊料塞密封的小容器内，再将小容器放入要渗氮的钢管或套筒中，两端密封、加热时，小容器的焊料塞熔化，液氨挥发，产生 2940~3920kPa 的压力，如碳的质量分数为 0.24%的镍铬钼铝钢，540℃下压力渗氮 4h 可获 0.22mm 层深，硬度达 1040HV 的渗氮层。

46.3.9　不锈钢与耐热钢的渗氮

由于不锈钢和耐热钢铬含量较高，与空气作用会在表面形成一层致密的氧化物薄膜（钝化膜），这种薄膜会阻碍氮原子的渗入。不锈钢、耐热钢与结构钢渗氮最大的区别就是前者在进入渗氮罐之前，必须进行去钝化膜处理，通用的方法有机械法和化学法两大类。

（1）喷砂　工件在渗氮前用细砂在 0.15~0.25MPa 的压力下进行喷砂处理，直至表面呈暗灰色，清除表面灰尘后立即入炉。

（2）磷化　渗氮前对工件进行磷化处理，可有效破坏金属表面的氧化膜，形成多孔疏松的磷化层，有利于氮原子的渗入。

（3）镀铜　把工件浸入质量分数为 10%的热硫酸中，取出后用水冲洗，并放入氰化物槽中镀铜，得到 0.3μm 厚的镀层。

（4）氯化物浸泡　将喷砂或精加工后的工件用氯化物浸泡或涂覆，能有效地去除氧化膜。

（5）渗剂中加入　NH_4Cl 的加入不仅能去除钝化膜，而且还能形成氮化物，加速渗氮的过程。

通常进行渗氮处理的有铁素体型、马氏体型及奥氏体型不锈钢和耐热钢，不锈钢和耐热钢气体渗氮工艺见表 46-20。

表 46-20　不锈钢和耐热钢气体渗氮工艺

材　料	渗氮工艺参数				渗层深度 /mm	表面硬度 HV
	阶段	温度/℃	时间/h	氨分解率(%)		
40Cr10Si2Mo	—	590	35~37	30~70	0.20~0.30	84HR15N
12Cr13	—	500	48	18~25	0.15	1000
	—	560	48	30~50	0.30	900
20Cr13	—	500	48	20~25	0.12	1000
	—	560	48	35~45	0.26	900
12Cr13 20Cr13 14Cr11MoV	1	530	18~20	30~45	≥0.25	≥650
	2	580	15~18	50~60		
24Cr18Ni8W2	—	560	24	40~50	0.12~0.14	950~1000
	—	560	40	40~50	0.16~0.20	900~950
	—	600	24	40~70	0.14~0.16	900~950
	—	600	48	40~70	0.20~0.24	800~850
45Cr14Ni14W2Mo	—	550~560	35	45~55	0.080~0.085	≥850
	—	580~590	35	50~60	0.10~0.11	≥820
	—	630	40	50~80	0.08~0.14	≥80HR15N
	—	650	35	60~90	0.11~0.13	83~84HR15N

46.3.10　铸铁的渗氮

由于铸铁中碳、硅的含量较高，氮扩散的阻力较大，要达到与钢同样的渗氮层深度，渗氮时间需乘以 1.5~2 的系数。铸铁中添加 Mn、Si、Mg、Cr、W、Ni 和 Ce 等元素，可提高渗氮层硬度，但会降低渗氮速度；Al 既可提高渗氮层硬度，又不会降低渗层深度。

我国最常用的是球墨铸铁渗氮，处理前一般进行正火或调质处理，获得珠光体加碎状铁素体或球状石墨组织及回火索氏体加球状石墨组织，处理后铸件的耐磨性、抗疲劳性及耐蚀性显著提高。渗氮处理温度为 510~560℃，保温 40h，氨分解率为 30%~45%，渗氮层深度大于 0.25mm，表面硬度达 900HV。球墨铸铁进行抗蚀渗氮处理，使铸件表面获得一定深度、致密的、化学稳定性较高的化合物层，能显著提高材料抗大气、过热蒸汽和淡水腐蚀能力。采用处理温度 600~650℃、保温 1~3h、氨分解率 40%~70% 的工艺，可获得 0.015~0.06mm 深的渗氮层，表面硬度约为 400HV。

46.3.11　其他渗氮

1. 固体渗氮

采用多孔陶瓷等块状物在尿素水溶液中浸泡后与工件按一定比例装箱，然后置于炉中加热进行渗氮，渗氮温度一般为 520~570℃，关键在于供氮剂（尿素等含氮的化合物）在渗氮温度下能缓慢均匀地分解出活性氮原子。

2. 流态炉渗氮

与流态炉渗碳工艺相似，在刚玉砂、硅砂为粒子的流态炉中，同时通入一定比例的空气和氨气便可进行渗氮处理。例如，采用 220V、3 相、10kW 电源对 400mm×600mm 的电热流态炉进行加热，升温时间为 620℃下 5min，送风量为 100~120L/min，送氨量为 20~35L/min，渗氮温度为 550~620℃，渗氮时间则要根据工件表面含氮量和渗氮层深而定。

3. 脉冲真空渗氮

脉冲真空渗氮的工艺与脉冲真空渗碳的工艺相似，工件装入真空炉后抽真空至设定值后通电升温。当炉温达渗氮温度时，保温一段时间，以便工件均热和净化其表面。然后向炉内通入渗氮气体，达到一定压力后停止供气，停止抽真空，保持一段时间向工件表面渗氮，之后再抽真空并保持一段时间，让氮向工件内部扩散，再通入渗氮气体。如此渗氮、扩散反复进行多次，直至渗氮层深达到要求为止。在此全过程中炉温保持不变。与真空渗碳工艺一样，真空渗氮层均匀性较好，表面质量高，并且可缩短渗氮工艺周期。

4. 高频加热气体渗氮

用高频电流加热在渗氮气氛中的工件表面，可有效缩短气体渗氮的工艺周期。一是因为与普通加热方法相比，高频加热升至500~550℃所需时间很少；二是因为高频电流的趋肤效应，致使工件周围温度较高，氨气分解主要在工件表面附近进行，使有效活性氮原子数量大为提高。此外，高频交流电产生的磁致伸缩所引起的应力，能促进氮在钢中扩散，加速渗氮过程的进程。

5. 稀土催化渗氮

气体渗氮时向渗氮介质中加入稀土元素，可强化渗氮过程，缩短工艺周期，而且可降低渗层的脆性。

稀土催渗对38CrMoAlA钢渗氮速度的影响见表46-21。

表46-21 稀土催渗对38CrMoAlA钢渗氮速度的影响

渗氮工艺	渗层深度/mm	渗氮时间/h	渗层硬度 HV0.1
常规二段式气体渗氮	0.40~0.42	40	900~1030
稀土催渗	0.32~0.34	12	920~1040
稀土催渗	0.37~0.38	15	920~1040
稀土催渗	0.42~0.45	18	920~1040

46.4 碳氮共渗和氮碳共渗

向处于奥氏体状态的钢制工件表面同时渗入碳和氮的化学热处理工艺，称为碳氮共渗。最早的碳氮共渗是在氰化盐浴中进行的，故早期又称氰化。

碳氮共渗层比渗碳层有更高的耐磨性、疲劳强度和耐蚀性，比渗氮层有更高的抗压强度和更低的表面脆性，而且生产周期短、渗速快，适用材料广泛。

碳氮共渗的主要特点：

1）氮降低了钢的Ac_1点，故可在较低温度下进行碳氮共渗，工件不易过热，便于直接淬火，变形小。

2）氮使TTT曲线右移，提高了淬透性，某些碳钢零件共渗后可用油淬。

3）渗层中残留奥氏体量较多，共渗件的硬度略低于渗碳件，但接触疲劳强度较高。

4）碳氮共渗层中可允许有一定数量的碳化物，颗粒状碳化物可显著提高耐磨性。

5）碳氮共渗的渗层深度较渗碳的浅，承载能力也小些。

碳氮共渗按使用介质不同可分为固体、液体和气体碳氮共渗。固体碳氮共渗生产效率低，能耗大，劳动条件差，目前已很少用。液体碳氮共渗主要以氰盐为渗剂，因其有剧毒，有被淘汰的趋势。气体碳氮共渗表面质量易控制，操作简便，应用最广泛。按渗层浓度分类，可分为薄层碳氮共渗（<0.2mm）、碳氮共渗（0.2~0.8mm）和深层碳氮共渗（>0.8mm）；按共渗温度分类，可分为中温（780~880℃）和高温碳氮共渗（>880℃）。

通常碳氮共渗大都指中温碳氮共渗，可在较短时间内得到与渗碳相近的渗层深度，并可渗后直接淬火。

氮碳共渗（也称软氮化）是在500~700℃的温度区间对工件表面渗入碳、氮原子，并以渗氮为主的化学热处理工艺，可在气体、液体或固体介质中进行。

46.4.1 碳氮共渗

1. 通气式气体碳氮共渗

气体碳氮共渗是目前应用最广泛的工艺。常用的气体碳氮共渗介质可分为两大类：一类是渗碳介质中加氨，既可用于连续式作业炉，也可用于周期性作业炉；另一类是含有碳氮的有机化合物，主要用于滴注式气体碳氮共渗。通气式气体碳氮共渗是以吸热式气体为载气，添加少量渗碳气体和氨气进行碳氮共渗，介质的用量应根据其组分、炉子大小、炉温以及炉中碳势和氮势而定。共渗温度一般为820~880℃。共渗温度对渗层表面碳、氮含量的影响见表46-22。

表46-22 共渗温度对渗层表面碳、氮含量的影响

共渗温度/℃	700	800	850	900	950	1000
w(N)(%)	1.9	0.96	0.7	0.4	0.29	0.11
w(C)(%)	0.67	0.7	0.91	0.97	0.87	0.68

共渗时间τ(h)与渗层深度x(mm)的关系式为：$x=k\sqrt{\tau}$。其中，k为常数，当在860℃共渗时，对20钢k取0.28，20Cr钢取0.30，20CrMnTi钢取0.32，40Cr钢则取0.37。

工件碳氮共渗后的热处理工艺方法如图46-15所示。

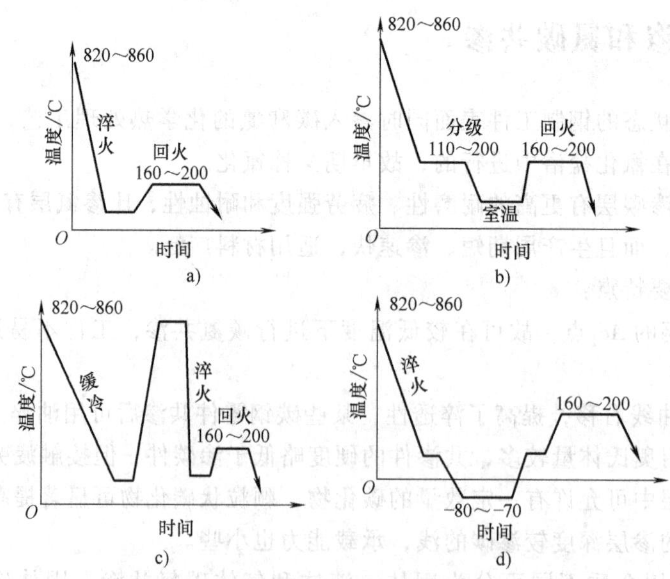

图46-15 工件碳氮共渗后的热处理工艺方法

a）直接淬火 b）马氏体分级淬火 c）重新加热淬火 d）直接淬火+冷处理

2. 滴注通气式气体碳氮共渗

以煤油、甲苯、二甲苯等液体碳氢化合物为渗碳气源，通过滴量计直接滴入炉中；而氨则作为渗氮气源经由氨瓶、减压阀、干燥器和流量计进入炉中。介质的用量视炉子、炉温不同而定。

图46-16所示为40Cr钢制汽车齿轮的滴注通气式中温碳氮共渗工艺曲线。所用设备为RQ3-60，获得渗层深度为0.25~0.4mm，表面硬度>60HRC，表层（0.1mm处）$w(C)=0.8\%$，$w(N)=0.3\%\sim0.4\%$。

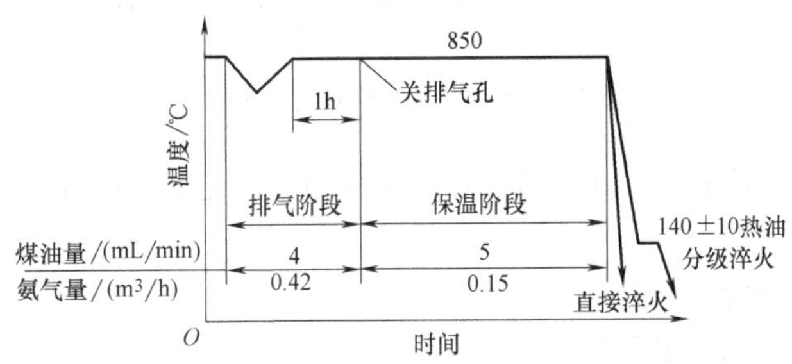

图46-16 滴注通气式中温碳氮共渗工艺曲线

3. 滴注式气体碳氮共渗

采用滴注法将某些同时含有碳和氮的有机液体（如三乙醇胺，三乙醇胺及尿素，三乙醇胺、尿素及甲醇，三乙醇胺及乙醇）送入炉中，或采用注射泵使液体成雾状喷入炉内进行碳氮共渗。对含尿素的渗剂，为促使其溶解并增加其流动性，应稍加热（70~100℃）才可滴入炉中。另外，为降低成本，在装炉后的升温阶段和共渗前期，可滴入甲醇或煤油进行排气。

图46-17所示为20CrMnTi钢轿车后桥从动齿轮的滴注式气体碳氮共渗工艺曲线。渗层深度为1.0~1.4mm，表面硬度为58~64HRC。

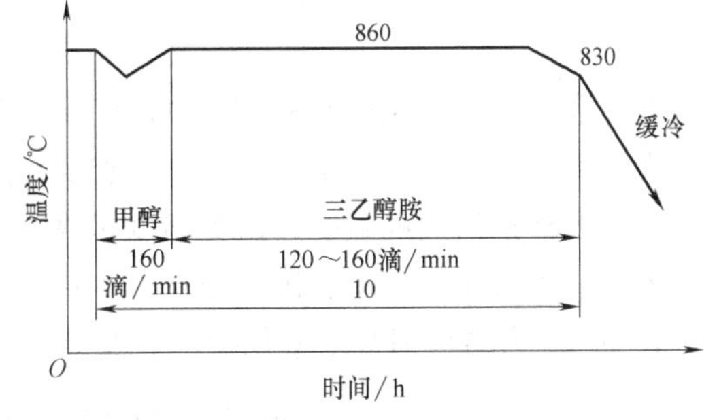

图46-17 滴注式气体碳氮共渗工艺曲线

4. 分段式气体碳氮共渗

将气体碳氮共渗过程分为两个阶段：第一阶段介质用量较多，表面碳、氮含量高，扩散快；第二阶段介质用量较少，并适当降低温度，可降低表面碳、氮含量，并使碳、氮浓度差平缓下降。

图46-18所示为30CrMnTi钢拖拉机变速齿轮（$m=4.5$mm）的分段式气体碳氮共渗工艺曲线。所用设备为RQ3-35，获得的渗层深度为0.6~0.9mm，表面硬度>58HRC。

5. 真空碳氮共渗

向真空炉内通入含有碳、氮原子的介质，可实现真空碳氮共渗。共渗温度为780~860℃；共渗介质为C_3H_8和NH_3[C_3H_8与NH_3体积比为(0.25~0.5)：1]或CH_4和NH_3(CH_4与NH_3体积比为1：1）混合气体，气体介质的压力为（13~33）×10^3Pa；共渗方式可为一段式、脉冲式、摆动式，与真空渗碳相似。

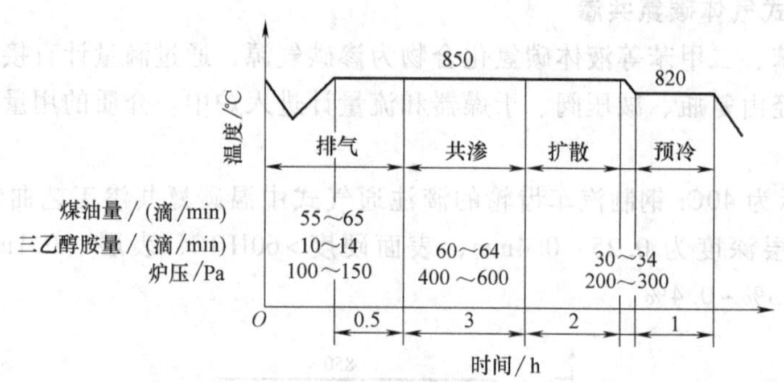

图 46-18　分段式气体碳氮共渗工艺曲线

与普通气体碳氮共渗相比，由于真空的净化作用，活化了工件表面，其共渗速快，共渗层的质量好。

6. 氰化盐浴碳氮共渗

这是使用最早的碳氮共渗工艺。

所用盐浴由氰盐［NaCN、KCN 或 $K_4Fe(CN)_6$］和中性盐（NaCl、KCl、$BaCl_2$、Na_2CO_3）组成。这里氰盐在共渗温度下发生如下化学反应，可提供充足的活性炭、氮原子：

$$2NaCN+O_2 \rightarrow 2NaCNO$$

$$4NaCNO \rightarrow Na_2CO_3+2NaCN+CO+2[N]$$

$$2NaCNO+O_2 \rightarrow Na_2CO_3+CO+2[N]$$

$$2CO \rightarrow CO_2+[C]$$

中性盐则起调节熔点和流动性的作用。注意在操作过程中，盐浴的活性下降，应周期性添加氰盐（NaCN），使盐浴活性再生。通常新添盐的组分为 NaCN 和 $BaCl_2$ 两者质量比为 1∶4。另外，应严格控制共渗温度，以免温度过高造成盐浴剧烈蒸发和碳的损耗。此外，氰盐有剧毒，碳氮共渗操作及废盐、污气处理时均应格外小心。

表 46-23 为结构钢常用氰化盐浴碳氮共渗工艺。

表 46-23　结构钢常用氰化盐浴碳氮共渗工艺

序号	配比盐溶组分（质量分数,%）	盐浴工作组分（质量分数,%）	共渗温度/℃	共渗时间/h	渗层深度/mm	备　注
1	NaCN　50 NaCl　50	NaCN　20~25 NaCl　20~25 Na_2CO_3　20~25	840	0.5	0.15~0.20	共渗后直接淬火，然后在 180~200℃ 回火
			840	1.0	0.20~0.25	
			870	0.5	0.20~0.25	
			870	1.0	0.25~0.35	
2	NaCN　10 NaCl　40 $BaCl_2$　50	NaCN　8~12 NaCl　30~55 Na_2CO_3　≤10 $BaCl_2$　≤15	840	1.0~1.5	0.25~0.30	共渗后空冷，然后再加热淬火，并在 180~200℃ 回火，渗层 w(N) 为 0.2%~3%，w(C) 为 0.8%~1.2%，表面硬度为 58~64HRC
			900	1.0	0.30~0.50	
			900	2.0	0.7~0.8	
			900	4.0	1.0~1.2	
3	NaCN　8 NaCl　10 $BaCl_2$　82	NaCN　3~8 $BaCl_2$　≤30 NaCl　≤30 $BaCO_3$　≤40	900	0.5	0.20~0.25	同序号 2 备注。浴面用石墨覆盖，以免盐浴剧烈蒸发和碳的损耗
			900	1.5	0.50~0.80	
			950	2.0	0.80~1.10	
			950	3.0	1.00~1.20	
			950	5.5	1.40~1.60	

7. 固体碳氮共渗

典型的固体碳氮共渗的渗剂成分为 w(木炭)40%~60%+w(骨炭或革炭)20%~40%+w(黄血盐)20%~25%。固体碳氮共渗工艺过程与固体渗碳工艺相似，其生产率低，能耗大，且质量不易控制，目前已很少采用。

8. 膏剂碳氮共渗

碳氮共渗的膏剂由共渗剂与保护剂组成，其中共渗剂的成分为 w(黄血盐)50%+w(木炭)50%，黏结剂为缩醛胶和工业酒精；保护剂为石英粉，黏结剂为密度等于1.28~1.30g/cm^{3}的水玻璃。

共渗前先将工件涂覆一层2~3mm的共渗剂，并晾干或在100℃下烘干；然后再在外涂覆保护剂，同样晾干或50℃下在烘干后，即可入炉进行碳氮共渗。对40Cr，保温时间为1h，800℃共渗，共渗层深度为0.35mm；850℃共渗，共渗层深度为0.45mm；900℃共渗，共渗层深度为0.75mm；950℃共渗，共渗层深度为0.90mm；1000℃共渗，共渗层深度为1.10mm。

共渗后打碎涂料直接淬火，或再加热淬火。

9. 无毒盐浴碳氮共渗

所用盐浴由 Na_2CO_3、NaCl、NH_4Cl 和 SiC 组成。

共渗工艺：850℃共渗，保温时间为15~30min，渗层深度为0.10~0.25mm；保温时间为1~1.5h，渗层深度为0.70~0.85mm。工件表面 w(N) 为0.08%~0.15%。

10. 高频感应加热盐浴碳氮共渗

采用高频电流对 $K_4Fe(CN)_6$ 和 NaCl 混合盐浴进行加热，可实现40Cr13钢环、40钢小齿轮的快速碳氮共渗。840℃高频感应加热25s，小齿轮可获得深度为0.023mm的共渗层；860℃高频感应加热70s，可获得深度为0.04~0.07mm的共渗层。直接淬火后小齿轮表面硬度为59~62HRC，心部硬度为50~52HRC。

11. 高频感应加热液体碳氮共渗

采用高频电流对甲醇、乙醇、氨水混合液中的工件加热到800℃，保温20min，可获得深度为0.22mm的共渗层；加热到1050~1100℃，保温20min，可获得深度为0.6mm的共渗层。淬火后表面最高硬度为780HV。

12. 高频感应加热膏剂碳氮共渗

在工件表面用 $K_4Fe(CN)_6$、木炭粉、$BaCO_3$ 混合物并以水玻璃搅拌的膏剂涂覆厚约0.5mm，对其进行高频感应加热快速碳氮共渗。当工件表面温度达到1150℃后保温15~20s，可得深度为0.08~0.16mm的渗层，渗层显微硬度为800~1000HV。

13. 高频感应加热气体碳氮共渗

将丙烷或丁烷液化气与氨混合后导入高频感应器，于900~1000℃下对工件进行碳氮共渗1~5min，便可获得0.3~0.5mm深的渗层，表面硬度可达900~1000HV，从而大大缩短了工艺周期，并可获得极高的表面硬度。

14. 高温分段气体碳氮共渗

为了获得厚的碳氮共渗层（>1.0mm），但又不至于因处理时间太长，而使渗层中碳、氮含量过高，可采用分段共渗工艺。图46-19所示为变更共渗温度的高温分段气体碳氮共渗工艺曲线。工艺过程分两个阶段，两个阶段所用渗剂量基本相同。第一阶段共渗温度为900~950℃，由于温度较高，表现为渗碳作用为主，且扩散速度较快，可缩短为获得一定层深所需的时间；第二阶段共渗温度降为820~860℃，由于温度低，表层氮含量增加并继续向内层扩散。

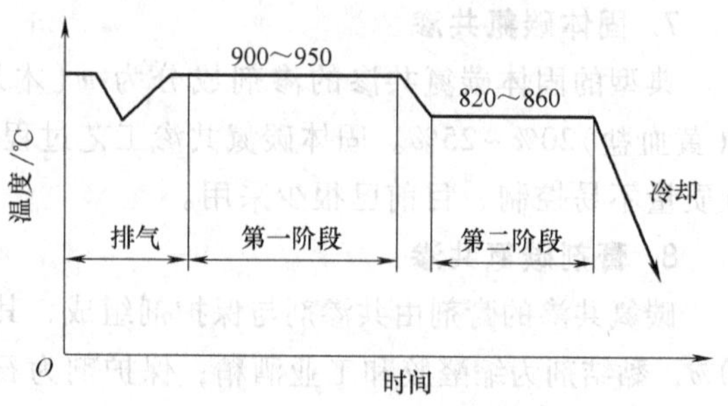

图 46-19　变更共渗温度的高温分段气体碳氮共渗工艺曲线

15. 高温厚层气体碳氮共渗

常规的气体碳氮共渗的渗层深度为0.5mm左右，较浅，难以满足重负荷齿轮的要求。因此，工艺上将共渗时的渗碳、渗氮分段进行，其中渗碳过程又分为渗碳和扩散两个阶段，以便获得厚的碳氮共渗层。

例如：可让齿轮在渗碳炉中置于露点为-13~-11℃的吸热式气氛与丙烷的体积分数为0.25%的气氛下，于930℃下渗碳10~12h，扩散5~8h。然后降至850℃，在露点为-2℃的吸热式气氛中通以体积分数为2%的NH_3，保温0.5~1.5h并油淬。最后在180℃下低温回火3h。采用此工艺可在齿轮节圆上获得2.2mm深的渗层，表面硬度为810HV。

16. 高温氰化盐浴碳氮共渗

高温氰化盐浴碳氮共渗是将工件放入900~950℃的氰化盐浴中进行的，可获得深度为1~2mm碳氮共渗层，也属深层碳氮共渗工艺。

常用的高温氰化盐浴配方有：

$$w[K_4Fe(CN)_6]15\%+w(BaCO_3)10\%+w(BaCl_2)40\%+w(KCl)35\%$$

$$w(NaCN)8\%\sim15\%+w(BaCl_2)45\%\sim55\%+w(KCl)5\%\sim20\%+w(NaCl)0\sim15\%+w(CaCl_2)2\%\sim10\%$$

深层碳氮共渗盐浴中加入$BaCl_2$，不但能防止盐浴的剧烈蒸发，而且$BaCl_2$能参与其化学反应加速碳的渗入。

高温氰化盐浴碳氮共渗时应严格控制温度。为了保证温度均匀、减少热量损失和盐浴的烧损，最好在盐浴表面撒一层石墨粉；其次应保证盐浴的活性，必须注意翻新盐浴，保证浴炉的清洁。

17. 石墨粒子流态炉高温碳氮共渗

向石墨粒子流态炉中通入空气、氨气以及少量催化剂，可以进行高温碳氮共渗。

碳氮共渗工艺：共渗温度为900~920℃，石墨粒度为0.100~0.150mm，空气流量为10L/min，氨气流量为20L/min，催化剂为Na_2CO_3和NH_4Cl，并装于分解器中，共渗后工件出炉油淬。

由于沸腾的石墨粒子的冲刷作用，净化了工件表面，使共渗速度快于井式炉，而且工件的耐磨性、抗弯强度、塑性和接触疲劳极限均比渗碳的高。

18. 低中温碳氮共渗

低中温碳氮共渗工艺曲线如图46-20所示。共渗过程分两段进行，先在500~600℃保温1~2h，然后升至840~880℃保温2~4h。渗剂为甲酰胺、甲醇和尿素混合液，并在中温阶段加滴煤油。为了进一步加速共渗速度，还加入了适量的固体氯化铵。如此，可充分发挥低温渗氮、中温渗碳的特点，使碳、氮原子的渗入与扩散相互促进，以加快工艺的进程，其工艺周期可缩短40%。此外，低中温碳氮共渗易在低碳钢、低碳合金钢得到0.5~1.0mm深的渗层，而且渗层中氮含量较多，渗层的硬度和耐磨性均较高。

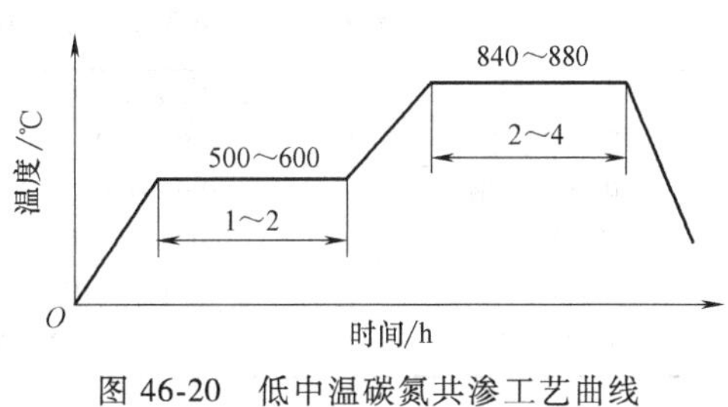

图46-20 低中温碳氮共渗工艺曲线

46.4.2 氮碳共渗

1. 气体氮碳共渗

气体氮碳共渗是在气体介质中进行的。常用的介质有吸热式气体与氨、放热式气体与氨、放热-吸热式气体与氨、氨与烷类气体、氨与醇、尿素、一氧化碳与氨、二氧化碳与氨等。从实用角度来看，二氧化碳与氨是一种比较经济、合理的渗剂，通氨滴醇也不失为一种值得推广的方法。

气体氮碳共渗的温度通常为570℃，共渗时间一般为0.5~5h。若要获得相同厚度的渗层，气体氮碳共渗工艺周期比渗氮短。

2. 氮基气氛氮碳共渗

采用氮基气氛为介质进行气体氮碳共渗，以其工艺周期短、渗层质量优良、介质来源方便、操作安全等优点，得到了广泛的应用。

例如：当介质成分为$\varphi(NH_3)50\%+\varphi(N_2)45\%+\varphi(CO_2)5\%$，并以每小时4~5倍炉膛容积的供给量从各储气瓶-流量计-气体混合器流入炉中，其中氨气分解率为50%~80%。

经580℃×3h渗氮，35CrMoV、40CrNiMo钢的渗层深度为0.25mm左右；35CrMoV钢的表面硬度为700~800HV，40CrNiMo钢为650~750HV，5CrNiMo钢为650~750HV，4Cr5MoVSi钢为900~1100HV。

3. 稀土氮碳共渗

气体氮碳共渗时向渗剂中加入稀土元素，可改善渗层性能。例如，对经淬火+回火的高速工具钢钻头进行0.5h稀土氮碳共渗处理，其使用寿命比未经共渗处理的平均提高36倍，显著提高了产品质量。

4. 液体氮碳共渗

液体氮碳共渗是借助NaCNO或KCNO在共渗温度下分解所得活性碳、氮原子而进行的氮碳共渗。

所用盐浴的配方如下：

1）TF-1基盐+REG-1再生盐。

2）J-2国产基盐+Z-1国产再生盐。

3）$w[(NH_2)_2CO]40\%+w(Na_2CO_3)30\%+w(K_2CO_3)20\%+w(KOH)10\%$。

4）$w[(NH_2)_2CO]37.5\%+w(KCl)37.5\%+w(Na_2CO_3)25\%$。

5）$w[(NH_2)_2CO]34\%+w(NaCN)43\%+w(K_2CO_3)23\%$。

表46-24为几种钢材经560℃×1.5~2h液体氮碳共渗后的层深和硬度值。

表 46-24　560℃×1.5~2h 液体氮碳共渗后的层深和硬度值

钢　　材	化合物层深度/mm	扩散层深度/mm	表面硬度 HV
低、中碳钢	0.01~0.02	0.3~0.5	450~550
低碳低合金钢	0.01~0.02	0.1~0.2	600~700
38CrMoAl	0.006~0.016	0.15~0.2	1000~1200
3Cr2W8	0.004~0.010	0.1~0.25	800~1050
W18Cr4V	0.002~0.04(共渗 0.5h)		1000~1300

5. 固体氮碳共渗

常用的固体渗剂有两类：一类是木炭和黄血盐；另一类是木炭、碳酸钡及黄血盐。其中木炭供给碳原子，黄血盐及碳酸钡在加热时分解，供给活性炭、氮原子，并有催渗作用。

固体氮碳共渗时，将工件装入箱中并在其四周填充固体介质，然后在箱式炉或连续炉中加热至 550~600℃进行氮碳共渗。该工艺适用于单件、小批量生产。

6. 无毒固体氮碳共渗

采用 w(木炭)64.5%+w(尿素)19.4%+w(碳酸钠)16.1%作为渗剂，在共渗温度下发生如下的化学反应：

$$2(NH_2)_2CO+Na_2CO_3 \rightarrow 2NaCNO+2NH_3+CO_2+H_2O$$

$$2NaCNO+O_2 \rightarrow Na_2CO_3+2[N]+CO$$

$$2CO \rightarrow CO_2+[C]$$

这种渗剂原材料无毒，但中间产物有微量氰根，故操作时应引起注意。

此工艺适用于中碳钢制造的模具。

7. 快速固体氮碳共渗

以碘为催化剂加入固体渗剂中可缩短工艺周期，节约能源，并获得耐磨性更佳的渗层。例如：对经调质处理的 45、T10、40Cr、CrMn、3Cr2W8V 钢件，在 w(木炭)60%+w(尿素)40%+碘4g 渗剂中经(570±10)℃×3.5h 共渗，加碘催化的比未加碘的总渗层和化合物层均增厚（见表 46-25），渗层的硬度也明显提高。

表 46-25　不同钢材固体氮碳共渗后的渗层深度　　（单位：μm）

牌　　号	未加碘的渗层		加碘的渗层	
	化合物层	总渗层	化合物层	总渗层
45	15	0.20	26	0.41
T10	9	0.23	97	0.46
40Cr	9	0.19	93	0.45
CrMn	13	0.15	40	0.36
3Cr2W8V	3	0.13	13	0.15

8. 离子氮碳共渗

离子氮碳共渗是在离子渗氮炉上添加一套增碳的装置来实现共渗的。

具体操作工艺为：抽真空至 133Pa 时，以工件为阴极，容器为阳极，通入 500~700V 的电压，即开始升温，并通入氨气。在 570℃下保温并通入酒精（丙酮或乙炔）蒸气。氨和酒精蒸气总流量以每小时换气 10 次为佳，其中酒精蒸气与氨的比为（0.1~0.5）：1，而电流密度为 5~10mA/cm²。经 570℃×1.5h 离子氮碳共渗后的渗层深度及表面硬度见表 46-26。

表 46-26 经 570℃×1.5h 离子氮碳共渗后的渗层深度及表面硬度

材料	化合物层深度/mm	扩散层深度/mm	表面硬度 HV0.2
45	0.022	0.45	633
Q235	0.022	—	598
40Cr	0.021	0.40	666
38CrMoAl	0.015	0.25	854
灰铸铁	0.012	—	598
20MnVB	0.020	0.30	666

9. 稀土离子氮碳共渗

稀土元素对离子氮碳共渗有明显的催渗作用。

例如：朱雅年等人采用热分解氨以及自制不同含量的稀土有机渗剂，对经 1050℃ 固溶+650℃×2h 处理的沉淀硬化型不锈钢 53Cr21Mn9Ni4N 进行 5400℃×4h 离子氮碳共渗，他们得到的稀土对离子氮碳共渗层深度的影响见表 46-27，并且发现稀土添加量有一最佳值，这里为$w(RE)=6\%$。

表 46-27 稀土对离子氮碳共渗层深度的影响

离子氮碳共渗		稀土离子氮碳共渗	
化合物层深度/μm	扩散层深度/μm	化合物层深度/μm	扩散层深度/μm
2	18	2	30

10. 奥氏体氮碳共渗

由于氮、碳元素能明显地降低铁的共析转变温度，因而在 600~700℃ 进行氮碳共渗时，含氮的表层已部分转变为奥氏体，而不含氮的部分基本保持原组织不变，冷却后表面形成了化合物层及 0.01~0.10mm 的奥氏体转变层。为了区别于 590℃ 下的氮碳共渗工艺，该工艺命名为奥氏体氮碳共渗工艺。在气体渗氮炉中进行奥氏体氮碳共渗，氨气与甲醇摩尔比可控制在 92∶8 左右。工件共渗淬火后，可根据要求在 180~350℃ 下回火（时效）。以抗蚀为主要目的的工件，共渗淬火后不宜回火。表 46-28 为奥氏体氮碳共渗工艺条件。

表 46-28 奥氏体氮碳共渗工艺条件

共渗层总深度/mm	共渗温度/℃	共渗时间/h	氨分解率(%)
0.012~0.025	600~620	2~4	<65
0.020~0.050	650	2~4	<75
0.050~0.100	670~680	1.5~3	<82
0.100~0.200	700	2~4	<88

46.5 渗金属

渗金属工艺是采用加热的方法，使一种或多种金属元素扩散渗入工件表面形成表面合金层的化学热处理工艺。所渗金属元素与基体金属常发生反应而形成化合物相，使渗层与基体结合牢固，其结合强度是电镀、化学镀等工艺难以比拟的。渗层具有不同于基体金属的成分和组织，从而使工件表面获得特殊的性能，如抗高温氧化性、耐蚀性、耐磨性等性能。

渗金属可分为直接扩散法和镀（涂）法两大类。直接扩散法又分固体法、液体法和气体法三种。镀（涂）法是将渗入的金属覆盖在工件表面，然后再加热使镀（涂）金属向钢件内扩散的方法。

46.5.1 渗铬

渗铬的目的主要有两个：一是为了提高钢和耐热合金的耐蚀性和抗氧化性，提高抗拉强度和疲劳强度；二是为了用普通钢代替昂贵的不锈钢、耐热钢和高铬合金钢。

1. 固体渗铬

固体渗铬方法有粉末装箱渗铬、膏剂渗铬等，其中常用固体粉末渗铬工艺见表46-29。

表 46-29 常用固体粉末渗铬工艺

序号	渗铬剂配方(质量分数)	渗铬工艺		基材
		温度/℃	时间/h	
1	铬粉 40%+氧化铝 59.6%+NH_4I 0.4%	1050	12	不锈钢
2	铬粉 74.5%+氧化铝 25%+NH_4Cl 0.5%	1000~1100	10	镍基合金
3	铬铁合金 50%+氧化铝 48%+NH_4Cl 2%	1050~1100	4~10	碳钢
4	铬粉 51.5%+氧化铝 46%+AlF_3 2.5%	950	6	铸铁
5	铬粉 32.5%+铝粉 62.5%+NH_4Cl 5%	950	1.5~4	45 钢

2. 液体渗铬

液体渗铬是在含有活性铬原子的盐浴中进行的，具有设备简单、加热均匀、生产周期短、可直接淬火等特点。液体渗铬主要有氯化物盐浴渗铬和硼砂盐浴渗铬两类，其工艺见表46-30。

表 46-30 液体渗铬工艺

序号	渗铬盐浴配方(质量分数)	渗碳工艺		渗层深度/μm	备注
		温度/℃	时间/h		
1	$BaCl_2$70%+NaCl30%，中性盐浴中加 Cr 或 Cr-Fe 粉	1050	1~5	—	用还原气氛保护
2	$Cr_2O_3$10%+铝粉 5%+$Na_2B_4O_7$85%(无水)	950~1050	4~6	10~20	盐浴流动性较好
3	碳素铬铁 15%～30%＋$Na_2B_4O_7$75%～85%(无水)	1000	6	12~18	盐浴流动性较差
4	铬粉 5%~10%+$Na_2B_4O_7$90%~95%(无水)	1000	6	15~18	盐浴流动性好，但成分有密度偏析

3. 气体渗铬

由氟化物（HF）、氯化物（NH_4Cl、HCl）与铬块或铬铁块反应制得铬的氟化物、氯化物，通入密封的炉子中，工件经950~1100℃处理4h，可获得20~40μm的渗层。

气体渗铬具有渗速快、渗层质量高且表面光洁等优点，但也存在气体有毒性及腐蚀性等缺点。

4. 真空渗铬

采用0.400mm铬铁粉和0.071~0.400mm氧化铝粉（其质量比为1：3）或以 w(铬粉) 50%+w（耐火土粉)50%为渗剂，再加总质量2%的 NH_4Cl，与清洗干净的工件一同装入罐中，且工件之间保持10mm的距离，在通用型真空炉0.133Pa真空度下，于1100~1150℃进行真空渗铬，保温时间视渗层厚度而定。保温完成后随炉冷却至250℃，出炉空冷。

与一般渗铬工艺相比，真空渗铬具有渗入速度快、工件表面光洁以及渗剂利用率高的优点。

5. 离子渗铬

利用离子渗氮炉可对钢件进行离子渗铬。

其工艺参数为：真空度为13.3Pa，最大电压为1000V，最大电流为35A，温度为900~1050℃，介质为渗铬气氛加适量的反应气及氢气。

6. 静电喷涂热扩散渗铬

将钢带两面喷湿，再用静电喷涂含铬质量分数为80%以上的铬铁粉，经烘干，然后通过压实，随后进行热扩散处理，获得渗铬合金层，图46-21所示为该工艺生产流程。钢带经辊式涂刷机后，表面浸上一层卤化物，在加热至400℃保温6h时，铬粉被卤化物活化，同时通入氢气（或氩气）作为清净剂。在900~950℃保温12~20h热扩散，形成渗铬合金层。

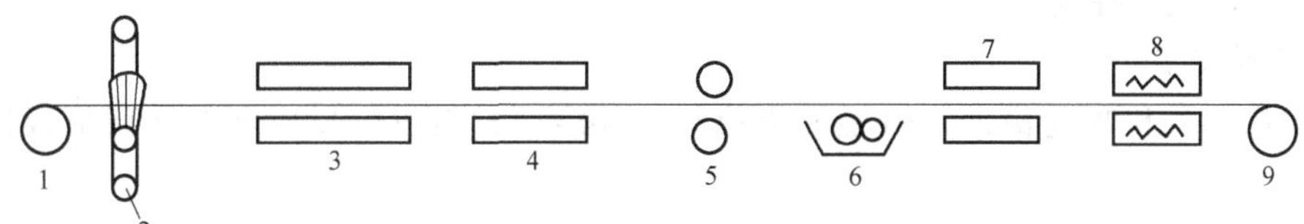

图46-21 静电喷涂热扩散渗铬法生产流程

1—钢卷 2—喷水润湿 3—静电喷铬粉 4—辐射干燥 5—压结机
6—辊式涂刷机 7—干燥炉 8—高温炉 9—钢卷

7. 铬稀土共渗

膏剂铬稀土共渗工艺与渗铬工艺见表46-31。

表46-31 膏剂铬稀土共渗工艺与渗铬工艺

膏剂配方(质量分数)	工艺参数	渗铬层深度/μm
Cr-Fe70%+NH_4Cl5%+余量 Al_2O_3-RE	950℃×6h	13.0
Cr-Fe70%+NH_4Cl5%+余量 Al_2O_3	950℃×6h	6.5

稀土元素的加入显著地提高了渗铬速度，而且由于渗层中出现$CeFe_5$、$CeFe_7$等稀土化合物，渗层的耐磨性、耐蚀性、抗高温氧化性都得到了提高。

46.5.2 渗铝

工件渗铝后具有很高的抗高温氧化与抗燃气腐蚀的能力，在大气、硫化氢、碱和海水等介质中，渗铝层也都具有良好的耐蚀性。

渗铝的方法有多种：粉末渗铝、热浸渗铝、气体渗铝、热喷涂渗铝、静电喷涂渗铝、电泳沉积渗铝、料浆渗铝等，其中以前二者应用最多。

1. 粉末渗铝

粉末渗铝的原理是通过化学反应和热扩散作用形成渗铝层。所用的渗剂含有铝铁合金、铝、氧化铝和少量氯化铵，其中氯化铵有催渗作用，氧化铝则是一稀释填充剂，又兼有防止金属粉末黏结的作用。工件脱脂除锈后装箱（与固体渗碳装箱类似），加热至850~1100℃，保温3~12h。加热时铝与活化剂发生如下化学反应：

$$NH_4Cl \rightarrow NH_3 + HCl$$

$$6HCl + 2Al \rightarrow 2AlCl_3 + 3H_2$$

$$AlCl_3+Fe \rightarrow FeCl_3+[Al]$$

粉末渗铝后表面含铝量较多，可在通有氢或氢气的罐中均匀化退火（1100℃×3min）降低铝含量。碳钢渗铝层的表面由 $FeAl_3$、Fe_2Al_5等相组成，硬度可达 850HV0.1，其渗层深度取决于渗铝工艺。

2. 低温粉末渗铝

采用渗剂为 w(Fe)42%~50%+w(Si)≤1.0%+w(Cu)≤4.0%+w(NH_4Cl)3%~5%+Al 余量，经焙烧后与 GH132 工件一同装箱，但需留有 ϕ5mm 小孔，然后入炉升温，先在 150℃保温 1h，再升至 670~710℃，保温 16~24h。

渗铝后空冷至 100℃开箱，渗层深度为 0.002~0.008mm。

经此工艺处理的 GH132 工件，在 700~800℃的 w(Na_2SO_4)75%+w(NaCl)25%熔盐中的抗热腐蚀性能大大提高。

3. 热浸渗铝

热浸渗铝的机理是借助于熔融的铝液与工件表面材料发生反应和扩散而形成富铝的合金层。

热浸渗铝的工件通常要对其表面进行彻底清理，以去除工件表面附着的油污、铁锈和氧化物，然后快速镀铜或镀锌进行助镀处理，最后才能浸入熔化的铝浴[w(Al)92%~94%+w(Fe)6%~8%+w(Si)0.5%~2%]。这里 Si 的加入有利于增加铝浴的流动性，如加入少量的 Mo、Mn、Zn、Na 还可改善涂层的渗润性。热浸的最佳温度为 760~800℃，保温时间视工件大小、厚薄以及钢种而定，一般为 10~20min。以耐蚀为目的的零件，热浸后可不必进行均匀化退火；而以抗高温氧化为目的且为减少渗层的脆性，防止剥落时，热浸渗铝后需进行 950~1050℃×3~8h 的均匀化退火，随炉冷至 500℃出炉空冷，以降低渗层铝浓度，增加渗层深度。

4. 高频感应加热膏剂渗铝

将渗铝膏剂涂于工件表面，利用高频感应加热，可快速得到均匀、连续、致密、无表面脆性及较厚的渗铝层。

渗铝膏剂配方为 w(Al)50%~80%+w(冰晶石)15%~35%+w(SiO_2)5%~15%+w（NH_4Cl）2%~5%，其中铝粉为供铝剂，冰晶石为熔化剂和活化剂，二氧化硅为填充剂，氯化铵为活化剂。黏结剂为松香酒精溶液。膏剂涂层厚度 0.5~1.0mm，并应在 100℃下烘干 1~2h。膏剂涂层外面则再涂覆 1mm 的 SiO_2防氧化涂层。

不同钢材经 1100℃高频感应加热 1min 所得渗铝层深度为 40~117μm，加热 2min 可获得 120μm 以上的渗铝层。

5. 气体渗铝

采用渗剂为铝的卤化物（$AlCl_3$、$AlBr_3$）加氢或向炉中加入铝铁和氯化铵，在 850~1100℃下贯通式或井式炉中进行渗铝。该工艺质量不易控制，且劳动条件较差，故不常用。

6. 喷涂扩散渗铝

先在工件表面静电喷上一层铝，再涂上水玻璃并撒一层硅砂，晾干后再涂一层，然后将工件送入 600℃左右的炉中，缓慢升温至 950~1050℃，保温 2~4h，进行均匀化退火，以降低工件表面的含铝量。保温完成后炉冷至 600℃，出炉空冷，可获得 0.2mm 渗铝层。

7. 铝稀土共渗

将粒度为 5μm 的铝粉、稀土金属和 NH_4Cl 粉末，按质量比为 10∶0.5∶0.5 均匀混合后用有机黏结剂调配成糊状，涂敷于工件表面，在780℃下保温3h进行共渗处理，可使组织细化并显著提高渗层的抗氧化性能。

46.5.3 渗钛

1. 固体渗钛

将工件置于 w(Ti-Fe 粉)50%+w(NH_4Cl)5%+w(过氯化烯)5%+w(Al_2O_3)40%的粉末状渗剂中，并装入箱中，加热至1000℃保温6h进行固体渗钛。处理后工件可获得10μm的TiC化合物层，其硬度可高达2500~3000HV，从而使其耐蚀性和耐磨性大大提高。

2. 固体膏剂渗钛

采用 w(Ti)95%+w(NaF)5%或 w(Fe-Ti)40%+w(Ti)55%+w(NaF)5%的膏剂涂敷于工件表面，干燥后放入盛有惰性填料的炉罐内，并快速加热至1000℃左右，可同样达到渗钛的目的。

3. 盐浴渗钛

工件在 w(NaCl)40%+w(Na_2CO_3)10%+w(Ti-Fe)40%+w(Al_2O_3)10%中，加热至1000℃保温1~5h，可获得2~13μm的钛化合物层。此外，还可在NaCl+KCl中性盐浴中加入Ti-Fe进行盐浴渗钛。

4. 气体渗钛

在850~900℃渗钛温度下，让氢气通过含有 w(含Ti质量分数为42.6%的Ti-Fe粉)64%+w(Al_2O_3)(300目)34%+w(NH_4Cl)2%介质的容器，含钛物质被氢还原，产生活性钛原子并渗入工件，达到渗钛的目的。

此外，也可使用 $TiCl_4$、TiI_4、$TiBr_4$ 在氢气保护下渗钛。在高温下 $TiCl_4$ 与铁发生化学反应：

$$TiCl_4+2Fe \rightarrow 2FeCl_2+[Ti]$$

从而释放出活性钛原子，被工件表面吸附，并与钢中的碳结合，形成碳化物型渗层，得以大幅度提高工件表面的硬度和耐磨性。

具体渗钛工艺为：$\varphi(TiCl_4):\varphi(Ar)=1:9$，电加热速度为100~1000℃/s，渗钛温度为950~1200℃，保温时间为3~8min。经上述渗钛工艺，可获得深度为20~70μm渗钛层。

5. 真空钛铝共渗

钛铝共渗除保留渗钛的高耐磨性、耐蚀性外，还可克服其耐热性低的缺点，提高工件的高温性能。

真空钛铝共渗是将工件放入盛有海绵钛容器的反应罐中，并抽真空至0.133~1.33Pa。然后将工件加热至230~270℃，通入三异丁基铝10~15min，工件表面沉积30~50μm的铝层。停止供给三异丁基铝，温度升至1000~1100℃，同时向罐中供给 $TiCl_4$ 和 H_2（体积比为1：55）混合气体若干分钟，便可获得0.05mm厚、均匀而致密的钛铝共渗层。

46.5.4 渗锌

渗锌是工件表面渗入锌的表面处理工艺。钢制件表面渗锌能显著提高抗大气腐蚀能力，在薄板、标准件上获得大量应用。

1. 热浸渗锌

热浸渗锌前工件必须先脱脂除锈，并且进行酸洗→中和→氯化铵和氯化锌混合熔剂处理，以便在已净化的工件表面形成一层熔剂层。然后浸入430~460℃熔融锌浴中2~5min。工件在浸入和从锌浴中取出时，要先刮净锌液表面的锌灰，以免锌灰黏附在镀锌件表面，影响渗锌质量。工件从锌锅中取出后，要用振动法立即清除镀层上多余的锌，以免产生锌的结瘤。为提高渗锌质量，可在保护气氛（如 N_2）中均匀化退火，以使锌在工件截面有合理的分布。

2. 粉末渗锌

粉末渗锌原理是通过化学反应和热扩散作用形成渗锌层，粉末渗锌工艺见表46-32。

表46-32 粉末渗锌工艺

序号	渗剂配方	渗锌工艺		渗层深度/mm
		温度/℃	时间/h	
1	$w(Zn)=80\%$，$w(NH_4Cl)=20\%$	400	3.5	0.053
2	Zn、Al_2O_3 与 ZnO 的质量比为 5∶3∶2	440	3	0.01~0.02
3	Zn 与 NH_4Cl 的质量比为 20∶1	390	2	0.01~0.02

46.5.5 渗钒、铌

1. 硼砂盐浴渗钒、铌（TD法）

在硼砂浴中加入欲渗金属，在高温下通过盐浴本身的不断对流与被处理工件表面接触、吸附并向内扩散，与此同时，钢中的碳则向表面扩散，在表面获得碳化物覆层，从而可有效地提高冷作模具的使用寿命，这也就是硼砂盐浴法（TD法）。该工艺方法设备简单，操作方便，盐浴又无公害，故应用前景广阔。硼砂盐浴渗钒、铌的工艺见表46-33。

表46-33 硼砂盐浴渗钒、铌的工艺

序号	渗剂配方（质量分数）	渗钒工艺		渗层厚度/mm
		温度/℃	时间/h	
1	无水硼砂 90%+钒 10%或钒铁合金[$w(V)=67\%$]10%	900~1000	6	22~25
2	无水硼砂 80%+V_2O_5 10%+Al 粉 10%	950	—	—
3	无水硼砂 90%~93%+Nb 粉 7%~10%	1000	5.5	17~20
4	无水硼砂 81%+Nb_2O_5 10%+Al 粉 9%	1000	4	12

注意：对于淬火温度高于渗钒或渗铌温度的钢件，仅需在渗金属后继续升温并淬火；而对于淬火温度低于渗钒或渗铌温度的钢件，则应在渗金属后空冷，然后进行细化晶粒退火，然后再进行加热淬火。

2. 中性盐浴渗钒

渗钒也可在中性盐浴中进行，所用盐浴成分为 $w(BaCl_2)85\%+w(NaCl)5\%+w(V_2O_5)5\%\sim8\%+w(Na_2B_4O_7)2\%\sim3\%$+少量铝粉，或者为 $w(KC1)22.2\%+w(NaCl)22.2\%+w$(V-Fe 粉)$44.4\%+w(A1_2O_3)11.2\%$。渗钒温度为920~1000℃，保温时间为3.5~10h。

3. 固体粉末渗钒

常用固体粉末渗钒工艺见表46-34。

表 46-34　常用固体粉末渗钒工艺

序号	固体粉末渗钒剂配方(质量分数)	渗钒温度/℃	保温时间/h
1	铁钒合金[w(V)= 30%]60%+$Al_2O_3$23%+NH_4Cl17%	1100	10
2	铁钒合金[w(V)30%]88%+NH_4Cl12%	1150	3
3	V88%+NH_4Cl12%	900~1150	3~9
4	V50%+$Al_2O_3$38%+NH_4Cl12%	900~1150	3~9
5	V49%+$TiO_2$39%+NH_4Cl12%	900~1150	3~9

46.5.6　渗锡和渗锰

1. 渗锡

渗锡可显著提高钢件的耐蚀性。渗锡通常采用 w(Sn)50%+w(硅砂粉末)50%混合物在1000~1100℃真空中进行，也可在 $SnCl_2$ 及 H_2 气氛中于500~550℃下进行。

2. 渗锰

模具钢渗锰可有效地提高硬度、耐磨性、抗热疲劳性，因而能提高其使用寿命。

渗锰时，先将粒度为0.15mm锰铁［w(Mn)= 84.90%、w(C)= 1.47%、w(Si)= 2%］、KBF_4、NH_4Cl 活化剂及经充分焙烧的X243填充剂与工件一同装箱，经900~950℃×6~8h处理后，可获得10~20μm渗层，其组织为（Mn，Fe）$_3$C化合物，但无脆性。

46.6　渗硼、渗硅和渗硫

46.6.1　渗硼

1. 气体渗硼

气体渗硼速度快，渗层均匀，表面质量好，操作比较方便，但存在安全和环保问题，应引起重视。渗硼气体为乙硼烷（B_2H_6）或三氯化硼（BCl_3），载气为 H_2，在渗硼温度下通入密封炉内，发生如下反应：

$$B_2H_6 \rightarrow 2[B]+3H_2$$

$$2BCl_3 \rightarrow 2[B]+3Cl_2$$

$$2BCl_3+3H_2 \rightarrow 2[B]+6HCl$$

$$BCl_3+Fe \rightarrow FeCl_3+[B]$$

气体渗硼工艺：①B_2H_6 与 H_2 的体积比为1/75~1/25，850℃保温2~4h，停气继续扩散2~3h；②渗剂：BCl_3 与 H_2 的体积比为1/20，850℃保温3~6h。

2. 粉末渗硼

渗硼是将工件置于含硼介质中加热，通过化学或电化学反应，使硼原子渗入工件表面形成硼化物的工艺方法。渗硼层通常由 FeB+Fe_2B 双相组织或 Fe_2B 单相组织组成。Fe_2B 较FeB的韧性好，但FeB的显微硬度可高达1800~2000HV，Fe_2B 为1200~1800HV。渗硼能提高材料的硬度、热硬性、耐磨性、耐蚀性与抗高温氧化性，在工业生产中应用较广泛。常用的渗硼工艺有固体渗硼、气体渗硼、盐浴渗硼等。

粉末渗硼是固体渗硼的一种。粉末渗硼剂一般由供硼剂、活化剂和填充剂组成。供硼剂用硼铁和碳化硼；活化剂多采用氟硼酸钾、碳酸氢铵、氟化钾、氟化钠等；填充剂可采用碳化硅、氧化铝、活性炭等。粉末渗硼操作简单，工艺过程与固体渗碳相似，工件装入渗箱中，充以渗硼剂，箱上加盖，即可升温渗硼。几种粉末渗硼剂的配方及工艺见表 46-35。

表 46-35　几种粉末渗硼剂的配方及工艺

序号	渗剂配方（质量分数）	渗硼工艺		渗层深度/μm	基材
		温度/℃	时间/h		
1	硼铁 72%+$KBF_4$6%+$NH_4HCO_3$2%+木炭 20%	850	4	140	45 钢
2	硼铁 20%+$KBF_4$5%+$NH_4HCO_3$5%+$Al_2O_3$70%	850	4	85	45 钢
3	硼铁 5%+$KBF_4$7%+活性炭 2%+木炭 8%+SiC78%	900	5	95	45 钢
4	B_4C5%+$KBF_4$5%+活性炭 2%+SiC88%	900	4	104	45 钢、T10 钢
5	B_4C5%+$KBF_4$5%+锰铁 10%+SiC80%	850	4	165	45 钢

3. 膏剂渗硼

膏剂渗硼是将膏剂涂敷于工件表面，干燥后放入盛有惰性填料的罐内进行加热渗硼的工艺。所用的膏剂由供硼剂和活性剂组成。黏结剂可采用松香酒精溶液、文具胶水、聚乙烯醇水溶液等。膏剂涂层厚度一般为 1~3mm，经干燥后装箱或感应加热渗硼。常用膏剂渗硼工艺见表 46-36。

表 46-36　常用膏剂渗硼工艺

序号	膏剂配方（质量分数，%）				渗硼工艺		渗层深度/μm	基　材
	B_4C	Na_3AlF_6	CaF_2	Na_2SiF_6	温度/℃	时间/h		
1	70	30	—	—	950	4	140	20 钢
2	60	40	—	—	950	4	120	20 钢
3	50	50	—	—	950	4	100	T10
4	10	10	80	—	930	4	110	45 钢
5	50	—	35	15	950	4	≥100	45 钢
6	50	—	25	25	950	4	≥100	45 钢

膏剂渗硼具有成本低、渗速快的特点，对局部渗硼、深层渗硼更具独特的优点。

4. 盐浴渗硼

盐浴渗硼具有设备简单、操作方便、渗速快和渗层组织及厚度易于控制等优点，而且盐浴渗硼后可直接淬火。

渗硼盐浴基本分为两类：一类是以硼砂为基，分别加入 SiC、Si-Fe、Al 等为还原剂，使盐浴产生活性硼原子；另一类以中性盐为基，如 NaCl、NaCl+KCl，再加入氟化物催渗剂和供硼剂 B_4C。常用盐浴渗硼工艺见表 46-37。

表 46-37　常用盐浴渗硼工艺

序号	盐浴配方（质量分数）	渗硼工艺		渗层深度/μm	备　注
		温度/℃	时间/h		
1	$Na_2B_4O_7$70%~80%+SiC20%~30%	900~950	5	70~100	45 钢，单相 Fe_2B，工件较难清洗
2	$Na_2B_4O_7$80%+SiC13%+$Na_2CO_3$3.5%+KCl3.5%	950	3	120	20 钢，Fe_2B
3	$Na_2B_4O_7$80%+铝粉 10%+NaF10%	950	6	200	20 钢，FeB+Fe_2B
4	$Na_2B_4O_7$60% + NaCl15% + $Na_2CO_3$15% + Si-Fe10%	900~950	3	120~140	45 钢，Fe_2B，工件易清洗
5	NaCl80%+$NaBF_4$15%+B_4C5%	950	5	200	中性盐为基
6	NaCl65%+KCl15%+$NaBF_4$10%+B_4C10%	920~940	4	120	10，45，35CrMo

46.6.2 渗硅

1. 气体渗硅

在950~1050℃密封箱式炉中通入含硅的活性气体如$SiCl_4$，在高温下$SiCl_4$分解还原与铁发生置换反应，渗入工件表面，但是使用此方法所得渗层多孔、疏松。用铝粉还原SiO_2进行渗硅能克服上述缺点，得到无孔隙、致密的渗层，其具体工艺条件如下：

渗剂为$w(SiO_2)57\%+w(Al)30\%+w(NH_4Cl)13\%$，在氩气保护下于1150℃（加热速度0.1℃/s）保温2h，然后炉冷至室温，可获得渗层深度为250μm渗层。

2. 固体粉末渗硅

渗硅可提高钢件在硫酸、硝酸、海水及大多数盐、稀碱液中的耐蚀性。渗层组织由有序固溶体α′相和无序固溶体α相组成，其内层为增碳区。渗硅层较脆，会降低钢的塑性，并难以切削加工。

渗硅工艺有固体粉末法、盐浴法、气体法等。

固体粉末渗硅工艺见表46-38。

表46-38 固体粉末渗硅工艺

序号	渗硅剂配方(质量分数)	渗硅工艺	用途
1	Si-Fe75%~80%+$Al_2O_3$15%~20%+NH_4Cl5%	1100~1200℃×10h，渗层深度为0.5~1.0mm	普通渗硅
2	Si-Fe80%+$Al_2O_3$8%+NH_4Cl12%		减摩多孔渗硅
3	Si19.5%~20.3%+FeO61.0%~61.7%+NH_4Cl3.4%~4.2%+Al_2O_3余量		消除孔隙渗硅

3. 盐浴渗硅

盐浴渗硅工艺见表46-39。

表46-39 盐浴渗硅工艺

序号	盐浴配方(质量分数)	渗硅工艺		渗层深度/mm	备注
		温度/℃	时间/h		
1	0.5$BaCl_2$+0.5NaCl75%~80%+Si-Fe15%~20%	1000	2	0.35(10钢)	硅铁粒度0.1~1.4mm
2	(2/3Na_2SiO_3+1/3NaCl)65%+SiC35%	950~1050	2~6	0.05~0.44(工业纯铁)	—
3	(2/3Na_2SiO_3+1/3NaCl)80%~85%+Si-Fe15%~20%	950~1050	2~6	0.044~0.31(工业纯铁)	硅铁粒度0.1~1.4mm
4	(2/3Na_2SiO_3+1/3NaCl)90%+Si-Fe10%	950~1050	2~6	0.04~0.2(工业纯铁)	硅铁粒度0.32~0.63mm

46.6.3 渗硫

钢铁零件经渗硫后在表面形成FeS（或Fe_2S和FeS）薄膜，可达到降低摩擦因数、提高抗咬合性能的目的。工业上应用较多的是在150~250℃进行低温电解渗硫，其处理时间短，渗层质量较稳定，FeS膜厚为5~15μm，低温液体电解渗硫工艺见表46-40。

表 46-40　低温液体电解渗硫工艺

序号	渗剂配方(质量分数)	渗硫工艺		电流密度/(A/dm²)	备　注
		温度/℃	时间/min		
1	KCN75%+NaCNS25%	180~200	10~20	1.5~3.5	
2	KCN74%+NaCNS25%+$K_4Fe(CN_6)$0.1%+$K_3Fe(CN)_6$0.9%	180~200	10~20	1.5~2.5	工件为阳极，盐槽为阴极，到温后计时，因 FeS 转化膜形成速度快，且保温 10min 后增厚甚微，故无须超过 15min
3	KCNS73%+NaCN24%+$K_4Fe(CN)_6$2%+KCN0.7%+NaCN0.3%，通氨气搅拌，流量 $59m^3/h$	180~200	10~20	3~6	
4	NH_4CNS30%~70%+KCNS30%~70%	100~200	10~20	2.5~4.5	
5	KCNS55%+NaCN40%+KCN1.2%+NaCN0.8%+Na_2S0.04%+$K_4Fe(CN)_6$2%	250	7	3	

46.7　多元共渗和复合渗

多元共渗是将工件置于含至少两种欲渗元素的渗剂中，经过一次加热扩散过程，使多种元素同时渗入工件表面的化学热处理工艺。复合渗则把工件先后置于相应渗剂中，经数次加热扩散过程，使多种元素先后渗入工件表面的化学热处理工艺。多元共渗和复合渗的目的是吸收各种单元渗的优点，弥补其不足之处，使工件表面达到更高的综合性能指标。实际上前面所述的碳氮（氮碳）共渗、真空钛铝共渗、稀土催渗均属于多元共渗。

46.7.1　碳硼稀土复合渗

由于渗硼层具有极高的硬度，但渗硼层很薄。若在渗硼前先渗碳，使渗硼层下有坚硬的基体支撑，渗碳层外又有更硬的渗硼层覆盖，可显著提高工件的抗磨粒磨损性能。此外，先渗碳后渗硼可提高渗硼的速度。相同的钢种和渗硼工艺，经预渗碳的硼化物层厚度增加，硼化物齿形特性减弱，渗层致密度程度增加。例如，焊条生产线机头上的 45 钢制粉碗采用 930℃×7h 固体渗碳后，再经 950℃×5~6h 硼稀土共渗+800℃×20min 淬火+170℃×2h 回火复合处理后，粉碗抗磨粒磨损能力进一步提高，约为单一渗硼的 8 倍；又如 20CrMnTi 钢试样经 930℃×3h 气体渗碳获得 1.6~1.8mm 的渗碳层，然后经 850~950℃×4~6h 进行液体渗硼，获得 80~160μm 的渗硼层，其耐磨性较渗碳处理的提高 3.6~5.3 倍。

46.7.2　硼碳氮共渗

硼碳氮共渗是将工件置于同时含有硼、碳、氮三种元素的介质中的化学热处理工艺。硼碳氮共渗可在盐浴 $w(Na_2B_4O_7)$20%+$w[(NH_2)2CO]$40%+$w(Na_2CO_3)$20%+$w(KCl)$20%中，于(730±10)℃保温4~6h，对于 45 钢工件，可获得 0.36~0.46mm 的共渗层。

硼碳氮共渗也可以在 B_4C、KBF_4、$KCFe(CN)_6$、SiC 和碳粉等粉末固体介质中进行。共渗温度为 900~950℃，时间为 4~5h，共渗后硼化物层可达 150~200μm，过渡层深度也可达 500~800μm。共渗后渗层硬度尽管比渗硼的低，但硬度梯度平缓，水淬后硼化物不崩落，能大大提高工件的使用寿命。

46.7.3 硫氮碳共渗

硫氮碳共渗是将工件置于同时含有硫、氮、碳三种元素的渗剂介质中的化学热处理工艺。它可改善工件的减摩性能，并提高工件表面的硬度和耐磨性。共渗层可达数十微米，其组织与渗剂的组成有关。以渗硫为主时，表层有 FeS 或 FeS 与 α-Fe；以渗氮为主时，有 $Fe_2(N, C)$ 与 $Fe_4(N, C)$；以渗碳为主时，则形成 $Fe_3(C, N)$。硫氮碳共渗工艺见表 46-41。

表 46-41 硫氮碳共渗工艺

工艺方法	渗剂配方（质量分数）	共渗工艺	
		温度/℃	时间/h
粉末法	$FeS40\%+K_4Fe(CN)_610\%+$石墨 50%	550~930	4~12
	$FeS90\%+K_4Fe(CN)_65\%+(NH_2)_2CS5\%$		
膏剂法	$ZnSO_437\%+Na_2SO_418.5\%+K_2SO_418.5\%+KCNS2.25\%+Na_2S_3O_33.75\%+$高岭土 $6\%+H_2O14\%$	500~580	3~4
盐浴法	$(NH_2)_2CS54\%+K_2CO_344\%+Na_2S2\%$	350~380	10~60min
	$NaCN65\%+KCN22.1\%+Na_2S4.3\%+KCNS4.3\%+Na_2SO_44.3\%$	540~560	

46.7.4 氧硫碳氮硼共渗

高速工具钢刀具经常规淬火、回火后进行氧硫碳氮硼共渗，可使刀具寿命提高 1~2 倍，而且设备简单，操作方便。渗剂采用 8g 硫脲和 8g 硼酸溶解于 500mL 甲酰胺和 500mL 无水乙醇的混合溶液中制成，以一定的滴速滴入炉内。高速工具钢刀具氧硫碳氮硼共渗的工艺曲线如图 46-22 所示。

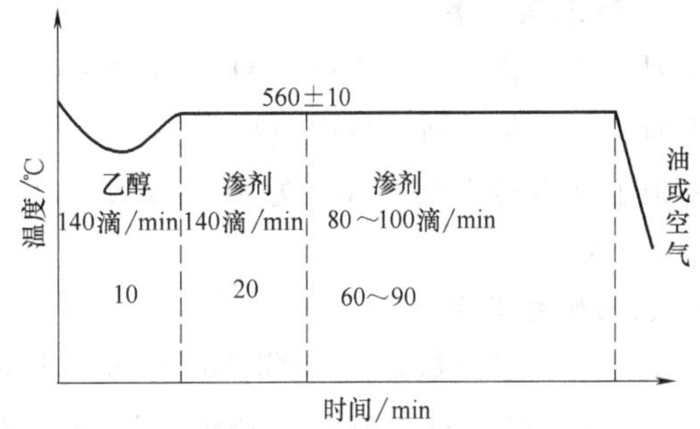

图 46-22 高速工具钢刀具氧硫碳氮硼共渗的工艺曲线

共渗时间一般为 1~3h，渗层深度为 0.04~0.1mm，其组织由表及里依次是：$FeBO_5$、FeO_4和 FeS 疏松组织（1~3μm）；FeO_4和小块状 Fe_3N 致密组织（1~3μm）；马氏体上分布着大量细小碳化物（1μm）；扩散层则与基体相连。

46.7.5 氧氮共渗

在渗氮的同时通入含氧介质，即可实现钢铁件的氧氮共渗，处理后的工件兼有蒸气处理和渗氮处理的共同优点。

氧氮共渗时，采用最多的渗剂是浓度不同的氨水。氮原子向内扩散形成渗氮层，水分解形成的氧原子向内扩散形成氧化层，并在工件表面形成黑色氧化膜。

目前，氧氮共渗主要用于高速工具钢刀具的表面处理。共渗的主要工艺参数为：氧氮共渗温度一般为 540~590℃，共渗时间通常为 60~120min，氨水质量分数以 25%~30%为宜。排气升温期氨水的滴入量应加大，以便迅速排除炉内空气。共渗期氨水的滴量应适中，降温扩散期应减小氨水滴量，使渗层浓度梯度趋于平缓。炉罐应具有良好的密封性，炉内保持 300~1000Pa 的正压。图 46-23 所示为以氨水为共渗剂的高速工具钢刀具氧氮共渗工艺曲线。

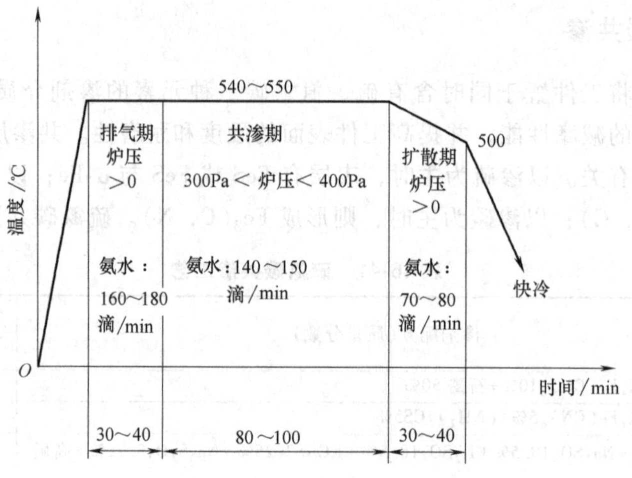

图 46-23 高速工具钢刀具氧氮共渗工艺曲线

46.7.6 硫氮共渗

1. 气体硫氮共渗

以氨气和硫化氢作为渗剂，NH_3：H_2S=(9～12)：1(体积比)，氨分解率约为 15%。炉膛较大时，硫化氢的通入量应减少。

高速工具钢经 530～560℃处理 1～1.5h，可获得 0.02～0.04mm 的共渗层，表面硬度为 950～1050HV。

2. 盐浴硫氮共渗

在配方（质量分数）为 $CaCl_2$50%+$BaCl_2$30%+NaCl20%的熔盐中添加 FeS8%～10%，并以 1～3L/min 的流量导入氨气（盐浴容量较多时取上限）进行盐浴硫氮共渗，共渗温度为 520～600℃，保温时间为 0.25～2.0 h。

46.7.7 硼铝共渗

硼铝共渗的目的是提高耐磨性和耐热性，其共渗工艺见表 46-42。

表 46-42 硼铝共渗工艺

工艺方法	渗剂配方(质量分数)	共渗工艺	渗层组织
粉末法	90%供硼剂(B_4C84%+$Na_2B_4O_7$16%)加 10%供铝剂(铝铁粉 97%+NH_4Cl3%)	1100℃×6h 共渗层深度 0.36mm	45 钢渗层由 FeB、Fe_2B、Fe_3Al 组成
	50%供硼剂(B_4C84%+$Na_2B_4O_7$16%)加 50%供铝剂(铝铁粉 97%+NH_4Cl3%)	1100℃×6h 共渗层深度 0.23mm	45 钢渗层由 FeAl、Fe_2B 组成
液体法	由硼砂、中性盐、氧化铝、铝、铁粉、氟化铝、碳化硼等组成	840～870℃×3～4h 共渗层深度 0.07～0.13mm	—
熔盐电解法	$Na_2B_4O_7$18%+$Al_2O_3$27.5%+Na_2O54.5%	900～950℃×0.5h 电流密度≤0.4A/cm^2 共渗层深度 0.07mm	—
膏剂法	由碳化硼、氟硼酸钾、碳化硅、氟化钠、氧化铁组成，另加黏结剂	850～950℃×3～5h 共渗层深度 0.05～0.1mm	—

另外，也可以采用先渗硼后渗铝的复合渗工艺，来获得硬度高、耐磨性好、抗氧化性好的表面改性层。

46.7.8 硼铬共渗和复合渗

硼铬共渗和复合渗层的塑性与耐磨性比单独渗硼层好，尤其是在动载荷下更显其优越性。硼铬共渗和复合渗工艺见表46-43。

表46-43 硼铬共渗和复合渗工艺

工艺方法		渗剂配方(质量分数)	工艺
共渗	粉末法	无定形硼5%+铬粉63.5%+$Al_2O_3$30%+NH_4I1.5%	1000℃×8h
	盐浴电解法	$Na_2B_4O_7$50%~52%+$Cr_2O_3$3%~5%+SiC10%+B_4C5%+$Na_3AlF_6$20%+KCl10%	(850~900℃)×2h 电流密度 (0.1~0.2)×10^{-4}A/m^2
复合渗	膏剂法渗硼+粉末法渗铬	渗硼膏剂：B_4C10%+$Na_3AlF_6$10%+$CaF_2$80% 渗铬剂：铬铁50%+$Al_2O_3$43%+NH_4Cl7%	900℃×(1~2h) 1050℃×3h
	粉末渗铬+电解渗硼	渗铬剂：铬铁50%+$Al_2O_3$43%+NH_4Cl7% 渗硼盐浴：硼砂50%+B_4C50%	1050℃×6h 900℃×2h 电流密度0.24×10^{-4}A/m^2

46.7.9 硼锆共渗和硼硅共渗

1. 硼锆共渗

硼锆共渗的目的是改善渗硼层的脆性，提高其抗冲击载荷的能力。典型的硼锆共渗粉末配方（质量分数）有：

1）B_4C45%~60%+B_2Zr5%~10%+NaF5%~10%+铁屑余量。

2）B_4C50%~55%+硼酐4%~7%+Cu3%~4%+Zr2%~4%+NaF3%~6%+SiO_2余量。

共渗温度为850~950℃，保温时间为3~6h，然后直接淬火或空冷。

2. 硼硅共渗

硼硅共渗后可提高钢的抗氧化和耐蚀性，表面硬度也有所提高。粉末硼硅共渗工艺见表46-44。

表46-44 粉末硼硅共渗工艺

序号	渗剂配方(质量分数)		处理工艺	渗层深度/μm		备注
	$Na_2B_4O_7$16%+B_4C84%	Si(硅结晶)95%+NH_4Cl5%		45钢	T8	
1	93	7	1050℃×3h	245	225	序号1和2渗剂获得的渗层较致密，当渗剂中Si的质量分数大于25%时，渗层孔隙增多
2	85	15	1050℃×3h	240	200	
3	75	25	1050℃×3h	210	180	

46.7.10 硼氮和碳硼复合渗

1. 硼氮复合渗

粉末硼氮复合渗剂为B-Fe（或B_4C）、$(NH_2)_2CO$、Al_2O_3（或SiC）、KBF_4、NaF等组成。采用两段工艺法，先于570~630℃保温3h渗氮，然后升温于850~900℃保温5~6h渗

硼，渗层深度达 0.15mm，由 FeB、Fe_2B、$Fe_3(CB)$、Fe_3N 等相组成。

2. 碳硼复合渗

碳硼复合渗（先渗碳、后渗硼）用于既要有高的接触疲劳强度又要有高的耐磨性的牙轮钻头（轴颈部分）等零件。碳硼复合渗工艺见表 46-45。

表 46-45　碳硼复合渗工艺

渗碳					渗硼			
材料	渗碳剂配方(质量分数)	处理工艺 温度/℃	处理工艺 时间/h	渗层深度/mm	渗硼剂配方(质量分数)	处理工艺 温度/℃	处理工艺 时间/h	渗层深度/mm
20CrMnTi	木炭 94%+$Na_2CO_3$6%	930	6	1.5~1.8	B_4C4%+$KBF_4$2%+$Na_2CO_3$0.2%+SiC93.8%	950	4~6	0.08~0.14
20CrMnTi	氮气+甲醇+丙烷渗碳	930	17	2.5	颗粒状渗硼剂	930	12	0.1~0.14

46.7.11　铬铝硅共渗

1. 铬铝共渗

铬铝共渗的目的是提高工件表面耐磨性、耐蚀性的同时提高其抗高温氧化能力，也可采用先渗铬后渗铝或先渗铝后渗铬的复合渗。固体粉末铬铝共渗工艺见表 46-46。

表 46-46　固体粉末铬铝共渗工艺

序号	共渗剂配方(质量分数)	共渗工艺
1	铬铁 49.25%+铝铁 49.25%，外加 NH_4Cl1.5%	(950~1050℃)×(5~10h)
2	铬铁 49.5%+铝铁 39.5%+$Al_2O_3$10%，外加 NH_4Cl1%	1050℃×(8~10h)
3	铬-铝合金 50%+$Al_2O_3$50%	1040℃×(5~10h)

2. 铬硅共渗

铬硅共渗的目的是提高耐磨性、耐蚀性，共渗层还具有高的热稳定性和耐急冷急热性。

共渗剂配方（质量分数）为铬粉 53%+硅粉 3%+$Al_2O_3$42%+NH_4Cl2%，共渗温度为1000℃，保温时间为 10h，可获得 150μm 的共渗层。共渗层中 Cr 的质量分数为 20%，Si 的质量分数为 5%，铬硅共渗层的抗高温氧化性、耐蚀性优于渗铬层，韧性优于渗硅层。

3. 铬铝硅共渗

铬铝硅三元共渗的目的是提高热稳定性和耐腐蚀、耐冲蚀磨损能力。

粉末法铬铝硅共渗工艺如下：

共渗剂配方（质量分数）是粒径为 0.075mm（200 目）的 Cr15%+粒径为 0.075mm（200 目）的 Al5%+粒径为 0.053mm（240 目）的 SiC79.4%+NH_4I0.4%+粒径为 0.154mm（100 目）的 $Al_2O_3$0.2%，共渗温度为 1093℃，保温 7h，冷至 93℃ 取出工件。采用该工艺的共渗层深度：钴基合金为 25~75μm，镍基合金为 50~100μm，铁基合金为 25~250μm。

46.8　镀渗复合

钢铁、铜合金、铝合金等材料表面电镀几种金属或合金层，然后通过热扩散处理，可形成减摩与耐磨型镀渗层。改善钢铁及非铁合金摩擦学性能的镀渗技术见表 46-47。

表 46-47 改善钢铁及非铁合金摩擦学性能的镀渗技术

内容	镀锡锑热扩散（Stanal）	镀铜锡热扩散（Forez）	镀锡镉（或锑）热扩散（Delsun）	镀铜热扩散（Zinal）
工件材质	碳素钢、合金结构钢、模具钢、不锈钢、铸铁、粉末冶金件	碳素钢、工具钢、模具钢	铜、青铜与黄铜	铝合金与铝
镀覆材料	以 Sn 为主，Sb 的质量分数为 7%～10%；可添加少量 Cd 以提高耐蚀性	以 Cu 为主，Sn 的质量分数可达 30%	一般镀 7～10μm，Sn、Cd 或 Sb，铝青铜基体加厚至 10～12μm	In、Cu；可加少量 Zn 以提高结合力
热扩散工艺	在充氮炉膛中于 580～600℃ 保温 10～15h，高精度工件在精磨前于 600℃ 去应力再加工至成品并电镀	在氮气中加热到 550～600℃，持续 4～6h	无须在保护气氛中加热，于空气炉中加热至 410～430℃，保温 8～14h	在一般加热炉中于 150～165℃ 保温 4～8h
镀渗层组织、结构与硬度	表面为 1～2μm 富锡的减摩层，其下为以 FeSn 和 $FeSn_2$、Fe_3SnC 为主，硬度为 600～800HV 的扩散层。渗层深度为 10～30μm	表面为 1～2μm 富锡减摩层，其下是 $FeSn_2$、FeSn、Fe_3SnC，硬度约 450HV，通常渗层深度为 10～20μm，必要时可达 100μm	表面是抗咬死性能良好的 Cu-Sn-Cd 合金薄层；其下是 Cu_2Sn、Cu_4Sn 等化合物，硬度为 480～600HV，镀渗层深度约为 30μm	表面为 1μm 左右的富铟抗咬死层，其下为 In-Cu 化合物，硬度约为 200～250HV，镀渗层深度为 10～50μm
耐蚀性	在大气、海水、矿物油中耐蚀性良好。对碱性介质、硝酸钾溶液等有一定的耐蚀性	在大气、工业大气中有一定的耐蚀性，抗盐雾腐蚀性能明显提高	在大气、海水及矿物油中耐蚀	耐蚀性有所改善
摩擦学性能（在 Falex 摩擦磨损试验机上进行试验）	销子试样和 V 形块均为 35 钢，未经表面处理时，在 1500N 载荷下瞬时咬死；经过 Stanal 处理则 7h 才咬死（试样置于水中） 试样置于油中连续加载，未经表面处理件在 2600N 时咬死；经 stanal 处理直至 25000N 仍运行正常	转速为 300r/min，试样上涂凡士林，未经表面处理时，6000N 咬死；经 Forez 处理件直到 24000N 运行正常	销子为铜合金，V 形块是渗碳、淬火与回火的 15CrNi3A 钢 摩擦速度为 0.1m/s，经过 Delsun 处理的 QSn12 和 HPb59-2 的摩擦学性能显著提高，同时提高接触疲劳强度	销子是含铜及少量镁、锰的铝合金；V 形块为调质的 35 钢，以 0.1m/s 的速度在水中试验，未经处理件在 500N 载荷下瞬时烧伤 经过 Zinal 处理则历时 1h 才开始擦伤
适用范围	承载不重的轴、齿轮、滑动轴承、挺杆、部分蜗杆和蜗轮（某些情况下可用钢或铸铁代青铜）	减速器、轻工机械中的轻载齿轮、轴瓦、水泵零件、蜗轮；钢件处理可代替黄铜、青铜	青铜与黄铜齿轮、蜗轮、液压泵壳体、轴承、铜质模具、过滤板	铝合金武器器件，水龙头、活塞、滑轮等

第 47 章

表面热处理

对钢的表面进行加热、冷却、改变表面层组织而不改变表面层成分的工艺称为表面热处理。通常条件下，表面热处理是以较快升温速度，在短时间内将待处理钢制零件的一定深度的表面层加热到相变点以上，并使之发生奥氏体转变，随后进行快速冷却，使零件的表面层发生马氏体转变，从而提高表面层的硬度和强度，满足材料表面性能的要求。根据服役条件的不同，采用控制表面加热速度和加热时间，控制达到奥氏体化转变区的厚度，经淬火后控制硬化层的深度。由于要求表面热处理不能影响零件心部的性能，因此对表面加热速度和冷却速度有一定的要求，即加热速度要超过材料的热传导速度，冷却速度要大于材料的临界冷却速度。

在上述条件下，由于加热和冷却的速度快，时间短，因此钢中发生的组织转变是在热力学非平衡条件下的相变，常规的符合热力学平衡态的平衡相图的组织转变已不适合于表面热处理过程。

由于表面热处理要求快速加热，因此常规热处理的加热方法已不能满足加热速度的需要，需要有较高能量密度的加热手段。常用的表面热处理方法有火焰加热表面淬火、感应加热表面处理、激光加热表面处理、电子束加热表面处理等，另外新发展的一些快速加热技术，如将一定波长范围的可见光进行聚焦而形成的聚集光束表面热处理等。实际处理工艺由零件的形状、服役条件、使用性能要求和批量生产程度等决定。

表面热处理是仅通过组织变化方法来提高材料表面性能的热处理方法，因此不是所有的材料都可以采用该技术进行处理。表面淬火广泛应用于中碳调质钢、球墨铸铁等，基体相当于中碳钢成分的珠光体、铁素体基的灰铸铁、可锻铸铁、合金铸铁等原则上也可以进行表面淬火。这些材料在调质处理后通过表面热处理可以获得良好的心部韧性和表面强度与硬度的搭配，满足耐磨、传动以及疲劳场合的需求。

表面热处理具有工艺简单、强化效果显著、变形小、生产过程易于实现机械化和自动化、生产效率高、节能、污染少等特点，因此是应用相当广泛的材料表面改性技术之一。

表面热处理工艺包括：感应淬火、火焰淬火、接触电阻淬火、浴炉淬火、电解液淬火、脉冲淬火和高密度能量淬火等。

47.1 感应淬火

感应淬火是利用电磁感应原理和趋肤效应使位于通以交变电流的感应线圈中的工件产生感应电势，并在工件中产生极大涡流和磁滞效应，从而将工件表层加热到相变点以上，实现表面淬火的目的。这里感应线圈决定着感应加热的质量和效率，故要获得满意的感应淬火质量的关键在于设计选择合适的感应器和正确的工艺条件。感应淬火获得的表层组织为细小隐针马氏体，碳化物呈弥散分布，且存在压应力，故表层的硬度和耐磨性比普通淬火均高。此外，由于感应加热速度极快，几乎无氧化脱碳现象，工件变形很小，质量稳定，且生产效率高，还易于实现局部加热及自动化生产，因此应用极为广泛。

47.1.1 感应淬火时的加热方法

感应表面淬火时的加热方法有：同时（一次）加热、连续加热、断续加热和恒温加热等。

同时加热与连续加热是感应表面淬火时最常用的加热方法。同时加热时，通电后工件需加热的表面积同时加热及加热后同时冷却。

连续加热时，感应器与工件相互运动，工件各部位逐次得到加热。大批生产中，只要设备功率足够，即可采用同时加热法。单件小批量生产中，对轴类、杆类及尺寸较大的平面加热，即使设备功率有余，也常采用连续加热。

断续加热表面淬火是为了加深工件淬硬层深度而又不使工件表面过热的加热方法。其过程是在工件表面达到一定温度后，切断感应器电流，随即又闭合，如此进行数次。达到温度后切断电流时，加热层所含热量一方面向空气中散逸，一方面向工件内层传导，因而发生降温，以后又闭合电路，表面层恢复到淬火温度并继续向内层传导热量，使被加热层逐渐加深。

恒温加热是为了达到较深的硬化层又不使表面过热的目的而发展起来的加热方法，即在加热几秒钟达到淬火温度后，自动保温几秒至十几秒后再行淬火。自动保温过程中的电流大小，与抵消工件表面散热损失及向工件内部传导所需热能之和相等。

47.1.2 感应淬火件的技术条件

感应热处理件的技术条件是选用感应热处理设备（包括电源设备、淬火机床）、合理地设计感应器、确定感应热处理工艺、检查和验收感应热处理工件质量的基本根据。

感应热处理工件的技术条件有工件材料、表面硬度、淬硬层深度、硬化区分布、形变量、表面裂纹以及金相组织要求等。

一般情况下，以上技术条件多以图示法或文字说明出现于工件图上。值得注意的是，工件图上所标注的技术条件，一般是工件加工完毕后成品所要达到的技术要求，或感应热处理整个工序完毕后所要达到的技术要求。而感应热处理往往只是工件加工中的一道中间工序，或由数道工序完成的工序组，此时，必须根据工件最后成品所要求的技术条件来制订本道工序的技术条件。例如，材料为45钢的汽车发动机零件摇臂轴，硬度要求为45~58HRC（成品要求），而在摇臂轴表面感应淬火后的表面硬度，必须要求材料淬火硬度达到55HRC以上，然后通过回火达到图样要求硬度。又如，某汽车发动机曲轴主轴颈，淬硬层深度要求为1.5~4.0mm，这是曲轴成品的淬硬层深度要求。在制订感应淬火工艺时，必须考虑淬火后的磨削量和允许的弯曲变形量，再确定淬火工序的淬硬层深度。

47.1.3 感应淬火的常用材料及其对原始组织的要求

随着感应热处理工艺应用面的增加，感应热处理零件的用材范围也不断扩大，它主要分为钢和铸铁两大类。

常用感应淬火用钢有：35、40、45、50、55、60、40MnB、40Mn、45Mn、55Mn、40Cr、35CrMo、42CrMo、45MnB、20CrMnTi、55SiMnVB等。用于感应淬火的钢材，一般宜选用细晶粒钢，原始组织以调质处理的组织为佳。

对用于感应淬火的铸铁材料原始组织，涉及珠光体含量、形态、石墨类型、磷共晶和渗碳体的含量以及某些元素的成分等。常用于感应淬火的灰铸铁应以珠光体为基体，要严格控制铸铁成分中的S、P、C、Si、Mn等元素的含量，淬火前的组织主要控制珠光体含量和粗细、磷共晶和渗碳体含量以及石墨粗细。球墨铸铁一般也是以珠光体为基体，珠光体含量要求大于75%（体积分数），珠光体形态以细片状为佳，对球化率、碳化物和磷共晶的含量也有一定的要求，一般情况下，碳化物和磷共晶的总含量不超过3%（体积分数）。

47.1.4 高频感应淬火

高频感应淬火是利用高频电磁感应的现象，使工件表面加热而后急冷的热处理工艺。它适用于普通中碳钢和合金中碳钢，也可应用于碳素钢或合金工具钢，但以$w(C)=0.35\%\sim0.5\%$的钢在淬火后的效果最好。高频感应淬火常用频率为60~70kHz和200~300kHz、功率为30~100kW的高频发生器。由于交流电的频率越高，感应电流的趋肤效应越显著，而且很多情况下，工件的直径越大，它所要求的硬化层越厚，因此，应根据工件的尺寸及硬化层厚度选择合适的电流频率。频率确定后则需根据硬化层厚度以及工件单位面积上输送的功率（比功率），选择设备的功率，常用设备见表47-1。硬化层深度和轴类零件直径与电流频率之间的关系分别见表47-2和表47-3。高频感应加热的温度则应根据钢种、原始组织及相应区的加热速度来确定，见表47-4。

至于加热后淬火的冷却介质应根据材料、工件形状和大小、采用的加热方式以及淬硬层深度等因素加以确定。高频感应淬火的冷却介质有水、油、聚乙烯醇水溶液以及乳化液等。由于高频感应加热速度很快，淬火后可在表层获得细小隐针状马氏体，比普通淬火高出2~5HRC，而且淬火后表面存在压应力，故其耐磨性、抗疲劳强度显著提高，缺口敏感性较小。广泛应用于齿轮、轴类、套筒形工件、机床导轨、螺杆、量具、工具等。

注意：①为了保证淬火时表面获得均匀马氏体组织和心部有足够韧性，常在高频感应淬火前采用调质或正火作为预处理，调质者心部综合力学性能较高，而正火者机械加工性能好，②高频感应淬火后应进行回火处理或进行自回火。高频感应加热表面淬火件的回火工艺条件见表47-5。

表47-1 高频感应淬火常用设备

型号	输入功率/kW	振荡功率/kW	振荡频率/kHz	振荡电压/kV	振荡管		整流管		冷却水耗量/(m^3/h)	主要用途	设备外形尺寸/mm
					型号	数量	型号	数量			
GP8-CR10-CR15	18	8	300~500	8.1	FU-89S	1	ZG1.25/10	6	0.54	淬火、焊接	1670×1150×700
GP30-CR13-CR16	55	30	200~300	13.5	FU-431S	1	ZG6/5	7	1	熔炼、淬火	1400×2000×2300
GP60-CR13-CR14	100	60	200~300	13.5	FU-431S	2	ZG6/15	7	1.6	熔炼、淬火	1400×2000×2300

（续）

型 号	输入功率/kW	振荡功率/kW	振荡频率/kHz	振荡电压/kV	振荡管		整流管		冷却水耗量/(m^3/h)	主要用途	设备外形尺寸/mm
					型号	数量	型号	数量			
GP60-C_2-C_3	180	100	200~250	13.5	FU-433S	1	ZG6/15	7	2.5	淬火、焊接	振荡器柜 2200×900×200
GP200-C_2	400	200	200~250	11.3	FU-23Z	2	ZG6/15	7	阳极 0.24 槽路 2.80	淬火、焊接	3564×1940×2840
YG60-250	100	60	200~300	6~10	FU-22S	2	高压硅堆 GGA5/20K	6	1.6	熔炼、淬火	1300×1900×1900
YG100-250	160	100	200~300	7.2~12.0	FU-23S	1	高压硅堆 ZGZH KV-3A3 相	6	3	淬火、焊接	1300×1900×1900
CHYP100-C_1	180	100	30~40	13.5	FU-433S	1	ZG6/15	7	2.5	淬火、焊接	振荡柜 1100×1150×700 输出柜 600×600×1200
CHYP60-C_1	100	60	30~40	13.5	FU-431S	2		7	1.6	淬火、焊接	1800×800×2000
SHP2001-C_1	350	200	50~150	11.5	FU-23S	2	ZG15/15	6	阳极 0.24 槽路 2.80	淬火、焊接	3564×1940×2840
SHP100-C	180	100	30~40 90~110	13.5	FU-433S	1	ZG6/15	6	3	淬火	—

表 47-2 硬化层深度与电流频率的关系

频率/kHz		250	70	35	8	2.5	1.0	0.5
硬化层深度/mm	最大	0.3	0.5	0.7	1.3	2.4	3.6	5.5
	最小	1.0	1.9	2.6	5.5	10	15	22
	最佳	0.5	1.0	2.3	2.7	5	8	11

表 47-3 轴类零件直径与电流频率的关系

工件直径/mm	10~20	20~40	40~100
选用频率/kHz	200~300	8	2.5

表 47-4 常用钢种高频感应淬火的加热温度

牌 号	原始组织	预备热处理	Ac$_1$ 以上的加热速度/(℃/s) Ac$_1$ 以上的加热时间/s			
			炉中加热	30~60 2~4	100~200 1.0~1.5	400~500 0.5~0.8
			加热温度/℃			
40	细片状 P+细粒状 F	正火	820~850	860~910	890~940	950~1020
	片状 P+F	退火或未处理	820~850	890~940	910~960	960~1040
	S	调质	820~850	840~890	870~920	920~1000
45、50	细片状 P+细粒状 F	正火	810~830	850~890	880~920	930~1000
	片状 P+F	退火或未处理	810~830	880~920	900~940	950~1020
40Mn2 50Mn	细片状 P+细粒状 F	正火	790~810	830~870	860~900	920~980
	片状 P+F	退火或未处理	790~810	860~900	880~920	930~1000
	S	调质	790~810	810~850	840~880	900~960

（续）

牌号	原始组织	预备热处理	Ac_1 以上的加热速度/(℃/s) Ac_1 以上的加热时间/s 炉中加热	30~60 2~4	100~200 1.0~1.5	400~500 0.5~0.8
			加热温度/℃			
65Mn	细片状P+细粒状F	正火	760~780	810~850	840~880	900~960
	片状P+F	退火或未处理	770~790	840~880	860~900	920~980
	S	调质	770~790	790~830	820~860	860~920
35Cr	S	调质	850~870	880~920	900~940	950~1020
	P+F	退火	850~870	940~980	860~1000	1000~1060
40Cr 45Cr	S	调质	830~850	860~900	880~920	940~1000
40CrNiMo	P+F	退火	830~850	920~960	940~980	980~1050
40CrNi	S	调质	810~830	840~880	860~900	920~980
	P+F	退火	810~830	900~940	920~960	960~1020
T8A	粒状P	退火	760~780	820~860	840~880	900~960
T10A	片状P或S(+C)	正火或调质	760~780	780~820	800~860	820~900
CrWMn	粒状P或粗片状P	退火	800~830	840~880	860~900	900~950
	片状P或S	正火或调质	800~830	820~860	840~880	870~920

注：P—珠光体，F—铁素体，S—索氏体，C—碳化物。

表47-5 高频感应淬火件的回火工艺条件

牌号	要求硬度HRC	淬火后硬度HRC	回火温度/℃	回火时间/min
45	40~50	≥50	280~300	45~60
		≥55	300~320	
	45~50	≥50	200~220	45~60
		≥55	200~250	
	50~55	>55	180~200	45~60
50	53~60	54~60	160~180	60
42SiMn	45~50	—	220~250	45~60
	50~55	—	180~220	60~90
15 20Cr 20CrMnTi 20CrMnMoV } 渗碳后	56~62	56~62	180~200	60~120

47.1.5 渗碳后高频感应淬火

为了进一步提高工件的表面硬度、耐磨性和疲劳强度，改善硬化层分布，并减少工件淬火变形和开裂，对采用20Cr、20CrMnTi、20CrMnMoVB等制作的齿轮，在渗碳后采用比功率较小、加热速度较慢的齿部透热的高频感应淬火热处理，这是一种复合的热处理工艺。

对渗碳件进行感应淬火，还能免除局部渗碳时的镀铜保护，因为高频感应淬火只在要求高硬度的表面进行。对在渗碳后普通淬火时残留奥氏体量较多的18CrNiW、20Cr2Ni4等钢种，采用感应淬火时，由于加热速度快，溶入奥氏体的碳化物量相对不多，还可以起到减少残留奥氏体的作用。

47.1.6　渗氮后高频感应淬火

与渗碳后感应淬火一样，渗氮后感应淬火是一复合热处理工艺。它是在工件渗氮后进行感应加热表面淬火的，故比单纯渗氮或单纯感应淬火处理能获得更高的表面硬度、更大的硬化层深度。几种钢经不同热处理后的硬化层深度和表面硬度见表47-6。

表47-6　几种钢经不同热处理后的硬化层深度和表面硬度

牌　号	硬化层深度/mm		表面硬度 HRC		
	渗氮	感应淬火	渗氮	感应淬火	渗氮及感应淬火
20	1.14	3.81	24	44	57
30	1.12	3.43	25	53	65
40	1.14	3.43	33	63	66
T8	1.09	3.56	35	64	69
40CrNiMo	0.89	2.79	49	65	68

47.1.7　超高频脉冲淬火

超高频脉冲淬火又称超高频冲击淬火，是使用20~30MHz的高频脉冲通过感应线圈，使0.05~0.5mm的零件表层在1~500ms时间内迅速加热到淬火温度，然后自冷淬火，其表面加热功率可达到10~30kW/cm²，加热速度为104~106℃/s。由于脉冲淬火是在高能量密度下异常迅速地加热并激冷，故得到的是极其微细的组织，显微硬度可达900~1200HV，并且生产率高，变形极小，不必回火，淬火表层与基体间无过渡带。超高频脉冲淬火、普通高频感应淬火和大功率高频脉冲淬火的技术特性比较见表47-7。

表47-7　超高频脉冲淬火、普通高频感应淬火和大功率高频脉冲淬火的技术特性比较

技术参数	超高频脉冲淬火	普通高频感应淬火	大功率高频脉冲淬火
频率/kHz	27.12MHz	200~300	200~1000
功率密度/(kW/cm²)	10~30	0.2	1.0~10
最短加热时间/ms	1~500	100~5000	1~1000
硬化层深度/mm	0.05~0.5	0.5~2.5	0.1~1
淬火面积/mm²	10~100(最宽3mm)	取决于连续步进距离	100~1000(最宽10mm)
感应器电感	10~100nH	2~3μH	—
感应器冷却介质	单脉冲加热无须冷却	通水	通水或埋水冷却
工件冷却	自激冷	喷水	埋水或自激冷
淬火层组织	极细M	M	极细M
畸变	极小	不可避免	极小

超高频脉冲淬火主要用于小、薄的零件，如录音机器材、钟表、照相机械、纺织钩针、安全刀等。

47.1.8　大功率高频脉冲淬火

所用频率为200~1000kHz，振荡功率为100kW以上，工艺特点介于普通高频感应淬火与超高频脉冲淬火之间。适用于形状复杂、要求精度高的工件表面淬火，以及汽车行业、仪表耐磨件、中小型模具的局部硬化。

47.1.9 超声频感应淬火

对低淬透性钢，高、中频淬火很难使中小模数（m=3~6mm）齿轮、链轮、凸轮轴、花键轴等凹凸零部件获得均匀的硬化层。若采用20~65kHz的超声频发生器进行处理，就可实现中小模数齿轮表面的均匀硬化层，同样在45钢制花键轴、凸轮、手扶拖拉机拨叉等零件上获得了良好的淬硬层分布。对机床导轨的淬火结果还表明，在与高频淬火工艺参数相近的情况下，超声频感应淬火生产率高、淬硬层深，并且淬火变形也较小。

47.1.10 中频感应淬火

中频感应淬火时常用频率为1000~10000Hz、功率为100~500kW的中频发电机或晶闸管变频装置。中频感应淬火有利于提高工件表面的硬度、耐磨性及疲劳强度。常适用于大、中型工件，也可用于小件的穿透淬火，而对于低淬透性钢制齿轮，经中频感应淬火，可在其表面形成沿齿廓分布的硬化层，而心部仍保持较高的强韧性。这种齿轮可部分取代汽车、拖拉机中承受较重载荷的合金渗碳钢齿轮。

同样，中频感应淬火前需要进行调质或正火作为预备热处理，淬火后则根据硬度要求进行相应的回火处理。

国产中频感应淬火设备见表47-8。

表47-8 国产中频感应淬火设备

型号	输出功率/kW	变频机电压/V		额定频率/Hz	中频电容器总容量/kF	冷却水压力/kPa	生产厂
		电动机	发电机				
DGF-C-52-2	50	380	750	2500	750	196~294	湘潭电机厂
DGF-C-102-2	100	380	750	2500	750	196~294	
DGF-C-162-2	160	380	750	2500	1750	196~294	
DGF-C-252-2	250	6000	750	2500	1750	196~294	
DGF-C-322-2	2×160	380	750	2500	2×1750	196~294	
DGF-C-502-2	500	6000	750	2500	3000	196~294	
DGF-C-108-2	100	380	750	8000	960	196~294	
DGF-C-168-2	160	380	750	8000	960	196~294	
DGF-C-208-2	2×100	380	750	8000	2×960	196~294	
DGC-40/4	40	380/220	600/300	4000	800	147~245	锦州电炉电机厂
DGC-100/2.5	100	380/220	760/380	2500	1000	147~245	
DGC-200/2.5	200	6000/3000	760/380	2500	1440	147~245	
DGC-250/1	250	6000/3000	760/380	1000	1440	147~245	
DGC-400/2.5	2×200	6000/3000	760/380	2500	2880	147~245	
DGC-500/1	2×250	6000/3000	760/380	1000	2880	147~245	
DGF-T252-3	250	6000	750	2500	2500	196~294	湘潭电机厂
DGF-T501-2	500	6000	750	1000	3600	196~294	
DGT-40/4	40	380/220	600/300	4000	800	147~245	锦州电炉电机厂
DGT-100/2.5	100	380/220	760/380	2500	1000	147~245	
DGT-200/2.5	200	6000/3000	760/380	2500	1440	147~245	
DGT-250/1	250	6000/3000	760/380	1000	1440	147~245	
DGT-400/2.5	2×200	6000/3000	760/380	2500	2880	147~245	
DGT-500/1	2×250	6000/3000	760/380	1000	2880	147~245	

47.1.11　双频感应淬火

对齿轮这种凹凸不平的工件进行感应加热时，要使低凹处达到一定深度的硬化层，难免使凸出部过热，而低凹处得不到硬化层，很难获得均匀的硬化层。

双频感应淬火就是用中频-高频依次加热方法，即先用中频感应加热齿沟和接近齿根的齿侧，再用250kHz高频感应加热齿顶和接近齿顶的齿侧，使凹凸处各点的加热温度趋于一致，然后淬火，这样可获得沿齿廓分布合理的硬化层。

47.1.12　工频感应淬火

取自三相动力变压器或单相、三相电炉变压器的50Hz工频电流，通过感应器来加热工件，称为工频感应加热，其功率可在数百瓦至几千瓦。工频感应淬火与高、中频感应淬火相比具有下列特点：①电流穿透层比较深，当用于大截面零件的表面淬火时，可获得15mm以上的淬硬层；②可直接应用于工业电源，设备简单，电热转换效率较变频器要高；③加热速度较低（每秒几度），不易过热，整个加热过程容易控制。但负载回路是感性电路，功率因数低，仅为0.2~0.4，常需大容量电容器进行补偿。

工频感应淬火常用于冷轧辊、钢轨及起重机车轮等的表面热处理。工频感应加热还常用于有色金属熔炼，钢件锻造加热，棒材及管材的正火、调质等处理。

47.1.13　感应淬火后的回火

感应淬火后的工件，一般需回火后才能使用。但感应淬火工件表面硬度要求高，多数情况下只进行低温回火。低温回火的目的在于消除内应力，降低脆性，提高韧性。感应淬火后的回火方式有炉中回火、自回火和感应回火。

炉中回火一般适用于尺寸小、形状复杂、壁薄、淬硬层浅的工件。此类工件淬火后的余热少，难以实现自回火。此外，采用连续加热表面淬火的工件（除特别长、大的工件以外），一般也在炉中回火。回火必须及时，淬火后工件的回火须在4h内进行。表47-9为常用钢表面淬火件炉中回火工艺规范。

表47-9　常用钢表面淬火件炉中回火工艺规范

钢　号	要求硬度HRC	淬火后硬度HRC	回火温度/℃	回火时间/min
45	40~45	≥50	280~300	45~60
		≥55	300~320	45~60
	45~50	≥50	200~220	45~60
		≥55	200~250	45~60
	50~55	≥55	180~200	45~60
50	53~60	54~60	160~180	60
40Cr	45~50	>50	240~260	45~60
		>55	260~280	45~60
42SiMn	45~50	—	220~250	45~60
	50~55	—	180~220	60~90
15钢、20Cr、18CrMnTi、20CrMnMoV（渗碳后）	56~62	56~62	180~200	60~120

自回火是对加热完成后的工件进行一定时间和压力的淬火液（水或其他冷却液）喷射冷却后停止冷却，利用存留在工件内部残存的热量，使淬火区再次升温到一定温度，达到回火的目的。自回火是感应淬火广泛采用的回火工艺。该工艺简单，节省能源和回火设备。

由于自回火是利用残存余热进行短时间的回火过程，它和炉中回火比较，在达到同样硬度和残余应力的条件下，自回火的回火温度要较炉中回火温度高。表 47-10 为达到同样硬度的自回火温度与炉中回火温度比较。

表 47-10　达到同样硬度的自回火温度与炉中回火温度比较

平均硬度 HRC	回火温度/℃		平均硬度 HRC	回火温度/℃	
	炉中回火	自回火		炉中回火	自回火
62	100	185	50	305	390
60	150	230	45	365	465
55	235	310	40	425	550

目前生产中保证自回火质量最常用的方法是控制喷射液的压力和喷射时间。喷射压力和时间用工艺试验得到。此外，还可借助于测温笔来测定工件的表面温度。

感应回火是将已淬火的工件重新通过感应加热达到回火的目的。这种回火方法特别适合于连续淬火的长轴工件，可与淬火紧连在一起，即工件通过淬火感应器加热和喷射冷却后，连续通过回火感应器进行回火加热。由于回火温度总处在居里点以下，在回火加热的全过程中，材料均在铁磁性区，电流透入深度小，而回火加热层深度必须达到淬火层深，所以感应回火必须采用低的比功率，用延长回火加热时间、利用热传导来达到加热层深度。和自回火一样，要达到同炉中回火一样的硬度，感应回火的温度要较高于炉中回火温度。

47.1.14　感应淬火的应用

1. 齿轮感应淬火

齿轮在工作中，周期地受到弯曲应力和接触应力的作用，在啮合齿面上，除承受滚动摩擦外，有时还承受滑动摩擦，有些齿轮还要承受冲击载荷。因此，齿轮应具有高的弯曲和接触疲劳强度、高耐磨性和一定的冲击韧度等综合性能，最好的处理方法是表面硬化处理。它除了提高表面的硬度、强度和保持心部的高韧性以外，表面硬化层还具有相当高的残余压应力，这些均有利于提高齿轮的使用寿命。经过表面强化后的硬齿面，较之软齿面明显提高抗疲劳、抗点蚀、抗擦伤的能力。

齿轮的表面硬化处理，在工艺方法上可分为两大类：①表面化学热处理，如渗碳、碳氮共渗、渗氮或氮碳共渗；②感应淬火和火焰淬火等。在个别情况下也可将两者同时采用，即先表面化学热处理再进行感应淬火。

与渗碳或碳氮共渗相比，感应淬火均采用中碳低合金钢，小模数、轻载荷齿轮，如机床、精密机械等，常采用 45、40Cr、40MnB 等来制造。模数较大、载荷较重的齿轮。如内燃机车、起重机、冶金及矿山设备等，可以采用 37CrNi3A、40CrNi、35CrMnSi 等来制造，这些钢种经调质处理后，具有较高的强度和韧性。

一般对感应淬火来说，模数 $M<8$ 的齿轮，常采用高、中频全齿淬火。由于加热不均，很难获得沿齿廓分布的硬化层，硬化层的形状因齿轮的模数、设备频率、电气参数等而改

变。但模数 M>5 的齿轮若采用沿齿沟淬火的特殊感应器，则可获得沿齿廓分布的硬化层，或者采用低淬透性钢等，用中频对齿进行透热后淬火，也可获得近似齿廓分布的淬火硬化层。

经感应淬火处理后的齿轮表面具有马氏体组织，其硬度随回火温度而定，可在 45~60HRC 之间变化。对于强度要求不高的齿轮，为了有良好的切削加工性，常采用正火作为预处理，对强度要求较高的齿轮，为了具有良好的综合力学性能，即强度高和韧性好，则采用调质作为预处理。由于调质后须车削和铣齿，故调质后的硬度不能过高。由此可见，经感应淬火后的齿轮，其齿面具有较高的耐磨性和接触疲劳强度，沿齿沟淬火的齿轮具有较高的弯曲疲劳强度，但总的来说，不及渗碳和碳氮共渗者好，故一般只宜用于中等负荷和中等速度的齿轮。

汽车、拖拉机，飞机及其他动力机械的传动齿轮，为了减轻质量，其齿轮的设计应力较高，尽管其尺寸很小，但却属于高速重载齿轮之列，故通常都采用渗碳或碳氮共渗。而机床和精密机械上的传动齿轮，则属于中等负荷以下的齿轮，故一般均采用高中频淬火。对大中型减速器、冶金、矿山机械等上的传动齿轮，由于传动功率很大，因此齿轮的模数及尺寸很大，考虑到热处理困难，通常设计应力较低，常采用软齿面使用，如将这类齿轮用特殊感应器进行沿齿廓感应淬火处理，则可大幅度地提高其使用寿命。

（1）齿轮的全齿感应淬火　全齿感应淬火是比较简单易行的方法，但由于齿轮的形状比较复杂，在采用同时感应加热全齿轮的过程中，齿顶、齿面和齿沟各处对高频磁能的吸收各不相同，即高频磁力线分布不均，因此各处的感应涡流大小也各不相同，导致齿顶、齿面和齿沟各处的温度可能相差很大，这就是齿轮在同时感应淬火时，难于获得均匀分布的硬化层的基本原因。另一方面，齿顶与齿沟两处的传热条件也不相同，齿部处传进的热量多而传出的少，齿沟处的热量则容易向齿轮心部传走，这也是导致硬化层分布不均匀的另一原因。由于目前的感应加热设备的频率一般都固定不变，且功率也不够大，因此在全齿感应淬火时难于获得沿齿廓分布的硬化层。但可在一定条件下获得近似沿齿廓分布的硬化层。

（2）沿齿面单齿感应淬火　对模数和尺寸较大的齿轮，由于受设备频率和功率的限制，硬化层不易达到合理分布。采用单齿淬火法，逐齿加热，可以成功地解决这个问题。单齿淬火，分为沿齿面单齿淬火法及沿齿沟单齿淬火法两种。前者只淬硬齿面，后者可得到沿齿廓分布的硬化层。沿齿面单齿淬火法，又分为同时加热淬火法及连续加热淬火法，如图 47-1 所示。为了防止相邻已淬轮齿被感应回火软化，可采用铜片屏蔽或向被加热轮齿的背面喷水间冷。在采用单齿沿齿面连续淬火时，应注意齿顶过热，感应器设计时应使感应器与齿顶有较大的距离。冷却时应防止冷却不足或淬火裂纹。

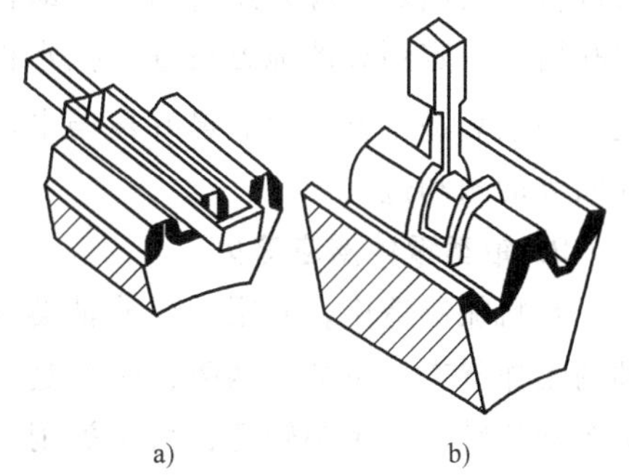

图 47-1　沿齿面单齿淬火法
a）单齿同时淬火　b）单齿连续淬火

（3）沿齿沟单齿感应淬火　沿齿沟表面淬火是一种先进的工艺，它能获得沿齿廓分布的硬化层，特别适用于受弯曲负荷大的齿轮。沿齿沟表面淬火，也可分为同时加热法和连续顺序加热淬火法两种。图 47-2 所示为沿齿沟淬火感应器的结构示意图。

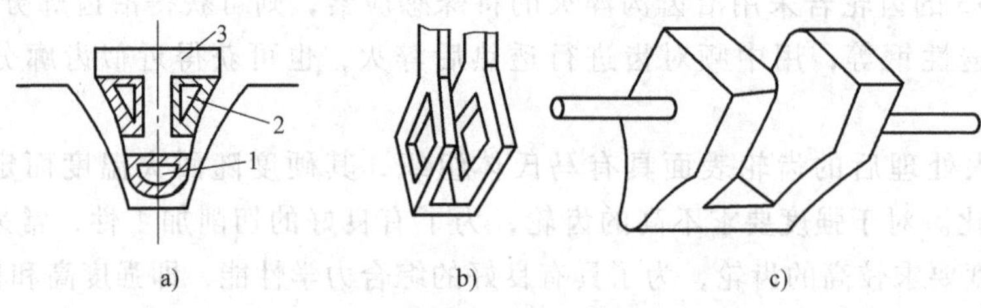

图 47-2　沿齿沟淬火感应器的结构示意图

a）同时加热感应器　b）高频连续淬火感应器　c）中频齿沟淬火感应器

1—齿沟加热管　2,3—两侧加热管

2. 导轨的感应热处理

导轨是机床上的重要零件，它的主要失效形式是磨损。对导轨进行表面淬火，可以提高它的耐磨性，延长使用寿命。

机床导轨表面淬火有三种方法：一是采用火焰淬火，其缺点是淬火硬度不均，淬硬层深浅不一，淬火后变形较大；二是采用电接触加热，优点是工艺装备简单，操作简便，淬火变形小，缺点是淬硬层不深，生产率较低；三是采用表面淬火。高频与中频相比，高频感应淬火的硬化层较浅，变形较小，质量稳定，生产率高，生产中使用较普遍。

机床导轨的高频感应淬火，大多数采用双回线平面型感应器（见图 47-3），前面一个导体用于预热，后面一个导体用于加热。为了提高加热效率，可在后面一个导体上安装Ⅱ形导磁体，并且钻有 45°的喷水孔，以便在加热后淬火。由于机床床身笨重，淬火后进行回火困难，应采用自回火，即在距喷水孔后面一定距离的地方设置一挡水板，以便利用余热进行自回火。最好在挡水板的后面，再增设一吹风板，将溢出的水滴吹去，以保证回火的顺利进行。

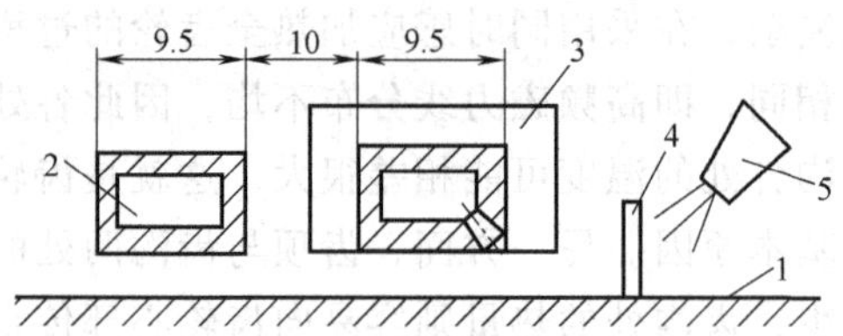

图 47-3　机床导轨高频感应淬火

1—导轨　2—感应器　3—导磁体　4—挡水板　5—吹风板

3. 轴类零件感应淬火

在机械制造中，有很大部分轴类零件常采用高频或中频表面淬火来提高其使用寿命。按轴的工作状态，可分为两类：一类是不传递动力而只起支撑作用的心轴，如各种滑轮轴、火车车厢轮轴、各类销轴等；另一类则是通过旋转运动来传递力矩的传动轴，如各种变速箱主轴和机床主轴等。前一类心轴一般只承受弯曲或弯曲疲劳负荷，有些还可能承受冲击或磨损，而后一类传动轴，还要比前者多承受扭转负荷。此外，尚有受力更为复杂的轴类，如船舶的推进轴、飞机的螺旋桨轴，它们同时要承受弯曲、扭转和拉压等综合负荷。

统计表明，大多数的轴均因疲劳断裂和磨损而失效，少部分轴则因塑性变形或脆断而失效。目前大多数的轴为了避免发生脆性断裂，在满足强度与韧性的条件下，常采用调质工艺。但这往往因疲劳与耐磨性欠佳，而没有得到应有的使用寿命。实践表明，在调质的基础上再施加表面淬火，可使服役寿命成倍地延长。因此，这是提高使用寿命的一种重要工艺方法。

采用整体淬火强化的轴件，为了在服役条件下不致发生脆断，回火后的硬度必须限制，不能过高，故表面的耐磨性和强度水平就相应地受到限制，致使材料的强度水平得不到充分发挥。对于感应淬火来说，由于心部的高韧性和塑性，故可允许感应淬火硬化层有较高的硬度，因而可以保持高的耐磨性、强度水平和残余压应力水平。这对于充分发挥材料的潜力是十分有利的。由于这个缘故，在生产实践中常使用普通碳钢或低合金钢经感应淬火后取代昂贵的合金钢制造的轴件。

对于轴类零件来说，一般要求硬化层较深。而渗碳等化学热处理常因硬化层太浅较少采用，火焰淬火的质量又远不及感应淬火易于控制，故轴类零件很适宜采用感应硬化处理。

47.2 火焰淬火

47.2.1 火焰淬火的特点

应用氧乙炔或其他可燃气体火焰对工件表面进行加热，随之淬火冷却的热处理工艺，称为火焰淬火。火焰淬火可使工件表面获得高的硬度和耐磨性，从而延长其使用寿命。

火焰淬火与感应淬火方法相比，具有设备简单，操作灵活，工件畸变小，表面清洁，一般无氧化、脱碳现象等优点。但加热温度不易控制，噪声大，劳动条件差。适用于批量小、品种多的零件，或需户外作业，以及运输拆卸不便的大尺寸和质量大的，且淬火面积大的大型工件。

火焰淬火的热源是燃烧的火焰，如乙炔、煤油、甲烷、丙烷、城市煤气等与氧的混合气体燃烧产生的火焰。就以氧乙炔焰而言又分中性焰、碳化焰和氧化焰，而燃烧的火焰又分焰心、还原区和全燃区三层。火焰淬火时选择氧化焰（体积混合比为1.5）是最有效的。火焰淬火是通过控制燃烧火焰还原区与工件的相对位置及相对运动来控制工件的表面温度、加热层深度及加热速度的。通常火焰淬火温度比炉中加热的普通淬火温度高20~30℃；一般认为火焰还原区顶端距工件表面2~3mm为好；喷嘴的移动速度在50~150mm/min之间选择。

为了获得良好的淬火质量，使钢的淬火表面硬度均匀，需在淬火前进行调质或正火预先处理。火焰淬火方法可分为同时加热法和连续加热法。淬火冷却介质最常用的是水，也可用聚乙烯醇水溶液、肥皂水、乳化液和油等；冷却方式有直接喷射冷却、投入水中或油中冷却，对于合金钢，为避免淬火开裂，减少变形，可用喷雾或压缩空气冷却。

工件经火焰淬火后一般在炉中进行180~200℃的低温回火。

47.2.2 火焰淬火用燃料和装置

由于火焰淬火要求具有较快的加热速度（一般达1000℃/min以上），因此，用于火焰加热的燃料必须具有较高的发热值，且来源容易，价格低廉，在贮存和使用中安全、可靠、污染小。

乙炔、煤气、天然气、丙烷或者煤油都可用来作为火焰淬火的燃料（见表47-11），但目前国内仍普遍用氧乙炔火焰来实施火焰加热。氧乙炔火焰温度较高（达3100℃），比较适宜浅层表面淬火，深层加热时工件表面容易过热。

表 47-11　用于火焰淬火的燃料

气体	加热值 /(MJ/m³)	火焰温度/℃		氧与燃料气常用比率	氧与燃料气混合气比热值① /(MJ/m³)	正常燃烧速率 /(mm/s)	燃烧强度 /[mm·MJ/(s·m³)]	空气与燃料气常用比率
		氧助燃	空气助燃					
乙炔	53.45	3105	2325	1.0	26.7	535	14284	—
城市煤气	11.2~33.5	2540	1985	②	②	②	②	②
天然气(甲烷)	37.3	2705	1875	1.75	13.6	280	3808	9.0
丙烷	93.9	2635	1925	4.0	18.8	305	5735	25.0

① 氧—燃料气混合气的热值乘以正常燃烧速率的乘积。

② 随加热值和成分而异。

火焰淬火装置的燃料供应系统主要由高压燃料气发生器（或燃料气汇流排）、氧气汇流排、减压阀、安全防爆装置（防爆水封、回火保险器）及输气导管等组成。淬火系统则由喷枪、淬火喷嘴、淬火水嘴及供水管道、淬火机床或淬火走行机构等组成。测温可采用辐射温度计或红外温度仪进行，但难以实现精确控温，一般作业条件下由操作者目测控制淬火温度。图 47-4 所示为氧乙炔火焰淬火装置系统示意图。

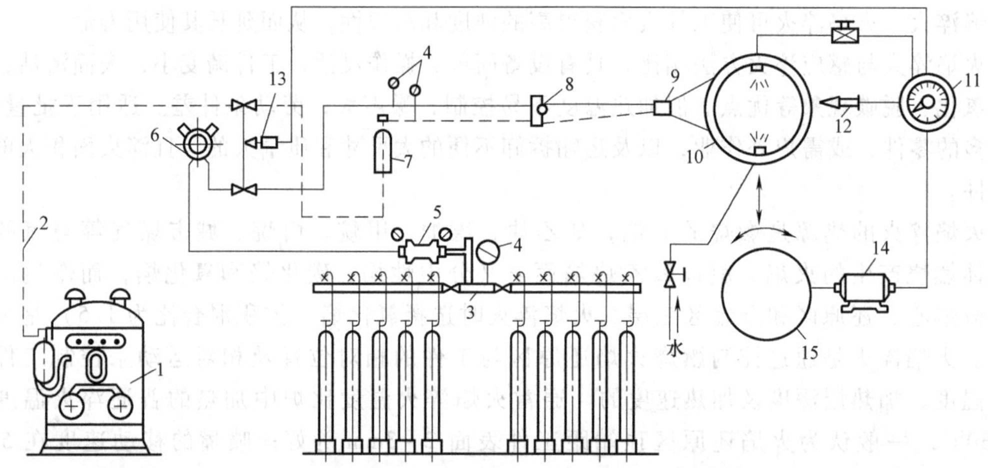

图 47-4　氧乙炔火焰淬火装置系统示意图

1—高压乙炔发生器　2—乙炔导管　3—氧气汇流排　4—压力表　5—汇流排减压阀　6—氧气站减压器　7—防爆水封　8—气体手动开关　9—混合室　10—环形火焰喷嘴　11—电子调节记录仪　12—辐射温度计　13—气体自动开关　14—移动用电动机　15—淬火机移动装置

火焰淬火一般采用特别的喷嘴，基本上有图 47-5 所示的三种类型，不同形状工件淬火用喷嘴也不相同，如图 47-6 所示。

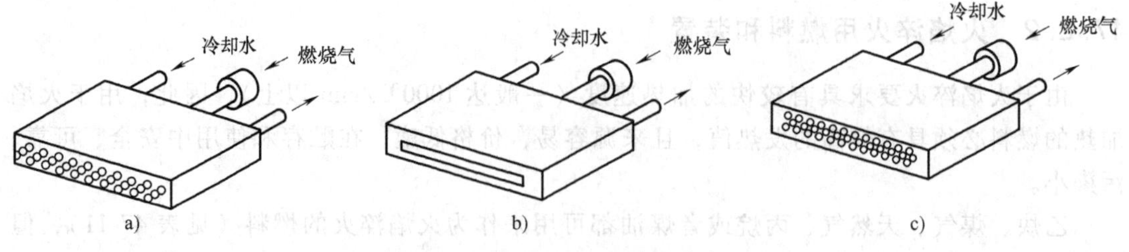

图 47-5　不同类型的喷嘴

a）孔喷嘴　b）缝隙喷嘴　c）筛孔或多孔喷嘴

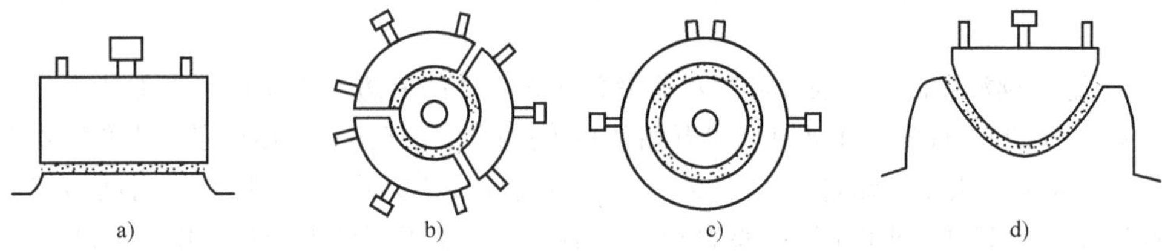

图 47-6　不同形状工件淬火用喷嘴

a）扁形喷嘴　b）扇形喷嘴　c）环形喷嘴　d）特形喷嘴

47.2.3　火焰淬火工艺

根据工件需淬火的表面形状、大小、淬火要求以及淬火工件的批量，火焰淬火操作方法如图 47-7 所示。

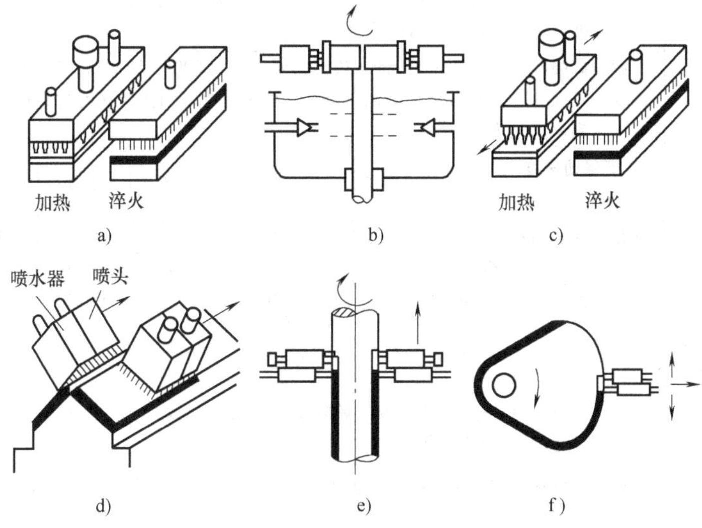

图 47-7　火焰淬火操作方法

a）同时加热淬头　b）旋架淬火　c）摆动淬火

d）推进淬火　e）旋转连续淬火　f）周边连续淬火

1）同时加热淬火即欲淬火工件表面一次同时加热到淬火温度，然后喷水或浸入淬火冷却介质中冷却（见图 47-7a）。它适用于较小面积的表面淬火，也适用于大批量生产，便于实现自动化。

2）旋架淬火法也称旋转淬火法，即工件在加热和冷却过程中旋转，可使工件加热均匀。适用于圆柱形或圆盘形工件的表面淬火（见图 47-7b）。

3）摆动淬火法靠喷嘴在工件上面来回摆动，以扩大加热面积。当欲加热部分表面均匀地达到加热温度时，采用和同时加热法一样的方法冷却淬火。它适用于较大面积、淬硬层深度较深的工件表面淬火（见图 47-7c）。

4）推进淬火法即火焰喷嘴连续沿工件表面欲淬火部位向前推进加热，喷水器随后跟着喷水冷却淬火（见图 47-7d）。它适用于导轨、机床床身的滑动槽等的淬火。

5）旋转连续淬火为旋转淬火与推进淬火法的组合，适用于轴类零件的表面淬火（见图47-7e）。

6）周边连续淬火法火焰喷嘴和喷水器沿着淬火工件的周边作曲线运动来加热工件周边和冷却（见图47-7f）。此法的主要缺点是开始加热淬火区与最终淬火加热相遇时要产生软带。

具体的火焰淬火工艺制订可参照表47-12进行。图47-8所示为实际加热时间与表面温度分布的关系。表47-13列出了不同材料经火焰加热后采用不同淬火冷却介质的硬度。

表47-12　火焰淬火工艺

<table>
<tr><th>序号</th><th>工艺参数</th><th colspan="8">数　据</th></tr>
<tr><td>1</td><td>淬火温度</td><td colspan="8">钢件：Ac_3+(80~100)℃，一般为880~900℃
铸铁件：[730+28w(Si)-25w(Mn)]℃</td></tr>
<tr><td>2</td><td>火焰强度</td><td colspan="8">氧乙炔比为1∶(1.1~1.5)，以1∶(1.15~1.25)为最佳
氧气压力一般为0.15~0.18MPa
乙炔压力一般为0.1~0.15MPa</td></tr>
<tr><td>3</td><td>加热距离</td><td colspan="8">喷嘴火孔到工件表面距离为8~15mm，将火焰调整到中性火焰后，喷嘴与工件表面间距以保持工件处于火焰的还原焰区为合适</td></tr>
<tr><td rowspan="6">4</td><td rowspan="6">移动速度</td><td colspan="8">调整好喷嘴与工件间距后，将加热起头处加热到800~850℃后，开始移动喷嘴，调整好移动速度一般在50~300mm/min之间，大件取下限，小件取上限，移动过程中，要保持加热表面的温度达到淬火温度</td></tr>
<tr><td>喷嘴移动速度/(mm/min)</td><td>50</td><td>70</td><td>100</td><td>125</td><td>140</td><td>150</td><td>175</td></tr>
<tr><td>淬火层厚度/mm</td><td>8</td><td>6.5</td><td>4.8</td><td>3.2</td><td>2.6</td><td>1.6</td><td>0.8</td></tr>
<tr><td colspan="2">齿轮模数</td><td colspan="2">5~10</td><td colspan="2">11~20</td><td colspan="2">>20</td></tr>
<tr><td colspan="2">喷嘴移动速度/(mm/min)</td><td colspan="2">120~150</td><td colspan="2">90~120</td><td colspan="2"><90</td></tr>
<tr><td>5</td><td>火孔中心与水孔中心距离</td><td colspan="8">两者之间以10~20mm为宜，水孔向后倾斜15°~30°</td></tr>
<tr><td>6</td><td>淬火介质</td><td colspan="8">水压保持在0.1~0.2MPa，聚乙烯醇水溶液质量分数为3%~5%，整体浸淬可用油，此外还可采用乳化液、压缩空气等</td></tr>
<tr><td>7</td><td>淬火后回火</td><td colspan="8">根据工件最终的硬度选择回火温度，一般火焰淬火的回火温度较普通淬火回火温度要稍低20~30℃</td></tr>
</table>

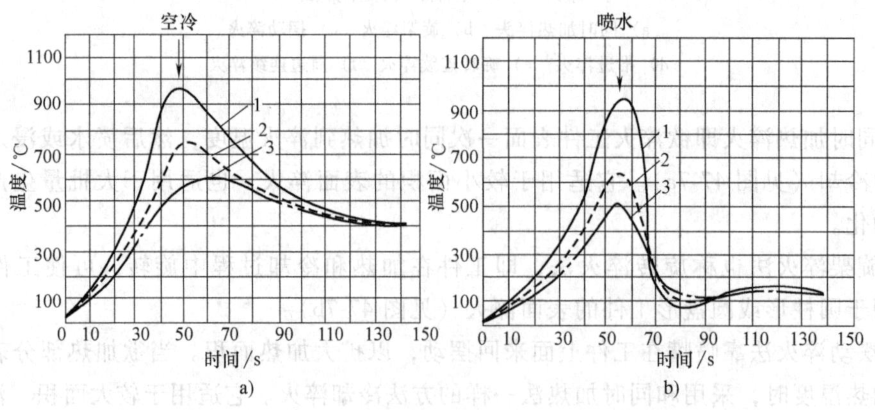

图47-8　实际加热时间与表面温度分布的关系

a）空冷时　b）水冷时

1—表面温度　2—表面下2mm处温度　3—表面下10mm处温度

注：试样尺寸为25mm×50mm×100mm，喷嘴移动速度为75mm/min，喷嘴与工件间距为8mm。

表 47-13　不同材料经火焰加热后采用不同淬火冷却介质的硬度

材料		受冷却剂影响的典型硬度 HRC			材料		受冷却剂影响的典型硬度 HRC		
		空气①	油②	水③			空气①	油②	水③
碳钢	1025~1035	—	—	33~50	合金钢	52100	55~60	55~60	62~64
	1040~1050	—	52~58	55~60		6150	—	52~60	55~60
	1055~1075	50~60	58~62	60~63		8630~8640	48~53	52~57	58~62
	1080~1095	55~62	58~62	62~65		8642~8660	55~63	55~63	62~64
	1125~1137	—	—	45~55	渗碳合金钢④	3310	55~60	58~62	63~65
	1138~1144	45~55	52~47③	55~62		4615~4620	58~62	62~65	64~66
	1146~1151	50~55	55~60	58~64		8615~8620	—	58~62	62~65
渗碳碳钢	1010~1020	50~60	58~62	62~65	马氏体不锈钢	410 和 416	41~44	41~44	—
	1108~1120	50~60	60~63	62~65		414 和 431	42~47	42~47	—
合金钢	1340~1345	45~55	52~57③	55~62		420	49~56	49~56	—
	3140~3145	50~60	55~60	60~64		440(典型的)	55~59	55~59	—
	3350	55~60	58~62	63~65	铸铁(ASTM)	30	—	43~48	43~48
	4063	55~60	61~63	63~65		40	—	48~52	48~52
	4130~4135	—	50~55	55~60		45010	—	35~43	35~45
	4140~4145	52~56	52~56	55~60		50007,53004,60003	—	52~56	55~60
	4147~4150	58~62	58~62	62~65					
	4337~4340	53~57	53~57	60~63		80002		56~59	56~61
	4347	56~60	56~60	62~65		60-45-15	—	—	35~45
	4640	52~56	52~56	60~63		80-60-03	—	52~56	55~60

① 为了获得表中的硬度值，在加热过程中，那些未直接加热区域必须保持相对冷态。

② 薄的部位在淬油或淬水时易开裂。

③ 经旋转和旋转—连续复合加热，材料的硬度比连续式、定点式加热材料的硬度稍低。

④ 碳含量 w(C) 为 0.90%~1.10%（质量分数）渗层表面的硬度值。

47.2.4　火焰淬火的应用

火焰淬火技术是应用历史最长的表面淬火技术之一。它在重型机械、冶金机械、矿山机械、机床制造中得到广泛应用。它的适用范围很大，淬火表面部位几乎不受限制。它可以淬硬较小的零件，如车床顶针、钻头、气阀顶端、钢轨接头、凿子等，也可以淬硬大到直径200mm 以上的圆柱形零件，如吊车滚轮、偏心轮、支承圈等。与感应淬火技术相比，火焰淬火的设备费用低，方法灵活，简单易行，可对大型零件局部实现表面淬火。近年来，自动控温技术的不断进步，使传统的火焰淬火技术出现了新的活力。各种自动化、半自动化火焰淬火机床正在工业中得到越来越广泛的应用。

例如齿轮工作时表面接触应力大，摩擦厉害，要求表层高硬度，而齿轮心部通过轴传递动力（包括冲击力）。所以中碳钢制造的齿轮经调质处理后，再经火焰淬火可以达到应用的要求。

国内公司采用丙烷氧火焰淬火的技术进行处理，丙烷氧火焰淬火有着它独具的优点。首先，在淬火加热时不易过热、压力稳定、可控可调；其次，丙烷气体价格低廉，其价格仅为乙炔气体的 1/15；再次，丙烷的使用比乙炔的使用要安全得多。类似丙烷氧专用火焰淬火技术在国外被广泛应用。经过对提升卷筒表面淬火的分析、喷枪及淬火设备的设计、改造、流量计的合理选用、安全装置的设置等工作进行了多次工艺试验，工艺参数及试验结果见表 47-14，金相组织检验结果见表 47-15。试验件经淬火后解剖，表面硬度达到 50HRC，酸蚀后淬硬层深不小于3.5mm。通过试验，得到采用丙烷氧对电铲提升卷筒进行火焰淬火的优化的工艺参数，见表47-16。

表47-14　工艺参数及试验结果

序号	丙烷流量 /(m^3/h)	氧气流量 /(m^3/h)	喷嘴移速 /(mm/min)	喷嘴至工件距离 /mm	表面硬度 HRC	酸蚀深度 /mm	奥氏体晶粒度
1	1	2	120	—	53	3	—
2	2.3	3.6	100	14	54	4	7
3	2.2	3.4	100	13	52	5.3	7
4	2.05	2.8	100	11	53	4.25	7
5	1.75	2.6	100	11	55	3.5	7
6	2.3	3.5	110	11	—	4.0	—

表47-15　金相组织检验结果

序号	表层金相组织	过渡层金相组织	序号	表层金相组织	过渡层金相组织
1	马氏体	马氏体+屈氏体+铁素体	3	贝氏体	贝氏体+珠光体+铁素体
2	贝氏体	贝氏体+珠光体+铁素体	4	马氏体	马氏体+珠光体+铁素体

表47-16　最佳试验工艺参数

丙烷流量 /(m^3/h)	氧气流量 /(m^3/h)	丙烷压力 /kPa	氧气压力 /kPa	淬火速度 /(mm/min)	喷嘴与工件距离/mm
2~2.3	2.8~3.6	80	800	95~105	10~14

47.3　电解液淬火

电解液淬火原理如图47-9所示。操作时将工件欲淬火部分置于电解液中，并接直流电源阴极，电解槽接阳极。电路接通，电解液产生电离，阳极放出氧，阴极工件放出氢。氢围绕工件形成气膜，产生很大的电阻，电流通过时产生大量的热将工件表面迅速加热到临界点以上温度，到该温度后断电，工件表面则被电解液冷却硬化。此方法设备简单，淬火变形小，适用于棒状、轮缘或板状等形状简单零件的批量生产。

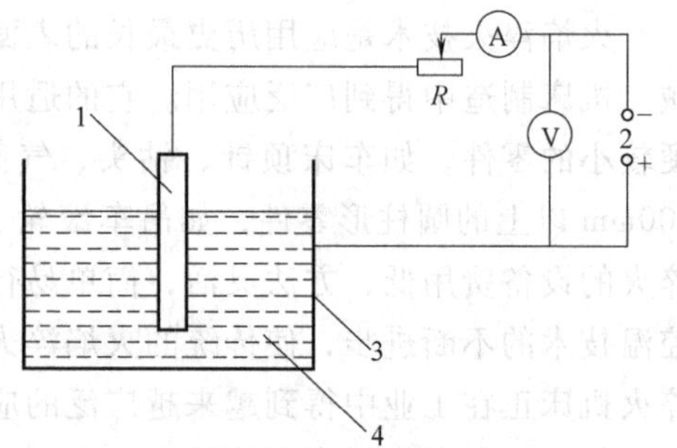

图47-9　电解液淬火原理
1—工件（-）　2—直流电源
3—电解槽（+）　4—电解液

电解液淬火工件质量与电解液的成分、电源电压、电流、浸入面积和时间有关。电解液可用酸、碱或盐类的水溶液，常用$w(Na_2CO_3)$为5%~18%的水溶液。一般情况下，电解液温度不超过60℃。常用电压为160~260V，电流密度为3~10A/cm^2，加热时间为5~10s。操作时，工件浸入电解液的深度应比淬火区深2~3mm，生产中多采用机械化，以保证淬火质量。电解液淬火后的表面组织为较细小的马氏体组织，心部仍保持原来韧性较好的索氏体或F+P组织。

电解液淬火的缺点是工件棱角部分易出现过热，工艺条件不易控制，形状复杂的工件加热不易均匀。

实现电解液淬火的关键是能否在通电后的很短时间内出现稳定的加热状态，其实质是通电后能否在待淬火工件表面的周围很快形成一层均匀而稳定的“氢气罩”。对于成分和温度一定的电解液，加热表面的电流密度成为建立稳定加热状态的主要条件，此时，输入的电流密度存在一临界值。低于该值时，工件表面将无法建立起稳定的加热状态。在临界电流密度的条件下，工件的加热温度与通电时间呈线性关系。

在电解液淬火过程中，必须控制电解液的温度。这是因为工件（阴极）与阳极的耦合面积确定后，电源的电流输出一旦设定，随着电解液温度的升高，工件表面的电流密度将会自动增大。另外，过高的电解液温度，也会降低其淬火的冷却性能。电解液温度一般控制在60℃以下，它可以通过调节流入电解槽的电解液的流量而实现。

除了电解液温度之外，电解液淬火时，还要注意合理选择电解液成分、电流密度、加热时间等参数。常用电压为 160~220V，最高不超过 300V，电流密度为 4~5A/cm^2，加热时间为十几秒至数分钟不等。各种参数应根据实际工况及产品性能要求，通过试验确定。这种表面强化方法已比较广泛地应用在内燃机气阀阀杆顶端淬火等产品的生产线上。表 47-17 为电解液加热规范与淬硬层深度的关系，由表中数据可见，在电压为 200~220V 时的加热效果最好。

表 47-17　电解液加热规范与淬硬层深度的关系

$w(Na_2CO_3)$(%)	零件浸入深度/mm	电压/V	电流/A	加热时间/s	马氏体区深度/mm
5	2	220	6	8	2.3
10	2	220	8	4	2.3
10	2	180	6	8	2.6
5	5	220	12	5	6.4
10	5	220	14	4	5.8
10	5	180	12	7	5.2

由于碳酸钠水溶液的淬火烈度较大，已超过水的冷却能力，因而限制了电解液淬火工艺的适用材料和工件形状，所以对电解液成分的选择十分重要。氯化钙作为淬火冷却介质具有良好的冷却特性，高温时，由于盐的溶解，其冷却速度较高，与水相当；在低温时，则由于未溶盐较多，溶液的流动性差而使得冷却速度减小，接近于油。这样，在钢的过冷奥氏体最不稳定的区域有较快的冷却速度，获得最大的淬硬层深度，而在马氏体转变区有较小的冷却速度，可以使组织应力减至最小，减少工件的变形开裂倾向。

47.4　接触电阻加热淬火

接触电阻加热淬火原理如图 47-10 所示。它是借助与工件接触的电极（高导电材料的滚轮）通电后，因接触电阻而加热工件表面，随之快速冷却的淬火工艺。这种方法设备简单，操作灵活，工件变形小，淬火后不需回火。接触电阻加热淬火能提高工件表面的耐磨性和抗擦伤能力，但淬硬层较薄（0.15~0.3mm）。目前多用于机床铸铁导轨的表面淬火，也用于气缸套、曲轴、工模具等的处理。

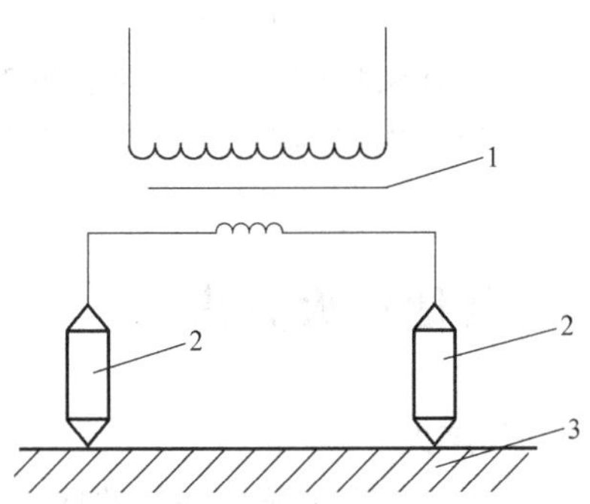

图 47-10　接触电阻加热淬火原理
1—变压器　2—铜滚轮电极
3—工件（如机床导轨）

接触电阻加热淬火大都在精加工后进行，通过调节电流、电压、铜滚轮直径与宽度、铜滚轮移动速度和接触压力，就可控制淬火质量。通常采用低电压（2~5V）、大电流（80~800A）电源。接触电阻加热淬火机的电极用铜滚轮，滚轮直径一般为50~80mm，轮缘花纹有直线、S形、鱼鳞形或锯齿形，其移动速度为1.5~3.0m/min，加在滚轮上的压力为40~60N。手工操作用碳棒或纯铜。手工操作时，硬化层深度为0.07~0.13mm，机动操作时则为0.2~0.3mm，表面硬度可在50~62HRC范围变化。

长期以来，用于冶金、建材等行业的钢质冷、热切锯片普遍存在使用寿命较低的问题，而采用特殊的镀、渗、气相沉积及镶嵌硬质合金等方法，虽然效果不错，但工艺复杂，推广难度大。采用接触电阻加热这一简单的方法，可有效地提高锯片的使用寿命。如65Mn热轧钢制成的直径200mm、厚度3mm的圆锯片，首先采用常规的整体热处理工艺处理，基体硬度达到47~49HRC；接着在变压器工作端电压30V、电流250A的条件下接触电阻加热1~2s，然后自激冷却淬火，获得晶粒细小的混合型马氏体硬化层组织。经接触电阻加热淬火的齿顶具有很高的硬度（可达64HRC），其硬度分布如图47-11所示（在硬化层与基体交界处有一软带）；采用同样工艺处理的65Mn试样与GCr15淬火试样在MM-200磨损试验机上进行磨损试验，经接触电阻加热淬火的65Mn试样的耐磨性大幅度提高（见图47-12）。通过实际使用考核，接触电阻加热淬火的锯片的寿命比普通锯片提高30倍。

近年来，接触电阻加热淬火技术开始在一些简单的模具上应用，特别是服役一段时间后的模具，其性能出现劣化，而再进行整体热处理以改善其性能将会非常困难。此时，采用接触电阻加热后自冷却淬火，可恢复模具表面的性能，如采用滚轮接触带宽度为5mm、相对运动速度为0.55m/min、回路中电流控制为1000A的工艺参数。

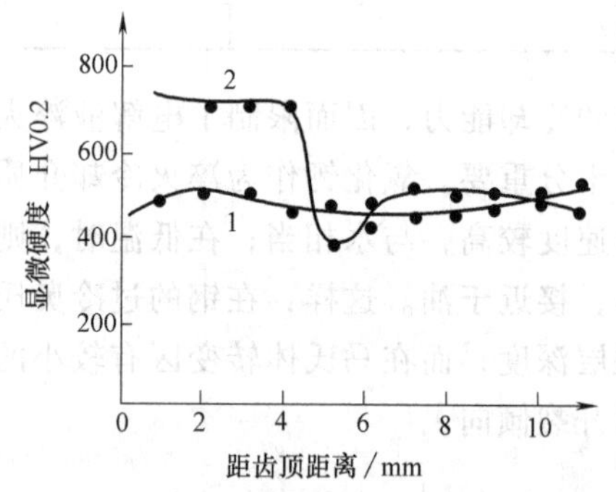

图47-11　接触电阻加热淬火锯片齿顶硬度变化

1—接触电阻加热淬火　2—常规淬火

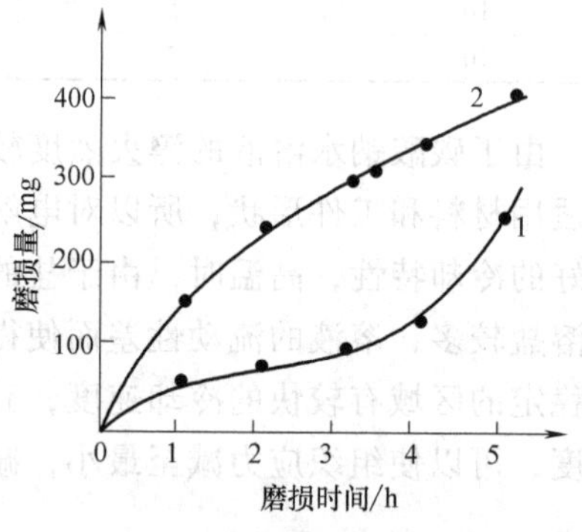

图47-12　磨损试验磨损量对比曲线

1—接触电阻加热淬火　2—常规淬火

47.5　其他淬火方法

1. IR淬火

IR淬火是在高频感应加热的同时通以低电压、大电流进行直接加热，然后切断电源自冷淬火，即是高频感应加热与电阻加热相结合的淬火工艺。

采用IR淬火工艺进行选择性表面淬火的基本原理如图47-13所示，紧挨被加热表面放置一水冷邻近感应器，它通过一对电触头以其外侧与工件相连，并接到频率为 300~400kHz 的电源上。当通以高频电流时，工件表层除受直接通电加热外，邻近感应器又使之产生感应加热，从而迅速升温，达到加热温度后切断电源自冷淬火。

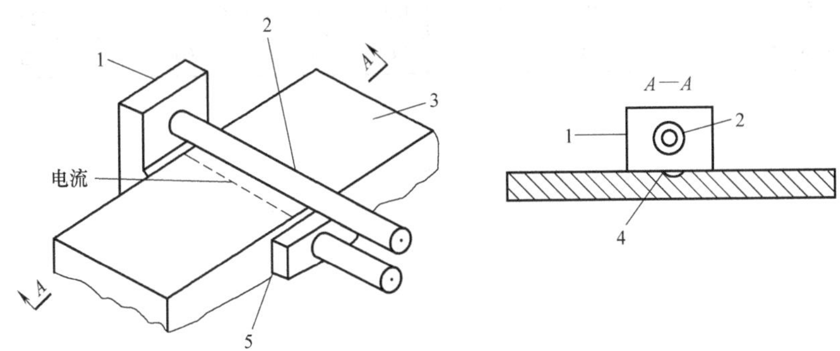

图 47-13 IR 淬火工艺的基本原理

1、5—电触头 2—邻近感应器 3—工件 4—加热部分

与普通高频淬火相比，IR 淬火工艺的能量密度可高达 $8\times10^3\sim2.3\times10^5$W/cm^2，加热时间<0.5s 淬火层深度在 0.35~1.0mm 范围内，且具有淬火变形小、生产效率高、节能效果好的优点。

2. 混合加热淬火

感应加热与炉内加热的混合加热方法可改善表面淬火工件淬硬层硬度分布，增加淬硬层深度，并有利于减少工件变形。例如，先将冷轧辊在 500~700℃ 台车炉中整体预热，然后再进行工频淬火可使冷轧辊表面淬硬层分布趋于平缓，不至于使过渡层硬度梯度太大；又如先将齿轮整体预热至 260~320℃，然后进行高频感应淬火，有利于减少齿部与心部的温差，降低热应力，从而使内孔变形倾向减小。

3. 浴炉加热淬火

浴炉加热淬火是将工件浸入高温盐浴或金属浴中经短时间加热，当表层达到淬火温度，而心部仍处在临界点以下时取出急冷淬火的方法。

与感应淬火和火焰淬火相比，其加热速度较小。为获得较大的加热速度，通常将浴炉温度比正常淬火温度提高 100~300℃，而淬硬层深度则通过调整浴炉温度以及加热时间来控制。浴炉加热淬火不需特殊设备，操作方便，适用于厚度变化不大、小批量、多品种的中小规模生产。常用淬火加热盐浴的成分见表 47-18。

表 47-18 常用淬火加热盐浴的成分

成分(质量分数,%)	熔点/℃	使用温度/℃	成分(质量分数,%)	熔点/℃	使用温度/℃
$BaCl_2$100	960	1100~1300	$BaCl_2$70~80+NaCl20~30	≈700	750~1000
$BaCl_2$95+NaCl5	850	1000~1300	$BaCl_2$50+NaCl50	600	650~900
$BaCl_2$70+$Na_2B_4O_7$30	940	1050~1300	$BaCl_2$50+$CaCl_2$50	600	650~900
NaCl100	810	850~1100	$BaCl_2$50+KCl50	640	670~1000
KCl100	772	800~1000	NaCl50+KCl50	670	720~1000
$Na_2CO_3$100	852	900~1000	NaCl28+$CaCl_2$72	500	540~870
$BaCl_2$80~90+NaCl10~20	≈760	820~1100	NaCl50+$Na_2CO_3$50	560	590~850

（续）

成分（质量分数，%）	熔点/℃	使用温度/℃	成分（质量分数，%）	熔点/℃	使用温度/℃
NaCl50+$K_2CO_3$50	560	590～820	$BaCl_2$31+NaCl21+$CaCl_2$48	435	480～780
KCl50+$Na_2CO_3$50	560	590～820	KCl50+NaCl20+$CaCl_2$30	530	560～870
NaCl35+$Na_2CO_3$65	620	650～820	$BaCl_2$33+NaCl34+$CaCl_2$33	520	600～870
$BaCl_2$50+NaCl20+KCl30	560	580～880	$Na_2CO_3$80+NaCl18.5+SiC1.5	680	730～930

第 48 章

气相沉积的基本知识

气相沉积技术是迅速发展的一门新技术，是当代真空技术和材料科学中最活跃的研究领域，它是利用气相中物理、化学反应过程，在各种材料或制品表面沉积单层或多层薄膜，从而使材料或制品获得所需的各种优异性能。气相沉积工程是表面工程的重要组成部分，也是表面工程中发展最快的领域之一。气相沉积工程的许多技术属于高新技术，与国家建设、国防现代化和人民生活密切相关，其应用具有十分广阔的前景。本章首先介绍薄膜的特点、种类和应用以及气相沉积的分类。然后分别阐述各类气相沉积的原理、特点、技术和应用。在现代科技和经济发展中薄膜的作用显得越来越重要，而气相沉积是制备薄膜的最重要的方法。

8.1 气相沉积的分类

利用气相中发生的物理、化学反应过程，在固体材料表面形成功能性或装饰性的金属、非金属或化合物覆盖层的工艺称为气相沉积。气相沉积技术是一种发展迅速、应用广泛的表面成膜技术，自从 20 世纪 70 年代以来，薄膜技术和薄膜材料的发展突飞猛进，成果累累。

气相沉积是镀膜方法之一，它有三个环节，即需镀物料→气相输运→沉积成固相薄膜。它的主要特点在于不管原来需镀物料是固体、液体或气体，在输运时都要转化成气相形态进行迁移，最终到达工件表面沉积凝聚成固相薄膜。

为研究方便，人们把各种不同特点的气相沉积过程进行了分类。最初，利用易挥发的液体 $TiCl_4$稍加热获得 $TiCl_4$气，和 NH_3气一起导入高温反应室，让这些反应气体分解，再在高温固体表面上进行遵循热力学原理的化学反应，生成 TiN 和 HCl，HCl 被抽走，TiN 沉积在固体表面上成硬质固相薄膜。人们把这种通过含有构成薄膜元素的挥发性化合物与气态物质，在固体表面上进行化学反应，且生成非挥发性固态沉积物的过程，称为化学气相沉积（CVD）。在早期，人们把另一类气相沉积，即通过高温加热金属或化合物蒸发成气相，或者通过电子、离子、光子等荷能粒子的能量把金属或化合物靶溅射出相应的原子、离子、分子（气态），且在固体表面上沉积成固相膜，其中不涉及物质的化学反应（分解或化合），称为物理气相沉积（PVD）。

随着气相沉积技术的发展和应用，上述两类气相沉积各自都有新的技术内容，两者相互交叉，你中有我，我中有你，致使难以严格分清是化学的还是物理的。比如，人们把等离子体、离子束引入到传统的物理气相沉积技术的蒸发和溅射中，参与其镀膜过程，同时通入反应气体，也可以在固体表面进行化学反应，生成新的合成产物固体相薄膜，称其为反应镀。

第 9 篇

气相沉积技术

在溅射 Ti 等离子体中通过反应气体 N_2 最后合成 TiN 就是一例。这就是说物理气相沉积也可以包含有化学反应。又如，在反应室内通入甲烷，借助于 W 靶阴极电弧放电，在 Ar、W 等离子体作用下使甲烷分解，并在固体表面实现碳键重组，生成掺 W 的类金刚石碳减摩膜，人们习惯上把这种沉积过程仍归入化学气相沉积，但这是在典型的物理气相沉积技术——金属阴极电弧离子镀中实现的。另外，人们把等离子体、离子束技术引入到传统的化学气相沉积过程，化学反应就不完全遵循传统的热力学原理，因为等离子体有更高的化学活性，可以在比传统热力学化学反应低得多的温度下实现反应，这种方法称为等离子体辅助化学气相沉积，它赋予化学气相沉积更多的物理含义。

我们仍然按照已有的习惯，主要以上述镀料形态的区别来区分化学气相沉积和物理气相，以及兼有物理和化学沉积方法特点的等离子化学气相沉积（PCVD），其分类及主要方法如图 48-1 所示。沉积方法的归类目的是方便研究讨论，现在的分类也许不科学，我们相信随着气相沉积技术的发展，将来会出现更合理的分类和定义。

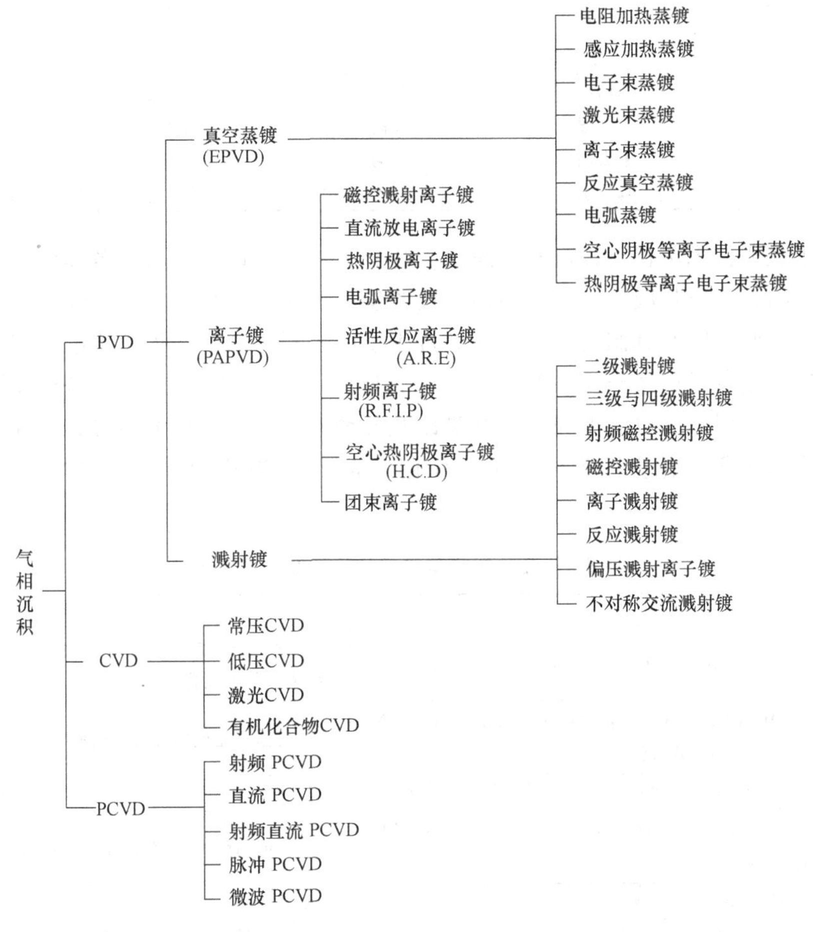

图 48-1　气相沉积分类及方法

几种 PVD 法与 CVD 法的特性比较见表 48-1。PVD 沉积温度低，覆层的特性及厚度、结构和组成可以控制；CVD 具有设备简单、操作方便、绕镀性好、结合力强的优点，但由于沉积温度高，造成被处理工件力学性能下降，工件畸变增大等问题。PCVD 技术能够克服

PVD 和 CVD 存在的固有弊病，又能兼有两者优点，沉积温度低，绕镀性好，可方便地调节工艺参数，控制覆层厚度与组织结构，能获得致密均匀、性能稳定的多层复合膜及多层梯度复合膜。近年来，受到人们的广泛重视，现已进入实用化、商品化时期，具有广阔的应用前景。

表 48-1 几种 PVD 法与 CVD 法的特性比较

项 目	PVD 法			CVD 法
	真空蒸镀	溅射镀	离子镀	
镀金属	可以	可以	可以	可以
镀合金	可以，但困难	可以	可以，但困难	可以
镀高熔点化合物	可以，但困难	可以	可以，但困难	可以
真空压力/Pa	10^{-3}	10^{-1}	$10^{-3}\sim10^{-1}$	常压～10^{-3}
基体沉积温度/℃	100（蒸发源烘烤）	50～250	≈500	800～1200
沉积粒子能量/eV	0.1～1.0	1～10	30～1000	—
沉积速率/(μm/min)	0.1～75.0	0.01～2.00	0.1～50	几～几十
沉积层密度	较低	高	高	高
孔隙	中	小	小	极小
基体与镀层的连接	没有合金相	没有合金相	有合金相	有合金相
结合力	一般	较高	较高	高
均镀能力	不太均匀	均匀	均匀	均匀
镀覆机理	真空蒸发	辉光放电、溅射	辉光放电	化学反应

现在气相沉积技术不仅可以沉积金属膜、合金膜，还可以沉积各种各样的化合物、非金属、半导体、陶瓷、塑料膜等。换句话说，按照使用要求，几乎可以在任何基体上沉积任何物质的薄膜。这些薄膜及其制备技术，除大量用于电子器件和大规模集成电路制作之外，还可用于制取磁性膜及磁记录介质、绝缘膜、电介质膜、压电膜、光学膜、光导膜、超导膜、传感器膜和耐磨、耐蚀、自润滑膜、装饰膜以及各种特殊需要的功能膜等，在促进电子电路小型化、功能高度集成化方面发挥着关键作用。表 48-2 为几种沉积覆盖层的品种及主要特性。

表 48-2 几种沉积覆盖层的品种及主要特性

类 别	品 种	主 要 特 性
金属	Cr，Cu，Al，Ni，Mo，Zn，Cd，W，Ta，Ti，Au，Ag，Pb，In	电学、磁学或光学性能，耐蚀与耐热，减摩与润滑，装饰与金属化
合金	MCrAlY，高 Ni 合金，InConel，CuPb，TiN，ZrN，CrN，VN，AlN，BN，(Ti，Zr)N	抗高温氧化或腐蚀，耐蚀，润滑
氮化物	(C，B)N，(Ti，Mo)N，(Ti，Al)N，Th_3N_4，Si_3N_4	高硬度，耐磨，减摩，装饰，抗蚀，导电
碳化物	TiC，WC，TaC，VC，MoC，Cr_7C_3，B_4C，NbC，ZrC，HfC，SiC，BeC	高硬度与耐磨，部分碳化物耐蚀或装饰，导电
碳氮化物	Ti(C，N)，Zr(C，N)	耐磨，装饰
氧化物	Al_2O_3，TiO_2，ZrO_2，SiO_2，CuO，ZnO	耐磨，耐擦伤，装饰，光学性能，导电
硼化物	TiB_2，VB_2，CrB_2，AlB，SiB，TaB_2，ZrB，HfB	耐磨
硅化物	$MoSi_2$，WSi_2，$TiSi_2$，VSi	抗高温氧化，耐蚀
其他	MoS_2，$MoSe_2$，$MoTe_2$，WS_2，WSe_2，TaS_2，$TaSe_2$，$TaTe_2$，$ZrSe_2$，$ZrTe_2$	减摩，润滑，摩擦因数小

48.2　气相沉积的特点

气相沉积是在密封系统的真空条件下进行的，除常压化学气相沉积（KPCVD）系统的压强约为一个大气压外，都是负压。沉积气氛在真空室内反应，原料转化率高，可节省贵重材料资源。

一般来说，气相沉积可降低来自空气等的污染，所得到的沉积膜或材料纯度高。例如，CVD 法在蓝宝石基片上沉积 α-Al_2O_3；单晶材料时，其杂质含量仅为 30~34mg/kg，远小于蓝宝石本身的杂质含量。

能在较低温度下制备高熔点物质，如氧化物超硬涂层，用 PCVD 法在 400~560℃ 的温度下沉积 TiN、Si_4N、W、Mo、Ta、Nb 等高熔点金属及其合金。在刃具、模具、耐磨零件上沉积各种金属的碳化物、氮化物、硼化物等超硬膜。

便于制备多层复合膜、层状复合材料和梯度材料，如在硬质合金刀具表面用 CVD 法沉积 TiC-Al_2O_3-TiN 复合超硬膜，用 PCVD 法沉积 Ti-TiC 系的多层梯度材料等。

48.3　气相沉积的物理基础

气相沉积时，蒸发、反应或溅射产生的沉积物质的气体原子、离子、分子或原子团碰撞基片（工件）后，要经过短暂的物理化学过程凝集在基片表面上形成固态膜。气相沉积也像液相凝固相一样遵守相变规律，气相沉积的相变驱动力是亚稳定的气相与沉积固相之间的吉布斯自由能差，沉积的相变阻力还是形成新相表面能的增加。可见气相沉积的必要条件是沉积物质的过饱和蒸气压。物质的饱和蒸气压与温度有关，温度越高，饱和蒸气压越大。气体的分压小于其饱和蒸气压时，该气体是稳定的。当其分压超过其饱和蒸气压时，该气体在系统中自由能高，是不稳定的，将像在过饱和水溶液中析出行为一样，析出固相，以降低系统自由能，变为稳定状态。该沉积物质的气体分压等于其饱和蒸气压时，气相与固相处于平衡状态，不存在相变动力，不能发生沉积。当该沉积物质的气体分压大于其饱和蒸气压时，体系的自由能高，气相转变为固相，自由能降低，将形成晶体，即沉积。

过饱和蒸气压=沉积物质的蒸气压-饱和蒸气压

过饱和度=(过饱和蒸气压-饱和蒸气压)/饱和蒸气压

气相沉积自由能差与过饱和度成正比。过饱和度是气相沉积的动力，气相沉积也像熔体凝结成固体一样，遵守形核和晶体长大的一般规律，当结晶条件受到抑制时，则按非晶化规律转变，形成非晶膜，气相沉积的特殊性是气相宜凝集成固相，即是气相到固相的转变。

气相沉积的形核过程要复杂一些，从蒸发源蒸发出的粒子、原子温度介于蒸发源和基片温度之间，一般只有一部分被基片吸附。另一部分还存在过剩能量，加之它从基片上得到的热量，当总能量超过这种原子在基片上解吸附所需要的能量时，便脱离基片再蒸发到空间里。在平衡条件下，在基片上聚集的原子数与再蒸发的原子数相等。与此同时，在基片表面吸附的原子的总能量超过表面扩散激活能时，该原子将沿基片表面进行扩散迁移。在表面扩散过程中，原子间、原子与原子团之间发生碰撞，形成原子对和原子团，凝聚成晶核或晶体长大。研究结果表明，气体原子在基片表面沉积成膜需满足基片温度与入射原子密度要求。基片温度一定时，入射原子密度要大于某一临界值；同样，入射原子密度一定时，基片温度要高于某一临界温度。

沉积膜晶体长大过程与基片及沉积原子的种类依据工艺条件的不同有核生长型、层生长型和层核生长型，如图 48-2 所示。

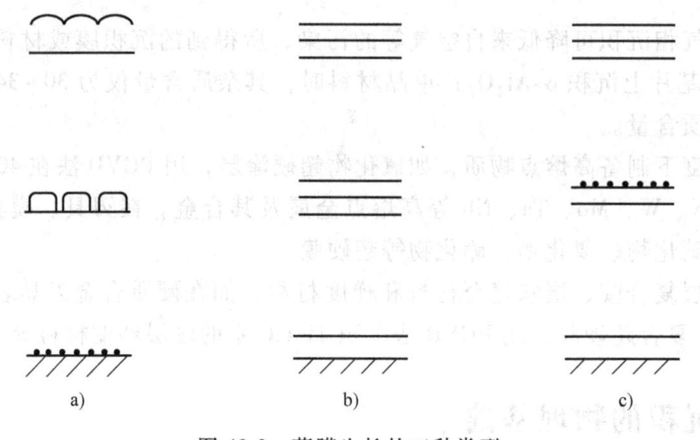

图 48-2　薄膜生长的三种类型

a）核生长型　b）层生长型　c）层核生长型

（1）核生长型　核生长型膜的晶体长大过程是沉积在基片上的原子，除部分能量大的原子返回气相外，部分被基片表面吸附后，通过表面扩散，与其他原子碰撞形成原子对、原子团，形成稳定三维晶核。凝集的晶核达到一定浓度后，一般不再形成新的晶核。新吸附的原子通过表面迁移，在已有晶核上长大，形成岛状。岛状晶粒长大使其中间隙逐渐减小，形成网状薄膜，在相邻小岛相互接触彼此结合时，放出一定能量使尺寸较小的小岛瞬时熔化，重新在大岛上结晶成大晶粒。继续吸附气体中原子逐渐填满剩余的间隙，最后形成连续的晶膜，不同物质形膜过程差别很大。例如，铝膜和银膜都是核生长的，但是铝在生长初期呈岛状结构，在膜很薄时就形成连续膜，而银膜则是膜较厚时才形成连续膜。

（2）层生长型　基片和薄膜原子间结合能与沉积原子间结合能相近时，膜的形成变为层生长型。沉积原子先在基片表面以单原子层形式均匀地覆盖一层，然后再在三维方向生成第二层、第三层，最后形成晶体膜。具体过程是基片吸附的原子，通过表面扩散，与其他原子碰撞形成二维晶核，二维晶核捕捉周围的吸附原子，形成二维晶体小岛。小岛达到饱和浓度时，小岛间隔距离大体上与吸附原子平均扩散距离相等，因而被基片表面吸附的原子扩散后都被邻近的小岛捕捉，小岛继续二维地长大，直至接近形成连续二维膜后，上面一层才开始形核和二维晶体长大。Cu 基片上沉积 Pb，单晶 PbSe 基片沉积 PbSe，Fe 单晶基片沉积 Cu 就是层生长型。

（3）层核生长型　层核生长型界于核生长型与层生长型之间，沉积原子先在基片表面形成 1~2 层原子层，在此基础上捕捉吸附原子，以核生长方式形成小岛，长大成膜。层核生长方式易出现在基片和沉积原子间相互作用特别强的情况下，二维晶核强烈地受基片晶体结构影响，发生较大的晶格畸变，在半导体基片上沉积金属常常是层按生长方式，如 Ge 表面蒸镀 Ca，Si 表面蒸镀 Bi、Ag。

48.4 气相沉积层的组织结构

气相沉积膜大多是晶体结构，沉积膜组织与基片温度、表面状态、真空度等沉积条件有关。

基片温度是决定膜组织的主要因素之一，基片温度高，蒸气原子的动能大，克服表面扩散激活能的几率增多，容易发生结晶，并且膜中缺陷少，内应力小。基片温度高于膜材熔点 $0.5T_m$时，吸附原子扩散能力强，沉积膜得到再结晶的等轴晶。基片温度较低，高于 $0.3T_m$时，吸附原子扩散能力较强，晶粒细化，得到致密的细柱状晶。基片温度低于 $0.3T_m$时，吸附原子难于扩散，容易形成岛状晶核，生成锥状晶、粗柱状晶。基片温度过低将抑制结晶过程，发生非晶态化转变，形成非晶态膜。

沉积气压也是决定膜组织的主要因素，在高真空条件下，蒸发的原子几乎与其他气体原子不发生互相碰撞，它们之间也很少碰撞，能量消耗很少，到达基片有足够的能量进行扩散，形成晶核，并继续捕捉吸附原子形成细密的高纯度镀膜。随着真空度降低，原子间相互碰撞的几率增大，产生散热效应，提高绕射性能，而且可能裹携其他气体分子进入镀膜，降低镀膜的纯度和致密度。与此同时，它们自身的互相碰撞使蒸气原子速度减慢，受范德瓦尔力作用在空间形成原子团。这些原子团到达基片后很难进行扩散，形成岛状晶核，凸起部分对凹陷部分产生阴影效应，长大成锥状或柱状。

外延是一种制备单晶膜的新技术，在适当的基片上，以合适的条件，沿基片的晶向生成一层晶体结构完整的单晶膜。用外延工艺形成的单晶膜叫外延膜。外延膜的晶体结构与基体结构相同时，称为同质外延。外延膜晶体结构与基片晶体结构不同时，称为异质外延。

基片的晶体结构对外延膜结构及取向关系重大，同质外延时两者结构相同，异质外延时两者的结构也紧密相关，两者相近程度是重要标准。不仅晶面、晶向结构要相同或接近，而且 $m=(b-a)/a$（a、b 分别为基片和膜材的点阵常数）应等于或接近于零，越小越易形成外延生长。基片温度也是外延生长的重要参数，外延生长速率与吸附原子的扩散能力有关，如果吸附原子能在与另一原子碰撞结合之前，先与晶核碰撞结合，外延生长便得以进行。基片温度会促进外延生长，对某一基片与膜材都有一个适宜的外延温度，低于外延温度外延生长是不完善的。

48.5 不同晶态的形成

48.5.1 多晶薄膜的形成

薄膜生长过程通常是通过上述岛状结构中“岛”新生长而成的。由于岛长到一定大小时将形成各种各样的界面，因而一般情况得到的是多晶体薄膜，即多数微小的结晶集合在一起形成的薄膜。薄膜结构最显著的特征是晶粒细小，晶粒尺寸小于 1μm。难熔化合物的晶粒尺寸常小于 100nm，某些情况下小到 5～10nm。用真空镀膜制成多晶薄膜是方便的，而制成单晶薄膜和非晶态薄膜则需要有一定的条件。

48.5.2 单晶薄膜的形成

所谓单晶就是材料的所有部分任一晶轴的取向完全相同，其所有的原子或分子均以正确的规则进行排列。由于岛状生长的薄膜必然是许多晶粒的集合，因而实际上被称为单晶膜的物质是取向大致相同的晶粒集合体，其相邻晶粒的晶轴稍有差异。在真空镀膜中，制成单晶薄膜的技术统称为外延技术。概括地说，外延技术就是在某一单晶基体（或核心）上低速率地严格按一定取向生长薄膜的方法。

用真空镀膜技术制备单晶时，需要控制很多因素，其中最主要的是基体取向和外延温度。为了得到单晶膜常用单晶基体，这是因为在单晶基体上生成单晶膜时应力较小。在实用上，基体与薄膜采用同种物质，例如在n型硅单晶的（111）面上生长P型硅单晶薄膜，称为同质外延。基体物质与薄膜物质不同时，也可以生长成单晶膜，这称为异质外延。在实际操作中保持解理面的新鲜是很重要的，经常采用的办法是在真空环境中就地劈开解理面，在不受环境污染的条件下制膜。但是对Cu、Ag、Au来说要得到良好的外延，还要适当地对基体表面施加污染或制造缺陷才行。制备单晶膜时必须使基体保持在某一临界温度以上，一般把这个临界温度称为外延温度。外延温度随物质组合的不同有较大的改变，与蒸发速率也有一定的关系。

分子束外延时，分子束的分子入射到加热的基体表面后，与基体表面进行的反应步骤包括：①分子束的分子或原子吸附在基体表面；②吸附的分子在表面迁移和离解为原子；③该原子与近基体原子结合，成核并外延成单晶薄膜；④在高温下部分吸附在基体薄膜上的原子脱附。

人们已经研究了Ga和As分子束在GaAs（100）基体上生长GaAs的动力学模型，如图48-3所示，无论用As_2或As_4分子束，其在GaAs基体上的行为都是先被吸附形成弱束缚状态，然后再由化学吸附结合到晶格结点上。其中，图48-3a表示As_2分子首先被物理吸附，当它在薄膜迁移遇到成对的Ga原子时分解形成Ga-As键，进行晶体生长。若表面有很多Ga原子，As_2的黏附系数（被化学吸附的分子数与入射到基体表面分子数的比值）将增大，甚

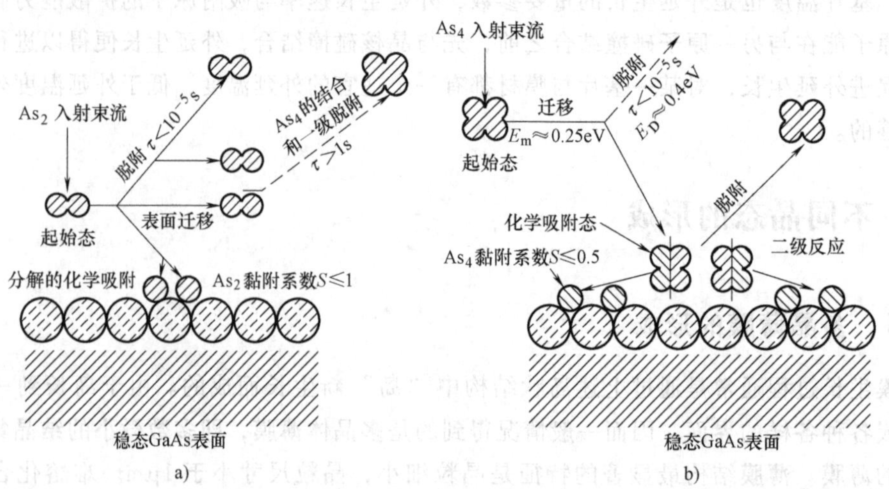

图48-3 在GaAs（100）表面上Ga和As分子束外延生长GaAs的相互作用模型

a）由Ga和As_2生长的GaAs模型 b）由Ga和As_4生长的GaAs模型

至接近 1；当表面没有自由的 Ga 原子或温度高于 500℃时，As_2的黏附系数很小。在没有 Ga 原子的情况下，As_2将不分解而脱附或在 330℃的温度下生成 As_4而脱附。图 48-3b 表示 As_4分子首先被物理吸附。在基体温度大于 180℃时被吸附的 Ga 原子的分布控制着 As_4的积淀与反应。由于 As_4分子与相邻的 Ga 原子的表面化学反应是成对相互作用的过程，所以尽管 GaAs 表面被一个 Ga 原子层覆盖着，As_4的黏附系数也不超过 0.5。由上可见，只要有相对于 Ga 束流过剩的 As_2或 As_4束流，则在一定的温度下都可以生长出理想的 GaAs。

与真空蒸镀法相比用溅射法可在较低基体温度下制得单晶薄膜。如 ZnSe 单晶体材料需在 1000℃下合成，采用溅射法可在 150℃基体温度下制成。在 $Bi_{12}GeO_{20}$单晶基体上外延生长 $Bi_{12}TiO_{20}$的膜时，基体温度要在 400~450℃。

48.5.3　非晶态薄膜的形成

制作非晶态材料的常规方法是液态急冷法，它要使材料在高温液态下以 10^5~10^6℃/s 以上的冷却速度急剧冷却，使结晶过程无法进行。急冷是制作非晶态的必要条件之一，但并不是充分条件。结晶学上的晶体结构、缺陷的数量和形式、材料的晶态转变温度、材料沉积的机构及工艺参数等都是制成非晶态材料的重要因素。

蒸镀、溅射镀膜、等离子体增强化学气相沉积及离子束混合等技术是制备非晶态材料的常用方法。目前已能得到非晶态的物质有：Be、Y、Ti、V、Nb、Ta、Cr、W、Mn、Re、Ni、Co、Pd、Ga、C、Si、Ge、Sb、Bi、As、Se、Te 以及一些合金。

如用溅射法制造非晶膜时，为使基体稳定低于薄膜的结晶温度，在通常的溅射装置中基体经常需要通水冷却，甚至用液氮或液氦冷却，并设法减少靶对基体的热辐射。溅射 SiC 靶时，要得到非晶 SiC 膜，其基体温度必须低于 500℃。成膜室内存在某些残余气体时会使材料的结晶温度提高，如在 W、Mo、Ta、Zr 和 Re 膜中含有摩尔分数为 1%的 N_2时，就易于得到非晶膜。大多数高熔点化合物（如氧化物、碳化物、钛酸盐、铌酸盐、锡酸盐等）和 C、S、Ge、Si、Se 和 Te 等的结晶温度较高，易于在室温或更高温度下制得非晶薄膜。按现有经验归纳起来：具有面心立方晶格和六角密集晶格结构的物质，难以成为非晶体；共价键的物质容易形成非晶体；过渡金属容易形成非晶体。

在实际装置中，基体温度必须低于某一临界温度才能制作非晶态薄膜。为消除非晶态薄膜的缺陷须进行退火处理，退火温度应在晶化温度之下进行。

第49章 物理气相沉积

49.1 概述

49.1.1 物理气相沉积的定义及分类

物理气相沉积（PVD）是指在真空条件下，利用物理的方法，将材料气化成原子、分子或使其电离成离子，并通过气相过程，在材料或基体表面沉积一层具有某些特殊性能的薄膜的技术。

物理气相沉积技术除传统的真空蒸发和溅射沉积技术外，还包括近年来蓬勃发展起来的各种离子束沉积、离子镀和离子束辅助沉积技术。物理气相沉积类型包括：真空蒸发，直流二极溅射，直流三极溅射，磁控溅射，反应磁控溅射，射频溅射，非平衡磁控溅射，中频交流磁控溅射，磁控溅射离子镀，直流二极、三极型离子镀，中空阴极电弧离子镀，阴极电弧离子镀，强电流电弧（热弧）离子镀，离子束沉积，离子束辅助沉积，离子束辅助溅射沉积，离子束辅助电弧沉积等。物理气相沉积技术主要方法的差异及工艺特点见表49-1。

表49-1 物理气相沉积技术主要方法的差异及工艺特点

工艺名称	源		迁移过程		沉积过程				工艺特点			可镀材料	应用
	方法	原理	离化方式	离化率(%)	真空度及气氛/Pa	基片偏压/V	粒子能量/eV	基片温升	沉积速率	附着力	致密性		
真空蒸镀	电阻、电子束加热	蒸发	无	0	10^{-2}~10^{-4}	0	0.1~1	高	高	差	一般	金属、化合物	光学、电子、装饰
溅射镀膜 直流二极溅射	直流辉光放电	溅射	直流辉光放电	—	10^{-1}氩	0,+	1~10	较低	低	较好	一般	金属、合金	电子
溅射镀膜 三极、四极溅射	热电子增强辉光放电	溅射	热电子+辉光放电	—	10^{-1}~6×10^{-2}氩	0,+	1~10	较低	较低	较好	一般	金属、合金	电子
溅射镀膜 射频溅射	射频辉光放电	溅射	射频辉光放电	—	1~10^{-1}氩	0,+	1~10	较低	较低	较好	一般	绝缘材料	电子
溅射镀膜 磁控溅射 平面溅射	磁控辉光放电	溅射	磁控辉光放电	—	1~10^{-2}氩	0,+	1~10	低	高	较好	较好	金属、合金	光学、电子、机械
溅射镀膜 磁控溅射 同轴溅射	磁控辉光放电	溅射	磁控辉光放电	—	1~10^{-2}氩	0,+	1~10	低	高	较好	较好	金属、合金	光学、电子、机械

（续）

工艺名称			源		迁移过程			沉积过程			工艺特点				应用
			方 法	原理	离化方式	离化率(%)	真空度及气氛/Pa	基片偏压/V	粒子能量/eV	基片温升	沉积速率	附着力	致密性	可镀材料	
溅射镀膜	磁控溅射	S枪溅射	磁控辉光放电	溅射	磁控辉光放电	—	$1\sim10^{-2}$氩	0,+	1~10	低	高	较好	较好	金属、合金	电子
		对向靶溅射	磁控辉光放电	溅射	磁控辉光放电	—	$1\sim10^{-2}$氩	0,+	1~10	低	高	较好	较好	磁性材料	磁性器件
离子镀		直流二极离子镀	电阻、电子束加热	蒸发	直流辉光放电	0.1~2	$10\sim5\times10^{-1}$氩	-1000~5000	$10\sim10^3$	高	高	好	好	金属	耐蚀、润滑
		三极离子镀	电阻、电子束加热	蒸发	热电子+辉光放电	—	$1\sim10^{-1}$氩及反应气体	-1000~5000	$10\sim10^3$	高	高	好	好	金属、化合物	电子、机械、装饰
		射频离子镀	电阻、电子束加热	蒸发	射频辉光放电	10左右	$10^{-1}\sim10^{-3}$氩及反应气体	0~-5000	$10\sim10^3$	较高	高	好	好	金属、化合物	光学、电子、装饰
		活性反应离子镀	电子束加热	蒸发	二次电子+辉光放电	—	$10^{-1}\sim10^{-2}$ O_2,N_2,C_2H_2,CH_4	0,0~-5000	$0\sim10^3$	较高	高	好	好	金属、化合物	机械、电子、装饰
		空心阴极离子镀	等离子电子束	蒸发	热空心阴极弧光放电	22~40	$1\sim10^{-1}$氩及反应气体	0~-200	$10\sim10^2$	较高	较高	较好	好	金属、化合物	耐磨、装饰
		热阴极离子镀	热电子弧光放电	蒸发	热电子弧光放电	—	$1\sim10^{-1}$氩及反应气体	0~-200	$10\sim10^2$	较高	较高	较好	好	金属、化合物	耐磨、装饰
		电弧离子镀	冷阴极弧光放电	蒸发	热电离	80	$1\sim10^{-1}$真空或反应气体	0~-1000	$10\sim10^2$	高	很高	好	有液滴	金属、化合物	耐磨、装饰
		磁控溅射离子镀	磁控辉光放电	溅射	辉光放电	—	$1\sim10^{-2}$氩及反应气体	-200~1000	$10\sim10^2$	高	高	好	好	金属、合金、化合物	机械、装饰

49.1.2 物理气相沉积的特点

物理气相沉积的技术类型虽然五花八门，但它们都必须实现气相沉积三个环节，即镀料（靶材）气化→气相输运→沉积成膜。各种沉积技术类型的不同点，主要表现为在上述三个环节中能量供给方式不同，固-气相转变的机制不同，气相粒子形态不同，气相粒子荷能大小不同，气相粒子在输运过程中能量补给的方式及粒子形态转变不同，镀料粒子与反应气体的反应活性不同，以及沉积成膜的基体表面条件不同。

从镀料（或靶材）气化供给能量的方式看，第一种方法是利用高温加热使镀料蒸发气化，产生热能的方式有电阻发热、感应加热、电子束加热、等离子体加热、激光束加热等。采用这些供能方式，镀料要经过固-液-气相转变，往往要用坩埚盛载镀料，镀料受热在坩埚内熔化并蒸发。有的采用大电流通过电阻丝快速升温，镀料（丝状或片状）就挂在发热电阻丝上，瞬间受高热熔融气化，也可以不用坩埚。第二种方法是用荷能粒子轰击靶材（镀料），以其动能溅射出靶材的分子或原子（气相），这是溅射效应，镀料没有经历液态过程，无需用坩埚。典型的例子就是利用氩气辉光放电产生氩等离子体，借助于荷能氩离子轰击靶材溅射出镀料物质原子或分子。第三种方法是利用阴极电弧弧光放电，在靶材（镀料）面上产生不停运动的微弧斑，弧斑的高温和场致效应作用导致镀料蒸发和发射。因为弧斑区面积非常小，即熔池非常小，且不停地变动位置，故不会出现大范围的镀料熔化，这种供能方式虽然也存在液化现象，但也不需用坩埚。

不同的供给能量的方式导致镀料（靶材）气化粒子的形态和能量是不同的。以高温加热蒸发的不分解镀料的气化粒子多是分子或原子，其粒子能量为0.1～0.3eV。而溅射出来的粒子一般也是中性，其粒子能量为10～40eV。阴极电弧蒸发镀料的粒子有电子、离子、中性原子，同时夹带有未气化的液滴，其粒子的能量达几十到100eV。

从气相输运过程中能量的补给方式看，第一种如真空蒸发镀膜，蒸发物料的粒子从蒸发源到沉积基体表面的空间飞行过程是没有能量补充的。以烘烤加热提高粒子飞行空间的环境温度，可以增加粒子热运动，但能量补给有限。第二种在蒸发源到沉积基体的空间导入工作气体，以气体放电的方式产生等离子体。镀料蒸发气化的粒子进入等离子区，与等离子区中的正离子和被激活的惰性气体原子以及电子发生碰撞，其中一部分蒸发粒子放电离成正离子，即蒸发粒子形态产生变化，同时，蒸发粒子经受其他气体粒子的碰撞会增加能量，更主要的是已电离的离子受到产生气体放电的负高压电场的作用而加速增加能量，这种供能方式不是靠加热获得，而是靠离子加速方式激励的。第三种方法，在镀料粒子和反应气体粒子被电离的基础上，外加电场和磁场的作用，进一步补给飞行中的粒子能量。电场使荷电粒子加速，磁场让荷电粒子运动距离延长，增加碰撞几率，提高粒子的离化率和能量。第四种方法，在粒子飞行空间安装灯丝（Mo或W、Ta丝），加热至2000℃以上，以高温和发射电子增加粒子的电离和能量。第五种方法，利用等离子束和离子束与在输运空间中的蒸发镀料粒子和反应气体粒子作用，产生电离和激励活性。还有其他一些方法，总之，在粒子的输运过程中，可以运用各种手段，发展多姿多彩的物理气相沉积方法，其中等离子体技术担任了重要角色。

从气相镀料粒子到达基体表面沉积时的能量补给方式看，第一种方法是提高基片表面的温度，以热能形式供给沉积粒子的运动能量，但有的基体材质不能承受高温，往往受到限制。第二种方法，对于等离子镀区，可以在基体施加负偏压，调节靠近基体表面的等离子体鞘的电位，对被镀粒子的离子相反应气体粒子的离子进行加速，提高沉积粒子的活性和能量。第三种方法，在镀料粒子基体表面沉积成膜的同时，利用等离子体或离子束轰击膜层，让等离子体束或离子束的粒子供给到达基体表面镀料粒子能量，提高活性。调节沉积成膜环节时的沉积粒子能量是影响成膜质量最后的手段。

从物理气相沉积的工艺过程特点看，整个工艺过程包括气相产生、气相输运和气相粒子聚凝沉积成膜，要保证镀料气相和反应气体的纯正，必须在一个良好的真空室中完成工艺过程。镀料的汽化需要一个或多个蒸发源。靠热能将镀料熔化、蒸发的属高温型蒸发源，靠溅射轰击镀料物质溅出的可以做成低温型蒸发源。如果镀料汽化过程先要液化，就必须采用坩埚盛放镀料，而坩埚只能安放在真空室的下方，汽化的镀料从下向上输运，被镀工件安放在坩埚的上方，对于点状蒸发源的均匀可镀区是坩埚上方一个朝下的球冠。如果气化过程不涉及液化，或者熔池微小，就不需要坩埚。那么，镀料（靶材）可以做成各种形状大小的平面或管状，这样的蒸发源可以上下左右随意安放，气相输运方向不限于由下向上。气化的镀料可以从各个方向飞向被镀工件表面，有利于镀膜均匀。在气相输运的空间可以采用多种方法对气相输运中的粒子形态和能量施加影响。如导入工作气体，利用气体放电产生等离子体对镀料粒子和反应气体粒子作用补给能量，也有加设电场或磁场激励，也有内设灯丝发射电子，也有用离子源产生离子束等，通过粒子的相互作用，增补调节镀料粒子的能量。这对反应活性和沉积成膜质量创造了条件。为达到此目的，设备要配有相应的供能机构和能源系统。为了控制沉积成膜的总体表面温度，提高膜/基结合力，需要安装加热烘烤装置和测温、控温系统。加热烘烤装置有用电阻发热棒，也备用碘钨灯辐射，也有用粒子束轰击工件表面。对于电离的镀料粒子，可以在工件上施加负偏压调节工件表面等离子鞘电位，控制沉积粒子到达表面的能量。负偏压电源系统有中频、脉冲，甚至是射频型的。施加负偏压是有效控制成膜质量的手段。高偏压粒子能量大，对工件表面有溅射、清洗作用。施加适当的负偏压让粒子能量在50~150eV之间，有利于沉积成膜。施加负偏压还有助于提高绕镀性。为了提高镀膜的均匀性，特别对于复杂形状的工件，需要工件架具有公转、自转、公-自转运动方式，有的还要求工件有多维运动方式，让镀料粒子到达工件表面机会均等。如果进行反应镀膜，要有反应气体导入，并要有合理的布气系统，让反应气体浓度分布均匀。此外，还要配置适合于反应镀膜的特殊能源供给系统，以抑制反应产物对镀膜系统运行产生不稳定性的影响。

49.1.3 物理气相沉积的应用

物理气相沉积技术与化学气相沉积技术相比，有许多特点和优点。

1）镀膜材料广泛，容易获得：包括纯金属、合金、化合物，低熔点、高熔点相或固相，块状或粉末，都可以使用或经加工后使用。

2）镀料气化方式：可用高温蒸发，也可用低温溅出。

3）沉积粒子能量可调节，反应活性高：通过等离子体或离子束介入，可以获得所需的沉积粒子能量进行镀膜，提高膜层质量，通过等离子体的非平衡过程提高反应活性。

4）低温型沉积：沉积粒子的高能量、高活性，不需遵循传统的热力学规律的高温过程，就可实现低温反应合成和在低温基体上沉积，扩大沉积基体适用范围。

5）可沉积各类型薄膜：如纯金属膜、合金膜、化合物膜等。

6）无污染，利于环境保护。

物理气相沉积技术已广泛用于各行各业，许多技术已实现工业化生产。其镀膜产品涉及许多实用领域。

1）装饰膜：主要利用其色泽多样、鲜艳美观的功能。如在塑料上蒸镀铝后染色称塑料金属化。在包装塑料薄膜上蒸镀铝，除有装饰作用外还有防潮功能。

2）装饰耐磨膜：主要利用彩色和耐磨、耐蚀功能。如在不锈钢、黄铜、锌合金上离子镀TiN（仿金），TiC（仿枪色），TiAiCN和ZrCN（各种颜色），制品包括表壳、表带，洁具，家具，建筑五金，皮具五金配件，饰物等。

3）耐磨超硬膜：主要利用高硬度、高耐磨性。如在刀具、工具、模具机械构件上离子镀TiN、TiC、TiCN、TiAlN、ZrN、CrN以及TiN系列多层膜等，高尔夫球棒的镀膜也属此类，兼有装饰功能。

4）减摩润滑膜：主要利用低摩擦因数的干摩擦润滑功能。如在干摩擦轴承上，刀具和模具硬质涂层的顶层上离子镀 MoS_2 等。

5）光学膜：主要利用膜的折射率差异，以多层结构获得增透、减反、选择透光（滤光）保护等功能，如用蒸发镀或离子束辅助蒸发镀 MgF、ZnS、SiO_2、TiO_2 等。制品有冷光碗、镜头、眼镜片、舞台灯滤光片等。

6）热反射膜：主要利用对红外和远红外反射功能。如在建筑幕墙玻璃上溅射沉积阳光控制膜（如 $TiN/Cr/TiO_2$）。

7）耐热膜：主要利用耐高温腐蚀功能。如在发动机叶片上离子镀 M-CoCrAlY。

8）微电子学应用：包括电极、引线、绝缘层、钝化膜等。膜系包括 Al、Al-Si、Ti、Pt、Au、Mo-Si、TiW、SiO_2、SiN_4、Al_2O_3 等。

9）磁性膜：主要利用软磁和硬磁性能，应用于磁盘、磁头等。膜系包括：Fe-Ni、Fe-Si-Al、Ni-Fe-Mo 等软磁膜，γ-Fe_2O_3、Co、Co-Cr、MnBi 等硬磁膜，以及过渡金属和稀土类合金等特殊材料。

10）平面显示应用：主要利用透明导电性和变色功能。如在玻璃和塑料膜上溅射 ITO 透明导电性。WO_3 即属光色膜。

11）医学生物：主要利用生物相容性。如在植入体和手术器械上离子镀 DLC、Ti 膜，也有在合金假牙上镀 TiN。

随着物理气相沉积技术的不断发展，其工业应用领域将会随技术的发展不断扩大。

49.2 真空蒸镀

真空蒸镀是在真空条件下，用相应的方法加热膜料，使其蒸发气化成原子或分子，在基体表面沉积形成一定厚度的膜层。真空蒸镀具有工艺简单，操作容易，成膜速度快，效率高等特点。但也存在膜层结合力较差，工艺重复性欠佳之缺点。为了保证镀膜的质量，特别是为了改善膜基之间的结合力，真空室和工件镀前的清洗，并去除附在工件表面的一切污物、氧化皮、钝化膜等至关重要。必要时，入炉蒸镀之前，基片还要进行离子轰击，以使工件表面完全洁净外，还可使基片表面有微观的凹凸不平，以利于膜基间结合；有时基片在真空室内还需进行加热，以彻底地去除基片表面吸附的气体和水分，并可使某些污染物分解排除。

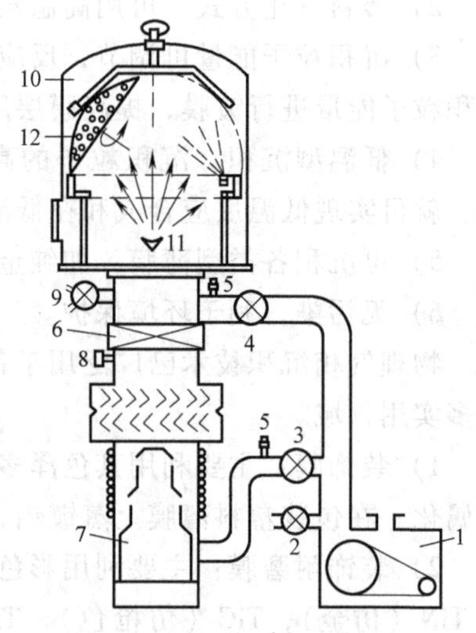

图 49-1 真空蒸发镀膜机示意图
1—机械泵 2—机械泵放气阀 3—低真空阀 4—预抽阀 5—热偶真空规 6—高真空阀 7—扩散泵 8—电离真空规 9—真空室放气阀 10—真空室 11—蒸发源 12—基片架

真空蒸镀装置是由真空室和真空系统、蒸发源或蒸发加热装置、基片架及其加热装置、膜厚监控装置等组成。图 49-1 所示为真空蒸发镀膜机示意图。真空室常采用装在金属底盘上的钟罩构成，并有机械或液压操纵的提升机构；真空系统用来获得必要的真空度，它由（超）高真空泵、低真空泵、排气管道和阀门等组成，此外还附有冷阱和真空测量计等；蒸发源是用来加热膜料使之气化蒸发的部件；基片架的作用是夹持基片，为保证镀膜的均匀性，基片架有圆顶静止型、平板旋转型和有自、公转的行星式转动型等几种；膜厚监控装置用来对薄膜厚度进行监控，以达到必要的膜厚。

根据蒸发加热的方式，真空蒸镀分为电阻加热蒸镀、感应加热蒸镀、电子束加热蒸镀、激光加热蒸镀和电弧加热蒸镀等方法。

49.2.1　电阻加热蒸镀

电阻加热蒸镀的工艺特点是采用片状或丝状的 W、Mo、Ta 等高熔点金属，做成一定形状的蒸发源，其上装入待蒸发材料，利用大电流通过蒸发源所产生的焦耳热，对蒸镀材料进行直接加热蒸发，或者把待蒸镀材料放入 Al_2O_3、BeO 等坩埚中进行间接加热蒸发。图 49-2 所示为各种形状的电阻蒸发源。

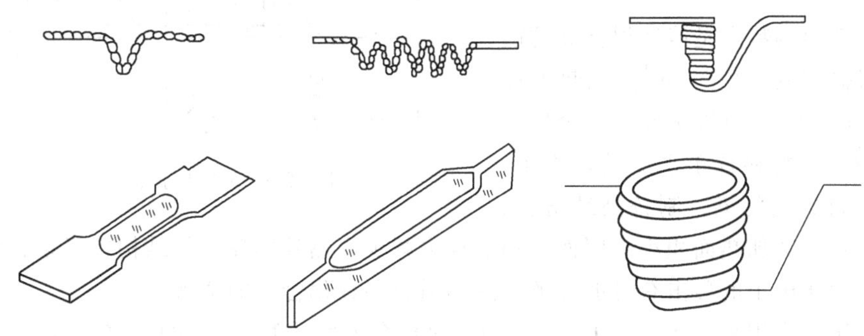

图 49-2　各种形状的电阻蒸发源

电阻加热蒸镀结构较简单，成本低，操作简便，应用普遍。但是要求电阻加热蒸发源材料具有高熔点、低的平衡蒸气压和在蒸发温度下不与膜料发生化学反应或互溶现象。

电阻加热蒸镀可用来制备 Al、Ag、Cd、Co、Ni 膜和多种光电膜。

49.2.2　高频感应加热蒸镀

高频感应加热蒸镀是将装有镀膜材料的氧化铝或石墨坩埚置于高频感应线圈的中央，利用高频电流的涡流和磁滞效应，致使镀膜材料升温直至气化蒸发。图 49-3 所示为高频感应加热蒸发的工作原理。高频电流的频率根据不同的材料可在 10～100kHz 范围变化，输入功率为几千瓦至几百千瓦。

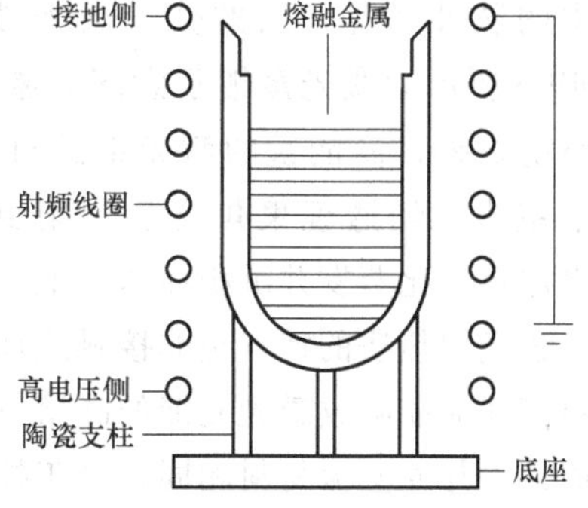

图 49-3　高频感应加热蒸发的工作原理

感应加热蒸镀的特点是加热源的装置较简单，但需配备价格高的大功率高频电源；若采用较大的坩埚，能得到较高的蒸镀速率，生产率高，适用于某些连续蒸镀镀膜设备上；另外，蒸镀材料的温度易控制，操作也较简单，且由于涡流直接作用在蒸镀材料上，坩埚温度较低，坩埚材料对膜层污染较少。但需对高频电磁场进行屏蔽，以防对外界的干扰。而且如果蒸镀材料是非导电介质，则需采用导电的材料制作坩埚来进行间接加热。

高频感应加热蒸镀可用来制备 Al、Be、Ti 等膜，用于钢带连续真空镀 Al 等。

49.2.3 电子束蒸镀

电子束蒸镀是利用加速电子轰击镀膜材料，电子的动能转换成热能使镀膜材料加热蒸发，并成膜。电子枪有直射式、环形和 e 形枪之分。目前用得最广泛的是 e 形枪，它是由电子轨迹磁偏转 270°成“e”字形而得名。图 49-4 所示为 e 形电子枪结构图。这里位于坩埚下面的热阴极发射电子，电子经阴极与阳极间的高压电场加速并聚焦，由磁场使之偏转打到坩埚内镀膜材料上。

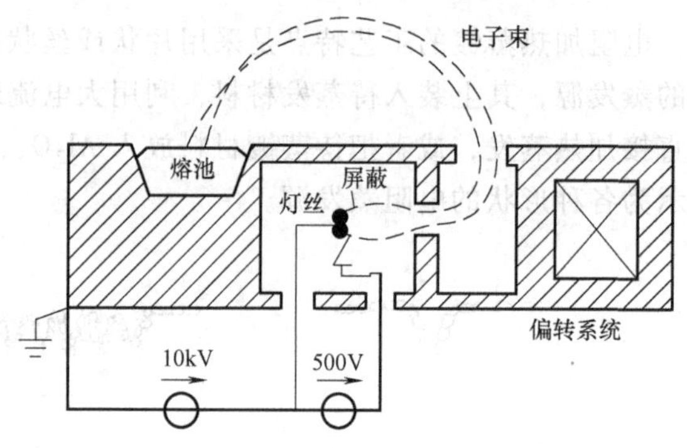

图 49-4 e 形电子枪结构图

电子束蒸镀的特点是能获得极高的能量密度，最高可达 10^9 W/cm^2，加热温度可达 3000~6000℃，可以蒸发难熔金属或化合物；被蒸发材料置于水冷的坩埚中，可避免坩埚材料的污染，制备高纯薄膜；另外，由于蒸发物加热面积小，因而热辐射损失减少，热效率高。但结构较复杂，且对较多的化合物，由于电子的轰击有可能分解，故不适合多数化合物的蒸镀。

电子束蒸镀常用来制备 Al、Co、Ni、Fe 的合金或氧化物膜，SiO_2、ZrO_2 膜，抗腐蚀和耐高温氧化膜。

49.2.4 激光蒸镀

激光蒸镀是利用激光束作为热源加热蒸镀的一种较新薄膜制备方法。用于激光蒸镀的光源可为 CO_2 激光、Ar 激光、钕玻璃激光、红宝石激光、YAG 激光以及准分子激光等。目前通常采用的是在空间和时间上能量高度集中的脉冲激光，以准分子激光效果最好。图 49-5 所示为激光蒸镀示意图。激光器置于真空室之外，高能量的激光束透过窗口进入真空室中，经透镜聚焦之后照射到靶材上，使之加热气化蒸发并沉积在基片上。

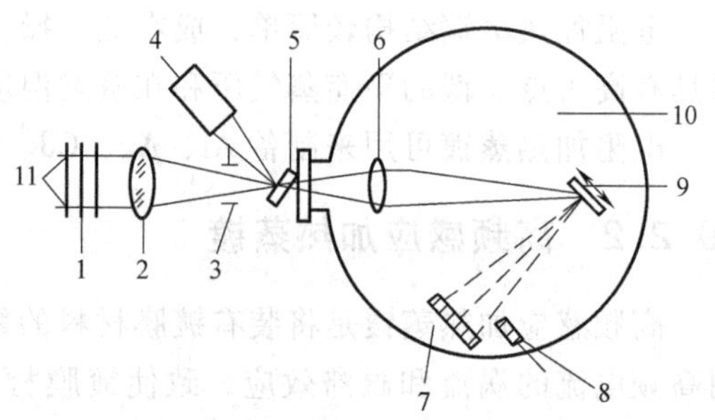

图 49-5 激光蒸镀示意图
1—玻璃衰减器 2—透镜 3—光圈
4—光电池 5—分光器 6—透镜 7—基片
8—探头 9—靶 10—真空室 11—Xecl 激光器

激光加热法的特点是非接触式加热，避免了坩埚污染，宜制作高纯膜层；能量密度高，可蒸镀任何能吸收激光光能的高熔点材料，且由于蒸镀速度极高，制得的合金、化合物薄膜组成几乎与原蒸镀材料相同；易于控制，效率高，不会引起靶材带电。但激光蒸镀过程中有颗粒喷溅，设备成本较高，大面积沉积尚有困难。

激光蒸镀可制备各种金属和高熔点材料，以及半导体、陶瓷等各种无机材料。

49.2.5　电弧加热蒸镀

电弧加热蒸镀是采用导电材料制成电极，利用真空中两电极间的电弧放电，产生足够高的温度使电极材料蒸发。图 49-6 所示为电弧加热蒸镀装置示意图。

电弧加热蒸镀可分为交流电弧放电法、直流电弧放电法和电子轰击电弧放电法。

电弧加热蒸镀的特点：可避免电阻加热法中存在的加热丝、坩埚与蒸发物质发生反应和污染问题，而且还可以制备如 Ti、Hf、Zr、Ta、Nb、W 等高熔点金属在内的几乎各种导电性材料的薄膜。

49.2.6　反应蒸镀和多源蒸镀

反应蒸镀法就是将活性气体导入真空室，使活性气体的原子、分子和蒸发的金属原子、低价化合物分子在基体表面沉积过程中发生反应，形成化合物或高价化合物薄膜。反应蒸镀与蒸发温度、蒸发速率、反应气体的分压强和基片的温度等因素有关。

反应蒸镀主要用于制备化合物薄膜。例如在蒸发 Ti 时，加入 C_2H_2气体，可获得硬质膜 TiC；在蒸发 Al 时，加入氨气，可制备 AlN 薄膜；又如蒸发 SnO-In_2O_3混合物制备 ITO（铟锡氧化物半导体）透明导电膜时，通常需要导入一定量的 O_2。

合金或化合物蒸镀时，由于组元的固有蒸发速率不同，得到的膜成分往往与蒸镀材料不同，而且随着蒸镀时间的延长，在厚度方向膜层的成分也将发生变化，得不到成分均匀的膜层，多源蒸镀就是在制备由两种以上元素构成的合金或化合物膜时，将组成元素分别装入各自的蒸发源中，独立控制各蒸发源的蒸发速率，使到达基片的原子与所需合金或化合物膜的组成相对应，则能制得满足成分要求的薄膜。图 49-7 所示为双源蒸镀的示意图。装置的关键是每个蒸发源的蒸发速率都必须进行独立的控制和指示，而且各蒸发源之间要用挡板隔开，避免相互污染，并使蒸发源到基片间的距离足够大，以保证被镀表面各处组分相同。

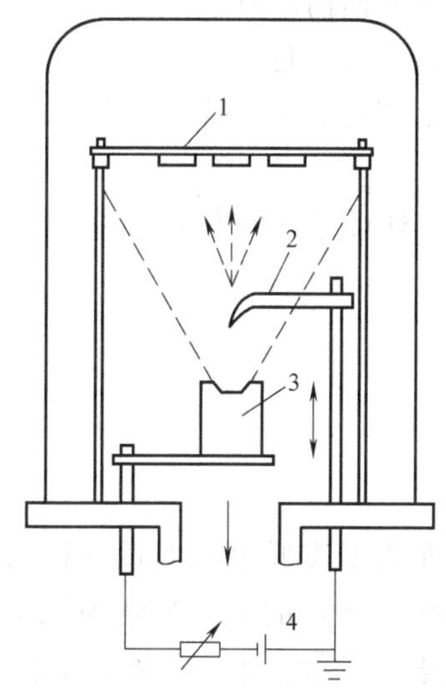

图 49-6　电弧加热蒸镀装置示意图

1—基片　2—可移动的阳极

3—阴极（坩埚）　4—直流电源

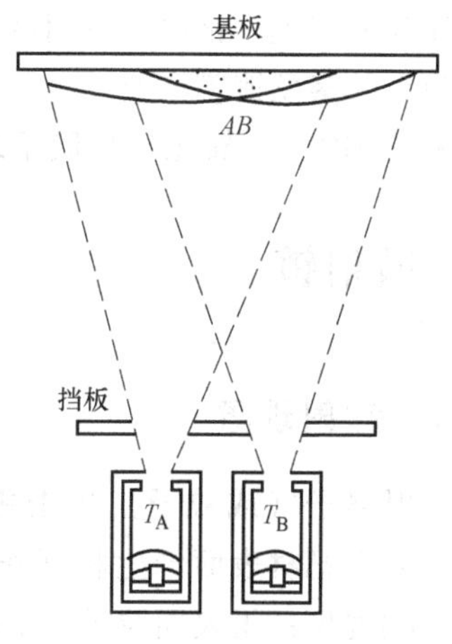

图 49-7　双源蒸镀的示意图

49.2.7 真空蒸镀的应用

真空蒸镀技术的应用见表 49-2。

表 49-2 真空蒸镀技术的应用

蒸镀技术	典型应用	薄膜材料
电阻加热	制镜工业	Al
	塑料、纸、钢板上金属化涂层	Al、Co、Ni
电子束加热	光学工业(如塑料透镜)	SiO_2
	抗腐蚀和高温氧化涂层	MCrAlY(M:Co、Fe、Ni)
	热障涂层	ZrO_2
	塑料、纸、钢板上金属化涂层	Al、Co、Ni、Fe 的合金或氧化物
感应加热	核工业	Ti、Be
电弧加热	导电层	C、W
激光加热	超导薄膜	Y、Ba、Cu 的氧化物

真空蒸镀工艺比较简单，操作容易，同时成膜速率快，效率高等特点，使其应用非常广泛，已实现相当规模的工业化生产。

蒸发镀 Al 膜是最大的应用领域，其中塑料金属化占非常大的份额。其基本工艺就是在塑料件上蒸铝成金属质光亮表面再染色，应用范围涉及玩具、灯饰、饰品、工艺品、家具、日用品、化妆品的容器、纽扣、钟表等，几乎眼睛所及的塑料构件都可以用镀 Al 变色美化。但其美中不足的是耐候性差，这涉及涂油的老化问题。另一大类的应用是卷绕式柔性塑料薄膜以及纸张蒸镀铝，是包装材料一大家族。食品、香烟、礼品、服装的包装都用上了镀铝包装膜。另外，纺织物中的闪光的彩色丝也是镀铝变色的塑料丝。电解电容也用镀铝膜作电容电极。还有在织物上蒸镀铝，用于反射热的消防服。

光学膜有相当的产品也是用真空蒸镀生产的。目前大宗节能灯的冷光碗就是用真空蒸镀 MgF_2/ZnS 多层膜制备，一般采用 21 层以上达到红光向后冷光向前的效果。

手表玻璃和手机视窗玻璃，主要是镀铬为银白色，镀金为金黄色。

镜面反射铝膜、铬膜也是用蒸发镀生产的，包括汽车后视镜、反光镜、汽车灯具反光镜也已成为大的蒸发镀膜产业。

蒸发镀 SiO（一氧化硅）膜呈现珠光色，塑料珠上镀 SiO 可作各种饰品。

49.3 溅射镀

49.3.1 溅射现象

当入射离子（或粒子）轰击靶材表面时，使靶材表面原子飞逸出来的过程称为溅射。入射离子轰击靶材表面产生相互作用，结果会发生如图 49-8 所示的一系列物理化学现象，它包括三类现象：①表面粒子，如溅射原子或分子，二次电子发射，正、负离子发射，溅射原子返回，解吸附杂质（气体）原子或分解，光子辐射等；②表面物化现象，如加热、清洗、刻蚀、化学分解或反应；③材料表面层的现象，如结构损伤（点缺陷、线缺陷）、热钉、碰撞级联、离子注入、扩散共混、非晶化和化合相。

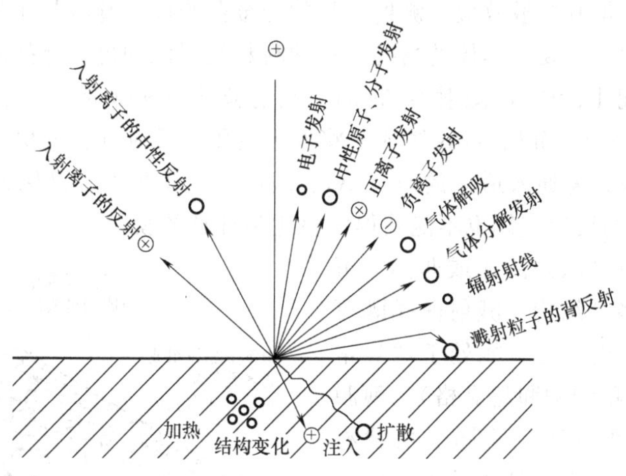

图 49-8　入射离子与靶面的相互作用

从表面溅射出来的中性原子和分子就是沉积成膜的物料来源，其伴生的各种物化现象会对成膜过程有影响。必须指出，在等离子体中，任何表面具有一定负电位时，就会发生上述溅射现象，只是强弱程度不同而已。所以，靶、真空室壁、基片都有可能产生溅射现象。以靶的溅射为主时，称为溅射成膜；基片的溅射现象称为溅射刻蚀；真空室和基片在高压强下的溅射称为溅射清洗。要想实现某一种工艺，只需要调整其相对于等离子体的电位即可。

49. 3. 2　溅射沉积

1. 溅射沉积成膜过程

溅射沉积成膜与蒸发沉积成膜过程相似。大致可分成成核、岛状结构、网状结构、连续薄膜几个阶段。

被溅射出来的粒子常以原子或分子形态到达基体表面。到达的原子吸附在基体表面，也有部分被再蒸发离开表面。吸附在表面上的原子通过迁移结合成原子对，再结合成原子团。原子团不断与原子结合增大到一定尺寸成稳定的临界晶核，此时约 10 个原子左右。

临界晶核与到达表面原子再结合长大，通过迁移凝聚成小岛，小岛再互聚成大岛，形成岛状薄膜，岛约 10^7cm 左右。

继续沉积过程，大岛与大岛相互接触连通，形成网状结构，称为网状薄膜。

后续原子的沉积，在网格的洞孔中发生二次或三次成核，核长大与网状薄膜结合，或形成二次小岛，小岛长大再与网状薄膜结合，渐渐填满网格的洞孔，网状连接加厚，形成连续薄膜，此时薄膜厚度约几十纳米。

溅射粒子的能量比蒸发粒子的能量高出 1~2 个数量级。这样赋予溅射粒子有比蒸发粒子更大的迁移能力，有利于在较低基片温度下生长致密的薄膜，另一方面高能量溅射粒子在基片上产生更多缺陷，因而增加了成核点，因此，溅射沉积比蒸发沉积的成核密度高。故溅射沉积在膜厚较小时就可连续成膜。试验证实，溅射还可在极低温度下实现外延生长。

2. 溅射膜的成分与结构

由于金属元素的溅射产额不同，在溅射开始阶段靶表面的合金成分会发生变化，通过扩散迁移到一个新稳定的合金浓度分布，此稳定的表面层的组分与原靶整体合金组分有差异。

若采用强冷却靶体，抑制扩散效应，溅射沉积的合金薄膜成分基本与靶材成分相同。

至于化合物的溅射，要看具体的情况，有的材料溅射沉积可以保持原来化学配比，有的无法维持原来化学配比，如 Ar 溅射 GaAs 时，溅射粒子中 99%是 Ga 或 As 的中性原子，只有 1%是 GaAs 中性分子。沉积 GaAs 膜成分将发生变化。反应溅射沉积氧化物、氮化物、碳化物、硫化物等薄膜，需通入适量的 O_2、N_2、碳烷气、H_2S 等，以保证膜的化学计量，但有的即使通入 100%的反应气体也不能获得完整化学计算的膜。

溅射沉积的薄膜可以是晶体或非晶，可以是单晶、微晶或多晶结构。溅射薄膜既可以是完全无序结构，而且还可能处于“异常结构”（包括各种介稳结构和超晶格）。薄膜中的微晶的晶格常数也往往不同于块状材料，这是薄膜材料的晶格与基体的失配引起较大的内应力和表面张力造成的。

Thornton 提出了无离子轰击的溅射沉积膜层的结构模型，如图 49-9 所示。它表示了基体温度与 Ar 气工件压力对圆柱形和圆形空心磁控溅射沉积的金属薄膜三维结构分布的影响。

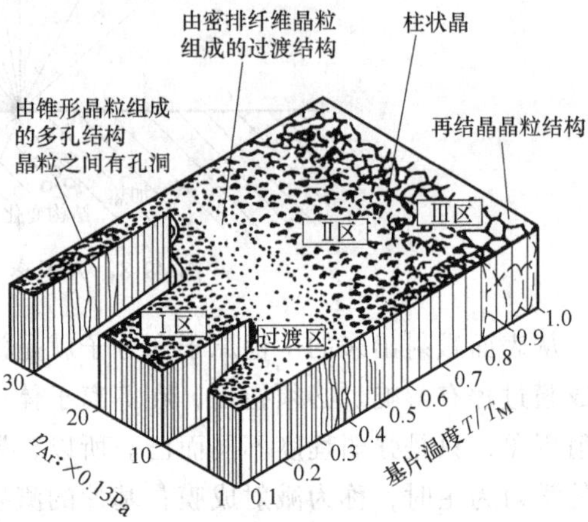

图 49-9　溅射膜的结构

Ⅰ区通常由圆顶的锥晶组成（晶界有孔洞），它是在 T/T_m 值低时生成，工作气压高促进其生长。此时溅射原子的扩散不足以克服阴影效应。T/T_m 值增加，晶体直径长大，正在生长的表面凸处比凹处能接收到更多的溅射粒子，所以阴影效应促使晶体疏松。倾斜入射的粒子促进Ⅰ区结构生长。

过渡区结构由致密的边界孔洞少的纤维状晶粒组成。这种结构晶界致密，力学性能较好。当溅射粒子垂直入射到较光滑的基体上时，吸附的原子扩散大到足以克服基体的粗糙度时，在这样的 T/T_m 值温度下，可得到接近过渡区结构的薄膜。

Ⅱ区定义为生长过程由吸附原子的表面扩散支配的 T/T_m 范围，由晶界特别致密的柱状晶组成。位错主要存在于晶界区。T/T_m 增大使晶粒也增大，当 T/T_m 足够高时晶粒尺寸可以穿透膜层厚度，表面则呈现凹凸不平。

Ⅲ区定义为体积扩散对薄膜的最终结构起主要影响的 T/T_m 范围，呈现等轴晶结构。对于纯金属在 T/T_m 大于 0.5 就会生成等轴晶。出现再结晶的 T/T_m 值取决于储存的应变能。整块材料再结晶，在 T/T_m 大约高于 0.33 时就会出现。溅射薄膜通常沉积为柱状形貌。如果薄膜沉积过程中产生高晶格应变能的部位，则可能发生再结晶，使晶粒等轴化。

由上可知，决定薄膜结构的主要因素是沉积时的基体温度，它影响沉积粒子的吸附和解吸以及迁移。一般来说，基体温度越高，越容易发生原子吸附，以及迁移和重排，增强凝聚过程，提高结晶度。另一个重要因素是沉积速率，沉积速率越高，凝聚小岛密度越高，越早出现连续膜。较低的沉积速率则有利于单晶外延。

在溅射沉积过程中，基体表面和生长中的膜受到原子、电子、离子等各种粒子的轰击，如图 49-10 所示，它们对膜的结构和性质也有不同程度的影响。①溅射气压的 Ar 原子流到达整体表面（比溅射粒子流高得多）被吸附于膜中，提高基体温度，膜中 Ar 原子的吸入量下降；②溅射原子的能量高，容易在基体表面产生注入效应而形成缺陷，从而形成优先的成核点；③杂质影响：杂质气体渗入膜中，影响膜的性能，影响膜与基体的结合强度，杂质会成为新的成核中心；④带电粒子：快电子轰击基体导致温升，离子会引起反溅射；⑤荷能粒子：能量足够大的溅射气体原子，轰击基体时，会掺入膜层或引起反溅射，使薄膜受损伤，产生缺陷改变膜的结构。

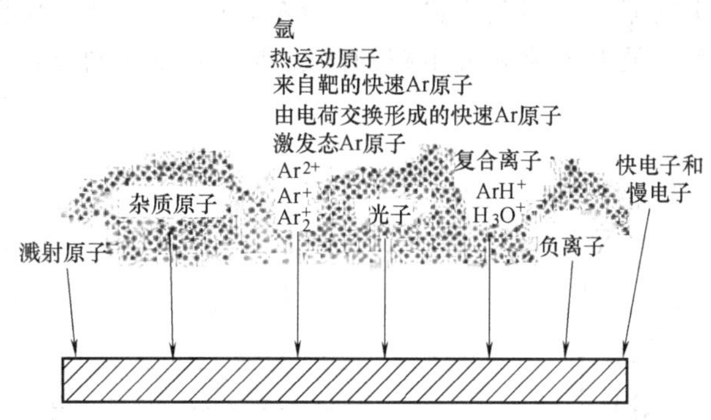

图 49-10　在溅射沉积时各种粒子轰击基体表面

49.3.3　溅射镀膜技术特点

溅射镀膜与真空蒸镀相比，有以下几个特点：

溅射镀膜是依靠动量交换作用使固体材料的原子、分子进入气相，溅射出的粒子平均能量约为 10eV，高于真空蒸发粒子的 100 倍左右，沉积在基底表面上之后，尚有足够的动能在基底表面上迁移，因而膜层质量较好，与基底结合牢固。

任何材料都能溅射镀膜，材料溅射特性差别不如其蒸发特性差别大，即使高熔点材料也易进行溅射，对于合金、化合物材料易制成与靶材组分比例相同的薄膜，因而溅射镀膜应用非常广泛。

溅射镀膜中的入射离子一般利用气体放电法得到，因而其工作压力在 10^{-2} ~ 10Pa 范围内，所以溅射粒子在飞行到基底前往往与真空室内的气体发生过碰撞，其运动方向随机偏离原来的方向，而且溅射一般是从较大靶表面积中射出的，因而比真空蒸镀容易得到厚度均匀的膜层，对于具有沟槽、台阶等镀件，能将阴极效应造成的膜厚差别减小到可忽略不计的程度。但是，较高压力下溅射会使薄膜中含有较多的气体分子，溅射镀膜除磁控溅射外，一般沉积速率都较低，设备比真空蒸镀复杂，价格较高，但是操作简单，工艺重复性好，易实现工艺控制自动化。溅射镀膜比较适宜大规模集成电路、磁盘、光盘等高新技术产品的连续生产，也适宜于大面积高质量镀膜玻璃等产品的连续生产。

49.3.4　直流二极溅射

直流二极溅射是利用气体辉光放电来产生轰击靶的正离子，镀膜材料（靶）为阴极，工件与工件架为阳极，正负极间施加直流高压 1 ~ 7kV。图 49-11 所示为直流二极溅射装置，其特点是结构简单，在大面积的工件表面上可以制取均匀的薄膜。但其电流密度小（0.15 ~ 1.5mA/cm^2），溅射速率低，沉积速率慢，放电电流随 Ar 气压力和电压变化而变化，且工件温升较高，只适用于金属和半导体材料，而不能用于绝缘材料的溅射。

49.3.5 直流三极或四极溅射

在二极溅射的基础上，增加热阴极，发射热电子，这就成了三极溅射，图 49-12 所示为三极溅射装置。热阴极接负偏压，热电子在电场的吸引下穿过靶与基片间的等离子体区，增加了电子碰撞几率，使电流密度得到提高（1~3mA/cm^2），并可实现低气压（0.1~1Pa）、低电压（1~2kV）溅射，放电电流和轰击靶的离子能量可独立调节控制。它提高了溅射速率，改善了膜层质量。

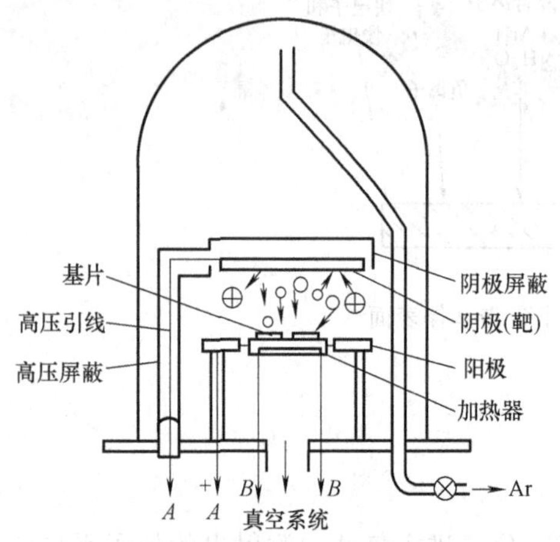

图 49-11 直流二极溅射装置

A—溅射电源 *B*—基板加热电源

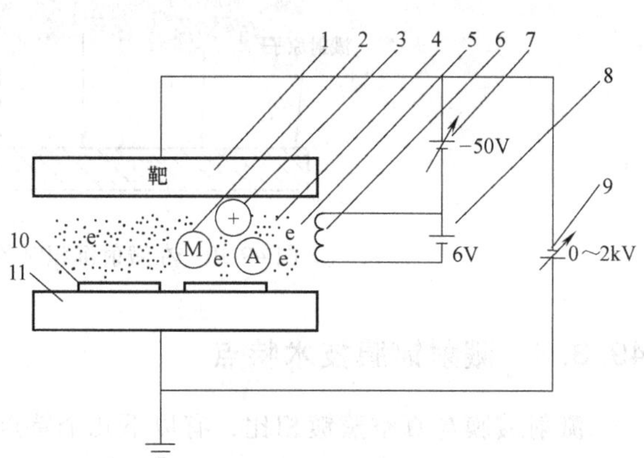

图 49-12 三极溅射装置

1—靶阴极 2—溅射原子 3—氩离子 4—热电子引起的附加离子 5—热电子 6—灯丝 7—热电子加速电源 8—灯丝加热源 9—靶电源 10—基板 11—阳极

若再另设电子收集极，并在镀膜室外增设聚束线圈，使电子汇聚在靶和基片之间作螺旋运动，就更增加了电离分子几率，使电流密度提高到 2~5mA/cm^2，此时可看到较强的等离子体辉光区存在，这就变为四极溅射。图 49-13 所示为四极溅射装置。

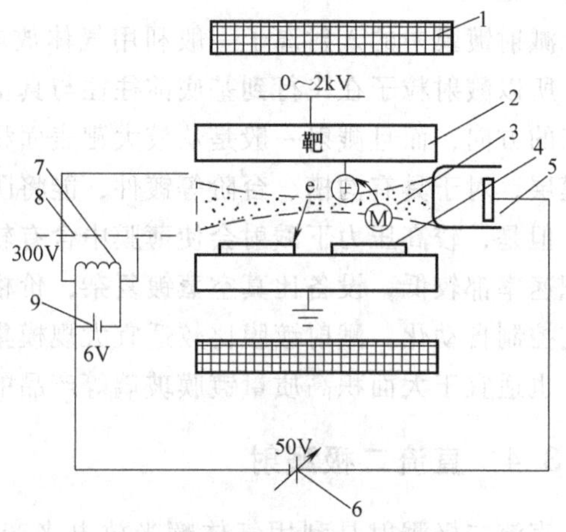

图 49-13 四极溅射装置

1—聚束线圈 2—靶阴极 3—等离子体 4—基板 5—电子收集极 6—收集极电源 7—灯丝（热阴极） 8—稳定电极 9—灯丝电源

49.3.6 射频溅射

对绝缘材料若采用直流二极溅射，正离子轰击靶电荷不能带走，造成正电荷积累，靶面正电位不断上升，最后导致正离子不能到达靶面进行溅射。

射频溅射是在两极间施加频率为 13.56MHz 的电压，利用电子在被阳极收集之前能在阳、阴极之间的空间来回振荡，有更多机会与气体分子产生碰撞电离，使射频溅射可在低气压（1~10Pa）下进行。

在射频电场作用下，电压的正半周，在靶材和基片之间的射频等离子体中的电子中和靶材周围的正电荷；而在负半周时，靶材受到离子的加速轰击，溅射出来的原子或分子在工件上沉积成膜。另一方面，当靶电极通过电容耦合加上射频电压后，靶上便形成负偏压，使溅射速率提高，并能沉积绝缘体薄膜。图 49-14 所示为射频溅射装置。

射频溅射可沉积导体、半导体和绝缘体，沉积速率快，膜层致密，空隙少，纯度高，膜的附着力好。

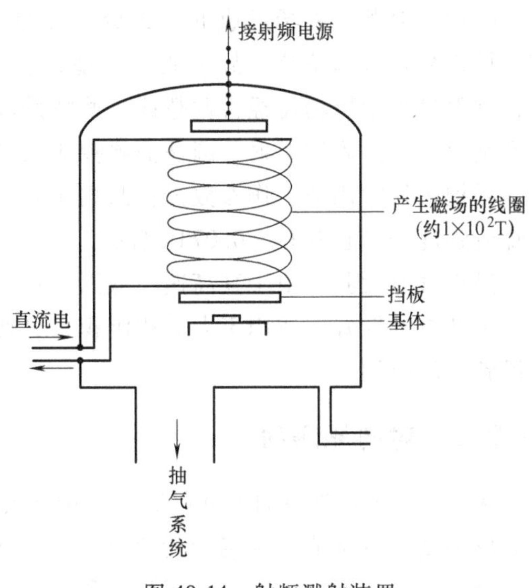

图 49-14　射频溅射装置

49.3.7　磁控溅射

磁控溅射是一高速低温溅射技术。它是在磁控管模式运行下的二极溅射，即在与靶表面平行的方向施加磁场，磁场与电场正交，磁场方向与阴极表面平行（见图 49-15）。溅射产生的二次电子在阴极位降区被加速，获得能量成为高能电子，但它们落入正交电磁场的电子阱中，不能直接被阳极接收，而是在正交电磁场中作回旋运动，使二次电子到达阳极前的行程大大增长，增加碰撞电离几率，轰击靶的正离子的密度因而也大大提高。与二极溅射相比，即使工作气压降至 10^{-1}Pa，溅射电压为几百伏，靶电流密度仍可达到几十毫安，沉积速度为几百到 2000nm/min，从而获得非常高的溅射速率和沉积速率。同时，在正交电磁场中作回旋运动的二次电子不断与气体原子发生碰撞，经多次碰撞后，电子自身不断失去能量成为低能电子。这些低能电子最终沿磁力线漂移到阴极附近的辅助阳极被吸收，从而避免了高能电子对基片的强烈轰击，消除了二极溅射中基片被轰击加热和被电子辐照引起损伤的根源，体现了磁控溅射中基片低温的特点。

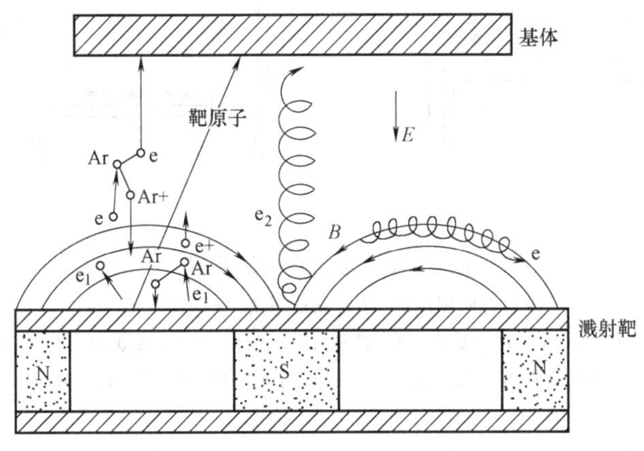

图 49-15　磁控溅射装置

磁控溅射源按磁场形成的方式分永磁型和电磁型两大类。永磁型的结构简单，造价便宜，场强分布可以调整，故工业生产型设备大部分采用永磁结构。只有靶材是铁磁性材料时，溅射过程中磁场需经常调整或一些特殊场合才采用电磁型的结构。磁控溅射按溅射源的类型则分为平面磁控溅射、圆柱面磁控溅射和S枪溅射等。

磁控溅射常用的工作参数为：溅射电压300~600V，工作压力1~10Pa，平行于靶面的磁感应强度分量在0.04~0.07T之间。

磁控溅射镀膜法由于其高速、低温特点，且镀膜装置性能稳定，便于操作，工艺容易控制，生产重复性好，适用于大面积沉积，又便于连续和半连续生产，因此在生产和科研部门中得到广泛应用。

49.3.8 对向靶溅射

图49-16所示为对向靶溅射装置。两个靶对向放置，在垂直于靶表面方向加上电磁场，且磁场强度可以调节。磁场会使高能电子局限在对靶的空间，电子的局域化使气体离化加强，导致较高的溅射沉积率；而基片和靶所处的位置几乎使电子轰击基片的可能性很小，基片的温度也不会过分升高。这就解决了一般磁控溅射系统由于磁场平行靶面，在沉积磁性材料时，易形成磁力线在靶体内短路，失去磁控作用，无法获得高速低温溅射的问题。

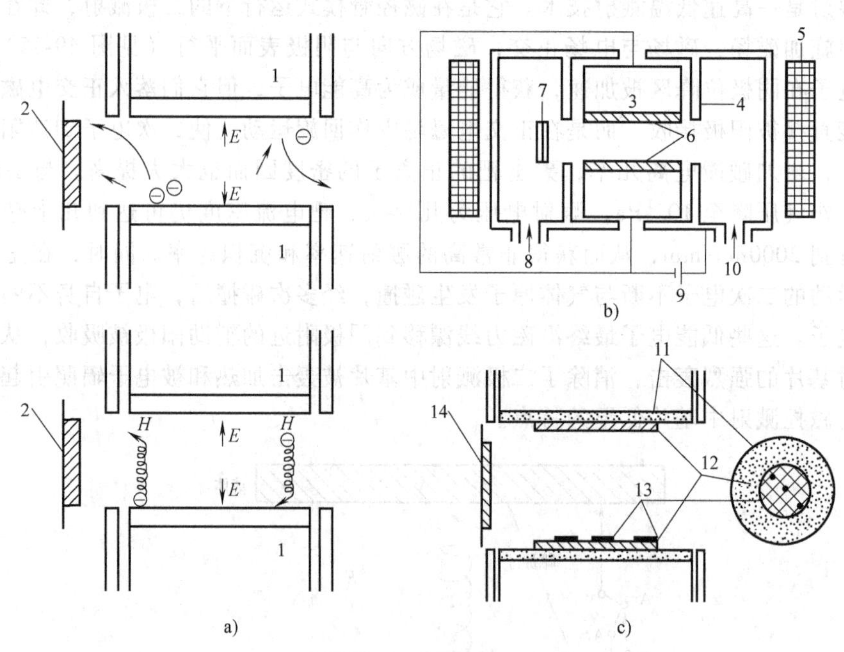

图49-16 对向靶溅射装置

a）对向靶位形 b）溅射系统 c）复合靶

1、6—靶 2、7、14—基片 3—铁柱 4—接地 5—励磁线圈 8—接真空 9—直流高压源 10—入气口 11—Ni盘 12—Fe盘 13—Mo片

对向靶溅射具有溅射速率高、基片温度低的特点，特别适用于磁性薄膜，如坡莫合金膜、Co-Cr膜、YBCO薄膜等的沉积。

49.3.9　中频交流磁控溅射

磁控溅射除了可采用直流和射频电源外，还可以使用中频交流电源。现在一般推荐中频交流磁控溅射电源为 40kHz，正弦波形，对称供电，并带有自匹配网络的交流电源。图 49-17 所示为德国莱定公司 Twin May 溅射系统。

中频磁控溅射常用两个靶，并且两个尺寸大小和外形相同的靶并排配置，故称孪生靶。溅射时两个靶同时供电，两个靶轮流作阳极和阴极，在同半周期互为阳-阴极，这样既抑制了靶面打火，又消除了“阳极消失”的现象。

中频双靶磁控溅射尤其适用于制备绝缘膜、化合物膜等。

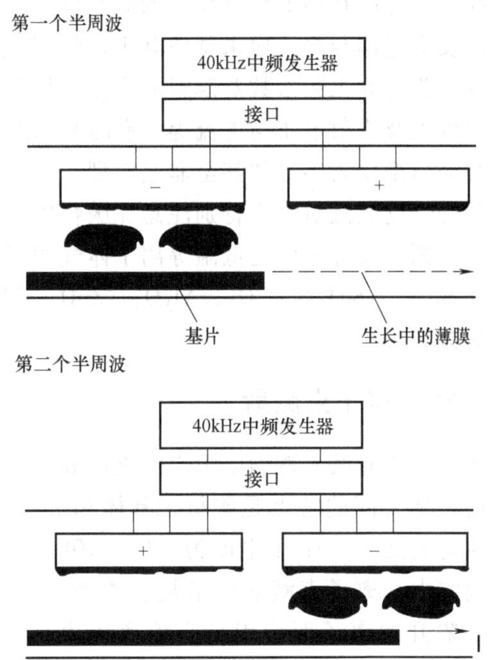

图 49-17　德国莱定公司 Twin May 溅射系统

49.3.10　非平衡磁控溅射

非平衡磁控溅射是 1985 年 Window 首先提出的，其特征是在磁控溅射阴极的磁场不仅仅局限在靶面附近，还有向靶外发散的杂散磁场，从而把磁场所控制的等离子体范围扩展到基片附近，形成大量离子轰击，直接干预基片表面溅射成膜过程，改善膜的质量。

图 49-18 所示为非平衡磁控溅射阴极的磁场分布。图 49-18a 为磁控溅射阴极的心部永磁体有磁力线向外发散，从而致使基片附近为弱等离子体区；图 49-18b 为外沿永磁体有大量向外发散磁力线，从而使基片浸没在等离子体中。

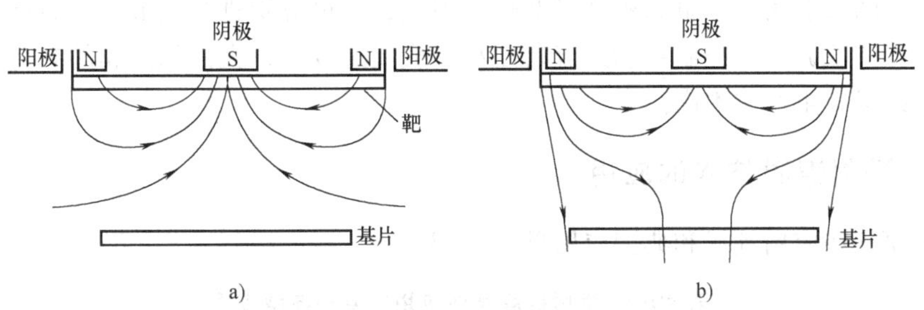

图 49-18　非平衡磁控溅射阴极的磁场分布

a）镜像式　b）闭合式

采用非平衡磁控溅射不仅可以大大扩展靶与基片间的距离，提高膜的沉积速度，生产率得以显著提高，而且膜的质量也得到进一步提高。

49.3.11　反应溅射

反应溅射是在溅射过程中向腔体内通入反应气体，使其与溅射粒子进行反应，生成化合物薄膜。它可以在溅射化合物靶的同时供反应气体与之反应，也可以在溅射金属和合金靶的同时供反应气体与之反应来制备既定化学配比的化合物薄膜。

反应溅射的工艺参数对薄膜的成分和性能影响很大，如反应气体的分压强、基片温度、气体温度以及溅射电压与电流等。有时只需改变溅射时反应气体与惰性气体的比例，就可使薄膜由金属型变为半导体甚至非金属型。

化合物反应溅射时应特别注意克服靶中毒现象、弧光放电和阳极消失现象并注意解决迟滞效应问题。反应溅射是低温等离子体气相沉积过程，重复性好，已用于制备大量的化合物薄膜如 Si_3N_4、SiO_2、Ti_2O_5、Al_2O_3、ZnO、Cd_2SnO_4、TiN、HfN 等，并适合工模具和微电子元件的镀膜。

49.3.12 离子束溅射

前面介绍的溅射镀均以靶为阴极形成等离子体，并利用等离子体中的正离子轰击靶材进行溅射，其共同的特点是靶材、基体和等离子体均同处于一个真空度为 10^{-2} ~ 10Pa 的成膜室中。离子束溅射技术是从一个与成膜室隔开的离子源中引出高能离子束，将它照射到靶上进行溅射镀膜。图 49-19 所示为离子束溅射系统。目前常用于离子束溅射的离子源有双等离子体离子源和考夫曼离子源两种。

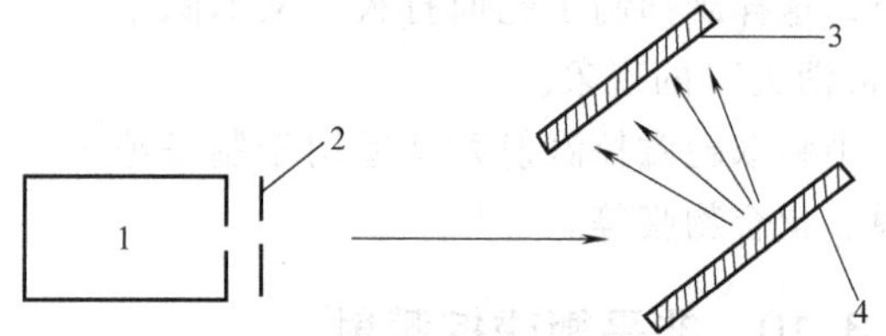

图 49-19 离子束溅射系统
1—离子源 2—导出电极 3—基片 4—靶

离子束溅射镀具有以下特点：①镀膜室中的真空度可高达 10^{-4}Pa 甚至更高，室内残留气体浓度极低，因而膜的纯度高，膜基结合力好；②靶和基片都布置于辉光放电之中，不必考虑成膜过程中等离子体的影响，而且可使靶和基片保持等电位，靶上放出的电子或负离子也不会对基片产生轰击作用，因而膜层可处在较低温度且不受带电粒子轰击损伤，膜的质量好；③离子束的入射角、能量和密度可变化范围大，并可分别进行调节，因而能对薄膜的性能、组织进行广泛调节、控制；④束流密度小，成膜速度低，大面积薄膜的制造有困难，而且设备复杂昂贵，生产成本高。

49.3.13 溅射镀膜技术的应用

溅射镀膜某些应用领域和典型应用见表 49-3。

表 49-3 溅射镀膜某些应用领域和典型应用

应用分类		用途	薄膜材料
大规模集成电路及电子元器件	导体膜	电阻薄膜，电极引线	Re，Ta_2N，TaN，Ta-Si，Ni-Cr，Al，Au，Mo，W，$MoSi_2$，WSi_2，$TaSi_2$
		小发热体薄膜	Ta_2N
		隧道器件，电子发射器件	Ag-Al-Ge，Al-Al_2O_3-Al，Al-Al_2O_3-Au
	介质膜	表面钝化，层间绝缘，LK 介质	SiO_2，Si_3N_4，Al_2O_3，FSG，SiOF，SOG，HSQ
		电容，边界层电容 HK 介质	$BaTiO_3$，KTN($KTa_{1-x}Nb_xO_3$)，PZT，$PbTiO_3$
		压电体，铁电体	ZnO，AlN，γ-Bi_2O_3，$Bi_{12}GeO_{20}LiNbO_3$，PZT，$Bi_4Ti_3O_{12}$
		热释电体	硫酸三甘肽(TGS)，$LiTaO_3$，$PbTiO_3$，PLZT

（续）

应用分类		用　　途	薄膜材料
大规模集成电路及电子元器件	半导体膜	光电器件,太阳能利用	Si,a-Si,Au-ZnS,InP,GaAs,CdS/Cu_2S,CIS,CIGS
		薄膜三极管	a-Si,LTPS,HTPS,CdSe,CdS,Te,InAs,GaAs,Pb_{1-x},SN_xTe
		电极发光	ZnS:稀土氟化物,In_2O_3-Si_3N_4-ZnS 等
		磁电器件,传感器等	InSb,InAs,GaAs,Ge,Si,$Hg_{1-x}Cd_x$,Te,$Pb_{1-x}Sn_x$Te
	超导膜	约瑟夫森器件	Pb-B/Pb-Au,Nb_3Ge,V_2Si,YBaCuO 等高温超导膜
		（超导量子干涉计,记忆器件等）	Pb-In-Au,PbO/In_2O_3,YBaCuO 等高温超导膜
磁性材料及磁记录介质	磁记录	水平磁记录	γ-Fe_2O_3,Co-Ni
		垂直磁记录	Co-Cr,Co-Cr/Fe-Ni 双层膜
	光磁记录	光盘	MnBi,GdCo,GdFe,TbFe,GdTbFe
	磁学器件	磁头材料	Ni-Fe,合金膜,Co-Zr-Nb 非晶膜
		磁泡器件、霍耳器件、磁阻器件	Y_3Fe_5,γ-Fe_2O_3
CRT 及平板显示器		CRT	ZnS:Ag、Cl,ZnS:Au、Cu、Al,Y_2O_2S:Eu,Zn_2SiO_4:Mn、As
		LCD	ITO,用于 TFT-LCD 的 a-Si、LTPS、HTPS,MoTa,SiO_x,SiN_3
		PDP	ITO,MgO 保护膜,Cr-Cu-Cr、Cr-Al、Ag 汇流电极
		OLED 及 PLED	小分子有机发光材料,HLL,HTL,ETL,ELL,a-Si,LTPS,HTPS,RGB 发光层,ITO 高分子有机发光材料
		LED	三元及四元系化合物半导体薄膜,发蓝光的 SiC 膜,Ⅱ-Ⅵ族化合物半导体膜
		ELD	ZnS:Mn,ZnS:Sm、F,CaS:Eu,Y_2O_3,SiO_2,Si_3N_4,$BaTiO_3$,ITO
		FED	W,Mo,CNT 膜,金刚石薄膜,DCL,Ta_2O_5,Al_2O_3,HfO_2,ITO
光学及光导通信		保护膜、反射膜、增透膜	Si_3N_4,Al,Ag,Au,Cu
		光变频、光开关	TiO_2,ZnO,YIG,GdIG,$BaTiO_3$,PLZT,SnO_2
		光记忆器件,高密度存储器	GdFe,TbFe
		光传感器	InAs,InSb,$Hg_{1-x}Cd_x$Te,PbS
能源科学	太阳能利用	光电池,透明导电膜	Au-ZnS,Ag-ZnS,CdS-Cu_2S,SnO_2,In_2O_3
	第一壁材料	耐热、抗辐照、表面保护	TiB_2/石墨,TiB_2/Mo,TiC/石墨,B_4C/石墨,B/石墨
	核反应堆用	元件保护,防腐蚀、耐辐照	Al/U
机械应用	耐磨、表面硬化	刀具、模具、机械零件、精密部件	TiN,TiC,TaN,Al_2O_3,BN,HfN,WC,Cr,金刚石薄膜,DCL
	耐热	燃气轮机叶片	Co-Cr-Al-Y,Ni/ZrO_2+Y,Ni-50Cr/ZrO_2+Y
	耐蚀	表面保护	TiN,TiC,Al_2O_3,Al,Cd,Ti,Fe-Ni-Cr-P-B 非晶膜
	润滑	宇航设备、真空工业、原子能工业	MoS_2,聚四氟乙烯,Ag,Cu,Au,Pb,Pb-Sn
塑料工业	装饰、硬化、包装	塑料表面金属化	Cr,Al,Ag,Ni,TiN

1. 纯金属膜的溅射

纯金属膜溅射镀膜与真空蒸镀相比，各有优缺点。两种镀膜的沉积粒子虽都是中性原子，但能量不同，真空蒸镀约为 0.1~1eV，而溅射镀膜约为 1~10eV。溅射镀膜的质量普遍较高。例如，镀制铝镜时，溅射铝的晶粒细，密度高，镜面反射率和表面平滑性优于蒸发镀铝。又如在集成电路制作中，溅射铝膜附着力强，晶粒细，台阶覆盖好，电阻率低，焊接性好，因而取代了蒸发镀铝。

溅射镀纯金属膜按产品要求有间歇式和连续式等生产方式。在间歇式生产时，镀膜机可采用双门结构，工件架安装在门上，当一扇门载着工件进行溅射镀膜时，另一扇门上可装卸工件，两扇门上的工件轮换镀膜，显著提高了生产率。溅射膜的靶材是镀膜材料，溅射时不需要加热源或坩埚内融化材料，靶可以任意位置和角度安装，并且只要能做成靶材，一般都能溅射镀膜。由于溅射时可以不需要热源，所以对不耐热的柔性材料上连续镀膜来说，溅射法是一个很好的选择。

2. 合金膜的溅射

溅射比其他物理沉积技术更适于镀制合金膜。其镀制方法有多靶溅射、镶嵌靶溅射和合金靶溅射。多靶溅射是采用两个或更多的纯金属靶同时对工件进行溅射，以调节各靶的电流来控制膜合金成分。这种方法可以获得合金成分连续变化的膜层。镶嵌靶溅射是将两种或多种纯金属按设定的面积比例镶嵌成一块靶材，同时进行溅射。镶嵌靶的设计是根据膜层成分要求，考虑各种元素的溅射产额，即可计算每种金属所占靶面积的份额。表 49-4 列举了一些典型溅射合金膜的应用。

表 49-4　一些典型溅射合金膜的应用

膜层材料	工　件	功　能	膜层材料	工　件	功　能
不锈钢	平板玻璃	光电反射层	Co-Ni	计算机硬盘	磁记录介质层
Al-Cu-Si	集成电路硅片	导电层	Fe-Ni	计算机硬盘磁头	磁路导磁层
Ti-W	集成电路硅片	扩散阻挡层	CoCrAlY	燃气轮机叶片	抗高温腐蚀层

3. 化合物膜的溅射

化合物膜通常是指金属元素与 C、O、N、H、S 等非金属元素相互化合而生成的膜层，也有用化合物靶直接溅射获得，其镀制方法有直流溅射、射频溅射和反应溅射。

1）直流溅射化合物膜必须采用导电的化合物靶材，例如 SnO_2、TiC、MoB、$MoSi_2$、ITO（氧化铟锡）等。化合物靶材通常用粉末冶金方法制成，价格高。ITO 透明导电膜的镀制是直流溅射化合物膜的工业应用实例。

2）射频溅射不受靶材是否导电的限制，但因其设备价格高还有人身防护，故只有溅射绝缘的化合物靶材时才采用。镀 ITO 透明导电膜的 SiO_2 隔离层就是射频溅射镀制化合物膜的工业应用实例。

3）反应溅射是在金属靶材进行溅射时，向镀膜室中通入所需的非金属元素的气体，在工件上通过化学反应而生成化合物膜。例如，镀 TiN 时，采用 Ti 靶和 N_2，镀 Al_2O_3 时采用 Al 靶，$Ar+O_2$ 混合气，镀碳化物时反应气体用 CH_4 或 C_2H_2。表 49-5 列出了一些溅射化合物膜的应用实例。

表 49-5　溅射化合物膜的应用实例

膜层材料	工　件	功　能	膜层材料	工　件	功　能
TiN	高速钻头和铣刀	超硬耐磨	TiO_2	平面玻璃	减反、增透、自洁
	不锈钢表具、洁具、家具	仿金装饰	SnO_2	平面玻璃	热反射
ITO	透明导电玻璃	透明导电	MoS_2	干摩擦轴承	减摩润滑
SiO_2	透明导电玻璃	防钠离子扩散	Al_2O_3	集成电路硅片	绝缘钝化
AlN	玻璃太阳能吸热	选择吸收太阳光			

49.4　离子镀

离子镀是在真空蒸镀和溅射技术基础上发展起来的一种物理气相沉积技术。它是在真空条件下，采用适当的方式使镀膜材料蒸发，利用气体放电使工作气体和被蒸发物质部分电离，在气体离子和被蒸发物质离子的轰击下，蒸发物质或其反应产物在基片上沉积成膜。

离子镀包括镀膜材料的蒸发、离子化、离子加速、离子轰击工作表面并沉积成膜的整个过程。因此，离子镀把真空蒸发技术与气体的辉光放电、等离子体技术结合在一起，不但兼具有真空蒸镀和溅射的特点，而且具有膜基结合力强、绕射性好、沉积速率快、可镀材料广泛等优点。所以，深受工业界重视，其应用越来越广泛。

离子镀设备由真空系统、真空室、蒸发源、高压电源、离化装置和放置工件的阴极等部分组成。不同的离子镀方法可采用不同的真空度、蒸发方式、离化和激发方式。

离子镀具有以下特点：

1）膜层附着力好。这是因为在离子镀过程中存在着离子轰击，使基片受到清洗、增加粗糙度和加热效应。

2）膜层组织致密。这也是与离子轰击有关。

3）绕射性优良。其原因有两个：一是膜料蒸气粒子在等离子区内被部分离化为正离子，随电力线的方向而终止在基片的各部位；二是膜料粒子在真空度 10^{-1} ~ 1Pa 的情况下经与气体分子多次碰撞后才能到达基片，沉积在基片表面各处。

4）沉积速率快。通常高于其他镀膜方法。

5）可镀基材广泛。它可在金属、塑料、陶瓷、橡胶等各种材料上镀膜。

49.4.1　直流二极型离子镀

直流二极型离子镀的原理如图 49-20 所示。它是利用基片和蒸发源两电极之间的辉光放电产生离子，并在基片上施加 1 ~ 5kV 负偏压，使离子加速撞向基片表面沉积成膜。

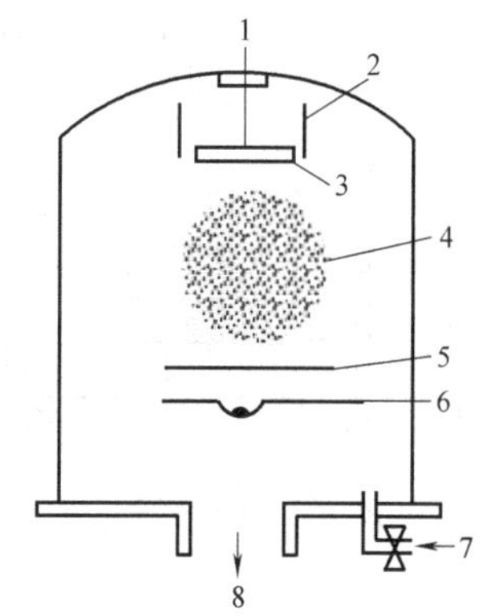

图 49-20　直流二极型离子镀的原理
1—接负高压　2—接地屏蔽　3—基板
4—等离子体　5—挡板　6—蒸发源
7—氩气阀　8—真空系统

由于辉光放电的气压较高（约 1.33Pa），对蒸镀熔点在 1400℃以下的金属，如 Au、Ag、Cu 等多采用电阻加热蒸发源。如用电子束蒸发源，须利用压差板将电子枪室与离子镀膜层分开，并采用两套真空系统，以保证电子枪工作所需的高真空条件。总之，直流二极型离子镀设备简单，可用普通真空镀膜机改装，镀膜工艺容易实现。

离子镀时，在工件表面沉积成膜的离子或原子的能量较高（10^2 ~ 10^3eV），同时氩离子不断地轰击工件和膜层表面，清除了结合不牢的原子和吸附于表面的残余气体分子，从而显著地提高膜层的致密度和膜基结合力。但是，也正因为轰击粒子能量高，对形成的膜层有溅射剥离作用，并引起基片的温升。另外，较低的真空度易造成膜层污染。

49.4.2 三极型离子镀

图 49-21 所示为三极型离子镀结构，它是针对二极型离子镀在低气压下难以激发和维持辉光放电的问题，在蒸发源与基体之间加入了热电子发射极（通常为钨丝）和收集电子的正极，使得热发射的电子横越时，与蒸发的粒子流发生碰撞产生电离，以此来提高离化率。DC 二极型离子镀的离化率只有百分之零点几到 2%，而三极型的热电子发射可达 10A，极电压为 200V 以下，与 DC 二极型相比，离化率显著提高，基体电流密度可提高 10~20 倍。

三极型离子镀也称为热电子增强型离子镀，实际上属于弧光放电产生等离子体。其特点是：①依靠热阴极灯丝电流和阳极电压的变化，可以独立控制放电条件，从而可有效地控制膜层的晶体结构、硬度等性能；②主阴极（基片）所加维持辉光放电的电压较低，减少了能量过高的离子对基片的轰击作用，使基片温升得到控制；③工作气压为 0.133Pa，低于二极型离子镀，镀层光泽而致密。

49.4.3 多阴极型离子镀

若在基板（主阴极）旁设置多个热阴极（见图 49-22），这就成了多阴极型离子镀。这里以热阴极和阳极维持放电，并利用热阴极发射的电子促进气体电离。由于热阴极发射大量电子，即使在低气压也能维持放电，多阴极型离子镀的工作气压只需 0.1Pa，基片放电电压只需 200V，离化率可达 10%，可进行活性反应离子镀。

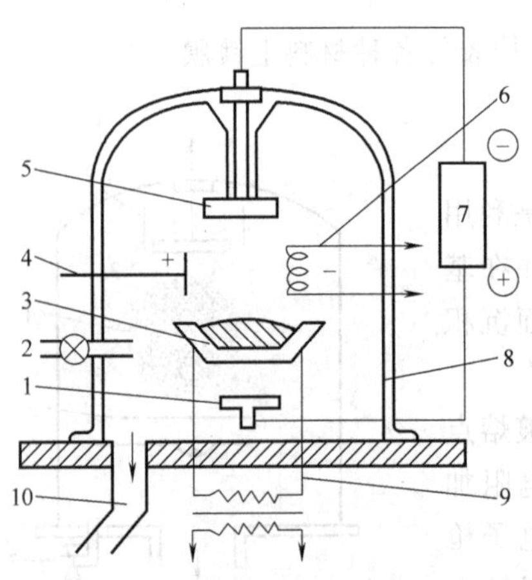

图 49-21 三极型离子镀结构

1—阳极 2—进气口 3—蒸发源 4—电子吸收极 5—基板 6—电子发射极 7—直流电源 8—真空室 9—蒸发电源 10—真空系统

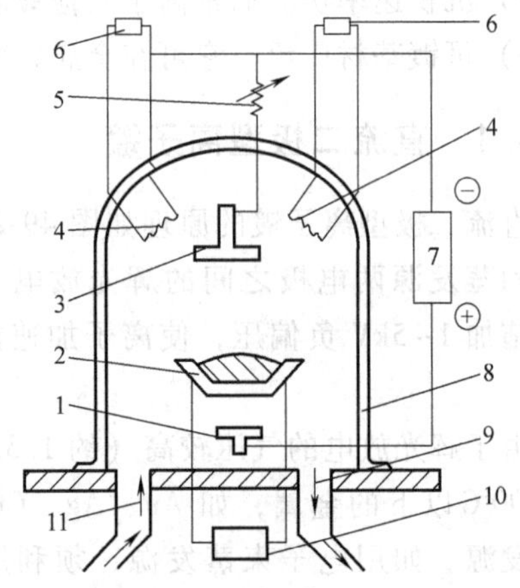

图 49-22 多阴极型离子镀

1—阳极 2—蒸发源 3—基板 4—产生热电子阴极 5—可调电阻 6—灯丝电源 7—直流电源 8—真空室 9—真空系统 10—蒸发电源 11—进气口

多阴极型离子镀的放电电流大，而且放电电流变化范围也大；同时多阴极型基板主阴极维持不变的放电电压，使轰击基板的粒子能量不致太高而造成大量缺陷和过高温升。此外，多个阴极配置在基体周围，扩大了阴极区，改善了绕射性。

49. 4. 4　热阴极离子镀

热阴极离子镀也叫热阴极电弧离子镀（或热丝弧离子镀）。图 49-23 所示为热阴极离子镀。在离子镀膜室的顶部安装热阴极等离子枪室。热阴极由钽丝制成，通过加热至发射热电子。与热空心阴极不同，这是一种外热式的热电子发射极。等离子枪室通入氩气，在枪室的下部有一气孔与离子镀膜室相通，等离子枪室与镀膜室形成压差。坩埚接电源正极，热阴极接负极。为引燃弧光，加设辅助阳极。接通电源后，离子枪室的热电子与氩分子产生碰撞，容易产生弧光放电，枪室内产生高密度的等离子体，电子在阳极（坩埚）吸引下由气阻孔引出，射向坩埚。在沉积室空间形成稳定的、高密度的电子束。这种电子束是高密度的低能电子束，起着蒸发源和离化源的作用。

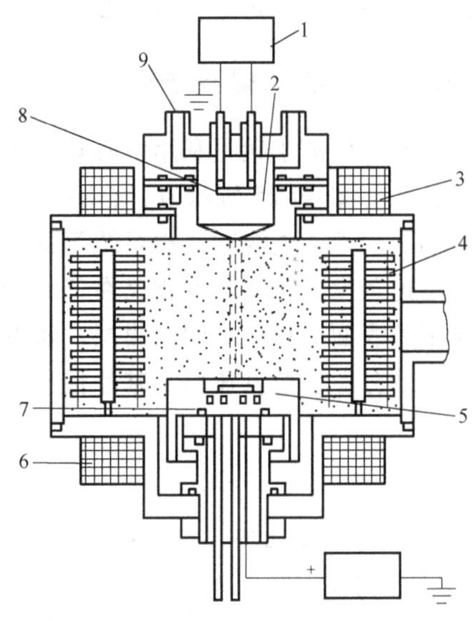

图 49-23　热阴极离子镀
1—热灯丝电源　2—离化室　3—上聚焦线圈　4—基体　5—蒸发源　6—下聚焦线圈　7—阳极（坩埚）　8—灯丝　9—氩气进气口

沉积室外设两个聚焦线圈，磁场强度约为 0.2T。上聚焦线圈的作用是使引束孔处的电子聚束。下聚焦线圈的作用是对电子束聚焦，提高电子束的功率密度，从而提高蒸发速率。轴向磁场还有利于电子沿沉积室做圆周运动，提高带电粒子与蒸气粒子、反应气体分子间的碰撞几率。

沉积过程中，基体的净化和加热由电子束进行。先将沉积室抽至 1×10^{-2}Pa 后，向等离子枪内充入。此时基体接电源正极，电压为 50V。接通电源后，产生的电子束向基体加速，靠电子轰击将基体加热至 350℃。再将基体电源切断加到辅助阳极上，基体接-200V 偏压。放电在辅助阳极与热阳极之间进行。基体吸引离子，被溅射净化。然后将辅助阳极电源切断加到坩埚上，此时电子束将聚焦磁场会聚在坩埚上将金属蒸发。若通入反应气体，则与蒸气粒子一起被高密度的电子束碰撞电离或激发。此时，基体仍加 100~200V 负偏压，故金属离子被吸引到基体上，使基体温度继续升高，并形成 TiN 等化合物涂层。

这种技术的特点是一弧多用，热灯丝等离子枪即是蒸发源、轰击净化源和膜材原子的离化源。热阳极采用外热式灯丝发射热电子，离子枪室起弧真空度，约 1Pa 左右，对离子镀沉积室污染少，涂层质量高。

49. 4. 5　射频离子镀

图 49-24 所示为射频离子镀装置，镀膜室内分成三个区域，即以蒸发源为中心的蒸发区、以感应线圈为中心的离化区以及以基片为中心的离子加速区。通过分别调节蒸发功率、线圈的激励功率、基片偏压，可以对三个区域进行独立调控，从而有效地控制沉积过程，改善镀层的质量。这种离子镀的蒸发源采用电阻或电子束加热。射频频率为 13. 65MHz，功率为 0. 5~2kW，基片接 0~2000V 负偏压，放电气压为 0. 001~0. 1Pa，离化率可达 10%。

射频离子镀的镀层质量好，基材温升低而且较易控制，还容易进行反应离子镀。缺点是空度较高，绕射性较差，射频辐射对人体有伤害，需设法屏蔽和防护。

49.4.6 空心阴极离子镀

空心阴极离子镀是利用空心热阴极放电产生的等离子电子束作为蒸发源和离化源的离子镀膜技术，图 49-25 所示为空心阴极离子镀装置。它由水平放置的空心管阴极电子枪、水冷铜坩埚、工件、电源和真空系统等部分组成。等离子电子束经偏转聚焦到达水冷坩埚后，将膜料迅速蒸发，这些蒸发物又在等离子体中被大量离化，在负偏压的作用下以较大的能量沉积在工件表面而形成牢固的膜层。影响空心阴极离子镀膜层性能的工艺参数包括充气气压、反应气体分压、蒸发速率、基片偏压和基体温度等。

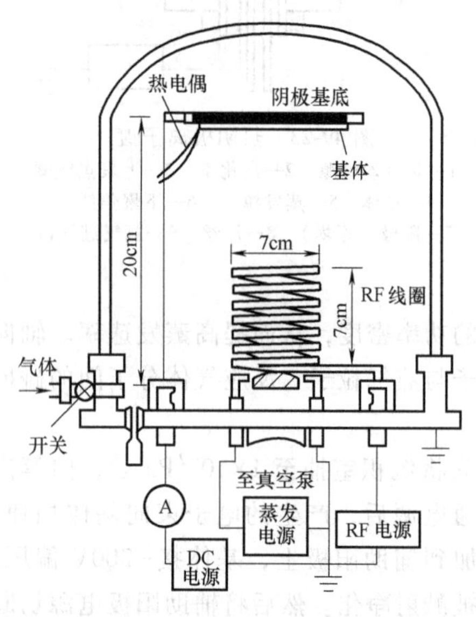

图 49-24 射频离子镀装置

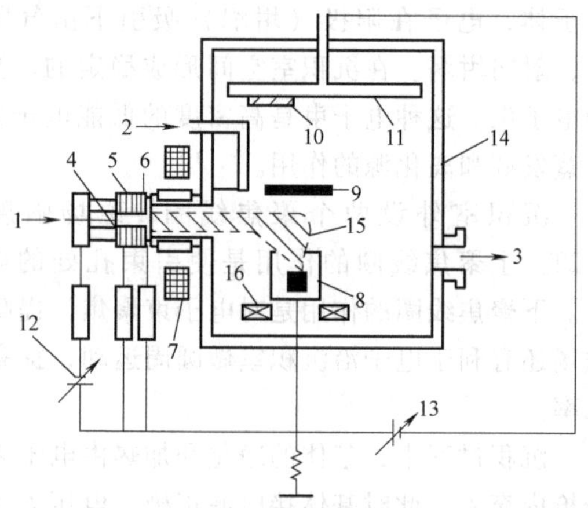

图 49-25 空心阴极离子镀装置

1—氩气入口 2—反应气体入口 3—真空系统 4—阴极系统 5—第一辅助阳极 6—第二辅助阳极 7—大磁场线圈 8—水冷铜坩埚 9—挡板 10—基板 11—基板架 12—放电电源 13—偏压电源 14—真空室 15—等离子体流 16—永磁铁

空心阴极离子镀的特点是离化率高达 20%~40%，且在沉积过程中还产生大量的高能中性粒子，由于大量离子和高能中性粒子的轰击，即使基片偏压比较低，也能起到良好的溅射清洗结果，故膜层致密均匀，结合力好，此外，绕射性好，基片温升小，且电子枪采用低电压大电流作业，操作安全、简单，易推广。

49.4.7 多弧离子镀

多弧离子镀是一种在真空中将冷阴极自持弧光放电用于蒸发源的镀膜技术，是 20 世纪 80 年代以来工业化应用最好的镀膜技术之一。由于镀膜时阴极表面出现许多非常小的弧光辉点，而把这技术实用化的美国 Multi-Arc 公司的译名为多弧，所以一般称为多弧法。但是，较科学的称谓以真空阴极电弧离子镀为好。

图49-26所示为多弧离子镀装置，它将镀膜材料做成阴极靶，接电源负极，镀膜室接地作为阳极，电源电压为0~220V，电流为20~100A，基板接50~1000V负偏压。用辅助阳极与阴极靶瞬间接触引发电弧电，在阳极与阴极间形成自持弧光放电。在放电过程中，阴极材料从固态气化并电离，最后在基板上沉积成膜。多弧离子镀往往可用多个阴极电弧源同时联立工作，即多个蒸发源可同时安装在镀膜的四周或顶部，以提高膜厚分布均匀度和生产率。

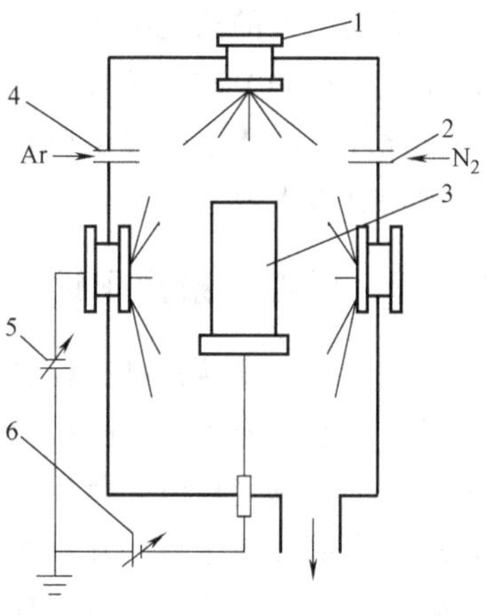

图49-26　多弧离子镀装置
1—阴极蒸发器　2—反应气体进气系统
3—基体　4—氩气进气系统
5—主弧电源　6—基体负偏压电源

多弧离子镀采用的阴极电弧源是一个高效率的离子源，金属离化率高达60%~95%；阴极电弧源既是蒸发源和离化源，又是加热源和轰击源，实现了一弧多用；入射到基体上的粒子的能量高（10~100eV），因此膜层的致密度高，附着强度好；用水冷却的金属阴极蒸发源无熔池，方位任意，可多源联合；不需要工作气体，反应镀膜时气氛的控制也是简单的全压力控制，设备结构简单。缺点是由于阴极弧源产生的液滴流和微观颗粒，将导致膜表面粗糙，孔隙率增加，因此应设法减少或避免。如采用弯曲磁过滤技术，加强阴极冷却，加快阴极弧斑运动速度，增大反应气体分压和降低弧电流等措施。

影响多弧离子镀膜层质量的因素有工件的镀前处理、电弧电流、反应气体压力、基板负偏压、蒸发离化源与工件间的距离、工件位置和夹具的运动形式以及工件的温度控制等。

49.4.8　反应离子镀

在离子镀过程中，导入能与金属蒸气起反应的气体，如O_2、N_2、C_2H_2、CH_4等，通过不同的放电形式使金属蒸气和反应气体的分子、原子激活离化，促使其发生化学反应，在基体表面获得所需要的化合物膜层。

图49-27所示为反应离子镀装置。真空室分镀膜室和e形电子枪工作室，其间以压差板相隔。

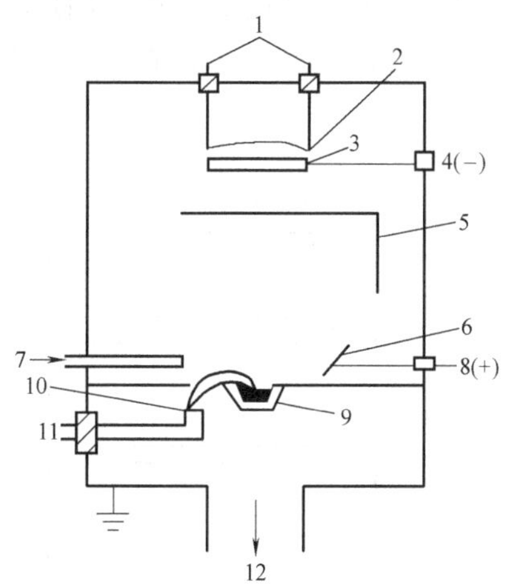

图49-27　反应离子镀装置
1—交流电源　2—基片加热器　3—基片
4—基片偏压电源　5—挡板　6—探极
7—气体导入口　8—探极电源　9—水冷铜坩埚　10—电子枪　11—电子束电源
12—抽气系统

蒸发镀膜材料的坩埚在镀膜室内，在蒸发源与工件之间设置一个金属环状电极，称为探极，探极加20~150V的正偏压。电子束中的高能电子携带几千至上万电子伏特的能量，它不仅熔化镀料，而且在镀料表面激发出二次电子。二次电子受到探极电场的吸引并被加速，与镀膜材料蒸气以及反应气体分子碰撞，并使其激发、电离，在探极周围形成等离子体。被激发、电离的镀膜材料原子和反应气体分子的活性很高，它们在探极周围到工件的空间里反应形成化合物，并沉积在工件表面。

反应离子镀的离化率较高，沉积速度快，在较低温度下可获得致密和附着力好的化合物膜，而且通过调节改变蒸发速率及反应气体的压力，可以得到不同配比和不同性质的化合物膜层。此外，由于不需要金属化合物气体，而且工件加热温度低（<550℃），工件的变形和晶粒度均有很大改善。

49.4.9 磁控溅射离子镀

磁控溅射离子镀是把磁控溅射和离子镀结合起来的镀膜工艺，其装置如图49-28所示。镀膜时，真空室充入Ar使气压维持在10^{-2}~10^{-1}Pa，并在磁控溅射靶上施加400~1000V的负偏压，产生辉光放电。氩离子在电场作用下轰击靶面，靶材原子被溅射出来，并在向工件迁移过程中部分被电离，在基板负偏压作用加速运动，在工件上沉积成膜。

磁控溅射离子镀兼具有磁控溅射和离子镀的优点，沉积速度高，膜层厚度均匀、致密，附着力好。因此，具有广阔的应用前景。

49.4.10 离子团束离子镀

离子团束离子镀装置如图49-29所示。将欲沉积的材料置于用石墨或铂等制成密闭的特殊坩埚内，坩埚内的材料被加热气化后，通过细小的坩埚喷口射向真空室时，由于绝热膨胀、急剧冷却而过饱和，从而形成原子（分子）团束。坩埚喷嘴上方有由热阴极和阳极构成的离化器。热阴极发射的电子在电场作用下轰击原子团束，使部分原子团离化，而其余数百个原子仍是中性原子，形成集团离子。集团离子在电场的作用下向基板作加速运动，当它们到达基板时，原子（分子）团即粉碎成为原子（分子）状态，并沉积成膜。

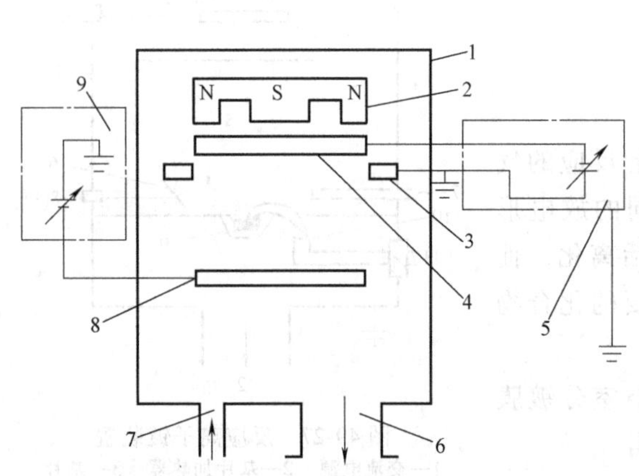

图49-28 磁控溅射离子镀装置

1—真空室 2—永久磁铁 3—磁控阳极 4—磁控靶 5—磁控电源 6—真空抽气系统 7—氩气入口 8—基板 9—基板偏压

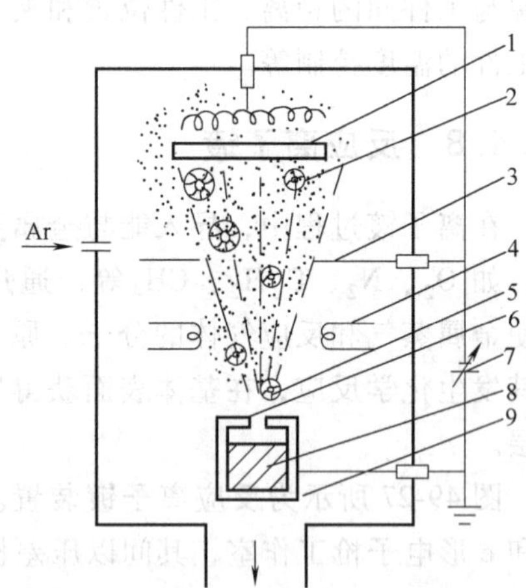

图49-29 离化团束离子镀装置

1—基体 2—集团离子 3—加速电极 4—热阴极 5—集团原子 6—坩埚喷口 7—基体负偏压电源 8—膜材 9—封闭坩埚

离子团束离子镀的特点是沉积速率快（0.01~10μm/min），且离化团经加速到达基板分散为单个原子所分的能量仅5~15eV，故对基体损伤小，温升小；可调工艺参数多，便于控制膜层的性能。此外，荷质比（e/M）小，能消除或减小在半导体、绝缘体表面的电荷积累。因此，可用该技术在半导体或绝缘体基板上生长出各种优质的薄膜，包括金属、化合物、半导体、热电材料、绝缘介质等多种光、电、磁材料，甚至可在较低温度下外延生长一些单晶薄膜。

49.4.11　离子镀的应用

Berghaus 很早就提出了有关离子镀的专利申请，但直到 1963 年 D. M. Mattox 开发出二极离子镀技术以后，才逐步走向实用化，获得推广应用，并且先后开发出电子束离子镀、活性反应技术、空心极离子镀、射频放电离子镀和阴极电弧离子镀。其中，阴极电弧离子镀技术优势大，实用性强，应用面广，尤其是作为硬质镀层在许多工模具上获得重要应用。表 49-6 列出了离子镀的部分应用。

表 49-6　离子镀的部分应用

镀层材料	基体材料	功　能	应　用
Al,Zn,Cd	高强度结构,低碳钢螺栓	耐蚀	飞机,船舶,一般结构用件
Al,W,Ti,TiC	一般钢,特殊钢,不锈钢	耐热	排气管,枪炮,耐热金属材料
Au,Ag,TiN,TiC	不锈钢,黄铜	装饰	手表,装饰物(着色) 模具,机器零件
Al	塑料		
Cr,Cr-N,Cr-C	型钢,低碳钢		
TiN,TiC,TiCN, TiAlN,HfN,ZrN, Al_2O_3,Si_3N_4,BN, DLC,TiHfN	高速钢,硬质合金	耐磨	刀具,模具
Ni,Cu,Cr	ABS 树脂	装饰	汽车,电工,塑料,零件
Au,Ag,Cu,Ni	硅	电极,导电膜	电子工业
W,Pt	铜合金	触点材料	
Cu	陶瓷,树脂	印制电路板	
Ni-Cr	耐火陶瓷绕线管	电阻	
SiO_2,Al_2O_3	金属	电容,二极管	
Be,Al,Ti,TiB_2	金属,塑料,树脂	扬声器振动膜	
DLC	固化丝绸,纸	—	
Pt	硅	集成电路	
Au,Ag	铁镍合金	导线架	
NbO,Ag	石英	陶瓷—金属焊接	
In_2O_2-SnO_2	玻璃	液晶显示	
Al,In(Ca)	Al/CaAs,Tn(Ca)/CdS	半导体材料电接触	
SiO_2,TiO_2	玻璃	光学	镜片(耐磨保护层)
玻璃	塑料		眼镜片
DLC	硅,镍,玻璃		红外光学窗口(保护膜)
Al	铀	核防护	核反应堆
Mo,Nb	ZrAl 合金		核聚变试验装置
Au	铜壳体		加速器
MCrAlY	Ni/Co 基高温合金	抗氧化	航空航天高温部件
Pb,Au,Mg,MoS_2	金属	润滑	机械零部件
Al,MoS_2,PbSn,石墨	塑料		

第 50 章

化学气相沉积

化学气相沉积（CVD）是利用气相物质在固体表面上进行化学反应成膜的。化学气相沉积包括三个基本过程，即气相物质的产生、输运和沉积过程。化学气相沉积的源物质可以是气态、液态或固态；化学反应则有热分解反应、还原反应、氧化反应、化合反应、歧化反应等。

影响化学气相沉积质量的主要因素有反应体系组成与化学纯度、衬底材料以及沉积工艺参数（总压力、流量、分压、温度、时间）等。

化学气相沉积的设备简单、操作维护方便、灵活性强、成本低廉，而且可在较大范围内准确控制薄膜的化学成分和膜结构，因而化学气相沉积是一种应用广泛的工艺方法，可用于提纯材料、制备薄膜材料以及进行材料表面改性，特别在半导体微电子工业和硬质刀具、模具表面改性上获得了很好的应用。

50.1　常压化学气相沉积

常压化学气相沉积为应用最早的化学气相沉积镀膜工艺，尤以半导体集成电路制造为甚。由于在常压（约 10^5Pa）下进行，沉积工艺参数容易控制，重复性好，宜于批量生产。沉积反应采用热激活，沉积温度高（800~1000℃），膜层与基体结合力好且绕镀性好，可镀带有孔、槽，甚至有不通孔的工件。但是载体气体用量大，加热装置需额外维护。

图 50-1 所示为常压化学气相沉积装置。这是一大型反应炉，并备有 $TiCl_4$ 发生器和 $A1Cl_3$ 发生器，在常压下加热至 1000℃，利用气态物质在欲镀膜的合金刀片上进行化学激活反应，生成固态的 TiN、TiC 或 Al_2O_3 硬质膜。

50.2　低压化学气相沉积

低压化学气相沉积是在常压化学气相沉积的基础上发展起来的，沉积过程中使用的反应气体、装置结构和常压化学气相沉积相似，只是反应温度低，工作气压低于常压（10^5Pa），通常为 1~40000Pa。这一方面载气量大大减少，另一方面由于低气压下分子平均自由程度增加，因而扩散系数大增，加快了气体分子的运输过程和沉积速率，且大大改善了膜厚的均匀性。对于表面扩散动力学控制的外延生长，可增大外延层的均匀性，这在大面积、大规模外延生长中是必要的。

图 50-2 所示为广泛用于集成电路生产中的低压化学气相沉积装置，它由三温区控制的

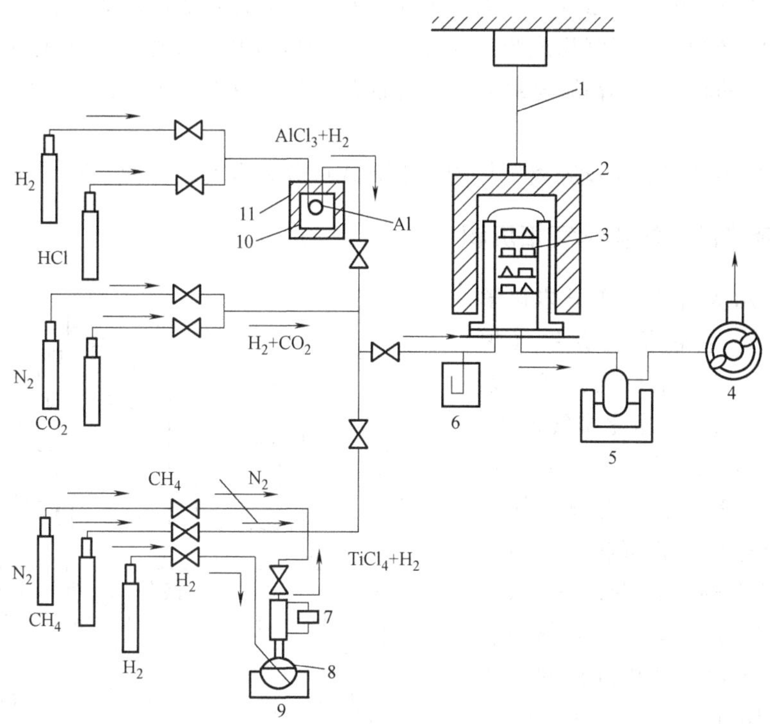

图 50-1　常压化学气相沉积装置

1—升降装置　2—加热炉　3—超硬合金刀片　4—真空泵　5—冷却水阀或水封泵　6—压力计

7—温水器　8—$TiCl_4$气化器　9,11—加热器　10—$AlCl_3$发生器

反应室、机械真空泵和气体控制系统组成，工作温度为600~700℃，硅片垂直密集插在反应室内，每炉装片量大，可沉积 SiO_2、Si_3N_4、硅化物、多晶硅等薄膜。与常压化学气相沉积方法相比，沉积的薄膜均匀性好，成本低，产量高。

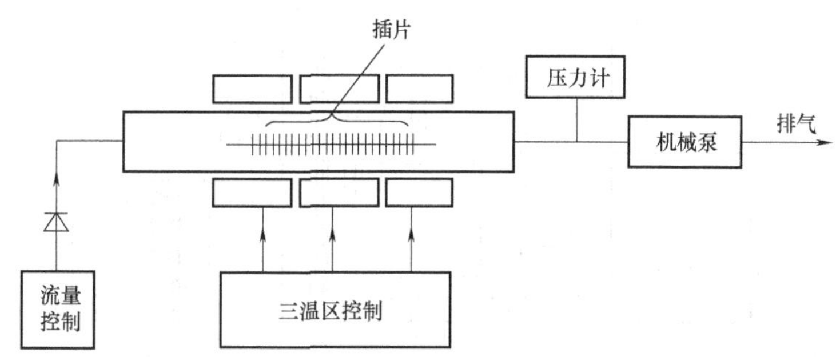

图 50-2　低压化学气相沉积装置

50.3　等离子体化学气相沉积

在常规化学气相沉积中，促使其化学反应的能量来自于热能，而等离子体化学气相沉积除热能外，还通过辉光放电产生等离子体，等离子体中的高能电子和反应气体产生非弹性碰

撞，使反应气体分子电离或激发，从而降低化合物分解或化合所需的能量，显著地降低反应温度，可在500~600℃以下沉积成膜。此外，等离子体对基体及膜层表面有溅射清洗作用，清洗掉结合不牢的粒子，提高膜基结合力，还能加速反应物在基体表面的扩散作用，提高成膜速度。

等离子体化学气相沉积按等离子体的激发方式可分为直流、脉冲、射频和微波法等。

50.3.1 直流等离子体化学气相沉积

图50-3所示为直流等离子体化学气相沉积装置。它包括反应室（炉体）、直流电源与电控系统、真空系统、气源与供气系统、净化排气系统。沉积时工件施加负高压（0~3000V），反应室接阳极，利用直流等离子体的激活化学反应进行气相沉积，从而使沉积温度得以大幅度降低，仅500~600℃，且膜层厚度均匀，与基体附着力良好等离子体化学气相沉积的炉压通常为10^2~10^3Pa，沉积速率为1~3μm/h。由于是直流，故不能沉积非金属基体材料。

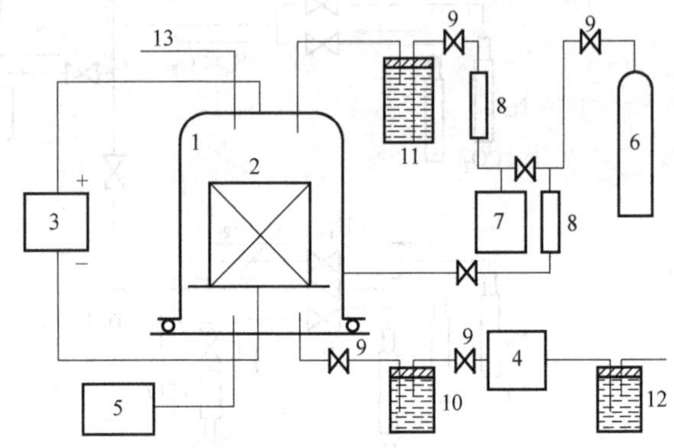

图50-3 直流等离子体化学气相沉积装置

1—炉体 2—工件 3—电源 4—真空泵 5—真空计 6—气源 7—稳压罐 8—流量计 9—阀 10—冷阱 11—氯化物 12—净化器 13—测量仪

50.3.2 脉冲直流等离子体化学气相沉积

图50-4所示为脉冲直流等离子体化学气相沉积装置。这里加在工件与反应室之间的电

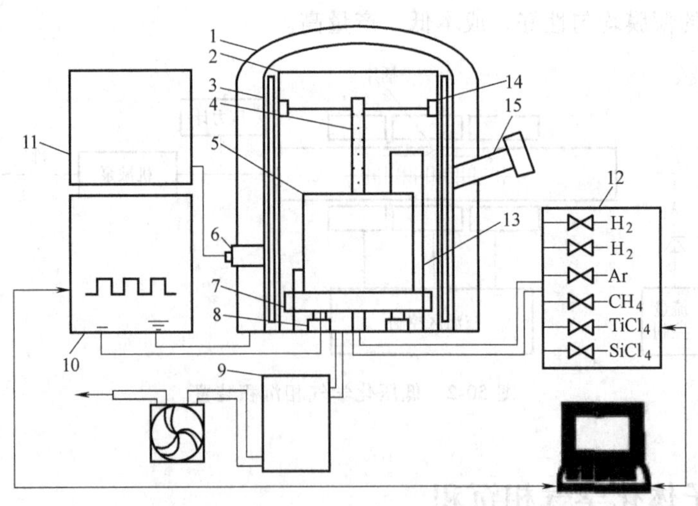

图50-4 脉冲直流等离子体化学气相沉积装置

1—钟罩式炉体 2—屏蔽罩 3—带状加热器 4—通气管 5—工件 6—过桥引入电极 7—阴极盘 8—双屏蔽阴极 9—真空系统及冷阱 10—脉冲直流 11—加热及控制系统 12—气体供给控制系统 13—热电偶 14—辅助阳极 15—观察窗

压是比直流等离子体化学气相沉积低的脉冲直流电压（0～1200V），而且电压、脉冲频率（1～25kHz）以及占空比均可控，这样配合其他工艺参数的调整，可以在低温（500～600℃）下获得残余应力更低、性能更好的单质和化合物膜层。

50.3.3　射频等离子体化学气相沉积

射频等离子体化学气相沉积是利用射频辉光放电方法产生等离子体。射频放电的耦合方式有两种：电感耦合和电容耦合。当采用管式反应腔时，两种耦合方式均可用，电极可放在管式反应腔的外面，在放电中，电极不发生腐蚀，无杂质污染，但需要调整电极和衬底（基片）的位置。石英管式射频放电装置结构简单，价格便宜，但不适用于大面积基片的沉积和工业化高效率生产。应用更普遍的是在反应室里内置的平行板式电容耦合方式。

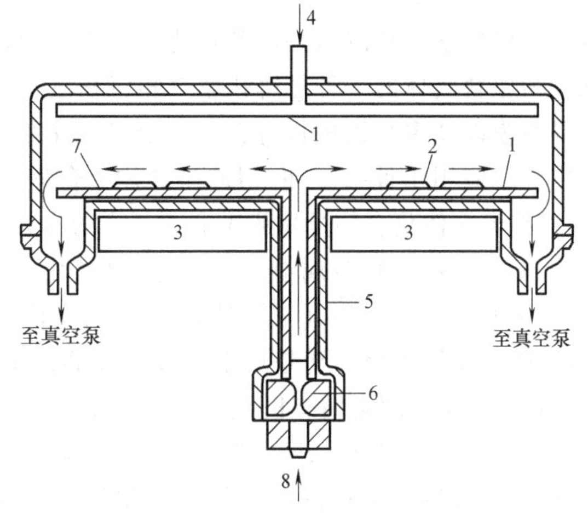

图 50-5　平板形反应室的截面

1—电极　2—基片　3—加热器　4—RF 输入　5—转轴　6—磁转动装置　7—旋转基座　8—气体口

图 50-5 所示为平板形反应室的截面。电源通常采用功率为 50～500W、频率为 450kHz 或 13.65MHz 的射频电源，反应室压力保持在 0.13Pa 左右。为了提高薄膜的性能，还可以对等离子体施加直流偏压或外部磁场，诱导在基片表面沉积。沉积温度为 200～500℃，沉积速率为 1～3μm/h。

射频法可用于沉积无机膜、绝缘膜，如 SiO_2、Si_3N_4等。

50.3.4　微波等离子体化学气相沉积

微波等离子体化学气相沉积是利用微波放电产生等离子体，从而激活化学反应进行化学气相沉积的工艺技术。在微波等离子体中，不仅含有高密度的电子和离子，还含有各种活性基团，可以实现气相沉积、聚合和刻蚀等各种功能。图 50-6 所示为电子回旋共振微波等离子体化学气相沉积装置。微波源产生频率为 2.45GHz 的微波，发射功率从几百瓦至 75kW。电子回旋共振放电产生的等离子体是一种无电极放电，能量转

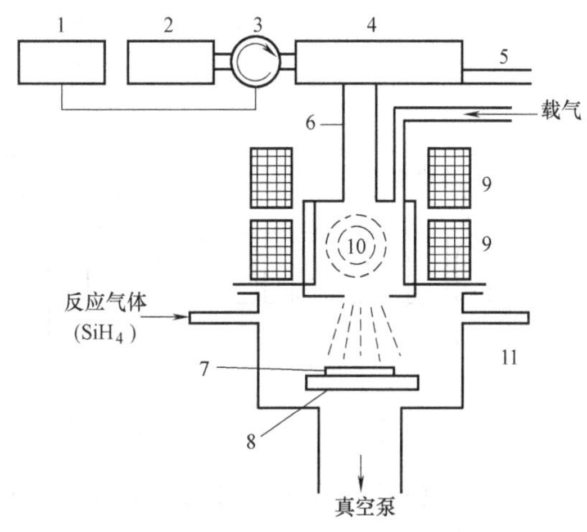

图 50-6　电子回旋共振微波等离子体化学气相沉积装置

1—微波电源　2—微波源　3—环形器　4—微波天线　5—短路滑板　6—波导　7—基片　8—试样台　9—磁场线圈　10—等离子体　11—等离子体引出窗口

换率高（95%），能在 10^{-3} ~ 10^5 Pa 的大范围内放电产生高密度等离子体，而且离化率高（10%~50%）。该装置具有的优点：①可大大减轻因高强度离子轰击造成衬底损伤；②可比射频辉光放电产生的等离子体在更低的温度下沉积，更适合于低熔点和高温下不稳定化合物薄膜的制备。有报道称微波等离子体化学气相沉积可在 140℃ 沉积出多晶金刚石薄膜。

50.4 金属有机化学气相沉积

金属有机化学气相沉积是从常规化学气相沉积技术发展起来的，是利用金属有机化合物和氢化物做原料气体的一种热解化学气相沉积法。它能在较低温度下沉积单晶外延膜、多晶膜、非晶态膜以及多种无机物材料，如金属氧化物、氢化物、碳化物、氟化物和硅化物等，特别是广泛地应用于Ⅲ-Ⅴ、Ⅱ-Ⅵ族半导体化合物材料的气相外延。

Ⅲ-Ⅴ族半导体化合物是用ⅢA 和 VA 族的有机化合物（烷基化合物）和氢化物的热分解反应制备的。常用的金属有机化合物和氢化 TMGa（三甲基镓）、TMAl（三甲基铝）、TMZn（三甲基锌）、TMAs（三甲基砷）、PH_3（磷烷）、AsH_3（砷烷）等。

Ⅱ-Ⅵ族半导体化合物则是用ⅡB 和ⅥA 族的有机化合物和氢化物热分解反应制备的。常用的ⅡB 和ⅥA 族的金属有机化合物和氢化物为 DMCd（二甲基镉）、DMTe（二甲基碲）、DMZn（二甲基锌）、H_2S、H_2Se 等。

图 50-7 所示为金属有机化学气相沉积设备。它由真空系统、反应室、反应供给气体、尾气处理系统和电气控制系统等组成。反应室又分卧式和竖式。大多数反应在 600~1000℃，133~10^5Pa 的范围内进行。

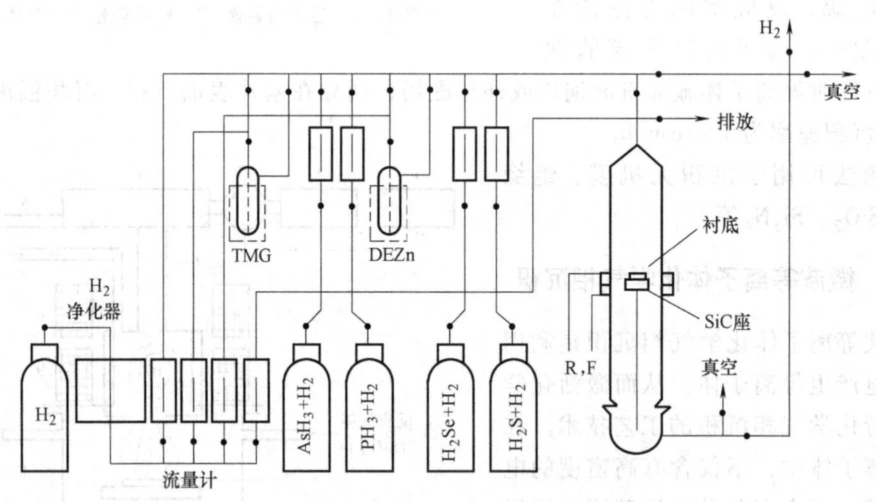

图 50-7 金属有机化学气相沉积设备

与常规化学气相沉积相比，金属有机化学气相沉积的优点是：①沉积温度低；②能沉积单晶、多晶、非晶的多层和超薄层、原子层薄膜；③可以在不同基材表面沉积；④可以大规模、低成本制备复杂组分的化合物薄膜和半导体材料。其缺点是：①沉积速度较慢；②原料的毒性较大，设备的密封性、可靠性要好，且多数金属有机化合物易自燃，遇水会爆炸，故应谨慎管理和操作。

50.5　激光化学气相沉积

激光化学气相沉积是利用激光束的光子能量激发和促进化学反应的化学气相沉积技术。所用设备是在常规化学气相沉积设备的基础上添加激光器、光路系统及激光功率测量装置。

按激光作用机制，可分为激光热解化学气相沉积和激光光解化学气相沉积。

50.5.1　激光热解化学气相沉积

在光热解机制的情况下，选择激光波长使反应物质对激光是透明的，而基体是吸收体。通常采用长波长的激光，如 CO_2、YAG、Ar^+激光等。光子加热了基片，使在基体上方的反应气体裂解，从而产生所要求的化学气相沉积反应。从本质上讲，光热解机制涉及的沉积机理和化学反应与热化学气相沉积无多大区别，但可利用激光束快速加热和脉冲特性在热敏感基片上进行沉积。

图 50-8 所示为激光化学气相沉积设备结构。它由激光器、导光聚焦系统、真空系统、送气系统和沉积反应室等部件组成。

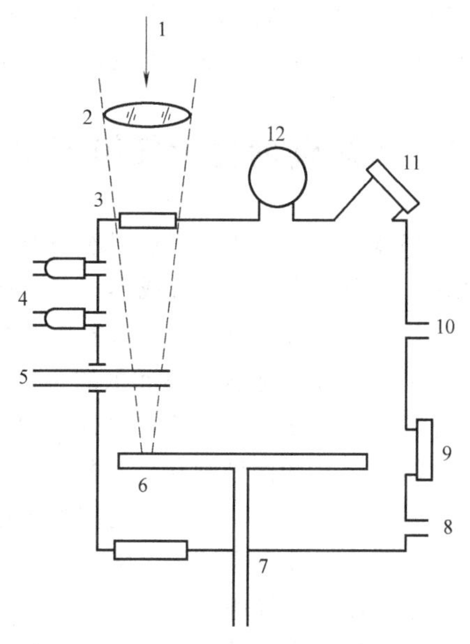

图 50-8　激光化学气相沉积设备结构
1—激光　2—透镜　3—窗口　4—反应气体入管　5—水平工作台　6—试样　7—垂直工作台　8—真空泵　9—测温加热电控　10—复合真空计　11—观察窗　12—真空泵

激光化学气相沉积与常规化学气相沉积相比，可以大大降低基片的温度。例如，用热化学气相沉积制备 SiO_2、Si_3N_4、AlN 薄膜时基材需加热到 800～1200℃，而用激光化学气相沉积则只需 380～450℃。激光化学气相沉积还可以避免高能粒子辐射在薄膜中造成的损伤。

激光化学气相沉积技术在集成电路制作、金属互连、三维结构器件、电路和掩膜版的修补、功能薄膜材料制备等获得应用。

50.5.2　激光光解化学气相沉积

激光光解沉积是依靠光子的能量直接使气体发生分解。因此要求光子有足够大的能量，去打断反应气体分子的化学键，故常选用短波长激光，如紫外、超紫外激光、准分子 XeCl、ArF 等激光。

激光光解化学气相沉积与光热解化学气相沉积的不同之处在于光致直接解离，化学反应是光子激发的，因此不需要加热，沉积有可能在室温下进行，而且，光解机制对基片的类型没有限制，透明、不透明或吸收性基片都没有关系。但光解化学气相沉积一个致命的缺点是沉积速率太慢，这大大限制了它的应用。

50.6　气溶胶辅助化学气相沉积

气溶胶辅助化学气相沉积使用气溶胶作为前驱体，气溶胶可用把化学前驱体雾化分散成亚微米尺寸液滴的方法制备。通常采用超声波气溶胶发生器、静电气溶胶发生器或电喷的方法将液滴均匀分散到气体介质中，形成气溶胶。化学前驱体则可采用将固体或液体化学原料在溶剂（通常采用高沸点的有机溶剂），或在混合溶剂中溶解的方法制备，以利于化学前驱体的蒸发，并为其分解或裂解提供额外的热能。所产生的气溶胶通过输运系统进入加热区，溶剂受热迅速蒸发或燃烧，而与液滴紧密结合的化学前驱体则在衬底表面，或接近表面的地方发生分解或化学反应，沉积出所希望的薄膜。其主要优点如下：

1）与传统的化学气相沉积工艺采用发泡器或蒸发的方法产生气相前驱体相比，采用气溶胶方法产生前驱体相对较简单，且成本也较低。

2）气溶胶液滴中各种化学前驱体是在分子水平均匀混合的，因此特别适合于多组元材料的合成和化学计量比控制。

3）由于反应物和中间产物的扩散距离短，因此可允许在相对较低的温度下沉积相的迅速形成。

4）气溶胶辅助化学气相沉积可在开放大气环境中沉积氧化物和某些对氧不敏感的非氧化物材料，根本不需要复杂的反应器或真空系统，因此沉积成本较低。

50.7 火焰辅助化学气相沉积

火焰辅助化学气相沉积是把液态或气态前驱体注入高温燃烧火焰中，使其在火焰中分解或气化，进而发生化学反应或燃烧。火焰或燃烧过程提供了前驱体的蒸发、分解和化学反应所需的热环境。火焰也有助于对衬底的加热并促进吸附原子的扩散和迁移速率。火焰辅助化学气相沉积与普通化学气相沉积的不同之处首先在于液体前驱体蒸发的方式不同，同时蒸发、分解和发生化学反应的时间也短得多。火焰辅助化学气相沉积与热喷涂（火焰喷涂和等离子体喷涂）的区别则在于，热喷涂采用固体粉末作为起始材料，热喷涂所用的高能热源使固体粉末在到达衬底表面之前被熔化或部分熔化，它们堆积在衬底表面成为具有扁平晶粒特征，包含微孔和裂纹的涂层。一般不涉及化学反应。

火焰辅助化学气相沉积可用氢或碳氢化合物作为燃料。碳氢化合物在燃烧时容易产生烟灰，氢的燃烧速率比碳氢化合物快得多，并且不产生凝聚态物质。火焰温度通常都很高，一般为1727~2727℃，常常会引发气相均匀形核反应，导致粉末物质的沉积。因此火焰辅助化学气相沉积广泛地用于粉末材料的商业化生产。对于薄膜材料的沉积，则应通过改变前驱体与燃料配比使火焰温度显著降低。

沉积产物的晶体结构、形貌和粒子尺寸可以通过对沉积工艺参数的优化加以控制。主要的沉积工艺参数包括：火焰温度及其空间分布、前驱体选择及前驱体在火焰中的停留时间、前驱体与燃料的比例。也可通过向火焰中引入添加剂的手段来改变沉积产物的尺寸、相组成和形貌。

由于火焰温度很高，因此火焰辅助化学气相沉积具有以下优点：

1）对前驱体物质的挥发性没有太大的要求，挥发性高或挥发性不那么高的前驱体在高温火焰中一般都会完全气化。因此火焰辅助化学气相沉积是一种货真价实的化学气相沉积，具有非视线性沉积能力，可用于非平面衬底的沉积。

2）反应产物的形成在单一步骤中完成，不需要采用诸如煅烧一类的后处理工艺。

3）反应物质在分子水平上迅速混合，与传统化学气相沉积相比可大大缩短工艺周期，并更加有利于多组元薄膜化学计量比的控制。

4）蒸发、分解和化学反应进行得很快，沉积速率很高。

5）由于沉积氧化物涂层时可在开放大气环境中进行，不需要复杂的反应器或真空系统，因此和传统的化学气相沉积相比成本相对较低。

50.8　化学气相渗透

化学气相渗透是一种特殊工艺，其特点是让气态反应物穿透（或渗透）一个多孔结构，在其上沉积并使之致密化形成复合材料的工艺方法。作为衬底的多孔结构可以是无机的通孔泡沫材料，或者是纤维垫或编织体。沉积在纤维（或泡沫材料）上发生，而多孔结构则逐渐致密化，最终形成一种复合材料。化学气相渗透的化学反应和热力学与通常的化学气相沉积是一样的，但动力学有所不同，因为反应气体必须穿过多孔结构向内扩散，而副产品气体则必须向外扩散出来。因此，应在动力学控制的低温区域进行，以获得最大穿透深度和产品致密度。

化学气相渗透主要用于金属基和陶瓷基复合材料的制备，因此其竞争对象是传统的陶瓷和冶金工艺，如热压和热等静压。这样一些工艺需在很高的压力和温度下进行，可能会对衬底材料以及与基体的界面造成力学的，或化学的损伤。而化学气相渗透与陶瓷的烧结或金属的熔炼相比在低温度和压力下工作，因此可在相当程度上使损伤减小。

化学气相渗透的一个缺点是反应气体和副产品都必须穿过相对较长而狭窄、有时还是弯曲的通道通过互扩散输运。为避免沉积过快堵塞扩散通道入口，应保证在动力学限制区域进行沉积。这是一种十分缓慢的过程，有时需经过几个星期才能达到致密化。实际上，由于封闭孔隙的形成，完全致密化几乎是不可能的。

50.9　化学气相沉积的应用

1. 在微电子工业上的应用

该技术的应用已经渗透到半导体的外延、钝化、刻蚀、布线和封装等各个工序，成为微电子工业的基础技术之一。

2. 在机械工业中的应用

该技术可用来制备各种硬质镀层，按化学键的特征可分为三类：①金属键型，主要为过渡族金属的碳化物、氮化物、硼化物等镀层，如 TiC、VC、WC、TiN、TiB_2；②共价键型，主要为 Al、Si、B 的碳化物及金刚石等镀层，如 B_4C、SiC、BN、C_3N_4、C（金刚石）；③离子键型，主要为 Al、Zr、Ti、Be 的氧化物等镀层，如 Al_2O_3、ZrO_2、BeO。这些硬质镀层用于各种工具、模具，以及要求耐磨、耐蚀的机械零部件。

第 10 篇

其他表面工程技术

第51章 其他表面涂覆技术

51.1 防锈封存

防锈封存包装是防护金属制品在储存、运输等流通过程中不致发生锈蚀的方法。

金属制品因锈蚀而带来的损失是相当惊人的。据美国国家标准局的锈蚀损失调查报告，其损失远远超过了美国全年旱灾、火灾、地震、车祸等所造成的损失的总和。金属锈蚀会严重破坏金属制品，使金属制品丧失使用价值。机电产品对防锈的要求尤为严格，如有些机电产品的精度要求很高，轻微的锈蚀也足以影响它的加工精度与使用性能，锈蚀严重时将会使产品失去使用价值而报废，造成经济上的损失。

金属腐蚀不仅给国民经济造成巨大的经济损失，甚至带来灾难性事故，浪费宝贵的资源与能源，而且污染环境。所以，研究金属防腐蚀技术，搞好金属制品的防锈封存、包装具有非常重要的意义。

51.1.1 气相防锈封存

气相防锈封存材料是指以气相缓蚀剂为基础，利用不同载体和其他辅助剂制成的各种不同类型的防锈材料，如气相防锈纸、气相防锈液、气相防锈油、气相防锈塑料薄膜等。气相防锈材料的防锈作用原理主要来源于气相缓蚀剂的防锈特性。

气相缓蚀剂具有两个基本特性：一是其组成中至少有一个或一个以上对金属有缓蚀性能的基团；二是气相缓蚀剂在常温下还需有一定的蒸气压力和对金属表面的吸附性及一定的水溶解性。

当金属处于气相缓蚀剂蒸汽压产生的气体的气氛中时，气相缓蚀剂分子吸附在金属表面达到一定浓度后，与金属反应生成不溶于水的络合物，或生成致密而又稳定的氧化膜（钝化膜），把金属覆盖起来，从而保护金属免遭腐蚀。

1. 气相缓蚀剂防锈封存

气相缓蚀剂是一种不需与金属接触，在常温、常压下具有一定蒸气压，能自动挥发充满包装内部空间，并在金属表面形成一层连续的缓蚀薄膜，抑制大气的腐蚀，从而起保护作用的防锈材料。这种缓蚀剂对于金属制品的封存包装、运输、贮存和保管都具有重大意义。

气相缓蚀剂通过挥发成为气体，经扩散而到达金属表面，其历程可能有两种不同的方式：一是先吸附后分解，即气相缓蚀剂以其分子状态挥发，以扩散并吸附于金属表面后与表面的凝露水发生水解或离解，分出保护性基团而起到保护作用；另一种是先分解后吸附，即气相缓蚀剂分子在空气中潮气的作用下先发生离解或水解，分解出有保护作用又能挥发的基团，这些基团经过挥发、扩散到达金属表面，从而抑制金属的腐蚀。

它具有以下特点：

1）适用性强，特别适用于那些形状复杂的产品。这是由于气相缓蚀剂以气体形式充满整个包装空间。

2）封存能力强。既可用于工序间的短期防锈，也可用于产品的长期封存。在密封较好的条件下使用，防锈期可达 8~10 年。

3）使用简便，效率高。操作使用方便，不需特殊的工艺设备，还能减少生产面积和工序间的运输量，降低劳动强度，并提高劳动生产率。包装前不需要涂油，启封后也不需要清洗，并在很短时间内可拆封使用。

4）成本一般比较低廉。

5）能挥发，操作现场需保持良好通风。

6）可以使包装外观清洁美观，表面无油脂。

2. 气相防锈纸防锈封存

将气相缓蚀剂溶于蒸馏水或有机溶剂中，配成溶液，然后浸涂、刷涂或辊涂在防锈纸的表面，干燥或稍干后即成为气相防锈纸。纸上含气相缓蚀剂一般为 $15\sim30g/m^2$。气相防锈纸的原料以前大都使用牛皮纸，因它具有一定的强度，对金属的腐蚀性较低，但为了提高防水、耐油等其他特性，最近已采用石蜡牛皮纸、聚乙烯复合纸、铝箔黏合纸，沥青夹层防水纸等。

在封存包装方面使用气相防锈材料时，气相防锈纸是应用最广泛的。目前市场上供应的气相防锈纸按使用对象大体可分为钢用气相防锈纸、铸铁用气相防锈纸、铜及铜合金用气相防锈纸、铝及铝合金用气相防锈纸、铜铁合用气相防锈纸和其他多效气相防锈纸等。

3. 气相防锈塑料薄膜防锈封存

气相防锈塑料薄膜是以热塑性塑料如高压聚乙烯薄膜作为气相缓蚀剂的载体，采用涂覆法即将气相缓蚀剂与未成型的塑料混合，在挤压机上吹塑制成的透明塑料膜。它除具有一般气相防锈材料的性能外，还有焊接性、透明性等特点。

通常可直接用此薄膜包扎或做成塑料袋装金属制品，并热焊封袋口。这种防锈方法具有简化包装、美化装潢、提高工效、降低成本等优点。对钢、铝及其合金的防锈期为 2 年，并对黄铜、镀锌钝化、镀镉钝化件有适用性。

目前，新发展的技术有压敏自封性气相防锈塑料薄膜、收缩性气相防锈塑料薄膜、多孔多层结构的弹性气相防锈塑料薄膜。

4. 气相防锈粘胶带防锈封存

它是一种具有气相缓蚀性的压敏粘胶带。当粘贴到金属表面时，对金属表面起防锈作用，去除时拉开即可，非常方便。

气相防锈粘胶带以聚乙烯薄膜为基体，耐水、耐油，涂上气相缓蚀剂与压敏粘胶剂即成粘胶带。压敏粘胶剂通常是由溶剂活化的弹性主体材料，配合增粘剂、胶粘剂、增塑剂、防老化剂、缓蚀剂等辅助成分组成。使用的缓蚀剂包括气相缓蚀剂和油溶性缓蚀剂，使粘胶剂既具有气相缓蚀性，又具有接触缓蚀性。气相防锈粘胶带有一定的机械强度及柔软性，应用于汽车零件、刃具、机床导轨、低粗糙度金属薄层上，可以保护它们不受机械碰撞及尘埃污染，也可用于大型构件组装焊接前的防锈和金属管道的长期防锈。

5. 气相防锈水剂（溶液）防锈封存

将气相缓蚀剂溶于蒸馏水或有机溶剂中，配成溶液，溶液含量为8%～10%（质量分数）浸涂或喷洒在产品表面，外层用石蜡或塑料薄膜包装。有时也可使制品浸泡在盛有溶液的瓶子中，并加盖储存，或把这种溶液浸渍在包装箱的内衬板上，使包装内物品受到防锈保护。在金属的机械加工过程中，还可在一定的密封条件的房间内，对工件进行定期淋涂溶液防锈。

6. 气相防锈粉末防锈封存

把气相缓蚀剂粉末或结晶直接撒（或用喷粉瓶喷）在制品表面上，或用小器皿盛装后，放在包装物内，或以透气的纱布、纸袋装好后，悬挂于产品四周，或将气相缓蚀剂粉末用粘结剂和填充剂一起压制成片剂或丸剂分开摆在制品表面周围适当部位。精密制品以及不允许粉末污染者，用片剂较恰当。金属表面与气相缓蚀剂的距离不能太远，一般不超过30cm，每立方米空间的用量不少于35g。

7. 气相防锈油防锈封存

将油溶性气相缓蚀剂溶解于润滑油中制得的防锈油称气相防锈油或挥发性防锈油，是一种有良好接触缓蚀性，又有良好的不接触的缓蚀性，兼具有一定润滑性能的防锈油。根据使用对象不同，利用不同的基础油和油溶性缓蚀剂，可配制成具有不同特性的油品，具有基础油相当的润滑性、酸中和性、水置换性。主要用于发动机、传动装置、齿轮箱、空压机以及各种容器、桶等密闭系统内腔金属表面的暂时性封存防锈。

一般可将气相防锈油注入或喷入到设备的内腔，在试车时即以此油作试车用润滑油，试车完毕，此油留在设备中作封存用。除浸油的部分受到保护外，未浸到油的部分也因油中含有可挥发的缓蚀剂而受到保护。密闭系统内腔金属面在储存和运输中产生的锈蚀，不像裸露的金属表面那样容易被人们及时发现，而往往只有在使用前打开检查或损坏维修时才被发现，这时锈蚀已相当严重造成重大损失，因此气相防锈油的使用日益受到人们的重视。气相防锈油的使用量一般为6～8g/m^3。

51.1.2　水溶性防锈封存

防锈技术按方法分主要有四类。

1）采用涂覆含有防锈添加剂的油脂或高分子成膜物，防止外界水分及其他腐蚀介质直接接触金属表面。

2）在包装容器内放入对金属起缓蚀作用的气相缓蚀剂。

3）在包装容器内加入干燥剂，人为降低包装容器内的相对湿度，使金属制品处于金属临界湿度以下。

4）在包装容器内充入惰性气体，如氮气、一氧化碳等，从而使金属材料得到保护。

这四种方法可以单独使用，也可以组合使用，具体采用的方法由金属制品的防锈要求确定。

1. 置换型防锈油防锈封存

置换型防锈油一般以具有强烈吸附性的磺酸盐为主要缓蚀剂，能置换掉金属表面上已黏附的水分和汗液，防止人汗的锈蚀，同时本身却吸附于金属表面生成牢固的保护膜，防止外来腐蚀介质的侵入。因此，置换型防锈油大量用于工序间短期防锈和长期封存前的表面预处理，即封存防锈前的清洗用。这类防锈油的黏度很小，油膜也很薄，在工序间使用时允许带油操作和检验，一般不会影响零件尺寸的测量。也有很多置换型防锈油可直接用于封存防锈，使用时常用石油溶剂，如煤油或汽油稀释，故有时这类防锈油中的某些油品也属于溶剂型防锈油范围，在使用时由于溶剂挥发，应注意防火、通风等问题。

国内外置换型防锈油的配方、性能和用途见表51-1。

表51-1 国内外置换型防锈油的配方、性能和用途

序号	名称	配方(质量分数,%)		性能及用途
1	901浓缩防锈油	石油磺酸钡	25	稀释使用,作工序间防锈及短期封存;适用于各种金属件
		羊毛脂镁皂	15	
		全损耗系统用油L-AN46	59.7	
		苯并三唑	0.1	
		司本-80	0.2	
2	FY-3置换型防锈油	石油磺酸钡	15	适用于钢铁件的工序间防锈
		油酸	1.93	
		二环己胺	1.07	
		全损耗系统用油L-AN46	25	
		煤油	57	
3	902置换型防锈油	石油磺酸钡	5~7	适用于各种金属件,用于工序间及短期油封防锈
		羊毛脂镁皂	2~4	
		全损耗系统用油L-AN15	12~15	
		苯并三唑	0.02~0.05	
		司本-80	0.2	
		煤油度	余量	
4	661置换型防锈油	石油磺酸钡	8	适用于各种金属件的工序间防锈
		石油磺酸钠	2	
		羊毛脂	1	
		苯并三唑	0.1	
		苯二甲酸二辛酯	2	
		OP-4	0.1	
		5号高速机油	余量	
5	2号工序防锈油	石油磺酸钠	2	工序间防锈,适用于各种金属件,不含挥发物
		司本-80	1	
		羊毛脂	2	
		苯并三唑	0.2	
		25号变压器机油	余量	
6	572号置换型防锈油	石油磺酸钡	8	有良好的汗液置换及洗净性,缓蚀性好,在恶劣的气候条件下,对钢、铸铁等金属件防锈期大于1个月
		石油磺酸钠	5	
		氧化菜籽	5	
		OP-4	2	
		异丙醇	3	
		水	2	
		2,6二叔丁基对甲酚	0.1	
		苯并三唑	0.1	
		全损耗系统用油L-AN32	13	
		工业煤油	61.8	

（续）

序号	名称	配方(质量分数,%)		性能及用途
7	F-3防锈油	石油磺酸钡	3	有良好的手汗置换性和水膜置换性，适用于各种金属件的工序间防锈
		油酸	1	
		三乙醇胺	0.5	
		苯并三唑	0.01	
		正丁醇	0.6	
		汽轮机油	15	
		煤油	余量	
8	HD-1置换型防锈油	石油磺酸钡	4	适用于各种金属件的工序间和库房短期防锈。油层薄防锈效果好
		羊毛脂	2.5	
		环烷酸锌	1.5	
		苯并三唑	0.1	
		正丁醇	1.5	
		10号变压器油	8	
		煤油	余量	
9	洗净油(1)	石油磺酸钡	6	适用于钢、铜、铝等多种金属件的工序间防锈,手汗洗净性好
		石油磺酸钠	3	
		苯并三唑	0.2	
		邻苯二甲酸二丁酯	2	
		十二烯基丁二酸	1	
		全损耗系统用油 L-AN7	30	
		2号灯用煤油	54	
		水	2	
		吐温80(环氧乙烷占70%)	1.8	
10	洗净油(2)	石油磺酸钡	2	适用于钢、铜、铝多种金属件的浸泡封存
		石油磺酸钠	1	
		水	2	
		664或105净洗剂	2	
		苯并三唑	0.1	
		全损耗系统用油 L-AN7	余量	

2. 溶剂稀释型防锈油防锈封存

溶剂稀释型防锈油含有挥发性溶剂，或在常温使用时以溶剂稀释。大多数的防锈油与石油（或有机）溶剂都有良好的适应性，涂覆于金属表面后，溶剂便自然挥发掉，形成一层均匀保护薄膜。

使用溶剂大都为石油溶剂如汽油、煤油等，有机溶剂如苯、二甲苯、香蕉水、丙酮、氯化烃等，由于有机溶剂有毒性，并易引起火灾，不可使用。

溶剂稀释型防锈油可分为溶剂稀释型软膜防锈油、溶剂稀释型硬膜防锈油、溶剂稀释型置换性防锈油等。

成膜材料选用沥青、油溶性合成树脂时，溶剂挥发后形成硬膜，一般不黏手、不黏尘土杂质，是抹、擦不掉的透明或不透明薄膜，但又不同于热固性涂料，在石油溶剂如汽油中很容易清洗掉。这类油品缓蚀性好，一般用在大型机械设备表面的防锈，有的甚至可用于露天条件下存放的原材料、设备的封存。当采用硬膜防锈封存机械设备时，要注意不能将其沾到封存设备的某些活动部位，否则会因难于清除干净而影响设备的使用，并且在未彻底干燥前，不能重叠堆放，以防互相黏着。

成膜材料为油脂，如羊毛脂、蜡、凡士林、氧化石油脂及其钡皂，则溶剂挥发后形成的膜为软膜，即油膜比较软，能擦、抹掉。这类油品作长期封存用油时，要求有一定的油膜厚度，且多选用氧化石油脂及其钡皂、石蜡、地蜡等成膜剂，溶剂挥发后干涸在金属制品上的油膜可长时期保存，缓蚀性好，封存防锈期都在两年以上。但油膜附着较牢，解封比较困难。

溶剂稀释型防锈油的配方、性能及用途见表 51-2。

表 51-2　溶剂稀释型防锈油的配方、性能及用途

<table>
<tr><th>序号</th><th colspan="2">产品型号</th><th colspan="2">配方(质量分数,%)</th><th>性能及用途</th></tr>
<tr><td rowspan="4">1</td><td rowspan="26">硬膜油</td><td rowspan="4">1 号溶剂稀释型防锈油</td><td>玉门 5 号氧化沥青</td><td>31</td><td rowspan="4">大件室内长期防锈,涂装过程防锈</td></tr>
<tr><td>工业蓖麻油</td><td>2</td></tr>
<tr><td>环烷酸锌</td><td>2</td></tr>
<tr><td>200 号溶剂汽油</td><td>65</td></tr>
<tr><td rowspan="9">2</td><td rowspan="9">硬-2(99 号)</td><td>叔丁基酚醛树脂</td><td>70 质量份</td><td rowspan="9">适用于机炮 2~4 年防锈封存,代替原来厚脂封存</td></tr>
<tr><td>醇酸树脂</td><td>24 质量份</td></tr>
<tr><td>三聚氰胺甲醛树脂</td><td>6 质量份</td></tr>
<tr><td>环烷酸铅</td><td>8 质量份</td></tr>
<tr><td>十二烯基丁二酸咪唑啉</td><td>3 质量份</td></tr>
<tr><td>石油磺酸钡</td><td>3 质量份</td></tr>
<tr><td>苯并三唑</td><td>0.3 质量份</td></tr>
<tr><td>邻苯二甲酸二丁酯</td><td>2 质量份</td></tr>
<tr><td>200 号溶剂汽油</td><td>200 质量份</td></tr>
<tr><td rowspan="5">3</td><td rowspan="5">74-2</td><td>叔丁基酚醛树脂</td><td>20</td><td rowspan="5">用于钢铁件和铜合金件的防锈封存</td></tr>
<tr><td>羊毛脂</td><td>20</td></tr>
<tr><td>二壬基苯磺酸钡</td><td>10</td></tr>
<tr><td>苯并三唑</td><td>0.3</td></tr>
<tr><td>120 号汽油</td><td>余量</td></tr>
<tr><td rowspan="6">4</td><td rowspan="6">石 47-1</td><td>石油树脂</td><td>10</td><td rowspan="6">适用于钢铁件和铜合金制品长期防锈。特别是:材料来源广,价廉</td></tr>
<tr><td>精制 743 钡皂</td><td>20</td></tr>
<tr><td>二壬萘基磺酸钡</td><td>7</td></tr>
<tr><td>苯并三唑</td><td>0.4</td></tr>
<tr><td>环烷酸锌</td><td>2</td></tr>
<tr><td>120 号汽油</td><td>余量</td></tr>
<tr><td rowspan="6">5</td><td rowspan="6">1 号透明硬膜防锈油</td><td>101 聚丙烯酸树脂</td><td>5.65</td><td rowspan="6">适用于工具、小五金类单件包装防锈。干燥快(1h),油膜透明</td></tr>
<tr><td>失水苹果酸酐树脂</td><td>0.60</td></tr>
<tr><td>萜三唑</td><td>0.18</td></tr>
<tr><td>油酸三环己胺</td><td>4.24</td></tr>
<tr><td>2,6 二叔丁基对甲酚</td><td>0.18</td></tr>
<tr><td>香蕉水</td><td>74.49</td></tr>
<tr><td rowspan="5">6</td><td rowspan="10">软膜油</td><td rowspan="5">204-1(苏州)</td><td>磺化羊毛脂钙</td><td>30</td><td rowspan="5">用于轴承、机械工具等工件的长期封存,对钢铁件的防锈效果特别显著,用时以溶剂稀释</td></tr>
<tr><td>磺化蓖麻油</td><td>5</td></tr>
<tr><td>苯并三氮唑</td><td>0.2</td></tr>
<tr><td>乙醇</td><td>2</td></tr>
<tr><td>高速机油</td><td>余量</td></tr>
<tr><td rowspan="5">7</td><td rowspan="5">112-5 薄层油</td><td>石油磺酸钡</td><td>15</td><td rowspan="5">适用于汽车零部件的长期封存</td></tr>
<tr><td>石油脂钡皂</td><td>7</td></tr>
<tr><td>硬脂酸铝</td><td>5</td></tr>
<tr><td>司本-80</td><td>2</td></tr>
<tr><td>十六烯基丁二酸</td><td>2~3</td></tr>
</table>

（续）

序号	产品型号		配方（质量分数，%）		性能及用途
7	软膜油	112-5薄层油	2,6二叔丁基对甲酚	0.1	适用于汽车零部件的长期封存
			苯并三氮唑	0.2	
			全损耗系统用油L-AN15或L-AN46	12	
			工业煤油	余量	
8		F-31	石油磺酸钡	15	适用于钢铁件长期封存，一般封存期可达2年以上
			羊毛脂镁钡	10	
			工业凡士林	30	
			全损耗系统用油L-AN15	10	
			二苯胺	0.2	
			2号灯用煤油	余量	
9		2号防锈油	743钡皂	100质量份	适用于机床导轨、工具、轴承、枪支等钢铁件的长期封存
			二壬基萘磺酸钡	52.8质量份	
			全损耗系统用油L-AN68	100质量份	
			200号溶剂汽油	450质量份	
			石油磺酸钠	30质量份	
			苯并三氮唑	1质量份	
			2,6二叔丁基对甲酚	0.5质量份	
10		33号	全损耗系统用油L-AN46	15质量份	适用于多种金属件的长期封存，目前多用于军械
			聚甲基丙烯酸酯	6.5质量份	
			743钡皂	45.7质量份	
			石油磺酸钡	32质量份	
			N-油洗肌氨酸十八胺	2质量份	
			苯并三氮唑	0.5质量份	
			2,6二叔丁基对甲酚	0.1质量份	
			200号溶剂汽油	150质量份	

3. 防锈脂防锈封存

防锈脂在常温为凡士林膏状体，一般以矿物脂（凡士林）或全损耗系统用油（机油）为基体，以皂类或蜡类稠化，并加入油溶性缓蚀剂、助剂配制而成。

防锈脂涂覆成膜后，其膜层为蜡状或膏状厚膜。按材料针入度大小，防锈脂可分为几个等级。针入度为30~80者最硬，90~150为中等，200~325为最软。使用时加热熔融，成流体状时，浸、刷、喷均可。最软的防锈脂或冷涂脂不加热熔融也可刷涂或抹涂。

国内防锈脂品种较多，大多属于加热浸涂或刷涂一类。其特点是油膜厚，防锈期比较长，适用于大型设备的封存，流失少，油膜强度好，防锈期长等。缺点是油封、启封都需要加热，并要求有较好的热稳定性、抗氧化稳定性。冷涂脂则可克服以上缺点，可常温涂覆，使用方便。防锈脂的配方、性能及用途见表51-3。

表51-3　防锈脂的配方、性能及用途

序号	产品型号		配方（质量分数，%）		性能及用途
1	热涂型	1号石油脂型防锈脂	精制南充蜡膏	97	机器、设备、零件封存5年以上
			二壬基萘磺酸钡	3	
2		2号石油脂型防锈脂	精制南充蜡膏	72	
			二壬基萘磺酸	3	
			全损耗系统用油L-AN68	25	

（续）

序号	产品型号		配方（质量分数，%）		性能及用途
3	热涂型	1 号防锈脂	蜡膏	65	机器、设备、零件长期封存，可用于室外
			11 号气缸油	14	
			石油磺酸钡	7	
			司本-80	2	
			80 号地蜡	12	
4		2 号防锈脂	蜡膏	88	
			二壬基萘磺酸钡	3	
			80 号地蜡	6.5	
			全损耗系统用油 L-AN46	2.5	
5		903 防锈脂	石油磺酸钡	10	适用于轴承、工具、军械、机械等长期封存，抗海水性效果显著，可用煤油稀释后工序间防锈用
			司本-80	0.3	
			工业凡士林	余量	
6		905 防锈脂	石油磺酸钡	5	与 903 防锈脂的性能及用途相同，但对铜件效果较好
			苯并三唑	0.1	
			司本-80	0.2	
			工业凡士林	余量	
7		201 防锈脂	地蜡	6	用于机床、工具、设备的长期封存，也可冷涂
			硬脂酸	0.3	
			石油磺酸钡	8~9	
			工业凡士林	65~70	
			全损耗系统用油 L-AN46	余量	
8		301 防锈脂	精制磺酸钙	5	用于医疗食品器械封存
			工业凡士林	95	
9	冷涂型	907 冷涂防锈脂	石油磺酸钡	6	用于金属件长期封存，特别适用于各种机床的大型铸件冷涂刷，防锈期 3 年，具有高温不流失，低温不开裂
			羊毛脂镁皂	6	
			苯并三唑	0.3	
			二元乙丙胶	0.2	
			邻苯二甲酸二丁酯	0.6	
			地蜡	4	
			2,6 二叔丁基对甲酚	0.25	
			油溶性金红	0.1	
			医用凡士林	余量	
10		薄层防锈脂	十二烯基丁二酸	3	用于各种金属件的长期封存防锈，防锈期为 3~5 年
			石油磺酸钡	7	
			苯并三唑	0.3	
			聚异丁烯母液	27	
			75 号地蜡	3~6	
			医用凡士林	余量	
11		663 防锈脂	石油磺酸钡	10	适用于金属精密机械零件长期封存，防锈稀锈后也可用于工序间库存防锈
			羊毛脂	5	
			苯并三唑	0.1	
			邻苯二甲酸二丁酯	3	
			2,6 二叔丁基对甲酚	0.1	
			工业用凡士林	余量	
12		防锈脂	石油磺酸钡	5	适用于各种金属件的封存
			羊毛脂镁皂	3	
			苯并三唑	0.1	
			司本-80	3	

（续）

序号	产品型号		配方（质量分数，%）		性能及用途
12	冷涂型	防锈脂	2，6二叔丁基对甲酚	0.3	适用于各种金属件的封存
			二苯胺	0.3	
			工业用凡士林	余量	

4. 封存防锈油防锈封存

封存防锈油是以机械油为基础油，加入油溶性缓蚀剂和其他辅助添加剂配成。它有以下优点：

1）常温涂覆，工艺简单，油膜薄，节约油料。

2）防锈期长，可作室内长期封存，用机械油稀释后又可作工序间防锈用。

3）启封不必清洗，防锈油与润滑油有良好的混溶性，可直接作封存使用。

4）不用溶剂，卫生、安全。

封存防锈油使用时，通常可采取浸泡和涂覆两种形式。

浸泡型封存防锈油常用于小型制品，制品全浸入装在塑料瓶内的防锈油中密封。这种油品缓蚀剂浓度不需要太高，2%或更低即可。一般要加抗氧化剂，使油料与金属接触中不变质。这类油品也可用于密封制品的内部灌油封存。

涂覆型封存防锈油防锈期较长，同时由于油膜薄而透明，故具有用量省和启封方便的特点。这种油品常以数种缓蚀剂复合使用，并有较高的浓度，其缓蚀剂总量一般在10%左右。这类油品的缺点是油膜容易流失，防锈效果没有溶剂稀释型软膜防锈油好。加入添加剂或选用合适的塑料薄膜等外包装，都能防止油膜流失，延长防锈封存期获得较好的防锈效果。这类油品适用于金属的室内长期封存。封存防锈油的配方、性能及用途见表51-4。

表51-4 封存防锈油的配方、性能及用途

序号	产品型号		配方（质量分数，%）		性能及用途
1	浸泡型	沪E-101	石油磺酸钡	0.5	通常用于微型轴承，用塑料管装油，全浸式保存
			环烷酸锌	0.5	
			羊毛脂	0.3	
			苯并三氮唑	0.2	
			10号变压器油	余量	
2		662	石油磺酸钡	2	适用于精密仪表轴承防锈
			羊毛脂	2	
			苯甲酸丁酯	1	
			变压器油	余量	
3		F-41	石油磺酸钡	0.3~0.4	适用于航空附件内部灌油封存或其他制品全浸状态下长期封存
			司本-80	0.2~0.3	
			苯并三氮唑	0.02~0.04	
			2，6二叔丁基对甲酚	0.3~0.5	
			变压器油	余量	
4	涂覆型	F20-1	二壬基萘磺酸钡	5	适用于各种金属件及材料的长期封存。遇水易乳化，是目前比较好的液体防锈油
			石油磺酸钡	10	
			十二烯基丁二酸	1	
			羊毛脂镁皂	9	
			苯并三氮唑	0.3	
			邻苯二甲酸二丁酯	1.5	
			25号变压器油	余量	

（续）

序号	产品型号		配方(质量分数,%)		性能及用途
5	涂覆型	72-1	石油磺酸钡	25	用于钢等有色金属件防锈封存
			羊毛脂镁皂	15	
			苯并三氮唑	0.3	
			邻苯二甲酸二丁酯	2	
			30 号航空机油	57.5	
6		501 特种防锈油	石油磺酸钡	4	用于各种金属件的长期封存,有一定的水膜置换性。对铜及铜合金封存效果较差
			环烷酸锌	2	
			石油磺酸钠	1	
			15 号车用机油	93	
7		BM-7	全损耗系统用油 L-AL32	90 质量份	适用于各种金属件表面处理层的长期封存防锈
			合成馏分(300℃前)	10 质量份	
			氧化蜡膏钡皂	30 质量份	
			二壬基萘磺酸钡	20 质量份	
			聚异丁烯($M=2180$)	2 质量份	
			2,6 二叔丁基对甲酚	0.3 质量份	
8		53 号	二壬基萘磺酸钡	7	发动机外部油封油,适用于铜、钢、镁等多种金属件和镀层。油基稳定性好,对铅腐蚀性甚小
			743 钡皂	1	
			烷基磷酸咪唑啉	2	
			十二烯基丁二酸	1	
			苯并三氮唑	0.2	
			聚异丁烯	7.8	
			HH-8 润滑油	余量	
9		3 号浓缩液	二壬基萘磺酸钡	39	用变压器油冲稀 3~4 倍后,用于长期封存;适用于钢铁、铜、铝等多种金属件和镀层
			703 防锈剂	35	
			苯并三氮唑	3	
			25 号变压器油	余量	
10		1 号防护油	二壬基萘磺酸钡	4	适用于轻重武器的擦拭及在南方地区的短期防锈
			司本-80	2	
			743 钡皂	2	
			羊毛脂镁皂	4	
			2,6 二叔丁基对甲酚	0.2	
			18 号冷冻机油	余量	
11		5 号防锈油	羊毛脂镁皂	5	航空发动机外部,汽车、枪支的油封防锈,适用于各种金属件
			变压器油	95	
12		705 防锈油	兰州蜡膏锌皂	2	适用于各种金属薄板、电镀板材、管材、线材和其他异形材料
			二壬基萘磺酸钡	2	
			变压器油	96	
13		65-1	石油磺酸钡	5	适用于军械防锈
			环烷酸锌	1	
			油酸二环己胺	2	
			全损耗系统用油 L-AN32	余量	
14		镀铜油	苯并三氮唑	0.2	用于镀铜件的封存
			苯二甲酸二丁酯	2	
			羊毛脂	4	
			YH-10 红油	余量	

5. 乳化型防锈油防锈封存

乳化型防锈油含矿物油、缓蚀剂及乳化剂，使用时以水稀释成水包油型乳化液。用水剂清洗后的工件不必干燥即可涂油，待水蒸发后便在工件表面形成一层保护性的薄油膜。

它具有以下特点：

1）成本低，以水代替大量的石油溶剂可节约石油资源，节约费用。

2）施工方便，使用安全，对环境无污染。

目前多用于工序间防锈，也可作长期封存用。乳化型防锈油的品种、性能及用途见表51-5。

表 51-5 乳化型防锈油的品种、性能及用途

序号	产品型号	配方(质量分数,%)		性能及用途
1	1号乳化型防锈油	氧化石油脂钠钡皂	80	适用于钢铁件工序间防锈(油与水的质量比为 1∶7.3),也可用于成品防锈,但包装前必须烘干
		石油磺酸钡	8	
		石油磺酸钠	4	
		烷基酸性磷酸酯	5.3	
		三乙醇胺	2.7	
2	22号乳化型防锈油	皂用酸十八胺(摩尔比 1∶1)	8	主要适用于钢铁件及铝合金件,溶液质量分数为5%时用于工序间,可达7~15天不锈,质量分数为25%~33%时,可封存1个月
		石油磺酸钡	2~4	
		磺化羊毛脂钠皂	2~3	
		十二烯基丁二酸钠皂	1.5	
		皂用酸二乙醇胺酰胺	11~12	
		全损耗系统用油 L-AN46	余量	

6. 防锈润滑两用油脂防锈封存

防锈润滑两用油脂是具有防锈和润滑双重性能，可用于机器工作时的润滑，又可用于封存防锈。通常启封后，因与润滑油能很好地混溶，故可不必清除而直接安装使用，或试车后，不必另换油料。这类油品一般用于需要润滑或密封的系统。

两用油的品种很多，根据用途可分为防锈润滑油、防锈润滑脂、防锈液压油和防锈内燃机油。每种油脂各有其适用范围、特点及配方，具体见表51-6。

表 51-6 防锈润滑两用油脂的配方、性能及用途

序号	产品型号		配方(质量分数,%)		性能及用途
1	防锈液压油	液压设备封存防锈油(液大-2)	烷基硫代磷酸锌	1.9	用于机床液压系统及液压封存防锈
			石油磺酸钡	2.8	
			烯基丁二酸	0.28	
			聚甲基丙烯酸酯	0.19	
			2,6二叔丁基对甲酚	0.46	
			全损耗系统用油 L-AN32	余量	
2		防-1	二壬基萘磺酸钡	12	适用于机床液压系统及液压筒封存
			环烷酸锌	2	
			硫磷化高级醇锌盐	2	
			聚甲基丙烯十四酯	0.2	
			2,6二叔丁基对甲酚	0.5	
			全损耗系统用油 L-AN32	余量	
3		防-2	石油磺酸钡	3	
			烯基丁二酸	0.3	
			二烷基二硫代磷酸锌	0.2	
			聚甲基丙烯十四酯	0.2	
			2,6二叔丁基对甲酚	0.5	
			全损耗系统用油 L-AN32	余量	

（续）

序号	产品型号		配方（质量分数，%）		性能及用途
4	防锈内燃机油	80 号发动机防锈润滑油	二壬基萘磺酸钡	3	适用于内燃机的防锈封存及润滑
			石油磺酸钙	1.2	
			二烷基二硫代磷酸锌	0.3	
			抗凝剂	0.18	
			甲基硅油	10×10^{-6}	
			10 号车用机油	余量	
5		72 号发动机防锈润滑油	二壬基萘磺酸钡	4.8	
			司本-80	0.27	
			甲基硅油	10×10^{-6}	
			抗凝剂	0.27	
			二烷基二硫代磷酸锌	0.48	
			10 号车用机油	余量	
6		活塞式航空发动机润滑防锈油	石油磺酸钡	5	适用于活塞式航空发动机内部油封润滑，其缓蚀性优于 217，润滑性不低于 HH-20，使用中较清洁，油中没有明显的积炭颗粒
			司本-80	0.5	
			二烷基二硫代磷酸锌	1	
			硅油	10×10^{-6}	
			HH-20 航空润滑油	93.5	
7	防锈润滑油	4 号防锈脂	氧化石油脂锂皂	1.5	用于航空内燃机封存，也用于钢、铜等零件和工具材料的长期封存
			天然橡胶	1	
			烷基酚钡	2.5	
			变压器油	20	
			航空清油 HH-20	余量	
8		1 号防锈脂	硬脂酸铝	10	用途同 4 号防锈脂，对铸铁非常有效
			油酸	6	
			三乙醇胺	6	
			正丁醇	8	
			冬用枪油	余量	
9		防锈试车油	全损耗系统用油 L-AN32	90	用于一般机床机床箱、齿轮箱、变速传动部位试车及防锈封存
			氧化石油脂	7	
			石油磺酸钡	3	
10		仪-81	石油磺酸钡	4	适用于精密仪表轴承的防锈封存（也可用于航空内燃机、发动机封存）
			苯并三氮唑	0.5	
			磷酸三丁酯	1	
			羊毛脂	2	
			聚氧乙烯壬基酚醚	0.5	
			8 号航空润滑油	余量	
11		仪-82	石油磺酸钡	2	适用于精密仪表轴承的防锈封存（也可用于航空内燃机、发动机封存）
			苯并三氮唑	0.5	
			磷酸三丁酯	1	
			次磷酰基硬脂酸	0.3	
			十七烯基咪唑啉	0.5	
			8 号航空润滑油	余量	
12		仪-105	十七烯基咪唑啉	1.0	
			环烷酸锌	1.5	
			苯并三氮唑	0.2	
			五氯联苯	0.3	
			8 号航空润滑油	余量	

51.1.3　高分子防锈封存材料

高分子防锈材料是指以有机高分子材料为基体材料，优化选配适宜的固化剂、引发剂，根据应用条件试验确定添加适量的助剂与防锈填料，经科学、合理的工艺路线形成的具有一定防锈功能的封存材料。

在金属制品表面涂覆高分子防锈材料，发生物理或化学反应，形成致密的防护膜层，隔离水、氧、介质等环境因素对金属材料的影响，避免或减少发生化学腐蚀或电化学腐蚀的几率，从而起到防锈、封存的目的。

高分子防锈材料的防锈作用主要体现在以下三个方面：

1）缓蚀作用。在高分子防锈材料中添加的缓蚀剂可使一个或两个电极极化，有效地减缓腐蚀速度，抑制腐蚀进行，起到缓蚀作用。缓蚀作用可以弥补屏蔽作用的不足，同时屏蔽作用又能防止缓蚀剂的流失，使缓蚀效果稳定持久。

2）屏蔽作用。有机树脂与固化剂发生交联反应，或在引发剂作用下进行聚合，形成结构均匀规整、排列紧密的三维网状物质，如环氧树脂与胺类固化剂的反应。细微不透水的颜料、填料粒子，填充管孔，延长水分渗透到基体金属的路程；片状填料可使涂层的结构十分致密，减少孔隙率，在涂层中起到挡板的作用；细微鳞片状防锈颜料、填料在涂膜中与底材呈平行状态排列，彼此搭接和重叠，能有效阻挡腐蚀介质和底材的接触，并可延缓腐蚀介质向金属基体的渗透，达到缓蚀的目的。与金属材料结合力较强的高分子膜层结构以及防锈颜料、填料形成的致密结构都在一定程度上提高了膜层的抗渗透性，可有效阻止水、氧气等小分子的透过，有效阻挡水、氧及离子透过膜层到达金属材料表面，避免或减少发生腐蚀。由于任何涂层均具有一定的渗透性，因此屏蔽作用不能绝对保证金属材料不被锈蚀。

3）阴极保护作用。封存涂膜中加入的对基体金属能成为牺牲阳极的金属粉，而且当其用量足以使金属粉之间和金属粉与金属基体之间达到电接触程度时，就能使金属基体避免发生腐蚀。

1. 热熔型可剥性涂膜防锈封存

热熔型可剥性涂膜防锈封存材料的配方及配制方法见表51-7。

表51-7　热熔型可剥性涂膜防锈封存材料的配方及配制方法

序号	配方(质量/g)		配制方法
1	乙基纤维素	35	先将乙基纤维素在(105±5)℃的烘箱中烘2~3h,以除去水分
	邻苯二甲酸二丁酯	20~25	
	蓖麻油	6.5	将蓖麻油、羊毛脂、二苯胺一起加到锭子油中,加热至140~150℃搅拌混溶后,再加入石蜡、硫柳汞,升温到160~170℃后,加入乙基纤维素,迅速搅拌至完全溶解
	羊毛脂	1	
	二苯胺	0.5	
	苯并三唑	0.1	将苯并三唑溶于邻苯二甲酸二丁酯后,加入到已配的塑料液中,搅拌均匀。最后升温到175℃(不超过180℃),再搅拌10min,然后在160~170℃下静置2~3h,当无气泡时即可使用
	石蜡	0.1	
	硫柳汞	0.05	
	13号锭子油	48	
2	醋酸丁酸纤维素	28	先将全损耗系统用油L-AN15、双硬脂酸铝加入反应釜中混匀,用油浴或沙浴加热至110~140℃,不断搅拌,使溶解
	苯二甲酸二辛酯	24	
	苯二甲酸二丁酯	8	
	蓖麻油	6	

（续）

序号	配方（质量/g）		配 制 方 法
2	双硬脂酸铝	2.5	加入苯二甲酸二辛酯、蓖麻油、混合缓蚀剂及预先烘干了的醋酸丁酸纤维素[此纤维素须预先在（105±2）℃的烘箱中烘1~2h]，升温至150~170℃，搅拌待完全熔融后，加入苯二甲酸二丁酯及香料再搅拌均匀
	无水羊毛脂	0.5	
	羊毛脂钠	0.45	
	石油磺酸钡	0.45	
	全损耗系统用油 L-AN15	30	保温静置至无气泡，即可使用
	玫瑰香精	0.1	

2. 溶剂型可剥性涂膜防锈封存

溶剂型可剥性涂膜防锈封存材料的配方及配制方法见表51-8。

表51-8 溶剂型可剥性涂膜防锈封存材料的配方及配制方法

序号	配方（质量/g）		配 制 方 法
1	过氯乙烯树脂	100	1）先将邻苯二甲酸二丁酯、硬脂酸钙、蓖麻油和变压器油混合于容器中，在100℃加热溶解
	邻苯二甲酸二丁酯	30	
	蓖麻油	10	
	硬脂酸钙	0.5	2）用部分二甲苯将羊毛脂和环氧树脂溶解，然后加入过氯乙烯树脂和其余的溶剂
	无水羊毛脂	7	
	环氧树脂	10	
	变压器油	2	3）将上述两部分混合，于55℃的水浴中加热，搅拌直至全溶，最后在室温静置冷却，待气泡消失后使用
	二甲苯	250~350	
	丙酮	250~350	
	聚苯乙烯树脂	100	4）先将聚苯乙烯树脂浸泡于过氯乙烯稀料中，不时搅拌，待一段时间后树脂即可溶解，然后加入邻苯二甲酸二丁酯搅均匀，静止待气泡消失，即可使用
	邻苯二甲酸二丁酯	40	
	过氯乙烯稀料（用于溶解过氯乙烯）	235mL	
2	三元共聚物（氯乙烯、醋酸乙烯和顺丁烯二酸的共聚物）	100	1）称取已干燥的三元共聚物100g放入三角瓶内，倒入甲苯200mL，在搅拌下再倒入醋酸丁酯200mL及丙酮80mL，搅拌均匀后再加入蓖麻油35mL及变压器油1.2mL
	邻苯二甲酸二辛酯	35mL	
	蓖麻油	35mL	2）将环氧树脂溶于20mL丙酮，羊毛脂溶于25mL甲苯，先后倒入三角瓶内与树脂液混合
	变压器油	1.2mL	
	环氧树脂	5	3）将硬脂酸镉与邻苯二甲酸二辛酯共同加热至180℃，并搅拌全溶后，冷却至50℃左右，倒入三角瓶内，与树脂混合
	无水羊毛脂	5	
	硬脂酸镉	0.4	
	甲苯	225mL	4）上述混合物用水浴加热回流约2h，至全部溶解后，冷至室温，用300孔/cm² 筛或多层纱布过滤，除去杂质即可使用
	醋酸丁酯	200mL	
	丙酮	100mL	
3	过氯乙烯树脂	100	将环氧树脂、过氯乙烯树脂溶入过氯乙烯稀料中，又另将邻苯二甲酸二丁酯、石油磺酸钡、石蜡及油脂一起加热熔融，冷却后把二者混合并掺入所需量的苯
	邻苯二甲酸二丁酯	25	
	石蜡	4.5	
	石油磺酸钡	5~10	
	蓖麻油	5	
	变压器油	5	
	201防锈脂	10	
	过氯乙烯稀料与苯（质量比2∶4）	600~700	
4	聚苯乙烯树脂	100质量份	1）将聚苯乙烯树脂100质量份，P-4溶剂质量150份，邻苯二甲酸二丁酯20质量份混合搅拌至聚苯乙烯全部溶解。若急用可将其放于80℃水浴锅中加热，以帮助聚苯乙烯溶解
	邻苯二甲酸二丁酯	40质量份	
	P-4溶剂	235质量份	

（续）

序号	配方（质量/g）		配 制 方 法
4	环氧树脂 6101 号	5~10 质量份	2）将剩余的邻苯二甲酸二丁酯和环氧树脂，石油磺酸钡和变压器油混合，加热至 100℃ 左右使其溶解
	石油磺酸钡	5~10 质量份	
	变压器油	2 质量份	3）将二苯胺、磷酸三苯酯溶于 50 质量份 P-4 溶剂中
	二苯胺	0.5 质量份	4）将颜料溶于 35 质量份 P-4 溶剂中
	磷酸三苯酯	2 质量份	5）将 2）、3）、4）所配的溶液分别加入 1）所配溶液中，搅匀备用
	油溶性颜料	适量	

51.1.4　环境防锈封存

环境封存主要指被封存产品的周围，创造一个低湿度或无氧的防锈环境条件，如控制相对湿度在 35%（或 40%）以下的干燥空气或氮气的环境，使金属制品不致引起锈蚀和非金属产品可减缓老化变质而采用的一类防锈方法。常用的有充氮（或其他惰性气体）封存、干燥空气封存、除氧封存等。视其结构材料又可分为金属罐封存、非金属罐封存、封套包装和茧式包装。

1. 除氧封存

除氧封存也称吸氧封存，即在密封包装空间采用除氧和氧指示剂，使氧气浓度减少从而达到产品封存的目的。除氧剂的原理是利用还原物质，在密封空间发生快速氧化反应，使容器内氧体积分数迅速下降到 0.1%以下，从而使产品不锈、不霉，延长封存期。

早先利用亚硫酸钠或亚硫酸氢钠还原剂除氧或用葡萄糖氧化酶除氧。近年来，在国际市场上使用的降氧剂越来越多，它们与复合材料配合，有很大的使用价值。我国有 801 和 4H 两种除氧剂。在密封空间内，当含氧体积分数<0.1%为红色，含氧体积分数>0.5%为蓝色，中间呈紫红色，从颜色可辨别除氧剂是否有效。

2. 充氮封存

充氮封存是将产品贮存在密闭的金属刚性容器（如马口铁罐）或非金属容器（如透湿、透气性小，无腐蚀的柔韧性膜做成的封套塑料袋）内，并充入干燥氮气，使制品得到保护。一般要求氮气纯度不低于 99.5%，至少也要达 95%，露点-40℃以下，密封容器内应放有干燥剂、湿度指示剂等。其原理是金属制品在没有氧和水分（干燥）的惰性气氛条件下不易发生锈蚀，而对于一些非金属材料（如橡胶、塑料和润滑油脂等）在此条件下，因氧化而引起的老化变质过程也大大减慢。

充氮封存工艺如下：

1）将金属产品清洗并干燥后，用无腐蚀的牛皮纸或羊皮纸包好，作为内包装，然后放入预先清洁干燥的容器内，借衬垫及缓冲材料使之固定。再放入干燥剂及必要的文件（合格证、装箱单等），在 0.5~1h 内加盖或用封罐机将容器封口。

2）抽气和充氮。反复进行 2~3 次，每次抽至剩余压力为 20~40kPa，充氮压力为 30.4~50.7kPa，最终压力为 20.3~30.4kPa。即容器内氮的压力较外面大气的压力高 20.3~30.4kPa。

3）焊封抽气孔。可用松香作焊药，焊封时一定不可出现气孔。

4）成品气密性检查。将充氮、焊抽气孔后的容器浸入盛水的干燥器内，干燥器抽气至压差为 66.7kPa，检查不漏气，则为合格。经气密性检查合格的包装品，立即用布擦干或用压缩空气吹干，并在 40~50℃ 烘干 0.5h，以免容器生锈。

5）涂防护层，作标记。在容器外表面喷涂保护漆膜，最后写上标记，包括物品名称、型号、数量、出厂号、出厂日期及保管期限等。

3. 干燥空气封套式包装

按产品的外形用封套材料做成封套，将整个产品套封起来，用拉链或焊接法封口，在封套内使用干燥剂控制相对湿度低于35%，以达到防止产品锈蚀的目的，这种方法称为封套式包装。

常用的封套材料是由塑料膜、铝箔和棉布、帆布、亚麻布或合成纤维布黏合而成。通常封套可做成各种大小不同的规格，按需要尺寸下料，焊接成袋，只留封口处不焊。焊缝要达到一定宽度（15~20mm）才能保证焊缝上的气密性。封套式包装多用于大型部件、组合件及成套设备的长期封存。它的优点是包装方法简便，

易于启封及检查，适合于各种金属、各种类型的产品，能经受恶劣气候环境条件，可露天存放，较茧式包装的施工工艺简单，价格便宜。

封套式包装工艺如下：

1）经清洁、干燥处理的制品，必要时有的部分涂覆防锈油保护，并用耐油性包装材料，如石蜡纸、塑料薄膜遮蔽或包好。

2）制品的尖角或突出部分用无腐蚀的缓冲材料（如清洁的海绵、橡胶等）包扎或衬垫垫好，以免刺破封套。

3）装入必要的文件（如说明书、合格证等），并在封套内观察窗附近装上湿度指示剂。

4）迅速将准备好的制品及干燥剂放入封套，立即拉上拉链或焊接法封口，此过程尽量快，不要超过20min，并在封口布条和拉链两侧涂上88号胶液，将拉链口封严。

5）制品装入封套后，应在24h内将套内多余的空气挤出或进行抽真空和充入干燥空气。

6）在封套抽真空处，用胶黏剂封严。包装内相对湿度可通过湿度指示剂显示。

4. 干燥空气茧式包装

这种包装是将制品密封在一个塑料包装罩子里，罩子是由塑料喷丝作网，然后喷涂塑料膜形成的，故称为茧式包装。

在包装罩内放置干燥剂（硅胶）使其相对湿度保持在40%以下以保护制品的防护方法。它的优点是可用来包装大型的结构复杂、外形不规则的产品，既可整机包装，也可分散包装。塑料膜坚韧不易破损，耐候性强，能在露天条件下存放。所涂塑料膜层厚度为1mm时，可保护设备2年不锈。如果在塑料膜上再涂沥青涂层、铝粉漆等，膜层总厚达5mm时，防锈期可达5~10年甚至更长的时间。这种茧式包装曾用于整台飞机、车辆、大炮、发动机、枪支等作长期封存。

资料表明，按过去方法使用防锈油料封存飞机的启封，要经过1200h的处理才能起飞。而用茧式包装从剥除膜到起飞，只需花4h。

茧式包装工艺如下：

1）产品清洗干净后，固定在翻边的金属底板上。产品的突出部位及锋利棱边垫上减振缓冲材料，以防刺穿塑料膜。然后用布带、纸带或尼龙织品包缠产品（交织呈网状）。

2）将配好的塑料溶液用喷枪喷成连续的网丝包缠在设备上的网状物外面，形成蛛网层。可先喷长丝形成网架，再喷短丝，形成密实平整的网层。

3）网层全干燥后，喷涂成膜材料，每层不宜过厚，总厚度以0.6~1.5mm为宜，并在整个覆层上切出两个通风孔以排除溶剂。

4）膜层全干后，在通风孔处，按计算量放入干燥剂，并将湿度指示剂放在观察窗下，然后再用涂层材料和胶带密封孔口，再喷成膜材料。

5）最后，其外层尚需再喷涂50%石油和50%矿性沥青混合组分的涂层约3.18mm。然后再喷铝粉漆约0.025mm厚，以形成可靠的外部防护层。

结网材料可由氯乙烯树脂配制；成膜材料可由氯乙烯醋酸乙烯聚合物配制。

5. 刚性容器干燥空气封存

用铁皮、钢板、铝板或热固性塑料等制成的金属或非金属刚性容器作干燥空气封存，使用起来也较方便。容器在包装前应检查内外表面不得有水分、灰尘、污物等，不允许有变形或破损，制品包装于容器内以后，如封套包装一样，放入经计算所需数量的干燥剂、必要的文件，然后封口。封口可采用完全密封式，即用专用的封口装备进行卷边压封或焊封；或用法兰盘封口式。即容器的封口用法兰盘结合，衬以密封性良好的材料，并用螺栓坚固，也可简便的用密封胶带封口，此法开启检查及更换干燥剂均较方便。

51.1.5　典型机械零部件的防锈封存

1. 通用设备防锈封存

通用设备要求暂时防锈的部位较少，在加工过程中及中间库存中的防锈方法均与大型机械相类似。通用设备的防锈封存工艺见表51-9。

表51-9　通用设备的防锈封存工艺

序号	设备名称	工 艺 要 求
1	水泵防锈	水泵的主轴承应注入防锈润滑脂，并将油杯盖紧
		联轴器如未套在轴上，应在内孔和轴端涂防锈脂，并用石蜡纸包好
		裸露面、底脚螺钉、螺栓等外露螺纹表面均应涂覆防锈脂
2	风机防锈	叶轮的轴孔、风机主轴与叶轮、联轴器或带轮配合的轴颈部分均需涂防锈脂，并用石蜡纸包好。主轴外露部分表面也要防锈。主轴承内注入防锈润滑脂，并将油杯盖紧，防止雨水浸入生锈
		联轴器如未套在轴上，则应在内孔涂防锈脂再用石蜡纸包扎
		凡外露螺纹表面及精加工面，应涂防锈脂并用油纸包好，对于摩擦部分涂防锈油后，再用油纸包好
		带有齿轮箱的风机，齿轮箱内应注入24号气缸油或气相防锈油使齿轮浸没，每隔3个月，将其转动20~30转，使油附于表面防锈
3	空气压缩机与冷冻机防锈	气缸、活塞、活塞杆、连杆及精密加工表面一律涂覆防锈脂，以防锈损；每隔3个月应推动活塞做上下往复运动数十次
		在轴上及拆下的飞轮及带轮的轴孔内均涂防锈脂防锈；轴端上的键销，要用石蜡纸包扎好
		联轴器外表面涂覆防锈脂，并用石蜡纸包裹
4	阀门防锈	阀门已加工的外露表面，如阀杆升降螺钉、连接螺栓的外露螺纹、法兰阀的法兰面、传动齿轮的齿廓表面等，均应涂防锈脂；升降螺钉还要用石蜡纸包好
		用水力传动的阀门，应将水放净并擦干，然后在水缸、活塞、连杆等处涂防锈油防锈
		阀门密封面须涂工业凡士林防锈

2. 大型机械防锈封存与包装

大型机械（如汽轮机、锅炉等）的特点是零部件品种繁多，多是小批量甚至单件生产，加工周期长、体积大，常常是个别部件单件包装而非整机出厂，出厂后，储运、安装的过程也很长，有的体积大，常在露天存放。以上特点就给防锈带来很多麻烦和要求。

大型机械生产中与防锈有关的工序如下：原材料防锈→加工工序间防锈→划线+试水压→涂漆前后→中间库、配件库→装配→试车→清洗→油封→包装。

大型机械的防锈封存工艺见表 51-10。

表 51-10　大型机械的防锈封存工艺

<table>
<tr><th>序号</th><th colspan="2">工　序</th><th>工艺要求</th></tr>
<tr><td rowspan="3">1</td><td rowspan="3" colspan="2">原材料及铸件毛坯</td><td>露天存放的钢材可喷涂 6511 防锈油，钢管可人工刷涂。防锈期露天可存放半年，室内可保持 1 年不锈</td></tr>
<tr><td>铸铁件或锻压件非加工面可刷防锈底漆防锈</td></tr>
<tr><td>6511 防锈油的配方（质量分数）：合成残渣 24%，酚醛树脂 15%，黄丹粉 0.7%，棉籽油脂肪酸残渣 10%，萘酸锰 0.2%，萘酸钴 0.1%，合成轻油 50%</td></tr>
<tr><td rowspan="6">2</td><td rowspan="6">工序间防锈</td><td>切削加工</td><td>采用 D-15 乳化液或全损耗系统用油中加入质量分数为 2%～3%的石油磺酸钡或采用专用防锈切削油</td></tr>
<tr><td rowspan="2">机台防锈</td><td>防锈期在 1 个月以内的，采用煤油稀释的 201 防锈油[质量比为(1～4)：1]</td></tr>
<tr><td>防锈期在 1 个月以上的，可用 201 防锈油或以汽轮机油代替 663 防锈脂中凡士林的防锈油</td></tr>
<tr><td>划线工序</td><td>机械加工的光洁面上如需划线，需先涂上划线防锈剂[配方（质量分数）为虫胶 5%～10%，乙醇 90%～95%，立德粉适量]，然后再划线</td></tr>
<tr><td>试水压工序</td><td>试水压工序的防锈液可采用质量分数为 5%～8%重铬酸钾水溶液或用一般的亚硝酸钠防锈水。在试水压前，大件局部加工面可涂 663 防锈脂，或 1 号溶剂稀释型防锈油；一般管子试压后应用塑料盖或木塞封堵</td></tr>
<tr><td>涂添工序</td><td>不需涂漆的加工面，要涂 1 号溶剂稀释型防锈油或可剥性塑料</td></tr>
<tr><td rowspan="2">3</td><td rowspan="2" colspan="2">中间库存防锈</td><td>清洗：制件于室温下用煤油或汽油清洗，或用加有质量分数为 5%置换型防锈油的汽油清洗</td></tr>
<tr><td>中间库存放：贮存 3 个月内的制件用 201 防锈油；贮存 3 个月以上的制件，用 201、903 防锈脂防锈，并用包装纸遮盖；也要用可剥性塑料封存。大型部件一般都没有专门的中间库，通常放在车间内，但在此情况下，应尽量放在清洁干净处</td></tr>
<tr><td rowspan="4">4</td><td rowspan="4" colspan="2">装配、检查及试车过程防锈</td><td>在此工序过程中，应防止操作人员手汗引起锈蚀，制件要清洗干净，方法与工序间清洗相同</td></tr>
<tr><td>装配及试车：在选用的试车润滑油中加入质量分数为 2%～5%的石油磺酸钡，带油装配；轴承等部位可涂防锈锂基脂</td></tr>
<tr><td>检查：带油检查，使用的油与装配油相同</td></tr>
<tr><td>试车后的防锈：试车后将零件拆洗干净，进行防锈，如不拆洗，可按成品防锈进行</td></tr>
<tr><td rowspan="4">5</td><td rowspan="4" colspan="2">成品封存防锈</td><td>大型圆柱形零部件，可采用气相防锈纸带绕缠封存、外用聚乙烯薄膜封存，胶带封口</td></tr>
<tr><td>密封件，如变速箱、立轴箱的内部防锈，可采用气相防锈剂粉末，按每立方米 50～70g 用量，对透气部位用封口胶密封，或用气相防锈油封存</td></tr>
<tr><td>大平面制件，可用 903、201 或 663 防锈脂封存，如有色金属则用 663 脂或 903 脂中加入质量分数为 0.1%的苯并三氮唑封存</td></tr>
<tr><td>结构形状复杂的部件，则需采用防锈油、气相防锈剂和可剥性塑料进行联合封存</td></tr>
<tr><td rowspan="5">6</td><td rowspan="5" colspan="2">装箱</td><td>木箱，内部衬油毛毡</td></tr>
<tr><td>制品的突出部分用苯甲酸钠纸或聚乙烯薄膜包缠遮盖</td></tr>
<tr><td>精加工面用防锈纸遮或包，再用缓冲材料衬垫</td></tr>
<tr><td>要求高的精密件用干燥剂作干燥空气封存，用塑料封套密封包装</td></tr>
<tr><td>特大特长零部件不便装箱时，用塑料布罩封，用黏胶带封口，外用油毛毡包扎，并采取适当措施防止吊装时包装被破坏</td></tr>
</table>

3. 机械配件的防锈封存与包装

各类机械配件的特点是制件小、数量大，大多是钢发黑件与镀锌件。机械配件的防锈封存工艺见表51-11。

表51-11 机械配件的防锈封存工艺

序号	配件名称	防锈工艺
1	螺纹连接件、螺栓、螺母、螺钉及垫圈	制件经表面处理后，于室温下浸防锈油（如201防锈油等）、沥干、装盒，最后装箱
2	键类紧固件：如平销等	
3	铆钉类：平头铆钉、半圆头铆钉、沉头铆钉等	制件经表面处理后，直接装入内衬气相防锈纸（如2号气相防锈纸）的盒内，最后半箱
4	销钉类：开口销、圆柱销、圆锥销、弹性圆柱销、内螺纹圆柱销及销轴等	

4. 汽车的防锈封存

汽车的零部件大部分用涂装或电镀层保护，而其中未进行永久性保护的表面大多在内部，如齿轮变速系统、燃烧系统等，这些地方在汽车出厂时多使用了防锈润滑两用油。所以汽车行业中的防锈，主要集中在工序间以及部分配件、备件的包装防锈。

汽车生产中与防锈有关的工序如下：工序间防锈→冷加工清洗→备品清洗→封存防锈→装配→包装。

汽车的防锈封存工艺见表51-12。

表51-12 汽车的防锈封存工艺

序号	工序	配方（质量分数，%）			工艺条件	使用说明
1	工序间防锈		冷加工磨削液三乙醇胺	0.5~1.0	室温	用于汽车的导管体磨端面
			苏打水	余量		
			研磨抛光液901防锈油	2	室温	用于缸体手绞阀座工序前后储存和凸轮轴研磨抛光后储存
			煤油	余量		
2	中间库存防锈	防锈水	亚硝酸钠	10~25	室温浸1min或80℃下热浸	室温浸防锈期为0.5~1个月，热浸可达1~3个月
			碳酸钠	0.5~0.6		
			水	余量		
		防锈油	901防锈油	30	室温浸1min以上或喷、刷等方式	防锈期为0.5~1个月
			煤油	70		
			901防锈油	70	—	防锈期为1~6个月
			煤油	30		
		防锈脂	903防锈脂	30~40	100℃热浸	防锈期为3~6个月
			3号锭子油	30~70		
3	备件防锈	气相防锈纸	清洗	—	70~80℃ 浸洗3~5min 上下窜动清洗	洗净为止
			磷酸二钠	0.4~0.5		
			碳酸钠	1.5~2.0		
			硅酸钠	0.3~0.4		
			OP-10	0.1~0.2		
			水	余量		
			钝化	—	80~90℃ 清洗机上喷洗	适用于钢铁件
			亚硝酸钠	5~6		
			碳酸钠	0.5~0.6		
			水	余量		
			气相纸包 2号气相纸包 19号气相纸包	—	—	适用于铜铝组合件

（续）

序号	工 序	配方（质量分数，%）			工 艺 条 件	使 用 说 明
3	备件防锈	防锈油	清洗 煤油	100	室温浸洗 3~5min，同法再进行一次即二道清洗	—
			涂油 901 防锈油	100	60~70℃浸泡 1~2min	
			包装 塑料复合牛皮纸包	—	室温	
		防锈脂	清理 清洁棉纱	—	擦拭干净	涂层要求均匀完整厚度 1mm 左右 适于大型总成及大型粗糙件
			涂油 903 防锈脂	100	110~120℃浸或刷	
			包装 贴附石蜡纸	—	—	

5. 农业机械的防锈封存

农业机械大部分是间歇使用，如播种机、收割机等每年大多时间处于储存状态，其次农业机械不可能全部都放在工棚或室内，因此，农业机械的防锈主要是在储存保管方面，其零部件的加工防锈，以属于精密件的油泵油嘴较为突出。

农业机械的防锈封存工艺见表 51-13。

表 51-13 农业机械的防锈封存工艺

序号	工 序	工 艺 要 求
1	工序间防锈	参见汽车的防锈封存工艺
2	中间库存防锈	
3	备件防锈	
4	成品封存防锈	把机械停放在预先准备好的干燥的场地上，设置必要的排水设施、垫木和架子等
		在涂油封存前，必须设法除去设备上的脏物、泥土和植物残渣，并使表面干燥
		在裸露表面涂覆含有质量分数为 2%的氧化石油脂的农机防锈脂。为此，把防锈脂加热到 100~120℃后，涂于耕犁、联合收割机、拖拉机和播种机的未涂漆表面上。冬季使用时，可用适量矿物油、柴油或全损耗系统用油稀释，也可用液态农机防锈脂，直接用刷子或棉花涂抹
		对于外形比较复杂的外表面、内表面及传动装置或涂装层局部脱落又不能及时补漆时，也必须用液态防锈脂涂覆
		液态防锈脂成分（质量分数）为氧化石油脂 15%、铝化物 5%、石蜡 5%和硝化油 75%

6. 机床的防锈封存

机床生产的特点是零部件品种多，批量小，精度要求高，并有大量的大型铸铁件。此外，生产工序繁杂，有车、钻、刨、铣、磨等，周转工艺路线曲折，各工序间停放期长短不一，故需使用多种防锈方法。

机床生产中与防锈有关的工序如下：热处理→清洗→零部件切削加工→防锈→其他工序加工→涂油防锈→检查进库→清洗→涂防锈油→入库→出库部装→清洗涂油→总装→涂油试车→修补涂料→检查→清洗→油封→包装→装箱。

机床的防锈封存工艺见表 51-14。

表 51-14　机床的防锈封存工艺

序号	工　　序	配方(质量分数,%)	工艺条件		使用说明
			温度/℃	操作方法	
1	热处理后工序防锈	(1)除油、除盐 664 洗净剂　1.5kg 105 洗净剂　1.5kg 6503 洗净剂　2.0kg 水　100kg	80~90	浸洗 30~40min,洗净为止	清除油和残盐时,应先用水冲洗,再在合成洗涤剂中热清洗,然后再用热水洗涤,一般防锈水防锈
		(2)酸洗除氧化皮 1)清洗自来水　100 2)中和碳酸钠　2~3 水　余量 3)冲洗 4)防锈　一般防锈水	室温 室温 70~80	流水冲洗 浸 1~2min 自来水冲 浸 1~2min	酸洗是去除热处理所产生的氧化皮,然后中和残酸,并用水冲洗后进行防锈
2	零部件加工工序间防锈	(1)加工用切削液 1)防锈透明切削液 2)防锈乳化液 3)极压乳化液 4)极压切削油或 102 防锈油	室温	—	1)用于切削量小、精度高的磨床 2)用于防锈性要求高的磨床 3)用于润滑要求高的磨、钻、车、铣等机床 4)用于精密铣齿、滚齿、插齿机床
		(2)加工后零件的防锈 1)水剂冷却液加工的零件用防锈水防锈 ①亚硝酸钠　5~10 碳酸钠　0.3~0.5 水　余量 ②亚硝酸钠　5~10 三乙醇胺　0.5~1.0 水　余量 ③苯甲酸钠　2~3 三乙醇胺　3~5 水　余量	室温	使用时,大件可刷涂,中小件可浸渍 1~2min 取出,并码放整齐	1)防锈可任选一种 2)防锈水防锈期:夏季为 1~2 天,冬季为 3~5 天
		2)油剂切削液加工的零件用防锈油防锈 置换型防锈油　1~2 质量份 汽油　8~9 质量份	室温	加工好的零件,擦干净,浸渍防锈油槽中 1~2min 取出沥干后,即可转入下道工序	置换型防锈油可采用 201、902、501、901、204-1 等 汽油可用 120 号、180 号或 200 号汽油
3	涂装过程中的防锈	可任选以下一种进行防锈: (1)防锈脂 (2)硬膜防锈油 (3)过氯乙烯溶剂型可剥性塑料	室温	刷涂	用于床身、立柱、工作台等非漆面的暂时封存,涂漆后再除去防锈层
4	车间库存防锈(包括半成品、工具、备件库防锈)	(1)清洗 煤油　100 或(置换型防锈油以 7~9 倍的煤油稀释)	室温	大件擦洗,小件浸入,串动清洗,精密件煤油清洗后用置换型防锈油作第二次清洗	

(续)

序号	工　　序	配方(质量分数,%)	工艺条件		使用说明
			温度/℃	操作方法	
4	车间库存防锈(包括半成品、工具、备件库防锈)	(2)防锈 1)201 防锈油或 901 防锈油 1 质量份 煤油(或汽油)1~4 质量份 2)防锈脂 201 或 903 3)薄层防锈脂 4)溶剂稀释型防锈油 5)气相防锈纸 6)102 防锈油或一般防锈水	室温 100 室温	浸涂 热浸或热涂 冷涂 冷涂 包封或外加塑料袋 浸泡	配方 1)适用于库存期不超过半年的零件 配方 2)~5)可任选一种适用于库存期半年以上的零件 配方 6)适用于小钢铁件
5	装配过程防锈	总装防锈 1)102 防锈油或其他试车油试车 2)机床内部涂防锈润滑脂	室温	将机床内部铁屑、污物清除后注入试车油 冷涂	主要是试车防锈和内部防锈
6	补偿过程防锈	漆雾专用盖纸张 工业凡士林或防锈脂	室温	采用凡士林(或防蚀脂)涂封,或溶剂型可剥性塑料气相防锈压敏胶带封,也可用漆雾专用盖和纸张遮盖,补漆完后,除去遮盖	1)防止补漆过程水雾或漆雾使裸露面生锈 2)主要对外露面已作表面保护(电镀、发蓝)的部位进行保护
7	成品防锈	(1)清洗、注油 102 试车,汽油或煤油 (2)外表面涂封 1)201 防锈脂或 903 防锈脂 2)7274 防锈油 3)溶剂稀释型防锈油 上述材料可任选一种 (3)贴封 苯甲酸钠防锈纸	室温 100 或室温 室温	用棉纱头蘸煤油或汽油擦净产品的表面,然后注油试车 刷涂或浸涂 冷涂 刷涂或喷涂 涂油后在油封面贴封一层	1)出国机床及其附件,防锈期要求 2 年以上,国内使用的产品,防锈期不能低于 1 年半 2)封存前,要对产品内外表面进行清理,不允许有脏污存在,此外,还要检查有无损伤或生锈,否则,须进行处理或调换

7. 轴承的防锈封存

轴承的防锈封存工艺见表 51-15。

表 51-15　轴承的防锈封存工艺

序号	工序	配方(质量分数,%)	工艺条件			使用说明
			温度/℃	方　法	时间/min	
1	车加工工序间防锈	亚硝酸钠 6~10 碳酸钠 0.3~0.5 水 余量	室温	浸渍或喷淋	每天 12 次,每次喷 3min 以上	车完黑皮后开始防锈。除冷却水中有足够的防锈剂,车加工后即转入下工序的在制品时,都需要用防锈水进行防锈

（续）

序号	工序	配方（质量分数，%）	工艺条件			使用说明
			温度/℃	方法	时间/min	
2	热处理工序的防锈	1）清洗自来水 100	沸腾	上下窜动1～2天换一次	2～5	1）套圈经盐浴淬火后，往往带有大量的残盐及矿物油，故须将淬火后的零件在自来水下冲洗，再按配方1）～4）进行清洗，除去残盐，然后进行回火 2）回火后的工件按配方5）～7）进行清洗，除去回火后的脏油
		2）清洗 664 1.0 105 1.0 6503 1.5 水 余量	80～90	上下窜动二周换一次	2～5	
		3）清洗 水 100	室温	高压急冲	一次1～2	
		4）清洗 水 100	沸腾	—	2～5	
		5）清洗 664 1.5 105 1.5 6503 2.0 水 余量	80～90	上下窜动一周换一次	2～5	
		6）清洗 水 100	室温	高压急水冲	一次1～2	
		7）清洗 水 100	沸腾	1～2天换一次	3～4	
		8）防锈亚硝酸钠 5～15 碳酸钠 0.3～0.5 水 余量	65～80	浸渍	1～2	
3	磨加工工序的防锈	1）冷却液 69-1 乳化油 2～3 水 余量	室温	控制pH值为8～9	—	此工序防锈主要包括磨床冷却液的选用，机台防锈，半成品中间仓库防锈，套圈抛光或超精研磨后的防锈
		2）机台防锈 亚硝酸钠 3～5 碳酸钠 0.3～0.5 水 余量	室温	每隔二班需更换一次	2～3	如切削液有一定的缓蚀性，则可取消这机台中防锈槽的防锈，但工件在工序间停留4h以上时，必须送半成品中间库防锈
		3）中间库防锈 亚硝酸钠 5～10 碳酸钠 0.3～0.5 水 余量	室温	喷淋	每天喷2～3次，每次3min以上	1）中间库存防锈，包括半成品、零件和备件的防锈，常用方法分喷淋、浸涂、全浸等几种。但进库前要进行清洗，用稀防锈水浸渍1～2min即可 2）喷淋液每周检验一次，控制亚硝酸钠浓度下降，并使pH值为8～9 3）工件经浸涂后，置中间库，防锈期冬天为20～30天，雨季为15天左右 4）全浸法适用于小型零件如微型轴承、滚动体
			室温或75～85	浸涂	1～2	
			室温	全浸	—	

（续）

序号	工序	配方（质量分数，%）	工艺条件			使用说明
			温度/℃	方法	时间/min	
3	磨加工工序的防锈	4）抛光研磨后防锈 ①清洗 664　2~4 水　余量 ②清洗 水　100 ③防锈 亚硝酸钠　3~5 碳酸钠　0.3~0.5 水　余量	80~90 室温	上下窜动 冲洗 上下窜动	5~10 3~5	轴承内外套圈经抛光研磨后，带有抛光膏，应先清洗后进行防锈
4	装配工序的防锈	1）装前零件清洗煤油或汽油（加入少量 204-1 或 HD-1 油） 2）防锈 HD-1 防锈油或 HD-2 防锈油（上油中加入苯三唑 0.2） 适用于铜保持架	室温	上下窜动 浸涂	0.5~1 2	装配工序包括套圈退磁、分挡、装珠、装夹板和成铆等。因此，时间长，接触手汗的机会多，所以这工序的防锈主要是解决零件清洗和防止手汗引起锈蚀 要求操作人员戴手套
5	成品封存防锈	1）清洗 120 号汽油　100	室温	上下窜动	2~3	置轴承于铁框内或清洗机上进行清洗
		2）清洗 F-201　5 汽油　余量	室温	上下窜动	1~2	
		3）脱脂 F201　100	室温	浸涂	1	
6	包装	苯甲酸钠纸聚乙烯薄膜牛皮纸	室温	根据轴承级别、型号，按以下方法进行包装 1）普通品 ①外径小于 150mm 的轴承，单个用聚乙烯塑料薄膜包，再外用牛皮纸几个一起卷包，或内用苯甲酸钠纸单个包，外用牛皮纸 5~10 个卷包 ②外径 150~350mm 的轴承，内用塑料薄膜单个包装，外用牛皮纸单个包装 ③外径大于 350mm 的轴承，内衬垫塑料薄膜，外用牛皮纸，再缠塑料薄膜 2）精密品、出口品 ①外径 250mm 以下的轴承，单个用塑料薄膜包后，装纸盒 ②外径大于 250mm 的轴承，内衬塑料薄膜，外用牛皮纸，再缠塑料薄膜			

8. 量具与刃具防锈封存

量具与刃具生产的特点是品种规格多，批量大，周转快。产品防锈要求严格，工艺要求简单，刃具主要材料是黑色金属，一般都要经过热处理，盐浴淬火后的残盐一定要除净。量具的材料以钢和钢铜组合件为主，大部分还要经过电镀和发蓝等处理。量具精密度要求特别高，一般都装盒包装。刃具则要保持刃口的锋利，又不使其破坏包装。

量具与刃具生产中与防锈有关工序如下：热处理→清洗→磨加工→精加工→工序间防锈→精研→其他工序加工→检查一清洗→防锈→包装。

量具与刃具的防锈封存工艺见表 51-16。

表 51-16　量具与刃具的防锈封存工艺

工　序		配方(质量分数,%)	工 艺 条 件	使 用 说 明
工序间防锈		(1)清洗 1)亚硝酸钠　1~3 碳酸钠　0.3~1.5 水　余量 2)无水碳酸钠或磷酸三钠　5~10 氢氧化钠　2~3 水玻璃　0.3~1.0 水　余量	70~90℃ 60~80℃上下浸洗几次直至清洁	1)一般钢制件在加工过程中停留 4h 以上者,要用此清洗液洗去残留的乳化液 2)用于钢铁件在使用硫化油、锭子油等作切削油后的脱脂清洗
		(2)防锈 亚硝酸钠　15~20 碳酸钠　0.2~0.8 水　余量	80℃浸涂	一般钢铁件在 1)清洗后,可用此液防锈。若经 2)脱脂清洗后,还应经 1)清洗后再在此液中防锈
		(3)热处理后除盐清洗防锈 1)沸水槽 2)清洗槽 32-1 清洗剂(5%)水溶液 3)沸水槽 4)防锈槽成分与上述相同	90~100℃,浸洗 30min 75~85℃,浸洗 30min 90~100℃,浸洗 30min 80℃浸涂	也可用喷砂法和酸洗法除残盐和氧化皮
中间库存防锈		(1)半成品、零件 1)清洗(与工序间清洗相同) 2)防锈 ①水剂防锈液(短期防锈) ②7424 软膜油或 74-2 硬膜油(长期防锈) (2)电镀件和发蓝处理件 1)清洗 进库清洗与上述相同 2)防锈 7424 防锈油　5~10 120 号汽油余量或 902 防锈油　5 120 号汽油　余量	室温,浸涂 室温,浸涂 室温,浸涂	短期防锈指防锈期 夏季约 7 天 冬季约 15 天
成品防锈包装	刃具防锈与包装	(1)清洗 亚硝酸钠　5~10 碳酸钠　0.2~0.8 水　余量	80~90℃,浸洗	—
		(2)防锈 亚硝酸钠　20 苯甲酸铵　10 碳酸氢钠　3 甘油　5 水　余量 或亚硝酸钠　20~30 水　余量 (适于 3mm 以下的小刃具)	浸 3s 浸泡 1min	—

（续）

工序		配方(质量分数,%)	工艺条件	使用说明
成品防锈包装	刃具防锈与包装	(3)包装 用石蜡纸和中性牛皮纸包两层,再装纸盒,或用预先处理的干净的玻璃瓶内封盖(适用于小刃具)	依次严密卷包然后装盒	操作者应戴手套
	量规防锈与包装	(1)清洗 1)溶剂汽油 100 2)901 5 汽油 余量 (2)包装 第一层气相纸包 第二层聚乙烯薄膜外衬包	检查合格后的产品在室温下进行二道清洗即先1)清洗再用2)清洗	适用于钢铁件,包装时戴手套
	千分尺防锈	201防锈脂聚乙烯袋	产品先用二道汽油清洗,在80~90℃下热浸涂油,冷至室温,装入塑料袋	产品有电镀层的不需涂防锈脂
	万能测齿仪防锈	201防锈脂苯甲酸钠纸	先用二道汽油清洗,然后刷涂201防锈脂,再用苯甲酸钠纸包装,装箱	—
	卡尺防锈	201防锈脂中性石蜡纸	先用二道汽油清洗,在80~90℃下热浸涂油,冷至室温,再用石蜡纸包一层,装盒	—
	万能角度尺防锈	901防锈油 5 汽油 95 苯甲酸钠纸塑料薄膜	先用二道汽油清洗,然后室温涂901防锈油,再用苯甲酸钠纸包,外衬塑料薄膜,装木盒	—
	块规防锈	(1)清洗 溶剂汽油 100 (2)涂油 201防锈脂 50 溶剂汽油 50 (3)包装 苯甲酸钠纸包好,装入木箱	汽油清洗后白绸布擦干 镊子夹取产品单件室温涂油 恒温室包装	操作者戴手套
	表类防锈	清洗 溶剂汽油 100	1)用脱脂棉蘸汽油擦洗,白绸布擦干 2)硅胶用脱脂纱布包好,每袋装6~8g	操作者戴手套

9. 光学仪器防锈封存与包装

光学仪器属于精密度高、结构复杂的设备，材料包括多种金属及非金属，特别是光学仪器属于精密度高、结构复杂，并附有光学系统的仪器设备。除了高精度产品要求严密防锈，微调系统及轴套要求有特殊润滑防锈外，还要注意光学系统的防雾、防霉和防止手汗对装配过程的影响。光学仪器的防锈封存工艺见表51-17。

表51-17 光学仪器的防锈封存工艺

工序		工序要求
工序间防锈	零件加工过程	使用有缓蚀性的切削液
	热处理后零件防锈	喷砂法,喷砂后用防锈水或防锈油防锈 清洗法,用水冲洗后,用非离子型金属清洗剂清洗,再用水冲洗,最后用防锈水或防锈油防锈

（续）

工　　序		工序要求
工序间防锈	一般制件的工序间防锈	碳氢系溶剂二道清洗，然后用防锈水、防锈油、气相防锈纸或气相盒防锈
	涂装过程非涂装面防锈	溶剂汽油清洗后，用硬膜稀释型防锈油防锈；完成涂装后，进行除油膜清洗，再用防锈水或防锈油防锈
中间库存防锈	半成品库	半成品先进行二道汽油清洗，然后按防锈期要求用两种方式除锈：3个月以内的，室温涂刷防锈油脂；3个月以上的，防锈油脂防锈，并以苯甲酸钠纸遮盖或包装；或干燥封存或浸于防锈油中
	备件库	先进行二道汽油清洗，然后根据防锈期要求，选用不同类型的防锈油、气相纸或置入气相柜中
装配过程防锈		先进行二道汽油清洗，然后用柔软中性纸抹干，最后在室温下涂刷润滑油、阻尼润滑油
成品封存包装		二道溶剂汽油清洗后，用柔软中性纸抹干，在裸露金属面涂防锈油，然后用苯甲酸钠纸或塑料复合纸包装
产品装箱		支承：紧固部分如遇精加工面，先涂刷防锈油脂，再覆盖防锈纸，用油毛毡衬里，泡沫塑料衬垫 充氮封存：产品装入塑料或铝塑衬套，然后抽气充氮，并用粘胶带封口或热焊封口（套内放干燥剂500g/m^3） 光学玻璃组件：封套内加以防雾、防霉措施 装箱：装入木箱（木材水的质量分数不超过15%）内衬油毛毡、沥青纸

10. 手工工具的防锈封存

手工工具的防锈封存工艺见表51-18。

表51-18　手工工具的防锈封存工艺

序号	手工工具名称	工艺条件
1	台虎钳、管子台虎钳	对必须采取防锈的表面，先清理干净，然后涂刷201防锈油脂，再在油层上贴合苯甲酸钠防锈纸，最后装箱
2	手钳类：钢丝钳、鲤鱼钳、尖嘴钳、弯嘴钳、扁嘴钳、鸭嘴钳、圆嘴钳、斜口钳、核桃钳、断线钳等	可清洗并干燥后，将钳头浸涂201防锈油（出口品可浸涂7424薄层防锈油），然后装入塑料袋，并按一定数量装盒与入箱包装
3	锉刀类：齐头平锉、尖头平锉、方锉、三角锉、圆锉、菱形锉和刀锉等 钢锯条、钢锯架等	按上述类似方法进行防锈
4	扳手类：呆扳手、梅花扳手、活扳手、套筒扳手、管子扳手、链条管子扳手等 旋具：木柄旋具、塑料柄旋具	可在清洗后，涂溶剂稀释型防锈油或用气相防锈纸包装防锈
5	斧、刨、凿等	可在涂覆201防锈油后，外包石蜡纸或苯甲酸钠纸

11. 建筑五金件的防锈封存

建筑五金件的特点为发黑件和镀件，防锈封存工艺见表51-19。

表51-19　建筑五金件的防锈封存工艺

序号	五金件名称	工艺条件
1	钢丝类：镀锌钢丝、低碳钢丝刺钢丝、扁钢丝等	可浸一层稀油，外用苯甲酸钠纸或石蜡纸包扎
2	钉类：圆钉、两头尖钉、U形钉、瓦楞钉、瓦楞螺钉、木螺钉等	一般钉类可在浸涂防锈油后装箱，小钉类可装入内衬气相防锈纸的盒内

（续）

序号	五金件名称	工 艺 条 件
3	门窗附件：折页、插销、拉手、窗钩和销类等	可在涂防锈油后，再用苯甲酸钠纸缠包，或直接置于衬有气相防锈纸的盒内
4	铁窗纱及金属板网	铁窗纱因一般都涂有油漆，只需用防锈纸包装；碳钢板网应涂防锈油，再用苯甲酸钠纸外包；铝板网可直接用苯甲酸钠纸包好；铜制板网则应借含苯骈三氮唑的防锈溶液处理后，再包防潮纸

51.1.6 库存及露天产品的防锈封存与包装

1. 库存产品的防锈封存与包装

各种金属制品及金属材料中的小型钢材、薄板、精密管材、有色金属材料等，一般储存于库房内，它比将材料存放于工棚下或露天对防锈较为有利。因为首先它不直接受到风吹、雨淋及日晒的影响；其次，可适当避开空气中污染物的影响；还可通过合理的通风及封闭管理为缓蚀剂创造有利的条件。因此，库存产品防锈实际上包括库房建设和库内防锈管理两方面。库存产品的防锈封存工艺见表 51-20。

表 51-20 库存产品的防锈封存工艺

序号	工 序	防锈工艺条件
1	仓库建设	仓库应选择远离产生有害气体和粉尘污染的厂房（如化工厂、锅炉房、酸洗车间、电镀厂等附近），还要注意气候条件、主风向与海岸盐雾粒子的影响
		仓库要求房顶能御风雨，有墙壁，不允许阳光直接射入，不允许有雨、雪落入及尘土、砂子等刮入室内
		库房地面应铺地板，可直接铺水泥和沥青，也可铺无缝而又紧密的木块。地板离地基要高出 30cm 以上，以防把地下潮气向上散发
		仓库内应有良好的通风、采暖设施，以调节库内温度和相对湿度使之无甚大的变化
		库房门窗要能密闭，能挡风雨。要便于开启和关闭，以便必要时进行自然通风
		仓库内应避免潮湿，为此，除消防栓外，库内不宜装自来水龙头，不设排水沟
		金属制件要放在用涂漆的铁制或木制框架上，框架的表面或两侧，要用本色的绸布或塑料布遮盖，以防尘埃落入
		柜架放置距离墙壁不少于 40cm，柜架最下层距地面不少于 40cm，并避免阳光直射
2	库房管理	对库存产品，要严格管理制度，工作中要加强检查，贯彻“产品先进的先出，轮换发货”的原则
		库房每日工作开始和结束时，要记录空气的温度和湿度。在 24h 内温度差别不要大于 5℃，如果低于 5℃，应及时采暖加温，一般只允许用暖气取暖，如果高于 30℃，应采取通风降温，如库外温度低于库内时，也可打开门窗采取自然通风。库内相对湿度要保持在 70%以下。超过时，应用氯化钙吸潮，或用木箱装石灰吸潮
		库房内要保持清洁干燥，不允许把潮湿木箱、潮湿衣服、鞋子及雨具带入库房，以免人为地增加库内遭潮湿污染的可能
		入库产品要严格检查，凡封存期已超过保质期或包装有破损的，要启封检查，重作防锈包装。已锈蚀的物品按成品检验标准作除锈、降级等处理

2. 露天存放产品防锈封存与包装

很多金属材料，如板材、管材等常存放于工棚下或露天，不作包装，直接受风、雨、灰尘侵蚀污染，长期长着一层黄锈，有的甚至锈得不能使用，造成大量损失，所以露天材料的防锈工作不能忽略。露天存放产品的防锈工艺见表51-21。

表51-21 露天存放产品的防锈工艺

序号	工序	防锈工艺条件
1	防锈管理	钢材入库时，要清理表面的脏物、异物，保管时要贯彻“先进先出、轮番发出”的原则
2	合理堆放	不管金属材料堆放在露天或棚架内，一律要垫高(50cm)和覆盖，尽量避免雨露、地潮以及恶劣气候的侵蚀
		三角钢等应垫成一头高一头低的稍倾的垛形，使雨水不会聚集在钢材上，各种金属材料不能混在一起，避免发生接触锈蚀
3	棚架内材料	可喷防锈水防锈 配方(质量分数)：亚硝酸钠20.3%、苯甲酸钠3.0%、尿素20.3%、蒸馏水或冷开水55.5% 配制：将以上成分与水混和、搅匀，并放置3天后使用，用喷雾器喷洒钢材表面，能保持半年不锈，存放时间更长时要补喷防锈水
4	露天存放材料	钢材表面喷涂一层6511防锈油，此法可保持半年不锈
		借水柏油做黏结剂，使用桑皮纸密封，使钢材与雨水、潮气隔离，这种方法用于中型钢板，可防锈1年以上 配方(质量分数)：水柏油96%、石蜡1%、熟桐油2.5%、硬脂酸铝0.5% 配制：将桐油用小火加热到170~180℃炼熬，然后冷至120℃，加入硬脂酸，搅拌均匀，加入石蜡，冷至60~70℃，注入60~70℃的水柏油即得成品，可作钢材室内外长期封存防锈
		喷涂硬膜防锈油 配方(质量分数)：松香16%、桐油32%、硬脂酸铝1%和煤油51% 配制：将桐油加热至180℃，加硬脂酸铝，搅拌至溶，使用前再用煤油稀释，在钢材表面喷涂一层薄膜即可，防锈期约半年以上
		涂覆沥青防锈漆，用于室外存放的钢材，可防锈1年以上

51.2 液膜溶解扩散焊技术

在铸件缺陷的挽救工作中，铸铁件挽救的难度较大，这是由铸铁本身的金属学特性所决定的。熔化的铸铁在凝固过程中既可以按稳定系结晶生成灰口组织，又可以按介稳定系结晶生成白口组织，对冷却速度很敏感。而焊补过程一般又具有加热快、冷却快以及工件受热不均等特点，采用普通的熔化焊焊补铸铁时，极易产生白口和硬脆相组织。采用热焊法可以减少或消除白口组织，但热焊法存在处理时间长、劳动条件差、能源消耗大、工件易氧化、易变形及易产生裂纹等缺点。

液膜溶解扩散焊，是依靠液相焊接材料与固相基材之间的溶解扩散而形成牢固结合层的连接技术。与熔焊工艺相比，液膜溶解扩散焊热量输入较小，变形及裂纹倾向小。与喷涂、刷镀及黏接等工艺相比，其连接层为物理化学结合，具有强度高、耐蚀性好等优点。特别是在施焊过程中基材不熔化，对铸铁材质来说，可以避免形成共晶渗碳体，从而保证连接部位的加工性能，外观色泽也与基材基本一致。因此，此工艺特别适合于铸铁件加工面上缺陷的挽救。同时，对钢基、铜基材质工件的挽救也同样适用。

液膜溶解扩散焊以氧乙炔为热源，将特制的合金粉末通过专用焊炬喷射在经过清理的工件表面上，在工件基体金属不熔化的情况下，加热粉层，使之成为液膜润湿在工件缺陷表面上，同时与固态工件表面相互溶解和扩散，重复这一工艺过程，直至缺陷填满，最后获得一牢固结合的接头。液膜溶解扩散焊的工艺原理与工艺曲线如图51-1所示。由于基体金属并未熔化，故不会出现共晶渗碳体之类的硬化相。

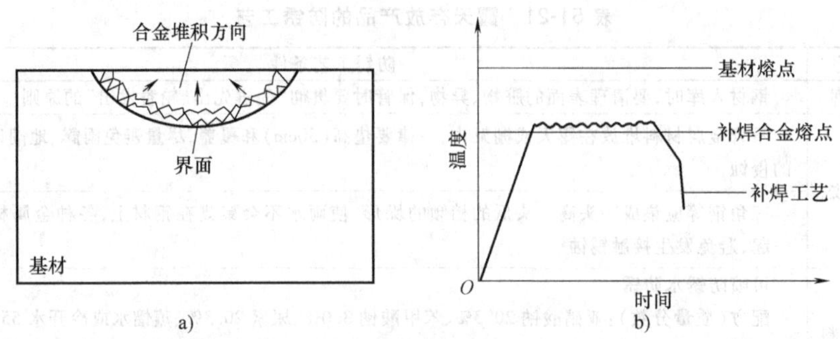

图 51-1　液膜溶解扩散焊的工艺原理与工艺曲线

a）工艺原理　b）工艺曲线

液膜溶解扩散焊过程包括以下三个阶段：表面液膜的形成、焊接材料液膜中原子向基材扩散及基材中原子向液膜内溶解与扩散、互溶液相的凝固。

51.3　外延技术

外延是指沉积膜与基片之间存在结晶学关系时，在基片上取向或单晶生长同一物质的方法。当外延膜在同一种材料上生长时，称为同质外延；如果外延是在不同材料上生长，则称为异质外延。外延可较好地控制膜的纯度、膜的完整性以及掺杂级别，故适用于生长元素、半导体化合物和合金薄结晶层。

51.3.1　分子束外延

分子束外延是在超高真空条件下精确控制原材料的中性分子束强度，并使其在加热的基片上进行外延生长的一种技术。从本质上讲，分子束外延也属于真空蒸发方法，只是分子束外延系统具有超高真空，并配有原位监测和分析系统，能严格按照原子层逐层生长，故又是一种全新的晶体生长方法。

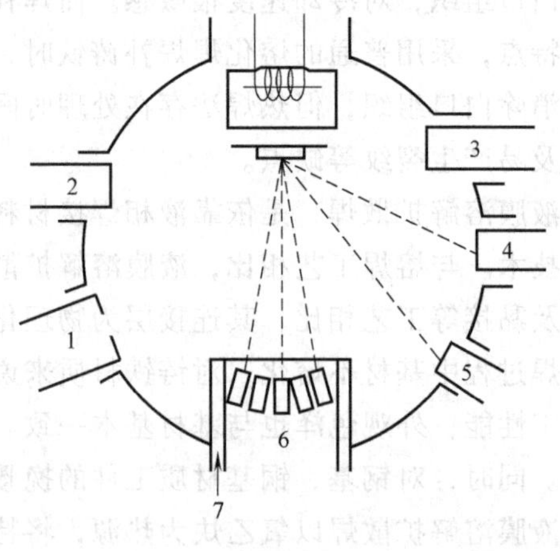

图 51-2　分子束外延装置

1—反射电子衍射　2—俄歇谱仪　3—液性
4—蒸发源　5—离子枪　6—电子枪　7—四级质谱仪

分子束外延装置如图 51-2 所示。分子束外延装置由超高真空室（1.3×10^{-9}Pa）、基片加热块、分子束盒（蒸发源）、反应气体进入管、交换样品的过渡室以及在线原位分析仪器等所组成。因此分子束外延具有以下特点：①超高真空、高清洁程度环境下的干式工艺，杂质少，膜的纯度高；②分子束外延是在非平衡态下生长，其生长机理受动力学因素控制，对大多数衬底晶向均可获得光滑表面；③生长速率高度可控；④均匀性、重复性与可控性；⑤生产温度低，如 GaAs 可在 500~600℃下生长；⑥配置了多种在线原位分析仪器，用于原位监视和检测基片表面及膜。但是分子束外延也存在着设备昂贵、维护费用高、生长时间过长、不易大规模生产等问题。

目前 MBE 不仅用于生长ⅢV 族，而且也用于生长 Si/Ge 和Ⅱ -Ⅵ族，不仅用于生产半导体材料，也用于生长金属超晶格、半绝缘、绝缘材料，超导材料。

51.3.2　液相外延

液相外延生长为制备高纯半导体化合物和合金提供了快速而又简单的方法。液相外延原则上讲是从液相中生长膜，故溶有待镀材料的溶剂是液相外延所必需的。由液相外延所获得外延膜的质量优于由气相外延或分子束外延所得到的最好膜的质量。

图 51-3 所示为液相外延生长 GaAs 的倾动式系统示意图。在液相外延生长系统中，镀液和基片保持分离。在适当的生长温度下，镀液因含有待镀材料而达到饱和状态。通过倾斜机构或浸透、滑动系统让镀液与基片的表面接触，并以适当的速度冷却，这时待镀材料从镀液中析出并在基片上生长成膜，然后让镀液离开基片即可。液相外延是在近热平衡状态下生长成膜的。

注意：液相外延制膜时应严格控制合金组分、载流浓度和单一外延层厚度。

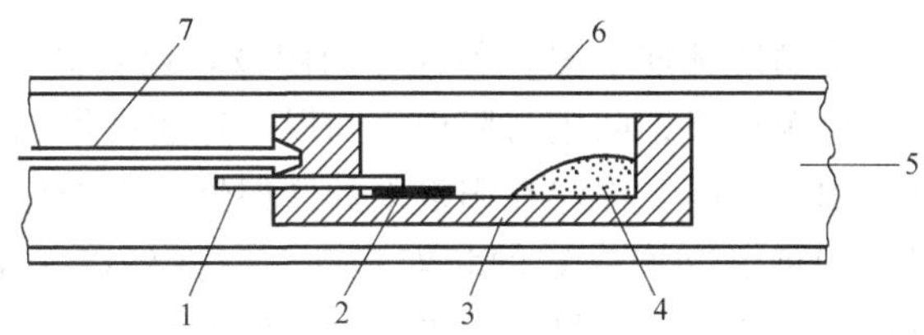

图 51-3　液相外延生长 GaAs 的倾动式系统示意图

1—夹具　2—基片　3—石墨盘　4—镀液　5—H_2　6—石英管　7—热电偶

51.3.3　热壁外延

热壁外延技术是一种真空沉积工艺，这里外延膜是通过加热源材料与基片间的容器几乎在接近热平衡条件下生长。

图 51-4 所示为简单热壁系统示意图。整个系统保持在真空中，热壁作为蒸发源直接将分子蒸发到基片上。这里有三个电阻加热器，分别为源材料、管壁和基片加热器，且相互独立。

热壁外延可用来制备各种Ⅱ-Ⅵ，Ⅳ-Ⅵ和ⅢV 族半导体和化合物。

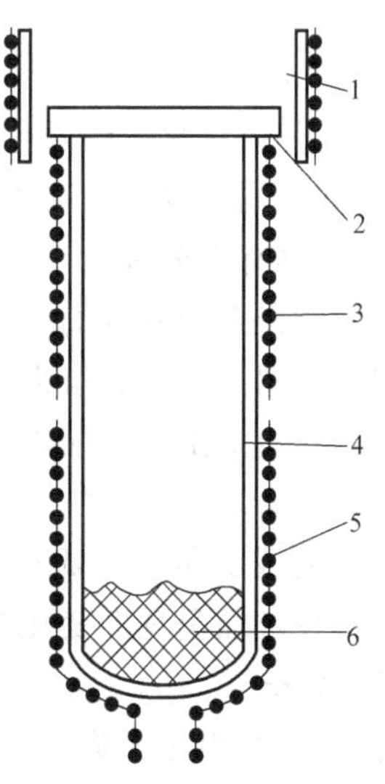

图 51-4　简单热壁系统示意图

1—源材料　2—加热炉　3—石英管　4—壁炉　5—基片　6—基片炉

51.4　摩擦电喷镀技术

摩擦电喷镀是一种金属镀层的电沉积与机械摩擦加工同时进行的新技术。电镀时，电解液供送装置将电解液以一定的流量、一定的压力连续地喷射到阴极表面上，摩擦器以一定压力在阴极表面上滑动，起到机械摩擦镀层和提高镀层质量的作用。摩擦电喷镀装置如图51-5所示。

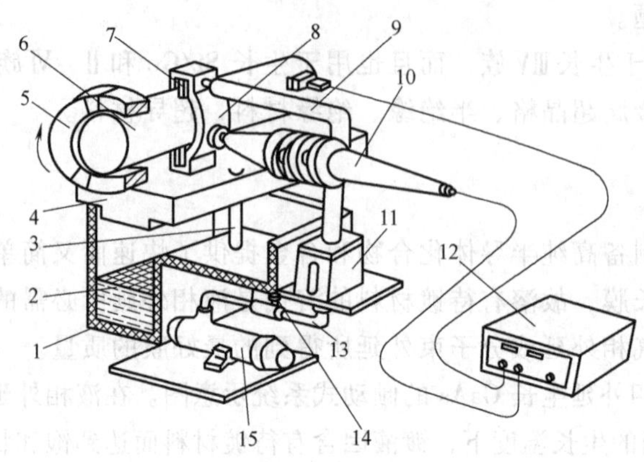

图 51-5 摩擦电喷镀装置

1—储液箱 2—过滤网 3—漏管 4—回液盘 5—夹具 6—工件 7—摩擦件 8—阳极 9—输液管 10—镀笔杆 11—流量计 12—电源 13—出液管 14—流量调节阀 15—磁力泵

摩擦电喷镀使用专门研制的脉冲电源、各种专用阳极，以及高浓度的电解液。工作时，工件接电源负极，阳极接电源正极，阴极与阳极之间以一定速度做相对运动，电解液供送装置将电解液喷射到阴极与阳极之间。固定在阳极上的摩擦器有三个作用：①调节阴、阳极之间的距离；②由于阴极与阳极之间有一定的相对运动，摩擦件以一定的压力压在镀层表面上，对镀层起机械摩擦作用；③防止阴极与阳极直接接触而产生短路。

51.5 咬花、搪塑、烫印和转印技术

1. 咬花

咬花是通过化学渗透作用，在金属制品表面造成各种各样的图案，如条纹、图像、木纹、皮纹及绸缎等。咬花还包括喷砂工序，即直接将玻璃砂喷射到金属制品的表面。

咬花具有下列特点：

1）增进塑胶零件的外观质感。

2）防滑、防转，有良好的手感。

3）可以遮盖一些缩水、合胶线，以及分型面、滑块造成的断差痕迹。

4）喷砂工序后增加了零件的表面强度。

5）克服了印字、喷漆易磨掉的缺点。

6）使产品呈现多变化或全新的设计。

2. 搪塑

搪塑又称为涂凝成型，它是用糊塑料制造空心软质制品（如玩具）的一种重要方法。其方法是将糊塑料（塑性溶胶）倒入预先加热至一定温度的模具（凹模或阴模）中，接近模腔内壁的糊塑料即会因受热而胶凝，然后将没有胶凝的糊塑料倒出，并将附在模腔内壁上的糊塑料进行热处理（烘熔），再经冷却即可从模具中取得空心制品。

3. 烫印

烫印俗称烫金，烫印的实质是转印，是把烫金纸上面的图案通过热和压力的作用转移到承印物上面的工艺过程。模的压力产生凹陷，印刷的字或者图案不易模糊，图案、标识、文本或者图片可以牢牢地粘在产品表面。

4. UV 转印

UV 转印工艺又称 UV 灌注工艺或 UV 披覆工艺，它利用 UV 转印胶水与金属不粘的特性，将各类手机超薄按键效果通过 UV 转印工艺转移到 PET 或 PC 片材上（手机按键也有转印到铜片或铝片上的），从而做出包括 CD 纹、竖拉丝、雾面、亮面纹路等效果超薄按键以及 key 型（如数字键、红绿电话、盲点等）效果的手机超薄按键、镜片、导航键和产品标志。此工艺也广泛应用在 PET、PM-MA、PC 等板材上，可做出正面的竖拉丝等效果。

5. 模内转印

模内转印（IMR）工艺是指将图案印刷在薄膜上，通过送膜机将膜片与塑模型腔贴合进行挤出，挤出后有图案的油墨层与薄膜分离，油墨层留在塑件上而得到表面有装饰图案的塑件。在最终的产品表面是没有一层透明的保护膜的，膜片只是生产过程中的一个载体。模内转印的产品不易变形，产品边沿包覆完全，边沿附着力强，工序简单，图案对位完美，生产时的自动化程度高和大批量生产的成本较低。模内转印的应用较广泛，其属塑胶件表面处理工艺，如笔记本式计算机外壳、家电产品外壳、手机外壳、ABS 等，印刷图案层在产品表面上的厚度只有几微米，产品使用一段时间后很容易将印刷图案层磨损掉，也易褪色，造成表面很不美观。

第 52 章

其他表面改性技术

采用电子束、激光束、离子束这三类高能束流对材料进行表面改性是 20 世纪 70 年代发展起来的高新技术。高能束的能量密度高，且电子束、离子束的脉冲宽度可短至 10^{-9}s，激光的脉冲宽度可短至 10^{-12}s，它们的能量沉积功率密度可以相当大，在被照物体上，由表面向里能够产生 10^{6} ~ 10^{8}℃/cm 的温度梯度，使表层薄层迅速熔化，甚至部分发生气化。正因为达到了这样高的温度梯度，冷的基体又会使熔化部分以 10^{4} ~ 10^{11}℃/s 的速度冷却，致使固液界面以每秒几米的速度向表面推进，使凝固迅速完成，从而制得非晶、纳米晶及其他一些奇特的、热平衡相图上不存在的亚稳组织结构，从而赋予材料表面以特殊的性能。

高能束对材料表面改性是通过改变材料表面的成分或组织结构而实现的。成分的改变包括表面合金化、熔覆和离子注入；组织结构的改变包括组织和相的改变。

三束（电子束、激光束、离子束）表面改性技术不仅可用于提高工件表面的耐蚀性和耐磨性，还可用于半导体和催化技术。

52.1 高能束表面改性技术

52.1.1 电子束表面改性技术

电子束也属于一种高能密度的热源，它可在 ms 级时间内把金属由室温加热至奥氏体化温度或熔化温度，并借助冷基体的自身热传导，其冷速也可达到 10^{3} ~ 10^{8}/s。如此快的加热和冷却就给材料表面改性提供了很好的条件，但电子束流和激光束流的产生原理和物理特性不同。电子束是由电子枪阴极灯丝加热发射的电子形成的高能电子流，经聚焦线圈和偏转线圈照射到金属表面，并深入金属表面一定深度，与基体金属的原子核及电子发生相互作用。由于电子与核的质量差别很大，电子与原子核的碰撞基本上属于弹性碰撞，因此能量传递主要是通过电子束的电子以热能的形式传给金属表层的电子，从而使被处理金属的表层温度迅速升高，由于金属对激光的光谱吸收比很低，而对电子束吸收可达 99%；故电子束功率可比激光大一个数量级，能量深入深度比激光的高 2 个数量级以上，故激光为表面型热源，而电子束为次表面型热源。电子束对焦和束流偏转方便，易于控制和调节，其运行成本比激光低一半左右。目前，电子束加速电压达 125kV，输出功率达 150kW，能量密度达 10^{3}MW/m^{2}，能量利用率高达 95%。

电子束表面改性技术分类如图 52-1 所示。

电子束表面改性处理的设备主要由电子枪系统、真空系统、控制系统、电源系统和传动

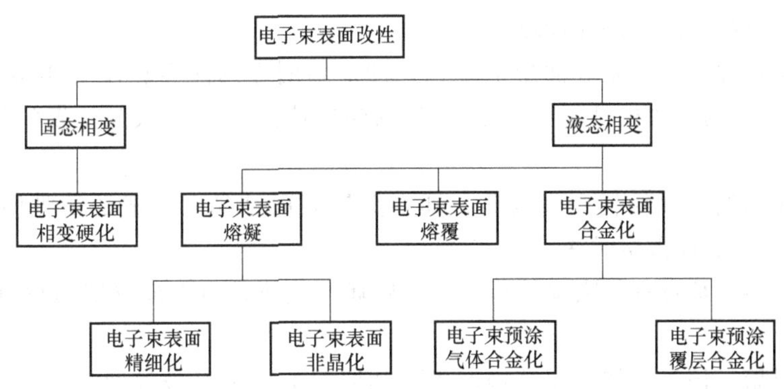

图 52-1　电子束表面改性技术分类

系统所组成，如图 52-2 所示。至于电子束表面改性工艺方法与激光束的类似，包括电子束表面相变硬化、表面熔凝、表面合金化、表面熔覆和表面非晶化等。

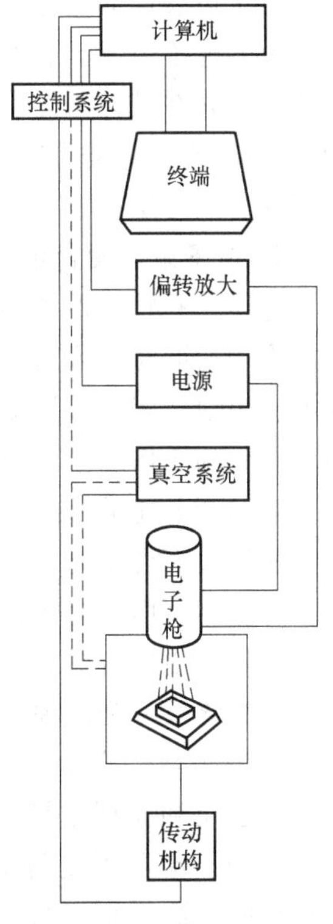

图 52-2　电子束表面改性设备结构示意图

1. 电子束表面相变硬化

电子束表面相变硬化是用散焦方式利用电子束照射金属工件表面，使其以 10^3 ~ 10^5℃/s 的速度加热到相变点以上，但又不至于使其表面熔化，而且一旦电子束停止照射，通过冷基体的自身热传导随即快速冷却产生相变强化，达到表面改性的目的。由于电子束加热能量利用率高，加热速度快，温度梯度大，冷却速度又快，奥氏体晶粒来不及长大，可获超细晶组织，而使材料表层具有相当高的强度和硬度。该工艺方法比较适用于碳钢、中碳低合金钢、铸铁等材料的表面强化。如 45 和 T7 钢，经 2 ~ 3.2kW，束斑为 ϕ3mm 的电子束照射，以 (3 ~ 5) × 10^3℃/s 的加热速度，在钢的表面形成隐针或细针马氏体，表面硬度分别达到 62HRC 和 66HRC，而心部仍保持较好的塑性和韧性。

2. 电子束表面熔凝

电子束表面熔凝是用比电子束相变硬化更高能量密度的电子束照射金属表面，使其表面熔化。一旦停止电子束照射，在冷基体的作用下快速凝固，从而使组织细化，实现硬度和韧性的最佳结合，大大降低原始组织的显微偏析。电子束熔凝最适用于铸铁、高碳高合金钢。因为经电子束表面熔凝后铸铁表面能获得高硬度的极细莱氏体组织；工模具经电子束表面熔凝处理后，则在提高工模具表面强度、耐磨性和热稳定性的同时，仍保持工模具心部的强韧性。例如 HSS 孔冲模的端部刃口，经电子束熔凝处理，可获得深 1mm、硬度为 66 ~ 77HRC 的表层。其组织细化，碳化物极细，分布均匀，具有强度和韧性最佳配合的性能。

由于电子束重熔是在真空条件下进行的，表面重熔时有利于去除工件表层的气体，因此可有效地提高铝合金和钛合金表面处理质量。

重熔硬化可以使用不同的电子束能量参数来实现。因此，把它分为以下 4 类，也可获得介于重熔和加强重熔之间的表面形态。

1）表面微熔保留了初始表面层的结构，即清晰明显的晶界和没有典型的马氏体结构。其表面特征是大量的由树枝晶晶粒边界相交形成的小坑，这些树枝晶是表面金属熔化后结晶形成的。

2）重熔使初始表面结构产生变化，即在金属表面结晶时形成的清晰明显的树枝晶边界，重熔的深度比表面微熔时深。

3）加强重熔，该过程使表面结构明显地破坏，主要是由于被重熔的材料产生了流动所造成。

4）超强重熔，该过程使表面结构产生更加明显的破坏（波纹及起伏增多），并伴随有清晰可见的电子束痕迹。

3. 电子束表面非晶化

电子束表面非晶化处理与激光表面非晶化处理相似，只是所用的热源不同而已。它是利用聚焦的电子束所具有的高功率密度以及作用时间短等特点，使工件表面在极短的时间内迅速熔化，并在基体与熔化的表层之间产生很大的密度梯度，使表层的冷却速度高达 10^6 ~ 10^8℃/s，致使表层几乎保留了熔化时液态金属的均匀性，经高速冷却，在材料的表面形成良好的非晶态层。

4. 电子束表面合金化

先将具有特殊性能的合金粉末涂覆在金属工件表面，再用电子束照射加热熔化，或在电子束作用的同时加入所需合金粉末使其熔融在工件表面上，在工件表面上形成一层新的具有耐磨、耐蚀、耐热等性能的合金化表层。电子束表面合金化是用高电子束功率密度（约为相变硬化的 3 倍以上），或增加电子束辐照时间，促使基体表层在一定深度内发生熔化，以达到表面合金化的目的。

通过表面合金化，可在廉价的碳钢基体上获得高合金钢所具有的高耐磨、耐热及耐蚀性。合金钢表面合金化，也能提高金属零件的某些特定性能，并细化表层的组织结构，从而提高零件的使用寿命。

合金化可分为两种，即重熔和熔合。

（1）重熔　合金化的第一种方法是将金属表层和涂层重熔至一定深度（见图 52-3a）。涂层厚度与重熔表层的厚度大致相同。涂层可通过很多方法（如电解法或热喷镀法）覆盖于基体材料上。涂层可以是密封型（如箔或电镀），也可以是多孔型（如糊状或粉末）。随着涂层和表层的重熔，两种材料发生了混合，生成的合金化材料部分或完全溶于基体材料。混合物凝固后，就得到不同于基体材料的结构和化学特性层。

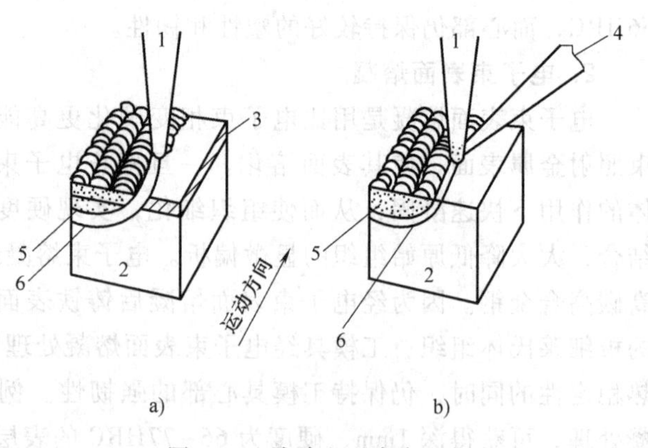

图 52-3　脉冲电子束合金化

a）重熔　b）熔合

1—电子束　2—基材　3—合金材料涂层

4—固体粒子或合金气体　5—合金区　6—热影响区

该混合物就是两种材料的合金。利

用该方法，铝合金与镍、铁、铜、钛、硅等元素合金化的深度可达几毫米；碳钢与铜、铬、钒、钨、钛等合金元素也可实现合金化。在铝和铁合金化的情况下，得到的硬度高出原始材料 2~4 倍；而铝与镍合金化后，硬度也会有 2 倍的提高。除以上涉及的，其他物质也可用于材料的合金化，如不锈钢，铜合金，金属的氧化物、氮化物、硼化物及金属间化合物。

（2）熔合　合金化的第二种方法，是将合金物质的固态颗粒注入或气状微粒吹入基体材料的熔池（见图 52-3b）。与重熔类似，合金物质全部或部分溶于基体材料，同时两种材料发生混合。其中的固态颗粒可以是碳化物或其他化合物，而气态微粒可以是氮（氮的气体合金化）、一氧化碳或乙炔（可与碳合金化）。

5. 电子束表面熔覆

电子束表面熔覆技术与激光表面熔覆具有相同的工艺过程，即将所需要的特殊性能的合金粉末预置在金属工件的表面，并用电子束加热将其熔化，在基体表面形成具有某些特性的覆层，或在电子束作用的同时将配好的合金粉末以一定的速度送到电子束照射处，使其熔融在工件表面上，形成所需要的熔覆层。该合金熔覆层与基体材料是冶金结合，但不产生层间元素的混合与对流，而且熔覆是在真空状态下进行，熔覆层的针孔、气孔相对要少，表面质量也高。另外，电子束熔覆层组织细密、硬度高、耐蚀性好。

电子束表面熔覆工艺方法有粉末预置法和同步送粉法。选择熔覆粉末材料时，一般要使其熔点低于基体材料的熔点为好，如铁基、镍基、钴基等合金粉末。若以耐磨为主要目的，还可在合金粉末中添加高硬度碳化物粉末，如 WC、TiC 等，以提高熔覆层的硬度。

6. 电子束蒸发技术

当电子束加热伴随被加工材料的蒸发时，可用于爆炸硬化工艺中产生硬化层。

电子束材料蒸发工艺：该过程中材料被加热成蒸气态，然后将这些蒸气沉积于底层材料上。

爆炸（冲击）硬化工艺：该过程中运用高能量密度的电子束将被加工材料迅速加热，使加工材料以极快的速度蒸发。快速蒸发形成了冲击波，被加工材料在冲击波的作用下得到硬化。由此获得了复杂的结构，产生了不同的密度分布及变形分布。与原始材料相比，显微硬度提高了 5 倍。但在某些情况下，也有可能降低。获得的微观组织会保留硬化、再结晶及其他作用的痕迹。至今为止，该项技术还没有在工业上得到应用。

52.1.2　激光束表面改性技术

激光束表面改性技术是利用激光的高辐射亮度、高方向性、高单色性特点，作用于材料表面，从而显著地改善其表面性能。

激光表面改性分类如图 52-4 所示。

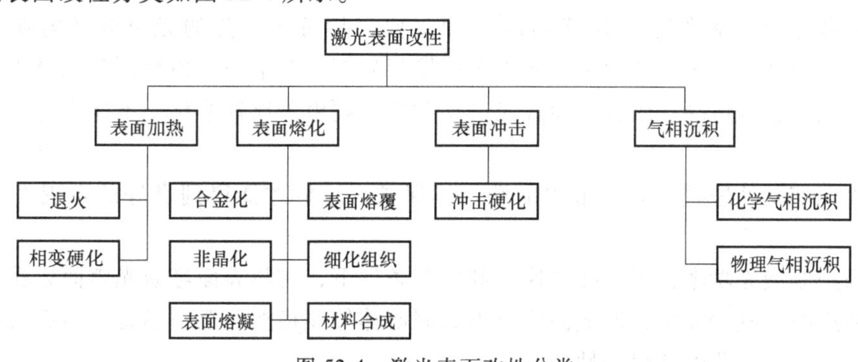

图 52-4　激光表面改性分类

激光束表面改性的特点是能量密度大，加热速度快，生产周期短，效率高，氧化少，变形小，非接触加工，可实现局部加工和处理，通用性强，操作方便，可实现自动化。激光表面改性设备主要包括激光器、外围光学装置和机械系统等，如图 52-5 所示。激光器由激活物质（工作物质）、激活能源和谐振器三部分构成。工业上常用的激光器主要有 CO_2气体激光器和 YAG 固体激光器两种。连续横向 CO_2激光器多用于黑色金属大面积零件表面改性；YAG 激光器多用于有色金属或小面积零件表面改性。此外，还有准分子激光器，它可使材料表面化学键发生变化，主要用于激光化学和物理气相沉积。

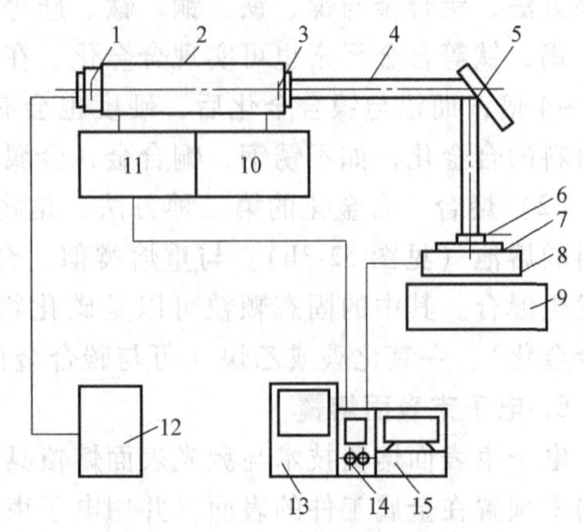

图 52-5　激光表面改性装置组成示意图

1—全反射镜　2—谐振腔　3—部分反射镜　4—导光系统　5—弯曲反射镜　6—聚光系统及保护气通入　7—处理工件　8—x-y 移动工作台　9—机座　10—气体交换装置　11—配电盘　12—冷却装置　13—操纵台　14—数控装置　15—记录及打印系统

1. 激光相变硬化

激光相变硬化（LTH），又称激光淬火。它是以功率密度<10^4 W/cm^{2}的激光束辐照经预处理的工件，从而使工件表面以 10^5~10^6℃/s 加热速度迅速上升至相变点以上，但输入的能量又不至于使其表面熔化，一旦激光停止照射，通过基体的自身热传导，以 10^5℃/s 的冷却速度实现自激淬火，形成表面相变硬化层。激光相变硬化的特点：①淬硬层组织细化，硬度比常规淬火高 15%~20%，耐磨性提高 1~10 倍；②加热速度快，变形小，成本低，周期短，自动化程度和生产率高；③对工件中的内壁、沉孔、不通孔等特殊部位，只要激光能照射到的，都可实现表面硬化；④能精确控制硬化层深度；⑤不需要油、水等淬火冷却介质，可实现自激淬火。

激光相变硬化通常采用矩形模、凹顶模或多模激光束，并且选用长焦距透镜和聚焦反射镜。操作时，主要控制激光输出功率、功率密度、光斑尺寸和扫描速度，因为激光扫描速度与要求的硬化带深度和宽度密切相关，通常硬化层深在 1mm 以下。

2. 激光表面熔凝

激光表面熔凝（LSM）是典型的快速加热和快速凝固过程。这里激光束输入工件的能量要比激光相变硬化的高，才能使工件表面产生熔化，然后依靠基体自身热传导快速冷却凝固，故选用激光能量密度约为 10^5 W/cm^2，而且要采用近于聚焦的光束或者匀强光斑。另外，与激光相变硬化工艺不同的是，激光表面熔凝处理一般不需要预涂覆激光吸收层，以免涂层进入熔池中影响熔凝层成分，而且光谱反射的问题由于出现熔化，不如激光相变硬化中那么重要。

激光表面熔凝处理时一般应采用惰性气体保护，这样才能得到良好的重现性和表面粗糙度。

在适当控制激光功率密度、扫描速度和冷却条件下，材料表面经激光表面熔凝处理，可以细化铸造组织，减少偏析，形成高度过饱和固溶体等亚稳相乃至非晶态，因而可提高工件表面的耐磨性、抗氧化性和耐蚀性。

3. 激光表面非晶化

激光表面非晶化（LSG），又称激光上釉。它是在激光表面熔凝的基础上进一步提高激光的功率密度至10^7W/cm^2，并将辐照时间降为10^{-6}s级或更低，工件表面能获得更高的冷却速度（10^6~10^{12}℃/s），以大于一临界冷却速度激冷，防止晶体形核和生长，从而获得非晶态结构。激光表面非晶化常用YAG脉冲激光器，为了获得10^{-6}s、10^{-9}s、10^{-12}s，甚至10^{-15}s级的脉宽，必须采用锁相和调Q技术；半导体材料的激光表面非晶化则采用倍频技术。此外，为了实现非晶化，对被处理的材料成分有具体要求，因为每种金属和合金都对应一临界冷却速度v_c。v_c越小，越容易实现非晶化。激光表面非晶化处理可减少表层成分偏析，消除表层的缺陷和可能存在的裂纹。非晶态金属具有很高的力学性能，在保持良好韧性的情况下具有高的屈服强度和非常好的耐磨性、耐蚀性，以及特别优异的磁性和电学性能。

4. 激光表面合金化

激光表面合金化（LSA）是利用激光束通过改变工件表面的化学组成来提高其表面的耐磨、防腐等性能，即把合金元素、陶瓷等粉末颗粒以一定方式添加到工件表面上，通过激光加热使其与基体表面共熔而混合，在0.1~0.3s时间内形成厚0.01~2mm的表面合金层。快速熔化非平衡过程可使合金元素在凝固后的组织达到很高的过饱和度，从而形成普通合金化方法不易得到的化合物、介稳相和新相，在合金元素消耗量很低的情况下获得具有特殊性能的表面合金层。

向表面加入合金元素的方法有预涂式和送粉式两种（见图52-6）。预涂式即采用电沉积、气相沉积、离子注入、刷涂、等离子喷涂、黏结剂、涂覆等方法将所要求的合金粉末预先涂覆在工件表面的相应部位，然后用激光加热熔化，与基体表面形成新的合金层；送粉式（同步输入法）是激光辐照的同时送入合金粉末，需要精度较高的送粉装置。影响激光合金化层的工艺参数有：粉末的选配、合金粉末预涂方法与厚度、激光输出功率、功率密度、稳定性、光斑尺寸、束斑能量分布均匀性、激光束扫描速度以及基材性质等。采用激光表面合金化方法可使廉价的普通材料表面获得优异的耐磨、耐腐、耐热等性能，以取代昂贵的整体合金；可改善不锈钢、铝合金和钛合金的耐磨性；也可制备传统方法无法得到的某些特种材料，如超导合金等。

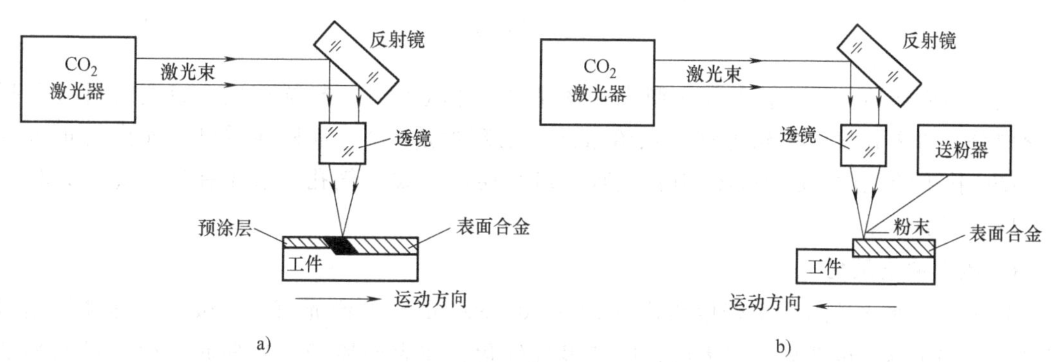

图52-6　激光表面合金化示意图

a）预涂式激光合金化　b）送粉式激光合金化

5. 激光表面熔覆

激光表面熔覆（LSC）是采用激光将按需要配制的合金、陶瓷粉末熔化或将熔覆丝、板材熔化，并使基体表层微熔，从而得到一外加具有特殊物理性能、化学性能或力学性能的熔覆层。与 LSA 不同的是母材微熔而添加物全熔，并要求基体对表层合金的稀释度为最小。激光表面熔覆与工业上用的其他制备表面熔覆层的堆焊、热喷涂和等离子喷焊等方法相比具有以下优点：①合金层和基体可以形成冶金结合，极大地提高了熔覆层与基材的结合强度；②由于加热速度很快，熔覆层的稀释率低（仅为 5%~8%）；③熔覆层晶粒细小，结构致密，因而硬度一般较高，耐磨、耐蚀等性能也更为优异；④激光熔覆热影响区小，工件变形小，熔覆成品率高；⑤激光熔覆过程易实现自动化生产，覆层质量稳定。

熔覆材料可以是金属或合金，也可以是陶瓷、非金属，还可以是化合物；可以以粉末形式，也可制成丝或板材。对熔覆材料的要求是具有所希望的性能，热胀系数尽可能接近基体，熔体对基体要有良好的润湿性，熔点不宜过高，且有良好的脱氧、除气、除渣能力。

激光熔覆工艺可以分为两种（见图 52-7）：一步法（同步法，见图 52-7a），即在激光束辐照工件的同时向激光作用区同步送粉状或丝状熔覆材料；二步法（预置法，见图 52-7b），即在熔覆处理前，先将熔覆材料预置于工件表面，然后采用激光将其熔化，冷凝后形成熔覆层。

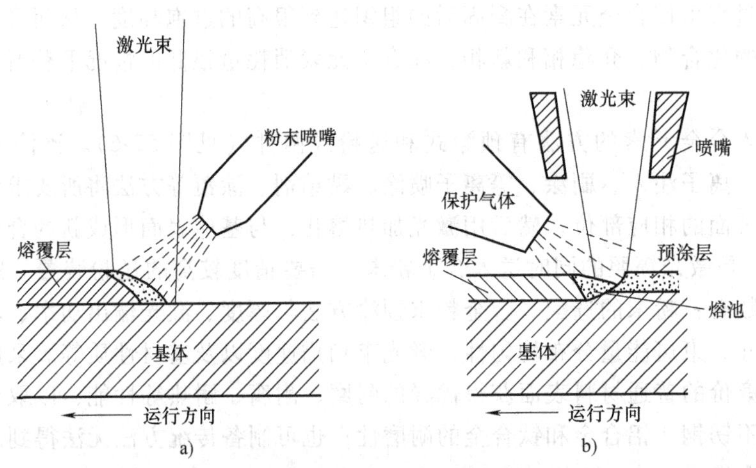

图 52-7 激光表面熔覆示意图

a）一步法 b）二步法

激光表面熔覆主要工艺参数有激光功率密度、束斑尺寸、扫描速度、熔覆材料（包括化学成分、粉末粒度、供给方式、供给量及热物理性质等）、基材性质以及光束处理方式等。LSC 技术的关键问题是如何消除或减少熔覆层的裂纹和气孔，这在有色金属的 LSC 处理时应特别加以重视。

6. 激光冲击硬化

激光冲击硬化是用功率密度很高（10^8~10^{11} W/cm^2）的激光束，在极短的脉冲持续时间（10^{-9}~10^{-3}s）内照射金属表面，使其很快气化，在表面原子逸出期间产生动量脉冲而形成冲击波或应力波作用于金属表面，冲击波的力量可达 10^4MPa，从而使表面产生强烈的塑性变形，形成类似于受到爆炸冲击或高能快速平面冲击后产生的亚结构，从而提高材料表面的强度、硬度和疲劳极限。激光冲击硬化效果与基材种类和原始状态有关。激光冲击加工示意图如图 52-8 所示。

激光冲击硬化示意图如图 52-9 所示，冲击波和机械冲击的共同作用会使材料显微组织发生变化，引起裂纹，甚至彻底断裂。材料的部分蒸发造成一圆锥状火口。若脉冲能量为 10～35J，火口的深度为 0.45mm，而直径与深度之比为 1.7～1.9。在火口的侧面上大约 20μm 厚的层次会形成一重熔区，该区不一定连续。如果是碳钢，该区则为马氏体组织，具有很高的硬度，可达 7600 MPa。重熔区下是热影响区，大约 20 μm 厚。因该技术能把材料加热至临界点以上的温度，在前珠光体晶粒部位会形成显微硬度达 6900 MPa 的马氏体组织。热影响区之下是冷态下由机械强化所致的较厚区域（700～750μm）。此区的组织中含有大量的变形孪晶的铁素体晶粒（见图 52-9c）。由于孪晶的存在，铁素体晶粒的显微硬度增至 2300MPa，而铁素体晶粒的初始硬度仅为 1700 MPa。

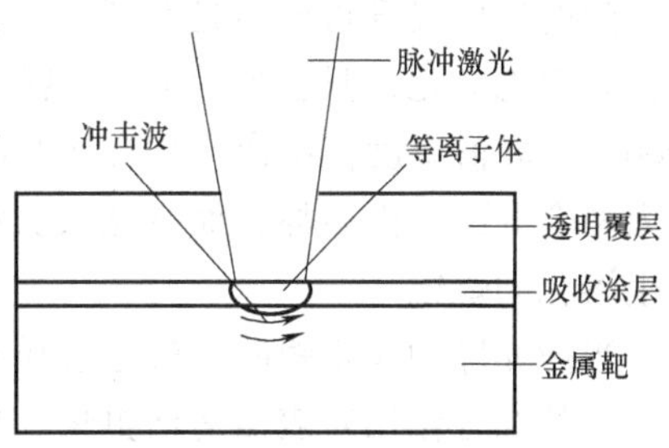

图 52-8　激光冲击加工示意图

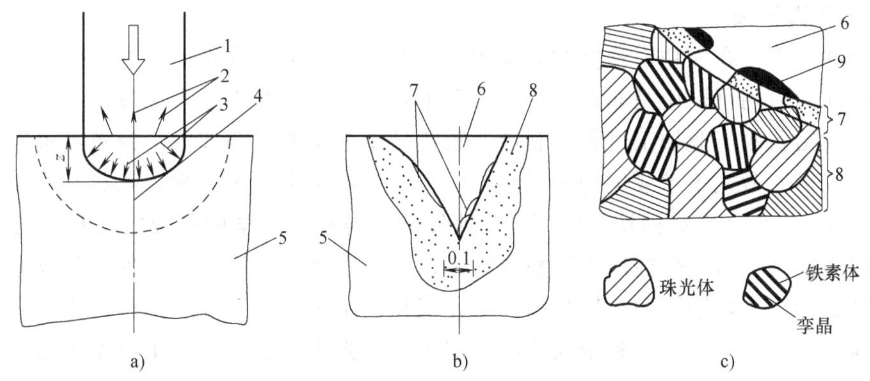

图 52-9　激光冲击硬化示意图

a）冲击硬化作用过程　b）脉冲激光作用的低碳钢表面层结构　c）冲击硬化的低碳钢表面层显微组织

1—激光束　2—蒸发　3—冲击波　4—机械脉冲　5—硬化的材料

6—火口　7—重熔与热影响区　8—机械力影响区　9—重熔区

7. 激光表面清洗

在现代科技领域，高分辨率、小线程（低于 1/4μm）、微型化和趋近于零的机械误差是高科技仪器设备正常运行的客观要求。而工业制造或应用中产生的污染物质会大幅度降低材料的理想性能，并导致部件失效。有关污染表面的物理和化学性质的研究也要求制作原子级清洁表面。因而开发清除临界表面的微粒或污染薄膜的先进技术是不断增长的需要。

激光表面清洗是 20 世纪 90 年代初兴起的一种清洗技术。激光清洗指的是用激光清除固体表面的微小粒子或薄污染层。研究表明，一个亚微米粒子吸附于表面的力很强，超过其质量的 100 万倍。因而，亚微米粒子的清洗技术应能有效地清除粒子而不会引起表面损坏或添加灰尘至表面。用非接触性的光子束在工业环境中进行临界表面的清洗已成为现实。

高方向性的激光可在短脉冲内提供高强度的光子脉冲。浅熔深的脉冲激光辐照对固体加热时会解吸其表面吸附的蒸气、气体和污染物质，从而产生表面清洁作用。根据激光强度、脉冲持续时间和表面的性能差异，激光束与固体表面交互作用会产生不同的效应。按固体表面达到的峰值温度可分为光热感应、清洗、熔化和烧蚀。例如对大约10℃或以下的峰值温度，表面无变化，只会发生可逆热弹性效应，对表面材料性能的光热感应有用。在100～1000℃的峰值温度范围内，配合适当的激光脉冲（一般为1～100 ns）可产生清洗效应。脉宽太短会导致表面破坏，而脉宽太长清洗效应又小或消失。当峰值温度继续升高时，材料会发生熔化和烧蚀。

当激光脉冲非常短时，气态杂质和外来夹杂的原子不具备足够的时间扩散至表面。温度和真空的综合作用对表面清洁更快、更有效。清洁效果会因采用真空的保护气氛和脉冲激光加热而得到加强。例如，真空激光清洗在电子工业的应用是去除硅、镍等晶体中的夹杂和吸附的氧、氮、氢等原子。用此方法可以得到原子级纯度的表面所用的时间远远小于传统清洗方法。

应用短脉冲（脉宽为几十纳秒数量级）激光的清洗技术有两种类型，即干式激光清洗和蒸气激光清洗。干式激光清洗是基于脉冲激光加热固体表面和微粒的激光清洗。当微粒的清除依赖于薄液膜的过热和蒸发时，该技术称为蒸气激光清洗。

8. 激光表面烧蚀

激光烧蚀是固体在大功率密度激光束辐照下发生的蒸发或升华。

激光烧蚀的应用可以说是非常广泛。许多重要应用均依赖于激光烧蚀，这些应用包括诸如激光焊接或钻孔等工业加工过程、制造薄膜或显微组织的材料加工、激光表面清洗、固态试样的元素分析、激光手术或生物分子结构研究的生物医学应用、激光武器系统等。

20世纪80年代激光烧蚀技术应用的快速发展是与材料科学的需要密切相关的。对于表面工程的应用领域，激光烧蚀用来沉积薄膜，也称为激光烧蚀沉积。在各种薄膜沉积中，通常应用的是脉冲激光烧蚀沉积。通过脉冲激光沉积而生长薄膜已发展到制造特殊薄膜。实际上所有材料——金属、半导体和绝缘体都可沉积。激光表面烧蚀是利用激光烧蚀蒸发靶材材料，而于真空或大气环境中在某基体上实现薄膜沉积的技术。这一技术在20世纪80年代已用于烧蚀大量不同种类的固态靶材，是制作大量不同薄膜覆层的非常灵活的方法。在应用中，多个靶材可以同时接受激光辐照而生成复合的薄膜层。激光表面烧蚀是一种非常清洁和快速的过程，需要强烈的吸收和加热（附加蒸发），因而有大范围的固相源材料可供选择。

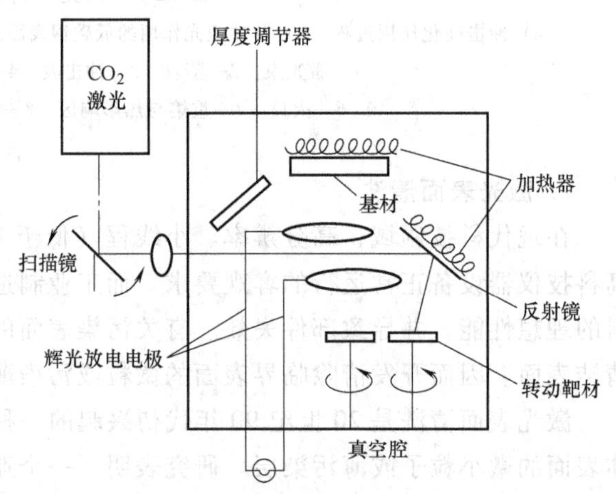

图 52-10　激光烧蚀薄膜沉积示意图

激光蒸发基本上是一种高真空的技术，适当原子成分的靶材蒸发的能量由一外部激光源提供，如图52-10所示。强CO_2激光脉冲的能量足以在非常短的时间内蒸发复合物靶材，而靶材内部的扩散不明显，个体组元的分解几乎可以忽略。这个过程基本上与常规的由其他能源引发的瞬时蒸发相同。蒸发原子凝结的基材置于靶材附近，其在物理性质上几乎没有限制。

激光烧蚀蒸发可用于制作多种氧化物、氟化物和半导电薄膜。这主要是因为脉冲激光允许复合物或混合物的等同蒸发，这使得大多数情况下原材料的化学成分在沉积薄膜中可靠地得以再现。

52.1.3　离子注入

离子注入是将气体或金属元素的蒸气进行电离，并经高压电场加速成具有几万甚至几百万电子伏特能量的载能束，射入工件表面，与表层晶体中原子不断发生核碰撞、电子碰撞和电荷交换后，其能量不断减少，最终停留在工件表层晶体内。离子注入后引起材料表面的元素种类、成分比例乃至组织结构改变，进而使得物理、化学、力学以及生物医学等方面性能发生变化，从而达到材料表面改性之目的。

离子注入技术最早应用于半导体材料的掺杂，从 20 世纪 70 年代开始在非半导体材料表面改性方面应用。与其他表面改性方法相比，离子注入技术具有以下特点：

1）离子注入是一个非平衡过程，注入元素不受扩散系数、固溶度和平衡相图的限制，理论上可将任何元素注入任何基体材料中。

2）注入层与基体之间没有界面，系冶金结合，改性层和基体之间结合强度高，附着性好。

3）高能离子的强行射入工件表面，导致大量间隙原子、空位和位错产生，故使表面强化，疲劳寿命提高。

4）离子注入系在高真空和较低的工艺温度下进行，因此，工件不产生氧化脱碳现象，也没有明显的尺寸变化，故适宜工件的最终表面处理。

但是离子注入是一个“视线加工”过程，只有暴露在离子束下的工件表面才能被离子注入。另外，离子注入层深仅 0.1~0.2μm，太浅，常需与其他沉积技术配合。

离子注入装置包括离子发生器、质量分析器、离子束聚焦与加速系统、离子束扫描系统、靶室、真空与排气系统等（见图 52-11）。用于材料表面改性常需要大的离子注入剂量，

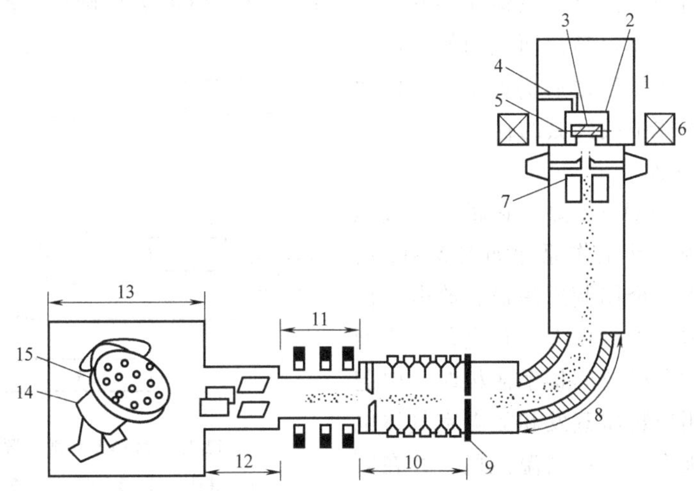

图 52-11　离子注入设备原理图

1—离子源　2—放电室（阳极）　3—等离子体　4—工作物质　5—灯丝（阴极）　6—磁铁　7—引出离子预加速　8—质量分析检测磁铁　9—质量分析缝　10—离子加速管　11—磁四极聚焦透镜　12—静电扫描　13—靶室　14—密封转动电动机　15—滚珠夹具

但对注入成分的纯度却不必像半导体工业中要求的那样严格，故往往可取消磁分析器，借以提高束流密度，缩短注入所需工时。另外，它常需要包括各种气体和金属元素多样化的离子。

离子注入工艺除用于半导体材料的掺杂外，分气体离子注入和金属离子注入，传统的直射式注入和等离子体基离子注入（PBII），离子辅助沉积（IAC）和离子束增强沉积（IBED）等，从而获得高度过饱和固溶体、亚稳定相、非晶态和非平衡合金等不同组织结构形式，大大改善了工件的使用性能。

工艺影响因素主要包括离子的能量、剂量、离子束流强度和离子束流均匀性、束斑大小、基体材料和基体温度等。

1. 氮离子注入

用于材料表面改性的离子注入剂量常要达到 $10^{17}/cm^2$ 以上，因此，需采用强束流的离子源。适用于强氮离子注入的通常采用考夫曼离子源（见图 52-12）。

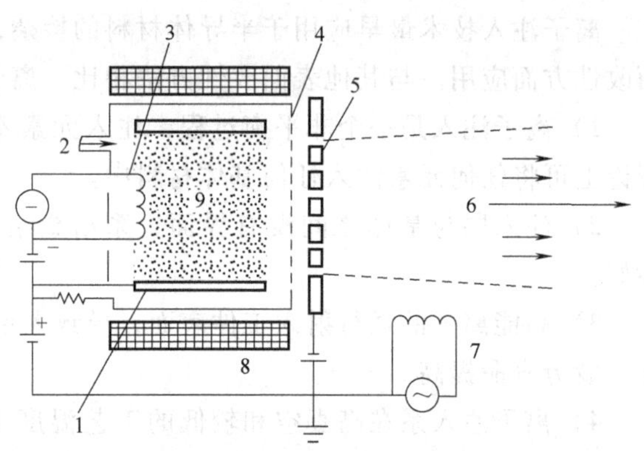

图 52-12　考夫曼离子源工作原理

1—阳极　2—气体　3—阴极灯丝　4—屏栅　5—加速栅　6—离子束　7—中和器　8—磁场线圈　9—等离子体

这里从阴极灯丝发射出来的电子经过阴极鞘层被加速而获得相应于等离子体与阴极之间电位差的能量。等离子体电位接近于阳极电位，只比其高几伏。这类高速电子与从进气口进入的氢原子碰撞而在放电室中形成等离子体。在屏极和加速电压作用下，正离子从等离子体中拉出而形成离子束。

钢制工件氮离子注入表面改性应用较早也较多。经氮离子注入后，钢的表层晶粒细化，且点阵出现严重畸变，甚至可观察到 ε-$Fe_{2-3}N$ 相的出现。钢的表层硬度、耐磨性、耐蚀性、抗疲劳强度都得到明显提高，而且即使在磨去的表层厚度超过注入厚度之后仍保持着高的耐磨性，并且可在基体中找到氮的存在。

2. 金属离子注入

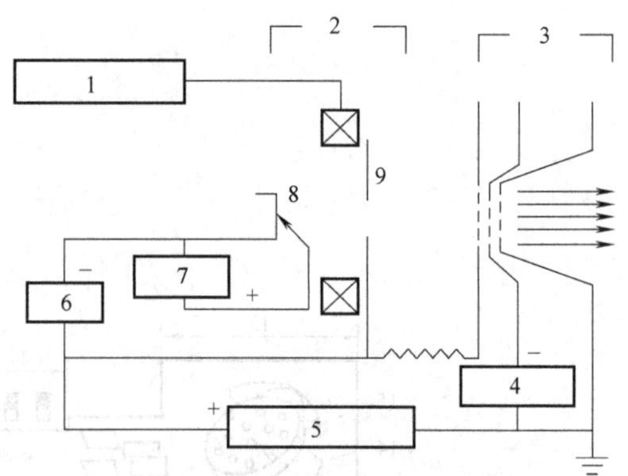

图 52-13　MEVVA 离子源工作原理

1—磁铁　2、6—弧　3、5—引出电极　4—抑制栅极　7—触发器　8—阴极　9—阳极

这里采用的是 MEVVA 源，它属冷阴极弧放电强束流离子源，其工作原理如图 52-13 所示。它将所需注入的金属制成阴极，放电室内通入 1Pa 氢气，多孔的阴极上加负电位。当通以几十安电流触发电极瞬间接触阴极时，引起电弧放电，导致阴极物质蒸发和放电室气体电离。起弧后在阴极表面形成高温弧斑，并在阴极上移动，以维持持续放电，电离后的金属正离子被负电位多孔引出极引出，从而形成宽束金属离子源。采用各种金属离子注入钢，选择合适的注入条件，可提高注入钢件表面的硬度，降低表面摩擦因数，提高表面抗磨损特性。据报道采用 MEVVA 源注入 Ti、C 离子，使

加工高速钢的板牙寿命提高了 4 倍，加工不锈钢的钻头延长寿命 5 倍以上，加工不锈钢铣刀的使用寿命提高了 16 倍。

3. 传统的直射式离子注入

通常所采用的离子注入绝大多数均为直射式离子注入工艺。离子注入沿直线行进，不能绕行，决定了它是一个“视线加工”过程，即只有暴露在离子束下的工件表面才能被离子注入，而对于其他表面，不得不采用带有自转加公转的复杂转动靶台来解决，甚至存在工件即使运动也无法完成凹面或内腔处理的情况，这就促使全方位离子注入技术的发展。

4. 等离子体基离子注入

为了克服传统离子注入的直射性缺陷，1987 年美国 Wisconsin 大学 J. R. Comrad 教授提出了等离子体基离子注入技术，它可在较简单的装置中实现对异形工件和多个工件批量地进行全方位的离子注入。

图 52-14 所示为等离子体基离子注入装置示意图。

5. 离子注入 SOI 技术

离子注入 SOI 技术是采用 $(1.8\sim2.4)\times10^{18}/cm^2$ 大剂量氧离子注入处于 600~650℃ 的硅片中时，即在硅表面形成高浓度氧层，在 1200~1300℃ 下 6h 退火后，即可形成 100nm 的 SiO_2 层，称为 SIMOX，如图 52-15 所示。在 SOI 结构上制备 CMOS、MOSFET 结构，由于其优良的抗辐射性而在航空航天、微电子器件中有着广阔的应用前景。制备 SOI 的关键在于三点：①采用强束流氧离子注入剂量达到 $(1.8\sim2.4)\times10^{18}/cm^2$ 时，才能达到形成 SiO_2 配比的要求；②注入时需要高靶温（600~650℃），以防止非晶硅的形成；③超高退火温度，加速扩散过程，以便使 SiO_2 两侧的 $Si+SiO_2$ 完全变成 SiO_2 层。

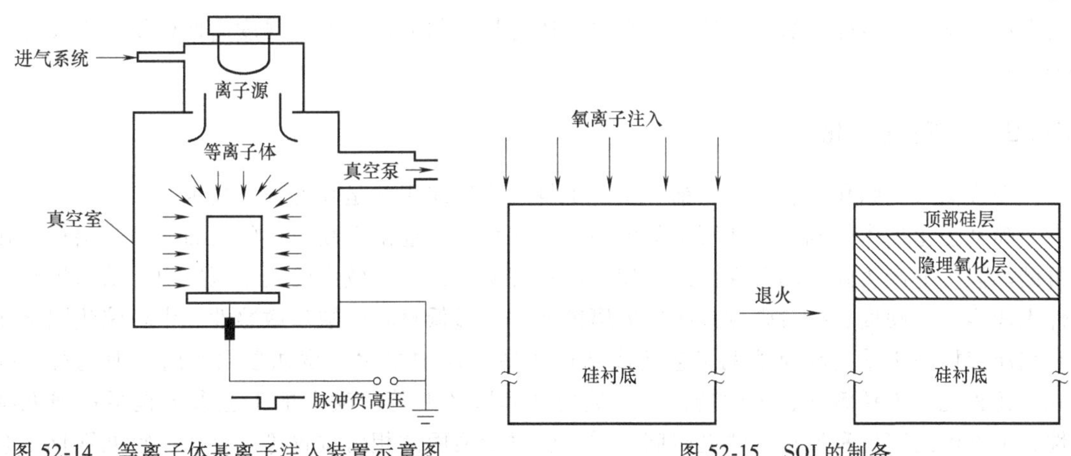

图 52-14　等离子体基离子注入装置示意图

图 52-15　SOI 的制备

52.2　表面形变强化技术

表面形变强化是利用喷丸、滚压和冷挤压等技术，在材料表面产生压缩变形，形成加工硬化层。此形变硬化层的深度可达 0.5~1.5mm。在此形变硬化层中产生两种变化：一是在组织结构上，亚晶极大地细化，位错密度急剧增加，甚至产生非晶化（见图 52-16）；二是形成高的宏观残余压应力，这对提高交变负荷下的抗疲劳强度极为有利。

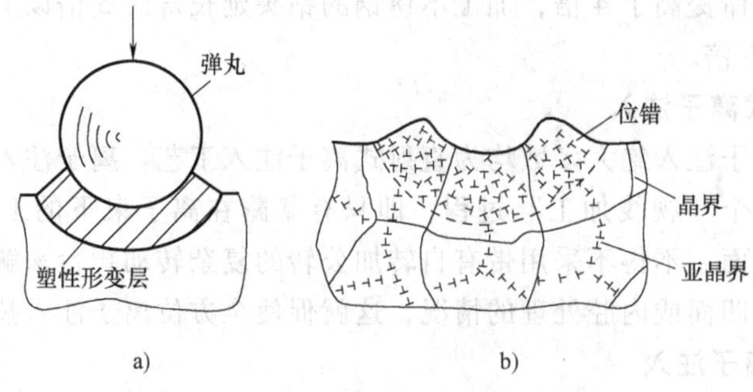

图 52-16 喷丸表面强化层结构示意图

a）宏观 b）微观

52.2.1 滚压强化

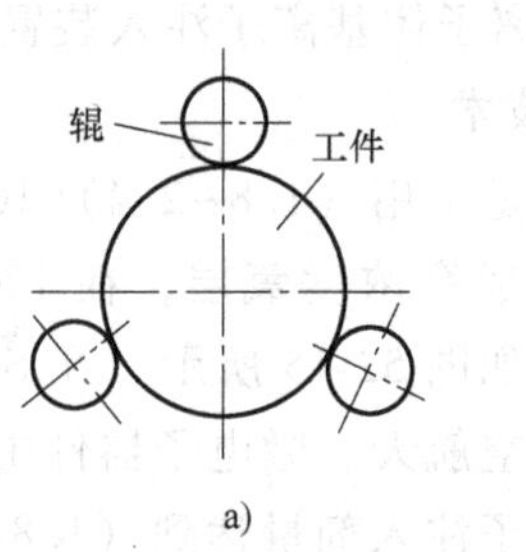

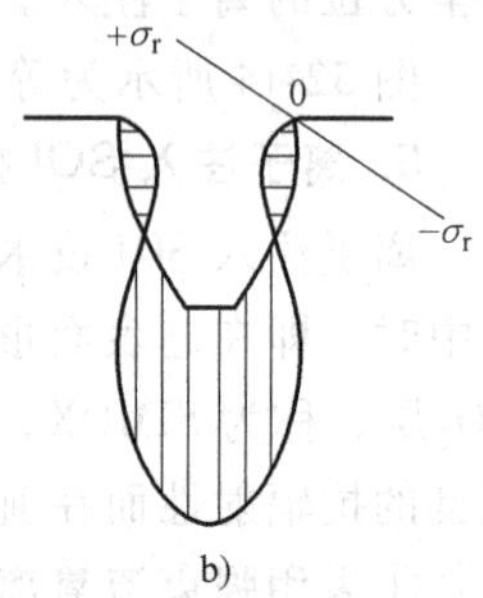

图 52-17 表面滚压强化示意图

a）工作图 b）受力情况

图 52-17 所示为表面滚压强化示意图，表面滚压后导致工件表面产生局部大塑性变形和加工硬化现象，使表层的强度、硬度大大提高，并产生较大的残余压应力。目前，滚压强化用的滚轮、滚压力大小等尚无标准。对于圆角、沟槽等可通过滚压获得表层形变强化，并能在表面产生约 5mm 深的残余压应力。经滚压后，工件表面产生的残余压应力的大小，不仅与强化方法、工艺参数有关，还与材料的晶体类型、强度高低以及加工硬化率密切相关。

52.2.2 喷丸强化

在表面形变强化方法中，目前在生产中得到广泛应用的是喷丸强化技术。

喷丸强化技术是利用高速喷射的细小弹丸在室温下撞击受喷工件的表面，使表层材料在再结晶温度下产生强烈的塑性变形和加工硬化现象，并产生较大的残余压应力，从而提高工件表面强度、硬度、疲劳强度和抗应力腐蚀能力，降低材料的缺口敏感性。中科院沈阳金属研究所卢柯院士采用高速喷丸工艺还成功地实现表面纳米化。喷丸强化使用的弹丸有铸铁丸、铸钢丸、不锈钢丸、钢丝切割丸、玻璃丸和陶瓷丸等。喷丸的工艺参数包括：弹丸特性、弹丸流的速度和流量、喷丸时间、弹丸流对受喷面的相对位置等。合适的喷丸强化工艺参数要通过喷丸强度试验和表面覆盖率试验来确定。至于喷丸强化所采用设备按驱动弹丸的方式可分为机械离心式喷丸机和气动式喷丸机两大类。喷丸强化已广泛用于弹簧、齿轮、链条、轴、叶片、火车轮等零部件的表面强化。

52.2.3 内挤压

与滚压强化相似，内孔挤压是使孔的内表面获得形变强化的工艺措施。内挤压后在工件内表面产生大塑性变形和加工硬化现象，并形成表面的残余压应力，从而能有效地提高孔内表面的强度、疲劳强度和耐应力腐蚀性能。

第53章

纳米表面工程

纳米表面工程是指在基体材料表面获得纳米结构表层的表面工程技术。

53.1 金属表面纳米晶化

金属表面纳米晶化可以通过不同方法实现。例如，应用超声波冲子冲击工艺，可在纯铁或不锈钢表面获得晶粒平均尺寸为10~20nm的表面层。超声波冲子冲击450s后，纯铁表面层的显微组织形成了结晶位向为任意取向的纳米晶相，晶粒平均尺寸为10nm，而纯铁的原始晶粒尺寸约为50μm。该技术的优点之一是可以在复杂形状零部件表面获得纳米晶表面层。该技术将为整体材料的纳米晶化处理提供一个基本途径，此项工作具有重大的创新意义。

53.2 纳米颗粒复合电刷镀技术

电刷镀技术是表面工程的重要组成部分，该技术具有设备轻便、工艺灵活、镀覆速度快、镀层种类多等优点，被广泛应用于机械零件表面修复与强化，尤其适用于现场及野外抢修。近年来，纳米颗粒材料在电刷镀技术中的应用，使复合电刷镀技术在高温耐磨及抗接触疲劳载荷领域呈现出强大的生命力。

在电刷镀镀液中添加纳米颗粒时，制备的复合镀层的摩擦学性能有较大的改善。在快速镍镀层中分别添加纳米 Al_2O_3、SiC、金刚石颗粒，通过对纳米颗粒表面进行改性处理，有效地提高了纳米颗粒在镍基复合镀层中的共沉积量，显著地改善了纳米粉在镀层中的均匀程度。在不同的加热温度下，表现出比传统快速镍刷镀层更好的显微硬度和抗微动磨损性能。其中，纳米 Al_2O_3复合镀层的使用温度达400℃，且在此温度下复合镀层的显微硬度为600HV，抗接触疲劳寿命（抗应力循环次数）由传统镀层的2×10^5提高到2×10^6，提高了一个数量级。纳米颗粒复合电刷镀技术可用于设备贵重零部件的修复与再制造。

53.3 纳米粘涂技术

表面粘涂技术是指以高分子聚合物与一些特殊功能填料（如石墨、二硫化钼、金属粉末、陶瓷粉末和纤维）组成的复合材料涂覆于零件表面，实现特定用途（如耐磨、耐蚀、绝缘、导电、保温、防辐射等）的一种表面工程技术。

纳米材料因其优异的特性，在表面粘涂技术领域显示出广阔的应用前景。例如，含金刚石的纳米胶粘剂具有优异的耐磨性和很高的粘接强度。试验表明，随着纳米级金刚石粉加入量的增加，涂层的耐磨性提高，当加入量为8%（质量分数）时，耐磨性是未添加时的2.2倍，抗拉强度可达50MPa，比未添加时提高27.5%。

53.4 纳米涂装技术

纳米复合涂料是指将纳米颗粒用于涂料中所得到的一类具有抗辐射、耐老化、剥离强度高或具有某些特殊功能的涂料。例如，50~120nm 球状 TiO_2对衰减 300~ 400nm 的紫外线有明显效果，衰减长波、短波紫外线时，分别起散射和吸收作用；纳米 SiO_2具有极强的紫外线反射能力，对波长 400nm 以内的紫外线反射率达 70%以上，是一种极好的抗老化添加剂；60nm 的 ZnO 吸收 300~400nm 紫外线能力强。纳米隐身涂料在军事上有重要的应用价值。

53.5 纳米热喷涂技术

热喷涂技术是表面工程领域中应用十分广泛的技术，在各种新型热喷涂技术（如超声速火焰喷涂、高速电弧喷涂、气体爆燃式喷涂、电熔爆炸喷涂、超声速等离子喷涂、真空等离子喷涂等）不断涌现的同时，纳米热喷涂技术已成为热喷涂技术新的发展方向。

热喷涂纳米涂层组成可分为三类：单一纳米材料涂层体系；两种（或多种）纳米材料构成的复合涂层体系；添加纳米颗粒材料的复合涂层体系，特别是陶瓷或金属陶瓷颗粒的复合涂层体系具有重要的作用和意义。目前，完全的纳米材料涂层离普及应用还有相当距离。大部分的研究开发工作集中在第三种，即在传统涂覆层技术基础上添加复合纳米材料，可在较低成本情况下使涂覆层功能得到显著提高。例如，美国纳米材料公司通过特殊处理制成专用热喷涂纳米粉，用等离子喷涂方法获得了纳米结构的 Al_2O_3/ TiO 层，该涂层致密度达95%~98%，结合强度比传统喷涂粉末涂层提高2~3倍，耐磨性提高3倍，表明纳米结构涂层具有良好的性能。研究结果表明，采用热喷涂技术制备的纳米结构涂层性能优异，在一些贵重、关键零件的应用中具有良好前景。

53.6 纳米减摩自修复添加剂技术

机械部件的磨损，主要发生在边界润滑和混合润滑状态下，而润滑油添加剂，特别是摩擦改进剂是降低其摩擦磨损最有效的途径之一，也是国外表面工程中的重要发展方向。在一定温度、压力、摩擦力作用下，表面产生剧烈摩擦和塑性变形，纳米颗粒在摩擦表面沉积，并与摩擦表面作用，填补表面微观沟谷，从而形成一层具有抗磨减摩作用的修复膜。发动机台架试验表明，该技术可使整车的动力性、经济性以及尾气排放都得到改善，燃油消耗率也降低5%~10%。

53.7 纳米固体润滑干膜技术

固体润滑技术是将固态物质涂（镀）于摩擦界面，以降低摩擦、减少磨损的技术。与常用的液体润滑相比，固体润滑技术不需要相应的润滑设备和装置，不存在泄漏问题。固体润滑技术不仅扩充了润滑油、脂的应用范围，而且弥补了润滑油、脂的缺陷。例如，加入纳米 Al_2O_3颗粒，使固体润滑干膜的摩擦因数增大，耐磨性提高。某重载车辆平面弹子滚道部位，采用纳米固体润滑干膜对其进行处理后，涂层能有效地隔绝腐蚀介质，同时涂层起到较好的减摩润滑作用。该技术可用于特殊情况下贵重零部件的减摩、耐磨。

53.8　纳米薄膜制备技术

薄膜技术是通过某些特定工艺过程（常用溅射法），在物体表面沉积、附着一层或者多层与基体材料材质不同的薄膜，使物体表面具有与基体材料不同性能的技术。按薄膜的用途，可以将其分为功能性薄膜和保护性薄膜两大类。两大类中又有纳米多层膜和纳米复合膜之分。纳米多层膜一般是由两种厚度在纳米尺度上的不同材料层交替排列而成的涂层体系。由于膜层在纳米量级上排列的周期性，即两种材料具有一个基本固定的超点阵周期，双层厚度为 5~10nm，一些涂层在 X 射线衍射图上产生了附加的超点阵峰，这些涂层又称为纳米超点阵涂层。纳米复合膜是由两相或两相以上的固态物质组成的薄膜材料，其中至少有一相是纳米晶，其他相可以是纳米晶，也可以是非晶态。

参考文献

[1] 徐滨士，刘世参．表面工程技术手册：上册［M］．北京：化学工业出版社，2009.
[2] 徐滨士，刘世参．表面工程技术手册：下册［M］．北京：化学工业出版社，2009.
[3] 李国英．表面工程手册［M］．北京：机械工业出版社，1997.
[4] 郦振声，杨明安．现代表面工程技术［M］．北京：机械工业出版社，2007.
[5] 胡传炘．表面处理手册［M］．北京：北京工业大学出版社，2005.
[6] 梁志杰．现代表面镀覆技术［M］．北京：国防工业出版社，2005.
[7] 李金桂．防腐蚀表面工程技术［M］．北京：化学工业出版社，2003.
[8] 樊新民．表面处理工实用技术手册［M］．南京：江苏科学技术出版社，2003.
[9] 杜安，李士杰，何生龙．金属表面着色技术［M］．北京：化学工业出版社，2012.
[10] 李鑫庆，陈迪勤，余静琴．化学转化膜技术与应用［M］．北京：机械工业出版社，2005.
[11] 吴子健．热喷涂技术与应用［M］．北京：机械工业出版社，2006.
[12] 张通和，吴瑜光．离子束表面工程技术与应用［M］．北京：机械工业出版社，2005.
[13] 潘邻．表面改性热处理技术与应用［M］．北京：机械工业出版社，2006.
[14] 李异．金属表面转化膜技术［M］．北京：化学工业出版社，2009.
[15] 蔡珣．表面工程技术工艺方法400种［M］．北京：机械工业出版社，2006.
[16] 关成，蔡珣，潘继民．表面工程技术工艺方法800种［M］．北京：机械工业出版社，2016.
[17] 蒋银方．现代表面工程技术［M］．北京：化学工业出版社，2006.
[18] 刘敬福．材料腐蚀及控制工程［M］．北京：北京大学出版社，2010.
[19] 李丽波，国绍文．表面预处理实用手册［M］．北京：机械工业出版社，2014.
[20] 王保成．材料腐蚀与防护［M］．北京：北京大学出版社，2012.
[21] 温鸣，武建军，范永哲．有色金属表面着色技术［M］．北京：化学工业出版社，2007.
[22] 朱祖芳．铝合金阳极氧化与表面处理技术［M］．北京：化学工业出版社，2010.
[23] 高自省．镁及镁合金防腐与表面强化生产技术［M］．北京：冶金工业出版社，2012.
[24] 宣天鹏．表面工程技术的设计与选择［M］．北京：机械工业出版社，2011.
[25] 黄红军，谭胜，胡建伟，等．金属表面处理与防护技术［M］．北京：冶金工业出版社，2011.
[26] 易春龙．电弧喷涂技术［M］．北京：化学工业出版社，2006.
[27] 武建军，曹晓明，温鸣．现代金属热喷涂技术［M］．北京：化学工业出版社，2007.
[28] 李金桂，郑家燊．表面工程技术和缓蚀剂［M］．北京：中国石化出版社，2007.
[29] 王海军．热喷涂工程师指南［M］．北京：国防工业出版社，2010.
[30] 刘勇．现代表面工程技术与应用［M］．北京：科学出版社，2008.
[31] 姜银方，王宏宇．现代表面工程技术［M］．北京：化学工业出版社，2014.
[32] 高志，潘红良．表面科学与工程［M］．上海：华东理工大学出版社，2006.
[33] 王振廷，孙俭峰，王永东．材料表面工程技术［M］．哈尔滨：哈尔滨工业大学出版社，2011.
[34] 李慕勤，李俊刚，吕迎．材料表面工程技术［M］．北京：化学工业出版社，2011.
[35] 黎樵燊，朱又春．金属表面热喷涂技术［M］．北京：化学工业出版社，2009.
[36] 曲敬信，汪泓宏．表面工程手册［M］．北京：化学工业出版社，1998.
[37] 陈克忠．金属表面防腐蚀工艺［M］．北京：化学工业出版社，2010.
[38] 万晔．金属的大气腐蚀及其实验方法［M］．北京：化学工业出版社，2014.
[39] 陈卓元．铜的大气腐蚀及其研究方法［M］．北京：科学出版社，2011.
[40] 王一减，黄本元，王余高，等．金属大气腐蚀与暂时性保护［M］．北京：化学工业出版社，2006.
[41] 李晓刚，董超芳，肖葵，等．金属大气腐蚀初期行为与机理［M］．北京：科学出版社，2009.

[42] 李金贵，周师岳，胡业锋. 现代表面工程技术与应用 [M]. 北京：化学工业出版社，2014.
[43] 张圣林. 铝合金表面处理技术 [M]. 北京：化学工业出版社，2009.
[44] 许振明，徐孝勉. 铝和镁的表面处理 [M]. 上海：上海科学技术文献出版社，2005.
[45] 王尚义. 钢铁表面氧化和磷化处理问答 [M]. 北京：化学工业出版社，2009.
[46] 戴达煌，周克崧，袁振海，等. 现代材料表面技术科学 [M]. 北京：冶金工业出版社，2004.
[47] 曲敬信，汪泓宏. 表面工程手册 [M]. 北京：化学工业出版社，1998.
[48] 钱苗根. 现代表面工程 [M]. 上海：上海交通大学出版社，2012.
[49] 张而耕，吴雁. 现代 PVD 表面工程技术及应用 [M]. 北京：科学出版社，2013.
[50] 王福贞，马文存. 气相沉积应用技术 [M]. 北京：机械工业出版社，2007.
[51] 朱立. 钢材热镀锌 [M]. 北京：化学工业出版社，2006.
[52] 潘晓笛. 热镀锌 [M]. 兰州：甘肃人民出版社，1985.
[53] 李九岭. 热镀锌实用数据手册 [M]. 北京：冶金工业出版社，2012.
[54] 卢锦堂，许乔瑜，孔纲. 热浸镀技术与应用 [M]. 北京：机械工业出版社，2006.
[55] 顾国成，刘邦津. 热浸镀 [M]. 北京：化学工业出版社，1988.
[56] 王兆华，张鹏，林修洲，等. 材料表面工程 [M]. 北京：化学工业出版社，2011.
[57] 刘邦津. 钢材的热浸镀铝 [M]. 北京：冶金工业出版社，1995.
[58] 卢锦堂，许乔瑜，孔纲. 热浸镀技术与应用 [M]. 北京：机械工业出版社，2006.
[59] 曾荣昌，兰自栋，陈君，等. 镁合金表面化学转化膜的研究进展 [J]. 中国有色金属学报，2009，19 (3)：397-404.
[60] 谢洪波，江冰，陈华三，等. 化学镀镍规律及机理探讨 [J]. 电镀与精饰，2012，34 (2)：26-30.
[61] 方震. 化学转化膜的发展动态 [J]. 电镀与涂饰，2009，28 (9)：30-34.
[62] 陈频，王昕. 金属表面化学转化膜相关技术的现状分析 [J]. 金陵科技学院学报，2013，29 (4)：24-27.
[63] 肖鑫，易翔，许律. 铝及铝合金无铬化学转化膜处理技术研究 [J]. 材料保护，2011，44 (4)：101-104.
[64] 张建刚，刘渝萍，陈昌国. 镁合金表面化学转化处理的研究进展 [J]. 材料导报，2007，21 (5)：324-327.
[65] 王桂香，张密林，董国君，等. 镁合金表面化学转化膜的研究进展 [J]. 材料保护，2008，41 (1)：46-49.
[66] 董春艳，安成强，郝建军，等. 镁合金无铬化学转化膜的研究进展 [J]. 电镀与精饰，2011，33 (3)：17-21.
[67] 赵立新，顾云飞，邵忠财，等. 镁合金无铬化学转化膜的研究现状及发展趋势 [J]. 电镀与涂饰，2009，28 (1)：33-36.
[68] 曾昌荣，胡艳，张芬，等. AZ31 镁合金表面铈掺杂锌钙磷酸盐化学转化膜的腐蚀性能 [J]. 中国有色金属学报，2016，26 (2)：472-483.
[69] 刘俊瑶，李锟，雷霆，等. AZ31 镁合金表面钼酸盐转化膜的制备与耐蚀性能 [J]. 粉末冶金材料科学与工程，2016，21 (1)：137-145.
[70] 崔建红，吴志生，弓晓圆，等. AZ31 镁合金磷酸盐化学转化膜的研究 [J]. 电镀与环保，2016，36 (4)：30-32.
[71] 陈泽民，高梦颖，杨红贤. 铝合金无铬化学转化膜工艺研究 [J]. 电镀与涂饰，2015，34 (7)：391-395.